Gesamtverzeichnis des deutschsprachigen Schrifttums (GV) 1700 – 1910

Bearbeitet unter der Leitung von
Hilmar Schmuck und Willi Gorzny
Bibliographische und redaktionelle Beratung:
Hans Popst und Rainer Schöller

30

Don - Dz

K · G · Saur München · New York · London · Paris 1981

CIP-Kurztitelaufnahme der Deutschen Bibliothek

Gesamtverzeichnis des deutschsprachigen Schrifttums :
(GV). – München, New York, London, Paris : Saur.
Bd. 1 – 6 bearb. unter d. Leitung von Peter Geils
u. Willi Gorzny.
ISBN 3-598-30000-X

1700 – 1910 / bearb. unter d. Leitung von Hilmar
Schmuck u. Willi Gorzny. Bibliograph. u. red.
Beratung: Hans Popst u. Rainer Schöller

NE: Schmuck, Hilmar [Bearb.]

30. Don – Dz. – 1981.

Techn. Realisierung und Druck: Norbert Gärtner, Mainz-Kastel
Binden: Karl Schaumann, Darmstadt
Printed in the Federal Republic of Germany
ISBN 3-598-30000-X (Gesamtwerk)

Don Alvarez Cabral, od. d. Entdeckung v. Brasilien, u. Alex. Graf v. Bonneval. Zwei histor. Erzähln. f. d. Jugend. M. (4) ill. Abbildn. 8. (7 B.) Neuhaldensleben 839, Eyraud.

Don Brano, ein welker Blumenstrauß. (Gedichte.) gr. 12. (44 S.) Berlin 849, Hermes. n. 1/3 ₰

Don Carlos, De Caostro, oder die Schrecken der Vergeltung. Eine Spanische Inquisitionsgeschichte vom Verfasser des Conrad von Worms. Mannheim 1829. V: *Falckh, Joh.* (Hdschr. Mitth. von Friedrich Müller, München.)

Don Carlos de Castro, od. die Schrecken d. Vergeltung. Eine Span. Inquisitionsgesch. v. Verf. d. Conrad v. Worms. 8. (15 B.) Mannheim 829, Löffler.

Don Carlos, der Infanterist von Spanien, oder das kommt davon, wenn man seine Stiefmutter liebt. Spanische Lokalposse . . . Berlin 1852. V: *Landsberger, Sylvius.* (Ky)

Don Carlos, der Infanterist von Spanien, oder das kommt davon, wenn man seine Stiefmutter liebt. Spanische Lokalposse mit starkem berliner Beigeschmack und sehr vielen Couplets, in 3 lustigen Akten. Frei nach Schiller, aber bedeutend verbessert. 8. (37 S.) Berlin 852, [Dierke's Verlag.] *

Don Carlos, der Infanterist von Spanien. od. das kommt davon, wenn man seine Stiefmutter liebt. Spanische Lokalposse m. starkem Berliner Beigeschmack u. sehr vielen Couplets' in 3 lustig. Akten. Frei nach Schiller, aber bedeutend verb. (v. Sylv. Landsberger). 8. (37 S.) Berlin 852, Landsberger. n. 3 ngr

Don Ciro od. der Priester als Räuberhauptmann, s.a. Volksbibliothek, deutsche.

Don Ciro oder der Priester als Räuberhauptmann. Räubergemälde aus den ersten Jahren des 19. Jahrhunderts. Löbau (853). Breyer. 8. (1 Bl., 82 S. u. 3 color. Lithogr.) 7 1/2 ngr

Don dernier de Lavater à ses Amis. 18. Par. et Strasbourg, Treuttel et W. 805.

Don Emanuel, od. die schrecklichsten Jahre meines Lebens; meine Verfolgungen u. Qualen durch die span. Inquisition; meine Flucht aus dem Kloster d. Jacobitinnen ꝛc. Aus den Papieren des M. Mendazo. Herausg. von Fr. Crusius. 3 Bde. 8. Erfurt, Müller. 812.

Don Esteban, s.a. Esteban.

Don Esteban, oder Memoiren eines Spaniers. Aus dem Englischen . . . frei übersetzt von G. Sellen [= Louis von Alvensleven]. Leipzig 1827. V: *Trueba, Telesforo de.* (Zeitschr. f. Büch. 1923, S. 82) (GGr X, 418)

Don Fernando von Toledo. Doppel-Novelle. Mit e. Vorworte begl. v. Verf. d. Don Enrique v. Toledo (F. W. Genthe.) 2 Thle. 8. (17 1/2 B.) Halle 829. [Leipzig, Fr. Fleischer.]

Don Juan. Dramat. Phantasie in 7 Abthln., s.a. Holtei, K. v.

Don Juan, s.a. Juan, Don.

Don Juan, übers. von C. H. Bitter, s.a. Ponte, Abate da.

Don Juan oder der steinerne Geist. Singspiel in vier Aufzügen. Aus dem Italienischen. Musik von Mozart. Aufgeführt auf dem Hochdeutschen Theater zu Amsterdam. Amsterdam 1794. V: *Da Ponte, Lorenzo.* (BIBLPORT)

Don Juan. Dramatische Phantasie in sieben Akten. Von einem deutschen Theaterdichter. Paris [Leipzig] 1834. V: *Holtei, Carl von.* (EE) (BGE) (Brü) (GGr)

Don Juan. Große Oper in 2 Aufz. A. d. Italien. Musik v. W. A. Mozart. (Text.) 4. Aufl. gr. 8. (4 1/2 B.) Wien 841, Wallishausser.

Don Juan. Große Oper in zwei Aufz. A. d. Ital. Musik von W. G. Mozart. 5. Aufl. Wien 1846. V: *Da Ponte, Lorenzo.* (EB)

Don Juan. Große Oper in 2 Aufzügen. A. dem Ital. Musik v. W. A. Mozart. 5. Aufl. 12. (2 1/12 B.) Wien 846, Wallishausser.

Don Juan. Tragödie (von R. Hörnigk). 8 (IV u. 193 S.) Potsdam 850, Stechert. 1 ₰

Don Juan, komisch-tragische Oper in zwei Akten von W. A. Mozart, Breslau 1858. V: *Da Ponte, Lorenzo.* (EB)

Don Juan, komisch-tragische Oper in 2 Akten, von W. A. Mozart. Aus dem Italien. in's Deutsche übertr., nebst Bemerkungen über eine angemessene Bühnen-Darstellung von W. Viol. (Den Bühnen gegenüber als Mscr. gedr.) Breslau 858. Leuckart. 8. (161 S.) 22 1/2 ngr

Don Juan. Große Oper in 2 Acten. Nach dem Italien. des Abbate da Ponte. Musik von W. A. Mozart. Für die k. k. Hofoper in Wien eingerichtet. (Textbuch.) 8. (64 S.) Wien 885, Künast. **

Don Juan. (20. Dez. 1790.) Zur sechshundertsten Aufführung im kgl. Opernhause zu Berlin am 12. Juni 1902. [Herausg. von der General-Intendantur der königl. Schauspiele zu Berlin].

Don Juan von Otto Carl Leonhardi . . . Berlin 1903. V: *Zoozmann, Richard.* (EB)

Don Juan, der deutsche. s. Juan.

Don Juan und Diego, oder Schicksale zweyer Spanier während der letzten Revolutionsepoche; ein Schauergemälde. Hamburg 1810. V: *Müller, Hnr. August.* (Ky) (MGT)

Don Juan in Leipzig. Ein Capriccio in zwangl. Hftn. (Von J. Lyser.) 1. Hft. 8. (2 1/2 B. u. 1 Stnt.) Leipzig 835, (Gebhardt u. Reisland.)

Don Juan, Mozarts, in München und die Textfrage. Berlin 1896. V: *Génee, Rudolf.* (StadtBiblBerlin XIII, S. 108)

Don Juan, der Wüstling; nach dem Span. des Tirso de Molina. Penig 1805. V: *Vulpius, Chn August.* (EE) (BGE)

Don Juan-Serie. 1.—3. Bd. 8. Berl. 890, Jacobsthal. à * 2 —
1. Belot, Adolphe. Jugendsünden. Novellen. (207 S.)
2. Houssaye, Arsène. Evastöchter. Geschichten u. Geschichtchen. (191 S.)
3. Droz, Gust. An der Quelle der Freude. (238 S.)

Don Manuel Godoi. Ein Roman, s. Godoi.

Don Petro. Ein Roman. Berlin 1785. V: *Vulpius, Chn. Aug.*

Don Pedro od. die eisernen Masken. Romant. Erzählung aus dem Spanischen. Hrsg. v. George Hesekiel. 2 Thle. 8. (390 S.) Altenburg 848, Helbig. 2 ₰

Don Pedro's Rache. Eine Gesch. a. d. Zeiten Pedro's d. Grausamen. Nach Mortonval's „Martin Gil" a. d. Franz. übers. v. L. Kruse. 4 Bde. 8. (76½ B.) Leipzig 835, Kollmann.

Don Quichotte, Poëme héroicomique en six chants par L. M. N. Carnot. voyez Carnot im Alphab.

Don Quichotte de la Manche, traduit de l'Espagnol par J. P. C. de Florian. Nouvelle édition. 2 Volumes. 16. Stuttgart 844, Erhard. ¾ ₰

Don Quichotte de la Manche traduit de l'Espagnol par Florian. Für den Schul- und Privatgebrauch bearb. und mit grammat. Bemerkungen und Wörterbuche hrsg. von Ed. Hoche. 8. (288 S.) Leipzig 847, E. Fleischer. *

Don Quichote de la Manche, (par M. Cervantes) trad. de l'Espagnol par Florian. gr. 12. (VIII u. 498 S.) Paris 847, Didot frères. n. 1 ₰

— — traduit de l'Espagnol par Florian. Für den Schul- u. Privatgebrauch bearb. u. mit grammat. Bemerkungen u. Wörterbuche hrsg. von Ed. Hoche. 8. (288 S.) Leipzig 847, E. Fleischer. — 2. (Titel-) Aufl. 8. (IV u. 280 S.) Ebd. 851. n. 16 ngr

— — Nagyobb gyermekek számára. Kidolgozott munka után mulatságos olvasmányul fordította Karady. Uj kiadás. 12. (244 S. m. 1 lith. u. col. Taf.) Pest 852, Heckenast. n. ½ ₰

Don Quijote. Illustr. span. Zeitschr. f. deutsche Leser zur Unterhaltg. u. Fortbildg. in d. span. Sprache. Hrsg. unter Mitarbeit erster deutscher u. span. Lehrkräfte. Schriftleitg.: E. Peláez. 1. Jahrg. April 1910 —März 1911. 12 Nrn. (à 12 S.) Lex. 8. Hamburg, Paustian Gebr. 4.—

Don Quixote. Hrsg. u. Red.: Ludw. Bauer. 1. Jahrg. 1902. 86 Hfte. Fol. (à ca. 82 S.) Wien, Verlag des „Don Quixote". n. 12.—

Don Quixote. Hrsg. u. Red.: Ludw. Bauer. 2. Jahrg. 1903. 88 Hefte. (à ca. 24 S) Fol. Wien (IX, Liechtensteinstr. 58.) Dr. L. Bauer. n. 12.—
Erscheint nicht mehr.

Don Quixote, Berliner, Redact.: Ad. Glasbrenner. 1. Jahrg. 1832., 4. Quart. u. 2. Jahrg. 1833. à J. 208 Nrn. (½ B.) Mit Titvign. u. lith. Portraits berühmter Personen. gr. 4. Berlin, Bechtold u. Hartje. [1. 1 Thlr. 6 Gr., 2. 5 Thlr.]

Don Quixote, Der Teutsche, oder einer der Zwölf; eine Geschichte neuen Inhalts. Palästina [Glogau] 5755 [1806]. V: *Benkowitz, Carl Friedr.* (WA) (Ky) (MGT) (BrMm)

Don Quixote, Der geistliche, oder Gottfried Wildgoosens den Sommer über angestellte Wanderschaft. Ein komischer Roman. A. d. Englischen. Leipzig 1773. V: *Graves, Rich.* Ü: *Gellius, Joh. Gottfried.* (Minor, Jacob, Goethes Fragmente vom ewigen Juden und vom wiederkehrenden Heiland. Stuttg. & Berlin 1904. S. 25 u. 216.)

Don Quixote, Der geistliche, ein Roman aus dem Englischen. Leipzig 1775. Ü: *Gellius, Joh. Gottfr.* (ML) »1773« (Ky)

Don Quixote im Reifenrocke, oder die abentheuerlichen Begebenheiten der Romanheldinn Arabella. Aus dem Englischen übersetzt. Hamburg und Leipzig 1754. V: *Lenox, Charlotta.* Ü: *Pistorius, Hermann Andreas.* (BGE VI[a], 335)

Don Sancho, der Lichtscheue, od. d. furchtbar nächtl. Abenteurer. Ein romant. Gemälde a. d. Anfange d. 17. Jahrh. A. d. Span. 2 Thle. 8. (28 B.) Quedlinburg 828, Basse.

Don Schani. Bericht eines bäuerlichen Gallerie-Besuchers. [Salzburg] 1887. V: *Petter, Carl.* (Hr)

Don Sebastian. Trauerspiel in fünf Akten. Für Kinder-Theater bearbeitet. Wien 1908. V: *Molitor, Caroline von.* (EB)

Don Velasco da Gaston, der Span. Seeräuber-Admiral, eine Gesch. voller Abentheuer u. kühner Thaten. 3 Thle. 3., (verb.) Ausg. gr. 12. (43 B.) Helmstedt 830, Fleckeisen.

Don Enrique von Toledo s. Friedr. Wilh. Genthe.

Don Federico Vagamundo, s. Vagamundo.

Donabaum Joh.: Bericht über eine Reise zum Studium des Futter- und Grassamenbaues in Südwest-Deutschland und der Schweiz. (1899). 87. St. Pölten Lehrer-Sem. 01.
Progr.

Donabaum Josef: Beiträge zur Kenntnis der Entwicklung der kaiserlichen Register von Ludwig dem Baiern an.
II. 1886 PN 428 Diss. Wien, Univ. 707

Donabaum, Josef (Hrsg.), s. Mitteilungen des österr. Vereins für Bibliothekswesen.

Donadini, das goldene Buch oder accurate Abbildungen der weitberühmten fürtrefflichen Sächsischen Fürsten nach Lukas Cranach 2c. 2c., v. D. m. möglichstem Fleiß hervorgesuchet, copieret u. vor Augen gestellet, nebst e. dazu gehör. Orig.-Dokument (in Lichtdr.) u. Festordng. (2 S.) ausgezeichnet. schmal Fol. (20 Chromolith.) Dresden 889. W. Hoffmann. 5.—

Donadini, E. A.

! Die Grabdenkmäler der erlauchten Wettiner Fürsten in der kurfürstlichen Begräbniskapelle des Domes zu Meissen. Mit Allerh. Genehm. hrsg. u. ... König Albert v. Sachsen gewidmet v. Hofr. E. A. Donadini, Prof. zu Dresden, [u.] Prof. Dr. G. Aarland zu Leipzig. Das Werk enth. 22 Taf. in Schwarz- u. Bronzedr. u. 2 Taf. in Lichtdr. *Leipzig 1898: C. Grumbach.* (24 Taf.) gr. 2°

Donadini, C. A., u. G. Aarland, die Grabdenkmäler der erlauchten Wettiner Fürsten in der kurfürstl. Begräbnißkapelle d. Domes zu Meißen. Mit allerhöchster Genehmigg. hrsg. u. zum 25jähr. Regierungs-Jubiläum Sr. Maj. dem König Albert v. Sachsen in tiefster Ehrfurcht gewidmet. (22 Taf. in Schwarz- u. Bronzedr. u. 2 Taf. in Lichtdr. m. 2 Bl. Text.) 88×60,5 cm. Leipzig 898. (K. W. Hiersemann.) In Mappe n. 100. —

Donadoni, Ant., italien., franzöſ. u. deutſche Kaufmannsbriefe. 8. Augsb. 779. N. A. 787. Rieger; (a. Löffler in Manh.) 9 ℊ

— — dieselben, nebst Handlungslexicon. 8. Mannheim, Löffler. 712.

— — dieselben. 8. Linz, Haslinger. 787.

Donadt, Alfr., Elementarbuch der Differential- u. Integralrechnung, s.: **Autenheimer, Fr.**

— Ausführl. Lehrb. d. Elementargeometrie, s.: Lübsen, H. B.

— dasselbe der analyt. od. höh. Geometrie, s.: Lübsen, H. B.

— dasselbe d. ebenen u. sphär. Trigonometrie, s.: Lübsen, H. B.

Donadt, A., Lehrbuch der Mechanik in elementarer Darstellung f. technische Mittelschulen u. höhere Lehranstalten, insbesondere zum Selbstunterrichte, m. Rücksicht auf die Zwecke des prakt. Lebens Als 5. Aufl. der Einleitg. in die Mechanik v. H. B. Lübsen bearb. (VIII, 615 S. m. 227 Fig.) 8. Leipzig 905. F. Brandstetter. n. 9. —; geb. in Leinw. n. 9. 70

Donadt, A.: Das mathematische Raumproblem und die geometrischen Axiome. 1881
Diss. Leipzig

Donadt, Alfr., das mathematische Raumproblem u. die geometrischen Axiome. gr. 8. (68 S.) Leipzig 881. Barth. n. 1. 60

Donadt, A., Rechenbuch f. höhere Schulen. 1. u. 2. Hft. gr. 8. 115 S.) Leipzig 893. O. R. Reisland. Geb. à n.n. 1. 20
1. (121 S.) 892. — 2. (115 S.) 893.

- Rechenbuch f. höhere Schulen. 1. u. 3. Hft. gr. 8. Leipzig, O. R. Reisland. Geb. n.n. 2. 60
1. 2. verb. Aufl. (VI, 121 S.) 899. n.n. 1. 20
3. 2. verb. Aufl. (III, 158 S.) 901. n.n. 1. 40

— Rechenbuch f. höhere Schulen. I—III. Heft. 8. Leipzig, O. R. Reisland. Geb. nn 3. 80
I. 5. Aufl. (VI, 121 S.) 909. Geb. nn 1. 20
II. 4. Aufl. (III, 115 S.) 908. Geb. nn 1. 20
III. 4. Aufl. (III, 158 S.) 908. Geb. nn 1. 40

— Repetitorium der Schulmathematik für Schüler höh. Lehranstalten. 1. Tl. Arithmetik. (VIII, 197 S. m. 12 Fig.) 8. Leipzig 911. F. Brandstetter. Geb. in Leinw. 3. —

Donaghey, John P.: Ueber das Spektrum des Stickstoffs in Geissler'schen Röhren, die auf tiefe Temperatur abgekühlt sind. München: O. Schmidt-Bertsch 1908. (39 S., 3 Taf.) 8°
München, Phil. Fak., Ref. Röntgen, Diss. v. 22. Nov. 1907
[Geb. 3. Dez. 79 Kilmovee (Co. Mayo, Irland); Wohnort: Letterkenny (Co. Donegal, Irland); Staatsangeh.: England; Vorbildung: Intermediate College Letterkenny (Irland) Reife Juli 97; Studium: St. Patrick's College Maynooth b. Dublin 6, Bonn 1, München 5 S.; Rig. 22. Nov. 07.]

Donah, Raoul, sein Sohn, s.: Alexander, Mich.

Donald, der treue, s.: Rosen-Knospen Nr. 2.

Donaldson, Joan. Guil.

Donaldson, J. G., Jashar, s.a. Jashar.

Donaldson, Joan. Guil., Jashar. Fragmenta archetypa carminum Hebraicorum in Masorethico Veteris Testamenti textu passim tessellata collegit, ordinavit, restituit, in unum corpus redegit, latine exhibuit, commentario instruxit. Smaj. (XXVIII und 352 S. mit 39 S. hebr. Text.) Berolini 854, Hertz. Londini, Williams und Norgate. *

Donaleitis, Chr., s. L. J. Rhesa, d. Jahr.

Donaleitis, Christian, s. a. Donalitius, Christian

Donaleitis, Chrn., litauische Dichtungen. Erste vollständige Ausg. mit Glossar. Von Aug. Schleicher. St.-Petersburg 865. (Leipzig, Voss.) Lex.-8. (336 S.) n. 1 ab 13 ngr.

Donalies, C., s.: Pathologie d. Gehörorgans.

Donalies, Emil Carl, s. Donalies, Karl

[J.] **Donalies,** Hans *Wilhelm* [aus Insterburg]: Der Anteil des Sekretärs Westphalen an den Feldzügen des Herzogs Ferdinand von Braunschweig-Lüneburg '(1758—1762)' ... (Erscheint vollst. in: Forsch. z. Brandenb. u. Preuss. Gesch.) *Altenburg, Pierer'sche Hofbuchdr.,* 1894; 1 Bl., 32 S., 1 Bl. 8.
Bonn, Phil. Fak., Inaug.-Diss. v. 9. Aug. 1894

Donalies, Hans, Sport u. Militär. Ein Handbuch f. militär. Sportbetrieb. Mit den Bildnissen Sr. Maj. des Kaisers Wilhelm II., Sr. kaiserl. u. königl. Hoh. des Kronprinzen Friedrich Wilhelm u. 85 in den Text geordneten Abbildgn. u. Skizzen. (190 S.) gr. 8. Berlin 911. R. Eisenschmidt. 3.—; geb. 4.

Donalies, Hans Wilhelm, s. Donalies, Hans

Donalies, Karl

Donalies, *Emil* Carl [aus Zeitz]: Die Aktinomykose des Menschen ... Halle a. S., Hofbuchdr. v. C. A. Kaemmerer & C., 1894; 40 S., 2 Bl. 8.
Halle, Med. Fak., Inaug.-Diss. v. 24. Mai 1894

Donalies, Walter [app. Arzt]: Zur Lehre von den Hyperplasieen des lymphatischen Rachenringes. ... Königsberg, Druck v. M. Liedtke, 1891; 30 S., 2 Bl. 8°
Königsberg. Med. Fak., Inaug.-Diss. v. 23. Jan. 1891

Donalies, Walt., zur Lehre v. den Hyperplasieen d. lymphatischen Rachenringes. Diss. gr. 8. (30 S.) Königsberg i/Pr. 891. (W. Koch.) n. — 80

Donalitius, Christian, s. a. Donaleitis, Christian

Donalitius, Chrn., littauische Dichtungen nach den Königsberger Handschriften mit metrischer Uebersetzung u. genauem Glossar herausg. von G. H. F. Nesselmann. Königsberg 869. Hübner & Matz. gr. 8. (XVI. 368 S.) n. 2 ab

Donalitius', Chrn., littauische Dichtungen. Übers. u. erläutert v. L. Passarge. 12. (V, 372 S.) Halle 894. Buchh. d. Waisenhauses. n. 3. 60; geb. in Leinw n. 4. 50

Donamar, Graf. Briefe geschrieben zur Zeit des siebenjährigen Krieges ... Göttingen 1791—93. V: *Bouterwek, Friedrich.* (GGr) (MGT) (Ky) (BrMm) (EE)

— le Comte, lettres écrites en allemand pendant la guerre de 7 ans, trad. de l'allemand. 4 Vol. gr. 24. Paris. 708.

Donamar, Graf, eine Samml. von Briefen, (v. Fr. Bouterweck). 3 Thle. 8. Götting. 791—93. N. A. 798—800. Dieterich. 2 ∦ 12 ℊ

— Dass. ins Französ. übersetzt (v. K. F. Cramer). gr. 12. Paris 798. 2 ∦

Donamar, Graf, eine Samml. v. Briefen, geschr. zur Zeit d. 7jährig. Krieges (v. Fr. Bouterweck). 3 Thle. 8. Göttingen, Dieterich. 798—800. (à 20 gr.)

Donamar, Ramiros Tagebuch aus alten Papieren desselben hrsgg. v. Thdr. Adrianow: (Fr. Bouterweck). 8. Leipz. 804. Cnobloch. 1 ∦ 8 ℊ

DONAN, Dr. med. Ehe der Vernunft oder kinderlose Ehe und Liebe. Ratgeber für junge Eheleute und Verlobte. Hamburg, Digel (19**). 8°.
Verb. d. Ldg. Breslau 19. 5. 1908.

Donandt, Ferdinand

[Donandt, Ferd.]: Entwurf eines Strafgesetzbuchs der freien Hansestadt Bremen. Th. 1. [einz.] Verbrechen und Vergehen. Nebst Motiven u. e. Anh., den Vollzug der Freiheitsstrafen betr. Bd 1. 2. Bremen 1861. 2 Bde

Donandt, Gesch. d. brem. Stadtrechts u. d. brem. Verfassung. 2 Thle. Bremen 830. (11. —)

Donandt, Ferd., zur Geschichte der Democratie in der Bremischen Verfassung m. Berücksicht. der neuesten Ereignisse. gr. 8. (47 S.) Bremen 848, Geisler. 1/4 ℛ

Donandt, Ferd., bremisches Magazin, s. Magazin.

Donandt, Fd., Versuch e. Geschichte des Bremischen Stadtrechts. Mit e. Einleit. über d. Entstehung u. Fortbildung d. Bremischen Verfassung bis zum J. 1433. 2 Thle. gr. 8. Brem. 830. Heyse. 3 ℛ 16 g̸.

Donat, s. a. Donatus, Aelius

Donat, Begriff d. deutsch. Sprachlehre. 8. Augsburg, Rieger. 777.

Donat, v., Bekleidungs-Vorschrift f. Offiziere, Sanitätsoffiziere u. obere Militärbeamte d. Reserve u. Landwehr, Offiziere z. D. u. a. D. u. m. Uniform verabschied. Offiziere ꝛc. d. Beurlaubtenstandes des XIII. (Königl. Württ.) Armeekorps. Nach. d. Allerhöchsten Verordngn. zusammengest. 12. (VIII, 42 S.) Stuttgart 897. (J. B. Metzler's Verl.) n. — 80

— Ratgeber f. d. württemberg. Offizier-Aspiranten u. f. d. Offizier d. Beurlaubtenstandes. Nach d. Deutschen Wehr- u. Heerordng. — m. bes. Rücksicht d. f. d. XIII. (K. W.) Armee-Korps gilt. Bestimmgn. — u. e. Anh.: „Anzugs-Bestimmgn." zusammengest. 12. (VI, 58 S.) Ebd. 896. n. 1. —

Donat, v., Wie leitet der Offizier das Turnen bei der Truppe nach dem Reglement? Praktische Bemerkungen zu den Uebungstafeln der Vorschriften über das Turnen der Infanterie und zu den Vorschriften über das Bayonettfechten der Infanterie, übersichtlich zum Gebrauch auf dem Turnplatz zusammengestellt. 8. (V, 71 S.) Berlin 881, [Schroeder's Verlag.] Mittler und Sohn. *

(Donat, v.,) August Maria Franz. — Die Ruine Schnallenstein. Novelle. 8. (11 1/4 B.) Habelschwerdt 841. (Breslau, Kern.)

Donat, Chr. Glo., († d. 4. Dec. 1810.) **Beitrr. zur Geschichte des** Medicinalwesens in Kursachsen, s. **Beitrr. u. setze hinzu:** (von Chr. G. Donat.)

— s. Hof- u. Civil-Staatshandbuch.

Donat, E. v., s.: **Adressbuch** der Officiere etc. des I. bayer. Armeekorps.

Donat, Emil, kreuz u. quer durch **Süd-Afrika.** Reiseskizzen u. -Bilder. M. vielen Ill., 8 Vollbildern, d. Portr. d. Verf. u. 1 Kärtchen. gr. 8. (VII, 280 S.) Aarau 899. E. Wirz. n. 5. —; geb. 7. —

Donat, F. M. v., die Befestigung u. Vertheidigung der deutsch-französischen Grenze. 4. Aufl., umgearb. u. erweitert. gr. 8. (V, 50 S.) Berlin 894. E. S. Mittler & Sohn. n. 1. —

Donat, F. M. v., Festungen u. Festungskampf. gr. 8. (XII, 113 S.) Berlin 890. Mittler & Sohn. n. 2. 25

— deutsch-polnisch-russisches Soldaten-Wörterbuch. 16. (20 S.) Ebd. 893. n.n. — 15

Donat, Fed. Maria v., die Kraft der Isar, e. Quelle des Reichtums f. Staat u. Volk. Vortrag, geh. am 13. XII. 1905, m. Ergänzgn. (46 S. m. 1 Kartenskizze.) gr. 8. München 906. J. Lindauer. n. — 80

Donat F. M. v.: Mitteilungen üb. den gegenwärtigen Stand d. Entwässerung d. pontinischen Sümpfe. [Wien 1907]. 15 S. 1 Tvl. (Sertr.). P.

Donat, Fed. Maria v., le paludi pontine e il loro completo prosciugamento e risanamento. Da considerarsi come manoscritto riservati i diritti di autore e di privativa ottenuta in Italia con brevetto N. 17120. Traduzione emendata. gr. 8. (32 S. mit 1 Karte.) Roma 886. (Beuthen O/S., Waeldner.) *

Donat, Fed. Maria v., die **Pontinischen Sümpfe.** E. Vorschlag zu ihrer Trockenlegg. [Aus: „Bericht 43 d. Vereins f. Naturkde. in Kassel."] gr. 8. (22 S.) Kassel 898. (Verein f. Naturkunde.) n. 1. —; m. Karte n. 2. —

Donat, Franz

Donat, Frz., grosses Bindungs-Lexikon. Ein Musterbuch f. jeden Textilfachmann u. ein Leitfaden f. die Gewebe-Musterg. 800 Taf. m. 9015 Bindgn. — Grand dictionnaire des liages. Traduit par Henri Seywert. — Large book of textile designs. Translated by Rud. Teltscher. (IX u. 41 S. Text.) gr. 4. Wien 904. A. Hartleben. n. 60. —; geb. in Halbfrz. n. 65. —
Erschien auch in 30 Lfgn. à n. 2. —.

Donat, Frz., Bindungs-Lexikon für Schaftweberei. E. Musterschatz v. 4100 Bindgn. von 2—26 schäftig. 8. (IV, 160 farb. S.) Wien 897. A. Hartleben. Geb. in Leinw. n. 6. —

— die farbige Gewebemusterung. Ein Lehrgang, Gewebe durch 2—6färb. Anordng. der Ketten- u. Schussfäden zu figurieren. 78 Taf. m. 580 Bindgn., 580 Warenbildern u. 5 Stoffmustern. (VII, 45 S. Text.) gr. 8. Ebd. 907. Geb. in Leinw. n. 9. —

Donat, Frz. Methodik der Bindungslehre, Decomposition u. Calculation für Schaftweberei. Bearb. für k. k. Fachschulen u. zum Selbstunterricht. gr. 8. (XIV, 112 S. m. 57 Taf.) Wien 892, Hartleben. geb. in Leinw. * 6 —

DONAT, Franz

Methodik der Bindungslehre und Decomposition für Schaftweberei. Bearbeitet für Textilschulen und zum Selbstunterrichte von Franz Donat. 2. vollständig umgearbeitete und vermehrte Auflage. Mit 72 Tafeln, 648 Figuren und 4 Stoffmustern. Wien. Pest Leipzig. [1899.] Hartleben. Gr.-8°. XIV, 138 S. geb. fl. 3.30

Donat, Frz., Methodik der Bindungslehre u. Decomposition f. Schaftweberei. Bearb. f. Textilschulen u. zum Selbstunterricht. 2., vollst. umgearb. u. verm. Aufl. Mit 72 Taf., 648 Fig. u. 4 Stoffmustern. gr. 8. (XIV, 137 S.) Wien 899. A. Hartleben. Geb. in Leinw. n. 6. —

Methodik der Bindungslehre, Dekomposition und Kalkulation für Schaftweberei. Bearb. f. Textilschulen u. z. Selbstunterricht von Franz **Donat**. 3. vollst. umgearb. u. verm. Aufl. Mit 96 Taf., 900 Fig. u. 10 Stoffmustern. Wien & Leipzig: Hartleben 1908. VIII, 232 S. 8° [illegible] 7

— Technologie der Jacquard-Weberei. Bearb. für Textilschulen u. zum Selbstunterricht. Mit 44 Taf., enth. 192 Fig. gr. 8. (VIII, 77 S.) Ebd. 902. Geb. in Leinw. n. 6. —

Donat, Friedrich

Donat, Frdr., Lehrb. d. Geschichte f. preuß. Mittelschulen. Auf Grund der Bestimmgn. üb. die Neuordng. d. Mittelschulwesens in Preußen vom 3. II. 1910 bearb. 3 Tle. 8. Leipzig, G. Freytag. Geb. in Leinw. 5. 25
I. II. (288 S. m. 112 Abb. u. 9 farb. Karten.) 910. Geb. 3.
III. (250 S. m. 57 Abb. u. 3 farb. Karten.) 911. Geb. 2. 25

Donat, Gust., der Aufsatz als Ergebnis des Unterrichts in der Litteratur u. den Realien, s.: Quade, Paul.

Donat, J., s.: **Haake's Compendium der Geburtshilfe.**

Donat, J., d. gynäkolog. Untersuchung, s.: Bibliothek, medicinische.

Donat, J., diagnostisch-therapeutisches Vademecum, s.: Schmidt, Heinr.

Donat, J. Jac., d. mühsame Catechete. 8. Dresden, Gerlach. 716.

Donat, Johann

Donat, Joh. (Goeda-Misn.), De censu, quem Caes. Octav. Augustus tempore nativitatis Christi per orbem terrarum fecit . . Präs. Gottlieb Wernsdorff (Schönwalde). Wittenberg (Christian Schrödter) 21. I. 1693. 8 Bl. (4.80) 6735

— — Dasselbe. Ed. II. Wittbg. (Gerdes' Wwe.) 1720. 30 S. (4.80) 6736

Donat, Johann Christoph

Donat, Joh. Chp. (Budissa-Lusatus), dissertatio inauguralis juridica de *virginum jure*, vom *Jungfrauen-Recht*. Denuo recusa (Altdorfili) 1717. 4°. Cart.
68 S. Einiges deutsch. — Ed. I. ibid. 1690; rep. ib. 1691. 4°. — Vitemb. 1735. 4°. (Cfr. Hayn, Bibl. gynaecol., p. 28.)

— — Dasselbe. Was Frauenzimmer, und insonderheit Jungfern, für Rechte haben. Tract. jur. Wittenberg (E. G. Eichsfeld) 1735. 101 Seiten. (5.50) 6738

Donat, Josef

Donat, Jos., S. J., die Freiheit d. Wissenschaft. Ein Gang durch das moderne Geistesleben. (XII, 494 S.) gr. 8. Innsbruck 910. F. Rauch. 4.08; 4.95

— Summa philosophiae christianae. I, III u. V. 8. Oeniponte. Innsbruck, F. Rauch. nn 5.28
I. Logica. (VIII, 149 S.) 910. 1.86
III. Ontologia. (VII, 183 S.) 910. 1.62
V. Psychologia. (VIII, 288 S. m. Abbildgn.) 910. nn 2.28
II. u. IV. sind noch nicht erschienen.

Donat, Karl Aug., s. 1) S F. N. *Morus*, praelect. in Jacobi et Petri Epist. 2) Dess. praelect. in Lucae Evangel. 3) E. Swedenborg, d. ganze Theologie.

Donat, Carolus Ernestus: De fractura cum osteomalacia fungoque carnoso complicata, ex medulla tibiae exeunte. [Praeses:] Curtius Sprengel. Halae (1828): Schimmelpfennig. 25 S. 8°
Halle-Wittenberg, Med. Diss. v. 12. Juli 1828
Geb. Ilberstedt (Kr. Bernburg; Anhalt) [10. 1.] 1804. V.

Donat, M. v., üb. d. Gemeingefährlichkeit d. kgl. preuß. „Majestätsbeleidigungs"- u. Irrenhaus-Unfugs. Aktenmäß. Enthüllgn. Eigene Erlebnisse. 1. Hft. gr. 8. (S. 1—32 m. Bildn.) Wytikon-Zürich 896. G. Schilde. — 40

Donat's, P., Anfangsgründe der latein. Sprachlehre zum Gebrauche der Schuljugend. 8. Augsb. 776. M. Rieger. 1/2 ₰

Donat, Phil.

— catechet. Christenlust. 8. Ebend. 725.

Donat, Phil., europ. Tagebuch v. 1701–5. 5 Thle. 4. Lpz. 702.

Donat, Sam. Gli.

Donath, Sam. Gli., († d. 13. Febr. 1777.), s.a. *Scheuchzer*, Physica sacra, Auszug.

Sam. Gli. Donat Auszug aus Scheuchzer's Physica sacra mit Anmerkk. u. Vorr. von Ant. F. Büsching. 1 Thl. in 3 Bdn. mit Abbild. Leipz. 1777. 1778. 4.

Donat's, S. G., Auszug aus Scheuchzer's Physica sacra. Mit Anmerk. und Erläut. von Büsching. Mit Kupfern. Leipz. 797-99. Th. I. 3 Bde. 4. 6 rthl. Vgl. Scheuchzer.

Donat, Th., Erdmannsdorf. Seine Sehenswürdigkeiten u. Geschichte. gr. 8. (IV, 165 S. m. 2 Taf.) Hirschberg 887. Oertel. n. 2.—

Donat, Theodor

(THEODOR DONAT), Der Zweck und die Mittel eines Gebirgsvereins im Riesengebirge. Hirschberg (1880.), »Bote a. d. Riesengebirge.« 8°.

Donatello, s.a. Schmarsow, A.

Donatello, s.a. Villari, P.

Donatello's Biographie u. Charakteristik, s.: Rosenberg, A.

Donatello's Leben u. Werke, s.: Semper, H.

Donatello, des Meisters Werke in 277 Abbildungen, hrsg. v. Paul Schubring, s.: Klassiker der Kunst. 11. Bd.

Donatello. Des Meisters Werke in 277 Abb. Hrsg. v. Paul Schubring. Stuttgart & Leipzig: Deutsche Verl.-Anst. 1907. (LIV, 219 S.) 4°
— Klassiker d. Kunst in Gesamtausgaben. Bd 11. [07. 1607]

Donath, Ad., Untersuchungen üb. den Erddruck auf Stützwände, angestellt m. der f. die techn. Hochschule in Berlin erbauten Versuchs-Vorrichtg. [Aus: „Zeitschr. f. Bauwesen".] Fol. (16 S. m. 1 Taf.) Berlin 891. W. Ernst & Sohn. n. 2.—

Donath, Adolf

Donath, Adph., s.: Dichter, österreichische.

Donath, Adf., Lehrbuch der Elektromechanik. Eine Darstellg. der wissenschaftl. Grundlagen der Elektrotechnik u. ihrer prakt. Anwendg. in ausführl., leichtverständl. Form. Zum Gebrauche f. techn. Lehranstalten, sowie ganz besonders zum Selbstunterricht. I. Bd. Der Magnetismus, der Elektromagnetismus u. die Berechng. der Feldmagnete v. Dynamomaschinen u. Elektromotoren. Mit zahlreichen Rechnungsbeispielen u. 224 Fig. im Text. 2 Tle. (XVIII, 731 S.) Lex. 8. Jena 908. H. Costenoble. 12.—; geb. n 13.50

Mensch und Liebe. Neue Gedichte von Adolph Donath. *Berlin: E. Hofmann & Co. [1902].* (58 S.) 8° [F.] [07. 9907]

Donath, Adph., Tage u. Nächte. M. e. Briefe v. Geo. Brandes u. e. Umschlagszeichng. v. H. Rauchinger. 12. (71 S.) Berlin 898. Schuster & Loeffler. 1.60

Donath, August: Über das Verhältnis der Verträge zu Gunsten Dritter zu den Schuldübernahmearten nach Gemeinem Recht und dem Rechte des bürgerlichen Gesetzbuchs. *(Köln 1897: R. Pusch & Zörnsch.)* (41 S.) 8° [J.]
Erlangen, Jur. Diss. v. 13. Nov. 1897

D'Onath, B., a little guide to the first study of english grammar in the dialogicing form of a catechism, intended for the use of schools and young persons in general. 8. (63 S.) Leipsic 849. Schmaltz. n. 1/6 ₰

Donath, Bernh., Anleitung z. gewinnbringenden Zucht u. Mast der Winterküken. Mit e. Anh.: Die künstl. Winterzucht u. Mast der Gänse u. Enten nebst Rentabilitätsrechngn. (IV, 58 S.) 8. Lissa (908). O. Eulitz. 1.—

— Geflügel-, Kaninchen- u. Ziegenzucht. Die Kleintierzucht, e. Mittel zur Vermehrg. d. Wohlstandes f. Bürger u. Landmann. Mit Rentabilitätsberechngn. (V, 130 S.) Leipzig 907. Reichenbach. 1.—

— dasselbe, s.: Löbe's, William, landwirtschaftliche Bibliothek.

Donath, Bernh., heimwärts vom fernen Osten. Erinnerungen e. deutsch. Kaufmanns aus Port Arthur. (145 S. m. Abbildgn.) 4. Strassburg 906. J. Singer. n 3.—; geb. in Leinw. n. 10.—

— Die Schaf u. Ziegenzucht, s.: Miniatur-Bibliothek.

Donath, Bruno

Donath, B., die Einrichtungen zur Erzeugung der Roentgenstrahlen u. ihr Gebrauch. Gemeinfasslich dargestellt insbes. auch f. Ärzte u. Kliniken. gr. 8. (VIII, 175 S. m. 110 Abbildgn. u. 2 Taf.) Berlin 899. Reuther & Reichard. n. 4.50; geb. in Leinw. n. 5.50

Donath, B., die Einrichtungen zur Erzeugg. der Roentgenstrahlen. 2., verb. u. verm. Aufl. (VII, 244 S. m. 140 Abbildgn. im Text u. 3 Taf.) gr. 8. Berlin 903. [Reuther & Reichard.] Leipzig, J. A. Barth. n. 7. —; geb. n. 8. —

Donath Bruno: Das „Erhabene" vor Kant-Schiller. H. 1907 PN 2275 Diss.Wien, Univ. 218

Donath, B., die Grundlagen der Farbenphotographie, s. a. Wissenschaft, die. 14. Heft.

Die Grundlagen der Farbenphotographie. Von Dr. B[runo] **Donath.** Mit 35 Abb. u. 1 Ausschlagtaf. Braunschweig: F. Vieweg & Sohn 1906. (VIII, 166 S.) 8°
— **Wissenschaft,** Die. H. 14.

— Radium, s. a. Sammlung populärer Schriften, hrsg. von der Gesellschaft Urania zu Berlin. Nr. 58.

Radium. Vortrag geh. in d. Urania. Von Dr. B[runo] Donath in Berlin. Mit 10 Ill. *Berlin: H. Paetel 1904.* (24 S.) 4°
Aus: Himmel u. Erde. Jg. 16, H. 7.
— Sammlung populärer Schriften, hrsg. von d. Urania. No 58.

Donath, B: Radium. Vortrag. Berlin 1905

— physikalisches Spielbuch f. die Jugend. Zugleich e. leichtfaßl. Anleitg. zu selbständ. Experimentieren u. fröhl. Nachdenken. gr. 8. (XVI, 547 S. m. 156 Abbildgn.) Braunschweig 902. F. Vieweg & Sohn. n. 5. —; geb. in Leinw. 6. —

Donath, B., physikalisches Spielbuch f. die Jugend. Zugleich e. leichtfaßl. Anleitg. zu selbständ. Experimentieren u. fröhl. Nachdenken. 2. verm. u. verb. Aufl. (XVI, 510 S. m. 166 Abbildgn.) 8. Braunschweig 907. F. Vieweg & Sohn. 5.—; geb. in Leinw. 6. –

Donath, Bruno: **Bolometrische Untersuchungen ueber Absorptionsspectra ... M. 3 Taf. Leipzig, J. A. Barth, 1896; 68 S., 3 Taf. 8.**
München, Phil. Fak., Inaug.-Diss. v. 1896

Donath, G. Aug. Ldw., Menschengröße u. Naturwunder. 1. Hft. Mit 1 Lithogr. 8. Neusalza 845. (Altenburg, Helbig.) n. 1/12 ℛ

s. Wanderer, der.

Donath, Eduard

— u. Karl **Frenzel,** die technische Ausnutzung des atmosphär. Stickstoffes. (V, 250 S. m. 69 Abb.) Lex. 8. Wien 907. F. Deuticke. 7. —

Beitrag zur Kenntnis des Kobalts (mit 1 Textfigur S. 102 IIb. 71) vgr
Separatabdruck

Donath, Eduard, über den Ersatz des Schwefelwasserstoffes in der qualitativen chem. Analyse. Eine Zusammenstellg. der einschläg. Methoden. (VII, 63 S.) Lex. 8. Leipzig 909. S. Hirzel. 2. 80

Der Graphit. Eine chemisch-techn. Monographie von Ed. Donath, Prof. in Brünn. Mit 27 Abb. *Leipzig & Wien: F. Deuticke 1904.* (175 S.) 4° (8°)

Donath, Ed., und A. Gröger: Kurzgefaßtes Lehrbuch der Spiritusfabrikation. Leipzig und Wien 1908

Donath Eduard Methode zur direkten Bestimmung der Tonerde neben Eisenoxyd. S. 83. II 75 . — 10
Separatabdruck

Donath, Ed., Monographie der Alkohol-Gährung als Einleitg. in das Studium der Gährungstechnik. gr. 8. (IV. 100 S.) Brünn 874. Winkler. n. 2. 40

Donath, E., u. K. Pollak, Neuerungen in d. Chemie des Kohlenstoffes u. s. anorgan. Verbindungen, s. a. Sammlung chem. u. chemisch-techn. Vorträge.

Donath, Ed., und K. Pollak: Neuerungen in der Chemie des Kohlenstoffes und seiner anorganischen Verbindungen. Stuttgart 1898

Donath, Ed., die Prüfung der Schmiermaterialien. gr. 8. (IV, 68 S. m. 3 autogr. Taf.) **Leoben 879.** Protz in Comm n. 2. —

— Über eine neue allgemeine Reaktion auf Stickstoff in organischen Substanzen. S. 99. IIb. 25
Separatabdruck

Donath, E., Die Steinkohle und ihre wirtschaftliche Ausnützung. [Sonderabdruck a. d. Berichte über d. allg. Bergmannstag. Wien 1903.] 8°. (17 S.) K —.40

— die Steinkohle u. ihre wirtschaftlichste Ausnützung. (17 S.) gr 8. Brünn (904). (C. Winiker). n. — 60
Sonderabdruck aus: „Bericht üb. den allg. Bergmannstag".

— Trennung des Silbers, insbesondere vom Blei. S 82. II 73 . — 10
Separatabdruck

— und **Müllner** Franz Trennung des Zinnoxydes von Wolframsäure S 96. II 116 vgr
Separatabdruck

— u. B. M. Margosches, das Wollfett, seine Gewinnung, Zusammensetzung, Untersuchung, Eigenschaften u. Verwertung. gr. 8. (III, 122 S. m. 14 Abbildgn.) Stuttgart 901. F. Enke. n. 3. 60
Sonderabdruck aus: „Sammlg. chem. u. chem.-techn. Vorträge".

Donath, Ed., über den Zug u. die Kontrolle der Dampfkessel-Feuerungen. gr. 8. (III, 104 S. m. 41 Abbildgn.) Wien 902. F. Deuticke. n. 4. —

Donath, Emerico, geografia (descrizione del luogo nativo). Compilata in base al programma minist. per la III classe element. delle scuole di Fiume. Parte I. Fiume ed i suoi dintorni. 5. ed. (Ungar. u. italienisch.) gr. 8. (41 S. m. 1 Kärtchen u. 3 Ansichten.) Fiume 895. A. Reinhard. n n. — 50

Donath, Emil [aus Hagen i/W.]: **Beiträge zur Kenntnis der Umlagerung stereoisomerer Oxime ... Erlangen, k. b. Hof- u. Univ.-Buchdr. v. F. Junge, 1896; 51 S. 8.**
Erlangen, Phil. Fak., Inaug.-Diss. v. 8. Juli 1896

Donath, Emmerich. **Dizionario italiano-ungherese, s. Benkö, C.**

—— Grammatica ungherese e libro di lettura. gr. 8. (VI, 143 S.) Fiume 892, (Spiess). * 1 30; geb. * 1 70

Donath, Ernst, Glauben u. Schauen. Gedichte. Dresden 865. am Ende. 8. (XI, 225 S.) n. 20 *ngr.*

Donath, F. M. v.. Wie leitet der Offizier das Turnen bei der Truppe nach dem Reglement? Berlin 1881. 71 S.

Donath Gustav: Florian Leopold Gassmann als Opernkomponist. Diss.Wien, Univ.
D. Mit Beisätzen von Robert Haas veröffentlicht in den Beiheften d. Denkmäler der Tonkunst in Oest. Bd. 2, Wien 1914.
1904 PN 1775 2128

Donath, H., die Alterthums-Sammlung d. Vereins f. die Geschichte Sorau's. Zur Erklärg. f. ihre Besucher bearb 8. (99 S.) Sorau N.-L. 892. (E. Zeidler.) n. — 75

Donath, Herb. v., Hockey u. Eishockey. (38 S. m. 12 Abb.) kl. 8. Leipzig (910). S. Schnurpfeil. — 30

Donath, J., s. a.: Illo aus 'm Bunzl.

— s.: Nu bo!

Donath, Julius

Donath, Jul., die Anfänge d. menschlichen Geistes. Fest-Vortrag, geh. in d. Jahresversammlg. d. Gesellschaft d. Budapester Hospitalärzte am 29. XII. 1897. 8. (47 S.) Stuttgart 898. F. Enke. n. 1. –

Donath, Jul., Beiträge zur Chemie der Knochen, s. Maly, R.

Donath, Jul., Bestrebungen u. Fortschritte in der Behandlung der Epilepsie (1896—1900). Kritische Studie. Vortr., geh. in d. Gesellsch. d. Budapester Hospitalärzte a. 14. III. 1900. 8. (37 S.) Halle 900. C. Marhold. n. — 50

— über die bei der sauren **Reaction** d. Harns betheiligten Substanzen. [Aus: „Sitzungsber. d. k. Akad. d. Wiss."] Lex.-8. (8 S.) Wien 874. (Gerold's Sohn.) n. — 20

Donath, Jul., Reflex u. Psyche, s. a. Sammlung klinischer Vorträge.

Reflex und Psyche. Von Prof. Dr. Julius **Donath**. Leipzig: J. A. Barth 1910. 20 S. 8° [Umschlagt.]
(Sammlung klinischer Vorträge. N. F. Nr 592.) [10. 14351

— d. physische Rückgang d. Bevölkerg. i. d. modernen Culturstaaten m. bes. Rücksicht auf Oesterreich-Ungarn, s.: Klinik, Wiener.

Donath, Jul., Verhalten des Hydroxylamins gegen alkalische Kupferlösung. [Mitgetheilt aus dem chem. Laboratorium von Maly in Graz.] [Aus: „Sitzungsber. d. k. Akad. d. Wiss."] Lex.-8. (11 S.) Wien 877. (Gerold's Sohn.) n. n. — 30

Donath, Jul., die specifische Wärme des Uranoxyd-Oxyduls und das Atomgewicht des Urans. [Ausgeführt im physikal. Institute der Grazer Universität.] Lex.-8. (6 S.) Wien 879, (Gerold's Sohn.)
Aus: Sitzungsberichte der k. Akademie der Wissenschaften, besonders abgedruckt.

Donath, Carl, wie ich Spiritist wurde u. Gott wiederfand! Eine Sammlung selbsterlebter okkulter Vorkommnisse e. Mediums. (80 S.) gr. 8. Leipzig (904). E. Fiedler. n. 1. 20

Donath, Kurt. gepr. cand. med. a. Weissenfels a. S.: Tuberkulose und Rasse. Weißenfels 1905: A. Ritter. (26 S.) 8°
Straßburg, Med. Fak., Ref. Forster, Diss. v. 7. Okt. 1905
[Geb. 17. Jan. 81 Weißenfels; Wohnort: Straßburg; Staatsangeh.: Preußen; Vorbildung: Gymn. Gera Reife O. 00; Studium: Jena 1, München 3, Greifswald 1, Berlin 1, Straßburg 3 S.; Coll. 31. Juli 05; Approb. 15. Febr. 05]

Donath, L., Geschichte der Juden in Mecklenburg von den ältesten Zeiten [1266] bis auf die Gegenwart [1874]; auch e. Beitrag zur Kulturgeschichte Mecklenburgs. Nach gedr. u. ungedr. Quellen. gr. 8. (335 S.) Leipzig 874. Leiner n. 7. —

Donath Oskar Siegfried Kapper.
1906 PN 2016 Diss. Wien, Univ. 2714

Donath, P., s. Abhandlungen f. d. deutsche Genossenschaftswesen. Bd. 10.

Donath, Paul, aus Calau: Über μ-α-N-Imidazole und einige Derivate. *Rostock 1903: C. Hinstorff.* (52 S.) 8°
Rostock, Phil. Diss. v. [30. Juli] 1903

Donath, Paul, Rechtsbuch f. Genossenschaften, s.: Scholz, E.

Donath Robert: Der Prager Kongreß von 1813.
II. 1907 PN 2321 Diss. Wien, Univ. 972

Donath, Rudolf: Das gesetzliche Konkurrenzverbot für den Handlungsgehilfen. Borna-Leipzig 1909: Noske. VI, 61 S. 8°
Leipzig, Jur. Diss. v. 11. März 1909
[Geb. 15. Juli 78 Dresden; Wohnort: Leipzig; Staatsangeh.: Sachsen; Vorbildung: Fürstensch. St. Afra Meißen Reife O. 98; Studium: Freiburg i. B. 1, Berlin 2, Leipzig 5 S.; Rig. 25. Jan. 02.] [U 09. 2492

Donath, Sam. Gli., s. Donat, Sam. Gli.

Otto Willmann in seinem Verhältnis zu Lorenz von Stein. Versuch e. Würdigung u. Kritik. Von Dr. W. **Donath**. Langensalza: Beyer 1910. VIII, 76 S. 8°
(Pädagogisches Magazin. H. 423.) [11. 9555

Guilelm(us) Frideric(us) Donath [Wilhelm Friedrich Donath]: De Digitali purpureea. Berolini (1826:) Starck. 29 S. 8°
Berlin, Med. Diss. v. 24. Apr. 1826

Donati, Ante, srbske i hrvatske pjesme, pribrao A. D. 64. (159 S.) Leipzig 886. Lenz. — 75

Donati, Leone

Donati, L(eone): J. J. Bodmer und die italienische Litteratur. Zürich 1900. 72 S. 4°. (S.-A. aus Johann Jakob Bodmer. Denkschrift zum CC. Geburtstag (19. Juli 1898) veranlasst vom Lesezirkel Hottingen und herausgegeben von der Stiftung von Schnyder von Wartensee.)
Zürich. Phil. Hab.-Schr. 1900/1901.
Nicht für den Austausch.

Donati, L[eone]. Corso pràtico di Lingua italiana. Edizione per le Scuole francesi. Grammàtica—Esercizi—Letture. [Con 1 carta.] VIII + 362 p. 8. Zurigo, Orell Füssli; Parigi, Fischbacher, 1909. [leg. fr. 4. 50]

Donati, L., Corso pràtico di lingua italiana per le scuole tedesche. Grammàtica — esercizi — letture. 8. (VI, 336 S.) Zürich 902. Art. Institut Orell Füssli. Geb. in Leinw. n. 4. —

Donati, L[eone]. Corso pràtico di lingua italiana per le scuole tedesche. Grammàtica — Esercizi — Letture. 2ª ed. riveduta. VIII + 336 p. 8. Zurigo, Orell Füssli, 1904. (geb. fr. 4. 50)

Donati, L., corso pràtico di lingua italiana per le scuole tedesche. Grammàtica - Esercizi—Lettura. 3. ed. riveduta. (VI, 336 S.) 8. Zürich 906. Art. Institut Orell Füssli. Geb. in Leinw. n. 4. —

Donati, L[eone]. Corso pràtico di Lingua italiana per le Scuole tedesche. Grammàtica — Esercizi — Letture. 4ª ed. riveduta ed in parte rifatta. [Con 1 carta.] VIII + 360 p. 8. Zurigo, Orell Füssli. 1909. [leg. fr. 4. 50]

Donati, L[eone]: Giovanni Gasparo degli Orelli (1787—1849) e le lettere italiane. [Zür. Zürcher u. Furrer Dr.] 1894. 47 S. 4°.
Programm der Kantonsschule in Zürich 1894.

Donati, Leone, ([von] Tiarno di sotto [Oesterreich]): Fonetica, morfologia e lessico della raccolta d'esempi in antico veneziano. Halle E. Karras Dr. [Niemeyer Verl.] 1889. 53 S. 8°.
Zürich, Phil. Diss. [v. 1. Dec. 1888].

Donati, L., italienischer Sprachführer für Kurgäste und Touristen. 16. (189 S.) Arco 884, Emmert.

Donati, Vitalini, Auszug seiner Naturgeschichte d. adriat. Meeres; aus d. Italien. Mit Kpf. 4. Halle 753. Beer in Leipz. 12 gl.

Donatin, Leop., der Alsergrund einst u. jetzt. Für die Jugend u. das Volk geschildert. (IV, 161 S.) gr. 8. Wien (IX/1, Waisenhausgasse 8, II, 12) 904. Lehrer L. Donatin. Kart. n. 2. 40

Donatini, Corilla, oder Geschichte einer empfindsamen Buhlerin. Halle 1804. V: *Laukhard, Friedrich Christian.* (BGE IV[3], 41/42)

Donatini, Corilla, od. Gesch. e. empfindsamen Buhlerin, v. F. C. Laukhard. 8. Halle, Hendel. 804.

Donatti, L. A., an elementary english reading book and grammar; strongly recommended to parents, tutors and governesses. 5. edition. gr. 8. (40 S.) Vienna 850, (Jasper, Hügel &) Manz. n. 7 ngl

Donatus a Transfiguratione Domini, s. a. Hofmann, Donat

Donatus, P., a Transfig. Dni, kurzer Begriff biblischer Geschichten d. alt. u. neuen Bundes. 8. Kempten, Kösel. 769. Rthlr. -

— Doctrina Christianæ. 8. ibid. 769.

Donatus a Transfiguratione Domini. Enchiridium philosophicum seu theses exegeticae et dialecticae ex universa philosophia, super quibus praeside Donato a Transfiguratione Domini Religionis Clericorum Regularium Pauperum Matris Dei Scholarum Piarum sacerdote publice disputabunt: Lectissimi iuvenes philosophiae studiosi Rastadienses, ac speciatim horis matutinis theses dialecticas propugnabunt Christophorus Jaeger, Lauterburgensis et Simon Rothacker, Weilerstadiensis. Subindeque super thesibus forte oblatis per intervalla disserent: Ex logica Antonius Sigel et Wilhelmus Malo, Rastadienses; ex metaphysica Josephus Fischer, Dünkelspilensis, horis postmeridianis, disserent; ex apparatu mathematico et physica speciali Carolus Richter, Bühlensis; ex physica generali tam Aristotelea, quam empirica Hugo Pfleger, Rastadiensis; ex ethica Christophorus Jaeger, Lauterburgensis.
In Marchio-Badensi Scholarum Piarum collegio.
Rastadii VII. Maij anni MDCCXLV.
Litteris Rastadiensibus Caroli Antonii Schell. typ. 8°. 130 u. 6 S.
Rastatt, P 1745

— 3tägige Gemüthssammlung. 8. Ebendaselbst. 766.

Idem. Introductio exegetica in philosophiae partem rationalem sive logicam usui et commodo studiosae iuventutis, praemisso universae philosophiae prooemio, in lucem edita auctore Donato a Transfiguratione Domini. Religionis Clericorum Regularium Pauperum Matris Dei Scholarum Piarum Collegii Rastadiensis Vice-Rectore et S. S. Canonum professore.
Rastadii typis Caroli Antonii Schell. Ser. March. Bad. typogr. aul. anno MDCCXLIX. 8°., mit Ind. 544 S. Rastatt, P 1749

— introductio in philosophiam univers. vet. et nov.
— — idem libr. II Tom. Kempten, Kösel. 766

— introductio in philosophiam univers. vet. et nov. IV Part. 8. maj. Lindav. Otto. 767–69.

— Eloquentiae prosa, et versa inst. tripartita. 8. ibid. 778.

Donatus, Aelius

Donatus, oder Anfangsgründe der lateinischen Sprache. Augsb. 776. 8. 5 gr.

Donat, oder erste Anweisung zur lateinischen Sprache. Durchgesehen von Stroth. Quedlinb. 775. 8. 6 gr.

Donatus, oder erste Anweis. zur latein. Sprache, verbess. von Stroth. 8. Quedlinb. 800. Ernst. 6 gr.

Donati ars grammatica, s. Grammatici latini.

Aeli Donati quod fertur commentum Terenti. Accedunt Eugraphi commentum et scholia Bembina. Rec. Paulus Weßner. Vol. 1. 2. Lipsiae: B. G. Teubner 1902–05. 2 Bde 8°
(Bibliotheca script. graec. et rom. Teubneriana.) [05. 3613]

[Donatus.] Donati, Aeli, quod fertur commentum Terenti. Accedunt Eugraphi commentum et scholia Bembina. Recensuit Paul. Wessner. Vol. I. 8. (L, 542 S.) Leipzig 902. B. G. Teubner. n. 10.—; geb. n. 10.80

[Donatus.] Donati, Aeli, quod fertur commentum Terenti. Accedunt Eugraphi commentum et scholia Bembina. Recensuit Paul. Wessner. Vol. II. (VIII, 560 S.) 8. Leipzig 905. B. G. Teubner. 12.—; geb. 12.80
Vol. I Ebd. 902. n. 10.—; geb. n. 10.80.

[Donatus.] Donati, Aeli, quod fertur commentum Terenti. Accedunt Eugraphi commentum et scholia Bembina. Recensuit Paul. Wessner. Vol. III pars I Eugraphi commentum continens. (XXVIII, 332 S.) kl. 8. Leipzig 908. B. G. Teubner. 8.—; geb. n 8.50

— Donatus

— franç. et allem. p. Eubling. 8. Dresd. Walther. 712.

— latino-german. 8. Lübeck. Böckmann. 738.

Donatus latino-germanicus, nach der Seybold. Lehrart verbessert. Ansbach 1750. V: *Herzer, Christoph Bonavent.* (Ky)

Donati in commenta Terentiana praefationes recens. A. Reifferscheid. Pr. 1875 16 S. 4°.

Donatus, Tiberius Claudius

Tiberi Claudi Donati ad Tiberium Claudium Maximum Donatianum filium suum Interpretationes Vergilianae. Primum ad vetustiss. codicum fidem recogn. ed. Henricus Georgii. Vol. 1. 2. Lipsiae: B. G. Teubner 1905–06. 2 Bde 8°
1. Aeneidos libri 1–6. 1905. 2. Aeneidos libri 7–12. 1906.
(Bibliotheca script. graec. et rom. Teubneriana.) [07. 8804 6]

Donatus, Tiberius Claudius, Ad Tiberium Claudium maximum Donatianum filium suum interpretationes Vergilianae. Primum ad vetustissimorum codicum fidem recognitas ed. Henr. Georgii. Vol. I. Aeneidos libri I—VI. (XLVI, 619 S.) kl. 8. Ebd. 905. n. 12.—; geb. n. 13.—

Donatus, Tiberius Claudius, Ad Tiberium Claudium maximum Donatianum filium suum interpretationes Vergilianae. Primum ad vetustissimorum codicum fidem recognitas ed. Henr. Georgii. Vol. II. Aeneidos libri VII—XII. (688 S.) kl. 8. Ebd. 907. 12.—; geb. 13.—

Donau [Sachl. OW]

Donau, die —. Eigenthümer und verantwortlicher Redakteur: Ernst v. Schwarzer. Druck und Verlag von Friedr. Manz. Fol. 2spaltig. Täglich, mit Ausnahme der auf Sonn- und Feiertage folgenden Tagen. 10 und 14 fl. jährlich.
Wien 1855

Donau, Die —. Eigenthümer und verantw. Redakteur: Ernst v. Schwarzer. Druck und Verlag von A. Dorfmeister. Fol. 2spaltig. Erscheint täglich ein Morgen- und Abendblatt.
Wien 1856.

Donau, Die, ihre Anwohner, Ufer, Städte, Burgen und Schlösser ... Leipzig 1843. N. A. 1847. V: *Wolff, Osc. Ludw. Bernh.* (GGr)

Donau, Die bekriegte und triumphierende, in London eingeführt und vorgestellet als der kais. Abgesandte Graf von Thun alldorten die Nachricht erhalten über den Entsatz der vom Türken geängstigten Stadt Wien. Nürnberg 1702. V: *Fürer von Haimendorf, Chph.* (Rl.) (GGr)

— blaue. Oesterr.-ungar. Familien-Zeitschrift. Red.: Hans Abel. April—Dezbr. 1901. 39 Nrn. Fol. (à ca. 16 S.) Wien (III, Hauptstr. 66), Verlag „Blaue Donau". n. 10.50
Erscheint nicht mehr.

Donau, die, von Donauwörth bis Passau,
Führer für Reisende auf der Donau von Donauwörth nach Ingolstadt, Regensburg und Passau, s. Brockhaus' Reise-Atlas.

Donau, die, in Oberösterreich. Geschichtl. Darstellg. d. Regulierungsarbeiten zur Ausbildg. ihrer Fahrrinne, s.a. Verbands-Schriften d. deutsch-österr. Verband. f. Binnenschiffahrt. Nr. 43.

Die Donau in Oberösterreich. Geschichtl. Darstellung d. Regulierungsarbeiten z. Ausbildung ihrer Fahrrinne. Vom k. k. techn. Departement d. oberösterr. Statthalterei in Linz a. D. Mit 5 Taf. [Text.] Taf. Gr.-Lichterfelde: Troschel 1900. 8°
(Deutsch-Oesterr.-Ung. Verband f. Binnenschiffahrt. Verbands-Schriften. N. F. Nr. 43.) [09. 13310]

Donau, die, von Passau bis Linz und Wien. Führer für Reisende auf der Donau von Passau nach Linz und Wien, auf der Eisenbahn von Linz nach Gmunden sowie nach Ischl und Hallstatt, s. Brockhaus' Reise-Atlas.

Donau, die, von Passau bis zum schwarzen Meere. Den Freunden der Donau gewidmet v. der I. k. k. priv. Donau-Dampfschiffahrts-Gesellsch. Saison 1897. schmal gr. 8. (102 S.) Brünn. (Linz, E. Marois.) n. 1.—

Donau, die, von Passau b. z. schwarzen Meere. Den Freunden d. Donau gewidmet v. der I. k. k. priv. Donau-Dampfschiffahrts-Gesellschaft. Saison 1898. schmal gr. 8. (103 S. m. Abb.) Wien (Leipzig, Literar. Anstalt, A. Schulze). n. — 50

Donau, Die, von Passau bis zum schwarzen Meere. Saison 1902. Erste k. k. priv. Donau-Dampfschiffahrts-Gesellschaft.
8. Wien 1902.

An der schönen blauen Donau. Belletristisch-musikalisches Unterhaltungsblatt für die Familie. Herausg. von Dr. F. Mamroth. 4. Jahrgang 1889. Zeitschrift 26 Hefte. (4 B. mit Illustr. und Musikbeigaben.) (1. Heft S. 1—24) Gr.-4. à Heft *—.18
Wien: Eberle & Cie. 1889.

An der schönen blauen Donau. Unterhaltungsblatt für die Familie. Chef-Redacteur: Dr. F. Mamroth. 5. Jahrg. 1890. 24 Hefte. (3 Bogen mit Illustrationen und Musikbeigaben.) Gr.-4. (Heft 23. S. 529—552) à Heft —.15
per Quartal —.90
Wien: Eberle 1890.

Donau, die türkische, und der Balkan, s. Conversations-Hefte, illustrirte.

Donau, die, von Turn-Severin bis Semlin-Belgrad. Topographisch-histor. Notizen. Aus Anlass der Reise Ihrer k. u. k. Hoheiten d. Kronprinzen u. der Kronprinzessin zusammengestellt in der Abtheilg. f. Kriegsgeschichte d. k. k. Kriegsarchivs. 12. (37 S. m. 2 chromolith. Karten.) Wien 884. (Seidel & Sohn.) n. 1.40

Donau, die, u. d. Westbahn, oder: ausführl. Karte der Länder an der Donau v. Ulm bis Ofen-Pest, sowohl zur Fahrt mit d. Dampfschiffe als auch zur Reise auf d. Westbahn (k. k. priv. Kaiserin Elisabeth-Bahn), im Anschlusse an die bestehenden Eisenbahnen nach Paris, der Schweiz, dem nördlichen Deutschland, Galizien, Ungarn u. Tirol, so wie der Semmering-Eisenbahn bis Mürzzuschlag u. einem Theile des Salzkammergutes bis Ischl. Mit Angabe aller Stationen. 8" h. 31" lang, im Umschlag cart. Taschenformat. Wien, Artaria & Comp.
18.. ord. 1 fl. 50 kr.

Donau [Schlagwort]

Donau — Grundplan und Längen-Profile des Canals von der — zum Maine. Entworfen von dem K. B. Oberbaurath Freiherrn von Pechmann. In Stein gravirt von K. Wimberger, L. Emmert und L. Zertahelli in München. 1 : 75,000. 4 Bl.

Donau. Karte der Donau von ihrem Ursprunge bis an die Mündung. 1 : 300,000. 16 Sectionen auf 9 Blättern. 2. vollständig neubearb. Aufl. qu. 4. Wien (899). A. Hartleben. Geb. in Leinw. n. 3.60

[Donau.] [Karte des ganzen Laufes der Donau in 28 kleinen Blättern. Wien? 1720?

Donau. Karte der Länder an der untern Donau und den angrenzenden Gebieten: südl. Ungarn, Moldau und Walachei, Bosnien, Serbien, Dalmatien, Herzegovina und Montenegro. Lithogr. von Hartinger. Wien. Wallishausser'sche Buchhandlung (Jos. Klemm).
Carton 2 fl.; auf Leinwand aufgezogen m. Stäben 3 fl. 50 kr.
18..

Donau — Topographische Karte der Gegend zwischen der — Abens und Iser. Wien 1811, gestochen von Fr. Reifser 1811. 1 : 57,000. 1 Bl. a. d. W.: „La guerre de l'an 1809 entre l'Autriche et la France par Stutterheim."

Donau. Plan der Baugründe d. Donauregulirungs-Fondes im II. Bezirk Wien. 2 Blatt. à 47,5×62,5 cm. Farbendr. Wien 893. (Artaria & Co.) n.n. 4.—

Donau, Strom- und Schiffahrtskarte der Donau. Herausg. v. hohen k. k. Staats-Ministerium. Maßstab 4 W. Zoll = 400 Wr Klaftern.
Wien, Artaria & Comp in Commission.
1. – 4. Lief.

Donau (Strom- und Schiffahrtskarte der) im Bereiche des Oesterr. Kaiserstaates von Passau bis unterhalb Dalja, herausgegeben vom k. k. Staatsministerium. Massstab 1 W. Zoll = 400 W. Klafter. V. Lieferung, enthaltend: die Gegend von Domsöd bis unterhalb der Drau-Mündung, in 9 Sectionen, 5 Zwickeln und 8 kleineren Bl. oder Klappen. Wien, Artaria & Comp. in Commission. 10 fl. 35 kr.
Erschienen: 5 Lieferungen (45 Sectionen, 24 Zwickeln, 8 Klappen, Zeichenerklärung & Titelbl.) 41 fl. 40 kr.
Einzeln: Jede Section (Blatt) 70 kr., 1 Zwickel 25 kr., Zeichenerklärung 35 kr., Titelblatt 35 kr.
1864

Donau (Strom- und Schiffahrtskarte der) im Bereiche des Oesterreichischen Kaiserstaates. Herausgegeben vom k. k. Staatsministerium. Massstab 1 W. Zoll = 400 W. Klafter. Wien, in Commission bei Artaria & Comp. 57 fl. 55 kr.
— — VI. Lieferung a parte enthaltend: die Gegend von Vukovar bis Neu-Orsova, in 17 Sectionen, 10 Zwickeln und 5 kleineren Blättern. 16 fl. 15 kr.
1867

Donau — Strudel an der — Der Würbel in der Donau.
Matth. Seutter etc. Aug. Vindel. Perspectivisch. 1 Bl.

Donau [Verf.]

Donau, diskreter Ratgeber üb. Schönheitspflege od. Der Damenfreund. (Kl. Ausg. des „Modernen Ratgeber üb. Schönheitspflege".) Aerztl. Ratschläge zur Erlangg. v. Schönheit u. Kraft. Beschreibg. d. Schönheiten d. weibl. Körpers. (Umschlag: Wie werde ich schön?) (28 S. m. Abb.) kl. 8. Hamburg (904). Stuttgart, W. Digel. — 60

Donau, Julius

— Über die quantitative Behandlung kleiner Niederschlagsmengen (mit 2 Textfiguren). S. 121. IIb. 1513 . . . vgr.
Separatabdruck

— Über die Bestimmung des Schwefels und der Halogene in kleinen Mengen organischer Substanzen (mit 4 Textfiguren). S. 121. IIb. 3 . . . vgr.
Separatabdruck

Donau Julius: Über die Bildung von Magneteisenstein beim Erhitzen von Eisen im Kohlensäurestrom. S. 112. IIb. 867 . . . vgr.
Separatabdruck

— Über die Färbung der Boraxperle durch kolloidal gelöste Edelmetalle. S. 113. IIb. 541 vgr.
Separatabdruck

— Über ein Filterschälchen zur Behandlung kleiner Niederschlagsmengen (mit 5 Textfiguren). S. 119. IIb. 1101 . . . vgr.
Separatabdruck

Donau, Jul., über eine rote, mittels Kohlenoxyd erhaltene kolloidale Goldlösung. (6 S.) gr. 8. Wien 905. (A. Hölder.) n. — 20
Sonderabdruck aus: „Sitzungsber. d. k. Akademie d. Wiss."

— Über eine neuartige, durch die Wasserstoffflamme hervorgerufene Lumineszenz an Erdalkali-, beziehungsweise Kalziumpräparaten, welche Wismut oder Mangan enthalten, sowie über den Nachweis von Spuren der letzteren. S. 122. IIb. 35 . vgr.
Separatabdruck

— Über eine neue Methode zur Bestimmung von Metallen, besonders Gold und Palladium, durch Leitfähigkeitsmessungen (mit 2 Textfiguren). S. 114. IIb. 1069 vgr.
Separatabdruck

— Mikrochemischer Nachweis des Goldes mittels kolloidaler Färbung der Seidenfaser. S. 113. IIb. 181 . . . vgr.
Separatabdruck

— Über die kolloidale Natur der schwarzen, mittels Kohlenoxyd erhaltenen Palladiumlösung. S. 114. IIb. 181 . . . vgr.
Separatabdruck

— Polarimetrische Versuche mit kleinen Flüssigkeitsmengen (mit 2 Textfiguren). S. 117. IIb. 87 . . . vgr.
Separatabdruck

— Spektroskopische Versuche mit kleinen Flüssigkeitsmengen. S. 117. IIb. 665 . . vgr.
Separatabdruck

— Weitere Versuche über die qualitative Behandlung kleiner Niederschlagsmengen (mit 3 Textfiguren). S. 121. IIb. 86 . . . vgr.
Separatabdruck

Donau, Rich., Don Manuel, der Banditenfürst, oder die Braut von Granada. Volksroman. 1—33. Hft. gr. 8. (1056 S.) Berlin 881. 82. Bickhardt. à — 20

Donau-Adria-Bahnnetz, Das. (Mit 1 Eisenbahnkarte.)
8. Wien 1865.

Donau-Album. Malerische Reise von Regensburg bis Sulina. gr. Fol. (64 S. deutscher, französ., engl. u. ungar. Text m. eingedr. Holzschn. u. 25 Holzschntaf.) Wien 880. Hartleben. geb. m. Goldschn. 6. —

Donau-Album. 12 Farbendr. qu. 12. Wien 890. Heck. In Leinw.-Decke. n. 3. 50

Donau-Album, malerisches, Erinnerungs-Blätter f. Donaureisende, die interessantesten Städte, Orte, Schlösser u. Ruinen an beiden Ufern von Ulm bis Wien enthaltend. qu. gr. 8. (45 Stahlst.) Regensburg 842, Pustet. **

Donau-Album, neuestes, von Passau bis Wien. 12. (46 Ansichten in Photogr.-Imitation auf 12 Taf.) Linz 893. E. Mareis. In Halbleinw.-Decke n. 1. —

Donau-Ansichten nach Originalzeichnungen in Stahl gestochen u. beschrieben v. (J.) Meyer u. (L.) Bechstein. Neue verm. Ausg. 1. Bd. 1. u. 2. Lfg. qu. gr. 4. (S. 1—24 u. 10 Stahlst.) Hildburghausen 849, Bibliograph. Institut. (Leipzig, Gebhardt & Reisland.) à n. 7 ngr

Donaubauer, Stephan [Reallehrer an d. städt. Handelssch. in Nürnberg]: Nürnberg um die Mitte des dreissigjährigen Krieges '(Von Oktober 1631 bis Mitte Juni 1632)' ... Nürnberg, kgl. Bayer. Hofbuchdr. G. P. J. Bieling-Dietz, 1893; 1 Bl., 176 S., 1 Bl. 8.
Erlangen, Phil. Fak., Inaug.-Diss. v. 1893

Donaublumen. Eine Sammlung von Novellen, Erzählungen u. Gedichten aus der Mappe der beliebtesten Wiener Schriftsteller zur Unterhaltung für die elegante Lesewelt. Hrsg. von C. Löst. 8. (IV u. 282 S.) Wien 847, Schmidt u. Leo. 28 ngr

Donau-Bote. Wochenschrift für Staats-, Land-, Forst- u. Hauswirthschaft, sowie für Unterhaltung. Herausgeber: Ober-Justiz-Prokurator Wiest. 1841. 52 Numm. (1/2 Bog.) 4. Ulm, Seitz. n. 1/2 rß

Donau-Bote. –
Ulm. – 7.I. 1843? –1845.
Vorh. u.d. T.: Landwirthschaftliche Berichte.
Fortges. u.d. T.: Donau- und Jaxt-Bote.

Donau-Bote. –
Ulm. – 1845–31.III.1851.
Vorh. u. d. T.: Donau- und Jaxt-Bote.

Donaubote. – Der Donaubote. –
Sigmaringen. – 1.VII.1868–30.IX.1874.
Fortges. u. d. T.: Hohenzollern'sche Volkszeitung.

Donau- und Jaxt-Bote [Jaxt-Bote] . –
Ulm. – 1845.
Vorh. u. fortges. u. d. T.: Donau-Bote.

Donaubote, illustr. 1898. Ill. Haus- u. Volkskalender f. Stadt u. Land. Hrsg. v. G. Seuffer u. J. Ebner's Verl. 4. (57 S.) Ulm, J. Ebner. 20

Donaubote, Ulmer. Illustrierter Haus- und Volkskalender für Stadt und Land für 1889. Hrsg. von G. Seuffer und R. Weitbrecht. 4. (52 S.) Ulm 888, Ebner'sche Buchh.

Donaubote, Ulmer, 1889—1893. Illustrierter Haus- u. Volkskalender f. Stadt u. Land. 4. (à Jahrg. 57 S.) Ulm, Ebner. à Jahrg. — 20

Donaubote, Ulmer, 1891. Illustr. Haus- u. Volkskalender f. Stadt u. Land. Hrsg. v. G. Seuffer u. R. Weitbrecht. 4. (57 S.) Ulm 890. Ebner. — 20

Donaubote, Ulmer, 1895. Illustr. Haus- u. Volkskalender f. Stadt u. Land. Hrsg. v. G. Seuffer. 4. (57 S.) Ulm, J. Ebner. — 20

Donaubrücke Grein oder Ybbs? Ybbs 1906. V: *Schönbichler, Carl.* (EB)

Donau-Brücke, die steinerne, zu Regensburg, s.a. Boesner, Heinr. Joh. Th.

Donau-Brücke, d. steinerne, zu Regensburg. Ein Beitrag zur Geschichte dieser Stadt, (v. H. J. Th. Boesner). Mit 1 Abbild. d. Brücke. gr. 8. Sulzb. 830. v. Seidel. 3 gl

Donau-Dampfschiff-Fahrt, die, nach Constantinopel. Neues Gesellschaftsspiel. — La Navigation à vapeur sur le Danube pour Constantinople. 1 illum. Bl. in Fol. u. 1 Bl. deutsche u. französ. Erklärung in gr. 8. Wien 842, Bermann u. Sohn. Auf Pappe. 16 ngl

Donauer, Vorschläge zur zweckmässigen Behandlung kranker Hunde. 8°. Marburg u. Kassel 15. Krieger. (Kesselring, Frankf. a. M.) M. —.50

— Christian Daniel (Nördlingen), Errores pragmaticorum de renunciatione hereditatum filiarum illustrium. Präs. Nicol. Hieron. Gundling. Halle (Hilliger) Nov. 1729. 48 S. (5.—) 6741
Widm. v.: Just. Henning Böhmer, Gg. Bernh. Dolp (Nördling.), Bernh. Jac. Donauer (Bruder).

Donauer, Friedrich Wilhelm

Donauer, Frdr. Wilh., Anleitung zu dem Schneiden verschiedener Arten von Fruchtsteinen u. insbesond. der Pistolen. Coburg 866. Meusel & Sohn in Comm. gr. 8. (40 S. u. 7 lith. Taf.) n. 10 ngr

Donauer, Georg Friedrich

Donauer, Geo. Fr., s. Gottesdienst in Franken.

Donauer, Geo. Fr., s.a. Lebensbeschreib. Wurmsers.

(Donauer, G. F.) Kurze Lebensbeschreibung des k. k. Generals Grafen von Wurmser. 8. s. l. 1778.

Donauer, Geo. Fr., s. Revision d. Alphabets.

Donauer, Geo. Fr., s.a. Versuch e. Beantwort. d. Preisfr.: Welches sind d. besten Mittel, den Kindermord . . .

Versuch einer Beantwortung der Preisfrage: Welches sind die besten ausführbaren Mittel, dem Kindermorde Einhalt zu thun? (von *Georg Friedr. Donauer*). Nürnberg, Grattenauer, 1781. 8°. (In Zürich, Stadtbibl.)
Anon.-Lex. IV. p. 297 (nach Fikenscher, Callisen, Kayser, Meusel).

Donauer, Geo. Fr., s. Versuch über d. Fingersprache.

Donauer, Hnr. Aug., die Freiheit u. das Leben. Ein Neujahrsgedicht an d. Fürsten u. Völker Europa's. gr. 8. Lindau 832. (Kranzfelder). 4 gl

Donauer, Hnr. Aug., Lieder aus dem Spätjahr 1832. Seinen Freunden auf d. Marsche nach Hellas gewidmet. gr. 8. Kempten 833. (Dannheimer.) 1/6 rß

Donauer, I. C., Consilia et responsa iuris. fol. Nürnberg. Felsecker. 724.

Donauer Lehen Moos [Schlagwort]

Donauer Lehen Mooses — Plan des unter der Cultur stehenden Churfürstlichen Schrobenhauser oder — Adrian von Riedl General - Strassen - u. Wasserbau - Director. J. M. Mettenleiter sculp. 1791. 1 : 60,000. 1 Bl.

Donauer Moos [Schlagwort]

Donauer-Mooses — Geometrischer Plan des in einem grossen Sumpfe bestandenen und in den Jahren 1790 91 92 und 1795 ganz Cultur-fähig und trocken gelegten — So nach den wahren Moos-Gränzen bey 60,000 Tagwerk in sich hält, und in den Churpfalzbayrischen u. Herzogthum Neuburgischen Landen entlegen ist, worauf die Haupt- und andere Canäle dergestalt nach allen Regeln und der Lage angemessen angezeigt worden sind, dass nur nach diesem Systeme die Austrocknung bestehen konnte. 1794? 1 : 32,0000. 1 Bl.

Donauern, J. C., s. Florinus, F. Ph.: Oeconomus prudens et legalis oder. . . .

Donaueschingen [Schlagwort]

— s. a.: Deutschland, Kürschner-Peip.

Donaueschingen, s.a. Geologische Karten. Spezialkarte (Baden). — Schwarzwald. Lorenz.

Donaueschingen. Lorenz, Paul. Karte der Umgebg. v. Donaueschingen. 1:75,000. 28×43,5 cm. Farbdr. Freiburg i/B. (900). F. P. Lorenz. n. — 60

Donaueschingen. Plan der Stadt Donaueschingen. (Umschl.: Übersichtsplan. Hrsg. v. d. Stadtgemeinde Donaueschingen.) 1:2,800. 49,5×59 cm. Farbdr. Mit Strassenverzeichnis. (2 S.) 8. Stuttgart (910). W. Seifert. — 60

Donaufahrt von Passau bis Wien. Mit Angabe d. Städte u. merkwürd. Flecken, die an beiden Ufern d. Flusses liegen. Mit 1 Ansicht. qu. 16. Passau 829. Ambrosi. 8 ggr

Donaufahrt, pittoreske, von Ulm bis Konstantinopel. Eine romantisch-malerische Schilderung der merkwürd. Ortschaften, Schlösser, Burgen, der schönsten Gegenden u. Fernsichten an der Donau, wie auch der gefährlichsten Stellen dieses Flusses, nebst e. Uebersicht der Dampfschiffahrt auf demselben. Mit 1 Stromkarte. gr. 12. Wien 838. Gerold. 5/6 ₰

Donau-Fürstenthümer. s. österr. Kaiserstaat.

Donaugesellschaft, Die gelehrte, und Wien unter Kaiser Maximilian I. Wien 1837. V: *Kaltenbaeck, Johann Paul.* (Mitth. Dr. Ignaz Schwarz-Wien.)

Donaugesellschaft, die gelehrte, in Wien unter Kaiser Maximilian I. Aus der österr. Zeitschrift für Geschichte u. Staatskunde. gr. 8. Wien 837, Ign. Klang. 6 1/4 ggr

Donauhafen, der. Jahrbuch für Lied und Novelle. Hrsg. von K. Julius und Rupertus. 1. Jahrg. 1843. gr. 8. (VIII und 254 S. mit gest. Titel.) Preßburg 843, Wigand. *

Donau-Karte. Notizen über die Donauregulirung im österr. Kaiserstaate bis zu Ende des Jahres 1861. Verfasst vom k. k. Ministerialrath Ritter von Pasetti. Wien, Artaria & Comp. in Commission 50 kr. 1862

Donaukreis [Schlagwort]

Donaukreis, s.: Württemberg. Karte.

Donaukreis, württemberg., s.: Württemberg.

Die Donauländer. Zeitschrift für Volkskunde. Mit Berücksichtigung von Handel, Industrie und Verkehrswesen in den Ländern der unteren Donau. Herausgegeben von Adolf Strausz. I. Jahrgang. 1899. Wien. Leipzig. Budapest. 1898/99. Graeser. Gr.-8°. erscheint in 12 Heften. compl. fl. 12.—

Donaulied, Das, in Prosa und in Reimen ... Wien 1846. V: *Haas, Johann Baptist.* (EB)

Donau-Main-Kanalprojekt, das, s.a. Verbands-Schriften d. deutsch-österr.-ungar. Verbandes f. Binnenschiffahrt.

Das Donau-Main-Kanalprojekt. H. 1. *Berlin: Siemenroth & Troschel 1897.* 8.
— Deutsch-Oesterreichisch-Ungarischer Verband für Binnenschiffahrt. Verbands-Schriften. No III. [97. 5961

Donau-Moldau-Elbe-Kanalprojekt, das, Vorträge von Kaftan, Steiner, Bellingrath, Siewert, s.a. Verbands-Schriften d. deutsch-österr.-ungar. Verbandes f. Binnenschiffahrt.

Das Donau-Moldau-Elbe-Kanalprojekt. H. 1. *Berlin: Siemenroth & Troschel 1897.* 8.
— Deutsch-Oesterreichisch-Ungarischer Verband für Binnenschiffahrt. Verbands-Schriften. No V. [97. 5961

(F) Für den Donau-Moldau-Canal. Herausgegeben vom Donau-Moldau-Elbe-Canal-Comité. Wien. 1901. In Comm. Lehmann & Wentzel. Gr.-8°. 79 S. K —.80

Donau-Oder-Kanalprojekt, das, s. Verbands-Schriften d. deutsch-österr.-ungar. Verbandes f. Binnenschiffahrt.

Donau-Oder- u. Donau-Moldau-Elbe-Kanalprojekt, das, s. Verbands-Schriften d. deutsch-österr. ungar. Verbandes f. Binnenschiffahrt.

Donaumoor, das, in Baiern, für diejenigen, welche sich ansiedeln wollen, m. 1 topog. Charte. 8. Mannh. Kaufmann. 808.

Donaumoos [Schlagwort]

Donaumooses — Plan des ausgetrockneten — im Königreich Bayern. Reducirt und lithographirt von dem Inspector Barraga im Jahre 1824. 1 : 60,000. 1 Bl.

Donaunixe. Herausgeber: J. Greis (Rehhongs). Red.: J. M. Grienwaldt. (1.) Jahrg. 1855. 52 Nrn. (à 1 Bgn. m. Holzschn. im Text.) Wien. (Leipzig, Hübner.) gr. 4. n. 3 ₰ 10 ngr

Donau-Oder-Canal, der. Wien 1872.

Das Donau-Oder-Kanalprojekt. Heft 1—3. *Berlin: Siemenroth & Troschel 1897.* 8.
— Deutsch-Oesterreichisch-Ungarischer Verband für Binnenschiffahrt. Verbands-Schriften. No II. VI. VII. [97. 5961

Donau-Panorama. Passau-Linz. 100×18 cm. Farbendruck. Passau 894. A. Deiters. n. 1. —

Donau-Panorama v. der Befreiungshalle bis zur Walhalla. Stahlst. m. 17 Ortsansichten. Fol. Regensburg 888. Verlags-Anstalt. n. — 50

— von Passau bis Linz. Photo-Chemigr. u. color. gr. Fol. Passau 888. Waldbauer. 1. —

Donau-Post. –
Regensburg. – 16.IX.1909–17.XI.1909.
Vorh. u.d. T.: Regensburger Volksfreund.
Fortges. u. d.T.: Neue Donau-Post.

Donau-Post. Neue Donau-Post. –
Regensburg. – 18.XI.1909–30.VI.1920.
Vorh. u. d. T.: Donau-Post.
Fortges. u. d. T.: Volkswacht.

Donau-Regulirung, die, bei Wien. Hrsg. aus Anlass der feierl. Eröffng. der Schiffahrt im neuen Strombette am 30. Mai 1875 v. der Donau-Regulirungs-Commission in Wien. gr. 8. (22 S. m. 3 lith. u. chromolith. Taf. in gr. Fol.) Wien 875. k. k. Hof- u. Staatsdr. 1. 20

Donau-Reise, die, von der Einmündung des Ludwigs-Kanals nach Konstantinopel. Handbuch für Reisende von Ulm nach Wien, Preßburg, Pesth, Konstantinopel, dem Archipelagus, Griechenland, über die Jonischen Inseln nach Italien. Als Fortsetzung der Reise-Handbücher in der Schweiz u. am Rheine von A. Schreiber. Mit den Excursionen: 1. Von Ulm nach Hohenschwangau; 2. von Linz nach dem Salzkammergute; 3. nach den Bädern von Mehadia; 4. von Konstantinopel nach den Russ. Häfen am schwarzen Meere ꝛc. Nebst den Poststraßen von Ulm bis Semlin, sonstigen nützl. Notizen, e. Anhange geschichtl. Gemälde u. Sagen u. einigen Nachrichten über den Aufenthalt des Lords Byron in Griechenland. Mit 2 Stahlstichen u. 2 Karten. 8. Heidelberg 839. Engelmann. 3 1/3 ₰

Donaureise, malerische, von Engelhartszell bis Wien. Nach der Natur gez. v. J. Alt, lith. v. Sandmann. Fol. (32 Bl.) Wien 850, Hermann. n. 13 1/3 ₰

Donaureise von Regensburg bis Wien, mit Angabe aller Ortschaften ꝛc. 8. Regensb. 802. Montag u. W. 12 ggr

— d. i: kurzgefaßte Nachricht von Strömen, Flüssen ꝛc. Ebd. 760. Ebd. 3 ggr

Donau-Save-Canal, Der, und seine wirthschaftliche Bedeutung. Wien [1899]. V: *Kauch von Nyék, Geza Freih.* (EB)

Die **Donauschiffahrt** und die Erste k. k. priv. Donau-Dampfschiffahrts-Gesellschaft. Wien, 1909. 34 S. mit 1 Karte.

Donauschiffahrts-Frage, die, in ihrer Entwicklung vom Wiener Kongresse bis zum Abschluss der Donauschiffahrts-Akte. 1857. Stuttgart 1858

Donauschifffahrts-Frage, die, in ihrer Entwicklung von dem Wiener Congresse bis zum Abschluß der Donauschiffahrts-Acte vom 7. Novbr. 1857 dargestellt in einer Sammlung der betr. völkerrechtl. Acte. Mit einer einige Hauptpunkte der neuen Schiffahrts-Acte erläuternden Einleitung. Stuttgart 858. Metzler. gr. 8. (79 S.) 15 ngl

Donaustauf u. Walhalla. Geschildert von *Adalbert Müller. Zwölfte,* mit den kurzgefassten *Biographien der Walhalla-Genossen* vermehrte Aufl. Mit Stahlstichen u. Tabellen (auf 1 Bl. in gr. qu.-Fol.). Regensburg, G. J. Manz, o. J. (c. 185*). Gr. 8°. Eleg. blau Srnb. m. Tit. auf Deckel.

1 Titel-Stahlst. (Walhalla mit d. Fernsicht gegen Straubing u. gegen Regensb.), 67 S. Text (lat. Lett.), Grundriss der Walhalla, 1 Taf., enth. Mosaikfussboden derselben, 1 Tabellentafel. — Vgl. Nr. 467 d. Cat.

Donaustauf und Walhalla. Blätter der Rückerinnerung für Reisende. Mit 2 Stahlst. gr. 8. Regensb. 838. Manz. 5/12 ℔

Donaustauf und Walhalla. Blätter der Rückerinnerung für Reisende. 3. verm. u. verb. Aufl. Mit 2 Stahlst. gr. 8. Regensburg 842, Manz. 5/12 ℔

Donaustrom, s. Wien vor und nach der Donauregulirung. 1870

Donau-Strom den 19. Jan. 1706. (Flugbl. betr. die Kapitulation v. Braunau u. Burghausen.) v. D. 1706. 2 S.

Donaustrom, Der, an Josephine von Baiern Auf Ihrer Hochzeitreise nach Wien von M. D. der G. J. Wien 1765. V: *Denis, Joh. Nep. Cosm. Mich.* (BIBlPORT)

Donau-Stromkarte zur Donauregulirung bei Wien mit dem beantragten Durchstiche. Quer-Folio. 1868. Lithogr. Wien, k. k. Hof- u. Staatsdruckerei. 1869 15 kr.

Donau-Strom-Polizei-Vorschrift. Hofkanzlei-Dekret vom 24. Dezember 1827, Zahl 30,425. Regierungs-Verordnung vom 30. März 1828. Zahl 10,198. An die Wasserbau-Direktion, die Kreisämter, den Magistrat und die Dominien Wiens, dann Regierungs-Cirkuler vom 29. März 1828. (16 S. 8.)

Donau-Studien. Nach d. Plane u. d. Instructionen von Dr. Jos[ef Roman] R' v. Lorenz-Liburnau. Abhandlung 1–4. Wien: K. k. Geogr. Gesellsch. 1893–95. 8°
1. 2. 1893. 3. 4. 1895.
— **Mitteilungen** d. k. k. Geogr. Gesellschaft in Wien. Bd 36, H. 7, Beil.; 36, H. 8, Beil.; Bd 38, Beil. [07. 1460]

Donauthal [Sachl. OW]

Das obere **Donauthal.** Ueberdruck von den Sectionen 4 und 6 der Karte vom Grossherzogthum Baden. in 1 : 200000. Berlin. 1878. Lithographie. 1 Bl. Fol., 60·57 cm.

Donauthal [Schlagwort]

Donauthal, s.: Wiener Ausflugskarten.

Donautal, oberes, s.: Alb, schwäbische. Karte.

Donauverteidigung, die, s. a. Von Königgrätz bis an die Donau.

Die **Donauverteidigung.** Mit Benützung d. Feldakten d. k. u. k. Kriegsarchivs bearb. von e. Generalstabsoffizier. Mit e. Generalkarte 1:200.000 d. Operationsraumes, 8 Beilagen u. 1 Textskizze. Wien: L. W. Seidel & Sohn 1907. (IX, 159 S.) 4°(8°)
— **Königgrätz,** Von, bis an d. Donau. [3.] [07. 3700]

Donauweibchen, das, s. a. Kindertheater, 5. Hft.

Donauweibchen, das, eine romant. Geschichte der Vorzeit. 8. Wien 799. K. Haas. 12 gr

Donauweibchen, das, romantische Gesch. d. Vorzeit. 8. Wien, Rehm. 799.

Donauweibchen, das,. Ein Volksmährchen mit Gesang, v. K. F. Hensler. 2 Thle. 8. Wien, Cumesina. (Wallishausser.) 86.

Donauweibchen, das, eine romantische Geschichte der Vorzeit. 8. Wien, Rehm. (Leipzig, Fr. Fleischer in Com.) 818.

Donauwörth [Sachl. OW]

Donauwörth im Jahre 1817. Vom k. Steuerkataster. 1: 2500. 1 Bl.

Donauwörth [Schlagwort]

Donauwörth, s.: Deutschland. Kürschner-Pelp.

Donau-Zeitung. –
Passau. – 1.VII.1847–2.I.1938
1.XII.1952–30.XI.1953.
Vorh. u. d. T.: Kourier an der Donau.

Doench, Aug., gründlicher Unterricht im l'Hombre-Spiel. Enthaltend eine vollständige Beschreibung desselben, seine Gesetze u. Regeln u. Anweisung, dasselbe richtig zu spielen. Quedlinburg 856. Basse. 16. (VII, 58 S.) 10 ngl

D'oench, E., der Diplomat. Lustspiel, s. Scribe.

—— Polder, der Scharfrichter von Amsterdam, s. Pixerécourt.

—— der Spion. Drama, s. a. Spion.

D'oench, E., der Spion. Drama in 5 Aufz. Nach d. Französ. des Ancelot u. Mazeres. 8. Liegnitz 831. (Kuhlmey). 10 gr

Dönchen über Dönchen, nebst Epistel an die Venus-Nymphen zu Paphos! oder Kuddelmuttel an allen Ecken. Gegenstück zum Bruder Pfiffikus ... von Johannes Selbstdenker. Altona 1841. V: *Anderssen, Joh. Friedr. Wilh.* (SCHR)

Donchi, Mendel, aus Russlund [!]: Ueber α- und β-Pyridoylessigester. *Berlin (1901): E. Ebering.* (39 S.) 8°
Berlin, Phil. Diss. v. 16. März 1901

Donchin, Boris: Aus der Kgl. Medizinischen Klinik zu Breslau. (Direktor: Geheimrat Prof. Dr. von Strümpell.) Ein Beitrag zur Kenntnis des Morbus Basedowii. Breslau 1906: Breslauer Genoss.-Buchdr. (70 S.) 8°
Breslau, Med. Fak., Ref. v. Strümpell, Diss. v. 11. Juli 1900
[Geb. 25. Juli 82 Lodz; Wohnort: Lodz; Staatsangeh.: Rußland; Vorbildung: Gymn. Lodz Reife M. 01; Studium: Breslau 10 S.; Rig. 9. Juli 06.]

DONCHIN, GREGORY. Ueber die Wirkung des Schwefelsauren Diazobenzols. Königsberg, 1875.

Donchin, Grigory, üb. die Wirkung d. schwefelsauren Diazobenzols. Inaugural-Dissertation. gr. 8. (48 S.) Königsberg 875. (Leipzig, Kessler.) n. 1. 60

Donciu Leon: Über die Einwirkung von Chlor auf den Äthylenalkohol (1, 2-Äthandiol). 8. 104. IIb. 7 . . . . vgr.
Separatabdruck

Doncker Curtius, H. H., de apocalypsi ab indole, doctrina et scribendi genere Joannis apost. non abhorrente. 8maj. Utrecht 809.

Donckermann, F. H. L., de hodierno linguae latinae usu in literis doctrinisque tradendis. 8. Leyden 826. Luchtmanns. 8 gr

Donderer, Guilelmus: P. P. Dobraei Adversaria, quoad pertinent ad Lysiam. Würzburg 1908: Richter. 19 S. 8°
Lohr, k. G P 1909* [S 09. 74

Donders, Adolf, Kaplan: Der hl. Kirchenlehrer Gregor von Nazianz als Homilet. Münster i. W. 1909: Westf. Vereinsdr. 160 S. 8°
Münster, Theol. Diss. v. 27. Juli 1909, Ref. Hüls
[Geb. 15. März 77 Anholt; Wohnort: Münster i. W.; Staatsangeh.: Preußen; Vorbildung: Gymn. Emmerich Reife O. 96; Studium: Münster 8 S.; Rig. 18. Dez. 08.] [U 09. 3552

Donders, Adf., Heimkehr, s. a. Wort u. Bild.

Heimkehr. Stille Gedanken von Adolf **Donders.** M. Gladbach: Volksvereinsverl. (1910). XV, 453 S. 8°
(Wort u. Bild. Nr 4/6.) [10. 13267

Donders, Franz Cornelius

Donders, F. C., die Anomalien der Refraction u. Accommodation des Auges. Deutsche Orig.-Ausg. unter Mitwirkung des Verf. hersg. v. O. Becker. Mit 193 Holzschn. (im Text) u. 1 lith. Taf. (in Fol.) Wien 866. Braumüller. gr. 8. (XII, 544 S.) n. 4 Thlr 10 Ngr

Donders, F. C., die Anomalien der Refraction u. Accommodation d. Auges. 2. Abdr. der unter Mitwirkg. d. Verf. v. O. Becker hrsg. deutschen Orig.-Ausg. Mit 193 Holzschn. gr. 8. (XI, 544 S.) Wien 888. Braumüller. n. 14. —

Donders, F. C., Astigmatismus und cylindrische Gläser. Berlin 862. Peters. gr. 8. (XIII, 137 S.) n. 1 Thlr 10 Ngr

Donders, F. C., Autobiographie, entnommen aus der Festrede vom 28. Mai 1888. [Aus: „Klin. Monatsbl. f. Augenheilkunde".] gr. 8. (20 S.) Rostock 890. Stiller. — 75

Donders, F(ranz)C(ornelius) (Hrsg.):

s.: Beiträge, Holländische, zu den anatomischen und physiologischen Wissenschaften. Bd 1. Düsseldorf, Utrecht: 1848.

— Beiträge zur Kenntniss der Refractions- und Accommodations-Anomalien. (Aus: Archiv für Ophthalmologie. VI, 1 und VII, 1.)

—— Festgruß zum 27. Mai 1888, s. Moleschott, Jac.

—— s. Goldzieher, W., Gedenkrede.

Donders, F. C., die Nahrungsstoffe. Grundlinien einer allgem. Nahrungslehre. Aus dem Holländ. übers. von P. B. Bergrath. gr. 8. (IX und 108 S.) Crefeld 853, Funcke'sche Buchh.

Donders, F. C., die Nahrungsstoffe. Grundlinien einer allgemeinen Nahrungslehre. Aus dem Holländ. übers. von P. B. Bergrath. Crefeld 853. Kühler. gr. 8. (IX, 108 S.) 15 Ngr

Donders, F. C., Ueber die Natur der Vokale. (Erste briefl. Mitth. an Hrn. Prof. Brücke.) Utrecht 1857. (Ueberdr. aus dem Arch. für die Holländ. Beitr. zur Natur- und Heilk. Bd. I, 1857.)

— Physiologie des Menschen. Deutsche Originalausg., vom Verf. revid. u. vervollständigt u. aus dem Holländ. übers. von Friedr. Wilh. Theile. 1. Bd.: Die Ernährung. Verfasst unter Mitwirkung von A. F. Bauduin. Mit 123 eingedr. Holzschn. Leipzig 856. Hirzel. gr. 8. (X, 485 S.) n. 2 Thlr 10 Ngr

— Physiologie des Menschen. Deutsche Originalausgabe vom Verfasser revidirt und vervollständigt und aus dem Holländischen übers. von Fr. Wilh. Theile. 1. Bd.: Die Ernährung. Mit 124 eingedr. Holzschn. 2. verb. Aufl. Leipzig 859. Hirzel. gr. 8. (X, 506 S.) n. 2 Thlr 10 Ngr

Donders, (F. C.), der Stoffwechsel, als die Quelle der Eigenwärme bei Pflanzen u. Thieren. Eine physiologisch-chem. Abhandlg. für Gebildete aller Stände. Frei nach dem Holländ. 8. (101 S.) Wiesbaden 847, Beyerle. 1/2 Thlr

Dondini, Guglielmo

***Dondini,* G., hist. de rebus in Gallia gestis. Fol. Wien 750. Trattner. 1 Thlr 8 Gr**

Dondini, Guigl. Historia de rebus in Gallia gestis ab Alexandro Farnesio, Parmae et Placentiae duce VII, supremo Belgii praefecto. [1589—1595.] 4. Romae 1671. — 2a ed. fol. ib. 1673. — Norimberga 1675. — 4a ed. Romae 1676. — fol. Viennae 1753. 4,00.

Dondini, Guglielmo; Selecta Heroum Spectacula, in Amphittheatro Fortitudinis Eleganti Poemate repraesentata, Quibus accessit Samson P. Guilielmi Dondini Societatis Jesu . . . Anno 1702. (Celophon) Prostat apud Adamum Damer, Bibliopolum, vulgó im Zwetelhof.

Dondins, P., Simsons Spiel u. Ende, s.: Proben, 3, der neulateinischen Poesie.

Dondl, Hans (Red.), s. Zither-Zeitung, Münchener.

Dondorf's Alphabete. Eine Sammlung von Musterblättern der verschiedensten Schriftarten älterer und neuerer Zeit. Zum Gebrauche für Schriftenmaler, Lithographen, Graveure, Schildermaler, Kalligraphen u. s. w. 12 Hefte mit 53 Bl. gr. 4. Frankfurt a. M. 873, Dondorf. In Mappe Einzeln Heft 1 und 2 à 75 Pf.; Heft 3—5, 7—10 und 12 à ℳ 1.; Heft 6 und 11 à ℳ 1,50.

Dondorf B. Frankfurt a. M. Spielkarten-Muster. qufol Frankfurt a. M.

Dondorf, Christoph, s. Donndorff

Dondorf, Hellmuth, s. Dondorff.

Dondorff: Die Jonier auf Euboea. 60 S. –Berlin J., Progr. 1860

Die Knickfestigkeit des geraden Stabes mit veränderlichem Querschnitt und veränderlichem Druck, ohne und mit Querstützen. Mit 30 Fig. u. 1 Taf. Von J. **Dondorff,** Reg.-Bauführer. Düsseldorf: Baedeker 1908. 47 S. 8° [Umschlagt.] [09. 11410 5

Dondorff, das hellenische Land, s. a. Sammlung gemeinverständl. wissenschaftl. Vorträge.

Dondorff, das hellenische Land als Schauplatz der althellenischen Geschichte. (Sammlung gemeinverständlicher wissenschaftlicher Vorträge N F 72) Hamburg 1889

Dondorff, Kaiser Otto III., s. a. Sammlung gemeinverständlicher wissenschaftlicher Vorträge.

Dondorff, Kaiser Otto III. (Slg w. Vortr. 478) Berlin 1886

Dondorff, Christianus Fridericus Salomon *(geb. Festenberg in Schles. 11. 11. 1789)*: Utrum in Solano tuberoso vel in spiritu ex ejus tuberibus parato acidum hydrocyanicum insit nec ne? Vratislaviae (1819). (28 S.) 4°
Breslau, Med. Diss. v. 15. März 1819

§ **DONDORFF,** Chp., et D. G. Eckard, De sacco sine sutura, vom Beutel ohne Naht. Lipsiae 1719. 4°. Rarl (Auch in Rostock, Landesbibl.)

Dondorff, H., Aphorismen zur Beurtheilung der solonischen Verfassung. [Aus: „Symbolae Joachimicae".] gr. 8. (18 S.) Berlin 880. (Calvary & Co.) n. 1. 20

Dondorff, H., die Normannen u. ihre Bedeutung f. das europäische Culturleben im Mittelalter, s. a. Sammlung gemeinverständl. wissenschaftl. Vorträge.

. Dondorff H, die Normannen und ihre Bedeutung für das europäische Kulturleben im Mittelalter. (Sammlung wissenschaftl. Vorträge 225) Berlin 1875

Dondorff, Hellmuth, aus drei Epochen preußischer Geschichte. Eine Studie üb. das Woher u. Wohin unserer Bewegg. gr. 8. (118 S.) Berlin 892. Wiegandt & Grieben. n. 1. 50; 2., verm. Aufl. (130 S.) n. 1. 50

Dondorff, Hellmuth: Die Ionier auf Euböa. 60 S. – Progr. Berlin Joahc, G. 1860.

—— Das hellenische Land als Schauplatz der althellenischen Geschichte, s. Sammlung gemeinverständlicher wissenschaftlicher Vorträge.

Dondorff, Hellmuth: De rebus Chalcidensium. Halis Saxonum (1855): Gebauer-Schwetschke. 29 S. 8°
Halle-Wittenberg, Phil. Diss. v. 10. Aug. 1855
Geb. Bauer bei Greifswald 18. 1. 1833. V.
Enthält nur Cap. 4 u. 8, der Rest sollte nach Möglichkeit bald erscheinen. Ms. fehlt.
Vom Verf. ersch. (vielleicht aus dem ungedr. Teil der Diss. oder als deren Forts.) deutsch: Die Jonier auf Euböa. Berlin 1860: Akad. d. Wiss. 60 S. 8° (4°) Joachimsth. Gymn., Progr.

Dondorff, J[akob], Reg.-Bauführer: Die Knickfestigkeit des geraden Stabes mit veränderlichem Querschnitt und veränderlichem Druck, ohne und mit Querstützen. 1907. 47 S., 1 Taf. 8° ¶ Auch bei Baedeker in Düsseldorf 1908.
Aachen, Dr.-Ing.-Diss. v. 20. 3. 1908

Donebauer, Fritz, Autographen-Sammlung, s.: Aus der Musik- u. Theater-Welt.

Sammlung Fritz **Donebauer**-Prag. Briefe, Musik-Manuscripte, Portraits z. Geschichte d. Musik u. d. Theaters. (Vorr.: Richard Batka.) Versteigerung ... 1908 ... Berlin. (Berlin: Stargardt 1908.) IV, 123 S. 8°
(op. 8383

Donebauer, Max, s. a. Fiala, E., Beschreibung böhmischer Münzen.

Donebauer, Max. Beschreibung der Sammlung böhmischer Münzen u. Medaillen. In numismatisch - geschichtlicher Bearbeitung von Eduard Fiala. 20 Hefte. Lex.-8. (712 S.)
Prag: Dominicus 1890 * 40.— mit 20%

Donecker: Ueberlandzentralen. Vortrag. Frankfurt a. M. 1909

Doenecke, Fr(iedrich) W(ilhelm), aus Piscaborn ⟨Prov. Sachsen⟩: Untersuchungen über Bau und Entwickelung der Augenlider beim Vogel und Haifisch. *Leipzig [1899]: Hesse & Becker.* (47 S.) 8°
Leipzig, Phil. Diss. v. [5. Okt.] 1899

Doenecke, Otto, die Branntwein-Kontingentirungsordnung. Nach amtl. Quellen zum prakt. Gebrauche der Behörden u. Beamten der Zoll- u. Steuer-Verwaltgn. sowie f. die Brennereibesitzer bearb. u. m. Genehmigg. des königl. preuß. Finanz-Ministeriums hrsg. gr. 8. (64 S.) Berlin 902. R. Eisenschmidt. n. 1. 20

— d. Branntweinsteuer-Ausführungsbestimmgn. Ein Handbuch f. die Behörden u. Beamten der Zoll- u. Steuerverwaltgn. sowie f. Gewerbtreibende. Nach amtl. Quellen f. den prakt. Gebrauch bearb. u. m. Genehmigg. des königl. preuß. Finanz-Ministeriums hrsg. 3 Bde. gr. 8. Ebd. 901. n. 14.—; einzeln bezogen n. 15.—; in 1 Leinw.-Bd. n.n. 15.50
1. Die Branntweinsteuer-Grundbestimmgn. u. das Sachregister. (VIII, 65 S.) n. 2. 50
2. Die Brennereiordnung u. die Meßuhrordnung. (351 S.) n. 6. 50
3. Die Branntwein-Begleitscheinordnung, die Branntwein-Lagerordnung, die Branntwein-Reinigungsordnung, die Alkoholermittelungsordnung, die Branntweinsteuer-Befreiungsordng. u. die Vorschriften üb. Branntwein-Statistik. (310 S.) n. 6. —

— dasselbe. Sachregister. gr. 8. (80 S.) Ebd. 901. n. 1.—

Doenecke, Otto, die Branntweinsteuer-Ausführungsbestimmungen. Ein Handbuch f. die Behörden u. Beamten der Zoll- u. Steuerverwaltgn. sowie f. Gewerbtreibende. Nach amtl. Quellen f. den prakt. Gebrauch bearb. u. m. Genehmigung des königl. preuß. Finanz-Ministeriums hrsg. Nachtrag. (115 S.) gr. 8. Berlin 902. R. Eisenschmidt. n. 1. —
Hauptwerk Ebd. 901. n. 14. —.

Doenecke, Otto: Sachregister zu den Branntweinsteuerausführungsbestimmungen. s.a. Branntweinsteuer-Ausführungsbestimmungen.

Doenecke, Otto, Sachregister zu dem Branntweinsteuergesetze v. 15. VII. 1909 u. den vom Bundesrate dazu erlassenen Ausführungsbestimmgn. (158 S.) gr. 8. Berlin 910. R. Eisenschmidt. 1.90; geb. n 2. 50

— Die Zollgebührenordnung u. die sonstigen Bestimmgn. üb. Gebühren u. Vergütungen f. den Zoll- u. Reichssteuerverkehr. Nach amtl. Quellen erläut. u. m. Genehmigung d. kgl. preuß. Finanz-Ministeriums hrsg. (164 S.) gr. 8. Ebd. 909. 3.—; geb. 3. 60

Döneke, Franz: Gottesbeweise, für Schüler höherer Lehranstalten bearbeitet. *Paderborn 1902: Junfermann.* (65 S.) 8° [F.]
Paderborn, k. G Theodorianum, OP 1902 (402)

Döneke, Frz., Naturwissenschaft u. Gottesglaube. Gemeinverständliche Gottesbeweise auf naturwissenschaftl. Grundlage. (111 S.) 8. Paderborn 904. Junfermann. n. 1. —

Döneken-Bök, dat Sassishe, sammed tor Tydkörtinge dorg Arend Wärmund. 8. (25 B.) Hamborg 829. [Nestler u. Melle.]

Donelan, A. M., Flora Adair. Ein Roman aus der Gegenwart. Frei nach dem Engl., v. P. N. 2 Bde. gr. 8. (363 u. 305 S.) Köln 872. Bachem. 6. —

Donellus, Hugo: Commentarii de jure civili. *T. I.* (lib. I. — XI.) *Frcf.* 589. 590. fol. — Comm. — — libb. XXVIII. Scip. Gentilis posteriores libros supplevit, expoliv. *Francof.* (595 — 97. V. fol. *Hanov.* 612. fol. — Ed. IV. *Frcf.* 626. fol. — Ed. VI. [denno rec. atq. ed. J. G. König] quam post obitum König contin. Car. Bucher. Vol. I — XVI. *Norimb.*, Bauer et Raspe. 801 — 834. 8. (31 Thl. 12 Gr.) (Vol. XVI. conspectum totius operis et varios indices cont. 834. 8. — 2 Thl.)

Donelli, Hug., Commentarii de jure civili. Edit. VI., quam post obitum Joh. Chr. Koenig contin. Car. Bucher. Vol. XI—XVI. 8 maj. Norimbergae, Bauer et Raspe. [XI. (32 B.) 828., XII. (36½ B.) 829., XIII. (32 B.) 830., XIV. (33 B.) 832., XV. (35 B.) 833., XVI. (26 B.) Conspectum totius operis atque varios indices cont. 834. à 2 Thlr.]
Vol. I—X. Ebendas. 1801—27. 19 Thlr. 12 Gr.

Donellus, Hugo: Opuscc. posth. et alior. quaedam. Ex bibl. Sc. Gentilis Jcti. *Hanov.* 604. 8. — Donellus, Hugo: Opera omnia, cur. Seb. Zeidler. XII. T. *Luc.* 762—68. Fol.

Donellus, Hugo: Tractatus de pignoribus atque hypothecis. Seorsum a commentariis de iure civili ed. Car. Bucher. Norimbergae 1833.

Donev, Stojtscho, aus Kara-Iwanitza bei Drenowo in Bulgarien: Das Problem der physischen Erziehung in der Geschichte der neueren Pädagogik. Zür. Juchli & Beck Dr. 1897. 48 S., 2 Bl. 8°.
Zürich, Phil. Diss. I. S. [v. 18. Juni 1897].

Donges, Rudolf, approb. Arzt aus Friedberg ⟨Hessen⟩: Aus d. Universitäts-Augenklinik zu Gießen. Zur Casuistik der Neuritis optica bei dem weiblichen Geschlecht. *Gießen 1903: v. Münchow.* (48 S.) 8°
Gießen, Med. Diss. v. 1903

Dönges, E., s.: Bibel u. Babel.

— s.: Kinder, die, Gottes.

Dönges, Emil

Dönges, E. Die Baligantepisode im Rolandsliede. Diss. Marburg 1880. 50 S.

Dönges, Emil, die Baligantepisode im Rolandsliede. gr. 8. (50 S.) Heilbronn 880. Henninger in Comm. n. 1. 50

Dönges, Emil, die Entrückung d. Kirche. (1. Thess. 4, 17.) [Aus: „Licht u. Leben".] (2. Aufl.) 12. (IV, 52 S.) Frankfurt a/M. 897. (K. Schergens.) — 15

— das Buch Hiob im Lichte d. Evangeliums. [Aus: „Gute Botschaft d. Friedens".] 12. (16 S.) Ebd. 897. — 06

— die Judenfrage. (2., verm. u. umgearb. Aufl.) 16. (24 S.) Dillenburg. Ebd. 897. — 05

— Leo od. d. gute Hirte u. s. Lamm. (Eine wahre Kindergeschichte.) gr. 16. (16 S.) Ebd. 897. — 06

— der Mitternachtsruf. (Matth. 25, 6.) (3. Aufl.) 16. (16 S.) Ebd. 897. n. — 03

— die Schöpfung. D. Evangelium i. d. Schöpfungsgeschichte. [Aus: „Gute Botschaft des Friedens".] 12. (32 S.) Frankfurt a/M. (J. Schergens.) n. — 10

— Wunderbare Wege u. Führungen Gottes. Alte u. neue Geschichten aus d. Leben. I. 12. (144 S. m. Titelbild.) Dillenburg. Ebd. 897. — 50; kart. — 60

— Zeichen der Zeit. Betrachtgn. [Erweit. Sonder-Abdr. aus: „Gute Botschaft d. Friedens".] 12. (96 S.) Ebd. (897). n. — 40

Doenges, G., gesammte kaufmännische Arithmetik f. Fortbildungs-, Handels-, Real- u. Gewerbeschulen sowie zum Selbstunterricht f. Geschäftsleute. 1. Hft. Die 4 Species zusammenhängend in ganzen Zahlen, Decimalbrüchen u. gemeinen Brüchen, in steter Anwendg. d. neuen Mass-, Gewichts- u. Münzsystems. gr. 8. (73 S.) Leipzig 874. Klinkhardt. n. 1. —

Doenges, G., die doppelte Buch- u. Geschäftsführung, s. Buch- u. Geschäftsführung.

Dönges, Karl

Dönges, C., s. Album des Wilhelmsturms zu Dillenburg.

Album des Wilhelmsturms zu Dillenburg. Hrsg. auf Veranl. u. unter Mitw. d. Hist. Ver. zu Dillenburg. (Verf.: C. Dönges.) *Dillenburg: M. Weidenbach 1900.* (16 S., eine 12teil. Taf.) 8°
— [Veröffentlichungen d. histor. Vereins zu Dillenburg. No 1.] (04. 1390

— Belagerung, Zerstörung u. Schleifung v. Schloß u. Festung Dillenburg, s. Veröffentlichungen des histor. Vereins zu Dillenburg.

Belagerung, Zerstörung und Schleifung von Schloß und Festung Dillenburg. Von C. Dönges, Bergschull. Mit 1 Ansicht von Dillenburg. *Dillenburg: M. Weidenbach 1904.* (48, CXI S.) 8° [F.]
— Veröffentlichungen d. histor. Vereins zu Dillenburg. No 3. (04. 1394

1501. 25. Dez. 1901. Geschichte der evangelischen Stadtkirche u. Kirchengemeinde zu Dillenburg. Eine Festschrift, zum 400. Jubiläumstag d. Kirchweihe im Auftr. d. Hist. Ver. bearb. von C. Dönges, Bergschull. *Dillenburg: Hist. Ver.; M. Weidenbach in Comm. 1901.* (51 S.) 8° [F.]
— [Veröffentlichungen d. histor. Vereins zu Dillenburg. No 2.] (04. 1393

— die Regenten über die ehemaligen Nassau-Dillenburger Lande vom Mittelalter bis zur Neuzeit, s. Veröffentlichungen des hist. Vereins zu Dillenburg.

Die Regenten über die ehemaligen Nassau-Dillenburger Lande vom Mittelalter bis zur Neuzeit in Wort und Bild. Von C. Dönges. Enthält 1 Ansicht von Dillenburg u. 20 Portr. Dillenburg: M. Weidenbach 1906. (96 S., 20 Taf.) 8°
— Veröffentlichungen d. histor. Vereins zu Dillenburg. No 4. (06. 1095

Dönges, Carl. Unterstützungen der Dillenburger Stammlande des Prinzen von Oranien in den niederländischen Freiheitskämpfen. Inaugural-Dissertation, nach archivalischen Quellen dargestellt und der ... philosophischen Fakultät der Universität Bern ... vorgelegt. VIII + 130 S. 8. [Dillenburg, E. Weidenbach, 1909.]

Dönges, Carl, Wilhelm d. Schweiger u. Nassau-Dillenburg, s. Veröffentlichungen d. histor. Vereins zu Dillenburg.

Wilhelm der Schweiger und Nassau-Dillenburg. Beiträge zu d. Beziehungen d. Oraniers zu seinen Stammlanden. Von Dr. Carl Dönges. Dillenburg: Weidenbach 1909. 229 S. 8°
(Veröffentlichungen d. Histor. Vereins zu Dillenburg. Nr 5.) (10. 5502

Dönges, Ph., s.: Rechenheft.

— s. Rechenschüler, der.

Dönges, Ph., K. Haußen, E. Junior, Ch. Keller, der Rechenschüler. Methodisch-geordnete Aufgaben für das mündl. u. schriftl. Rechnen. 1. u. 2. Hft. 2. Aufl. 8. (63 u. 72 S.) Wiesbaden 879. 80. Limbarth. à n. — 40

Dönges, Ph., K. Haußen, E. Junior, Ch. Keller, der Rechenschüler. Methodisch geordnete Aufgaben f. das mündl. u. schriftl. Rechnen. 3. Hft. 3. Aufl. 8. (72 S.) Wiesbaden 883. Limbarth. n. — 40

Dönges, Ph., K. Haußen, E. Junior, Ch. Keller, der Rechenschüler. Methodisch geordnete Aufgaben für das mündl. u. schriftl. Rechnen. 4. Hft. 4. Aufl. 8. (80 S.) Wiesbaden 892. Ch. Limbarth. n. — 40; kart. n. — 60

—— —— —— —— dass. — Resultate zum 3. und 4. Heft. 8. Ebendas. 880. [3. Heft. (24 S.) * 30 Pf.; 4. Heft. (36 S.) * 40 Pf.]

Dönges, Reinhard, aus Hanau: Die handelspolitische Bedeutung der Ausfuhrprämien. *Frankfurt a. M. 1902: Gebr. Knauer.* (VIII, 139 S.) 8°
Heidelberg, Phil. Diss. v. 1902

Dönges, Rhard., die handelspolitische Bedeutung der Ausfuhrprämien. gr. 8. (VIII, 138 S.) Frankfurt a/M. 902. Gebr. Knauer. n. 3. —

Dönges, Rhard., Beiträge zur Entwicklung Münchens unter besond. Berücksicht. des Grundstückmarktes. (119 S.) gr. 8. München 910. J. Lindauer. 1. —

Doenges, Willy, Dresden, s. Stätten der Kultur 14. Bd.

Doenges, Willy, Dresden. Leipzig [1908]. 8°.
(Stätten d. Kultur, hrsg. von Georg Biermann. Bd 14.)

— Meissner Porzellan. Seine Geschichte u. künstler. Entwicklg. Mit 4 farb. Vollbildern, 16 Doppelton-Drucktaf., 2 Blautaf., 1 Brauntaf., 249 Abb. im Text, 1 Fksm. u. 1 Markenabbildg. (XII, 305 S.) 8. Berlin (908). Marquardt & Co. 12.—; geb. in Leinw. 15. —

Dönhardt, W., s.: Wohnungs-Anzeiger f. Mühlhausen in Thür.

Dönhoff, E., Führer durch die Gemälde- u. Sculpturen-Gallerie des Berliner Museums. Historische Uebersicht der bedeutendsten Kunstschulen, nebst einer kurzen Beurtheilung der vorzüglichsten Gemälde u. Sculpturen. gr. 8. (VIII u. 38 S.) Berlin 850. (Schneider & Co.) n. 1/6 Thlr.

Doenhoff, Eduard. (geb. Isselburg im Rheinl. 23. 4. 1820): De febrium intermittentium, typhi abdominalis et anginae membranaceae natura. Berolini (1843). (29 S.) 8°
Berlin, Med. Diss. v. 2. Febr. 1843

DÖNHÖFF, Peter. Die Hoheit zur Linken. (= Was man nicht laut erzählt, Heft 11.) Berlin W, Eugen Stangen. 8°.
Verb. d. Ldg. Breslau 7 J. 1076/08.

Dönhoff, Richard [aus Witten, einj.-freiw. Arzt d. K. Marine]: Aus d. patholog. Institute zu Kiel. Beitrag zur Statistik und pathologischen Histologie der Tubenerkrankungen. . . . Kiel, Druck v. A. F. Jensen, 1888; 19 S. + 2 Bl. 8°
Kiel, Med. Fak., Inaug.-Diss. v. 29. Sept. 1888

Dönhoff, Rich., Beitrag zur Statistik und pathologischen Histologie der Tubenerkrankungen. Inaugural-Dissertation. gr. 8. (19 S.) Kiel 888, (Lipsius und Tischer.) *

Dönhoff, Siegfried Graf von: Über die italienische Einkommensteuer des Jahres 1864. *Freiburg i. B. 1902: C. A. Wagner.* (119 S.) 8°
Freiburg i. B., Rechts- u. staatswiss. Diss. v. 1902

Dönhoff-Dönhoffstädt, s. Alpenrose und Edelweiß.

Dönhoff-Friedrichstein, August Friedrich Philipp

Königsberg und Ostpreussen zu Anfang 1813. Ein Tagebuch vom 1. Jan. bis 25. Febr. 1813. (Verf.: Reichsgraf August Friedrich Philipp Dönhoff-Friedrichstein.) Hrsg. von Maximilian Schultze. *Berlin: R. Schröder 1901.* (90 S.) 8° [F.]
= Bausteine z. Preussischen Geschichte. Jg 1, H. 2. (01. 2319

Dönhoffstädt [Schlagwort]

Dönhoffstädt, s.: Geologische Karten (Preussen).

Donian, A. An meine Mitkämpfer auf der Barrikade vom Kölnischen Rathhause am 18 u. 19. März 1848. Berlin, Selbstverlag 1848. 8 S. 8.

Flugblatt. Berlin, 1848/49.

DONIAN, Aug. (ps.?), Erste Jugendphantasieen. Enthaltend: 1. Die Liebenden des Thals. 2. Ferdinand, oder das Mädchen vor (so!) Missalonghy (!). Leipzig, Glück, o. J. (1827). 8°.

2 Bll., 126 S. Vorw. dat. Halle im Dec. 1826. Zahmes Subscr.-Opus. — Kayser 1836, p. 32. — Nicht in Weller's Lex. Ps.

Donian, A., Erste Jugendphantasien. 8. Leipzig 827. (Berl., Bade.) 1/2 ₰

Donian, A., erste Jugendphantasien. Enthalt.: Die Liebenden des Thales. — Ferdinand, od. das Mädchen von Missalonghy. 8. Leipz. 827. Glück. 12 gr

Donici

Orientalischer Kirchenkalender alten und neuen Stils. Mit neuen, auch f. d. kath. Kirche anwendbaren Ausrechnungsregeln von P. Donici, Ing., gew. Minist. d. öff. Arb. Deutsch, vom Verf. ausgebesserte u. verm. (3.) Aufl. *Bucarest 1903: Buchdr. Gutenberg.* (171 S.) 8°

Dönicke, Ernst, August Zickchens Berliner Abenteuer u. andere Humoresken. Eigenen Erlebnissen nacherzählt. (V, 104 S.) 8. Werdohl 905. Leipzig, E. Maerter. n. 1.—

Dönicke, Ernst, Berliner Sozialdemokraten als Soldaten. Getreue Schildergn. aus seiner Soldatenzeit. (95 S.) 8. Leipzig 907. E. Maerter. 2.—; geb. 3.—; erm. Pr. 1.—

Donig, Arthur, Kammergerichtsreferendar: Begriff, Voraussetzung und Wirkung des Verlöbnisses nach dem B.G.B., Berlin 1905: E. Streisand. (62 S.) 8°

Rostock, Jur. Fak., Ref. Bernhöft, Diss. v. 30. März 1905

[Geb. 13. Nov. 81 Frankfurt a. M.; Wohnort: Frankfurt; Staatsangeh.: Preußen; Vorbildung: Sophiengymn. Berlin Reife M. 00; Studium: Berlin 6 S.; Rig. 26. Juli 04.]

Donig, Arth., die freiwill. Gerichtsbarkeit, s.: Buch, das praktische.

Donig, Arth.: Die Gerichtsverfahrensgesetze, s. Buch, das praktische.

— Handels- u. Industrierecht, s.: Landgraf, R.

Donig, Arth.: Die Urheberrechtsgesetzgebung, s. Buch, das praktische.

— Verfassg. d. Deutschen Reichs u. Preußens, s.: Buch, das praktische.

Donig, Arth.: Verfassung u. Verwaltung des Deutschen Reiches u. Preußens, s. Buch, das praktische.

Donig, Arth.: Die Zwangsversteigerung u. Zwangsverwaltung v. Grundstücken, s. Buch, das praktische.

Doniges, Ludov. Eduard. (geb. Marienwerder 13. 8. 1798): De variis uranorrhaphes methodis aphorismi. (Berolini 1823.) (35 S.) 8°

Berlin, Med. Diss. v. 1. Apr. 1823

Doniges, L. Ed., de variis uranorrhaphes methodis aphorismi. Acced. tab. aen. 8maj. Berl. 823. (Magdeb., Heinrichshofen). 8 gr

Doeniges, Willy, s. Doenges, Willy

DONIGIEWICZ, Antonius: Sacramentum confirmationis. — (1840) 60 S. 4° (Handschr.) Diss. 27

Diss. Wien, Univ.

Donimirski, Anton. de (geb. Buchwalde in Westpr. 6. 6. 1846): De mercibus privatis in bellis navalibus transportandis, atque de libertate bonorum privatorum hostium in iis servanda. Berolini (1869). (79 S.) 8°

Berlin, Jur. Diss. v. 24. Juli 1869

v. Donimirski, Anton, de mercibus privatis in bellis navalibus transportandis, atque de libertate bonorum privatorum hostium in iis servanda. Dissertatio inauguralis. Berlin 869. (Puttkammer & Mühlbrecht.) 8. (81 S.) n. 8 ngr

Donin, Louis, s. Donin, Ludwig

Donin, Ludwig

Donin, Ludw., goldenes A. B. C. 3. Aufl. Wien 864. Gorischek. 16. (50 S. m. Holzschn.) n. 5 ngr

Donin, Ludwig —. Vollkommener Ablaß in der Weise und Ausdehnung eines Jubiläums. Eine kurze Anleitung die dreimonatliche Gnadenzeit würdig und nützlich zuzubringen. Von — —. 8. (48 S.) Wien. Gedruckt bei Leopold Grund. 1854.

Donin, Ludw., kurzer Abriß der Kirchengeschichte. 8. (IV und 168 S.) Wien 854. (Leipzig, Hübner.) *

Donin, Ludw., kurzer Abriß der Kirchengeschichte. Wien 854. Sommer. (F. Klemm.) 8. (IV, 168 S.) n. 8 ngr

—— kurzer Abriß der Kirchengeschichte. 2 Bde. 2., ganz umgearb. Aufl. 8. (VII und 778 S.) Wien 862,63, Gorischek's Universitäts-Buchh. *

Donin, Ludw., der Altardiener [Ministrant] in seinem Amte. 16. (XXXII S.) Wien 850, Mayer & Co. n. 2 ngr

Donin, Ludw., kirchenhistorische Analecten für Gelehrte u. Ungelehrte. 3. u. vollständ. Ausg. des kurzen Abrisses der Kirchengeschichte. 1. Bd. 8. (384 S.) Graz 877. Vereins-Buchdruckerei. n. 2. 40

Donin, Ludw., kirchenhistorische Analecten für Gelehrte u. Ungelehrte. 3. u. vollst. Ausg. d. kurzen Abrisses der Kirchengeschichte. 2.—4. Bd. u. 5. Bd., 2 Abthlgn. 8. Graz, Styria. n. 19.60; (kplt. ermäß. Pr. n. 5.50)
2. (342 S.) 877. n. 2.—. — 3. (236 S.) 877. n. 1.60.
4. (488 S.) 879. n. 4.—. — 5. I. II. (950 u. 800 S.) 879. n. 12.—

Donin, Ludwig —. Praktische Anleitung zum würdigen Empfange der heil Sakramente der Buße und des Altars, überhaupt zur allgemeinen oder Generalbeichte insbesonders. Von — —. 3. Auflage. kl. 8. (94 S.) Wien. Gedruckt bei A. Pichler's Witwe und Sohn. Jakob Wallner's Verlag. 1855.

Donin, Ludw., die heil. Anna als Hülfe der Christen f. wahre Freunde der Bedrängten. 2. verm. Aufl. 16. (612 S.) Wien 873. Kirsch. 1. 20

—— Aeternitas, oder die verewigte Zeit. Dargestellt mittelst der Geschichte aus allen Jahrhunderten. 8. (VIII und 288 S. mit 1 Stahlst. und 24 Orig.-Illustr. in Holzschn.) Wien 863, Gorischek's Universitäts-Buchh. cart. *

Donin, Ludw., die Marianische Austria oder das durch die gnadenreiche Jungfrau Maria verherrl. Oesterreich. 2. Aufl. 8. (VI, 240 S.) Wien 872, Kirsch.

Beelzebub und seine Thätigkeit, oder Die entsetzliche Vergangenheit, traurige Gegenwart und schreckliche Zukunft. Von Anton Philalethes [d. i. Pater Ludw. Donin]. Wien: Mechitaristen-Congregation 1869.

Recens: FZ. 23 (1869) S. 145—150 (G. Brabbée).
Will den verderblichen Einfluss der Frmrei in religiöser, politischer u. sozialer Hinsicht nachweisen.

—— Große biblische Bilder-Gallerie. Mit 200 Original-Holzschnitten. 2. Aufl. 8. (100 S.) Gbdn. 30 kr.

—— große liturgische Bilder-Gallerie. 4., verb. und verm. Aufl. 8. (112 S. mit 185 Holzschn.) Wien 868, Hummel's Verlags-Expedition. [Sartori.] *

— — Die katechetische Bilder-Gallerie; s.a. Bilder-Gallerie.

—— die katechetische Bilder-Gallerie in 152 biblischen Orig.-Xilographien. Gezeichnet von Frz. Kollarz und in Holz geschn. von Heinr. Knöfler. I—III. (Schluss.) gr. 8. (IV und 326 S.) Wien 865, Gorischek's Universitäts-Buchh. à * 14 Ngr. *
Velinp. à * 18 Ngr. *
Ist auch in böhm. Sprache zu gleichem Preise erschienen.

Donin, Ludwig. Die katechetische Bildergalerie in 152 biblischen Original-Xylogr. gez. von Franz Kollarz und in Holz geschnitten von Heinrich Knöfler. 1866. 8. (326 S.) Wien, Carl Gorischek's k. k. Univ.-Buchh. Geh. ord. Ausg. 2 fl. 10 kr., feine Ausg. 2 fl. 70 kr., Lief.-Ausg. 3 Hefte à 70 kr., feine Ausg. à 90 kr.
1865

— kleine liturgische Bilder-Gallerie. Ebend. 863. 8. (II, 42 S. m. Holzschn.) n. 4 ngr.

— — 2. Aufl. Ebend. 864. 8. (59 Holzschntaf.) 6 ngr.

— kleine liturgische Bilder-Gallerie. 3. verb. u. verm. Aufl. Ebend. 865. 8. (112 S. m. Holzschn.) 12 ngr.

— — 5. verm. u. verb. Aufl. Wien 866. Sartori. 8. (64 S. m. Holzschn.) 6 ngr.

—— kleine liturgische Bilder-Gallerie. 1. Aufl. 1863. * 4 Ngr., 2.—5. Aufl. 1864—67. und 6., verm. und verb. Aufl. 8. (64 S. mit 143 eingedr. Holzschn.) Wien 867, Hummel's Verlags-Expedition. [Sartori.]

— — Marianischer Bildersaal für denkende Katholiken. kl. 8. Wien, Hummel's Verl.-Exped.

Donin, Ludw., Buch der heiligen Liebe. 8. (VIII und 336 S. mit 1 Stahlst.) Wien 860, [Gorischek's Universitäts-Buchh.] *

— Le Catéchisme illustré: s.a. Catechisme, le.

— le catéchisme illustré par 150 gravures en bois de l'histoire sainte. Dessinées par F. Kollarz et ciselées par Henri Knöfler. Wien 865. Gorischek. gr. 8. (IV, 304 S.) n. 1 ℛ 12 ngr.

— — Le Catéchisme illustré par 132 gravures en bois de l'Histoire sainte. Dessinées par F. Kollarz et ciselées par Henri Knöfler. 1866. 8. (302 S.) Ebds.

Donin, Ludwig —. Der apostolische Christ. Ein katholisches Gebetbuch für alle Stände von — —. Fünfte Auflage. Wien. (o. J. d. V.) Bei Jakob Wallner. Gedruckt bei A. Pichler's Witwe und Sohn. (348 S. 2 Bl. 16.)
1855

— der kleine Christ. 2. verb. mit vielen Holzschn. (im Text) verm. Aufl. Wien 855. Grund. 8. (44 S.) 3 ngr.

—— Consolatrix oder die Freunde Gottes und das Krankenbett. 16. (IV, 395 S.) Wien 878, Kirsch.

Donin, Ludwig, Curat an der Metropolitankirche zu St. Stephan in Wien. Eine Lebensskizze. 12. (VII, 376 S. m. Bildnis.) Wien 892. (St. Norbertus.) n. 2.-

— Eucharistie oder die Wunder der göttlichen Liebe im Herzen der Menschen in der heil. Kommunion. Ein Kommunionsbuch für Jung u. Alt. Wien 866. Mechithar.-Congreg.-Buchhdlg. (Kirsch.) 8. (V, 302 S. u. 1 Stahlst.) 16 ngr.

— Eucharistie od. die Wunder der göttl. Liebe im Herzen der Menschen in der heil. Kommunion. Ein Kommunionsbuch f. Jung u. Alt. 3. verb. u. verm. Aufl. gr. 16. (368 S.) Graz 872. Moser. n. — 90

Donin, Ludw., christkathol. Familienbuch f. Jung u. Alt. (Mit Titkpfr. u. Titvign.) gr. 12. (29⅛ B.) Wien 841, Grund. (Leipzig, Fr. Fleischer.) *

— Fortitudo od. die kathol. Glaubenskraft im schwachen Geschlechte in der Welt mittelst der Zeitgeschichte dargestellt. 2. Aufl. 8. (IV, 268 S.) Wien 872. Mayer & Co. n. 1. 40

— die Frau in der Geschichte mittelst der Geschichte zur richtigen Beurtheilung der wahren Würde des Christenthums. Wien 870. Mayer & Co. 8. (IV, 228 S.) n. 12 ngr.

—— die enthüllten Geheimnisse der in den heil. Sacramenten verborgenen Liebe Gottes, oder der wohlunterrichtete Ceremoniär. 2. Thl. 12. (VI und 374 S.) Wien 847, (Mechitaristen-Congregations-Buchh.)
1. Thl. s. unten: die segnende Majestät Gottes.

—— die Geheimnisse der göttlichen Liebe oder Caritas über Caritas. 2. Aufl. 8. (VI, 210 S.) Wien 872, Kirsch.

Donin, Ludwig, *Priester a. d. Domkirche in Wien.* Biblische Geschichte des alten und neuen Bundes. Zum Privatgebrauche. Mit 200 biblischen ganz neuen Abbildungen, gezeichnet von Hoffmann. *Wien* 1859. Typ.-lit.-art. Anst. *(L. C. Zamarski, C. Dittmarsch & C.)* 472 S. 8°.

— die unerschöpfliche Gnadenquelle der göttlichen Erbarmungen oder das neue Herz Jesu Buch. Wien 870. Kirsch. 16. (445 S. u. 1 Stahlst.) 12 ngr.

—— die unerschöpfliche Gnadenquelle oder das neue Herz Jesu Buch. 16. (445 S. mit 1 Stahlst.) Wien 871, Kirsch.

— die unerschöpfliche Gnadenquelle der göttlichen Erbarmungen od. das neue Herz-Jesu-Buch. 2. verm. u. verb. Aufl. 16. (480 S. m. e. Stahlst.) Graz 872. Moser. n. — 80

—— s. Goffine, Leonh., Hand-Postille.

—— Gott und die katholische Kirche dargestellt mittelst der Apostelgeschichte vom heil. Lucas und der Zeugnisse der gelehrtesten Männer aus allen Jahrhunderten. 2., verm. und durchaus verb. Aufl. 8. (VI und 364 S. mit eingedr. Holzschn.) Wien 856(57,) Prandel und Meyer. *

— mein Gott u. mein Alles! Nach den Schriften der heil. Väter. 17. verb. u. verm. Aufl. Wien 868. Lienhart. 32. (160 S.) n. 4 ngr.

Donin, Ludw., mein Gott u. mein Alles. Nach den Schriften der heil. Väter. 18. verb. u. verm. Aufl. 32. (157 S. m. 1 Stahlst.) Wien 872. Lienhart. n. — 20

— dasselbe. 19. verb. u. verm. Aufl. 16. (160 S. m. 1 Holzschntaf.) Ebend. 875. n. — 24

— der äußere Gottesdienst oder das große kathol. Kirchenbuch. Wien 865. Mechithar.-Congregat.-Buchhdlg. (Kirsch.) 8. (X, 407 S. m. 1 Stahlst. u. 53 Holzschn.) 1 ℛ 10 ngr.

Donin, Ludwig, Hand-Postille oder christkathol. Unterrichts- und Erbauungsbuch des ehrwürdigen Leonhard Goffine. 2 Bde. 2. ganz umgearb., verm. und verb. Aufl. mit 2 Stahlst. 8. (VI. 615 u. 549 S.) Wien, Gorischek. à 1 fl. 20 kr.
1861

Donin, Ludwig — Der betende Heiland. Ein katholisches Gebetbuch für alle Stände. Von — —. 5te, vermehrte und verbesserte Aufl. Wien, 1857. Druck von L. C. Zamarski. Bei Ignaz Lienhart. (464 S. 8. Mit Holzschnitten.)

— der betende Heiland. Ein kathol. Gebetbuch für alle Stände. 9. verm. u. verb. Aufl. Wien 868. Lienhart. 16. (464 S. m. Holzschn. u. 1 Stahlst.) n. 8 ngr.

Donin, Ludwig — Religionslehrer. Der weinende Heiland. Ein Fastenbuch in Betrachtungen und Gebeten für katholische Christen aller Stände. Von — —. Zweite vermehrte, ganz umgearbeitete Auflage. Erster Band. Wien 1855. Druck von A. Pichler's Wwe. und Sohn. Verleger: Jakob Wallner (XII, 372 S. und 1 Lithogr. 8.) geh.

— der weinende Heiland. Ein Fastenbuch in Betrachtungen u. Gebeten für kathol. Christen aller Stände. 3. verm. u. ganz umgearb. Aufl. Mit 1 Stahlst. Wien 865. Gorischek. 8. (VI, 390 S.) n. 15 ngr.

— der christliche Held. Ein katholisches Gebetbuch. 6. Aufl. Ebend. 860. 32. (256 S. u. 1 Stahlst.) n. 5 ngr.

— — Der christliche Held. Ein katholisches Gebetbuch. 11. Aufl. 1867. Mit Titelbild. Min. Form. (296 S.) Wien, Gorischek. geb. 20 kr.
1866 geb. 20 kr.

— der christliche Held. Ein kathol. Gebetbuch. 12—14. Aufl. Wien 866—68. Gorischek. 32. (320 S. u. 1 Holzschn.) n. 4 ngr.

—— kleiner christlicher Heldenspiegel der Vorzeit. 12. (IV und 140 S.) Wien 864, Gorischek's Universitäts-Buchh. cart. *

Donin, Ludwig — Jesus unser Meister. Ein katholisches Gebetbuch gesammelt von — — 22. verbesserte und vermehrte Auflage. Leipzig. Dr. von F. A. Brockhaus. Wien. Verlag von Jakob Wallner. (474 S. 8.) 1857

— — Jesus unser Meister. Ein katholisches Gebetbuch. 23. vermehrte und verbesserte Auflage. *Wien* 1858. *J. Wallner's* Verlag. 474 S., 3 Bl. 8°.

Donin, Ludw. — Ihr sollt also beten. Von — — 12te Aufl. Wien, Dr. der typ.-liter.-artistischen Anstalt. Bei Ignaz Lienhart. (95 S. 8.) (Ohne A. d. J.) 1857

— Ihr sollt also beten. 13. Aufl. Wien 867. Lienhart. 32. (96 S.) 2½ ngr.

—— Ihr sollt also beten. 14. Aufl. 32. (94 S.) Wien 874, Lienhart. *

— der heilige Josef. Ein wahrer Spiegel der Gerechtigkeit auf dem Tugendwege f. Jung u. Alt. 4. verm. u. verb. Aufl. gr. 16. (VI, 332 S.) Wien 870. Sartori. — 90

— dasselbe. 6. verm. u. verb. Aufl. gr. 16. (416 S. m. 1 Holzschntaf.) Graz 878. Vereinsbuchdr. n. 1. —

— Jugendspiegel f. Jung u. Alt in heiligen Lebensbildern aus allen Jahrhunderten. 12 Hfte. 8. (à ca. 6 B.) 8. Regensburg 872. Pustet. 4. 50
1. Die göttlichen Führungen mittelst der Geschichte dargestellt.
2. Das wahre Licht f. gute Kinder.
3. Der heil. Joseph u. seine Brüder zur Belehrg. f. Kinder.
4. Die ersten Glaubensprediger u. ihre Freunde.
5. Die Marienzierde in ihren Bekennern.
6. Die Unschuld u. ihre Patrone.
7. Die apostolische Glaubensfülle u. ihre Blutzeugen
8. Die gekrönte Friedensmutter u. ihre Pflegebefohlenen.
9. Die wahren Freuden mittelst der Lebensgeschichte wahrer Diener Gottes dargestellt.
10. Die heilige Einfalt u. ihre Wunderkraft mittelst biograph. Skizzen dargestellt.
11. Die drei Reiche u. ihre Bewohner.
12. Die Zeit u. die Ewigkeit mittelst bestät. Begebenheiten dargestellt.

—— Jugendspiegel für Jung und Alt in heiligen Lebensbildern aus allen Jahrhunderten. 12 Hefte oder Monat Januar bis December. 2. verm. Aufl. 8. (592; 620 S. mit eingedr. Holzschn.) Amberg 876, (Habbel.) à Heft 40 Pf.
Inhalt:
Heft 1. Die göttlichen Führungen mittelst der Geschichte dargestellt.
„ 2. Das wahre Licht für gute Kinder.
„ 3. Der heil. Joseph und seine Brüder zur Belehrung für Kinder.
„ 4. Die ersten Glaubensprediger und ihre Freunde.
„ 5. Die Marienzierde in ihren Bekennern.
„ 6. Die Unschuld und ihre Patrone.
„ 7. Die apostolische Glaubensfülle und ihre Blutzeugen.
„ 8. Die gekrönte Friedensmutter und ihre Pflegebefohlenen.
„ 9. Die wahren Freuden, dargestellt mittelst der Lebensgeschichte wahrer Diener Gottes.
„ 10. Die heilige Einfalt und ihre Wunderkraft mittelst biograph. Skizzen.
„ 11. Die drei Reiche und ihre Bewohner.
„ 12. Die Zeit und die Ewigkeit. Dargestellt mittelst bestätigter Begebenheiten.

Donin, Ludw., Justitia, oder die göttliche Gerechtigkeit. Dargestellt, mittelst der Geschichte aus allen Jahrhunderten. 8. (VIII und 264 S. mit 1 Stahlst. und 24 Orig.-Illustr. in Holzschn.) Wien 868, Gorischek's Universitäts-Buchh. cart. *

Donin, Ludw., der kleine Kampf u. der große Sieg. 2. Aufl. (VIII, 216 S.) 8. München 869. P. Zipperer. 1. 50

— — Das Kapital und sein neuer Herr oder das gottlose Weltspektakel von einem praktischen Rechtsfreunde der jüdischen, protestantischen und katholischen Hausherren und nicht ganz blöden Kapitalisten zur Ueberzigung vorgelegt. 1871. kl. 8. (VIII u. 53 S.) Wien, Sartori 20 kr.
1870

Donin, Ludwig — Die heilige Charwoche. Ein Charwochenbuch in Betrachtungen, Gebeten und Erklärungen aller Ceremonien für katholische Christen aller Stände. Von — —. Zweite vermehrte und ganz umgearbeitete Auflage. Wien. 1855. Druck von A. Pichler's Wwe. und Sohn. Verlag von Jakob Wallner. (318 S. 8.) geh.

—— die heilige Charwoche. Ein Charwochenbuch in Betrachtungen, Gebeten und Erklärungen aller Ceremonien für kathol. Christen aller Stände. 4. verm. und ganz umgearb. Aufl. 8. (VIII, 344 S. mit 1 Stahlst.) Wien 870, Sartori. *

— die heilige Charwoche. Ein Charwochenbuch in Betrachtungen, Gebeten u. Erklärungen aller Ceremonien für kathol. Christen aller Stände. 6. verm. u. ganz umgearb. Aufl. Wien 870. Mayer & Co. 8. (VIII, 344 S. u. 1 Stahlst.) n. 12 ngr.

— Krátký Katechismus wo otázkách a odpowěděch. We *Wjdni* 1859. Tiskem a nakladem typogr.-liter.-artist-ústawu. (*L. C. Zamarski C. Dittmarsch & Comp.*) 62 S. 16°.
(Kurzer Katechismus in Fragen und Antworten. Von Ludwig Donin. *Wien* 1859. Druck und Verlag der typ.-lit.-art. Anstalt (*L. C. Zamarski, C. Dittmarsch & Comp.*)

— die heilige Kirche als Mater misericordiae, die Hilflosigkeit u. die Hilfe, die Zeit u. das Gebet. Eine kurze Anleitung die 31tägige Gnadenzeit würdig u. nützlich zuzubringen, bei Gelegenheit des vollkommenen Ablasses in der Weise u. Ausdehnung e. Jubiläums. 2. Ausg. Wien 865. Mayer & Co. 8. (60 S.) n. 2 ngr.

— die heilige Kirche der Sitz der Weisheit. Die Väter u. die Kinder. Eine kurze Anleitung, die bis zu Ende des am 8. Januar 1869 zu eröffnenden allgemeinen Konziliums dauernde Gnadenzeit würdig u. nützlich zuzubringen. Bei Gelegenheit des vollkommenen Ablasses in der Weise u. Ausdehnung e. Jubiläums. Wien 869. Kirsch. 16. (63 S.) 3 ngr.

— kleines christ-katholisches Kirchenbuch, oder kurze Erklärung der in der heiligen Kirche beim Gottesdienste vorkommenden Gebräuche. Mit mehr als 80 Holzschn. (im Text). 2. verm. u. verb. Aufl. Wien 859. Typograph.-literar.-artist. Anstalt. 8. (205 S.) n. 12 ngr.

— kleines christkatholisches Kirchenbuch oder kurze Erklärung der in der heil. Kirche beim Gottesdienste vorkommenden Gebräuche. 4. verm. u. verb. Aufl. Wien 864. Mechithar.-Congreg.-Buchhdlg. (Kirsch.) 8. (148 S. u. 28 Holzschn.) 16 ngr.

— katholisches Kirchenjahr in Bildern. Gezeichnet von Frz. Kollarz u. in Holz geschn. von H. Knöfler. Wien 867. Sartori. gr. 8. (VI, 292 S. m. Holzschn.) 1 ₰ 6 ngr.; cart. 1 ₰ 12 ngr.

—— liturgisches Kirchen-Jahr oder das große kathol. Kirchenbuch für alle Stände. 8. (615 S. mit 103 eingedr. Holzschn.-Abbild.) Graz 877, Vereins-Buchdruckerei. *

—— kleiner christkathol. Krankenfreund für Kranke und Gesunde. 8. (299 S.) Wien 860, [Gorischek's Universitäts-Buchh.]

— kleiner christkatholischer Krankenfreund für Kranke und Gesunde. Mit einem Anh.: Die Gebete bei der Ertheilung der heil. Oehlung, der heil. Kommunion und der Einsegnung der Leichen. 863. — 5. verb., viel verm. Aufl. Ebend. 864. 16. (XXXVI, 420 S. u. 1 Stahlst.) 12 ngr.

— kleiner christkatholischer Krankenfreund für Kranke u. Gesunde. Mit e. Anh., enthltd. die Gebete bei der Ertheilung der heil. Kommunion u. der Einsegnung der Leichen. 6—10. verb. u. verm. Aufl. Wien 865—69. Gorischek. 16. (L, 550 S. u. 1 Holzschn.) 12 ngr.

—— kleiner christkatholischer Krankenfreund für Kranke und Gesunde. Mit einem Anhang, enth.: Die Gebete und Zeremonieen bei der Ertheilung der heil. Oelung, der heil. Communion und der Einsegnung der Leichen. 14. verb. und verm. Aufl. 8. (392 S. mit 1 Holzschntaf.) Amberg 875, Habbel.

Donin, Ludw., die kathol. Krankenpflege für Gesunde u. Kranke. 12. verb. u. verm. Aufl. Wien 870. Mayer & Co. 8. (VI, 284 S. u. 1 Holzschn.) n. 12 ngr.

— die katholische Krankenpflege f. Gesunde u. Kranke. 13. verb. u. verm. Aufl. gr. 16. (416 S. m. e. Holzschntaf.) Ebend. 876. 1. 20

— die ewige Krone oder der Christ vor u. mit Gott. Ein kathol. Erbauungsbuch für gebildete Stände. 2—4. Aufl. Wien 865—69. Gorischek. 8. (480 S. u. 3 Stahlst.) n. 10 ngr.

—— der christliche Kunstreiter, oder: der gottesfürchtige Antonio. 3., verb. und verm. Aufl. 8. (IV und 184 S. mit 1 Holzschntaf.) Wien 864, Gorischek's Universitäts-Buchh. cart. *

— das Leben der heiligen Apostel. Nach der apostolischen Geschichte von A. Sandini, Tillemont, Buttler ꝛc. Mit den Abbildgn. der heil. Apostel (in Holzschn.). 4. verm. Aufl. Ebend. 863. 8. (VIII, 292 S. u. 1 Stahlst.) n. 8⅔ ngr.

— das Leben der heiligen Apostel. Nach der apostolischen Geschichte von A. Sandini, Tillemont, Buttler ꝛc. Mit den Abbildungen der heil. Apostel u. vielen Illustrationen (Holzschn.). 5. Aufl. 865. — 6. verm. u. verb. Aufl. Ebend. 866. 8. (VIII, 311 S.) n. 8 ngr.

— Leben und Thaten der Heiligen Gottes, oder: der Triumph des wahren Glaubens in allen Jahrhunderten. Mit Angabe der vorzüglichsten Geschichtsquellen u. praktischer Anwendung nach den bewährtesten Geistesmännern. 6 Bde. mit 6 Stahlst. Wien 853. Mayer u. Co. in Comm. gr. 8. (2180 S.) n. 3 ₰ 10 ngr.

— Leben und Thaten der Heiligen Gottes oder der Triumph des wahren Glaubens in allen Jahrhunderten. Mit Angabe der vorzüglichsten Geschichtsquellen und praktischer Anwendung nach den bewährtesten Geistesmännern. 2. verm. u. verb. Aufl. 7 Bde. Ebend. 861, 62. gr. 8. (XVI, 4316 S. m. 7 Stahlst. u. 321 Holzschntaf.) n. 5 ₰ 18 ngr.; feine Ausg. n. 7 ₰ 14 ngr.

—— Leben und Thaten der Heiligen Gottes oder der Triumpf des wahren Glaubens in allen Jahrhunderten. Mit Angabe der vorzüglichsten Geschichtsquellen und prakt. Anwendung nach den bewährtesten Geistesmännern. 2., verm. und verb. Aufl. 14 Hefte. gr. 8. (XVI und 4346 S. mit 7 Stahlst. und 321 Holzschntaf.) Wien 861—63, Gorischek's Universitäts-Buchh. à Heft * 12 Ngr. * feine Ausg. à Heft * 16 Ngr. *

— Leben u. Thaten der Heiligen Gottes oder der Triumph des wahren Glaubens in allen Jahrhunderten. 3. verb. Aufl. 52 Lieferungen. gr. 8. (1. Bd. XXIV, 688, 2. Bd. 728, 3. Bd. 632, 4. Bd. 768, 5. Bd. 662 u. 6. Bd. 656 S. m. eingedr. Holzschn.) Ebend. 878—81. à n. — 40

Donin, Ludwig, Leben u. Thaten der Heiligen Gottes oder der Triumph des wahren Glaubens in allen Jahrhunderten. 4. Aufl. (Vollst. in 52 Lief.) Lief. 1—9. (S. 1—688 u. XXIV S.) 8. geh. à 20 kr.
Graz: Styria 1882.

Donin, Ludw., kurze Lebensgeschichte d. heil. Vincentius Ferrerius. (Ein Auszug aus d. Schriften d. Antonius Teolus u. den sogenannten Bollandisten.) 12. (9⅛ B.) Wien 843, Mechitaristen-Congreg.-Buchh.)

— die Lehre, das Wort u. die That. 3. Aufl. 16. (VIII, 240 S.) Wien 871. Mayer & Co. n. 1. —

—— kurzer Leitfaden beim christkathol. Religions-Unterrichte. 16. (192 S.) Wien 850, Mayer und Comp. *

— kurzer Leitfaden beim christkatholischen Religionsunterrichte, als Handbuch zum kleinen Katechismus. 3. verb. Aufl. Ebend. 862. 8. (IV, 144 S.) n. 8 ngr.

—— kurzer Leitfaden beim christkatholischen Religionsunterrichte, als Handbuch zum kleinen Katechismus. 3., verb. Aufl. 8. (IV und 144 S.) Wien 863, Gorischek's Universitäts-Buchh. *

Donin, Ludwig —. Großes biblisches Lesebuch des alten und neuen Bundes. Von — —. 8. (216 S.) Wien. A. Dorfmeister's Druck und Verlag. 1855.

—— großes biblisches Lesebuch des alten und neuen Bundes. Mit mehr als 90 (eingedr.) Holzschn. 2., verb. und verm. Aufl. 8. (216 S.) Wien 856(57,) Prandel und Meyer. *

— großes biblisches Lesebuch d. alten u. neuen Bundes. 4. verb. u. verm. Aufl. Wien 867. Mechithar.-Congregat.-Buchhdlg. (Kirsch.) 8. (2 Bll., 235 S.) n. 9 ngr.

— die betende Liebe. 5. verm. Aufl. Wien 856. Grund. 32. (96 S. u. 1 Kpfrst.) 3 ngr.

—— die betende Liebe. 6., verm. Aufl. 32. (96 S. mit 1 Stahlst.) Wien 859, [Gorischek's Universitäts-Buchh.] geb. *

—— des Kindes erste Liebe zu Gott. Katholisches Gebetbuch. 5., verm. und verb. Aufl. 32. (147 S. mit 1 Stahlst.) Wien 864, Gorischek's Universitäts-Buchh. geb.

—— die lehrende Liebe. 16. (64 S.) Wien 850, Mayer und Comp. *

Donin, Ludwig — Die leidende Liebe. Dreifache Kreuzwegandacht von — — 5te Aufl. Wien, 1857. Druck von L. C. Zamarski. Zu haben bei Ignaz Lienhart. (64 S. 8.)

— die Macht der Religion auf dem Throne. Dargestellt mittelst der Lebensgeschichte des heil. Ludwig von Frankreich. Ebend. 864. 8. (VIII, 264 S. m. 1 Stahlst. u. 12 Holzschntaf.) 22 ngr.

— der kleine Magister, od.: der kleine Goffine, f. jeden heilsbegier. Katholiken. 2 Hfte. 8. (IV, 556 S. m. eingedr. Holzschn.) Amberg 875. Habbel. n. 1. 50

—— der kleine Magister, oder: der kleine Goffine, für jeden heilsbegier. Katholiken. 8. (IV, 556 S. mit eingedr. Holzschn.) Amberg 879, Habbel. *

— die segnende Majestät Gottes in den Ceremonien u. Gebräuchen der kathol. Kirche dargestellt, od. der wohlunterrichtete Ceremoniär. 1. Thl. 12. (VI u. 312 S.) Wien 847. (Mechitaristen-Congr.-Buchh.) 1/3 ℛ

— katholische Maiglocke. Ein kurzer Leitfaden um die der seligsten Jungfrau Maria geheiligte Mai-Andacht mit Sammlung u. Nutzen verrichten zu können. 1—6. verm. Aufl. Ebend. 865—70. 16. (VIII, 364 S.) n. 12 ngr

— Maria, Heil der Kranken, od. die übernatürl. Gnadenquelle, besonders in dem an natürl. Gnadenquellen so reichen Lande. 8. (200 S.) Wien 872. Mayer & Co. n. 1. 40

Donin, Ludwig —. Die makellose Jungfrau Maria als Schutzpatronin von Oesterreich und seiner Armee nach der Geschichte dargestellt bei Gelegenheit der freudenvollen Feier über die am 8. Dezember 1854 in Rom erfolgte feierliche Erklärung des katholischen Glaubenssatzes der unbefleckten Empfängniß der seligsten Jungfrau und Mutter Gottes Maria, mit einem Anhange von den bei der feierlichen Prozession üblichen Gesängen und Gebeten. Von — —. Wien. 1855. Druck und Verlag von Leopold Grund. (24 S. 8.)

— Maria, Mater admirabilis od. die gnadenreiche Himmelskönigin in Lourdes nach der Zeitgeschichte. 8. (336 S. m. 1 Holzschntaf.) Graz 875. Vereins-Buchdr. n. 1. —

Donin, Ludwig — Maria, die gute Mutter frommer Kinder. Von — —. Sechste vermehrte und verbesserte Auflage. Wien, 1856. Druck von L. C. Zamarski. Jakob Wallner's Verlag. (251 S. 8.)

Donin, Ludwig, *Priester an der Metropolitankirche zum h. Stephan.* Maria, die gute Mutter frommer Kinder. Siebente vermehrte und verbesserte Auflage. Mit 1 Titelkupfer. *Wien* 1859. *Jak. Wallner's* Verlag. 252 S., 2 Bl. 16°.

— Maria, die Trösterin der Betrübten. Sammlung von Gebetsweisen zur Zeit der Kriegs-Nöthen. [2. Aufl.] Wien 866. Gorischek. 8. (32 S.) n. 2 ngr.

— Maria, unser Vorbild auf dem Wege zur Vollkommenheit. 16. (VIII, 432 S.) Wien 871. Mayer & Co. n. 1. —

Donin, Ludwig —. Der wunderreiche Missionär des sechszehnten Jahrhunderts, oder: Leben und Thaten des heiligen Vincentius Ferrerius, aus dem Orden des heil. Dominikus Nach Ranzan, den Bollandisten und Anderen bearbeitet von — —. Dritte vermehrte und verbesserte Auflage. Wien. 1855. Druck von A. Dorfmeister. (360 S. und 1 Abbildg. 8.) geh.

Donin, Ludwig — Kleines katholisches Missionsbuch. Von — —. 2te vermehrte und verbesserte Auflage. Wien, 1857. Druck von L. C. Zamarski. Bei Ignaz Lienhart. (228 S. 8.)

—— kleines katholisches Missionsbuch. 6., verm. und verb. Aufl. 16. (234 S.) Wien 865, Lienhart. *

— kleines katholisches Missionsbuch. 9. verm. u. verb. Aufl. 16. (236 S. m. 1 Stahlst.) Wien 873. Lienhart n. — 50

Donin, Ludwig —. Kleines Missionsbuch für alle Stände. Von — — Wien, 1856. Verlag, Druck und Papier von Leopold Sommer. (221 S. 16.)

Donin, Ludwig — Der ewige Monat. Von — —. 5te vermehrte Aufl. Wien, bei Ignaz Lienhart. Typ.-lithogr. Anstalt in Wien. (96 S. 8.) (Ohne A. d. J.) 1857

— das Mutterherz Mariä u. seine Verehrer. Ein kleines Herz-Marien-Buch für denkende Katholiken. 3. Aufl. Wien 870. Kirsch. 16. (IV, 187 S.) 8 ngr

— der kleine Mystiker. Ein Versuch e. Belehrungs- u Trostbuches f. wahre Seelenfreunde. 16. (IV, 395 S. Wien 873. Kirsch. 1. 20

—— Die Pathologie des Zeitgeistes, oder: Alte Gedanken u. neue Einfälle. Wien, Gorischek, 1866, 8°, 223 S., 90 Pf.

—— Pax oder: der unerschöpfliche, verborgene Gnadenborn der göttl. Erbarmungen. Ein kurzer Leitfaden für diese gnadenreiche Jubiläumszeit. gr. 16. (64 S.) Wien 875, Sartori. *

—— der katholische Referent oder die Geschichte der Gegenwart in Briefen. gr. 16. (52 S.) Wien 870, Kirsch.

— christkathol. Religionsunterricht für die Jugend. 16. Wien 841, Braumüller u. Seidel. 1/4 ℛ

—— kleiner Seelenwecker. Kurze Betrachtungspunkte für jeden Tag des Jahres; nach Thomas a Kempis und anderen geistreichen Schriftstellern. 12. Aufl. 32. (96 S. mit 1 Stahlst.) Wien 864, Gorischek's Universitäts-Buchh. geb. *

—— kleiner Seelenwecker. Kurze Betrachtungspunkte für jeden Tag des Jahres; nach Thomas von Kempis und anderen geistreichen Schriftstellern. 14. Aufl. 32. (96 S. mit 1 Stahlst.) Graz 871, Moser. geb. *

Donin L. Siehe: Segur Abbé, der Zeitgeist u. s. w. (22.)

— die göttliche Sendung, oder: Die erprobte Macht des heil. Glaubens. Nach mannichfaltigen Berichten aus der Vergangenheit u. Gegenwart. Wien 866. Gorischek. 8. (VI, 300 S. m. Holzschn.) 10 ngr

— christkatholischer Sitten-Wächter für Jung und Alt. 2. verb. Aufl. Ebend. 856. 48. (96 S. u. 1 Kpfrst.) 1 1/2 ngr

—— christkatholischer Sitten-Wächter für Jung und Alt. 3., verb. Aufl. 64. (96 S. mit 1 Stahlst.) Wien 860, [Gorischek's Universitäts-Buchh.] geb. *

— die Skala oder die kleine Tugendleiter für große Denker u. kleine Christen. Nach bewährten Geistesmännern aller Zeiten. 2. Aufl. Regensburg 870. Pustet. 16. (304 S.) 7 1/2 ngr

Donin, Ludwig. Modljej se Spasitel. Modlitebnj kniha pro katoljky wssech stwu. We *Wjdni* 1859. Tiskem a nakladem typogr.-liter.-artist.-ústawu. 428 S. 16°.

(Der betende Erlöser. Gebetbuch für alle Christen. Von Ludwig Donin. *Wien* 1859. Druck und Verl. der *typ.-lit. art. Instituts.*)

—— der heilige Stefan und die Stefaner. gr. 16. (580 S. mit 1 Holzschntaf.) Wien 873, Kirsch.

—— der Stefansdom und seine Geschichte. 8. (392 S. mit 5 Holzschntaf. in 8., 4. und qu. Fol.) Wien 873, Kirsch. *

— Tod u. Leben od. der Wandel zu Gott, mittelst d. Geschichte dargestellt. (VII, 160 S.) 8. Ebd. 869. 1. 20

Donin, Ludw., katholische Tugendprobe mittelst der Geschichte dargestellt. gr. 16. (IV, 259 S.) Wien 872. Kirsch. 1. 20

— kurze Uebersicht der christkathol. Lehre. Mit einigen beweisenden Stellen der heil. Schrift. gr. 8. Wien 841, Braumüller u. Seidel. 1/8 ₰ — 2. Aufl. Mit einig. beweisenden Stellen der heil. Schrift. 12. Wien 843. (Beck.) 1/2 ₰ — 3. verb. Aufl. 12. Wien 844, Braumüller u. Seidel. 1/8 ₰

—— kurze Uebersicht der christkatholischen Lehre als Handbuch zum großen Katechismus. 6., verb. und verm. Aufl. 8. (IV und 248 S.) Wien 863. Gorischek's Universitäts-Buchh. *

— kurze Uebersicht der christkatholischen Lehre als Handbuch zum großen Katechismus. 7., verb. Aufl. 8. (245 S.) Wien 873. Lienhart. n. 1. 60

—— Victoria oder der katholische Glaubenssieg. Dargestellt mittelst der Zeitgeschichte. 8. (270 S. mit Holzschn.) Wien 863, Typographisch-literarisch-artistische Anstalt. *

—— Virginitas oder die christliche Jungfräulichkeit durch Lehre und That dargestellt. gr. 8. (XI und 216 S.) Wien 859, (Mayer und Comp.)

— Virginitas oder die christliche Jungfräulichkeit durch Lehre und That dargestellt. Wien 859. Wendelin. gr. 8. (XI, 216 S.) n. 20 ngr.

— Virginitas oder die christliche Jungfräulichkeit durch Lehre u. That dargestellt. 2. verm. Aufl. Wien 866. Sartori. 8. (VIII, 288 S. u. 1 Stahlst.) n. 20 ngr.

—— Virginitas oder die christliche Jungfräulichkeit durch Lehre und That dargestellt. 3. verm. Aufl. 8. (VIII, 288 S.) Regensburg 870, Pustet.

— Vita zur heilsamen Mahnung für die Lebenden und zum Troste für die Verstorbenen oder das kathol. Buch vom guten Ende. Wien 867. Mechithar.-Congreg.-Buchhdlg. (Kirsch.) 8. (XIV, 328 S. u. 1 Stahlst.) 16 ngr.

— die messianische Vorschule. Ein Adventbuch. 2. verm. Aufl. 8. (320 S. m. e. Holzschntaf.) Amberg 876. Habbel. 1. 20

— die waltende Vorsehung im Menschenleben. 2. verb. u. verm. Aufl. Wien 864. Gorischek. 8. (IV, 144 S. m. Holzschn. u. 1 Holzschntaf.) n. 6 ngr.

Donin Ludwig — Die katholische Votivkirche in der k. k. Reichshauptstadt Wien, ein bleibendes Denkmal der waltenden Vorsehung der göttlichen Liebe in Oesterreich. Bei Gelegenheit der feierlichen Grundsteinlegung den 24. April 1856. Von — —. Wien, 1856. Gedruckt und zu haben bei Leopold Grund. (30 S. 8)

— Die siegende Wahrheit; für Alt und Jung zusammengestellt. 5. Auflage. *Wien* 1859. *Jakob Wallner's* Verlag. 64 S. kl. 8°.

Donin, Ludw., die siegende Wahrheit. Für Alt und Jung zusammengestellt. 6. Aufl. Wien 861. Grund. (Gorischek.) 32. (72 S.) n. 2 ngr.

— — Die siegende Wahrheit. Für Alt und Jung zusammengestellt. 3. Auflage. 64. (77 S.) Ebds. 1868 20 kr.

— der wahre Weg zur Vollkommenheit. 3. verm. Aufl. 32. (190 S. m. 10 Holzschntaf.) Graz 874. Vereins-Buchdruckerei. — 75; m. 10 Stahlst. n. 1. 20

Donin, Ludwig —. Christkatholischer Wegweiser für Kirche, Schule und Haus. Zum Gebrauche der Handelsbeflissenen der Wiener Gremial-Handelsschule. Von — —. Wien. 1856. Verlag, Druck und Papier von L. Sommer. (221 S. 8.)

Donin, Ludwig — Christlicher Wegweiser für Schule und Haus. Von — —. Dritte Auflage. Wien, 1854. A. Dorfmeisters Druck und Verlag, (XXIV. 142 S. 16) geb.

—— christlicher Wegweiser für Schule und Haus. 4. Aufl. 32. (144 S.) Wien 860, Lienhart.

Donin, Ludw. — Christlicher Wegweiser für Kirche, Schule und Haus. Von — — 5te Auflage. Wien, Dr. der typ.-liter.-artist. Anstalt. (L. C. Zamarski, C. Dittmarsch und Komp.) Bei Ignaz Lienhart. (142 S. 1 Bl. 8.) (Ohne A. d. J.)

—— die katholische Welt am 11. April 1869. Zur Betrachtung und Belehrung für Freunde und Feinde der katholischen Kirche. gr. 16. (VI, 121 S.) Graz 869, Vereins-Buchdr.

— die katholische Welt am 11. April 1869. Zur Betrachtung u. Belehrung für Freunde u. Feinde der kathol. Kirche. Wien 869. Gorischek. 16. (VI, 121 S.) 8 ngr.

Donin, Ludwig, Die katholische Welt am 11. April 1869. Zur Betrachtung und Belehrung für Freunde und Feinde der katholischen Kirche. 11. 8. (121 S.) Wien, Kirsch. 40 kr.

— wo u. wann. Ernste Winke nach der Geschichte u. Erfahrung für denkende Menschen. 3. verm. u. verb. Aufl. Wien 870. Kirsch. 8. (VI, 282 S.) n. 10 ngr.

Donin, Ludwik. Zbawiciel w modlitwie. Katolicka książka do modlenia dla wszystkich stanów. Podług Niemieckiego — —. W Wiedniu. W typograficznym, literackim i artystycznym zakładzie L. K. Zamarskiego, K. Dittmarscha i spółki 1857. (452 S. kl. 8.) (Der Erlöser im Gebet. Katholisches Gebetbuch für alle Stände. Nach dem Deutschen von — —. Wien. Typographisch-, literarische und artistische Anstalt des L. C. Zamarski, Karl Dittmarsch und Komp. 1857.)

—— Der Zeitgeist auf der Klinik, oder: Betrachtungen über Betrachtungen eines alten Schulmannes. Ebendas. 1866, gr. 8°, 172 S., 1,20 Mk.

—— Der kranke Zeitgeist, oder: Alte Einfälle u. neue Gedanken. Wien, Gorischek, 1866, 8°, IV, 156 S., 1,20 Mk.

— der Zeitgeist und seine Vorurtheile, besonders gegen die katholische Kirche und ihre Einrichtungen, vor dem Richterstuhle der gesunden Vernunft und der Geschichte. 2. Aufl. 859. (IV, 288 S.) 3. sehr verm. u. verb. Aufl. Wien 861. Gorischek. 8. (VI, 418 S.) n. 20 ngr.

— die katholischen Zeitgenossen zur Belebung des Glaubens. Wien 866. Sartori. 8. (IV, 289 S.) 20 ngr.

Donin, Matthias, Die Grundfesten des Glaubens in Unterredungen. Aus dem Franz. ins Deutsche übers. Innsbruck u. München 1782, 8°.

Donging, A. Einige Worte über die Steinbrüche in der Umgegend Kischenew's, der Hauptstadt Bessarabiens. (Aus d. Bull. de la Soc. imp. Moskau. 1852. 8.

Donini, G[aetano]. Die rationelle Geflügelzucht mit besonderer Berücksichtigung der landwirtschaftlichen Nutzgeflügelzucht. Mit 27 Abbildungen und 2 farbigen Tafeln. IV + 80 S. 8. Aarau, Emil Wirz, 1901. [geb. fr. 1. 60]

Die Donins, Aufzeichnungen über die erloschene Linie der Familie Dohna (von S. Graf Dohna). Berlin 1875. 8.

Doenitz, d. Goldproduktion u. Goldanlage, s.: **Schoober.**

Dönitz, Alfred, aus Tokyo (Japan), approb. Arzt: **Die Mechanik** der Fußwurzel. *Berlin (1903): G. Schade.* (32 S.) 8°
Berlin, Med. Diss. v. 16. März 1903

Doenitz, Frid. Car. Guil. (geb. Berlin 28. 6. 1838): De tunicae intestinorum villosae epithelio. Berolini (1864). (32 S.) 8°
Berlin, Med. Diss. v. 15. Jan. 1864

Doenitz, Martha, aus fremder Welt. Japanische Erzählgn. 8. (87 S. m. 7 Holzschn.) Berlin 889. Schorß. n. 2. —; geb. n. 2. 50

Doenitz, Paul, Dr.: **Covadonga** (auf d. Umschlag: Cavadonga), die Wiege der spanischen Monarchie. *Sangerhausen 1902: A. Schneider.* (14 S.) 4°
Sangerhausen, G u. R, P 1902 (276)

Doenitz, Paul [aus Trebnitz a/S.]: **Über Ursprung und Bedeutung des Anspruches der Päpste auf Approbation der deutschen Königswahlen** ... Halle a. S., Hofbuchdr. v. C. A. Kaemmerer & C., 1891; 63 S., 1 Bl. 8.
Halle, Phil. Fak., Inaug.-Diss. v. 31. Okt. 1891

Dönitz, W., Bericht üb. die Thätigkeit des königl. Instituts f. Serumforschung u. Serumprüfung zu Steglitz. Juni 1896—Septbr. 1899. gr. 8. (26 S.) Jena 899. G. Fischer. n. — 60
Sonderabdruck aus: „Klin. Jahrb."

Dönitz, W., Bericht über die Tätigkeit des Instituts f. Infektionskrankheiten zu Berlin während der Jahre 1901 u. 1902. [Direktor: Robert Koch.] Erstattet u. m. Genehmigung des Herrn Ministers der geistl., Unterrichts- u. Medizinalangelegenheiten veröffentlicht. (22 S.) gr. 8. Jena 904. G. Fischer. n. — 80
Sonderabdruck aus: „Klin. Jahrb."

— u. **Max Hartmann**, parasitische Protozoen u. ihre Überträger. I. 1—9 Taf. 161×114,5 cm. Farbdr. Mit Text. gr. 8. Leipzig (910). Dr. W. Klinkhardt. Auf Leinw. m. Stäben u. Ringen à 12. 50
1. Chlamydophrys encholys. (Ehrberg.) (3 S.) — 2. Trichomastix lacertae. (Bütschli.) (3 S. in französ. Sprache.) — 3. Leucocytozoon ziemanni. (Lav.) — 4. Plasmodium vivax. (Grassi et Fel.) — 5. Lamblia muris. Lamblia intestinalis. — Trichomanas intestinalis. — Nyctotherus faba. — Balantidium minutum. — Balantidium coli. — 6. Haemoproteus columbae. — 7. Trypanosoma lewisi. — 8. Entamoeba tetragena. (Viereck.) Entamoeba histolytica. (Schaud.) — 9. Leishmania donovani. (Lav. u. Mesn.)
Die fehlenden Texte sind noch nicht erschienen.

— — dasselbe. II. 1. u. 2. Taf. 115×84 cm. Farbdr. Mit Text. (Zu 1. u. 2. 4 S.) gr. 8. Ebd. (910). Auf Leinw. m. Stäben u. Ringen à 12. 50
1. Glossina palpalis Robin. Des v. ♀. — Glossina morsitans Westw. ♂. — 2. Glossina morsitans.

— über die Quellen der Ansteckung m. Typhus nach Berliner Beobachtungen, s.: **Festschrift** zum 60. Geburtstage v. Robert Koch.

Dönitz, W., Untersuchgn. üb. d. Wertbestimmg. des gewöhnl. **Tuberkulins.** [Aus: „Klin. Jahrb."] gr. 8. (12 S.) Jena 898. G. Fischer. n. — 60

Dönitz, W., s.: **Volksseuchen.**

Dönitz, Wilhelm

- Die Zecken Südafrikas, s.: **Denkschriften** der medicin.-naturwiss. Gesellschaft zu Jena. XVI, 3.

Die wirtschaftlich wichtigen Zecken mit besond. Berücks. Afrikas von Prof. Dr. W[ilhelm] **Dönitz**, Geh. Med.R. Mit 6 Taf. Leipzig: J. A. Barth 1907. (V, 127 S.) 4°(8°) 07. 4827

Don-Juan-Serie. 1.—3. Bd. 8. Berlin 890. Jacobsthal. à n. 2. —
1. Jugendsünden. Novellen v. Adolphe Belot. Deutsch v. E. Berg. (207 S.)
2. Evastöchter. Geschichten u. Geschichtchen v. Arsène Houssaye. Ins Deutsche übertr. v. E. Berg. (191 S.)
3. An der Quelle der Freude. Von G. Droz. Ins Deutsche übertr. v. E. Berg. (238 S.)

Donizetti, Gaëtano. Eine Biographie, s. **Neumann**, die Componisten der neueren Zeit.

Donizetti, G.: Belisar, s. Mode's Opern-Textbibliothek.

– Lucrezia Borgia, s. Breitkopf & Härtel's Textbibliothek. 5.

– dasselbe. Leipz. Ausg., s. Breitkopf & Härtel's Textbibliothek. 213.

Donizetti, G.: Lucrezia Borgia, s. Mode's Opern-Text-Bibliothek.

Donizetti, G.: Linda von Chamouny, s. Mode's Opern-Text-Bibliothek.

—— s. **Favoritin**, die. (Textbuch.)

Donizetti, G.: Die Favoritin, s. Mode's Opern-Text-Bibliothek.

– Lucia v. Lammermoor, s.a. Breitkopf & Härtel's Textbibliothek. 212.

Donizetti, Gaetano: Lucia v. Lammermoor, s.a. Lucas' Operntexte.

Donizetti, G.: Lucia von Lammermoor, s.a. Mode's Opern-Text-Bibliothek.

Donizetti, Gaëtano, u. Salvatore Cammarano: Lucia v. Lammermoor, s.a. Universal-Bibliothek.

Lucia von Lammermoor. Trag. Oper in 3 Akten von Salvator Cammarano. Musik von Gaëtano **Donizetti**. Text d. Gesänge. *Leipzig: Breitkopf & Härtel [1898].* (32 S.) 8° [F.]
= **Textbibliothek, Breitkopf & Härtels.** No 350. 99. 1910

[F.] Lucia von Lammermoor. Trag. Oper in 3 Aufz. v. Gaëtano **Donizetti**. Dichtg v. Salvatore **Cammarano**. ([Übs.:] C. E. Kässner.) Vollst. Buch. Durchgearb. u. hrsg. v. Carl Friedrich Wittmann. *Leipzig: Ph. Reclam jun. [1898].* (72 S.) 1 Bd 8.
= Opernbücher. Bd 39
= **Universal-Bibliothek.** [No] 3795. 98. 8599

Donizetti, der Liebestrank, komische Oper, s.a. **Breitkopf und Härtel's Text-Bibliothek Nr. 252.**

Donizetti, G.: Der Liebestrank, s.a. Mode's Opern-Text-Bibliothek.

— u. **Felice Romani**, der Liebestrank, s.a. **Universal-Bibliothek.**

Der Liebestrank. (L'Elisire d'amore.) Kom. Oper in 2 Akten aus d. Italien. Musik von [Gaëtano] **Donizetti**. Text d. Gesänge. *Leipzig: Breitkopf & Härtel [1898].* (32 S.) 8° [F. u. Ant.]
= **Textbibliothek, Breitkopf & Härtels.** No 367. 99 1717

Der Liebestrank. Komische Oper in 2 Aufz. von Gaëtano **Donizetti**. Dichtung von Felix Romani. ([Übers. von] Johann Christoph Grünbaum.) Vollst. Buch. Durchgearb. u. hrsg. von Carl Friedrich Wittmann. *Leipzig: Ph. Reclam jun. [1901].* (99 S.) 8° [F.]
= **Opernbücher.** Bd 46.
(Universal-Bibliothek. 4144.) 01. 4166

Der Liebestrank (L'Elisire d'amore). Komische Oper in 2 Akten. Text von Giuseppe Felice Romani. Musik von Gaëtano **Donizetti**. Für d. Bühnengebr. eingerichtet von Felix Mottl. Berlin, Köln, Leipzig: Ahn [1906]. 45 S. 8°
(Ahns Operntext-Bibliothek. Nr 122.) 09. 9143

Donizetti, Gaetano: Marie oder die Tochter des Regiments, s.a. Breitkopf und Härtel's Text-Bibliothek Nr. 214.

Donizetti, Gaetano, Marie od. die Tochter des Regiments, s.a. Hendel's Operntexte.

Donizetti, Gaëtano, Marie od. die Tochter d. Regiments, s.a. Lucas' Operntexte.

— dasselbe, s.a. Sammlung internat. Operntexte Nr. 15.

Donizetti, Gaëtano: Marie od. D. Regimentstochter, Text v. Saint Georges u. A. Bayard, s.a. Universal-Bibliothek.

Marie, die Tochter des Regiments. Komische Oper in 2 Akten von [Henri de] Saint-Georges u. [Jean François Alfred] Bayard. Musik von Gaetano **Donizetti** ... Rev. Text d. Gesänge, durchgesehen von R. Gründler-Reinsdorff. Halle a. S.: Bossert & Gründler [1907]. (32 S.) 8° [F.]
= **Sammlung** internationaler Operntexte. No 15. [07. 7908 3

Marie oder Die Tochter des Regiments [La Fille du régiment]. Komische Oper in 2 Akten von [Henri de] Saint-Georges u. [Jean François Alfred] Bayard. Musik von Gaetano **Donizetti**. Halle a. S.: Hendel [1909]. 32 S. 8°
(Hendels Operntexte. 5.) [10. 8260

Donizetti, G.: Don Pasquale, s.a. Mode's Opern-Text-Bibliothek.

Donizetti, Gaetano, Don Pasquale, s.a. Opern-Renaissance. Nr. 1.

Donizetti, Gaëtano: Don Pasquale, s.a. Universal-Bibliothek.

[F.] Don Pasquale. Komische Oper in 3 Aufz. Dichtg nach e. älteren italien. Stoff 'Ser Marc Antonio' u. Musik v. Gaëtano **Donizetti**. '([Übs.:] Karl Gollmick.)' Vollst. Buch. Durchgearb. u. hrsg. v. Carl Friedrich Wittmann. *Leipzig: Ph. Reclam jun. 1898.* (85 S.) 1 Bd 8.
= Opernbücher. Bd 40.
= **Universal-Bibliothek.** [No] 3848. [98. 7709

Don Pasquale. Kom. Oper in 3 Akten von Gaetano **Donizetti**. Neu-Ausg. in Text u. Musik von O[tto] J[ulius] Bierbaum u. W(ilhelm) Kleefeld. Vollst. Klav.-Ausz. mit Text (Klavierpart.). *Berlin: Schlesinger (1902).* (225 S.) 4°
= **Opern-Renaissance.** No 1. [02. 12790

Don Pasquale. Komische Oper in 3 Akten von Gaetano **Donizetti**. Neue Verdeutschung von Otto Julius Bierbaum. [Text.] Berlin: Schlesinger [1903]. (47 S.) 8° [F.]
= **Opern-Renaissance.** No 1. [08. 14368

— Poliuto (Polyeuktes) od. Die Märtyrer, Scenarium, s.: Mode's, Gust., Textbibliothek.

—— Scenarium zu Poliuto oder die Märtyrer, s. Mode's, Gust., Text-Bibliothek Nr. 113.

Donizetti, G.: Die Tochter des Regiments, s. Mode's Opern-Text-Bibliothek.

Donk, s.: Jong van Beek en Donk.

Donkersloot, N. B., die Todesstrafe und die Psychologie. Vom Verf. autorisirte deutsche Ausg. Münster 865. Brunn. gr. 8. (VIII, 84 S.) 12 ngr.

Donkin, Arth. Scott., Heilg. d. Brightschen Nierenkrankheit durch abgerahmte Milch. Aus d. Engl., m. Einleitg. u. Anmerkgn. v. Boden. 8. (32 S.) Leipzig 898. M. Voigt. n. — 50

Donkin, Arth. Scott, Heilung der Zuckerkrankheit durch abgerahmte Milch. Aus dem Engl., m. Einleitg. u. Anmerkgn. v. Boden. 8. (VIII, 39 S.) Leipzig 899. [M. Voigt.] Berlin, W. Möller. n. 1. —
Auch desselb. Verf. „Heilung d. Brightschen Nierenkrankheit" ist in oblg. Verlag übergegangen.

u. Carrieu, die Nierenentzündung u. ihre diätetisch-physikalische Behandlung, s.: Bücherei, freie hygienische. Nr. 12.

Donkin, die Zuckerkrankheit u. ihre diätetisch-physikalische Behandlung. s.: Bücherei, freie hygienische. Nr. 18.

Donkin, Br., üb. d. Anlegung d. gepflasterten Fahrbahnen. Aus d. Engl., mit Anmerkk. v. Fr. Umpfenbach. 8. Gießen 825. Heyer. 1⅙ ℛ

Donle, Ernst, Adreß-Buch d. Postkarten- u. Ansichtskarten-Sammler. 1. Jahrg. 12. (56 S.) Augsburg 897. (München, U. Putze.) — 90

Donle, Friedrich: Der Phonograph und seine Stellung zum Rechte. *Neuburg a. D. 1897: Griessmayer.* (47 S.) 8°
Erlangen, Jur. Diss. v. 20. Juli 1897

Donle, Ludwig [Dr. iur. in Nürnberg]: Ueber internationale Eheschliessung m. bes. Berücks. d. geltenden Codifikationen. (Aus: Deutsche Zeitschr. f. Kirchenrecht, Bd II, Heft 1.) Freiburg i. B., J. C. B. Mohr, 1892; 1 Bl., 74 S. 8.
Erlangen, Jur. Fak., Inaug.-Diss. v. 1892

Donle, Oscar, appr. Arzt a. Schwabach: Aus der chirurgischen Kinderpoliklinik München. Prof. Dr. Herzog. Zwei Fälle von Hernia funiculi umbilicalis. München 1906: Kastner & Callwey. (20 S.) 8°
München, Med. Fak., Ref. v. Angerer, Diss. v. 13. Juli 1906
[Geb. 8. Mai 77 Kammerstein, Bez. Schwabach; Wohnort: Schwabach; Staatsangeh.: Bayern; Vorbildung: Gymn. Reutlingen Reife Juli 96; Studium: Erlangen 5, Kiel 1, Erlangen 2, München 5 S.; Coll. 13. Juli 06; Approb. 8. Juli 04.]

Donle, Wilhelm [aus Ansbach]: Beiträge zur Kenntniss des thermoelektrischen Verhaltens von Electrolyten ... mit einer Tafel. Leipzig. Druck v. Metzger & Wittig, 1886; 47 S. 8°.
Erlangen, Phil. Fak., Inaug.-Diss. v. 1886.

Donle W, Grundriss der Experimentalphysik für humanistische Gymnasien. Ausgabe B. (180 S) München 1897

Donle, Wilh., Grundriss der Experimentalphysik f. humanistische Gymnasien, nach dem ministeriellen Lehrplane bearb. 2., nach dem Lehrplane vom J. 1898 umgearb. Aufl. Mit 170 in den Text gedr. Fig. u. 220 Übungsaufgaben. gr. 8. (VII, 221 S.) München 900. Stuttgart, F. Grub. Geb. in Leinw. n.n. 2. 60

— dasselbe. Ausg. B. Mit 136 in den Text gedr. Fig. u. 240 Übungsaufgaben. gr. 8. (VIII, 180 S.) Ebd. 897. Geb. in Leinw. n. 2. 60

Donle, Wilh., Grundriss der Experimentalphysik f. höh. Lehranstalten. 3. verb. Aufl. Mit 294 in d. Text gedr. Fig. u. 293 Übungsaufgaben. (VIII, 287 S.) 8. Stuttgart 908. F. Grub. Geb. 3. —

Donle, Wilh., Lehrbuch d. Experimentalphysik f. Realschulen u. Realgymnasien, n. d. minister. Lehrplänen bearb. Ausg. A. M. 173 i. d. Text gedr. Abb. u. 525 Übungsaufgaben. gr. 8. (VIII, 268 S.) München 897. E. Wolff. Geb. in Leinw. n. 3. —

Donle, Wilh., Lehrbuch der Experimentalphysik für Realschulen u. Realgymnasien. 3., verb. Aufl. Mit 420 in den Text gedr. Abbildgn., 1 Spektraltaf. u. 560 Übungsaufgaben. (VIII, 379 S.) gr. 8. Stuttgart, 905. F. Grub. Geb. in Leinw. n. 3. 60

— dasselbe. Mit e. Anh.: Astronomische Erdkunde, v. Otto Hartmann. Mit 420 + 16 in den Text gedr. Abbildgn., 1 Spektraltaf. u. 560 + 100 Übungsaufgaben. (VIII, 379 u. VIII, 51 S.) gr. 8. Ebd. 905. Geb. n. 4. 40

— Lehrbuch der Experimentalphysik f. d. Unterricht an höh. Lehranstalten. 4., verb. Aufl. Mit 420 in d. Text gedr. Abb., 1 Spektraltaf. u. 560 Übungsaufgaben. (VIII, 385 S.) gr. 8. Ebd. 907. Geb. 3. 60

Donna, unsere. Das Tagebuch e. modern. Dienstmädchens, v. Karlchen. Umschlagzeichng. v. Paul Rieth. 2—7. Aufl. (106 S.) 8. München 908. G. Müller. 2.—; geb. 3. —

Donnadieu, A. L., recherches pour servir a l'historie des tétranyques. Avec Atlas de 12 (lith.) planches. 8. (134 S.) Lyon 875. Genf, Georg. n. 6. —

Donnan, F. G. (Hrsg.), s. Mayow, J.: Untersuchungen über den Salpeter . . .

Donnan, F. G., Untersuchgn. üb. d. Bildungsverhältnisse d. ocean. Salzablagergn., s.: Hoff, J. H. van't.

Donnan, Frederick George [aus Belfast, Irland]: Versuche über die Beziehung zwischen der elektrolytischen Dissociation und der Lichtabsorption in Lösungen ... (Aus: Zeitschr. f. physik. Chem., Bd XIX Heft 3.) Leipzig, W. Engelmann, 1896; 20 S., 1 Bl. 8.
Leipzig, Phil. Fak., Inaug.-Diss. v. [10. Apr.] 1896

Donnay, Maurice

Die andere Gefahr ⟨L'autre danger⟩. Schauspiel in 4 Akten von Maurice **Donnay**. Bühnen-Einrichtung d. k. k. Hofburgtheaters in Wien. Berlin, Köln, Leipzig: A. Ahn [um 1904]. (107 S.) 8° [F. u. Ant.]
= **Theater**, Französisches. No 7. [c3. 4664

Donnay, Maurice, Liebesleute (Amants). Komödie in 5 Akten. Aus dem Franz. v. Stephan Estienne. (Theater-Bibliothek Harmonie.) (88 S.) 8. Berlin (906.) Harmonie. n. 3. —; geb. n. 4. —

Lysistrata. Komödie in 4 Aufz. von Maurice **Donnay**. Für d. deutsche Bühne bearb. von Rudolf Lothar. Berlin, Köln, Leipzig: A. Ahn [1906]. (81 S.) 8° [F.]
— **Theater**, Französisches. No 14[a]. [o8. 16364

Die Rückkehr von Jerusalem (Le retour de Jérusalem). Schauspiel in 4 Akten von Maurice **Donnay**. Für d. deutsche Bühne bearb. von Wilhelm Thal [d. i. Lilienthal]. Berlin, Köln, Leipzig: A. Ahn (1905). (x, 112 S.) 8° [F.]
— **Theater**, Französisches. No 13. [o8. 16363

Donndorf, A. A.: „Encyclopädie des gemeinnützlichsten weiblichen Wissens, oder allgemeines praktisches Handwörterbuch für Frauenzimmer aus allen Ständen", 4 Theile, Quedlinburg 1822 (Basse).

Donndorf, Fr., e. herzliche Bitte an d. Eltern d. Konfirmanden. 2. Aufl. 8. (8 S.) Berlin 897. Deutsche evang. Buch- u. Tractat-Gesellschaft. n.n. — 05

[F.] Was kann zur Befriedigung des sich gegenwärtig vielfach regenden Bedürfnisses nach christlicher Gemeinschaftspflege in unseren Kirchengemeinden geschehen? Proponendum d. Kgl. Konsistoriums d. Prov. Sachsen. Behandelt v. Fr. **Donndorf,** Pastor zu Wippra am Harz. *Berlin: Deutsche Ev. Buch- u. Tractat-Ges. 1897.* (50 S.) 1 Bd 8. [98. 1617

Donndorf, Fr, wie stehst du zur Bibel, s.: Sammlung theologischer u. sozialer Reden u. Abhandlungen.

Donndorf, J. A., auserl. jurist. Abhandl. gr. 8. Quedlinburg, Ernst. 781.

Donndorf, Johann August, s. Donndorff, Johann August

Donndorff, Christoph

— — Actum solennem praesentationis septem licentiandorum juris indicit. Lpz. (Titius) 26. XI. 1727. 8 Bl. (2.—) 6752
Gg. Chph. Plaz, Adr. Steger, Chn. Gottfr. Schmid, Frz. Wilh. Romanus, Aug. Flor. Rivinus, Joh. Balth. Faber (sämtl. Lpz.), Chn. Heinr. Drewer (Dresden). (s. a. Nr. 6753.)

— — Ad ventilationem publicam selectiorum controversiarum ad pandectas XXIII. disputat. a Joh. Samuel Stryk. Lpz. (Brandenburger) 6. I. 1711. 4 S. (2.—) 6751
Pet. Heye (Estebrük/Brem.), Joh. Casp. Mehl (Lpz.), Frz. Mart. Winter (Colberg/Pomm.), Aug. Wilh. Magen (Lpz.), Joh. Jon. Mosbach (Lpz.), Gg. Matth. Seiperth (Regensburg).

Don(n)dorf(f), Chrph.: De Aucupio famae vulgo von Renommée. Praes. Pet. Müller. Jena (P. Ehrich) 1720.

— — Promotionem doctoralem septem juris utr. licentiandorum. Lpz. (I. Titius) 4. XII. 1727. 10 Bl. (4.—) 6753
Mit Biogr. der unter Nr. 6752 verzeichneten Doktoranden.

— — Solemnem in jure utr. promot. doctoralem viri Gottlob August Jenichen (Leipzig). Lpz. (J. Chn. Langenheim) 8. VI. 1730. 6 Bl. mit Biogr. J.'s. (M.: J. V. Horn.) (3.50) 6754

— — Summos in utr. jure honores Moritz August Engel (Burgstädt b. Chemnitz). Lpz. (Breitkopf) 11. VIII. 1735. 4 Bl. mit Biogr. E.'s. (M.: J. D. Hilliger.) (3.50) **6755**

— — u. **Dan. Chn. Bernstein** (Leipzig), De termino peremtorio solutionis et protestationis cambiorum, Von Endlicher Verfall=Zeit Bey Zahlung u. Proteste der Wechsel / ad decret. elect. Saxon. d. 4. Sept. 1669 et ordin. camb. Lips. d. anno 1684. Lpz. (Brandenburger) 6. XI. 1710. 44 S., z. Tl. dtsch. (5.—) 6749

Dondorf, Chrst.: Tract. de termino peremtorio solutionis et protestationis cambiorum. *Lips.* **710.** *Hal.* **749. 4.**

— — Dasselbe. Lpz. (G. A. Stopffel) 1745. 48 S (5.—) **6750**

Donndorff, Johann August

— Abhandl. über Elektricität, Magnetismus, Feuer u. Aether. 8. Quedlinb. 784. Ernst. 6 gl.

Donndorf, Jh. Aug., Antipandora, oder Unterhaltt. zur Tilgung d. Aberglaubens rc. 3 Thle. 8. Erfurt 786—89. Keyser. 3 rß 14 gl.

— zoologische Beiträge zur 13n Ausg. d. Linné'schen Natursystems. 3 Bde. gr. 8. Leipz. 792—98. Weidmann. 12 rß 12 gl. Schrbp. 15 rß (1r, 2r Bd. A. u. d. T.: ornitholog. Beiträge rc. 3r A. u. d. T.: amphibiolog. u. ichthyolog. Beitrr.)

—s.a. Buch, das, d. Zauberei.

— das Buch d. Zauberei, oder Magie f. d. gesellschaftl. Leben. 8. Quedlinb. 825, Basse.

Ueber Electricität, Magnetismus, Feuer und **Aether**, eine Abhandlung, worinn aus Faktis die Meinung erörtert wird, dass die elektrische Materie von der Materie des **Feuers** und des Lichts wesentlich verschieden sey, von *J. A. Donndorf.* Quedlinburg. 8. 1782.

— Entwurf e. Naturlehre zum Gebrauch für Ungelehrte. Mit Kpf. 8. Quedlinb. 785. Ernst. 20 gl.

— Encyklopädie d. gemeinnütz. weibl. Wissens, oder allgem. prakt. Handwörterbuch f. Frauenzimmer aus allen Ständen, zur deutl., wicht. u. vollständ. Selbstbelehrung über alle in d. Haushaltung vorkommende Gegenstände rc. 4 Bde. gr. 8. Quedlinb. 821. Basse. 4 rß Schrbp. 5 rß Velinp. 6 rß 12 gl.

Donndorf, (Joh. Aug.) Encyclopädie des gemeinnütz. weiblichen Wissens, od. allgem. prakt. Handwörterbuch f. Frauenzimmer aus allen Ständen, zur deutl., wicht. u. vollständ. Selbstbelehrung über alle in der Haushaltung vorkommende Gegenstände ꝛc. 4 Bde. gr. 8. Quedlinb. 822, Basse. 4 Rthlr. Schreib-Pap. 5 Rthlr. Velin-Pap.

— europ. Fauna, s. J. A. E. Götze.

— vermischte Gedichte. 8. Halle 777. Hendel. 2 ℊ

— Geschichte d. Erfindungen in allen Theilen d. Wissenschaften u. Künste, von der ältesten bis auf d. gegenwärt. Zeit. In alphab. Ordnung. 6 Bde. gr. 8. Quedlinb. 817—21. Basse. 12 ℛ 8 ℊ Hbg. Pr. 7 ℛ 16 ℊ

— s. J. A. E. Götze, europ. Fauna.

— Handbuch d. Thiergeschichte. gr. 8. Leipz. 793. Weidmann. 2 ℛ 12 ℊ

— allgem. wissenschaft. Handwörterbuch, enthalt. eine Erklärung d. gewöhnl. in d. Physik, Naturgeschichte, Astronomie, Chemie, Mineralogie ꝛc. vorkommende Kunstwörter u. sonstige Benennungen. gr. 8. Quedlinb. 823. Basse. 1 ℛ

— üb. Lebensart u. natürl. Beschaffenheit verschied. Völker u. Länder. 8. Erfurt 789. Keyser. 1 ℛ 8 ℊ

Donndorff, Johann August, Die Lehre von der Elektricitat, theoretisch und praktisch auseinander gesetzt zum gemeinnutzigen Gebrauch. [2 Bde.] Erfurt 1784.

— die Lehre von d. Elektricität, theoret. u. prakt. aus einander gesetzt. 2 Thle, mit 7 Kpf. gr. 8. Erfurt 784. Keyser. 3 ℛ

— Natur u. Kunst, e. Lehr- u. Lesebuch für alle Stände. 4 Bde. 8. Leipz. 790—96. Weidmann. 5 ℛ 16 ℊ

— d. Naturlehre in ihrem ganzen Umfange. Alphabet. geordnet. gr. 8. Quedlinb. 825. Basse. 1 ℛ 12 ℊ

— s. a. Samml. auserles. jurist. Abhandl.

Donndorf, J. A.: Samml. auserles. jurist. Abhandll.; e. Ausz. a. d. Werken verschied. Schriftst., m. Zuss. Anmerk. u. eigenen Abhandll. *Quedlinb.* Ernst. 782. gr. 8. (1 Thl.)

— Schreib. an d. Gr. Borke üb. Electricität. 8. Quedl. Ernst. 781.

— Sendschreiben an den Graf v. Borke, über Elektricität. Mit 1 Kpf. 8. Quedlinb. 781. Ernst. 4 ℊ

— s. J. Senebier, Entdeck.

— über Tod, Scheintod u. zu frühe Beerdigung. gr. 8. Quedlinb. 820. 2e wohlf. Ausg. 823. Basse. 16 ℊ

— über Tod, Vorsehung, Unsterblichkeit, Wiedersehen, Geduld. 8. Quedlinb. 806. 2e A. 815. 3e A. 828 Ernst. 20 ℊ

Donndorff, Joh. Aug., über Tod, Vorsehung, Unsterblichkeit, Wiedersehen, Geduld, 3. Ausg. 8. (17 B.) Quedlinburg 838, Ernst'sche Buchh.

— Vacuna. Ein gemeinnütz. Lehr- u. Lesebuch, in Hinsicht auf merkwürdige u. wissenswerthe Gegenstände, besonders aus dem Gebiete d. Naturlehre, Naturgeschichte ꝛc. 8. Quedlinb. 819. Basse. 1 ℛ 12 ℊ

— Versuch e. Beweises wider d. Existenz d. anziehenden Kraft. 8. Quedlinb. 777. Ernst. 6 ℊ

Donné, Al., Bericht üb. d. Sitzung d. Akademie d. Wissenschaften in Paris am 19. Aug. 1839, enthalt. die Beschreib. d. Daguerr(e)otyp, mitgetheilt im Journal des Débats. gr. 8. (1 B.) Berlin 839, Dümmler.

— — die Landkultur-Gesetzgebung Preußens; eine Zusammenstell. u. Erläuterung der seit d. 9. Oct. 1807 ergang. Gesetze üb. den Grundbesitz, in besond. Bezieh. auf d. Beförderung der Boden-Kultur, auf die Regulirung gutsherrlich-bäuerl. Verhältnisse, auf Ablösung von Reallasten u. auf Gemeinheitstheilung. Im höheren Auftrage mit Benutzg. amtl. Quellen entworfen u. hrsg. I. Bd. 1. u. 2. Hft., II. Bd. 1. Hft. u. III. Bd. 1. Hft. 2. Abdruck. gr. 4. Berlin, Schröder's Verl. [I. 1. 2. (45 1/4 B.) II. 1. (26 B.) 843., III. 1. (23 1/4 B.) 45. à * 1 Thlr.] Mit Pränum. auf d. letzte Hft. *

Donné, Al., die Milch, und insbesondere die Milch der Ammen; betrachtet in Bezug auf die guten u. schlechten Eigenschaften u. Alterationen derselben. Aus d. Franz. Mit 1 Taf. Abbildd. 12. Weimar 838. Landes-Ind.-Compt. 3/8 ℛ

— dass., übertragen von Dr. Heilbronn. Mit 1 Steindrucktaf. gr. 8. Minden 838. Eßmann. 3/8 ℛ

—— die Somnambüle Mselle. Pigeaire in Frankreich; od. merkwürd. Erscheinn. im Gebiete d. Somnambulismus u. thier. Magnetismus. Eine interess. Schrift f. Jedermann. A. d. Franz. 8. (3 B. u. 1 Stnt.) Quedlinburg 839, Basse.

Donné, Alex., über die physische Erziehung der Kinder in der ersten Lebensperiode. Für Mütter und Aerzte. Aus dem Französ., mit Anmerkungen u. einem Anhange: Beitrag zur mikroskop. Untersuchung der Frauenmilch, von Alex. Friedleben. Bevorwortet von Sal. Fr. Stiebel. Mit 1 Steindrucktaf. gr. 12. Frankfurt a/M. 843, Sauerländer. 3/4 ℛ

— die Mikroskopie als Hilfswissenschaft der Medicin. Mikroskopische Anatomie u. Physiologie d. thierischen Flüssigkeiten. Nach d. Französ. bearb. u. durch zahlreiche Anmerkungen u. Zusätze vervollständigt von E. v. Gorup-Besanez. Lex.-8. Erlangen 846, Enke. n. 2 ℛ

Donne, Alfred, s. Donné, Alex.

Dönne, F. Syntaktische Bemerkungen zu Don Juan Manuels Schriften. Jena, Pfeiffersche Lehr- u. Erziehungs-Anstalt, 1891. 24 S. 4. Progr.

Doennebrink, Franz [aus Ottumwa, Iowa, Nordamer.]: Ueber die diagnostische Bedeutung des Koch'schen Heilmittels gegen Tuberculose bei suspecter Phthise, speciell bei Chlorose ... München, Druck v. J. Schön, 1891; 50 S. 8. München, Med. Fak., Inaug.-Diss. v. [22. Juli] 1891

Donneh, F. B., Schwert-Lilien. Gedichte. gr. 12. Wien 841. (Beck's Universitäts Buchh.) n. 2/3 ℛ

Donnelly, Eleanor C., Girlhood's hand-book of woman: A compendium of the views of Eliza Allen Starr, Madeleine V. Dahlgren, Eleanor C. Donnelly etc. on woman's work — woman's sphere — woman's influence and responsibilities. Revised and ed. by D. 12. (203 S.) Freiburg i/B. 898. Herder. Geb. in Leinw. n. 3. —

Donnelly, Ignatius, Atlantis, d. vorsintflutl. Welt, s.: Volksbibliothek, wissenschaftl.

Donnelly, Ignatius, s. a. Boisgilbert, Edm.

[F.] Dr. Edmund Boisgilbert '(Ignatius Donnolly)'. Caesar's Säule. E. Roman a. d. 20. Jh. Deutsch v. B. Katscher. *Klagenfurt: F. v. Kleinmayr 1892.* (1 Bl., 324 S.) 1 Bd 8.

— Cäsars Denksäule, s.: Universal-Bibliothek.

— die Goldflasche. E. allegor. Traumgesicht. Deutsch v. Wolfg. Schaumburg. gr. 16. (127 S.) Leipzig 897. F. Fleischer, Verl. n. 3. —; geb. n. 4. —

Donnermüller, Nikolaus. Der Römerzug Ruprechts von der Pfalz und dessen Verhältnis zu Österreich, insbesondere zu Herzog Leopold. 57 S. 8. Progr. *Rudolfswert* 1884

Donnenfeld, Phpp., die Wissenschaft u. die Politik der Gegenwart, e. Vorlesg., m. e. besond. Rücksicht auf die Bukowina. gr. 8. (22 S.) Wien 872. Herzfeld & Bauer. n. — 60

Donner u. Blitz! 101 Sensenhiebe v. e. Saft- u. Kraftbauern. gr. 8. (46 S.) Braunschweig (896). D. Janssen. n. — 75

Donner, Albert [aus Hildesheim]: Zur Kenntniss der Chinoxaline und ähnlicher Basen. . . . Crefeld, Druck v. Kramer & Baum, 1889; 48 S. 8⁰
Tübingen, Naturw. Fak., Inaug.-Diss. v. 1889

Donner, Albr. (geb. Königshütte 8. 9. 1843): Krankheiten nach Aborten. Berlin (1868). (32 S.) 8°
Berlin, Med. Diss. v. 24. Dez. 1868

Donner, Alexander

Donner, Alex., ein Beitrag zur Casuistik der idiopathischen multiplen Hautsarkome. Inaugural-Dissertation. gr. 8. (32 S. m. 1 Steintaf.) Dorpat 880. (Karow.) n. 1. —

Donner, Anders, e. Methode der Anwendung der Gylden'schen Störungstheorie zur Berechnung der absoluten Störungen der kleinen Planeten, nebst ihrer Verwerthg. zur Entwickelg. der Differentialquotienten 1. Ordng. der Störungsfunction bei den Jupiterstörgn. der Hebe. 4. (IV, 140 S.) Helsingfors 882. (Berlin, Mayer & Müller.) n. 4. —

Donner, Ch., dissert. de secundinar. expulsione. 4. maj. Düsseld. Dänzer. 700.

DONNER, Christian N. Friedrich (Kornthal): Ueber einen seltenen Fall von Augenmuskelrheumatismus.- München: Ernst 1886. 28 S.,1 Bl.
29.7.1886 - Chr 1886/87,11; Jv 1886/87,178
Diss. Ingolst.-Landsh.-Mchn.

Donner, Erich Otto, Referendar: Der Seefrachtvertrag im internationalen Privatrecht. Göttingen 1910: Hofer. IV. 63 S. 8°
Göttingen, Jur. Diss. v. 21. Jan. 1910, Ref. Ehrenberg
[Geb. 28. Febr. 86 Kiel; Wohnort: Hamburg; Staatsangeh.: Hamburg; Vorbildung: Gelehrtensch. d. Johanneums Hamburg Reife O. 05; Studium: Grenoble 1, Marburg 2, Berlin 2, Göttingen 1 S.; Rig. 27. Sept. 09.] [U 10. 1332

Donner, Fr. Altarblumen z Erinng meines feierlichen Übertritts zum Katholicismus. NY, 1874.

Donner, Friedrich

Donner, Frdr., das Judenthum in den Vereinigten Staaten von Nordamerika. Eine Bekehrungsschrift für die H. H. Pastoren Stöcker, Henrici, sowie für alle Judenhetzer. gr. 8. (29 S.) Wien 881. Bretzner & Co. — 30

Donner, G. S., de sacris concionibus in castris habendis. Dresd. 1779. 4.

Donner, Georg Raphael. Gedenkschrift zum 200. Jahrestage der Geburt des grossen österreichischen Bildhauers 24. Mai 1693—24. Mai 1893. Hrsg. v. der Genossenschaft der bild. Künstler Wiens. hoch 4. (VIII, 67 S. m. 25 Textbildern, 1 Bildnis u. 1 Heliograv.) Wien 893. (Leipzig, Literar. Anstalt A. Schulze.) Kart. n. 5. —

Donner, Gottlob Sigismund

— über den Kindermord. 8. Dresd. 781.

Donner, Glo. Siegm., Nachr. von d. Armenschule in Meißen. 8. Meißen 784 u. ff.

— Nachr. von d. Umwandlung d. latein. Stadtschule zu Meißen in e. Bürgerschule. 4. Meißen 800.

— Gottlob Sigismund (Meissen), Sententiarum de miraculis Jesu Christi recensum ex patribus sex priorum saeculorum. Lpz. (Neubert) 23./24. VIII. 1810. 47 S. (5.—) 6757

Donner, Glo. Siegm., († d. 1. April 1823.) Diss. inaug. sententiarum de miraculis Jesu Christi recensus — ex partibus sex priorum seculor. 8. Leipz. 812.

Donner, Günther, Referendar in Posen: Das Depositum irregulare. Nach gemeinem Rechte u. d. Rechte d. Bürgerl. Gesetzbuchs f. d. Deutsche Reich. *Greifswald 1902: J. Abel.* (53 S.) 8°
Greifswald, Jur. Diss. v. [18. Juni] 1902

Donner, H., über Arteriosklerose. Verkalkung der Arterien. gr. 8. (IV, 207 S.) Stuttgart (902). Zahn & Seeger Nachf. n. 3. —

Donner, H., über unfreiwillige Samenverluste, ihre Ursachen, Folgen u. Behandlg. (u. ihre dauernde Heilg.). gr. 8. (VII, 247 S. m. 1 Taf.) Stuttgart 898. Süddeutsches Verlags-Institut. n. 5. —

— üb. Spätformen v. angeborener Syphilis (Syphilis congenita tarda) in Form e. Casuistik. gr. 8. (X, 186 S.) Leipzig 896. W. Schwabe. n. 3. —; geb. 3. 75

— sexuelle Störungen beim Manne, ihre Ursachen, Folgen u. dauernde Heilung. (Neue [Titel-]Ausg. v.: D., üb. unfreiwillige Samenverluste.) gr. 8. (VII, 247 S. m. 4 Taf.) Stuttgart [898.] (900). Süddeutsches Verlags-Institut. n. 4. —

Donner, H[ans], Kammergerichts-Ref.: Der Übergang der Gefahr bei Gattungsschulden nach Bürgerlichem Gesetzbuch unter Berücksichtigung des Römischen Rechts. *Rostock 1904: C. Hinstorff.* (113 S.) 8° [F.]
Rostock, Jur. Diss. v. [20. Juni] 1904

Donner, Heinr. W. Tharandt, eine kurz'gefasste Beschreibung d. Ortes m. besond. Berücksicht. seines Mineralbades, nebst e. Führer in die nächste Umgebg. 8. (71 S. m. 1 Karte u. 2 Lichtdr.-Taf.) Deuben 890. (Tharandt, Akadem. Buchh.) * 1 —

Donner, Hermann: Die Katholische Fraktion in Preußen 1852 - 1858. Borna-Leipzig 1909: Noske. 80 S. 8°
Leipzig, Phil. Diss. v. 12. Juni 1909, Ref. Brandenburg, Seeliger
[Geb. 23. Okt. 85 Leipzig; Wohnort: Leipzig; Staatsangeh.: Sachsen; Vorbildung: Thomassch. Leipzig Reife O. 05; Studium: Leipzig 7 S.; Rig. 19. Jan. 09.] [U 09. 2945

Donner, J. A., Einleitt. zur Kenntniß d. österr. Rechte in 9 Büchern. gr. 8. Wien 778. Wimmer. 16 gl.

Donner, J. J. C., s. 1) de Camoen's Lusiade.

Donner, J. J. C., s. Euripides.

Donner, J. J. C., s. Juvenals Satyren.

Donner, J. J. C. Die Lusiaden des Luis de Camoens. II. und III. Gesang. Ellwangen, G., 1830. 79 S. 4.
Progr.

Donner, J. J. C., s. Persius, Fl.: Satyren.

Donner, J. J. C., s. Sophocles

Donner, J. O. E., der Einfluss Wilhelm Meisters auf den Roman der Romantiker. Akademische Abhandlg. gr. 8. (VI, 211 S.) Helsingfors 893. (Berlin, R. Heinrich.) n. 4. —

Donner, J. O. E., Lord Byrons Weltanschauung. [Aus: „Acta soc. scientiarum fennicae".] gr. 4. (136 S.) Helsingfors 897. (Leipzig, Voss' Sort.) n.n. 4. —

Donner, Jos. Alex., chronological chart of English literature. Steindr. 81,5×70,5 cm. Dresden 893. L. Ehlermann. In Mappe. n. 2. 40

Donner, Jo. Sig., De gibbositate. 21 pp. Gott. 4°. 1784

DONNER Johann Udalrik. Einleitung zur Kenntnis der österr. Rechte. 1. oder rechtlicher Teil . . . von –. Ghelen, Wien . . . 1. Buch 1778, 2. Buch 1786. Ghelen, 1778–1781.

– Die österreich. Rechte . . . s. Rechte.

Donner, Jos. Alexander, Chronological chart of english literatur. Plakatformat. Auf Leinwandstreifen aufgezogen in Mappe 1.50
Wien: Hölzel 1890.

Donner, K., die forstlichen Verhältnisse Preußens, s.: **Hagen, Otto v.**

Donner, Carl (Pseud.), s. Horn, Franz

Donner, Karl Ldw., Abhandl. über d. höchst verderbl. Folgen des innern Gebrauchs des Arseniks im Wechselfieber. 8. Berl. 812. (Sander). 8 gr

Donner, K. L., Abhandl. üb. die höchst verderblichen Folgen des innern Gebrauchs des Arseniks im Wechselfieber. 8. Berl. Societäts-Verlagsbuchh. 812.

Donner, Carl Ludw. (Saxo). De arsenico, febrifugo, ceteris quidem febrifugis certiore, sed omnium minime securo. Diss. med. Bln. (Joh. Friedr. Starcke) 14. VIII. 1811. 29 S. (4.50) 6756
Gew.: Carl Georg Neumann (Dresden).

Donner, Cas., Predigten a. alle Sonn- u. Feyert.-Evangel. 2 Thl. 4. Cöln. 726–29.

Donner, O., Lieder der Lappen. (Übersetzung aus der fin. zeitschr. Suomi 2 jakso XI osa.) gr. 8. (V, 164 S.) Helsingfors 876. G. W. Edlund. n. 2.40

Donner, O., sur l'origine de l'alphabet turc du nord de l'Asie. [Aus: „Journal de la soc. finno-ougrienne".] gr. 8. (71 S. m. 1 Taf.) Helsingfors 896. (Leipzig, O. Harrassowitz.) n.n. 2.40

Donner, O., das Personalpronomen in den altaischen Sprachen. I. Die finnischen Sprachen. Berlin. *IV u. 56* S.
Schul-/Univ.-Schrift *1865*

Donner, O., das Personalpronomen in den altaischen Sprachen. I. Die finnischen Sprachen. Berlin 865. Dümmler's Verlagshdlg. gr. 8. (IV, 56 S.) n. 10 ngr

— Pindapitryajna, das manenopfer mit klössen bei den Indern. Abhandlung aus dem Vedischen ritual. Berlin 870. Calvary & Co. gr. 8. (36 S.) n. 12 ngr

Donner, O., auf das Steinbockhorn in Sturm u. Graus. 12. (15 S.) Leipzig 886. (Heitmann.) n. — 50

Donner, O., vergleichendes Wörterbuch der finnisch-ugrischen Sprachen. I. gr. 8. (192 S.) Leipzig 874. Brockhaus' Sort. n. 5. —

Donner, O., vergleichendes Wörterbuch der finnisch-ugrischen Sprachen. II. gr. 8. (160 S.) Helsingfors 876. Leipzig, Brockhaus Sort. in Comm. (à) n. 5. —

Donner, O., vergleichendes Wörterbuch der finnisch-ugrischen Sprachen. III. gr. 8. (III, 204 S.) Helsingfors 888. (Leipzig, Brockhaus' Sort.) n. 5. —
(I—III.: n. 15. —)

— Wörterverzeichniss z. d. Inscriptions de l'Ienisseï, s.a. Mémoires de la société finno-ougrienne.

Donner, O., Wörterverzeichniss zu den Inscriptions de l'Jénisseï. Helsingfors 1892. [= MSFO. IV]

Donner, Otto
— die erhaltenen antiken Wandmalereien in technischer Beziehung untersucht u. beurtheilt. Mit 3 (lith.) Taff. (in 8. u. 4.) [Aus Helbig's „Wandgemälde der vom Vesuv verschütteten Städte Campaniens."] Leipzig 869. Breitkopf & Härtel. gr. 8. (128 S. m. Holzschn. im Text.) 1 ℳ

Donner, Victor: Die Haftung für Automobilschäden unter Berücksichtigung des Gesetzentwurfes über den Verkehr mit Kraftfahrzeugen. Leipzig 1909: Brandstetter. 108 S. 8°
¶ (Ersch. auch als Buch b. Tobies, Leipzig.)
Heidelberg, Jur. Diss. v. 18. Febr. 1909, Ref. Heinsheimer
[Geb. 5. Nov. 68 Dux; Wohnort: Frankfurt a. M.; Staatsangeh.: Preußen; Vorbildung: Gymn. Lingen Reife O. 94; Studium: Göttingen 5, Jena 1, Kiel 1 S.; Rig. 24. Juli 08.] [U 09. 1778

Donner, Vict., die Haftg. für Automobilschäden unter Berücksicht. d. Gesetzentw. üb. d. Verkehr m. Kraftfahrzeugen. (III, 108 S.) gr. 8. Leipzig 909. O. Tobies. 2. —

Donner, Wilh., Anita, das Zigeunerkind, s.: **Jugendperlen.**

— in den Urwäldern Brasiliens oder Sieg der christl. Liebe, s.: **Jugendperlen.**

Donner, Wold., u. **Carl Grube,** Elementarkursus der deutschen Grammatik. 1—3. Stufe. 8. Riga, (Mellin & Neldner). cart. n.n. 1. 70
1. u. 2. Aufl. (IV, 120 S.) 886. n.n. 1. —
3. (III, 51 S.) 884. n.n. — 70

— Elementarkursus der deutschen [neuen] Orthographie. gr. 8. (VII, 43 S.) Ebend. 885. cart. n.n. — 50

Donner v. Richter, Otto

—— —— und A. Riese, Heddernheimer Ausgrabungen. gr. 4. (20 S. mit 5 Lichtdr.-Taf.) Frankfurt a. M. 885, (Völcker's Verlag.) *

Donner v. Richter, Otto, die enkaustische Malerei der Alten, s.: **Ebers, Geo.,** c. Gallerie antiker Portraits.

— Jerg Ratgeb, Maler v. Schwäbisch-Gmünd, seine Wandmalereien im Karmeliterkloster zu Frankfurt a/M. u. sein Altar-Werk in der Stiftskirche zu Herrenberg. Lex.-8. (V, 132 S. m. 2 Plänen u. 17 Lichtdr.-Taf. in gr. Fol. u. Mappe.) Frankfurt a/M. 892. H. Keller. n. 20. —

Donner v. Richter, Otto, üb. Technisches in der Malerei der Alten, insbesondere in deren Enkaustik. 8. (71 S.) München 885. (Leipzig, Scholtze.) n. 1. 20

Donnerfeld, des Herrn v., wahrh. Gesch., von ihm selbst aufgez. u. a. Licht gest. v. Reichlin. 8. Augsb. Stage. 783.

Donner-Grollen der demokratischen Lyra. 16. (64 S.) Leipzig 868, (Pardubitz'sche Buchh. — Lorber.)

Donnerhak, Reinhold: Ein Fall von Extrauteringravidität mit Retention des Fötus und nachfolgender Intrauteringravidität nebst Aufzählung ähnlicher Fälle. Jena 1908: Neuenhahn. 38 S. 8°
Jena, Med. Diss. v. 20. Dez. 1908, Ref. Franz
[Geb. 30. Okt. 66 Bautzen; Wohnort: Bautzen; Staatsangeh.: Sachsen; Vorbildung: Kreuz-Gymn. Dresden Reife M. 91; Studium: Leipzig 11, Jena 14 S.; Coll. 19. Dez. 08; Approb. 15. Okt. 09.] [U 10. 2284

Donnerkeil in die Zeit geschleudert . . . Leipzig 1824. V: *Ortlepp, Ernst.* (Ilges, Blätter a. d. Leben u. Dichten eines Verschollenen. München 1901. S. 43.)

Donnerkeil in d. Zeit geschmettert von Omikron. gr. 8. Leipz. 824. (Brockhaus). 16 gr

Donnerkeil in die Zeit geschmettert von Omikron. gr. 8. Leipzig 824, Gleditsch.

Donnerkeile, organisatorische, oder wie man mit dem Armeebudget auskommt. Von Seraphus I. Köln, Assenheimer & Co. in Comm. gr. 8. (2 Bl., 82 S.) n. 10 ngr.

Donnerkeile, organisatorische, oder wie man mit dem Armeebudget auskommt. Von Seraphus I. gr. 8. (III und 82 S.) Köln 862, (Assenheimer und Comp.) *

Donnersberg. Kurort Villa, auf dem Donnersberg bei Kirchheimbolanden, Rheinpfalz. Ein Führer üb. den Donnersberg u. in dessen nächster Umgebung. 12. (IV, 22 S. m. Abbildgn. u. 1 farb. Karte.) Kirchheimbolanden 891. C. Thieme. Kart. — 75

Donnersberg, Kurort Villa, auf dem Donnersberg bei Kirchheimbolanden, Rheinpfalz. (Ein Führer üb. den Donnersberg u. dessen nächste Umgebg.) 8. (IV, 22 S. m. Abbildgn. u. 1 farb. Karte.) Kirchheimbolanden (902). Thieme'sche Druckereien. — 75

v. **Donnersberg**, Hannibal, od. d. geitzige Soldat. Lstspl. 8. Wien 784. Kurzböck. 5 gr.

Donnersmarck, s.: Henckel v. Donnersmarck.

Donnersmarckhütte, Oberschlesische Eisen- und Kohlenwerke, A.-G: Katalog der Abtheilung: Maschinenbauanstalt. Zabrze (1899)

Die Donnersmarckhütte, oberschlesische Eisen- und Kohlenwerke, Aktiengesellschaft, in Zabrze O.-S., zu Anfang des Jahres 1900. Zabrze, 1900. 34 S. mit 15 Taf. und 1 Karte.

Donnersmarckhütte. Oberschles. Eisen- u. Kohlenwerke A.-G., Zabrze [Hindenburg] O.-S. zu Ende d. Jahres 1902. — (Berlin [1903]: Eckstein.) 46 S. 8° 2.

Donnersmarckhütte. Oberschlesische Eisen- und Kohlenwerke A.-G., Elektrische Förderanlagen (System Ilgner). Zabrze O.-S. (1903?)

Donnerstag, der, ist wunderlich. Lstspl. in 5 Aufz. 8. Berl. 792. Schöne. 12 gr.

Donnerstags-Blättlein in Basel
v. Avis-Blättlein Dienstags.

Donnerstags-Wochenblättlein
v. Avis-Blättlein Dienstags.

Donnevert, Eduard, a. Saarlouis, Referendar am kgl. Amtsgericht zu Völklingen ⟨Saar⟩: Die unechten Solidarobligationen. Saarlouis 1907: F. Stein Nachf. Hausen & Co. (x, 67 S.) 8°
Erlangen, Jur. Fak., Ref. Binder, Diss. v. 15. Mai 1907
[Geb. 11. Juni 83 Saarlouis; Wohnort: Völklingen; Staatsangeh.: Preußen; Vorbildung: Realgymn. Coblenz Reife O. 03; Studium: Genf 2, Straßburg 2, Bonn 2 S.; Rig. 26. Febr. 07.]

Dönneweg, Walter, Gerichtsreferendar a. Altena i. W.: Die rechtliche Natur der Grundstücksmiete nach deutschem bürgerlichen Recht. Borna-Leipzig 1906: R. Noske. (ix, 59 S.) 8°
Heidelberg, Jur. Fak., Ref. Endemann, Diss. v. 25. April 1906
[Geb. 15. Dez. 82 Altena i. Westf.; Wohnort: Altena; Staatsangeh.: Preußen; Vorbildung: Gymn. Hagen i. W. Reife O. 01; Studium: Heidelberg 2, Kiel 1, Berlin 1, Münster 4 S.; Rig. 25. Jan. 06.]

Dönneweg W., die rechtliche Natur der Grundstücksmiete nach deutschem bürgerlichen Recht. (59 S) Borna-Leipzig 1906

Dönnig, Emma, s. Dönnig, Margarete

Dönnig, Margarete

Kochbuch von M[argarete] & E[mma] **Doennig**, Leiterinnen d. Kochschule d. Ostpreuss. Haushaltungsschule. 3. verb. Aufl. Königsberg i. Pr.: Selbstverl. 1906. (472 S.) 8° [F.] [06. 1065] 10

Recepte der Kochschule von E. u. A. Popp. Hrsg. von M[argarethe] & E. **Doennig**. *Königsberg: (L. Krause & Ewerlien) 1899.* (448 S.) 8° [F.] [99. 1176] 10

Recepte der Kochschule von E. und A. Popp. Hrsg. von M[argarethe] u. E[mma] **Doennig**. (2. verm. u. verb. Aufl.) *Königsberg i. Pr. 1901: (Ch. Krause & Ewerlin).* (536 S.) 8° [F.] [01. 1..] 10

Dönniges, D., Histor. Erörterung der Standes- und Ebenbürtigkeitsfrage des Graf Gustav zu Sayn-Wittgenstein-Sayn. München 1843. 4.

Doenniges, (Fr.) Guil. (geb. Colbatz in Pomm. 1814): Tabula orbis terrarum ex opinione Herodoti illustrata. Berolini (1835). (76 S.) 8°
Berlin, Phil. Diss. v. 17. Okt. 1835

Doenniges, Franz Alexander Friedrich Wilhelm: Das System des freien Handels und der Schutzzölle, mit vorzüglicher Rücksicht auf den Deutschen Zollverein erläutert. Berlin 1847. VIII, 232 S. 8°.

Dönniges, Hugo Siegfried von Eppenstein, Erzbischof von Mainz (1060—1084). 30 S. **Progr.** *Cüstrin* 1878.

Dönniges, Richard, a. Berlin: Über die den Lichtstrahlen analoge Brechung und Beugung der Schallstrahlen. Berlin 1906: Merkur. (33 S.) 8°
Rostock, Phil. Fak., Ref. Martens, Diss. v. 18. Mai 1906
[Geb. 14. Juni 82 Berlin; Wohnort: Berlin; Staatsangeh.: Preußen; Vorbildung: Luisenstädt. Oberrealsch. Berlin Reife M. 00; Studium: Berlin 7, Rostock 4 S.; Rig. 15. Mai 06.]

Doenniges, Wilhelm

Doenniges, Guil., Acta Henrici VII Imperatoris Romanor. et Monumenta quaedam alia medii aevi nunc primum luci edit. Ps. I. et II. 4maj. Berolini, libr. Nicolai. [I. (25¾ B.) * 1⅔ Thlr., II. (40 B.) 830. * 2⅔ Thlr.] *

Doenniges, Wlh., Commentatio de geographia Herodoti, cum tab. orbis terrarum ex ipsius opinione. 8 maj. Berlin 836. Nicolai. ⅓ ₰

— Geschichte des Deutschen Kaiserthums im 14. Jahrh. Von Heinrich VII. bis auf den Tod Karls IV., 1308 — 1378. 1e Abthl. 1r Abschnitt. A. u. d. T.: Kritik der Quellen für die Geschichte Heinrichs VII., des Luxemburgers. gr. 8. Berlin 841. Nicolai. 1½ ₰

Dönniges, Wlh., Geschichte des Deutschen Kaiserthums im 14. Jahrh. Von Heinrich VII. bis auf den Tod Karls IV. 1308—1378. 2. Abthl. 1. Abschn. (Vorlaufender Theil der Darstellung.) — A. u. d. T.: Das Deutsche Staatsrecht u. die Deutsche Reichsverfassung. 1. Thl.: Historische Entwickelung seit Karls des Großen Kaiserkrönung bis auf das 12. Jahrh. gr. 8. Berlin 842, Nicolai'sche Buchh. 2⅚ ₰ (I. II. 1: 4⅓ ₰)

Dönniges, W(ilh.), die neueste preuß. Gesetzgebung über die Befreiung des Grundbesitzes von Abgaben, Lasten und Einschränkungen, als Fortsetzung der Land-Kultur-Gesetzgebung Preußens. 1. und 2. Abthl. gr. 4. (328 S.) Frankfurt a. O. 849—50, Trowitzsch und Sohn. à Abthl. * 25 Ngr. *

Dönniges, üb. Gesetzgbg. u. Wirkgn. d. Heerbanns. Bamberg 844.

Doenniges, Wilh., Jahrbücher unter Otto I., s. Jahrbücher d. deutsch. Reichs ꝛc. 1. Bd. 3. Abthl.

Dönniges, W. Kritik der Quellen für die Geschichte Heinrichs VII. [Geschichte des deutschen Kaiserreichs im 14. Jahrhundert. I.] (22½ B.) 8. Berlin 1841. 4,50.

Dönniges. [Wilh.]: Die Land-Kultur-Gesetzgebung Preußens; eine Zusammenstellung und Erl. der seit dem 9. Oct. 1807 ergangenen Gesetze über d. Grundbesitz. Bd 1—3. [Nebst] Sach-Reg. u. Forts. Berlin 1842—49. 3 Bde

Dönniges, (Geh. Reg.-Rath,) die Land-Kultur-Gesetzgebung Preußens; eine Zusammenstellung u. Erläuterung der seit dem 9. Oct. 1807 ergang. Gesetze über den Grundbesitz, in besond. Beziehung auf die Beförderung der Boden-Kultur, auf die Regulirung gutsherrlich-bäuerl. Verhältnisse, auf Ablösung von Reallasten u. auf Gemeinheitstheilung. Im höheren Auftrage mit Benutzung amtl. Quellen entworfen u. herausgeg. 1. Bd. 1. u. 2. Hft. 2. Abdruck. gr. 4. Berlin 843, Schröder. Mit Pränum. auf das letzte Hft. n. 3 ℛ — 2. Bd. 1. Hft. u. 3. Bd. 1. Hft. gr. 8. Ebend. 845, 843. à n. 1 ℛ

— die Land-Kultur-Gesetzgebung Preußens; eine Zusammenstellung u. Erläuterung der seit dem 9. Oktbr. 1807 ergangenen Gesetze üb. den Grundbesitz 2c. — 2. Bd. 2. Hft. gr. 4. (S. 75—461 m. 1 Tab.) — 3. Bd. 2. Hft. gr. 4. (S. 161—566.) Berlin 847. 48, Schroeder. à Hft. n. 1 ℛ (cmplt. n. 6 ℛ)

—— König u. Kaiser Otto I. 951 bis 973, s. Jahrbücher d. deutsch. Reiches.

— über einige Punkte der Form der Gesetzgebung u. die Wirkungen des Heerbanns unter Karl dem Großen, so wie über die Entstehung der deutschen Herzogsthümer im 9. u. 10. Jahrh. Ein Sendschreiben an Hrn. Prof. Stenzel zu Breslau. gr. 8. Bamberg 844, literar.-artist. Institut. 1/8 ℛ

—— Sachregister zur Landkultur-Gesetzgebung Preußens. gr. 4. (III und 72 S.) Berlin 819, Schroeder's Verlag. *

— die deutsche Schiffahrts-Akte u. die Differenzial-Zollfrage, im Interesse Deutschlands u. des deutschen Zollvereins erläutert mit Hülfe offizieller Quellen. gr. 8. (156 S. m. 3 Tab. in gr. 4.) Berlin 848, Trautweinsche Buchhandl. n. 1 ℛ

Dönniges, W.: Das Deutsche Staatsrecht u. die Deutsche Reichsverfassung. Berlin.

Th. 1. [einz.]: Historische Entwickelung seit Karls des Großen Kaiserkrönung bis auf das 12. Jahrh. 1842.

—— das System des freien Handels und der Schutzzölle, mit vorzügl. Rücksicht auf den deutschen Zollverein erläutert. gr. 8. (VIII und 232 S.) Berlin 847, Trautweinsche Buchh. *

—— Verfassungsfrage, die deutsche, und die Einzelstaaten, s.a. Verfassungsfrage.

(Doenniges, Wilhelm),[1]) Die deutsche Verfassungsfrage und die deutschen Einzelstaaten. Ein Wort an die Nationalversammlung, die Fürsten und die Landstände deutscher Nation. I. München, Chr. Kaiser, 1848. 40 S. 8°.

(Doenniges, Wilhelm), Die deutsche Verfassungsfrage und die deutschen Einzelstaaten. Ein Wort an die Nationalversammlung, die Fürsten und die Landstände deutscher Nation. II. München, Chr. Kaiser, 1848. 20 S. 8°.

(Doenniges, Wilhelm), Die deutsche Verfassungsfrage und die deutschen Einzelstaaten. Ein Wort an die National-Versammlung, die Fürsten und die Landstände deutscher Nation. III. München, Chr. Kaiser, 1848. 36 S. 8°.

Doenniges, Wilh., altschottische und altenglische Volksballaden, s. Volksballaden.

— Wineta, oder: Die Seekönige der Jomsburg. Gedicht. 8. Berlin 837. Nicolai. 7/12 ℛ

Donno, die badische Revolution u. der Bürgerkrieg unter Brentano u. Miroslawski. Nach eigener Anschauung dargestellt. gr. 16. (61 S.) Leipzig 849, Weller in Comm. 1/6 ℛ

Donnolao, Thadd., Diss. de patria Propertii. Fulgin. 629. 4. Denuo recus. stud. H. L. Schurzfleischii. Witteb. 713. 8.

Donnolo, Sabbatai s. Jeṣira.

Donnstagsblatt: Hoch-Obrigkeitlich bewilligtes Donnstagsblatt (von Zürich)
v. Donnstags-Nachrichten von Zürich.

Donnstags-Blatt: Zürcherisches Donnstags-Blatt
v. Donnstags-Nachrichten von Zürich.

Donnstags-Nachrichten: Mit hoher Verwilligung von Zürich ausgehende Donnstags-Nachrichten
v. Donnstags-Nachrichten von Zürich.

Donnstags-Nachrichten von Zürich
① Betreffende allerhand in dem gemeinen Handel vorkommende Dinge / als vom kauffen und verkauffen / von verleihen und entlehnen / oder zu Lehen empfangen / vom gefundnen und verlohrnen / von Kostgeben und Kostnehmen und anderen dergleichen Sachen / wöchentlich zu bekommen Bey Haubtmann Hans Jacob Lindinner (23. 2. 1730). Bey Hans Jacob Lindinner (9. 3. 1730, 8. 3. 1731—29. 9. 1735). Bey Hans Jacob Lindinner und Compagnie (16. 3. 1730—1. 3. 1731) ② Mit hoher Verwilligung ausgehende Donnstags-Nachrichten von Zürich (2. 1. 1737—30. 2. 1750). Mit hoher Verwilligung von Zürich ausgehende Donnstags-Nachrichten (6. 1. 1746—28. 12. 1780). Hoch-Obrigkeitlich bewilligtes Donnstags-Blatt (4. 1. 1781—24. 12. 1796). Hochobrigkeitlich bewilligtes Donnstags-Blatt von Zürich (4. 1. 1781—24. 12. 1796). Zürcherisches Donnstags-Blatt (22. 3. 1798—25. 12. 1800). Zürcherisches Wochen-Blatt (1. 1. 1801—31. 12. 1832, 14. 1. 1833—29. 12. 1842). Züricherisches Wochenblatt (3. 1. 1833—10. 1. 1833). Wochenblatt für den Kanton Zürich (1843) ④ Tagblatt der Stadt Zürich (Fusion) ⑤ 23. 2. 1730—29. 6. 1843 ⑥ 8° (23. 2. 1730—2. 7. 1801). 4° (9. 7. 1801—1843) ⑦ Wochenblatt (1730—1800). wöchentlich 2× (1801—1843) ⑧ Zürich: Joseph Lindinner (?—1737 ?). Johann Kaspar Ziegler (1752—1783). Ziegler und Söhne (1783—1797). Ziegler & Ulrich (1798—Juni 1814). Johann Jakob Ulrich (Berichthaus) (1. 7. 1814—1835). Ulrichsche Buchdruckerei (1836—1843) ⑨ Verzeichnis der Getauften, Gestorbenen und Ehen in Zürich (1831—1843. 8°. Monatsbeilage) ⑩ Hans Jacob Lindinner (23. 2. 1730—9. 3. 1730, 8. 3. 1731—29. 9. 1735). Hans Jacob Lindinner und Compagnie (16. 3. 1730—1. 3. 1731). Joseph Lindinner (5. 11. 1735—1737). Hans Rudolf Ziegler (1738—1763). Ziegler & Söhne (1783—1797). Ziegler & Ulrich (1798—Juni 1814). Johann Jakob Ulrich (Berichthaus) (1. 7. 1814—1843) ⑪ die Herausgeber ⑫ Anzeigenblatt ⑬ BGSZ: 71 (p. 454—455). 231; 100 Jahre »Zürcher Tagblatt«. »Neue Zürcher Zeitung« Nr. 10 4. 1. 1937 ⑭ Zh: Z (bis 1842).

Donnstags-Nachrichten von Zürich
Ergänzen: ⑬ Cattani, Alfred: Das Berichthaus v. Zürich – Ein Kulturbild im Spiegel der Donnstags-Nachrichten 1730—1754. Zürich 1956.

Dono ai savi fanciulli. Poesie istruttive e dilettevoli. qu. 4. (7 ill. Stnt. und 19 S. Text.) Triest 862, Coen. cart. *

Donon [Schlagwort]

Donon, s.: Vogesen.

Donop, ..., über d. ungleiche Austheilung d. Schicksale. (Ein Gedicht.) 8. Halle 754. Schwetschke u. S. 1 ℊ

Donop, Gerhard v., Der Mehrkampf. E. Darstellung s. Wesens u. gründl. Anleitung z. Vorbereitung f. s. verschiedenen Formen, m. Abb., Stuttgart, 116 S., Kl.-8°.

Donop, Carl Friedrich Julius (Warschau), De ictero, speciatim neonatorum. Dissertat. med. Bln. (Brüschck) 17. IX. 1828. 23 S. mit Liter., Biogr. (M.: André) u. 1 Abb. (C. Müller del, M. Westphal sc.) (4.80) 6759
Oppon.: C. Hoetensleben, E. Gabler, J. Fromm. — Gew.: C. F. Mockert, C. Schirmer.

Donop, L. v., De variis anathematum Delphicorum generibus. Diss. 1868. 85 S. 4°. 1.25

Donop, L. de: De variis anethematum Delphicorum generibus. 35 S. – Detmold, Progr. 1869.

Donop, Lionel von

Donop, L. v., Ausstellung der Radirungen v. Bernhard Mannfeld in d. National-Galerie, erläutert. gr. 8. (IV, 56 S. m. 3 Radirgn.) Berlin 890. R. Wagner. n.n. 1.—

Donop, Lionel v., Ausstellg. v. Werken Adolph Menzel's in d. kgl. National-Galerie. Erläut. von v. D. Mit d. Selbstbildniss d. Künstlers u. 4 Vignetten. 4. (51 S.) Berlin 895. J. Becker. n. 1.—

Donop, Lionel v., Eduard Bendemann. (Ausstellung der Werke v. E. B. in der königl. National-Galerie, 3. Novbr.—15. Dezbr.) gr. 8. (III, 28 S.) Berlin 890. E. S. Mittler & Sohn. n. —80

Der Landschaftsmaler Carl Blechen. Mit Benutzung von Aufzeichnungen Theodor Fontanes. Von Prof. Dr. Lionel v. Donop. Mit 16 Kunstbeil. Berlin: Fischer & Franke 1908. (88 S.) 8° [J.] [08. 16070]

— Wilhelm Gentz u. Carl Steffeck. (Ausstellung der Werke v. W. G. u. C. S. in der königl. National-Galerie, 3. Novbr.—15. Dezbr.) gr. 8. (III, 79 S.) Ebd. 890. n. 1.—

— Friedrich Geselschap u. seine Wandgemälde in der Ruhmeshalle. Mit 5 Abbildgn. hoch 4. (24 S.) Berlin 890. R. Wagner. n. 2. —

— Max Jordan. Ein Lebensbild. (38 S. m. 1 Bildnis.) gr. 8. Berlin 907. E. S. Mittler & Sohn. 1.—; geb. 2. —

Donop, Lionel v., Verzeichniss der gräfl. Raczynski'schen Kunstsammlungen in der königl. National-Galerie. 8. (XXVIII, 116 S.) Berlin 886. Mittler & Sohn. n. 1. —; feine Ausg. in Lex.-8. m. 1 Stahlst.-Portr. geb. n. 4. —

— die Wandgemälde der Casa Bartholdy in der National-Galerie. gr. 8. (48 S.) Berlin 889. (Amelang's Sort.) n. 1. —

Donop, Wilhelm Gottlieb Levin von

— histor.-geograph. Beschreib. d. Lippeschen Lande in Westphalen, mit 1 Karte. 2e Aufl., herausg. v. P. F. Weddigen. 8. Lemgo 790. Meyer. 1 ℛ︎

— s. Beschreib. d. Grafsch. Lippe.

Donop, von, das Magusanische Europa, oder Phönizier in den Innen-Landen des europ. Westens bis zur Weser und Werra. Ein Blick in die entfernteste Vorzeit Germaniens, Galliens und Grofsbritanniens. Mit Kupf. Meinungen 819. 821. 2 Abtheil. 8. 4 rthl. 16 gr.

v. Donop, W. G. L., das magusanische Europa. 5. Abtheil. u. Schluß. Afrika, Amerika und Atlantis. Mit 2 Steindrucktafeln. gr. 8. Meiningen 841. (Keyßner'sche Hofbuchhandlung.) n. 1 1/6 ℛ︎

—— les Medailles Gallo-Gaëliques. Descript. de la trouvaille de l'Ile d'Jersey. Avec 32 plchs. gr. in-4. (5 1/2 B.) Hannover 838, Hahn. Thlr. *

—— die deutsche Urzeit. Versuch u. Vermuthung. gr. 8. Meiningen 833, Keyßner'sche Hofbuchh.

Donopp, Charl. W. Amal. v., d. Schönh. v. Pyrmont besungen. Fol. Ebend. 751.

Donoso, Justo, Instituciones de derecho canónico. 3. ed., corregida y completada con las más recientes disposiciones canónicas, por Carlos Silva Cotapos. (XXIX, 715 S.) gr. 8. Freiburg i/B. 909. Herder. 10.40; geb. 12. —

Donoso, Ramón, Compendio de cosmografía elemental. Con 1 grabado en la portada y 59 fig. (IX, 128 S.) 8. Freiburg i/B. (906). Herder. n. 1,28; geb. in Halbleinw. n. 1,52

Donovan, D., ein geheimnisvoller Mord, s.: Fernan, Fritz, unter russischen Verschwörern.

Donovan, F., Anleit., alle Arten natürl. Körper, als Säugthiere, Vögel, Amphibien, Fische, Pflanzen ꝛc. zu sammeln u. aufzubewahren, frei bearb. v. J. Jak. Römer, mit Kpf. 8. Zürich 797. Orell. 20 gl

— Naturgeschichte d. chinesischen Insekten, herausg. v. J. G. Gruber. 1s u. 2s Heft, mit ill. Kpf. 4. Leipz. 802. Magaz. f. Ind. 3 ℛ︎

Donovan, J., s. Donovan, F.

Donovan, J. E., hist. nat. des coquilles d'Angleterre, s.: Chenu, J. C., bibliothèque conchyliologique. 1. série. Tome I.

Donquixotadas, Las, mas extrañas. Oder die abenteuerlichsten Ritterthaten des sinnreichen edlen Don Quixote de la Mancha . . . Tübingen 1827. II: *Emmert, J. H.* (AarK)

Donquixotiaden, s.a. Burschen, des flotten, . . .

Donquixotiaden und Münchhausiana oder Bomben und Granaten, geschleudert gegen Murrköpfe, Hypochondristen und sonst, auf irgend eine Art vom Teufel geplagte Einwohner aller Festungen; das ist Sammlung der interessantesten Fahrten, Schnurren, Ränke, Schwänke, ꝛc. Gesammelt und hrsg. zum Nutzen, Frommen und Ergötzen Aller von dem bekannten semper Fidelenkerl. 32. (128 S.) Schw. Hall 858, Fischhaber. *

Donquixotiaden und Münchhausiana oder Bomben und Granaten, geschleudert gegen Murrköpfe, Hypochondristen und sonst auf irgend eine Art vom Teufel geplagte Einwohner aller Festungen, d. i. Sammlung der interessantesten Fahrten, Schnurren, Ränke, Schwänke u. Anekdoten ꝛc. Gesammelt u. herausg. zum Nutzen, Frommen u. Ergötzen Aller, von dem bekannten semper Fidelenkerl. Stuttgart (858). Fischhaber. (128 S.) n. 10 ngl

Donquixotiaden, Münchhausiana u. Kyauiana, des flotten Burschen, od.: Bomben, Granaten, Brandraketen u. Knallerbsen. Gesammelt u. hrsg. von d. bekannten semper Fidelenkerl. 16. (8 B.) Landsberg a. d. W. 846. (Volger u. Klein.) *

Donquixotte, der deutsche. s. Quixotte.

Donsbach, Chr., d. Verfass. u. das Proceßverfahren d. Untergerichte im Großherzogth. Baden ꝛc. gr. 8. Karlsr. 822. Braun. 14 gl

— Zusatz zum § 2. des Werks: d. Verfassung u. d. Proceßverfahren d. Untergerichte im Großh. Baden ꝛc. gr. 8. Karlsr. 825. Braun. 3 gl

Joseph Donsbach. Der Gebrauch des Infinitivs in der französischen Sprache. 69 S. Rastatt, P 1856

Joseph Donsbach. Über Zeitbedürfnisse auf dem Gebiet der Erziehung. 17 S. Donaueschingen, P 1850

Donsbach, Karl: Zur Geschichte der Erziehung des Adels im 17. Jahrhundert. *Prüm (1898): M. J. Goergen.* (34—40 S.) 4°
Prüm, G, P 1898 (481)

Donsbach, Karl: Die räumliche Verbreitung und zeitliche Begrenzung des Mithrasdienstes im römischen Reiche. Prüm, Druck v. P. Plaum Nachf., 1897: 39 S. 8.
Prüm, G, P 1897 (474)

Donsdorf, A., Sakuntala. Drama in 5 Aufzügen. Für die deutschen Bühnen bearb. 8. (IV, 72 S.) Wien 876. Wallishausser. n. 2. 40

Donselt, Walter, aus Jarmen (Pomm.): Die Einwirkung von salpetriger Säure auf Tyrosin, Leucin und die Hydrazide des Tyrosins und Benzoyltyrosins. *Heidelberg 1904: Heidelb. Verlagsanst. & Druckerei.* (38 S.) 8°
Heidelberg, Naturw.-math. Diss. v. 1904

Doński, L(ewek), a. Nowo-Radomsk in Russ. Polen: Über die Legierungen des Calciums. Hamburg u. Leipzig: L. Voss 1908. (39 S.) 8° ¶ (Aus: Zeitschrift f. anorgan. Chemie Bd 57.)
Göttingen, Phil. Fak., Ref. Tammann, Diss. v. 25. Febr. 1908
[Geb. 23. Nov. 80 Nowo-Radomsk; Wohnort: Nowo-Radomsk; Staatsangeh.: Rußland; Vorbildung: Höhere Handelssch. Warschau Reife 02; Studium: Techn. Hochsch. Warschau 6, Univ. Göttingen 4 S.; Rig. 17. Jan. 08.]

Dont jun., Jac., Balkanbilder, s.: Kremser, Ed.

Dont, Jak., das Wiener Versorgungsheim. Eine Gedenkschrift zur Eröffng., im Auftrage der Gemeinde Wien verf. (95 S. m. Abbildgn., z. Tl. farb. Taf. u. 2 Plänen.) Lex.-8. Wien 904. (Gerlach & Wiedling.) n. 10. —

Dontas, S., hemmende Fasern in den Muskelnerven, s.: Nicolaides, R.

Donwitz, Graf v., u. seine Mutter; e. Gesch. aus d. Papieren d. Regierungsraths H***, herausg. v. G. Henrici. 1r Thl. 8. Berlin. (Vieweg in Braunschw.) 797.

Dony, A. Ueber einige volksthümliche Begriffsverstärkungen bei deutschen und englischen Adjectiven. Spremberg, H. B., 1866. 20 S. 4. Progr.

Dony, A., das weibliche Ideal nach Homer mit Rücksicht auf andere National-Epen. Perleberg.
Schul-/Univ.-Schrift 1867

(Dony, Alexis): *Veterum grammaticorum de usu Homericorum epithetorum ornantium sententiae e scholiis Homericis haustae. 25 Bl. 2°
Halle-Wittenberg, Phil. Diss. v. 11. Jan. 1861
Geb. Delmenhorst (Oldenb.) 20.3.1837. V.

Dony, Friedrich (Hasberg/Oldenburg), De incubo. Diss. med. Bln. (Brüschck) 1. VIII. 1829. 23 S. mit Biogr. (M.: M. Krummacher.) (4.50) 0701
Oppon.: Th. Gebser, Fr. Schwartz, S. Sittenfeld. — Gew.: Dr. Krummacher.

Doenz, Christian, med. pract. von Fideris (Kt. Graubünden): Aus dem pathologischen Institut der Universität Zürich. Über die Beziehungen neugebildeter Gallengänge zu den Leberzellen bei intraacinöser Lebercirrhose. Zür. Orell Füssli Dr. 1896. 39 S. 8°.
Zürich, Med. Diss. [v. 4. Dec. 1896].

Dönz, E[duard]. Personalien und Trauerrede bei der Bestattung der Frau Anna Elise Beyer, geb. Grob, in Degersheim, den 4. Juni 1900. 8. St. Gallen 1900.

Doolin von Maynz. Ein Rittergedicht. Leipzig und Wien 1787. V: *Alxinger, Johann Baptist Edler von.* (GGr) »Carlsruhe 1787« (AarK)

Doolin, v. Maynz, Rittergedicht. v. Alxinger m. K. gr. 8. Leipz. Göschen. 797.
Schreibp. Velinp.

Doolittle, Thom., v. heil. Abendmahl. a. d. Engl. 12. Berl. Nicolai. 735.

An Assyrian **Doomsday Book** or Liber censualis of the district round Harran; in the 7th century B. C. Copied from the cuneiform tablets in the Brit. Museum by the Rev. C[laude] H[ermann] W[alter] Johns, Cambridge. Translit. and translat. with index of proper names and glossary. *Leipzig: J. C. Hinrichs 1901.* (82 S.) 4° [J. u. Ant.]
— Bibliothek, Assyriologische. 17.

Doorenbos, Frisius, Bern, Dissert. theolog. de amore omnem omnino Dei virtutem continente. 8 maj. Groningae 838. Oomkens. (Lipsiae, Barth.) n. 1 ß

Doorenbos, Janus, specimen pathologico-medicum inaugurale de hydrope ovariorum saccato. 8 maj. Groning. 843. (Emden, Rakebrand). n. 1/4 ß

Doorenbos, Guil., Specimen literarium inaugurale, exhibens Commentationem de moribus Creontis, qualem descripsit Sophocles. 8 maj. Groningae 845. (Leer, Prätorius et Seyde.) n. 1/3 ß

Doorentz, R., Ableitg. u. Anwendg. d. Einflusslinien bei d. Berechng. v. Baukonstruktionen, s.: Unterrichtswerke (Meth. Hittenkofer) f. Selbstunterricht, Bureau u. Schule.

Dooring, Theodor

Betrachtungen über einige humane Themata von Theodor Dooring, Amtsanw. a. D. in Dessau. Bd [1.] 2. *Kattowitz: G. Siwinna (1898).* 2 Bde 8° [J.]

Doorman, Christine, ihr Lied der Lieder. Eine holländ. Mädchengeschichte. Mit 4 Kunstdr.-Bildern u. Einbandzeichng. v. F. B. Doubek. (174 S.) 8. Köln (904.) J. P. Bachem. Geb. in Leinw. n. 2.50

Doorman, Christine, aus dem Wunderland, s. a. Bachem's Jugend-Erzählungen. 17. Bd.

Aus dem Wunderland [Van het wonderland]. Erzählungen von Christine Doorman. Einzige, von d. Verf. genehmigte deutsche Ausg. 2. Aufl. Mit 4 Bildern nach Orig.Zeichn. von H. W. Brockmann. *Köln: J. P. Bachem [1902].* (125 S.) 8° [J.]
— Jugend-Erzählungen, Bachem's. Bd 17.

Doormann, J. G.

Die Niederländisch-West-Indische Compagnie an der Goldküste von J. G. Doorman, Lehrer am Gymn. Willem III Batavia. Mit 1 Karte. *Batavia: Albrecht & Co. 1898.* (389—580 S.) 8°
— Tijdschrift voor Indische Taal-, Land- en Volkenkunde. D. 40. Afl. 5-6.

Beiträge zur Geschichte des Armenschulwesens in Meldorf ⟨Süderdithmarschen⟩ 1735—1870 v. Joh[anne]s **Doormann.** [Berlin. 1900.] 8° Ausschnitt aus: Mitteilungen d. Ges. f. deutsche Erziehungs- u. Schulgeschichte. X, 4.

Beiträge zur Geschichte des Lehrervereinswesens in Schleswig-Holstein, insbesondere Geschichte des Allgemeinen Schleswig-Holsteinischen Lehrervereins v. Johannes **Doormann.** Eckernförde. 1907. 8°

Doormann, Carl, Anwendung der Lamé'schen Functionen auf Probleme der Potentialtheorie bezüglich der dreiaxigen Ellipsoids- u. der Fresnel'schen Elasticitätsfläche. gr. 8. (74 S.) Leipzig 882. (Göttingen, Vandenhoeck & Ruprecht.) n. 2. —

Doormann, Karl Über Gesetz und Gesetzmäßigkeit. 4 (30 S.).
Progr. G. Brieg 1888 (168).

Aus der Geschichte Schleswig-Holsteins vor 60 Jahren. Vortrag v. O[tto] **Doormann.** ⟨Geb. im Liberalen Verein Kiel am 28. Sept. 1910.⟩ (Kiel. 1910.) Fol., geb. in 8° Sonderabdruck aus der „Kieler Zeitung".

Doormann, O., Landeskunde der Prov. Schleswig-Holstein u. der freien u. Hansestadt Lübeck m. ihrem Gebiete, 3. Aufl. der Landeskunde der Prov. Schleswig-Holstein v. O. Scholz, s. a. Hirt's, Ferd., Sammlung v. deutschen Landeskunden.

Landeskunde der Provinz Schleswig-Holstein u. d. Freien u. Hansestadt Lübeck m. ihrem Gebiete. 3. Aufl. d. Landeskunde d. Provinz Schleswig-Holstein von Prof. Dr. O[skar] Scholz, völlig neu bearb. u. durch d. Landeskunde Lübecks erw. von Prof. O[tto] Doormann, Oberl. Mit 33 Kt., Fig. u. Abb. Breslau: Hirt 1910. 70, 10 S. 8° [Umschlagt.]
(F. Hirts Sammlung von Deutschen Landeskunden.)

van Doornick, Gerhardvs (geb. am 1 Febr. 1843 in Spellen Kr. Ruhrort): De Alberto dvce [Austriae] ... Bonnae, form. C. Georgi (1872). 1 Bl., 58 S., 1 Bl. 8.
Bonn, Phil. Fak., Diss. v. 9 März 1872

Doornik, H. v., die Buren in der Kapkolonie im Kriege m. England, s.: De Wet, A.

Doornkaat Koolmann, Jan ten, s.a. Ten Doornkaat Koolmann.

ten Doornkaat-Koolman, J., pomologische Notizen. Nach mehrjährigen eigenen Beobachtungen u. Versuchen in e. der exponirtesten Gegenden Norddeutschlands. Bremen 870. Kühtmann & Co. 8. (VIII, 159 S.) n. 18 ngr

Doornkaat-Koolman, J. ten, die Sprache nach M. Carriere u. Anderen. Hannover. 38 S.
Schul-/Univ.-Schrift 1865

— die Sprache nach M. Carrière u. Anderen. Vortrag, gehalten zu Norden im Decbr. 1864. 865. — 2. Aufl. Norden 866. Soltau. gr. 8. (38 S.) 10 ngr

Doornkat-Koolmann, J. ten, die Sprache nach M. Carrière u. Anderen. Vortrag, geh. zu Norden im Decbr. 1864. 2. Aufl. gr. 8. (38 S.) Bremen 871. Kühtmann & Co. n. 1. —

Doornkaat-Koolman, J. ten, die Sprache nach M. Carrière u. Anderen. Vortrag, geh. zu Norden im Decbr. 1864. 2. (Titel-) Aufl. gr. 8. (38 S.) Norden (1871) 879. Braams. n. 1. —

ten Doornkaat-Koolman, J., die Unendlichkeit der Welt. Eine religiöse Naturbetrachtung. 865. — 2. Aufl. Ebend. 866. gr. 8. (34 S.) 7½ ngr.

—— die Unendlichkeit der Welt. Eine religiöse Naturbetrachtung. 2. Aufl. gr. 8. (34 S.) Bremen 871, Kühtmann und Comp. *

Doornkaat Koolman, ten, die Verpflichtung der Mennoniten an Eidesstatt. 8. (63 S.) Berlin 893. J. Guttentag. n. 1. —

— Wörterbuch der ostfriesischen Sprache. (In 3 Bdn. à ca. 9 Hfte.) 1—16. Hft. gr. 8. (1. Bd. XX, 710 S. u. 2. Bd. S. 1—781.) Ebend. 877—82. à n. 2. —

Doornkaat Koolman, J. ten, Wörterbuch der ostfriesischen Sprache. 17—22. (Schluss-)Hft. gr. 8. (3. Bd. 635 S.) Norden 883. 84. Braams. à n. 2. —

Doose, Jo. Joachim Heinrich (Wilstria/Holstein), De ratione dicti testium. Diss. jur. Präs. Jo. Salom. Brunnquell. Jena (Ritter) 2. VIII. 1732. 38 Seiten. (5.—) 6763
Widm. v.: Präs., Jo. Hartmann, Joh. David Backhauß (dtsch.), Chn. Gottfr. Freiesleb (Eisenb.), Joh. Chn. Jahn (Friesa/Vogtl.), Carl Ferdin. Treu (Kopenhagen), C. H. Bruncow (Lüneburg).

Doose, Richard: Die Entwicklung der wirtschaftlichen Verhältnisse in der Probstei. Halle a. S. 1910: Druck d. Landwirtschaftskammer f. d. Prov. Schleswig-Holstein. 130, VI S. 8°
Halle, Phil. Diss. v. 31. Jan. 1910, Ref. Conrad
[Geb. 8. Okt. 83 Gr.-Buchwald; Wohnort: Gr.-Buchwald; Staatsangeh.: Preußen; Vorbildung: Realgymn. Malchin Reife O. 04; Studium: Kiel 1, Berlin 1, Heidelberg 1, München 1, Halle 5 S.; Rig. 15. Dez. 09.] [U 10. 1722

Die Entwicklung der wirtschaftlichen Verhältnisse in der Probstei v. Richard **Doose.** Halle a. S. 1910. 8°
Phil. Diss.
—— = Arbeiten der Landwirtschaftskammer für die Provinz Schleswig-Holstein. H. 14. Süderbrarup. 1900. 8°

Dopatka, Max, Hauptm. a. D.: Umfang und Wirkung des Selbstkontrahierens (Vornahme von Geschäften mit sich selbst). Breslau 1909: Breslauer Genossensch.-Buchdr. VIII, 56 S. 8°
Breslau, Jur. Diss. v. 25. Mai 1909, Ref. Leonhard-Schott
[Geb. 28. März 64 Gollub, Kr. Briesen; Wohnort: Breslau; Staatsangeh.: Preußen; Vorbildung: Gymn. Thorn Reife O. 83; Studium: Breslau 1, Berlin 1, Breslau 4 S.; Rig. 4. Mai 09.] [U 09. 470

Döpel, Waldem., die Geschichte v. Markuhl. (101 S. m. 4 Taf.) Eisenach 909. Hofbuchdruckerei Eisenach H. Kahle. 1.25

— Lehrplan im Zeichnen f. die 8klassige Nordschule zu Jena unter besond. Berücksicht. der modernen Bestrebungen, s. a. Magazin, pädagogisches.

Lehrplan im Zeichnen für die achtklassige Nordschule zu Jena unter besond. Berücks. d. modernen Bestrebungen. Von Waldemar **Döpel.** Langensalza: Beyer 1910. 31 S. 8°
(Pädagogisches Magazin. H. 399.) [11. 9536

Dopfer, Otto, aus Ulm: Zur Kenntnis der colloidalen Metalle. *Ulm 1901: H. Frey.* (33 S.) 8°
Erlangen, Phil. Diss. v. 9. Mai 1901

Dopfer, Wilhelm [app. Arzt aus Wasseralfingen]: Ueber die Complicationen des lethalen Abdominaltyphus. . . . (Aus d. Münch. Med. Wochenschr.) München, Jos. Ant. Finsterlin, 1888; 2 Bl. + 14 S. 8°
München, Med. Fak., Inaug.-Diss. v. 1888

Dopffel, Albert, stv. Amtsrichter in Künzelsau: **Die strafrechtliche Verantwortlichkeit des agent provocateur.** *Stuttgart: W. Kohlhammer 1899.* (VIII, 100 S.) 8°
Tübingen, Jur. Diss. v. 1899

Dopffel, H., Kaisertum u. Papstwechsel unter d. Karolingern. gr. 8. (VII, 167 S.) Freiburg i/B. 889. J. C. B. Mohr. n. 4. —

(Döpfner, Jos. Freiherr v., k. k. General-Major.) Der Kriegsschauplatz und Operationsplan nebst einem Ueberblick der Begebenheiten im deutsch-französischen Kriege 1870—1871. Von einem österreichischen General. 8. Wien 1872.

Döpfner, Julius, Rechtspraktikant aus Mannheim: Das **Wesen der universitates facti und juris; ihre Bedeutung im praktischen Rechte.** *Mannheim 1899: A. K. Schwab.* (112 S.) 8°
Erlangen, Jur. Diss. v. 10. Okt. 1898

Dopheide, Robert. Die St. Johannes Gmde zu Joliet, Ill ... 1852-1902. Joliet, 1902.

Dopheide, Guilelmus: De Sophoclis arte dramatica e fabularum rebus inter se discrepantibus cognoscenda. Monasterii Guestfal. 1910: Aschendorff. 93 S. 8°
Münster, Phil. Diss. v. 10. Febr. 1910, Ref. Kroll
[Geb. 17. Nov. 86 Gütersloh; Wohnort: Münster i. W.; Staatsangeh.: Preußen; Vorbildung: Gymn. Gütersloh Reife O. 06; Studium: Tübingen 1, Berlin 1, Münster 5; Rig. 4. Dez. 09.] [U 10. 3769

Döpke, Johann Christian Karl

—— **Glossarium chrestomathiae syriacae J. D. Michaelis accommodatum,** s. a. **Michaelis.**

Doepke, Ioann. Christian. Carol., Glossarium chrestomathiae Syriacae I. D. Michaelis accommodatum annotationibusque historicis, criticis, philologicis auctum. = Ioannis Davidis Michaelis Chrestomathia Syriaca. Editio tertia glossario adnotationibusque instructa a Ioann. Christian. Carol. Doopke. [Glossar.] Gottingae 1829.

— Hermeneutik d. neutestamentl. Schriftsteller. 1r Thl. gr. 8. Leipz. 829. W. Vogel. 1 ₰ 12 gr.

Döpke, J. Chr. C., philolog.-krit. Commentar zum hohen Liede Salomo's. gr. 8. Leipz. 829. Barth. 1 ₰ 6 gr.

— s. J. D. Michaelis, Chrestomath. Syriaca.

Döpke, Karl

Döpke, C., das städtische Elektrizitätswerk in Dortmund. gr. 4. (III, 60 S. m. 44 Taf.) Dortmund 900. (Köppen.) Geb. in Leinw. n. 20. —

Das städtische Elektrizitätswerk in Dortmund. Bearb. von C[arl] **Döpke.** *Dortmund 1900: F. W. Ruhfus.* (60 S.) 4° [01. 418. 6

Doepke, Carl *Emil Eduard* [aus Konitz]: Ueber Singultus ... Berlin, Buchdr. v. G. Schade, *1892;* 29 S., 1 Bl. 8.
Berlin, Med. Fak., Inaug.-Diss. v. 13. Apr. 1892

Doepkemeyer, Otto, bunte Blätter. Gedichte. 8. (103 S.) Herford 902. Chr. Quentin. (Nur direkt.) Geb. in Leinw. n. 2. —

Doepkemeyer, Otto, bunte Blätter. Gedichte. 2. verm. Aufl. (152 S.) 8. Herford 909. Leipzig, F. Kortkamp. 1.50; geb. in Leinw. 2. —

Doepkemeyer, Otto, Ernstes u. Heiteres. Gedichte. 12. (96 u. IV S.) Leipzig 894. O. Mutze. Geb. in Leinw. n. 1. 20

Döpken, G., die herrlichen Siege des Evangeliums in Südafrika unter den Hottentotten, Namaquas, Buschmännern etc. (In 8—9 Heften. 1. und 2. Heft. 16. (à ca. 40 S.) New-Bedford 855(57). (Philadelphia, Schäfer und Koradi.) à Heft * 8 Ngr. *

Doepler d. j., Emil, Heraldischer Formenschatz. Kunstblätter v. 15. Jahrh. b. z. neuesten Zeit (Albr. Dürer, Hans Holbein, Jost Amman, Frz. Stuck, Jos. Sattler, Otto Hupp, Karl Röchling, Ad. M. Hildebrandt u. a.), hrsg. v. D. Fol. (IV, 7 S. m. 23 Taf.) Berlin 898. J. A. Stargardt. n. 10. —

Doepler d. J., E., u. W. Ranisch, Walhall. Die Götterwelt der Germanen. gr. 4. (64 S. m. farb. Abbildgn.) Berlin (900). M. Oldenbourg. Geb. in Leinw. n. 20. —

Walhall. Die Götterwelt d. Germanen. Von E[mil] Doepler d. J. u. Dr. W[ilhelm] Ranisch. (Vorr.: Andreas Heusler.) *Berlin: M. Oldenbourg [1901].* (59 S.) 2° [os. 11831

Doepler, Franz. Jac. Gottfr. (Schlanstadt-Halberstadt), De exceptione casualis interitus. Disp. jur. Präs. Joh. Balth. Werner. Wittbg. (Christian Kreusig's Wwe.) März 1702. 20 Bl. (5,—) 6660

Doepler, Jacob

Döpler, Jac., Rechnungsbeamter. 3 Thle. 4. Hann. Helwing. 724.

— Schauplatz der Leibes- u. Lebensstrafen. 4. Leipzig, Gleditsch.

Döpler, Karl Emil

—— s.a. Blätter für Kostümkunde.

Doepler, Carl Emil, Blätter f. Kostümkunde. Historische u. Volks-Trachten. Neue Folge. 1. Hft. [1—12. Blatt (in color. Stahlst.)] Nach Aquarellen u. m. e. beschreib. Text. hoch 4. (34 S.) Berlin 876. Lipperheide. 4. 50
cf.: Blätter f. Kostümkunde.

Döpler, Carl Emil, Kunst und Künstler in ihren Beziehungen zum Kunstgewerbe. Vortrag, gehalten im Verein für deutsches Kunstgewerbe zu Berlin. gr. 8. (18 S.) Berlin 868, (Oppenheim.)

Döpler, C. E. Kunst und Künstler in ihren Beziehungen zum Kunstgewerbe. Vortrag, gehalten im Verein für deutsches Kunstgewerbe zu Berlin. Berlin 1877. 8°.

Döpler, C. E., Kunst u. Künstler in ihren Beziehungen zum Kunstgewerbe. Vortrag, geh. im Verein für deutsches Kunstgewerbe zu Berlin. gr. 8. (18 S.) Berlin 878. Oppenheim in Comm. — 75

Doepler der Aeltere, Carl Emil, 75 Jahre Leben, Schaffen, Streben, s.a. Selbstbiographieen, zeitgenössische. III.

75 Jahre Leben, Schaffen, Streben. Eines Malermannes letzte Skizze von Carl Emil Doepler dem Aelteren. *Berlin & Leipzig: Schuster & Loeffler 1900.* (501 S.) 8°
— Selbstbiographien. Zeitgenössische. Bd 3. [os. 1370

— über die Stellung des Vereines für deutsches Kunstgewerbe zu Berlin zum Berliner Gewerbe-Museum. Vortrag, geh. am 13. März 1878 im Vereine f. deutsches Kunstgewerbe zu Berlin. gr. 8. (32 S.) Ebend. 878. — 60

Doepmann, Felix, a. Wallhausen: Über die Einwirkung von höheren aromatischen Aminen und von Diaminen auf Antipyrinchlorid. Rostock 1908: C. Boldt. (76 S.) 8°
Rostock, Phil. Fak., Ref. Michaelis, Diss. v. 2. Dez. 1907
[Geb. 22. Juli 79 Wallhausen a. H.; Wohnort: Rostock; Staatsangeh.: Preußen; Vorbildung: Realgymn. Halle bis Obersekunda O. 96; Studium: Bonn 3, Kiel 2, Rostock 5 S.; Rig. 29. Nov. 07.]

Doepner u. Janssen, Kosten u. Erfolge der Bekämpfung der Granulose in der Provinz Ostpreussen. (16 S.) gr. 8. Jena 904. G. Fischer. n. — 60
Sonderabdruck aus: „Klin. Jahrb."

Döpner, Erich, a. Stuttgart: Geschichte der Württembergischen Kommunalsteuerreform 1903. Stuttgart 1907: Chr. Scheufele. (109 S.) 8°
Gießen, Phil. Fak., Ref. Biermer, Diss. v. 6. Aug. 1907
[Geb. 12. Dez. 81 Stuttgart; Wohnort: Stuttgart; Staatsangeh.: Württemberg; Vorbildung: Wilhelms-Realsch. Stuttgart Reife Juli 01; Studium: T.H. Stuttgart 6, Univ. Gießen 5 S.; Rig. 16. Juli 07.]

Doepner, (Friedr.) Osc. (geb. Gumbinnen 1. 9. 1853): Zwei Fälle von acuter puerperaler Endocarditis. Berlin (1877). (30 S.) 8°
Berlin, Med. Diss. v. 3. Febr. 1877

Doepner, Hans, approb. Arzt aus Bojanowo: Die künstliche Unterbrechung der Schwangerschaft an der Greifswalder Frauenklinik 1885—1903. *Greifswald 1904: H. Adler.* (60 S.) 8°
Greifswald, Med. Diss. v. 4. März 1904

Doepner, Kuno (Waldemar Friedr.) (geb. Kosten 22. 10. 1860): Zwei seltene Fälle von Ulcus serpiginosum phagedaenicum. Berlin (1883). (30 S.) 8°
Berlin, Med. Diss. v. 14. Aug. 1883

Dopp, Ernst Aktenstücke zur Geschichte des Rostocker Schulwesens im sechzehnten Jahrhundert. 4 (S. 3—6).
In: Festschrift zum 25jähr. Direktorjub. von K. E. H. Krause.
Progr. Gr. Stadtsch. *Rostock* 1890.
Nicht im Tauschverkehr.

Dopp, Ernst: Eine sizilische Chronik. (The Oxyrhynchus Papyri IV Nr. 665.) S. 27—29. 4.
Progr. Gymn. u. Realgymn. *Rostock* 1908 (856)
Nach Blaß Auszug aus der Geschichte des Timaios, nach de Sanctis Fragmente des Philistos.

Dopp, E., Quaestt. de Marmore Pario Diss. 1883. 63 S. u. 1 T.

Dopp, Ernst, Dr.: Die Geographischen Studien des Ephorus. (T.) 1. Die Geographie des Westens. *Rostock 1900: C. Boldt.* (28 S.) 4°
Rostock, G u. RG, OP 1900 (703)

Dopp, Ernst: 1. Die geographischen Studien des Ephorus. 2. Die Geographie des Ostens. 1. Griechenland. 2. Eine sizilische Chronik. (The Oxyrhynchus papyri 4 Nr. 665.) Rostock 1908: Boldt. 29 S. 4° ¶[Forts. d. P-Beil. 1900.]
Rostock, G u. RG OP 1908 (856) [S 08. 70

Dopp, Ernst: Die geographischen Studien des Ephoros. 3. Die Geographie des Ostens. T. 2. Rostock 1909: Boldt. 26 S. 4° ¶[Forts. d. P-Beil. 1900. 08.]
Rostock, G u. RG OP 1909 (884) [S 09. 75

Dopp, Fritz, üb. Wägeapparate im Beförderungsdienste des Eisenbahnwesens. Vortrag, geh. in der Versammlung des „Vereins f. Eisenbahnkunde in Berlin" am 14. Oktbr. 1880. Mit 4 (eingedr.) Abbildgn. [Aus: „Glaser's Annalen f. Gewerbe u. Bauwesen".] gr. 8. (18 S.) Berlin 881. Polytechn. Buchh. in Comm. n. 1. —

Dopp. F: Ueber Wägeapparate im Beförderungsdienste des Eisenbahnwesens und über die Fortschritte im Bau dieser Wägeapparate seit 1880. (2 Vorträge) Berlin 1884

Doepp, Georg

Die Dampfkessel auf der Weltausstellung in Paris 1900. Von Prof. G[eorg] v. Doepp. Mit 171 Abb. *Freiburg i. S.: Craz & Gerlach 1901.* (113 S.) 8°
Aus: Protokolle d. St. Petersburger Polytechn. Ver. No 8. 1900. [os. 10161

Döpp, W.

Katalog der Bibliothek der St. Joh.-Loge „Hermann zum Lande der Berge" [in Elberfeld]. Neu zusammengestellt von W. Döpp. Elberfeld 1902. 15 S. 8°. 7.

Doppe, A., Sozialismus und Philosophie auf den deutschen Universitäten. gr. 8°. Leipzig s. a.

Doppeladler, der. Monatsschrift Österreich-Ungarns f. Genealogie, Heraldik u. die vorwandten Fächer. Hrsg. u. Red.: Herm. Hermann. 1. Jahrg. März—Septbr. 1903. 6 Nrn. (à ca. 24 S. m. Abbildgn.) gr. 8. Wien (G. Szelinski). n.n. 3. —
Erscheint nicht mehr.

Unter dem Doppeladler. Geschichte des Feldzugs in der Krim. Nach Mitt. a. d. Tagebuche eines deutschen Arztes in russ. Diensten. Hrsg. von F. Pflug. Mit Pl. u. 1 Krt. Bd 1. 2. 3. Aufl. Berlin 1856.

Doppelbauer, Franz Maria

Doppelbauer, Frz., Maria, s.: Rudigier, Frz. Jos., Predigten.

Doppelduell, das, Lustspiel von H. Clauren. 8. Dresden, Arnold. 817.

Doppeleck. Hauskalender f. Schleswig-Holstein 1906. Hrsg. v. O. Raven. (112 S. m. Abbildgn.) 8. Plön. (Hamburg-Eimsbüttel, O. Raven.) n. — 50

Doppeleck. (Illustrierter) Haus-Kalender für Schleswig-Holstein. 1906. 1907. (Hamburg. Plön. 1906—07.) 8°
Fortges. u. d. T.:
(Illustrierter) **Kreis-Kalender** für den Kreis Plön. 1908. 1909. Plön. o. J. 8° [Umschlagt.]
Fortges. u. d. T.:
Haus-Kalender für den Kreis Plön. 1910 ff. Plön. o. J. 8° [Umschlagt.]

Doppelehen! Von V. D. G. Zürich 1900. V: *Grünwald-Zerkowitz, Sidonie.* (EB)

Doppelehen! Von V. D. G. schmal gr. 8. (III, 118 S.) Zürich 900. C. Schmidt. n. 1.—

Doppeleiche, Die. Ein Phantasiegemälde aus den Zeiten des dreissigjährigen Krieges... Berlin 1821. V: *Sprengel, Carl Friedr. Adolph.* (GGr)

Doppel-Eiche, die, Phantasiegemälde aus d. Zeiten des 30jähr. Krieges, von Locusta. 2 Bändchen. 8. Berlin, Petri. 821.

Doppelfeier, die, der 25jährigen segensreichen Regierung und des Geburtsfestes Sr. Hoh. des Herzogs Wilhelm von Braunschweig u. Lüneburg zu Braunschweig am 25. April 1856. Schilderungen für Einheimische und Fremde. Braunschweig 856. Ramdohr. gr. 8. (2 Bl., 60 S.) 7½ ngr

Doppelfest, Das, der vierhundertjährigen Schlachtfeier bei St. Jakob am 30. Brachmonat 1844... Zürich 1844. V: *Feierabend, August.* (BrMm) (Ky)

Doppel-Flucht, die. Ein Seitenstück zu H. Claurens Doppel-Schuß. Neue Ausg. 8. Leipz. o. Jahrz. Centr.-Compt. ...

Die | Doppelhinrichtung | der | Wittwe Henriette Krebs | und des | Schlachters Wilhelm Brandes. | Geschehen zu Braunschweig, | am 5. Februar 1875.
Kol.: Druck und Verlag von C. Schulze u. Co. in Schmiedeberg, (Prov. Sachsen.).
8 S., 186 × 112.
LBO Bänkelsängerlit. II, 23.

Doppelleben, Das geistige, in einer seiner reinsten und merkwürdigsten Erscheinungen ... Leipzig 1856. V: *Beckers, Hugo.* (BrVV)

Doppelleben, das geistige, in einer seiner reinsten und merkwürdigsten Erscheinungen. Ein Bild aus der Gegenwart. Leipzig 856. Brockhaus. 8. (XXXVI, 380 S.) n. 1 ℛ 20 ngr

v. **Doppelmair,** C., die preussischen Hinterladungs-Geschütze grossen Kalibers aus Gussstahl u. das 9zöllige Woolwich-Geschütz beurtheilt auf Grund der Tegeler Schiessversuche im J. 1868. [Uebersetzt aus dem russ. Artillerie-Journal f. 1869.] Mit 3 (lith.) Taff. graph. Darstellungen (in 4.). Berlin 870. Mittler & S. gr. 8. (IV, 99 S.) n. 16 ngr

Doppelmayer, J. Gabr., s. D o p p e l m a y r , Johann Gabriel

Doppelmayr, F. W., Sammlung der Erläuterungen u. Rescripte über das Strafgesetzbuch für das Königr. Bayern. 3e verm. u. verb. Aufl. 8. Nördlingen 836. Beck. 11/12 ℛ

Doppelmayr's, F. W., Sammlung der Erläuterungen u. Rescripte z. Strafgesetzbuch f. das Königreich Bayern. 4. wesentl. vervollst. Aufl. gr. 8. (VIII u. 375 S.) Nördlingen 847, Beck. n. 1 ℛ

Doppelmayr, Fr. Wilhelm

Doppelmayr, F. W., Unterricht im Zeichnen. 1e Abthl. 32 Vorlegeblätter für Gewerbschulen u. Volksschulen. qu. gr. 8. Nördlingen 837. Beck. 5/12 ℛ

Doppelmayr, F. W., Vorlegeblätter beim ersten Unterrichte im Zeichnen. 1r—3r Heft. gr. qu. 8. Nördl. 822—27. Beck. 1 ℛ 6 gℛ 2e Aufl. 830. 1e u. 2e Abtheil. 16 gℛ 3e Abtheil. 16 gℛ 1 ℛ 8 gℛ 4e Abthl. Vorlegeblätter zum Baumzeichnen. gr. qu. 8. Ebd. 825. 1 ℛ

Doppelmayr, Fr. Wlh., XXXII Vorlegeblätter. Unterricht im Zeichnen für Gewerbschulen u. Volksschulen. Lithogr. qu. Lex.-8. Nördlingen 842, Beck'sche Buchh. 5/12 ℛ

— 32 Vorlegeblätter zum Blumenzeichnen u. Sticken. 1e Abtheil. (828.) 16 gℛ 2e Abthl. 16 gℛ gr. qu. 8. Nördl. (830.) Beck. 1 ℛ 8 gℛ

Doppelmayr, Johann Gabriel

— s. a. Bhrd. C a n z l e r , Anweis.

Doppelmayr, Jh. Gabr., († d. 1. Dec. 1750.) Anweis., Sonnenuhren zu beschreiben u. geometrisch zu verfertigen, mit 20 Kpft. Fol. Nürnb. 719. Neuer Tit. Ebd. 786. Schneider u. W. 2 ℛ 12 gℛ

— Anweis. Sonnenuhr. z. beschreib. u. geometr. z. verfert. m. K. Fol. Nürnb. Weigel. 786.

Neue und gründliche Anweisung, wie nach einer universalen Methode grosse Sonnen-Uhren auf jeden ebenen Flächen...richtig zu verzeichnen...zur weitern Erklärung der neuverm. Welperischen Gnomonique in vier Th. dargeleget von Jonann Gabriel Doppelmayr. Nürnberg: Weigel 1719. 1 Bd 224 S. 2°

Atlas coelestis in quo mundus spectabilis et in eodem stellarum omnium phoenomena notabilia,... e celeberrimorum astronomorum observationibus graphice descripta exhibentur a Joh[anne] Gabriele Doppelmaiero [Doppelmayr]. Norimbergae: Homannius 1742. 31 Taf. gr. 2°

[Atlas coelestis] Atlas novus coelestis, in quo mundus spectabilis et in eodem tam errantium quam inerrantium stellarum phoenomena notabilia,... e celeberrimorum astronomorum observationibus graphice descripta exhibentur a Joh[anne] Gabriele Doppelmaiero [Doppelmayr]. Norimbergae: Homannius 1742. 33 Taf.

[von den 30 gez. Taf. fehlen Taf. 16. 17.]

— Dritte E r ö f f n u n g der neuer mathematischen Werkschule, Nicolai Bion.

* — — Dritte Eröfnung. Ebendas. 1 Alph. ½ Bog. m. 20 Kupft. 1728.

Doppelmayr, Johann Gabriel: 3. Eröffnung der neuen mathematischen Werck-Schule, Nicolai Bion, in welcher die Zubereitung und der Gebrauch verschiedener astronomischen Instrumenten beschrieben wird. 1741.

* Weitere Eröffnung der neuen mathematischen Werkschule *Nicolai Bion.* In welcher sowohl die Zubereitung als der Gebrauch verschiedener anderer mathematischen, absonderlich der zur Geometrie und Optique gehörigen Instrumenten, die in besagten Auctore nicht zu finden, denen Liebhabern deutlich vor Augen geleget und erkläret werden von *Johann Gabriel Doppelmayr.* P. P. Nürnberg; Verlegts Peter Conrad Monath. 4. 176 Seit. 20 Kupft. 1717.
Act. Erudit. Lips. 1712. p. 223.

— bljt. Generalbeschr. v. Ober- u. Nieder-Elsaß, s. d. Sundgau. m. Kart. 8. Ebend. 734.

* *Joh. Gabriel Doppelmairs* historische Nachricht von den Nürnbergischen Mathematicis und Künstlern, welche von dreyen Seculis her durch ihre Schriften und Kunst-Bemühungen die Mathematik und mehreste Künste trefflich befördert etc., in zweyen Theilen ans Licht gestellt, mit vielen nützlichen Anmerkungen und verschiedenen Kupfern. fol. Nürnb. Petr. Conr. Monath. Gedruckt bey Joh. Ernst Adelbulnern. 314 S. 5 Bog. Titel, Vorrede etc. und 4½ Bog. Register mit 15 K. (2 Rtalr 12 gr.) S. J. Ephr. Scheibels Einl. z. math. Bücherkenntniss, 8 St. 2 B. p. 120. 1730.

Doppelmair, Joh. Gabr.: S u m m a geometriae practicae, s. C a n t z l e r, Bernhard

Doppelmayer, J. Gabr., Tract. v. d. Electricität. 4. Nürnb. Monath. 744.

Doppelmops, der, in der Homöopathie, s. Haubecheln, neue.

Doppelmord, der. Roman aus dem Engl. — Ein heikler Fall. — Der Mord im Palast Somailow. — Französische Geheimpolizei unter Napoleon. (96 S.) 8. Neuweißensee (905). E. Bartels. n. 1.—

Doppelmord, der geheimnißvolle, verübt im Hamburg, am 7. Mai 1854 unter unerklärlich scheinenden Motiven und die Entdeckung des Thäters. Nach authentischen Quellen bearb. Altona 854. Hellbutt. 8. (32 S.) 6 ngr

Der | Doppelmord | im Röschofe zu Hannover | in der Nacht vom 19. zum 20. Decbr. | verübt | an dem Dienstmann Carl Behne, | Vater von sechs Kindern, | und dem Arbeiter Heinrich Luft. | Nebst deren | Leichenbegängniß und Nachruf. | Preis 10 Pfennig. | Hannover, | Druck und Verlag von Fr. Rodewald, Hallerstr. 4.
o. J. (um 1881), 4 Bl. n. n., 180 × 120.
U/SB Göttingen Poet. germ. IV. 7588(20).

Schrecklicher Doppelmord | oder: | Wiederfinden am Rande des Grabes. | Eine traurige, wahre Begebenheit. | (Fig.: *Räuberschlacht im Walde*, 66 × 85) | Herausgegeben und im Selbst-Verlag | von H. Renz in Berlin.
Kol.: Druck von Hermann Müller in Berlin, Adlerstr. 7.
o. J., 4 Bl. n. n., 180 × 105.
LBO Bänkelsängerlit. III, 99.

— der, zu Stockheim. Vollständige Darstellung der Verhandlungen vor dem Assisenhofe zu Aachen vom 20. bis zum 24. Juni 1854. Aachen 854. Mayer. gr. 8. (1 Bl., 54 S.) n. 5 ngr

Doppelpapa, der; Posse in 3 A. 8. Eisenach 810. Wittekind. 12 gr

Doppelte der Stadtbibliothek zu Trier ... *Trier: Verl. d. Stadtbibl.* 1898. (1 Bl., 24 S.) 1 Bd 8. [St. 8130 B.]

Doppelwährungsfrage, die, historisch u. kritisch erläutert v. e. Anti-Bimetallisten. gr. 8. (19 S.) Crefeld 884. Kramer & Baum. n. — 50

Das Doppelwesen der menschlichen Natur. 1. *(Berlin: W. Fußinger [1903].)* 8° [Ed. 1.31]

Döpper, C. [aus Barmen]: Ueber benzylirte Derivate der Oxaminsäure und die Einwirkung von Phosphorpentachlorid auf benzylirte Oxamide. . . . Bonn, Univ.-Buchdr. v. Carl Georgi, 1889; 87 S. 8°
Freiburg i. B., Phil. Fak., Inaug.-Diss. v. 1889

Döpper, Emil, kurzgefaßte Darstellg. d. Entwicklungsgeschichte d. österreich.-ungar. Monarchie u. d. ges. Lehrstoffes d. Erdkunde f. Volksschulen. F. d. Hand d. Schüler deutsch-österr. Volksschulen. gr. 8. (20 S.) Oberwarth 896. (Graz, P. Cieslar.) n. — 30

Doppert, Johann

Doppert, J., ultima antiquitas solemnibus solis diei in glorioso Christi reditu ex sepulcro asserta. Schneeb. 1717. 4.

Doppert, J.: De celebratione festi paschatos ejusque origine. Schneeb. 1715. 4.

Doppert, Joh. Programma: Henricus Auceps Saxo. 4. Schneebergae 1715.

Doppert, I., concinn. precum libellus. 12. Nivem. Fulde. 727.

Doppert, Johann, Selectiora ex Justiniani M. historia. Schneeberg (Heinr. Fulda) 1714. 4 Blatt. (3.50) 6764

Doppet, François Amédée

Doppet, ..., theoret. u. prakt. Abhandl. vom animal. Magnetismus; aus d. Französ. 8. Leipz. 783. (W. Nauck). 3 gr

Doppet, theoret. u. prakt. Abhandlung v. animalischen Magnetismus. a. d. Franz. 8. Leipz. Sommer. 785.

[Traité théorique et pratique du magnétisme animal. Deutsch:] Theoretische und praktische Abhandlung vom animalischen Magnetism. Von [François Amédée] Doppet. Aus d. Franz. übers. Breslau: Löwe 1785. 60 S. 8°

Döpping, Dn., Glaubenslehre u. Lebenspflichten d. Christen in reifern Jahren u. hauptsächlich zur Vorbereitung d. Confirmanden. 8. Marb. 810. Krieger. 3 gr

Döpping, D., Glaubens- und Pflichtenlehre des Christenthums möglichst kurz, faßlich und umfassend für den ersten Unterricht in Schulen. 8. Gießen, Heyer. 821.

Döpping, F., die Kirche zu Wetter in Oberhessen und deren Zusammenhang mit dem Stifte und mit der Adelsschule daselbst. Marburg 860. Elwert. gr. 8. (30 S.) 4 ngr

Doepping, H., die bessere Eintheilung der Felder u. die Zusammenlegung der Grundstücke. Zur Förderung derselben in gemeinverständlicher Weise dargestellt. Mit e. Verwandlungstafel der seitherigen Maße in Metermaße. Heidelberg 870. Bassermann. gr. 8. (VI, 57 S.) n. 8 ngr

Doppisch, Pet. Jos., Vortheile und Nachtheile v. d. Uebersetz. d. Alten. gr. 8. Würzb. Rinner. 800.

Doppler, Adam, Urbar d. Benedictinnen-Stiftes Nonnberg. Ergänzt u. hrsg. v. Willib. Hauthaler. [Aus: „Mittheilgn. d. Gesellsch. f.: Salzb. Landeskde."] gr. 8. (104 S.) Salzburg 883. (Mittermüller.) n. 2. 40

Doppler, Christian, Abhandlungen, s. Ostwald's, Wilh., Klassiker der exakten Wissenschaften Nr. 161.

Abhandlungen von Christian Doppler. Hrsg. von H[endrik] A[ntoon] Lorentz. Mit 30 Fig. u. 1 Bildn. Leipzig: W. Engelmann 1907. (194 S.) 8°
— Klassiker, Ostwald's, d. exakten Wissenschaften. No 161. [Ed. 808]

— drei Abhandlungen aus dem Gebiete der Wellenlehre, nebst Anwendung auf Acustik, Optik u. Astronomie. gr. 4. (Mit 4 lith. Taf.) Prag 846, Borrosch u. André. n. 2/3 rf

Doppler, Christn., zwei Abhandlungen aus d. Gebiete d. Optik: 1. Optisches Diastemometer. 2. Ueber ein Mittel, periodische Bewegungen von ungemeiner Schnelligkeit noch wahrnehmbar zu machen u. zu bestimmen. gr. 4. (2 B.) Prag 845, Borrosch u. André.
Aus: Abhandlungen d. k. böhm. Gesellsch. d. Wissenschaften besond. abgedruckt.

Doppler, Chrn., (✝ Mitte März 1853), zwei weitere Abhandlungen aus dem Gebiete der Optik. 1. Ueber die Anzahl der möglichen Gesichtswahrnehmungen. 2. Versuch einer systemat. Classification der Farben. Mit 2 lith. Taf. [Aus den Abhandlgn. d. k. bohm. Ges. d. Wissenschaften V, 5. abgedr.] gr. 4. (24 S.) Prag 848, André in Comm. n. 12 ngf

—— über eine bei jeder Rotation des Fortpflanzungsmittels eintretende eigenthümliche Ablenkung d. Licht- u. Schallstrahlen, zunächst angewandt auf mehre theils schon bekannte, theils neue Probleme der pract. Astronomie, ein weiterer Beitr. z. allgem. Wellenlehre. gr. 4. (1¾ B. u. 1 Stnt.) Prag, 844. (Borrosch u. André.) *

Aus: Abhandlungen d. k. böhm. Gesellsch. d. Wissenschaften besond. abgedruckt.

Doppler Christian: Über die Anwendung der Sirene und des akustischen Flugrädchens zur Bestimmung des Spannungsgrades der Wasserdämpfe und der komprimierten Luft. S. 6. 86 . . . . K —.24
Separatabdruck

— Arithmetik u. Algebra. Mit besond. Rücksicht auf die Bedürfnisse d. prakt. Lebens u. der techn. Wissenschaften. Nebst einem Anh. v. 450 Aufgaben. 2. verb. Aufl. Lex. 8. (X u. 323 S.) Wien 851, Braumüller. n. 2 rf

— Ein weiterer Beitrag zur Bestimmung der magnetischen Deklination, aus einer den absichtlich angestellten Beobachtungen vorangegangenen Zeitperiode. S. 8. 175 vgr.
Separatabdruck

— Ein Beitrag zur genaueren Ermittelung des Reibungs-Koeffizienten zwischen Eisen und Erde unter verschiedenen Umständen. S. 8. 457 . . . . —.20
Separatabdruck

Doppler, Chr., Beiträge zur Fixsternkunde. gr. 4. (Mit 1 lith. Taf.) Prag 846, Borrosch u. André. n. 16 ngl

— Bemerkungen und Anträge, die Einsendungen magnetischer Beobachtungsdaten aus Joachimsthal, Freiberg, Pribram, Leoben, Ischl und Salzburg betreffend. S. 4. 336 . . . . vgr.
Separatabdruck

— Bemerkungen zu dem Aufsatze: „Über ein allgemeines Prinzip der Undulationslehre: Gesetz der Erhaltung der Schwingungsdauer" von Josef Petzval. S. 8. 507 . —.80
Separatabdruck

— Bemerkungen über die von Petzval gegen die Richtigkeit meiner Theorie vorgebrachten Einwendungen. S. 9. 217 . . . . vgr.
Separatabdruck

— Über die in neuester Zeit in Freiberg in Sachsen aufgefundenen Deklinationsbeobachtungen aus älterer Zeit. S. 7. 160 . . . . vgr.
Separatabdruck

Doppler, Chr. Über eine alte Deklinationsbestimmung.

— üb. d. Einfluss der Bewegung d. Fortpflanzungsmittel auf die Erscheinungen der Aether-, Luft- u. Wasserwellen. Ein weiterer Beitrag zur allg. Wellenlehre. Aus d. Abhandl. d. k. böhm. Gesellsch. d. Wissensch. abgedr. gr. 4. (14 S. u. 3 Taf. Abb.) Prag 847, André in Comm. n. 12 ngf

— Über den Einfluß der Bewegung auf die Intensität der Töne, mit Berücksichtigung der von Herrn Dr. Seebek dagegen erhobenen Bedenken. S. 7. 162 . . . , —.20
Separatabdruck

—— über die bisherigen Erklärungs-Versuche des Aberrations-Phänomens. gr. 4. (2⅓ B. u. 1 Kpfrt.) Prag 845. (Borrosch u. André.)

Aus: Abhandlungen d. böhm. Gesellsch. d. Wissenschaften besond. abgedruckt.

—— Lehr- u. Handbuch der Elementar-Mathematik, mit vorzügl. Berücksichtig. der Bedürfnisse d. pract. Lebens u. d. verschied. technischen Wissenschaften. 1. Bd. Arithmetik u. Algebra. Nebst ein. Anh. von 450 Aufgaben. Lex.-8. (19 B.) Prag 844. (Borrosch u. André.) *

—— über d. farbige Licht der Doppelsterne u. einig. anderer Gestirne des Himmels. Versuch einer das Bradley'sche Aberrations-Theorem als integrir. Theil in sich schliessen den allgemeinen Theorie. gr. 4. (2¼ B. u. 1 Stnt.) Prag 842, (Borrosch u. André.) *

Aus: Abhandlungen d. k. böhm. Gesellsch. d. Wissenschaften besond. abgedruckt.

Ueber das farbige Licht der Doppelsterne und einiger anderer Gestirne des Himmels. Von Christian Doppler. Zur Feier s. hundertsten Geburtstages hrsg. von Dr. F. E. Studnička. *Prag: K. Böhm. Ges. d. Wiss. 1903.* (25 S.) 4° [03. 7038 7

Doppler, Christian, über das farbige Licht der Doppelsterne u. einiger anderer Gestirne des Himmels. Versuch e. das Bradley'sche Aberrations-Theorem als integrir. Theil in sich schliess. allgemeinen Theorie. Zur Feier seines 100. Geburtstages als 1. Veröffentlichung des nach ihm benannten physikal. Princips neu hrsg. v. F. J. Studnička. (25 S. m. Bildnis u. 1 Taf.) gr. 8. Prag 903. (F. Řivnáč.) n. — 80

— Einige Mitteilungen und Bemerkungen über seine Theorie des farbigen Lichtes der Doppelsterne. S. 5. 154 . . . . vgr.
Separatabdruck

— Weitere Mitteilungen, meine Theorie des farbigen Lichtes der Doppelsterne betreffend. S. 8. 91 . . . . vgr.
Separatabdruck

— Über ein Mittel, die Brechung der Schallstrahlen experimentell nachzuweisen und numerisch zu bestimmen (mit 1 Taf.). S. 2. 322 . . . . vgr.
Separatabdruck

— Über ein Mittel, die Spannkraft des Wasserdampfes der komprimierten oder der erwärmten Luft durch das Gehör zu bestimmen (mit 1 Taf.). S. 3. 156 . . . vgr.
Separatabdruck

Doppler Christian: Über eine bisher noch unbenützte Quelle magnetischer Deklinationsbeobachtungen. S. 2. 249 . . . . vgr.
Separatabdruck

— Über eine Reihe markscheiderischer Deklinationsbeobachtungen aus der Zeit von 1735—1736. S. 3. 1 . . . . vgr.
Separatabdruck

— Über eine merkwürdige in Österreich aufgefundene gelatinöse Substanz. S. 3. 239 vgr.
Separatabdruck

—— über eine wesentl. Verbesserung d. katoptrischen Mikroskope. gr. 4. (4¾ B. u. 6 Stnt.) Prag 845. (Borrosch u. André.) *

Aus: Abhandlungen d. k. böhm. Gesellsch. d. Wissenschaften besond. abgedruckt.

Doppler, Christ., Versuch e. analyt. Behandlung beliebig begrenzter u. zusammengesetzter Linien, Flächen u. Körper; nebst e. Anwend. davon auf verschied. Probleme d. Geometrie descript. u. Perspective. M. 3 Stnt. gr. 4. (10 B.) Prag 839, Haase Söhne.

Aus den: Abhandln. d. k. böhm. Gesellsch. d. Wissensch., abgedruckt.

— Versuch einer auf rein mechanische Principien sich stützenden Erklärung der galvano-elektr. u. magnet. Polaritäts-Erscheinungen. [Aus d. 1. Bd. der Denkschriften der mathematisch-naturwissenschaftl. Classe der kaiserl. Akademie d. Wissenschaften abgedr.] Fol. (20 S. m. 2 lith. Taf.) Wien 849. (Braumüller.) n. 1 rf

— Versuch einer Erweiterung der analytischen Geometrie auf Grundlage eines neu einzuführenden Algorithmus. Mit 9 lith. Taf. (Aus d. Abhandl. d. k. böhm. Gesellschaft d. W.) gr. 4. Prag 843. (Borrosch u. André.) n. 3⅓ rf

Doppler, Chr. Versuche einer Erweiterung der analytischen Geometrie auf Grundlage eines neu einzuführenden Algorithmus. Prag 1843.

Doppler, Franz, s.a. Melusine. (Erklärender Text.)

Doppler, Franz, Melusine. Ballet in 2 Acten u. 8 Abtheil. nach d. Bilder-Cyclus M. v. Schwind's. Ausgabe ohne Lichtdruckbilder. kl. 8. (18 S.) Wien, Wallishausser'sche Buchhandlung (A. W. Künast). 20 kr. 1863

—— s. Stock, der, im Eisen. (Erklärender Text.)

Doppler, J., o Susi, s.: Theater-Repertoir, Wiener.

Jacob Döppler's Getreuer Rechnungsbeamter. Sondersh. 8. 2 Thl. 1680.
1724. — Hanov. 4. 3 Thl.

Jacob Döppler's getreuer und ungetreuer Rechnungs-Beamter. Franckft. 4. 1697.
1708. —
1724. —

Dopsch, Alfons

Dopsch, A. Beiträge zur Geschichte der Schlacht bei Lobositz. (Leipa 1892.) 8°. (Aus: Mitteilungen d. Nordböhmischen Excursions-Clubs.)

Dopsch, Alf., Entstehung u. Charakter des österreichischen 'Landrechtes'. [Aus: „Archiv für österr. Geschichte".] Lex.-8. (99 S.) Wien 892. (F. Tempsky.) n. 2. —

Dopsch, Alfons, s. a. **Forschungen zur inneren Geschichte Österreichs.**

Forschungen zur inneren Geschichte Osterreichs hrsg. von Dr. Alfons Dopsch, Prof., Wien. Bd 1, H. 1. *Innsbruck: Wagner 1904.* 8° [05. 14842]

Dopsch Alfons, Dr.: Forschungen zur inneren Geschichte Osterreichs. Heft 4. Das Obersthofmarschallamt Sr. k. u. k. Apostolischen Majestät Auf urkundlicher Grundlage bearbeitet von Dr. Eduard Ritter von Strobl-Albeg. Innsbruck, 1908. Wagner . . . .
— — Heft 5. Geschichte des Fiskalamtes in den böhmischen Ländern. I. Teil. Das Fiskalamt des Königreichs Böhmen in der älteren Zeit bis zum Jahre 1620. Auf Grund archivalischer Quellen bearbeitet von Dr. Jaroslav Demel. Innsbruck, 1909. Wagner . . . .
— — Heft 6. Der auswärtige Handel des Herzogtums Österreich im Mittelalter, herausgegeben von Dr. Theodor Mayer. Innsbruck. 1909. Wagner . . . . . .

Dopsch, A., Die landesfürstliche Gesamturbare der Steiermark aus dem Mittelalter. [Österr. Urbare. 1. Abt. II. Bd.] Gr.-8°. (CLXX, 708 T.) K 42.—
Wien: Braumüller 1910.

Dopsch, Alfons (Hrsg.), s. Huber, Alfons: Reichsgeschichte, Österreichische, 2. Aufl.

Dopsch, Alfons, die Kärnten-Krainer Frage u. die Territorialpolitik der ersten Habsburger in Österreich. gr. 8. (111 S.) Wien 899. (C. Gerold's Sohn.) n. 2. 40
Sonderabdruck aus: „Archiv f. österr. Gesch."

— s.: **Mitteilungen des Instituts f. österr. Geschichtsforschg.**

Dopsch, Dr. Alfons. Zur Orientpolitik Friedrich des Grossen vor Beginn und beim Ausbruch des siebenjährigen Krieges. Separatabdruck aus dem: „Jahresbericht des akademischen Vereines deutscher Historiker in Wien". 8. Wien 1890.

— **Die ältere Sozial- u. Wirtschaftsverfassg. der Alpenslaven.** (VII, 179 S.) gr. 8. Weimar 909. H. Böhlau's Nachf. 4. 80

— **das Treffen bei Lobositz** (1. Octbr. 1756), sein Ausgang u. seine Folgen. Quellenkritische Untersuchgn. zur Geschichte des Kriegsjahres 1756. gr. 8. (XI, 250 S. m. 1 farb. Karte.) Graz 892. Styria. n. 4. 60

— s.: **Urbare, österreichische.**

Dopsch, Alph., ausgew. Urkunden z. Verfassungsgeschichte d. deutsch-österreich. Erblande i. Mittelalter, s.: Schwind, Ernst Frhr. v.

Dor. Mittheilung über Phylloxera vastatrix. 1874.

Dor, E., Feldblumen. Erzählungen für die Jugend. 8. (128 S.) Bremen 885, Verlag des Tractathauses. *

Dor, Edvardvs (geb. am 10 Juni 1840 in Vevay Kant. Waadt): Ronsardvs qvam habverit vim ad lingvam Francogallicam excolendam ... Bonnae, form. C. Georgi (1863). 2 Bl., 40 S., 1 Bl. 8.
Bonn, Phil. Fak., Diss. v. 11 März 1863

Dor, F. S., nach England z. Primiz e. Verbannten. 8. (II, 109 S. m. 5 Abb.) Rastatt 897. (W. Hanemann.) n. — 80

Dor, Franz

Dor, Frz., Heinrich Bernhard v. Andlaw, e. badischer Politiker u. Vorkämpfer des Katholizismus, in seinem Leben u. Wirken geschildert. Mit e. Geleitswort von Frhrn. Albr. v. Stotzingen. (X, 220 S. m. 1 Bildnis.) 8. Freiburg i/B. 910. Herder. 2.60; geb. in Leinw. 3.20

— **Jakob Lindau.** Ein bad. Politiker u. Volksmann, in seinem Leben u. Wirken geschildert. Mit e. Geleitswort v. Thdr. Wacker. (VII, 160 S. m. 1 Bildnis.) 8. Ebd. 909. 1.50; geb. in Leinw. 2.

— **dasselbe.** 2. Aufl. (VI, 104 S. m. 1 Bildnis.) 8. Ebd. 909. 1.20; geb. in Leinw. 1. 60

Dor, Gerhard

Vom Lehrling bis zum Meister. Ein Mahnwort an d. Eltern, Meister u. Innungen. Von Gerhard Dor. Hannover: Wasserkampf & Robby 1903. (48 S.) 8° [F.] [03. 9477

Dor, H., kurze Anleitung zur Untersuchung der Sehschärfe. Bern 870. Fiala. 16. (11 S.) n. 6 ngr.

— **De la cataracte chez les diathèsiques et en particulier dans la phosphaturie.** In-8°, 11 p. Bâle et Genève, Georg. 1878 1 —

— **Compte-rendu statistique de la clinique ophtalmologique de l'Université de Berne** (du 6 mai 1867 au 15 octobre 1876). In-8°, 43 p. Cassel, (Bâle, Georg). 1878
. Extrait des „Klinische Monatsblätter für Augenheilkunde", vol. XVI.

Dor, (Dr., à Lyon). Echelle pour mesurer l'acuité de la vision chromatique. In-8°, 8 p. de texte, av. 6 planches chromolithogr. Bâle et Genève, Georg. 1878 4. —

— **et Stilling (Dr. à Strasbourg). De l'état actuel de nos connaissances sur le Daltonisme.** In-8°, 15 p. Lyon, Genève et Bâle, H. Georg. 1 50
. Extraits du compte-rendu du congrès international d'ophthalmologie de Milan. Septembre 1880.
1881

Dor, H. (Dr. à Lyon). Guérison d'un enfant atteint de cataracte congénitale des deux yeux. In-8°, 8 p. Milan, Imprimerie Poncelletti. (Lyon, Genève et Bâle, H. Georg). 1881 1 —

— über einige der häufigsten Krankheiten u. Formfehler des Auges. Populär-wissenschaftlicher Vortrag gehalten im Grossrathssaale zu Bern, den 30. Januar 1868. Bern 868. Haller. gr. 8. (24 S. u. 1 lith. Taf.) n. 8 ngr.

Dor, Prof. Dr. H., Notiz über drei Schädel aus den Schweizer-Pfahlbauten. Mit 6 Tafeln in Tondruck. Bern, B. F. Haller. 2. —
— — Ausgabe mit Photographien. 1873 7. 50

—— **Premier rapport annuel de la clinique ophthalmologique 1877.** gr. 8. (16 S.) Ebendas. 878. *

—— **Second rapport annuel de la clinique ophthalmologique 1878.** gr. 8. (30 S.) Ebendas. 879. *

Dor (Prof. Dr. à Lyon). Troisième rapport annuel de la clinique ophthalmologique de Lyon. 1879. Gr. in-8°, 31 p. avec planches. Lyon et Bâle, H. Georg. 1880 1 —

Dor, (Dr. Prof. à Lyon). 4° rapport annuel de la clinique ophtalmologique, 1880. In-8°, 24 et 2 p. Lyon, (Genève, Bâle), H. Georg. 1881

Dor, Prof. Dr, die Schule und die Kurzsichtigkeit. Rektoratsrede. 22 Stn. gr. 8. Bern, B. F. Haller. 1875 —. 80

Dor, H., das Stereoscop, s. a. Vorträge, öffentliche.

Dor H, das Stereoskop. (Vorträge, Offentliche 5) Basel 1871

Dor, H[einrich]. Notiz über drei Schadel aus den schweizerischen Pfahlbauten (Grenz bei Murten, Lüscherz und Morigen am Bielersee). Mit sechs Tafeln in Tondruck. 4. Bern 1873.

Dor, Mme Henri. Souvenirs du congrès d'Alger, Tunis et la Kabylie. Gr. in-8°, 88 p. Lyon, Genève, Bâle, librairie générale Henri Georg. 1882 5 —

Doer, William H., [von London]: Zur Kenntniss des Diphenylmethans. Bonn C. Georgi Dr. 1872. 30 S., 1 Bl. 8°.
Zürich, Phil. Diss. [v. 14. Nov. 1872].

Dora, une Enfant de Notre-Dame de Lourdes. Grammont <B> 1894 s. (Bennett. Anna R).

Dora Marie, s.: Maraot.

Dora, P., Magda, s.: Reiselectüre.

Dora d'Istria (= Koltzoff-Massalsky, Helena Princessin von geb. Fürstin Ghika). Die deutsche Schweiz und die Besteigung des Mönchs ... Zürich 1858. 2. Ausg. 1860. Ü: *Kurz, Heinrich.* (ABJP) (ADB)

Dora d'Istria. (Elena Ghika) contessa. Die deusche Schweiz und die Besteigung des Mönchs, von der Gräfin D' d'Istria. Verbesserte und vermehrte deutsche Originalausg., mit einer bibliographisch-literarischen Notiz über die Verfasserin. 3 Bände. 8. Zürich 1857–1858.
Band 1: 1857. — Band 2: 1858. — Band 3. Mit dem Bildniss der Verfasserin. 1858.

Dora d'Istria. (Elena Ghika) contessa. Die deutsche Schweiz: Land. Volk und Geschichte, von der Gräfin D' d'Istria. 2. verbesserte u. vermehrte deutsche Originalausg. (Mit dem Bildniss der Verfasserin [und einer biographischen Einleitung].) 3 Bände. 8. Zürich 1860.

Dora-Lotti, Gedichte. (VI, 132 S. m. Bildnis.) 8. Dresden 904. E. Pierson. n. 2.—; geb. n. 3.—

Doralice; Dramma in 2 Atti. Wien 824. Wallishausser. 6 gl.

Doraat, Kazimierz: Ueber Condensation von Ortho-Nitroacetophenon mit Benzaldehyd. Lemberg 1898. 28 S. 8°.
Bern. Phil. Diss. 1897/98.

Doranth, Friedrich

Doranth, Frdr., Leitfaden für den Schreibmaschinen-Unterricht für Handelsschulen sowie zur Selbstbelehrung. (56 S.) gr. 8. Wien 906. C. Fromme. n. 1.—

Dorantowicz, Jos. Alphons (Warschau), De dysenteria. Diss. med.-pract. Bln. (Brüschck) 29. XII. 1831. 32 S. mit Biogr. (M.: D. Kurke.) (4.50) 6765
Oppon.: H. Bergener, A. Margulles, H. Schindelmeisser. — Gew.: J. Dorantowicz (Vater).

Dorat, Fabeln. a. d. Franz. m. K. 8. Frankfurt, Behrens. 797. illum.

— fables ou allégories philosophiques. 8. Dresd. 773. Walther. 10 gl.

— la muse libertine ou oeuvres posthumes. 8. Dessau 783. (W. Nauck in Leipz.) 5 gl.

— la Muse libertine ou Oeuvres posthumes. 8. Dessau, Waisenh. (auch Sommer in Leipz.) 783.

Dorat, Peter der Große. Trspl. 8. Offenbach 778. Brede. 6 gl.

Dorat, Claude Joseph. Barnwell im Gefängnisse und Yariko in der Sklaverey; aus dem Franz. Braunschweig 1766. V: *Bräss, Herm. Werner Dietrich.* (KY) (MGT) (ML)

Dorat, ..., Barnewell im Gefängnisse u. Yariko in d. Sklaverei; aus d. Französ. (von H. W. D. Bräß). 8. Braunschw. 766. Schulbuchh. 3 gl.

Dorat, Claude Joseph: Geschichte

— — der Marquisin von Syrce und des Grafen von Mirbelle, in Briefen. Aus d. Französ. (des *Claude Jos. Dorat*, 1734—80) übers. 2 Thle. Nürnberg, bey Mart. Jac. Bauer. 1774. 8°.
I. Tit., 6 Bl. Vorr. u. 258 S. II: 228 S. — Selten!

OPFER, Das, der Liebe, oder Briefe der Vicomtesse von Senanges und des Chevalier von Versenay. Aus d. Französ. (des *Claude Joseph Dorat*, 1734—80). 2 Thle. Mit 1 Kpfr. Breslau 1792. 8°. (In Berlin nur Th. 1: Xy 4720.) Sehr selten!

DORAT, Claude-Joseph (né à Paris le 31 déc. 1734, † le 29 avril 1780). — Sylvie und Moleshoff, nach d. Französ. des Herrn *Dorat*. Frankf., Andreä, 1770. 8°, (15 xr.)
Lat. Lett. — Cat. Monath. IV. Nürnb. 1785. 8°. p. 156.
— Das Original erschien c. 1768.

Daurora. –

Die Heldenmüthige Doraura, oder die durch den Todt bestätigte Treue. Franckf. 1724. 8°. 18 Bog.
Georgi, Europ. B.-Lex. — L. Rosenthal's, München, Cat. 16. p. 54 hat: Mirnimdus (?), Die heldenmüthige Doraura, oder die durch den Todt bestätigte treue Liebe. (2 fl. 24 kr. mit Beibd.)

DORAURA, Die Heldenmüthige, oder die Begebenheiten des Geschlechts von Caretto. Aus d. Italien. übers. von Mirmindus. Franckfurt und Leipzig 1724. 8°. 16 Bog.
Cat. Meissner II. — Sehr rar! Mit folgendem einerlei?:

Dörbeck, B., s. a. Dörbeck, Franz Burchard

Dörbeck, B., album academicum, (bildl. Darstell. aus d. Studentenleben). 1e Lief. (4 lithogr. u. ill. Blätter). 4. Berl. 832. Bechtold u. H. 20 gl.

Dörbeck, Franz

Dörbeck, F., Geschichte der Pestepidemien in Russland, s.a. Abhandlungen zur Geschichte der Medizin. 18. Hft.

Geschichte der Pestepidemien in Russland von der Gründung des Reiches bis auf die Gegenwart. Nach d. Quellen bearb. von Dr. med. F(ranz) **Dörbeck.** St.-Petersburg. Breslau: J. U. Kern 1906. (VII, 220 S.) 8° **— Abhandlungen z.** Geschichte d. Medizin. II. 18. [s. 433 8

Dörbeck, Franz Burchard, s. a. Dörbeck, B.

Doerbeck, [Franz Burchard]. Berliner Ausrufer. Costüme und locale Gebräuche gezeichnet von **Doerbeck.** Berlin. Verlag von Gebrüder Gropius im Diorama [um 1830]. [Umschlagtit.] 16 Taf. in kol. Lithogr. 8°.
Unvollständig.

Dörbeck, B., Berliner Humor vor 50 Jahren, nach Zeichngn. v. B. D. 31 Zeichngn. auf 23 Taf. in color. Lichtdr. gr. 4. (2 S. Text.) Berlin 886. Mitscher & Röstell. In Leinw.-Mappe. n. 10.—

Dörbeck, Franz Burchard: Berliner Perioden, s. Hosemann, Th.

— Berliner Redensarten. Bildlich dargestellt. 36 Blatt colorirte Lithographien. II. Folge. 28 Blatt colorirte Lithographien. 33 Blatt verschiedenen Inhalts. Berlin 1830. 4°.

Dörbeck, Franz Burchard. Berliner Volkstypen (Costüme) aus den Jahren 1825—1830. 30 Blatt colorirte Lithographien. Berlin. 4°.

WITZE, Berliner. — D ö r b e c k, B., **Berliner Witze.** Berlin (Gropius, circa 1830). 8 Hefte zu je 4 Blatt, im ganzen 32 **lithographirte und kolorirte Blätter klein-folio**, theils Hoch-, theils Querformat, zu jedem Heft ein gedrucktes Blatt Erklärungen in dem gleichen Format. Ein besonderes Titelblatt ist nicht vorhanden, wohl auch nicht erschienen. (In Mappe.) (100 Mk. E. Frensdorff, März 1906:)

„Aeusserst seltene vollständige Reihe. D i e s e B l ä t t e r v o n D ö r b e c k g e h ö r e n z u d e n s e l t e n s t e n B e r o l i n e n s i e n."

— — Dasselbe, tit.: B e r l i n e r H u m o r v o r 100 J a h r e n nach. Zeichnungen v. B. D ö r b e c k. Berlin, o. J. Fol. 31 Zeichnungen auf 23 Tafeln in col. Lichtdruck. Org.-Lwd.-Mappe. (20 Mk. F. Waldau, Fürstenwalde, 1908.)

Ueber diesen genialen Zeichner siehe: K u g l e r, Frz., Kleine Schriften u. Studien z. Kunstgeschichte.

Doerbecker, Heinrich

Doerbecker, Heinr., Marburg. Führer durch die Stadt u. ihre Umgebg. Mit 8 Ansichten, neuem Stadtplan u. dem Verzeichnis der Wegemarkiergn. des O. H. T. V. 12. (VIII, 94 S.) Marburg 900. N. G. Elwert's Verl. n. — 80

M a r b u r g, seine Universität und deren Institute ... geschildert von e. Marburger Studenten. [Verf.: Heinrich **Doerbecker.**] Mit Ansichten von Marburg. Marburg [1904]: J. A. Koch. (32 S.) 8°

M a r b u r g, seine Universität und deren Institute ... geschildert von e. Marburger Studenten. [Verf.: Heinrich **Doerbecker.**] Mit Ansichten von Marburg. [3. Aufl.] Marburg: Verein z. Hebung d. Fremdenverkehrs [1908]. (30 S.) 8°
[Umschlagt.:] Marburg.

Dörbecker, Wilhelm, aus Oberaula: **Beiträge zur Kenntnis der Derivate des o-Phenylenoxamids.** *Marburg 1899: Köster & Schell.* (42 S.) 8°
Marburg, Phil. Diss. v. [10. Aug.] 1899

Dorbeil **et Céliane de Valzan, leurs malheurs, pendant la tyrannie de Robespierre. II Vols. 18. Berl. 796. Rottmann. 1 ∦ 12 𝒢**

— et Céliane. II Vols. 18. Basel 796. Thurneisen. 20 𝒢

— u. Celiane, od. Gesch zweyer Liebenden während d. Tyranney d. Robespierre, a. d. Franz. 8. Meissen, Erbstein. (Gödsche.) 799.

— oder Geschichte zweier Liebenden während der Tyrannei des Robespierre; aus d. Französ. 8. Meiß. 799. Goedsche. 16 𝒢

Dorbritz, Emil, Apotheker aus Jouy-aux-arches in Lothringen: Aus dem Institut zur Erforschung der Infectionskrankheiten. Bern (Direktor Prof. Dr. Tavel.) B a k t e r i e n f l o r a der Vaccine. Bonn a. Rh. 1904. 63 S. 8° [13. VII. 04.]
Bern. Phil. Diss. 1904/1905.

Dorbritz, Heinr., historisches Tagebuch. Eine chronolog. Aufzeichng. der wichtigsten Ereignisse der Welt- u. Culturgeschichte. Auf jeden Tag d. Jahres zusammengestellt. gr. 8. (XXIII, 184 S.) Dessau 872. Reißner. n. 2. —

Dorbritz, Johannes [Arzt aus Stettin]: Ein Fall von Frühjahrskatarrh mit Hautekzem ... Greifswald, Druck v. J. Abel, 1897; 24 S. 8.
Greifswald, Med. Fak., Inaug.-Diss. v. 26. Febr. 1897

Dorbritz, Karl Wilhelm

LOPITZ, A n t o n. Ein Beytrag zur Verwandlungsgeschichte der Seelen durch Dukaten. (Liederl. Studenten-, Familien- u. Abentheurer-Roman von *Karl Wilh. Dorbritz*, geb. 1738 zu Dornburg, † als Pastor zu Lindau am 5. Aug. 1824.) 2 Thle. Mit 1 Titelkpf. (E. H e s s e del. et sc.). Berlin, 1782, in der Weverschen Buchhdlg. 8°.

Seltene e r s t e Ausgabe. I: TKpf., Tit., 304 S. II: Tit., 334 S. Besonders in Th. 2 verfängl. Stellen. — F e h l t im Anon.-Lex. Verfasser nennt Goedeke V, 551, 13 (nach A. G. Schmidt).

— — Dasselbe. 2 Thle. Ebd. 1798. 8°.

***Dorcey*, Malle, Niza et Bekir, Drama en prose et en deux Act. 8. Wien 771. Trattner. 3 𝒢.**

Dorchester Herold: 1904–1906? Dorchester, WI
Weekly. Edited by B. J. Fuller.

Doerdelmann, Bernhardus: Minerva coniuncta cum diis marinis. Halis Saxonum (1861): Hendel. 30 S. 8°
Halle-Wittenberg, Phil. Diss. v. 8. Juli 1861
Geb. Grumme (Westf.) 13. 8. 1830. V.

Dördelmann, W., Brieftaubensport, s.: O e l z e, F. W.

Dordević, Andre

[Serb. u. Ant.] Srpsko trgovačko, menično i stecišno pravo izbrađeno i prevedeno na nemački od Andre **D'ord'evića**, pred'. prof. u Beogradu, i Stanoja M i h a j l o v i ć a, ataše-a pri kr. srpsk. poslanstvu u Berlinu. Das Handels-, Wechsel- u. Konkursrecht Serbiens bearb. u. ins Deutsche übertr. von Andreas G e o r g e w i t s c h u. Stanoje M i c h a j l o w i t s c h. (1.) Berlin: R. v. Decker 1907. 4°(8°)
— **Handelsgesetze,** Die, d. Erdballs. Ausg. D. Serbien. 1. [07. 13993

[Serb. u. Ant.] Srpsko trgovačko, menično i stecišno pravo izbrađeno i prevedeno na nemački od Andre **D'ord'evića**, pred'. prof. u Beogradu, i Stanoja M i h a j l o v i ć a, ataše-a pri kr. srpsk. poslanstvu u Berlinu. Das Handels-, Wechsel- u. Konkursrecht Serbiens bearb. u. ins Deutsche übertr. von Andreas G e o r g e w i t s c h u. Stanoje M i c h a j l o w i t s c h. Berlin: v. Decker 1907. 104, 104 S. 4°(8°)
(Die Handelsgesetze d. Erdballs. Ausg. D. Bd 8, [4.])

Dordević, Vladan

Golgatha. Ein Balkanroman von Wladan G e o r g e w i t s c h [Vladan **D'ord'evič**]. Stuttgart & Leipzig: Deutsche Verl.-Anst. 1909. 503 S. 8°

Der letzte Obrenowitsch. Von Vladan G e o r g e w i t s c h [**D'ord'evič**]. Wien: H. Goldschmiedt 1903. (20 S.) 8° [Umschlagt. F.]
Aus: Zukunft. [07. 16878 II

Dordi, Jos. Ferd. (Tyrolens. ex. Burgo Augusano), dissertatio inaug. jurid. de *ritibus nuptiarum apud Romanos usitatis.* Viennæ, typis Binzianis, 1784. Gr. 12°. 39 S. Cart.

Dordrecht [Schlagwort]

Dordrecht, s.: **E u r o p a. Spezialkarte.**

Dordrecht, s.: Kriegsschauplatzkarten.

Doré, C. F., die Papierwährungswirthschaft der Union während des Bürgerkrieges 1861—1865. gr. 8. (53 S.) Berlin 877. Mayer & Müller. n. 1. 50

Doré, Gustav

Doré, G., s.: Abenteuer u. Reisen d. Freiherrn v. Münchhausen.

Doré, Gust., s. A b o u t, Edm.

Doré, G., s. A r i o s t ' s rasender Roland.

Doré, Gust., üb. Berge u. durch Thäler. Landschaftsbilder. Mit Dichtgn. v. Paul Heyse, Eman. Geibel, Thdr. Storm 2c. Fol. (127 S.) Leipzig 886. Unflad. geb. n. 6. —

Doré, G., s.: Bibel, die.

Doré, Gust., s. Cervantes Saavedra, M. de, Leben und Thaten des scharfsinnigen Edlen Don Quijote von der Mancha.

Doré, Gust., s. D a n t e.

— s.: Freiligrath, F., der alte Matrose.

— s.: Henne am Rhyn, O., die Kreuzzüge u. die Kultur ihrer Zeit.

Doré, Gust., die Kreuzzüge, s.: Henne am Rhyn, Otto.

— s.: Lafontaine's Fabeln.

Doré, Gust., Leben u. Thaten d. scharfsinnigen Edlen Don Quijote v. der Mancha, s.: Cervantes de Saavedra, Miguel.

Doré, G., s. M i l t o n, J., das verlorene Paradies.

Doré, Gust., s. M ü n c h h a u s e n.

Doré, Gust., s. Perrault.

— s.: Schrift, die heilige.

—— s. Schrift, die Heilige, des Alten und Neuen Testaments.

— — Wo und Wann. Ernste Winke nach der Geschichte und Erfahrung für denkende Menschen. 3. vermehrte und verbesserte Auflage. 1870. kl. 8. (VI u. 282 S.) Wien, Kirsch. 4869. 50 kr.

Dorée, Nadage

Dorée, N., s.a Jesu wahres Christentum.

Jesu wahres Christentum. Von e. Jüdin. (Verf.: Miss Nadage Dorée.) *Berlin: S. Calvary & Co. 1903.* (125 S.) 8° [04. 15672]

Doreidi, Ebn., Abubecri Mohammedis Hatoijdal Meksoura s. Idyllicum arabicum, arab. et latin. c. Scheidii. Smaj Harderovici 786. Kasteel. 1 ß 4 gr

Dorck, B., aus e. alten schwäb. Reichsstadt. 3 histor. Erzählgn. (III, 450 S.) 8. Eßlingen 908. P. Neff. 3.—; geb. 3. 50

Dorck, Theo., fin de siècle. Novellen u. Skizzen. 8. (59 S.) Straßburg i/E. 892. H. Friedemann Nachf. n. 1. 20

Doerel, Georg August (Eisleben)
Dissertatio inauguralis medica de apoplexia, tanquam morbo universali, e summa debilitate oriundo.
Giessae 6. 9. 1798: Braun. 46 S. 8°
ad dignitatem doctoris medicinae ac chirurgiae rite consequendam.

Dorell's, Lord, wohl unterrichteter Edelmann. 3 Thle. 8. Augsb. 754. Wolff. 1 ß 8 gr

Doren, Alfred

Doren, Alfr., Entwicklung u. Organisation d. Florentiner Zünfte im 13. u. 14. Jahrh., s.a Forschungen, staats- u. socialwissenschaftl.

Entwicklung und Organisation der Florentiner Zünfte im 13. u. 14. Jahrhundert. Von Alfred Doren. *Leipzig: Duncker & Humblot 1897.* (IX, 114 S.) 8.
— Forschungen, Staats- u. socialwissenschaftliche. Bd 15. H. 3. [97. 3293]

Doren, Geschichte d. Kaufmannsgilden des Mittelalters. Leipzig 893.
— Entwickelung u. Organisation der Florentiner Zünfte im 13. u. 14. Jahrh. Leipzig 897.

Doren, Alfred, (Dr.): Deutsche Handwerker und Handwerkerbruderschaften im mittelalterlichen Italien. *Berlin: R. L. Prager 1903.* (160 S.) 8°
Leipzig, Phil. Hab.-Schr. v. 15. Febr. 1903

Doren, Alfr., deutsche Handwerker u. Handwerkerbruderschaften im mittelalterlichen Italien. (V, 160 S.) gr. 8. Berlin 903. R. L. Prager. n. 5. —

Doren, Alfr., Studien aus der Florentiner Wirtschaftsgeschichte. 1. Bd. Die Florentiner Wollentuchindustrie v. 14. bis zum 16. Jahrh. Ein Beitrag zur Geschichte des mod. Kapitalismus. gr. 8. (XXII, 583 S.) Stuttgart 901. J. G. Cotta Nachf. n. 12. —

Doren, Alfr., Studien aus der Florentiner Wirtschaftsgeschichte. II. Bd. Das Florentiner Zunftwesen v. 14. bis zum 16. Jahrh. (XXII, 802 S.) gr. 8. Stuttgart 908. J. G. Cotta Nachf. 16. —
Bd. I. Ebd. 901. 12. —

Doren, Alfr., Untersuchungen zur Geschichte d. Kaufmannsgilden des Mittelalters, s.a Forschungen, staats- u. socialwissenschaftliche.

Doren A, Untersuchungen zur Geschichte der Kaufmannsgilden des Mittelalters. (Forschungen, staatswissenschaftliche XII, 2) Leipzig 1893

Die Florentiner Wollentuchindustrie vom vierzehnten bis zum sechzehnten Jahrhundert. Ein Beitrag z. Gesch. d. modernen Kapitalismus von Alfred Doren. *Stuttgart: J. G. Cotta 1901.* (XXII, 583 S.) 4°
— Doren: Studien aus d. Florentiner Wirtschaftsgeschichte. Bd 1. [01. 3613]

Das Florentiner Zunftwesen vom vierzehnten bis zum sechzehnten Jahrhundert von Alfred Doren. Stuttgart & Berlin: J. G. Cotta Nachf. 1908. (XXII, 802 S.) 8°
— Doren: Studien aus d. Florentiner Wirtschaftsgeschichte. 2. [08. 13744 2]

Doerenberger, graphische Darstellung der Leistungsfähigkeit e. Güterzugs-Locomotive v. 50 Tons, s.: Menne.

Doerenberger, Gustav, approb. Arzt aus Coblenz a. Rh.: Aus d. med. Klinik zu Tübingen. Zur Therapie und Statistik des Abdominaltyphus. *Tübingen: F. Pietzcker 1901.* (28 S.) 8°
Tübingen, Med. Diss. v. 1901

Doerenberger, Gust., zur Therapie u. Statistik des Abdominaltyphus. Diss. gr. 8. (27 S.) Tübingen 901. F. Pietzcker. n.n. — 70

Doerenberger, Johanna, Leitfaden für den Handarbeit-Unterricht in Volksschulen, s. Langelütke, Auguste.

Dorendorf, Hans [aus Aken a. E.]: Casuistischer Beitrag zur Symptomatologie der Hemicranie. . . . Berlin, Buchdr. v. G. Schade, *1891*: 30 S., 1 Bl. 8°
Berlin, Med. Fak., Inaug.-Diss. v. 4. März 1891

Dorendorf, Kehlkopfstörungen bei Tabes. Nach dem Material der Gerhardt'schen Klinik. (III, 84 S.) gr. 8. Berlin 903. O. Enslin. n. 2. —

Dorendorf, W., Arrest u. einstweilige Verfügungen nach den Vorschriften der deutschen Civil-Proceß-Ordnung. Zum Gebrauch f. den Praktiker erläutert. gr. 8. (VIII, 175 S.) Breslau 884. Kern's Verl. n. 4. —

— Gesetz betr. die Zwangsvollstreckung in das unbewegliche Vermögen vom 13. Juli 1883, nebst dem Kostengesetz vom 18. Juli 1883, erläutert. gr. 8. (VI, 268 S.) Ebend. 883. n. 6. —

Dorendorf, W., Straf-Prozeß-Ordnung f. das Deutsche Reich vom 1. Febr. 1877, erläutert. gr. 8. (VIII, 343 S.) Breslau 881. Kern's Verl. geb. n. 7. 50

Dorendorf, Wilhelm Ludw. (Doenstedt/Neuhaldensleben), De varicellis. Diss. med. Halle (Schimmelpfennig) 3. I. 1826. 28 S. mit Biogr. (M.: Ch. Wischerop.) (4.50) Gew.: Carl Ernst v. Schenk. 6766

Dörenkamp, O., die Waldschule, s.: Bierbaum, H.

Doerenkamp, Maur. (geb. Golkerath 8. 9. 1804): De cognoscendis curandisque infantum morbis. Berolini (1831). (27 S.) 8°
Berlin, Med. Diss. v. 22. Aug. 1831

Doerenkamp, Moritz (Golkerath/Rheinland), De cognoscendis curandisque infantum morbis. Diss. med. Bln. (Brüschck) 22. VIII. 1831. 28 S. mit Biogr. (M.: H. Montfort.) (4.50) 6661
Oppon.: A. T. Leinveber, F. J. Boeker, M. Tyrell. — Gew.: G. G. Sam. Koepke.

Dorenwell, K., der deutsche Aufsatz in den unteren u. mittleren Klassen höherer Lehranstalten, sowie in Mittel- u. Bürgerschulen. 1. u. 2. Thl. gr. 8. Hannover, Meyer. n. 6. 40
1. (XII, 160 S.) 883. n. 2. 40; geb. n. 3. —. — 3. (XII, 308 S.) 881. n. 4. —

Dorenwell, K., der deutsche Aufsatz in den unteren u. mittleren Klassen höherer Lehranstalten, sowie in Mittel- u. Bürgerschulen. Ein Handbuch f. Lehrer. 1. u. 2. Tl. 2., verb. Aufl. gr. 8. (XVI, 304 u. XI, 307 S.) Hannover 890. C. Meyer. à n. 3. 50; geb. à n. 4. —

Dorenwell, K., d. deutsche Aufsatz i. d. unt. u. mittler. Klassen höh. Lehranstalten, sow. i. Mittel- u. Bürgerschulen. E. Handbuch f. Lehrer. 2. Tle. 3., verb. Aufl. gr. 8. (XII, 320 u. XII, 294 S.) Hannover 895. C. Meyer. à n. 3. 50; geb. à n. 4. —

Der deutsche Aufsatz in den höheren Lehranstalten. Ein Hand- u. Hilfsbuch f. Lehrer. Von K[l.] Dorenwell. 4. verb. u. verm. Aufl. T. 2. *Hannover, Berlin: C. Meyer 1899.* 8° [F.] [oo. 10768

Dorenwell, K., der deutsche Aufsatz in den höheren Lehranstalten. Ein Hand- u. Hilfsbuch f. Lehrer. 2. u. 3. Tl. gr. 8. Hannover, C. Meyer. à 4.—; geb. à n. 4.60
2. Mittelstufe (Unter-Tertia bis Unter-Sekunda). 5. verb. u. verm. Aufl. (XIII, 400 S.) 902.
4. Aufl. (XII, 332 S.) Ebd. n. 3.60; geb. n. 4.20.
3. Eine Auswahl v. Musterstücken, Schulaufsätzen, Entwürfen u. Aufgaben f. die oberen Klassen. Unter Mitwirkung v. E. Heilmann zusammengestellt u. hrsg. (VIII, 391 S.) 900.

Dorenwell, K., der deutsche Aufsatz in den unteren u. mittleren Klassen höherer Lehranstalten, sowie in Mittel- u. Bürgerschulen. Ein Handbuch f. Lehrer. (In 3 Tln.) 1. Tl. 5. verb. Aufl. (XV, 337 S.) gr. 8. Hannover 904. C. Meyer. n. 3.50; geb. n. 4.—

— dasselbe in den höheren Lehranstalten. Ein Hand- u. Hilfsbuch f. Lehrer. (In 3 Tln.) 2. u. 3. Tl. gr. 8. Ebd. n. 8.40; geb. n. 9.60
2. Eine Sammlg. v. Entwürfen u. ausgeführten Arbeiten f. die mittleren Klassen (Unter-Tertia bis Unter-Sekunda). 6. verb. u. verm. Aufl. (XIV, 445 S.) 905. n. 4.40; geb. n. 5.—
3. Eine Auswahl v. Musterstücken, Schulaufsätzen, Entwürfen u. Aufgaben f. die oberen Klassen. Unter Mitwirkg. v. E. Hartmann zusammengestellt u. hrsg. 2. verb. u. verm. Aufl. (IX, 443 S.) 905. n. 4.—; geb. n. 4.60

Dorenwell, K., der deutsche Aufsatz in den höh. Lehranstalten. Ein Hand- u. Hilfsbuch f. Lehrer. Ausg. A. in 3 Tln. gr. 8. Hannover, C. Meyer. 13.15; geb. 14.85
1. 6., verb. u. verm. Aufl. (XVI, 369 S.) 908. 3.75; geb. 4.25
2. Eine Sammlg. v. Entwürfen u. ausgeführten Arbeiten f. die mittleren Klassen (Unter-Tertia bis Unter-Sekunda). 7., verb. u. verm. Aufl. (XV, 501 S.) 908. 4.80; geb. 5.40
3. Eine Auswahl v. Musterstücken, Schulaufsätzen, Entwürfen u. Aufgaben zum Unterrichtsgebrauch in den oberen Klassen. Unter Mitwirkg. v. E. Hartmann zusammengestellt u. hrsg. 3., verb. u. verm. Aufl. (IX, 491 S.) 909. 4.60; geb. n 5.20

— Der deutsche Aufsatz. Ausg. B in 2 Tln. Ebd. 5.50; geb. 6.60
I. Ein Handbuch f. Lehrer an der einfachen Volksschule u. den mittleren Klassen der Bürgerschule, bearb. v. K. Mävers. (XVI, 202 S.) 909. 2.50; geb. 3.
II. Ein Handbuch f. Lehrer an den oberen Klassen der Volks- u. Bürgerschulen, der Mittelschulen u. Präparandenanstalten, bearb. v. K. Mävers. (XVI, 325 S.) 908. 3.—; geb. 3.60

— u. F. Lühwing, Bilder aus der Geschichte u. Sage. Ein Lehr- u. Lesebuch f. ein- u. mehrklass. Volksschulen. gr. 8. (IV, 234 S.) Wolffenbüttel 888. Zwißler. n. 1.—

— u. F. Lühwing, Bilder aus der Geschichte u. Sage. Ein Lehr- u. Lesebuch f. ein- u. mehrklass. Volksschulen. 2., verm. Aufl. gr. 8. (IV, 248 S.) Wolfenbüttel 891. J. Zwißler. n. 1.—

— und A. Hummel, Charakterbilder aus deutschen Gauen, Städten und Stätten. Land und Leute in Nord Deutschland. Unter Mitwirkung kundiger Fachmänner hrsg. (In ca. 12 Lfgn.) 1. Lfg. gr. 8. (S. 1—48.) Hannover 884, Norddeutsche Verlagsanstalt.

— u. A. Hummel, Charakterbilder aus deutschen Gauen, Städten u. Stätten. Land u. Leute in Nord-Deutschland. 2 Abtlgn. Unter Mitwirkg. kund. Fachmänner hrsg. gr. 8. Hannover 885. Norddeutsche Verlagsanstalt. à n. 4.—; in 13 Lfgn.: 1—12. à n. — 60; 13. n. — 80 (in 1 Bd. geb.: n. 9.60)
1. Bilder aus den deutschen Küstenländern. (VIII, 320 S.)
2. Bilder aus dem norddeutschen Binnenlande. (IV, 320 S.)

— dies u. das in Spiel u. Spaß. Ein Spiel- u. Beschäftigungsbuch für kleinere u. größere Kinder. Mit e. Anh.: Sprüchwörter, Glückwünsche, Gebete rc. Mit Abbildgn. u. Noten. 8. (VII, 112 S.) Leipzig 893. G. Strübig. Geb. in Leinw. n. 1.50

— häusliche Erquickstunden. Ein Erbauungsbuch f. die Sonn- u. Festtage d. Kirchenjahres. gr. 8. (400 S.) Ebend. 886. n. 3.80; geb. n. 5.80; m. Goldschn. n. 6.—

— u. F. Lühwing
— — Erzählungen aus der Weltgeschichte. 2., verm. Aufl. gr. 8. (IV, 386 S) Ebd. 891. n. 2.—

— unser Kaiser Friedrich als Kronprinz. Charakterzüge aus seinem Leben. Für jung u. alt gesammelt u. bearb. 8. (VIII, 92 S. m. Bild.) Minden 888. Bruns. n. — 75

Dorenwell, K., Glaube, Liebe, Hoffnung. Ein Leitstern auf dem Lebenswege. 8. (XI, 548 S. m. Titelbild.) Stuttgart 892. Greiner & Pfeiffer. Geb. in Leinw. m. Goldschn. n. 3.60

— das deutsche Haus im Schmucke der Poesie u. Kunst. Eingeführt v. Jul. Sturm. Mit 12 Bildern zum Texte u. e. Widmungsblatt in Lichtdr. nach Originalen v. Th. Schüz. Große Ausg. 2. Aufl. (VIII, 432 u. Gedenkblätter 12 S.) gr. 4. Wolfenbüttel 885. Zwißler. n. 15.—; geb. m. Goldschn. n. 20.—

— dasselbe. Kleine Ausg. gr. 4. (III, 172 u. Gedenkblätter 12 S.) Ebend. 885. n. 8.—; m. Goldschn. n. 10.—

— das deutsche Haus im Schmucke der Poesie u. Kunst. Eingeführt v. Jul. Sturm. Große Ausg. 3. Aufl. Mit 12 Photograv. zum Texte nach Originalen v. Th. Schüz u. Rud. Köselitz u. e. Widmungsblatt nach e. Original v. Th. Schüz. gr. 4. (VII, 254 S.) Wolfenbüttel 893. J. Zwißler. Geb. in Leinw. m. Goldschn. n. 15.—; kleine Ausg. 2. Aufl. Geb. in Leinw. m. Goldschn. n. 10—

— aus dem Leben des Kaisers Wilhelm. Ernste und heitere Geschichten für jung und alt. Gesammelt und hrsg. 1.—4. Aufl. 8. (80 S. mit 1 Brustbild des Kaisers.) Hannover 887, Meyer. *

— s.: Lesebuch.

— Lesebuch f. Fortbildungsschulen, s.: Vollmer, W.

— s. Lesebuch, hannoversches.

— hannoversches Lesebuch, s.: Schlepper, H.

— s. Lesebuch für Volksschulen.

— s. Lesebuch für mehrklassige Volks- und Bürgerschulen.

— deutsches Liebesleben in Lied u. Spruch. Ein Buch fürs deutsche Haus. 8. (VIII, 483 S.) Stuttgart 888. Greiner & Pfeiffer. geb. m. Goldschn. n. 5.50

38*

— u. J. Henckel, Muster u. Aufgaben zu deutschen Aufsätzen in Volks- u. Bürgerschulen. Ein Handbuch f. Lehrer. gr. 8. (VIII. 264 S.) Hannover 885. Meyer. n. 3.—

— Präparationen zur methodischen Behandlung deutscher Musterstücke. Ein Handbuch für Lehrer zum Gebrauch in den unteren u. mittleren Klassen höherer Lehranstalten, sowie in den Mittel- u. Oberklassen v. Volks- u. Bürgerschulen. 1. Tl. gr. 8. (IV, 232 S.) Hannover 893. C. Meyer. n. 2.50

— deutsches Sprach- u. Übungsbuch, s.: Lehmann, O.

— orthographisches Uebungsbuch zur Einübung u. Befestigung der neuen deutschen Rechtschreibung. Mit 2 ausführlichen Verzeichnissen der deutschen u. der fremden Wörter. gr. 8. (IV, 84 S.) Paderborn 880. F. Schöningh. n. — 50

— orthographisches Übungsbuch. Methodisch geordnete Beispiele, Lehrsätze u. Übungsstoffe. 2. verb. Aufl. gr. 8. (III, 111 S.) Paderborn 885. F. Schöningh. n. — 50

Dorenwell, K., orthographisches Übungsbuch. Methodisch geordnete Beispiele, Lehrsätze, Aufgaben u. Übungsstoffe. 3. Aufl. gr. 8. (III, 111 S.) Paderborn 888. F. Schöningh. n. — 60

—— Orthographisches Übungsbuch. Methodisch geordnete Beispiele, Lehrsätze, Aufgaben und Übungsstoffe. 3. Aufl. (111 S.) 4. Aufl. gr. 8. (III, 108 S.) Paderborn 889.92, F. Schöningh. * — 60

— orthograph. Übungsbuch. Method. geordn. Beispiele, Lehrsätze, Aufgaben u. Übungsstoffe. 5. Aufl. gr. 8. (III, 108 S.) Paderborn 895. F. Schöningh. n. — 60

Orthographisches Übungsbuch. Method. geordn. Beispiele, Lehrsätze, Aufgaben u. Übungsstoffe. Hrsg. von K[l.] Dorenwell. 6. Aufl. *Paderborn: F. Schöningh 1898.* (112 S.) 8° [F.] [oo. 66n: 6

— orthographisches Übungsbuch. Methodisch geordnete Beispiele, Lehrsätze, Aufgaben u. Übungsstoffe. 7. nach der Neubearbeitg. der Regeln f. die deutsche Rechtschreibg. veränd. Aufl. gr. 8. (108 S.) Paderborn 902. F. Schöningh. Geb. n. 1. —
6. Aufl. (112 S.) Ebd. 898. n. — 60.

— orthographisches Übungsbuch. Methodisch geordnete Beispiele, Lehrsätze, Aufgaben u. Übungsstoffe. 8. Aufl. (108 S.) 8. Paderborn 905. F. Schöningh. Geb. n. 1. —

— Orthographisches Übungsbuch. Methodisch geordnete Beispiele, Lehrsätze, Aufgaben u. Übungsstoffe. 9., verb. Aufl. (137 S.) 8. Paderborn 909. F. Schöningh. Geb. 1. 40

Dorenwell, K., Niedersächsisches Volksbuch. Unter Mitwirkung von F. W. Bode, H. Cuno, u. A. herausg. Bd. 1. 2. Mit Holzschn. Hannover 1884—86. 16. . . . (D.) [Schilderung von Land u. Leuten in alter u. neuer Zeit.]

— Vorschule d. Geschichte. Unter Mitwirkg. v. F. Lühwing bearb. u. hrsg. 2 Tle. gr. 8. Wolfenbüttel 888. Zwißler. n. 3. 50
1. Griechische u. deutsche Sagen f. die Jugend. (VIII, 229 S.) n. 1. 50
2. Erzählungen aus der Weltgeschichte. (IV, 370 S.) n. 2. —

– u. F. Lühwing

— — Vorschule der Geschichte. Für die unteren Klassen höherer Lehranstalten bearb. 1. u. 2. Tl. 2., nach den neuen preuß. Lehrplänen verb. u. verm. Aufl. gr. 8. Ebd. 893. n. 3. —
1. Erzählungen aus der brandenburgisch-preußischen u. der deutschen Geschichte. (II, 176 S.) n. 1. 20
2. Sagen u. Erzählungen aus der griechischen u. römischen Geschichte. (II, 285 S.) n. 1. 80

— die Welt der Kleinen. Ein deutsches Hausbuch in Wort, Bild u. Lied. Mit (eingedr.) Holzschn. nach Orig.-Zeichnungen deutscher Künstler. 4. (VIII, 256 S.) Leipzig 881. A. Dürr. cart. n. 4. 50

— Dein Wort ist meines Fußes Leuchte. Häusliche Erquickstunden. Eine Gabe zur Erinnerg. an die Konfirmation. 2. (Titel)-Aufl. gr. 8. (400 S.) Ebd. 890. geb. m. Goldschn. n. 4. 80

Dorer, E., s. Egloff, Louise.

Dorer, Edmund

Dorer, Edm., Beiträge zur Calderon-Literatur. 2 Hfte. gr. 8. Dresden 884. v. Zahn & Jaensch. n. 1. 20
1. Die Calderon-Literatur in Deutschland 1881—1884. (47 S.)
2. Ueber „Das Leben e. Traum". (22 S.)

— Bilder u. Gleichnisse. Nach den Evangelien. 8. (64 S.) Dresden 887. (v. Zahn & Jaensch.) n. 2. —
Aus dem Handel gezogen.

Dorer, Edm., bunte Blätter. Gedichte. 8. (VIII, 199 S.) Leipzig 878. T. O. Weigel. n. 1. —; geb. mit Goldschn. n. 2. —

— an Calderon zum 200jährigen Todesgedächtniss am 25. Mai 1881. Gedicht. 2. erweiterte Ausg. 16. (13 S.) Leipzig 881. Friedrich. n. — 50

— die Calderon-Literatur in Deutschland. Bibliographische Uebersicht. gr. 8. (42 S.) Ebend. 881. n. 1. 20

— Luiz de Camoens. Ein Gedicht. gr. 8. (12 S.) Ebend. 885. n. — 50

— s.: Cancionero.

— Cervantes u. seine Werke nach deutschen Urtheilen. Mit einem Anh.: Die Cervantes-Bibliographie. gr. 8. (VI, 177 S.) Leipzig 881. Friedrich. n. 5. —

Dorer, E., die Cervantes-Literatur in Deutschland. Bibliogr. Uebersicht. 29 S. gr. 8. Zürich, Druck von Orell Füssli & Co. 1877

— Fastnachtsspiele. Nr. 1—14. gr. 8. Ebend. à n. — 30
1. Der Advokat im Himmel. Ein dramat. Schwank. (17 S.) 884.
2. Doktor Akaraba. Nach e. Anekdote. (20 S.) 884.
3. Albertus Magnus. Ein Zauberspiel. (15 S.) 884.
4. Aergert Euch nicht. Nach Cervantes. (19 S.) 884.
5. Ein gutes Beispiel. Nach Le Sage. (17 S.) 885.
6. Circe u. Ulysses. Schauspiel in e. Akte. Frei nach dem Franz. u. noch freier nach Homer bearb. (23 S.) 884.
7. Die Götter d. Nordens. Ein Traumgesicht. (12 S.) 884.
8. Der tote Hund. Eine Burleske. (20 S.) 885.
9. Die Katzen u. der Pantoffel. Eine Phantasmagorie. (18 S.) 885.
10. Das Orakel zu Dodona. Nach Le Sage. (19 S.) 884.
11. Die Raupen. Ein Streithandel. (16 S.) 885.
12. Frau Wahrheit. Eine Schnurre. (18 S.) 885.
13. Die tolle Welt. Nach Ramon de la Cruz. (20 S.) 885.
14. Das Wunderwasser. Nach Ramon de la Cruz. (21 S.) 885.

— Goethe u. Calderon. Gedenkblätter zur Calderonfeier. 8. (IV, 43 S.) Ebend. 881. n. 1. 20

— Granatblüthen. Spanische Gedichte u. Volkslieder, verdeutscht. 8. (VIII, 208 S.) Leipzig 879. T. O. Weigel. n. 1. 80; geb. m. Goldschn. n. 3. —

Dorer, Edmund. Albrecht [von] Haller. Ein Festgedicht zum 12. Dezember. 8. Zürich 1877.

— — Die Lope de Vega-Literatur in Deutschland. Bibliogr. Uebersicht. 19 S. 8. Daselbst. 1877

—— die Lope de Vega-Literatur in Deutschland. Bibliogr. Uebersicht. Fortgesetzt bis 1885. gr. 8. (24 S.) Zürich 885. (Dresden, v. Zahn und Jaensch.) *

Dorer, Edm., Roswitha, die Nonne von Gandersheim. Aarau 857. Sauerländer. gr. 8. (2 Bl., 160 S.) 1 ₰ 3 ngr

—— Rudolf v. Habsburg. In Chronik und Dichtung. gr. 8. (36 S.) Dresden 886, (v. Zahn und Jaensch.) *

Dorer's, Edm., nachgelassene Schriften. Hrsg. von Adf. Frdr. Graf v. Schack. 3 Bde. 8. Dresden 893. L. Ehlermann. à n. 4. —
1. Lyrische Gedichte, Fastnachts-Spiele, Übersetzungen. (XX, 228 S.)
2. 3. Vermischte Schriften. 2 Bde. (V, 184 u. V, 160 S. m. rad. Bildnis.)

Dorer's, Edm., nachgelassene Schriften. (115 S.) 8. Dresden 904. (Leipzig, X. Pflugmacher.) n. 1. 20

— zwei Schwestern. Schauspiel in 4 Aufzügen. Nach dem Span. d. Breton de los Herreros. gr. 8. (77 S.) Ebend. 887. n. 2. —

Dorer, Edmund. Johannes Secundus. Ein niederländisches Dichterleben. Baden 1854.

— — der Vegetarismus und die Dichter. gr. 8. (VII, 50 S.) Dresden 884, v. Zahn und Jaensch. *

— Wahrheit u. Sage. Gedichte. 8. (VIII, 291 S.) Ebend. 877. n. 2. 40; geb. m. Goldschn. n. 3.60

Dorer, Edward, Xenien auf die Eidgenössischen Schützenfeste in Basel u. Glarus. 12. (23 S.) Baden 817, Zehnder. 3 ngr

Dorer, Franz Sebastian. Wirkungen des natürlich warmen Mineral Bades zu Baden im Kanton Argau nach seinen Bestandtheilen — und nach der Verschiedenheit seiner Anwendungsformen. Zur Erneuerung eines dießörtigen Badbüchgens... kurz angemerkt von... Doktor F' S' D'.... ([Mit] Anhang.) 8. Baden 1806.

Dorer, Ignaz Edward *s.* Dorer-Egloff, Edward.

Dorer, Caspar Joseph *s.* Lauterburg, Ludwig. Der Friedenskongress von Frankreich und dem deutschen Reich. Bern 1864.

Dorer, Max, Baden: Die Elemente des Gläubigerverzugs insbesondere das Requisit der Culpa nach schweizerischem Recht. Grenchen 1906. II + 76 S. 8°. [7. III. 06.]
Zürich. Jur. Diss. 1905/1906.

Dorer-Egloff, Edward

Dorer[-Egloff], Edward *s.* Bericht der Herren [Leonz] Eder, (H[enri]) Drüey und (I[gnaz] Edward) Dorer. eidgenössischer Kommissarien im Kanton Basel.... d. d. 4. Christmonat 1832 —

Dorer[-Egloff]. Edward. Entlassungsgesuch des Herrn Regierungsraths E. D. [an den Grossen Rath des Kantons Aargau]. 8. Zürich 1842.

Dorer-Egloff, Edw., Gedichte. Aarau 868. Sauerländer. gr. 8. (VII, 319 S.) n. 24 ngr.

Dorer-Egloff, Edw., J. M. R. Lenz und seine Schriften. Nachträge zu der Ausgabe von L. Tieck und ihren Ergänzungen. Baden 857. (Leipzig, Köhler.) gr. 8. (248 S.) 20 ngr.

— zur Literatur des Volksliedes. Aarau 860. Sauerländer. 8. (52 S.) 9 ngr.

—*s.* Schlussbericht der Herren [Leonz] Eder, (H[enri]) Drüey und (I[gnaz] E[dward]) Dorer.... d. d. 31. Januar 1833.

—— **kleine Schriften. 1. Bdchn.** gr. 8. (VII und 247 S.) Leipzig 858(62), Köhler's Antiquarium.

—— **die Schyrentöchter oder deutsche Frauenwürde.** gr. 8. (88 S. mit Ergänzungsheft 15 S.) Leipzig 862, Köhler's Antiquarium.

Doret, Gustave

Die Sennen (Les Armaillis). Dramat. Legende in 2 Akten von Henri Cain u. Daniel Baud-Bovy. Musik von Gustave Doret. Für d. deutsche Bühne bearb. von Henriette Marion. Cöln, Berlin, Leipzig: Ahn 1906. 20 S. 8°
(Ahns Operntext-Bibliothek. Nr 136.) [09. 9138]

Doret, J., Reflexionen eines politisch Parteilosen. 8°. Genf 1883.

Doret, J., Skizzen z. Organisation d. socialen Verhältnisse. gr. 8. (VII, 108 S.) Zürich 900. Th. Schröter n. 1. 60

Doretti, Luigi, der beredte Italiener oder gründl. u. leichtfaßl. Anleitung, die ital. Sprache in 8 Tagen, ohne Hilfe eines Lehrers, gut lesen, schreiben u. sprechen zu lernen. Nebst einem Anh. von höfl. Redensarten &c. A. u. d. T.: Italienischer Trichter oder der schnelle theoret.-praktische ital. Sprachmeister für Personen jedes Standes u. Alters. 2. verb. u. bedeutend verm. Aufl. 16. Wien 846, Wenedict's Buchh. 1/3 n$

Doretti, Luigi, Italien. Trichter oder der schnelle theoret.-prakt. italien. Sprachmeister. 3. verb. u. verm. Aufl. A. u. d. T.: Der beredte Italiener &c. 16. (152 S.) Wien 847, Wenedikt. n. 8 ngr — Umgearb. u. verm. v. Carlo Bolta. 4. verb. u. bedeutend verm. Aufl. A. u. d. T.: Der beredte Italiener, od. gründl. u. leichtfaßl. Anleitg. die italien. Sprache in 8 Tagen, ohne Hilfe e. Lehrers gut lesen, sprechen u. schreiben zu lernen. Nebst e. Anh. von höflichen Redensarten, zahlreichen Gesprächen &c. Nach den anerkannt besten Quellen bearb. 32. (124 S.) Wien 851, Wenedikt. 6 ngr

Doretti, Luigi, italienischer Trichter oder der schnelle theoretisch-prakt. Sprachmeister für Personen jedes Standes und Alters. 5., verb. und verm. Aufl. A. u. d. T.: Der beredte Italiener, oder gründl. und leichtfaßl. Anleitung die italien. Sprache in 8 Tagen, ohne Hilfe eines Lehrers, gut lesen, sprechen und schreiben zu lernen. Nebst einem Anhange von höfl. Redensarten &c. Nach den anerkannt besten Quellen bearb. 3. Aufl. 16. (152 S.) 847. * 8 Ngr., 4. Aufl. 32. (124 S.) 851. 6 Ngr. und 5., verb. und verm. Aufl. 16. (VIII und 136 S.) Wien 852, Wenedikt.

Doretti, Luigi, italienischer Trichter, oder der schnelle theoret.-prakt. italienische Sprachmeister für Personen jeden Standes und Alters. 6., verb. &c. Aufl. A. u. d. T.: Der beredte Italiener oder gründliche &c. Anleitung, die italienische Sprache in acht Tagen, ohne Hülfe des Lehrers, gut lesen, sprechen und schreiben zu lernen. Nebst einem Anhange von höflichen Redensarten, zahlreichen Gesprächen &c. Nach den anerkannt besten Quellen bearb. Wien 856. Wenedikt. 32. (4 Bl., 160 S.) 9 ngr

Doretti, Luigi, italienischer Trichter, oder der schnelle theoretisch-praktische italienische Sprachmeister für Personen jeden Standes u. Alters. 8. verb. u. bedeutend verm. Aufl. Wien 868. Wenedikt. 16. (148 S.) 9 ngr

Doretti, Luigi, neuester italienischer Trichter oder der beredte Italiener. Gründliche u. leichtfaßliche Anleitung, die italienische Sprache in 8 Tagen ohne Hilfe eines Lehrers gut lesen, schreiben u. sprechen zu lernen. Nebst vielen Gesprächen, Sprüchwörtern, Redensarten u. einem italienischen Wörterbuche. 9., v. Carlo Fabro durchgesehene, bedeutend verm. u. verb. Aufl. 16. (VIII, 192 S.) Brünn 879. Karafiat. — 90

Doretti, Luigi, neuester italienischer Trichter oder der beredte Italiener. Gründliche u. leichtfaßl. Anleitg., die italien. Sprache in 8 Lectionen ohne Hilfe e. Lehrers gut lesen, schreiben u. sprechen zu lernen. Nebst vielen Gesprächen, Sprichwörtern, Redensarten u. e. italien. Wörterbuche. 10., v. Carlo Fabro durchgeseh. Aufl. 16. (VIII, 192 S.) Brünn 885. Karafiat's Verl. — 90

Dorf, das, in den Bergen. Eine wahre Geschichte. 4. Aufl. [Stereot.-Ausg.] Barmen 867. (Berlin, E. Beck.) 8. (28 S.) 1 ngr

Dorf, das, in den Bergen. Eine wahre Geschichte. 5. Aufl. [Ster.-Ausg.] 16. (28 S.) Barmen 872. (Wiemann.) — 15

Dorf, das, im Gebirge. Schausp. m. Gesang in 2 A. v. A. von Kobelne. 8. Wien, Schaumburg. 798.

Dorf, das geplünderte, e. Gesellschaftsspiel. Leipz. Fleischer. &c.

Dorf u. Hof. Monatsblätter des Vereins f. ländl. Wohlfahrtspflege in Baden. Hrsg. im Auftrag des geschäftsführ. Ausschusses v. Bauer, Hindenlang, Käser, Stephinger. Red.: Herm. Bauer. 1.—4. Jahrg. 1903—1906. à 12 Hfte. (à ca. 16 S.) gr. 8. Freiburg i/B., (C. Troemer). à Jhrg. n. 2. 80
Jhrgg. 1 u. 2 sind v. Daudert redig.

Dorf u. Hof. Monatsblätter des Vereins f. ländl. Wohlfahrtspflege in Baden. Hrsg. im Auftrag des geschäftsführ. Ausschusses v. Geschäftsführer des Vereins Herm. Flamm. 5. u. 6. Jahrg. 1907 u. 1908 à 12 Hefte. (à ca. 16 S.) gr. 8. Freiburg i/B. (C. Troemer.) à Jhrg. 2. 80

Dorf und Hof. Hrsg. v. Verein f. Volkskunde, ländl. Wohlfahrtspflege u. Heimatschutz Badische Heimat. Neue Folge. Jg. 1, H. 1. Freiburg i. Br.: Fehsenfeld 1909. 8° [09. 6069]

—'— **dasselbe.** Hrsg. vom Verein f. Volkskunde ländl. Wohlfahrtspflege u. Heimatschutz. Badische Heimat. Schriftleitung: Herm. Flamm. Neue Folge. 2. Jahrg. 1910. 6 Hefte. (à ca. 24 S. m. Abbild.) gr. 8. Freiburg i/B., F. E. Fehsenfeld. 1. 50
Erscheint nicht mehr.

Dorf: Polnisches Dorf
v. Wieś Polska.

Dorf Schöngrund, das, e. Erzähl. f. d. voigtländ. Landmann. Hrsg. v. d. voigtländ. Volksschullehrer-Vereine. 8. (8¼ B.) Plauen 840, (Schmidt.)

Dorf, Das Schweizer, s. Schweizerdorf, Das.

Dorf und Stadt. Schweizer. Unterhaltungsblätter f. d. Volk. I. Jahrg. 1878, Heft 1 u. 2, je 40 S. In-8°. Bern, R. Jenni. 1878

Dorf und Stadt. Schweizer. Unterhaltungsblätter f. d. Volk. II. Jahrg. 1879. per Heft 40 S. In-8°. Bern, R. Jenni.
Per Heft —. 50, Per 10 Hefte 5 —

Aus **Dorf** und Stadt. Neue Jugend- u. Volksbibliothek. Hrsg. von A. Jelitto. Lfg 1. [Königshütte: Bloch in Komm. 1902.] 8° (u. ...)

Dorf u. Wald. (Novellen.) 8. (368 S.) Leipzig 848, O. Wigand. 1 Thlr 6 ngr

Dorfanzeiger. – Leipziger Dorfanzeiger. – – 1851– 30.VI.1887.
Fortges. u.d. T.: Leipziger Stadt- und Dorfanzeiger.

Dorfbader, Der, ein Drama. München 1783. V: *Braun, Heinr.* (ML)

Dorfbader, der; e. Lstspl. in 3 A. 8. Münch. 783. Lentner. 3/K

Dorfbader, der,. Oper v. Braun. 8. München, Lentner. 784.

Dorfbarbier, der,. Oper v. C. F. Weisse. 8. Leipzig, Dyk. 771.

Dorfbarbier, Der; eine komische Oper in zwey Aufzügen. Leipzig 1772. V: *Weisse, Christian Felix.* (BrMm)

— der,. Oper v. Braun. 8. Nürnberg, Stein. 785.

— — dasselbe. Singspiel in 1 Aufz., v. Weidmann. 8. Wien, Wallishaußer. 801.

Der Dorfbarbier : 1873?– / Sandusky, OH
Humorous semi-weekly.

Dorfbarbier, der. Ein Volksblatt. Redact.: Carl Reichel. 1.—4. Jahrg. 1880—1883. à Jahrg. 52 Nrn. (à Nr. ¾ Bog. mit Illustr.) gr. 4. Chemnitz, (Hoffmann.) à Jahrg. *

— der. Ein Volksblatt. Red.: Rich. Fischer. 5—7. Jahrg. 1884—1886. à 52 Nrn. (B. m. Illustr.) gr. 4. Berlin, Ißleib. à Jahrg. n. 4. —

Dorfbarbier, der. Ein humorist. Volksblatt. Schriftleiter: Rich. Fischer. 8.—11. Jahrg. 1887—1890. à 52 Nrn. (B. m. Illustr.) gr. 4. Berlin, Ißleib. à Jahrg. n. 4. —

Dorfbarbier, der. Ein humorist. Volksblatt. Schriftleiter: Rich. Fischer. 12.—14. Jahrg. 1890—1893. à 52 Nrn. (Bog. m. Illustr.) gr. 4. Berlin, G. Schuhr. à Jahrg. n. 4. —

— dasselbe. 15. Jahrg. 1894. 52 Nrn. (Bog. m. Illustr.) gr. 4. Berlin, Verlag d. Dorfbarbier. n. 4. —

Dorfbarbier, d. E. humorist. Volksblatt. Red.: Rich. Fischer u. Benno Koebke. Schriftleitung: Rich. Fischer. 16.—19. Jahrg. 1895—1898. à 52 Nrn. (Bog. m. Ill.) gr. 4. Berlin, Verlag d. Dorfbarbier. à Jahrg. n. 4. —
Kann auch vierteljährlich bezogen werden.

Dorfbarbier, der. Schriftleitung: Adf. Walther. 20.—23. Jahrg. 1899—1902. à 52 Nrn. gr. 4. (à ca. 8 S. m. Abbildgn.) Berlin, Verlag des Dorfbarbier. à Jahrg. n. 4. —

Dorfbarbier. Gegründet 1844. Schriftleitung: Karl Sturm. N. F. 24.—26. Jahrg. 1903—1905. à 52 Nrn. (à ca. 12 S. m. z. Tl. farb. Abbildgn.) gr. 4. Berlin-Schöneberg, Verlag des Dorfbarbier. à Jhrg. n. 5. 20; geb. n. 8. —

— dasselbe. Schriftleitung: Edm. Kuntze. N. F. 27. Jhrg. 1906. 52 Nrn. (à ca. 12 S. m. z. Tl. farb. Abbildgn.) Lex.-8. Ebd. n. 5. 20; geb. n. 8. —

Dorfbarbier. Begründet 1844. Schriftleitung: Edm. Kuntze. 63—66. Jahrg. N. F. 28—31. Jahrg. 1907—1910 à 52 Nrn. (à ca. 12 S. m. z. Tl. farb. Abbildgn.) Lex. 8. Berlin-Schöneberg, Verlag des Dorfbarbier. à Jhrg. 5. 20

Dorf-Barbier, der. Blätter für Lachlustige u. Grillenfeinde. Redacteur: Fd. Stolle. (1. Jahrg.) 1844. April—Decbr. 39 Numm. (Bog.) u. 2. u. 3. Jahrg. 1845, 1846. à 52 Numm. 4. Grimma, Verlags-Comptoir. 1. J. n. ¾ Thlr 2. u. 3. J. à n. 1 Thlr

—— ders. Redact.: Ferd. Stolle. 2—4. Jahrg. 1845—47. à 52 Nrn. (Bog.) 4. Ebds. à J. *

Dorfbarbier, der. Ein Blatt für gemüthl. Leute. 5—9. Jahrg. 1848—52. à Jahrg. 52 Nrn. (Bog.) 4. Grimma, Verlags-Comptoir. à Jahrg. *
Jahrg. 1848—50. wurden von Ferd. Stolle, Jahrg. 1851—52. von E. F. Philippi redigirt. — 1—4. Jahrg. 1844—47. erschien ebendas.

Dorfbarbier, der. Ein Blatt f. gemüthl. Leute. Red.: Ferd. Stolle. Jahrg. 1849 u. 1850. à 52 Nrn. 4. (B.) Grimma, Verlags-Compt. à Jahrg. n. 1 Thlr

— der. Ein Blatt f. gemüthliche Leute. Red.: E. F. Philippi. Jahrg. 1851 u. 1852. à 52 Nrn. 4. (B.) Ebd. à Jahrg. n. 1 Thlr

— der. Illustrirtes Volksblatt. Herausg. von Frdr. Hüttner. Jahrg. 1863 u. 64. à 52 Nrn. (à 1 Bgn. mit Holzschn.) 4. Ebend. Jeder Jahrg. n. 1 Thlr 10 ngr

Dorfbarbier, der. Illustrirtes Volksblatt. Begründet von Ferd. Stolle, herausg. von Frdr. Hofmann. Jahrg. 1865 u. 1866. à 52 Nrn. (à 1 Bgn. mit Holzschn.) Leipzig, Keil. 4. Jeder Jahrg. n. 1 Thlr 10 ngr

— illustrirter. Ein Blatt f. gemüthliche Leute. Red.: Ferd. Stolle. Jahrg. 1851 u. 1852. à 52 Nrn. gr. 4. (B. m. eingedr. Holzschn.) Leipzig, Expedition. [Keil & Co.] à Jahrg. n. 1 Thlr

Dorfbarbier, illustrirter. Ein Blatt für gemüthliche Leute. Red.: Ferd. Stolle. Jahrg. 1853—58. à 52 Nrn. (à 1 Bgn. mit Holzschn. im Text.) Leipzig, Keil. gr. 4. Jeder Jahrg. n. 1 Thlr 10 ngr

Dorfbarbier, illustrirter. Ein Blatt für gemüthliche Leute. Red.: Ferd. Stolle. Jahrg. 1859—62. à 52 Nrn. (à 1 Bgn. mit Holzschn.) Leipzig, Keil. 4. Jeder Jahrg. n. 1 Thlr 10 ngr

Dorfbarbier-Kalender, der. Ein humorist. Volkskalender für das J. 1889. Unter Mitwirkung unserer altbewährten Kräfte hrsg. vom Verlag und der Redact. des „Dorfbarbier". gr. 8. (VIII, 88 S. mit vielen Original-Illustr.) Ebendas. *

Dorfbarbier-Kalender, der. Ein humorist. Volkskalender f. d. J. 1890—1893. Mit vielen Illustr. Hrsg. vom Verlag d. „Dorfbarbier". gr. 8. (96 S.) Berl., [Ißleib] Schuhr. à Jahrg. * — 50

Dorfbarbier-Kalender, der. Ein humorist. Volkskalender f. d. J. 1894. Mit vielen ausschließlich Orig.-Illustr. Unter Mitwirkg. ihrer altbewährten Kräfte hrsg. vom Verlag u. der Red. des „Dorfbarbier". 8. (96 S.) Berlin, G. Schuhr. n. — 60

— dasselbe f. d. J. 1895. 8. (92 S.) Berlin, Fischer & Koebke. n. – 50

Dorfbarbier-Kalender, der. Ein humor. Volkskal. f. d. J. 1899. Hrsg. v. Verl. u. d. Red. d. „Dorfbarbier". 8. (90 S. m. Bild.) Ebd. n. — 50

Dorfbarbier-Kalender, der. Ein humorist. Volkskalender f. d. J. 1902. Hrsg. vom Verlag u. Red. des „Dorfbarbier". 8. (91 S. m. Abbildgn.) Ebd. n. — 50

(F) Dorfbarbierkalender. Ein Jahrbuch für Humor und Kunst. 1906. 8°. (ill. 112 S.) K —.60
Wien: Moritz Perles 1905.

Dorfbarbier-Kalender, der. Ein Jahrbuch f. Humor u. Kunst. 1907. (109 S. m. Abbildgn.) 8. Ebd. n. — 50

Dorfbarbier-Kalender, der. Ein Jahrbuch f. Humor u. Kunst. 1911. (111 S. m. Abbildgn.) 8. Ebd. — 50

Dorfbarbiers, des, sämmtliche Werke. s. Stolle, Ferd.

Dorfblatt von Langnau
④ Wochenblatt des Emmenthals ⑤ 1844 (?). 1845 ⑧ Langnau (Be) ⑩ Notar Christener ⑬ Emmenthaler-Blatt. Jubiläumsnummer vom November 1944.

Dorfbote, der, ein weltweiser u. rechtschaffener Hausfreund für Jung u. Alt in allerlei Volk. Mit kunstreichen u. säuberlich gemalten Abbildd. 1r Bd. 1s u. 2s Büchlein (Heft). Mit 2 Steintaf. gr. 8. Kandern 834. Ober-Rhein. Compt. à 1/6 ℛ

Dorfbote, der. Wochenschrift f. Kleingrundbesitzer. Landwirthschaftl. Volksblatt. Unter Mitwirkg. der Redaktion d. „Landboten" hrsg. 1.—3. Jahrg. 1888—1890. à 52 Nrn. (à 1½—2 B.) gr. 4. Prenzlau, Mieck. à Jahrg. n. 4. —

Dorfbote, der. Wochenschrift f. Kleingrundbesitzer. Landwirthschaftliches Volksblatt. Unter Mitwirkg. der Red. des „Landboten" hrsg. 4.—7. Jahrg. 1891—1894. à 52 Nrn. (à 1½—2 Bog.) gr. 4. Prenzlau, A. Mieck. à Jahrg. n.n. 4. —

Dorfbote, der. Wochenschrift f. Kleingrundbesitzer. Landwirtschaftl. Volksblatt. Unt. Mitwirkg. d. Red. d. „Landboten" hrsg. 8.—11. Jahrg. 1895—1898. à 52 Nrn. (à ca. 1½ Bog.) gr. 4. Prenzlau, A. Mieck. à Jahrg. n. 4. —
Kann auch vierteljährlich bezogen werden.

Dorfbote, der. Wochenschrift f. Kleingrundbesitzer. Landwirthschaftliches Volksblatt. Unter Mitwirkg. der Red. des Landboten hrsg. 12.—15. Jahrg. 1899—1902. à 52 Nrn. hoch 4. (à ca. 12 S.) Prenzlau, A. Mieck. à Jahrg. n. 4. —

Dorfbote, der. Wochenschrift f. Kleingrundbesitzer. Landwirtschaftliches Volksblatt. Unter Mitwirkg. der Red. des Landboten hrsg. 16. u. 17. Jahrg. 1903 u. 1904. à 52 Nrn. (IV, 624 u. IV, 622 S.) hoch 4. Prenzlau, A. Mieck. à Jhrg. n. 4. —

— dasselbe. 18. Jahrg. Jan.—Juni 1905. 26 Nrn. (248 S.) hoch 4. Ebd. n. 2. —
Fortsetzung s.: Landbote, der.

— deutscher. Allgemeiner Anzeiger f. das Land. Ursprünglich: Kleine Dorfzeitg. Hrsg. u. verantwortlich: Heinr. Sohnrey. Monatl. Beilage: Neues Bauernland, Amtl. Anz. d. kgl. Ansiedlungskommission. 8. Jahrg. 1905. 52 Nrn. (à ca. 8 S.) 4. Berlin [Deutsche Landbuchh.]. Osterwieck, A. W. Zickfeldt. n. 2. 40
Vgl. Sohnrey's, Heinr., Dorfbote.

— dasselbe, vereinigt m. der deutschen Dorfzeitg. Organ des deutschen Dorfbundes u. der Auskunftsstelle f. bäuerl. Ansiedlgn. Hrsg.: Heinr. Sohnrey. Monatl. Beilage: Neues Bauernland. 9. Jahrg. 1906. 52 Nrn. (à ca. 8 S.) 4. Ebd. n. 2. 40
Auch u. d. T.: Dorfzeitung, deutsche.

Dorfbote, deutscher, vereinigt m. der deutschen Dorfzeitg. Wochenblatt f. ländl. Wohlfahrts- u. Heimatpflege. Organ der Auskunftsstelle f. bäuerl. Ansiedelgn. Hrsg.: Heinr. Sohnrey. Monatliche Beilage: Neues Bauernland. 10—13. Jahrg. 1907—1910 à 52 Nrn. (à ca. 8 u. 4 S.) 34,5×25,5 cm. Berlin, Deutsche Landbuchh.
A. u. d. T.: Dorfzeitung, deutsche. à Jhrg. 2. 80

(F) Dorfboten-Kalender für das Jahr 1901. Budweis. 1901. „Moldavia." Gr.-8°. 160, XXXII, XVI S. K 4.—

Dorfboten-Kalender für das Jahr 1904. Gr.-8°. (ill. 176, XIV S.) * K 1.—
Budweis: Verlagsanstalt „Moldavia" 1903.

(F) Dorfboten-Kalender für das Jahr 1905. Gr.-8°. (176 S.) K 1.—
Budweis: Verlagsanstalt „Moldavia" 1904.

(F) Dorfbotenkalender für das Jahr 1906. Gr.-8°. (176, XXXII S.) K 1.—
Budweis: Verlagsanstalt „Moldavia" 1905.

Dorfboten-Kalender f. d. J. 1907. (176 u. 82 S. m. Abbildgn. u. 4 Taf.) gr. 8. Budweis, Verlagsanstalt „Moldavia". (Nur direkt.) Kart. n. 1. —

Dorfbotenkalender für das Jahr 1908. Gr. 8° (176, 36 S.) K 1.–
Budweis: Verlagsanstalt „Moldavia" 1907.

(F) Dorfbotenkalender für das Jahr 1909. Gr.-8°. K 1.—

Dorfboten-Kalender f. d. J. 1911. Nebst: Der häusl. Ratgeber in allen Angelegenheiten des tägl. Lebens. (160 u. 39 S. m. Abbildgn. u. 3 Taf.) gr. 8. Nebst: Taschen-Kalender (Schreibkalender). Budweis, Verlagsanstalt „Moldavia". Geb. 1. —

Dorfbühne, die. (Sammlung ernster u. heiterer Aufführgn. fürs Dorftheater. Im Auftrage des deutschen Vereins f. ländl. Wohlfahrts- u. Heimatspflege hrsg. v. Rud. Herrmann.) 1—9. Heft. kl. 8. Berlin, Deutsche Landbuchh. 6. —
Bemming u. Schlee, Geo. v., die hl. drei Könige u. Herodes. Biblisches Spiel in 3 Aufzügen. (23 S.) 910. (Hft. 7) — 40
Greiner, Hugo, „Friede ernährt — Unfriede verzehrt". Histor. Volksschauspiel in 3 Akten. (60 S.) 910. (Hft. 8) 1. —
Malo, Elisab., der Kossätensohn. Volksschauspiel in 4 Akten. Männerquartett v. Hans Großkopf. (55 S.) 910. (Hft. 9.) 1. —
Reinicke, Ludw., Ausfahrt u. Heimkehr. Ein Festspiel in 3 Bildern zu Ehren der tapferen Südwestafrikaner. (32 S.) 909. (Hft. 6) 60
— Deutschlands gute Geister. Patriotisches Festspiel in 2 Bildern. (20 S.) 909. (Hft. 4) 60
Sachs, Hans, ein guter Rat f. junge Frauen. Eulenspiegel u. der Bauer m. dem grünen Tuch. 2 Fastnachtsspiele. Für die Dorf- u. Vereinsbühne frei bearb. v. Rud. Herrmann. (24 S.) 909. (Hft. 3) — 60
— Der Teufel u. das alte Weib. Der gestohlene Schinken. 2 Fastnachtsspiele. Für die Dorf- u. Vereinsbühne frei bearb. v. Rud. Herrmann. (25 S.) 909. (Hft. 2) — 60
Werle, W. O. v., der Freiheit Morgen. Vaterländisches Festspiel aus der Zeit der Freiheitskriege. (32 S.) 909. (Hft. 5) — 60
— Ein Helfer in der Not. Volksstück f. Raiffeisenabende. (32 S.) 909. (Hft. 1) — 60

Dorfcapelle, die. qu. 12. (10 Steintafeln m. untergedr. Text u. 2 S. Musikbeilage.) Hamburg 882. Kramer. — 50

Dörfchen, das. Lehrreiche Geschichten für die Jugend und ihre Freunde. Aus dem Englischen übersetzt u. herausg. von Just. Wohlgemuth. Berlin 800. Wohlgemuth. 32. (63 S.) 3¾ ngr.

Dörfchen, Das friedliche, ein allegorisches Singspiel in 1 Aufz. Wien 1803. V: *Hensler (Henseler), Carl Friedrich.* (GGr)

Dörfchen, das friedliche. Schspl. in A. 8. Wien 803. (Wallishausser). 5 gr.

— der Schwarzen in Amerika. 8. Wien ... Wallishausser. 8 K

Dörfchen, Das stille, ein Abendgemälde. Leipzig 1802. V: *Schwaldopler, Johann.* (Ky) (GGr) (WBL)

Dörfchen, das stille, ein Abendgemälde, (von Jh. Schwaldopler). 8. Leipz. 802, Liebeskind. 16 K 2e Aufl., s. Gräfin Rosa.

Dörfchen, Das verlassene, ein ländliches Gedicht nebst einem Anhange von Elegieen [von Beattie, Scott und Jerningham] aus dem Englischen übersetzt. Breslau 1796. V: *Goldsmith, Oliver.* Ü: *Bürde, Samuel Glieb.* (JL)

Dörfchen, d. verlassene, e. Gedicht. a. d. Engl. 8. Breslau, W. G. Korn. 796.
Schreibp.

Dorf-Chronik. Herausgeg. vom Semin.-Direkt. Jahn. 1. Jahrg. 1846. 12 Numm. (Bog. mit eingedr. Holzschn.) gr. 8. Elberfeld, Schulbuchh. n. 12 ngl

Dorf-Chronik. (2. u. 3. Jahrg.) für's J. 1847 u. 1848. Mit der Beilage: Zeichen der Zeit. à 12 Nrn. gr. 8. (Bog. mit Holzschn.) Meurs, Rheinische Schulbuchhandl. à Jahrg. n. 12 ngl

— dies. Hrsg.: (Frz. Ludw.) Jahn. 4. u. 5. Jahrg. 1849 u. 1850. à 52 Nrn. gr. 8. (½ B. m. Holzschn.) Ebd. (Wesel, Bagel.) — (6.) Jahrg. 1851. 104 Nrn. gr. 8. (¼–½ B. m. Holzschn.) Fild. (Wesel, Bagel.) à Jahrg. n. 1 ₰

— dies. u. Grafschafter. Hrsg.: (Frz. Ludw.) Jahn. (7.) Jahrg. 1852. 104 Nrn Fol. (B. m. eingedr. Holzschn.) Fild. (Wesel, A. Bagel.) n. 1 ₰

Dorfconvent, s. Dorfkonvent

Dorfdeputirten, Die. Eine komische Oper in drei Aufzügen aus dem Ital. . . . Weimar 1773. V: *Heermann, Gottlob Ephraim.* (GGr) (Ky) »1776« (BrMm)

Dorfdeputirten, die; kom. Oper in 3 Aufz. (v. Glo. Ephr. Heermann). 8. Weimar 776. Hoffmann. 6 K

Dorfdoktor, s. a. Bauernzeitung.

Dorfdoktor: [Der] Dorfdoktor
s. a. Allgemeine Schweizer-Bauernzeitung.

Dorfdoctor. Wochenschrift f. Homöopathie u. Volksheilkunde. Organ d. schweiz. Vereins f. volksthüml. Heilkunde. Hrsg. von A. v. Fellenberg-Ziegler u. Fritz Rödiger. 19–22. Jahrg. 1873–1876. à 52 Nrn. (½ B.) hoch 4. Zürich, Verlags-Magazin. à Jahrg. n. 4. —; m. der „Bauernzeitg." n. 7. —
cf.: Bauernzeitung.

Dorfdoktor. Wochenschrift f. Homöopathie u. Volksheilkunde. Organ d. schweizer. Vereins f. volksthümliche Heilkunde. Hrsg. von A. von Fellenberg-Ziegler u. Fritz Rödiger. 23. Jahrg. 1877. 52 Nrn. (½ B.) hoch 4. Zürich, Verlagsmagazin. n. 3. 60; mit der Schweizer. Bauernzeitung n. 6. —
cf.: Volksarzt.

Dorfdoctor, der. Gemeinnütziger Volks-Kalender auf d. J. 1891. Zugleich ein Rathgeber für Gesunde u. Kranke. Hrsg. v. J. Harbeck. 8. Jahrg. 8. (134 S. m. 1 Abbildg.) Lübeck 890. (Dittmer.) n. — 40
30. Mai 1874

Dorfdoktor, der. Gemeinnütziger Volks-Kalender auf das J. 1893. Zugleich e. Rathgeber f. Gesunde u. Kranke. 10. Jahrg. Hrsg. v. Johs. Harbeck. 8. (126 S.) Berlin, Exped. d. Hausarzt. n. — 40

Doerfel, Emil, Baupolizeiordnung f. d. Städte des Reg.-Bez. Potsdam v. 1. Dez. 1894, nebst allen f. d. Reg.-Bezirk außerdem gült. baupolizeil. Verordngn. Textausg. m. Anmerkgn. u. Sachregister. 16. (VI, 62 u. 84 S.) Pritzwalk 895. C. Lemke. n. — 80

Doerfel, Emil, Baupolizeiordnung f. die Städte des Reg.-Bez. Potsdam vom 1. XII. 1894, nebst allen f. den Regierungsbezirk außerdem gült. baupolizeil. Verordngn. Textausg. m. Anmerkgn. u. Sachregister. 2. Aufl. gr. 16. (VI, 157 S.) Pritzwalk (900). C. Lemke. n. — 80

Doerfel, Emil, das preußische Fischereigesetz vom $\frac{30. \text{ Mai } 1874}{30. \text{ März } 1880}$, nebst den bis auf die neueste Zeit dazu ergangenen Ausführungs-Verordnungen, Ministerial-Erlassen und Entscheidungen der höchsten Civil-, Straf- und Verwaltungs-Gerichtshöfe, unter besond. Berücksicht. der neuen Verwaltungsgesetze ausführl. erläut. und zum prakt. Gebrauch dargestellt. Mit einem Anhang, enthaltend die auf die Fischerei bezügl. landesrechtl., gewerbepolizei- und gewerbesteuerl. ꝛc. Vorschriften. 12. (VIII, 104 S.) Rathenow 887, Babenzien. cart. *

— dasselbe. Anhang: Verordnung betr. die Ausführung d. Fischereigesetzes in der Prov. Brandenburg u. dem Stadtkreis Berlin vom 8. Aug. 1887. 12. (14 S.) Ebd. 888. n.n. — 10

Dörfel, Johannes

Dörfel, Johs., Gervinus als historischer Denker, s. a. **Untersuchungen, geschichtliche. II. 2.**

Dörfel, Johannes, aus Zwönitz i. Erzgeb.: **Gervinus als historischer Denker.** *Gotha 1903: F. A. Perthes.* (44 S.) 8°
¶ [Ersch. vollst. in: Geschichtl. Untersuchungen Bd 2, H. 2.]
Leipzig, Phil. Diss. v. 1903

Gervinus als historischer Denker. Von Johannes Dörfel. *Gotha: F. A. Perthes 1904.* (66 S.) 8°
— Untersuchungen, Geschichtliche. Bd 2, H. 2. [4. 30]

Dörfel, Rud. Die Compound-Wasserhaltungs-Maschinen System Regnier. Prag, 1886.

[Kopft.:] **Dorfeld,** Karl [Dr.]: Beiträge zur Geschichte des französischen Unterrichts in Deutschland. *Giessen, Druck v. W. Keller, 1892;* 29 S. 4.
Giessen, grossh. G, OP 1892 (626)

Dorfeld, Carl, üb. die Function d. Präfixes ge- [got. ga-] in der Composition m. Verben. 1. Tl.: Das Präfix bei Ulfilas u. Tatian. gr. 8. (47 S.) Giessen 885. (Halle, Niemeyer.) n. 1. 50

—— Register, s. Beiträge zur Geschichte der deutschen Sprache und Literatur.

Dörfer, Charles, Leçons de Goniométrie, y compris la Trigonométrie rectiligne et sphérique. — Lectures on Goniometry, including the science of calculating the angles and sides of plain and spherical triangles. Avec 1 plche. gr. in-8. (6 B.) Hambourg 835, (Nestler et Melle.) *

Dörfer, F. A., s. Dörfer, Johann Friedrich August

Dörfer, Johann August Friedrich, s. Dörfer, Johann Friedrich August

Dörfer, Johann Friedrich August

Dörfer, Jh. Aug. Fr., Chronik d. Klosters u. Fleckens Preetz. 8. Kiel 813.

— Jubilaeum seculare Breitenaviani, quod Ploenae est. 4. Kiel 804.

DÖRFER, JOH. FR. AUG., Säkulargedächtnisz der Preetzer Scheelen-Predigerbibliothek. Geschrieben im Januar 1801. Kiel. P.

Dörfer, J. A., Topographie v. Holstein. 8. Schleswig, Christiani. 806. m. d. Karte.

— Topographie d. Herzogthums Holstein, d. Fürstenth. Lübeck, d. Gebiets d. freien Hansestädte Hamburg u. Lübeck u. d. Herzogthums Lauenburg; in alphabet. Ordnung. 8. Schlesw. 801. 2e A. 806. 3e A. 807. 4e A. 825. Christiani. (Hamb., Perthes u. B.) 1 ℛ 8 ℊ

Topographie des Herzogthums Holstein, des Fürstenthums Lübeck, des Gebiets der freien Hansestädte Hamburg und Lübeck, und des Herzogthums Lauenburg in alphabetischer Ordnung v. Johann Friedrich August **Dörfer.** 4. verb. und verm. Aufl. Schleswig. 1824. 8°.

—— Mit Papier durchschossen und mit handschriftlichen Bemerkungen. 8°.

Topographie von Holstein in alphabetischer Ordnung. Ein Repertorium zu der Karte vom Herzogthum Holstein, den Gebieten der Reichsstädte Hamburg und Lübeck und des Bisthums Lübeck. u. s. w. (v. Johann Friedrich August **Dörfer**). (1. Aufl.) Schleswig. 1801. 8°.

Topographie von Holstein in alphabetischer Ordnung. Ein Repertorium zu der Karte vom Herzogthum Holstein. den Gebieten der Reichsstädte Hamburg und Lübeck, und des Bisthum Lübek (von Johann Friedrich August **Dörfer**). 2., verb. und verm. Aufl. Schleswig. 1803. 8°.

—— 3. Aufl. Schleswig und Flensburg. 1807.

— Topographie d. Herzogth. Schleswig; in alphabet. Ordn., ein Repertorium über d. neue Karte v. Lieut. v. Gallowin. 8. Schlesw. 805. 2e A. 816. Christiani. 2 ℛ ill. 2 ℛ 16 ℊ

— Topograhie d. Herz. Schleswig. m. d. Karte d. Lieut. v. Gollowin. 8. Ebend. 806. illum.

Topographie des Herzogthums Schleswig in alphabetischer Ordnung. Ein Repertorium zu der von Gollowinschen Karte dieses Herzogthums; v. Johann Friedrich August **Dörfer.** fortges. und hrgg. v. Theodor Dörfer. 3. vermehrte Aufl. Schleswig. 1829. 8°.

—— Mit Papier durchschossen und mit handschriftlichen Bemerkungen.

Dörfer, Johannes, approb. Arzt aus Berlin: **Ueber Beziehungen der Lues zu anderen Krankheiten, insbesondere zu Tabes und progressiver Paralyse.** *Jena 1901: A. Kämpfe.* (40 S.) 8°
Jena, Med. Diss. v. (6. Nov.) 1901

Dörfer, Karl, approb. Arzt aus Silbitz b. Crossen: **Ueber die rhachitischen Deformitäten der unteren Extremitäten an der Universitäts-Poliklinik für orthopädische Chirurgie.** *Leipzig 1902: B. Georgi.* (20 S.) 8°
Leipzig, Med. Diss. v. (12. März) 1902

Dörfer-Verzeichnis, Neues vollständiges, von Schlesien. Neue Aufl. 1818. V: *Herschel, Chn Moritz.* (KY)

Dörfer-Verzeichniß von Schlesien, s. Schlesien.

Dorff, A. v., der lahme Berthold, s.: Schillingsbücher.

— Leni. Eine Erzählg. f. Kinder. 12. (56 S.) Hamburg 901. Agentur des Rauhen Hauses. Kart. n. — 50

Leni. Eine Erzählung von A. v. Dorff. Hamburg: Agentur d. Rauhen Hauses 1901. (56 S.) 8° = (Jugendschriften, Neue. 3.)

Die Schwestern. Eine Erzählung f. Kinder von A. v. **Dorff.** Hamburg: Agentur d. Rauhen Hauses [um 1902]. (75 S.) 8° [F.]
—**Jugendschriften**, Neue. 7. [08. 7303

(B) Dorff, A. v., Die Schwestern. 902. (KBL 31.) Jetzt: Bethel, Verlagshdlg. d. Anstalt Bethel.

— aus Irmgard's Tagebuch. 8. (96 S. m. Abbildgn.) Stuttgart 902. Buchh. d. ev. Gesellsch. Geb. in Leinw. n. 1. —

Dorff, A. v., im Walde. Erzählung f. Mädchen. (224 S. m. Abbildgn.) 8. Hamburg (905). Agentur des Rauhen Hauses. n. 2. 50; geb. in Leinw. n. 3. —

Dorff, A. v., im Walde. Jetzt: Bethel b. Bielefeld, Verlagshdlg. der Anstalt Bethel.

Dorffeier, Die. Ein Schauspiel mit Gesang. Leipzig 1790. V: *Blümner, Heinrich.* (GGr) (Ky) (MGT) (NN)

Dorffeier, die; ein Schspl. mit Gesang; (v. Heinr. Blümmer). 8. Leipz. 790.

Dörffel v.

Cantate [für Trauerloge] [von] O[swald] Marbach, componiert v. Dörffel. [Leipzig 1873: Naumann.] 2 Bl. 8°.
„Sammelt Euch am düstern Orte“ ...
Vgl. W. 41079. 358a.

Dörffel, Alfred, Festschrift zur 100jährigen Jubelfeier der Einweihung des Concertsaales im Gewandhause zu Leipzig. 25. November 1781—25. November 1881. (2. Abth.) Statistik der Concerte im Saale d. Gewandhauses zu Leipzig. Im Auftrage der Concert-Direction verf. Imp.-4. (104 S. m. 2 Holzschntaf., 1 Chromolith. u. Fcsm. d. 1. Concertzettels.) Leipzig 881. (Breitkopf & Härtel.) n. 7. 50
Die 1. Abth. erscheint später.

Dörffel, Alfr., Festschrift zur 100jährigen Jubelfeier der Einweihung d. Concertsaales im Gewandhause zu Leipzig. (1. Abth.) Geschichte der Gewandhausconcerte zu Leipzig vom 25. Novbr. 1781 bis 25. Novbr. 1881. Im Auftrage der Concert-Direction verf. Imp.-4. (VII, 270 S.) Leipzig 884. (Breitkopf & Härtel.) (à) n. 7. 50

Dörffel, Alfred. Geschichte der Gewandhausconcerte zu Leipzig. Vom 25. Nov. 1781 bis 25. Nov. 1881. Leipzig 1884.

. Johannisfest 1869. [Lieder.] [Unterz.:] [Osw.] M[arbach?]. [Am Ende:] Comp. von [Alfred] Dörffel. [Leipzig 1869: Naumann.] 1 Bl. 8° [Kopftit.]
2 Lieder ohne Noten. 65.

Dörffel, Alfred. Friedrich Rochlitz. Sein Leben und Wirken. (S.-A. aus Band IV. 3. Aufl. „Für Freunde der Tonkunst“ von Friedrich Rochlitz. Leipzig 1868.)

[Dörffel, Alfred.] Verzeichniss der in der Leihanstalt für musikalische Literatur von Alfred Dörffel in Leipzig enthaltenen Bücher und Musikalien. Leipzig 1861. 1866. Erster Nachtrag. Leipzig 1890.

Dörffel, Alfred. Literarisches Verzeichniss der im Druck erschienenen Tonwerke von Robert Schumann. [Leipzig 1871. Beilage zum „Musikalischen Wochenblatt“ 1870.]

Dörffel, Alfred. Thematisches Verzeichniss der Instrumentalwerke von Joh. Seb. Bach. (2. Auflage.) Leipzig (1882).

Dörffel, Edmund

Dörffel, Edm., s.: Briefwechsel zw. Lessing u. Eva König.

Dörffel, Edm., Johann Friedrich Christ. Sein Leben u. seine Schriften. Ein Beitrag zur Gelehrtengeschichte d. 18. Jahrh. gr. 8. (VIII, 150 S.) Leipzig 878. Breitkopf & Härtel. 3. —

Doerffel, Emil (Eibenstock), Lineamenta medicinae pacificandae. Diss. med. Lpz. (Staritz) 18. IX. 1838. 20 S. (4.—) 6662

Dörffel, Ernst: Untersuchung an einer Kompressions-Kältemaschine an Hand der Messung der umlaufenden Ammoniakmengen. 1908. 24 S. 4⁰ ¶ Aus: Zeitschrift f. d. gesamte Kälte-Industrie. Jg. 15.
Dresden, Dr.-Ing.-Diss. v. 20. 12. 1907

Dörffel, Frdr., im Märchenlande. (Umschlag: Der Jugend erzählt.) Mit Bildern v. Kurt Rübner. (58 S.) 8. Leipzig 910. Modernes Verlagsbureau. 1. 50

Doerffel, Johann Paul (Plauen/V.), De communione fidelium cum deo, et inter sese. Diss. Präs. Gottlieb Wernsdorf. Wittbg. (Kreusig) 25. X. 1709. 32 S. (5.—) 6664

Dörffel, Ottokar

. Festrede zu der mit Schwestern abgehaltenen Johannisf[es]t-Loge 1901 der Loge „Freundschaft zum Südlichen Kreuze" i. Or. Joinville. Von Ottokar Dörffel. Auf Veranlassung der Loge „Karl zum Brunnen des Heils" [in Heilbronn] für deren Schw. gedr. auf Johanni 1902. o. O. [1902]. 32 S. 8⁰ [Umschlagtit.]
Abgedr. in: FZ. 56 (1902) S. 20—22, 25—31. Üb. Kindererziehung, Frauenschätzung seitens der Männer u. Geheimnis der Frmrei. 193.

Dörffel, Ottokar, die Kolonie Dona Franziska in der südbrasilianischen Prov. Santa Catharina. gr. 8. (56 S.) Joinville 882. Leipzig, Förster in Comm. n. 2. —

Dörffel, O., Rathschläge f. Auswanderer n. Südbrasilien, s.: Koseritz, Carl v.

Das Ziel und Wesen der Freimaurerei. Rede, gehalten [von Ottokar Dörffel] in der brasilian. Colonie Joinville bei Grundsteinlegung einer Freimaurer-Loge. [Koblenz 1881: St. Martin-Stift.] 12 S. 8⁰ [Kopftit.]
Bereits erschienen in: Bh. 8 (1865) S. 113 bis 116; D. Feier d. Grundsteinlegung z. neuen Logenhause in Joinville. 1865 S. 13—24.
Abgedr. in: Normann, H.: Frmrische Reden u. Toaste. 2 (1881) S. 75—87; 2. Aufl. 1883. 28

Dörffel, R., der Oberst kommt, — unser Wilhelm, } s.: Dilettanten-Mappe.

Dörffel, T., Beschreibung des Daguerréotyps nebst vollständ. Anweisung zum Daguerréotypiren u. Anleitung z. Bereitung der hierzu erforderlichen Präparate. gr. 8. (Mit 1 Lithogr.) Berlin 843. (Reimarus.) n. $^1/_3$ ℛ

Dörffest, das. Sgspl. in 2 A. 8. Münch. 791. Lentner. 3 gr

Dörffler, C., Klänge im Mäßigkeits-Kampfe. gr. 8. Oldenburg 844, Stalling. $^1/_{12}$ ℛ

Dörffling, Carl Friedr., Börsenblatt f. d. deutschen Buchhandel, s. Börsenblatt.

Dörffling, L. Friedrich

Dörfling, K. F., Abhandl. üb. d. gemeinnützigen Gegenstände d. Forstwesens. 8. Zerbst, Kramer. (Bruder in Leipz. in Comm.) 808.

Dörffling, L. Fr., Abhandl. üb. d. gemeinen Gegenstände d. Forstwesens. 8. Zerbst 809. Kramer. 16 gr

— faßl. Anleit. zum prakt. Feldmessen für Beamte, Forstmänner u. Landwirthe. Mit 8 Kpft. 8. Zerbst 820. 2e A., mit e. Vorrede v. J. C. Schmager. 826. Kummer. 1 ℛ 12 gr

Dörffling, L. F., faßliche Anleitung zum praktischen Feldmessen für Beamte, Forstmänner und Landwirthe. Mit 8 Kupft. 8. Zerbst, Füchsel. 820.

— Hülfstabelle zu Auswerfung d. 4pCt. Erhebungsgebühren, so den Communen bei Ablieferung herrschaftl. Steuern zugebilligt werden. gr. 8. Stendal 821. Franzen u. Gr. 2 gr

Dörffling, M., die Dichter der Griechen, s. Wendt's Familien-Bibliothek.

„Eyn Gemeyner Dorffryde der Bawren, den sie in diesem Jar auffgericht vnd zusamen geschworen haben . . . . Geben zu Schnersheym am Kochersperg in der Belzmülen", o. J. — Vorh.: Bibl. des German. Museums Nürnberg.

Dörffurt, August Ferdinand Ludwig

Dörffurt, August Ferdinand Ludwig: Abhandlung über den Kampher, worinn dessen Naturgeschichte ... beschrieben wird. Mit e. Vorr. von Johann Gottfried Leonhardi. Wittenberg u. Zerbst 1793. XVIII, 264 S.

— Abhandl. über den Kampher, mit Vorrede v. Jh. Gf. Leonhardt. gr. 8. Wittenb. 793. Zimmermann. 16 gr

August Ferdinand Ludwig Doerffurt

Neues deutsches Apothekerbuch, nach d.letzten Ausg. d. preussischen Pharmacopoe...bearb.v.August Ferdinand Ludwig Dörffurt.Th.1-3. Leipzig:Crusius (3: Vogel) 1801-12. 5 Bde 8⁰
Th.1:Welcher d.Roharzneywaarenkunde enthält.1801.
Th.2,Abth.1-3:Welcher die Heilmittelfertigungskunde enthält.1803-06.
Abth.1: 1803.
Abth.2: 1804.
Abth.3: 1806.
Th.3:Welcher ein dreyfaches Reg. über das ganze Werk u. beym 1.die vorzüglichsten neuen Entdekkungen...in der Roharzneywaaren-u.Heilfertigungskunde nachträglich in angehängten Noten enthält. 1812.

— Beschreib. d. Feier des dritten hundertjähr. Jubelfestes d. Kirchenverbesserung zu Wittenberg. gr. 8. Wittenb. 817. Zimmermann. 6 gr

Dörffurth, A. F. L., Beschreibung der Feyer des dritten hundertjährigen Jubelfestes der Kirchenverbesserung zu Wittenberg. gr. 8. Wittenberg, Zimmermann. 818.

Dörffurt, B., graphische Tabellen f. Transmissionsberechnungen. (3 Tab. m. 4 S. Text u. 1 Fig.) 21×23,5 cm. Gr. Lichterfelde-Berlin (910). E. Runge. In Mappe 2. 50

Dorfgala, Die, ein Lustspiel in 3 Aufzügen . . . Gotha 1774. V: *Gotter, Friedr. Wilh.* (MI.) (Mn) (MGT) (VLBS VI, 302)

Dorfgalla, die, Lustsp. v. Gotter. 8. Gotha, Ettinger. 774.

DORFFGAST, Urban (ps.), Curiose Bauer-Historien. 1709.
Weller, Lex. Pseud. p. 151.

Dorfgelehrte, der, ein Unterrichtsbuch für Jeden, der über die Natur und deren gewöhnl. u. außergewöhnl. Erscheinungen in allen Jahreszeiten sich die nothwendigen Kenntnisse erwerben will. Nebst einem Anhange zu Nutzen u. Lust. 8. Berlin 834. Vereins-Buchh. 1/6 ₰

Dörfgen, s. Dörfchen

Dorfgeographie, Allgemeine, von Deutschland ... Bd. 1. 2. Mit 2 Nachträgen. Erfurt 1789—95. V: *Keyser, Georg Adam.* (EngG) (Ky) (MGT)

Dorfgeographie, allgemeine, von Deutschland, oder alphabet. Beschreib. aller Dörfer, Flecken, Stifter, Klöster, Schlösser rc., (v. G. A. Keyser). 2 Thle u. 1r u. 2r Nachtrag. 8. Erfurt 789—95. Keyser. 3 ₰ 8 gl

Dorfgeschichte, eine, s.a. Trösteinsamkeit, katholische.

Dorfgeschichte, s.a. Volksbücher.

Dorfgeschichte, eine. Blätter aus der Chronik d. alten Pfarrers zu S. Von der Verf. v. „Gott ist mein Heil.“ gr. 8. (45 S.) Berlin 872. (E. Beck.) n. — 90

—— dass. — gr. 8. (45 S.) Berlin [Leipzig] 878. (Heinersdorf.) *

Dorfgeschichte, eine, vom ungehorsamen Hündelein. Stuttgart 867. H. Müller. qu. 4. (12 lith. u. color. Bll. m. Text.) 1 ₰

—— eine, vom ungehorsamen Hündelein. qu. 4. (12 color. Stnt.) Stuttgart 870, Müller's Kunstverlag. [Leipzig, Oehmigke's Verlag.] geb. (ℳ 2,70.)

Dorfgeschichte, eine neue, u. zehn kurze Kritiken üb. die neueste Geschichte Deutschlands. 16. (10 S.) Leipzig 849, H. Fritzsche. n. 2 ngr

Dorfgeschichten. 1.—4. Lfg.: Der Scherbauer, oder Margarethe, des Hirschfelder Bürgermeisters Töchterlein. Erzählung aus dem Ende des vor. Jahrh. nach den Chronisten von Hirschfelde, Scharre und Hochkirch, bei Bautzen, von Mor. Horn. (48 S. mit 2 Chromolithogr.) — Die Dresdner Marie oder des Holsteiners Treue. Erzählung von A. Rohn. 16. (64 S. mit 2 Chromolithogr.) Zittau 872, Horn. à Lfg. 20 Pf.

Dorfgeschichten, nordböhmische. Vom Verf. der „Geschichten vom Hockewanzel“. 1. u. 2. Folge. gr. 8. Warnsdorf, E. Strache (durch A. Hartleben in Wien). à n. 1. —
1. 2. Aufl. (97 S.) 893. — 2. 2. Aufl. (91 S. m. Abb.) 898.

— dasselbe. III. Thl. gr. 8. (141 S.) Ebd. 897. 1. —
Erweit. Sonderabdr. aus der „Abwehr“.

Dorfgeschichten. Schottische Dorfgeschichten. Uebersetzt von Luise Oehler. 1. und 2. Tausend. 192 S. 8. Basel, Friedrich Reinhardt, [1902]. [geb. fr. 3.—]
S. 7—64: Ewing, J H . Vater Darwins Taubenschlag; — *S. 65—192:* Mackenzie, Fergus. Aus einem schottischen Dorfe.

Dorfgeschichten, Schwäbische. [Stuttgart] 1847. H: *Eisenlohr, Auguste.* (Tübz 13, 32)

Dorfgeschichten, Thüringer. 1.—3. Bd. 8. Leipzig, O. Gottwald. à n. 2. 40; geb. in Leinw. à n. 3. —
1. Schafheinz. Aus Kindern werden Leute. Von Clara Häcker. (113 u. 114 S.) 892.
2. Dorfrosen. Von Clara Häcker. (188 S.) 893.
3. Das Gespenst im Mühlthale. Von Clara Häcker. (258 S.) 893.

Ⓖ Dorfgeschichten, Thüringer. 3 Bde. 892. 893. (KBB 27.) Jetzt: Letwala. O. Boraaold. Erm. Pr. à 1.50: geb. à 2.50

Dorfgeschichten, Thüringer, Fortsetz., s.: Häcker, Clara.

Dorfgesellschaft, Die, ein unterrichtendes Lesebuch für das Volk. Hamb. 1779. N. A. Hamb. 1791. V: *Baudissin, Caroline Adelheid Cornelie Gräfin von geb. Gräfin Schimmelmann.* (GGr) (MGT) (Schl) V: *Baudissin, Julie Gräfin von.* (Ky)

Dorfgesellschaft, die, ein unterrichtendes Lesebuch fürs Volk, (v. d. Gräfin Julie v. Baudissin). 8. Hamb. 791. Campe. 8 gl N. A. 2 Thle. 8. Kiel 792. Hesse. 12 gl

Dorfgesellschaft, die, ein Lesebuch fürs Volk. 2 Thle. 8. Kiel, Academ. Buchh. 792.

Dorfgespräche, s.: Volksbücher, Nr. 51 u. 52.

Dorfgespräche über verschiedene Gegenstände des öffentlichen Wohls ... Thun 1850. V: *Müller, Eduard.*

Dorfhandel, über den, (v. C. G. Just). 8. Leipz. 773. Weidmann. 6 gl

Dorfhändel, Die, oder der Bund über Eck. Ein komisches Originalsingspiel in zwey Aufzügen ... Wien 1785. V: *Weidmann, Paul.* (Jahrb. d. Grillp.-Ges. XIII.)

Dorfheimat, die. Monatsblatt f. ländl. Wohlfahrts- u. Heimatpflege. Hrsg. u. Red.: O. Schleinitz. Septbr. 1908 — Aug. 1909. 12 Nrn. (Nr. 1. 19 S. m. 1 Taf.) Lex.-8. Frauenstein i/E. Leipzig, Fritzsche & Schmidt. Vierteljährlich —. 50.

Dorfheimat, die. Monatsblatt f. ländl. Wohlfahrts- u. Heimatpflege. Hrsg. u. Red.: Osw. Schleinitz. 2. u. 3. Jahrg. 1909 u. 1910 à 12 Nrn. (à ca. 20 S. m. Taf.) Lex. 8. Frauenstein i/E. (Leipzig, Fritzsche & Schmidt.)
Erscheint nicht mehr. à Jhrg. 2. —

Dorfjahrmarkt, Der. Komische Oper in zwey Akten in Musik gesetzt von G. Benda. Leipzig 1776. V: *Gotter, Frdr. Wilh.* (Antiqu.-Kat. Friedrich Mayer-Leipzig. Nr. 86.)

Dorfkaiser, der, v. Paul *.*., s.a. Verein f. Verbreitg. guter Schriften. Zürich.

Dorfkaiser, Der. Zürich 1898. V: *Sutermeister, Paul.* (Zuwachsverz. d. Bibliotheken in Zürich 1898 ff.)

Dorfkalender, der schweizerische, auf die J. 1862—68. 5.—11. Jahrg. Mit einem vollständ., auf offiziellen Mittheilungen der resp. schweizer. Gemeindebehörden beruhenden Jahr-, Vieh-, Monats- rc. Marktverzeichniß. 4. (à ca. 46 S. mit eingedr. Holzschn.) Bern, Jenni. à Jahrg.

Der Schweizerische Dorfkalender auf d. Jahr 1871. 14. Jahrgang. Mit Holzschn. 68 Seiten. 4. Bern, Rud. Jenni. —. 35

Der Schweizer. Dorfkalender auf d. J. 1873. 16. Jahrgang. 68 Stn. 4. Bern, R. Jenni. —. 35

Der Schweizer. Dorfkalender auf d. J. 1874. 68 Stn. 4. Bern, R. Jenni. —. 35

Dorfkalender, der schweizerische, auf die J. 1875—1878. 18.—21. Jahrg. 4. (68; 72; 64; 78 S. mit eingedr. Holzschn.) Bern, Jenni's Buchh. à Jahrg. *
—— dass. — auf die J. 1879 und 1880. 22. und 23. Jahrg. Mit einem vollständ., auf offiziellen Mittheilungen der resp. schweizer. Gemeindsbehörden beruh. Jahr-, Vieh-, Monats- und Wochenmarktsverzeichniß. 4. (67; 69 S. mit eingedr. Holzschn.) Ebendas. à Jahrg. *

Dorfkalender, der schweizerische, auf die J. 1881—1885. 24.—28. Jahrg. 4. (à Jahrg. ca. 68 S.) Bern, Jenni's Buchh. à Jahrg. *

Dorfkalender, der schweizerische, auf die J. 1886—1888. 29.—31. Jahrg. 4. (à Jahrg. 70—80 S. mit Illustr.) Bern, Jenni. à Jahrg. **

Dorfkalender, der schweizerische, auf d. J. 1891. 34. Jahrg. 4. (87 S. m. Abbildgn.) Bern, Koehler. n. — 40

Dorfkalender, der schweizerische, auf d. J. 1892. 35. Jahrg. 4. (89 S. m. Bildern.) Bern, [Koehler] Goepper. * — 40
Erscheint alljährlich.

Dorfkalender, Der schweizerische. Auf das J. 1893. 36 Jahrg. In-4°. 100 S. Bern, W. Goepper. — 40

Dorfkalender, der schweizerische, auf d. J. 1894. 37. Jahrg. 4. (90 S. m. Bildern.) Bern, Goepper & Lehmann. n. — 40

Dorfkalender, Schweizerischer, auf das Jahr 1895. 38. Jahrg. Mit Abb. In-4°. 104 S. Bern, Goepper & Lehmann. — 40

Dorfkalender, schweizer., auf das Jahr 1896. 39. Jahrg. Mit Abb. In-4°. 104 S. Bern, Goepper & Lehmann. — 40

Dorfkalender, schweizer., auf das Jahr 1897. 40. (Jubiläums-)Jahrg. Mit Abbild. In-4°. 112 S. Bern, W. Goepper. — 40

Dorfkalender, d. schweizerische, auf d. J. 1898. 41. Jahrg. 4. (98 S. m. Abb.) Bern, W. Goepper. n. — 35

Dorfkalender, der schweizerische, auf d. Jahr 1900. 43. Jahrg. 4°. 94 S. m. Abbildg. Bern, W. Goepper's Verlag. — 50

Dorfkalender. Der Schweizerische (*Umschlag:* Schweizerischer) Dorfkalender auf das Jahr 1901. Mit einem vollständigen, nach Angaben der Gemeindebehörden zusammengestellten Jahr-, Vieh-, Monats- und Wochenmarktverzeichnis. Gegründet 1857. Jahrg. 44. [Illustriert.] IV + 112 S. 4. Bern, W. Goepper. [fr. —. 40] P

Dorfkalender. Der Schweizerische (*Umschlag:* Schweizerischer) Dorfkalender auf das Jahr 1902. Mit einem vollständigen... Jahr-, Vieh-, Monats- und Wochenmarktverzeichnis. Gegründet 1857. Jahrg. 45. [Illustriert.] IV + 112 S. 4. Bern, W. Goepper. [fr. —. 40] P

Dorfkalender. Der Schweizerische (*Umschlag:* Schweizerischer) Dorfkalender auf das Jahr 1903. Mit einem vollständigen ... Jahr-, Vieh-, Monats- und Wochenmarktverzeichnis. Gegründet 1857. Jahrg. 46. [Illustriert.] IV + 112 S. 4. Bern, L. A. Jent. [fr. —. 40]

Dorfkalender. Der Schweizerische (*Umschlag:* Schweizerischer) Dorfkalender auf das Jahr 1904. Mit einem vollständigen ... Jahr-, Vieh-, Monats- und Wochenmarktverzeichnis. Jahrg. 47. [Illustriert.] IV + 112 S. 4. Bern, L. A. Jent. [fr. —. 40]

Dorfkalender. Der Schweizerische (*Umschlag:* Schweizerischer) D' auf das Jahr 1905. Mit einem vollständigen ... Jahr-, Vieh-, Monats- und Wochenmarktverzeichnis. Jahrg. 48. [Illustriert.] IV + 112 S. 8. Bern, L. A. Jent. [fr. —. 40] P

Dorfkalender. Der Schweizerische (*Umschlag:* Schweizerischer) D' auf das Jahr 1906. Mit einem vollständigen ... Jahr-, Vieh-, Monats- und Wochenmarktverzeichnis. Jahrg. 49. [Illustriert.] IV + 120 S. 4. Bern, L. A. Jent. [fr. —. 40] P

Dorfkalender. Der Schweizerische (*Umschlag:* Schweizerischer) D' auf das Jahr 1907. Mit einem vollständigen ... Jahr-, Vieh-, Monats- und Wochenmarktverzeichnis. Jahrg. 50. Jubiläums-Ausgabe. [Mit Illustrationen und 3 Tafeln.] IV + 120 S. 4. Bern, Carl Marz. [fr. —. 40]

Dorfkalender. Der Schweizerische (*Umschlag:* Schweizerischer) D' auf das Jahr 1908. Mit einem vollständigen ... Jahr-, Vieh-, Monats- und Wochenmarktverzeichnis. Jahrg. 51. [Mit Illustrationen und 2 Tafeln.] IV + 116 S. 4. Bern, Carl Marz. [fr. —. 40]

Dorfkalender. Der Schweizerische (*Umschlag:* Schweizerischer) D' auf das Jahr 1909. Mit einem vollständigen ... Jahr-, Vieh-, Monats- und Wochenmarktverzeichnis. Jahrg. 52. [Mit Illustrationen und 1 Tafel.] IV + 100 [+ 28] S. 4. Olten, Verlag des «Schweizerischen D'», G. Küpfer, Buchdrucker. [fr. —. 40]

Dorfkalender. Der Schweizerische (*Umschlag:* Schweizerischer) D' auf das Jahr 1910. Mit einem vollständigen ... Jahr-, Vieh-, Monats- und Wochenmarktverzeichnis ⟨neu ausgearbeitet⟩. Jahrg. 53. [Illustriert.] IV + 88 [+ 24] S. 4. Rheinfelden, Verlag des «Schweizerischen D'», Buchdr. G. Küpfer, Buchh. [fr. —. 40]

SOHNREY'S DORF-KALENDER für ...
Im Auftrage des Ausschusses für Wohlfahrtspflege auf dem Lande herausgegeben von HEINRICH SOHNREY.
... 1902. (Mit 1 Tafel und Abbildungen.) Berlin 1901. Trowitzsch & Sohn. 4°.
... 1903. (Mit 1 Tafel und Abbildungen.) ib. 1902. —
Herausgegeben im Auftrage des Deutschen Vereins für ländliche Wohlfahrts- und Heimatpflege.
... 1904—1906. (Mit (je) 1 Tafel und Abbildungen.) ib. —
... 1907—1914. Jahrg. 6—13. Mit Bildern von Müller-Münster u. a. ib. —

Dorf-Kalender, Steierischer, für das J. 1873. Hrsg. vom steiermärk. Volksbildungs-Vereine. 16. (244 S.) Graz, (Hesse's Buchh.) *

Dorf-Kalender, steierrischer, f. d. J. 1874. Hrsg. vom steiermärk. Volksbildungs-Vereine. 16. (178 S.) Graz, (Ferstl'sche Buchh.) n. — 60

Dorfkapelle ..., s. Dorfcapelle

DORFKAPLAN, Der fidele. Wahre lustige Begebenheiten in einem Pfarrhause. Budapest, Neuer freier Verlag (um 1910). 8°.
Verb. d. Ldg. III Berlin A. 4. J. 197/12.

Die **Dorfkirche.** Monatsschrift z. Pflege d. religiösen Lebens in heimatl. u. volkstüml. Gestalt ... hrsg. von Hans v. Lüpke, Pfarrer. Mit e. baukünstler. T. v. Baurat [Georg] Büttner, Steglitz. [Jg. 1], No 1. Berlin: Deutsche Landbuchh. 1907. 4° [F.] (05. 9145

DIE DORFKIRCHE. (Illustrierte) Monatsschrift zur Pflege des religiösen Lebens in heimatlicher und volkstümlicher Gestalt.
Auf Anregung des Deutschen Vereins für ländliche Wohlfahrts- und Heimatpflege herausgegeben von Pfarrer HANS von LÜPKE.
Mit einem baukünstlerischen Teil vom Königl. Baurat Büttner.
Jahrg I—III. Berlin. 1908—1910. Deutsche Landbuchhandlung, G. m. b. H. 4°.
Mit einem baukünstlerischen Teil von Ernst Petersen, Professor am Kgl. Kunstgewerbemuseum zu Berlin.

Dorfkirche, die. Illustrierte Monatsschrift zur Pflege des religiösen Lebens in heimatl. u. volkstüml. Gestalt. Auf Anregg. des deutschen Vereins f. ländl. Wohlfahrts- u. Heimatpflege hrsg. von Hans v. Lüpke. Mit e. künstler. u. kunstgewerbl. Tl. 4. Jahrg. Oktbr. 1910—Septbr. 1911. 12 Hefte. (à ca. 38 S.) Lex. 8. Berlin, Deutsche Landbuchh. 6.00

Dorfkirche u. Bauernhaus im Königr. Sachsen. Gurlitt, C., die Dorfkirche. — Gruner, O., Haus u. Hof. — Schmidt, F. L. K., die bäuerliche Wohnung. — Kurzwelly, A., die bäuerliche Kleinkunst. [Aus: „Sächs. Volkskunde", hrsg. v. Rob. Wuttke. 2. Aufl.] gr. 8. (IV, 155 S. m. 185 Abbildgn.) Dresden 900. [G. Schönfeld.] Leipzig, Fr. Brandstetter. Geb. n. 2. 50

Dorf-Kirchen-Zeitung. Redact.: Köppen. 1. Jahrg. 1845. Juli—Decbr. 12 Nrn. (½ B.) 4. Berlin, (J. A. Wohlgemuth.) *

—— dass. Redact.: Köppen. 2. u. 3. Jahrg. 1846 u. 47. à 12 Nrn. (Bog.) 4. Ebds. à J. *

Dorf-Kirchen-Zeitung. 4—6. Jahrg. 1848—50. à Jahrg. 12 Nrn. (Bog.) 4. Berlin, J. A. Wohlgemuth. à Jahrg. *

—— dass. — 7. und 8. Jahrg. 1851 und 1852. à J. 12 Nrn. (Bog.) 4. Ebds. à Jahrg. *
Mit: Monatsblatt für Hausandachten. 1. und 2. Jahrg. 1851 und 1852. 12 Nrn. (Bog.) gr. 8. à Jahrg. *
Der 4. und 5. Jahrg. wurde von Köppen, der 6—8. Jahrg. von (H. A.) Bötticher redigirt. — 1. und 2. Jahrg. 1846. und 1847. Ebendas. à Jahrg. * 12 Ngr.

Dorf-Kirchen-Zeitung. Redig. von (H. A.) Bötticher und fortges. von G. Schulze und C. J. St. Czilsky. 9—12. Jahrg. 1853—56. à Jahrg. 12 Nrn. (Bog.) 4. Berlin, J. A. Wohlgemuth. à Jahrg. *
Mit: Monatsblatt für Hausandachten rc. 12 Nrn. (½ Bog.) gr. 8. ** -
Vol. 11. Bd. 1. Abthl. S. 219.

Dorf-Kirchen-Zeitung. Redig. von C. J. St. Czilsky, 13. – 15. Jahrg. 1857 – 59. à Jahrgang. 12 Nrn. (Bog.) 4. Berlin J. A. Wohlgemuth. à Jahrg. **
Mit: Monatsblatt für Hausandachten und Hausgottesdienste. 7 – 9. Jahrgang 1857 – 59. à Jahrg. 12 Nrn. (1/2 Bog.) gr. 8. à Jahrg. ** –
Das Monatsblatt allein ** 7 1/2 Rgr.

Dorf-Kirchen-Zeitung. 16. Jahrg. 1860. 12 Nrn. (Bog.) 4. Berlin, J. A. Wohlgemuth. Thlr. **
Mit Monatsblatt für christliche Unterhaltung. Lebensbilder in trost- und lehrreichen Geschichten aus der Heiden- und Christenwelt. Neue Folge. 1. Jahrg. 1860. 12 Nrn. (½ Bog.) gr. 8. ** -
Das Monatsblatt allein **

—— lutherische. Redakt.: v. Kalkreuth. 1—3. Jahrg. 1849—51. à 24 Nrn. (Bog.) 4. Berlin, J. A. Wohlgemuth. à Jahrg. *

—— lutherische. Redakt.: Diedrich. 4—7. Jahrg. 1852—55. à Jahrg. 12 Nrn. (Bog.) 4. Wittstock, (Nother.) à Jahrg. *

—— dass. — Hrsgbr.: C. Räthjen. 8. Jahrg. 1856. 12 Nrn. (Bog.) 4. Berlin, (W. Schultze.) **
1—3. Jahrg. 1849—51. Berlin, J. A. Wohlgemuth. à Jahrg. * 12 Ngr.

—— lutherische. Hrsg. von C. Räthjen. 9—12. Jahrg. 1857—60. à Jahrg. 12 Nrn. (Bog.) 4. Berlin, (W. Schultze.) [Jahrg. 1857. * 12 Ngr., 1858—60. à * 15 Ngr.] *

Dorf-Kirchen-Zeitung, lutherische, aus der Mark. Redact.: J. Diedrich. Hrsgbr.: C. Räthjen. Jahrg. 1861—67. (13.—19. Jahrg.) à Jahrg. 12 Nrn. (Bog.) 4. Neu-Ruppin, (Oehmigke.) [Berlin, W. Schultze.] à Jahrg. *

Dorf-Kirchen-Zeitung, lutherische, aus der Mark. Redact.: J. Dietrich. Hrsgbr.: C. Räthjen. 20.—23. Jahrg. 1868—1871. à Jahrg. 12 Nrn. (Bog.) 4. Neu-Ruppin. (Berlin, W. Schultze.) à Jahrg. *

—— dass. — 24.—26. Jahrg. 1872—1874. à Jahrg. 12 Nrn. (Bog.) gr. 4. Berlin, (W. Schultze.) à Jahrg. *

Dorf-Kirchen-Zeitung, lutherische, aus dem Reich. Redact.: J. Diedrich. Hrsgbr.: C. Räthjen. 27.—31. Jahrg. 1875—1879. à Jahrg. 12 Nrn. (Bog.) gr. 4. Berlin, (W. Schultze's Verlag.) à Jahrg. **

Dorf-Kirchen-Zeitung, lutherische, aus dem Reich. Redact.: J. Diedrich. Hrsgbr.: C. Räthjen. 32.—36. Jahrg. 1880—1884. à Jahrg. 12 Nrn. (Bog.) gr. 4. Neu-Ruppin. (Berlin, W. Schultze's Verlag.) à Jahrg. **

Dorf-Kirchen-Zeitung, lutherische, aus dem Reich. Redact.: J. Diedrich. Hrsgbr.: C. Räthjen. 37.—40. Jahrg. 1885—1888. à Jahrg. 12 Nrn. (Bog.) gr. 4. Neu-Ruppin. (Berlin, W. Schultze.) à Jahrg. **

Dorfkirchen-Zeitung, lutherische, aus dem Reich. Hrsgbr.: C. Räthjen. 41.—44. Jahrg. 1889—1892. à Jahrg. 12 Nrn. (Bog.) gr. 4. Neu-Ruppin. (Berl., W. Schultze.) à Jahrg. ** 2 50

Dorf-Kirchen-Zeitung, lutherische, aus dem Reich. Hrsg.: C. Räthjen. 43.—45. Jahrg. 1891—1893. à 12 Nrn. (Bog.) gr. 4. Neu-Ruppin. (Berlin, W. Schultze.) à Jahrg. n.n. 2. 50

Dorfkirmse, Die, oder die Politik der Bauern; eine komische Oper in 4 Aufz. Mühlhausen 1775. V: *Schinkoch.* (Ky) (MGT)

Dorfkirmse, die, oder die Politik d. Bauern; e. kom. Oper in 4 Aufz. (v. ... Schinkoch). 8. Mühlhaus. 775.

Dorfkonvent, d. raisonnirende, (v. J. N. Chr. Thon). 3 Thle. 8. Erfurt 786—88. Keyser. 1 Rthlr 22 gr

DORFCONVENT, Das, welches allerley Gespräche von Hexen, Gespenstern, Schatzgräbern etc. enthält. Hrsg. vom Schulmeister zu Glückstadt. (c. 1790.)
War ohne Formatsangabe in einem Sammelbande.

Dörflas, Otto. „Pech u. Schwefel!", s. Eckstein's humor. Bibliothek.

Dorfleben, indisches, s.: Familienbibliothek, Calwer. 66. Bd.

Dörfler, E., Dämmerlicht der Wahrheit. gr. 8. (39 S.) Berlin 847. [Pasewalk, Braune.]

Doerfler, Else, s.: Heiden, Else v. der.

Dörfler, F., Abschaffg. der Schulbücher. Referat, erstattet beim Mittelschultag 1900. gr. 8. (14 S.) Komotau (900). (A. Stumpf.) n. — 20

Dörfler, Franz

Dörfler, Frz., die Bibel — e. gotteslästerliches Buch? Religiös-naturwissenschaftl. Kritik. 1. Tl. Dem deutschen Volke u. seinen Fürsten zur Wieder-Ermanng. gewidmet vom Verf. (16 S.) 8. Leipzig (909). Teichmann & Co. — 25

Dörfler, Frz., Hilfs-Tafeln zur Mineralogie, nach den Lehrbüchern für Mittelschulen von v. Hochstetter-Bisching und A. Pokorny zusammengestellt. gr. 8. (14 S.) Villach 878. Wien, Pichler's Wwe. und Sohn. **

Dörfler, Frz., Hilfs-Tafeln zur Mineralogie, nach den Lehrbüchern f. Mittelschulen v. Hochstetter-Bisching u. A. Pokorny zusammengestellt. 2. verb. Aufl. gr. 8. (15 S.) Wien 880. Pichler's Wwe. & Sohn. n. — 20

Dörfler, Frz., Hilfs-Tafeln zur Mineralogie, nach den Lehrbüchern f. Mittelschulen zusammengestellt. 3. Aufl. 8. (15 S.) Wien 884. Pichler's Wwe & Sohn. n. — 20

Dörfler, Frz., Hilfs-Tafeln zur Mineralogie, nebst e. Schlüssel zum Bestimmen. 5. Aufl. (20 S.) 8. Wien 904. C. Fromme. n. — 25

— Leitfaden der Mineralogie f. die unteren Classen der Mittelschulen. 2. verb. Aufl. Mit 91 in den Text gedr. Abbildgn. u. 1 (lith.) Karte. gr. 8. (V, 77 S.) Ebend. 883. n. 1. —

Dörfler, Frz. Soll die Chemie beim mineralogischen Unterrichte in den Unterklassen möglichst Berücksichtigung finden, und wie kann das geschehen? 22 S. 8. Progr. G. Böhm. Leipa 1881.

Dörfler, Fricomarto, aus dem Lande der Bibel. Ergebnisse e. bibl. Studienreise. Illustriert durch üb. 200 Abbildgn. (darunter 48 Kunstbeilagen), z. grössten Teil nach Orig.-Aufnahmen des Verf. (III, 129 S.) gr. 8. Pössneck (904). B. Feigenspan. Geb. in Leinw. n. 4. 50

Dörfler, Friedrich

Doerfler, Dienstverhältnisse der Offiziere, Sanitätsoffiziere u. oberen Beamten des Beurlaubtenstandes u. der Inaktivität der k. bayer. Armee, nebst Anh. f. die Offiziersaspiranten rc. des Beurlaubtenstandes. gr. 8. (XII, 262 S. m. 2 Skizzenblättern.) Würzburg 899. H. Stürtz. Geb. in Leinw. n. 3.—

Doerfler, Dienstverhältnisse der Offiziere, Sanitätsoffiziere u. oberen Beamten des Beurlaubtenstandes sowie der inaktiven (z. D. u. a. D.) Offiziere (Sanitätsoffiziere) u. der Offiziere à la suite der Armee der k. bayer. Armee, nebst Anh. f. die Offiziersaspiranten, Unterärzte, Unterapotheker u. Unterveterinäre des Beurlaubtenstandes. 2. Aufl. m. 4 farb. Taf. Neubearb. von Frhrn. Scheben v. Cronfeld. (XVI, 267 S.) gr. 8. Ansbach 910. F. Seybold. Geb. in Leinw. 4. 20

Doerfler, H., d. Asopsis i. d. Landpraxis. gr. 8. (30 S. m. 4 Abb.) München 896. J. F. Lohmann's Verl. n. 1.—

DOERFLER, Hans: Fractur der Ulna in ihrem oberen Drittel combinirt mit Luxation des Radius.- München: Ernst 1885. 47 S.
29.7.1885 - Chr 1885/86,16; Jv 1885/86,159
Diss.Ingolst.-Landsh.-Mchn.

Doerfler, Hans, Fractur der Ulna in ihrem oberen Drittel combinirt mit Luxation des Radius. Inaugural-Dissertation. 8. (47 S.) München 885, (Ernst.) *

Dörfler, Heinrich [aus Mkt. Berolzheim (Bayern)]: Ueber Pemphigus chronicus vulgaris benignus et malignus. . . . Erlangen, Druck d. Univ.-Buchdr. v. Junge & Sohn, 1889; 31 S. 8°
Erlangen, Med. Fak., Inaug.-Diss. v. 25. Jul. 1888

Dörfler, J., and Kruger, C. Sammlung von Rätseln. Chi, 1879.

Dörfler, Ignaz

Dörfler, Ign., Beitrag z. Flora Albaniens u. Macedoniens, s.: Degen, Arpad v.

Dörfler, I., s.a. Botaniker-Adressbuch.

Dörfler, J., Botaniker-Adressbuch. Sammlung von Namen und Adressen der lebenden Botaniker aller Länder, der botanischen Gärten und der die Botanik pflegenden Institute, Gesellschaften und periodischen Publicationen. Gr.-8. (XII, 292 S.) In Leinwand gebunden * 6.—
Wien: Dörfler Selbstverl. 1896.

Botaniker-Adressbuch. Sammlung von Namen u. Adressen d. lebenden Botaniker aller Länder, d. botan. Gärten u. der d. Botanik pflegenden Institute, Gesellschaften u. period. Publikationen. Hrsg. von I[gnaz] **Dörfler**. 3. neu bearb. u. verm. Aufl. Wien: Selbstverl. 1909. VIII, 78 S. 8°
[Nebent.:] The botanist's Directory... Ed. by Dörfler. Annuaire des botanistes... Publ. par Dörfler [illegible]

s.a. Jahres-Katalog d. Wiener botan. Tauschvereins.

Dörfler, Ignaz, Jahres-Katalog pro 1895 des Wiener botanischen Tausch-Vereines. (Gegründet 1845.) 4. (52 S.) * —.30
Wien: Carl Gerold's Sohn 1895.

Doerfler, Julius, approb. Arzt aus Weissenburg a. S.: Über Arteriennaht. *Tübingen: H. Laupp 1899.* (45 S.) 8° ¶ (Aus: Beiträge zur klinischen Chirurgie, Bd 25, H. 3.)
Rostock, Med. Diss. v. [24. Jan.] 1900

Dörfler, Karl, biblische Geschichte d. alten u. neuen Testaments f. die katholische Jugend. gr. 8. (VIII, 131 S.) Wien 876. Braumüller. n. 1. 40

Dörfler, Karl, Geschichte der katholischen Kirche. Lesebuch für Unter-Realschulen. 8. (88 S.) Wien 873, Braumüller. *

—— katholische Glaubenslehre. Lehrbuch für Mittelschulen. gr. 8. (VIII, 189 S.) Wien 874, Braumüller. *

—— katholische Sittenlehre. Lehrbuch für Unter-Realschulen. gr. 8. (VII, 132 S.) Wien 878, Braumüller. *

DÖRFLER, Peter (Untergermaringen): Die Anfänge der Heiligenverehrung nach den römischen Inschriften und Bildwerken. Mit 5 Abb.- München: Lentner 1913. 48 S.- Vollständig erschienen als: Veröffentlichungen aus dem kirchenhistorischen Seminar München. Reihe IV, Nr.2.
24.7.1909 - Chr 1909/10,20; U 13.198
Diss. Ingolst.-Landsh.-Mchn.

Dörfler, Pet., es war einmal Krieg. Volksstück f. die Weihnachtszeit in 2 Akten. (22 S.) 8. München (910). B. Höfling. — 80

— Heimkehr, s.: Dilettantenbühne, katholische.

Dörfler, Pet., der Kinderkreuzzug, s.: Dilettantenbühne, kathol.

Dörfler, S[alo] (später: Stefan): Beiträge zu einer Topik der römischen Elegiker. 16 S. 8. K. k. Staats-Gymn. *Nikolsburg* 1906.

Dörfler, St[efan] (Früher: Salo): Hamerling als Lyriker. 19 S. Progr K. k. Staats-Gymn. *Nikolsburg* 1909.

Dörfler, S[alo] (später: Stefan): Proben einer Properzübersetzung von S. D. 16 S. 8. K. k. Staats-Gymn. *Nikolsburg* 1907.
I 1. 3. 5. 6. 7. 16. II 5. 19. 26. 28. 29. III 6. 24 Rothstein.
Progr.

Dörfler Salo: De historicorum Romanorum usque ad Cornelium Tacitum prooemiis.
H. 1903 PN 1560 Diss. Wien, Univ. 1585

Dörfler, Stefan, s. Dörfler, Salo

Doerfler, Wilhelm, aus Weißenburg a. S.: Ein Fall von traumatischer Brown-Séquard'scher Lähmung mit seinen Complicationen. *Biberach a. Riss [1903]: H. Sterk.* (49 S.) 8°
Erlangen, Med. Diss. v. 21. Juli 1896

Dorfleute, d. guten. 8. Bresl. 785. (Gosohorsky). 3 gr.

Dorfleute, d. guten, e. Beitrag z. Zeitvertr. f. Landleute. 8. Bresl. Meyer. 785.

Dorflexicon, Kleines, von einem Theil der Schweiz, dem vormals deutschen Kanton Bern. Bern 1801. V: *Heinzmann, Johann Georg.* (Bibliogr. d. Schweiz. Landeskunde. Bern 1892 ff. III.)

Dorflexikon von einem Theile d. Schweiz. gr. 8. Bern 801. Typogr. Soc. 6 gr.

Dörfling, K. F., s. Dörffling, L. Friedrich

Dörfling, Paul, M. v. Egidy's christliches Bestreben, s.: Blume, Fritz.

Dorflinger, Carl. Amerikanische Turner-Kalender. Milw, 1880-96.

Doerflinger, Alfonso, Tachygraphia Systoma „Rollor". Adequada á lingua portuguoza. Em 6 liçõos, com 8 taboas ostonographicas. gr. 8. (12 S.) Berlin 898. (Leipzig, J. H. Robolsky.) n. 1.—

Dörflinger, Fides, d. Handarbeits-Nadeln, s.a. Mädchen-Bühne.

Die Handarbeits-Nadeln. Dramat. Scherz von Fides **Dörflinger**. *Berlin: E. Bloch (1897).* (17 S.) 8° [F.]
= Mädchen-Bühne. H. 42. [illegible]

Dörflinger, Fides, Tannenbäumchens Los, s.: Bloch's, Ludw., Kinder-Theater Nr. 123.

Dörflinger, Fides, Christbäumchens Wahl, s.a. Mädchen-Bühne.

Christbäumchen's Wahl. Weihnachtsfestspiel in 2 Aufz. von Fides **Dörflinger**. *Berlin: E. Bloch (1903).* (15 S.) 8° [F.]
= Mädchen-Bühne. H. 70. [04. 15738]

Wem galt d. Ständchen?, s.a. Bloch's, Ludw., Damen-Bühne.

Wem galt das Ständchen? Lustspiel in 2 Akten von Fides Dörflinger. *Berlin: E. Bloch (1897).* (16 S.) 8° [F.]
— Damen-Bühne, Ludwig Blochs. No 22.

Dörflinger, Fides, das Wunder der Krippe, s. a Bloch's, Ludw., Kinder-Theater.

Das Wunder der Krippe. Ein Weihnachtsfestspiel in 3 Aufz. von Fides Dörflinger. *Berlin: E. Bloch (1901).* (16 S.) 8° [F.]
— Kinder-Theater, Ludwig Blochs. No 86.

Dörflinger, Karl (Hrsg.), s. a. Karl, Onkel.

Doerflinger, Carl. Onkel Karl. Milwaukee: Doerflinger, 1881. UC

Doerflinger, Charles H. Me-le-o-ki. Novelle aus d Urwald und kulturhistorische Skizze anischer Städte-Entwicklung. Milw. 1894.

Dorfmädchen, d. junge. Eine Erzählung für Kinder. 8. Hamburg ... (Wesel, Prinz.) 1/8 ß

Dorfmädchen, das junge. Eine wahre Erzählung. Pest 859. Osterlamm in Comm. 16. (60 S.) n. 4 ngr.

Dorfmann, Franz

Dorfmann, Frz., Ausgestaltung der Pastoraltheologie zur Universitätsdisziplin u. ihre Weiterbildung. Nach Archivalien bearb. (XVI, 271 S.) gr. 8. Wien 910. H. Kirsch. 6. —

Dorfmann, Gitlia. Congenitale Cystenniere im Zusammenhang mit sonstigen Missbildungen. Diss. Med. Univ. Zürich. [Mit 1 Figur und 1 Tafel.] *Kopftitel:* Aus dem pathologischen Institut der Universität Zürich. 26 S. 8. Zürich, A. Markwalder, 1906.

Dorfmeister's Führer durch Wien. 16. (XVI, 256 S. m. Abbildgn.) Wien 902. (Leipzig, Literar. Anstalt.) Kart. n.n. — 35

Dorfmeister, A. — Allgemeiner Haus- und Wirthschafts-Kalender für das Jahr 1854. Wien. D.rfmeister, vorm. Mausberger Verlag und Druck. 4. (287 pag.)

— Haus- u. Küchen-Kalender 1904. (192 u. 208 S. m. Abbildgn.) gr. 8. Wien, Dorfmeister. Kart. n. 1. 50

Dorfmeister, A.: Privat- Geschäfts- und Auskunftskalender für das Jahr ..., s. a. Mausberger

Dorfmeister A. Privat-, Geschäfts- und Auskunfts-Kalender für 1853. Wien, Dorfmeister. 4.

Dorfmeister, A. — vormals Mausberger. Privat-, Geschäfts- und Auskunftskalender für das Jahr 1857. Nebst einem Anhunge, enthaltend: Oesterreichisches Volks-Jahrbuch. 25. Jahrg. Eigenthum der Verlagshandlung. Wien. A. Dorfmeisters vormals Mausbergers Verlagsbuchhandlung. (239 S. 7 Bl. 4.)

Dorfmeister's Privat- Geschäfts- und Auskunfts-Kalender für das J. 1861. 29. Jahrg. 4. (320 S.) Wien 860, Dorfmeister. geb.

Dorfmeister's, A., vorm. Mausberger's Privat-, Geschäfts- und Auskunfts-Kalender für die J. 1862—64. Nebst einem Anh., enth.: Oesterreichisches Volks-Jahrbuch. 30.—32. Jahrg. 4. (240 S., 271 S.) Wien, Dorfmeister. à Jahrg. *

Dorfmeister's-Mausberger's Privat-, Geschäfts- und Auskunfts-Kalender für das Jahr 1869. Nebst einem Anhange, enthaltend: Oesterreichisches Volks-Jahrbuch. 37. Jahrgang. 4. (224 S.) Wien, Geitler. cart. 50 kr. 1868

(9.) Dorfmeister's A., — Mausberger's Privat-, Geschäfts- und Auskunfts-Kalender für das Jahr 1870. 38. Jahrgang. Hoch 4. (208 S.) Wien, Geitler. 1869 50 kr.

(10.) Dorfmeister's-Mausberger's Privat-, Geschäfts- und Auskunfts-Kalender für das Jahr 1871. 39. Jahrgang. 4. (204 S.) Wien, Geitler. cart. 50 kr.

Dorfmeister-Mausberger's Privat-Geschäfts- und Auskunfts-Kalender für die J. 1875—1880. Nebst einem Anhang, enth.: Oesterreich. Volks-Jahrbuch. 43.—48. Jahrg. 4. (158; 154; 178; 177; 189; 185 S.) Wien, (Sallmayer'sche Buchh.) Jahrg. 1875 *
Jahrg. 1876—1880 à *

Dorfmeister-Mausberger's, A., Privat-Geschäfts- und Auskunfts-Kalender für die J. 1881—1885. 49.—53. Jahrg. 4. (à Jahrg. ca. 227 S. mit eingedr. Holzschn.) Wien, (Sallmayer'sche Buchh.) à Jahrg. *

Dorfmeister-Mausberger's, A., Privat-Geschäfts- und Auskunfts-Kalender für die J. 1886—1889. 54.—57. Jahrg. 4. (à Jahrg. ca. 200 S. mit Illustr.) Wien, (Sallmayer'sche Buchh.) cart. à Jahrg. *

Dorfmeister's, A.—Mausberger's Privat-Geschäfts- u. Auskunfts-Kalender f. d. J. 1890—1893. 58.—61. Jahrg. 4. (à Jahrg. ca. 200 S. m. Abbildgn.) Wien, (Sallmayer'sche Bh.). à Jahrg. cart. * — 96

— u. Mausberger's Privat-, Geschäfts- u. Auskunfts-Kalender f. d. J. 1904. 72. Jahrg. (208 S. m. Abbildgn.) 4. Wien, Dorfmeister. Kart. n. — 75

— s.: Volks-Kalender, österreichisch-ungarischer.

Dorfmeister's, F. A., kleiner Auskunftskalender f. d. J. 1904. (104 S. m. Abb.) 4. Wien, Dorfmeister. n. — 24

— s.: Bauern-Kalender, illustr. österreichischer.

Dorfmeister, F. A., Kaiserin Elisabeth v. Oesterreich. Eine Schilderg. d. Lebens, Wirkens u. Sterbens uns. unvergessl. Kaiserin. Nach authent. Quellen bearb. Grosse Ausg. gr. 8. (VII, 104 S. m. 1 Bildn. u. 1 Abb.) Wien 898. (Leipzig, Literar. Anstalt, A. Schulze.) n. 1. 20; auf Velinpap. n. 3. —; kleine Ausg. (VII, 48 S. m. 1 Bildn.) n. — 60

Dorfmeister, F. A., Klosterneuburg und das Leopoldi-Fest. Zur Erinnerung an die 400jähr. Gedenkfeier der Heiligsprechung des heil. Markgrafen Leopold von Österreich am 15., 16. und 17. Novbr. 1885 zu Klosterneuburg. 8. (65 S.) Wien 885, (Sallmayer'sche Buchh.) *

Dorfmeister, F. A., die landesfürstl. Stadt Klosterneuburg u. das alljährlich am 15. Novbr. stattfindende Leopoldi-Fest. Ein Beitrag zur Culturgeschichte Klosterneuburgs, nebst e. Führer durch die Stadt u. ihre Umgebgn. Hrsg. u. m. zahlreichen Illustr. ausgestattet. gr. 8. (65 S.) Klosterneuburg 884. (Wien, Sallmayer.) n.n. — 40

DORFMEISTER, Franz Xaver (Regensburg): De malo hysterico curando.- Monachii: Rösl (1830). 52 S. 26.8.1830 - Urk (Titel: De morbo hysterico curando.); F 59
Diss. Ingolst.-Landsh.-Mchn.

Dorfmeister-Mausberger: Privat- Geschäfts- und Auskunfts-Kalender, s. Dorfmeister, A.

Dorfmemoiren in einer Reihe von Briefen zwischen einem Geistlichen und seiner Familie ... Leipzig 1775. V: *Cradock, Jos.* (BrMm)

Dorfmemoiren, die, in einer Reihe von Briefen. 8. Leipz. 775. Weidmann. 6 gr

Dorfmüller, Gustav: Ueber die Constitution des β. Bromkarmins. 1910. 30 S. 8° ¶ Vgl. Berichte d. Deutschen Chem. Gesellschaft. Jg. 43.
München, Dr.-Ing.-Diss. v. 30. 12. 1909

Dorfmüller, J. H., de dispari Jesu Essaeorumque disciplina. Wunsid. 1803. 4.

Dorfmüller, Johann Heinrich

Dorfmüller, Jh. Hnr., Predigten auf alle Sonntage u. Feste des ganzen Jahres, zur Beförder. d. Anbetung Gottes im Geist u. in d. Wahrheit. 2 Bde. 4. Wunsidel 801. Mit n. Titel Bayr. 804. (Grau). 2 Rthl 8 gr (Joachim in Leipz.) 2 Rthl

Dorfmüller, J. H., Predigten auf alle Sonntage u. Feste d. ganz. Jahrs z. Beförd. d. Anbet. Gottes im Geist u. in d. Wahrheit. 2 Bde. 4. L.ipzig, Joachim. (Lübeck, Bayr.) 804.

— Schicksale u. Beschreib. d. zerstörten Veste Pleißenburg. 8. Bayr. 816.

Dorfmüller, Karl Fr., s. Thdr. Dorfmüller, d. Schloß Leuchtenberg.

Dorfmüller, Karl Friedrich

Ueber die Grundidee des Gottes Hermes. Erste Abtheilung. Von Carl Friedr. Dorfmüller, G. P. — 1851. Ebend. — S. 3—40.
Progr. Augsburg

Ueber die Grundidee des Gottes Hermes. Zweite Abtheilung. Von Carl Friedrich Dorfmüller, G. P. — 1860. Ebend. — S. 3—44. [S. Nr. 211.]
Progr. Augsburg

Commentatio de Graeciae primordiis. Aetas prima. Scrips. Car. Frid. Dorfmüller, G. P. — 1843. Ibid. — S. 3—28. [Das vollständige Werk ist erschienen 1844. Stuttgart, Cotta.]
Progr. Augsburg

Dorfmueller, Car. Frid., de Graeciae primordiis. Aetates quatuor. 8 maj. Stuttgartiae 844, Cotta. 1/2 Rthl

Dorfmüller, T. Schicksale u. Beschreibung der zerstörten Feste Plassenburg. 8. Baireuth 1816.

Dorfmüller, Th., Janus. 1 Bdchen: das Bild d. heil. Adelgunde. — Herbstreise an den Rhein im J. 1819. 8. Sulzb. 820. v. Seidel. 20 gr

Dorfmüller, Theodor

— s. Archiv für Geschichte u. Alterthumskunde des Ober-Main-Kreises.

— s. 1) Archiv f. baier. Gesch.

Dorfmüller, Thdr., ältere Geschichte der Pfarrei Hof. gr. 8. Hof 834. Grau. 1/2 Rthl

— das Schloß Leuchtenberg. Mit e. Vorworte von dem Herausg. Karl Fr. Dorfmüller. gr. 8. Augsb. 836. Math. Rieger. 1/4 Rthl

Dorfordnung, Erneuerte und verbesserte, für die Domainen-Aemter im Ostpreußischen und Litthauischen Cammer-Departement. (Dat.:) Berlin den 16. März 1786. (Begl. Abschr.) fol.

Dorfparade, Die. Eine ländliche Oper in zwei Akten. Pilsen 1797. V: *Komareck, Joh. Nep.* (BrMm)

Dorfparade, die; ländl. Oper in 2 A. 8. Leipz. ... Köhler. 4 gr

Dorfpfarrer, der, s. Frankreich, belletristisches.

— vergl. Chph. Hnr. Müller.

Dorfpfarrer, Der einfältige aber doch sehr arge. Zittau und Leipzig 1801. V: *Richter, Julius Friedrich Daniel.* (MGT) (OL) (Ky)

— d. einfältige, aber doch sehr arge. 8. Zittau 801. Schöps. 2 gr

Anonym: „Der unzufriedene Dorfpfarrer; oder Schutzschrift für die Landwirthschaft der Landgeistlichen", Leipzig 1773 (Jacobäer).

Dorfpfarrer, d. unzufriedene, oder Schutzschrift für d. ländl. Wirthschaft d. Landgeistlichen. 8. Leipz. 775. (Aue in Alt.) 3 gr

Dorfpfarrer, d. unzufriedene, od. Schutzschr. f. d. ländl. Wirthsch. d. Landgeistl. 8. Leipz. Jacobäer. 775.

Dorfpfarrer, Der vernünftige; eine Geschichte wie sie ist und sein sollte. Zürich 1791. V: *Heidegger, Heinrich.* (Ky) S. a. Nr. 12123.

— d. vernünftige; eine Geschichte wie sie ist u. sein sollte, (v. H. Heidegger). 8. Zürich 791. Orell. 8 gr Schrbp. mit Kpf. 20 gr

Dorfpfarrer, der,. Schausp. v. L. A. Hofmann. 8. Wien. 792.

Dorf-Polizey-Ordnung für das Herzogthum Schlesien und die Grafschaft Glatz d. d. Breslau den 1. May 1804. Mit alphabet. Sachregister. gr. 8. (32 S.) Breslau 878, Korn. *
Aus: Edicten-Sammlung, besonders abgedruckt.

Dorfprediger, der,. Schausp. v. Jester, nach d. Roman: der Landpriester v. Wakefield. 8. Königsb. Nicolovius. 792.

Dorfprediger, Der. Eine Geschichte, wie sie ist und wie sie durchgehends seyn sollte. Zürich 1793. V: *Heidegger, H.* (MGT) (GGr)

Dorfprediger, d. reisende, s. a. H. Müller II., meine Frühlingreise.

Dorfprediger, Der reisende. O. O. 1800. V: *Müller, Hnr. Aug.* (BrMm)

Dorfprediger, d. reisende, 2 Thle. 8. Ruppin, Kuhn.

Dorfprediger, Der, von Wakefield ... Leipzig 1776. V: *Goldsmith, Oliver.* Ü: *Bode, Joh. Joach. Christoph.* (Wr) (Schr) (Ml)

— der, von Wakefield; e. Gesch. die er selbst geschr. haben soll. aus d. Engl. des Oliv. Goldsmith, m. 1 K. 8. Leipzig, Weidmann. 796.

Dorfprediger, der, von Wakefield. A. d. Engl. 4te Aufl. 8. Leipzig, Weidmanns. 818.

Dorf- und Land-Recht, Neu vermehrtes, das ist: Vollkommener Unterricht, Von denen Dörffern derer Land-Leute ... Leipzig und Zelle 1704. 1712. 1716. Frankfurt und Leipzig 1734. V: *Dencke, A. J.* H: *Bilderbeck, Christoph Lorenz.* (JStubH)

Dorf- und Landrecht, Neu-vermehrtes, Das ist: Vollkommener Unterricht Von Denen Dörffern, Derer Land-Leute Stande, ... insonderheit denen Herren-Diensten ... zum 4. mahl aufgelegt. Franckfurt (2: Zelle) und Leipzig 1707. V: *Deneken, Johann.* V (Vorrede): *Bilderbeck, Christoph Lorenz.* (KGBerlin I, 631)

Dorf- u. Landrecht, neuvermehrt. rc. 3 Thle. 4. Hannover, Helwing. 739.

DORFREISE, Die, oder: So lernt man Menschen kennen. Mit TKpfr. Fürth 1795. 8°. 432 SS. Selten!
„Beleuchtung menschlicher Thorheiten u. Laster." (Zinke's Dresdener Nov.-Auct. 1905, no. 1365.)

Dorfreise, die, od. so lernt man Menschen kennen. 8. Fürth 795. Bever. 20 gr

Dorfreise, die, oder so lernt man Menschen kennen, 8. Fürth, 796. Bever. 25 sgl.

Dorfrichter und Gemeindebeamte, der Sächsische, d. i.: klare u. faßliche Anweisung für Dorfrichter, Gemeindevorstände und Gemeindebeamte, ihr Amt den Landesgesetzen u. der Landgemeindeordnung gemäß mit Sachkenntniß u. gutem Erfolge zu führen, nebst Anleitung zur Abfassung der dahin einschlagenden schriftl. Arbeiten, mit vielen prakt. Beispielen von Protokollen, Berichten, Vollmachten, Rechnungsablagen, Gemeinde-Haushaltsplänen u. ähnl. Aufsätzen, die ihnen in ihrem Amte vorkommen können, herausgeg. vom Ameisenschreiber. breit 12. Grimma 839. Verlags-Comptoir. n. 5/12 ℛ

Dorfschule, die, s.a. **Ch. H. Müller.**

Dorfschule, Die, ein Drama. München 1783. V: *Braun, Heinr.* (ML)

Dorfschule, die; ein Lstspl. in 2 A. 8. Münch. 783. Lentner. 3 gr

Dorfschule, die, Oper von Braun. 8. München, Lentner. 784.

Dorfschule, Die. Ein Sittenbild aus dem Anfange des Jahrh. Wien 1876. H: *Egger-Möllwald, Alois Ritter von.* (Mitt. Prof. Herm. F. Wagner-Klosterneuburg.)

Dorfschule, die. Halbmonatsschrift ausschließlich f. die Interessen der Landschule u. ihrer Lehrer. Unter Mitwirkg. namhafter Freunde vaterländ. Volksbildg. besonders auch aus Universitätskreisen hrsg. v. Gust. Melinat. 1. Jhrg. April 1905 — März 1906. 24 Nrn. (à ca. 12 S.) 4. Langensalza, Schulbuchh. n.n. 4.—

— dasselbe. 2. Jahrg. April 1906—März 1907. 24 Nrn. (à ca. 12 S.) 4. Ebd. n.n. 4.50

Dorfschule, die. Halbmonatsschrift ausschließlich f. die Interessen der Landschule u. ihrer Lehrer. Unter Mitwirkg. namhafter Männer der Praxis u. hervorrag. Freunde vaterländ. Volksbildg. besonders auch aus Universitätskreisen hrsg. v. Gust. Melinat. 3. Jahrg. April 1907—März 1908. 24 Nrn. (à ca. 14 S.) 32,5×24 cm. Langensalza, Schulbuchh. 6.—
Fortsetzg., s.: Volksschule, die.

Dorfschule, die, und die Judenschaft in der Klemme. s. Judenschaft.

Dorfschüler, der sächs., ein Lehr-, Lern- u. Lesebuch für die Jugend auf dem Lande. (Von Nahm.) Eine von der Schweizer. Gesellschaft für Verbesserung des Dorfschulwesens gekr. Preisschrift. gr.12. Grimma 838. Verlags-Compt. 1/4 ℛ, in Partieen n. 1/6 ℛ

Dorfschulmeister, d. arme, d. genug hat. Ein Gegenstück zu d. der ad ultimum nichts bekommen wird. gr. 8. Tübing. 826. Osiander. 10 gr

— ein, auf d. Frage: Was ist d. Papst? 8. Bamb. (Wesché in Frankf.) 3 gr

Dorfschulmeister, Ein, auf die Frage: Was ist der Pabst? Von dem Verfasser des vertrauten Mönchs. Wien 1782. V: *Hoffmann, Leop. Alois* [?] *nicht Retzer, Joseph Fr. Edler von.* (EB)

Dorfwahrsager, der, ein Nachspiel mit Gesang u. Tanz; Text u. Musik von J. J. Rousseau (deutsch u. franz.), zur beybehaltenen Musik metrisch bearbeitet u. mit den Melodien herausgegeben von C. Dielitz. gr. 8. Berlin, F. Dehmigke. 819.

Dorf-Weisthümer, einige, (Ban- und Bergteidinge) aus Mähren. Von P. v. Chlumecky. Lex.-8. (112 S.) Wien 856. (Brünn, Nitsch und Grosse.) **
Aus: Archiv für Kunde österreich. Geschichtsquellen. 17. Bd., besonders abgedruckt.

Dorfzeitung nebst Beiwagen. 1r—15r Jahrg. 1818—32. 4. Hildburgh., Kesselring. J. 1818—27. à 1 ℛ 8 gr J. 1828—32. à 1 ℛ 18 gr Eine Beilage dazu, s. Plauderstübchen.

Dorfzeitung, nebst Beiwagen. 16r—23r Jahrg. 1833—40. 4. Hildburghausen, Kesselring. à Jahrg. 1 1/3 ℛ

Dorfzeitung. Nebst Beiwagen. 24.—29. Jahrg. 1841—1846. à 252 Numm. (1/2 Bog.) 4. Hildburghausen, Kesselring'sche Hofbuchh. à n. 1 3/4 ℛ

Dorfzeitung. Nebst Beiwagen. 30—35. Jahrg. 1847 u. 1848. à 212 Nrn. 4. (1/2 B.) — 1849—1852. à ca. 260 Nrn. 4. (1/2 B.) Hildburghausen, Kesselring. à Jahrg. n. 1 3/4 ℛ

Dorfzeitung. Nebst Beiwagen. Red.: Johs. Ronne. 36—41. Jahrg. 1853—58. à ca. 250 Nrn. (à 1/2 Bgn.) Hildburghausen, Kesselring'sche Hofbuchhdlg. 4. Jeder Jahrg. n. 1 ℛ 22 1/2 ngr
Vgl.: Plauderstübchen.

Dorfzeitung: Die Dorfzeitung (Be)
⑤ 4. 1. 1840—7. 1. 1841 ⑦ Wochenblatt ⑧ Bern: Carl Stämpfli ⑪ Pfr. A. Bähler, Neuenegg ⑫ gemäßigt freisinnig ⑬ BGSZ: 232.

Dorfzeitung: Die Dorfzeitung (Lu)
⑤ 24. 12. 1851 (Probenummer)—24. 12. 1852 ⑥ 4° ⑦ Wochenblatt ⑧ Luzern: Josef Bründler (24. 12. 1851—15. 11. 1852), Xaver Bründler (19. 11. 1852—24. 12. 1852) ⑩ Josef Bründler, nachher Xaver Bründler ⑫ freisinnig ⑬ BGSZ: 1028, 1032 ⑭ Lu: Z.

Dorfzeitung, Begr. i. J. 1818 v. Chr., Amtl. Organ f. d. Ort u. Gemeindebezirk Schnozelborn, Nr. 1 u. 2, 22. u. 23. 3. 1908, 10 S., 2°.

—— allgem. landwirthschaftliche, 2. Jahrg. 1841. 52 Nrn. (1/2 Bog.) 4. Arnstadt, Meinhardt. *
Ist eine uneigentliche Fortsetz. d. „landwirthschaftl. Dorfzeitung v. Pfaffenrath, s. oben.

Dorfzeitung. — Bayerische Dorfzeitung. — München. — 1. I.1834 - 2.I.1837.
Fortges. u. d.T.: Der Bayerische Eilbote.

Berner Dorfzeitung
⑮ Die in der Übersicht »Publicistik der Gegenwart« (Heft 3: Schweiz; Würzburg 1879) erwähnte Zeitung heißt »Schweizerische Dorfzeitung« (Be) und ist unter diesem Stichwort zu suchen.

Dorfzeitung für praktische Bienenzucht, Illustrirte. Organ für deutsche Bienenwirthe. Redaktion: J. X. Burr; (Jhg. 3. auch: F. Schmidt. Jhg. 1—3. (Meppen, in Comm.: Leipzig; 1861—66. 8.

Birmenstorfer Dorfzeitung
v. Schweizerische Dorfzeitung (Ag).

Dorf-Zeitung, deutsche. Hrsg. u. Red.: Heinr. Sohnrey. 4. u. 5. Jahrg. 1901 u. 1902. à 52 Nrn. Mit der monatl. Beilage: Neues Bauernland, amtl. Anzeiger. gr. 4. (à ca. 8 S.) Berlin [Deutscher Dorfschriften-Verlag]. Deutscher Verlag. à Jahrg. n. 2. 40
Die früheren Jahrgänge u. d. T.: Dorfzeitung, kleine, sind vergriffen.

Dorf-Zeitung, deutsche. Vereinigt m. dem deutschen Dorfboten. Organ des deutschen Dorfbundes u. der Auskunftsstelle f. bäuerl. Ansiedlgn. Hrsg.: Heinr. Sohnrey. 6.—9. Jahrg. 1903—1906. à 52 Nrn. Mit der monatl. Beilage: Neues Bauernland. (à ca. 8 S.) 4. Berlin, Osterwieck, A. W. Zickfeldt. à Jhrg. n. 2. 40
Auch u. d. T.: Dorfbote, deutscher.

Dorf-Zeitung, deutsche, vereinigt m. dem deutschen Dorfboten. Wochenblatt f. ländl. Wohlfahrts- u. Heimatpflege. Organ der Auskunftsstelle f. bäuerl. Ansiedlgn. Hrsg.: Heinr. Sohnrey. Monatliche Beilage: Neues Bauernland. 10—13. Jahrg. 1907—1910. à 52 Nrn. (à ca. 8 S.) 34,5×25,5 cm. Berlin, Deutsche Landbuchh.
Auch u. d. T.: Dorfbote, deutscher. à Jahrg. 2. 80

Dorfzeitung, illustrirte, für praktische Bienenzucht. Organ für deutsche Bienenwirthe. Red.: J. X. Burr. Jahrg. 1864. 12 Nrn. (à 1 Bgn.) Meppen, Müller. gr. 8. 20 ngr

Dorfzeitung, illustrirte, für praktische Bienenzucht. Allgemeines Organ für deutsche Bienenwirthe. Red.: J. X. Burr. 2. Jahrg. 1865. 12 Nrn. (à 1 Bgn.) Meppen, Müller. gr. 8. 16 ngr

— — Red.: J. X. Burr u. Frdr. Schmidt. 3. u. 4. Jahrg. 1866 u. 1867. à 12 Nrn. (à 1 Bgn.) Bayreuth, Expedition. gr. 8. Jeder Jahrg. n. 16 ngr

--, des Lahrer hinkenden Boten, illustrirte. Jahrg. 1863 u. 64. à 52 Nrn. (à 1 Bgn. mit Holzschn.) Lahr, Geiger. 4. Jeder Jahrg. n. 1 ℛ

-- illustrirte, des Lahrer hinkenden Boten. 3. u. 4. Jahrg. 1865 u. 1866. à 52 Nrn. (à 1 Bgn. mit Holzschn.) Lahr, Geiger. 4. Jeder Jahrg. n. 1 ℛ

— — 5—9. Bd. oder Jahrg. 1867—1871. à 52 Nrn. (à 1 Bgn. mit Holzschn.) Lahr, Schauenburg. 4. Jeder Jahrg. 1 ℛ 12 ngr

Dorfzeitung, illustrirte, d. Lahrer hinkenden Boten. 10. u. 11. Bd. od. Jahrg. 1872 u. 1873 à 52 Nrn. (B. m. eingedr. Holzschn.) gr. 4. Lahr, Schauenburg. à Jahrg. 4. 20; Ausg. in 13 Hftn. à — 35

Dorfzeitung, illustrirte, des Lahrer hinkenden Boten. 7.—12. Bd. oder Jahrg. 1869—1874. à Jahrg. 52 Nrn. (Bog. mit eingedr. Holzschn.) gr. 4. Lahr, Schauenburg. à Jahrg. Ausg. in 12 Heften à Heft

- illustrirte landwirthschaftliche. Herausg. unter Mitwirkung einer Gesellschaft praktischer Land-, Haus- und Forstwirthe von William Löbe. 16—19. Jahrg. 1855—58. à 52 Nrn. (à 1 Bgn. m. Holzschn. im Text.) Leipzig, Keil. gr. 4. 16. 17. Jahrg. à n. 1 ℛ 10 ngr; 18. 19.: à n. 2 ℛ

illustrirte landwirthschaftliche. Herausg. unter Mitwirkung einer Gesellschaft praktischer Land-, Haus- u. Forstwirthe von William Löbe. (20.) Jahrg. 1859. 52 Nrn. (à 1 Bgn. mit Holzschn.) Leipzig, Voldmar. 4. n. 2 ℛ

(21- 24.) Jahrg. 1860—63. à 52 Nrn. (à 1 Bgn. mit Holzschn.) Ebend. 4. Jeder Jahrg. n. 2 ℛ 4 ngr

Dorf-Zeitung, kleine. Hrsg.: Heinr. Sohnrey. 1. Jahrg. 1898. 52 Nrn. (à 1 Bog.) Mit d. monatl. Beilage: Neues Bauernland, amtl. Anzeiger. (½ Bg.) gr. 4. Berlin, C. Heymann's Verl. n.n. 2. —
Kann auch vierteljährlich bezogen werden.

– Ab Bd. 4 u. d. T.: Deutsche Dorfzeitung.

— Kreischaer. Ein Wochenblatt, v. Landbewohnern f. Landbewohner geschrieben. Hrsg. u. Redact.: F. Theile. Jahrg. 1847. 52 Nrn. 4. (B.) Dresden, Gottschalck. — Ein Wochenblatt, f. Sachsens Landbewohner. Hrsg. u. Red.: F. Theile. Jahrg. 1848. 52 Nrn. 4. (Bog.) Ebd. à Jahrg. n. 1 ℛ

— landwirthschaftliche, hrsg. v. C. v. Pfaffenrath, unt. Mitwirk. mehr. geschickter Oekonomen. 1. Jahrg. 1840. 52 Nrn. (½ Bog.) 4. Arnstadt, Meinhardt. *
Vgl. Dorfzeitung, allgem. landwirthschaftl. — Beiblätter vgl., Gartenfreund; Hausfreund.

— dies., hrsg. von e. Vereine prakt. Haus- u. Landwirthe durch C. v. Pfaffenrath. 2. Jahrg. 1841. 52 Nrn. (½ Bog.) Mit d. wöchentl. Beiblatte: Gemeinnütz. Unterhaltungsblatt f. Stadt u. Land. Nebst Kfrt. 4. Leipzig, Polet. *

— dies., hrsg. v. C. v. Pfaffenrath u. Will. Löbe. 3. Jahrg. 1842. 52 Nrn. (Bog.) 4. Leipzig, Brockhaus. *

— landwirthschaftliche. Hrsg. unt. Mitwirkung ein. Gesellsch. prakt. Land-, Haus- u. Forstwirthe v. C. v. Pfaffenrath u. William Löbe. 4—8. Jahrg. 1843—47. à 52 Nrn. (Bog.) 4. Leipzig, Brockhaus. à J. *
Auf den beiden letzten Jahrgn. ist als Hrsg. W. Löbe allein genannt. — 1—3. Jahrg. * 1 Thlr. 20 Ngr. Vgl. d. Bd. 1. Abthl. S. 210.

— landwirthschaftliche. Hrsg. von William Löbe. 9. und 10. Jahrg. 1848 und 1849. à Jahrg. 52 Nrn. (½ Bog.) Mit: Gemeinnütz. Unterhaltungsblatt für Stadt und Land. à 52 Nrn. (½ Bog.) 4. Leipzig, Brockhaus. à Jahrg. *

Dorfzeitung, landwirthschaftliche. Hrsg. unter Mitwirkung einer Gesellschaft prakt. Land-, Haus- und Forstwirthe von William Löbe. 11—13. Jahrg. 1850—52. Neue Folge. 1—3. Jahrg. à 52 Nrn. (½ Bog.) Mit: Gemeinnütziges Unterhaltungsblatt für Stadt und Land. à Jahrg. 52 Nrn. (½ Bog.) und 12 Kpfr. und Holzschn. 4. Leipzig, Brockhaus. à Jahrg. Thlr. *

— landwirthschaftliche. Hrsg. unter Mitwirkung einer Gesellschaft prakt. Land-, Haus- und Forstwirthe von William Löbe. 14. und 15. Jahrg. 1853 und 1854. oder neue Folge 4. und 5. Jahrg. à Jahrg. 52 Nrn. (½ Bog. mit eingedr. Holzschn.) Mit: Gemeinnütziges Unterhaltungsblatt für Stadt und Land. 52 Nrn. (½ Bog.) und 12 Holzschnt. 4. Leipzig, Brockhaus. *

Dorfzeitung, landwirthschaftliche. Hrsg.: G. Kreiss. 15—19. Jahrgang. 1878—1882. à 52 Nrn. (½ B.) gr. 4. Königsberg, Beyer in Comm. à Jahrg. n.n. 4 —

Dorfzeitung, landwirthschaftliche. Hrsg.: G. Kreiss. 20—23. Jahrg. 1883—1886. à 52 Nrn. (½ B.) gr. 4. Königsberg, (Beyer). à Jahrg. n.n. 4. —

Dorfzeitung, landwirthschaftliche. Hrsg.: G. Kreiss. 24.—27. Jahrg. 1887—1890. à 52 Nrn. (½ B.) gr. 4. Königsberg, (Beyer). à Jahrg. n.n. 4. —

Dorfzeitung, landwirthschaftliche. Hrsg.: G. Kreiss. 28.—31. Jahrg. 1891—1894. à 52 Nrn. (½ Bog.) gr. 4. Königsberg, (F. Beyer). à Jahrg. n.n. 4. —

— landwirthschaftl. Hrsg.: G. Kreiss. 32.—35. Jahrg. 1895—1898. à 52 Nrn. (à ca. ½ Bog.) gr. 4. Königsberg (F. Beyer). à Jahrg. n.n. 4. —; einz. Nrn. — 15
Kann auch vierteljährlich bezogen werden.

— land- u. forstwirthschaftliche. Red.: Heuer. (1.) Jahrg. 1851. 52 Nrn. 4. (½ B.) Pirna, Heuer. ½ ℛ

— landwirthschaftliche, für den kleineren Landwirth in Preußen u. Thüringen herausg. von einem Verein praktischer Landwirthe unter Red. von Frz. Nowack [Nothe]. 3. u. 4. Jahrg. 1859 u. 60. à 24 Nrn. (à 1—1½ Bgn.) Berlin, Bosselmann. (Wiegandt & Hempel.) 4. Jeder Jahrg. n. 1 ℛ 10 ngr

— landwirthschaftliche, für die östlichen Provinzen des Preuß. Staats. Hrsgbr.: Hausburg. 5.—11. Jahrg. 1868—1874. à Jahrg. 52 Nrn. (½ Bog.) Fol. Königsberg, (Beyer.) à Jahrg.

Dorfzeitung, landwirthschaftliche, für die östlichen Provinzen des preußischen Staats. Hrsgbr.: G. Kreiß. 12. und 13. Jahrg. 1875 und 1876. à Jahrg. 52 Nrn. (à ½ Bog.) gr. 4. Königsberg, (Akadem. Buchh.) à Jahrg. *

Dorfzeitung. – M e c k l e n b u r g i s c h e Dorfzeitung.– Wismar. – 6.V.1849–27.VII.? 1851.
Vorh. u. d. T.: Mecklenburgische Volkszeitung.

Dorfzeitung. – N e u e Deutsche Dorfzeitung. – Coburg. – 15.I.1849–9.VII.1851.

· neue landwirthschaftliche, herausgeg. von einem Vereine prakt. Haus- u. Landwirthe. 1842—1846. à 52 Numm. (1/2 Bog.) Mit Abbild. 4. Leipzig, Polet. à n. 1/3 ₰

dies. mit dem wöchentl. Beiblatt: Neues gemeinnütz. Unterhaltungsblatt für Stadt u. Land. 1842—1846. à 52 Bog. 4. Ebend. à n. 2/3 ₰

— neue l a n d w i r t h s c h a f t l i c h e. 1847—1851. — Red.: C. B. P o l e t. 1852. à 52 Nrn. 4. (1/2 B.) Leipzig, Polet. à Jahrg. n. 1/3 ₰ — 1848—1851. Mit d. Beiblatt: Neues gemeinnütziges Unterhaltungsblatt f. Stadt u. Land. 1852. Mit d. Beiblatt: Unterhaltungsbibliothek f. alle Stände. 52 Nrn. 8. (1/2 B.) à 52 Nrn. 4. (1/2 B.) à Jahrg. n. 2/3 ₰ — Das Beiblatt allein à Jahrg. n. 1/3 ₰

— **n e u e l a n d w i r t h s c h a f t l i c h e.** Red.: C. B. P o l e t. 13. u. 14. Jahrg. 1853 u. 54. à 52 Nrn. (à 1 1/2 Bgn. mit Holzschn. im Text.) Leipzig, Polet. 4. Jeder Jahrg. n. 20 ngr

— **n i e d e r s ä c h s i s c h e. Illustrirtes landwirthschaftl. Volksblatt f. Nordwestdeutschland. Hrsg. u. Red.: Chrn. J e n s s e n. 1. Jahrg. 1889/90. 104 Nrn. gr. 4. (Nr. 1 u. 2. 12 S.) Hannover. (Leipzig, H. Voigt.) n. 6. —**

Dorf-Zeitung. – O b e r s c h l e s i s c h e Dorfzeitung. – Oppeln. – 19.I.1849–28.XII.1849 ?

— O b e r s c h l e s i s c h e. Jahrg. 1850. 52 Nrn. 4. (1/2 B.) Oppeln, Weilshäuser. 1/2 ₰

— **p r e u ß i s c h e l a n d w i r t h s c h a f t i c h e,** herausg. von einem Verein praktischer Landwirthe unter Red. von F r. N o w a c k. (R o t h e.) 1. Jahrg. Mai—Decbr. 1857. — 2. Jahrg. 1858. à 24 Nrn. (à 1—1 1/2 Bgn. m. Holzschn. im Text.) Berlin, Bosselmann. gr. 4. Jeder Jahrg. n. 1 ₰ 10 ngr

— S ä c h s i s c h e. Ein unterhaltendes Wochenblatt für den Bürger u. Landmann. Redakt. C. Heinrich. 1844—1846. à 52 Numm. (Bog.) Dresden 845, 46. (Heinrich u. Walther.) Vierteljährl. à n. 5/12 ₰ pr. Jahrg. n. 1 2/3 ₰

— S ä c h s i s c h e. Red.: **F r d r. W a l t h e r.** 9—12. Jahrg. 1847—1850. à 52 Nrn. (B.) Mit d. Beiblatt: Der Dampfwagen. Jahrg. 1847—1850. à 52 Nrn. hoch 4. (1/2 B.) Dresden. (Leipzig, Fr. Fleischer.) à Jahrg. n. 1 2/3 ₰

St. Galler Dorfzeitung
③ Neue St. Galler Zeitung (I) ⑤ 1832 ⑦ Wochenblatt ⑧ Flawil. Johann Caspar Steiger ⑩ der Drucker ⑫ freisinnig ⑬ BGSZ: 1046, 1047.

Dorf-Zeitung: Schweizerische Dorf-Zeitung (SG)
③ Der junge Wahrheits-Freund oder Schweizerische Dorfzeitung ⑤ 1838—5. 7. 1839 ⑧ St. Gallen: Jakob Friedrich Wartmann ⑪ Dr. Karl Friedrich Borberg ⑫ freisinnig ⑬ BGSZ: 1015—1047; Huber-Reinfer: C. F. Borberg (I. Teil, 1946) ⑮ Lu: Z (1838).

Dorfzeitung: Schweizerische Dorfzeitung (Ag)
③ Aargauer Zeitung (II) ④ Schweizerische Volkszeitung ⑤ 1. 7. 1840—1850 ⑥ 4° ⑦ Wochenblatt, wöchentlich 2× (seit 1842) ⑧ Birmenstorf (Ag): Jos. Zehnder (bis 30. 3. 1842: Druck und Verlag von J. Zehnder b. Baden): Baden: Zehnder und Tuchschmid. (vom 2. 4. 1842 an) Jos. Zehnder ⑨ Das Plauderstübchen (Monatsblatt) 1842, Sammlung kurzweiliger Stücklein aus dem Leben. 4°, auf besserem Papier als die Dorfzeitung. Zh: Z (im Band Schweiz. Dorfzeitung) ⑩ die Drucker ⑪ Jos. Zehnder ⑫ volkstümlich-freisinnig ⑬ BGSZ: 941; Haberbosch: Badener Zeitungen (1950) ⑭ Zh: (1840—29. 6. 1842); Baden: Archiv E. u. O. Wanner (1845—1846) ⑮ 20. 1. 1841 heißt es in einer Einsendung: An die Redaktion der »Birmenstorfer Dorfzeitung«. — Die Zeitung wurde von der »Stimme von der Limmat« auch »Zehnder'sche Dorfzeitung« genannt.

Dorfzeitung: Schweizerische Dorfzeitung (Be)
② Dorf-Zeitung (ab 4. 1. 1854, evtl. schon 1853) ⑤ 21. 9. 1850 (Probenummer) —? (1888 ?) ⑥ 4°, 2° (ab 1868) ⑦ Wochenblatt: ab 4. 1. 1854 (evtl. schon 1853): halbwöchentlich — lt. BGSZ. 12: 1886 nochmals Wochenblatt ⑧ Bern: Vereinsdruckerei (21. 9. 1850—22. 2. 1851), Buchdruckerei der Berner-Zeitung (1. 3. 1851—21. 2. 1852), Rud. Isaak Jenni (6. 3. 1852—?): Herzogenbuchsee: Lang & Cie. ⑨ Der Gwunderchratte: Gartenlaube ⑩ Rud. Js. Jenni ⑪ Carl Wälti, J. Allemann, Rud. Js. Jenni ⑫ freisinnig ⑬ BGSZ: 973 ⑭ Be: L. S ⑮ Nach BGSZ: 12 wäre die Zeitung von 1832—1888 erschienen und zwar mit folgenden Druckorten: Bern, Biel, Kirchberg, Herzogenbuchsee, Zofingen. Belege fehlen.

Dorfzeitung: Schweizerische Dorfzeitung (Be)
Ergänzen: ⑧ Kirchberg (Be): Arnold Lang (um 1877) ⑩ und ⑪ Rud. Isaak Jenni ⑬ Berner Volkszeitung – Jubiläums-Ausgabe 1857—1957 (1. 7. 1957), p. 2.

Dorfzeitung: Schweiz. Dorfzeitung (Zh)
⑤ 1894 ⑦ Wochenblatt ⑧ Zürich ⑬ BGSZ: 12, p. 102.

— W ü r t t e m b e r g i s c h e. Red.: G. C. **H a f n e r.** Jahrg. 1848. 52 Nrn. 4. (B.) Stuttgart, Metzler. n. 1 ₰ 17 ngr

Dorfzeitung: Zehndersche Dorfzeitung
v. Schweizerische Dorfzeitung (Ag).

Doergé, die gezogenen Laffeten zur Aufnahme von Geschütz-Röhren der Belagerungs- u. Festungs-Artillerie. Mit 3 (lith.) Zeichnungen (in Fol.). Berlin 864. Mittler & Sohn. gr. 8. (47 S.) 12 ngr

Anfangsgründe der Länderkunde in Sexta von Oberl. Dr. (H[einrich]) **Dörge**. *Quedlinburg: [P. Deter] (1902).* (15 S.) 8° [F.] [03. 1031 3

Dörge, H., Anfangsgründe der Länderkunde in Sexta. (15 S.) gr. 8. Quedlinburg (908). (P. Deter.) n. —20

Anfangsgründe der Länderkunde in Sexta. Von Oberl. Dr. (H[einrich]) Dörge. *Quedlinburg [1903]: Geßler & Strauß.* (15 S.) 8° [Umschlagt. F.] [03. 13000

Dörge, Heinrich, Dr.: **Beiträge** zum Unterricht in der Heimatskunde an der Realschule zu Quedlinburg. *(Quedlinburg 1899.)* (39 S.) 8° [F.]
Quedlinburg, st. R, OP 1899 (288)

Dörge, Herrmann: **Elephantiasis bei Fettsucht.** ⟨Aus der Berliner II. Medicin. Klinik des Herrn Geh.-Rats Prof. Dr. Gerhardt.⟩ *Berlin (1898): E. Ebering.* (25 S. mit Taf.) 8°
Berlin, Med. Diss. v. 11. März 1898

Dörge, K. L. Otto [sonst **Otto**]: Schulversuche aus der **Akustik. Hamburg 1910: Lütcke & Wulff.** 22 S. 8°
Bergedorf, Hansa-S, G u. R OP 1910 (967) [S 10. 80

Dörge, Matth., d. neuesten Verbesserungen in d. Fabrikation d. Talglichte. Für alle Diejenigen, welche sich damit beschäftigen. Nach den neuesten u. besten französ., engl. u. deutschen Schriften über diesen Gegenstand bearb. 8. Quedlinb. 832. Basse. 10 gr

Dörge, Otto, aus Osterode a. H.: **Eine Studie** über Seifenblasen. *Leipzig: J. A. Barth 1899.* (21 S.) 8°
Rostock, Phil. Diss. v. [10. Juli] 1899

Dorgeel, Heinrich [Pseud.] s.a. G e e h l , Heinrich

Dorgeel, Heinr., Buntes aus der Reisemappe. Aufzeichnungen während einer Küstenfahrt im mittelländ. Meere. gr. 8. (VI, 253 S.) Leipzig 878. Lenz. n. 4. 80

Dorgeel, Heinrich [d. i. Heinrich Geehl]: Die Dt. Colonie in London. — London und Lpg: Siegle in Komm. 1881. IV, 99 S.

† D o r g e e l, Heinr. [Heinr. Geehl], Deutschlands Pioniere in London. Ein Wegweiser und Rathgeber für Deutsche in England und speciell in London. 8. (298 S.) Berlin 883, Janke.

Doergens, Arminivs ⟨geb. am 3 Juni 1832 in Elberfeld⟩: Antonianae cvm L. Annaei Senecae philosophia ethica contentio et comparatio. Fasc. prior ... Bonnae, form. Carthvsianis (1856). 2 Bl., 51 S. 8. ¶ Erschien vollständig 1857 bei Dyk in Leipzig *u. d. T.:* Senecae Disciplinae moralis cum Antoniniana contentio et comparatio.
Bonn, Phil. Fak., Diss. v. 16 Aug. 1856

Doergens, H., Ueber die Mitregentschaft unter Augustus. Hdl. 1865. 8 S. — .75

Doergens, Hermann

D o e r g e n s, Herm., Aristoteles oder über Wissenschaft der Geschichte. 2 Bde. gr. 8. Leipzig, C. F. Winter'sche Verlagsh.

Inhalt:
Bd. 1. Ueber das Gesetz der Geschichte. 2. (Titel-)Ausg. (VII, 80 S.) (872)71. *M. 1,60.
„ 2. Ergebnisse einer Untersuchung des Ganges der Geschichte Europa's aus dem Antheile der Nationen. Mit einem Urkunden-Anhang. (VIII, 379 S.) 874. *M. 7,20.

Doergens, Herm., der heilige Basilius und die classischen Studien. Eine gymnasialpädagogische Studie. Leipzig 857. Dyk. gr. 8. (IV, 61 S.) 12 ngr

— L. Annaei Senecae disciplinae moralis cum Antoniniana contentio et comparatio. gr. 8. (VI und 126 S.) Leipzig 857, Dyk'sche Buchh.

— Grundlinien einer Wissenschaft der Geschichte. 2 Bde. gr. 8. Ebendas. 878. *

Inhalt:

Bd. 1. Ueber das Bewegungsgesetz der Geschichte. 2. verm. Ausg. Mit 2 das Wachsthum der Ideen in der Geschichte veranschaulichenden (lithogr.) Schichtenkarten. (VI, 98 S.) *M 1,60.

» 2. Die Nationalitäten. Uebersicht und Ergebnisse der aus ihrem Antheile hervorgegangenen staatspolitischen Entwicklung Europas. 2. ergänzte Ausg. Mit einem Anhang päpstl. und staatl. Urkunden in ihren Urtexten, sowie einer chronolog. Projection die Signatura Temporum darstellend. (in gr. Fol.). (XI, 379 S.) *M 5.

— über Suetons Werk de viris illustribus. Eine philolog. Studie. gr. 8. (IV und 104 S.) Leipzig 857, Dyk'sche Buchh.

Doergens, R., die Berechnung u. Teilung der geradlinig begrenzten Grundstücke. Mit 3 Fig.-Taf. 8. (VI, 66 S.) Berlin 887. Polytechn. Buchhandlg. geb. n. 2. —

Doergens, R.: Barometrische Höhenbestimmungen in Syrien und Palästina, ausgeführt im Jahre 1860. Nebst Profilen. ([S.-A.] Petermann's Geographische Mittheilungen. 1866. Heft 2. S. 97—102.) Gotha 1866. 6 S., 1 Tf. 4°.

Doergens, R., neuere Horizontir- u. Centrir-Vorrichtungen für geodätische Instrumente. [Aus: „Centralbl. d. Bauverwaltg."] Lex.-8. (16 S. m. 8 Holzschn.) Berlin 890. W. Ernst & Sohn. n. 1. —

— Tachymeter m. Tangentenschraube. [Aus: „Centralbl. d. Bauverwaltg."] gr. 8. (9 S. m. 3 Holzschn.) Ebd. 893. n. — 80

Doergens, R., Theorie u. Praxis der geographischen Kartennetze. 1. Thl. Die perspektivischen Projektionen. Mit 7 lith. Taff. Berlin 870. Schropp in Comm. Lex.-8. (VIII, 47 S.) n. 22½ ngr

Doergens, R. Über die Ursachen der heutigen socialen Missstände. (Rede zum Geburtsfeste S. Majestät des Kaisers und Königs Wilhelm II. in der Aula der Königlichen Technischen Hochschule zu Berlin.) Berlin 1892. 4°.

Dörger, Rud., die Wartung und Pflege kleiner Kinder. Aerztliche Rathschläge für Mütter, insbesondere für Frauen aus dem Volke. Nebst einem Anh. über Kinderkrankheiten. gr. 8. (68 S.) Hamburg 869, Richter. *

Dorgerloh, A., die alte Holzkirche in Reichenau in Ostpr. u. der darin befindliche altdeutsche Altarschrein von 1518. [Mit 3 autogr. Taf.] [Aus: „Altpreuss. Monatsschr."] gr. 8. (13 S.) Königsberg 881. (Beyer.) n. — 60

Dorgerloh, A., Verzeichnis d. durch Kunstdruck vervielfält. Arbeiten Adolf Menzels. gr. 8. (248 S. m. Bildn.) Leipzig 896. E. A. Seemann. In Pergament kart. n. 10. —

Dorgerloh, Eugen, gepr. Rechtskandidat a. Gera: Der Aufsichtsrat der Aktiengesellschaft. Borna-Leipzig 1907: R. Noske. (VIII, 78 S.) 8° [J.]
Jena, Jur. Fak., Ref. Rosenthal, Diss. v. 6. Nov. 1907
[Geb. 11. Aug. 82 Gera-Reuß; Wohnort: Gera-Reuß; Staatsangeh.: Reuß j. L.; Vorbildung: Gymn. Gera Reife O. 03; Studium: Jena 1, Leipzig 4, Jena 3 S.; Rig. 15. Okt. 07.]

Dorguth, ..., über d. Geschäfte d. Friedensrichters in correction. u. peinl. Fällen. gr. 8. Magdeb. 809. Heinrichshofen. 3 gr

Dorguth, Friedrich

Dorguth, Friedr., vermischte Bemerkungen über die Philosophie Schopenhauer's, ein Brief an den Meister. gr. 8. (36 S.) Magdeburg 852, Heinrichshofen'sche Buchh.

Dorguth, F., populäre, prakt. Entwickelung der abstracten Begriffe, welche die positive Strafgesetzgebung interessiren, nach dem System des apodiktischen Real-Rationalismus. Veranlaßt durch die im Werke befindl. Revision der königl. preuß. u. sächs. Strafgesetze. gr. 8. Magdeb. 837. Heinrichshofen. ¼ rℓ

— Grundkritik der Dialektik u. d. Identitätssystems m. e. Anh. v. Korollarien, Erläutergn. u. Kritiken, insbesond. m. Rücksicht auf Bernh. Cotta's „Briefe üb. Aler. v. Humboldt's Kosmos." 1. Thl. gr. 8. (VI u. 87 S.) Magdeburg 849, Heinrichshofen. ⅓ rℓ

— Kritik des Idealismus und Materialien zur Grundlage des apodiktischen Real-Rationalismus. gr. 8. Magdeburg 837. Heinrichshofen. 1⅓ rℓ

Dorguth, Friedr., das Licht der wahrhaften kosmischen dem Irrlichte der Hegel'schen Dialektik gegenüber Ein Schreiben an den Herrn Dr. Arthur Schopenhauer. Magdeburg 854. Heinrichshofen. gr. 8. (32 S.) 5 ngr

— Nachträge u. Erläuterungen zur Kritik des Idealismus u. Materialien zur Grundlage des apodiktischen Real-Rationalismus. gr. 8. Ebd. 838. ⅓ rℓ (Complet 1⅚ rℓ)

Dorguth, F., Schopenhauer in seiner Wahrheit. Mit ein. Anh. üb. d. abstrakte Recht u. die Dialektik d. ethischen u. des Rechtsbegriffes. gr. 8. (2 B.) Magdeburg 845, Heinrichshofen.

— die Welt als Einheit, ein philosoph. Lehrgedicht, mit Rückblick auf Alex. v. Humboldt's Kosmos, mit einer Einleitung und einem Anhange. gr. 8. (27 S.) Magdeburg 848, Heinrichshofen'sche Buchh.

— die falsche Wurzel des Idealrealismus. Ein Sendschr. an Prof. Karl Rosenkranz. gr. 8. (1 B.) Magdeburg 843, Heinrichshofen.

Dorguth, Heinr. Joh. (Helmstedt), De feriis. Präs. Aug. Leyser. Helmstedt (Gg. Wolfg. Hamm) 9. III. 1715. 8 S. (4.—) 6767

— Joh. Franz (Mansfeld), Difficultatem studii sacri codicis cognitione elegantiorum litterarum apte minui. Präs. Gottlob Sam. Nicolai. Halle (Joh. Chn. Hilliger) April 1750. 36 S. (5.—) 6768
Widm. v. Präs.

Dörholt, Bernhard

Dörholt, Bernh., üb. die Entwicklung d. Dogma u. den Fortschritt in der Theologie. Habilitations-Rede, geh. in der Aula der königl. Akademie zu Münster am 17. Febr. 1892. gr. 8. (48 S.) Münster i/W. 892. Aschendorff. n. — 90

Dörholt, B., die Lehre v. der Genugthuung Christi, theologisch dargestellt u. erörtert. gr. 8. (XI, 517 S.) Paderborn 891. F. Schöningh. n. 6. —

Dörholt, Bernh., d. Taufsymbolum d. alten Kirche nach Ursprung u. Entwicklg. 1. Tl. Geschichte d. Symbolforschg. gr. 8. (VIII, 161 S.) Paderborn 898. F. Schöningh. n. 4. —

Dörholt K. Ueber einem Dreieck um- und eingeschriebene Kegelschnitte. 1884. 8. Diss. Münster.

[J.] Dörholt, Karl [Dr.]: Die Enveloppe der Axen der einem Dreieck eingeschriebenen Parabeln. Rheine, Druck v. J. Altmeppen, 1891; S. 8—38, 1 Taf. 4°
Rheine, G Dionysianum, P 1891 (353)

Dori, Johann Adolph

Dori, J. A.: „Briefe über die philosophische Rechts- und Staatswirtschaftslehre", Görlitz 1801.

Dori, Jh. Ad., Briefe über d. philosoph. Rechts- u. Staatswirthschaftslehre. gr. 8. Görlitz 805. (Anton in Halle). 1 rℓ 8 gr

Dori, Jh. Ad., (†... 1807.) über d. höchste Gut u. dessen Verbindung mit d. Staate. 8. Leipz. 798. (Gnobloch). 16 gr

Dorl, Johann Adolph: „Ueber das höchste Gut und dessen Verbindung mit dem Staate", Leipzig 1798 (Martini).

Dorl, Johann Adolph: „Materialien zur Aufstellung einer vernunftmässigen Theorie der Staatswirthschaft", Leipzig 1799 (Kramer). — Vorh.: Com. Bibl. Hamburg.

— Materialien zur Theorie d. Staatswirthschaft. 8. Leipz. 799. Schiegg. (Enobloch). 1 ℛ

Doria, (L.,) Abrégé de la Grammaire Italienne. 8. Mannheim 823. (Löffler.)

Doria, L., abrégé de la Grammaire italienne. 8. Manh. 823. (Karlsr., Marx). 1 ℛ 12 g

— il Duca d'Ossona, ossia l'amore virtuoso secondato dal caso. Der Herzog v. Ossona, oder d. vom Zufalle begünstigte tugendhafte Liebe. 8. Karlsr., Marx. 1 ℛ 6 g

Doria, Paolo Mattia

Considerationi di Paolo Mattia Doria intorno alla natura ed essenza delle dimostrazioni generali e particolari ed intorno alla natura della costruzione Geometrica e Meccanica etc. Ohne Anzeige des Druckorts. 3½ Bog. 1724.

Dorian, Lystren, (nach Baader: Jord. Simon; nach Rassmann: Wyhd. Strehlin), Briefe von d. Freundschaft an eine vornehme Freundin. 2 Bde. 8. Augsb. u. Leipz. 767. Rieger. 1 ℛ 4 g

Dorich, J., Cartouche. Dramat. Anekdote, s. Theater-Almanach, Berliner. 1842.

Doerich, W: Beschreibung der Wasserversorgung, Kanalisation und Rieselflächen der Stadt Bunzlau i. Schl. 2. Aufl. Bunzlau 1883

† Dörjen, Ad., (Geo. C. L. Schöpfer,) der wohlunterricht. Barbier, e. unentbehrl. Noth- u. Hülfsb. f. Jeden, der sich od. Andere barbieren will rc. 16. (6¼ B.) Nordhausen 830, Fürst.

Dorien, Car. Ferd. (geb. Schippenbeil 7. 3. 1816): De asthmate thymico. Berolini (1845). (27 S.) 8°
Berlin, Med. Diss. v. 25. Juli 1845

Dorien, Kurt, a. Posen: Der Bericht des Herzogs Ernst II. von Koburg über den Frankfurter Fürstentag 1863. Ein Beitr. z. Kritik seiner Memoiren. T. 1. Quellenanalyse, Kritische Einzeluntersuchungen. München 1910: Oldenbourg. XIV, 64 S. 8° ¶ (Ersch. vollst. als: Histor. Bibliothek. Bd 21.)
Greifswald, Phil. Diss. v. 8. Juli 1910, Ref. Ulmann
[Geb. 19. Dez. 85 Karthaus Wpr.; Wohnort: Greifswald; Staatsangeh.: Preußen; Vorbildung: Friedrich-Wilhelms-Gymn. Posen Reife O. 06; Studium: Berlin 5, Greifswald 3 S.; Rig. 5. Febr. 10.] [U 10. 1607

Der Bericht des Herzogs Ernst II. von Koburg über den Frankfurter Fürstentag 1863. Ein Beitrag z. Kritik s. Memoiren. Von Dr. Kurt Dorien. München & Berlin: Oldenbourg 1910. XVI, 170 S. 8°
[Ein T. ersch. als Inaug.-Diss. Greifswald.]
(Historische Bibliothek. Bd 21.) [11. 7734 3

Dorieux-Brotbeck, Betty.

Dorieux, Betty [B.-M. Brotbeck-Gnehm], lyrische Gedichte. 16. (VIII, 172 S.) Wien 877. Hartleben. 1. 80

Dorieux-Brotbeck, Betty, Adolf Hellberg. Schauspiel in 4 Aufzügen. 12. (V, 122 S.) Leipzig 888, Werther. *

Dorlforth, die einfache Geschichte, aus dem Engl. der Miß Inchbald, 4 Theile, mit 1 Kupf. zweyte Aufl. 8. Leipzig, 797. Rein. 1 Rthl. 15 ggl.

Dorlforths einfache Gesch., a. d. Engl. (hat a. d. Titel: einfache Gesch., a. d. Engl. d. Miß Inchbald. 4 Thle.) 8. Leipzig, Rein. 798.

Dorigny, Pater Johann, Lebensgeschichte des ehrwürd. Paters Peter Canisius aus der Gesellschaft Jesu. Ins Deutsche übers. u. mit geschichtl. Noten verm. von Dominik Schelkle. Mit e. Vorrede v. Karl Egger. 2 Bde. 8. Wien 837. Mechitaristen-Congreg.-Buchh. 1½ ℛ

Doerinckel, Friedrich), a. Göttingen: Über einige Platinlegierungen. Hamburg u. Leipzig: L. Voss 1907. (38 S., 3 Taf.) 8° ¶ (Aus: Zeitschrift f. anorgan. Chemie Bd 54.)
Göttingen, Phil. Fak., Ref. Tammann, Diss. v. 20. Aug. 1907
[Geb. 16. Mai 82 Neu-Isenburg; Wohnort: Neu-Isenburg; Staatsangeh.: Hessen; Vorbildung: Gymn. Gießen Reife O. 01; Studium: Göttingen 12 S.; Rig. 1. Mai 07.]

Döring u. Plato, Worte der Verehrung, s. Worte.

Döring s.: Andenken an den hl. Tag der Konfirmation.

Döring, das Desideratenbuch. Ein pract. Hilfsbuch f. den Antiquariatsbuchhandel. gr. 8. (60 S.) Leipzig 898. F. A. Döring. n. 2. 75

Döring, Empfehlung f. junge Frauenzimmer. siehe Empfehlung.

Döring, v. Geschichte d. 7. Thüring. Infanterie-Regiments Nr. 96. 1. Thl.: Vorgeschichte. Auf Befehl d. königl. Regiments zusammengestellt. Mit 3 Uniformbildern, 4 Ordenstaf. u. 8 Planskizzen. gr. 8. (XII, 592 S.) Berl. 890, Mittler u. Sohn. * 13 50

Döring, A., über den Begriff der Philosophie. gr. 8. (V, 52 S.) Dortmund 878. Köppen. n. 1. 20

Döring, A., Betrachtungen üb. jagdschongesetzliche Bestimmungen u. die Erhaltung der Jagd im heutigen Wirtschaftswalde. (42 S. m. 1 Tab.) gr. 8. Freiberg 907. Craz & Gerlach. — 75
Sonderabdr. a. „Bericht üb. d. 50. Versammlg. des sächs. Forstver."

Döring, A., Die aristotelischen Definitionen von σύνδεσμος und ἄρθρον, Poetik c. 20. S.-A. 1890. 7 S. —.60

Döring, A., Die Disposition von Xenophons Memorabilien als Hülfsmittel positiver Kri S.-A. 1890. 27 S.

Die Gemeindegrundsteuer nach dem gemeinen Werth des Grundbesitzes. Bearb. von A. Döring, Stadtsekr., Mülheim a. Rh. Köln: Kölner Verl.-Anst. u. Dr. 1900. 88 S. 8° A 12. 9386

Döring, A., Grundzüge der allgemeinen Logik als einer allgemeinen Methodenlehre des theoretischen Denkens. 1. Thl.: Einleitung und Naturlehre des theoretischen Denkens. gr. 8. (XII, 168 S.) Dortmund 880, Köppen'sche Buchh. *

Döring, A., philosophische Güterlehre. Untersuchungen üb. die Möglichkeit der Glückseligkeit u. die wahre Triebfeder d. sittl. Handelns. gr. 8. (XI, 438 S.) Berlin 888. Gaertner. n. 8. —

— die Indicationen u. Contra-Indicationen f. den Kurgebrauch in Bad Ems. 2. Aufl. gr. 8. (62 S.) Ebd. 886. n. 1. —

Döring, A., der Inhalt der sittlichen Forderung. Vortrag am 5. Mai 1893. gr. 8. (15 S.) Berlin 893. Deutsche Gesellschaft f. eth. Kultur. n. — 30

Döring, A., deutsche Kernlieder aus dem Franzosenkriege. Mit Illustr. nach W. Camphausen u. A. v. Werner. 8. (IV, 158 S. m. 4 Holzschntaf.) Berlin 872. Grote. n. 1. —; geb. n. 2. —

— die Kunstlehre d. Aristoteles. Ein Beitrag zur Geschichte der Philosophie. gr. 8. (VIII, 341 S.) Jena 876. Dufft. n. 6. —

— Johann Lambach u. das Gymnasium zu Dortmund von 1543—1582. Ein Beitrag zur Geschichte d. Humanismus u. seines Schulwesens u. der Reformation. Enthält zugleich e. Abhandlg. üb. Jakob Schöpper als theolog. u. dramat. Schriftsteller v. H. Junghans. gr. 4. (135 S.) Berlin 875. Calvary & Co. n. 5. —

—— Leitfaden für den Unterricht in der Heimatkunde als Vorbereitung des geographischen Unterrichts. 8. (46 S.) Leipzig 881. Teubner. cart. *

Döring, A., Die eschatologischen Mythen Platos. S-A. 1893. 16 S. —

Doering, A: Preisbuch über Jauchepumpen. Sinn (Nassau) (1897?)

Doering, A: Preis-Verzeichniß über Pumpen und Wasserleitungs-Gegenstände. Nr 34. 35. Sinn (Nassau) (1897?)

Doering, A: Rathgeber über Pumpen- u. Wasserleitungssachen. Herborn.1893

Döring, A. Einige Regeln für die Disposition deutscher Aufsätze. 15 S 8. Progr. G. *Dortmund* 1879.

Döring, A.: Ein Schulgesetz des Archigymnasiums Tremoniense vom J. 1732 mit Bemerkungen. 18 S. 4° —Dortmund, Progr. 1871.

— System der Pädagogik im Umriss. gr. 8. (XI, 299 S.) Berlin 894. R. Gaertner. n. 6. —

Doering, A., De tragoedia Christiana, Χριστὸς πάσχων. Pr. 1864, 25 S. 4°.

— der ethische Unterricht, s.: Zusammenkunft, die Eisenacher, etc.

Döring, A., Das Weltsystem des Parmenides. S. A. O. J. 17 S.

-- über Zeit u. Raum, s.: Vorträge, philosophische.

Döring, Albert [appr. Arzt aus Bad-Ems]: Über einen Fall von Lithotomie .... München, K. Hof- u. Univ.-Buchdr. v. Dr. C. Wolf & Sohn, 1887; 23 S. 8°.
München, Med. Fak., Inaug.-Diss. v. 1887.

Döring, Albert Jac. Gust.

Döring, Alb., Bad-Ems. Die Thermen von Ems zur Orientirung für den Arzt u. als Handbuch für den Kurgast geschildert. Mit 1 (lith. u. color.) Karte der Umgebung von Ems. Berlin 869. Hirschwald. gr. 8. (VIII, 289 S.) n. 1 ℛ

Döring, Alb., Bad Ems. Die Thermen v. Ems, zu Orientirg. f. den Arzt u. als Handbuch f. den Curgast geschildert. 3. Aufl. 8. (XVI, 257 S.) Ems 884. Kirchberger. n. 2. 50

Döring, Alb., Brunnen-Diätetik für den Emser Curgast. [Aus dessen Werk über Ems.] 12. (55 S.) Ems 886, Kirchberger. *

— les eaux thermales d'Ems. 2. édit. Ems 853. Kirchberger. 12. (1 Bl., VI, 231 S. u. 2 S. Tab., Appendice: 1 Bl., 61 S., u. „Notices économiques à l'usage des visiteurs etc." 18 S. u. 1 Stahlst.) n. 1 ℛ 10 ngr

— — (Partie médicale.) Nouv. édit. Ebend. 852. 12. (VI, 236 S. u. 1 Stahlst.) n. 24 ngr

— Ems, ses eaux thermales et ses environs. Traduit, avec la coopération de l'auteur par J. Lendroy. Avec une vue du nouveau Coursaal et une carte des environs d'Ems. gr. in-8. Ems 839. Kirchberger. 1 2/3 ℛ

Döring, Alb. Jac. Gust., Ems mit seinen natürlich-warmen Heilquellen und Umgebungen. Für Curgäste u. angeh. Aerzte dargestellt. Mit 1 Ansicht des neuen Cursaales u. 1 Karte der nächsten Umgebb. v. Ems. 8. Ems 838. Kirchberger. 1 1/2 ℛ

Döring, Alb. Jac. Gust., Ems mit seinen natürlich-warmen Heilquellen u. Umgebungen. 2. ganz umgearb. Aufl. Mit e. Ansicht von Ems u. e. Karte seiner nächsten Umgebungen. 11. 8. (Mit 5 Tabellen.) Ems 844, Kirchberger. n. 1 1/6 ℛ

Döring, Alb. Jac. Gust., Ems mit seinen natürlich-warmen Heilquellen und Umgebungen. Mit 1 (in Kpfr. gest.) Ansicht von Ems u. 1 (lith.) Karte seiner nächsten Umgebungen (in gr. 4.). 3., zunächst für Nichtärzte umgearb. Aufl. Ems 855. Kirchberger. 16. (XVI, 234 S.) 27 ngr

Döring, Alb. Jac. Gust., Ems mit seinen Heilquellen u. Umgebungen. 4. Aufl. Umgearb. u. herausg. von Alb. Döring. Mit 1 Ansicht von Ems u. 1 Karte seiner nächsten Umgebungen in Kupferst. (in 8. u. Fol.) Ems 861. Kirchberger. 8. (XIV, 235 S.) 1 ℛ

—— Ems-les-bains. L'hygiène du malade. 8. (52 S.) Ebendas. 887.

Döring, Alb., die Indicationen u. Contra-Indicationen für den Kurgebrauch in Bad-Ems. gr. 8. (58 S.) Ems 882. Kirchberger. n. 1. —

Döring, Alb., die Indicationen u. Contra-Indicationen f. den Kurgebrauch in Bad Ems. 3. Aufl. Hrsg. u. bearb. v. Alb. Döring. gr. 8. (64 S.) Ems 894. L. J. Kirchberger. n. 1. —

Döring, Alb., die König-Wilhelms-Felsenquellen zu Bad-Ems. Eine hydrolog. Skizze. Mit Ansicht (Holzschntaf.) u. (lith.) Situationsplan. 8. (45 S.) Berlin 874. Hirschwald. n. 1. 20

Doering, Alb., Traité sur les eaux thermales d'Ems. 8. (235 S.) Ems 866, Kirchberger. *

Döring, Alexander

Der Königsforst und seine Umgebung. (Wanderungen im Königsforst ... Bearb. im Auftr. d. Kölner Eifelvereins ... von Alexander Doering. Hierzu 3 Kt. u. 1 Skizze.) 2. Aufl. Köln: Roemke (1910). 85 S. 8°
(Wanderbücher d. Kölner Eifelvereins. [Nr 1.]) A 12. 6376 5

Doering, Armin. Gust. Rich. (geb. Berlin 26. 10. 1839): De frigore in chirurgia applicando. Berolini (1863). (32 S.) 8°
Berlin, Med. Diss. v. 14. Okt. 1863

Döring, August

Eine Frühlingsreise in Griechenland. Von Dr. A[ugust] Döring, Univ.-Prof. *Frankfurt a. M.: Neuer Frankf. Verl. 1903.* (199 S.) 8° [03. 3003

Doering, A[ug.], Die Geschichte des Gymnasiums zu Dortmund [Tl] 1. 2. Dortmund 1872. 1873. 8° (4°).
Dortmund, Gymnas. u. d. Realschule 1. Ordn., P (1872. 1873).

Geschichte der griechischen Philosophie. Gemeinverst. nach d. Quellen. Von Dr. A[ugust] Döring, Universitätsprof. In 2 Bden. Bd 1. 2. *Leipzig: O. R. Reisland 1903.* 2 Bde 8° [03. 9394

Döring, A., Geschichte der griech. Philosophie. Jetzt: München, H. Hugendubel. Erm. Pr. n. 12. —.

Hamlet. E. neuer Versuch z. ästhetischen Erklärg d. Tragödie. Von Prof. Dr. A[ugust] Döring, Gymnasialdir. a. D. u. Privatdoz. an d. Berl. Univ. *Berlin: R. Gaertner 1898.* (IV, 310 S., 1 Bl.) 1 Bd 8. [97. 7737

Döring, A., Shakspeare's Hamlet seinem Grundgedanken u. Inhalte nach erläutert. Berlin. 96 S.
Schul-/Univ.-Schrift 1865

Döring, Aug., Shakspeares Hamlet seinem Grundgedanken u. Inhalte nach erläutert. Berlin 865. Grote. gr. 8. (96 S.) 12 ngr

[F.] Handbuch der menschlich-natürlichen Sittenlehre für Eltern und Erzieher. '(E. Versuch im Sinne der v. d. Deutschen Gesellsch. f. ethische Kultur gestellten Aufgabe.)' Von A[ugust] Döring. *Stuttgart: F. Frommann 1899.* (XVI, 415 S.) 1 Bd 8. [98. 10337

Döring, August (Bearb.), s. Hauff, Wilhelm: Schönste Märchen.

Döring, Prof. Dr. Aug., Die Lehre des Sokrates als sociales Reformsystem. Neuer Versuch des Problems der sokratischen Philosophie. gr. 8°. München, C. H. Beck, 1895.

Döring, Aug. Sam., s. Gedichte, Reden rc. A. S. Döring's.

Döring, Bernh. Bemerkungen über Stil und Typus der isländischen Saga. 44 S. Progr. Nik. *Leipzig* 1877.

— Eine altisländische Brandlegung. Episode aus der Erzählung vom Leben des Njal. 20 S. Progr. Nik. *Leipzig* 1878.

[K.] Doering, Bruno [Referendar]: Werden frühere Intestatkodizille durch die nachfolgende Errichtung eines Testamentes aufgehoben? ... Greifswald, Druck v. J. Abel, 1895; 47 S. 8.
Greifswald, Jur. Fak., Inaug.-Diss. v. 1895

Döring, E., Anleitung zur Wiederholung unserer Sprüche. gr. 8. (48 S.) Dresden 893. Bleyl & Kaemmerer. n. 1.20

Döring, E., Bilder-Buch f. unsere ABC-Schützen, e. prakt. Hilfsmittel f. Schule u. Haus bei der Behandlg. der Laute u. ihrer Zeichen auf der Elementarstufe. Mit 30 Holzschnitten. gr. 8. (40 S.) Meißen 885. Baumert. n. — 75

— 80 deutsche Bürgermeister u. Gabelsbergers deutsche Redezeichenkunst. gr. 8. (32 S.) Meißen 893. (L. Mosche.) n.n. — 25

Döring, C.: 240 Hausaufgaben, s. Herberger, K.

Döring, C., de primitivae ecclesiae inspectoribus. Lauban. 1784. 4.

Döring, E., Martin Luther, der Glaubensheld. Eine kurzgefaßte Lebensbeschreibg. Mit e. Auswahl v. Reformationsgesängen [zwei- u. dreistimmig]. 8. (48 S.) Leipzig 883. Merseburger. n. — 20

Döring, C., M. Näther u. B. Wiener, sächsisches Stenographiebuch, nach dem System Gabelsberger f. Schulen u. Vereine bearb. (VI, 68 S.) 8. Wolfenbüttel 904. Heckner. n. 1. —

Döring, C., **M. Näther**, u. **B. Wiener**, sächsisches Stenographiebuch, nach dem System Gabelsberger f. Schulen u. Vereine bearb. 2. verb. Aufl. (VI, 68 S.) 8. Wolfenbüttel 905. Heckner. nn 1. —

Döring, E., Theorie u. Praxis der Aufsatzübungen, s.: Herberger, A.

Döring, C.: Theorie u. Praxis d. ersten Aufsatzübungen, s. Herberger, K.

Döring, C., Julius Woldemar Zeibig, s.: Sammlung v. Vorträgen a. d. Gebiete d. Stenographie.

Döring, C. A., neutestamentliches Gebetbuch, s. Gebetbuch, neutestamentliches.

Döring's, C. A., Lieder, s. Pöls, C.

Döring, C. Aug., christliche Gesänge nach kirchlichen Melodien. 1ste Samml. 2te verb. Aufl. 12. Elberfeld, Büschler. 819.

Döring, C. Aug. Albert: De locis aliquot Quintiliani emendandis. 11 S. – Progr. Torgau 1860.

Döring, C. F., s. Jh. Wlh. Schwartz, Materialien zum Katechesiren &c.

Döring, C. W., das Buch für Mädchen. Eine Quelle nützl. Beschäftigungen zum Vergnügen der weibl. Jugend. (I.) Jahrg. 1851. (8 Hefte.) gr. 4. (VIII und 102 S. mit 28 Stnt. in gr. 4. und qu. Fol.) Stuttgart 853—54, Gebr. Scheitlin. à Heft 8 Ngr.
ill. à Heft * 12 Ngr. *

Döring, C. W., Quelle nützl. Beschäftigungen zum Vergnügen der Jugend. 1r—5r Jahrg. 1834—1839. Mit Steintafeln. gr. 4. 1r u. 2r Jahrg. Candern, Ober-Rheinisches Compt.; 3r — 5r Jahrg. Karlsruhe, Müller. à J. 3 1/3 Thlr, ill. à 6 1/3 Thlr

Döring, C. W., Quelle nützlicher Beschäftigungen zum Vergnügen der Jugend. Neue Folge. 1. Bd. 4 Hfte. gr. 4. (VI u. 136 S. m. eingedr. Holzschn. u. 27 lith. Taf. in gr. 4. u. Fol.) Stuttgart 852, J. B. Müller. (à n. 16 Ngr) n. 2 Thlr 4 Ngr cart. in Futteral. n. 2 Thlr 12 Ngr

— Quelle nützlicher Beschäftigungen zum Vergnügen der Jugend. Neue Folge. (2. Bd.) Jahrg. 1854. 8 Hefte. Stuttgart, Gebr. Scheitlin. gr. 4. (100 S., 22 lith. Taf. u. 3 Holzschnitttaf. in 4. u. Fol.) Jedes Heft 8 Ngr; color. 12 Ngr

Doering, Ch. A., De differentiis nonnullis juris feudalis, emphyteutici et metallici hodierni circa metallifodinas. Marburg. 1785. 28 S.

Döring, Charlotte, geb. Kilzer, Dichtergarten. Taschenbuch für Frauen. 2. Aufl. 8. Leipzig 845, Kersten. 1 1/2 Thlr — In Leinwand geb. 1 3/4 Thlr — In engl. Einband mit Goldschnitt. 2 1/3 Thlr

Döring, Christian Eberhard

Döring, Chrn. Eb., die Buchhaltung zu leichter u. schneller Erlernung für Kleinhändler, besonders diejenigen, welche in keiner Handelslehre waren, unter Zugrundelage des allgemeinen deutschen Handelsgesetzbuches. Würzburg 865. Stahel. 8. (V. 112 S.) n. 12 Ngr

Döring, Chr. Ebhrd., d. deutsche Handlungs-Correspondent, mit besond. Hinsicht auf Grammatik u. Logik. 8. Darmst. 825. Heyer. 1 Thlr

— d. Kaufmann auf Reisen, ein auf prakt. Erfahrung gegründ. Unterr. zur Betreibung d. Handels-Angelegenheiten auf d. Reise &c. 8. Frankf. 822. Jäger. 1 Thlr 12 gGr (Vergl. Comtoirhandbuch. 7r Thl.)

Döring, Christ. Eberh., der Kaufmann auf Reisen, ein auf prakt. Erfahrung gegründ. Unterricht zur Betreibung der Handelsangelegenheiten auf der Reise, oder der Handlungsreisende, dargest. in seiner Vollkommenheit, wie er sein muß, um durch Wirken u. Benehmen glückl. Erfolge sicher zu erzielen. 2e verm. Aufl. 8. Frankfurt 837. Jäger. 1 Thlr

Doering (Döring), Christian Friedrich (Torgau). Adulterii poenam ex duabus saltem caussis mitigari posse. Präs. Aug. Leyser. Wittbg. (E. G. Eichsfeld) 7. III. 1736. 40 S. (5.—) 6665

— Christoph August (Dresden). Crimen haeretificii. Präs. Carl Otto Rechenberg. Lpz. (I. Titius) 8. IV. 1727. 40 S. (5.—) 6666
Gew.: Jacob Friedrich Schilling (Proschwitz).

— — Dasselbe. (Gabr. Trog) 1737. 40 S. (5.—) 6667

Döring, E., die Erziehungsschule nach psychologischen Grundsätzen. Eine pädagog. Skizze in Form e. Lehrplanes. gr. 8. (142 S.) Bernburg 884. Bacmeister. n. 1.80

Döring, E., Die Erziehungsschule n. psycholog. Grundsätzen. (142 S.) Gotha 1884. Behrend. 1.50

Döring, E., Frankfurt in der Franzosenzeit 1792. Zeitbild in 4 Akten. (66 S.) gr. 8. Frankfurt a/M. (905). (C. F. Schulz.) n. 1. —

Döring, E., Handreichung für den deutschen Sprachunterricht in gehobenen Volksschulen u. den Vor- u. Unterklassen höherer Schulen. Ein Übungsbuch für die Schüler. 1. u. 2. Tl. 8. Köthen 881. Schettler's Verl. n. 1. 15
1. Wortgliederung. (VII, 120 S.) — 75
2. Satzgliederung. (VI, 58 S.) n. — 40

Döring, E., Handreichung f. den deutschen Sprachunterricht in mehrstufigen Schulanstalten. Ein Übungsbuch f. die Schüler. 4 Hfte. gr. 8. Köthen 883. Schettler's Verl. n. 2. 40
1. 2. u. 3. Schulj. 2. umgearb. u. in den Übungsbeispielen verm. Aufl. (64 S.) n. — 40. — 2. 4. u. 5. Schulj. 2. umgearb. u. in den Übungsbeispielen verm. Aufl. (104 S.) n. — 60. — 3. 6. u. 7. Schulj. 2. umgearb. u. in den Übungsbeispielen verm. Aufl. (88 S.) n. — 60. — 4. Zur Orientierung in der Litteratur. 8. u. 9. Schulj. (131 S.) n. — 80.

Döring, E., Handreichung f. den deutschen Sprachunterricht in mehrstufigen Schulanstalten. Ein Übungsbuch f. die Schüler. 3. Hft. Satzlehre. 3., umgearb. u. in den Übungsbeispielen verm. Aufl. 8. (87 S.) Bernburg 889. Mehrhardt. cart. n. — 75

Döring, E., Hellas. Geographie, Mythologie, Geschichte u. Culturgeschichte v. Alt-Griechenland. Für den Schul- u. Selbstunterricht. Mit 140 (eingedr. Holzschn.) Abbildgn. u. e. (chromolith.) Karte (in qu. gr. 4.) gr. 8. (VIII, 456 S.) Frankfurt a. M. 876. Diesterweg. n. 3. 80

—— Lehrbuch der Geschichte der alten Welt mit besond. Berücksicht. von Mythologie, Kunst- und Cultur-Geschichte für höhere Schulen. Mit einem Vorwort von G. Kreyenberg. 2 Tle. gr. 8. Frankfurt a. M., Diesterweg. *
Inhalt:
Tl. 1. Lesebuch der Geschichte der älteren orientalischen Völker und der Griechen. (IV, 238 S. mit 67 eingedr. Holzschn.-Abbild. und 2 lithogr. und color. Karten.) 880. * M 2,20.
„ 2. Lehrbuch der Geschichte der Römer. (VI, 189 S. mit 61 eingedr. Holzschn.-Abbild. und 2 lithogr. und color. Karten.) 881. * M 1,80.

Döring, E., vergleichende Zeichen-Erklärung der Messtischblätter 1 : 25000 u. der Karte d. Deutschen Reiches 1 : 100000, m. Erläuterg. der Darstellg. der Geländeformen in beiden Massstäben, s.: Kuhn, A., die Aufnahme-Prüfung zur Kriegs-Akademie.

— Zeichen-Erklärung f. Pläne im Massstabe 1:12500 zum Zweck d. Vergleiches m. den entsprechenden Signaturen u. der Geländedarstellung 1: 25,000 und 1 : 100,000. Photolith. 29×33 cm. Berlin 893. Liebel. n. — 75

Döring, Ed., Handbuch der Münz- u. Wechselkunde, oder Erklärung der Wechsel-, Geld- u. Staatspapiere-Kurszettel. Mit gründl. Erläuterungen über Münzwesen, Papiergeld, Banken u. Wechsel-Usancen europäischer u. amerikan. Handelsplätze. gr. 8. Frankfurt 837. Hermann. n 1⅓ ₰

Döring, Ed., Handbuch d. Münz- u. Wechselkunde, od. Erklär. d. Wechsel-, Geld- u. Staatspapiere-Kurszettel. Mit gründl. Erläutern. üb. Münzwesen, Papiergeld, Banken u. Wechsel-Usancen europäischer u. amerikan. Handelsplätze. gr. 8. (19 B.) Frankfurt a. M. 837, [Kettembeil.]

Döring, Ed., Handbuch der Münz-, Wechsel-, Mass- u. Gewichtskunde oder Erklärung der Wechsel-, Geld- und Staatspapiere-Kurszettel, der Wechsel-Usancen, Masse und Gewichte aller Länder und Handelsplätze. Mit gründlichen Erläuterungen über Münzwesen, Papiergeld, Banken, Wechselwesen und Staatspapierehandel. Nebst der Allgemeinen Deutschen Wechselordnung. Gänzlich umgearb., verb. u. verm. 2. Aufl. Coblenz 854. Hölscher. gr. 8. (VII, 536 S.) n. 2 ₰ 20 ngl

Döring, Edmund: Beiträge zur Kenntnis der Sondershäuser Mundart. I. Teil. 48 S. 8. II. Teil. S. 49—94. 8.
Progr. Fürstl. Realschule *Sondershausen* 1903 (823). 1904 (824 statt 838).

Döring, Edm., das Leben der Tulpe. (89 S. m. 1 Abb. u. 6 Taf.) 8. Sondershausen 910. P. Oertel. 4. —

Karte der Dölauer Heide. Auf Grundlage d. Meßtischblätter ... entw. u. gez. von Emil **Döring**. Maßst. 1:25,000. Halle: A. Neubert [um 1900]; Lith. Graupner & Körner, Leipzig. (1 Kartenbl. 27×17 cm.) [kol.] [05. 11598]

Karte der Dölauer Heide. Entw. u. gez. von Emil **Döring**. 2. Aufl. Maßst. 1:25,000. Halle a. S.: A. Neubert [1905]; Lith. Graupner & Körner, Leipzig. (1 Kartenbl. 27×17 cm.) [kol.] [05. 1103 8]

Doering, Emil, d. Zuckerrübe u. ihr Anbau. gr. 8. (VIII, 102 S. m 4 Taf.) Breslau 896. E. Trewendt. Geb. n. 3. 60

Döring, Emilie, Anleitung zu Stilübungen in 50 Beispielen für Lehrende u. Lernende. 8. Berlin 846, Schröder. 9 ngl

Dich grüß' ich mein Frankfurt. Aus Frankfurt's Vergangenheit von E[milie] **Döring**. Frankfurt a. M. [1893]: F. Honsack & Co. (77 S.) 8° [F] [07. 8679]

Doering, Ernst [Wirkl. Name]
s.a. Reinhold, Ernst [Pseud.]

Döring, Ernst, die mathematisch richtige Erklärung der Entstehung u. Vererbung der Geschlechter. (55 S.) 8. Böhlitz-Ehrenberg 907. E. Döring. 4. —

Doering, Ernst Friedrich, a. Hanau am Main: Studien zur Verfassungsgeschichte von Leicester. Ein Beitrag z. Gesch. engl. Stadtverfassung bis z. Zeit König Eduards I. Hanau a. Main 1907 (Stuttgart: H. Bleher). (78, XX S.) 8°
Jena, Phil. Fak., Ref. Keutgen, Diss. v. 9. Juni 1908
[Geb. 10. Juli 83 Hanau a. M.; Wohnort: Hanau; Staatsangeh.: Preußen; Vorbildung: Realgymn. Frankfurt a. M. Reife O. 03; Studium: Heidelberg 1, Würzburg 1, Jena 5 S.; Coll. 11. Mai 07.]

Doering, Ernst Frdr., Studien zur Verfassungsgeschichte v. Leicester. Ein Beitrag zur Geschichte engl. Stadtverfassg. bis in die Zeit König Edwards I. (III, 79 S.) gr. 8. Hanau 908. Clauss & Feddersen. 2. —

v. **Döring, Eustach** s.a. Archiv, neues Hamburg.

Döring, Eust. von und Reinhard (Herausgeber): „Neues Hamburgisches Archiv zur Verbreitung nützlicher Kenntnisse", 6 Stücke, Hamburg 1789 (Matthiessen), (auch Wienbrack in Leipzig).

[**Döring, F. von.**] Administativ-statistischer Atlas vom Preussischen Staate. Berlin, S. Schropp & Co., 1815. (Br. Mus.)

Döring, F. von, Karte der neuen Landwehr-Bezirks-Eintheilung des Preussischen Staats, nach der allerh. Cabinetsordre vom 3. Nov. 1812. Entw. u. gez. Berlin [1815?] (Br. Mus.)

Döring, F. von, Karte vom Preussischen Staate ... Entw. u. gez. [Kolorirt um die Verbreitung der Cholera 1827 zu zeigen.] Berlin 1827. (Br. Mus.)
——, —— [Kolorirt die ärztl. Lehranstalten zu zeigen.] Berlin 1836. (Br. Mus.)
——, —— 1 : 1600000. Berlin 1839. Lith., kol. (BPA.)
——, —— [Kolorit die Provinzen zu zeigen.] Berlin 1815. (Br. Mus.)

Doering, F., De legum Platonicarum compositione. Diss. 1907. 87 S. 2.—

Döring, F. A., launige Gedichte in obersächs. Bauernmundart, für den declamatorischen Vortrag bearbeitet. 8. Leipzig, Lauffer. 821.

Döring, F. E., Antrittspredigt, v. d. Dresdner Gemeinde. gr. 8. Dresd. Hilscher. 796.

— Vers. e. bibl. Wörterbuchs f. unstudierte Lehrer. etc. gr. 8. Ebend. 792.

Döring, F. G., s.a. Döring, Friedrich Wilhelm

Döring, F. G., Unterricht im Christenthum für Kinder, die das erstemal zum heil. Abendmahl gehen. 2e Aufl. 8. (Leipz., Taubert). 3 gl

Dörings, F. G., Unterricht im Christenthum für Kinder, die das erstemal zum heil. Abendmahl gehen. 2te Aufl. 8. Ist jetzt Verlag von Weygand in Leipzig.

Döring, F. W., s. Döring, Friedrich Wilhelm

Döring, F. W. Dn.

— Umschreibung d. Vater Unsers, in 10 Poesien. 8. ...817.

Döring, F. W. Dn., Versuche in Fabeln u. vermischten Gedichten. 12. Götting. 825. (Nordh., Landgraf). 8 gl

Döring, Ferdinand A.

Döring, Fd. A., schauderhafte Begebenheit d. Bürgerkrieges zu Zippelzelle. Eine drollige Erzählung in Versen. 8. Leipz. 826. Lauffer. 1 ₰

— Festgesänge für Bürgerschützen, nebst e. Melodien-Anhange. 8. Leipz. 826.

Döring, Fd. A., Gedichte in obersächs. Bauern-Mundart. 2e verm., verb. u. mit e. Wortregister verseh. Aufl. 8. Leipzig 835. Lauffer. ½ ₰

— launige Gedichte in obersächs. Bauernmundart, für d. declamatorischen Vortrag bearbeitet. 8. Leipz. 821. Lauffer. 6 gl

DÖRING, Feod., Leipziger Lokal-Scherze oder Gelegenheits-Reime. 2 Bdchn. (= Jahrgg. 1819—24). Leipzig, in der Serig'schen Buchhdlg. 1830. 8°. (In Dresden: Lit. Sax. 1310.)

Döring, Ferd. A., Leipziger Lokal-Scherze od. Gelegenheits-Reime. (Jahrg. 1819—1829.) 3 Bdchn. gr. 12. (13 B.) Leipzig 830, Serig.

— poet. Taschenbuch für frohe Unterhaltung u. Deklamation. 8. Leipz. 822.

— komisch-satyrische u. ernst poetische Unterhaltungen für müßige Stunden u. zum Behuf d. Deklamation. 8. Leipz. 822. Lauffer. 12 gl

Döring, Franz

Döring, Frz., Cavete. Ein freies Wort an d. dtsche. Ärzteschaft. (19 S.) 8. Frankfurt a/M. 909. Dr. E. Schnapper. — 50

Döring, Franz *Joseph* [app. Arzt aus Münster i. W.]: Aus d. chirurg. Poliklinik zu Kiel. Ueber das Endergebnis der mit Achsenknickung geheilten Vorderarmbrüche bei Kindern ... Kiel, Druck v. P. Peters, 1895; 28 S., 1 Bl. 8.
Kiel, Med. Fak., Inaug.-Diss. v. [11. Dez.] 1895

— Schach dem Leipziger Verband. Schattenbilder vom Bocholter Aerztestreit in der deutschen Aerztebewegg. (30 S.) gr. 8. Darmstadt 910. (Frankfurt a/M., Dr. E. Schnapper.) — 50

Döring, Franz: Der Widerspruch gegen eine im Konkurse angemeldete Judikatsforderung ⟨§ 146 Abs. VI K.O.⟩. Berlin 1908 (Roitzsch: A. Schulze). (60 S.) 8°
Heidelberg, Jur. Fak., Ref. Heinsheimer, Diss. v. 1908
[Geb. 15. Sept. 79 Stolp (Pommern); Wohnort: Groß-Lichterfelde b. Berlin; Staatsangeh.: Preußen; Vorbildung: Marienstifts-Gymn. Stettin Reife O. 99; Studium: Berlin 6 S.; Rig. 28. Febr. 08.]

Döring, Franz Joseph, s. Döring, Franz

Doering, Friedrich

Doering, Fridericus, Lusatus: De Legum Platonicarum compositione. Lipsiae 1907: R. Noske Bornensis. (87 S.) 8°
Leipzig, Phil. Fak., Ref. Bethe-Lipsius, Diss. v. 27. Sept. 1907
[Geb. 30. April 83 Kiban (Sachsen); Wohnort: Leipzig; Staatsangeh.: Sachsen; Vorbildung: Gymn. Zittau Reife O. 02; Studium: Tübingen 1, Leipzig 9 S.; Rig. 27. Juni 07.]

Doering, Frdr., aus den Memoiren meines Vaters Friedrich Doering, e. nach Russland gesiedelten Sachsen. Hrsg. v. seinem Sohne Eduard Doering. (IV, 281 S.) 8. Dresden 903. E. Pierson. n. 3.50; geb. n. 4.50

— **Friedrich Christian Adam** (Gatterstadt/Thür.), Ad hydropis aetiologiam et therapiam analecta. Spec. med. Präs. Christian Gotthold Eschenbach. Lpz. (Pezold) 10. IV. 1804. 42 S. (4.80) 6671

— **Friedr. Christophil** (Colditz), Commentatio in Matthaei XVI, 13—18. Qua viris plurim. rev. atque doct. dioc. Colditiensis pastoribus .. gratulatur. Bayreuth (Hagen) 1793 (1794). 32 S. (4.80) 6672

— — (Dresden), Doctrina librorum sacrorum de morte Jesu Christi vicaria et propter hanc impetranda fidei lege peccatorum nostrorum venia. Diss. theol. Wittbg. (Meltzer) 12. X. 1802. 50 S. (4.80) 6673
Gew.: Gg. Wilh. Grf. v. Hopffgarten, Chrph. Gottlob v. Burgsdorff, Pet. Friedr. Grf. v. Hohenthal, Carl Wilh. v. Carlowitz.

Döring, Fr. Christl., († d. 25. Aug. 1827.) Versuch e. bibl. Wörterbuchs für unstudirte Lehrer in Stadt- u. Landschulen. gr. 8. Dresd. 792. Hilscher. 20 gr.

— **Fried. Carl Franz** (Eisleben), Quaedam circa aneurysmatum pathogeniam. Diss. med. Bln. (Brueschck) 2. XI. 1822. 34 S. mit Biogr. (M.: Zerch.) (4.50) 6670
Oppon.: F. A. Beissenhirtz, C. F. A. Hasse, E. Gabler. — Gew.: J. N. Rust, Fr. Ch. A. Doering (Leipzig).

Döring, Friedrich Ludwig

— — An uxor beneficiis muliebribus juvetur post mortem mariti ejus debita suscipiens? Erfurt (H. R. Nonne) März 1780. 20 S. (4.50) 6675

— **Friedrich Ludwig,** De juribus, quae nascituris et postumis intuitu successionis competunt. Diss. jur. Erfurt (H. R. Nonne) 15. XI. 1769. 32 S. (5.—) 6674
Gew.: Carl Wilh. Joseph Adam Fhr. v. Breidbach in Burresheim. — Widm. v.: Rud. Chph. Henne, Joh. Just. Weismantel.

Döring

— **Friedrich Wilhelm,** Ad audiendam orationem muneris rectoris in schola Gubenensi, 18. XII. 1782. 20 S. (4.—) 6676

— Anleit. zum Uebersetzen aus d. Deutschen ins Lateinische. 1r Thl. 1r u. 2r Cursus. 8. Jena 800. 2e A. 802. 9e verb. u. verm. Aufl., nebst e. Beilage f. d. ersten Anfänger. 8. Jena 823. Frommann. 18 gr. 10e Aufl. (ohne Schulze's Vorübb.) 829. Ebd. 12 gr. Dess. 2r Thl. (sonst 3r u. 4r Cursus). 8. Ebd. 804. 2e A. 806. 5e A. 825. 20 gr.

Döring's, F. W., Anleitung zum Übersetzen aus dem Deutschen ins Lateinische. Jena 800. 805. 2 Bände. 8. 1 rthl. 16 gr. Ausg. 8. Jena 820. Th. I. 8. 18 gr. Th. II. Ausg. 4. Ebend. 820. 8. 1 rthl. Die beiden Theile sind nicht immer zusammen herausgekommen. Vergl. auch Schulze.

— Anleit. z. Uebers. a. d. Deutsch. ins Lat. 1r u. 2r Thl. od. 1r — 4r Curs. 8. Jena, Frommann. 807. (I. 1r u. 2r 18 gr. II. 3r u. 4r 22 gr.)

— desselben 3r u. 4r Cursus. 3te Aufl. 8. Ebend. 811.

Döring, F. W., Anleitung zum Uebersetzen aus d. Deutschen ins Lateinische. 1r u. 2r Cursus. 6te verm. u. verb. Aufl. nebst einer Beylage f. die ersten Anfänger. 8. Jena, Frommann. 815.

— Anleit. zum Uebersetzen aus d. Deutschen ins Lateinische. 1r Thl. od. 1r u. 2r Curs. u. 2r Thl. oder 3r u. 4r Curs. Zum Behuf derer, die sich ohne Lehrer in d. latein. Sprache üben wollen, in dieselbe übertragen, (v. Jh. Karl Weikert). 8. Leipz. 819, 20. Steinacker. 1r Thl. 12 gr. 2r Thl. 18 gr. 1 thl. 6 gr.

Döring, Friedr. Wilh., Anleit. z. Uebersetzen aus d. Deutschen ins Lateinische. 1. Thl. (1. u. 2. Curs.) Erzählungen a. d. röm. Gesch. in chronolog. Ordnung v. Romulus bis z. Tode d. Kaiser Augustus. 10., rechtmäß. u. verb. Aufl., mit Verweisn. auf d. Grammatiken v. Grotefend, Scheller, Schulz u. Zumpt. 8. (18 B.) Jena 829, Frommann.
Ohne Schulz's Verübungen. — 2. Thl. (od. 3. u. 4. Curs.) 5. Aufl. Ebendas. 1825. 20 Gr.

Döring, Friedr. Wilh., Anleitung zum Uebersetzen aus d. Deutschen ins Latein. 1. Thl. Erzähln. aus d. röm. Geschichte in chronolog. Ordn. v. Romulus bis zum Tode d. Kaiser Augustus. 11., rechtmäß. u. verb. Aufl., mit Verweisn. auf d. Grammatiken v. Grotefend, Scheller, Schulz, Zumpt u. Krebs. 8. (17½ B.) Jena 835, Frommann.

—— Anleitung zum Uebersetzen aus d. Deutschen in's Latein. 1. Thl. Erzählungen aus d. röm. Gesch. in chronolog. Ordn. v. Romulus bis zum Tode d. Kaisers Augustus. Zum Behuf derer, die sich ohne Lehrer in d. latein. Sprache üben wollen, in dies. übergetragen v. Verf. d. Hülfsbücher zu Jacob's u. Döring's griech. u. latein. Elementarbüchern. 2., nach d. neuesten Ausg. d. Orig. verb. Aufl. 8. (8½ B.) Leipzig 839, Steinacker.

— Anmerk. z. Cicero Reden, s. Anm. z. Encyclopädie d. Cl. 101.

— s. Catull, Epithalamium et ejusd. Carmina.

Döring, Fr. Wlh., Chrestomathia Horatiana et P. Virgilii Mar. Bucolica. 8 maj. Altona 835. Hammerich. 5/6 thl.

Döringii, F. G., Progr. de coloribus veterum. Goth. 788. 4.

Döring, Friedrich Wilhelm.

Commentationes, Orationes, Carmina. Nürnberg 1839. H: *Wüstemann, Ernst Frdr.* (ADB 37, 70)

—— Commentationes Orationes Carmina lat. sermone conscripta. Accad. Frid. Jacobsi Epistola ad Doeringium senem felicis. et E. F. Wuestemanni Oratio in Doeringi memoriam habita. 8maj. (21¾ B.) Norimbergae 839, libr. Campe.

— eclogae veterum poetar. latinorum, c. adnott. 8. Gotha 793. Perthes. 1 thl. id. lib., sine not. 4 gr.

Doering, F. W., De Vergilii Ecl. I, 18; III, 88, 89; IV, 1—8; VI, 16, 74—78; 6—8, 105—107. Pr. 1824. 16 S. 4°.

Döring, F. W., u. F. **Jacobs,** Lateinisches Elementarbuch, siehe a. Jacobs, F.

— und Jacobs Lateinisches Elementarbuch. Jen. 808. 3 Thle. 8. Einige Mal wieder gedruckt. Thl. I. Ausg. 3. 1815. 6 gr. Thl. II. 1809. 8 gr. Thl. III. 1810. 18 gr.

— lateinisches Elementarbuch f. Anfänger. 1r Curs. 2 Thle. 8. Jena, Frommann. 808, 809. (1r 6gr. 2r 8 gr.)

— — — 2r Cursus. 8. Ebend. 812..

– s. Encyklopädie d. latein. Classiker. 10r Bd.

– s. Horatii opera.

Döring, F. G., Dissertatio de alatis imaginibus apud veteres. Goth. 786. 4. (34 S.)

Döring, F. W., de alatis imaginibus apud veteres commentatio. 4. Gotha 787. Ettinger. 4 gl.

— — In pompa sollemni qua dux cels. Ernestus terris Coburgensibus et Gothanis imperans cum nova conjuge cels. Maria urbem ingressus est, ill. gymnas. Goth. doctor. Gotha, Jan. 1833. 6 Blatt mit Namen. (3.—) 6679

Doering, F. W., De Horatii octo versuum integritate praeter rem in suspicionem vocata. Pr. 1842. 12 S. 4°.

— — Ad memoriam tristissima morte populo suo nuper erepti principis Ernesti secundi summa pietate in gymnasio nostro. — De laudationibus funebribus apud veteres quaedam praefatus. Gotha (Reyher) 1804. 4 Bl. (3.50) 6677

– s. Livii opera.

— — Ad memoriam ill. gymnasii Gothani ante trecentos annos conditi. Gotha (Engelhard-Reyher) 21./22. XII. 1824. 19 S. (—.—) 6678

— Nachricht von d. Verfassung d. Gymnasiums zu Gotha. 8. Gotha 794. Ettinger. 3 gl.

– s. J. G. Scheller, latein. Sprachlehre.

Döring, Fritz (Pseud.), s. a. Busse, Karl

— der Förster. Heinrich Timm, s.: Engelhorn's allgem. Roman-Bibliothek. 18. Jahrg.

Döring, Fritz, kleinstädtische Herzen. Ruth v. Bergen, s. a. Kürschner's, Jos., Bücherschatz.

Kleinstädtische Herzen. Erzählung. Ruth v. Bergen. Die Geschichte e. jungen Frau. Von Fritz Döring. Mit Ill. von W. Roegge. Berlin, Eisenach, Leipzig: H. Hillger [1904]. (106 S.) 8° [F.]
— Bücherschatz, Kürschners. No 408. [05. 10387

— die Hexe. Eine Geschichte aus Posen. Illustriert v. Ludw. Berwald. (106 S.) 8. Stuttgart (905). Union. n. 1.—; geb. in Leinw. n. 2.—

Döring, Fritz, Jadwiga, s.: Engelhorn's allgem. Romanbibliothek. 16. Jahrg.

— Königsträume. Roman. (387 S.) 8. Berlin 905. A. Goldschmidt. n. 5.—; geb. in Leinw. n. 6.—

Doering, Fritz, Lachtauben, s. a. Kürschner's Bücherschatz.

Lachtauben. Heitere Geschichten von Fritz Döring. Berlin, Leipzig: Hillger [1910]. 112 S. 8°
(Kürschners Bücherschatz. Nr 742.) [11. 14979

Das Licht am Berge und andere Novellen. Von Fritz Döring. Berlin: A. Schall [1905]. (313 S.) 8° [F.]
— Verein d. Bücherfreunde. [Jg. 14, 5.] [05. 15038

— deutsche u. polnische Liebe, s.: Engelhorn's allgemeine Romanbibliothek. XIX. 15.

— Zertretene Saat, s.: Volksbücher, Wiesbadener.

Schimmelchen und andere Novellen von Fritz Döring. Berlin: Concordia [1904]. (257 S.) 8° [F.] [05. 1310

— Schimmelchen u. andere Novellen. (IV, 257 S.) 8. Berlin (905). Concordia. n. 3. 50; geb. n.n. 4. 50

— Die Stenographin. Zwei Küsse, s. a. Kürschner's Bücherschatz.

Die Stenographin. Zwei Küsse. Novellen von Fritz Döring. Mit Ill. von A. Lewin. Berlin, Leipzig: H. Hillger [1908]. (112 S.) 8° [F.]
— Bücherschatz, Kürschners. No 608. [08. 12081

Die Wette. Eine Geschichte aus Russ.-Polen von Fritz Döring. Ill. von F. Cucuel. Stuttgart, Berlin, Leipzig: Union [1906]. (108 S.) 8° [F.] [07. 670

Döring, G., der Bildschnitzer in Tyrol, s.: Siegfried's Mädchen-Bibliothek.

Döring, (G.), Choralbuch, s. a. Choräle, 30.

Döring, G., Choralbuch, enth. 78 in d. Provinz Preußen vorzügl. gangbare Kirchenmelodien nebst ihren Varianten. Sowohl zur drei- als vierstimm. Ausführ. eingerichtet u. zunächst f. d. Gebr. in Schulen hrsg. qu. gr. 4. (5½ B.) Königsberg 834, (Gebr. Bornträger.)

Doering, G., Choralbuch enth. 116 vorzüglich gangbare Kirchenmelodien nebst ihren Varianten. Sowohl zur 3- als 4stimm. Ausführung eingerichtet und zunächst für den Gebrauch in Schule und Haus hrsg. 2., verm. und mit untergelegten Texten verseh. Aufl. qu. gr. 4. (VIII und 52 S.) Elbing 863, Neumann-Hartmann'sche Verlagsh. *

— Choralkunde in 3 Büchern. 1—6. Liefg. Danzig 861—63. Bertling. gr. 8. (400 S.) Jede Liefg. n. 8 ngr

Döring, G., Choralkunde in 3 Büchern. 7. 8. (letzte) Liefg. Danzig 865. Bertling. gr. 8. (XI, S. 401—508.) Jede Liefg. n. 8 ngr

Döring, G. Die musikalischen Erscheinungen in Elbing bis zu Ende des 18. Jahrhunderts. Elbing 1868.

Döring, G., Zur Geschichte der Musik in Preußen. Ein historisch-krit. Versuch. 1—3. Lfg. gr. 8. (VIII und S. 1—200.) Elbing 852—55, Neumann-Hartmann. à Lfg. 7½ Ngr. –

Döring, G. Grundlehren des Musikunterrichts. Königsberg (1840).

— s. a. Liederbuch f. Turner.

— Liederbuch für Turner u. für Schule u. Haus. Zum zwei-, drei- u. vierstimmigen Gebrauche eingerichtet u. hersg. 2., u. mit besonderer Rücksicht auf Schule, Haus- u. Volksleben verm. Aufl. Elbing 865. Neumann-Hartmann. 16. (VIII, 152 S.) n. 10 ngr

Döring, G., Liederbuch für Turner u. für Schule u. Haus. Zum 2-, 3- u. 4stimmigen Gebrauche eingerichtet u. hrsg. 2., u. m. besond. Rücksicht auf Schule, Haus u. Volksleben verm. Aufl. 16. (VII, 152 S.) Elbing 878. Neumann-Hartmann's Verl. 1.—

— 30 slawische geistliche Melodien, s. Melodien.

— Schulgesänge für Gymnasien und größere Lehranstalten. 1r Cursus, auch für Elementarschulen brauchbar. 2e verm. Aufl. gr. 4. Danzig 837. Anhuth. ¾ ₰

Döring, G., Versuch einer Geschichte u. Beschreibung der evangel. Hauptkirche zu St. Marien in Elbing. Festschrift rc. Mit 1 Lith. gr. 8. Elbing 846, Neumann-Hartmann. ⅚ ₰

—— Volksliedertafel, s. Volksliedertafel.

Vom Erkennen zum Schauen. Spekulative Gedanken eines deutschen Zimmergesellen. (Verf.: G. Döring.) Gr.Lichterfelde-Berlin: Runge 1907. VI, 100 S. 8° [09. 1684

Doering, Georg, s. a. Doering, Georg Christian Wilhelm Asm.

Bruder-Hymne, zu dem allmächtigen Herrscher des grossen Weltbau's gesandt, am festlichen Tage der Geburts-Feier unsers allgemein verehrten General-Grossmeisters, Br.·. Landgraf Carl zu Hessen, von den Arbeitern in der □ C[arl] z[um] a[ufgehenden] L[icht in Frankfurt a. M.]. Am 20. Dec. 1818. Diesem Feste gewidmet vom Br.·. Georg **Döring**. Frankfurt a. M. [1818]: Gerhard. 2 Bl. 8⁰ [Umschlagtit.]

Ohne Noten: „Lasst ein hohes Lied erschallen . . ."

[Gedicht.] An die besuchenden Br.·. Br.·.; am Sanct Johannesfeste 1819 in der □ C[arl] z.·. a[ufgehenden] L[icht] im Or.·. zu Frankfurt [a. M.]. Von [Georg] **Döring**. [Frankfurt a. M. 1819.] 2 Bl. 8⁰ [Umschlagtit.]

„Seyd uns gegrüsst in feierlicher Stunde!" 140.

Homburg: [Gedicht.] Am Feste der Einweihung der □ Friedrich zum Nordstern, im Or. zu Homburg. Im Namen der □ C[arl] z. a[ufgehenden] L[icht] im Or. zu Frankfurt [a. M.] vom Br.·. Georg **Döring**. Am 31sten des 5ten M.·. 5818. o. O. [1818]. 2 Bl. 8⁰ [Umschlagtit.]

Abgedr. in: Bh. 53 (1910) S. 300.

„Die hohe Weihe senket sich hernieder, . . ." 140.

— Georg, De salva-guardia. Diss. jur. Präs. Georg Engelbrecht. Helmstedt (Gg. Wolffg. Hamm) April 1702. 36 Bl., tlws. dtsch. (6.—) 6680

Gewidm. Hieron. Wigand v. Laffert (Leesen, Weyhe), Conrad Döring (Lüneburg).

Doering, Geo. Unterrichts-Cursus für doppelt-italienische Buchführung. Eine complet fertig gestellte dreimonatl. doppelte Buchhaltg., nebst ausführl. Erläutergn. üb. Einrichtg. u. Abschluss der Handlungsbücher, Erklärg. der todten Conti etc. 5 Hefte. gr. 8. (VIII, 24; 13; 16; 49; 40 S.) Bresl. 889, (Dülfer). [* 7 50] * 5 —

Doering, Georg Christian Wilhelm Asm., s. a. Doering, Georg

Döring, (G.,) Albrecht d. Weise, Herzog v. Baiern. Volksschauspiel in 5 Aufz. 8. Nürnb. 825, Schrag.

Döring, Geo. Chr. W. Asm., Albrecht d. Weise, Herzog von Baiern. Volksschspl. in 5 Aufz. 8. Nürnb. 826. Schrag. 18 gℓ Schreibp. 1 ℛ

Döring, Geo. Chr. W. Asm., († d. ... Oct. 1833.) Alpenrosen. Ein Sommeralmanach f. 1826. 8. Cassel 826. Bohné. 1 ℛ 10 gℓ

— Cervantes; Drama in 4 A. 8. Frankf. 819. Hermann. 12 gℓ Hbg. Pr. 6 gℓ

Döring, Geo. (Chrstn. Wilh. Asm.), Dichterbündniß. Ein Sommeralmanach f. 1829. 8. (20½ B.) Cassel, Bohné.

Vgl. dess. „Freundestrost" u. „Wanderleben."

— der treue Eckart. Romant. Trspl. in 4 A. 8. Frankf. 822. Hermann. 1 ℛ Hbg. Pr. 12 gℓ

— Erholungsstunden, s. Bd.: Erholungsstunden.

— Erzählungen. 4 Thle. gr. 16. Frankfurt 833. Sauerländer. 5⅓ ℛ

— d. freie Flur am Main, eine poet. Skizze. gr. 8. Frankf. a. M. 818. Sauerländer. 4 gℓ

— Frauentaschenbuch, s. : Frauentaschenbuch.

— Freikugeln. Prosaische u. poet. Schüsse in Erzähll., Novellen u. Gedichten. gr. 8. Cassel 824. Bohné. 1 ℛ 10 gℓ

— Freundestrost. Ein Sommer-Taschenbuch, setze hinzu: 1r u. 2r Jahrg. 1828 u. 29. 3½ ℛ, s. Thl. II. S. 67.

— Freundestrost. Ein Sommertaschenbuch f. 1830. 8. (21 B.) Cassel, Bohné.

Vgl. dess. „Dichterbündniß" u. „Wanderleben."

— Frühlingsklänge. 2 Bde. Mit 1 Kupfr. 8. Leipzig 822, Hinrichs.

— das Geheimniß d. Grabes. Trauersp. in 5 Akt. gr. 12. Frkf. 824, Hermann.

— die Geiselfahrt. Eine Erzählung aus dem 14. Jahrh. 3 Thle. gr. 16. Frankfurt 833. Sauerländer. 4⅚ ℛ

— die Halle des Ruhms. 8. Kassel 814.

— der Hirtenkrieg. Novelle in 3 Thln. gr. 12. (42 B.) Frankfurt a. M. 830, Sauerländer.

— die Italiener. Novelle. 8. Stuttg. 830. Hoffmann. 1 ℛ

— die Italiener. Novelle. 8. (13½ B.) Stuttgart 830, [Weise.]

— s. Kaleidoskop.

— das Kunsthaus. Novelle in 3 Thln. gr. 12. (47 B.) Frankfurt a. M. 831, Sauerländer.

— s. De Lille, d. Landmann.

— Ludwig d. XVI.; e. Apotheose. 8. Frankf. a. M. 820.

— 2 Lustspiele. — Auch mit d. Umschlagstitel: Weihnachtsspende für Privat-Bühnen. (Gellert. — Sohn u. Neffe.) Amberg 825. (Nürnb., Felssecker). 9 gℓ

— die Mumie von Rotterdam. Novelle in 2 Thln. gr. 12. (27 B.) Frankfurt a. M. 829, Sauerländer.

Döring, Geo. (Chrstn. Wilh. Asm.), drei Nächte. Novellen. 2 Thle. gr. 12. (30 B.) Leipzig 829, Focke. Thlr.

— Novellen. 4 Thle. kl. 8. (72 B.) Frankfurt a. M. 831, Sauerländer. Schrbp. 5 Thlr., Vlnp.

— dramat. Novellen. 4 Thle. (Enth.: Gellert. — Die vier Tanten. — Sohn u. Neffe. — Der Schulmeister u. seine Frau. — Der graue Mann. — Das Gasthaus im Gebirge. — Abentheuer über Abentheuer. — Der Berggeist. — Fortunat mit d. Säckel u. Wünschhütlein. — Der Ahnenschatz. — Die Räuberbraut. — Das Königsschwerdt. — Der Pirot.) gr. 16. Frankfurt 833. Sauerländer. 5⅓ ℛ

— das Opfer von Ostrolenka oder d. Familie Kolesko. Novelle in 3 Thln. gr. 12. (51½ B.) Frankfurt a. M. 832, Sauerländer.

— Phantasiegemälde, s. a. wissenschaftl. Werke.

— Phantasiegemälde. Für 1829—33. (Jed. Jahrg. mit gest. Ttlkpfr. v. Fleischmann.) gr. 8. Frankfurt a. M., Sauerländer. [829. (17 B.), 30. (23 B.), 31. (18 B.), 32. (20½ B.), 33. (21½ B.) à 1 Thlr. 12 Gr.] Hrbgs. Pr. zusammen

Einzeln à Jahrg. 12 Gr. — Jahrg. 1823—28. Frankfurt a. M., Hermann. Hrbgs. Pr. 5 Thlr. 8 Gr.

— dies. für 1835, s. Duller, Ed.

— Posa. Trspl in 5 A. gr. 8. Frankf. 821. Herrmann. 14 gℓ Hbg. Pr. 7 gℓ

— Roland von Bremen; Novelle in 3 Thln. gr. 12. (40 B.) Frankfurt a. M. 832, Sauerländer.

— kleine Romane, Gedichte u. Erzähll. 8. Cassel 822. Bohné. 1 Thlr. 8 gGr.

— der Schulmeister u. seine Frau, s. A. v. Kotzebue, Almanach. Jahrg. 1821

— Sonnenberg. Novelle in 3 Thln. gr. 12. (42½ B.) Frankfurt a. M. 828, Sauerländer.

— Stimmen des Lebens. 3 Erzählungen. 8. Frkf. a. M. 827. Sauerländer. 1 Thlr. 16 gGr.

— Wanderleben. Ein Sommeralmanach für 1828. 8. Cassel, Bohné. 1 Thlr. 18 gGr.

— die Weissagung d. Pythia; ein Festspiel. 8. Kassel 814.

Döring, Geo. Chr. W. Asm., van Speyk. Ein Heldengedicht. Lex.-8. Frankf. a. M. 831. Sauerländer. 9 gGr.

— Tage der Vorzeit. Dramat. Gedicht in 4 Darstellungen aus der Geschichte der freien Stadt Frankfurt. 8. Frankfurt 833. Sauerländer. 1⅓ Thlr.

— Wanderleben. Ein Sommeralmanach f. 1828. 8. (26 B.) Cassel, Bohné.
Vgl. dess. „Dichterbündniß" u. „Freundestrost."

— d. Weihe d. Feier, Gesänge u. Gedichte zur Feier d. Leipziger Schlachtfestes. 8. Frankf. a. M. 815.

Döring, Geo. Chr. W. Asm., Zenobia. Trspl. in 5 A. gr. 12. Frankf. 823. Hermann. 1 Thlr. Hbg. Pr. 12 gGr.

Döring, Georg (Chr. W. Asm.), Cypressen. Erzählungen. Herausg. von Wilh. Kilzer. 3 Thle. (Mit Döring's Bildniß.) kl. 8. Frankfurt 838. Sauerländer. 4 Thlr.

— **Gottlieb**, De fonticulo. Diss. med.-chir. Präs. Polycarp Gottlieb Schacher. Lpz. (J. Gg. Schniebes) 16. III. 1722. 24 S. (5.—) 6681
Gew.: David Ackermann (Fryruth).

Döring, Gustav *Adolf* [aus Schlochau (Westpr.)]: Ein Fall von akuter Dakryoadenitis ... Greifswald, Druck v. J. Abel, 1897; 30 S. 8.
Greifswald, Med. Fak., Inaug.-Diss. v. 3. Juni 1897

Döring, G[ust.], Liederbuch für Turner und für Schule und Haus. Zum 2-, 3- und 4stimm. Gebrauche eingerichtet und hrsg. 3. und mit besond. Rücksicht auf Schule, Haus und Volksleben verm. Aufl. 16. (VII, 152 S.) Elbing 878, Neumann-Hartmann's Verlag.

Döring, Gustav Adolf, s. Döring, Gustav

Döring, H., Beschreibg. d. Japan, Korea, Russisch-Asien u. Geschichte dieser Länder, s.: Reventlow, Graf E., der russisch-japan. Krieg.

Döring, H., Denkwürdigkeiten der geheimen Gesellschaften in Unteritalien, besonders der Carbonari. 8°. Weimar 1822.

Döring, (H.,) Gallerie Weimarischer Schriftsteller. 1r Theil. A. u. d. T.: Fr. v. Schillers Leben etc. 8. 822. 1 Rthlr. 8 gr. — 2r Thl. A. u. d. T.: J. G. v. Herder's Leben. Aus theils gedruckten, theils ungedruckten Nachr., nebst gedrängter Uebersicht ihrer Werke. Mit Bildn. u. Fac Simile. 8. Weimar 822 u. 24, Hoffmann.

Döring, H., Gedichte. gr. 8. Jena, Schmid. 816.

— — satyrisch-humoristische Gedichte, vorzügl. in Bezug auf neuere Zeitereignisse. 16. Leipzig, Klein. 820.

– bibl. Gemälde, Legenden, Balladen u. vermischte Gedichte. gr. 8. Danzig 1822, Alberti.

Döring, H., H. Gärtner, W. Jahn, P. Müller, Handreichg. z. Heimatkunde v. Dresden. 4 Hfte. gr. 8. Leipzig, J. Klinkhardt. n. 6. —
1. D. natürl. Verhältnisse d. Heimat. (VI, 57 S.) 897. n. — 80
2. Geschichte d. Heimat. (VIII, 120 S.) 898. n. 1. 60
3. Kulturgeschichte d. Heimat. (VIII, 115 S.) 898. n. 1. 60
4. Geographisches d. Heimat. (VIII, 190 S. m. Fig. u. 1 Plan.) 898. n. 2. —

Döring, H., H. Gärtner, W. Jahn u. P. Müller, aus der Heimat. Geschichten u. Schildergn. aus Dresden u. seiner Umgebg. gr. 8. (VI, 181 S.) Dresden 900. Bleyl & Kaemmerer. n. — 95

Döring, H., W. Jahn u. P. Müller, aus der Heimat. Geschichten, Schildergn. u. Beschreibgn. v. Dresden u. seiner Umgebg. 2. Aufl. (4.—9. Tauf.) (VIII, 172 S.) 8. Dresden (904). Bleyl & Kaemmerer. n. — 90; in Schulbd. n. 1. 20; in Geschenkbd. n. 1. 50

— — Hulda, ein Taschenbuch auf das Jahr 1818. m. 1 Kupf. 8. Jena, Schreiber.

Döring, H. (Hrsg.), s. Taschenbuch, Deutsches.

Doering, Hans, prakt. Arzt: **Beitrag zur Streitfrage über die Bildung des Corpus luteum.** *Königsberg i. Pr. 1899: M. Liedtke.* (31 S.) 8°
Königsberg, Med. Diss. v. 12. Juni 1899

Döring, Heinrich,

Döring, Heinr., brittische Anthologie, s.a. Anthologie, brittische.

Döring, Heinr., brittische Anthologie in metrischen Uebersetzungen altenglischer Balladen. Mit beigefügtem Original herausg. Zerbst 854. (Leipzig) Wallerstein. 16. (VII, 419 S.) 1 Thlr. 15 Ngr.

— **Heinr. v.** (Lüneburg), De appellatione in causis feudalibus. Diss. jur. Götting. (Schultz/F. A. Rosenbusch) 10. IV. 1762. 80 S. (5.—) 6682
Gew.: Rud. Joh. Frh. v. Wrisberg (Wrisbergholzen ..), Gerl. Ad. Frh. v. Münchhausen (Strausfurth), Phil. Ad. Frh. v. Münchhausen (Steinburg), Carl Diede Frh. v. Fürstenstein (Madelungen), Aug. Wilh. Frh. v. Schwicheldt (Flachsstöckheim), Joh. Clamer Aug. Frh. von dem Bussche (Walbeck), Lev. Ad. Frh. v. Hake (Ohra ..), Burch. Chn. Frh. v. Behr (Stelchte).

– s. Arlincourt, Ibsiboë.

Döring's, Heinr., brittischer Balladenschatz in metrischer Uebersetzung mit beigefügtem Orig. 2. (Titel-)Aufl. 8. (III und 419 S.) Leipzig (854)58, [Klinkhardt.] * 17½ Ngr.; geb.

— brittischer Balladenschatz in metrischer Uebersetzung mit beigefügtem Original. 2. (Titel-) Aufl. Leipzig 858. Wallerstein. 16. (2 Bl., 419 S.) n. 17½ Ngr.

Dœring, Hr. Moritz August von Thümmel's Biographie. Jena, Verlag von Carl Doebereiner. 1854. 16°. 136 S. (In Berlin, Magistrats-Bibl.)

Gottfried August Bürger. Ein biographisches Denkmal von Dr. Heinrich Döring. Göttingen, 1847. 8° (Doppeltitel.)

– s. Byron, d. Gjaur.

Döring, Hnr., s. Byron, Manfred u. dess. Sardanapal.

– s. Cooper, sämmtl. Werke.

— Schiller's Familienkreis. Suppl.-Bd. zu Fr. v. Schillers sämmtl. Werken. 16. (VII und 128 S.) Grimma 832. [Wurzen,] Verlags-Comptoir. *

Döring, Dr. Heinrich. Geschichte des Aufstandes in Tyrol unter Andreas Hofer. 8. Hamburg 1812.

Der Graf (Ernst III.) von Gleichen. Romantische Volkssage v. Heinrich Döring. Nebst einem historisch-kritischen Anhange (einer Beschreibung des Grabes) und einer anatomischen Beschreibung der neuerlich aufgegrabenen Gebeine v. G. H. Thilow. Gotha und Erfurt. 1836. 8°.

Döring, Dr. Heinr., Der Graf von Gleichen. Romantische Volkssage. Nebst einem historisch-kritischen Anhange und einer anatomischen Beschreibung der neuerlich ausgegrabenen Gebeine vom Medizinalrath Dr. Thilow in Erfurt. Mit einem Kupfer, die beiden Frauen und den Grafen nach Original-Gemälden darstellend. Gotha und Erfurt, 1836. 8°. 56 S.; der Anhang mit dem Titel: Beschreibung des Grabes und der Gebeine des Grafen Ernst III. von Gleichen und seiner beiden Weiber. 33 S. (Herrmann, p. 415.) (2 frcs. 50 cts. Adolf Geering, Basel, c. 1892; 4 Mk. F. Waldau, Fürstenwalde, 1910.)

— Goethe und Schiller. Poetische Lebensbilder. Ein Beitrag zur Feier der Errichtung des Dichter-Denkmales in Weimar. Jena 857. (Mauke.) gr. 8. (1 Bl., 84 S.) 15 ngr

Doering, Dr. Heinrich. Russlands Helden. 8. Leipzig 1835.

— Bürgers Leben, s. Bürgers Werke.

— Klopstocks Leben, s.a. Klopstocks Werke 1r Supplement-Bd.

(Friedrich Gottlieb) Klopstocks Leben v. Heinrich Doering. Mit Klopstocks Portrait und einem FacSimile. Weimar. 1825. 8°.

— Jean Paul Fr. Richters Leben, nebst Charakteristik seiner Werke. Mit Portr. Wohlfeile Taschenausg. gr. 12. Gotha 826, Hennings.

— Fr. v. Schillers Leben, s. auch v. Schiller's Werke rc., 7r Supplement-Band.

Doering, Heinrich. Friedrich von Schillers Leben. Aus theils gedruckten, theils ungedruckten Nachrichten, nebst gedrängter Uebersicht seiner poetischen Werke. Hrg. von H' D'. ([Mit Porträt-Tafel und Anhang:] Quellen zur Biographie Schillers.) 8. Weimar 1822.
Gallerie Weimarischer Schriftsteller Hrg. von H' D'. Theil 1.

Doering, H. Leben Ferdinand von Schills. (9 B.) 8. Leipzig, Barmen 1838. 1,60.

Doering, Heinr., Leben u. Wirken Felix Mendelssohn-Bartholdy's. Im Umrisse dargestellt. gr. 8. (93 S.) Wolfenbüttel 878. Zwißler. n. 1. 50

Döring, Heinr., Friedrich Wilhelms III., Königs von Preußen, Lebens- und Regierungsgeschichte, wie auch die Errichtung der preuß. Landwehr, des Königs Aufruf an sein Volk und Beschreibung der Schlachten bei Groß-Görschen, bei Bautzen und, die Völkerschlacht bei Leipzig. 2. (Titel-)Ausg. 8. (VIII und 172 S. mit 4 lithogr. Portr.) Quedlinburg (841)63, Ernst'sche Buchh.

Doering, Hch. Lebensumriss von Carl August, Grossherzog von Sachsen-Weimar. (16¼ B.) 12. Quedlinburg 1840. 3,50.

— Münchhausen's Lügen-Abentheuer, s. Volksbücher. Nr. 6.

Döring, Hnr., kleine Romane u. Erzähll. 1r Bd. 8. Jena 818. (Schmid). 1 Thlr 16 gr

— Schiller und Goethe. Reliquien, Characterzüge und Anecdoten. Gesammelt und hrsg. gr. 16. (XII und 155 S.) Leipzig 852, Falk.

– s. W. Scott, das Schloß Pontefract.

– s. W. Scott, Redgauntlet.

Doering, Heinrich [Übers.]
s. Scott, Walter: Der Alterthümler. 1823.

Döring, Heinrich, s. Seckendorf, Chr. A. v.: Pflicht u. Gewissen.

— Schiller's Selbstcharakteristik. Nach des Dichters Briefen seit seinem achtzehnten Lebensjahre bis zum letzten entworfen. Stuttgart 853. Hallberger'sche Verlhdlg. gr. 16. (VIII, 518 S.) 1 Thlr
Vgl.: Biographieen deutscher Classiker.

— Goethe's Selbstcharakteristik. Nach des Dichters Briefen seit seinem achtzehnten Lebensjahre bis zum letzten entworfen. (Neue Titel-Ausg.) Altenburg (854). Pierer. 16. (2 Bl., 436 S.) 25 ngr

— Schiller's Sturm- und Drangperiode. Ein Beitrag zur deutschen Literaturgeschichte. gr. 16. (334 S.) Weimar 852, Jansen und Comp.
Vgl.: Biographieen deutscher Classiker.

Döring, Heinrich August: Ueber Tubenschwangerschaft. Halle (1872): Plötz. 29 S. 8°
Halle-Wittenberg, Med. Diss. v. 30. Sept. 1872
Geb. Spickendorf (Saalkr.) 27. 9. 1843. V.

Döring, Heinrich Johann Michael, s. a. Döring, Johann Michael Heinrich

Döring, Heinr. (Joh. Mich.), Beiträge zur Charakteristik Schiller's nebst ein. biograph. Skizze seines Sohnes Ernst. 16. (15¼ B.) Altenburg 845, Pierer.

— Luther's Briefe, s. Luther's Briefe.

— drei Bücher deklamatorischer Vorträge. gr. 8. Jena 841, Mauke. ½ Thlr

Döring, Heinr. (Joh. Mich.), Gottfried August Bürger. Ein biograph. Denkmal. A. u. d. T.: G. A. Bürger's sämmtl. Werke, Supplement-Band. 8. (VIII und 410 S.) Göttingen 847, Dieterichsche Buchh.

— der Thüringer Chronik. Mit einer Einleitung von Ldw. Bechstein. 13 Liefg. Erfurt 841, 42, Expedition. (Pr.-Pr. à n. 1/6 Thlr) compl. Ladenpr. 3⅓ Thlr — 2. unveränd. Ausg. in 13 Heften. 1. Hft. gr. 8. Ebend. 844. 1/6 Thlr

— die Thüringer Chronik. 2., unveränd. Ausg. (3 Hfte.) gr. 8. (56 B. u. Ttl. in Gold- u. Farbendr.) Erfurt 844. [Körner.]

— die thüringer Chronik. Neue, unveränd. Aufl. Lex.-8. (XII und 878 S. mit Titel in Buntdr.) Erfurt 847, Körner.

— Euthanasia, s. Euthanasia.

— Schiller's Familienkreis. Suppl.-Bd. zu Fr. v. Schillers sämmtl. Werken. 16. (VIII u. 128 S.) Grimma 852, Verlags-Comptoir. In Engl. Einb. n. ⅔ Thlr

Döring, Hnr. (Jh. Mich. Hnr.), Geschichte des Aufstandes in Tyrol unter Hofer, s. Volksbibliothek, 24. Bdchn.

— Goethe. Ein biographisches Denkmal, s. v. Goethe, sämmtl. Werke, Supplement.

— Historie v. Ritter Götz v. Berlichingen mit d. eisernen Hand. kl. 8. Erfurt 840, Exped. d. Thüringer Chronik. n. 1/12 Thlr

— Historie v. Ritter Götz v. Berlichingen mit d. eisernen Hand. kl. 8. Leipzig 846, C. F. Schmidt. n. 2 ngr

— allegorischer Jugendspiegel, oder Lehren der Weisheit u. Tugend in bildlichem Gewande u. in systematisch geordneten Beispielen für Schule u. Haus. Mit 8 illum. Bildern. gr. 8. Berlin 845, Winckelmann u. Söhne. geb. 1⅓ Thlr

— allegorischer Jugendspiegel oder Lehren der Weisheit und Tugend in bildl. Gewande und in systematisch geordneten Beispielen für Schule und Haus. 2. Aufl. br. 8. (XV und 351 S. mit 8 ill. Stnt.) Berlin 850, Winckelmann und Söhne.

– s. Kinder, die, im Walde.

Döring, Heinr. (Joh. Mich.), Leben F. v. Schill's, s. Gallerie d. Helden 3. Bd. 1. Abthl.

— Friedrich Wilhelm III., Königs von Preußen, Lebens- u. Regierungsgeschichte. (Mit 4 Bildnissen.) gr. 12. Quedlinburg 841, Ernst'sche Buchh. 2/3 ₰

— Münchhausen's Lügen-Abenteuer. Auf's Neue frei aus dem Engl. übersetzt u. herausgeg. kl. 8. Leipzig 846, Schmidt. n. 4 ngl

– s. Luthers, Dr. M., deutsche Briefe.

— die wundersamen Mährlein vom Berggeist Rübezahl. kl. 8. Erfurt 841, Exped. d. Thüringer Chronik. n. 1/10 ₰

— das Merkwürdigste aus dem Leben von Johannes v. Müller, Schroeckh, Jünger, Reinhold, Bertuch, ferner von Louise Brachmann u. Friederike Brun. gr. 12. Quedlinburg 841, Ernst'sche Buchh. 1/2 ₰

– s. Münchhausen's Lügen und Abentheuer.

— poetischer Sagenkreis auf histor. Grunde. Mit Titelbild. gr. 16. Berlin 846, Sacco. 1/4 ₰

— poetischer Sagenkreis auf histor. Grunde. gr. 16. (IV u. 92 S. m. Titelbild.) Berlin 847, Sacco. 1/4 ₰

— Friedrich v. Schiller. Ein biograph. Denkmal. 2. verb. Aufl. 16. Jena 841, Mauke. n. 1/2 ₰ (A. u. d. T.: Schiller's Werke.)

– s. v. Schiller, Fr., Briefe.

— Schiller u. Goethe. Reliquien, Characterzüge u. Anecdoten. Gesammelt u. hrsg. gr. 16. (XII u. 155 S.) Leipzig 852, Falk. 18 ngl geb. 24 ngl m. Goldschn. 27 ngl

— Scenen u. Bilder aus dem Leben Jesu. Nebst alttestamentl. Gemälden u. religiösen Dichtungen verschied. Inhalts. Mit 1 Stahlst. 8. Berlin 843, C. Fr. Amelang. 3/4 ₰

– s. Shakespeare's Werke. Supplemente.

– s. Sterne, Lor., Yorick's empfinds. Reise.

— Schiller's Sturm- u. Drangperiode. Ein Beitrag zur deutschen Literaturgeschichte. gr. 16. (334 S.) Weimar 852, Jansen & Co. 1 ₰

– s. Taschenbibliothek class. Romane des Auslandes, 3. – 5. Bd.

— Turnier- u. Ritter-Buch. gr. 16. Erfurt 841, Exped. d. Thüringer Chronik. n. 1/12 ₰

— Jenaischer Universitäts-Almanach. 1845. 16. Jena 845. (Weimar, Hoffmann.) n. 1 1/2 ₰

— des Handelshauses Rothschild Ursprung, Wachsthum und Schicksale. 8. (47 S.) Leipzig 851, Wengler.

— Weihnachtsbüchlein. Dichtungen u. Legenden zur Feier des Christfestes gesammelt. 16. Leipzig 846, Renger'sche Buchh. In Leinwand geb. n. 5/6 ₰

Döring, Hermann

Doering, Herm., Geschichte der Spar- u. Leihkasse Gießen. gr. 8. (91 S.) Gießen 902. v. Münchow. n. 3. –

Doering, Herm., die Baugenossenschaft Gießen. Eine Darstellg. der geschichtl. Entwickelg. u. Tätigkeit der Baugenossenschaft des evangel. Arbeitervereins in Gießen, eingetragenen Genossenschaft m. beschränkter Haftpflicht, m. Bauplänen u. Bildern v. Häusergruppen versehen v. Gust. Hamann. (60 S. m. 10 Anlagen.) 8. Gießen 904. (Darmstadt [Wilhelminenstr. 8], Hess. Zentralverein f. Errichtg. bill. Wohnan.) n. 1. 50

Döring, Herm., Katechismus zur Vorbereitung auf die Prüfungen zum Polizei- od. Verwaltungsbeamten. In 2 Tln. Nach den amtl. Prüfungsbestimmgn. bearb. gr. 8. Berlin, A. W. Hayn's Erben. à n. 3. —; geb. n. 4. —
1. Die mündl. Prüfg. 2. Aufl. (VIII, 163 S.) 904.
2. Die schriftl. Prüfg. 2. Aufl. (VIII, 131 S.) 905.

Döring, Herm., Prüfungs-Fragen f. Beamte des Reichs-, Staats- u. Kommunaldienstes. 4. (V, 82 S.) Berlin 902. (F. Siemenroth.) n. 2. —; Antworten. gr. 8. (VII, 120 S.) 903. n. 2. —

Doering, Hugo v., der deutsch-französische Krieg 1870/71. Nach den besten Quellen dargestellt. Mit 1 farb. Titelbild, 26 ganzseit Bildertaf. nach Originalen v. Bleibtreu, Camphausen, Freyberg, Hünten, Ant. v. Werner in Photographiedr., zahlr. Textillustr., vielen Schlachtplänen u. 1 Übersichtskarte vom Kriegsschauplatze. (376 S.) gr. 8. Berlin (910). Meidinger's Jugendschriften Verlag. (Ursp. Pr. geb. in Leinw. 6. —)

Döring, Hugo v., Deutschlands Krieg gegen Frankreich im J. 1870 u. 1871, nach den besten Quellen dargestellt. Mit e. (lith.) Kriegskarte (in qu. Fol.) 18—25. (Schluß-) Hft. gr. 8. (S. 249—380.) Berlin 871. Cronbach. à — 10

Döring, J., das Buch des Anstandes und der feinen Lebensart. Eine Anweisung wie man sich in Gesellschaften, bei Tisch, bei Besuchen rc. als Wirth und als Gast höflich und anständig zu bewegen hat. Ein Rathgeber für alle Stände. 8. (IV, 153 S.) Mühlheim 872, Bagel.

Döring, J., das Buch des Anstandes u. der feinen Lebensart. Eine Anweisung, wie man sich in Gesellschaften, bei Tisch, bei Besuchen rc. als Wirth u. als Gast höflich u. anständig zu bewegen hat. Ein Rathgeber für alle Stände. 8. (III, 153 S.) Mülheim 881. Bagel. 1. —

Döring, J., d. Buch d. Anstandes u. d. feinen Lebensart. E. Anweisg., wie man sich in Gesellschaften, b. Tisch, b. Besuchen, b. Tanze, b. Geburts- u. Hochzeitsfesten, b. Beileidsbezeuggn. u. s. w. als Wirt u. als Gast höflich u. anständig zu bewegen hat. Ratgeber f. alle Stände. 9. Aufl. 8. (IV, 153 S.) Mülheim a/R. 898. J. Bagel. 1. —

Das Buch des Anstandes und der feinen Lebensart. Hrsg. von Dr. J. Döring. 10. Aufl. *Mülheim a. d. Ruhr: J. Bagel [1899].* (193 S.) 8° [J.]

Döring, J., meine Dienstzeit. Friedens- u. Kriegs-Erinnerungn. 1869—1871. Mit 4 Plänen u. 1 Abbildg., den Durchgang durch die Sauer darstellend. 8. (VI, 105 S.) Marburg i/H. 891. N. G. Elwert's Verl. n. 1. 20; kart. n. 1. 50

Allg. Bücher-Lexikon. XXVII. Band. (XI. Supplement-Band 1.

Meine Dienstzeit. Friedens- u. Kriegs-Erinnerungen 1869–1871 von J. Döring, ehem. Jäger d. Hess. Jäger-Bat. No 11. Mit 4 Pl., 1 Abb. 2. Aufl. Marburg: Elwert 1910. VI, 112 S. 8°

Döring, J., der Führer im gesellschaftlichen Leben. Eine Anweisung, wie man sich in Gesellschaften, bei Tisch, bei Besuchen rc. als Wirth u. als Gast höflich u. anständig zu bewegen hat. Nebst einer Reihe von Mustern zu mündlichen Anreden, zu Briefen, Billets, Karten, wie sie in den verschiedenen Verhältnissen vorkommen mit den dazu passenden Antworten rc. Ein praktischer Rathgeber für alle Stände. Mülheim a. d. R. 861. Bagel. 8. (VI, 274 S.) n. 17 1/2 ngr.

Döring, J., der Führer im gesellschaftlichen Leben. Eine Anweisung, wie man sich in Gesellschaften, bei Tisch, bei Besuchen rc. höflich u. anständig zu bewegen hat. Nebst e. Reihe von Mustern zu mündlichen Anreden, zu Briefen, Billets, Karten rc. Ein praktischer Rathgeber für alle Stände. 2. Aufl. Mülheim 869. Bagel. 8. (VI, 290 S.) n. 17 1/2 ngr.

—— der Führer im gesellschaftlichen Leben. Eine Anweisung, wie man sich in Gesellschaften, bei Tisch, bei Besuchen 2c. als Wirth und als Gast höflich und anständig zu bewegen hat. Nebst einer Reihe von Mustern zu mündl. Anreden, zu Briefen, Billets, Karten, wie sie in den verschiedenen Verhältnissen vorkommen, mit den dazu passenden Antworten 2c. Ein prakt. Rathgeber für alle Stände. 6. und 7. Aufl. 8. (VIII, 280 S.) Ebendas. 881,82.

— d. Führer im gesellschaftl. Leben. E. Anweisg., wie man sich in Gesellschaften, b. Tisch, b. Besuchen, beim Tanze, b. Geburts- u. Hochzeitsfesten, b. Beileidsbezeuggn. u. s. w. als Wirt u. als Gast höflich u. anständig zu bewegen hat. Nebst e. Reihe v. Mustern zu mündl. Anreden, Briefen, Billets, Karten 2c., nebst pass. Antworten 2c. Prakt. Ratgeber f. alle Stände. 10. Aufl. 8. (320 S.) Ebd. 895. 2.—

Döring, J., der Führer im gesellschaftlichen Leben. Eine Anweisg., wie man sich in Gesellschaften, bei Tisch, bei Besuchen, beim Tanze, bei Geburts- u. Hochzeitsfesten, bei Beileidsbezeuggn. u. s. w. als Wirt u. als Gast höflich u. anständig zu bewegen hat. Nebst e. Reihe von Mustern zu mündl. Anreden, Briefen, Billets, Karten 2c., nebst pass. Antworten 2c. Ein prakt. Ratgeber f. alle Stände. 11. Aufl. 8. (320 S.) Mülheim a/R. 899. J. Bagel. 2.—

Döring, J., der Führer im gesellschaftlichen Leben. Eine Anweisg., wie man sich in Gesellschaften, bei Tisch, bei Besuchen, beim Tanze, bei Geburts- u. Hochzeitsfesten, bei Beileidsbezeuggn. u. s. w. als Wirt u. als Gast höflich u. anständig zu bewegen hat. Nebst e. Reihe v. Mustern zu mündl. Anreden, Briefen, Billets, Karten 2c. nebst pass. Antworten 2c. Ein prakt. Ratgeber f. alle Stände. 11. Aufl. (320 S.) 8. Mülheim a/R. (904). J. Bagel. n. 1. 50; geb. in Leinw. n. 2. 50

Doring, J. A., kleiner Briefsteller für d. Jugend. Nebst e. kurzen Anweis. zum Briefschreiben. 8. Quedlinb. 828. Basse. 8 gl

Döring, J. A., de elegantia orationis institutionisque J. Chr. Lips. 1786. 4.

Döring, J. G., Unterricht im Singen. 1r Curs. 8. Görl. Anton. 805. Rthlr.

— Jo. Aug. (Torgau), De investitura bonorum allodialium immobilium in Saxonia. Dissert. jur. Präs. Gebh. Chn. Bastineller. Wittenbg. (Ephr. Gottlob Eichsfeld) August 1738. 72 S. (5.—) 6681

— Jo. Philipp (Torgau), De possessione uxori, inprimis Saxonicae, in bonis mariti competente. Diss. Präs. Jo. Heinr. Berger. Wittenbg. (Chn. Schrödter) 26. VI. 1704. 72 S. (5.50) 6688
Gew.: Jo. Abrah. Birnbaum.

Döring, Joh. Aug., das Johannesevangelium mit drei deutschen Uebersetzungen u. drei Zugaben. gr. 8. (III, 223 S.) Halle 880. Petersen in Comm. n. 3. 20

— Joh. Tobias (Lauban), De eo, quod justum est circa testes in possessorio summarissimo. Diss. jur. Präs. Jo. Gottfr. Kraus. Wittbg. (Gerdes' Wwe.) März 1729. 24 S. (5.—) 6689

Döring, Johann Fr. Wilhelm

Döring, Jh. Fr. Wlh., katechet. Andachtsübungen, s. Dolz.

Döring, Johann Friedrich Samuel

Döring, J. F. S. Anweisung zum Singen. Erster Cursus. Görlitz 1805.

Döring, Jh. Fr. Sam., vollständ. Altenburger Choral-Melodienbuch in Buchstaben, 4stimmig gesetzt. 4. (Leipz. 818. Kollmann). 18 gl

— etwas zur Berichtigung d. Urtheils über d. musikal. Singchöre auf d. gelehrten protest. Schulen Deutschlands. 4. Görlitz 796.

— Johann Friedrich Samuel, Etwas zur Berichtigung des Urtheils über d. musikalischen Singe=Chöre auf d. gelehrten protestantischen Schulen Deutschlands. E. Ftsg. d. vor 5 Jahr. angefang. Versuchs zu d. Joh. Rud. v. Gersdorfischen Gedächtnißfeyer. Görlitz (J. R. Unger) 25. IX. 1801. 15 S. (3.50) 6685

— Unterricht im Singen. 1r Cursus. 8. Görlitz 805. (Anton in Halle). 8 gl

— Johann Gottlob (Torgau), Quaestiones juris criminalis controv. in doctrina de homicidio. Präs. Joh. Gottlob Weidler. Wittbg. (Schlomach) 19. II. 1750. 8 S. (3.50) 6686

Döring, Jh. Glo., († d. 20. März 1819.) Unterricht im Christenthum für Kinder, die das erstemal zum heil. Abendmahl gehen. 8. Dresd... 3e A. 794.

Döring, Johann Jacob

— Joh. Jacob (Gotha), Aristo Chius vita, et doctrina notus. Präs. Gottfr. Buchner (Rudersdorf-Eisenb.). Jena (Werther) Febr. 1725. 35 Seiten. (5.—) 6687

Döring, Johann Michael, s. Döring, Johann Michael Heinrich

Döring, Johann Michael Heinrich, s. a. Döring, Heinrich Johann Michael

— s. Bibliothek der älteren Romandichter Englands, 11r – 13r Bd.

— s. Bibliothek deutscher Schönheiten.

Doering, (Joh. Mich.) Heinr., danziger Bilder. 8. (19 B.) Danzig 840, Gerhard.

— s. Biographie allgem. deutsche.

—— Goethe's Briefe in d. J. 1768—1832, s. Goethe, W. v.

—— Schiller's auserles. Briefe in d. J. 1781—1805, s. Schiller, Fr. v.

—— drei Bücher deklamator. Vorträge. gr. 8. (18¼ B.) Jena 841, Mauke.

—— der Thüringer Chronik. Mit e. Einleit. v. Ludw. Bechstein. (13 Lfgn.) Lex.-8. (56 B. u. verziert. Tit. in Gold- u. Farbendr.) Erfurt 841, 42, Expedition d. thüring. Chronik. *

— s. Denkwürdigkeiten d. geheim. Gesellschaften in Italien.

— s. Erholungsstunden.

— Gallerie deutscher Dichter u. Prosaisten seit d. Mitte d. 12ten Jahrh. bis zur Gegenwart. 1r Bd. gr. 8. Gotha u. Erf. 831. Hennings. 1 rß 12 gl

— s. Gallerie der Helden.

—— Gallerie deutscher Historiker. 1. u. 2. Bdchn. 16. Zeitz, Webel.
A. u. d. Titln.:
Bdchn. 1. Leben Joh. v. Müller's. Nach sein. Briefen u. and. Mittheiln. dargest. (30½ B.) 835. 20 Gr.
" 2. Leben A. L. v. Schlözer's. Nach seinen Briefen u. and. Mittheiln. dargest. (26½ B.) 836. 16 Gr.

— Gallerie Weimar. Schriftsteller. 1r Thl. A. u. d. T.: Fr. v. Schillers Leben 2c. 8. Weimar 822. Hoffmann. 1 rß 8 gl (s. auch v. Schillers Werke, 7r Suppl.-Bd.) 2r Thl. A. u. d. T.: J. G. v. Herders Leben. Aus theils gedruckten, theils ungedruckten Nachr. nebst gedrängter Uebersicht ihrer Werke. Mit Bildn. u. Facs-Simile. 8. Ebd. 822 u. 24. 1 rß 18 gl (s. auch v. Herders Werke, Suppl.-Bd.)

— Gedichte. gr. 8. Jena 816. Schreiber. (Schmid). 16 gr

— satyr.-humorist. Gedichte, vorzügl. in Bezug auf neuere Zeitereignisse. gr. 12. Leipz. 820. Klein. 16 gr

— bibl. Gemälde, Legenden, Balladen u. vermischte Gedichte. gr. 8. Danzig 822. Alberti. 1 rthl

—— Genius aus Göthe's Werken, s. Bibliothek deutscher Schönheiten ꝛc., 2. Bd.

—— Genius aus Klopstock's Werken, s. Bibliothek deutscher Schönheiten ꝛc., 4. Bd.

—— Genius aus Schillers Werken, s. Bibliothek deutscher Schönheiten ꝛc., 1. Bd.

– s. Geschichte der Staaten d. Alterthums, 2r Bd.

—— der Graf v. Gleichen. Romant. Volkssage. Nebst e. histor.-krit. Anh. u. e. anatom. Beschreib. d. neuerl. aufgegrab. Gebeine, v. (G. H.) Thilow. — A. u. d. T.: Beschreib. d. Grabes u. d. Gebeine d. Grafen Ernst III. v. Gleichen u. derer seiner beiden Weiber. Nebst Bemerkn. v. Thilow. M. 1 Stndr., die beiden Frauen u. d. Grafen n. Orig.-Gemälden darstell. gr. 8. (6½ B.) Gotha u. Erfurt 836, Henningsche Buchh.

– s. O. Goldsmith, der Landprediger v. Wakefield.

—— Goethe. Ein biograph. Denkmal, s. Goethe, W. v.

– s. v. Göthe's Briefwechsel.

—— Goethe in Frankfurt am Main, od. zerstreute Blätter aus d. Zeit seines dort. Aufenthalts in d. J. 1757—1775. 16. (8 B.) Jena 839, Mauke.

—— die heil. Harfe. Eine Samml. christl. Lieder zur häusl. Erbauung. Seitenstück zu Spitta's Psalter u. Harfe. 8. (10 B.) Jena 839, Mauke.

—— Rußlands Helden. gr. 8. (22 B.) Leipzig 835, Hartknoch.

—— Historie vom Ritter Göz v. Berlichingen mit d. eisernen Hand. 8. (4½ B.) Erfurt 840, Expedit. d. thüringer Chronik *

— Hulda, e. Taschenbuch auf d. J. 1818. Mit Kpf. 8. Jena 818. Schreiber. 18 gr

—— die deutschen Kanzelredner d. 18. u. 19. Jahrh. Nach ihrem Leben u. Wirken dargest. gr. 8. (38 B.) Neustadt a. d. O. 830, Wagner.
Register hierzu, vgl. dess. „Die gelehrten Theologen Deutschl." 4. Bd.

Döring, Jh. Mch. Hnr., G. A. Bürgers Leben. gr. 12. Hamb. 827. Christiani. 1 rthl 12 gr (Vergl. Bürgers Werke, Suppl.)

—— Christian Fürchtegott Gellert's Leben. Nach seinen Briefen u. and. Mittheiln. dargest. 2 Thle. 8. (26 B.) Greiz 833, Henning.

— Göthe's Leben. 2e ergänzte Ausg. A. u. d. T.: Supplem. zu J. W. von Göthe's Leben. Mit 1 Steindruck u. Facsimile. 16. Weimar 833. Hoffmann. 2/3 rthl — Daraus apart: Anhang zu J. W. von Göthe's Leben. 16. Ebd. 833. 1/6 rthl

— J. W. v. Goethe's Leben. Mit 1 Fac-Simile u. 1 Zeichnung. 16. Weimar 828. Hoffmann. 18 gr Velinp. mit ill. Zeichn. 1 rthl 8 gr (Vergl. Goethe's Werke, Suppl.)

—— Joh. Gtfr. v. Herder's Leben. — A. u. d. T.: Supplement zu J. G. v. Herder's Werken. Mit Herder's Portr., gest. v. Schwerdgeburth, u. 1 Fac-simile. 2., verm. u. verb. Aufl. 16. (22 B.) Weimar 829, Hoffmann. 12 Gr., Binp.

— Klopstock's Leben. Mit Portr. u. Fac-Simile. 16. Weimar 825. Hoffmann. 16 gr (Vergl. Klopstock's Werke, 1r Suplem.-Bd.)

— August v. Kotzebue's Leben. A. u. d. T.: August v. Kotzebue's sämmtl. dramat. Werke. Suppl.-Bd., mit Kotzebue's Portr. u. 1 Fac-Simile. 16. Weimar 830. Hoffmann. 18 gr

— Fr. von Matthisson's Leben, s. F. v. Matthisson's Schriften, Supplementband.

— Jean Pauls Leben. Seitenstück zur Gallerie Weimar. Schriftsteller. 2 Bdchen. A. u. d. T.: Jean Paul Friedrich Richter's Leben u. Charakteristik. Nach seinen Briefen u. andern Mittheilungen dargestellt. 2 Bdchen, mit Jean Pauls Portr. u. Fac-Simile). 8. Lpz. 830, 32. Klein. 1 rthl 12 gr In 16. 1 rthl 2 gr (A. u. d. T.: J. Paul's sämmtl. Schriften, 1s Suppl.)

— Jean Paul Fr. Richters Leben, nebst Charakteristik seiner Werke. Mit Portr. Wohlf. Taschenausg. gr. 12. Gotha 826. (Reichenbach in Leipz.) 14 gr (s. auch J. P. F. Richter's Werke, Suppl.-Bd.)

—— Jean Paul Fr. Richter's Leben, nebst Charakteristik seiner Werke. Mit Jean Paul's Portr. (Neue) Wohlf. Taschenausg. 12. (9 B.) Gotha 831, Hennings.

—— Jean Paul's (Friedr. Richter's) Leben. Seitenstück z. Gallerie Weimar. Schriftsteller. 2 Bdchn. — A. u. d. T.: Jean Paul Friedr. Richter's Leben u. Charakteristik. Nach seinen Briefen u. and. Mittheiln. dargest. 2 Bdchn. Mit J. Paul's Portr. (u. Fac-simile.) 8. (41½ B.) Leipzig 830, 32, Klein.

—— dass. 16. (47¾ B.)
Vgl. Richter, Jean Paul Fr., das Schönste u. Gediegenste ꝛc., 6. u. 7 Bdchn.

—— Leben F. v. Schill's, s. Gallerie d. Helden, 3. Bd.

— Joh. Heinrich Voß's Leben und Wirken, s. Jh. Hnr. Voß, sämmtl. Gedichte, Supplementband.

—— Friedrich Wilhelm III., Königs v. Preußen, Lebens- u. Regierungsgeschichte. (M. 4 Bildn.) gr. 12. (7½ B.) Quedlinburg 841, Ernst'sche Buchh.

—— Lebensumrisse v. Carl August, Großhrzg. v. Sachsen-Weimar, u. v. Möser, Falk, Seume, Lichtenberg u. v. Matthisson. gr. 12. (10½ B.) Quedlinburg 840, Ernst'sche Buchh.

—— deutscher Legendenschatz f. Schule u. Haus. gr. 8. (18 B.) Jena 840, Mauke.

—— the engl.-germ. Letter-Writer, s. Williams, J.

–s.a. London u. seine Bewohner.

LONDON und seine Bewohner. Aus d. Französ. (Deutsches Original von *Joh. Michael Döring*.) Weimar 1818.
Anon.-Lex. III. p. 86 (nach Meusel).

—— die wundersamen Mährlein v. Berggeist Rübezahl. 8. (3¾ B.) Erfurt 841, Expedit. d. thüringer Chronik. *

—— das Merkwürdigste aus d. Leben v. Johannes v. Müller, Schroeckh, Jünger, Reinhold, Bertuch, ferner v. Louise Brachmann u. Friederike Brun. gr. 12. (7⅔ B.) Quedlinburg 841, Ernst'sche Buchh.

—— Nachlese zu Schiller's Werken, s.a. Nachlese.

Döring, Jh. Mich. Hnr., Nachlese zu v. Schiller's sämmtl. Werken. gr. 8. Greiz 834. Henning. 1⅓ rthl — dies. in 16. Ebd. 834. 1 rthl

– s. Niebelungenlied.

—— Richard Savage. Ein Genrebild. 10. (8¼ B.) Jena 840, Mauke.

– s. Fr. v. Schiller's auserles. Briefe.

– Friedr. v. Schiller. Ein biograph. Denkmal, s. Schiller, Fr. v.

— Schwänke, scherzhafte Gedichte u. Poesien ernsterer Gattung. 8. Danzig 828. Anhuth. 1 rthl 12 gr

Doering, (Joh. Mich.) Heinr., deutsches Taschenbuch, 1837, s. Taschenbuch, deutsches.

Döring, (Joh. Mich.) Heinr., die gelehrt. **Theologen** Deutschlands im 18. u. 19. Jahrh. Nach ihrem Leben u. Wirken dargest. 4 Bde. gr. 8. Neustadt a. d. O., Wagner. Thlr.
Bd. 1. A—H. (50 1/4 B.) 831. 3 Thlr.
„ 2. J—M. (42 B.) 832. 2 Thlr. 15 Gr.
„ 3. N—Scho. (58 1/2 B.) 833. 3 Thlr. 18 Gr.
„ 4. Schr.—Z. Nebst e. allgem. Register üb. d. 1—4. Bd. d. gel. Theol. mit Einschluß d. Werkes: Die deutschen Kanzelredner &c., vgl. oben. (57 3/4 B.) 835. 3 Thlr. 18 Gr.

— German **Tourist**, s. O. L. B. **Wolff.**

—— **Turnier- u. Ritter-Buch.** gr. 16. (5 B.) Erfurt 841. Expedition d. thüringer Chronik. Thlr.

— poetische **Werke**. Vom Verf. selbst gesammelt u. herausg. 1r u. 2r Bd. gr. 12. Quedlinb. 838. Basse. (à 1 1/2 ...) 3 ...

— Christoph Martin **Wieland**, s. **Wieland's Werke**, Supplement.

Döring, Johann Peter

Döring, Jh. Pet., († d. 14. Juli 1754.) philosophische Nebenstunden von d. Satze d. zureichenden Grundes. 8. Frankf. 753. Mohr. 5 ...

Döring, Johann Wilhelm

Döring, Jh. Wlh., s. 1) Beschreib. d. Kurfürstl. Landsitzes Wilhelmshöhe.

Döring, Jh. Wlh., Hesus, od. d Lohn d. Tapferkeit. 8. Kassel 803

— s. **Kleeblatt**, das heilige.

Döring, Johannes

Döring, Johs., **Wellhausens Theorien** z. Geschichte Israels in krit. Beleuchtg. Vortrag, auf d. niederrhein. Pastoralkonferenz in Düsseldorf a. 18. V. 1897 geh. 8. (48 S.) Gütersloh 897. C. Bertelsmann. n. —60

Döring, Justin

Zum 18. April 1865. dem Ehrentage aller Preußen, aller Deutschen. Ein Lied l von der Reorganisation v. Justin **Döring**. 2. Aufl. Berlin. 1865. 4 Bl. 8°

Döring, K, Natürliche Verbindlichkeiten im BGB. (X, 55 S.) gr. 8. Berlin, R. Trenkel. 1908 2. —

Döring, Carl, das A.B.C. im Turnen. Ein Handbuch für Alle, die sich und Andern einen gesunden Körper geben und erhalten wollen. Plauen (858.) Neupert. 16. (1 Bl., 66 lith. S. m. Abbildgn.) 7 1/2 ngr

Döring, Carl, das ABC im Turnen. Ein Handbuch für Alle, die sich u. Anderen einen gesunden Körper geben und erhalten wollen. 2. Aufl. Plauen 861. Neupert. 16. (V, 64 S.) 7 1/2 ngr

Döring, Karl *Friedrich Christian* [aus Magdeburg]: Über die Einwirkung der drei isomeren Toluylaldehyde auf Benzoylpiperidin ... Kiel, Druck v. L. Handorff, 1894; 29 S., 1 Bl. 8.
Kiel, Phil. Fak., Inaug.-Diss. v. [17. März] 1894

Döring, Karl: Die Entdeckung des Uteroplacentar-Kreislaufes durch John und William Hunter nebst Bemerkungen über Uteroplacentar-Gefässe bei Syphilis. *Halle a. S. 1898: C. A. Kaemmerer & C.* (41 S.) 8°
Halle, Med. Diss. v. 16. Febr. 1898

Doering, Carl, ein Fall v. Lähmung nach Pneumonie. gr. 8. (8 S.) Berlin 902. J. Goldschmidt. n. 1.—
Sonderabdruck aus: „Deutsche medicin. Presse".

Döring, Karl (Hrsg.), s. **Gerstäcker**, Friedrich

Handkarte vom Kreise Teltow. Für d. Schulgebr. gez. von K[arl] **Döring**, Lehrer in Zehlendorf. Massst. 1:150,000. *Berlin: Fussinger [1903]; Geogr. Anst. C. Kirst & Co., Leipzig.* (1 Kartenbl. 34×39 cm mit Legende.) 2° [kol.] [03. 0918

Doering, Carl: Ueber Herabsetzung der Thränensecretion bei Melancholie. *Freiburg i. Br. 1898: H. Epstein.* (35 S.) 8°
Freiburg i. B., Med. Diss. v. 1898

Döring, Karl, Opfer der Grossstadt. Berliner Novellen. 8. (128 S.) Berlin (902). Berolina F. Cronmeyer & Co. n. 1.—

Döring, Karl, Opfer der Grossstadt Berliner Novellen. (128 S.) 8. Berlin (903). Berolina, F. Cronmeyer. n. 1.—

Döring, Carl, Skat u. andere Kartenspiele. Ein Lehrbuch zur schnellen Erlerng. v. Skat (unter besond. Berücksicht. des „Kucki" &c.), L'hombre, Whist, Cayenne, Boston, Onze et demie, Einundzwanzig, Einunddreißig, Ecarté, Besigue, Schwarzer Peter u. Sechsundsechzig. 8. (104 S.) Berlin (901). Neufeld & Henius. 1.—

—— 52 Spiele für Knaben und Mädchen zum Gebrauche bei Schul- und Kinderfesten, Spaziergängen und andern fröhlichen Gelegenheiten. 1. Aufl. 1859. und 2. Aufl. 16. (44 S.) Plauen 860, Neupert. *

— 60 Spiele für Knaben u. Mädchen zum Gebrauche bei Schul- u. Kinderfesten, Spaziergängen und andern fröhlichen Gelegenheiten. 3., verm. u. verb. Aufl. der 52 Spiele. Ebend. 864. 16. (40 S.) 6 ngr

Döring, Carl, 62 Spiele für Knaben u. Mädchen zum Gebrauche bei Schul- u. Kinderfesten, Spaziergängen u. andern fröhlichen Gelegenheiten. 4., verm. u. verb. Aufl. der 52 Spiele. Plauen 867. Neupert. 16. (40 S.) n. 6 ngr

Döring, Carl, 70 Spiele für Knaben und Mädchen zum Gebrauche beim Turnunterrichte, bei Schul- und Kinderfesten, Spaziergängen &c. 5. und 6. verb. Aufl. 16. (47 S.) Plauen 871,75, Neupert. *

Doering, Karl [Districtsarzt in Hamburg]: Statistik der Amputationen und Exarticulationen der Kieler chirurgischen Klinik von Juli 1868 bis Ende 1875 und statistische Beiträge zu der Frage über Knochen- und Gelenktuberculose .... *Blankenese, Johs. Kröger's Buchdr.*, 1885; 1 Bl. + 25 + 1 S. 8°.
Kiel, Med. Fak., Inaug.-Diss. v. 14. Okt. 1885.

Döring, Karl, Statistik der Amputationen u. Exarticulationen der Kieler chirurgischen Klinik von Juli 1868 bis Ende 1875 u. statistische Beiträge zu der Frage üb. Knochen- u. Gelenktuberculose. gr. 8. (25 S.) Kiel 885. (Lipsius & Tischer.) n. 1.—

—— 10 kalligraphische Unterrichtsbriefe. In 10 Stunden sich und Anderen eine correcte gefällige Handschrift beizubringen. 1. Brief. gr. 8. (8 lithogr. S.) Plauen 867, Neupert. *

Döring, Karl, a. Bernburg: Natürliche Verbindlichkeiten im B.G.B. Berlin 1908: R. Trenkel. (X, 55 S.) 8°
Rostock, Jur. Fak., Ref. Bernhöft, Diss. v. 10. Juni 1908
[Geb. 7. Jan. 82 Harzgerode; Wohnort: Harzgerode; Staatsangeh.: Anhalt; Vorbildung: Gymn. Bernburg Reife O. 01; Studium: Marburg 4, Halle 2, Rostock 4 S.; Rig. 8. April 08.]

Johann, Karl August

Döring, Karl Aug., Abschieds-, Gast- u. Antrittspredigt. 8. Halle 815.

— Allerlei für allerlei Leser. 2 Thle. 6e Aufl. 12. Elberfeld 827. Hassel.

Döring, Karl Aug., **Allerlei** für allerlei Leser. 16—36 Hft. 12. (Barmen 835. Steinhaus.) (à n. 1/12 ...) 1/4 ...

Döring, K. A., Allerlei für allerlei Leser. kl. 8. Basel 840, Schneider. 2 ngl

Döring, Carl Aug., Allerlei für allerlei Leser. 17., unveränd. Aufl. (Ster.-Ausg.) 8. (40 S.) Barmen 861. (Berlin, Beck.)

Döring, Carl Aug., Allerlei für allerlei Leser. 17. Aufl. 866. 1 1/2 ngr — 18. unveränd. Aufl. [Stereot.-Ausg.] Barmen 869. (Klein.) 16. (40 S.) n. 4 ngr

Döring, Carl Aug., Allerlei f. allerlei Leser. Hrsg. v. der Wupperthaler Traktat-Gesellschaft. 19. Aufl. 8. (40 S.) Barmen 874. Wiemann in Comm. n. — 20

—— dass. — 6. und 7. Aufl. 8. (16 S.) Stuttgart 877,81, Buchh. der evangel. Gesellschaft. *

Döring, Karl Aug., allerlei für allerlei Leser. [Neue Aufl.] 12. (40 S.) Barmen 881, Wiemann.

— Andenken an den heil. Tag der Confirmation. Feierlichst übergeben. 20e Aufl. 12. Barmen 839. Steinhaus. 1/12 ß

— die Augsburgische Confession. 8. Barmen 830. (Steinhaus.) n. 1/12 ß

Döring, Karl Aug., Denkverse u. Epigramme. 2e Aufl. Lex.-8. Elberf. u. Barmen 830. Weise. 8 ggr

— Episteln, Sermonen u. kleinere Lehrgedichte. gr. 8. Elberf. u. Barmen 830. Weise. 8 ggr

— neutestamentl. Gebetbuch, nach der vom sel. Abt Steinmetz zum Druck beförderten bibl. Gebetsübung, mit kleinen Veränderungen u. einigen Zusätzen neu herausg. 8. Elberf. 830. Hassel. 12 ggr

Döring, Karl Aug., neutestamentliches Gebetbuch, nach der vom sel. Abt Steinmetz zum Drucke beförderten Biblischen Gebetsübung, mit kleinen Veränderungen u. einigen Zusätzen herausgegeben. 3. Aufl., mit einer Vorrede von Alb. Sigismund Jaspis. Elberfeld 852. Hassel. 8. (VII, 245 S.) n. 10 ngr

— drei Gelegenheitspredigten. 12. Halle 815. (Waisenh.-B.) 4 ggr

— christl. Gesänge nach kirchl. Melodien. 1e Samml. 12. Elberf. 814. 2e A. 817. Schönian. 4 ggr

— christl. Hausgarten. Poet. Thl. Lex.-8. Elberf. 831. Schönian. 2 ß

— christl. Haus-Gesangbuch. gr. 8. Elberf. 821. 2e A. 825. Hassel; a. Schönian. 1 ß 2r Thl. gr. 8. Ebd. 830. Schönian. 1 ß

— christl. Hausgesangbuch. 2r Thl. gr. 8. Elberfeld 830. (Barmen, Steinhaus.) u. der Pr. nur n. 2/3 ß

(——) kurzer Inbegriff d. christl. Religion, s. : Inbegriff.

— Lehren d. Weisheit in poet. u. prosaischen Denksprüchen, als Begleiter auf Spaziergängen, auf Reisen durchs Leben. 12. Elberf. 823. (Schönian). 6 ggr

—— Perlen aus Luthers Schriften. 16. (4 B.) Elberfeld 831, Weise.

Döring, Carl Aug., 200 Perlen aus Luthers Schriften. 4. Aufl. [Galv.-Ausg.] Wieder hrsg. von der Wupperthaler Traktat-Gesellschaft. 8. (28 S.) Barmen 875, Wiemann. *

Döring, Karl Aug., 200 Perlen aus Luther's Schriften. 5. Aufl. [Galv.-Ausg.] Hrsg. v. der Wupperthaler Traktat-Gesellschaft. 8. (28 S.) Barmen 883. (Wiemann.) — 15

— Predigt am Confessionsfeste, s. Jubelfeier d. Augsburgischen Confession.

— s. Aug. Niemeyer, Gedichte.

—— Sammlung christl. Predigten, insbesond. üb. d. innere Leben d. Gläubigen. gr. 8. (18 B.) M. Gladbach 832, [Schmachtenberg u. Comp.] 1 Thlr. 12 Gr., hrbgs. Pr.

– s. a. Taschenbuch, christliches.

—— christl. Taschenbuch auf d. J. 1830. 16. (12 B. u. 1 Stndr. Elberfeld. (Leipzig, Klinkhardt.)

—— dass. a. d. J. 1832—34. 16. ... M. Gladbach, [Schmachtenberg u. Comp.] [832, 33. à 12 Gr., 34. 16 Gr.]

— Taschenbuch für christl. Jünglinge. 3e Aufl. 16. Barmen 833. Steinhaus. n. 1/12 ß

—— Luthers Lob, u. Predigt auf Luthers Kanzel, vorgetragen in d. Hauptkirche zu Eisleben am 18. Febr. 1816. 2., verb. Aufl. gr. 8. (1¼ B.) M. Gladbach 831, [Schmachtenberg u. Comp.]

— die Wahrhaftigkeit u. Zuverlässigkeit Gottes in seinem Wort. Predigt. gr. 8. Elberfeld 833. Schönian. 1/12 ß

Doering, Carl Bruno, Epistel-Buch. Oder schriftgemäße Auslegung und Erklärung der heiligen Sonn- und Festtags-Episteln des Kirchenjahres. Ein praktisches Handbuch zunächst für evangelische Lehrer, nach den Vorschriften der Preuß. Volksschul-Regulative, mit Andeutungen zum erklärenden Durchfragen der Perikopen bearb. und zur Erbauung für evangel. Christen, die ihres Glaubens gewiß werden wollen. 2 Thle. Quedlinburg 858. Basse. 8. (VIII, 304; VIII, 248 S.) 1 ß 10 ngr

Doering, Carl Bruno, Epistel-Buch. Oder schriftgemäße Auslegung u. Erklärung der heiligen Sonn- u. Festtags-Episteln des Kirchenjahres. Ein praktisches Handbuch zunächst für evangel. Lehrer, nach den Vorschriften der Preuß. Volksschul-Regulative 2c. 3. (letzter) Thl. Quedlinburg 859. Basse. 8. (2 Bl., 322 S.) 20 ngr.

— Evangelien-Buch. Oder schriftgemäße Auslegung und Erklärung der heiligen Sonn- und Festtags-Evangelien des Kirchenjahres. Ein praktisches Handbuch für evangelische Lehrer, nach den Vorschriften der Preuß. Volksschul-Regulative, mit Andeutungen zum erklärenden Durchfragen der Perikopen bearb. 2 Thle. Quedlinburg 857. Basse. 8. (VIII, 174; IV, 179 S.) 25 ngr

Döring, Karl Friedrich Christian, s. Döring, Karl

Döring, Carl Heinrich. Aphorismen vom Felde der Kunst des Gesanges. Dresden 1860.

Baudesson, Louis: Maurerische Empfindungen geäussert in der Trauer □ den 8 ten May 1788 bey dem Verlust des Br. Ludw. Baudesson durch [Karl Heinr.] Döring. Berlin 1788. 8 S. 8°
[Umschlagtit.]
Kl. 1388. 25.

Doering, Carl Wilhelm, Referendar: Die privatrechtlichen Wirkungen des Heuer-Vertrags nach der Deutschen Seemannsordnung vom 2. Juni 1902 und ihren Novellen. Borna-Leipzig 1910: Noske. 64 S. 8°
Leipzig, Jur. Diss. v. 6. April 1910
[Geb. 30. Dez. 82 Kassel; Wohnort: Leipzig; Staatsangeh.: Sachsen; Vorbildung: König-Albert-Gymn. Leipzig Reife O. 02; Studium: Leipzig 2, München 1, Leipzig 6 S.; Rig. 13. Juni 07.] [U 10. 2655

Döring, Kaspar

— Anfangsgründe d. christl. Glaubenslehre. 8. Lauban 774.

— Anfangsgründe d. christl. Lehre f. Kinder beim Unterr. z. Vorbetung z. Abendmahl. 8. Lauban 770.

— Entwurf d. Vormittagspredigten in dem Kirchenjahre 1784. 4. Lauban 784.

Döring, Ksp., († d. 2. Nov. 1784.) kurze Gedenksprüche üb. verschiedene Wahrheiten d. christl. Religion. 4. Lauban 764. Wirthgen. Nachtrag dazu. 4. Ebd. 774.

— 8 Predigten über d. Leiden Christi. 8. Lauban 764. Wirthgen. 6 ggr

— Predigten über Sonn- u. Festtags-Episteln. 2 Thle. 4. Lauban 764. Wirthgen. 2 ß 8 ggr

Doering, Katharina v., Capri. Skizzen u. Träumereien. 8. (137 S.) Berlin 896. A. Duncker. n. 3.—; geb. n. 4.—

Doering, Katharina v., „Durch!" Wandergedanken e. Laien. 12. (172 S.) Heidelberg 902. Ev. Verlag. n. 1. 25

Döring, Katharina v., Magister Linsenbart. Schauspiel in 4 Aufzügen. (91 S.) 8. Berlin-Friedenau (910). Bureau E. Fischer. 2. —

— der „eitle" Wacknitz. Roman. 8. (215 S.) Berlin 899. H. Vermühler. n.n. 3. —

(B) Doering, K. v., der eitle Wacknitz. 899. (KBl. 31.) Ladenpr. aufgehob.

Döring, L. v., Gonda. [I. Zerbrochene Geigen. II. Gonda. III. Auf der Landzunge.] 8. (144 S.) München 886. (Zwickau, Konegen.) geb. m. Goldschn. n. 3. 50

Döring, L.: „Handbuch der Münz- und Wechselkunde", Frankfurt a. M. 1837. — 2. Auflage Koblenz 1854.

— meine Mutter, s.: Jüngst's Reisebibliothek.

— im Sonnenschein. Ein Briefwechsel f. junge Mädchen. gr. 8. (92 S.) Werdau 887. Anz. geb. m. Goldschn. [n. 4. —] n. 3. —

Döring, Lbr. Imm., Entwurf d. reinen Rhythmik. 4. Meißen 817. Goedsche. 14 gl.

— d. Lehre von d. deutschen Prosodie, für d. obern Klassen in Gelehrtenschulen, aber auch als Beilage zu allen deutschen Sprachlehren &c. gr. 8. Dresd. u. Leipz. 826. Arnold. 18 gl.

DÖRING, Ludwig (Bamberg): Ueber die Anwendung des Chloralhydrates bei der Seekrankheit.- Wien: Wiener Zeitung 1871. 1 Bl.,8 S.- S.-Abdr.aus: Wiener Medis. Wochenschrift. 1871, Nr.52 u.53. 24.7.1869 - Urk (Titel: Cogitata de morbo.); F 72; Chr 1869/70,11
Diss. Ingolst.-Landsh.-München.

Döring, M. L. J., s. Döring, Lbr. Imm.

Döring. M. W. De Caii J. Caesaris fide historica. Pr. 1887. 18 S. 4°. 1.—

Döring, Margarete von

Döring, Margar. v., geb. v. Rohr, Etwas v. des Lebens höchsten Gütern. (VII, 183 S.) gr. 8. Berlin 909. Borussia 4.—; geb. 5. —

Döring, Maria, Hauspoesie. Festspiele u. Gelegenheitsgedichte, Fremdes u. Eigenes. gr. 16. (XVI, 319 S.) Bielefeld 876. Velhagen & Klasing. n. 3. —; geb. n. 4. —

Döring, Moritz

Döring, Mor., Alexander der Große von Makedonien. Ein Lebensbild in epischen Gedichten. Freiberg 856. Craz u. Gerlach. 8. (2 Bl., 96 S.) n. 12 ngl.

Döring, Mor., der Bergmannsgruß. Gedicht. Musik von Anacker. (Abdruck aus dem Freiberger Stadt-, Land u. Bergkalender 1857.) Mit Illustr. (auf 1 lith. Taf. in Fol.) Freiberg 862. Craz & Gerlach in Comm. gr. 8. (16 S.) n. 7½ ngl.

Döring, Mor., s.a. Bergreyhen, Sächsische.

Döring, M. Sächsische Bergreyhen I II. Grimma 1839 u. 1840.

Döring, (Moritz,) Gedichte. 8. Dresden 827, Hilscher.

—— die Marquise de Noverre. Histor.-romantische Erzählung. 8. (19 B.) Leipzig 842, Krappe.

Döring, Mor., s. Plinius Caec. Sec., epistolae.

Döring, M., das Schloß Rougemont. Historisch-romantische Erzählung. kl. 8. Leipzig 839. Krappe. 1⅓ Thlr.

Döring, Moritz Wilhelm

Döring, Mor. Wlh., prakt. Anleit. z. Deklamation, für Schule u. Haus, oder Auswahl d. besten, zum Vortrage geeigneten deutschen Gedichte, in vierfacher Stufenfolge, mit den erforderl. Andeutungen u. e. kurzen Theorie d. mündl. Vortrags. 8. Dresd. 830. (Gerold in Wien). 1 Thlr. 12 gl.

— Gedichte. 8. Dresd. 827. (Grimmer). 1 Thlr. 8 gl. Hbg. Pr. 12 gl.

—— Geschichte d. vornehmsten Mönchsorden. Vom Beginn d. Mönchsorden bis auf d. neueste Zeit. 2 Bdchn. 8. (17½ B.) Dresden 823. [Zittau, Birr u. Nauwerck.] 21 Gr., hrdgf. Pr.

— Gesch. d. vornehmsten Mönchsorden. Vom Beginn d. Mönchsorden bis auf d. neueste Zeit. 2 Bdchen. 8. Dresd. 828. Hilscher. 21 gl.

— **Moritz Wilhelm,** Observat. criticae in aliquot Julii Caesaris loca. (Ad memor. benef. Eckardo-Richteriani in gymnasio. Freiberg (Gerlach) 9. X. 1821. 12 S. (3.—) 6691

— — Observat. aliquot criticae ad Homeri Odysseae rhaps. (Ad memor. Jo. Chph. Richter). Freiberg (Gerlach) 11. IV. 1823. 10 S. mit Namen. (1.—) 6692

— — Das Zeitalter der Richter. E. Bruchstück a. d. Geschichte d. Israeliten z. Feier d. J. Chph. Richterschen, Eckhard=Richterschen u. Taubeschen Gestifts. Freiberg (Gerlach 26. IV. 1833. 16 S. mit Namen. (3.50) 6693

Döring, Oskar: Der Anhang zum analytischen Teile der Kritik der reinen Vernunft über die Amphibolie der Reflexionsbegriffe, exegetisch-kritisch beleuchtet. *Leipzig-Reudnitz 1904: A. Hoffmann.* (121 S.) 8°
Leipzig, Phil. Diss. v. 1904

Doering, Oscar, Beiträge zur ältesten Geschichte des Bisthums Metz. Diss. Giessen 1885, J. Rickersche Buchh. 8°. 34 S.

Doering, Osc., Beiträge zur ältesten Geschichte d. Bisth. Metz. Mit 1 Karte. gr. 8. (V, 150 S.) Innsbruck 886. Wagner. n. 3. 60

Bericht über die kunstgeschichtliche Ausstellung zu Erfurt im Jahre 1903. (Verf.: Provinzialkonservator Dr. O[skar] Doering.) *(Magdeburg 1903: E. Baensch jun.)* (30 S.) 8° [B.]

Doering, Osc., des Augsburger Patriciers Philipp Hainhofer Beziehungen zum Herzog Philipp II. v. Pommern-Stettin, s.a. Quellenschriften f. Kunstgeschichte u. Kunsttechnik des Mittelalters u. der Neuzeit.

Doering, Osc., des Augsburger Patriciers Philipp Hainhofer Beziehgn. z. Herzog Philipp II. v. Pommern-Stettin. Correspondenzen a. d. J. 1610—1619, i. Auszuge mitgetheilt u. commentiert. [Aus: „Eitelberger-Ilg's Quellenschriften".] gr. 8. (XX, 362 S.) Wien (894). C. Graeser. n. 7. —

Doering, Osk., Braunschweig, s.a. Kunststätten, berühmte. Nr. 31.

Braunschweig. Von Oskar Doering. Mit 118 Abb. Leipzig: E. A. Seemann 1905. (130 S.) 8° [B.]
— Kunststätten, Berühmte. No 31.

Doering, Osk., beschreibende Darstellung der älteren Bau- u. Kunstdenkmäler der Kreise Halberstadt Land u. Stadt, s.a. Darstellung, beschreib. der ält. Bau- u. Kunstdenkmäler der Prov. Sachsen. 23. Hft.

Beschreibende Darstellung der älteren Bau- und Kunstdenkmäler der Kreise Halberstadt Land und Stadt. Bearb. vom Prov.-Konservator Dr. Oskar Doering in Magdeburg. Mit 221 Abb., 23 Taf. u. 1 Karte. *Halle a. S.: O. Hendel 1902.* (VI, 540 S.) 8°
— Darstellung, Beschreibende, d. älteren Bau- u. Kunstdenkmäler d. Prov. Sachsen. H. 23.

Doering, O.: Dekoration und Festbauten bei dem 15. d. Bundesschießen, München. Leipziger Bauzeitung 1906 Nr. 31. 342

— alte Fachwerkbauten der Prov. Sachsen. Im Auftrage der Prov.-Denkmäler-Kommission hrsg. (128 Lichtdr.-Taf. m. 22 S. Text.) Fol. Magdeburg (903). E. Baensch jun. In Leinw.-Mappe n. 16. —

Aus Merseburger Handschriften. Blatt aus e. Bibel d. 13. Jhs. (Verf.: [Oskar] Doering.) *(Magdeburg [1901]: E. Baensch jun.)* (2 Bl., 1 Taf.) gr.2° [Kopft. F.]
(Vereinsgabe d. Merseburger Denkmälervereins f. 1900). [01. 7054

Doering, O., Heimatschutz, s.a Broschüren, Frankfurter zeitgemäße.

Heimatschutz. Von Dr. O[skar] Doering-Dachau. Hamm (Westf.): Breer & Thiemann 1909. 35 S. 8° [Umschlagt.]
(Frankfurter zeitgemässe Broschüren. Bd 28, H. 11.) [09. 12477

Doering, Osc., Deutschlands mittelalterliche Kunstdenkmäler als Geschichtsquelle, s.a Hiersemann's Handbücher.

Deutschlands mittelalterliche Kunstdenkmäler als Geschichtsquelle von Oskar Doering. Mit 119 Textabb. Leipzig: Hiersemann 1910. XV, 414 S. 8°
(Hiersemanns Handbücher. Bd 7.) [10. 16316

— s.: Kunstdenkmäler, unsere.

— s.a Meisterwerke der Kunst aus Sachsen u. Thüringen.

Meisterwerke der Kunst aus Sachsen und Thüringen. Gemälde, Skulpturen, Schnitzaltäre, Medaillen, Buchmalereien, Webereien, Stickereien, Edelschmiedekunst. Hrsg. von Dr. Oscar Doering, Prov.-Konservator, u. Prof. Dr. Georg Voß, Konservator, unter Mitw. hervorrag. Fachgelehrten. Red.: Dr. Oscar Doering. Magdeburg: E. Baensch jun. [1905]. (118 S., 128 Taf.) 2° [Bildert. F.] [05. 6300 3

— des Augsburger Patriciers Philipp Hainhofer Reisen nach Innsbruck u. Dresden, s.a Quellenschriften f. Kunstgeschichte u. Kunsttechnik. X.

Des Augsburger Patriciers Philipp Hainhofer Reisen nach Innsbruck und Dresden. Von Dr. Oscar Doering. *Wien: C. Graeser & Co. 1901.* (309 S.) 8°
— Quellenschriften f. Kunstgeschichte u. Kunsttechnik d. Mittelalters u. d. Neuzeit. N. F. Bd 10. [01. 3316

Döring, Osk., Feuerbach's Straftheorie u. ihr Verhältnis zur Kantischen Philosophie, s.a Kantstudien. 3.

Döring, Oskar, Dr. phil.: Feuerbachs Straftheorie und ihr Verhältnis zur Kantischen Philosophie. Jena 1906: [Kämmerer & Co., Halle.] (49 S.) 8°
Jena, Jur. Fak., Ref. Loening, Diss. v. 13. Dez. 1906
[Geb. 24. Okt. 80 Leipzig-Schönefeld; Wohnort: Leipzig-Schönefeld; Staatsangeh.: Sachsen; Vorbildung: Realgymn. Leipzig Reife O. 01, Gymn. Wurzen Reife M. 02; Studium: Leipzig 10 S.; Rig. 31. Juli 06.]

Feuerbachs Straftheorie und ihr Verhältnis zur Kantischen Philosophie. Von Oskar Döring, Dr. jur. et phil. Berlin: Reuther & Reichard 1907. (48 S.) 8°
— Kantstudien. Erg.H. No 3. [07. 436 3

Döring, Osk., Walther v. der Vogelweide. Schauspiel in 5 Aufzügen. (VIII, 109 S.) 8. Dresden 905. E. Pierson. n. 2. —

— die Weberglocke. Historisches Schauspiel in 5 Aufzügen. (VIII, 103 S.) 8. Ebd. 904. n. 1. 50

Döring, Otto, Ref. in Bautzen: Ausstattung und Aussteuer nach dem Bürgerlichen Gesetzbuche für das Deutsche Reich. Borna-Leipzig 1906: R. Noske. (IX, 85 S.) 8°
Leipzig, Jur. Fak., Diss. v. 10. Febr. 1906
[Geb. 28. Jan. 80 Bautzen; Wohnort: Bautzen; Staatsangeh.: Sachsen; Vorbildung: Gymn. Bautzen Reife O. 00; Studium: Leipzig 7 S.; Rig. 23. Jan. 04.]

Doering, Otto, aus Stettin: Die regulatorische Bildung von Diastase durch Pilze. *Erlangen 1900: A. Vollrath.* (52 S.) 8°
Erlangen, Phil. Diss. v. 1. Dez. 1899

Döring, Otto, pr. Arzt: Aus d. äußeren Abt. d. Diakonissen-Krankenh. in Danzig. Bantische Krankheit und Milzexstirpation unter Erwähnung eines Falles Bantischer Krankheit mit erfolgreicher Splenectomie. Danzig (1909): Schroth. 24 S. 8°
Königsberg, Med. Diss. v. 25. Jan. 1909, Ref. Lexer
[Geb. 27. Sept. 80 Danzig; Wohnort: Danzig; Staatsangeh.: Preußen; Vorbildung: Gymn. Thorn Reife M. 01; Studium: München 2, Berlin 2, Halle 1, Königsberg 1, Halle 4 S.; Coll. 11. Jan. 09; Approb. 1. März 08.] [U 09. 2370

Döring, Paul

Der deutsche Aufsatz in Sekunda v. Paul Döring. (Sonderburg.) 1884. 8°, geb. in 4°

Döring, Paul Beschreibung des Kreises Sonderburg. 42 S. *Progr. Sonderburg* 1876.

Döring, Paul, Bußvermahnung. 8. Dresden, Gerlach. 720.

Der nordische Dichterkreis und die Schleswiger Litteraturbriefe, v. Paul Döring. o. O. 1880. 8°. Sonderburg. Bürgerschul-Progr.

Döring, Paul, der nordische Dichterkreis und die Schleswiger Litteraturbriefe. gr.8. (60 S.) Sonderburg 880, la Motte jun. *

Döring, P., die Eroberung Alsens durch den großen Kurfürsten. 12. (46 S.) Sonderburg 890. La Motte jr. n. — 60

Döring, Paul, Führer durch Alsen und Sundewitt. 8. (48 S. mit 1 lithogr. Karte in qu. 4.) Sonderburg 877, La Motte. *

Döring, Paul, Führer durch Alsen u. Sundewitt. 2. Aufl. 8. (57 S. m. 1 Karte.) Sonderburg 884. la Motte jr. n. — 50

Doering, Paul, aus Geyer i. Sachs.: Ueber die angeborene Haarlosigkeit des Menschen (Alopecia congenita). *Erlangen 1901: E. Th. Jacob.* (33 S.) 8°
Erlangen, Med. Diss. v. 27. Juni 1901

Döring, Paul, s.a Hohenfriedeberg.

Hohenfriedeberg. Eine Missionsstation in Usambara. (Verf.: Missionar [Paul] Döring.) Mit 8 Ill. *Berlin: M. Warneck 1900.* (43 S.) 8° [F.] [00. 1914

— Journal, s. Journal.

— Lehrlingsjahre e. jungen Missionars in Deutsch-Ostafrika. gr. 8. (III, 87 S. m. Abbildgn.) Berlin 900. M. Warneck. n. — 75

— Morgendämmerung in Deutsch-Ostafrika. Ein Rundgang durch die ostafrikan. Mission (Berlin III), m. 86 Bildern u. 1 Karte. 3. Aufl. gr. 8. (VII, 191 S.) Ebd. 900. n. 1. —; geb. n. 1. 50

Morgendämmerung in Deutsch-Ostafrika. Ein Rundgang durch die ostafrikan. Mission mit 39 Bildern u. 2 Karten von P. Paul Döring, Missionar. 3. Aufl. *Berlin: M. Warneck 1901.* (VII, 191 S.) 8° [F.] [01. 619

Döring, Paul, Noblesse und Proletariat auf dem Wege der Verbrechen. Schilderungen aus dem Leben. Original-Roman. 2 Bde. Leipzig 857. Graefe. 8. (247; 255 S.) 1 ₰ 15 ngr

— die Rache der Todten oder die Geheimnisse des Burgverließes im Schlosse Rauhenstein. Histor. Roman aus den Schreckenszeiten der deutschen Bauernkriege. 2 Bde. Leipzig 857. Graefe. 8. (224; 232 S.) 1 ₰ 15 ngr

— gläubige Seelenverträge m. Gott. 8. Dresden, 709.

Döring, Paul Eugen

Döring, Paul Eug., Manlius. Trauersp. i. 3 Aufzügen. 8. (45 S.) Dresden 898. E. Pierson. n. 1. —

Döring, Paul Jos., s. Aufsätze u. Denkspr. f. Stammbücher.

Döring, Paul Josef, s. Beweisgründe f. d. Unsterblichkeit d. Seele.

(Doering, Paul Josef)
Geschichten und Mährchen zum Nutzen und Vergnügen für Kinder und ihre Freunde. Th. 2.
Frankfurt a.M.: Verl. d. Hrsg. 1818. 135 S. 8°

Döring, Paul Jos., s. Männer, f. Junge.

Döring, Paul Josef, s. Rosen u. Dornen.

Döring, Paul Josef, s. Tugendspiegel.

— **Paul Rudolf** (Breitenau), Notio decori distincta completa. Präs. Carl Friedr. Spitzner (Reichenbach/Vogtl.). Wittenbg. (Ephr. Gottlob Eichsfeld) 8. X. 1740. 16 S. (4.80) 6694

Döring, Reinhold

Döring, Reinho., ethnograph. Abriß d. Geschichte. Für d. Unterr. auf Gymnasien entworfen. gr. 8. (21 B.) Brieg 837, Schwartz.

Doering, Reinhold, prakt. Aufgaben z. Uebersetzen a. d. Deutschen ins Latein., nebst faßl. u. gedrängten Regeln üb. d. Kasus d. dritten Deklination, besond. üb. d. Genitiv. Für d. 6. lat. Klasse. 8. (5½ B.) Brieg 831. (Breslau, Schulz u. Comp.) Val. Dörring.

Döring, Reinh., Bericht d. Tausch-Vereins f. Schmetterlinge, s. Bericht.

Döring, Reinhold, s. Bericht, zweiter, des Schles. Tausch-Vereins für Schmetterlinge.

Döring, Reinhold, die Gattungen der Dichtkunst als e. Leitfaden für den literatur-historischen Unterricht in den obern Klassen höherer Schulanstalten bearb. 2., mit e. Uebersicht der Perioden verm. Aufl. Brieg 866. Gebhardi. 8. (IV, 67 S.) 6 ngr.

Döring, Rhold., die Gattungen der Dichtkunst, nebst e. Uebersicht der Perioden, als e. Leitfaden f. den literar-histor. Unterricht in den obern Klassen höherer Schulanstalten bearb. 3., verb. u. verm. Aufl. 8. (IV, 75 S.) Brieg 872. Bräuer. n. — 60

Döring, Rhold., die Gattungen der Dichtkunst, nebst einer Uebersicht der Perioden, als ein Leitfaden für den literaturhistorischen Unterricht in den oberen Klassen höherer Schulanstalten bearb. 4., m. der 3. verb. u. verm. gleichlaut. (Titel-)Aufl. 8. (IV, 64 S.) Brieg (1872) 879. Kroschel. n. — 60

— Königgrätz. Episches Gedicht. gr. 8. (48 S.) Brieg 874. Müller. n. 1. —

Doering, Reinhold, Lehrbuch der Geschichte mit besonderer Berücksichtigung der politischen, socialen und religiösen Fortbildung des Menschengeschlechts. Zur Selbstbelehrung für Gebildete insbesondere zur Vorbereitung auf das Abiturienten- u. Fähnrichs-Examen. I. Bd. 1. Liefg. Brieg 855. Schwartz. gr. 8. (S. 1—48.) 5 ngl

—— Leitfaden für den geographischen Unterricht in den unteren Klassen der Gymnasien und höheren Bürgerschulen. 3., verb. Aufl. 8. (IV und 87 S.) Brieg 865, Gebhardi. *

— Leitfaden f. den geographischen Unterricht in den unteren Klassen der Gymnasien u. in höheren Bürgerschulen entworfen. 4. umgearb. Aufl. 8. (105 S.) Ebend. 873. n. — 80

— Leitfaden für den geographischen Unterricht in den unteren Klassen höherer Lehranstalten entworfen. 4., umgearb. Aufl. Neue (Titel-)Ausg. 8. (IV, 106 S.) Ebend. (1875) 879. n. — 80

— Natur u. Leben in Gräfenberg; geschildert. 8. Brieg 836. Schwartz. $^{1}/_{3}$ ℛ︀

—— der Räthselfreund. 250 Charaden und Räthsel. 8. (65 S.) (Ebendas.) 876. *

Döring. Reinhold: Die Sudeten nach ihrer Gliederung und Gruppirung geschildert. (Einladungs-Schrift des Königl. Gymnasiums zu Brieg. 1863.) (Brieg 1863.) 28 S. 8°.

Döring, R.: Die schlesischen Tagesfalter. Naturhistorische Abhandlung. 16 S. — Progr. Brieg 1851.

Döring, Reinhold, die schlesischen Tagfalter. Nach den neuesten Beobachtungen zusammengestellt u. beschrieben. 1851. gr. 4. (16 S.) Brieg, Ziegler in Comm. n. $^{1}/_{6}$ ℛ︀

Döring, Reinh. Über den geographischen Unterricht auf Gymnasien. 8 S.
Brieg, Progr. 1846

— Warmbrunn und das Hirschberger Thal, nebst seinen Umgebungen. Ein Reisehandbuch für Badegäste und Lustreisende. Mit 7 Ansichtspanoramen in Steindr. (in 4.). 853. (X, 213 S.) n. 25 ngl — 2. mit Zusätzen u. Ergänzungen verm. Ausg. Brieg 856. Bänder. 8. (X, 220 S.) n. 20 ngl

Doering, Richard *Friedrich Arthur Elimar* [aus Berlin]: Zur Klinik der Pleuritis chronica fibrosa ossificans ... Berlin, Buchdr. v. G. Schade, *1891*; 30 S., 1 Bl. 8.
Berlin, Med. Fak., Inaug.-Diss. v. 9. Okt. 1891

Döring, Robert

Doering, Rob. Über den Homerus latinus. 50 S. Lyz. *Strassburg* 1884. Progr.

Döring, Rob., die Lehre von der Erwerbung der Erbschaft, nach heutig. röm. Rechte dargest. gr. 8. Zerbst 839. Kummer. ½ ℛ︀

Döring, Rob., die Lehre von d. Erwerbung d. Erbschaft, nach heutigem röm. Rechte dargest. gr. 8. (5 B.) Zerbst 839. [Berlin, Trautwein u. Comp.]

— **Rob. Emil** (Leipzig), De pueritia. Diss. med. Lpz. (Staritz) 17. VIII. 1841. 28 S. (4.—) 6695
Gew.: Gotthilf Wilh. Schwartze.

Doering, Rud. Ern. (vielmehr Augustus Ern.) (geb. Warmbrunn 25. 11. 1834): De hepatis hyperaemia. Berolini (1860). (32 S.) 8°
Berlin, Med. Diss. v. 18. Juli 1860

Döring, Sebastian Johann Ludwig

Seb. Jo. Lud. Döring diss. Hippocratis doctrina de deliriis, optimum semiotices exemplar. Marburgi 1790. 4.

Döring, Sebastian Johann Ludwig. Dissertatio in Hippocratis doctrinam de vomitu, optimum semiotices exemplar. Marburg, 1792. V: *Baldinger, Frnst Gottfried.* (Ky)

— **Sebast. Johann Ludw.** (Kassel), Hippocratis doctrina semiotica de vomitu. Diss. med. Marburg, Febr. 1792. 32 S. (4.80) 6696

— Diss. in Hippocratis doctrina de vomitu, optimum semiotices exemplar (auct. Baldinger). 8. Marb. 792. Krieger. 2 gl

— s. J. P. Frank, vom Volkselend.

— s. J. F. R. Häger, Geschichte.

— s. Husion, Untersuchung.

— s. Journal f. d. holländ. Litt.

— s. Oskamp, zwei Vorlesungen.

Döring, Sebast. Jh. Ldw., krit. Repertorium der auf in- u. ausländ. höhern Lehranstalten v. J. 1781 bis 1800 herausgekomm. Probe- u. Einladungsschriften aus d. Arzneigelahrtheit u. Naturkunde. 1e Abtheil. Schriften v. 1781—1790. gr. 4. Marb. 803. Krieger. 2 ℛ︀ 12 gl

— u. G. Sal. Sammlung medicinischer u. naturhistor. Aufsätze. s. Sammlung.

—v. Stippiaan. Abhandl.

—s. Wensträs Abhandl.

Döring, Theodor

Doering, Thdr., der **Altar.** Ein Beitrag zur Frage wegen Aufnahme der Nichtchristen in den Bund der Freimaurer. 8. (20 S.) Kattowitz 878. Siwinna. Verklebt. n. — 50

Doering, Thdr., Betrachtgn. üb. ein. humane Themata. 8. (43 S.) Kattowitz 898. G. Siwinna. n. 1. —

Die Bibel des Freimaurers von Theod. **Doering.** Kattowitz: Siwinna [1883]. 39 S. 8°
Abgedr. in: Doering, Th.: Der Tempel d. Frmrei. 1 (1884) S. 135—164.
Recens: FZ. 37 (1883) S. 318—319 (K. Pilz); L. 6 (1883) S. 144 (B. Cramer).
Bedeutung der Bibel als erstes grosses frmrisches Licht. 23. 25.

Döring, Theodor, aus Freiberg: Der Einfluss des Kobalthydroxyds auf die Einwirkung der Halogene auf Kalilauge. *Erlangen 1902: F. Junge.* (VIII, 70 S.) 8°
Erlangen, Phil. Diss. v. 5. Dez. 1901

— **Jerusalem.** Ein Beitrag zur Frage über das Verhältniss des Christenthums zur Freimaurerei. gr. 8. (40 S.) Ebend. 881. n. 1. —

— die Kette. Eine Sammlung freimaurerischer Toaste, Ansprachen u. Abhandlungen. Mscr. f. Freimaurer. gr. 8. (IV, 95 S.) Ebend. 877. n. 2. —

— die Rosen. Ein Beitrag zur Frage über die Stellung der Freimaurerei zu den Fragen der Gegenwart. gr. 8. (24 S.) Ebend. 879. n. — 50

Das Schwerdt. Ein Nachtr. zu den „Rosen" von Theod. Döring. Kattowitz: Siwinna [1880]. 26 S. 8°
Abgedr. in: Doering, Th.: Der Tempel d. **Frmrei. 1 (1884) S. 115—132.**
Recens: FZ. 34 (1880) S. 263.
Tt. 1507. Aufgaben der Frmrei für die Gegenwart. Ziel der Frmrei Hebung der Sittlichkeit.

Der Tempel der Freimaurerei. Eine Sammlung freim. Toaste, Ansprachen und Abhandlungen von Theod. Doering. [Bd 1]—4. Kattowitz: Siwinna [1884—1896]. 8°
[1.] IX, 281 S. [1884]; 2. 54 S. [1886]; 3. 63 S. [1889]; 4. 79 S. [1896].
Recens: FZ. 38 (1884) S. 404; 41 (1887) S. 101; 42 (1888) S. 79. Bd 1—3 in KB; 4 in 23.

Doering, Th., der Tempel d. Freimaurerei. Eine Sammlung freimaurer. Toaste, Ansprachen u. Abhandlgn. 2. u. 3. Thl. gr. 8. Kattowitz 887. 889. Siwinna. 3. — (1—3.: n. 8. —)
2. (V, 54 S.) 1.50. — 3. (V, 64 S.) 1.50

Doering, Theodor: Das chemische Verhalten des auf aluminothermischem Wege dargestellten Chroms gegen Chlorwasserstoffsäure.— Leipzig 1902: Barth. 43 S.
Freiberg/Sa., Bergakademie, Hab.-Schr. 1902.

Das Winkelmaass des Freimaurers von Theod. **Doering.** Kattowitz: Siwinna 1882. 27 S. 8°
Abgedr. in: Doering, Th.. Der Tempel d. Frmrei. 1 (1884) S. 190—208.
Recens: FZ. 37 (1883) S. 22—23 (K. Pilz); ML. 11 (1882—1883) S. 152 (F. Krüger).
Wie die Logenpraxis angemessen zu vervollkommnen sei! 23. 25.

— das **Winkelmaass** d. Freimaurers. gr. 8. (27 S.) Ebend. 883. — 75

— der **Zirkel** des Freimaurers. Ein Nachtrag zu den „Rosen" u. zum „Schwerdt". gr. 8. (32 S.) Ebend. 882. — 75

Döring, W., Anweisung zur Führung des Schiffstagebuchs, s.: Kruse, C. E.

Döring, W., der **Befrachter.** Enth. eine Sammlung werthvoller Notizen. Hrsg. von dem nautischen Vereine zu Papenburg. gr. 8. (47 S.) Papenburg 877. Rohr in Comm. n. 1. —

— dasselbe. Ein Berather in wichtigen Fragen für Schiffscapitaine, Rheder u. Kaufleute. Hrsg. von dem nautischen Verein in Papenburg. Nach den neuesten Quellen bearb. 2., wesentlich bereich. u. stark verm. Aufl. gr. 8. (XIX, 307 S.) Ebend. 878. n. 4. —

— dasselbe. 1. Ergänzungsheft. gr. 8. (72 S.) Ebend. 880. n. 1. —

Döring, W., der **Befrachter.** Ein Berather in wichtigen Fragen f. Schiffskapitäne, Rheder u. Kaufleute. Nach den neuesten Quellen bearb. 3. Aufl. gr. 8. (X, 529 S. m. 1 Tab.) Hamburg 885. Friederichsen & Co. cart. n. 10. —

Döring, W., nautischer **Briefsteller** über Befrachtungen, Havariefälle, Wechsel u. sonstige Geschäfts-Angelegenheiten. 12. (V, 302 S.) Oldenburg 890. Schulze. n. 2. 40; geb. n. 3. —

— **Feuer im Schiff.** Selbstentzündung v. Steinkohlenladgn. u. Kohlengas-Explosionen, sowie Mittel zu deren Verhütg. Nach den neuesten Quellen bearb. gr. 8. (VII, 26 S.) Hamburg 888. Eckardt & Messtorff. n. 1. —

— Der blaue Junge. Oldenburg und Leipzig 1890.

— der blaue **Junge.** — Das Loth. Resultate d. zehnjähr. Untersuchg. von Seeunfällen betr. Schiffe der deutschen Handelsmarine, auf Grund d. Gesetzes v. 27. Juli 1877 durch Entscheidgn. d. Ober-Seeamts u. der Seeämter d. Deutschen Reichs. 8. (70 S.) Oldenburg 890. Schulze. n. 1. —; geb. n. 1. 50

— Nautischer Kalender für das Jahr 1879, 1880, 1883. Taschenbuch für Schiffs-Kapitäne. Papenburg 1879, 80, 83.

— Das Loth. Oldenburg und Leipzig 1890.

— der wetterkundige **Navigateur.** Die Orkane. Eine ausführl. Anweisg. üb. die Windverhältnisse u. üb. das Wetter, sowie üb. das Manövriren in Stürmen u. Wirbelstürmen f. die Segelrouten der ganzen Erde. Auf Grund der neuesten Forschgn. bearb. Mit 7 in den Text gedr. Holzschn. 2., verm. Aufl. 8. (VIII, 204 S.) Ebd. 889. n. 3. —; geb. n. 4. —

Döring, W., Der wetterkundige Navigateur. Die Orkane. Oldenburg und Leipzig 1896.

— — — Nachtrag. Oldenburg und Leipzig 1896.

Döring, W., d. wetterkund. Navigateur. — Die Orkane. — E. ausführl. Anweisg. üb. d. Windverhältnisse u. üb. d. Wetter, sow. üb. d. Manövriren in Stürmen u. Wirbelstürmen f. d. Segelrouten d. ganzen Erde. Auf Grund d. neuesten Forschgn. bearb. 3., durch e. umfangr. Nachtrag verm. Aufl. M. 18 erläut. meteorolog. Karten u. Skizzen. 8. (IV, 203 u. III, 58 S.) Oldenburg 897. Schulze. n. 4. —; geb. n. 5. —

— die Orkane, Cyklonen und Typhoone. Leicht fassl. Darstellung der Gesetze, wonach sich diese Stürme bewegen. Nach den neuesten Forschungen für die prakt. Zwecke an

Bord bearb. gr. 8. (36 S. mit 8 eingedr. Holzschn.) Papenburg 880, Rohr. *

— vor dem Seeamte. Das Seeunfall-Gesetz vom 27. Juli 1877, nebst Erläuterungen. Zum Gebrauche für Schiffskapitaine u. Steuerleute. 8. (XVI, 64 S.) Ebend. 881. n. 1. —

— der Seemann u. sein Beruf. Sendschreiben an den deutschen Seemann, an die Schiffsherren u. Kaufleute. gr. 8. (III, 55 S.) Papenburg 883. Rohr. n. — 75

Döring, W., der Seemann u. sein Beruf. 2., gänzlich umgearb. u. wesentlich verb. Aufl. (96 S.) 8. Papenburg 904. H. Rohr. n. 1. 50

Döring, Walter, a. Schönefeld b. Leipzig: Über Bau und Entwicklung des weiblichen Geschlechtsapparates bei myopsiden Cephalopoden. Mit 59 Fig. im Text. Leipzig: W. Engelmann 1908. (80 S.) 8°

Leipzig, Phil. Fak., Ref. Chun-Pfeffer, Diss. v. 30. Mai 1908

[Geb. 4. Aug. 79 Schönefeld b. Leipzig; Wohnort: Leipzig; Staatsangeh.: Sachsen; Vorbildung: Realgymn. Leipzig Reife O. 04; Studium: Leipzig 9 S.]

Doering, Walther *Wolfgang* [pr. Arzt aus Neuteich in Westpr.]: Ein Fall von amyotrophischer Lateralsclerose. . . . Berlin, Buchdr. v. G. Schade, *1891*; 30 S., 1 Bl. 8°

Berlin, Med. Fak., Inaug.-Diss. v. 29. Jul. 1891

Döring, Wilh. Ludw., die Königin d. Blumen, od. die höhere Bedeutung d. Rose an sich u. in Bezieh. auf d. Gemüthswelt, nach Naturanschauung, Poesie u. Geschichte. Ein Beitr. zur tiefern Auffass. u. Erkenntniß d. Natur überhaupt. gr. 8. ($18\frac{3}{4}$ B.) Elberfeld 835. (Frankfurt a. M., Schmerber'sche Bh.) • Vgl. Dörring.

Döring, Wilh. Ludw., d. Königin d. Blumen, od. d. höhere Bedeutung d. Rose an sich u. in Bezieh. auf d. Gemüthswelt, nach Naturanschauung, Poesie u. Geschichte. Ein Beitrag z. tieferen Auffassung u. Erkenntniss d. Natur überhaupt. gr. 8. Elberfeld, 1835. (Leipzig, O. A. Schulz.) 3. 10

Döring, Wlh. Ldw., die Königin der Blumen, oder die höhere Bedeutung der Rose an sich u. in Beziehung auf die Gemüthswelt, nach Naturanschauung, Poesie u. Geschichte. Ein Beitrag zur tiefern Auffassung u. Erkenntniß d. Natur überhaupt. gr. 8. Elberfeld 836. (Frankfurt, Schmerber.) $3\frac{1}{3}$ ₰

Wilhelm Ludwig Doering

Guilelmus Ludovicus Doering [Wilhelm Ludwig Doering]
De Pelvi eiusque per animantium regnum metamorphosi
Berolini (1824:) Starck. 47 S. 8

Berlin, Med. Diss. v. 23. Juli 1824

2. Ex.: Mx 17 (11)

Doering-Manteuffel, Hedewich Maria v. Hagen-Geist. Historischer Roman aus dem 17. Jahrh. (852 S. m. 1 Taf.) 8. Breslau 906. Schletter. n. 4. —; geb. n. 5. —

Döringer, J., Bemerkungen über das wahre Wesen und eine naturgemässe Behandlung der Bleichsucht. Nordhausen 853. Büchting. 12. (34 S.) 6 ngl

Doeringius, A[dolphus] Reinholdus: • Achaicorum libri duo. Pars prior. 56 S. 4°

Halle-Wittenberg, Phil. Diss. v. 7. Juli 1827

Geb. [Petrikau (Ostpr., nun Polen) 2. 4. 1804]

Dorington, le solitaire anglois, ou aventures merveill. de Philippe Quarre. II Vol. av. fig. 18. Leipz. Sommer.

Dörinkel, Max, Referendar aus Düren: Steht dem Käufer, wenn die Kaufsache vor der Übergabe fahrlässig vernichtet oder beschädigt wird, ein Anspruch auf Schadensersatz nach Massgabe der Vorschriften über die unerlaubten Handlungen zu? *Greifswald 1900: J. Abel.* (44 S.) 8°
Greifswald, Jur. Diss. v. [22. Aug.] 1900

Doris, s. a. Collection of British authors.

Doris oder die zärtliche Schäferinn, ein Schäferspiel. Dresden 1751. V: *Rost, Johann Chph* (?). (Wahl, Rost. Leipzig 1902. S. 94—96.)

Doris oder die zärtliche Schäfferinn, ein Schäferspiel. Dresden 1752. 2. Aufl. Dressden und Leipzig 1754. 3. Aufl. 1759. V: *Ossenfelder, Heinrich August* (?). (BGE I[8], 58—59)

Doris, oder die zärtliche Schäferin. Schäferspl. 8. Dresb. 760. Gröll. 3 gr

Doris, oder die Spenderin angenehmer Gaben f. d. Jugend, 3 Hefte mit 12 Steindr. 8. Nördlingen 822, Beck.

Doris, Gesch. der, eines Nürnbergisch. Frauenzimmers. 8. Frankf. Haueisen. 771.

Doris, Charles

Nachrichten, Geheime, über Napoleon Bonaparte. Von einem Manne, der ihn seit funfzehn Jahren nicht verlassen hat, nebst *Anhang*. Aus dem Französischen (des *Charles Doris*) mit einigen Anmerkungen übersetzt (von Joh. Adam Bergk). Mit Portrait von Lajolais, Ex-General. Leipzig 1815. 8°. X u. 340 S. (Privat-Bibl. des † Königs Georg V. von Hannover, wo auch das französ. Orig.) (5 Mk. F. E. Lederer, Berlin, 1908.)
Anon.-Lex. III. p. 192 (nach Kayser).

Dorismund (Pseud.), s. a. Dehmel, Carl Julius

Dorismund, (Karl Jul. Dehmel), Erzählungen. 8. Braunschweig 823. Meyer. 18 gr

— Kampf u. Liebe, od. die griech. Brüder. 8. Leipz. 823. Kollmann. 1 ₰ 12 gr

— die Grafen Weinthal. 3 Thle. 8. Celle 825, 826. Schulze. 2 ₰ 16 gr

Doritsch, Alexander: Gebrauch der altbulgarischen Adverbia. Leipzig: J. A. Barth 1910. VI, 81—192 S. 8°
¶ (Aus: Jahresbericht d. Inst. f. rumän. Sprache zu Leipzig. 16.)
Leipzig, Phil. Diss. v. 17. Febr. 1910, Ref. Leskien, Brugmann
[Geb. 17. Febr. 87 Sofia; Wohnort: Sofia; Staatsangeh.: Bulgarien; Vorbildung: I. Staatsgymn. Sofia Reife 05; Studium: Graz 2, Leipzig 5 S.; Rig. 21. Mai 09.]
[U 10. 3118

Dörizio, Sibilla, Mein durch 40jähr. Ausübung u. bisher nur durch mündl. Mittheilung bekanntes Kochbuch für große und kleine Tafeln. Enthalt. die schmackhaft. und seltensten Speisen 2c., kurz u. deutlich angegeben. Nebst Anweisung, die Früchte so nachzumachen, wie sie reif auf dem Baume wachsen. 2e Aufl. 8. Grätz 816. Kienreich. 5/6 ₰

Doerk: Sammlung stufenmässig geordneter und vollständig berechneter Aufgaben aus der reinen Differenzialrechnung. 34 S. 1. Fortsetzung 12 S. –Marienburg, Progr. 1866, 1868

Doerk, E. M., Beitrag zur Vermittelung der Meinungen über die Preuß. Eherechtsreform. 8. Eisleben 843, Reichardt. n. 1/3 ₰

—— das kgl. preuß. 15. Infanterie-Regiment, Prinz Friedrich der Niederlande (früher Graf Bülow v. Dennewitz), in den Kriegsjahren 1813, 14 u. 15. gr. 8. (17⅜ B.) Eisleben 844, Reichardt. *

— die berathenden Staats-Institute in Preußen u. die öffentliche Meinung, nebst einigen andern prakt. Zeitfragen. gr. 8. Ebend. 843. ½ ℛ

Doerk, Heinrich Gustav

Doerk, Hnr. Gust., Lehrbuch der Mathematik für Gymnasien u. höhere Bürgerschulen. 1r u. 2r Bd. A. u. d. T.: Lehrbuch der Arithmetik und Algebra. gr. 8. Elbing 839, 40. Levin. (à ⅔ ℛ) 1⅓ ℛ

— dass. 3r Bd. 2 Thle. A. u. d. T.: Lehrbuch der Planimetrie u. ebenen Trigonometrie. 2 Thle. Mit 4 Figurentaf. gr. 8. Ebd. 839. ⅔ ℛ

Doerk, Heinr. Gust., Lehrbuch der Mathematik für Gymnasien u. Realschulen. Berlin 860, 61. Weidmann. gr. 8.
1. Bd.: Lehrbuch der Arithmetik u. Algebra. 1. Thl.: Arithmetik. 2. Aufl. (XI, 180 S.) 18 ngr — 2. Thl.: Algebra. 2. Aufl. (179 S.) 18 ngr
2. Bd. 1. Thl.: Lehrbuch der Planimetrie u. ebenen Trigonometrie. Mit 5 (lith.) Figurentaf. (in Fol.) 2. Aufl. (152 S.) 21 ngr
2. Bd. 2. Thl.: Lehrbuch der Stereometrie, sphärischen Trigonometrie u. analytischen Geometrie. Mit 5 (lith.) Figurentaf. (in Fol.) (VI, 196 S.) 24 ngr

Dörk, Johann Jakob

Dörk, Jh. Jak., s. Blumenlese, preuß.

Dörken, Eugen [app. Arzt aus Gevelsberg]: Aus d. patholog. Institute zu Kiel. Ein Fall von spontaner Milzruptur ... Kiel, Druck v. L. Handorff, 1892; 14 S., 1 Bl. 8.
Kiel, Med. Fak., Inaug.-Diss. v. [3. Mai] 1892

Dörken, Ewald *(geb. Gevelsberg in Westf. 11. 10. 1847)*: Ueber Aetzmittel bei Carcinoma uteri. Breslau (1872). (24 S.) 8°
Breslau, Med. Diss. v. 2. [vielmehr 3.] Juli 1872

Dörken, Karl

Dörken, Carl [aus Herdecke i/W.]: Ueber Derivate des Diphenylphosphorchlorürs und des Diphenylphosphins .... Aachen, Druck v. F. N. Palm, 1888; 47 S. 8°
Tübingen, Naturw. Fak., Inaug.-Diss. v. 1888

Dörken, C., üb. Derivate d. Diphenylphosphorchlorürs u. d. Diphenylphosphins. Inaug.-Diss. gr. 8. (47 S.) Aachen 888. (Tübingen, Fues.) n. 1. —

**Dörken, M.* Handbuch der Glasversicherung. 2. A. Berlin 1910.

Doerkes-Boppard, W(ilhelm) N.: Das 'Commonwealth of Australia', seine Verfassung und staatsrechtliche Stellung. *München 1903: R. Oldenbourg.* (VII, 126 S.) 8° ¶(Erscheint vollst. u. d. T.: Verfassungsgeschichte d. austral. Kolonien u. d. Commonwealth of Australia in: Hist. Bibliothek.)
Heidelberg, Phil. Diss. v. 1903

Doerkes, Wilh. N., die Immunität der Reichstagsabgeordneten. (22 S.) 8. Berlin 907. Puttkammer & Mühlbrecht. n. — 80

Doerkes-Boppard, Verfassungsgeschichte der Australischen Kolonien u. des „Commonwealth of Australia", s. a. Bibliothek, historische. 16. Bd.

Verfassungsgeschichte der Australischen Kolonien und des 'Commonwealth of Australia'. Von Dr. **Doerkes**-Boppard. *München & Berlin: R. Oldenbourg 1903.* (XI, 340 S.) 8° [F.]
= Bibliothek. Historische. Bd 16. 1903. 14074 3

Doerks, H. Haus und Hof in den Epen des Chrestien von Troies. Diss. Greifswald 1885. 57 S.

Doerks, Henry Zur französischen Konjugationslehre auf höheren Schulen. 16 S. Progr. *Treptow a. R.* 1879.

Doerks, Henry [Oberl. Dr.]: Bruder Wernher. Eine litterar-historische Untersuchung. Treptow a. R., Schnellpressendr. v. Fr. Lehfeldt, 1889 S. 1–13; 4°
Treptow a. R., k. Bugenhagen-G, OP 1889 (138)

Doerksen, [Franz Julius]: Die Grundsteuer als Maßstab für die Beiträge zur landwirtschaftlichen Berufsgenossenschaft. (Danzig) 1910. 8°

DORL: Kurze Darstellung der forstlichen Verhältnisse des Fürstentums Schwarzburg-Sondershausen. - Sondershausen 1905. 36 S.

Dorl, Johann Georg (Gotha), Rudimentum exanthematologiae ejusque sectionem I et II. Diss. med.-pathol. Jena (Goepferdt) 14. VIII. 1794. 72 S. (5.—) 6769
Widm. v.: Carl Steiner (Winterthur/Schweiz).

Dörle, Anton

Dörle, Ant., Anselm, od. der neugeborne Pietist. Eine Erzählung zur Belehrung u. Warnung, dem kathol. Volke gewidmet. 12. (47 S.) Freiburg im Br. 851, Herder. 1½ nℛ

Dörle, Ant., die Familie von Bernstein, s. a. Abendunterhaltungen, lehrreiche 2c.

Dörle, A., die Familie v. Bernstein. Eine Erzählg. aus dem Leben u. f. das Leben, der reiferen Jugend u. deren Freunden gewidmet. 2. verb. Aufl. Mit 1 Stahlst. 8. (141 S.) Regensburg 875. Volks- u. Jugendschriften-Verl. 1. 20

Dörle, A., Cornay, oder der Märtyrer von Teukir. Eine wahre Geschichte aus der neuesten Zeit. 8. Augsburg 840. M. Rieger. ⅓ ℛ

Dörle, A., d. Einsiedler. Eine Erzählung aus d. 5ten u. 6ten Jahrh. für Kinder u. Kinderfreunde. gr. 12. Frburg 831. Gebr. Groos. 6 gℛ

— Elisabeth. Eine Geschichte aus den Zeiten der Kreuzzüge; neu erzählt u. der reifern Jugend gewidmet. 8. Augsburg 838. Kollmann. ⅓ ℛ

Dörle, Ant., Elisabeth. Eine Geschichte aus den Zeiten der Kreuzzüge neu erzählt u. der reifern Jugend gewidmet. 2., durchges. Aufl. Augsburg 860. Kollmann. 8. (XII, 179 S.) 12 ngr

Dörle, A., Elisabet. Eine Erzählg. aus den Zeiten der Kreuzzüge. Der reiferen Jugend u. dem Volke gewidmet. 3., gänzlich umgearb. Aufl. Mit 1 Stahlst. 8. (139 S.) Straubing 883. Volks- u. Jugendschriften-Verlag. cart. 1. 20

— Erzählungen für Kinder u. Kinderfreunde. Mit e. Anh. kleiner Gedichte u. Gesänge moral. Inhalts. gr. 12. Frburg 831. Gebr. Groos. 8 gℛ

Dörle, A., der Findling zu Maria-Trost. Eine Erzählung für die gesammte edlere Lesewelt, besonders für die reifere Jugend. Mit 1 Stahlst. 8. Augsburg 843, M. Rieger'sche Buchh. ⅓ ℛ

— die beiden Gottfried, oder das Sparkästchen. Eine Erzählung, der reifern Jugend gewidmet. Mit 1 Stahlst. 8. Augsburg 837. Matth. Rieger. ¼ ℛ — 2e Aufl. 840. ¼ ℛ

—— der Hungerthurm, od. Dagobert u. Bertha. Eine Erzähl., d. reif. Jugend gewid. M. 1 Stahlst. 8. (13 B.) Augsburg 841, Rieger'sche Buchh.

— Kampf, Gnade u. Sieg. Verherrlicht im Leben d. hl. Augustin. Mit Betrachtgn. u. Gebeten. Neu dargestellt u. dem kathol. Volke, insbesondere der reifern Jugend gewidmet. 24. (288 S. m. 2 Lith.) Einsiedeln 852, Gebr. Benziger. 6 nℛ

— die katholische Kirche ist die wahre Kirche Christi. Beweisgründe dafür zur Belehrg. u. Erbauung d. kathol. Volkes. 8. (VIII u. 71 S.) Freiburg im Br. 850, Herder. ⅙ ℛ

—Landelin, einer der ersten Apostel der Deutschen. Eine Geschichte der christl. Vorzeit, der reifern Jugend u. allen Erwachs. gewidmet. gr. 12. Augsb. 838. (Regensb., Manz.) 5 Gr.

Dörle, A., Maria und Rosa, s. a. Lebensschattirungen.

— Maria und Rosa. Nur der Tugend ihre Krone und dem Laster seine Strafe. Eine Erzählung zur Belehrung, Warnung u. Beherzigung für die reifere Jugend, sowie für alle weiblichen Dienstboten, Eltern u. Dienstherrschaften. (Mit 1 Stahlst.) gr. 12. Augsburg 843, Schlosser'sche B. 3/8 Thlr.

—s. a. Namensfest, das.

— das Namensfest. Eine Erzählung in 2 Thln., als Festgabe und Schulpreis für Kinder. Freiburg 833. Herder. 1/6 Thlr.

— das Namensfest und der junge Savoyard. Zwei Erzählungen für die edlere Lesewelt, vorzüglich für die reifere Jugend. 2. verb. Aufl. Mit 1 Stahlst. 12. Augsburg 844, M. Rieger'sche Buchh. 1/3 Thlr.

—— der junge Fischer Orbitello od. die Kapelle am Ufer des Arno. Eine Erzähl. f. d. reifere Jugend u. deren Freunde. 8. (12½ B. u. 1 Stahlst.) Augsburg 845, M. Riegersche Buchh.-

— Otto von Erlach, oder: Der Senn auf der Schweizeralp. Eine Erzählung, der Jugend und deren Freunden gewidmet. Mit 1 Stahlstich. Augsburg 840. Matth. Rieger. 1/3 Thlr.

— Otto v. Erlach, oder: Der Senn auf der Schweizeralp. Eine Erzählung, der Jugend u. deren Freunden gewidmet. 2. verb. Aufl. Mit 1 Stahlst. 8. Ebend. 842. 1/3 Thlr.

Dörle, A., Palästina oder das hl. Land zu Jesu und unserer Zeit in engster Verbindung mit der evangelischen Geschichte. Von einem Vater im Abendzirkel seiner Familie beschrieben und für Schule und Haus gewidmet. Mit einer Karte. Mainz, Kupferberg, 1840. 8°. 29 Bogen. 1 Mk.

—— Richard u. Viktoria, od. die Schicksale einer irländischen kathol. Familie. Eine Erzähl. f. d. gesammte edlere Lesewelt u. besond. f. d. reifere Jugend. 8. (12 B. u. 1 Stahlst.) Augsburg 843, M. Rieger'sche Buchh.

Dörle, A., der Schutzgeist der Familie Schönbach, oder der Segen guter Kinderzucht. Ein Trauer- u. Familiengemälde aus dem 7jährigen Kriege. Als Lesebuch für Schüler größerer Klassen. Freiburg 834. Herder's Buchh. 1/4 Thlr.

— der Schutzgeist der Familie Schönenbach, oder der Segen guter Kinderzucht. Eine Erzählung für die reifere Jugend. Mit 1 Stahlst. Neue Ausg. gr. 12. Ebend. 843. 1/4 Thlr. — 2. verb. Aufl. 12. Ebend. 844. Lindau, Stettner. 1/4 Thlr.

—— der Schutzgeist der Familie Schönenbach, od. der Segen guter Kinderzucht. Eine Erzähl. f. d. reifere Jugend. 2., verb. Aufl. 12. (8 B. u. 1 Stahlst.) Augsburg 844, M. Rieger'sche Bh

Dörle, A., der Schutzgeist der Familie Schönenbach oder der Segen guter Kinderzucht. Eine Erzählung für die reifere Jugend. 3., verb. Aufl. Mit 1 Stahlst. 8. (186 S.) Lindau 878. Stettner. — 90

—— der Schutzgeist der Familie Schönenbach oder der Segen guter Kinderzucht. Eine Erzählung für die reifere Jugend. 3. verb. Aufl. 8. (186 S. mit 1 Stahlst.) Lindau 879, Stettner.

— die Sommerabende auf Sinai, oder der Vater als Lehrer im trauten Kreise seiner Kinder. Eine Sitten- u. Pflichtenlehre in Gesprächen u. Erzählungen. Der lieben Jugend als Schulpreis u. Festgabe gewidm. Mit Titelkpfr. 8. Augsburg 835. (Kollmann; Landshut, Manz.) 3/8 Thlr.

—— die Sommerabende auf Sinai, od. d. Vater als Lehrer im trauten Kreise seiner Kinder. Eine Sitten- u. Pflichtenlehre in Gesprächen u. Erzähln. Der lieben Jugend als Schulpreis u. Festgabe gewid. Mit Ttlkpfr. 8. (18½ B.) Augsburg 835, (Kollmann'sche Buchh.; Regensburg, Manz.)

—— gottgeweihte Stunden, oder Betrachtungen über die wichtigsten Heilslehren des Christenthums. Ein christkathol. Erbauungsbuch zum Gebrauch beim öffentl. und häusl. Gottesdienst. Neue wohlfeilere (Titel-)Ausg. 12. (XII und 408 S. mit 1 Titelkpfr.) Koblenz (838)61, Hölscher's Verlag.

— Gott geweihte Stunden, oder Betrachtungen über d. wichtigsten Heilslehren des Christenthums. Ein christkatholisches Erbauungsbuch zum Gebrauch beim öffentl. u. häusl. Gottesdienst. (Mit 1 Stahlst.) gr. 12. Coblenz 839. Hölscher. 3/4 Thlr.

— Waizenkörner für die Kinderherzen, oder die acht Seligkeitslehren Jesu. Erklärt mit lehrreichen sittl. Anwendungen u. als Lesebuch für die Schüler der mittlern Klassen. Freiburg 834. Herder. 1/8 Thlr.

—— die Zelle d. Leiden, od.: Die Kyburg. Eine wahre Gesch. aus d. Mittelalter, d. reif. Jugend u. deren Freunden gewid. 1. Aufl. (16½ B.) 835. u. 2., verb. Aufl. M. 1 Stahlst. 8. (14 B.) Augsburg 840, Kollmann'sche Buchh.

—— die Zelle der Leiden, oder: Die Kyburg. Geschichte aus dem Mittelalter, der reifern Jugend und deren Freunden gewidmet. 3., verb. Aufl. (VIII und 208 S. mit 1 Stahlst.) Augsburg 847, Kollmann'sche Buchh.

— die Zelle der Leiden oder; Die Kyburg. Eine Geschichte aus dem Mittelalter, der reifern Jugend und deren Freunden gewidmet. 4. verb. Aufl. Mit 1 Stahlst. Augsburg 856. Kollmann. 8. (VIII, 208 S.) 12½ Ngr.

—— die Zelle der Leiden, oder die Kyburg. Eine Geschichte aus dem Mittelalter der reiferen Jugend und deren Freunden gewidmet. 5., verb. Aufl. 8. (VIII und 208 S. mit 1 Stahlst.) Augsburg 862, Kollmann'sche Buchh.

Dörle, A., die Zelle der Leiden, oder: die Kyburg. Eine Geschichte aus dem Mittelalter der reiferen Jugend und deren Freunden gewidmet. 6. verb. Aufl. 8. (207 S. mit 1 Stahlst.) Regensburg 874, Volks- und Jugendschriften-Verl.

Dörler, Adolf

Dörler, Adf., neue u. wenig bekannte rhabdocoele Turbellarien, s.: Arbeiten a. d. zoolog. Inst. zu Graz. VI. 4.

Dörler, Adf. Ferd., Führer durch d. Zillerthal u. s. Alpenwelt. 8. (69 S.) Innsbruck 897. Wagner. n. — 80

— Sagen a. Innsbruck's Umgebg. m. bes. Berücksicht. d. Zillerthales. Ges. u. hrsg. 8. (XV, 151 S.) Ebd. 895. n. 1.80

Dorll, Ehregott Carl Friedr. (Zörbig), De differentia reprobationis a probatione actionis et exceptionum peremtoriarum. Dissert. jur. Präs. Gg. Andr. Joachim. Lpz. (Joh. Chn. Langenheim) 27. X. 1730. 30 S. (4.50) 6770
Gew.: Carl Georg v. Pfluck (Ehrenhain).

Dorls, Friedrich, 1. Ass.-Arzt am St. Johanneshosp. Dortmund, aus Menkhausen: Ueber einen Fall von Tuberculose der Ader- und Netzhaut, sowie der Episclera. *Würzburg 1901: C. J. Becker.* (23 S.) 8°
Würzburg, Med. Diss. v. 1901

Dormagen, Christian: Ueber Caries des Schläfenbeines. Halle a. S. (1876): Plötz. 30 [vielmehr: 31] S. 8°
Halle-Wittenberg, Med. Diss. v. 25. Febr. 1876
Geb. Köln 14. 6. 1848. V.

Dormagen, Hubertus (geb. am 28 Apr. 1807 in Köln): De anophthalmia congenita ... Cum tabula lith. Coloniae Agripp., typ. Bueschleri sociique (1834). VI, 7—39 S., 1 Taf. 8.
Bonn, Med. Fak., Diss. v. 16 Sept. 1834

Dormagen, Joh. (geb. am 26 Jan. 1858 in Köln): Ein Fall von Ulcus corneae rodens ... Mit 1 lith. Tafel. Bonn, Univ.-Buchdr. v. C. Georgi 1882. 29 S., 1 Bl., 1 Taf. 8.
Bonn, Med. Fak., Diss. v. 23 Mai 1882

Dormann, (Red.), s. Alpenheimath.

Dormann, Fürspr., Zum Schutz und Nutz des freisinnigen Katholizismus. Ein populäres Wort über Kirche und Staat. Vortrag. 8. Zürich, Genossenschaftsbuchdr. 1873 —.30

Dormann, A[ugust], Referendar: Der gleichzeitige Besitz am Ganzen und an Teilen einer Sache. *Blankenese 1902: J. Krüger.* (VIII, 53 S.) 8° [F.]
Rostock, Jur. Diss. v. [25. Sept.] 1902

Dormann, E. Schloss u. Stadt Marienburg. Marienburg 1858.

Dormann, E. J., Bibliotheca catholica, s.a. Bibliotheca.

Dormann, E. J., Bibliotheca catholica oder Verzeichnis der vom 1. Jan. 1842 an erschienenen und in Deutschland debitierten kathol. Bücher. Bd. I. Bücherkunde von 1842 und 1843. Marienburg, 1845, 8°, 9 Bogen, 1,25 Mk.
Ohne Fortsetzung.

Dormann, E. J., s. Wochenblatt, kathol.

Dormann, Edm. J., Geschichte des Kreises Marienburg. Nach Quellen und Urkunden. Lex.-8. (VIII und 193 S. mit 182 Regesten und Urkunden.) Danzig 862, Kafemann. *

Dormann, Hans, Gymn.Assist.: Das Hochstift Freising zur Zeit des Kampfes zwischen Ludwig dem Bayern und der römischen Curie. ⟨1322—1342.⟩ *Freising 1899: A. Fellerer.* (65 S.) 8°
Freising, k. Humanist. G, P 1898*

Dormann, Hans, a. Wiesbaden: Die Stellung des Bistums Freising im Kampfe zwischen Ludwig dem Bayern und der römischen Curie. Wiesbaden 1907: P. J. Marschall. (54, XXXVII S.) 8°
Heidelberg, Phil. Fak., Ref. Hampe, Diss. v. 1. Juli 1907
[Geb. 17. Nov. 67 Wiesbaden; Wohnort: Wiesbaden; Staatsangeh.: Bayern; Vorbildung: Gymn. Wiesbaden Reife O. 89; Studium: München 13 S.; Rig. 31. Juli 06.]

Dormann, Heinrich

Dormann, Heinr., ein Vesuvausbruch. Erinnerung an den April 1872. 16. (14 S.) Neapel 881. Detken & Rocholl. n. — 20

Dormann, Heinr., ein Vesuvausbruch. Erinnerung an den April 1872. 16. (14 S.) Neapel 882, Detken und Rocholl. *

Dormann, J[ohann] B. Der würdige Dank für die am 31. März und 1. April errungenen Siege. Predigt, gehalten am allgemeinen Dankfeste den 27. April 1845. 2. Aufl. 8. Luzern 1845.

Dormann, Caspar *s.* Küng-Dormann, F[ranz Joseph]. „Vom Walensee ins rhätische Hochland". Chur.

Dormann, [Caspar]. Quelques réflexions sur les suites de l'entrée des Français en Suisse. Publié par Dr-Gasparini en aide des quelques patriotes et du Cercle democratique à Rapperswil. 8. *s. l.* [1871].

Dormann, Otto, aus Dierdorf: Beitrag zur Kenntnis der Glutinpeptone. Erlangen 1904: E. Th. Jacob. (54 S.) 8°
Erlangen, Phil. Fak., Ref. Paal, Diss. v. 23. Juli 1904
[Geb. 19. Apr. 76 Dierdorf (Rheinprov.); Staatsangeh.: Preußen; Vorbildung: Gymn. Neuwied a. Rh. u. Trarbach a. d. Mosel Reife f. Obersek. 94; Studium: München 4. Erlangen 3 S.; Rig. 23. Juli 04.]

Dörmann, Felix

Doermann, Fel. (Fel. Biedermann), alle guten Dinge, s.: Bibliothek moderner deutscher Autoren. 19. Bd.

Dörmann, Fel., Dramen. I. Hanna. Drama in 1 Act. 8. (39 S.) Leipzig 893. Literar. Anstalt A. Schulze. n. 1. —

Dörmann, Fel. (Fel. Biedermann), Gelächter. 2. Aufl. 8. (95 S.) Dresden 896. E. Pierson. n. 2. —

– Gelächter 1896. Jetzt: Berlin: Verlag Berlin-Wien

Dörmann, Fel. (Fel. Biedermann), das stärkere Geschlecht. Einakter-Cyklus. Hagith. Die Überflüssigen. Der Mäcen. Der schlaue Jaromir. (87 S.) gr. 8. Berlin 907. Verlag Dr. Wedekind & Co. 2. —

Dörmann, Fel. (Fel. Biedermann), der Herr v. Abadessa. Ein Abenteuerstück in 3 Akten. Umschlagzeichng. v. Emil Orlik. 8. (V, 103 S.) Wien 902. Wiener Verlag. n. 2. —

— die Krannerbuben. Komödie in 3 Acten. Umschlagzeichnung v. Hans Eisterer. 8. (160 S.) Ebd. 901. n. 2. —

— Ledige Leute. Komödie in 3 Akten. gr. 8. (143 S.) Leipzig 898. R. Friese, Sep.-Cto. n. 2. —

— die Liebesmüden. Lustspiel in 3 Akten. (74 S.) 8. Wien 905. W. Knepler. n. 2. —

— Neurotica. Mit e. Titelbild v. Carl Zewely. gr. 8. (122 S.) Dresden 891. E. Pierson. n. 2. 60

— dasselbe. 2. Aufl. 8. (132 S.) Leipzig 893. Literar. Anstalt A. Schulze. n. 3. —; geb. in Leinw. n. 4. 50

— Neurotica. 3. Aufl. 8. (132 S.) Leipzig 894. Literar. Anstalt, A. Schulze. n. 3. —; geb. n. 4. 50

– Neurotica. 1894. Jetzt: Berlin: Verlag Berlin-Wien.

— der köstliche Rudi u. andere Geschichten. (113 S.) 8. Ebd. 906. n. 2. —

— Sensationen. 8. (99 S.) Wien 892. L. Weiss. n. 2. —

— Sensationen. 2. [Titel-] Aufl. 8. (99 S.) Wien (892) 897. L. Weiss. n. 2. —

— der stumme Sieger. Schauspiel in 3 Akten. (125 S.) kl. 8. Wien 905. Wiener Verlag. n. 2. —

— das Unverzeihliche, s. a. Bibliothek Bard. 14. Bd.

Felix Dörmann. Das Unverzeihliche. Novellen. Umschlagzeichn. von Ernst Heilemann. Berlin: Bard, Marquardt & Co. 1904. (114 S.) 8° [Ant. u. F.]
= Bard, Bibliothek. Bd 14. [05. 2191

DÖRMANN, Felix
(F) Felix Dörmann. Warum der schöne Fritz verstimmt war. Umschlagbild von Rudolf Jettmar. Wien. 1900. Wiener Verlag. (Rosner.) 8°. 162 S. K 2.40

— Zimmerherren. Komödie in 3 Acten. Mit d. Briefe e. Freundes an den Verf. als Vorrede. 8. (X, 135 S.) Ebd. 900. n. 2. —

Dormeir, *Sebastian* [aus Freising]: Über ringförmige Derivate des o-Amidobenzyläthylamins und o-Amidodibenzylamins ... Erlangen, k. b. Hofbuchdr. v. A. Vollrath, 1893; 61 S., 1 Bl. 8.
Erlangen, Phil. Fak., Inaug.-Diss. v. [27. Aug.] 1893

Dormers Brieftasche. 8. Berl. 781. Rottmann. 12 gr.

DORMERS Briefwechsel. Berlin, Decker. 1781. 8°. (1/3 Rthl.) Rar'
Kayser hat: Berlin, Rottmann.

Dormers Briefwechsel. 8. Berlin, Rottmann. 781.

Doermer, Hermann [aus St. Johann a. d. Saar]: Dermoidcysten der Highmorshöhle .... Strassburg, Univ.-Buchdr. v. J. H. Ed. Heitz (Heitz & Mündel), 1888; 62 S. 8°
Strassburg, Med. Fak., Inaug.-Diss. v. 1888

Doermer, L.: Anorganische Chemie in Grundzügen, s. Arendt, Rud.

Doermer, L., Grundzüge der Chemie u. Mineralogie, s.: Arendt, Rud.

— **Leitfaden f. den Unterricht in der Chemie u. Mineralogie**, s.: **Arendt, Rud.**

— **Technik der anorgan. Experimentalphysik**, s.: **Arendt, Rud.**

Doermer, Ludwig, aus Gießen: **Beiträge zur Kenntniß der Diabasgesteine aus dem Mitteldevon der Umgebung von Dillenburg.** *Stuttgart: E. Schweizerbart 1902.* (S. 594—645.) 8° ¶(Aus: N. Jahrbuch f. Mineralogie etc., Beil.Bd 15.)
Gießen, Phil. Diss. v. 1902

Doermer, Ludwig, Dr. und Krüger, Edgar, Dr.: Beschreibung der Räume und Einrichtungen für den chemischen und biologischen Unterricht an der Oberrealschule vor dem Holstentore zu Hamburg. Der 48. Versammlung deutscher Philologen und Schulmänner als Gabe überreicht. Hamburg 1905: Schröder u. Jeve. (15 S.) 4°
Hamburg, OR vor dem Holstentore OP 1905 (878)

Doermer, [Ludwig]: **Lehrplanentwurf für Erdkunde.** S. 34. 4.
Progr. Oberrealschule vor dem Holstentore *Hamburg* 1907 (916).

Doermer, Guil., **de Graecorum sacrificulis qui ἱεροποιοί dicuntur**, s.a. **Dissertationes philologicae Argentoratenses selectae.**

Doermer, Guilelmus [Saraepontanus]: De Graecorum sacrificulis qui ΙΕΡΟΠΟΙΟΙ dicuntur. Argentorati apud Carolum I. Truebner, 1883. 8. 74 S.

Dormeyer, Helene

Dorn, Hedwig, zur Stütze der Hausfrau. Lehrbuch f. angeh. u. Nachschlagebuch f. erfahrene Landwirtinnen in allen Fragen d. Anteils der Frau an der ländlichen Wirtschaft. Mit 254 Textabbildgn. gr. 8. (VIII, 556 S.) Berlin 886. Parey. geb. n. 6. —

Dorn, Hedwig. Zur Stütze der Hausfrau. Lehrbuch f. angeh. u. Nachschlagebuch f. erfahrene Landwirtinnen. 2. umgearb. Aufl. gr. 8. (VIII, 556 S. m. 261 Textabbildgn.) Berl. 891, Parey. geb. * 6 —

Dorn, Hedw. (Helene Dormeyer), z. Stütze d. Hausfrau. Lehrbuch f. angeh. u. Nachschlagebuch f. erfahr. Landwirtinnen in allen Fragen d. Anteils d. Frau an d. ländl. Wirtschaft. 3., neubearb. Aufl. gr. 8. (X, 495 S. m. 253 Abb.) Berlin 895. P. Parey. Geb. in Leinw. n. 6. —

Zur **Stütze** der Hausfrau. Lehrbuch f. angehende u. Nachschlagebuch f. erfahrene Landwirtinnen in allen Fragen d. Anteils d. Frau an d. ländl. Wirthschaft. Von Hedwig Dorn ⟨**Helene Dormeyer**⟩. 4., neubearb. Aufl. Mit 240 Textabb. *Berlin: P. Parey 1901.* (X, 490 S.) 8° [F.] [01. 8414

Zur Stütze der Hausfrau. Lehrbuch ... unter Berücks. ländl. Verhältnisse. Von Hedwig Dorn ⟨Helene **Dormeyer**⟩. 5., neubearb. Aufl. Mit 253 Textabb. Berlin: P. Parey 1907. (XI, 502 S.) 8° [F.] [07. 11680

Dormeyer, *Paul August* Carl [aus Detmold]: Beiträge zur Kenntnis des Hydrastins ... Berlin, A. W. Schade's Buchdr., 1892; 53 S., 1 Bl. 8.
Berlin, Phil. Fak., Inaug.-Diss. v. 23. Sept. 1892

Dormiento, la bella, nel borso. Una favoletta per fanciulli obbedienti. Con 9 tavole colorate. hoch 4. (4 S.) Leipzig 871. Loewe. 1. 20

Dorminger, J., über Feuerversicherungsanstalten, od. Darstell. d. Zweckes, d. Nutzens ꝛc. d. Brandkassen. gr. 8. Wien 823. v. Mösle. 14 ℊ

Dormitzer, Carl, aus Fürth, Rechtspraktikant am Stadtmagistrat Fürth: Der **Spezifikationskauf.** *Fürth 1904: A. Schröder.* (39 S.) 8°
Erlangen, Jur. Diss. v. 1. Febr. 1904

Dormitzer, Carl, der Spezifikationskauf. (39 S.) 8. Fürth 904. G. Rosenberg. n. — 80

Dormitzer, M. (Red.), s. Lotos

Dormitzer, Maximilian, s. a. Dormizer, Maximilian

Dormitzer, Maximilian, und Edmund Schebek: Die Erwerbsverhältnisse im Böhmischen Erzgebirge. Bericht an das Centralcomité zur Beförderung der Erwerbstätigkeit d. böhmischen Erz- und Riesengebirgs-Bewohner. (Mit 1 Kt.) — Prag: Mercy 1862. 231 S.

Dormitzer, Sigmund [**Rechtspraktikant in Nürnberg**]: **Die administrativen Verehelichungsbeschränkungen in Bayern ...** Nürnberg, Druck v. F. Monninger, *1893;* 59 S. 8.
Erlangen, Jur. Fak., Inaug.-Diss. v. 1893

Dormitzer-Dorn, Else

Kulturträger der Gegenwart über die Feuerbestattung. Umfrage, veranstaltet i. A. d. Verbandes d. Feuerbestattungs-Vereine deutscher Sprache von Else **Dormitzer**-Dorn-Nürnberg. Den Teilnehmern d. 14. Verbandstages d. Feuerbestattungs-Vereine deutscher Sprache in Dessau ... gewidmet. (Nürnberg [1910]: Tümmel.) 24 S. 8° [10. 15267 S

Dormizer, Maximilian, s. a. Dormitzer, Maximilian

Dormizer, Max., und Edm. Schebek, die Erwerbsverhältnisse im böhmischen Erzgebirge. Bericht an das Centralcomité zur Beförderung der Erwerbsthätigkeit der böhm. Erz- und Riesengebirgs-Bewohner. Lex.-8. (IV und 235 S. mit 1 chromolithogr. Karte in 4.) Prag (861)62, Mercy. *

Dormont und Julie. Schspl. 8. Hamb. 777. Herold. 7 ℊ

Dormus, Ant. R. v., weitere Studien üb. Schienenstahl m. besond. Berücksicht. des basischen Martinstahles. Vortrag, geh. in der Vollversammlg. des oesterr. Ingenieur- u. Architekten-Vereines. gr. 8. (78 S. m. Abbildgn. u. 2 Tab.) Wien 898. (W. Frick.) n. 2. —
Sonderabdruck aus: „Ztschr. d. oest. Ingen.- u. Arch.-Ver."

Dormus, Ant. R. v., besitzt Thomaseisen die Eigenschaften e. guten Brückenmaterials? (12 S. m. 12 Fig.) 31,5×23,5 cm. Stuttgart 901. (Freiburg i/B., J. Bielefeld.) 2. —
Sonderabdruck aus „Baumaterialienkde.".

Dorn's Aufgaben f. mündliches u. schriftliches Rechnen. Neu bearb. v. A. Elsner u. R. Sendler. Neue Ausg. A in 6 Heften. 8. Breslau (909). H. Handel. nn 1. 30
I. Der Zahlenkreis von 1—5, 1—10, 1—20. 2. Aufl. (24 S.) nn — 15
II. Der Zahlenkreis von 1—100. Die vier Grundrechnungsarten m. 1- u. 2 stell. Zahlen. Vorübungen zur Bruchrechng. 3. Aufl. (32 S.) nn — 15
III. Der Zahlenkreis von 1—1000. Die vier Grundrechnungsarten m. unbenannten Zahlen. Einführung in die Zehntel, Hundertstel u. Tausendstel; Münzen, Maße, Gewichte. Die 4 Grundrechnungsarten m. zweifach benannten Zahlen. Anfänge der Bruchrechng. 6. Aufl. (48 S.) — 20
IV. Der unbegrenzte Zahlenkreis. Die 4 Grundrechnungsarten m. unbenannten u. mehrfach benannten Zahlen. Schlußrechnung. Durchschnittsrechnung. Zeitrechnung. Weitere Übgn. in der Bruchrechnung. 5. Aufl. (52 S.) — 25
V. Die gemeinen Brüche. Die Dezimalbrüche. Einfache u. zusammengesetzte Regeldetri m. Brüchen. 4. Aufl. (56 S.) — 25
VI. Die bürgerlichen Rechnungsarten. Aufgaben aus der Haus- u. Volkswirtschaft. Ausziehen der Quadrat- u. Kubikwurzel. Raumberechnungen. 4. Aufl. (72 S.) — 30

— **dasselbe. Neue Ausg. A in 6 Heften. Lehrerheft u. Resultate. 3. Heft. (24 S.) 8. Ebd. (907).** — 30

— **dasselbe. Neue Ausg. A in 6 Heften. Neue Bearbeitg. 1910. 8. Ebd. (910).** nn 1. 40
I. Der Zahlenkreis von 1—10, 1—20. 4. Aufl. (28 S.) nn — 15
II. Der Zahlenkreis von 1—100. Die vier Grundrechnungsarten m. 1- u. 2 stell. Zahlen. Vorübungen zur Bruchrechng. 5. Aufl. (40 S.) — 20
III. Der Zahlenkreis von 1—1000. Die vier Grundrechnungsarten m. unbenannten u. mehrfach benannten Zahlen. Einführg. in die Zehntel u. Hundertstel; Münzen, Maße u. Gewichte. Die 4 Grundrechnungsarten m. zweifach benannten Zahlen. Anfänge der Bruchrechng. 7. Aufl. (48 S.) — 20
IV. Der unbegrenzte Zahlenkreis. Die 4 Grundrechnungsarten m. unbenannten u. mehrfach benannten Zahlen. Schlußrechnung. Durchschnittsrechnung. Zeitrechnung. Weitere Übgn. in der Bruchrechng. 7. Aufl. (52 S.) 25
V. Die gemeinen Brüche. Die Dezimalbrüche. Einfache u. zusammengesetzte Regeldetri m. Brüchen. 7. Aufl. (58 S.) — 25
VI. Die bürgerlichen Rechnungsarten. Aufgaben aus der Haus- u. Volkswirtschaft. Ausziehen der Quadrat- u. Kubikwurzel. Raumberechnungen. 7. Aufl. (80 S.) — 35

[J.] Dorns Aufgaben für mündliches und schriftliches Rechnen. Für einfache Schulverhältnisse. Ausg. B in 4 Heften. Neu bearb. von A[lois] Elsner u. R[einhold] Sendler, kgl. Seminarl. H. 1–4. *Breslau: H. Handel [1901].* 4 Bde 8° [Umschlagt. F.]
1. Die Zahlenkreise von 1 bis 5, 1 bis 10, 1 bis 20 u. 1 bis 100. 8. Aufl.
2. Der Zahlenkreis von 1 bis 1000. 11. Aufl.
3. Der unbegrenzte Zahlenkreis. 9. Aufl.
4. Die gemeinen Brüche. Die Decimalbrüche. Regeldetri. Die bürgerl. Rechnungsarten. Raumberechnungen. 9. Aufl. [04. 176. 2]

— dasselbe. Für einfache Schulverhältnisse. Neue Ausg. B in 5 Heften. 8. Ebd. (909). à nn — 15
I. Der Zahlenkreis von 1—100. Die 4 Grundrechnungsarten m. 1- u. 2stell. Zahlen. Vorübungn. z. Bruchrechng. 6. Aufl. (32 S.)
II. Der Zahlenkreis von 1—1000. Die 4 Grundrechnungsarten m. unbenannten Zahlen. Einführung in die Zehntel, Hundertstel u. Tausendstel; die 4 Grundrechnungsarten m. denselben. Münzen, Maße, Gewichte. Die 4 Grundrechnungsarten m. zweifach benannten Zahlen. Anfänge der Bruchrechng. 7. Aufl. (32 S.)
III. Der unbegrenzte Zahlenkreis. Die 4 Grundrechnungsarten m. unbenannten u. mehrfach benannten Zahlen. Schlußrechnung. Durchschnittsrechnung. Zeitrechnung. Weitere Übgn. in der Bruchrechng. 6. Aufl. (32 S.)
IV. Die gemeinen Brüche. Die Dezimalbrüche. Schlußrechnung. 6. Aufl. (32 S.)
V. Die bürgerlichen Rechnungsarten. Raumberechnungen. 4. Aufl. (32 S.)

Dorn's Aufgaben f. mündliches u. schriftliches Rechnen. Neue Ausg. B in 5 Heften. Lehrerheft u. Resultate. 2. u. 3. Heft. (39 S.) 8. Breslau (907). H. Handel. — 50

— dasselbe. Neue Ausg. B in 5 Heften. Neue Bearbeitg. 1910. 8. Ebd. (910). nn — 85
I. Der Zahlenkreis von 1—100. Die 4 Grundrechnungsarten m. 1- u. 2stell. Zahlen. Vorübungen zur Bruchrechnung. 8. Aufl. (44 S.) — 20
II. Der Zahlenkreis von 1—1000. Die 4 Grundrechnungsarten m. unbenannten Zahlen. Einführung in die Zehntel u. Hundertstel. Münzen, Maße, Gewichte. Die 4 Grundrechnungsarten m. zweifach benannten Zahlen. Anfänge der Bruchrechng. 10. Aufl. (32 S.) nn — 15
III. Der unbegrenzte Zahlenkreis. Die 4 Grundrechnungsarten m. unbenannten u. mehrfach benannten Zahlen. Schlußrechnung. Durchschnittsrechnung. Zeitrechnung. Weitere Übgn. in der Bruchrechng. 9. Aufl. (32 S.) nn — 1(
IV. Die gemeinen Brüche. Die Dezimalbrüche. Schlußrechnung. 8. Aufl. (32 S.) nn — 1(
V. Die bürgerlichen Rechnungsarten. Raumberechnungen. 7. Aufl. (40 S.) — 2(

[J.] Dorns Aufgaben für mündliches und schriftliches Rechnen. Für einklass. u. zweisprachige Schulen. Neu bearb. von A[lois] Elsner u. R[einhold] Sendler, Kgl. Sem.Lehrern. Ausg. D in 3 H. 2. Aufl. H. 1–3. (2. 3: ⟨Nach d. neuen Rechtschreibung⟩.) Breslau: H. Handel [1904–05]. 3 Bde 8° [Umschlagt. F.]
1. [1905.] 2. [1904.] 3. [1905.] [16. 1036 2]

— dasselbe. Für einklass. u. zweisprach. Schulen. Ausg. D in 3 Heften. (Nach der neuen Rechtschreibg.) 8. Ebd. (909) nn — 6(
I. Der Zahlenkreis 1—5, 1—10, 1—20 u. 1—100. Die 4 Grundrechnungsarten m. 1- u. 2stell. Zahlen. Vorübungen zur Bruchrechng. 5. Aufl. (32 S.) nn — 1(
II. Der Zahlenkreis von 1—1000. Das Rechnen m. unbenannten u. einfach benannten Zahlen. Der Zahlenkreis von 1—0,001. Das Rechnen m. zweifach benannten Zahlen. Der unbegrenzte Zahlenkreis. Das Rechnen m. unbenannten u. benannten Zahlen. Schlußrechnung. Durchschnittsrechnung. Zeitrechnung. Anfänge der Bruchrechng. 6. Aufl. (48 S.) — 2(
III. Die gemeinen Brüche. Die Dezimalbrüche. Regeldetri. Die bürgerl. Rechnungsarten. Raumberechnungen. 5. Aufl. (56 S.) — 2(

— dasselbe. Ausg. E in 7 Heften. gr. 8. Ebd. (907). nn 1. 85
1. Der Zahlenkreis von 1—5, 1—10, 1—20. (24 S.) nn — 15
2. Der Zahlenkreis von 1—100. Die vier Grundrechnungsarten m. ein- u. zweistell. Zahlen. Vorübungen zur Bruchrechng. (32 S.) nn — 1(
3. Der Zahlenkreis von 1—1000. Die vier Grundrechnungsarten m. unbenannten Zahlen. Einführung in die Zehntel, Hundertstel u. Tausendstel; die vier Grundrechnungsarten m. denselben. Münzen, Maße, Gewichte. Die vier Grundrechnungsarten m. zweifach benannten Zahlen. Anfänge der Bruchrechng. (48 S.) — 20
4. Der unbegrenzte Zahlenkreis. Die vier Grundrechnungsarten m. unbenannten u. mehrfach benannten Zahlen. Schlußrechnung. Durchschnittsrechnung. Zeitrechnung. Weitere Übgn. in der Bruchrechng. (52 S.) — 25
5. Die gemeinen Brüche. Die Dezimalbrüche. Schlußrechnung. Raumberechnung. (56 S.) — 25
6. Einfache u. zusammengesetzte Regelbetri. Aufgaben aus der Prozent-, Rabatt-, Gewinn- u. Verlustrechng. Aufgaben aus der Haus- u. Volkswirtschaft. Raumberechngn. (52 S.) — 25.
7a. Für Knabenschulen. Wiederholungsaufgaben. Die bürgerl. Rechnungsarten. Aufgaben aus der Haus- u. Volkswirtschaft u. den Wissensfächern. Ausziehen der Quadrat- u. Kubikwurzel. Raumberechnungen. (72 S.) — 30
7b. Dasselbe f. Mädchenschulen. (72 S.) — 30

— dasselbe. Neue Ausg. E in 7 Heften. Lehrerheft u. Resultate zu Heft 7a u. 7b. 8. Ebd. (908). à — 40
7a. Für Knabenschulen. (32 S.) — 7b. Für Mädchenschulen. (32 S.)

Cantate zur Feier des Johannisfestes in der □ Apollo 1831. Gedicht vom Br. [Ernst] Anschütz. Comp. vom Br. Dorn. [Leipzig 1831.] 2 Bl. 8° [Umschlagtit.]
Abgedr. in: Neue ZfFr. 1835 S. 251—253.
Ohne Noten: „Schliesst euch auf, ihr zarten Blüthen . . .“ 215.

Dorn, Eisenbahn-Politik. Berlin 875.

Dorn, d. Erzeugung d. Druckfarben u ihre Verwendg. (8 S 10 T) 4° Leipzig 1903

Dorn, Führer der Sektion Forbach bad. Schwarzwaldvereins, m. Karte in 1 : 50,000. (40 S.) kl. 8. Rastatt (906). (H. Greiser.) n. 1. —

Dorn, inventaire des monnaies des Khalifes orientaux et plusieurs autres dynasties, s.: Collections scientifiques de l'institut des langues orientales du ministère des affaires étrangères.

Dorn, der Schwindel bei der Behandlung der geheimen Krankheiten. 8. (34 S.) Hamburg 880. Jenichen. n. — 50

Dorn, s. Zeitschrift, volkswirtschaftliche.

DORN, A., O Zeiten! O Sitten! Wien, 1783. 8°.
Karajan's Bibl. II. no. 1320. — Rar!

Dorn, A., u. J. Riedel, die Webe-Arbeit m. Hand-Apparat, s.: Musterbücher f. weibliche Handarbeit.

Dorn, Alexander

Dorn, Alex. v., Amerikanisches. 5 Vorträge. schmal gr. 8. (III, 132 S.) Wien 900. Volkswirtschaftlicher Verlag. A. Dorn. n. 1. —

Dorn, Alex., Aufgaben der Eisenbahn-Politik. gr. 8. (XIV, 173 S.) Berlin 874. Springer's Verl. n. 4. 60

Dorn, Alex., die nationale Ausstellung in Constantinopel 1863. Bericht an das kaiserlich österreich. Ministerium für Handel u. Volkswirthschaft. Leipzig 864. O. Wigand. gr. 8. (XX, 172 S.) n. 1 ⅓

Dorn, Dr. Alexander Ritter v. Die wirthschaftliche Bedeutung der Kriegsmarine in Oesterreich. Vortrag, gehalten in der Plenar-Versammlung des niederösterreichischen Gewerbevereines. Separatabdruck aus der „Wochenschrift des niederösterreichischen Gewerbevereines“. 8. Wien 1884.

Dorn, Alex., s. a. Bericht über die Verhandlungen des 16. Kongresses deutscher Volkswirthe in München.

— Bericht üb. die Verhandlungen d. 16. Kongresses deutscher Volkswirthe in München am 1., 2. u. 3. Septbr. 1875. Im Auftrage der ständ. Deputation hrsg. gr. 8. (IV, 218 S.) Berlin 876. Simion. n. 3. —

Dorn, Alex. (II.): Ein Damenkaffee, s. Gesellschafts-Salon.

Dorn, Alex., die Erneuerung d. Bank-Privilegiums. 8. (IV, 66 S.) Wien 886. Hölder. n. 1. —

Dorn, Alex., s.: Export-Compass.

Dorn, Alex., zur Exportfrage. Zwei Vorträge, gehalten in den Wochenversammlungen des nieder-österreich. Gewerbe-Vereines am 14. u. 21. Octbr. 1864. [Aus den Verhdlgn. u. Mitthlgn. d. nieder-österreich. Gewerbe-Ver.] Wien 864. Gerold's Sohn in Comm. gr. 8. (36 S.) n. 8 ngr.

— s.a. Firmen, die protokollirten, von Oesterreich-Ungarn etc.

Dorn, Alexander, Die protokollirten Firmen von Oesterreich-Ungarn, Bosnien und Hercegowina, nach Fachgruppen und Orten geordnet:
Band I. Textil- und Bekleidungs-Industrie und zugehöriger Handel. Gr.-8. (LVI, 524 S.) Cart. 4.50
Band II. Erzeugung von Nahrungs- u. Genussmitteln, Natur-Producte und zugehöriger Handel. Gr.-8. (XVI, 656 S.) 5.—
Band III. Chemische Industrie, Erzeugung von Glas-, Thon- und Steinwaaren und zugehöriger Handel. Gr.-8. (232 S.) 2.—
Band IV. Erzeugung von Kurz-, Nürnberger- und Galanterie-Waaren und zugehöriger Handel. Gr.-8. (164 S.) 2.—

— die Konkurrenz des Binnen-Wasserweges gegen den Seeweg nach hergestellter Kanalverbindung d. Donau m. dem deutschen Wasserstrassen-Netze, s.a. Verbands-Schriften des deutsch-oesterr.-ungar. Verbandes f. Binnenschiffahrt. Nr. 51.

Die Konkurrenz des Binnen-Wasserweges gegen den Seeweg nach hergestellter Kanalverbindung der Donau mit dem deutschen Wasserstrassen-Netze. Von Dr. Alexander v. Dorn in Wien. *Berlin: Siemenroth & Troschel 1899.* (8 S.) 8°
— Deutsch-Oesterr.-Ung. Verband f. Binnenschiffahrt. Verbands-Schriften. No 51.

—— Kriegsmarine und Volkswirthschaft in Oesterreich-Ungarn. gr. 8. (VIII, 140 S.) Wien 885, Hölder. *

— die Luft im Dienste der Pariser Industrie. Vortrag, geh. am 29. Novbr. 1889. [Aus: „Wochenschr. des niederösterr. Gewerbevereins".] gr. 8. (15 S. m. 8 Taf.) Wien 890. Volkswirtschaftl. Verlag, A. Dorn. n. — 80

Dorn, Alex. (II.): Der Maskenball, s. Gesellschafts-Salon.

Dorn, Alex.: Der Maskenball oder Meine Tante, Deine Tante, s. Dilettanten-Oper.

— Pflege u. Förderung des gewerblichen Fortschrittes durch die Regierung in Württemberg. Bericht an das k. österreich. Ministerium für Handel u. Volkswirthschaft. Mit 1 (lith.) Karte. Wien 868. Gerold's Sohn. gr. 8. (XVI, 127 S.) n. 1 ₰ 6 ngr.

— Rückblicke auf die Entwickelung der ungarischen Volkswirthschaft im J. 1868. [Aus dem „Pester Lloyd."] Mit 1 graph. Tab. (in 4.) Pest 869. (Leipzig, O. Wigand.) gr. 4. (IV, 51 S.) n. 20 ngr.

— Rückblicke auf die Entwickelung der ungarischen Volkswirthschaft im J. 1870. [Aus „Pester Lloyd."] Mit 3 Tab. gr. 4. (III, 59 S.) Pest 871. Kelete. n. 2. —

Dorn, Alex. Ritter v. Die Seehäfen d. Weltverkehrs, s. Lehnert, Jos. Ritter v.

Dorn, Alex.: Das Testament, s. Dilettanten-Oper.

Dorn, Alex. (II.): Das Testament, s. Gesellschafts-Salon.

— Die Uhrenmacher von Karlstein. 1867.

— die neuen Vorschriften betr. die Statistik d. auswärtigen Handels [Gesetz vom 26. Juni, Verordnung vom 10. Decbr. 1890], f. den prakt. Gebrauch der Geschäftswelt übersichtl. zusammengestellt, u. statist. Waarenverzeichniss in alphabet. Anordg. Mit Zustimmg. d. k. k. Handelsministeriums hrsg. gr. 8. (85 S.) Wien 891. Volkswirtschaftl. Verlag, A. Dorn n. 1. —

— der wirthschaftliche Werth d. Geschmacks, s.a. Zeitfragen, volkswirthschaftliche.

Dorn A, der wirtschaftliche Wert des Geschmacks. (Zeitfragen, volkswirtschaftliche 61-62) Berlin 1886

— s.: Wochenschrift, volkswirtschaftliche.

Dorn, Amandus Christian

Dorn, Amandus Chr. [Praes.], s. Coulon, Ad. Frid.: Diss. jur. inaug. de compensatione in concursu creditorum.

— Diss. jur. de interesse synonimorum in foro. Kiliae. 1750. 4. P. [Praes. Henn. Frid. Seelhorst].

Dorn, Amandus Christian (Parchim/Meckl.), Diatr. de juribus legatorum particulam de jurisdictione in legatos eorumque comites, praesertim statuum S. I. R. Germanici in comitiis. Dissert. jur. Präs. Jacob Carmon. Rostock, 20. III. 1736. Jena (J. B. Heller) 1738. 48 S., tlws. dtsch. mit Widm. v. Präs. (4.50) 6771

Dorn, Amandus Chr., In veritatem paroemiae: Stadt-Recht bricht Land-Recht. Land-Recht bricht gemeine Rechte. Kilonii. 1748. 4. P. (Progr. i Anl. af Pt. Holtzmanns Doktorpromotion).

Dorn, Anna

Dorn's Vollständige Anleitung, alle Gattungen Dunstobst, Marmeladen und Säfte zu bereiten, sowie frisches Obst und Gemüse zu trocknen und aufzubewahren. 10. Auflage. 8. (58 S.) —.35
Wien: Gerold's Sohn, 1895.

Dorn, Anna. Beiträge zur Kenntnis der Beziehungen zwischen Affinitäts-Konstante und Konstitution bei zweibasischen organischen Säuren. Diss. Phil. [II.] Univ. Zürich. [Mit Figuren.] 63 S. 8. Zürich, J. F. Kobold-Lüdi, 1905.

Dorn's, Anna, Einsiedekunst, oder vollständige Anleitung, alle Gattungen Dunstobst, Marmeladen und Säfte zu bereiten, so wie frisches Obst und Gemüse zu trocknen und aufzubewahren. 8. (58 S.) Wien 856(57,) Tendler und Comp.

Dorn's, Anna, Einsiedekunst od. vollständige Anleitung alle Gattungen Dunstobst, Marmeladen u. Säfte zu bereiten, sowie frisches Obst u. Gemüse zu trocknen u. aufzubewahren. 2. Aufl. Wien 860. Tendler & Co. (Gerold.) 8. (58 S.) 7½ ngr.

Dorn's, Anna, Einsiedekunst oder vollständige Anleitung alle Gattungen Dunstobst, Marmeladen u. Säfte zu bereiten, sowie frisches Obst u. Gemüse zu trocknen u. aufzubewahren. 5. Aufl. Wien 867. Gerold's Sohn. 8. (VI, 38 S.) n. 8 ngr.

Dorn, Anna, Einsiedekunst o. vollständ. Anleitung, alle Gattungen Dunstobst, Marmeladen u. Säfte zu bereiten. 6. Aufl. 8. (VI u. 58 S.) Wien, Carl Gerold's Sohn. 35 kr. 1914

Dorn's, Anna, Einsiedekunst oder vollständige Anleitung, alle Gattungen Dunstobst, Marmeladen und Säfte zu bereiten, sowie frisches Obst und Gemüse zu trocknen und aufzubewahren. 7. unveränd. Aufl. (58 S.) und 8. verb. Aufl. 8. (VI, 58 S.) Wien 887, Gerold's Sohn. *

Dorn's, Anna, Einsiedekunst oder vollständ. Anleitg., alle Gattgn. Dunstobst, Marmeladen u. Säfte zu bereiten, sowie frisches Obst u. Gemüse zu trocknen u. aufzubewahren. 8., verb. Aufl. 8. (VI, 58 S.) Wien 888. Gerold's Sohn. n. — 70

Dorn's, Anna, Einsiedekunst od. vollständ. Anleitg., alle Gattgn. Dunstobst, Marmeladen u. Säfte zu bereiten, sowie frisches Obst u. Gemüse zu trocknen und aufzubewahren. 9. unveränd. Aufl. 12. (VI, 59 S.) Wien 893. C. Gerold's Sohn. n. — 70

Dorn's, Anna, Einsiedekunst od. vollständ. Anleitg., alle Gattgn. Dunstobst, Marmeladen u. Säfte zu bereiten, sow. frisches Obst u. Gemüse zu trocknen u. aufzubewahren. 10. Aufl. 8. (VI, 59 S.) Wien 895. C. Gerold's Sohn. — 70

Dorn's, Anna, Einsiedekunst od. vollständ. Anleitg., alle Gattgn. Dunstobst, Marmeladen u. Säfte zu bereiten, sowie frisches Obst u. Gemüse zu trocknen u. aufzubewahren. 12. [Titel-]Aufl. 8. (VI, 59 S.) Wien [895.] (899). C. Gerold's Sohn. n. — 70

Dorn's, Anna, Einsiedekunst od. Vollständige Anleitung, alle Gattungen Dunstobst, Marmeladen u. Säfte zu bereiten, sowie frisches Obst- u. Gemüse zu trocknen u. aufzubewahren. 13. Aufl. (VI, 59 S.) 8. Wien (905). C. Gerold's Sohn. n. — 70

Dorn, A: Einsiedekunst oder vollständige Anleitung, alle Gattungen Dunstobst, Marmeladen und Säfte zu bereiten, sowie frisches Obst und Gemüse zu trocknen und aufzubewahren. 13. Aufl. Wien (1908)

Dorn's, Anna, Einsiedekunst od. Vollständige Anleitg., alle Gattgn. Dunstobst, Marmeladen u. Säfte zu bereiten, sowie frisches Obst u. Gemüse zu trocknen u. aufzubewahren. 14. Aufl. (VI, 59 S.) 8. Wien (908). C. Gerold's Sohn. — 70

Dorn, Anna, neuestes oder großes Wiener Kochbuch. gr. 8. Wien 827. Tendler. 1 ℛ 16 ℊ

— österreichisches Musterkochbuch. Vollständige Anleitung sowohl die vornehmsten Tafeln, als auch die gewöhnliche Hauskost nach dem feinsten Geschmacke, der größten Eleganz rc. herzustellen; nebst Vorschriften zum Tafel-Arrangement, Tranchiren und Vorlegen, sowie Speisezetteln auf alle Tage des Jahres. Ein unentbehrliches Handbuch für jede Hausfrau. 8. verm. Aufl. 853. (VIII, 523 S. m. Holzschn. im Text.) 1 ℛ — 10. verm. Aufl. Wien 856. Tendler u. Co. 8. (IV, 416 S.) 1 ℛ

— österreichisches Musterkochbuch. Vollständige Anleitung, die vornehmsten Tafeln auf die feinste, u. die gewöhnliche Hauskost auf die billigste Weise herzustellen. Nebst Vorschriften zum Tafel-Arrangement u. Tranchiren, u. Speise-Zetteln auf alle Tage des Jahres. 12. Aufl. 860. (IV, 416 S.) 1 ℛ - 13. verb. Aufl. Wien 862. Gerold. 8. (VI, 410 S.) n. 21 ngr

-- österreichisches Musterkochbuch. Vollständige Anleitung, die vornehmsten Tafeln auf die feinste, u. die gewöhnliche Hauskost auf die billigste Weise herzustellen. Nebst Vorschriften zum Tafel-Arrangement u. Tranchiren, u. Speise-Zetteln auf alle Tage des Jahres. 14. verb. Aufl. Ebend. 867. 8. (IV, 410 S.) n. 1 ℛ

Dorn's, Anna, österreichisches Musterkochbuch. Vollständige Anleitg., sowohl die vornehmsten Tafeln als auch die gewöhnl. Hausmannskost nach dem feinsten Geschmacke, der größten Eleganz u. nach durchgehends selbst erprobten Erfahrgn. herzustellen; nebst Vorschriften zum Tranchiren u. Vorlegen, sowie Speisezetteln auf alle Tage d. Jahres. 15. illustr., verb. Aufl. gr. 8. (IV, 394 S.) Wien 886. (Gerold's Sohn.) geb. n. 6. —

— österreichisches Musterkochbuch. Vollständige Anleitg., sowohl die vornehmsten Tafeln, als auch die gewöhnl. Hausmannskost herzustellen. 17. illustr. Ster.-(Titel-)Aufl. gr. 8. (IV, 394 S.) Ebd. 893. Geb. in Leinw. n. 4. —

Dorn, Anna, geb. Pellet, neuestes wiener Universal-Kochbuch. Neue, durchaus umgearb. u. verm. Aufl. gr. 8. (36 B.) Wien 845. [Tendler u. Comp.]

Dorn, Anton

Dorn, (Georg) Anton: Abhandlung über die brechenerregende Methode überhaupt und die vorzüglichsten Brechmittel insbesondere nebst einem Entwurfe zur vollständigen praktischen Heilmittellehre. 150 S., gbd.

Bamberg u.Wirzburg: Göbhardt 1795

JB 1.467

Dorn, Geo. Ant., Abhandl. über die Brechen erregende Methode überhaupt u. d. vorzügl. Brechmittel insbesondere. gr. 8. Bamb. 795. (Wesché in Frankf.) 12 ℊ

— die gerichtl. Arzneiwissenschaft in ihrer Anwendung rc. gr. 8. Münch. 813. (Landsh., Krüll). 1 ℛ 8 ℊ

----. Dorn, Ant.: Die gerichtl. Arzneiwissenschaft in ihrer Anwend., od. d. Anweis. zu zweckmässigen u. legalen u. medicinischen Untersuchungen, Erstattung der Untersuchungsberichte und Gutachten; in einer system. Ordn. dargestellt u. durchgehends mit lehrreichen Beispielen von ärztlichen Untersuchungs-Berichten u. Gutachten beleuchtet, zum Gebr. für gerichtl. Medicinal-Personen u. Richter. *München*, Hübschmann. 813. 8. (1 Thlr. 6 Gr.)

— Bemerkk. über d. Schrift des Dr. Markus, den Typhus betreffend. Mit e. Beilage von Dr. Wenig. gr. 8. Bamb. 814. (Frankf., Schäfer). 16 ℊ

DORN, Anton (Rottenburg): De hydrophobia.- München: Weiss 1868. 27 S.
24.3.1866 - Urk: F 71
Diss. Ingolst.-Landsh.-Mchn.

— Diss. de aeris atmosphaerici in corpus humanum influxu. 8. Bamb. 795.

— Krankheitsgeschichte u. Leichenöffnung d. verstorb. geistl. Raths Prof. Frey. gr. 8. Bamb. 820. Kunz. 6 ℊ

— allgem. Krankheitslehre, zum Gebr. f. Anfänger. 1r Bd. gr. 8. Bamb. 815. (Erlang., Palm). 2 ℛ 16 ℊ

— Receptiaschenbuch, oder auserlesene in eigener Praxis geprüfte Recepte, d. allgem. Heilmethode u. d. Behandl. d. vorzügl. menschl. Krankheiten betreffend. 8. Bamb. 819. (Leipz. 822. Brockhaus). 2 ℛ 12 ℊ (A. u. d. T.: auserles., in eigener Praxis geprüfte Recepte rc.)

Dorn, Ant., Rezept-Taschenbuch, in Beziehung auf die allgemeinsten Heilmethoden und der betreffenden Arzneyformeln, für angehende prakt. Aerzte. 8. Bamberg, Kunz. 819.

Auch mit dem Titel: auserlesene, in eigener Praxis geprüfte Rezepte, die allgemeinsten Heilmethoden, und die Behandlung der vorzüglichsten menschlichen Krankheiten betreffend.

Dorn, A., pharmaceutisches Taschen-Lexicon, oder alphabetisch-geordnetes Verzeichniß der brauchbarsten einfachen und zusammengesetzten Arzneyen, mit besonderer Rücksicht auf möglichste Ersparniß des Kostenaufwandes, zum Gebrauche für die gemeine Praxis, besonders auf dem platten Lande für Aerzte und Apotheker. 8. Bamberg, Kunz. 817. 1Rthl.

-- pharmaceut. Taschenlexikon, oder alphabet. geordn. Verzeichniß d. brauchbarsten Arzneien rc. 8. Bamb. 818. (Leipz. 822. Brockhaus). 1 ℛ

— Diss. de usu balneorum frigidorum. 4. Bamb. 786.

Dorn, Augustin

— Alphabetum Christi et diaboli, continens virtutes homini christiano exercendas et vita vitanda II Tabb. Fol. Augsburg 752. Rieger. 1/12 ₰

Dorn, Augustin, nothwendige Vernunftschlüsse über die wahre Religion. 8. Augsburg 751. M. Rieger. 1/4 ₰

Dorn, Bernhard

Dorn, B. (Hrsg.), s. Abdu'l-Fattāh Fümeny's Geschichte von Gilan.

Dorn, B., Atlas zu Bemerkungen auf Anlass einer wissenschaftlichen Reise in dem Kaukasus und den südlichen Küstenländern des Kaspischen Meeres in den Jahren 1860—1861. St. Petersburg 1895.

Dorn, B., u. Mirsa Muhammed Schafy, Beiträge zur Kenntniss der iranischen Sprachen. 1. Theil, Masanderanische Sprache. St. Petersburg 860. (Leipzig, Voss.) Lex.-8. (VII, 164 S.) un. 23 ngr

— u. Mirsa Muhammed Schafy, Beiträge zur Kenntniss der iranischen Sprachen. 2. Thl. 1. u. 3. Liefg. Masanderanische Sprache. Die Gedichtsammlung des Emir-i-Pasewary. St. Petersburg 866. — Leipzig, Voss. Lex.-8. (IV, 616 S.) n. 1 ₰ 20 ngr
2. Thls. 2. Liefg. ist noch nicht erschienen.

— grammat. Bemerkungen über das Puschtu, oder die Sprache der Afghanen, s.a. Mémoires de l'Acad. Impériale des sciences de St. Pétersbourg. VI. Série.

— — Grammatische Bemerkungen über das Puschtu oder die Sprache der Afghanen. [MAP. VIme Série. Tome V.] [Saint-Pétersbourg 1840.] 4°.

— — Bemerkungen über Sasaniden-Münzen. — Die letzte Schenkung von morgenländischen Munzen an das Asiatische Museum. [Tiré du BAP. Tome I. No 18. 19. 17.] St. Petersburg 1844.

— — Bemerkungen zur Sasaniden-Münzkunde. [Extrait du BAP. T.V, No. 15.] /

Dorn, Bernhard *Heinrich Alexander* [aus Crefeld]: (Aus d. Klinik d. Herrn Prof. Dr. Gerhardt.) Blutuntersuchungen bei perniciöser Anämie. . . . Berlin, Buchdr. v. G. Schade, *1891*; 28 S., 2 Bl. 8°
Berlin, Med. Fak., Inaug.-Diss. v. 31. Jul. 1891

Dorn, B., Caspia, s.a. Mémoires de l'académie impériale des sciences de St.-Pétersbourg.

— — Caspia. Über die Einfälle der alten Russen in Tabaristan, nebst Zugaben über andere von ihnen auf dem Kaspischen Meere und in den anliegenden Ländern ausgeführte Unternehmungen. [MAP. VIIe Série, Tome XXIII, No. 1.] St.-Pétersbourg 1875.

Dorn, Bernh., a chrestomathy of the Pushtu or Afghan language, to which is subjoined a glossary in Afghan and English. gr. 4. (XV und 620 S.) St. Petersburgh 847. (Leipzig, Voss.) **

Dorn, B., Collection de monnaies Sassanides de feu le lieutenant-général J. de Bartholomaei, représentée d'après les pièces les plus remarquables. [Avec le portrait de M. de Bartholomaei et 32 planches gravées.] Imp.-4. (9 S.) St. Petersburg 873. Leipzig, Voss. *

—— Collection de monnaies Sassanides de feu le lieutenant-général J. de Bartholomaei, représentée d'après les pièces les plus remarquables. [Avec le portr. de M. de Bartholomaei et 32 planches gravées (sur cuivre.)] 2e édit. gr. 4. (14 S.) St.-Pétersbourg 875. (Leipzig, Voss' Sortiment.) *

Dorn, Bernh., Über eine Handschrift der arabischen Bearbeitung des Josaphat und Barlaam. (Aus dem Bull. histor.-philol. T. IX. No. 20. 21.) St. Petersburg 1852.

— Ueber die letzten dem Asiatischen Museum zugekommenen muhammedanischen Handschriften. [Extrait du Bulletin de la Classe historico-philologique de l'Académie Impériale des sciences de St.-Pétersbourg. T. V. No. 7.] [St. Petersburg 1848.]

Dorn, B., drei astronomische Instrumente mit arab. Inschriften, s.a. Mémoires de l'acad. imp. des sciences de St.-Pétersbourg. 7. Série. Tom. IX. Nr. 1.

Dorn, B., Drei in der Kaiserlichen öffentlichen Bibliothek zu St. Petersburg befindliche astronomische Instrumente mit arabischen Inschriften. (Mit zwei lithographirten Tafeln.) [SA. aus Mémoires de l'Académie Impériale des Sciences de St.-Pétersbourg, VIIe Série. Tome IX, No. 1.] St. Petersburg 1865. De 12583. 2°.

Dorn, B., inventaires des monnaies des Khalifes orientaux et de plusieurs autres dynasties. — Les manuscrits arabes etc., s.: Collections scientifiques de l'institut des langues orientales du ministère des affaires étrangères.

Dorn, B., Ueber einige der neuesten Münzerwerbungen des Asiatischen Museums. [Extrait du BAP. T. V. No. 9.] [Petersburg 1848.]

Dorn, Bernh., das Asiatische Museum d. kaiserl. Akademie d. Wissenschaften zu St. Petersburg. gr. 8. (Mit 1 lith. Taf.) St. Petersburg 846. (Leipzig, L. Voß.) baar 3 1/2 ₰

Dorn, B. Kurze Nachricht von zwei Astrolabien mit morgenländischen Inschriften. 1838. 4.

— — Noch einige Nachweisungen über Pehlewy-Münzen. [Aus dem BAP. T. XI. No. 6.]

— s.: Quellen, muhammedanische, zur Geschichte der südl. Küstenländer d. kaspischen Meeres.

— s. Saadi's Rosenhain.

— — [Über 11 silberne Sasanidenmünzen].

Dorn, Bernh., nova supplem. ad recens. numorum Muhamedanorum etc., s. Frachn.

Dorn, B., Versuch einer Erklärung von drei Münzen mit Sasaniden-Gepräge. [Tiré du BAP. Tome I. No. 3.]

Dorn, B., Versuch einer Erklärung der auf einer Gemme im Besitze des Grafen S. Stroganov befindlichen Pehlewy-Inschrift. [Aus dem „Compte-rendu de la Commission Impériale Archéologique pour les années 1878 et 1879“, pag. 162—165, mit einigen Veränderungen und Zusätzen besonders abgedruckt.] St. Petersburg 1881. 2°.

Dorn, (B.,) Verwandschaft des Persischen, Germanischen u. Griechisch-Lateinischen Sprachstammes. Hamburg 827, Meißner. (Gleditsch in Leipzig.)

Dorn, Bernhard, Verzeichniss afghanischer Stämme — Über eine sechste von mir benutzte Handschrift von Ni'metullahs Geschichte der Afghanen — Nachträge zur Grammatik der afghanischen Sprache — Über die ursprüngliche und richtige Schreibung einiger afghanischen Benennungen [SA. aus dem Bulletin scientifique publié par l'Acad. Imp. des Sciences de St.-Pétersbourg, T. III. IX. X.]. [St.-Petersbourg 1837. 1841. 1842.]

Dorn, Bernhard Heinrich Alexander, s. Dorn, Bernhard

Dorn, C: Der Liasschiefer und seine Bedeutung als Brennmaterial. Tübingen 1877

Dorn, C., der Prozeß der 42 steuerverweigernden Abgeordneten, s.a. Prozeß.

Dorn, C. Der Prozeß gegen die 42 steuerverweigernden Abgeordneten der preußischen National-Versammlung. Authentische Berichte über die Verhandlungen dieses Prozesses. Mit einer einleitenden Geschichte der Untersuchung. Berlin, Fr. Gerhard 1850. XXIV 188 S. 8.

Dorn, C., Vertheidigungs-Rede für den Geh. Ober-Tribunals-Rath Waldeck. In der Schwurgerichts-Sitzung vom 3. Dezbr. 1849 gehalten. gr. 8. (19 S.) Berlin 849, Gerhard, (jetzt: Grobe.) 3 ngr

Dorn, C. F., allemannische Gedichte. 8. Lörrach 811, Gutsch. 1/3 ₰

Dorn, E., die Aebtissin von Herford. Roman aus der Zeit Friedrich Casimirs, Herzog von Kurland. 2 Thle. 2. Aufl. gr. 8. (V, 226; 312 S.) Riga 882, Helms.
geb.

Dorn, E., aus Cayenne, s. Theater, neues Wiener.

Dorn, E., s.: Foaux-Dorn, E. du.

Dorn, E., um e. Herzogskrone. Baltischer Roman aus der Zeit d. Herzogs Johann Ernst Biron. 2 Bde. 8. (244 u. 256 S.) Berlin 887. [Deubner.] Bibliogr. Bureau. n. 6. 75; geb. n. 8. —

Dorn, E., um e. Herzogskrone. Baltischer Roman aus der Zeit d. Herzogs Johann Ernst Biron. 2. wohlf. (Titel-) Ausg. (3 Thle in 1 Bde.) 8. (V, 244 u. 256 S.) Berlin 893. Bibliograph. Bureau. n. 2. —

— Vater Radetzky, s.: Theater, neues Wiener.

— die Sündfluth, s.: Theater-Repertoir, Wiener.

Dorn, E., Ueber eine Transformation 2. Ordnung, welche das elliptische Integral mit imaginärem Modul auf ein ultraelliptisches mit reellem Modul zurückführt. (Inaug.-Dissert.) Königsberg 1871. 4°. brosch. (33 S.)

Dorn, E: Vorschläge zu gesetzlichen Bestimmungen über elektrische Maaßeinheiten. Berlin 1893

Dorn, E., üb. den wahrscheinlichen Werth d. Ohm nach den bisherigen Messungen, s.: Vorschläge zu gesetzlichen Bestimmungen üb. elektrische Maasseinheiten.

Dorn, Eduard

Dorn, Ed., das letzte Aufgebot, s. Theater, neues Wiener.

– Ehre für Liebe, s. Theater-Repertoir, Wiener.

— Des Pfarrers Geburtstag. Genrebild in 1 Aufzuge. gr. 8. (20 S.) [Ebd.] 892. * 1 20

– moderne Grasel, s. Theater-Repertoir, Wiener.

Dorn, Ed. Für Kaiser u. Vaterland! Festspiel in 2 Aufzügen. Zur Feier der Enthüllg. d. Radetzky-Monumentes in Wien. gr. 8. (22 S.) Wien 892. (Lpz., Literar. Anstalt Aug. Schulze.) * — 80

— die Madonna d. Juden. Volksstück in 4 Aufzügen. gr. 8. (59 S.) Ebd. 892. n. 1. 80

– Messenhauser, s. Theater-Repertoir, Wiener.

Dorn, E., eine Million! s. Theater-Repertoir, Wiener.

– die Sündfluth, s. Theater-Repertoir, Wiener.

— Der Wurzelgraber v. Wildalpen. Bauernposse m. Gesang in 1 Aufzuge. gr. 8. (30 S.) [Ebd.] 892. * 1 20

Dorn, Else Dormitzer-
s. Dormitzer-Dorn. [illegible]

Dorn, Emil [app. Arzt aus Backnang]: Über die klinischen Erscheinungen der Cholesteatome des Ohres nach Beobachtungen auf der Tübinger Ohrenklinik ... Tübingen, F. Pietzcker, 1892; 25 S. 8.
Tübingen, Med. Fak., Inaug.-Diss. v. 1892

Dorn, Emil. Ueber die klinischen Erscheinungen der Cholesteatome d. Ohres nach Beobachtungen auf der Tübinger Ohrenklinik. Diss. gr. 8. (25 S.) Tüb. 892, Moser. — 70

Dorn, Emil, Wegweiser durch Amerika f. Einwanderer, s.: Woerl's, Leo, Reisehandbücher.

Dorn, Ernst, elektrostatische Ablenkung der Radiumstrahlen. gr. 8. (6 S.) Stuttgart 900. E. Schweizerbart. n.n. — 30

Dorn, Ernst, Bemerkung über einige Apparate zur Untersuchung der athmosphärischen Elektricität, s. Festschrift zur Jubelfeier des 50jährigen Bestehens der Grossh. Techn. Hochschule zu Darmstadt.

Dorn, Ernst, Beobachtungen der Station zur Messung der Temperatur der Erde in verschiedenen Tiefen im botanischen Garten zu Königsberg i. Pr., Jan. bis Decbr. 1876. [Aus: „Schriften d. physik.-ökonom. Gesellschaft".] gr. 4. (16 S.) Königsberg 878. (Koch.) n. — 60

— dasselbe. Jan. bis Dec. 1877. 4. (15 S.) Ebend. 880. n. — 60

— dasselbe. Jan. bis Dec. 1878. gr. 4. (15 S.) Ebend. 882. n. — 60

— u. B. Völlmer, üb. d. Einwirkg. v. Salzsäure auf metallisches Natrium bei nied. Temperaturen. gr. 8. (7 S.) Halle 896. Stuttgart, E. Schweizerbart. n. — 50

— u. B. Völlmer, üb. d. Einwirkg. v. Salzsäure auf metallisches Natrium bei nied. Temperaturen. [Aus: „Abhandlgn. der naturforsch. Gesellsch. zu Halle".] gr. 8. (7 S.) Ebd. 896. n. — 50

Dorn, Ernst, das Evangelium in Ingolstadt, s.: Wartburghefte. 2. Hft.

— aus meinem Leben. Musikalische Erinnerungen u. Abhandlungen. 6. Folge. A. u. d. T.: Streifzüge im Gebiete der Tonkunst. 8. (175 S.) Berlin 879. Liebel. n. 3. —
Fortsetzung von: Dorn, H., Ergebnisse aus Erlebnissen.

Dorn, E., Mitteilgn. üb. Röntgen-Strahlen. [Aus: „Abhandlgn. d. naturforsch. Gesellsch. zu Halle".] gr. 8. (10 S. m. 1 Taf. u. 1 Bl. Erklärgn.) Halle 896. M. Niemeyer. n. 1. —

— Mitteilgn. üb. Röntgen-Strahlen. gr. 8. (10 S. m. 1 Taf. u. 1 Bl. Erklärgn.) Halle 896. Stuttgart, E. Schweizerbart. n. 1. —

Dorn, Ernst, ein Schwedenkind. Ein baltischer Roman aus der Zeit Herzog Jacobs v. Kurland. gr. 8. (403 S.) Hamburg 879. Behre & Co. n. 6. —

Dorn, Ernst, ein Schwedenkind. E. balt. Roman. gr. 8. (403 S.) Hamburg 879. Riga, C. J. Sichmann. n. 6. —; erm. Pr. n. 2. 50

Dorn, E., üb. d. Schwingungsrichtung d. Röntgen-Strahlen. [Aus: „Abhandlgn. d. naturforsch. Gesellschaft z. Halle".] gr. 8. (7 S.) Halle 896. M. Niemeyer. n. — 50

Dorn, Ernst, die Station zur Messung von Erdtemperaturen zu Königsberg i. Pr. und die Berichtigung der dabei verwandten Thermometer. gr. 4. (52 S. mit 1 Stnt.) Königsberg 872, (Koch.) *
Aus: Schriften der physikal.-oekonom. Gesellschaft zu Königsberg, besonders abgedruckt.

Dorn, Ernst, über die von radioaktiven Substanzen ausgesandte Emanation. gr. 8. (15 S.) Stuttgart 900. E. Schweizerbart. n. 1. —

— Versuche üb. Sekundärstrahlen u. Radiumstrahlen. gr. 8. (7 S.) Ebd. 900. n.n. — 80
Vorstehende 5 Abhandlgn. sind aus: „Abhandlgn. d. naturforsch. Gesellsch. zu Halle" besonders abgedruckt.

Dorn, Ferd., Jesus der Gekreuzigte, meine Zuflucht. Ein Trost- und Erbauungsbuch für Kranke und Leidende. Salzburg 853. Mayr in Comm. 12. (X, 394 S., Anhang 49 S. u. 1 Stahlst.) n. 28 ngl

Dorn, Ferd., Jesus der Gekreuzigte, meine Zuflucht. Ein Trost- u. Erbauungsbuch für Kranke u. Leidende. 2. verb. u. verm. Aufl. Wels 861. Haas. 12. (XIV, 616 S. u. 1 Lithogr.) n. 28 ngr.

— Maria meine Liebe. Eine kurze Maiandacht sammt Morgen-, Abend-, Meß-, Beicht- und Communiongebeten nebst Betrachtungen und Tugendübungen. Salzburg 853. Mayr. 12. (1 Bl., III, 199 S.) 10 ngr.

— Maria meine Liebe. Eine kurze Maiandacht sammt Morgen-, Abend-, Meß-, Beicht- u. Kommunion-Gebeten nebst Betrachtungen u. Tugendübungen. 2. verm. u. verb. Aufl. Mit 1 Stahlstich. Salzburg 861. Mayr. 16. (VII, 304 S.) 18 ngr.

— Tugendrosen zur Erheiterung und Erbauung für die liebe Schuljugend. Gesammelt u. populär bearb. Wien 855. Mayer u. Co. 8. (2 Bl., 131 S. u. 1 Stahlst.) n. 6 ngr.

Dorn, Franz

Dorn, Frz., prakt. Erfahrungen üb. Medikamente bei Herzkrankheiten, s.a Klinik, Berliner.

Praktische Erfahrungen über Medikamente bei Herzkrankheiten. Von Dr. Franz Dorn, Berlin. *Berlin: Fischer 1900.* (7 S.) 8°
— Klinik, Berliner. H. 144. [o. [illegible]

Dorn, Frz., kleines musikalisches Fremdwörterbuch. gr. 16. (96 S.) Leipzig 887, M. Hesse. *

— berühmte Kriminal-Prozesse aus alter u. neuer Zeit, s.a Kriminal-Bibliothek, neue. 6. Bd.

Berühmte Kriminal-Prozesse aus alter und neuer Zeit. Nach aktenmäß. Darstellungen neu bearb. von Franz Dorn. [Samml. 1.] *Berlin: H. Steinitz (1901).* 8°
— Kriminal-Bibliothek, Neue. [1.] [illegible]

Dorn, Franz Xaver

Dorn, Fr. Xav., geistl. A. B. C., f. e. gut. Christen in Sinnbild. Fol. Augsb. M. Rieger. 753.

Dorn, Frz. Xav., (†...) Andachtsübungen auf alle Festtage. 8. Augsb. 766. Rieger. 8 gr.

— diurnale concionatorium, complectens septem conceptus praedicabiles in omnes Dominicas. VI Ptes. 8. Augsb. 759—71. Rieger. 3 ß 10 gr.

— diurnale concionatorium festivale. V Ptes. 8. Augsb. 762—70. M. Rieger. 3 ß 10 gr.

— großer Kern in kleiner Schale, oder Gebetbuch. 8. Augsb. 785. N. A. 8. Ebd. 797. Rieger. 4 gr.

— funfzig Lehrpunkte von d. Buße u. Beichte. 8. Augsb. 751. M. Rieger. 4 gr.

— laurentanische Litanei, mit 57 Kpf. 8. Augsb. 783. N. A. 8. Ebd. 809. M. Rieger. 22 gr. 8e verm. A. 8. Ebd. 832. 20 gr.

Dorn, Frz. Xav., Lauretanische Litaney z. Lobe u. z. Ehre d. allersel. u. unbefleckten Jungfrau Maria, durch bibl. Sinnbilder u. Gleichnisse in 57 Kpfrst. vorgestellt; mit kurzen Betrachtn. u. Gebethern erkläret. 8., verb. u. mit d. Kern tägl. Andachten verm. Aufl. 8. (8 B.) Augsburg 831, Rieger'sche Brlgsb.

Dorn, Franz Xav., Lauretanische Litanei zum Lobe u. zur Ehre der allerseligsten u. unbefleckten Jungfrau Maria, durch bibl. Sinnbilder u. Gleichnisse in 57 Kupferstichen vorgestellt; mit kurzen Betrachtt. u. Gebeten erkläret. 9e verb. u. verm. Ausg. 8. Augsburg 839, 40. M. Rieger. 5/6 ß

— litaniae laurentanae. Edit. III. 8. Augsb. 771. M. Rieger. 18 gr.

— quaestiones biblicae de virtutibus praecipuis et peccatis capitalibus in duas partes divisae etc. 8. Augsb. 769. M. Rieger. 14 gr.

— Stand-, Amt-, Kunst- u. Handwerkskalender. 8. Augsb. 760.

— Fr.: Von was f. Holz ist d. Beichtstuhl? 8. Ebend. 751.

— geistl. Zeughaus. m. K. gr. 8. Ebend. 767.

Dorn, Friedrich

[F.] Zwölf Melodien zu Abendmahlsliedern der evangelischen Kirche mit mehrfachen Vorspielen. E. Sammlg v. Tonstücken älterer u. neuerer Componisten z. bes. Gebr. während d. Distribution zsgest. u. hrsg. v. Friedr. Dorn. *Erlangen & Leipzig: A. Deichert (1896).* (69 S.) 1 Bd quer-8. [98. [illegible]

Dorn, Frdr., zwölf Melodien zu Abendmahlsliedern d. evang. Kirche m. mehrfachen Vorspielen. E. Sammlg v. Tonstücken älterer u. neuerer Componisten, z. bes. Gebrauche während d. Distribution zusammengest. u. hrsg. qu. 4. (69 S.) Leipzig 897. A. Deichert Nachf. n. 2. —

(Dorn, Friedrich.) Conrad Ferdinand Meyer. Zu seinem siebzigsten Geburtstag. [A.] 4. (Berlin 1895.)

Dorn, G. H., der Leinwandvogel u. sein Sohn. Eine Erzählg. f. die deutsche Jugend. Mit 9 Holzschn.-Illustr. nach Orig.-Zeichngn. v. E. Limmer. 8. (184 S.) Glogau 891. C. Flemming. Geb. in Leinw. 3. —

Dorn, Georg Anton, s. Dorn, Anton

Dorn, Gerhard. Aurora Philosophorum, die Morgenröthe der Weisen ... Cöln 1783. Ü: *Bährens, Joh. Chn Fr.* (Ky) (MGT)

Dorn, H. s. Stockhausen.

Dorn, Hanns: Begriff und Ursachen der Vereinödung in Oberschwaben. T. 1: Die Vereinödung in Oberschwaben. - Kempten: Kösel 1902. 68 S.
10.2.1902 - Chr 1901/02,22; Jv 1902/03,298
Diss. Ingolst.-Landsh.-Münch.

Dorn, Hanns, s.: Blätter, kritische. f. die gesamten Sozialwissenschaften.

Dorn, Hanns, s.: Frauen-Zukunft.

Dorn, Hanns (Hrsg.), s. Staatsbürger, Der.

— Strafrecht u. Sittlichkeit, s.a Schriften des Verbandes fortschrittlicher Frauenvereine. 1. Hft.

Strafrecht und Sittlichkeit. Zur Reform d. deutschen Reichsstrafgesetzbuches. Von Dr. Hanns Dorn. 1.–5. Taus. München: E. Reinhardt 1907. (83 S.) 8°
— Schriften d. Verbandes Fortschrittlicher Frauenvereine. H. 1. [o8. [illegible]

— die Vereinödung in Oberschwaben. (VII, 223 S. m. 4 Karten.) gr. 8. Kempten 904. J. Kösel. n. 5. 40

Dorn, Hans, die Lieder des Musikanten od. Die Macht des Goldes, s.: Kadermacher's, J., Vereinsbühne. 16. Hft.

Dorn, Hedwig [Pseud.], s. Dormeyer, Helene

Dorn, Heinrich

Dorn, Heinr., die Aussprache des deutschen Buchstaben G. Eine Abhandlung für Sänger, Schauspieler, Redner u. Sprachlehrer. 8. (23 S.) Berlin 879. Liebel. n. — 60

Dorn, Heinr., Ergebnisse aus Erlebnissen. 5. Folge der Erinnerungen. gr. 8. (178 S.) Berlin 877. Liebel. n. 3. —

Die 4. Folge s.: Dorn, H., Ostracismus.

. Geschichte der Loge „Irene" zu Tilsit. Zum 75jährigen Jubelfeste der Loge am 26. Febr. 1899 bearb. von Heinr. Dorn. Tilsit [1899]: Reyländer & S. 88 S. 3 Taf. 1 Abb. 8°
Die Gesch. der ersten 50 Jahre von Ch. Bartsch verf. Nebst Verzeichn. der Beamten u. Mitgl. 3.

— Gesetzgebung u. Operntext. [Eine Schrift für Männer.] Zeitgemässe Betrachtungen. gr. 8. (8 S.) Berlin 879. Schlesinger'sche Buchhandlung. — 30

Dorn, Hnr., der neue Haussekretär, ein ausführlicher Briefsteller für alle Verhältnisse des Lebens. Zur Selbstbelehrung verfaßt. gr. 8. Kempten 841, Dannheimer. 1/2 ℛ

Dorn, Heinr., der neue Haussekretär, ein ausführlicher Briefsteller für alle Verhältnisse des Lebens. Zur Selbstbelehrung verfaßt. 2. verb. Aufl. Kempten 853. Dannheimer. gr. 8. (2 Bl., VIII, 264 S.) 15 ngr

Dorn, Heinrich. Aus meinem Leben. (Sammlung 1—5.) Berlin 1870—1877.

Dorn, Heinr., aus meinem Leben. Musikalische Skizzen. 8. (III, 138 S.) Berlin 870, Behr's Buchh. *
—— dass. — Erinnerungen. gr. 8. (III, 154 S.) Berlin 871, Hausfreund-Expedition.
—— dass. — 3. Sammlung. gr. 8. (III, 150 S.) Ebendas. 872.

—— aus meinem Leben. Musikalische Erinnerungen und Abhandlungen. 6. Folge. A. u. d. T.: Streifzüge im Gebiete der Tonkunst. 8. (175 S.) Ebendas. 879. *

— Ostracismus. Ein Gericht Scherben. 8. (119 S.) Berlin 875. Behr's Buchh. n. 2. —

Dorn, Heinr., Quodlibet. 7. Sammlg. vermischter Aufsätze. 8. (III, 140 S.) Berlin 886. Behr's Verl. n. 2. —

—— das provisorische Statut der königl. Akademie der Künste in Berlin beurtheilt. gr. 8. (15 S.) Berlin 875, Behr's Buchh.

Dorn, *Hermann* [aus Hof]: Über einen Fall von Fibrosarcoma ossis ilei mit Resektion des Darmbeins ... Würzburg, Druck v. F. Fromme, 1804; 68 S. 8.
Würzburg, Med. Fak., Inaug.-Diss. v. 1804

Dorn, Hermann, Referandar[!] in Hamburg: Das Kassenschrankfach-Geschäft. (Witzenhausen o. J. [1906]: Chr. Trautvetter.) (III, 40 S.) 8° [F.]
Rostock, Jur. Fak., Ref. Lehmann, Diss. v. 31. Mai 1906
[Geb. 13. Aug. 80 Hanburg; Wohnort: Hamburg; Staatsangeh.: Hamburg; Vorbildung: Gymn. Johanneum Hamburg Reife O. 99; Studium: Freiburg i. B. 3, Straßburg 3 S; Rig. 5. Febr. 06.]

Dorn, Hugo, a. Freiburg i. B.: Untersuchungen über das 1-Methyl-3-Phenyl-5-Pyrazdon. Rostock 1906: C. Hinstorff. (83 S.) 8°
Rostock, Phil. Fak., Ref. Michaelis, Diss. v. 12. März 1906
[Geb. 9. Mai 77 Freiburg i. B.; Wohnort: Rostock; Staatsangeh.: Preußen; Vorbildung: Gymn. Lahr Obersek.-Reife O. 94; Studium: Freiburg i. B. 6, Rostock 4 S.; Rig. 2. März 06.]

Dorn, J., Anleitung zum Unterrichte im Rechnen. Mit besonderer Rücksicht auf die das Kopfrechnen begleitenden schriftlichen Uebungen bearb. 3 Thle. Ober-Glogau 861—63. Handel. 8. n. 1 ℛ 10 ngr
1. Thl.: Der Zahlenkreis von 1—10. (83 S.) n. 7½ ngr
2. Thl.: Der Zahlenkreis bis 100. (IV, 120 S.) n. 10 ngr
3. Thl.: Das Rechnen im unbegrenzten Zahlenraume unter Heranziehung der bürgerlichen Rechnungsarten, u. die einfachsten Verrichtungen aus der Bruchrechnung. (VII, 286 S.) n. 22½ ngr

Dorn, J., Anleitung zum Unterrichte im Rechnen. Mit besonderer Rücksicht auf die das Kopfrechnen begleitenden schriftlichen Uebungen bearb. 3 Thle. Ober-Glogau, Handel. 8.
1. Thl.: Der Zahlenkreis von 1—10. 2. Aufl. Nach den neuen Maß- u. Gewichtsverhältnissen umgearb. 869. (87 S.) n. 8 ngr
2. Thl.: Der Zahlenkreis bis 100. 2. Aufl. 867. — 3. Aufl. Nach den neuen Maß- u. Gewichtsverhältnissen umgearb. 870. (124 S.) n. 10 ngr
3. Thl.: Das Rechnen im unbegrenzten Zahlenraume unter Heranziehung der bürgerlichen Rechnungsarten, u. die einfachsten Verrichtungen aus der Bruchrechnung. 2. Aufl. Nach den neuen Maß- u. Gewichtsverhältnissen umgearb. 869. (304 S.) n. 21 ngr

—— und P. Nakel, Anleitung zum Unterrichte im Rechnen. Mit besond. Rücksicht auf die das schriftl. Rechnen vorbereit. und begleit. Uebungen im Kopfrechnen bearb. 4. Thl.: Die schwierigeren Fälle der Bruchrechnung und die bürgerl. Rechnungsarten. gr. 8. (VI und 274 S.) Ober-Glogau 867, Handel. * —

—— u. P. Nakel, Anleitung zum Unterrichte im Rechnen. Mit besonderer Rücksicht auf die das schriftliche Rechnen vorbereitenden u. begleitenden Uebungen im Kopfrechnen bearb. Ebend. gr. 8.
4. Thl.: Die schwierigeren Fälle der Bruchrechnung u. die bürgerlichen Rechnungsarten. 868. (VI, 274 S.) n. 22½ ngr
5. Thl.: Die Dezimalbruchrechnung, das Ausziehen der Quadrat- u. Cubikwurzeln, die Flächen- u. die Körperberechnung. 868. 2. Aufl. Nach den neuen Maßbestimmungen umgearb. 870. (III, 78 S.) n. 7½ ngr

Dorn, J., Anleitung zum Unterrichte im Rechnen. Mit besond. Rücksicht auf die das Kopfrechnen begl. u. schriftl. Uebgn. bearb. 1—3. Thl. gr. 8. Ober-Glogau 873—75. Handel. n. 4. 50
1. Der Zahlenkreis von 1 bis 10. 3. Aufl. (67 S.) n. — 80
2. Der Zahlenkreis bis 100. 4. Aufl. (125 S.) n. 1. 20
3. Das Rechnen im unbegrenzten Zahlenraume unter Heranziehg. der bürgerl. Rechnungsarten u. die einfachen Verrichtgn. aus der Bruchrechng. 3. Aufl. (301 S.) n. 2. 50

Dorn, J., Anleitung zum Unterrichte im Rechnen. 1—3. Tl. Besorgt v. Paul Nakel. gr. 8. Ober-Glogau 884. Handel. n. 3. 20
1. Der Zahlenkreis von 1—10. 5. Aufl. (IV, 63 S.) n. — 60
2. Der Zahlenkreis bis 100. 6. Aufl. (IV, 89 S.) n. — 80
3. Das Rechnen im unbegrenzten Zahlenraume unter Heranziehg. der Dezimalbrüche, wie der bürgerl. Rechnungsarten u. die einfachsten Verrichtgn. aus dem Rechnen m. gemeinen Brüchen. 6. Aufl. 8. (IV, 216 S.) n. 1. 80

— u. P. Nakel, Anleitung zum Unterrichte im Rechnen. Mit besond. Rücksicht auf die das schriftl. Rechnen vorbereit. u. begleit. Uebgn. im Kopfrechnen bearb. 4. Thl. Die schwierigen Fälle der Bruchrechng. u. die bürgerl. Rechnungsarten. 2. Aufl. 8. (VI, 279 S.) Ebend. 873. n. 2. 40

— — dasselbe. 3. Aufl. gr. 8. (284 S.) Ebend. 875. n. 2. 50

— — dasselbe. 5. Thl. Die Dezimalbruchrechng., das Ausziehen der Quadrat- u. Kubikwurzeln. 4. Aufl. gr. 8. (171 S.) Ebend. 876. n. 1. 50

— u. P. Nakel, Anleitung zum Unterrichte im Rechnen. 4. Tl. Die schwierigeren Fälle der Bruchrechng. u. die bürgerl. Rechnungsarten. 6. Aufl. gr. 8. (IV, 247 S.) Ober-Glogau 884. Handel. n. 2. 10

Dorn, J., Anleitung zum Unterrichte im Rechnen. Mit besonderer Rücksicht auf die das Kopfrechnen begleitenden schriftlichen Uebungen bearb. 1—3. Thl. gr. 8. Ober-Glogau 873—80. Handel. n. 4. 50
1. Der Zahlenkreis von 1—10. 4. Aufl. (35 S.) n. — 80
2. Der Zahlenkreis bis 100. 5. Aufl. (125 S.) n. 1. 20
3. Das Rechnen im unbegrenzten Zahlenraume unter Heranziehung der Dezimalbrüche, wie der bürgerlichen Rechnungsarten u. die einfachsten Verrichtungen aus dem Rechnen mit gemeinen Brüchen. 5. Aufl. (310 S.) n. 2. 50

— u. P. Nakel, Anleitung zum Unterrichte im Rechnen. Mit besonderer Rücksicht auf die das schriftliche Rechnen vorbereitenden u. begleitenden Uebungen im Kopfrechnen. 4. u. 5. Thl. gr. 8. Ober-Glogau 878. 82. Handel. n. 4. —
4. Die schwierigeren Fälle der Bruchrechnung u. die bürgerlichen Rechnungsarten. 5. Aufl. (284 S.) n. 2. 50
5. Die Dezimalbruchrechnung, das Ausziehen der Quadrat- u. Kubikwurzeln, die Flächen- u. Körperberechnung, die entgegengesetzten Zahlen, Potenzen, Wurzeln, Gleichungen, Logarithmen u. Reihen. 6. Aufl. (183 S.) n. 1. 50

— u. P. Nakel, Anleitung zum Unterrichte im Rechnen. 4. u. 5. Tl. gr. 8. Breslau 889. Handel's Verl. n. 4. 90
4. Die schwierigeren Fälle der Bruchrechng., die Dezimalbrüche u. die bürgerlichen Rechnungsarten. 7. Aufl. Besorgt von P. Nakel. (VII, 215 S.) n. 2. 50
5. Das Ausziehen der Quadrat- u. Kubikwurzel, die Flächen u. Körperberechng., die entgegengesetzten Zahlen, Gleichgn., Potenzen, Wurzeln, Logarithmen u. Reihen. 7. Aufl., besorgt v. P. Nakel. (VIII, 200 S.) n. 2. 40

Dorn's, J., Aufgaben f. mündliches u. schriftl. Rechnen. Neu bearb. v. A. Elsner u. R. Sendler. Ausg. A in 6 Hftn. gr. 8. Breslau 888—890. Handel's Verl. n. 1. 45
1. (28 S.) n. — 15. — 2. 2. Aufl. (32 S.) n. — 15. — 3. 2. Aufl. (48 S.) n. — 25. — 4. 2. Aufl. (56 S.) n. — 25. — 5. 2. Aufl. (64 S.) n. — 30. — 6. (76 S.) n. — 35.

— dasselbe. Resultate. 4.—6. Hft. gr. 8. (32, 32, 31 S.) Ebd. 889. 890. à n. — 50

— dasselbe. Ausg. B in 4 Hftn. gr. 8. Ebd. 888. n. — 70
1.—3. (à 32 S.) à n. — 15. — 4. (48 S.) n. — 25.

— dasselbe. Ausg. B. Resultate. 4. Hft. gr. 8. (31 S.) Ebd. 889. n. — 50

Dorn's, J., Aufgaben f. mündl. u. schriftl. Rechnen. Neu bearb. v. A. Elsner u. R. Sendler. Ausg. A. In 6 Hftn. gr. 8. Breslau 898. H. Handel. n.n. 1. 50
1. D. Zahlenkreis v. 1—5, 1—10, 1—20. 4. Aufl. (24 S.) n.n. — 15
2. D. Zahlenkreis v. 1—100. D. 4 Grundrechnungsarten m. 1- u. 2stell. Zahlen. Vorübgn. z. Bruchrechng. 7. Aufl. (32 S.) n.n. — 15
3. D. Zahlenkreis v. 1—1000. D. 4 Grundrechnungsarten m. unben. Zahlen. Einführg. i. d. Zehntel, Hundertstel u. Tausendstel; d. 4 Grundrechnungsarten m. denselben, Münzen, Maße, Gewichte. D. 4 Grundrechnungsarten m. mehrf. benannten Zahlen. Anfänge d. Bruchrechng. 7. Aufl. (48 S.) n. — 25
4. D. unbegrenzte Zahlenkreis. D. 4 Grundrechnungsarten m. unben. u. mehrf. benannten Zahlen. Regeldetri. Durchschnittsrechng. Zeitrechng. Aufgaben a. d. bürgerl. Rechnungsarten. Weitere Übgn. in d. Bruchrechng. 7. Aufl. (56 S.) n. — 25
5. D. gemeinen Brüche. D. Decimalbrüche. Einf. u. zusammenges. Regeldetri m. Brüchen. 7. Aufl. (64 S.) n. — 30
6. D. bürgerl. Rechnungsarten. Ausziehen d. Quadrat- u. Kubikwurzel. Raumberechngn. 5. Aufl. (80 S.) n. — 40

— dasselbe. Resultate z. 4. Hft. 2. Aufl. gr. 8. (32 S.) Ebd. 895. n. — 50

— dasselbe. Ausg. B. In 4 Hftn. gr. 8. Ebd. 898. n.n. — 70
1. D. Zahlenkreise v. 1—5, 1—10, 1—20 u. 1—100. D. 4 Grundrechnungsarten m. 1- u. 2stell. Zahlen. Vorübgn. z. Bruchrechng. 6. Aufl. (32 S.) n.n. — 15
2. D. Zahlenkreis v. 1—1000. D. 4 Grundrechnungsarten m. unbenannten Zahlen. Einführg. i. d. Zehntel, Hundertstel u. Tausendstel; d. 4 Grundrechnungsarten m. denselben, Münzen, Maße, Gewichte. D. 4 Grundrechnungsarten m. mehrf. ben. Zahlen. Anfänge d. Bruchrechng. 7. Aufl. (32 S.) n.n. — 15
3. D. unbegrenzte Zahlenkreis. D. 4 Grundrechnungsarten m. ben. u. unben. Zahlen. Regeldetri. Durchschnittsrechng. Zeitrechng. Weitere Übgn. i. d. Bruchrechng. 6. Aufl. (32 S.) n.n. — 15
4. D. gemeinen Brüche. D. Decimalbrüche. Regeldetri. D. bürgerl. Rechnungsarten. Raumberechngn. 6. Aufl. (48 S.)

— dasselbe. Resultate z. 2. u. 3. Hft. 2. Aufl. gr. 8. (32 S.) Ebd. 895. n. — 50

— dasselbe. Ausg. C. f. höh. Mädchenschulen. N. d. minister. Bestimmgn. üb. d. Mädchenschulwesen v. 31. Mai 1894 bearb. v. A. Elsner u. R. Sendler. In 7 Hftn. gr. 8. Ebd. n.n. 1. 95
1. 2. (24 u. 32 S.) 896. à n.n. 15
3. 4. (à 40 S.) 896. à n. — 25
5. (56 S.) 896. n. — 35
6. (48 S.) 896. n. — 30
7. (80 S.) 897. n. — 50

— dasselbe. Resultate z. 2.—7. Hft. gr. 8. Ebd. 897. n. 1. 30
2—4. (17 S.) n. — 40. — 5. 6. (24 S.) n. — 50. — 7. (16 S.) n. — 40.

— dasselbe. Ausg. D. In 3 Hftn. F. einklass. u. utraquist. Schulen. gr. 8. Ebd. 898. n. — 52
1. D. Zahlenkreise v. 1—5, 1—10, 1—20 u. 1—100. D. 4 Grundrechnungsarten m. 1- u. 2stell. Zahlen. Vorübgn. z. Bruchrechng. (24 S.) n. — 12
2. D. Zahlenkreis v. 1—1000. D. Rechnen m. unben. u. einf. ben. Zahlen. D. Zahlenkreis v. 1—0,001. D. Rechnen m. zweif. ben. Zahlen. D. unbegrenzte Zahlenkreis. D. Rechnen m. unben. u. ben. Zahlen. Regeldetri. Durchschnittsrechng. Zeitrechng. (42 S.) n. — 20
3. D. gemeinen Brüche. D. Decimalbrüche. Regeldetri. D. bürgerl. Rechnungsarten. Raumberechngn. (42 S.) n. — 20

— dasselbe. Resultate z. d. Aufgaben. 2. u. 3. Hft. 8. Ebd. 898. à n. — 40
2. D. Zahlenkreis v. 1—1000. D. Rechnen m. unben. u. einf. ben. Zahlen. D. Zahlenkreis v. 1—0,001. D. Rechnen m. zweif. ben. Zahlen. D. unbegrenzte Zahlenkreis. D. Rechnen m. unben. u. ben. Zahlen. Regeldetri. Durchschnittsrechng. Zeitrechng. (20 S.)
3. D. gemeinen Brüche. D. Decimalbrüche. Regeldetri. D. bürgerl. Rechnungsarten. Raumberechngn. (24 S.)

Dorn's, J., Aufgaben für mündliches und schriftliches Rechnen. Neu bearb. v. A. Elsner u. R. Sendler. Ausg. A in 6 Hftn. gr. 8. Breslau, H. Handel. n.n. 1. 50
1. 2. Aufl. (24 S.) 891. n.n. — 15. — 2. 4. Aufl. (32 S.) 894. n.n. — 15. — 3. 4. Aufl. (48 S.) 894. n.n. — 25. — 4. 4. Aufl. (56 S.) 894. n.n. — 25. — 5. 3. Aufl. (64 S.) 893. n.n. — 30. — 6. 3. Aufl. (80 S.) 894. n.n. — 40.

— dasselbe. Resultate zum 5. u. 6. Hft. gr. 8. Ebd. à n.n. — 50
5. 3. Aufl. (32 S.) 894. — 6. 2. Aufl. (27 S.) 891.

— dasselbe. Ausg. B in 4 Hftn. 3. Aufl. gr. 8. Ebd. 894. n.n. — 70
1. 2. 3. (à 32 S.) à n.n. — 15. — 4. (48 S.) n. — 25.

— dasselbe. Resultate. 4. Hft. (2. Aufl.) gr. 8. (24 S.) Ebd. 894. n. — 50

Dorn's, J., Aufgaben f. mündliches u. schriftl. Rechnen. Neu bearb. v. A. Elsner u. R. Sendler. Ausg. A in 6 Hftn. Hft. 1—6 u. 6a. gr. 8. Breslau (901). H. Handel. n.n. 1. 80
1. Der Zahlenkreis von 1 bis 5, 1 bis 10, 1 bis 20. 5. Aufl. (24 S.) n.n. — 15
2. Der Zahlenkreis von 1 bis 100. Die 4 Grundrechnungsarten m. 1- u. 2stell. Zahlen. Vorübungen z. Bruchrechng. 9. Aufl. (32 S.) n.n. — 15
3. Der Zahlenkreis von 1 bis 1000. Die 4 Grundrechnungsarten m. unbenannten Zahlen. Einführung in die Zehntel, Hundertstel u. Tausendstel; die 4 Grundrechnungsarten m. denselben. Münzen, Maße, Gewichte. Die 4 Grundrechnungsarten m. mehrfach benannten Zahlen. Anfänge der Bruchrechng. 9. Aufl. (48 S.) n. — 25
4. Der unbegrenzte Zahlenkreis. Die 4 Grundrechnungsarten m. unbenannten u. mehrfach benannten Zahlen. Regeldetri. Durchschnittsrechnung. Zeitrechnung. Aufgaben aus den bürgerl. Rechnungsarten. Weitere Übgn. in der Bruchrechng. 8. Aufl. (56 S.) n. — 25
5. Die gemeinen Brüche. Die Decimalbrüche. Einfache u. zusammengesetzte Regeldetri m. Brüchen. 9. Aufl. (64 S.) n. — 30
6. Die bürgerlichen Rechnungsarten. Ausziehen der Quadrat- u. Kubikwurzel. Raumberechnungen. 8. Aufl. (80 S.) n. — 40
6a. (Vereinfachte Ausg. d. 6. Hfts.) Die bürgerlichen Rechnungsarten. Ausziehen der Quadrat- u. Kubikwurzel. Raumberechnungen. (64 S.) n. — 30

— dasselbe. Resultate zu Hft. 5 u. 6a. gr. 8. Ebd. 901. à — 30
5. 4. Aufl. (24 S.) — 6a. (16 S.)

— dasselbe. Für einfache Schulverhältnisse. Ausg. B in 4 Hftn. gr. 8. Ebd. (901). n.n. — 70
1. Die Zahlenkreise von 1 bis 5, 1 bis 10, 1 bis 20 u. 1 bis 100. Die 4 Grundrechnungsarten m. 1- u. 2stell. Zahlen. Vorübungen zur Bruchrechng. 8. Aufl. (32 S.) n.n. — 15
2. Der Zahlenkreis von 1 bis 1000. Die 4 Grundrechnungsarten m. unbenannten Zahlen. Einführung in die Zehntel, Hundertstel u. Tausendstel; die 4 Grundrechnungsarten m. denselben. Münzen, Maße, Gewichte. Die 4 Grundrechnungsarten m. mehrfach benannten Zahlen. Anfänge der Bruchrechng. 9. Aufl. (32 S.) n.n. — 15
3. Der unbegrenzte Zahlenkreis. Die 4 Grundrechnungsarten m. unbenannten u. mehrfach benannten Zahlen. Regeldetri. Durchschnittsrechnung. Zeitrechnung. Weitere Übgn. in der Bruchrechng. 8. Aufl. (32 S.) n.n. — 15
4. Die gemeinen Brüche. Die Decimalbrüche. Regeldetri. Die bürgerl. Rechnungsarten. Raumberechnungen. 8. Aufl. (52 S.) n.n. — 25

Dorn's, J., Aufgaben f. mündliches u. schriftliches Rechnen. Neu bearb. v. A. Elsner u. R. Sendler. Ausg. A in 6 Heften. 8. Breslau (906). H. Handel. n.n. 1. 50
I. Der Zahlenkreis von 1—5, 1—10, 1—20. 8. Aufl. (24 S.) n.n. — 15
II. Der Zahlenkreis von 1—100. Die 4 Grundrechnungsarten m. 1- u. 2stell. Zahlen. Vorübungen zur Bruchrechng. 14. Aufl. (32 S.) n.n. — 15
III. Der Zahlenkreis von 1—1000. Die 4 Grundrechnungsarten m. unbenannten Zahlen. Einführung in die Zehntel, Hundertstel u. Tausendstel; die 4 Grundrechnungsarten m. denselben. Münzen, Maße, Gewichte. Die 4 Grundrechnungsarten m. mehrfach benannten Zahlen. Anfänge der Bruchrechng. 14. Aufl. (48 S.) n. — 25
IV. Der unbegrenzte Zahlenkreis. Die vier Grundrechnungsarten m. unbenannten u. mehrfach benannten Zahlen. Regeldetri. Durchschnittsrechnung. Zeitrechnung. Aufgaben aus den bürgerl. Rechnungsarten. Weitere Übgn. in der Bruchrechng. 13. Aufl. (56 S.) n. — 25
V. Die gemeinen Brüche. Die Decimalbrüche. Einfache u. zusammengesetzte Regeldetri m. Brüchen. 13. Aufl. (64 S.) n. — 30
VI. Die bürgerlichen Rechnungsarten. Ausziehen der Quadrat- u. Kubikwurzel. Raumberechnungen. 12. Aufl. (80 S.) n. — 40

— dasselbe. Neue Ausg. A in 6 Heften. 8. Ebd. 906. n.n. 1. 30
I. Der Zahlenkreis von 1 bis 5, 1 bis 10, 1 bis 20. (24 S.) n.n. — 15
II. Der Zahlenkreis v. 1 bis 100. Die 4 Grundrechnungsarten m. 1- u. 2stell. Zahlen. Vorübungen zur Bruchrechnung. (32 S.) n.n. — 15
III. Der Zahlenkreis von 1 bis 1000. Die 4 Grundrechnungsarten m. unbenannten Zahlen. Einführung in die Zehntel, Hundertstel u. Tausendstel; Münzen, Maße, Gewichte. Die 4 Grundrechnungsarten m. zweifach benannten Zahlen. Anfänge der Bruchrechng. (48 S.) — 20
IV. Der unbegrenzte Zahlenkreis. Die vier Grundrechnungsarten m. unbenannten u. mehrfach benannten Zahlen. Schlußrechnung. Durchschnittsrechnung. Zeitrechnung. Weitere Übgn. in der Bruchrechng. (56 S.) — 25
V. Die gemeinen Brüche. Die Dezimalbrüche. Einfache u. zusammengesetzte Regeldetri m. Brüchen. (58 S.) — 25
VI. Die bürgerlichen Rechnungsarten. Aufgaben aus der Haus- u. Volkswirtschaft. Ausziehen der Quadrat- u. Kubikwurzel. Raumberechnungen. (72 S.) — 30

— dasselbe. Lehrerheft u. Resultate. 4.—6. Heft. (28, 32 u. 31 S.) 8. Ebd. (906). à n. — 40

— dasselbe. Ausg. B in 4 Heften. 8. Ebd. (907). n.n — 70
I. Die Zahlenkreise von 1 bis 5, 1 bis 10, 1 bis 20 u. 1 bis 100. Die 4 Grundrechnungsarten m. 1- u. 2stell. Zahlen. Vorübungen zur Bruchrechng. 13. Aufl. (32 S.) n.n. — 15
II. Der Zahlenkreis von 1 bis 1000. Die 4 Grundrechnungsarten m. unbenannten Zahlen. Einführung in die Zehntel, Hundertstel u. Tausendstel; die 4 Grundrechnungsarten m. denselben. Münzen, Maße, Gewichte. Die Grundrechnungsarten m. mehrfach benannten Zahlen. Anfänge der Bruchrechnung. 16. Aufl. (32 S.) n.n. — 15
III. Der unbegrenzte Zahlenkreis. Die 4 Grundrechnungsarten m. unbenannten u. mehrfach benannten Zahlen. Regeldetri. Durchschnittsrechnung. Zeitrechnung. Weitere Übgn. in der Bruchrechng. 14. Aufl. (32 S.) n.n. — 15
IV. Die gemeinen Brüche. Die Dezimalbrüche. Regeldetri. Die bürgerl. Rechnungsarten. Raumberechnungen. 14. Aufl. (52 S.) n. — 25

— dasselbe. Für einfache Schulverhältnisse. Neue Ausg. B in 5 Heften. 8. Ebd. (906). à n.n. — 15
I. Der Zahlenkreis von 1 bis 100. Die 4 Grundrechnungsarten m. 1- u. 2stell. Zahlen. Vorübungen zur Bruchrechng. (32 S.)
II. Der Zahlenkreis von 1 bis 1000. Die 4 Grundrechnungsarten m. unbenannten Zahlen. Einführung in die Zehntel, Hundertstel u. Tausendstel; die 4 Grundrechnungsarten m. denselben. Münzen, Maße, Gewichte. Die 4 Grundrechnungsarten m. zweifach benannten Zahlen. Anfänge der Bruchrechnung. (32 S.)
III. Der unbegrenzte Zahlenkreis. Die 4 Grundrechnungsarten m. unbenannten u. mehrfach benannten Zahlen. Schlußrechnung. Durchschnittsrechnung. Zeitrechnung. Weitere Übgn. in der Bruchrechng. (32 S.)
IV. Die gemeinen Brüche. Die Dezimalbrüche. Schlußrechnung. (32 S.)
V. Die bürgerlichen Rechnungsarten. Raumberechnungen. (32 S.)

— dasselbe. Lehrerheft u. Resultate. 4. u. 5. Heft. (38 S.) 8. Ebd. (906). n. — 50

— dasselbe. Ausg. C f. höhere Mädchenschulen. Nach den ministeriellen Bestimmgn. über das Mädchenschulwesen vom 31. V. 1894 bearb. v. A. Elsner u. R. Sendler. (In 7 Heften.) 1., 2., 5. u. 6. Heft. 8. Ebd. n.n. — 95
1. Der Zahlenkreis von 1 bis 5, 1 bis 10, 1 bis 20. 2. Aufl. (Nach der neuen Rechtschreibg.) (24 S.) (905.) n.n. — 15
2. Der Zahlenkreis von 1 bis 100. Die vier Grundrechnungsarten m. ein- u. zweistell. Zahlen. 3. Aufl. (32 S.) (906). n.n. — 15
5. Die vier Grundrechnungsarten m. mehrfach benannten Zahlen. (Schwierigere Aufgaben.) Einfache Regeldetri. Durchschnittsrechnung. Zeitrechnung. Die Decimalbruchrechnung. Die leichteren Fälle aus dem Rechnen m. gemeinen Brüchen. Erweitern, Kürzen, Gleichnamigmachen der Brüche. 2. Aufl. (Nach der neuen Rechtschreibg.) (56 S.) (904.) n. — 35
6. Die schwierigeren Fälle aus dem Rechnen m. gemeinen Brüchen. Einfache u. zusammengesetzte Regeldetri m. Brüchen. Einfache Aufgaben aus den bürgerl. Rechnungsarten. Berechnung von Winkeln. Flächenberechnung. 2. Aufl. (Nach der neuen Rechtschreibg.) (48 S.) (903.) n. — 30

Dorn's, J., Aufgaben f. mündliches u. schriftliches Rechnen. Neu bearb. v. A. Elsner u. R. Sendler. Für einklass. u. utraquist. Schulen. Ausg. D in 3 Heften. 8. Breslau, H. Handel. n. — 60
1. Der Zahlenkreis von 1 bis 5, 1 bis 10, 1 bis 20 u. 1 bis 100. Die vier Grundrechnungsarten m. 1- u. 2stell. Zahlen. Vorübungen zur Bruchrechng. 2. Aufl. (32 S.) (905.) n.n. — 15
2. Der Zahlenkreis von 1 bis 1000. Das Rechnen m. unbenannten u. einfach benannten Zahlen. Der Zahlenkreis von 1 bis 0,001. Das Rechnen mit zweifach benannten Zahlen. Der unbegrenzte Zahlenkreis. Das Rechnen m. unbenannten u. benannten Zahlen. Schlußrechnung. Durchschnittsrechnung. Zeitrechnung. Anfänge der Bruchrechng. 2. Aufl. (Nach der neuen Rechtschreibg.) (48 S.) (904.) n. — 20
3. Die gemeinen Brüche. Die Dezimalbrüche. Regeldetri. Die bürgerl. Rechnungsarten. Raumberechnungen. 2. Aufl. (Nach der neuen Rechtschreibg.) (56 S.) (905.) n. — 25
Neue Bearbeitg., s.: **Elsner, A., u. R. Sendler.**

— Aufgaben zum schriftlichen Rechnen in Elementarschulen. 6 Hefte. Ebend. 862, 63. 8. n. 10 *ngr.*
1. (29 S.) n. $1\frac{1}{2}$ *ngr.* — 2. 1. u. 2. Aufl. (27 S.) n. $1\frac{1}{2}$ *ngr.* — 3. (31 S.) n. $1\frac{1}{2}$ *ngr.* — 4. (48 S.) n. $2\frac{1}{2}$ *ngr.* — 5. (23 S.) n. $1\frac{1}{2}$ *ngr.* — 6. (24 S.) n. $1\frac{1}{2}$ *ngr.*

Dorn, J., Aufgaben zum schriftlichen Rechnen in Elementarschulen. 1—3. 5. 6. Heft. Ebend. 8. Jedes Heft n. $1\frac{1}{2}$ *ngr.*
1.: 2. Aufl. 866. — 3. Aufl. 870. (29 S.) — 2.: 3. Aufl. 869. (31 S.) — 3.: 2. Aufl. 869. (32 S.) — 5.: 2. Aufl. 869. (25 S.) — 6.: 2. Aufl. 870. (26 S.)

— Aufgaben zum schriftlichen Rechnen in Elementarschulen, 7. u. 8. Heft. Ebend. 867. 8. n. $4\frac{1}{2}$ *ngr.*
7.: (31 S.) n. 2 *ngr.* — 8.: (44 S.) n. $2\frac{1}{2}$ *ngr.*

— Aufgaben zum schriftlichen Rechnen in Elementarschulen. Mit Berücksicht. der neuen Münz-, Maß- u. Gewichtsverhältnisse. 1—6. u. 9. Hft. 8. Ebend. 873—75. n. 1. 20
1. Addiren u. Subtrahiren im Zahlenkreise von 10—100. 4. Aufl. (32 S.) n. — 15
2. Multipliziren u. Dividiren im Zahlenkreise von 10—100. 4. Aufl. Nach den neuen Münz-, Maß- u. Gewichtsverhältnissen umgearb. Hierzu f. den Lehrer: 2. Thl. der Anleitg. zum Unterrichte im Rechnen. (31 S.) n. — 15
3. Addiren u. Subtrahiren im unbegrenzten Zahlenraume. 4. Aufl. (32 S.) n. — 15
4. Multipliziren u. Dividiren im unbegrenzten Zahlenraume [die bürgerl. Rechnungsarten m. ganzen Zahlen.] 4. Aufl. Hierzu f. den Lehrer: 3. Thl. der Anleitg. zum Unterrichte im Rechnen. (48 S.) n. — 25
5. Resolviren u. Reduziren, Vervielfältigen u. Theilen mehrnamiger. Größen, Zeitrechng., Berechng. v. Raumgrößen. 3. Aufl. (25 S.) n. — 15
6. Die einfachen Verrichtgn. aus der Bruchrechng. 3. Aufl. (26 S.) n. — 15
9. Die Decimalbruchrechng., das Ausziehen der Quadrat- u. Cubikwurzeln, sowie die Flächen- u. Körper-Berechng. Mit Berücksicht der neuen Münz-, Maß u. Gewichtsverhältnisse. (34 S.) n. — 20

— Aufgaben zum schriftlichen Rechnen in Elementarschulen. 1—4. u. 6. Hft. 8. Ebend. 877—82. n. — 85
1. 6. Aufl. (32 S.) n. — 15. — 2. 6. Aufl. (32 S.) n. — 15. — 3. 6. Aufl. (32 S.) n. — 15. — 4. 7. Aufl. (48 S.) n. — 25. — 6. 4. Aufl. (26 S.) n. — 15

— u. P. Nackel

— — Aufgaben zum schriftlichen Rechnen. Ausgabe A in 8 Hftn. 5—8. Hft. 8. Ebend. 876—82. n. — 90
5. 6. Aufl. (40 S.) n. — 20. — 6. 4. Aufl. (46 S.) n. — 25. — 7. 4. Aufl. (33 S.) n. — 20. — 8. 3. Aufl. (46 S.) n. — 25

— — dasselbe, in ein- u. zweiklassigen Elementar-Schulen. Ausgabe B in 8 Hftn. 8. Ebend. 881. 82. n. — 60
1. (32 S.) n. — 15. — 2. (40 S.) n. — 20. — 3. (50 S.) n. — 25

— deutsche Fibel. [7. Aufl.], umgearb. u. m. Steilschrift versehen v. H. Ziesché. 8. (63 S. m. 1 Abbildg.) Breslau 892. F. Goerlich. n. — 30; geb. n.n. — 40

Dorn, J., Freiübungen f. das Turnen der Schüler innerhalb des Schulzimmers u. Turnspiele. 2., verb. Aufl. gr. 8. (III, 37 S.) Hof 887. Lion. n. — 50

—— Lesebuch für Mittelklassen katholischer Stadt- und Landschulen. 2. Aufl. 8. (III, 192 S.) Ebendas. 883.

— Lesebuch f. Mittelklassen katholischer Stadt- u. Landschulen. 3. Aufl. 8. (III, 192 S.) Breslau 886. Görlich. n. — 60; Einbd. n.n. — 15
Allg. Bücher-Lexikon. XXIII. Band. (IX. Supplement-Band.

— Lesebuch f. Mittelklassen katholischer Stadt- u. Landschulen. 4. Aufl. gr. 8. (III, 92 S.) Ebd. 892. n. — 60; geb. n. — 75

Dorn's, J., Lesebuch f. Mittelklassen kathol. Stadt- u. Landschulen. 5. Aufl. gr. 8. (IV, 192 S.) Breslau 898. F. Goerlich. n. — 60; geb. n. — 75

— Lesebuch für Mittelklassen der Volksschulen. 8. (III, 192 S.) Breslau 880. Görlich. geb. n. — 75

—— Lesebuch für Mittelklassen der Volksschulen. 8. (III, 192 S.) Ebendas. 881.

Dorn, J., Lesebuch für Oberklassen katholischer Schulen bearb. 1. Aufl. 1872, und 2. Aufl. gr. 8. (IV, 518 S.) Ober-Glogau 874, Handel. *

—— Lesebuch für Oberklassen katholischer Stadt- und Landschulen. 4. Aufl. 8. (VII, 524 S.) Ebendas. 882.

Dorn, J., Lesebuch f. Oberklassen katholischer Stadt- u. Landschulen. 5. Aufl. 8. (VII, 524 S.) Breslau 885. Görlich. n. 1. 40; Einbd. n.n. — 30

— Lesebuch für Oberklassen katholischer Stadt- u. Landschulen. 6. Aufl. 8. (VII, 524 S.) Ebd. 888. n. 1. 40

— dasselbe f. Oberklassen kathol. Stadt- u. Landschulen. 7. Aufl. gr. 8. (VII, 524 S.) Ebd. 897. n. 1. 40; geb. in Halbldr. n.n. 1. 70

—— Lesebuch für Oberklassen der Volksschulen. 3. Aufl. gr. 8. (VI, 492 S.) Breslau 879, Görlich. *
Mit Anhang für kathol. Schulen (IV, 524 S.) *

Dorn, J., Lesebuch für Unterklassen der Volksschulen. Ausg. für evangel. und gemischte Schulen. 2 Tle. 8. Breslau, Goerlich's Verlag.
Inhalt:
Tl. 1. Fibel. 1.—3. Aufl. (32 S.) 880—83. * 15 Pf.
" 2. Lesebuch für das zweite Schuljahr. (64 S.) 880. * 25 Pf.

—— dass. — Ausg. für kathol. Schulen, mit einem Auszuge aus dem kleinen römisch-kathol. Katechismus. 2 Tle. 8. Ebendas. 880. *
Inhalt:
Tl. 1. Fibel. (32 S.) * 15 Pf.
" 2. Lesebuch für das zweite Schuljahr. (68 S.) * 25 Pf.

—— Lesebuch für Unterklassen der Volksschulen. 2 Tle. 8. Ebendas. 885—87. ** 40 Pf.; geb. **
Inhalt:
Tl. 1. Fibel. 4. und 5. Aufl. (32 S.) ** 15 Pf.; geb. ** 25 Pf.
" 2. Lesebuch für das 2. Schuljahr. 3.—5. Aufl. (64 S.) * 25 Pf.; geb. ** 35 Pf.

— dasselbe f. Unterklassen der Volksschulen. 2 Tle. 4. Aufl. 8. Ebend. 886. geb. n.n. — 60
1. Fibel. 32 S. n.n. — 25
2. Lesebuch f. das 2. Schulj. (68 S.) n. — 35

— Lesebuch für Unterklassen der Volksschulen. 1. Tl.: Fibel. 5. Aufl. 8. (32 S.) Breslau 887. Görlich. n.n. — 15; geb. n.n. — 25

— zadania do pisemnego rachowania w szkołach elementarnych. Z niemieckiego na polskie przełożone przez L. Weiss. Zeszyt 1. 2. Ebend. 863. 8. (30, 28 S.) Jedes Heft n. $1\frac{1}{2}$ ngr.

Dorn, J.

Tartar, der —. Humoristischer Festkalender, als Weihnachts- und Sylvesterspende für das Jahr 1855. Von J. Dorn. (64 S. 8.) Wien. Druck und Verlag von U. Klopf s. und Alex. Eurich.

Dorn, I. C., Biblioth. theol. crit. II part. 8. Frcf. 721.

Dorn, J. F., prakt. Anleitung zur Ausführung der neuen flachen Dachbedeckung, Anlegung künstl. Fußwege rc. Mit Abbildd. und Bemerkk. über die Construction dieser Dächer von J. H. Richter. Mit 1 Steintaf. gr. 8. Berlin 835. Schröder. 1/2 Rthlr
— 3e verb. Aufl. gr. 8. Ebd. 838. 1 Rthlr

— s. Anweisung zum Bau der Dorn'schen Lehmdächer.

Dorn, J. F., Beitrr. zur Beförder. d. mehrstimm. Gesanges in Schulen, in 3stimm. Melodien. qu. Fol. Königsb. 816. Unzer. 10 gr

—— Lehmdächer, s. Anweisung z. Bau d. Dorn'schen Lehmdächer.

Dorn, Jakob, aus Würzburg: Über die Bildung der Knochenabscesse. Würzburg 1901: P. Schreiner. (29 S.) 8°
Erlangen, Med. Diss. v. [18. Mai] 1901

Dorn, Ignaz

Dorn, Ign., mathemat. Kenntnisse von d. Rechnen-, Meß-, Bewegungs- u. Baukunst. 4 Thle. gr. 8. Fulda u. Würzb. 776. Stahel. 13 gr

Ign. Dorn's mathematische Kenntnisse von der Rechen- Mess- Bewegungs- und Baukunst, 4 Theile, mit Kupf. Würzburg, Stahel. gr. 8. (15 gr.) 1777.

Dorn, Johann, appr. Arzt a. Ringingen ⟨Hohenzoll.⟩: Sterblichkeit der Kinder bei Beckenend- und Querlagen in der Frauenklinik zu Freiburg i. B. in den letzten 20 Jahren. Freiburg i. Br. 1905: K. Henn. (37 S.) 8°
Freiburg i. B., Med. Fak., Ref. Krönig, Diss. v. 1905
[Geb. 25. Jan. 79 Ringingen; Wohnort: Ringingen; Staatsangeh.: Preußen; Vorbildung: Gymn. Rottweil Reife M. 00; Studium: Freiburg i. B. 9 S.; Coll. 28. Juli 05.]

— **Joh. Albert Bernh.** (Scheuerfeld/Cobg.) u. **Eduard Ferd. Beer** (Bautzen), De psalterio Aethiopico commentatio. Lpz. (Breitk.-Haertel) 4. V. 1825. 71 S. (5.50) 6774
Gew.: Ernst Friedr. Carl Rosenmueller, Joh. Chn. Aug. Clarus.

Dorn, J. Alb. Bhd., de Psalterio Aethiopico commentatio. 4maj. Leipz. 825. (Cnobloch). 1 Rthlr 4 gr

Dorn, Johann Christoph

Dorn, Jo. Christoph [Präs.], s. Dieskau, Chrn. Erdmann von: De e o, quod justum est circa legationes assiduas.

— — u. (Respond.) **Joach. Andr. Haener** (Gotha), De eo quod justum est circa dignitates illustres dissertatio. Jena (Müller) 15. VII. 1724. 40 S. (5.20) 6777

— **Joh. Christoph** (Schleusingen), De ruta Saxonica ex historiis, et verbis fecialium enunciata. Diss. Präs. Burchard Gotth. Struve. Jena (Müller) 13. VI. 1705. 48 S. (5.—) 6775

— — Dasselbe. Halle (J. Chph. Krebs) 1725. 44 Seiten. (5.—) 6776

Dorn, Johann Friedrich

Dorn, J. F., Abbildung und Beschreibung zweyer neuer zweckmäßigen Branntweinbrennergeräthe. gr. 8. Berlin, Gädike. 819. •

Dorn, Johann Friedrich: Anleitung zur Kenntniß und Beurtheilung der wichtigsten Operationen in der Bierbrauerei und Branntweinbrennerei. Nebst einem Vorberichte und einigen angehängten Bemerkungen; vom Geheimen Rath [Sigism. Friedr.] Hermbstädt. Mit 2 erl. Kupfertaf. Berlin: Maurer 1811. 66 S. -- 24*
--- Dass. 2., umgearb. u. verm. Aufl. Mit 6 erl. Kupfertaf. Ebd. 1820. VIII. 117 S. -- 121*. M 49*
--- Dass. 3., gänzlich umgearb. u. verm. Aufl. Mit 4 Kupfertaf. Berlin: Rücker & Püchler 1833. -- [Zit. nach Kayser]

— prakt. Anleitung zum Bierbrauen u. Branntweinbrennen u. zur Anfertigung der künstl. Hefe. 3e gänzl. umgearb. u. verm. Aufl. Mit 4 Kpfrtaf. gr. 8. Berlin 833. Rücker u. Püchler. 1⅔ Rthlr.

— prakt. Anleit. zur Kenntniß u. Beurtheil. d. wichtigsten Operationen in d. Bierbrauerei u. Branntweinbrennerei. Mit Vorbericht u. Bemerkk. v. Hermbstädt. Mit 6 Kpft. 8. Berl. 811. 2e A. 820. Berl., (Rücker). 22 gr.

— — praktische Anleitung zur Kenntniß und Beurtheilung der wichtigsten Operationen in der Bierbrauerey und Branntweinbrennerey. 2te Aufl. Mit 6 Kupfert. 8. Berlin, Maurersche Buchhdl. 820.

Lied, zum Johannisfest 1828 gedichtet von [Reinh. Ferd.] Neumann, comp. von [Joh. Friedr.] Dorn. [Königsberg: 1828.] 1 Bl. 8° [Kopftit.]
Ohne Noten: „Freut, Brüder, Euch nach alter Maurerweise . . .“
[Dasselbe.] [Königsberg: 1831.] 1 Bl. 8° [Kopftit.]

Dorn, Johann Lorenz

Dorn, J. Lor., Abh. d. Gesinderechts. gr. 8. Erlang. Palm. 794.

— Bemerkk. über Luxus, Luxusauflage u. deren Gegenstände. 8. Nürnb. 797. Stein. 10 gr.

DORN, J. L., Bemerkgn. über Luxus, Luxus-Auflage u. deren Gegenstände, vorzüglich polit. u. kameralist. Inhalts. Nürnberg, Stein (c. 1805). 8°.
Verlags-Anzeige.

— — De aeris alieni inter conjuges Norimbergenses communione. Diss. jur. Altdorf (Joh. Paul Meyer) 9. IV. 1770. 36 S., z. Tl. dtsch. (5.—) 6779

— — De jure famulitii. Diss. jur. Altdorf (Chr. Bonavent. Hessel) 24. IX. 1790. 89 S. (5.50) 6780

— **Johann Lorenz** (Nürnberg), De jurejurando in litem pretii affectionis figmento liberato. Diss. jur. Altdorf (M. D. Meyer) 21. III. 1730. 54 S. (5.—) Widm. v.: G. H. Linck. 6778

— Commentar üb. d. peinl. Recht. 2 Bde. gr. 8. Leipzig, Weidmann. 790. 91. (1r 2 Rthlr. 4 gr. 2r 1 Rthlr. 20 gr.)

Dorn, Jh. Lor., († d. 13. Sept. 1813.) Versuch e. Abhandl. des Gesinderechts. gr. 8. Erlang. 794. Palm. 1 Rthlr. 8 gr.

— Versuch e. prakt. Commentars üb. d. peinl. Recht. 2 Bde. gr. 8. Leipz. 790 u. 91. Weidmann. 4 Rthlr.

Dorn, Johannes, Referendar: Das Verlöbnis als Rechtsbegriff. Borna-Leipzig 1910: Noske. VIII, 89 S. 8°
Tübingen, Jur. Diss. v. 29. April 1910, Ref. Rietschel
[Geb. 31. Okt. 84 Wiesbaden; Wohnort: Wiesbaden; Staatsangeh.: Preußen; Vorbildung: Gymn. Wiesbaden Reife O. 03; Studium: Berlin 4, Marburg 2 S.; Rig. 3. März 10.] [U 10. 4139

Dorn, Josef

Dorn, Jos., Freiübungen für das Turnen der Schüler innerhalb des Schulzimmers und Turnspiele. Zusammengestellt im Auftrag der Kgl. Regierung von Oberfranken. gr. 8. (30 S.) Hof 887, Lion.
—— dass. — 2. verb. Aufl. gr. 8. (III, 37 S.) Ebendas. 888. *

Dorn, Jos., die schwedische Gymnastik. Ein Referat, erstattet der 4. Hauptversammlung des bayerischen Turnlehrervereins nach Lings „Allgemeine Begründung der Gymnastik“ u. Rothsteins „Die Gymnastik nach dem System des schwedischen Gymnasiarchen P. H. Ling“. gr. 8. (16 S.) Hof 881. Grau & Co. n. — 50

Dorn, Jos., u. Lion, Rud., Statistik des XII. Deutschen Turnkreises (Bayern diesseits d. Rheins) v. 20. 9. 1874, Hof 1875, 18 S., 2 Tab., 8°.

Dorn, Jos., die Turnhalle des 3. Schulhauses in Hof. Nebst Skizzen über die Entwicklung des Turnens der Volksschulen daselbst. Mit 1 lithogr. Ansicht und 4 Stndr.-Taf. gr. 8. (24 S.) Hof 877, Grau und Comp. *

Dorn, Jos., die Turnhallen u. die Turnplätze der Stadt Hof, s.: **Thomas, J. G.**

Dorn, Joseph: Wie ist dem mechanischen Arbeiten der Schüler entgegenzuwirken? T. 1. *Tremessen 1903: L. Marten.* (S. 1—22.) 4°
Tremessen, k. PG, OP 1903 (201)

Dorn, Joseph: Wie ist dem mechanischen Arbeiten der Schüler entgegenzuwirken? T. 2. Ostrowo 1907: Th. Hoffmann. (S. 3—23.) 4° ¶(Forts. d. P-Beil. d. PG zu Tremessen 1903.)
Ostrowo, k. G OP 1907 (204)

Dorn, Josef Fr.

Dorn, Jos. Fr., († d. 2. Apr. 1822.) Anleit. u. Aufmunterung z. Ingwerbau. 8. Leipz. 799. N. Aufl. 805. Rein. 3 gr.

— prakt. Handbuch für Lakirer u. Anstreicher, nebst e. Anweis., wie man Farben u. Lack bereiten, Farben mischen, Gläser u. Oefen vergolden, Marmor kitten u. Bilder reinigen soll. 8. Dresden 808. Walther. 6 gr.

Dorn, Jul[ius]: Über die Neugestaltung des Zeichenunterrichts.
S. 30—32, 1 Taf. 4.
Progr.

Dorn, Carl: Ueber die operative Behandlung der Echinococcen der Bauchhöhle. Halle a. S. 1883: Plötz. 35 S. 8°
Halle-Wittenberg, Med. Diss. v. 15. Aug. 1883
Geb. Berlin 9. 7. 1856. V.

Dorn, Carl, der Liasschiefer und seine Bedeutung als Brennmaterial für Cementfabrication, Mineralölgewinnung, Salinen, Landwirthschaft und andere Gewerbe. gr. 8. (XI, 83 S. mit 1 Stnt.) Tübingen 877, Fues'sche Sortimentsh. *

Dorn, Carl, Wiedersehen. 5 Erzählgn. (93 S.) kl. 8. Dresden (904). H. L. Degmann. n. 1. 25

(B) **Dorn,** Carl, Wiedersehen. **904.** (KBL 33.) Jetzt: Pankow, O. Linser Verl. Erh. Pr. 1. 50

(B) **Dorn,** Carl, Wiedersehen. Erm. Pr. 1.—.

Dorn, Carolus Franciscus (geb. am 19 März 1831 auf Sadweitschen bei Gumbinnen): De delphinino observationes et experimenta ... Bonnae, ex typogr. C. Krueger 1857. 40 S., 2 Bl. 8.
Bonn, Med. Fak., Diss. v. 10 Aug. 1857

DORN, Carl Jacob (Regensburg): De phthisi tuberculosa.- Monachii: Wolf 1857. 16 S.
8.8.1857 - Urk; F 65
Diss. Ingolst.-Landsh.-Mchn.

Dorn, Käthe (Frl. Rosa Springer), ausgelöscht. Erzählung f. die Jugend. (32 S.) kl. 8. Reutlingen (910). Enßlin & Laiblin. — 15; geb. — 20

— das tat Ich f. dich, was tust du f. Mich?, s.: Blumen u. Sterne.

— Es sei denn ... Aus dem Leben e. such. Seele. (120 S.) 8. Kassel 908. J. G. Oncken Nachf. 1.50; geb. in Leinw. 2. —

— in der Ferienkolonie. Erzählung für die Jugend. (64 S.) kl. 8. Reutlingen (906). Enßlin & Laiblin. — 20; kart. — 25

— in Mammons Fesseln. Eine Erzählg. (160 S. m. Titelbild.) 8. Ebd. (905). Geb. in Leinw. 1. 75

Dorn, Käthe, Festgrüße. Vortragsdichtungen f. Sonntagsschulen. 1. u. 2. Hft. 8. Stuttgart 902. Christl. Verlagshaus. n. 1. —
1. Vortragsdichtungen f. Sonntagsschulen. (39 S.) n. — 40
2. Dasselbe f. christl. Vereine u. Familien. (72 S.) n. — 60

— ein treuer Freund. Erzählung f. die Jugend. (32 S.) kl. 8. Ebd. (906.) — 15; kart. — 20

— das Friedensengelein, s.: Himmelsblumen.

Dorn, Käthe (Frl. Rosa Springer), Frührot. Eine Klostergeschichte aus dem Mittelalter. Nach histor. Quellen bearb. (205 S. m. Titelbild.) 8. Konstanz (909). Christl. Buch- u. Kunstverlag C. Hirsch. Geb. in Leinw. 2. —

— Ein seltenes Geburtstagsgeschenk, s.: Gott zum Gruß.

— zum Guten gelenkt. Zu hoch hinaus. Erzählungen f. die Jugend. Neue Ster.-Ausg. (96 S. m. 4 Farbdr.) 8. Reutlingen (903). Enßlin & Laiblin. Geb. — 50

— auf Glaubenspfaden. 3 Erzählgn. 8. (160 S. m. Titelbild.) Reutlingen (902). Enßlin & Laiblin. Geb. in Leinw. 1. 75

— ein Glaubensschwur unter deutschen Eichen, s.: Himmelsblumen.

— belohntes Gottvertrauen, s.: Goldkörner. 22. Heft.

— an Gottes Hand. 3 Erzählgn. f. die Jugend. Neue Ster.-Ausg. 12. (96 S. m. 4 Farbdr.) Ebd. (902). Geb. — 50

— dasselbe, s.: Schubert, G. H. v., Geschichten f. jung u. alt.

— ein jugendlicher Held. Opfergaben. 2 Erzählgn. f. die Jugend. (96 S. m. 4 Farbdr.) kl. 8. Ebd. (906). Geb. — 50; m. Rüdiger, Rosen am Strauch in 1 Bd. geb. (192 S. m. 8. Farbdr.) 1. 20

— Das weiße Kleid. Eine Geschichte aus dem Leben. 1. bis 4. Aufl. (Je 63 S.) kl. 8. Barmen 910. E. Müller. — 50

— Lichtfunken. 1—3. Tl. 8. Neumünster, Vereinsbuchh. G. Ihloff & Co. — 80
1. Festprologe u. Begrüßungsgedichte. (48 S.) (909). — 30
2. Gespräche. (40 S.) (909). — 25
3. Einzelvorträge. (38 S.) (909). — 25

— zwischen zwei Mächten. Erzählung. (156 S. m. Titelbild.) kl. 8. Ebd. (904). Geb. in Leinw. 1. 75

— Mein ist Silber u. Gold, s.: Ähren, goldene, 2. Heft.

— s.: Nußbaumkrause, der.

— rufe Mich an in der Not, s.: Vergißmeinnicht-Erzählungen.

— am Scheidewege. Der Sieg der Mutterliebe, s.: Himmelsblumen. Nr. 26.

— Schicksalsterne am Glaubenshimmel. 3 Erzählgn. (149 S. m. Titelbild.) 8. Dresden (904). F. Sturm & Co. Geb. in Leinw. 1. 75

— Segenskinder. 2 Erzählgn. f. die Jugend. (96 S. m. 4 Farbdr.) kl. 8. Reutlingen (904). Enßlin & Laiblin. Geb. — 60

— durch den Tunnel, s.: Goldkörner. 27. Hft.

Dorn, Käthe, um den Abend wird es licht sein, s.: O du fröhliche, o du selige, gnadenbringende Weihnachtszeit. 24.

— Urwaldrauschen. Aus dem Leben e. deutschen Missionars in Brasilien. Nach persönl. Bericht. aufgezeichnet. (220 S. m. 6 Vollbildern.) 8. Barmen (910). E. Müller. Geb. in Leinw. 3. 50

Dorn, Käthe, d. Heilige Vaterunser in neun Erzählgn. dargest. 8. (VII, 254 S.) Stuttgart 898. Christl. Verlagshaus. Geb. in Leinw. n. 2. —; m. Goldschn. n. 3. —

— Vortragsdichtungen f. Sonntagsschulfeste u. Kindergottesdienste. 1.—3. Tl. 8. Neumünster, Vereinsbuchh. G. Ihloff & Co. — 70
1. Fest- u. Festgedichte. (16 S.) (909). — 15
2. Vorträge f. kleinere Kinder. (20 S.) (909). — 15
3. Vorträge f. größere Kinder. (60 S.) (909). — 40

— das Waldwaislein. Erzählung f. die Jugend. (96 S. m. 4 Farbdr.) kl. 8. Reutlingen (905). Enßlin & Laiblin. Geb. — 50

— dasselbe. — Segenskinder. 2 Erzählgn. f. die Jugend. (96 u. 96 S. m. 8 Farbdr.) 8. Ebd. (905). Geb. 1. 20

— Einsame Wege. 3 Erzählgn. aus dem Leben f. Jugend u. Volk. (152 S. m. Titelbild.) 8. Konstanz (909). Christl. Buch- u. Kunstverlag C. Hirsch. Geb. in Leinw. 1. 50

— Weihnachten. Draußen, im Haus u. im Herzen. Deklamationen. (15 S.) 8. Wandsbeck (910). Verlagsbuchh. „Bethel". nn — 10

— ein Weihnachtsabend, s.: Blumen u. Sterne. 25. Hft.

— s.: Weihnachtsbotschaft.

— Weihnachtssterne. — Osterglocken. — Pfingstsegen. 3 Erzählgn. Neue Ster.-Ausg. (64 S.) kl. 8. Reutlingen (905). Enßlin & Laiblin. — 20; kart. — 25

Dorn, Clara, Gedichte. 8. (VIII, 180 S.) Dresden 894. E. Pierson. n. 2. 50; geb. in Leinw. m. Goldschn. n. 3. 50

Dorn, Cornelius. Die intravenöse Anwendung des Argentum colloidale und dessen therapeutischer Wirkungswert. Diss. Vet.-Med. Bern. 96 S. 8. Berlin, Richard Schoetz, 1909.

Dorn, L. C., recueil de phrases, sentences et proverbes français les plus usités et les plus communs à l'usage de la jeunesse allemande etc. suivi d'un vocabulaire pour faciliter l'intelligence du texte. Nürnberg 857. (Zeh.) gr. 8. (262 S.) n. 18 ngr

Dorn, L. F., s. Allemannia.

Dorn, Leo, appr. Arzt aus Hindelang im Allgäu: Ein Fall von Beckenenchondrom. Mit 1 Abb. *München 1904: Kastner & Callwey.* (36 S.) 8°
München, Med. Diss. v. 1904

Dorn, Ludwig

Dorn, Ludw., üb. die Einwirkung v. rauchender Bromwasserstoffsäure auf Fumasäure u. Maleïnsäure. Inaugural-Dissertation. gr. 8. (38 S.) Tübingen 876. (Fues.) n. — 60

Dorn, Ldw., s. Mortimer, H., die Geheimnisse der Bastille.

Dorn, Ludwig Friedrich

Dorn, Ludw. Frdr., Festrede bei der 100. Geburtstagsfeier Joh. Pet. Hebels, am 10. Mai 1860 gehalten in dessen Heimat Hausen im Wiesenthal. Basel 860. Schweighauser's Sortbdlg. (Amberger.) gr. 8. (22 S.) n. 4 ngr

Dorn, M., De veteribus grammaticis artis Terentianae judicibus. Diss. 1906. 84 S. 2.—

Dorn, M. H., Muster zur Erlernung einer flüchtig. deutschen Currentschrift u. engl. Schrift. 2 Hefte. Fol. Münch. (Bamb. Göbhardt.) 812.

Dorn, M. H., Muster zur Erlernung einer flüchtigen deutschen Currentschrift u. engl. Schrift. 2 Hefte. qu. Fol. Münch. 812. Wesché in Frankf. 1 ₰ 3 gr

Dorn, M. H., Schreibmeister, Vorschriften. Bamb. Göbhard.

— Vorschriften. 4. Bamb. 816. (Wesché in Frankf.) 14 gr

— größere deutsche u. engl. Vorschriften. 2 Hefte. qu. Fol. Bamb. 815. (Wesché in Frankf.) 1 ₰

Dorn, Magdalene. „Stanzl." Dorfgeschichte aus dem Glanthale Kärntens. Klgft., Bertschinger, 1886. 63 S. (Dorn pseud. für: Daniaux.)

Dorn, Magdalene, „Stanzl". Dorfgeschichte aus dem Glanthale Kärntens. 12. (67 S.) Klagenfurt 886. (Heyn.) geb. n. 2. 40

Dorn, Max, a. Landeshut: Die nominalen Augmentativ- und Diminutivsuffixe im Altitalienischen. Halle a. S. 1906: H. John. (VI, 126 S.) 8°
Leipzig, Phil. Fak., Ref. Birch-Hirschfeld u. Brugmann, Diss. v. 15. Nov. 1906
[Geb. 3. Apr. 68 Landeshut i. Schl.; Wohnort: Leipzig; Staatsangeh.: Preußen; Vorbildung: Königstädt. Realgymn. Berlin Reife O. 05; Studium: Leipzig 10 S.; Rig. 31. Juli 06.]

Dorn, Maximilianus, Saxo-Borussus: De veteribus grammaticis artis Terentianae iudicibus. Halis Sax. 1906: Wischan & Burkhardt. (84 S.) 8°
Halle, Phil. Fak., Ref. Blass, Diss. v. 30. Juni 1906
[Geb. 22. Aug. 83 Staßfurt; Wohnort: Halle a. S.; Staatsangeh.: Preußen; Vorbildung: Pädagog. z. Kloster Unser lieben Frauen Magdeburg Reife O. 02; Studium: Halle 8 S.; Rig. 29. Mai 06.]

Dorn, Otto, Afraja. Oper in 3 Akten. (Textbuch.) 12. (31 S.) Wiesbaden 891. Bechtold & Co. n. — 30

Die schöne Müllerin. Spiel-Oper in 1 Aufz. von Otto Dorn. [Textbuch.] Leipzig, Wien: Weinberger copyr. 1908. 32 S. 8° A 12.7069

Dorn, Otto, Närodal, s. a. Textbibliothek zum Musikführer. Nr. 19. 20.

Dorn, Otto, Närodal, s. a. Textbibliothek zum Musik- u. Opernführer. Nr. 23—26.

Närodal. Nordische Oper in 1 Aufz. Dichtung u. Musik von Otto Dorn. Klavierausz. mit Text. *Leipzig: H. Seemann Nachf. [1902].* (128 S.) 4° [Noten autogr.] [09. 8678]

Dorn, Paul, der Holz- oder Gebäudeschwamm. Belehrungen über die Entstehungsursachen, Lebensbedingungen, sichere Verhütung und nachhalt. Vertilgung dieses schädl. Pilzes. Nebst Nachweis der erprobtesten Mittel, durch welche das Holz auch gegen die Zerstörung durch Brand, Verstockung, trockne und nasse Fäule etc. geschützt werden kann. 8. (VI und 115 S. mit 1 Stnt. in qu. Fol. enth.: 6 Abbild.) Weimar 867, Voigt.

Dorn, Paul, der Holz- oder Gebäudeschwamm. Belehrungen über die Entstehungsursachen, Lebensbedingungen, sichere Verhütung u. nachhaltige Vertilgung dieses schädlichen Pilzes. Nebst Nachweis der erprobtesten Mittel, durch welche das Holz auch gegen die Zerstörung durch Brand, Verstockung, trockene u. nasse Fäule etc. geschützt werden kann. Für Hausbesitzer, Bauunternehmer etc. Mit 1 (lith.) Taf. (in Fol.) enthltd. 6 Abbildgn. 866. (VI, 115 S.) — 2. verm. Ausg. Weimar 870. B. F. Voigt. 8. (VI, 131 S.) 12 ngr.

Dorn, Philibert, Gedichte. 8. (XVI u. 416 S. mit Portr. in Holzschn.) Leipzig 851, Leiner in Comm. n. 1⅓ ₰

Dorn, Reinhold (*geb. Plänwitz bei Striegau 28. 5. 1843*): Ueber den äusseren Harnröhrenschnitt. Breslau (1868). (35 S.) 8°
Breslau, Med. Diss. v. 14. Aug. 1868

Dorn, Rudolf [aus Regensburg]: Beiträge zur Therapie der Urämie ... Würzburg, J. M. Richter's Buch- u. Kunstdr., 1891; 28 S., 1 Bl. 8.
Würzburg, Med. Fak., Inaug.-Diss. v. 1891

Dorn, Rud., d. Elektricität u. ihre Verwendg. i. d. Zahnheilkunde. gr. 8. (XVI, 218 S. m. 137 Abb.) Leipzig 898. G. Thieme. n. 5. —; geb. in Leinw. n. 6. —

Dorn, Theodor

Dorn, Thdr., praktische Winke f. die Weberei. Lex.-8. (20 S. m. Fig.) Altona 891. A. Send. n. 2. —

Dorn, V., s. Dorn von Dornbusch, Veit

Dorn, [Viktor]: Ueber Preisbestimmung der in der Wirtschaft erzeugten und selbst verbrauchten Produkte. Recklinghausen (1909): Bauer. S. 3. 4. 4°
Recklinghausen, LWS P 1909** [S 09. 76

Dorn, W., die Dorfschule, s. a. Bloch's, Ludw., Herren-Bühne.

[F.] Die Dorfschule. Fastnachts-Posse in 1 Akt nach e. älteren Stoffe v. W. Dorn. *Berlin: E. Bloch (1892).* (16 S.) 1 Bd 8.
= Herren-Bühne, Ludwig Blochs. No 11. [96. 3511

Dorn, Wilhelm: Casuistische Beiträge zur Kenntniss des Wachsthums und der Localisation von Uterus-Myomen. *München 1897: E. Mühlthaler.* (16 S.) 8°
Würzburg, Med. Diss. v. 1897

Dorn, Wilhelm, Prof. Dr.: Meine Erfahrungen an englischen Schulen. Heidelberg 1904: E. Geisendörfer. (50 S.) 4°
Heidelberg, OR P 1904 (724)

Dorn, W., die beiden Helden, s.: Bloch's, E., Theater-Correspondenz.

Dorn, Wilh., Benjamin Neukirch, s. Leben u. s. Werke, s. a. Forschungen, litterarhistor.

Dorn, Wilhelm [aus Mannheim]: Benjamin Neukirch. Sein Leben u. seine Werke. E. Beitr. z. Geschichte d. zweiten schlesischen Schule ... (Erscheint vollst. als Heft 4 von: Litterarhist. Forsch. hrsg. v. J. Schick u. M. v. Waldberg.) Weimar, E. Felber, 1897; 2 Bl., 52 S. 8.
Heidelberg, Phil. Fak., Inaug.-Diss. v. [6. Juli] 1897

Dorn v. Dornbusch, Veit

DORN, V. v., Die Affen. O. O. (Wien?) 1782. 8°.
l. c. no. 1319. — Rar!

DORN V. DORNBUSCH, Veit (ps.), Die Affen. (Satyre.) O. O. (Wien) 1783. 8°. Rar! (50 xr. J. Eisenstein & Co., Wien, c. 1892.)

Dorn v. Marwalt, Jos. Ritter, der Liquidatur- u. Rechnungsdienst bei den Cassaämtern, dann der Rechnungs- u. Rechnungsprüfungs-Dienst bei den Rechnungscontrolsämtern [Rechnungsdepartements der anweisenden Landesbehörden]. Ein Leitfaden zum Selbststudium u. leichteren Verständnisse der Vorschriften über die zu vollziehenden Liquidaturs-, Rechnungs- u. Buchführungs-Geschäfte etc. 2. verm. Aufl. Lex.-8. (XXXVIII, 223 u. 40 S.) Triest 877. (Wien, Gerold's Sohn.) n. 6. —

Dorn v. Marwalt, Jos. Ritter, der Liquidaturs- und Rechnungsdienst bei den Cassaämtern, dann der Rechnungs- und Rechnungsprüfungs-Dienst bei den Rechnungscontrolsämtern [Rechnungsdepartements der anweisenden Landesbehörden]. Ein Leitfaden zum Selbststudium und leichteren Verständnisse der Vorschriften über die zu vollzieh. Liquidaturs-, Rechnungs- und Buchführungs-Geschäfte etc. 2. verm. Aufl. Lex.-8. (XXXVIII, 223; 40 S.) Triest 878. (Wien, Gerold's Sohn.) *
Die 1. Aufl. erschien im Selbstverlag.

Dorna, Bernardus, die Summa libellorum, s.: Quellen zur Geschichte des römisch-kanonischen Processes im Mittelalter. I. 1.

v. Dorna, Friedrich; e. Gemälde der Vorzeit. 8. Leipz. 803. Joachim. 20 gr

Dornach, A. C., Liebe u. Leben. Gedichte. (80 S.) kl. 8. München(-Schwabing) (909). E. W. Bonsels & Co. 2. —; geb. n 3. —

— Die Tante. Lustspiel in 3 Akten. (108 S.) 8. Ebd. (910.) 2.—; geb. 3. —

Dornach, Johs. v., das Hohelied vom Kind. Für Eltern u. Erzieher, Priester u. Lehrer geschrieben. (IV, 158 S. m. Titelbild.) 8. Linz 908. Preßverein. 1.50; geb. 2. —

Dornats u. Schmits Frauklinischer Ofen. m. K. gr. 4. Leipzig, Hinrichs. 806.

Dornau, C. v. (Freifr. Charlotte v. Schauroth), Gäste auf Ober-Friebach. Humorist. Roman. (317 S.) 8. Berlin 909. Trowitzsch & Sohn. 3.—; geb. in Leinw. 4. —

Dornau, C. v., Grad dör! Roman. (129 S.) 8. Berlin 905. R. Taendler. n. 2. —; geb. n. 3. —

— Kameraden. Roman. (299 S.) 8. Ebd. 908. 3.—; geb. in Leinw. 4. —

Dornau, C. v., das Kuckucksei. Eine Familiengeschichte. 2 Tle in 1 Bd. 8. (175 u. 211 S.) Berlin (900). O. Janke. n. 6. —

— das Licht. Roman (274 S.) 8. Dresden 905. C. Reißner. n. 3. —; geb. n. 4. —

— hohe Schule. Roman. 8. (246 S.) Dresden 901. E. Pierson. n. 3. —; geb. n. 4. —

(B) — Hohe Schule. 901. (KBL 31.) Jetzt: Berlin, Verlag Berlin-Wien.

— die Siegerin. Roman. (281 S.) 8. Berlin (904). F. Schirmer. n. 1. 60; geb. n. 2. —

— Unfrei, s. a. Kürschner's, Jos., Bücherschatz.

Unfrei. Erzählung von C. v. Dornau. Berlin, Eisenach, Leipzig: H. Hillger [1905]. (112 S.) 8° [F.]
— Bücherschatz, Kürschners. No 446. [05. 2975]

Dornau, Friedrich

Dornau, Frdr. [Frdr. v. Hentl], im Halbdunkel. Erzählungen. 2 Bde. Breslau 867. Trewendt. 8. (474 S.) 2 Thlr 15 ngr

Dornau, Friedr., Sympathien. Ein Bild aus d. Seelenleben. 8. (13 B.) Wien 846, Stöckholzer v. Hirschfeld.

Dornau, Jul., Bergmann u. Wilddieb. Novelle. gr. 12. Leipzig 841. Barth. 1¼ Thlr

Dornau, Jul., Liebe und Rache. Ein Novellenkranz. 8. Leipzig 843, Kollmann. 1½ Thlr

— die dunkeln Rosen. Roman aus der Zeit der französischen Revolution. 3 Bde. 8. Leipzig 845, Gebr. Reichenbach. 3½ Thlr

Dornau, Karl, Lehrbuch der deutschen Sprache in Diktaten nach der kalkulirenden Methode. Zum Schul- und Privatgebrauch herausg. Burgstädt 857. (Leipzig, A. Winter.) 8. (VI, 83 S.) n. 7½ ngr

DORNAUEN, Friedr., Dreyßig Gewissens-Fragen über den unvermerckten Beyschlaff des Loths mit seinen zweyen Töchtern. Rotenburg, b. Joh. Chrn. Wülckau. 1708. 4°.
Lpz. O. M. V. 1708. B 3b.

— — Dreyßig Gewissens-Fragen über Josephs heilige Ehe mit der gebenedeyeten Jungfrauen Marien. Ib. eod. a. 4°. (l. c.)

— — Dreißig Gewissens-Fragen über Jacobs unvermuthete Ehe mit zweyen Schwestern. Ibid. eod. anno. 4°. (l. c. B 4a.)

Dornaeus, s. *Aurora* philosophorum.

Dornbach [Schlagwort]

Dornbach, s.: Wien.

Dornbach [Verfasser]

Dornbach, J. P., Fragen üb. Zifferrechnen, z. Gebr. in Elementar- u. Bürger-Schulen, nach d. gehaltvollen Werke: „Faßl. Anweis. z. gründl. Kopf- u. Zifferrechnen v. Scholz." 8. (1 B.) M. Gladbach 832, Schmachtenberg u. Comp.

DORNBAUER, JOH. PHIL., Lob- und Danck-Opfer dem Drey-Einigen GOTT zu Ehren in einer Cantata am andern Gedächtnisz-Tage wegen der Augspurgischen Confeszion in der Kirchen zu S. Nicolai aufgeführet. Kiel. U. A. [1730]. Fol. P.

Dornberg, Rothstift & Co. Eine Berliner „Historie" v. Dietrich v. Brecheisen. 8. (229 S.) Berlin 878. Marcus. n. 1. —
Allg. Bücher-Lexikon. VIII. Supplement-Band. 1.

Dornberg, Heinrich

Dörnberg, Heinr. v., kulturgeschichtliche Bilder aus den Nordsee-Marschen. Erläutert durch Dichtungen von Herm. Allmers. 6 Kunstbl. in Photogr.-Druck. qu. Fol. (1 Bl. Text, nebst eingedr. Text.) Oldenburg 882, Schulze'sche Hofbuchh. *
Leinw.-Mappe dazu **

Dornberg, Heinr., auf der Flucht, s. a. Kürschner's Bücherschatz.

Auf der Flucht. Ein hist. Roman frei nach d. Engl. von Heinrich **Dornberg**. Berlin, Leipzig: Hillger [1910]. 112 S. 8°
(Kürschners Bücherschatz. Nr 704.) [10. 7404

[Dörnberg, K. L. Frhr. von]: Tagebuchblätter eines hessischen Offiziers aus der Zeit des nordamerikanischen Unabhängigkeitskrieges. *[28. März 1779— 10. Juni 1781] Herausgegeben von* G. Marseille. *2 Teile. Pyritz: Druck der Backe'schen Buchdruckerei 1899/1900. 29 S.; 24 S., Karte.*
= Beilage zum Programm des Königlichen Bismarck-Gymnasiums zu Pyritz, Ostern 1899; . . . 1900.

Doernberg, Siegmund, Gerichtsassessor a. Eschwege: Der Tod des Gemeinschuldners im Konkursverfahren. Eschwege 1906: J. Meyberg. (62 S.) 8°
Rostock, Jur. Fak., Ref. Wachenfeld, Diss. v. 25. April 1906
[Geb. 12. Juli 80 Eschwege; Wohnort: Eschwege; Staatsangeh.: Preußen; Vorbildung: Gymn. Hersfeld Reife O. 98; Studium: Göttingen 1, Leipzig 2, Berlin 1, Göttingen 2 S.; Rig. 14. März 06.]

Doernberger, E., s. Blätter für Säuglingsfürsorge.

Doernberger, Eugen [Cand. med. aus München]: Ueber zwei Fälle von subcutaner Ruptur des Musculus biceps brachii. . . . München, Buchdr. v. M. Ernst, 1889; 28 S. 8°
München, Med. Fak., Inaug.-Diss. v. 1889

Doernberger, Eug., s. a. Fürsorgewesen.

Doernberger, E., Vogt, Martin, u. a., Fürsorgewesen. 8 Vorträge. 8°. München, Otto Gmelin, 1910.

— **u. Karl Grassmann,** unsere Mittelschüler zu Hause. Schulhygien. Studie. Nach Erhebgn. an Münchener Mittelschulen, veranstaltet durch d. Schulkommission des ärztl. Vereins München. (VII, 208 S.) gr. 8. München 908. J. F. Lehmann's Verl. 5. —

— u. Wilh. **Wunderer,** Schulgesundheitspflege u. Schulärzte an den höh. Lehranstalten Bayerns. 2 Vorträge vor der Schulkommission d. ärztl. Vereins in München. (54 S.) gr. 8. München 909. Verlag der ärztl. Rundschau. 1. 20

Dornbirn im Vorarlberg. Die Rappenlochschlucht u. d. Gütle bei Dornbirn. 8. (24 S. m. 6 Illustr.) Dornb. 890, Rusch. * — 20

Dornbirn in Vorarlberg. Die Rappenloch-Schlucht u. das Gütle bei Dornbirn. Hrsg. vom Verschönerungs-Verein. 8. (24 S. m. Bildern.) Dornbirn 894. F. Rusch. — 20

Dornbluth, P. A., Praxis regulae S. Benedicti. 8. Frcf. Varrentrapp. 740.

Dornblüth, Adolph Gottlieb (Dresden), De majori principum aetate seu quando tutela principum finiatur. Ex jure publ. Präs. Diet. Herm. Kemmerich. Lpz. (Imman. Titius) 27. IV. 1714. 36 S., z. Tl. dtsch. (5.—) 6782
Gew.: Marcus Dornblüth (Vater).

– Dasselbe. Lpz. 1736. (4.80)

— — De furto periculoso, (German: Vom geflossenen gefährlichen Diebstahl). Dissert. jur. Präs. Heinr. v. Boden. Halle (Chn. Henckel) 1716. 31 S., z. Tl. dtsch. (5.—) 6784

— — Dasselbe. Halle (Hendel) 1733. (5.—) 6785

Dornblüth, (Albert) L(udwig): Bemerkungen über die gebräuchliche Behandlungsart der Unterschenkelbrüche, nebst Beschreibung eines Schwebe- und Streck-Apparates, womit jene, ohne Vinden, Schienen etc. zweckgemäß und schneller als bisher zu heilen sind. 49 S., gbd., Abb.

Neustrelitz und Neubrandenburg: Dümmler 1827

— Beschreib. u. Abbild. e. neuen Lagerungs- u. Schwebeapparates, worin die Brüche des Schenkelbeinhalses, alle Brüche des Ober- u. Unterschenkels, d. Kniescheibe, die Zerreißung des Kniescheibenbandes rc. ohne Binden, Schienen u. Pantoffeln sicher zu heilen sind rc. Mit 2 Steindrucktaf. gr. 8. Berl. 828. Nicolai. 22 gr.

Dornblüth, Alb. Ludw., Beschreib. u. Abbildung e. neuen Lagerungs- u. Schwebeapparates, worin d. Brüche d. Schenkelbeinhalses, alle Brüche d. Ober- u. Unterschenkels, d. Kniescheibe, d. Zerreissung d. Kniescheibenbandes u. d. Achillessehne ohne Binden, Schienen u. Pantoffeln sicher zu heilen sind, mit crit. Würdigung d. bei jenen Verletzungen vorzugsweise empfohl. Apparate. M. 2 Stnt. gr. 8. (7½ B.) Berlin 829, Nicolai. Thlr.

Dornblüth, Alb. Ldw., Darstellung d. Medizinal- u. Sanitäts-Anstalten für den Civil- u. Militairstand im Großherzogthum Mecklenburg-Schwerin. gr. 8. Schwerin 834. (Güstrow, Opitz.) 3½ Thlr.

Dornblüth, Alb. Ldw., die Medicinal-Ordnung im Großherzogthum Mecklenburg-Schwerin, critisch erörtert. gr. 8. Güstrow 840. (Opitz u. Comp.) n. 3½ Thlr.

— die neue Medicinal-Taxe für das Großherzogthum Mecklenburg-Schwerin, vom 21. December 1844; sowie die übrigen, seit 1840 veröffentl. Medicinal-Gesetze kritisch beleuchtet. gr. 8. Hamburg 845. (Schwerin, Kürschner'sche Buchh.) n. ¾ Thlr.

Dornblüth, Alb(ert) Ludw(ig): Der Pferdefuss, die verschiedenen Krümmungen des Kniegelenks und der Röhrenknochen, die Anziehung des Unterschenkels gegen den Oberschenkel und deren sichere Heilung durch eine neue mechanische Vorrichtung. 31 S., gbd., 1 Taf.

Rostock und Güstrow: Oeberg 1831

—— über d. mechan. Wiederersatz d. verlornen unteren Gliedmaassen durch eigene Apparate. M. 2 Stnt. (in qu. Fol.) gr. 8. (6½ B.) Rostock 831, Oeberg u. Comp.

Dornblüth, Augustinus

— Anmerkk., eine gute Uebersetzung in die deutsche Sprache zu fertigen. 4r Curs. 8. Augsb. 754. N. Aufl. 8. Ebd. 768. Rieger. 1 Thlr 16 gr.

Dornblüth, Augustinus, Erweckungen u. Uebungen der vornehmsten u. nothwendigsten christl. Tugenden. 12. Augsburg 755. M. Rieger. ⅛ Thlr

Dornblüth, Augustinus, (†....) nothwendige Vernunftschlüsse über die wahre Religion. 8. Augsb. 751. Rieger. 6 gr.

Dornblüth, F. (Bearb.), s. Johnston, J.

Dornblüth, Franz

Dornblüth, Frz., die Sinne des Menschen. Populär-wissenschaftlich dargestellt. Mit 84 Abbildgn. Leipzig 857. O. Wigand. gr. 8. (1 Bl., IX, 324 S. u. 16 lith. Taf.) n. 2 Thlr

Dornblüth, Friedrich

Dornblüth, Fr., Anleitung zum Gebrauche des Seebades. Rostock 864. Leopold. 16. (79 S.) n. 10 ngr.

Dornblüth, F., Gesundheitspflege in Haus u. Familie. Praktische Beiträge zur Erhaltg. u. Förderg. d. Gesundheit. 8. (VII, 478 S.) Stuttgart 888. Krabbe. n. 5. —; geb. n. 6. —

— **Gesundheitspflege d. Kindes, s. a. Hand- u. Hausschatz** zur Pflege der Gesundheit u. ärztlicher Ratgeber in Krankheitsfällen.

Dornblüth, Dr. Fr., Gesundheitspflege d. Kindes. (152 S.) Stuttgart 1883. Brettinger. Geb. 1.50

Dornblüth, Fr., die **Gesundheitspflege** der Schuljugend. Für Eltern u. Erzieher dargestellt. gr. 8. (XVI, 252 S.) Stuttgart 892. Deutsche Verlags-Anstalt. Geb. in Leinw. n. 3. —

— **s.: Hauslexikon, medizinisches.**

Dornblüth, Fr., Hygiene d. Turnens. E. Leitfaden f. Lehrer u. Lehrerinnen. gr. 8. (VI, 100 S.) Berlin 897. R. Gaertner. Geb. in Leinw. n. 1. 50

Dornblüth, Fr., der Kampf gegen den Alkohol. gr. 8. (12 S.) Leipzig 899. H. Hartung & Sohn. n. — 50
Sonderabdruck aus: „Aerztl. Monatsschr."

— das **Kind** in gesunden Tagen, s.: **Hausarzt**, mein.

– u. Gollner, Mutterpflichten. 2 Tle. in 1 Bde. 12. (VIII, 152 u. V, 95 S.) Stuttgart 1894. A. Brettinger. n 2.–; geb. in Halbleinw. n. 2.50

— die persönliche Prophylaxe, s.: Cholera. Das Wesen der Cholera.

— d. Schularzt. [Aus: „Aerztl. Monatsschr.] gr. 8. (7 S.) Leipzig 898. H. Hartung & Sohn. n. — 50

—— **die Schule der Gesundheit, s. a. Volks-Kosmos.**

Dornblüth, Fr., die Schule der Gesundheit. Aerztliche Belehrungen für Familie und Haus; Krankheiten zu verhüten, zu erkennen und solche durch naturgemäße Lebens- und Behandlungsweise zu heben. Ueber Speise und Trank, deren Auswahl und Bereitung. Die Pflege und geistige Erziehung der Kinder. Wartung der Kranken. Mit zahlreichen Abbildungen. 8. (960 S.) Hamburg [Leipzig] 874, Zander. (ℳ 6.) geb.

Dornblüth, Dr. med. Friedrich, Die Schule der Gesundheit. Aerztliche Belehrungen für Familie und Haus, Gesundheit und Kraft zu gewinnen, das Lebensglück zu steigern, über Speise und Trank, deren Auswahl und Bereitung, die Pflege und geistige Erziehung der Kinder, Wartung der Kranken rc. Zweite gänzlich umgearbeitete und vermehrte Auflage. (Vollständig in 18 Lief.) gr. 8. Mit zahlreichen in den Text gedruckten Abbildungen. 1—2 Lief. (S. 1—128) geh. à 30 kr.

Dornblüth, Dr. med. Friedrich, Die Schule der Gesundheit. Aerztliche Belehrungen für Familie und Haus, Gesundheit und Kraft zu gewinnen, das Lebensglück zu steigern, über Speise und Trank, deren Auswahl und Bereitung, die Pflege und geistige Erziehung der Kinder, Wartung der Kranken rc. Zweite gänzlich umgearbeitete und vermehrte Auflage. (Vollständig in 28 Lief.) gr. 8. Mit zahlreichen in den Text gedruckten Abbildungen. 3. Lief. (S. 129—192) geh. 30 kr.

Dornblüth, Dr. med. Friedrich, Die Schule der Gesundheit. Aerztliche Belehrungen für Familie und Haus, Gesundheit und Kraft zu gewinnen, das Lebensglück zu steigern, über Speise und Trank, deren Auswahl und Bereitung, die Pflege und geistige Erziehung der Kinder, Wartung der Kranken rc. Zweite gänzlich umgearbeitete und vermehrte Auflage. (Vollständig in 28. Lief.) gr. 8. Mit zahlreichen in den Text gedruckten Abbildungen. 4—7. Lief. (S. 193—352) geh. à 30 kr.

Dornblüth, Dr. med. Friedrich, Die Schule der Gesundheit. Aerztliche Belehrungen für Familie und Haus, Gesundheit und Kraft zu gewinnen, das Lebensglück zu steigern, über Speise und Trank, deren Auswahl und Bereitung, die Pflege und geistige Erziehung der Kinder, Wartung der Kranken rc. Zweite gänzlich umgearbeitete und vermehrte Auflage. (Vollständig in 14 Lief.) gr. 8. Mit zahlreichen in den Text gedruckten Abbildungen. 8—14. Lief. (S. 353—629 Schluß) geh. à 30 kr.

Dornblüth, Friedr., die Schule der Gesundheit. Aerztliche Belehrungen für Schule und Haus, Gesundheit und Kraft zu gewinnen, das Lebensglück zu steigern; Krankheiten zu verhüten; über Speise und Trank, deren Auswahl und Bereitung; die Pflege und geistige Erziehung der Kinder, Wartung der Kranken rc. 2. gänzlich umgearb. und verm. Aufl. 14 Lfgn. gr. 8. (XV, 629 S. mit zahlreichen in den Text gedr. Abbild.) Karlsbad 882,83, Feller. à Lfg. * 50 Pf. *

— zur Schulhygiene. [Aus: „Aerztl. Monatsschr."] gr. 8. (7 S.) Ebd. 898. n. — 50

Dornblüth, Fr., die Sinne des Menschen. Populär-wissenschaftl. dargestellt. Mit 84 Abbild. gr. 8. (XI und 324 S. mit 16 Stml.) Leipzig 857, O. Wigand. *

— die Skoliosen, } s.: Sammlung klinischer Vorträge.

Dornblüth, F.: Sollen die Schulen ihre Turnstunden zwischen den anderen Unterrichtsstunden aufgeben? 1896. 5 S.

Dornblüth, F., die chronische Tabakvergiftung, } s. Sammlung klinischer Vorträge.

Dornblüth, Fr., Das Turnen in der Mädchenschule, Hamburg u. Leipzig 1896, 14 S., 8°.

— Turnen u. Turnspiele d. Mädchen. [Aus: „Allg. med. Centralzeitg."] gr. 8. (3 S.) Berlin 895. O. Coblentz. n. 1. —

—— Ursachen und Verbreitungsweise der Cholera und Schutzmaaßregeln gegen dieselbe. 8. (52 S.) Rostock 860, Leopold's Universitäts-Buchh.

— üb. Volksernährung. Nach e. im Rostocker Verein f. öffentl. Gesundheitspflege geh. Vortrage. [Aus: „Fortschritte der öffentl. Gesundheitspflege".] gr. 8. (9 S.) Frankfurt a/M. 894. Jaeger's Verl. n. — 80

Dornblüth, Karl, Körperübung für praktische Ärzte, Wien u. Leipzig, 6 S., 8°.

— Carl Heinrich (Dresden), De privilegio crediti, in rem Suecicam erogati, in foro Saxonico. Diss. jur. Präs. Heinr. v. Boden. Halle (Chr. Henckel) April 1716. 30 S. (5.—) 6786

Dornblüth, L., s. Dornblüth, Albert Ludwig

Dornblüth, O., siehe: *Châtelain.*

Dornblüth, Otto, d. Arzneimittel d. heut. Medizin, s.a. Roth.

Dornblüth, Otto, die Arzneimittel der heutigen Medizin, m. therapeut. Notizen zusammengestellt f. prakt. Aerzte u. Studierende der Medizin. 10. Aufl. (Die 1. bis 7. Aufl. war v. O. Roth u. Gr. Schmitt bearb.) (VIII, 516 S.) 8. Würzburg 906. A. Stuber's Verl. Geb. in Leinw. n. 7. 60
9. Aufl. (VIII, 422 S.) 903. Geb. n. 6. 80.

Dornblüth, Otto, die Behandlung der Darmträgheit. gr. 8. (7 S.) Ebd. 899. n. — 50

— d. Behandlg. d. Geisteskranken i. d. Krankenhäusern. [Aus: „Beiträge z. wissenschaftl. Med., Th. Thierfelder gewidmet".] gr. 8. (16 S.) Leipzig 895. A. Langkammer. n. — 60

— üb. d. Behandlg. d. Syphilis. [Aus: „Aerztl. Monatsschr."] gr. 8. (10 S.) Leipzig 898. H. Hartung & Sohn. n. — 50

— z. Behandlg. v. Zwangs- u. Angstzuständen. [Aus: „Aerztl. Monatsschr."] gr. 8. (12 S.) Leipzig 898. H. Hartung & Sohn. n. — 50

— das Elektrisch-Licht-Bad. gr. 8. (6 S. m. 1 Abbildg.) Ebd. 900. n. — 50
3 Sonderabdrucke aus: „Aerztl. Monatsschr."

— d. geist. Fähigkeiten d. Frau. 8. (53 S.) Rostock 897. W. Werther. n. — 90

— üb. Fleischextrakt u. Fleischersatzmittel. [Aus: „Aerztl. Monatsschr."] gr. 8. (7 S.) Leipzig 898. H. Hartung & Sohn. n. — 50

Dornblüth, Otto, Gesundheits-Brevier. (IV, 116 S.) 16. Berlin 908. Deutscher Verl. f. Volkswohlfahrt. — 50

Dornblüth, Otto. Hygiene der geistigen Arbeit. gr. 8. (III, 58 S.) Berl. 890, [Fried u. Comp.] H. Steinitz Verlag. * 2 —

Hygiene der geistigen Arbeit. Von Dr. Otto Dornblüth, Nervenarzt. 2., völlig umgearb. u. bedeutend erw. Aufl. Berlin: Deutscher Verl. f. Volkswohlfahrt 1907. (258 S.) 8° [J.] [08. 18265]

Dornblüth, O: Hygiene der geistigen Arbeit. 3. Aufl. Berlin 1908

— Klinik d. Neurosen f. d. prakt. Arzt. 1. Tl.: Nervöse Anlage u. Neurasthenie. 8. (VIII, 145 S.) Ebd. 896. n. 2. 50

Dornblüth, Otto, diätetisches Kochbuch. 2., völlig umgearb. Aufl. (VII, 351 S.) 8. Würzburg 905. A. Stuber's Verl. Geb. in Leinw. n. 5. 40

— Kochbuch f. Kranke. 8. (VII, 250 S.) Ebd. 897. Geb. n. 4. —

Dornblüth, Otto, Kompendium der inneren Medizin f. Studierende u. Ärzte. Mit zahlr. Abbildgn. im Text. 8. (XII, 388 S.) Leipzig 892. Veit & Co. In Leinw. kart. n. 7. —

Kompendium der inneren Medizin f. Studierende u. Ärzte von Dr. med. Otto Dornblüth. 3. verb. u. verm. Aufl. Mit zahlr. Abb. Leipzig: Veit & Co. 1897. (XII, 424 S.) 8° [07. 13909]

— Kompendium der inneren Medizin f. Studierende u. Ärzte. 5., verb. u. verm. Aufl. 8. (XII, 456 S. m. Abbildgn.) Leipzig 903. Veit & Co. Geb. in Leinw. n. 7. 50
4. Aufl. (XII, 440 S.) Ebd. 899. Geb. n. 7. 50.

— Kompendium der inneren Medizin f. Studierende u. Ärzte. 6., umgearb. u. verb. Aufl. (XII, 538 S. m. Abb.) 8. Leipzig 910. Veit & Co. Geb. in Leinw. 7. 50

— Kompendium der Psychiatrie f. Studierende u. Ärzte. 8. (VI, 270 S. m. Abbildgn. u. 2 Taf.) Ebd. 894. Geb. in Leinw. n. 6. —

— Kompendium der Psychiatrie f. Studierende u. Aerzte. 2. völlig umgearb. Aufl. (VI, 290 S. m. Abbildgn.) 8. Leipzig 904. Veit & Co. Geb. in Leinw. n. 5. —

— Kompendium d. inneren Medizin f. Studierende u. Ärzte. 3., verb. u. verm. Aufl. 8. (XII, 424 S. m. Abb.) Leipzig 897. Veit & Co. Geb. in Leinw. n. 7. 50

— über Bromipin Merck. gr. 8. (7 S.) Ebd. 899. n. — 60

— s.: Monatsschrift, ärztliche.

— gesunde Nerven. Ärztl. Belehrgn. f. Nervenkranke u. Nervenschwache. 1. u. 2. Aufl. 8. (189 S.) Rostock 896. W. Werther's Verl. Kart. n. 2. 50

— gesunde Nerven. Aerztliche Belehrgn. f. Nervenkranke u. Nervenschwache. 3. verm. u. verb. Aufl. 4. (IV, 162 S.) Berlin (902). W. Werther. n. 2. 50

— Gesunde Nerven. Ärztliche Belehrgn. f. Nervenkranke u. Nervenschwache. 4., verb. Aufl. (IV, 152 S.) 8. Würzburg 908. C. Kabitzsch. 2.—; geb. 2. 50

— moderne Therapie. Ein Kompendium f. den prakt. Arzt. (VIII, 468 S. m. Abbildgn.) 8. Ebd. 906. Geb. in Leinw. n. 7. 50

— klinisches Wörterbuch. Die Kunstausdrücke der Medizin, erläutert. 2., wesentlich verm. Aufl. 8. (IV, 176 S.) Leipzig 901. Veit & Co. Geb. in Leinw. n. 3. 50

— klinisches Wörterbuch. Die Kunstausdrücke der Medizin, erläutert. 3. wesentlich verm. Aufl. (IV, 275 S.) 8. Ebd. 907. Geb. in Leinw. n. 5. —

— Klinisches Wörterbuch. Die Kunstausdrücke der Medizin, erläutert. 4., wesentlich verm. Aufl. (IV, 319 S.) 8. Leipzig 911. Veit & Co. Geb. in Leinw. 5. —

— Wörterbuch der klinischen Kunstausdrücke. Für Studierende u. Ärzte. 8. (IV, 148 S.) Ebd. 894. Geb. in Leinw. n. 3. —

Dornbusch, Paul, das Posamentier-Kunstgewerbe. Gründl. Anleitg. zur Herstellg. sämmtl. Möbelposamenten. Praktisches Lehrbuch m. 100 erläut. Zeichnungen u. Illustr. im Text u. 4 lith. Taf. Bezugsquellen-Adressbuch. gr. 8. (V, 120 u. XXII S.) Dresden 894. E. Tretbar's Verl. n. 5. —; geb. n. 6. —

Dornburg [Schlagwort]

Dornburg, s.: Thüringen. Gräf.

Dornburg [Verfasser]

Dornburg, Alfred

Dornburg, Alfr. v., Johannes Karasek. Kriminal-Novelle, auf Grund aktenmäß. u. mündl. Überliefergn. bearb. 35 Hfte. gr. 8. (558 S. m. 35 Illustr.-Taf.) Neusalza 891. H. Oeser. à — 10

— Martha, die Tochter d. Verurteilten od. Opfer russ. Justiz. Sensationsroman. 100 Hfte., m. je 1 Illustr.-Taf. gr. 8. Ebd. 892. à — 10

1. Bd. Die schwarzen Brüder. (608 S.) — 2. Bd. Die Doppelgängerin. (576 S.) — 3. Bd. Die Geheimnisse d. Jagdschlosses. (610 S.) — 4. Bd. In 2 Welttheilen. (602 S.)

Dornbusch, Der brennende und nicht verbrennende, oder das immerwährende Wunder der hl. Hostie in Seefeld. Innsbruck 1884. V: *Dorfner, Valentin.* (Margr)

Dornbusch, Fréderic et Oscar, s. Bibliothèque de la jeunesse.

Dornbusch, Frédéric et Oscar, s. Contes choisis.

DORNBUSCH, Friedrich, oder die Mohrenkönigin. (Leipzig, Taubert; c. 1810?) 8°. (3 gr.)
Selten gewordenes Volksschriftchen.

Dornbusch, F., Gewichts-Reductions-Tabellen zur Verwandlung des bisherigen Preuss. Handelsgewichts sowie des Wiener, des Hamburger, des Englischen u. des Russischen Handelsgewichts in neues Preuss. oder Zollgewicht u. umgekehrt. Berlin 858. Besser's Verlbdlg. gr. 4. (21 S.) n. 12 ngl

Dornbusch, F., Gewichts-Reductions-Tabellen zur Verwandlung des bisherigen preuss. Handelsgewichts sowie des wiener, des hamburger, des engl. und des russ. Handelsgewichts in neues preuss. oder Zollgewicht und umgekehrt. gr. 4. (21 S.) Berlin 858, [Franz Duncker.] *

Dornbusch, F. W., Blutrosen. Sozialpolitische Gedichte. 8°. Zürich, Volksbuchh. J. Franz, 1876.

Dornbusch, Hilarius (Psdn.), der fröhliche Deklamator im gesellschaftl. Kreise zur Beförderung des Frohsinns u. Lachens. Eine Auswahl von Schwänken, kom. Erzählungen, satyrischen Scherzen u. dergl., theils gesammelt, theils gedichtet. gr. 16. Berlin 835. Lüderitz. 3/4 ₰

— s. Eckensteher Nante als Kläger.

* DORNBUSCH, Hilarius (ps.), Erzählungen. Berlin, 1826. Bey H. Ph. Petri. 8°. (In Berlin: Yw 10, 011.) Zahm. 5 Bll. Vorst. u. 350 S.
Inh. (wie auch d. Tit. steht): Der Bettler. — Das Gespenst. — Der Müller u. der Gehängte. — Der Traum. — Der neue Freischütze.

Dornbusch, Hilar., (Psdn.), Erzählungen. gr. 12. Berl. 826. Petri. 1 ₰ 4 gr

Dornbusch J B, Abhandlungen über das sogen. flandrische Steingut. Utrecht 1878

Dornbusch, J. B., die Kunstgilde der Töpfer in der abteilichen Stadt Siegburg u. ihre Fabrikate. Mit Berücksicht. v. anderen bedeutenden rhein. Töpferniederlassgn., besonders Raeren, Titfeld, Neudorf, Merols, Frechen, Höhr u. Grenzhausen. Ein Beitrag zur Geschichte d. Kunsthandwerkes am Niederrhein. Mit 36 lith. Abbildgn. (auf 8 Taf. in qu. 4.) gr. 8. (IV, 130 S.) Köln 873. Heberle. n. 4. —

— aus dem Leben u. Treiben e. alten Siegstadt im 15., 16. u. 17. Jahrh. Ein Beitrag zur Kulturgeschichte d. Niederrheins. gr. 8. (70 S.) Bonn 876. Strauß. n. 1. 50

Dorndorf, Geschichte des 2. hannoverschen Infanterie-Regiments Nr. 77. I. Tl.: Die hannov. Ueberliefergn. Personalien v. Schwenke. (III, 168 S. m. 1 Bildnis, 2 Tab. u. 2 Karten.) gr. 8. Berlin 903. A. Bath. n. 5. —

von Dorndorff, Bogdan: Kleiner Abriss der Gouvernements-Stadt Tobolsk im Jahre 1834. Herausgegeben von der Rigaischen literarisch-praktischen Bürger-Verbindung. Riga 1836. VIII, 84 S. 8°.

Dorne

— Hermann Hinrich v., De inobedientia impuni, Vom unstraffbahrem Ungehorsam. Dissert. jur. Präs. Joh. Klein. Rostock (Joh. Weppling) 7. X. 1700. 152 S. (5.—) 6789

— — Dasselbe. Güstrow (J. M. Rudiger) 1705. (S. 1273—1420 u. 18 Bl. Reg.) (5.—) 6790

Dörne, Fr.

— s. Rapp, General, Denkwürdigkeiten.

Dörne, (Fr.,) Thorn's Schreckenstage im Jahre 1724. Ein Beitrag zur Geschichte der Jesuiten. 8. Danzig 826, Anhuth.

Dörne, Fr., Johann v. Schwaben. Trauersp. in 5 Akt. 8. (9½ B.) Danzig 830. (Berlin, Schlesinger.)

——, D. Louis Stromeyer zu Danzig in Ostpreußen. Ein Beitr. z. Gesch. d. Cholera-Contagionisten. gr. 8. (1 B.) Altenburg 832. (Danzig, Gerhard.)

Doerne, Frdr., die Bibel als deutsches Volksbuch. Vortrag, geh. auf der Diöcesanversammlg. zu Löbau am 3. XI. 1903. (26 S.) gr. 8. Dresden 904. C. L. Ungelenk. n. — 20

Doerne, Frdr., d. Ergebnisse d. neuern alttestamentl. Forschg. u. ihre Bedeutg. f. d. Kirche, s.: Hefte z. „Christl. Welt".

— Jesaja, der König unter den Propheten. Jes. Kap. 1—39. In Bibelstunden aus der Vergangenheit f. die Gegenwart ausgelegt. (VIII, 256 S.) gr. 8. Leipzig 904. F. Jansa. n. 4. —; geb. n. 5. —

Dorneck, Otto, Johann Gottlieb Fichte, als Denker und Staatsbürger. Eine Rede zur Feier seines 100jähr. Geburtstages. gr. 8. (31 S.) Glogau 862, Flemming.

Dornedden, Karl Fr.

— über die Dämonen u. Genius d. Alten. 8. Götting. 793.

— s. Lechevalier, Beschreib.

Dornedden, Karl Fr., Phamenophis, od. Versuch e. neuen Theorie über Ursprung der Kunst u. Mythologie, mit 2 Kpf. gr. 8. Götting. 797. Vandenhoeck u. R. 1 Rthlr 4 gGr

— neue Theorie z. Erklärung der griech. Mythologie. 8. Götting. 802. Dieterich. 1 Rthlr 8 gGr

— Versuch einer Theorie z. Erklär. d. griech. Mythen. 8. Gött. Dieterich. 802.

Dornemann, Christoph Heinrich: Theologia Jesaiana e toto volumine Jesaiae vatis, s. May, Johann Heinrich (Präs.)

Dornen u. Aehren vom Missionsfelde. Missionsgeschichten, hrsg. v. der Missionskonferenz in der Prov. Brandenburg. 1.—9. Hft. 12. Berlin 887—890. Buchhandlg. d. Berliner Stadtmission. à n. — 10

1. Nella (Sara), e. Ähre zwischen Dornen. Missionsgeschichte, erzählt v. R. Grundemann. 1. u. 2. Aufl. (33 S.)
2. Jakob Zerére, d. standhafte schwarze Christ. Missionsgeschichte, erzählt v. R. Grundemann. 1. u. 2. Aufl. (29 S.)
3.* Bilder aus Tschutia Nappur v. W. H. Ch. Krückeberg. 2. Aufl. (32 S.)
4. Hanukh Dato, der braune Pastor. Eine Lebensgeschichte aus der Kolhsmission, erzählt v. R. Grundemann. (32 S.)
5. Klaas Kuhn, ein Missionar aus den Hottentotten. Missionsgeschichte, erzählt v. E. Schmidt. (30 S.)
6. David Maschilo v. R. Grundemann. (32 S.)
7. Vier Märtyrer auf Neu-Pommern. Missionsgeschichte, erzählt v. R. Grundemann. (32 S.)
8. Bun-liong u. Un-ong. Eine Geschichte aus Formosa, erzählt v. R. Grundemann. (32 S.)
9. Jonas Pudumo. Missionsgeschichte, erzählt v. E. Bublitz. (32 S.)

Dornen u. Ähren vom Missionsfelde. Missionsgeschichten, hrsg. v. der Missionskonferenz in der Prov. Brandenburg. 3.—5., 8.—11. Hft. 12. Berlin, [K. J. Müller.] Buchhandlg. der Berliner evangel. Missionsgesellschaft. à n. — 10

3. Bilder aus Tschutia Nagpur v. W. H. Ch. Krückeberg. 4. Aufl. (32 S.) 891.
4. Hanukh Dato, der braune Pastor. Eine Lebensgeschichte aus der Kolsmission, erzählt v. R. Grundemann. 3. Aufl. (32 S.) 891.
5. Klaas Kuhn, e. Missionar aus den Hottentotten. Missionsgeschichte, erzählt v. S. Schmidt. 3. Aufl. (30 S.) 891.
8. Bun-liong u. Un-ong. Eine Geschichte aus Formosa, erzählt v. R. Grundemann. 2. Aufl. (32 S.) 894.
9. Jonas Pudumo. Missionsgeschichte, erzählt v. E. Bublitz. 2. Aufl. (31 S.) 894.
10. Bilder aus Sumatra. Mitgeteilt v. R. Grundemann. (31 S.) 891.
11. Jakob Makoetle, e. afrikan. Jägersmann, v. Rhold. Gareis. (32 S.) 892.

Dornen u. Ähren v. Missionsfelde. Missionsgeschichten, hrsg. v. d. Missionskonferenz i. d. Prov. Brandenburg. Nr. 1—7 u. 12—13. 12. Berlin, Buchh. d. Berliner evang. Missionsgesellschaft. à n. — 10

1. Nella (Sara), e. Ähre zw. Dornen. Erz. v. R. Grundemann. 5. Aufl. (32 S.) 894.
2. Jakob Zerére, d. standhafte schwarze Christ. Erz. v. R. Grundemann. (32 S.) 5. Aufl. 894.
3. Bilder a. Tschutia Nagpur. Von W. H. Ch. Krückeberg. 5. Aufl. (32 S.) 893.
5. e. Missionar a. d. Hottentotten. Missionsgeschichte. 4. Aufl. (30 S.) 897.
6. David Maschilo. Von R. Grundemann. 3. Aufl. (32 S.) 895.
7. Vier Märtyrer auf Neu-Pommern. Erz. v. R. Grundemann. 3. Aufl. (32 S.) 895.
12. Wang Ki-tong u. Tsü Liang, od. Unechtes u. echtes Glück in China. Erz. v. R. Grundemann. (32 S.) 896.
13. Alte u. neue Zeit im Bawendalande. Von R. Grundemann. (32 S.) 898.

Dornen u. Ähren vom Missionsfelde. Missionsgeschichten. Hrsg. v. der Missionskonferenz in der Prov. Brandenburg. Nr. 2, 4, 7—9, 11, 12 u. 14. gr. 16. Berlin, Buchh. der Berliner ev. Missionsgesellschaft. à n. — 10

2. Jakob Zerére, der standhafte schwarze Christ. Missionsgeschichte. Von R. Grundemann. 6. Aufl. (32 S.) (901.)
4. Hanukh Dato, der braune Pastor. Eine Lebensgeschichte aus d. Kolsmission. Von R. Grundemann. 4. Aufl. (32 S.) (901.)
7. Vier Märtyrer auf Neu-Pommern. Missionsgeschichte. Von R. Grundemann. 4. Aufl. (32 S.) (899.)
8. Bun-liong u. Un-ong. Eine Geschichte aus Formosa. Von R. Grundemann. 3. Aufl. (32 S.) (901.)
9. Jonas Pudumo. Missionsgeschichte. Von E. Bublitz. 3. Aufl. (32 S.) (901.)
11. Jakob Makoetle, e. afrikanischer Jägersmann. Von Rhold. Gareis. 2. Aufl. (32 S.) (899.)
12. Wang Ki-tong u. Tsü Liang, od. Unechtes u. echtes Glück in China. Von R. Grundemann. 2. Aufl. (32 S.) (901.)
14. Bilder v. den Karolinen. I. Pónape. Von R. Grundemann. (32 S.) (899.)

Dornen u. Ähren vom Missionsfelde. Missionsgeschichten, hrsg. v. der Missionskonferenz der Prov. Brandenburg. Nr. 15 u. 16. 12. Berlin, Buchh. der Berliner ev. Missionsgesellschaft. à n. — 10

15. Bilder v. den Karolinen. II. Die Mortlock- u. Ruk-Inseln. Von R. Grundemann. (32 S.) 904.
16. Lui-si-Kong, chinesischer Bauer u. Leutnant. Von R. Grundemann. (32 S.) 904.

Dornen u. Ähren vom Missionsfelde. Missionsgeschichten, hrsg. von der Missionskonferenz der Prov. Brandenburg, Nr. 17 u. 18. (32 u. 36 S.) 16. Berlin 908. Buchh. der Berliner ev. Missionsgesellschaft. à — 10

Dornen aus dem Leben der großen Welt und Blüthen der Einsamkeit, von Ch. Haselich. 8. Liegnitz, Kuhlmey. 818.

Dornen, S., modernes Märtyrerthum. Ein Lebensbild. gr. 8. (162 S.) Berlin (902). Herm. Walther. n. 3. —

Dornen-Krone, die, mit bibl.-kathol.-kirchl. Auslegungen, oder: das zeigende u. zeugende Zeichen in Dorsten bei Münster in Westphalen. 12. (Mit 1 Lithogr. in Fol.) Dorsten 846, Ahn. 3 ngr

Dornenlese u. Beichte vom Sylvester 1906! (24 S.) 8. Lübeck (Augustenstr. 9) (907). W. Gläser. — 40

Dornenlese aus der geheimen Geschichte d. Menschheit. 2 Thle. 8. Wien 798. Schaumburg. 1 Rthlr 16 gGr

Dornenpfad, Der, von Eden nach Salem. Betrachtungen über 1. Mos. 3. Witten 1888. V: *Hengstenberg, H.* (Russell XVI, III, 2, 2957)

Dornenpfade der Barmherzigkeit. Aus Schwester Gerdas Tagebuch. Hrsg. v. Schwester Henriette Arendt. M. e. Einführung v. Schwester Agnes Karll. 1.-5. Taus. — Stuttgart u. Leipzig: Deutsche Verl.-Anst. 1909. 322 S. 8°

Dornenrosen: Erstlingsblätter dter Lyrik in Amerika. NY, 1871.

Dornenstegt, ..., Fastenressource, s. Fr. Lauckhard.

Dornenstein, Berthe von, od. die Plagegeister auf Walbeck; vom Verf. der Angelika 2c. m. K. 2 Bde. 8. Leipzig, Hinrichs. 803.

Dornenstiche für Napoleon und Hieronymus Buonaparte und einige ihrer ehemaligen Staatsdiener. Cölln, P. Hammer (Quedlinburg, Basse) 1814. 8°. (5 Mk. Dieterich, Göttingen, 1907.)
Weller, l. c. — Selten!

— — Dasselbe. Leipzig u. Altenburg bey F. A. Brockhaus. 1814. 8°. 84 S.
Goedeke VII, 864, no. 231: Vgl. Lpz. Lit.-Ztg. 1816. Nr. 52. Sp. 416.

DORNENSTRAUCH, Veit, ein komischer Roman fast so gut als aus den Papieren des braunen Mannes. Dessau 1792. 8°. (2 Mk. Julius Neumann, Magdeb., 1907.)

Dornenstücke. Nebst einem Memento Mori für den Verfasser der Xenien. 1797. Mannheim. V: *Lichtenberg, G. Chr.* (Antiqu.-Kat. Nr. 323, B. Seligsberg, Bayreuth, S. 66) (BiblPort)

— (bei Gelegenheit Schillers Xenien). 16. Manh. 797. Kaufmann. 10 gl.

Dornenstücke, e. Sammlung von Gedichten. 8. Leipz. 807. (W. Rauck). 12 gl.

Dornenstücke, e. Samml. v. Gedicht. 8. Leipz. Sommer. 807.

Dorner. Entwurf einer zu errichtenden Brandassekuranzanstalt in Helvetien. Bern 1799.

Dorner, Lic. Dr. (am Pred.-Seminar in Wittenb.), zur Erinnerung an d. 100jähr. Geburtstag von Frdr. Wilh. Jos. v. Schelling. (S.-A. aus d. Jahrbüchern f. deutsche Theol. XX. 1.) Gotha, R. Besser, 1875. Gr. 8°. 1 Bl., 82 S. Cart.*), m. Autogr. d. Vf.

Dorner, (Hrsg.), s. Jahrbücher für deutsche Theologie.

DORNER, Der Teufel in Wien in den Vorstädten. Wien, 1783. 8°.
l. c. no. 4232. — Rar!

Dorner, über die einheitliche Textgestaltung beziehungsweise Verbesserung der lutherischen Uebersetzung des Neuen Testaments. Vortrag auf der deutschen evangel. Kirchenconferenz. gr. 8. (46 S.) Stuttgart 868, Cotta'sche Buchh. (60 Pf.) *
Aus: Allgemeines Kirchenblatt, besonders abgedruckt.

Dorner, A., Augustinus. Sein theolog. System u. seine religionsphilosoph. Anschauung. gr. 8. (XII, 352 S.) Berlin 873. Hertz. n. 7. —

Dorner, A., Zauleck & E. Kregenow: Beitrag zur Hebung des Lehrlingsturnens. Berlin 1885. 16 S.

— zur Erinnerung an den 100jähr. Geburtstag von Friedrich Wilhelm Joseph v. Schelling. [Aus: „Jahrbücher f. deutsche Theologie."] gr. 8. (82 S.) Gotha 875. Besser. n. 1. 80

Dorner, A., das menschliche Erkennen. Grundlinien d. Erkenntnisstheorie u. Metaphysik. gr. 8. (IV, 512 S.) Berlin 887. Reuther. n. 9. —

Dorner, A., Festrede z. 400jähr. Geburtstagsfeier Melanchthons. Geh. a. 16. II. 1897 i. d. Aula d. Universität Königsberg. gr. 8. (35 S.) Königsberg 897. Hartung. n. — 60

Dorner, A., zur Geschichte des sittlichen Denkens u. Lebens. 9 Vorträge. gr. 8. (XII, 199 S.) Hamburg 901. L. Voß. n. 4. —

— Grundriss der Dogmengeschichte. Entwicklungsgeschichte der christl. Lehrbildgn. gr. 8. (XI, 648 S.) Berlin 899. G. Reimer. n. 10. —

— Grundriss der Encyklopädie der Theologie. gr. 8. (VIII, 142 S.) Ebd. 901. n. 3. —

— d. menschl. Handeln. Philosoph. Ethik. gr. 8. (XII, 737 S.) Berlin 895. Mitscher & Röstell. n. 12. —

— s.: Kierkegaard's, Sören, Angriff a. d. Christenheit

Dorner, A., Kirche u. Reich Gottes. gr. 8. (VIII, 386 S.) Gotha 883. F. A. Perthes. n. 7. —

—— Predigten von dem Reiche Gottes. 8. (VII, 143 S.) Berlin 880, Hertz. *

— über die Principien der Kantischen Ethik. [Aus: „Zeitschr. f. Philos. u. philosoph. Kritik."] gr. 8. (131 S.) Halle 875. Pfeffer. n. 1. 60

Dorner, A., warum ich aus Kirche u. Amt ausgetreten bin. Mit Beziehg. auf die erwartete Erklärg. der württemberg. Geistlichen u. die Absetzg. Schrempf's. 1. u. 2., unveränd. Aufl. gr. 8. (48 S.) Stuttgart 893. R. Lutz. n. — 60

Dorner, Ad., die richtige Stellung der Turnspiele im Turnunterricht. Vortrag. [Aus: „Monatsschr. f. Turnwesen".] gr. 8. (10 S.) Berlin 891. R. Gaertner. n. — 30

Dorner, Alb., Pfarrer. Stellung des Christentums in der Enthaltsamkeitssache. . Bremerhaven 1891. 16 S. Mk. — .20.

Dorner, August

Dorner, Aug., die Aufgabe der Universitäten. Rede zum 27. I. geh. in der Aula der Albertus-Universität zu Königsberg. (16 S.) gr. 8. Leipzig 904. Dürr'sche Buchh. n. — 60

Dorner, Aug., Johannes Calvin. Rede, geh. am 18. I. 1910 in der Aula der Universität Königsberg. (21 S.) 8. Königsberg 910. Aderjahn. — 75

— **Die Einheit** der Wissenschaften im Organismus der Universität. Rede, geh. bei der Übergabe des Prorektorats. (16 S.) 8. Königsberg 909. Gräfe & Unzer. — 60

— die Entstehung der christlichen Glaubenslehren. (XI, 815 S.) gr. 8. München 906. J. F. Lehmann's Verl. n. 6. —; geb. n. 7. —

Encyklopädie der Philosophie. Mit besond. Berücks. d. Erkenntnistheorie u. Kategorienlehre. Von A[ugust] **Dorner**. Leipzig: Dürr 1910. VII, 334 S. 8° [10. 9244

— individuelle u. soziale Ethik. 14 Vorträge. (V, 240 S.) gr. 8. Berlin 906. [C. A. Schwetschke & Sohn.] Leipzig, M. Heinsius Nachf. n. 4. 50

Festrede zur 400jährigen Geburtstagsfeier Melanchthons. Geh. am 16. Febr. 1897 in d. Aula d. Univ. Königsberg v. D. Dr. A[ug.] **Dorner.** *Königsberg: Hartungsche Verlagsdr. [1897].* (35 S.) 1 Bd 8. [97. 5743

Zur Geschichte des sittlichen Denkens und Lebens. Neun Vorträge von D. Dr. A[ugust] Dorner. *Hamburg & Leipzig: L. Voss 1901.* (XII, 199 S.) 8° [F.] [01. 10389

— Grundprobleme der Religionsphilosophie. 8 Vorträge. (VIII, 182 S.) gr. 8. Ebd. 903. n. 3. 20

Grundriss der Encyklopädie der Theologie von D. Dr. A[ugust] Dorner. *Berlin: G. Reimer 1901.* (VII, 142 S.) 8° [01. 1110

— Grundriss der Religionsphilosophie. (XVIII, 448 S.) gr. 8. Leipzig 903. Dürr'sche Buchh. n. 7. —

— Heilsglaube u. Dogma, s. Beiträge zur Weiterentwicklung der christlichen Religion. 4.

Heilsglaube und Dogma. Von Prof. D. Dr. A[ugust] Dorner, Königsberg i. Pr. München: J. F. Lehmann [1906]. (S. 139–182.) 8°
— Beiträge z. Weiterentwicklung d. christl. Religion. H. 4. [07. 10988 10

— die christliche Lehre nach dem gegenwärtigen Stande der theologischen Wissenschaft u. ihre Vermittlung an die Gemeinde. Vortrag auf dem 22. deutschen Protestantentage in Berlin. (27 S.) 8. Berlin 904. [C. A. Schwetschke & Sohn.] Leipzig, M. Heinsius Nachf. n. — 50

Dorner, Augustus (Joh.) (geb. Schiltach in Baden 13. 5. 1846): De Baconis baronis de Verulamio philosophia. Berolini (1867). (VIII, 170 S.) 8°
Berlin, Phil. Diss. v. 19. Okt. 1867

Dorner, Aug., de Baconis baronis de Verulamio philosophia. gr. 8. (VIII und 170 S.) Berlin 867, Hertz. *

Dorner, Aug., de Baconis Baronis de Verulamio philosophia. Berlin 868. Hertz. gr. 8. (VIII, 170 S.) n. 1 ₰

— Philosophie u. Theologie im 19. Jahrh. Vortrag. (40 S.) gr. 8. Berlin-Schöneberg 910. Protestant. Schriftenvertrieb. 1. —
Sonderabdruck aus „Protokoll d. 5. Weltkongr. f. freies Christent. u. relig. Fortschr."

Dorner, Augustus Joan.: Theses theologicae. Berolini (1869). (2 Bl.) 4°
Berlin, Theol. Thes. v. 15. März 1869

Dorner, Emil, das badische Ausführungsgesetz zum bürgerlichen Gesetzbuch m. Erläuterungen. gr. 8. (XVI, 514 S.) Karlsruhe 900—902. G. Braun'sche Hofbuchdr. n. 12. 50; geb. in Leinw. n. 13. 50
Erschien auch in 5 Lfgn. à n. 2. 50.

Dorner, E., freiw. Gerichtsbarkeit, siehe Lang's Gesetze.

Dorner, E., bad. Gerichtskosten, siehe Lang's Sammlung.

— das badische Gesetz, die freiwillige Gerichtsbarkeit u. d. Notariat betr. (Rechtspolizeigesetz), s. Lang's Sammlg. deutsch. u. bad. Gesetze. 2. Bd.

— das badische Gesetz, die freiwill. Gerichtsbarkeit u. das Notariat betr. vom 17. VI. 1899. Textausg. m. Anmerkgn. Karlsruhe 900.

— das badische Gesetz, die Gerichts- u. Notarskosten in Angelegenheiten der freiwill. Gerichtsbarkeit betr., s. Lang's Sammlung deutsch. u. bad. Gesetze. 1. Bd.

— das badische Gesetz, die Gerichts- u. Notarkosten in Angelegenheiten d. freiw. Gerichtsbarkeit betr. vom 15. VI. 1899. Textausg. m. Anmerkungen. Karlsruhe 899.

— Kommentar zur badischen Rechtspolizeigesetzgebung. gr. 8. (XVIII, 674 S.) Karlsruhe 900—902. J. Lang. n. 16. —; geb. n.n. 18. 50
Erschien auch in 6 Lfgn. Lfg. 1—5 à n. 2. 40; Lfg. 6 n. 4. —.

Dorner, Emil, die Kosten in Angelegenheiten der freiwilligen Gerichtsbarkeit nach badischem Recht, s.: Lang's Sammlung deutscher u. badischer Gesetze. 1. Bd.

Dorner, Emil, das badische Kostengesetz samt Vollzugsbestimmungen. Mit Kommentar u. m. Kostentabellen. Zugleich 3. Aufl. der Ausg. des Gesetzes üb. die Kosten in Angelegenheiten der freiwill. Gerichtsbarkeit nach bad. Recht. (XV, 488 S.) 8. Karlsruhe 909. J. Lang. Geb. in Leinw. 4. 75

— u. Alfr. Seng, badisches Landesprivatrecht, s. Dernburg, Heinr., das bürgerl. Recht des Deutschen Reichs u. Preußens. IV. Erg.-Bd.

Badisches Landesprivatrecht. Von Dr. Emil Dorner u. Dr. Alfred Seng. Halle a. S.: Waisenhaus 1906. (XI, 741 S.) 8° [F.]
— Dernburg, Heinrich: Das bürgerliche Recht d. Deutschen Reichs u. Preußens. Erg.Bd 4. [06. 3527

— Bad. Rechtspolizeigesetzgebg. 3. Lfg. Karlsr., J. Lang. 2. 40.

Dorner, E., Bad. Rechtspolizeigesetzgebg. 4. u. 5. Lfg. Karlsr., J. Lang. 1902 à 2. 40.

Dorner, s. Rechtspraxis.

Dorner, Emil, d. Reichsgesetz üb. d. Angelegenheiten d. freiwilligen Gerichtsbarkeit v. 17. V. 1898, erläut. v. D. (In 5 Abthlgn.) 1.—4. Abth. gr. 8. (VI u. S. 1—560.) Karlsruhe 898. J. Lang. à n. 2. 40

— das Reichsgesetz üb. die Angelegenheiten der freiwilligen Gerichtsbarkeit vom 17. V. 1898, erläutert v. D. 5. (Schluß-) Abth. gr. 8. (XVI, XIV u. S. 561—681.) Ebd. 899. n. 2. 40; (kplt. geb. in Halbfrz. n.n. 14. —)

Dorner, F., Einiges über nordamerikanische Eisenbahnen; insbesondere über Verwendung von Güterwagen mit hoher Ladefähigkeit und Vergleich mit den heimischen Verhältnissen. Vortrag. Köln, 1905. 24 S.

Dorner, Friedrich

Dorner, Frdr., die Aufnahmsprüfung. Ratgeber u. Hilfsbüchlein zur Vorbereitg. in die 1. Klasse v. Gymnasium u. Realschule. (VI, 106 S.) 8. Nürnberg 907. C. Koch. Kart. n. 1. 20

Dorner, Frdr., Aufsätze u. Aufsatzstoffe f. die Unterstufe (Klasse I—III) höherer Schulen. (XI, 167 S.) gr. 8. Nürnberg 908. C. Koch. 2. 20

Dorner, Friedrich Dr. „Ausgrabungen am Eilesweg im Distrikt Neu-Ulm". pg. 1—17. 8°. Mit 3 Tafeln und einer Textabbildung. Ohne O. u. Dr.
Neu-Ulm, Progr. 1909/10

Dorner, Friedrich Dr. „Empfangenes und Eigenes im kindlichen Aufsatz". Eine Skizze. pg. 3—27. 8°. U. E. Sebald.
Nürnberg, Progr. 1905/06

— Deutscher Sprachunterricht, s.: Küffner, Karl.

Dorner, Friedrich Dr. „Die Steuern Nördlingens zu Ausgang des Mittelalters". pg. 2—111. 8°. U. E. Sebald.
Nürnberg, Progr. 1904/05

Dorner, Friedrich, Dr., k. Reallehrer: Die Steuern Nördlingens zu Ausgang des Mittelalters. Nürnberg 1905: U. E. Sebald. (112 S.) 8° [F.]
München, Phil. Fak., Ref. v. Riezler, Diss. v. 9. Juni 1905
[Geb. 12. Dez. 70 Forst; Wohnort: Nürnberg; Staatsangeh.: Bayern; Vorbildung: Gymn. Ansbach Reife Juli 89; Studium: Erlangen 1, Tübingen 1, Erlangen 6 S.; Rig. 10. Mai 04.]

— die Steuern Nördlingens zu Ausgang des Mittelalters. (111 S.) 8. Nördlingen 905. (C. H. Beck.) n. 2. —

Dorner, Georg: Aus dem hygienischen Institut der Universität Königsberg i. Pr. Experimentelle Beiträge zur Kenntnis der Hämolysine. (In Sonderheit: Ueber Erzeugung hämolytischer Sera mittels kleiner Dosen Erythrocyten und die Wirkungen von Aderlässen auf derart vorbehandelte Kaninchen.) Königsberg i. Pr. 1905: O. Kümmel. (52 S.) 8°
Königsberg, Med. Fak., Ref. Pfeiffer, Diss. v. 11. März 1905
[Geb. 19. Jan. 81 Wittenberg a. d. E., Wohnort: Königsberg i. Pr.; Staatsangeh.: Preußen; Vorbildung: Kgl. Friedrichskollegium in Königsberg i. Pr. Reife O. 00; Studium: Königsberg 4, Freiburg i. B. 1, Königsberg 4 S.; Coll. 6. März 05; Approb. 15. Apr. 05.]

Dorner, Geo., Fürst u. Volk. Ein Festspiel. gr. 8. München 835. (836, Jaquet.) 3/16 ₰

— Jehova. Ein Gebet- u. Andachts-Buch f. Katholiken. 12. (14 1/4 B.) Sulzbach 837, v. Seidelsche Buchh.

— Liederkranz. 12. München 838. Jaquet. 1/4 ₰

Dorner, Geo., der fromme Sänger. 2. Hrsgabe. 8. (16 B.) Bayreuth 829. (Sulzbach, v. Seidel.)

— komische Scenen aus dem Leben des Studio u. Poeten Hieronymus Grünau. Mit e. Anhange: das Ständchen, Posse in 1 Akte. gr. 16. München 833. (Franz.) 7/12 ₰

—— der fromme Wanderer durchs Leben im Geiste vor Gott. In Gesängen, f. jeden Christen geeignet. 8. (8½ B.) Sulzbach 828, v. Seidel.

Dorner, H., Himmelsharfe. Ein Gebetbuch für gebildete katholische Christen. Herausgeg. von H. Rußwurm. Nebst 4 Stahlstichen. gr. 12. Augsburg 841, Kollmann. 2/3 ₰ — Velinp. 1 ₰

Dorner, H., der menschliche Körper. Ein Lehr- u. Lernbuch f. Schule u. Haus. gr. 8. (III, 104 S. m. 76 Abbildgn.) Hamburg 893. O. Meißner's Verl. n. — 80

Dorner, Hermann

Dorner (H.). Die wichtigsten Familien des Pflanzenreichs . . . Ed. 2. Hamburg, 1867. 8°. Ed. 3. 1871.

Dorner, Herm., die wichtigsten Familien d. Pflanzenreichs in ihren einfachsten unterscheidenden Merkmalen. Für den Gebrauch in Lehranstalten bearb. 3. verm. Aufl. gr. 8. (48 S.) Hamburg 871. O. Meissner. n. — 60

Dorner, Herm., die wichtigsten Familien des Pflanzenreichs in ihren einfachsten unterscheidenden Merkmalen. Für den Gebrauch in Lehranstalten bearb. 4. Aufl. 8. (48 S.) Hamburg 881, O. Meissner's Verlag. cart. *

Dorner, Herm., die wichtigsten Familien d. Pflanzenreichs in ihren einfachsten unterscheidenden Merkmalen. Für den Gebrauch in Lehranstalten bearb. 4. Aufl. 8. (48 S.) Hamburg 884. O. Meissner's Verl. cart. n. — 75

Dorner, Herm., d. wichtigsten Familien d. Pflanzenreichs in ihren einf. unterscheid. Merkmalen. F. d. Gebr. in Lehranst. bearb. 6. Aufl. gr. 8. (48 S.) Hamburg 898. O. Meissner's Verl. Geb. n. — 75

—— Grundzüge der Physik. 1. Aufl. (VIII, 311 S.) 1871, und 2. Aufl. gr. 8. (VIII, 283 S. mit 259 eingedr. Holzschn.) Hamburg 874, O. Meissner. *

Dorner, H., Grundzüge der Physik. 3. und 4. Aufl. 8. (VIII, 283 S. mit 259 eingedr. Holzschn.) Hamburg 876,78, O. Meissner. *M. 2,50.; geb. *

— Grundzüge der Physik. 5. verm. Aufl. Mit 321 Holzschn. gr 8. (VIII, 311 S.) Ebend. 883. n. 3. —

Dorner, H., Grundzüge der Physik. 6., verm. Aufl. gr. 8. (VIII, 312 S. m. 321 Holzschn.) Hamburg 888. O. Meissner's Verl. n. 3. —

— Grundzüge d. Physik. Nebst e. Anh.: Mathemat. Geographie. Chemie. 7., verm. Aufl. gr. 8. (IV, 360 S. m. 337 Abb.) Ebd. 896. n. 3. —

—— Leitfaden der Physik. gr. 8. (155 S. mit 179 eingedr. Holzschn.) Hamburg 874, O. Meissner. *

—— Leitfaden der Physik. 2. Aufl. 8. (IV, 155 S. mit 179 eingedr. Holzschn.) Ebendas. 878. *M. 1,20.; geb. *

— Leitfaden d. Physik. Nebst e. Anh.: Mathemat. Geographie. Chemie. 4., verm. Aufl. gr. 8. (IV, 203 S.) Ebd. 896. n. 1. 20

Dorner, Herm., die einfachsten unterscheidenden Merkmale der wichtigsten Familien des Pflanzenreichs. Für den Gebrauch in Lehranstalten bearb. 2. Aufl. gr. 8. (40 S.) Hamburg 867. O. Meissner.

Dorner, J., s. Andersen, P. Fr., das protestant. Dogma.

Dorner, J., Blätter d. Erinnerung an Harms, s. Blätter.

Dorner, J., (Jh. Chr. Markwort), Erzähll. in romant. Geschmack. 8. Wolfenb. 797. Albrecht. 12 gr.

Dorner, (J. B.) Vorschriften z. Erlernung d. engl. Schrift. 4. Wien 825, Müller.

Dorner, Jh. Ant., (†. . .) Abhandl. v. der Hornviehseuche, s. And. Schack's Abhandl. vom Einflusse der Polizei rc.

— von den Krankheiten d. Schaafe u. ihren Heilungsmitteln. 8. 774.

Dorner, Josef

Dorner, Jos. v., das Banat in topograph.-naturhistor. Beziehung, mit besond. Berücksichtig. d. Herculesbäder nächst Mehadia u. ihrer Umgebungen. Nebst e. ausführl. Schilderung d. Reise in d. Bäder mit d. Dampfschiffen u. zu Lande, u. e. Beschreib. der an d. banat. Donauufern vorkomm. Alterthümer. gr. 12. (11 B.) Pressburg 839, Wigand.

Dorner, Jos., der vollständige Betrieb der Branntweinbrennerei nach allen seinen Verzweigungen, mit ausführl. Beschreibung der Malz- u. Hefenbereitung, des Maischverfahrens, so wie des gesammten Destillationsprozesses, nach den neuesten Erfahr. u. den bewährtesten Methoden; enth. eine vollständ. Belehrung, wie der Ertrag der Getreidekörner u. Kartoffeln aufs Höchste gesteigert, u. der Gehalt, so wie der Werth der Waare, unter allen Umständen mit Sicherheit ausgemittelt werden können. Mit mehreren Tabellen und 21 in den Text eingedr. Abbild. 8. (Mit 2 Tab.) Pesth 843, Hartleben. 2½ ₰

— das Ganze der Essigfabrication theoretisch und practisch abgehandelt rc. Mit mehren in den Text eingedruckten Abbildungen. 8. Pesth 841, Hartleben. (Leipzig, Frohberger.) 1/8 ₰

Dorner, Jos., die Traubenkrankheit nach den neuesten Erfahrungen und Ergebnissen dargestellt. Pest 853. Heckenast. 12. (47 S.) 7½ Ngr.

Dorner, Isaac (Hrsg.), s. Blätter der Erinnerung an das Jubiläum von Claus Harms . . .

Dorner, Isaac August

Dorner, I(saac) A(ug.), Abwehr ungerechter Angriffe des Hrn. Professor Dr. Hengstenberg gegen zwei Mitglieder der theologischen Facultät der Georgia Augusta. gr. 8. (36 S.) Göttingen 854, Dieterichsche Buchh. *

Rede gehalten am 15. Oct. 1864 von I[saak] A[ugust] Dorner, d. Z. Rector der Königl. Friedrich-Wilhelms-Universität zu Berlin. [Über die Aufgaben der deutschen Universitäten als sittlicher Gemeinwesen.] Berlin 1864. (21 S.) 4° *. Wieder abgedr. in den Protest. Monatsblättern hrsg. v. H. Gelzer. Bd 25 1865.

Dorner, J. A., s.: Briefwechsel zwischen H. L. Martensen u. D.

Dorner, J. A., Entwicklungsgeschichte d. Lehre von d. Person Christi, von d. ältesten Zeiten bis auf d. neuesten dargest. gr. 8. (38½ B.) Stuttgart 839, S. G. Liesching.

—— Entwicklungsgeschichte der Lehre von der Person Christi von den ältesten Zeiten bis auf die neueste dargestellt. 2., verm. Aufl. in 2 Thln. 2. Thl.: die Lehre von der Person Christi vom Ende des 4. Jahrh. bis zur Gegenwart. 1. Abthl. gr. 8. (VIII und 452 S.) Berlin 853, Schlawitz.

—— dass. — 2. Thl. 2. Abthl. (2 Hälften.) (Schluß.) Die Lehre von der Person Christi in dem Reformationszeitalter. gr. 8. (VIII und S. 453—1322.) Ebds. 854—56.
1. Thl. Ebendas. 1845—46. 5 Thlr. 10 Ngr.

Dorner, J. A., Geschichte der protestantischen Theologie, s.a. Geschichte der Wissenschaften in Deutschland.

Dorner, J. A., Geschichte der protestantischen Theologie, besonders in Deutschland. München 1867. 8.
A. u. d. T.: Gesch. d. Wiss. in Deutschl. N. Z. Bd. 5. . . . . (D.)

Dorner, J. A., Geschichte der protestantischen Theologie, besonders in Deutschland, nach ihrer prinzipiellen Bewegung und im Zusammenhange mit dem religiösen, sittlichen und intellectuellen Leben betrachtet. (Separat-Ausg. der Geschichte der Wissenschaften in Deutschland Bd. V.) 2. unveränd. Abdr. mit einem Nachtrag. 8. (X, 930 S.) München 868, Oldenbourg. *

— u. C. Herrmann, zwei Kirchentagsvorträge, gehalten zu Kiel am 3. u. 4. Septbr. 1867. Hamburg 867. Agentur des Rauhen Hauses. 8. (IV, 66 S.) n. 10 ngr.

— die evangel. Conferenz in Wittenberg, s.: Monatsschrift f. d. evangel. Kirche der Rheinprovinz.

Dorner, Isaac Aug., die Lehre von d. Person Christi geschichtl. u. bibl.-dogmatisch dargest. In 3 Theilen. 1. Thl. Entwickelungsgeschichte d. Lehre v. d. Person Christi. 2., verm. Aufl. 2 Thle. Entwickelungsgeschichte der Lehre v. d. Person Christi in den ersten vier Jahrhunderten. gr. 8. (73 B.) Stuttgart 845, 46, S. G. Liesching, Verl.

— s. Mitarbeiten, theologische.

Ad audiendam orationem de ratione inter ecclesiam et rempublicam intercedente pro aditu muneris prof. ord. in theol. ev. ordine Bonnensi d. XXXI Iulii ... habendam ... invitat Isaacus Augustus **Dorner** ... — Insunt nonnulla de auctoritatis indole ethica. Bonnae, typ. C. Georgii 1847. 1 Bl., 13 S. 4.

— de oratione Christi eschatologica Matth. XXIV, 1—36. (Luc. XXI, 5—36. Marc. XIII, 1—32.) asservata. Tractatus theologicus, quo Academiam Regiomont. festa trisecularia agentem salutat piisque votis prosequitur. 8maj. Stuttgardiae 844, S. G. Liesching. n. 1/2 rthl.

Dorner, J. A., der Pietismus, insbesondere in Würtemberg, u. seine speculativen Gegner, Dr. Binder u. Dr. Märklin, mit besond. Beziehung auf das Verhältniß des Pietismus zur Kirche. Abgedruckt aus den theol. Studien u. Kritiken. Jahrg. 1840. Hft. 1. gr. 8. Hamburg 840. Fr. Perthes. 3/8 rthl.

Dorner, J. A., Predigten von dem Reiche Gottes. 8. (VII, 143 S.) Berlin 880. Hertz. n. 2. 40

Dorner, Isaac Aug., das Princip unsrer Kirche nach dem innern Verhältniß seiner zwei Seiten betrachtet. — Eine dogmat. Abhandlung zur Feier des 25jähr. Jubiläums des Amtsantrittes von Dr. Harms in Kiel. gr. 8. Kiel 841, Universitäts-Buchhandlung. 5/12 rthl.

Dorner, J. A., gesammelte Schriften aus dem Gebiet der systematischen Theologie, Exegese u. Geschichte. gr. 8. (VII, 498 S.) Berlin 883. Hertz. n. 9. —; geb. n.n. 10. 50

Dorner, Isaak August (Hrsg.), s. Sedlnitzky von Choltiz: Selbstbiographie

Dorner, Isaak Aug., Sendschreiben üb. Reform d. evang. Landeskirchen im Zusammenhang mit der Herstellg. einer evang.-deutschen Nationalkirche; an Hrn. Dr. C. J. Nitzsch in Berlin u. Hrn. Dr. Jul. Müller in Halle. gr. 8. (80 S.) Bonn 848, Marcus. n. 1/3 rthl.

Festrede auf der Universität zu Berlin am 22. März 1864 als an dem Geburtsfest Seiner Maj. des Königs gehalten von I[saak] A[ugust] **Dorner**. [Ueber die Stellung, welche der grosse Kurfürst zu den verschiedenen Confessionen, besonders aber zu den verfolgten auswärtigen evangelischen Glaubensgenossen einnahm.] Berlin 1864. (30 S.) 4° ¶ Wieder abgedr. in d. Verf. Ges. Schriften aus d. Gebiet d. systemat. Theol., Exegese und Gesch. Berlin: W. Hertz 1883 S. 476-498.

— System der christlichen Glaubenslehre. 2 Bde. gr. 8. (VIII, 1018 S.) Ebend. 879—81. n. 30. —

—— System der christlichen Glaubenslehre. 2. (Schluß-)Bd.: Specielle Glaubenslehre. 2 Hälften. gr. 8. Ebendas. [1. Hälfte. (S. 1—174.) 880. n. M 8.; 2. Hälfte (S. 475—1018.) 881. n. M 10.] *
1. Bd. Ebendas. 1879. n. M 12.

— System der christlichen Glaubenslehre. 2. Aufl. 1. Bd. u. 2. Bd. 1. Hälfte. gr. 8. (X, 749 S.) Ebend. 886. n. 20. —
1. Grundlegung od. Apologetik. (X, 749 S.) n. 12. —; Einbd. n.n. 1. 25
2. Specielle Glaubenslehre. 1. Hälfte. (474 S.) n. 1. 25

— System der christlichen Glaubenslehre. 2. Aufl. 2. Bd. Specielle Glaubenslehre. 2. Hälfte. gr. 8. (VI u. S. 475—1018.) Berlin 887. Hertz. n. 10. — (cplt.: n. 30. —)

— System der christlichen Sittenlehre. Hrsg. v. A. Dorner. gr. 8. (XI, 516 S.) Ebend. 885. n. 9. —; geb. n. 10. 50

— über die einheitliche Textgestaltung beziehungsweise Verbesserung der lutherischen Uebersetzung des Neuen Testaments. Vortrag auf der deutschen evangelischen Kirchenconferenz. [Aus dem allgem. Kirchenblatt.] Stuttgart 868. Cotta. 8. (46 S.) 6 ngr.

—— das Verhältniß zwischen Kirche und Staat, aus dem Gesichtspunkte evangelischer Wissenschaft. Antrittsrede zu dem ord. Lehramte der Theologie an der Universität zu Bonn. gr. 8. (32 S.) Bonn 847, Marcus. *
Aus: Monatsschrift für die evangel. Kirche der Rheinprovinz ꝛc., besonders abgedruckt.

Dorner, J. A., über Jesu sündlose Vollkommenheit. (Abdr. aus den Jahrbüchern für deutsche Theologie.) Gotha 862. Besser. gr. 8. (2 Bl., 58 S.) 6 ngr.

Dorner, Julius, a. Pirmasens: Aus der Dermatologischen Klinik in Würzburg. Ein Fall von Rhinosklerom. Würzburg 1905: A. Borst. (47 S.) 8°
Würzburg, Med. Fak., Ref. v. Leube, Diss. v. 15. Jan. 1906
[Geb. 13. Jan. 77 Pirmasens; Wohnort: Marsberg i. W.; Staatsangeh.: Bayern; Vorbildung: Gymn. Neuburg a. D. Reife Juli 95; Studium: München 4, Würzburg 6 S.; Coll. 3. Mai 05; Coll. 3. Mai 05; Approb. 13. Juli 00.]

Dorner, K. Chr. W., kurze Erörterung der Rechtsfrage: wem das Eigenthum am Kirchengute zusteht? Rosenheim 868. Huber. 16. (VIII, 67 S.) 9 ngr.

Dorner, Carl, Erzählungen im romantischen Geschmack, 8. Wolfenbüttel, 797. Albrecht. 15 gl.

Dorner, Karl, s.: Kommentar zum Lesebuch f. die kathol Volksschulen Württembergs.

Dorner, Otto, a. Königsberg: Über Teiler von Formen. Königsberg i. Pr. 1908: O. Kümmel. (67 S.) 8°
Königsberg, Phil. Fak., Ref. Meyer, Diss. v. 25. März 1908
[Geb. 22. Dez. 84 Wittenberg; Wohnort: Königsberg i. Pr.; Staatsangeh.: Preußen; Vorbildung: Gymn. Fridericianum Königsberg i. Pr. Reife O. 03; Studium: Königsberg 8 S.; Rig. 19. Dez. 07.]

Dörner, A., einiges vom Gedächtnis. Eine psycholog. Skizze 8. (51 S.) Bunzlau 902. G. Kreuschmer. n. — 60

Dörner, Celia. Gelegentlicher Unterricht; Vortrag. Cinci. 1882.

Dörner, Ch. H.

– s. J. Matter, Geschichte des Gnosticismus.

—— das Freund'sche Wörterbuch d. latein. Sprache im Verhältniß zu seinen Vorgängern. Ein Beitr. zur Würdigung desselb. überhaupt u. seines Verhältnisses zum Dörner'schen Wörterbuche insbesond. ꝛc. gr. Lex.-8. (1 1/2 B.) Stuttgart, Hallberger'sche Vrlsb. gratis.

Dörner, Ch. H., vollständ. Wörterbuch d. latein. Sprache, nach d. neuesten Hülfsmitteln bearb. 1. Lfg. (Bog. 1—18.) gr. 8. Stuttgart 836, Hallberger'sche Vrlsh.

Dörner, Chr. Fr., († d. 6. Febr. 1806.) Diss. inaug. de gravioribus cartilaginum mutationibus. 8. Tüb. 798. (Osiander). 5 gr.

Dörner, Chr. H., s. Arrian's Werke.

Dörner, Christian Friedrich

– genaue Abbildungen d. Kuhpocken sammt e. richtigen Beschreib. ders. 4. Fürth 1803. (Campe in Nürnb.) 6

Doerner, C(hristian) F(riedrich) (Übers.):

s.: **Bichat**, (François Marie) Xavier: Abhandlung über die Häute im allgemeinen und über die verschiedenen Häute insbesondere. (Traité des membranes. Dt.) Tübingen: 1802

JB 953

– s. Default, Wahrnehm.

Dörner, Christian Friedrich (Übers.):

s.: **Desault**, P(ierre) J(oseph): Abhandlung über die Krankheiten der Harnwege, herausgegeben und vermehrt von (François Marie Xavier) Bichat. (Traité des maladies des voies urinaires. Ouvrage extrait du Journal de chirurgie, augmenté et publié par (François Marie) Xav(ier) Bichat. Seconde édition, augmentée par Phil(ibert) Jos(eph) Roux. Dt.) Frankfurt am Mayn: 1806

JB 3.755

– s. Rysten, Versuche.

Dörner, Christian Heinrich

Doerner, Chrn. Heinr., De cantu Davidis quem vocant cycneo 11. Sam. XXIII, 1—7. Heilbronn, 25. IX. 1829 (Regis Wuert. Guilielmi natal. fest. in gymnas.) 17 S. (3.—) 6700

Dörner, Ernst

Hurra Zeppelin! Ein ländl. Singspiel in 1 Akt von Hans Bernhardt. Musik von Ernst **Dörner**. [Textbuch.] Heidelberg: Hochstein [1908]. 16 S. 8° [illegible]

Dörner, Ferd.

Dörner, F., das Wichtigste aus der Heimatskunde des Kreises Guhrau. Beilage zur Flemming'schen Schulkarte des Kreises Guhrau. (22 S.) kl. 8. Glogau (905). Berlin, C. Flemming. n. — 10

Dörner, Friedrich (Hrsg.), s. Hausfrauen-Zeitung

Dörner Friedrich: Chemische Untersuchung eines antiken Wasserleitung-kittes. S. 108. IIb. 14 . . . . ngr.
Separatabdruck

Doerner, G. Ph., die Spalierrebe. (VI, 64 S. m. 29 Abbildgn.) 8. Berlin 904. P. Parey. Kart. n. 1. —

DORNER, Gustav (Ilbesheim): Ueber die epidemische Cerebrospinal-Meningitis.- München: Mühlthaler 1871. 26 S.
26.7.1870 - Urk (Titel: De meningitide cerebro spinali epidemica.); F 72; Chr 1870/71,14
Diss.Ingolst.-Landsh.-Mchn.

Dörner, Heinrich, a. Elberfeld-Sonnborn: Robert Biquet's „Lai du Cor“ mit einer Einleitung über Sprache und Abfassungszeit. Straßburg i. E. 1907: M. DuMont Schauberg. (67 S.) 8°
Straßburg, Phil. Fak., Ref. Gröber, Diss. v. 24. Nov. 1906
[Geb. 1. Juli 84 Sonnborn b. Elberfeld; Wohnort: Sonnborn; Staatsangeh.: Preußen; Vorbildung: Realgymn. Elberfeld Reife O. 03; Studium: Bonn 2, Straßburg 6 S.]

Dörner, J. A., Von den Krankheiten der Schafe und ihren Heilungsmitteln. 774. 8 vo.

DÖRNER, Karl (Darmstadt): Zur Casuistik der Kryptogenen Septicopyämie.- München: Wolf 1902. 48 S.
9.5.1902 - Chr 1901/02,26; Jv 1901/02,269
Diss.Ingolst.-Landsh.-Mchn.

Dörner, Max, kommunale Submissions-Politik. Die Vergebg. öffentl. Arbeiten in Mannheim, s.a. Studien, Münchener volkswirtschaftliche.

Dörner, Max: Kommunale Submissions-Politik. Die Vergebung öffentlicher Arbeiten in Mannheim, bearb. nach amtl. Material. Stuttgart 1908: Union. (IV, 90 S.) 8°
¶ (= Münchener volkswirtsch. Studien Stück 85, 1908.)
München, Staatswirtsch. Fak., Ref. Lotz, Diss. v. 25. Nov. 1907
[Geb. 14. Dez. 84 M.-Gladbach; Wohnort: M.-Gladbach; Staatsangeh.: Preußen; Vorbildung: Gymn. Heidelberg Reife Juli 03; Studium: Phil. Heidelberg 1, Leipzig 2, Berlin 1, Staatsw. München 3 S.; Rig. 25. Nov. 07.]

Kommunale Submissions-Politik. Die Vergebung öffentlicher Arbeiten in Mannheim. Bearb. nach amtl. Material von Max **Dörner**. Stuttgart & Berlin: J. G. Cotta Nachf. 1908. (VI, 90 S.) 8°
— Studien, Münchener Volkswirtschaftliche. St. 85. [illegible]

Dörner, Otto, der Glockenguß zu Breslau, s.a. Danner's, G., deutsche Volksbühne.

Der Glockenguß zu Breslau. Volksstück in 3 Akten (9 Verwandlungen). Neu bearb. von Otto **Dörner**. Mühlhausen i. Th.: Danner [1908]. 48 S. 8°
(Danner's deutsche Volksbühne. Nr 9.) [illegible]

Dörner, Wilhelm [app. Arzt aus Biblis in Hessen]: Über das Vorkommen von Glycosurie bei Psychosen ... Freiburg i. B., F. Wagner'sche Buchdr., 1895; 46 S. 8.
Freiburg i. B., Med. Fak., Inaug.-Diss. v. 1895

Dorner's Kirche u. Dorner's Staat. Abfertigung der Broschüre: „Kurze Erörterung der Rechtsfrage, wem das Eigenthum am Kirchengute zusteht? Von K. Chr. W. Dorner.“ München 868. Fritsch. gr. 8. (36 S.) n. 6 ngr.

Dorneth, J. [Pseud.]. s. a. Hüpeden, Jenny

Dorneth, J., Erklärung der Evangelien aus den Evangelien. (VII, 133 S.) gr. 8. Halle 909. R. Mühlmann's Verl. 1.—; geb. 1. 60

Dorneth, J. v., der Jesuitenorden v. seiner Gründung bis zur heutigen Zeit. 8. (89 S.) Hannover 893. L. Ost. n. 1. —

Dorneth, J. v., der Jesuitenorden v. seiner Gründung bis zur heutigen Zeit. (Mit e. Vorwort v. Kurt Delbrück.) 2. Aufl. (IV, 92 S.) 8. Hannover 904. A. Kiepert. n. — 75

Dorneth, J. v., aus dem Kaukasus u. der Krim. Nach eigenen Erlebnissen. Mit 6 Abbildungen (Holzschntaf.). 8. (IV, 219 S.) Wien 881. Hartleben. 3. 25

Dorneth, J. v., die Letten unter den Deutschen. gr. 8. (VI, 127 S.) Berlin 885. Deubner. n. 2. —

Dorneth, J. v., die Letten unter den Deutschen. Den balt. Landsleuten gewidmet. 2. (Titel-)Aufl. gr. 8. (VI, 127 S.) Berlin 887. Deubner. n. 1. —

— die Letten unter den Deutschen im Baltenlande. 3., verm. Aufl. (III, 91 S.) 8. Hannover 906. Hahn. n. 1. 20

Dorneth, J. v. [d. i. Jenny Hüpeden]: Die Letten unter den Deutschen im Baltenlande. 3. verm. Aufl. Hannover & Lpz. '06. 91 S.

— Martin Luther. Sein Leben u. sein Wirken. 1. Tl. 8. (163 S.) Ebend. 886. n. 2. —

Dorneth, J. v., Martin Luther. Sein Leben u. sein Wirken. 2. u. 3. Tl. gr. 8. Hannover, Schmorl & v. Seefeld. à Bd. n. 2. — (cplt.: n. 6. —; geb. n. 7. —)
2. (194 S.) 888. — 3. (247 S.) 889.

— die Russificirung der Ostseeprovinzen. 8. (94 S.) Leipzig 887. Duncker & Humblot. n. 1. 80

Dornewass, Otto, les Lanciers [Quadrille anglaise]. 32. (8 S.) Wiesbaden 885. (Moritz & Münzel). n. — 20

Dornewass, Otto, les Lanciers (Quadrille Anglaise). 64. (8 S.) Wiesbaden 898. Ch. Limbarth. n. — 20

— Quadrille française. 32. (8 S.) Ebend. 885. n. — 20

Dornfeld, Friedrich

Dornfeld, Friedr. v., der Erbschleicher. Original-Roman aus dem Jahre 1848. (2 Thle.) Linz 856. Huemer's Wwe. u. Danner. 8. (83; 92 S.) n. 20 ngr.

Dornfeld, J., die Geschichte des Weinbaues in Schwaben. Eine geschichtliche Darstellung des Weinbaues u. des damit in Verbindung stehenden Weinverkehrs in Schwaben von der ältesten bis auf die neueste Zeit. Stuttgart 868. Cohen & Risch. gr. 8. (VIII, 272 S.) 1 ℛ 6 ngr.

Dornfeld, J., de pugna draconis cum archangelo Michaële. Lips. 1708. 4.

—— der rationelle Weinbau und die Weinbereitungs-Lehre mit einem Anh. über den Einfluß der climat. Verhältnisse auf den Weinbau. Den Weinproduzenten und Wein-Commerzianten Deutschlands, sowie allen Freunden des Weinbaues und eines reinen Naturweines gewidmet. Lex.-8. (XVI und 472 S.) Heilbronn 864, Scheurlen. *

Dornfeld, J., der rationelle Weinbau und die Weinbereitungs-Lehre mit einem Anh. über den Einfluß der climat. Verhältnisse auf den Weinbau. 2. (Titel-)Ausg. Lex.-8. (XVI, 472 S.) Heilbronn (864)69, Scheurlen's Verlag.

Dornfeld, Weinbauschule, oder Anleitung zu Pflanzung der Rebe und Gewinnung des Weins. Als Preisschrift hrsg. durch die Gesellschaft für die Weinverbesserung in Württemberg. gr. 8. (XII und 159 S.) Stuttgart 859. (Heilbronn, Scheurlen.) *

Dornfeld's Weinbauschule. 2. Aufl. Neu bearb. v. de Ausschußmitgliedern der Gesellschaft f. Verbesserung de Weins in Württemberg: O. Fraas, F. Hochstette Fr. Rühle, Ph. Warth, W. Lutz, Ahles, Bo sert, G. Lutz. Hrsg. v. Osc. Fraas. Mit 15 (ei gedr.) Abbildgn. in Holzschn. gr. 8. (VI, 172 S.) Hei bronn 876. Scheurlen's Verl. n. 1. 8

Dornfeld, J., die Wein- u. Obst-Producenten Deutschlands. Systematisch geordneter Zusammentrag der wichtigsten Verhandlungen derselben bei den Versammlungen in den Jahren 1838 bis 1849. gr. 8. (X u. 540 S.) Stuttgart 852, Cotta. 2 ℛ

Dornfeld, J., die Wein- und Obst-Producenten Deutschlands. Systematisch geordneter Zusammentrag der wichtigsten Verhandlungen derselben bei den Versammlungen in den J. 1838 bis 1849. gr. 8. (X und 510 S.) Stuttgart 853, Cotta'sche Buchh. Thlr.

Dornfeld, Jo.Jac. (Präs.): De juribus circa lithanthraces, s.a. Barthold, Georg Wilhelm (Resp.)

Dornfeld, J. J., De juribus circa lithanthraces. Leipzig. 1742. 52 S.

Dornfeld, Johann Jacob

Dornfeld, Joh. Jac., De arbitris illustris ictorum ordinis Lipsiensis auctoritate. Lpz. (Titius) 28. IX. 1724. 60 S. (5.70) 6791
Gew.: Gg. Gottlieb Ritter.

— — Derselbe Titel mit anderem Inhalt. 34 S. (4.80) 6792

Dornfeld, V. [Pseud.], s. a. Sabarth, Viktor

Charlotte Corday. Trauerspiel in 4 Acten. Von V. **Dornfeld** [d. i. Viktor Sabarth, Forstm. a. D. Hannover: Selbstverl. 1895.] (94 S.) 8° [F.]

Dornfeld, V., Tiefenthal. Erzählung. gr. 8. (221 S.) Leipzig 894. (E. Ruft.) n. 2. —; geb. 3. —

Dornfelden, Heinr., od. die Erbsch., v. Frödings. 8. Götting. Dieterich. 797.

Dornfeldt, Johann Jacob, Jura personarum ex statu quem natura, libertas, civitas dedit, seu regularum juris privati quo utimur naturalis, Romani, canonici, patrii. Präs. Carl Otto Rechenberg. Lpz. (I. Titius) 30. IX. 1718. 76 Seiten. (5.20) 6793

Dornfels, Hans (Hans Richter), Schulden d. Herzens, s.: Roman-Gallerie f. Salon u. Reise.

Dornford, Jos. (Hrsg.), s. Plinius, C. Secundus Major: Liber XXXIV

Dörnhaus, R., Fest- und Tafellieder zur Hochzeit- und Polterabend-Feier. 8. (48 S.) Oberhausen (Styrum) 887, Spaarmann.

Dornheckter, Rob., drei Geburtstagslieder für vierstimmigen Männerchor. Zum Gebrauch in Schullehrer-Seminarien u. den oberen Klassen der Gymnasien u. Realschulen. Halle 868. Schmidt. Lex.-8. (8 S.) 2½ ngr.

Dornheckter, R. Der Gesangunterricht an höheren Lehranstalten mit besonderer Berücksichtigung des hiesigen Gymnasiums. 28 S.
Progr. G. *Stralsund* 1880.

Dornheckter, Rob., der Gesangunterricht an höheren Lehranstalten mit besonderer Berücksichtigung des hiesigen Gymnasiums. 4. (28 S.) Stralsund 880. (Meincke.) — 75

DORNHEIM oder der Beobachter des menschlichen Herzens. Kein Roman, sondern wahre Geschichten. (Derb-pikante Sittenschilderungen d. deutschen bürgerl. Lebens in der „Geniezeit".) Th. 1 (einz.). Mit (unsign.) Titelvignette. Leipzig (o. Adresse) 1789. 8°. Rar! (2 Mk. 50 Pfg. R. Levi, Stuttgart, 1892.)
Tit. u. 380 S. Text mit der Ueberschrift: Sonnabend, d. 1. May 1778.

Dornheim: Die Bewegungsgesetze für Kräfte, welche proportional der Entfernung sind. 31 S. und Fgt. – Minden, Progr. 1867.

Dornheim, die Bewegungsgesetze für Kräfte, welche der Entfernung proportional sind. Eine mechanische Abhandlung für die Realprima. Minden 867. (Volkening.) gr. 8. (31 S. u. 1 lith. Taf.) n. 8 ngr.

Dornheim: Die Kegelschnitte in analytisch-geometrischer Darstellung. 32 S. – Minden, Progr. 1857.

Dornheim, Fr. Additamenta ad theoriam superficierum secundi ordinis. 10 S.
Minden, Progr. 1842

Dornheim, Friedrich, a. Leipzig: Beitrag zur pathologischen Anatomie der Tay-Sachs'schen familiären amaurotischen Idiotie. Leipzig 1908: B. Georgi. (45 S.) 8°
Leipzig, Med. Fak., Ref. Flechsig, Diss. v. 19. Juni 1908
[Geb. 16. Okt. 82 Hannover; Wohnort: Leipzig; Staatsangeh.: Sachsen; Vorbildung: Nikolai-Gymn. Leipzig Reife O. 02; Studium: Genf 1, Leipzig 1, München 1, Leipzig 6 S.; Coll. 23. Juni 08; Approb. 19. Mai 07.]

Dornheim, Friedr. Leitfaden der analytischen Geometrie für die erste Klasse der Realschulen. 32 S. u. 1 Taf. 8. *Minden* 1879. **Progr.**

Dornheim, Leitfaden der analytischen Geometrie f. die erste Klasse der Realgymnasien u. Ober-Realschulen. gr. 8. (IV, 28 S. m. 1 Steintaf.) Minden 883. Bruns. n. — 60

Dornheim, Fridericus (geb. am 10 Aug. 1817 in Detmold): De singularitatibus superficierum ... Bonnae ad Rh., typ. C. Georgii 1840. 2 Bl., 14 S., 1 Bl. 4.
Bonn, Phil. Fak., Diss. v. 1 Febr. 1840

[Umschlagt.:] **Dornheim,** *Fritz* [wiss. Hilfsl.]: Zur Anschaulichkeit im lateinischen Anfangsunterricht. Seehausen i. d. A., Druck d. R. Schröterschen Buchdr., 1894: 3 26 S. 4.
Seehausen i. d. A., G. OP 1894 (253)

Dornheim, M., Jadwiga, Königin von Polen. Dramatisches Gedicht in 5 Aufzügen. Stuttgart 857. Ed. Hallberger. 32. (3 Bl., 147 S.) 22 ngr.

Dornheim, O., Volksschäden u. Volksschule, s. a. Magazin, pädag.

Volksschäden und Volksschule. Eine schulpädag. Skizze. Von O. Dornheim. *Langensalza: H. Beyer & Söhne 1901.* (43 S.) 8°
— Magazin. Pädagogisches. II. 225.

Dornheim, Cuno Heinrich Adolph Graf von, romant. Geschichte aus dem letzten Jahrzehend des 18ten Jahrhund. vom Verfass. d. Brautkrone. 2 Thle. 8. Leipzig, Joachim. 811.
Der 2te Theil auch unt. d. Titel: Mica, das Schweizerhirtenmädchen.

Dornhofer's, J. B., Merkwürdigkeiten von München von 1788—1806. Genau von dem Originale copirt von *M(atthias) Roming.* München 1858. 4°. Ppb. (Aus Roming's Bibl.)
Mapt. m. breitem Rande, deutlich geschrieb. XIV—115 num. S., 2 S. Inh. — Joh. Bapt. Dornhofer, Canon. von St. Wolfgang, unweit Isen, u. Beneficiat bei St. Peter in München, war das. geb. 24. Juni 1763, zum Priester geweiht 23. Dezbr. 1786, u. † 23. März 1840 im 83. J. s. Alters u. im 60. s. priesterl. Wirkens. (Cfr. d. Verr. Roming's vor s. Abschrift.)

Dornhoff, H. A., verschied. Sorten sehr wohlfeiler Kunstlichte, die ganz hell u. noch einmal so lange brennen, als andere von eben d. Dicke u. Länge rc., nebst e. Anweis. zu Verfertigung e. wohlfeilen Lichtgießer-Maschine zu Wachs u. Talg. 8. Frankf. a. M. 819.

Dornhöffer, Friedrich

Dörnhöffer, Frdr., Eduard Chmelarz, s.: Jahrbuch d. kunsthistor. Sammlgn. des allerhöchst. Kaiserhauses. XXII. 6.

Dörnhöffer, Frdr., Dürers Fechtbuch, s.a Jahrbuch der kunsthistor. Sammlungen des Allerh. Kaiserhauses.

Albrecht Dürers Fechtbuch. Von Friedrich Dörnhöffer. Mit 78 Taf. u 157 Textabb. Wien: Tempsky; Leipzig: Freytag 1909. LXXXI S. 2°
(Jahrbuch d. kunsthist. Sammlungen d. Allerh. Kaiserhauses. Bd 27, H. 6.) (10. 1910)

Dörnhöffer, Frdr.: Die Lithographie, s. Graul, Rich.

--- s.: Seelengärtlein.

Dörnhöffer Friedrich: Ueber einen Cyklus von Darstellungen der Kriege und Jagden Maximilians I. in Federzeichnungen. Diss. Wien, Univ.
D: Jahrb. d. Kunsthist. Slgn. d. A. H. Kaiserh. XVIII, 1897.
1896 PN 963 1870

DEM HERRN KARL WILHELM DORNICK wohlverdienten Pfarrer der evangelischen Gemeinde Haynewalde ihrem hochverehrten Ehrenmitgliede am Tage Seiner fünfzigjährigen Amts-Jubelfeier den 2. April 1865 die Oberlausitzische Gesellschaft der Wissenschaften. Inhalt: Metrische Uebersetzung einiger Psalmen (von J. L. HAUPT). Görlitz 1865. Buchdruckerei von H. Jungandreas. 4°.

Dornig, Hermann

Dornig, Herm., die Praxis der mechanischen Weberei, s.a Hartleben's, A., mechanisch-technische Bibliothek. 3.

Dornig, Herm., die Praxis der mechanischen Weberei. Ein Hilfs- u. Lehrbuch f. Meister u. Schüler. Verständlich u. leicht fasslich dargestellt. Mit 24 Abbildgn., 6 Taf. u. 1 General-Tab. gr. 8. (VIII, 121 S.) Wien 895. A. Hartleben. n. 3.—; geb. n. 4.—

Dornig, H., Die Praxis der mechanischen Weberei. 2. Aufl. [Hartleben's mechanisch-technische Bibliothek, Bd. III.] Gr.-8°. (ill. VIII, 124 S. mit 6 Tafeln) K 3.30, geb. K 4.40
Wien: Hartleben 1907.

Dornig, H: Die Praxis der Strangstärkerei, der Kettschlichterei und der Kettenleimerei. Großschönau i. S. 1909

Dorninger, (J.) über Feuerversicherungs-Anstalten. 8. Wien 822, v. Mösle.

Dorninger's, Marie, bürgerliches Wiener Kochbuch f. 3—4 Personen. 1651 Rezepte m. Angabe des Herstellungspreises der Speisen nach langjähr. prakt. Erfahrg. f. die wirklich bürgerl. u. sparsame Küche zusammengestellt. Mit illustr. Anleitg. zum Anrichten bei festl. Gelegenheiten u. Notizblättern f. eigene Rezepte. 3.—7. Tauf. (2., verm. u. verb. Aufl.) (XLVIII, 558, 9 u. 8 S.) gr. 8. Wien 906. C. Konegen. Geb. in Leinw. n. 5.—

Dornis, J., Adrial, s.: Mahlo, Rich. Otto.

Dornis, Willibald, appr. Tierarzt a. Siegen i. W.: Aus d. kgl. hyg. Inst. in Posen. Pathol.-anat. Abt.: Busse. Ueber die Fleckniere der Kälber. Posen 1909: Rosenthal. 46 S. 8°
Gießen, Veterinär-Med. Diss. v. 26. Okt. 1909, Ref. Bostroem
[Geb. 18. Febr. 82 Cöln; Wohnort: Posen; Staatsangeb.: Preußen; Vorbildung: Realgymn. Siegen Reife O. 02; Studium: Berlin Tierärztl. Hochsch. 7 S.; Rig. 30. Juli 09.] [U 10. 1191

Dornitzer, Max (Red.), s. Lotos

Dornmeier, Andr., philologia biblica. 8. Lips. Gleditsch. 713.

Dornmeier (auch: Dornmayer u. Dornmeyer), Andreas Julius

— — De Claudii Drusi expeditionibus, maxime Germanicis. Diatr. histor. Präs. Christoph Cellarius. Halle (Chr. Henckel) 16. VI. 1702. 16 S. (4.50) 6797

— — Dasselbe. 1711. (4.—) 6798

Dornmeyer, Andreas Julius (Lauenstad/Hannov.), Dissert. de fatis latinae linguae. Präs. Christoph Cellarius. Halle, 9. IX. 1701. (Ch. Henckel) 1706. 26 S. (5.—) 6796
Gewidm.: Andr. Rudeloff, Gg. Otto Eichholz, Erich Aug. Kupfer (Linsburg).

Dornmeier, Andr. Jul., De Germania nunquam a Romanis subacta. Resp. Geo. Chrph Rhodius. Halae 1705. 4. (D.)

Dornmeieri, A. J., Lexicon elegantioris latinitatis. Berol. 710. 8. Ib. 718. 8. und öfter.

— — De lexicis latinae linguae praestantioribus, itemque de novo in usum scholarum edendo judicium. Berlin (Schlechtiger) Jan. 1710. 15 S. (4.—) 6795

Dornmeyer, Andr. Jul., De prima Germanorum notitia. Resp. Chrph Andr. Weber. Halae 1705. 4. (D.)

Dornmeier, Andreas Julius, Defensa sententia de primo juris nat. principio, adversus philosophiae quemdam in acad. Lips. doctorem. o. J. 4 Bl. (2.50) 6794

Dornn, F. X., der Beichtstuhl, ein Stuhl von lindem, süßem und fruchtbarem Holze. Umgearb. und mit einem Anhange versehen von einem kathol. Priester der Diözese Regensburg. 8. (VI und 381 S.) Sulzbach 851(52,), v. Seidel'sche Buchh.

Dorno, Carl, aus Königsberg: Ueber Brommethacrylsäure und Isobrommethacrylsäure und die bei ihrer Zersetzung entstehenden Kohlenwasserstoffe C_8H_4. *Königsberg i. Pr. 1904: H. Jaeger.* (64 S.) 8°
Königsberg, Phil. Diss. v. 30. Jan. 1904

Dornröschen. qu. Fol. (8 Chromolith. und 1 Bl. Text.) Berlin 850, Reubke. *

Dornröschen. Volks- u. Kinder-Märchen, wiedererzählt von Onkel Wilhelm. Frankfurt a. M. 864. Kilchler. 32. (20 S.) 2 ngr.

Dornröschen. Ein Märchen für artige Kinder. Mit 9 bunten (lith.) Bildern. Leipzig 870. Loewe. 4. (4 S.) 7½ ngr.

—— Märchen nach Grimm frei bearb. von Frz. Wiedemann. Mit 6 bunten (chromolithogr.) Bildern nach Orig.-Aquarellen von E. Sachße. 4. (8 S.) Dresden 870, Meinhold und Söhne. *

— — bearb. von Wiedemann, s.a. Wiedemann, Frz.

Dornröschen. Märchen nach Grimm mit 6 (chromolithogr.) Bildern von E. Härtel. gr. 4. (4 S.) Langensalza 876, Beyer und Söhne. cart. *

Dornröschen. 8. (8 S. m. 5 farb. Bildern.) Wesel 891. W. Düms. — 15

Dornröschen. Festspiel zu Ehren d. Schweizer. Juristenvereins anlässl. s. Jahresversammlung in St. Gallen Aug. 1900. *St. Gallen 1900: Zollikofer.* (15 S.) 8° [Umschlagt.] [illegible]

Dornröschen. 8. (12 S. m. 6 farb. Abbildgn.) Stuttgart (902). G. Weise. n. — 10

Dornrosen. Erstlingsblüthen deutscher Lyrik in Amerika. 16. (161 S.) New-York 871. Steiger. geb. 4. —

Dornröslein, Illustrationen zu, s. Aigner, J.

Dornseifer, Johannes [approb. Arzt aus Büren (Westf.)]: Untersuchungen über Ergotin-Injektionen .... Lippstadt, Buchdr. v. E. Hegener, 1888; 28 S. 8°
Würzburg, Med. Fak., Inaug.-Diss. v. 1888

Dornseiff, s. Rechtsprechung.

Dornseiff, Adolph Anton Friedrich (Giessen)
Ueber Vergiftungen durch Käse in medicinisch-polizeilicher Hinsicht.
Giessen: Keller 1860. 38 S. + 2 Bl. Thesen.
Diss. med. 12.5.1860. vorh. 7. 11.

Dornseiff, Heinrich Christ.: Dissertatio theologica de incredulitate finali, s. Müller, Heinrich Daniel (Präs.)

Dornseiff, Johann Christian Albrecht Richard (Giessen)
Beitrag zur Würdigung der Knie-Ellenbogenlage im Gebiete der Geburtshülfe.
Giessen: Keller 1859. 71 S. u. 2 Bl. Thesen.
Diss. med. 23.11.1859. vorh. 7. 11.△

Dornseiff, Karl, kurze Darlegg. d. rechtl. Bestimmgn., d. im Großherzogt. Hessen f. d. relig. Erziehg. d. Kinder aus gemischten Ehen gelten. gr. 8. (20 S.) Gießen 896. E. Roth. n. — 30

Dornseiff, Otto (Münster)
Zur Aetiologie der congenitalen Luxationen des Hand- und Fussgelenkes.
Giessen: Brühl 1866. 25 S.
Diss. med. 23.7.1866. vorh. 26. 7.

Dornseiff, Rich., Beitrag zur Würdigung der Knie-Ellenbogenlage im Gebiete der Geburtshülfe. Giessen 860. Ferber. (Roth.) gr. 8. (71 S.) n. 15 ngr.

Dornseiffen, G.

— rhythmica doctrina, sive prosodiae latinae appendix. gr. 8. Veteri ad Rhenum trajectu, 845. (Leipzig, T. O. Weigel.) n. 24 ngr

Dorn-Seiffen, G., lexicon propriorum et inde derivatorum nominum principum poëtarum latinorum. 8maj. Traiecti ad Rhenum 842. (Kemink et filius.) n. 1²/₃ Thlr

Dornseiffen, G., Specimen histor.-jurid., sistens jus femin. apud Romanos tam antiquum quam novum. Ed. alt. 8 maj. Trajecti ad Rh. 818. (Lpz., Fr. Fleischer). 20 gr

— vestigiae vitae nomadicae tam in moribus quam in legibus Romanorum. 8 maj. Trajecti ad Rhen. 820. (Ibid.) 1 Thlr 4 gr

Dornseiffen, J., de articulo apud Graecos ejusque usu in praedicato. Amstelodami 856. Seijffardt. gr. 8. (32 S. u. 1 Tab. in Fol.) 16 ngr

Dornseiffer, Daniel: Quaestiones Aeschyleae criticae. *(Linz a. Rh. 1899: Rhein- u. Wied-Zeitung.)* (11 S.) 4°
Linz a. Rh., k. PG, OP 1899 (478)

Dornseiffer, Johann

Dornseiffer, Joh., Geschichtl. üb. Eslohe. 8. (V, 259 S.) Paderborn 896. F. Schöningh. n. 3. —

Dornstedt, W., Nachklänge. Kleine Sammlung älterer u. neuerer Lieder f. Schule u. Haus. Mit 3stimm. Satze versehen u. hrsg. gr. 8. (28 S.) Berlin 889. Oehmigke's Verl. n. — 30

Dornstetten [Schlagwort]

Dornstetten, s.: Schwarzwald.

Dornstetten, s.: Schwarzwald. Karte.

Dornstetten, s.: Württemberg. Höhenkurvenkarte.

Dornstetter, Paul, Abraham, s. a. Studien, bibl. VII. 1—3.

Abraham. Studien über d. Anfänge d. hebräischen Volkes von Dr. Paul Dornstetter, Colmar i. E. *Freiburg i. B.: Herder 1902.* (XI, 279 S.) 8° = Studien, Biblische. Bd 7, H. 1–3. [illegible]

Dornstetter, Paul [Dr.]: Das endzeitliche Gottesreich nach der Prophezie ... Würzburg, A. Göbel, 1895; 2 Bl., 160 S. 8.
Würzburg, Theol. Fak., Inaug.-Diss. v. 1895

Dornstrauch, Veit. 8. Dessau 782. (Verlagsgesell.) 12 gr

Dörnte, Alb., erzählende Dichtungen. 12. (IV, 180 S.) Braunschweig 899. (R. Sattler.)
Geb. in Leinw. m. Goldschn. n. 4. 50

Dörnthal, Alfons, gebrochene Wipfel. Novellen. Mit Umschlagzeichng. v. Ernst Liebermann. (V, 193 S.) 8. Berlin 904. F. Fontane & Co. n. 2. —; geb. n. 3. —

Dornzynski, A., Kwestya trylogii tebanskiej u Sofoklesa. Pr. 1900. 48 S.

Doro Caro, s. a. Caro.

Doro Caro, (Aug. Sam. Gerber.) Chr. Täge's Lebensgeschichte, nach dessen eigenen Aufsätzen bearb. Mit 1 Kpf. 8. Königsb. 804. Unzer. 1 Thlr 6 gr

— Mährchen u. Erzähll. f. Kinder u. junge Leute. 8. Riga 809. Hartmann. 1 Thlr 18 gr N. Aufl., mit 4 ill. Kpf. 8. Leipz. 831. Lauffer. 1 Thlr 8 gr

Doro Caro Novellen, 3 Theile, mit Kupf. 8. Breslau, 796–97. W. G. Korn. 1 Rthl.

— neue Novellen. 1r Thl. 8. Bresl. 803. W. G. Korn. 1 Thlr 8 gr

— neueste Novellen. 1) Die Gespensterstunde; 2) die schwarze Frau im Walde; 3) das Toccadeglio. 8. Leipz. ... 2e Aufl. 819. (Lehnhold). 2 Thlr

Doro Caro, neueste Novellen. 1) Die Gespensterstunde; 2) Die schwarze Frau im Walde; 3) das Toccadeglio. 8. Leipz. 821, Hartmann.

— Ovids Schicksale während sr. Verbannung. Mit Kpf. 8. Riga 809. Hartmann. 16 gr

Doro Caro, Ovid's Schicksale etc. ist jetzt Verlag v. Gerig in Leipzig, s. Thl. II. S. 69.

Dorogi, Stefan Anton, dipl. Chemiker aus Budapest: Ueber Anilinschwarz. (Aus dem chem. analyt. Laboratorium des eidg. Polytechnikums.) Zürich 1909. 63 S. 8°.
Zürich. Polytechn. Techn. Diss. 1909.10.

Doroschenko, Pet., wer ist es?, s.: Reclam's Unterhaltungs-Bibliothek.

— dasselbe, s. a. Universal-Bibliothek.

Doroschewitsch, W., die Verbrecher-Insel Sachalin. Aus dem Russ. v. Boris Bruck. 3. u. 4. Taus. (208 S.) 8. Berlin (904). H. Steinitz. n. 2. —
1. Aufl. (216 S.) 903. n. 2. —.

Dorothea, Die heilige. Dichtung und Wahrheit aus dem Kirchenleben in Ungarn. Leipzig 1821. V: *Schröer, Tobias Gottfried.* (WBI.) (ABJP) (GGr)

Dorothea, die heilige, Dichtung u. Wahrheit aus dem Kirchenleben in Ungarn. 8. Leipzig 839. Einhorn. 1 Thlr

Dorothea, die kleine. 64. (16 S.) Carlsruhe 875. (Barmen, Klein.) — 9

Dorotheus, Cryptopyrg., opusc. VII. quae faciunt ad emendat. morum. 4. Aletopoli. 747.

Dorothy. A tale, s. Collection of british authors.

Dorovius, E., s.: Kunst u. Architektur im Dienste der Feuerbestattung.

Dorow, Elisabeth v. Oertzen- s. Oertzen-Dorow. A 11.3559

Dorow, Wilhelm

Dorow, W., morgenländ. Alterthümer. 1s Heft: die assyrische Keilschrift, erläutert durch zwei noch nicht bekannt gewordene Jaspis-Cylinder aus Ninive u. Babylon etc. begleitet mit dem Nachstiche des v. Abte Lichtenstein herausg. Cylinders etc. Nebst e. Abhandl. des Prof. Grotefend u. erläut. Briefen des Prof. Creuzer u. A. Mit 3 Steindr. gr. 4. Wiesb. 820. Schellenberg. 2 ℛ 2s Heft, (die indische Mythologie enthaltend). Mit 3 Steindr. gr. 4. Wiesb. 821. Schellenberg. 3 ℛ

Dorow, Wilh., Andeutungen zu e. Reorganisation d. preuß. Militairjustiz, s. Andeutungen.

— Briefe Preuß. Staatsmänner.

Dorow, Dr., Denkmahle aus den altgermanischen und römischen Zeiten in den Rheinprovinzen. Stuttg. 822. 8.

— Denkmale aus den altgerman. u. röm. Zeiten in den Rheinisch-Westphäl. Provinzen, untersucht u. dargestellt. 1r Bd. Mit 36 Kpf. u. Steindr. gr. 4. Stuttg. 823. v. Cotta. 7 ℛ 8 gr. 2r Bd. Auch u. d. T.: römische Alterthümer in u. um Neuwied am Rhein. Mit 31 Kpft. u. 1 Grundr. Berl. 826. Schlesinger. 12 ℛ Velinp. 18 ℛ

Dorow. Die Denkmale germanischer und römischer Zeit in den Rheinisch-Westfälischen Provinzen. Mit Kupfer- und Steindrucktafeln. 3 Bde. Stuttgart und Tübingen, und Berlin 1823—1826. 4° und Fol.

Dorow, (W.,) die Denkmale german. u. röm. Zeit in den Rheinisch-Westphäl. Provinzen, untersucht u. dargestellt, 1r Bd. mit 36 Kupfer- u. Steindrucktaf. gr. 4. Stuttg. 824, v. Cotta.

— Denkmäler alter Sprache u. Kunst. 1r Bd. 1s Heft. Auch u. d. T.: Denkmäler nordischer Sprache u. Kunst. Mit 3 Steindr. gr. 8. Bonn 824. (Weber). 1 ℛ 8 gr. 1r Bd. 2s u. 3s Heft. Mit 2 Steindr. gr. 8. Berl. 824. Oehmigke. 1 ℛ 18 gr. 2r Bd. Auch u. d. T.: Museum f. Gesch., Sprache, Kunst u. Geographie. Mit 4 Steintaf. gr. 8. Berl. 827. Pauli. 1 ℛ 12 gr.

Dorow, Wilh., Einführung in e. Abtheilung d. Vasensamml. des Königl. Museums zu Berlin. Mit 4 Steintaf. Lex.-8. Berlin 833. Krause, jetzt Stackebrandt. 5/12 ℛ

Dorow, Wilh., Einführung in eine Abtheilung der Vasensammlung des Königl. Museums zu Berlin. Mit 4 Steindrucktaf. gr. 8. Halle 833, Colditz'sche B. 5/12 ℛ

— Erlebtes aus den Jahren 1813—1820. 2 Thle. gr. 8. Leipzig 843, Hinrichs. 2½ ℛ — 3. 4. Thl. A. u. d. T.: Aufzeichnungen, Aktenstücke und Briefe zur Begründung histor. Wahrheit und zur Berichtigung der Memoiren der neuesten Zeit. 2 Thle. gr. 8. Ebend. 845. 3½ ℛ

—— Erlebtes aus d. Jahren 1790—1827. 3. u. 4. Thl. A. u. d. T.: Aufzeichnungen, Aktenstücke u. Briefe zur Begründ. histor. Wahrheit u. zur Berichtig. d. Memoiren aus d. neuesten Zeit. 2 Thle. gr. 8. (46⅔ B.) Leipzig 845, Hinrichs'sche Buchh.

—— Etrurien u. d. Orient. Nebst Alb. Thorwaldsen's Darstell. der 1828 entdeckten Etrur. Alterthümer. gr. 8. (2 B.) Heidelberg 829, Mohr.

— Facsimile von Handschriften berühmter Männer u. Frauen aus der Sammlung des Herausgebers. Mit histor. Erläuterr. begleitet. Auf Stein geschrieben. (Nr. 1.) (16 lithogr. u. 6 gedruckte Blätter.) gr. 4. Berlin 836. Sachse u. Comp. 1½ ℛ Nr. 2—4. (45 lithogr. u. 7 gedruckte Blätter mit Text.) gr. 4. Ebd. 836—38. à 1½ ℛ

— altes Grab eines Heerführers unter Attila, entdeckt am 18. April 1750 bei Merseburg; zum ersten Mal nach d. im Königl. Regierungsarchiv zu Merseburg, vorhandenen Originalzeichnungen u. Notizen, welche auf hohen Befehl 1750 davon angefertigt worden sind, vollständig herausg. Mit 2 Steintaf. Fol. Halle 832. Anton. ½ ℛ

—— Fürst Kosloffsky, s. Kosloffsky.

— — Krieg, Literatur u. Theater, s. Krieg.

— die Kunst, Alterthümer aufzugraben u. d. Gefundene zu reinigen u. zu erhalten. 8. Hamm 824. Schulz. 5 gr.

Dorow, W. Mittheilungen Job's v. Witzleben und seiner Freunde zur Beurtheilung preussischer Zustände und wichtiger Zeitfragen. (18 B.) 8. Leipzig 1842. 5,25.

— Opferstätten u. Grabhügel der Germanen u. Römer am Rhein. Mit 41 Steindr. u. 1 Karte. 1s u. 2s Hft. gr. 4. Wiesb. 819—21. Schellenberg. 10 ℛ (2s Heft, auch u. d. T.: Sammlung deutsch. u. röm. Alterthümer etc.) 2r A. 6 ℛ

— Opferstätte u. Grabhügel d. Germanen u. Römer am Rhein, untersucht u. dargest. 2 Abthell. 2e Aufl. Mit 41 Steindr. u. 1 Karte. gr. 4. Wiesbaden 826, Schellenberg.

— Benedikt Spinoza's Randglossen zu seinem Tractatus theologico-politicus aus e. in Königsberg befindlichen noch ungedruckten Handschrift bekannt gemacht. Mit 1 Steintaf. und facsimile. gr. 8. Berlin 835. Logier. ½ ℛ

—— Reminiscenzen, s. Reminiscenzen.

Dorozynski, A., Quae fuerit Romae Ciceronis temporibus ludorum scaenicorum condicio? Pr. 1905. 24 S.

DOROŻYNSKIJ, Dionisius: De diluvio Noachitico. — (1905) 56 S. 4° (Handschr.) Diss. 809
Diss. Wien, Univ.

Dorpat [Sachl. OW.]

Dorpat, Die in den letzten Zügen liegende Stadt, vorstellende I. ihre gefährliche Krankheit . . . O. O. 1747. V: *Staden, Carl Gustav von.* (R-N)

Dorpat, Die deutsche Universität, im Lichte der Geschichte und der Gegenwart . . . Leipzig 1882. V: *Neander, Theodor.* (Erman & Horn, Bibl. d. dtsch. Universitäten. 2. Leipz. u. Berl. 1904.)

Dorpat, Die Kaiserliche Universität. Dorpat 1852. V: *Beise, Theodor.* (Erman & Horn, Bibliogr. d. dtsch. Universitäten. 3. Leipz. u. Berl. 1904—05.)

Die Kaiserl. Universität Dorpat während der ersten fünfzig Jahre ihres Bestehens und Wirkens. Denkschr. zum Jubelfeste am 12. und 13. Dec. 1852. — Dorpat (1852): Schünmann & Mattiesen. 168 S. 4°

Dorpat [Schlagwort]

Dorpat. Pharus-Plan Dorpat. 1:8000. 37,5×48 cm. Farbdr. (Mit Strassenverzeichnis an der Seite.) Berlin (910). (Dorpat, J. G. Krüger.) — 80

Dorpatum in Livonia literatum anno MDCXCVIII exhibitum Dorpati. V: *Eberhard, Dan.* (Winckelmann, Bibliotheca Livoniae historica. 2. Aufl. 17.)

Dorpf, N. B., s. *Virgilii*, Maronis P., Opera.

Dörpfeld, Friedrich Wilhelm

Dörpfeld, Fr. Wilh., ein **Beitrag zur Leidensgeschichte** der Volksschule, nebst Vorschlägen zur Reform der Schulverwaltung. [Aus: „Ev. Schulblatt".] gr. 8. (310 S.) Barmen 881. Wiemann. n. 3. —

— dasselbe. 2. Aufl. gr. 8. (310 S.) Ebend. 882. n. 3. —

— e. **Beitrag** zur Leidensgeschichte der Volksschule, nebst Vorschlägen zur Reform der Schulverwaltung. 3. Aufl. gr. 8. (VII, 256 S.) Barmen 892. D. B. Wiemann. n. 3. —

Dörpfeld, F. W., neuer **Beitrag** zur Leidensgeschichte der Volksschule. I. Zwei beachtenswerte Kritiken der „Leidensgeschichte". II. Neue krit. Stimmen üb. die „Leidensgeschichte". III. Hr. Stadtschulinsp. Dr. Boodstein u. die Wünsche d. Lehrerstandes hinsichtlich der Schulaufsicht. [Aus: „Evangel. Schulbl."] gr. 8. (VIII, 112 S.) Barmen 883. Wiemann. n. 1. —

—— **Beiträge** zur pädagogischen Psychologie in monographischer Form. 1. Heft. A. u. d. T.: Denken und Gedächtnis. Eine psycholog. Monographie. 2. Aufl. gr. 8. (XXVIII, 181 S.) Gütersloh 884, Bertelsmann. *

— **Beiträge** zur pädagogischen Psychologie in monographischer Form. 1. Hft.: Denken u. Gedächtniß. 3. Aufl. gr. 8. (XXVIII, 179 S.) Gütersloh 886. Bertelsmann. n. 3. —

— **Beiträge** zur pädagogischen Psychologie in monographischer Form. 1. Hft.: Denken u. Gedächtnis. Eine psycholog. Monographie. 4. Aufl. gr. 8. (XXVIII, 179 S.) Gütersloh 891. C. Bertelsmann. n. 3. —

Dörpfeld, F. W., **Enchiridion** der biblischen Geschichte oder: Fragen zum Verständniß u. zur Wiederholung derselben. 1—5. sehr verm. Aufl. Gütersloh 865—70. Bertelsmann. 8. (56 S.) n. 3 ngr.

— — 2. [zusammenfassender] Cursus: Die Heilslehre genetisch entwickelt aus der Heilsgeschichte. [Als Mscr. gedr.] Ebend. 870. 8. (42 S. u. 2 Tabb. in 4. u. Fol.) n. 7½ ngr.

Dörpfeld, Fr. Wilh., **Enchiridion** der biblischen Geschichte oder: Fragen zum Verständniß und zur Wiederholung derselben. 5. sehr verm. Aufl. 1870. * 30 Pf., und 6. verm. Aufl. 8. (56 S.) Gütersloh 872, Bertelsmann's Verlag. *

Dörpfeld, F. W., Enchiridion der biblischen Geschichte oder: Fragen zum Verständniß und zur Wiederholung derselben. 7. und 8. Aufl. 8. (56 S.) Gütersloh 874,77, Bertelsmann.

—— **Enchiridion** der biblischen Geschichte oder Fragen zum Verständniß und Wiederholung derselben. 9.—11. Aufl. (56 S.) 1881—83. * 30 Pf.; 12. verb. Aufl. 8. (VII, 60 S.) Ebendas. 884. *

— **Enchiridion** der biblischen Geschichte od. Fragen zum Verständniß u. Wiederholung derselben. 12. verb. Aufl. 8. (VII. 60 S.) Ebend. 884. n. — 40

—— **Enchiridion** der biblischen Geschichte oder Fragen zum Verständnis und Wiederholung derselben. 13. und 14. Aufl. 8. (VIII, 60 S.) Ebendas. 886,88. *

—— **Enchiridion** der biblischen Geschichte oder Fragen z. Verständnis u. z. Wiederholung ders. 15. Aufl. 8. (VIII, 60 S.) Ebd. 891. * — 40

— **Enchiridion** der biblischen Geschichte od. Fragen zum Verständnis u. zur Wiederholg. derselben. 17. Aufl. 12. (VII, 60 S.) Ebd. 894. n. — 40

— **Enchiridion** d. bibl. Geschichte od. Fragen z. Verständnis u. z. Wiederholg. ders. 18. Aufl. 8. (VIII, 60 S.) Ebd. 896. n. — 40

— **Enchiridion** der biblischen Geschichte od.: Fragen zum Verständnis u. zur Wiederholg. derselben. 19. u. 20. Aufl. 12. (à VIII, 60 S.) Ebd. 899. 902. n. — 40

Enchiridion der biblischen Geschichte von F[riedrich] W[ilhelm] Dörpfeld. 21. Aufl. Neubearbeitung zu d. 'Geschichten aus d. Heilsgeschichte'. *Gütersloh: C. Bertelsmann 1903.* (63 S.) 8° [F.] [03. 6706

— **Enchiridion** der biblischen Geschichte od.: Fragen zum Verständnis u. zur Wiederholg. derselben. 21. Aufl. (VIII, 60 S.) kl. 8. Ebd. 906. n. — 40

— **Enchiridion** zum Verständnis u. zur Wiederholung der biblischen Geschichte. 2., zusammenfass. Gang: Die Heilslehre genetisch entwickelt aus der Heilsgeschichte. 8. (36 S. m. 3 Tab.) Ebd. 901. n. — 40

— das **Fundamentstück** e. gerechten, gesunden, freien u. friedlichen Schulverfassung. Denkschrift, im Auftrage v. Schulvorstehern, Stadtverordneten u. Schulfreunden der Kreise Lennep u. Remscheid bearb. 4 Lfgn. gr. 8. (IX, 350 S.) Hilchenbach 892. 893. L. Wiegand. n. 3. 50; geb. n. 4. 50

1. (IX, 63 S.) n. — 75. — 2. (S. 64—157.) n. — 75. — 3. (S. 158—243.) n. 1. —. — 4. (S. 245—350.) n. 1. —.

—— Die **Gesellschaftskunde**, e. notwendige Ergänzung d. Geschichtsunterrichts. gr. 8.) 40 S.) Ebd. 890. * — 60

Vgl.: Hößler, H. — Kutzner's Hülfs- u. Schreibkalender.

— die drei **Grundgebrechen** der hergebrachten Schul-Verfassungen nebst bestimmten Vorschlägen zu ihrer Reform. Bevorwortet u. mit einigen Thesen über die Pflege der Pädagogik auf den Universitäten begleitet von Ziller. Elberfeld 869. Friderichs. gr. 8. (VIII, 130 S.) n. 15 ngr.

—— **Grundlinien** einer Theorie des Lehrplans, zunächst für Volks- und Mittelschulen. gr. 8. (VIII, 95 S.) Gütersloh 878, Bertelsmann's Verlag. *

Katechismus für Väter und Mütter. Dr. Luthers Unterweisung über der Eltern Würde, Pflicht u. Arbeit. Von Friedrich Wilhelm Dörpfeld. Gütersloh: C. Bertelsmann 1901. (32 S.) 8° [F.]
Aus: Dörpfeld: Gesammelte Schriften. Bd 10. [07. 680] 6

— der didaktische **Materialismus**. Eine zeitgeschichtliche Betrachtung u. eine Buchrecension. 8. (III, 152 S.) Gütersloh 879. Bertelsmann. n. 1. 60

— der didaktische **Materialismus**. Eine zeitgeschichtl. Betrachtg. u. eine Buchrecension. 2. Aufl. 8. (VI, 220 S.) Ebend. 886. n. 2. —

Dörpfeld, der Mittelstand und die Mittelschule, s. a. **Mittelstand, der.**

[Doerpfeld, Lehrer:] Der Mittelstand und die Mittelschule oder: Wodurch kann unser Mittelstand, und namentlich der Handwerkerstand, wieder gehoben werden? Barmen: Steinhaus 1853.

—— ein christlich-pädagogischer **Protest** wider den Memorir-Materialismus im Religionsunterricht. gr. 8. (56 S.) Gütersloh 869, Bertelsmann's Verlag. *

— zur pädagogischen **Psychologie**. [Aus dem Evangel. Schulblatt abgedr.] Gütersloh 866. Bertelsmann. gr. 8. (44 S.) n. 4 ngr.

—— zwei dringliche **Reformen** im Realunterricht und im Sprachunterricht. gr. 8. (III, 86 S.) Ebendas. 883. *
Aus: Evangelisches Schulblatt, besonders abgedruckt.

— zwei dringliche **Reformen** im Real- u. Sprachunterricht. 2. Aufl. 8. (IV, 124 S.) Ebend. 884. n. 1. 20

— zwei dringliche Reformen im Real- u. Sprachunterricht. 3. Aufl., nebst vorläuf. Verantwortg. wider erhobene Bedenken. 8. (LXXX, 124 S.) Gütersloh 892. C. Bertelsmann. n. 1. 80

—— Repetitorium der Gesellschaftskunde zur Ergänzung d. Geschichtsunterrichts. 3. Aufl. 8. (III, 48 S.) Ebd. 890. * — 30

— Repetitorium der Gesellschaftskunde zur Ergänzung d. Geschichtsunterrichts. 4. Aufl. 12. (III, 48 S.) Ebd. 893. n. — 30

—— Repetitorium des naturkundlichen und humanistischen Real-Unterrichts. 2 Hefte. 8. Ebendas. 881. *

Inhalt:

Heft 1. I. Tl.: Naturkunde. II. Tl.: Der Mensch und das Menschenleben. A. Gesellschaftsleben. 2. Aufl. (V, 104 S.) * 60 Pf.
2. II. Tl.: Der Mensch und das Menschenleben. B. Geschichte. (III, 48 S.) * 30 Pf.

— Repetitorium des naturkundlichen u. humanistischen Real-Unterrichts. 2 Hfte. 8. Ebd. n. — 90

Hft. 1. I. Tl.: Naturkunde. II. Tl.: Der Mensch- u. das Menschenleben. A. Gesellschaftsleben. 3. Aufl. (V, 104 S.) 882. n. — 60
„ 2. II. Tl.: Der Mensch und das Menschenleben. B. Geschichte. 2. Abdr. (III, 48 S.) 887. n. — 30

-- Repetitorium d. naturkundl. u. humanist. Real-Unterrichts. 1. Hft. (I. Tl.: Naturkunde. II. Tl.: D. Mensch u. d. Menschenleben. A. Gesellschaftskunde.) 4. Aufl. 8. (IV, 104 S.) Ebd. 896. n. — 60

— Repetitorium des naturkundlichen u. humanistischen Real-Unterrichts. 2. Heft. II. Tl.: Der Mensch u. das Menschenleben. B. Geschichte. 4. Abdr. (III, 48 S.) n. 8. Ebd. 905 — 30

Dörpfeld, F. W., gesammelte Schriften. I. Bd. 2 Tle., II. Bd. 2 Tle. u. III. Bd., 2. Hälfte. gr. 8. Gütersloh 894. C. Bertelsmann. n. 6. 90

I. 1. Beiträge zur pädagogischen Psychologie. 1. Denken u. Gedächtnis. Eine psycholog. Monographie. 5. Aufl. (XXVII, 171 S.) n. 2. —
2. — dasselbe. 2. Die schulgemäße Bildung der Begriffe. 2. Aufl. (47 S.) n. — 50
II. 1. Zur allgemeinen Didaktik. 1. Grundlinien e. Theorie des Lehrplans, zunächst f. Volks- u. Mittelschulen. Nebst dem Ergänzungsaufsatze: Die unterrichtl. Verbindg. der sachunterrichtl. Fächer. 2., verm. Aufl. (XV, 170 S.) n. 1. 80; geb. n.n. 2. 30
2. — dasselbe. 2. Der didaktische Materialismus. Eine zeitgeschichtl. Betrachtg. u. e. Buchrecension. 3. Aufl. (IV, 140 S.) n. 1. 40 (1 u. 2.: n. 3. 20; geb. n.n. 3. 80)
III. Zur Methodik des Religionsunterrichts. 2. Hälfte. Zwei Worte üb. Zweck, Anlage u. Gebrauch des Schriftchens: Enchiridion der biblischen Geschichte od. Fragen zum Verständnis u. zur Wiederholg. derselben. 4. Aufl. (131 S.) n. 1. 20

Dörpfeld, F. W., ges. Schriften. 1. Bd. 1. Tl., 2. Bd. 1. Tl., 3. Bd. 1. Tl., 4. Bd. 2 Tle., 5. Bd. 2 Tle., 6. u. 7. Bd., 8. Bd. 2 Tle. u. 11. Bd. gr. 8. Gütersloh, C. Bertelsmann. n. 23. 80

1. I. Beiträge z. pädagog. Psychologie. 1. Tl. Denken u. Gedächtnis. E. psycholog. Monographie. 6. Aufl. (XXVII, 171 S.) 897. n. 2. —; geb. n.n. 2. 50
2. I. Zur allgem. Didaktik. 1. Tl. A. u. d. T.: Grundlinien e. Theorie d. Lehrplans, zun. f. Volks- u. Mittelschulen. Nebst d. Ergänzungsaufsatze: D. unterrichtl. Behandlg. d. sachunterrichtl. Fächer. 3. Aufl. (XV, 170 S.) 898. n. 1. 80; geb. n. 2. 30
3. I. Religionsunterricht. 1. Tl. Religiöses u. Religionsunterrichtl. 2. Aufl. (VII, 232 S.) 895. n. 2. 20; (3. Bd. kplt.: n. 3. 40; geb. n. 4. —)
4. I. D. Sachunterr. als Grundlage d. Sprachunterrichts. (VII, 172 S.) 895. n. 1. 80
4. II. D. Gesellschaftskunde e. notwend. Ergänzg. d. Geschichtsunterr. Begleitwort z. 4. Aufl. d. „Repetitoriums d. Gesellschaftskunde". 3. Aufl. (46 S.) 895. n. — 50
5. I. Real- u. Sprachunterricht. 1. Tl. Zwei dringl. Reformen im Real- u. Sprachunterr. 4. Aufl., nebst vorläufiger Verantwortg. wid. erhob. Bedenken. (LXIII, 95 S.) 896. n. 1. 50
5. II. Dasselbe. 2. Tl. Heimatkunde u. Vorschläge u. Ratschläge a. d. Schularbeit. (IV, 80 S.) 896. n. — 80
6. Lehrerideale. D. Persönlichkeit d. Lehrers u. ihre Fortbildg. (VIII, 221 S.) 897. n. 2. —; geb. n. 2. 50
7. D. Fundamentstück e. gerechten, gesunden, freien u. friedl. Schulverfassg. 2. [Titel-]Ausg. (IX, 350 S.) (892). 897. n. 3. 50; geb. n. 4. 20
8. I. Schulverfassg. 1. Tl. A. u. d. T.: D. freie Schulgemeinde u. ihre Anst. auf d. Boden d. freien Kirche i. freien Staate. Beiträge z. Theorie d. Schulwesens. 2. Aufl. (XIX, 332 S.) 898. n. 3. 30; geb. n. 4. —
8. II. Dasselbe. 2. Tl. A. u. d. T.: D. drei Grundgebrechen d. hergebrachten Schulverfassgn. nebst bestimmten Vorschlägen z. ihrer Reform. M. ein. Thesen üb. d. Pflege d. Pädagogik a. d. Universitäten begleitet v. Ziller. 2. Aufl. (VIII, 128 S.) 898. n. 1. 40
11. Zur Ethik. 1. Tl. D. geheimen Fesseln d. wissenschaftl. u. prakt. Theologie. E. Beitrag z. Apologetik. 2. Tl. Ein. Grundfragen d. Ethik. Aus d. Nachlaß d. Verf. hrsg. v. G. v. Rohden. (XXXVII, 268 S.) 895. n. 3. —; geb. n. 3. 60

Dörpfeld, Fr. W., Gesammelte Schriften. I. Bd. 1. u. 2. Tl.; II. Bd. 2. Tl.; VIII. Bd. 3. Tl.; IX. Bd.; X. Bd. 1. u. 2. Tl. u. XII. Bd. gr. 8. Gütersloh, C. Bertelsmann. n. 15. 70; (kplt. n. 38. 70; geb. n. 45. 70)

I. 1. Beiträge zur pädagogischen Psychologie. 1. Tl. Denken u. Gedächtnis. Eine psycholog. Monographie. 7. Aufl. (XXVII, 171 S.) 901. n. 2. —; geb. n. 2. 50
2. Dasselbe. 2. Tl. Die schulgemäße Bildg. der Begriffe. 4. Aufl. (47 S.) 901. n. — 50
II. 2. Zur allgemeinen Didaktik. 2. Tl. Der didakt. Materialismus. Eine zeitgeschichtl. Betrachtg. u. e. Buchrecension. 4. Aufl. (IV. 140 S.) 900. n. 1. 40; geb. n. 1. 90
VIII. 3. Schulverfassung. 3. Tl. Zwei pädagog. Gutachten üb. zwei Fragen aus der Theorie der Schuleinrichtg.: 1. Die vierklass. u. die achtklass. Volksschule. 2. Die konfessionelle u. die paritāt. Volksschule. 3. Ausg. (XIV, 79 S.) 899. n. — 80 (8. Bd. kplt. n. 5. 50; geb. n. 6. 20)
IX. Schulverfassung. Ein Beitrag zur Leidensgeschichte der Volksschule nebst Vorschlägen zur Reform der Schulverwaltg. 4. Aufl. (X, 371 S.) 899. n. 3. 60; geb. n. 4. 20
X. 1. Socialpädagogik. (VII, 100 S.) 900. n. 1. 10
2. Vermischte Schriften. (VII, 260 S.) 900. n. 2. 70 (10. Bd. kplt. in 1 Bd. geb. n. 4. 40)
XII. Die Heilslehre, genetisch entwickelt aus der Heilsgeschichte. 2. Enchiridion zum Verständnis der bibl. Geschichte nebst Handbuch. Aus dem Nachlaß des Verf. hrsg. u. bearb. von G. v. Rohden. (XXV, 306 u. 40 S. m. 2 Tab.) 901. n. 3. 60; geb. n. 4. 20

Dörpfeld, Frdr. Wilh., gesammelte Schriften. I. u. II. Bd. à 2 Tle. gr. 8. Gütersloh, C. Bertelsmann. n. 5. 70

I. 1. Beiträge zur pädagog. Psychologie. 1. Tl. Denken u. Gedächtnis. Eine psycholog. Monographie. 8. u. 9. Aufl. (XXVII, 171 S.) 903. 904. n. 2. —; geb. n. 2. 50
2. Dasselbe. 2. Tl. Die schulgemäße Bildung der Begriffe. 5. Aufl. (47 S.) 904. n. — 50
II. 1. Zur allgemeinen Didaktik. 1. Tl. Grundlinien e. Theorie des Lehrplans, zunächst f. Volks- u. Mittelschulen. Nebst dem Ergänzungsaufsatze: Die unterrichtl. Behandlg. der sachunterrichtl. Fächer. 4. Aufl. (XV, 170 S.) 903. n. 1. 80; geb. n. 2. 30
2. Dasselbe. 2. Tl. Der didaktische Materialismus. Eine zeitgeschichtl. Betrachtg. u. e. Buchrezension. 5. Aufl. (IV, 140 S.) 905. n. 1. 40; geb. n. 1. 90

Dörpfeld, Frdr. Wilh., gesammelte Schriften. I. Bd. 1. Tl. u. III. Bd. 2. Tl. gr. 8. Gütersloh, C. Bertelsmann. 3. 20

I. 1. Beiträge zur pädagogischen Psychologie. 1. Tl. Denken u. Gedächtnis. Eine psycholog. Monographie. 10. Aufl. (XXVIII, 171 S.) 906. 2. —; geb. 2. 50
III, 2. Zur Methodik des Religionsunterrichts. 2. Tl. Zwei Worte üb. Zweck, Anlage u. Gebrauch des Schriftchens. Enchiridion der bibl. Geschichte od. Fragen zum Verständnis u. zur Wiederholg. derselben. 5. Aufl. (131 S.) 905. 1. 20

— s.: Schulblatt, evangelisches.

—— die freie Schulgemeinde und ihre Anstalten auf dem Boden der freien Kirche im freien Staate. Beiträge zur Theorie des Schulwesens. gr. 8. (XV und 346 S.) Gütersloh 863, Bertelsmann. *

Doerpfeld, Friedrich Wilhelm: Die Freie Schulgemeinde und ihre Anstalten auf dem Boden der freien Kirche im freien Staate. Beitr. z. Theorie d. Schulwesens. 2. Aufl. Gütersloh 1898. 8° *[1. Aufl. 1863.]*
(Dörpfeld: Gesamm. Schriften. 8, 1.)

-- Twreschen Wiessel on Nagt. Plattdeutsche Gedichte u. Dichtgn. 2., stark verm. Aufl. gr. 8. (148 S.) Ebd. 897. n. 2. —; geb. n. 3. —

— ein Wort über Zweck, Anlage u. Gebrauch des Schriftchens: Enchiridion der biblischen Geschichte ꝛc. 2. Aufl. Ebend. 866. 8. (34 S.) n. 2 ngr.

Dörpfeld, F. W., 2. Wort über Zweck und Gebrauch des Enchiridions der biblischen Geschichte nebst einigen Bemerkungen über die genetische Methode des christlichen Religions-Unterrichts. Gütersloh. *61 p.*
Schul-/Univ.-Schrift 1867

—— zweites Wort über Zweck und Gebrauch des Enchiridions der biblischen Geschichte nebst einigen Bemerkungen über die genet. Methode des christl. Religionsunterrichts. Lex.-8. (61 S.) Gütersloh 867, Bertelsmann. *
Aus: Evangelisches Schulblatt, besonders abgedruckt.

Dörpfeld, Wilhelm

Dörpfeld, Wilh., s. Ausgrabungen, die, in Olympia.

-- Ausgrabungen von Tralles (1888.) S.-A. 1893. 19 S. m. 2 Karten.

Dörpfeld, Wilh., die Baudenkmäler v. Olympia, s.: Olympia.

Dörpfeld, W., Das Kabirenheiligthum bei Theben. S.-A. 18 S. m. 1 Kte.

Leukas. 2 Aufsätze über d. homerische Ithaka von Wilhelm Dörpfeld. Athen: Beck & Barth 1905. (VIII, 41 S.) 8°
Aus: Mélanges Perrot 1903 u. Archäol. Anzeiger 1904. 10

Dörpfeld, Wilh., s.: Olympia

Das südliche Stadtthor von Pergamon. Von Prof. Dr. Wilhelm Dörpfeld in Athen. Mit 3 Taf. *Berlin: Akad. d. Wiss. 1901.* (20 S.) 4°
Aus: Abhandlungen d. Kgl. Preuss. Akad. d. Wiss. zu Berlin v. J. 1901. Anh.

Dörpfeld, Wilh., u. Emil Reisch, d. griechische Theater. Beiträge z. Geschichte d. Dionysos-Theaters in Athen u. and. griech. Theater. 4. (XV, 396 S. m. 12 [1 farb.] Taf.) Athen 896. Barth & v. Hirst. n. 16. —

— **Troja 1893.** Bericht üb. die im J. 1893 in Troja veranstalteten Ausgrabgn. Unter Mitwirkg. v. Alfr. Brueckner, Max Weigel u. Wilh. Wilberg. gr. 8. (V, 140 S. m. 83 Abbildgn. u. 2 farb. Plänen.) Leipzig 894. F. A. Brockhaus. u. 5. —

— **Troja u. Ilion. Ergebnisse der Ausgrabgn. in den vorhistor. u. histor. Schichten v. Ilion 1870—1894. Unter Mitwirkg. v. Alfr. Brückner, Hans v. Fritze, Alfr. Götze, Hub. Schmidt, Wilh. Wilberg, Herm. Winnefeld. Mit 471 Abbildgn. im Text, 68 Beilagen, 8 Taf. 2 Bde. gr. 4. (XVIII, 652 S.) Athen 902. Beck & Barth. Geb. in Leinw. n.n. 40. —**

Dörpfeld, W., F. Graeber, R. Borrmann, K. Siebold, über die Verwendung von Terrakotten am Geison u. Dache griechischer Bauwerke. 41. Progamm zum Winckelmannsfeste der archaeologischen Gesellschaft zu Berlin. Mit 4 Taf. in Farbendr. gr. 8. (32 S.) Berlin 881. G. Reimer. n. 2. 40

Dorph, Chr., Grundriss der nordischen Mythologie. Zum Gebrauch beim Studium der germanischen Götterlehre. Aus dem Dänischen von Eug. Liebich. 12. (59 S.) Neuwied 882. Heuser's Verl. — 60

Dorph, Johs., Ubungstafel, s.: Müller, J. P., mein System.

Doerpinghaus, W. T., Deutschlands Rechte u. Pflichten gegenüber dem belg. Kongo. Im Dienste e. Kongo-Gesellschaft gemachte Erfahrgn. u. Beobachtgn. (117 S. m. 1 eingedr. Kartenskizze.) 8. Berlin 909. D. Reimer. 1. —

Döpinghaus, Wilhelm Theodor, aus Barmen: Hydrolyse des Horns. Ein Beitrag zur Kenntnis d. Proteide. *Berlin (1902): G. Schade.* (39 S.) 8°
Berlin, Phil. Diss. v. 13. Dez. 1902

Dorpius, H. Warhafftige historie wie das Evangelium zu Münster angefangen u. durch die Widertäuffer verstört, wider aufgehört hat. Mit Vorred J. Bugenhagen. 4. Strassburg 1536. Neu hersgeg. von Merchmann. (VIII. 56.) 8. Magdeburg 1847. 0 75

Dorpius, Heinr., die Wiedertäufer in Münster. Zur Geschichte des Communismus im 16. Jahrh. Nach dem ältesten Drucke neu hrsg. von Friedr. Merschmann. Nebst einer Einleitung von Heinr. Gelzer. gr. 8. (VIII und 56 S.) Magdeburg 848, Heinrichshofen'sche Buchh.

Dörpt-Leal, Woldemar v.

Lebende Bilder. Eine gemeinverständl. Anweisung z. Stellen derselben von Woldemar v. Dörpt-Leal. Mit 3 Abb. *Duisburg: J. Hoffmann 1893.* (40 S.) 8° [F.]
— Vereins-Theater, Katholisches. [Bdch. 51.]

Das Kirchenjahr. Ein Cyklus Lebender Bilder mit verbindendem Text von Woldemar v. Dörpt-Leal. *Duisburg: J. Hoffmann 1893.* (36 S.) 8° [F.]
— Vereins-Theater, Katholisches. Bdch. 52.

St. Joseph. Ein Cyklus Lebender Bilder mit verbindendem Text von Woldemar v. Dörpt-Leal. *Duisburg: J. Hoffmann 1891.* (49 S.) 8° [F.]
— Vereins-Theater, Katholisches. [Bdch. 54.]

Sanct Tharcisius, der Martyrer des hl. Sakramentes. Ein Cyklus Lebender Bilder mit verbindendem Text von Woldemar v. Dörpt-Leal. *Duisburg: J. Hoffmann 1891.* (28 S.) 8° [F.]
— Vereins-Theater, Katholisches. [Bdch. 53.]

Dörpt-Leal, Wold. v., s.: Vereins-Theater, kathol.

Dörptscher Kreis [Schlagwort]

Dörptscher Kreis. Wegekarte des Dörptschen Kreises m. den Kirchspiels- u. Gutsgrenzen. Hrsg. vom liv-estländ. Landeskulturbureau auf Grund der im Besitz der livländ. Ritterschaft befindl. Kreis-Wegekarte. 1 : 210,000. 70><47 cm. Nebst Namenverzeichnis der Güter, Pastorate u. der zugehör. Gemeindeverwaltgn. (auf dem Umschlag). Riga (909). Jonck & Poliewsky. Halbkolor., braun od. braun u. rot à 2.—; kolor. 3. —

Dorr, J., Contes et nouvelles modernes, s.a Schulbibliothek französ. u. engl. Prosaschriften. I. 35.

Dorr, J.

Contes et nouvelles modernes. Für d. Schule bearb. u. erkl. von J. Dorr. [Nebst] Wörterbuch. *Berlin: R. Gaertner 1899.* 2 Bde 8°
— Schulbibliothek französ. u. engl. Prosaschriften aus d. neueren Zeit. Abt. 1, Bdch. 35.

Dorr (K.). Eine praktisch ausführbare Lösung des Problems der beliebigen Winkeltheilung. Elbing 1893. 8.

Dorr, Paul, approb. Arzt aus Mörchingen (Lothr.): Ein Fall von marantischer Hirnsinus-Thrombose. *Straßburg i. E. 1903: C. Müh & Co.* (44 S.) 8°
Straßburg, Med. Diss. v. 1903

Dorr, Robert

Dorr, Rob., zwei Antworten. 1. Erklärung, Herrn Prof. Zarncke in Leipzig gegenüber. 2. Antwort auf die Kritik meiner Schrift: Das Recensententhum d. Prof. Kirchhoff in Halle etc." v. A. Kirchhoff. [Jenaer Literatur-Zeitung, 10. Octob. No. 41.] gr. 8. (16 S.) Liegnitz 874. Kaulfuss. — 40

Dorr, Rob., de bellis Francorum cum Arabibus gestis usque ad obitum Caroli M. Dissert. inaug. historica. Königsberg 861. (Schubert & Seidel.) gr. 8. (62 S.) n. 10 ngr.

Dorr, Robert, Prof. Dr.: Die jüngste Bronzezeit im Kreise Elbing (Reg.-Bez. Danzig, Prov. Westpreußen). Mit 1 Kartensk. im Text u. 1 Taf. mit Abb. *Elbing 1902: R. Kühn.* (39 S.) 8°
Elbing, st. OR, OP 1902 (47)

Dorr, Rob., die jüngste Bronzezeit im Kreise Elbing (Reg.-Bez. Danzig, Prov. Westpreussen). Progr. 8. (89 S. m. 1 Kartenskizze im Text u. 1 Taf.) Elbing 902. (C. Meissner.) n. 1. 50

Cadinen von Prof. Dr. Robert Dorr. Mit 6 Ill. u. 1 Pl. von Cadinen. *Danzig: A. W. Kafemann (1900).* (60 S.) 8°
— Städte, Nordostdeutsche, u. Landschaften. No 11. 10

Chronik der St. Johannis-Loge Constantia zur gekrönten Eintracht im Or. zu Elbing in Westpreussen. Verf. zur ersten Säcularfeier am 7. Nov. 1873 von Rob. Dorr. Nebst dem Mitgliederverzeichnisse der Loge während ihres hundertjährigen Bestehens zsgest. von H[erm.] Evers. Als Ms. f. Brr. gedr. Danzig 1873: Kafemann. 74 S. 8°
Tt. 488. 23. 25.

Elbing. (Neuer Illustr. Führer) von Prof. Dr. Robert Dorr. Mit 22 Ill. u. 3 Pl. *Danzig: A. W. Kafemann (1901).* (118, 30 S.) 8°
= Städte, Nordostdeutsche, u. Landschaften. No 3. [01. 4812 10

— Enchiridion zum Verständnis u. zur Wiederholung der biblischen Geschichte. 2., zusammenfass. Gang: Die Heilslehre genetisch entwickelt aus der Heilsgeschichte. 8. (36 S. m. 3 Tab.) Ebd. 901. n. — 40

Mikroskopische Faltungsformen. Ein physikal. Experiment mitgeteilt von Prof. Dr. R(obert) Dorr. Mit 4 Taf. u. 31 Textfig. *Danzig: A. W. Kafemann 1904.* (76 S.) 8° [04. 16453 10

Frmaurerische Festreden, gehalten in den Jahren 1872—1882 in der St. Joh.-Loge Constantia zur gekrönten Eintracht im Or. Elbing von R[ob.] Dorr. Ms. f. Frmr. Danzig: Kafemann 1883. VI, 95 S. 8°
Recens: Bh. 26 (1883) S. 191 (J. G. Findel); FZ. 37 (1883) S. 254—255 (K. Pilz); L. 6 (1883) S. 144 (B. Cramer), abgedr. in: SL. 3 (1883) S. 134—135; ML. 12 (1883—1884) S. 28 (P. Henckel); M. 2 (1883—1884) S. 215.

Führer durch die Sammlungen des Städtischen Museums zu Elbing von Prof. Dr. R[obert] Dorr. Elbing 1903: R. Kühn. (139 S.) 8° [08. 19241 0

— kurze Geschichte der Elbinger Alterthumsgesellschaft (1873—1898). Nebst Mittheilgn. üb. das städt. Museum u. die Convent-Sammlg. Anh.: 3 Lieder aus der ältesten Zeit des Vereins. Zur Feier des 25jähr. Bestehens der Gesellschaft zusammengestellt. gr. 8. (48 S.) Elbing 898. (C. Meissner.) n. 1.—

—— über das Gestaltungsgesetz der Festlandsumrisse und die symmetr. Lage der grossen Landmassen. gr. 8. (IV, 159 S. mit 2 Stnt. in qu. 4.) Liegnitz 873, Kaulfuss. *

— dasselbe. 2. Aufl. Vermehrt durch e. Entgegng. auf die Kritik d. Prof. Kirchhoff in Halle, die zugleich e. Nachtrag zu dieser Schrift bildet. gr. 8. (VIII, 159 u. Nachtrag 32 S.) Ebend. 874. n. 4. 50

Dorr, Rob., über das Gestaltungsgesetz der Festlandsumrisse und die symmetrische Lage der grossen Landmassen. 3. [im Preise ermässigte] Aufl. Vermehrt durch 4 Vertheidigungsschriften des Verf. gr. 8. (VI, 207 S. mit 2 Stnt. in qu. 4.) Liegnitz 876, Kaulfuss'sche Buchh.
—— dass. — Neue billige (Titel-)Ausg. gr. 8. (159 S. mit 2 Stnt. in qu. 4.) Ebendas. (874)79. *

Dorr, Rob., d. Gräberfelder auf d. Silberberge b. Lenzen u. b. Serpin, Kreis Elbing, a. d. V.—VII. Jahrh. n. Christi Geburt, Festschrift d. Elbinger Alterthumsgesellschaft z. Feier d. 25jähr. Bestehens. gr. 4. (29 S. m. 7 Fig, 3 Taf. u. 3 Bl. Erklärgn.) Elbing 898. C. Meissner. n. 3.—

— Katechismus f. Väter u. Mütter. Dr. Luthers Unterweisg. üb. der Eltern Würde, Pflicht u. Arbeit. [Aus: „Gesamm. Schriften".] gr. 8. (32 S.) Ebd. 901. n. — 30

Dorr, R., die Kreislinie u. die Seite d. kreisgleichen Quadrats annähernd darstellbar durch goniometrische Functionen. Ein Beitrag zur Quadratur d. Kreises. gr. 8. (3 S.) Elbing 894. C. Meißner. n. — 50

[F. u. Ant.] ... Eine praktisch ausführbare Lösung des Problems der beliebigen Winkeltheilung. A. Beschreibg d. Winkeltheilgsverfahrens, das ohne Anwendg e. bes. Instrum. auszuführen ist. B. Beschr. zweier ... patentirter Winkeltheilgsinstrum. v. Prof. Dr. R[ob.] Dorr, Elbing, i. Wpr. ... [Nebst] Nachtrag. *Elbing: In Comm. b. C. Meissner 1893.* 2 Bde 8.
Lösg. (13 S., 1 Bl., 1 Taf.) Nachtrag. (5 S.) [96. 5361

—— das Recensententhum des Professor Kirchhoff in Halle und die Jenaer Literatur-Zeitung. Ein Beitrag zur Würdigung der literar. Kritik unserer Tage. Zugleich ein Nachtrag zu meiner Schrift: Ueber das Gestaltungsgesetz der Festlandsumrisse. gr. 8. (32 S.) Liegnitz 874, Kaulfuss.

Dorr, Robert [Prof. Dr.]: Uebersicht über die prähistorischen Funde im Stadt- und Landkreise Elbing '(Reg.-Bez. Danzig, Provinz Westpreussen)'. M. e. Fundkt. u. e. Ktnsk. d. muthmasslichen Völkerschiebungen im Mündungsgebiet d. Weichsel '(400 v. Chr. — 900 n. Chr.)'. (Th. 1.) Elbing, Buchdr. R. Kühn, 1893; 42 S., 1 Kt. 4.
Elbing, st. RG, OP 1893 (47)

Dorr, Robert [Prof. Dr.]: Uebersicht über die prähistorischen Funde im Stadt- und Landkreise Elbing '(Reg.-Bez. Danzig, Provinz Westpreussen)'. n. Th. M. e. Kartenskizze der muthmassl. Völkerschiebgn im Mündungsgebiet d. Weichsel '(400 v. Chr.—900 n. Chr.)'. [Forts. d. P-Beil. 1893.] Elbing, Buchdr. R. Kühn, 1894; 1 Bl., 43—90 S., 1 Kt. 4.
Elbing, st. RG, OP 1894 (47)

Dörr, Rob., Twöschen Wiessel on Noacht. Plattdietsche Gedichte. gr. 8. (82 S.) Elbing 862, Neumann-Hartmann'sche Verlagsh. *

[F.] Tweschen Wiessel on Nagt. Plattdeutsche Gedichte u. Dichtgn v. Dr. Robert Dorr, Prof. ... zu Elbing. 2., stark verm. Aufl. *Elbing: C. Meissner 1897.* (148 S.) 1 Bd 8. [98. 1774

Dörr

Akustische Armee-Telegraphie, zu engerer Verbindung u. besserer Vereinigung der Armee, in der Hand des Feldherrn, bei Schlachten rc. (Von Dörr.) Kassel 1861. 47 S.

Eignet sich Gabelsbergers 'Redezeichenkunst' als Kurzschrift für die Schule? Vergleich mit d. Einigungssystem Stolze-Schrey. Von Prof. Dörr. Magdeburg: Stark [Auf d. Umschlag aufgestempelt: Wattke] [1899]. 23 S. 8°
Aus: 'Stenographische Lehrerzeitung'. [09. 13928

Doerr, Adolf

Doerr, Adf., Album aus Italien. 8. (XII und 216 S.) Leipzig 856(57,) Brockhaus. *

Dörr, A[dolf], approb. Arzt: Aus d. pathol. Institut in München. Ein experimenteller Beitrag zur Aetiologie der Sinusthrombose. *München: J. F. Lehmann 1902.* (8 S.) 8° ¶[Aus: Münchener Med. Wochenschrift. 1902. No 8.]
München, Med. Diss. v. 1902

Doerr, Adf., Titan u. Eros. Dichtungen. 8. (236 S.) Darmstadt 848, Leske. 1 ℛ

— poetische Werke. Ismelda Lambertazzi. 16. (95 S.) Ebd. 850. In Engl. Einb. m. Goldschn. 2/3 ℛ

— poetische Werke. Louise. Gedicht in drei Gesängen. 16. (72 S. m. 1 Stahlst.) Darmstadt 851, Lange. cart. m. Goldschnitt n. 1/2 ℛ

Doerr, Alexander

— u. Emil Hesse, methodisch geordnete Geschäftsgänge f. den Buchhaltungsunterricht, nebst techn. u. rechtl. Erläutergn. 1. Heft: Kolonialwarengeschäft. (Sammlung kaufmänn. Unterrichtsbücher, hrsg. v. Ludw. Voigt.) 2. Aufl. Ausg. A u. B. (Je II, 83 S.) gr. 8. Leipzig 906. B. G. Teubner. à n. — 40

— u. Emil Hesse, methodisch geordnete Geschäftsgänge f. den Buchhaltungsunterricht. (Sammlung kaufmänn. Unterrichtsbücher, hrsg. v. Ludw. Voigt.) gr. 8. Leipzig, B. G. Teubner. à — 40
1. Kolonialwarengeschäft. 3. Aufl. 9.—16. Tauf. Ausg. A. (II, 83 S.) 907.
2. Bankbuchhaltung. (II, 23 S.) 907.

— — dasselbe, s.a. Sammlung kaufmännischer Unterrichtsbücher.

Dörr, Alexander (Mitverf.): Handelsbetriebslehre, s. Voigt, L.

Doerr, Alexander, u. Emil Hesse

— — Handelskorrespondenz zu den methodisch geordneten Geschäftsgängen f. den Buchhaltungsunterricht, s.a. Sammlung kaufmänn. Unterrichtsbücher.

Handelskorrespondenz zu den methodisch geordneten Geschäftsgängen für den Buchhaltungsunterricht von Alexander Doerr u. Emil Hesse. Leipzig & Berlin: B. G. Teubner 1905. (IV, 68 S.) 8° [F.]

Doerr, Alex., Leitfaden der Handelsbetriebslehre, s.a. Sammlung kaufmännischer Unterrichtsbücher.

Doerr, A., Leitfaden der Handelsbetriebslehre. Nebst Anh.: Abriss der Staats- u. Bürgerkunde. (VIII, 112 S.) 8. Leipzig, B. G. Teubner. Geb. 1.25. 1910.

— s.: Methodik der kaufmännischen Unterrichtsfächer.

Dörr, August v.

Doerr, Aug. v., der Adel d. böhmischen Kronländer. Ein Verzeichniss derjenigen Wappenbriefe u. Adelsdiplome, welche in den böhm. Saalbüchern des Adelsarchives im k. k. Ministerium des Innern in Wien eingetragen sind. gr. 8. (V, 372 S.) Prag 900. F. Řivnáč. n. 10.—

— Auszug aus den Matrikeln der k. k. Hof- und Burgpfarre in Wien. (Separatabdruck aus: „Jahrbuch der herald Gesellschaft „Adler". Neue Folge. 12. Bd.-) gr. 8. Wien 1902.

Dörr, August [aus Niederscheld]: Beitrag zur chemischen Kenntnis der Basalte des Fichtelgebirges ... Erlangen, k. b. Hof- u. Univ.-Buchdr. v. F. Junge, 1895; 29 S. 8.
Erlangen, Phil. Fak., Inaug.-Diss. v. 26. Juni 1895

Doerr, Aug. v., Beiträge zur Geschichte u. Genealogie der Familie Henckel v. Donnersmarck. (36 S.) Lex. 8. Görlitz 908. (C. A. Starke.) 2. —

Doerr, Aug. v., genealogische Daten üb. einige böhmische Exulanten in Sachsen aus dem 17. Jahrh. gr. 8. (30 S.) Prag 900. F. Řivnáč. n. — 50
Sonderabdruck a.: „Sitzungsber. d. böhm. Gesellsch. d. Wiss."

— Die legitimirten Nachkommen der letzten Herzoge v. Teschen aus Piastischem Geblüt. (6 S. m. 1 Abbildg.) Lex. 8. Ebd. 908. 1. —
2 Sonderabdrucke aus „Jahrb. d. herald. Gesellsch. Adler".

Doerr, Aug. v., Verzeichnis der Inkolats-Ertheilungen u. Aufnahmen in den Herrenstand in Mähren aus den J. 1531—1620. (12 S.) gr. 8. Prag 903. (F. Řivnáč.) n. — 20
Sonderabdr. a.: „Sitzungsber. der böhm. Gesellsch. d. Wiss."

Doerr, Emil, der Absatz landwirtschaftlicher Erzeugnisse im Kreise Mannheim, s.a. Abhandlungen, volkswirtschaftliche, der badischen Hochschulen. IX. 1. Erg.-Hft.

Der Absatz landwirtschaftlicher Erzeugnisse im Kreise Mannheim von Dr. Emil Doerr. Karlsruhe i. B.: G. Braun 1906. (129 S.) 8°
— Abhandlungen, Volkswirtschaftl., d. Badischen Hochschulen. Bd 9, Erg.H. 1.

Doerr, Emil, a. Plankstadt: Voraussetzungen für den Absatz landwirtschaftl. Erzeugnisse im Kreise Mannheim. Karlsruhe 1906: G. Braun. (38 S.) 8° ¶[Aus: Volkswirtschaftl. Abhandlungen d. bad. Hochschulen Bd 9 Erg.-H. 1.]
Heidelberg, Phil. Fak., Ref. Rathgen, Diss. v. 9. Sept. 1906
[Geb. 3. Dez. 83 Plankstadt; Wohnort: Mannheim; Staatsangeh.: Baden; Vorbildung: Gymn. Mannheim Reife M. 01; Studium: Heidelberg 9 S.; Rig. 29. Mai 06.]

Dörr, Erich, im Anfang war der Durst. Gedichte. 8. (VI, 71 S.) Dresden 902. E. Pierson. n. 1.—; geb. n. 2.—

Dörr, Erich, der verlorene Gott. 8. (92 S.) Klöpperfier 896. (Leipzig, G. Wimmer.) n. 1. 50

Perlen von Beldorf. Schnurrige Leute in Hinterpommern von Erich Dörr. Dresden: E. Pierson 1904. (95 S.) 8° [F.]

Dörr, Erich Joh., „wer ist unser Gott?" Eine natürl. Erklärg. (30 S.) 8. Berlin 900. Herm. Walther. 1.—

Dörr, Fr., u. H. Müller, der Drechsler. Eine Sammlg. v. Musterblättern moderner Holzdrehereien f. Drechsler, Bau- u. Möbelschreiner, sowie zum Gebrauch f. gewerbl. Schulen. 10 Lfgn. hoch 4. (80 Taf. m. 11 Detailbog. u. 10 Bl. Text.) Ravensburg 893. O. Maier. à n. 1. 20

Dörr, [Franz]: Bericht über die 50 Jahr-Feier der Liebig-Realschule zu Frankfurt a. M.—Bockenheim am 17. Juni 1905. S. 3 bis 16. 4.
Liebig-Realschule (früher Bockenheimer Realschule) *Frankfurt a. M.* 1906 (511).
Progr.

Doerr, Frz., s.: Collection Teubner.

— deutsches Lesebuch f. die Vorschule höh. Mädchenschulen, s.a. Hessel, Karl.

— u. Karl Hessel, deutsches Lesebuch f. die Vorschule höherer Lehranstalten. 2 Bde. 8. Bonn, A. Marcus & E. Weber. Geb. n. 4. —
I. 2. Schulj. (IV, 188 S.) 906. Geb. n. 1. 60
II. 3. Schulj. (IV, 300 S.) 906. Geb. n. 2. 40

Dörr, Frz., engl. Lese- u. Übungsbuch, s.: Vietor, Wilh.

Dörr, Franz (Hrsg.), s. Mädchenschule, Die.

— englische Schulgrammatik, s.: Vietor, Wilh.

— s.: Sprachen, die neueren.

— s.: Teubner's, B. G., school texts.

Dörr, Friedr., Christabend. Festidyll. Halle 856. Anton. 16. (VIII, 75 S.) 15 ngl

Dörr, Friedr., Christabend. Fest-Idyll. 2. Aufl. gr. 16. (III und 88 S.) Leipzig 857. Voigt und Günther.

Doerr, Frdr., d. fortgesetzte Delikt, s.a. Gerichtssaal, der. Beilageheft.

Doerr, Friedrich, Dr., K. Amtsrichter in München: Das fortgesetzte Delikt. Seine Geltung u. s. Wirkungen im deutschen Recht. Stuttgart: F. Enke 1908. (236 S.) 8° [F.] ¶(—Der Gerichtssaal Beil.-H. zu Bd 71.)
München, Jur. Fak., Hab.-Schr. v. 1908
(Nicht für den Austausch)

— Gerichtsverfassungsgesetz nebst Einführungsgesetz u. e. Anh., die gesetzl. Regelung der deutschen Konsular- u. Schutzgebietsgerichtsverfassung enth. Textausg. m. Anmerkgn. u. Sachregist. (VII, 123 S.) kl. 8. München 910. J. Schweitzer Verl. Geb. in Leinw. 1. 80

Dörr, Frdr., Hellas. Altgriechische Lyriker in deutscher Nachdichtung. 2. Aufl. Leipzig 870. E. J. Günther. 16. (183 S.) 1 ap

Landgraf Karl von Hessen-Kassel, Statthalter Schleswig-Holsteins. 1. Aus dem Leben des Statthalters. 2. Landgraf Karl und der Graf von St. Germain. 3. Der Landgraf und sein Theater. Von Friedrich Dörr. (Berlin. 1909.) Fol., geb. in 4° Ausschnitt aus: Neue Preußische (Kreuz) Zeitung. Nr. 291 u. 293 vom 25. u. 26. Juni 1909.

— — auf Kindesbeinen. Märchen aus Schleswig. gr. 16. (V und 159 S. mit 1 Titelbilde in Holzschn.) Altona 860. Schlüter.

— Kolonialbeamtengesetz v. 8. VI. 1910, auf Grund der Gesetzesmaterialien erläutert u. m. den ergänz. Gesetzen, insbes. dem Reichsbeamtengesetz u. dem Beamtenhinterbliebenengesetz. (Schweitzer's Textausg. m. Anmerkgn. (III, 181 S.) kl. 8. Ebd. 910. Geb. in Leinw. 2.60

—— der deutsche Krieg gegen Frankreich im J. 1870. Auf Grundlage amtl. und anderer zuverlässiger Quellen bearb. Mit Portraits und 1 Kriegskarte. 3 Bde. in 24 Lfgn. gr. 8. Berlin, Gebr. Paetel. à Lfg. *
à Bd. *
à Bd. geb. *

Inhalt:
Bd. 1. Bis zur Einschließung von Metz. Mit 12 Portraits, 4 Special-Plänen, Ordre de bataille und Uebersichtskarte der Westgrenze von Deutschland. (460 S.) 870.
„ 2. Bis zur Capitulation von Metz. Mit 11 Portraits, 2 Special-Plänen und Ansichten aus Versailles. (508 S.) 871.
„ 3. Bis zum Friedensschluß. Mit 6 Portraits, Plan von Paris und Karte vom gesammten Kriegsschauplatz in Imp.-Fol. (VIII, 479 S.) 871.

— der deutsche Krieg gegen Frankreich im J. 1870. Auf Grund amtlicher u. anderer zuverlässiger Quellen bearb. Mit Portraits u. 1 Kriegskarte (in Holzschn. in 4.). 1—6. Liefg. Berlin 870. A. Duncker. (Paetel.) gr. 8. (S. 1—336 mit Holzschn. im Text u. 8 Holzschntaff.) Jede Liefg. n. 5 ngr

Dörr, Frdr., der deutsche Krieg gegen Frankreich im J. 1870. Auf Grundlage amtl. u. anderer zuverlässiger Quellen bearb. Mit Portr. u. e. Kriegskarte. 7—24. (Schluß-)Lfg. gr. 8. (1. Bd. S. 337—460, 2. Bd. 508 u. 3. Bd. VIII, 479 S. m. eingedr. Holzschn. u. 22 Portr. in Holzschn.) Berlin 871. Gebr. Paetel. à n. — 50

— dasselbe. 2. Aufl. 24 Lfgn. gr. 8. (1. Bd. 460, 2. Bd. 508, 3. Bd. VIII, 479 S. m. 16 Holzschntaf. u. 1 lith. u. color. Karte in Imp.-Fol.) Ebend. 872. à n. — 50

—— griechischer Liederschatz. In deutscher Nachdichtung. 16. (III und 183 S.) Leipzig 858, Voigt und Günther. *
geb. *

Doerr, Frdr., Üb. d. Objekt bei d. strafbaren Angriffen auf vermögensrechtl. Interessen, s. a. Abhandlungen strafrechtl.

Doerr, Friedrich [z. Z. Rechtspraktikant bei d. k. b. Polizeidir. München]: Über das Objekt bei den strafbaren Angriffen auf vermögensrechtliche Interessen. Gekr. Preisschrift d. Münch. k. Juristenfakultät ... [= Strafrechtl. Abh. hrsg. v. H. Bennecke, Heft 3 u. 4.] Breslau, Schletter'sche Buchh., 1897; VIII, 235 S. 8.
München, Jur. Fak., Inaug.-Diss. v. 1897
(Nur in beschränkter Zahl für den Austausch)

— der Reim bei den Griechen mit besonderer Berücksichtigung des Sofokles. Ein Beitrag zur Geschichte des Reims, nebst einem Anhang: 100 Reimsprüche aus den Werken der Alten. Ebend. 857. 8. (3 Bl., 117 S.) n. 15 ngr

—— der Reim bei den Griechen mit besond. Berücksicht. des Sofokles. Ein Beitrag zur Geschichte des Reims, nebst einem Anhang: 100 Reimsprüche aus den Werken der Alten. 8. (VI und 117 S.) Leipzig 858, Voigt und Günther. *

—— der Dichter Schönstes, s. a. Dichter, der, Schönstes.

— der Dichter, Schönstes. Ausgewählt etc. Mit Illustr. (7 lith. Taf.) Altona 861. Uflacker. 16. (XXVI, 451 S.) 2 rf

—— suchet, so werdet ihr finden, s. Universal-Bibliothek Nr. 2413.

Dörr, Friedrich (Hrsg.), s. Volks-Kalenner, Plattdütsche, für ...

Dörr, Gustav, aus Frankfurt a. M.: Ueber Bromide der Cinnamylidenmalonsäure. *München 1901: Kastner & Lossen.* (57 S.) 8°
München, Phil. Diss. v. 1901

Dörr, J., die Schlacht von Hanau am 30. Oktbr. 1813. Kurz dargestellt u. militärisch beurtheilt [1850]. gr. 8. (XIV u. 151 S.) Cassel 851, Krieger. n. 1 rf

Doerr, J. C. G., die Regeln d. Arithmetik, od. Leitfaden d. Rechenunterr. in Bürger- u. Landschulen, nebst e. hinlängl. Anzahl Uebungsaufgaben z. Beförder. u. Erleichterung d. Privatfleißes. 8. (17 B.) Cassel 831, Luckhardt.

Doerr, J. C. G., der Schreibunterricht für die Schule u. das Geschäftsleben. (40 lith. Bl. mit Text.) qu. 4. Cassel 843, Vollmann. 1 3/4 rf

Doerr, Johann Christian (Klein-Umstadt/Pfalz), De terrarum partitionibus illustrium Germanorum inter se praesertim ea, quae vocatur Todtheilung illarumque effectis quod ad successionem. Präs. Joh. Georg Estor. Marburg (Ph. Cas. Müller) Jan. 1746. 56 S. (5.—) 6701

Joseph DÖRR Die magnetische Deklination in Prag während der Jahre 1839—1906 nach den Variationsbeobachtungen der Prager Sternwarte
Diss., Prag 1908/09

Dörr, Jul., Bärbchen. Eine kleinstädt. Geschichte in 5 Versbündeln. 12. (84 S.) Prenzlau 886, Mieck. *

Dörr, Jul., de Goderschlächter. För min plattdütsch Landslüd vertellt. 8. (159 S.) Berlin 884. Mrose. n. 2. —; geb. n. 3. —

—— Dornröschen. Märchendichtung. Für Chor, Solostimmen und Pianoforte componirt von G. F. Selle. (Textbuch.) (23 S.) Freienwalde 888, Draeseke. **

Dörr, Jul., Heckenrosen. Gedichte. (IV, 127 S.) kl. 8. Eberswalde 906. Langewiesche & Thilo. n. 2. —

—— platt Land un Lüd. 1. Bdchn.: De Göderschlächter. Dörpgeschicht ut de Uckermark. Mit Vorwort von Vict. Blüthgen. 8. (XIII, 135 S.) Ebendas. 888. *

Dörr, Jul. Platt Land u. Lüd. 2. Bdchn.: Druppen vör'n Schnuppen. Muntere Gedichte in märk. Mundart. 8. (VIII, 70 S.) Freienwalde a. O. 889, Draeseke. * 1 —
1. Bdchn. Ebd. 1888. * 1 —.

Doerr, Carl. Die spontane Rückenmarksblutung ⟨Haematomyelie⟩. Diss. Med. Univ. Zürich. Mit 1 [Doppel-]Tafel. [Sep.-Abdr. aus der] Deutschen Zeitschrift für Nervenheilkunde. [Band 32.] *Kopftitel:* Aus der Medizinischen Universitätsklinik in Zürich. ⟨Direktor: Professor Dr. H[ermann] Eichhorst.⟩ 100 S. 8. Leipzig, August Pries, 1906.

DÖRR, KARL THEODOR. Darstellung eines künstlichen Dextrins aus Galactose und Versuch einer partiellen Synthese des Milchzuckers. Bern, 1888.

Dörr, Clem., s.: Zeitschrift f. Stadthygiene.

Dörr, L., u. A. Trieschmann, deutsches Liederbuch für die Schule. 3 Hfte. gr. 8. Kassel 877. (Hühn.) n. 1. 10
1. (IV, 32 S.) n. — 30. — 2. (48 S.) n. — 35. — 3. (64 S.) n. — 45

Doerr, Otto, Chloë, die Martyrin. (III, 164 S.) kl. 8. Ravensburg 908. F. Alber. Geb. 3. —

Doerr, Robert, appr. Arzt a. Idstein i. T. ⟨Reg.-Bez. Wiesbaden⟩: Aus d. Kgl. Univ.-Kinderklinik in München. Vorstand: Prof. M. Pfaundler. Ueber den Chemismus der Acetonkörperbildung im Kindesalter. München 1907: C. Wolf & Sohn. (17 S., 13 Tab.) 8°
München, Med. Fak., Ref. v. Bauer, Diss. v. 11. März 1908
[Geb. 1. Sept. 81 Kemel (Reg.-Bez. Wiesbaden); Wohnort: Idstein i. T.; Staatsangeh.: Preußen; Vorbildung: Gymn. Wiesbaden Reife O. 01; Studium: Jena 1, München 1, Jena 2, München 6 S.; Coll. 11. März 08; Approb. 5. Sept. 07.]

Doerr, Rob., das Dysenterietoxin. Mit 2 Kurven im Text u. 2 Taf. (76 S.) Lex. 8. Jena 907. G. Fischer. 2.50

— K. Franz u. S. Taussig, das Pappatacifieber. Ein endem. Drei-Tage-Fieber im adriat. Küstengebiete Österreich-Ungarns. Mit 18 Fig. im Texte, 2 mikrophotograph. Taf. in Lichtdr. u. 1 Kurventaf. (IV, 167 S.) Lex. 8. Wien 907. F. Deuticke. 4. —

Das Pappatacifieber. Ein endemisches Drei-Tage-Fieber im Adriatischen Küstengebiete Österreich-Ungarns. Von Privatd. Dr. R[obert] **Doerr**, Dr. K[arl] Franz, Oberstabsarzt, Wien, u. Dr. S[iegmund] Taussig, Oberstabsarzt. Mit 13 Fig., 2 mikrophotogr. Taf. u. 1 Kurventaf. Leipzig & Wien: Deuticke 1909. IV, 166 S. 8° [09. 12649] II

Dörr, Rob.: Twöschen Wiessel on Noacht, s. Dorr

Dörr, Theodor (geb. am 19 Jan. 1860 in Velbert Rgbz. Düsseldorf): Ueber die eigenartige Form der paralytischen Geistesstörung bei Alkoholikern. '(Pseudoparalysis e potu.)' ... Bonn, Univ.-Buchdr. v. C. Georgi 1883. 47 S., 1 Bl. 8.
Bonn, Med. Fak., Diss. v. 21 Juli 1883

Dörr, *Viktor* Ueber Anschauung und Logik in der Mathematik. 4 (S. 3—10). Progr. Rprg. *Markirch* 1886 (482).

Doerr, Victor [aus Kirchheimbolanden]: Beitrag zur Lehre vom identischen Verschwinden der Riemannschen Theta-Function. Strassburg, Buchdruckerei von R. Schultz und Comp., 1883. 4. 25 S.

Dörr, W., die erste allrussische hygienische Ausstellung, vom 21. Mai bis 10. Octbr. 1893 veranstaltet v. der Gesellschaft zur Wahrg. der Volksgesundheit. Nach seinen Correspondenzen im „St. Petersburger Herold". Lex.-8. (VIII, 77 S.) St. Petersburg 894. (H. Schmitzdorff.) n. 2. 50

Dörr, W., und F. L. Mencke, Statistik der evangelischen Geistlichen des Herzogth. Nassau, s. Mencke, F. L.

Dörr, Wilhelm, Sportliches Handgranatenwerfen, Vorw. v. Franz Breithaupt, m. Abb., Leipzig, 53 S., 8°.

Konfirmationspredigt gehalten am 1. April 1900 in der Salvatorkirche zu Duisburg von Wilhelm **Doerr**, Pfarrer. *Duisburg (1900): J. Ewich.* (12 S.) 8° [F.] [00. 3785 B

Dörr, Wilhelm, Der Lauf im Bild, I. Mittlere u. lange Strecken, II. Aufl., II. Kurze Strecken u. Hürden, Stuttgart, Kl.-8°.

Dörr, W.: Leibesübungen für Alle. Wünsdorf. 115 S.

Dörr, Wilhelm, Der Sprung im Bild, Lehrtafeln zur Hebung der Sprungtechnik, besonders f. Lehrzwecke bestimmt, Stuttgart, 8°.

Dörr, Wilhelm, Wie erwerbe ich das deutsche Turn- und Sportabzeichen? Leipzig, 31 S., 8°.

Dörr, Willy, die deutschen Wurfübungen, s. a. Miniatur-Bibliothek f. Sport u. Spiel 25. Bd.

Dörr, W.: Die deutschen Wurfübungen. Leipzig 1910. 96 S. m. Abb. (Miniaturbibl. f. Sport u. Spiel. 25.)

Dörr, Wilhelm, Wurfübungen, Geschichte und Wesen des Wurfsports und Anleitung zum Werfen u. Rekordlisten, m. Abb., Leipzig, 88 S., 8°.

Dörr, Wilhelm Friedrich

Dörr, Wilh. Frdr., des Kindes Sprachheft. 12. (48 S.) Worms 848, Rahke. n. 1/12 ℳ

Dörr, Wilh. Friedr., des Kindes Sprachheft, oder praktische deutsche Sprachlehre. 2. umgearb. Aufl. Worms 857. Rahke. 12. (48 S.) n. 2½ ngr

Dörr, Wilh. Frdr., des Kindes Sprachheft, od. praktische deutsche Sprachlehre. 3. verb. Aufl. Worms 865. Rahke. 12. (48 S.) n. 2½ ngr

Dörr, Wilh. Friedr., des Kindes Sprachheft oder prakt. deutsche Sprachlehre. 5. verm. Aufl. 8. (56 S.) Worms 874, (Rahke.) *

— Uebungs-Aufgaben f. das schriftliche Rechnen nach dem neuen Maß- u. Gewichtssysteme f. die Mittel- u. Oberklassen der Volksschulen. gr. 8. (54 S.) Mainz 873. Haas. — 30

Dörr, Willy, s. Dörr, Wilhelm

Dorrance, John Thompson [aus Bristol, Pa., U. S. A.]: Über Condensationsprodukte des Cyclo-Methyl-Hexanons ... Göttingen, Druck d. Univ.-Buchdr. v. E. A. Huth, 1897; 86 S., 1 Bl. 8.
Göttingen, Phil. Fak., Inaug.-Diss. v. [4. Juni] 1897

Dörrberger Grund [Schlagwort]

Dörrberger Grund, s.: Thüringen.

Dörre, F. C., u. W. Funke, der Bezirk Tetschen in seinen land- u. forstwirthschaftlichen Verhältnissen. Hrsg. vom Central-Comité f. die land- u. forstwirthschaftl. Statistik Böhmens. [Als Beilage zu den Mittheilgn. d. Central-Comité's f. d. J. 1870.] hoch 4. (VII, 174 S. m. 1 chromolith. Karte in gr. Fol.) Prag 871. Calve in Comm. n. 4. —
Dasselbe ist auch in czechischer Sprache zu gleichem Preise erschienen.

Dörre, Fr.

Dörre, F., der Musiklehrer, s. Fortbildungsschule für Jedermann.

Dörre, Fr., der englische Sprachlehrer, s. Fortbildungsschule.

Dörrenberg, O., Römerspuren u. Römerkriege im nordwestl. Deutschland, nach e. im Dezbr. 1894 geh. Vortrage, nebst e. Anh.: Die Stämme der Germanen. (XI, 258 S. m. 13 Taf. u. 1 Tab.) gr. 8. Leipzig 909. Dieterich. 12.50; geb. 14. —

Dörrenberg, Otto (geb. Soest [13. 2. 1857]): Ueber specifische Pneumonieen. Berlin (1880). (30 S.) 8°
Berlin, Med. Diss. v. 27. März 1880

DORRER: Die Nonne (Liparis monacha) im oberschwäbischen Fichtengebiet in den letzten fünfzig Jahren. – Stuttgart 1891. 47 S.

Dorrer, forstwirthschaftliche Reduktions- u. Hülfstabellen f. Württemberg. gr. 16. (16 S.) Stuttgart 871. Belser's Verl. — 60

Dorrer, August (Stuttgart), Ueber die Einwirkung von Eisenchlorid auf Jodkalium und Jodwasserstoff. Diss. nat. Tübing. (H. Laupp jr.) 1893. 48 S. (4.—) 6800

Dörrer, Ant. Jos.

[F.] Die Gebete der Heiligen. E. vollständ. kathol. Andachts- u. Gebet-Buch aus d. Schriften d. Heil. Von Ant. Jos. **Dörrer,** Pfarrer. 7. Aufl. Ausg. No 1. ... *Saarlouis: Hausen & C. [1897?].* (544 S.) 1 Bd 8. [98. 4000

Dörrer, J. G., s. Realindex.

Dörrfuss, Wilh., s.: Leben etc.

Dörrie, Heinrich: Ein Fall von beiderseitiger Recurrenslähmung infolge von Oesophaguscarcinom. *München 1898: V. Höfling.* (24 S.) 8°
München, Med. Diss. v. 1898

Dörrie, H[einrich], Dr.: Das Gesetz von Biot und Savart und die cyklische Konstante. Leipzig (1906): B. G. Teubner. (20 S.) 8°
Biedenkopf, k. RPG OP 1906 (498)

Dörrie, Heinrich, stud. math. aus Hannover: Das quadratische Reciprocitätsgesetz im quadratischen Zahlkörper mit der Classenzahl 1. *Göttingen 1898: Dieterich.* (75 S.) 8°
Göttingen, Phil. Diss. v. [20. Dez.] 1898

Dörrie, Heinr., das quadratische Reciprocitätsgesetz im quadratischen Zahlkörper m. der Classenzahl 1. Diss. gr. 8. (75 S.) Göttingen 898. (Vandenhoeck & Ruprecht.) n. 2. 40

Dörrien, Vertheidigung des Advocaten Frdr. Weinhagen zu Hildesheim. 1. Abthlg. gr. 8. (VIII u. 139 S.) Hannover 848, Gebr. Jänecke. 5/12 rf

— dies. 2. Abthlg. gr. 8. (85 S.) Hildesheim 849, Gerstenberg. 5/12 rf

Dörrien, Aug., († d. 6. Jan. 1813.) s. A. Smith, Untersuchungen.

Dörrien, Dn. Ldf., († d. 8. Dec. 1813.) Exempelbuch zum Hannöversch. Landeskatechismus. 1s—3s Heft (ohne s. Namen). 8. Hannov. 798 u. 99. (1s H. 2e A. 801. 3e A. 822. 4 gl 2s H. 2e A. 815. 8 gl 3s H. 2e A. 822. 12 gl) u. 4s H. 801. 12 gl Ebd. Hahn. 1 rf 12 gl Alle 4 Hefte. N. Aufl. 822. 12 gl

Dörrien, D. L., Exempelbuch, z. Hannöv. Landeskatechismus rc. 4 Hefte. 8. Hannov. Hahn. 802. (I. 4 gr. II. 8 gr. III. IV. à 12 gr.)

— s. Hume, Untersuch. über d. Selbstmord.

— wie wir die Noth der Armen zu betrachten haben. Eine Predigt. 8. Hannov. ... Hahn. 2 gl

Dörrien, E., ein Pensions-Kommers, s. a. Mädchen-Bühne. 72. Hft.

Ein Pensions-Kommers. Dramat. Scherz von E. Dörrien. mit Reigen von S. Jaffé. *Berlin: E. Bloch (1901).* (24 S.) 8° [F.]
— Mädchen-Bühne. H. 72. [04. 137.5]

Dörrien, Ernst, Oberarzt im Inf.-Reg. No. 14 in Bromberg: Ueber Riesenwuchs und Elephantiasis congenita. Leipzig 1905: B. Georgi. (32 S.) 8°
Leipzig, Med. Fak., Ref. Marchand, Diss. v. 14. Jan. 1905
[Geb. 26. Okt. 75 Rheda, Westf.; Wohnort: Bromberg; Staatsangeh.: Preußen; Vorbildung: Gymn. Osnabrück Reife O. 95; Studium: K. Wilh. Akad. Berlin 9 S.; Coll. 21. Jan. 05; Approb. 5. Juli 01.]

Dorrien, Heinrich

— — **Praeceptorum codicis Napoleonei de administratione tutelae cum jure Romano et Germanico collatio. Lpz. (C. Tauchnitz) 7. XI. 1809. 55 S. (4.80)** 6703
Gew.: Cölestin Aug. Just. (Tennstädt).

Doerrien, Heinrich (Leipzig). De justo rigoris cambialis usu praesertim in cambiis trassatis. Präs. Chn. Ernst Weisse. Lpz. (C. Tauchnitz) 12. III. 1807. 44 S. (4.50) 6702

Dörrien, Johann Alb.

— erbauliche Betrachtt. über d. ehemaligen Götzengreuel im Hochstift Hildesheim u. d. in benachbarten Ländern. 8. Hildesh. 754.

Dörrien, Jh. Alb., († d. 23. Aug. 1787.) heilige Betrachtungen über wichtige Stücke d. Glaubens- u. Sittenlehre rc. 8. Hildesheim 753.

Dörrien, Catharina Helena.
Deutliche und gründliche Anweisung zum Nähen und Sticken . . . Magdeburg 1788. H: *Reichard, Elias Caspar.* (ML)

— deutliche u. gründl. Anweisung zum Nähen u. Stricken, durchges. u. erläut. v. E. K. Reichard. 8. Magdeb. 789. Creutz. 5 gl

Dörrien, K. H., s. Besuch, der.

— s. 1) l'Esprit de Sevigne. 2) Jonjou.

Dörrien, Kath. Helene, († d. 8. Juni 1795.) Versuch e. Beitrags zur Bildung eines edlen Herzens. 2 Thle. 8. Frkf. 782. Brönner. 10 gl

Dörrien, Cath. Hel., Vers. z. Bildung e. edl. Herzens. 2 Thle. 8. Frankf. Brönner. 782.

— Verzeichniß u. Beschreib. sämmtl. in den Nassauischen Landen wildwachsenden Gewächse. gr. 8. Heerb. 777. (Krieger). Mit neuen Titelbl. Leipz. 794. 1 rf

Dorrien, S. v., Forests and Forestry. A letter on the importance of Forests, their management in Germany, with a short review of the historical development of Forestry. gr. 8. (45 S. m. 1 chromolith. Karte in Fol.) New-York 879. (Hamburg, Boysen.) n. 2. —

Doerries, über Shakspeare's Julius Cäsar. Hannover.
Schul-/Univ.-Schrifts 1865

Dorries: Über den Neid der Götter bei Homer. 33 S. – Hameln, Progr. 1870.

Dörries, Bernhard

Dörries, Bernh., die Botschaft der Freude. Ein Jahrgang Evangelien-Predigten. (VI, 538 S.) gr. 8. Göttingen 903. Vandenhoeck & Ruprecht. Geb. in Leinw. n. 6. —

Dörries, Bernh., die Botschaft der Freude. Ein Jahrg. Evangelien-Predigten. 2. durchgeseh. Aufl. (IV, 535 S.) gr. 8. Göttingen 907. Vandenhoeck & Ruprecht. Geb. in Leinw. 6. 40

Dörries, Bernh., Erklärung d. kleinen Katechismus Martin Luthers. Ein Beitrag zur Reform d. Katechismusunterrichts. 1. Tl.: Der Glaube. gr. 8. (VI, 312 S.) Göttingen 891. Vandenhoeck & Ruprecht. n. 4. —; geb. n. 4. 60

— Erklärung d. kleinen Katechism. D. Martin Luthers. Ein Beitrag zur Reform des Katechismusunterrichts. 1. Tl.: Die zehn Gebote. (VII, 285 S.) gr. 8. Ebd. 909. 4.40; geb. 5. —
Den 2. Tl. bildet:

Dörries, Bernh., das Evangelium d. Armen. E. Jahrgang Predigten. gr. 8. (IV, 475 S.) Göttingen 896. Vandenhoeck & Ruprecht. n. 5. —; geb. in Leinw. n. 5. 80

Dörries, Bernh., das Evangelium der Armen. Ein Jahrgang Predigten. 2. Aufl. gr. 8. (IV, 572 S.) Ebd. 899. n. 5. 20; geb. in Leinw. n. 6. —

Dörries, Bernh., das Evangelium der Armen. Ein Jahrgang Predigten. 3. durchgeseh. Aufl. (IV, 519 S.) gr. 8. Göttingen 904. Vandenhoeck & Ruprecht. n. 5. 20; geb. in Leinw. n. 6 —

— d. Glaube. Erklärg. d. 2. Hauptstückes d. kleinen Katechismus Martin Luthers. E. Beitrag z. Reform d. Katechismusunterr. 2., neu bearb. Aufl. gr. 8. (VIII, 320 S.) Ebd. 895. n. 4. 40; geb. in Leinw. n. 5. —

— der Glaube. Erklärung des zweiten Hauptstückes des kleinen Katechismus D. Martin Luthers. Ein Beitrag zur Reform des Katechismusunterrichts. 3., neu bearb. Aufl. gr. 8. (X, 334 S.) Ebd. 901. n. 4. 80; geb. n. 5. 40

— Der Glaube. Erklärung d. 2. Hauptstückes d. kleinen Katechismus D. Martin Luthers. Ein Beitrag zur Reform des Katechismusunterrichts. 4. neu bearb. Aufl. (VIII, 310 S.) gr. 8. Ebd. 908. 4.80; geb. 5. 40

— hat der liebe Gott die Cholera in Hamburg geschickt? Zeitpredigt. gr. 8. (10 S.) Hannover 892. Wolff & Hohorst Nachf. n. — 20

— d. kl. Katechismus Martin Luthers, ausgelegt. 8. (134 S.) Ebd. 898. n. — 50; geb. n. n. — 70

— was Luther zu Luther macht. Festrede, in der Versammlg. d. Zweigvereins d. evangel. Bundes in Hannover am 10. Novbr. 1892 geh. gr. 8. (13 S.) Ebd. 892. n. — 30

Die Welt Gottes. Ein neuer Jahrgang Predigten von Bernhard **Dörries**. Göttingen: Vandenhoeck & Ruprecht 1910. VI, 551 S. 8° [11. 3716 7

Doerries, Heinrich: Friedrich von Gentz' „Journal de ce qui m'est arrrivé de plus marquant . . . . au quartier-général de S. M. le roi de Prusse" als Quelle preuszischer Geschichte der Jahre 1805/06. Greifswald 1906: H. Adler. (75 S.) 8°
Greifswald, Phil. Fak., Ref. Ulmann, Diss. v. 20. März 1906
[Geb. 13. März 70 Hemelingen bei Bremen; Wohnort: Wittmund; Staatsangeb.: Preußen; Vorbildung: Gymn. Leer Reife O. 02; Studium: Göttingen 1. Greifswald 6 S.; Rig. 7. Febr. 06.]

Dörries, [Heinrich Ludolf]: Das neue Gymnasialgebäude und die Feier seiner Einweihung. *Hameln 1898: C. W. Niemeyer.* (3—14 S. mit Taf.) 4°
Hameln, st. G u. RPG, OP 1898 (320)

Dörries, *Heinrich Ludolf* *Worte bei der Gedächtnisfeier für Kaiser Wilhelm* I. 4 (S. 18—19 der Schuln.). G. u. Rprg. *Hameln* 1888 (289). Progr.

Dörries, Wilhelm: Beiträge zur speziellen Anatomie der Lianen mit besonderer Berücksichtigung der Thyllenfrage. Mit 23 Textfig. Göttingen 1910: Hofer. 63 S. 8°
Göttingen, Phil. Diss. v. 27. Juni 1910, Ref. Peter
[Geb. 26. Juli 86 Ilten; Wohnort: Ilten; Staatsangeh.: Preußen; Vorbildung: Realgymn. I Hannover Reife O. 06; Studium: Göttingen 2, München 2, Göttingen 4 S.; Rig. 25. Mai 10.] [U 10. 1406

Dorrinck, [Karl] Alfred [Friedo], a. Hamburg: Die lateinischen Zitate in den Dramen der wichtigsten Vorgänger Shakespeares. Straßburg i. E. 1907: M. DuMont Schauberg. (VIII, 61 S.) 8°
Straßburg, Phil. Fak., Ref. Koeppel, Diss. v. 16. Febr. 1907
[Geb. 13. Mai 83 Hamburg; Wohnort: Hamburg; Staatsangeh.: Hamburg; Vorbildung: Realgymn. d. Johanneums Hamburg Reife O. 03; Studium: Straßburg 4, München 1, Straßburg 2 S.]

Dörring, Felix Wit v., die Cavallerie im Frieden und im Kriege. gr. 8. (54 S.) Wien 888, (Seidel und Sohn.) *

Dörring, Gust., Taschenbuch d. Liebe, Studien f. Ge- u. Verliebte. Ein Cyclus humorist.-erot. Gedichte. 1. Aufl. (2 B.) 832. 12. 8 Gr., 2. A. ..., 3. A. (2½ B.) gr. 16. Breslau 835, Richter.

Dörring, Gust., Taschenbuch d. Liebe, Studien f. Ge- u. Verliebte. Ein Cyclus humorist.-erot. Gedichte. 3. Aufl. gr. 16. (2½ B.) Breslau 835, [Berlin,] Richter'sche Buchh.
Vgl. Döring.

Dörring, Johannes Wit v.
s. Wit v. Dörring.

Dörrwächter, Heinrich

Dörrwächter, die Milch u. ihre Behandlung. (VII, 52 S.) 8. Karlsruhe 909. Macklot. — 50

Dörrwächter, Heinrich [Grossherzogl. Bezirkstierarzt in Neustadt, Baden]: Über Viehversicherung. Karlsruhe 1901. 4 + 98 S. 8°.
Bern. Vet.-med. Diss. 1901/1902.

Dorry, de difficilior. subsd. Virg. Ov. Liv. Cic. Quinct. locc. Rawicz.
Schul-/Univ.-Schrift 1863

Doerry, C. A. A., De locis aliquot Quintiliani emendandis. Pr. 1860. 11 S. 4°. 1.50

Doerry, Georg [aus Neumark in Pommern]: Ueber den Einfluss der barometrischen Minima und Maxima auf das Wetter in Magdeburg. . . . Halle a. Saale, *Faber'sche Buchdr., Magdeburg,* 1889; 98 S. + 1 Bl. 8°
Halle, Phil. Fak., Inaug.-Diss. v. 17. Aug. 1889

Doerry, Carl, approb. Arzt aus Varel a. Jade: **Nierenaffektionen** bei Sublimatvergiftungen. *Leipzig: G. Fock 1900.* (27 S.) 8°
Leipzig, Med. Diss. v. (31. Juli) 1900

Doerry, Kurt, leichte Athletik, s. Bibliothek f. Sport u. Spiel.

Doerry, K.: Leichte Athletik. Leipzig 1904. 96 S. m. Abb. (Bibliothek f. Sport u. Spiel. 26.)

Dörry, O., Deutsche u. Polen mit Beziehung auf die nationale Reorganisation des Großherzogth. Posen. gr. 8. (16 S.) Landsberg a. d. W. 848, Schäffer & Co. 3 ngr

— Pommerische Geschichten. 1. (Abthlg.) A. u. d. T.: Der Junker v. Behr. Geschichte aus der Zeit des dreißigjähr. Krieges. 2 Bde. 8. (177 S.) Leipzig 850, Kollmann. 2 rf

Dorsay, A. H., das Herrenhaus zu Woodreve. Roman. Aus dem Engl. von F. Siemers v. Ostermann. 3 Bde. 8. (251; 254; 209 S.) Dresden 884, Pierson.

DORSAY, Arno, Aus einer grossen Garnison. Roman. 8°. 189 S. (3 Kr. 60 H. J. Balogh, Budapest, 1910, ohne Orts- u. Jahresangabe.)

Dorsay, Arno. Aus einer grossen Garnison. Ein militärisches Zeitbild. 8. Wien—Leipzig—Budapest 1904.

Dorsay, Arno, aus e. großen Garnison. Ein militär. Zeitbild. Von D. (e. alten Kavalleristen). 11—20. Taus. (189 S.) 8. Budapest 904. K. Sachs. n. 2. 50

DORSAY, Arno. Sündige Liebe. (1909?). 8°.
Verb. d. Ldg. Rostock 23. 9. 1909.

Dorsch, Statistique du département de la Roër avec Cartes topograph. l'une représent. le départem. de la Roër, et l'autre le canal sous le nom de fosse Eugenienne. gr. 8. Cöln, Keilisch.

Dorsch, Ant. Jos., († im Apr. 1819.) Aphorismen aus d. Gesch. d. Einbildungskraft. 8. Mainz 791.

— Aphorismen aus d. Geschichte d. Sinnlichkeit. 8. Mainz 791.

Ant. Jos. Dorsch: Beyträge z. Studium d. Philosophie. *Mainz*, 787-90. 7 Hfte. 8° 2 rf

— Beitrr. zum Studium d. Philosophie. 6 Hefte, (2s vom Unterschied der Geisteskräfte. 6 gl) 8. Frankf. 788 u. 89. Hermann. 1 rf 20 gl (4s, auch u. d. T.: über Ideenverbindung. 8 gl 5s, auch u. d. T.: Theorie d. äußern Sinnlichkeit. 8 gl 6s, a. u. d. T.: über symbol. Vorstell. d. Wortsprache. 790. Eichenberg. 8 gl 7s, u. d. T.: philosoph. Geschichte u. Sprache d. Schrift. gr. 8. Mainz 791. (Wienbrack in Leipz.) 9 gl

— s. Beitrr. zur Verbesserung d. äußerl. Gottesdienstes.

— Eintritt in das Reich d. Freiheit. 8. Mainz 792.

— philos. Geschichte d. Sprache u. Schrift. gr. 8. Maynz, Fischer. (a. Gräff in Leipz.) 791.

— Geschichte d. Vaterlandsliebe; e. Rede. 8. Mainz 791.

— üb. Ideenverbindung (od. d. Beytr. 4s.) gr. 8. Frankf. Hermann. 789.

— erste Linien einer Geschichte d. Weltweisheit. gr. 8. Mainz 787. (Varrentrapp in Frankf.) 6 gl

— Sätze aus d. reinen Logik u. transcendentalen Aesthetik, aus d. Theorie d. Sinnlichkeit. 8. Mainz 790.

— Sätze aus d. Natur des menschlichen Erkenntnißvermögens. 8. Mainz 789.

— Sätze aus der Philosophie, vertheidigt. 8. Mainz 788. Eichenberg in Frankf. 5 gl

— Sätze a. d. Philosophie. 8. Mainz. (Eichenberg, Frft.) 789.

— Sätze aus d. Philosophie. 8. Mainz 790.

— Sätze von den Seelenkräften u. den Gesetzen ihrer Wirksamkeit. 8. Mainz 789.

— Sätze v. d. Verknüpfung unserer Vorstellungen. 8. Mainz 789.

— Sätze von d. Zeichenkenntniß. 8. Mainz 789.

— Theorie d. äuß. Sinnlichkeit (od. Beytr. 5s.) gr. 8. Frankf. Hermann. 789.

— üb. d. Unterschied d. Geisteskräfte 2c. 8. Frankf. Hermann. 787.

— Versuch e. nähern Bestimmung d. Frage: Ob Logik vor Methaphysik, oder diese vor jener auf hohen Schulen gelehrt werden soll? Mainz 786.

— üb. d. symbol. Vorstell. u. Wortsprache. gr. 8. Frankf. Eichenberg. 790.

Ant. Jos. **Dorsch**: Werth der Philos. untersucht. *Mainz*, akad. B. 789. 8° 4 gl

— Werth der Philosophie. 8. Frankf. 790. Hermann. 4 gl

— wie soll man Philosophie auf Academien studiren? 8. Mainz 790. (Andreä in Frkf. a. M.) 2 gl

Dorsch, B., Rechtshandbuch des bayerischen Volksschullehrers, s.: Schmidt, Jos.

Dorsch, Bernhard, Dr. med., prakt. Arzt: **Ueber primäre Lymphdrüsen-Tuberculose.** *Erlangen 1899: A. Vollrath.* (21 S.) 8°
Erlangen, Med. Diss. v. 1899

Dorsch, C. H., über d. Bau neuer u. d. Verbesserung schon bestch. Bierbrauereien, mit besond. Berücksichtig. ebener, zur Anlage guter Lagerkeller ungeeigneter Gegenden. M. 11 Stnt. gr. 8. (6½ B.) Leipzig 837, Fest'sche Vrlsb.

— Beschreibung eines Dampf-Apparats zum Waschen, sowohl f. einzelne Haushaltn. als f. größere Waschanstalten, mit Berücksichtigung einiger neuen Verbessern. M. 1 Abbild. gr. 8. (1 B.) Schleiz 835, [Ilmenau,] Richel. (Leipz., Rein'sche Bh.) *

— der Uferbau an Flüssen. Ein Handbuch für den Laien in der Wasserbaukunde, besonders für diejenigen, welche an den Ufern eines Flusses auf die wohlfeilste Art u. Weise zum Schutze und zur Wiederherstellung der beschädigten Ufer etwas vorkehren wollen. Mit erklär. Abbildd. (auf 2 Steintaf.) 8. Leipzig 835. Rein. 3/8 rf

Dorsch, Ed., siehe: *Butler, W. A.*

Dorsch, Eduard

--Kurze Hirtenbriefe an das deutsche Volk ... NY, 1851.

DORSCH, Eduard (München): Kein Tod ist in der Natur.- München: Deschler 1847. 15 S. 20.8.1847 - Urk (Titel: Nulla mors in natura.); F 66
Diss.Ingolst.-Landsh.-Mchn.

--Handschriftlicher Nachlaß. Mss. 55v. Preserved in the lib of the Germania Club of Chicago.

--Parabasen. Milwaukee, 1875.

Dorsch, Eduard. Aus der Alten und Neuen Welt, Gedichte. New York: International News Co., 1884. GSP, UC

Dorsch, Emil, S. J., der Opfercharakter der Eucharistie einst u. jetzt, s.a. Veröffentlichungen des biblisch-patristischen Seminars zu Innsbruck. 4.

Der Opfercharakter der Eucharistie einst und jetzt. Eine dogmat.-patrist. Untersuchung z. Abwehr. Von Dr. Emil **Dorsch** S. J. Innsbruck: Rauch 1909. XVI, 305 S. 8°
(Veröffentlichungen d. bibl.-patrist. Seminars zu Innsbruck. 4.) [09. 6616

Dorsch, Ernst, a. Groß-Bestendorf: **Ein Beitrag zur Geschichte der Einführung und Weiterzüchtung des schwarzbunten Ostfriesen- und Holländer-Viehschlages in Ostpreußen sowie zum Einflusse dieser Einführung auf die Landwirtschaftlichen Verhältnisse der Provinz.** Weida i. Thür. 1905: Thomas & Hubert. (107 S.) 8°
Leipzig, Phil. Fak., Ref. Kirchner, Bücher, Diss. v. 26. Okt. 1905
[Geb. 9. Jan. 79 Groß-Bestendorf, Ostpreußen; Wohnort: Großsamrodt, Ostpreußen; Staatsangeh.: Preußen; Vorbildung: Friedr.-Koll. Königsberg i. Pr. Reife M. 99; Studium: Königsberg 1, Leipzig 2, München T.H. 1, Leipzig 2 S.; Rig. 25. Juli 05.]

Dorsch, Ernst, de civitatis romanae apud Graecos propagatione. gr. 8. (70 S.) Breslau 886. (Köhler.) n. 1. —

Dorsch, Ernestus [Borussus Occidentalis]: **De civitatis Romanae apud Graecos propagatione ....** Vratislaviae, typ. Ant. Schreiberi 1886; 4 + 72 S. 8°.
Breslau, Phil. Fak., Inaug.-Diss. v. 15. Jan. 1886.

Dorsch, Franz

Dorsch, Frz., das Bremer Stadttheater u. seine Künstler. Jahrb. f. 1910. Mit Beiträg. hies. u. auswärt. Schriftsteller u. Bildern darstell. Künstler. (61 S. m. 1 Abb.) 8. Bremen, W. B. Hollmann Nachf. Geb. 2. —

Dorsch, Hannah, u. Arnold Dodel, eine neue Reformation (vom Christentum zum Monismus), s.a. Flugschriften des deutschen Monistenbundes.

Eine neue Reformation (Vom Christentum zum Monismus). Von Hannah **Dorsch** u. Prof. Dr. Arnold Dodel (Ist der Monismus Religion?) (Vorr.: Dr. Heinrich Schmidt, Jena.) Brackwede i. W.: W. Breitenbach in Komm. 1907. (IV, 32 S.) 8° [F.]
— **Flugschriften** d. Deutschen Monistenbundes. Sonderh. [07. 3635

Dorsch, Jo. G., Diss. de horrenda et miserabili obsessione etc. Jen. 4°. 1720

Dorsch, Johann, Professor der Theologie zu Straßburg, s. Horning, W.

Dorsch, Jos., Assimilation in den Compositis bei Plautus und Terentius, s. Studien, Prager philosophische.

Josef DORSCH **De adsimilatione praepositionum cum verbis compositarum in prisca Latinitate**
Phil. Diss., Prag 1882-1886

Dorsch Dr. Josef: Ein Beitrag zur Kenntnis der griechischen Sepulcralalterthümer. 28. Kaaden 93.
Progr.

Dorsch, Joseph (Bearb.), s. Hauler, Johann: Lateinische Stilübungen für die oberen Klassen.

Dorsch, Josef: Mit Horaz von Rom nach Brindisi. Reisebeschreibung. S. 3—18. 8.
Progr. Staats-Gymn. mit deutscher Unterrichtssprache *Prag-Altstadt* 1904.

- **Bei Horaz in den Sabinerbergen. 26 u. Karte. Kaaden 99.**
Progr.

Kaaden St. G.: Katalog der Lehrerbibl. 98. 99. v. Dr. Josef Dorsch. 84. 15.
Progr.

Dorsch, Jos., lateinisches Übungsbuch, s.: Hauler, Joh.

Dorsch, Carl [approb. Arzt aus Antwerpen]: **Ein Fall von primärem Lungenkrebs mit Verschluss der Vena cava superior ....** Tübingen, L. Fr. Fues'sche Buchdr. (Fues & Kostenbader), 1886; 25 S. 8°.
Tübingen, Med. Fak., Inaug.-Diss. v. 1886.

Dorsch, Lorenz [app. Arzt]: **Ueber die Luxation des Talus. ...** Erlangen, Druck d. Univ.-Buchdr. v. Junge & Sohn, 1889; 31 S. 8°
Erlangen, Med. Fak., Inaug.-Diss. v. 27. Mai 1889

Dorsch, Moritz [aus Würzburg]: **Ueber Carcinom und Sarcom derselben Mamma ...** Würzburg, Buchdr. d. „Neuen Bayer. Landeszeitg", 1896; 28 S., 1 Bl. 8.
Würzburg, Med. Fak., Inaug.-Diss. v. 1896

Dorsch, Nathanael, aus Antwerpen: Aus d. Augenklinik d. Universität Marburg. **Ueber angeborene und erworbene Linsenluxation und ihre Behandlung.** *Marburg 1900: J. Hamel.* (50 S.) 8°
Marburg, Med. Diss. v. 24. Febr. 1900

Dorsch, Paul, schwäbische Bauern in Kriegszeiten, s. Familienbibliothek, Calwer.

Dorsch, P., halt im Gedächtnis Jesum Christum. Hauptzüge aus dem Leben Jesu in Wort u. Bild. Mit 51 Autotyp. älterer u. neuerer Meister. Hrsg. unter Mitwirkg. namhafter Mitarbeiter. (IV, 102 S.) gr. 4. Stuttgart 906. Ch. Belser. Geb. in Leinw. n. 15. —; m. Goldschn. n. 16. 50

**Dorsch, P., Halt im Gedächtnis Jesum Christum. Hauptzüge aus d. Leben Jesu in Wort u. Bild. Mit 64 Autotypien älterer u. neuerer Meister. Hrsg. unter Mitwirkg. namhafter Mitarbeiter. 3. verm. Aufl. (VIII, 128 S.) 36×28 cm. Stuttgart (910). Ch. Belser.
Geb. in Leinw. 15.—; m. Goldschn. 16. 50**

Dorsch, Paul, d. deutsche evangel. Kirchenlied, auf s. Segensgang durch d. Gemeinde, s.: Familienbibliothek, Calwer.

— Maran atha, Gedanken über die Zeichen der Zeit. 2. Aufl. gr. 8. (24 S.) Stuttgart 887. (Buchh. d. Evang. Gesellschaft.) n.n. — 15

— dasselbe. 3. Aufl. 12. (32 S.) Gernsbach 889. Christl. Kolportage-Verein. — 12

Dorsch, Paul, s.a Württemberg's Söhne in Frankreich 1870/71.

Württembergs Söhne in Frankreich 1870/71. Erinnerungen von Kriegsteilnehmern ges. u. hrsg. von Paul Dorsch. [Nebst] N. F. Mit (je) 1 Titelbild. Calw & Stuttgart: Vereinsbuchh. 1910–11. 8°
N. F. [u. d. T.:] Noch ein Schwabenbuch ... von P. Dorsch. A 12 1902

— Das Testament v. Champigny, s. Immergrün.

Dorsch, Paul, die Verbindung m. unserer ewigen Heimat, s.: Familienbibliothek. Calwer. Bd. 25.

— e. Verwundeter v. Fröschweiler, s.: Immergrün.

Dorsch, Paul, elsässische Wanderfahrten, s.: Jugend- u. Volksbibliothek, deutsche. 191. Bdchn.

Dorsch, R., die Ausführung v. Felddüngungsversuchen, s.: Wagner, Paul.

die Bestimmung der zitronensäurelöslichen Phosphorsäure in Thomasmehlen, s.: Wagner, Paul.

Dorsch, R., die Bewerthung der Thomasmehle, s.: Wagner, Paul.

Dorsch, R., Forschungen auf dem Gebiete der Weinbergdüngung, s.: Wagner, Paul.

Dorsch, R. (Mitverf.): Die Stickstoffdüngung d. landwirtschaftl. Kulturpflanzen, s. Wagner, Paul

Dorsch, Rob. [aus Gülsdorf]: Ueber die Halogenderivate der Isatosäure .... Leipzig, Metzger u. Wittig, 1885; 28 + 1 S. 8°.
Leipzig, Phil. Fak., Inaug.-Diss. v. 12. Dez. 1885.

Dorsch, Tony, „Bis ins dritte Glied", s.: Sonntagsbibliothek. Nr. 24.

— des höchsten Königs Diener, s.: „Vergißmeinnicht"-Erzählungen. Nr. 43.

Dorsch, Tony, Bruder Johannes, s.: Jugend- u. Volksbibliothek, deutsche. 192. Bdchn.

Dorsch, Tony, Sanitas. Ernste u. heitere Bilder aus dem Leben kranker u. gesunder Menschen. (412 S.) kl. 8. Leipzig 906. Verlag f. Literatur, Kunst u. Musik. 5.—; geb. n 6. —

Dorsch, Walther, aus Plauen i. V.: Zur Herbortsage. Halle a. S. 1902: E. Karras. (56 S.) 8°
Leipzig, Phil. Diss. v. [15. Okt.] 1902

Dorschaeus, I. G., Commentar. in Epist. Pauli ad Hebraeos. 4. Frcf. Metzler. 717.

Dorschaeus, J. G., de ordinatione ministrorum ecclesiae. Gryph. 1707. 4.

Dorscheid, Otto, a. Dudweiler a. d. Saar, Rheinland: Die mittlere Dauer des Frostes auf der Erde. Halle a. S. 1907 (F. Vieweg & Sohn, Braunschweig). (29 S., 1 Taf.) 4°(8°) ¶ (Aus: 'Meteorologische Zeitschrift' H. 1. 2, 1907.)
Halle, Phil. Fak., Ref. Brückner, Diss. v. 15. Febr. 1907
[Geb. 20. Apr. 81 Dudweiler, Kr. Saarbrücken; Wohnort: Halle a. S.; Staatsangeh.: Preußen; Vorbildung: Oberrealsch. Saarbrücken Reife O. 02; Studium: Straßburg 5, Halle 3 S.; Rig. 25. Juli 06.]

Dorschel, Emil, die Elemente der lateinischen Formenlehre. Für den Schulgebrauch bearb. 8. (XII, 152 S.) Jena 871. E. Frommann. n. 1. 20

—— lateinisches Uebungsbuch für die unteren Classen der Gymnasien und Realschulen. Unter Mitwirkung von V. Berends bearb. 1. Cursus. [Für Sexta.] 8. (VIII, 82 S.) Jena 872, E. Frommann. *

Dorschel, Gotthold

Dorschel, Ghold., Maria Theresias Staats- u. Lebensanschauung, s.a Untersuchungen, geschichtl. V, 3.

Dorschel, Gotthold: Maria Theresias Staats- und Lebensanschauung. Gotha 1908: F. A. Perthes. (IX, 175 S.) 8°
Leipzig, Phil. Fak., Ref. Lamprecht-Brandenburg, Diss. v. 1. Juni 1908
[Geb. 16. Dez. 83 Gotha; Wohnort: Gotha; Staatsangeh.: Sachsen-Coburg-Gotha; Vorbildung: Lat. Hauptsch. Halle a. S. Reife O. 03; Studium: Leipzig 3, Berlin 1, München 1, Leipzig 4 S.]

Maria Theresias Staats- und Lebensanschauung. Von Gotthold Dorschel. Gotha: F. A. Perthes 1908. (XI, 175 S.) 8°
= Untersuchungen, Geschichtliche. Bd 5, H. 3. [08. 10704]

Dorschel, Konrad

— u. A. Lorey, Aufgaben für das praktische Rechnen, s. Lorey, A.

Dorschel, Conr., Aufgaben für den Unterricht im Elementar-Rechnen. Eine allseitige Betrachtung u. Anwendung der Zahlen von 20 bis 100. Zum Gebrauch für Kinder in Stadt u. Land vom 7. bis 9. Jahre. Bevorwortet v. A. Lorey. 8. (IV u. 100 S.) Eisenach 851, Bärecke. 1/6 ngl

Dorschel, Conr., Aufgaben für den Unterricht im Elementar-Rechnen. Eine allseitige Betrachtung u. Anwendung der Zahlen über 100 u. die Elemente der Bruchrechnung. Eisenach 858. Jacobi. gr. 8. (IV, 154 S.) n. 12½ ngl

Dorschel, Conr., Aufgaben für den Unterricht im Elementar-Rechnen. Eine allseitige Betrachtung u. Anwendung der Zahlen von 10 bis 100. Zum Gebrauch für Kinder in Stadt u. Land vom 7. bis 9. Jahre. 2 Abthlgn. 2. Aufl. 866. (VI, 138 S.) — 3. nach dem neuen Maß u. Gewicht umgearb. Aufl. Eisenach 870. Baerecke. 8. (VII, 150 S.) Jede Abth. n. 3¾ ngl; in 1 Bd. cart. n. 9½ ngl

Dorschel, C., deutscher Hülfsrechner u. Wegweiser für den Verkehr mit Post u. Telegraphen. Ein Handbuch für Jedermann. gr. 8. (III, 69 S.) Dresden 877. Bloyl & Kaemmerer. cart. n. 1. —

— dasselbe. 2. Aufl. gr. 8. (III, 69 S.) Ebend. 878. n. — 50

Dorschel, C., der Marktshelfer od. Hülfstabellen bei Ein- u. Verkäufen jeder Art f. Personen jeden Standes u Berufes; enth. Umrechng d. Preises d. im Großherzogth. Weimar-Eisenach, insbesondere im Eisenacher Unterlande, gebräuchlich gewes. Maßes u. Gewichtes in den Werth d. neuen Maßes u. Gewichtes, sowohl nach der jetz., als auch nach der neuen Währg. gr. 8. (18 S.) Eisenach 872. Baerecke. n. — 50

Dorschel, C., Rechen-Aufgaben für den Elementarunterricht, s.a. Loreh, Abf., und C. Dorschel's praktisches Rechenwerk.

— Rechen-Aufgaben für den Elementarunterricht. 1. u. 2. Hft. 6. Aufl. 8. (59 u. 56 S.) Bernburg 882. Bacmeister. à n. — 40

Dorschel, C., Rechen-Aufgaben f. den Elementarunterricht. 7 Hfte. 6. Aufl. 8. Gotha, Behrend. n. 2. 20
1. 2. 6. Aufl. (59 u. 56 S.) 883. à n. — 40. — 3. 6. 7. 7. Aufl. (30, 30 u. 31 S.) 885. à n. — 25. — 4. 7. Aufl. (61 S.) 885. n. — 40. — 5. 6. Aufl. (56 S.) 885. n. — 25

Dorschel, C., Rechenaufgaben für den Elementarunterricht. 7 Hefte. 8. [Bernburg 885, Bacmeister.] Gotha, Behrend. *

Inhalt:
- Heft 1. Allseitige Betrachtung und Anwendung der Zahlen von 1—20. 8. Aufl. (54 S.) * 40 Pf.
- 2. Allseitige Betrachtung und Anwendung der Zahlen von 21—100. 8. Aufl. (56 S.) * 40 Pf.
- 3. Allseitige Betrachtung und Anwendung der Zahlen über 100. 8. Aufl. (32 S.) * 25 Pf.
- 4. Die Grundrechnungsarten und die Regeldetri mit ganzen Zahlen. 8. Aufl. (64 S.) * 40 Pf.
- 5. Elemente der Bruchrechnung, sowohl der gewöhnlichen als auch der Dezimal-Brüche. 8. Aufl. (36 S.) * 25 Pf.
- 6. Die Grundrechnungsarten mit gewöhnlichen und Dezimal-Brüchen nebst Aufgaben aus dem bürgerlichen Leben. 8. Aufl. (32 S.) * 25 Pf.
- 7. Einfache und zusammengesetzte Regeldetri, Zins-, Rabatt-, Gesellschafts-, Mischungs-, Ketten- und Terminrechnung rc. 7. Aufl. (36 S.) * 25 Pf.

—— dass. — Auflösungen zu Heft 1—7. 8. Ebendas. 885. [Zu Heft 1—5. (43 S.) * 80 Pf.; zu Heft 6. 7. 6. Aufl. (17 S.) * 40 Pf.] *
Die frühern Auflagen erschienen u. d. T.: Lorey, Adf., und C. Dorschel, praktisches Rechenwerk.

—— praktisches Rechenbuch, s. Lorey, A.

Dorschel-Lindau's Rechenhefte. Nach neueren method. Grundsätzen vollständig umgearb. v. F. Lindau, M. Berbig u. E. Schmidt. Ausg. A.: Für Stadtschulen in 7 Hftn. 9. Aufl. 8. Gotha 892. Wiesbaden, E. Behrend. n. 2.—
1. 2. (IV, 28 u. IV, 28 S.) à n. —20. — 3. 4. (IV, 38 u. 46 S.) à n. —25. — 5. 6. (IV, 59 u. 63 S.) à n. —35. — 7. (II, 82 S.) n. —40.

— — dasselbe. Ausg. A.: Auflösungen zum 3.—7. Hft. 9. Aufl. 8. Ebd. 892. n. 2.50
3. (12 S.) n. —30. — 4. 5. (à 24 S.) à n. —60. — 6. (19 S.) n. —50. — 7. (22 S.) n. —50.

— — dasselbe. Ausg. B.: Für Landschulen in 4 Hftn. 9. Aufl. 8. Ebd. 892. n. 1.20
1. (IV, 39 S.) n. —25. — 2. 3. (IV, 59 u. II, 46 S.) à n. —30. — 4. (63 S.) n. —35.

— — dasselbe. Ausg. B.: Auflösungen zum 2.—4. Hft. 9. Aufl. 8. Ebd. 892. n. 1.60
2. (27 S.) n. —60. — 3. 4. (à 20 S.) à n. —50.

Dorschel u. Lindau's Rechenhefte. Nach neueren method. Grundsätzen vollständig umgearb. v. F. Lindau, M. Berbig, E. Schmidt. Ausg. A: Für Stadtschulen in 7 Hftn. 2.—5. Hft. 10. Aufl. 8. Wiesbaden, E. Behrend. n. 1.05
- 2. (28 S.) 896. n. —20
- 3. (38 S.) 895. n. —25
- 4. (46 S.) 896. n. —25
- 5. (59 S.) 896. n. —35

— dasselbe. Ausg. B.: F. Landschulen i. 4 Hftn. 2. Hft. 10. Aufl. 8. (IV, 59 S.) Ebd. 897. n. —30

Dorschel u. Lindau's Rechenhefte. Nach neueren method. Grundsätzen vollständig umgearb. v. F. Lindau, M. Berbig, E. Schmidt. Ausg. A.: Für Stadtschulen in 7 Hftn. 8. Wiesbaden, E. Behrend. n.n. 2.—
1. Die Zahlenreihe von 1—20. 10. Aufl. (26 S.) 901. n.n. —20
2. Die Zahlenreihe von 1—100. 13. Aufl. (IV, 28 S.) 902. n.n. —20
3. Die Zahlenreihe von 1—1000. 13. Aufl. (IV, 38 S.) 903. n.n. —25
4. Die Grundrechnungsarten in unbenannten u. mehrfach benannten ganzen Zahlen. Zeitrechnung. Schlußrechnung. Algebraische Aufgaben. 12. Aufl. (48 S.) 901. n.n. —25
5. Gemeine Brüche, Decimalbrüche, einfache Schlußrechnung, algebraische Aufgaben, Wiederholungsaufgaben. 12. Aufl. (IV, 59 S.) 903. n.n. —35
6. Wiederholungsaufgaben aus den 4 Grundrechnungsarten in gemeinen u. Decimalbrüchen. — Durchschnittsrechnung. — Einfache Schluß-, Zins-, Prozent-, Verteilungsrechng. Algebraische Aufgaben. — Geometrische Aufgaben. — Wiederholungsaufgaben. 12. Aufl. (64 S.) 903. n. —25
7. Die bürgerlichen Rechnungsarten mit zusammengesetzten Verhältnissen. — Zusammengesetzte Regeldetri. — Erweiterung der Zinsrechng. — Zinseszinsrechnung. — Promillerechnung. — Erweiterung der Prozentrechng. — Tararechnung. Rabatt- u. Diskontrechnung. — Berechnung v. Wertpapieren. — Zusammengesetzte Verteilungsrechng. — Mischungsrechnung. — Invaliditäts-, Alters-, Kranken- u. Unfallversicherung. Geometrische Aufgaben. — Das Ausziehen der Quadrat- u. Kubikwurzel. — Ausländische Maße, Münzen u. Gewichte. — Algebraische Aufgaben. — Allgemeine u. Wiederholungsaufgaben nach Sachgebieten. 10. Aufl. (IV, 76 S.) 901. n.n. —40

— — dasselbe. Ausg. B.: Für Landschulen in 4 Hftn. gr. 8. Ebd. n.n. 1.20
1. Die Zahlenreihe von 1—100. 11. Aufl. (IV, 39 S.) 901. nn. —25
2. I. Die Zahlenreihe von 1—1000. — II. Die Grundrechnungsarten in unbenannten u. mehrfach benannten ganzen Zahlen. Zeitrechnung. Schlußrechnung. Algebraische Aufgaben. 11. Aufl. (IV, 59 S.) 902. n.n. —30
3. Gemeine Brüche, Decimalbrüche, einfache Schlußrechnung, algebraische Aufgaben, Wiederholungsaufgaben. 11. Aufl. (II, 46 S.) 902. n.n. —30
4. Wiederholungsaufgaben aus den 4 Grundrechnungsarten in gemeinen u. Decimalbrüchen. — Einfache Schluß-, Zins-, Procent-, Verteilungsrechnung. — Rabattrechnung. — Mischungsrechnung. — Invaliditäts-, Alters-, Kranken- u. Unfallversicherung. — Geometrische Aufgaben. — Algebraische Aufgaben. — Wiederholungsaufgaben. 10. Aufl. (II, 60 S.) 901. n. —35

[illegible] u. Lindau's Rechenhefte. Nach neueren method. [illegible]sätzen vollständig umgearb. v. F. Lindau, M. Ber[illegible] Schmidt. Ausg. A: Für Stadtschulen in 7 Heften. [illegible]aden, E. Behrend. n.n. 2.—
[illegible] Zahlenreihe von 1—20. 13. Aufl. (IV, 26 S.) (906.) n.n. —20
[illegible] Zahlenreihe von 1—100. 15. Aufl. (IV, 28 S.) 905. n.n. —20
[illegible] von 1—1000. 15. Aufl. (38 S.) 906. n.n. —25
[illegible]ungsarten in unbenannten u. mehrfach be[illegible] Zahlen. Zeitrechnung, Schlußrechnung. Al[illegible] 15. Aufl. (48 S.) (906.) n.n. —25
[illegible] Dezimalbrüche, einfache Schlußrechnung, [illegible]aben, Wiederholungsaufgaben. 14. Aufl. [illegible] n.n. —35
VI. Wiederholungsaufgaben aus den 4 Grundrechnungsarten in gemeinen u. Dezimalbrüchen. — Durchschnittsrechnung. — Einfache Schluß-, Zins-, Prozent-, Verteilungsrechng. Algebraische Aufgaben. — Geometrische Aufgaben. — Wiederholungsaufgaben. 13. Aufl. (64 S.) 905. n.n. —35
VII. Die bürgerlichen Rechnungsarten m. zusammengesetzten Verhältnissen. — Zusammengesetzte Regeldetri. Erweiterung der Zinsrechng. — Zinseszinsrechnung. — Promillerechnung. — Erweiterung der Prozentrechng. — Tararechnung. — Rabatt- u. Diskontrechnung. — Berechnung v. Wertpapieren. — Zusammengesetzte Verteilungsrechng. — Mischungsrechnung. — Invaliditäts-, Alters-, Kranken- u. Unfallversicherung. — Geometrische Aufgaben. — Das Ausziehen der Quadrat- u. Kubikwurzel. — Ausländische Maße, Münzen u. Gewichte. — Algebraische Aufgaben. — Allgemeine u. Wiederholungsaufgaben nach Sachgebieten. 12. Aufl. (IV, 76 S.) (906.) n.n. —40

— — dasselbe. Ausg. B: Für Landschulen in 4 Heften. I. II. u. IV. Heft. 8. Ebd. n.n. —90
I. Die Zahlenreihe von 1—100. 13. Aufl. (IV, 39 S.) (905.) n.n. —25
II. I. Die Zahlenreihe von 1—1000. — II. Die Grundrechnungsarten in unbenannten u. mehrfach benannten ganzen Zahlen. Zeitrechnung. Schlußrechng. Algebraische Aufgaben. 13. Aufl. (IV, 59 S.) 905. n.n. —30
IV. Wiederholungsaufgaben aus den 4 Grundrechnungsarten in gemeinen u. Dezimalbrüchen. — Einfache Schluß-, Zins-, Prozent-, Verteilungsrechnung. — Rabattrechnung. — Mischungsrechnung. — Invaliditäts-, Alters-, Kranken- u. Unfallversicherung. — Geometrische Aufgaben. — Algebraische Aufgaben. — Wiederholungsaufgaben. 12. Aufl. (II, 60 S.) 906. n.n. —35

Dorschel u. Lindau's Rechenhefte. Nach neueren method. Grundsätzen vollständig umgearb. nach F. Lindau, M. Berbig, E. Schmidt. Ausg. A.: Für Stadtschulen in 7 Heften. II—VII. Heft. 8. Gotha, Engelhard-Reyher. nn 1.80
II. Die Zahlenreihe von 1—100. 16. Aufl. (IV, 28 S.) (907.) nn —20
III. Die Zahlenreihe v. 1—1000. 16. Aufl. (38 S.) 907. nn —25
IV. Die Grundrechnungsarten in unbenannten u. mehrfach benannten ganzen Zahlen. Zeitrechnung. Schlußrechnung. Algebraische Aufgaben. 16. Aufl. (48 S.) 907. nn —25
V. Gemeine Brüche, Dezimalbrüche, einfache Schlußrechnung, Algebraische Aufgaben, Wiederholungsaufgaben. 15. Aufl. (IV, 60 S.) 908. nn —35
VI. Wiederholungsaufgaben zur Einprägung d. Zahlensystems u. der 4 Grundrechnungsarten der gemeinen u. der Dezimalbrüche. Durchschnittsrechng. Einfache Schluß-, Zins-, Prozent-, Verteilungsrechng. Algebraische Aufgaben. Geometrische Aufgaben. Wiederholungsaufgaben. 15. Aufl. (64 S.) 910. nn —35
VII. Die bürgerlichen Rechnungsarten m. zusammengesetzten Verhältnissen. — Zusammengesetzte Regeldetri. Erweiterg. der Zinsrechng. — Zinseszinsrechng. — Promillerechng. — Erweiterg. der Prozentrechng. — Tararechng. — Rabatt- u. Diskontrechng. — Berechng. v. Wertpapieren. — Zusammengesetzte Verteilungsrechng. — Mischungsrechng. — Invaliditäts-, Alters-, Kranken- u. Unfallversicherung. — Geometrische Aufgaben. — Das Ausziehen der Quadrat- u. Kubikwurzel. — Ausländ. Maße, Münzen u. Gewichte. — Algebraische Aufgaben. — Allgemeine u. Wiederholungsaufgaben nach Sachgebieten. 13. Aufl. (IV, 76 S.) 910. nn —40

Dorschel u. **Lindau's** Rechenhefte. Ausg. B.: Für Landschulen in 4 Heften. I—III. Heft. 8. Gotha, Engelhard-Reyher. nn — 85
I. Die Zahlenreihe von 1—100. 14. Aufl. (IV, 39 S.) 907. nn — 25
II. 1. Die Zahlenreihe von 1—1000. 2. Die Grundrechnungsarten in unbenannten u. mehrfach benannten ganzen Zahlen. Zeitrechnung. Schlußrechnung. Algebraische Aufgaben. 14. Aufl. (IV, 59 S.) (907.) nn — 30
III. Gemeine Brüche, Dezimalbrüche, einfache Schlußrechng., algebraische Aufgaben, Wiederholungsaufgaben. 13. Aufl. (46 S.) (907.) nn — 30

Dorschel, C., praktisches Rechenwerk, s.: Lorey, A.

Dorschel, R., Adnotationes ad fragmenta historicorum Graecorum. 1878. 82 S. 4°.

Dorschel, R. Qualem in usurpandis veterum scriptorum testimoniis Natalis Comes praestiterit fidem Diss. 1862. 41 S. 1.—

Dorschel-Pencun, Reinhold

Dorschel-Pencun, Psychiatrie? Modernes ohne D. (8 S.) gr. 8. Stettin (905). (Heidelberg, J. H. Eckardt.) n. — 20

Psychiatrie? Modernes ohne D von [Reinhold] **Dorschel-Pencun.** (Stettin): Selbstverl. [1905]. (8 S.) 8° [J. u. Ant.] [05. 7134

† (**Dörscher, H.**), s. Schröder, Hans.

Dorschfeldt, Rich., der moderne Bauschreiner. Konstruktive Musterblätter f. Bauschreiner, Architekten, Zeichner u. zum Gebrauch an Fortbildungs-, Handwerker-, Baugewerk- u. Kunstgewerbeschulen. 60 Taf. In 6 Lfgn. Mit Text. (27 S.) 33,5×23 cm. Halle (909. 10). W. Knapp. à Lfg. 1.60; kplt. in Mappe 9. 60

— Holzarchitekturen f. Haus u. Garten. 60 Taf., im Charakter der modernen Richtg. m. 12 Detailsblättern im vergrösserten Massstabe entworfen. (In 6 Lfgn.) 1. Lfg. (12 [2 Doppel-]Taf. in Farbdr.) 46,5×35,5 cm. Stuttgart (910). K. Wittwer. 6. —

Dorschfeldt, Rich., Holzbauten der Gegenwart. Orig.-Entwürfe v. Veranden, Thoren, Erkern, Geflügelhäusern, Lauben, Kegelbahnen, Verkaufsbuden, Gartenhäusern, Einfriedigg., Gewächshäusern etc. Nebst den wichtigsten Details im vergrösserten Massstabe. 78 Taf. gr. Fol. Stuttgart (901—902). K. Wittwer. In Mappe n. 45. —
Erschien auch in 6 Lfgn. à n. 7.60.

Dorschfeldt, Rich., Holzbauten der Gegenwart. Neue Folge. Orig.-Entwürfe unter Berücksicht. des inneren Ausbaues. 6 Lfgn. (78 Taf.) gr. Fol. Stuttgart (903. 904.) K. Wittwer. à n. 7. 60; kplt. in Mappe n. 45.—

— der moderne Innenausbau. Orig.-Entwürfe unter Vorwertg. einheim. Pflanzenmotive v. Haus- u. Zimmerthüren, Treppen, Panelen, Plafonds, Vestibulen, Perspectiven etc., in schöner übersichtl. Ausführg., nebst d. wichtigsten Details in vergröss. Massstabe. gr. Fol. (60 Lichtdr.-Taf. m. III S. Text.) Stuttgart (899). C. Ebner. In Mappe n. 30. —

— der praktische Kunst- u. Bauschlosser. Entwürfe v. Schlosser- u. Schmiedearbeiten im Charakter der [illegible] m. Details im vergrösserten Massstabe [illegible] f. Kunst- u. Bauschlosser, Architekten [illegible] etc. entworfen u. gezeichnet. (In [illegible]) 1. [illegible] Lfg. (45 Taf. u. 17 Taf. Details in [illegible],5 cm.) gr. Fol. Ebd. (906.) à Lfg. n. 3. —

— Der prakt. Kunst- u. Bauschlosser. Entwürfe v. Schlosser- u. Schmiedearbeiten im Charakter der modernen Richtg. m. Details im vergrösserten Massstabe. Zum Gebrauch f. Kunst- u. Bauschlosser, Architekten, Zeichner etc. entw. u. gezeichnet. 10—12. (Schluss-)Lfg. (15 Taf. u. 7 Taf. Details in 67,5×45,5 cm.) 45×33,5 cm. Ebd. (907). à 3.— (Kplt. in Mappe: 36. —)

— Möbel- u. Interieurs im Stile Louis XVI., der Rococo-, Empire- u. Biedermeierzeit, sowie in der heutigen Geschmacksrichtung. Entwürfe. 60 Taf. m. 12 Details-Doppelblättern. (In 6 Lfgn.) 1—3. Lfg. (Je 10 Taf. u. 2 Doppeltaf. m. 1 Bl. Text.) 46,5×36 cm. Ebd. (910). à Lfg. 5. —

Dorschfeldt, Rich., Schmiedekunstvorlagen in modernem Stil. Neue Ideen. 5 Lfgn. gr. Fol. (50 Taf. m. IV S. Text.) Dresden (901. 902). G. Kühtmann. In Mappe n. 50. —; Subskr.-Pr. n. 36. —; einzelne Lfgn. n. 10 —

Dorschfeldt, Rich., d. Schreinerarchitektur. Konstrukt. Musterblätter f. Bau-, Möbeltischler u. Drechsler, f. Architekten, Bau- u. Kunstgewerbe-Zeichner etc. Bes. geeign. als Lehrmaterial f. höh. techn. Schulen, sow. f. Kunstgewerbe- u. Baugewerkschulen entworfen u. gezeichn. Fol. (100 photolith. Taf. m. 1 u. XXIX S. Text.) Stuttgart 897. K. Wittwer. In Mappe n. 40. —
Erschien auch in 20 Lfgn. à n. 2. —.

Dorschky, Karl, aus Neunburg v/W.: Ueber Konstitution und Derivate der Orsellinsäure. Ein Beitrag zur Kenntnis d. Lakmusfarbstoffe. *Erlangen 1904: E. Th. Jacob.* (40 S.) 8°
Erlangen, Phil. Diss. v. 17. Mai 1904

Dörschl, Fr. X.

β. Einklang und Ebenmass in Demosthenes' Kranzrede. Von Fr. X. Dörschl, Stdl. 1886, München, F. Straub. S. 5—49. (Der Kgl. Lateinschule Pirmasens zu ihrem fünfzigjährigen Jubiläum gewidmet.)
Progr. Pirmasens (Pfalz), Kgl. isolierte Lateinschule

Dörschlag, Ernst [aus Greifswald]: Zur Casuistik der Cysten des Mesenteriums. ... Greifswald, Druck v. F. W. Kunike, *1891;* 21 S. 8°
Greifswald, Med. Fak., Inaug.-Diss. v. 28. Febr. 1891

Dörschlag, Friedrich: Casuistischer Beitrag zur Tuberkulinbehandlung der Iritis tuberculosa. Greifswald 1905: J. Abel. (29 S.) 8°
Greifswald, Med. Fak., Ref. Schirmer, Diss. v. 29. Apr. 1905
[Geb. 5. Okt. 79 Wolgast; Wohnort: Greifswald; Staatsangeh.: Preußen; Vorbildung: Gymn. Greifswald Reife O. 99; Studium: Greifswald 9 S.; Coll. 23. März 04; Rig. 29. Febr. 04.]

Dörschlag, Karl

Über die Entwickelung des Zeichenunterrichts an den der evangelischen Landeskirche Augsburger Bekenntnisses in Siebenbürgen unterstehenden Mittelschulen in dem Zeitraum der letzten zwanzig Jahre v. Carl **Dörschlag.** Hermannstadt. 1884. 4°.

Dörschlag, Otto [pract. Arzt aus Stralsund]: Beitrag zu den Puerperalpsychosen .... Berlin, Buchdr. v. Gustav Schade (Otto Francke) (1886); 28 S. + 2 Bl. 8°.
Berlin. Med. Fak., Inaug.-Diss. v. 22 Dez. 1886.

Dorsch-Leberthran, der — dessen Wirkungen und Gebrauch von einem praktischen Arzt. Prag. 1855. Druck von Gottlieb Haase Söhne. (10 S. 8.)

Doerschuck K, Genossenschaft in der Binnenschiffahrt (Rhein und Elbe). (110 S) Heidelberg 1910

Dorsemagen, Johannes, Referendar in Wesel: Die vorsätzliche Schadenszufügung in einer gegen die guten Sitten verstoßenden Weise. § 826 des Bürgerlichen Gesetzbuches. Wesel 1908: Ingendaay & Janssen A.-G. (31 S.) 8°
Leipzig, Jur. Fak., Diss. v. 28. April 1908
[Geb. 27. Febr. 81 Wesel; Wohnort: Wesel; Staatsangeh.: Preußen; Vorbildung: Gymn. Wesel Reife O. 01; Studium: Freiburg i. B. 1, München 1, Kiel 1, München 1, Bonn 2 S.; Rig. 4. Aug. 04.]

Dorsemagen, Paul, appr. Arzt: Diagnostischer Wert der Blutkryoskopie. Berlin 1909: G. Schade. 30 S. 8°
Berlin, Med. Diss. v. 11. Okt. 1909, Ref. His
[Geb. 16. Juni 80 Wesel; Wohnort: Wesel; Staatsangeh.: Preußen; Vorbildung: Gymn. Wesel Reife O. 03; Studium: Freiburg i. B. 2, Kiel 1, Straßburg 1, Berlin 5 S.; Coll. 15 Juni 09; Approb. 18 Juni 08.] [U 10. 28

Dorset und Julie; eine Geschichte der neuern Zeit. Leipzig 1773. V: *Riem, Andr.* (KY) »1774« (MGT) (ADB 29, 756)

Dorset u. Julie; e. Geschichte d. neuern Zeit (v. Andr. Riem). 2 Bde. 8. Leipz. 773. Hilscher. 18 gr

Dorsey, A. H., das Gewissen, s. Lesekranz.

Dorsey, A. H., die Rose der Algonquin, s. Familien-Bibliothek.

Dorsey, A. H., Schloß Woodreve, s. Bibliothek, amerikanische.

Dörsing, Karl, a. Siegburg: Über die Geschwindigkeit des Schalles in Flüssigkeiten. Bonn 1907: C. Georgi. (86 S., 1 Taf.) 8°

Bonn, Phil. Fak., Ref. Kayser, Diss. v. 18. Dez. 1907

[Geb. 29. April 83 Siegburg; Wohnort: Bonn; Staatsangeh.: Preußen; Vorbildung: Gymn. Siegburg Reife O. 03; Studium: Bonn 8 S.; Rig. 13. Nov. 03.]

Dörsing, Karl, über die Geschwindigkeit des Schalles in Flüssigkeiten. (85 S. m. Fig. u. 1 Taf.) gr. 8. Bonn 908. C. Georgi. 1. 50

van Dorssen, Gysbertus [Arts. Off. van gez. 2. kl. O. I. L. aus Yselstein '(Holland)']: Zwei Faelle von Retroflexio uteri gravidi ... Freiburg i. B., Buchdr. v. Chr. Ströcker, 1892; 31 S. 8.

Freiburg i. B., Med. Fak., Inaug.-Diss. v. 1892

Dorssen, J. M. H. van, die Lepra in Ost-Indien während des 17. u. 18. Jahrh. Aus dem Holländ. übers. v. F. C. W. Ihlow. gr. 8. (III, 52 S. m. 2 Karten u. 1 Tab.) Berlin 901. A. Hirschwald. n. 2.—

Van Dorssen, Johannes [geboren in Yselstein, Veterinärarzt der Armee I. Classe bei dem 3. Husaren-Regiment in Amsterdam]: Ueber die Genese der Melanome in der Haut bei Schimmelpferden. Amsterdam 1903. 84 S. 8°.

Bern. Vet.-med. Diss. 1902/1903.

Dorst, C. H., s. Dorst von Schatzberg, J. G. Leonhard

Dorst, Chr., Handbuch der Hors-d'oeuvre. Kalte u. warme Vorgerichte. 8. (VI, 120 S.) Frankfurt a/M. (901). (C. Blažek.) Geb. in Leinw. n. 2.—

Dorst, Chr., Handbuch der Hors-d'œuvre. Kalte u. warme Vorgerichte. 2. erweit. Aufl. (VI, 127 S. m. Abbildgn.) 8. Frankfurt a/M. (905). (C. Blažek.) Geb. in Leinw. n. 2.—

Dorst, Chr., Handbuch der Hors-d'oeuvre. Kalte u. warme Vorgerichte. 8. erweit. Aufl. (VI, 134 S. m. 1 Abb.) 8. Frankfurt a/M. (908). (Blažek & Bergmann.) Geb. in Leinw. 2. —

[F. u. Ant.] 100 Recepte verschiedener Käse-Speisen für Hors-d'oeuvre und Entremets. Von Chr. **Dorst,** Koch bei ... Krupp ... *Essen: J. Deiter [1896].* (3 Bl., 38 S.) 1 Bd 8. [97. 1621

— 100 Recepte verschiedener Käse-Speisen f. Hors-d'oeuvre u. Entremets. 2. Aufl. (XII, 88 S.) Essen (899). R. Deiter. Geb. in Leinw. n. 1.—

— 125 Rezepte verschiedener Käse-Speisen f. Hors-d'œuvre u. Entremets. 5. verm. Aufl. 7. u. 8. Taus. (VI, 39 S.) kl. 8. Ebd. (909). Geb. in Leinw. 1. —

Dorst, Frz., das deutsche eheliche Güterrecht unter Berücksicht. der Abweichungen vom französischen Rechte. gr. 8. (70 S.) Köln 899. P. Neubner. n. 1. 50

Dorst, Frz., der Kaufmann, die Gesellschaften des Handelsgesetzbuches u. die Gesellschaften m. beschränkter Haftung. Systematische Darstellg. m. Formularen zum prakt. Gebrauche f. Juristen u. Kaufleute. (XVIII, 395 S.) gr. 8. Köln 906. P. Neubner. n. 8. —; geb. n. 9. 25

— die notarielle Urkunde nach Form u. Inhalt. Im Auftrag des Vorstandes des Vereins f. das Notariat in Rheinpreußen hrsg. gr. 8. (X, 231 S.) Ebd. 902. n. 6. —

Dorst, G: Ill. Catalog von Maschinen und Apparaten aller Art für die keramische Industrie. Oberlind-Sonneberg, S.-M. 1897

Dorst von Schatzberg, J. G. Leonhard

Dorst, J. G. Leonh., Grabdenkmäler. Ein Beitrag zur Kunstgeschichte des Mittelalters. An Ort u. Stelle gesammelt u. gezeichnet. 1. Hft. (13 Bl. mit Erklärung.) gr. 4. Görlitz 842. (Heinze u. Comp.) n. 1 Thlr — dass. 1. Bd. (13 Bl.) gr. 4. Halle 846. (Heinze u. Co.) n. 1½ Thlr

Dorst v. Schatzberg, (J. G.) Leonard, († d. 13. Dec. 1852), Grabdenkmäler. Ein Beitrag zur Kunstgeschichte des Mittelalters. An Ort u. Stelle gesammelt u. gezeichnet. 2. Bd. gr. 4. (6 S. u. 12 lith. Bl. in Tondr.) Görlitz 848, Heinze & Co. n. 1⅓ Thlr

— u. Ant. **Leipelt,** der Saganer Kreis, topograph., historisch u. artistisch, mit Rücksicht auf Ortssagen u. sonst bezügliche Merkwürdigkeiten dargestellt, u. nebst einem Anh. der ältesten u. wichtigsten Urkunden hrsg. 1—6. Lfg. 4. (S. 1—48 m. 12 lith. Taf. theils in Tondr.) Sagan 850—52, Julien in Comm. (à Hft. n. ¼ Thlr; die Ansichten einzeln à n. ⅙ Thlr) n. 1½ Thlr

—— **Reiseskizzen.** An Ort und Stelle gezeichnet und nebst einer kurzen Beschreibung in Tondruck hrsg. 1. Heft. (6 Stut. und 8 S. Text.) Görlitz 848, Heinze und Comp. *

—— allgem. **Wappenbuch,** enthalt. die Wappen aller Fürsten, Grafen, Barone, Edelleute, Städte, Stifter u. Patrizier. Ein Hand- u. Musterb. f. Wappensammler, Graveure, Stein- u. Glasschneider, Porzellan-Maler etc. I. Bd. (12 Hfte.) u. II. Bd. 1—10. Hft. 8. Görlitz 843—47. (Heinze u. Comp.) [I. (167 Stnt. u. 14¼ B.) II. 1—10. (130 Snt. u. 8½ B.)] à Hft. * 5 Ngr. *

—— allgemeines **Wappenbuch,** enthalt. die Wappen aller Fürsten, Grafen, Barone, Edelleute, Städte, Stifter und Patrizier etc. 2. Bd. 11. und 12. Heft. gr. 16. (90 S. und 24 Stnt., Schluss des 2. Bds.) Görlitz 848, Heinze und Comp. à Heft * 5 Ngr. *

1. Bd. und 2. Bd. 1—10. Heft. Ebendas. 1843—47. * 3 Thlr. 20 Ngr.

—— schlesisches **Wappenbuch,** od. die Wappen des Adels im souverainen Herzogth. Schlesien, der Grafsch. Glatz u. der Ober-Lausitz. 12 Hfte. gr. 4. (132 Stnt. in Farbendr.) Görlitz 842—47, Heinze u. Comp. à Hft * 2 Thlr. *

— Schlesisches Wappenbuch oder die Wappen des Adels im souverainen Herzogth. Schlesien, der Grafschaft Glatz u. der Ober-Lausitz. 11—15. Hft. gr. 4. (61 Taf. in Buntdr. u. Text zum 2. Bde.: VIII u. 76 S.) Ebd. 847. 48. à Hft. n. 2 Thlr

Dorst, J. G. Leonh., Würtembergisches Wappenbuch oder die Wappen des immatriculirten Adels im Königr. Würtemberg. In Buntdruck. (10 Hefte.) à (12 Bl.) 4. Halle 843—46, Graeger. à n. 2 Thlr — compl. geb. n. 20 Thlr

Dorstewitz, [Hugo]: Eine Horazrepetition in Oberprima. *Eisenberg 1898: P. Kaltenbach.* (1—14 S.) 4° [F.]

Eisenberg, herz. Christians-G, OP 1898 (726)

Dorstewitz, *Hugo* Das Pensum der Ober-Sekunda in der griechischen Grammatik. 4 (20 S.). Friedrichs-G. *Altenburg* 1886 (626).

Progr.

Dorstewitz, Richard

Dorstewitz, Rich., u. Geo. **Ottersbach,** Drogenkunde, s.a. Sammlung Göschen.

Drogenkunde. Bearb. von Richard **Dorstewitz** u. Georg Ottersbach. Leipzig: Göschen 1908. 113 S. 8°

(Sammlung Göschen. 413.) A 12. 1908 II

Dorstewitz, Rich., Lehrgang zur Vorbereitung des Drogistenlehrlings auf die Gehilfenprüfung. Auf Grundlage des vom deutschen Drogisten-Verbande hrsg. Leitfadens f. die Drogisten-Gehülfen-Prüfg. gr. 8. (40 S.) Leipzig 893. Exped. d. Drogisten-Zeitg. Kart. n. 1. —

Dorstewitz, Rich., Lehrgang z. Vorbereitung d. Drogistenlehrlings a. d. Gehülfenprüfg. Auf Grundlage d. v. deutschen Drogisten-Verbande hrsg. Leitfadens f. d. Drogisten-Gehülfen-Prüfg. bearb. 2., umgearb. Aufl. gr. 8. (40 S.) Leipzig 896. Expedition d. „Drogisten-Zeitg." Kart. n. 1. —

Dorstewitz, Rich., Liederbuch f. Drogisten. Zum Gebrauch in Vereinen u. bei gesell. Zusammenkünften hrsg. 2., verm. Aufl. 12. (VIII, 184 S.) Leipzig 898. Expedition der Drogisten-Zeitg. Geb. in Leinw. n. 1.50

Dörstling, Gust., einige Worte zur Eisenbahn-Frage im Königr. Sachsen. Lex.-8. (16 S.) Chemnitz 867, May's Buchh. *

Dörstling, Gust., einige Worte zur Eisenbahn-Frage im Königr. Sachsen. Chemnitz 868. May. gr. 8. (16 S.) n. 5 ngr.

Doerstling, P., die Rübensamenzucht. Kurzes Handbuch. [Aus: „Blätter f. Zuckerrübenbau".] gr. 8. (V, 46 S. m. Fig.) Berlin 897. (Leipzig, G. Fock.) n. 1.20

DORTCHEN und Horbach, Szenen (sic!) aus d. Schwarzwald. Eine Geschichte sonderbarer Art. O. O. u. J. (c. 1800). Tit. m. Vign. u. 98 SS. Zahm.

Dortchen u. Horbach. Scene aus d. Schwarzwalde. 8. Leipz. 808. (Rauck). 8 gr

Dortel, die arme Frau, s.a Frau Dortel.

Dortel, Die arme Frau, am Weihnachtsabend. Hamburg 1849. V: *Wichern, Joh. Heinrich.* (Ky)

Dorten, Hans A[dam], Referendar in Düsseldorf: Das Warrantrecht des Auslandes und des Deutschen Reiches. Borna-Leipzig 1907: R. Noske. (x, 131 S.) 8°
Leipzig, Jur. Fak., Diss. v. 29. Nov. 1907
[Geb. 10. Febr. 80 Endenich; Wohnort: Düsseldorf; Staatsangeh.: Preußen; Vorbildung: Kgl. Gymn. Bonn Reife O. 99; Studium: Heidelberg 1, München 1, Bonn 4 S.; Rig. 17. Juli 02.]

Dortenbach, J. J., Glaubensspiegel od. Unterr. v. wahr. Glauben. 8. Tüb. 711.

Doertenbach, Georg: Die Württembergische Baumwollspinnerei und Weberei bei Eßlingen a. N. (1858—1908.) Ihre Entstehung u. Entwicklung. Festschr. anläßl. des 50jähr. Betriebsjubiläums verf. (Stuttgart 1908: Metzler.) 50 S. 4°

Dörtenbach, Gg.: Die Familie Dörtenbach. Mit Abbild. Stuttgart: D. Verl.-Anstalt 1896.

Dörtenbach G, Mitteilungen über Gewerbe u Handel in Calw. (27 S) Calw 1862

Dörtenbach, Pet. Jac., Themata miscellanea historico-juridica, ex jure civili, canonico, publico, eccles., feudali. Präs. Mich. Grass. Tübing. (Jos. Sigmund) Jan. 1728. 24 S. (5.—. 6707

Dorth, Alfred, appr. Arzt a. Wanne: Aus d. chirurg. Klinik d. Univ. Giessen. Ein kasuistischer Beitrag zur Akromegalie. Mit 2 Abb. Giessen 1909: Kindt. 18 S. 8°
Gießen, Med. Diss. v. 8. April 1909, Ref. Poppert
[Geb. 1. Juni 81 Höntrop; Wohnort: Gießen; Staatsangeh.: Preußen; Vorbildung: Gymn. Montabaur Reife O. 02; Studium: München 1, Leipzig 4, Würzburg 1, Göttingen 2, Berlin 1, Gießen 3 S.; Coll. 26. Febr. 09; Approb. 5. März 09.] [U 09. 110]

Dorth, Paul [aus Spandau]: Aus d. dermatolog. Klinik zu Würzburg. Beiträge zur Kenntnis der Erytheme ... Würzburg, Druck d. Etlinger'schen Buchdr., 1891; 104 S. 8.
Würzburg, Med. Fak., Inaug.-Diss. v. 1891

Dorthe, F., der Mensch u. sein Leben. Betrachtgn. (146 S.) 8. Wien 910. C. Konegen. 2. —

Dorthe, F., Nili u. Lucie. Eine Plauderei m. Denjenigen, die dazu aufgelegt sind. 1. Thl. (167 S.) gr. 8. Leipzig 903. Berlin, H. Seemann Nachf. n. 2.50

— dasselbe. 2. Thl. (341 S.) 8. Ebd. 904. n. 2.50; eth. Br. n. 7. —

Dörthe, die alte, u. andere Erzählungen, s.: Vergißmeinnicht-Erzählungen.

v. Dorthesen, Wlh., über die Ritterbanken, das Indigenat u. den adeligen Titel in Kurland. Libau 841, A. Neumann in Mitau. 7/12 ₰

Dortmund [Sachl. OW]

Dortmund (Führer), s.a Miniatur-Bibliothek.

Dortmund. Seine histor. u. monument. Entwickelg., nebst e. Führer durch d. Stadt. (Fremden-Führer f. d. Besucher d. 43. General-Versammlg. d. Katholiken Deutschlands zu Dortmund 1896.) 12. (84 S. m. Abb., 1 Bildn. u. 2 Plänen.) Dortmund 896. Gebr. Lensing. n.n. — 50

Dortmund [Schlagwort]

— s.a. Arnsberg, Reg.-Bez.

Dortmund, Ob.-Bergamtsbez., s.a. Bergbau.

— s.a. Deutschland. Karte (Abt. Preussen).

— s. a.: Geologische Karten. Karte (Preussen).

— s. a.: Industriekarten. Mittelbach.

— s.a. Kanalkarten.

— s. a.: Rheinprovinz, Liebenow, W.

Dortmund, Kreis, s.a. Ruhrgebiet.

— s.a. Westfalen. Grundkarte.

— s.a. Westfalen. Wegekarte.

Dortmund. Berken, Hugo v. den, Uebersichtskarte der Stadt Dortmund. Im Auftrage des Magistrats angefertigt im J. 1898. 1 : 10,000. 85 × 69,5 cm. Farbdr. Mit Strassen-Verzeichniss am Fusse. Dortmund 898. (H. Dreist.) n. 4. —; auf Leinw. in Etui n. 6. —

Dortmund, Stadt. Gier, H., Plan der Stadt Dortmund. Lith. u. color. Imp.-Fol. Dortmund 888. W. Crüwell's Verl. n.n. 3. —

— Heyfelder, C., Schul-Wandkarte des Stadt- u. Landkreises Dortmund u. des Kreises Hörde. Nach pädag. Grundsätzen u. amtl. Material bearb. 1 : 25,000. 131,5 × 152,5 cm. 9 Blatt. Farbendr. Arnsberg 895. J. Stahl. Auf Leinw. m. Stäben n. 15. —

Dortmund, Kreis. Lemberg, Heinr., Karte d. Stadt- u. Landkreises Dortmund u. d. Kreises Hörde. 1 : 80,000. 3. Aufl. Farbendr. qu. Fol. Dortmund 890. (Krüger.) n. — 80

— Lemberg, H., Karte des Stadt- u. Landkreises Dortmund u. des Kreises Hörde. 1 : 80,000. 4. Aufl. 31,5 × 40 cm. Farbendr. Dortmund 895. C. L. Krüger. n. — 50

Dortmund, Stadt. Lemberg, Heinr., neuester Plan der Stadt Dortmund. 42,5 × 55,5 cm. Farbendr. Nebst Text. gr. 8. (16 S.) Dortmund 894. C. L. Krüger. n. — 50

Dortmund. Lemberg, Heinr., neuester Plan der Stadt Dortmund. (Umschlag: Grosser Plan v. Dortmund.) 43 × 56 cm. Lith. Mit Strassenverzeichnis auf dem Umschlag. Dortmund (905). C. L. Krüger. n. — 25

Dortmund. Lemberg, Heinr. Neuester Plan der Stadt Dortmund. 42,5 × 56 cm. Lith. Mit Strassenverzeichnis. (4 S.) 8. Dortmund 908. Koeppen. — 50

Dortmund. Mathies, Plan des Hafens v. Dortmund. 1 : 5,000. 83,5×84 cm. Farbdr. Dortmund 897. (Ruhfus'sche Kunst- u. Buchh.) n.n. 1.25

— Müller, Gust., Karte der Umgebung v. Dortmund u. des mittleren Ruhrgebietes. 1 : 60,000. 55×65,5 cm. Farbdr. Dortmund 900. Köppen. n. 2.—; auf Leinw. n. 3.—; m. Stäben n. 4.—

— Oschmann, R., Special-Karte der Umgegend v. Dortmund. 1 : 100,000. 50 × 71,5 cm. Farbdr. Dortmund 897. W. Crüwell. n. 1.—

— Plan, neuester, v. Dortmund 1 : 10,000. (2. Aufl.) 62×67 cm. Farbdr. Nebst Strassenverzeichnis. (18 S.) gr. 8. Ebd. (905). n. 1.—

— Rehmann, H., Uebersichts-Karte vom Stadt- u. Land-Kreise Dortmund. Mit Genehmigung des königl. preuss. Generalstabes nach den Generalstabskarten u. eigener Aufnahme angefertigt. 1 : 50,000. Chromolith. Imp.-Fol. Dortmund 887. Köppen. n.n. 2.—

Dortmund-Ems-Kanal [Schlagwort]

Dortmund-Ems-Kanal, s.a. **Kanalkarten.**

Dortmund-Ems-Kanal. Goitel, M., Karte vom Dortmund-Ems-Kanal, bearb. nach Angaben der Kanal-Kommission in Münster. 1 : 200,000. 41 × 112 cm. Farbendr. Mit e. kurzen Beschreibg. hrsg. Fol. (4 S.) Berlin 894. M. Pasch. 3.—

Dortmund-Ems-Kanal [Sachl. OW]

Dortmund-Ems-Kanal, der, Schiffshebewerk, Dortmunder Hafen in Wort u. Bild. Festschrift zur Erinnerg. an die feierl. Eröffng. am 8. VIII. 1899. gr. 8. (32 S. m. 8 Taf.) Dortmund 899. (M. Thomas.) n. — 40

Dortmunder Wandschneider-Buch, s. Wandschneider-Buch.

Dortmund-Rhein-(Emscherthal)-Kanal, Der, und die deutsche Rheinschiffahrt. Berlin 1901. V: *Kurs, Victor.* (Berl)

Der Dortmund-Rhein-Emscherthal-Kanal und die deutsche Rheinschiffahrt. Berlin 1901. (»Für Kanalfreunde«, No. II.)

[F.] Der Dortmund-Rheinkanal '(Süd-Emscher Linie)', zugleich in s. Beziehg z. Mittelland-Kanal. Hierzu 2 Kt. Hrsg. v. d. Ver. z. Förderg d. Erbauung e. Kanals v. Dortmund nach d. Rheinhäfen Duisburg-Ruhrort '(Linie IV)'. *Düsseldorf: Gedr. bei A. Bagel 1895.* (28 S., 2 Kt.) 1 Bd 8. [96. 137]

Dortschy, A., Rede am Stiftungsfest d. Prenzlauer Krieger-Vereins bei Einweihung der Vereinsfahne. 8. (8 S.) Prenzlau 873. Mieck. n. — 25

Dortu, Max, aus Potsdam, erster Märtyrer d. preuß. Kriegsgerichts in Baden. Erschossen am 31. Juli 1849. Seinen Eltern u. Freunden gewidmet v. W. B. [Nebst einem (lith.) Facsimile seines letzten Briefes.] gr. 16. (16 S.) Berlin 849, Weyl & Co. in Comm. 1½ ngr

Dorup, Anleitung f. Seelsorger am Krankenbette rc. 2 Thle. 8. Münster, Waldeck. 812—14. (1 r 20 gr. 2 r 12 gr.) •

Dorneth, J. v., Aus dem Kaukasus und der Krim. Nach eigenen Erlebnissen. Mit 6 Abbildungen 8. (218 S.) Eleg. geh. 1 fl. 80 kr. Wien: Hartleben 1881.

Dorval **et Dorsan, ou mémoires pour servir a l'histoire des moeurs du XVIII Siècle. II Vols. 8. Dresd. 770. Walther. 20 gr**

Dorval und Dorsan, ein Beytrag zur Geschichte der Sitten des 18ten Jahrhunderts; aus dem Franz. übersetzt. Mietau 1771. V: *Damiens de Gomicourt, Augustin Pierre.* (BrMm) Ü: *Horn, Johann Georg.* (MGT) »1777« (Ky)

Dorval und Dorsan, ein Beytrag zur Geschichte der Sitten des achtzehnten Jahrhunderts, aus dem Franz. 8. Mitau, 771. Hinz. 10 sgl.

— ein Beitr. z. Geschichte d. 18n Jahrh.; aus d. Französ. (v. Jh. Geo. Horn). 8. Mitau 777. Hinz. 14 gr

Dorvault, F., Jodognosie oder chemisch-medicinisch-pharmaceut. Monographie des Jods und seiner wichtigsten Verbindungen, namentlich des Jodkaliums. (Gekrönte Preisschrift.) Für Chemiker, Aerzte etc. nach dem Französ. bearb. von Hugo Hartmann. 8. (XVIII und 373 S. mit 2 Abbild.) Grimma 852. [Wurzen,] Verlags-Comptoir. *

Dorvaux, N., s.: Cahiers de doléances des communautés en 1789.

Dörverden [Schlagwort]

Dörverden, s.: **Preussen. Messtischblätter.**

Dorvigny, Louis. Jeannot, oder: Wer den Schaden hat, darf für den Spott nicht sorgen. Lustspiel in einem Aufz. [Leipzig 1786.] Ü: *Jünger, Joh. Fr.* (BrMm)

Dorville. — s.a. Orville.

Dorville, C., Geschichte der verschiedenen Völker des Erdbodens, deren gottesdienstl. u. bürgerl. Gebräuche; Ursprung d. Religionen, Sekten rc. Aus d. Französ. 6 Bde. 8. Hof 773—79. Grau. 4 ℳ

RUSSINN, Die schöne, oder wunderbare Geschichte der Azema. 2 Thle. (1 vol.) (Aus d. Französ. des *C. Dorville* übers.) Braunschweig (fürstl. Waisenhausbuchhdlg.) 1766. 8°.

Kupfertitel, 3 Bll. Vorber. d. Uebersetzers, 358 S. — Th. 2 beg. mit S. 201. Ziemlich selten!

Orig.: Mémoires d'Azéma, contenant diverses anecdotes des règnes de Pierre-le Grand, empereur de Russie, et de l'impératrice Catherine, son épouse, par M. C*** D*** *(Dorville).* 2 pts. Amsterd. (Paris) 1764. 1 vol. 12°. (Nyon no. 8567; 1 Rthlr. Maske, Breslau, vor 1885.)

— — Dasselbe. Neue Auflage. Ebd. 1773. 8°.

Dörwald, Paul, Beiträge zur Kunst d. Übersetzens u. zum grammat. Unterricht. Ein Hilfsbuch f. den griech. Unterricht in Obersekunda. (VIII, 64 S.) 8. Berlin 907. Weidmann. 1.20

Dörwald, Paul, die Formenbildungsgesetze des Hebräischen. Hilfsbuch f. Lehrer d. Hebräischen an Gymnasien. gr. 8. (VII, 123 S.) Berlin 897. Mayer & Müller. n. 2.40

Dörwald, P., Hauptregeln der hebräischen Syntax f. Gymnasien. gr. 8. (IV, 26 S.) Leipzig 889. Teubner. cart. — 50

Doerwald, P., De duali numero in dialectis Aeolicis et Doricis quae dicuntur. Diss. 1881. 52 S. 2.—

— Ovid-Präparation f. Untertertia. gr. 8. (IV, 48 S.) Berlin 890. Weidmann. n. — 60

Aus der Praxis des deutschen Unterrichts in Prima. Von Prof. Dr. Paul **Dörwald.** Berlin: Weidmann 1908. (167 S.) 8° [F.] [08. 3866]

Dörwald, Paul, aus der Praxis des griechischen Unterrichts in Obersekunda. (195 S.) gr. 8. Halle 905. Buchh. des Waisenhauses. n. 3.—

Dörwald, Paul, Prof. Dr.: Ausgewählte Psalmen übersetzt und erklärt. Ohlau 1906: A. Hoffmann. (61 S.) 8°
Ohlau, k. G P 1906 (251)

Dörwald, [Paul]: [Direktor Dr. Georg Sauerwein † 22. März 1906.] S. 3—4. 4.
Progr. Gymn. u. lateinlose Realschule *Neubrandenburg* 1907 (834).

Der hebräische Unterricht. Eine Methodik f. Gymnasien von Prof. Dr. Paul Dörwald, Gymn.Dir. Berlin: Weidmann 1910. VIII, 131 S. 8°

— griechischer Wortschatz. (VI, 111 S.) gr. 8. Berlin 903. Weidmann. Kart. n. 2. —

Dory-Ehrenfreund, T., s.a. Ehrenfreund, T. Dory.

Dory-Ehrenfreund, Beamten-Novositat. gr. 8. (19 S.) Wien 891. (Leipzig 893. Literar. Anstalt A. Schulze.) n. — 60

Döry, E. Wie erzielt man Erfolge in der Lebensvers.? Wien 1893.

Dorys, Georges, Abdul-Hamids Privatleben. (Abdul-Hamids intime.) Mit e. Vorwort v. Pierre Quillard. Einzig berecht. Übersetzg. m. 81 Illustr. u. e. Fksm. der Handschrift des Sultans. gr. 8. (200 S.) München 902. A. Langen. n. 3.50; geb. n. 4.50

Ⓑ **Dorys,** G., Abdul Hamids Privatleben. 902. (RBL 31.) Ladenpr. aufgehob.

Dos dächt mer aah net. Annaberg: Graser 1905. 48 S. 8°
(Gedichte u. Geschichten in erzgebirgischer Mundart. H. 21.)

Dos μοι ποῦ στῶ oder das Abhängigkeitsverhältniss der vier kanonischen Evangelien unter einander ... Berlin 1847.
V: *Melcher, J. W.* (Ky) (zu)

Δός μοι που στῶ, oder das Abhängigkeitsverhältniss der vier kanonischen Evangelien unter einander. Nachgewiesen vom Standpunkte des Glaubens (v. Melcher). gr. 8. (VI u. 200 S.) Berlin 847, J. A. Wohlgemuth. n. 1 ℛ

Dos, Gustav [aus Garz a. O.]: Zur Lehre vom Husten .... Greifswald, Druck v. F. W. Kunike (1887); 34 S. 8°.
Greifswald, Med. Fak., Inaug.-Diss. v. 22. Apr. 1887.

Dosch, A., Betrieb u. Wartung der Dampfkessel, s.a. Bibliothek der gesamten Technik.

Betrieb und Wartung der Dampfkessel. Von A. Dosch. Mit 270 Abb., zahlr. Tab. u. Beispielen. Hannover: Jänecke 1909. VIII, 215 S. 8°
(Bibliothek d. gesamten Technik. Bd 124.)

— Brennstoffe, Feuerungen u. Dampfkessel. Ihre Wirtschaftlichkeit u. Kontrolle. (XII, 422 S. m. 265 Fig. u. 36 Tab.) gr. 8. Hannover 907. Dr. M. Jänecke. 12.50; geb. 13.50

Dosch, A., die Feuerungen der Dampfkessel, s.a. Bibliothek der gesamten Technik. 8. Bd.

Dosch, A., Die Feuerungen der Dampfkessel. Hannover, 1907. 168 S. mit 83 Abb.

— Verbrennungsvorgänge in den Feuerungen u. der Verbundzugmesser. (56 S. m. 83 Abb.) gr. 8. Ebd. 909. 2. —
Sonderabdr. a.: „Ztschr. f. Dampfkessel- u. Maschinenbetrieb".

Wert und Bestimmung des Kohlensäuregehaltes der Heizgase. Anleitung z. Beurteilung d. Vorgänge bei d. Verbrennung u. Anweisung zum Gebr. der f. d. Untersuchung d. Feuerungsgase benutzten Apparate auf grund d. darin enthaltenen Kohlensäure von Ingen. A. Dosch, Köln. Mit 54 Abb. *Berlin: R. Dietze 1903.* (VII, 102 S.) 8°

Dosch, J. W., Elementar-Unterricht im Rechnen. Für die oberen Klassen der Volksschulen und die unteren Klassen der Mittelschulen bearb. 1. Thl.: Die Grundrechnungsarten in unbenannten und benannten ganzen Zahlen mit Rücksicht auf Masskunde. gr. 8. (XVIII und 199 S.) Mannheim [Heidelberg] 864, Bassermann'sche Verlagsh. *

Dosch, J. W., Elementar-Unterricht im Rechnen. Für die oberen Klassen der Volksschulen u. die untern Klassen der Mittelschulen bearb. 2. Thl. Die Zahlenbrüche. Freiburg im Br. 867. Schmidt. gr. 8. (IV, 91 S.) n. 9 ngr.

Dosch, Joh., leichtfaßliche Anleitung zum Tabacksbau mit besonderer Berücksichtigung der Verhältnisse des badischen Oberlandes. 2. verb. Aufl. 8. (28 S.) Freiburg im Br. 851. (Wagner.) n. 4 ngr — Nach den neuesten u. erprobtesten Regeln u. Erfahrungen dargestellt. Mit einem Vorworte v. Mischler. 3. stark verm. Aufl. gr. 8. (66 S.) Freiburg im Br. 852. Wagner. n. 6 ngr

Dosch, (Joh.), praktische Anleitung zum Meerrettigbau. gr. 8. (34 S. mit 2 Stnt.) Freiburg im Br. 854, Wagner'sche Buchh. *

—— die Benützung des Rindes zur Arbeit. Mit einem Vorworte von Reinhardt. gr. 8. (24 S. mit 1 Stnt.) Freiburg im Br. 852, Wagner'sche Buchh. *

—— Deutschlands Flachs und Hanf-Bau wie er ist, sein könnte und sollte. gr. 8. (VIII und 58 S. mit 1 Stnt. in qu. Fol.) Freiburg im Br. 850, (Diernfellner.) *

DOSCH, Carl (München): De aloeta cruento.- Sonachiltz Wolf 1857. 14 S.,1 Bl.
23.6.1856 - Urk: F 62
Diss. Ingolst.-Landsh.-Mchn.

Dosch, Ludwig

Dosch, L., u. J. **Scriba,** Excursions-Flora der Blüthen- u. höheren Sporenpflanzen, m. besond. Berücksicht. des Grossherzogth. Hessen u. der angrenz. Gebiete, f. Gymnasien, Realschulen u. Seminarien bearb. 8. (LXXIX, 572 S.) Darmstadt 878. Schlapp. n. 4. 50

— u. J. **Scriba,** Excursions-Flora der Blüten- u. höheren Sporenpflanzen m. besond. Berücksicht. d. Grossherzogt. Hessen u. der angrenzenden Gebiete. 3., verm. u. m. Abbildgn. verseh. Aufl. Neu bearb. v. L. Dosch. 8. (CVIII, 616 S. m. 8 Steintaf. u. 8 Bl. Erklärungen.) Giessen 888. Roth. n. 5. —; geb. n. 6. —

Dosch, Ludw., die Fischwasser u. die Fische des Großherzogt. Hessen m. Einschluß der Teichwirtschaft u. Gesetzeskunde. Ein Nachschlagebuch f. Fischer, Forst- u. Aufsichtsbeamte, sowie f. alle Fischfreunde. Mit 60 Abbildgn. u. 2 Karten. gr. 8. (VIII, 152 S.) Gießen 899. E. Roth. n. 3. —; geb. in Leinw. n. 3.50

— die Fischzucht unter Berücksicht. der künstlichen Zucht, besonders v. Salmoniden u. Karpfen. Enthalt. eine kurze Naturgeschichte der Fische, die Entwicklg. derselben vom Ei an, sowie Kapitel üb. Eiergewinng., Aufzucht, Fischnahrung, Fischfeinde, m. Ertragsberechngn. u. Bezugsquellenliste. Ster.-Ausg. 12. (38 S. m. 17 Abbildgn.) Reutlingen (900). Enßlin & Laiblin. — 50

Dosch, L., u. J. **Scriba,** Flora der Blüthen- u. höheren Sporenpflanzen d. Grossherzogth. Hessen u. der angrenz. Gebiete m. besond. Berücksicht. der Flora v. Mainz, Bingen, Frankfurt, Heidelberg, Mannheim u. Kreuznach. 8. (XLII, 640 S.) Darmstadt 873. Schlapp. n. 4. 50

Dosch, L., das Großherzogthum Hessen, s.a. Polack, Fr., Realienbuch für Volksschulen.

Dosch, L., das Großherzogt. Hessen. Als spezielle Heimatskunde in übersichtl. Darstellg. bearb. 5. u. 6., verb. Aufl. gr. 8. (16 S. m. 2 Karten.) Gera 888. 889. Th. Hofmann. n. — 20

Dosch, L. Das Großherzogt. Hessen. Als spezielle Heimatskunde in übersichtl. Darstellg. bearb. 6. u. 7. verb. Aufl. gr. 8. (16 S. m. 2 Karten.) Gera 889.91. Hofmann. * — 20

Dosch, L., das Großherzogt. Hessen. Als spezielle Heimatskunde in übersichtl. Darstellg. bearb. 8., verb. Aufl. gr. 8. (16 S. m. 2 farb Karten.) Gera 893. Th. Hofmann. n. — 20

Dosch, L., d. Großherzogt. Hessen. Als spez. Heimatkunde in übersichtl. Darstellg. bearb. Mit 2 Karten d. Großherzogt. Hessen. 9., verm. Aufl. gr. 8. (16 S.) Gera 895. Th. Hofmann. n. — 20

— das Großherzogt. Hessen. Als spezielle Heimatkunde in übersichtl. Darstellg. bearb. 11., verm. Aufl. gr. 8. (16 S. m. 2 farb. Karten.) Gera 900. Leipzig, Th. Hofmann. n. — 20

Dosch, L., das Großherzogt. Hessen. Als spezielle Heimatkunde in übersichtl. Darstellg. bearb. Mit 2 Karten des Großherzogt. Hessen. 18., verm. Aufl. (16 S.) 8. Leipzig 906. B. G. Teubner. n. — 20

Die Orgel der Neuzeit. Mit besond. Berücks. d. Seraphon- u. Labialzungenregister. Erl. durch Zeichnungen u. Notenbeispiele von L[udwig] **Dosch**, Schulrat. Leipzig: B. F. Voigt 1908. (IV, 57 S.) 8° (08, 40,0

— die Reblausbekämpfung. Irrtümliche Auffassgn. u. Annahmen bei der Reblausbekämpfg. im deutschen Reiche u. die sich daraus ergeb. Folgergn. Nebst Abdr. der deutschen Reblausgesetze. (47 S. m. Abbildgn.) 8. Gießen 906. E. Roth. n. 1. —

Dosch, Mich., Projekt zur Isarregulirung u. Bebauung d. Stadtbezirke Au. Mit 1 Stadtplan u. 2 perspektiv. Ansichten in Lichtdr. Fol. (11 S.) München 897. (L. Werner.) n. 3. —

Döscher, Ehrich Aug., Erfahrungen und Abenteuer während eines achtjährigen Aufenthalts in den Vereinigten Staaten von Nordamerika, nebst Winken und Rathschlägen für Auswanderer. 8. Chemnitz u. Schneeberg 841, Goedsche, Sohn. $1^1/_2$ ₰ — Neue Ausg. 8. Ebend. 845. $^3/_4$ ₰

— theoretisch-praktische englische Grammatik für Anfänger u. Geübtere, mit Uebungen nach eigener Methode ꝛc. gr. 8. Bremen 845. (Heyse.) n. $1^1/_2$ ₰

Döscher, Hans Th(eodor), a. Gera, Reuß j. L.: Über Pinen- und Camphen-Hydrochlorid. (Jena 1908: Frommann.) (37 S.) 8°

Berlin, Phil. Fak., Ref. Fischer, Diss. v. 5. Juni 1908

[Geb. 4. April 86 Gera; Wohnort: Berlin; Staatsangeh.: Reuß j. L.; Vorbildung: Realgymn. Gera Reife O. 04; Studium: Berlin 8 S.; Rig. 7. Mai 08.]

Döscher, J. F., lutherische Lieder. 8. (31 S.) St. Louis, Mo. 878. (Dresden, H. J. Naumann.) n. — 50

Döscher, Jürgen Heinr., Lebenserinnerungen e. 78jährigen Bremers. (63 S.) gr. 8. Bremen (908). Röpke & Co. nn 1. —

Sonderabdruck aus „Bremer Tagebl."

Döscher, K. H., Zur Lage des im Münchener Strassenverkehrsgewerbe beschäftigten Personals. Schriften d. Ver. f. Soc.-Pol., Bd. 99. gr. 8°. Leipzig 1902.

Döscher, Rudolf

Döscher, Rud., allerlei Altenstücke u. die Deutsch-Hannoveraner seit dem J. 1866. Nach Belegen zusammengestellt u. sachlich beschrieben. gr. 8. (89 S.) Land Wursten 893. (Hannover u. Celle, Schulbuchh.) — 75

— Geschichte des Landes Wursten in kirchlicher u. politischer Hinsicht. gr. 8. (38 S.) Lüchow 892. (Hannover u. Celle, Schulbuchh.) — 30

Sonderabdruck aus: „Lüchow-Dannenberger Zeitung".

[J.] ... Was wollen die deutschen Handwerker? E. Zeitbild aus d. neuen deutschen Reiche u. e. Geschichtl. Ueberblick d. Handwerks v. Rudolf **Döscher**, Lehe. *Hannover: G. Jacob 1897.* (16 S.) 1 Bd 8. [58. 1005, Go

— das Welfenhaus in Niedersachsen. Deutsch-hannoversche Geschichte von der ältesten Zeit bis auf die Gegenwart. 1. Thl. Alt-Sachsenland u. das Welfenhaus bis zum Erlöschen der Braunschweiger Linie 1634. gr. 8. (III, 140 S.) Hannover 895. (Hannover u. Celle, Schulbuchh.) 1. 50

Döscher, Thdr., neue Fibel. Nach phonet. Grundsätzen bearb. Ausg. A. (109 S. m. Abbildgn.) gr. 8. Neubrandenburg 903. C. Brünslow. Geb. n. — 60; Begleitwort (16 S.) n. — 10

— dasselbe. Ausg. B. (109 S. m. Abbildgn.) gr. 8. Ebd. 903. Kart. n. — 60

Döscher, Thdr., neue Fibel. Nach phonet. Grundsätzen bearb. Begleitwort. 2. Aufl. (20 S.) gr. 8. Neubrandenburg 908. C. Brünslow. — 20

Döschner, Fanny, u. Hermine **Friedländer**, moderne Posamenterien. I. Serie. (12 Taf. m. III S. Text.) 45×84 cm. Wien 908. [F. Wolfrum & Co.] Plauen, Ch. Stoll. In Mappe 15. —

— — Wiener Wäscheskizzen. I. Serie. 48 Taf. Orig.-Entwürfe. 4 Lfgn. (8 Bl. u. 8 S. Text 84,5×21 cm.) 44,5×38 cm. Ebd. (908.) In Mappe à Lfg. 10. —

— — Wiener Weissstickereien. I. Serie. 30 Taf. Orig.-Entwürfe. (III S.) 45×34 cm. Ebd. (907). In Mappe 40. —

Dosdat, Fernand: Die Mundart des Kantons Pange (Kreis Metz in Lothringen). Halle a. S. 1909: Karras. 30 S. 8°

¶ (Aus: Zeitschr. f. roman. Philol. Bd 33, H. 2. 3.)

Straßburg, Phil. Diss. v. 21. Nov. 1908, Ref. Gröber

[Geb. 10. Nov. 85 Solgne; Wohnort: Béchy; Staatsangeh.: Elsaß-Lothringen; Vorbildung: Gymn. Montigny Reife Sommer 04; Studium: Straßburg 2, München 1, Kiel 1, Straßburg 5 S.] [U 09. 3827

Dose, Die blecherne. Wahre Anekdote. [Berlin 1823.] V: *Bernstein, Caroline.* (GGr)

Dose, die geheimnißvolle. 64. (16 S.) Elberfeld 878. (Langewiesche.) n. — 12

Dose, die goldene, s.a. **Lustspiele f. Deutsche..12.**

Dose, die goldne,. Lustsp. v. Olussen. 8. Zürich, F. Dehmigke in B. 795.

Dose, eine, voll attisches Salz ꝛc. 2 Thle. 8. Wien 781. (Barth in Leipz.) 1 ₰

DOSE, Eine, voll attisches Salz, um sich nach dem Essen den Schlaf zu vertreiben. 2 Bde. Mit TKpfrn. u. TVignn. WIEN, bei Joseph Gerold, kais. Reichshofbuchdrucker u. Universitäts-Buchhändler. 1781. 8°.

Selten! Stellenw. derb. Auch m. d. Nebentit.: Lustige Histörchen und scherzhafte Gedichte. In Theil 2 u. a.: Auserlesene Romanzen und Märchen, wobei: Pyramus und Tisbe (!), die Matrone von Ephesus, etc. (S. 75 ff.) — 10 Prosa-Erzählungen (S. 199 ff.).

— — Dasselbe. 2. Auflage. Ebd. 1781. 8°.
Haydinger's Bibl. I. 2. No. 95.

Dose, die Schnupftabaks-, ein Gesellschaftsspiel für frohe Abende. 8. Ulm, Jakob Ebner. 815.

Dose, Ein Bonapartefeind. Abenteuer u. Amouren, Fahrten u. Fährlichkeiten des Oberstleutnants von Wahren. 2 Bde. Leipzig 1911. 8°. (Mk. 7,50.) (3 Mk. 50 Pfg. Ludw. Stark, München, 1912.)

Dose, August P. J.

Dose, A. P. J., zur Kenntniss der Gesundheitsverhältnisse des Marschlandes. I. Wechselfieber. Mit 7 (eingedr.) Fig. in Holzschn. u. 1 lith. Taf. (in qu. gr. Fol.). gr. 4. (27 S.) Leipzig 878. Breitkopf & Härtel. n. 2. 50

Dose, A. P. J., zur Kenntniss der Gesundheitsverhältnisse d. Marschlandes. II. Gesetz der Brusterkrankgn. Mit 11 Fig. in Holzschn. gr. 4. (17 S.) Leipzig 885. Breitkopf & Härtel. n. 1. 50 (I. u. II.: n. 4. —)

Dose, A. P. J., zur Kenntniss der Gesundheitsverhältnisse d. Marschlandes. III—V. gr. 4. Leipzig 887—890. Breitkopf & Härtel. n. 5. — (I—V.: n. 9. —)
III. Hydrargyrose u. Quecksilberwirkung in ihrer Abhängigkeit vom Chlorgehalt der Luft. (10 S.) n. 1. —
IV. Missgriffe in der heut. Typhusbehandlung. (24 S.) n. 2. —
V. Angina, Diphtheritis, Croup od. primum est medici, ne noceat. (25 S.) n. 2. —

Dose, A. P. J., zur Kenntniss der Gesundheitsverhältnisse d. Marschlandes. VI. gr. 4. Leipzig 891. Breitkopf & Härtel. n. 3. 20 (I—VI.: n. 12. 20)
Gesetz der Wochenbettfieber-Erkrankungen. Oder: Ärztliches Streben u. Streber als Arzt. (40 S.)

Dose, Cäcilie, moderne Frauentypen in der russischen Litteratur, s.a. Blätter, lose, im Interesse der Frauenfrage.

Moderne Frauentypen in der russischen Litteratur. Vortrag von Frl. Cäcilie Dose geh. zu Dresden 1892. Dresden: Tittmann 1892. 15 S. 8° [Umschlagt.]
(Lose Blätter im Interesse d. Frauenfrage. Nr 4.) A 12.189 3

— Rechtsschutzvereine f. Frauen, s.a. Volkswohl-Schriften.

— Rechtsschutzverein f. Frauen. (20 S.) Leipz. 1894. Duncker u. Humblot. —.40

Dose, Cäcilie, u. Alma Kriesche: Die Stellung der Frau und Mutter im Familienrecht der außerdeutschen Staaten und nach den Bestimmungen des neuen Bürgerlichen Gesetzbuches f. d. Deutsche Reich. Zusammengest. im Auftrage d. Rechtskommission d. Bundes. — Frankenberg: Reisel 1900. 48 S. 8° (Schriften d. Bundes deutscher Frauenvereine. 4.)

Dose, Chr. D., Versuch über den Nutzen u. die Anwendbarkeit der Religions- u. Kirchengeschichte für Jedermann. 8. Hamb. 831. Restler. 5 gr.

Dose, Franz

Dose, Frz., Aquarelle u. Handzeichnungen in der Kieler Kupferstichsammlung. Verzeichnet u. neu geordnet. gr. 8. (67 S.) Kiel 894. (H. Eckardt.) n. 1. 50

Dose, Friedrich, appr. Arzt a. Osterholst, Reg.-Bez. Schleswig: Aus d. physiolog. Institut zu Marburg. Über den Lungenvagus bei Katzen und Hunden. Bonn: M. Hager 1908. (23 S.) 8° ¶ (Erscheint in: „Archiv für die gesamte Physiologie", hrsg. v. E. F. W. Pflüger, Bd 123.)
Marburg, Med. Fak., Ref. Schenck, Diss. v. 29. Juni 1908
[Geb. 4. Sept. 77 Osterholst, Bez. Schleswig; Wohnort: Marburg; Staatsangeh.: Preußen; Vorbildung: Gymn. Husum Reife O. 01; Studium: Marburg 2, München 1, Marburg 7 S.; Coll. 4. Juni 07; Approb. 15. Mai 07.]

Dose, Heinrich

Katalog der schleswigholsteinischen Holzschnitzwerke und Intarsien im Thaulowmuseum zu Kiel v. Heinrich Dose. Kiel, 1884. 8°.

Dose, Henry, Erlebnisse e. China-Kämpfers v. 4. III. 1899 bis Weihnacht 1900. Briefe u. Tagebuchblätter. gr. 8. (66 S.) Hamburg (Alterwall 70) (901). Karl Thomsen. n. — 50

Dose, J. C., s. Erbauungsbuch z. Beförd. e. vernünft. häusl. Gottesdienstes.

Dose, Johannes

Dose, Johs., Edelinde. Ein Edelfräulein aus der Nordmark. 1.—3. Aufl. (à III, 203 S.) 8. Glückstadt (904—906). M. Hansen. n. 2. 40; geb. in Leinw. n. 3. —

Dose, Johs., Einer v. Anno Dreizehn. Denk- u. Merkwürdigkeiten des Hans Ohnesorge. 6. Aufl. 2 Bde. (VIII, 674 S.) 8. Wismar 908. Altenburg, Joh. Räde. 6.—; geb. in Leinw. 7. 50

— Erfundenes u. Gefundenes. Geschichten. 2. Aufl. (164 S.) 8. Schwerin 907. F. Bahn. n. 1. 60; geb. n. 2. —

Dose, Johs., der Feueranbeter, s.a. Röttger's Volksbücherei. 10. Bd.

Der Feueranbeter von Joh. Dose. *Kassel: E. Röttger [1902].* (114 S.) 8° [F.]
— Volksbücherei, Röttger's. Bd 10, 1. [03. 8171 4

— Frauenherzen. Geschichten aus Schleswig-Holsteins neuer Zeit. 2 Tle. 1.—3. Aufl. 8. Ebd. 904. n. 1. 80; geb. in Leinw. n. 2. 20; in 1 Bd. geb. n. 2. 20
1. Ein Kampf um die Heimat. — Erblich belastet. — Der Sarg. (104 S.) n. 1. —; geb. n. 1. 20
2. Eine Eyder Judith. — It gah uns wohl up unse ole Dage. — Der Holzschnitzer. (77 S.) n. — 80; geb. n. 1. —

— dasselbe. (3. Tl.) 1. u. 2. Aufl. (Je 79 S.) 8. Ebd. 905. n. — 80; geb. n. 1. —

— dasselbe. Geschichten aus hanseat. Vergangenheit. (4. Tl.) 1. u. 2. Aufl. (84 S.) 8. Ebd. (906). n. — 80; geb. n. 1. — (Mit dem 3. Tl. in 1 Leinw.-Bd. n. 2. —)

— Die Freundin des Herrn Doktor Luther. Erzählung aus dem Bauernkriege. 1—3. Tausf. (Je III, 351 S.) 8. Bielefeld 908. Verlagshandlg. der Anstalt Bethel. 4.20; geb. in Leinw. 4. 80

— Friedlieb. Eine deutsch-amerikan. Erzählg. 1. u. 2. Aufl. (Je 329 S.) 8. Ebd. 904. n. 4. —; geb. n. 4. 80

Dose, Joh., Heimatlieder. Geistl. Gedichte. 8. (IV, 128 S.) Norden 898. Verlag d. christl. Buchh. n. 1. 80; geb. n. 2. 60

— der Held v. Wittenberg u. Worms. 1.—5. Tausf. (VI, 399 S. m. Abbildgn.) 8. Düsseldorf 906. C. Schaffnit. n. 4. —; geb. in Leinw. n. 4. 50

— Der Held v. Wittenberg u. Worms. 6—10. Tausf. (VI, 399 S. m. Abbildgn.) 8. Düsseldorf 907. C. Schaffnit. 4.—; geb. in Leinw. 4. 50

— Unberühmte Helden. 6 Geschichten, nach dem Leben gezeichnet. (164 S.) 8. Bielefeld 908. Verlagshandlg. der Anstalt Bethel. Geb. in Leinw. 2. 50

— des Kreuzes Kampf ums Dannevirke. Erzählung aus dem Ende des 1. Jahrtaus. 8. (III, 464 S.) Ebd. 903. n. 4. 50; geb. n. 5. —

— des Kreuzes Kampf ums Dannevirke. Erzählung aus dem Ende des 1. Jahrtaus. 3. Aufl. (III, 464 S.) 8. Ebd. 906. n. 4. 50; geb. n. 5. —

Des Kreuzes Kampf ums Dannevirke. Erzählung aus dem Ende des ersten Jahrtausend v. Johannes Dose. 4. Aufl. Schwerin i. M. 1907. 8°

Der Kirchherr von Westerwohld. Erzählung aus der Zeit des Unterganges des Nordstrandes v. Johannes Dose. Wolfenbüttel 1900. 8°.

— der Kirchherr v. Westerwohld. Erzählung aus der Zeit des Unterganges des Nordstrandes. Mit Illustr. v. Geo. Barlösius. 2. Aufl. 8. (III, 278 S.) Schwerin 903. F. Bahn. n. 3.60; geb. in Leinw. n. 4.60

— dasselbe, s.a. Zwißler's Hausbibliothek. Bd. 9.

— der Kirchherr v. Westerwohld. Erzählung aus der Zeit des Unterganges des Nordstrandes. Mit Illustr. v. Geo. Barlösius. 5. Aufl. (III, 278 S.) 8. Schwerin 906. F. Bahn. n. 3. 60; geb. n. 4. 60

Dose, Johs., die Kosakenbraut. Erzählung. 8. (79 S.) Schwerin 903. F. Bahn. n. — 80; geb. n. 1.—

Luthergeschichten v. Johannes Dose. 2. Aufl. Altenburg S.-A. 1908. 8°

— Luthergeschichten. 6. Aufl. (III, 205 S.) 8. Wismar 908. Altenburg, Joh. Räde. Geb. in Leinw. 2. 60

— der Muttersohn. Roman e. Agrariers. 1.—3. Aufl. (à V, 488 S.) 8. Glückstadt (904—906). M. Hansen. n. 5. 50; geb. in Leinw. n. 6. 50

— Der Muttersohn. Roman. (Neue Ausg.) (V, 440 S.) 8. Ebd. 908. 4.—; geb. in Leinw. 5. —

— Ostern auf der Prairie, s.: Osterglocken.

— die Osterprüfung, s.a. Osterglocken 28. Hft.

Die Osterprüfung. Erzählung von Johannes Dose. Berlin: Ostdeutscher Jünglingsbund [1903]. (16 S.) 8° [F.]
— Osterglocken. H. 28. 105. 3794

Die Osterschlacht. Erzählung von Joh(annes) Dose. Berlin: Ostdeutscher Jünglingsbund [1901]. (16 S.) 8° [F.]
— Osterglocken. H. 21. 105. 3787

— Pastor u. Lehrer. Erzählung aus der Gegenwart u. der Grenzmark. 3. Aufl. (430 S.) 8. Ebd. 910. 5.—; geb. in Leinw. 6. —

— der Paternostermacher v. Lübeck. Erzählung. 1. u. 2. Aufl. (à III, 334 S.) 8. Schwerin 906. F. Bahn. n. 4. 50; geb. n. 5. 50

— der Schatzgräber, s.a. Schneeflocken 40. Heft.

Der Schatzgräber. Erzählung von J(ohannes) Dose. *Gütersloh: C. Bertelsmann [1903]*. (16 S.) 8° [F.]
— Schneeflocken. 40. 104 818

— Schatzsucher u. Schatzfinder. Gesammelte Geschichten. 1. u. 2. Aufl. (Je 192 S.) 8. Schwerin 905. F. Bahn. n. 2. 40; geb. n. 3. —

Die Sieger von Bornhöved v. Johannes Dose. Schwerin. 1904 (1903). 8°.

Dose, Johs., die Sieger von Bornhöved. Eine deutsche Geschichte. 3. Aufl. (431 S.) 8. Schwerin 906. F. Bahn. n. 4. 80; geb. n. 5. 50
1. u. 2. Aufl. (III, 427 S.) 904. n. 4. 80; geb. n. 5. 50.

— die Stadt des Glückes u. andere Geschichten. 1. u. 2. Aufl. (Je 190 S.) 8. Ebd. 905. n. 2. 50; geb. n. 3. 20

Ein Stephanus in deutschen Landen. Historische Erzählung aus den Tagen Luthers v. Johannes Dose. 3. Aufl. Schwerin i. M. 1902. 8°

— ein Stephanus in deutschen Landen. Historische Erzählung aus den Tagen Luthers. 1. u. 2. Aufl. 8. (à III, 385 S. m. Abbildgn.) Schwerin 902. F. Bahn. n. 5.—; geb. in Leinw. n. 6.—

— eine Stephanus in deutschen Landen. Historische Erzählg. aus den Tagen Luthers. 3. Aufl. (III, 385 S. m. Abbildgn.) 8. Ebd. 902. n. 5. —; geb. in Leinw. n. 6. —

— vor der Sündflut. Erzählung v. Rungholts Ende. 1. u. 2. Aufl. (à III, 412 S.) 8. Ebd. 906. n. 5. —; geb. n. 6. —

— König Tetzlaw u. sein kurzweiliger Rat. Erzählung aus der Wendenzeit Rügens. (VII, 382 S.) 8. Leipzig (910). E. Ungleich. 5.—; geb. 6. —

Frau Treue. Geschichten aus der Geschichte v. Johannes Dose. 7. Aufl. Schwerin i. M. (1891.) 4°

— Frau Treue. Geschichten aus der Geschichte. (Kopfleisten v. O. Seyffert.) 4. (179 S.) Leipzig 901. Sächs. Volksschriften-Verlag. n. 5.—; geb. n. 6. —

— Frau Treue. Geschichten aus der Geschichte. (Kopfleisten v. O. Seyffert.) 3.—5. Aufl. (à 179 S. m. Titelbild.) Lex.-8. Ebd. (904 u. 906). n. 5. —; geb. n. 6. —

— der Trommler v. Düppel, s.a. Lohmeyer's, Jul., vaterländische Bücherei. 13. Bd.

Der Trommler von Düppel. Erzählung aus der Nordmark von Johannes Dose. Mit 16 Abbildungen v. Maler Fritz Bergen in München. München. [1901.] 8°.

— Magister Vogelius. Eine Erzählg. aus der Zeit des 30jähr. Krieges. Nach Aufzeichngn. des Magisters. 8. (138 S.) Altenburg (899). St. Geibel. n. 1. 80; geb. n. 2. 60

— Magister Vogelius. Eine Erzählg. aus der Zeit des 30 jähr. Krieges. Nach Aufzeichngn. des Magisters. 2.—Aufl. (à 163 S.) 8. Ebd. 904. 906. n. 1. 80; geb. in Leinw. n. 2. 60

Dose, Carl [app. Arzt aus Probsteierhagen]: Aus d. Laboratorium d. pharmakogn. Sammlung in Kiel. Beitrag zur Kenntniss der Wirkung des Laudanins. . . . Kiel, Druck v. A. F. Jensen, 1890; 19 S. + 2 Bl. 8°
Kiel, Med. Fak., Inaug.-Diss. v. 2. Aug. 1890

Dösel, Über Otterfang. 1885 München

Dosenbach, Stephan

Dosenbach, Steph., der Allerseelenmonat. 4., neubearb. Aufl. v. Herm. Nix. 16. (VIII, 287 S. m. 1 Stahlst.) Freiburg i/B. 894. Herder. n. 1. 20; geb. in Leinw. n. 1. 60

Dosenbach, Steph., S. J., der Allerseelenmonat. 5., neu bearb. Aufl. v. Herm. Jos. Nix, S. J. (VII, 309 S. m. Titelbild.) 16. Freiburg i/B. (908). Herder. Geb. 1. 40

Dosenbach, St., Andacht der sechs Sonntage zur Ehre des heil. Aloysius Gonzaga, a. d. G. J., des Vorbildes u. Patrons der Jugend. Münster 858. Aschendorff. 16. (152 S.) 5 ngr

Dosenbach, St., Andacht der sechs Sonntage zur Ehre des heiligen Aloysius Gonzaga, aus der Gesellschaft Jesu, des Vorbildes u. Patrons der Jugend, nebst einer Anleitung zu den gewöhnlichen Andachtsübungen. 2. verm. Aufl. Münster 859. Aschendorff. 16. (204 S. u. 1 Lithogr.) n. 5 ngr

Dosenbach, St., Besuche d. allerheiligsten Altarssakramentes. Autoris. Uebersetzg. aus dem Franz. 16. (192 S. m. 1 Titelbild.) Paderborn 887. Junfermann. n. — 60

— Besuche des allerheiligsten Altarssakramentes. Aus dem Franz. v. D. 2. Aufl., besorgt v. H. Nix. 16. (192 S. m. 1 Stahlst.) Paderborn 894. Junfermann. n. — 60; geb. in Calico n.n. — 85

Dosenbach, St., S. J., Besuche d. allerheil. Altarssakramentes. Aus d. Franz., 3. Aufl. besorgt v. H. Nix, S. J. 16. (192 S. m. 1 Stahlst.) Paderborn 897. Junfermann. n. — 60 —; geb. in Leinw. n.n. — 85
Förderg. d. Erbaug. e. Kanals v. Dortmund n. d. Rheinhäfen Duisburg-Ruhort (Linie IV). gr. 8. (28 S. m. 2 farb. Karten.) Düsseldorf 895. (A. Bagel.) n. — 50

— Besuchungen des allerheiligsten Altarssakramentes. Aus dem Franz. 4. Aufl., besorgt v. H. Nix, S. J. (200 S. m. 1 Stahlst.) 16. Paderborn 908. Junfermann. — 60; geb. in Leinw. n — 85

Dosenbach, St., der heil. Aloysius Gonzaga, aus der Gesellschaft Jesu, Vorbild und Patron der Jugend, oder Andacht der 6 Sonntage zur Ehre des heil. Aloysius, nebst einer Anleitung zu den gewöhnl. Andachtsübungen. 8., verb. Aufl. 16. (204 S. mit 1 Stnt.) Münster 863, Aschendorff'sche Buchh. *

Dosenbach, St., Grund u. Uebung der Andacht zum heiligsten Herzen Jesu. Paderborn 865. Junfermann. 16. (192 S. u. 1 Stahlst.) n. 5 ngr.

Dosenbach, St., Handbüchlein f. die Mitglieder der Erzbruderschaft vom heiligsten Herzen Jesu. 16. (31 S. m. 1 Holzschntaf.) Regensburg 876. Pustet. — 10

—— der heilige Joseph, wie das Evangelium ihn darstellt, oder Andacht zum heil. Joseph. gr. 16. (208 S.) Paderborn 878, Junfermann'sche Buchh. *

Dosenbach, St., der heilige Joseph, wie das Evangelium ihn darstellt, oder Andacht zum heil. Joseph. 2. Aufl. gr. 16. (208 S.) Paderborn 880. Junfermann. n. — 60

— der heil. Joseph, wie das Evangelium ihn darstellt, od. Andacht zum hl. Joseph. 3. Aufl. 16. (205 S. m. 1 Stahlst.) Ebd. 888. n. — 60

— Juni-Monat dem heiligsten Herzen Jesu geweiht, od. Grund u. Uebg. der Herz-Jesu-Andacht. 16. (176 S. m. e. Stahlst.) Paderborn 874. Junfermann. — 60

—— Maria, Vorbild der Jugend, oder die Jugend in ihrer Unschuld und Frömmigkeit. 16. (182 S. mit 1 Stnt.) Münster 868, Aschendorff'sche Buchh. *

Dosenbach, St., Maria, Vorbild d. Jugend, od. die Jugend in ihrer Unschuld u. Frömmigkeit. Mit 1 Stahlst. 4. Aufl. 16. (VIII, 236 S.) Freiburg i/Br. 886. Herder. 1. —

— der Monat November, dem Gedächtnisse der Seelen im Fegfeuer geweiht. 8. (199 S. m. 1 Stahlst.) Freiburg i/Br. 876. Herder. 1. 20

— der Monat November, dem Gedächtnisse der Seelen im Fegfeuer geweiht. 2. Aufl. 16. (VIII, 272 S. m. 1 Stahlst.) Freiburg i/B. 878. Herder. 1. 50

— der Monat November, dem Gedächtnisse der Seelen im Fegfeuer geweiht. 3. Aufl. Mit 1 Stahlst. 16. (VIII, 272 S.) Freiburg i/Br. 888. Herder. n. 1. 20; geb. n. 1. 80

Dosenbach, St., S.J., die schönste Tugend. Für die reifere Jugend u. die Eltern. 5. Aufl. v. Maria, Vorbild der Jugend, neu bearb. v. Herm. J. Nix, S. J. gr.16. (XII, 255 S. m. 1 Farbdr.) Freiburg i/B. 900. Herder. n. 1.—; geb. in Leinw. n. 1.50

— Die schönste Tugend. Für die reifere Jugend u. die Eltern. Neu bearb. v. Herm. Jos. Nix, S. J. 6. Aufl. (XII, 268 S. m. 1 Farbdr.) 16. Freiburg i/B. (909). Herder. 1.20; geb. in Leinw. 1. 70

— weinet nicht mehr! Trostgründe für alle Leidenden. Nach dem Franz. des Lefebvre S. J. deutsch bearb. gr. 16. (168 S. m. 1 Stahlst.) Paderborn 877. Junfermann. n. — 60

Dosenheimer, Emil

Dosenheimer, E., der Monismus u. das Strafrecht, s.a. Flugschriften des deutschen Monistenbundes. 6.

Der Monismus und das Strafrecht von Amtsger.R. E[mil] Dosenheimer. Brackwede: W. Breitenbach in Komm. 1908. (36 S.) 8° [F.]
— Flugschriften d. Deutschen Monistenbundes. H. 6. [08. 9803

Dosenheimer, Emil, eine Wunderheilung, s.: Aigner, Eduard, die Wahrheit üb. eine Wunderheilung v. Lourdes.

Dosenstücke, v. Chr. Altbing. 8. Dresd. Gerlach. 801.

— — dasselbe. Taschenformat. Leipz. Gräff. 807.

Doser, Hermann. Basler Verkehrsbuch mit Strassen-Verzeichnis, Fahrplänen etc. 3. Ausgabe ausgearbeitet von H' D', Basel. Sommer-Saison 1. Mai bis 30. September 1906. [Mit 1 Plan.] IV + 120 S. 8. Basel, Walz & Miéville. fr. —. 20

Doser, Hermann. Basler Verkehrsbuch mit Strassen-Verzeichnis, Fahrplänen etc. (*5. u. 6. Ausg.: F', Stadtplan etc.). ... ausgearbeitet von H' D', Basel. [Mit Illustrationen und 1 Plan.] 8. Basel, Walz & Miéville. fr. —.20

4. Ausgabe.... Winter-Saison 1. Oktober 1906 bis 30. April 1907. IV + 132 S.

5. Ausgabe.... Sommer-S' 1. Mai bis 30. September 1907. IV + 136 [+ 2] S.

6. Ausgabe.... Winter-S' 1. Oktober 1907 bis 30. April 1908. IV + 136 S.

Doser, Hermann. Verkehrsbuch für die Basler Strassenbahnen, mit alphabet. Strassenverzeichnis, Angabe des Stadtquartiers, in dem jede Strasse liegt, ... 8. Basel, Walz & Miéville. fr. —. 20 Q

* ... sowie die nächstgelegene Haltestelle und Nummer der hinführenden Linie; ferner Fahrordnungen der Strassenbahnen etc. 1. Aufl. mit Teilstreckenplan. Zusammengestellt und hrg. von: H' D', Basel. Sommer-Saison 1. Mai bis 30. September 1905. [Mit 1 Tabelle und 1 Plan.] IV + 96 S.

... die nächstg' H', Nummer der h' L', Teilstreckenplan etc. 2. Ausg., ausgearbeitet von H' D', Basel. Winter-Saison 1. Oktober 1905 bis 30. April 1906. [Mit 1 Ansichts-Tafel und 1 Plan.] IV + 100 S.

Doser, Herm., s.: Verkehrsbuch, Zürcher.

Doser, Johann Wendelin (Heydingsfelde), De justis pactorum inter dominos territoriales eorumque status provinciales et subditos. Diss. jur. Präs. Johann Caspar Barthel. Würzburg (F. E. Nitribitt) 1771. 80 S. (5.20) 6806

Doser, Karl. Gedichte humoristisch - satyrischen und verschiedenen Inhalts. *Gratz* 1858. Druck v. *C. Tanzer.* 64 S. 8°. 20 kr.

— Philipp Joseph Aloys (Würzburg), De febre. Dissert. med. Präs. Johann Caspar Gutberlet. Würzburg (F. E. Nitribitt) 28. XI. 1795. 46 S. (4.80) 6807

Dosing, Richard [prakt. Arzt, z. Z. Schiffsarzt d. Hamburg-Südamerikanischen Linie]: Über Rhinoplastik .... Würzburg, Becker's Univ.-Buchdr., 1896; 37 S. 8°.

Würzburg, Med. Fak., Inaug.-Diss. v. 1896.

DOSIOS, Georg Nikolaus (Bitola/Jugos.): De animi pathematum in morbos corporis humani effectibus.- (Titel nach der Urkunde)
26.10.1849 - Urk; F 67
Diss. Ingolst.-Landsh.-Mchn.

Dosirung, die, d. wichtigsten Medicamente. N. d. Grundsätzen d. Gedächtnißkunst f. Studirende u. junge Aerzte v. e. alten Practicus. 12. (40 S.) Leipzig 896. F. C. W. Vogel. Kart. n. 1. —

Dosithei Ars grammatica ex cod. Sangallensi ed. H. Keil. I—XII. Pr. 1869—71. 8, 6, 6, 8, 6, 6, 6, 6, 6, 6, 6, 2 S. 4°. à —.90

Dosithei ars grammatica ex codice Sangallensi ed. Henr. Keil. gr. 4. (70 S.) Halae 871. (Leipzig, Teubner.) n. 2. 40

— Colloquium scholicum Harleianum ed. G. Goetz. Pr. 1892. 16 S. —.90

Δοσιθέου, τοῦ γραμματικοῦ ἑρμηνευμάτων βιβλίον γ. Dosithei Magistri interpretamentorum liber III. Ad fidem Cod. manuscriptor. Vossiani, Sangallensis et Scaligerani atque editor. libror. ope nunc primum integrum edid., commentariis indicibusque instruxit Ed. Böcking. 12 maj. Bonn 832. Marcus. 14 gl.

Dositheus, Obradowitsch, sämmtliche Werke. In serbischer Sprache. Belgrad 833. 9 Bde. gr. 8. Leipz., G. Wigand. 12 ℳ

DOSKOČIL, Hugo: De patroni iure praesentandi praesertim in Bohemia. — (1907) XI, 177 Bl. 4° (Handschr.) Diss. 945
Diss. Wien, Univ.

Dosquet, Wilh., die Fabrikation v. Fleischkonserven. (VII, 37 S. m. 4 Abbildgn.) gr. 8. Braunschweig 908. F. Vieweg & Sohn. 1. 20
Sonderabdruck aus „Deutsche Vierteljahrsschr. f. öffentl. Gesundheitspfl."

Doß, Adolph v., Erinnerungen an ihn, s. Pfülf, O.

Doß, Adph. v., Gedanken u. Rathschläge, gebildeten Jünglingen zur Beherzigung. 2 Bdchn. Münster 861, 62. Aschendorff. 8. (V, 306 S. u. 1 Stahlst.; 306 S.) 1.: 1 Thlr; 2.: 25 ngr.

v. **Doß,** Adph., Gedanken u. Rathschläge, gebildeten Jünglingen zur Beherzigung. 2. Aufl. Münster 868. Mitsdörffer. 16. (IV, 596 S. u. 1 Kpfrst.) n. 1 Thlr 2½ ngr.

Doß, Adph. v., Gedanken u. Rathschläge, gebildeten Jünglingen zur Beherzigung. 3. Aufl., m. einem Titelbild (in Stahlst.). 8. (IX, 699 S.) Freiburg i/Br. 880. Herder. n. 3. 40

Doß, Adph. v., Gedanken und Rathschläge, gebildeten Jünglingen zur Beherzigung. Mit 1 Titelbild (in Stahlst.). 3. Aufl. (IX, 699 S.) 1880. * M 3,40.; 4. verb. Aufl. 8. (580 S.) Freiburg i. Br. 883, Herder'sche Verlagsh. * geb. *

Doß, Adph. v., Gedanken u. Rathschläge, gebildeten Jünglingen zur Beherzigung. 5. Aufl. m. 1 Titelbild (in Stahlst.). 12. (III, 576 S.) Freiburg i/Br. 885. Herder. n. 3. —; geb. n. 4. 20

Doß, A. v., Gedanken u. Rathschläge, gebildeten Jünglingen zur Beherzigung. 6. Aufl. Mit e. Titelbild. 12. (III, 576 S.) Freiburg i/Br. 889. Herder. n. 3. —; geb. n. 4. 20

Doß, Adph. v. Gedanken u. Ratschläge, gebildeten Jünglingen zur Beherzigung. 6. Aufl. (IV, 576 S.) 889; 7.—8. Aufl. 8. (XII, 568 S. m. 1 Stahlst.) Freib. i. Br. 891,92, Herder. * 3 — geb. in Hlbfrz. * 4 20; in Bocklbr. * 6 —; m. Goldschn. * 6 50

— dasselbe. 9. Aufl., m. Titelbild. 12. (XII, 568 S.) Ebd. 894. n. 2. 40; geb. in Halbfrz. n. 3. 60; in Bockldr. n. 5. 40; m. Goldschn. n. 6. —

Doß, Adph. v., S. J., Gedanken u. Ratschläge, gebild. Jünglingen z. Beherzigg. 10. Aufl. 12. (XII, 568 S. m. 1 Stahlst.) Freiburg i/B. 897. Herder. n. 2. 40; geb. in Halbfrz. n. 3. 60; in Bocklbr. n. 5. 40; m. Goldschn. n. 6. —

Doß, Adph. v., S. J., Gedanken u. Ratschläge, gebildeten Jünglingen zur Beherzigung. 11. u. 12. Aufl., m. Titelbild. 12. (à XII, 568 S.) Ebd. 900. 902. n. 2. 40; geb. in Halbfrz. n. 3. 60; in Bocklbr. n. 5. 40; m. Goldschn. n. 6. —

Doß, Adph. v., S. J., Gedanken u. Ratschläge, gebildeten Jünglingen zur Beherzigung. 13.—15. Aufl. (à XII, 568 S. m. 1 Stahlst.) 12. Freiburg i/B. 903. 905. 906. Herder. n. 2. 40; geb. in Halbfrz. n. 3. 60; in Bocklbr. n. 5. 40; m. Goldschn. n. 6. —

Doß, Adf. v., S. J., Gedanken u. Ratschläge, gebildeten Jünglingen zur Beherzigung. 18. Aufl., m. Titelbild. (XX, 560 S.) kl. 8. Freiburg i/B. (910). Herder. 2. 40; geb. in Leinw. 3. —; in Halbfrz. 3. 60

Doß, Adph. v., Gedenkblätter f. die christliche Jugend. 16. (104 S.) Mainz 874. Kirchheim. 1. 25

— die weise Jungfrau. Gedanken u. Ratschläge. Für gebildete Jungfrauen bearb. v. Heinr. Scheid, S. J. 1. u. 2., unveränd. Aufl. 12. (à XI, 384 S. m. 1 Stahlst.) Ebd. 903. n. 2. 20; geb. in Leinw. n. 3. 40

— die weise Jungfrau. Gedanken u. Ratschläge. Für gebildete Jungfrauen bearb. v. Heinr. Scheid, S. J. 3.—6. Aufl. (à XI, 460 S. m. 1 Stahlst.) kl. 8. Ebd. 904—906. n. 2. 40; geb. in Leinw. n. 3. 60

— Die weise Jungfrau. Gedanken u. Ratschläge. Für gebildete Jungfrauen bearb. v. Heinr. Scheid, S. J. 9. Aufl. (XI, 460 S. m. Titelbild.) kl. 8. Ebd. 910. 2. 60; geb. in Leinw. 3. 80

— geistliche Lieder für gleiche Stimmen, gesammelt u. geschrieben. Bonn 864, 65. Henry. 4. (X, 168 S.) n. 1 Thlr

— geistliche Lieder für gleiche Stimmen gesammelt und geschrieben. 2. Abthl. gr. 4. (87 lithogr. S.) Bonn 869, Henry. *
1. Abthl. Ebendas. 1865. * M 3.

— Melodiae sacrae, quas, paribus vocibus cantandas, collegit et scripsit. I. II. 4. (VI und 878 lithogr. S.) Bonn 864, (Henry.) [I. * 1 Thlr. 5 Ngr., II. * 17½ Ngr.] *

— pensamientos y consejos para la juventud estudiosa. Obra vertida al castellano de la 7. edición alemana por D. Vicente Orti y Escolano. 8. (XIV, 600 S. m. 1 Titelbild.) Ebd. 894. 4. —; geb. in Leinw. n. 5. 20

— Pensamientos y consejos para la juventud estudiosa. 2. ed. (XVI, 582 S. m. 1 Stahlst.) 12. Freiburg i/B. 903. Herder. Geb. in Leinw. n. 4. 80

— Pensamientos y consejos. Para la juventud estudiosa. 3. ed. revisada. (XXIV, 658 S. m. Titelbild.) kl. 8. Ebd. (909). 4. —; geb. in Leinw. 5. —

— die Perle der Tugenden. Gedenkblätter für christl. Jünglinge. 8. (VI, 104 S.) Mainz 873, Kirchheim.

— die Perle der Tugenden. Gedenkblätter f. christl. Jünglinge. 2. Aufl. 8. (VI, 104 S.) Ebend. 873. n. — 75

— die Perle der Tugenden. Gedenkblätter für die christliche Jugend. 3. Aufl. 16. (VII, 152 S.) Mainz 881. Kirchheim. cart. n. 1. 20

— die Perle der Tugenden. Gedenkblätter f. die christl. Jugend. 4. Aufl. 16. (160 S.) Mainz 884. Kirchheim. cart. n. 1. 20

— die Perle der Tugenden. Gedenkblätter f. die christl. Jugend. 5. Aufl. 16. (160 S.) Mainz 889. Kirchheim. geb. n. 1. 20

— die Perle der Tugenden. Gedenkblätter f. die christl. Jugend. 6. Aufl. 16. (160 S.) Mainz 893. F. Kirchheim. Geb. in Leinw. n. 1. 20

— die Perle d. Tugenden. Gedenkblätter f. d. christliche Jugend. 7. Aufl. gr. 16. (160 S.) Mainz 896. F. Kirchheim. Geb. in Leinw. n. 1. 20

— die Perle der Tugenden. Gedenkblätter f. die christl. Jugend. 8. Aufl. 16. (160 S.) Mainz 899. F. Kirchheim. Geb. in Leinw. n. 1. 20

— die Perle der Tugenden. Gedenkblätter f. die christl. Jugend. 9. u. 10. Aufl. (à 160 S.) 16. Mainz 903. 906. Kirchheim & Co. Geb. in Leinw. n. 1. 20

— d. Sonntagsruhe i. Königr. Sachsen. E. Zusammenstellg. d. einschläg. Bestimmgn., m. Anmerkungen u. e. Sachreg. vers. 8. (VI, 101 S.) Ebd. 895. n. 1. 50; geb. n.n. 1. 80

— dasselbe, f. d. Pionier d. deutschen Heeres. N. d. v. Krafft bearb. 37. Aufl. von „v. Dossow's Dienstunterr. f. d. Infanteristen" umgearb. v. Bölsche. M. 8 farb. Taf. u. zahlr. Abb. 8. (VIII, 192 S.) Ebd. 898. n.n. — 50; in Pappbd. n.n. — 60

—— die Standeswahl im Lichte des Glaubens und der Vernunft betrachtet. Aphorismen, Erwägungen, Rathschläge, der gebildeten Jugend zur Beherzigung. 16. (78 S.) Mainz 874, Kirchheim.

—— die Standeswahl, im Lichte des Glaubens und der Vernunft betrachtet. Aphorismen, Erwägungen, Rathschläge, der gebildeten Jugend zur Beherzigung. 2. Aufl. 16. (VII, 111 S.) Mainz 885, Kirchheim. cart. *

— die Standeswahl, im Lichte d. Glaubens u. der Vernunft betrachtet. Aphorismen, Erwäggn., Ratschläge, der gebildeten Jugend zur Beherzigg. 3. Aufl. 16. (VII, 107 S.) Ebd. 892. Geb. in Leinw. n. — 80

— die Standeswahl im Lichte des Glaubens u. der Vernunft betrachtet. Aphorismen, Erwäggn., Ratschläge, der gebildeten Jugend zur Beherzigg. 4. durchgeseh. Aufl. 16. (VII, 107 S.) Ebd. 899. Geb. in Leinw. n. — 80

Doß, Adrb., Vade mecum für christliche Jünglinge. 16. (8 S.) Donauwörth 881, [Buchh. des kathol. Erziehungs-Vereins.] Auer. Preis für 25 Exempl.

— Vademecum f. christliche Jünglinge. 3. Aufl. 32. (8 S.) Donauwörth 889. Auer. f. 25 Explre. — 75

— la virgen prudente. Pensamientos y consejos. Acomodados para las jóvenes cristianas. 2. ed. (XI, 480 S. m. Titelbild.) kl. 8. Ebd. (906). Geb. in Leinw. n. 3. 60

-- La virgen prudente. Pensamientos y consejos. Acomodados para las jóvenes christianas. 3. ed. revisada. (XI, 480 S. m. Titelbild.) kl. 8. Ebd. (909). 2.60; geb. in Leinw. 3.80; in Perg. 7. 60

Doss, Bruno

Doss, B., Bemerkungen zu den Theorien der Schallphänomene bei Meteoritenfällen, s.: Mach, E.

Doss, Bruno, Dr.: Die Lamprophyre und Metaphyre des Plauen'schen Grundes bei Dresden. ⟨Mit 2 Taf.⟩ Wien: Hölder 1889. 66 S., 2 Taf. 8° ¶ Aus: Tschermak's mineralog. u. petrograph. Mittheilungen. Bd 11. *Dr*
Dresden Te. H., Hab.-Schr. v. S.-S. 1889

Doss, Bruno [aus Auerbach i. V.]: Die basaltischen Laven und Tuffe der Provinz Haurân und vom Diret et-Tulûl in Syrien .... Wien, Alfred Hölder, K. K. Hof- u. Univ.-Buchh., 1886; 77 S. u. 1 Taf. 8°.
Leipzig. Phil. Fak., Inaug.-Diss. v. 7. Aug. 1887.

Doss, B. u. E. Johanson, der Meteorit v. Misshof, s.: Arbeiten d. Naturforscher-Vereins zu Riga. 7. Hft.

Doss, Walter, Referendar: Unabhängigkeit eines Leistungsversprechens von einer Gegenleistung ⟨§ 363 HGB⟩ und „Selbständigkeit" des Schuldversprechens ⟨§ 780 BGB⟩ in ihrem Verhältnisse zur allgemeinen obligatorischen causa. Greifswald 1907: F. W. Kunike. (48 S.) 8°
Greifswald, Jur. Fak., Ref. Jung, Diss. v. 27. April 1907
[Geb. 8. Dez. 83 Stralsund; Wohnort: Stralsund; Staatsangeh.: Preußen; Vorbildung: Realgymn. Stralsund Reife O. 03; Studium: Greifswald 6 S.; Rig. 14. Juni 06.]

Dosse, B. A., Berlin, oder Nachweisung sämmtl. Straßen 2c., königl. u. städt. Behörden, Civil- u. Militair-Institute, Gesandtschaften, Residenturen, Privat-Anstalten, Polizei-Beamte 2c., sämmtl. Gasthöfe, Ausspannungen, Gesellen-Herbergen u. s. w. Nebst 1 ill. Plan v. Berlin u. e. Anh., enthaltend die Uebersicht d. Quartierstandes d. K. Preuß. Armee 2c. 12. Berl. 829. Krause. 14 gℓ. Dass. 833. 4 gℓ.

Dosse, C. A., die Polizei Berlins nach ihrer gegenwärt. Eintheilung, nebst Uebersicht der Geschäftsverfassung beim hiesigen k. Criminalgericht nach dem Gesetze vom 17. Juli 1846. Aus amtl. Quellen dargestellt. gr. 8. (VIII und 140 S.) Berlin 847, [Mittler's Sortimentsb.] *

Dosse, C. A., die Polizei Berlins nach ihrer gegenwärtigen Eintheilung, nebst Uebersicht der Geschäftsverfassung beim hiesigen K. Criminalgericht nach dem Gesetze vom 17. Juli 1846 Aus amtl. Quellen dargestellt. gr. 8. (VIII u. 140 S.) Berlin 847, Mylius'sche Sort.-B. n. 1/2 ℛ

Dössekel, E., Bausteine und Wegweiser. 158 Stn. 8. Aarau, Commissionsverlag von J. J. Christen. 1875

Dössekel, E., s.: Nationalbibliothek, schweizerische.

Dössekel, Ed. Zur Erinnerung an Vater Heinrich Zschokke. Ein Gedenkblatt zur Zschokkefeier. Gr. in-4°, 1/4 Bogen. Aarau, Sauerländer. 1886

Dössekel, Ed., Gedichte. 16. (VIII und 242 S.) Bern 851, Jent und Reinert.

Dössekel, Ed., Gedichte. 2. Aufl. 12. (XV, 260 S.) Glarus 872. J. Vogel. Geb. in Leinw. 2. —

— zwanzig Gedichte. Eine Weihnachtsgabe. gr. 16. (56 S.) Aarau 848, Sauerländer. n. 8 ngℓ

Dössekel, Ed., Herbstblüthen. Gedichte. 8. (39 S.) Aarau 889. Sauerländer. n. — 80

— Nachruf an Dr. Augustin Keller bei der Begräbnißfeier am 11. Jan. 1883. Zur Einweihung d. Denkmals v. Augustin Keller 12. Mai 1889. gr. 8. (4 S.) Ebd. 889. n. — 20

— eine Sammlung v. Aufsätzen. 8. (IV, 112 S.) Ebd. 889. n. 1. 60

Dössekker, Walther, med. prakt. von Muri (Aargau): Klinischer Beitrag zur Lehre von den Urachuscysten. (S. A. aus: Beiträge z. klinischen Chirurgie [= Bruns]. Bd X [S. 102—119]). Tüb. H. Laupp 1892. 2 Bl., 18 S. 8°.
Zürich, Med. Diss. [v. 7. Febr. 1893].

Dössekker, W[alther]. Die Tuberkulose und deren Bekämpfung als Volkskrankheit. Popular-medizinische Abhandlung. Zu Gunsten der aarg. Heilstätte für Lungenkranke der Sanatoriums-Kommission zur Verfügung gestellt.... 48 S. 8. Brugg, «Effingerhof», 1901. [fr. —. 20]

Doesseler, Hermann, Gerichtsref. aus Doesselen: Die Anrechnung einer Leistung auf einen von mehreren Schuldposten. *o. O. [1902].* (61 S.) 8°
Rostock, Jur. Diss. v. [25. Juli] 1902

Dossenbach, Osw. (Reg.-Rath), meine Stellung als Abgeordneter des h. Standes Zug an der Diözesankonferenz des Bisthums Basel. Ein Wort an Freunde und Katholiken des Kantons Zug. 76 Seiten. 8. Zug, Elsener. 1871 —. 30

Dossie, Robert: Geöfnetes Laboratorium oder entdeckte Geheimnisse der heutigen Chemisten und Apotheker. (The Elaboratory laid open, or the secrets of modern chemistry and pharmacy revealed; containing many particulars extremely necessary to be known to all practitioners in medicine. Dt.) Übers. von Johann Christian Wiegleb. 2. verm. Aufl., 460 S., gbd.

Altenburg: Richter 1783

JB 1.437

Dossie, R., geöffnetes Laboratorium, oder entdeckte Geheimnisse d. Apotheken u. Chymisten, mit Zusätzen von J. C. Wiegleb. gr. 8. Altenb. 784. (Acad. B. in Jena). 1 ℛ 4 gℓ

Dossios, Aristide, les limites de l'économie politique. Berlin 867. Behr. gr. 8. (92 S.) n. 20 ngℓ

Dossios, Leander, aus Athen: Theoretische und empirische Beiträge zur Constitution der Glycole und der ihnen entsprechenden Säuren. [S. A. aus: Vierteljahrsschrift der Naturforsch. Ges. in Zür., Bd 12. S. 176–209]. Zür. Zürcher u. Furrer Dr. 1866. 36 S. 8°.
[Zürich. Phil. Diss. v. 27. Juli 1866].

Dossios, N. G.

Der Aberglaube bei den heutigen Griechen (seinem Ursprunge nach). Ein Sendschreiben an Dr. Karl Foy, Prof. zu Berlin, von Dr. **N. G. Dossios**, Prof., Jassy. 2. Aufl. *Galatz 1894: J. Schenk.* (23 S.) 8°

Dossios, N., Beiträge zur neugriechischen Wortbildungslehre. Inaugural-Dissertation. gr. 8. (66 S.) Zürich 879. (Leipzig, Matthes.) n. 1. 60

Dossios, N. (Dr. phil.) Beiträge zur neugriechischen Wortbildungslehre. In-8°. 66 S. Zürich, Zürcher & Furrer. 1879

Doßmann, Ernst, Iserlohn i. W., Referendar am kgl. Amtsgericht in Altena i. W.: Die Beweislast bei der condictio ob causam datorum. *Iserlohn 1902: F. Doßmann.* (V, 104 S.) 8°
Leipzig, Jur. Diss. v. 1902

Dossmann, Ernst, Gerichtsreferendar a. Magdeburg: Das Recht des Miteigentümers. Halle a. S. 1908: C. A. Kaemmerer & Co. (121 S.) 8°
Halle, Jur. Fak., Ref. v. Blume, Diss. v. 24. Juli 1908
[Geb. 31. Mai 83 Magdeburg; Wohnort: Magdeburg-Buckau; Staatsangeh.: Preußen; Vorbildung: König-Wilhelms-Gymn. Magdeburg Reife O. 02; Studium: Lausanne 2, Leipzig 2, Halle 3 S.; Rig. 3. Juli 08.]

Doßmann, R., „Forma viri", Methode f. Gesundheit, Kraft u. Schönheit d. männlichen Körpers (täglich 10 Minuten), m. Abb., Hof 1908, 48 S., 8°.

Dossmar, Lippmann, pr. Arzt: Beitrag zur Statistik der Hydrocelenoperation. Berlin 1910: Ebering. 31 S. 8°
Berlin, Med. Diss. v. 8. Juli 1910, Ref. Hildebrand
[Geb. 28. Okt. 77 Graetz; Wohnort: Berlin; Staatsangeh.: Preußen; Vorbildung: Gymn. Rogasen Reife O. 97; Studium: Berlin 10 S.; Coll. 5. Juli 10; Approb. 1. Aug. 08.] [U 10. 29

v. Dossow, Anleitung zur Anfertigung der militairisch schriftlichen Arbeiten als Meldung, Rapport, Quittung ꝛc. nebst vielen erläuternden Beispielen u. einem Anhang, enth. die im Militair Briefstyl gebräuchlichsten Abkürzungen und Fremdwörter ꝛc. 1–3. Aufl. 860. (55 S.) – 4. Aufl. 860. (63 S.) – 5. Aufl. 862. (83 S.) — 6. neu verm. Aufl. Berlin 865. Schlesier. 8. (87 S.) n. 6 ngr.

v. Dossow, Anleitung zur Anfertigung der militärisch-schriftlichen Arbeiten als: Meldung, Rapport, Quittung ꝛc. nebst vielen erläuternden Beispielen u. e. Anh. enthltd. die im Militär-Briefstyl gebräuchlichsten Abkürzungen u. Fremdwörter ꝛc. 7–9. Aufl. Berlin 867–70. Schlesier. gr. 16. (80 S.) n. 6 ngr.

—— dass. — nebst vielen erläut. Beispielen und einem Anhang, enth. die gebräuchlichsten Fremdwörter; ferner Postbestimmungen ꝛc. 10. und 11. von v. W. neu bearb. und verm. Aufl. gr. 8. (84 S.) Ebendas. 872,74. *

Dossow's, v., Anleitung zur Anfertigung der militairisch-schriftlichen Arbeiten als: Meldung, Rapport, Quittung ꝛc., nebst vielen erläut. Beispielen u. e. Anh., enth. die gebräuchlichsten Fremdwörter ꝛc. 12. Aufl. Nach den neuesten Bestimmgn. sorgfältig verb. u. bedeutend verm. von v. W. u. M. 8. (103 S.) Berlin 876. Schlesier. n. — 75

Dossow's, v., Anleitung zur Anfertigung der militairisch-schriftlichen Arbeiten als: Meldung, Rapport, Quittung ꝛc., nebst vielen erläut. Beispielen und einem Anh., enth. die gebräuchlichsten Fremdwörter ꝛc. 12. Aufl. Nach den neuesten Bestimmungen sorgfältig verb. und bedeutend verm. von v. W. und M. 8. (103 S.) Berlin 877, [Schlesier.] Liebel'sche Buchh. *

Dossow's, v., Anleitung zur Anfertigung der militärisch-schriftlichen Arbeiten, nebst erläut. Beispielen u. e. Anh., enth. die gebräuchl. Fremdwörter, die Hauptpunkte bei Erkundg. d. Geländes, Bestimmgn. f. den Post- u. Telegraphen-Verkehr ꝛc. 13. Aufl. Nach den neuesten Bestimmgn. v. R. u. W. gr. 8. (90 S.) Berlin 888. Liebel. n. 1. —

[F.] v. Dossow's Anleitung zur Anfertigung der militärisch-schriftlichen Arbeiten als: Meldgn, Rapporte, Liquidationen ... nebst vielen erläut. Beispielen u. e. Anh., enth. die gebräuchl. Fremdwörter ... 14. Aufl. Neu-Ausg. 1899. Bearb. v. Th., Bataillons-Adjutant u. L., Zahlmeister. *Berlin: Liebel 1899.* (V, 24 S., 24, 25–39 S., 40, 41–85 S.) Bd 8.

Dossow's, v., Anleitung zur Anfertigung der militärisch-schriftlichen Arbeiten, nebst vielen erläut. Beispielen u. e. Anh., enth. die gebräuchlichsten Fremdwörter, die Hauptpunkte bei Erkundg. des Geländes, Bestimmgn. f. den Post- u. Telegraphenverkehr u. s. w. 14. Aufl. Nach den neuesten Bestimmgn. umgearb. v. Th. u. L. 8. (VII, 86 S.) Berlin 894. Liebel. n. 1. —

Dossow's, v., Anleitung zur Anfertigung d. militärisch-schriftlichen Arbeiten als: Meldungen, Rapporte, Liquidationen, Quittungen, Führungszeugnisse, Berichte, Lebenslauf, Verhandlungen, Schriften in Briefform, Titulaturen u. s. w., nebst vielen erläutert. Beispielen u. e. Anh., enth. die gebräuchl. Fremdwörter, die Hauptpunkte bei Erkundg. des Geländes. Bestimmgn. f. den Post- u. Telegraphenverkehr u. s. w. 15. Aufl. Bearb. v. B. u. L. 8. (IV, 102 S.) Berlin 901. Liebel. n. 1. —; kart. n.n. 1. 15
14. Aufl. (V, 86 S.) Ebd. 899. n. 1. —.

Dossow's, v., Anleitung zur Anfertigung der militärisch-schriftlichen Arbeiten als: Meldungen, Rapporte, Forderungsnachweise, Quittungen, Zeugnisse, Berichte, Lebenslauf, Verhandlgn., Schriften in Briefform, Titulaturen, Stammrollen, Entlassungspapiere usw., nebst viel. erläut. Beispielen u. e. Anh., enth. die Hauptpunkte bei Erkundg. des Geländes. Bestimmungen f. d. Post- u. Telegraphenverkehr usw. 16. Aufl. Bearb. v. B. u. W. (IV, 104 S.) 8. Berlin 907. Liebel. 1. 20

Dossow's, v., Dienst-Unterricht für den Infanteristen des deutschen Heeres. Bearb. von Paul v. Schmidt. 25. nach der „neuen Garnison-Dienst-" und „Schieß-Instruktion" umgearb. und verb. Aufl. 8. (160 S. mit 57 Abbild. im Text und 1 Fig.-Taf.) Berlin 885, Libel'sche Buchh. ** 50 Pf.; cart. **
Nachträge zur 24. Aufl. (3 Bog.)

—— dass. — Bearb. von Paul v. Schmidt. 26. verm. und verb. Aufl. 8. (163 S. mit 58 Abbild. und 8 Fig.-Taf. im Text.) Ebendas. 886. ** 50 Pf.; cart. **

Dossow's, v., Dienst-Unterricht f. den Infanteristen d. deutschen Heeres. Bearb. von Paul v. Schmidt. 27. Aufl. Mit 58 Abbildgn. u. 8 Fig.-Taf. im Text. 8. (163 S.) Berlin 886. Liebel. n.n. — 50; cart. n.n. — 60

—— dass. — 27. nach der neuen Feldbienst-Ordnung umgearb. Aufl. 8. (160 S. mit 58 Abbild. und 3 Fig.-Taf. im Text.) Ebendas. 887. ** 50 Pf.; cart. **

—— dass. — 28. Aufl., neu bearb. entsprechend dem Gewehr M/71. 84, der Schießvorschrift und der Feldbienstordnung von 1887. 8. (164 S. mit 66 Abbild. im Text.) Ebendas. 888. ** 50 Pf.; cart. **

—— dass. — 29. Aufl., bearb. entsprechend der Schießvorschrift, der Feldbienstordnung von 1887, dem Exerzir-Reglement, den Aenderungen in der Wehrpflicht- und Garnisondienst-Vorschrift von 1888. 8. (163 S. mit 66 Abbild. im Text.) Ebendas. 889. ** 50 Pf.; cart. **

Dossow's, v., Dienst-Unterricht f. den Infanteristen d. deutschen Heeres. Bearb. v. Paul v. Schmidt. 30. Aufl. (163 S.) 890; 31. Aufl. (164 S.) 891; 32. Aufl., verm. u. verb. nach Maßgabe der jetzt gült. Dienstvorschriften. Mit 60 Abbildgn. im Text. 8. (169 S.) Berl. 892, Liebel. ** — 50; cart. ** — 60
Vgl.: Schmidt, Paul v. Dienst-Unterricht.

— Dienst-Unterricht f. den Infanteristen des deutschen Heeres. Nach den neuesten Bestimmgn. bearb. 36. Aufl. 8. (VI, 181 S. m. 90 Abbildgn.) Ebd. 895. n.n. — 50; kart. n.n. — 60

[F.] v. Dossows Dienst-Unterricht für den Infanteristen des Deutschen Heeres. Nach d. neuesten Bestimmgn bearb. 36. Aufl. M. 8 farb. Taf. u. 90 Abb. im Text ... *Berlin: Liebel 1896.* (VI, 181 S., 2 Taf.) 1 Bd 8. [96. 3596

[F.] v. Dossows Dienst-Unterricht für den Infanteristen des Deutschen Heeres. Nach d. neuesten Bestimmgn bearb. v. [Carl] Krafft, Hauptm. ... im Inf.-Reg. Graf Schwerin. 37. vollständ. umgearb. Aufl. M. 8 farb. Taf. u. 67 Abb. im Text ... *Berlin: Liebel 1897.* (VIII, 198 S., 8 Taf.) 1 Bd 8. [98. 3101

— Dienst-Unterricht f. die zur verkürzten Dienstpflicht bei den 4. Bataillonen eingezogenen Mannschaften (Volksschullehrer, Mannschaften der Bezirkskommandos) rc., sowie f. Reservisten u. Landwehrleute der Infanterie. Auszug aus v. D.'s Dienst-Unterricht. Nach Maßgabe der „Schießvorschrift vom 9. 9. 93". 8. (80 S. m. 53 Abbildgn.) Ebd. 894. n. — 25

[F.] v. Dossow's Dienstunterricht für den Pionier des Deutschen Heeres. Nach der v. Hauptmann Krafft bearb. 37. Aufl. v. 'v. Dossow's Dienstunterr. f. d. Inf.' umgearb. v. Bölsche, Hauptm. u. Kompagniechef im ... Pionier-Bat. Nr. 10. M. farb. Taf. u. zahlr. Abb. ... *Berlin: Liebel 1898.* (VIII, 192 S., 8 Taf.) 1 Bd 8. [98. 3363

— Dienstunterricht f. den Pionier d. deutschen Heeres. Nach dem v. Krafft bearb. „v. Dossow's Dienstunterricht f. den Infanteristen" umgearb. v. Bölsche. 2. Aufl. Mit 8 farb. Taf. u. zahlr. Abbildgn. 8. (VIII, 192 S.) Ebd. 899. n.n. — 50; in Pappbd. n.n. — 60

— Instruction für den Infanteristen. Mit in den Text gedr. Holzschn. u. 1 Ordenstaf. (in Holzschn. in 4.) 5—8. nach den neuesten Bestimmungen verb. Aufl. Ebend. 866 —70. gr. 8. (223 S.) n. 5 ngr.

—— Instruction für den Infanteristen des deutschen Heeres. Mit in den Text gedr. Holzschn. und 1 (lithogr.) Ordenstaf. in 4.) 9. von v. W. verb. Aufl. 8. (224 S.) Ebendas. 871.* *

—— dass. — 10. von v. W. neu durchgeseh. und namentlich mit Rücksicht auf den Garnison-Wachtdienst verb. Aufl. 8. (224 S.) Ebendas. 872. *

—— dass. — 11. und 12. von v. W. neu durchgeseh. und vielfach, namentlich mit Rücksicht auf das aptirte Gewehr verb. Aufl. 8. (220 S.) Ebendas. 873. *

—— dass. — 13. und 14. Aufl. Nach den neuesten Bestimmungen umgearb. von Paul v. Schmidt. 8. (192 S.) Ebendas. 874. *

—— dass. — 15. und 16. verb. Aufl. Mit ausführl. Instruction über das Infanterie-Gewehr M/71. Bearb. von Paul v. Schmidt. 8. (184 S.) Ebendas. 875. *

Dossow's, v., Instruction für den Infanteristen des deutschen Heeres. Mit in den Text gedr. Holzschn. 17. vielfach verb. Aufl. Bearb. von Paul v. Schmidt. (176 S.) 1877; 18. verm. und verb. Aufl. 8. (183 S.) Berlin 878. [Schlesier.] Liebel'sche Buchh. *

—— dass. — 19. verm. und verb. Aufl. Bearb. von Paul v. Schmidt. 8. (180 S. mit in den Text gedr. Holzschn.-Abbild. und 1 lithogr. Fig.-Taf. in qu. Fol.) Berlin 879, Liebel'sche Buchh. *

Dossow's, v., Instruktion für den Infanteristen des deutschen Heeres. Bearb. von Paul v. Schmidt. Mit Abbild. im Text und 1 (lithogr.) Fig.-Taf. 20. verb. Aufl. (180 S.) 1880; 21. verb. und durch Abbild. verm. Aufl. 8. (183 S.) Berlin 880, Liebel'sche Buchh. *

—— dass. — Mit neuen Abbild. der Gewehrtheile. Bearb. von Paul v. Schmidt. Mit 54 Abbild. im Text und 1 (lithogr.) Fig.-Taf. 22. neugeordnete und verb. Aufl. (176 S.) 1881; 23. verm. und verb. Aufl. (180 S.) 1883; 24. verm. und verb. Aufl. 8. (172 S.) Ebendas. 884. * 50 Pf.; cart. * *

—— dass. — Ausg. für die k. bayer. Armee. Bearb. von F. Knott. 8. (151 S.) Ebendas. 880). *

— Instruction für den preußischen Infanteristen. Mit in den Text gedr. Holzschn. u. 1 Ordenstafel (Holzschn. in 4.). 1. u. 2. Aufl. 860. (X, 199 S.) — 3. neu durchges. Aufl. Ebend. 861. 8. (X, 192 S.) n. 7½ ngr.

v. Dossow, R. Plan von Fredericia u. Umgegend. fol. Magdeburg 1864. 0.50.

Dost, Alfred

Dost, Best. betr. Sonntagsruhe in Sachsen. Lpzg. 895.

Dost, Alfr., Liederbuch f. sächs. Volksschulen, s.: Heer, Frdr.

— Die St. Wolfgangskirche zu Schneeberg. Im Auftrag des Kirchenvorstandes bearb. 2. verm. u. gänzlich umgearb. Aufl. (24 S.) kl. 8. Schneeberg 910. (B. F. Goedsche). nn — 25

— Weihnachten im Erzgebirge, s. a. Sammlung christl. Fest- u. Schauspiele. 7. Hft.

Weihnachten im Erzgebirge. Ein Liederspiel von Alfred Dost, Bürgerschull. in Schneeberg. *Annaberg: Graser 1903.* (18 S.) 8° [F.] = [Familien- u. Vereinstheater, Erzgebirgisches. H. 2.] [04. 1030

— alte u. neue Weihnachts- u. Berglieder a. d. Erzgebirge. F. d. Volksschule ges. u. 2- u. 3stimmig bearb. 8. (34 S.) Schneeberg 897. B. F. Goedsche. n. — 25

— alte u. neue Weihnachts- u. Berglieder aus dem Erzgebirge. Für die Volksschule gesammelt u. 2- u. 3stimmig bearb. 4. verb. u. verm. Aufl. (40 S.) 8. Schneeberg 905. B. F. Goedsche. n. — 25

Dost, Bruno, erzgebirgische Berglieder, aufgezeichnet und bearb., gewidmet dem Verein „Glückauf" in Schneeberg. 1. und 2. Heft. 8. (23; 18 S.) Schneeberg 888, (Goedsche'sche Buchh.) à Heft * 40 Pf.; *

Dost, Bruno. Erzgebirgische Berglieder, gesammelt u. bearb. Neue Folge. 12. (20 S.) Schneeberg 891, Goedsche. * — 30
1. u. 2. Heft. Ebd. 1888. * — 80.

— u. Heinr. Kupfer, Liederbuch f. Männerchor höherer Schulen. 8. (248 S.) Schneeberg 896. B. F. Goedsche. Geb. in Leinw. n. 2. —

— u. Heinr. Kupfer, Liederbuch f. Männerchöre höherer Schulen. 2. zum Tl. veränd. Aufl. 8. (248 S.) Ebd. 900. Geb. in Leinw. n. 2. —

— Liederbuch f. höhere Schulen. 2., umgearb. Aufl. der „Volkslieder f. gemischten Chor" d. Herausgebers. 8. (220 S.) Ebd. 888. n. 1. 50

Dost, Bruno, Liederbuch f. höh. Schulen. 3., unveränd. Aufl. 8. (220 S.) Ebd. 896. Geb. in Leinw. n. 1. 90

Dost, Bruno, Liederbuch f. höhere Schulen. 4. unveränd. Aufl. 8. (220 S.) Schneeberg 901. B. F. Goedsche. Geb. in Leinw. n. 2. —

Dost, Bruno, Liederbuch f. höhere Schulen. 5. Aufl., durch e. Anh. vermehrt. (256 S.) kl. 8. Schneeberg 910. B. F. Goedsche. Geb. in Leinw. 2. —

— Material f. den Unterricht in der Harmonielehre, s.: Seydler, Th.

— Singbuch f. Chorknaben, f. 2 Soprane u. Alt bearb. u. hrsg. 12. (32 S.) Schneeberg 893. B. F. Goedsche. n. — 20

48*

Singbuch f. Chorknaben, f. zwei Soprane u. Alt bearb. u. hrsg. 2. durch e. Anh. verm. Aufl. (36 S.) kl. 8. Schneeberg 905. B. F. Goedsche. n. — 25

— Sologesänge f. Männerstimmen, besonders zum Gebrauch in höh. Schulen hrsg., progressiv geordnet u. z. Teil m. Vortragsbezeichngn. versehen u. bearb. gr. 8. (IV, 180 S.) Schneeberg 900. B. F. Goedsche. Geb. in Leinw. n. 3.50

Dost, Br., Volkslieder, für gemischten Chor bearb. u. zunächst für höhere Lehranstalten hrsg. 8. (VIII, 271 S.) Schneeberg 878. Goedsche. n. 3. —

Dost, C., d. kgl. sächs. Landtagswahlgesetz v. 3. Decbr. 1868, nebst Ausführungsverordnung v. 4. Decbr. 1868. Hrsg. u. m. Anmerkgn. vers. 12. (III, 80 S.) Leipzig 895. Roßberg. n. — 40

— die Oelberg-Andacht in der Franziskanerkirche zu Dietfurt. Nebst d. Kreuzweg- u. Stabat-Mater-Andacht. 12. (68 S.) Würzburg 897. A. Göbel. n. — 20

Dost, Geo., französische Texthefte zu Hirts Anschauungsbildern, s.: Fischer, Herm.

Dost, Gerhard: Houdar de la Motte als Tragiker und dramatischer Theoretiker. Weida i. Th. 1909: Thomas & Hubert. 111 S. 8°
Leipzig, Phil. Diss. v. 25. Juni 1909, Ref. Birch-Hirschfeld, Wülker
[Geb. 7. März 85 Drebach; Wohnort: Drebach; Staatsangeh.: Sachsen; Vorbildung: Gymn. Freiberg Reife O. 04; Studium: Erlangen 2, Kiel 1, Leipzig 7 S.; Rig. 14. Mai 09.] [U 09. 1946

Dost, Karl, aus Berlin: Beiträge zur Kenntnis der Oxydationsprodukte der Thioharnstoffe. *Halle 1903: (W. & S. Loewenthal, Berlin).* (67 S.) 8°
Halle, Phil. Diss. v. 1903

Dost, Karl, u. Rob. Hilgermann, Taschenbuch f. die chemische Untersuchung v. Wasser u. Abwasser. (X, 100 S. m. 17 Abbildgn.) kl. 8. Jena 908. G. Fischer. Geb. in Leinw. 2. —

Dost, Max, kurzer Abriss der Psychologie, Psychiatrie u. gerichtlichen Psychiatrie, nebst e. ausführl. Zusammenstellg. der gebräuchlichsten Methoden der Intelligenz u. Kenntnisprüfg. Für Juristen u. Mediziner, besonders jüngere Psychiater. (III, 142 S. m. 21 Abbildgn. u. 1 Taf.) gr. 8. Leipzig 908. F. C. W. Vogel. 4.— ; geb. 5. —

— Anleitung zur Untersuchung Geisteskranker u. Ausfüllung der ärztl. Aufnahmefragebogen deutscher, österreichischer u. schweizerischer staatlicher Irrenanstalten. Anh.: Die wichtigsten Aufnahmebestimmgn. genannter Anstalten. Für prakt. Ärzte. (105 S.) 8. Ebd. 910. 3. —

Dost, Max, die psychologische u. praktische Bedeutg. des Comenius u. Basedow in Didactica magna u. Elementarwerk, s. a. Magazin, pädagog.

Die psychologische und praktische Bedeutung des Comenius und Basedow in Didactica magna und Elementarwerk. Eine krit. Untersuchung von cand. phil. Max Dost. *Langensalza: H. Beyer & Söhne 1899.* (VI, 28 S.) 8°
= Magazin, Pädagogisches. H. 132. [illegible]

Dost, Otto, Albert von Sachsen-Koburg-Gotha, Prinz-Gemahl von England, ein Bild seines Lebens und Wirkens. Rede, am 59. Geburtstage Sr. Maj. des Königs Albert von Sachsen gehalten. gr. 8. (32 S.) Plauen 887, Neupert. *

Dost, O., Albert v. Sachsen-Koburg-Gotha, Prinz-Gemahl v. England, e. Bild seines Lebens u. Wirkens. Rede, am 59. Geburtstage Sr. Maj. d. Königs Albert von Sachsen geh. gr. 8. (32 S.) Plauen 888. Neupert. n. — 80

Dost, Otto Die Didaktik der neueren Pädagogen Englands im Zusammenhange mit der Unterrichtstheorie John Locke's dargestellt. 46 S. Progr. *Plauen* 1881.

Dost, Otto, die junge Frau, s.: Ungelent's Vereinsbühne.

Dost, O[tto]: [Gedächtnisrede auf den verstorbenen Prof. Dr. Ernst Stiehler.] S. 1—2. 4.
Progr. Kgl. Realgymn. u. Höh. Landwirtschaftsschule *Döbeln* 1910 (764).

Dost, Otto, die Pädagogik John Lockes' im Zusammenhange m. seiner Philosophie dargestellt. gr. 8. (50 S.) Plauen 877. Hohmann. — 60

Dost, Rich., an die Machthaber der Welt! Vorschlag zur Lösung der sozialen Frage durch gleichzeit. Inangriffnahme des sozialen Experiments in allen Kulturstaaten. (Schluss-Abschnitt aus e. s. Zt. vom Verf. f. das staatswissenschaftl. Seminar an der Berliner Universität angefertigten Arbeit.) (16 S.) kl. 8. Halensee-Berlin (905). R. Dost. n. — 10

Dost, Rich., aus der Flickschusterei „Hans Sachs". I. Gelegenheits-Reimereien. 1. u. 2. Aufl. 12. (à 46 S. m. Bildnis.) Berlin (899.) (Berolina-Versand-Buchh.) — 50

— dasselbe. 3. verm. Aufl. 12. (48 S. m. Bildnis.) Ebd. — 50

Dost, Rich., welchen prakt. Wert hat d. Kenntniß d. Ackeruntergrundes u. d. Pflanzenbewurzelg.? An d. Berliner landwirtschaftl. Hochschule m. d. ersten Preise gekrönte Arbeit. Mit e. Vorwort v. Orth. 8. (80 S.) Schöneberg-Berlin 898. F. Telge. n. — 80

Dost, Rudolf, approb. Arzt: Casuistischer Beitrag zur Lehre von den posthemiplegischen Krampfformen. *Leipzig 1904: B. Georgi.* (43 S.) 8°
Leipzig, Med. Diss. v. (13. Juni) 1904

Dost, Walth., das versunkene Dorf. Oper in 3 Aufzügen. Text nach e. Baumbachschen Märchen v. Ernst Günther. Textbuch. (32 S.) kl. 8. Plauen 910. A. Kell. nn — 50

Dost, Walt., Ullranda. Ein musikal. Drama in 1 Aufzuge. Mit allerhöchst genehmigter Benutzg. des gleichnamigen Stückes aus „Frauenmut" v. Carmen Sylva. Text u. Musik v. D. (31 S.) 8. Plauen (903). (R. Neupert jr.) n. — 40

Dostal, M. J., Freudenruf rc., s. Fr. W. Siebenhaar, die Kettenbrücke.

Dostal, Franz Robert, Strafgesetz-Novelle vom 15. November 1867, R.-G.-Bl. Z. 131. Mit besonderer Rücksicht auf das praktische Bedürfniss bearbeitet. gr. 8. (80 S.) Wien, Prandel. 1868 80 kr.

— — Verfassung der deutsch-slavischen Kronländer Oesterreichs. Mit besonderer Rücksicht auf den Völker- und Staatenfortschritt bearbeitet. 1. Lfg. 1867. gr. 8. (S. 1—106.) Ebd. 1 fl. 10 kr.

Dostal, Guido, Das Zwei-Minuten-Turnen, Übungen z. Verhütung d. Wirbelsäulenverkrümmung uns. Jugend, 1. u. 2. Aufl., Wien 1910 u. 1912, je 16 S., 8°. 2 Bde.

*Dostal, Jos[ef] K[arl]: Zur Geschichte des Wortes „Geschmack" und seiner Verwendung im ästhetischen Sinne. S. 3—25. 8.
Progr. Kaiser Franz Joseph I. Kommunalgymn. *Mährisch-Ostrau* 1907.

Dostal Josef: Geschmack und ästhetisches Urteil.
1908 PN 2419 Diss. Wien, Univ 124

Dostal Dr. Julius: Über Identität und Zeit von Personen bei Venantius Fortunatus. 31. Wiener Neustadt 00.
Progr.

Dostal Julius: Venantius Fortunatus. Ein Beitrag zur Frankengeschichte des 6. Jahrhunderts.
II. 1884 PN 339 Diss. Wien, Univ. 690

Dostert, Alfred, approb. Arzt aus Regensburg: Über zwei Fälle von vereitertem Ovarialcarcinom mit Perforation in den Darm. *München 1902: C. Wolf & Sohn.* (43 S.) 8°
München, Med. Diss. v. 1902

Dostert, Theodor, approb. Arzt aus Schwiebus: Ein Beitrag zur Frage über die Dauerresultate der Knochenreimplantation bei complicierten Schädelfracturen. *Halle a. S. 1900: C. A. Kaemmerer & Co.* (54 S.) 8°
Halle, Med. Diss. v. 3. Aug. 1900

Dostler, Gottfried: Curtiana. *München 1904: Kastner & Callwey.* (43 S.) 8°
München, Phil. Diss. v. 1903

Dostler, G[ottfried]: Das Klauselgesetz bei Curtius. Kempten 1907: J. Kösel. (29 S.) 8°
Kempten, k. G P 1907*

Dostmann, F. M., die Ausbildung der Gewerbtreibenden. 2 Thle. gr. 8. Oschatz 862. Grimma, Gensel. à Thl. * 4 Ngr. *
Inhalt:
Thl. 1. Der Handwerkerstand. (32 S.)
" 2. Der Handelsstand. (24 S.)

Dostmann, R., „Forma viri". Methode f. Gesundheit, Kraft u. Schönheit des männl. Körpers (täglich 10 Minuten). (48 S. m. 36 Abbildgn.) gr. 8. Hof 908. R. Lion. 1.20; Übungstafel. 80×34,5 cm. (910). Auf Pappe — 50

Dostoevskij, Fedor Michajlovič

Dostojewski, Fedor M., Aufzeichnungen e. Schwindsüchtigen. 8. (62 S.) Berlin 891. Steinitz' Verl. n. 1. —

Dostojewski, F. M., die Besessenen. Roman. Deutsch v. H. Putze. 3 Bde. 8. (271, 335 u. 288 S.) Dresden 888. Minden. n. 12. —

— dasselbe. Deutsch v. H. Putze. 3 Bde. 2. (Titel-)Aufl. 8. (271, 335 u. 288 S.) Ebd. 890. n. 8. —; geb. n. 11. —

Dostojewski, F. M., der ehrliche Dieb u. andere Erzählungen, s.: Kürschner's Bücherschatz.

Der Doppelgänger, s.a Bücher, die, des deutschen Hauses.

— der Doppelgänger. Erzählung. Aus dem Russ. v. L. A. Hauff. 8. (276 S.) Berlin 889. Janke. n. 2. —

[Fedor Michajlovič] Dostojewski [Dostoevskij]. Der Doppelgänger. Übers. von Frida Ichak. Ill. von B. Gestwicki. Berlin: Buchverlag fürs Deutsche Haus 1909. 303 S. 8°
(Die Bücher d. Deutschen Hauses. Bd 74.) [09. 11315

Dostojewski, Fedor M., Erinnerungen aus dem todten Hause. Aus dem Russ. übers. v. L. A. Hauff. (Neue [Titel-]Ausg. v. Aus dem todten Hause.) 8. (312 S.) Berlin (890). 899. O. Janke. n. 2. —

Dostojewski, Th., Erniedrigte u. Beleidigte, s.a Collection Spemann.

Dostojewski, Th., Erniedrigte u. Beleidigte, s.a Romane, moderner, aller Nationen.

— Erniedrigte u. Beleidigte. Roman. Aus dem Russ. übers. v. L. A. Hauff. 8. (292 S.) Ebd. 890. n. 2. —

Theodor Dostojewski [Dostoevskij]. Erniedrigte und Beleidigte [Uniżennye i oskorblennye]. *Stuttgart, Berlin, Leipzig: Union [1900].* (224 S.) 8° [F.]
— Romane, Moderne, aller Nationen. 13. [01. 13048

—— Erzählungen, s. Universal-Bibliothek Nr. 2126.

Die fremde Frau u. der Mann unterm Bett. Ein ehrlicher Dieb, s.: Bibliothek Langen, kleine.

— der Gatte. [Wjetschny Musch.] Roman. 2. Aufl. Deutsch von A. Scholz. 8. (251 S.) Berlin 889. S. Fischer's Verl. n. 3. 50

— der Gatte. Ein Roman. Deutsch v. Aug. Scholz. 2. Aufl. 8. (255 S.) Berlin 902. B. Cassirer. n. 2. —; geb. n. 3. —

— eine heikle Geschichte, s.a Eckstein's Reisebibliothek.

— eine heikle Geschichte. Deutsch v. Aug. Scholz. (112 S.) 8. Berlin (903). Globus Verlag. n. — 30

— der Hahnrei. Roman. Deutsch v. A. Scholz. 8. (251 S.) Berlin 888. S. Fischer Verl. n. 3. 50

Dostojewski, Th. M., aus dem todten Hause. Nach dem Tagebuche eines nach Sibirien Verbannten. Nach dem Russischen bearb. 2 Thle. Leipzig 864. Gerhard. 8. (IV, 412 S.) 1 Rthlr 24 ngr.

— aus dem todten Hause. Denkwürdigkeiten e. nach Sibirien Verbannten. Frei nach dem Russ. 2. Aufl. 8. (412 S.) Dresden 886. Minden. n. 5. —; geb. n.n. 6. —

— aus dem todten Hause. Roman. Aus dem Russ. übers. v. L. A. Hauff. gr. 8. (312 S.) Berlin 890. Janke. n. 2. —

— e. schwaches Herz, s.a Eckstein's 50 Pfennig-Bibliothek.

—— ein schwaches Herz, s.a. Taschen-Bibliothek, russische.

— ein schwaches Herz. Erzählung. Aus dem Russ. 8. (151 S.) Berlin 890. Norddeutsches Verlags-Institut. 1. 50

— der Idiot. Roman in 3 Bdn. Deutsch v. A. Scholz. 8. (354, 334 u. 260 S.) Berlin 889. S. Fischer Verl. n. 12. —

— der Idiot. Ein Roman. Deutsch v. Aug. Scholz. (1. vollst. Ausg.) 2 Bde. 8. (322 u. 321 S.) Ebd. 901. n. 6. —

— der Idiot. Ein Roman. 2. Aufl. der vollständ. Ausg. Deutsch v. Aug. Scholz. (623 S.) 8. Berlin (906). B. Cassirer. n. 6.50; geb. n. 8. —

— **Der Idiot. Roman. Aus dem Russ. übers. v. Clara Brauner. 2 Bde. (960 S.) 8. Wien 908. Berlin, J. Singer & Co. 8. —; geb. 10. —**

— die Brüder Karamasow. Roman. 4 Bde. 8. (VIII, 271, 272, 298 u. 336 S.) Leipzig 884. Grunow n. 16. —; geb. in Leinw. n.n. 21. —; in Halbfrz. n.n. 26. —

— die Brüder Karamasow. Roman. Deutsch von H. v. Samson-Himmelstjerna. 2. Aufl. 4 Bde. in 2 Tln. gr. 8. (283, 212, 274 u. 302 S.) Leipzig 901. Schulze & Co. n. 12. — geb. n. 14. —

Dostojewski, F. M., Krotkaja. Eine phantast. Erzählg. Deutsch v. M. v. Bröndsted. 1. u. 2. Aufl. 8. (149 S.) Dresden 887. Minden. n. 1. —

—— Krotkaja. Eine phantast. Erzählg. Deutsch v. M. v. Bröndsted. 3. (Titel-)Aufl. 8. (149 S.) Bremen 890, Marbes. 1 —

—— arme Leute. Roman. Aus dem Russ. von A. L. Hauff. 1. und 2. Aufl. 8. (248 S.) Ebendas. 887. *
geb. **

—— Arme Leute. Roman. A. d. Russ. v. A L. Hauff. 3. (Titel-)Aufl. 8. (248 S.) Dresd. 890, Minden. n 2 —; geb. n n 3 —

— Arme Leute. Roman. Deutsch v. A. L. Hauff. 3. Aufl. (234 S.) 8. Dresden (909). H. Minden. 2. —; geb. n 3. —

— Memoiren aus e. Totenhaus, s.: Universal-Bibliothek.

— helle Nächte. Ein sentimentaler Roman. Übers. aus dem Russ. 8. (112 S.) Leipzig 890. Greßner & Schramm. n. 1. —

— helle Nächte. Ein sentimentaler Roman. Übers. aus dem Russ. 8. (112 S.) Leipzig 894. Greßner & Schramm. n. — 80

— weiße Nächte. Erzählung. Aus dem Russ. v. A. Hauff. 8. (IV, 116 S.) Berlin 888. Janke. n. 1. —

—— junger Nachwuchs. Roman. Nach dem russ. Orig. übers. von W. Stein. 3 Bde. 8. (275; 260; 324 S.) Leipzig 886, Friedrich. ℳ 12.—; geb. *

— Nettchen Neswanow. Roman. Aus dem Russ. von L. A. Hauff. 8. (298 S.) Ebd. 889. n. 2. —

—— Herr Prochartschin, s. Taschen-Bibliothek, russische.

— Raskolnikoff, s.a Kürschner's, Jos., Bücherschatz.

Dostojewskij, F. M., Raskolnikow. Roman. Nach der 4. Aufl. des russ. Orig. übers. v. Wilh. Henckel. 3 Bde. 8. (VIII, 299; 267 u. 309 S.) Leipzig 882. Friedrich. n. 10. —; geb. n. 12. 50

—— Raskolnikow. Roman. Nach der 5. Aufl. des russ. Originals übers. von Wilh. Henckel. 2. verb. Aufl. 3 Bde. 8. (VII, 296; 262; 309 S.) Leipzig 886, Friedrich. *
geb. *

— Raskolnikow. Roman. Nach der 5. Aufl. d. russ. Originals übers. v. Wilh. Henckel. 3., verb. Aufl. in 2 Bdn. 8. (X, 410 u. 406 S.) Leipzig 890. Friedrich. n. 8. —; geb. n. 10. —

— Raskolnikow. Roman. Übers. u. neu durchgesehen v. Wilh. Henckel. Mit Illustr. v. H. Lüders u. W. Weimar. 2 Bde. 8. (315 u. 313 S.) Berlin 894. G. Grote. n. 5. —; geb. n. 6. 50; auch in 10 Lfgn. à n. — 50

— Raskolnikow od.: Schuld u. Sühne. Roman. Vollständig neu ins Deutsche übertr. u. m. Einleitg. versehen v. Adam Kotulski. (454 S. m. Bildnis.) 8. Berlin (907). A. Weichert. (Urspr. Pr. 2. —)

Dostojewski, Fedor, e. Roman in neun Briefen. Drei Novellen. 8. (III, 144 S.) Berlin 896. S. Fischer, Verl. n. 1.50; geb. n. 2. 50

Dostojewski, F[eodor] M[ichajlowitsch], Politische Schriften. M. e. Einl. von Dmitri *Mereschkowski*. Uebertr. von E. K. *Rahsin*. München u. Leipzig 1907. 8°.
(Dostojewski. Sämtl. Werke. Bd 13.)

— Schuld u. Sühne, s.a Universal-Bibliothek.

Dostojewskij, Pjodor Michailowitsch

Schuld und Sühne. (Raskolnikow.) Roman. Aus dem Russ. Nach der 7. Aufl. übers. von Hans Moser.
Leipzig: Reclam jun. (1887). 703 S. 8°

— Raskolnikow's Schuld u. Sühne. Deutsch v. Paul Styczyński. 8. (486 S.) Berlin 891. O. Janke. n. 3. —

Dostojewski, F. (Th.) M., Raskolnikows Schuld u. Sühne. Roman. 2., verb. Aufl. (489 S.) 8. Berlin (905). O. Janke. n. 2. —

— der Spieler. Roman aus dem Badeleben. Nach dem russ. Original bearb. v. A. Scholz. 8. (205 S.) Berlin 888. S. Fischer Verl. n. 3. —

— der Spieler. Aus den Erinnergn. e. jungen Mannes. Roman. Aus dem Russ. übers. v. L. A. Hauff. gr. 8. (288 S.) Berlin 890. Janke. n. 2. —

— Tollhaus od. Herrenhaus? [Stepantschikowo u. seine Bewohner.] Roman. Aus dem Russ. übers. v. L. A. Hauff. gr. 8. (268 S.) Ebd. 890. n. 2. —

—— Des Onkels Traum. Roman. Aus dem Russ. v. L. A. Hauff. 8. (282 S.) Ebd. 889. * 2 —

— die Unbekannte. Erzählung. Aus dem Russ. übers. v. L. A. Hauff. 8. (134 S.) Ebd. 890. n. 1. —

— ein Werdender. Roman. 3 Bücher in 2 Bdn. Deutsch v. Korfiz Holm. (530 u. 556 S.) 8. München 905. A. Langen. n. 10. —; geb. n. 12. —

(B) Ein Werdender. 909. (KVL 33.) Ladenpr. aufgeh.

Dostojewski, F. (Th.) M., sämtliche Werke. Unter Mitarbeiterschaft v. Dmitri Mereschkowski, Dmitri Philosophoff u. A. hrsg. v. Moeller van den Bruck. (In 2 Abtlgn. u. 20 Bdn.) 1. Abtlg. 5. u. 6. Bd. 8. München, R. Piper & Co. Subskr.-Pr. n. 7. —; geb. in Leinw. n. 9. —; Einzelpreis n. 8. —; geb. n. 10. —

Die Dämonen. Roman in 2 Tln. Uebertr. v. E. K. Rahsin. Mit e. Einleitg. v. Moeller van den Bruck. (XV, 505 u. 514 S. m. Bildnis.) 906.
Bd. 1—4 sind noch nicht erschienen.

Dostojewski, F. M., sämtliche Werke. Unter Mitarbeiterschaft v. Dmitri Mereschkowski, Dmitri Philossophoff u. A. hrsg. v. Moeller van den Bruck. I. u. II. Abtlg. 1.—6. 9. 10. 13. 14. u. 16.—21. Bd. 8. München, R. Piper & Co. 81. —; geb. in Leinw. 97. —; Subskr.-Pr. à Bd. 4. —; geb. 5. —

1. 2. Rodion Raskolnikoff (Schuld u. Sühne). Roman in 2 Tln. Mit e. Einführg. in die Ausg. vom Hrsg. u. e. Einleitg. v. Dmitri Mereschkowski. (LX, 452 u. 450 S.) 908. Einzelpr. 10. —; geb. in Leinw. 12.
3. 4. Der Idiot. Roman in 2 Bdn. Mit e. Einleitg. v. Moeller van den Bruck. Uebertr. v. E. K. Rahsin. (XVII, 617 u. 562 S.) 909. Einzelpr. 10. —; geb. 12. —
5. 6. Die Dämonen. Roman in 2 Tln. Uebertr. v. E. K. Rahsin. Mit e. Einleitg. v. Moeller van den Bruck. 2. verm. u. durchgeseh. Aufl. (XVIII, 509 u. 571 S.) 907. Einzelpr. 10. —; geb. 12. —
9. 10. Die Brüder Karamasoff. Roman in 2 Bde. Mit e. Einleitg. v. Dmitri Mereschkowski. Uebertr. v. E. K. Rahsin. (XVI, 753 u. 879 S. m. Bildnis.) 908. Einzelpr 12. —; geb. 14. —
13. Politische Schriften. Mit e. Einleitg. v. Dmitri Mereschkowski. Uebertr. v. E. K. Rahsin. (XXXV, 511 S. m. Bildnis.) 907. Einzelpr. 5. —; geb. 6. —
14. Arme Leute. Der Doppelgänger. 2 Romane. Uebertr. v. E. K. Rahsin. (VI, 501 S.) 910. Einzelpr. 5. —; geb. 6.
16. Das Gut Stepantschikowo u. seine Bewohner. (Aufzeichnungen eines Unbekannten.) Humoristischer Roman. Mit e. Einleitg. v. Moeller van den Bruck. Uebertr. v. E. K. Rahsin. (XIII, 396 S.) 909. Einzelpr. 5. —; geb. 6.
17. Onkelchens Traum u. andere Humoresken. Uebertr. v. E. K. Rahsin. (V, 388 S.) 909. Einzelpr. 4. —; geb. 5. —
18. Aus e. Totenhaus. Aufzeichnungen. Mit e. Einleitg. v. Moeller van den Bruck. Uebertr. v. E. K. Rahsin. (XV, 520 S.) 908. Einzelpr. 5. —; geb. 6. —
19. Die Erniedrigten u. Beleidigten. Roman. Uebertr. v. E. K. Rahsin. (VI, 608 S.) 910. Einzelpr. 5. —; geb. 6. —
20. Aus dem Dunkel der Großstadt. 8 Novellen. Mit e. Einleitg. v. Moeller van den Bruck. Uebertr. v. E. K. Rahsin. (XXII, 516 S.) 907. Einzelpr. 5. —; geb. 6. —
21. Der Spieler. Der ewige Gatte. 2 Romane. (Uebertr. v. E. K. Rahsin.) (V, 551 S.) 910. Einzelpr. 5. —; geb. 6. —
Bd. 7, 8, 11, 12, 15 sind noch nicht erschienen.

F[edor] M[ichailovič] Dostojewski [**Dostoevskij**]. Sämmtliche Werke. Unter Mitarb. von ... hrsg. von [Arthur] Moeller van den Bruck. Abt. 1, Bd 1. München & Leipzig: Piper 1908. 8° 10g. 12139

— sämtliche Werke in deutscher Sprache. Uebers. v. Klara Brauner. 1.—3. Hft. 8. Wien 906. Wiener Verlag. à n. — 20

1. Bd. Der Idiot. (S. 1—192.)

Dostojewski, Fedor, a. d. dunkelsten Winkel d. Großstadt. Deutsch m. e. Einleitg. v. Alexis Markow. 8 (XVII, 78 S.) Berlin 895. H. Steinitz, Verl. n. 1. —

— aus dem dunkelsten Winkel der Großstadt. Deutsch m. e. Einleitg. v. Alexis Markow. (107 S.) 8. Berlin (904). H. Steinitz. n. 1. —

Fedor Dostojewsky [Fedor Michailovič **Dostoevskij**]. Aus dem dunkelsten Winkel der Großstadt [Zapiski iz podpol'ja]. Deutsch mit e. Einl. v. Dr. Alexis Markow. [Neudr.] Berlin: H. Steinitz (1905). (107 S.) 8° [F.] 1o4. 739

Dostojewski, Theodor, s. Dostoevskij, Fedor Michajlovič

Dostor, Georges, nouvelle détermination analytique des foyers et directrices dans les sections coniques représentées par leurs équations générales, précédées des expressions générales des divers invariants, que l'on distingue dans les courbes du second degré; et suivie de la détermination des coniques à centre par leur centre et les extrémités de deux demi-diamètres conjugués. [Aus: „Archiv d. Mathemat. u. Physik".] gr. 8. (92 S.) Leipzig 879. C. A. Koch. n. 1. 60

Dostor, Geo., mémoire sur une méthode nouvelle de transformation des coordonnées dans le plan et dans l'espace, avec application aux lignes et surfaces des deux premiers degrés. Extrait du Journal „Archiv d. Mathem. u. Physik." Greifswalde 856. Koch. gr. 8. (VII, 77 S.) 12 ngr

Dostor, G. Méthode nouvelle de transformation de coordonnées. Greifswalde 1856.

Dostor, Geo., propriétés nouvelles des quadrilatères en général avec application aux quadrilatères inscriptibles, circonscriptibles etc. Greifswald 868. Koch. gr. 8. (2 Bll., 109 S.) n. 18 ngr.

Doswiadcynski, R., Begebenheiten, von ihm selbst beschrieben. 8. Warschau 777. Gröll. 14 gl

Doswiadozynski, Nicol. Begebenheiten in drey Büchern, von ihm selbst beschrieben, aus den Polnischen, 8. Warschau, 776. Gröll. 18 fgl.

Dotationsgeschichte. oder Beiträge zur politischen und Finanzmoral des Patriziats. Bern 1851 s. [Stämpfli, Jacob].

Das Dotations-, Pensions- und Reliktengesetz für die Preussischen Volksschullehrer. Mit zahlr. erl. Anm. u. 5 Tab. versehen von J. Meyer-Wimmer. *Langensalza: F. G. L. Gressler 1900.* (IV, 73 S.) 8° [J.] (00. 1190) 3

De Dote illata praesumptione in rem versa. o. O. 1775.

Dote, la, di Susetta, p. Fiévée, trad. dal francese di P. L. Constantini. 16. Berlin, Frölich. (Dunker et H.) 801.

Dötlingen [Schlagwort]

Döttingen, s.: **Preussen**, **Messtischblätter**.

Dötsch, Adolf [aus Nürnberg]: Aus d. medizin. Klinik zu Jena. Über Combinationen von Syphilis und Tuberkulose ... Jena, Druck v. B. Engau, 1896; 30 S. 8.
Jena, Med. Fak., Inaug.-Diss. v. [27. Febr.] 1896

Dötsch, Ferdinand (geb. am 27 Febr. 1853 in Koblenz): Ueber die Quetschungen des Auges ... Bonn, Druck v. J. Trapp (1879). 31 S. 8.
Bonn, Med. Fak., Diss. v. 12 Aug. 1879

Dötsch, Geo.

Dötsch G. Ueber die hyperbolischen Functionen und deren Beziehungen zu den Kreisfunctionen. 1870. 8.

Dötsch, Geo., üb. die hyperbolischen Functionen u. deren Beziehgn. zu den Kreisfunctionen. Eine v. dem k. bayer. Staats-Ministerium d. Innern f. Kirchen- u. Schulangelegenheiten im J. 1872 m. e. Prämie ausgezeichnete Abhandlg. Neue unveränd. Ausg. gr. 8. (23 S. m. e. Steintaf. in qu. Fol.) Nürnberg 873. v. Ebner. n. — 60

Doetsch, J., geistige Uebungen, s. Uebungen.

Doetsch, Peter

Doetsch, P., Chrestomathia Juvenaliana. Mit besond. Hervorhebg. der röm. Alterthümer u. kurzer Zusammenstellg. der Hauptmomente aus der Sittengeschichte Roms unter den Kaisern. Für die Schul- u. Privatlektüre der obersten Gymnasialklassen. gr. 8. (XXXI, 87 S. m. 2 eingedr. Holzschn.) Leipzig 875. Engelmann. 1. 75

Doetsch, P[eter], Dir. Dr.: Die Feier des 50jährigen Bestehens der Anstalt am 14. November 1901. *Euskirchen (1902): H. A. Degen Nachf.* (S. 3 11.) 4°
Euskirchen, PG (G i. E.) m. Engl., P 1902 (493)

Doetsch, (Pet[er]) Dir. Dr.: Geschichte des Progymnasiums zu Euskirchen 1851—1901. *Euskirchen 1901: Akt.-Ges. f. Buchdr. u. Zeitungsverl.* (59 S.) 8° [Ant. u. J.]
Euskirchen, PG (G i. E.) m. Engl., Festschr. 1901 (1902 No 493)

Doetsch, P., Juvenal ein Sittenrichter seiner Zeit. Ein Beitrag zur Sittengeschichte Roms unter den Kaisern. Nach den Satiren des Dichters zusammengestellt. gr. 8. (VII, 75 S.) Leipzig 874, Engelmann.

Doetsch, P. Leben und Treiben am Hofe des Kaisers Augustus nach Tacitus, Sueton und Dio Cassius dargestellt. 12 S. *Malmedy* 1876. **Progr.**

Doetsch, Pet. Ciceronis de senectute liber. Zum Übersetzen ins Lateinische für Sekunda bearbeitet. XIX S. **Progr.** *Euskirchen* 1885.

Doetsch, P., Vindiciae Juvenalianae. Diss. 1870. 47 S. 1.20

Doetsch, Richard (geb. am 10 Apr. 1849 in Rheinberg a. Niederrh.): Ueber Wuthkrankheit ... Bonn, Druck d. Hauptmann'schen Buchdr. 1874. 26 S., 1 Bl. 8.
Bonn, Med. Fak., Diss. v. 9 Jan. 1874

Doetsch, L., Borussia. Eine Sammlung 2- und 3stimm. Königs- und Vaterlandslieder. Zunächst für Schulen. 2., verb. und verm. Aufl. 16. (40 S.) Neuwied 861, Heuser.

Doetsch, Wilh., Kloster Paradies. (23 S. m. 2 Abbildgn. u. 1 Taf.) 8. Lissa (908). O. Eulitz. — 40

Dotschkow, Straschimir Iw., a. Konstantinopel: Sklerodermie und Raynaud'sche Krankheit. Berlin (1905): E. Ebering. (64 S.) 8°
Berlin, Med. Fak., Ref. Ziehen, Diss. v. 5. Aug. 1905
[Geb. 20. Jan. (1. Febr.) 75 Konstantinopel; Heimatsort: Konstantinopel; Staatsangeh.: Bulgarien; Vorbildung: Bulgar. Gymn. Saloniki Reife Juni 95; Studium: Lausanne 5, Berlin 6 S.; Rig. 16. Mai 04.]

Dötschmann, Jh. Chr. Fr., Vers. e. christl. Sittenlehre in Frag u. Antwort. 8. Hall in Schwaben 780. Löffler in Manh. 8 gl Schrbp. 9 gl

Dötschmann, J. C. F.: Vers. einer christlichen Sittenlehre. 8.
Mannh.: Löffler. 1781.

Dott, J., Ferdinand Huyck. Nach dem Holländ. d. J. van Lennep. 3 Thle. 8. (245, 265 u. 103 S.) Münster 874. Aschendorff. 4. —

Dotta, Eligio. Études sur le Phenylacénaphtylméthane. Diss. Sci. Fribourg en Suisse. 45 p. 8. Fribourg, Impr. Saint-Paul, 1905.

Dotta, F[elix]. Die kantonale Gesetzgebung über das Lehrlingswesen und deren einheitliche Regelung. Von F. D', Cham, Mitglied der zugerischen kantonalen Gewerbe-Kommission .... [Mit Vignetten.] 30 S. 8. (Cham,) Selbstverlag des Verfassers; (Buchdr. J. Kündig, Zug,) April 1910. [fr. —. 30]

Dotter, J. M., Geschichte in Fragen u. Antworten f. die Volksschule. Für die Hand der Schüler bearb. 3. Aufl. (91 S.) 16. Würzburg (886). F. X. Bucher. n. — 30

Dotter, J. M., kleiner Katechismus üb. die Obstbaumzucht f. die Volksschule. Für die Hand der Schüler bearb. 3. Aufl. 16. (21 S.) Würzburg 893. J. Staudinger. n.n. — 15

— kleiner Katechismus üb. die Obstbaumzucht f. die Volksschule. Für die Hand der Schüler bearb. 4. Aufl. (16 S.) kl. 8. Ebd. (906). n.n. — 15

— Naturgeschichte in Fragen u. Antworten f. die Volksschule. Für die Hand der Schüler bearb. 5. Aufl. (40 S.) kl. 8. Ebd. (905). n. — 20

— Sprachlehre in Fragen u. Antworten f. die Volksschule. Für die Hand der Schüler bearb. (88 S.) 16. Ebd. 885. n. — 40

Dotter, Karl: Studierende aus Alsfeld vor 1700. Darmstadt 1909: Wittich. 75 S. 8°
Alsfeld, großh. R OP 1909 (864) [S 09. 77

Dotterweich O. Bestimmung der Orte gewisser Elemente, welche 3 collinearen Räumen gegenüber eine ausgezeichnete Stellung einnehmen. 1885. 8.

Döttl Joh.: Über einige neuere physikalische Apparate. (Mit 1. Figurent). 13. Salzburg Priv. G. 90.
Progr.

Döttl J.: Neue merkwürdige Punkte des Dreieckes (m. 14 Figuren). 59. Salzburg Priv. 80.
Progr.

Döttl, Joh., neue merkwürdige Punkte d. Dreiecks. gr. 8. (59 S. m. 8 Steintaf.) Wien 886. (Pichler's Wwe. & Sohn.) n. 1. 70

Döttler, Rem. Sm.

Döttler, Elementa Physicae, cum Fig. 8. Viennae, Geistinger. (Lips. Weygand.) 812.

Döttler, Rem. Sm., († d. 8. Apr. 1812.) Elementa physicae mathematico-experimentalis, cum fig. 8. Wien 812. Geistinger. (Gerold). 1 ℳ 20 ₰ Hbg. Pr. 1 ℳ

Dottore, Il Signore. Dramma Giocosa per Musica da rappresentaria nel teatro privilegiato vicino alla corte l'anno 1764 In Vienna. V: *Goldoni, Carlo.* (O. G. Th. Sonneck, Catalogue of Opera Librettos. Washington 1914. Bd. I, S. 1006.) (BiblPort)

Dotauer, A. v. Das Zeughaus der Reichsstadt Nürnberg. Nürnberg 1903. 28 S.

Dotzauer, Chr. Fr.

-- vermischte Gedichte. 8. Hildburgh. 790. Hanisch. 4 ₰

— s. G. P. Hönn, Coburger Chronik.

— Lehren f. Jünglinge z. weisen u. glückl. Führung ihres Lebens. 8. Coburg 790. Riemann. 6 ₰

Dotzauer, Chr. Fr., († ... Dec. 1794.) Predigten. 8. Hildburgh. 790. Auch u. d. T.: Betrachtt. über e. wichtige Gegenstände d. Religion. 8. Ebd. 790. Hanisch. 4 ₰

— lehrreiche Unterhaltungen in Nebenstunden. 8. Coburg 793. Ahl. 6 ₰

Dotzauer, C. F., Betrachtung. üb. Gegenst. d. Relig. 8. Hildburgh. Hanisch. 790.

DOTZAUER, Friedrich (Hildburghausen): De evolutione foetus humani. (Titel nach der Urkunde) 28.3.1831 – Urk; F 60
Diss. Ingolst.-Landsh.-Mchn.

Dotzauer, Heinr., der Stellungspflichtige, dessen Rechte u. Pflichten u. der Anspruch auf Begünstigungen in der Erfüllung der Wehrpflicht einschliesslich der Begünstigung des einjährigen Präsenzdienstes. (56 S.) gr. 8. Prag (903). G. Neugebauer. n. — 70

Dotzauer, J. F., s. Dotzauer, J. J. F.

Dotzauer, J. J., s. Dotzauer, J. J. F.

Dotzauer, J. J. F.

Dotzauer, J. F., der kleine Clavierspieler, oder leichte Uebungsstücke in allen Tonarten für den ersten Unterricht im Clavierspielen. 1r Thl. 2e verb. Aufl. gr. 4. Meißen 822. Goedsche. 21 ₰ 2r Thl. A. u. d. T.: 22 fortschreitende Uebungen für angehende Clavierspieler. 2e Aufl. gr. 4. Ebd. 18 ₰

— der kleine Clavierspieler, oder leichte Uebungsstücke in allen Tonarten mit beigefügtem Fingersatze für den ersten Unterricht im Clavierspielen. 2 Thle. 4e verb. u. verm. Aufl. 1r Thl. qu. gr. 4. Meißen 837. Goedsche. 3/4 ℳ

Dotzauer, J. J. F. Méthode de Violoncelle. Violonzell-Schule. Mayence.

— Violoncell-Flageolett-Schule, ein Hülfsmittel zum Studium reiner Intonation nebst Anhang über das Pizzicato mit den Fingern der linken Hand. .. Leipzig ... Hofmeister. 1 1/3 ℳ

— Praktische Violoncellschule. Opus 155 herausgegeben von Alwin Schroeder. Leipzig.

Dotzauer, J. J., Violoncell-Schule für den ersten Unterricht. Nebst 40 zweckmäßigen Uebungsstücken u. Dotzauers Bildniß. Fol. Wien (833.) Haslinger. 2 2/3 ℳ

Dotzauer, J. D. F., der botanische Gärtner. Eine Beleuchtung dessen, was den botanischen Gärten im Allgemeinen mangelt, woran sie leiden u. was für sie nöthig ist. gr. 8. (IV u. 23 S.) Hamburg 819, Kittler. n. 6 ₰

Dotzauer, P., u. W. **Dalatkewitz**, neueste Original-Couplets. Solo-Scenen u. kom. Vorträge. 12. (115 S.) Berlin 881. Bartels. 1. —

Dotzauer, P. u. W. Dalatkewitz, neueste Original-Couplets u. komische Vorträge. 8. (115 S.) Neu-Weißensee (902). E. Bartels. 1. —

Dotzauer, Rich., Ritter v., und Edm. Schebek, die Musterwerkstätten für Spitzenfabrication im böhmischen Erzgebirge. Bericht an das Centralcomité zur Beförderung der Erwerbsthätigkeit der böhmischen Erz- und Riesengebirgsbewohner. gr. 8. Prag 871, Mercy. *

Dotzel, Karl

[S.] Handbuch des forstlichen Wege- und Eisenbahnbaues. Nach dem Nachl. d. kgl. bayr. Forstmeisters M. Lizius bearb. v. K[arl] Dotzel, Kgl. Bayr. Forstmeister ... Aschaffenburg. M. 245 Textabb. *Berlin: P. Parey 1898.* (X, 290 S.) 1 Bd 8. [98. 6788]

Dotzer, Wilh. Jos. [aus Nürnberg]: Ueber Schopenhauers Kritik der Kant'schen Analytik. ... Nürnberg, Druck v. J. Grohrock, 1891; 1 Bl., 47 S. 8°
Erlangen, Phil. Fak., Inaug.-Diss. v. 17. Jul. 1890

Dotzler, Arsenius, O. Fr. M., beim hl. Antonius von Padua. Kl. Antoniusbüchlein. Gebete, Litanei u. Lieder z. großen Wunderthäter, nebst e. kurzen Lebensbeschreibg. d. Heiligen. 4., verb. Aufl. 12. (52 S.) Würzburg 899. A. Göbel. n. — 20

Dotzler, Arsen., O. F. M., beim hl. Antonius v. Padua. Kleines Antoniusbüchlein. Gebete, Litanei u. Lieder zum großen Wundertäter nebst e. kurzen Lebensbeschreibg. des Heiligen. 5. verb. Aufl. (56 S.) gr. 16. Würzburg 904. Göbel & Scherer. n. — 20

— Gebet z. hl. Antonius! Gebet- u. Erbauungsbüchl. f. d. Verehrer d. großen Wunderthäters v. Padua, nebst e. Lebensskizze d. Heiligen. 4. Aufl. 16. (IV, 181 S. m. farb. Titelbild.) Ebd. 898. Geb. in Leinw. n. — 70

Dotzler, Arsenius, O. S. F., gehet zum hl. Antonius! Gebet- u. Erbauungsbüchlein f. die Verehrer des großen Wunderthäters v. Padua, nebst e. Lebensskizze des Heiligen. 4. Aufl. gr. 16. (IV, 181 S. m. 1 Farbdr.) Kevelaer 898. Butzon & Bercker. Geb. in Leinw. m. Goldschn. n. — 60

— dasselbe. 5. Aufl. 16. (144 S. m. Titelbild.) Ebd. 900. Geb. in Leinw. n. — 50

— gehet zum hl. Antonius! Gebet- u. Erbauungsbüchlein f. die Verehrer des großen Wundertäters v. Padua, nebst e. Lebensskizze des Heiligen. 8. Aufl. (144 S. m. farb. Titel u. 1 Farbdr.) 16. Kevelaer (906). Butzon & Bercker. Geb. in Leinw. n. — 50

— heilige u. selige Kinder, s.a. Hofmann, K.

— heilige u. selige Kinder. Eine kleine Legenden-Sammlg. v. hl. u. sel. Kindern. Der lieben Jugend gewidmet. 12. umgearb. Aufl. (69 S. m. 1 Farbdr.) 16. Würzburg (905). Göbel & Scherer. Geb. n.n. — 25

— der Ingolstädter Meßbund. Bruderschaftsbüchlein f. die Mitglieder des marian. Meßbündnisses. Im Einverständnisse m. der Zentralleitg. des Meßbundes hrsg. 2. Aufl. 16. (286 S. m. Titelbild.) Ebd. 899. Geb. in Leinw. n. 1. —; Ausg. in größerem Druck (632 S. m. Titelbild.) Geb. in Leinw. 1. 50

— der Ingolstädter Meßbund. Handbüchlein f. die Mitglieder des marian. Meßbündnisses. 3. Aufl. (287 S. m. farb. Titelbild.) 16. Kevelaer (906). Butzon & Bercker. Geb. in Leinw. n. 1. —

Myrtenkranz! Ein geistl. Brautführer für d. Gang zum Traualtar! Von P. Arsenius Dotzler. O. fr. min. *Kevelaer: Butzon & Bercker 1900.* (620 S.) 8° [Å] 5

— Myrtenkranz! Ein geistlicher Brautführer u. Andachtsbuch f. die christl. Frau. Ausg. Nr. II. 3. Aufl. (576 S. m. farb. Titel u. 1 Farbdr.) 16. Ebd. (906). Geb. in Leinw. m. Goldschn. n. 1. 65

— die Tiere in der christlichen Legende. Eine Sammlg. v. Erzählgn. Der Jugend u. allen Freunden der Tierwelt aus bewährten Quellen dargeboten. Mit 1 Titelbild u. 11 Textbildern 2., verm. u. verb. Aufl. 8. (VIII, 159 S.) Regensburg 901. Verlagsanstalt vorm. G. J. Manz. Kart. n. 1. 40

Dou, Gerard. Meisterbilder. s.a. **Weicher's Kunstbücher.**

Die Meisterbilder von Gerard **Dou** (1613–1675). Eine Auswahl von 60 Reprod. nach Orig.-Aufnahmen. Berlin: Weicher 1910. 60 S. 8° (Weichers Kunstbücher. Nr 58.) [10. 1513]

Dou, J. P. und M. v. Nispen. De beknopte Lant-Meet-Konst. Dordrecht 1708.

Douai, Adolf

Dr. Douai, Das Republikanische ABC. Altenburg, Selbstverlag. 16 S. 8°.

Douai, Adolph, Das ABC des Sozialismus. 8°. Altenburg, Expedition des Volksblattes, 1851. Folgende Auflagen:

Douai, Adf., ABC d. Wissens f. die Denkenden. [Aus: „Volksstaat."] 2. Aufl. (29 S.) Leipzig 875. Genossenschaftsbuchdr. — 30

— ABC des Wissens für die Denkenden. 4. unver. Aufl. 8°. Leipzig, Genossenschaftsbuchdr., 1878. 3.(?) Aufl. Hottingen-Zürich, Schweiz. Genossenschafts-Buchdr., 1884. 1. Aufl. = 1. Das ABC des Sozialismus.

— Antwort an die Bekenner des Theismus. 8°. Leipzig, Genoss.-Buchdr., 1875.

Douai, Adolf [i.e., Karl Daniel Adolf] (ed). Bilderfibel u erstes dtes Lesebuch. Publ: Der Vorort des Nanischen Turnerbundes ... NY 1866.

Douai, C. D. Adph, die Entdeckung der neuen Welt. Religiöser Vortrag. 8. (8 S.) Altenburg 851. (Gera, Illgens Erben.) 1 ngr

Douai, C. D. A., die Erlangung des Heils. Ein dogmatischer Versuch, zugleich mit Berücksichtigung der Unkirchlichkeit unserer Tage. gr. 8. Leipzig 841, Fest'sche Verlagsb. ½ ᵯ

— die Erlösung. Freier religiöser Vortrag. 8. (8 S.) Altenburg 851. (Gera, Illgen's Erben.)

Douai, Adph., Fata Morgana. Deutsch amerikanische Preis Novelle. St. Louis 858. (New-York, Westermann & Co.) gr. 8. (VI, 297 S.) n. 1 ᵯ 5 ngr

Douai, A., wider Gottes- u. Bibelglauben. 2 Schriften. 1. ABC des Wissens f. die Denkenden. II. Eine Antwort an die Bekenner des Theismus. 8. (48 S.) Berlin 894. Buchhdlg. des „Vorwärts". n. — 30

— die Heiligkeit Gottes. Freier religiöser Vortrag. 8. (8 S.) Altenburg 851. (Gera, Illgen's Erben.)

Douai, D. A., J. Heinzen, was er ist. Eine Anklageschrift. 8°. New York 1869.

— der gute Hirt und die Miethlinge. Freier religiöser Vortrag. 1—5. Aufl. 8. (8 S.) Altenburg 851. (Gera, Illgen's Erben.)

--Die wilde Jagd: Original-Roman. StL, 1869.

— Katechismus für Glieder freier Gemeinden. gr. 8. (IV u. 143 S.) Bremen 851, Geisler. ⅜ ᵯ

— Kindergarten und Volksschule als sozialdemokratische Anstalten. Nicht preisgekrönte Antwort auf die Preisfrage des Fröbel-Vereins: „In welcher Weise ist die organ. Verbindung zwischen Kindergarten und Schule herzustellen?" 8. (56 S.) Ebendas. 876.

— Land u. Leute in der Union. Berlin 864. Janke. 8. (XVI, 352 S.) 1 ᵯ 15 ngr

— die Offenbarung. Freier religiöser Vortrag. 8. (8 S.) Altenburg 851. (Gera, Illgens Erben.) 1 ngr

Douai, Adf., Personen, Land u. Zustände in Nord-Amerika. Rathgeber für Auswanderer. 2. Aufl. Berlin 865. Janke. 8. (XVI, 352 S.) 1 ᵯ

— die Schöpfung. Freier religiöser Vortrag. 8. (8 S.) Gera 851. (Illgens Erben.) — 2. Aufl. 8. (8 S.) Ebd. 852. 1 ngr

— pragmatisch-synchronistische Tabellen zur Geschichte der christlichen Religion und Kirche. Ein Hülfsmittel beim Studium der Kirchengeschichte. kl. Fol. Leipzig 841. Fort. ⅙ ᵯ

— pragmatisch-synchronist. Tabellen zur Geschichte der christl. Religion u. Kirche. Ein Hilfsmittel beim Studium der Kirchengeschichte. 2. verm. u. verb. Aufl. Fol. (IV u. 24 S.) Braunschweig 849. Westermann. n. ⅔ ᵯ

— die Unsterblichkeit. Freier religiöser Vortrag. 8. (8 S.) Gera 851. (Illgens Erben.) 1 ngr

— 4. Volkskatechismus der Altenburger Republikaner von 1848. 8°. Druck von Conzett u. Co. zu Chur, s. a.

— der Volkskatechismus der Altenburger Republikaner vertheidigt vor dem Schwurgericht zu Altenburg am 1. Dezbr. 1849 nebst einer Darstellung des wider ihn erhobenen Prozesses. 8. (56 S.) Altenburg 849, Exped. des Volksblattes. 6 ngr

— die Vorsehung. Freier religiöser Vortrag. 8. (8 S.) Gera 851. (Illgens Erben.) 1 ngr

— die Zauberei. Freier religiöser Vortrag. 8. (8 S.) Gera 851, (Illgen's Erben.)

Douai, C. D. Adolph, s. Douai, Adolf

Douai, C. Ed., systematische Fundamental-Lehre im Schön- u. Richtigschreiben, oder Hilfsbuch für diejenigen, welche sich durch Selbstübung ohne Beistand eines Lehrers unterrichten wollen. gr. 8. Altenburg 835. (Pierer.) ⅔ ᵯ

Douai, Carl, s.a. † **Albin.**

Douai . Der Roman meines Lebens in Europa. Baltimore: Verlag des Verfassers, 1858. DLC, LNH, MnHi, PPL, WLac

Douane - Zoll - Dogane
v. Journal des fonctionnaires des PTT et des Douanes - Giornale dei funzionari delle PTT e delle Dogane.

Douanensystem, Das neue, in seiner fortschreitenden Entwickelung. Karlsruhe u. Baden 1822. V: *Nebenius, Frdr. v.* (Tübz 7, 10)

Douanensystem (Das neue französische) in seiner fortschreitenden Entwickelung; oder die Vernichtung des Handels des südwestlichen Deutschlands mit Frankreich. gr. 8⁰. Karlsruhe, Marx, 1822.

Douanen-Tarif des franz. Kaiserreichs. gr. 8. Brem. u. Aurich, Müller. 811.

Doub, P.:
— Über die Wirkung des Weingeistes auf die Körpertemperatur. Inaug.-D. Bonn. 1874.

Aus der Jugendzeit. Erzählungen f. junge Mädchen von Pauline **Doubberck**. Berlin: Globus-Verl. [1904]. (206 S.) 8° [F.] [06. 8803]

[F.] Die Karthäusernelke. Erzählg v. P[auline] Doubberck. *Berlin: A. Deubner 1897.* (288 S.) 1 Bd 8. [97. 1063]

Doubberck, Pauline, Porzellanmalerei, s.: Lehrmeister-Bibliothek.

Fräulein Falters Reiseerfahrungen u. andere Erzählungen f. junge Mädchen von Pauline Doubberck. *Berlin: Globus Verl. [1903].* (223 S.) 8° [F.] [04 ...]

Doubek, F. B., Hosianna! Bilder aus dem Leben Jesu. (13 Bl. u. Titelbl. m. 1 Bl. Text.) gr. Fol. München (904). F. A. Ackermann. In Leinw.-Mappe n. 25.—; Luxusausg. in Halbldr.-Mappe n. 40.—

Doubiago, Dmitri, Catologue de 4281 étoiles etc., s.: Catalog der astronomischen Gesellschaft. I.

Doublet

— Abhandl. von Zufällen u. Kurart der Lustseuche bei neugebornen Kindern. Aus dem Französ. 8. Frankf. 782. (Herold jun. in Hamb.). 6 gr.

— Abh. v. Zufäll. u. Curart d. Lustseuche d. neugeb. Kind. 8. Frankf. (Wollmer, Hamb.) 783.

Doublet, ..., neue Untersuchungen über Kindbetterinfieber, von Jh. Cph. Kürschner. A. d. Franz. 8. Jena 794. Cröker. 14 gr.

Doublet, B., Amalia Corsini oder die Waise aus Siena, s. Erzählungen, kathol., für die reifere Jugend.

Doubletten-Anzeiger. Internat. Zeitschrift f. Doublettenverwertung, Desideratengesuche, buchhändl., antiquar. u. verwandte Anzeigen. Indicateur des Doubles. Revue internationale ... Hrsg.: Friedrich Carl Beck, Basel. No 1. *Basel: F. C. Beck 1903.* 4° [03. 3078]

Doubletten-Anzeiger. Internat. Zeitschrift f. Doublettenverwertung, Desideratengesuche, buchhändlerische, antiquarische u. verwandte Anzeigen. Indicateur des Doubles. Revue internat. pour le placement des doubles ... Jg. 1903/4. [Mehr nicht erschienen.] (Basel: C. Beck 1903–04.) (19 Bl.) 4° [07. 7869]

Doublier, L., Handels-Geschichte, s.: Handels-Bibliothek, Wiener.

Doublier, Laurenz

Doublier L.: Roger Bacon. Eine culturgeschichtliche Studie. 43. Wien R. IV. 85.
Progr

Doublier, Laurenz, Roger Bacon. Eine culturgeschichtl. Studie. Lex.-8. (43 S.) Wien 886. (Pichler's Wwe. & Sohn.) n. — 90

Doublier, L., Geschichte d. Alterthums vom Standpunkte der Kultur m. besond. Rücksicht auf die Entwickelg. d. volkswirthschaftl. Lebens in Ackerbau, Handel u. Industrie. Zum Gebrauche f. höhere Lehranstalten u. zur Selbstbelehrg. gr. 8. (XVI, 736 S.) Wien 874. Hölder. n. 9. —

Doublier, Laurenz (Bearb.), s. Gindely, A.: Lehrbuch der Geschichte . . .

Doubrava, S., Beobachtungen über die Unterschiede der beiden elektrischen Zustände, s.: Mach, E.

Doubrava S.: Über die Bewegung von Platten zwischen den Elektroden der Holtzschen Maschine. S. 80. II. 96 . . . . vgr.
Separatabdruck

Doubrava, S. s.a. Mach, Ernst

Doubrava, St., über Electricität. Versuch einer neuen Darstellung der elektr. Grunderscheinungen. 1. Thl. gr. 8. (96 S. mit eingedr. Holzschn.) Prag 882, [Slavík und Borový.] Borový.

Doubravsky Franz: Die Organisation der Olmützer Stadtbehörden im 15. Jahrhundert.
II. 1904 PN 1705 Diss. Wien, Univ. 882

Doubravsky Dr. Franz: Die Organisation der Olmützer Stadtbehörde im Mittelalter. 48. Mähr. Neustadt 05.
Progr

Doucet, C., die verbotene Frucht, s. Both's, L. W., Bühnen Repertoir des Auslandes.

Douceur für 1859. 128. (64 lithogr. S.) Hamburg 859, Seitz. geb.

Doucha, František

Doucha, Frant., ABC. 8. (20 S., wovon 10 lithogr. und ill.) Prag 866, Lehmann. cart. *

Doucha, Fr., besídka dítek. Obrázkovy spis na plátěných lístech, které se netrhají. Neuhaus 864. Jansky. 4. (16 lith. u. color. Taf. auf Leinw.) 24 ngr.

Doucha, Frant., bludičky. Kniha k napomínání dítek. 2. vydání. Se 6 (lith. u. color.) obrázky. Prag 858. Bellmann. 16. (92 S.) n. 9 ngr.

—— das grüne Buch, oder: die Gießkanne hübscher Lieder aus Wald und Feld. Für Jugend und Volk. 16. (VII und 56 S. mit 1 Holzschntaf. und 18 Illustr. in eingedr. Holzschn.) Hamburg 863, Richter. cart. *

— nestejné cesty. Dva poboěné příběhy na poučení a výstrahu dítkám. S 29 obrázky. Prag, Schaiba. (Silber.) 8. (8 lith. u. color. Taf.) 7 ngr.

— laskavý dárek. Kniha s obrázky na plátěných lístech, které se netrhají. Neuhaus 864. Jansky. br. 8. (16 lith. Taf. auf Leinw.) 16 ngr.

— radostné chvíle dítek. Spisek obrázkový. 2. vydání. Ebend. 863. 8. (8 lith. Taf. m. Text.) n. 5 ngr.

— veselé dítky. Dárek na odměnu. Prag 863. Kuranda. gr. 8. (16 S. u. 8 color. Lithogr.) n. 12 ngr.

— drobůůstky. 1. i 2. vydání. Prag 862. Lehmann. 8. (8 lith. u. color. Taf.) n. 7 ngr.

— kam dítko rádo chodí? Kniha s obrázky na plátěných lístech, které se netrhají. Neuhaus 864. Jansky. 4. (16 lith. u. color. Taf. auf Leinw.) 24 ngr.

— oblíbená kniha. Obrázky na plátěných lístech, které se netrhají. Neuhaus 864. Jansky. 4. (16 lith. u. color. Taf. auf Leinw.) 24 ngr.

— korálky. 9 obrázků. Prag (863.) Lehmann. 16. n. 5 ngr.

— živé kukátko. Kniha pohyblivých obrazů. Dítkám pro obveselení. Prag 864. Lehmann. gr. 4. (8 color. Lithogr. m. Text.) n. 2 ₰

— krůpěje. Ebend. 862. 8. (8 lith. u. color. Taf.) n. 7 ngr.

— pestré kvítí. 1. i 2. vydání. Prag 862. Lehmann. qu. 4. (12 lith. u. color. Taf.) n. 15 ngr.

— polní kytička. 1. i 2. vydání. Ebend. 862. 8. (8 lith. u. color. Taf.) n. 7 ngr.

— lupínky. Prag 862. Lehmann. 8. (8 lith. u. color. Taf.) n. 7 ngr.

— maličkosti maličkým. Ebend. 862. 8. (9 lith. u. color. Taf.) n. 7 ngr.

— mišálek. Spisek obrázkový. 2. vydání. Ebend. 863. 8. (12 lith. Taf. mit Text.) n. 6 ngr.

— ochrana stromů. Pro mládež i dospělé. S osmnácti obrázky. Prag 859. Kober & Markgraf. 16. (VI, 56 S.) n. 4 ngr.

— paběrky. 1. i 2. vydání. Prag 862. Lehmann. 8. (8 lith. u. color. Taf.) n. 7 ngr.

— perličky. Kniha s obrázky na plátěných listech, které se netrhají. Neuhaus 864. Jansky. 4. (16 lith. u. color. Taf. auf Leinw.) 24 ngr.

— podívání na zvířata. 1. i 2. vydání. Ebend. 862. 8. (9 lith. u. color. Taf.) n. 7 ngr.

— pravěnky, anebo kvítky po cestě pravé. Ku poučení dítek. 2. vydání. Se 6 (lith. u. color.) obrázky. Ebend. 858. 16. (99 S.) n. 10 ngr.

— květné ratolesti, qu. 4. Ebend. 862. (12 lith. u. color. Taf.) n. 15 ngr.

— schránka dobrého naučení. Mravné průpovídky. Dítkám a jejich vůdcům. 2. vydání. Ebend. 863. 8. (46 S. u. 1 color Lithogr.) n. 5 ngr.

— Schützet die Bäumel Für Jugend u. Volk. Aus dem Böhmischen übersetzt von Karl v. Margetik. Mit 18 Illustr. (Holzschn.) 16. Prag 860. Kober & Markgraf. 16. (VIII, 56 S.) n. 4 ngr.

— semínka. 9 obrázků. Prag 863. Lehmann. 16. n. 5 ngr.

— skladnička poučné zábavy. Ebend. 862. 8. (8 lith. u. color. Taf.) n. 7 ngr.

— svět mladosti. Kniha s obrázky na plátěných listech, které se netrhají. Neuhaus 864. Jansky. 8. (16 lith. u. color. Taf. auf Leinw.) 12 ngr.

Douffet, Rob., s.: Teutonia.

Dougall, L., beggars all, s.: Collection of British authors.

— vom Kap zum Nil. Reiseerinnergn. aus Süd-, Ost- u. Nordafrika. 1. u. 2. Aufl. gr. 8. (à VI, 319 S. m. Abb.) Ebd. 898. n. 5. —; geb. in Leinw. od. Halbfrz. n. 6. 50

Dougall, L., d. Zeitgeist. Autor. Uebersetzg. nach d. 2. Aufl. d. engl. Originals v. Maria Baumann. 8. (157 S.) Göttingen 896. Vandenhoeck & Ruprecht. n. 2. —; geb. n. 2. 60

Doughty, Charles M., Reisen in Arabien I. II. [Globus Band XXXIX. No. 1. 2.] 1881. Khaibar in Arabien. [Globus Band L. No. 3.] 1881. Wanderungen zwischen Temâ, Hâil, Khaibar und Boreida I. II. [Globus Band LI. No. 14. 16.] 1882. Braunschweig. 1º.

Douglas, ein Trauerspiel in 5 Handl. 1774. (I, 12140.) V: *Hume. Dav.*

Douglas; Trauerspiel aus dem Englischen. [Hamburg 1774.] Ü: *Wittenberg, Albrecht.* (Ky)

Douglas; Trspl. aus d Engl. (v. Albr. Wittenberg). 8. Hamb. 774. Buchenröder. 4 gr.

— dass. 8. Frankf. 769. Guilhaumann. 4 gr.

(Hugo Sholto) Graf **Douglas**. Eine Festgabe von s. Freunden z. 70. Geburtstage am 19. April 1907. Berlin 1907: (Christl. Zeitschriftenver.). (76 S.) 8° [F.] '07. 10065
Vgl. a. Douglaß

Douglas, Randolph u. Ludmilla, oder das zweite Gesicht. Zeit- u. Charaktergemälde aus der letzten Hälfte des 15. Jahrhunderts. Der reif. Jugend gewidmet von dem Verfasser der Kinder der Wittwe. Mit 1 Stahlst. 8. (207 S.) Augsburg 847. v. Jenisch & Stage. 18 ngr.

Douglas, Randolph u. Ludmilla, od. das zweite Gesicht. Zeit- u. Charaktergemälde aus der letzten Hälfte d. 15. Jahrh. Für Volk u. Jugend erzählt. 2. Aufl. Mit e. Stahlst. 8. (205 S.) Regensburg 874. Volks- u. Jugendschriften-Verl. 1. 50

Douglas, Graf, s.: Rubner, Max, Carl Fraenkel u. Dittmar Finkler, drei Vorträge auf dem Gebiete d. Hygiene.

Douglas, Graf (Hrsg.), s. Vorträge, Drei, aus dem Gebiet der Hygiene.

Douglas, Graf, was wir v. unserem Kaiser hoffen dürfen. 1.—10. Aufl. gr. 8. (32 S.) Berlin 888. Walther & Apolant, Verl. n. — 50

Douglas, Alfred: I. Beiträge zur Friedel-Crafts'schen Reaktion. II. Anhang: Ueber die Einwirkung von Citraconsäureanhydrid auf Phenoläther bei Gegenwart von Aluminiumchlorid. *Heidelberg 1898: J. Hörning.* (32 S.) 8°
Heidelberg, Naturw.-math. Diss. v. [18. Apr.] 1898

Douglas, Charles M., John Stuart Mill. Autor. deutsche Übersetzg. gr. 8. (X, 205 S.) Freiburg i/B. 897. J. C. B. Mohr. n. 3. 60

Douglas, F., Sclaverei und Freiheit. Aus dem Engl. v. O. Assing. 8º. Hamburg 1860.

Douglas, George, the house with the green shutters, s.: Library, the English. 210.

Douglas, George B., s. Lewis, H., das illustrirte Missisippithal.

Douglas, Howard, Abhandlung über die Schiffs-Artillerie. Aus d. Engl. übers. v. G. A. F. Burchardi. gr. 8. (VIII u. 180 S. m. 14 Tab. in 8. u. 4. u. 5 lith. Taf. in qu. Fol.) Kiel 850, Schröder & Co. n. 1½ ₰

Douglas, Howard, Bemerkk. über die Beweggründe, Irrthümer u. Tendenz der Carnotschen Vertheidigungsgrundsätze; nebst e. Auseinandersetzung der Mängel seines neuen Befestigungssystems rc. Aus d. Engl. von Bachoven v. Echt. gr. 8. Cobl. 821. Hölscher. 20 gr.

— Versuch über Grundsätze u. Erbauung von Kriegs-Brücken u. Flußübergänge im Felde. Nach d. Französ. des J. P. Vaillant bearb. u. nach d. Engl. Originale revidirt, von E. Lenz. Mit 7 lithogr. Taf. in Fol. gr. 8. Stuttg. 828. v. Cotta. 1 ₰ 16 gr.

Graf [Hugo Sholto] **Douglas**. Lebensbetrachtungen. (Volksausg.) Berlin: Schriftenvertriebsanst. 1910. 175 S. 8° ['11. 667

Douglas, Jak., Abhandll. v. der Fieberrinde, s. a. Samml. rc., die Fieberrinde betreff. Abhandl.

Douglas, J., Abh. u. Nachr. v. d. Fieberrinde. 2 Thle. 8. Nürnb. Stein. 758—61.

Iacobi Douglasii [Douglas: A Description of the peritonaeus. Lat.:] Descriptio peritonaei et membranae cellularis. ... Ex Angl. Lat. versa et annotationibus aucta ab Elia Friderico Heistero [Heister]. Helmstadii: Weygand 1733. 122 S. 8°

— Descriptio peritonaei et membranae cellularis. 8. Lpz. 783. Weygand. 3 gl

Jac. Douglas üb. d. Fortschritte d. Gesellschaft; a. d. Engl. übers. *Stuttg.*, Cotta. B. 825. gr8° 1 rß 12 gl

Douglas, J., über die Fortschritte der Gesellschaft. Aus d. Engl. gr. 8. Stuttg. 826. v. Cotta. 1 rß 12 gl

Douglas, (J.,) üb. d. Gesellsch. A. d. Engl. gr. 8. Stuttg. 826, v. Cotta.

Douglas, John, d. gewandte Engländer, oder: Anleitung, die engl. Sprache auf praktischem Wege in sehr kurzer Zeit zu erlernen. Ein unentbehrliches Handbuch, welches alle im gewöhnlichen Leben vorkommenden Worte ꝛc., enthält. 16. Wien 846, Tendler u. Schäfer. ⅓ rß

Douglas, John: Kurze Nachricht vom Brand etc. Aus dem Engl. 67 S., gbd.

Nürnberg: Seeligmann 1760
(Sammlung verschiedener die Fieberrinde betreffender Abhandlungen und Nachrichten... Th.1)

JB $1.537/_1$

Douglas, John Scholto. Die Römer in Vorarlberg. · Bauliche Überreste von Brigantium von S. Jenny. I. (39) 8. M. 3 Taf. Innsbruck 1872. 2,40.

Lud. Douglas analecta ad historiam circuitus sanguinis Harvaeani. Hal. 1797. 8. (Auct. Curt. Sprengel.)

Douglas, Malcolm, Referendar: Beiträge zur Lehre von der Reichsgesetzgebung. Heidelberg 1906: K. Rössler. (54 S.) 8°
Heidelberg, Jur. Fak., Ref. Anschütz, Diss. v. 25. Aug. 1906
[Geb. 9. Mai 78 Düsseldorf; Wohnort: Berlin; Staatsangeh.: Preußen; Vorbildung: Gymn. Görlitz, Bautzen, Ilfeld, Freiberg i. Sachs. Reife O. 01; Studium: Lausanne 1, München 1, Berlin 4, Marburg 1 S.; Rig. 22. Mai 06.]

Douglas, Rob., chinesische Sprache und Litteratur. Nach den Vorlesungen frei bearb. von Wilh. Henkel. gr. 8. (III, 103 autogr. S.) Jena 877, Dufft. *

Douglas, W.: Sammlung alter Glasgemälde auf Schloss Langenstein, s. Katalog der gräfl. W. Douglasschen Sammlung . . .

Douglas Drummond, J. Studien zur Kriegsgeschichte Englands im 12. Jahrhundert. Diss. Berlin (1895). 8°.

Douglaß, Frederick, Sclaverei u. Freiheit. Autobiographie. Aus dem Englischen übertragen von Ottilie Assing. Hamburg 860. Hoffmann & Campe. 8. (XV, 366 S.) 1 rß 15 ngr.

Douglaß, John Sholto, die Römer in Vorarlberg. — Bauliche Ueberreste v. Brigantium v. S. Jenny. I. gr. 8. (39 S. m. 3 Steintaf., wovon 2 chromolith., in gr. 8., 4. u. Fol.) Innsbruck 872. Wagner. n. 2. 40
Vgl. a. Douglas.

Douglass, J. S., die Römer in Vorarlberg. Mit 3 lith. Tfln. 39 Stn. 4. St. Gallen, in Commiss. bei Huber & Co. 3. —

— dasselbe, s.: Rechenschaftsbericht d. Ausschusses d. Vorarlberger Museums-Vereins in Bregenz.

Doujat, Jo., s. a. Doviat.

Doujat, J.: Praenotionum canonic. L. V., quib. sacri jur. atque univ. studii eccles. principia et adminicula enucleantur. (*Paris.* 687. 4. *Vened.* 748.); ed. A. F. Schott. *Dresd. u. Lpz.*, Breitkopf. 776—79. 2 T. gr. 8. (3 Thl. 4 Gr.)

Doujat, Jo., Praenotiones Canonicae libri V., quibus sacri juris atque universi studii ecclesiastici principia et adminicula enucleantur. Ed. nova. Recens., notas adj. atque praef. est Aug. Fr. Schott. 8 maj. Mitau 776—78. (Berl., List). 3 rß

Douin de Lavesne, Trubert, hrsg. v. Jak. Ulrich, s.a. Gesellschaft f. romanische Literatur. 4. Bd.

Trubert, altfranzösischer Schelmenroman des Douin de Lavesne. Nach d. Hs. mit Einl., Anm. u. Glossar neu hrsg. von Jakob Ulrich. *Dresden: Gesellsch. f. roman. Lit. 1904.* (XXXIV, 84 S.) 8°
— Gesellschaft f. romanische Literatur. Bd 4. [04. 1976

Doulas, Demetrius, über die neueren Fortschritte in der Behandlung der Hornhautgeschwüre. Diss. München 1885, A. Buchholz. 8°. 21 S.

Doulas, Demetrius [aus Adrianopel in Thracien]: Ueber die neueren Fortschritte in der Behandlung der Hornhautgeschwüre . . . . München, K. Hof- u. Univ.-Buchdr. v. Dr. C. Wolf & Sohn, 1885; 21 S. 8°.
München, Med. Fak. Inaug.-Diss. v. 1886.

Dictionnaire italien-bulgare-français. Publ. par Monseigneur Doulcet, évêque de Philippopoli. (P. 1.) *(Paris: C. Klincksieck 1903.)* 8°
— Actes de la Société philologique. T. 29. [04. 1:5:1

Doule, Wilhelm. Beiträge zur Kenntnis des thermoelektrischen Verhaltens von Elektrolyten. (Erlangen) Leipzig, 1886.

Doulin, C., neues Brevier. Ein Buch für denkende Menschen jeden Standes u. Bekenntnisses. Sorgfältig ausgewählte Sammlung aus den Werken berühmter Schriftsteller, Dichter, Kanzelredner ꝛc. in Poesie u. Prosa. 2 Bde. Breslau 868. Heidenfeld in Comm. gr. 8. (XII, 305 S.; IV, 331 S.) n. 1 rß 20 ngr; cart. n. 2 rß; geb. n. 2 rß 10 ngr.

Douliot, J. P., vollständ. prakt. Lehrbuch d. Steinschnittes der Bögen, Gewölbe, Treppen ꝛc. Aus d. Französ. v. C. F. Deyhle. 2 Bde., mit 100 Steintaf. gr. 8. Stuttg. 826. (Sonnewald). 12 rß

Douliot, J. P., Lehrbuch des Steinschnitts der Bögen, Gewölbe, Treppen u. s. w. Aus dem Französischen von C. F. Deyhle. Stuttgart. 1837. 4.

Doulnoy, J. B., abrégé des regles de l'art oratoire. 8. Elberfeld, Büschler. 815.

— Abrégé des Regles des l'art poetique suivier d'exemples choisis etc. 8. Düsseld. Dänzer. 814.

Dounz, Kraut und Bränig, Festordnung und Festschrift zum 10jähr. Stiftungsfest des Turnvereins „Friesen" Stendal, verbunden mit Fahnenweihe, Stendal 1903, 6 S., 4°.

Dourille, M. J., Abriß d. Geschichte Napoleons u. der unter seinem Befehl gestandenen Heere. Aus d. Französ. v. Ge. F. W. gr. 12. Berl. 827. Logier. 6 gl

Dourlens, M., Leben der ehrwürdigen Mutter Mechtilde vom hl. Sakrament, s.: Herwin, M.

Dours, A., catalogue synonymique des hyménoptères de France. gr. 8. (229 S.) Berlin 874. Friedländer & Sohn. 3. —

Doussalnt, s.: Guerre de 1870/71.

Doussin-Dubreuil, J. B., s. Doussin-Dubreuil, Jacques Louis

Doussin-Dubreuil, Jacques Louis

Doussin-Dubreuil, J. B., Briefe über die Gefahren der Selbstbefleckung, nebst Rathschlägen in Bezug auf die Behandlung der daraus entspringenden Krankheiten. Ein unentbehrliches Buch für Familienväter, Lehrer, Erzieher u. die Jugend selbst. 8. Quedlinburg 835. Basse. ½ ℛ

Doussin-Dubreuil, J. B., ausführl. Darstell. d. Ursachen, Wirkungen u. Heilmittel der in unsern Tagen so häufigen Verschleimungen. Nach d. 8n franz. Orig.-Ausg. übersetzt, mit Vorrede u. Anmerkk. v. J. H. G. Schlegel. 4e verb. Aufl. gr. 8. Ilmenau 826. Voigt. 16 gr

Doussin-Dubreuil, J. L., ausführliche Darstellung d. Ursachen, Wirkungen u. Heilmittel, der in unsern Tagen so häufigen Verschleimungen. Nach d. 8. franz. Originalausg. übersetzt, mit Vorrede u. Anmrkgn. v. J. H. G. Schlegel. 5. Ausg. gr. 8. (12½ B.) Weimar 843, Voigt.

Doussin-Dubreuil, J. L., ausführl. Darstellung d. Wesens, d. Ursachen u. d. Heilung d. gutart. Trippers u. weissen Flusses, mit besond. Rücksicht auf junge Ehegatten. N. d. 4. franz. Ausg. ins Deutsche übers. u. mit Zusätzen verm. v. C. J. A. Venus. gr. 8. (5 B.) Ilmenau 831, Voigt. Thlr.

—— ausführl. Darstellung d. Wesens, d. Ursachen u. d. Heilung d. gutart. Trippers u. weissen Flusses, mit besond. Rücksicht auf junge Ehegatten. Uebers. v. C. J. A. Venus. 2. Ausg. gr. 8. (5 B.) Weimar 841, Voigt.

Doussin-Dubreuil, J. B., von der Epilepsie; aus d. Französ. gr. 8. Manh. 799. Schwan u. G. 20 gr

Doussin-Dubreuil, Jacq. L., De l'épilepsie en général, et particulièrement de celle, determinée par des causes morales. Par. an V, 1799, 1800, 1804, 1825. 8°. Deutsch Mannh. 1799. 8°. Ital. Vened. 1802. Gött. Anz. 1800, p. 552. N. A. D. B., L, 297. Salzb. med. chir. Zt. V, Suppl., p. 326. IX, Erg. Bd., p. 92. Edit. nov. 1804.

— über die Gefahren der Selbstbefleckung. Aus d. Französ. übers. von J. P. Köffinger. 8. Pesth 816. Hartleben. 12 gr

— die heimlichen Geschlechts-Sünden der weibl. Personen, oder: Von den Ursachen, fürchterl. Folgen, Verhütungs- u. sichern Heilmitteln der Selbstbefleckung. Ein unentbehrl. Handbuch für Eltern, Lehrer, Erzieherinnen ꝛc. Aus d. Französ. Mit 2 Abbildd. 12. Stuttg. 832. (Scheible). 18 gr

— die heimlichen Geschlechtssünden der weibl. Personen ꝛc. 12. Stuttgart 832. 2e Aufl. ... Schwäb. Hall, Haspelsche B. ⅓ ℛ

—— die heiml. **Geschlechts-Sünden** d. weibl. Personen, od. von d. Ursachen, fürchterl. Folgen, Verhütungs- u. sichern Heilmitteln d. Selbstbefleckung. 2. Aufl. 16. (11½ B.) Schwäb. Hall 841, Haspel'sche Buchh.

— über die Lungensucht, ihre gewöhnlichsten Veranlassungen, u. was man zu thun habe, um ihr im Entstehen vorzubeugen, ihren gefahrdrohendsten Ausbruch zu verhüten u. sie richtig zu behandeln. Für Aerzte u. Nichtärzte. Deutsch herausg. von Dr. C. Fitzler. gr. 8. Ilmenau 826. Voigt. 18 gr

— vom Schleime; aus d. Französ. gr. 8. Manh. 800. Schwan u. G. 4 gr

— das Selbstbeflecken u. d. Mittel, seine Folgen zu entfernen. Aus d. Französ., mit Anmerkk. u. Nachtrag v. Dr. Huber. 8. Basel 807. 4e Aufl. 827. Neukirch. 9 gr

Doussin-Dubreuil, J. L. v., das Selbstbeflecken und die Mittel seine Folgen zu entfernen. Aus d. Franz. v. Huber. 2te Aufl. 8. Basel, Flick. 813.

— vom Tripper u. vom weißen Flusse; aus d. Französ. gr. 8. Manh. 799. Schwan u. G. 9 gr

Doussin-Dubreuil, J(acques) L(ouis): Über die Verrichtungen der Haut und die aus Störung derselben entstehenden schweren Krankheiten; oder Anweisung, wie man bei...von gestörter Ausdünstung, sitzender Lebensart und anhaltender Geistesanstrengung herrührenden Krankheiten sich zu verhalten habe, um das Uebel zu heben oder zu verhüten... (Des Fonctions de la peau et des maladies graves qui résultent de leur dérangement. Dt.) Nebst einem Anhange über die Bereitungsart und den Gebrauch der kalten, warmen und Dampfbäder. Für Aerzte und Nichtärzte. Nach dem Französischen bearb. und mit Zusätzen vermehrt von J(ohann) C(hristoph) Fleck. 118 S., gbd.
Ilmenau: Voigt 1828 JB 4.702

Doutes sur les premiers âges du monde. 8. Lausanne 807. Pott. 8 gr

— sur les différentes opinions reçues dans la société. 12. Bern 788. Haller. 14 gr

— sur les opinions reçues dans la société. 12. Bern 779. Typogr. Soc. 10 gr

— et questions sur le traité de Versailles entre le Roi de France et l'impératrice reine de Hongrie. gr. 8. Berl. 778. Rottmann. 8 gr

Doutrebande, E., Führer durch den Kanton Neuenburg, s.: Diacon, Max.

Doutrelepont, s.: Neisser, A., stereoskopischer medicinischer Atlas.

Doutrelepont, Alexander [aus Cöln]: Aus d. Klinik f. Hautkrankheiten u. Syphilis zu Bonn. Beitrag zur Aristolbehandlung. . . . Cöln, Buchdr. v. Th. Quos, 1891; 30 S., 1 Bl. 8°
Bonn, Med. Fak., Inaug.-Diss. v. [15.] Mai 1891

Doutrelepont, Ioseph. Ludov. Guil. (geb. Malmedy 3. 6. 1834): De resectione articulationis pedis, adiecto resectionis perfectae specimine cum sectione. Berolini (1858). (16 S.) 4°
Berlin, Med. Diss. v. 12. Aug. 1858

Doutrepont, Aug., la clef d'amors, s.: Bibliotheca normannica.

Doutrepont, Jos., Abhandll. u. Beitrr. geburtshülfl. Inhalts. 1r Thl. gr. 8. Bamb. 822. (Wesché in Frankf.) 2 ℛ 8 gr

— Antrittsrede zu s. Professur in Würzburg. 8. Würzb. 816.

— Belehrung des Landvolkes über die Schutzblattern. 8. Salzb. 1e, 2e, 3e Aufl. 803. Mayr. 6 gr

— von d. Selbstwendung u. d. Wendung auf d. Kopf. 8. Bamb. 817. (Wesché in Frankf.) 9 gr

— perpetua materiei organico-animalis vicissitudo. Specim. inaugurale. 4. Halle 798.

Douty, der Einfluss des Klimas auf d. Behandlung der Lungenschwindsucht. gr. 8. (4 S.) Davos 899. (H. Richter). n. — 20;
in französ. u. engl. Sprache zu gleichem Preise.
Sonderabdruck aus: „British medical journal".

Quecksilber bei Syphilis. Seine Gesch. u. Anwendung. Von E. H. Douty. *Davos: E. Richter 1900.* (112 S.) 8°
Jet. nope 4

Douwe, C. van, Eug. Neresheimer, V. Vávra, Ludw. **Keilhack,** Copepoda, Ostracoda, Malacostraca, s.: Süsswasserfauna, die, Deutschlands. 11. Heft.

Douzetemps

Das Geheimniss des betrübenden und tröstenden, des tödtenden und lebendigmachenden, des erniedrigenden und triumphirenden Kreutzes Jesu Christi und seiner Glieder. Mitten im Kreutze, von innen und von aussen, beschrieben Douzetemps] übers. [durch Ada Mah Booz d. i. Adam Mich. Birkholz?]. Frankfurt u. Leipzig: Böhme in Comm. 1782. 396 S. 8°
cf. Missiv a. d. Brrschaft d. Gold- u. Rosenkreuzes. 1783 Nr 152.
Kl. 3889. Selten. 23.

von einem Jünger des Kreutzes Jesu. Nebst einigen beigefügten latein. Gedichten über verschiedene Gegenstände, die gleichfals in der Einsamkeit auf dem Sonnenstein verfertigt worden sind. Cara CrVX, MIhI DVX [1732]. Chère CroIX, gVIDe assVré [1720], MenezaV port az Vré [1730] ! Aus d. Franz. [des

✠ Mystère de la croix affligeante et consolante, mortifiante et vivifiante, humiliante et triomphante, de Jésus Christ et de ses membres. Ecrit au milieu de la croix au dedans et au dehors. Par un disciple de la croix de Jésus [d. i. Douzetemps]. Achevé le 12. d'Août, 1732. On y a adjouté quelques poésies Latines sur divers sujets, composées aussi dans la solitude de Sonnenstein. Hombourg von der Höhe 1732: Memhard. 8°

Douzette, L., Vorlagen f. Holzbrandtechnik (Brandmalerei). 4 Landschaften. Farbendr. Fol. Leipzig 893. E. Haberland. n. 4. —

Dov's, Gerard, Biographie u. Charakteristik, s.: Lemcke, C.

Dove, the, in the eagle's nest, s. Collection of British Authors.

Dove, Alfred

Dove, Alfr., Bismarcks Bedeutung f. Alt u. Jung. Festrede, vor der Grundsteinlegg. zur Bismarcksäule auf d. Schloßberg zu Freiburg in Br. geh. in der Aula der Universität am 22. VII. 1899. gr. 8. (15 S.) Freiburg i/B. 899. Tübingen, J. C. B. Mohr. n.n. — 50

Dove, Alfr., Caracosa. Historischer Roman aus dem 13. Jahrh. 2 Bde. 8. (399 u. 380 S.) Stuttgart 894. J. G. Cotta Nachf. n. 10. —; geb. n. 12. —

Dove, Alfr., die Doppelchronik v. Reggio u. die Quellen Salimbene's. Als Anh.: Annales Regienses. Mit e. (lith.) Schrifttaf. gr. 8. (VI, 226 S.) Leipzig 873 Hirzel. n. 5. —

Heinrich Wilhelm Dove. Lebensumriss f. d. Allg. Deutsche Biographie, Bd 48, verf. von Alfred Dove. Leipzig: Duncker & Humblot 1902. 18 S. 8° [Umschlagt.]
Aus: Allg. Deutsche Biographie. Bd 48. [09. 17417 5

Dove, Alfred: Zur Erinnerung an Theodor Mommsen. 4° Aus: Allgemeine Zeitung, Beil. Jg. 1904, Nr. 26/27.

Dove, Alfr., die Forsters u. die Humboldts. Zwei Paar bunter Lebensläufe, zur allgemeinen deutschen Biographie beigetragen. gr. 8. (VII, 136 S.) Leipzig 881. Duncker & Humblot. n. 2. —

Grossherzog Friedrich von Baden als Landesherr und deutscher Fürst (1852–1902). Von Alfred Dove. Mit e. Bildnis. *Heidelberg: C. Winter 1902.* (V, 196 S.) 8° [J.] [02. 3770

Dove, Alfred: Deutsche Geschichte, s.a. Dahn, Felix

Dove, Alfr., deutsche Geschichte, s.a. Geschichte der europäischen Staaten.

Dove, deut. Geschichte. Bd. VI. D. Zeitalter Friedrichs d. Gr. u. Josephs II. 1. Hälfte. (1740—45.) Gotha 883.

Dove, Alfr., Kaiser Wilhelms geschichtliche Gestalt. Gedächtnißrede, gehalten in der Aula der Universität Bonn am 22. März 1888. gr. 8. (27 S.) Bonn 888, Strauß. *

— Königsfeier am Rhein. Festrede, geh. in der Beethovenhalle zu Bonn am 3. Jan. 1886. gr. 8. (19 S.) Leipzig 886. Hirzel. n. — 60

Dove, Alfred (Hrsg.), s. a. Ranke, Leopold

Ranke und Sybel in ihrem Verhältniss zu König Max. Festrede geh. in d. öffentl. Sitzung der k. b. Akad. d. Wiss. zu München 1895 v. Alfred Dove. *München: Akad.; G. Franz in Komm. 1895.* (27 S.) 4° [00. 10037 7

Dove, A. (Hrsg.), s. Reich, Im neuen.

Dove, Alfr. (Guil.) (geb. Berlin 4. 4. 1844): De Sardinia insula contentioni inter pontifices Romanos atque imperatores materiam praebente, Corsicanae quoque historiae ratione adhibita. Berolini (1866). (143 S.) 8°
Berlin, Phil. Diss. v. 22. Febr. 1866

Dove, Alfr., de Sardinia insula contentioni inter pontifices romanos atque imperatores materiam praebente, corsicanae quoque historiae ratione adhibita. Dissert. inaug. historica. Berlin 866. (Mittler & S.) gr. 8. (143 S.) n. 20 ngr.

[J.] Ausgewählte Schriftchen vornehmlich historischen Inhalts v. Alfred Dove. *Leipzig: Duncker & Humblot 1898.* (X, 554 S.) 1 Bd 8. [98. 9300

— der Terziar auf d. päpstl. Stuhle. Z. 25jähr. Ordensjubiläum Papst Leo XIII. Festschrift f. d. Mitglieder d. 3. Ordens v. hl. Franziskus. 1. u. 2. Aufl. 12. (36 S.) Ebd. 897. — 15

— der Wiedereintritt d. nationalen Prinzips in die Weltgeschichte. Akademische Festrede in der Aula der Universität Bonn geh. am 3. Aug. 1890. gr. 8. (27 S.) Bonn 890. Strauß. n. 1. —

Dove, A., Das Zeitalter Friedrichs des Grossen und Josephs II. 1. Hälfte (1740—45). Gotha 1883. 8.

Dove, Heinr., die vertragsmässige Fortbildung des internationalen Privatrechts durch die Haager Konventionen. Ein Vortrag, geh. in der jurist. Gesellschaft in Frankfurt am Main. (20 S.) Lex. 8. Berlin 909. R. v. Decker. 1. —

Dove, Heinr., s.a. Gutachten der Aeltesten der Kaufmannschaft v. Berlin.

Dove, Heinr., und Max *Apt*, Gutachten der Aeltesten der Kaufmannschaft von Berlin über Gebräuche im Handelsverkehr. Im Auftr. des Aeltesten-Kollegiums hrsg. [nebst] F. 1. 2. Berlin 1900—1905. 8°.
1: hrsg. von Max *Apt*. 1904.
2: hrsg. von Max *Apt*. 1905.

— s.a. Gutachten üb. Handelsgebräuche, erstattet v. der Handelskammer zu Berlin.

Dove, Heinr., und Edu. *Meyerstein*, Gutachten über Handelsgebräuche erstattet von der Handelskammer zu Berlin nebst den f. einzelne Geschäftszweige festgestellten Ortsgebräuchen u. Geschäftsbedingungen. Im Auftr. d. Handelskammer zu Berlin hrsg. Berlin 1907. 8°.

Dove, H., Handelsgebräuche, siehe Gutachten u. Taschen-Gesetzsammlg.

— das Handelsgesetzbuch f. d. Deutsche Reich, s.: Taschen-Gesetzsammlung.

Dove, Heinr., s.: Handelsgesetze, die, des Erdballs.

— der Hypothekenbank-Gesetzentwurf, s.a. **Zeitfragen, volkswirthschaftliche. 160. Hft.**

Der Hypothekenbank-Gesetzentwurf. Vortr. geh. in d. Volkswirtschaftl. Gesellsch. zu Berlin am 5. Jan. 1899 v. Heinrich Dove. *Berlin: L. Simion 1899.* (2 Bl., 32 S.) 8.
= Zeitfragen, Volkswirthschaftl. H. 160. (Jg 20. H. 8.) 1899. 4850

— s.: Kommentar zum Börsengesetz.

— s.: Verfassung u. Verwaltungsorganisation der Städte des Königr. Preußen.

Dove, Heinrich Wilhelm

Dove, H. W., Ueber die mittlere Abnahme der Wärme mit zunehmender geographischer Breite und über die Ursachen der Verschiedenheit dieser Abnahme unter verschiedenen Meridianen. (Gesammtsitzung der Akad. 22. April 1852.)

— Ueber die Absorption des Lichtes in doppelt brechenden Körpern, und: Optische Notizen. (Poggendorff's Ann., B. CX.)

— Ueber Akustik. (Nach den im Jan. 1854 in der polytechn. Ges. gehaltenen Vorträgen mitgetheilt von G. Michaelis.)

Dove, Ueber die vom Drehungsgesetz abhängigen Aenderungen der Temperatur und über die täglichen Oscillationen des Barometers. (Auszug aus dem Monatsbericht der Königl. Akademie der Wissenschaften zu Berlin. Gesammtsitzung vom 28. Mai 1857.)

Dove, Heinrich Wilhelm: Ueber die periodischen Aenderungen des Druckes der Atmosphäre. (Auszug a. d. Monatsbericht der Königl. Akademie der Wissenschaften zu Berlin. 1860. S. 614—692.) Berlin 1860. 49 S., 2 Tf. 8°.

— über die nicht periodischen Aenderungen der Temperaturvertheilung auf der Oberfläche der Erde in dem Zeitraume v. 1789 — 1838. gr. 4. Ebd. 840. (Reimer.) n. 2 Thlr.

Dove, H. W., über die nicht periodischen Aenderungen der Temperaturvertheilung auf der Oberfläche der Erde in dem Zeitraume von 1782 bis 1839. Eine in der Akademie der Wissenschaften gelesene Abhandlung. 2. Thl. gr. 4. Berlin 841, Sander'sche Buchh. (G. E. Reimer.) (à) n. 2 Thlr. — 3. Thl. von 1782 bis 1842. gr. 4. Ebend. 844. n. 2 Thlr.

Dove, H. W., über die nicht periodischen Aenderungen der Temperaturvertheilung auf der Oberfläche der Erde in dem Zeitraume von 1729 bis 1843. Eine in der Akademie der Wiss. gelesene Abhandlung. IV. Thl. gr. 4. (183 S.) Berlin 847, G. Reimer. n. 2 Thlr.

Dove, H. W., über die nicht periodischen Aenderungen der Temperaturvertheilung auf der Oberfläche der Erde in dem Zeitraume von 1729 bis 1855. (Aus den Abhdlgn. der k. Akademie der Wissensch. zu Berlin 1858.) 6. Thl. Berlin 859. Dümmler's Verlhdlg. in Comm. gr. 4. (318 S.) n. 2 Thlr. 25 ngr.
5. Thl. erschien u. d. Tit.: Dove, H. W., die Witterungsgeschichte der letzten Jahrzehnts 1840—1850. (s. in Bd. XIII.)

— Ueber die Anwendung achromatisirter Arragonitprismen zu Polarisatoren. Auszug aus dem Monatsber. der kgl. Akad. der Wissensch. zu Berlin, 8. Aug. 1861.)

— Ueber die Anwendung mit Silber belegter Gläser als Blendgläser. (Auszug aus dem Monatsber. der kgl. Akad. der Wissensch. zu Berlin. Gesammtsitz. vom 14. April 1859.)

— Ueber Anwendung des Stereoskops, um einen Druck von seinem Nachdruck, überhaupt ein Original von seiner Kopie zu unterscheiden. (Auszug aus dem Monatsber. der kgl. Akad. der Wissensch. zu Berlin. Sitzung der physik.-mathem. Kl. vom 28. März 1859.)

— Anwendung des Stereoskops um falsches vom echten Papiergeld zu unterscheiden. Berlin 859. G. W. F. Müller. gr. 8. (35 S. m. Holzschn.) n. 10 ngr.

Dove, Henr. Guil. (geb. Liegnitz 6. 10. 1803): De barometri mutationibus. Berolini (1826). (48 S.) 8°
Berlin, Phil. Diss. v. 4. März 1826

Dove, H. G., de barometri mutationibus dissertatio. 8. Berl. 826. Dümmler. 10 gGr.

Dove, Heinrich Wilhelm: [Die Bedeutung A. von Humboldt's für die Meteorologie.] (Alexander von Humboldt. Eine wissenschaftliche Biographie. Herausgegeben von Bruhns. Bd. 3. Nr. 3. S. 90—101.) Leipzig 1872. 12 S., 1 Tf. 8°.

— Ueber die Bedeutung der Meteorologie für die Schifffahrt. Versammlung Deutscher Naturf. 1863.

Dove, H. W., klimatologische Beiträge. 1. Th. Mit 2 (lith.) Karten (in gr. Fol.). Berlin 857. D. Reimer. gr. 8. (VIII, 296 S.) n. 1 Thlr. 20 ngr.

Dove, H. W., klimatologische Beiträge. 2. Thl. Berlin 869. D. Reimer. gr. 8. (VI, 314 S.) n. 2 Thlr. 10 ngr.

— Bemerkungen über den Regen. (Annalen der Physik und Chemie, 1831. Band XXXI, No. 35 u. 36.)

— Einige Bemerkungen über die Witterung der ersten Hälfte des Jahres 1857. Aus den „Mittheilungen des statistischen Bureaus in Berlin." X. Jahrg. 1857. No. 15.

— Einige Bemerkungen über die kalte Zone. (Auszug aus dem Monatsber. der Königl. Akad. der Wissensch. zu Berlin vom Oktober 1872.) Berlin.

— Beobachtung über mangelnden Farbensinn. (Auszug aus dem Monatsber. der kgl. Akad. der Wissensch. zu Berlin, 24. Nov. 1864.)

Dove, Heinrich Wilhelm: Correspondirende Beobachtungen über die regelmässigen stündlichen Veränderungen und über die Perturbationen der magnetischen Abweichung im mittleren und östlichen Europa. Mit einem Vorworte von Alexander von Humboldt. ([S.-A.] Annalen der Physik und Chemie. Bd. 19.) Leipzig 1830. 35 S., 2 Tf., 8 Tb.
in: Sammelband: Kleinere Schriften zur Klimatologie und physischen Geographie. No. 2. 8°.

— Bericht über die in den J. 1848 u. 1849 auf den Stationen des meteorolog. Instituts im Preuss. Staate angestellten Beobachtungen. [Abdr. aus den Tabellen u. amtl. Nachrichten über den Preuss. Staat für die J. 1849.] Fol. (LII u. 120 S.) Berlin 851, Decker. 2 Thlr.

— Beschreibung eines Photometers, und Ueber eine durch Photographie hervorgetretene direct nicht wahrgenommene Lichterscheinung und über photographische Darstellung des geschichteten elektrischen Lichtes. (Auszug aus dem Monatsber. der kgl. Akad. der Wissensch. zu Berlin, 16. Mai 1861.)

— Beschreibung mehrerer Prismenstereoskope und eines einfachen Spiegelstereoskops. (Poggendorff's Ann., B. LXXXIII.)

— Beschreibung eines Stephanoskop. (Poggendorff's Ann., B. LXXI.)

— Ueber anemometrische Bestätigungen des Drehungsgesetzes auf Bermuda und in Australien. (Monatsb. d. Akademie. Gesammtsitzung vom 9. Jan. Berlin 1862.)

— Ueber die bei binocularer Betrachtung durch Rotation entstehender Lichtlinien durch verschiedenfarbige Gläser hervortretenden Farben. (Ausz. aus dem Monatsber. der kgl. Akad. der Wissensch. zu Berlin. Sitzung der physik.-math. Kl. vom 9. Dec. 1861.)

— Zur Beurtheilung der zweiten Deutschen Nordpolarfahrt. 1874.

— Ueber die aus dem Drehungsgesetz folgenden Bewegungen des Barometers und Thermometers in Nordamerika nach den von Herrn Dörgens berechneten Beobachtungen von Toronto. (Monatsb. d. Akad. Berlin 1861.)

— Ueber die Bewegung der Wärme in Erdschichten von verschiedener geognostischer Beschaffenheit. (Gelesen in der Akad. der Wissenschaften am 1. Februar 1847.)
— Dasselbe Werk. (Aus den Abhandl. der Akad. der Wissensch. zu Berlin, 1848.)

— Experimenteller Beweis, dass die Tartinischen Töne nicht subjektiv, sondern objektiv sind. (Ausz. aus dem Monatsber. der kgl. Akad. der W. zu Berlin. Gesammtsitz. vom 5. Mai 1859.)

— Ueber Binocularsehen und subjective Farben. (Auszug aus dem Monatsber. der kgl. Akad. der Wissensch. zu Berlin. Gesammtsitz. vom 30. Mai 1861.)

— Ueber die Dämmerung der Wärme in der Winternacht der Polarländer. (Aus: Zeitschr. für allgem. Erdkunde. Neue Folge. Band XVII.)

— **Darstellung der Farbenlehre und optische Studien. Mit 2 lith. Taf. (in 4.) Berlin 853. G. W. F. Müller. gr. 8. (VIII, 292 S. u. lith. Bildn.) n. 1 ₰ 25 ngr**

— Ueber die Darstellung der Interferenzfarben aus den Interferenzen in verschiedener homogener Beleuchtung und künstliche Nachbildung des Dichroismus. (Auszug aus dem Monatsber. der kgl. Akad. der Wissensch. zu Berlin. Gesammtsitz. vom 15. März 1860.)

— Ueber die stereoskopische Darstellung eines durch einen Doppelspath binocular betrachteten Typendrucks. (Auszug aus dem Monatsber. der kgl. Akad. der Wissensch. zu Berlin. Sitzung der physik.-mathem. Kl. vom 28. März 1859.)

— Ueber die Darstellung der periodischen und nicht periodischen Veränderungen der Temperatur durch fünftägige Mittel. (9. Jan. 1854. Sitzung der physik-mathem. Klasse.) (Aus: Verhandl. der K. Preuss. Akad der Wissenschaften zu Berlin.)

—— **Darstellung der Wärme-Erscheinungen durch fünftägige Mittel von 1782—1855, s. Abhandlungen der k. Akademie der Wissenschaften zu Berlin.**

— **Darstellung der Wärme-Erscheinungen, s. a. Abhandlungen d. k. Akad. d. W zu Berlin. Aus dem J. 1854. 1. Suppl.-Bd.**

— Darstellung der Wärme-Erscheinungen durch fünftägige Mittel 1853—1862. Aus: Physik. Abh. der K. Akad. d. Wissensch. 1862. No. 6.)

— Dasselbe Werk. 2. u. 3. Theil. Enthaltend die Abweichungen von 1854 —1862 und 1863—1869 incl. (Aus den Abhandl. der Königl. Akad. der Wissensch. zu Berlin 1862, 1869.) Berlin 1863, 1870.

— **Darstellung der Wärmeerscheinungen durch fünftägige Mittel. 2. Thl. (Aus den Abhdlgn. der k. Akad. der Wissensch. zu Berlin 1862.) Berlin 863. Dümmler's Verlhdlg. in Comm. gr. 4. (128 S.) n. 1 ₰ 8 ngr.**

— **Darstellung der Wärmeerscheinungen durch fünftägige Mittel. 3. Thl. enthltd. die Abweichungen von 1863—1869 incl. [Aus den Abhdlgn. d. k. Akad. d. Wiss.] Berlin 870. Dümmler's Verlhdlg. in Comm. gr. 4. (184 S.) n. 2 ₰ 15 ngr**

— Ueber Darstellung des Weiss aus Complementarfarben und über die optischen Erscheinungen, welche in rotirenden Polarisations-Apparaten sich zeigen. (Aus Poggendorff's Ann., Bd. LXXI.)

— Ueber Depolarisation des Lichtes. (Poggendorff's Ann., B. LXXI.)

— Das Dichroskop. (Poggendorff's Ann., Bd. CX.)

Dove, H[einr.] W[ilh.]: De media ventorum directione annuisque eius mutationibus. Berolini 1850. (16 S.) 4°
Berlin, Phil. Fak., Antrittsprogr. v. 19. Jan. 1850

— Ueber die Discontinuität des Leuchtens der Blitze. 1835.

— Ueber die vom Drehungsgesetz abhängigen Drehungen der Windfahne im Gegensatz der durch Wirbelwinde veranlassten. (Aus: Poggendorff's Annalen. Bd. LXVII. 1846.)

— Ueber das Drehungsgesetz des Windes auf der südlichen Halbkugel. (Monatsbericht der Akademie. Berlin 1841.)

— Ueber die optischen Eigenschaften des Carthamin und des Quarzes von Euba. (Auszug aus dem Monatsber. der kgl. Akad. der Wissensch. zu Berlin. Gesammtsitz. 14. April 1861.)

— Ueber die optischen Eigenschaften hemi- und tetarto-prismatischer Krystalle.

Dove, Heinrich Wilhelm: Ueber den Einfluss der Alpen auf das Klima ihrer Umgebung. (Auszug a. d. Monatsbericht der Königl. Akademie der Wissenschaften zu Berlin. Sitzung der phys.-math. Klasse vom 16. März 1863. S. 96—114.) (Berlin 1863.) 19 S. 8°.

Dove, H. W., Ueber den Einfluss der Alpen auf die klimatischen Verhältnisse Europas und die Stürme des Winters 1862—63. Mit 1 Karte. (Aus der Zeitschr. für Allgemeine Erdkunde. Neue Folge. Band XV.)

— Ueber den Einfluss des Binocularsehens bei Beurtheilung der Entfernung durch Spiegelung und Brechung gesehener Gegenstände. (Auszug aus dem Monatsber. der kgl. Akad. der Wissensch. zu Berlin. Gesammtsitz. vom 20. Mai 1858.)

— Ueber den Einfluss der Drehung der Erde auf die Strömungen ihrer Atmosphäre. (Poggendorff's Annalen, Bd. XXXVI. 1835.)

— Ueber den Einfluss der Helligkeit einer weissen Beleuchtung auf die relative Intensität verschiedener Farben.

Dove, Heinrich Wilhelm: Ueber den Einfluss der Richtung der Gebirge auf die Regenmenge. (Auszug a. d. Monatsbericht der Königl. Akademie der Wissenschaften zu Berlin. Gesammtsitzung vom 23. April 1863. S. 183—187.) (Berlin 1863.) 5 S.
an: Dove: Ueber den Einfluss der Alpen auf das Klima ihrer Umgebung. 1863. 8°

Dove, Heinrich Wilhelm: Ueber den Einfluss der Windesrichtung auf die Temperatur eines der freien Ausstrahlung und der Insolation ausgesetzten Bodens und seiner Pflanzendecke. (Abhandlungen der Königl. Akademie der Wissenschaften. 1848.) Berlin 1848. 16 S. 8°.

Dove, H[einrich] W[ilhelm]. Ueber Eiszeit, Föhn und Scirocco. [2 Theile.] 8. Berlin 1867—1868.
[Theil 1.] Ueber E', F' und Sc'. Mit Holzschnitten. 1867.
[Theil 2] *u. d. T.*: Der Schweizer Fön. Nachtrag zu E'. Föhn und Sc'. 1868.

— **über Elektricität. Eine am 26. Febr. im Vereine für wissenschaftliche Vorträge gehalt. Vorlesung. gr. 8. (38 S.) Berlin 848, G. Reimer. 1/4 ₰**

— Ueber die Entstehung eines schwarzglänzenden Körpers aus der Combination farblos durchsichtiger Körper. (Auszug aus dem Monatsber. der kgl. Akad. der Wissensch. zu Berlin. Sitzung der physik.-mathem. Kl. vom 12. Oct. 1863.)

— Ergänzungen zu den im Jahre 1846 in den Abhandlungen der Akademie veröffentlichten Temperaturtafeln. (6. März 1851 Gesammtsitzung der Akademie.) (Aus: Bericht über die Verhandl. der Kgl. Preuss. Akad. der Wissensch. zu Berlin. Auszug davon.)

—— **die Ergebnisse zwölfjähriger, neun Mal täglich von Hrn. Dr. Lose in Crefeld angestellter Beobachtungen. gr. 4. (30 S. mit 4 Stnt. in qu. Fol.) Berlin 861, (Dümmler's Verlagsh.)** *
Aus: Abhandlungen der k. Akad. der Wissenschaften zu Berlin, Jahrg. 1861, besonders abgedruckt.

— Ueber die von ihm gegebene Erklärung des Glanzes in Beziehung auf eine von Hrn. Brewster dagegen gemachte Bemerkung. (Auszug aus dem Monatsber. der kgl. Akad. der Wissensch. zu Berlin. Gesammtsitzung vom 22. Nov. 1855.)

— Erläuterungen zu Henrici's Bemerkungen über einige meteorologische Gegenstände. 1846. (Aus Poggendorff's Annalen).

— Erläuterungen zu den Monats-Isothermen. Berlin 1849.

— Ueber die barometrischen Extreme des Jahres 1869. (Auszug aus dem Monatsbericht der Konigl. Akad. der Wissenschaft. zu Berlin. Sitzung der phys.-math. Kl. v. 20. Febr. 1860.)

— Ueber die subjectiven Farben an den Doppelbildern farbiger Glasplatten, und Ueber die Farben dicker (doppelt brechender) Platten. (Auszug aus dem Monatsber. der kgl. Akad. der W. zu Berlin, 17. April 1871.)

— Ueber subjective Farbenerscheinungen bei einem Farbenkreisel und eine darauf gegründete Methode, seine Umdrehungs-Geschwindigkeit zu bestimmen. (Aus Poggendorff's Ann., Bd. LXXI.)

Dove, H. W. **Die neuere Farbenlehre mit andern chromatischen Theorieen verglichen. 52 S.** . . . .
Progr. Berlin F.W. 1838

Dove, H. W., Ueber die Flüssigkeiten, welche die Polarisationsebene des Lichtes drehen. (Aus Poggendorff's Ann., Bd. CX.)

(**Dove**, Heinrich Wilhelm): Ueber den Föhn. Aus einem durch A. Escher der Naturforschenden Gesellschaft vorgelegten Briefe von Dove an Desor vom 2. Januar 1865. (Mittheilungen der Naturforschenden Gesellschaft in Zürich. Bd. 10. Heft 3.) (Zürich 1865.) 10 S. 8°.

—— **der Schweizer Fön. Nachtrag zu Eiszeit, Föhn und Scirocco. gr. 8. (84 S.) Berlin 868, D. Reimer.** *

— **Gedächtnissrede auf Alex. v. Humboldt gehalten in der öffentlichen Sitzung der k. preuss. Akad. der Wissensch. zu Berlin am 1. Juli, dem Leibnitztage d. J. 1869. Berlin 869. Dümmler's Verlhdlg. gr. 8. (31 S.) 7½ ngr.**

— Ueber den Gegenstrom (Extracurrent) zu Anfang und zu Ende eines primären. — Ueber die durch Annäherung von massivem Eisen und von eisernen Drahtbündeln an einen Stahlmagneten inducirten electrischen Ströme. — Versuche, ob der Funke im Momente der Unterbrechung des Leitungsdrahtes erscheint, oder eine messbare Zeit danach. (Sitzung vom 18. April 1842.)

— Ueber das Gesetz der Stürme. (Gelesen in der Akademie der Wissensch. am 26. Nov. 1840.) Mit 2 Tafeln. (Annalen der Physik und Chemie von Poggendorff. Bd. LII.) [Leipzig 1841].

— über das Gesetz der Stürme. Mit 1 (lith.) Karte (in Fol.). (Abdr. aus den klimatolog. Beiträgen.) Berlin 857. D. Reimer. gr. 8. (115 S.) n. 20 ngr

— das Gesetz der Stürme in seiner Beziehung zu den allgemeinen Bewegungen der Atmosphäre. Mit Holzschn. (im Text) u. 1 (lith.) Karte (in Fol.). 2. völlig umgearb. Aufl. Berlin 861. D. Reimer. gr. 8. (VIII, 223 S.) n. 1 ₰

— das Gesetz der Stürme in seiner Beziehung zu den allgemeinen Bewegungen der Atmosphäre. Mit Holzschn. (im Text) u. 2 (lith.) Karten (in Fol.). 3., sehr verm. Aufl. Berlin 866. D. Reimer. gr. 8. (IX, 346 S.) n. 1 ₰ 15 ngr.

Dove, H. W., das Gesetz der Stürme in seiner Beziehung zu den allgemeinen Bewegungen der Atmosphäre. Mit (eingedr.) Holzschn. u. 2 (lith.) Karten (in qu. Fol.) 4. verm. Aufl. gr. 8. (368 S.) Berlin 874 D. Reimer. n. 6. —

— Ueber die Gestalt der Isametralen in Nordamerika. (Ausz. a. d. Monatsb. d. K. Ak. d. W. zu Berlin. Gesammts. v. 17. Nov. 1864.)

— Ueber die Gestalt-Aenderung der Isothermen in der jährlichen Periode. (11. Juli 1850, Gesammtsitzung der Akademie.) (Aus: Bericht über die Verhandl. der Königl. Preuss. Akad. der Wissensch. zu Berlin.)

— Ueber das Gewitter. (Ann. d. Physik, Bd. 90, St. 3, J. 1828, St. 7.)

Dove, H. W., Ueber die Grenze der subtropischen Regen Süd-Europas und der Sommerregen Deutschlands. (Auszug aus dem Monatsbericht der Königl. Akad. der Wissensch. zu Berlin. Gesammtsitzung vom 25. April 1872.)

s. Handwörterbuch d. Chemie.

Dove, H. W., Höhe der Bahnhöfe auf den Preussischen Eisenbahnen.

— Ueber das Hörbarmachen von Beitönen durch Interferenz. (Auszug aus dem Monatsber. der kgl. Akad. der Wissensch. zu Berlin. Gesammtsitzung vom 6. Febr. 1862.)

— Ueber die Insolation auf der südlichen Erdhälfte. (Aus: Zeitschr. f. allg. Erdkunde. Neue Folge. Bd. XVII.) 1864.

— Ueber thermische Isanomalen. (Linien gleicher thermischer Abweichung.) (13. Oct. 1851, Sitzung der physikalisch-mathematischen Klasse.) (Aus: Bericht über die Verhandl. der Kgl. Pr. Akad. d. Wissensch. zu Berlin.)

— Ueber die Isothermen des Januar und Juli und ihre Uebergänge ineinander in den zwischenliegenden Monaten. (Aus: Berichte über die Verhandl. der Königl. Preuss. Akad. der Wissensch. zu Berlin. Gesammtsitzung vom 23. November 1848.)

— Isothermen in der Polar-Projection. (Vierzehn Original-Karten, welche H. W. Dove bei der Konstruktion seiner in dem Jahre 1864 herausgegebenen „Monats- und Jahres-Isothermen in der Polar-Projection" etc. benutzte.) Fol.

— Ueber die ungewöhnliche Kalte des verflossenen Novembers im nordöstlichen Deutschland. (Auszug aus dem Monatsbericht der Königl. Akad. der Wissensch. zu Berlin. Gesammtsitzung v. 16. Dec. 1858.)

Dove, H. W.: Karte der Nordpolarländer, s. Kiepert, M.

— Dr., Geographische und kosmographische Karten und Apparate.

— Das Klima des Preussischen Staates und des angrenzenden Norddeutschlands, nach den Beobachtungen des mit dem königl. statist. Bureau verbundenen meteorolog. Instituts. (Zeitschr. des Kgl. Pr. Stat. Bur. 1861, No. 6.) Berlin. Fol.

Dove, H. W., Ueber das Klima von Süd-Afrika. (Aus: Zeitschr. für allg. Erdk. Neue Folge, Bd. XVII.)

Dove, Karl, Das Klima des aussertropischen Südafrika mit Berücksichtigung der geographischen und wirtschaftl. Beziehungen. Teil I. Allg. Einleitung. — Die Klimaprovinzen des Gebiets des Winterregens und des Uebergangsgebiets. [Inaug.-Diss.] Göttingen 1888.

—, — von Deutschland von 1848—72. Luftwärme. Berlin 1874. Roy.-4.
Sieh: Preuss. Statistik. H. 32. . . . . (D.)

Dove, H. W., Klimatologie von Norddeutschland nach den Beobachtungen von 1848 bis incl. 1867. Abth. 1. Luftwärme. Berlin 1869. Roy.-4.
Sieh: Preussische Statistik. H. 15. . . . . (D.)

— Ueber die Combination der Eindrücke beider Ohren und beider Augen zu einem Eindruck. (Gesammtsitz. der Akad., 29. Juli 1841.)

— Ueber die gegenseitige Compensation barometrischer Maxima und Minima zu derselben Zeit. (Monatsb. d. Akad. d. Wissensch. Berlin 1855.)

— Ueber Compensation gleichzeitig an verschiedenen Orten herabfallender Regenmengen. (Auszug aus den Monatsberichten der Königl. Akadem. der Wissenschaften zu Berlin, vom Juni 1860. Berlin.

Dove, H. W., Ueber die Construction optischer Instrumente. (Vortrag, gehalten in der polytechn. Ges. zu Berlin im Winter 1854—55.) Berlin 1855.

— der Kreislauf des Wassers, s. a. Sammlung gemeinverständlicher wissenschaftlicher Vorträge. 3. Heft.

Dove, H. W., Der Kreislauf des Wassers auf der Oberfläche der Erde. (Sammlung gemeinverständlicher Vorträge, herausgegeben von Rud. Virchow und Fr. von Holtzendorff. Heft 3.) Berlin 1866.
— Dasselbe Werk. 2. Auflage. Berlin 1873.

– Über die gegenwärtige politische Lage, s. Dove: Über das Verhältnis der grossen zu den kleinen Universitäten . . .

— Literatur des Magnetismus und der Electricität. [o. O. u. J.]

— Litteratur der Optik. [o. O. u. J.]

— Ueber mittlere Luftströme. (Aus: Annalen d. Physik, B. 89, St. 4, J. 1828, St. 8).

Dove, H. W. Ueber Maaß und Messen. 38 S. . . . .
Progr. Berlin W. 1833

Dove, H. W., über Maaß u. Messen. gr. 4. Berlin 834. Sander. 1/2 ₰ — 2e verm. u. bericht. Aufl. unt. d. T.: Ueber Maaß u. Messen, oder Darstell. der bei Zeit-, Raum- u. Gewichtsbestimmungen üblich. Maaße, Meßinstrumente u. Meßmethod., nebst Reduktionstaf. gr. 8. Ebd. 835. (Eichhoff.) 3/4 ₰

Dove, H. W., über Maass u. Messen, od. Darstellung der bei Zeit-, Raum- u. Gewichts-Bestimmungen üblichen Maasse, Messinstrumente u. Messmethoden, nebst Reductionstaf., 2., sehr verm. u. bericht. Aufl. gr. 8. (12½ B.) Berlin 835, Sander'sche Buchh. Thlr.

— Ueber den Magnetismus der sogenannten unmagnetischen Metalle. (Ann. der Physik und Chemie, Bd. LIV, 1841, No. 11.)

— Kühler Mai nach mildem Januar. (Auszug aus dem Monatsbericht der Königl. Akademie der Wissenschaften zu Berlin vom Juni 1874.) Berlin.

— Ueber das barometrische Maximum im Januar 1869. (Auszug aus dem Monatsber. d. K. Ak. d. Wissensch. zu Berlin.) Berlin 1869.

— Meteorologie. (Aus: Repertorium von Dove-Moser, Bd. III.) 1839.

— Meteorologie. (Abschnitt aus C. Bruhns: Alexander von Humboldt. Eine wissenschaftliche Biographie. Bd. III). Leipzig 1872.

— Ueber eine Methode, Interferenzfarben und Absorptionsfarben in beliebigem Verhältniss zu mischen und über die Unterschiede monocularer und binocularer Pseudoskopie. (Auszug aus dem Monatsber. der kgl. Akad. der W. zu Berlin. Gesammtsitz. vom 26. März 1857.)

— Eine neue Methode, die Intensität der Interferenzfarben zu bestimmen. (Auszug aus dem Monatsber. der kgl. Akad. der Wissensch. zu Berlin. Gesammtsitz. vom 26. Juni 1862.)

— Ueber barometrische Minima. (Aus: Annalen d. Physik, B. 89, St. 4, J. 1828, St. 8).

— monatliche Mittel der Jahrgänge 1864, 1865, 1866 für Druck, Temperatur, Feuchtigkeit etc. sämmtl. mit dem meteorolog. Institut zu Berlin vereinigten deutschen Stationen, s. Statistik, preussische.

— des Jhg. 1867—77 für Druck, Temperatur … sämmtlicher mit dem meteorolog. Institut zu Berlin vereinigten deutschen Stationen. Veröffentl. von H. W. Dove. (D.)

Dove, H. W., monatliche Mittel der Jahrgänge 1876—1877 für Druck, Temperatur, Feuchtigkeit u. Niederschläge, s.: Statistik, preussische.

— Monatsisothermen. gr. 4. (32 S. m. 3 lith. u. color. Karten in Imp. Fol.) Berlin 849, D. Reimer. n. 2⅓ ₰

— Monats-Isothermen in der Aequatorial-Projection. (Zwölf Original-Karten, welche H. W. Dove bei der Konstruktion seiner in dem Jahre 1849 herausgegebenen „Monats-Isothermen" benutzte.) Fol.

— Monats- und Jahres-Isothermen, in Polar-Projektion, für 1860. (13 Blatt.) Abweichungen der Temperatur an gewissen Daten vom mittleren Werthe derselben, in Polar-Projektion. (7 Blatt.) (Unvollstandig.) (Temperatur-Karten zu H. W. Dove's Klimatolog. Beiträgen. II. Theil.) Berlin 1860. Fol.

— die Monats- und Jahresisothermen in der Polarprojection nebst Darstellung ungewöhnl. Winter durch thermische Isametralen. qu. Fol. (6 S. mit 20 chromolithogr. Karten.) Berlin 864, D. Reimer. cart. *

— Monats-Isothermen vom Januar bis December. (o. O. u. J.) qu. Fol.

— Meteorologische Monographien. (In: „Jahrbücher für wissenschaftliche Kritik", J. 1840, I. Bd. No. 107, 108, 109).

— Ueber Moussons und Passat. (Poggendorff's Annalen, 1831.)

— Nachtrag zum Aufsatze über die physischen Ursachen der täglichen Veränderungen des Barom. (Poggendorff's Annal., 1831.)

— Nachtrag zu seiner Mittheilung vom 19. Nov., vorgelegt am 30. Nov. 1863. (Auszug aus dem Monatsber. der kgl. Akad. der Wissensch. zu Berlin.)

Dove, H. W., Ueber den Nachwinter von 1841 und 1872. (Ausz. a. d. Monatsber. der Königl. Akademie der Wissenschaften zu Berlin. Gesammtsitzung vom 17. October 1872.)

Dove, H. W., Ueber das Nordlicht vom 19. und 20. Dec. 1829. (Aus: Annal. der Physik, B. 96, St. 2, J. 1830, St. 10.)

— Notiz über Tschirnhausen's Brenngläser. (Auszug aus dem Monatsber. der kgl. Akad. der Wissensch. zu Berlin, 19. Febr. 1871.)

— Naturwissenschaftliches Notizbuch. (Mit handschriftl. Aufzeichn.)

— Magnetische und astronomische Notizen mit einem Literaturnachweis für Mechanik, Astronomie, Meteorologie, Magnetismus, Elektricität, Mathematik, Optik etc.

— Optische Notizen. Ueber Kalkspathzwillinge. — Ueber flatternde Herzen. — Ueber die Reflexion des Lichtes von rauhen Flächen. (Aus Poggendorff's Ann., Bd. CX.)

— Ueber ein neues polarisirendes Prisma. (Auszug aus dem Monatsber. der kgl. Akad. der Wissensch. zu Berlin. Gesammtsitz. vom 7. Jan. 1861.)

— Ueber direkte Prüfungen des Drehungsgesetzes auf der nördlichen Erdhälfte, und über Wahrnehmungen desselben auf der südlichen. (Aus Poggendorff's Annalen, Bd. LXVII. 1846.)

Dove, Ueber die Regen in Spanien. (Ausz. a. d. Monatsb. der Kgl. Akad. der Wissensch. zu Berlin. Gesammtsitzung vom 9. Jan. 1873.)

— Ueber die Regen der gemässigten Zone. (19. Januar 1854, Gesammtsitzung der Akad. der Wissenschaften zu Berlin.)

— Dasselbe Werk. (Aus Poggendorff's Annalen, Band XCIV, 1855.)

Dove, H. W., Ueber die Regen-Verhältnisse in Nordamerika. (Bericht über die Verhandl. der K. Pr. Ak. der W. zu Berlin, im Febr. 1847.)

Dove, H. W. (Hrsg.), s. Repertorium der Physik.

— Ueber Faraday's Researches I, II in den Philosophical Transactions for the year 1832. (Jahrb. für wissensch. Kritik, J. 1832, II. Bd.)

— Das Reversionsprisma und seine Anwendung als terrestrisches Ocular und zum Messen von Winkeln. (Aus Poggendorff's Ann., Bd. LXXXIII.)

— s. Richter, Aem. Ludw., Lehrbuch des kathol. und evangel. Kirchenrechts.

— über die Rückfälle der Kälte im Mai. Aus den Abhdlgn. d. k. Akad. d. W. zu Berlin. Berlin 857. Dümmler's Verlhdlg. in Comm. gr. 4. (71 S.) n. 24 ngr

— Ueber die Rückwirkung der im Gebiet der Moussons und ganz Asien stattfindenden jährlichen Veränderung des Luftdruckes auf die Passatwinde des atlantischen Oceans, und: Wahrscheinliche Entstehungsursache der westindischen Stürme. (Monatsber. d. Akad. d. Wissensch. Berlin 1852.)

Dove, H.W.: Kleinere Schriften zu Klimatologie... s. Schriften...

Dove, H. W., Die meteorologischen Stationen in Europa und in den Vereinigten Staaten von Nordamerika und deren Publikationen. Berlin 1869.

— Ueber gleichzeitige Störungen der täglichen Veränderung der magnetischen Kraft und Abweichung.

— Ueber Ströme von Flaschensäulen. (Cascadenströme.) (Aus Poggendorff's Ann., Band LXXII.)

— Ueber die durch Magnetisiren des Eisens vermittelst Reibungs-Elektricität inducirten Ströme. (Ann. der Phys. und Chem., Bd. LIV, 1841, No. 11.)

— Ueber inducirte Ströme, welche bei galvanometrischer Gleichheit ungleich physiologisch wirken. (Aus Poggend. Ann., Bd. XXXXIX.)

— optische Studien, Fortsetzung der in der „Darstellung der Farbenlehre" enthaltenen. Berlin 859. G. W. F. Müller. gr. 8. (III, 51 S. u. 8 Beilagen.) n. 15 ngr

Dove, H. W. Optische Studien. Berlin 1869.

— Ueber den Sturm vom 6. und 7. December 1868. (Auszug aus dem Monatsber. d. K. Ak. d. W. zu Berlin vom Dec. 1868.) Berlin.

— über den Sturm vom 17. Novbr. 1866. [Aus den Abhdlgn. d. k. Akad. d. Wiss.] Mit 2 (lith.) Taff. (in Fol.) Berlin 868. Dümmler's Verlhdlg. in Comm. gr. 4. (52 S.) n. 20 ngr

— die Stürme der gemässigten Zone mit besonderer Berücksichtigung der Stürme des Winters 1862—63. Berlin 863. D. Reimer. gr. 8. (120 S. u. 1 lith. Karte in Fol.) 22½ ngr

— Ueber die Stürme der gemässigten Zone. (Monatsb. d. Akad. d. Wissensch. Berlin 1872.)

Dove, Heinrich Wilhelm: Ueber die Sturmfluthen an den Küsten der Nordsee und über die Witterung des November 1862. (Auszug a. d. Monatsbericht der Königl. Akademie der Wissenschaften zu Berlin. Gesammtsitzung vom 27. November 1862. S. 639—644.) (Berlin 1862.) 6 S.
an: Dove: Ueber den Einfluss der Alpen auf das Klima ihrer Umgebung. 1863. 8°.

— Ueber die kalten Tage des diesjährigen Mai (1859.) (Abdr. aus dem Monatsbericht der Königl. Akademie der Wissenschaften zu Berlin. Berlin 1859.

— Ueber eine optische Täuschung bei dem Fahren auf der Eisenbahn. (Aus Poggendorff's Ann., Bd. LXXI.)

— Ueber optische Täuschungen bei der Bewegung. (Ausz. aus dem Monatsber. der kgl. Akad. der Wissensch. zu Berlin. Gesammtsitz. vom 2. März 1865.)

— Ueber die Temperatur der Behringsstrasse. (Verhandl. der Kgl. Preuss. Akad. der Wissensch. zu Berlin. 1854.)

— Ueber die Temperatur und Feuchtigkeit der Winde in Persien. (Ausz. aus dem Monatsbericht d. K. Akad. d. W. zu Berlin. Gesammtsitzung vom 23. Jan. 1868.)

Dove, H. W., Ueber die Temperatur der Küsten von Grönland, Labrador und der neu entdeckten arktischen Länder. (Verhandl. der Kgl. Preuss. Akad. der Wissensch. zu Berlin. Aus dem Jahre 1854.)

— Ueber die Temperatur-Gegensätze dieses Winters auf dem Gebiete des preussischen Staates. (Auszug aus dem Monatsbericht der K. Akad. d. Wissensch. zu Berlin. 20. Jan. 1859.)

— Temperaturtafeln nebst Bemerkungen über die Verbreitung der Wärme auf der Oberfläche der Erde u. ihre jährl. periodischen Veränderungen. Eine in der Akad. der Wiss. gelesene Abhandlung. gr. 4. (120 S.) Berlin 848, G. Reimer. n. 1⅓ ℳ

— Ueber die Temperatur-Vertheilung im Winter 1869—70. (Auszug aus dem Monatsbericht der Königl. Akademie der Wissenschaften zu Berlin.) Berlin 1870.

— Ueber die allgemeine Theorie des Windes. (Monatsber. d. Akad. zu Berlin. 1857.)

— Ueber die verschiedenen Theorien des Windes, als Erwiderung auf eine Bemerkung John Daltons. (Annalen d. Physik u. Chemie, Bd. XXXXII. 1837.)

— Ueber die Uebereinstimmung der Witterungs-Erscheinungen in den ungewöhnlich trockenen Jahren 1857, 1858, 1874. (Auszug aus dem Monatsbericht der Königl. Akad. der Wissensch. zu Berlin vom Januar 1875.) Berlin.

— Die Ueberschwemmungen in Deutschland im Winter 1861—62. (Aus: Zeitschrift d. K. Pr. Stat. Bureaus. Jahrg. 1862.)

Dove, H. W., Die diesjährigen Ueberschwemmungen in Schlesien und am Harz und ihre Ursachen. (1858.)

— Ueber den Unterschied der auf der Palette des Malers entstehenden Mischfarben und der auf dem Farbenkreisel hervortretenden. (Auszug aus dem Monatsber. der kgl. Akad. der Wissensch. zu Berlin. Gesammtsitz. vom 19. Nov. 1863.)

— Ueber den Unterschied der prismatischen Spectra des am positiven und negativen Pol im luftverdünnten Raume hervortretenden elektrischen Lichtes. (Auszug aus dem Monatsber. der kgl. Akad. der W. zu Berlin. Gesammtsitz. vom 18. Febr. 1858.)

— Ueber die meteorologischen Unterschiede der Nordhälfte und Südhälfte der Erde. (Auszug aus dem Monatsbericht der Königl. Akad. der Wissenschaften zu Berlin vom Januar 1873.) Berlin.

Dove (H. W.), Untersuchungen im Gebiete der Inductions-Electricität. Berlin 1842. 4.

— Untersuchungen im Gebiete der Inductionselectricität. Eine in der Akademie d. Wissenschaften zu Berlin gelesene Abhandlung. Mit Holzschn. und 1 Kupfertaf. gr. 4. Berlin 843, Reimer. n. 1⅙ ℳ

—— meteorolog. Untersuchungen. M. 2 Stnt. gr. 8. (22 B.) Berlin 837, Sander'sche Buchh.

Dove, H. W., Einige meteorologische Untersuchungen über den Wind. (Aus: Annalen d. Physik., B. 37, St. 4, J. 1827, St. 12. Mit handschriftlichen Bemerkungen und Zeichnungen von Dove).

Dove, H. W., Ueber die Ursachen des Glanzes und der Irradiation, abgeleitet aus chromatischen Versuchen mit dem Stereoskop. (Aus Poggendorff's Annal., Bd. LXXXIII.)

— Ueber die physischen Ursachen der Gestalt der Isothermen.

— Ueber die physischen Ursachen der täglichen Veränderungen des Barometers.

— Ueber die mittlere und absolute Veränderlichkeit der Temperatur der Atmosphäre. (Aus den Abhandl. d. Königl. Akademie d. Wissensch. zu Berlin, 1866.) Berlin 1867.

— Dasselbe Werk. (Auszug aus dem Monatsbericht der Königl. Akademie d. Wissensch. zu Berlin. Gesammtsitzung vom 30. Mai 1872.)

— Ueber die jährliche Veränderung des atmosphärischen Druckes in der kalten Zone. (Aus der Zeitschrift für allgem. Erdkunde. Neue Folge. Band XVII). 1864.

—— nicht periodische Veränderungen der Verbreitung der Wärme auf der Erdoberfläche. gr. 8. (186 S.) Berlin 869, (Dümmler's Verlag.) *
Aus: Klimatologische Beiträge, besonders abgedruckt.

— nicht periodische Veränderungen der Verbreitung der Wärme auf der Erdoberfläche. [Aus d. klimatolog. Beiträgen.] Berlin 869. D. Reimer. gr. 8. (186 S.) n. 1 ₰ 6 ngr.

— Ueber die täglichen Veränderungen des Barometers im Innern der Continente. (Monatsbericht d. Akad. Berlin 1841.)

— Ueber die täglichen Veränderungen des Barometers in der heissen Zone. Verhandl. d. K. Preuss. Akad. zu Berlin 1846.

— Ueber die täglichen Veränderungen der Temperatur der Atmosphäre. (Gelesen in der Akademie der Wissenschaften am 5. August 1846.)

—— über die täglichen Veränderungen der Temperatur der Atmosphäre. gr. 4. (40 S.) Berlin 856, Dümmler's Verlag. *
Aus: Abhandlungen der k. Akademie der Wissenschaften zu Berlin 1855, besonders abgedruckt.

— Ueber die Veränderungen der mittleren Windesrichtung in der jährlichen Periode in Nordamerika. (Verh. d. K. Pr. Ak. zu Berlin 1847.)

— Ueber die geographische Verbreitung gleichartiger Witterungs-Erscheinungen. (3. Mai 1838, Gesammtsitzung der Akademie.) (Aus: Verhandl. der Königl. Preuss. Akad. der Wissenschaften zu Berlin.)

(—) die Verbreitung der Wärme in der Nördlichen Hemisphäre innerhalb des 40. Breitegrades. Auf zwei von H. Kiepert entw. (lith.) Karten. 1) Karte der Nördlichen Hemisphäre innerhalb des 40. Breitegrades. Entw. u. bearb. von H. Kiepert. Nebst Darstellung der Wärmeverbreitung für Januar, Juli und das Jahr von H. W. Dove. 2) Karte der Nordpolarländer. Entw. von H. Kiepert. Nebst Darstellung der Wärmeverbreitung etc. von H. W. Dove. Berlin 855. D. Reimer. Roy.-Fol. (Mit 3 S. Text in 4.) n. 1 ₰ 20 ngr; die Karten allein, color., nur mit d. Jahres-Isothermen n. 1 ₰ 10 ngr; einzeln jede n. 25 ngr
Supplement zu: Dove, die Verbreitung der Wärme etc.

— die Verbreitung der Wärme auf der Oberfläche der Erde erläutert durch Isothermen, thermische Isanomalen u. Temperaturcurven. Mit 5 grossen u. 2 kleinen (lith. u. color.) Charten (in Fol. u. Imp. Fol.), so wie 2 normale u. extreme Temperaturcurven darstellenden (lith.) Taf. 2. sehr verm. Aufl. der Monatsisothermen. Imp. 4. (IV u. 26 S.) Berlin 852, D. Reimer. n. $4^{1}/_{3}$ ₰

Dove, H. W., Ueber die Vereinigung prismatischer Farben zu Weiss. Ueber subjective Farben durch electrische Beleuchtung. — Ueber Inversionen bei binocularer und monocularer Betrachtung perspectivischer Zeichnungen und durchsichtiger Körper. — Ueber Polarisation des Lichtes durch wiederholte Spiegelung. (Ausz. aus dem Monatsber. der kgl. Akad. der Wissensch. zu Berlin, 14. Febr. 1867.)

Rectoratsreden von Heinr. Wilh. **Dove,** d. Z. Rector der Königl. Friedrich-Wilhelms-Universität zu Berlin. I. Antrittsrede, gehalten am 15. Okt. 1858. [Über das Verhältniss der grossen zu den kleinen Universitäten und die Bedingungen für eine lebenskräftige Fortentwickelung der Berliner Universität.] II. Gedächtnissrede, gehalten am 3. Aug. 1850. [Über die gegenwärtige politische Lage.] Berlin 1850. (27 S.) 4°

Dove, Heinrich Wilhelm: Ueber die klimatischen Verhältnisse von Palästina. (Auszug a. d. Monatsbericht der Königl. Akademie der Wissenschaften zu Berlin. 1867. S. 772–776.) (Berlin 1867.) 5 S. 8°.

—— über die klimatischen Verhältnisse des preußischen Staates, s.a. Ueber.

— Ueber die klimatischen Verhältnisse des Preussischen Staates. (Aus Mitth. des Preuss. Stat. Bur.). 1. Temperatur (Berlin 1853). 2. Regenmenge (B. 1854). 3. Fünftäg. Wärmemittel und Extreme. Witterungsgeschichte 1848—51 (B. 1855). 4. Grosse Barometer-Aenderungen (B. 1857). Berlin.

— Die klimatischen Verhältnisse (der Zollvereinsländer). (Aus: Statistik des Zollv. und nördl. Deutschl. I.)

Dove, H. W., Ueber die Verschiedenheit des amerikanischen und asiatischen Kältepols in Beziehung auf ihre Ortsveränderung in der jährlichen Periode und über eine dieselbe Periode befolgende Aenderung der Gesammt-Temperatur der Erdoberfläche. (Annalen der Physik u. Chemie. Band LXVII. 1846. No. 3.)

— Ueber die Vertheilung des atmosphär. Druckes in der jährlichen Periode. (Monatsbericht der Akademie. Berlin 1842.)

— Ueber die Vertheilung des atmosphärischen Druckes in der jährlichen Periode und barometrisches Nivelliren der Ebenen. (Poggendorff's Annalen, 1832.)

— Ueber die Vertheilung des Regens auf der Oberfläche der Erde. (Aus: Zeitschrift für allgemeine Erdkunde. Neue Folge. Band II.) 1857.
I. Theil. Die Regen der heissen Zone.
II. Theil. Die subtropischen Regen und die Herbstregen an der Westküste Europa's.
III. Theil. Die Regen der gemässigten Zone mit einem Maximum im Sommer.

— Ueber die Vertheilung des Regens in der jährlichen Periode im mittleren Europa. (Aus dem Monatsberichte der Königl. Akad. d. Wissensch. zu Berlin vom November 1870.) Berlin 1870.

— Ueber das Vorhandensein zweier Regenzeiten im südlichen Europa. Poggendorff's Annal. 1835.

— Wärme-Abweichungen der Jahre 1870 und 1871, verglichen mit andern durch strenge Winter ausgezeichneten Jahren. (Separat-Abdruck aus der Zeitschrift des Königl. Preuss. Statist. Bureaus. 12. Jahrg. 1872.) Berlin.

— Ueber die Wärme-Erscheinungen im Jahre 1872, den milden Winter 1872 bis 73, und den kühlen Frühling 1873. (Sep.-Abdr. aus der Zeitschrift des K. Pr. Statist. Bureaus. 13. Jahrg. 1873.) Berlin.

— Ueber den Wassergehalt der Atmosphäre. (30. April 1849, Sitzung der physikalisch-mathematischen Klasse.)

— Ueber die Windverhältnisse in Europa. (Aus: Annalen d. Physik, B. [illegible] St. 1, J. 1829, St. 1).

Dove, Heinrich Wilhelm: Ueber lang andauernde Winterkälte, insbesondere die im Winter von 1870/71. (A. d. Monatsberichte der Königl. Akademie der Wissenschaften zu Berlin vom Mai 1871.) Berlin 1871. 32 S. 8°.

—— über Wirkungen aus der Ferne. Eine am 1. März im Vereine für wissenschaftl. Vorträge gehalt. Vorlesung. gr. 8. (2¾ B.) Berlin 845, G. Reimer.

— über die Witterung d. Jahres 1875 u. Anfang 1876. [Aus: „Abhandlgn. d. k. Akad. d. Wiss. zu Berlin."] gr. 4. (56 S.) Berlin 876. Dümmler's Verl. in Comm. n. 2. 50

Dove, Heinrich Wilhelm: Ueber die Witterung des Jahres 1864 und des Winters 1864/65. ([S.-A.] Zeitschrift des Königlich Preussischen Statistischen Bureaus. April 1865. Jahrg. 5. No. 4.) (Berlin 1865.) 16 S. 4°

— Die Witterung des Jahres des Misswachses 1867. (Separat-Abdruck aus der Zeitschrift des Königl. Preuss. Statist. Bureaus. 9. Jahrg. 1869.) Berlin.

— Die Witterung im Kriegsjahr 1870. Berlin, 26. Jan. 1871.

— die Witterungserscheinungen des nördlichen Deutschlands, s.a. Statistik, preussische.

Berlin, Meteorolog. Institut, Die Witterungs-Erscheinungen des nördl. Deutschlands im Zeitraum von 1858—63. Dargestellt von H. W. Dove. Mit 7 Tafeln. Graphische Darstellung der pag. 40 u. 41 besprochenen Wärme-Verbreitung und mit einem Anhang: Mittel der Jahrgänge 1861—63 für Druck, Temperatur und Feuchtigkeit und 5tägige Wärmemittel sämmtlicher Stationen. (A. u. d. T.: Preussische Statistik. Herausg. in zwanglosen Heften v. Königl. Stat. Bur. in Berlin. VI.) Berlin 1864.

Dove, Heinrich Wilhelm: Die Witterungserscheinungen des Jahres 1865. ([S.-A.] Zeitschrift des Königlich Preussischen Statistischen Bureaus. Jahrg 1866. (Januar, Februar und März.) No. 1, 2, 3.) Berlin 1866. 32 S. 4°.

Dove, H. W. Die Witterungserscheinungen des Jahres 1861—65, 67, 70—73. Berlin. fol.

Dove, Heinrich Wilhelm: Ueber die Witterungserscheinungen des Winters 1862/63. (Auszug a. d. Monatsbericht der Kgl. Akademie der Wissenschaften zu Berlin. 1863. S. 50—69.) Berlin 1863. 20 S. 8°.

—— die Witterungsgeschichte des letzten Jahrzehnts 1840—1850. gr. 4. (IV und 264 S.) Berlin 853, G. Reimer. *

—— die Witterungsverhältnisse von Berlin. Eine Vorlesung. gr. 8. (2 B.) Berlin 842. [Adolf u. Comp.] *.

— die Witterungsverhältnisse von Berlin. Eine Vorlesung. gr. 8. Berlin 842, Berliner Lesecabinet. n. 1/4 ℛ

— die Witterungsverhältnisse von Berlin. Eine am 29. Jan. 1842 im Vereine für wissenschaftl. Vorträge gehaltene Vorlesung. 2. verm. Aufl. gr. 8. (54 S.) Berlin 852, Adolf & Co. n. 1/3 ℛ

Dove, Heinrich Wilhelm: Die Witterungsverhältnisse von Berlin. Nach den Beobachtungen von 1719—1865. Berlin 1867. 12 S. 8°.

— The Circulation of the waters on the surface of the earth. Berlin 1871.

— Ueber dis Zurückführung der jährlichen Temperaturcurven auf die ihr zu Grunde liegenden Bedingungen. (Auszug aus dem Monatsbericht der Königl. Akademie der Wissenschaften zu Berlin.) Berlin 1870.

— Dasselbe Werk. 2. Abhandlung. (Wärme des Sommers.) (Auszug aus dem Monatsbericht der Königl. Akademie der Wissensch. zu Berlin vom October 1873.) Berlin.

Dove, Heinrich Wilhelm: Ueber das Zurücktreten localer Einflüsse gegen die von den allgemeineren Bewegungen des Luftkreises abhängigen Wärmeänderungen. (Auszug a. d. Monatsbericht der Königl. Akademie der Wissenschaften zu Berlin. 1872. S. 777—788.) Berlin 1872. 12 S. 8°.

Dove, H. W., Ueber den Zusammenhang der Hygrometeore mit den Veränderungen der Temperatur und des Barometers. (Aus Annal. d. Physik. B. 89, St. 2, J. 1828. St. 6.) (Mit handschriftlichen Bemerkungen und Zeichnungen von Dove.)

Dove: Über den Zusammenhang d. Wärmeveränderungen d. Atmosphäre mit der Entwickelung d. Pflanzen. (1844). (130) S. 1 Tvl (Særtr.). 4°.

DOVE, Heinrich Wilhelm: Über den Zusammenhang der Wärmeveränderung der Atmosphäre mit der Entwicklung der Pflanzen. -Berlin 1846. 132 S., 1 Abb.

Lucia d'Andrea. Komödie in 5 Aufz. von K[arl] Dove. Jena: H. Costenoble 1906. (114 S.) 8° [F.] 06. 14531 7

Dove, Karl, Lucia d'Andrea. Komödie in 5 Aufzügen. (IX, 115 S.) 8. Jena 906. H. Costenoble. n. 2. —

Dove, Karl, Dr., Beiträge zur Geographie von Südwest-Afrika. (Separat-Abdr.) Gotha 1894.

- s.: Deutschland, das überseeische.

Dove, Karl, Deutsch-Südwest-Afrika (südl. Damaraland), s.a. **Petermann's, A., Mitteilungen.**

Deutsch-Südwest-Afrika. Ergebnisse einer wissenschaftlichen Reise im südlichen Damaralande v. **Karl Dove.** Mit 3 Karten auf 1 Tafel. Gotha. 1896. = Petermanns Mitteilungen aus Perthes' geogr. Anst. Ergänzungsbd. 26, Nr. 120. 4°.

— Deutsch-Südwest-Afrika, s.a. **Süsserotts Kolonialbibliothek.**

Deutsch-Südwest-Afrika von Prof. Dr. **Karl Dove**. *Berlin: W. Süsserott 1903.* (208 S.) 8°
— **Kolonialbibliothek, Süsserotts.** Bd 5. 03. 5705

Dove, Karl. s.: Geographie, angewandte.

[F.] Vom Kap zum Nil. Reiseerinnergn aus Süd-, Ost- u. Nordafrika v. Dr. **Karl Dove**, ... Privatdoz. ... zu Berlin. M. Ill. 2. Aufl. *Berlin: Allg. Ver. f. Deutsche Litt. 1898.* (VI, 319 S., 30 Taf.) 1 Bd 8.
(Allg. Verein f. Deutsche Litteratur. Abt. 24. [No 2.]) 99. 119

Dove, Karl: Das Klima des aussertropischen Südafrika mit Berücksichtigung der geographischen und wirtschaftlichen Beziehungen. Teil I. Allgemeine Einleitung. — Die Klimaprovinzen des Gebiets des Winterregens und des Uebergangsgebiets. ... Göttingen, Druck d. Univ.-Buchdr. v. E. A. Huth, 1888; 1 Bl. + 90 S. + 1 Bl. u. 1 Kart. 8° Göttingen. Phil. Fak., Inaug.-Diss. v. 31. Jul. 1888

Dove, Karl, das Klima des aussertropischen Südafrika, mit Berücksicht. der geograph. und wirtschaftl. Beziehungen nach klimat. Provinzen dargestellt. gr. 8. (VIII, 160 S. mit 3 Kartenbeilagen.) Göttingen 888, Vandenhoeck und Ruprecht's Verlag. *

Deutsche Klimatik. Grundriß d. Lehre von d. Luftkuren Erholungsbedürftiger u. Kranker f. Ärzte, Geographen, Verwaltungen u. Besucher von Kurorten unter besond. Berücks. Deutschlands dargest. von Prof. Karl Dove u. Privatd. [Fritz] Frankenhäuser. Mit Tab. u. 4 Kt. Berlin: D. Reimer 1910. XII, 280 S. 8° 11. 11160

Die deutschen Kolonien. 1. Togo u. Kamerun, s.a. Sammlung Göschen.

Dove, Karl: Die deutschen Kolonien. 1—4. Leipzig 1909—1913.

Dove, Karl. Kulturzonen von Nord-Abessinien, s.a. Petermann's, A., Mittheilungen aus Justus Perthes' geographischer Anstalt.

Dove, Karl: Kulturzonen von Nord-Abessinien. Mit einer Karte. Gotha 1890. = Ergänzungsheft zu Petermann's Geographischen Mittheilungen. No. 97. 8°

Wirtschaftliche Landeskunde der deutschen Schutzgebiete. Neuer Wegweiser f. d. Schutzgebiete d. deutschen Reichs in Afrika, Asien, d. Südsee m. besond. Rücks. auf Lage, Landes- u. Volkskunde ... Von Dr. K[arl] Dove, Prof. Leipzig: Huberti [1902]. VII, 113 S. 8°
(Huberti's moderne kaufmänn. Bibliothek.) 11. 1034 9

- s.: Mitteilungen der geographischen Gesellschaft (f. Thüringen) zu Jena.

Dove. Karl, die angelsächsischen Riesenreiche. Eine wirtschaftsgeograph. Untersuchg. I. Das brit. Weltreich. (95 S.) gr. 8. Jena 906. H. Costenoble. n. 2. 50

— Die angelsächsischen Riesenreiche. Ein wirtschaftsgeogr. Untersuchg. II. Die Vereinigten Staaten v. Nordamerika. (VI, 65 S.) gr. 8. Jena 907. H. Costenoble. 2.50 (Kplt. in 1 Bd. geb.: 6. —)

Die Vereinigten Staaten von Nordamerika. Eine wirtschaftsgeogr. Untersuchung von Dr. K[arl] Dove, Prof., Jena. Jena: H. Costenoble 1907. (65 S.) 8°
— **Dove**: Die angelsächsischen Riesenreiche. 2. 07. 9319 9

Dove, Karl, Dr., Studien über Ostafrika I, II, III. (Separat-Abdruck aus „Ausland" 1891.)

— Südwest-Afrika, s.a. **Sammlung belehrender Unterhaltungsschriften f. d. deutsche Jugend. 10. Bd.**

— Südwest-Afrika. Kriegs- u. Friedensbilder aus d. ersten deutschen Kolonie. 2. Aufl. gr. 8. (VIII, 348 S. m. Abb., Bildn. u. 1 Karte.) Berlin 896. Allgem. Verein f. deutsche Litteratur. n. 5. —

Südwest-Afrika. Kriegs- u. Friedensbilder aus d. ersten deutschen Kolonie. Von **Karl Dove**. Mit 8 Ill., 1 Karte u. e. Nachw. v. Hrsg. (Hans Vollmer). *Berlin: H. Paetel [1904].* (175 S.) 8° [F.]
— **Sammlung belehrender Unterhaltungsschriften** f. d. deutsche Jugend. Bd. 10. 04. 130

Togo und Kamerun. Von Prof. Dr. K[arl] **Dove**. Mit 10 Taf. u. 1 Kt. Leipzig: Göschen 1909. 104 S. 8°
(Dove: Die deutschen Kolonien. 1.)
(Sammlung Göschen. 441.) 09. 13429

Das britische Weltreich. Eine wirtschaftsgeogr. Untersuchung von Dr. K[arl] **Dove**, Prof., Jena. Jena: H. Costenoble 1906. (95 S.) 8°
— **Dove**: Die angelsächsischen Riesenreiche. 1 06. 8605

— aus zwei Weltteilen. Dichtungen. gr. 8. (IV, 127 S.) Heidelberg 901. Heidelberger Verlagsanstalt u. Druckerei. n. 2. —

Dove, N. N., politisches Sprichwörterbrevier. Tagebuch e. Patrioten der fünfz. Jahre, zur Charakteristik jener Zeit. gr. 8. (XL, 256 S.) Leipzig 872. O. Wigand. 3. 60

Dove, Rich., einige Gedenkblätter histor.-polit. Inhalts a. d. Geschichte d. Georg-Augusts-Universität zu Göttingen von 1837—1887 m. besond. Berücksicht. d. Kriegsjahre 1870/71. Zusammengest. u. erläut. v. ihrem Vertreter i. preuß. Herrenhause D. (Neue [Titel-] Ausg. gr. 8. (VII, 52 S.) Göttingen (887). 895. C. Spielmeyer's Nachf. 1. —

Dove, Rich. Guil.: De iurisdictionis ecclesiasticae apud Germanos Gallosque progressu. Berolini (1855). (VI, 185 S.) 8°
Berlin, Jur. Diss. v. 28. Juli 1855

Dove, Rich. Wilh., Sammlung der wichtigeren neuen Kirchenordnungen, Kirchen-Verfassungsgesetze, Synodal- u. kirchlichen Gemeinde-Ordnungen des evangelischen Deutschlands. Urkunden zur Darstellung des gegenwärtigen Zustandes der Verfassung in den deutschen Landeskirchen. Ergänzungsband der Zeitschrift für Kirchenrecht. Tübingen 865. Laupp. gr. 8. (IV, 331 S.) n. 1 ₰ 15 ngr.

Dove, Rich. Wilh., s.: Zeitschrift, dtsch., f. Kirchenrecht.

Dove, Wilhelm, s. D o v e , Heinrich Wilhelm

Doevenspeck, Wilhelm [aus Bruchhausen (Rheinprov.)]: Über geschwulstartige Bildungen im graviden und puerperalen Uterus.... Freiburg i. B., Univ.-Buchdr. v. Chr. Lehmann, 1880; 58 S. 8°
Freiburg i. B., Med. Fak., Inaug.-Diss. v. 1880

Dover, Lord, († d... Juli 1833.) the life of Frederic the Second, King of Prussia. II Vols. gr. 8. (Mit d. Königs Bildniß.) London 832. Black, Young and Young. 10 ₰

Dover, Lord, Lives of the most eminent Sovereigns of modern Europe: Gustav Adolphus, King of Sweden. John Sobieski, King of Poland. Peter the Great, Czar of Russia. Frederic the Great, King of Prussia. Als Lesebuch für die englische Klasse deutscher Schulen eingerichtet u. herausg. v. Beaumout and Sydney Smout. gr. 12. Hamb. 834. Nestler u. Melle. 1 ₰

Dover, Lord, Vie de Frédéric II., traduite de l'Anglais, par A. Enot, et précédée d'une introduction, par A. Bossange. III Tmes. gr. in-8. Paris et Leipzig 832. Bossange père. 7 7/12 ₰

Dover, Mary Violette, a. Canada: Aus d. physikalisch-chem. Abteilung d. chem. Instituts d. Univ. Breslau. Das Gleichgewicht zwischen Ferro-Ferri- und Silber-Ion und metallischem Silber. Breslau 1908: Grass, Barth & Co. (40 S.) 8°
Breslau, Phil. Fak., Ref. Ladenburg, Diss. v. 10. Mai 1908
[Geb. 21. Dez. 74 Peterborough (Canada); Wohnort: Peterborough; Staatsangeh.: Canada; Vorbildung: Mc. Gill Univ. Montreal B. A. 98, M. Sc. 00; Studium: Mc. Gill Univ. Montreal 10, Breslau 4 S.; Rig. 29. Juli 08.]

van Doeveren, A. J., observat. pathol.-anatomicae. 4 maj. Leyd. 789. Luchtmans. 1 ₰

v. Dooveren, Matth., Ueb. d. Empfindlichkeit u. Reizbarkeit der thier. Theile. Lpz. 8°.
1766

Doeveren, Walther van

— Abhandl. von den Würmern in den Gedärmen des menschl. Körpers; aus d. Latein. v. Th. Weichard. 8. Lpz. 776. (Jacobäer). 14 ₰

van Doeveren, Walth., sermo acad. de erroribus medicorum. 4. Groening. 766. ... 8 ₰

— sermo de recentiorum inventis medicinam hodiernam veteri praestantiorem reddentibus. 4 maj. Leyden 771. Luchtmans. 12 ₰

— primae lin. de cognosc. mulier. morbis. 8. Lips. Gleditsch. 776.

— primae lineae de cognoscendis mulierum morbis. 8. Leyd. 777. Luchtmans. 8 ₰ recud. cur. J. C. T. Schlegel. 8 ₰ ibid. 785. Linke. 3 ₰

Doeveren, Walther van: Primae lineae cognoscendis mulierum morbis in usus academicos. Recudi curavit Johann Christian Traugott Schlegel. 52 S., gbd.

Lipsiae: Schneider 1786

— — id. l. ex ed. Schlegel. 8. Lips. Linke. 787.

— specim. observat. acad. ad monstrorum historiam, anatomen, pathologiam etc. spectant. Cum fig. 4. Leyden 765. Luchtmans. 2 ₰ 12 ₰

— specim. observation. academ. ad monstrorum hist. etc. spectant. 4. Gröningen. 766.

— Observations physico-médicales sur les vers qui se forment dans les intéstins. 12. Paris u. Strassb. 764. König. 9 ₰

— Diss. de vermibus intestinalibus hominum. 4. Leyden 754. Luchtmans. 18 ₰

Dovet, J. Organisation der socialen Verhältnisse. 8°. VII, 103 S. Zürich, Th. Schröter's Verlag 1900. 2

Doviat, Jo., s. a. D o u j a t.

D o v i a t, I., praenotion. canonicar. Libr. V. c. Schott. II Tmi. 8. maj. Mietau. (Sommer, Lips.) 776—78.

— — ej. T. II. P. 2da. vel Tom. III. Breitkopf. 779.

Doviat, Wilh., Enarratio in responsa jurisconsultorum naturalia. I/II. Halle (E. G. Crug) 1727. 33 Bl. (S. 241—288.) (5.—) 6810

D'Ovidio s. Ovidio, D'.

(Dovidl.) Lang Sisik's Dovidl. Skizzen aus dem jüdischen Volksleben des ersten Viertels dieses Jahrhunderts. Prag 858. (Leipzig, C. L. Fritzsche.) 8. (48 S.) 6 ngr.

Dovřák M., Geschichte des Raudnitzer Schlossbaues 1652-84 als Beitrag zur Geschichte der Preise. 4° Prag 1873

Dovsky, Beatrice, der Wiener Fratz. Memoiren der Huber-Gusti. 1.—4. Bd. (159, 157, 158 u. 160 S.) schmal gr. 8. Wien (903. 904). v. Chiavacci's „Wiener Bilder". à n. 1.—

Fortsetzung u. d. T.:

— die gnä' Frau. Aufzeichnungen der Gusti Graf, geb. Huber. 1.—3. Bd. (158, 159 u. 159 S.) schmal 8. Ebd. (905. 906). à n. 1.—

Dovsky, Beatrice, die gnä' Frau. Aufzeichngn. der Gusti Graf, geb. Huber. 4. Bd. (159 S.) 20,5×11,5 cm. Wien (III, Linke Bahngasse 5) (807). V. Chiavacci's Wiener Bilder. 1.—

— der alte Herr. Schauspiel in 4 Aufzügen. Hrsg. v. der Literaturanstalt Austria Wien. (123 S.) 8. Wien 906. J. N. Blaschka. n. 2,50

(B) — Der alte Herr. (906). (KBL 33) Jetzt: Wien, P. Knepler.

Dow, A., Geschichte von Hindostan; aus d. Pers. 3 Bde. gr. 8. Leipz. 772—74. Junius. 4 ₰

Dow, William, M. A., Christenglaube u. Christenhoffng. Predigten, übers. u. hrsg. v. Thdr. Zangger. 1. Bd. gr. 8. (VII, 355 S.) Zürich 902. (Christl. Vereinsbuchh.) Geb. in Leinw. n. 4.—

Dow, William, M. A., Christenglaube u. Christenhoffnung. Predigten u. Abhandlgn., übers. u. hrsg. v. Thdr. Zangger. 2. Bd. (VII, 365 S.) gr. 8. Zürich 903. (Christl. Vereinsbuchh.) Geb. in Leinw. n. 4.—

Dow, Will., der Weg zum Frieden. 7 [illegible] die Anfangsgründe der Lehre Christi. [illegible] übers. Mit Vorwort v. H. W. Thiersch. gr. 8. (VIII, 66 S.) Augsburg 879. Preyß. n. —80

Dowbrowski, J.: Zur Diätetik des Cognacs. Inaug.-D. Petersburg. 1895.

Dowden, Edward, Shakespeare, s. a. Hesse's, Max, Volksbücherei.

Dowden, Edward, Shakspere, sein Entwickelungsgang in seinen Werken. Mit Bewilligung des Verf. übers. v. Wilh. Wagner. gr. 8. (XII, 327 S.) Heilbronn 879. Henninger. n. 7.50

Dowe, H. W., der Kreislauf d. Wassers auf der Oberfläche der Erde, s.: Sammlung gemeinverständlicher wissenschaftlicher Vorträge.

Dowe, Heinrich, Schneidermeister aus Mannheim. Mein schusssicherer Panzer. Eine ausführliche Beschreibung der Erfindung, ihrer Entstehung, Erprobung und ihrer Aussichten. (Mit Illustrationen.) kl. 8. Berlin und Leipzig 1894. Fried.

Dowerg, Rudolf, aus Dresden: Friedrich Nietzsches 'Geburt der Tragödie' in ihren Beziehungen zur Philosophie Schopenhauers. Ein Beitrag zur Beurteilung Nietzsches. *Leipzig 1902: O. Schmidt.* (97 S.) 8°
Leipzig, Phil. Diss. v. [29. Sept.] 1902

Dowerg, Rud., Friedrich Nietzsches „Geburt der Tragödie" in ihren Beziehgn. zur Philosophie Schopenhauers. Ein Beitrag zur Beurteilg. Nietzsches. Diss. gr. 8. (97 S.) Leipzig 902. Dr. Seele & Co. n. 2. —

Dowiat, R., meine Conversion. 8. Danzig 845. Gerhard. 1/24 Thlr

Dowiat, (Rudolph), deutsch-katholischer Prediger. Rede des vom Criminal-Gerichtshofe zu Berlin am 15. Dezember 1848 zu 6 Jahr Festungsstrafe verurtheilten Dowiat, sogenannten deutsch-katholischen Predigers. Nach dem Manuscript des Verurtheilten. Berlin, L. Hirschfeld 1848. 7 S. 8.

Dowie, Ménie Muriel, a girl in the Karpathians, s.: Collection of British authors.

Downie, Alex. Mackenzie, a practical treatise on the efficacy of mineral waters in the cure of chronic disease, illustrated by cases; with an appendix containing, an analysis of the most reputed spas in Germany. 12. Frankfort o. M. 841, Jügel. In Leinw. geb. n. 1 2/3 Thlr

Downing, Charles T., Fan-Kuei od. d. Fremdling in China. Uebersicht d. Sitten, Gebräuche, Meinungen, Gesetze, d. Religion, des Handels u. d. Politik d. chines. Volkes. N. d. 2. Aufl. d. Orig., mit Bezugnahme auf die neuesten Ereignisse umgearb. u. mit Anmerkn. vers. v. C. Richard. 2 Bde. gr. 8. (45 B.) Aachen 841, Mayer.

— dass. s. auch Lebens- u. Kriegsbilder aus Asien.

DOWNING, Cl., Die neuesten Unruhen auf der Ost-Indischen Küste, oder Geschichte von dem See-Rauber Korrengei Angria, und der gegen ihn ausgelauffenen Englischen Escadre, nebst dem Lebens-Lauf des bösen Jan Plantain, See-Raubers auf der Insul Madagascar, u. s. w. Aus d. Holländ. ins Teutsche übersetzt. Mit Titelkpf. u. 1 Karte. Nürnberg 1738. 8°. Selten! (4 Mk. 50 Pfg. Adolf Weigel, 1908.)

Downing, G. Die neuesten Unruhen auf der Ostindischen Küste od. Geschichte der Seeräuber Angria u. Jan Plantain; Nachricht von dem mit dem Grossen Mogul u. Angria geführten Kriege. A. d. Engl. 8. M. Krte. Nürnberg 1738

Dowrtiel Dr. Julius: Zur Behandlung der Redefiguren in den unteren Classen des Gymnasiums. (15). Wien VIII. (Langer) 93.
Progr.

Dowrtiel Julius: Horatii excutitur hexameter satiricus atque cum Lucilii comparatur praemissis Horatii de Lucilio iudiciis.
II. 1883 PN 288 Diss. Wien. Univ. 1439

Dowson, Ernest, Dilemmas. (Autoris. Übertragg. v. F. P. Greve. Künstlerischer Schmuck v. Walt. Tiemann.) (129 S.) 8. Leipzig 903. Insel-Verlag. n. 5. —; geb. n. 6. —

Doxie, Fritz, aus Konstanz (Baden): Ueber Pylorusstenose nach Trauma. *Berlin (1898): E. Ebering.* (30 S.) 8°
Berlin, Med. Diss. v. 22. Nov. 1898

Doxographi graeci. Collegit, recensuit, prolegomenis indicibusque instruxit Herm. Diels. Opus Academiae litterarum regiae Borussicae praemio ornatum. gr. 8. (X, 854 S.) Berlin 879. G. Reimer. n. 24. —

Doxologie Jesu für Nichttheologen. 8. Riga 789. Hartknoch in Leipz. 20 gr.

Doyé, der Katechismus-Unterricht nach dem rhein. Unions-Katechismus, s.a. Für die Schule aus der Schule.

Der Katechismus-Unterricht nach dem rheinischen Unions-Katechismus. Von Seminardir. **Doyé**, Neuwied. *Neuwied & Leipzig: Heuser [1901].* (17 S.) 8° [F.]
Aus: Rhein. Schulmann.
— **Schule**, Für die, aus der **Schule**. H. 5. [01. 9473 6

Der Katechismus-Unterricht nach dem rhein. Unions-Katechismus. Von Sem.Dir. **Doyé**, Neuwied. Neuwied & Leipzig: Heuser [1908]. 17 S. 8°
Aus: Der Rheinische Schulmann. [09. 5003

Doyé, Aug., Gedichte. 2., verm. Aufl. Berlin 867. Wegener. 16. (IV, 124 S.) 15 ngr.

Doyé, Aug., Gedichte den Manen Ancillon's zugeeignet. gr. 8. Berlin 839. Hayn. 2/3 Thlr

Doyé, Aug., neue Original-Fabeln und erzählende Dichtungen. Berlin 856. Abelsdorff. 8. (VIII, 131 S.) 10 ngr

—— neue Original-Fabeln. 2., verm. Aufl. gr. 16. (29 S.) Berlin 867, Wegener. cart. *

Doyé, August. Der Staatsevangelist oder die Bürgschaft der freien Staaten und Völker. Aufruf an das deutsche Vaterland und die Nationen Europas. Berlin, A. Wiegandt 1849. XIV 178 S. 8.

Doyé, E., der evangelische Geistliche, als Prediger, Priester u. Pastor. [Aus „Volksblatt f. Stadt u. Land".] gr. 8. (230 S.) Berlin 874. Beck. n. 2. —

Doyé, E., Nachklänge kirchlicher Andacht. Zwölf Predigten über frei gewählte Texte. Leipzig 853. Coldbitz in Comm. 8. (VIII, 136 S.) n. 12 1/2 ngr

Doyé, Fr. Ed., Bibelfestpredigt, s. Bericht d. Werderschen Bibelgesellschaft.

Doyé, Fr. Ed., David starb u. sein Sohn Salomo ward König an seiner Statt. Predigt am 1. Sonntage nach Trinitatis, den 21. Juni 1840., gehalten. Angehängt sind die 3 kostbaren Documente. 8. Berlin 840. Wohlgemuth. 1/8 Thlr

Doyé, Georg: Grunderbrecht und Grunderbsitte in Schlesien. *Langensalza 1900: H. Beyer & Söhne.* (34 S.) 8°
Greifswald, Jur. Diss. v. [29. Sept.] 1900

Doyé, Geo., die Vererbg. des ländlichen Grundbesitzes in der Prov. Schlesien, m. e. geschichtl. Einleitg. v. H. Grandke, s.: Vererbung, die, des ländl. Grundbesitzes im Königr. Preussen. XIV.

Doyé, Polycarp. Joan. (geb. Luckenwalde 16. 12. 1838): De dysenteria. Berolini (1863). (36 S.) 8°
Berlin, Med. Diss. v. 21. März 1863

Doyé, Ulrich, Referendar a. Bonn: Zur Haftung der Verbandspersonen des öffentlichen Rechts für Handlungen ihrer Organe. Bonn 1906: E. Eisele. (II, 62 S.) 8°
Leipzig, Jur. Fak., Diss. v. 8. Dez. 1906
[Geb. 19. Juni 81 Neu-Ruppin; Wohnort: Bonn; Staatsangeh.: Preußen; Vorbildung: Städt. Gymn. Barmen Reife O. 01; Studium: Bonn 1, Berlin 1, Bonn 1, Berlin 1, Bonn 2 S.; Rig. 29. Mai 06.]

Doyen, Franz [Dr. theol., Priester d. Diöz. Metz]: Die Eucharistielehre Ruperts von Deutz. . . . Metz, Buchdr. v. Paul Even, 1889; VII + 42 S. 8°
München, Theol. Fak., Inaug.-Diss. v. 1890

Doyer, Ahasv., Specimen philosoph. de duello. 4. Halae, Hemmerde. 786.

Doyer, Ahasv., specimen philosoph. de duello. 4. Halle 786. Schwetschke u. S. 4 gr.

Doyle, A. Conan, s. Doyle, Arthur Conan.

*Doyle, Alexander, Kurze und deutliche Auslegung der Voltagier-Kunst, . . ., m. Abb., Nürnberg u. Frankfurt 1720, Quer-8°.

Doyle, Alex., Ausleg. d. Voltigirkunst. m. K. 8. Nürnb. 729.

Doyle, A.: Neu alamodische ritterliche Fecht- und Schirm-Kunst. Nürnberg & Frankfurt 1716. 59 Taf.

Doyle, Arthur Conan

Fünf Abenteuer des Sherlock Holmes. Detektiv-Geschichten von [Arthur] Conan **Doyle**. Stuttgart: Lutz [1908]. 211 S. 8°
(Bibliothek August Scherl. Bd 50. 51.) [10. 13614

Doyle, Sir Arth. Conan, die Abenteuer des Brigadiers Gerard. 1. Bd. Deutsch v. R. Lauternbach u. Luise Schroeter. (Autorisiert.) 4.—6. Aufl. (181 u. 205 S.) 8. Stuttgart (909). R. Lutz. 3.25; geb. in Leinw. 4.50

Doyle, A. Conan, Abenteuer des Doktor Holmes, s.: Lutz' Kriminal- u. Detektiv-Romane. 12. Bd.

Doyle, A. Conan, Abenteuer d. Doktor Holmes, s.: Sammlung ausgew. Kriminal- u. Detektiv-Romane.

— neue Abenteuer des Doktor Holmes, s.: Lutz' Kriminal- u. Detektiv-Romane. 20. Bd.

Doyle, A. Conan: Neue Abenteuer des Doktor Holmes, s. Sammlung ausgewählter Kriminal- u. Detektiv-Romane.

— Adventures of Gerard, s.a. Collection of British authors.

Adventures of Gerard. By A[rthur] Conan **Doyle**. Copyright ed. Leipzig: Tauchnitz 1903. 279 S. 8°
(Collection of British authors. Tauchnitz Ed. Vol. 3700.) [11. 8530

Doyle, A. Conan: The adventures of Sherlock Holmes, s. a. Collection of British authors.

The Adventures of Sherlock Holmes. By A[rthur] Conan **Doyle**. Copyright ed. In 2 vol. Vol. 1. 2. Leipzig: Tauchnitz 1893. 8°
(Collection of British authors. Tauchnitz Ed. Vol. 2896/7.) [11. 7943

— ein gefährlicher Ausflug, s.: Engelhorn's allgemeine Romanbibliothek. 16. Jahrg.

– Uncle Bernac, s.a. Collection of British authors.

— Onkel Bernac, s.a. Universal-Bibliothek.

Onkel Bernac [Uncle Bernac]. Roman von A[rthur] Conan **Doyle**. Aus d. Engl. übers. von Dr. Victor Eltz. Leipzig: Reclam jun. [1900]. 100 S. 8°
(Universal-Bibliothek. 5157. 5158.) [10. 2138

Uncle Bernac. A memory of the Empire. By A[rthur] Conan **Doyle**. Copyright ed. Leipzig: Tauchnitz 1897. 279 S. 8°
(Collection of British authors. Tauchnitz Ed. Vol. 3222.) [11. 8177

– The great Boer war, s.a. Collection of British authors.

The great Boer War. By A[rthur] Conan **Doyle**. Copyright ed. In 2 vol. Vol. 1. 2. Leipzig: Tauchnitz 1900. 8°
(Collection of British authors. Tauchnitz Ed. Vol. 3464/5.) [11. 8333

Doyle, A. Conan: The Captain of the Pole-Star and other tales, s. Collection of British authors.

Doyle, A. Conan: Micah Clarke, s. Collection of British authors.

Doyle, A. Conan: The white company, s. Collection of British authors.

— Das Congoverbrechen. Autoris. deutsche Ubersetzg. v. C. Abel-Musgrave. (165 S. m. Titelbild.) 8. Berlin 909. D. Reimer. 1.—

— The doings of Raffles haw, s. Library, the English Nr. 79.

— Through the magic door, s.a. Collection of British authors.

Through the magic Door. By A[rthur] Conan **Doyle**. Copyright ed. Leipzig: Tauchnitz 1907. 270 S. 8°
(Collection of British authors. Tauchnitz Ed. Vol. 4008.) [11. 8737

– A duet, s.a. Collection of British authors.

A Duet with an occasional chorus. By A[rthur] Conan **Doyle**. Copyright ed. Leipzig: Tauchnitz 1899. 287 S. 8°
(Collection of British authors. Tauchnitz Ed. Vol. 3354.) [11. 8272

— Ein Duett. Roman. Autoris. Ubersetzg. aus dem Engl. v. Leop. Rosenzweig. (825 S.) 8. Wien 908. Berlin, J. Singer & Co. 8.—

— Erinnerungen an Sherlock Holmes, s.: Lutz' Kriminal- u. Detektiv-Romane.

-- The exploits of Brigadier Gerard, s. Collection of British authors.

The Exploits of brigadier Gerard. By A[rthur] Conan **Doyle**. Copyright ed. Leipzig: Tauchnitz 1896. 280 S. 8°
(Collection of British authors. Tauchnitz Ed. Vol. 3122.) [11. 8108

— Round the fire stories, s.a. Collection of British authors.

Round the Fire Stories. By A[rthur] Conan **Doyle**. Copyright ed. Leipzig: Tauchnitz 1908. 350 S. 8°
(Collection of British authors. Tauchnitz Ed. Vol. 4077.) [11. 8809

– The firm of Girdlestone, s. a. Collection of British authors.

The Firm of Girdlestone. A romance of the unromantic. By A[rthur] Conan **Doyle**. Copyright ed. In 2 vol. Vol. 1. 2. Leipzig: Tauchnitz 1893.
(Collection of British authors. Tauchnitz Ed. Vol. 2943/4.) [11. 7978

The green Flag, and other stories of war and sport. By A[rthur] Conan **Doyle**. Copyright ed. Leipzig: Tauchnitz 1900. 304 S. 8°
(Collection of British authors. Tauchnitz Ed. Vol. 3425.) [11. 8306

— mein Freund der Mörder u. andere Geschichten, s.: Lutz' Kriminal- u. Detektiv-Romane. 37. Bd.

— Sherlock Holmes als Einbrecher, s.: Lutz' Kriminal- u. Detektiv-Romane.

– The hound of the Baskervilles, s. a. Collection of British authors.

The Hound of the Baskervilles. Another adventure of Sherlock Holmes. By A[rthur] Conan **Doyle**. Copyright ed. Leipzig: Tauchnitz 1902. 270 S. 8°
(Collection of British authors. Tauchnitz Ed. Vol. 3571.) [11. 8432

— d. Hund d. Baskerville s.: Lutz' Kriminal- u. Detektiv-Romane. 41. Bd.

— Ich klage an! Ein Flucht in die Offentlichkeit. (Der Fall Edalji.) (62 S.) 8. Berlin (907). Hesperus Verlag. —75

[Arthur] Conan **Doyle**. Ich klage an! (Der Fall Edalji.) Eine Flucht in d. Öffentlichkeit. Berlin: G. Riecke Nachf. [1907]. (62 S.) 8° [07. 10756

-- Das Töpfchen Kaviar. Erzählung. Autoris. Ubers. v. Kurt Abel-Musgrave. (44 S.) 8. Dresden (910). E. Pierson. 1.—; geb. n 2.—

Das Congoverbrechen von Arthur Conan **Doyle**. Autor. deutsche Übers. von C[urt] Abel-Musgrave. Mit 1 Titelbild. Berlin: D. Reimer 1909. 105 S. 8° [09. 3725

Der Krieg in Südafrika: Seine Ursache u. Führung. Von A[rthur] Conan **Doyle**. Aus d. Engl. *London: Smith; Berlin: German Times 1902.* (188 S.) 8° [illegible]

– Round the red lamp, s. a. Collection of British authors.

Round the red Lamp. Being facts and fancies of medical life. By A[rthur] Conan **Doyle**. Copyright ed. Leipzig: Tauchnitz 1895. 286 S. 8°
(Collection of British authors. Tauchnitz Ed. Vol. 3040.) [11. 8047

– The memoirs of Sherlock Holmes, s. a. Collection of British authors.

The Memoirs of Sherlock Holmes. By A[rthur] Conan **Doyle**. Copyright ed. In 2 vol. Vol. 1. 2. Leipzig: Tauchnitz 1894. 8°
(Collection of British authors. Tauchnitz Ed. Vol. 2972/3.) [11. 7998

— mysteries and adventures, s.: Library, the English.

— The mystery of Cloomber s.a. **Collection of British authors.**

The Mystery of Cloomber. By A[rthur] Conan **Doyle**. Copyright ed. Leipzig: Tauchnitz 1909. 286 S. 8°
(Collection of British authors. Tauchnitz Ed. Vol. 4138.) [11. 8837

— **1001 Nacht.** Drama in fünf Aufzügen. Im Auftr. d. Verf. besorgte deutsche Bühnen-Bearbeitg. v. Heinr. Zschalig. 8. (104 S.) Ebd. 896. n. 1. —

— **Napoleon Bonaparte.** Aufzeichnungen e. französ. Edelmannes. Roman. (Autoris. Übertragg. v. Elisab. Merhuut.) (262 S. m. Vollbildern.) 8. Leipzig (909). F. Moeser Nachf. 3.50; geb. in Leinw. 4.50

— Sir Nigel, s.a. **Collection of British authors.**

Sir Nigel. By A[rthur] Conan **Doyle**. Copyright ed. In 2 vol. Vol. 1. 2. Leipzig: Tauchnitz 1906. 8°
(Collection of British authors. Tauchnitz Ed. Vol. 3935/6.) [11. 8697

— späte Rache, s.a. **Lutz' Kriminal- u. Detektiv-Romane. 10. Bd.**

— **späte Rache,** s.a. **Sammlung ausgewählter Kriminal- u. Detektiv-Romane.**

Späte Rache. Roman von [Arthur] Conan **Doyle**. Stuttgart: Lutz [1908]. 222 S. 8°
(Bibliothek August Scherl. Bd 43. 44.) [10. 13039

– The refugees, s.a. Collection of British authors.

The Refugees. A tale of two continents. By A[rthur] Conan **Doyle**. Copyright ed. In 2 vol. Vol. 1. 2. Leipzig: Tauchnitz 1893. 8°
(Collection of British authors. Tauchnitz Ed. Vol. 2919/20.) [11. 7963

— The return of Sherlock Holmes, s.a. **Collection of British authors.**

The Return of Sherlock Holmes. By A[rthur] Conan **Doyle**. Copyright ed. In 2 vol. Vol. 1. 2. Leipzig: Tauchnitz 1905. 8°
(Collection of British authors. Tauchnitz Ed. Vol. 3796/7.) [11. 8528

– The great shadow and Beyond the city, s. a. Collection of British authors.

The great Shadow, and beyond the City. By A[rthur] Conan **Doyle**. Copyright ed. Leipzig: Tauchnitz 1893. 288 S. 8°
(Collection of British authors. Tauchnitz Ed. Vol. 2886.) [11. 7936

— **Sherlock-Holmes-Serie.** Gesammelte Detektivgeschichten. Autorisiert. 28 Lfgn. 8. Stuttgart 902. R. Lutz. à — 40

I. Späte Rache. Illustriert v. Rich. Gutschmidt. (232 S.) — II. Das Zeichen d. Vier. Illustr. v. Rich. Gutschmidt. (239 S.) — III. Der Bund d. Rothaarigen u. and. Detektivgeschichten. Mit Illustr. (319 S.). — IV. Das getupfte Band u. andere Detektivgeschichten. Mit Illustr. (314 S.) — V. Fünf Apfelsinenkerne u. andere Detektivgeschichten. Mit Illustr. (312 S.)

— dasselbe. Bandausg. (In 6 Bdn.) I—V. 8. Ebd. Einzelpr. à n. 2.25; geb. à n. 3.25; Gesammtpr. f. vollständig 12. —; geb. 18. —

I. Späte Rache. Illustr. v. Rich. Gutschmidt. (232 S.) 902.
II. Das Zeichen der Vier. Illustriert von Rich. Gutschmidt. (239 S.) 902.
III. Der Bund der Rothaarigen u. andere Detektivgeschichten. (319 S. m. Abbildgn.) 902.
IV. Das getupfte Band u. andere Detektivgeschichten. (314 S. m. Abbildgn.) 902.
V. Fünf Apfelsinenkerne u. andere Detektivgeschichten. (312 S. m. Abbildgn.) 902.

— **Sherlock Holmes-Serie.** Gesammelte Detektivgeschichten. Autorisiert. I—VIII. 8. Stuttgart, R. Lutz à Bd. n. 2.25; geb. n. 3.25; auch in Lfgn. à — 40

I. Späte Rache. Illustriert v. Rich. Gutschmidt. 6.-21. Taus. (à 232 S.) (906.)
II. Das Zeichen der Vier. Illustriert v. Rich. Gutschmidt. 6.—21. Taus. (à 239 S.) (904—906.)
III. Der Bund der Rothaarigen u. andere Detektivgeschichten. 6.—21. Taus. (à 319 S. m. Abbildgn.) (904—906.)
IV. Das getupfte Band u. andere Detektivgeschichten. Mit Illustr. 6.—21. Taus. (à 314 S.) (904—906.)
V. Fünf Apfelsinenkerne u. andere Detektivgeschichten. 6.—21. Taus. (à 312 S. m. Abbildgn.) (904—906.)
VI. Der Hund v. Baskerville. Roman. Mit Illustr. v. Rich. Gutschmidt. 1—24. Taus. (à 324 S.) (903—906.)
VII. Als Sherlock Holmes aus Lhassa kam. 7 neue Detektivgeschichten. Illustriert v. Rich. Gutschmidt. 1.—22. Taus. (à 310 S.) (905—906.)
VIII. Die tanzenden Männchen u. andere Detektivgeschichten. Illustriert v. Rich. Gutschmidt. 1.—26. Taus. (à 311 S.) (906.)

— **Sherlock Holmes-Serie.** Gesammelte Detektivgesch. Autorisiert. I—IX. 8. Stuttgart, R. Lutz. à Bd. 2.25; geb. in Leinw. 3.25; auch in 50 Lfgn. à — 40

I. Späte Rache. Illustriert v. Rich. Gutschmidt. 22.—37. Taus. (232 S.) (907. 08.)
II. Das Zeichen d. Vier. Illustr. v. Rich. Gutschmidt. 22.—41. Taus. (239 S.) (907—09.)
III. Der Bund der Rothaarigen u. andere Detektivgeschichten. Mit Illustr. 22.—41. Taus. (319 S.) (907—09.)
IV. Das getupfte Band u. andere Detektivgeschichten. Mit Illustr. 22.—41. Taus. (314 S.) (907—09.)
V. Fünf Apfelsinenkerne u. and. Detektivgesch. 22.—41. Taus. (312 S. m. Abbildgn.) (907—10.)
VI. Der Hund v. Baskerville. Roman. Mit Illustr. v. Rich. Gutschmidt. 25.—44. Taus. (324 S.) (907. 08.)
VII. Als Sherlock Holmes aus Lhassa kam. 7 neue Detektivgesch. Illustr. v. Rich. Gutschmidt. 23.—42. Taus. (310 S.) (907—09.)
VIII. Die tanzenden Männchen u. and. Detektivgeschichten. Illustr. v. Rich. Gutschmidt. 27.—47. Taus. (311 S.) (907. 08.)
IX. Sherlock Holmes u. die Ohren. Nebst anderen Geschichten. Rechtmäßige Übersetzg. v. R. Lautenbach u. A. Gleiner. Illustr. v. Rich. Gutschmidt. 1.—24. Taus. (294 S.) 908—910.

– The sign of four, s. Collection of British authors.

– The Stark Munro letters, s. a. Collection of British authors.

The Stark Munro letters ... Edited and arranged by A[rthur] Conan **Doyle**. Copyright ed. Leipzig: Tauchnitz 1895. 278 S. 8°
(Collection of British authors. Tauchnitz Ed. Vol. 3094.) [11. 8071

– Rodney Stone, s. a. Collection of British authors.

Rodney Stone. By A[rthur] Conan **Doyle**. Copyright ed. In 2 vol. Vol. 1. 2. Leipzig: Tauchnitz 1897. 8°
(Collection of British authors. Tauchnitz Ed. Vol. 3182/3.) [11. 8147

– A study in scarlet, s.a. Collection of British authors.

A Study in scarlet. By A[rthur] Conan **Doyle**. Copyright ed. Leipzig: Tauchnitz 1892. 278 S. 8°
(Collection of British authors. Tauchnitz Ed. Vol. 2812.) [11. 7878

– De tragedy of the Korosko, s. a. Collection of British authors.

The Tragedy of the Korosko. By A[rthur] Conan **Doyle**. Copyright ed. Leipzig: Tauchnitz 1898. 269 S. 8°
(Collection of British authors. Tauchnitz Ed. Vol. 3262.) [11. 8206

Doyle, A[rthur] Conan. Die Wahrheit über den Krieg in Süd-Afrika. Mit einer Karte des Kriegsschauplatzes. (Hrg. von einigen zürcherischen Freunden Englands.... Uebersetzt von R[udolf] Toggenburger in Zürich.) XII + 195 S. 8. Zürich, Hofer & Co., 1902. [fr. 1.50]

Doyle, A[rthur] Conan. Die Wahrheit über den Krieg in Süd-Afrika. (*Umschlag:* 2. Aufl.) Mit einer Karte des Kriegsschauplatzes. (Hrg. von einigen zürcherischen Freunden Englands.... Uebersetzt von R[udolf] Toggenburger in Zürich.) XII + 189 S. 8. Zürich, Hofer & Co., 1902. [fr. 1.50]

— the war in South-Africa, s.a. **Collection of British authors.**

The War in South Africa. Its cause and conduct. By A[rthur] Conan **Doyle**. Copyright ed. Leipzig: Tauchnitz 1902. 271 S. 8°
(Collection of British authors. Tauchnitz Ed. Vol. 3565.) [11. 8487

— das Zeichen der Vier, s.a **Lutz' Kriminal- u. Detektiv-Romane. 11.**

— **das Zeichen der Vier,** s.: **Sammlung ausgewählter Kriminal- u. Detektiv-Romane.**

Doyotte, F., Gemüthserhebungen zum heiligsten Herzen Jesu. Autoris. Uebersetzung. 16. (272 S.) Mainz 881. Kirchheim. 1. —

Dozons, die Grotte v. Lourdes, ihre Quelle, ihre Heilungen. Autoris. Uebersetzg. von Thdr. Frhr. v. Lamezan. 8. (VIII, 263 S.) Mainz 875. Kirchheim. 2. —

Dozy, François

— et J. H. **Molkenboer**, bryologia javanica sive descriptio muscorum frondosorum archipelagi indici iconibus illustrata. Vol. I. (In 5 Heften mit lith. Taf.) Lugduni-Batav. 854. (Rotterdam, Baedeker.) gr. 4. nn. 5 ℛ 15 ngr

—— u. J. H. Molkenboer, Musci Frondosi inediti Archipelagi Indici, sive descriptio et adumbratio Muscorum Frondosorum in insulis Java, Borneo, Sumatra, Celebes, Amboina nec non in Japonia nuper detectorum minusve cognitorum. Fasc. I. et II. Roy.-4. Lugduni-Batavorum, Hazenberg et Soc. à

Fasc. I. Endotrichum, Holomitrium, Bryum. (3 B. u. 10 Stnt.) 845.
· II. Mnium, Daltonia, Orthodontium, Cryptocarpus, Claotoprium, Barbula. (3½ B. u. 10 Stnt.) 846.

Dozy, Frid., Plagiochila Sandei Dz. icone illustrata. Accedunt novae Hepaticarum javanicarum species a C. M. v. d. Sande Lacoste breviter descriptae. Lugduni-Bat, (856). (Brill.) gr. 4. (13 S. u. 1 lith. Taf.) nn. 17 ngr

Dozy, François, u. Julianus Hendrik Molkenboer

—— —— Muscorum Frondosorum novae species ex Archipelago Indico et Japonia. Lex.-8. (1¾ B.) Lugduni-Batavorum 844, Hazenberg et Soc.

— et J. H. **Molkenboer**, novae fungorum species in Belgio septentrionali nuper detectae. Mit 2 Taf. Abbild. 8maj. Lugd.-Batav. 846, S. et J. Luchtmans. (Leipzig, T. O. Weigel.) n. 7/12 ℛ

Dozy, Frid., s. Dozy, François

Dozy, J. G., s.: Beiträge, ethnographische.

Dozy, R. P. A., s. Dozy, Reinhart

Dozy, Reinhart

Dozy, R., le calendrier de Cordoue de l'année 961 Texte arabe et ancienne traduction latine. gr. 8. (VIII, 117 S.) Leiden 873. Brill. n.n. 3. 50

Dozy, R. P. A., s.a. Catalogus codicum orientalium bibliothecae Lugduno-Batavae.

Dozy, R. P. A., catalogus codicum orientalium bibliothecae academiae Lugduno Batavae. Vol. I. et II. gr. 8. (I: XXXVI u. 367 S. II: II u. 323 S.) Lugduni Batav. 851, Brill. (I: n. 3½ ℛ II: n. n. 2⅓ ℛ) n. 5⅚ ℛ

Dozy, R. P. A., Dictionnaire détaillé des noms des vêtemens chez les Arabes. Ouvrage couronné et publié par la troisième classe de l'Institut Royal des Pays Bas. gr. 8. Amsterdam 845, Joh. Müller. n. 3 ℛ 12 ngr — Ausg. in 4. 5 ℛ 16 ngr

—— s. Edrisi.

— Geschichte der Mauren in Spanien bis zur Eroberung Andalusiens durch die Almoraviden [711—1110]. Deutsche Ausg. m. Originalbeiträgen d. Verf. 2 Bde. gr. 8. (VIII, 469 u. 448 S.) Leipzig 874. Grunow. à n. 10. 50

Dozy, R. P. A., Historia Abbadidarum, praemissis scriptorum arabum de ea dynastia locis nunc primum editis. Vol. I. 4. Lugd. Batav. 846, S. et J. Luchtmans. baar 4⅓ ℛ

Dozy, R., die Israeliten zu Mekka von Davids Zeit bis ins 5. Jahrh. unserer Zeitrechnung. Ein Beitrag zur alttestamentl. Kritik und zur Erforschung des Ursprungs des Islams. Aus dem Holländ. übers. Lex.-8. (VI und 196 S. mit 1 Stat.) Leipzig 864, Engelmann. *

—— Lettre à M. Fleischer contenant des remarques critiques et explicatives sur le texte d'Al-Makkari. gr. 8. (280 S.) Leyde 871, Brill. *

Dozy, R. P. A., Scriptorum arabum loci de Abbadidis, s. Scriptorum.

— Notices sur quelques manuscrits arabes. gr. 8. (260 S. m. 1 lith. Taf. in 4.) Leyde 847 — 51, Brill. n. n. 1 ℛ 28 ngr

Draak, Ferdinand

Draak, F., schwarze Banden unter Aerzten u. Juristen im neugeeinten deutschen Reiche. [Eine öffentl. Denunciation an alle gekrönten Häupter u. Staatsbürger.] [Orte der Handlg.: Berlin, Hamburg, Altona u. Wandsbeck.] Zur Warng. d. Publikums veröffentlicht. gr. 8. (237 S.) Friedenau 892. (Berlin, G. A. Dewald.) n. 2. 50

—— Neue Frechheiten alter Medizinal-Sünder [Virchow, Langerhans in Berlin u. Wallichs in Altona] [der große Irrenhausschwindel]. gr. 8. (15 S.) Friedenau 892. (Lpz., O. Beyer.) — 10

Eine Hetzjagd auf Menschen, oder: Wie man einen geistig völlig gesunden Menschen seines Geldes wegen und aus Rache in's Irrenhaus zu sperren versuchte und wie der Plan misslang. (Von Ferdinand **Draak**.) Berlin. 1884. 8°.

Actenstücke zu der Broschüre: „Eine Hetzjagd auf Menschen." (Von F. **Draak**.) Hrgg. v. H. Wex. Hamburg. (1884.) 8°.

— gewerbsmäßige Meuchelmörder im Staatsdienste. Aktenmäßige Darstellg. der Verbrechen e. „schwarzen Bande" [Complott] v. 11 Richtern, 15 Advokaten u. 10 Aerzten. gr. 8. (237 S.) Ebd. 892. n. 2. 50
Vergl.: Elard, F.

Draat, P. Fijn van, s. Fijn van Draat.

Draat, P. Fijn van, Rhythm in English prose, s.: Forschungen, anglistische. 29. Hft.

Drabbe, Janus Christianus, Dissertatio literaria inauguralis de Oropo. 8maj. Lugduni-Batavorum 846, S. et J. Luchtmans. baar 13 ngr

Drabig, Paul, a. Berlin: Kann die im Statut einer Aktiengesellschaft festgesetzte Vertragsstrafe vom Richter ermäßigt werden? Berlin [1907]: Denter & Nicolas. (57 S.) 8°
Jena, Jur. Fak., Ref. Rosenthal, Diss. v. 21. Mai 1907
[Geb. 26. März 69 Berlin; Wohnort: Berlin; Staatsangeh.: Preußen; Vorbildung: Luisenstädt. Realgymn. Berlin Reife O. 87; Studium: Berlin 6 S.; Rig. 30. Jan. 06.]

Drabitius, W., das Himmelreich auf Erden. Eine Divination der Zukunft. Cottbus 869. Heine in Comm. gr. 8. (92 S. u. 1 lith. Taf. in 4.) n. 20 ngr

Drabitius, W., das Himmelreich auf Erden. Eine Divination der Zukunft. gr. 8. (92 S. mit 1 Stnt. in 4.) Cottbus 870, (Heine.) *

Drabitius, W., die Vergangenheit, Gegenwart u. Zukunft des Menschengeschlechts. Oder: Welches ist das Endziel aller politischen, socialen u. religiösen Bewegungen unserer Zeit? Vom rein menschl. Standpunkte beantwortet. gr. 16. (VIII u. 61 S.) Cottbus 849. (Meyer.) n. ⅙ ℛ

Drabkin, Abrahamus (*geb. Mohilew in Rußl. 7. 7. 1844*): Fragmenta commentarii ad Pentateuchum Samaritano-Arabici sex, nunc primum edita atque illustrata. Lipsiae (1875). (59 S.) 8°
Breslau, Phil. Diss. v. 24. Mai 1875

Drabkin-Slutzky, Basha. Zwei Fälle von sogenannten Adenomata sebacea. Diss. Med. Univ. Zürich. *Kopftitel:* Aus der Privatpoliklinik für Hautkrankheiten von Dr. [Ernst] Heuss, Privatdocent in Zürich. 21 S. 8. Zürich, J. J. Meier, 1906.

Drach, Alhard, s. Drach, Karl Alhard

Drach, Calhard v., s. Drach, Karl Alhard

Drach, Emil. Moira. Drei Dichtgn. gr. 8. (133 S.) Oldenb. 889, Schulze. * 2 —; geb. * 3 —

Drach, Erich: Ludwig Tiecks Bühnenreformen. Berlin: Trenkel 1909. 91 S. 8° ¶(Ersch. auch als Buch ebd.)
München, Phil. Diss. v. 6. März 1908, Ref. Muncker, H. Paul
[Geb. 26. April 85 München; Wohnort: München; Staatsangeh.: Bayern; Vorbildung: Maximilians-Gymn. München Reife Juli 03; Studium: München 9 S.; Rig. 6. März 08.] [U 09. 3457

Drach, Karl Alhard

Drach, Alhard v., die Bau- u. Kunstdenkmäler des Kreises Fritzlar, s.: Bau- u. Kunstdenkmäler, die, des Reg.-Bez. Cassel. II.

Die Bildnisse Philipps des Großmütigen. Festschrift z. Feier s. 400. Geburtstages (13. Nov. 1904). Bearb. von [Karl] Alhard v. **Drach** u. Gustav Könnecke. Mit 150 Abb., Titelbild u. 26 [vielm. 25] Taf. Hrsg. von d. Hist. Komm. f. Hessen u. Waldeck ... Marburg i. H.: N. G. Elwert 1905. (103 S.) gr. 2° [F.]
= Veröffentlichungen d. Hist. Kommission f. Hessen u. Waldeck. [4.]
[05. 13797

Drach, C. A., Einleitung in die Theorie der cubischen Kegelschnitte. (Raumcurven 3. Ordnung.) Lex.-8. (IV und 112 S. mit 2 Stnt. in qu. 4.) Leipzig 867, Teubner. *
Aus: Zeitschrift für Mathematik und Physik, besonders abgedruckt.

Drach, C. A., Einleitung in die Theorie der cubischen Kegelschnitte. Raumcurven 3. Ordnung. [Aus der Zeitschrift für Mathematik u. Physik.] Leipzig 868. Teubner. Lex.-8. (IV, 112 S. u. 2 lith. Taff. in 4.) n. 28 ngr.

Kreis Fritzlar ... bearb. von C[arl] Alhard v. **Drach**. Mit 244 Taf. nach photogr. Aufnahmen u. Zeichn. Text. Atlas. Marburg: Elwert 1900. 4°
(Bau- u. Kunstdenkmäler im Regierungsbezirk Cassel. Bd 2.) [09. 13748 4

Drach, C. Alhard v., die zu Marburg im mathematisch-physikalischen Institut befindliche Globusuhr Wilhelms IV. v. Hessen als Kunstwerk u. astronomisches Instrument, beschrieben u. besprochen. gr. 4. (24 S. m. 2 Lichtdr.-Taf.) Marburg 894. N. G. Elwert's Verl. n. 3. 60

. **Das Hütten-Geheimniss vom gerechten Steinmetzen-Grund in seiner Entwicklung und Bedeutung für die kirchliche Baukunst des deutschen Mittelalters, dargelegt durch Triangulatur-Studien an Denkmälern aus Hessen und den Nachbargebieten. Von Calhard v. Drach. Mit 28 lithogr. Taf. Marburg: Elwert 1897. 36 S. 4°**
cf. Bh. 40 (1897) S. 176 (C. Gotthold). 23.

Drach, C. Alhard v., urkundliche Nachrichten über noch in den königl. Sammlungen zu Cassel vorfindliche Kunstgegenstände aus altem landgräfl. hessischen Besitz. Nach archival. Quellen bearb. und mit Abbild. hrsg. 1. Heft: Aeltere Silberarbeiten in den königl. Sammlungen zu Cassel. Mit urkundl. Nachrichten und einem Anhang: Der Hessen-Casselsche Silberschatz zu Anfang des 17. Jahrh. und seine späteren Schicksale. Fol. (VIII, 46 S. mit eingedr. Fig. und 21 Taf. in Lichtdr. nach den Aufnahmen von Ludw. Bickell.) Marburg 888, Elwert's Verlag. In Carton-Mappe *
In Leinw.-Mappe *
Auf feinem Pap. in reichvergoldeter Leinw.-Mappe mit Taf. in Glanzlichtdr. *

Drach C. A. v. Ueber innere u. äussere Polaren der Curven 3. Ordnung. 1864. 4.

Drach, C. A. v., Ueber innere und äussere Polaren der 3. Ordnung, (Hab.-Schrift.) Marburg 1854. 4°. brosch.

Drach CAv, ältere Silberarbeiten in den Königlichen Sammlungen zu Kassel. (Urkundliche Nachrichten, Heft 1) (46 S 21 T) fol [VS] Marburg 1888

Drach C. A. v. Vom Tangentenkegel der Oberflächen 2. Ordnung. 1861. 4.

Drach, C. Alhard v. Der hessische Willkomm, ein Prachtpokal v. 1571 im Schloss zu Dessau. Beitrag zur Kunst- u. Sittengeschichte d. 16. Jahrh. Fol. (VI, 32 S. m. 1 Lichtdr.-Taf. u. 10 Illustr.) Marb. i. H. 890. Elwert. * 6 —

Drach, L. B.

—— Du divorce dans la Synagogue. Ebendas. 1840, 8°, 4 Mk.

—— Der Katholicismus und der Judäismus. Frei nach dem französ. Werke „Lettres d'un Rabbin converti aux Israélites ses frères." Nebst Erläuterungen, mit Rücksicht auf die Juden in Deutschland bearbeitet von Luitpold Baumblatt. Frankenthal, Bensheimer, 1841, 8°, 7 Bogen. 1,50 Mk.

Drach, L. B., Observations sur un article de M. l'abbé Gerbet rélatif à la confession des Hébreux. Wien, Mechitaristen, 1836, 8°.

Drach, P. L. B., Der Katholicismus u. der Judaismus. Frei nach dem französ. Werke: „Lettres d'un Rabbin converti aux Israëlites ses frères." (3 Hefte, Rom 1833.) Nebst Erläuterungen mit besonderer Rücksicht auf die Juden in Deutschland bearbeitet von Luitpold Baumblatt. Frankenthal (Mannheim, Bensheimer) 1841, 8°, 104 S., 1,50 Mk.
Rec. Katholik 1841, Bd. 80 S. 269—70.

Drach, S. C., vereinfachte Methoden z. unmittelbaren Ermittelung u. zum Spannungsnachweis der auf reine Biegung beanspruchten Eisenbetonquerschnitte. (48 S. m. 7 Abb. u. 5 Tab.) gr. 8. Berlin 910. W. Ernst & Sohn. 2. —

Drach, Wilh., Herr Eduard Devrient, s.a. Wagner, R.

Drach, Wilh. [Rich. Wagner.] Herr Eduard Devrient und sein Styl. Eine Studie über dessen „Erinnerungen an Felix Mendelssohn-Bartholdy." München 1869.

Drache, der fliegende, einige hanseat. Volksblätter. 2 Bde. 8. Hamb. 804. (Herold jun.) 1 ℛ 8 ß

Drache, d. fliegende, e. hanseat. Volksblatt. 1r Bd. 8. Hamb. Vollmer, 804.

Drache, der, und die Schöne, aus dem Franz. mit Kupf. gr. 8. Prag, 791. Neureutter. 20 sgl.

Drache, der wahrhaftige feurige, od. Herrschaft über die himml. u. höllischen Geister u. über die Mächte der Erde u. Luft. Mit dem Geheimniß, die Todten zum Sprechen zu bringen, die Anrufung Lucifers, Citirung der Geister; der Verträge mit den Geistern u. der hierzu erforderl. Tinte, der Herrschaft über den Zauberschlüssel ꝛc. — Nach einem in Frankreich aufgefundenen Mscr. von 1522. Nebst einem Postscriptum aus dem großen Buche v. König Salomo, mit einigen köstl. Recepten, gefunden bei Peter Michel, dem letzten Karthäuser zu Erfurt. Mit Holzschnitten. 12. (XXIV u. 176 S.) Ilmenau 850. Weimar, Voigt in Comm. ⅓ ℛ

DRACHE, Der wahrhaftige feurige. O. O. u. J. (188*).
Verboten vom K.-G. Böhm.-Leipa, 18. Juli 1888. §§ 122 a, b, 303, 516.

Drache, E. Die den sächsischen Unterbehörden nach dem Gesetz, betr. die Invaliditäts- u. Altersversicherung vom 22. Juni 1889, bez. der sächsischen Ausführungs-Verordng. vom 2. Mai 1890 erwachsenden Aufgaben. Nebst d. Entwurfe e. Regulativs über die An- u. Abmeldg. der nach d. Invaliditäts- u. Altersversicherungsgesetz versicherungspflicht. Personen. gr. 8. (11 S.) Annaberg 891, Kuske. ** — 30

Drache, Clemens, Dämmerstunden. Gedichte. gr. 16. (V, 136 S.) Bautzen 887, Rühl. **M* 1.50.; geb. *

Drache, Clem., in Dur u. Moll. Gedichte. 12. (IV, 110 S.) Bautzen 897. E. Hübner. n. 1. 50; geb. m. Goldschn. n. 2. 40

Drache, P., aus Wunderwelt u. Märchenland. Romantische Erzählgn. Illustr. v. H. Motty. gr. 8. (IV, 170 S.) Leipzig 891. O. Spamer. n. 3. 50; kart. n. 4. —

Drache, P., aus Wunderwelt u. Märchenland. Romant. Erzählungen. Illustr. v. H. Motty. Wohlfeile [Titel-] Ausg. gr. 8. (IV, 170 S.) Leipzig (891). 897. O. Spamer. n. 2. —; geb. in Leinw. n. 2. 50

Ⓗ **Drache, P.,** aus Wunderwelt u. Märchenland. 897. (KBL. 29)
Ladenpr. aufgehob.

Drache, Rich. Die religiöse Erziehung der Kinder nach dem Entwurf des bürgerl. Gesetzbuches f. das Deutsche Reich u. Abänderungsvorschläge. Lex.-8. (64 S.) [Halle a. S. 889, Strien.] Lpz., Buchh. d. Evangel. Bundes. * 1 —
—— dass. — s. Flugschriften d. Evangelischen Bundes.

—— Können wir trotz der Kampfesziele unseres Bundes m. den deutschen Katholiken in Frieden leben?, s. Flugschriften d. Evangelischen Bundes.

—— Parität—Imparität. Eine staatsrechtl. Betrachtg. gr. 8. (44 S.) Lpz. 892, Buchh. d. Evangel. Bundes v. C. Braun. * — 60
—— dass. — s.a. Flugschriften d. Evangelischen Bundes.

Drachenburg [Schlagwort]

Drachenburg, s.: Geologische Karten. Uebersichtskarte (Kroatien).

Drachenfels. Lustspiel in 5 Akten nach Gresset's »Mechant«. Berlin 1782. B: *Schmid, Chn. Hch.* (Olla Potrida 1782, II, III.) (Handschr. Mitth. von Erich Mennbier, Wien.)

Drachenfels; Lstspl. gr. 8. Berl. 782. (Sander). 6 gr

Drachenfels, der. Sage. Erzählt von e. Rheinländer. 8. (VII, 153 S.) Neuwied 890. Heuser's Verl. n. 2. —; geb. n. 3. —

Drachenfels, der. Sage. Erzählt von e. Rheinländer. 8. (VII, 153 S.) Neuwied 891, Heuser's Verlag. 2 —; geb. * 3 —

Drachenfels, Der, und die anziehendsten Punkte im Siebengebirge. Ein Führer für Besucher dieser Gegend. Bonn 1852. V: *Ennen, Leonhard.* (EngG)

Drachenfels, der, u. die anziehendsten Punkte im Siebengebirge. Ein Führer für Besucher dieser Gegend. Mit 1 Ansicht (in Stahlst.) gr. 16. (IV u. 66 S.) Bonn 852, Habicht. 6 ngr Mit 4 Ansichten u. 1 Karte 5/12 ₰

Drachenritter, Die, oder die furchtbaren unterirdischen Gewölbe der Illensteinburg. Quedlinburg und Leipzig 1830. V: *Aniello, Seb.* (Zeitschr. f. Büch. 1923, S. 82)

Drachenritter, die, od. d. furchtbaren unterird. Gewölbe d. Illensteinburg. (Seitenstück zu d. Löwenrittern.) Vom Verf. d. „Francesco, d. kühne Räuberchef." 2 Thle. 8. (27 B.) Quedlinburg 830, Basse.

Drachensteigen, das, eine Anweis., alle Arten fliegende Drachen zu verfertigen u. dieselben steigen zu lassen. Mit erläut. Abbildd., wie auch Luftballons mit kugelförm. Ueberzuge zu machen. 8. Leipz. (826). Central-Cpt. 4 gr

Drachma evangelica. Luc. 15. Argumentum quatuor meditationum . . . Oenip. 1777. V: *Aigner, Phil.* (Jes)

Drachman, Bernard, Die Stellung und Bedeutung des Jehuda Hajjug in der Geschichte der hebräischen Grammatik. [Heidelberger Diss.] Breslau 1885.

Drachmann, A. B., Bacchylides. S.-A. 1898. 81 S.

Drachmann, A. B., De duobus Pindari locis. S.-A. 1896. 8 S.

Drachmann, A. B., De manumissione servorum apud Graecos qualem ex inscriptionibus cognoscimus. S.-A. 1887. 74 S. 1.50

Drachmann, A. B., s.: Scholia vetera in Pindari carmina.

Drachmann, Bernhard, die Stellung u. Bedeutung d. Jehuda Hajjug in der Geschichte der hebräischen Grammatik. gr. 8. (VII, 79 S.) Breslau 885. Preuss & Jünger. n. 3. —

Drachmann Eduard: De Catulli epigrammatis in Rufum, Gellium, Caesarem, Mamurram missis. II. 1910 PN 3066 Diss. Innsbruck, Univ. 1679

Drachmann, Holger, Brav-Karl. Ein Schauspiel in 4 Akten m. e. Vorspiel u. e. Schlußhandlg. Aus dem Dän. übers. v. Irene Forbes-Mosse. gr. 8. (120 S.) München 902. A. Langen. n. 2. —; geb. n. 3. —

— Es war einmal... Märchenlustspiel in 7 Bildern. Genehmigte deutsche Bühnenbearbeitg. v. Heinr. Zschalig. 8. (122 S.) Dresden 894. H. Morchel. n. 1. 20; mit „Schneefrid" in 1 Bd. n. 1. 50

Drachmann, Holger, es war einmal... Märchensp. in 8 Bild. Deutsch v. Heinr. Zschalig. 2., n. d. Aufführgn. in Kopenhagen, Wien u. Dresden v. Verf. u. Übersetzer gemeins. bes. Bühnenausg. (3. [Umschlag] Aufl.) 8. (III, 67 S.) Dresden 895. E. Pierson. n. — 60; zus. m. Schneefrid n. 1. 50

— dasselbe, od.: D. Prinz v. Nordland, s.: Universal-Bibliothek.

(B) Drachmann, Holger, es war einmal. 895. (KBL 20.) Jetzt: Berlin, Verlag Berlin-Wien.

Drachmann, Holger, Humoresken, s.: Sammlung v. besten Werken der Literatur der Gegenwart.

Drachmann, Holger, Kirche u. Orgel. Eine Dorf-Elegie. Einzige berecht. Übersetzg. aus dem Dän. (188 S.) 8. München 906. A. Langen. n. 3. —; geb. n. 4. —

(B) — Kirche u. Orgel. 906. (KBL 33.) Ladenpr. aufgeh.

Holger Drachmann, Ein Künstlerherz. Berlin: Vita [1898]. (S. 31–104.) 8° [F.]
— Geschichten, Kurze. 1, 9, [3.] 05. 3343

— Künstler-Herzen, s.: Bibliothek nordischer Meister-Erzähler. Nr. 1.

— die Leute v. Strandoog. Schausp. in 3 Aufzügen. Berechtigte deutsche Bühnen-Bearbeitg. v. Heinr. Zschalig. 8. (VII, 107 S.) Dresden 898. E. Pierson. n. 1. —

(B) Drachmann, Holger, Leute v. Strandoog. 898. — 1001 Nacht. 898. (KBL 20.) Jetzt: Berlin, Verlag Berlin-Wien.

— Meerbilder. Dichtungen. Ausgewählt u. ins Deutsche übertr. v. Heinr. Zschalig. 12. (VIII, 104 S. m. Portr.) Dresden 890. Minden. n. 1. 50; geb. n.n. 2. 50

— Die Najade. (Aus dem Dän.) (210 S.) kl. 8. Berlin (903). B. Blaurock. — 50

(B) — Kärntner Novellen. 897. (KBL 29.) Jetzt: München, G. Müller.

— östlich von der Sonne u. westlich vom Mond. Eine Märchendichtg. Einzige berecht. Übersetzg. aus dem Dän. v. Emma Klingenfeld. (160 S.) 8. München 906. A. Langen. n. 2. —; geb. n. 3. —

(B) — Östlich v. d. Sonne. 906. (KBL 33.) Ladenpr. aufgeh.

— u. J. P. Jacobsen, aus den Sandregionen u. andere Erzählungen. Nach dem Dän. bearb. v. Adf. Strodtmann. 8. (311 S.) Berlin 877. Janke. n. 3. —

— Hamborger Schippergeschichten. Mit Autorisation des Verf. in plattdeutsche Art u. Sprache übertr. v. Otto Ernst. 8. (VIII, 156 S.) Hamburg 899. M. Glogau jr. n. 2. —; geb. in Leinw. n. 3. —

— Hamborger Schippergeschichten. Mit Autorisation des Verf. in plattdeutsche Art u. Sprache übertr. v. Otto Ernst. 2. Aufl. (3. u. 4. Taus.) (VIII, 121 S.) 8. Hamburg 905. M. Glogau jr. Geb. in Leinw. n. 1. 50

Hamborger Schippergeschichten. Mit Autorisation d. Verf. Holger Drachmann in plattdeutsche Art u. Sprache übertr. von Otto Ernst [d. i. Otto Ernst Schmidt]. 3. Aufl. Hamburg: M. Glogau jr. 1907. (121 S.) 8° [F.] 07. 5340

— Hamborger Schippergeschichten. Mit Autoris. d. Verf. in plattdeutsche Art u. Sprache übertr. v. Otto Ernst. 4. Aufl. (7—9. Taus.) (VI, III, 121 S.) 8. Hamburg 909. M. Glogau jr. 1. —; geb. n 1. 50

— Schneefrid. Melodrama in 2 Handlgn. (nach Snorre's Harald Haarfager-Saga). Genehmigte deutsche Bühnenbearbeitg. v. Heinr. Zschalig. Musik v. Frz. Curti. 8. (32 S.) Dresden 894. H. Morchel. n. — 50; m. „Es war einmal" in 1 Bd. n. 1.50

(B) — Schneefrid. 894. (LWB 27.) Jetzt: Berlin, Verlag Berlin-Wien.

Drachmann, H., See- u. Strandgeschichten, s.: Universal-Bibliothek.

Drachmann, Holger, Strand-Novellen. Aus dem Dän. übers. von E. v. Engelhardt. Vom Verf. autoris. Ausg. 8. (222 S.) Leipzig 881. Friedrich. n. 4. —

— in Sturm u. Stille, s.: Bibliothek Langen, kleine. 81. Bd.

— Tintoretto. („Renaissance".) Drama in 2 Akten. Autoris. deutsche Bühnenbearbeitg. v. J. C. Poestion. Musik v. P. E. Lange-Müller. (145 S.) 8. München 905. G. Müller. n. 2. —

—— Verschrieben, s.a. Ottmann's Bücherschatz.

— verschrieben. Roman. Auf Wunsch des Verf. in neuer autoris. Übersetzg. v. Julia Koppel u. Gust. Falke (Gedichte). 2 Bde. (376 u. 202 S.) 8. Leipzig 904. Berlin, H. Seemann Nachf. n. 5. —

Drachmann, Holger, Völund der Schmied. Melodrama. Einzige berecht. Uebersetzg. aus dem Dän. v. Irene Forbes-Mosse. (151 S) gr. 8. München 904. A. Langen. n. 2.50; geb. n. 3.50

Drachovsky, Jos., Strafbestimmungen (im österreichischen Personalsteuergesetz). s.: Personalsteuern, die direkten.

Drachsler's, J., Kubik-Tafeln f. Rundhölzer. Neu verb. Taschenausg. qu. 16. (77 S.) Freiwaldau 891, (Titze.) cart. 1 20

Drachsler's, J., Kubik-Tafeln f. Rundhölzer. Neue verb. Taschenausg. qu. schmal 12. (77 S.) Wien 893. M. Perles. Kart. n. 1.20

Drachsler's Kubik-Tafeln f. Rundhölzer. 2. verm. u. verb. Aufl. schmal qu. 12. (VII, 127 S.) Wien 900. M. Perles. Kart. n. 2. —

Drachstädt, Friedrich Gottlieb (Halle), De successione viudi, ex lege Halensi. Diss. jur. Präs. Gebhard Christian Bastineller. Halle (Ch. Henckel) 31. I. 1713. 48 S., tlws. dtsch. (5.—) 6814

— Carl Gotthilff (Halle. Blanckenburg), Observat. jur. miscell. theoretico-practicae. Dissert. jur. Präs. Jo. Paul Kresse. Helmstedt (Hamm) 3. VIII. 1723. 40 S. (5.—) 6818

Drachter, Richard, Medizinalprakt.: Beitrag zu den subkutanen Verletzungen des ligamentum patellare proprium. München 1908: Wolf. 42 S. 8°
München, Med. Diss. v. 2. Okt. 1909, Ref. v. Angerer
[Geb. 20. Febr. 83 Ellwangen; Wohnort: München; Staatsangeh.: Württemberg; Vorbildung: Gymn. Ellwangen Reife Juli 02; Studium: Tübingen 2, Würzburg 1, Tübingen 2, Kiel 1, München 4 S.; Coll. 2. Okt. 09; Approb. 16. Mai 09.] [U 10. 3495

Drack, Ed., der Gemüsegarten. E. Leitfaden z. Gebr. bei Gemüsebaukursen. gr. 8. (VI, 103 S. m. Fig.) Aarau 898. E. Wirz. Kart. n. 1.60

Drack, Ed[uard]. Der Gemüsegarten. Ein Leitfaden zum Gebrauche bei Gemüsebaukursen, sowie zum Selbstunterricht. 2., vermehrte und verbesserte, mit 39 Illustrationen versehene Aufl. VI + 133 S. 8. Aarau, Emil Wirz, 1903. [cart. fr. 1.60]

Drack, Ed[uard]. Der Gemüsegarten. Ein Leitfaden zum Gebrauche bei Gemüsebaukursen, sowie zum Selbstunterricht. 3., vermehrte und verbesserte, mit 39 Illustrationen versehene Aufl. VIII + 133 S. 8. Aarau, Emil Wirz, 1906. [cart. fr. 2. —]

Drack, Ed[uard]. Der Gemüsegarten. Ein Leitfaden zum Gebrauch bei Gemüsebaukursen, sowie zum Selbstunterricht. 4., vermehrte und verbesserte, mit 45 Illustrationen versehene Aufl. VIII + 135 S. 8. Aarau, Emil Wirz, 1909. [cart. fr. 2. —]

— die Heilpflanzen d. verschied. Völker u. Zeiten. Ihre Anwendg., wesentl. Bestandtheile u. Geschichte. E. Handbuch f. Ärzte, Apotheker, Botaniker u. Droguisten. gr. 8. (VI, 884 S.) Stuttgart 898. F. Enke. n. 22. —

Drack, Ed., der Obstbau. Ein Leitfaden z. Gebrauche bei Baumwärterkursen, sowie zur Selbstbelehrg. gr. 8. (IV, 143 S. m. Abb.) Aarau 900. E. Wirz. Kart. n. 1.60

Drack, Ed[uard]. Der Obstbau. Ein Leitfaden zum Gebrauche bei Baumwärterkursen, sowie zur Selbstbelehrung. 2. Aufl. 27 Illustrationen im Text. VI + 142 S. 8. Aarau, Emil Wirz, 1903. [cart. fr. 1.60]

Drack, Ed[uard]. Der Obstbau. Ein Leitfaden zum Gebrauche bei Baumwärterkursen sowie zur Selbstbelehrung. 3. stark vermehrte und verbesserte Aufl. mit 61 Illustrationen im Text. X + 194 S. 8. Aarau, Emil Wirz, 1906. [cart. fr. 2. —]

— Der Obstbau. Ein Leitfaden z. Gebrauche bei Baumwärterkursen sowie zur Selbstbelehrg. 5., stark verm. u. verb. Aufl. (IX, 211 S. m. 74 Abb.) 8. Ebd. 911. Geb. in Leinw. 2. —

Draeck, Hermann (geb. am 21 Nov. 1852 in Wachtendonk Kr. Geldern): Zur Therapie der Eklampsie . . . Bonn, Druck v. J. F. Carthaus (1877). 31 S., 1 Bl. 8.
Bonn, Med. Fak., Diss. v. 2 Aug. 1877

Draeck, Ludwig, appr. Arzt: Aus d. pathol. Inst. zu Giessen. Über die spontane Ruptur des Herzens. Giessen 1909: Kindt. 33 S. 8°
Gießen, Med. Diss. v. 6. März 1910, Ref. Bostroem
[Geb. 10. Febr. 83 Wachtendonk; Wohnort: Hagen i. W.; Staatsangeh.: Preußen; Vorbildung: Gymn. Kempen a. Rh. Reife O. 03; Studium: Bonn 2, Kiel 3, München 1, Gießen 4 S.; Coll. 18. Mai 09; Approb. 27. Mai 09.] [U 10. 1135

Dracke, Denkschrift üb. die Nachtheile der Gewerbefreiheit aus d. J. 1818, mitgeteilt v. Ernst Berner, s.: Schriften des Vereins f. die Geschichte Berlins.

Dracke, J., Beschr. s. Lebens u. s. Reis. um d. Welt. 8. Leipz. 726.

Franz Dracke (sic) | Entdecker der Kartoffeln. | Nebst Merkwürdigkeiten aus seinem Leben. | *(Text)*.
Kol.: Gedruckt mit Königl. Sächs. Censur bei G. Strahmer in Mügeln. – Zu haben bei S. Heydenreich.
o. J., 1 Bl. zweiseitig bedruckt, 210 × 170.
LBO Bänkelsängerlit. V, 17.

Drackenborch, Arnold, s. Drakenborch

Drackenstein u. sein Wasserfall. (Gedicht.) gr. 8. Wiesensteig 838. Schmied. 1/12 ₰

Draco Stratonicensis

Draconis Stratonicensis liber de met. poëticis, et Jo. Tzetzae exegesis in Homeri Iliadem. Prim. et indd. add. God. Hermannus. 8 maj. Lpz. 812—14. J. A. G. Weigel. 1 ₰ 18 ℊ Schrbp. 2 ₰ 12 ℊ Velinp. 5 ₰

— Appendix, compl. Trichae, Eliae Mon. et Herodiani tract. de metris gr. ex codd. Mscr. ed. Fr. de Furia. 8 maj. ibid. 814. 12 ℊ

Dracontius, Blossius Aemilius

Dracontius. Carminis de Deo quod D. scripsit librum III emendavit ac suppl. C. E. Gläser. Pr. 1843. 25 S. 4°. 1.20

Dracontius, Blossius Aemilius, Carmina, s.: Monumenta Germaniae historica. XIV.

Dracontii carmina minora plurima inedita. Ex codice Neapolitano ed. Frdr. de Duhn. 8. (VIII, 114 S.) Leipzig 873. Teubner. 1. 20

Dracontii, Presbyt. Hisp., carmen epicum, Hexaëmeron, ab Eugenio II., Episc. Tolet., denuo edidit ac notis illustr. J. B. Carpzov. 8 maj. Helmst. 794. Fleckeisen. 10 *gr.*

— **Orestes**, tragoedia rec. Rud. Peiper. gr. 8. (54 S.) Breslau 875. Gosohorsky. n. 2. —

Draczinski, *Professor Josef Scharnagel †*. 8 (S. 65).
Nicht im Tauschverkehr. Gr.-Or. Ober-G. *Suczawa* 1891.
Progr.

Dräer, Arthur [pr. Arzt]: Untersuchungen über den Desinfectionswert des Karbolkalks bei Typhus- und Choleraausleerungen ... Königsberg i. Pr., Druck v. A. Hausbrand's Nf., 1893; 35 S., 2 Bl. 8.
Königsberg, Med. Fak., Inaug.-Diss. v. 25. Apr. 1893

Dräer, Arth., Untersuchungen üb. den Desinfectionswert des Karbolkalks bei Typhus- u. Choleraausleerungen. Diss. gr. 8. (35 S.) Königsberg i/Pr. 893. (W. Koch.) n. 1. —

Dräer, Richard, prakt. Arzt: **Aus d. Poliklinik f. Hautkranke** d. Herrn Prof. Dr. Caspary. Über lichen ruber pemphigoides. *Königsberg i. Pr. (1901): Königsb. Allgem. Zeitungs-Druckerei.* (35 S.) 8°
Königsberg, Med. Diss. v. 23. Okt. 1901

Dref, J., katholische Gesänge zum Gebrauche beim täglichen Gottesdienste, zunächst für höhere Lehranstalten. 2., verb. und sehr verm. Aufl. Mit einem Anh. der nothwendigen Gebete. 8. (IV und 248 S.) Münster 863, Theissing'sche Buchh. *

Draga und ihre Umtriebe in Serbien von einem serbischen Staatsmann. 29 S. 8. Zürich, Juchli & Beck, 1901. fr. 1. — [*jetzt* fr. —. 20]

Draga u. ihre Umtriebe in Serbien, v. e. serb. Staatsmann. gr. 8. (29 S.) Zürich 901. (C. Schmidt). n. —80

Draga, Königin, das Verhängnis v. Serbien, s.: Falk, Vict. v.

Dragalina, Patricius

Dragalina, P., siehe: *Europe, illustrated.*

Dragalina, P., voir: *Europe illustrée.*

Dragalina, Patricius *s.* Hongrie. A travers la H' méridionale. Zurich ([18]90) - South Hungary. Through S' H'. Zurich [1890].

Dragalina, Patricius *s.* Südungarn. Durch Süd-U'. Zürich ([18]90).

Dragalina, P., siehe: *Ungarn.*

Dragalina, P., siehe: *Wanderbilder.*

Draganić Konstantin: Deschamps'Art de dictier im Verhältnis zu seiner und seiner Zeitgenossen Dichtung. II. 1895 PN 932 Diss. Wien, Univ. 2231

Drage, Gerh., Henochs sel. Ausg. seines Wandels auf J. A. Lampen. 4. Bremen. 746.

Dragehjelm, Hans, das Spielen der Kinder im Sande. Praktische Ratschläge u. Winke zur Förderg. des Sandspielens f. Haus, Schule, Spielplatz u. Behörde, zusammengestellt auf Grundlage amtl. u. anderer Berichte aus d. verschiedenen Ländern. Mit 32 Abb., 2 Skizzen u. e. Einführg. v. F. A. Schmidt. Autoris. Übersetzg. aus dem Dän. v. Alf. Dietrich. (132 S.) gr. 8. Kopenhagen 909. Tillge. 2.50; geb. 3. —

Dragendorff, Ernst [aus Livland]: Ueber die Beamten des Deutschen Ordens in Livland während des XIII. Jahrhunderts ... Berlin, gedr. bei Goedecke & Gallinek, 1894; 97 S., 3 Bl. 8.
Berlin, Phil. Fak., Inaug.-Diss. v. 5. Juli 1894

Dragendorff, Ernst, s.a. **Beiträge zur Geschichte der Stadt Rostock.**

FESTSCHRIFT für die Jahresversammlung des Hansischen Geschichtsvereins und des Vereins für niederdeutsche Sprachforschung im Auftrage der Seestadt Rostock veröffentlicht vom Verein für Rostocks Altertümer. Pfingsten 1908. (Rostock 1908). — A. u. d. T.: Das Rostocker Weinbuch von 1382 bis 1391. Herausgegeben von ERNST DRAGENDORFF und LUDWIG KRAUSE. (Mit Tafeln.) Rostock. 1908. Rats- und Universitäts-Buchdruckerei von Adlers Erben, G. m. b. H. 4°.

— s.: **Weinbuch, das Rostocker, v. 1382—1391.**

Dragendorff, Ernst (Hrsg.), s. Weissbuch, Das Rostocker, von 1382 bis 1391.

Dragendorff, Geo., die qualitative u. quantitative Analyse v. Pflanzen u. Pflanzentheilen. Mit eingedr. Holzschn. u. einer lith. Taf. gr. 8. (XV, 285 S.) Göttingen 882. Vandenhoeck & Ruprecht's Verl. n. 6. —

Dragendorff, Georg

Dragendorff, Geo., Beiträge zur gerichtlichen Chemie einzelner organischer Gifte. Untersuchungen aus dem pharmaceut. Institute in Dorpat. gr. 8. (IV, 312 S.) St.-Petersburg 872, Röttger. *

Dragendorff G.: Chemische Beiträge z. Pomologie m. Berücks. d. livländ. Obstcultur. Dorpat 1878. 102 S. (Særtr.).

Dragendorff, G., über Einwirkung des Phosphors auf einige kohlensaure und borsaure Salze. Inaugural-Dissertation. gr. 8. (15 S.) Rostock 861, (Stiller'sche Hofbuchh.) Thlr. *

—— die gerichtlich-chemische Ermittelung von Giften in Nahrungsmitteln, Luftgemischen, Speiseresten, Körpertheilen etc. gr. 8. (XXIV, 427 S. mit in den Text eingedr. Holzschn.) St.-Petersburg 868, Röttger. *

Dragendorff, Geo., die gerichtlich-chemische Ermittelung von Giften in Nahrungsmitteln, Luftgemischen, Speiseresten, Körpertheilen etc. 2. völlig umgearb. Aufl. gr. 8. (XX, 519 S.) St. Petersburg 876, Röttger. *

Dragendorff, Geo., die gerichtlich-chemische Ermittelung von Giften in Nahrungsmitteln, Luftgemischen, Speiseresten, Körpertheilen etc. 3. völlig umgearb. Aufl. gr. 8. (XVI, 567 S. mit in den Text gedr. Holzschn.) Göttingen 888, Vandenhoeck und Ruprecht's Verlag. *
geb. in Halbleder *

Dragendorff, Geo., d. gerichtl.-chem. Ermittelung v. Giften in Nahrungsmitteln, Luftgemischen, Speiseresten, Körpertheilen etc. 4., völlig umgearb. Aufl. M. i. d. Text gedr. Holzschn. u. 1 Tafel d. Blutspectra. gr. 8. (XIV, 532 S.) Göttingen 895. Vandenhoeck & Ruprecht. n. 12. —; geb. in Halbldr. n. 13. 50

Die Heilpflanzen der verschiedenen Völker und Zeiten. Ihre Anwendg, wesentl. Bestandtheile u. Gesch. E. Handb. f. Ärzte, Apotheker, Botaniker u. Droguisten v. Dr. med. et phil. Georg **Dragendorff,** Prof. ord. emer. d. Univ. Dorpat. (In 5 Lfgn.) *Stuttgart: F. Enke 1898.* (VI, 884 S., 1 Bl.) 1 Bd 8. (98. 8319)

— s.: **Jahresbericht über die Fortschritte der Pharmacognosie, Pharmacie u. Toxicologie.**

—— **Materialien** zu einer Monographie des Inulins. gr. 8. (III, 141 S.) St.-Petersburg 870, Röttger.

—— Untersuchung von Blutspuren, s. Handbuch der gerichtlichen Medicin.

Dragendorff, G., Dr. phil., Chemische Untersuchungen über einen an der Betula alba und verwandten Arten vorkommenden Pilz. Mag. Diss. Dorpat. 33 pp.

—— **Untersuchungen** aus dem pharmaceutischen Institute in Dorpat. Beiträge zur gerichtl. Chemie einzelner organ. Gifte. 1. Heft. gr. 8. (IV, 84 S.) St.-Petersburg 871, Röttger. *

Dragendorff, Geo., die chemische Werthbestimmung einiger starkwirkender Droguen und der aus ihnen angefertigten Arzneimischungen. gr. 8. (126 S.) St.-Petersburg 874, Röttger. *

Dragendorff, Georg, s. Zeitschrift, Pharmaceutische für Russland.

Dragendorff, Hans, u. Friedrich Koepp

H[ans] Dragendorff u. F[riedrich] Koepp. Neue Ergebnisse der Römerforschung in Westfalen. Als Ms. gedr. Münster 1908: Aschendorff. 10 S. 4° 109. 8154 6

Dragendorff, H., theraeische Graeber, s.: Thera. II.

Dragendorff, Ioannes *Fridericus Ludovicus Guilelmus* [Livonvs]: De vascvlis Romanorvm rvbris capita selecta ... (Erscheint vollst. in deutscher Sprache in: Jahrb. d. Ver. v. Altertumsfreund. im Rheinl.) Bonnae, typ. C. Georgi, typogr. acad., *1894*; 36 S., 1 Taf. 8.
Bonn, Phil. Fak., Inaug.-Diss. v. 10. Aug. 1894

Dragendorff, Kurt, aus Rostock: Über die Einwirkung von salpetriger Säure auf einige ringförmige sekundäre aromatische Basen. *Rostock 1898: C. Boldt.* (35 S.) 8°
Rostock, Phil. Diss. v. [9. Nov.] 1898

Dragendorff, Edw. Frdr., zur Methodik der Operationen, mit besond. Berücksichtigung der geburtshülflichen. gr. 8. Heidelberg 839. Mohr. 1/3 ₰

Dragendorff, O[tto], Rostock i. M.: Aus d. anat. Institut in Rostock. Experimentelle Untersuchungen über Regenerationsvorgänge am Auge und an der Linse bei Hühnerembryonen. Mit 1 Taf. *Rostock i. M. 1903: Adlers Erben.* (47 S.) 8°
Rostock, Med. Diss. v. [12. Okt.] 1903

Draeger, A., s. a. Draeger, Anton August

Dräger, A., pladdüütsch Konfekt to Verdauung noa Disch, polit'sch un unpolit'sch, wuato goden Appetit wünscht rc. 2. (Titel-) Aufl. Anclam 854. Dietze. 12. (2 Bl., 96 S.) 5 ngr

— die Malweise des Tizian, s.: Wiegmann, R.

— die Natur des Hochgebirges, s. a. Bücher der Natur.

Dräger, A. . Die Natur des Hochgebirges, mit besonderer Rücksicht auf die Gletscher. Mit 4 lith. Ansichten in Tondruck [Tafeln] und 5 Holzschnitten. 8. Leipzig 1857.

— deutsche Reisen für die reifere Jugend unternommen und beschrieben. 1. Thl. Die Wunder des Hochgebirges. Berlin (853). Winckelmann. 8. (2 Bl., 127 S. u. 4 lith. Taf.) 17 1/2 ngr

Draeger, Anton August

Draeger, A., Zur Lexikographie d. latein. Sprache. Pr. 1861. 26 S. 4°.

Draeger, *Anton* [Dir. Dr.]: Zur Lexikographie der lateinischen Sprache. Aurich, Druck v. H. W. H. Tapper & Sohn, 1890; 18 S. 8°
Aurich, k. G, OP 1890

Dräger, A., De lingua Rossica antiquis simillima. Pr. 1858 12 S. 4°.

Draeger, *Anton August* Ovid als Sprachbildner. 8 (19 S.).
Progr. G. *Aurich* 1888 (281).

Draeger, A., Phraseologie aus Caesar's Bellum Gallicum. Wismar 859. Hinstorff. gr. 8. (IV, 59 S.) 7 1/2 ngr

Draeger, A., Platonica (Adnotationes in Politiam, Timaeum, Phaedonem, Phaedrum). Pr. 1872. 12 S. 4°. 1.—

— Englisches Sprachbuch im Allgemeinen nach genet. Princip für Realschulen, Gymnasien u. Privatunterricht. 1. Abthlg.: Elementarcursus. gr. 8. (XII u. 78 S.) Ebd. 848. 1/4 ₰ — 2. Abthlg.: Satzlehre. gr. 8. (VI S. u. S. 79—293.) Ebd. 849. 3/4 ₰ (1. u. 2: 1 ₰)

— englisches Sprachbuch nach genetischer Methode für Realschulen, Gymnasien und Privatunterricht. 1. Abth.: Elementar-Cursus. 2., verb. Aufl. Güstrow 857. Opitz u. Co. gr. 8. (X, 80 S.) 7 1/2 ngr

Draeger, A. Sprüche des Seneca für Abiturienten. (Entlassungsrede.) 6 S. Progr. *Aurich* 1876.

Draeger, A., Goethe's moralischer u. politischer Standpunkt. Festrede am 28. Aug. 1849 zugleich als Antrittsrede im Hörsaale der Domschule gehalten. gr. 8. (12 S.) Güstrow 849, Opitz & Co. 1/12 ₰

—— historische Syntax der lateinischen Sprache. 1. und 2. Thl. gr. 8. Leipzig, Teubner. *
Inhalt:
Thl. 1. Gebrauch der Redetheile. (S. I—XXVI, 1—146.) 872. *ℳ 2,40.
" 2. Der einfache Satz. 1. Hälfte. (S. 147—322.) 873. *ℳ 2,40.; 2. Hälfte (S. XXVII—XXXII, 323—626.) 874. *ℳ 5,20.

— dasselbe. 2. Bd. 1. Abth. [3. Thl.] Die Coordination. gr. 8. (VIII. 216 S.) Ebend. 876. n. 3. 60

— dasselbe. [2. Bd. 2. Abth.] 4. Thl. Die Subordination. gr. 8. (XVI, 836 S.) Ebend. 877. n. 3. 60 (cplt. n. 26. —)

Draeger, A., historische Syntax der lateinischen Sprache. 1. Bd. 2. Aufl. gr. 8. (XXXII, 671 S.) Leipzig 878. Teubner. n. 12. —

Draeger, A., historische Syntax der lateinischen Sprache. 2. (Schluss-)Bd. 2. Aufl. gr. 8. (XXII, 870 S.) Leipzig 881, Teubner. *
1. Bd. Ebendas. 1878. *ℳ 12.

Draeger, A. Nachträge zur lateinischen Syntax. 28 S. 8. *Aurich* 1879. Progr.

Draeger, Ant. Aug., über Syntax u. Stil des Tacitus. Leipzig 868. Teubner. gr. 8. (XV, 109 S.) n. 24 ngr

Draeger, A., über Syntax und Stil des Tacitus. 1. Aufl. (XV, 109 S.) 1868. *ℳ 2,40., und 2. verm. Aufl. gr. 8. (XV, 120 S.) Leipzig 874, Teubner. *

— über Syntax u. Stil des Tacitus. 3. verb. Aufl. gr. 8. (XIV, 130 S.) Ebend. 882. n. 2. 80

Draeger, A., Die Syntax des Tacitus. Pr. 1866. 85 S. 4°.

Draeger, Ant. Aug., Triumph der Liebe. Ein modernes Gedicht, den Radikalen zur Warnung herausgeg. 16. Malchin 845, Piper. n. 1/2 ₰

Untersuchungen über den Sprachgebrauch der römischen Historiker. 1. Heft. Güstrow 860. Opitz & Co. 4. (29 S.) n. 10 ngr

Dräger, B., Zur Physiologie des Rettungsapparates mit komprimiertem Sauerstoff. Berlin, 1908. 7 S. mit 3 Abb.

Dräger, B.: Die Prüfung von Rettungsapparaten ..., s. Dräger, H.

Dräger, B., Neue Untersuchungen über die Erfordernisse eines zur Arbeit brauchbaren Rettungsapparates. Lübeck, 1904. 19 S. mit 11 Abb.

Draeger, Catherine, née Sigel [de Morges], Répertoire dramatique des écoles et des pensionnats de demoiselles. 1re et 2e Série. 16. (IV, 112; III, 120 S.) Berlin 870, Langenscheidt's Verlagsh. à Série (75 Pf.) *ℳ 1. *

Draeger, Mme. Cathérine, née Sigel, Répertoire dramatique des écoles et des pensionnats de demoiselles. 2e édit. revue et augmentée. 8. (II, 159 S.) Berlin 877, Langenscheidt'sche Verlagsh. *

Draeger, Mme. Catherine, née Sigel, répertoire dramatique des écoles et des pensionnats de demoiselles. 3. éd., revue et corrigée. 8. (II, 159 S.) Berlin 881. Langenscheidt. n. 1. 50

Draeger, Mme Catherine, née Sigel [de Morges], répertoire dramatique des écoles et des pensionats de demoiselles. 4. éd., revue et corrigée. 12. (II, 158 S.) Berlin 890. Langenscheidt. n.n. 1. 50; geb. n. 2. —

Draeger, Mme. Catherine, née Sigel, répertoire dramatique des écoles et des pensionnats de demoiselles. 5. éd., revue et corrigée. (II, 158 S.) 8. Berlin-Schöneberg 903. Langenscheidt's Verl. n.n. 1. 50; geb. n. 2. —

Dräger, H. und B. **Dräger**: Die Prüfung von Rettungsapparaten durch selbsttätige Arbeitsmessung und exakte Kohlensäure-Bestimmung. Lübeck 1907

Draeger, Herm., freie Berge! Ein Sang aus alter Zeit. (III, 92 S.) 8. Berlin 904. G. Schuhr. n. 3. 50

Dräger, J. F. W., über französ. Volksschulen u. deren Lehrer. 2 Vorträge. gr. 8. Berlin 846. (Grobe.) n. 4 ngl — (Aus den Berl. Jahrbüchern besonders abgedruckt.)

Dräger, Ilseniade, s.: Brunswig.

Draeger, *Karl* [Dir. Dr.]: Der Lehrplan und das Lehrbuch für den fremdsprachlichen Unterricht nach den „Bestimmungen über das Mädchenschulwesen, etc. vom 31. Mai 1894". Barmen, Druck v. D. B. Wiemann, 1896; 3—14 S. 4.
Mittelbarmen, st. HM, P 1896**

Draeger, Karl, le Triomphe de Pradon. (Lyon 1684.) Eine Kritik des Discours au Roi und der drei ersten Satiren Boileau-Despreaux's. Diss. Greifswald 1886, Jul. Bindewald. 8°. 153 S.

Draeger, Karl [aus Perleberg]: Le Triomphe de Pradon. (Lyon 1684.) Eine Kritik des Discours au Roi und der drei ersten Satiren Boileau-Despréaux's.... Greifswald, Druck v. F. W. Kunike (1886); 6 + 153 S. 8°.
Greifswald, Phil. Fak., Inaug.-Diss. v. 6. Aug. 1886.

Draeger, Carol(us) Bernhard(us): De vi atque usu nicotianae tabaci. Halae (1838): Karl Grunert. 32 S. 8°.
Halle-Wittenberg, Med. Diss. v. 6. [Diplom: 7.] Sept. 1838
Geb. Steinbach (Eichsfeld) 13. 5. 1814. V.

Draeger, Klara, Fritz, Deutschtreu z. See. Vaterländisches Marine-Epos. Nach wahren Begebenheiten. (Den Manen der braven „Iltis"-Besatzg. geweiht.) gr. 8. (VII, 171 S. m. 1 Abb.) Berlin (898). A. Schall. n. 3. —; geb. n. 4. —

Deutschtreu zur See. Vaterländ. Marine-Epos. Nach wahren Begebenheiten v. Klara [u.] Fritz **Draeger**, Kapitän z. See z. D. *Berlin: A. Schall [1899].* (171 S.) 8° [F.] [99. 7841

Draeger, M. Haben bei der Lebensvers. zugunsten eines Dritten die Nachlaßgläubiger einen Zugriff auf die Vers.-Summe? D. 1909.

Draeger, Max, Referendar: Haben bei der Lebensversicherung zugunsten eines Dritten die Nachlassgläubiger einen Zugriff auf die Versicherungssumme? Berlin 1909: Pilz. 51 S. 8°
Greifswald, Jur. Diss. v. 20. Sept. 1909, Ref. Stampe
[Geb. 18. Jan. 85 Marienburg Wpr.; Wohnort: Marienburg; Staatsangeh.: Preußen; Vorbildung: Gymn. Marienburg Reife O. 04; Studium: Heidelberg 1, Königsberg 4, Greifswald 3 S.; Rig. 12. Nov. 08.] [U 10. 1511

Draeger, Otto, Theodor Mundt u. seine Beziehungen zum Jungen Deutschland, s.a. Beiträge z. deutsch. Literaturw.

Draeger, Otto, a. Pölitz: Theodor Mundt und seine Beziehungen zum Jungen Deutschland. ⟨Teildruck.⟩ Marburg: N. G. Elwert 1908. (IV, 58 S.) 8° ¶ (Erscheint vollst. als: Beiträge z. deutschen Literaturwissenschaft Nr. 10.)
Marburg, Phil. Fak., Ref. Elster, Diss. v. 30. Mai 1908
[Geb. 8. Dez. 80 Podejuch b. Stettin; Wohnort: Pölitz; Staatsangeh.: Preußen; Vorbildung: Barnim-Sch. Stettin, Lehrersem. Kammin, Oberrealsch. Charlottenburg Reife M. 03; Studium: Berlin 4, Marburg 4 S.; Rig. 8. Mai 07.]

Draeger, Richard: Molière's Dom Juan historisch-genetisch neu beleuchtet. *Halle a. S. 1899: S. Schlesinger.* (35 S.) 8°
Halle, Phil. Diss. v. 1899

[F.] Erinnerungen. Gedichte v. Rudolf **Draeger**. *Magdeburg: C. E. Klotz 1897.* (63 S.) 1 Bd 8. [98. 5764

Draegert, Carl, Post-Buch f. Frankfurt a/M., Homburg v. d. H., Bockenheim, Bornheim, Bonames, Vilbel, Gross-Karben, Heddernheim, Fechenheim, Bergen b. Hanau. Nach amtl. Material bearb. gr. 8. (91 S.) Frankfurt a/M. 879. Boselli. n.n. 1. —

— Frankfurter Post-Buch, auch gültig für Bergen bei Hanau, Bockenheim, Bonames, Fechenheim, Gross-Karben, Heddernheim, Homburg v. d. H. u. Vilbel. gr. 8. (143 S.) Frankfurt a/M. 881. Mahlau & Waldschmidt. geb. n. 2. —

— Post-Tabelle. Taxen u. Bestimmungen für alle aus dem deutschen Reichspostgebiet abgeh. Brief- u. Fahrpost-Sendungen. 1. Ausg. März 1882. Imp.-Fol. Ebend. 882. n. — 50

Drägerwerk Lübeck: Beitrag zur Sauerstoff-Chloroform-Narkose. Lübeck 1903

Drägerwerk: Kataloge [betr.] Sauerstoffapparate usw. 1904 ff. Lübeck

Drägerwerk Lübeck: Der Retter Sauerstoff. (Rettungsapparat für Bergwerke usw.) 3. Ausg. Lübeck 1906

Draggendorff, Georg, s. Dragendorff

Dragheim, J. B. F., Licht, Leben u. Freiheit! Wünsche für die evangel. Kirche beim Anfange ihres 4ten Jahrhunderts. gr. 8. Halle 818. Renger. 1 ngl

Dragheim, J. B. F., wie haben wir d. Ermahnung d. Apostels: Ein jeglicher sei gesinnt, wie Jesus Christus auch war! bei d. erlebten Unglücksfall anzuwenden? Prdg. gr. 8. (1 B.) Danzig 829, Ewert.

Dragheim, Joh. Benj., De priscis Romanorum nuptias adornantium ritibus. Schediasma literarium. Danzig (Schreiber/Knoch) 1731. 38 Seiten. (5.—) 6823

Dragheim, Johann Benjamin, Des // Römischen Poeten // PERSII // VI. Satyrae, // in die // Teutsche Sprache // übersetzet, // Mit nützlichen // Anmerckungen // aus der Römischen Anti-// quität und Mytho- //logie, // auch mit den besten Phrasibus // und einer accuraten lateinischen // EDITION // versehen./. Von // M. JOH. BEN. DRAGHEIM. // Rostock, // bey Martin Christoph Schwechten. 1725. - 7 Blatt (nicht paginiert) Titelblatt, Widmung und Vorrede. - 72 S. und noch 88 S. Anmerckungen und lateinischer Text.
B. S. T. 8°.514.

Dragheim, I. B., vita Zerneckii praeconsulis Thorunens. 4. Gedani, Knoch. 733.

Draghicchio, Gregorio

Draghicchio, G., s.a. Turner-Kalender.

Draghicchio, Gregorio, Turner-Kalender für das Jahr 1878 oder gymnastisch-historische Gedenktage, Triest 1877, 42 S., 16°.

Draghicénu, Math. M., Erläuterungen zur geologischen Uebersichtskarte d. Königr. Rumänien. [Aus: „Jahrb. d. k. k. geol. Reichsanstalt".] Lex.-8. (24 S. m. 1 farb. geolog. Karte in qu. gr. Fol.) Wien 890. Hölder. n. 8. —

Dragič, Alex., Ideen zu einem einheitlichen Lehrplane an sämmtlichen deutschen technischen Hochschulen in Oesterreich. gr. 8. (22 S.) Laibach 877, (v. Kleinmayr und Bamberg.) *

— Reflexionen über unsere jetzigen Mittelschulen. gr. 8. (VI, 25 S.) Ebend. 878. n.n. — 50

— Vergleichende Statistik der Verhältnisse in den k. k. österr. Strafanstalten. gr. Fol. (92 S., wovon 76 autogr.) Wien 880. Gerold's Sohn in Comm. n. 4. —

Dragičević, Thom., neolithische Fundstätte auf den „Kraljevine" bei Novi Šeher, s.a. Mitteilungen, wissenschaftl., aus Bosnien u. d. Hercegovina. 6. Bd.

DRAGIČEVIĆ, Thomas
Neolithische Fundstätte auf den „Kraljevine" bei Novi Šeher. Bericht über eine Probegrabung im Jahre 1896. Von Thomas Dragičević. Mit 18 Abbildungen im Texte. (Separat-Abdruck aus Wissenschaftliche Mittheilungen aus Bosnien und der Hercegovina. VI. Bd. 1899.) Wien. 1899. In Comm. Gerold's Sohn. Lex.-8°. 7 S. fl. —.30

Dragié, Alex., Vergleichende Statistik der Verhältnisse in den k. k. österreichischen Strafanstalten. gr. Fol. (92 S., wovon 76 autogr.) Wien 880, (Gerold's Sohn.) *

Dragnowitsch, Michael. Ueber Kaliumphosphorvanadinmolybdate. Diss. Phil. Bern. 39 S. 8. Bern, Neukomm & Zimmermann, 1905.

Dragnewitsch, Pawla. Spongien von Singapore. Diss. Phil. Bern. 36 S. 8. Bern, Neukomm & Zimmermann, 1905.

Dragollowics, Johann, k. k. Hauptm. im 18. Linien-Inft.-Reg. Abhandlung über den ganzen Vorpostensdienst zum Behuf der winterlichen Vorlesungen. 8. Königgrätz 1812.

Dragollowics, J., Abhandl. über den ganzen Vorpostendienst, z. Behuf der winterlichen Vorlesungen. 8. Königgrätz 813. 2e Aufl. ... 3e Aufl. Wien 820. Geistinger. 2 ℳ (Gerold). Hbg. Pr. 1 ℳ Schrbp. 1 ℳ 8 gr.

Dragollowics, Joh., Abhandl. üb.. den ganzen Vorpostendienst. gr. 8. Prag, Widtmann. 814.

Dragollowics, J., Abhandlung über den ganzen Vorpostendienst zum Behuf der winterlichen Vorlesungen. 3te Aufl. 8. Wien, Geistinger. (Leipzig, W. Vogel.) 820.

Ein türkisches **Dragoman-Diplom** aus dem vorigen Jahrhundert in Faks. hrsg. u. übers. von Herman Almkvist. *Upsala: (Akad. Bokh.; Leipzig: O. Harrassowitz) 1894.* (7, 16 S.) 8°
— **Skrifter** utg. af K. Humanist. Vetenskapssamfundet i Upsala. Bd 3, 2. (00. 8144

Dragomanov, Michail Petrovič

Dragomanow, M. Les avantages de la dernière guerre (en russe). In-32°, 26 p. Genève et Bâle, H. Georg 1878.

Dragomanow, Michail, s.: Bakunin's, Michail, sozialpolit. Briefwechsel m. Alexander Iw. Herzen u. Ogarjow.

Dragomanov. L'esprit des chansons politiques de l'Oukraïne moderne (1764—1880). (Texte russe.) In-8°, 132 p. Genève, Bâle et Lyon, H. Georg. 1881.

— Hromada. Recueil oukrainien Nr. 1, 101 p. Nr. 2. XIV, 583 p. In-8°, (en russe). Genève et Bâle, Georg 1878. Nr. 1, 2 — Nr. 2, 8 —

Dragomanov, Michel. Hromada, Recueil oukrainien. Nr. 4 (en russe). In-8°, 384 p. Genève et Bâle, H. Georg 1879. 6 —

Dragomanow, Michail, s.: Kawelin's, Konst., sozialpolitischer Briefwechsel m. Alexander Iw. Herzen.

Dragomanow, Michel. La littérature oukraïnienne proscrite par le gouvernement russe. Rapport présenté au Congrès littéraire de Paris 1878. In-12°, 42 p. Genève et Bâle, Georg 1878.

Dragomanov, M. Note pour la biographie de A. Jelabov. (En russe.) In-16°, 48 p. Genève et Bâle, H. Georg 1882. — 50

Dragomanow. La Pologne historique et la démocratie moscovite. (Texte russe.) In-12, VIII et 510 p. Bâle, Genève, Lyon, H. Georg. 3 50 1884.

Dragomanow, M. Sur l'affaire Sassoulitche-Trepoff, (en russe). Genève et Bâle, Georg 1878. — 50

Dragomanov, M. Le terrorisme et la liberté en Russie (en russe). In-8°, 16 p. Genève et Bâle. H. Georg 1880. — 50

Dragomanov, M. „Narodnaya Vola". (Sur la centralisation de la lutte révolutionnaire en Russie.) (En russe.) In-16°, 32 p. Genève, Bâle, Lyon, H. Georg 1884. — 50

Dragomanow, Michel, s. Dragomanov, Michail Petrovič

Dragomirov, M.

Dragomirow, M., Oberst im russischen Generalstabe und Professor an der Nikolaus-Militär-Akademie. Abriss des österreichisch-preussischen Krieges im Jahre 1866. Vom Verfasser autorisirte Uebersetzung. 8. Berlin 1868. Bath.

Dragomirow, M., kaiserlich russischer General-Adjutant und Oberbefehlshaber des Kiewer Militär-Bezirks. Gesammelte Aufsätze. Autorisierte Uebersetzung aus dem Russischen von Freiherr von Tettau, Premierlieut. im pommerschen Füsilier-Regiment Nr. 34. 8. Hannover 1890.
— Neue Folge. 8. Hannover 1891. Helwing.

— **Leitfaden f. die Vorbereitung der russischen Truppen zum Kampf. 1. u. 2. Thl. Autoris. Uebersetzg. aus dem Russ. von Frhr. v. Tettau. Lex.-8. Ebd. 889. à n. 1. 50**
1. Vorbereitung der Compagnie. (IV, 64 S. m. 1 Taf.)
2. Vorbereitung des Bataillons. (III, 56 S. m. 1 Taf.)

— Leitfaden f. die Vorbereitung der russischen Truppen zum Kampf. Autoris. Uebersetzg. aus dem Russ. von Frhr. v. Tettau. III. u. IV. Thl. gr. 8. Ebd. 889. à n. 1. 50
III. Vorbereitung der drei Waffengattungen zu gegenseitiger Aushülfe. (IV, 92 S. m. 1 Taf.)
IV. Vorbereitung der Escadron v. W. Ssuchomlinow. Nach Anweisgn. u. unter der Red. v. M. D. (V, 49 S. m. 1 Taf.)

— **Skizzen des österreichisch-preußischen Krieges im J. 1866. Berlin 868. Heinicke. Lex.-8. (IV, 170 S.)** 22½ ngr.

Dragomirow, M. Ursachen der Misserfolge der österreichischen Truppen im Feldzuge 1859. Vom damaligen Hauptmann Dragomirow am 11. Juli 1859 in Turin geschrieben. Veröffentlicht im „Razwjedčik". Nr. 610 vom 25. Juni 1902 ff. (In russischer Sprache.) Übersetzt im Evidenz-Bureau des k. u. k. Generalstabes. (Handschrift.) 4. (Wien 1902.)

Dragomirow, M., s. Dragomirov.

Dragon und Folette, ein wichtiger Rechtshandel vom Jahre 1779. Chartres [Heidelberg] 1779. V: *Ring, Friedrich Dominik.* (Wr) (MGT)

Dragon, Frz., Anleit. die Konstruktionsordnung d. franz. Sprache auf eine leichte u. kurze Art zu erlernen. 8. Wien u. Leipz. 787. v. Mösle. 16 kr

Dragoner-Regiment, das 1., der königl. deutschen Legion [nachmals königl. Hannoversche Garde du Corps] 1806 bis 1816. Ein Kriegsbild in 5 Aufzügen von M. v. R(eitzenstein). 8. (32 S. m. 1 Abbildg.) Bremen 891. (Hannover u. Celle, Schulbuchh.) — 50

Dragoner-Regiment, Das k. u. k., Nikolaus I. Kaiser von Russland Nr. 5 von der Errichtungs-Periode (1721) bis in die Gegenwart. Als Manuscript gedruckt. (Mit 22 Abbild. und 1 Beilage.) 8. Marburg a. d. Drau 1893.

Schleswig-Holsteinisches **Dragoner-Regiment** Nr. 13. (Dievenow a. d. Ostsee: L. v. Glasenapp [um 1907].) (30 S.) 8° [Umschlagt. J.] (08. 7800

Dragonerschmied, der. Ein Kriegsbild in 5 Aufzügen von M. v. R(eitzenstein). 8. (81 S. m. 1 Bild.) Bremen 892. (Hannover u. Celle, Schulbuchh.) — 30

Dragoni: Hauptmomente in der Entwicklung d. österreichischen Monarchie. Zs. 67 S.–Kaschau, Progr. 1855-1857

Dragoni, Jak.

Dragoni: Ueber die Bedeutung und Behandlung des historischen Studiums auf Gymnasien in Bezug auf den Zweck dieser Lehranstalten. 8 S.–Troppau, Progr. 1851

Dragoni, Jak.: Über die Schuldisziplin an Gymnasien. 22 S.. Troppau, Progr. 1852.

Dragoni, Edler v. Rabenhorst, Alfons, k. k. Hauptm. im Inft.-Reg. Nr. 87.

Dragoni, Edler v. Rabenhorst, Alf., strategische **Betrachtungen** üb. den deutsch-französischen Krieg 1870/71. 1. Thl.: Kampf der Deutschen gegen das französ. Kaiserreich u. die Kapitulation v. Metz. Mit 1 Uebersichtskarte, 1 Oleade u. 1 Tab. gr. 8. (VII, 181 S.) Temesvár 885. (Wien, Seidel & Sohn.) n. 6. —

Dragoni, Edler v. Rabenhorst, Alf., strategische **Betrachtungen** üb. den serbisch-bulgarischen Krieg 1885. Mit 1 Uebersichts- u. 2 Operationskarten. gr. 8. (VII, 71 S.) Graz 886. (Wien, Seidel & Sohn.) n. 3. —

Dragoni Edl. v. Rabenhorst W: Entwicklung der Theorie über die Complanation und Cubatur der Rotationsflächen. 18. Brünn St.-R. 86. Progr.

Dragoni, Edler von Rabenhorst, Alfons, s. Geschichte des k. k. Infanterie-Regiments.

Dragot, B., Schinderhannes im Gefängniße, im Verhör u. vor seinem Vater. Mit Portrait seiner Maitresse. Mainz, o. J. (c. 1820?). 8°.
R. Levi, Stuttg., Cat. 110. (1898.) no. 1329, Beibd. 2.

Drahan, Eman., ornamentale **Entwürfe** f. die Zwecke der Textilindustrie u. der nächstverwandten Kunstgewerbe. 1. Serie. (In 5 Lfgn.) 1. Lfg. hoch 4. (8 Taf.) Reichenberg 883. Schöpfer. n. 1. 50

—— geometrische Ornamente für die Zwecke der Flächendecoration mit besond. Berücksicht. der Textilindustrie. 1. Lfg. hoch 4. (8 Taf.) Ebendas. 883. *
Nicht weiter erschienen.

Drahan, Em. K. k. oesterr. Museum. Stickmuster ... entworfen von Em. Drahan ... Wien 1873, Druck u. Verlag ... von Ant. Hartinger & Sohn. [Umschlagtit.]
2 Bl., 29 Taf. in Lithogr. (Taf. 17 fehlt.) 8°.

Draheim, Gust. [geb. Marcinek in Posen 25. 5. 1845]: Ueber biliöse Pneumonie. Berlin (1867). (32 S.) 8°
Berlin, Med. Diss. v. 6. Aug. 1867

Draheim, Hans

Auswahl aus griechischen Klassikern. Zum schriftl. Übersetzen ins Deutsche f. Prima. Von Dr. H[ans] Draheim, Prof. zu Berlin. *Berlin: R. Gaertner 1903.* (IV, 44 S.) 8° [.. 97..]

Draheim, H., Auswahl aus griechischen Klassikern. Zum schriftl. Übersetzen ins Deutsche f. Prima. gr. 8. (IV, 44 S.) Berlin 908. Weidmann. Kart. n. — 80

Draheim, Hans, Goethe's Balladen in Loewe's Komposition, s.a. Magazin, musikalisches. 10. Hft.

Goethes Balladen in Loewes Komposition. Eine Erklärung d. Tonsatzes von H[ans] Draheim. Langensalza: H. Beyer & Söhne 1905. (39 S.) 8°
= Magazin, Musikalisches. H. 10. [.. 6.66 8

Draheim, H., s.a. **Bericht** üb. d. Litteratur zu Phaedrus u. Avianus.

Draheim, H., Bericht üb. d. Litteratur zu Phaedrus u. d. röm. Fabeldichtung f. d. J. 1888. 1889.

— Bericht üb. d. Litteratur zu Phaedrus u. Avianus seit 1889. S.-A. 1891. 16 S. —.90
— — f. d. Jahre 1892–1894. S.-A. 1895. 24 S. —.90

Draheim, Hans: Die Ithaka-Frage. Ein Litteraturbericht. IV S. 4.
Progr. K. Wilhelms-Gymn. *Berlin* 1903 (70)

Draheim, H., und H. Kawerau, deutsches Liederbuch für höhere Schulen. 8. (87 S.) Berlin 885, Wiegandt und Grieben. cart. *

Deutsches Liederbuch für höhere Schulen. Hrsg. von H[ans] Draheim, Prof. in Berlin, u. H[erm.] Kawerau, kgl. Musikdir. 2., verb. Aufl. *Berlin: Wiegandt & Grieben 1898.* (87 S.) 8° [J.] [... 9316

deutsche Literaturgeschichte, s.: **Weicher.**

— **Schillers** Metrik. Erklärung der Versmaße Schillers in seinen Gedichten u. Dramen. (VII, 101 S.) 8. Berlin 909. Weidmann. 2. —

— **Kärtner Novellen** (Tarvis). Autor. Übersetzg. a. d. Dän. 8. (VIII, 280 S.) Leipzig 897. G. H. Meyer. n. 3. —; geb. n. 4. —

Draheim, Hans, die **Odyssee** als Kunstwerk. Ein Beitrag zur Erklärg. der Dichtg. (III, 166 S.) 8. Münster 910. Aschendorff. 2. —

Draheim, H., deutsche Reime. Inschriften d. 15. Jahrh. u. der folgenden, gesammelt. gr. 8. (XVII, 176 S.) Berlin 883. Weidmann. geb. n. 4. —

Draheim, H., Rückblick üb. die Litteratur zu Phaedrus und Avianus seit d. Jahre 1883. S.-A. 1889. 16 S. —.75

— **Hamborger Schippergeschichten.** M. Autorisation d. Verf. in plattdeutsche Art u. Sprache übertr. v. Otto Ernst. 8. (VIII, 156 S.) Hamburg 899. L. M. Glogau Sohn. n. 2. —; geb. in Leinw. n. 3. —

— Schillers Seelenlehre. Aus seinen philosoph. Schriften zusammengestellt (34 S.) 8. Berlin 904. Weidmann. n. — 60

Draheim, H. Sophokles-Chöre. Ein Führer durch die Tragödien d. Dichters. 8. (IV, 75 S.) [Eisenach 889, Bacmeister.] Wolfenbüttel, Zwißler. * — 80

— s.: **Vergilius Maro, Publius, Aeneis.**

— s.: **Weicher's** deutsche Literaturgeschichte.

— s.: **Wochenschrift** f. klassische Philologie.

Draheim, Johannes Adulescentibus puerisque quique eos colunt omnibus die XXII. mens. Mart. a. MDCCCLXXXVII Salutem dicit Joh. Draheim. 4 (1 S.). Progr. K. Wilhelms-G. *Berlin* 1887 (57).

Draheim, Ioannes: Goethii Arminius et Dorothea. Carmen quintum. Graece vertit. Berlin 1908: Trowitzsch. S. 9—17. 8°
Berlin, k. Wilhelms-G, in Festschr. z. 50j. Jubil., P 1908** [S 08. 71

Draheim, Ioannes [Dr.]: Aesopus Latinus. Praefatus est recensuit. Berlin, Buchdr. v. Trowitzsch & Sohn, 1893; 1—36 S. 4.
Berlin, k. Wilhelms-G, P 1893 (66)

Draheim, J., De Homeri verborum collocatione. Pr. 1883. 6 S. 4°.

Draheim, J. De Homeri verborum collocatione. Pr. 1884. 6 S. 4°.

Draheim, [Johannes]: [Gedächtnisrede bei der Trauerfeier für den am 1. Juli 1909 verstorbenen Musikdirektor Prof. Hermann Kawerau.] S. 15—17. 4. Progr. Kgl. Wilhelms-Gymn. *Berlin* 1910 (77).

Draheim, Johannes *Gedicht auf Kaiser Wilhelm I.* 4 (1 S.).
Progr. K. Wilhelms-G. *Berlin* 1888 (57).

Draheim, Ioa., lyra doctorum. Carmina lyrica a viris doctis recentiorum temporum composita, elegit I. D. 16. (210 S.) Leipzig 886, Teubner. *ℳ 2.—; geb. *

Draheim, Joh., schedae Rutilianae. Dissertatio inauguralis. gr. 8. (36 S.) Berlin 874. Weber. n. 1. —

Draheim, Otto, Untreue u. Unterschlagung, s.a. **Abhandlungen**, strafrechtliche.

Draheim, Otto, Referendar: **Untreue und Unterschlagung.** *Breslau: Schletter 1901.* (72 S.) 8° ¶ (= Strafrechtl. Abhandl., H. 39.)
Breslau, Jur. Diss. v. 2. Nov. 1901

Drahn, Hermann: Prüfung des 'Pragmatismus' von William James als Philosophie. Greifswald 1910: Adler. 101 S. 8°
Greifswald, Phil. Diss. v. 23. Febr. 1910, Ref. Rehmke
[Geb. 25. Sept. 84 Danzig; Wohnort: Greifswald; Staatsangeh.: Preußen Vorbildung: Realgymn. Danzig Reife M. 05; Studium: Greifswald 1, Marburg 1, Berlin 2, Greifswald 1 S.; Rig. 15. Jan. 10.] [U 10. 1608

Drahomira mit dem Schlangenringe oder die nächtlichen Wanderer in den Schreckensgefängnissen von Karlstein bei Prag. Wien 1850. V (nicht): *Gleich, Joseph Alois.* (GGr VI/399, Nr. 1/87)

Drahota, Walter, Gerichtsassessor in Greiz: Die rechtliche Natur des Leibrentenrechts und insbesondere deren Wirkungen bei Verzug des Leibrentenschuldners. ⟨Recht des Bürgerlichen Gesetzbuchs.⟩ Jena 1906: Frommann. (45 S.) 8° [J.]
Jena, Jur. Fak., Ref. Thon, Diss. v. 30. März 1906
[Geb. 16. März 80 Greiz; Wohnort: Greiz; Staatsangeh.: Reuß ä. L.; Vorbildung: Gymn. Greiz Reife O. 98; Studium: Freiburg i. B. 3, Berlin 1, Freiburg i. B. 1, Jena 2 S.; Rig. 30. März 06.]

Draing, Eberhard

— — De amicitia ac reverentia, in effectibus suis juridicis considerata. Disp. jur. Präs. Michael Grass. Tübing. (H. Francke) Okt. 1716. 48 S. (6.—) 6826
Widm. v.: Rud. Jac. Camerarius, Joh. Osiander, Joh. Chph. Pfaff, Andr. Adam Hochstetter, Präs., Jac. David Moegling, Elias Camerarius, Joh. Eberh. Roesler, Joh. Rud. Osiander, Jo. Albert Fabricius, Sebast. Edzard, Friedr. Adam Zenck (dtsch.), Adam Friedrich Glafey (dtsch.), Dan. Maichel, Joh. Heinr. Simon (Hamburg), Pet. Draing (Bruder).

DRAHOTUSZKY, FRANZ: Neusohler Taufbecken. In: Mitt. d. Centr. com. Jg. 12. 1867. S. III.

Drahsler, Demeter, Gedankenentwürfe. Hrsg., damit unbefangene philosoph. Köpfe über sie nachdenken. gr. 8. (96 S.) Wien 902. (J. Eisenstein & Co.). n. 2.—

Draht-Industrie. Zentral-Organ f. d. Draht-Industrie u. Klein-Eisenzeug-Branche. Jg. [1.] 1907/08. Halle: (Boerner) 1907. [illegible]

Drahtseilbahn, die, auf den Gurten bei Bern. Lex.-8. (87 S. m. 1 Holzschn. u. 3 Taf.) Bern 886. (Jenni.) n. 2.—

Drahtseilbahnproject, Das neue, von Brunnen auf den Axenstein-Axenfels und die Interessen der Gemeinden Brunnen und Morschach ... Winterthur 1888. V: *Marti, Fritz.* (BSchwLk V, 9b)

Drainage, über die, ein Beitrag zur wissenschaftl. Begründung u. zur pract. Ausführung dieses Systemes andauernder Bodenverbesserung u. vermehrten Pflanzenbaues. Von A. v. D(oblhof.) gr. 8. (30 S. m. eingedr. Holzschn.) Haag 850. (Leipzig, T. O. Weigel.) 1/4 Rthlr (— 2. Aufl. s.: v. Doblhof, A.)

Drainage, die, mit besonderer Berücksichtigung der norddeutschen Ebene. Von einem Norddeutschen. Mit Vorwort von W. Hirschfeld. Mit 4 (lith.) Karten (in Fol.). Kiel 853. Schröder u. Co. gr. 8. (VI, 75 S.) n. 20 ngr

Draing, Eberhard (Hamburg), De autoritate publica ad pignoris seu hypothecae publicae constitutionem necessaria. Disquis. jur. Präs. Gabriel Schweder. Tübing. (Hiob Francke) 10. III. 1716. 46 S., tlws. dtsch. (5.30) 6825
Widm. v.: Joh. Chph. Pfaff, Joh. Wolfg. Jaeger, Präs., Mich. Grass, Joh. Zeller, Joh. Grave, Gg. Friedr. Harpprecht, Wolffg. Adam Schöpff (dtsch.), J. G. Haerlin.

Drais, C. W. H. v., üb. d. Beyzug der Staatsbesoldungen zu außerordentlichen Staatslasten ꝛc. gr. 8. Carlsruhe, Müller. 816.

— Geschichte der badischen Gerichtshöfe neuerer Zeit. Mannheim, Schwan u. G. 821.

— Geschichte der Regierung und Bildung von Baden unter Carl Friedrich. (Aus Archiven und aus Quellen bearbeitet.) 2 Bde. gr. 8. Carlsruhe, Müller. 819.

— Materialien zur Gesetzgebung über die Preßfreyheit der Deutschen ꝛc. gr. 8. Zürich, Orell. 820.

— ein Wort an die deutsche Jugend. 8. Ebend. 821.

DRAIS, Friedrich Heinrich Georg Frhr. v.: Versuch eines Lehrbuchs der Forstwissenschaft vorzüglich für ausübende Forstbediente. - Giessen, Darmstadt 1807. 460 S.

v. **Drais,** Frhr. Frz. Hnr. Geo., Abbild. u. Beschreib. seiner neu erfund. Laufmaschine. Mit Kpf. gr. 4. Manh., Schwan u. G. 18 ggr

— u. F. v. Weitershausen, Abhandl. v. Lerchenbaum, mit Anmerkk. v. C. W. J. Gatterer. gr. 8. Ulm 801. Stettin. 9 ggr

— Versuch e. Lehrbuchs d. Forstwissenschaft. 1r Bd. gr. 8. Gießen 807. Heyer. 1 Rthlr 12 ggr

Drais, J. H. G. v., Lehrbuch der Forstwissenschaft. 1r Bd. gr. 8. Gießen, Heyer. 807.

Drais, Freyh. K. von, Abbildung und Beschreibung seiner neu erfundenen Laufmaschine. M. K. gr. 4. Mannheim, Schwan und G.

Drais, C. v., Die Laufmaschine. Mannheim 1817. 1/2 Bogen Text mit 1 Kpfr. 4°.

Drais, K. L. W. v., s. Drais von Sauerbronn, Karl Wilhelm Ludwig Frhr. v.

Drais, L. W. v., s. Drais von Sauerbronn, Karl Wilhelm Ludwig Frhr. v.

Drais, L. W. F. L. v., s. Drais von Sauerbronn, Karl Wilhelm Ludwig Frhr. v.

v. **Drais v. Sauerbronn,** Frhr. Karl Wlh. Ldw. Fr., Beitrr. zur Culturgeschichte u. Statistik v. Baden unter Karl Friedrich. 8. Karlsr. 796. (Braun); (a. Gebhardt u. K. in Frankf.) 16 ggr

— über d. Beizug d. Staatsbesoldungen zu außerordentl. Staatslasten ꝛc. gr. 8. Karlsr. 816. Müller. 6 ggr

— über den Badischen Besitz d. Rheinpfalz u. des Breisgaues, so wie über die Integrität des Großherzogth. u. das Erbfolgerecht v. Karl Friedrichs jüng. Linie. Mit Ausz. aus Archivurkunden belegt. ... 2e verb. Aufl. 8. Karlsr. 818.

— s. Bruchstücke auf e. Reise.

— s. Diaetophilus, Geschichte.

Dyadik. Von Karl Frh. von Drais [Drais von Sauerbronn.] Einleitung zum Rechensystem. 2. Aufl. Mannheim 1816: Kaufmann. 16 S. 8°

v. **Drais v. Sauerbronn,** Frhr. Karl W. L. F., s. Elmine. Schspl.

— Formel für die Auflösung der allgemeinen Gleichung + mx^r + qx^r + ... = S. gr. 4. Manh. 821. Schwan u. G. 6 ggr

— Gedichte. 8. Manh. 811. Löffler. 14 ggr

— Gemälde aus d. Leben Karl Friedrichs, des ersten Großherzogs v. Baden. Beitrag zur Säcular-Feier der Geburt des unvergeßlichen Fürsten. gr. 8. Manh. 829. Schwan u. G. Velinp. 1 Rthlr 8 ggr

— Geschichte d. badischen Gerichtshöfe neuerer Zeit. 8. Manh. 821. Schwan u. G. 1 ℛ 14 gℛ Daraus apart: ein Wort an d. deutsche Jugend. 8. Ebd. 821. 2 gℛ

Diaetophilus [d.i. Karl Wilhelm Ludwig Frh. Drais von Sauerbronn] Physische und psychologische Geschichte seiner siebenjährigen Epilepsie. Nebst angehaengten Beiträgen zur körperlichen und Seelendiaetetik für Nervenschwache. Haelfte 1, 2. Zürich: Orell, Füssli u. Comp. 1798. 8°

Hälfte 1: Reine Geschichte in chronologischer Ordnung.
Hälfte 2: Beurtheilende Zergliederung und Ergaenzung der Thatsachen.

— Geschichte d. Regierung u. Bildung von Baden unter Karl Friedrich. (Aus Archiven u. aus Quellen bearbeitet.) 2 Bde. gr. 8. Karlsr. 816—19. Müller. 5 ℛ

— Materialien zur Gesetzgebung über die Preßfreiheit der Deutschen ꝛc. gr. 8. Zürich 820. Orell. 12 gℛ

[Drais v. Sauerbronn, Karl Wilh. Ludw. Fr. Frh. v., Geh. Rat] Diaetophilus: Schnelle Mittel gegen die schweren Folgen des niedrigen Getreidepreises im Sommer 1821. Mannheim: Schwan & Götz 1821.

— s.a. Vorlesungen, 3, dreien Damen gehalten.

DRAIS v. Sauerbronn, G. H. Frhr. v. Drei Vorlefungen über Liebe, Gefchlechter und Eheglück, dreien Damen gehalten. Gotha 1783. Mit hübfcher Titelvignette. 8°. 110 S.

— an die Wahrheit, ein Gedicht. gr. 8. Manh. 803. Schwan u. G. 6 gℛ

— warum Napoleon der Justiz so hohen Rang unter d. Departement der Staatsverwaltung angewiesen haben mag. gr. 8. Manh. 806. Löffler. 4 gℛ

C. W. L. F. Freiherr von Drais. Zuruf an die studierende Jugend bei der Jubelfeier des Karlsruher akademischen Gymnasiums im Hochfürstlichen Schloss den 21. November 1786, gehalten von C. W. L. F. Freiherrn von Drais, Markgräflich Badischem Hof- und Regierungsrath. Gedruckt bei J. G. Müller, älterem Hochfürstlich-Markgräflich-Badischem Hof- und Canzlei-Buchdrucker. 1787. 25 S.
Karlsruhe. P 1787

— Zusätze zu meinen Betracht. über Vorschläge unserer Tage für mehr Oeffentlichkeit d. Justiz im Civilsache; sammt Anhang üb. Trennung der Justiz von der Polizei bei den Landbeamtungen. gr. 8. Manh. 822. Schwan u. G. 16 gℛ

Draisena. Blätter f. Damen-Radfahren. Organ d. deutschen Damen-Radfahr-Vereine. Red.: Sofie Lutz. 1. Jahrg. Octbr.—Decbr. 1895. 3 Nrn. (à 12 S. m. Abb.) gr. 4. Augsburg. Dresden, E. H. Meyer. 1. 50

— dasselbe. 2. Jahrg. 1896. 12 Nrn. (à 12 S. m. Abb.) gr. 4. Ebd. 6. —

— dasselbe. Organ z. Pflege u. Förderg. d. Radfahrens d. Damen. Red.: Wettstein-Adelt (Aimée Duc). 3. Jahrg. 1897. 24 Nrn. (à ca. 2 Bog. m. Abb.) gr. 4. Ebd. 6. —

— dasselbe. Erstes ältestes Sportblatt d. radfahr. Damen. Offiz. Organ d. Damen d. deutschen Touren-Klub, Allgem. Radfahrer-Union, d. Verbandes christl. Radfahrer Österreichs, sow. verschied. Einzelvereiniggn. Red.: M. A. Adelt-Duc. 4. Jahrg. 1898. 24 Nrn. (à ca. 2 Bog. m. Abb.) gr. 4. Ebd. n. 6. —
Kann auch vierteljährlich bezogen werden.

Draisena. Erstes ältestes Sportblatt der radfahr. Damen. Offizielles Organ der Damen der allgem. Radfahrer-Union, des deutsch. Touren-Klub, norddeutsch. Radfahrer-Bund, sowie v. 172 Einzelvereinigg. Mit den Beilagen: Die Motorfahrerin. — Unsere Verbände u. Vereine. Red.: Ernst Heinr. Meyer, f. Österreich Arnold Berg. 5. u. 6. Jahrg. 1899 u. 1900. à 24 Nrn. gr. 4. (à ca. 16 S. m. Abb.) Dresden, E. H. Meyer. à Jahrg. 6. —

Drake, Der Engelsche Held und Ritter Franz, dessen Leben, Thaten und Seereisen. A. d. Engl. [Leipz. 1740?] V: *Burton, Richard.* (Pr)

v. Drake, A., s. J. Lelewel, Geschichte Polens.

v. Drake, Aug., Mazeppa. s. Bühnen-Repertoir, Bd. 14.

Drake, Emma Frances Angell

Drake, Emma F. A., was e. junge Ehefrau wissen muß, s.a. Puritas-Bibliothek.

Emma F[rances] A[ngell] **Drake.** Was eine junge Ehefrau wissen muß [What a young wife ought to know]. Einzige autor. deutsche Ausg. von Dr. P[aul] v. Gizycki, Stadtschulinsp. Berlin: Gerdes & Hödel [1906]. (XIX, 287 S.) 8° [F.]
(Puritas-Bibliothek.) 607. 17111

Drake, Emma F. Angell, was e. Frau v. 45 wissen muß? Einzige autoris. deutsche Ausg. Übers. v. Max Kullnick. (Stall's Bücher. Aufklärung u. Reinheit.) (287 S. m. Bildnis.) kl. 8. Berlin 910. (Konstanz, Christl. Buch- u. Kunstverlag C. Hirsch.) Geb. in Leinw. 3. —

Drake, Franz: Die Zangenentbindungen an der Göttinger Universitäts-Frauenklinik vom Jahre 1888—1907. Göttingen 1907: Dieterich. 21 S. 8°
Göttingen, Med. Diss. v. 5. Juli 1910, Ref. M. Runge
[Geb. 9. Juni 78 Hannover; Wohnort: Hannover; Staatsangeh.: Preußen; Vorbildung: Kaiser-Wilhelms-Gymn. Hannover Reife O. 97; Studium: Freiburg i. B. 1, Marburg 4, Kiel 9, Göttingen 1 S.; Coll. 30. Mai 07; Approb. 30. Nov. 07.] [U 10. 1369

Drake, Friedrich, s.: Heinrich, W.

Drake, Heinrich, Referendar a. Paderborn: Das rechtliche Wesen der Buße. Borna-Leipzig 1906: R. Noske. (51 S.) 8°
Heidelberg, Jur. Fak., Ref. v. Lilienthal, Diss. v. 21. Sept. 1906
[Geb. 24. März 83 Bentfeld i. Westf.; Wohnort: Paderborn; Staatsangeh.: Preußen; Vorbildung: Gymn. Theodorianum Paderborn Reife O. 03; Studium: Bonn 1, Münster 1, Berlin 1, Münster 4 S.; Rig. 26. Juli 06.]

Drakeford, Walt. C., Korrespondenz f. Fabrik- u. Exportgeschäfte, s.: Meister, Emil.

Drakenborch, Arnold

Drakenborchii, A. ad P. Dan. Longolium epistolae XII ed. H. W. Herwagen. Pr. 1858. 20 S. 4°. —.75

Drakenborch, Arnold (Präs.): De iis, qui testamento tutores dari possunt, s. Besoje, Nicolaus Janus

Drakenborch, Arn., englisches Lese- und Uebersetzungsbuch für die Jugend von 12—18 Jahren, enthaltend: ein Lustspiel, kurze Sätze, Anekdoten etc. mit Phraseologie und grammatikal. Erläuterungen. br. 8. (95 S.) Leipzig 859, Wengler. *

Drackenborch, Arn., Diss. de praefectis urbis. Utrecht (704). Ed. II. a J. L. Uhl, cum praefatione. 8. Trajecti ad Viad. 752. Praemissa auctoris vita recudendum curavit J. Chr. Kappius. 8. Bayr. 787. Lübeck. (Grau). 4 gℛ

Drackenborch, Arnold. Dissertatio philologico-historica de Praefectis urbi. Trajecti ad Viadr. 1752. H: *Uhl, Johann Ludwig.* (Ml.)

Drackenborch, A., de praefectis urbis c. Kappii. 8. Baruth. Lübeck. 789.

Drakenstein oder ein Blick nach Süd-Afrika. Eine Erzählung. Straßburg 869. (Berlin, E. Beck.) 8. (48 S.) n. 5 ngr.

Drakes, Frz., Leben u. Seereisen, nebst seiner Entdeckung d. Kartoffeln u. der Geschichte ihrer Verpflanzung aus Amerika nach England ꝛc. 8. Halle 815. Hendel. 6 gℛ

Drako, Dämon u. Hölle, s.a. G. Schilling.

Drako, Dämon d. Hölle, v. Verf. d. Guido v. Sohnsdom (Gustav Schilling). 8. Weißenf. Severin. 798.

Drako, . Dämon d. Hölle. Vom Verfass. d. Guido von Sohnsdom (Gustav Schilling.) neue Ausg. 8. Dresden, Arnold. 811.

Dralet, s.a. Maulwurfsfänger.

— der untrügliche Maulwurfsfänger, oder d. Kunst, Maulwürfe auf e. zuverläss., ganz sichere u. sehr belustigende Weise in Gärten u. auf Wiesen zu fangen etc. Aus d. Französ. 2e unveränd. Aufl., mit 1 Steindr. 8. Ilmenau 825. Voigt. 6 gr.

Dralet, der untrügliche Maulwurfsfänger, oder d. Kunst, Maulwürfe auf e. zuverläss. ganz sichere u. sehr belustigende Weise in Gärten u. auf Wiesen zu fangen etc. A. d. Franz. 2e unveränd. Aufl. mit 1 Steindr. 8. Ilmenau 826. Voigt.

Dralet, ..., der verständige Maulwurfsfänger, mit Kpf. 8. Strasb., Levrault. 8 gr.

Dralle, Adolf. Versuche über die Durchlässigkeit der Darmwand für Bakterien. Ein Beitrag zur Frage der Infectionswege speziell der der Tuberkulose. Diss. Vet.-Med. Bern. 29 S. 8. Einbeck, H. Rüttgerodt, 1909.

Dralle, Christian, aus Alfeld (Provinz Hannover): I. Ueber Einwirkung von Chlor, Brom und Jod auf wasserfreies Parakresolnatrium. II. Beiträge zur Kenntniss des Haematoxylins und Brasilins nebst einem Anhang betreffend die Oxydation des Purpurins an der Luft in alkalischer Lösung. Aussersihl-Zür. Fritschi-Zinggeler Dr. 1884. 41 S. 8°.
Zürich, Phil. Diss. [v. 19. Dec. 1884].

Dralle, Eduard [aus Hamburg]: Ueber Condensationsprodukte aus Amidoguanidin mit Aldehyden, gechlorten Aldehyden und Diketonen der Fettreihe ... München, Druck v. V. Höfling, 1894; 51 S. 8.
München, Phil. Fak., Inaug.-Diss. v. 1894

Dralle, F. W., s. Hugo, V., sämmtl. Werke. — Scribe, E., Theater.

Dralle L. Anlage und Betrieb der Glasfabriken. Mit Atlas. Leipzig 1886

Dralle, Rob., Anlage u. Betrieb der Glasfabriken m. besond. Berücksicht. der Hohlglasfabrikation. Mit 194 Textfig. u. e. Atlas v. 40 (Fol.-)Taf. in Photolith. (in gr. 4. cart.) gr. 8. (XII, 490 S.) Leipzig 886. Baumgärtner. cart. n. 16. —

Dralle, Rob., aus meiner Wandermappe. (Verspieltes Glück. Die Glashütte am Fjord.) (127 S.) 8. Stuttgart 905. Strecker & Schröder. n. 1. 50; geb. n. 2. 50

— zwischen Weser u. Leine. Niedersächsische Geschichten aus zwei Jahrhunderten. Mit Buchschmuck v. Th. Herrmann u. a. (264 S.) 8. Bremen (905). C. Schünemann. n. 3. 50; geb. n. 4. 50

Drallen, A. v., die Stadtpark-Monumente. Ein Büchlein f. kleine Leute. (76 S. m. Abbildgn.) kl. 8. Wien 905. C. W. Stern. n. 1. —

Drama, das älteste, in Deutschland; oder: die Comödien der Nonne Hrotswitha v. Gandersheim, übers. u. erläutert v. J. Bendixen. 1. Hälfte: Gallicanus, Dulcitius, Callimachus. br. gr. 8. (56 S.) Altona 850, Lehmkuhl. n. 1/3 Thlr

Drama, das älteste, in Deutschland; oder: die Comödien der Nonne Hrotswitha von Gandersheim, übers. u. erläutert von J. Bendixen. Fortsetzung und Schluß: Abraham, Paphnutius, Sapientia. Altona 853. (Hamburg, Perthes-Besser u. Mauke.) gr. 8. (66 S.) n. 10 ngr

Drama, Historisches, nach Shakespeares Muster ohne Beybehaltung der sonst üblichen Kunstregeln der Schaubühne aus Rjuriks Leben. 2. russ. Ausg. m. Anm. vom General Major Boltin russ. [von einem Ungen.] und deutsch. St. Petersburg 1792. Ü: *Völkner, Chn Fr.* (GGr)

Drama, das, v. Kreuzberg. Berliner Sittengemälde. Genaue u. authent. Berichte üb. d. Gerichtsverhandlg. im Mordprozeß d. Elise Sanke, welche angeklagt, d. Dr. med. Steinthal ermordet zu haben. Genaue Angaben üb. d. Familien- u. sonst. Verhältnisse d. beiden oben gen. Personen liegen diesem Bericht zu Grunde. gr. 8. (63 S.) Berlin-Neu-Weißensee 896. E. Bartels. — 50

Drama, das, des Mittelalters, s.: National-Litteratur, deutsche.

Drama per musica, welches bey dem Allerhöchsten Geburtsfeste der Allerdurchlauchtigsten und Grossmächtigsten Königin in Pohlen und Churfürstin zu Sachsen in unterthänigster Ehrfurcht aufgeführetwurde in dem Collegio musico. Leipzig, den 8. Dec. 1733. Leipzig 1734. V: *Bach, Johann Sebastian.* (Berl 1914, S. 633) (Bem I, 1, S. 393)

Drama, das neue. Literarisches Anzeigeblatt f. dramat. Novitäten. Hrsg. u. Red.: S. K. Wohlfeld. 1. Jahrg. Oktbr. 1905—Septbr. 1906. 4. Hefte. (à ca. 24 S.) gr. 8. Wien (XIX, Schegargasse 1), Administration. n. 4. —

Drama officioso - bucolicum sacratum idibus Junii anno 1775 ... episcopo Jaurinensi. S. l. V: *Angster, Hieronymus.* (Pk)

Drama, Das, der klassischen Periode, s. National-Literatur, Deutsche.

Drama, Das, Richard Wagners. [H. S. C.] Leipzig 1892. V: *Chamberlain, Houston Stewart.* (Hdschr. Mitth. von Friedr. Müller, München.)

Dramard, E., bibliographie raisonnée du droit civil comprenant les matières du code civil et des lois postérieures, qui en forment le complément accompagnée d'une table alphabétique des noms d'auteurs. gr. 8. (XIV, 371 S.) Paris 879. Didot & Co. n.n. 9. 60

Dramatica sacra. Zeitschrift f. das religiöse Schauspiel. Hrsg. v. Matthäus Schwägler. 1. Jahrg. 1893. 6 Hfte. Fol. (1. Hft. 16 S. m. 1 farb. Kostümbild.) Riedlingen, Ulrich. n. 3. —; 1. Hft. allein n. — 50

Dramatiker, deutsche, und Hamburger Kritiker. Eine Satyre, Byron's English Bards and Scotch Reviewers frei und zeitgemäß nachgebildet vom Verf. des „Mohammed." Berlin 857. Stuhr. 8. (15 S.) 3 ngr

Dramatist, The Juvenile, or a selection of plays from the most celebrated German Writers ... Hamburg 1801. V: *Engel, Johann Jacob & Chn Felix Weisse.* (BrMm)

Dramatist, the juvenile, or Selection of Plays from the most abbr. german coriters up. educat. III Vols. 8. Hamburg 801. Bachmann. 1 ₰ 20 ℊ Dass., deutsch. 3 Thle. 8. Ebd. 810. 1 ₰ 12 ℊ. holl. P. 2 ₰

Dramaturg, der. Organ des dramaturg. Instituts in Berlin. Dramatische Beilage zum „Neuen Parnass". Hrsg.: Otto Ploecker-Eckardt. Juli—Dezbr. 1899. 12 Nrn. gr. 4. (à ca. 8 Sp.) Berlin (N.W. 7. Mittelstrasse 29), O. Ploecker-Eckardt. n.n.n. 1. 50; m. dem Neuen Parnass n.n.n. 2.—
Nicht durch den Buchhandel zu beziehen.

Dramaturgie, Berliner, auf 1797 u. 98. 12 Hefte. 8. Berlin, Braun. 2 ₰ 4 ℊ

Dramaturgie, Berlinische. 1797/98. Berlin. Wiederh. 1799. V: *Schultz, Friedrich, genannt Spuck-Schultz.* (GGr IX, 430) (Zeitschr. f. Büch. 1923, S. 82)

— Breslauische, (v. K. A. Schubert). 8. Bresl. 772.

Dramaturgie, deutsche. Zeitschrift f. dramat. Kunst u. Literatur. Offizielles Organ der allgemeinen deutschen Bühnengesellschaft. Hrsg.: Paul Kühn. I. Jahrg. Oktbr. 1894—Septbr. 1895. 12 Hfte. (à ca. 6 Bog.) hoch 4. Leipzig, O. Schmidt. n. 12. —; einzelne Hfte. n. 1. 50

Dramaturgie, deutsche. Zeitschr. f. dramat. Kunst u. Literatur. Offiz. Organ d. allgem. deutschen Bühnengesellschaft. Hrsg.: Herm. Schreyer. II. u. III. Jahrg. Oktbr. 1895—Septbr. 1897. à 12 Hfte. (à ca. 36 S.) hoch 4. Leipzig, O. Schmidt. à Jahrg. n. 12.—; einz. Hfte. n. 1. 50

— dasselbe. 4. Jahrg. Oktbr. 1897—April 1898. 7 Hfte. (à ca. 4 Bog.) hoch 4. Ebd. n. 7. 50

— dasselbe. Fortsetzg., s.: Bühne, die deutsche.

Dramaturgie, deutsche, hrsg. v. Wilh. v. Scholz. 1. u. 2. Bd. 8. München, G. Müller. 9.50; geb. 12. 50
1. Hebbel's Dramaturgie. Drama u. Bühne betr. Schriften, Aufsätze, Bemerkgn. Hebbels, gesammelt u. ausgewählt von Wilh. v. Scholz. (386 S.) 907. 4.50; geb. 6. —
2. Schiller's Dramaturgie. Drama u. Bühnen betr. Schriften, Aufsätze, Bemerkgn. Schillers, gesammelt u. ausgewählt v. Otto Falckenberg. (VII, 460 S.) 909. 5. —; geb. 6. 50

Dramaturgie, Hamburgische. Hamburg 1767-69. V: *Lessing, Gotthold Ephraim.* (GGr) (Schr)

Dramaturgie, Frankfurter, hintendran einige Fragen dem Frankfurter Publico beantwortet. Frankfurt u. Leipzig [Frankf. a. M.] 1779-80. V: *Seyfried, Heinr. Wilhelm.* (ML) (Ky)

Dramaturgie, Hamburgische. Ein neu gefundenes Bruchstück zum Besten des Denkmals auf dem Gänsemarkt herausgegeben von W. L. geb. Sch. Hamburg 1879. V: *Leeder, Wilhelmine.* (*vereh.* [?] *Scherer*). (EB)

Dramaturgie, Literatur und Sitten. Wochenschrift. Wien 1769. H: *Klemm, Chn. Gottlob.* (Ky 3/356) (GGr V/309, Nr. 8/2. Wien 1762. 1769) (Zenker, S. 145, Nr. 146) (WBL 12/69) (Biblport)

— Mannheimer, f. 1779. (Von Otto H. v. Gemmingen.) 8. Manh. 779. Schwan u. G. 6 ℊ

Dramaturgie, Neue deutsche. Hamburg 1798-99. V: *Rohde (Rhode), Johann Glieb.* (GGr) (Schr)

Dramaturgie, neue deutsche, mit Kpf. 2 Bde. 8. Hamb. 798 u. 99. (Perold jun.) 2 ₰ 6 ℊ

— neue Hamburgische, (v. H. Chr. Albrecht). 16 Stcke. 8. Hamb. 791. Freder.

— Wiener, (v. K. v. Schelheim). 2 Bde. 8. Wien 776. Trattner. 1 ₰

Dramaturgie, Wienerische. Wien 1776. V: *Schölhammer von Schölhaim, Carl.* (Ky 2/72) (Taschenbuch des Theaters. 1777. S. 182 ff.) (Das gelehrte Oesterreich 2/105) (GGr V/310, Nr. 8/26)

Dramaturgisches, Etwas. Einige fliegende Rhapsodieen zur Nachlese aus den Archiven der Erfahrung. Erstes Packet 1774. O. O. V: *Bock, Joh. Chn.* (Schr) (Litzmann, Schröder. Hamb. u. Lpz. 1894 II, 117) (Arch. f. Litt. VIII, 207.)

Dramburg [Schlagwort]

Dramburg, Kreis, s.a. Köslin, Reg.-Bez.

Dramburg. Entfernungs- u. Reise-Karte des Kreises Dramburg (Reg.-Bez. Köslin). Nach amtl. Ermittelgn. u. unter Benutzg. der Messtischblätter zu den Generalstabskarten bearb. im Katasterbureau d. kgl. Regierg. (Neue Ausg.) Hrsg. 1907. 1 : 75,000. 84×65 cm. Farbdr. Berlin (907). C. Flemming. 1.20

DRAME, Un, de Falaise. Nr. 21. Sammt deutscher Uebersetzung. Selbstverlag des Etablissement Ronacher. Druck v. J. B. Wallishausser in Wien.
Verboten vom L.-G. Wien, 29. November 1889. § 516.

Drame. Le D' de la Passion à Selzach en 1909. Soleure 1909 s. [Moser, Friedrich].

Dramen, altfranzösische, in deutschem Gewande. Deutschen Schauspielern gewidmet. gr. 8. (100 S.) Wien 885. Manz. n. 1. 20

Dramen, zur Belehrung junger Frauenzimmer, von e. engl. Dame; aus d. Engl. (v. Chr. Fel. Weiße). 2 Thle. 8. Leipz. 787. Weidmann. 1 ₰ 6 ℊ

Dramen u. Declamationen für katholische Jungfrauen-Vereine, Töchterschulen u. ähnliche Institute. Hrsg. v. P. Norrenberg. 1—3. Hft. 8. Düsseldorf 878. Deiters. 3. 40
1. Charitas. Cäcilia. (IV, 114 S.) 1. —
2. Das Lichterfest. Declamationen an der Weihnachtskrippe. Maria Siao. Frauenarbeit. (156 S.) 1. 20
3. Die Geburt, das bittere Leiden u. die Auferstehung Jesu, in 3 kleinen Dramen f. Jungfrauen v. L. Clemens. (147 S.) 1. 20

Dramen u. Deklamationen f. katholische Jungfrauen-Vereine, Töchterschulen u. ähnliche Institute. Hrsg. v. P. Norrenberg. Neue [Titel-]Ausg. 9 Hefte. 8. Düsseldorf [878] (903). W. Deiters. n. 5. 80
1. Charitas. Dramatische Scenen aus dem Klosterleben zur Zeit der Reformation in Nürnberg. Von L. Clemens. (41 S.) n. — 60
2. Die hl. Cäcilia. Ein dramat. Spiel in 2 Thln. Von L. Clemens. (S. 41—114.) n. — 80
3. Das Lichterfest. Ein Weihnachtsfest in 2 Aufzügen. Von P. Norrenberg. (48 S.) n. — 60
4. Deklamationen an der Weihnachtskrippe. (S. 49—67.) n. — 40
5. Siao, Maria, od. Die Blinde v. Kiu-Kiang. Nach dem Franz. (Mit autoris. Benutzg. e. Uebersetzg. in den Jahrbüchern des Kindheitsvereins. 1872.) (S. 69—101.) n. — 60
6. Frauenarbeit. Ein dramat. Bild aus der karoling. Zeit in 3 Aufzügen. Von P. Norrenberg. (S. 103—156.) n. — 80
7. Das ersehnte Himmelslicht. Ein Weihnachtsspiel. Von L. Clemens. (32 S.) n. — 60
8. Das edle Weib des ungerechten Richters. Ein Passionsspiel. Von L. Clemens. (S. 33—104.) n. — 80
9. Die frommen Frauen in der Nacht der Auferstehung. Ein Osterspiel. Von L. Clemens. (S. 105—147.) n. — 60

— u. Deklamationen f. kathol. Jungfrauen u. Vereine, Töchterschulen u. ähnl. Institute. Hrsg. v. P. Norrenberg. 2. Hft. kl. 8. Düsseldorf, W. Deiters. — 80
Die hl. Cäcilia. Ein dramat. Spiel in 2 Tln. Von L. Clemens. 2. Aufl. (70 S.) (909.) 80

Dramen, deutsche, f. den Schulgebrauch erläutert. (I.) gr. 8. Langensalza 888. Beyer & Söhne. n. — 80
Lessing's Minna v. Barnhelm, im einzelnen erklärt u. gewürdigt v. J. Stoffel. (84 S.)

Dramen, deutsche, f. den Schulgebrauch erläutert (2. u. 3. Hft.) gr. 8. Langensalza, H. Beyer & Söhne. n. 1. 50 (1—3.: n. 2. 30)
2. Schillers Wilhelm Tell, im einzelnen erklärt u. gewürdigt v. J. Stoffel (IV, 65 S.) 892. n. — 70
3. Goethes Hermann u. Dorothea, erklärt u. gewürdigt, bei Gelegenheit der 100jähr. Jubelfeier des Seminars zu Weißenfels hrsg. u. seinen früheren u. jetz. Schülern gewidmet v. J. Stoffel. (IV, 92 S.) 894. n. — 80

Dramen u. epische Dichtungen, deutsche, f. d. Schulgebr. erläut. I., IV. u. V. gr. 8. Langensalza, H. Beyer & Söhne. n. 3. 10
I. Lessings Minna v. Barnhelm, i. einz. erklärt u. gewürdigt von J. Stoffel. 2., verb. Aufl. (80 S.) 898. n. — 80
IV. Schillers Jungfrau v. Orleans, im einzeln erklärt u. gewürdigt v. J. Stoffel. (III, 86 S.) 896. n. — 80
V. Schillers Wallenstein, erklärt v. J. Stoffel. (III, 151 S.) 897. n. 1. 50

Dramen u. epische Dichtungen, deutsche, f. den Schulgebrauch erläutert. II., III. u. VI.—IX. gr. 8. Langensalza, H. Beyer & Söhne. n. 5. —
II. Schillers Wilhelm Tell, im einzelnen erklärt u. gewürdigt. Von J. Stoffel. 2. Aufl. (IV, 66 S.) 900. n. — 70
III. Goethes Hermann u. Dorothea erklärt u. gewürdigt. Von J. Stoffel. 2. Aufl. (IV, 92 S.) 902. n. — 90
VI. Goethes Iphigenie auf Tauris erklärt. Von J. Stoffel. (III, 73 S.) 899. n. — 80
VII. Das Nibelungenlied als e. einheitlicher Organismus u. als e. künstlerisches Ganzes f. die oberen Klassen der höheren Lehranstalten behandelt u. erklärt. Von H. Heubach. (IV, 94 S.) 901. n. 1. —
VIII. Goethes Egmont. Ein Trauerspiel. Von J. Stoffel. (III, 80 S.) 902. n. — 80
IX. Goethes Götz v. Berlichingen. Von J. Stoffel. (IV, 74 S.) 902. n. — 80
I, IV u. V. Ebd. 896—898. n. 3. 10.

— u. epische Dichtungen, deutsche, f. den Schulgebrauch erläutert. IV., X. u. XI. 8. Langensalza, H. Beyer & Söhne. à n. — 80
IV. Schillers Jungfrau v. Orleans im einzelnen erklärt u. gewürdigt. Von J. Stoffel. 2. Aufl. (III, 86 S.) 905.
X. Shakespeares Julius Cäsar, erklärt von J. Stoffel. (III, 70 S.) 904.
XI. Maria Stuart. Ein Trauerspiel von Friedrich v. Schiller. Von J. Stoffel. (III, 83 S.) 905.
Fortsetzung u. d. T.:

Dramen, drei kleine, s.a. Esser's, J., Sammlung leicht aufführbarer Theaterstücke.

Dramen, drei kleine. Die Hirtinnen zu Bethlehem. Sanct Ursula. Von Nic. Wisemann. — Das Rosenwunder verfaßt von H. R. 1. u. 2. Aufl. Köln 863. Bachem. 8. (VII, 79 S.) 7½ ngr.

Dramen, drei kleine. Die Hirtinnen zu Bethlehem. Sanct Ursula. Von Nicol. Wiseman. — Das Rosenwunder von Henriette Reusch. 3. Aufl. Köln 867. Bachem. 12. (IX, 80 S.) 7½ ngr.

Dramen, drei kleine. Die Hirtinnen zu Bethlehem. Sanct Ursula. Von Sr. Eminenz Nicol. Cardinal Wiseman. Uebersetzt von Henriette Reusch. — Das Rosenwunder. Verfaßt von Henriette Reusch. 4. Aufl. gr. 16. (IX, 80 S.) Köln 873, Bachem. (* 75 Pf.) *

— — klassische, f. den Schulgebrauch erläutert. XII. u. XIII. 8. Ebd. n. 2. 60
XII. Die Odyssee als Kunstwerk in der Lektüre des Gymnasiums u. anderer höherer Schulen. Von H. Heubach. (X, 173 S.) 906. n. 1. 80
XIII. Shakespeares Coriolan. Von J. Stoffel. (III, 70 S.) 906. n. — 80

— u. epische Dichtungen, klassische, f. den Schulgebrauch erläutert. II. V. u. XIV. 8. Langensalza, H. Beyer & Söhne. 3. 20
Stoffel, J., Schillers Wilhelm Tell im einzelnen erklärt u. gewürdigt. 3. Aufl. (IV, 66 S.) 908. (II) — 70
— Schillers Wallenstein, erklärt. 2. Aufl. (III, 155 S.) 907. (V) 1. 50
— Fr. W. Webers Dreizehnlinden. (VI, 97 S.) 909. (XIV) 1. —

— Pseudo-Shakspere'sche, s.a. Shakspere.

Dramen, Pseudo-Shakspere'sche. Hrsg. von Nicol. Delius. 1. Heft: Edward III. Ein Shakspere zugeschriebenes Drama. gr. 12. (XIV und 89 S.) Elberfeld 854. Friderichs. *

—— dass. — 2. Heft: Arden of Feversham. Ein Shakspere zugeschriebenes Drama. gr. 12. (XVI und 86 S.) Ebds. 855. *

—— dass. — 3. (letztes) Heft: The birth of Merlin. Ein Shakspere und Rowley zugeschriebenes Drama. gr. 12. (XIX und 87 S.) Ebds. 856. *

— Pseudo-Shakspere'sche. Hrsg. v. Nicol. Delius. 4. u. 5. Hft. [2. Bd.] 8. Elberfeld 874. Fridrichs. n. 2. — (1. u. 2.: n. 5. —
4. Mucedorus. (XIV, 56 S.)
5. Fair Em. (XIV, 53 S.)

Dramen, kleine Romane und prosaische Rhapsodien. Leipzig 1790. V: *Meyer, Frdr. Albrecht Anton.* (Schr) Vlg Dyk.

Dramen zu Schulfesten. Herausgegeben von August Hartung, Berlin 1803. V: *Pauli, Gg Frdr. Aug.* (GGr) »an Schulfesten« (Hitzig)

Dramen am Schulfeste, v. Hartung. 16. Berlin, Nauck. 803. —

Dramen, spanische, übersetzt von C. A. Dohrn. 1. Thl. Der Verführer von Sevilla oder der steinerne Gast, von Tirso de Molina. — Den Gil von den grünen Hosen, von demselben. — Die Erndte, Festspiel von Lope de Vega. — u. 2.—4. Thl. gr. 8. Berlin 841—44, Nicolai'sche Buchhandlg. à n. 1⅓ ₰

Dramen aus und nach dem Spanischen. Von Ludw. Braunfels. 2 Thle. Frankfurt a. M. 856. Sauerländer's Verlag. 16. (XX, 279; 1 Bl., 249 S.) 1 ₰ 15 ngr
Inhalt: 1. Thl.: Don Juan oder der steinerne Gast. Von Tirso de Molina (Vater Gabr. Tellez). — Gräfin und Zofe. Lustspiel. Nach Lope de Vega. — 2. Thl.: Das Unmöglichste von allen. Lustspiel von Lope de Vega. — Das Festmahl des Belsazer. Frohnleichnamsspiel von Calderon de la Barca.

Drames Français, 4, par Beaumarchais, Bursay, Marsollier et Saurin. Accomp. de l'explication allem. des mots et des phrases à l'us. de la jeunesse qui se voue à l'ét. de la langue franç., par J. F. Sanguin. 8. Coburg 827. Sinner. 1 ₰

Drammer, Jos., s.: Correspondenz-Blatt f. die Präsides der kath. Jugend-Vereinigungen.

Drammer, Jos., Fastenpredigten, s.: Bossuet.

— d. Gebet d. Arbeiters. Vollst. kathol. Gebetbuch nebst e. Anh. v. Liedern f. kathol. Gesellen, Lehrlinge u. jugendl. Arbeiter. 16. (99 S. m. Titelb.) Köln (895). J. P. Bachem. Geb. in Leinw. n. — 40

— das Gebet des Arbeiters. Vollständiges kathol. Gebetbuch, nebst e. Anh. v. Liedern f. kathol. Gesellen, Lehrlinge u. jugendl. Arbeiter. 7. Aufl. (119 S.) 16. Köln (904). J. P. Bachem. Geb. n. — 40

Drammer, Jos., das Gebet des Arbeiters. Vollständig. kathol. Gebetbuch, nebst e. Anh. v. Liedern f. kathol. Gesellen, Lehrlinge und jugendl. Arbeiter. 9. Aufl. (119 S.) 16. Köln (908). J. P. Bachem. Geb. n — 40

Drammer, Jos. Die Greuelthaten der Kommune im J. 1871 zu Paris. Eine histor. Erläuterg. d. Satzes „Religion ist Privatsache". Zur Lehr u. Wehr f. das kathol. Volk hrsg. 12. (44 S.) M.-Gladbach 891, Riffarth. * — 20

— Mutter Maria vom göttlichen Herzen Droste zu Vischering. Ein Lebensbild aus der Gegenwart. (III, 83 S.) gr. 8. Aachen 908. A. Jacobi & Co. — 80

Drammer, Josef (Hrsg.), s. Pius-Blatt, Aachener.

— Stoff u. Stoffquellen f. Vorträge in d. kathol. Jugend-Vereinigungen. gr. 8. (XII, 199 S.) Köln 901. H. Theissing. n. 2. 40

— Vademecum f. die Präsides der kath. Jünglingsvereinigungen, s.a. Seelsorger-Praxis.

Vademecum für die Präsides der kath. Jünglingsvereinigungen. Von Dr. Jos. Drammer, Oberpfarrer. *Paderborn: F. Schöningh 1902.* (VIII, 104 S.) 8° [J.]
— Seelsorger-Praxis. 4. [02. 4504]

Drammer, Carl, approb. Arzt aus Bonn: Aus d. Bonner chirurg. Klinik. Ueber radikale und konservative Therapie bei Hodentuberkulose. *Bonn a. Rh. 1902: S. Foppen.* (42 S.) 8°
Bonn, Med. Diss. v. 17. Juli 1902

Dramoff, Boris Th., aus Schumla (Bulgarien): Zur Kasuistik des Diabetes insipidus im Kindesalter. *Berlin (1900): E. Ebering.* (27 S.) 8°
Berlin, Med. Diss. v. 19. Juli 1900

le Dran, s. Ledran.

Dran, H. Frz. le

— Abh. v. d. Cur d. Schußwunden, od. 3r Thl. d. Anmerk. a. d. Fr. 8. Nürnb. Zeh. 776.

Dran, H. Frz. le, chirurg. Anmerkungen, s. Bedenken rc. 2 Thle. 8. Nürnb. Zeh. 740.

— Gutachten üb. chirurg. Fälle, a. d. Fr. 8. Leipz. Gleditsch. 778.

— Vergleich. d. Manier., d. Stein a. d. Blase z. ziehen, a. d. Fr. m. K. 8. Berl. Rüdiger. 733.

Dran, J. Ch. von

Dran J. C. v.: Unterricht z. Kenntniss, Heilung u. Verhütung d. allgemeinsten u. gangbarsten Krankheiten d. Hausthiere ... Sondershausen 1806. 201 S.

Dran, J. Ch. v., vollst. Unterr. z. Verhüt. Erkenn. u. Heil. d. Krankh. d. Hausthiere rc. 8. Sondershaus. Ackermann. (Joachim in Leipz.) 805.

Drandorff, August Friedrich von (eques Saxonicus), De assentationibus jureconsultorum. Präs. August Leyser. Wittbg. (Chn. Gerdes) Febr. 1712. 32 Bl. (5.—) 6830

Drane, Augusta Theodosia, s.a. Franziska Raphael.

Drane, Augusta Theodosia, der hl. Dominicus u. die Anfänge seines Ordens. Mit Erlaubnis des Verf. aus dem Engl. übers. v. e. Verehrer des Heiligen. Neue Volks-[Titel-]Ausg. (308 S. m. 1 Bildnis.) 8. Düsseldorf [890] (903). W. Deiters. n. 2. —; geb. n. 3. —

Der Geist des Dominicaner-Ordens, dargest. u. erl. durch Beispiele aus d. Lebensbeschreibungen s. Heiligen u. Seligen. Von Mutter Franzisca Raphael, O. S. D. (Augusta Theodosia Drane). Autor. Uebers. aus d. Engl., frei bearb. u. erg. von B. J. O. W. *Dülmen: A. Laumann 1901.* (IV, 382 S.) 8° [J.] [01. 4937]

Drane, Augusta Theodosia, die Geschichte der heil. Catharina von Siena und ihrer Genossen. Autoris. Uebersetzung aus dem Engl. gr. 8. (XVI, 654 S. mit Illustr.) Dülmen 887, Laumann'sche Verlagsh. *

— der Johanniter-Orden. In Verbindung damit die Belagerung von Wien u. die Schlacht von Lepanto. Aus dem Engl. Autoris. Uebersetzg. 8. (360 S.) Aachen 888. A. Jacobi & Co. n. 2. 40

Drane, A. T. (Mutter Franziska Raphaela O. S. D.), d. Tagewerk e. gottlieb. Seele. M. e. Vorrede v. Th. M. Wehofer, O. P. 12. (XVI, 136 S. m. 1 Stahlst.) Regensburg 898. Nationale Verlagsanstalt. n. 1. 50

Dranel, D. R., die leichte Niederkunft oder bewährtes durch viele Zeugnisse beglaubigtes Mittel, die Niederkunft leicht und ungefährlich zu machen, gesunde und gut gedeihende Kinder zu erhalten. gr. 8. Nürnberg 851, (Leuchs und Comp.)

Dränert, Sammlung arithmetischer Aufgaben f. den Gebrauch an höheren Bürgerschulen, nach der Aufgabensammlung v. Meier Hirsch bearb. gr. 8. (XVI, 175 S.) Altenburg 879. Pierer. n. 2. —

Dränert, Sammlung arithmetischer Aufgaben f. den Gebrauch an höheren Bürgerschulen, nach der Aufgabensammlg. v. Meier Hirsch bearb. 1. u. 2. Kurs. 2. Aufl. gr. 8. Altenburg, Pierer. n. 1. 80
1. (VIII, 88 S.) 883. n. 1. —
2. (IV, 80 S.) 884. n. — 80

Dränert, Sammlg. arithmet. Aufgaben f. d. Gebrauch an Realschulen, n. d. Aufgabensammlg. v. Meier Hirsch bearb. I. Kurs. 3. Aufl. gr. 8. (VIII, 88 S.) Altenburg 898. H. A. Pierer. n. 1. —

— die Vertheilung der politischen Rechte in Hamburg. gr. 8 (24 S) Hamburg 883. Seelig & Ohmann. n. — 60

Dränert, *Oskar* [Dr.]: Dr. Anton Rée im Kampfe um die allgemeine Volksschule. (Umschlagt.: ... m. e. Bilde „Die Vorkämpfer der allgemeinen Volksschule", gez. v. Karl Müller.) Hamburg, gedr. bei Lütcke & Wulff, 1893; 1 32 S., 1 Taf. 4.
Hamburg, Stiftungs-S v. 1815 (Ri), P 1893 (737)

Drangsale, meine, als Schillscher Gefangner, auf d. Galeere u. in den Gefängnissen Frankreichs, von A. F. Grunow. 8. Berl. Schmidt. 814.

Dranmor [Autorname] = Schmid, Ferdinand.

Dranmor's [Ferd. v. Schmidt], gesammelte Dichtungen. [Poetische Fragmente. Kaiser Maximilian. Dämonenwalzer. Requiem.] 1. Aufl. (X, 260 S.) 873, und 2. Aufl. 8. (XV, 260 S. mit dem Portr. des Verf. in Holzschn.) Berlin 875, Gebr. Paetel. *M. 4.; geb. *

Dranmor's gesammelte Dichtungen. 3. verm. Aufl. Mit dem (phototyp.) Portr. des Verf. 8. (XXII, 270 S.) Berlin 879. Paetel. n. 3. —; geb. m. Goldschn. n. 6. —

Dranmor's (Ferd. Schmid) gesammelte Dichtungen. 4., durchgeseh. u. verm. Aufl. 12. (XXXI, 256 S.) Frauenfeld 900. Huber & Co. Geb. in Leinw. n. 4. —

Dranmor, poetische Fragmente. 860. (XII, 155 S.) — 2. Aufl. Leipzig 865. Brockhaus. 8. (X, 169 S.) n. 24 ngr.

Dranmor, Kaiser Maximilian. Raab 868. Hennicke. 16. (15 S.) n. 6 ngr.; cart. n. 12 ngr.

—— Requiem. 2. Aufl. gr. 16. (III, 52 S.) Leipzig 870, Brockhaus. *ℳ 1.; geb. mit Goldschn. *
Die 1. Aufl. kam nicht in den Handel.

— **Requiem.** Ecrit en rhythmes rimés, trad. de l'allemand par l'auteur. gr. 16. (59 S.) Ebend. 875. 1. 50

* **SPIEL,** Das, der Liebe und des Glücks in bewunderns-würdigen Begebenheiten einiger Standes-Personen. Welche mit behutsamer Feder zum vergnügten Zeitvertreibe aufrichtig erzehlet *D. R. A. N. R. E. S. T. O. R.* Mit (unsign.) Titelkpfr. (unten 2 Reimzeilen). Franckfurt u. Leipzig (Blochberger in Leipzig) 1747. 8°.
Aeusserst selten! 4 Bll. Vorst. u. 230 SS. Stellenw. sehr pikant. — Vorr. unterz.: Schönstädt 1. Dec. *DranRestoR.*

Dransfeld [Schlagwort]

Dransfeld, s.: Geologische Karten. Karte (Preussen).

Dransfeld [Verfasser]

Dransfeld, ..., wie benimmt sich d. wahre Freund seines Volks u. seines Vaterlands bei dem zu befürcht. Schicksale desselben? Beantwortet in einer Predigt. gr. 8. Magdeb. 807. Heinrichshofen. 3 gr.

Dransfeld, C. A., s.: Taschenbuch der Handelskorrespondenz.

Dransfeld, C. F., der neue verbess. Tabaksbau, oder kurze u. gründl. Anweisung f. den Landmann, wie d. Tabak zu säen, zu pflanzen u. zu behandeln sey. 8. Bresl. 796. Mit n. Titel 812. W. G. Korn. 3 gr.

Dransfeld, Ernst, approb. Arzt aus Leitzkau, Bez. Magdeb.: Über Verrenkungsbrüche der Malleolen. *Halle a. S. 1901: Wischan & Wellengel.* (29 S.) 8°
Halle, Med. Diss. v. 9. Juli 1901

Dransfeld, Hedw., der hl. Antonius, s.: Erzählungen f. Schulkinder.

– der hl. Johannes Berchmanns, s.: Erzählungen f. Schulkinder.

Dransfeld, Hedw., Buch d. Wünsche, s.a. Bibliothek, kleine.

[F.] Buch der Wünsche. E. Sammlg v. Gelegenheitsgedichten f. Schule u. Haus. Hrsg. v. Hedwig Dransfeld. *Hamm i. W.: Breer & Thiemann [1898].* (2 Bl., 160 S.) 1 Bd 8.
= Bibliothek, Kleine. No 35. 36 [99. 4872

— Erwachen. Neue Gedichte. (152 S.) gr. 8. Köln (903). J. P. Bachem. Geb. in Leinw. n. 3. —

Dransfeld, Hedw., s.: Erzählungen f. Schulkinder.

— Flitter u. Schein, s.a. Bachem's illustr. Erzählungen f. Mädchen. 11. Bd.

Flitter und Schein. Erzählung f. junge Mädchen. Von Hedwig Dransfeld. Mit 4 Kunstdr.- u. 1 Farbendr.-Deckelbild. *Köln a. Rh.: J. P. Bachem [1899].* (176 S.) 8° [F.]
= Erzählungen, Bachems illustrierte, f. Mädchen. Bd 11.

— s.: Frau, die christliche.

Dransfeld, Hedw., Gedichte. 12. (XVI, 352 S.) Werl 893. A. Stein. n. 3. 20; geb. in Leinw. m. Goldschn. n. 4. 80

— die Geschwister, s.a. Bachem's illustr. Erzählungen f. Mädchen. 13. Bd.

Die Geschwister. Erzählung aus d. 17. Jh. Von Hedwig Dransfeld. Mit Bild. von W. Witting. *Köln: J. P. Bachem [1900].* (145 S.) 8° [F.]
= Erzählungen, Bachems illustr., f. Mädchen. Bd 13.

— Johann Wolfgang v. Goethe, s.: Erzählungen f. Schulkinder.

[F.] Das Grafendorli. Erzählg f. junge Mädchen. Von Hedwig Dransfeld. M. 4 Kunstdruckbild. nach Zeichngn v. W. Witting. *Köln a. Rh.: J. P. Bachem [1897].* (4 Bl., 172 S., 4 Taf.) 1 Bd 8.
= Erzählungen, Bachem's illustr., f. Mädchen. Bd 6. [97. 7738

— das Grafendorli. Erzählung f. junge Mädchen. Mit 4 Kunstdr.-Bildern nach Zeichngn. v. W. Witting. 2. u. 3. Aufl. (à 178 S.) 8. Köln (902. 906). J. P. Bachem. n. 2. —; geb. in Leinw. n. 2. 50

Das Grafendorli. Erzählung f. junge Mädchen. Von Hedwig Dransfeld. Mit 4 Kunstdruckbild. 3. Aufl. Köln: J. P. Bachem [1906]. (178 S.) 8° [F.]
= Erzählungen, Bachem's illustr., f. Mädchen. Bd 6.

Die wilde Grete. Von Hedwig Dransfeld. *Boppard: Marienheim [1899].* (16 S.) 8° [Umschlagt. F.]
= Erzählungen f. Schulkinder. Ser. 2, H. 3.

Das Maikäfer-Prinzesschen. Von Hedwig Dransfeld. *M. Gladbach & New York: A. Riffarth [1898].* (16 S.) 8° [F.]
= Erzählungen f. Schulkinder. [Ser. 1,] H. 5.

— Mutterstelle. Erzählg. f. die Jugend. Hrsg. im Auftrage des Vereins kathol. deutscher Lehrerinnen. 12. (160 S.) Münster 902. Alphonsus-Buchh. Kart. n. 1. —

— Mutterstelle. Erzählung für die Jugend. 2. Aufl. Für die Oberstufe. (Jugend-Bücherei des Vereins kathol. deutscher Lehrerinnen.) (160 S.) 12. Münster 904. Alphonsus-Buchh. Geb. n. — 80

[F.] Nach harter Prüfung. Erzählg f. junge Mädchen. Von Hedwig Dransfeld. M. 4 Kunstdruckbild. v. C. H. Kuechler. *Köln a. Rh.: J. P. Bachem [1898].* (4 Bl., 203 S., 1 Bildert., 4 Taf.) 1 Bd 8.
= Erzählungen, Bachems illustr., f. Mädchen. Bd 8.

Nach harter Prüfung. Erzählung f. junge Mädchen. Von Hedwig Dransfeld. Mit 4 Kunstdruckbild. von C. H. Kuechler. 2. Aufl. Cöln: J. P. Bachem [1906]. (209 S.) 8° [F.]
= Erzählungen, Bachem's illustr., f. Mädchen. Bd 8.

— Il Santo. Erzählungen u. Gedichte f. alle Verehrer des hl. Antonius v. Padua. 12. (219 S.) Paderborn 902. Junfermann. n. 1. 35; geb. in Leinw. n. 2. 50

– Friedrich v. Schiller, s.a. Erzählungen für Schulkinder.

— Friedrich v. Schiller. Lebensbild m. Proben seiner Dichtgn. Zur 100jähr. Todesfeier des Dichters der deutschen Schuljugend gewidmet. [Erweiterte Festausg. der Erzähln. f. Schulkinder. VII. Serie. 2 Heftchen.] (31 S. m. 1 Bildnis.) 16. Limburg (905). Limburger Vereinsdruckerei. n.n. — 10

— die Seeschwalben, s.: Jugendperlen. 10. Bd.

— d. gute Ton f. d. heranwachs. Jugend, s.a. Bibliothek, kleine.

[F.] Der gute Ton für die heranwachsende Jugend. Von Hedwig Dransfeld. *Hamm i. W.: Breer & Thiemann [1897].* (163 S.) 1 Bd 8.
= Bibliothek, Kleine. No 12. 13.

Die Veilchenliese. Von Hedwig Dransfeld. *M. Gladbach & New-York: A. Riffarth [1898].* (8 S.) 8° [F.]
= Erzählungen f. Schulkinder. [Ser. 1,] H. 4. [00. 7399

Zaunkönigs Weihnachten. Von H(edwig) Dransfeld. *Boppard: Marienheim [1899].* (16 S.) 8° [Umschlagt. F.]
= Erzählungen f. Schulkinder. Ser. 2, H. 11.

– Weihnachtsfeier in Schule u. Haus, s.a. Bibliothek, Kleine.

[F.] Weihnachtsfeier in Schule und Haus. E. Sammlg v. Gedichten, ausgew. v. Hedwig Dransfeld. *Hamm (Westf.): Breer & Thiemann [1898].* (VIII, 72 S.) 1 Bd 8.
= Bibliothek, Kleine. No 16.

— Theo Westerholt, s.a. Bachem's illustr. Erzählungen f. Mädchen. 9. Bd.

Theo Westerholt. Erzählung f. d. Jugend. Von **Hedwig Dransfeld**. (Mit 4 Kunstdr.-Vollbild.) *Köln a. Rh.: J. P. Bachem [1899].* (166 S.) 8° [F.]
= **Erzählungen**, Bachems illustrierte, f. Mädchen. Bd 9. (00. 8…7 5

[F.] Wie das Grafendorli glücklich wird. Erzählg f. junge Mädchen. Von Hedwig Dransfeld. M. 4 Kunstdruckbild. nach Zeichngn v. Otto Maehly. *Koln a. Rh.: J. P. Bachem [1898].* (4 Bl., 190 S., 1 Bildert., 4 Taf.) 1 Bd 8.
= **Erzählungen**, Bachems illustr., f. Mädchen. Bd 7. (99. 41.6

Wie das Grafendorli glücklich wird. Erzählung f. junge Mädchen. Von Hedwig **Dransfeld**. Mit 4 Kunstdruckbild. nach Zeichn. von Otto Maehly. 2. Aufl. Cöln: J. P. Bachem [1906]. (196 S.) 8° [F.]
= **Erzählungen**, Bachem's illustr., f. Mädchen. Bd 7. (05. 11411

Dransfeld, J., Allocutiones et Programmata. Oster. 704. 4. 16gr.

Dransfeld, Nathanael [Saxo]: Der Zusammenhang des Wissens mit dem Gewissen, insbesondere die praktische Bedeutung des ersteren für letzteres .... Halis Saxonum, form. Kaemmerianis, 1887; 68 S. + 2 Bl. 8°.
Halle, Phil. Fak., Inaug.-Diss. v. 19. März 1887.

Dransfeld, N., der Zusammenhang d. Wissens m. dem Gewissen u. seine practische Bedeutung. Ein zeitgemässer Beitrag zur Lehre vom Gewissen. gr. 8. (69 S.) Halle 887. Kaemmerer & Co. n. 1. 20

Dransfeldt, der neue verbess. Tabaksbau, od. kurze u. gründl. Anweisung f. den Landmann, wie d. Tabak zu säen, zu pflanzen u. zu behandeln sey. 8. Bresl. W. G. Korn. 812.

Drapa, Frederiks. Zum Gedächtniß . . . Hamburg 1840. V: *Dirckinck-Holmfeld, Constantin Freih. von.* (Collin, Anonymer. Kiobenh. 1869.)

Drapala, Th., die Buchhaltungskunde in ihrer wissenschaftlichen Pflege. Zugleich e. Einführg. in die Geschichte u. Literatur der Buchhaltungslehre. gr. 8. (IV, 404 S.) Wien 889. Spielhagen & Schurich. n. 6. —

Drapala, Thdr., s.: **Zeitschrift** f. Buchhaltung.

Drapczyński, Vikt.

Drapczyński, V., Über die Verteilung der meteorologischen Elemente in der Umgebung der Barometerminima und -maxima zu Kiew. [Aus: Sitzungsber. d. k. Akad. d. Wiss., mathem.-naturw. Klasse.] Gr.-8°. (ill. 26 S.) † K —.70
Linz: Feichtinger 1904.

Drapczyński, Vikt, über die Verteilung der meteorologischen Elemente in der Umgebung der Barometerminima u. -Maxima zu Kiew. (26 S. m. 8 Fig.) gr. 8. Wien 904. (A. Hölder.) n. — 70
Sonderabdruck aus: „Sitzungsber. d. k. Akadem. d. Wiss."

Drape, Gust., 25 Jahre aus dem Leben der königl. Residenzstadt Hannover von 1854—1879. Festschrift zur 25jähr. Jubelfeier d. Herrn Joh. Carl Herm. Rasch als Stadt-Director der königl Residenzstadt Hannover. gr. 8. (VIII, 247 S. mit 1 chromolith. Plan.) Hannover 879. Rümpler. n. 5. —

Drapeau: Le Drapeau Jurassien v. Le Petit Jurassien (sous 15).

Draper, John Will., Gedanken über die zukünftige Politik Amerikas. Aus dem Engl. von A. Bartels. gr. 8. (VII und 191 S.) Leipzig 866, O. Wigand. *

Draper, John Will., Gedanken über die zukünftige Politik Amerikas. Aus dem Engl. von A. **Bartels**. Leipzig 866. O. Wigand. gr. 8. (VII, 191 S.) n. 25 ngr.

Draper, John Will., Geschichte d. amerikanischen Bürgerkrieges. Deutsch v. A. **Bartels**. 3 Bde. Mit 77 (eingedr.) Karten. gr. 8. (XV, 357; VI, 386 u. VII, 472 S.) Leipzig 877. O. Wigand. n. 20. —

Draper, John William. Geschichte der geistigen Entwicklung Europas, s.a. **Büchersammlung**, allgemeine, lebender Schriftsteller.

— Geschichte der geistigen Entwickelung Europas. Aus dem Engl. von A. **Bartels**. 2 Bde. Ebend. 865. gr. 8. (IV, 759 S.) n. 3 β 10 ngr.

—— **Geschichte der geistigen Entwickelung Europas. Aus dem Engl. von A. Bartels. 2 Bde. gr. 8. (IV und 759 S.) Leipzig 866, O. Wigand.** *

Draper, John William, Geschichte der geistigen Entwickelung Europas. Aus dem Engl. v. A. **Bartels**. 2. durchgeseh. u. verb. Aufl. gr. 8. (VII, 647 S.) Leipzig 871. O. Wigand. n. 10. —

Draper, John William, Geschichte der geistigen Entwickelung Europas. Aus dem Engl. v. A. **Bartels**. 3. Aufl. gr. 8. (XVIII, 650 S.) Leipzig 886. O. Wigand. n. 10. —

—— Geschichte der Conflicte zwischen Religion und Wissenschaft, s.a. **Bibliothek**, internationale wissenschaftliche.

Draper J W, Geschichte der Konflikte zwischen Religion und Wissenschaft. (Bibliothek, Internationale wissenschaftliche 13) Leipzig 1875

Draper, John William, history of the development of Europe, s.: **Schulbibliothek** franz. u. engl. Prosaschriften aus der neueren Zeit.

Draperies du dernier goût de Paris, à servir pour lits et croisées. 2 Cah. (Französ. u. Deutsch.) 4. Leipz. 807. Leo. 2 ₰ 6 gr.

Draperies du dernier goût de Paris, à serv. p. lits et croisées en 8 feuilles. 4. Leips. Leo. 808.

Draperies, du derniere gout de Paris, a servir pour lits et croisées. II. Cahiers. 4. Leips. Leo. 813. (Cah. I. 1 Rthlr. 12 gr. Cah. II. 18 gr.)

Drapiez, ..., s. Cours compl. d'histoire naturelle.

Drapiez, A., tableau analytique des Minéraux. fol. Berl. Dunker et Humb. 806. geb.

Drasch H.: Die Intensitätslinien des Rotationsparaboloides bei parallelstrahliger Beleuchtung (m. 6 Fig.) 19. Graz St.-R. 76.
Progr.

— Über die Tangentenbestimmung im Doppelpunkte einer Durchdringungscurve zweier Flächen II. Ordnung u. einige damit zusammenhängende Aufgaben. (m. 2 Taf.) 15. Steyr R. 80.
Progr.

Drasch, H.: Synthetische Theorie der ebenen Curven III. Ordnung mit Doppelpunkt mit bes. Berücksichtigung derjenigen, welche durch die imaginären Kreispunkte gehen. (m. 4 Taf.) 29 S. – Steyr, Progr. 1882.

Drasch H.: Vorschläge zu einer Reform der Behandlung der analytischen Geometrie an der Mittelschule. 39. 58. Steyr R. 86. 87.
Progr.

Drasch, Heinr., Axenbestimmung der Contouren v. Flächen 2. Ordnung. [Mit 1 (lith.) Taf.] Lex.-8. (10 S.) Wien 883. (Gerold's Sohn.) n. — 60

Drasch, Heinr., Beitrag zur constructiven Theorie der windschiefen Regelflächen m. zwei Leitgeraden u. e. Leitkegelschnitt. [Aus: „Sitzungsber. d. k. Akad. d. Wiss."] Lex.-8. (13 S. m. 1 Taf.) Wien 892. (F. Tempsky.) n. — 70

Drasch, Heinr., Beitrag zur synthetischen Theorie d. ebenen Curven III. Ordnung m. Doppelpunkt. [Mit 1 (lith.) Taf.] [Aus: „Sitzungsber. der k. Akad. der Wiss."] Lex.-8. (20 S.) Wien 882. (Gerold's Sohn.) n. 1. —

Drasch, Heinr. Elemente der analytischen Geometrie der Geraden u. der Kegelschnitte. Für den Schulunterricht, sowie zum Selbststudium bearb. gr. 8. (VIII, 112 S. m. 76 Fig.) Wien 889, Hölder. * 1 20

Drasch Heinrich: Erzeugung einer Curve III. u. IV. Ordnung mit Hilfe von Kegelschnitten, welche durch 2 feste Punkte gehen und einen anderen Kegelschnitt doppelt berühren. (Mit einer Tafel). (20). Linz R. 92.
Progr.

— zur Construction der Schmiegungsebene d. Durchdringungscurve zweier Flächen zweiter Ordnung. Mit 1 (lith.) Taf. [Aus: „Sitzungsber. der k. Akad. der Wiss."] Lex.-8. (6 S.) Ebend. 880. n.n. — 50

Drasch, Heinr., Construction von Tangenten an die Berührungslinie einer Rotationsfläche und der ihr von einem Punkte aus umschriebenen Developpabeln. Lex.-8. (9 S. mit 1 lithogr. Taf.) Wien 878, (Gerold's Sohn.) *
Aus: Sitzungsberichte der k. Akademie der Wissenschaften, besonders abgedruckt.

— Tangenten-Construction f. die Berührungslinie zwischen e. windschiefen Fläche u. ihrer Leitfläche. [Mit 1 (lith.) Taf.] [Aus: „Sitzungsber. der k. Akad. der Wiss."] Lex.-8. (11 S.) Ebend. 880. n.n. — 50

Drasch, Otto, Beiträge zur Kenntniss des feineren Baues des Dünndarms, insbesondere über die Nerven desselben. [Mit 3 (lith.) Taf.] [Aus: „Sitzungsber. der k. Akad. d. Wiss."] Lex.-8. (31 S.) Wien 880. (Gerold's Sohn.) n. 2. —

Drasch, Otto, zur Frage der Regeneration und der Aus- und Rückbildung der Epithelzellen. Lex.-8. (14 S. mit 1 Taf.) Wien 886, (Gerold's Sohn.) **
Aus: Sitzungsberichte der k. Akademie der Wissenschaften, besonders abgedruckt.

— zur Frage der Regeneration d. Trachealepithels m. Rücksicht auf die Karyokinese u. die Bedeutung der Becherzellen. [Mit 1 (lith.) Taf.] [Aus: „Sitzungsber. der k. Akad. der Wiss."] Lex.-8. (32 S.) Ebend. 881. n. 1. —

— die physiologische Regeneration d. Flimmerepithels der Trachea. [Mit 2 (lith.) Taf. u. 5 (eingedr.) Holzschn.] [Aus: „Sitzungsber. der k. Akad. der Wiss."] Lex.-8. (46 S.) Ebend. 879. n. 1. 80

Drasch, O., Die physiol. Regeneration des Flimmerepithels der Trachea. Wien 80. Gerolds S. M. 1.80

—— histologische und physiologische Studien über das Geschmacksorgan. Lex.-8. (52 S. mit 2 lithogr. Taf. und 3 Holzschn.) (Ebendas. 884.) *
Vorstehende drei Schriften sind aus: Sitzungsberichte der k. Akademie der Wissenschaften, besonders abgedruckt.

—— Untersuchungen über die Papillae foliatae et circumvallatae des Kaninchen und Feldhasen. [Aus dem physiolog. Institute zu Leipzig.] Lex.-8. (24 S. mit 8 Bl. Erklärungen und 8 Taf.) Leipzig 887, Hirzel. *
Aus: Abhandlungen der k. sächs. Gesellschaft der Wissenschaften, besonders abgedruckt.

— über das Vorkommen zweierlei verschiedener Gefässknäuel in der Niere. [Mit 2 (lith.) Taf.] [Aus: „Sitzungsber. der k. Akad. der Wiss."] Lex.-8. (24 S.) Ebend. 877. n. 1. 20

Drasche, A. (Hrsg.), s. Handbuch, Encyklopädisches...

Drasche, Prof. Dr. A., Skoda. 8. (47 S.) geh. 80 kr.

Wien: Gerold & Co. 1881.

Drasche, A., Vorschlag u. Begründung e. in Wien baldigst abzuhaltenden internationalen Cholera-Conferenz. gr. 8. (23 S.) Wien 873. Braumüller. n. — 60

Drasche's, Prof. Dr. Anton, gesammelte Abhandlungen. Herausgegeben von seinen Schülern zu dessen 40jährigen Doctor-Jubiläum. Mit 1 Portrait in Photogravure, 11 Tabellen, 5 lithographirten Tafeln und 21 Figuren in Holzschnitt. Gr.-8. (710 S.) 15.—
Wien: Šafář 1893.

Drasche, A., s.: Bibliothek der gesammten medicinischen Wissenschaften.

Drasche, Ant., die epidemische Cholera. Eine monographische Arbeit. Mit 2 color. (lith.) Landkarten (in Fol.) u. 1 (lith.) graph. Darstellung. Wien 860. Gerold. gr. 8. (XIV, 388 S.) n. 3 ₰ 10 ngr.

Drasche, Ant. Ueber den Einfluss der Hochquellenleitung auf die Salubrität der Bevölkerung Wiens während der ersten 15 Jahre ihres Bestandes. Vortrag. gr. 8. (26 S.) Wien 889, (Künast). * — 80

—— Influenza. gr. 8. (42 S.) Wien 890, Perles. * 1 20
Aus: Wiener medizin. Wochenschrift, besonders abgedruckt.

— üb. den gegenwärtigen Stand der bacillären Cholerafrage u. üb. diesbezügliche Selbstinfektionsversuche. [Aus: „Wiener med. Wochenschr."] gr. 8. (70 S.) Wien 894. M. Perles. n. 1. 60

(Drasche H.) Instruktion z. Brennen d. kontinuierlichen Ziegel-Ringöfen. 4° Wien 1867

Drasche H, Inzersdorf (Wien). Illustrierter Katalog der Ziegler- und Terracotta-Fabrikate. fol (Wien 1867)

Drasche, Rich. Frhr. v., über einige neue und weniger gekannte aussereuropäische einfache Ascidien. Imp.-4. (18 S. mit 8 lithogr. Taf.) Wien 884, (Gerold's Sohn.) *
Aus: Denkschrift der k. Akademie der Wissenschaften, besonders abgedruckt.

Drasche, Rich. v., Beiträge zur feineren Anatomie der Polychaeten. 2 Hefte. gr. 8. Wien 885, (Gerold's Sohn.) à Heft * ℳ 3.—. *
Inhalt:
Heft 1. Anatomie von Spinther miniaceus Grube. (14 S. mit 2 Stnt. und 2 Bl. Erklärungen.)
» 2. Anatomie von Owenia filiformis delle Chiaje. (22 S. mit 2 Stnt. und 2 Bl. Erklärungen.)

— Beiträge zur Entwickelung der Polychaeten. 1. u. 2. Hft. gr. 8. Ebend. n. 7. —
1. Entwickelung v. Pomatoceros triqueter L. (10 S. m. 3 Steintaf. u. 3 Bl. Erklärgn.) 884. n. 3. —
2. Entwickelung v. Sabellaria spinulosa Lkt., Hermione hystrix Sav. u. e. Phyllodocide. (23 S. m. 5 Steintaf. u. 5 Bl. Erklärgn.) 885. n. 4. —

Drasche, Rich. v., Fragmente zu einer Geologie der Insel Luzon [Philippinen]. Mit e. Anhang über die Foraminiferen der tertiären Thone v. Luzon v. Felix Karrer. Mit 5 Taf. (2 chromolith. Karten, 2 phototyp. u. 1 lith. Taf.) u. 16 in d. Text gedr. Holzschn. Imp.-4. (IX, 99 S.) Wien 878. Gerold's Sohn. n. 12. —

— die Insel Réunion [Bourbon] im indischen Ocean. Eine geologisch-petrograph. Studie m. e. Anh. über die Insel Mauritius. Mit e. Farbendr., 7 heliograph., 2 photolith. und 8 lith. Taf. u. 12 in den Text gedr. Holzschn. gr. 4. (VII, 85 S.) Wien 878. Hölder. n. 20. —

Drasche, Dr. Richard v., Revision der in d. Nematoden-Sammlung d. k. k. zoolog. Hofcabinets befindl. Original-Exempl. Diesing's u. Molin's. (Fortsetzung) (S.-A.) gr. 8. (14 S. mit 3 Taf.) Wien, *Alfred Hölder. 72 kr. — Fortsetzung II. gr. 8. (28 S. mit 4 Taf.) 90 kr. 1883.

— — Ueber eine neue Synascidie (Polyclinoides diaphanum) aus Mauritius. (Sep.-Abd.) gr. 8. (6 S. mit 1 Taf.) *Ebds. 25 kr. 1883.

— die Synascidien der Bucht v. Rovigno [Istrien]. Ein Beitrag zur Fauna der Adria. Mit 8 Farbendr.- u. 3 lith. Taf. gr. 4. (41 S. m. 11 Bl. Erklärgn.) Ebend. 883. cart. n. 32. —

Drasche-Wartinberg, Rich. v., Reise nach Spitzbergen im Sommer 1873 m. dem Schooner „Polarstjernen". gr. 8. (63 S. m. eingedr. Holzschn., 5 Holzschntaf. in gr. 8. u. qu. 4. u. 1 lith. Karte in Fol.) Wien 874. (Braumüller.) n. 2. —

Draschitzky mit d. stählern. Brust, Przemisls, Ottokar II. Königs in Böhmen, Feldherr; eine romantische Gesch. aus böhm. Urkund. n. 8. Prag, Calve. 794.

[F.] **Draschler**, Joseph [Prof.]: Rede zur Feier des Sedantages am 2. September 1893 geh. Spremberg, Druck v. C. F. Saebisch, 1894; 3–6 S. 4.
Spremberg, RPG, OP 1894 (112)

Drasdo, H. Fr., ökonom. Merkwürdigkeiten u. Rathschläge, oder Samml. mannichfalt. Belehrungen u. nützl. Erfahrungen in der Haus-, Garten- u. Landwirthschaft, nebst mehreren erprobten Hausmitteln bei allerlei Krankheiten. Ein Hülfsbuch f. Jedermann. 8. Marienwerder 831. (Baumann). 16 gr.

Drasdo, Hrm. Frdr., Handbuch der Landwirthschaft, oder Inbegriff der Grundwahrheiten der gesammten landwirthschaftl. Industrie. Zunächst für den sächs. Landmann bestimmt. gr. 8. Meißen 838. Klinkicht u. Sohn. 1/4 ß

Drasdo, Johann Gottlieb, De analogia historica recte instituenda. Disp. hist. crit. Präs. Johann Matthias Schroeckh. Wittbg. (C. Chn. Dürr) 10. 10. 1781. 56 S. (4.80) 6834
Respond. v. Tl. II (ab S. 39): August Gottlob Glasewald.

— — Comparatio Mosis et Homeri. Diss. philol. primum. Präs. Carl Christian Tittmann. Wittenbg. (C. Ch. Dürr) 20. V. 1783. 40 S. (—.50) 6836
Gew.: Joh. Gottfr. Hermann, Joh. Friedr. Rehkopf.

— — Dasselbe. Spec. tertium. Wittbg. (C. Ch. Dürr) 17. X. 1788. 20 S. (—.50) 6837

— — De auctorum profanorum cum scriptoribus sacris comparatione adjuvando disciplinae sanctioris studio perquam idonea. Soll. oratio in renunc. doctorum philos. et una cum vitis virorum doct. quibus summi in philos. honor. trib. sunt. Wittbg. (Tzschiedrich) 16. X. 1790. 35 S. (1.—) 6841
Biogr. v.: Friedr. Gottlob Staps (Naumburg), Joh. Gottfr. Freytag (Schweinitz), Joh. Heinr. Adolph Bielinsky (Gommern), Joh. Sal. Phil. Fallenstein (Cleve), Chn. Gottlob Ritter (Querfurt), Chn. Gottlob Dinndorf (Nossen), Joh. Chn. Stauss (Schweinitz), Theoph. Aug. Mohring (Delitzsch), Friedr. Wilh. Schroeer (Zinna/Torgau), Carl Gottlob Karig (Annaberg), Carl Friedr. Pfotenhauer (Rabena/Saxo), Gottlob Heinrich Unger (Schneeberg), Joh. David Klemm (Freiberg), Carl Christ. Theod. Tromler (Roderdorf/Vogtl.), Joseph Spenn (Wien), Chr. Ehrenf. Wilh. Wagner (Marienberg/Misn.), Joh. Chn. Beyer (Lichtenberg), Heinr. Aug. Buettner (Lauta/Misn.), Friedr. Wilh. Sieber (Plessa/Misn.), Jos. Andr. Schreckenbach (Langenlois/Österr.), Friedr. Christ. Aug. Schinke (Guben), Adam Friedr. Thierfelder (Thum).

Drasdo, J. G., de nimio et neglectu et usu antiquitatis profanae in explicandis sacris literis. Viteb. 1784. 4.

— — Fidei in causa salutis humanae ratio et necessitas denuo asserta et ab adversariorum criminationibus vindicata. Comm. philol.-dogm. Tl. I. Wittbg. (A. Ch. Charisius) 16. X. 1790. 24 S. (1.50) 6839

— — Dasselbe. Tl. II. Wittbg. (A. Ch. Charisius) 3. VIII. 1790. 20 S. (1.—) 6840

Drasdo, Jh. Gli., († d. 24. Febr. 1819.) Samml. einiger Predigten. 8. Wittenb. 786. Zimmermann. 6 gr.

— — De justa rerum naturae scientia sanctioris disciplinae cultoribus utilissima. Soll. oratio in renunc. doctorum philos. et una cum vitis virorum doct. quibus summi in philos. honores trib. sunt. Wittbg. (C. Ch. Dürr) 17. X. 1788. 34 S. (—.50) 6838
Biogr. v.: Chn. Friedr. Olpe (Dresden), Carl Friedr. Wunder (Albrechtshayn), Ferd. Gottlieb Flitner (Düben), Chn. Friedr. Gottlob Martini (Rötha), Carl Aug. Heyder (Dommitzsch), Carl Chn. Schunden (Dahme), Frz. Chn. Curdes (Beltitz / Wittbg.), Erdm. Friedr. Goebel (Lauban/Laus.), Carl Heinr. Chph. Thalwitzer (Meissen), Chn. Gottfried Kaiser (Herzberg), Joh. Friedr. Wilh. Tischer (Dautzschen), Joh. Carl Gottlob Martius (Dahme), Joh. Friedr. Haertel (Gera), Chn. Theophil Roch (Penig).

— — u. **Carl Friedrich Hessler**, De sorte rei christianae seculo quarto caute judicanda. Disp. histor. Wittbg. (A. Ch. Charisius) 24. I. 1782. 24 S. (—.50) 6835

Dräseke, Der Bischof, . . .
[Bergen 1841.] V: *Coch, Georg Frdr. Gerh. von.* (A)

Der Bischof [Joh. Heinr. Bernh.] **Dräseke als Maurer.** Eine Sammlung seiner Vorträge und Festreden in der Loge [Zum Ölzweig, Bremen]. Hrsg. von Aug. Wilh. Müller. Magdeburg: Heinrichshofen 1852. XXVIII, 338 S. 8°
Recens: Brblr. 1852 S. 88—96 (B. Lützelberger); Frmr-Kalender. 1855—1856 S. 93 bis 100 (Pfänder); FZ. 6 (1852) S. 207—208.
38 Reden in d. Arbeits-, Fest- u. Trauerloge gehalten.
[2. Aufl. u. d. Tit.:]
Der Bischof [Joh. Heinr. Bernh.] Dräseke als Freimaurer. Eine Sammlung seiner Vorträge und Festreden in der Loge [Zum Ölzweig, Bremen]. Mit einer biogr. Skizze Dräseke's. Hrsg. von Aug. Wilh. Müller. 2. mit neuen Zeichnungen verm. Aufl. Magdeburg: Heinrichshofen 1865. XLV, 348 S. 8°.
Recens: Bh. 8 (1865) S. 334—335 (J. G. Findel); FZ. 19 (1865) S. 302 (M. Zille); L. 24 (1865) S. 260—261.
Tt. 1858. 40 Reden.

Dräseke, Der Bischof, und sein achtjähriges Wirken im Preussischen Staate. [Bergen 1840.] V: *König.* (GGr)

Dräseke, der Bischof, und sein achtjähriges Wirken im Preußischen Staate, von G. v. C. kl. 8. Bergen 840; (Hamburg, Hoffmann u. Campe.) 1/4 ß

—— der Bischof Dr., u. seine amtl. Wirksamkeit in d. Provinz Sachsen. Ein Wort zu seiner Vertheidigung, nebst Charakteristik seiner Predigtweise, ein Beitr. zur Homiletik von e. Geistlichen. gr. 8. (1 B.) Magdeburg 841, [Bühlersche Bh.] *

Dräseke (Bischof) u. K. Funk Rede bei Einführung des Direkt. Funk. — Antrittsworte des Direktors. Zus. 12 S.
Progr. Magdeburg D. 1839

Draeseke, s.: Worte d. Glaubens.

Dräseke, Bernh. Ausgewählte Predigten, s. Predigt, die, der Kirche.

Draeseke, Fel., Anweisung zum kunstgerechten Moduliren. Eine Abhandlg. gr. 8. (115 S.) Freienwalde 876. Draeseke. n. 2. —

Draeseke, Fel., die Konfusion in der Musik. Ein Mahnruf. (28 S.) kl. 8. Stuttgart 906. C. Grüninger. n. — 40
Sonderabdruck aus: „Neue Musik-Zeitung."

Draeseke, Felix, die Beseitigung d. Tritonus u. des in der harmonischen Molltonleiter sich vorfindenden übermässigen Secunden-Intervalles. 8. (18 S.) Leipzig 880. Leuckart. n. — 60

Christus. Ein Mysterium in einem Vorspiele und drei Oratorien. Christ. A Mystery ... von **Felix Draeseke**. Klav.Ausz. mit deutschem u. engl. Text. Vorspiel. *Leipzig: H. Seemann Nachf.* 4° [illegible]

Herrat. Grosse Oper in 3 Acten. Text u. Musik von **Felix Draeseke**. Clav.Ausz. vom Komp. Eigenth. d. Komp. *Leipzig: R. Forberg in Comm. 1900.* (231 S.) 4° [illegible]

Draeseke, Felix, die Lehre von der Harmonia, in lustige Reimlein gebracht, mit serieusen Exemplis und Aufgaben ausgestattet und denen eifrigen Schülern zur Stärkung des Gedächtnisses eindringlich empfohlen. 2. verm. Aufl. 8. (III, 185 S.) [Leipzig-Reudnitz 886, Rühle.] Leipzig, J. H. Zimmermann.

Draeseke, F., die Lehre v. der Harmonia, in lustige Reimlein gebracht, m. serieusen Exemplis u. Aufgaben ausgestattet u. denen eifrigen Schülern zur Stärkung des Gedächtnisses eindringlich empfohlen. 2., verm. Aufl. 8. (XII, 185 S.) Leipzig 887. J. H. Zimmermann. geb. n. 3. —

Der gebundene Styl. Lehrbuch f. Kontrapunkt u. Fuge von **Felix Draeseke**. Bd 1. 2. *Hannover: L. Oertel 1902.* 2 Bde 4°(8°) [F.]
— Musikbibliothek, Louis Oertel's. Bd 21. 22. [illegible]

Dräseke, J., zur Kenntnis des Hyraciden-Gehirns. (S. 267—277 m. 6 Abbild.) 31×24 cm. Stuttgart 910. E. Schweizerbart. 1. 40
Sonderabdruck a. „Reise in Ostafrika in d. J. 1903 1905".

— dasselbe, s.a. Reise in Ostafrika. IV, 2.

Draeseke, Joh., die Ueberlieferung der 3. philippischen Rede d. Demothenes untersucht. [Aus: „Jahrbücher f. class. Philologie."] gr. 8. (VI, 90 S.) Leipzig 874. Teubner. n. 2. 80

Dräseke, Jh. Eph., († d. 15. Dec. 1816.) Beschreib. e. wenig bekannten Instruments z. Feldmessen. Mit 1 Kpft. 8. Neustrel. 797. Albanus. 2 Gr.

Dräseke, Johann Heinrich Bernhard

Dräseke, Jh. Hnr. Bernh., Abschiedsgruß an Alle, welchen Er amtlich angehörte. gr. 4. Magdeburg 843, Heinrichshofen. 1/8 ß

Dräseke, Jh. Hnr. Bhrd., über die ihn betreffenden Aeußerungen in der jüngst erschienenen Schrift des Hrn. Dr. Nicolai, betitelt: Zwei Predigten u. eine Verhandlung. gr. 8. Bremen 824. Heyse. 5 Gr.

Dräseke, J. H. B., evangel. Bedenken und Bitten zu Anfange des Jahrs 1816 in einer Reihe v. Predigten vorgetragen. gr. 8. Lüneburg, Herold u. W. 817.
weiß Druckp.

— zur Beförderung wahrer Religiosität; 5 Predigten. 8. Schwerin 796. Bödner. 8 Gr.

— Beitrr. zur Verbesserung d. Liturgie. 8. Lüneb. 802. Herold u. W. 12 Gr.

Dräseke, Jh. Hnr. Bhrd., von d. Berufe Menschen zu fahen. Predigt, nach beendigter Visitation der Kirchen u. Schulen in den drei Ephorien der Stadt Halle gehalten. gr. 8. Halle 834. Schwetschke u. Sohn. 1/12 ß

Dräseke, J. H. B., Betrachtungen über den Heimgang unsers Herrn. s. Predigten über die letzten Schicksale. 2r Bd.

— die Bibel, das Buch des Fortschrittes. Predigt am Bibelfeste, 16. Dec. 1842, gehalten in der Domkirche zu Magdeburg. 8. Magdeburg 843, Rubach'sche Buchh. 1/8 ß

— Bibel-Fest, gefeiert zu Magdeburg den 15. Aug. 1833. Predigt. Altargebet, gesprochen von Matth. Mänß. gr. 8. Magdeburg 833. Heinrichshofen. 1/6 ß

Dräseke, Joh. Heinr. Bernh., Bibelfestpredigt, gehalt. am 1. Nov. 1839 in d. Domkirche zu Magdeburg. Zugleich als sechste Nachricht üb. d. Wirksamkeit d. magdeburg. Bibelgesellschaft. Lex.-8. (1¼ B.) Magdeburg 839, Rubach'sche Bh.

— Bibelfestpredigt. Zugleich als 6e Nachricht über die Wirksamkeit der Magdeburg. Bibelgesellschaft. Lex.-8. Magdeb. 840. Rubach'sche Buchh. (Fabricius.) 1/6 ß

— Blicke durch das Jahrmarktsgewühl in die Höhen des Himmels. Eine Predigt. 8. Bremen 815. Kaiser. 2 Gr.

— Bußtagspredigt, vor der Magdeburgisch. Domgemeinde gehalten. gr. 8. Magdeburg 839. Bühler. 1/8 ß

— Christus an das Geschlecht dieser Zeit, 4 evangel. Vorträge. gr. 8. Lüneb. ... 2e A. 820. 3e A. ... Herold u. W. 8 Gr.

— über die Darstellung d. Heiligen auf d. Bühne. 8. Brem. 816. Heyse. 6 Gr.

— die Ehrentage des geretteten Vaterlandes. Zwei Predigten, den 18. Juni u. 18. Oct. zur Feier gehalten. 8. Bremen. 1e u. 2e Aufl. 815. Kaiser. 6 Gr.

— die höchsten Entwickelungen des Gottesreichs auf Erden. 3e Zugabe zu d. Schrift: Christus an das Geschlecht dieser Zeit. gr. 8. Lüneb. 1e u. 2e Aufl. 820. Herold u. W. 20 Gr.

— Feier am Grabe des Senators Jh. Volmers, am 3. Nov. 1818. gr. 8. Bremen 818.

— drei Festpredigten zu Advent, Weihnacht u. Neujahr vor der Magdeburgischen Domgemeinde gehalten. gr. 8. Magdeburg 840. (Heinrichshofen.) 1/3 ß

— drei Festpredigten, vor d. Domgemeinde in Magdeburg gehalt. Als e. freundl. Gabe v. d. Hrn. Verf. dargereicht zu festeren Begründung e. Kirchen-Armenkasse f. d. Gemeinde zu Trebbin, u. d. Publikum übergeb. v. Joh. Ludw Friedr. Schulze. gr. 8. (3 B.) Magdeburg 834, (Heinrichshofen.)

— drei Festpredigten vor d. St. Anscharii-Gemeinde (in Bremen) gehalt. gr. 8. (4 B.) Bremen 827, (Kaiser.)

Des Maurers Freiheit. Eine Vorlesung in der □ zum Füllhorn [in Lübeck] am 1. Nov. 1809 von J[oh.] H[einr.] B[ernh.] **Dräseke**. Lübeck [1809]: Römhild. 28 S. 8° [Umschlagtit.]
Abgedr. in: A. 13 (1847) S. 121—135; **Dräseke** als Maurer. 1852 S. 18—28; 2. Aufl. 1865 S. 142—152; HL. 11 (1878) S. 865—869; FZ. 34 (1880) S. 273—276 [in einer Bearb. von Mor. Schanz].
Kl. 1160. Beigefügt ein Rundgesang von Dräseke üb. Mrfreiheit.

— über Frieden auf Erden. gr. 8. Lüneb. 798. Herold u. W. 5 Gr.

— der Fürst d. Lebens u. sein neues Reich. 2e Zugabe zu d. Schrift: Christus an das Geschlecht dieser Zeit. gr. 8. Lüneb. 819. 2e A. 820. Herold u. W. 18 Gr.

— zum Gedächtniß unseres hochseligen Königs. Zwei Predigten, in der Domkirche zu Magdeburg gehalten. gr. 8. Magdeburg 840. Heinrichshofen. 1/6 ℛ

— Gemälde aus d. heil. Schrift. 1e Samml. Auch u. d. T.: der Weg durch die Wüste. 8. Lüneb. 821. Herold u. W. 1 ℛ 8 g Velinp. 1 ℛ 16 ℛ 2e Samml. A. u. d. T.: Paulus zu Philippi. Ein Blick in die Zeiten der ersten Kirche. 8. Ebd. 824. 1 ℛ 12 g Velin-Drckp. 1 ℛ 20 g Velinp. 2 ℛ 3e Samml. A. u. d. T.: Lazarus Auferweckung. Eine Betracht. an d. Gräbern geliebter Todten. Mit e. Zuschr. an Dr. Eylert. 8. Ebd. 828. 1 ℛ 8 g Velin-Drckp. 1 ℛ 12 g Velinp. 1 ℛ 16 g 4e Samml. Auch u. d. T.: Jesus u. Nikodemus. Ein Nachtgespräch von d. himml. Dingen. 8. Ebd. 828. 1 ℛ 8 g Velin-Drckp. 1 ℛ 12 g Velinp. 1 ℛ 16 g

Dräseke, Jh. Hnr. Bhrd., Glaube, Liebe, Hoffnung. Ein Handbuch f. junge Freunde u. Freundinnen Jesu. Mit 1 Kpf. gr. 8. Lüneb. 813. 2e Aufl. 814. 3e Aufl. 815. 4e Aufl. 818. 5e Aufl. 824. Herold u. W. Velinp. 20 g Schrbp., mit 1 Kpf. 12 g ohne Kpf. Drckp. 8 g

— — Glaube, Liebe, Hoffnung, ein Handbuch für Confirmanden. 4te Aufl. gr. 8. Ebend. 817.

— — Dasselbe weiß Papier mit 1 Kupf.

— Glaube, Liebe, Hoffnung. Ein Handbuch f. junge Freunde u. Freundinnen Jesu. 6e, abermals durchges. Aufl, gr. 8. Lüneburg 834. Herold u. Wahlstab. 1/3 ℛ Mit Titelkpfr. 1/2 ℛ Velinp. 5/6 ℛ

— Glaube, Liebe, Hoffnung. Ein Handbuch für junge Freunde u. Freundinnen Jesu. 7., abermals durchgeseh. Aufl. gr. 12. Lüneburg 842, Herold u. Wahlstab. 1/3 ℛ

— die Gottesstadt u. die Löwengrube. Erste Zugabe zu d. Schrift: Christus an d. Geschlecht dieser Zeit. gr. 8. Lüneb. 820. Herold u. W. 12 g

—— Eine Heerde u. Ein Hirt. Friedensgedanken bei confession. Zerwürfniß am Sonnt. Misericordias Domini vor d. magdeburg. Dom-Gemeinde ausgesprochen u. durch gegenwärt. Blätter auf Begehren wiederholt. gr. 8. (1 1/4 B.) Magdeburg 839, Heinrichshofen.

— Eine Heerde u. Ein Hirt. Friedensgedanken bei confessioneller Zerwürfniß am Sonntage Misericordias Domini vor d. Magdeburg. Domgemeinde ausgesprochen u. durch gegenwärt. Blatter auf Begehren wiederholt. gr. 8. Magdeburg 840. Heinrichshofen. 1/6 ℛ

— „Der Herr ist der Geist; wo aber der Geist des Herrn ist, da ist Freiheit." — Abend-Predigt, am 31. Oktober 1841 als dem 300jährigen Jubelfeste der Halleschen Kirchenreformation gehalten in der Haupt-Pfarrkirche zu U. L. Fr. in Halle und auf Verlangen dem Druck übergeben. gr. 8. Magdeburg 842, Heinrichshofen. 1/6 ℛ

—— hier ist gut sein. Predigt am 10. Sonntage nach Trinit. 1834 u. s. w. gehalt. gr. 8. (1 B.) Magdeburg, Heinrichshofen.

— „Hier ist gut sein." Predigt am Geburtsfeste Sr. Majestät, Unseres Königs, gehalten im Dom zu Magdeburg. gr. 8. Ebd. 834. 1/8 ℛ

— Hinweisungen auf das Eine, was Noth ist; in Predigten aus d. neuesten Zeit. gr. 8. Lüneb. 812. Herold u. W. 1 ℛ 12 g

— Hirtenbrief. Mit Erlaubniß des Hrn. Verfassers für Alle, die an d. Inhalte des Sendschreibens Theil nehmen, neu abgedruckt. Dazu ein griechisches Akrostichon auf Dräseke. gr. 8. Halle 832. Ed. Anton. Drckvelinp. 2 ℛ

— über Ideale u. ihre Beziehung auf Lebensgenuß u. Lebensfrieden. gr. 8. Bremen 816. Heyse. 5 g

— Jesus u. die Schwestern zu Bethanien. Eine Predigt. gr. 8. Bremen 824. Heyse. 5 g

— Ihr seyd theuer erkauft! werdet nicht der Menschen Knechte! Evangel. Bedenken u. Bitten zu Anfange d. J. 1816. In einer Reihe von Predigten. gr. 8. Lüneb. 816. Herold u. W. 12 g Weiß P. 16 g

— die seligmachende Kirche; eine Predigt. gr. 8. Bremen 823. Heyse. 4 g

— — über den Confessionsunterschied der beyden protest. Kirchen. gr. 8. Ebendas. 817.

— über Confessionswesen u. Kirchenvereinigung in ihrem Verhältnissen zum Evangelio. gr. 8. Lüneb. 819. Herold u. W. 8 g Velinp. 12 g

— Confirmationsfeier d. 20. Apr. 1806. (Lüneb.) 807. Herold u. W. 3 g Dass. 1807. Ebd. 4 g

— Confirmationsfeyer im Jahr 1816. gr. 8. Ebend.

— Confirmationsfeier der Kinder von beiden Confessionen im J. 1817. gr. 8. Lüneb., Herold u. W. 4 g

— Confirmationsfeier im Mai 1819. gr. 8. Ebd. 820. 4 g

— s. 1) F. W. Langer, Predigten. 2) Magazin von Fest- und Gelegenheitspredigten.

—— schlichtes Nachwort rc., s. Nachwort.

—— „Nicht sorgen, sondern Gott sorgen lassen!" Predigt, am diesjähr. Erntefest in d. Domkirche zu Magdeburg gehalt. gr. 8. (1 B.) Magdeburg 836, Heinrichshofen.

— nun danket alle Gott. Predigt zur Feier d. Siegs am 18. Juni 1815. 8. Bremen, Kaiser. 4 g

— ordnet sich das Leben nach unserer Freiheit oder nach höherer Bestimmung? 3 Predigten. gr. 8. Lüneb. 817. Herold u. W. 9 g

— Passionspredigten. gr. 8. Lüneb. 816. Herold u. W. 1 ℛ 16 g Weiß Drckp. 2 ℛ

— erste Predigt am 2. Sonnt. nach Trinit. 1. Juli 1832, üb. Joh. 21, 15 bis 17. vor der Domgemeinde zu Magdeburg u. in Gegenwart Sr. Majestät des Königs rc. gehalten u. auf Allerhöchsten Befehl dem Druck übergeben. gr. 8. Magdeb. 832. Heinrichshofen. 4 g Zwei Nachträge hierzu, auf wiederholtes Verlangen dem Druck überlassen. gr. 8. Ebd. 6 g

— Predigt zur Feier d. Völkerschlacht bei Leipzig am 18. Oct. 1817. gr. 8. Ebd., Herold u. W. 4 g

Dräseke, Joh. Heinr. Bernh., Predigt, bei dem Hausgottesdienste Sr. Maj. d. Königs im Pallaste zu Berlin am 4. Sonnt. nach d. Feste d. Erschein. gehalt. gr. 8. (1 B.) Magdeburg 840, Heinrichshofen. Thlr.

— Predigt z. 18. Juni 1817. gr. 8. Lüneb. 817. Herold u. W. 3 g

— Predigt über den Confessionsunterschied der beiden protest. Kirchen. gr. 8. Lüneb. 817. Herold u. W. 4 g

— letzte Predigt vor der St. Anscharii-Gemeinde in Bremen am 20. Mai 1832 gehalten u. für ihre theuren Glieder u. Genossen auf ihr Verlangen dem Druck übergeben. gr. 8. Bremen 832. Heyse. 5 g

—— Pred. über Marcus 7, V. 31—37, s. Kruse, O. Fr.

— Predigt, am 14. Sonntage nach Trinitatis 1833 im Dom zu Magdeburg gehalten gr. 8. Ebd. 833. 1/8 ℛ

— Predigt einige Tage vor d. Hinrichtung eines Mörders gehalten. gr. 8. Lüneb. 809. Herold u. W. 4 g

— Predigt einige Tage vor d. öffentlichen Hinrichtung eines Mörders gehalt. 8. Ebend. 810.

—— Pred. vor d. Wahl d. Stadtverordneten am Sonntage, d. 20. Okt. 1833, in d. Dom-Kirche gehalt. gr. 8. (1 B.) Magdeburg 834, Heinrichshofen.

— Predigten über freigew. Abschnitte d. heil. Schrift, in d. 2ten Hälfte d. J. 1816 u. der 1ten Hälfte des J. 1817 (für d. Brem. Publikum) gehalten. 1r Jahrg. 1r, 2r Thl. 8. Bremen ...

— Predigten über freigew. Abschnitte d. heil. Schrift, (f. auswärt. Lehrer). 1r u. 2r Jahrg. à 2 Thle. gr. 8. Lüneb. 817—19. à 3 Rthl. 6 Rthl. Wohlf. Ausg. in 4 Theilen. gr. 8. Ebd. 826. 4 Rthl.

— einige in der Domkirche gehaltenen Predigten. Der Magdeburg. Bibelgesellschaft auf ihren Wunsch überlassen u. durch dieselbe d. wohlwollenden Beförderern ihres Werkes als Handschrift für Freunde dargeboten. Lex.-8. Magdeburg 839. (Rubach'sche Buchh., Fabricius.) n. 2/3 Rthl.

— 3 Predigten bei d. Veränderung s. Wirkungskreises. 8. Lüneb. 815. Herold u. W. 9 Gr.

— Predigten zur 3ten Jubelfeier d. evangel. Kirche. gr. 8. Lüneb. 817. Herold u. W. 1 Rthl. Schrbp. 1 Rthl. 12 Gr. Velinp. 2 Rthl.

— Predigten üb. die letzten Schicksale unsers Herrn. 1r Thl. gr. 8. Lüneb. 816. 2e A. 818. 3e Aufl. 826. Herold u. W. 1 Rthl. 16 Gr. Velinp. 2 Rthl. 8 Gr. 2r Bd. Auch u. d. T.: Betrachtt. über den Heimgang unsers Herrn, nach Johannis Evangelium. Ebd. 818. N. Aufl. 826. 1 Rthl. 16 Gr. Velinp. 2 Rthl. 8 Gr. 3r Bd. Auch u. d. T.: Blicke in die letzten Lebenstage unsers Herrn. gr. 8. Ebd. 821. N. A. 826. 1 Rthl. 16 Gr. Velinp. 2 Rthl. 8 Gr. Wohlf. Ausg. 3 Thle. gr. 8. Ebd. 826. 4 Rthl.

— Predigten über d. letzten Schicksale unsers Herrn. 3r Thl. A. u. d. T.: Blicke in die letzten Lebenstage unsers Herrn. gr. 8. Lüneburg 822. Herold u. W.

— Predigten bei d. Veränderung seines Wirkungskreises. 8. Ebend. 815.

— Predigten f. denkende Verehrer Jesu. 4 Samml. gr. 8. Lüneb. 804—10. Herold u. W. 4 Rthl. 16 Gr. N. A. 5 Bde. gr. 8. Ebd. 823. 4e A. 826. 6 Rthl. 4 Gr. Wohlf. Ausg. für Minderbegüterte. 4 Rthl.

— dasselbe 1ste Sammlung 3te unveränderte Auflage. gr. 8. Ebend. 814.

— dasselbe 2te Sammlung 2te Aufl. Ebend. 815.

— Predigten f. denkende Verehrer Jesu. 5te Samml. gr. 8. Lüneb. Herold. u. W.

— — Predigten für denkende Verehrer Jesus. N. Aufl. 5 Bände. gr. 8. Ebendas. 817 u. 18.

— dess. 5e Samml. 3e Aufl. gr. 8. Ebend. 821.

— Predigten f. denkende Verehrer Jesu. 5 Sammlungen. 4e wohlf. Aufl. gr. 8. Lüneburg 826, Herold u. Wahlst.

— Predigten für denkende Verehrer Jesu. Neueste Ausg. in 2 Bdn., herausg. von Th. H. F. Dräseke. gr. 8. Lüneburg 836. Herold u. Wahlstab. 4 Rthl.

— Predigten in d. Zeit der Erlösung Deutschlands. 3 Hefte. gr. 8. Lübeck 814. Michelsen. (Lpz., Rein). 3 Rthl. (A. u. d. T. Deutschlands Wiedergeburt, verkündigt u. gefeiert in religiösen Reden.) 2e Aufl., in 2 Bdn. gr. 8. Lüneb. 817. Herold u. W. 2 Rthl. 8 Gr. Holl. P. 3 Rthl. Roy.-P. 3 Rthl. 12 Gr.

Dräseke, Jh. Hnr. Bhrd., Predigtentwürfe. 1r Jahrg. 8. Bremen 816. Kaiser. 1 Rthl. 12 Gr.

— Rede vor dem Altare, nach so eben geschehener feierlichen Einführung in d. Amt des ersten Predigers am Dom zu Magdeburg gehalten u. auf Verlangen d. Druck überlassen. gr. 8. Magdeb. 832. Heinrichshofen. 3 Gr.

—— Rede bei der feierl. Investirung d. Hrn. Joh. Chrstn. Ferd. Aßmann rc. als Superintendenten d. Stadtdiözese, am Dienstage, 15. Okt. 1833 u. sammt d. Schlußworten d. Investirten. gr. 8. (1¼ B.) Magdeburg 834, Heinrichshofen.

— vom Reich Gottes. Betrachtungen nach der Schrift mit denkenden Christen angestellt u. zur Feier des Augsburg. Glaubensbekenntnisses im dritten Jubeljahr herausg. 3 Thle. Lexicon-8. Bremen 830. Heyse. 5 Rthl.

— die Religion in ihrer Bedeutung in Reden u. Liedern. gr. 8. Lüneb. 808. Herold u. W. 6 Gr.

— Schilderungen für denkende Christen. 8. Lüneb. 802. Herold u. W. 1 Rthl.

—— Schlußrede bei d. feierl. Einführung d. Consistorial- u. Schul-Raths Zerrenner, als Propstes d. Klosters Unser Lieben Frauen in Magdeburg, am 13. Juli 1832. gr. 8. Magdeburg, Heinrichshofen.

Dräseke, J. H. Bernh., drei kleine Schriften. Bremen 868. Heyse. 16. (III, 154 S.) n. 20 ngr.

Dräseke, Joh. Heinr. Bernh., nachgelassene Schriften. Hrsg. v. Thdr. Heinr. Tim. Dräseke. 1. Bd.: Predigten über die Stufenlieder. gr. 8. (VI u. 191 S.) Magdeburg 850, Heinrichshofen. ¾ Rthl. — 2. Bd. 1. u. 2. Abthlg.: Predigten über den Brief des Jacobus. 1. u. 2. Abthlg. gr. 8. (XII u. 430 S.) Ebd. 851. à ¾ Rthl. (1. II, 1. 2: 2¼ Rthl.)

—— „Sehet, wir gehen hinauf gen Jerusalem." Pred. beim Eintritt d. Passions-Zeit vor d. magdeburg. Dom-Gemeinde gehalt., u. auf besond. Veranlass. hrsg. gr. 8. (1¼ B.) Magdeburg 840, Heinrichshofen.

—— die rechte Stellung z. Missionswerk. Pred. am Missionsfeste gehalt. gr. 8. (1½ B.) Magdeburg 834, Heinrichshofen.

– s. Stüler, Chr. B.: 37 Predigten.

— Trauerrede f. unvergeßlichen Collegens Dusch. gr. 8. Ebend.

— Trauerrede am Sarge seines Collegen J. D. E. Dusch. gr. 8. 796. Herold u. W. 4 Gr.

— — Vaterlandsfreude. Eine Dankpredigt zur Feyer des Tages von Leipzig. 8. Bremen, Kaiser. 815.

— über die Vorstellung d. Heiligen auf d. Bühne. 8. Bremen 815. Kaiser. 6 Gr.

— Wallfahrt ins Christfest. Weihnachtsworte. gr. 8. Lüneb. 817. Herold u. W. 4 Gr.

– der Weg durch die Wüste, s. a. Dräseke: Gemälde.

— — der Weg durch die Wüste, ein evangelisches Cabinetsstück. 8. Ebendas. 821.
Auch unter dem Titel:
Gemälde der Bibel, erste Sammlung.

—— Weihe-Fest-Predigt, s. Denkmal z. Erinnerung.

— Weihepredigt, s. Denkmal der Erinnerung an die am 1. u. 2. Advent-Sonntage 1833 Statt gehabten Feier rc.

— zwey Weihnachtspredigten. 8. Lüneb. Herold u. Wahlstab. 815.

—— „Wer ist ein Lügner, ohne der da leugnet, daß Jesus d. Christ sei?" Pred. am 2. Tage d. heil. Christfestes in d. Domkirche zu Magdeburg gehalt. gr. 8. (1 B.) Magdeburg 838, (Rubach'sche Buchh.)

— Wie dünket euch um Christo? Weß Sohn ist er? Zwei Predigten, s. Wie dünket euch um Christo?

– Deutschlands Wiedergeburt, s.a. Dräseke: Predigten in d. Zeit d. Erlösung.

— — Deutschlands Wiedergeburt, verkündet und gefeyert durch eine Reihe evangelischer Reden im Laufe d. J. 1813. 2 Bde. 2te Aufl. gr. 8. Ebend. 817.

Holl. Pap.
Holl. Royalpap.

— „Wir sind wohl selig, doch in der Hoffnung.“ Predigt am Sonntage nach dem Neujahrstage 1835 gehalten im Dom zu Magdeburg. gr. 8. Quedlinburg 836. Basse. 5 gGr.

— Worte der Weihe, bei der feierl. Enthüllung des neuen Denkmals für Gustav Adolph auf d. Schlachtfelde von Lützen am 6. Nov. 1837 gesprochen. Mit 1 Abbild. des Denkmals. gr. 8. Magdeb. 837. Heinrichshofen. 1/4 Rthlr. Ohne Abbild. 1/6 Rthlr.

— Worte d. Weihe, gesprochen am 18. Juni 1819 bei d. Legung d. Grundsteins d. Kirche zu Vegesak. Mit e. Vorworte herausg. v. A. Chr. Willmanns. 8. Bremen 819.

— das goldne Zeitalter; eine Vorlesung. gr. 8. Bremen 814. Heyse. 6 gGr.

— das goldne Zeitalter, eine Vorlesung. gr. 8. Bremen, Heyse. 815.

Dräseke, Johannes: Analecta Byzantina: 1. Die sprachlichen Schwierigkeiten der kirchlichen Verständigung zwischen Morgen- und Abendland. Nach Johannes Bekkos. 2. Johannes Bekkos wider Nikolaos von Methone. Wandsbek 1909: Pusvogel. 20 S. 4°
Wandsbek, k. Matthias-Claudius-G m. R u. VS OP 1909 (386)
[S 09. 78

Dräseke, Johs., Apollinarios v. Laodicea, sein Leben u. seine Schriften, s.: Texte u. Untersuchungen zur Geschichte der altchristlichen Literatur.

Dräseke, J[ohannes]: Aus d. Laboratorium d. psychiatr. Klinik zu Jena (Prof. Binswanger). Beitrag zur vergleichenden Anatomie der Medulla oblongata der Wirbeltiere, speciell mit Rücksicht auf die Medulla oblongata der Pinnipedier. Mit 7 Abb. im Text. *Jena 1900: G. Neuenhahn.* (46 S.) 8° [Umschlagt.]
Jena, Med. Diss. v. (24. Febr.) 1900

Dräseke, Johs., der Brief an Diognetos, nebst Beiträgen zur Geschichte des Lebens u. der Schriften d. Gregorios v. Neocaesarea. gr. 8. (VIII, 207 S.) Leipzig 881. Barth. n. 3. —

Dräseke, Johannes, Prof. D. Dr.: Zur Johanneischen Frage. *Wandsbek 1900: F. Puvogel.* (S. 1—25.) 4°
Wandsbek, Matthias Claudius-G m. R u. VS, P 1900 (306)

Dräseke, Johs., Johannes Scotus Erigena u. dessen Gewährsmänner in seinem Werke De divisione naturae libri V., s.a. **Studien z. Geschichte d. Theologie u. der Kirche. IX. 2.**

Johannes Scotus Erigena und dessen Gewährsmänner in seinem Werke De divisione naturae libri v. Von D. Dr. Johannes Dräseke, Prof. zu Wandsbeck. *Leipzig: Dieterich 1902.* (67 S.) 8°
= Studien z. Geschichte d. Theologie u. d. Kirche. Bd 9, H. 2.

Zum Philosophen Joseph v. Johannes Dräseke. [Leipzig. 1902.] 8° Ausschnitt aus: Zeitschrift f. wissenschaftl. Theologie. 1902.

Dräseke, Johannes, (Prof.) D. Dr.: Drei Kapitel aus der Friedensschrift des Patriarchen Johannes Bekkos vom Jahre 1275. Eingeleitet u. übersetzt. Wandsbek 1907: F. Puvogel. (18 S.) 4°
Wandsbek, k. Matthias Claudius-G OP 1907 (353)

Zur byzantinischen Kirchengeschichte. Ein Rückblick auf die ersten zehn Jahrgänge der „Byzantinischen Zeitschrift“ v. Johannes Dräseke. [Leipzig. 1902.] 8° Ausschnitt aus: Zeitschrift f. wissenschaftliche Theologie. 1902.

Draeseke, Ioannes: • Quaestio criticae de Demosthenis oratione Philippica tertia. 66 S. 4° (2°)
Halle-Wittenberg, Phil. Diss. v. 7. Aug. 1872
Geb. [Havelberg (Kr. Westprignitz) 30. 12. 1844]
Ersch. in: Rivista di Filologia. Anno 4. Roma, Torino, Firenze 1876. S. 357 bis 410 und im Buchhandel deutsch u. d. T.: Die Ueberlieferung der 3. philippischen Rede des Demosthenes untersucht. Leipzig: Teubner 1874. VI, 90 S. 8° Aus: Jahrbücher f. class. Philologie. Suppl.-Bd 7. Leipzig 1874. S. 97—189.

Quaestionum Nazianzenarum specimen v. Johannes Dräseke. Wandsbeck. 1876. 4°

Dräseke, Johannes [Oberl. Dr.]: Johann Rist als Kaiserlicher Hof- und Pfalzgraf. Wandsbeck, Druck v. F. Puvogel, 1880; S. I—XXII; 4°
Wandsbeck, G m. RPG, OP 1880 (282)

Dräseke, Johannes: Die Schrift des Bischofs Phoebadius von Agennum 'Gegen die Arianer'. Eingel. u. übers. Wandsbek 1910: Puvogel. 20 S. 4°
Wandsbek, k. Matthias-Claudius-G m. R P 1910 (392) [S 10. 81

Johannes Dräseke: Spinoza als Bahnbrecher auf dem Gebiete alttestamentlicher Wissenschaft. [Leipzig. 1901.] 8° Ausschnitt aus: Neue kirchl. Zeitschrift. 12, 1.

Dräseke, Johannes: Zum Streit über die Mitteldinge im 17. und 18. Jahrhundert. *Wandsbek 1897: F. Puvogel.* (39—51 S.) 4°
Wandsbek, Matthias Claudius-G m. R u. VS, Festschr. 1897 (1898 Nr 300)

—— Gesammelte patristische Untersuchungen. gr. 8. (XV, 247 S.) Altona 889. Reher. * 5 —

R. Seydel's Untersuchungen über das Verhältnis von Buddha-Legende und Leben Jesu v. Johannes Dräseke. [Leipzig. 1898.] 8° Ausschnitt aus: Zeitschrift f. wissenschaftliche Theologie. 1898.

Dräseke, Th. H. T., der Weg d. Friedens. Predigten u. Reden. Mit e. kurzen Lebensskizze als Vorwort. gr. 8. (XXXV, 379 S.) Bremen 871. Müller's Verl. n. 4. —

Dräseke, Thdr. H. F., Antrittspredigt über 2 Cor. 12, 14. Am 2. Sonntage des Advents, den 9. Dec. 1832 in der Herzogl. Hofkirche zu Coburg gehalten u. auf höchsten Befehl d. Druck übergeben. 8. Coburg 833. Ind.-Compt. (Meusel u. S.) 1/6 Rthlr.

— s. J. H. B. Dräseke, Predigten für denkende Verehrer Jesu.

Draskovič, Graf Janko, ein Wort an Illyriens hochherzige Töchter über die ältere Geschichte u. neueste literarische Regeneration ihres Vaterlandes. gr. 8. Agram 838. Hirschfeld. (Leipzig, Böhme.) n. 7/12 Rthlr.

Draškovič, Graf Janko, ein Wort an Illiriens hochherzige Töchter üb. d. ältere Geschichte u. neueste literar. Regeneration ihres Vaterlandes. gr. 8. (4 B.) Agram 838, [Suppan.] *

Drassal, Heinr., Tara- u. Zoll-Berechnungsschlüssel f. d. wichtigsten Colonialwaren, Gewürze, Südfrüchte, Käse, Fische u. Maschinen. 4. (41 S.) Laibach 896. J. v. Kleinmayr & F. v. Bamberg. n. 1. 60

Drażała, Theodor, Die Buchhaltungskunde in ihrer wissenschaftlichen Pflege. Zugleich eine Einführung in die Geschichte und Literatur der Buchhaltungslehre. 8. (404 S.) 3.— —
Wien: Spielhagen & Schurich. 1889.

Drassdo, (Georg Bernhard): • Ueber die chemischen Vorgänge bei der Ueberführung des Roheisens in Stabeisen durch den Puddelprocess. 28 Bl. 4° (2°)
Halle-Wittenberg, Phil. Diss. v. 23. Febr. 1863
Geb. [Meschede (Westf.) 8. 2. 1839]
Ersch. in: Zeitschrift f. das Berg-, Hütten- und Salinenwesen im preuss. Staate. Bd 11. A. Berlin 1863. S. 170—191.

Drast, W., für die Kinder. Neues ABC und Lesebuch. Mit 24 (lith. u.) illum. Bildern. Berlin (858). Winckelmann. 8. (32 S. u. 13 lith. Taf.) 10 Ngr

Drastich, Bruno, Leitfaden des Verfahrens bei Geisteskrankheiten u. zweifelhaften Geisteszuständen f. Militärärzte, s.a. Publikationen, militär-ärztliche. Nr. 80. 84.

Drastich, B. Leitf. des Verfahrens bei Geisteskrankh und zweifelh. Geisteszuständen für Militärärzte. Bd. 1. Allgem. T. Wien 1904. Bd. 2. Spez. T. Wien 1905. (Militärärztliche Publ. No. 80 u. 84.) 2 Bde.

Drastich, B. Leitfaden des Verfahrens bei Geisteskrankheiten und zweifelhaften Geisteszuständen für Militärärzte. 1 allgemeiner Teil. Wien 1909. 2. Aufl.

— Der geistig Minderwertige in der Armee u. dessen Beurteilung durch die hierzu berufenen militärischen Organe. (28 S.) gr. 8. Wien 906. (J. Šafář.) — 90
Sonderabdruck aus „Organ. d. militärwiss. Vereine".

Drath, Thdr., Choräle mit Strophenzwischenspielen, für Orgel oder Clavier bearb. Op. VI. Lex.-8. (IV, 111 S.) Stettin 879. (Berlin, Simon.) * ℳ 3.; geb. *

Drath, Thdr., Choräle m. Strophenzwischenspielen f. Orgel oder Clavier bearb. Op. VI. Lex.-8. (IV, 111 S.) Stettin 880. (Berlin, C. Simon.) n. 3. —; geb. n. 4. 25

Drath, Thdr., Choral-Melodien mit ihren ersten Textstrophen, mit histor. Notizen u. Parallelen, für Kirche, Schule u. Haus [sowie zur Benutzung beim Violinspiel], zugleich als Melodieen-Anh. zu den von F. Anders u. W. Stolzenburg herg. „Geistlichen Liedern ꝛc." zusammengestellt u. herg. Breslau 865. Dülfer. 8. (63 S.) n. 4 ngr.

Drath, Thdr., 200 Choral-Melodien, m. ihren ersten Textstrophen, m. histor. Notizen u. Parallelen, zu den v. F. Anders u. W. Stolzenburg hrsg. „geistl. Liedern" ꝛc. u. zu anderen Kirchen-, Schul- u. Haus-Gesangbüchern [sowie zur Benutzg. beim Violinspiel]. 2. verb. Aufl. 8. (IV, 90 S.) Breslau 872. Dülfer. n. — 55; geb. n. — 70

— der Gelegenheitssänger für große u. kleine Männerchöre componirt u. arrangirt. Leipzig 867. Merseburger. 8. (IV, 62 S.) 7½ ngr.

Drath, Thdr., der Gesanglehrer und seine Methode. Ein Hülfsbuch für Präparanden und Candidaten des Schulamts, für Seminaristen und Lehrer beim Schul- und Privatgebrauch, zugleich auch eine Beigabe zu dem „Schulliederbuch" des Verf. Mit einem vollständigen Gesang-Elementarkursus auf harmonischer Basis u. mit Abbildungen über den menschlichen Stimmorganismus (in Holzschn.). Berlin 865. Stubenrauch. gr. 8. (IV, 120 S.) n. 15 ngr.

— der Gesanglehrer u. seine Methode. Ein Hülfsbuch f. Präparanden u. Candidaten d. Schulamts, f. Seminaristen u. Lehrer beim Schul- u. Privatgebrauch, zugleich auch e. Beigabe zu dem „Schulliederbuch" d. Verf. 2., theilweis umgearb. Aufl. Mit e. vollständ. Gesang-Elementarkursus auf harmon. Basis u. m. Abbildungen üb. den menschl. Stimmorganismus (in eingedr. Holzschn.) gr. 8. (VIII, 119 S.) Berlin 875. Stubenrauch. n. 2. —

Drath, Thdr., Gesangübungen nach Noten, nebst Gebrauchsanweisung. 1. Aufl. 1871. * 80 Pf., und 2. Aufl. gr. 8. (VI, 32 S.) Berlin 874, Stubenrauch. *

— Gesangübungen nach Noten, nebst Gebrauchsanweisung. 3. Aufl. gr. 8. (32 S.) Berlin 879. Stubenrauch. n. — 40

Drath, Thdr., Gesangübungen nach Noten, nebst Gebrauchsanweisung. 4. Aufl. gr. 8. (32 S.) Bielefeld 893. Velhagen & Klasing. n. — 40

Drath, Thdr., die Kunst des Choralvorspiels in den verschiedenen Formen, über die wichtigsten Choräle, mit Bau- u. Vortragsnotizen, zum kirchlichen u. unterrichtlichen Gebrauch. Erfurt 862. Körner's Verlag. qu. 4. (VIII, 109 S.) n. 2 ℛ

— die Monate. Ein Lieder-Cyklus m. verbind. Deklamation, gedichtet v. L. Pleß, komponiert f. gemischten, Männer- u. Kinder- od. Frauen-Chor u. Soli, nebst e. Einleitg. f. Pianoforte. 63. Werk. Lieder-Texte. Neue Aufl. 8. (12 S.) Leipzig 893. C. Merseburger. n. — 10

— Musiktheorie enthltd. Elementar-, Harmonie- u. Formenlehre in kurzgefassten Erläuterungen, Regeln, Notenbeispielen u. Uebungsaufgaben. Berlin 870. Stubenrauch. gr. 8. (IV, 348 S.) 1 ℛ 22½ ngr.

Drath, Thdr., Musiktheorie, enthaltend Elementar-, Harmonie- und Formenlehre in kurzgefassten Erläuterungen, Regeln, Notenbeispielen und Übungsaufgaben. 2. verb. und verm. Aufl. 2 Tle. in 1 Bde. gr. 8. (IV, 106, 244 S.) Berlin 881, Stubenrauch'sche Buchh. *

— Schul-Liederbuch, enth. 120 Melodien mit 170 Texten, zum 1-, 2-, 3- und 4stimmigen Gebrauch beim Gesang-Unterricht nach dem Gehör oder nach Noten, für Kinder der Unter-, Mittel- u. Oberstufe, für Präparanden, Seminaristen u. Lehrer, sowie zur Benutzung beim Violin- u. Klavier-Unterricht. 3 Hefte. Berlin 863, 64. Stubenrauch. gr. 8. n. 7½ ngr.
Einzeln: 1. Heft. (24 S.) n. 2 ngr. — 2. Heft. (39 S.) n. 3 ngr. — 3. Heft. (94 S.) n. 5 ngr.

— Schul-Liederbuch, enthltd. über 120 Melodien mit 180 Texten, zum 1-, 2-, 3- u. 4stimm. Gebrauch beim Gesangunterricht nach dem Gehör oder nach Noten, sowie zur Benutzung beim Violin- u. Klavier-Unterricht. 3 Hefte. 2., verb. u. verm. Aufl. Ebend. 866. gr. 8. n. 10 ngr.
1. (18 S.) n. 2 ngr. — 2. (32 S.) n. 3 ngr. — 3. (83 S.) n. 5 ngr.

—— Schul-Liederbuch, enth. 160 Melodien mit mehr als 200 Texten, zum 1-, 2-, 3- und 4stimm. Gebrauch beim Gesangunterricht nach dem Gehör oder nach Noten, sowie zur Benutzung beim Violin- und Klavier-Unterricht. 2. und 3. Heft. gr. 8. Berlin 872, Stubenrauch. *
Inhalt:
Heft 2. 50 Melodien und mehr als 60 Texte für die Mittelstufe. (32 S.) * 30 Pf.
" 3. 70 Melodien und mehr als 90 Texte für die Oberstufe. (31 S.) * 50 Pf.

—— Schul-Liederbuch, enth. 160 Melodien mit mehr als 200 Texten, zum ein-, zwei-, drei- und vierstimm. Gebrauche beim Gesangunterricht nach dem Gehör und nach Noten, sowie zur Benutzung beim Violin- und Klavier-Unterricht. 3 Hefte. gr. 8. Ebendas. *
Inhalt:
Heft 1. 40 Melodien und mehr als 50 Texte für die Unterstufe. 3. verb. und verm. Aufl. (20 S.) 878. * 20 Pf.
" 2. 50 Melodien und mehr als 60 Texte für die Mittelstufe. 4. verb. und verm. [1. Ster.-]Aufl. (32 S.) 877. * 30 Pf.
" 3. 70 Melodien und mehr als 90 Texte für die Oberstufe. 4. verm. und verb. [1. Ster.-]Aufl. (83 S.) 876. * 50 Pf.

— Schul-Liederbuch, enth. 160 Melodien mit mehr als 200 Texten, zum 1-, 2-, 3- u. 4stimm. Gebrauche beim Gesangunterricht nach dem Gehör u. nach Noten, sowie zur Benutzung beim Violin- u. Klavierunterricht. 3 Hfte. gr. 8. Ebend. 878—82. n. 1. —
1. 40 Melodien u. mehr als 50 Texte für die Unterstufe. 4., verb. u. verm. Aufl. (20 S.) n. — 20. — 2. 50 Melodien u. mehr als 60 Texte f. die Mittelstufe. 4., verb. u. verm. [1. Ster.-] Aufl. (32 S.) n. — 30. — 3. 70 Melodien u. mehr als 90 Texte für die Oberstufe. 4., verm. u. verb. [1. Ster.-] Aufl. (83 S.) n. — 50

Drath, Thdr., Schul-Liederbuch, enth. 160 Melodieen mit mehr als 200 Texten, zum 1-, 2-, 3- und 4-stimm. Gebrauch beim Gesangunterricht nach dem Gehör und nach Noten, sowie zur Benutzung beim Violin- und Klavier-Unterricht. Bearb. und in 3 Heften hrsg. 2. und 3. Heft. gr. 8. Berlin, Stubenrauch'sche Buchh. *
Inhalt:
Heft 2. 50 Melodieen und mehr als 60 Texte für die Mittelstufe. 5. Aufl. (32 S.) 887. * 20 Pf.
" 3. 70 Melodieen und mehr als 90 Texte für die Oberstufe. 5. Aufl. (83 S.) 885. * 50 Pf.
1. Heft. Ebendas. 1882. * 20 Pf.

— Schul=Liederbuch, enth. 160 Melodieen m. mehr als 200 Texten, zum 1=, 2=, 3= u. 4stimm. Gebrauch beim Gesangunterricht nach dem Gehör od. nach Noten, sowie zur Benutzg. beim Violin= u. Klavier=Unterricht. Bearb. u. in 3 Hftn. hrsg. gr. 8. Bielefeld, Velhagen & Klasing. n. 1. —
1. 40 Melodieen u. mehr als 50 Texte f. die Unterstufe. 5. Aufl. (20 S.) 892. n. — 20
2. 50 Melodieen u. mehr als 60 Texte f. die Mittelstufe. 6. Aufl. (32 S.) 894. n. — 30
3. 70 Melodieen u. mehr als 90 Texte f. die Oberstufe. 6. Aufl. (84 S.) 890. n. — 50

Drath, Thdr., Schul-Liederbuch, enth. 160 Melodieen m. mehr als 200 Texten, zum 1-, 2-, 3- u. 4 stimmigen Gebrauch beim Gesangunterricht nach dem Gehör od. nach Noten, sowie z. Benutzg. beim Violin- u. Klavier-Unterricht. Bearb. u. in 3 Hftn. hrsg. I. u. III. Hft. gr. 8. Bielefeld, Velhagen & Klasing. n. — 70
I. Mehr als 40 Melodieen u. 50 Texte f. d. Unterstufe. 6. Aufl. (20 S.) 900. n. — 20
III. 70 Melodieen u. mehr als 90 Texte f. die Oberstufe. 7. verb. Aufl. (84 S.) 901. n. — 50

[J.] Das schwere Arbeitspferd in England und Schottland sowie seine Bedeutung für Deutschland. Bericht über e. Studienreise, ausgef. im Auftr. d. Landwirtschaftskammer f. d. Prov. Sachsen. Von C. v. Drathen. M. 5 Taf. *Berlin: P. Parey 1898.* (IV, 65 S., 5 Taf.) 1 Bd 8. [48. 3744]

(World's Columbian Exposition Department C., Division B.) Bericht über die Pferde-Ausstellung in Chicago vom 21. August bis 9. September 1893 für den Verband der Pferdezucht-Vereine in den Holsteinischen Marschen v. C. von Drathen. Glückstadt. o. J. 8°.

Drathen, C. v., die europäischen Pferdeschläge auf d. Pariser Weltausstellg. 1900. Im Auftrage d. Central-Komitee f. die deutsche Kollektiv-Pferde-Ausstellg. bearb. Mit 41 Pferdeportr. auf 20 Taf. gr. 8. (VIII, 54 S.) Berlin 901. P. Parey. n. 4. —

Der Rechts-Schutz des bildenden Künstlers. Von Rechtsanw. Dr. jur. [Herm.] Drathen zu Krefeld. *München: Werkstatt d. Kunst 1902.* (VIII, 62 S.) 8° [J.] [01. 8649]

Der Rechtsschutz des bildenden Künstlers. Von Justizrat Dr. [Hermann] Drathen. [Neue erw. Ausg.] Leipzig: E. A. Seemann 1908. (VII, 110 S.) 8° [J.] [08. 5355]

Drathen, Joseph

Drathen, Jos., Geschichte der Griechen von der dorischen Wanderung bis zur Unterjochung durch die Römer, in leichtverständlicher Weise dargestellt für Rektoratsschulen, Mittelschulen, Präparanden-Anstalten u. die Quarta der Gymnasien u. Realschulen. (56 S.) 8. Lechenich bei Cöln (904). Bernh. Lenz. (Nur direkt.) Geb. n.n. — 80

Drathschmidt, Paulus, Silesius: De Prisciani grammatici Caesariensis carminibus. Vratislaviae 1907: Grass, Barth & Co. (138 S.) 8°
Breslau, Phil. Fak., Ref. Foerster, Diss. v. 15. April 1907
[Geb. 2. April 79 Breslau; Wohnort: Schroda i. Posen; Staatsangeh.: Preußen; Vorbildung: Kgl. Gymn. Glatz Reife O. 02; Studium: Freiburg i. B. 1, München 1, Breslau 8 S.; Rig. 1. Dez. 06.]

Draub, Elise, Wegmale u. Wegweiser. Gedichte u. Sprüche. (VIII, 136 S. m. Bildnis.) 8. Kattowitz (910). Phönix-Verlag. Geb. in Leinw. 3. —

Draud, Georg Clemens

Georgii Clement. Draudii Commentatio de clepsydris veterum. Gissae. 1731.

Draudii, G. Clem., Commentatio de clepsydris veterum. Gies. 732. 4. 4 gr.

Draube, Ferd. v. Aus meinem Soldatenleben. Skizzen e. Einjährig-Freiwilligen. gr. 8. (50 S.) Hamb. 890, Seippel. * 1 —

Draudt, A., die Thätigkeit des Detachements Rantzau im Feldzug von 1870—71 vom 20. Decbr. 1870 bis zum 19. Febr. 1871. Ein Beitrag zur Geschichte der großherzogl. Hess. [25.] Division. Mit e. Operations-Uebersichtskarte u. e. Croquis der Umgegend v. Briare (auf 1 Steintaf. in qu. Fol.) gr. 8. (59 S.) Darmstadt 874. Jernin. n. 1. 50

Draudt, A.: Die Theilnahme der Großh. Hess. 25. Division . . ., s. Scherf, H.

Draudt, Aug., die Ermittelung der Holzmassen. Mit 3 lith. Tab. Gießen 860. Heyer. gr. 8. (IV, 31 S.) n. 7½ ngr

Draudt, Ernst, Approb. Arzt aus Darmstadt: Conjunctivitis und Episkleritis nekroticans. Mit 1 Taf. in Lichtdruck. *Darmstadt 1900: Brill.* (24 S.) 8°
Heidelberg, Med. Diss. v. 1900

Draudt, G. (Hrsg.), s. Anzeiger, Allgemeiner, für die Buch-, Kunst-, Musikalien- und Antiquarhandlungen d. österr. Monarchie.

Draudt, Karl (Darmstadt)
Beiträge zur Würdigung der Littre'schen Laparokolotomie bei Atresia ani congenita nebst praktischen Bemerkungen über Lage, Lageentwickelung und Lageveränderungen des Kolon und der Flexura sigmoïdea beim Fötus und Neugeborenen.
Giessen 1865. 52 S. (in Δ mit Thesen)
Diss. med. 1865, 20. Juli. vorh. 26.7.Δ.

Draudt, L. Th., Parasiten u. Märtyrer des Lorbeers. Eine Charakterstudie aus der Gesellschaft. 12. (IV, 346 S.) Wien 893. J. Dirnböck. n. 2. —

— Tropfen in's Meer. Novellen. I. u. II. 12. Ebd. à n. 1. —
I. Der verlorene Sohn. — Mammons Fesseln. (IV, 182 S.) 892.
II. Verkanntes Glück. (Geschichte e. Künstlerlebens.) (V, 183 S.) 893.

Draudt, Ludw., kurzer Abriß der evangel. Missionsgeschichte. Anh. zu dem Hilfsbüchlein f. den kirchengeschichtl. Unterricht in Mittelschulen. 8. (16 S.) Neuendettelsau 902. Buchh. der Diakonissen-Anstalt. n. — 20

— Hilfsbüchlein f. den kirchengeschichtlichen Unterricht in Mittelschulen. 2. Aufl. 8. (IV, 96 S.) Ebd. 900. n. — 80

Draudt, Max, Volontärarzt an d. Kgl. chirurg. Univ.-Klinik zu Königsberg i. Pr.: Beiträge zur Exstirpation des Ganglion semilunare Gasseri. *Königsberg i. Pr. 1904: O. Kümmel.* (72 S.) 8°
Königsberg, Med. Diss. v. 2. März 1904

Draugelattes, *Emil* Wilhelm [aus Bromberg]: Beiträge zur Geschichte der analytischen Kasus im Frühmittelenglischen '(1100—1250)' . . . Greifswald, Druck v. J. Abel, 1893; x, 60 S. 8.
Greifswald, Phil. Fak., Inaug.-Diss. v. 12. Aug. 1893

Draugelattes, Wilhelm: Bemerkungen über den Stil in Alphonse Daudets Lettres de mon Moulin. Eberswalde 1909: Kähler. S. 3—37. 4°
Eberswalde, st. R i. E. P 1909 (170) [S 09. 79

Drau-Post. Villach, Hoffmann u. Klgft., Leon, 1863—66. Folio. 4 Jgg.

Drausberg, Fr., die Aufbewahrungskunst. Oder Anweisung, alle animal. u. vegetabilisch. Substanzen, Flüssigkeiten, Speisen u. Getränke, sowie Waaren aller Art auf längere Zeit aufzubewahren, zu versenden u. verdorbene zu verbessern. Nebst d. besten Methoden d. Einzuckerns, Räucherns, Einpökelns &c. Mit 1 Abbild. 8. Quedlinburg 833. Basse. 5/6 rf

Draußen u. Daheim. gr. 8. (8 farb. S.) Eßlingen 895. J. F. Schreiber. 1 50

Draut, J.F.: Die Geschichte der Blattern-Impfung mit dem Impfstoffe von der Arabischen Pocke, chronologisch-synchronisch und ethnographisch dargestellt. 78 S., gbd.

Wien: typ.Bauer 1829

JB 5.023

de **Drauth**, praes. Ern. Ant. **Nicolai**, De ortu effectuum, inprimis febrium, ex irritatione. Jen. 4°. 1763

DRAUTH, JOHANN. Elle und errette deine Seel. Gen. 19. Sorge getreu biß in den Todt, so will ich dir die Cron des Leben geben. Apoc. 2. Oder Grundbewegnussen, Warumb Johann Drauth wirklicher Raths-Verwandter der freien königl. Cronstadt in Sibenbürgen, einer Römisch-Catholisch und Apostolisch-allein Seeligmachenden Kirchen beygepflichtet habe? Im Druck herausg. auß Lieb gegen denen So daraussen seynd, von denen man eben muß ein gut Zeugnuß haben, auff daß man nicht in Schmach falle. 1 Tim 3. Wienn 1714. Gedruckt bey Joh. Georg Schegel. XVI, 119 S. - 160 mm

Drautzburg, Nikolaus: Über angeborene Beweglichkeitsdefekte des menschlichen Auges. *Greifswald 1897: C. Sell.* (42 S.) 8°
Greifswald, Med. Diss. v. 2. Okt. 1897

DRAVECZKY, FRANZ: Enger Weeg, frommes Leben. Das ist: Manche heilsame Mittel den Weeg der Gerechtigkeit ohne Anstoss zu gehen, welche mit unermüdeter Arbeit gesammelt, und zum öffentlichen Gebrauche herausgegeben worden . . . und auf Ersuchen des Verfassers aus dem Lateinischen in das Ungarische und Schlawakische, jetzt aber in die deutsche Sprache durch Franc. Xav. Brozsek übersetzt. Tyrnau 1786. Gedr. bey Wenc. Jelinek. 280, 1 S. - 180 mm
- Dass. Tyrnau 1799. 240 S. - 8°

Drawe, Herm., unter Vagabunden. Skizzen der Verbrecherwelt. (133 S.) kl. 8. Wien 910. Huber & Lahme Nachf. 1.—; geb. 1.50

Drawe, P., s.: Zucker.

Drawe, Paul [aus Uhlingen, Kreis Lauenburg i. P.]: Einige neue Salze der Unterphosphorsäure. . . . Görlitz, Druck v. Hoffmann & Reiber, 1888; 38 S. 8°
Rostock, Phil. Fak., Inaug.-Diss. v. 21. Jul. 1888

Drawe, R(udolf): Ausbildung und vergleichende Bewertung der Regelung grosser Viertakt-Gasmaschinen. 1907. 24 S., 15 Taf. 4°
Berlin, Dr.-Ing.-Diss. v. 8. 3. 1907

Drawert, Alexander, aus Bromberg: Zur Kenntnis der Orthoamidoketone. *Berlin (1899): E. Dreyer.* (35 S.) 8°
Berlin, Phil. Diss. v. 13. März 1899

Drawing Book, a new Engraved by P. Cortlsos. 4, Altona, Bechtold. 804.

Drawing room, the. Vol. I. 1865. Juli-Decbr. 26 Nrn. (à 2 Bgn. m. Holzschn.) Altona, Verlags-Bureau. Fol. 2 ℛ 15 ngr.

Indian Drawings. (Menschen-, Tier- und Pflanzenbilder.) (166 Original-Aquarelle.) In 2 Bdn gr 4°

Draxler Anton: Friedrich Halms „Imelda Lambertazzi".
H. 1910 PN 3085 Diss. Innsbruck, Univ. 384

Dräxler-Manfred, Karl Ferdinand

Dräxler, Karl Fd., s. a. Manfred, ...

(**Dräxler-Manfred**, C[arl Ferd.]), die Alte von Livadostro, s. Alte, die.

Dräxler-Manfred, C., sibyllinische Blätter. Selbstschau u. Weltbetrachtung. Frankfurt a. M. 860. Sauerländer's Verlag. 16. (XII, 156 S.) n. 20 ngr.

Dräxler-Manfred, C., das Blumen-Album. Der Pflanzen Symbolik u. Sprache in Abendland u. Morgenland. Mit 10 color. Kupf. gr. 16. Siegen 843, Friedrichs Buchh. geb. n. 1½ ℛ — Mit Goldschn. n. 1¾ ℛ

Dräxler-Manfred, C., Fahrten. Erzählt. 8. Erlangen 840. Heyder. 1⅙ ℛ

Dräxler-Manfred, C., Freud' und Leid. Lieder und Bilder. Hannover 858. Rümpler. 16. (2 Bl., 234 S.) 1 ℛ

—— Gedichte. 8. (19 B.) Frankfurt a. M. 838, Sauerländer.

— Gedichte. 8. Frankfurt 840. Sauerländer. 1¾ ℛ

Dräxler-Manfred, C(arl Ferd.), Gedichte. 3., verb. und verm. Aufl. (Miniatur-Ausg.) 16. (347 S. und 1 Stahlst.) Frankfurt a. M. 847, Sauerländer's Verlag.

–s. Genth, W.: Dichtungen.

— Geschichten aus und nach dem Leben. Stuttgart 853. Mäcken. 8. (2 Bl., 310 S.) 1 ℛ 15 ngr.

—— Herz u. Ehre. Novellen u. Schilderungen. 2 Bdchn. 8. (35⅓ B.) Frankfurt a. M. 839, Sauerländer.

Dräxler-Manfred, C., Herzenspiegel. Erzählungen u. Bilder für die deutsche Frauenwelt. 2. verm. Aufl. der „Wohlthaten". Stuttgart 868. Koch. 16. (VI, 208 S.) 18 ngr.; geb. 25 ngr.

Draexler-Manfred, Karl [Übers.]
s. Hugo, Victor: Sämmtliche Werke. 1835-39.

Dräxler-Manfred, s. Köhler, C. P. C., der Rhein.

— Momente. Lied u. Humor. Frankfurt a. M. 866. Sauerländer. 16. (2 Bll., 192 S.) 27 ngr.

— Pentameron. Geschichten aus dem Leben. Leipzig 858. Kollmann. 8. (4 Bl., 212 S.) n. 27 ngr.

–s. Pfennig-Magazin.

–s. v. Schillers Triumph.

— Sonnenberg. Kunden und Sagen. Ein Gedenkbuch der Ruine. gr. 8. (Mit 1 Stahlst. u. lith. Titel.) Siegen u. Wiesbaden 845, Friedrich'sche Verlagshdlg. geb. n. 1½ ℛ

— Sonnenberg. Kunden und Sagen. Ein Gedenkbuch der Ruine. (2. Titel-Ausg.) Wiesbaden (845.) 854. Friedrich. 8. (158 S., lith. Titel u. 1 Stahlst.) 1 ℛ

— Vier und zwanzig Stunden. Ein Feuilleton des Tages. gr. 12. Leipzig 842, Fr. Fleischer. 1½ ℛ

Dräxler-Manfred, C. (Hrsg.), s. Taschenbuch, Rheinisches, auf das Jahr . . .

— Vignetten. — Portraits u. Genrebilder. gr. 12. Frankfurt a/M. 845, Sauerländer. n. 1½ ℛ

— Wohlthaten. Aufzeichnungen für edle Herzen. Stuttgart 865. Koch. 16. (IV, 154 S.) 18 ngr.; geb. n. 25 ngr.

Drayton, J., Beschreib. v. Süd-Carolina, s. n. Bibl. d. Reisebeschreibb. 35r Bd.

Drayton, Mich., Nymphidia. Dem Engl. nachgedichtet v. Wilhelmine Gräfin Wickenburg-Almásy, u. Albrecht Graf Wickenburg. Mit Illustr. (in eingedr. Holzschn. u. 3 Holzschntaf.) v. Ed. Ille. 4. (VIII, 51 S.) Heidelberg 873. Weiß. geb. m. Goldschn. n. 10. 50

Draytons, the, and the Davenants, s. a. Collection of British Authors.

— die, u. die Davenants, s. a. Schriften, ausgewählte, von der Verf. der Familie Schönberg-Cotta.

Draytons, Die, und die Davenants; eine Geschichte aus der Zeit der Bürgerkriege Englands . . . aus dem Englischen von Charlotte Philippi. Basel 1870. V: *Bundel-Charles, Bessy.* (zuwzür 1910)

Dražić, Friedrich: Reise von Wien durch die Schweiz nach Paris, durch Belgien und Deutschland zurück, 455 Meilen in 50 Tagen, mit 116 fl.32 kr.C.M.Reisekosten. 172 S., gbd.

Wien: typ.Ueberreuter 1847

JB 5.664

Drążkiewicz, Bonaventura, Formulare zur Verfassung von Programmen, Tages- und Stundeneintheilungen für die theoretische und praktische Ausbildung der Fusstruppen bis inclusive des Bataillons sammt Erläuterungen. gr. 8. (VII, 131 S.) Teschen 886, Prochaska. *

Dražkiewicz, Bonaventura, Katechismus d. k. k. österr. Exercier-Reglement üb. die Führung, dann üb. die Ausbildung der Fusstruppen f. das Gefecht, nebst Anhang. 8. (VI u. 236 S. mit e. Beilage.) Teschen, Karl Prochaska. 1 fl. 20 kr. 1884.

Drbal: Über das Erhabene. 24 S.– Linz, Progr. 1858.

Drbal: Die Versuche, Psychologie als Naturwissenschaft zu behandeln. 20 S.– Linz, Progr. 1862.

Drbal, Joh., die landwirtschaftliche Geschäftsbuchführung nach doppeltem System auf sachlicher Grundlage. I. Theorie u. Sachverhalt. II. Praxis. III. Calculationen. Kurzer Anhang üb. die Praktik der Centralbuchführg. gr. 8. (VI, 192 S.) Wien (902). Gerold & Co.) n. 4. —

Drbal, Joh., die landwirtschaftliche Geschäftsbuchführg. nach doppeltem System auf sachlicher Grundlage. I. Theorie u. Sachverhalt. II. Praxis. III. Calculationen. Kurzer Anhang über die Praktik der Centralbuchführung. (IX, 192 S.) (Neue Aufl.) gr. 8. Wien (903). (Gerold & Co.) n. 3. 50

Drbal, Dr. M. A. — Gibt es einen „spekulativen" Syllogismus? Ein Bruchstück von — — Linz, 1857. Eurich'sche Buchdr. (18 S. 4.)

Drbal, Matthias Amos

Drbal, M. A., Darstellung der wichtigsten Lehren der Menschenkunde u. Seelenlehre. Nebst e. Uebersicht der Geschichte der Erziehungs- u. Unterrichtslehre. Für Lehrerbildungsanstalten sowie f. das gebildete Publikum. In 3 Thln. 1. u. 2. Thl. gr. 8. Wien 872. Braumüller. n. 5. 60

1. Mit 28 (eingedr.) Holzschn. (XV, 198 S.) n. 3. 60. — 2. Mit 11 (eingedr.) Holzschn. (VI, 102 S.) n. 2. —

—— Darstellungen der wichtigsten Lehren der Menschenkunde und Seelenlehre. Nebst einer Übersicht der Geschichte der Erziehungs- und Unterrichtslehre. Für Lehrerbildungsanstalten sowie für das gebildete Publikum. In 3 Teilen. 1. u. 2. Teil. Ebendas., 1872, gr. 8°, 5,60 Mk.

Drbal, Mathias, die absolute Kritik. Antwort auf das Sendschreiben des Herrn Sigismund Barrach an Herrn Dr. Robert Zimmermann, Prof. der Philosophie an der Prager Universität. Wien 854. Braumüller. gr. 8. (45 S.) n. 8 ngr

Drbal, Math. Amos, Lehrbuch der propädeutischen Logik. Zum Gebrauche für den Gymnasial-Unterricht und zum Selbststudium durch Beispiele, Aufgaben und Figuren leichtfaßlich dargestellt. gr. 8. (XVI und 175 S. mit 55 in den Text eingedr. Holzschn.) Wien 865, Braumüller. *

—— Lehrbuch der empirischen Psychologie. Zum Unterricht für höhere Lehranstalten sowie zur Selbstbelehrung leichtfaßlich dargestellt. 2. umgearb. Aufl. gr. 8. (VIII, 317 S.) Wien 875, Braumüller. *

Drbal, Matthias, Lehrbuch der empirischen Psychologie. Zum Unterrichte f. höhere Lehranstalten, sowie z. Selbstbelehrung leichtfaßlich dargestellt. 3., unveränd. Aufl. gr. 8. (VIII, 311 S.) Wien 882. Braumüller. n. 4. —

Drbal, Matth., Lehrbuch der empirischen Psychologie. Zum Unterrichte f. höhere Lehranstalten, sowie zur Selbstbelehrg. leichtfaßlich dargestellt. 4., verb. Aufl. gr. 8. (VIII, 311 S.) Wien 886. Braumüller. geb. n. 4. —

Drbal, Matthias, Lehrbuch der empirischen Psychologie. Zum Unterrichte für höhere Lehranstalten sowie zur Selbstbelehrung leichtfaßlich dargestellt. Wien, Braumüller, 1892, gr. 8°, X, 298 S., 5. verb. Aufl., 4 Mk.

1. Aufl. 1868. Vom Herbartischen Standpunkte bearbeitet. Vgl. G. Hagemann, Litt. Handw. 1870, S. 100.

Drbal, Matthias, Lehrbuch d. empir. Psychologie. Z. Unterr. f. höh. Lehranst. sow. z. Selbstbelehrg. leichtfaßl. dargest. (Bearb. v. C. S. Cornelius u. O. Flügel. Ausg. f. Deutschland.) 6., verb. Aufl. gr. 8. (X, 306 S.) Wien 897. W. Braumüller. Geb. in Leinw. n. 4. —

—— propädeutische Logik. Lehrbuch zum Gebrauche für den Gymnasial-Unterricht und zum Selbststudium durch Beispiele, Aufgaben und Figuren leichtfaßlich dargestellt. 2., verb. und verm. Aufl. gr. 8. (XVIII und 181 S. mit 55 in den Text eingedr. Holzschn.) Wien 868, Braumüller. *

—— Propädeutische Logik. Lehrbuch zum Gebrauche für den Gymnasial-Unterricht und zum Selbststudium. Durch Beispiele, Aufgaben und Figuren leichtfaßlich dargestellt. 3. verb. Aufl. gr. 8. (X, 174 S. mit 55 eingedr. Holzschn.) Wien 874, Braumüller. *

—— propädeutische Logik. Lehrbuch zum Gebrauche für den Gymnasial-Unterricht und zum Selbststudium. Durch Beispiele, Aufgaben und Figuren wissenschaftl. und leichtfaßl. dargestellt. 4. verb. Aufl. gr. 8. (X, 169 S. mit 45 Holzschn.) Ebendas. 885. geb. *

Drbal, Mathias Amos, über die Natur der Sinne. Zwei populär-wissenschaftliche Vorträge gehalten den 4. und 11. Decbr. 1859 in Linz. Linz 860. Fink. 8. (IX, 126 S.) 20 ngr

—— empirische Psychologie. Ein Lehrbuch zum Unterrichte für Gymnasien und Pädagogien, sowie zur Selbstbelehrung leichtfaßlich dargestellt. gr. 8. (XII und 328 S.) Wien 868, Braumüller. *

— einige Worte über die Ursachen des Verfalls der Philosophie in Deutschland. Prag 857. Calve. (Tempsky.) gr. 8. (23 S.) n. 4 ngr

Drbohlal Gottlieb: Die ersten Repräsentanten des böhmischen Byronismus.

H. 1909 PN 2703 Diss.Wien, Univ. 2746

Drda, Rob., Turnübungen. 2. Aufl. 12. (16 S.) Pilsen 888, Steinhauser.

Drdacki, Moritz Ritter von Ostrow: Die Fronpatente Galiziens. Wien: Wallishauser 1838.

Drdacki v. Ostrow, Moritz, Lexikon d. österreich. Finanzgesetze, zum Gebr. d. Cameral-, Landes- u. Bezirksverwaltungen, d. neu-erricht. Gefällengerichte, der Steuerbezirksobrigkeiten, &c. u. überhaupt derjen. Personen, welche minder od. mehr durch d. Amtshandln. d. genannt. Behörden od. ihrer Organe berührt werden. (A—Z.) gr. 8. (65 B. u. 7 Tab.) Wien 836, (Wallishausser.) *

Drdacki, Moritz Ritter v. Ostrow: Lexikon der politischen Gesetze für Galizien und die Bukowina. Wien: Hermann 1842.

Dreadnought-Häresie. Eine Streitschrift von B.—n. Wien 1907. V: *Beck, Zoltan.* (EB)

„Dreadnought"-Häresie. Eine Streitschrift v. B.—n. (28 S. m. Fig.) gr. 8. Wien 907. L. W. Seidel & Sohn. 1. —

Dreas, A. G., Glaubensbekennt. weg. Anklage d. 24. März 1759 übergeb. 8. Frankf. 740.

Drebbel, Jacobsz Cornelis

* **Gründliche Auflösung von der Natur und Eigenschafft der Elementen, und was die Ursache dass Donner und Blitz, Hitz und Kälte, Winde, Regen, Hagel und Schnee, sich in der obern und untern Region erzeugen, und worzu selbige Anlass geben? Mit einem Anhang und klaren Beweiss, die von so vielen gesuchte Quint-Essenz aus allen dreyen Reichen zu haben, auch herrlichen Dedication vom Primo Mobili, sambt andern raren physikalischen Fragen, von einem Liebhaber der Hermetischen Kunst, herausgegeben. Franckfurt am Mayn; verlegts Margaretha Gertraud Isingin im Jahr Christi 1715. pp. 118, 16mo.**

Drebelii, Cornelii, [Cornelis Drebbel], von Alckmar in Nord-Holland, Tractat oder Abhandlung von Natur und Eigenschaft der Elementen, ingleichen des Donners, Blitzes, Hitze, Kalte, Windes, Regens, Hagels und Schnees etc. so sich in der obern und untern Region erzeigen und wozu sie Anlass geben. Deme vorgefüget einige Merkwurdigkeiten, so man hin und her von diesem weisen Mann angetroffen, nebst einem Anhang von Quint-Essenz oder 5ten Wesen in allen drey Reichen der Natur. Und einer Zueignungs-Schrifft, von dem Primo mobile oder erstbeweglichen Dinge. Wie auch Herrn Edmund Hallei [Halley], (siehe Hallei, Edmund.) Erzehlungen von denen Winden, zusammengesammlet und herausgegeben von Polycarpo Chrysostomo.
Leipzig 1723.

Stammliste der Offiziere und Sanitätsoffiziere des 5. Rheinischen Infanterie-Regiments Nr. 65. 1860–1906. Abgeschlossen mit Ende Dez. 1906. Im Anschluß an die 1885 erschienene u. vervollst. Stammliste auf Befehl d. Regts bearb. von [Otto] v. **Drebber**, Hauptm. Berlin, Oldenburg, Leipzig: G. Stalling 1907. (208 S.) 8° [F.] [08. 9447

DREBES, FRANZ. Ueber einige Derivate der Amidobenzoësäure. Greifswald, 1878.

Drebing, Gust. L., das gemeine Recht (common law) der Vereinigten Staaten von Amerika, nebst den Statuten der einzelnen Staaten und dem Bankerott-Gesetze. 10 Hefte. gr. 8. (IV und 684 S.) New-York 866,67, Steiger. à Heft 14 Ngr.

Drebing, Jo. H. L., Heilung einer Kopfbeschädigung. 8 S. Kopenh. 12°.

1775

Drebkau, s.: Preussen. Messtischblätter.

Drebs Schumann, Fed. (geb. Diesnau 13. 9. 1832): De ... Berolini (1854). (28 S.) 8°. * (Drebs ist Name der Mutter.)
Berlin, Med. ... 1854

Drebusch, F., der Absehunterricht m. Schwerhörigen u. Ertaubten. Praktische Anleitung, das natürlich Gesprochene seinen Mitmenschen vom Munde abzulesen. 2., verm. Aufl. (97 S. m. 13 Abbildgn.) gr. 8. Berlin 903. (Dietrig & Siemens). n. 3. 60

Drebusch, Frdr., prakt. Unterrichtsbriefe f. Schwerhörige u. Ertaubte. Fertige Lektionen, die es Jedem ermöglichen, ohne Vorkenntnisse, Schwerhörige u. Ertaubte im Mundablesen zu unterrichten. In 20 Briefen. (à 4 S.) Lex. 8. Baumschulenweg bei Berlin (Schraderstr. 6) (909. 10). Selbstverlag. à 1. 20

Drechler G.: Die Produktionskosten d. Hauptgetreidearten. Tübing 1889. 21 S. 4°.

Drechsel, Edm. Anleitung zur Darstellung physiologisch chemischer Präparate. gr. 8. (III, 40 S.) Wiesb. 889, Bergmann. geb. * 1 60

Drechsel, Edm., die fundamentalen **Aufgaben d. physiologischen Chemie.** Ein akadem. Vortrag, geh. in der Aula. gr. 8. (23 S.) Leipzig 881. F. C. W. Vogel. n. — 80

DRECHSEL, EDMUND. Beiträge zur Kenntnis des Cyanamids. Leipzig, 1875.

——— Chemie der Absonderungen der Gewebe, s. **Handbuch** der Physiologie.

Drechsel, Edm., Leitfaden in das **Studium** der chemischen Reactionen. 8. (94 S.) **Leipzig 874. Barth.** n. 1. 50

Drechsel, Edm., Leitfaden in das Studium der chemischen Reactionen und zur qualitativen Analyse. 2. umgearb. und stark verm. Aufl. gr. 8. (VIII, 126 S. mit 1 Spektraltaf.) Leipzig 888, Barth. geb. *

Drechsel, F.

[F.] Predigt geh. am Sonntage Oculi 1897 b. d. Hundertjahrfeier d. Kaisers Wilhelm I. zu St. Anna in Augsburg v. Pfarrer **Drechsel** ... *Augsburg: J. A. Schlosser 1897.* (12 S.) 1 Bd 8. [90 1165

Drechsel, F., „das Prinzip d. Fortschrittes", ist es d. Katholizismus od. d. Protestantismus. Kritik d. Schrift d. Prof. Schell, s.a. **Flugschriften d. Evang. Bundes.**

[F.] 'Das Prinzip des Fortschrittes', Ist es der Katholizismus oder der Protestantismus? E. protestant. Kritik d. Schrift des Prof. Dr. Schell v. F. **Drechsel**, Pfarrer ... in Augsburg. *Leipzig: C. Braun 1897.* (20 S.) 8.
= **Flugschriften** d. Evangel. **Bundes.** [No] 138. '(Reihe 12,6.)' [97. 4871

Drechsel, Fr.

— die Goldschmiedskapelle in Augsburg u. die darin aufgefundenen u. restaurierten Wandmalereien. [Aus: „Zeitschr. d. histor. Vereins f. Schwaben u. Neuburg".] gr. 8. (24 S.) Augsburg 893. M. Rieger. n. — 80

— **ist die Religion nur e. Privatsache? Vortrag. gr. 8. (20 S.) Augsburg 893. J. A. Schlosser.** n. — 20

Drechsel, Fr., Christi Wort u. Kreuz auf dem Pilgerwege. Erste Predigt in der restaurierten Goldschmiedkapelle bei St. Anna in Augsburg, geh. bei der Einweihg. derselben am 24. Mai 1892. gr. 8. (11 S.) Augsburg 892. J. A. Schlosser. n. — 20

Drechsel, Georg, Darstellung des Wachstums der Deutschen Turnerschaft gegenüber dem Wachstum der Bevölkerung Deutschlands seit 1861, gez. v. Anton Drechsel, 1903, 8 Wandkt.

Drechsel, Georg, Darstellung des Wachstums der Deutschen Turnerschaft, 1903—1908, Kt.

Drechsel, Georg, Originalwertungslisten mit Punktberechnung, 6 Mappen, Bayreuth 1910, 4°.

Drechsel, Georg, Städte mit 1000 Mitgliedern der D. T. 1. 1. 1902, Mitglieder, Zöglinge, turnende Frauen, Knaben u. Mädchen zusammen, Zahl d. T. V. in d. Städten, Prozent d. Einwohner in d. Städten, Kt.

Drechsel, Geo., Stützhantel-Übungen. Hrsg. v. Erfinder D. Mit üb. 250 Bildern. Zeichnungen vom Verf., Klischee v. Max Burger. (163 S.) kl. 8. Bayreuth 908. (Hof, R. Lion.) Kart. 2. 50

Drechsel, Georg, Die Turnkreise der Deutschen Turnerschaft, Darstellung ihrer Größe im Vergleiche z. Größe d. Einwohnerschaft in d. Vereinsorten, d. aktiven u. passiven Mitglieder, Zöglinge, Frauen, Knaben u. Mädchen d. Turnkr. nach d. Erhebungen d. D. T. v. 1. 1. 1902, Kt.

Drechsel, Georg, Vergleich der Deutschen Turnerschaft mit allen zur Zeit bestehenden Turnverbänden, unt. Berücksichtigung d. Einwohnerschaft d. betreffenden Staaten, 1903, Kt.

Drechsel, Georg, Vergleichende Zusammenstellung der bestehenden Turnverbände 1908, 1 Kt.

Drechsel, Jos., Oasen des Frohsinns in der Sandwüste des Lebens. Eine Sammlung heiterer Anekdoten u. witziger Einfälle, anziehender Räthsel, lustiger Trinksprüche &c. Speyer 860. Lang. 8. (X, 174 S.) 15 *ngr.*

— Sammlung von Räthseln und Räthselfragen zur Stärkung des Gedächtnisses und zur angenehmen Unterhaltung in Schule und Haus. Ebend. 860. 8. (78 S.) 6 *ngr.*

— Unterricht im Rechnen mit über 700 Uebungs-Aufgaben. Zum Gebrauche in u. außer der Schule. Nebst einer Anleitung zur praktischen Berechnung der Flächen u. Körper zur Verwandlung des pfälzischen Ruthenmaßes in das überrheinisch-bayerische Dezimalmaß &c. Regensburg 860. Pustet. gr. 8. (XII, 215 S.) 12 *ngr.*

Drechsel Josef: De militum Romanorum vestitu et armatura, praecipue de scuto gladioque.
II. 1910 PN 2878 Diss. Wien, Univ. 1665

Drechsel, K., das Fichtelgebirge, s.: Grieben's Reiseführer.

Drechsel, Carl Christian (Niederforchheim), De quaestione domitiana. Präs. Aug. Friedr. Schott. Lpz. (Langenheim) 8. VI. 1771. 12 S. (3.50) 6842

Drechsel, Graf Karl Jos. v., Antrag, das Armenwesen betreffend. kl. 8°. München (Franz) 1837.

— s. Beleuchtung d. Schr.: patriot. Wünsche d. Postwesen betr.

Drechsel, Karl Jos. Graf v., über d. Landescultur in Bayern, s. Vortrag d. Gr. v. Drechsel ꝛc.

—— das Schulwesen in Bayern, s. Ueber d. Schulwesen ꝛc.

v. Drechsel, Graf Karl Jos., Vortrag über die Landescultur in Baiern. 8. München 832. Franz. 9 gr

— Vortrag über das Schulwesen in Baiern. Mit Anmerkk. begleitet, nebst e. Anh., die Kammerbeschlüsse, die im Landtagsabschiede v. 1831 aufgenomm. Entschließungen ꝛc. enthaltend. 8. München 832. Franz. 12 gr Velinp. 16 gr

v. Drechsel, Graf Karl Jos., Vorträge. d. Revision des Gemeindeedikts vom 27. Mai 1818, u. den Maaßstab der Local-Umlagen betreffend. Mit Noten unter Hinweisung auf die neueste Literatur begleitet. 8. München 833. (Franz.) 1/3 ℛ

Drechsel, Wilh., K. Frauenfelder, Gust. Heide u. Seb. Noedel, deutsches Lesebuch f. technische Mittelschulen u. verwandte Anstalten. 1.—6. Tl. gr. 8. München, M. Kellerer. Geb. in Leinw. n.n. 12.20
1. (XI, 208 S.) 903. n.n. 1.65. — 2. (XI, 240 S.) 903. n.n. 1.95
3. (VIII, 240 S.) 903. n.n. 1.95. — 4. (VIII, 264 S.) 903. n.n. 2.10
5. (VII, 279 S.) 904. n.n. 2.20. — 6. (XII, 304 S.) 900. n.n. 2.35

— K. Frauenfelder, Gust. Heide u. Seb. Noedel, deutsches Lesebuch f. technische Mittelschulen, Fortsetzg., s.: Lesebuch, deutsches. f. realistische Mittelschulen.

Drechsel, Wilh., die Technik des deutschen Aufsatzes, s.: Heide, Gust.

Drechsl A. W.: Zur Diätetik des Sehvermögens bei der Jugend. 8. Wien R. VII. 79.
Progr.

Drechsl, Alexander Wilhelm

Drechsl, Alex. Wilh., biblische Geschichte d. alten u. neuen Bundes f. die unteren Klassen der Mittelschulen. Mit e. (lith.) Karte v. Palaestina (in qu. gr. 4.) gr. 8. (167 S.) Wien 874. Kirsch. n. 1. 60

Drechsl, Alex. Wilh., biblische Geschichte des alten und neuen Bundes für die unteren Classen der Mittelschulen. Mit 1 (lithogr.) Karte von Palästina. 2. und 3. Aufl. gr. 8. (VIII, 159 S.) Wien 875,82, Kirsch.

Drechsl, Alex. Wilh., biblische Geschichte d. alten u. neuen Bundes f. die unteren Classen der Mittelschulen. Mit e. Karte v. Palästina. 4. Aufl. gr. 8. (VIII, 159 S.) Wien 887. Kirsch. n. 1. 60

Drechsl, A. W., Biblische Geschichte des alten und neuen Bundes für die unteren Classen der Mittelschulen. (Mit einer Karte von Palästina) Fünfte unveränderte Auflage. (VI, 159 S.) Gr.-8. In Leinwand geb. Wien: Kirsch 1892. —.95

Drechsl, Alexander Wilhelm, Biblische Geschichte des alten und neuen Bundes für die unteren Classen der Mittelschulen. Mit einer Karte von Palästina. 5. Auflage. Wien 1893 H. Kirsch. (Min.-Erl. v. 21. Februar 1893, Z. 3287.) Gebunden —.95

— katholische Glaubenslehre m. Berücksicht. der Liturgie f. die unteren Classen der Mittelschulen. 2. Aufl. gr. 8. (V, 112 S.) Ebend. 885. n. 1.20

Drechsl, A. W., katholische Glaubenslehre m. Berücksicht. der Liturgie f. die unteren Classen der Mittelschulen. 3., unveränd. Aufl. gr. 8. (V, 112 S.) Wien 890. Kirsch. geb. n.n. 1. 50

Drechsl, Alex. Wilh., christliche Pflichten- u. Sittenlehre als Lehrbuch f. Realschulen u. andere höhere Lehranstalten. 4. unveränd. Aufl. gr. 8. (VIII, 146 S.) Wien 892. H. Kirsch. n. 1.40; geb. in Leinw. n. 1.70

— — Kurzgefaßte, übersichtliche Religions- und Kirchengeschichte für Realschulen und andere höhere Lehranstalten. 3. Auflage. Wien 1883. H. Kirsch. Geheftet —.60, gebunden —.75

— kurzgefaßte, übersichtliche Religions- u. Kirchengeschichte (m. gleichzeitiger Berücksicht. der Weltgeschichte) f. Realschulen u. andere höhere Lehranstalten. 4. unveränd. Aufl., gleichlaut. m. der 3. gr. 8. (V, 130 S.) Ebd. 892. Geb. in Leinw. n. 1. 50

—— christliche Sitten- und Pflichtenlehre als Lehrbuch für Mittelschulen [zunächst Unterrealschulen]. gr. 8. (161 S.) Wien 873, Kirsch.

Drechsler, Decorative Bildhauerarbeiten, s.: Zeyer.

Drechsler, moderne Ornamentik, s.: Zeyer.

Drechsler's ärztliches Taschenbuch für 128 Monats-Einlagen. 8. Hamburg 892. Gebr. Lüdeking. n. — 50; f. 192 Einlagen n. — 60; f. 256 Einlagen u. — 70; Leinw.-Decke n. — 75

Drechsler's ärztliches Taschenbuch in (12) Monatsheften zur ärztlichen Buchführung. 4. Aufl. (Für 136 Patienten.) (Je 44 S.) schmal 12. Breslau (903). (Hamburg, Gebr. Lüdeking.) n. 3.60; für 216 Kranke n. 4.80; für 296 Kranke n. 6. —; für 376 Kranke n. 7.20

Drechsler, A. Der arabische Himmelsglobus, angefertigt 1279 zu Maragha. Dresden 1873. 4.

Drechsler, A. Die Sammlung des mathem. physikalischen Salons in Dresden. 1873.

Drechsler, Ad., Kirchenlehre u. Ketzerglaube. Eine Umschau über Religion und Christenthum, Gerechtigkeit und Gnade, Diesseits u. Jenseits. gr. 8. Leipzig 844. (G. Brauns.) 1/2 ℛ

Drechsler, Adph. (Mitarb.), s. Auerbach, Berthold: Deutscher Familienkalender auf die J. 1858 u. 1859.

Drechsler, Adph., Charakteristik der philosophischen Systeme seit Kant. Vorträge gehalten zu Dresden. Dresden 863. Kuntze. gr. 8. (IV, 91 S.) n. 15 ngr

Drechsler, Adph., Disputationis de Deo particula prima, in qua de personalitate, quae attributum Dei dicitur esse, disseritur. gr. 8. (42 S.) Basiliae 848, Neukirch. 1/4 ℛ

Drechsler, Adph., Ergebnisse v. 50jährigen Beobachtungen der Witterung zu Dresden, berechnet aus den meteorolog. Tagebüchern d. königl. mathematisch-physikal. Salons zu Dresden u. im Auftrage der General-Direction der königl. Sammlungen f. Kunst u. Wissenschaft, nebst einer Einleitung über: Die Meteorologie, die Atmosphäre, die meteorolog. Instrumente u. Beobachtungen hrsg. Fol. (XXXIV S. u. 21 Bl.) Dresden 879. Baensch. n. 10. —

Drechsler A. mathemat. Geographie. (Weber's illustr. Katech. 85) Leipzig 1879

Drechsler, Adph., Kalenderbüchlein, s.a. Weber's, J. J., illustrirte Katechismen.

Drechsler, Adph., das Kalenderbüchlein. Zum Verständniß der Zeitabschnitte, Kalender-Namen und Feste in astronom., bürgerl. und kirchl. Beziehung. 2., verm. Aufl. der Zeitabschnitte. gr. 8. (III und 147 S.) Dresden 860, Kuntze. *

— Kalenderbüchlein. Katechismus der Chronologie, m. Beschreibung v. 33 Kalendern verschiedener Völker u. Zeiten. 3., verb. u. sehr verm. Aufl. 8. (VIII, 166 S.) Leipzig 881. Weber. geb. n. 1. 50

Drechsler, A., Katechismus der Astronomie, s.a. **Klein,** Herm. J.

Drechsler, Adph., Katechismus der Astronomie, s.a. Weber's illustrirte Katechismen.

Drechsler, Adph., Katechismus der Astronomie. Belehrungen üb. den gestirnten Himmel, die Erde u. den Kalender. 7. Aufl. Mit 1 Sternkarte u. 170 Abbildgn. 8. (XIV, 334 S.) Leipzig 886. Weber. geb. n. 2. 50

– Katechismus der mathematischen Geographie, s. a. Klein, Herm. J.

—— Katechismus der mathematischen Geographie, s.a. Weber's, J. J., illustrirte Katechismen.

— Katechismus der mathematischen Geographie. Mit 113 in den Text gedr. (Holzschn.)-Abbildungen. 8. (VIII, 272 S.) Ebend. 879. geb. n. 2. 50

—— illustriertes Lexikon der Astronomie und der Chronologie, nebst den astrognostischen und astrologischen Benennungen und den zugehörigen Bezeichnungen aus anderen Wissenschaftszweigen. gr. 8. (VI, 254 S. mit 180 in den Text gedr. Fig. und Abbild.) Leipzig 881, Weber. geb. **

Drechsler, Adph., Nachrichten aus dem Verein für Hühnerzucht in Dresden. I. A. u. d. T.: Die Zucht-Hühner. Mit 20 color. Abbildgn. (auf 4 lith. Taf.) u. 1 Titelvign. (in Holzschn.) nach der Natur von E. Haffe. Dresden 857. Kuntze. Lex.-8. (VIII, 103 S.) n. 1 ß

Drechsler, Adph., die Organisation der naturwissenschaftlichen Gesellschaft Isis in ihrer allmäligen Entwickelung. Bei der Festfeier ihres 25jähr. Bestehens und der gleichzeit. Jubelfeier ihres Vorstandes vorgetragen. gr. 8. (10 S.) Dresden 860, Kuntze. **
Aus: Denkschriften der Isis. Festgabe zur Feier etc., besonders abgedruckt.

— die Persönlichkeit Gottes und des Menschen begrifflich bestimmt und als nothwendige Annahme dargethan. Ein Beitrag zur Orientirung im Streite der Spiritualisten und Materialisten. Dresden 856. Janssen in Comm. gr. 8. (2 Bl., 40 S.) n. 7½ ngl

—— die Philosophie im Cyclus der Naturwissenschaften. Vorwort zur Eröffnung des naturwissenschaftl. Cyclus in Dresden. Lex.-8. (16 S.) Dresden 863, Kuntze. *

Drechsler, Adph., Scholien zu Christoph Rudolphs Coß. gr. 8. (47 S. m. eingedr. Holzschn.) Dresden 851, Schaefer. n. ⅓ ß

—— der Selbstmord, betrachtet im Verhältniß zum allgem. sittlichen Wesen des Geistes. gr. 8. (XII und 110 S.) Basel 848, Schneider.

— die Sonnen- und Mondfinsternisse in ihrem Verlaufe oder Anleitung wie diese durch Rechnung oder Zeichnung zu ermitteln sind. Allgemein fasslich dargestellt und durch Beispiele erläutert. Mit 9 Tab., 6 Steintaf. u. in den Text gedr. Holzschn. Dresden 858. Kuntze. Lex.-8. (XII, 212 S.) n. 1 ß 10 ngl

—— die Stellung des Fichte'schen Systems im Entwickelungsgange der Philosophie oder Charakteristik der philosoph. Systeme von Thales bis Fichte. Ein Vortrag in allgemein verständl. Sprachweise gehalten zu Dresden. 1. und 2. Aufl. Lex.-8. (36 S.) Dresden 862, Kuntze. *

— astrologische Vorträge, zur Einführung in „das Verständniß des Systems und der Geschichte der Astrologie" gehalten zu Dresden im Winter 1854/55. Mit in den Text gedr. Holzschn. Dresden 855. Janssen in Comm. gr. 8. (IV, 87 S.) n. 20 ngl

— astronomische Vorträge in allgemein verständlicher Form gehalten zu Dresden im Winter 1854/5. Nebst (2) lith. Sterntaf. Dresden 855. Janssen in Comm. gr. 8. (4 Bl., 104 S.) n. 25 ngl

—— astronomische Vorträge über Stellung, Beschaffenheit und Bewegung der Gestirne, gehalten zu Dresden. 2., verb. und verm. Aufl. gr. 8. (X und 157 S. nebst 2 lithogr. Himmelskarten und in den Text gedr. Holzschn.) Dresden 861, Kuntze. *

Drechsler, Adph., das Wetterglas. Vademecum der Witterungskunde. Mit 30 in den Text gedr. Abbildgn. (in Holzschn.) Leipzig 867. Weber. 16. (XII, 196 S.) n. 20 ngr

—— der Witterungsverlauf zu Dresden 1828—1885, berechnet aus den meteorolog. Tagebüchern des königl. mathematisch-physikal. Salons zu Dresden und im Auftrage der General-direction der königl. Sammlungen für Kunst und Wissenschaft hrsg. 2. verm. Ausg. gr. 4. (LII S. mit 33 Tab.) Dresden 887, Baensch. *
Anhang: 1879—1885 (XXII S. mit 13 Tab.) allein *

— die Zeitabschnitte in kirchlicher, bürgerlicher und astronomischer Beziehung allgemein verständlich dargestellt. Dresden 857. Kuntze. 8. (2 Bl., 59 S.) n. 16 ngl

Drechsler, Adolph (Hrsg.), s. Zeitung, Allgemeine deutsche naturhistorische.

Drechssler, Adolf Melchior (Naumburg), Atrophiae infantum et marasmi senilis expositio atque comparatio Diss. med. Präs. Joh. Chn. Aug. Clarus. Lpz. (Pezold) 14. XI. 1810. 60 Seiten. (5.—) 6847

Drechsler, Anton August Ehrenfried (Klepizig. Misnic.), Quaestio juris controversi an vendito pignore a creditore semper liberetur debitor. Präs. Christian Heinr. Breuning. Lpz. (Langenheim) 16. III. 1776. 8 S. (3.50) 6843
Gew.: Paul Andreas Frh. v. Schellersheim (Quels, Eisbergen, Fulm).

Drechsler, Bernhard, Referendar: Die Verjährung des Anspruchs auf Ersatz des sogen. negativen Vertragsinteresses bei nicht zu Stande gekommenem Vertrage nach gemeinem Recht und dem bürgerlichen Gesetzbuch. *Bremen 1902: H. M. Hauschild.* (VIII, 100 S.) 8°
Rostock, Jur. Diss. v. [10. Juli] 1902

Drechsler, Chr. Maur. Leon. Jul., s. Drechsler, Moritz

— Christian Heinrich (Leipzig), De cholera. Diss. med. Präs. Georg Rudolph Boehmer. Wittbg. (A. Chn. Charisius) 11. X. 1802. 16 S. (4.50) 6844
Gew.: Chn. Wilh. Drechsler (Vater).

Drechsler, D., die Kunst der modernen Damenschneiderei in Wort u. Bild zum Selbstunterricht. Mit 41 Fig. u. Abbildgn. Mit genauester Anleitung zum Verfertigen von Strassenkleider, Jacken, Krägen, Spenser, engl. Taillen, Reformkleider, Schlafröcke, Matinée, Blousen, verschiedene Schösse, Kinderkleider, sowie die genaue Bearbeitung. (III, 28 S. m. Bildnis.) 4. Pozsony (Preßburg) 904. (G. Heckenast's Nachf.) n. 1. —

— die Kunst des modernen Schnittzeichnens u. Zuschneidens in Wort u. Bild zum Selbstunterricht. Mit ca. 60 Fig. u. Abbildgn. Mit vollkommener Anleitung zum Selbstunterricht für Jedermann im Maßnehmen, Ausprobieren, wie auch zur Aneignung der französ. u. engl. Zuschneidekunst ohne Lehrunterricht. (VIII, 74 S. m. Bildnis.) 4. Ebd. 904. n. 2. 40

— dasselbe, nebst Anh. der modernen Damenschneiderei. Mit über 100 Fig. u. Abbildgn. (VIII, 74 u. III, 28 S. m. Bildnis) 4. Ebd. 904. n. 4. 40

Drechsler, Emil, erster Unterricht des jungen Drogisten, s.: **Hoffschildt, Frz.**

Drechsler, F. Zu Cicero de divinatione II 59, 121, s. Studien, Wiener, 8. Jahrg.

Drechsler, Fr. Chr., s. Brisson, Anfangsgründe.

Drechsler, Frz. Emil, Anweisung die deutsche Redezeichenkunst [Stenographie] nach Gabelsberger's System in kurzer Zeit praktisch zu erlernen. 8. (VI u. 39 S. m. 83 lith. S., die Uebertragung der stenograph. Beispiele enth.) Leipzig 850, Hunger. 3/4 ℛ

Drechsler, Frz. Emil, die Gabelsberger'sche Stenographie für Volksschule und Selbstunterricht. Neue Methode die Gabelsberger'sche Stenographie in kürzester Zeit zu erlernen. 1. u. 2. Aufl. 862. (VIII, 40 u. 32 S.) — 3., verm. u. verb. Aufl. Hamburg 864. J. P. F. E. Richter. 8. (XVI, 47 u. 35 lith. S.) n. 15 ngr.

Drechsler, Frz. Emil, die Gabelsbergersche Stenographie f. Schule u. Selbstunterricht. Anleitung, die Gabelsberger'sche Stenographie in kürzester Zeit zu erlernen. 4. umgearb. Aufl. gr. 8. (IV, 74 S., wovon 30 lith.) Hamburg 875. Richter. n. 2. —

Drechsler, Frz. Emil, die Gabelsberger'sche Stenographie f. Schule u. Selbstunterricht. Anleitung, die Gabelsberger'sche Stenographie in kürzester Zeit zu erlernen. 5. Aufl. gr. 8. (VIII, 80 S., wovon 30 lith.) Hamburg 883. J. F. Richter. n. 2. —

—— erster Unterricht in der Stenographie Gabelsberger's. Hauptregeln des Gabelsberger'schen Systems, durch Beispiele erläutert. gr. 8. (12, 16 lithogr. S.) Leipzig 878, Wilfferodt. *

Drechsler, *Franz* J. Ein Beitrag zur Kritik lateinischer Schriftsteller. 8 (13 S.). Deutsch. Staats-Oberg. *Olmütz* 1887.

Inhalt: Cic. pr. Tull. 14, 33 de div. 1. 49. 112, 2. 26. 56 de fin. 5 (nicht 4) 31. 93 de leg. 1. 15. 42 pr. Vareno, Cornelio, fr. II. libri de fato, fr. in cod. Nic. Cus., in Cic. declamat. 3. 5 Orat. pr. quam in exil. iret 11. 27 Liv. 26. 25. 5 Curt. 4. 1. 31 (nicht 4. 30) 10. 1. 40. Vell. Pat. 1. 12. 7 Val. Max. 2. 7. 15. Ammian. Marc. 19. 2. 15 Script. hist. Aug. Hadrian. 20. Alex. Sev. 10 Front. Arion p. 237. 8 ad M. Caes. 1. 6 Minuc. Fel. Octav. 38.

Progr.

Drechsler Franz J.: Zu Seneca rhetor. 17. Arnau 91.

Progr.

Drechsler, Frdr., die Actio quod jussu. Habilitations-Schrift. gr. 8. (113 S.) Würzburg 877. Stuber's Verl. n. 2.40

Drechsler, Frdr., üb. den Schadenersatz bei nichtigen Verträgen. Inaugural-Dissertation. gr. 8. (66 S.) Würzburg 874. Stuber. n. 1. 50

Drechsler, Frider(icus) Hermann(us): De morbis oculorum syphiliticis. Halae (1839): Ploetz. 30 S. 8°

Halle-Wittenberg, Med. Diss. v. 23. Apr. 1839

Geb. Köthen (Anhalt) [3. 1.] 1815. V.

Drechsler, Friedrich Melchior

— — **Febrium lentarum aetiologiam. Diss. med. Lpz. (Klaubarth) 29. XI. 1782. 54 S. (5.—) 6849**

Gew.: Gotthold Melchior Drechssler (Vater).

Drechsler, Friedrich Melchior (Übers.):

s.: Krause, Karl Christian: Von der Wirkung u. Einbildungskraft der Mutter auf die Frucht. Leipzig: 1787

— **Friedrich Melchior (Naumburg), De meconio ejusque expurgatione epistola qua viro Johann Jacob Haas summos in arte medica honores gratul. societ. disput. sub viri Johann Gottfried Leonhardi. Lpz. (Sommer) April 1782. 16 S. (4.80) 6848**

— de meconio ejusque expurgatione. 4. Leipz. 790.

Drechsler, Fr. Mich., († d. 28. Jan. 1805.) üb. die Verpachtung u. Administration d. Apotheken, die e. Gemeinde zugehören ꝛc. gr. 8. Leipz. 800. Tauchnitz. 8 gl

Drechsler, Fritz, s.: Neuzeit, die.

Drechsler, G., Anleitung zur Handhabung der Lebensmittel-Polizei in Bayern. gr. 8. (71 S.) München 888, Lindauer'sche Buchh. *

Drechsler, G., Anleitung zur Handhabung der Lebensmittel-Polizei in Bayern. gr. 8. (72 S. m. 2 Tab.) München 889. Lindauer. n. 1. —

Drechsler, G., Auswahl, Einkauf u. Beurteilung unserer Fleischkost nebst allen d. Tierreiche entstamm. Lebensmitteln. Als Grundlage f. Lebensmittellehre u. z. Gebr. f. Hausfrauen u. Haushaltungsvorstände bearb. u. hrsg. gr. 8. (IV, 104 S. m. 3 [1 farb.] Taf.) München 897. J. Lindauer. n. 1. 80; geb. n. 2. 40

Drechsler, G. (Hrsg.), s. Journal für Landwirthschaft.

Drechsler, G., die Produktionskosten der Hauptgetreidearten. [Aus: „Festgabe f. Geo. Hanssen".] Lex.-8. (21 S.) Tübingen 889. Laupp. n. 1. —

Drechsler, Geo., Mutterfreuden, Muttersorgen (Die Pflichten d. Mutter sich selbst gegenüber. Kindespflege im ersten Lebensalter), s.a. Hilf dir selbst.

[F.] Mutterfreuden, Muttersorgen. Pflege dein Kind! Kindespflege im ersten Lebensalter. Von Dr. med. Georg **Drechsler,** prakt. Arzt. *Aachen: C. H. Georgi [1898].* (23 S.) 1 Bd 8.
(Hilf dir selbst! Dein eigener Lehrer. [No 9.]) [98. 11289

[F.] Mutterfreuden, Muttersorgen. Die Pflichten der Mutter sich selbst gegenüber. Von Dr. med. Georg **Drechsler,** prakt. Arzt. *Aachen: C. H. Georgi [1898].* (24 S.) 1 Bd 8.
(Hilf dir selbst! Dein eigener Lehrer. [No 8.]) [98. 11288

Drechsler, Gustav, die Forsten des Königr. Hannover. gr. 8. (V und 131 S.) Hannover 851, Helwingsche Hofbuchh.

Drechsler, Gustavus: Historia statices agriculturae. P. 1. usq. ad annum 1830. Gottingae 1867: Hofer. 24 S. 8°

Halle-Wittenberg, Phil. Diss. v. 7. [vielmehr: 21.] Juli 1866

Geb. [Klausthal (Hannover) 18. 6. 1833]

Die außerdem vom Verf. eingereichte ausführlichere deutsche Bearbeitung: * Geschichte der Statik des Landbaues. 52 Bl. 4° (2°) bildet Th. 1. Geschichte (= S. 1—74) von des Verf.: Die Statik des Landbaus. Geschichte, Kritik und Reform. Göttingen: Deuerlich 1869. VIII, 174 S. 8° [Göttingen, Phil. Hab.-Schr. v. 1869]

Drechsler, Gust., der landwirthschaftliche Pachtvertrag. Gekrönte Preisschrift. 2 Bde. gr. 8. Halle 871. Buchh. d. Waisenh. n. 8. —

1. Kritische Untersuchung. (X, 294 S.)
2. Entwurf e. Pachtvertrags f. e. größeres Landgut u. Sammlg. v. Pachtverträgen. (VI, 270 S.)

Drechsler, Gust., die Statik des Landbaues. Geschichte, Kritik u. Reform der Lehre von der Herstellung des Gleichgewichts zwischen Erschöpfung u. Ersatz. Göttingen 869. Deuerlich. gr. 8. (VIII, 174 S.) n. 28 ngr.

— das landwirthschaftliche Studium an der Universität Göttingen. gr. 8. (39 S. m. 4 Steintaf. in gr. 8. u. qu. 4.) Göttingen 872. Deuerlich. n. 1. 20

— dasselbe. Festschrift, dem Centralausschusse der königl. Landwirthschafts-Gesellschaft bei seiner Anwesenheit in Göttingen am 1. u. 2. Juni 1875 überreicht vom Provinzial-Landwirthschafts-Verein Göttingen-Grubenhagen. gr. 8. (II, 90 S. m. 6 Steintaf. in gr. 8. u. qu. gr. 4.) Ebend. 875. n. 2. —

Drechsler, Gust., das landwirthschaftliche Studium an der Universität Göttingen. Mit 7 (lith.) Taf. gr. 8. (32 S.) Berlin 886. Parey. n. 1. —

—— die Vertheilung des Grundbesitzes und der Viehhaltung im Bezirke des landwirthschaftlichen Kreisvereins Göttingen. Auf Grund der vom Vereinsvorstande unter Beihülfe des Hrn. Ministers für Landwirthschaft, Domänen und Forsten im J. 1884 ausgeführten statist. Ermittelungen. gr. 8. (59 S.) Ebendas. 886. *
Aus: Landwirthschaftliche Jahrbücher, besonders abgedruckt.

— Wilhelm Wicke, s.: Rithoff, Th.

Drechsler, G., das Wirthschaftssystem in Lupitz. gr. 8. (43 S.) Berlin 883, Parey. *
Aus: Journal für Landwirthschaft, besonders abgedruckt.

Drechsler, Heinr., der Fall Tarragona od. Polizeischutz der Artistik. Aesthetische Betrachtgn. (15 S.) München (907). (Verlag „Tasmania".) — 30

Drechsler, J. Fr., Versuch, Veranlassungen des äußern Lebens aus einem ächt christl.-religiösen Gesichtspunkte den Zuhörern darzustellen, in einer Reihenfolge von Gelegenheitsvorträgen. 2 Bdchn. 8. Querf. 828. (Reichard in Eisleben). 12 gr

Drechsler, J. G., de Cicerone cum Epicuro disputante dissert. 4. Coburg 779.

Drechsler, J. G., bittres Weltweh. 12. Leipz. Fuchs. 728.

— bittres Wittwenweh. 12. Leipzig, Deer. 728.

Drechsler, Jh. Erdm. s. a. Werth u. Vortrefflichkeit d. Religion.

Drechsler, (J. E.,) Werth u. Vortrefflichkeit d. Religion. Ein Buch für denkende u. gefühlvolle Jünglinge. 2e verm. Aufl. gr. 8. Nürnb. 825, Lechner.

Drechsler, Joh. Erdm., Werth u. Vortrefflichkeit d. Religion. Ein Buch f. denkende u. gefühlvolle Jünglinge. 3. Ausg. Mit Tilkpfr. gr. 8. (9½ B.) Nürnberg 833, v. Ebner. Thlr.

— **Johann Gotthelf** (Burkhardsdorf), Praecipuas fermentationis theorias ab antecessoribus Lavoisieri excogitatas sistens. Diss. med. Präs. Joh. Friedrich Erdmann. Wittbg. (Fr. Imman. Seibt) 2. IV. 1810. 33 S. (4.80) 6845
Gew.: Joh. Gottlob Drechsler, Präs.

— **Joh. Lorenz** (Nürnberg), De exceptione senatusconsulti Macedoniani fidejussoribus filiorumfamilias deneganda. Diss. jur. Altdorf (Jo. Gg. Meyer) 20. VI. 1758. 32 S. (5.—) 6846
Widm. v.: Jo. Heumann, Bernh. Mor. Hoffmann, Hans Ulrich Chrph. Tresenreuter, Chph. Sigism. Lufft, Gg. Chph. Schwarz, Wolfg. Jaeger (Nürnberg).

JOHANN MICHAEL DRECHSLER, Dem Andenken zweyer verewigter Mitglieder des Nürnbergischen Blumenordens Herrn M. Martin Kohlmann Prediger bey St. Jacob und Herrn Georg Volkert Sekretair des löblichen Vormundamts im Namen dieser litterarischen Gesellschaft geweihet. Nürnberg 1806. 4°.

JOHANN MICHAEL DRECHSSLER, Dem Andenken des Herrn Johann Stephan Thein, bestverdienten Pfarrers zu Henfenfeld, Mitglieds des Nürnbergischen Blumenordens im Namen der Gesellschaft gewidmet. Nürnberg, im Monat July 1793. 4°.

— s. Aufsätze z. Beförderung.

JOHANN MICHAEL DRECHSSLER, Denkmal der Freundschaft dem verewigten Herrn Paulus Lus Pfarrer zu Kalchreuth errichtet im Namen des Nürnbergischen Pegnesischen Blumenordens. Nürnberg, 1807. 4°.

Drechsler, J. M., üb. William Wollastons Moralphilosophie. 2te verb. Aufl. gr. 8. Erlang. Breuning. 802. Schrbp.

Drechsler, Jh. Mch., über Will. Wollastons Moralphilosophie. gr. 8. Erlang. 801. 2e Aufl. 802. (Heyder). 4 gr

Drechsler, Johannes Gabriel. De cithara Davidica. Lipsiae 1712.

Drechsler, Jos., Harmonie- u. Generalbaß-Lehre; nebst e. Anh. vom Contrapuncte. Zum Gebr. bey d. öffentl. Vorlesn. an d. k. k. Normal-Hauptschule zu St. Anna in Wien. 2., verb. Aufl. gr. 8. (8½ B.) Wien 830, Haslinger.

Drechsler, Jos., theoret.-prakt. Leitfaden ohne Kenntniß des Contrapunktes phantasiren u. präludiren zu können. Als Anleitung zu den öffentl. Vorlesungen in der Harmonielehre u. dem Orgelspiele bei St. Anna. gr. 8. Wien 834. Tendler. 5/6 Thlr

Drechsler, K., Deutschland, s.: Veith, W.

— Schlesien, s.: Veith, W.

Drechsler Karl: Über eine bei der Einwirkung von Aluminiumchlorid auf o-Nitrobenzylchlorid und Benzol entstehende Base $C_{13}H_9NO$. S. 123. Hb. 51 . . . . . vgr.
Separatabdruck

(Drechsler, Carl Joseph Freiherr von): „Beleuchtung der vor kurzem erschienenen Schrift: Patriotische Wünsche, das Postwesen in Deutschland betreffend. Zur Berichtigung der öffentlichen Meynung über diesen gemeinnützigen und oft einseitig beurtheilten Gegenstand. Von einem Dritten beurtheilt und mit Anmerkungen versehen", o. O. 1814. — Vorh.: Büch. der Industrie- und Handelskammer Leipzig.

Drechsler, Max, a. Annaberg im Erzgebirge: Der Natursinn in Abraham Cowleys Werken. Buchholz i. S. 1908: F. Seidel. (VIII, 135, 41 S.) 8°
Leipzig, Phil. Fak., Ref. Wülker u. Birch-Hirschfeld, Diss. v. 12. Juni 1908
[Geb. 1. Okt. 84 Annaberg; Wohnort: Annaberg; Staatsangeh.: Sachsen; Vorbildung: Realgymn. Annaberg Reife O. 04; Studium: Leipzig 7 S.]

Der deutsche Aufsatz in der fünften Lateinklasse. — Von Michael Drechsler, Stdl. — 1887, Würzburg, Thein (Stürtz). — S. 3—38.
Progr. Würzburg, K. Neues Gymn.

Drechsler, Moritz

Drechsler, Chr. Maur. Leon. Jul., De Aethiopicae linguae coniugationibus commentatio. [Habilitationsschrift.] Lipsiae 1825.

Drechsler, Mor., die Einheit u. Aechtheit der Genesis, oder Erklärung derjenigen Erscheinungen in der Genesis, welche wider den mosaischen Ursprung derselben geltend gemacht werden. gr. 8. Hamburg 838. Fr. Perthes. 1½ Thlr

Drechsler, Mor., Grundlegung zur wissenschaftl. Construktion des gesammten Wörter- u. Formenschatzes, zunächst der Semitischen, versuchsweise u. in Grundzügen auch der Indo-Germanischen Sprachen. gr. 8. Erlang. 830. Palm u. Enke. 1 Thlr 16 gr

—— der Prophet Jesaja. Uebersetzt u. erklärt. 1. Thl. Die ersten 12 Kapitel enthalt. (2 Hälften.) Lex.-8. (32¾ B.) Stuttgart 844, 45, S. G. Liesching, Verl. *

Drechsler, Mor., der Prophet Jesaja. Uebersetzt u. erklärt. II. Thl. 1. Hälfte. Capitel 13 bis 27 enth. gr. 8. (VI u. 230 S.) Stuttgart 849, S. G. Liesching. n. 1 Thlr (I. II, 1.: n. 3 Thlr)

Drechsler, Mor., der Prophet Jesaja. Uebersetzt und erklärt. 2. Thl. 1. Hälfte. Capitel 13 bis 27 enth. gr. 8. (VI und 230 S.) Stuttgart 849. [Berlin, Schlawitz.] *
1. Thl. jetzt Ebendas. 1844—45. * 2 Thlr.

Drechsler, Mor., der Prophet Jesaja. Uebersetzt und erklärt. 2. Thl. Die Cap. 13 bis 39 enthaltend. 2. Hälfte. Cap. 28 bis 39. Aus dem Nachlasse Drechsler's herausg. von Frz. Delitzsch und Aug. Hahn. Berlin 854. Schlawitz. gr. 8. (3 Bl., 222 S.) n. 1 ß

—— dass. — 3. Thl. 1. Hälfte. Unter Benutzung von Drechslers Nachlass hrsg. von Frz. Delitzsch und Aug. Hahn. gr. 8. (S. 1—192.) Ebds. 856. *
1. Thl. und 2. Thl. 1. Hälfte. Ebendas. 1844—49. * 3 Thlr.

Drechsler, Mor., der Prophet Jesaja. Uebersetzt und erklärt. 3. Thl. 2. Hälfte. Nach dem Tode Drechslers fortgesetzt und vollendet von Frz. Delitzsch und Aug. Hahn. gr. 8. (XX und 224 S.) Berlin 857, Schlawitz. *
1., 2. Thl. und 3. Thl. 1. Hälfte. Ebendas. 1844—56. * 4 Thlr.

Drechsler, Mor., der Prophet Jesaia. Uebers. und erklärt. 1. Thl.: Die ersten zwölf Kapitel enth. 2., unveränd. Aufl. gr. 8. (XIII und 418 S.) Berlin 865, Schlawitz. *

Drechsler, Maur., de Arabicae gentis ac terrae indole una eademque. Oratio. 4maj. (2 B.) Erlangae 842, Blaesing.

— die Unwissenschaftlichkeit im Gebiete der alttestamentl. Kritik, belegt aus den Schriften neuerer Kritiker, besond. der von Bohlen u. Vatke. gr. 8. Leipzig 837. K. Tauchnitz. 1 ß

Drechsler, Oscar [pr. Arzt aus Spandau]: Beitrag zur Geschichte und Casuistik der Beckenfracturen. . . . Berlin, Buchdr. v. Gustav Schade (Otto Francke) (1890); 28 S. + 2 Bl. 8°
Berlin, Med. Fak., Inaug.-Diss. v. 20. Mai 1890

Drechsler, Paul, Bergbau u. Bergmannsleben in Schlesien. Ein Lesebuch f. den schles. Bergmann. (VII, 161 S.) gr. 8. Kattowitz 909. Gebr. Böhm. 3. —

Drechsler, Paul, (Dirig.) Dr.: Mythische Erscheinungen im Schlesischen Volksglauben. 1. Der wilde Jäger und Frau Holle. *Zabrze 1902: M. Czech.* (14 S.) 4°
Zaborze O.-S., PG i. E., OP 1902 (236)

Drechsler, Paul, Dr.: Mythische Erscheinungen im schlesischen Volksglauben. 2. Die Druck- und Quälgeister. Zabrze 1904: M. Czech. (13 S.) 4° ¶ (Forts. d. P-Beil. 1902.)
Zaborze O.-S., G i. E. OP 1904 (253)

Drechsler, P., Handwerkssprache u. -brauch, s.: Abhandlungen, germanist.

Drechsler, Paul, Heimatlust u. Jugendglück. Gedichte. 8. (148 S.) Kattowitz 903. Gebr. Böhm. Geb. in Leinw. n. 2. 50

Drechsler, Paul, Albert v. Hoditz, d. Wundergraf v. Rosswald. E. Lebensbild. 8. (92 S.) Leobschütz 895. M. Witke. n. 1. —

Drechsler, Paul [aus Leobschütz]: Wencel Scherffer von Scherffenstein. Ein Beitrag zur Geschichte der deutschen Literatur im 17. Jahrhundert . . . . Breslau, Wilhelm Koebner, 1886; 2 Bl + 67 + 1 S. + 1 Bl. 8°
Breslau, Phil. Fak., Inaug.-Diss. v. 29. Sept. 1886.

— Wencel Scherffer u. d. Sprache d. Schlesier, s. a. Abhandlungen, Germanist.

Drechsler, P., Wencel Scherffer und die Sprache der Schlesier. Breslau 1895. 8°. (Mk. 11—.) (7 Mk. 50 Pfg. Bernh. Liebisch, Lpz., 1902.)

Drechsler, Paul, Sitte, Brauch u. Volksglaube in Schlesien, s. a. Schlesien's volkstümliche Überlieferungen. II.

Sitte, Brauch und Volksglaube in Schlesien. Von Paul Drechsler. 1. *Leipzig: B. G. Teubner 1903.* 8° [F.]
— Überlieferungen, Schlesiens volkstümliche. Bd 2, T. 1.

Drechsler, Paul, (Dirigent) Dr.: Das Verhältnis des Schlesiers zu seinen Haustieren und Bäumen. Ein Beitrag zur deutschen Volkskunde. *Zabrze 1901: M. Czech.* (18 S.) 4° ¶ (Erscheint, unter anderen Gesichtspunkten verarbeitet, u. d. T.: Sitte, Brauch u. Volksglauben d. Schlesier in: Schlesiens volkstüml. Überlieferungen, hrsg. v. Frdr. Vogt, Bd 2.)
Zaborze O.-S., PG i. Entw., OP 1901 (227a)

Drechsler, Paul, Dirigent Dr: Vorgeschichte der Schule und das Lehrpersonal. *Zabrze (1901): M. Czech.* (S. 9—12.) 4°
Zaborze O.-S., PG i. Entw., P 1901 (227a)

Drechsler, W., eine Kriegs-Chronik für das kleine Volk. 1. und 2. Aufl. * 60 Pf., 3. und 4. Aufl. * 75 Pf., und 5. Aufl. gr. 8. (38 S. mit Illustr. in eingedr. Holzschn.) Barmen 873,74, Klein. cart. *

Drechsler, Walther, a. Berlin: Der Stil des Macphersonschen Ossian. (Berlin: Mayer & Müller 1904.) (VI, 82 S.) 8°
Berlin, Phil. Fak., Ref. Brandl, E. Schmidt, Diss. v. 12. Okt. 1904
[Geb. 19. Juli 80 Berlin; Heimatsort: Berlin; Staatsangeh.: Preußen; Vorbildung: Luisenst. Oberrealsch. Berlin Reife O. 99; Studium: Berlin 9 S.; Rig. 19. Mai 04.

Drechsler, Wolfg., das Höferecht in der Prov. Hannover, s. a. Arbeiten der Landwirtschaftskammer f. die Prov. Hannover. 26. Hft

Das Höferecht in der Provinz Hannover. Von Dr. Wolfgang Drechsler. Hannover: Landwirtschaftskammer 1909. 56 S. 4°(8°)
(Arbeiten d. Landwirtschaftskammer f. d. Prov. Hannover. H. 26.) [10. 374 7

Das Höferecht in der Provinz Hannover. Von Dr. Wolfgang **Drechsler**. 2. Aufl. Hannover: Landwirtschaftskammer 1910. 56 S. 8°
(Arbeiten d. Landwirtschaftskammer f. d. Prov. Hannover. H. 26.) [11. 73

Drechsler, Wolfgang [Referendar, aus Göttingen]: Der § 72 der Reichscivilprozessordnung . . . Göttingen, Druck d. Univ.-Buchdr. v. W. F. Kästner, 1896; 2 Bl., 54 S., 1 Bl. 8.
Göttingen, Jur. Fak., Inaug.-Diss. v. [15. Okt.] 1896

Drechsler-Kalender, allgemeiner, f. Drechsler, Elfenbeingraveure u. Holzbildhauer 1891 u. 1892. Hrsg. v. E. A. Martin. 5. u. 6. Jahrg. gr. 16. (72; 76 S. u. Schreibkalender m. je 6 Taf. u. 1 Bildnis.) Lpz., Exped. d. Zeitschrift f. Drechsler. geb. à Jahrg. * 1 25

Drechsler-Kalender, allgemeiner, f. Drechsler, Elfenbeingraveure u. Holzbildhauer. 1895. Hrsg. u. bearb. v. E. A. Martin. 9. Jahrg. gr. 16. (91 S. u. Schreibkalender m. 12 Taf. u. 1 Bildnis.) Leipzig, Exped. d. Zeitschrift f. Drechsler. Geb. in Leinw. n. 1. 25

Drechsler-Kalender, allgem., f. Drechsler, Elfenbeingraveure u. Holzbildhauer. 1899. Hrsg. u. bearb. v. E. A. Martin. 13. Jahrg. gr. 16. (116 S. u. Schreibkal. m. 12 Taf., 1 Karte u. 1 Bildnis.) Leipzig, Exped. d. Zeitschr. f. Drechsler. Geb. in Leinw. n. 1. 25

Drechsler-Kalender, allgemeiner, f. Drechsler, Elfenbeingraveure u. Holzbildhauer. 1903. Hrsg. u. bearb. v. E. A. Martin. 17. Jahrg. gr. 16. (122 S. u. Schreibkalender m. 6 Taf., 1 Karte u. 1 Bildnis.) Leipzig, Verlag d. Zeitsch. f. Drechsler. Geb. in Leinw. n. n. 1. 50

Drechslerkalender, Allgemeiner. 1906. Leipzig 1906

Drechsler-Kalender, allgemeiner, f. Drechsler, Elfenbeingraveure u. Holzbildhauer. 1907. Hrsg. u. bearb. v. C. Marggraf. 21. Jahrg. (128 S. u. Schreibkalender m. 5 Taf., 1 Karte u. 2 Bildnis-Taf.) kl. 8. Leipzig, Verlag der Zeitschrift f. Drechsler. Geb. in Leinw. n.n. 1. 25

Drechsler-Kalender, allgemeiner, f. Drechsler, Elfenbeingraveure u. Holzbildhauer. 1909. Hrsg. u. bearb. v. C. Marggraf. 23. Jahrg. (128 S. u. Schreibkalender m. 5 Taf. u. 1 Bildnis.) kl. 8. Leipzig, Verlag der Zeitschrift f. Drechsler. Geb. in Leinw. nn 1. 25

— deutscher, auf d. J. 1895. Praktisches Hand- u. Notiz-Buch f. Drechsler u. verwandte Berufszweige. Hrsg. v. Gust. Schmidt. 12. (63 S.) Naunhof. (Leipzig, B. Leitholdt.) Kart. — 75

— deutscher, 1901. Hrsg. v. Rud. Stübling. 12. (VIII S., Schreibkalender u. 159 S.) Berlin, W. & S. Loewenthal. Geb. in Leinw. n. 1. —
Fortsetzg. s.: Kalender f. Drechsler u. Holzindustrielle.

Drechsler-Zeitung, deutsche. Central-Organ für Drechsler, Elfenbein-Graveure und Holzbildhauer, sowie Anzeigeblatt für die Fächer der Stock-, Schirm-, Pfeifen-, Rahmen-, Lack- und Billard-Utensilien-Fabrikation. Hrsg. unter Mitwirkung bedeutender Fachmänner von Gust. Wolf. 1. Jahrg. April 1885 —März 1886. 24 Nrn. (Bog.) gr. 4. Dresden. (Leipzig, B. Leitholdt.) *
Nicht weiter erschienen.

Drechsler-Zeitung, deutsche. Unabhängiges Organ f. Drechsler, Holzbildhauer u. Elfenbeingraveure. Anzeige-Blatt f. die Stock-, Schirm-, Pfeifen-, Rahmen-, Billard- u. Billard-Utensilien-Fabrikation u. deren Nebenzweige. Schriftleitung unter Mitwirkg. v. Fachautoritäten d. In- u. Auslandes: Aug. Theiling. 1.—4. Jahrg. 1891 bis 1894. à 24 Nrn. (Bog. m. Abbildgn.) gr. 4. Dresden. (Leipzig, B. Leitholdt.) à Jahrg. n. 6. —

Drechsler-Zeitung, deutsche. Ill. Fachblatt f. Drechsler, Elfenbeingraveure, Tischler u. Holzbildhauer. Central-Organ f. d. Stock-, Schirm-, Pfeifen 2c. Fabrikation u. d. Nebenzweige. Schriftleitung, unter Mitwirkg. bewährt. Fachmänner: Rud. Stübling. 5.—6. Jahrg. 1895—1896. à 24 Nrn. (à ca. 1½ Bog. m. Taf.) gr. 4. Erfurt, Fr. Bartholomäus. à Jahrg. n. 6. —
Der 5. Jahrg. ist noch von Schmidt u. Theiling hrsg.

— dasselbe. Nebst Gratis-Beilage: Rundschau über industrielle u. gewerbl. Vorkommnisse d. Drechsler-Gewerbes u. verw. Branchen im In- u. Auslande. Red.: Rud. Stübling. 7.—8. Jahrg. 1897—1898. à 24 Nrn. (à ca. 2 Bog. m. Taf.) gr. 4. Berlin, W. & S. Loewenthal. à Jahrg. n. 6. —
Kann auch vierteljährlich bezogen werden.

Drechsler-Zeitung, deutsche. Illustriert. Fachblatt f. Drechsler. Zentral-Organ f. die gesamte Holzindustrie, sowie f. die Spielwaren-, Stock-, Knopf-, Perlmutter- u. Zelluloidwaren-Fabrikation. Mit Gratisbeilage: Vorlagen f. moderne Drechslerarbeiten. Red.: Rud. Stübling. 9.—12. Jahrg. 1899—1902. à 24 Nrn. gr. 4. (à ca. 16 S. m. Taf.) Berlin, W. & S. Loewenthal. à Jahrg. n. 6. —

Drechsler-Zeitung, deutsche. Illustriertes Fachblatt für Drechsler. Zentralorgan f. die gesamte Holzindustrie, sowie f. die Spielwaren-, Stock-, Knopf-, Perlmutter- u. Zelluloidwaren-Fabrikation. Mit Gratisbeilage: Vorlage für moderne Drechslerarbeiten. Red.: Rud. Stübling. 13.—15. Jahrg. 1903—1905 à 24 Nrn. (à ca. 20 S. m. Taf.) 4. Berlin [W. & S. Loewenthal.] Leipzig-G., F. E. Steiger. à Jhrg. n. 6. —
Fortsetzung, s.: Zentralblatt f. d. ges. Holz-Industrie.

Drechsler-Zeitung, deutsche, vereinigt mit Zentralblatt f. die gesamte Holzindustrie. Illustr. Fach- u. Handelsblatt f. Drechslereien, Holzwarenfabriken, Tischlereien, Möbelfabriken, Holzbildhauer u. Schnitzereien, f. Fabrikation u. Handel v. Spielwaren, Stock-, Schirm-, Knopf-, Perlmutter-, Bein-, Horn- u. Zelluloidwaren, Pfeifen- u. Rauchutensilien, Billardartikel, Galanterie- u. Kurzwaren sowie f. alle Holz verarbeit. Betriebe, Grossisten u. Exporteure, Holzbiegereien, Holzfärbereien 2c. Mit monatl. erschein. Mustertafel. 20. Jahrg. 1910. 24 Nrn. (IV, 308 S.) 31×23,5 cm. Leipzig-Gohlis, F. E. Steiger.
Vergl.: Zentralblatt f. die gesamte Holzindustrie. 6. —

Drechssler, s. Drechsler

Dreck-Apotheke, die heylsame, s.a. Sammlung alter Wunder- u. Geheimnisbücher. 1.

Dreck-Apotheke, Die heylsame, wie nemlich mit vielen verachteten Dingen fast alle, ja auch die schwerste, giftigste Kranckheiten und bezauberte Schäden vom Haupt biß zun Füßen, inn- und äußerlich, glücklich curiret worden. Franckfurth am Mayn 1714. Neuaufl. Berlin (1908)

Drecker, Franc. Gust. Rud., s. Drecker, Rud.

Drecker, Joseph: Kurzer Abriss der Geschichte der Photographie. 47 S. 8. Städt. Oberrealschule mit Fachklassen *Aachen* 1902 (zu 543). Progr.

Drecker, Joseph Ausdehnung, Kompressibilität und spezifische Wärme von Chlorkalium- und Chlorcalcium-Lösungen. 4 (S. III —XXIV, 1 Taf.). Progr. Rsch. mit Fachklass. *Aachen* 1888 (438).

Drecker, J. Über die innere Ausdehnungsarbeit von Flüssigkeitsgemischen im Vergleich zu derjenigen ihrer Bestandteile. 34 S. u. 5 Taf. Progr. Rsch. *Aachen* 1883.

Drecker, Joseph: Gnomone und Sonnenuhren. Aachen 1909: Urlichs. 52 S. 8°
Aachen, OR m. Reform-RG u. VS P 1909 (672) [S 09. 80

Drecker, J., Schul-Flora d. Reg.-Bez. Aachen. 8. (LVIII, 247 S. m. Abbildgn.) Aachen 890. Barth. n. 2. —; geb. n.n. 2. 50

Schulflora des Regierungsbezirkes Aachen von Prof. Dr. J[osef] Drecker. 2. Aufl. Aachen: G. Schmidt 1905. (282 S.) 8° [06. 3164

Drecker, (Franc. Gust.) Rud. (geb. Recklinghausen 27. 10. 1824): De melanosi. Berolini (1848). (31 S.) 8°
Berlin, Med. Diss. v. 14. Okt. 1848

Drecker, Urb., Praecepta eloquentiae in usum scholae collegit, illustravit. Liber mscr. 8. (XII, 164 S.) Bonn 877, Hauptmann. *

Drecker, Urb., Praecepta eloquentiae in usum scholae collegit, illustravit. Edit. II. emendata et aucta. gr. 8. (X, 186 S.) Bonn 880, Hauptmann. *

Drecker, Urb., S. J., praecepta eloquentiae in usum scholae collegit, illustravit. Ed. III emendata et aucta. gr. 8. (XII, 186 S.) Bonn 896. P. Hauptmann. n. 2. 50

Bernhard Georg Dreckmann kurze Nachricht von dem Zustande der Artzenei-Kunst sonderlich in den Tagen der Alten. Halle 1752. 4.

Dreckmann, Josef, prakt. Arzt a. Recklinghausen: Zur Kasuistik der Knochensarkome des Unterkiefers. Kiel 1905: Schmidt & Klaunig. (16 S.) 8°
Kiel, Med. Fak., Ref. Helferich, Diss. v. 21. Aug. 1905
[Geb. 13. Okt. 78 Recklinghausen; Wohnort: Recklinghausen; Staatsangeh.: Preußen; Vorbildung: Gymn. Recklinghausen Reife O. 00; Studium: Paris 1, Berlin 1, Tübingen 3, München 1, Kiel 4 S.; Coll. 15. April 05; Approb. 17. Febr. 05.]

Dreckmann, M. H. A., de Juda coenae dominicae conviva. Duisb. 1737. 4.

Dreckmann, Paul [pr. Arzt in Recklinghausen]: Über Resorcin und eine besondere Form der Anwendung desselben bei Hautkrankheiten. . . . Hamburg u. Leipzig, Verl. v. L. Voss, 1890; 14 S. 8°
Würzburg, Med. Fak., Inaug.-Diss. v. 1890

v. Dreden, Friedrich [aus Elberfeld]: Über einige Derivate des Cetylalkohols und über Nitropalmitinsäure . . . . Freiburg i. B., Univ.-Buchdr. v. Chr. Lehmann, 1885; 37 S. 8°.
Freiburg i. B., Phil. Fak., Inaug.-Diss. v. 1885.

Dreden, Friedrich von, über einige Derivate des Cetylalkohols und über Nitropalmitinsäure. Diss. Freiburg i. B. 1885, Fr. Wagnersche Univ.-Buchh. 8°. 37 S.

Dreer, Joh. Georg, kurze Frühlehren, s. Frühlehren.

Dreer, Joseph Georg

Dreer, Jos. G., Fest- u. Gelegenheits-Predigten. 1. u. 2. Bd. Augsburg 868, 70. Kranzfelder. gr. 8. (IV, 302; III, 302 S.) Jeder Bd. 1 *n*ℛ

— unsere Gegenwart u. das katholische Priesterthum. Eine Primizrede, gehalten am 16. Aug. 1868. Lindau 868. Stettner. gr. 8. (16 S.) 2 *ngr.*

Dreer, Jos. G., unsere Gegenwart und das katholische Priesterthum. Eine Primizrede, gehalten am 16. Aug. 1868. gr. 8. (16 S.) Lindau 869, Stettner.

Dreer, Jos. Geo., Himmelsleiter für Kinder. Ein Gebet- und Anleitungsbüchlein. 2. und verm. Aufl. 16. (176 S. mit 1 Stahlst.) Augsburg 861, Schmid's Verlag. *

Dreer, Jos. Geo., der Katholik an Sonn- und Fest-Tagen und bei besond. Veranlassungen in seinem Gotteshause. Ein Gebet- und Erbauungsbuch für alle Stände. 1. Aufl. (XII und 467 S. mit 1 Stahlst.) 1858. 18 Ngr., und 2., sehr verb. und verm. Aufl. 16. (VIII und 480 S. mit 1 Stahlst.) Augsburg (861)62, Lampart und Comp.
Prachtausg. mit 3 Stahlst.

— der Katholik an Sonn- u. Fest-Tagen u. bei besondern Veranlassungen in seinem Gotteshause. Ein Gebetbuch für alle Stände. 3. Aufl. Mit 1 Stahlst. Augsburg 868. Lampart & Co. 16. (XVI, 480 S.) 10 ngr.

Dreer, Josef Georg. Lasset die Kleinen zu mir kommen! Gebetbüchlein für die katholische Schuljugend. Nr. $\frac{6}{5}$. 24°. Pressvergoldung. Wien, Steinbrener. geb. fl. —.18. 1887.

—— Leben und Thaten der Heiligen, s. Leben und Thaten der Heiligen.

Dreer, Jos. G., über die Leiden der Kirche in unsern Tagen. 5 Oelberge-Predigten gehalt. während d. heil. Fastenzeit d. Jahres 1846. gr. 8. München 846. (Lentner'sche B.) n. 8 ngl

—— Niemand fragt: Wo gehst Du hin? Eine Kanzelrede, gehalten am letzten Tage des J. 1867 in der hohen Domkirche zu Augsburg. 8. (16 S.) Augsburg 868, Kranzfelder'sche Buchh. *

Dreer, Jos. Georg, der apostolische Priester. Eine Primizrede gehalten am 4. Sonnt. nach Pfingsten, als der neugeweihte Priester Ludw. Mayr zu Lindau sein erstes heil. Meßopfer feierte. gr. 8. (32 S.) Lindau 850, (Stettner.)

—— mein Schutzengel. Oder: Christlicher Wegweiser in Lehre, Beispiel und Gebet für Jünglinge und Jungfrauen. Zugleich allen Eltern, Lehrern und Jugendfreunden gewidmet. 1. Aufl. 1852. und 2. Aufl. 8. (XII und 602 S. mit 1 Stahlst.) Lindau 856, Stettner.

— mein Schutzengel. Oder: Christlicher Wegweiser in Lehre, Beispiel und Gebet für Jünglinge und Jungfrauen. Zugleich allen Eltern, Lehrern und Jugendfreunden gewidmet. Mit 1 Stahlst. 853. — 2. Aufl. Lindau 856. Stettner. 8. (XII, 602 S.) 22½ ngl

Dreer, Jos. Geo., mein Schutzengel. Oder: Christlicher Wegweiser in Lehre, Beispiel und Gebet für Jünglinge u. Jungfrauen. Zugleich allen Eltern, Lehrern u. Jugendfreunden gewidmet. Mit 1 Stahlst. 3., sorgfältigst überarb., verm. Aufl. Lindau 860. Stettner. 16. (XX, 538 S.) 16 ngr.

—— mein Schutzengel. Oder: christlicher Wegweiser in Lehre, Beispiel und Gebet für Jünglinge und Jungfrauen. Zugleich allen Eltern, Lehrern und Jugendfreunden gewidmet. 4. Aufl. 8. (XX und 538 S. mit 1 Stahlst.) Lindau 865, Stettner. geb. * 21 Ngr.; geb. mit Goldschn. *

Dreer, Jos. Geo., mein Schutzengel. Oder: Christlicher Wegweiser in Lehre, Beispiel und Gebet für Jünglinge und Jungfrauen. 5. sorgfältigst überarb., verm. Aufl. 16. (XX, 604 S. mit 1 Stahlst.) Lindau 883, Stettner.
geb. in Leinw. * M 2,50.; mit Goldschn. *
geb. in Ldr. mit Goldschn. *

—— sind religiöse Orden ein Bedürfniß auch uns. Zeit, u. ist es insbesond. d. Orden d. barmherz. Schwestern? Eine Rede, gehalt. bei d. feierl. Einkleidung v. 28 barmherz. Schwestern d. 13. Nov. 1845. gr. 8. (1 B.) München. (Lentner'sche Buchh.) *

—— üb. 3 Sterne, die da leuchten als göttl. Wegweiser z. himml. Heimath dem demüthigen Herzen. Eine Predigt, gehalt. am Feste d. heil. 3 Könige 1845. 2. Aufl. gr. 8. München 846. Lentner'sche Buchh. *

—— heilige Stunden. Ein Gebet- und Erbauungsbuch für Katholiken jedes Standes. 8. (XXVI und 482 S. mit 1 Stahlst.) München 847, Lentner'sche Buchh. *

— heilige Stunden. Ein Gebet- und Erbauungsbuch für Katholiken jedes Standes. Mit 1 Stahlst. 2. Aufl. München 863. Lentner. 16. (XXVI, 482 S.) 16 ngr.

— Trauerrede gehalten bei der Exequien-Feier für den höchstseligen König Maximilian II. von Bayern in der Dom- und Kathedralkirche zu Augsburg am 21. März 1864. 1—3. Aufl. Augsburg, Kranzfelder. gr. 8. (8 S.) 1½ ngr.

Dreer, J. G., Trauerrede, gehalten bei der Exequienfeier f. d. höchstsel. König Ludwig I. von Bayern in der Dom- und Kathedralkirche zu Augsburg am 13. März 1868. Augsburg, Kranzfelder, 1868. Kl. 8°. 11 S. Cart.

Dreer, Jos. G., Trauer-Rede, geh. bei der Exequienfeier f. Se. Heil. Papst Pius IX. in der hohen Domkirche zu Augsburg am 18. Febr. 1878. gr. 8. (16 S.) Augsburg 878. Kranzfelder. n. — 20

— Thun wir recht, wenn wir unerschütterlich an unsrem alten heil. Glauben festhalten, u. müssen wir dieses nicht insbesond. in unsern Tagen thun? Eine Kanzelrede, gehalt. auf d. St. Gebhardsberge bei Bregenz am 11. Sonnt. nach Pfingsten. 3. Aufl. gr. 8. (28 S.) Lindau 848, Stettner. 2 ngl

—— Wanderungen nach Golgatha in erhebenden Betrachtungen für Priester und Volk. 8. (IV und 235 S. mit 1 Stahlst.) Lindau 854, Stettner.

— Wanderungen nach Golgatha in erhebenden Berachtungen für Priester u. Volk. 2. Aufl. Mit 1 Stahlst. Lindau 859. Stettner. 8. (V, 235 S.) n. 10 ngr.

— Was hat sie denn gethan, die christkathol. Kirche, daß man nun abermals auch in diesen unsern Tagen ein so gewaltiges Geschrei gegen sie erhebt? Kanzelvortrag, gehalt. zu St. Gallen am Feste des heil. St. Gallus 1849. 8. (32 S.) St. Gallen 849. (Scheitlin & Zollikofer.) ⅓ ß

—— woher kömmt es, daß unsere heilige Religion eben heut zu Tage nicht mehr jene tröstliche Schaar großer und glückl. Menschen zählt wie ehedem? Eine Kanzelrede, gehalten am Patroziniumsfeste des heil. Martinus im Markte Dornbirn im Vorarlberg. gr. 8. (19 S.) Lindau 848, (Stettner.)

Drees, Franc. Joseph. (geb. Paderborn 20. 9. 1816): De hydrocephalo acuto. Berolini (1839). (32 S.) 8°
Berlin, Med. Diss. v. 11. Dez. 1839

Drees, G. W., Beiträge zur Mission der lutherischen Kirche in der Stadt New-York. 8. (57 S.) New-York 863. (Philadelphia, Schäfer und Koradi.) *

Drees, H. Der Gebrauch der epitheta ornantia im altfranzösischen Rolandsliede (Oxforder Text). Diss. Münster 1883. 53 S.

Drees, H., die Reichs-Gesetze üb. die Arbeiter-Versicherung u. das „Arbeiter-Schutzgesetz". Für Volks- u. Fortbildungsschulen leichtfaßlich dargestellt u. m. prakt. Rechen-Aufgaben versehen. 8. (IV, 40 S.) Aachen 893. R. Barth, Verl. n. — 40

Drees, H., und D. Wiese, deutsches Sprachbuch. Für die Hand der Schüler bearb. 1. Aufl. (146 S.) 1873, und 2. durchges. Aufl. 8. Oldenburg 875, Schmidt's Verlag. *

Drees, H., u. D. Wiese, deutsches Sprachbuch. Für die Hand der Schüler bearb. 3. unveränd. Aufl. 8. (158 S.) Oldenburg 879. Schmidt's Verl. n. — 90

Drees, H., u. D. Wiese, deutsches Sprachbuch. Für die Hand der Schüler bearb. 4. Aufl. 8. (158 S.) Oldenburg 884. (Stalling's Sort.) n. — 90

— u. D. Wiese, deutsches Sprachbuch. Für die Hand der Schüler bearb. 9. unveränd. Aufl. 8. (174 S.) Oldenburg 893. F. Schmidt's Verl. n. 1. —

— Eine Weihnachtsfeier, s.: Carnelius, Bet.

Drees, Heinrich Die politische Dichtung der deutschen Minnesinger seit Walther von der Vogelweide. 4 (27 S., 1 S. unpag.). **Progr.** Gr. Stolberg. G. *Wernigerode* 1887 (240).

Drees, Heinr., s.: Ekkehard v. St. Gallen, das Waltharilied.

Deutsche Festspiele von Dr. H[einrich] **Drees**. Berlin-Gr.Lichterfelde: Ch. F. Vieweg (1906). (122 S.) 8° [F.] [07. 1303]

— dasselbe. 6 Texthefte. 8. Ebd. (906). à n. — 30
1. Deutschlands Sachsenkaiser. Schulfestspiel. Musikalisch ausgestattet v. Fr. Kriegeskotten. (18 S.)
2. Die Hohenstaufen. Schulfestspiel. Musikalisch ausgestattet v. Fr. Kriegeskotten. (20 S.)
3. Der deutsche Einheitstraum u. seine Erfüllung. Schulfestspiel. Musikalisch ausgestattet v. Karl Zuschneid. (20 S.)
4. Deutschland zur See. Schulfestspiel. Musikalisch ausgestattet v. Fr. Kriegeskotten. (19 S.)
5. Junge Helden. Schulfestspiel. Musikalisch ausgestattet v. Fr. Kriegeskotten. (20 S.)
6. Des deutschen Jünglings Werdegang. Schulfestspiel. Musikalisch ausgestattet v. C. Kühnhold. (20 S.)

— deutsche Festspiele f. höhere Lehranstalten. Heinrich der Vogelsteller. Walther v. der Vogelweide, König Philipps Herold. Hans Sachs. 8. (80 S.) Lahr 899. M. Schauenburg. n. 1. —

— Fridericus Rex im Soldatenliede seiner Zeit. (1756—1763.) Ein Schulfestspiel f. Gymnasien u. Realschulen. Musik v. Fr. Kriegeskotten. Op. 21. gr. 8. (28 S.) Magdeburg 897. Heinrichshofen's Verl. n. — 50; Klavier-Auszug. gr. 4. (15 S.) u. Stimmen gr. 8. (16 S.) 3. 70

— altfranzösische **Funde**. Ein Marienbild des 14. Jahrh. u. sieben Abendmahlsgebete, s.a. **Festschrift** des fürstl. Stolberg'schen Gymnasiums zu Wernigerode.

Drees, H(einrich), Dr.: Altfranzösische Funde. Ein Marienlied d. 14. Jahrh. u. sieben Abendmahlsgebete nach einer Handschrift d. Fürstl. Bibliothek zu Wernigerode. *Wernigerode 1900: B. Angerstein.* (S. 131—143.) 8°
Wernigerode, fürstlich Stolberg'sches G, Festschr. 1900**

Drees, Heinrich, Dr.: Geschichte des Fürstlichen Gymnasiums, der Oberschule, zu Wernigerode. *Wernigerode 1899: B. Angerstein.* (112 S.) 8° [F.] ¶ [Aus: Zeitschr. d. Harzvereins f. Gesch. u. Altertumskunde, 1899.]
Wernigerode, fürstl. Stolberg'sches G, Festschr. 1900**

Die regierenden Herren des Hauses Stolberg-Wernigerode 1710–1910. Graf Henrich (1824–1854) u. d. alte gute Zeit in Wernigerode. Unveränd. Abdr. d. 1910 geh. Vortrages von Prof. Dr. H[einrich] **Drees**. Wernigerode: [Jüttner 1910]. 15 S. 8° A 11. 9535

Das Kaiserpaar im Silberkranz. Schulfestspiel z. 27. Febr. 1906 von Prof. Dr. Heinrich **Drees**. Musikal. ausgestattet von Fr. Kriegeskotten. Berlin-Gr. Lichterfelde: Ch. F. Vieweg [1905]. (16 S.) 8° [F.]

Drees, Heinrich: Deutscher Märchenzauber, s. Lenz, Hermann

— vom großen Markgrafen z. großen Kaiser. E. patriot. Festspiel f. höh. Lehranst. Bearbeitg. d. musikal. Einlagen f. 3stimm. Chor (Sopran, Alt u. 1 Männerstimme) v. Fr. Kriegeskotten. 8. (19 S.) Quedlinburg 898. Ch. F. Vieweg. n. — 60

Drees, Heinr., die poetische Naturbetrachtung in den Liedern der deutschen Minnesänger. gr. 8. (60 S.) Wernigerode 888. (Berlin, Drewitz Nachf.) *

Drees, Heinrich (Hrsg.), s. Sachs, Hans, und andere Dichter des 16. Jahrhunderts.

Drees, Heinrich, Dr.: Wernigeröder Schulfeste, jetzt und einst. Wernigerode 1904: B. Angerstein. (55 S.) 8°
Wernigerode, fürstl. Stolberg. G P 1904 (299)

—— Studien zur Poesie der Minnedichter. 1. Heft: Die polit. Dichtung der deutschen Minnesinger seit Walther von der Vogelweide. gr. 4. (28 S.) Ebendas. 888. *

Drees, Heinr., 6 altniederländ. Volkslieder, s.: Kremser, Ed.

Drees, Heinrich [Dr.]: Walther von der Vogelweide, König Philipps Herold. — Hans Sachs. — Zwei Festspiele f. höh. Lehranstalten. *Wernigerode, 1895;* 54 S. 8.
Wernigerode, Fürstlich Stolberg'sches G, P 1895 (259)

Drees, Heinrich, Prof. Dr.: Wernigerode in der Franzosenzeit. Wernigerode 1907: B. Angerstein. (32 S.) 8°
Wernigerode, Fürstl. Stolbergsches G P 1907 (311)

[F.] Wilhelm der Grosse. Deutscher Kaiser. E. Festsp. f. höh. Lehranst. v. Dr. H[einrich] **Drees**. Bearb. d. musikal. Einlagen v. Fr. Kriegeskotten. (Text. Klavierausz.) *Quedlinburg: Ch. F. Vieweg [1896].* 1 Bd 8. 1 Bd 4.
(Text.) (31 S.) (Klavierauszug.) (7 S.) [97. 1753

— die Zollern u. d. Evangelium. E. Schulfestspiel f. höh. Lehranst. Musikal. ausgestatt. v. Fr. Kriegeskotten. (Textbuch.) 8. (31 S.) Ebd. 896. n. — 60; Text d. Gesänge. (8 S.) — 10

— die Zollernkrone. Ein Schulfestspiel f. höhere Lehranstalten zum 18. I. 1901. gr. 8. (20 S.) Wernigerode 900. B. Angerstein. n.n. — 60

Drees, M[athilde]: Unsere Schülerinnenbibliothek. Einige Bemerkungen zu d. häusl. Lektüre unserer Schülerinnen. Hannover 1908: König & Ebhardt. S. 3—4. 4°
Hannover, HTn OP 1908 [125] [S 08. 72

Dreesbach, Emil, aus Westerhüsen: Der Orient in der altfranzösischen Kreuzzugslitteratur. *Breslau 1901: A. Koenig in Guben.* (96 S.) 8°
Breslau, Phil. Diss. v. 20. Juli 1901

Dreesen, Adelbert

Dreesen, Adb., Märchen. 8. (140 S.) Hadersleben 890. Dreesen. Kart. n. 2. —

Dreesen, Adelbert, Perlen aus Schleswigs Sagenschatz. Gedichte. 8. (VIII, 175 S.) Halle 873. Buchh. d. Waisenh. n. 2. —; geb. 3. —; m. Goldschn. n. 3. 75

Dreesen, Adlb. Junker Bigo. Eine Sage aus Sundewitt. Poetische Erzählg. 8. (72 S.) Hadersleben 890, Dreesen. geb. * 2 —

Dreesen, Geo., praktische Anleitung zum Freihandzeichnen. Zeichenhefte m. methodisch geordneten Uebungen f. den Unterricht in Volks- u. höheren Schulen, sowie zum Selbstunterricht. Begründung der Methode u. Anleitg. f. den Lehrer. 4. (8 S.) Berlin 873. Luckhardt. — 75

— dasselbe f. den Schulunterricht u. zum Selbststudium. 1—4. Hft. qu. 4. (à 12 Steintaf.) Ebend. 873. à — 75

Dreesen, Geo., Elementar-Zeichen-Wandtafeln in 4 Abtheilungen. 1—4. Abth. Fol. (à 16 Steintaf. in gr. Fol. m. 2 S. Text u. 1 lith. Beilage.) Flensburg 875. Westphalen. n. 13. 10
1. u. 2. à n. 3. —. — 3. n. 3. 50. — 4. n. 3. 60.

Dreesen's, Geo., Elementar-Zeichen-Wandtafeln. Ergänzungen u. Verbesserungen. qu. gr. Fol. (9 Steintaf.) Flensburg 882. Westphalen. In Mappe. n. 1. 50

Dreesen, Geo., Leitfaden f. das Musterzeichnen in Mädchenschulen. Mit 210 eingedr. Muster-Beispielen. qu. 4. (32 S.) Flensburg 884. Westphalen. n. 1. 20

—— das Musterzeichnen für Mädchenschulen. 4 Hefte. qu. 4. (à Heft 24 zum Theil lithogr. S.) Ebendas. 882,83. à Heft * 25 Pf. *

Dreesen, Geo., das Musterzeichnen für Mädchenschulen. 1. Heft. 2. und 3. Aufl.; 2. Heft. 2. Aufl. 4. (à Heft 24 S.) Flensburg 884—87, Westphalen. à Heft * 25 Pf. *
3. und 4. Heft. Ebendas. 1883. à * 25 Pf.

Dreesen, Geo., das Musterzeichnen f. Mädchenschulen. 1.—3. Hft. qu. 4. Flensburg, A. Westphalen. à n.n. — 15
1. 4. Aufl. (24 S.) 893. — 2. 8. Aufl. (24 S.) 891. — 3. (24 S.) 893.

Dreesen, Geo., das Musterzeichnen f. Mädchenschulen. 2. Hft. 3. Aufl. qu. 4. (24 S.) Flensburg 895. A. Westphalen. n.n. — 15

Dreesen, Geo., das Musterzeichnen f. Mädchenschulen. 2. Hft. 5. Aufl. qu. 4. (24 S.) Flensburg (900). A. Westphalen. n.n. — 15

Dreesen, Geo., das Musterzeichnen für Mädchenschulen. I., III. u. IV. Heft. (à 24 S.) qu. gr. 8. Flensburg, A. Westphalen. à n.n. — 15
I. 6. Aufl. (903.) — III. 4. Aufl. (904.) — IV. 2. Aufl. (904.)

Dreesen, Geo., das Musterzeichnen f. Mädchenschulen. 2. Heft. 6. Aufl. (24 S.) 16,5×21 cm. Flensburg (907). A. Westphalen. nn — 15

Dreesen, Geo., Naturformen und Arabesken. 20 (lithogr.) Wandtafeln für den Unterricht im Zeichnen, zugleich eine Anleitung zum Entwerfen von Ornamenten u. dgl., für die Oberklasse der Volksschule, für Real-, Gewerbe- und Fortbildungsschulen aller Art bearb. gr. Fol. Flensburg 877, Westphalen. *

—— Vorschule des Zeichnens und der Formenlehre für den ersten Unterricht. 5 Hefte. qu. 4. (à 12 Stnt.) Ebendas. 877. à Heft * 30 Pf. *

—— dass. — 5 Hefte. qu. 4. (à 12 Stnt.) Ebendas. [1. Heft. 2.—5. Aufl. 1877—79; 2. Heft. 2.—4. Aufl. 1877—79; 3. Heft. 2. und 3. Aufl. 1877,79; 4. und 5. Heft. 2. Aufl. 1879.] à Heft * 20 Pf. *

—— Vorschule des Zeichnens und der Formenlehre für den ersten Unterricht. 5 Hefte. qu. 4. (à Heft 12 Bl.) Ebendas. [1. Heft. 6.—10. Aufl. 881—84; 2. Heft. 5.—9. Aufl. 881—84; 3. Heft. 4.—9. Aufl. 880—84; 4. Heft. 3.—7. Aufl. 881—84; 5. Heft. 2. und 3. Aufl. 882,83.] à Heft * 20 Pf. *

—— Vorschule des Zeichnens und der Formenlehre für den ersten Unterricht. 5 Hefte. 4. (à Heft 12 Bl.) Ebendas. 885—88. [1. Heft. 11.—16. Aufl.; 2. Heft. 11.—14. Aufl.; 3. Heft. 10.—15. Aufl.; 4. Heft. 8.—12. Aufl.; 5. Heft. 4.—8. Aufl.] à Heft * 20 Pf. *

— Vorschule d. Zeichnens u. der Formenlehre f. den ersten Unterricht. 5 Hfte. 4. (à 12 Bl.) Ebd. 888—890. à n. — 20
1. 16. Aufl. — 2. 15. Aufl. — 3. 16. Aufl. — 4. 13. Aufl. — 5. 8. Aufl.

—— Vorschule des Zeichnens u. d. Formenlehre f. den ersten Unterricht. 5 Hefte. qu. 4. (à Heft 12 Bl.) Ebd. [1. Heft. 19. Aufl. 892; 2. Heft. 17. Aufl. 891; 3. Heft. 16. Aufl. 890; 4. Heft. 14. Aufl. 891; 5. Heft. 10. Aufl. 892.] à Heft * — 20; * 1 —

— Vorschule des Zeichnens u. der Formenlehre f. den 1. Unterricht. 1.—5. Hft. qu. 4. (à 12 Bl.) Ebd. 894. à n. — 20
1. 21. Aufl. — 2. 18. Aufl. — 3. 20. Aufl. — 4. 16. Aufl. — 5. 11. Aufl.

— Vorschule d. Zeichnens u. d. Formenlehre f. d. ersten Unterr. 1.—5. Hft. qu. 4. (à 12 Bl.) Ebd. à n. — 20
1. 23. Aufl. 898. — 2. 23. Aufl. 898. — 3. 21. Aufl. 890. — 4. 17. Aufl. 896. — 5. 12. Aufl. 896.

— Vorschule des Zeichnens u. der Formenlehre f. den ersten Unterricht. I.—V. Hft. qu. 4. (à 12 Bl.) Ebd. à n. — 20
I. 25. Aufl. (901). — II. 22. Aufl. (901). — III. 25. Aufl. (901). — IV. 20. Aufl. (901). — V. 14. Aufl. (901).

— Vorschule des Zeichnens u. der Formenlehre für den ersten Unterricht. I.—V. Heft. qu. 8. (à 12 Bl.) Ebd. à n. — 20
I. 26. Aufl. (906.) — II. 24. Aufl. (906.) — III. 26. Aufl. (906.) — IV. 22. Aufl. (906.) — V. 15. Aufl. (904.)

— Vorübungen zum perspectivischen Zeichnen. qu. gr. Fol. (8 Steintaf.) Ebend. 882. In Mappe. n. 2. —

— Wegweiser f. den Zeichen-Unterricht in der Volksschule, f. Lehrer u. Seminaristen bearb. gr. 8. (48 S. m. eingedr. Holzschn. u. 9 Steintaf.) Ebend. 877. n. 2. —

—— Wegweiser für den Zeichen-Unterricht in der Volksschule, für Lehrer und Seminaristen bearb. 2. verm. und verb. Aufl. gr. 8. (78 S. mit eingedr. Holzschn. und 22 lithogr. Taf.) Flensburg 882, Westphalen. *

— Zeichen-Fibel zum Gebrauch f. den ersten Unterricht im Zeichnen u. der Formenlehre. qu. 8. (24 Steintaf.) Berlin 874. Luckhardt. n. — 50

— Zeichenheft zu den Elementar-Zeichen-Wandtafeln. 24. Aufl. 4. (32 S.) Ebd. 894. n. — 20

— Zeichenheft zu d. Elementar-Zeichen-Wandtafeln. 25. Aufl. 4. (32 [28 leere] S.) Ebd. (896). n. — 20

Dreesen, Geo., Zeichenheft zu d. Elementar-Zeichen-Wandtafeln. 27. Aufl. 4. (16 Bl.) Flensburg (902). A. Westphalen. n. — 20

— Zeichenheft zu d. Elementar-Zeichen-Wandtafeln. 29. Aufl. (16 Bl.) 8. Ebd. (906). n. — 20

Dreesen, Geo., das geometrische Zeichnen, s. Baer, J.

—— das Zeichnen im Liniennetz für den ersten Unterricht. Vorübung zum Freihandzeichnen. 1. und 2. Heft. qu. 4. (à 12 Stnt.) Ebendas. 879. à Heft * 15 Pf. *

— das Zeichnen im Liniennetz f. den ersten Unterricht. Vorübung zum Freihandzeichnen. 2 Hfte. 2. Aufl. 4. (à 12 Steintaf.) Flensburg 882. Westphalen. à n. — 15

— das Zeichnen im Liniennetz f. den ersten Unterricht. Vorübung zum Freihandzeichnen. 1. u. 2. Heft. 3. Aufl. 4. (à 12 Bl.) Ebend. 884. à n. — 15

—— das Zeichnen im Liniennetz für den ersten Unterricht. Vorübung zum Freihandzeichnen. 2 Hefte. 5. Aufl. 4. (à Heft 12 Bl.) Ebendas. 888. à Heft ** 15 Pf. **

— das Zeichnen im Liniennetz f. den ersten Unterricht. Vorübung zum Freihandzeichnen. 1. u. 2. Hft. 4. (à 12 Bl.) Ebd. 890. à n.n. — 15
1. 7. Aufl. — 2. 6. Aufl.

Dreesen, Geo. Das Zeichnen im Liniennetz für den ersten Unterricht. Vorübung zum Freihandzeichnen. 1. Heft 8. Aufl. u. 2. Heft 7. Aufl. 4. (à Heft 12 Bl.) Flensb. 892, Westphalen. à Heft ** — 15; ** — 30

— das Zeichnen im Liniennetz f. den ersten Unterricht. Vorübung zum Freihandzeichnen. 1. u. 2. Hft. 8. Aufl. 4. (à 12 Bl.) Ebd. 892. 893. à n.n. — 15

— das Zeichnen im Liniennetz f. d. ersten Unterr. Vorübg. z. Freihandzeichnen. 1. Hft. 10. Aufl. qu. 4. (12 Bl.) Ebd. 895. n.n. — 15

— dasselbe. 2. Hft. 10. Aufl. qu. 4. (12 Bl.) Ebd. 896. n.n. — 15

— das Zeichnen im Liniennetz f. den ersten Unterricht. Vorübung zum Freihandzeichnen. 1. u. 2. Hft. qu. 4. (à 12 Bl.) Ebd. n.n. — 15
1. 12. Aufl. (900). — 2. 12. Aufl. (902).

— das Zeichnen im Liniennetz für den ersten Unterricht. Vorübung zum Freihandzeichnen. 1. Heft. 13. Aufl. (12 Bl.) 4. Ebd. (904.) n.n. — 15

Dreesen, Geo., das Zeichnen im Liniennetz f. den ersten Unterricht. Vorübung zum Freihandzeichnen. I. u. II. Heft. Flensburg, A. Westphalen. à — 15
I. 14. Aufl. (12 Bl.) 17,5×21 cm. (907.) — 15
II. 13. Aufl. (12 Bl.) 17,5×21 cm. (907.) — 15

Dreesen, Hans, Assistenzarzt an d. Städt. Krankenanst. Lindenburg in Köln: Aus d. pathol. Inst. d. Städt. Krankenhauses Wiesbaden. Ueber den sogenannten 'Endothelkrebs' der Pleura. Bonn 1909: Eisele. 85 S. 8°
Bonn, Med. Diss. v. 26. Mai 1909, Ref. Ribbert
[Geb. 9. Febr. 82 Obercassel, Siegkreis; Wohnort: Cöln; Staatsangeh.: Preußen; Vorbildung: Gymn. Brühl Reife O. 02; Studium: Freiburg i. B. 1, Bonn 9 S.; Coll. 26. Mai 09; Approb. 1. Juli 08.] [U 09. 331

Köln im tollen Jahr 1848 von Jacob **Dreesen**. *Köln: J. G. Schmitz 1898.* (125 S.) 8° [F.] [illegible] 5

Kölner Kultur im XVI. Jh. Die Handschrift des Hermann von Weinsberg. Mitteilungen u. Erl. von Jakob **Dreesen**. *Köln: J. G. Schmitz 1899.* (145 S.) 8° [F.] [illegible] 5

Sagen und Legenden der Stadt Köln, gesammelt von Jakob **Dreesen**. Köln: J. G. Schmitz. (IX, 206 S.) 8° [F.] [illegible]

Der Taucher und andere Parodien in Kölner Mundart von Jakob **Dreesen**. Köln: J. G. Schmitz [1907]. (34 S.) 8° [F.] [illegible]

Dreesen, Jh. Jürg., der Sprachunterricht, oder Anleitung, auf eine leichte u. faßliche Weise die deutsche Sprache zu erlernen. 1s Bdchn. A. u. d. T.: kurze Anweis. zum richtigen Gebrauche der vier Verhältnißfälle in d. deutschen Schrift- u. Umgangssprache. 8. Altona 821. Hammerich. 6 gr. 2s Bdchn. A. u. d. T.: Versuch e. Darstell. d. Grundsätze d. deutschen Rechtschreibung. gr. 8. Ebd. 823. 1 ß

Dreesen, (J. J.) der Sprachunterricht, od. Anleit. auf eine leichte u. faßliche Weise d. deutsche Sprache zu erlernen. 2s Bdchn. A. u. d. T.: Versuch e. Darstell. d. Grundsätze d. deutschen Rechtschreibung etc. 8. Altona 824, Hammerich. 1 Rthlr. Beide Bändchen

Dreesen, Pet., die Erziehung u. der Schnitt der Spalier- u. Pyramiden-Bäume nach eigener bewährter Methode. gr. 8. (19 S. m. 1 Taf.) Bonn 867. Aachen, J. Schweitzer. — 30

Dreesen, Wilh., in u. um Altona. Orig.-Aufnahmen. 25 Blatt m. 49 maler. Ansichten in Lichtdr. gr. 4. (1 Bl. Text.) Altona 894. Schlüter. n. 16. —

— Bilder aus Mecklenburg. Ut Stadt un Land — Von de Waterkant. Orig.-Aufnahmen. Fol. (25 Lichtdr.-Taf. m. 8 S. Text.) Wismar 894. Hinstorff's Verl. In Leinw.-Mappe. n. 20. —

Dreesen, Wilh., neue malerische Bilder aus der freien u. Hansestadt Hamburg u. ihrer Umgebung. 68 Taf. m. 132 Bildern in Lichtdr., hergestellt v. Meisenbach, Riffarth & Co. in Berlin-Schöneberg. gr. Fol. (III S. Text.) Hamburg 902. O. Meissner's Verl. In Leinw.-Mappe n. 45. —

Dreesen, Wilh., neue malerische Bilder aus der freien u. Hansestadt Hamburg u. ihrer Umgebung. 67 Taf. m. 140 Bildern in Lichtdr. Nach photograph. Aufnahmen. Verm. Ausg. (2 Bl. Text.) 50,5×37,5 cm. Hamburg 909. O. Meissner's Verl. In Leinw.-Mappe 45.—; in Ldr.-Mappe nn 90. —

Dreesen, Wilh., die Residenz Dresden u. ihre maler. Umgeb. Photograph. illustrirt. gr. Fol. (25 Lichtdr.-Taf. m. 1 Bl. Text.) Leipzig 898. P. Schimmelwitz. In Leinw.-Mappe n. 25. —

— von Flensburg b. Alsen. Nach Orig.-Aufn. v. D. gr. 4. (25 Lichtdr. m. 49 Bild. u. 1 Bl. Text.) Flensburg 895. (G. Soltau.) In Leinw.-Mappe n. 8. —

Flensburg und die Ostseebäder der Flensburger Föhrde, nach Original-Aufnahmen v. Wilhelm **Dreesen**. Flensburg. (1896.) 25 Bl. Lichtdruck. Fol.

— die freie u. Hansestadt Hamburg u. ihre Umgebung nach photographischen Aufnahmen. 37 Blatt m. 126 Bildern in Lichtdr. u. Titelzeichng. v. H. de Bruycker. Fol. Hamburg 894. O. Meissner's Verl. In Leinw.-Mappe. n. 36. —; in Ldr.-Mappe n.n. 70. —

Dreesen, Wilh., die freie u. Hansestadt Hamburg u. ihre Umgeb., nach photograph. Aufn. v. D. 37 Blatt m. 126 Bild. in Lichtdr. u. Titelzeichng. von H. de Bruycker. 2. Aufl. gr. Fol. (1 Bl. Text.) Hamburg 895. O. Meissner's Verl. In Leinw.-Mappe n. 36. —; in Ldr.-Mappe n.n. 70. —

Helgoland Amrum Föhr und die Halligen. (25 Bl. in Lichtdruck) v. Wilhelm **Dreesen**. o. O. (1895.) Fol.

— Land- u. Seebilder v. Kiel u. der Kriegsmarine. Nach photogr. Aufnahmen v. W. D. in Lichtdr. vervielfältigt. 25 Blatt. 2. Aufl. Fol. (8 Bl. Text.) Kiel 893. Lipsius & Tischer. In Leinw.-Mappe. n. 25. —

— Magdeburg u. seine Umgebung. 25 durch Lichtdr. hergestellte Blätter, aufgenommen v. W. D. Fol. (4 S. Text.) Magdeburg 894. W. Niemann. In Mappe. n.n. 20. —; in Plüschmappe n.n. 30. —

Dreesen, Wilh., An der Nord- u. Ostsee. (2 Sammlungen.) Flensburg 1891. gr. Fol.

Dreesen, Wilh. An der Nord- u. Ost-See. (2. Sammlg.) gr. Fol. (24 Bl. in Lichtdr.) Flensb. 892. (Altona, Schlüter.) In Leinw.-Mappe * 20 —
Die 1. Sammlung kam nicht in den Handel u. ist vergriffen.

— an der Nord- u. Ost-See. (I. Serie.) 2. Aufl. Fol. (24 Lichtdr.-Taf. m. 1 Bl. Text.) Kiel 893. Lipsius & Tischer. In Mappe. n. 25. —

— u. Alex. Kleye, Schlesier-Land im Bilde, n. Orig.-Aufn. v. D. u. K. 87 Ansichten auf 26 Taf. in Lichtdr. v. Sinsel & Co., Leipzig-Plagwitz. gr. Fol. (III S. Text.) Breslau 895. F. Hirt. In Leinw.-Mappe n. 20. —

Die Stadt Schleswig und die Schlei v. Wilhelm **Dreesen**. Schleswig. (1894.) Fol.

„Aus Schleswig-Holstein." Eine Sammlung von 25 der prächtigsten Naturstudien, photogr. hergestellt v. Wilhelm **Dreesen**. Die Reproduktionen in Kupferdruck sind hergestellt v. J. B. Obernetter in München. Flensburg. München. o. J. Gr.-Fol.
1 Bl. fehlt.

Der Segelsport. Lust- und Rennfahrten des Kaiserlichen Yachtclubs und des Norddeutschen Regatta-Vereins. Nach Momentaufnahmen des Hofphotographen Wilhelm **Dreesen** in Lichtdruck vervielfältigt. 25 Bl. mit 34 Bildern. Kiel und Leipzig. (1893.) Fol. Bl. 5 fehlt.

Die Nordsee-Insel Sylt (25 Bl. in Lichtdruck) v. Wilhelm **Dreesen**. (Text v. Ernst Wasserzieher.) Flensburg. (1894.) Fol.

Dreesen, Wilh., Wanderungen durch Heide u. Moor zwischen Elbe, Jeetze, Aller u. Weser. 75 Taf. m. 150 Bildern in Lichtdr. nach photograph. Aufnahmen. Einführender Text v. H. Benrath. (III, 7 S. Text u. 1 Karte.) Fol. Nebst erläut. Text v. Frz. Gabain. (11 S.) Lex.-8. Hamburg 904. 905. O. Meissner's Verl. In Leinw.-Mappe n. 60. —. Luxus-Ausg., 150 Einzelbilder auf Chinapap., in Truhe. n. 200. —
Erschien auch in 12 Liefergn. à n. 5. —

Dreesen, Willrath, Eala freya fresena! Balladen. (III, 100 S.) 8. Oldenburg 906. Schulze. n. 2. —; geb. n. 3. —

Eala freya fresena! Balladen von Willrath **Dreesen**. 2. Aufl. Oldenburg & Leipzig: Schulze 1907. (100 S.) 8° [F. u. Ant.] [07. 1186] 9

Dreesen, Willrath: Romantische Elemente bei Theodor Storm. Dortmund: F. W. Ruhfus 1905. (116 S.) 8° [F.] ¶(Ersch. vollst. im gleichen Verlage u. d. T.: Theodor Storm. Seine künstlerische Persönlichkeit.)
Bonn, Phil. Fak., Ref. Litzmann, Diss. v. 28. Juni 1905 ;
[Geb. 14. Mai 78 Norden, Ostfriesland; Heimatsort: Norden; Staatsangeh.: Preußen; Vorbildung: Gymn. Norden Reife O. 98; Studium: Göttingen 4, Basel 1, Marburg 2, Bonn 4 S.; Rig. 7. Dez. 04.]

Dreesen, Willrath, Gedichte. Buchschmuck v. Fritz Albert. (75 S.) 8. Leipzig 910. L. Staackmann. Geb. 3. 50

— Ebba Hüsing. Roman. 2. Taus. (327 S.) 8. Ebd. 910. 4.—; geb. in Leinw. 5. —

Meer, Marsch und Leben. Gedichte von Willrath Dreesen. Stuttgart & Berlin: J. G. Cotta Nachf. 1904. (82 S.) 8° [F.] [04. 3846]

Dreesmann, Heinrich [aus Andernach]: Aus d. med. Klinik u. d. pharmakolog. Institut. Ueber die antihydrotische Wirkung der Kamphersäure. . . . Bonn, Druck d. W. Krämer'schen Buchdr., 1889; 35 S. 8°
Bonn, Med. Fak., Inaug.-Diss. v. 2. Jul. 1889

Dreessen, Adolph. Bernh. Claud., nonnulla de graviditate abdominali. Dissert. inaug. medica. Kiel 867. (Schröder & Co.) 4. (13 S. u. 1 lith. Taf.) n. 8 ngr.

Dreessen, E., Anregung zur Anlage einer zweiten Ringbahn um Berlin. 8. (16 S.) Brandenburg 878. Wiesike. — 50

Die Secundärbahnen, mit specieller Berücksichtigung eines Bahnnetzes, für die Provinz Schleswig-Holstein, bearbeitet v. E. **Dreessen**. Mit 1 Karte. Meldorf. 1878. 8°.

Dreessen, E., s.: Taschenbuch f. den Tiefbau.

Drefke, Otto, de orationibus, quae in priore parte historiae Thucydideae insunt et directis et indirectis. gr. 8. (56 S.) Berlin 877. Mayer & Müller. n. 1. 20

Drefke, Otto: De orationibus, quae in priore parte historiae Thucydideae insunt, et directis et indirectis. Halis Saxonum (1877: Frommann in Jena). 56 S. 8°
Halle-Wittenberg, Phil. Diss. v. 30. Juni 1877
Geb. Neu-Ruppin 6. 4. 1853. V.
Im Buchhandel Berlin: Mayer & Müller 1877.

Drège, Jean François

Drège, J. F.: Catalogus plantarum exsiccatarum Africae australioris, quas emturis offert.

Drège (J. F.). Cat. pl. . . . Africae australioris . . . Regiomont. Boruss. 1837. 8°. Id. Hamburgi, 1838.

Drège, J. F., zwei pflanzengeographische Documente, nebst ein. Einleit. v. E. Meyer. (Besondere Beigabe zur Flora 1843. Bd. II.) gr. 8. (14¾ B. u. 1 Karte v. Süd-Afrika.) Leipzig 844, Hofmeister. *

——— Catalog suedafrikanischer . . . Pflanzen . . . Hamb. 1840. 8°

Dreger. Skizze des Huon-Golfes. 1 : 500000. Berlin 1886. 1 Bl. c. L. NC. und Ff.

Dreger, August

Dreger, A., die Berufswahl im Staatsdienste. Eine Zusammenstellg. der wichtigsten Vorschriften üb. Annahme, Ausbildg., Prüfg., Anstellg. u. Beförderg. in sämmtl. Zweigen d. Reichs- u. Staats-, d. Militair- u. Marine-Dienstes, sowie üb. die wissenschaftl. Erfordernisse, die Ausbildg. u. Prüfg. der Aerzte, Apotheker, Thierärzte u. Zahnärzte, als auch der Maschinisten u. Steuerleute in der Handels-Marine. gr. 8. (VI, 124 S.) Leipzig 883. C. A. Koch. n. 2. —

Dreger, A., die Berufswahl im Staatsdienste. Eine Zusammenstellung der wichtigsten Vorschriften über Annahme, Ausbildung, Prüfung, Anstellung und Beförderung in sämmtl. Zweigen des Reichs- und Staats-, des Militair- und Marine-Dienstes, sowie über die wissenschaftl. Erfordernisse, die Ausbildung und Prüfung der Aerzte, Apotheker, Zahnärzte und Thierärzte, als auch der Maschinisten und Steuerleute in der Handels-Marine, auf amtl. Quellen beruhend. 2. Aufl. gr. 8. (VIII, 187 S.) Leipzig 887, C. A. Koch's Verlagsh. *

Dreger, A., die Berufswahl im Staatsdienste. Eine Zusammenstellung der wichtigsten Vorschriften üb. Annahme, Ausbildung, Prüfg., Anstellg. u. Beförderg. in sämmtl. Zweigen d. Reichs- u. Staats-, d. Militair- u. Marine-Dienstes, sowie üb. die wissenschaftl. Erfordernisse, die Ausbildg. u. Prüfg. der Aerzte, Apotheker, Zahnärzte u. Thierärzte, als auch der Maschinisten u. Steuerleute in der Handels-Marine, auf amtl. Quellen beruhend. 3. Aufl. gr. 8. (VIII, 236 S.) Leipzig 889. C. A. Koch. n. 3. —

—— dass. — 4. Aufl. gr. 8. (VIII, 271 S.) Ebd. 892. * 3 60

Dreger, A., die Berufswahl im Staatsdienste. Eine Zusammenstellg. der wichtigsten Vorschriften üb. Annahme, Ausbildg., Prüfg., Anstellg. u. Beförderg. in sämtl. Zweigen d. Reichs- u. Staats-, d. Militär- u. Marine-Dienstes, sowie üb. die wissenschaftl. Erfordernisse, die Ausbildg. u. Prüfg. der Ärzte, Apotheker, Zahnärzte u. Tierärzte, als auch der Maschinisten u. Steuerleute in der Handels-Marine, auf amtl. Quellen beruhend. 4. Aufl. gr. 8. (VIII, 271 S.) Leipzig 893. C. A. Koch. n. 3. 60

Dreger, die Berufswahl im Staatsdienste. 6. Aufl. Dresden 898.

[F.] Die Berufswahl im Staatsdienste. E. Zsstellg der wichtigsten Vorschr. üb. Annahme, Ausbildg, Prüfg, Anstellg u. Beförderg in sämtl. Zweigen d. Reichs- u. Staats-, d. Militär- u. Marine-Dienstes, sowie über d. wiss. Erfordernisse, d. Ausbilg u. Prüfg d. Ärzte, Apotheker, Zahnärzte u. Tierärzte etc., als auch d. Maschinisten u. Steuerleute in d. Handels-Marine, auf amtl. Quellen beruhend, v. A. **Dreger**, Geh. Rechngs-Rat . . . 6. Aufl. *Dresden & Leipzig: C. A. Koch 1899.* (VIII, 352 S.) 1 Bd 8. [98. 10057]

Dreger, A., die Berufswahl im Staatsdienste. Eine Zusammenstellg. der wichtigsten Vorschriften üb. Annahme, Ausbildg., Prüfg., Anstellg. u. Beförderg. in sämtl. Zweigen des Reichs- u. Staats-, des Militär- u. Marine-Dienstes, sowie üb. die wissenschaftl. Erfordernisse, die Ausbildg. u. Prüfg. der Ärzte, Apotheker, Zahnärzte, Tierärzte, Chemiker, Patentanwalte etc., als auch der Maschinisten u. Steuerleute in der Handels-Marine, auf amtl. Quellen beruhend. 7. Aufl., neu bearb. u. verm. v. W. A. Dreger. gr. 8. (VIII, 319 S.) Dresden 902. C. A. Koch. n. 3. 60

Dreger, A., die Berufswahl im Staatsdienste. Eine Zusammenstellg. der wichtigsten Vorschriften üb. Annahme, Ausbildg., Prüfg., Anstellg. u. Beförderg. in sämtlichen Zweigen des Reichs- u. Staats-, des Militär- u. Marine-Dienstes, sowie über die wissenschaftl. Erfordernisse, die Ausbildg. u. Prüfg. der Ärzte, Apotheker, Zahnärzte, Tierärzte, Chemiker, Patentanwalte etc., als auch der Maschinisten, Steuerleute u. Offiziere der Handels-Marine, auf amtl. Quellen beruhend. 8. Aufl., neu bearb. u. verm. v. W. A. Dreger. (VIII, 318 S.) 8. Dresden 905. C. A. Koch. n. 3. 60

Dreger, A: Die Berufswahl im Staatsdienste. 9. Aufl. von W. A. Dreger. Dresden und Leipzig 1907

Dreger, A., die Berufswahl im Staatsdienste. Eine Zusammenstellg. der wichtigsten Vorschriften üb. Annahme, Ausbild., Prüfg., Anstellg. u. Beförderg. in sämtl. Zweigen des Reichs- u. Staats-, des Militär- u. Marine-Dienstes, sowie üb. die wissenschaftl. Erfordernisse, die Ausbildg. u. Prüfg. der Ärzte, Apotheker, Zahnärzte, Tierärzte, Chemiker, Patentanwalte ꝛc., als auch der Maschinisten, Steuerleute u. Offiziere der Handels-Marine, auf amtl. Quellen beruhend. 10. Aufl., neu bearb. u. verm. v. S. Waldenburg. (VIII, 358 S.) 8. Dresden 910. C. A. Koch. 3. 60

— Bestimmungen üb. die Gewährung der Tantieme bei Zahlung u. Berechnung v. Baugeldern im Bereiche der Civil-, Militär- u. Marine-Verwaltung. gr. 8. (38 S.) Berlin 885. C. Heymann's Verl. n. — 80

— Bestimmungen üb. Tagegelder, Reise- u. Umzugskosten im Bereiche der Marine-Verwaltung, sowie Vorschriften üb. Eisenbahn-Transporte, Frachtkosten, Portokosten u. Telegraphirungs-Gebühren. Nach amtl. Quellen zusammengestellt. gr. 8. (IX, 119 S.) Ebend. 884. n. 2. 40

— die Civil-Versorgung der Militair-Anwärter im Reichs- u. Staatsdienste. gr. 8. (VIII, 104 S.) Leipzig 884. C. A. Koch. n. 1. 60

Dreger, Emil, aus Mülheim a. d. Ruhr: Ueber die dem Menschen feindlichen allegorischen Figuren auf der Moralitätenbühne Frankreichs. *Göttingen 1904: Dieterich.* (86 S.) 8°
Göttingen, Phil. Diss. v. [19. Juli] 1904

Dreger, Emil, über die dem Menschen feindlichen allegorischen Figuren auf der Moralitätenbühne Frankreichs. Diss. (86 S.) 8. Göttingen 904. (Vandenhoeck & Ruprecht.) n. 1. 80

Dreger, F., geistliche Lieder u. Gedichte bei Gelegenheiten. 2. verm. Aufl. 32. (128 S.) Berlin 850, Wohlgemuth's B. (W. Schultze.) n. 6 ngr

Dreger, F., geistliche Lieder und Gedichte bei Gelegenheiten. 2. Bdchn. Berlin 856. W. Schultze. 32. (72 S.) 4 ngr

v. Dreger, Fr., († d. 26. Aug. 1751.) Codex diplomaticus, od. Urkunden, so die Pommersch., Rügisch. u. Camirischen auch benachbarte Lande angehen ꝛc., aus Originalien u. archiv. Abschriften. T. I. bis 1269 incl. Fol. Stettin 748. Mit n. T.: Codex Pomeraniae vicinarumque terrarum diplomaticus, oder Urkunden ꝛc. 1r Bd. bis auf d. J. 1269. Mit e. Anh., die Bildnisse d. pomm. Herzöge, Anmerkk., Verbess. u. Register enth. v. Sam. Glo. Löper, mit e. Vorrede herausg. von J. K. K. Oelrichs. Fol. Berl. 769. (Haude u. Sp.) 3 Thlr. 8 gGr. Der Anh. apart u. d. T: Anh. zu Fr. Dregers 1n Bde. Codicis Pomeraniae, welcher die Bildnisse d. Pomm. Herzöge, Verbess. u. Anmerkk. auch e. Nachweis. der Quellen u. ein vierf. Register enthält ꝛc., von Sam. Glo. Löper, herausg. von J. K. K. Oelrichs. — Aberm. mit n. T. 1786. 4 Thlr. Forts. u. d. T.: Verzeichniß d. v. Dregerschen übrigen Samml. Pommersch. Urkunden z. Fortsetz. dess. Codicis Pomeran. etc. Mit e. Vorr. diplomat. Inhalts herausg. v. J. K. K. Oelrichs. Fol. Stettin 795. (Haude u. Sp. in Berl.) 1 Thlr.

Dreger, Fried. v.: Codex Pomeraniae vicinarumque terrarum diplomaticus: Oder Urkunden, so die Pommersch-Rügianisch- u. Caminschen, auch die benachbarten Länder . . . angehen, in chronol. Ordnung zusammen getragen u. mit Anm. erl. Berlin.
Bd 1. [einz.] Bis auf das J. 1269 incl. Nebst e. Anh., durch Beförderung Sam. Gottl. Löper von neuem mitgeth. u. mit e. Vorr. vers. von Joh. Carl Conr. Oelrichs. 1768.

Dreger, Friedrich (Greifenberg/Pomm.), Diss. de origine jurispublici Germanici. Präs. Justus Christoph Dithmar. Frankf./O. (Tob. Schwartz) 3. II. 1719. 24 S. (5.—) 6852

Dreger, G. von, neue Skizzen e. Sommer-Reise durch Italien, Unter-Oesterr., Steyermark, Salzburg, Tyrol ꝛc. gr. 12. (9½ B.) Wien 830, Tendler.

v. Dreger, G., neue Skizzen einer Sommer-Reise durch Italien, Unter-Oesterreich, Steyermark, Salzburg, Tyrol u. s. w. 8. Wien 831. Tendler. 1 Thlr.

Dreger, Gottfr. v., Monarchie und Republik, oder des Hochverräthers Flucht. Zeitgemälde in 4 Abthlgn. Zum Gedenken der Siege der verbündeten österreichisch- und russ. Armee in Ungarn. gr. 8. (102 S.) Wien 850, (Gerold, Verlag.) Thlr. *

Dreger, H., Darstellung der verschiedenen Theorien der Sonnenflecken, s.: Sammlung naturwissenschaftlicher Vorträge.

Dreger, Hans. Vide: Blätter für innere Kolonisation.

Dreger, Jul. Die tertiären Brachiopoden des Wiener Beckens, s. Beiträge zur Paläontologie Oesterreich-Ungarns etc., 7. Bd.

Dreger, Julius

Dreger, Jul., die Gastropoden v. Häring bei Kirchbichl in Tirol. [Aus: „Annalen d. k. k. naturhistor. Hofmuseums".] Lex.-8. (24 S. m. 4 Taf.) Wien 892. A. Hölder. n. 4. —

Dreger, Carl, Rechenbuch für Schulen. 1. Thl.: Rechnungen mit ganzen Zahlen. — 2. Thl.: Bruchrechnungen. Berlin 853. Logier. 8. (2 Bl., 81; VII, 92 S.) 1.: n. 5 ngr; 2.: n. 7½ ngr

Dreger, Karl, approb. Arzt aus Göttingen: Vaccina generalisata. *Göttingen 1902: Dieterich.* (44 S.) 8°
Göttingen, Med. Diss. v. [24. Sept.] 1902

Dreger M.: Ueber die Antitoxinbehandlung d. Tetanus. Diss. Berl. 1910. 62 S. P.

Dreger Moriz: Beiträge zur Kunstforschung und ihre Geschichte im vorigen Jahrhundert.
II. 1890 PN 634 Diss. Wien, Univ. 1862

Dreger, Mor., künstlerische Entwicklung der Weberei u. Stickerei innerhalb des europäischen Kulturkreises von der spätantiken Zeit bis zum Beginne des XIX. Jahrh., m. Ausschluss der Volkskunst. Hrsg. vom k. k. österr. Museum f. Kunst u. Industrie. (XX, 366 S. m. 348 Taf.) Lex.-8. Wien 904. (Hof- u. Staatsdruckerei.) Geb. in Leinw.. Tafeln in 2 Leinw.-Mappen n. 95. —

Dreger, Mor., Entwicklungsgeschichte der Spitze. Mit besond. Rücksicht auf die Spitzen-Sammlg. d. k. k. österreich. Museums f. Kunst u. Industrie in Wien. Hrsg. m. Unterstützg. des k. k. Ministeriums f. Cultus u. Unterricht. hoch 4. (125 S. m. 26 Abbildgn. u. Atlas v. 84 Lichtdr.-Taf. m. VII S. Text.) Wien 901. A. Schroll & Co. In Mappe n. 20. —

Dreger, Mor., Entwicklungsgeschichte der Spitze. Mit besond. Rücksicht auf die Spitzen-Sammlg. des k. k. österreich. Museums f. Kunst u. Industrie in Wien. 2., umgearb. u. verm. Aufl. Text- u. Tafel-Bd. (XI, 161 S. m. 63 Abbild. im Text u. auf Taf. u. 100 Lichtdr.-Taf. m. IV S. Text.) Lex. 8. Wien 910. A. Schroll & Co. In Halbleinw.-Mappe 26. —

— s.: Kunst-Stickereien, Wiener.

— Der Gösser Ornat im k. k. österr. Museum f. Kunst u. Industrie. (41 S. m. Abbildgn. u. 3 [1 farb.] Taf.) 35×26,5 cm. Wien 908. Artaria & Co. 5. —
Sonderabdruck aus „Kunst u. Kunsthandwerk".

Dreger, Mor., Peregrinus Proteus. Ein Leben aus der Zeit d. Kaisers Hadrian. 12. (126 S.) Wien 892. Lest & Schwidernoch. n. 3. —; geb. in Halbfrz. n. 4. —

— Über die figurierten Seidenstoffe des Schatzes der röm. Kapelle Sancta Sanctorum, s.: Grisar, Hartm., die röm. Kapelle Sancta Sanctorum.

— s.: Spitzenausstellung, die Wiener, 1906.

Das Preussische Kassen- und Rechnungswesen. In Anwendung auf die Verwaltung der Straf- und Gefangenanstalten bearb. v. W. Dreger. Potsdam. 1878. 8°.

Dreger, Wilhelm

Dreger, W., die preußischen Baufonds. Handbuch f. preuß. Staats-Baubeamte, Regierungs-Baumeister u. Bauführer, Bausekretäre, Bauwarte, Bausupernumerare, Baukassen-Rendanten, Verwaltungs-, Kassen- u. Rechnungsbeamte. Unter dem Titel, Die Spezial-Baufonds, deren Verwendg. u. Verrechng. bearb. v. D. In 2. Aufl. neubearb. v. O. Heinemann. 2 Tle. gr. 8. Potsdam, A. Stein. n. 24. —; geb. n. 27. —

1. Systematische Darstellung der die Baufonds ꝛc. betreffenden Vorschriften. (IV, 188 S.) 903. n. 4. —; geb. n. 5. —
2. Sammlung der auf die Baufonds etc. bezügl. allgemeinen Vorschriften u. Sonderbestimmgn. f. einzelne Staatsverwaltungszweige im Wortlaut m. Anmerkgn. Mit dem ausführl. alphabet. Sachregister f. das Gesamtwerk u. e. Übersicht üb. die Kapitel u. Titel der Baufonds nach dem Staatshaushalts-Etat. (VIII, 845 S.) 904. n. 20. —; geb. n.n. 22. 50

Dreher, kleine Naturlehre f. einklassige Volksschulen. Präparationen in engem Anschluß an d. württ. Lesebuch. gr. 8. (IV, 35 S.) Urach 899. (Göppingen, E. Herwig.) n. — 50

Dreher u. Baumann, d. evangel. Volksschulstellen Württembergs. N. Notizen d. Stelleninhaber zusammengest. u. beschrieben. gr. 8. (VI, 513 S.) Urach 897. (Stuttgart, J. B. Metzler's Sort.) Kart. n.n. 6. 50

Dreher, Anna, Bestrebgn. u. Ziele d. Vereins, s.: Vorträge, zwei, geh. i. Verein f. Verbesserg. d. Frauenkleidung.

Dreher, August [aus Freiburg i. B.]: Ueber die Einwirkung von Brom auf die Sulfonsäuren des Meta-Kresols. . . . Freiburg i. B., Buchdr. v. Chr. Ströcker, 1888; 59 + 1 S. 8°
Freiburg i. B., Phil. Fak., Inaug.-Diss. v. 1888

Dreher, C., lustige Jagd, s.: Engl, H.

DREHER, E. Ueber Bibromsalicylsäure. Göttingen, 1867.
Schul-/Univ.-Schrift

Dreher, E., Heidemütterchen. Keine Weihnachten — u. doch eine!, s.: Festgrüsschen in Antiquaschrift.

DREHER, ERNST. Ueber die Constitution der Oxyxanthone. (Bern) Berlin, 1893.
Bern, Diss.

Philosophische Abhandlungen von Prof. Dr. Eugen Dreher. Mit d. Bildn. d. Verf. Hrsg. von d. Gattin d. Autors (Maria Dreher). (Vorr.: K[arl] F[riedrich] Jordan.) *Berlin: R. v. Decker 1903.* (IX, 222, XVII S.) 8°

Dreher, Eug., üb. den Begriff der Kraft m. Berücksicht. d. Gesetzes v. der Erhaltung der Kraft. gr. 8. (47 S.) Berlin 885. Dümmler's Verl. n. 1. —

Dreher, Eug., Beiträge zu unserer modernen Atom- und Molekular-Theorie auf kritischer Grundlage. 8. (V, 142 S.) Halle 882, Pfeffer.

— Beiträge zu einer exacten Psycho-Physiologie. gr. 8. (VII, 91 S.) Ebend. 880. n. 2. —

— der Darwinismus u. seine Consequenzen in wissenschaftlicher u. socialer Beziehung. gr. 8. (117 S.) Ebend. 882. n. 2. 25

— der Darwinismus u. seine Stellung in der Philosophie. gr. 8. (VIII, 160 S.) Berlin 877. H. Peters. n. 3. —

Dreher, Eugen: Die vierte dimension des raumes. Halle a. S. 1879: Plötz. 26 S. 8°
Halle-Wittenberg, Phil. Hab.-Schr. v. 6. Aug. 1879
Dreher hat nie gelesen und schied 1883 als Privatdozent wieder aus.

Dreher, Eug., Gährungen u. ansteckende Krankheiten m. besond. Berücksicht. d. Koch'schen Heilverfahrens bei Tuberculose. gr. 8. (32 S.) Leipzig 891. Verlag d. Reichs-Medicinal-Anzeigers. n. — 60

Dreher, Eug., d. Grundlage d. physischen Welt, s.a. Fragen d. öffentl. Lebens.

[F.] Die Grundlage der physischen Welt. Von Dr. Eugen Dreher, weil. Doz. an d. Univ. Halle. (4. Taus.) *Berlin: Kritik 1896.* (16 S.) 1 Bd 8.
— Fragen d. öffentlichen Lebens. H. 7.

Die Grundlagen der exakten Naturwissenschaft im Lichte der Kritik. Von Dr. Eugen Dreher, Prof., Chicago. Mit d. Bildn. d. Verf., e. Biogr. u. e. Anh., betitelt: 'Aus d. Briefwechsel Eugen Dreher's'. (Hrsg.: K[arl] F[riedrich] Jordan.) *Dresden: Apollo 1900.* (XIX, 126 S.) 8°

Dreher, Eug., die Grundlagen der exakten Naturwissenschaft im Lichte der Kritik. Mit dem Bildniss des Verf., e. Biographie u. e. Anh., betitelt „Aus dem Briefwechsel Eugen Dreher's". 2. verm. Aufl. gr. 8. (XX, 126 u. 12 S. m. Fig.) Dresden 901. Verlag des „Apollo". n. 2. 40; geb. in Leinw. n. 3. 20

— Grundzüge der Ästhetik der musikalischen Harmonie auf psychophysiologischer Grundlage, s.a. Sammlung pädagogischer Vorträge.

Dreher, Eugen. Grundzüge der Ästhetik der musikalischen Harmonie auf psychophysiologischer Grundlage. (Sammlung pädagogischer Vorträge VII, 1.) Bielefeld (1894).

—— Grundzüge e. Gedächtnislehre, s. Sammlung pädagog. Vortr.

— der Hypnotismus, seine Stellung zum Aberglauben u. zur Wissenschaft. gr. 8. (IV, 33 S.) Neuwied 889. Heuser's Verl. n. 1. —

Dreher, Eug. Ueber das Causalitätsprincip der Naturerscheinungen, s. Abhandlungen, allgemein-verständl. naturwissensch.

Dreher, Eug., die Kunst in ihrer Beziehung zur Psychologie und zur Naturwissenschaft. Eine philosoph. Untersuchung. 1. Aufl. (60 S.), und 2. verm. und verb. Aufl. gr. 8. (64 S.) Berlin 875, Hempel. *

— die Kunst in ihrer Beziehung zur Psychologie u. zur Naturwissenschaft. Eine philosoph. Untersuchung. 3., durch „Beiträge zur Theorie der Farbenwahrnehmung" verm. u. verb. Aufl. gr. 8. (87 S.) Berlin 878. Hempel. n. 2. 25

— der Materialismus, e. Verirrung d. menschlichen Geistes, widerlegt durch e. zeitgemässe Weltanschauung. gr. 8. (VII, 83 S.) Berlin 892. S. Gerstmann. n. 2. —

—— Natur- und Kunstgenuss, s.a. Vorträge, philosophische.

Natur- und Kunstgenuss. Vortrag von Dr. Eugen Dreher, nebst der dabei stattgehabten Diskussion. Halle a. S.: C. E. M. Pfeffer 1887. (54 S.) 8°
— Vorträge, Philosophische. N. F. H. 14.

— die Physiologie der Tonkunst. gr. 8. (XI, 120 S.) Halle a/S. 889. Pfeffer. n. 2. —

—— Drei psycho-physiologische Studien. I. Der Darwinismus u. die Archigonie. II. Die Innervation m. Bezug auf den Hypnotismus. III. Farbenwahrnehmung u. Farbenblindheit. gr. 8. (VI, 108 S.) Lpz. 891, Verlag d. Reichs-Medicinal-Anzeigers. * 1 80

— Ton u. Wort mit Bezugnahme auf das Musik-Drama Richard Wagners. 8. (35 S.) Halle 880. Pfeffer. n. — 80

Untersuchungen über die Theorie des Magnetismus, den Erdmagnetismus u. d. Nordlicht. Von Dr. Eugen **Dreher**, Prof. ... zu Chicago ..., u. Dr. K. F. Jordan. *Berlin: J. Springer 1898.* (18 S.) 1 Bd 8. [98. 9500

— über Wahrnehmen u. Denken, s.: Verhandlungen der philosophischen Gesellschaft zu Berlin.

— über den Zusammenhang der Naturkräfte, s.a. Vorträge, philosophische.

Ueber den Zusammenhang der Naturkräfte. Von Dr. Eugen **Dreher**, Doz., Halle, nebst der dabei stattgehabten Diskussion. Halle a. S.: C. E. M. Pfeffer 1884. (46 S.) 8°
— Vorträge, Philosophische. N. F. H. 7. [07. 3106

Dreher, F., Deklamationen u. Aufführgn. f. heitere Kreise. Eine Sammlg. neuester u. bester Vorträge f. Gesellschaften u. Vereine. Neue Ster.-Ausg. (96 S.) 8. Reutlingen (903). Enßlin & Laiblin. n. — 50

Dreher, F., der neue Deklamator. Eine Sammlg. gediegener humorist. Vorträge u. Aufführgn. f. 1 u. mehrere Personen. Neue Ster.-Ausg. 8. (96 S.) Reutlingen (902). Enßlin & Laiblin. — 50

Dreher, F., neue humoristische Vorträge u. Aufführgn. Eine Sammlg. neuester u. bester Orig.-Deklamationen f. e. od. mehr Personen. Zum Vortragen f. Herren u. Damen in gesell. Kreisen u. Vereinen. (96 S.) 8. Reutlingen (907). Enßlin & Laiblin. — 50

Dreher, F., Zwickau, s.: Renaissance, deutsche.

Das städtische Archiv zu Friedberg i. d. W. 1273–1910. Ein Umriß s. Geschichte u. Bestände. Von Ferdinand **Dreher**. Friedberg i. H.: Geschichts- & Altertumsverein Friedberg; Leipzig: Dyk in Komm. 1910. 32 S. 8° [10. 16194 11

FERDINAND DREHER, Aus der Geschichte des Badewesens. Zwanglose Skizzen mit besonderer Rücksicht auf das mittelalterliche Friedberg nebst einem Plane der Stadtbefestigungen. Friedberg 1909. Verlag des Geschichts- und Altertumsvereins Friedberg (Hessen). — A. u. d. T.: FERDINAND DREHER, Plaudereien bei Eröffnung des Städtischen Schwimmbades zu Friedberg. ib. 1909. Gedruckt in der Buchdruckerei der „Neuen Tageszeitung". Druck und Verlag A.-G. Friedberg (Hessen).

— s.: Geschichtsblätter, Friedberger.

Plaudereien bei Eröffnung des städtischen Schwimmbades zu Friedberg von Ferdinand **Dreher**. Friedberg ⟨Hessen⟩: (Geschichts- u. Altertumsver.) 1909. 32 S. 8°
[Umschlagt.:] Aus d. Geschichte d. Badewesens. Zwanglose Skizzen mit besond. Rücksicht auf d. mittelalterl. Friedberg ... von Dreher. [09. 8831

— Plaudereien bei Eröffnung des städtischen Schwimmbades zu Friedberg. (Umschlag: Aus der Geschichte des Badewesens. Zwanglose Skizzen m. besond. Rücksicht auf das mittelalterl. Friedberg, nebst e. Plane der Stadtbefestiggn.) 81 S.) 8. Friedberg 909. (C. Scriba.) — 80

[F.] Geschichte der Pfarrei und Gemeinde Bochingen v. Fr. S. **Dreher**, Pfarrer. *Stuttgart: J. Roth 1897.* (1 Bl., VIII, 57 S.) 1 Bd 8. [97. 38

Dreher, Frz., Katechismus der Klempnerei, s.a. Weber's illustr. Katechismen.

Dreher F, Katechismus der Klempnerei. 2 Tle. (Webers illustrierte Katechismen 231. 232) Leipzig 1902

Dreher, Friedrich, appr. Arzt, Unterarzt b. Feldart.-Reg. No. 31: Ueber Gaumenspalten. ⟨Aus der v. Bergmann'schen Klinik.⟩ Berlin (1909): Ebering. 28 S. 8°
Berlin, Med. Diss. v. 22. Jan. 1909, Ref. Bier
[Geb. 3. Juli 83 Wittlingen (Baden); Wohnort: Straßburg; Staatsangeh.: Baden; Vorbildung: Gymn. Lörrach Reife M. 02; Studium: Berlin K. W. A. 10 S.; Coll. 21. Jan. 09; Approb. 16. Jan. 09.] [U 09. 43

Dreher, Georg Paul: De comparatione literarum. Disp. iur.
— — Dasselbe. Altdorf (J. W. Kohles) 1700. (5.50) 6855

Die ökonomischen Vorbedingungen und das Werden der Organisation. Ein Ausschnitt aus d. Geschichte d. Handels-, Transport- u. Verkehrsarbeiter-Bewegung Deutschlands. Nebst e. tabellar. Uebersicht u. graph. Darstellung d. Entwicklung d. Organisation als Anhang. (Verf.: Hans **Dreher** & Oswald Schumann.) Berlin: 'Courier' 1907. (411, XVII S.) 8° [F.] [08. 4011

Dreher, Heinr., betrogene Betrüger. Lustspiel in 3 Akten. Wiesbaden 861. Limbarth. 8. (VIII, 85 S.) n. 12½ ngr.

—— Hochzeit oder Festung? Orig.-Lustspiel in 3 Acten. (Bühnen-Mscr.) 8. (88 S.) Wiesbaden 859, Limbarth.

—— Theodor Körner. Melodrama in 1 Akt. Musik mit Beibehaltung von Melodieen zu Körnerschen Liedern. Ouverture von Richard Genée. (Bühnen-Mscr.) 8. (36 S.) Wiesbaden 860, Limbarth.

Dreher, J. A., der würtemberg. Elementarschüler, oder das Wissenswertheste aus dem Menschen, der Natur u. d. Kunst. 8. Wiesensteig 842, Schmid. (Leipzig, Melzer.) ¼ ℔

Dreher, J. A.: Der Elementarunterricht für das Leben und aus dem Leben. Leitfaden für D. Volksschullehrer. Lief. 1—8 in 2 Bdn. Wiesensteig: Schmid 1835 - 36.

Dreher, J. A., der Elementar-Unterricht f. das Leben u. aus d. Leben. Ein prakt.-method. Leitfaden f. deutsche Volks-Schullehrer. 3 Bde. gr. 8. Wiesensteig, Schmid'sche Buchh. (Stuttgart, Beck u. Fränkel.)
Bd. 1. Die elementar. Weltkunde, od. d. sogenannte Anschauungs-Unterricht. 7 Lfgn. (41⅛ B.) 836. 2 Thlr. 8 Gr.
" 2. Die elementar. Sprachkunde od. d. Sprech-Lese- u. Schreib-Unterricht. 4 Lfgn. (28 B.) 836. 1 Thlr. 8 Gr.
" 3. Die elementar. Größenkunde od. d. Zahlen- u. Raumlehre. 6 Lfgn. (37 B.) 837. 1 Thlr. 21 Gr.

Dreher, J. A., Geschichte v. Württemberg f. Schule u. Volk. 2. umgearb., verm. u. verb. Aufl. 8. (184 S.) Wiesensteig 848, Schmid. 8 ngr.

—— Handfibel f. d. Schreiblesunterr. in d. ersten Elementarklasse. 1. u. 2., unveränd. Aufl. 12. (à 2⅛ B. u. eingedr. Abbild.) Wiesensteig 844, 46, Schmidsche Buchh. à -

— Handfibel f. den Schreibleseunterricht in der ersten Elementarklasse. 3. Aufl. 12. (52 S.) Ebd. 850. — 4. Aufl. 12. (52 S.) Ebd. 852. 3 ngr.

Dreher, Joh. Exegetische und kritische Beiträge zur Erklärung von Demosthenes' Rede für die Megalopoliten. 52 S. Progr. *Ehingen a. d. D.* 1882.

Dreher

— **Johann Ferdinand** (Stuttgart), De pluralitate suffragiorum in electione imperatoris. Präs. Gottfried Daniel Hoffmann. Tübing. (Roebel) 23. I. 1742. 56 S. (5.50) 6856

Dreher, Carl [aus Freiburg i. B.]: Ueber einige Derivate des (1. 2. 4.) Trimethylanthrachinon's. ... Freiburg i. B., Buchdr. v. Chr. Ströcker, 1888; 67 + 1 S. 8°
Freiburg i. B., Phil. Fak., Inaug.-Diss. v. 1888

Dreher, Carl, Leben, Lieder und Liederpflege der Augusta Maria, Markgräfin von Baden-Durlach. Nebst 90 Kernliedern der evangelischen Kirche. Berlin 858. Schlawitz. 8. (6 Bl., 240 S.) n. 17½ ngr.

Dreher, Carl Rich., d. Buchhandel u. d. Buchhändler z. Königsberg in Pr. im 18. Jahrh. [Aus: „Archiv f. Geschichte d. deutschen Buchhandels".) gr. 8. (71 S.) Berlin 896. C. R. Dreher. n. 2. —

Dreher, Konr., der Zuhschroa. Gedichte in oberbayer. Mundart. gr. 4. (VII, 54 S. mit 25 Illustr. Münchener Künstler.) München 888, Bassermann'sche Verlagsh. geb. *

Dreher, Konr. Kirchweih. Gedichte in oberbayer. Mundart. Illustr. v. Münchener Künstlern. gr. 4. (VII, 55 S.) Stuttg. 889, Deutsche Verlags-Anstalt. geb. * 10 —

Dreher, Konr. Kunterbunt, s.: Pocci, Frz.

Dreher, Conr., Münchner Originale. (Gedichte in oberbayer. Mundart. Illustr. v. Münchener Künstlern.) gr. 4. (55 S.) Stuttgart 894. Deutsche Verlags-Anstalt. Geb. in Leinw. n. 10. —

Dreher, Konr., die Schußzeit. Humoristisches Jagdbuch in oberbayer. Mundart. Mit 25 Illustr. Münchener Künstler. gr. 4. (IX, 53 S.) München 886. Bassermann. geb. n. 12. —

Dreher, Konr., Waldhornlieder. Jagdlieder aus alter u. neuer Zeit. Gesammelt u. hrsg. (Mit 24 Abbildgn. nach französ. Holzschn. aus dem 17. u. 18. Jahrh. u. nach Orig.-Zeichngn. v. M. Köppen, E. Kossuth, H. Lossow, E. Stern u. F. Stuck.) (VIII, 143 S.) 4. Leipzig 905. J. J. Weber. Kart. n. 4. —

(S) — Waldhornlieder. 905. (LBL 33.) Jetzt: München, H. Hugendubel.

Dreher, Konr., die Wildschützen. Volksstück in 5 Akten m. Gesang u. Tanz. N. e. wahren Begebenheit v. Arth. Müller. 16. (72 S.) München (898). Rubinverl. n. 1. —

— dasselbe, s.a. Schmid, H. v.

Dreher, Oskar

Dreher, Geschichte d. 2. Pommerschen Ulanen-Regiments Nr. 9 von seiner Formation 1860—1885, nach e. älteren Manuskript bearb. u. vervollständigt. Mit 2 (Lichtdr.-) Porträts u. 1 Karte in Steindr. 8. (108 S.) Berlin 885. Mittler & Sohn. n. 1. 25

[F.] Geschichte des 2. Pommerschen Ulanen-Regiments Nr. 9. Von s. Errichtg 1860 bis 1896. Nach handschr. Aufzeichngn bearb. u. fortgeführt v. (Oskar) Dreher, Rittmeister. 2. Aufl. M. 2 Bildn., Kasernenabb. u. 1 Kt. in Steindr. *Berlin: E. S. Mittler & Sohn 1896.* (2 Bl., 108 S., 2 Portr., 1 Taf., 1 Kt.) 1 Bd 8. [96. 5790

Dreher, Richard: Ueber die Ausbreitung der tuberculösen und eitrigen Meningitis auf das Ventrikelependym, die Hirnnerven und das Rückenmark. *Bonn 1898: J. F. Carthaus.* (31 S.) 8°
Bonn, Med. Diss. v. [23.] Juni 1898

Dreher, Th. Erlösung und Gnade. Ein Pensum aus der Religionslehre des Obergymnasiums. 33 S. 8. Progr. *Sigmaringen* 1878.

Dreher, Th.: Die Zeugnisse des Ignatius, Justinus und Irenaeus über die Eucharistie als Sakrament. 24 S. – Hedingen, Progr. 1871.

Dreher, Thdr., Abriß der Kirchengeschichte, s. Lehrbuch der katholischen Religion zunächst für Gymnasien.

Dreher, Thdr., Abriß der Kirchengeschichte für Obergymnasien. gr. 8. (VII, 108 S.) Sigmaringen 882, Liehner. *

— kleine katholische Apologetik f. reifere Schüler höherer Lehranstalten. gr. 8. (IV, 43 S.) Freiburg i/B. 894. Herder. n. — 80; geb. in Leinw. n.n. 1. —

Dreher, Thdr., kleine katholische Apologetik f. reifere Schüler höherer Lehranstalten. 2. Aufl. gr. 8. (52 S.) Freiburg i. B. 900. Herder. n. — 60; Einbd. in Leinw. n.n.n. — 20

Dreher, Thdr., kleine katholische Apologetik für reifere Schüler höherer Lehranstalten. 3. verm. Aufl. (IV, 58 S.) 8. Freiburg i/B. 906. Herder. n. — 60; geb. n. — 90

— Beichtbüchlein f. christliche Kinder. 2., verm. Aufl. 24. (VII, 68 S.) Ebd. 892. Geb. in Kalbldr.-Imitation. n.n. — 25

— Beichtbüchlein f. christl. Kinder. 3. Aufl. 24. (V, 68 S. m. Titelbild.) Freiburg i/B. 898. Herder. Geb. n.n. — 25

Dreher, Thdr., Beichtbüchlein f. katholische Kinder. 4. Aufl. (V, 69 S. m. Titelbild.) 16. Freiburg i/B. (907). Herder. -20; kart. — 35

— kleine katholische Christenlehre, d. i.: Katholischer Katechismus f. Volksschulen. 2. Aufl. gr. 8. (VI, 88 S.) Ebd. 899. n. — 80

— kleine katholische Christenlehre f. die unteren Klassen höherer Lehranstalten. I. Der Glaube. — II. Die Gebote. — III. Die heil. Sakramente. 8. (31, 24 u. 22 S.) Ebd. 891. n. — 60; geb. n.u. — 70

Dreher, Theod. S. Ignatii episcopi antiochensis de Christo Deo doctrina. 25 S. Progr. *Sigmaringen* 1877.

Dreher, Theod., Sancti Ignatii de Christo deo doctrina. Sigmaringen, 1878, Progr. des Gymnas.

— katholische Elementarkatechesen üb. die 12 Artikel d. apostol. Glaubensbekenntnisses. 8. (VI, 130 S.) Sigmaringen 889. (Liehner.) n. 2. —

— dasselbe üb. die Gnadenmittel. 8. (IV, 138 S.) Freiburg i/Br. 890. Herder. n. 1. 40

— dasselbe üb. die Sittenlehre. 8. (IV, 125 S.) Ebd. 890. n. 1. 20

— Katholische Elementarkatechesen. 1. Tl.: Die 12 Artikel des apostol. Glaubensbekenntnisses. 2. Aufl. 12. (IV, 160 S.) Ebd. 892. * 1 50; geb. ** 1 75

— katholische Elementarkatechesen. 1.—3. Tl. 8. Ebd n. 3. 90; geb. in Halbleinw. n.n. 4. 65
1. Die 12 Artikel d. apostol. Glaubensbekenntnisses. 2. Aufl (IV, 159 S.) 893. n. 1. 50; geb. n.n. 1. 75
2. Die Sittenlehre. 2. Aufl. (IV, 130 S.) 894. n. 1. 20 geb. n.n. 1. 45
3. Die Gnadenmittel. 2. Aufl. (IV, 144 S.) 893. n. 1. 20 geb. n.n. 1. 45

— katholische Elementarkatechesen. 1. u. 3. Tl. 3. Aufl. 8. Ebd. n. 2. 70; Einbde. in Halbleinw. à n.n.n. — 25
1. D. 12 Artikel d. apostol. Glaubensbekenntnisses. (IV, 159 S.) 897. n. 1. 50
3. D. Gnadenmittel. (IV, 144 S.) 898. n. 1. 20

— katholische Elementarkatechesen. 1. u. 2. Tl. 8. Ebd. n. 2. 90; Einbde. in Halbleinw. à n.n.n. — 25
1. Die zwölf Artikel des apostol. Glaubensbekenntnisses. 4. Aufl. (IV, 159 S.) 902. n. 1. 60
2. Die Sittenlehre. 3. Aufl. (IV, 130 S.) 899. n. 1. 30

— katholische Elementarkatechesen. 2. u. 3. Tl. 8. Ebd. 905. n. 2. 70; geb. n. 3. 40
2. Die Sittenlehre. 4., verm. Aufl. (IV, 133 S.) n. 1. 30; geb. n. 1. 70
3. Die Gnadenmittel. 4. Aufl. (IV, 145 S.) 905. n. 1. 40; geb. n. 1. 70

— Katholische Elementarkatechesen. 1. Tl. Die zwölf Artikel des apostol. Glaubensbekenntnisses. 5. Aufl. (IV, 159 S.) 8. Ebd. 908. 1.60; geb. 1. 90

Dreher, Th., die katholische Glaubenslehre, für das Obergymnasium bearb. 2 Hefte. gr. 8. Sigmaringen 878, Liehner. *
Inhalt:
Heft 1. Gott, die Schöpfung. (VI, 50 S.)
" 2. Erlösung, Heiligung, Vollendung. (IV, 91 S.)

— Gottbüchlein od. kleinster Katechismus f. kathol. Kinder. Als Beitrag z. Katechismusfrage entworfen. 12. (50 S.) Ebd. 896. n. — 30; kart. n.n. — 35

— kleine Grammatik der hebräischen Sprache m. Übungs- u. Lesestücken. Für Obergymnasien bearb. gr. 8. (VIII, 118 S.) Ebd. 894. n. 1. 50; geb. in Leinw. n.n. 1. 80

— kleine Grammatik d. hebräischen Sprache m. Übungs- u. Lesestücken. F. Obergymnasien bearb. 2., verb. Aufl. gr. 8. (VIII, 127 S.) Ebd. 898. n. 1. 70; Einbd. in Leinw. n.n.n. — 30

— Kleine Grammatik der hebräischen Sprache m. Übungs- u. Lesestücken. Für Obergymnasien bearb. 3., verb. Aufl. (VIII, 127 S.) 8. Ebd. 903. 1.80; geb. 2.20

Dreher, Thdr., Kommunionbüchlein zunächst f. Erstkommunikanten. 16. (IV, 75 S.) Sigmaringen 886. Liehner. cart. n. — 40

— Lehrbuch der katholischen Religion f. Obergymnasien. 1—4. Thl. gr. 8. Ebend. 879—82. n. 6 —
1. Die Wahrheit des Christenthums. (VII, 134 S.) n. 1. 80
2. Die katholische Glaubenslehre. 2. umgearb. Aufl. (VIII, 130 S.) n. 1. 80
3. Die katholische Sittenlehre. (VI, 75 S.) n. 1. 20
4. Abriß der Kirchengeschichte. (VII, 108 S.) n. 1. 20

—— Lehrbuch der katholischen Religion für Obergymnasien. 4 Thle. gr. 8. Ebendas. *
Inhalt:
Thl. 1. Die Wahrheit des Christenthums. (VII, 134 S.) 1879; 2. Aufl. (VII, 128 S.) 883. *ℳ 1,80.
" 2. Die katholische Glaubenslehre. 2. Aufl. (VII, 130 S.) 882. *ℳ 1,80.
" 3. Die katholische Sittenlehre. (VI, 75 S.) 880; 2. Aufl. (IV, 79 S.) 884. *ℳ 1,20.
" 4. Kirchengeschichte. (108 S.) 882. *ℳ 1,20.

— Lehrbuch der katholischen Religion f. Obergymnasien. 1.—3. Thl. gr. 8. Sigmaringen, Liehner. n. 4. 80
1. Die Wahrheit des Christenthums. 3. Aufl. (VI, 128 S.) 885. n. 1. 80
2. Die kathol. Glaubenslehre. 4. Aufl. (VI, 129 S.) 888. n. 1. 80
3. Die katholische Sittenlehre. 3. Aufl. (IV, 80 S.) 886. n. 1. 20

— dasselbe. 3. Tl. gr. 8. Sigmaringen, C. Liehner. n. 1. 20
Die katholische Sittenlehre. 4. Aufl. (IV, 79 S.) 888.

—— Lehrbuch der katholischen Religion f. Obergymnasien. 1. u. 3. Tl. 8. Sigmaringen, C. Liehner. * 3 —
1. Die Göttlichkeit des Christentums. 5. Aufl. (V, 128 S.) 892. * 1 80. — 3. Die kathol. Sittenlehre. 5. Aufl. (IV, 79 S.) 891. * 1 20.

—— dass. — 2. u. 4. Tl. gr. 8. [Sigmaringen, Liehner.] Münch., Oldenbourg. * 3 —; geb. * 3 60
2. Die kathol. Glaubenslehre. 5. verb. Aufl. (V, 129 S.) 890. * 1 80; geb. * 2 10. — 4. Abriß der Kirchengeschichte. 9. Aufl. (V, 111 S.) 891. * 1 20; geb. * 1 50.

— Lehrbuch der katholischen Religion f. Obergymnasien. 1. 2. u. 4. Tl. gr. 8. München, R. Oldenbourg, Abtlg. f. Schulbücher. n. 4. 80; geb. in Leinw. n. 5. 70
1. Die Göttlichkeit d. Christentums. 5. Aufl. (V, 140 S.) 894. n. 1. 80; geb. n. 2. 10
2. Die katholische Glaubenslehre. 7., verb. Aufl. (VI, 140 S.) 891. n. 1. 80; geb. n. 2. 10
4. Abriß der Kirchengeschichte. 9. Aufl. (V, 111 S.) 894. n. 1. 20; geb. n. 1. 50

— Lehrbuch d. katholischen Religion f. Obergymnasien. 4 Tle. gr. 8. München 897. R. Oldenbourg. n. 6. —; geb. in Leinw. n. 7. 20
1. D. Göttlichkeit d. Christenthums. 6. Aufl. 11. u. 12. Taus. (V, 140 S.) n. 1. 80; geb. n. 2. 10
2. D. kathol. Glaubenslehre. 9. Aufl. 16.—18. Taus. (VI, 140 S.) n.n. 1. 80; geb. n.n. 2. 10
3. D. kathol. Sittenlehre. 7. Aufl. 13.—14. Taus. (IV, 82 S.) n.n. 1. 20; geb. n.n. 1. 50
4. Abriß d. Kirchengeschichte. 13. Aufl. 26.—30. Taus. (VII, 118 S.) n. 1. 20; geb. n. 1. 50

— Lehrbuch der katholischen Religion f. Obergymnasien. 1.—4. Tl. gr. 8. München, R. Oldenbourg. n. 6. —; geb. in Leinw. n.n. 7. 20
1. Die Göttlichkeit des Christentums. 10. Aufl. 20.—24. Taus. (V, 140 S.) (902.) n.n. 1. 80; geb. n.n. 2. 10
2. Die katholische Glaubenslehre. 11. Aufl. 22. u. 23. Taus. (VI, 140 S.) (902.) n.n. 1. 80; geb. n.n. 2. 10
3. Die katholische Sittenlehre. 9. Aufl. 18.—22. Taus. (IV, 82 S.) (902.) n.n. 1. 20; geb. n.n. 1. 50
4. Abriß der Kirchengeschichte. 18. Aufl. 41.—45. Taus. (VII, 120 S.) (901.) n.n. 1. 20; geb. n.n. 1. 50

Dreher, Dr. Theodor, Lehrbuch der katholischen Religion für Obergymnasien. München. R. Oldenburg. 1904.
I. Teil. Die Göttlichkeit des Christentums. 10. Auflage. Preis, gebunden 2 M. 10 Pf.
II. Teil. Die katholische Glaubenslehre. 12. Auflage. Preis, gebunden 2 M. 10 Pf.
III. Teil. Die katholische Sittenlehre. 9. Auflage. Preis, gebunden 1 M. 50 Pf.

— Lehrbuch der kathol. Religion für Obergymnasien. 4 Tle. gr. 8. München, R. Oldenbourg. Geb. in Leinw. n.n. 7. 20
1. Die Göttlichkeit des Christentums. 11. Aufl. 25.—29. Taus. (V, 142 S.) (905.) n. 2. 10
2. Die katholische Glaubenslehre. 13. Aufl. 27.—31. Taus. (VI, 140 S.) (905.) n. 2. 10
3. Die katholische Sittenlehre. 10. Aufl. 23.—27. Taus. (IV, 82 S.) (906.) n.n. 1. 50
4. Abriß der Kirchengeschichte 22. Aufl. 60.—64. Taus. (VII, 121 S.) (906.) n.n. 1. 50

— Lehrbuch der kathol. Religion f. Obergymnasien. 1., 2. u. 4. Tl. gr. 8. München, R. Oldenbourg. Geb. 6. 70
1. Die Göttlichkeit des Christentums. 12. Aufl. 30—34. Taus. (V, 142 S.) (907.) 2. 10
2. Die katholische Glaubenslehre. 15. Aufl. 35—37. Taus. (VI, 138 S.) (910.) 2. 10
4. Abriß der Kirchengeschichte. 25. Aufl. 75—79. Taus. (VII, 121 S.) (910.) 1. 50

— Leitfaden der katholischen Religionslehre f. höhere Lehranstalten. I—IV. 8. Ebend. n. 1. 50
I. Die Glaubenslehre. (IV, 58 S.) 884. n. — 50
II. Die Sittenlehre. (IV, 52 S.) 885. n. — 50
III. Die heil. Sakramente. 2. Aufl. (III, 32 S.) 885. n. — 25
IV. Das Kirchenjahr. (III, 26 S.) 884. n. — 25

—— dass. — 4 Tle. in 1 Bde. 12. (XXVIII, 169 S.) Ebendas. 887. *

— Leitfaden der katholischen Religionslehre f. höhere Lehranstalten. 4 Tle. 8. Freiburg i/Br., Herder. n. 1. 50
1. Die Glaubenslehre. 2. Aufl. (XI, 59 S.) 887. n. — 50
2. Die Sittenlehre. 2. Aufl. (IV, 52 S.) 889. n. — 50
3. Die heiligen Sakramente. 3. Aufl. (III, 32 S.) 890. n. — 25
4. Das Kirchenjahr. 2. Aufl. (28 S.) 889. n. — 25

— Leitfaden der katholischen Religionslehre f. höhere Lehranstalten I. II. u. IV. 8. (52 S.) Freiburg i/B., Herder. n. 1. 30
I. Die Glaubenslehre. 3. Aufl. (VII, 64 S.) 893. n. — 50
II. Die Sittenlehre. 3. Aufl. (52 S.) 894. n. — 50
IV. Das Kirchenjahr. 3. Aufl. (35 S.) 893. n. — 30

Dreher, Thdr., Leitfaden d. katholischen Religionslehre f. höh. Lehranst. 5 Tle. 8. Freiburg i/B. Herder. n. 2. 20
I. D. Glaubenslehre. 4. Aufl. (VII, 63 S.) 897. n. — 50
II. D. Sittenlehre. 4., verb. Aufl. (52 S.) 898. n. — 50
III. D. hl. Sakramente. 4. Aufl. (III, 32 S.) 895. n. — 30
IV. D. Kirchenjahr. 5., verb. Aufl. (35 S.) 898. n. — 30
V. Kirchengeschichte. 2. u. 3. Aufl. (IV, 54 S.) 896. n. — 50

— Leitfaden der katholischen Religionslehre f. höhere Lehranstalten. I.—V. 8. Freiburg i/B., Herder. n. 2. 15
I. Die Glaubenslehre. 5. Aufl. (VII, 63 S.) 900. n. — 55
II. Die Sittenlehre. 5. u. 6. Aufl. (52 S.) 901. n. — 50
III. Die hl. Sakramente. 6. u. 7. Aufl. (32 S.) 902. n. — 30
IV. Das Kirchenjahr. 6. u. 7. Aufl. (III, 35 S.) 901. n. — 30
V. Kirchengeschichte. 6. u. 7. Aufl. (IV, 56 S.) 901. n. — 50

Dreher, Thdr., Leitfaden der katholischen Religionslehre für höhere Lehranstalten. I., II., IV. u. V. 8. Freiburg i/B., Herder. n. 1. 90
I. Die Glaubenslehre. 6. u. 7. Aufl. (VII, 63 S.) 903. n. — 55
II. Die Sittenlehre. 7. u. 8. Aufl. (IV, 52 S.) 906. n. — 50
IV. Das Kirchenjahr. 8. u. 9. Aufl. (III, 38 S.) 904. n. — 35
V. Kirchengeschichte. 11. Aufl. (IV, 59 S.) 905. n. — 50

Dreher, Thdr., Leitfaden d. kathol. Religionslehre f. höh. Lehranstalten. I u. III—V. 8. Freiburg i/B. Herder. 1. 75
I. Die Glaubenslehre. 8. u. 9. Aufl. (VII, 64 S.) 908. — 55
III. Die hl. Sakramente. 8. u. 9. Aufl. (33 S.) 907. — 35
IV. Das Kirchenjahr. 10. u. 11. Aufl. (III, 38 S.) 907. — 35
V. Kirchengeschichte. 12. u. 13. Aufl. (IV, 59 S.) 907. — 50

Dreher, Theodor Die Markgrafen von Brandenburg zu Augsburg 1500 und 1518. (Umschlagtitel: … Herausgegeben aus einer handschriftlichen Quelle.) 4 (12 S.) Kath. G. *Sigmaringen* 1887 (427).
Progr.

—— das Tagebuch über Friedrich v. Hohenzollern, Bischof von Augsburg [1486—1505], historisch erläutert und zum Lebensbilde erweitert. gr. 8. (IV, 252 S.) Sigmaringen. (Ebendas.) 888.

Hochzeits-Kantate. Herrn u. Frau Anton Hübbe zugeeignet von Wilhelm Dreher. México 1899. (14 S.) 8°

Liederhandschrift. Von Wilhelm Dreher. Als Ms. gedr. 1. [Hamburg 1909.] 8°

Scenischer Prolog zu einer Totenfeier des Fürsten Bismarck von Wilhelm Dreher. Als Ms. gedr. (Méx[ico][um 1901]: Müller H^nos.) (8 S.) 8°

Ein Puppenspiel. Brautfahrt. Von Wilhelm Dreher. México 1901: Müller Hnos. (14 S.) 8°

Drehkopf, Elias, (auch unt. d. Tit.: Gesch. e. Kraft-, Licht- u. Dranggenies). 2 Thle. 8. Halle 795. Ruff. 1 ₰ 12 gr

Drehkopfs, Elias, eines Kraftgenies, Soldaten, Schauspielers, Mitglied geheimer Gesellschaften, Züchtlings und Wunderthäters, Geschichte, neu bearbeitet vom Verfasser der empfindsamen Reise nach Schilda, 2 Theile, 8. Halle, 795. Ruff. 1 Rthl. 15 sgl.

Drehkunst, die, in ihrem ganzen Umfange, s.a. Schauplatz der Künste u. Handwerke. 15r Bd.

Drehkunst, die, in ihrem ganzen Umfange. Nach d. Französ. bearbeitet, neu geordnet u. mit vielen Zusätzen u. Zeichnungen vermehrt v. Thd. Thon. Mit 95 Abbildd. in Steindr. 8. Ilmenau 825. Voigt. 1 ₰ 12 gr

Drehler, Gfried. Die Pflicht. Schauspiel in 5 Akten. 2. veränd. Ausg. 8. (118 S.) Plauen 892, F. E. Neupert. 1 —

—— Im Zukunftsstaat. Lustspiel in 4 Akten. 8. (90 S.) Ebd. 892. 1 —

Drehmann, f.: Festschrift zur Feier des fünfzigjährigen Bestehens des Mutterhauses f. Kleinkinderpflegerinnen in Großsteinbach.

Drehmann, Gustav [pr. Arzt aus Sömmerda]: Die ambulante Behandlung der tuberkulösen Entzündung des Knie- und Fussgelenkes mittelst portativer Apparate ... Würzburg, kgl. Universitätsdr. v. H. Stürtz, 1893; 23 S., 2 Taf. 8.
Würzburg, Med. Fak., Inaug.-Diss. v. 1893

Drehmann, Johs., Papst Leo IX. u. die Simonie, s.a. Beiträge z. Kulturgeschichte d. Mittelalters u. d. Renaissance.

Drehmann, Johannes, a. Berlin: Papst Leo IX. und die Simonie. E. Beitrag z. Untersuchung d. Vorstadiums d. Investiturstreites. Leipzig 1908: B. G. Teubner. (IX, 96 S.) 8° ¶[— Beiträge z. Kulturgesch. d. Mittelalters u. d. Renaissance H. 2.]
Tübingen, Phil. Fak., Ref. Götz, Diss. v. 13. März 1908
[Geb. 18. Nov. 84 Berlin; Wohnort: Berlin; Staatsangeh.: Preußen; Vorbildung: Gymn. Berlin Reife M. 03; Studium: Berlin 3, Marburg 1, Berlin 2, Tübingen 2 S.; Coll. 17. Juli 07.]

Drehorgel, neugermanische. Eine Sammlung humorist., kom., burlesker u. wahnwitz. Musenklänge. Mit ca. 100 (eingedr.) Illustr. 8. (IV, 99 S.) Leipzig 881. Thiel. 1. —

Drehorgel, Römisch-Juristische, m. 160 straffen Liedern üb. die corpulentesten Capitel des heil. Corpus juris auf mehr als 200 der famosesten Melodieen. Ein rar musikalisch-jurist. Kunstwerk m. vieler Ton- u. Dichtkunst, auch großer Rechtsgelahrtheit angenehm hergerichtet vom rothen Apostrophen, Marquis Rouge Guillaume Ludovic d'Emmé (Wilh. Ludw. Demme). Mit Distellischen Vignetten (Holzschn.) 8. (XXIV u. 278 S.) Hildburghausen 852, F. Kesselring. n. 24 ngr

Drehscheibe, die fidele. 24. (6 farbige Bl. m. 5 Drehscheiben.) Stuttgart 890. Loewe. n. — 50

Drehscheiben-Wand-Kalender —.90
Wien: Engel 1890.

Drehwurm, der, im Ueberbrettl. Anleitung m. meiner Frau zu tanzen. Der Insel der Blödsinnigen anderer Thl. Hrsg. v. L. Wulff. gr. 8. (127 S. m. Abbildgn.) Berlin 902. Verlag der „Lust. Blätter". n. 1. 50
Vergl.: Insel, die, der Blödsinnigen.

Drei, Die bedenkliche u. Geheimnus-reiche Zahl. In Theologicis, Politicis und Historicis. O. O. 1711. V: *Riederer, Johann Frdr.* (MN)

Drei gegen Einen. Ein Wort zur Verständigung in der Reinkens'schen Angelegenheit. Von Sincerus Pacificus. Breslau 862. Gosohorsky. gr. 8. (31 S.) n. 4 ngr

Die heil'ge **Drei.** Lied für eine Singstimme mit Chor. [Altenburg] o. J 1 Bl. 8° [Kopftit.]
Ohne Noten: „Stimmt Brüder an den Chor gesang . . .

Die heilige **Drei.** Aus einem Album von 1825. [Köln o. J.: Du Mont-Schauberg.] 1 Bl. 8°. [Kopftit.]
„Manche Lust verlieh der Himmel" . . .

Drei Männer von Ehre. Eine wahre Begebenheit. A. d. Engl. übers. 16. (7½ B.) Dresden 844, Sillig. (Adler u. Dietze.) *

Drei-Aehren [Schlagwort]

Drei-Aehren. Karte v. Drei-Aehren. 1 : 25,000. 22×34 cm. Lith. Mit e. Beschreibg. der v. dort aus zu unternehm. Spaziergänge u. Touren. Hrsg. v. d. Vogesenclub-Sektion Drei-Aehren. (9 S.) 24×12,5 cm. Colmar (907). Straßburger Druckerei u. Verlagsanstalt, Filiale. — 50

Dreibholz, Eugen (geb. Storkow 7. 3. 1848): Beschreibung einer sogenannten Phokomele. Berlin (1873). (36 S.) 8°
Berlin, Med. Diss. v. 15. Aug. 1873

Dreibholz, Walter, a. Wilsnack (West-Prignitz): Aus der kgl. chirurgischen Universitätspoliklinik zu Marburg. Direktor: Prof. Dr. Küttner. Die Torsion des Samenstranges. Marburg 1906: [H. Laupp, Tübingen]. (17 S.) 8° ¶(Aus: Beiträge zur klinischen Chirurgie Bd 51.)
Marburg, Med. Fak., Ref. Küttner-Küster, Diss. v. 9. Okt. 1906
[Geb. 12. Aug. 79 Wilsnack; Wohnort: Wilsnack; Staatsangeh.: Preußen; Vorbildung: Prinz-Heinrich-Gymn. Schoeneberg b. Berlin Reife O. 00; Studium: Berlin 1, Marburg 4, Bonn 2, Marburg 3 S.; Coll. 29. März 06; Approb. 6. Okt. 06.]

Dreibholz, Wolfgang: Aus d. Med. Klinik d. Univ. Greifswald. Zur Frage der Kreatinausscheidung im Harn. Greifswald 1908: Adler. 38 S. 8°
Greifswald, Med. Diss. v. 7. Okt. 1908, Ref. Minkowski
[Geb. 25. Sept. 81 Wilsnack; Wohnort: Wilsnack; Staatsangeh.: Preußen; Vorbildung: Askan. Gymn. Berlin Reife O. 02; Studium: Bonn 3, Greifswald 2, München 2, Greifswald 3 S.; Coll. 11. Juli 07; Approb. 1. Juli 08.]
[U 09. 1484

Dreiblatt, Das. Erzählungen. Leipz. 1827. V: *Haugwitz, Louise Gräfin.* (EE)

Dreiblatt, Theologisches. Hamburg 1785. V: *Löffelmeyer.* (KY)

von dem Dreiblatt, Karl, das verdollmetschte Berlin. Beleuchtung des wahrhaft verkehrten u. verkehrt vertheidigten Berlins, d. Hrn. D. v. Deppen überreicht. 8. Berl., Krause. 4 gr

Drei-Bund, der; ein vaterländ. Orig.-Schspl. in 4 Aufz. (v. Jh. Balth. Petri). 8. (Basel) 791.

Dreibund, Der heilige, gegen die Zungensünden, gegen die Sünde der Unkeuschheit, für die römisch-katholische Kirche. O. O. 1833. V: *Stork, Ignaz.* (Bibliogr. d. Schweiz. Landeskunde. Bern 1892 ff. V, 10e)

Dreidax, Therese, d. gute Geschmack in weibl. Handarbeiten. Anleitg. z. zweckentsprech. Wahl d. Arbeitsweisen u. Ornamente. E. Buch f. Schule u. Haus. 8. (VIII, 134 S.) Gera 897. Th. Hofmann. n. 1. 50

— d. **Wissenswerteste** üb. Leinen, Baumwolle, Wolle u. Seide als Natur- u. Gewerbserzeugnisse m. bes. Hinweis auf Regeln f. d. Einkauf. Wichtig f. Frauen u. Töchter aller Stände, bes. f. d. Gebrauch in Schulen. 3. Anschl. an d. i. gleichen Verlage erschien. Sammlg. f. Textilwaren vers. gr. 8. (45 S.) Bensheim 896. Lehrmittelanstalt F. Ehrhard & Co. Geb. n. 1.—

Dreiecke des 1. u. 2. Rangs in der Provinz Rheinhessen für die Basis von Darmstadt berechnet. Darmstadt 1821. 4°. (Lithogr.)

Dreiecksnetz, das hessische, s.a. Publikation d. königl. preuss. geodätischen Instituts.

Dreiecksnetz, das hessische.
(Publ. d. k. preuss. geod. Inst.) Berlin 1882. 4.

[Dreiecksnetz von **Holstein**] (1 : 400000.) o. O. u. J. Kupferstich. 1 Bl. Fol., 54/75,5 cm.
Das Blatt ist ohne Bemerkung, stellt aber wahrscheinlich die von Schumacher ausgeführte Triangulation dar.

Dreiecksnetz, das märkisch-thüringische, s.a. Veröffentlichung d. königl. preuss. geodät. Instituts.

Dreiecksnetz, Das märkisch-thüringische —. Mit 1 Dreieckskarte. Berlin 1889. gr. 4.
Veröffentlichung d. k. preuss. geodät. Instituts.

Dreiecks-Netz für die Grossherzogthümer **Mecklenburg** aufgetragen nach den trigonometrischen Messungen v. **Allmer.** 1:400000. o. O. u. J. Lithographie. 1 Bl. Imp.-Fol., 53,6/76,8 cm.
Mit handschriftlichen Eintragungen „bis Ende des Jahres 1858".

Dreiecknetz I. und II. Ordnung der Preussischen Monarchie. Maassstab 1 : 400000. Bl. 30. 31 [nebst] Übersicht der Blätter. O. O. u. J. 2°.

Dreiecksnetz I. und II. Ordnung der Preußischen Monarchie. 1:400000. Bl. 33—36. [Nebst] Übersicht der Blätter. o. O. u. J. 2°

– das rheinische, s. a. Publikation d. königl. preuss. geodätischen Instituts.

Berlin.
— Königl. Preuss. Geodätisches Institut, Das Rheinische Dreiecksnetz.
1. Heft: Die Bonner Basis.
2. „ Beobachtungen auf dem Steinheil'schen Fühlspiegel-Comparator.
Berlin 1876.

—— Das Rheinische —: Heft 1. Die Bonner Basis. Vorwort u. Redaction von C. Bremiker. H. 2. Die Richtungsbeobachtungen. Mit Vorwort von J. J. Baeyer. H. 3. Die Netzausgleichung. Vorwort u. Redaction von A. Fischer. Berlin 1876—82.

Dreiecknetz

—— das schweizerische, s. a. Erdmessung, internationale. — Gradmessung, europäische.

Dreiecknetz, das schweizer., herausgegeben von der schweizerischen geodätischen Commission. 1. Bd. Die Winkelmessungen und Stationsausgleichungen. In-4°, XXXV u. 268 S. Zürich, S. Höhr, 1881. 13 —

Dreiecknetz, das schweizerische, hrsg. v. der schweizerischen geodätischen Commission. III. u. IV. Bd. gr. 4. Zürich, (Höhr). à n. 10. —
III. La mensuration des bases par A. Hirsch et J. Dumur. (104 S. m. 6 Taf.) Lausanne 888.
IV. Die Anschlussnetze der Grundlinien. 889. (250 S.)

Dreiecknetz, das schweizerische, (der internationalen Erdmessung), hrsg. v. der schweizer. geodät. Commission. 2., 5. u. 6. Bd. gr. 4. Zürich, (Fäsi & Beer). à n. 10. —
2. Die Netzausgleichung u. die Anschlussnetze der Sternwarten u. astronomischen Punkte. (IV, XXXIV, 204 S. m. Fig.) 885.
5. Astronomische Beobachtungen im Tessiner Basisnetze, auf Gäbris u. Simplon; definitive Dreiecksseitenlängen; geograph. Coordinaten. (IV, 197 S. m. 1 Karte.) 890.
6. Lotabweichungen in der Westschweiz. Im Auftrage bearb. v. J. B. Messerschmidt. (IV, 200 S. m. 1 Taf.) 894.

Dreiecknetz, Das schweizerische. Hrsg. von der schweizer. geodätischen Commission. 5. Band. Astronomische Beobachtungen im Tessiner Basisnetze, auf Gäbris und Simplon; definitive Dreiecksseitenlängen; geographische Coordinaten. Mit 1 Karte. Gr. in-4°. IV, 197 S. Zürich, Comm.-Verlag von S. Höhr. 1891. 10 —

Dreiecknetz, d. schweizerische (d. internat. Erdmessung), hrsg. v. d. schweizer. geodät. Kommission. 7. u. 8. Bd. gr. 4. Zürich (Fäsi & Beer). à n. 10. —
7. Relative Schwerebestimmgn. 1. Tl.: Im Auftr. ausgef. u. bearb. von J. B. Messerschmidt. (IV, 216 S. m. 3 Taf.) 897.
8. Lotabweichgn. i. d. mittl. u. nördl. Schweiz. Im Auftr. ausgef. u. bearb. v. J. B. Messerschmidt. (VI, 203 S. m. Fig. u. 1 Taf.) 898.

Dreiecknetz. Das Schweizerische Dreiecknetz, hrg. von der Schweizerischen geodätischen Kommission. Band 9: Polhöhen und Azimutmessungen. Das Geoid der Schweiz. Im Auftrage ausgeführt und mit Ausnahme der Kapitel 9 und 24 bearb. von Dr. J[ohann] B[aptist] Messerschmitt. Mit [Figuren und] vier Tafeln. *Kopftitel:* Internationale Erdmessung. VIII + 252 S. 4. Zürich, Komm. Fäsi & Beer, 1901. [fr. 10.—]
S. 86—97: 9. Bestimmung der Polhöhe auf der Station Basel. ([Bearb.] von Prof. A[lbert] Riggenbach.) — *S. 233—250:* 24. Der geodätische Anschluss der Stationen Generoso, St. Gotthard, Tourbillon und Torrenthorn. Bearb. von Prof. [Jacob] Rebstein in Zürich.

Dreiecknetz. Das Schweizerische D'.... 4. Zürich....
Band 9.... Zürich ... 1901 *s. Bulletin 1902, S. 181.*
Band 10 ... *s. u. d. T.:* Arbeiten. Astronomisch-geodätische A' in der Schweiz.... Z' ... 1907.

Dreiecknetz, d. schweizerische, Fortsetzg., s.: Arbeiten, astronomisch-geodätische, in der Schweiz.

Dreieinigkeit, hochgelobt sei die Allerheiligste. Kathol. Lehr- u. Gebetbuch, mit 1 Kpf. gr. 12. München, Jaquet. 12 gl

Dreieinigkeit, die neue. Ein Nachtrag zu der Monarchenzusammenkunft in Paris. Von *,*. Hamburg 867. J. F. Richter. gr. 8. (77 S.) n. 12 ngr.

Dreier (Red.), s. Kompass f. das arbeitende Volk.

Dreier, Alb., Flores Indiae. Sprüche u. Auszüge aus den Schriften u. Briefen d. hl. Franziskus Xaverius. Aus dem Lat. übertr. 8. (XV, 175 S. m. Holzschn.-Portr.) Steyl 884. Missionsdruckerei. n. 1. —

Dreier, Alb., Goldkörner, oder Betrachtungen der heil. Bernardus und Anselmus, sowie eines unbekannten Lehrers. Aus dem Latein. übertr. 16. (252 S. mit 1 Holzschn.) Steyl 885, Missionsdruckerei. geb. *

Dreier, Alb., Goldkörner, od. Betrachtungen der hl. Bernardus u. Anselmus, sowie e. unbekannten Lehrers. A. dem Lat. übertr. (2. Aufl.) gr. 16. (366 S. m. Titelbild.) Steyl (891). Missionsdruckerei. Geb. in Leinw. n. 1. —

— **himmlischer Verkehr**, der Seel' zu Trost u. Wehr. Gebete aus alten Zeiten, gesammelt u. übers. 16. (VIII, 922 S. m. Titelbild.) Kevelaer 898. Butzon & Bercker. Geb. in Leinw. 1. 40

Dreier, Bernhard, Ref. in Bremen: Das Verschulden des Beschädigten bei Schadensersatz-Ansprüchen des BGB. Leipzig 1905: W. Wigand. (73 S.) 8°
Leipzig, Jur. Fak., Diss. v. 11. Dez. 1905
[Geb. 2. Nov. 77 Bremen; Wohnort: Bremen; Staatsangeh.: Bremen; Vorbildung: Gymn. Bremen Reife O. 97; Studium: Freiburg i. B., Leipzig, Berlin, Leipzig; Rig. 31. Jan. 03.]

Dreier, Ed., erstes Schulbuch f. Kinder 5. Aufl. 12. (24 S.) Altona 851, Santz. n. 2 ngl

— zweites Schulbuch f. Kinder, welche Lesen, Schreiben u. Sprechen lernen wollen etc. 5. verm. Aufl. 8. (144 S.) Ebd. 851. n. 1/6 ./ß

Dreier, H., Festschrift zur Feier des 25jährigen Bestehens des Vereins f. vereinfachte Stenographie, System Stolze-Schrey, Bremen. Gegründet 1878 als stenograph. Verein „Stolze". (87 S.) gr. 8. Bremen (903.) (Berlin, Buchh. d. Stenographenverbandes Stolze-Schrey.) n. 1.—

Dreier, H. G., der hohe Werth des Glaubens. Predigt gehalten am 1. Sonntage nach Ostern 1856. Bremerhaven 856. v. Vangerow. 8. (12 S.) n. 2½ ngl

DREIER (J.), W. O. FOCKE, & J. KOLLMEIER. Flora bremensis. Bremen, 1866. 8°.

Dreier, Johs., Fabrikatsteuer u. Arbeiter-Entlassungen. gr. 8. (10 S.) Bremen 895. H. W. Silomon. n. — 10

Dreier, Johs., die Fabrikatsteuer, der Ruin unserer deutschen Cigarren-Industrie. Nebst Beigabe: Bedenkliche Folgen der Taback-Fabrikatsteuer v. Th. A. Dreier. gr. 8. (10 u. 4 S.) Bremen 893. H. W. Silomon. n. — 20

Dreier, Johs., s.: Zigarren-Banderolensteuer, die.

Drejer, Salomon Thomas Nicolai

Drejer, Sal. Th. N., Elementa phyllologiae. Dissert. inaug. botan. 8maj. (5 B.) Hafniae 840, (Reitzel.)

Drejer, S. T. N., Elementa phyllologiae. 8maj. Hauniae 841. (Reitzel.) ⅓ ß

Drejer, Sal. T. N., Flora excursoria Hafniensis. 12. Hafniae 838. Schubothe. 1⅙ ß

--- Symbolae Caricologicae ad synonymiam Caricum extricandam stabiliendamque et affinitates naturales eruendas. Adjectae sunt tabulae aeneae XVII. Opus posthumum ab acad. scient. Danica editum. Mit 2 lith. Tafeln. Fol.maj. Hauniae 844. (Lipsiae, T. O. Weigel.) n. 5 ß

Dreifaltigkeit. die allerheiligste, Leben. Licht u. Liebe spendend, od. Betrachtungen über das kathol. Gebet: Jesus, Dir lebe ich! Jesus, Dir sterbe ich! Jesus, dein bin ich im Leben u. im Tode! Nebst e. Anh. v. Gebeten. 2. Aufl. (376 S. m. Titelbild.) 16. München 906. J. Pfeiffer. Geb. in Leinw. n. 1.50; in Ldr. n.n 2.25; m. Goldschn. n.n. 2.50

DREYFALTIGKEITS-BRUDERSCHAFFT. Der Allerheiligsten Dreyfaltigkeit Deß Vatters / Sohns / und H. Geistes Bruderschafft-Büchl / In welchem Die Wesenheit / Zihl und End / Ablaß / und der Englische Rosenkrantz / wie auch die Regul dieser Bruderschafft außgelegt werden. Aufgerichtet Unter diesen heylsamen Namen / und glorreichen Fahnen / In der Freyen Königlichen Statt Ofen / und Kirchen der Gesellschafft Jesu, von einem Hochlöblichen Königlich-Ungarischen Hoff-Gericht. Im Jahr 1727. Ofen 1727 gedruckt bey Veronica Landerin. 4, 139 S. - 125 mm BrUB
- Dass. Ofen 1727 gedruckt bey Joh. Georg (Nottenstein). 117 S. - 133 mm Güssing
- Dass. Ofen 1733 gedruckt bey Johann Georg Nottenstein. 1, 78 f. - kl. 8° BEK
- Dass. Ofen 1747 gedruckt bey Veronica Nottensteinin Wittib. 1, 78 f. - 12° BEK

Dreifarbenkunst, die. Gemälde-Reproductionen in getreuer Wirkg. der Originale. 1. Lfg. (10 Bl. m. III S. Text.) gr. 4. Dresden 904. Römmler & Jonas. n. 10.—

Dreifus, Gl. Sam., s. Dreifus, Samuel

Dreifus, M. G., חנוך נערים, erstes hebräisches Lesebüchlein f. israelitische Schulen. 3. verb. Aufl. 8. (64 S.) Frankfurt a. M. 872. Kauffmann. n. — 35

Dreifus, M. G., erstes hebr. Lesebüchlein für israelit. Schulen. 4. Aufl. 8. (48 S.) Frankfurt a. M. 880, Kauffmann. *

Dreifus, M. G., erstes hebräisches Lesebüchlein für israelitische Schulen, durchgesehen u. verb. v. M. Plaut. 5. Aufl. 8. (48 S.) Frankfurt a/M. 880. Kauffmann. n. — 35

Dreifus, M. G., erstes hebräisches Lesebüchlein f. israelitische Schulen, durchgesehen u. verb. v. M. Plaut. 7. Aufl. 8. (48 S.) Frankfurt a/M. 886. Kauffmann. cart. n. — 40

Dreifus, M. G., erstes hebräisches Lesebüchlein f. israelitische Schulen, durchgesehen u. verb. v. M. Plaut. 8., verb. Aufl. 8. (48 S.) Frankfurt a/M. 891. J. Kauffmann. Kart. n. — 40

Dreifus, Mark. G., zur Würdigung des Judenthums unter seinen Nichtbekennern. Winterthur 860. Lücke. 8. (63 S.) 7½ ngr.

Abhandlung über die Brüche des Zwerchfells in Beziehung auf gerichtliche Arzneikunde,... unter Leitung von H.F. Autenrieth [Johann Heinrich Ferdinand von Autenrieth] verf. von Sam[uel] Dreifus. Tübingen: Osiander 1829. VI. 126 S. 8°

Dreifuß, Albert, approb. Arzt aus Stuttgart: Ein Fall von Darm-Bauchwandfistel nach Bruchoperation. *München 1903: C. Wolf & Sohn.* (25 S.) 8°
München, Med. Diss. v. 1903

Dreifuss, Herm., die Münzen und Medaillen der Schweiz, beschrieben. Hrsg. zur 100jähr. Jubelfeier des schweiz. Münz- und Medaillen-Cabinets von Hrn. Glieb. Eman. v. Haller sel. Andenken. Mit Abbild. 1.—7. Lfg. 8. (1. Bd. S. 1—336 mit 7 Stnt.) Zürich 881,82, Schmidt. à Lfg. *M 1,60 *

Dreifuss, Jakob

Dreifuss, J., Auswanderungswesen, s.a. Bibliographie der schweizerischen Landeskunde. V. 9.

Dreifuss, J[acob]. Auswanderungswesen. VIII + 68 S. 8. 1905. [fr. 1.50]
Ausg. A mit deutschen Titeln: ... Zusammengestellt von J. D'.... Bern, K. J. Wyss. — Bibliographie der Schweizerischen Landeskunde.... Fascikel V 9 g s.
Ausg. B mit französ. Titeln: Emigration. Elaboré par J. D'.... Berne, K. J. Wyss. — Bibliographie nationale suisse.... Fascicule V 9 g s.

Dreifuss, J., Die Einwanderungspolitik der Vereinigten Staaten v. Amerika u. ihre Beziehung zur Auswanderung aus der Schweiz. Vortrag, geh. in der sozial-wissenschaftl. Vereinigg. in Bern im Febr. 1903. (44 S.) gr. 8. Bern '03, A. Francke. —. 80.

Dreifuss, J[acob]. Die Einwanderungspolitik der Ver(einigten) Staaten von Amerika und ihre Beziehung zur Auswanderung aus der Schweiz. (Vortrag, gehalten ... in Bern ..., Nebst einigen Zusätzen.) Separatabzug aus den «Schweiz. Blättern für Wirtschafts- u. Socialpolitik.» Heft 15, 17 und 19, Jahrg. 11, 1903. 11 + 44 S. 8. Bern, Scheitlin Spring & Cie., 1903.

Dreifuß, M., Sammlung gleich- u. ähnlich lautender Wörter in Mustersätzen. Für den Schulgebrauch dargestellt. 8. (139 S.) Neustadt a. d. H. 874. Gottschick-Witter. n. — 80

Dreifuss, Siegbert [Cand. d. Rechte in München]: Zur Interpretation der lex 25 Dig. de liberatione legata. E. Beitr. z. Lehre d. röm. Rechts vom Fordergs- u. Schuldvermächtnis ... München, kgl. Hof- u. Univ.-Buchdr. v. Dr. C. Wolf & Sohn, 1892; 48 S. 8.
Erlangen, Jur. Fak., Inaug.-Diss. v. 1892

[F.] Ein offenes Buch. Gedanken in kunstlosen Reimen v. Marianne Freiin v. **Dreihann.** *Bonn: P. Hauptmann [1897].* (2 Bl., 62 S.) 1 Bd 8. [98. 0333 llo

[F.] Ein offenes Buch. Gedanken in kunstlosen Reimen v. Marianne Freiin v. **Dreihann.** *Bonn: P. Hauptmann [1898].* (2 Bl., 62 S.) 1 Bd 8. [98. 12059

Der Schraubenpropeller (Schiffsschraube), Konstruktion u. Berechnung desselben von C[onrad] **Dreihardt,** Ingen. Mit 59 Abb. u. 6 Taf. Berlin: M. Krayn 1906. (71 S.) 8° [07. 186 4

Dreihaupt, (M. Schlimpert) G. M. A., der fleißige Stylist, oder: Handbüchlein zum Unterrichte in der deutschen Sprache, nebst vielen hundert Aufgaben zu stufengemäß fortschreitenden schriftl. Arbeiten. 16. Warburg 840. Billig. ⅛ ß

Dreiheller, naturgeschichtlicher Zeichen-Unterricht für Real-, Bürger- und Volksschulen. 1. Heft: Pflanzen. gr. 4. (12 Stnt.) Langensalza 854, Schulbuchhandlung des thüringer Lehrer-Vereins.

Dreiheller, J., praktischer Lehrgang für den ersten Unterricht im Freihandzeichnen. 1. u. 2. Heft (à 10—12 lith. Bll.) Langensalza 868. Greßler. 4. Jedes Heft 7½ ngr.

Dreiheller, J., Vorlagen für Maurer. Zum Gebrauch für Sonntags-, Fortbildungs- und Gewerbeschulen. 1. und 2. Heft. qu. 4. (à 12 Stnt.) Langensalza 869, Schulbuchh. von Greßler. 1. Heft 90 Pf.; 2. Heft *M* 1,20.

—— Vorlagen für Zimmerleute. Zum Gebrauch für Sonntags-, Fortbildungs- und Gewerbeschulen. 1. und 2. Heft. qu. 4. (à 12 Stnt.) Langensalza 868, Schulbuchh. von Greßler. à Heft 90 Pf.

—— Zeichen-Vorlagen für Mädchenschulen. 1. Heft. qu. 4. (12 Stnt.) Langensalza 869, Schulbuchh. von Greßler.

Dreiheller, J., naturhistorische Zeichen-Vorlagen zur Pflege eines inhaltvollen Zeichen-Unterrichts für Knaben- und Mädchenschulen, nach der Natur und vorzüglichen Mustern entworfen. Mühlhausen 863. Heinrichshofen. qu. 4. (12 lith. Taf.) 12 *ngr.*

Die **Dreihundertjahrfeier** des Königlichen Joachimsthalschen Gymnasiums. Berlin 1908: (Buchdr. d. Waisenhauses in Halle a. S.) 31 S. 4°
Berlin, k. Joachimsthalsches-G P 1908 (69) [S 08. 73

Dreikaiserbündniß, das. Die Lösung der oriental. Frage. gr. 8. (37 S.) Leipzig 878. O. Wigand. — 75

Kursbuch **Drei-Kaiserreich-Ecke**. Fahrpläne f. d. oberschles., russ. u. österr. Grenzgebiete nebst. sämtl. Anschlüssen ... [1.] Okt. 1906–Apr. 1907. Kattowitz: G. Siwinna (1906). 8° [J.] 07. 9773 2

Dreike, Paul, e. Beitrag zur Kenntniss der Länge des menschlichen Darmcanals. Diss. gr. 8. (66 S.) Jurjew (Dorpat) 894. (E. J. Karow.) n. 1. 80

Dreikirchen, Bad, im Eisackthale. Salzb. [1890]. V: *Settari, R.* (Hr)

Dreiklassen-Wahl, die, f. den Reichstag v. K . . . . gr. 8. (8 S.) Frankfurt a/O. 893. (B. Waldmann's Sort.) n. — 20

Dreiklassenwahlsystem, das. Von e. höh. preuß. Verwaltungsbeamten. [Aus: „Grenzboten".] Lex.-8. (16 S.) Leipzig 897. F. W. Grunow. — 30

Dreikorn, Georg Elektrische Studien mit Bezug auf die Münchener Elektricitätsausstellung 1882. 44 S. Progr. G. *Mannheim* 1883.

Dreikurs Hermann: De formarum contractarum usu sive de spirantium quibusdam vestigiis apud Homerum. 1882 PN 247 Diss. Wien, Univ. 1433

Dreiling

— **Melchior Johann von** (Riga), De hepatitide. Diss. med. Präs. Carl Friedr. Kaltschmied. Jena (Tennemann) 30. X. 1756. 32 S. (5.—) 6860

Drei-Linien-Gewehr, das russische, M. 1891. Nach authent. Quellen. [Aus: „Minerva".] Lex.-8. (31 S. m. 36 Illustr. u. 1 Taf.) Wien 893. (L. W. Seidel & Sohn.) n. 1. 60

Drei-Linien-Gewehr, Das russische, und seine Schussleistungen. 2., vollständig umgearb. Aufl. mit Zeichnungen im Text und 1 Zeichentafel von Freiherrn v. Tettau, Premier-Lieut. im pommer'schen Füsilier-Reg. Nr. 34. 8. Hannover 1894.

Dreimann, Geo., das neue Maß u. Gewicht. 132 Tabellen zur Umrechng. der in den alten preuß. Provinzen bisher. Maße u. Gewichte in metr. Maß u. Gewicht u. umgekehrt nebst Preisvergleichgn. nach den gesetzlich festgestellten Verhältnißzahlen bearb. 2. rev. Aufl. 16. (VI, 102 S.) Langensalza 872. Beyer & Söhne. — 50

Dreiner, Karl

Dreiner, C., Dezimal-Zinstabelle f. allgemeinen Gebrauch, f. Bankverkehr u. Handel, Spar- u. Darlehnskassen, f. Jedermann. Kaufmännisches Zinsrechnen aus Zinszahlen zu allen Zinsfüssen durcheinander nach e. Tabelle. An Beispielen v. Kontokorrent-Zinsberechngn. erläutert u. allgemein verständlich dargestellt. schmal gr. 8. (19 S.) Bonn 902. C. Georgi. n. — 50

Dreinhöfer, A. Das Erziehungswesen bei Plato. 22 S. *Marienwerder* 1880. Progr.

Dreinhöfer, A., u. F. W. Kaeding, Unterrichtsbuch der Stolzeschen Stenographie. 3 Tle. gr. 8. Berlin 886. Mittler & Sohn. n. 4. 55
1. Kursus der Stolze'schen Stenographie. Von A. Dreinhöfer. (32 S.) n. — 80
2. Übungs- u. Lesebuch f. Stolze'sche Stenographen. Von F. W. Kaeding. 2 Bdchn. (à 80 S.) à n. 1. 25
3. Muster-Übertragung der Schreibübungen d. 1. u. 2. Tls. nebst Schreibleseübungen. Von F. W. Kaeding. (80 S.) n. 1.25

Dreinhöfer, Adolf. Almanach für Freunde der Stolze'schen Stenographie für das Jahr 1875. Herausgegeben von der statistischen Kommission für Stolze'sche Stenographie. Berlin 1875. 8°.

Dreinhöfer, Adolf [Dr.]: Die Archäologie im Gymnasial-Unterricht. Nordhausen, Druck v. C. Kirchner's Buchdr., *1895*; 19 S. 4.
Nordhausen. k. G, OP 1895 (248)

Dreinhoefer, Adolfus: De fontibus et auctoribus vitarum quae feruntur Spartiani, Capitolini, Gallicani, Lampridii. Halis Saxonum (1875): Ploetz. 47 S. 8°
Halle-Wittenberg, Phil. Diss. v. 3. Aug. 1875
Geb. Bielefeld 8. 4. 1852 V.

Dreinhöfer, Adolf Plato's Schrift über den Staat nach Disposition und Inhalt. 4 (27 S. u. 1 S. unpag.). Progr. Joachimsthalsch. G. *Berlin* 1886 (52).

Dreiradfahren, das. Eine Betrachtung üb. dessen gesundheitl. Seiten u. einige Winke üb. das Dreirad u. das Fahren auf demselben v. L. L. gr. 8. (39 S.) Dresden 889. (Leipzig, L. Weber [Sport-Verlag].) n. — 50

Dreis, (Collaborator Dr.,) über Sallust als Geschichtschreiber, mit besond. Berücksichtigung der beiden Einleitungen zu Catilina u. Jugurtha. 4. Itzehoe 843. (Kiel, Acad. B.) 1/4 *ß*

Dreisbach, Ernst, approb. Arzt von Hochdahl: **Ein Fall von allgemeiner hämorrhagischer Diathese im Anschluss an ein Trauma.** *München 1900: F. Straub.* (17 S.) 8°
München, Med. Diss. v. 1900

Dreisbach, H., praktische Anleitung zur Vorausbestimmung d. Wetters auf Grund lokaler Beobachtungen. Mit 3 Fig. 16. (40 S. m. 1 Tab.) Paderborn 889. F. Schöningh. n. — 40

Dreisbach, Heinrich

Dreisbach, H., die Telegraphen-Messkunde, s.a. Telegraphen- Fernsprech-Technik. III.

Die Telegraphen-Messkunde. Von H(einrich) **Dreisbach**. Mit 140 Abb. u. 1 Figurentaf. Braunschweig: F. Vieweg & Sohn 1908. (XI, 172 S.) 8° = **Telegraphen-** u. Fernsprech-**Technik**. No 3. [08. 11373

Dreisch **F. E.**: Untersuchungen üb. die Einwirkung verdünnter Kupferlösungen auf den Keimprocess d. Weizens. Diss. (Rostock). Dresd. 1873. 50 S. P.

Dreisch, Roman [app. Arzt aus Bischofsheim v. d. Rhön]: Zwei seltene Fälle von Bleivergiftung. . . . Würzburg, Anton Boegler'sche Buchdr., 1890; 22 S. 8°
Würzburg, Med. Fak., Inaug.-Diss. v. 1890

Dreischer, Aug. [aus Elberfeld]: Beiträge zur Kenntnis der Thiophenverbindungen ... Elberfeld, Druck v. A. Martini & Grüttefien, 1892; 28 S. 8.

Tübingen, Naturw. Fak., Inaugural-Diss. v. 1892

Dreisel, Hermann. Gesammelte Schriften. Milwaukee, 1905.
UC

Dreising, A., Reise in Schweden. Altes u. Neues. gr. 8. (IV, 110 S.) Merseburg 886. (Stollberg.) n. 1. —

Dreising, Frz., das Amt des Küsters in der evangel. Kirche. Eine Anweisung dasselbe richtig zu schätzen und würdig zu verwalten, besonders für den Küster auf dem Lande und in kleineren Städten. Berlin 854. Hertz. 8. (VIII, 158 S.) n. 16 ngr

[F.] Geschichte des Füsilier-Regiments General-Feldmarschall Graf Moltke '(Schlesisches)' Nr. 38. Auf Befehl d. Regim. zsgest. u. bearb. v. G[eorg] **Dreising**, Premierlt. ... M. Abb., Kt. u. Pl. *Berlin: E. S. Mittler & Sohn 1897.* (VI S., 1 Bl., 374 S., 1 Portr., 2 Taf., 8 Kt. u. Pl.) 1 Bd 8. [97. 4345

Dreising, Joachim [aus Merseburg]: Über Verletzungen des Uterus ... Berlin, Buchdr. v. G. Schade, *1894*; 32 S., 2 Bl. 8.
Berlin, Med. Fak., Inaug.-Diss. v. 7. Aug. 1894

Dreising, Ulr. (Gotthard) (geb. Cüstrin 30. 3. 1854): Zur Pathologie der erysipelatösen Infection. Berlin (1879). (30 S.) 8°
Berlin, Med. Diss. v. 23. Aug. 1879

Dreising, Wolfg., was hat unsere Zeit Luther zu verdanken? Ein Vortrag. (20 S.) 8. Grunewald-Berlin 905. Verlag der Arbeiter-Versorgg. A. Troschel. n. — 50

Dreissig, s. a. **Dreyssig**.

Dreissig, Chr. Frdr. Leben, Character und Enthauptung Ludwigs XVI 8. Halle 1793.

Dreissig, (J. C.) deutscher Auszug aus Bertola's u. de Rossi's italienischen Fabeln. 8. 803, ist Verl. v. Reinicke u. C. in Halle.

30 Hellerkalender f. d. J. 1911. 7. Jhrg. Red. v. Eduard Hassenberger. (96 S. m. Abbildgn.) 8. Wien, E. Hassenberger & Co. — 30

30-Heller-Kalender, illustrierter, f. d. J. 1902. Volks- u. Familien-Kalender f. die österr.-ungar. Monarchie. gr. 8. (46 S.) Wien, E. Hassenberger. n. — 30

Dreissigste, Der Marianische, oder dreissig Betrachtungen über das Leben und die Schmerzen der göttlichen Mutter ... Brixen 1814. 4. Aufl. Brixen 1835. — 5. Aufl. 1850. V: *Schnitzer, Kasimir.* (MARGR)

Dreißigste, der marianische, od. dreißig Betrachtungen üb. das Leben u. die Schmerzen der göttl. Mutter. Nebst den vorzüglichsten Andachtsübungen eines Christen. 5. Aufl. Mit 1 Stahlst. 12. (371 S.) Bozen 850. (Innsbruck, Wagner.) n. 16 ngr

DREISSIGSTORDNUNG. Allgemeine – nebst den Dreyssigsttariffen für sämtliche hungarische Erbländer. Kurzbek, Wien 1788. 1 vol. 85 Bl.

Dreist, Communionbüchlein nach Luther u. Claudius, s.: **Scheibel**, J. G., Communion-Buch.

Dreist, ..., s. **Wochenblatt**, christl.

Dreist, Arnold, approb. Arzt aus Aschersleben, Assistenzarzt im Thür. Ulanen-Reg. No 6: Der Einfluß der Unterkleidung auf die Wärmeregulation, speziell bei körperlicher Tätigkeit. *Berlin (1904): G. Schade.* (45 S.) 8°
Berlin, Med. Diss. v. 26. Juli 1904

Dreist, Geo., territorialer **Aufbau** des brandenburgisch-preuß. Staates. (51 S.) 8. Breslau 910. F. Hirt. — 80

— Das **Wichtigste** aus den römischen Altertümern u. aus der römischen Literaturgeschichte. (71 S. m. 4 eingedr. Plänen.) 8. Ebd. 910. 1. —

Dreist, Georgius Maximilianus Joannes: • Kaiser Nicephorus Phocas. Versuch einer Darstellung seiner Regierung, mit besonderer Berücksichtigung seiner Verwicklungen mit dem deutschen Kaiser Otto dem Grossen.
Halle-Wittenberg, Phil. Diss. v. 21. Okt. 1874
Geb. [Buckow (Kr. Lebus) 7. 8. 1850]
Ms. fehlt.

Dreist, Carl, approb. Arzt in Herlingen (Lothr.): Über Ligatur und Kompression der Arteria iliaca communis. *Leipzig: J. B. Hirschfeld, 1903.* (34 S.) 8°
Straßburg, Med. Diss. v. 1903

Dreist, Karl Aug. Glieb.

Dreist, K. A., u. G. Hennig, Gottesverehrungen, gehalten im Pestalozzischen Institute zu Iferten. 16 Bdchn., nebst 1 Anh. u. Pestalozzi's Ansichten v. d. Religion. 8. Zürich 812. Orell. 20 ₰

Dreist's, Carl Aug. Glieb., Communion-Büchlein für die evangelisch-lutherische Wohnstube. Aufs Neue herausg. von G. **Spieker**. Breslau 861. Dülfer in Comm. 12. (64 S.) n. 3 ngr

Dreist, Martin Friedrich (Retzin/Ukermark), De tribus viris Abrahamo apparentibus. Dissert. exeget.-polem. Präs. G. Friedr. Niehenck (Rostock). Rostock (J. Weppling) 14. V. 1707. 28 Seiten. (—.50) 6861
Gew.: Joh. Mor. Polz, Albert Joach. v. Krakewitz, Joach. Prüßing.

Dreist, Rhard., Anmerkungen, s.: **Lesebuch**, deutsches, f. höhere Lehranstalten.

Dreist, G. C., der Katechismus Lutheri, s. a. **Luther**, Dr. M.

Dreist, G. C., der Katechismus Lutheri, ausführl. erklärt in Fragen u. Antworten, wie auch mit Sprüchen u. Liederversen versehen. Ein Handbuch beim Katechesiren für Schullehrer auf dem Lande. 8. Berl. 818. 4e Aufl. 830. Amelang. 8 gr

Dreist, G. C., der Katechismus Lutheri, ausführlich erklärt in Fragen u. Antworten, wie auch mit Sprüchen u. Liederversen versehen. Ein Handbuch beim Katechisiren für Schullehrer auf dem Lande. 5. Aufl., nach dem Tode d. Verf. verb. u. verm. von F. G. Lisco. 8. Berlin 843, Amelang. ⅓ ₰

— Luthers kl. Katechismus, mit erklär. Fragen u. Antworten. 12. Cöslin 826. Hendeß. 3 gr Ders., nebst den Fragestücken. 16. Ebd. 3 gr

— Morgen- u. Abendandachten, zum Gebrauch in Schulen beim Anfang u. Schluß des Unterrichts. 8. Berl. 818. Amelang. 4 gr

— zehn Schullehrer-Conferenzen z. Belehrung u. Ermunterung f. Schullehrer. gr. 8. Cöslin 827. Hendeß. 12 gr

Dreist, Walther, aus Dortmund, Referendar am Kgl. Amtsgericht zu Kamen i. Westf.: Kann der Vertreter eines anderen nach gemeinem Recht und nach dem Recht des Bürgerlichen Gesetzbuches mit sich selbst kontrahieren? Borna-Leipzig 1904: R. Noske. (IX, 65 S.) 8°
Erlangen, Jur. Fak., Diss. v. 6. Dez. 1904
[Geb. Dortmund; Wohnort: Kamen i. Westf.; Staatsangeh.: Preußen; Rig. 6. Dez. 04.]

Dreist, Walter, appr. Arzt, Unterarzt b. Inf.-Reg. No. 94: Über die Schussverletzungen der Nerven. Bernau 1910: Grüner. 42 S. 8°
Berlin, Med. Diss. v. 14. Jan. 1910, Ref. Hildebrand
[Geb. 17. Juni 83 Gr.-Lichterfelde; Wohnort: Weimar; Staatsangeh.: Preußen; Vorbildung: Gymn. Gr.-Lichterfelde Reife O. 03; Studium: Berlin Univ. 1, K. W. A. 10 S.; Coll. 16. Dez. 09; Approb. 18. Dez. 08.] [U 10. 30

Dreitzel, Th., d. Lehrers Trost im Gebete. Katholisches Gebetbuch f. Lehrer u. Lehrerinnen. 16. (IV, 282 S. m. 1 Stahlstich.) Dülmen i/W. 891. A. Laumann. Geb. in Leinw. n. 1. —

Unter dem **Dreizack**. Neues Marine- und Kolonialbuch für Jung und Alt. Hrsg. von Julius **Lohmeyer**. Unter Mitw. von E. Baasch, Graf Bernstorff ... Mit 8 Beil., 200 Abb. u. Vign. *Bielefeld & Leipzig: Velhagen & Klasing 1902.* (IV, 485 S.) 8° [F.] 1. 2316

Dreizehn. Ein Cyclus von Novellen. 3 Bde. Lex.-8. (40¾ B.) Leipzig 843, Herbig. *
Aus: Die Grenzboten besond. abgedruckt.

Dreizehn, die geheimnissvolle Zahl — ! Merkw. Prophezeihungen des 104jähr. Alpenschäfers *Hanns Tob. Velten* über die wichtige Zukunft der ereignissvollen Jahre 1865 bis 1877. Stuttgart, Ed. Fischhaber, o. J. (18**). 12°. 31 S. Cart.

Dreizehn, R., s. Original-Polterabend-Scherze.

Dreizehn, Roderich, die Flariade. Ein grotesk-komisches Heldengedicht in 3 Thln. 16. (484 S.) Elbing 850, Neumann-Hartmann. à Thl. 9 Ngr.

Dreizehn, Roderich, ein Polter-Abend, den ich nicht mitmachte. Neueste Original-Polterabend-Scherze. 8. (VI u. 60 S.) Berlin 847, Mecklenburg. ¼ ℛ

— siehe auch: Dreyzehn, R.

F. v. T. Die Dreizehner in Feindesland 1866. (47.) 8. Münster 1866. 0.50.

Dreizehner, die, in Feindesland. Kriegsbilder aus dem Feldzuge des J. 1866 von F. v. T. Münster 867. Obertüschen. 8. (47 S.) 5 ngr.

Drelincourt, C., opuscula omn. medica c. praef. Boerhaave. 4. Hag. Com. Neaulme. 727.

Drelincourt, Charles, s. Fest- und Nachtmahlbüchlein, Geistreiches.

Drelincourt, Karl, entdeckter Betrug des von d. röm. Kirche vorgeschützten Alterthums; aus d. Französ. von G. A. Fabricius. 8. Herborn 754.

Drelincourt, L., Catéchisme ou instruction etc. 8. Zuric, (Heidegger, Orell.) 766. Rthlr.

— les Consolations de l'Ame fidèle contre les frayeurs de la mort. 8. Berl. 752. Haude u. Sp. 1 ℛ

— les Consolations de l'Ame fidèle contre les frayeurs de la mort. 8. Berl. Spener. 752.

— christl. Sonnette, französ. u. deutsch. gr. 8. Frankf. a. M. 756. 8 gr

— Trost d. gläub. Seelen wid. d. Schrecken d. Todes u. 8. Basel, Turneisen, (a. Schweighäuser.) 742.

Der Firniss- und Kittmacher. Von Georg V. Chr. Dreme. Brünn. 1821. 8°.

Dreme, W. G. C., der Firniß- u. Kittmacher, oder Anleit. z. vortheilhaften Bereitung d. besten Lack- u. Oelfirnisse etc. 8. Brünn 821. Traßler. 1 ℛ

Dreml, Jan Alois, Divotvůrkyně devatenáctého století sv. panna a mučelnice Filumena. Podle vlaského Dona Francesca di Lucia. 4. opravené a rozmnožené vydání. Olmütz 862. Grosse. 8. (402 S. u. 1 Stahlst.) n. 20 ngr.

Dreml, Joh. Alois P., *Weltpriester der Königgrätzer Diözese.* Hochheiliges Leben und staunenswerthe Wunder der glorreichsten Jungfrau und Martyrin Filumena. Nach dem Italienischen des ehrwürd. Don Francesko (sic) di Lucia geschildert, und mit einer neuntägigen Andacht, Morgen-, Abend-, Mess-, Beicht- und Kommunion- nebst anderen Gebeten verm. von — —. Zweite verb. Aufl. *Leitomischl* 1858. Druck *A. Augusta.* XII. 377 S. 2. Bl. 8°.

Dremmel jr., Jean, romantisches Leben. Preisgekrönte Carnevalsposse m. Gesang, Ballet u. Evolutionen in 4 Akten. 12. (100 S.) Mainz 885. P. Th. Müller. n. — 80

Drommen, Hubert, prakt. Arzt in Aachen: Ueber primären Pemphigus der Schleimhäute (Conjunctiva und Respirationstractus). *Würzburg 1897 [vielm. 1901/02]: A. Boegler.* (26 S.) 8°
Würzburg, Med. Diss. v. 1897

Drems, von Draußen u. Daheim. Gedichte. (116 S.) 8. Leipzig-Gohlis 910. B. Volger. 2.—; geb. 2. 50

Drenckhahn: Zur Kritik des Tibull. 14 S.–Putbus, Progr. 1862.

Drenckhahn, O., Die strophische Composition im vierten Buche des Properz. Pr. 1868. 22 S. 4°. 3.—

Drenckhahn, Otto

Drenckhahn, O., 30 lateinische Abiturienten-Extemporalien. 3. Aufl. gr. 8. (III, 32 S.) Mühlhausen i/Th. 891. Heinrichshofen. n. — 60

Drenckhahn, Otto 25 lateinische Abiturienten-Extemporalien. 8 (28 S.). Progr. G. u. Rprg. *Mühlhausen i. Th.* 1887 (226).

Drenckhahn, O., 25 lateinische Abiturienten-Extemporalien. 2. verb. Aufl. gr. 8. (28 S.) Mühlhausen i. Th. 888, Heinrichshofen'sche Buchh. *
Die 1. Aufl. erschien im Gymnasial-Programm.

Lateinische Abiturienten-Extemporalien von O[tto] Drenckhahn, Gymn.Dir. 4., stark verm. Aufl., mit latein. Übers. *Mühlhausen i. Th.: Heinrichshofen 1901.* (80 S.) 8° [F.] [01. 223

Lateinische Abiturienten-Extemporalien von O[tto] Drenckhahn, Gymn.-Dir. 5. Aufl., mit lat. Übers. *Mühlhausen i. Th.: Heinrichshofen 1903.* (82 S.) 8° [F.] [04. 2908

Drenckhahn, O., lateinische Abiturienten-Extemporalien. 6. Aufl. m. latein. Übersetzg. (IV, 82 S.) gr. 8. Mühlhausen i/Th. 907. Heinrichshofen. 1.60; geb. 2. —

— Aufgaben zu lateinischen Stilübungen f. Obersekunda u. Unterprima. gr. 8. (IV, 55 S.) Berlin 889. Weidmann. n. — 80

[F.] Aufgaben zu lateinischen Stilübungen für Obersekunda u. Unterprima. Von O[tto] Drenckhahn, Gymn.-Dir. 2., verm. Aufl. *Berlin: Weidmann 1899.* (IV, 71 S.) 1 Bd 8. [99. 1823

Drenckhahn, *Otto* [Dir.]: *Bericht über die Feier des 350-jährigen Bestehens der Anstalt.* Mühlhausen i. Th., Druck v. E. W. Röblings Buch- u. Steindr., *1894;* 21–23 S. 4.
Mühlhausen i. Th., G u. RPG, OP 1894 (243)

Drenckhahn, *Otto* [Dir.]: Bilder aus der Geschichte des Mühlhäuser Gymnasiums. Nach d. Festrede bei d. 350jähr. Jubiläum d. Anstalt am 28. Aug. 1893. Mühlhausen i. Th., Druck v. E. W. Röblings Buch- u. Steindr., *1894;* 3—15 S. 4.
Mühlhausen i. Th., G u. RPG, OP 1894 (243)

—, *Das 350jährige Jubiläum der Anstalt.* 4 (S. 21—23).
Progr. G. u. Rprg. *Mühlhausen in Thür.* 1894 (243).

Drenckhahn, O., Leitfaden zur lateinischen Stilistik für die oberen Gymnasialklassen. gr. 8. (IV, 40 S.) Berlin 884, Weidmann'sche Buchh. cart. *

Drenckhahn, O. Leitfaden zur lateinischen Stilistik für die oberen Gymnasialklassen. 39 S. 8. G. *Mühlhausen i/Th.* 1884
Vgl. des Verf. Latein. Stilistik für die oberen Gymnasialklassen. (IV, 128 SS.) 8. Berlin 1887, Weidmann. 1 Mk. 60 Pf.
Progr.

—— Leitfaden zur lateinischen Stilistik für die oberen Gymnasialklassen. 2. Aufl. gr. 8. (IV, 47 S.) Berlin 886, Weidmann'sche Buchh. cart. *

— Leitfaden zur lateinischen Stilistik f. die oberen Gymnasialklassen. 3. Aufl. gr. 8. (IV, 55 S.) Ebd. 890. cart. n. — 60

Leitfaden zur Lateinischen Stilistik für die oberen Gymnasialklassen von O[tto] Drenckhahn, Gymn.Dir. 4. Aufl. *Berlin: Weidmann 1901.* (55 S.) 8° [F.] [01. 3830

— lateinische Stilistik für die oberen Gymnasialklassen. gr. 8. (V, 128 S.) Ebd. 887. n. 1. 60

[F.] Lateinische Stilistik f. d. oberen Gymnasialklassen. Von O[tto] **Drenckhahn**, Gymnas.-Dir. 2. Aufl. *Berlin: Weidmann 1896.* (IV, 134 S., 1 Bl.) 1 Bd 8. Ge. 3703

Drenckmann: Schicksal u. Schuld in Schillers ‚Braut v. Messina' 20 S. – Koenigsberg i/N., Progr. 1868.

Drenckmann, B[runo]: 1. * Über die chemische Natur des Urans und einige neue Verbindungen desselben. 52 S. 4° (2°) 2. * De uranii natura chemica et nonnullis novis conjunctionibus ejus. XIII S. 4° (2°)
Halle-Wittenberg, Phil. Diss. v. 2. März 1861
Geb. [Magdeburg 29. 7. 1837]
Die deutsche Arbeit ersch. in: Zeitschrift f. d. ges. Naturwissenschaften. Bd 17. Berlin 1861. S. 113—153.

Drenckmann, Jul.: Zu Göthes Göz von Berlichingen. 23 S. – Königsberg i/N., Progr. 1872.

Drendel, Adolphine, was ich meinem Jungen erzähle. Märchen u. Geſchichten. (93 S.) gr. 8. Charlottenburg M. Macht. Kart. 2. 50

Drengfurth [Schlagwort]

Drengfurth, s.: Geologische Karten. Karte (Preussen).

Drenkelfort, Heinrich: Neue Beiträge zur Kenntnis der Biologie und Anatomie von Siphlurus lacustris Eaton. Münster 1910: (Lippert, Naumburg a. S.). 42 S. 8° ¶ (Ersch. vollst. in: Zool. Jahrbücher. Abt. f. Anat. Bd 29.)
Münster, Phil. Diss. v. 16. Juni 1910, Ref. Stempell
[Geb. 6. Aug. 84 Marten; Wohnort: Münster i. W.; Staatsangeh.: Preußen; Vorbildung: Gymn. Paderborn Reife O. 06; Studium: Münster 6 S.; Rig. 20. Nov. 09.] [U 10. 3770

Drenken, Eva van, das Recht der Unverehelichten, s.a. Bibliothek ſozialer Zeitfragen. 1.

Drenken, Eva v., Das Recht der Unverehelichten. Eine Streitfrage von einer Frau. 8°. München, Mütterlein, 1907. (Bibliothek socialer Zeitfragen, Nr. 1.)

Drenkhahn, die Nervosität in früheren Jahrhunderten u. in unserer Zeit. Vortrag, geh. in der Philomathie zu Glatz am 30. III. 1905. (50 S.) 8. München (906). Seitz & Schauer. n. 1. —

(B) **Drenkhahn**, d. Nervosität. 906. (KBL 33.) Jetzt: München, Verl. d. ärztl. Rundschau.

Drenkhahn, F., s. a. Drenkhan, F.

Drenkhahn, F., Martin Bleyer. Eine hiſtoriſche Erzählung für die Jugend und das Volk. Teterow 863. (Roſtock, Leopold.) 8. (116 S.) n. 8 ngr.

Drenkhahn, F., Graf Heinrich's Knappe, s.a. Jugend-Bibliothek, herausg. von Nieritz.

Drenkhahn, F
Graf Heinrich's Knappe. Eine geschichtliche Erzählung aus dem 13. Jh.
Leipzig: Voigt & Günther 1857. 139 S. 8°
(Jugend-Bibliothek. Jg. 18, Bd 5.)

Drenkhahn, F., Graf Heinrich's Knappe. Eine geſchichtl. Erzählung aus dem 13. Jahrh. 8. (III und 139 S.) Leipzig 858, Voigt und Günther.

Drenkhahn, F., Graf Heinrichs Knappe. Eine geſchichtl. Erzählung aus dem 13. Jahrh. 2. Aufl. gr. 16. (112 S.) Düſſeldorf 879. F. Bagel. cart. — 60

— Theodor Körner. Eine Erzählung für die deutſche Jugend. (Abgedr. aus der Jugend-Bibliothek von Guſt. Nieritz.) Leipzig 861. Günther. (Weſel, Bagel.) 8. (99 S.) 10 ngr.

[F.] Theodor Körner. E. Erzählg f. d. deutsche Jugend v. F. **Drenkhahn**. 3. Aufl. *Gütersloh: C. Bertelsmann [1899].* (88 S.) 1 Bd 8.
= Nieritz, G.: Jugendbibliothek. No 217. Fe 3817

Drenkhahn, Robert [aus Niemark bei Lübeck]: Die im Königlichen chirurgischen Klinikum zu Berlin vom 1. April 1868 bis 1. April 1888 beobachteten Melanome .... Berlin, gedr. bei L. Schumacher, 1888; 39 S. 8°
Berlin, Med. Fak., Inaug.-Diss. v. 2. Jun. 1888

Drenkhan, F., s.a. Drenkhahn, F.

Drenkhahn, F., die Bettler, und: Einer diene dem Andern. 8. (156 S.) Berlin 851, Simion.
Aus: Jugendbibliothek von G. Nieritz, beſonders abgedruckt.

Die Bettler und Einer diene dem andern. Von F. **Drenkhan**. 3. Aufl. *Gütersloh: C. Bertelsmann [1899].* (116 S.) 8° [F.]
= Nieritz, G.: Jugendbibliothek. No 215. Fe 12768

— Gotthard, s. Bibliothèque de la jeunesse.

— Gotthard u. ſein Roß. Eine Jugend-Erzählung. [Abgedr. aus der Jugend-Bibliothek v. Guſt. Nieritz.] 8. (140 S.) Leipzig 851, (Berlin) Simion. 1/3 ℔

Drenkhan, F., Gotthard und ſein Roß. Eine Jugend-Erzählung. 8. (140 S.) Leipzig 852, [Voigt und Günther.] Thlr.
Vgl.: Jugend-Bibliothek von Nieritz.

— Thomas Steinweg ꝛc., s.a. Volks-Bibliothek, allgem. deutſche.

—— Thomas Steinweg und ſeine Schweſter. Eine Volks-Erzählung. (Allgem. deutſche Volks-Bibliothek. VI. 3.) 8. (115 S.) Berlin 853, Verlagshandlung des allgemeinen deutſchen Volksſchriften-Vereins. *
Vgl.: Haus- und Familienſchatz, neuer.

Oberleutnant Sandrock. Sein Leben u. Wirken in Kamerun, 1900–1905. Nach Tagebuchblättern zsgest. von [Hugo] **Drenkhan**, Lt. Mit 2 Bild. u. 1 Karte. Jauer: O. Hellmann [1907]. (22 S.) 8° [F.]
Aus: Scheibel: Das 5. Niederschles. Inf.-Regt No 154 in d. ersten 10 Jahren s. Bestehens. Fa. 2339

Drenkoff, Iwan K., Dr. phil., a. Gabrowo ⟨Bulgarien⟩: Das Recht der Aktiengesellschaften in Frankreich, Deutschland und England. Geschichtlich und vergleichend dargestellt. Heidelberg 1906: K. Rössler. (X, 86 S.) 8°
Heidelberg, Jur. Fak., Ref. Schroeder, Diss. v. 31. Mai 1906
[Geb. 5. April 78 Gabrowo; Wohnort: Sofia; Staatsangeh.: Bulgarien; Vorbildung: Staatshandelsgymn. Listow Reife 95; Studium: Sofia 1, Halle 8, Heidelberg 2 S.; Rig. 20. Juni 05.]

Drenkoff, Iwan K., die Steuerverhältnisse Bulgariens, s.a. **Sammlung nationalökonom. u. statist. Abhandlungen. 29. Bd.**

Drenkoff, Iwan K., aus Gabrowo ⟨Bulgarien⟩: Die Steuerverhältnisse Bulgariens. *Halle a. S. 1900: (Lippert & Co., Naumburg a. S.).* (VI, 63 S.) 8° ¶ [Erschien vollst. als Bd 29 d. Sammlung nationalökon. u. statist. Abhandlungen d. staatswiss. Seminars zu Halle a. S.]
Halle, Phil. Diss. v. 1900

Die Steuerverhältnisse Bulgariens von Dr. phil. Iwan K. **Drenkoff** aus Gabrowo ⟨Bulgarien⟩. *Jena: G. Fischer 1900.* (X, 146 S.) 8°
[S. 1–62 erschien 1900 als phil. Diss. von Halle.]
— Sammlung nationalökon. u. statist. Abhandlungen d. staatswiss. Seminars zu Halle. Bd 29. Oe. 10194

Drenske, Georg [app. Arzt aus Woldenberg in d. Neumark]: Aus d. chirurg. Klinik zu Kiel. Die Harnsecretion während der Narkose ... Kiel, Druck v. P. Peters, 1896; 21 S., 1 Bl. 8.
Kiel, Med. Fak., Inaug.-Diss. v. [12. Mai] 1896

Drensteinfurt [Schlagwort]

Drensteinfurt, s.: Preussen. Messtischblätter.

Drenzig [Schlagwort]

Drenzig, s.: Geologische Karten. Preussen 128.

Drepper, Friedrich, a. Hoinkhausen i. W.: Über anomale Dispersion der magnetischen Rotationspolarisation. Borna-Leipzig 1907: R. Noske. (44 S., 4 Taf.) 8°
Münster, Phil. Fak., Ref. Heydweiller, Diss. v. 30. Okt. 1907
[Geb. 20. Juli 83 Hoinkhausen; Wohnort: Hoinkhausen; Staatsangeh.: Preußen; Vorbildung: Gymn. Petrinum Brilon Reife O. 03; Studium: Münster 2, München 1, Münster 6 S.; Rig. 9. Aug. 07.]

Drepper, Frz., kurze Erklärung der Kirchweih-Ceremonien nebst Angabe der Hauptgebete zur Weihe der kathol. Kirche in Witten an der Ruhr am 26. Septbr. 1848. gr. 8. (25 S.) Soest 848, Nasse. 3 ngl

Drerup, (*Iulius Philippus*) **Engelbertus [Guestfalus]: De codicum Isocrateorum auctoritate ... (Erscheint vollst. in: Leipz. Studien z. class. Philol., XVII.) Lipsiae, typ. I. B. Hirschfeldi, 1894; 2 Bl., 59 S. 8.**
Leipzig, Phil. Fak., Inaug.-Diss. v. [14. Juli] 1894

Drerup, Engelb., vorläufiger Bericht üb. e. Studienreise zur Erforschung der Demosthenesüberlieferung. Mit Beiträgen zur Textgeschichte des Isokrates, Aeschines, der Epistolographen u. des Georgias. gr. 8. (S. 287—328.) München 902. (G. Franz' Verl.) n. — 60
Sonderabdruck aus: „Sitzungsber. d. bayer. Akad. d. Wiss."

— antike Demosthenesausgaben. gr. 8. (58 S.) Leipzig 899. Dieterich. n. 1. 40
Sonderabdruck aus: „Philologus", 7. Suppl.-Bd.

Drerup, Engelb., Homer. Die Anfänge der hellen. Kultur. (Weltgeschichte in Charakterbildern, hrsg. v. Frz. Kampers, Seb. Merkle u. Mart. Spahn. 1. Abtlg. Altertum.) (IV, 146 S. m. 105 Abbildgn.) Lex.-8. München 903. Mainz, Kirchheim & Co. In Leinw. kart. n. 4. —

Drerup, Engelb., [*Ηρώδου*] *περὶ πολιτείας*. Ein polit. Pamphlet aus Athen 404 vor Chr., s.a. Studien zur Geschichte u. Kultur des Altertums. II, 1.

⟨Ηρώδου⟩ περὶ πολιτείας. Ein polit. Pamphlet aus Athen 404 v. Chr. von Engelbert Drerup. Paderborn: F. Schöningh 1908. (123 S.) 8°
— Studien z. Geschichte u. Kultur d. Altertums. Bd 2, H. 1. [08. 18368 9

Der Pröpstinghof. Roman von Engelbert **Drerup**. Paderborn: F. Schöningh 1907. (282 S.) 8° [F.] [08. 8077

— Der Pröpstlinghof. Roman. (282 S.) 8. Paderborn 907. F. Schöningh 2.50; geb. 3. 30

Drerup, Engelb., de Isocratis orationibus iudicialibus quaestiones selectae. [Aus: „Jahrbb. f. class. Philol., 22. Suppl.-Bd."] gr. 8. (37 S.) Leipzig 896. B. G. Teubner. n. 1. 60

Drerup, Engelbert: Üb. d. Staatsschreiber v. Athen. *Leipzig 1897.*
in: Beiträge, Philologisch-histor., C. Wachsmuth z. 60. Geburtstage überreicht. [97. 3344

Drerup, E. (Hrsg.), s. Studien zur Geschichte und Kultur des Alterums.

— s.: Untersuchungen zur älteren griech. Prosalitteratur.

Drerup, Engelbert: Über die bei den attischen Rednern eingelegten Urkunden. *Leipzig: B. G. Teubner 1897.* (223—365 S.) 8° ¶ (Aus: Jahrbücher für classische Philologie, Suppl.-Bd 24.)
München, Phil. Hab.-Schr. v. 1897
(Nicht für den Austausch)

— über d. b. d. attischen Rednern eingelegten Urkunden. [Aus: „Jahrbb. f. class. Philol.", 24. Suppl.-Bd.] gr. 8. (146 S.) Ebd. 898. n 5. 20

— Welt u. Leben. Gedichte. 12. (III, 219 S.) Kempten 902. J. Kösel. n. 2. 20; geb. in Leinw. n. 3. —

Dresanus, Carl Joseph Ferdinand, De collatione bonorum. German. Die Einwerffung der Güther. / Disp. jur. Erfurt (J. H. Grosch) 6. II. 1700. 3 Bl. 50 S. (5.20) 6863

Dresbach, E., Kurze Geschichte der Grafschaft Mark. Zur dankbaren Erinnerung an die 300jährige Verbindung der Mark mit Brandenburg-Preußen. Festbüchlein für Schulen und erweiterte Heimatskunde. Halver, 1909 [erschienen 1907]. 88 S.

— Wegweiser zur Seligkeit. Ein evangel. Unterrichts- u. Erbauungsbuch f. alle Stände. 8. (XII, 436 S.) Leipzig 890. Buchhandl. d. Ev. Bundes v. C. Braun. geb. n. 3. —

Dresbach, Ewald

Dresbach, Ew., Chronik u. Urkundenbuch der Kirchengemeinde Halver. Ein Beitrag zur westfäl. Orts- u. Kirchengeschichte. gr. 8. (XIX, 480 S.) Elberfeld 898. Baedeker. n. 5. —; geb. n. 6. —

Dresbach, Ewald, pro domo od. Beispiel, wie der evangel. „Landpastor" gegebenen Falls unter seinen Bauern zu politisieren pflegt. Geschrieben im Frühjahr 1883 u. m. Rücksicht auf die bekannte Äußerg. d. Fürsten v. Bismarck gelegentlich der letzten kirchenpolit. Debatten nunmehr unverändert der Öffentlichkeit übergeben im Mai 1886. 8. (52 S.) Barmen 886. Wiemann. — 75

Reformationsgeschichte der Grafschaft Mark. Zur Erinnerung an d. 300jähr. Verbindung d. Mark mit Brandenburg-Preußen. Von Ewald **Dresbach**, Pfarrer. Gütersloh: C. Bertelsmann 1909 [vielm. 1907]. (XX, 519 S.) 8° [F.] [07. 13931

—— die protestantischen Sekten der Gegenwart im Lichte der heiligen Schrift. Zur Belehrung und zur Warnung für das evangel. Deutschland gemeinverständlich dargestellt. gr. 8. (IV, 355 S.) Ebendas. 887. *

—— ein Ueberblick über die Kirchengeschichte, s. Für die Feste und Freunde des Gustav-Adolf-Vereins.

[F.] Veilchen und Himmelsschlüssel. Verm. Gedichte v. Ewald **Dresbach**. *Elberfeld: Baedeker 1897.* (204 S.) 1 Bd 8. [98. 2334

— Veilchen u. Himmelsschlüssel. Vermischte Gedichte. 12. (204 S.) Elberfeld 897. Bonn, A. Falkenroth. n. 1. 80; geb. n. 2. 50

Dresbach, Ewald. Vornehm u. Gering. Vier zeitgemäße geistl. Vorträge. 8. (III, 102 S.) Lpz. 892, Dürr'sche Buchh. * 1 25

—— Was läßt sich im Rahmen uns. Kirchenordnung z. Lösung d. sozialen Frage thun? gr. 8. (39 S.) Düsseld. 890, F. Bagel. * — 80

Dresch, C. v., s. a. Dresch, Leonhard von

— — Betrachtungen über die Ansprüche der Juden auf das Bürgerrecht, insbesondere in der freyen Stadt Frankfurt am Main. gr. 8. 816. (Stuttgart, Metzler in Comm.)

Dresch, C. v., Betrachtungen über den deutschen Bund (erste Betrachtung) 8. Tübingen, Osiander.

— — Lehrbuch der allgem. Geschichte, insbesondere Europens. 1r Cursus. (12 Gr.) 2r Cursus. (1 Rthlr.) gr. 8. Weimar, Industrie-Cptr. 818.

— — öffentliches Recht des deutschen Bundes. 8. Tübingen, Osiander. 820.
Auch unter dem Titel:
öffentl. Recht des deutschen Bundes. 1r Bd.

— — Dessen 1ste Fortsetzung unter dem Titel: die Schluß-Acte der über Ausbildung und Befestigung des deutschen Bundes zu Wien gehaltenen Ministerial-Conferenzen in ihrem Verhältnisse zur Bundes-Acte rc. gr. 8. Ebendas. 821.
Auch unter dem Titel:
Oeffentl. Recht d. deutschen Bundes. 2r Bd.

— — über den method. Unterricht in der Geschichte, gr. 8. Ebend. 818.

— — Zusätze und Verbesserungen zu seiner systemat. Entwickelung der Grundbegr. und Grundprinzipien des gesammten Privatrechts rc. gr. 8. Heidelb., Mohr u. W. 817.

Dresch, L. v.: Neuere Geschichte der Deutschen, s. Schmidt, Michael Ignatz

Dresch, Leonhard von, s. a. Dresch, C. v.

v. Dresch, Leonh.: Abhandlgn. über Gegenstände des öffentlichen Rechts, sowohl des deutschen Bundes überhaupt, als auch einzelner Bundesstaaten. *München,* **(Hofbuchhandl.) 830. 8. (1 Thl. 8 Gr.) — Auch u. d. T.: Abhdlgn. aus versch. Theilen des Rechts. 1. Th.**

v. Dresch, Lhrd., Abhandll. aus verschied. Theilen des Rechts. 1r Thl. Auch u. dem T.: Abhandll. über Gegenstände des öffentl. Rechts, sowohl des deutschen Bundes überhaupt, als auch einzelner Bundesstaaten. gr. 8. München 830. Weber. 1 ℛ 8 g

— Beitrr. zu d. öffentl. Rechte d. deutschen Bundes. gr. 8. Tüb. 822. Osiander. 12 g

— Betrachtt. über die Ansprüche der Juden auf das Bürgerrecht, insbesondere in der freien Stadt Frankfurt am Main. gr. 8. (Stuttg. 816. Metzler). 6 g

— Betrachtt. über den deutschen Bund (erste Betrachtung). 8. Tübing. 817. Osiander. 4 g

v. Dresch, Lhrd.: Betrachtungen üb. d. revidirten Entw. d. Processordn. in bürgerl. Rechtsstreitigkeiten f. d. Königr. Baiern. *München*, Königl. Hofbuchh. 828. gr. 8. (11 Gr.)

— Betrachtt. über den revidirten Entwurf der Proceßordnung in bürgerl. Rechtsstreitigkeiten für das Königr. Baiern. gr. 8. München 828. (Weber). 11 g

— Betrachtt. über die Hauptstaaten des Europ. Staatensystems. 8. Tübing. 817.

Dresch, Lh.: Ueb. d. Dauer d. Völkerverträge; e. gekr. Preisschr. *Landsh.*, Krüll. 808. 8. (20 Gr.)

v. Dresch, L.: Systemat. Entwickel. d. Grundbegriffe u. Grundprincipien d. gesammten Privatrechts, der Staatslehre u. des Völkerrechts. *Heidelberg*, Mohr. 810. gr. 8. (1 Thl. 12 Gr.)
Zusätze u. Verbess. dazu. *Eb.* 817. gr. 8. (4 Gr.)

— Geschichte Deutschlands, s. M. J. Schmidt, Geschichte d. Deutschen. 18r Thl.

— Geschichte Deutschlands, s. M. J. Schmidt, Geschichte der Deutschen. 22r Theil.

— Grundzüge d. baierischen Staatsrechts, zum Gebrauch bei seinen Vorlesungen entworfen. gr. 8. Ulm 823. Stettin. 3 ℛ

v. Dresch, Lhrd., Grundzüge des bayerischen Staatsrechtes, zum Gebrauche bei Vorlesungen u. zum Selbstunterrichte. 2e verb. u. verm. Aufl. gr. 8. Ulm 835. Stettin. 3 ℛ jetzt nur 1½ ℛ

— Lehrb. der allgem. Geschichte, insbesondere Europens. 1r Curs. 818. 2e Aufl. 821. 12 g 2r Curs. 824. 1 ℛ gr. 8. Weimar, Industrie-Cpt. 1 ℛ 12 g

— s. Napoleon Bonapartes Wiederkehr.

v. Dresch, Lhrd., Naturrecht. gr. 8. Tübing. 822. Laupp. 2 ℛ

v. Dresch, Lh.: Oeffentl. Recht des deutschen Bundes u. der deutsch. Bundes-Staaten. *Tüb.*, Osiander. 1r Th. 820. gr. 8. (1 Thl. 16 Gr.) 1e Forts. Auch u. d. T.: Die Schlussacte der üb. Ausbild. u. Befestig. d. deutschen Bundes in Wien gehaltenen Ministerial-Conferenzen, in ihrem Verhältniss zur Bundesacte. *Tübingen*, Osiander. 820. 21. gr. 8. (2 Thl. 2 Gr.)

— Rede bei d. Eröffnungsfeier d. Ludwigs-Maximilians-Universität zu München, am 15. Novbr. 1826. gr. 4. München 827. (Lentner). 4 g

— Register u. einige nothwendige Verbesserungen zu d. baierischen Staats-Rechte. gr. 8. Ulm 825. Stettin. 4 g

— kleine Schriften histor., polit. u. juristischen Inhalts. gr. 8. Ulm 827. Stettin. 1 ℛ 12 g

— Uebersicht d. allgem. polit. Gesch., insbes. Europens. (1r Bd. alte Geschichte. 2 ℛ 2r Bd., die Geschichte d. Mittelalters. 3 ℛ 12 g 3r Bd., neueste Geschichte. 3 ℛ) gr. 8. Weimar 814—16. 2e Aufl. 824. Industr.-Cpt. 8 ℛ 12 g

— über den method. Unterricht in der allgem. Geschichte. gr. 8. Weimar 818. Industr.-Cpt. 3 g

— über d. method. Unterr. in d. allgem. Geschichte. gr. 8. Weimar 824, Ind.-Compt.

Dresch, Quirin, Perlen der Andacht. Gebete für christkatholische Kinder. Mit 3 Stahlst. Wien 860. Grottendiek. 32. (256 S. m. Holzschn.) 6 ngr.

Dresch, Quirin, Perlen der Andacht. Gebete für christkathol. Kinder. 2.—4. Aufl. 16. (250 S. mit 2 Stahlst. und Titel in Stahlst.) Wien 873—77, Grottendiek. *
geb. in Calico * ℳ 1,60.; in Leder *

Drescher, statistisch-medicinische Nachrichten über die Saison des Jahres 1868 im Bade Reinerz. Reinerz 869. (Glatz, Platz.) 8. (51 S. u. 1 Tab. in 4.) n. 5 ngr.

— Reinerz u. seine Indicationen. Reinerz 867. (Glatz, Hirschberg.) 8. (33 S.) n. 4 ngr.

Drescher, der Kurort Reinerz. Statistisch medicinische Nachrichten üb. die Saison 1871 nebst Würdigg. der Heilmittel u. Indicationen der Kur-Anstalt. gr. 8. (56 S. m. 1 Tabelle in qu. 4.) Reinerz 872. (Glatz, Platz.) n. — 50

— dasselbe. Saison 1872. gr. 8. (62 S.) Ebend. 873. n. — 60

Drescher, A. B. C. [Pseud.]. s. a. Cauer, Paul

Drescher, A. B. C., s.a. Arreststunden, die, im Lichte der Herbart-Ziller-Stoy'schen Ideen.

Die Arreststunde im Lichte der Herbart-Ziller-Stoy'schen Ideen. Ein methodischer Beitrag zur Verständigung über bedeutsame didaktisch-pädagogische Principien. Von A. B. C. Drescher [d. i.: Paul Cauer.] Berlin. 1885. 8°.

Der Aufbau des Atoms und das Leben. Von Dr. Adolf Drescher. Gießen: E. Roth 1908. (115 S.) 8° [08. 18148

Drescher, Adolf [app. Arzt aus Giessen]: Aus d. pathol.-anatom. Institut zu Giessen. Zur Casuistik der hereditären multiplen Exostosen. . . . Giessen, Brühl'sche Druckerei (Fr. Chr. Pietsch), 1889; 28 S. + 1 Bl. u. 2 Taf. 8°
Giessen, Med. Fak., Inaug.-Diss. v. 1889

Drescher, Adf., kosmisches Leben im Werden u. Vergehen. (Spiralnebel u. Sternhaufen.) Ein Vortrag. (32 S.) 8. Mainz 906. (H. Quasthoff.) n. — 80

Werden. Sein. Vergehen. Zur Grundlegung d. Philosophie auf naturwissenschaftl. Basis. Von Adolf Drescher, Dr. med. Mit 17 Abb. Giessen: Ricker 1897. VI, 104 S. 8° [11. 1338

Drescher, Alexander Ein Beitrag zu einer Biographie Max von Schenkendorfs. 4 (S. 3—35).
Progr. G. *Mainz* 1888 (596).

Drescher, Alex. Quaestionum de Aristophanis Ranis pars prima. 20 S. Progr. G. *Mainz* 1879.

Drescher, Alfred, Referendar: Die Zwangsversteigerung zum Zweck der Aufhebung der Gemeinschaft an einem Grundstück. Stuttgart 1908: Kohlhammer. VII, 107 S. 8° ¶(Ersch. auch als Buch ebd.)
Leipzig, Jur. Diss. v. 12. Sept. 1908
[Geb. 2. Juni 84 Stuttgart; Wohnort: Stuttgart; Staatsangeh.: Württemberg; Vorbildung: Karls-Gymn. Stuttgart Reife Juli 02; Studium: Tübingen 3, Berlin 2, Tübingen 2 S.; Rig. 24. Juli 08.] [U 09. 3493

Drescher, Bruno, aus Altenburg S.-A.: Acylderivate von Indoxylsäure, Indoxyl und Indigweiss. *Halle a. S. 1902: E. Karras.* (80 S.) 8°
Halle, Phil. Diss. v. 1902

Drescher, D., de cultu imaginum. Lips. 1704. 4.

Drescher, C. D., s. v. Wrede, Fr. W., Lebensbilder.

Drescher, Emil, de atresia ani congenita. Diss. Halle 1888, Lippertsche Buchh. 8°. 34 S.

— **Emil** (Bentschen), De atresia ani congenita. Diss. med.-chir. Halle (Plötz [R. Nietschmann]) 16. VI. 1888. 36 S. dtschr. Text mit Liter. u. Biogr. (4.50) 6866
Refer.: Prof. Dr. Kaltenbach. — Oppon.: Max Pantzer, Edwin Miehle. — Impr.: Krahmer. — Gew.: J. Drescher (Morrn).

Drescher, Emil, Bemerkungen über die Stahlfedern u. ihren Gebrauch. gr. 8. Cassel 843. Fischer. 1/4 ₰

Drescher, Emil, analytische und bildliche Darstellung des Linnéischen Pflanzensystems, für Anfänger entworfen. 1 ill. Stnt. in Imp.-Fol. Mit Text. (4 S. in 8.) Cassel 859, Fischer. *

— über den Gebrauch der Stahlfeder. Neue Ausg. gr. 8. Quedlinburg 845, Ernst. 1/4 ₰

Drescher, Emmerich, Sammlg. v. Rechenaufgaben an Obertertia der höh. Lehranstalten u. zur Vorbereitung auf das Landexamen. (VII, 59 S. m. Fig.) 8. Stuttgart 910. W. Kohlhammer. Geb. in Halbleinw. 1. —

Drescher, Erich, Assessor: Die Überbau- und Notwegrente nach dem Bürgerlichen Gesetzbuche. Osnabrück 1910: Meinders & Elstermann. IV, 51 S. 8°
Rostock, Jur. Diss. v. 31. März 1910, Ref. Bernhöft
[Geb. 1. Febr. 84 Kiel; Wohnort: Nienstedten b. Hamburg; Staatsangeh.: Hamburg u. Preußen; Vorbildung: Johanneum Hamburg Reife M. 02; Studium: Tübingen 4, Kiel 1, Tübingen 1 S.; Rig. 13. Juli 09.] [U 10. 3833

Drescher, Eugen [aus Liebenau in Schlesien]: Strumaenucleation unter künstlicher Blutleere. . . . Würzburg, Anton Boegler'sche Buchdr., 1889; 31 S. 8°
Würzburg, Med. Fak., Inaug.-Diss. v. 1889

Drescher, Friedrich, aus Schweinfurt: **Beiträge zur Liviusepitome.** *Erlangen 1900: E. Th. Jacob.* (49 S.) 8°
Erlangen, Phil. Diss. v. 25. Juli 1900

Drescher, Fritz, Dr., prakt. Arzt aus Fussgönheim: **Zur pathologischen Histologie innerer Organe nach ausgedehnten Verbrennungen.** *Würzburg 1898: A. Boegler.* (41 S.) 8°
Würzburg, Med. Diss. v. 1898

Drescher, H., die Bedeutung u. das Recht der Individualität auf sittlichem Gebiet. Von der Teyler'schen theolog. Gesellschaft gekrönte Preisschrift. gr. 8. (XII, 289 S.) Haarlem 893. (Leipzig, O. Harrassowitz.) n.n. 6. —

Drescher, Henricus *(geb. Alt-Heinrichau bei Münsterberg in Schles. 16. 8. 1821)*: De cholera epidemica. Vratislaviae (1848). (40 S.) 8°
Breslau, Med. Diss. v. 13. Okt. 1848

Drescher, J. E., moderne Pädogogik. In Briefen. 4. Hft. Aus dem handschriftl. Nachlasse d. Verf. hrsg. v. Freundeshand. Mit e. biograph. Vorwort v. Max Allihn. gr. 8. (VI, 61 S.) Darmstadt 871. Zernin. — 75 (1—4.: n. 2. 35.)
s.a. Pädagogik, moderne.

Drescher, J. E., der grosse Soolsprudel zu Bad Nauheim im Frühling 1855. Mit 1 (lith.) geolog. Profile. Frankfurt a. M. 855. Auffarth. gr. 8. (47 S.) n. 7 1/2 ₰

—— der neue grosse Sprudel zu Bad Nauheim, gen. „Friedrich Wilhelm", sein Erscheinen, Verhalten und seine Bedeutung, nebst einer Tafel Analysen der nauheimer Thermen für Aerzte. Nachtrag zu der Schrift desselben Verf.: „Der grosse Soolsprudel zu Bad Nauheim im Frühling 1855". gr. 8. (19 S.) Frankfurt a. M. 855. Auffarth. *

Drescher, J. Emil, Skizze zu dem Oratorium von Louis Spohr: „Der Fall Babylon's." Zum besseren Verständniß bei seiner Aufführung. gr. 8. (15 S.) Frankfurt a. M. 857, Boselli. *

Drescher, Johann

Drescher, Joh., erziehliche Aufgabe der Schule u. der Behörden. Vortrag, geh. in der steiermärk. Landes-Lehrerconferenz am 12. IX. 1898. gr. 8. (62 S.) Graz 899. H. Wagner. n. — 80

Drescher, Joh., Auswahl geeigneter Jugendschriften f. Schüler-Bibliotheken an Volks- u. Bürgerschulen. 8. (121 S.) Graz 900. H. Wagner. n. 2. —

Drescher, Joh., Bilin-Sauerbrunn u. Umgebung. Mit 33 Abbildgn. u. 2 Karten. 12. (92 S.) Bilin (900). J. Drescher. — 50

Drescher, Joh. Der Einfluß d. Gesundheitspflege auf d. Entwickelung d. Jugend, f. Lehrer-Bibliothek, kleine.

– dass. s.a. Drescher, K.

Drescher, Joh., Elternabende. Anleitung zu deren Veranstaltg. u. Vortragsstoffe, nebst e. Anh., enth. Ansprachen f. Schulfeierlichkeiten. (VIII, 183 S.) Wien 904. A. Pichler's Wwe & Sohn. n. 2. —

Drescher, Joh., Elternabende. Anleitung zu deren Veranstaltg. u. Vortragsstoffe nebst e. Anh., enth. Ansprachen f. Schulfeierlichkeiten. 2., verm. Aufl. (IX, 230 S.) 8. Wien 910. A. Pichler's Wwe. & Sohn. 2. —

— moralische Gebrechen der Jugend, Ursachen u. Heilung derselben, s.a. Lehrer-Bibliothek, kleine.

Drescher, Johann, Moralische Gebrechen der Jugend, Ursachen und Heilung derselben. Vortrag, gehalten in der am 3. Juli 1886 stattgefundenen Conferenz der Lehrer und Lehrerinnen des Stadtschulbezirkes Graz. Lex.-8°. (16 S.) Graz, Hesse. Baar fl. —.15.

Drescher, Joh.: Solebat oder Solitus est? E. Beitr. z. latein. Tempuslehre. (Th. 1.) Amberg, Druck v. H. Böes, *1893*; 32 S. 8.
Amberg, k. humanist. G, P 1893°

Drescher, Johann Gottlieb

Drescher, Jh. Gli., († d. 20. Juni 1808.) **Mantissa ad G. Seligii compendia vocum hebraicarum rabbinicarum. 8. Bresl. 795. J. Fr. Korn.** 5 ₰

— s. Nebenstunden, schles. diplomat.

— **Johann Gottlieb** (Breslau), Vindicias loci Rom. IX, 5. adversus Wetstenium complectens. Diss. philos. Präs. Johann Friedrich Stiebritz. Halle (Grunert) Nov. 1764. 34 S. (—.50) 6867

Drescher, Johann Theophil Friedrich

Drescher, J. Gli Fr., de veterum christianorum agapis. Commentat. 8 maj. Giessen 824. (Heyer). 6 ₰

Drescher, Johann Theophilus Fridericus (Monaster.)
De veterum christianorum Agapis.
Giessae: Schroeder 1824. 53 S. u. 1 Bl. Thesen.
Diss. phil. 29.5.1824. [5.6.1824.] vorh. 7.

Drescher, (J. Th. Fr.,) de veterum christianorum agapis. Commentat. 8 maj. Giessae 825. Heyer.

— ferner: 1) Isocrates Rath an Demantes. 2) Seneca's 88r Brief.

Drescher's, Jul., Weihnachtskatalog. Verzeichniss über Geschenkliteratur für evangel. Kreise. 6.—9. Jahrg. 1880—1883. 8. (136; 64; 64; 40 S.) Leipzig, Drescher. à Jahrg.
Vgl. Weihnachtskatalog.

Drescher, K., Chronik von Strehlen. 10 Lfgn. 8. (ca. 500 S.) Strehlen i. Schl. 888. (Gemeinhardt'sche Buchh.) à Lfg. n. — 50

Drescher, K., Der Einfluss d. Gesundheitspflege auf d. Entwicklung d. Jugend. (21 S.) Znaim 1890. Fournier u. Haberler. —.40

– dass. s.a. Drescher, Joh.

— Friedrich, deutscher Kaiser u. König v. Preußen, s.: Bojanowski, A.

Drescher, K., Heimatkunde f. die Kreise Strehlen u. Nimptsch. Mit e. (lith. u. color.) Karte. Zum Gebrauch in Volksschulen bearb. 8. (IV, 27 S.) Strehlen 884. Gemeinhardt. n. — 80

— das Kalkwasser in seiner Bedeutung für die Gesundheitspflege. 8. (29 S.) Strehlen i. Schl. 887. (Gemeinhardt'sche Buchh.) n. 1. —

Drescher, K. Die Kindergesundheitspflege, od.: Wie erziehen wir e. gesundes, kräftiges Geschlecht? Ein Ratgeber f. alle Eltern. 2. verm. Aufl. gr. 8. (39 S.) Berl. 890, [Ißleib.] Schuhr. * — 60

Drescher, Karl, Arigo, der Übersetzer des Decamerone u. des Fiore di virtu, s.a. Quellen u. Forschungen zur Sprach- u. Culturgeschichte der germanischen Völker. 86. Hft.

Arigo, der Übersetzer des Decamerone und des Fiore di Virtu. Eine Untersuchung von Karl Drescher. *Strassburg: K. J. Trübner 1900.* (225 S.) 8°
= Quellen u. Forschungen z. Sprach- u. Kulturgeschichte d. german. Völker. H. 86. [00. 9918

Der chronische Katarrh der Nasenschleimhäute und seine Folgen. Darstellung u. Heilung nach Mitteilungen von Kranken u. Geheilten zsgest. von C[arl] Drescher, emer. Lehrer. *Strehlen i. Schles.: Selbstverl. 1903.* (40 S.) 8° [F.] [04. 1034

Drescher, C., der chronische Katarrh der Nasenschleimhäute u. seine Folgen. Darstellung u. Heilg., nach Mitteilgn. v. Kranken u. Geheilten zusammengestellt. 3. Aufl. (40 S.) 8. Breslau 904. (Leipzig, Fritzsche & Schmidt.) n. — 80

Der chronische Katarrh der Nasenschleimhäute und seine Folgen. Darstellung u. Heilung nach Mitteilungen von Kranken u. Geheilten zsgest. von C[arl] Drescher, em. Lehrer. 3. Aufl. Breslau: Selbstverl. 1904. (40 S.) 8° [F.] [05. 4310 2

Drescher, Karl, s.a. Meistersinger-Protokolle, Nürnberger.

— die Nürnberger Meistersinger-Protocolle von 1595—1605, s.: Neudrucke deutscher Litteraturwerke d. XVI. u. XVII. Jahrh.

Drescher, Karl (Giessen)
Ueber die Percussion des Herzens in vorgebeugter Körperhaltung.
Giessen: W. Keller 1869. 23 S. u. 1 Taf.
Diss. med. 19.8.1869. vorh. 26. 7.

Drescher, Karl (Hrsg.), s. Rachel, Joachim: Satyrische Gedichte.

Kosmische Schneewolken. Ihr Vorhandensein u. ihre Wirkungen von C[arl] Drescher, em. Lehrer. Breslau: Selbstverl. 1904. (31 S.) 8° [F.] [05. 4311 2

Drescher, Karl. Das Nürnbergische Schönbartbuch. Nach der Hamburger Handschrift ...
Weimar 1908, Gesellschaft der Bibliophilen.
20 S., 97 Abb. 4°.
Abschrift wahrscheinlich nicht nach 1566.

Drescher, Carl [aus Frankfurt am Main]: Studien zu Hans Sachs. I. Hans Sachs und die Heldensage Abschnitt 1 und 7 (erster Theil). . . . Berlin, *Druck v. A. Hopfer in Burg*, 1890; 80 + 1 S. + 1 Bl. 8°
Berlin, Phil. Fak., Inaug.-Diss. v. 18. März 1890

Drescher, Carl, Studien zu Hans Sachs I. Hans Sachs u. die Heldensage. [„Acta Germanica II, 3."] gr. 8. (VII, 105 S.) Berlin 891. Mayer & Müller. n. 3. —

— dasselbe. Neue Folge. gr. 8. (VII, 102 u. LIV S.) Marburg i/H. 891. N. G. Elwert's Verl. n. 4. —

Drescher, Karl, die Wiederbelebung der Handspinnerei in Baden. (VIII, 156 S. m. 1 Karte.) gr. 8. Karlsruhe 904. (A. Bielefeld.) n. 4. 20; geb. in Leinw. n. 5. —

Drescher, Carl Friedrich Wilhelm (Cyriciensis), De venaesectionibus in cholera Asiatica nonnulla. Diss. med.-therap. Bln. (Nietack) 6. II. 1833. 32 S. mit Biogr. (M.: A. Weisse). (4.50) 6864
Oppon.: R. Grunow, H. Bloch, F. Boeger. — Gew.: J. v. Hessenthal. — Krankengesch.: Friedr. Walter, Sophia Boehm, Friedr. Thomashausen, Joh. Eckert, Ludovika Dallmann, Chn. Reiss.

Drescher, Carolus Fridericus Guilielmus *(geb. Modelsdorf in Schles. 17. 8. 1795)*: Periculum physiologicum de systemate uropoëtico. Vratislaviae (1821). (83 S.) 8°
Breslau, Med. Diss. v. 31. Dez. 1821

— Carl Gottlob (Bautzen), De balneo Herrmanniano prope Lausigkiam. Diss. med. Präs. Friedr. Schwaegrichen. Lpz. (Ch. Ad. Deutrich) 1. XII. 1826. 20 S. (4.80) 6865
Gew.: Jo. Chn. Aug. Clarus.

Drescher, L., die electromagnet. Telegraphie od. leichtfassl. u. specielle Beschreibg. der vorzügl. electromagnet. Telegraphen-Apparate u. die Anwendg. derselben in der Praxis. Mit 4 (lith.) Taf. Abbildgn. (in qu. Fol.) gr. 4. (38 S.) Cassel 848, Fischer. — 2. (unverd.) Abdr. gr. 4. Ebd. 849. n. 1 1/2 ₰

Drescher, M., Salve Regina, s.a. Heidelmann's, A., Theaterbibliothek.

Salve Regina! Schauspiel mit Gesang in 3 Akten von M. Drescher. [Nebst] Musikbeilage. *Bonn: A. Heidelmann [1900—01].* 2 Bde 8° [F.]
= Theaterbibliothek, A. Heidelmann's. II. 27. 28. [04. 9740

Drescher, Martin

--Gedichte. Chicago, 1908.

Drescher, Martin. Gedichte. Chicago, 1909. UC

Drescher, Max (Hrsg.), s. Hauff, Wilhelm: Werke.

Drescher, Max, die Quellen zu Hauffs „Lichtenstein", s.a. Probefahrten. 8. Bd.

Drescher, Max, a. Mittweida: Die Quellen zu Hauffs „Lichtenstein." Leipzig: R. Voigtländer 1905. (146 S.) 8° [F.]
¶ [— Probefahrten Bd 8.]
Leipzig, Phil. Fak., Ref. Köster, Volkelt, Diss. v. 20. Okt. 1905
[Geb. 3. Juni 68 Mittweida; Wohnort: Leipzig-Gohlis; Staatsangeh.: Sachsen: Vorbildung: Seminar Nossen Wahlfähigkeitszeugnis Dez. 89: Studium: Leipzig 6 S.; Rig. 9. Nov. 04.]

Drescher, Osk., Hallen-Lieder u. andere. 8. (V, 68 S.) Dresden 901. E. Pierson. n. 1. 50; geb. n. 2. 60

Drescher, Oscar [Apotheker aus Zinkwitz, Schles.]: Über p-Amido-o-Nitro-α-Naphtol ... Erlangen, k. b. Hof- u. Univ.-Buchdr. v. F. Junge, 1894; 27 S. 8.
Erlangen, Phil. Fak., Inaug.-Diss. v. [25. Apr.] 1894

Drescher (R.), Ueber die Kreide-Bildungen der Gegend von Löwenberg. (Zeitschr. der deutschen geolog. Gesellsch.) Berlin 1863. 8.

Drescher, Rich., das Leben Jesu bei Paulus, s.: Festgruss, Bernhard Stade dargebracht.

Drescher, Rudolphus: *De Stratis et Petrefactis alvei cretacei Leontorei. Adjecta sunt 7 tabulae figuras continentes, 1 conspectus geognosticus, 2 imagines obliquae. 39 Bl. 2°
Halle-Wittenberg, Phil. Diss v. 23. Dez. 1862
Geb. Pilgramsdorf b. Goldberg (Schles.) 30. 1. 1837. V.
Die Beigaben fehlen. — Erschien deutsch: Ueber die Kreide-Bildungen der Gegend von Löwenberg. In: Zeitschrift d. deutschen geolog. Gesellschaft. 1863. S. 291—366, nebst Taf. 8 u. 9. — Des Verf. Name lautet in dreien seiner Zeugnisse: Droescher.

Drescher, Guil. (geb. Ligota in Schles. 18. 6. 1827): De valvularum cordis morborum diagnosi. Berolini (1850). (32 S.) 8°
Berlin, Med. Diss. v. 17. Juli 1850

Drescher's, Jul., Weihnachtskatalog, s. Drescher

Dreschfeld, Hugo [app. Arzt aus Schweinfurt]: **Beitrag zur** Dilatatio oesophagi ... Würzburg, J. M. Richter's Buch- u. Kunstdr., 1892; 21 S. 8.
Würzburg, Med. Fak., Inaug.-Diss. v. 1892

Dreschflegel, der. Organ f. grobe Wahrheiten u. wahre Grobheiten. Münchner Flugblatt. Nr. 1 u. 2. 4. München (906). Dreschflegel-Verlag. à — 10
1. Hauptmann, der, v. Köpenick. Text v. Michel Grobian. Bilder v. Rafael Klexius. (4 S.)
2. Hauptmann, der gefang. Köpenicker, od. Der Schuster v. Tilsit. Text v. Michel Grobian. Bilder v. Rafael Klexius. (1 S.)

Dreschke, Aenoth Bernhard (Rabenau), De invaginatione Gerdyana. Diss. chir. Lpz. (Staritz) 20. IX. 1844. 36 S. (4.20) 6868
Gew.: Jul. Eduard u. Gust. Conr. Dreschke (Brüder).

Dreschke, Ed., drei Predigten vor Strafgefangenen gehalten u. für zwei hülfsbedürftige Kinder einer Detinirten in den Druck gegeben. gr. 8. Leipzig 840. Reclam n. 1/6 ℛ

Dreschke, G. A., System der acht Kirchen-Tonarten, nach P. Morier entworfen. gr. 8. Berlin 834. Reimer. 1/3 ℛ

Dreschke, Hugo, der erste Rechnenunterricht. Meißen (853). Klinkicht u. Sohn. 8. (V, 40 S.) 2½ Ngr

Dreschke, Kurt Theodor, Ref. am Amtsgericht Brand: Die Rechtsstellung des Spediteurs und seine Pflichten. Borna-Leipzig 1905: R. Noske. (IX, 60 S.) 8°
Leipzig, Jur. Fak., Diss. v. 19. Dez. 1905
[Geb. 17. Mai 80 Freiberg i. S.; Wohnort: Brand i. S.; Staatsangeh.: Sachsen; Vorbildung: Gymn. Albertinum Freiberg i. S. Reife O. 99; Studium: Leipzig 7 S.; Rig. 26. Jan. 04.]

DRESCHMITZER, JOSEF: Erklärung des Raaber General-Vicariats in Betreff der hier satirisch-oppositionellen Flugschrift. Raab, den 13. Mai 1848. Raab 1848.

DRESCHMITZER, JOSEF: Predigt zur Einweihungsfeyer der neuerbauten Kirche zu Jákó im Wesprimer Comitate, gehalten im Jahre 1811 Raab 1812. Gedr bey Streibig. 24 S. - 180 mm

DRESCHMITZER, JOSEF: Predigt auf das Säcularfest der Begründung des Ursulinenklosters. Raab 1826. Druck von Leopold Streibig. - 4°

Dresde, ses trésors, ses environs et la Suisse-Saxonne. Avec 1 plan de la ville (lith. in Fol.) et 45 vignettes intercalées dans le texte. Trad. de l'allemand. Dresden 866. Meinhold & S. 8. (IV, 89 S.) 10 ngr.

Dresde, Friedr. Wilhelm (Naumburg) u. **Christian Gottlieb Hildebrand** (Oschatz), Annus Judaicus ex antiquitate Judaica illustratus. Disp. prima et generalior. Lpz. (Breitkopf) 26. III. 1766. 59 Seiten. (5.—) 6869
Gew.: Pet. Frh. v. Hohenthal (Cossa, Falckenberg, Schmerkendorf).

Dresdé, F. G., de Christo Immanuele. Viteb. 1780. 4.

Dresde, Fr. Wlh., († d. 10. März 1805.) commentat. acadd. criticam hodierni textus hebraei concern. 8. Leipz. 773. Langenheim. 3 ℊ

— — Comparatur Joelis de effusione spiritus sancti vaticinium cum Petrina ejusdem vaticinii interpretatione spec. I. Wittbg. (C. Ch. Dürr) 1782. 26 S. (2.50) 6877

— — Dasselbe. II. 1783. 16 S. (—.50) 6878

— — De unico uniceque vero christianae religionis consilio, ad rite judicandum de hujus religionis, formaequae cujuscunque ejus, vera indole. Prolusio II. Wittbg. (Ch. Ph. Meltzer) 1799. 19 S. (3.—) 6898

— — Orationem a Heinrich Wilhelm Spitzner (Oberalbertsdorf). — De partium in republica Romana conventiculis I. Wittbg. (A. Ch. Charisius) 7. XI. 1794. 4 Bl. (2.50) 6890

— — Orationem ab Hans Carl Erdmann v. Manteuffel (Lausitz) jur. cult. in memor. benef. Schütz-Gersdorf. — De partium in republica Romana conventiculis comm. II. Wittbg. (A. Ch. Charisius) Okt. 1794. 4 Bl. (2.50) 6891

— — Orationem a Johann Friedrich Lippold (Wittenberg). — De partium in republica Romana conventiculis comment. III. Wittbg. (A. Ch. Charisius) 1794. 4 Bl. (2.—) 6892

— — Orationem a Ludwig Christoph v. Burgsdorff (Eisleben). — De partium in republica Romana conventiculis comment. IV. Wittenberg 1795. 4 Bl. (2.—) 6893

— — Orationem a Gotthilf Samuel Glasewald (Videravia Saxone). — De partium in republica Romana conventiculis comment. V. Wittbg. 1795. 4 Bl. (2.—) 6894

Dresde, Frid. Gail. D., comment. gratul. de daemonibus morbisque daemoniacis medica arte tollendis. Lips. 763. 4.

— — Descript. libri foederis pars III exhib. interpretationem decalogi, quoad priores ejus particulas. Wittbg. (A. Ch. Charisius) 12. VII. 1790. 28 S. (1.50) 6886
Biogr. v. Carl Ludwig Nitzsch (Wittenberg; M.: C. E. Richter).

— elementa sermonis hebraici. 8. Wittenb. 779. Ed. II. 790. Kühne. 10 ℊ

— — Programma ad eruendum verum sensum psalmi octavi. Wittbg. (C. Ch. Dürr) 1781. 20 S. (4.—) 6874

— — Commendantur Raphaelis Chaim Basila, Judaei recentioris, exercitationes criticae in diversitatem lectionis codicis Ebraei, ab Everardo van der Hooght observatam. Wittbg. (C. Ch. Dürr) 1774. 18 S. (4.—) 6871

— — **De aeterno dei filio. Dissert. hist.-dogmat. Präs. Ernst Friedrich Wernsdorf. Wittbg. (C. Chr. Dürr) 18. V. 1775. 28 S. (1.50) 6872**

— — De libro foederis complectens reliqua quae decalogum attinent praesertim de ejus consilio et cum religione christiana conjunctione. Prolus. V. Wittbg. (C. Ch. Dürr) 1792. 18 Seiten. (—.50) 6888

— — Ad loca psalmi XL, 7—9 et Hebr. X, 5—7. Wittbg. 1782. 16 S. (1.20) 6875

— — Orationem ab Johann Friedrich Zeune (Wittenberg) medic. cult. in benef. Vateriani memoriam. — De peripneumonia, inprimis nervosa, meditationes repetitae part. II. Wittbg. (Ch. Ph. Meltzer) 18. XI. 1800. 8 S. (2.50) 6900

— — De notione prophetae in codice sacro prolusio I. Wittbg. (C. Chn. Dürr) 25. XII. 1788. 20 S. (1.50) 6884

— — Dasselbe. II. 1789. 20 S. (1.50) 6885

— — De notione sacerdotis in epistola ad Hebraeos. Wittbg. 1783. 16 S. (3.50) 6879

— — De notione spiritus sancti in codice Hebraico. Wittbg. (Ch. Ph. Meltzer) 1797. 22 S. (1.50) 6897

— selectae observationes in tripartitam divisionem muneris servatoris nostri mediatorii. 4. Leipz. 778.

— — Selecctae observationes in tripartitam divisionem muneris servatoris nostri mediatorii. Wittbg. (C. Ch. Dürr) 14. XII. 1778. 22 Seiten. (3.—) 6873

— — Selectae observationes ad Genes. III, 15. Wittbg. (C. Ch. Dürr) 1782. 16 S. (3.50) 6876

— — Orationem a Gottlob Friedrich Mebes (Saubach/Thür.), th. cult. benef. Sigismundini caussa. Wittbg. (C. Ch. Dürr) 1784. 4 Bl. (1.50) 6882

— — Progr. de vera potestate vocabulorum Δικαιουν et Δικαιουσθα, cum in universum, tum praecipue ex Paulli sententia, ad tuendam expoliendamque doctrinam de justificatione, inter nos receptam. Wittbg. (C. Ch. Dürr) 25. XII. 1784. 19 S. (3.50) 6883

— — Orationem a Christian Beatus Kenzelmann (Rosenthal). — Justum Melanthonis et Lutheri pretium cum primis in opere emendationis sacrorum spec. X. Wittbg. 1784. 4 Bl. (2.50) 6881

— — Instit. Ladislai Bartholomaeidis (Kishonthensis/Ungarn) ss. litt. cult. oratione solemni. — Racematio in Tacito XVI. Wittbg. 1783. 4 Bl. (2.—) 6880

— — De fallaci Fausti Socini libros sacros interpretandi ratione. Wittbg. (A. Ch. Charisius) 22. VII. 1790. 23 S. (3.50) 6887

— — Examinatur Benjaminis Kennicoti sententia de locis tredecim a Judaeis in codice Ebraeo Ptolemaeo regnante praetermissis. Wittbg. (C. Ch. Dürr) 4. I. 1773. 27 S. (4.—) 6870

— — Sylloges emendationum conjecturalium in versiones graecas v. t. pars II. Wittbg. (Christ. Phil. Meltzer) 1800. S. 18—32. (1.80) 6899

— — De vera vi ac potestate vocabuli עונם in codice hebraico. Wittbg. (C. Ch. Dürr) 1794. 20 S. (3.—) 6889

— — De vera vi ac potestate vocabuli עונם in codice hebraico. Prolus. III. Wittbg. (C. Ch. Dürr). 1795. 18 S. (3.—) 6895

— — De vera vi ac potestate vocabuli עונם in codice hebraico. Prolus. IV. Wittbg. (F. Ch. Dürr) 29. IX. 1795. 18 S. (2.—) 6896

— votum Jephtae ex antiquitate judaica illustratum. 8 maj. Leipz. 767. Langenheim. 4 gl.

Dresden [Sachl. OW]

—— s.a. Klemm.

Dresden. Zur zweckmässigen Kenntniss seiner Häuser und Bewohner. Dresden 1797. 2. Aufl. 1799. V: *Ferber, Gottlob Wolfgang.* (Ky) (MS)

Dresden. Malerische Ansichten nach Original-Zeichnungen in Stahl gestochen v. A. H. Payne. Mit Erläuterungen. 1.—5. Hft. 16. (à 4 Taf. u. Text.) Leipzig 841—44, Thomas, Brain u. Payne. à n. 1/6 ℛ

Dresden. Malerische Ansichten nach Original-Zeichnungen in Stahl gest. von A. H. Payne. Mit Erläuterungen. 4. u. 5. Heft. 16. (8 Stahlst. u. 7/8 B. Text.) Leipzig 842, 44. [Engl. Kunst-Anstalt.] à *

Dresden. Plan der Stadt nebst einem Führer für Fremde. s.a. **Brockhaus' Reise-Atlas.**

Dresden. Plan der Stadt nebst einem Führer für Fremde. (4 S. Text in 8. mit 10 eingedr. Abbild. in Stahlst. und 1 chromolith. Karte in qu. 4.) Leipzig 856, Brockhaus. *
Bildet ein Kärtchen aus Brockhaus' Reise Atlas. Vgl. diesen.

Dresden. Zuverlässiger Führer für Einheimische und Fremde mit prakt. Notizen versehen. 1. Aufl. 1872, und 2. vollständig revid. Aufl. 16. (30 S. nebst 1 chromolithogr. Stadtplane in Fol.) Dresden 878, Weiske. *

Dresden. Zuverlässiger Führer für Einheimische u. Fremde, m. prakt. Notizen versehen nebst e. (lith. u. color.) Stadtplane (in Imp.-Fol.). 3., vollständig rev. Aufl. gr. 16. (32 S.) Dresden 878. Weiske. n. — 75

Dresden. Zuverlässiger Führer für Einheimische u. Fremde mit prakt. Notizen versehen, nebst einem (chromolith.) Stadtplan (in gr. Fol.). 3., vollständig rev. Aufl. 16. (32 S.) Dresden 878. Weiske. n. — 75

Dresden. 1. Stuttgart, Berlin, Leipzig: Union [1907]. 8°
— **Cicerone**, Moderner. [7.] [illegible]

Dresden. 1. Stuttgart, Berlin, Leipzig: Union [1907]. 8°
— **Cicerone**, The modern. [7 a.] [illegible]

— vor, während u. nach dem 17. April, s. Reimar, Freimund.

—— vor, während u. nach d. 17. u. 18. April, rc. Ein Nachtstück aus d. Dresdener Zeitbuche, v. Freimund Reimar. 1., u. 2., verb. u. mit e. Gedicht „Friedrich August's Grabesstimme" verm. Aufl. (à 3 B.) 8. Leipzig 831. (Dresden, Grimmer.) à

Dresden aus dem Gesichtspunkte der Kultur betrachtet ... Dresden [Leipzig] 1814. V: *Hasse, Frdr. Chn Aug.* (EngG)

DRESSDEN, Das betrübte, als daselbst der ev.-luth. Prediger Herm. Joach. Hahn von einem katholischen Trabanten Fr. Laublern am 21. May 1726 grausamlich ermordet worden. 3 Teile nebst Beilagen. Mit Kupfern. Frankfurt und Leipzig 1726. 4°.
Selten.

Das betrübte Dreßden. Als daselbst der evang.-luther. Prediger Herm. Joach. Hahn von einem kathol. Trabanten, Fr. Laublern, am 21. May 1726 grausamlich ermordet worden. In e. Send-Schreiben außführl. beschrieben u. entdecket. Nebst e. Extract aus des Superintendenten D. Löschers dem M. Hahn gehaltenen Gedächtniß-Predigt [usw.]. Franckfurt u. Leipzig 1726.

Dresden als Dorf. [Dresden 1781.] V: *Hasche, Johann Chn.* (MGT)

Dresden und die Dresdener, oder Spiegelreflexe aus Dresden's Gegenwart. Leipzig 1846. V (pseudonym?): *Wanderer, Treumund.* (BrMm)

— u. die Dresdener, od. Spiegelreflexe aus Dresdens Gegenwart. Frescogemälde u. Federzeichn. in niederländ. Manier. 8. Leipzig 846, O. Wigand. n. 2 1/3 ℛ

Dresden an der Elb, eine Haupt-Stadt des Obern Sachsen, und Höchst vortreffliche Residentz des dasigen Churfürsten und Königs in Pohlen, ausgefertigt von Matth. Seutter, Kays. Geogr. in Augsp. 1732? Ohne M. 1 Bl.

Dresden u. d. Elbgelände. Hrsg. v. Verein z. Förderg. Dresdens u. d. Fremdenverkehrs u. neubearb. v. Frdr. Kummer. (168 S. m. Abbildgn. u. 1 farb. Plan.) 8. Dresden (Hauptbahnhof) (910). Verein zur Förderg. Dresdens u. des Fremdenverkehrs. — 80

Dresden and environs [**Dresden** u. Umgebung, engl.]. A pract. guide. With 3 maps and 4 ground-pl. Berlin: A. Goldschmidt 1910–11. 90 S. 8°
(Grieben's Guide Books. Vol. 128.) [10. 9411

Dresden, d. fröhliche, bey Anwesenh. d. Kön. v. Preußen, 2 Thle. 4. Berlin, Rüdiger. 728.

DRESZDEN, Das galante und gelehrte. Th. I, Stück 1—7. Dreßden 1735. 8°. 8 Bog. Sehr rar!
Cat. Meissner I. p. 793.

—— ganz, für nur 5 Ngr. (A. u. d. T.: Der reiselustige Berliner in Dresden.) 8. Dresden 872, Schrag's Verlag. [Albrecht.] *

— u. die umliegende Gegend, (von Fr. Chr. A. Hasse). 8. Pirna 801. 2e verb. Aufl. in 2 Theilen. A. u. d. T.: Beschreib. von Dresden u.: Dresden, dargest. aus d. Gesichtspunkte d. Kultur u.: Wegweiser durch d. Gegend um Dresden ꝛc., mit 1 Grundr. von Dresden. 8. Dresden 804. N. Aufl. 809 u. 814. Arnold. 2 ℛ 12 g (1r, Auch u. d. T.: Dresden aus d. Gesichtskunkte d. Kultur betrachtet, mit 1 Grundriß. 1 ℛ 12 g)

Dresden und die umliegende Gegend bis Elsterwerda . . . Th. 1. 2. Dresden [Leipzig] 1801. 2 verbess. Ausg. mit Karten 1814. V: *Hasse, Frdr. Chn August.* (EngG) Ky) (MGT) (BrMm)

Dresden und die umliegende Gegend bis Elsterwerda, Bautzen, Herrnhut, Rumburg, Aussig, Töplitz, Freyburg und Hubertsburg. Nebst 1 Grundrisse von der Stadt und statistischen Tabellen und 1 Karte. 2. vermehrte Auflage. (2 Bde.) 8. Dresden 1804.

—— Gemäldegalerie, s. Seemann, Thdr.

— u. seine Hochbauten. [Aus: „Die Bauten, techn. u. industriellen Anlagen v. Dresden".] Hrsg. von dem sächs. Ingenieur- u. Architekten-Verein u. dem Dresdner Architekten-Verein. Mit 263 (Holzschn.-)Illustr. im Text u. 4 lith. Beilagen. Lex.-8. (IV, 442 S.) Dresden 880. Meinhold & Söhne. geb. n. 15. —

— vor hundert Jahren. Eine Chronik aus dem Jahre 1780. (Von Carl Tittmann.) 8. (107 S.) Dresden 881. Tittmann. n. 1. 50

— d. illuminirte, b. Anwes. d. Kön.-Maj. v. Pohlen. 4 Stk. 4. Dresd. Gerlach. 736.

—— das illustrirte, s. Leipzig.

— zur zweckmäß. Kenntniß seiner Häuser u. Bewohner f. 1797, (v. G. W. Ferber). 8. Dresden 797. 2e Aufl. 799. 22 g

Dresden, das constitutionelle, das monarchische Wien u. München im Jahre 1832. Abhandl. über Kunst u. Sitten des Tages v. D. A....n. 8. Merseburg 833. Weidemann. 1/4 ℛ

— mit seinen Merkwürdigkeiten und Beschreibung derselben. Ein getreuer Wegweiser für Reisende. Mit (8) Abbild. 16. Meissen 841, Goedsche. 1/3 ℛ

Dresden, Das neue. Ideen zur Verschönerung dieser Stadt. Dresden 1809. V: *Arnold, Christoph.* (MGT) (Ky) (EngG)

— das neue. Ideen z. Verschönerung d. Stadt, (v. Cph. Arnold). Mit 2 Plänen. 8. Dresd. 810. Arnold. 16 g

Dresden, Das auf dem höchsten Gipfel seiner Vollkommenheit . . . prangende königliche. Beschreibung. 3. Ausg. Leipz. [1726] V: *Crell, Joh. Chn.* (Kat. d. stat. Bureaus. Dresden 1890.)

DRESDEN im Profil. Ein Buch zur Ansicht für Jedermann. Freimüthig und bescheiden. Mit illum. Kupfer. („Ein Dresdner Engländer".) Cairo, bei Philipp Bonaparte (Comm. Büreau in Nürnberg). 1803. 8°. IV, 98 S. (1/2 Rthl.) Rar! (3 Mk. Paul Alicke, Dresden, 1909.)
Weller, fing. Druckorte. — Unter den alphabetisch geordneten Stichworten: Aberglaube; Bälle; Buhldirnen; Comödie; Damen; Ehen; Gesinde; Hochzeiten; Kindermord; Luxus; Moden; Redouten; Schminke; Sitten (beginnt: O tempora! o mores!); Tanzen; Trödelweiber; Vogelwiese etc.

Dresden unter der Regierung König Anton Clemens I. Ein Gemälde dieser Residenz mit ihren nächsten Umgebb., Merkwürdigkeiten, Kunstsammll., Bildungsanstalten ꝛc., so wie sämmtlichen Verschönerungen, welche seit d. Thronbesteigung Sr. Maj. statt gefunden haben. Mit d. Bildn. des Königs, 1 Plan d. Stadt u. 1 Vign. 12. Dresd. 829. Schumann. 1 ℛ 4 g

Dresden und die Sächsische Schweiz ꝛc., s.a. Grieben's Reise-Bibliothek.

— u. die Sächsische Schweiz, s.a. Meyer's Reisebücher.

—— und die sächsische Schweiz. Neuer und zuverlässiger Wegweiser für Reisende nach Dresden und der sächsisch-böhm. Schweiz. Mit Berücksichtigung eines Ausflugs nach der Lausche und dem Oybin bei Zittau wie nach Prag. 16. (IV und 191 S. mit 1 Plane von Dresden und Kärtchen der sächs. Schweiz auf 1 Stnt. in qu. Imp.-4.) Berlin 853, Th. Grieben.

—— und die Sächsische Schweiz. Ein treuer Reise-Begleiter. 16. (15 S.) Leipzig 861, Jänger.

Dresden und die sächsische Schweiz. 3. Auflage. Mit 8 Karten, 7 Plänen und Grundrissen und 2 Panoramen. 8. (XII, 272 S.) Cart. 1.24
Wien: Bibliograph. Institut 1894.

Dresden und Sächsische Schweiz. 2 Teile in 1 Bde. 20. Aufl., neu bearb. von B. Schlegel. Mit 5 Kartenbeil. *Berlin: A. Goldschmidt 1900.* 8°
— **Reisebücher,** Griebens. Bd 4. [00. 10598

Dresden und Sächsische Schweiz. 2 Tle in 1 Bde. 21. Aufl. neu bearb. von B. Schlegel. Mit 5 Karten. *Berlin: A. Goldschmidt 1902–03.* (XII, 106, 128 S.) 8°
— **Reisebücher,** Griebens. Bd 4. [02. 11488

Dresden und die Sächsische Schweiz mit d. angrenzenden Böhm. Mittelgebirge. 2 Tle in 1 Bd. 22. Aufl., neu bearb. von B. Schlegel. Mit 6 Karten. Berlin: A. Goldschmidt 1904–05. (V, 101 S.) 8°
— **Reiseführer,** Griebens. Bd 4. [04. 5300

Dresden und die Sächsische Schweiz mit dem angrenzenden Böhmischen Mittelgebirge. 23. Aufl., neu bearb. von B. Schlegel. Mit 7 Karten u. 3 Grundr. Berlin: A. Goldschmidt 1906–07. (239, 16 S.) 8°
— **Reiseführer,** Griebens. Bd 4. [07. 8487

Dresden und Sächsische Schweiz mit dem angrenzenden Böhmischen Mittelgebirge. 24. Aufl. neu bearb. von B. Schlegel. Mit 7 Karten u. 4 Grundr. Berlin: A. Goldschmidt 1908–09. (242, 16 S.) 8°
— **Reiseführer,** Griebens. Bd 4. [08. 15537

Dresden und die Sächsische Schweiz mit dem angrenzenden Böhmischen Mittelgebirge. 25. Aufl., neu bearb. von B. Schlegel. Mit 8 Kt. u. 4 Grundr. Berlin: A. Goldschmidt 1910–11. 240 S. 8°
(Griebens Reiseführer. Bd 4.) [10. 2371

Dresden, Sächsische Schweiz und Lausitzer Gebirge. 5. Auflage. Mit 9 Karten, 8 Plänen und 8 Panoramen. Vereinsbuch des Gebirgsvereins für die sächsische Schweiz. (Meyers Reisebücher.) Leipzig und Wien. 1900. Bibliographisches Institut. 8°. XII, 268 S. Cart. K 2.40

Dresden. Sächsische Schweiz und Lausitzer Gebirge. 7. Aufl. Leipzig u. Wien 1905. 8°. (Meyers Reisebücher.)
[Dasselbe.] 8. Aufl. Leipzig u. Wien 1908. 8°.

Dresden und Umgebung, s. Dresden und Umgebungen.

—— und Umgebungen, s.a. Grieben's Reise-Bibliothek.

Dresden und Umgebungen. Prakt. Handbuch f. Reisende. 18. Aufl. M. Kt. u. Pl. *Berlin: A. Goldschmidt 1896.* (IV, 123 S., 2 Pl.) 1 Bd 8.
— Reisebücher, Griebens. Bd 5.

Dresden und Umgebungen. Handb. f. Reisende m. Ktn u. Pl. 19. Aufl bearb. v. B. Schlegel. *Berlin: A. Goldschmidt 1898.* (IV, 135 S., 2 Pl., 1 Kt.) 1 Bd 8.
— Reisebücher, Griebens. Bd 5.

Dresden und Umgebungen. Handb. f. Reisende. 20. Aufl. neu bearb. von B. Schlegel. Mit 3 Kartenbeil. *Berlin: A. Goldschmidt 1900.* (IV, 110 S.) 8°
— Reisebücher, Griebens. Bd 5.

Dresden und Umgebungen. Handbuch f. Reisende. 21. Aufl. neu bearb. von B. Schlegel. Mit 3 Karten. *Berlin: A. Goldschmidt 1902–03.* (VIII, 106 S.) 8° [J. u. Ant.]
— Reisebücher, Griebens. Bd 5.

Dresden und Umgebung. 22. Aufl., neu bearb. von B. Schlegel. Mit 3 Karten. Berlin: A. Goldschmidt 1904–05. (VIII, 101 S.) 8°
— Reiseführer, Griebens. Bd 5.

Dresden und Umgebung. 23. Aufl., neu bearb. von B. Schlegel. Mit 4 Karten u. 3 Grundr. Berlin: A. Goldschmidt 1906–07. (112 S.) 8°
— Reiseführer, Griebens. Bd 5.

Dresden und Umgebung. Prakt. Reiseführer. 24. Aufl. Neu bearb. von B. Schlegel. Mit 4 Karten u. 4 Grundr. Berlin: A. Goldschmidt 1908–09. (116 S.) 8°
— Reiseführer, Griebens. Bd 5.

Dresden und Umgebung. Prakt. Reiseführer. 25. Aufl. Neu bearb. von B. Schlegel. Mit 4 Kt. u. 4 Grundr. Berlin: A. Goldschmidt 1910–11. 118 S. 8°
(Griebens Reiseführer. Bd 5.)

— Dresdens Umgebungen u. die Sächsische Schweiz, s.a. Grieben's Reisebücher.

Dresden, Dresdens Umgebungen und die Sächsische Schweiz. Prakt. Handb. f. Reisende. 18. Aufl. M. Kt. u. Pl. *Berlin: A. Goldschmidt 1896.* (IV, 213 S., 1 Bl., 16 S., 3 Kt., 2 Pl.) 1 Bd 8.
— Reisebücher, Griebens. Bd 4.

Dresden, Dresdens Umgebungen und die Sächsische Schweiz. Handb. f. Reisende m. Ktn u. Pl. 19. Aufl. bearb. v. B. Schlegel. *Berlin: A. Goldschmidt 1898.* (IV, 236, 20 S., 2 Pl., 4 Kt.) 1 Bd 8.
— Reisebücher, Griebens. Bd 4.

— und seine Umgebungen. Mit Ansicht u Plan von Dresden. A. m. d. Umschlagtit.: Ganz Dresden für zwölf Groschen. 16. Leipzig 840. Weber. n. 1/2 ₰

—— wie es ist. Von Ernst Scherzlieb. 8. (16 B.) Zwickau 830, Gebr. Schumann.

— wie es ist, und wie es seyn sollte x. 8. Pirna, Friese. 8o3.

—— wie es ist u. wie es sein sollte; v. Repmanns Freunden. 8. ... Pirna 830, [Leipzig,] Friese.

Dresden [Schlagwort]

— s. a.: Deutschland. Grundkarte. — Europa. Liebenow. — Militärkarten. Plan. — Radfahrerkarten. Freytag. Liebenow. Mittelbach. Strassenprofilkarte.

— s. a.: Deutschland. Grundkarte. Übersichtskarte. — Europa. Übersichtskarte. — Sachsen. Karte. Messtischblätter.

— s. a.: Deutschland. Karte. (Abt. Sachsen.) — Militärkarten. Garnisonumgebungskarte. Plan. — Pharus-Städte-Atlas. — Radfahrerkarten. Franke. Strassenprofilkarte. — Sachsen. Karte. Mittelbach.

— s. a.: Elbthal. — Sachsen, Koch, W., u. Opitz. — Wanderkarten.

— s.a. Geologische Karten (Sachsen). — Westentaschen-Sammlung.

Dresden, s.a. Woorl's Reisehandbücher.

Dresden-Bautzen-Zwickau, s.: Radfahrerkarten.

Dresden-Berlin, s.: Automobilkarten. Automobil-Tourenkarte. Pharus-Auto-Strecke.

Dresden-Breslau, s.: Automobilkarten. Automobil-Tourenkarte.

Dresden-Chemnitz-Zwickau, s.: Radfahrerkarten.

Dresden-Görlitz, s.: Automobilkarten. Pharus-Auto-Strecke.

Dresden-Herzberg, s.: Radfahrerkarten.

Dresden-Leipzig, s.: Automobilkarten. Pharus-Auto-Strecke.

Dresden-Mittweida, s.: Radfahrerkarten.

Dresden-Pilsen, s.: Automobilkarten. Automobil-Tourenkarte.

Dresden-Plauen i. V., s.: Automobilkarten. Automobil-Tourenkarte.

Dresden-Prag, s.: Automobilkarten. Automobil-Tourenkarte. Pharus-Auto-Strecke.

Dresden-Teplitz, s.: Radfahrerkarten.

Dresden. Breull, B., Heimatskarte v. Dresden u. Umgebung. Nach Kuhnert's Manier in Verbindg. m. F. H. Döring entworfen u. gezeichnet. 1 : 100,000. 26 × 36,5 cm. Farbendr. Dresden 896. A. Müller-Fröbelhaus. n.n. — 15

Dresden. Breull u. Döring, Heimatskarte v. Dresden u. Umgebung, nach Kuhnerts Reliefmanier bearb 1:25,000. 110×147 cm. Farbdr. Dresden 898. A. Müller-Fröbelhaus. Auf Leinw. m. Stäben n.n. 18.—

Dresden, Stadt. Dresden u. Umgegend. Enth. Plan v. Dresden. 1 : 25,000, m. Text an der Seite in qu. Fol., u. Karte der Umgegend von Dresden, bearb. v. Ed. Gaebler. 1 : 125,000. gr. 4. Nach den neuesten Aufnahmen bearb. Farbendr. Dresden 890. Albanus. n. — 50

— Gaebler, Ed., Handkarte v. Dresden u. Umgegend. Enth. Plan v. Dresden. 1 : 25,000. qu. Fol., u. Karte der Umgegend v. Dresden. 1 : 125,000. 2 Blatt. gr. 4. Farbendr. Leipzig 890. Lang. — 25

Dresden — Grundriss von — nach der neuesten Aufnahme. Gezeichnet von Heinrich Lesch. Gedruckt in der königl. Steindruckerey zu Dresden. Lith. von W. Werner. Dresden und Leipzig in der Arnoldischen Buchhandlung. 1828. 1 : 9,000. Auf demselben Blatte sind die Ansichten der vorzüglichsten Gebäude Dresdens. 1 Bl.

Dresden — Grundriss von der Churfürstl. Sächsischen Residentzstadt — Genau aufgenommen und gezeichnet im Jahre 1801. Von J. G. L. verbessert 1804. Pirna und Dresden in der Arnold'schen Buch- und Kunsthandlung. C. Heyl in Dresden sc. 1 : 11,500. 1 Bl.

Dresden. Köhler's Touristenkarte der Umgebung Dresdens. 1 : 50,000. Mit e. Nebenkarte des Müglitz- u. Weisseritztales (bis zur sächsisch-böhm. Grenze). 1 : 60,000. 68×94,5 cm. Farbdr. Dresden 909. A. Köhler. 1. 20

Dresden. Krause, Bruno, Dresdener Heimats-Atlas. Speziell f. den von der 6. bis zur 1. Klasse der Dresdener Volksschulen zu erteil. Unterricht in der Heimatskunde bearb. 4., verb. Aufl. (8 farb. Kartons. m. 2 S. Text.) gr. 4. Dresden 903. (A. Huhle.) n.n. — 60

— Krause, Bruno, Schul-Wandplan d. königl. Haupt- u. Residenzstadt Dresden. Speciell f. den Unterricht in d. Heimatskunde bearb. 1 : 5000. 4 Blatt à 79 × 79 cm. Farbendr. Dresden 891. (A. Huhle.) n.n. 20. —; auf Leinw. n.n. 25. —

Dresden. Liebenow's, W., neueste Wander-, Rad- u. Automobil-Karte d. weiteren Umgebung v. Dresden, m. anschliessenden Gebieten des böhmischen Erzgebirges 1 : 300,000. 29×38 cm. Farbdr. Dresden (910). C. Höckner. — 75

— Liebers, Ad., neuester Plan v. Dresden. 1 : 15,000. Grosse Ausg. Chromolith. gr. Fol. Mit Strassenverzeichniss. 8. (6 S.) Leipzig 887. O. Dietrich. n. — 75; kleine Ausg. Fol. Mit Text (6 S.) n. — 50

— Meinhold's kleiner Plan v. Dresden. 1 : 12,500. 48,5 × 47 cm. Farbdr. Mit Strassenverzeichniss. qu. Fol. (2 S.) Dresden 898. C. C. Meinhold & Söhne. — 30

— Meinhold's kleiner Plan von Dresden. 1 : 15,000. 46×47 cm. Farbdr. Mit Strassenverzeichniss. qu. gr. 8 (4 S.) Dresden (900). C. C. Meinhold & Söhne. — 40

— Meinhold's neuester Schulplan v. Dresden, nach vermessungsamtl. Unterlagen f. den heimatkundlichen Schulunterricht bearb. 1 : 20,000. 48,5×56 cm. Farbdr. Dresden (904). C. C. Meinhold & Söhne. n. — 20

Dresden, Umgebung. Meinhold's Touristenkarte v. Dresdens Umgebung. 1 : 60,000. Farbendr. 49,5 × 61,5 cm. Dresden 892. C. C. Meinhold & Söhne. — 75

Dresden, Amtshauptmannschaft. Mittelbach, R., Bezirkskarte der Amtshauptmannschaften Dresden-Alt- u. Neustadt. Bearb. auf Veranlassg. der königl. Amtshauptmannschaften. 1 : 50,000. 4 Blatt. Aubeldr. u. color. qu. gr. Fol. Kötzschenbroda 889. Mittelbach's Selbstverl. à n. — 80; auf Leinw. à n. 1. 50; auf 1 Blatt n. 2. —; auf Leinw. n. 3. —

Dresden, Stadt. Mittelbach, R., Karte v. Dresden u. Umgebung. Nach d. Schul-Wandkarte f. d. Schulgebr. bearb. 1 : 50,000. Chromolith. qu. Fol. Kötzschenbroda 887. Mittelbach's Selbstverl. n. — 20

Dresden. Mittelbach, R., Karte v. Dresden u. Umgebung. 1 : 75,000. Photolith. u. Farbendr. 49 × 58,5 cm. Dresden 892. A. Urban. n. 1. —

— — Schulwandkarte v. Dresden u. Umgegend. 1 : 8000. 6 Blatt. Chromolith. Imp.-Fol. Ebd. 889. 15. —; auf Leinw. m. Stäben n. 22. 50

— Mittelbach's, R., Touristen-Karte von Dresden u. Umgebung. Rev. 1900. 1 : 75,000. 48,5×57 cm. Farbdr. Leipzig (901). Mittelbach. Auf Leinw. in Futteral n. 1. 60

— Pharus-Plan. Dresden. 1 : 11,700. 68,5×91 cm. Farbdr. Grosse Ausg. Mit illustr. Führer Dresden u. Umgebg. (XX, 29 S. m. 1 Entfernungstaf.) 8. Berlin, Pharus-Verlag. n. 1. —

— — dasselbe. Kleine Ausg. 37×50 cm. Farbdr. Nebst: Führer durch Dresden m. Hinweis auf den Pharus-Plan Dresden. (27 S.) 8. Ebd. n. — 50

— Pharus-Plan v. Dresden. 1 : 10,200. 69×91,5 cm. Farbdr. Nebst: Führer durch Dresden. 8. (23 S.) Berlin (902). Pharus-Verlag. n. 1. —

Plan

— — von Albertstadt Dresden m. Uebungs-Plätzen. Bearb. im topograph. Bureau des königl. Generalstabes. 1 : 8000. 57,5 × 73,5 cm. Lith. Dresden 893. (C. Höckner's Sort.) n.n. 1. 20; kleine Ausg. 1 : 12,500. 37 × 47 cm. n.n. — 60

— — von Albertstadt-Dresden mit Uebungs-Plätzen. Bearb. im topograph. Bureau des königl. Generalstabes 1893. Nachgetragen im Frühj. 1901. 1 : 8000. 57,5× 73,5 cm. Lith. Dresden (901). (E. Engelmann's Nachf.) n.n. 1. 20

— — dasselbe. 12 : 1,500. 36,5×49,5 cm. Ebd. (902). n.n. — 60

— — der Albertstadt Dresden m. Uebungs-Plätzen. Bearb. v. der Abteilg. f. Landesaufnahme des königl. Generalstabes 1903. Hrsg. 1904. 1 : 8000. 58,5× 79,5 cm. Lith. Dresden (G. A. Kaufmann's Buchh.) n.n. 1. 20; auf Leinw. n.n. 2. 20

— — dasselbe. 1 : 12,500. 37,5×51 cm. Lith. Ebd. n.n. — 60; auf Leinw. n.n. 1. 20

Dresden — Plan von — aufgenommen und gezeichnet von Major J. G. Lehmann und ergänzt vom Lieutenant Reinsch. Dresden in der Arnoldischen Buchhandlung. 1 : 12.000. 1 Bl.

— — von Dresden. 1 : 10,000. 1890. Bearb. vom Stadtvermessungsamte. Kpfrst., lith. u. color. Imp.-Fol. Mit Strassenverzeichniss. gr. 8. (5 S.) Dresden 890. (Kaufmann's Sort.) n. 3. —

— — von Dresden. 1894. Bearb. vom Stadtvermessungsamte. 1 : 10,000. Kpfrst., Lith. u. Farbendruck. Mit Strassenverzeichniss an der Seite. 86,5 × 86,5 cm. Dresden, (G. A. Kaufmann's Sort.). n. 2. —

— Plan von Dresden, ca. 1 : 12,500. Ausg. 1898. 44,5 × 48 cm. Farbdr. Mit Strassen-Verzeichnis. gr. 16. (4 S.) Berlin 898. A. Goldschmidt. In Futteral n. — 50

— — von Dresden. 1898. 12. Aufl. Bearb. vom Vermessungsamte der Stadt Dresden. 1 : 10,000. 86,5 × 86,5 cm. Farbdr. Dresden 898. (G. A. Kaufmann.) n. 1. 50

— — v. Dresden (Stadtgebiet). 1 : 25,000. 31,5×31,5 cm. Farbdr. Mit: Verkehrskarte von Dresden's weiterer Umgebung (auf der Rückseite). 28×35,5 cm. Farbdr. Nebst Strassenverzeichnis etc. an den Seiten sowie Ankunft u. Abfahrt der Eisenbahnzüge. 12. (4 S.) Dresden (900). O. Damm. n. — 20

— Plan von Dresden. 1902. 16. Aufl. Bearb. vom Vermessungsamte der Stadt Dresden. 1 : 10,000. 86,5× 109 cm. Farbdr. Dresden (G. A. Kaufmann's Buchh.). n. 1. 50

— — von Dresden. 1906. 20. Aufl. Bearb. vom Vermessungsamte der Stadt Dresden. 1 : 10,000. 87× 109,5 cm. Farbdr. Dresden (G. A. Kaufmann's Buchh.) n. 1. 50

— — dasselbe. 1 : 12,500. 67,5×70,5 cm. Farbdr. Mit Strassenverzeichnis auf dem Umschlag. Dresden 903. A. Müller-Fröbelhaus. n.n. — 25

— Plan von Dresden. 1911. 25. Aufl. Bearb. v. Vermessungsamte der Stadt Dresden. 1 : 10,000. 92× 121,5 cm. Farbdr. Dresden, (G. A. Kaufmann's Buchh.). nn 2. —; auf Leinw. nn 2. 50

— Plan der königl. Haupt- u. Residenzstadt Dresden. 1 : 25,000. Nach den neuesten Aufnahmen bearb. Farbendr. qu. Fol. Mit Text an der Seite. Dresden 890. Albanus. — 30

— Plan der königl. Haupt- u. Residenzstadt Dresden. 1 : 25,000. Nach den neuesten Aufnahmen bearb. u. in 5 farb. Druck ausgeführt. 32 × 41 cm. Mit Text an der Seite. Dresden 891. Albanus. — 30

— Plan der königl. Haupt- u. Residenzstadt Dresden nebst ihren Vororten. Nach den neuesten Aufnahmen bearb. u. in 5 farb. Druck ausgeführt. 1 : 20,000. 50× 59 cm. Nebst Strassenverzeichnis. (10 S.) kl. 8. Dresden 905. Albanus. n. — 75

Dresden — Plan von der Stadt — und ihren Umgebungen. Entworfen und gezeichnet vom Lieutenant Kühlemann und Lieutenant Pröwig. Se trouve chez Rittner à Dresde. Bach gest. Dresden 1820. 1 : 9,400. 1 Bl.

— — neuer, von Dresden f. Einheimische u. Fremde. 1 : 12,500. Chromolith. gr. Fol. Mit Strassenverzeichniss am Rande. Dresden 888. Meinhold & Söhne. n. — 50

— — neuer, v. Dresden f. Einheimische u. Fremde. 1 : 12,500. 57 × 66 cm. Farbendr. Mit Strassenverzeichnis am Rande. Dresden 894. C. C. Meinhold & Söhne. n. — 50

— — neuer, der königl. Haupt- u. Residenzstadt Dresden. 1 : 12,500. Für den Unterricht in d. Heimatkunde hrsg. 68 × 70,5 cm. Farbdr. Mit Text. gr. 8. (8 S.) Dresden 897. A. Müller-Fröbelhaus. n.n. — 25

— — neuer, von Dresden m. den Vorstädten Strehlen u. Striesen. 1 : 12,500. Ausg. 1897. 56,5 × 65,5 cm. Farbdr. Mit Strassenverzeichniss etc. an der Seite. Dresden 897. C. C. Meinhold & Söhne. n. — 50

— — neuer, von Dresden mit sämmtlichen Vororten. 1 : 15,000. Ausg. 1900. 66,5×78,5 cm. Lith. Mit Strassenverzeichnis etc. 8. (8 S.) Dresden, C. C. Meinhold & Söhne. — 75

Dresden — Topographischer Plan der Umgegend von — und der Sächsisch-Böhmischen Schweiz. Dresden, Verl. v. E. Arnold 1854. 135,000. 1 Bl.

— Seifert, Mor., Special-Karte der Umgegend v. Dresden u. der sächsischen Schweiz. 1 : 75,000. Nach der k. s. Generalstabskarte bearb. (Neudruck m. Nachträgen 1891.) 2 Sectionen. Farbendr. 31,5×47 cm. Dresden, Warnatz & Lehmann. 1. 25; auf Leinw. 2. —; einzeln à — 75; auf Leinw. 1. —
1. Umgegend v. Dresden. — 2. Sächsische Schweiz.

Dresden und Freyberg — Situations-Charte der Gegend zwischen — bis zur Böhmischen Gränze. Nach dem Augenmaase aufgenommen, und mit Bestimmung der festen Puncte zusammengetragen durch C. C. v. R. (leist.) 1 : 33,000. 12 Bl.

Dresden — Situations-Plan bey — nebst der Churf. Sächsischen Armée Lager unter Commando Sr. Ex. H. Gen. von Benckendorf im Monat September 1783. F. H. Backenberg Lieut. del. M. Keyl sculp. 1 : 14,000. 1 Bl.

— Touristen-Karte der Umgegend v. Dresden, Meissen u. der Sächsischen Schweiz. 1 : 105,000. 25. Aufl. Farbendr. 56×66 cm. Mit Ortsverzeichniss auf dem Umschlag. Dresden 892. A. Müller, Fröbelhaus. n. 1.—

Dresden — Umsicht auf der Kuppel der Frauenkirche in — (Panorama). Aufgen. gez. und gest. von C. A. Richter, Prof. d. Acad. d. Künste. Dresden in der Arnoldischen Buchhandlung. 1824. Ohne M. 2 Bl. nebst einem Hefte Erklärung.

— Vervielfältigung des Bebauungsplanes N. Allgem. 16b. Hrsg. v. Stadtvermessungsamt Dresden. 1 : 5000. Autogr. u. color. Fol. Dresden 887. (Warnatz & Lehmann.) n. — 40

Dresdener Trinkwasserfrage, die. Nach den in der Gesellschaft für Natur- und Heilkunde, sowie im ärztl. Zweigverein zu Dresden gepflogenen mündl. Verhandlungen. gr. 8. (50 S. mit eingedr. Holzschn.) Dresden 868, (Burdach.) *

Dresden-Prager-Führer, illustrirter. Malerische Beschreibung von Dresden, der Sächsischen Schweiz m. Teplitz, der Dresden-Prager Eisenbahn u. Prag. Mit Abbildgn. der vorzüglichsten Sehenswürdigkeiten (in Holzschn.), einer Karte der Dresden-Prager Eisenbahn u. den Orientirungsplänen von Dresden u. Prag (in Stahlst.) 8. (VIII u. 528 S.) Leipzig 852. Weber. In Engl. Einb. n. 2 ℳ

Dresden's Entwicklung in den J. 1903—1909. Festschrift des Rates der königl. Haupt- u. Residenzstadt Dresden zur Einweihg. des neuen Rathauses am 1. X. 1910. Mitarbeiter: Frz. Dibelius, Fel. Draeseke, Cornelius Gurlitt u. a. Hrsg.: Otto Richter. (VIII, 302 S. m. 22 Lichtdruck-Taf.) Lex. 8. Dresden(-A., Breite Straße 9) 910. Buchdr. der Dr. Güntzschen Stiftg. 10.—; geb 12. —

Dresden's neueste protestantische Kirchen. Den Besuchern des II. Tags f. protestant Kirchenbau im Septbr. 1906 gewidmet vom Ausschuss f. Führgn. (Verf. v. O. Gruner.) (16 S. m. Abbildgn.) 8. Dresden 906. G. Kühtmann. n. — 60

Dresdens Museen, ihre Kunstschätze, Merkwürdigkeiten u. Seltenheiten aus sämmtl. Königl. Sammlungen. Mit in Kupfer gestoch. Abbildd. unter der Leitung von F. A. Frenzel, u. einer von mehrern Gelehrten u. Kunstfreunden verfaßten Beschreibung, herausg. v. P. G. Hilscher. 1e u. 2e Lfrg. Mit 8 Taf. schmal gr. 4. Dresden 836. Grimmer. n. 2/3 ℳ

Dresdens Museen, ihre Kunstschätze, Merkwürdigkeiten u. Seltenheiten aus sämmtl. kgl. Sammlungen. Mit in Kpfr. gest. Abbildn. unt. d. Leitung v. F. A. Frenzel, u. einer von mehr. Gelehrten u. Kunstfreunden verfassten Beschreib., hrsg. v. P. G. Hilscher. 1. u. 2. Lfg. Schmal gr. 4. (8 Taf. u. 11 Bl. Text.) Dresden 836, [R. u. W. Korn.] *

Dresdens Noth u. Rettung im Jahr 1814. Dresden, Arnold. 814. 1/6 Rthlr.

Dresdens Umgebungen, s. Umgebungen.

Dresdensis — Accuratissima Delineatio Geographica Dioecesis ac Praefecturae — cujus urbes, oppida et pagi etc. Geometrice designata sistuntur per Mattheum Seutterum. Aug. Vind. Tob. Conr. Lotter sculps. 1 : 120,000. 1 Bl.

Dresdenflus, s.: Freier, zwei.

Dresdner, Albert [aus Breslau]: Die italienische Geistlichkeit des 10. und 11. Jahrhunderts in ihrem Verhältnisse zur Kirche (mit besonderer Berücksichtigung der Entwickelung der Simonie). Ein Beitrag zu ihrer Kultur- und Sittengeschichte. . . . Breslau, Wilhelm Koebner, 1890; 2 Bl. + 32 S. + 1 Bl. 8°
Berlin, Phil. Fak., Inaug.-Diss. v. 25. Jan. 1890

Dresdner, Alb., Ibsen als Norweger u. Europäer. (105 S.) kl. 8. Jena 907. E. Diederichs. 2.—; geb. 3. —

Dresdner, Alb. Kultur- u. Sittengeschichte der italienischen Geistlichkeit im 10. u. 11. Jahrh. gr. 8. (XVI, 892 S.) Breslau 890, Koebner. * 10 —

Dresdner, Alb., s.: Regesten zur Geschichte der Juden im fränkischen u. deutschen Reiche.

Dresdner, Alb., der Weg der Kunst. (VIII, 349 S.) 8. Jena 904. E. Diederichs. n. 6. —; geb. n. 7. 50

— Der Weg der Kunst. 2. Aufl. (XII, 346 S.) 8. Ebd. 909. 5.—; geb. 6. —

Dresdner, Eman., die präkludierende Wirkung des Versteigerungsediktes. Eine zivilist. Studie. (27 S.) gr. 8. Wien 908. Manz. — 70
Sonderabdruck aus „Allg. österr. Gerichtsztg."

Dresdner, Ludwig [app. Arzt]: Ueber die operative Behandlung der Bauchfelltuberkulose ... Kiel, Druck v. Schmidt & Klaunig, 1893; 26 S., 1 Bl. 8.
Kiel, Med. Fak., Inaug.-Diss. v. [24. Okt.] 1893

Dresdner, Ludw., moderne sozialärztliche Bestrebungen. Vortrag, geh. im Saale der k. k. Gesellschaft der Aerzte zu Wien am 16. IV. 1904. (51 S.) gr. 8. Wien 904. Urban & Schwarzenberg. n. 1. 60
Sonderabdruck aus: „Wiener medizin. Presse".

Dresdner, Ludw., ärztliche Verordnungsweise f. Krankenkassen- u. Privatpraxis nebst Receptsammlg. Deutsche erweit. u. vielfach abgeänd. Ausg. des bei der „Abteilung f. freie Arztwahl des ärztl. Bezirksvereines München" eingeführten Arzneibuches. Bearb. nach der Pharmacop. German. Edit. IV u. sämmtl. deutschen Arzneitaxen m. Ausnahme der bayer. 12. (XII, 527 S.) München 900. Piloty & Loehle. Geb. in Leinw. n. 7. 50

— ökonomische ärztl. Verordnungsweise. Bayerische erweit. u. vielfach abgeänd. Ausg. des bei der „Abteilung f. freie Arztwahl des ärztl. Bezirksvereines München" eingeführten Arzneibuches. Unter Mitwirkg. v. H. Rieder. 12. (VIII, 244 S.) Ebd. 899. Geb. in Leinw. n. 6. —

Dresdner, Max [aus Beuthen O/S.]: Zur Differentialdiagnose der Aortenaneurysmen. . . . Berlin, Buchdr. v. Gustav Schade (Otto Francke) (1890); 20 + 1 S. + 1 Bl. 8°
Berlin, Med. Fak., Inaug.-Diss. v. 8. Mai 1890

Dresdner Heide [Schlagwort]

Dresdner Heide. Köhler's Touristenkarte der Dresdener Heide. 1 : 33,333⅓. 25,5×35,5 cm. Farbdr. Dresden (909). A. Köhler. — 30

Dresdner Heide. Meinhold's Karte der Dresdner Heide. Bearb. nach der Natur sowie nach besten Quellen v. E. A. Lehmann. 1 : 18,000. 55,5×67,5 cm. Farbendr. Dresden 894. C. C. Meinhold & Söhne. n. 1.—

Dresdner Heide. Meinhold's Karte der Dresdner Heide. Bearb. nach der Natur sowie nach besten Quellen v. E. A. Lehmann. (Ausg. 1904.) 1 : 18,000. 55,5×67,5 cm. Farbdr. Nebst Text. (16 S.) kl. 8. Dresden, C. C. Meinhold & Söhne. n. 1. —; auf Leinw. n.n 1. 75

— **Saremba's** Karte der Dresdner Heide. 1 : 15,600. 6. Aufl. 52,5×66 cm. Farbendr. Durchgesehen u. m. e. Führer ausgestattet v. Herm. Heine. 8. (36 S.) Dresden 894. C. Weiske. n. 1. 50; auf Leinw. n. 2. 50

— **Saremba**, G., die Dresdner Heide. Karte u. Führer. 9. verb. Aufl. Hrsg. v. J. C. Flegel. 1 : 15,600. 53×66,5 cm. Farbdr. Nebst Text. (20 S. m. 1 eingedr. Karte.) 8. Dresden (907). C. Weiske. 1. —

Dreseh, L., systematische Entw. d. Grundbegriffe d. Privatrechtes d. Staatslehre u. d. Völkerrechts. gr. 8. Heidelberg, Mohr. 830.

Dresel, A., Rudolph Brandes. Eine Beschreibung d. am 18. Octbr. 1848 gefeierten Festes der Einweihg. des ihm errichteten Denkmals, nebst den bei dieser Gelegenheit gehalt. Reden. gr. 8. (38 S. m. 1 lith. Taf.) Lemgo 849, Meyer. 1/6 ℛ︎

— Chorale, darunter einige rhythmische, u. einige andere geistl. Gesange, darunter das „Ecce quo modo moritur justus" v. Gallus, f. vier Männerstimmen, zunächst f. d. Lehrer-Conferenzen, hohern Lehranstalten, Liedertafeln etc. im Fürstenth. Lippe bearb. u. hrsg. 2. Sammlung. gr. 4. (VIII u. 44 S.) Detmold u. Lemgo 852, Meyer. n. 1/3 ℛ︎

— 30 Chorale f. 4 Männerstimmen, zunachst f. die Lehrer-Conferenzen, Liedertafeln u. andere Männer-Gesangvereine im Fürstenth. Lippe bearb. u. hrsg. qu. 4. (34 lith. S.). Detmold 848. (Lemgo, Meyer.) 1/4 ℛ︎

Dresel's Choräle für 4 Männerstimmen zunächst für die Lehrer-Conferenzen, höhern Lehranstalten u. Männer-Gesangvereine im Fürstenth. Lippe. 2. Aufl. 1. Heft. Detmold 867. Meyer. qu. 4. (IV, 34 S.) 15 ngr.

Dresel, A., Choral-Melodien in 3 Stimmen, für d. Gesangbücher d. reform. Gemeinde im Fürstenthum Lippe. gr. 8. Lemgo 820. Meyer. 12 gl.

— Gesänge für Stadt- u. Landschulen. 1s Heft. Ein- u. zweistimm. Gesänge z. Auswendiglernen. Fol. Detmold 827. (Hanov., Hahn). 12 gl.

—— **Sendschreiben** an einen Freund über den jetzt von so manchen Seiten her verlangten rhythmischen und schnellern Choral-Gesang in den protestant. Kirchen. gr. 8. (46 S.) Detmold 848. (Lemgo, Meyersche Hofbuchh.)

Dresel, Gustav [aux Sisterdale, Tex.]: Ueber Verletzungen des Auges durch stumpfe Gewalten. Strassburg, Universitäts-Buchdruckerei von J. H. Ed. Heitz. 1882. 8. 53 S.

Dresel, Max, aus Grünberg (Schlesien): **Die Behandlung des Empyema antri Highmori und ihre Erfolge.** *Berlin (1899): G. Schade.* (41 S.) 8°
Berlin. Med. Diss. v. 19. Mai 1899

[Umschlagt.:] Gebirgs-Karte der Umgebung von Schliersee '(v. Tegernsee bis z. Innthale u. v. Miesbach bis z. Achensee)' v. A. **Dreselly**, München. Maassst. 1:100,000. *München: H. Hugendubel 1896.* (1 Ktnbl. 2) 1 Bd 8. [96. 5361

Grabschriften. Marterl-, Bildstöckl- und Todtenbrett-Verse, dann Hausinschriften, Wohn- u. Trinkstuben-Reime, Geräthe-Inschriften u. a. gesamm., geordnet, sowie mit e. einl. Abh. vers. u. hrsg. von Anton **Dreselly**. 2., vollst. umgearb., verm. u. verb. Aufl. *Salzburg: A. Pustet (1899).* (300 S.) 8° [99. 1113

Dreselly, Ant., Grabschriften, Marterl-, Bildstöckl- u. Todtenbrett-Verse, dann Hausinschriften, Wohn- u. Trinkstuben-Reime, Geräthe-Inschriften u. a., gesammelt, geordnet, sowie m. e. einleit. Abhandlg. versehen u. hrsg. 2., vollst. umgearb., stark verm. u. verb. Aufl. qu. 12. (300 S.) Salzburg (900). A. Pustet. n. 2. 60; geb. in Leinw. n.n. 3. 20

Grabschriften, Sprüche auf Martersäulen und Bildstöcken etc., dann Hausinschriften, Wirthsschilder, Trinkstuben-Reime, Geräthe-Inschriften u. a. gesamm. u. geordn. v. Anton **Dreselly**. (Umschlagt.: Marterln, Grab- u. Hausinschriften.) *Salzburg: A. Pustet (1898).* (1 Bl., VIII, 170 S.) 1 Bd quer-8. [98. 797

Dreselly, Ant., Schliersee u. der Mangfall-Gau. Studien zu e. Monographie des Gebietes. Hrsg. vom Verschönerungsverein Schliersee e. V. (167 S. m. 13 Taf. u. 1 Karte.) 8. Schliersee (907). (G. Mayr) nn 1. 50

Schliersee und der Mangfall-Gau. Studien zu e. Monogr. d. Gebietes von Anton **Dreselly**. Hrsg. v. Verschönerungsver. Schliersee. Schliersee: Verschönerungsver. 1907. 165 S. 8° [07. 1104

Schliersee und Umgebung. Führer für Sommerfrischler und Touristen v. A. **Dreselly**. Mit 1 Karte. München. 1884. 8°.

— **Schliersee** u. Umgeb. m. d. Wendelstein, Tegernsee etc. 4. Aufl., vielf. verm. u. verb. 8. (III, 139 S. m. 1 Abb. u. 3 Karten.) München 896. H. Hugendubel. Kart. n. 1. 80

Dreselly, Ant., Spezialführer f. die nähere u. weitere Umgebung v. Schliersee u. f. dessen gesamtes Bergrevier. 5. vollständig umgearb. Aufl. Mit 1 Karte 1 : 100,000. (XVI, 68 S. m. Abbildgn.) kl. 8. München 905. J. Lindauer. n 1. 20

DRESÉLY, Johann Baptist (München): Untersuchungen über die Natur und Fortbildung des Rechtes oder: Versuch einer Restauration des Römischen Natur- und Menschen-Rechtes.- München: Wolf 1838. 34 S.
30.11.1838 - Urk (Titel: Observationes de natura et cultura iuris.); F 49
Diss.Ingolst.-Landsh.-Mchn.

Dresemann, J.: Ein Preßprozeß in Elberfeld. Barmen 1862.

Dresemann, O., in 15 Tagen durch Belgien. Die Ausstellungsstadt Antwerpen. 12. (67 S. m. eingedr. Routen, Stadt-, farb. Ausstellungs-Plan u. 1 Karte.) Köln 894. J. Zachor. 1. —

Dresemann, Otto, das erste Eisenbahnsystem. Eine verkehrsgeschichtliche Studie. (121 S.) gr. 8. Köln (905). J. P. Bachem. n. 2. —

Dresemann, O., Das erste [belgische] Eisenbahnsystem. Eine verkehrsgeschichtliche Studie. Köln, 1905. 120 S.

Dresemann, Otto: Zur Geschichte der Reichsstadt Aachen im XIV. Jahrhundert, mit Bezug auf Kaiser und Reich. ... Aachen, Druck v. J. La Ruelle, 1886; 63 S. 8°.
Münster, Phil. Fak., Inaug.-Diss. v. 1886.

Dresemann, Otto, zur Geschichte der Reichsstadt Aachen im XIV. Jahrhundert, mit Bezug auf Kaiser und Reich. Diss. Münster 1886, Mitsdörffer. 8°. 63 S.

Dresemann, Otto, die Jacobskirche in Aachen. Geschichtliche Nachrichten und Urkunden. gr. 8. (124 S.) Aachen 888, (Cremer'sche Buchh.) *

—— die Juden in Aachen. Historische Übersicht. 8. (24 S.) Aachen 887, M. Jakobi. *

— aus der Jugendzeit der Rheindampfschiffahrt. (109 S.) gr. 8. Köln 903. Kölner Verlagsanstalt u. Druckerei. n. 1. 50; erm. Pr. n. 1. —

DRESEN, Heinrich (Braunschweig): Klinische Erscheinungen der Diphtherie vor und nach der Einführung der Serumtherapie.- München: Kastner & Callwey 1897. 33 S.
19.7.1897 - Chr 1897/98,16; U 12.6376
Diss.Ingolst.-landsh.-Mchn.

Dresen, W., Doberan u. seine Umgebungen. Malerisch, geschichtl. u. topograph. geschildert. 8. (6½ B.) Rostock 834, (Debera u. Comp.)

Dresen, Wilh. H. F., († d. 16. Febr. 1824.) Versuch in d. Darstell. d. gesetzl. Bestimmung, e. Vergleich anzufechten. 8. Rostock 791.

Dreser's, F., Liebigbilder-Catalog m. Illustr. 1898. Enth. alle b. Ende 1897 erschien. Liebigbilder, Menukarten etc., sow. Reproduktionen seltenster Serien. 5. Aufl. Neubearb. v. F. Dreser u. M. Kohtz. 8. (264 S.) Hamburg 898. (Leipzig, L. Fernau.) Geb. in Leinw. n. 1. 25

Dreser's, F., Liebigbilder-Catalog m. Illustr. 1902. (Vereinigte Cataloge Dreser-Gerstenkorn.) Grosse Ausg. Enthält alle, auch die im Auslande v. der Company hrsg. Liebigbilder, Menukarten etc., sowie Reproduktionen seltenster Serien. 9. Aufl. Neubearb. v. F. Dreser. 8. (354 S.) Hamburg, F. Dreser. Geb. 1. 50; kleine Ausg., enthält alle bis Ende 1901 in Deutschland erschienenen Liebigbilder, Menukarten etc. (209 S.) — 60

Dreser's, F., Liebig-Bilder-Katalog m. Illustrationen. 10., vollständig neubearb. Aufl. Enth. sämmtl. v. der Liebig-Company verausgabten Chromokärtchen, Menu- u. Tischkarten. (271 u. 22 S.) 8. Hamburg 903. F. Dreser. Geb. n. 1. 50; 1. u. 2. Nachtr. (16 bezw. 15 S.) 904. 905. à n. — 20

Dreser, H., zur Chemie der Netzhautstäbchen. Diss. Heidelberg 1885, Theodor Groos. 8°. 18 S.

Dreser, H. [aus Darmstadt]: Zur Chemie der Netzhautstäbchen .... München, Druck v. R. Oldenbourg, 1885; 18 S. 8°. Heidelberg, Med. Fak., Inaug.-Diss. v. März 1884.

Dreser, R., die Lehre von der Wärme, s. Küll p, E., Lehrbuch der Experimental-Physik.

Dreser, W., englische Synonymik f. die Oberklassen höherer Lehranstalten, sowie zum Selbststudium. gr. 8. (IV, 520 S.) Wolfenbüttel 880. 81. Zwißler. n. 6. —

Dreser, W., englische Synonymik f. Schulen, sowie zum Selbststudium. Auszug aus dem größeren Werke d. Verf. gr. 8. (IV, 242 S.) Wolfenbüttel 883. Zwißler. n. 2. 50

Dreser, Wilhelm Dr. „Studien über die aktive französische Partizipialkonstruktion mit Berücksichtigung des Lateinischen und im Vergleiche mit dem Englischen". Inhalts-Verz. u. pg. 1-42 u. Druckfehler-Verz. 4°. Georg Kranzbühler'sche B. Speyer, Progr. 1873/74

Dreser, Wilh., Studien üb. die aktive französ. Partizipialkonstruktion m. Berücksicht. d. Lateinischen u. im Vergleiche m. dem Englischen. gr. 4. (42 S.) Speyer 1874. (Leipzig, Siegismund & Volkening.) n. 1. 20

Dresig, Adam Heinrich; De anastasi oppidi Herculanei exaestuantis Vesuvii cinere olim sepulti diss. et lycei Lubbenensis studios . . convoc. Lübben (J. M. Driemel) 16. V. 1748. 6 Bl. mit Namen. (4.—) 6902

Dresig, Adam Hnr., Bellorum Christo nato aut paullo ante et post a Romanis in Germania gestorum mentionem facit. Lubbenae 1748. 4. . . . . (l.)

Dresig, A. H., de Jesu Chr. a diabolo tentato. Luebb. 1747. 4.

Dresig, F. S., de alba stola Pythagorae. Lips. 1736. 4.

Dresig, J. F., s. D r e s i g , Sigismund Friedrich

(— —) De usu arenae externo in curandis quibusdam morbis praecipue ad illustr. aliquem symmachi locum, lib. VIII. epist. 45 nonnulla exponit. Simulque viro . . **Sigism. Friedr. Dresig** . . amico veteri, novum conrectoris munus in schola D. Thomae gratul. A. D. Lpz. (Jo. Chn. Langenheim) 21. XII. 1734. 12 S. (4.—) 6909

Dresig, Sigismund Friedrich

— — **Epistola animadversiones in Fabri thesaurum complectens qua viro Adam Heinrich Dresig munia conrectoris in lyceo Luccauiensi demand. gratul.** Lpz. (Langenheim) 1738. 24 S. (4.50) 6913

— — Animadversiones in Fabri thesaurum continuatae. Lpz. (Langenheim) 1739. 16 Seiten. (3.—) 6916

— — Animadversiones in Fabri thesaurum iterum continuatae. Lpz. (Langenheim) 1741. 28 Seiten. (4.—) 6917

— — *ΑΟΡΑΤΑ ΤΟΥ ΘΕΟΥ* seu invisibilia dei ex epist. ad Rom. I, 20. Diss. philol.-philos. Präs. Carl August Wolff (Hayna/Misn.) Lpz. (Takk) 12. XI. 1729. 34 S. (5.—) 6905

Sigism. F. Dresig (resp. Adr. Deodat. Steger) diss. de cicuta Atheniensium poena publica. Lips. 1734. 4.

Dresig, Sigm. Fr., Commentar. de verbis mediis N. T. Acc. Kösteri et Clerici libelli nunc primum. ed. Jh. Fr. Fischer. 8. Leipz. 755. Hahn. 16 gr.

Dresig, S. F., Commentar. de verbis mediis N. T. acc. Küstori et Clerici Libelli nunc prim. ed. a. I. F. Fischer. 8. Lips, Fritsch. 762.

— — **Epistola ad virum Jacob Heinrich Born (Leipzig) summos in philos. honores capessentem qua Justinum quibusdam locis emendat.** Lpz. (Langenheim) 10. III. 1738. 16 S. (3.50) 6914

— — Epistola de correctoribus imperii Romani ad virum Heinrich Jacob Born summos in utr. jure honores capess. Lpz. (J. Ch. Langenheim) 1739. 16 S. (3.50) 6915

— — De novi foederis Graeci Latinismis merito et falso suspectis. Diss. philol. Präs. Johann Erhard Kapp. Lpz. (I. Titius) 30. XI. 1726. 40 S. mit Widm. v. Präs. (2.50) 6904

— — Veram notionem verbi *ΜΕΤΕΩΡΙΖΕΘΑΙ* Luc. XII. comm. 29 evolvit. Viro Urban Gottfried Siber summos in theologia honores gratul. Lpz. (Breitkopf) 23. IX. 1734. 28 S. mit Verz. d. Schriften S.'s. (4.80) 6907

— — Commentatio de praecipitatione Romanorum poena publica. Lpz. (Langenheim) Okt. 1737. 48 S. (5.—) 6912
Gew.: Chn. Albert Ermel (Lübbenau).

Dresigii, Sigism. Fr., Commentatio de rhapsodis, von alten Meistersängern. Lips. 734. 4.

— — De rhapsodis quorum vera origo antiquitas ac ratio ex auctoribus et scholiastis Graecis traditur. Comment. crit. Lpz. (Langenheim) 10. X. 1734. 52 S. (5.50) 6908
Gew.: Gottfried Lange.

— — Comentatio de solicatione vulgo insolatione qua viro Jo. Friedrich Crell prov. professoris publ. in acad. Vitemberg. gratul. Lpz. (Langenheim) April 1737. 20 S. (4.50) 6911

Dresig, S. F., de usu stigmatum apud veteres. Lips.

— — De uxore sub marito domina 1. Corinth. XI, 10. Diss. epist. ad vir. clar. . . Johann Jacob Bose de potionibus mortiferis. Lpz. (Langenheim) 10. IX. 1736. 16 S. (4.20) 6910

— — Vindiciae dissertationis de novi foederis Graeci Latinismis merito et falso suspectis. Präs. Johann Erhard Kapp in acad. Lips. 1726 defensae contra dissert. de Latinismis Graecae novi foederis dictioni immerito affictis. Lpz. (J. Ch. Langenheim) Jan. 1732. 24 S. (4.—) 6906

— **Sigismund Friedrich,** Vindiciae dissertationis de novi foederis Graeci Latinismis merito et falso suspectis ab nupera apologia dissertationis de Latinismis Graecae novi foederis dictioni immerito afflictis Wittebergae non ita pridem evulgata assertae. Lpz. (Langenheim) o. J. 24 S. (4.—) 6903

Dresky, Christian (Hamburg), De fundamento retractus duplicis in agris Hamburgensium usitati occasione art. 61. des Land=Rechts. Diss. jur. Präs. Justus Henning Böhmer. Halle (Joh. Gruner) 18. IX. 1722. 52 S., tlws. dtsch. (6.—) 6918

Dresky, G. A. von, s. D r e s k y , Gustav von

Dresky, Gustav von

Dresky, v., A n l e i t u n g zum Fechten m. dem Stoßdegen. Bearb. f. Offizier=Fechtvereine u. militär. Bildungsanstalten an der Hand der Vorschriften vom J. 1884. 16. (44 S. m. 11 Abbildgn.) Berlin 891. E. S. Mittler & Sohn. n. — 40

Dresky, v., praktische Anleitung zu richtigen Hilfsstellungen bei gymnastischen Uebungen. 2. verb. Aufl. 8. (48 S.) Berlin 879. Schroeder. n. — 60

Dresky, v., praktische Anleitung zu richtigen Hülfsstellungen bei gymnastischen Uebungen. 3. Aufl. 8. (47 S. m. eingedr. Fig.) Berlin 882. Mittler & Sohn. n. — 60

D r e s k y, v., praktische A n l e i t u n g zu richtigen Hülfsstellungen bei gymnastischen Uebungen, nebst einem Anhang: Zweck der Frei- und Gewehrübungen in körperl. und in militär. Beziehung. 4. Aufl. gr. 16. (60 S. mit 18 Abbild. im Text.) Berlin 887, Mittler und Sohn. *

Dresky, v., praktische A n l e i t u n g zu richtigen Hülfsstellungen bei gymnastischen Uebungen, nebst e. Anh.: Zweck der Frei= u. Gewehrübungen in körperl. u. in militär. Beziehg. 5. Aufl. gr. 16. (60 S. m. 18 Abbildgn.) Berlin 890. Mittler & Sohn. n. — 60

— praktische A n l e i t u n g zu richtigen Hülfsstellungen bei gymnastischen Uebungen, nebst e. Anh.: Zweck der Frei= u. Gewehrübgn. in körperl. u. in militär. Beziehg. 6. Aufl. gr. 16. (64 S. m. 18 Abbildgn.) Ebd. 893. n. — 60

Dresky, v., prakt. Anleitg. zu richt. H ü l f s s t e l l u n g e n b. gymnast. Uebgn., nebst e. Anh.: Zweck d. Frei- u. Gewehrübgn. in körperl. u. militär. Beziehg. 7. Aufl. M. 18 Abb. im Text. gr. 16. (69 S.) Berlin 898. E. S. Mittler & Sohn. n. — 60

Dresky, v., praktische Anleitung zu richtigen Hilfsstellungen bei gymnastischen Uebungen, nebst e. Anh.: Zweck der Frei- u. Gewehrübgn. in körperl. u. in militär. Beziehg. 8. Aufl. (69 S. m. 18 Abbildgn.) 12. Berlin 904. E. S. Mittler & Sohn. n. — 60

— die G y m n a s t i k als Mittel zur militärischen Ausbildg. d. Rekruten der Infanterie, bearb. an der Hand des Exerzier=Reglements. 1. u. 2. unveränd. Aufl. 16. (36 S.) Ebd. 888. 889. n. — 36

— die G y m n a s t i k, als Mittel zur militärischen Ausbildung d. Rekruten der Infanterie bearb. an der Hand d. Exerzir=Reglements. 3. unveränd. Aufl. 32. (36 S.) Ebd. 891. n. — 35

Dresky, v., d. G y m n a s t i k als Mittel z. militär. Ausbild. d. Rekruten d. Infanterie, bearb. a. d. Hand d. Exerzir=Reglements. 4., durchgeseh. Aufl. gr. 16. (35 S.) Berlin 896. E. S. Mittler & Sohn. n. — 35

— die königl. M i l i t ä r = T u r n = A n s t a l t zu Berlin. [Aus: „Monatschr. f. d. Turnwesen".] gr. 8. (11 S.) Ebd. 887. n. — 50

— welche T u r n ü b u n g e n beschleunigen die militärische Ausbildung d. berittenen Soldaten? Bearb. an der Hand d. Exerzier=Reglements u. der Reit=Instruktion für die Kavallerie. 16. (45 S.) Ebd. 889. n. — 40

Dresky, Hans Geo. von

— f. B r i e f e üb. d. Pflichten d. Menschen.

[**Dresky H. G. v.**]: Die nach Grundsätzen u. Erfahrung abgehandelte schlesische Landwirthschaft. Th. 1. Bressl. 1771. 336 S. 2 Tvl.

– s. L a n d w i r t s c h a f t, Schlesische.

v. Dresky, Hans Geo., († d. 10. Juni 1786.) die verbess. Landwirthsch., nebst e. Anhange rc. gr. 8. Bresl. 777. J. F. Korn. ...

— **Joh. Heinr.** (Hamburg), De restricta de bonis suis in favorem secundi conjugis disponendi facultate. Diss. jur. Präs. Gg. Ludw. Boehmer. Götting (Barmeier) 1768. 40 S. (5.—) 6919

— **Vincent.** (Hamburg), De correali obligatione eiusque effectibus. Diss. jur. Götting. (Joh. Chn. Dieterich) 16. I. 1777. 58 S: (5.—) 6920
Gew.: Vinc. Rumpff (Hamburg).

D r e s k y, W. v., der Krieg zwischen Deutschland und Frankreich im J. 1870. Der deutschen Armee gewidmet. 1. Abthl. 5. Aufl. Mit Porträts, 2 (lithogr.) Plänen und 1 (lithogr.) Karte vom Kriegsschauplatz (in qu. Fol.). 8. (92 S. mit 1 Portr. in Holzschn.) Potsdam 870, Reutel. *

Dresky, Guil., Diss. de valeriana officinali. 30 pp. Erl. 4°.
(Gegen Epilepsie.)
1776

D r e s k y, G. de, de Valeriana officinali Linnaei. 4. Erlang. Walther. 777.

Dresler,

— s. a. **Dreßler.**

D r e s l e r, v., Bedenken gegen die in dem Staatsanzeiger vom 29. April d. J. veröffentlichten Gesetzentwürfe über die Einrichtung von Rentenbanken und über die Ablösung der Reallasten und die Regulirung der gutsherrl. und bäuerl. Verhältnisse. gr. 8. (80 S.) Leipzig 849, [Keil.] *

(Dresler, v.) Das Jahr 1848. Ein Beitrag zur Geschichte des preuß. 7. Infanterie - Regiments. Schweidnitz 1849. 8°.

Dresler, Arth., Künstler-Novellen. 8. (211 S.) Leipzig (902). B. Elischer Nachf. n. 2. 50

D r e s l e r, C. F., brauchbar. Auszug der sächs. Rechte rc. 8. Freyb. Reinhold. 801.

Dresler, C. Wilh., Schutzzoll u. Freihandel im Hinblick auf die Wohlfahrt Deutschlands. gr. 8. (VIII u. 44 S.) Ems 852, Kirchberger in Comm. 1/4 ꝛ

Dresler, Dietrich, De lucis religioni gentilium destinatis. Lpz. (I. Titius) 6. III. 1720. 24 Seiten. (4.80) 6921

D r e s l e r, C. C., Theaterschule f. d. Deutsch. 8. Hannover, Hahn. 777.

Dresler, E. F., Flora v. Löwenberg i. Schl. Nach dem natürl. System bearb. 12. (162 S.) Löwenberg 883. Köhler. n. 1. 20; geb. n. 1. 50

Dresler, Ernst Flora von Löwenberg i. Schl. 48 S. *Löwenberg* 1883. Progr.

Dresler, J. Cph.: Brauchbarer Auszug d. Sächs. Rechte für Sachsens Jugend. *Dresden.* 780. 8.

Dresler, I. G., de usu et abusu circa frequentes refutationes judicum. 4. Wesl. Winkler. 740.

Dresler, Johann Christian
— — De varia illustriorum sectarum inter modernos jureconsultos causa et indole meditatio, qua simul viro Johann Daniel Stipper 23. XI. 1724. Lipsiae in utr. jure doctoratum capessenti gratul. 4 Bl. (3.50) 6924

— **Johann Christian** (Weissenfels), Idearum genuina natura et indoles breviter explicatur. Diss. philos. Präs. Ferd. August Hommel (Leipzig). Lpz. (I. Titius) 23. XII. 1718. 32 S. (5.—) 6922

— — Renovatum viduarum Saxonicarum privilegium § Setzen etc. Präs. Joh. Chn. Meisse. Lpz. (Breitkopf) 19. V. 1724. 63 S. (5.30) 6923
Gew.: Joh. Chn. Hennicke, Thom. Wagner.

Dresler, Just. Henr., Curarum in Xenophontis Historiam graecam Specimen. Progr. Wiesbad. 822. 4. (23 Seiten.)

Dresler, Karl, s.a. Dressler.

Dresler, Karl, Assist. am pathol. Institute: Aus d. pathol. Institute zu Kiel. Ein Fall von Glioma cerebelli. *Kiel 1899: H. Fiencke.* (14 S.) 8°
Kiel, Med. Diss. v. [12. Apr.] 1899

Dresler, Carl: Ueber das Verhältniß des Rechts zum Gesetze. Eine Organonomie der Rechtswissenschaft, in ihrer Bez. zur universellen Entwickelung d. Menschheit. Berlin 1803.

Dresler, C., üb. d. Verhältniß d. Rechts z. Gesetze. gr. 8. Berl. Realschulb. 803.

Dresler, Karl, († . . .) über das Verhältniß des Rechts zum Gesetze. gr. 8. Berl. 803. Reimer. 1 ℛß

Dresler, Wilhelm, approb. Arzt aus Hannover: Blutdruckuntersuchungen mit dem Gärtner'schen Tonometer. *Göttingen 1904: W. F. Kaestner.* (37 S.) 8°
Göttingen, Med. Diss. v. [29. Juli] 1904

Dresler, Wilh., Blutdruckuntersuchungen m. dem Gärtnerschen Tonometer. Diss. (37 S.) 8. Göttingen 904. (Vandenhoeck & Ruprecht.) n. — 80

Dresolly, Anton, s. Dreselly.

Dresrüsse, E., Führer durch die land- u. forstwirtschaftliche Unfallversicherung. Gesetz v. 30. VI. 1900. Nach amtl. Quellenmaterial bearb. (111 S.) 8. Bielefeld-Gadderbaum 907. W. Bertelsmann. 2.—; geb. in Lw. n 2. 50

Dressel: Ber. üb. d. Alexandrinenschule zu Coburg.
Cob. 1863.
Schul-/Univ.-Schrift

Dressel, d. Nervenkrankheiten, ihre Behandlg. u. Heilg. 520.—530. Tausd. 8. (48 S.) Leipzig (Elisenstr. 69) 895. Emil Reiß. Unentgeltlich.

Dressel. Über die politische Rolle des Gn. Pompejus Magnus. 4. Coburg 1863.

Dressel, A., die Bestimmungen üb. Verschollenheit u. Todeserklärung im Code civil, im pr. allgem. Landrecht u. im bürgerl. Gesetzbuch f. das Deutsche Reich. Vergleichende Darstellg. gr. 8. (VII, 95 S.) Berlin 902. Puttkammer & Mühlbrecht. n. 3. —

Dressel, A., Erinnerungen e. Freiwilligen. 1870—1871. Tagebuchblätter aus Frankreich. 8. (VI, 71 S.) Leipzig 874. Hinrichs' Verl. 1. —

Dressel, A., u. Zinkel, R., Das Heim des T. V. v. 1861 zu Rudolstadt, E. V., Turnanstalt f. Männer u. Knaben, Frauen u. Mädchen, m. Abb., 14 S., 8°.
(Angeb.): E. Turnerfest, Einweihungsfeier d. Turnhalle d. T. V. v. 1861 (Beil. z. Schwarzburg-Rudolstädter Landesztg. Nr. 120, Jg. 141 v. 25. 5. 1909), 2 S.

Dressel, A., u. A. **Hilbert,** Sach- u. Schlagwortregister, s.: Kayser's, Chrn. Glob., vollst. Bücher-Lexicon.

Dressel, A. R. M., patrum apostolicorum opera, s. Patrum apostolicorum opera.

Dressel, Alb., s. Epiphanii monachi et presbyteri edita. — du Tillet, Jh., historiae belli contra Albigenses.

Dressel, Alb., vier Documente aus römischen Archiven. Ein Beitrag zur Geschichte des Protestantismus vor, während und nach der Reformation. 2. Ausg. gr. 8. (VIII, 142 S.) Berlin 872, Fr. Duncker. *

Dressel, Alb., vier Documente aus römischen Archiven. Ein Beitrag zur Geschichte d. Protestantismus vor, während u. nach der Reformation. 2. Ausg. gr. 8. (VIII, 142 S.) Berlin 872. Stuttgart, Krabbe. n. 1.50

Dressel, Alfred, approb. Arzt aus Coburg: Ein Fall von Tumor corporis callosi. *Kiel 1904: Schmidt & Klaunig.* (20 S.) 8°
Kiel, Med. Diss. v. [11. Apr.] 1904

Dressel, Alois, immerwährender Ferien-, Fest- u. Mondkalender der christlichen Zeitrechnung alten u. neuen Stils. Von 2000 v. Chr. bis 2200 n. Chr. (12 S. u. Text auf dem Umschlag.) kl. 8. Feldkirch 906. F. Unterberger. n. — 80

Dressel, Alois, Formeln zur christlichen Zeit- u. Festrechnung. gr. 8. (24 S.) Feldkirch 902. F. Unterberger. n. — 60

Dressel, C., der Allerweltsfreund. Lebensbild in 4 Acten. gr. 8. (64 S.) Hannover 885. Lübemann. n. 1. 50

— die Vergelterin, s.a. Novellen-Bibliothek, criminalistische.

Dressel, C., die Vergelterin. Kriminal-Roman. — Ein sensationeller Prozeß. Kriminal-Novelle nach dem Leben. (96 S.) 8. Neuweißensee (905). E. Bartels. n. 1. —

Dressel, Ed., Rede zur Säcularfeier Schillers im Herzoglichen Gymnasium zu Coburg gehalten. Coburg 859. Riemann'sche Hofbuchhdlg. gr. 8. (26 S.) 2 ngr.

Dressel, F., der deutsche Sprachunterricht, s.: Handbibliothek, pädagogische.

Dressel, Friedrich: Aus dem pathologischen Institut zu Giessen. Über die Fettgewebsnekrose des Pancreas. *Giessen 1897: v. Münchow.* (35 S.) 8°
Giessen, Med. Diss. v. 1897

Dressel, Frdr., Lesebuch als Mittelpunkt d. Sprach- u. Realunterrichts f. Mittel- u. Oberclassen deutscher Volks-, besonders Landschulen. 8. (VIII u. 368 S.) Langensalza 851, Schulbuchh. des Thür. Lehrervereins. (Worndrück.) 3/4 ℛß

Dressel, Friedr., Lesebuch als Mittelpunkt des Sprach- u. Realunterrichts für Mittel- und Oberclassen deutscher Volks-, besonders Landschulen. 2. verb. Aufl. Coburg 854. Riemann'sche Hofbuchhdlg. 8. (XV, 320 S.) 10 ngr.

—— Stylstoffe und Melodieen zu dem Lesebuche. 8. (VIII, 135 und Melodien 32 S.) Langensalza 851, Schulbuchh. des thüringer Lehrer-Vereins.

Dressel, Hans: Aus d. volkswirtsch. Sem. zu Leipzig. Die Entwicklung von Handel und Industrie in Sonneberg. Gotha 1908: F. A. Perthes. VIII, 137 S. 8° ¶(Ersch. auch als Buch ebd. 1909.)
Leipzig, Phil. Diss. v. 26. Okt. 1908, Ref. Stieda, Seeliger
[Geb. 2. Mai 83 Sonneberg; Wohnort: Sonneberg; Staatsangeh.: Sachsen-Meiningen; Vorbildung: Gymn. Koburg Reife O. 04; Studium: Tübingen 2, Heidelberg 1, München 1, Leipzig 3 S.; Rig. 14. Juli 08.] [U 09. 2947

Dressel, Hans, die Entwicklung v. Handel u. Industrie in Sonneberg. (VIII, 137 S.) 8. Gotha 909. F. A. Perthes. 3. —

Dressel, Heinr., s.: Beschreibung der antiken Münzen in den königl. Museen zu Berlin.

Dressel, Henr., s.: Corpus inscriptionum latinarum.

Dressel, Henr., de Isidori originum fontibus. Dissertatio inauguralis. gr. 8. (V, 66 S.) Augustae Taur 874. (Göttingen, Vandenhoeck & Ruprecht's Verl.) n. 1. 50

Fünf Goldmedaillons aus dem Funde von Abukir von Heinrich Dressel. Mit 4 Taf. Berlin: Akad. d. Wiss. 1906. (86 S.) 4°
Aus: Abhandlungen d. Kgl. Preuss. Akad. d. Wiss. v. J. 1906. [07. 7391

Dressel, Heinr., fünf Goldmedaillons aus dem Funde v. Abukir. (86 S. m. 4 Taf.) Lex. 8. Berlin 906. (G. Reimer.) Kart. 5. 50
Sonderabdr. a. „Abhandlgn. d. preuss. Akademie d. Wiss."

— inscriptiones urbis Romae latinae. Instrumentum domesticum, s.: Corpus inscriptionum latinarum.

Dressel, H., Di una antichissima iscrizione Latina graffita sopra vaso votivo rinvenuto in Roma. S. A. 1880. 88 S. u. 1 Taf. 1.20

— Das Iseum Campense auf e. Münze des Vespasianus. (S. 640—648 m. 1 Taf.) Lex. 8. Ebd. 909. — 50
Sonderabdr. aus Sitzungsber. d. k. preuss. Akad. d. Wiss."

—— und A. Milchhoefer, die antiken Kunstwerke aus Sparta und Umgebung. Mit einem epigraph. Anhang, einem Excurse und 6 (4 Kpfr.- und 2 phototyp.) Taf. gr. 8. (190 S.) Athen 878, (Wilberg.) *
Aus: Mittheilungen des Archaeologischen Institutes in Athen, besonders abgedruckt.

Dressel, H., La suppellettile dell' antichissima necropoli esquilina. II. Le stoviglie letterate. S.-A. 1880. 78 S. m. 4 Taf. 1.50

Dressel, Heinr., das Tempelbild der Athena Polias auf den Münzen v. Priene. (10 S. m. 1 Taf.) Lex.-8. Berlin 905. (G. Reimer.) n. — 50
Sonderabdruck aus: „Sitzungsber. d. preuss. Akad. d Wiss."

Dressel, Heinr., Untersuchungen üb. die Chronologie der Ziegelstempel der Gens Domitia. gr. 8. (VII, 67 S.) Berlin 886. G. Reimer. n. 1. 50

Dressel, H., s.: Zeitschrift f. Numismatik.

Dressel, Herm. Lexikalische Bemerkungen zu Firmicus Maternus. 36 S. Progr. G. *Zwickau* 1882.

Dressel, (J. F.,) Vocabula et Adagia, oder Wörter- u. Sprüchwörterbuch f. d. ersten Anfänger in d. latein. Sprache. 8. Berlin. (L. Oehmigke.)

Dressel, J. S., Vocabula et Adagia, oder Wörter- u. Sprüchwörterbuch f. d. ersten Anfänger in d. latein. Sprache. 8. Berl. (L. Oehmigke). 4 Gr.

Neuer Beytrag zur Geschichte der geheimen Proselytenmacherey der Katholiken in protestantischen Ländern. Hrsg. von Joh. Christian Gottfr. Dressel. [T. 1.] 2. Berlin: Unger 1787. 104 S. 8°
cf. D. neuesten Religionsbegebenheiten. 10 (1787) S. 1152—1155.
Tt. 2705.
[T. 2 u. d. Tit.:]
°Neuer Beytrag zur Geschichte der geheimen Proselytenmacherey der Katholicken [!] in protestantischen Ländern. 2. Th., enth.: die Bestättigung [!] der im ersten Theile angeführten Thatsachen, und eine gründliche Widerlegung aller dawider gemachten Einwürfe. Hrsg. von Joh. Christian Gottfr. Dressel. Berlin: Unger 1787. 182 S. 8°
cf. D. neuesten Religionsbegebenheiten. 11 (1788) S. 435—441.

Dressel, Jh. Chr. Gf., († d. 6. Oct. 1824.) neuer Beitrag zur Geschichte d. geheimen Proselytenmacherei. 2 Thle. 8. Berl. 787—88. Unger. 18 Gr.

— Bemerkk. auf e. Reise durch Brandenburg, Sachsen. 8. Berl. 791. Sander. 12 Gr.

Dressel, Johann Christian Gottfried, Gedächtnisspredigt auf den Höchstseligen König von Preussen, Friedrich den Zweiten. Am 10. September 1786 in der Porochial-Kirche zu Charlottenburg gehalten. Berlin 1786 8.

— Jubelpredigt am ersten Tage des 19n Jahrh. gr. 8. Berl. 801.

Dressel, Jh. Chr. Gf., Lehrbuch der christl. Religion. 8. Berl. ... N. Aufl. 790. Sander. 3 Gr.

— Predigt zum Gedächtniß d. Königs v. Preußen, Friedrich Wilhelm II. gr. 8. Berl. 798. (Wienbrack in Leipz.) 3 Gr.

— Predigten über etliche Sonn- u. Fest-Evangelien. gr. 8. Berl. 797. (Wienbrack in Leipz.) 1 Rthlr. 12 Gr.

— v. d. Ursach. d. Verfalls d. Schul. in kl. Städt. 8. Frankf. Strauß. 775.

— von den Ursachen des Verfalls der Schulen in kleinen Städten. 8. Frankf. a. d. O. 776. Strauß. 3 Gr.

Dressel, Joh. Paul Rich. Zur Geschichte der Fabel. Teil I: Die äsopische Fabel bei den Griechen. 30 S. Fr. Wi. G. *Berlin* 1876.
Progr.

Dressel, Johannes (geb. Saarmund bei Potsdam 9. 2. 1854): Zur Statistik des Cysticercus cellulosae. Berlin (1877). (29 S.) 8°
Berlin, Med. Diss. v. 20. Febr. 1877

Dreßel, K. W. A., die Offenbarung des heil. Johannes nach der gelehrten Auslegung des Prof. Dr. E. W. Hengstenberg. Für das Volk bearb. 3 Hfte. gr. 8. (315 S.) Berlin 850. 51, J. A. Wohlgemuth. (1 u. 2. 3/8 Rthlr. 3. 1/6 Rthlr.) 1 Rthlr.

Dressel, Carl [aus Hildburghausen in Thüringen]: Beitrag zur Geschichte der Fistula bursae subhyoideae. . . . Hildburghausen, Hofbuchdr. v. F. W. Gadow & Sohn, 1888; 2 Bl. + 36 S. 8°
Würzburg, Med. Fak., Inaug.-Diss. v. 1888

Dressel, Karl [Prof.]: Verzeichnis der Schüler-Bibliothek der Königlichen Ritter-Akademie zu Liegnitz, nach Klassenstufen und nach Unterrichtsfächern geordn. u. m. e. Vorwort vers. Liegnitz, Druck v. O. Heinze, 1894; XX, 63 S. 8.
Liegnitz, k. RAk, OP 1894 (190)

Mit der Flut. Roman von C[lara] Dressel. T. 1. 2 (in 1 Bde). *Berlin: O. Janke (1901).* 8° [F.] [08. 3777

Dressel, C., Ilse Severin. Roman. 8. (343 S.) Berlin 898. Deutsches Verlagshaus Bong & Co. n. 3. —; geb. 4. 50

Wildvogel. Roman in 2 T. [in 1 Bde] von C[lara] Dressel. Berlin: A. Schall [1902]. (337 S.) 8° [F.]
— Verein d. Bücherfreunde. [Jg. 11, 4.] [03. 13234

Dressel (L.), Die Basaltbildung in ihren einzelnen Umständen erläutert. (Natuurkundige Verhandelingen.) Haarlem 1866. 4.

Dressel, L., geognostisch-geologische Skizze der Laacher Vulkan-Gegend. Mit 1 geogn. (lith.) Karte (in qu. 4.) gr. 4. (VIII, 164 S.) Münster 871. Aschendorff. n. 1. 60

Dressel, Ludw., S. J., element. Lehrbuch d. Physik n. d. neuesten Anschauungen f. höh. Schulen u. z. Selbstunterricht. gr. 8. (XIX, 700 S. m. 402 Fig. u. 1 Tab.) Freiburg i/B. 895. Herder. n. 7. 50; Einbd. in Halbldr. n.n.n. — 60

Dressel, Ludw., S. J., elementares Lehrbuch der Physik nach den neuesten Anschauungen f. höh. Schulen u. z. Selbstunterricht. 2. verm. u. vollst. umgearb. Aufl. 2 Abtlgn. gr. 8. (XV, VIII, 1026 S. m. 589 Fig.) Freiburg i/B. 900. Herder. n. 15. —; geb. n.n. 16. —

Dressel, Ludw., S. J., elementares Lehrbuch der Physik nach den neuesten Anschauungen f. höhere Schulen u. zum Selbstunterricht. 3., verm. u. umgearb. Aufl. 2 Bde. (XV, X, 1063 S. m. 655 Fig.) gr. 8. Freiburg i/B. 905. Herder. n. 16. —; geb. in Leinw. n. 17. 60

Dressel, L., der belebte u. der unbelebte Stoff nach den neuesten Forschungs-Ergebnissen. [Ergänzungshefte zu den „Stimmen aus Maria-Laach" 22.] gr. 8. (VIII, 204 S.) Freiburg i/Br. 883. Herder. n. 2. 60

— die Vulkanausbrüche auf den Antillen (m. e. Blick auf die Vulkane in Südamerika u. die Vulkane überhaupt), s.a. Broschüren, Frankfurter zeitgemäße. 22. VI.

Die Vulkanausbrüche auf den Antillen (mit e. Blick auf d. Vulkane in Südamerika u. d. Vulkane überhaupt). Von Ludwig Dressel, S. J. *Hamm i. W.: Breer & Thiemann 1903.* (35 S.) 8° [J.]
— Broschüren, Frankfurter zeitgemässe. N. F. Bd 22, H. 6.

Dressel, Nic. Wilh.

— — De advocatis, eorumque numero restringendo. Von Sachwaltern u. Einschränckung deren Violheit. Jena (Joh. Chph. Croeker) 1746. 46 S., z. Tl. dtsch. (5.—) 6926

Dressel, N. G., Comment. ad Schoepforf Synops. juris priv. 4. Ienae, Croecker. 717.

Dressel, Nic. Wilh. [Präs.], s. Dobermann, Salom. Severin: De decimatione delinquentium cum principiis suis methodo demonstrativa.

Dressel, Nic. Wilhelm (Hildburghausen), De condictionis furtivae natura et usu hodierno. Von Wiederforderung gestohlenen Guths. Disp. jur. Präs. Christian Wildvogel. Jena (Müller) 17. X. 1714. 40 S. (5.—) 6925

Dressel, Nicol. Wilh.: De tribus temporibus nomothesias Romanae civilis, s. Brückner, Wilh. Hieronymus [Praes.]

Dressel, O. Die Aussprache des Englischen. Wolfenbüttel, G., 1850. 18 S. 4. Progr.

Dressel, O., Beiträge zur Erklärung der Germania des Tacitus. Wolfenbüttel 1872. 4. Gymn.-Progr.

Dressel, O., Systemat. Darstellung der im mittlern attischen Dialekte vorkommenden unregelmässigen Verba. Pr. 1849. 32 S. 4°. 1.25

Dressel, O., Ideen aus dem Gebiete der Metrik. Pr. 1857. 26 S. 4°.

Dressel, O. Die englische Conjugation. Wolfenbüttel, G., 1860. 17 S. 4. Progr.

Dressel, Oscar: Über Dicarboxylglutarsäureester und seine Verwendbarkeit zur Synthese von Dialkylsubstituierten Glutarsäuren und Körpern mit ringförmiger Kohlenstoffbindung. . . . Leipzig, Gustav Fock, 1889; 36 S. + 1 Bl. 8°
Leipzig, Phil. Fak., Inaug.-Diss. v. 16. Sept. 1889

— **Otto,** De enuntiatis conditionalibus apud Latinos. Diss. philos. Götting. (Dieterich) 24. III. 1832. 40 S. (4.50) 6927

Dressel, R., De Dorismi natura atque usu in tragoediarum graecarum diverbiis et anapaestis. Diss. 1868. 44 S.

Dressel, R., Bilder aus der englischen Geschichte, zum Übersetzen ins Englische f. die oberen Klassen höherer Schulen eingerichtet. gr. 8. (VIII, 235 S.) Halle 888. Gesenius. n. 2. —

Dressel, Richard: Beobachtungen über die französischen Fürwörter im Sprachgebrauch unserer Zeit. 4 (S. 1—17).
Festschrift z. 150jähr. Bestehen des Kgl. Rg. *Berlin* 1897.
Nicht im Tauschverkehr.
Progr.

Dressel, W., u. F. Krusekopf, biblische Geschichten in kleinen Rahmen für die Unter- u. Mittelklassen evangel. Volksschulen, mit passenden Sprüchen u. Liederversen versehen u. unter Hinweisung auf den Katechismus bearb. Halberstadt 867. Helm. 8. (IV, 84 S.) n. 5 ngr

Dresselhuis, H. C.

— Robert von Artois. 1248. Frei nach dem Holländ. gr. 12. Wesel 842, Klönne. 7/12 ngr

Dresselhuis, H. C., Albrecht Beyling und seine Zeitgenossen. Original-historisch romantische Schilderung aus dem Kriege der Hoecken und Kabliauen. Aus d. Holländ. von J. D. v. Betaz. 3 Thle. gr. 12. Lemgo u. Detmold 842, Meyer'sche Hofbuchh. 3 ngr

Dresser, Friedrich Wilhelm: Meditationes quaedam de vicinia morbifica. 22 S., gbd.

Erlangae: (Walther) 1788
(Adversaria argumenti physico-medici, Fasc. 6,27)

JB 1.608

Dresser, H. W., ein Buch der Geheimnisse. Einzig berecht. Uebersetzg. v. M. Müller. (III, 164 S.) 8. Leipzig (909). Lotus-Verlag. 3.—; geb. n 4. —

— Gesundheit u. das innere Leben. Eine histor. Studie d. geist. Heiltheorien, n. e. Lebensbeschreibg. Dr. Quimbys, des Begründers der geist. Heilbehandlung. Einzig berecht. Übersetzg. v. M. Müller. (III, 162 S.) 8. Ebd. 907. 3.—; geb. n 4. —

Dresser, H. W., Methoden u. Probleme der geistigen Heilbehandlung. Einzig berecht. Uebersetzg. v. M. Müller. 8. (II, 92 S.) Leipzig 902. E. Diederichs. n. 2. —

Dresser, Horatio W., das Leben nach dem Geiste, aus dem Engl. übers. v. L. S. (III, 132 S.) 12. Leipzig (903). Lotus-Verlag. Geb. n. 2. —

— die Macht des Schweigens. Autoris. Uebersetzg. aus dem Engl. der 15. Aufl. v. M. Müller. (307 S.) gr. 8. Ebd. 907. n. 5. —; geb. n. 6. —

Dresser, Johann Philipp (Hamburg), De pactis evictionis causa initis secundum jus commune et statuta Hamburgensia. Diss. jur. Präs. Jo. August Hellfeld. Jena (Schill) 28. IV. 1757. 46 S. (5.—) 6928
Widm. v.: Präs., Theod. Gg. Wilh. Emminghaus, Joh. Wunderlich, G. E. Oeltze, Chn. Nicol. Carstens (Lübeck), Friedr. Gottlieb Wagner (Hamburg), Balthas. Münter (Lübeck, dtsch.), Ernst Daniel Beckstein (Hamburg), J. H. Vinc. Noelting (Hamburg).

Vorlesung bey Gelegenheit der Incorporation der Loge zur Redlichkeit gehalten von dem zweiten Br. Grossoberaufseher u. Mstr. d. Loge St. George [d. i. Joh. Phil. Dresser] in der Versammlung der beiden alten und vereinigten Logen Absalom und St. George zu Hamburg unter dem Vorsitze des S. T. Grossmeisters [Gottfr. Jak.] J[a]enisch im Jahre 1773, den 19ten Aug. Gedr. mit Schriften eines Maurers. [Hamburg 1773: Piscator?] 28 S. 8° [Umschlagtit.]
Auszug in: Almanach od. Taschenbuch f. Frmr. 1 (1776) Bl. 54—57.
Kl. 905. Selten. Üb. die Vorteile u. den wahren Nutzen der Frmrei.

Dressirte u. Dresseure. Neue (Titel-)Ausg. der „Wandernde Künstler". Von Signor Domino. 8. (V, 250 S. m. Abbildgn.) Berlin 895. S. Fischer Verl. n. 1. 50

Dressler

— s. a. **Dresler.**

Denkschrift des Generalcommissars (Dreßler) über die in Gemäßheit des Gesetzes vom 11. Febr. 1870 und der Anweisung für das Verfahren bei Ermittelung des Reinertrages der Liegenschaften behufs anderweiter Regelung der Grundsteuer vom 21. Mai 1861 gewonnenen Einschätzungsresultate in der Provinz Schleswig-Holstein. (Berlin. 1875.) Fol. [Kopft.]

Denkschrift des Generalkommissars (Dreßler) über die in Gemäßheit der Anweisung für das Verfahren bei Ermittelung des Reinertrages der Liegenschaften behufs anderweiter Regelung der Grundsteuer vom 21. Mai 1861 festzustellenden Klassifikationstarife für die Provinz Schleswig-Holstein. (Berlin. 1872.) Fol. [Kopft.]

Dressler, Gedanken üb. das Gleichnis v. reichen Manne u. armen Lazarus, s.a. Magazin, pädagog.

Gedanken über das Gleichnis vom reichen Manne und armen Lazarus. Von Dressler, Religionslehrer in Hamburg. *Langensalza: H. Beyer & Söhne 1902.* (21 S.) 8°
— Magazin. Pädagogisches. H. 184.

Dressler: Paracenthese d. Pericardiums. Leipz. Schul-/Univ.-Schrift.1864.

Dreßler, A., der praktische Baumgärtner oder kurze Anweisung, wie die Obstbäume auf eine zweckmäßige Art erzogen, veredelt, versetzt u. bis in ihr spätestes Alter verpflegt werden sollen. Mit 7 Steint. 8. Karlsr. 816. Müller. 1 rh

Dressler, Adolph. (geb. Pollnow 1. 6. 1834): De catheterismo laryngis. Berolini (1858). (32 S.) 8°
Berlin, Med. Diss. v. 31. Aug. 1858

Dressler jun., Adf., „Elisabet". Die Tragödie e. jungen Liebe. 4 Akte. (96 S.) 8. Leipzig-Gohlis 908. B. Volger. 1.80

Dressler, Adolf [aus Bonn]: Ueber den plastischen Ersatz der Wange. . . . Bonn, Univ.-Buchdr. v. Carl Georgi, 1890; 51 + 1 S. 8°
Bonn, Med. Fak., Inaug.-Diss. v. [21.] Jul. 1890

Der Lebensgarten. Ein Novellenkranz von Adolf Dressler jun. Leipzig-Gohlis: Volger 1008. 78 S. 8°

— „Mohnblüten". Ein Novellenreigen a. d. Tagebuchblättern meines Lebens. (68 S.) 8. Ebd. 909. 1.—

Dreßler, Alfred, a. Lauban: Der Einfluss des altfranzösischen Eneas-Romanes auf die altfranzösische Litteratur. Borna-Leipzig 1907: R. Noske. (169 S.) 8°
Göttingen, Phil. Fak., Ref. Stimming, Diss. v. 24. Mai 1907
[Geb. 8. Apr. 81 Löbau i. Schl.; Wohnort: Lauban; Staatsangeh.: Preußen; Vorbildung: Gymn. Lauban Reife O. 01; Studium: Göttingen 2, Heidelberg 2, Berlin 2, Göttingen 5 S.; Rig. 20. Dez. 06.]

Dreßler, Arnold, aus Wolmirstedt: Die Chantilly-Handschrift der 'Quinze Joyes de Mariage' hrsg. u. erläutert. *Greifswald 1903: J. Abel.* (XX, 47 S.) 8°
Greifswald, Phil. Diss. v. 6. März 1903

Dreßler, Bruno, Der Männerturnverein Striegau vom 3. 6. 1861—1. 9. 1897, Striegau 1897, 14 S., 8°.

Dreßler, C. T. Dissertatio de auctoritate Academiae Francogallicae in grammaticis caute sequenda. Bautzen, G., 1850. 19 S. 4. Progr.

Dressler, Chr. Fürcht.

— Anweis. z. e. guten u. vorsichtigen Behandl. d. Obstgärten. Ebend. 1804.

Dreßler, Chr. Fürchtegott, aus Erfahrung gegründ. Anweisung, oder Baumzucht u. Behandlung d. Obstbäume. 8. Pirna 798.

— brauchbarer Auszug d. Sächs. Rechte rc. 8. Frberg 801. Reinhold. 6 gr

— Beschreib. v. Sachsen, nach seinen Kreisen, Aemtern, Städten, Flüssen, Posten u. Meilenzeigern, f. d. Jugend. 8. Dresd. 793.

— Briefsamml. f. d. Jugend u. Schullehrer. 8. Dresd. 794.

— katechet. Erklär. des Evangeliums am Tage d. Kirchweihung. 4. Dresd. 776.

— Churfächs. Landesgesetze, in Frag u. Antwort f. Kinder. 8. Dresd. 780.

— biblisches Lehrbuch, enthaltend die Glaubens- u. Sittenlehren d. christl. Religion. 8. Pirna 798.

— Schulbuch, d. i. katechet. Erklärung d. Sonn- u. Festtags-Evangelien aufs ganze Jahr rc. 8. Dresd. 778.

Dreßler, Chr. Heinr., Cours-Erklärungen sämmtlicher Staats-, Eisenbahn- und Werthpapiere. Ein nothwendiges Handbuch für Banquiers, Capitalisten u. Börsenbesucher. Berlin 861. Plahn. 8. (71 S.) n. 10 ngr.

Dreßler, Chr. Heinr., Cours-Erklärungen sämmtlicher Staats-, Eisenbahn- u. Werthpapiere, Wechsel rc. Ein nothwend. Handbuch für Banquiers rc. 3. verm. u. vollständig umgearb. Aufl. Berlin 868. Plahn. gr. 8. (111 S.) 12½ ngr.

Dreßler, Chr. Heinr., Cours-Erklärungen sämmtlicher Staats-, Eisenbahn- u. Werthpapiere. Ein nothwend. Handbuch f. Banquiers, Capitalisten u. Börsenbesucher. 4. sehr verm. u. vollständig umgearb. Aufl. (VI, 201 S.) Berlin 873. Plahn'sche Buchh. n. 2 —

Dressler, Chr. Timoth., s. Phaedri fabulae.

Dreßler, Christ. Ehreg., französ. Grammatik f. Schulen. 2., verb. u. verm. Ausg. gr. 8. (17½ B.) Bautzen 844, Schlüssel.—

—· Dietrich (Betterf. Saxo) u. (Respond.) Johann Gottlieb Schneider (Crimmitschau), Confucii, Sinensium philosophi principis, vitae et doctrinae de beatitudine morali compendium, ex libro, quem Phil. Couplet ex Sinica in Latinam linguam transtulit, extractum. Lpz. (I. Titius) 24. IX. 1701. 12 Bl. (5.—) 6931
Widm. v.: Christian Röhrensee (Wittbg).

Dreßler, E., die Lehre von d. heil. Taufe als d. Weihe zum christl. Leben, nach den Grundtexten des neuen Testaments. gr. 8. Lpz. 830. Barth. 21 gr

Dreßler, E., der Spargel, s.a. Gartenbau-Bibliothek.

Der Spargel. Eine kurze Anleitung zu s. Kultur u. Verwertung. Von E. Dressler, Garten-Insp. Nach d. Tode hrsg. von Walter Dressler. Mit 10 Abb. *Berlin: K. Siegismund (1900).* (66 S.) 8° [J.]
— Gartenbau-Bibliothek. Bd 30.

Dreßler, Ehregott, kurze Abhandlungen, Biographien, Erzähln. u. Gedichte z. Uebersetzen ins Französ., mit vollständ. ausreichender Phraseologie, stylist. Bemerkn. u. zahlreichen Verweisungen auf d. Grammatik d. französ. Sprache. Für mittl. u. obere Classen in Gymnasien. 1., u. 2. verb. u. verm. Aufl. 8. (à 6 B.) Budissin 839, 40, (Weller.) à •

—— Grammatik d. französ. Sprache, zum Gebr. in Gymnasien u. a. höh. Lehranstalten, nebst Aufgaben z. Uebersetzen, ein. Lesebuche u. vollständ. Wortregister. gr. 8. (10½ B.) Bautzen 836, Weller.

Dreßler, Ehreg., über die Mängel d. französ. Grammatik; nebst Bemerkk. üb. die Art u. Weise, denselben abzuhelfen. 8. Bautzen 832. Weller. 8 gr

Dressler, Ernst, appr. Arzt aus Doberschütz: Parotitis im Zusammenhange mit eitrigen Abdominalerkrankungen. *München 1901: Kastner & Lossen.* (41 S.) 8°
München, Med. Diss. v. 1901

Dressler, Ernst, Warenlexikon, s.: Merck, Klem.

Dressler, Ernst Christoph

Dreßler, Er. Cph., († d. 6. April 1779.) angenehme Beitrr. zur Geschichte jetziger Zeiten. 8. Hannov., Hahn. 12 gr

— s.a. Beschäft. einf. Stunden.

MEINE Beschäftigungen einsamer Stunden. (Gedichte von *Ernst Christoph Dressler.*) Leipzig und Lübeck 1759. Gr. 8°. (In Warmbrunn.)
— — Dasselbe. Bayreuth 1759. (Im British Museum.) Anon.-Lex. I. p. 197 (nach Kayser u. Meusel).

— s. Fragment einiger Gedanken.

— Freundschaft u. Liebe in melod. Liedern. 4. Nürnb. 774. 1e Fortsetz. 8. Cassel 777. 2e Aufl. 4. Nürnb. 779. Bauer u. Raspe. 16 gl

Lied, allen Brüdern und Logen der Strickten Observanz geweyht von Ernst Christoph Dressler. Cassel 1778: Waysenhaus-Buchdr.
[Frmr-Bibliothek. 2 (1782) S. 214.]

— s. a. Lieder, Meine.

* **MEINE** Lieder. (Vf.: *Ernst Christoph Dressler.*) Mit Titelvign. (Crusius del., J. C. G. Fritzsch sc.). Leipzig (o. Adresse), 1755. Kl. 8°. (In Berlin: Yl 4321; auch in Hamburg, Stadtbibl.) (3 Mk. 50 Pfg. Carl Uebelen, München, 1892.)
94 S. u. 2 S. Reg. Enth. 28 z. Th. pikante Nrn. — Anon.-Lex. III. p. 73 (nach Meusel u. Kayser).

— Theaterschule für die Deutschen, das ernsthafte Schauspiel betreffend. 8. (Hannov. 777. Hahn). 12 gl

Dreßler, Eug., die Weißtanne Apies pectinata auf dem Vogesensandstein. Ein Wort zur Anregung für deren möglichst ausgedehnte Verbreitung auf ähnlichen Standorten, nebst einem Anh. über fiscal. Sägewerke. Mit einer lith. Taf. gr. 8. (83 S.) Straßburg 880. Bensheimer. n. 1. 50

Dressler, F., Quaest. crit. ad. Maximi et Antonii gnomologias spectantes. 1869. Siehe unter Antonius.

Dreßler, Ferdinand: Horaz, ein Lehrer der Lebensweisheit. (Vortrag, gehalten am ersten Elternabende des Schuljahres 1905/6, Samstag, den 11. November 1905.) (Umschlagtitel: ... Lebensweisheit.) S. 3—20. 8. K. k. Staats-Gymn. im VI. Bezirke *Wien* 1906.
Progr.

Dressler, Ferdinand: Constructionswechsel und Inconcinnität bei den römischen Historikern. 8 (XXI S.).
Progr. K. k. Staats-G. im VI. Bezirke *Wien* 1897.

Meleagrus. Dressler, Ferdinand Zwei Übersetzungsproben. 8 (S. XXXI—XXXII).
Progr. K. k. Staats-R. u. Oberg. im VI. Bezirke *Wien* 1894.
1. Horatius Flaccus: An Manlius Torquatus. 2. Meleagros: An den Frühling.

Dressler, Fr.: De troporum qui dicuntur apud Catullum usu. 18 S. Wien, VI, Progr. 1882

Dreßler, Fr. Wlh., s. Kunst, die, des Ornamentisten ꝛc.

Moltke in seiner Häuslichkeit. Von Friedrich August **Dreßler.** Mit 20 Ill., darunter 3 Skizzen nach Moltkeschen Orig., u. 2 Facs.-Reprod. *Berlin: F. Fontane & Co. 1904.* (VI, 157 S.) 8° [F.] [04. 1909

Moltke in his home [Moltke in seiner Häuslichkeit]. By Friedrich August **Dressler.** Author. transl. by Mrs. Charles Edward Barrett-Lennard. With an introd. by General [Paul Sanford] Lord Methuen. London: J. Murray 1907. (XI, 163 S.) 8° [07. 1115

Dressler, *Friedrich Reinhold* [Prof. Dr.]: Triton und die Tritonen in der Litteratur und Kunst der Griechen und Römer. I. Tl. Wurzen, Druck v. G. Jacob, *1892;* 2 Bl., 1—33 S. 4.
Wurzen i. S., k. G, OP 1892 (543)

Dressler, *Friedrich Reinhold* [Prof. Dr.]: Triton und die Tritonen in der Litteratur und Kunst der Griechen und Römer. II. Tl. [Forts. d. P-Beil. 1892.] Wurzen, Druck v. G. Jacob, *1893;* 1 Bl., 1—47 S. 4.
Wurzen, k. G, OP 1893 (544)

Dressler, F. R., Triton u. die Tritonen in der Litteratur u. Kunst der Griechen u. Römer. I. u. II. Tl. Progr. 4. (V, 33 u. III, 47 S. m. 1 Abbildg.) Wurzen 892. 893. (Leipzig, B. G. Teubner.) n. 2. 40

Gallus **Dressler.** XVII Motetten zu vier und fünf Stimmen in Partitur ges. u. mit e. Klavierpartitur versehen von A. Halm u. Rob. Eitner. *Leipzig: Breitkopf & Härtel 1900.* (115 S.) 2°
= **Publikationen** älterer prakt. u. theoret. Musikwerke. Bd 24. [00. 1181

Dressler, Georg, cand. paed.: Fusspfad und Weg geographisch betrachtet. Nebst 15 Abbildungen (Originale im Museum für Völkerkunde zu Leipzig) und 1 Karte. Leipzig 1906: C. G. Naumann. (95 S.) 8°
Leipzig, Phil. Fak., Ref. Weule, Bücher, Diss. v. 12. April 1906
[Geb. 25. Nov. 77 Werdau, Sachsen; Wohnort: Dresden; Staatsangeh.: Sachsen; Vorbildung: Seminar Dresden N. Wahlfähigkeitszeugnis Dez. 00; Studium: Leipzig 6 S.; Rig. 4. März 05.]

— **Gottlob** (Küppor. Laus.), De resurrectione mortuorum ex principiis philosophicis. Dissert. ex theol. naturali. Präs. Gg. Ehrenfried Behrnauer (Löbau/Laus.). Lpz. (Joh. Heinr. Richter) 13. IV. 1703. 10 Bl. (4.80) 6932

Dressler, Gust., Friedrich II. u. Hertzberg in ihrer Stellung zu den holländischen Wirren in den Jahren 1783—1786. Inaugural-Dissertation. gr. 8. (41 S.) Breslau 882. (Köhler.) n. 1. —

Dressler, Gustav, Dr.: Zur Geschichte der Anstalt in den ersten 25 Jahren ihres Bestehens. *Schwetz 1901: G. Büchner.* (16 S.) 4°
Schwetz a. W., k. PG, OP 1901 (38)

Dreßler, H., Bezeichnung der Aussprache und Betonung geograph. u. geschichtl. Fremdnamen, s.: Ruge, F.

Dreßler, Hans, Germaniens Söhne, einst u. jetzt, s.a. **Festspiele. Nr. 4.**

Germaniens Söhne, einst und jetzt. Festspiel in 3 Abt. von Hans Dressler. *Mühlhausen i. Th.: G. Danner [1900].* (16 S.) 8° [F.]
— Festspiele. No 4. [00. 1137

Dressler, Heinr., die Lehre v. der Funktion. Theorie u. Aufgabensammlg. f. alle höheren Lehranstalten. (Mittelschulen). 24 Fig., 1 graph. Fahrplan. (88 S.) gr. 8. Leipzig, Dürr'sche Buchh. Kart. 1. 60

Dressler, Heinr., Lehre von d. Funktion. Jetzt: Berlin, Union, Zweigniederlassg.

Dreßler, Heinr., Leitfaden zum Unterricht im Rechnen f. die Unterklassen höherer Lehranstalten. Ein Hilfsbuch zu jeder Aufgabensammlg. gr. 8. (44 S.) Dresden 892. A. Huhle. n. — 40

— **Mathematik f. Studienanstalten,** s.: **Noodt, G.,** mathematische Unterrichtsbücher f. höhere Mädchenschulen.

Dreßler, Heinr., Rechenbuch f. Lehrerbildungsanstalten. Ein Lehrbuch m. Aufgabensammlung. (XI, 195 S.) gr. 8. Dresden 906. Bleyl & Kaemmerer. n. 2. 40; geb. n.n. 2. 75

— **Rechenbuch** f. Lehrerbildungsanstalten. Ein Lehrbuch m. Aufgabensammlung. 2. durchgeseh. u. erweit. Aufl. (215 S.) gr. 8. Dresden-Blasewitz (909). Bleyl & Kaemmerer. Geb. nn 2. 75

Dreßler, Heinr., u. W. J. **Schüller,** Rechenbuch f. Präparandenanstalten. 1. Tl.: Das Rechnen m. ganzen Zahlen, Dezimalzahlen u. gemeinen Brüchen, bearb. v. W. J. Schüller. (IV, 286 S.) gr. 8. Breslau 904. F. Hirt. n. 3. —

— — dasselbe. Neue Ausgabe, s.: **Schüller, W. J.**

Dreßler, Heinrich Johannes, Referendar in Limbach i. S.: Der Selbsthilfeverkauf zwecks Hinterlegung des Erlöses nach dem Rechte des Deutschen Bürgerlichen Gesetzbuchs. Borna-Leipzig 1907: R. Noske. (VII, 56 S.) 8° [F.]
Leipzig, Jur. Fak., Diss. v. 6. Juli 1907
[Geb. 24. Nov. 81 Freiberg i. S.; Wohnort: Limbach i. S.; Staatsangeh.: Sachsen; Vorbildung: Gymn. Freiberg Reife O. 02; Studium: München 2, Leipzig 7 S.; Rig. 4. Juli 05.]

Bilder aus der Geschichte Rendsburgs von den ältesten Zeiten bis zur Gegenwart von H[ermann] **Dressler.** Mit e. Ktskizze. Rendsburg: Sieke 1910. 94 S. 8° [10. 15734 8

Dreßler, Herm., vom grünen Holze. Roman e. werd. Lehrers. (254 S.) 8. Wiesbaden 911. Verlag d. deutsch. Frauen-Almanach. 4.—; geb. 5.—

— Süddeutsche Städtemärchen. Buchschmuck v. W. Ehringhausen. (171 S.) 8. Straubing (910). C. Attenkofer's Verl. 2.—

Dreßler, Jh. Fr., († d. 16. Aug. 1817.) s. 1) Geschichte d. Handlung rc. 2) Geschichte d. Juden. 3) Reflexionen über d. Charakter.

Dreßler, Joh. Gottlieb

Dreßler, J.G. (Mitarb.), s. Abhandlungen, Pädagogische, Recensionen u. Schulnachrichten.

Dreßler, Jh. Glieb., Anleitung zu einer gründl. u. naturgemäßen Behandlung des Elementarunterrichts im Lesen u. Rechtschreiben. Ein gemeinfaßl. Auszug aus der Legographologie des Dr. Schulze. Für die Bedürfnisse der Elementarschullehrer u. Seminaristen u. als nöthiges Hülfsmittel bei'm Gebrauche des Schulze'schen Ersten Uebungsbuches für Leseschüler bearb. gr. 8. Leipzig 836. Karl Tauchnitz. 1/2 ℔

Dreßler, Jh. Gli., auch ein Wort über Beneke's Seelenlehre und ihre Einführung in die Schullehrer-Seminarien. Als Entgegnung auf das in der „Allgem. Schulzeitung" No. 139 u. 140 d. Jahrg. 1842 üb. denselb. Gegenstand abgegebene Urtheil e. sächs. Schulmannes. 8. Bautzen 842, Reichel. n. 1/3 ℔

Dreßler, Jh. Gli., Beiträge zu einer bessern Gestaltung der Psychologie u. Pädagogik. 1. u. 2. Bd. A. u. d. T.: Beneke oder die Seelenlehre als Naturwissenschaft. Eine freimüthige Beleuchtung der von ihm entdeckten Naturgesetze, welche in der menschl. Seele walten u. deren Entwickelung beherrschen. 2 Thle. 8. Bautzen 845, 46. (Reichel.) n. 2 1/6 ℔

Dreßler, Joh. Glieb., s. Beneke, Friedr. Ed., Erziehungs- und Unterrichtslehre.

J. Gli. Dressler: Beneke od. d. Seelenlehre als Naturwiss.; e. freimüth. Beleucht. der v. ihm entdeckten Naturgesetze, welche in d. menschl. Seele walten u. deren Entwickl. beherrschen. 1-2r Th. Auch unt. d. T.: Beiträge zu e. bessern Gestaltung d. Psychologie u. Pädagogik. 1-2r Bd. *Eb.* 845-46. 8° 2 ℔ 4 gl —

— Beneke u. die Seelenlehre als Naturwissenschaft. Eine freimüthige Beleuchtung der v. ihm entdeckten Naturgesetze welche in d. menschl. Seele walten u. deren Entwickelung beherrschen. Geschrieben für Lehrer u. Erzieher, die sich über eine hochwicht. Angelegenheit näher unterrichten wollen. A. u. d. T.: Beiträge zu einer bessern Gestaltung d. Psychologie u. Pädagogik, herausg. v. Dreßler. gr. 8. Bautzen 840. Reichel. n. 5/6 ℔

Dreßler, Joh. Glieb., kurze Charakteristik der sämmtlichen Werke Beneke's nach der Zeitfolge ihres Erscheinens. (Abdr. aus Beneke's Lehrbuch der Psychologie.) Berlin 861. Mittler & Sohn. gr. 8. (30 S.) 3 ngr.

Dreßler, Joh. Glieb., praktische Denklehre, nach Beneke's Vorgange auf die Thatsachen der innern Erfahrung gebaut. Für alle Freunde des Denkens, besonders für Lehrer. gr. 8. (XII und 401 S.) Bautzen 852, Weller.

Dreßler, J. G., die Grundlehren der Psychologie u. Logik. Ein Leitfaden zum Unterricht in diesen Wissenschaften für höhere Lehranstalten, sowie zur Selbstbelehrung. 867. — 2. verb. Aufl. von F. Dittes u. O. Dreßler. Leipzig 870. Klinkhardt. gr. 8. (XIV, 245 S.) n. 20 ngr.

Dreßler, J. G., die Grundlehren der Psychologie u. Logik. Ein Leitfaden zum Unterricht in diesen Wissenschaften f. höhere Lehranstalten sowie zur Selbstbelehrg. 3. verb. Aufl. v. F. Dittes u. O. Dreßler. gr. 8. (XVI, 260 S.) Leipzig 872. Klinkhardt. n. 2. 40

Dreßler, Joh. Glieb., ist Beneke Materialist? Ein Beitrag zur Orientirung über Beneke's System der Psychologie, mit Rücksicht auf verschiedene Einwürfe gegen dasselbe. Zunächst als Abwehr eines Angriffes des Hrn. Pfr. Gieseler. gr. 8 (99 S.) Berlin 862, Mittler und Sohn.

— Johann Gottlieb (Blumendorf / Schlesien), De juramento in verba magistri et in specie de cautionibus ejusdem. Dissertat. philos. nov. Präs. Friedrich Wilh. Ellenberger. Halle (Schneider) April 1753. 40 S. (5.—) 6933
Widm. v.: Chn. Weber, Präs., Carl Gottfried Ihlo (Hirschberg/Schles.), Gottfr. Krause.

Dreßler, Jh. Otto, († d. 23. Decbr. 1791.) Erläuterung einiger Stellen d. Buches Hiob. 8. Herborn 773.

Dreßler, K. G., Chronik der Parochie Ottendorf, sowie der Dörfer Lausa, Hermsdorf, Grünberg und Cunnersdorf, nach sicheren Quellen bearb. unter Mitwirkung von C. Angermann. gr. 8. (VIII, 178 S.) Meißen 890. (Dresden, Arnoldische Buchhandlg.) geb. n.n. 3. 50

Dressler, Karl [aus Halle a. S.]: Ueber Uterussarkome.... Halle a. S., Hofbuchdr. v. C. A. Kaemmerer & Co., 1890; 39 + 1 S. + 1 Bl. 8°
Halle, Med. Fak., Inaug.-Diss. v. 10. Mai 1890

Dressler, L., zur Orientierung in der Energielehre. [Aus: „Natur u. Offenbarg."] gr. 8. (60 S. m. 8 Abbildgn.) Münster 893. (Aschendorff.) n. 1. —

Dressler, Lina

—— vollständiges Dresdner Kochbuch für bürgerliche Haushaltungen. Eine leichtfaßliche Unterweisung im Kochen und Braten, im Früchte-Einmachen, Backwerkfertigen, Saucen- und Getränkebereiten. Nebst allem für die Küche nothwendigen Beiwerk. 2. Aufl. 8. (223 S.) Dresden 884, Höckner. geb. *

Dreßler, Lina, vollständiges Kochbuch für bürgerliche Haushaltungen. Eine leichtfaßl. Unterweisung im Kochen u. Braten, im Früchte-Einmachen, Backwerkfertigen, Saucen- u. Getränkebereiten. Nebst allem für die Küche nothwendig. Bedarf. 2. Aufl. 8. (223 S.) Berlin 882. Bolm. n. 1. 50; cart. n. 1, 60

Dreßler, Lina, vollständiges Kochbuch f. bürgerliche Haushaltungen. 8., verm. Aufl. 8. (223 S.) Berlin 889. Mode's Verl. geb. 2. 25

Dreßler, Lina, vollst. Kochbuch f. bürgerl. Haushaltgn. E. leichtfaßl. Unterweisg. i. Kochen u. Braten, im Früchte-Einmachen, Backwerkfertigen, Saucen- u. Getränkebereiten. Nebst allem f. d. Küche nothwend. Beiwerk. 11., verm. Aufl. 8. (223 S.) Berlin 897. S. Mode's Verl. Geb. in Leinw. 2. 25

Dreßler, Lina, vollständiges Kochbuch f. bürgerliche Haushaltungen. Eine leichtfaßl. Unterweisg. im Kochen u. Braten, im Früchte-Einmachen, Backwerkfertigen, Saucen- u. Getränkebereiten. Nebst allem f. die Küche notwend. Beiwerk. 13. Aufl. (223 S.) 8. Berlin (904). S. Mode. Geb. in Leinw. 2. 25

Dressler, Max, Anleitung zur ersten Hilfeleistung bei Unglücksfällen. (Der „Laienhilfe" 2. Aufl.) Zum Gebrauch in Samariterkursen u. zum Selbstgebrauche f. Jedermann. 8. (56 S. m. 40 Abbildgn.) Karlsruhe (902). G. Braun'sche Hofbuchdr. Kart. n. 1. —

Dreßler, Max, Festspiel zur Feier der Erinnerung an die vor 50 Jahren erfolgte Erwerbg. der Insel Mainau durch Seine königl. Hoh. den Großherzog. Auf Veranlassg. Ihrer königl. Hoh. der Großherzogin verf. (20 S.) gr. 8. Karlsruhe 903. G. Braun'sche Hofbuchdr. n. — 60

Dreßler, Max, der Kampf Anhalt-Cöthens gegen die preuß. Handelspolitik in den J. 1819—28, s.a. Beiträge zur anhalt. Geschichte.

Der Kampf Anhalt-Cöthens gegen die preußische Handelspolitik in den Jahren 1819–28. Ein Beitrag z. Vorgeschichte d. Zollvereins von Max Dreßler. Cöthen: P. Schettlers Erben 1908. (74 S.) 8° [F.]
— Beiträge z. Anhaltischen Geschichte. Heftchen 12.

Dreßler, Max, Künstler-Anatomie, s.a. Spemann's Compendien.

Künstler-Anatomie von Prof. Dr. Max Dreßler, Karlsruhe. Berlin & Stuttgart: Spemann [1908]. VII, 340 S. 8°
(Spemanns Compendien. 3.)

Dressler, Max, Laienhilfe. Anleitung zur ersten Hilfeleistg. bei Unglücksfällen. Zum Gebrauche in Samariterkursen u. zum Selbstgebrauch f. Jedermann. 8. (59 S. m. 41 Illustr.) Karlsruhe 894. G. Braun. Kart. n. 1. —

Dressler, Max [prakt. Arzt]: Über die Veränderungen im Gehirn und Rückenmark des Kaninchens bei Bleivergiftung.... Karlsruhe, Druck d. G. Braun'schen Hofbuchdr., 1887; 32 S. u. 4 Taf. 8°
Freiburg i. B., Med. Fak., Inaug.-Diss. v. 1887

Dreßler, Max, Vorlesungen üb. Psychologie, geh. im Foyer des großh. Hoftheaters zu Karlsruhe. gr. 8. (VII, 236 S.) Heidelberg 900. C. Winter. n. 3. 60; geb. in Leinw. n. 4. 50

— die Welt als Wille zum Selbst. Eine philosoph. Studie. (III, 112 S.) gr. 8. Heidelberg 904. C. Winter, Verl. n. 3. —

Dressler, Max Christoph

Dressler, M. Christoph, liegt i. Kants religionsphilosoph. Anschauungen der Keim zur Weiterentwicklung nach dem Schleiermacherschen Prinzip hin vom Ursprung des religiösen Bewußtseins? Progr. (51 S.) Lex. 8. Hamburg 909. (Herold). nn 1. 50

Dressler, Max Christoph-: Liegt in Kants religionsphilosophischen Anschauungen der Keim zur Weiterentwicklung nach dem Schleiermacherschen Prinzip hin vom Ursprung des religiösen Bewußtseins? Hamburg 1909: Lütcke & Wulff. 51 S. 8°
Hamburg, R in Barmbeck P 1909 (996) [S 09. 81

Dreßler, O., Grundriß der physischen Anthropologie als Grundlage der Erziehungslehre. gr. 8. (VII und 186 S.) Leipzig 868, Klinkhardt. *

Dreßler, O., Lehrbuch der Anthropologie zum Unterricht an höheren Schulen, sowie zur Selbstbelehrg. 1. Bd. Anatomie. Mit 148 (eingedr.) Holzschn. gr. 8. (VIII, 236 S.) Leipzig 876. Klinkhardt. n. 3. 20

Dreßler, O., Lehrbuch der Anthropologie zum Unterricht an höheren Schulen, sowie zur Selbstbelehrung. I. Thl.: Somatologie. 2. Abschn.: Physiologie. Mit 31 (eingedr.) Holzschn. gr. 8. (VI, 288 S.) Leipzig 879. Klinkhardt. n. 2. 80 (I, 1. u. 2.: n. 6. —)

Dressler, Oskar [app. Arzt aus Nossen, Kgr. Sachsen]: Aus d. Frauenklinik zu Kiel. Ein Beitrag zur Beurtheilung der Alexander-Adams'schen Operation.... Kiel, Druck v. L. Handorff, 1890; 34 S. + 2 Bl. 8°
Kiel, Med. Fak., Inaug.-Diss. v. 18. Aug. 1890

Dressler, Osk. Ein Beitrag zur Beurtheilung d. Alexander-Adams'schen Operation. Diss. gr. 8. (35 S.) Kiel 890, (Lipsius u. Tischer). * 1 —

Dreßler, P., Feuchtfröhliches f. den Buchhandlungs-Gehilfen-Verein, s.: Urlaub, A.

Dreßler, Paul, approb. Arzt aus Kahla: 〈Aus d. med. Klinik in Jena.〉 Ueber die Einwirkung des Tuberculin R auf Lupus. *Kahla 1903: J. Beck.* (31 S.) 8°
Jena, Med. Diss. v. (23. März) 1903

Dressler, R., Ephoros Benutzung durch Diodor. 1878.

Dressler, R., Das Geschichtswerk des Ephoros nach s. Fragmenten u. s. Benutzung durch Diodor. Pr. 1878. 86 S. 4°.

Dreßler, Urban, erstes Lesebuch für Volksschulen, s. Schmidt, Frz.

Dressler, W., J. K. Fischer und Rich. Pribram, Beitrag zur Kenntniss des Trinkwassers der Stadt Prag. gr. 8. (39 S.) Prag 869, Reichenecker.
Aus: Vierteljahrschrift für praktische Heilkunde, besonders abgedruckt.

Dreßler, Wilhelm: Übersichtliche Zusammenstellung der meteorologischen Verhältnisse von Weidenau für die Jahresperiode vom 1. Jänner bis 31. Dezember 1905. (Umschlagtitel: Die meteorologischen Verhältnisse von Weidenau und Umgebung im Jahre 1905.) S. 22–25. 8. Übersichtliche ... 1906. (Umschlagtitel: ... 1906.) S. 32–34. 8. K. k. Staats-Gymn. *Weidenau* 1906. 1907.
Progr.

Dressler, Wilh. Aug., für Freunde der Mathematik und Mechanik. Alle nur möglichen rationalen Verhältnisse in den Seiten eines rechtwinkl. Dreiecks, so wie deren Anwendung auf die Construction der Parallelogramme für Dampfmaschinen, aufgefunden und dargestellt. gr. 8. (18 S. mit 1 Stnt. in qu. 4.) Breslau 849, Trewendt. Thlr. *

Dreßler, Willy O., Kultur der Feste, s.a. Flugblätter f. künstlerische Kultur. 2. Hft.

Kultur der Feste. Von Willy O. Dreßler. 1. Stuttgart: Strecker & Schröder 1906. 4°(8°) [F.]
— Flugblätter f. künstlerische Kultur. 2.

Dressler, Willy O., „Kunstgewerbe od. angewandte Kunst in Beziehung zur künstlerischen Kultur". Nach e. im Rostocker Frauenverein geh. Vortrag. (31 S. m. Titelbild.) 8. Rostock 910. Stiller. — 50

Dressler, Willy O. Dresslers Kunstjahrbuch. Ein Nachschlagebuch für deutsche bildende und angewandte Kunst. Hrg. von W. O. D., ... Berlin. (1. Ausgabe.) [Mit Titelbild, Vignetten und 1 Porträt-Tafel.] II + XVI + 548 [+ 42] S. 8. Leipzig-R., E. Haberland, 1906. [geb. M. 6. —]

— Kunstjahrbuch 1907. Ein Nachschlagebuch f. deutsche bild. u. angewandte Kunst. (XVIII, 593 S. m. 1 Bildnis.) 8. Leipzig, E. Haberland. Geb. in Leinw. 7.—; numm. Ausg., geb. in Perg. 15. —

— dasselbe. Ein Nachschlagebuch f. deutsche bild. u. angewandte Kunst. (Buchschmuck vom Hrsg.) (LX, 674 u. 83 S. m. 1 Bildnis.) 8. Dresden (908). G. Kühtmann. Geb. in Leinw. 7.—; nummerierte Ausg., geb. in Perg. 15. —

— dasselbe. 1909. Ein Nachschlagebuch f. deutsche bild. u. angewandte Kunst. Jubiläums-Ausg. zur Hundertjahrfeier der kgl. bayer. Akademie der Künste in München. 4. Jahrg. (LV, 762 u. 84 S. m. 3 eingedr. Bildnissen u. 1 Taf.) 8. Rostock, [C. Hinstorff.] Stiller. Geb. in Leinw. 10. —

Dressler, Willy O., Kunstjahrbuch 1910. Ein Nachschlagebuch f. deutsche bild. u. angewandte Kunst. 5. Jahrg. (III u. S. XXI—LV, 387 S. u. S. 339—728.) 8. Rostock, Stiller. Geb. in Leinw. 12. —

— Künstler-ABC. Auf Grund authent. Materials. Ausg. 1911. (93 S.) 8. Ebd. (910). 1. 50

Dressler, Willy O., das Möbel im Zimmer der Neuzeit. Entwürfe zur Ausschmückg. unserer Wohnräume. gr. 4. 25 Lichtdr.-Taf. (IV S. Text.) Berlin (901). M. Spielmeyer. In Halbleinw.-Mappe n. 18. —

Dressmaker & Milliner, the. Illustrating in colors & tints the latest modes in costuming and millinery. Published by the Butterick Publishing Co. (limited), London & New York. (Text in engl., span. u. deutscher Sprache.) Vol. II. 4 nros. (à ca. 60 S.) Fol. New York 896. (Barmen, Blank & Co.) 6. —; einz. Nrn. 2. —

JUANS, Don, Dressur zur Ehe. (Mk. 3—.)

Dressur, d. rationelle, des Hühnerhundes, od. Anleit., jeden Hund von nicht ganz schlechter Race im ersten Felde ferm u. hasenrein zu machen, v. F. C. J. M. gr. 12. Leipz. 831. Nauck. 6 gGr.

Dreßmark, Heinr., Krankendienst u. Krankentrost. Ein Lehr-, Trost- u. Gebetbuch f. das kathol. Haus, enth. Unterweisgn. u. Gebete f. Kranke u. deren Angehörige, nebst e. Anh. v. Gebeten f. die Abgestorbenen. (392 S. m. 1 Farbdr.) kl. 8. Kevelaer (907.) Butzon & Bercker.
Geb. in Leinw. 1. 75

Dretzel, Corn. H., evangel. Zions musical. harmon. Choralbuch. 4. Nürnb. 731.

Dretzky, Max

Dretzky, M., Prüfungskatechismus f. Eisenbahnassistenten der preußischen Staatseisenbahnverwaltung. Nach der Prüfungsordng. vom 15. III. 1906 bearb. I. Tl. (VII, 748 S.) 8. Berlin 907. Schriftenvertriebsanstalt.
Geb. in Leinw. n. 10. —

Dretzky, M., Prüfungskatechismus f. Eisenbahnassistenten der preuß. Staatseisenbahnverwaltung. Nach der Prüfungsordng. vom 15. III. 1906 bearb. II. Tl.: Abfertigungsdienst. (IV, 422 S.) 8. Berlin 907. Schriftenvertriebsanstalt. Geb. in Leinw. 5. 50
(I u. II erm. Pr. 10 —)

— Prüfungskatechismus f. Staatseisenbahnbeamte. Fahrdienstvorschriften. (F. B.) Gültig vom 1. VIII. 1907. (134 S.) gr. 8. Ebd. 907. 1. —

Dreuttel, J. G. Fr., bescheidene, in den verfassungsmäß. Rechten gegründete, Beschwerden u. Bitten der evangel. protest. Kirche u. ihrer Diener im Großherzogth. Baden. Der hohen Regierung u. d. Ständen des Vaterlands vorgetragen. gr. 8. Heidelb. 827. Groos. 10 gGr. Weiß P. 12 gGr.

— die Heilslehre des Christenthums in e. ausführl. Katechismus mit beigefügten Bibelstellen. gr. 8. Darmst. 832. Leske. 12 gGr.

Dreuw H.: Dermatohistologische Technik d. Unna'schen Färbemethoden f. den Praktiker. Berl. 1907. 16 S. (Særtr.). 4°.

Dreuw, Heinrich, cand. med. aus Büsbach: Casuistischer Beitrag zur Lehre von der Arteriosclerose der Coronararterien des Herzens. *München 1899: Kastner & Lossen.* (30 S.) 8°
München, Med. Diss. v. 1899

Dreux, Jos. de, O. Cap., seraphische Einsamkeit. Geistesübungen im Sinne des hl. Franziskus v. Assisi. Sinngemäss übers. v. Thom. a. Villanova Gerster, O. Cap. (III, 154 S.) kl. 8. Innsbruck 910. F. Rauch. 1.80; geb. 1. 70

Zittau, (Dreverhoff, J. C. A.), Meteorologische Beobachtungen zu —, in der Kgl. Sächs. Oberlausitz, im Jahre 1839. (12. Jahrg. der Meteorolog. Beobacht.) Zittau 1839.

Dreverhoff, Paul, s.: Betrieb, der moderne, in der Brau-Industrie.

Dreverhoff, Paul, Brauereiwesen, s.a. Sammlung Göschen.

Brauereiwesen von Dr. Paul **Dreverhoff**. 1. Leipzig: Göschen 1906. 8°
(Sammlung Goschen. 303.) A 11. 1033 11

Dreverhoff, Paul, aus Zwickau i. S.: Über die Einwirkung von Phosphorpentachlorid auf N-alkyl-α-Toluchinolone. *Erlangen 1898: F. Junge.* (45 S.) 8°
Erlangen, Phil. Diss. v. 27. Juli 1898

Dreverhoff, Paul, s.: Gambrinus.

Drevermann, Aug., über die Darstellung des Aluminiums. Vortrag, gehalten am 5. Septbr. in der 31. Sitzung des techn. Vereins der Graffsch. Mark. gr. 8. (16 S.) Hagen 855(56,) (Bus.)

Drevermann, August (Hörde)
Ueber die Darstellung krystallisirter Mineralien auf nassem Wege nach einer allgemein anwendbaren Krystallisations-Methode unter Berücksichtigung der Verhältnisse in der Natur.
[In: Liebigs Annalen Bd 89, 1854, S. 11-40.]
Dr. phil. Giessen 22.4.1857.

Die Fauna der Siegener Schichten von Seifen unweit Dierdorf (Westerwald). Von Dr. Fr[itz] **Drevermann.** (Taf. 28-32.) *Stuttgart: E. Schweizerbart 1904.* (S. 229-288.) 4°
— Palaeontographica. Bd 50, Lfg 6, [1.] [04. 4436]

Drevermann, Fritz, aus Battenberg (Kr. Biedenkopf): **Die Fauna** der oberdevonischen Tuffbreccie von Langenaubach bei Haiger. *Marburg 1901: (A. W. Schade in Berlin).* (111 S.) 4° (8°)
Marburg, Phil. Diss. v. [4. Mai] 1901

Die Fauna der Untercoblenzschichten von Oberstadtfeld bei Daun in der Eifel. Von Dr. Fr[itz] **Drevermann.** *Stuttgart: E. Schweizerbart 1902.* (S. 73-119.) 4°
— Palaeontographica. Bd 49, Lfg 2. [02. 1660]

Dreves, A. [aus Wriedel]: Ueber Chorea chronica progressiva. . . .
Göttingen, Druck d. Dieterichschen Univ.-Buchdr., 1891; 38 S. 8°
Göttingen, Med. Fak., Inaug.-Diss. v. [5. März] 1891

Dreves, A., üb. Chorea chronica progressiva. Diss. gr. 8. (38 S.) Göttingen 891. (Vandenhoeck & Ruprecht.) n. — 80

Dreves, Aug., Geschichte der Kirchen, Pfarren, geistlichen Stiftungen u. Geistlichen d. Lippischen Landes. gr. 8. (VI, 433 S.) Lemgo 881. F. L. Wagener. n. 3. —

Dreves, C., zum Frieden in der Wahrheit. Ein Wort der Erwiderg. an Hrn. Past. Ehlers zu Hermannsburg u. e. offener alter Brief an den Senior der hochw. Immanuelsynode Hrn. Past. Vollert zu Greiz. 8. (108 S.) Hannover 889. Wolff & Hohorst. n. — 50

Dreves, Detlev Friedrich (Boitzenburg/Meckl.), De acceptationis, quam vulgo vocant, necessitate in donationibus mortis causa. Comment. jur. Göttingen (J. Chn. Dieterich) 30. XII. 1797. 36 S. (4.80) 6934
Gew.: Pet. Simon Dreves.

Die Behandlung Geistes-Kranker, wie sie jetzt ist u. wie sie sein sollte. Im Selbstverl. d. Verf. E(rnst) **Dreves.** (Bremen 1903: A. G. Brinner.) (16 S.) 8° [J.] [03. 1387 10]

Dreves, E., die Behandlung Geisteskranker, wie sie jetzt ist u. wie sie sein sollte. (16 S.) gr. 8. Burgdamm 903. Lesum bei Bremen, Selbstverlag. n. — 30

Aus d. Erlebnissen e. Seemanns. Von E(rnst) **Dreves,** (Kapt.). Denkschrift über die Heil- und Pflege-Anstalt Lüneburg. (Bremen 1903: A. G. Brinner.) (1 Bl.) 8°(4°) [Kopft. J.] [03. 1978 10]

Dreves, F., u. A. Wiagers, die Mineralquellen bei Wildungen. gr. 8. Göttingen 835. Vandenhöck u. Ruprecht.) n. $^{2}/_{3}$ Thlr.

Dreves, Friedrich. Botanisches Bilderbuch. Heft 3—8. Leipzig 1795—96. Ü: *Hebenstreit, Ernst Benj. Gottlieb.* (MGT)

Dreves u. F. G. Hayne, botanisches Bilderbuch, m. deutschen, franz., und englischen Text. 3s bis 27s Heft. Leipz. Voß. 794. (à 16 gr.)

— — dasselbe französisch. V Tom. av. pl. 4. Ebendaselbst. 802.

Dreves, Geo., s. L e v e s q u e de Poully.

Dreves, Geo., s.a. Resultate d. philosoph. Vernunft.

G. **Dreves**: Resultate d. philosoph. Vernunft üb. d. Natur d. Sittlichk. *Jena*, akad. B. 797-98. 2 Thle. 8° 2 ß 8 gl

Dreves, G., Resultate d. philosophirend. Vernunft üb. die Natur d. Sittlichkeit. 2 Thle. 8. Leipzig, F. C. W. Vogel. 797—98. (1r 1 Thlr. 2r 1 Thlr. 8 gr.)

(G. **Dreves**): Resultate d. philosoph. Vernunft üb. d. Natur d. Vergnügens, d. Schönheit u. d. Erhabenen. *Lpz.*, Crusius. 793. 8° 16 gl

Dreves, Guido Maria, Aurelius Ambrosius, „der Vater d. Kirchengesanges“, s.a. Stimmen aus Maria-Laach.

Aurelius Ambrosius, 'der Vater des Kirchengesanges'. Eine hymnolog. Studie. Von Guido Maria **Dreves** S. J. Mit 1 Lichtdr. Freiburg i. B.: Herder 1893. (V, 146 S.) 8° (07. 6481

Dreves, Guido Maria, S. J., s.: Analecta hymnica medii aevi.

— Archaismen im Kirchenliede. Noch ein Wort zur Gesangbuch-Frage. gr. 8. (V, 60 S.) Freiburg i/Br. 889. Herder. n. 1.—

— s.: Beiträge, hymnologische.

Dreves, G. M., cantiones bohemicae, s.a. Analecta hymnica medii aevi.

Dreves, Guido Maria. Cantiones Bohemicae. Leiche, Lieder und Rufe des 13., 14. und 15. Jahrhunderts. Leipzig 1886.

Dreves, Guido Maria, o Christ hie merk! Ein Gesangbüchlein geistl. Lieder. 12. (X, 167 S.) Freiburg i. Br. 885, Herder'sche Verlagsh. * 60 Pf.; geb. **
Mit Gebets-Anhang. (XI, 167, 48 S.) * 70 Pf.; geb. **

Dreves, Guido Maria. Christus erhöre uns. Ein Gebetbuch für Katholische Christen. Hrg. von G' M' D', Dr. theol. [Mit Illustrationen, Vignetten und 4 Tafeln.] 1067 S. 8. Einsiedeln *etc.*, Benziger & Co. A. G., 1908. [geb. fr. 3.50 *bis* 6.75]

Dreves, Guido Maria (Hrsg.), s. Godescalcus Lintpurgensis.

Dreves, Guido Maria (Hrsg.), s. Hymni inediti.

Dreves, Guido Maria (Hrsg.), s. Hymnographi latini.

— Ein Jahrtausend lateinischer Hymnendichtung. Eine Blütenlese aus den Analecta hymnica m. literarhistor. Erläutergn. Nach des Verf. Ableben rev. v. Clem. Blume, S. J. 2 Tle. (XI, 490 u. VIII, 514 S.) gr. 8. Leipzig 909. O. R. Reisland. 18.—; geb. 20.40

— Die Kirche der Lateiner in ihren Liedern, s.a. Sammlung Kösel.

Dreves, Guido Maria. Die Kirche der Lateiner in ihren Liedern. XII + 203 S. 8. Kempten und München, Jos. Kösel, 1908. ([geb.] M. 1.—)
(Sammlung Kösel. Band 16.)
Darin S. 51/3. 55/64. 68 f. 78 f. 154/8. 164 etc. die Schule von St. Gallen (Notker der Stammler *etc.*), Hermannus Contractus *etc. betr.*

—— Kränze ums Kirchenjahr. Geistliche Lieder. 16. (260 S.) Paderborn 886, Junfermann'sche Buchh. *
geb. *

— Schwert-Lilien. Sagen u. Geschichten d. Hohen Deutschen Ordens. Gedichte. gr. 16. (164 S. m. Titelbild.) Paderborn 898. Junfermann. n. 2.—;
geb. in Leinw. n. 4.—

—— Stimmen der Vorzeit. Deutsche Sagen u. Geschichten. 16. (304 S.) Paderb. 889, Junfermann. * 2 75; geb. m. G. * 4 —

— Hymnologische Studien zu Venantius Fortunatus u. Rabanus Maurus, s.a. Veröffentlichungen aus dem kirchenhistor. Seminar München. III. 3.

Hymnologische Studien zu Venantius Fortunatus und Rabanus Maurus von Guido Maria **Dreves**. München: J. J. Lentner 1908. (136 S.) 8°
— **Veröffentlichungen** aus d. Kirchenhist. Seminar, München. Reihe 3, no 3. (08. 6468

Dreves, Guido Maria, ein Wort zur Gesangbuch-Frage. Zugleich Prolegomena zu einem Büchlein geistl. Volkslieder. [Ergänzungshefte zu den „Stimmen aus Maria-Laach“ 28.] gr. 8. (131 S.) Freiburg i. Br. 884, Herder'sche Verlagsh. *

Dreves, *Heinrich* [aus Bochum]: Aus d. Univ.-Frauenklinik zu Bonn. Darmverletzungen bei Laparotomien ... Bonn, Buch- u. Steindr. J. Bach Wwe, 1897; 39 S., 1 Bl. 8.
Bonn, Med. Fak., Inaug.-Diss. v. [4. Aug.] 1897

Dreves, J. F., Mecklenburgs Ackercultur, wie solche jetzt beschaffen ist, u. künftig im verbess. Zustande seyn könnte. 8. Rostock, Stiller. 815.

— dass. s.a. Dreves, Jh. Jak. Mch.

Dreves, J. Fr. L., Betrachtt. über das Wort des Erlösers am Kreuze. 8. Gießen 818. Heyer. 14 gl

— dass. s.a. Drewes, J. F. L.

— Gebete u. Lieder, z. Erhebung u. Stärkung f. Kranke, Sterbende 2c. gr. 8. Lemgo 814. Meyer. 10 gl

— Predigt zur Feier d. 18n Oct., nebst e. Rede v. Passevant. gr. 8. Lemgo 815. Meyer. 3 gl

— Rede bei d. Taufe eines Proselyten. 8. Lemgo 814. Meyer. 3 gl

— üb. die Wiederkunft d. Herrn. Eine Predigt am ersten Adventssonntage 1811. gr. 8. Lemgo 812. Meyer. 2 gl

— Wiedersehen. Eine Osterpredigt; nebst einer Samml. v. Trostliedern f. Kranke, Sterbende u. Leidtragende. gr. 8. Lemgo 813. Meyer. 10 gl

Dreves, J. Fr. L., wollet ihr auch weggehen? Eine Confirmationsfeier. Zum Andenken der Confirmanten. 8. Lemgo 809. Meyer. 3 gl

Dreves, J. Fr. Pt., († d. 6. Aug. 1816.) (u. F. G. Hayne,) botanisches Bilderbuch f. die Jugend u. Freunde d. Pflanzenkunde, mit deutschem, französ. u. engl. Texte. I—IV Bds. 4s, oder 1s—28s Heft, mit 152 Kpf. gr. 4. Leipz. 794—823. Voß. (à 16 gl) 18 ß 16 gl (13s—28s Heft. A. u. d. T.: getreue Abbildd. u. Zerglieder. deutscher Gewächse. 1s—16s Heft).

— choix de plantes d'Europe, decrites et dessinées d'après nature. V Tom. av. 125 planch. 4. Lpz. 802. Voss. 25 ß

Dreves, Jh. Jak. Mch.

— Mecklenburgs Ackerkultur, wie solche jetzt beschaffen ist, u. künftig in verbess. Zustande sein könnte. 8. Rostock 816. Stiller. 1 ß 12 gl

— dass. s. a. Dreves, J. F.

Dreves, Jh. Jak. Mch., Beantwortung d. Preisaufgabe d. Mecklenburg. Landwirthschaftsgesellsch. am 4. Dec. 1799, den Kredit in Mecklenburg durch e. öffentl. Bank sicher zu stellen, d. Wucher Einhalt zu thun 2c. 8. Schwerin 806.

Dreves, Carolus: De non usu servitutum et libertatis usucapione. Halis (1853): Hendel. 24 S. 8°
Halle-Wittenberg, Jur. Diss. v. 12. Mai 1853
Geb. [Detmold 11. 10. 1829]

Dreves, Lebrecht, Abhandl. aus d. Hamburgischen Erbrechte. 1. Bd. A. u. d. T.: Das heutige Recht der Erbgüter in seiner Beziehung zur Testamentifactio. gr. 8. Hamburg 844. (Mittler.) n. 1 1/6 ß

Dreves, Lebr., lyrische Anklänge. 8. Altenb. 837. Pierer. 1 1/2 ℛ

Dreves, Lebr., annuale missionis Hamburgensis a 1589 ad 1781, quas ex manuscriptis ad breviorem formam summatim contractas, nunc primum edid. variisque adnotatt. instr. Freiburg im Br. 867. Herder. gr. 8. (272 S. u. 1 lith. Taf.) n. 1 ℛ 14 ngr.

Dreves, Lebrecht, Gedichte. Hrsg. v. Jos. Frhrn. v. Eichendorff. 16. (XVI u. 558 S. m. des Verf. Portr. in Stahlst.) Berlin 849, A. Duncker. n. 2 ℛ

Dreves, Lebrecht, Gedichte. 2. Aufl. Auswahl letzter Hand; 1869, und 3. Aufl. 16. (255 S.) Halle 870, Barthel. * geb. mit Goldschn. *

Geschichte der katholischen Gemeinden zu Hamburg und Altona. Ein Beitrag zur Geschichte der nordischen Missionen von Lebrecht Dreves. 2. Aufl. Schaffhausen: Hurter 1866. XX, 421 S. 8°
Erwähnt S. 198 u. 218 den nachteiligen Einfluss der Frmrei auf die Religion der Menschheit.

— der Lebensretter. Lustspiel in 2 Aufzügen. Halle 868. Barthel. 8. (67 S.) n. 10 ngr.

— Lieder der Kirche. Deutsche Nachbildungen alt-latein. Originale. 2. Aufl. Schaffhausen 868. Hurter. 8. (XVI, 552 S.) n. 2 ℛ

— schlichte Lieder. 8. Hamburg 843, Böbecker. n. 1 1/3 ℛ — Velinp. 1 2/3 ℛ

Dreves, d. hamburg. Recht d. Erbgüter in s. Beziehg. z. Testamentifactio. Hamb. 844. Vergriffen.

— Vigilien. Nächtliche Lieder. 8. Bonn 839. König. 1 1/6 ℛ Geb. mit Goldschn. n. 1 1/2 ℛ

Dreves, W. v., Geführt. Roman. 8. (154 S.) Jena 900. Berlin, H. Costenoble. n. 2.—

Drevs, Paul [aus Elmenhorst b. Warnemünde]: Die Regulation des osmotischen Druckes in Meeresalgen bei Schwankungen des Salzgehaltes im Aussenmedium ... (Aus: Arch. d. Ver. d. Freunde d. Naturgesch. in Mecklbg. 49. Jahr.) Güstrow, Rathsbuchdr. C. Michaal & A. Schuster, 1895; 2 Bl., 47 S. 8.
Rostock, Phil. Fak., Inaug.-Diss. v. [24. Mai] 1895

Drevs, Paul, d. Regulation d. osmot. Druckes in Meeresalgen bei Schwankgn. d. Salzgehaltes im Aussenmedium. Diss. [Aus: „Archiv d. Vereins d. Freunde d. Naturgesch. in Meckl."] gr. 8. (46 S.) Güstrow 896. (Opitz & Co.) n. 1.—

Drew, Mena, Winke f. d. Krankenpflege. M. Einleitg. v. Henry Arth. Allbutt. Deutsch v. H. B. Fischer. gr. 8. (110 S.) Leipzig 895. M. Spohr. n. 1. 60

Drew, Miß Mena, die Wochenpflege. Deutsch v. H. B. Fischer. gr. 8. (131 S.) Leipzig 894. M. Spohr. n. 2.—

Drewen, F. C., Adreßbuch der Bürgermeisterei Essen, s. Adreßbuch.

—— Firmenbuch für den Regierungsbezirk Düsseldorf enth.: sämmtl. in die Handelsregister bei den acht Handelsgerichten des Regierungsbezirks geschehenen Eintragungen in alphabet. Reihenfolge. Nach den amtl. Quellen bearb. 1. Jahrg. Eintragungen in die Handelsregister bis 31. Decbr. 1862. gr. 8. (IV und 295 S.) Köln und Neuß 863, Schwann'sche Verlagsh.
Wurde nicht fortgesetzt.

Drewer, Christian Heinrich

— — u. Johann Heinrich Mylius (Leipzig), Aequitatem legum Romanarum circa periculum rei venditae. Lpz. (I. Titius) 29. XI. 1727. 23 Seiten. (5.—) 6938

— — (Dresden), De jure territorii subordinati, Diss. I. Präs. Mich. Heinr. Gribner. Lpz. (I. Titius) 12. IX. 1727. 32 S. (4.50) 6936

— — Dasselbe. II. (Ohne Präs.) 2. XII. 1727. 40 Seiten. (4.50) 6937

— — De postliminio rerum praesertim mobilium. Präs. Gg. Friedr. Krause. Wittenbg. (Joh. Sam. Gerdes) 13. V. 1763. 27 S. (4.80) 6939

Drewer, Wolfgang Heinrich: De iure putativo. Disp. iur. Praes. Samuel Stryk.

— — Dasselbe. Halle (Orphanotrophii) 1704. 86 Seiten. (5.50) 6942

Drewes, F. (Hrsg.), s. Die Zwangsvollstreckung in das bewegliche Vermögen . . .

Drewes, F., d. Zwangsvollstreckg. i. d. bewegl. Vermögen, s.: Lisiecki, G.

Drewes, Hans: Über die wichtigsten thermischen Daten des Ammoniaks. [1903.] 37 S., 8 Taf. 8°
Hannover, Dr.-Ing.-Diss. v. 29. 6. 1903

Drewes, Herm. (geb. Berlin 19. 9. 1855): Ein Beitrag zur Statistik und Diagnostik der syphilitischen Augenerkrankungen. Berlin (1881). (36 S.) 8°
Berlin, Med. Diss. v. 8. Aug. 1881

Drewes, J. F. L., Betrachtungen über das Wort des Erlösers am Kreuze. 8. Gießen, Heyer. 819.

– dass. s.a. Dreves, J. Fr. L.

Drewes, Johann Gottlob

Drewes, J. Gl., neue Vorschl. d. Maulbeerbaumzucht und Seidenbau rc. 8. Bresl. (Beliß, Berl.) 780. Rthlr.

DREWES, Johann Gottlob: Neue Vorschläge die Maulbeer-Zucht und den Seidenbau mit Erfolg und Vortheil zu betreiben, aus Erfahrungen in den Preussischen Staaten gesammlet. - Breslau, Brieg, Leipzig 1783. 112 S.

Drewes, Carl [Unterarzt aus Schöppenstedt]: Über vitale und postmortale Verletzungen . . . Berlin, Buchdr. v. G. Schade, 1893; 29 S., 1 Bl. 8.
Berlin, Med. Fak., Inaug.-Diss. v. 2. Mai 1893

Drewes, Ludwig

— Ansprache bei der Trauerfeier für Kaiser Friedrich. 4 (S. 52—53). Progr. G. *Helmstedt* 1889 (654).

Drewes, *Ludwig* Ansprache bei der Trauerfeier des Gymnasiums am Tage der Beisetzung Kaiser Wilhelms I. 4 (S. 15—16). Progr. G. *Helmstedt* 1888 (653).

Drewes, L[udwig]: [Bericht über die Feier seines 25jährigen Jubiläums als Direktor der Anstalt.] S. 8—9 der Schuln. 4.
Herz. Gymn. (Vereinigt. Helmstedt-Schöningensches Gymn.) Progr. *Helmstedt* 1902 (776).

Drewes, L. Die Einweihung des neuen Gymnasialgebäudes in den Tagen 11.—13. Oktober 1882. 14 S. Progr. *Helmstedt* 1883.

Drewes, *Ludwig* Entlassung der Abiturienten an Kaisers Geburtstag. 4 (S. 37—38). Progr. G. *Helmstedt* 1886 (634).

Drewes, L[udwig]: Gedächtnisrede auf den Oberlehrer Dr. Wilhelm Schmidt. S. 13—15 der Nachrichten. 4.
Herz. Gymn. (Vereinigt. Helmstedt-Schöningensches G.) Helmstedt 1906 (865).
Progr.

Drewes, L. Die Gymnasien und die moderne Bildung. Antrittsrede. 12 S. Progr. Helmstedt 1877.

Drewes, L. Die symmetrische Komposition der sophokleischen Tragödie „König Oedipus". 26 S. Progr. Helmstedt 1880.

Drewes, L. Schillers Lebensideal. 28 S. Progr. Helmstedt 1881.

Drewes, L[udwig]: Rede zur Begrüßung der alten Schüler in der Juleumsaula am 28. Sept. 1900. S. 10—14 der Schuln. 4.
Herz. Gymn. (Vereinigt. Helmstedt-Schöningensches Gymn.)
Progr. Helmstedt 1901 (760).

— : Rede zur Begrüßung der zweiten Versammlung des Verbandes ehemaliger Helmstedter Gymnasiasten. S. 18—20. 4.
Herz. Gymn. (Vereinigt. Helmstedt-Schöningensches Gymn.)
Progr. Helmstedt 1906 (865).

Drewes, Ludwig Rede bei der Einführung des Dr. Pfaff. 4 (S. 50—51 der Schuln.). Progr. G. Helmstedt 1889 (654).

Drewes, L[udwig]: Aus der Rede zum Gedächtnis Schillers am Hundertjahrstage seines Todes. S. 15—18 der Nachrichten. 4.
Herz. Gymn. (Vereinigt. Helmstedt-Schöningensches Gymn.)
Progr. Helmstedt 1906 (865).

Drewes [Ludwig], Direktor: Rede bei der Trauerfeier für Se. Kgl. Hoheit Prinz Albrecht von Preußen, Regenten des Herzogtums Braunschweig. Helmstedt 1907: J. C. Schmidt. (S. 14—18.) 4° [F.]
Helmstedt, herz. G OP 1907 (870)

Drewes, Ludwig [Dir.]: Rede bei der Trauerfeier für den Oberlehrer A. Haspelmacher († 13. Aug.) am 16. Aug. 1889. Helmstedt, Druck v. J. C. Schmidt, 1890; S. 23—24; 4°
Helmstedt, herz. G, OP 1890

[F. u. Ant.] **Drewes**, Ludwig [Dir.]: Rede bei der Trauerfeier für den Oberlehrer Prof. Edmund Knittel am 20. Nov. 1890. Helmstedt, Druck v. J. C. Schmidt, 1891; S. 41—42; 4°
Helmstedt, herz. G, OP 1891 (686)

Drewes, (L[udwig]), Dir. Schulrath: Reiseeindrücke von Kunst und Leben in Italien. Th. 1. Helmstedt 1901: J. C. Schmidt. (17 S.) 4° [F. u. Ant.]
Helmstedt, herz. G ⟨verein. Helmstedt-Schöningensches G⟩, OP 1901 (760)

Drewes, (L[udwig]), Dir. Schulrath: Reiseeindrücke von Kunst und Leben in Italien. Th. 2. Helmstedt 1902: J. C. Schmidt. (22 S.) 4° [F.] ¶[Forts. d. P-Beil. 1901.]
Helmstedt, herz. G ⟨verein. Helmstedt-Schöningensches G⟩, OP 1902 (776)

Drewes, L[udwig], Dir. Schulrath: Reiseeindrücke von Kunst und Leben in Italien. T. 3. Helmstedt 1903: J. C. Schmidt. (22 S.) 4° [F.] ¶[Forts. d. P-Beil. 1901, 1902.]
Helmstedt, herz. G ⟨verein. Helmstedt-Schöningensches G⟩, OP 1903 (795)

Drewes, L[udwig], Dir., Schulrat: Reiseeindrücke von Kunst und Leben in Italien. T. 4. Helmstedt 1904: J. C. Schmidt. (24 S.) 4° [F.] ¶[Forts. d. P-Beil. 1901—1903.]
Helmstedt, herz. G OP 1904 (810)

Drewes, L[udwig], Schulrat Direktor: Reiseeindrücke von Kunst und Leben in Italien T. 5. Helmstedt 1905: J. C. Schmidt. (15 S.) 4° ¶[Forts. d. P-Beil. 1901—1904]
Helmstedt, herz. G ⟨Verein. Helmstedt-Schöningensches G⟩ P 1905 (836)

Drewes, [Ludwig], Direktor Schulrat: Reiseeindrücke von Kunst und Leben in Italien. T. 6. Helmstedt 1906: J. C. Schmidt. (26 S.) 4° [F.] ¶(Forts. d. P-Beil. 1901—05.)
Helmstedt, herz. G OP 1906 (865)

Drewes, L., Ein Roman a. d. Alterthum. Nachbildg. u. Würdigung der Aethiopika Heliodor's. Pr. 1868. 25 S. 4°.

Drewes, Ludwig Schulrede am Tage des Einzuges Sr. Königl. Hoheit des Prinzen Albrecht als Regent des Herzogthums (2. Nov. 1885). 4 (S. 35—36). Progr. G. Helmstedt 1886 (631).

Drewes, L[udwig]: Trauerfeier für den Oberlehrer Dr. Wilhelm Deike am 19. Februar 1898. Helmstedt 1898: J. C. Schmidt. (13—15 S.) 4° [Ant. u. F.]
Helmstedt, herz. G ⟨Vereinigtes Helmstedt-Schöningensches G⟩, OP 1898 (734)

Drewis, F. G., Briefe über die Theorie d. Tonkunst. gr. 8. Halle 797. Hendel. 6 gr

Drewitz, Christian Carl Heinrich Paul, s. Drewitz, Paul

Drewitz, C[urt], Charlottenburg: Über einige physikalische Eigenschaften von Legierungen, die durch Einschmelzen und durch hohe Drucke aus Pulvern hergestellt sind. Mit 1 Figurentaf. Rostock 1902: H. Winterberg. (40 S.) 8°
Rostock, Phil. Diss. v. [28. Nov.] 1901

Drewitz, Max, Gerichtsreferendar: Die Bedeutung der Schenkungsannahme nach gemeinem und bürgerlichem Recht. Greifswald 1907: J. Abel. (45 S.) 8°
Greifswald, Jur. Fak., Ref. Stampe, Diss. v. 22. Febr. 1907
[Geb. 24. Okt. 72 Helmshagen; Wohnort: Greifswald; Staatsangeh.: Preußen; Vorbildung: Gymn. Greifswald Reife O. 94; Studium: Greifswald 2 S., 5 Jahre Bankfach, Greifswald 4 S.; Rig. 11. Mai 03.]

Drewitz, Oscar [app. Arzt aus Thorn]: Ueber das Fassungsvermögen des Magens künstlich ernährter Kinder im Säuglingsalter ... München, Thorn, gedr. bei C. Dombrowski, 1891: 16 S., 3 Bl. 8.
München, Med. Fak., Inaug.-Diss. v. [17. Juli] 1891

Drewitz, Christian Carl Heinrich Paul [pr. Arzt aus Pommern]: Über die Fälle von Carcinoma mammae, welche im Jahre 1892/93 an der chirurg. Klinik zu Greifswald beobachtet wurden ... Greifswald, Druck v. F. W. Kunike, 1893; 31 S. 8.
Greifswald, Med. Fak., Inaug.-Diss. v. 5. Juni 1893

Drewitz, Richard (geb. Popelau bei Rybnik in Oberschles. 16. 2. 1856): Zur Therapie der complicirten Luxationen. Breslau (1884). (162 S.) 8° [Im Buchhandel 1884 bei Köhler in Breslau.]
Breslau, Med. Diss. v. 31. Juli 1884

Drewitz, Th., Sachregister zum Amtsblatt d. Königl. Regierung zu Stralsund für 1823—27. Mit Bezug auf die 5 ersten Jahrgänge. 4. Stralf., Trinius. 1 ℳ 12 gr

Drewke und Vogel, Tarife für den Güter-Verkehr auf sämmtlichen deutschen Eisenbahnen, und zwar für den Local-, wie für den directen Verkehr. Nach den neuesten Betriebs-Reglements und Tarifen der resp. Eisenbahn-Verwaltungen bearb. Stettin 854. Nagel. 8. (4 Bl., 260 S. u. 8 Tab. in 4. u. Fol.) 18 ngr

— — Nachtrag dazu. Ebend. 854. 8. (2 Bl., 39 S. u. 3 Tab. in Fol.) n. 4 ngr

Drewke, H., s. Elwerd. H.

Drewke, Heinrich

Drewke, H., Dittes, s. a. Sammlung pädagog. Vorträge.

Dittes. E. Gedächtnisrede. Von H[einrich] **Drewke**, Lehrer in Elberfeld. Bielefeld: A. Helmich (1897). (16 S.) 8.
= Sammlung pädagogischer Vorträge. Bd IX. H. 11. (97. 6313)

— der Klassenwechsel. s. a. Abhandlungen, pädag. XII. 2.

Der Klassenwechsel. Von H[einrich] **Drewke**-Elberfeld. Bielefeld: A. Helmich [1906]. (34 S.) 8° [Umschlagt. F.]
— **Abhandlungen**, Pädagogische. N. F. Bd 12, H. 2. (07. 9734)

— die Lehrerinnenfrage, s. a. Abhandlungen, pädag. 95.

Die Lehrerinnenfrage. Von H[einrich] **Drewke**. Bielefeld: A. Helmich [1906]. (23 S.) 8° [F.]
— **Abhandlungen**, Pädagogische. H. 95. (07. 9709)

Drewke, H., die Neugestaltung des erdkundlichen Unterrichts, s. a. Abhandlungen, pädagogische. XIII, 5.

Die Neugestaltung des erdkundlichen Unterrichts. Von H[einrich] **Drewke**. Bielefeld: Helmich [1908]. 14 S. 8° [Umschlagt.]
(Pädagogische Abhandlungen. N. F. Bd 13, H. 5.) (10. 1335)

— die natur- u. kulturgem. Schulverwaltung. (Eine Schulverfassungsfrage.) 8. (VII, 58 S.) Leipzig 898. P. Friesenhahn Nachf. —75

— die natur- u. kulturgemäße Schulverwaltung. (Eine Schulverfassungsfrage.) 2. Aufl. 8. (IV, 58 S.) Leipzig (902). Siegismund & Volkening. n. 1.—

— gegenwärtiger Stand u. Beurteilung des ersten Religionsunterrichts, s.a. Abhandlungen, pädagog. VI. 6.

Gegenwärtiger Stand und Beurteilung des ersten Religionsunterrichts. Von H[einr.] Drewke, Lehrer in Elberfeld. *Bielefeld: A. Helmich (1901).* (14 S.) 8° [F.]
— Abhandlungen, Pädagogische. N. F. Bd 6, H. 6. [01. 3363

— die natur- u. kulturgem. Umgestaltung d. Lehrerbildung, s.a. Abhandlungen, pädagog.

[F.] Die natur- und kulturgemässe Umgestaltung der Lehrerbildung. Von H. Drewke, Lehrer in Elberfeld ... *Bielefeld: A. Helmich [1897].* (13 S.) 8.
— Abhandlungen, Pädagogische. N. F. Bd 1. H. 4. [98. 2010

— das zukünftige Volksschulgesetz in Preußen, s.a. Abhandlungen, pädagog. 88.

Das zukünftige Volksschulgesetz in Preußen. Von H[einrich] Drewke, Elberfeld. Bielefeld: A. Helmich 1904. (18 S.) 8° [F.]
— Abhandlungen, Pädagogische. H. 88. [05. 14473

— wann wird die Schulaufsicht endlich ihren Zweck erreichen! (46 S.) 8. Leipzig (906). A. Hasert & Co. n. —50

Drewke, H., wie Lina zunächst lesen u. erst später schreiben lernt, s.a. Abhandlungen, pädagogische. V. 2.

Wie Lina zunächst lesen und erst später schreiben lernt. Von H[einrich] Drewke, Lehrer in Elberfeld. *Bielefeld: A. Helmich [1900].* (S. 41–51.) 8° [F.]
— Abhandlungen, Pädagogische. N. F. Bd 5, H. 2. [00 7097

Drewke, Max (geb. Gross-Nossin in Pomm. 12. 6. 1849): Zur Therapie des Ileotyphus. Berlin (1872). (42 S.) 8°
Berlin, Med. Diss. v. 7. Aug. 1872

Drews, Alex, a. Goldberg: Über in 4-Stellung alkylierte 3-Pyrazolone. Rostock 1905: H. Winterberg. (44 S.) 8°
Rostock, Phil. Fak., Ref. Michaelis, Diss. v. 5. Aug. 1905
[Geb. 16. Juni 78 Parchim; Wohnort: Parchim; Staatsangeh.: Preußen; Vorbildung: Gymn. Parchim Prima-Reife M. 97; Studium: Rostock 15 S.; Rig. 3. Aug. 05.]

Drews, Arthur

Drews, Arth., die Christusmythe. Verb. u. erweit. Ausg. (8. u. 9. Taus.) (XVI, 281 S.) 8. Jena 910. E. Diederichs. 3.—; geb. 4.—
1. Aufl. (XII, 190 S.) 909. 2.—; geb. 3.—.

Die Grundlagen der geistigen und materiellen Kultur der Gegenwart. 2 Besprechungen von Prof. Dr. A[rthur] Drews in Karlsruhe u. Prof. Dr. F[erdinand] Hueppe in Prag. *München: F. Bruckmann 1899.* (15 S.) 8° [Umschlagt.]
1 aus: Gegenwart 1899. No 32; 2 aus: Bohemia 1899. No 104. [00. 3316 10

Drews, Arthur (Mitarb.), s. Hat Jesus gelebt?

Das Ich als Grundproblem der Metaphysik. E. Einführg in d. spekulative Philosophie v. Arthur Drews, Dr. phil., Privatd. ... in Karlsruhe. *Freiburg i. B., Leipzig & Tübingen: J. C. B. Mohr 1897.* (XVI, 322 S.) 1 Bd 8. [97. 6380

Der Ideengehalt von Richard Wagners 'Ring des Nibelungen' in seinen Beziehgn z. modernen Philosophie v. Arthur Drews. *Leipzig: H. Haacke 1898.* (115 S.) 1 Bd 8. [98. 3366

Drews, Arth., Irold. Eine Rhapsodie in 6 Gesängen. 8. (159 S.) Berlin 887, Grote'sche Verlagsh. cart. *
geb. *

— Judas Ischariot. Eine Dichtg. 8. (95 S.) Hamburg 889. Verlagsanstalt u. Druckerei, A.-G. n. 2.—;
geb. n. 3.—

Das Lebenswerk Eduard von Hartmanns. Den deutschen Studenten d. Philosophie gewidmet. Von Dr. Arthur Drews, Prof. Leipzig: Th. Thomas (1907). (67 S.) 8°
Erw. aus: Deutschland. 1906, Dez.; 1907, Jan. [07. 4458

Drews, Arthur [aus Altona]: Die Lehre von Raum und Zeit in der nachkantischen Philosophie. Ein Beitrag zur Geschichte der Erkenntnistheorie und Apologetik der Metaphysik. . . . Halle a. S., Hofbuchdr. v. C. A. Kaemmerer & Co., 1889; 78 + 1 S. + 1 Bl. 8°
Halle, Phil. Fak., Inaug.-Diss. v. 18. Dez. 1889

— die Lehre v. Raum u. Zeit in der nachkantischen Philosophie. E. Beitrag z. Geschichte der Erkenntnistheorie u. Apologetik der Metaphysik. Diss. gr. 8. (78 S.) Halle 889. (Leipzig, H. Haacke.) n. 1.—

— s.: Monismus, der.

Drews, Arth., Kants Naturphilosophie als Grundlage seines Systems. gr. 8. (XVI, 497 S.) Berlin 894. Mitscher & Röstell. n. 10.—

— Die Petruslegende. Ein Beitrag zur Mythologie des Christentums. (55 S.) gr. 8. Frankfurt a/M. 910. Neuer Frankfurter Verlag. 1.—

Drews, A., Eduard v. Hartmann's Philosophie und der Materialismus in der modernen Kultur. gr. 8. (VIII, 109 S.) Leipzig 890. Friedrich. n. 1.—

Nietzsches Philosophie. Von Dr. Arthur Drews, Prof., Karlsruhe. *Heidelberg: C. Winter 1904.* (X, 561 S.) 8° [04. 8808

— Plotin u. der Untergang der antiken Weltanschauung. (XII, 339 S.) gr. 8. Jena 907. E. Diederichs. 10.—; geb. 12.—

Die Religion als Selbst-Bewußtsein Gottes. Eine philos. Untersuchung über d. Wesen d. Religion von Arthur Drews. Jena & Leipzig: E. Diederichs 1906. (XIV, 517 S.) 8° [06. 2087

— die deutsche Spekulation seit Kant m. besond. Rücksicht auf das Wesen d. Absoluten u. die Persönlichkeit Gottes. 2 Bde. gr. 8. (XVIII, 531 u. VIII, 632 S.) Berlin 893. A. Maetor. n. 18.—; geb. n. 20.—

— die deutsche Spekulation seit Kant m. bes. Rücksicht auf d. Wesen d. Absoluten u. d. Persönlichkeit Gottes. 2. (Titel-)Ausg. 2 Bde. gr. 8. (XVIII, 531 u. VIII, 632 S.) Leipzig (893) 896. G. Fock. n. 12.—

Die deutsche Spekulation seit Kant mit besond. Rücks. auf d. Wesen des Absoluten u. die Persönlichkeit Gottes. Von Arthur Drews, Dr. phil. 2. Ausg. Bd 1. 2. *Leipzig: G. Fock 1895.* 2 Bde 8° [00 9356 2

Drews, Arth., Eduard v. Hartmanns philosophisches System im Grundriss. Mit e. biograph. Einleitg. u. dem Bilde E. v. Hartmanns. gr. 8. (XXIII, 851 S.) Heidelberg 902. C. Winter. n. 16.—;
geb. in Halbfrz. 18.—

Drews, Arth., Eduard v. Hartmanns philosophisches System im Grundriss. Mit e. biograph. Einleitg. u. dem Bilde E. v. Hartmanns. 2. durch e. Nachtrag verm. Ausg. (V, III–XXIII, 937 S.) gr. 8. Heidelberg 906. C. Winter, Verl. n. 16.—;
geb. in Halbfrz. n. 18.—

Über das Verhältnis der Naturwissenschaft zur Naturphilosophie. E. akadem. Antrittsrede v. Dr. Arthur Drews, Doc. ... zu Karlsruhe. *Berlin: Mitscher & Röstell 1896.* (20 S.) 1 Bd 8. [97. 3671

Drews, B. J. D., die Katechese u. das Lehrverfahren der Herbartianer, s.: Sammlung pädag. Vorträge.

Drews, Bill [Kammergerichtsref.]: Die Banknote und ihre Stellung zum Gelde ... Göttingen, Druck d. Dieterich'schen Univ.-Buchdr., 1892; 3 Bl., 48 S. 8.
Göttingen, Jur. Fak., Inaug.-Diss. v. [16. Jan.] 1892

Drews, Bill, die Banknote u. ihre Stellung zum Gelde. Diss. gr. 8. (V, 48 S.) Göttingen 892. (Vandenhoeck & Ruprecht.) n. 1.—

Drews, Christian [aus Röbel]: Ueber die Monoyer'schen dioptrischen Cardinalpunkte eines Systems centrirter brechender sphärischer Flächen. . . . München, Druck v. R. Oldenbourg, 1889; 34 S. 8°
Rostock, Phil. Fak., Inaug.-Diss. v. 13. Jul. 1889

Drews, Johannes, Referendar: Der Arrestbruch nach Str.G.B. § 137. *Greifswald 1903: J. Abel.* (43 S.) 8° [F.]
Greifswald, Jur. Diss. v. [5. März] 1903

Drews, K.: Der gegenwärtige Stand des Fördermaschinenbaus mit besonderer Berücksichtigung des elektrischen Antriebes. Berlin 1909

Drews, Marie, Anleitung zur Majolikamalerei. 8. (53 S.) Berlin 883, Schorer. *

Drews, Mario, u. Minna **Laudien,** Vorlagen zur Majolica-Malerei, auch für Porzellan- u. Holzmalerei zu benutzen. 1—3. Lfg. Fol. (à 6 Chromolith.) Berlin 882. Winckelmann & Söhne. à n. 10. —

Drews, Math., der Hausfreund, s.: Geschichten, intime.

Drews, P., Humanismus u. Reformation. Vortrag. gr. 8. (32 S.) Leipzig 887. Grunow. n. — 60

— Wilibald Pirkheimer's Stellung zur Reformation. Ein Beitrag zur Beurteilung d. Verhältnisses zwischen Humanismus u. Reformation. Lex.-8. (VI, 138 S.) Ebd. 887. n. 2. 50

D. Paul **Drews,** Prof. Beiträge zu Luthers liturgischen Reformen. 1. Luthers lateinische u. deutsche Litanei von 1529. 2. Luthers deutsche Versikel u. Kollekten. Tübingen: Mohr 1910. XII, 120 S. 8°
(Drews: Studien z. Geschichte d. Gottesdienstes u. d. gottesdienstl. Lebens. 4/5.)
[illegible]

Drews, Paul, der wissenschaftliche Betrieb der praktischen Theologie in der theologischen Fakultät zu Giessen, s.: Giessen, die Universität, von 1607—1907.

Drews, Paul, Petrus Canisius, der erste deutsche Jesuit, s.: Schriften d. Vereins f. Reformationsgeschichte.

Der evangelische Christ in den sozialen Kämpfen der Gegenwart. Predigt über Matth. 16,26 in der Matthäikirche zu Leipzig am 5. Juni 1904, gehalten von Professor D. DREWS, Giessen. Herausgegeben von der Sächsischen evangelisch-sozialen Vereinigung. Dresden und Leipzig (1904). Fr. Richters Verlag. C. Ludwig Ungelenk. 8°.

— Christus unser Leben. Predigten. gr. 8. (IV, 194 S.) Göttingen 894. (Vandenhoeck & Ruprecht.) n. 2. 40; geb. n.n. 3. —

Drews, Paul, Christus unser Leben. Predigten. 1. u. 2. Bd. gr. 8. Göttingen 901. Vandenhoeck & Ruprecht. à n. 2. 60; geb. in Leinw. à n.n. 3. 20
1. 2. Aufl. (V. 194 S.) — 2. (IV. 196 S.)

— Christus unser Leben. Predigten. 2. Bd. 2. Aufl. u. 3. Bd. (196 u. 182 S.) Göttingen 910. Vandenhoeck & Ruprecht. à 2.60; geb. à 3.20 (Kplt. in 1 Bd. geb. 7.50)

Drews, Paul, s.: Disputationen Martin Luthers.

— der Einfluß der gesellschaftlichen Zustände auf das kirchliche Leben. Vortrag, geh. auf der Versammlg. der sächs. kirchl. Konferenz zu Chemnitz am 18. X. 1905. (48 S.) gr. 8. Tübingen 906. J. C. B. Mohr. n. — 80
Sonderabdruck aus: „Ztschr. f. Theologie u. Kirche".

— Entsprach das Staatskirchentum dem Ideale Luthers?, s.a. Zeitschrift f. Theologie u. Kirche 1908. Erg.-Hft.

Entsprach das Staatskirchentum dem Ideale Luthers? Von D. Paul **Drews,** Prof. Tübingen: J. C. B. Mohr 1908. (IV, 104 S.) 8° [F.]
— **Zeitschrift** f. Theologie u. Kirche. Jg. 18. Erg.H. [illegible]

Drews, Paul: Zur Entstehungsgeschichte des Kanons in der römischen Messe. *Tübingen & Leipzig: J. C. B. Mohr 1902.* (39 S.) 8°
— Drews: Studien z. Gesch. d. Gottesdienstes u. d. gottesdienstl. Lebens. 1. [illegible] 10

— der evangelische Geistliche in der deutschen Vergangenheit, s.a. Monographien zur deutschen Kulturgeschichte. 12. Bd.

Paul Drews: Der evangelische Geistliche in der deutschen Vergangenheit. Mit 100 Abb. u. Beilagen. Jena: E. Diederichs 1905. (145 S.) 4° (8°) [F.]
— **Monographien** z. deutschen Kulturgeschichte. Bd 12. [illegible]

— vom rechten Glauben. 2 Predigten üb. Apostel-Gesch. 15, 11 u. Evang. Joh. 12, 44—46, geh. am Abend d. Reformationsfestes u. am Abend d. 21. Sonntags nach Trinitatis 1892 in der Lukaskirche zu Dresden. gr. 8. (29 S.) Leipzig 892. Dürr'sche Buchh. n.n. — 50

— mehr Herz fürs Volk, s.a. Zeitfragen, evangelisch-soziale.

Drews, mehr Herz fürs Volk. Leipz. 891.

Die Kirche und der Arbeiterstand. Erw. Sonderdr. des auf d. Evang.-soz. Kongr. zu Heilbronn 1909 geh. Vortrags von Paul **Drews.** Göttingen: Vandenhoeck & Ruprecht 1909. 43 S. 8° [illegible] 7

— s.a. Kirchenkunde, evangelische.

Drews, Paul, Evangelische Kirchenkunde. D. kirchl. Leben d. deutschen evang. Landeskirchen. Tl 1 ff. Tübingen u. Leipzig 1902 ff. 8°.
1: *Drews,* Paul, D. Evang.-Luther. Landeskirche d. Königreichs Sachsen. 1902.
2: *Schian,* Mart., D. kirchl. Leben d. evang. Kirche in d. Prov. Schlesien. 1903.
3: *Ludwig,* A., D. kirchl. Leben d. evang.-protestant. Kirche d. Grossherzogth. Baden. 1907.
4: *Beck,* Herm., D. kirchl. Leben d. evang.-luther. Kirche in Bayern. 1909.
5: *Clemen,* P., D. kirchl. Leben d. evang. Kirchen in Thüringen. 1910.

— das kirchliche Leben der evangel.-luther. Landeskirche d. Königr. Sachsen, s.a. Kirchenkunde, evang. I.

Das kirchliche Leben der Evangelisch-Lutherischen Landeskirche des Königreichs Sachsen. Dargest. von Prof. D. Paul **Drews.** *Tübingen & Leipzig: J. C. B. Mohr 1902.* (XVI, 410 S.) 8° [F.]
— **Kirchenkunde,** Evangelische. T. 1. [illegible]

Drews, Paul, Prof. D.: Die Ordination, Prüfung und Lehrverpflichtung der Ordinanden in Wittenberg 1535. Gießen 1904: v. Münchow. (56 S.) 4°
Gießen, Progr. zum Ludwigstage 1904

— die Predigt im 19. Jahrh., s.a. Vorträge der theologischen Konferenz zu Gießen. 19.

Die Predigt im 19. Jahrhundert. Krit. Bemerkungen u. prakt. Winke von D. Paul **Drews,** Prof., Gießen. *Gießen: J. Ricker 1903.* (59 S.) 8° [F.]
— **Vorträge** d. theolog. Konferenz zu Gießen. Folge 19. [illegible]

— s.a. Predigten, vier, bei der 57. Hauptversammlung des evangel. Vereins der Gustav Adolf-Stiftung geh.

Vier Predigten bei der 57. Hauptversammlung des Evangel. Vereins der Gustav Adolf-Stiftung in Heidelberg 1904 geh. von Prof. D. P[aul] **Drews** aus Gießen, Hofpred. (J[ohannes]) **Keßler** aus Potsdam, Oberkirchenrat Dr. (C[harles] A[lphonse]) **Witz-Oberlin** aus Wien, Pfarrer D. [Wilhelm] **Hagenau** aus Berlin u. Eine Katechese in d. Kindergottesdienst geh. von Pastor (P[aul]) **Zauleck** aus Bremen. Leipzig: Centralvorst. d. Ev. Ver. d. Gustav Adolf-Stiftung 1904. (52 S.) 8° [F.]
— **Bericht** über d. 57. Hauptversammlung d. Ev. Vereins d. Gustav Adolf-Stiftung. 1904. [Anh.] [illegible]

— Das Problem der praktischen Theologie. Zugleich e. Beitrag zur Reform des theolog. Studiums. (III, 82 S.) 8. Tübingen 910. J. C. B. Mohr. 1. —

— die Reform des Strafrechts u. die Ethik des Christentums. (Lebensfragen. Schriften u. Reden, hrsg. v. Heinr. Weinel.) (44 S.) 8. Tübingen 905. J. C. B. Mohr. n.n. — 50

— dasselbe, s.a. Lebensfragen.

— Studien zur Geschichte des Gottesdienstes u. des gottesdienstlichen Lebens. I. Zur Entstehungsgeschichte des Kanons in der röm. Messe. gr. 8. (III, 39 S.) Tübingen 902. J. C. B. Mohr. n. 1. —

Drews, Paul, Studien zur Geschichte des Gottesdienstes u. des gottesdienstlichen Lebens. II u. III. Untersuchungen üb. die sogen. clementin. Liturgie im VIII. Buch der apostol. Konstitutionen. I. die clementin. Liturgie in Rom. (VII, 166 S) gr. 8. Tübingen 906. J. C. B. Mohr. n. 5. —
1. Ebd. 902. n. 1. —.

— **Studien zur Geschichte des Gottesdienstes u. des gottesdienstlichen Lebens. IV. u. V. Beiträge zu Luthers liturg. Reformen. 1. Luthers latein. u. deutsche Litanei v. 1529. 2. Luthers dtsch. Versikel u. Kollekten. (XII, 120 S.) gr. 8. Tübingen 910. J. C. B. Mohr. 4. —**

D. Paul **Drews**, Prof. in Gießen. Untersuchungen über die sogen. clementinische Liturgie im VIII. Buch der apostolischen Konstitutionen. 1. Tübingen: J. C. B. Mohr 1906. 8° [F.]
— **Drews**: Studien z. Geschichte d. Gottesdienstes u. d. gottesdienstl. Lebens. 2. 3. 06. 13388

— wie dünket euch um Christus? Die Größe Jesu Christi. Predigt üb. Luk. 8, 15—17, in der Lukasgemeinde zu Dresden am 3. Advents-Sonntage 1890 geh. In Sachen der „Ernsten Gedanken". gr. 8. (15 S.) Dresden 891. v. Zahn & Jaensch. n. — 40

Drews, R., die Jugend dem Herrn. Ein Handbüchlein für unsere Jünglings- u. Jungfrauenvereine. Hrsg. in Verbindg. m. anderen. (III, 94 S.) 8. Kassel (906). J. G. Oncken Nachf. n. — 60

Drews, R., s.: Studien üb. Regeneration der Gewebe.

Drews, Rich., Embolie der Lungenarterie nach Phlegmasia alba dolens am 43. Tage nach normalem Verlauf v. Geburt u. Wochenbett. Heilung. [Aus: „Allg. med. Central-Zeitg."] gr. 8. (10 S.) Berlin 894. O. Coblentz. n. 1. —

— gleichzeitige Erkrankung an Typhus abdominalis u. Meningitis cerebrospinalis bei e. $3\frac{1}{2}$jährigen Kinde. [Aus: „Allg. med. Central-Zitg."] gr. 8. (5 S.) Ebd. 894. n. 1. —

Drews, Richard [cand. med.]: Über das Mongolenauge als provisorische Bildung bei deutschen Kindern und über den Epicanthus. Aus d. K. Kinder-Klinik und Poliklinik d. Herrn Prof. Dr. Heinrich Ranke zu München. ... Braunschweig, Druck v. Friedrich Vieweg u. Sohn, 1899; 15 S. 4°
München, Med. Fak., Inaug.-Diss. v. 1899

— üb. Salophen u. seine Anwendung in der Kinderpraxis. [Aus: „Allg. med. Central-Zeitg."] gr. 8. (10 S.) Ebd. 894. n. 1. —

— über Somatose, e. geruch- u. geschmackloses Albumosen-Präparat u. seine Anwendung in der Praxis. [Aus: „Allg. med. Central-Zeitg."] gr. 8. (24 S.) Ebd. 894. n. 1. —

Drews, Rich., klinische Untersuchgn. üb. d. Heilwirkung d. Tannigens b. d. Darmkrankheiten d. Kindesalters. [Aus: „Allg. med. Centralzeitg."] gr. 8. (14 S.) Berlin 895. O. Coblentz. n. 1. —

— **Stearns Wine of Cod Liver Oil with Peptonate of Iron, das beste u. wohlschmeckendste Leberthran-präparat u. sein therapeutischer Werth. [Aus: „Reichs-Medicinal-Anzeiger".] 8. (16 S.) Leipzig 894. Vorl. des „Reichs-Medicinal-Anzeigers", B. Konegen. n. 1. —**

Drewsen, V., Grenzen der Geschlechtsfreiheit auf Grund der Entwickelungslehre. (Auszug aus e. unsert. Arbeit.) Autoris. Uebersetzg. aus dem Dän. gr. 8. (41 S.) Zürich 892. C. Schmidt. n. 1. —

Drexel, Kulturfragen. Kirche, Wissenschaft u. Fortschritt. Die aufsehenerreg. Rede des Abg. D. anläßlich der ersten großen Kulturdebatte im neuen Abgeordnetenhause. 3. bis 5. XII. 1907. (20 S.) 30,5×21 cm. Wien (908). A. Opitz Nachf. — 10

Drexel, ..., Panorama von Grünton im Allgäu. Nach d. Natur gezeichnet 1830 u. lithographirt, nebst 4 Landschaftszeichnn. als Zugabe. Kempt., Dannheimer. 1 ₰ 8 gr.

Drexel, Ant., s. a. Drexl

— Antholgie, a. Ital. classisch. Schriften zur Uebung in der Ital. Sprache. 2 Thle. gr. 8. Landshut, Krüll. 807—808.

Drexel, Ant., üb. Erklär. alt. Schriftsteller d. Vergl. m. neuer Zeit. 8. Ebend. 803.

* Drexel, Ant., üb. Erklärung alter Schriftsteller, ist Verlag von Krüll in Landshut.

Drexel, Frdr., das Kastell Jagsthausen, s.: Mettler, A.

Drexel, Friedrich: Alexandrinische Silbergefässe der Kaiserzeit. Bonn: Georgi 1909. S. 170—235. 4° ¶(Aus: Jahrbücher d. Vereins v. Altertumsfreunden im Rheinl. H. 118.)
Bonn, Phil. Diss. v. 7. Mai 1909, Ref. Loeschcke
[Geb. 29. Aug. 85 Bodenbach; Wohnort: Freiburg i. B.; Staatsangeh.: Preußen; Vorbildung: Gymn. Wiesbaden Reife O. 03; Studium: Bonn 2, München 2, Bonn 6 S.; Rig. 26. Febr. 08.] [U 09. 389

— **Das Kastell Stockstadt. Nach den Untersuchgn. v. Wilh. Conrady u. Carl Wirth bearb. (Hrsg. m. Unterstützg. v. H. Albert.) (136 S. m. Abbildgn. u. 20 Taf.) 32,5×24,5 cm. Heidelberg 910. O. Petters. 19. —**
Sonderabdr. a. „Der obergerm.-raet. Limes d. Römerreichs".

Drexel, Fritz: Album des Bonner Kreises, s. Lenz, Fritz

v. Drexel, Frz. Fd., (†...) s. Wegweiser, himmlischer.

Drexel,

— **Johann Georg** (Nürnberg), Observat. ad juris Germanici doctrinam de conjuge superstite ascendentes et collaterales conjugis defuncti a successione excludente. Diss. jur. Altdorf (Ch. Bonav. Hessel) 25. VIII. 1794. 32 S. (4.80) 6944

Drexelio, H. Nicetas, seu triumphata incontinentia. 12. Wien., Gerold. 743.

Drexelio, I. G., Dissertatio inauguralis. 4. Nürnberg, Lechner. 794.

Drexelius, Jer., Abhandlung über die himmlische Redekunst, od. über das Gebet. In's Deutsche übertr. u. mit einem Anh. der nothwendigsten Gebete bereichert v. e. Verehrer desselben. (2 Thle. in 1 Bd.) gr. 12. (VIII u. 424 S., m. 1 Stahlst.) Augsburg 847, Kollmann. ⅔ ₰

Drexelius, Jerem., goldenes Buch, s. Bücher für das gottselige Leben.

— s.a. Büchlein, das goldene, v. Fasten.

Drexelius, Jerem., das goldene Büchlein vom Fasten, od. so bleibt man gesund, so lange man lebt. Bearb. u. hrsg v. e. kathol. Geistlichen. 8. ($15\frac{3}{4}$ B.) Landshut 846, Krüll'sche Univerfit.-Buchh.

Drexelius, Jerem., über die Gleichförmigkeit des menschlichen Willens 2c., s.a. Leitsterne, neue, auf der Bahn des Heils.

Drexelius, Jeremias. Über die Gleichförmigkeit des menschlichen Willens mit dem Willen Gottes ... A. d. Lat. ... Regensb. 1857. V: *Bittner, Franz.* (Ky)

Drexelius, Jerem., gesammelte Schriften. Neu bearb. von Ph. H. Külb. 1—3. Bd. Mainz 865. Kirchheim. 8. 2 ₰ 15 ngr.
Inhalt: Jesus Christus, die Wonne des Menschengeschlechts. Aus dem Latein. von Ph. H. Külb. 3 Bde. (XXXVII, 1229 S.)

Drexelius, J., die Schule des Kreuzes u. der Liebe. Ein Buch zum Trost, zur Erbauung u. Erheiterung für Kranke u. Leidende. Aus d. Latein. übers. v. J. P. Silbert. gr. 8. Wien 835. v. Mösle, jetzt Manz in Regensburg. 1 ₰

Drexelius, J., die Schule des Kreuzes u. d. Liebe. Ein Buch zum Trost, zur Erbauung u. Erheiterung für Kranke u. Leidende. Nach d. Latein. von J. P. Silbert. 2. Originalaufl. Mit 1 Stahlst. gr. 8. Regensburg 841, Manz. 1 ₰

— die Schule des Kreuzes und der Liebe. Ein Buch zum Trost, zur Erbauung und Erheiterung für Kranke u. Leidende. Nach dem Latein. von J. P. Silbert. 3., verb. Aufl. Mit 1 Stahlst. Regensburg 855. Manz. 8. (XII, 435 S.) 27 ngr

— die christliche Sonnenbahn mit ihren Sternbildern, oder die zwölf Zeichen der göttlichen Auserwählung, durch eben so viel Sinnbilder erklärt. Aus dem Latein. Münster 855. Aschendorff. 16. (158 S.) 3 ngr

— Tobias. Deutsch v. J. Pichler. 2 Bdchn. 8. (181 u. 114 S.) Wien 849, Mechitharisten-Congreg.-Buchh. (1. 8 ngr 2. 7 ngr) ½ ₰

Drexelius, Jerem., Schutzengels Weckuhr. Ein Lehr-, Gebet- u. Betrachtungsbuch zu Ehren der heil. Engel. Nach der v. Vetter verf. Übersetzg. neu hrsg. v. e. Kuratpriester. 12. (VIII, 279 S.) Regensburg 885. Verlags-Anstalt. 1.80

Drexl, Ant., s. a. Drexel

— s. Anakreons Lieder.

— Anthologie, aus italien. classischen Schriften zur Uebung in der italien. Sprache. 2 Thle. gr. 8. Landsh. 807 u. 8. Krüll. 3 ₰

Drexl, Ant., über Erklärung d. Schriftsteller durch Vergleiche mit neuerer Zeit. 8. Landsh. 803. Krüll. 4 gl

— Rede zum Andenken an Geo. Aloys Dietl, Prof. zu Landshut. 8. Landsh. 809. Thomann. 3 gl

— s. Vergleichung d. ält. u. neuen Anordnungen.

Drexl, Franz X[aver]: Achmets Traumbuch. Einl. u. Probe e. krit. Textes. Freising 1909: Datterer. VII, 39 S. 8° ¶(Soll vollst. erscheinen.)
München, Phil. Diss. v. 14. Juli 1909, Ref. Krumbacher, Crusius
[Geb. 25. Nov. 85 Gammelsdorf; Wohnort: Marzling; Staatsangeh.: Bayern; Vorbildung: Gymn. Freising Reife Juli 05; Studium: München 8 S.; Rig. 14. Juli 09.] [U 10. 3031

Drexl, Robert: Katalog der Lehrerbibliothek. 8 (S. 3—80). (Umschlagtitel: (Schluss.)) 8 (S. 3—73).
Progr. K. k. G. *Triest* 1898. 1899.

Drexler, A., d. Bauernküche. Lehrbuch f. d. ländl. Küchenhaushalt. 8. (VII, 137 S.) Aarau 895. E. Wirz. Geb. in Leinw. n. 2. —

Drexler, A., die Bauernküche. Lehrbuch f. den ländl. Küchenhaushalt. 2. Aufl. 8. (IV, VIII, 149 S. m. 1 Abbildg.) Aarau 899. E. Wirz. Geb. in Leinw. n. 2. —

— s.: Blätter, schweizer., f. Wirtschafts- u. Socialpolitik.

Drexler, A. Die Eisenbahngesetzgebung in den europäischen Staaten mit Nutzanwendung für die Schweiz. In-8°. 120 S. Bern, A. Siebert. 1 — 1896.

Drexler, A., d. Eisenbahnrückkauf i. der Gesetzgebg. d. europ. Staaten m. Nutzanwendg. f. d. Schweiz. Preisschrift. gr. 8. (53 S.) Bern 896. [A. Siebert.] Steiger & Co. n. — 70; erh. Pr. n. 1. —

Drexler, A., Frei Land: e. Menschenrecht. Ein Beitrag zur prakt. Durchführg. der Bodenbesitzreform. gr. 8. (46 S.) Zürich 894. C. Schmidt. n. — 80

— d. sociale Gesellschaftsordnung u. d. Zukunftsstaat. [Aus: „Schweiz. Blätter f. Wirtschafts- u. Socialpolitik"] gr. 8. (62 S.) Bern 896. A. Siebert. n. 1. —

— die Krankenernährung u. Krankenküche. Diätetischer Ratgeber in den wichtigsten Krankheitsfällen. Für das Volk bearb. 8. (IV, 94 S.) Zürich 893. Art. Institut Orell Füßli, Verl. n. — 80

— zur Kranken- u. Unfallversicherg., s. a. Universalbibliothek, ethisch-socialwissenschaftl.

[S.] Zur Kranken- und Unfallversicherung. Von A. Drexler, Redaktor d. Schweiz. Blätter f. Wirtschafts- u. Socialpolitik. *Bern: Steiger & C. 1897.* (61 S.) 1 Bd 8.
— Universalbibliothek, Ethisch-socialwissensch. Bd III.

Drexler, A., das Recht auf Arbeit u. die Arbeiterversicherung. gr. 8. (36 S.) Basel 894. Dr. H. Müller. n. — 75

Drexler, A. Die sociale Reform der Arbeit und des Kapitals. Eine Volksschrift zur Aufklärung üb. die Ursachen, Ziele und Mittel der sozialen Bewegung. Gr. in-8°. III, 36 S. Aarau, J. J. Christen (Emil Wirz). 1893. — 80

Drexler, A. Die rationelle Volksernährung m. Speisezeddel für 6 Wochen. M. Kochrezepten, nebst Anleitg. u. Recepten zur Konservenbereitg. Gr. in-8°. IV, 84 S. Aarau, J. J. Christen Verlag (E. Wirz). 1894. 1 20

Drexler, Adolph —. Des Kaisers Erbstück. Schauspiel in einem Akte von — —. 8. (24 S.) Prag. Druck von Friedrich Rohlicek. 1854.

Drexler, Ant. Fd., Gedichte im reifern Lebensalter. 8. Wien 816. Ant. Doll. 16 gl

— die kleinen Gratulanten. Eine Samml. von poet. u. prosaischen Aufsätzen für alle Fälle im jugendl. Leben. Mit 1 Kpf. 8. Wien 816. Ant. Doll. 12 gl

Drexler, Ant. Ferd., die kleinen Gratulanten. Eine Samml. v. poet. u. prosaischen Aufsätzen f. alle Fälle im jugendl. Leben. Neue, unveränd. Ausg. 8. (11 B. u. Titlkpfr.) Prag 832. (Wien, Wenedikt.)

— d. deutsche Hauptwort mit allen seinen biegsamen Bestimmungswörtern im Verhältnisse zu den übrigen Redetheilen. Tabellar. dargest. (1 ill. gr. Fol. Bl.) Wien 823. Härter. Im Futteral. 12 gl

— poet. Hülfsbuch. Eine Samml. von poet. u. prosaischen Aufsätzen für alle Fälle im reifern Lebensalter. Mit 1 Kpf. 8. Wien 816. Ant. Doll. 16 gl

— Versuche in einigen Dichtungsarten. 8. Wien 812.

Drexler Ch, neue Rechenmethode f. die unteren Jahrg. d. Volksschule. Andernach 1893

Drexler, Eug., wann lebte Adam?, s.: Volksbibliothek, kathol.

Drexler, Fr(anz) Wilhelm: Caracallas Zug nach dem Orient und der letzte Partherkrieg. (214—217.) Halle a/S. 1880: (Hottenroth & Schneider in Merseburg). 65 S. 8°
Halle-Wittenberg, Phil. Diss. v. 10. Dez. 1880
Geb. Merseburg 9. 12. 1858. V.

Drexler, Friedrich [pr. Arzt aus Passau]: Ein Fall von Aneurysma Arcus Aortae ... München, kgl. Hof- u. Univ.-Buchdr. v. Dr. C. Wolf & Sohn, 1895; 16 S. 8.
München, Med. Fak., Inaug.-Diss. v. 1895

Drexler, Fdr., Hänschen. Familientragödie in 3 Akten. (79 S.) gr. 8. München (906). (A. Ackermann's Nachf.) n. 2. —

Drexler, Hans: Die doppelte Affektion des erkennenden Subjekts ⟨durch Dinge an sich und durch Erscheinungen⟩ im Kantischen System. Beuthen O.-S. 1904: Th. Kirsch. (61 S.) 8°
Münster, Phil. Fak., Ref. Adickes, Diss. v. 12. Okt. 1904
[Geb. 18. Nov. 78 Zaubach, Kr. S. Wendel; Wohnort: Breslau; Staatsangeh.: Preußen; Vorbildung: Gymn. Trier Reife O. 99; Studium: Münster 6, Bonn 2, Gießen 1 S.; Rig. 29. Juli 04.]

Drexler, Hans, Dr.: Wissenschaft und Wirklichkeit in Kantischer Auffassung. Kattowitz O.-S. 1907: Gebr. Böhm. (21 S.) 8°
Kattowitz, k. G OP 1907 (239)

Drexler, Josef, Festschrift zur 50jährigen Jubelfeier der Gründung des Turnvereins Kastel, Mainz 1896. 15 S., 8°.

Drexler, Karl, der Verduner Altar. Ein Emailwerk des XII. Jahrh. im Stifte Klosterneuburg bei Wien. Hrsg. u. mit erläut. Text versehen v. D., aufgenommen v. Thom. Strommer. 52 Taf. in Lichtdr. u. 3 Chromotaf. (Fcsm.) auf Kosten des k. k. Ministeriums f. Kultus u. Unterricht. (19 S. Text.) gr. 4. Wien 903. Gerlach & Wiedling. In Leinw.-Mappe n. 45.—

Drexler, Karl, Goldschmiede-Arbeiten i. d. regul. Chorherrenstifte Klosterneuburg b. Wien. Aufgen. v. D. Erklär. Text v. Camillo List. Fol. (37 Lichtdr.-Taf. m. 15 S. Text.) Wien 897. A. Schroll & Co. In Mappe n. 35.—

Drexler, Karl, das Stift Klosterneuburg. Eine kunsthistor. Skizze. gr. 8. (VII, 276 S. m. Abbildgn.) Wien 894. St. Norbertus. n. 8.40

— Stucco-Decorationen i. d. reg. Chorherrenstifte Klosterneuburg b. Wien. Aufgen. v. D. Erklär. Text v. Alb. Ilg. 34 Taf. in Lichtdr. Fol. (7 S. Text m. 6 Abb.) Ebd. 896. In Mappe n. 30.—

Drexler, Carl, s.: Tafelbilder aus dem Museum des Stiftes Klosterneuburg.

Drexler, O. Frei Land ein Menschenrecht. In-8°. 46 p. Zürich, C. Schmidt. 1893. 1 —

Drexler, Paul, aus Lemberg: Ueber γ-Picolinsäure und einige Derivate der αα'-Methylpyridincarbonsäure. *Berlin (1902): E. Ebering.* (55 S.) 8°
Berlin, Phil. Diss. v. 21. März 1902

Drexler, Wilh. Mythologische Beiträge. 1. Heft: Der Cultus der ägypt. Gottheiten in den Donauländern. gr. 8. (V, 152 S.) Lpz. 890, Teubner. * 4 40

Drexler, Wilhelm: Der Cultus der aegyptischen Gottheiten in den Donauländern.
(= Mythologische Beiträge. Heft 1.) Leipzig 1890.

Drey Waisen nach der Hochzeit. Lustsp. 8. Strasburg, Akad. 786.

Drey, A.

— s. Boudin, Versuch e. medizin. Geographie. — Malle, M., die Narben in gerichtl.-medizin. Beziehung.

Drey, A., die Unglücksfälle durch den Genuß von Giften, vergiftete Wunden u. Scheintod nebst ihrer Behandlung. Zum Gebrauche f. Aerzte u. Nichtärzte mit Benützung d. neuesten Quellen. 8. Nürnberg 842, Fr. Campe. 2/3 Thlr.

DREY, Eugen (München): Die utilis actio ad rem vindicandam des Pfleglings. Ein civilistischer Versuch.- München: Ackermann 1882. IV,75 S.
14.3.1881 - Urk (Titel: De utili in rem actione pupilli.); Chr 1880/81,13
Diss. Ingolst.-Landsh.-Mchn.

v. Drey, Jh. Seb., die Apologetik als wissenschaftl. Nachweisung der Göttlichkeit des Christenthums in seiner Erscheinung. 1r Bd. Philosophie der Offenbarung. gr. 8. Mainz 838. Kupferberg. 1 2/3 Thlr.

Drey, Joh. Seb. v., die Apologetik als wissenschaftl. Nachweis. der Göttlichkeit d. Christenthums in sein. Erscheinung. 2 Bde. gr. 8. Mainz, Kupferberg.
Bd. 1. Philosophie der Offenbarung 2., verb. Aufl. (26 B.) 844. 1 Thlr. 20 Ngr.
» 2. Die Religion in ihrer geschichtl. Entwickelung bis zu ihr. Vollendung durch die Offenbarung in Christus. (24 B.) 843. 1 Thlr. 15 Ngr.

Drey, Joh. Sebast. v., die Apologetik als wissenschaftl. Nachweisung der Göttlichkeit des Christenthums in seiner Erscheinung. 2. Bd.: Die Religion in ihrer geschichtl. Entwickelung bis zu ihrer Vollendung durch die Offenbarung in Christus. 2., verb. und verm. Aufl. gr. 8. (XVI und 371 S.) Mainz 847, Kupferberg.

— dass. — 3. Bd.: Die christliche Offenbarung in der katholischen Kirche. gr. 8. (XII und 380 S.) Ebds. 847.
1. Bd. (2. Aufl.) Ebendas. 1844. 1 Thlr. 20 Ngr.

Drey, Jh. Sebst., kurze Einleit. in das Studium der Theologie, mit Rücksicht auf den wissenschaftl. Standpunkt u. das kathol. System. gr. 8. Tübing. 819. Laupp. 1 Thlr.

— s. J. L. Merin, die Diözesan-Synode im Erzbisthum Freiburg.

— Diss. historico-theologica originem et vicissitudinem exomologeseos in ecclesia catholica ex documentis ecclesiasticis illustrans. 4. Elvari 815.

— s. Quartalschrift, theologische.

— s. P. Schleyer, Würdigung der Einwürfe ꝛc.

Drey, Joh. Sebast. v., neue Untersuchungen üb. d. Constitutionen u. Kanones d. Apostel. Ein histor.-krit. Beitrag z. Literatur d. Kirchengesch. u. d. Kirchenrechts. gr. 8. (29 B.) Tübingen 832, Laupp.

v. Drey, Jh. Seb., Was ist in unserer Zeit von Synoden zu erwarten? (Aus der theolog. Quartalschrift 1834, 2s Hft. abgedr.) gr. 8. Tübingen 834. Laupp. 5 gGr.

Drey, Paul, die wirtschaftlichen Grundlagen der Malkunst. Versuch e. Kunstökonomie. (XII, 321 S.) gr. 8. Stuttgart 910. J. G. Cotta Nachf. 6.—

DREY, Paul (München): Der Kunstmarkt. Eine Studie über die wirtschaftliche Verwertung des Bildes.- Stuttgart: Union 1910. XVI,173 S.- Vollständig erschienen u.d.Titel: Die wirtschaftlichen Grundlagen der Malkunst.- Stuttgart: Cotta.
31.1.1910 - Chr 1909/10,21; U 11.3558
Diss. Ingolst.-Landsh.-Mchn.

Drey, Wilhelm: Ueber Hysterische Kontrakturen. *München 1897: Kastner & Lossen.* (40 S.) 8°
München, Med. Diss. v. 1897

Dreybladt, Hermann, a. Livland: Aus der Königl. chirurgischen Universitätsklinik zu Berlin. ⟨Direktor: weiland Se. Exz. Wirkl. Geh. Rat Prof. Dr. v. Bergmann.⟩ Über das Pseudoadenoma adamantinum mit besonderer Berücksichtigung der Diagnose und Therapie. Berlin (1907): G. Schade. (58 S.) 8°
Berlin, Med. Fak., Ref. Bier, Diss. v. 14. Aug. 1907
[Geb. 30. April 73 Fellin, Livland; Wohnort: Fellin; Staatsangeh.: Rußland; Vorbildung: Gymn. Fellin Reife M. 92; Studium: Dorpat 8, Berlin 2 S. Rig. 16. Aug. 07.]

Dreyblatt, theolog., (v. Löffelmeyer). 8. Hamb. 785.... 5 gGr.

Dreydorff, Geo., das System des Johannes Pico, Grafen von Mirandula und Concordia. Eine philosophisch-historische Untersuchung. Marburg 858. Elwert. gr. 8. (3 Bl., 74 S.) 12 Ngr.

Dreydorff, Heinrich [app. Arzt aus Leipzig]: Kasuistischer Beitrag zur Magen-Chirurgie nebst e. tabellar. Übersicht über 442 Fälle v. Pylorektomie, Gastroenterostomie u. Pyloroplastik ... (Aus: Beitr. z. klin. Chir., Bd XI Heft II.) Tübingen, H. Laupp, 1893; 2 Bl., 38 S. 8.
Heidelberg, Med. Fak., Inaug.-Diss. v. [15. März] 1893

Dreydorff, Joh. Geo., s.: Bekenntnisse e. alten Pfarrers.

Dreydorff, Joh. Geo., Römisches Christentum. In Briefen an e. Freundin. (IV, 73 S.) 8. Leipzig 904. H. Haessel, Verl. n. —60

Dreydorff, Joh. Geo., drei köstliche Dinge. Konfirmationsrede am Sonntag Judica, 11. März 1894. gr. 8. (9 S.) Leipzig 894. Dürr'sche Buchh. — 80

— Herr v. Egidy u. die christologische Frage. Ein Vortrag, geh. im Protestantenverein zu Dresden. 8. (32 S.) Leipzig 892. H. Haessel. n. — 50

Dreydorff, Joh. Geo., zwei Fragen. Predigt am 2. Bußtage d. J. 1885. gr. 8. (15 S.) Leipzig 885. Dürr'sche Buchh. n. — 40

— Teufels Gebet u. Anderes. Humoristische Erzählgn. 8. (III, 82 S.) Leipzig 900. S. Hirzel. n. 1. 80

Dreydorff, Joh. Geo., unser Gebet. Predigt über Psalm 115, 1, gehalten am 3. Aug. 1870. Leipzig 870. Duncker & Humblot. gr. 8. (16 S.) n. 4 ngr.

Dreydorff, J. G., Gedächtnißrede auf † Kaiser Wilhelm an seinem Begräbnißtage, dem 16. März 1888. gr. 8. (11 S.) Leipzig 888. Dürr'sche Buchh. — 30

—— Pascal's Gedanken über die Religion. Eine histor. und religions-philosoph. Untersuchung. gr. 8. (171 S.) Leipzig 875. Hirzel. *

—— Gottes- u. Menschenfurcht. Predigt. gr. 8. (14 S.) Lpz. 892, Dürr'sche Buchh. * — 40

Dreydorff, Joh. Geo., Gottwelt. Eine philosoph. Plauderei in Briefen an e. Freundin. 8. (VII, 182 S.) Leipzig 902. S. Hirzel. n. 2. 40

— Jacob u. Israel. Predigt am Sonntage Invocavit d. J. 1885. gr. 8. (15 S.) Leipzig 885. Violet. n. — 40

— ich bin bei euch alle Tage. Letzte Predigt, geh. am Osterfest 1894. gr. 8. (11 S.) Ebd. 894. n. — 20

—— die Jesuiten im deutschen Reiche; warum und mit welchen Mitteln haben wir sie zu bekämpfen? Ein Vortrag im Protestanten-Verein zu Leipzig gehalten. gr. 8. (28 S.) Leipzig 872, Barth.

Dreydorff, Joh. Geo., Kasualreden. (X, 246 S.) gr. 8. Leipzig 907. M. Heinsius Nachf. 4. 80

— der König u. Kaiser. Predigt an seinem Jubiläum, 3. Jan. 1886. gr. 8. (12 S.) Leipzig 886. Hirzel. n.— 40

— der letzte Kurfürst u. Anderes. Humoristische Erzählgn. 8. (III, 125 S.) Ebd. 902. n. 2. —

— Mahnstimmen. Confirmationsrede am Sonntag Judica, 22. März 1885. gr. 8. (13 S.) Leipzig 885. Dürr'sche Buchh. — 30

— Maria u. Martha. Konfirmations-Rede am Sonntag Judica, 19. März 1893. gr. 8. (14 S.) Leipzig 893. J. J. Weber. n. — 50

— Feldmarschall Graf Hellmuth v. Moltke. Gedächtnißrede am Sonntag, den 3. Mai 1891. 8. (11 S.) Ebd. 891. n. — 40

—— zum Neubau auf altem Grunde. Predigten. gr. 8. (VIII, 269 S.) Leipzig 872, Duncker und Humblot. *
geb. *ℳ 5,20.; geb. mit Goldschn. *

Dreydorff, Joh. Geo., noch heute. Predigt am letzten Sonntage des J. 1883. 8. (13 S.) Leipzig 884, Dürr'sche Buchh.

—— Pascal, sein Leben und seine Kämpfe. gr. 8. (X, 462 S.) Leipzig 870, Duncker und Humblot. *

— Predigt über Philipper 3, 12, gehalten am Reformationsfeste 1868 in der reformirten Kirche zu Leipzig. Leipzig 868. Hirzel. gr. 8. (14 S.) n. 5 ngr.

— Quousque tandem? Ein ernstes Wort wider den alttestamentl. Geschichtsunterricht. 8. (51 S.) Leipzig 902. H. Haessel Verl. n. — 60

— Schleiermacher. Festrede zur Feier der 100. Wiederkehr seines Geburtstags, gehalten zu Leipzig, 27. Novbr. 1868. Leipzig 869. Duncker & Humblot. gr. 8. (27 S.) n. 6 ngr.

—— sei zufrieden. Predigt am Neujahrstage des J. 1885. gr. 8. (15 S.) Ebendas. 885.

Dreydorff, Joh. Geo., in mancherlei Sprachen. Predigt am Pfingstfest des J. 1884. gr. 8. (14 S.) Leipzig 884, Dürr'sche Buchh.

— Stunden d. Erbauung. E. Jahrgang Predigten f. denk. Verehrer Jesu. gr. 8. (X, 476 S.) Leipzig 896. J. J. Weber. n. 6. —; geb. n. 7. —

— treu im Geringen. Konfirmationsrede am Palmsonntag, 26. März 1893. gr. 8. (10 S.) Leipzig 893. Dürr'sche Buchh. — 30

Dreydorff, Joh. Geo., unsere kirchlichen Versammlungen und kirchlichen Handlungen. Zwei Advents-Predigten. gr. 8. (32 S.) Leipzig 876, Hirzel.

—— Wachet! Predigt am 2. Adventssonntage des J. 1884. gr. 8. (15 S.) Ebendas. 884.

— in alle Wahrheit. Predigt am Pfingstfest d. J. 1885. 8. (15 S.) Ebend. 885. n. — 40

— vom vorsichtigen Wandel. Predigt am Reformationsfest 1892. gr. 8. (13 S.) Ebd. 892. n. — 40

— Warum u. Wie? E. Beitrag z. Lösg. d. Judenfrage. gr. 8. (27 S.) Berlin 895. P. Moedebeck. n. — 50

Dreydorff, Joh. Geo., vom Wiedersehen. Predigt am 2. Osterfesttag d. J. 1885. gr. 8. (14 S.) Leipzig 885. Dürr'sche Buchh. n. — 40

— die Zeichen der Zeit. Predigt am 1. Bußtage d. J. 1884. gr. 8. (16 S.) Ebend. 884. — 30

— Ulrich Zwingli. Festpredigt zur Feier der 400. Wiederkehr seines Geburtstages. gr. 8. (15 S.) Leipzig 884. Hirzel. n. — 50

Dreydorff, Rud., ein deutsches Reichsarbeitsamt, s.a. Abhandlungen, volkswirtschaftliche u. wirtschaftsgeschichtliche. 3. Hft.

Dreydorff, Rudolf: Ein Deutsches Reichsarbeitsamt. *Leipzig: Jäh & Schunke 1902.* (89 S.) 8° ¶[Erschien vollst. 1902 als: Volkswirtsch. u. wirtschaftsgesch. Abhandl., H. 3.]
Leipzig, Phil. Diss. v. [21. Apr.] 1902

Dreydorff, Rud[olf]. Ein deutsches Reichsarbeitsamt. Geschichte und Organisation der Arbeiterstatistik im In- und Ausland. VI + 168 S. 8. Leipzig, Jäh & Schunke, 1902. [M. 4. —]
Volkswirtschaftliche und wirtschaftsgeschichtliche Abhandlungen. Hrg. von Wilhelm Stieda... Heft 3...
Darin: Organisation der Arbeiterstatistik im Ausland, *S. 51—72:* Die Schweiz.

Dreyer, die Bedeutung der Spirochäten f. die Pathologie. (27 S.) 8. Leipzig 908. B. Konegen. — 50

Dreyer, e. Besuch im Pellagrossorium z. Mogliano-Voneto. [Aus: „Reichs-Med.-Anz."] gr. 8. (8 S.) Leipzig 898. Verl. d. Reichs-Medicinal-Anzeigers" B. Konegen. n. 1. —

Dreyer, Bibliotheca juris Lubecensis. Lubecae.

Dreyer's Bibliothek moderner Schriftsteller. 1.—4. Bd. 8. Berlin, D. Dreyer & Co. à — 50
1. Zucker-Else. (Humoreske.) Von C. H. Franklin. (63 S.) (902.)
2. Liebe wächst an allen Wegen. Von Carl Herrmann. (73 S.) (902.)
3. 4. Eine Tändelei der gnädigen Frau. Roman. Von Carl Herrmann. (144 S.) (902.)

Dreyer, Systemat. Darstellg. d. deut. Reichs-Civilrechts. Leipzig 876.

Dreyer, technische Einrichtung u. Betrieb e. Berliner Fernsprechamts m. Zentralbatterie. (86 S. m. 7 Taf.) gr. 7. Berlin 908. L. Simion Nf. 1. 50

Dreyer, Gefangenenpflege u. Entlassenen-Fürsorge, s.a. Schriften der Frauenhülfe.

Gefangenenpflege und Entlassenen-Fürsorge. Von Pastor Dreyer, Rendsburg. Potsdam: Stiftungsverl. [1900]. 10 S. 8° [Umschlagt.]
(Schriften d. Frauenhülfe. 2.) [10. 12974

Dreyer, Govius u. A., rhein. Hypothekenrecht. Leipz. 877.

Dreyer, der Code Napoleon und das badische Landrecht nach dem Systeme von Puchta's Pandekten und in Vergleichung mit dem römischen Rechte. Mannheim 860. Rotter. Lex.-8. (XXIV, 336 S.) n. 2 ₰

— üb. Nosophen. [Aus: „Reichs-Medicinal-Anzeiger".] 8. (8 S.) Ebd. 895. n. 1. —

Dreyer (Hrsg.), s. Zachariä v. Lingenthal: Handbuch d. französischen Civilrechts.

Dreyer, A., über Gonorrhoe u. Syphilis in der Schwangerschaft. (10 S.) Lex. 8. Leipzig 910. B. Konegen. 1. —
Sonderabdruck aus „Reichs-Med.-Anz.".

— Kindergärtlein. Dichtungen f. die kleine Welt. 12. (79 S.) München 908. M. Kellerer. Kart. n. 1. —

— Knecht Ruprecht, s.: Dilettantenbühne, kathol.

— Die Schneekönigin, s.: Maier, Ant.

Dreyer, A.: Vorträge in der Versammlung des Magistrats . . ., s. Wiese, Theodor Friedrich

Dreyer, Adolph [aus St. Gallen]: Beitrag zur Kenntniss der Funktion der Schutzscheide ... St. Gallen, Buchdr. d. „Ostschweiz", 1892; 57 S. 8.
Jena, Phil. Fak., Inaug.-Diss. v. 1892

Dreyer, Adph., Beitrag zur Kenntniss der Funktion der Schutzscheide. gr. 8. (56 S.) St. Gallen 892. (Rudolstadt, H. Dabis.) n. 1. 20

Dreyer, Albert [aus Kaunitz in Westf.]: Beiträge zur Pathologie der Samenblasen. . . . Göttingen, Druck d. Dieterich'schen Univ.-Buchdr., 1891; 44 S. 8°
Göttingen, Med. Fak., Inaug.-Diss. v. [21. Apr.] 1891

Dreyer, Alb., Beiträge zur Pathologie der Samenblasen. Diss. gr. 8. (44 S.) Göttingen 891. (Vandenhoeck & Ruprecht.) n. — 80

Technische Einrichtung und Betrieb eines Berliner Fernsprechamtes mit Zentralbatterie. Von [Alexander] Dreyer, Telegrapheninsp. Berlin: L. Simion Nf. 1908. (85 S.) 8° [07. 16075

Dreyer, Alois, heitere Abende. Ein Lustspiel u. 3 Schwänke f. gesell. Vereine, Jugend- u. Familienkreise ꝛc. ꝛc. 8. (114 S.) Straubing 891. Volks- u. Jugendschriften-Verl. (O. Manz). Kart. 1. —

Dreyer, Aloys, Alcestis. Relig. Drama in 3 Aufzgn. Musik f. Frauenstimmen m. Begleitg. d. Pianoforte v. Mich. Haller. Op. 72. 8. (37 S.) Regensburg 898. A. Coppenrath's Verl. n. — 50

Dreyer, A[loys]. Der Alpinismus und der Deutsch-Österreichische Alpenverein. Seine Entwicklung — Seine Bedeutung — Seine Zukunft. [Mit 32 Tafeln und illustriertem Umschlag.] VIII + 200 S. 8. Berlin, Marquardt & Co., 1909. [M. 5.—, geb. 6.50]

Dreyer, Aloys, s.: Analecta germanica.

—— Im Banne der Stenographie. Stenographisches Lustspiel in 3 Acten. gr. 8. (36 S.) Dresd. 889, G. Dietze. * — 90

—— Der Bergfex, s. Universal-Bibliothek Nr. 2944.

Dreyer, A., Bergmoas'n u. Spötterln. Gedichte in oberbayer. Mundart. Illustriert v. Münchener Künstlern. 8. (88 S.) München 902. R. Lindauer. n. 1. —; geb. n. 1. 80

Dreyer, A[loys]. Bücherverzeichnis der Zentralbibliothek des Deutschen u. Österreichischen Alpenvereins (in München). Im Auftrag des Zentralausschusses verfasst von Dr. A. D'. Mit Titel- und Sachregister. X + 316 S. 8. München, Komm. J. Lindauer, 1906. [M. 4. —]

— d. zerstreute Christkind. Weihnachtsspiele in e. Aufz. (N. e. Erzählg. v. Max Stempel.) Musik f. 2 Singstimmen m. Harmoniumbegleitg. v. Mich. Haller. Op. 73. 8. (15 S) Ebd. 898. n. — 20

— d. Christkindlsinger. Dramat. Weihnachtsmärchen in 3 Aufzgn. Musik v. Sim. Breu. Op. 49. Textbuch. 8. (20 S.) Ebd. 897. n. — 20

— Christwunder, s.: Breu, Sim.

— Damen v. Stand. Kom. Scene. 8. (7 S.) Ebd. 898. n. — 20

— d. Dreisessel-Jungfrauen. Dramat. Sage in 2 Abteilgn. Musik v. Sim. Breu. 8. (53 S. m. 1 Lichtdr.) Passau 895. M. Waldbauer. n. — 80; geb. n. 1. —

—— Festspiel zur Centenarfeier der Geburt Gabelsbergers. 8. (8 S.) Passau 889, (Waldbauer). * — 20

— fürs G'müat. Gedichte in altbayer. Mundart. 8. (IV, 74 S.) Bamberg 895. C. C. Buchner Verl. Kart. n. 1. 50; geb. n. 2. —

— aus mein' Hoamatland. Gedichte in altbayer. Mundart. gr. 8. (III, 84 S.) Passau 891. Waldbauer. n. 2. —

— auf lichten Höhen. Stimmungsbilder, Vaterlandslieder u. erzähl. Gedichte. 8. (V, 80 S.) Dresden 897. E. Pierson. n. 1. —; geb. n. 2. —

— Incognito. Vorspiel zur Karnevalsunterhaltung v. Stenographen-Vereinen. Ohne Berücksicht. d. Systems. 8. (16 S.) Straubing 891. Volks- u. Jugendschriften-Verl. (O. Manz). n. — 25

Dreyer, Aloys: Franz von Kobell. Sein Leben u. seine Werke. T. 1: Lebens- u. Entwicklungsgang. 1. Periode 1803—1843. *Freising 1903: F. P. Datterer & Co.* (IX, 37 S.) 8° [F.] ¶ (Ersch. vollst. 1904 u. d. T.: 'Franz v. Kobell. Sein Leben u. seine Dichtungen' in: Oberbayer. Archiv f. vaterländ. Gesch. Bd 52, H. 1.)
München, Phil. Diss. v. 1903

Franz v. Kobell. Sein Leben u. s. Dichtungen. Von Dr. Aloys Dreyer. *(München: Hist. Ver. von Oberbayern 1904.)* (IX, 132 S.) 8°
= Archiv, Oberbayerisches, f. vaterländ. Geschichte. Bd 52, H. 1. [04. 34

— das Krokodil. — Ein Stockwerk zu hoch. 2 Schwänke für gesell. Vereine, Jugend- u. Familienkreise. (60 S.) kl. 8. München (905). Volks- u. Jugendschriften-Verlag. n. — 90

— Ritter Kunibert. Posse in e. Aufz. 8. (15 S.) Regensburg 898. A. Coppenrath's Verl. n. — 30

— 's Lenel, s.: Universal-Bibliothek.

Herzog Maximilian in Bayern, der erlauchte Freund und Förderer des Zitherspiels und der Gebirgspoesie. Von Dr. A[loys] Dreyer. Mit e. Bildnis d. Herzogs. München: J. Lindauer 1909. (VI, 69 S.) 8° [F.]

— die Sendlinger Mordweihnacht in Geschichte, Sage u. Dichtung. (V, 79 S.) 8. München 906. Th. Ackermann. n. 1. 20

Dreyer, Aloys, Franz Pocci, der Dichter, Künstler u. Kinderfreund. (VIII, 215 S. m. Abbildgn., Taf. u. 1 Bildnis.) gr. 8. München 907. G. Müller. Kart. 5. —

Karl Stieler, der bayerische Hochlandsdichter. Von A[lois] Dreyer. Mit e. Bildn. d. Dichters, e. Bibliogr. s. Schriften sowie einigen bisher ungedr. Gedichten u. Briefen Karl Stielers. Stuttgart: A. Bonz & Co. 1905. (V, 147 S.) 8° [F.]

— die Warenbach. — Die Räuberherberge. Ein Lustspiel u. e. Schwank f. gesell. Vereine, Jugend- u. Familienkreise. (60 S.) kl. 8. München (906). Volks- u. Jugendschriften-Verlag. n. — 90

— verkehrte Welt. Schwank in 3 Aufzgn. 8. (27 S.) Regensburg 898. A. Coppenrath's Verl. n. — 50

Dreyer, Arthur [app. Arzt aus Bielefeld]: Ueber das Magensarcom ... Göttingen, Druck d. Dieterich'schen Univ.-Buchdr., 1894; 36 S., 1 Bl. 8.
Göttingen, Med. Fak., Inaug.-Diss. v. [7. März] 1894

Dreyer, Bernhard, Arzt: Zwei Fälle von Miliartuberkulose. Berlin 1905: E. Dreyer. (31 S.) 8°
Rostock, Med. Fak., Ref. Martius, Diss. v. 5. Apr. 1905
[Geb. 6. Juni 76 Berlin; Wohnort: Berlin; Staatsangeh.: Preußen; Vorbildung: Friedrich-Wilhelms-Gymn. Berlin Reife O. 97; Studium: Berlin 4, Rostock 5 S.; Coll. 2. Aug. 04; Approb. 15. Juli 04.]

Dreyer, C. H., Bemerkungen zu den Beschlüssen der Reichstagskommission, betr. die Berathg. d. Entwurfes e. Strafproceßordng. f. das deutsche Reich. gr. 8. (78 S.) Leipzig 875. Roßberg. n. 1. 50

— das deutsche Reichs-Civilrecht. Systematische Darstellg. d. in den Reichsgesetzen enthaltenen deutschen Civilrechts. 8. (XIV, 189 S.) Ebend. 876. n. 3. —

Dreyer, C. J., Sangesquelle. Alte u. neue Lieder f. die Mittelklassen deutscher Volks- u. Bürgerschulen. 8. (III, 48 S.) Langensalza 885 Schulbuchh. — 45

Dreyer, F. L., merkwürdige Krankheits- oder Heilungsgeschichte einer großen Fettgeschwulst, mit Kpf. 8. Hamb. 799. Bachmann. 8 gr.

Dreyer, F. W., († 1820.) Vorschläge, die Kosten der nothwendigen Lebensmittel u. des Futters für das Vieh durch eine sorgfältige Wahl u. Zubereitung zu ermäßigen. gr. 8. Berl. 819. Amelang. 12 gr.

Dreyer, Felix, approb. Arzt aus Bielefeld: Ueber die in den Jahren 1884—1898 in der Göttinger Medizinischen Universitäts-Klinik beobachteten Unfallkranken. *Göttingen 1899: Dieterich.* (78 S.) 8°
Göttingen, Med. Diss. v. [4. Nov.] 1899

Dreyer (Fr.), Die Tripoli von Caltanisetta (Steinbruch Gessolungo) auf Sizilien. Morphologische Radiolarienstudien, Heft 2. (Sonder-Abdr. Jenaische Zeitschr. f. Naturwissensch., Bd. 24, N. F. 17.) Jena 1890. 8. Mit 6 Tafeln.

Dreyer, Franc. (geb. Oelde in Westf. 12. 4. 1839): De kali chlorico. Berolini (1861). (32 S.) 8°
Berlin, Med. Diss. v. 6. Aug. 1861

Deutsche Kulturgeschichte von den ältesten Zeiten bis zur Gegenwart. Als Grundlage f. d. Unterr. in d. deutschen Gesch. unter Mitw. von Johannes Meyer(-Wimmer) bearb. von Friedrich Dreyer. (3 f.: Nach d. Tode d. Verf. fortges. u. hrsg. von J. Meyer-Wimmer.) T. 1–4. *Langensalza: F. G. L. Gressler 1891–1902.* 4 Bde 8° [F.]
1. Deutsche Urgeschichte. Das Frankenreich. Deutschland, 'das Reich d. Franken'. 1891.
2. Vom grossen Interregnum bis z. Reformation. 1893.
3. Das Zeitalter d. Reformation. Das Jahrhundert d. grossen Krieges. Das Zeitalter d. unumschränkten Fürstengewalt. 1900.
4. Das Zeitalter Friedrichs d. Gr. Deutschland in d. 1. Hälfte d. 19. Jhs. Das Zeitalter Kaiser Wilhelms I. 1902.

Deutsche Kulturgeschichte von der ältesten Zeit bis zur Gegenwart. Als Grundlage f. d. Unterricht in d. deutschen Geschichte bearb. von Friedrich Dreyer. 2., verb. u. verm. Aufl. T. 1–4. (2 ff.: Nach d. Tode d. Verf. fortgeführt u. hrsg. von J. Meyer-Wimmer.) Langensalza: F. G. L. Greßler 1894–1906. 4 Bde 8° [F.]
1. Deutsche Urgeschichte. Das Frankenreich. Deutschland unter eigenen Herrschern. 1894.
2. Vom großen Interregnum bis z. Reformation. 1900.
3. Das Zeitalter d. Reform. Das Jahrh. d. gr. Krieges. Das Zeitalter d. unumschränkten Fürstengewalt. 1906.
4. Das Zeitalter Friedrichs d. Gr. Deutschland in d. 1. Hälfte d. 19. Jhs. Das Zeitalter Kaiser Wilhelms I. 1906.

Dreyer, Frdr., deutsche Kulturgeschichte von den ältesten Zeiten bis zur Gegenwart. Als Grundlage f. den Unterricht in der deutschen Geschichte bearb. Nach dem Tode des Verf. fortgeführt u. hrsg. von J. Meyer-Wimmer. 1. u. 3. Tl. gr. 8. Langensalza, Schulbuchh. n. 6. —
1. Deutsche Urgeschichte. — Das Frankenreich. — Deutschland unter eigenen Herrschern. 3. durchgeseh. Aufl. (VIII, 176 S.) 902. n. 2. —
3. Das Zeitalter der Reformation. — Das Jahrhundert des großen Krieges. — Das Zeitalter der unumschränkten Fürstengewalt. 2. Aufl. (VIII, 307 S.) 906. n. 4. —

Deutsche Kulturgeschichte von den ältesten Zeiten bis zur Gegenwart. Als Grundlage f. d. Unterr. in d. deutschen Geschichte bearb. von Friedrich Dreyer. Nach d. Tode d. Verf. fortgef. u. hrsg. von J. Meyer-Wimmer. 3. durchges. Aufl. T. 1. *Langensalza: F. G. L. Greßler 1904.* 8° [F.]

Dreyer, Frdr., deutsche Kulturgeschichte von den ältesten Zeiten bis zur Gegenwart. Als Grundlage f. den Unterricht in der deutschen Geschichte bearb. Nach dem Tode des Verf. fortgeführt u. hrsg. v. J. Meyer-Wimmer. 2. u. 4. Tl. 8. Langensalza, Schulbuchh. 7. —
2. Vom großen Interregnum bis zur Reformation. 3. Aufl. (VIII, 288 S.) 909. 2. 50
4. Das Zeitalter Friedrichs d. Gr. — Deutschland in der 1. Hälfte des 19. Jahrh. — Das Zeitalter Kaiser Wilhelms I. 2. Aufl. (VIII, 440 S.) 906. 4. 50

Dreyer, Frdr., Peneroplis. Eine Studie z. biolog. Morphologie u. z. Speciesfrage. M. 25 Fig. i. Text u. 5 Taf. in Lichtdr. gr. 4. (IX, 119 S.) Leipzig 898. W. Engelmann. n. 10. —

Dreyer, Frdr., morphologische Radiolarienstudien. 1. u. 2. Hft. Lex.-8. Jena, Fischer. n. 15. —
1. Die Pylombildungen in vergleichend-anatomischer und entwicklungsgeschichtlicher Beziehung bei Radiolarien u. bei Protisten überhaupt, nebst System u. Beschreibung neuer u. der bis jetzt bekannten pylomatischen Spumellarien. Mit 6 lith. Taf. [Aus: „Jen. Zeitschr. f. Naturwiss."] (X, 138 S.) 889. n. 8. —
2. Die Tripoli von Caltanisetta (Steinbruch Gessolungo) auf Sizilien. Mit 6 lith. Taf. [Aus: „Jen. Ztschr. f. Naturwiss."] (VIII, 79 S.) 890. n. 7. —

Studien zu Methodenlehre und Erkenntnisskritik von Friedrich Dreyer. Mit Fig. Bd [1.] 2. *Leipzig: W. Engelmann 1895–1903.* 2 Bde 8°
[1.] Ziele u. Wege. — Eine einl. Betrachtung über d. Wissenschaftsbetrieb. 1. Die Lebenskraft. — Eine Studie über d. Naturbegreifen. 2. Zu Erkenntnisskritik. 1895.
2. 3. Die Continuitätsmethodik eines Dreidimensionalen. Anhänge. 1903.

Dreyer, Friedrich [aus Gotha]: Die Theorie der Biokrystallisation im Allgemeinen und die Skelettbildung der Polycystinen im Besonderen. ... Jena, Druck v. B. Engau, 1890; 40 S. 8°
Jena, Phil. Fak., Inaug.-Diss. v. 1890

— die Theorie der Biokrystallisation im Allgemeinen u. die Skelettbildung der Polycystinen im Besonderen. Inaug.-Diss. gr. 8. (40 S.) Jena 890. (Rudolstadt, Dabis.) n. — 80

Dreyer, Frdr., Ziele u. Wege biologischer Forschung, beleuchtet an der Hand e. Gerüstbildungsmechanik. gr. 8. (XII, 103 S. m. 6 lith. Taf.) Jena 892. G. Fischer. n. 5. —

Dreyer, Fritz, Referendar a. Wiesbaden: **Die rechtliche Stellung des Gemeindewaisenrats in Preußen.** Wiesbaden 1906: C. Ritter. (VIII, 77 S.) 8°
Marburg, Jur. Fak., Ref. Leonhard, Diss. v. 5. Nov. 1906
[Geb. 7. Apr. 83 Wiesbaden; Wohnort: Wiesbaden; Staatsangeh.: Preußen; Vorbildung: Gymn. Wiesbaden Reife O. 01; Studium: Halle 3, Marburg 3 S.; Rig. 4. Okt. 06.]

Dreyer, Fritz, die rechtliche Stellung des Gemeindewaisenrats in Preussen. (VIII, 77 S.) gr. 8. Wiesbaden 906. J. F. Bergmann. 2. —

Dreyer, G., die Jugendlitteratur, s.: Zeit- u. Streitfragen, pädagogische.

Dreyer, G. A., Verbesserter Auszug aus den Familien-Schriften der Herren von Pistoris. 1816.

Dreyer, Geo., Elemente der Graphostatik. Lehrbuch f. techn. Unterrichtsanstalten m. besond. Berücksicht. der Anwendgn. auf den Maschinenbau. 4. (VI, 77 S. m. 224 Fig. u. 4 Taf.) Ilmenau 901. H. Reinmann. Geb. in Leinw. n. 4. 80

Dreyer, Geo., Elemente der Graphostatik. Lehrbuch f. techn. Unterrichtsanstalten m. besond. Berücksicht. der Anwendgn. auf den Maschinenbau. 2. Aufl. (VI, 99 S. m. 262 Fig. u. 6 Taf.) gr. 8. Ilmenau 904. H. Reinmann. Geb. in Leinw. n. 6. —

Dreyer, Geo., Elemente der Graphostatik. Lehrbuch f. techn. Unterrichtsanstalten u. zum Selbstunterricht, m. vielen Anwendgn. auf den Maschinenbau u. Brückenbau. 3. Aufl. (VI, 121 S. m. 288 Fig. u. 6 Taf.) gr. 8. Ilmenau 910. H. Reinmann. Geb. in Leinw. 7. 50

— die Kolbenpumpen u. deren Details. Skizzensammlung bewährter Ausführgn. f. den Constructionsunterricht an techn. Lehranstalten. Nach Werkstattzeichngn. zusammengestellt u. hrsg. Fol. (18 autogr. Bl.) Ebd. 900. n.n. 4. 20

— Musterbeispiel u. Anleitung zum Gebrauch v. Dreyers Journal „Infinitum", s.: Bereshem. Otto.

— Skizzen u. Tabellen üb. Hebezeuge [Flaschenzüge, Winden, Krane u. deren Elemente]. Nach Werkzeichnungen ausgeführter Anlagen f. den Vortrag u. den Konstruktionsunterricht an techn. Lehranstalten. Zusammengestellt u. bearb. (30 Taf. in gr. 4. u. 20 S. Abbildgn. in Fol. m. 11 S. Text.) Fol. Ebd. 903. Geb. in Leinw. in Fol. n. 8. —

Dreyer, G[ottfried]. Die Gesundheitspolizei bei den schweizerischen Eisenbahnen. Kurzgefasste Darstellung. 1904. 36 S. 8. Burgdorf, S. Haller, 1904.

Dreyer, G[ottfried]. Das Verhältnis der Schweizerischen Eisenbahnen zu den verschiedenen Staatsverwaltungen. In gedrängter Darstellung. 64 S. 8. Biel, Schüler & Cie., 1904.

Dreyer, Gust. Wilh., das Liebste, was du hast. Lustspiel in 3 Akten. 8. (20 S.) Bremen 884. (Heinsius.) n. — 60

— die Marquise v. Pompadour. Drama in 5 Akten. 8. (102 S.) Ebend. 883. n. 2. —

Dreyer, Hans, a. Gotha: Der Begriff Geist in der deutschen Philosophie von Kant bis Hegel. Halle a. S. 1907: C. A. Kaemmerer & Co. (106 S.) 8°
Halle, Phil. Fak., Ref. Vaihinger, Diss. v. 21. Dez. 1907
[Geb. 24. Febr. 71 Gotha; Wohnort: Florenz; Staatsangeh.: Sachsen-Coburg-Gotha; Vorbildung: Gymn. Gotha Reife O. 90; Studium: Jena 2, Straßburg 4, Heidelberg 1, Berlin 1 S.; Rig. 1. Juli 07.]

Dreyer, Hans, der Begriff Geist in der deutschen Philosophie v. Kant bis Hegel, s. a. Kantstudien. 7. Erg.-Hft.

Der Begriff Geist in der deutschen Philosophie von Kant bis Hegel. Von Hans **Dreyer**. Berlin: Reuther & Reichard 1907. (106 S.) 8°
— **Kantstudien.** Erg.H. 7. [08. 639 3

Dreyer, Hans, Personalismus u. Realismus. (VIII, 119 S.) gr. 8. Berlin 905. Reuther & Reichard. n. 2. —

Dreyer, H[einrich]: Die Berechnung des Arbeitsverbrauches der Griesmühlen ⟨Rohrmühlen⟩ bei Trockenmahlung. Berlin: Dietze 1908. 24 S. 4° ¶ Aus: Dinglers Polytechn. Journal. Jg. 89. Bd 323.
Hannover. Dr.-Ing.-Diss. v. 13. 7. 1908

Dreyer, Heinrich (Everswinkel/Westf.), De ictero. Diss. med. Bln. (Nietack) 7. XI. 1833. 32 S. mit Liter. u. Biogr. (M.: Kortmann.) (4.50) 6945
Oppon.: H. Aumüller, I. Bierbaum, B. Halsband. — Gew.: C. Th. Tortual.

Dreyer, Herm., die Brennrose. Eine Dorfgeschichte aus der Gegenwart. Mainz 859. Kirchheim. 8. (VII, 440 S.) 1 ₰

Dreyer, Herm., die Kinder des Verräthers. Historischer Roman aus der Zeit Andreas Hofers. 3 Bde. 8. (XIX und 902 S.) Mainz 862, Kirchheim.

(Dreyer, Herman[nus]: • Quid et Germanici et Provinciales poetae lyrici saeculi duodecimi et tertii decimi de mulieribus senserint quibusque inter se differant rationibus. 87 S. 4° (2°) [Nebst Cap.] IV u. d. T.: Über die Anschauung des weiblichen Geschlechts, wie sie in den lyrischen Gedichten hervortritt. 83 S. 4° (2°)
Halle-Wittenberg, Phil. Diss. v. 8. März 1854
Geb. [Priesholz (Kr. Flensburg) 11. 1. 1833]

Dreyer, J. Fr., nova Blepharoplastices methodus. Mit 2 ill. Steindr. 8 maj. Wien 831. Gerold. 16 K

Dreyer, J. H., Licht u. Schatten im evangel. Gemälde des Leidens Jesu Christi. Oder: 12 Predigten über die Leidensgeschichte unseres Herrn f. die heil. Fastenzeit, in 2 Abtheill. gr. 8. Hannov. 831. Helwing. 12 K

Dreyer, J. L. E., Tycho Brahe. Ein Bild wissenschaftl. Lebens u. Arbeitens im 16. Jahrh. Autoris. deutsche Uebersetzg. v. M. Bruhns. Mit e. Vorwort v. W. Valentiner. gr. 8. (XII, 434 S. m. Abbildgn. u. Bildnis.) Karlsruhe 894. G. Braun. n. 10. —

Dreyer, J. M., s. a. Dreyer, Johann Karl Heinrich

Dreyer, J. M., Abhandl. z. Erläuter. d. alt. deutschen Rechte gebräuchl. Gesch. 3 Bde. Rostock, Bödner. 754—62.

— Abhandl. v. Nutz. d. Gedichts Reinicke de Voß in Erklär. d. Rechtsalterth. 4. Wism. Berger. 768.

— Einleit. z. Kenntn. d. geistl. u. bürgerl. Verordnung. d. Raths. z. Lübeck. 4. Lüb. Niemann u. C. 769.

— z. Erläut. d. deutsch. Rechte sc. angewandte Nebenstunden, 4. Wismar, Bödner. 768.

Dreyer, J. Tr., nova Blepharoplastices methodus. Cum tab. II. lith. impr. et col. 8 maj. (4½ B.) Vindobonae 831, Gerold.

— **Joachim Heinrich** (Lübeck), De executione pendente appellatione valide facienda. Diss. jur. Präs. Justus Henning Böhmer. Halle (Joh. Gottfried Meyh) 30. III. 1734. 70 S. (5.20) 6946
Gew.: Joh. Heinr. Dreyer (Vater).

— — Dasselbe. Halle (Joh. Frdr. Grunert) 1740. (5.—) 6947

Dreyer, Johann Karl Heinrich, s. a. Dreyer, J. M.

— Abhandl. von e. in der Lübeckischen Nachbarschaft ehedem übl. Gewohnheit, die Eide auf einer grünen Sode abzulegen. 775.

Dreyer, Jh. Karl Hnr., († d. 15. Febr. 1802.) Abhandlung vom Nutzen des Gedichts Reineke de Voß, in Erklärung d. Rechtsalterthümer. 4. Wismar 768. Berger. 12 gl

— antiquar. Anmerkk. über etliche im mittlern Zeitalter übliche Lebens-, Leibes- u. Ehrenstrophen. gr. 8. Lübeck 792. Niemann. 12 gl

DREYER, J. K. H.: Antiquar. Anmerkk. üb. e. in d. mittl. Zeitalter in Deutschl. u. im Norden üblich gewes. Lebens-, Leibes- u. Ehrenstr. *Lübeck*, Donatius. 792. gr. 8. (12 Gr.)

DREYER JO. CAR. HENR., Rechtliches Bedenken, ob die mit dem Lübschen Rechte bewidmete Land-Städte sich des Rechts, die erblosen Güter ihrer verstorbenen Bürger zu sich zu nehmen, nach dem Art. 14. Tit. II. Lib. II juris Lubec. zu erfreuen haben. Kiel. 1753. 4. P.

Dreyer, Jh. Karl Hnr., Beitr. zur Litt. u. Geschichte d. deutschen Rechts. 3 Stcke. 4. Lübeck 783. (Brockhaus in Leipz.) 18 gl

DREYER, J. K. H.: Beyträge z. Literatur u. Geschichte d. deutschen Rechts. *Lübeck*, Iversen. 783. 3 St. 4. (18 Gr.)

— Beitr. zur Litt. der Nordischen Rechtsgelehrsamkeit. gr. 8. Hamb. 794. Bohn. 18 gl

— De variis codicum juris Germanici denominationibus disp. Kilonii. 1751. 4. [Resp. Phil. Frid. Hane].

— De differentiis juris Romani et Germanici in arrhis eruptionum disp. I. Kiliæ. 1747. 4. [Resp. Car. Friedr. Richardi].

— Einleit. zur Kenntniß d. geistl. u. bürgerl. Verordnungen des Raths zu Lübeck, mit Anmerkk. 4. Lübeck 769. Niemann. 20 gl

DREYER, J. K. H.: Einleit. z. Kenntn. der v. e. Hochw. Rath. d. Reichsst. Lübeck ergang. allgem. Verordn. m. ein. Anmerkk. *Lübeck*, Donatius. 769. 4. (1 Thl. 16 Gr.)

— Entwurf e. actenmäß. Geschichte von d. Reception d. Reformirten in Lübeck rc. Lübeck 776.

— zur Erläuterung d. deutschen Rechte, Rechtsalterthümer u. Geschichten angewandte Nebenstunden. 4. Wismar 768. Bödner. 1 rthl 4 gl

Meditatio academica de restricta facultate alienandi bona hereditaria, ad hereditaria mobilia non pertinente, iure Germanico, Holsatico et Lubecensi, ex lege Fridericiana a Joanne Carolo Henrico Dreyer et Benedicto Guilielmo Billhardo, 1750. ad disputandum proponenda. Kilonii. (1750.) 4°k.

— Gedanken von der Observanz, nach welcher die Dorfschaften das in ihren Holzrevieren gestohlene Holz bezahlen müssen, bis sie den Thäter ausfindig gemacht. 776.

Joannis Caroli Henrici Dreyer De veteris Germaniae litium prolixarum nesciae indole et vestigiis quibusdam in Holsatia programma ad inauguralem disputationem a Christophoro Andrea Meycke 1748. de tentamine concordiae inter litigantes optimo litium minuendarum remedio, sollenniter defendendam invitatorium. Kilonii. (1748.) 4°.

— Specimen de jure naufragii. 4. Wism. Boedner. 761.

DREYER, J. Ch. H.: Specimen jur. publ. Lubec. circa jus naufragii (Strandrecht). *Bützow*, Bödner. 762. 4. (20 Gr.)

— specimen de jure naufragii. 4. Wism. 762. Bödner. 16 gl

— De lithophoria s. gestatione lapidum ignominiosa comment. juris crimin. Germanici. Kilonii. 1752. 4. P. — Lipsiæ. 1777. 8vo.

— de lithophoria seu gestatione lapidum ignominiosa. 4. Wittenb. 752. N. A. 8. Leipz. 777. Kummer. 3 gl

— — De macula apparitoribus magistratuum detersa, programma . . candidati Heinr. Woldt ab exped. dissert. spec. privilegiorum opificum, falso meritoque suspectorum. Kiel (Bartsch) 30. IX. 1751. 30 S. mit Biogr. W.'s. (Lübeck. M.: E. M. Wolfrath). (5.—) 6953

— Miscellaneen u. kleine Schriften über e. Gegenstände des deutschen Rechts. 4. Lübeck 784. (Brockhaus in Leipz.) 14 gl

Eb.: Miscellaneen, od. kl. Schriften üb. einige Gegenstände d. deutschen Rechts. *Lübeck*, Iversen. 784. 8. (16 Gr.)

— monumenta antiquitatis Cymbricae anecdota. T. I. 4. Lübeck 760. Iversen. 1 rthl 6 gl

— selbstverfaßte Nachrr. von seinem Leben u. Schriften; herausg. v. J. C. Koppe. 8. Rostock 784.

Johannis Caroli Henrici Dreyer Notitiae librorum manuscriptorum historiae Cimbricae omnis argumenti
Fascicul. 1, scriptores historiae ecclesiasticae Cimbricae anecdotos recensens. Rostochii & Wismariae. 1759. 4°k.

— notitiae libror. mscriptor. Cymbricae omnis argumenti periculum primum. 4. Rostock 759. (Bödner). 8 gl

— notitiae manuscriptor. Cimbriae omnis aevi. 4. Rost. (Boedner, Schwer.) 759.

Observationum iuris Holsatici et Cimbrici Meletema primum, secundum et tertium ex instituto Fridericiano ad disputandum proponunt Joannes Carolus Henricus Dreyer, Georgius Gosch, Guilielmus Augustus Lempelius.
Meletema 1. de formula receptionis iuris Lubecensis, eiusque indole forensi in civitatibus Holsatiae. 1751. Kiliae. (1751.) 4°k.

— — u. Johann Heinrich Heidmann (Kiel), Observationum juris Holsatici et Cimbrici meletema quartum de contributione consanguineorum occisoris ad solvendum Weregildum, vulgo Stud. ad illustr. juris Cimbrici, Lobuch dicti, lib. II. c. 27. Kiel (Gottfr. Bartsch) März 1753. 44 S. (5.—) 6954

— Specimen juris publ. Lubecensis, qvo pacta, conventa et privilegia, quibus Lubecæ per omnem propemodum Europam circa inhumanum jus naufragii (Strand-Recht) est prospectum, ex authenticis recensuit et observationibus antiquitatum, historiarum, juriumque illuminavit. Lubecæ. 1761. 4.

DREYER, Jo. Car. Henr.: Sp. jur. publ. Lubecensis, quo pacta, conventa et privilegia, quibus Lubecae circa inhumanum jus naufragii, Strandrecht, est prospectum, recensuit, item jus maritimum Lubecense ab Alb. DE BANDAVIO compositum a. 1299. *Buzovii* et *Wismar*, Bödner. 762. 4. (16 Gr.)

— De poena defossionis vivi et pali schedion juris crimin. Germ. Rostochii et Wism. 1752. 4. P.

— de poena defossionis vivi et pali. 4. Schwerin 752. Bödner. 2 gl.

— — De cespitalitatis requisito in testibus habilibus. Von Zeugen, die mit unbeweglichen Gütern angesessen seyn müssen, occas. jur. Dithmars. provincial. art. V § 1 et Lubecens. L. I. . . Comment. jur. Germanici privati. Kiel (Bartsch) 1749. 138 S., tlws. dtsch. (7.—) 6949

— comment. juris germ. priv. de cespitalitatis requisito in testib. habilib. 4. Kilon. Boedner. 749.

— — Dasselbe. 1750. 150 S. (7.—) 6950

— — Dasselbe. Frankf. u. Lpz. 1750. (7.—) 6951

— Samml. vermischter Abhandll. zur Erläuterung der alten deutschen Rechte u. Alterthümer, d. Kritik u. Geschichte. 3 Bde. 8. Rostock 754 — 63. Bödner. 1 ℞ 12 gl.

(Johannis Caroli Henrici Dreyer) scriptores historiae ecclesiasticae Cimbricae. Rostochii et Wismariae. 1759. = desselben: Notitiae librorum manuscriptorum historiae Cimbricae omnis argumenti Fasciculus 1. 4° k.

— **Jo. Carl Heinrich** (Mecklenburg), De inaequali masculorum et feminarum secundum jura Cimbrica successione. Diss. jur. Präs. Franz Carl Conradi. Helmstedt (P. D. Schnorr) 19. XI. 1744. 66 S., tlws. dtsch. (6.—) 6948
Gew.: Ernst Joachim v. Westphalen.

— — u. **Jo. Jacob Ewald**, Ex jure Germanico de termino effectuum civilium matrimonii a quo. Kiel (Bartsch) Dez. 1749. 56 S. (5.50) 6952

DREYER, J. C. H.: De usu genuino juris Anglo-Saxonici in explicando jure Cimbrico et Saxonico liber singularis. *Kilon.* 747. 4.

Dreyer, Johann Matthias.
Vorzüglichste deutsche Gedichte. Altona 1771. H: *Paulli, Wilh. Adolph.* (Mn) (GGr)

Dreyer, Jh. Math., († … Juni 1769.) vorzügl. deutsche Gedichte, gr. 8. Altona 771. N. A. Hamb. 773. J. G. Herold. 20 gl.

LIEBHABER, Der verliebte und in das Elend geführte, und wieder glücklich gewordene, oder die Begebenheiten der Historiä (von *Joh. Matth. Dreyer*). Frankfurt u. Leipzig (Hamburg) 1761. 8°. Ueberaus rar!

§ * **SPIELWERKE,** Schöne, beym Wein, Punsch, Bischof und Krambambuli, in Hamburg. (Kurze Gedichtchen und 220 Trinksprüche, z. Th. lüsternen und lasciven, aber auch recht witzigen Inhalts, von *Joh. Matth. Dreyer,* geb. 1716 zu Hamburg, † ebd. 1769.) Hamburg und Leipzig 1763. 8°. 72 S. (Auch in Hamburg, Stadtbibl.) (3 Mk. 50 Pfg. F. A. Brockhaus, Lpz., 1890; jetzt wenigstens mit 15—20 Mk. zu notiren!)
Der Hamburger Rath liess das berüchtigte Büchlein auf Betreiben des Pastor Göze vom Nachrichter öffentlich verbrennen, daher sehr rar!

§ * **SPIELWERKE,** Schöne, beym Wein, Punsch, Bischof und Krambambuli, in Hamburg. (Vf.: *Joh. Matthias Dreyer,* Holstein. Secretär, berüchtigt wegen seiner poet. Bonmots, Pasquille, überhaupt aber wegen seiner freigeisterischen Gesinnung, geb. 1716 zu Hamburg, † ebd. 1769). Hamburg und Leipzig (o. Adresse) 1763. 8°. 72 S. (In Berlin: Yl 8* 6909; auch in Hamburg, Stadtbibl., und in Dresden: Lit. Germ. rec. B. 2845.) (3 Mk. 50 Pfg. F. A. Brockhaus, Lpz., 1890; jetzt mindestens 20 Mk. werth!)

Dreyer, Jos. Fd., († . . .) s. a. Leben u. Thaten e. Preuß. Regimentstambours.

(Dreyer, J. F.) Leben und Thaten eines preussischen Regimentstambours; von ihm selbst geschrieben. Eine Unterhaltung für Partisane. 8. Breslau 1810. 1,00.

Dreyer, Jul Hnr., d. Christ auf dem Wege durch das prüfungsreiche Leben zur Verherrlichung; dargestellt in zehn Predigten für die Gedächtnißzeit des Leidens u. der Auferstehung unsers Herrn. gr. 8. Hannover 836. Helwing. ½ ℞

Dreyer, K. Der Lautstand im Cambridger Psalter. I. Diss. Greifswald 1882. 31 S.

Dreyer, Karl [Dr.]: Hartmanns von Aue Erec und seine altfranzösische Quelle. Königsberg, Hartungsche Buchdr., 1893; 1—33 S. 4.
Königsberg i. Pr., st. RG, OP 1893 (20)

Dreyer, Carl, Oberveterinär in der Schutztruppe für Südwestafrika: Aus dem Physiologischen Institut zu Gießen. Studien über den Herztetanus. Gießen 1906: O. Kindt. (50 S. u. 2 Taf.) 8°
Gießen, Med. Fak., Ref. Frank, Diss. v. 20. Dez. 1906
[Geb. 19. Mai 74 Prislich, Amt Grabow; Wohnort: Metz; Staatsangeh.: Mecklenburg-Schwerin; Vorbildung: Realgymn. Schwerin Reife O. 93; Studium: Berlin 7 S.; Coll. 22. Mai 06; Approb. Juli 99.]

Dreyer, Lothar, appr. Arzt a. Bad-Harzburg: Über Skelettveränderungen und Frühkontrakturen bei Dystrophia musculorum progressiva. Marburg 1906: A. Pries, Leipzig. (19 S.) 8° ¶ (Erscheint in der Deutschen Zeitschrift f. Nervenheilkunde.)
Marburg, Med. Fak., Ref. Mannkopff, Diss. v. 17. Aug. 1906
[Geb. 6. Juli 81 Schwedt a. O.; Wohnort: Harzburg; Staatsangeh.: Braunschweig; Vorbildung: Gymn. Goslar Reife O. 99; Studium: Freiburg i. B. 1, München 2, Kiel 2, Würzburg 2, Berlin 2, Halle 3 S.; Coll. 29. März 06; Approb. 15. Juli 06.]

Dreyer, Ludw., Abriß der Literatur-Geschichte. Ein Leitfaden für den Unterricht in der Geschichte der deutschen Nationalliteratur m. Biographieen, Inhaltsangaben u. Proben. 1. u. 2. Aufl. 8. (VII, 212 S.) Leipzig 877. 79. A. Krüger. n. 3. —

— u. **G. A. Schröder,** Erzählungen aus der deutschen Geschichte. Mit besond. Berücksicht. der brandenburgisch-preuß. Geschichte. Auf Grund der in den allgem. Bestimmgn. vom 15. Octbr. 1872 ausgesprochenen Fordergn. an den Geschäftsunterricht bearb. u. f. den Gebrauch in der Schule eingerichtet. 2. verb. Aufl. 8. (88 S.) Flensburg 875. Westphalen. n. — 60

— u. G. A. Schröder, Erzählungen aus der deutschen Geschichte. Mit besond. Berücksichtigung der brandenburgisch-preuß. Geschichte. Auf Grund der in den Allgemeinen Bestimmungen vom 15. Octbr. 1872 ausgesprochenen Forderungen an den Geschichtsunterricht bearb. u. f. den Gebrauch in der Schule eingerichtet. 3. verb. Aufl. 8. (88 S.) Flensburg 877. Westphalen. n. — 60

Dreyer, L., und G. A. Schröder, Erzählungen aus der deutschen Geschichte. Mit besond. Berücksicht. der brandenburgisch-preuß. Geschichte. Auf Grund der in den Allgemeinen Bestimmungen vom 15. Oktbr. 1872 ausgesprochenen Forderungen an den Geschichtsunterricht bearb. und für den Gebrauch in der Schule eingerichtet. 4. und 5. verb. Aufl. 8. (88 S.) Flensburg 881, 83, Westphalen.

Dreyer, L., und G. A. Schröder, Erzählungen aus der deutschen Geschichte. Mit besond. Berücksicht. der brandenburgisch-preuß. Geschichte. Auf Grund der in den Allgemeinen Bestimmungen vom 15. Oktbr. 1872 ausgesprochenen Forderungen an den Geschichtsunterricht bearb. und für den Gebrauch in der Schule eingerichtet. 6. Aufl. 8. (88 S.) Flensburg 886, Westphalen. *

Dreyer, L., u. G. A. Schröder, Erzählungen aus der deutschen Geschichte, m. besond. Berücksicht. der brandenburgisch-preuß. Geschichte. 9. Aufl. 8. (101 S.) Flensburg 893. A. Westphalen. n. — 50

Dreyer, L., u. G. A. Schröder, Erzählgn. a. d. deutschen Geschichte, m. bes. Berücksicht. d. brandenburg.-preuß. Geschichte. Auf Gr. d. in d. Allgem. Bestimmgn. vom 15. Oktbr. 1872 ausgesproch. Fordergn. a. d. Geschichtsunterr. bearb. u. f. d. Gebrauch i. d. Schulen einger. 10. Aufl. 8. (104 S.) Flensburg 896. A. Westphalen. n. — 50

Dreyer, L., u. G. A. Schröder, Erzählungen aus der deutschen Geschichte, mit besond. Berücksicht. der brandenb.-preuß. Geschichte. Auf Grund der in den allgem. Bestimmgn. vom 15. X. 1872 ausgesprochenen Fordergn. an den Geschichtsunterricht bearb. u. f. den Gebrauch in den Schulen eingerichtet. 11. Aufl. (104 S.) 8. Flensburg 904. A. Westphalen. n. — 50

Dreyer, Ludw., Geistliches u. Weltliches. 8. (79 S.) Pinneberg 885. (Altona, Harder.) n. 1. —

Dreyer, Ludw., Kaiser-Kantate. Poetischer Gruß eines Deutschen an seinen von schwerer Heimsuchung betroffenen Kaiser Wilhelm I. 2. Aufl. (20 S.) Elmshorn 878. Gebr. Groth. n. — 50

Lessing und Goeze. Dramatisches Zeit- und Charakterbild v. Detlef Gottfried [d. i. Ludwig Dreyer]. Garding. 1881. 8°

Lessing und Goeze. Ein Zeit- u. Charakterbild in 5 Aufz. von Detlef Gottfried (d. i. Ludwig Dreyer). Überarb. u. f. d. Bühne eingerichtet von Johann Meyer. Kiel (1893): Fiencke. 134 S 8°

—— und Köhler, Liederbuch für deutsche Volksschulen. Eine Sammlung von 60 ein-, zwei- und dreistimm. Liedern. 8. (IV, 59 S.) Leipzig 879, Böhme. *

Uwe Jens Lornsen. Ein vaterländisches Gedicht in zehn Gesängen v. Ludwig Dreyer. (Elmshorn.) 1873. 8°.

Dr. Martin Luther als Freund der Jugend. Eigene Aussprüche desselben über Pflege und Pflichten des jungen Geschlechts. Eine Jubiläumsgabe für Schule und Haus von einem Jugendfreund [d. i. Ludwig Dreyer]. Elmshorn. 1883. 8°

Dreyer, Ludw., Savonarola. Trauerspiel in 5 Aufzügen. 8. (63 S.) Pinneberg 874. (Leipzig, Mentzel.) n. 1. —

Dreyer, Matthias, ed. denuo Vincentii Placcii Theatrum anonymorum et pseudonymorum, Hamburgi (1708) siehe Vincentius Placcius.

Dreyer, Max, in Behandlung. Komödie in 3 Aufzgn. 8. (135 S.) Leipzig 897. G. H. Meyer. n. 1. 60; geb. n. 2. 50

In Behandlung. Komödie in 3 Aufz. von Max Dreyer. 4. Aufl. *Leipzig: G. H. Meyer 1899.* (138 S.) 8° [F.]

— unter blonden Bestien. Komödie in e. Act. 8. (48 S.) Ebd. 899. n. 1. —

Dreyer, Max, Drei. Drama in 3 Aufzügen. 8. (71 S.) Berlin 894. S. Fischer Verl. n. 1. 50

— Drei. Drama in 3 Aufzügen. 2. Ausg. 8. (71 S.) Berlin 900. G. H. Meyer. n. 2. —; geb. n. 3. —

Dreyer, Max, Drei. Drama in 3 Aufzügen. 3. Aufl. (80 S.) 8. Stuttgart 905. Deutsche Verlags-Anstalt. n. 2. —; geb. n. 3. —

— Eine. Historischer Schwank in 2 Aufzügen. 2. Aufl. 8. (III, 91 S.) Leipzig 898. Berlin, G. H. Meyer. n. 2. —; geb. in Leinw. n. 3. —

Dreyer, Max, Frauenwille. Erzählgn. 2. [Titel-]Aufl. 8. (III, 384 S.) Stuttgart (894) 897. F. Frommann. n. 2. —; geb. n. 3. —

— Großmama. Junggesellenschwank in 3 Aufzgn. 2. Aufl. 8. (158 S.) Leipzig 898. G. H. Meyer. n. 2. —

— Großmama. Junggesellenschwank in 3 Aufzügen. 2. [Titel-]Aufl. (III, 158 S.) 8. Stuttgart [898] 904. Deutsche Verlags-Anstalt. n. 2. —; geb. n. 3. —

— Hans. Drama in 3 Aufzügen. 1.—3. Aufl. 8. (à 144 S.) Ebd. 899. n. 2. —; geb. in Leinw. n. 3. —

Dreyer, Max, die Hochzeitsfackel. Spiel e. Maiennacht. (123 S.) 8. Stuttgart 907. Deutsche Verlags-Anstalt. 2. —; geb. 3. —

— Nah Huus. Plattdeutsche Gedichte. (Teeknungen von A. Johnson.) (VI, 104 S.) 8. Ebd. 904. n. 3. —; geb. in Ldr. n. 4. —

— Lautes u. Leises. Ein Geschichtenbuch. Mit Buchschmuck v. Frz. Lippisch. 1. u. 2. Aufl. 8. (à III, 195 S.) Ebd. 899. n. 2. —; geb. in Leinw. n. 3. —

— dasselbe. 3. Aufl. (4. bis 7. Taus.) 8. (III, 196 S.) Berlin 900. G. H. Meyer. n. 2. —; geb. in Leinw. n. 3. —

— e. Liebestraum u. e. Ehegeschichte. Zwei Skizzen. 8. (95 S.) Dresden 891. Berlin, G. H. Meyer. n. 1. —

— e. Liebestraum u. e. Ehegeschichte. Zwei Skizzen. 8. (95 S.) Dresden 891. E. Pierson. n. 1. —

Liebesträume. Komödie in 1 Act. Von Max Dreyer. *Leipzig [& Berlin]: G. H. Meyer 1898.* (40 S.) 8° [F.]

Ohm Peter. Von Max Dreyer. Stuttgart & Leipzig: Deutsche Verl.-Anst. 1908. 332 S. 8°

— der Probekandidat. Drama in 4 Aufzügen. 1.—4. Aufl. 8. (à 182 S.) Berlin 900. G. H. Meyer. n. 2. —; geb. n. 3. —

— dasselbe. 5. u. 6. Aufl. 5.—10. Taus. 8. (à 184 S.) Ebd. 900. 901. n. 2. —; geb. n. 3. —

— Schelmenspiele. (Putz. Eine Kindergeschichte. — Ecclesia triumphans. Eine Ehegeschichte. — Volksaufklärung. Eine Komödie.) 8. (136 S.) Ebd. 902. n. 2. —; geb. n. 3. —

— die Siebzehnjährigen. Schauspiel in 4 Aufzügen. 1.—3. Aufl. (Je 119 S.) 8. Ebd. 904. n. 2. —; geb. n. 3. —

Die Siebzehnjährigen. Schauspiel in 4 Aufz. von Max Dreyer. 3. Aufl. Stuttgart & Leipzig: Deutsche Verl.-Anst. 1904. 118 S. 8°

Der Sieger. Drama in 4 Aufz. von Max Dreyer. *Leipzig & Berlin: G. H. Meyer 1901.* (199 S.) 8° [F.]

Der Sieger. Drama in 4 Aufz. von Max Dreyer. 3.–5. Taus. *Leipzig & Berlin: G. H. Meyer 1901.* (199 S.) 8° [F.]

Stichwahl. Burleske von Max Dreyer. *Leipzig & Berlin: G. H. Meyer 1902.* (56 S.) 8° [F.]

— Strand. Ein Geschichtenbuch. 1. u. 2. Aufl. (Je 246 S.) 8. Ebd. 910. 3.50; geb. 4. 50

Dreyer, Max, Tafel-Reden zu Festlichkeiten jeder Art, als: Taufen, Einsegngn., Verlobgn., grünen, silbernen u. goldenen Hochzeiten, Jubiläen u. diversen anderen Gelegenheiten, nebst e. Sammlg. von Sinnsprüchen, Stammbuchversen, Gedichten, Nachrufen, Vorträgen etc. etc. (78 S.) 12. Berlin (901). O. Dreyer. n. 1. —

Max Dreyer. Das Tal des Lebens. Hist. Schwank in 4 Aufz. Mit Bildern von Lyonel Feininger. 4. bis 8. Taus. *Leipzig & Berlin: G. H. Meyer 1903.* (155 S.) 8° [F.] [03. 20900

— das Tal des Lebens. Historischer Schwank in 4 Aufzügen. Mit Bildern v. Lyonel Feininger. 4. bis 11. Tauf. (165 S.) 8. Ebd. 903. 904. n. 3. —; geb. n. 4. —

— Des Pfarrers Tochter v. Streladorf. Komödie in 3 Aufzügen. 1. u. 2. Aufl. (Je 156 S.) 8. Ebd. 910. 2. —

— Vater u. Sohn, s.: Volksbücher, Wiesbadener. Nr. 64.

— Venus Amathusia. 3 Szenen. (81 S.) 8. Stuttgart 906. Deutsche Verlags-Anstalt. n. 2. —; geb. n. 3. —

[Ant. u. F.] Max Dreyer. Winterschlaf. Drama in 3 Aufzügen. *Berlin: S. Fischer 1896.* (128 S.) 1 Bd 8. [97. 1065

Winterschlaf. Drama in 3 Aufz. von Max Dreyer. 2. Ausg. *Leipzig & Berlin: G. H. Meyer 1900.* (128 S.) 8° [F.] [00. 13011

— Winterschlaf. Drama in 3 Aufzügen. 3. Aufl. 8. (144 S.) Ebd. 900. n. 2. —; geb. n. 3. —

Dreyer, O. (Hrsg.), s. Reinigung, Die, der Gebrauchswässer in industriellen Betrieben . . .

Dreyer, Oskar, approb. Arzt aus Bielefeld: Ueber neuere Eiweißpräparate. *Göttingen 1902: W. F. Kaestner.* (45, 2 S.) 8°
Göttingen, Med. Diss. v. [14. Aug.] 1902

Dreyer, Osk., über neuere Eiweisspräparate. Diss. (47 S.) gr. 8. Göttingen 902. (Vandenhoeck & Ruprecht.) n. 1.20

Dreyer, Otto, Abschiedsgruß an meine Gemeinde. Vier Predigten, geh. in der Osterzeit 1891. gr. 8. (38 S.) Gotha 891. E. F. Thienemann. n. — 60

Dreyer, Otto, die Bekenntnißfrage, s. Vorträge, wissenschaftliche, über religiöse Fragen.

Dreyer, O., undogmatisches Christentum. Betrachtgn. e. deutschen Idealisten. gr. 8. (VIII, 100 S.) Braunschweig 888. Schwetschke & Sohn. n. 2. —

— dasselbe. 2., verm. Aufl. gr. 8. (VIII, 108 S.) Ebd. 888. n. 2. —

—— Undogmatisches Christenthum. Betrachtungen e. deutschen Idealisten. 3. u. 4. Aufl. gr. 8. (VIII, 104 S.) Braunschw. 890, Schwetschke u. Sohn. * 2 —
Vgl.: Kaftan, Jul. Glaubé und Dogma. — Verax, J. Dogmat. u. undogmat. Christenthum.

— das Christenthum u. der Wunderglaube, s.: Schriften der nordwestdeutschen Protestantenvereine.

Dreyer, Otto, das einzige Erkennungszeichen religiöser Wahrheiten. [Aus dem: „Deutschen Protestantenblatt."] gr. 8. (31 S.) Bremen 874. v. Halem. n. — 50

— gedenket an eure Lehrer, die euch das Wort Gottes gesagt haben! Predigt üb. Heb. 13, 7. 8. zum Gedächtniß d. Herrn D. theol. August Petersen, herzogl. s. Ob.-Consistorialraths u. Generalsuperintendenten. am 25. Sonntag p. trin. 1875 in der Augustinerkirche zu Gotha geh. gr. 8. (16 S.) Gotha 876. F. A. Perthes. n. — 40

—— fester Glaube und freie Wissenschaft. Die Geltung der heiligen Schrift. Zwei protestant. Reden. gr. 8. (IV, 64 S.) Gotha 869, Thienemann. *

Dreyer, Otto, Glaube, Liebe, Hoffnung. Predigten. Gotha 870. Thienemann. 8. (XIII, 206 S.) n. 24 ngr.

Dreyer, Otto, zur undogmatischen Glaubenslehre. Vorträge u. Abhandlgn. gr. 8. (VII, 156 S.) Berlin 901. C. A. Schwetschke & Sohn. n. 2. —

Dreyer, Otto: Kann durch Lungenverletzung Phthisis eintreten bei vorher gesunden, zur Lungenschwindsucht indisponirten Individuen? Halle (1876): Plötz. 41 S. 8°
Halle-Wittenberg, Med. Diss. v. 14. Dez. 1876
Geb. Dessau 30. 6. 1850. V.

Nationale oder Weltmaurerei? Von Otto Dreyer. (Berlin 1910: Legal.) 11 S. 8°. [Kopftit.]
aus: H.

Dreyer, Otto, des evangelischen Geistlichen Pflicht und Trost. Antrittspredigt über Apostelgeschichte 18, 9. 10. gehalten am Sonntage Jubilate, den 7. Mai 1865 in der Augustinerkirche zu Gotha. Mit einem begleitenden Worte von Petersen. gr. 8. (16 S.) Gotha 865, F. A. Perthes.

Das Urbild der Loge. Altgermanisches in Ritual und Symbol. Von O[tto] Dreyer. [Hamburg 1909: Rademacher.] 15 S. 8°. [Kopftit.]
aus: HL. 42 (1908/09) S. 267–282.
abgedr. in: H. 20 (1909) Nr. 37 u. 38.

Dreyer, Paul, aus Goldberg (Meckl.): Zur Clermonter Passion. *Erlangen 1901: F. Junge [übergeklebt: Marburg 1901].* (80 S.) 8°
Marburg, Phil. Diss. v. [17. Okt.] 1901

Dreyer, Paul, zur Clermonter Passion. gr. 8. (S. 785—860. Erlangen 902. F. Junge. 2.40
Sonderabdruck aus: „Roman. Forschungen."

Dreyer, W., Nur der Gottesfürchtige ist der rechte Volks- und Vaterlandsfreund. Predigt über Ps. 85, 8—14, zur Feier des Geburtstages Sr. Maj. des Königs Georg V. in der Kirche zu Egestorf gehalten. Lüneburg 864. Herold & Wahlstab. gr. 8. (16 S.) n. 2½ ngr.

Dreyer, Wilhelm [app. Arzt aus Hameln]: Duncker's Dampffeuchtigkeitsmesser ... (Aus: Zeitschr. f. Hyg. u. Infectionskrankh., Bd XXII.) Leipzig, Veit & C., 1896; 27 S. 8.
Göttingen, Med. Fak., Inaug.-Diss. v. [12. Dez.] 1895

Dreyer, Wilhelm, Referendar am Kgl. Amtsgericht Langenschwalbach: Die Tragweite des Schiedsspruchs im Lippischen Thronfolgestreite. Marburg 1904: H. Bauer. (88 S.) 8°
Marburg, Jur. Fak., Ref. Schücking, Diss. v. 14. Okt. 1904
[Geb. 8. Apr. 82 London; Wohnort: Wiesbaden; Staatsangeh.: Preußen; Vorbildung: Gymn. Wiesbaden Reife O. 00; Studium: Göttingen 1, Halle 4, Marburg 2 S.; Rig. 23. Okt. 03.]

Dreyer, Wilh., die Tragweite des Schiedsspruchs im Lippischen Thronfolgestreite, s.a. Arbeiten aus dem staatswissenschaftlichen Seminar der königl. Universität Marburg. 1. Hft.

Die Tragweite des Schiedsspruchs im Lippischen Thronfolgestreite. Von Dr. jur. Wilhelm Dreyer. *Marburg a. L.: O. Ehrhardt 1904.* (88 S.) 8° [F.]
— Arbeiten aus d. Staatswiss. Seminar d. Kgl. Univ. Marburg. H. 1. [04 [illegible]

Dreyer, Wilh., Xenien f. meine Freunde. 8. (IV u. 116 S.) Göttingen 851. (Vandenhoeck & Ruprecht.) baar ⅓ rℓ

Dreyer, Rosenkranz & Droop, Fabrik von Armaturen für Dampfkessel: Jndikator nach Rosenkranz. (Hannover) 1897

Dreyer, Rosenkranz & Droop, Fabrik von Armaturen für Dampfkessel: Jll. Preisbuch. Hannover 1883. 1892—1898

Dreyfeldt, Ferd.

— 3½ procentige Zins-Tabelle. (25 S.) Lex.-8. Ebd. 899. Geb. in Leinw. n. 4. —

— 3¼procentige Zins-Tabelle. (25 S.) Lex-8. Ebd. 898. Geb. in Leinw. n. 4. —

Dreyfeldt, Ferd., 3procentige Zins-Tabelle. (25 S.) Lex.-8. Hannover 898. Göhmann'sche Buchdr. Geb. in Leinw. n. 4. —

[F.] Dreyfus! Nach Aufzeichngn der Madame de *** ... *Halle a. S.: W. Kutschbach [1898].* (1 Bl., 199 S.) 1 Bd 8. [98. 5769

Dreyfus, d. Affäre, in Bildern geschildert. Ausgewählte Typen. 300 Illustr. nach Photographien u. Dokumente. gr. 4. (32 S.) Leipzig 899. O. Maier. n. 1. —

— im 5jährigen Kampfe um Wahrheit u. Recht. Eingehend geschildert vom Anfang bis zu seiner Begnadigg. 8. (64 S. m. Abb.) Reutlingen (899). R. Bardtenschlager. — 25

— in Rennes. Der Prozess zu Rennes in Bildern. gr. 4. (32 S.) Leipzig (899). O. Maier. n. 1. —

Dreyfus u. Zola, d. lebenslängl. Verbanng. d. Kapitän Dreyfus, d. ergreif. Schicksale s. Gattin, u. d. todesmut. Verteidigg. desselben durch Emile Zola. Zeitgeschichtl. Sensations-Roman. 1.—73. Hft. gr. 8. (1. Bd. 830 S.; 2. Bd. 772 S. u. 3. Bd. S. 1—148 m. je 1 Bild.) Neusalza 898. H. Oeser. à — 10

— u. Zola, die lebenslängliche Verbannung des Kapitän Dreyfus, die ergreifenden Schicksale seiner Gattin, u. die todesmutige Verteidigung desselben durch Emilie Zola. Zeitgeschichtlicher Sensations-Roman. 74.—110. (Schluß-) Hft. gr. 8. (3. Bd. S. 149—1032 m. je 1 Bild.) Neusalza 899. H. Oeser. à — 10

Dreyfus, A.: Über den Säuferwahnsinn. D. Würzburg. 1831.

Dreyfus, Abraham, Sprechstunde v. 1 bis 3 Uhr, s.: Universal-Bibliothek.

Dreyfus, Albert

Dreyfus, Alb., Feste in Moll. gr. 8. (64 S.) München 901. [Verl. d. deutsch-franz. Rundschau.] (Leipzig, H. Dege.) n. 2. —

Dreyfus, Alb., s.: Frühling.

Dreyfus, Alb., Wallfahrten. Gedichte. (124 u. IV S.) 8. Berlin 910. Oesterheld & Co. 2.50; geb. 3.50

Dreyfus, Alfr., Briefe aus d. Gefangenschaft. M. e. Einleitg., e. Nachtrag u. Fcsm.-Briefen. Deutsche autor. Ausg. d. französ. Originals. 1.—3. Aufl. 8. (à 264 u. Fcsms. 26 S.) Berlin 899. S. Cronbach n. 4. —; geb. n. 5. —

Fünf Jahre meines Lebens [Cinq années de ma vie]. Von **Alfred Dreyfus.** Mit 8 Zeichn. u. Facs. *Berlin: J. Edelheim 1901.* (340 S.) 8° [F.] [01. 3...

Dreyfus, Alfr., fünf Jahre meines Lebens. Mit 8 Zeichngn. u. Fcsms. gr. 8. (340 S.) Berlin 901. [Dr. J. Edelheim.] Globus-Verlag. 3. —; geb. n. 4. —

DREYFUS, CAMILLE. Erste Abhandlung: Über das Verhalten zweibasischer β-Oxysäuren beim Kochen mit Natronlauge. Zweite Abhandlung: Beiträge zur Kenntnis der Glutaconsäure. Basel, 1900.

Dreyfus, Georges, Ass.-Arzt an der Univ.-Irrenklinik zu Heidelberg: Die Therapie des Morbus Basedowii in den letzten Jahren. Wien: M. Perles 1905. (33 S.) 4°(8°)
Heidelberg, Med. Fak., Ref. Erb, Diss. v. 1905
[Geb. 25. Apr. 79 Frankfurt a. M.; Wohnort: Heidelberg; Staatsangeh.: Baden; Vorbildung: Gymn. Hersfeld Reife M. 99; Studium: Freiburg 2, München 4, Berlin 1, Heidelberg 2 S.; Coll. 11. Mai 05; Approb. 8. Aug. 04.]

Dreyfus, Georges L., über nervöse Dyspepsie. Psychiatrische Untersuchgn. aus der medizin. Klinik zu Heidelberg. Mit einleit. Worten v. L. Krehl. (V, 102 S.) gr. 8. Jena 908. G. Fischer. 2.50

Dreyfus, Georges L., die Melancholie, e. Zustandsbild des manisch-depressiven Irreseins. Eine klin. Studie. Mit e. Vorwort v. Emil Kraepelin. Mit 2 Kurven im Text. (IX, 329 S.) gr. 8. Jena 907. G. Fischer. 7. —

Dreyfus, Henry, aus Basel: Über die Einwirkung von Blausäure auf Senföle. Basel 1905. 40 S. 8°.
Basel. Phil. Diss. 1905/1906.

Dreyfus, Henry. Über die Einwirkung von Blausäure auf Senföle. Diss. Phil. Basel. 40 S. 8. Basel, H. Krüsi, 1905.

Dreyfus, Hippolyte, Babismus u. Behaismus. — Carra de Vaux, Baron, der Islam in seinem Verhältnis zur modernen Zivilisation. Vorträge, geh. an der Hochschule f. Sozialwissenschaften in Paris. Übers. v. Marg. Platte. (Bibliothek der Aufklärung.) (61 S.) 8. Frankfurt a/M. 909. Neuer Frankfurter Verlag. — 75

Dreyfus, Isaac [pract. Arzt aus Basel]: Ueber Mittelohrtuberkulose mit spezieller Berücksichtigung des Ausganges in Heilung. Basel 1898. 104 S. 8°.
Basel. Med. Diss. 1897/98.

Dreyfus, Isaac, I. Studien üb. hydrierte aromatische Kohlenwasserstoffe. — II. Beiträge z. Kenntnis der Auramine. Diss. gr. 8. (53 S.) Mülhausen 895. (Bern, H. Körber.) n. 1.20

Dreyfus, Ludwig [in Wiesbaden]: Ueber Phylloxerinen. ... Wiesbaden, Verl. v. J. F. Bergmann, 1889; 3 Bl. + 94 S. 8°
Leipzig, Phil. Fak., Inaug.-Diss. v. 30. März 1889

Dreyfus, Ludwig: Die Theorie des Drehstrom-Asynchronmotors in der einachsigen Schaltung und ihre experimentelle Nachprüfung. Berlin: Ernst 1909. 70 S., 3 Taf. 8⁰ ¶ Buchausg. 1910.
München, Dr.-Ing.-Diss. v. 6. 8. 1909

Dreyfus, Mich., epidemiologische Beobachtungen aus München f. den Zeitraum 1888—1892, s.: Abhandlungen, Münchener medicinische.

Dreyfus, René, kritische Studie der verschied. Operationsmethoden beim conservierenden Kaiserschnitt m. besond. Berücksicht. des queren Fundalschnittes. Diss. gr. 8. (34 S.) Strassburg 900. J. Singer. n. 1. —

Dreyfus, Wilhelm, aus Mannheim: Beitrag zur primären Hautaktinomykose des Menschen. *Heidelberg 1903: J. Hörning.* (31 S.) 8°
Heidelberg, Med. Diss. v. 1903

Dreyfus, Wolfram E., B. A. aus New-York: Ueber Tragant. Ein Beitrag zur Kenntnis d. Pflanzenschleime. *München 1900: V. Höfling.* (51 S.) 8°
München, Phil. Diss. v. 1900

Dreyfus-Bilderbuch. Karikaturen aller Völker über die Dreyfus-Affaire. M. 132 Karikaturen nach ... *Berlin: Eysler & C. 1899.* (128 S.) 1 Bd 8. [99. 2153

Dreyfus-Bilderbuch. Karikaturen aller Völker üb. die Dreyfus-Affaire. Mit 132 Karikaturen nach Beer, Brakensiek, O. Brandt u. a. 8. (128 S.) Berlin 899. Verlag der „Lustigen Blätter". 1. —

Dreyfus-Prozeß, der, vom 7. VIII. bis 9. IX. 1899 vor dem Militärgericht in Rennes. 8. (18 S. m. 10 Abbildgn.) Chemnitz (899). C. A. Hager. — 15

Dreyfuss, Albert, approb. Arzt aus Landau (Pfalz): Beiträge zur Casuistik der Endotheliome. *Würzburg 1903: V. N. Seubert.* (42 S.) 8°
Würzburg, Med. Diss. v. 1903

Dreyfuß, Alb., die Säuglings-Sterblichkeit in Fürth von 1901—08 incl. (nach amtl. Material bearb.). (8 S.) 8. Fürth 909. G. Rosenberg. — 40

Dreyfuß, D: Preis-Courant über Papier-, Leder- u. Kurzwaren usw. Berlin (1890)

Dreyfuss, D. M. Epidemiologische Beobachtungen aus München für den Zeitraum 1888—1892. In-8⁰. 29 S. Zürich-Oberstrass, E. Speidel. 1894. 1 35

Dreyfuss, Herm., Rätsel aus dem Leben. Modernes Wegbuch. (XI, 84 S.) 8. Dresden (906). E. Pierson. n. 1. 50; geb. n. 2. 50

Dreyfuss, J., das Wesentliche der Schularzt-Frage. Kurze Darstellg. (18 S.) gr. 8. Frankenthal (905). L. Göhring & Co. n. — 60
Sonderabdruck aus: „Vereinsbl. d. pfälz. Aerzte".

Dreyfuss, Isidor, über die Sterblichkeits-Abnahme in deutschen Grossstädten im Laufe der letzten drei Decennien. gr. 8. (III, 88 S. m. Kurven.) Berlin 899. A. Hirschwald. n. 2. —
Sonderabdruck aus: „Vierteljahrsschr. f. gerichtl. Medicin u. öffentl. Sanitätswesen".

Dreyfuss, Isidor [app. Arzt aus Muggensturm in Baden]: Ueber Thorakoplastik ... Freiburg i. B., Buchdr. H. Epstein, 1894; 24 S. 8.
Freiburg i. B., Med. Fak., Inaug.-Diss. v. 1894

Dreyfuss, Isidor [app. Arzt aus Bergzabern]: Uber [!] das Vorkommen von Cellulose in Bacillen, Schimmel- und anderen Pilzen ... Strassburg, K. J. Trübner, 1893; 2 Bl., 22 S., 1 Bl. 8.
Strassburg, Med. Fak., Inaug.-Diss. v. 1893

Dreyfuss, Julius [pract. Arzt aus Muggensturm (Baden)]: Ueber den Diabetes mellitus im Kindesalter .... Würzburg, Becker's Univ.-Buchdr., 1886; 19 S. 8⁰.
Würzburg, Med. Fak., Inaug.-Diss. v. 1886.

Dreyfuss, Julius, über den Diabetes mellitus im Kindesalter. Diss. Würzburg 1886, Stahelsche Univ.-Buchh. 8⁰. 19 S.

Dreyfuss, Max [app. Arzt aus Speyer]: Ueber einen Fall von Cystadenoma mammae ... Würzburg, Druck d. Stahel'schen k. Hof-Buchdr., 1895; 19 S. 8.
Würzburg, Med. Fak., Inaug.-Diss. v. 1895

Dreyfuss, R., d. Krankheiten d. Gehirns u. s. Adnexa i. Gefolge v. Nasenciterga. gr. 8. (104 S.) Jena 896. G. Fischer. n. 3. —

— Ueb. d. Verwertg. d. Pharyngo-Laryngoskopie i. d. Diagnostik d. Erkrankgn. d. Centralnervensystems, s.: Vorträge, klinische, a. d. Gebiete d. Otologie etc.

Dreyfuss, Robert [app. Arzt aus Gernsbach]: Zur pathologischen Anatomie der Brustdrüse. ... (Aus Virchow's Archiv ... 113. Bd.) Berlin, *Druck u. Verl. v. Georg Reimer,* 1888; 33 S. 8⁰
Strassburg, Med. Fak., Inaug.-Diss. v. 1888

Dreyhaupt, J. C v., Ausführl. diplomat.-histor. Beschreibg. des z. ehemal. Herzogth. Magdeburg gehör. Saalkreises. 2. Bd. Anhang. Geneal. Tabellen der vornehmsten im Saalcreyse mit Rittergütern angesess. adelichen Familien. Halle 1750. fol.

v. **Dreyhaupt,** Joh. Cph., († d. 13. Dec. 1768.) Pagus Neletiri et Nudzici od. ausführl. Beschreib. d. Saalkreises u. aller darin befindl. Städte, Schlösser, Aemter, Klöster, Pfarren u. Dörfer rc., mit Kpf. u. Abrissen. 2 Thle. Fol. Halle 749 u. 751. N. Aufl. Fol. Ebd. 755. Waisenhaus B. 6 ₰ Hbg. Pr. 3 ₰ 12 gl Dass. im Ausz. v. Jh. Fr. Stiebritz. 2 Thle. gr. 8. Ebd. 772—73. 1 ₰ 18 gl mit breitem Rande in 4. 2 ₰ 14 gl

— — dass. im Ausz. v. Stiebritz. 2 Thl. gr. 8. Ebend. 772—73.

Dreyhaus, Hermann: Der Preußische Correspondent von 1813/14 und der Anteil seiner Gründer Niebuhr und Schleiermacher. Marburg 1909: (Pierer, Altenburg). 70 S. 8⁰ ¶(Aus: Forschungen z. brandenb.-preuß. Gesch. Bd 22, 2.)
Marburg, Phil. Diss. v. 11. Aug. 1909, Ref. Varrentrapp
[Geb. 15. Jan. 86 Altenhundem; Wohnort: Marburg; Staatsangeh.: Preußen; Vorbildung: Oberrealsch. Hagen i. W. Reife O. 05; Studium: Halle 3, Berlin 2, Marburg 3 S.; Rig. 20. Jan. 09] [U 09. 3170

Dreykluft, Ernst [Referendar aus Lutter a. Bbge]: Der § 289 St.-G.-B.'s und sein Verhältnis zu anderen Strafbestimmungen ... Hannover, Druck v. A. Eberlein & C., 1896; 42 S. 8.
Erlangen, Jur. Fak., Inaug.-Diss. v. 1896

Dreykluft, Ernst, d. § 289 St.-G.-B.'s u. s. Verhältnis zu and. Strafbestimmgn. Diss. gr. 8. (42 S.) Hannover 896. (Hahn.) n. — 60

Dreykorn, Jh., († d. 26. Jan. 1799.) s. 1) Bildersaal, histor., 15r, 16r Thl. 2) Nachricht v. d. deutschen Gesellsch. 3) Messe, die röm. kathol.

Additamenta ad emendationem et interpretationem Theognideam. Von Joannes Dreykorn, Stdr. — 1874. Landau, Ed. Kaußler. — S. 3—14⁴.
Progr. Landau (Pfalz), K. Gymn.

Dreykorn, J., Auslese aus lateinischen Dichtern. gr. 8. (76 S.) Landau 873. Kaussler. n. — 90

Carmen memoriae Gymnasii regii Bipontini CCC abhinc annis conditi Collegarum nomine dedicavit Joannes Dreykorn. — 1859, Biponti, typis Aug. Kranzbühler. — S. 3—6. 21 alk. Strophen.
Progr. Zweibrücken.

Lateinisches Gedicht zum Wittelsbacher Jubilaeum. — Von Johannes Dreykorn, Stdr. — 1880. Landau, ibid. — S. III—VI⁸.
Progr. Landau (Pfalz), K. Gymn.

Dreykorn, J.: Der Kratylos ein Dialog Platon's. 39 S. — Zweibrücken, Progr. 1869.

Dreykorn, J., Commentationum Pindaricarum specimen. Pr. 1868. 18 S. 4⁰.

Dreykorn, Paul, approb. Arzt aus Bürgel: **Myome mit Atresie der Uterushöhle.** *Leipzig: G. Fock 1901.* (21 S.) 8⁰
Leipzig, Med. Diss. v. (27. Juli) 1901

Dreyling, Gust. Die Ausdrucksweise der übertriebenen Verkleinerung im altfranzösischen Karlsepos, s.a. Ausgaben u. Abhandlungen aus dem Gebiete der romanischen Philologie.

Dreyling, Gustav [aus Marburg]: Die Ausdrucksweise der übertriebenen Verkleinerung im Altfranzösischen Karlsepos .... (Aus: Ausg. u. Abh. a. d. Geb. d. roman. Phil.) Marburg, Univ.-Buchdr. (R. Friedrich), 1887; 2 Bl. + 67 S. 8⁰
Marburg, Phil. Fak., Inaug.-Diss. v. [13. Okt.] 1887

Kurzer Lehrgang der einfachen deutschen Kurzschrift ⟨Stenographie⟩ auf Grundl. d. Systeme Gabelsberger u. Stolze-Schrey von Carl **Dreyling.** *Elberfeld: Selbstverl.* (aufgekl.: *J. Fassbender) 1898.* (19 S.) 8⁰ [Umschlagt. 𝔉.] [oo. 10769

Dreyling, Louis, a. Herreden, Provinz Sachsen: Die wachsbereitenden Organe bei den gesellig lebenden Bienen. Jena: G. Fischer 1905. (42 S.) 8⁰ ¶(Aus: Zoologische Jahrbücher Bd 22. 1905 Abt. f. Anatomie.)
Marburg, Phil. Fak., Ref. Korschelt. Diss. v. 10. Nov. 1905
[Geb. 11. Mai 64 Herreden, Kr. Nordhausen; Wohnort: Marburg a. L.; Staatsangeh.: Preußen; Vorbildung: Seminar i. Eisleben Lehrerzeugnisse 85 u. 87. Immaturus, Lehrer in Marburg seit 95; Studium: Marburg Hospitant 12 S.; Rig. 22. Febr. 05.]

Dreyling, Max [aus Danzig]: Zur Pathologie und Therapie des Furunkels .... Greifswald, Druck v. Julius Abel, 1888; 28 S. 8⁰
Greifswald, Med. Fak., Inaug.-Diss. v. 29. Febr. 1888

Dreymann, A., alphabetisches Ortschafts-Verzeichniß für den Oberlandesgerichtsbezirk Hamm. [I. Die Prov. Westfalen. II. Aus der Rheinprovinz die zum Oberlandesgerichtsbezirk Hamm gehör. Orte aus den Kreisen Duisburg, Essen, Mülheim a. d. Ruhr und Rees des Reg.-Bez. Düsseldorf.] Nach amtl. Quellen zusammengestellt. gr. 8. (176 S.) Hamm 880, Grote'sche Buchh.

Dreymann, A., alphabetisches Ortschafts-Verzeichniß f. den Oberlandesger.-Bez. Hamm. I. Die Prov. Westfalen. II. Aus der Rheinprovinz die zum Oberlandesgerichtsbez. Hamm gehör. Orte aus den Kreisen Duisburg, Essen, Mülheim a. d. Ruhr u. Rees d. Reg.-Bez. Düsseldorf. (2. Ausg.) gr. 8. (172 S.) Hamm 885. Grote. n. 2. —

Dreyschuch, Bruno, die Leistungen der deutschen Städte auf dem Gebiete des Volksbibliothekswesens. Ein Beitrag z. Bibliotheksfrage, nebst Vorschläge zur Verbesserg. unserer reformbedürft. öffentl. Büchereien. gr. 8. (22 S.) Berlin 901. (Schriftenvertriebsanstalt.) n. 1. —

Die Leistungen der deutschen Städte auf dem Gebiete des Volksbibliothekswesens. Ein Beitrag z. Bibliotheksfrage nebst Vorschlägen z Verbesserung unserer reformbedürft. öffentl. Büchereien. Von Bruno Droyschuch, Biblioth.-Sekr. *Berlin: Selbstverl. 1901.* (22 S.) 8° | S. |

v. Dreyse, Nikolaus, u. die Geschichte des preußischen Zündnadelgewehrs. Mit (photolith.) Portr. Berlin 866. Haude & Spener. 8. (32 S.) n. 5 ngr.

Dreyse, Frau Alice v., Kochbuch f. Kochschulen. gr. 8. (V, 64 S.) Berlin 900. (H. Klokow.) n. 1. —

Dreysel, s.: Neisser, A., stereoscop. medicin. Atlas.

Dreysel, Johannes, Referendar: Spiel und Wette. Borna-Leipzig 1910: Noske. VIII, 58 S. 8°
Leipzig, Jur. Diss. v. 14. Juni 1910
[Geb. 27. Dez. 85 Plauen i. V.; Wohnort: Plauen; Staatsangeh.: Sachsen; Vorbildung: Gymn. Plauen Reife O. 05; Studium: Tübingen 1, München 2, Leipzig 5 S.; Rig. 29. Jan. 09.] [U 10. 2686

Dreysel, M., die Pflege der Haut, m. besond. Berücksicht. der wichtigsten Haut- u. Haarkrankheiten. (Schumann's mediz. Volksbücher.) (118 S.) kl. 8. Leipzig 903. W. Schumann Nachf. Geb. in Leinw. 1. 50

Dreysel, M., die Pflege der Haut. Jetzt: Ulm, J. Ebner.

Dreysel, M., die Syphilis. (Schumanns medizin. Volksbücher.) 8. (82 S.) Leipzig 902. J. F. W. Schumann. Geb. in Leinw. n. 1. 50

Dreysel, Max, üb. Herzhypertrophie bei Schwangeren u. Wöchnerinnen, s.a. Abhandlungen, Münchener medicinische.

Dreysel, Max [cand. med. aus Plauen i./V.]: Ueber Herzhypertrophie bei Schwangeren und Wöchnerinnen. . . . München, Verl. v. J. F. Lehmann, 1891; 1 Bl., 31 S. 8°
München, Med. Fak., Inaug.-Diss. v. 1891

Dreyser, C. F., zweckmäßiger Bau der Runkelrübe zur Zuckerfabrikation. Neue Ausg. 8. Quedlinburg 845, Ernst. 1/6 ℛ

Dreyser, C. F., Wie müssen zur Zuckerfabrikation bestimmte Runkelrüben gebaut werden? u. warum ist es höchst vortheilhaft, nur selbst gebaute Rüben dazu zu verwenden? Zur Belehr. u. Beherzigung beantw. 8. (1½ B.) Berlin 836, Bade.

Dreysig, etl. polit. Instruction. f. junge Regent. 8. Quedlinb. Ernst. 793.

Dreysig, Alfr. Miscellanea critica quae ad Germanicum spectant. 55 (4). Erfurt 1873.

Dreysig, F. C., Dreyzehn Tage meines Lebens, od. Kriegsscenen rc. 8. Altona, Bechtold. 807.

– dass. s.a. Dreyssig, Aug. Friedr.

Dreysig, Gustav (Halle), De revocanda donatione ob ingratitudinem. Diss. jur. Präs. Friedrich Philipp. Lpz. (J. Chph. Brandenburger) 10. IV. 1704. 48 S. mit Widm. v. Präs. (5.—) 6959

— Johann Friedrich (Halle), De recto dilationum usu. Diss. jur. Präs. Carl Gottlieb Knorr. Halle (J. H. Grunert) Juni 1739. 44 S., tlws. dtsch. (5.—) 6960
Gew.: Aug. Friedr. v. Boden, Friedr. v. Reichenbach. — Widm. v. Präs.

REISEN des grünen Mannes durch Teutschland und Ungarn (von *Carl Ehrenfried Dreysig*). Halle 1788—90.
Anon.-Lex. III. p. 365 (nach Meusel). Kayser hat „A. F. Dreyssig" als Vf. — Selten!

— Polycarp (Halle), De differentiis juris Romani & Germanici in nobilitate adoptiva. Diss. acad. Präs. Carl Gottlieb Knorr. Halle (J. Gruner) Juli 1721. 30 S. (5.—) 6961

Dreysigacker, Karl, Referendar in Meiningen: Kommt der Vertrag zustande, wenn der Antragende vor der Annahme stirbt oder geschäftsunfähig wird? (§ 153 B.G.B.) Meiningen 1905: Keyssner. (42 S.) 8°
Jena, Jur. Fak., Ref. Thon, Diss. v. 15. März 1905
[Geb. 23. Aug. 79 Meiningen; Wohnort: Meiningen; Staatsangeh.: Sachsen-Meiningen; Vorbildung: Gymn. Meiningen Reife O. 00; Studium: Genf 1, Straßburg 3, Berlin 1, Heidelberg 3, Jena 1 S.; Rig. 15. März 05.]

Dreyspring, Adf. Leichte Aufgaben im Englischen. Naturgemäßer Aufbau der Sprache m. Anschauungsbildern f. den deutschen Haus- u. Schul-Unterricht. gr. 8. (200 S.) Lpz. 889, O. Wigand. geb. 3 —

Dreyssig, Aug. Friedr., s. a. Dreysig, Karl Ehrenfried.

– f. ABC-Buch, naturhistor.

– s. Bahrdt's, K. F.: Leben.

— prakt. Behandlung d. Hortensia mutabilis, nebst ihren Varietäten. 8. Lpz., Central-Cpt. 6 ℊℊ Nachtrag. 8. Ebd. 4 ℊℊ

— prakt. Behandl. d. Hortensia mutabilis, nebst ihren Varietäten. 8. Erfurt, 1812. Leipzig, 1817. Ebend. — 7½

– s. Brieftasche d. grünen Mannes.

Dreyssig, A. F., (nach Meusel: K. Ehrenfr.,) († im Nov. 1822.) Cultur u. Nachr. über Holländ. u. Cap- oder afrikanische Blumenzwiebeln, u. wie davon Floren zu unterhalten. Mit Kpf. gr. 8. Erfurt 824. (Leipz., Central-Cpt.) 4 ℊℊ

Dreyssig, Aug. Friedr., (nach Meusel: K. Ehrenfr.), Culturnachrichten üb. holländ., u. Cap- od. afrikanische Blumenzwiebeln, u. wie deren Floren z. unterhalten. Mit Abb. gr. 8. Leipzig, 1824. Central-Compt. — 5

– s. Leben Ludwigs XVI.

– s. Lesebuch, Naturhistor.

— d. Levkojen-Gärtner, od. gründl. Anweis. üb. d. Cultur d. Levkojen, nach eigner Erfahr. 8. Erfurt, 1808. Neue Aufl. Ebend. 1823. — 12½

— der Levkoien-Gärtner, oder gründl. Anweis. über d. Cultur der Levkoien. 8. Erf. 809. 2r Abdr. 817. 2e Aufl. 8. Leipz. 823. Central-Cpt. 10 ℊℊ

Dreyßig, A. F., der Levkojen-Gärtner, oder gründliche Anweis. üb. die Cultur d. Levkojen. Erfurt, Maring. 817.

– s. a. Noth- u. Hülfsbüchlein, Naturhistor.

DREYSSIG, A. F.: Naturhistorisches Noth- und Hülfsbüchlein für deutsche Landmänner, für Forstmänner, Dorfprediger und Dorfschulmeister. - Halle 1793. 64 S.

– s. Reisen des grünen Mannes d. Deutschland.

– s. Reisen d. grünen Mannes nach Mainz.

— dreizehn Tage meines Lebens, od. Kriegsscenen. 8. Altona 807. Bechtold. 6 ℊℊ

– dass. s.a. Dreysig, F. C.

Dreyssig, Jh. Cph.

— deutscher Auszug aus Bertola's u. de Rossi's italien. Fabeln, s.a. G. Bertola.

Dreyßig, J. C., deutsch. Ausz. a. Bertolas u. de Rossis ital. Fabeln. 8. Halle, Ruff. 803.

Dreyssig, Jh. Cph., († 1814.) s. 1) Instruktion e. Freigeistes. 2) Frz. A. Zaccaria, polem. Historie.

Dreyssig, Wilhelm Friedrich: Handbuch der medicinischen Diagnostik oder der Lehre ähnliche Krankheiten von einander zu unterscheiden. Zum Gebrauch ausübender Aerzte. Bd 1 - 2, gbd.

Erfurt: Keyser 1801 - 1803

JB 1.110

— Handbuch d. Pathologie der chron. Krankheiten. 2 Thle. gr. 8. Leipz. 796—99. Schwickert. 4 rß 4 gl

— Handwörterbuch d. medicin. Klinik, fortges. v. J. H. G. Schlegel. 4 Bde. gr. 8. Erf. 806—24. Keyser. 10 rß 8 gl (4r Bd. 2r Thl. Auch u. d. T.: J. H. G. Schlegel, Fieberlehre, od. theoretisch-prakt. Handbuch z. Erkenntniß u. Behandlung d. Fieber. gr. 8. Ebd. 824. 2 rß 8 gl)

Dreyßig, W. F., Handwörterbuch der medizinischen Klinik, oder der praktischen Arzneykunde. Nach neueren Grundsätzen und Erfahrungen bearbeitet, und mit den schicklichsten und einfachsten Arzneyformeln versehen. Zum Geb. auch ausübender Aerzte. 3ter Band. 2r Thl. u. 4ter Band 1r Thl. gr. 8. Erfurt, Keyser. 817 und 820. (III. 2. 1 Rthlr. 10 Gr. III. 1. 1 Rthlr. 8 Gr.)

Dreytwein's, Dionys., Esslingische Chronik (1548—1564), s.a. Bibliothek des litterar. Vereins in Stuttgart (Tübingen). 221.

Dionysius Droytweins Esslingische Chronik ⟨1548-1564⟩ hrsg. von Adolf Diehl. *Tübingen: Lit. Ver. in Stuttgart 1901.* (XXIII, 326 S.) 8°
— Bibliothek d. litterarischen Vereins in Stuttgart. 221. [01. 5877]

Dreyzehn, Roderich, die Flariade. Ein grotesk-komisches Heldengedicht in 3 Thln. 16. (320 u. 164 S.) Elbing 850, Neumann-Hartmann. (à 9 ngl) 27 ngl

— siehe: Dreizehn, R.

Driancourt, s.a. Driaucourt.

Driancourt, e. wahre Geschichte; aus d. Französ. 8. Schlesw. 821. (Enobloch in Leipz.) 12 gl

Driancourt, eine wahre Geschichte. Aus d. Franz. 12. Schleswig, Taubstummen-Institut. (Leipzig, Tauchnitz.) 821.

Major [Alfred François] Driant. Die Gefangenen des Meeres sechs Tage im gesunkenen Unterseeboot. Preisgekr. von der Acad. franç. Aus d. Franz. von [Walter] Hedler, Oberlt. Mit 16 Vollbildern. Kiel: Cordes 1909. 231 S. 8° [10. 3201]

Ist Deutschland uns überlegen? Eindrücke jenseits d. Vogesen von Major [Alfred François] Driant. Aus d. Franz. übers. von [Walter] Hedler, Lt. im Inf.-Regt Nr 70. Berlin: Walther 1908. 32 S. 8° [09.11336]

Major [Alfred François] Driant. Im Luftschiff zum Nordpol. Aus d. Franz. von [Walter] Hedler, Oberlt. Kiel: Cordes 1910. 280 S. 8° [10. 12157]

Einem neuen Sedan entgegen [Vers un nouveau Sedan]! Von Major [Alfred François] Driant. Autor. Übers. 21.–25. Taus. Oldenburg: G. Stalling [1907]. (142 S.) 8° [F.] [07. 9774] 10

— Einem neuen Sedan entgegen! Autoris. Übersetzg. 1—42. Taus. (IV, bezw. III, 142 S.) 8. Oldenburg (907). G. Stalling's Verl. 1.—

— Vers un nouveau Sedan, s.: Bibliothèque française.

Driaucourt, s. a. Driancourt

Driaucourt

Driaucourt. Eine wahre Geschichte.
Schleswig: Königl. Taubstummen-Inst. 1821. 160 S. 8°

Dribbusch, Max, Kalkulation u. Generalienberechnung der Sägewerke u. Holzbearbeitungsbetriebe. (27 S.) Lex. 8. Berlin 910. J. Springer. 1.—
Sonderabdruck aus: „Werkstattstechnik“.

Driburg [Sachliches OW]

Driburg, das Bad, u. seine Umgebungen. Mit e. (lith.) Karte. 32. (48 S.) Höxter 883. Buchholtz. n. —50

Driburg, das Bad, u. seine Umgebungen. 2., verb. Aufl. 32. (48 S. m. 1 Karte.) Höxter 891. O. Buchholtz. n. —50

Driburg [Schlagwort]

Driburg, s.: Geologische Karten. Karte (Preussen).

Drieberg, Friedrich von

v. Drieberg, Fr., die Arithmetik der Griechen. 2 Thle. gr. 8. Leipz. 819 — 822. (Weigel). 1 rß 12 gl

Drieberg, Fr. von, Aufschlüsse über die Musik der Griechen. Leipzig 820. 4. 2 rthl.

— Aufschlüsse über d. Musik d. Griechen. gr. 4. Berl. 820. (Leipz., Enobloch). 2 rß

Drieberg, Friedr. v., Beweisführung, daß die Lehre d. neueren Physiker vom Drucke d. Wassers u. d. Luft falsch ist, nebst ein. Versuche, die Erscheinungen an flüss. Körpern ohne atmosphär. Luftdruck zu erklären. M. 1 Taf. Abbildn. gr. 8. (3 B.) Berlin 841, Trautwein u. Comp.

Drieberg, Friedr. v., Beweisführung, dass die Lehre der neueren Physiker vom Drucke des Wassers u. d. Luft falsch ist, nebst ein. Versuche, die Erscheinungen an flüssigen Körpern ohne atmosphär. Luftdruck zu erklären u. einer als Anh. beigefügten Antikritik. 2. Aufl. (3¼ B. u. 1 Taf.) 843. 10 Ngr. u. 3., verm. Aufl. Lex.-8. (7⅜ B. u. 2 Taf. Abbild.) Berlin 844, Trautwein u. Comp. Thlr.

Drieberg, Friedr. v., das Dädaleon, e. neue Flugmaschine. Lex.-8. (2 B. u. 4 Taf. Abbild.) Berlin 845, Trautwein u. Comp.

— die pneumat. Erfindungen d. Griechen. Mit 5 Kupfertaf. gr. 4. Berlin 822, Trautwein.

— die pneumat. Erfindungen der Griechen. Mit 5 Kpft. gr. 4. Berl. 823. Trautwein. 1 rß

Drieberg, Friedrich von- Die mathematische Intervallenlehre der Griechen. Berlin 1818.

Drieberg, Fr. von, die mathematische Intervallenlehre der Griechen. Leipzig 819. 4. 1 rthl. 12 gr.

— d. mathemat. Intervalllehre d. Griechen. gr. 4. Berl. 820. (Leipz., Enobloch). 1 rß 12 gl

Drieberg, Friedr. v., die Kunst der musikalischen Komposition. Ein Lehrbuch für prakt. Musiker zum Selbstunterricht nach griech. Grundsätzen bearb. gr. 8. (IX und 237 S.) Berlin 858(61), (Trautwein'sche Buchh.) *

v. Drieberg, Fr., neue Maschinen, erfunden u. beschrieben. 1s Heft. Mit 3 Kpft. gr. 4. Berl. 823. Trautwein. 1 rß 8 gl

Drieberg, Friedr. v., die griech. Musik auf ihre Grundgesetze zurückgeführt. Eine Antikritik in drei Büchern. gr. 4. (25 B.) Berlin 841, Trautwein u. Comp. Thlr. *

— d. prakt. Musik d. Griechen. 1r Thl. gr. 4. Berl. 821. Trautwein. 1 rß

v. Drieberg, Frdr., der Sieg der gesunden Vernunft. Vier Gespräche üb. den Luft- u. Wasserdruck, worin die Gegner selbst auftreten. Als Anh.: 1. Die Kunst, unvergängl. Mumien zu bereiten. 2. Vorschläge zu einer Flugmaschine. Mit 3 (lith.) Taf. Abbildgn. (in qu. 4.) Lex. 8. (123 S.) Berlin 852, Trautwein-sche B. n. ½ rß

—— physikalische Streitschrift üb. d. Luft- u. Wasserdruck. gr. 8. (4½ B.) Berlin 846, Hayn.

— physikal. Streitschrift über den Luft- u. Wasserdruck. gr. 8. (68 S.) Berlin 847, Hayn. ⅙ rß

— d. musikal. Wissenschaften d. Griechen. gr. 4. Berl. 820. Trautwein. 1 ₰

—— Wörterbuch d. griech. Musik in ausführl. Artikeln üb. Harmonie, Rhythmik, Metrik, Kanonik, Melopoie, Rhythmopoie, Theater, Kampfspiele, Instrumente, Notirung etc. N. d. Quellen neu bearb. M. 7 grav. Taf. gr. 4. (28 ⅛ B.) Berlin 835, Schlesinger'sche Buchh. • 4 Thlr., Vlnp. •

Drieberg, L., libri duo, unus, de bonis N. foederis etc. alter de baptismo et s. coena. 4. Amst. 767.

— de praedestinatione et gratia liber. 4. Amst. Bohn, 745.

Driece, A. F., notions générales sur le passage et la défence des rivières, ou coup d'oeil sur l'état actuel de l'art du pontonnier en France. Ouvrage contenant un examen critique du nouvel équipage de pont des Autrichiens. gr. in-8. Strasbourg 846, Levrault. 27 ngl

Driedger, Otto, a. Leverkusen (Rheinprovinz): Johann Königs (John King's) deutsch-englische Grammatiken und ihre späteren Bearbeitungen. (1706—1802.) Versuch einer kritischen Behandlung. Marburg 1907: R. Friedrich. (70 S.) 8°

Marburg, Phil. Fak., Ref. Viëtor, Diss. v. 7. Juni 1907

[Geb. 3. Nov. 83 Leverkusen b. Solingen, Rheinprov.; Wohnort: Marburg; Staatsangeh.: Preußen; Vorbildung: Friedrich-Wilhelms-Gymn. Cöln Reife O. 02; Studium: Tübingen 3, Berlin 2, Marburg 4 S.; Rig. 13. Juni 06.]

Driendl, Th., Bayerische Geschichte in Bildern. München 1853. q. Form.

Driendl, Thom., Geschichte von Bayern und der zum Königreiche Bayern gehörigen Provinzen Rheinpfalz, Franken und Schwaben in 120 Bildern (Holzschnitttaf.) mit erklärendem Texte für Schule und Haus. München 853. Driendl. qu. 4. (VIII, 294 S. u. lith. Titel.) nn. 2 ₰ 26 ngl

Driesch, Gerard Cornelius von den, Sr. Excellenz Secretair und Historiographus. Historische Nachricht von der Röm. Kayserl. Gross-Botschaft nach Constantinopel, welche auf allergnädigsten Befehl Sr. Röm. Kayserlichen und Catholischen Majestät Carl VI. etc. der Reichs-Graf Damian Hugo von Virmondt rühmlichst verrichtet. Worinnen ganz besondere Nachrichten von der Türken Policey, Religion, Griechischen Antiquitäten und andere merkwürdigen anderswo vorgeblich gesuchten Sachen zu finden; dabey vieles mit den accuratesten Kupfern erläutert ist. 4. Nürnberg 1723.

Driesch, G. C. v., hist. Nachr. v. d. röm. kais. Großbothsch. des Gr. v. Virmond a. d. Türk. m. K. 4. Nürnb. Monath. 723.

Einladung zur öffentlichen Probe-Vorlesung, welche Dr. phil. Hans Driesch zur Erlangung der Venia legendi für Naturphilosophie bei der naturw.-math. Fakultät d. Ruprecht-Carls-Univ. zu Heidelberg ... d. 29. Okt. 1909 ... abhalten wird. Thema: Ueber Aufgabe u. Begriff d. Naturphilosophie. Heidelberg (1909): Hörning. 1 Bl. 8° [U 10. 2218
(Nicht für den Austausch)

Driesch, Hans, die mathematisch-mechanische Betrachtung morphologischer Probleme der Biologie. Eine krit. Studie. gr. 8. (V, 59 S.) Jena 891. G. Fischer. n. 1. 50

— die Biologie als selbständige Grundwissenschaft. Eine krit. Studie. gr. 8. (VII, 61 S.) Leipzig 893. W. Engelmann. n. 1. 20

Driesch, Hans, die Lokalisation morphogenetischer Vorgänge. Ein Beweis vitalist. Geschehens. gr. 8. (82 S. m. 3 Fig.) Leipzig 899. W. Engelmann. n. 2.40
Sonderabdruck aus: „Archiv f. Entwickelungsmechanik".

Driesch, Hans, Naturbegriffe u. Natururteile. Analytische Untersuchgn. zur reinen u. empir. Naturwissenschaft. (VIII, 239 S.) gr. 8. Leipzig 904. W. Engelmann. n. 4. —

Philosophie des Organischen [The Science and philosophy of the organism]. Gifford-Vorlesungen, geh. an d. Univ. Aberdeen in d. J. 1907—1908 von Hans Driesch (Heidelberg). Bd 1. 2. Leipzig: W. Engelmann 1909. 8° [09. 17033

Die organischen Regulationen. Vorbereitungen zu e. Theorie d. Lebens von Hans Driesch. (Mit 1 Fig.) *Leipzig: W. Engelmann 1901.* (XV, 228 S.) 8° [01. 8451

— Der Restitutionsreiz, s.a. Vorträge u. Aufsätze üb. Entwickelungsmechanik der Organismen. 7. Hft.

Der Restitutionsreiz. Rede zur Eröffnung d. Sektion f. experim. Zoologie d. 7. internat. Zoologenkongr. zu Boston. Von Hans Driesch. Leipzig: W. Engelmann 1909. 24 S. 8°
(Vorträge u. Aufsätze über Entwickelungsmechanik d. Organismen. H. 7.) [09. 3800 2

The science and philosophy of the organism. The Gifford lectures delivered before the University of Aberdeen in the year 1907 by Hans Driesch, Heidelberg. London: A.&Ch.Black 1908. (XIII, 329 S.) 8° [08. 8078

Die 'Seele' als elementarer Naturfaktor. Studien über d. Bewegungen d. Organismen von Hans Driesch. *Leipzig: W. Engelmann 1903.* (VI, 97 S.) 8° [03. 4320

Driesch, Hans [aus Kreuznach]: Tektonische Studien an Hydroidpolypen. I. Die Campanulariden und Sertulariden. . . . Jena, Gustav Fischer, 1889; 2 Bl. + 88 S. 8°
Jena, Phil. Fak., Inaug.-Diss. v. 1889

— analytische Theorie der organischen Entwicklung. gr. 8. (XIV, 185 S. m. 8 Fig.) Ebd. 894. n. 3. —

– der Vitalismus als Geschichte u. als Lehre, s.a. Bibliothek, natur- u. kulturphilosophische. 3. Bd.

Der Vitalismus als Geschichte und als Lehre. Von Dr. Hans Driesch. Leipzig: J. A. Barth 1905. (X, 246 S.) 8°
= Bibliothek, Natur- u. kulturphilosophische. Bd 3. [05. 6171

— 2 Vorträge zur Naturphilosophie. I. Die log. Rechtfertigg. der Lehre v. der Eigengesetzlichkeit des Belebten. II. Über Aufgabe u. Begriff der Naturphilosophie. (III, 38 S.) 8. Leipzig 910. W. Engelmann. — 80

Driesch, J. v. den, die Glückseligkeitsinsel (die christliche Familie), gewiesen u. beschrieben. 1—20. Taus. (48 S. m. 1 Abbildg.) kl. 8. Dülmen (909. 10). A. Laumann. p — 15

v. den Driesch, J. L., die heil. Geschichten des A. u. N. Testaments für kathol. Schulen u. Familien. Nebst Sprüchen aus den Lehrbüchern des A. u. N. Testam. Als Anhang das kathol. Kirchenjahr in seinen Episteln und Evangelien nebst Kirchengebeten. 8. Crefeld 843, Funcke'sche Buchh. n. ⅓ ₰ — 2. Aufl. 8. Ebd. 843. n. 8 ngl auch mit Jahrz. 1846 n. 8 ngl

von den Driesch, J. L., die heiligen Geschichten d. Alten u. Neuen Testamentes f. kathol. Schulen u. Familien. Sprüche aus den Lehrbüchern des Alten u. Neuen Testamentes. Das kathol. Kirchenjahr in seinen sonn- u. festtägl. Episteln u. Evangelien nebst Kirchengebeten 2c. Nebst einem Anh. erläuternder u. leitender Bemerkungen zu den heil. Geschichten des A. u. N. T. 6. unveränd. Aufl. 8. (VIII u. 390 S.) Crefeld 850. (Köln u. Neuß, Schwann.) — 7. unveränd. Aufl. 8. (VIII u. 392 S.) Ebd. 852. n. ⅓ ₰

Driesch, J. L. von den, die heiligen Geschichten des Alten und Neuen Testamentes für katholische Schulen und Familien. Sprüche aus den Lehrbüchern des Alten und Neuen Testamentes. Das katholische Kirchenjahr in seinen sonn- und festtägl. Episteln und Evangelien nebst Kirchengebeten, von erläuternden Anmerkungen begleitet. Nebst einem Anhange erklärender und leitender Bemerkungen zu den heiligen Geschichten des A. u. N. T. 8. unveränd. Aufl. Köln u. Neuß 853. Schwann. 8. (VIII, 392 S.) n. 10 ngl

Driesch, J. L. v. den, die heiligen Geschichten des Alten u. Neuen Testamentes für katholische Schulen u. Familien. Sprüche aus den Lehrbüchern des Alten u. Neuen Testamentes. Das katholische Kirchenjahr in seinen sonn- u. festtäglichen Episteln u. Evangelien nebst Kirchengebeten, von erläuternden Anmerkungen begleitet. Nebst einem Anhang erklärender u. leitender Bemerkungen zu den heiligen Geschichten des A. u. N. T. 9—15. unveränd. Aufl. Köln 856—64. Schwann. 8. (VIII, 392 S.) 10 ngl

Driesch, J. L. van den, De natura ac ratione tertiae Jesu Christi tentationis. Matth. 4, 8. Düsseldorf, 1839. 4°.

von den Driesch, J. L. De natura ac ratione tertiae Jesu Christi tentationis. 8 S. . . . .
Progr. Düsseldorf 1839

Driesch, Johann von den

Driesch, J. v. den, die vollkommene Reue, ein goldener Himmelsschlüssel. Dem guten Christenvolk an die Hand gegeben. Mit e. Vorwort v. Aug. Lehmkuhl, S. J. 31.—140. Taus. (Je 32 S. m. 1 Abbildg.) kl. 8. Köln (904—906). J. P. Bachem. n. — 10

— Die vollkommene Reue, e. goldener Himmelsschlüssel. Dem guten Christenvolk an die Hand gegeben. Mit e. Vorwort v. Aug. Lehmkuhl, S. J. 201—220. Taus. (32 S. m. 1. Abbildg.) kl. 8. Cöln (910). J. P. Bachem. p — 10

von den Driesch, Johannes, a. Neudorf b. Straßburg i. E.: Die Stellung des attributiven Adjektivs im Altfranzösischen. Erlangen 1905: Junge & Sohn. (124 S.) 8° ¶ (Ersch. vollst. in „Romanische Forschungen" Bd 19, H. 3.)
Straßburg, Phil. Fak., Ref. Groeber, Diss. v. 27. Febr. 1904
[Geb. 27. Mai 80 Neudorf b. Straßburg i. E.; Wohnort: Metz; Staatsangeh.: Elsaß-Lothringen; Vorbildung: Lyzeum Metz Reife Sommer 99; Studium: Würzburg 2, München 2, Nancy, Straßburg 4 S.; Rig. 27. Febr. 04.]

Driesch, Leo v. den, Geographie und preußische Geschichte für Elementarschulen bearb. gr. 8. (32 S. mit 5 lithogr. Karten in 8. und 4.) Köln und Neuß 868, Schwann's Verlag. *

Drieschner, C. G., d. Klavierlehrer od. Anweisung z. Klavierspiele nach naturgemäßen Grundsätzen u. in method. Stufenfolge bearb. (Nebst e. Hefte Noten.) 8. Pleß 846. (Gleiwitz, Landsberger.) n. 1½ ℳ

Drieselmann, Jos., das goldene A, B, C. Ein Wegweiser für angehende Dienstmädchen, zu einem nützlichen, zufriedenen und glücklichen Leben. 1. Aufl. und 2., unveränd. Aufl. 16. (64 S.) Erfurt 852, Körner's Verlag. **

Drieselmann, J., ABC- od. erstes Lesebuch zur leichten u. gründl. Erlernung d. Lesens nach d. Lautirmethode. 8. Nordh. 830. Fürst. 2 g.

— Andenken an die erste heil. Kommunion (für kathol. Knaben u. Mädchen.) 2. verb. Aufl. gr. 16. Erfurt 842, Otto. à 1/24 ℳ

Drieselmann, J., Fibel u. erstes Lesebuch. 2., verm. u. verb. A. (5½ B.) 835. u. 3., nach d. Schreib-Lesemethode umgearb. u. verm. Aufl. 8. (7 B.) Erfurt 841, (Otto; Winkler.) à *
In Partieen v. wenigstens 30 Expl. nur à * 3 Gr.

Drieselmann, Jos., Fibel und erstes Lesebuch. 3. nach der Schreib-Lesemethode umgearb. und verm. Aufl. 8. Erfurt 841. (Hilsenberg'sche Buchh.) n. 1/6 ℳ — 4. verm. Aufl. 8. Erfurt 845. (Keyser'sche Buchh.) n. 1/6 ℳ

—— Fibel u. erstes Lesebuch f. kathol. Schulen. 4., verm. Aufl. m. e. Cyclus bibl. Erzählungen; geordn. nach Anleit. d. prakt. Handb. d. Katechetik v. Aug. Gruber. 8. (8½ B.) Erfurt 845. (Keyserſche Buchh.) *

— Fibel u. erstes Sprach- u. Lesebuch f. Elementarklassen kathol. Volksschulen; 5., verm. Aufl., mit einem Cyklus bibl. Erzählungen u. m. einem Schlußworte ꝛc. 8. (146 S., wovon 24 lith.) Erfurt 848, Keyser in Comm. baar 1/6 ℳ

—— Fibel und erstes Sprach- und Lesebuch. Für Elementarklassen evangel. Volksschulen. 6. Aufl. 8. (86 S.) Erfurt 851, Körner. *

Drieselmann, Jos., Fibel und erstes Sprach- und Lesebuch. Für Elementarklassen evangel. Volksschulen. 7. Aufl. Erfurt 853. Körner'sche Buchhdlg. 8. (1 Bl., 86 S.) n. 3 ngr

— Fibel und erstes Sprach- u. Lesebuch für Elementarklassen kathol. Volksschulen. 8., verm. Aufl., mit einem Cyklus bibl. Erzählungen geordnet nach Anleitung des prakt. Handbuches der Katechetik des Hochw. Herrn Augustin Gruber, Erzbischofs v. Salzburg, u. mit einem Schlußworte statt des Vorwortes. 857. (1 Bl., 145 S.) — 9. verm. Aufl. ꝛc. Ebend. 857. 8. (1 Bl., 143 S.) n. 4 ngr

Drieselmann, J., Fibel u. erstes Sprach- u. Lesebuch. Für Elementarklassen evangel. Volksschulen. 10. Aufl. 866. (64 S.) n. 2 ngr — 11. Aufl. Erfurt 868. Körner'sche Buchhdlg. gr. 8. (86 S.) 3 ngr

— Gebete u. Betrachtungen bei dem heil. Meßopfer u. einigen andern kirchl. Andachten. Zum Gebrauche neben dem Gesangbuche bestimmt, für die kathol. Schuljugend. 8. Erfurt 843. (Keyser.) n. 1/6 ℳ

Drieselmann, Jos., Gebete u. Betrachtungen bei dem heil. Meßopfer u. einigen andern kirchlichen Andachten Zum Gebrauche neben dem Gesangbuche bestimmt f. die kathol. Schuljugend. 2. unveränd. Aufl. 8. (VIII u. 120 S.) Erfurt 850, Körner. n. 1/6 ℳ

— „Gelobt sei Jesus Christus!" Das Gebet als Bildungs- und Erziehungsmittel in kathol. Volksschulen. Erfurt 854. Keyser. 8. (4 Bl., 216 S.) 15 ngr

— Handfibel f. Lehrer. Ein Leitfaden bei dem Schreib-Leseunterrichte, als dem Mittelpunkte der Uebungen in der deutschen Sprache f. Elementarklassen der Volksschulen. gr. 8. (144 S.) Erfurt 848, Otto. 9 ngr

—— Lesebuch f. Schule u. Haus. Zunächst zur Beförderung religiös-sittl. Bildung in kathol. Volksschulen. 1—3., verm. Aufl. 8. Erfurt. (Keyserſche Buchh.) [1. (23 B.) 842, 2. (26 B.) 43 u. 3. (26½ B.) 46.] à *

— Lesebuch für Schule u. Haus. Zunächst zur Beförderung religiös-sittlicher Bildung in katholischen Volksschulen. 4., verm. Aufl. 8. (XVI u. 403 S.) Erfurt 848, Keyser in Comm. n. ⅔ ℳ

Drieselmann, Jos., Lesebuch für Schule und Haus. Zunächst zur Beförderung religiös-sittlicher Bildung in katholischen Volksschulen herausgegeben. 5., verb. Aufl. Erfurt 854. Körner'sche Buchhdlg. gr. 8. (XVI, 312 S.) n. 10 ngr

Drieselmann, Jos., Lesebuch für Schule und Haus. Zunächst zur Beförderung religiös-sittlicher Bildung in katholischen Volksschulen. 6. Aufl. Erfurt 862. Keyser. 8. (XVI, 312 S.) n. 10 ngr

— offenes Schreiben an Schulbehörden u. Lehrer, an Dienstherrschaften, an Verwaltungsbehörden ꝛc.; zur Empfehlung der Schrift: „Das goldene A, B, C. Ein Wegweiser f. angehende Dienstmädchen ꝛc." gr. 8. (14 S.) Erfurt 852, Körner. 1½ ngr

—— die deutsche Sprache in der Volksschule. Mit Bezugnahme auf das „Preußische Regulativ vom 3. Oktbr. 1854 über Einrichtung des Elementarschul-Unterrichts", hrsg. gr. 8. (XII und 172 S.) Erfurt 855, Keyser'sche Buchh. *

—— 10 Wandtafeln zum Lese- und Schreibunterricht. gr. Fol. Erfurt 850, Körner. *

Driesemann, C., Plan der Stadt Halle und ihrer Umgebung, im J. 1875 zusammengestellt. 1:5000. Lithogr. und color. Imp.-Fol. Mit Strassenverzeichniss. (2 S. in 4.) Halle 876, Pfeffer. *

—— dass. — 1:10,000. Lithogr. und color. gr. Fol. Halle 877, Hofstetter. *

Driesen, A. L., prakt. Anleitung z. Berechnung v. Wechseln, Geldsorten u. Staatspapieren, mit faßl. Erklärn. z. Selbstunterr. Durchges. v. J. P. Gruson. ½ gr. 4. (11 B.) Berlin 834, (Enslin'sche Buchh.)

—— allgem. vollständ. u. ausführl. Cours- u. Zinsen-Tabellen z. Berechn. aller Preuß. Staats-Papiere, deren Course in d. Cours-Zetteln d. Börse v. Berlin amtl. verzeich. werden, v. ½ bis 110 pCent. Nebst Zinsen-Berechn. v. 1 Tag bis auf 1 Jahr. Sorgfältig revid. v. W. L. A. Lederer. ½ gr. 4. (5½ B.) Berlin 832, (Plahn.)
Der Verf. hat alle 3 Schriften mit seinem Namen eigenhändig bezeichnet.

— allgem. Cours- u. Zins-Tabellen zur Berechnung der ausländ. Staats-Papiere, deren Course in dem Berliner Cours-Anzeiger verzeichnet werden. Nebst Zinsen-Berechnung von 1 Tag bis auf 1 Jahr. Sorgfältig revidirt von W. L. A. Lederer. 1/2 gr. 4. Berlin 833. (Enslinsche Buchh.) 1 ß

Driesen, Ant., Lehre v. d. wahr. Gegenwart d. Leibes Jesu im Abendmahl. 8. Frankf. Cramer. 738. Rthlr.

— vertheid. Lehre v. d. bes. göttl. Gnade. 8. Ebend. 738.

Driesen, Ant., meditation. in sacr. Apocalypsin. 4. Traj. 727.

Driesen, Georgius Mauritius, De Microscopio summo medici auxilio. Dissertatio inauguralis medica. Berolini 1812.

Driesen, L. Denkschrift betreffend den Antrag des Abgeordneten Diergardt auf höhere Besteuerung des Tabaks. 8°. Duisburg 1856.

Driesen, L. De M. Fabii Quintiliani vita. 16 S. Cleve, Progr. 1845

Driesen, Ludw.

— s. Böckh, A., Rede zur Feier d. Geburtsfestes Sr. Maj. Fr. Wilhelm IV.

Driesen, Ludw., die Gründung der verfassungsmäßigen Monarchie in Belgien. Mülheim a. d. Ruhr 854. Nieten. gr. 8. (VI, 146 S.) 20 ngr

Driesen, Ludovicus:

1. •In welchem Verhältniss steht nach consequenter Entwickelung das religiöse Princip zu Hegels Philosophie des Rechts (cf. namentlich § 227 und 270 Anmerkung) und wie ist dies Verhältniss zu beurtheilen. 29 S. 2°
2. Ueber den Geschichts-Unterricht auf Gymnasien, seine Mängel und Vorschläge zur Abhülfe derselben.
3. •De discrimine satirae Horatianae ac Persianae. 30 S. 2°

Halle-Wittenberg, Phil. Diss. v. 13. Mai 1842

Geb. [Berlin 2. 2. 1818, mosaischer Konfession, 4. 7. 1837 durch die Taufe zur evang. Kirche übergetreten.]

Ms. 2 fehlt.

Driesen, Ludw., Leben des Fürsten Johann Moritz von Nassau-Siegen, General-Gouverneurs von Niederländisch-Brasilien, dann kur-brandenburgischen Statthalters von Cleve, Mark, Ravensberg und Minden etc. gr. 8. (XVII und 376 S. mit Facs. auf 1 Stnt. in gr. 4.) Berlin 849, Decker'sche geheime Ober-Hofbuchdr.

Driesen, Ldw., Prinz Moritz von Nassau-Siegen, kurbrandenburg. Statthalter von Cleve und Mark. Rede zu Cleve am 15. Oct. 1846 gehalten. gr. 8. Cleve 846, Char. n. 1/6 ß

Driesen, Ludw., die Staatsregierung, die Preßverordnung und die Stadtverordneten. Berlin 863. J. Springer. gr. 8. (16 S.) 2½ ngr.

Driesen, Otto, Gewichts- u. Calculations-Tabellen nebst Zoll-Tarifen f. die Leinen-Industrie. gr. 8. (62 S.) Werdau 899. (A. Thümmler.) n.n. 2.—

Driesen, Otto, Umrechnungs-, Differenzen- u. Paritäten-Tabellen nebst verschied. Notizen. 2., verm. u. verb. Aufl. gr. 8. (47 S.) Werdau 896. (A. Thümmler.) n. 1.60

— Umrechnungs-, Differenzen- u. Paritäten-Tabellen f. den Baumwoll-Handel auf Grund der neuen Usancen der Liverpooler Baumwollbörse. 3., verm. u. verb. Aufl. gr. 8. (57 S.) Ebd. 902. n.n. 2.—

Driesen, Otto, aus Segnitz in Unterfranken: Der Ursprung des Harlekin. *Chemnitz 1903: H. Wilisch.* (32 S.) 8° ¶(Erscheint vollst. als: Forschungen zur neueren Literaturgesch., Bd 25 und als Buch.)

Straßburg, Phil. Diss. v. 1901

Driesen, Otto, der Ursprung des Harlekin, s.a. Forschungen zur neueren Literaturgeschichte. XXV.

Der Ursprung des Harlekin. Ein kulturgeschichtl. Problem. Von Dr. Otto Driesen. Mit 17 Abb. *Berlin: A. Duncker 1904.* (XII, 286 S.) 8°
— Forschungen z. neueren Literaturgeschichte. 25. [04. 1414 8

Driesen, Paul, appr. Arzt a. Magdeburg: Ueber einen Fall von Arsenwasserstoff-Vergiftung. München 1904: Kastner & Callwey. (35 S.) 8°

München, Med. Fak., Ref. v. Bauer, Diss. v. 11. Okt. 1904

[Geb. 26. März 77 Magdeburg N.; Wohnort: Magdeburg; Staatsangeh.: Preußen; Vorbildung: Domgymn. Magdeburg Reife O. 97; Studium: Leipzig 2, München 2, Würzburg 1, Leipzig 1, München 6 S.; Coll. 1. Juli 04; Approb. 31. Juli 03.]

Driesmans, Heinr., Dämon Auslese. Vom theoret. zum prakt. Darwinismus. 1—3. Taus. (XV, 349 S.) 8. Berlin-Ch. (907). Vita. nn 3.50; geb. 4.50

— M(oritz) v. Egidy. Sein Leben u. Wirken. Unter Mitwirkg. der Familie v. Egidy u. unter Mitarbeiterschaft v. Arth. Mülberger, sowie einig. Freunde (Frau R. Deutsch u. Herr G. Herter) hrsg. Volks-[Titel-]Ausg. (XIV, 803 u. III, 156 S. m. 1 Bildnis.) 8. Dresden [900] (909). E. Pierson. 8.—; in 2 Bde. geb. n 5.—

Driesmans, Heinr., Judas. D. fünfte Evangelium. E. dramat. Dichtg. 8. (80 S.) Dresden 898. E. Pierson. n. 1.50

Judas. Das fünfte Evangelium. Eine dramat. Dichtung von Heinrich Driesmans. 2. Aufl. Dresden: Pierson 1909. VIII, 80 S. 8° [11. 4010

Heinrich Driesmans. Das Keltentum in der Europäischen Blutmischung. *Leipzig: E. Diederichs 1900.* (VIII, 245 S.) 8° [F.]
— Driesmans: Kulturgeschichte d. Rasseninstinkte. [1.] [04. 304

Die plastische Kraft in Kunst, Wissenschaft u. Leben. Von Heinrich Driesmans. Leipzig: C. G. Naumann 1898. VIII, 215 S. 8° [11. 11 0

— s.: Kultur, deutsche.

Heinrich Driesmans. Eine Kulturgeschichte der Rasseninstinkte. [1.] *Leipzig: E. Diederichs 1900.* 8° [04. 303

Driesmans, Heinrich. Der Mensch der Urzeit. Kunde über Lebensweise, Sprache und Kultur des vorgeschichtlichen Menschen in Europa und Asien. Mit ausführlichem Namen- und Sachregister für das ganze Gebiet der Urgeschichte und zahlreichen farbigen Tafeln [9 T*] und Textabbildungen. 1. bis 15. Tausend XVI + 198 S. 8. Stuttgart, Strecker & Schröder, 1907. (M. 2.—, geb. 2.80)

Darin S. 83. 85 f. 51. 54 f/7. 60. 63. 70. 77. 86 f. 89. 93. 94/8. 104. 123. 127. 137. 140/7. 150/2 etc. die Schweiz und Schweizer betr.

Der Mensch der Urzeit. Kunde über Lebensweise, Sprache u. Kultur d. vorgeschichtl. Menschen in Europa u. Asien. Von Heinrich Driesmans. Mit ausführl. Namen- u. Sachreg. f. d. ganze Geb. d. Urgeschichte u. zahlr. Taf. u. Textabb. 16. bis 20. Taus. Stuttgart: Strecker & Schröder 1907. (XV, 198 S.) 8° [F.] [08. 6681

— Menschenreform u. Bodenreform, s.a. Kultur u. Fortschritt.

— Menschenreform u. Bodenreform. Unter Zugrundelegg. der Veredelungslehre Francis Galton's (Galton contra Malthus). (VIII, 63 S.) 8. Leipzig 904. F. Dietrich. n. 1.50

Driesmans H., Menschenreform und Bodenreform. 2. und 3. Auflage. (Kultur und Fortschritt 108/110. 355/9) Leipzig, Gautzsch 1907. 11

Norland (Tenorio in Thule). Eine Rassentragödie von Saint-Trond [d. i. Heinrich Driesmans]. Leipzig: Thür. Verl.-Anst. 1907. 149 S. 8° [11. 4007

— Rasse u. Milieu, s.a. Kulturprobleme d. Gegenw.

Rasse und Milieu. Von Heinrich Driesmans. *Berlin: J. Räde 1902.* (X, 238 S.) 8°
— Kulturprobleme d. Gegenwart. Bd 4. [04. 6491

— Rasse u. Milieu. 2. Aufl., neu bearb. u. vermehrt. (XX, 321 S.) 8. Berlin-Ch. (909). Vita. 3.50; geb. 4.50

Heinrich Driesmans. Die Wahlverwandtschaften der deutschen Blutmischung. *Leipzig: E. Diederichs 1901.* (XII, 208 S.) 8° [F.]
— Driesmans: Kulturgeschichte d. Rasseninstinkte. T. 2. [04. 10371

— Wege zur Kultur. Grundlinien zur Verinnerlichg. u. Vertiefg. des deutschen Kulturlebens. (IX, 140 S.) 8. München 910. C. H. Beck. Kart. 2. 25

Sind die Dienstgrundstücke und Dienstwohnungen der Geistlichen und Lehrer in der Rheinprovinz der Kommunalgrundsteuer resp. Gebäudesteuer gemäss dem Gesetze vom 14. Juli 1893 unterworfen? Von Aug. Driesson, Pfarrer. *Bonn: P. Hanstein 1900.* (70 S.) 8° [F.]
[Umschlagt.:] Das Kommunal-Abgaben-Gesetz v. 14. Juli 1893 in Bezug auf d. Dienstwohnungen u. Dienstgrundstücke ... von A. D. [00. 11339

Driessen, D. P. F. [Adviseur f. d. Civilveterinärwesen in Niederl. Ostindien]: Ueber die Tierseuchen besonders über die Rinderpest in Niederländisch Ostindien ... Venlo, Typ. Firma Uyttenbroeck sel. Wwe, 1895; 26 S., 1 Bl., 1 Taf., 2 Kt. 8.
Giessen, Med. Fak., Inaug.-Diss. v. 1895

Driessen, Jan: Ueber die Resection des Hüftgelenkes bei acuter infectiöser Osteomyelitis nebst einigen Bemerkungen über die verschiedenen Formen der bei Osteomyelitis acuta infectiosa vorkommenden Gelenkentzündungen. Leipzig (1880): Breitkopf & Härtel. 22 S. 8°
Halle-Wittenberg, Med. Diss. v. 27. Sept. 1880
Geb. Wieringen (Holland) 13. 9. 1855. V.

Driessen, Joa. Gerard, variae lectiones. Berlin 862. Calvary & Co. 4. (26 S.) n. 10 ngr.

Driessen, Johs. Gerard., de priorum quinque librorum Thucydidis locis aliquot difficilioribus. Dissert. philolog. Monasterii 856. (Mitsdörffer.) gr. 8. (1 Bl., 47 S.) n. 7½ ngr.

Driessen, Joh. Ger., observationes in Ciceronis de officiis librorum locos quosdam difficiliores. Berlin 865. Calvary & Co. 4. (16 S.) n. 8 ngr.

Driessen, observationes in Ciceronis de officiis librorum locos quosdam difficiliores. Cleve. 4. 16 S.
Schul-/Univ.-Schrift 1565.

Driessen, Johan Hendrik: Über den Phenylpropargylaldehyd. *Kiel 1898: »Nord-Ostsee-Zeitung«.* (36 S.) 8°
Kiel, Phil. Diss. v. [6. Aug.] 1898

Driessen, Cornelius (geb. Demerary in Brit.-Guyana 16. 9. 1819): De encephalomalacia. Berolini (1845). (20 S.) 8°
Berlin, Med. Diss. v. 25. Okt. 1845

Driessen, Louis Ferdinand [Arzt aus Leiden '(Holland)']: Untersuchungen über glykogenreiche Endotheliome ... (Aus: Ziegler, Beitr. z. path. Anat., Bd XII.) Jena, G. Fischer, 1892; 2 Bl., 50 S., 1 Taf. 8.
Freiburg i. B., Med. Fak., Inaug.-Diss. v. 1892

Driessen, Peter August [aus Leiden '(Holland)']: Ueber die Einwirkung des Orthoameisenaethers auf Acetessigaether und einige verwandte Verbindungen. Ueber Oxymethylen-Benzylcyanid ... Leiden, Buchdr. ([Umschlagt.:] Verl.) v. E. Ijdo, 1895; 4 Bl., 52 S. 8.
München, Phil. Fak., Inaug.-Diss. v. 1895

Driessen, Theodor [aus Bocholt (Westfalen)]: Ueber die Einwirkung wiederholter Kohlenoxydvergiftung auf die roten Blutkörperchen. . . . Würzburg, Paul Scheiner's Buchdr., 1889; 25 S. 8°
Würzburg, Med. Fak., Inaug.-Diss. v. 1889

Van den Driessen Mareeuw, W. P. H. [aus Utrecht]: Ueber die Samen von Barringtonia speciosa (Gaertn.) (Mit 3 Tafeln.) Utrecht (1903.) 70 + 1 S. 8°. [17. VII. 03.]
Bern. Phil. Diss. 1903/1904.

Driesslein, Chas. L., Lehrbuch der Phonographie od. der Kunst der Schnellschrift [Stenographie], nach dem engl. System v. Isaac Pitman auf die deutsche Sprache übertragen u. f. den Selbst-Unterricht bearb. 2. Aufl. 8. (85 S.) Chicago 884. (Leipzig, Robolsky.) geb. n. 4. 50

Driest, Rudolf, approb. Arzt aus Gollnow: Aus d. med. Klinik zu Greifswald. Untersuchungen über den Salzsäuregehalt des Mageninhalts. *Greifswald 1902: H. Adler.* (39 S.) 8°
Greifswald, Med. Diss. v. 25. Jan. 1902

Drieu, A. F.

Drieu, A. Leitfaden für den Pontonnier. A. d. Franz. von Bachofen v. Echt. (11½ B.) 8. Berlin 1823. 3,75.

— — Leitfaden für den Pontonnier. Eine Abhandlung über die Kriegsbrücken, enthaltend die bis zu unserer Zeit bewerkstelligten Flussübergänge und die Grundsätze der Pionnier-Kunst. Mit den zur Erläuterung des Textes nöthigen Kupfertaf. und einer topographischen Karte der Insel Lobau, enthaltend die auf der Insel im Jahre 1809 aufgeführten Feldwerke. (Mit 2 Taf.) Frei übersetzt von Eduard Lenz, königl. bayer. Pontonierlieutenant. 8. Stuttgart 1826.

Drieu, A. Leitfaden für den Pontonnier. Eine Abhandlung über Kriegsbrücken, enthaltend die bis zu unserer Zeit bewerkstelligten Fluss-Uebergänge u. die Grundsätze der Pontonnierkunst. (13 B.) 8. M. 1 Taf. u. 1 Krte. Frei übers. von Lt. Lenz. Stuttgart 1827. 2,00.

Drieu, A. F.,
— — Leitfaden für den praktischen Pontonnier. Aus dem Französischen übersetzt von Bachoven von Echt, königl. preuss. Hauptm. etc. (Mit 4 Taf.) 8. Berlin 1822.

Drieu, A. F., Leitfaden für d. prakt. Pontonier; aus d. Französ. von Bachoven v. Echt. gr. 8. Berl. 825. Reimer. 1 ₰ 6 gr

— dass. übers. v. Lenz. Mit Kupf. u. Charten. gr. 8. Stuttg. 826, Cotta.

Drigalski, v., Aufgaben der Kommunalhygiene. Vortrag, geh. auf dem Städtetage der Prov. Sachsen u. des Herzogt. Anhalt zu Cöthen am 10. VII. 1909. (26 S.) 8. Leipzig 909. F. Leineweber. — 70
Sonderabdruck aus: „Gesundheit".

Drigalski, v., s.: Bekämpfung, die, d. Säuglingssterblichkeit in Halle a/S.

Drigalski, v., üb. e. d. Genuss v. Pferdefleisch veranlasste Massenvergiftung, s.: Festschrift zum 60. Geburtstage von Rob. Koch.

— u. Heinr. Seebaum, der Mensch in seinen Beziehungen zur Außenwelt. Ein Buch der Gesundheitslehre f. die lern. Jugend. (VIII, 71 S. m. Abbildgn. u. 6 Taf.) 8. Leipzig 908. Quelle & Meyer. Geb. 1. —

— u. A. Peters, die Tätigkeit des Stadtarztes u. d. Stadtschularztes in Halle a/S. 1909/10. (67 S. m. Fig.) 8. Halle 910. Lippert 1. 20

Drigalski, Frau Liesbet v., s.: Dill, Liesbet.

Denkschrift über die Bildung einer Vereinigung zur Bekämpfung der Säuglingssterblichkeit und zur Verbreitung der Milch als Volksnahrungsmittel. Von Prof. Dr. [Wilhelm] v. **Drigalski.** Halle a. S. 1908: W. Hendrichs. (10 S.) 8° [F.] [08. 2810 3

Driggeberger, Joh., „d'rr Garribaldi" u. 2 andere Erzählungen. (253 S.) kl. 8. Regensburg (910). J. Habbel. Geb. in Leinw. 3. —

Drill ist Anfang der Erziehung, daher Drill! Eine Entgegn. auf die Schrift: Drill. od. Erziehg.? Von e. ehemal. k. k. Officier. gr. 8. (19 S.) Wien 884. Kirsch. n. — 40

Drill, Rob., Die Agrarfrage in Oesterreich. (Aus „Die Zeit", Nr. 100—102, 29. Aug. bis 12. Sept. 1896.) gr. 8°. Wien, Verlag „Die Zeit", 1896.

— soll Deutschland s. ganzen Getreidebedarf selbst produzieren, s.a. Studien, Münchener volkswirtschaftl.

Drill, Robert: Soll Deutschland seinen ganzen Getreidebedarf selbst produzieren? .. [= Münch. volkswirtsch. Stud., Stück 9.] Stuttgart, Druck d. Union Deutsche Verlagsges., 1895; VI, 117 S. 8.
München, Staatswirtsch. Fak., Inaug.-Diss. v. 1895

Driller u. Genossen, Turnerhumor (Karnevalsztg. d. T.V. zu Hof). Jg. 3, Hof, 16 S., 8°.

Drillinge, die s. a. v. Bonin.

Drillinge, die, s. a. Bühnen-Repertoir, Nr. 115.

Drillinge, die,. Lustsp. 8. Berlin, Sander. 778.

— — dass. 8. Gotha, Ettinger. 781.

Drillinge, Die. Ein Lustspiel in vier Aufzügen. Nach dem Franz.... Gotha 1781. V: *Bonin, Christian Friedr. Ferdinand von.* (GGr) »Berlin 1778« (MGT)

Drillinge oder die drey Doktoren. Herausgegeben von L. v. Selbiger. Berlin 1811. V: *Steinhart, K.* (BGE I[3], 86)

Drillinge, die, od. die 3 Doktoren, von L. v. Selbiger. 2 Bde. mit K. 8. Berl. Maurer'sche Buchh. 811.

Drimborn, Joannes Mathias (geb. am 1 Sept. 1800 in Bonn): De terebrationis in laesionibus capitis vera indicatione ... Bonnae, ex off. Bueschleriana (1826). VI, 7—48 S., 1 Bl. 4.
Bonn, Med. Fak., Diss. v. [21] Dez. 1826

Dringlichkeit, Die, einer Revision der Bauordnung. [Berlin 1901.] V: *Lachmann, Louis.* (Berl,

Drin-Golf [Schlagwort]

Drin-Golf, s.: Adriatisches Meer.

Drinhaus, J. F., Napoleons Asche in Paris! Ansichten über Zeitfragen. gr. 12. Darmstadt 840. Jonghaus. 1/6 Thlr

Drinhaus, J. F., die Trennung der Schule v. der Kirche. Ein Wort der Verständigung über die Nothwendigkeit, die Ungefährlichkeit u. Ausführbarkeit dieser unabweisbaren Forderg. der Gegenwart. gr. 8. (24 S.) Barmen 848, Langewiesche. 4 Ngr

—— Zeitfragen. Beiträge zu unparthei. Beurtheil. polit. u. socialer Zustände. In zwangl. Hftn. 1—3. Hft. gr. 8. Darmstadt, Jonghaus. [1. (4¼ B.) 840., 2. (3¾ B.), 3. (4 B.) 841. à 8 Gr.]

Drinhausen, Paul, appr. Arzt a. Remscheid: Aus der Kgl. Universitäts-Frauenklinik Marburg. Neuere Bestrebungen schwere atonische Postpartumblutungen zu stillen. Marburg 1905: H. Bauer. (46 S.) 8°
Marburg, Med. Fak., Ref. Ahlfeld, Diss. v. 10. Aug. 1905
Geb. 11. Juni 80 Rüggeberg, Kr. Schwelm; Wohnort: Remscheid; Staatsangeh.: Preußen; Vorbildung: Gymn. Barmen Reife O. 99; Studium: Bonn 5, Berlin 2, Marburg 3 S.; Coll. 17. Juli 05; Approb. 30. Aug. 04, mit Geltung vom 19. Juli 04.]

Drinkler, H., das tapfere Schneiderlein od. die drei Heldenthaten. Eine Kinder-Komödie in 4 Bildern. gr. 8. (31 S.) Berlin 894. M. Böhm. 1. 50

Drinkwelder, Otto, S. J., Meß-Andachten, im Geiste des römischen Meßbuches bearb. 1. Tl. Vom Advent bis zum Karsamstag u. die Heiligenfeste des ganzen Jahres. (XXII, 361 S. m. farb. Titelb.) 16. Klagenfurt 910. (Buch- u. Kunsthandlg. des St. Josef-Vereines). Geb. in Leinw. 1. 20

Drinkwelder, Otto E., S. J., Wegweiser zur Erlernung des traditionellen Choralgesanges. (VIII, 47 S.) 8. Graz 906. Styria. n. — 50

— Praktische Winke z. Einführung der neuen Choralbücher. (VII, 54 S.) 8. Innsbruck 909. E. Sibler. 1. 30

Drinnenberg, A., das preuß. Gerichtskostengesetz, s.: Bartscher, F.

Die allgemeine Gütergemeinschaft nach dem Bürgerlichen Gesetzbuch nebst Ausführungen über d. wichtigsten Bestimmungen d. Fuldaer Güterrechts u. e. Zusammenstellung d. alten u. neuen Güterrechtes im Oberlandesgerichtsbezirk Cassel. Hrsg. von C[onrad] A[ugust] **Drinnenberg**, Amtsger.Sekr. Fulda: Actiendr. 1906. (85 S.) 8° [F.]
[06. 10355 4

Drion, Charles, histoire chronologique de l'église protestante de France jusqu'à la révocation de l'édit de Nantes. 2 tomes. Strasbourg 855. Berger-Levrault. 12. (VIII, 323; 2 Bl., 310 S.) n. 1 Thlr 25 Ngr

Driou, Alfr. v., der Engel des Morgens. Der Stern des Abends. Die Dämonen der Nacht. Drei histor. Erzählungen für die erwachsene Jugend. Frei nach (dem Französ.) von Elise v. Hohenhausen, geb. v. Ochs. gr. 12. (164 S. mit 8 Stnt.) Weimar 856(57,) Voigt.

Drischel, Frdr., Material zu deutschen Aufsätzen, s.: Tschache, Gotthelf

— Naturkunde f. höh. Mädchenschulen u. Mittelschulen, s.: Schmidt, Thdr.

Der naturkundliche Stoff für 80 Lehrstunden des vierten Schuljahres in mittleren u. höheren Mädchenschulen. Bearb. von Friedrich **Drischel**. Mit 94 Abb. *Breslau: M. Woywod 1899.* (134 S.) 8° [F.]
— **Schmidt**, Theod.: Naturkunde f. mittl. u. höh. Mädchensch. T. 1. [00. 8316

Der naturkundliche Stoff für 80 Lehrstunden des vierten Schuljahres in höheren Mädchenschulen und Mittelschulen. Bearb. von Friedrich **Drischel**. Mit 108 Abb. 2., verb. Aufl. In d. neuen Rechtschreibung. Breslau: M. Woywod 1902. (162 S.) 8° [F.]
— **Schmidt**, Theodor: Naturkunde f. höh. Mädchenschulen u. Mittelschulen. T. 1. [03. 1807

Der naturkundliche Stoff für 80 Lehrstunden des vierten Schuljahres in höheren Mädchenschulen und Mittelschulen. Bearb. von Friedrich **Drischel**. Mit 99 Abb. 3., durchges. Aufl. Breslau: M. Woywod 1904. (157 S.) 8° [F.]
— **Schmidt**, Theodor: Naturkunde f. höh. Mädchenschulen u. Mittelschulen. T. 1. [05. 3831

Der naturkundliche Stoff für 80 Lehrstunden des vierten Schuljahres in höheren Mädchenschulen und Mittelschulen. Bearb. von Friedrich **Drischel**. Mit 99 Abb. 4. Aufl. (Unveränd. Abdr. d. 3. Aufl.) Breslau: M. Woywod 1907. (157 S.) 8° [F.]
— **Schmidt**, Theodor: Naturkunde f. höh. Mädchenschulen. T. 1. [07. 16290 2

Der naturkundliche Stoff für 80 Lehrstunden des fünften Schuljahres in mittleren u. höheren Mädchenschulen. Bearb. von Friedrich **Drischel**. Mit 186 Abb. *Breslau: M. Woywod 1900.* (225 S.) 8° [F.]
— **Schmidt**, Theod.: Naturkunde f. mittl. u. höh. Mädchensch. T. 2. [00. 8317

Der naturkundliche Stoff für 80 Lehrstunden des fünften Schuljahres in höheren Mädchenschulen und Mittelschulen. Bearb. von Friedrich **Drischel**. Mit 208 Abb. 2., verb. Aufl. In d. neuen Rechtschreibung. Breslau: M. Woywod 1902. (209 S.) 8° [F.]
— **Schmidt**, Theodor: Naturkunde f. höh. Mädchenschulen u. Mittelschulen. T. 2. [03. 3808

Der naturkundliche Stoff für 80 Lehrstunden des fünften Schuljahres in höheren Mädchenschulen u. Mittelschulen. Bearb. von Friedrich **Drischel**. 3., durchges. Aufl. Breslau: M. Woywod 1905. (206 S.) 8° [F.]
— **Schmidt**, Theodor: Naturkunde f. höh. Mädchenschulen. T. 2. [05. 15595 2

Der naturkundliche Stoff für 80 Lehrstunden des fünften Schuljahres in höheren Mädchenschulen und Mittelschulen. Bearb. von †Friedrich **Drischel**. Nach d. Tode d. Verf. bearb. von [Dir.] Dr. Theodor Schmidt. Mit 201 Abb. 4. durchges. Aufl. Breslau: M. Woywod 1907. (196 S.) 8° [F.]
— **Schmidt**, Theodor: Naturkunde f. höh. Mädchenschulen. T. 2. [07. 16290 2

Der naturkundliche Stoff für 80 Lehrstunden des sechsten Schuljahres in mittleren u. höheren Mädchenschulen. Bearb. von Friedrich **Drischel**. Mit 287 Abb. *Breslau: M. Woywod 1901.* (271 S.) 8° [F.]
— **Schmidt**, Theod.: Naturkunde f. mittl. u. höh. Mädchensch. T. 3. [01. 770

Der naturkundliche Stoff für 80 Lehrstunden des sechsten Schuljahres in höheren Mädchenschulen und Mittelschulen. Bearb. von Friedrich **Drischel**. Mit 253 Abb. 2., verb. Aufl. In d. neuen Rechtschreibung. *Breslau: M. Woywod 1903.* (238 S.) 8° [F.]
— **Schmidt**, Theodor: Naturkunde f. höh. Mädchenschulen u. Mittelschulen. T. 3. [04. 7747

Der naturkundliche Stoff für 80 Lehrstunden des 6. Schuljahres in höheren Mädchenschulen u. Mittelschulen. Bearb. von Friedrich **Drischel**. Mit 238 Abb. 3. durchges. Aufl. Breslau: M. Woywod 1905. (230 S.) 8° [F.]
— **Schmidt**, Theodor: Naturkunde f. höh. Mädchenschulen u. Mittelschulen. T. 3. [07. 10577 2

Der naturkundliche Stoff für 80 Lehrstunden des siebenten Schuljahres in mittleren und höheren Mädchenschulen. Bearb. von Friedrich **Drischel**. Mit 185 Abb. *Breslau: M. Woywod 1902.* (304 S.) 8° [F.]
— **Schmidt**, Theod.: Naturkunde f. mittl. u. höh. Mädchensch. T. 4. [03. 2641

Der naturkundliche Stoff für 80 Lehrstunden des siebenten Schuljahres in höheren Mädchenschulen und Mittelschulen. Bearb. von Friedrich Drischel. Mit 177 Abb. 2., verb. Aufl. In d. neuen Rechtschreibung. *Breslau: M. Woywod 1903.* (274 S.) 8° [F.]
— Schmidt, Theodor: Naturkunde f. höh. Mädchenschulen u. Mittelschulen. T. 4. [04. 9748

Der naturkundliche Stoff für 80 Lehrstunden des 7. Schuljahres in höheren Mädchenschulen u. Mittelschulen. Bearb. von Friedrich Drischel. Mit 2 Pilztaf., 1 Nahrungsmitteltab., sowie 3 farb. u. 165 schwarzen Textabb. 3. durchges. Aufl. Breslau: M. Woywod 1906. (271 S.) 8° [F.]
— Schmidt, Theodor: Naturkunde f. höh. Mädchenschulen u. Mittelschulen. T. 4. [07. 10378 B

— Zimmerpflanzen u. ihre Pflege, s.: Schmidt, Thdr.

Drischel, Max, Arzt: Ueber epidemische Genickstarre. Unter Berücksichtigung eigener Beobachtungen in den Jahren 1905/06 und 1907. Leipzig 1908: Georgi. 30 S. 8°
Leipzig, Med. Diss. v. 28. Okt. 1908, Ref. Hoffmann
[Geb. 13. Mai 70 Gr.-Strehlitz; Wohnort: Woischnik; Staatsangeh.: Preußen; Vorbildung: Gymn. Oppeln Reife O. 88; Studium: Breslau 11 S.; Coll. 11. Nov. 08; Approb. 24. Juli 94.] [U 09. 2769

Bedingt Hamburg's Freihafen-Stellung auch diejenige Altona's? Von Fr. E. Drishaus. Altona. (1867.) 8°

Drissen, Armin. (geb. Rheydt 11. 6. 1834): De capitis obstipitate. Berolini (1859). (32 S.) 8°
Berlin, Med. Diss. v. 8. Aug. 1859

Drissler, Joseph, appr. Arzt aus Mutterstadt: Ein Beitrag zur Lehre der Extrauterinschwangerschaft. *(Ladenburg [1899]: K. Molitor.)* (22 S.) 8°
Heidelberg, Med. Diss. v. 1899

Dritschmin [Schlagwort]

Dritschmin, s.: Geologische Karten. Karto (Preussen).

DRITTENSORDENSREGEL. Die Getruckte/Doch nicht Untertruckte/Und von der Eytlen Welt verachte/Aber von denen/Gottseeligen Hochgeachte / Regel / Und / Leben / Deß/ Dritten Ordens / Der Büsser / Von dem H. Seraph. Vatter / Francisco eingesetzt / Und zu grösserer Ehre Gottes / seiner / auch zu Trost der Gottgeliebten Seelen / von Päbstl. Heiligkeit Nicolao dem / IV. bestättet. / Anjetzo von einem Ehrwürdig. Prie/ster des Capuziner-Ordens Österreich-/Ungarischer Provintz zusammen getragen. / und nach unserem armen Capuziner Stand eingerichtet. Preßburg 1733 bey Johann Paul Royer. 58, 196 S. - 162 mm

Dritt-Ordens-Brevier od. die kleinen Tagzeiten der seligsten Jungfrau Maria, nebst den Tagzeiten f. die Verstorbenen u. anderen Gebeten. 2. Aufl. (252 S.) 12. Brixen 904. A. Weger. n. — 80

Driver, Die staatliche Gewerbeförderung im Grossherzogtum Oldenburg. 8°. Wien, Druck v. J. N. Vernay, 1905. (Internat. Kongress d. städt. u. gewerbl. Mittelstandes, Lüttich 1905, Aug., Allgem. Teil.)

Driver, C. H. C., de pertinaci retentione urinae usu cantharidum feliciter sanata. 4. Helmst. 810. Fleckeisen. 4 gr.

Driver, Eugen (geb. Löningen in Oldenb. 28. 8. 1856): Die Symptomenlehre und Behandlung des Glaucoma acutum. Berlin (1882). (39 S.) 8°
Berlin, Med. Diss. v. 22. Juli 1882

Driver, Friedrich Mathis: „Beantwortung der Frage, ob eine Marktheilung besonders den Landstädten nützlich, wie die Theile der Interessenten zu bestimmen, und was bey einer solchen Theilung hauptsächlich zu bemerken, in besonderer Rücksicht der Stadt Vechte", Münster 1804. — Vorh.: Bibl. des Kammergerichts Berlin — Ec. 1313.

— Beantwortung d. Fr.: Ob eine Marktheilung besonders den Landständen nützlich u. s. w. 8. Münster 804. Theyssing. 6 gr.

— Beschreib. u. Gesch. d. vormal. Grafschaft, nun d. Amtes Vechte in St. Münster. 8. Münster 803. (Theyssing). 12 gr.

Driver, Fr. Math., († d. 5. Juni 1809.) Bibliotheca Monasteriensis. gr. 8. Münster 799. Theyssing. 12 gr.

— Walram, Graf v. Mörs, Bischof, u. Johann, Graf v. Hoja, Protektor v. Münster. gr. 8. Münster 798. Theyssing. 8 gr.

Driver, H(einrich Friedrich Theodor Martin), a. Kiel: Das Ostseeplankton der 4 deutschen Terminfahrten im Jahre 1905. Kiel 1907: Schmidt & Klaunig. (21 S., 4 Tab.) 4° ¶ (Aus: Wissenschaftliche Meeresuntersuchungen, K. Kommission Abt. Kiel, Bd 10.)
Kiel, Phil. Fak., Ref. Brandt, Diss. v. 3. Dez. 1907
[Geb. 31. Juli 81 Kiel; Wohnort: Kiel; Staatsangeh.: Preußen; Vorbildung: Gymn. Kiel Reife O. 02; Studium: München 2, Kiel 8 S.; Rig. 27. Juli 07.]

Driver, Johannes, Rechtsanw.: Die rechtliche Stellung des Lagerhalters bei dem Sonderlagergeschäfte. Rochlitz 1910: Meltzer. 38 S. 8°
Leipzig, Jur. Diss. v. 4. Febr. 1910
[Geb. 13. März 81 Bremen; Wohnort: Rochlitz; Staatsangeh.: Bremen u. Sachsen; Vorbildung: Kreuz-Gymn. Dresden Reife O. 00; Studium: Leipzig 6, Heidelberg 1, Freiburg i. B. 1 S.; Rig. 17. Febr. 04.] [U 10. 2687

Driver, Karl

Driver's hygieinischer Ratgeber f. Lungenkranke. Unter Mitwirkg. d. Verf. neu hrsg. v. Ernst Jacobi. 1. u. 2. (Titel-) Aufl. gr. 8. (124 S.) Hamb. 890,91, Gebr. Lüdeking. [* 2 —]; * 1 20

Driver, Carl, Rathgeber f. Lungenkranke. 8. (100 S.) Dresden 886. Pierson. n. 1. 50

Driver, Carl, Rathgeber für Lungenkranke. 1. und 2. revid. Aufl. 8. (100 S.) Dresden 887, Pierson. *

Ⓑ **Driver, C.,** Ratgeber f. Lungenkranke. 887. (2BB 25.) Jetzt: Berlin, Verlag Berlin-Wien.

Driver, Robert, approb. Arzt aus Miltenberg: (Aus d. Augen-Klinik zu Jena.) Ein Fall von Tuberkulose der Corneoskleralgrenze. *Jena 1901: A. Kämpfe.* (22 S.) 8°
Jena, Med. Diss. v. (5. Okt.) 1901

Driver, S. R., and H. A. White, the book of Leviticus, s.: Books, the sacred, of the Old and New Testaments, 3.

Driver, S. R., s.: Chapter, the 53., of Isaiah according to the jewish interpreters.

Einleitung in die Litteratur des alten Testaments. Von S[amuel] R[olles] Driver, ... Prof. ... Oxford. Nach d. 5. v. Vf. f. d. deutsche Bearb. durchges. u. vielf. erweit. engl. Ausg. übs. u. m. ergänz. Anm. hrsg. v. Dr. J. W[ilh.] Rothstein, ... ao. Prof. ... zu Halle. *Berlin: Reuther & Reichard 1896.* (XXIII, 620 S.) 1 Bl 8. [96. 7910

Drivok, P., aeltere Geschichte der deutschen Reichsstadt Eger u. d. Reichsgebiets Egerland. In ihren Wechselbeziehgn. zu den nachbarl. deutschen Landen u. Böhmen unter Mitbenutzg. urkundl. Materials dargestellt. 9 Lfgn. gr. 8. (XII, 550 S.) Leipzig 872—75. M. Schäfer. à — 75; (cplt.: 7. 50)

Drixelius, Reinhard, approb. Arzt aus Attendorn i. W.: Aus d. pathol. Institute zu Kiel. Echinokokken-Statistik aus den Sections-Befunden des pathologischen Instituts zu Kiel. *Kiel 1900: H. Fiencke.* (13 S.) 8°
Kiel, Med. Diss. v. [8. Sept.] 1900

Drizinger, C. Fr. Beiträge zur Geschichte Württembergs und seines Regentenhauses zur Zeit der Regierung Herzog Carl Alexanders. (13 B.) 8. Tübingen 1834. 2,00.

Drlni, Ella, durch Lust u. Leid zur Liebe! Gedichte. (44 S.) 8. Bonn 910. Burghaus Dalbenden bei Urft [Eifel], Dr. L. Kiepenheuer. (Nur direkt.) 1. 40

Bericht über die anläßlich der Meningitis-Epidemie in Galizien im Jahre 1905 über Anregung d. K. K. Landes-Sanitätsrates u. im Auftr. d. K. K. Statthalterei in Lemberg durchgeführten Untersuchungen von Dr. Stanislaw Droba, Privatd., u. Dr. Paul Kučera, Prof. Mit 3 Taf. u. 2 Karten. Wien: A. Hölder 1906. (S. 165—260.) 4°(8°)
— Sanitätswesen, Das österreichische. 1906, 13. Dezbr., Beilage. [07. 908

Drobe, F., theoretisch-praktische Anleitung zur Behandlung des Lesebuches in der Volksschule. 8. (V, 192 S.) Dortmund 879, W. Crüwell. * ℳ 1,50.; geb. *

Drobe, F., theoretisch-praktische Anleitung zur Behandlung des Lesebuches in der Volksschule. 2 Bde. 8. Dortmund, W. Crüwell's Verlag. * ℳ 4.; geb. *
Inhalt:
Bd. 1. Für Mittelklassen. 2. neu durchgearb. und verm. Aufl. (VIII, 234 S.) 880. * ℳ 1,50.; geb. * ℳ 1,80.
2. Für Oberklassen. (VIII, 374 S.) 880; 2. und 3. Aufl. (IX, 400 S.) 881,83. * ℳ 2,50.; geb. * ℳ 2,80.

Drobe, F., theoretisch-praktische Anleitung zur Behandlung d. Lesebuches in der Volksschule. 2 Bde. 8. Dortmund, W. Crüwell's Verl. n. 4. —; cart. n. 4. 60
1. Für Mittelklassen. 4., verb. Aufl. (VIII, 229 S.) 887. n. 1. 50; cart. n. 1. 80
2. Für Oberklassen. 4. Aufl. (IX, 400 S.) 890. n. 2. 50; cart. n. 2. 80

Drobe, F., theoretisch-praktische Anleitung zur Behandlung des Lesebuchs in der Volksschule. 1. und 3. Bd. 8. Dortmund, Crüwell Verlag. *M 3.50.; geb. *
Inhalt:
Bd. 1. Für Mittelklassen. 4. Aufl. (VII, 229 S.) 888. *M 1.50.; geb. *M 1.80.
" 3. Gedichte der 2. und 3. Abteilung sämtlicher Ausgaben des Lesebuchs für Oberklassen. 3. verb. Aufl. (VI, VIII, 260 S.) 885. *M 2.—.; geb. *M 2.40.
2. Bd.: Für Oberklassen. Ebendas. 1883. *M 2.50.; geb. *M 2.80.

Drobe, F., theoretisch-praktische Anleitung zur Behandlung des Lesebuches in der Volksschule. Neu bearb. unter besond. Berücksicht. der neuen Lesebuchausgaben für die kathol. Volksschulen der Prov. Westfalen u. des Reg.-Bez. Trier. 1. Bd.: Für die Mittelklassen. 8. (VIII, 228 S.) Dortmund 892. W. Crüwell. n. 1. 30; geb. n.n. 1. 50

Drobe, F., theoret.-prakt. Anleitg. z. Behandlg. d Lesebuches i. d. Volksschule. Ausg. B. Neu bearb. unt. Zugrundelegg. d. neuen Lesebuchausg. f. d. kathol. Volksschulen d. Prov. Westfalen u. d. Reg.-Bez. Düsseldorf u. Trier. 3 Bde. gr. 8. Dortmund, W. Crüwell. n. 6. 50; Einbde. à n. — 30
1. Für d. Mittelstufe. 3. Aufl. (VIII, 231 S.) 898. n. 1. 50
2. Für d. Oberstufe. 1. Hälfte. 2. Aufl. (VIII, 420 S.) 895. n. 2. 50
3 Für d. Oberstufe. 2. Hälfte. 2. Aufl. (XVI, 372 S.) 895. n. 2. 50

Theoretisch-praktische Anleitung zur Behandlung des Lesebuches in der Volksschule. Von **F. Drobe**. Ausg. B. Neu bearb. 3. verb. Aufl. Bd 1–3. *Dortmund: W. Crüwell 1898–1900.* 3 Bde 8° [F.]
1. Für d. Mittelstufe. 1898. 2. Für d. Oberstufe. Hälfte 1. 1900.
3. Für d. Oberstufe. Hälfte 2. 1898. [re. 2370 6

Drobe, F., theoretisch-praktische Anleitung zur Behandlung des Lesebuches in der Volksschule. Ausg. B. Neu bearb. unter Zugrundelegg. der neuesten Lesebuchausgaben f. die kathol. Volksschulen der Prov. Westfalen u. d. Reg.-Bezz. Düsseldorf u. Trier. 2. Bd.: Für die Oberstufe. 1. Hälfte. 3. Aufl. gr. 8. (VIII, 420 S.) Dortmund 900. W. Crüwell. n. 2. 50; geb. n. 2. 80

Drobe, F., Anleitung zur Behandlung des Lesebuches in der Volksschule. Neu bearb. unter Zugrundelegg. der neuen Lesebuchausg. f. die kathol. Volksschulen der Prov. Westfalen. 1. Bd.: Für die Mittelstufe. (XI, 250 S.) 8. Dortmund 906. W. Crüwell. Geb. in Leinw. n. 2. 80

Drobe, F., Anleitung zur Behandlung des Lesebuches in d. Volksschule. Neu bearb. unter Zugrundelegg. der neuen Lesebuchausg. f. die kathol. Volksschulen der Prov. Westfalen. 2. Bd.: Für die Oberstufe. (VII, 873 S.) 8. Dortmund 907. W. Crüwell. Geb. in Leinw. 5. —

— theoretisch-praktische Anleitung zur Behandlung d. Lesebuches f. katholische Volksschulen, namentlich d. im Auftrage d. königl. Regierg. zu Oppeln hrsg. Lesebuches f. einfache Schulverhältnisse, m. besond. Berücksicht. der utraquist. Schulen. 8. (XI, 364 S.) Ebend. 884. n. 2. 50; geb. n. 2. 80

Dróbecki, Stanisl. Birmy, Gedichte u. Gedankensplitter. (39 S.) kl. 8. Linz 907. Ob.-öst. Buchdr. u. Verlagsgesellschaft. n. 1. 20

Dröber, Wolfgang: Die Ainos. Ein Beitr. z. Völkerkunde Ostasiens. München 1909: Wolf. 41 S. 8°
München, k. Luitpold-Kreis-OR P 1909*

Dröber, Wolfgang Dr. „Kartographie bei den Naturvölkern". pg. 1—80. 8°. Mit Textfiguren. Junge & Sohn.
Erlangen, Progr. 1902/03

Dröber, Wolfgang, aus Blöcktach: Kartographie bei den Naturvölkern. *Erlangen 1903: Junge & Sohn.* (80 S.) 8° [F.]
Erlangen, Phil. Diss. v. 18. Mai 1903

Dröber, Wolfg., die Polargebiete u. deren Erforschung. Gemeinverständlich dargestellt. (IV, 228 S. m. 2 Kärtchen.) kl. 8. Stuttgart 906. F. Lehmann. Geb. in Leinw. n. 1. —

Drobil, Frz., das Soll u. Haben im Bankfache. Für Comptoristen u. Bank-Beamte. Mit besond. Rücksicht auf den Selbstunterricht nach eigener Methode bearb. 1. u. 2. Thl. gr. 8. Wien 873. 74. F. Mayer in Comm. à n. 6. —
1. Die Arithmetik, das kaufmänn. Zinsenrechnen u. die Conto-Corrent-Lehre m. 74 Conto-Corrents. (IX, 268 S.)
2. Devisenbuch. Vollständiges Lehrbuch üb. die Berechnungsweise aller auswärtigen Wechsel [Devisen] u. Valuten sammt der Wechsel-Arbitrage. (XII, 227 S.)

Drobinsky, Jacob: Naturanschauung, Naturdienst und kosmogonische Poesie der alten Hebräer.
Phil. Diss., Prag 1899/1900.

Drobinsky, Ruben ⟨Rudolf⟩, aus Odessa: Aus d. pathol. Institut zu Berlin. Über die Wechselbeziehungen zwischen Bacterien und Zellen in der Morphologie des gonorrhoischen Secrets. *Berlin (1903): G. Schade.* (32 S.) 8°
Berlin, Med. Diss. v. 9. Juli 1903

Drobisch. Auszug aus einer Abhandlung über die Theorie der Schuldentilgung. Berichte über die Verh. d. Kgl. sächs. Gesellsch. d. Wissenschaften zu Leipzig, II, Bd. I (11. Febr., Sitz. d. math.-phys. Classe). gr. 8°. Leipzig, Weidmann 1848.

Drobisch, Carl Wilhelm (Dresden), Quaestio jur. controv. de erroribus circa venditiones prohibitas ob qualitatem personae. Präs. Christian Heinr. Breuning. Lpz. (Langenheim) 29. VII. 1778. 8 S. (—.—) 6964

STAPELMATZ, Der kleine (von *Gust. Theod. Drobisch*). Leipzig 1849.
Anon.-Lex. IV. p. 118 (nach Haan). — Rarl

— **Johann David** (Jauer/Schles.), De mendacii effectu in jure. Diss. jur. Präs. Ernst Tenzell. Erfurt (J. H. Grosch) 21. VIII. 1713. 27 S. (5.—) 6965
Widm. v.: Tob. Jac. Reinharth.

Drobisch, M.

— Ueber die Classification der Formen des Distichon. S. A. 1871. 33 S.

— Die Unterschiede in der Grundlage des lateinischen und griechischen Hexameters. S.-A. 1873. 26 S.

— Statistische Untersuchungen des Distichon. S. A. 1872. 28 S.

— Weitere Untersuchungen über die Formen des Hexameters des Vergil, Horaz und Homer. S. A. 1868. 50 S.

Drobisch, M., Ein statist. Versuch über d. Formen d. latein. Hexameters. S.-A. 1866. 65 S. 3.—

Drobisch, Moritz Wilhelm

— s. Anleitung, alle Arten v. Uhren.

— Beiträge zur Orientirung üb. Herbart's System der Philosophie. gr. 8. Leipzig 834. Voß. 5/12 ßf

Drobisch, M. W. Ueber die mathematische Bestimmung der musikalischen Intervalle. Leipzig (1846).

— de philosophia scientiae naturali insita commentatio. Leipzig 864. Pernitzsch. 4. (16 S.) n. 6 ngr.

—— de Ioannis Widmanni, Egerani, Lipsiensis quondam AA. LL. Magistri, compendio arithmet. mercator. scientiae mathemat. saec. XV. simul atque artis typograph. Lipsiensis insigni monumento. Solemnia inventae typograph. saecularia rite peragenda concelebraturus scripsit. 4. (4¼ B.) Lipsiae 840, Voss. *

Mr. W. Drobisch: neue Darstellung d. Logik nach ihren einfachsten Verhältnissen; nebst e. log.-mathemat. Anhange. *Lpz.*, **Voss. 836. gr8° 18 ngr**

Drobisch, Mor. Wilh., neue Darstellung der Logik nach ihren einfachsten Verhältnissen, m. Rücksicht auf Mathematik u. Naturwissenschaft. 2. völlig umgearb. Aufl. gr. 8. (XX u. 235 S.) Leipzig 851, Voss. n. 1⅓ Thlr

Drobisch, Mor. Wilh., neue Darstellung der Logik nach ihren einfachsten Verhältnissen mit Rücksicht auf Mathematik und Naturwissenschaft. 3. neu bearb. Aufl. Leipzig 863. Voss. gr. 8. (XXIV, 240 S.) n. 1 Thlr 10 ngr

Drobisch, Mor. Wilh., neue **Darstellung** der Logik nach ihren einfachsten Verhältnissen m. Rücksicht auf Mathematik u. Naturwissenschaft. 4. verb. Aufl. gr. 8. (XXIV, 244 S.) Leipzig 875. Voss. n. 5. —

Drobisch, M. W., neue Darstellung der Logik nach ihren einfachsten Verhältnissen m. Rücksicht auf Mathematik u. Naturwissenschaft. 5. Aufl. gr. 8. (XXVIII, 247 S.) Hamburg 887. Voss. n. 4. —

Drobisch, M. W., Kant's Dinge an sich u. sein Erfahrungsbegriff. Eine Untersuchg. gr. 8. (V, 53 S.) Hamburg 885. Voss. n. 2. —

— de vera lunae figura observationibus determinanda disquisitio, annexa appendice de interiori terrae natura. Cum tab. aenea. 8maj. Leipz. 826. Cnobloch. 8 gr

— — Disquisitionis de vera lunae figura observat. determinanda pars prior. Lpz. (Rueckmann) 9. VIII. 1826. 24 S. (3.50) 6967

— — Disquisitio mathematico psychologica de perfectis notionum complexibus. Lpz. (Staritz) 20. I. 1846. 15 S. (2.50) 6977

— — De educatione populari disciplinaque publica communi morum ac legum vinculo. Comment. . . orat. memor. Ernestiae sacram inv. erat. Chn. Aug. Heinr. Clodius . . Lpz. 1836. 77 Seiten. (4.80) 6972
De virtutibus quas cardinales appellant. Comment. VII: de functionibus animi in conscientia hominis religiosa a se invicem disjungendis imprimis de libera voluntate et intellectu.

Drobisch, M. W., Encyklopädie der Philosophie, s. a. Magazin, pädagogisches.

Encyklopädie der Philosophie. Von M[oritz] W[ilhelm] Drobisch. Hrsg. von O[tto] Flügel. Langensalza: Beyer 1908. 49 S. 8°
(Pädagogisches Magazin. H. 348.) [09. 5507

—— über die Fortbildung der Philosophie durch Herbart. Akademische Vorlesung zur Mitfeier seines 100jähr. Geburtstags gehalten zu Leipzig am 4. Mai 1876. gr. 8. (40 S.) Ebendas. 876. *

— s. D. Gregory, Mathematik.

—— erste Grundlehren der mathematischen Psychologie. gr. 8. (XVI und 232 S. mit 1 Stnt. in gr. 4.) Leipzig 850, Voss. *

— Grundlehren der Religionsphilosophie. gr. 8. Leipzig 840. Voß. 1½ Thlr

Drobisch, Mor. Wilh., Grundzüge der Lehre von den höheren numerischen Gleichungen, nach ihrem analytischen u. geometrischen Eigenschaften. Ein Supplement zu den Lehrbüchern der Algebra u. der Differentialrechnung. Mit 2 Kpfrtaf. gr. 8. Leipzig 834. Voß. 2½ Thlr

Drobisch, Mor. W., Grundzüge d. ebenen u. körperl. Trigonometrie, nach heuristischer Methode. Mit 2 Kpft. gr. 8. Leipz. 825. Baumgärtner. 12 gr

Drobisch, Mor. Wilh., Nachträge zur Theorie der musikalischen Tonverhältnisse. Aus den Abhandlungen d. mathemat.-phys. Classe d. Königl. Sächs. Gesellsch. d. W. Leipzig 855. Hirzel. 4. (40 S.) n. 12 ngr

— — Observationes analyticae. Lpz. (Staritz) 1831. 21 S. (3.50) 6970

—— Philologie u. Mathematik als Gegenstände d. Gymnasialunterr. betrachtet, mit besond. Bezieh. auf Sachsens Gelehrtenschulen. gr. 8. (7 B.) Leipzig 832, Cnobloch.

— — De calculo logico programma. Lpz. (C. Ph. Melzer) 31. III. 1827. 20 S. (4.—) 6969

— **Moritz Wilhelm** (Leipzig) u. **Carl Emil Heinze** (Leipzig), Theoriae analyseos geometricae prolusio. Diss. philos.-mathem. Lpz. (Glück) 26. V. 1824. 64 S. (5.—) 6966
Gew.: Carl Brand. Mollweide, Heinr. Aug. Toepfer.

— Theoriae analyseos geometricae prolusio. 8maj. Lpz. 824. Reclam. 10 gr

Drobisch, Mor. Wlh., empirische Psychologie nach naturwissenschaftl. Methode. gr. 8. Leipzig 842, Voß. n. 1 Thlr 22 ngr

Empirische Psychologie nach naturwissenschaftl. Methode v. Moritz Wilhelm Drobisch. 2. Aufl. *Hamburg & Leipzig: L. Voss 1898.* (XVI, 355 S.) 1 Bd 8. [98. 4411 Bo

—— Quaestionum mathemat.-psychologicarum fasc. I. 4. (7⅓ B. u. 1 Stnt.) Lipsiae 837, Voss.

— — **Quaestionum mathematico-psychologicarum spec. II statici argumenti IV: de perfectis notionum complexibus. Lpz. 23. I. 1837. 16 Seiten. (1.80) 6973**

— — Dasselbe. Spec. IV mechanici argumenti VIII: de motu notionum connexarum et limine mechanico. Lpz. 9. II. 1837. 24 S. (3.—) 6974
C. H. B. Erttel (Mügeln), A. Th. Raabe (Halle/Wittbg.), A. A. Wendler, A. F. Werner (Meerane), A. Ch. Kretschmar (Mittweida), C. F. Heinze, B. A. v. Lindenau (Windischleuba . .), J. P. v. Falkenstein, C. W. T. v. Mayer (Liska . .), E. G. Gersdorf, F. Mendelssohn-Bartholdy, H. Bonitz (Langensalza), W. B. Lindner (Leipzig), J. F. A. Reclam (Leipzig), C. F. G. Lange (Braunschweig), Ch. F. Walther (Arnstadt), J. M. Heilmaier (Landshut), C. W. Landschreiber (Waldheim), J. F. Schultze (Magdeburg), F. A. Hoffmann (Freystadt/Schl.), O. E. C. Kosack v. Muelmann (Kolbitz), W. A. Becker, F. A. Kuers (Berlin), C. E. A. Gerth (Ronneburg), C. A. Espe (Kuehrena), H. R. Dietsch (Mylau/V.), C. A. Doberenz (Pegau), C. W. H. Brandes (Breslau), Ch. A. Ife (Weißenfels), Ch. W. Jahn (Rusitz/Gera), C. F. Stegmann (Halle), N. H. Pompper (Leipzig), O. Kreussler (Leipzig), C. V. Stoy (Pegau), M. A. Zille (Ullersdorf), C. F. J. Flemming (Dresden), A. O. Wille (Baalsdorf).

— — Dasselbe. Spec. V mechanici argumenti IX: de immediata notionum resurrectione. Lpz. (Staritz) 12. IX. 1839. 20 S. (2.80) 6975

— — **De horizontibus sphaeroidum spec. analytico-geometr. Lpz. (Staritz) 17. II. 1831. 26 S. (3.—)** **6971**
Mit Verz. d. Doktoranden: N. M. Petersen (Schleswig), J. C. L. Heerdmenger (Eisleben), S. F. W. Hoffmann (Posen), C. G. Kuniss (Stollberg), E. C. H. Storch (Dresden), F. Schneider (Dessau), Ch. F. Kunad (Belcha), G. O. Fluegel (Bautzen), F. A. Philippi (Berlin), C. J. Helfer (Ranstädt), C. E. Bauriegel (Pulgeriensis), C. T. Jaehne (Schönbach/Laus.), E. Joerg (Leipzig), E. W. Richter (Langenau), C. H. W. Frenzel (Halsbrugensis), F. Ch. A. Rambke (Hannover), M. Haupt (Zittau), J. G. Fluegel (Barby), R. Klotz (Stollberg), F. E. Thieme (Leipzig), Th. Stutzbach (Freiburg), B. Schmalhausen (Bremen), J. C. Tensierowski (Cotloviensis), T. S. Franke (Augustusburg), F. Gloede (Hamburg), C. Th. Hergang (Zittau), G. E. Benseler (Freiberg), H. F. J. Heyl (Leipzig), F. V. R. Goetz (Moelbis), W. J. H. Michaelis (Leipzig), E. L. Wigand (Waldheim), E. J. Hauschild (Dresden), G. H. Schreckenbach (Nieder-Lichtenau).

Drobisch, Mor. Wilh., die moralische Statistik u. die menschliche Willensfreiheit. Eine Untersuchung. Leipzig 867. Voss. gr. 8. (VII, 133 S.) n. 28 ngr.

— — **Ad historiam literariam arithmeticae communis symbolae. Lpz. (W. Staritz) 5. III. 1840. (Sol. creationis phil. doctorum . .). 20 S. (3.—)** **6976**
J. Chn. A. Grohmann (Hamburg), J. R. Dihm (Lauban), E. F. U. Happel (Thorn), H. L. Zunck (Thorn), A. Stahr (Gilersdorf/Schles.), C. G. Heiland (Hersberg), Th. Doehner (Zwickau), E. Kerst, W. F. Lundehn (Berlin), J. F. L. Th. Merzdorf (Leipzig), J. C. Ch. Knoblauch (Hermannstadt), L. Borkenhagen, J. G. Wetzstein (Ölsnitz), O. R. Abendroth (Pirna), Ch. F. Holl (Dresden), G. M. Thomas (Ansbach), E. Preusser (Haynensis), A. H. Th. Thym (Garzigar./Leoburgens. [Pomm.]), A. Becker (Leipzig), M. H. Frotscher (Pausa), C. L. A. Huebner (Graudenz), F. F. H. Marcwart (Grabonus), C. G. Meissner (Zittau), F. W. F. Gutsmuths (Ibenhayn), Ch. A. Weinlig (Dresden), E. G. Naumann (Golsen/Mark), F. Th. Heyland (Gera), D. E. F. Boeckel (Danzig), O. C. A. Hunger (Mömpelgard), A. F. Müller (Eibenstock), F. H. Hoering (Gehrena/Thür.), B. Tr. Schoenrich (Zaulsdorf/V.), S. G. R. Philipp (Öls), G. A. Flemming (Dresden), F. R. Polster (Frankenberg), J. Sibelis (Bautzen), Gg. Bippart (Augusti-Berca/Thür.).

— — u. **Friedrich Eduard Thieme (Leipzig). Ad selenographiam mathematicam symbolae. Lpz. (C. Ph. Melzer) 28. III. 1827. 36 S. u. 1 Tfl. Abb. (4.80)** **6968**

— ad selenographiam mathematicam Symbolae. Cum 1 tab. lithogr. 4maj. Leipz. 827. Schwickert. 18 gl

— über musikalische Tonbestimmung u. Temperatur. [Aus d. Abhandlungen d. Königl. Sächs. Gesellschaft der Wiss.] hoch 4. (120 S. m. 1 lith. Taf.) Leipzig 852, Weidmann (jetzt: Hirzel.) n. 1 Thlr.

— Zusätze zum Florentiner Problem. [Aus d. Abhandlungen der math.-phys. Klasse der K. Sächs. Ges. der Wiss. zu Leipzig.] hoch 4. (52 S. m. 1 lith. Taf.) Ebd. 852. n. 16 ngr

Drobisch, Theodor

Drobisch, Thdr., humoristisches A-B-C der Liebe u. Ehe. 16. (VIII u. 172 S.) Quedlinburg 852, Basse. 1/3 Thlr.

Drobisch, Thdr, Amarillen und Bartnelken. Gesammelte Novellen, Erzählungen und Humoresken. 2 Bde. Leipzig 857. Gräfe. 8. (256; 240 S.) 2 Thlr.

— humorist. Barrikaden. 8. (106 S.) Leipzig 849, Schmaltz. 1/2 Thlr.

Drobisch, Theod., Bilderhalle, s. Bilderhalle.

— humoristische Blätter. 8. (40 S.) Leipzig 848, H. Fritzsche. n. 1/6 Thlr.; cart. 6 ngr

Drobisch, Theodor: Der Bräutigam aus d. Luft, s. Wahrheit u. Dichtung.

— aus voller Brust! Humorist. Lieder u. Theatercouplets. 16. (32 S.) Leipzig 848, Naumburg. n. 1/12 Thlr.

Drobisch, Thdr., Dichtungen, s. G. Lahode.

— Dorfkalender für 1848. Ein Büchlein zu heiterer Unterhaltung in den Winterabenden. 16. (51 S.) Leipzig, Naumburg. n. 1/12 Thlr.

—— **Ernst und Humor. Ausgewählte Dichtungen. (Neue Titel-Ausg.) gr. 16. (IV und 181 S. mit lithogr. Portr. des Verf.) Dresden (856)60, Klemm's Verlag.**

—— Faxen aus Sachsen. 2 Hefte. 16. (48 S. und 2 Holzschn.) Grimma 850, Verlags-Comptoir. *

—— dass. Neue Folge. 1. Heft: Carnevalscherze. 16. (24 S. und 1 Holzschn.) Ebds. 850. *

— der alte Fritz. Ein Buch zur Unterhaltung und Belehrung der Jugend. Mit schwarzen Bildern (Holzschn. im Text). Leipzig 855. Baumgärtner. gr. 4. (43 S.) 15 ngr; color. 22 1/2 ngr

Drobisch, Thdr., der alte Fritz u. „unser Fritz“. Ein Buch zur Unterhaltg. u. Belehrg. der Jugend. Mit zahlreichen Bildern in (eingedr.) Holzschn. gr. 4. (54 S.) Dresden 875. Kaufmann's Verl. n. 2. 50

— Gedichte ernsten und launigen Inhaltes. Dresden 856. Klemm. (VI, 181 S. u. lith. Bildniß.) 22 1/2 ngr

Drobisch, Thdr., Paul Gerhard. Histor.-dramat. Gedicht in einem Aufz. gr. 8. Leipzig 842, Hunger. 1/2 Thlr.

Drobisch, Thdr., bunte Glasuren. Gesammelte Novellen, Humoresken u. Gedichte. Dresden 865. Meinhold & S. 8. (2 Bll., 284 S.) 21 ngr

— Goldfischchen. Mährchen und Sagen für die Jugend. (Mit 5 Holzschn.) Leipzig 853. Schmaltz. (Hartmann.) 8. (1 Bl., 94 S.) 9 ngr; color. 12 ngr

—— modernes Götterleben oder humorist. Mythologie zur Lehr' und Kurzweil unserer Tage. 2. (Titel-)Ausg. gr. 16. (189 S.) Leipzig (856)63, Luppe. –

— das Helden-Buch. Zur Erinnerung an Radetzky für die Söhne seiner Waffengefährten. Illustrirt von G. Kühn u. m. A. 3. Aufl. von Thdr. Drobisch's Vater Radetzky. Leipzig 859. Spamer. gr. 4. (28 S. m. Holzschn.). n. 20 ngr; color. n. 1 Thlr. 10 ngr; Prachtausg. m. Portr. in Holzschn. n. 3 Thlr. 20 ngr

—— Humoresken u. Satyren. 8. (14 1/2 B.) Leipzig 845, Hunger.

—— Iduna. Poesieen üb. Gott, Unsterblichkeit u. Tugend. 8. (12 3/4 B.) Leipzig 844, Hunger.

—— humoristisch-musikalischer Kalender auf das Schalt-Jahr 1852. Mit unzähligen Illustrat. (in eingedr. Holzschn.) von Ferd. Schröder, A. Müller, L. Berger u. A. br. 8. (IV und 92 S.) Leipzig 851, Spamer.

— humoristisch-musikalischer Kalender auf das Schalt-Jahr 1852. Mit unzähligen Illustr. (in eingedr. Holzschn. v. Ferd. Schröder, A. Müller, L. Berger u. A. br. 8. (IV u. 92 S.) Leipzig 852, Spamer. 5/12 Thlr.

— Deutsche Kampf- u. Wehr-Lieder. 8. (16 S.) Leipzig 848, Naumburg. n. 1/12 Thlr.

—— Kasernenlieder. gr. 16. (16 S.) Leipzig 848, Naumburg. *

Drobisch, Thdr., neues Kindertheater. Kleine Orig.-Lust- u. Schauspiele zur Aufführung f. Kinder von 8 bis 16 Jahren. 8. (71 S.) Dresden 878. Kaufmann's Verl. cart. n. 1. —

—— „Klinglingling!" Herr Schulze wird sprechen. Launige Toaste, Tischreden und Declamationsstücke in Frack und Costüm. 8. (IV und 92 S.) Leipzig 852, Schmaltz. (Hartmann.)

—— „Klinglingling!" Herr Schulze wird sprechen. Launige Toaste, Tischreden und Deklamationsstücke in Frack und Costüm. 2. (Titel-)Aufl. 8. (IV und 92 S.) Hildburghausen (852)65, Kesselring'sche Hofbuchh.

—— Kriegs-Chronik 1877. Der russisch-türkische Krieg. Chronologisch-historisch nach authent. Quellen dargestellt. 1.—6. Heft. gr. 8. (288 S. mit eingedr. Holzschn. und lithogr. und color. Kriegskarten in qu. gr. Fol.) Dresden 877, Münchmeyer. à Heft 50 Pf.
Nicht weiter erschienen.

—— Künstler-Novellen. 8. (13½ B.) Leipzig 844, Hunger.

— Kunterbunt. Allerweltsgeschichten in Ernst u. Scherz. 12 Liefgn. Löbau 862. Walde. 8. (384 S. u. 12 color. Lithogr.) Jede Liefg. 2 ngr.

— Kunterbunt. Allerweltsgeschichten in Ernst u. Scherz. 13—16. (letzte) Liefg. Löbau 865. Walde. 8. (S. 385—512 u. 4 lith. u. color. Bilder.) Jede Liefg. 2 ngr.

— das humoristische Leipzig. Ein Meßgeschenk zur Erheiterung u. Erinnerung. 16. (IV u. 92 S. m. eingedr. Holzschn.) Grimma 851, Verlags-Comptoir. ⅙ ₰

— humoristische Liedertafel. Theater-Couplets und heitere Lieder. Leipzig 863. Geißler. 16. (IV, 124 S.) 10 ngr.

— der Lorbeerkranz. Lebensbeschreibungen berühmter Männer in Versen. Zur Unterhaltung, Belehrung und Nacheiferung für die Jugend. Mit 4 (lith. u.) color. Bildern. Erfurt 854. Bartholomäus. gr. 8. (70 S.) 18 ngr.

—— Mährchen-Bibliothek für artige Kinder. 1. Bdchn. Mit vielen schönen Bildern. 4. (24 S. mit eingedr. Holzschn.) Leipzig 851(52,) Ph. Reclam jun. *
ill. *

—— humoristischer Musik- und Theater-Kalender auf das J. 1853. (2. Jahrg.) Mit Illustr. (in eingedr. Holzschn.) und 2 Originalcompositionen: Lied von J. Netzer und Musikanten-Polka von A. Wallerstein (in qu. gr. 4.) br. 8. (VI und 82 S.) Leipzig 852(53,) Spamer. *
(1.) Jahrg. 1851. Ebendas. * 12½ Ngr.

—— dass. — auf das J. 1855. Mit Illustr. (in eingedr. Holzschn.) (3. Jahrg.) br. 8. (88 S.) Leipzig 854(55,) Wengler. *

— der moderne Olymp. Humoristische Mythologie. Leipzig 856. Luppe. 16. (189 S.) 20 ngr.

Drobisch, Thdr., Vater Radetzky. Ein Volksbuch zur Unterhaltg., Belehrg. u. Nacheiferg. f. die deutsche Jugend. Mit 13 Zeichngn. v. G. Kühn (in Holzschn.) 4. (23 S.) Leipzig 852, Ph. Reclam jun. n. ⅓ ₰; col. n. ½ ₰

—— Rede an die deutschen Studenten zum Reformationsfeste 1842. gr. 16. (1 B.) Leipzig 842, Hunger.

— der Struwwelpeter auf Reisen. Ein Bilderbuch f. artige u. fleißige Kinder. Zeichnungen v. A. Karst. 4. (32 S. m. eingedr. col. Lithogr.) Erfurt 852, Bartholomäus. ¾ ₰

— der Struwwelpeter auf Reisen. Ein Bilderbuch für artige und fleißige Kinder. Zeichnungen von A. Karst. 2. Aufl. Erfurt (853.) Bartholomäus. 4. (1 Bl., 32 S. m. color. Lithogr. im Text.) 22½ ngr.

Drobisch, Th., Struwwelpeter auf Reisen. Ein Bilderbuch für artige und fleißige Kinder. Zeichnungen von A. Kleine. 6. Aufl. gr. 4. (34 S. mit 11 Chromolithogr.) Erfurt 872, Bartholomäus. geb.

DROBISCH, Th., Leipziger Tage und Nächte. Genrebilder aus der Geschichte, Wirklichkeit und Phantasie. Leipzig 1842. 8°.
VI—240 SS. Vergriffen und gesucht. (2 Mk., beschäd. Expl., Kühl.)

—— leipziger Tage u. Nächte. Genre-Bilder aus d. Gesch., Wirklichkeit u. Phantasie. 8. (15½ B.) Leipzig 842, Hunger.

— Theater-Couplets u. Volkslieder. 16. (63 S.) Zwickau 852, Thost. n. ⅛ ₰

— Thron u. Herz. Histor. Roman. 8. Leipzig 843, Peter. (Kößling.) 1½ ₰

— launige Toaste, Tischreden u. Declamationsstücke in Frack u. Costüm. 3. verm. Aufl. 8. (IV, 116 S.) Bern 876. Heuberger. n. 1. —

Drobisch, Theodor. Preußens Todtenmesse. Leipzig. B. Naumburg 1848. 4 S. 8.
Flugblatt. Berlin, 1848/49.

Drobisch, Theodor: Thilo v. Trotha, s. Wahrheit u. Dichtung.

— s.: Unter frohen Menschen.

Drobisch, Thdr., komische Vorträge, s. a. Wallner, Edm., Universum d. Witzes.

Drobisch, Thdr., komische Vorträge in Poesie u. Prosa. Nebst e. Anleitg. zum Deklamieren u. e. Vorrede. Hrsg. v. Edm. Wallner. 5. Aufl. 8. (X, 236 S.) Erfurt 892. F. Bartholomäus. 1. 50

[F.] Komische Vorträge in Poesie und Prosa. Nebst e. Anl. z. Deklamieren u. e. Vorr. v. Theodor Drobisch. Hrsg. v. Edmund Wallner. 6. Aufl. *Erfurt: F. Bartholomäus [1895].* (XII, 236 S.) 1 Bd 8.
— Wallner, E.: Universum d. Witzes u. d. ungeheuern Heiterkeit. Bd II. [96. 3313]

Drobisch, Thdr., komische Vorträge in Poesie u. Prosa. Nebst e. Anleitg. zum Deklamieren u. e. Vorrede. Hrsg. v. Edm. Wallner. 8. Aufl. 8. (X, 236 S.) Erfurt (901). F. Bartholomäus. 1. 50

— für Welt u. Herz. Religiöse Dichtungen. Dresden 868. Tittel. 16. (IV, 124 S. u. Portr. in Holzschn.) 22½ ngr.

—— der Wintergarten. Ein humorist. Weihnachts-Album für Deklamation und heitere Unterhaltung. 1. Jahrg. 16. (VIII und 378 S. mit 6 Kpfr.-Beilagen.) Grimma 848, Verlags-Comptoir. *

— der Wintergarten. Ein humorist. Weihnachts-Album f. Deklamation u. heitere Unterhaltung. 1. Jahrg. Mit 6 Kpfr.-Beilagen. 16. (VIII u. 378 S.) Grimma 849, Verlags-Comptoir. In Engl. Einb. m. Goldschn. n. 1½ ₰

Drobner, Boleslaw, a. Krakau: Über v-m-Jodxylol und Derivate desselben mit mehrwertigem Jod. Freiburg i. Br. 1907: E. A. Günther. (34 S.) 8°
Freiburg i. B., Phil. Fak., Ref. Gattermann, Diss. v. 1907
[Geb. 28. Juli 83 Krakau; Wohnort: Freiburg i. B.; Staatsangeh.: Österreich-Ungarn; Vorbildung: Gymn. Krakau Reife Juni 06; Studium: Techn. Hochsch. Berlin 2, Zürich 2. Univ. 3, Freiburg i. B. 3 S.; Rig. 18. Jan. 07.]

Drobnig, Max [aus Berlin]: Beiträge zur Kenntniss der Wurzelknollen ... Breslau, Druck v. R. Nischkowsky, 1892; 80 S. 8.
Rostock, Phil. Fak., Inaug.-Diss. v. [27. Juli] 1892

Drobnostki. Zbiór starych powieści. Posen 869. Jagielski. 8. (294 S.) 22½ ngr.

Drobny, Frz., über die Entwicklung des modernen Kunstgewerbes u. dessen Leistungen auf der Pariser Weltausstellung 1900. Vortrag, geh. im techn. Club in Salzburg am 30. X. 1900. gr. 8. (39 S.) Salzburg (900). E. Höllrigl. n. 1. —

DROBNY, Franz
Ueber die Entwicklung des modernen Kunstgewerbes und dessen Leistungen auf der Pariser Weltausstellung 1900. Von Architekt Franz Drobny. Vortrag, gehalten im technischen Club in Salzburg am 30. October 1900. Salzburg. [1901.] Kerber. 8°. 388 S. K 1.–

Drobny, Frz., vom Wesen u. d. der Bedingtheit der Kunst. Betrachtungen u. Gedanken. (51 S.) gr. 8. Salzburg 906. H. Kerber. n. 1. 20

Drobny, Joh., praktische Erfahrungen üb. Spatenarbeiten im Angriffe. (23 S. m. 10 Fig. u. 1 Taf.) gr. 8. Wien 906. L. W. Seidel & Sohn. n. 1. 20
Sonderabdruck aus: „Streffleurs öst. militär. Ztschr."

Drobtince za novo léto 1848—1850. Učitelam ino učencam, starišam ino otrokam v podvučenje ino za kratek čas. III—V. Leto. Na svetlo dal Matija Vodušek. gr. 8. (III: 287 S. m. 1 Stahlst. IV: XIV u. 219 S. m. 1 Stahlst. V: XVI u. 257 S., m. 8 lith. S. Musikbeilagen.) Klagenfurt, Leon. III. 24 ngr IV u. V. à 2/3 ß

— za novo lèto 1851 (u.) 1852. Učiteljem in ucencom, starišem in otrokam v poduk in kratek cas. Na svetlo dal Jožef Rozman. VI. VII. Leto. gr. 8. (VI: XVI u. 264 S., 4 lith. S. Musikbeilagen u. 1 Stahlst. VII: XVI u. 272 S. m. 1 Stahlst.) Ebd. à 24 ngr

Drobtince za novo léto 1852—56. Učiteljem in učencom, starišem in otrokom v poduk in kratek čas. Na svetlo dal Jožef Rozman. (VII—XI. Léto.) gr. 8. Klagenfurt 853, Leon'sche Buchh. [VII. (XV und 272 S. mit 1 Stahlst.) VIII. (XX und 282 S. mit 1 Stahlst.) IX. (XVI und 268 S.) à 24 Ngr., X. (XV und 385 S. mit 1 Stahlst.) 1 Thlr., XI. (X und 312 S. mit 1 Stn.- und Holzschnt.) 24 Ngr.]

Drobtince za novo leto 1857. (Vergissmeinnicht für das J. 1857. 12. Jahrg.) Učiteljem in učencom, starišem in otrokom v poduk in kratek čas. XII. Leto. Na svetlo dal Mich. Stojan. gr. 8. (XX und 288 S. mit 1 Stst.) Klagenfurt 857, Leon'sche Buchh. Thlr.

—— dass. — XIII. Leto. (VIII und 351 S.) Ebendas. 858.

Drochner, H., 30 dreistimm. Lieder in volksthüml. Satz f. d. ob. Klassen v. Knaben- u. Mädchenschulen. gr. 8. (49 S.) Stolp 895. H. Hildebrandt. n. — 30

Drochner, H., Liederbuch f. deutsche Schulen. 100 ein- u. zweistimm. Lieder. gr. 8. (87 S.) Stolp 894. H. Hildebrandt. n. -- 30

Mazurka für das Pianoforte komp. ... von H. Drochner. Op. 10. Stolp i. P.: H. Hildebrandt [1895]. (7 S.) 2° [07. 14603 9

Walzer für das Pianoforte komp. ... von H. Drochner. Op. 11. Stolp i. P.: H. Hildebrandt [1895]. (7 S.) 2° [07. 14604 9

Drock, F. G. L. Über die Theilnahme brandenb. Truppen an der Fahrt Wilhelms III. von Oranien nach England. (24) 4. Königshütte 1878.

Dröder, F. H., der persönliche Schutz. 1. Thl. Rathgeber bei allen Verletzungen des menschlichen Körpers, zur schnellen u. sicheren Selbsthilfe auf dem Schlachtfelde, im Lazareth, in der Familie, im Besonderen Mahnruf statt der tödtenden Kälte belebende Wärme zur Heilung anzuwenden. Im Interesse des Wohles der deutschen Krieger u. des ganzen deutschen Volkes in einfacher Darstellung. 2. Aufl. Halle 870. Herrmann. gr. 8. (58 S.) n. 10 ngr

Dröder, Johannes

— Handpostille, s.: Goffine, Leonh.

— Jesus Christus od. die Welt? 7 Vorträge f. Christen aller Stände. (146 S.) 8. Dülmen 907. A. Laumann. 1. 80

Dröder, Joh., Obl. M. J., des Christen Kraft u. Weisheit. Ein Lehr- u. Gebetbuch f. jedermann. (VIII, 536 S. m. 1 Stahlst.) 16. Dülmen 905. A. Laumann.
Geb. in Leinw. n. 1. 60

Dröder, Joh., Obl. M. I., des Christen Kraft u. Weisheit. Ein Lehr- u. Gebetbuch f. jedermann. 2. Aufl. (VIII, 464 S. m. farb. Titel u. farb. Titelbild.) 16. Dülmen (910). A. Laumann. Geb. in Leinw. 1. 50

Dröder, P. Joh[annes]. Die selige Maria Magdalena Postel, Stifterin der Genossenschaft der Schwestern der christlichen Schulen von der Barmherzigkeit. Nach der zweibändigen Biographie der Seligen von Msgr. Legoux, bearbeitet. Mit acht Einschaltbildern [Tafeln]. 418 S. 8. Einsiedeln..., Benziger & Co. A. G., 1909. [geb. fr. 5. —]

Die acht Seligkeiten Jesu und die moderne Welt. 9 Vorträge f. gebildete Stände geh. im Kölner Dom. Von P. Joh. Dröder, Obl. M. J. Dülmen: A. Laumann 1906. (116 S.) 8° [F.] [07. 9310

Vom Traualtar durchs Leben. Ein Lehr- u. Gebetbuch f. d. kath. Mann. Mit besond. Belehrungen über s. Pflichten als Gatte u. Vater von P. Joh. Dröder, Obl. M. J. Dülmen: A. Laumann 1906. (502 S.) 8° [F.] [07. 10990

— Vom Traualtar durchs Leben. Ein Lehr- u. Gebetbuch f. den kathol. Mann. Mit besonderen Belehrgn. üb. seine Pflichten als Gatte u. Vater. 5. Aufl. (21—25. Taus.) (VII, 502 S. m. farb. Titel u, 1 Farbdr.) 10,8×7,3 cm. Dülmen (910). A. Laumann. Geb. in Ldr. m. Goldsch. 1. —

— Von Kanada zur deutschen Heimat, s.: Jugend-Bibliothek, Laumann'sche. 23. Lfg.

Droga krzyzowa do nieba wiodąca. Berlin 853. Behr. 18. (36 S. m. Chalkotypien im Text.) 10 ngr

— pana naszego Jezusa Chrystusa w czternastu Stacjach. Lissa 857. Günther. 12. (1 Bl., 36 S. mit Holzschn. im Text.) 2½ ngr

Drogan, G., Materialien zu mündl. u. schriftl. Uebungen in der latein. Sprache, nebst e. syntakt. Schema für Anfänger. gr. 8. Berlin 836. Th. Enslin. 1/3 ß

Drogan De Babrii Mythiambis. 24 S.
Berlin, Fr. W., Progr. 1847

Drogan, G., Paradigmen zum Homerischen Dialekt nebst Vokabularien und Memorirtext. Berlin 857. Klemann. 8. (VIII, 59 S.) 7½ ngr

Drogan, G., Paradigmen zum homerischen Dialekt nebst Vokabularien u. Memorirtext. 2. Aufl. Berlin 866. Klemann. 8. (VIII, 59 S.) 7½ ngr

Drogan, G., Schulbuch der latein. Sprache. gr. 8. Berlin 842, Klemann. 1/3 ß — geb. 5/12 ß

— Commentar hierzu. gr. 8. Ebend. 842. gratis.

Drogan, G. Elementare Syntax. 48 S. . . . .
Progr. Berlin F.W. 1836

IN der Dröge. Altona, Verlags-Bureau, 1865. Kl. 8°. 70 SS. Zahm. Auch m. d. Tit.: Dunkle Existenzen. Bdchn. 1. (½ Rthlr. Fischhaber etc.)

Dröge, Adph., d. Einrichtgn. z. Unschädlichmachg. d. Kohlenstaubes u. z. gefahrlosen Ausübg. od. Ersetzg. d. Schiessarbeit auf d. fiscal. Steinkohlenbergwerken i. Saarreviere. Im amtl. Auftr. bearb. [Aus: „Ztschr. f. d. Berg-, Hütten- u. Salinenwesen im Preuss. Staate".] gr. 4. (40 S. m. 3 Taf.) Berlin 897. W. Ernst & Sohn. Kart. n. 5. —

Dröge, Fritz. Anatomische Untersuchungen über die bei Kälbern in den ersten 8 Tagen nach der Geburt sich vollziehenden Veränderungen an den foetalen Kreislaufswegen und den Zähnen, und deren Verwendung zur Altersbestimmung. Diss. Vet.-Med. Bern. Mit [1 Figur und] 6 Tafeln. *Kopftitel:* Aus dem anatomischen Institut der Königl. Tierärztlichen Hochschule zu Hannover.... 44 [+ *Tafeln* 13] S. 8. Neustadt a. Rbge., W. Sicius, 1909.

Droege, Gust., der Krieg in Neuseeland. Mit 1 (lith.) Kriegskarte. Bremen 869. Kühtmann & Co. 8. (IV, 98 S.) n. 12 ngr

Droege, Gust., der Krieg in Neuseeland. 2. (Titel-)Ausg. 8. (IV, 97 S. mit 1 Kriegskarte.) Norden (869)885, Fischer Nachf. *

Droege, H., Zonen-Tarif für Harburg zur Berechnung der Telegraphen-Gebühren im internen, vereinsländischen u. internationalen Verkehr nebst erläuternden Bestimmungen aus amtlichen Quellen zusammengestellt. Harburg 869. Elkan. Fol. (2 S.) n. 5 *ngr.*

Dröge, J. Anleitung zur Buchführung im Bäckergewerbe. Zum Selbst-Unterricht u. zum Gebrauch in Bäckerfachschulen bearb. gr. 8. (40 S.) Berl. 892, W. Latte. * — 50

[J.] Anleitung zur Buchführung im Bäckergewerbe. Z. Selbst-Unterr. u. z. Gebr. in Bäckerfachschulen bearb. v. J. **Dröge**, Rektor ... d. Berliner Bäckerinng. 2. Aufl. *Berlin: W. Latte 1898.* (46 S., 1 Bl.) 1 Bd 8. [98. ....]

Dröge, J., Anleitung zur Buchführung im Bäckergewerbe. Zum Selbstunterricht u. zum Gebrauch in Bäcker-Fachschulen. 3. Aufl. (46 S.) 8. Berlin 905. W. Latte. n. — 60

Droege, [Karl], Dr.: [Ansprache bei der Feier der Jahrhundertwende am 23. Dezember 1899.] *Wilhelmshaven (1900): Th. Süss.* (S. 11—13.) 4°
Wilhelmshaven, k. G, OP 1900 (345)

Droege, Karl [Dr.]: Festrede gehalten am 26. Januar 1897 zur Vorfeier des Geburtstages Seiner Majestät des Kaisers und Königs Wilhelm II. Wilhelmshaven, Druck v. Th. Süss, *1897*; 3—7 S. 4.
Wilhelmshaven, k. G, OP 1897 (333)

Droege, Carolvs (geb. am 7 Juni 1858 in Warburg Westf.): De Lycurgo Atheniensi pecvniarvm pvblicarvm administratore ... Mindae, typ. I. C. C. Brvns 1880. 2 Bl., 45 S., 1 Bl. 8. ¶ In Komm. bei Körber & Freytag in Minden.
Bonn, Phil. Fak., Diss. v. 4 Nov. 1880

Droege, Ottok. A., Chicago? Warum u. wie müssen wir dort ausstellen? Eine transatlant. Skizze. gr. 8. (24 S.) Berlin 891. M. Hoffschläger. — 60

Drögemeyer, Herm. Aug., die Geige. Ein Beitrag zur Aufklärg. 8. (48 S.) Bremen 891. (A. Meinhardt.) n. — 50

— dasselbe. Mit eingeh. Belehrg. üb. den internationalen Geigenschwindel. 2., umgearb. u. verm. Aufl. 8. (VII, 204 S. m. 1 Bildnis.) Ebd. 892. n.n. 2. —

Die Geige. Von Herm. Aug. **Drögemeyer**, Geigenmacher in Bremen. Mit eingehender Belehrung über d. internat. unlauteren Wettbewerb auf d. Gebiete d. Geigenbaues u. Geigenhandels. 3., verb. u. verm. Aufl. *Berlin: Musik-Instrum.-Zeitung; M. Warschauer in Komm. 1903.* (VIII, 275 S.) 8° [J.] [03. 1904]

Drogen-Bericht, vom Monat April 1874 v. Gehe & Co. in Dresden. gr. 8. (77 S.) Dresden 874. v. Zahn. n.n. 1. 35

Drogenhändler, der. Offizielle Verbandszeitg. des deutschen Drogisten-Verbandes E. V. Red.: Heinr. Norrenberg. 6. Jahrg. 1906. 104 Nrn. (XII, 826 S.) 4. Berlin (S. 14, Stallschreiberstr. 5), A. L. Herrmann. n.n.n. 6. —
Vergl.: Drogisten-Zeitung, neue. — Nicht durch den Buchhandel zu beziehen.

Drogenhändler, der. Offiz. Verbandszeitg. d. deutschen Drogisten-Verbandes E. V. Mit der Beilage: Der Jungdrogist. (52 Nrn.) Red.: Art. Petzold. 8. Jahrg. April 1908—März 1909. 104 Nrn. (à ca. 10 S.) 31,5×23,5 cm. Berlin, A. L. Herrmann. 6.—

Drogenkarte [Schlagwort]

Drogen-Karte. Stein, H., Drogen-Karte. Farbendr. 56,5×78 cm. Nebst übersichtl. Text u. pharmakognost. Daten f. Pharmazeuten, Aerzte u. Drogisten. gr. 8. (20 S.) Königsberg i/Pr. 891. F. Beyer. n. 2. 25

Drogist, der. Allgemeiner Anzeiger f. den deutschen Drogen-Handel, sowie f. verwandte Berufs- u. Geschäftszweige. Red.: J. Cracau. 20. Jahrg. 1900. 52 Nrn. gr. 4. (à ca. 8 S.) Neudamm, J. Neumann. n. 6. —

— dasselbe. Red.: Udo Lehmann. 21. Jahrg. 1901. 13 Nrn. gr. 4. (à 8 S.) Ebd. n. 1. 50
Erscheint nicht mehr.

Drogisten-Jahrbuch. Taschenkalender 1910. Hrsg. v. der Red. der Drogisten-Zeitg. Leipzig. (160 S.) 8. Leipzig, Drogisten-Zeitg. Geb. in Leinw. 2. —

Droguisten-Kalender, deutscher. Ein Hilfs- und Nachschlagebuch für Droguen-, Farb- und Materialwaaren-Händler. Hrsg. von Ed. Freise. 1. und 2. Jahrg. 12. (VI, 31, 149; 64, 194 S.) Braunschweig, 880,81, Schwetschke und Sohn. geb. à Jahrg. *

—— dass. — 3.—5. Jahrg. gr. 16. (269; 272; 275 S.) Braunschweig 882,83, J. H. Meyer. geb. à Jahrg. *

Drogisten-Kalender, deutscher. Ein Hilfs- und Nachschlagebuch für Drogen- und Farbwaaren-Händler. Hrsg. von Ed. Freise. 6.—9. Jahrg. gr. 16. (281; 64, 218; 284; LXIII, 271 S.) Braunschweig 885—88, J. H. Meyer. geb. à Jahrg. *

Drogisten-Kalender, deutscher, 1890—1893. Ein Hilfs- u. Nachschlagebuch f. Drogen- u. Farbwaaren-Händler. Hrsg. v. Ed. Freise. 10.—13. Jahrg. gr. 16. (63; 220; X S., Schreibkal. u. 224; VI S. Schreibkal. u. 276; X S., Schreibkal. u. 230 S.) Braunschw., J. H. Meyer. geb. in Leinw. à Jahrg. * 2 50

Drogisten-Kalender, deutscher, 1895. Ein Hilfs- u. Nachschlagebuch f. Drogen- u. Farbwaaren-Händler. Hrsg. v. Ed. Freise. 15. Jahrg. gr. 16. (X S. Schreibkalender u. 248 S.) Braunschweig, J. H. Meyer. Geb. in Leinw. n. 2. 50

Drogisten-Kalender, deutscher, 1899. E. Hilfs- u. Nachschlagebuch f. Drogen- u. Farbwaaren-Händler. Hrsg. v. Ed. Freise. 19. Jahrg. 12. (X S., Schreibkal. u. 295 S. m. 1 Eisenbahnkarte.) Braunschweig, J. H. Meyer. Geb. in Leinw. n. 2. 50

Drogisten-Kalender, deutscher, 1903. Ein Hilfs- u. Nachschlagebuch f. Drogen- u. Farbwaaren-Händler. Hrsg. v. Ed. Freise. 23. Jahrg. 12. (XII S., Schreibkalender u. 334 S. m. 1 Karte.) Braunschweig, J. H. Meyer. Geb. in Leinw. n. 2.50

Drogisten-Kalender, deutscher, 1907. Ein Hilfs- u. Nachschlagebuch f. Drogen- u. Farbwaren-Händler. Hrsg. v. Ed. Freise. 27. Jahrg. 2 Tle. (VIII S., Schreibkalender u. 288 u. IV, 136 S. m. 1 Karte.) kl. 8. Braunschweig, J. H. Meyer. Geb. in Leinw. u. geh. n. 2. 50

Drogisten-Kalender, deutscher, f. 1911. Ein Hilfs- u. Nachschlagebuch f. Drogen- u. Farbwarenhändler. Hrsg. v. Ed. Freise. 31. Jahrg. 2 Tle. (IV S., Schreibkalender, 384 u. V, 280 S. m. 1 Karte.) kl. 8. Braunschweig, J. H. Meyer. Geb. in Leinw. u. geh. 2. 50

Drogisten-Kalender,

— **schweizerischer**, f. das J. 1902. Ein Hilfs- u. Nachschlagebuch f. den tägl. Gebrauch in der drogist. Praxis. Hrsg. von Heinr. v. Wuntsch. 1. Jahrg. 12. (XI S., Schreibkalender u. 176 S.) Zürich (Waldmannstr. 12), Dr. Heinr. v. Wuntsch. Geb. in Leinw. n. 2.50

— **schweizerischer**, f. d. J. 1907. Ein Hilfs- u. Nachschlagebuch f. den tägl. Gebrauch in der drogist. Praxis. 6. Jahrg. (VIII, 83 S.) kl. 8. Zürich, Bürdeke & Herwig. Geb. in Leinw. n. 1. 50

— **schweizerischer**, f. d. J. 1910. Ein Hilfs- u. Nachschlagebuch f. d. tägl. Gebrauch in d. drogist. Praxis. 9. Jahrg. (IV, 192 S.) kl. 8. Zürich, A. Bürdeke. Geb. in Leinw. 1. 65
1909 erschien u. d. T.: Schröter's schweiz. Drogisten-Kalender

Drogistentaxe, deutsche, zusammengestellt u. hrsg. vom deutschen Drogisten-Verband E.V., Bez.-Verein Elsass-Lothringen. (120 u. XXXIX S.) 8. Strassburg 907. Schlesier & Schweikhardt. 2. —

Drogisten-Woche. Illustriertes Wochenblatt f. Drogen, Chemikalien, Parfümerien, Farbwaren u. photograph. Artikel. Red.: Gust. Vogt. 1.—5. Jahrg. Jan. 1903—Septbr. 1907. à 52 Nrn. (à Jhrg. 1040 S.) Lex.-8. Berlin, M. Rogenhardt. à Jhrg. n. 5. —
Die Jhrgge. 1—3 sind v. H. Rhaue redig.

Drogisten-Woche. Wochenblatt f. Drogen, Chemikalien, Parfürmerien, Farbwaren u. photogr. Artikel. Red.: Gust. Vogt. 8. Jahrg. 1910. 52 Nrn. (682 S.) 30,5×23 cm. Berlin-(S.W.68, Hollmannstr.10), Verlag der Drogisten-Woche. nnn 1. 20
Nicht durch den Buchhandel zu beziehen.

Drogisten-Zeitung. Correspondenzblatt des deutschen Drogisten-Verbandes. 6.—10. Jahrg. 1880—1884. à Jahrg. 52 Nrn. (à Nr. 1—1½ Bog.) gr. 4. Leipzig, (O. Meissner). à Jahrg. *

Drogisten-Zeitung. Correspondenzblatt des deutschen Drogisten-Verbandes. 11.—13. Jahrg. 1885—1887. à Jahrg. 52 Nrn. (à Nr. 1—1½ Bog.) gr. 4. Leipzig, Expedition (O. Meissner). à Jahrg. *
Vierteljährlich *

Drogisten-Zeitung. Correspondenzblatt d. deutschen Drogisten-Verbandes. Red.: O. Meissner. 13.—15. Jahrg. 1887—1889. à 52 Nrn. (à 1—1½ B.) gr. 4. Leipzig, Expedition (O. Meissner). à Jahrg. n. 6. —; vierteljährlich n. 1. 60

— Korrespondenzblatt des deutschen Drogisten-Verbandes. Organ f. Drogisten u. Farbwaarenhändler. Annoncenblatt verwandter Geschäftszweige. Red.: Rich. Dorstewitz. 16.—20. Jahrg. 1890—1894. à 52 Nrn. (à ca. 2½ Bog.) gr. 4. Leipzig, Expedition (O. Meissner). n. 6. —; vierteljährl. n. 1. 60

Drogisten-Zeitung. Korrespondenzblatt d. deutschen Drogisten-Verb. Organ f. Drogisten- u. Farbwaarenhändler. Annoncenblatt verw. Geschäftszweige. Red.: Rich. Dorstewitz. 21.—24. Jahrg. 1895—1898. à 52 Nrn. (à 2—3 Bog.) gr. 4. Leipzig, Expedition (O. Meissner). à Jahrg. n. 6. —; einz. Nrn. n.n. — 25
Kann auch vierteljährlich für n. 1. 60 bezogen werden.

Drogisten-Zeitung. Korrespondenzblatt des deutschen Drogisten-Verbandes. Organ für Drogisten u. Farbwaarenhändler. Annoncenblatt verwandter Geschäftszweige. Red.: Rich. Dorstewitz. 25. u. 26. Jahrg. 1899 u. 1900. à 52 Nrn. gr. 4. (à ca. 24 S.) Leipzig, Expedition. à Jahrg. n. 6. —

— dasselbe. Organ f. Drogisten- u. Farbwaarenhändler. Annoncenblatt verwandter Geschäftszweige. Red.: Rich. Dorstewitz. 27. u. 28. Jahrg. 1901 u. 1902. à 104 Nrn. gr. 4. (à ca. 12 S.) Ebd. à Jahrg. n. 8. —; vierteljährlich 2. 25

Drogisten-Zeitung. Korrespondenzblatt des deutschen Drogisten-Verbandes. Organ f. Drogisten u. Farbwarenhändler. Annoncenblatt verwandter Geschäftszweige. Red.: Rich. Dorstewitz. 29.—32. Jahrg. 1903—1906. à 104 Nrn. (1766; 2036 u. XLVIII; 2064 u. XLVIII u. 2128 u. XLVIII S.) 4. Leipzig, Drogisten-Zeitg. à Jhrg. n. 8. —; vierteljährlich n. 2. 25

Drogisten-Zeitung. Fachblatt des deutschen Drogistenstandes. Organ f. Drogisten- u. Farbwarenhändler. Annoncenblatt verwandter Geschäftszweige. Red.: Rich. Dorstewitz. 33.—36. Jahrg. 1907—1910. à 104 Nrn. (à ca. 16 S.) 31,5×23,5 cm. Leipzig, Drogisten-Zeitg. à Jhrg. 10. —

Drogisten-Zeitung. —

— Officielles Organ d. allgemeinen österreich. Drogisten-Vereines. Hrsg. u. Red.: S. Mierzinski. 1.—3. Jahrg. 1886—1888. à 26 Nrn. (3 B.) hoch 4. Wien, (Hartleben). à Jahrg. n. 12. —

— dasselbe. 4. Jahrg. 1889. 24 Nrn. (3 B.) hoch. 4. Ebd. n. 12. —

— dasselbe. Hrsg.: S. Mierzinski. Red.: A. Kaiser. 5. Jahrg. 1890. 24 Nrn. (3 B.) hoch 4. Ebd. n. 12. —

Drogisten-Zeitung. Fach- u. Handelsblatt f. den Drogen-, Material-, Farb- u. Colonialwaren-Handel, f. Chemiker u. Apotheker. Hrsg.: Stanisl. Mierzinski. Red.: Adf. Kaiser. 6.—9. Jahrg. 1891—1894. à 24 Nrn. (3 Bog.) hoch 4. Wien, (A. Hartleben). à Jahrg. n. 12. —

Fach- u. Handelsblatt f. d. Drogen-, Material-, Farb- u. Colonialwaren-Handel, f. Chemiker u. Apotheker. Hrsg.: Stanisl. Mierzinski. Red.: Adf. Kaiser. 10.—13. Jahrg. 1895—1898. à 24 Nrn. (à ca. 3 Bog.) hoch 4. Wien (A. Hartleben). à Jahrg. n 12.
Kann auch halbjährlich bezogen werden.

— Fach- u. Handelsblatt für den Drogen-, Material-, Farb- u. Colonialwaren-Handel, f. Chemiker u. Apotheker. Officielles Organ des allgemeinen österreich. Drogisten-Vereines. Hrsg. u. Red.: Adf. Kaiser. 14. u. 15. Jahrg. 1899 u. 1900. à 24 Nrn. hoch 4. (à ca. 20 S.) Wien (A. Hartleben.) à Jahrg. n. 12. —

Drogisten-Zeitung. Officielles Organ des allgemeinen österreichischen Drogisten-Vereines. Herausgeber Louis Strauss. XVI. Jahrgang. 1901. Wien. 1901. [In Comm. Hartleben.] 4°. erscheint in 24 Nrn. Einzelne Nummern K —.50, halbj. K 6.—

— dasselbe. Hrsg.: Louis Strauss. Red. Adf. Altmann. 17. Jahrg. 1902. 53 Nrn. hoch 4. (à ca. 20 S.) Ebd. n. 16.—

Drogisten-Zeitung. Offizielles Organ des allgem. österr. Drogisten-Vereines. Mit dem Beiblatte: Mitteilungen des Vereines angestellter Drogisten Oesterreichs. Hrsg.: Zitter's Zeitungsverlag. Red.: Otto Reisinger. 18.—21. Jahrg. 1903—1906. à 52 Nrn. (à ca. 12 S.) Lex.-8. Wien (A. Hartleben). à Jhrg. n. 16. —

— Offizielles Organ des allgem. österreich. Drogisten-Vereines, des österreich. Drogisten-Verbandes usw. Mit dem Beiblatte: Mitteilungen des Vereines angestellter Drogisten Oesterreichs. Hrsg. unter ständ. Mitwirkg. v. Alto Arche, Karl Dvořak, A. Fraenkel u.a. Hrsg.: Zitter's Zeitungsverlag. Red.: Karl Glössl jun. 22.—25. Jahrg. 1907—1910. à 52 Nrn. (à ca. 8 S.) Lex. 8. Wien (A. Hartleben). 1907 u. 1908 à 16.—; 1909 u. 1910 à 20. —

Neue **Drogisten-Zeitung** und der Jungdrogist. Ill. Wochenschrift f. d. Drogen-, Chemikalien-, Parfümerie- u. Farbwaren-Handel. Hrsg. von Hans Rhaue. Jg. 1–6, 1–12. Berlin: G. Schmidt (2 ff.: A. Herrmann) 1901–06. 6 Bde 4°
Beiblatt [1] zu Jg. 1–6: Der Jungdrogist.
[2] zu 2–6: Parfümerie.
[3] zu 2–6: Photographie.
[4] zu 2–6: Reklame.
[5] zu 3–6: Handel u. Industrie.
Forts. s. u. d. T.: Der Drogenhändler. 1906. [u6. 7000

— neue. Illustriertes Wochenblatt für den Drogen-, Chemikalien-, Parfümerie- u. Farbwaren-Handel. Red.: Hans Rhaue. Nebst Beiblatt: Der Jungdrogist. Offizielles Organ der Vereine junger Drogisten zu Berlin (E. V.), Cassel, Freiburg i. B. usw. Red. v. Max Erhardt. 2. Jahrg. 1902. 52 Nrn. gr. 4. (à ca. 16 S.) Berlin (S. 14, Stallschreiberstr. 5), Verlag der neuen Drogisten-Ztg. n. 4. —

— neue. Wochenschrift f. den Drogen-, Chemikalien-, Parfümerie-, Farbwaren- u. photograph. Handel. Mit den Gratisbeiblättern: „Handel u. Industrie", „Photographie", „Reklame" u. „Jungdrogist". Red.: Max Erhardt. 3.—5. Jahrg. 1903—1905. à 52 Nrn. (848, 848 u. 832 S.) 4. Berlin (S. 14, Stallschreiberstr. 5), Verlag der neuen Drogisten-Zeitg. à Jhrg. n. 4.—
Fortsetzung, s.: Drogenhändler, der.

Droguen-Bericht vom Monat April 1874 von Gehe und Comp. in Dresden. gr. 8. (77 S.) Dresden 874, v. Zahn. * *

Droguerie-, Spezerei- und Farb-Waaren-Lexikon, s. König, Joh. K.

Droguisten-Kalender. – s. Drogisten-Kalender.

Dräher, Hugo, Schaukasten-Konstruktionen, s.: Bodenweber, Adf.

Drohojowska, Comtesse, née Symon de Latreiche, les femmes illustres de l'Europe. Illustrées de dessins de MM. Jules David et Raunheim. gr. 8. (IV u. 443 S. m. 18 lith. Taf.) Paris 852. (Leipzig. Gerhard.) n. 3⅓ ₰

Drohojowska, das Geheimniß des Glücks, s. Hohenhausen, Elise v.

Wegweiser auf Sylt. M. bes. Berücks. d. Badeorte Westerland u. Wenningstedt. M. Genehmigg d. Seebade-Direktion hrsg. v. F. Dröhse. *Tondern & Westerland: F. Dröhse (1897).* (2 Bl., 52 S., 4 Bl., 1 Kt.) 1 Bd 8.
[97. 7739

Dröhse, F. Wegweiser auf Sylt. M. bes. Berücksicht. d. Badeorte Westerland u. Wenningstedt. M. Genehmigg. d. Seebade-Direktion hrsg. Saison 1898. 12. (64 u. 55 S. m. Abb. u. 1 Karte.) Tondern, F. Dröhse. n. 1.—

Droinet, Félix, Considerations générales sur un nouveau procédé de Carbonisation etc X. u. d. T.: Allgemeine Betrachtungen über ein neues Verkohlungs-Verfahren, auf welches Felix Didier u. Felix Droinet aus Rheims in Frankreich, unter 28. Octbr. 1835 ein ausschließl. Privilegium für das Kaiserthum Oesterreich erhielten; lautend auf die Verkohlung jedes Brennmateriales, mittels der verlornen Flamme von Hohöfen, Frischfeuern 2c. 2c. (Franz. u. Deutsch.) Mit 3 Steintaf. gr. 8. Wien 839. (Beck.) n. 11/12 ₰

Drois. – Les drois et la coustume d'Oleron ..., s. Seerecht, Das, von Oléron.

Droit d'Auteur, le. Organe officiel du Bureau de l'Union internationale pour la protection des œuvres littéraires et artistiques. Paraissant à Berne le 15 de chaque mois. Première année 1888. 12 Nos gr.-in-8°. Direction et rédaction: Bureau international pour la protection des œuvres littéraires et artistiques à Berne. Berne, Jent & Reinert. par an 5 —

Le Droit d'auteur. Organe officiel du bureau de l'Union internationale pour la protection des œuvres littéraires et artistiques. 3e année. 1890. No 1. In-4°. 40 p. Berne, Jent & Reinert. Par an 5 —

Droit, le, d'auteur. Organe officiel du Bureau de l'Union internationale pour la protection des oeuvres littéraires et artistiques. 4.—7. année. 1891—1894. à 12 nrs. (à ca. 2 Bog.) gr. 4. Berne. (Leipzig, G. Hedeler.) à Jahrg. n. 5. 65

Droit, le, d'auteur. Organe officiel du Bureau de l'Union internationale pour la protection de oeuvres littéraires et artistiques. 8.—11. année. 1895—1898. à 12 nrs. (à ca. 1 Bog.) gr. 8. Berne. (Leipzig, G. Hedeler.) à Jahrg. n. 5. 65

Droit, le, d'auteur. Organe mensuel du Bureau international de l'Union pour la protection des oeuvres littéraires et artistiques. 12.—15. année. 1899—1902. à 12 nrs. gr. 4. (à ca. 12 S.) Berne. (Leipzig, G. Hedeler.) à Jahrg. n. 5. 65

Droit. Le Droit d'Auteur. Organe officiel du Bureau international de l'Union pour la protection des œuvres littéraires et artistiques. Tables générales des matières 1888—1900. XII + 151 p. 8. Berne, Bureau internat. de l'Union ... (Impr. coopérative), 1903. (fr. 5. —)

Droit, le, d'auteur. Organe mensuel du Bureau international de l'Union pour la protection des oeuvres littéraires et artistiques, à Berne. 16.—19. année. 1903—1906. à 12 nrs. (à ca. 12 S.) 4. Berne. (Leipzig, G. Hedeler.) à Jhrg. n. 5. 65

Droit, le, d'auteur. Organe mensuel du Bureau international de l'Union pour la protection des oeuvres littéraires et artistiques, à Berne. 20.—23. année, 1907—1910. à 12 nrs. (à ca. 16 S.) 31,5×24,5 cm. Berne. (Leipzig, G. Hedeler.) à Jhrg. 5. 60

Droit canon, le, et son application à l'église protestante. Manuel traduit de l'Allemand par Henri Jouffroy. gr. in-8. Leipsic et Paris 843, Brockhaus & Avenarius. n. 1⅚ ₰

Droit, Le, d'exécution des œuvres musicaux en Suisse après le 1 Février 1892. Zuric 1892. V: *Opitz, Carl.* (Cat. d. Stadtbibl. Zürich. Zürich 1864—97.)

Droit, Le, public suisse en matière d'abus de la presse dirigés contre l'étranger. In-4°, 10 p. Berne. 1888

Droit, le, de Seigneur. Comédie par M. de Veltaire. 8. Dresde, Walther. 7.70.

Droit, le, du Sund et le commerce du monde. Traduit de l'allemand. Stettin 854. (Müller.) gr. 8. (1 Bl., 44 S.) n. 5 Ngr

Droits, deux, quelques réflexions sur la phase actuelle de la question d'Orient. 8. (125 S.) Stockholm 879. Leipzig, Brockhaus' Sort. n. 3. 60

Dröll, Karl, Sammlung v. Aufgaben f. das kaufmänn. Rechnen u. Anleitung dazu. s. a. Sammlung kaufmänn. Unterrichtsbücher.

Dröll, Karl, Sammlung v. Aufgaben f. das kaufmännische Rechnen. (Sammlung kaufmänn. Unterrichtsbücher, hrsg. v. Ludw. Voigt.) 1. u. 2. Tl. (60 u. VI, 68 S.) 8. Leipzig (904. 905). B. G. Teubner. à n. — 80

Sammlung von Aufgaben für das kaufmännische Rechnen. Von Karl Dröll. 2., verb. ⟨Doppel-⟩Aufl. T. 1. Leipzig & Berlin: B. G. Teubner 1906. 8° [F.]
(Sammlung kaufmännischer Unterrichtsbücher.) [06. 18778

Drolliges, allerlei, z. Geschichte v. Kwätzen u. Quirlequitsch. 8. Leipz., Köhler. 8 Gr

Drollinger, Karl Friedr.: Elegien an Herren Doctor Haller. Auf das Absterben seiner Mariane. 8°

Drollinger, Carl Friedrich. Gedichte, samt andern dazu gehörigen Stücken, wie auch einer Gedächtnißreden auf Densleben [= Drollinger] ausgefertiget von J. J. SPRENGEN ... zu Basel ... Basel, J. C. von Mechels Witwe, 1743. 8°. 6 Bl. LIV S. 3 Bl. 397 S., *Porträt Drollingers und allegor. Frontispiz, beides von Heumann nach J. R. Huber; mit einem Wappen und vielen Vignetten in Holzschnitt.* Pgt. d. Z. Untere Kante des Rückens etwas bestoßen.
FdF. 1405. Erste Ausgabe.

Drollinger, C. F., Gedichte 2c. ausgef. v. Sprenger. 8. Frankf. 765.

Drollinger, Karl Friedrich: De praescriptionibus inter gentes. 21 S.—
Basel, Jur.Diss.v. 28.Nov.1710.

Drolshagen, A., die preußische allgemeine Landes-, Provinzial- u. Kreisverwaltung nach der neuesten Gesetzgebung. Eine übersichtl. Darstellg. m. Erläutergn. nach den Motiven u. Kammerverhandlgn., nebst 12 Tabellen f. die Zuständigkeit der einzelnen Behörden. gr. 8. (164 S.) Sigmaringen 884. Liehner. n. 4. —

Drolshagen, Ph. Jos., de vulnerabilitate oculi. Acced. experimenta quaedam de corneae transplantatione. 8maj. Berlin 834. (Dümmler.) 5 gGr

Drolshagen, Philipp Joseph (Brakel/Westf.), De vulnerabilitate oculi. Accedunt experimenta quaedam de corneae transplantatione. Diss. med. Bln. (Nietack) 20. I. 1834. 32 S. mit Biogr. (M.: Becker.) (4.50) 6980
Oppon.: A. Schaefer, F. Wiesbaden, N. Ruether. — Gew.: Wutzer, F. L. Tenge.

Das Königreich Norwegen als souveräner Staat. Von A[xel] C[harlot] **Drolsum**, Dir. d. kgl. norweg. Univ.-Bibliothek. Berlin: Puttkammer & Mühlbrecht 1905. (144 S.) 8°

Drömann, Christian

Drömann, Chr., 120 **Kirchenmelodien** aus „Hille II", taktmäßig u. einheitlich notiert, sowie m. Liedertexten versehen, nebst 3 Zugaben. Ausg. f. die Schüler. (118 S.) 8. Hannover 904. C. Meyer. Kart. n. — 60

30 Lieder von Paul Gerhardt, Joh. Rist und Christian Keimann mit ihren Gemeindemelodien. Im Jubiläumsjahr 1907 f. Frauenchöre u. Schülerchöre 3stimmig bearb. u. hrsg. von Christian **Drömann** u. Reinhold Röckel. Gütersloh: C. Bertelsmann 1907. (43 S.) 8° [F.]

30 Lieder von Paul Gerhardt, Johann Rist und Christian Keymann mit ihren eigenen Melodien. Im Jubiläumsjahre 1907 f. Sopran, Alt, Tenor u. Baß hrsg. von Christian **Drömann**, Pastor, u. Reinhold Röckel, Organist. Gütersloh: C. Bertelsmann 1907. (47 S.) 8° [F.]

Fünfzig Liederperlen aus dem vierstimmigen Geistlichen Melodienschatz von Christian **Drömann** u. Reinhold Röckel. Zugl. als Zugabe zu d. Ev.-luth. Gesangbuch d. Hannoverschen Landeskirche. Hrsg. im Paul-Gerhardt-Jahre 1907. Gütersloh: C. Bertelsmann 1907. (52 S.) 8° [F.]

— 120 **Melodien** aus dem revidierten Choralbuch v. Ed. Hille („Hille II") zu 660 Liedern des evangelisch-lutherischen Gesangbuches der hannoverschen Landeskirche. Taktmäßig u. einheitlich notiert, sowie m. Liedertexten u. histor., metr. u. techn. Erläutergn. versehen, nebst e. Einleitg. samt vier einführ. Inhaltsübersichten u. drei Zugaben. (VI, 230 S.) 8. Ebd. 904. n. 2. 60; geb. in Leinw. n. 3. —

Geistlicher Melodienschatz für Klavier und Harmonium in vierstimmigem Tonsatz bearb. von Christian **Drömann**, Pastor, u. Reinhold Röckel, Organist. Gütersloh: C. Bertelsmann 1907. (XIX, 276 S.) 4° [F.]

— **Passionale.** Liturgische Formulare zu den 7 Passionsfeiern. Für die einfachsten Verhältnisse passend zusammengestellt. Ausg. f. die Hand der Gemeindeglieder. (24 S.) 8. Hannover 905. C. Wendebourg. n. — 25

— dasselbe. Liturgische Formulare m. Sprüchen, Liedern u. Gebeten, nebst e. Einleitg. zu den 7 Passionsfeiern. Auf Schoeberleinscher Grundlage nach Maßgabe des Lektionars u. des Gesangbuches der luther. Landeskirche Hannovers auch f. die einfachsten Verhältnisse passend zusammengestellt u. vielseit. Wünschen entsprechend nach langjähr. Erprobg. in Druck gegeben. (62 S.) 8. Ebd. 905. n. 1. 20

(B) **Drömann, Chr.**, Passionale. 905. Jetzt: Gütersloh, C. Bertelsmann.

Liturgische Passionsfeier auf den Nachmittag des Karfreitag. Ausg. m. d. Gesängen f. gemischten Chor. Zugl. Zusammenstellung d. bedeutsamsten Chorgesänge f. d. Passionszeit u. d. Karfreitag. Bearb. von Christian **Drömann** u. Reinhold Röckel. Gütersloh: Bertelsmann 1910. 44 S. 8°

— zwei liturgische **Weihnachtsfeiern** f. die Kirchen- u. Hausgemeinden in Stadt u. Land. Nach Schoeberlein-Spittaschen Grundsätzen zusammengestellt u. nach langjähr. Erprobg. in Druck gegeben. (Neudr.) (16 S.) 8. Ebd. 904. n. — 20

Zwei liturgische Weihnachtsfeiern für die Kirchen- und Hausgemeinde in Stadt und Land. Ausg. für dreistimm. Chor. Von Christian **Drömann** u. Reinhold Röckel. Gütersloh: C. Bertelsmann 1908. (12, 12 S.) 8° [F.]

Drömann, W., Liederbuch f. die deutsche Volksschule, s.: Stoffregen, H. A.

Drömann, W., deutscher Liederschatz, s.: Stoffregen, H. A.

Drömer, Ernst

Drömer, E., der Schweisshund u. seine Arbeit. Auf Grund prakt. Erfahrgn. dargestellt. Mit e. Abbildg. d. Schweisshundes nach der Natur gezeichnet v. H. Sperling. gr. 8. (VIII, 104 S.) Oranienburg 887. Freyhoff. n. 3. —

[F.] Wildhege und Wildpflege. E. Anleitg z. Verhütg v. Wildverlusten, selbst während der strengsten Winter u. e. Beitr., m. welchen Mitteln wir einen an Körper u. Kopfschmuck starken, sich dem Urzustande nähernden Wildstand erzeugen. Von E[rnst] **Drömer**, Oberförster ... *Neudamm: J. Neumann 1896.* (95 S.) 1 Bd 8.
(J. Neumanns Forst- u. Jagdwissenschaftliche Büchersammlg.)

[F.] Geschichte des Berliner Schwimm-Vereins von 1878. Vf. v. Fritz **Droemer**. *(Berlin: Buchdr. A. Heudebert 1898.)* (58 S.) 1 Bd 8.

— H. **Meyboom** u. H. **Borchard**, dtsch. u. internat. Rekordlisten, s.: Borchard, Heinr., das Training d. Schwimmers.

Droemer, Fr., Trainingsregeln u. Rettungsschwimmen, s.: Borchard, Heinr., das Training des Schwimmers.

Drömer, G., Handbuch f. Gemeinde- u. Gutsvorsteher, Schöffen u. Gemeindevertreter in den Provinzen Ost- u. Westpreußen, Brandenburg, Pommern, Schlesien u. Sachsen. gr. 8. (VII, 491 S.) Oranienburg 887. (Freyhoff.) n. 6. —; geb. n.n. 7. —

Drömer, G., Handbuch f. Gemeinde- u. Gutsvorsteher, Schöffen, Stellvertreter u. Gemeindeverordnete in den Provinzen Ost- u. Westpreußen, Brandenburg, Pommern, Schlesien, Sachsen, Posen u. Schleswig-Holstein, nebst e. Anleitg. zur Wahrnehmung der Dienstgeschäfte. 2., neu bearb. Aufl. gr. 8. (VIII, 824 S.) Nauen 894. (Oranienburg, E. Freyhoff.) Kart. n.n. 7. —

— Schreiberseelen, s.a. Bibliothek turnerischer Unterhaltungen.

Drömer, G., Schreiberseelen, Turnersp. m. Gesang in 2 Bild., Leipzig 1891, 28 S., 8°.

Dromery, L., der Flüchtling. Psychologische Studie. 8. (134 S.) Dresden 895. E. Pierson. n. 2. —; geb. in Leinw. n. 3. —

Dromery, L. (Lydia Tschapeck), d. Leute v. Gottesland. Roman. — Auf d. Heide. Skizze. 8. (119 S.) Dresden 897. E. Pierson. 1. 50

Der im Jahr 1757 und 1758 durch Französische Völker bekriegte Drömling. In Versen von J. C. T. 9. Juni 1758. Stendal o. J. 4. 8 S.

Drommer, M. Ph., Samml. erbaul. Canzelreden. 4. Eßling. Mevius. 742.

Droneck, Hedda, gebt uns Manneskeuschheit! Tagebuchblätter e. Mädchens. Hrsg. v. Max Violand. (1. u. 2. Tausf.) (VII, 148 S.) 8. Leipzig (906). Webel. n. 2. —; geb. n. 3. —

[F.] Der kleine Ratgeber für Gründung, Leitung u. Pflege von Evang. Jugendvereinen in Deutschland v. Wilhelm **Dröner**. *Elberfeld: Westdeutscher Jünglingsbund 1895.* (31 S., 4 Bl.) 1 Bd 8.

Dröner, Wilh., der kleine Ratgeber f. Gründg., Leitg. u. Pflege v. evang. Jugendvereinen in Deutschland. 2. Aufl. (40 S.) kl. 8. Barmen 906. Westdeut. Jünglingsbund. — 25

Dröner, W., der praktische Vereinsarbeiter. Ein Hülfsbüchlein f. Vorsteher, Helfer u. tät. Mitglieder in evangel. Jünglingsvereinen u. christl. Vereinen junger Männer. 2. verm. u. erweit. Aufl. (90 S.) kl. 8. Barmen 906. Westdeutscher Jünglingsbund. Kart. n. — 60

— Der praktische Vereinssekretär. Referat an der Sekretärkonferenz in Kassel 1906. (16 S.) kl. 8. Ebd. (906.) — 20

Dröner, W., Werk u. Lohn od.: Wie man die Einnahmen e. Vereins jährlich um 2 bis 3000 Mark erhöhen kann. gr. 8. (20 S.) Elberfeld 901. Westdeutsch. Jünglingsbund. n. — 80

EineParsifal-Aufführung in Bayreuth. Von O[tto] Drönewolf, Univ. Musikdir. Bayreuth: H. Heuschmann 1894. (37 S.) 8° [07. 14607 9

Dronke, Arzneiverkehr f. Krankenkassen. Im Auftrage d. Verbandes freier Krankenkassen bearb. 12. (93 S.) Hamburg 893. (W. Mauke Söhne.) In Leinw. kart. n. 2. —

Arzneiverkehr für Krankenkassen. Anleitung z. Sparsamkeit bei d. Verordnen f. Krankenkassen. Bearb. von Dr. Dronke. 2. Aufl. Hamburg: Mauke in Komm. 1896. VII, 176 S. 8° [11. 16099 11

Dronke, Arzneiverkehr f. Krankenkassen. Anleitg. z. Sparsamkeit b. d. Verordnen f. Krankenkassen. 3. Aufl. 12. (XIV, 244 S.) Köln 898. P. Neubner. n. 2. 50

Dronke, Arzneiverkehr f. Krankenkassen. 1.—3. Nachtrag. 8. (3, 4 u. 8 Bl.) Köln 899. 902. P. Neubner. n. — 25
Hauptwerk. Ebd. 898. n. 2. 50.

Dronke, A. (Hrsg.), s. Arago, François: Notices biographiques choisies.

Dronke, Adolf

Dronke, Ad. Beiträge zu einer Seelenlehre vom ethnographischen Standpunkte aus. 45 S. 8. Progr. Rg. *Trier* 1881.

Dronke, Adf., Beiträge zu einer Seelenlehre vom ethnographischen Standpunkte aus. gr. 8. (46 S.) Trier 881. Lintz in Comm. n. 1. —

Dronke, Adf., Bilder aus der Eifel. Bearb. v. Hauptvorstand d. Eifel-Vereins A. D. Mit (farb.) Illustr. nach Orig.-Zeichngn. v. Ed. Rançillio. qu. 4. (III, 88 S.) Dresden 892. (Trier, H. Stephanus.) n. 1. 50; geb. n. 2. —

Die Eifel dargestellt von [Adolf] Dronke. Aus d. nachgelass. Papieren des Verf. hrsg. durch K(onrad) Cüppers. Mit d. Bilde des Verf. *Köln a. Rh.: P. Neubner (1899).* (VIII, 479 S.) 8° [F.] [illegible] 3

— s.: Eifel-Führer.

Dronke, Ad., Einleitung in die höhere Algebra. 1. u. 2. Thl. gr. 8. (IV, 403 S.) Halle 871. 72. Nebert. à n. 2. 25

— Einleitung in die analytische Theorie der Wärmeverbreitung, unter Benutzung der hinterlassenen Papiere der Herren A. Beer u. J. Plücker. gr. 8. (IV, 97 S.) Leipzig 882. Teubner. n. 2. —

Dronke, Ad., die Elemente der ebenen Geometrie für den Unterricht an höheren Lehranstalten bearb. M.-Gladbach 861. Riffarth. gr. 8. (IV, 48 S. u. 4 lith. Taf.) 9 *ngr.*

[F.] Dronke, Adolf [Dir. Dr.]: Besondere und allgemeine physikalische Erdkunde von Deutschland '(gemäss d. neuen Lehrplänen f. Quinta u. Obertertia)'. (Umschlagt.: Physikal. Geographie Deutschlands.) Trier, F. Lintz'sche Buchdr., 1893; 2 Bl., 51 S. 8.
Trier, st. RG, OP 1893

[F.] Dronke, Adolf [Dir. Dr.]: Politische Erdkunde von Deutschland '(gemäss d. Lehrplänen f. Quinta u. Obertertia)'. (Forts. d. P-Beil. 1893.) Trier, F. Lintz'sche Buchdr., 1895; 52 S. 8.
Trier, k. RG m. Gymnasialkl., OP 1895

[Ant. u. F.] Dronke, Adolf [Dir. Dr.]: *Die Feier zur Erinnerung an die vor 50 Jahren erfolgte Anerkennung der Anstalt als berechtigte höhere Bürgerschule.* Trier, F. Lintz'sche Buchdr., 1897; S. 19. 4.
Trier, k. Kaiser Wilhelms-G '(verbunden m. RG)', P 1897

— s.: Führer an d. Mosel.

[Adolf] Dronke's Führer an der Mosel und Saar, durch die Eifel und den Hochwald-Hunsrück. Mit 24 Bild. u. 3 Karten. Anh.: Abteil. f. Radfahrer. 5. verm. u. verb. Aufl. *Trier: F. Lintz 1902.* (XVIII, 197, 51 S.) 8° [F.] [03. 14076 5

Dronke's Führer an der Mosel u. Saar, durch die Eifel u. den Hochwald-Hunsrück. Mit 30 Bildern u. 6 Karten. Anh.: Abteilg. f. Radfahrer. 6. verm. u. verb. Aufl. (XVIII, 221 S.) kl. 8. Trier 907. F. Lintz. Geb. 2. 20

Dronke, Adf., die Geographie als Wissenschaft u. in der Schule. gr. 8. (IV, 94 S.) Bonn 885. Weber. n. 1. 50

(Dir.) [Adolf] Dronke's Karte der Eifel (m. Höhenschichten. Maassst. 1:300000.) Nebst 16 zsgest. empfehlenswerten Wandergn v. mehreren Eifelfreunden. 2. Aufl. *Trier: H. Stephanus 1894.* (31, 8 S., 1 Ktnbl. [illegible]) 1 Bd 8. [94. 379

— die Kegelschnitte in synthetischer Behandlungsweise für die Prima höherer Lehranstalten. Mit Fig. im Text. gr. 8. (IV, 76 S.) Ebend. 881. n. 2. —

— Lehrbuch der Geographie. 1. Heft. gr. 8. (240 S. mit zahlreichen Fig. und Karten.) Ebendas. 886. *
Nicht weiter erschienen.

Dronke, Ad., Leitfaden für den Unterricht in der Geographie an höheren Lehranstalten. 1.—5. Cursus. 8. Bonn, Weber. *
Inhalt:
Curs. 1. [Sexta.] (84 S.) 877. * 70 Pf.
" 2. [Quinta.] (104 S.) 877. * 90 Pf.
" 3. [Quarta.] (104 S.) 877. * 90 Pf.
" 4. [Untertertia.] (175 S.) 877. * M. 1,35.
" 5. 1. Thl.: Physikalische Geographie. (144 S.) 877. * 90 Pf.; 2. Thl.: Ethnographie. (144 S.) 878. * 90 Pf.

— Leitfaden für den Unterricht in der Geographie an höheren Lehranstalten. 1. Tl.: Propädeutischer Kursus. 2. mehrfach geänd. Aufl. gr. 8. (IV, 58 S. mit 6 eingedr. Kartenskizzen.) Bonn 882, Weber's Verlag. geb. *

[F.] Dronke, Adolf [Dir. Dr.]: Mitteilungen über die Burg Schönecken. Trier, F. Lintz'sche Buchdr., 1892; 24 S., 1 Tab. 8.
Trier, st. RG, OP 1892 (487)

Dronke, Ad., Julius Plücker, Professor der Mathematik u. Physik an der Rhein. Friedrich-Wilhelms-Universität in Bonn. gr. 8. (31 S.) Bonn 871. A. Marcus. n. — 50

— physikalischer Schul-Atlas. Fol. (9 lith. Karten m. 3 Bl. Text.) Trier 881. Lintz. n. 3. —

Dronke, Adolphus (geb. am 7 März 1837 in Koblenz): De theoria mechanica caloris, quoad spectat ad gasa permanentia ... Bonnae, form. C. Georgii (1860). 2 Bl., 35 S., 1 Bl., 1 Taf. 8.
Bonn, Phil. Fak., Diss. v. 16 März 1860

Dronke A, billiger Volksschulatlas m erläuternd. Text 17 K. 4° Kreuznach-Leipzig

Dronke A u O Herkt, Physikalische Wandkarte der Erde. Aequatorial-Massstab: 1:22000000. auf Leinwand mit Stäben. Glogau (1894)

— geographische Zeichnungen. Ein Hülfsmittel f. den geograph. Unterricht. 1. u. 2. Lfg. Fol. (11 S. m. 15 Karten in Aubeldr. in qu. gr. Fol. u. Imp.-Fol.) Bonn 876. Weber's Verl. à n. 2. —; einzelne Karten à n. — 40

— geographische Zeichnungen. Ein Hülfsmittel für den geograph. Unterricht. 3. Lfg. 14 (zinkotyp.) Karten m. erläut. Texte. Fol. (4 S.) Bonn 876. Weber. n. 2. 40 (1—3.: n. 6. 40)

Dronke, Ernst

Dronke, E., Annotatio critica in C. Cornelii Taciti Agricolam. Pr. 1842. 21 S. 4°.
— — Pr. 1872. 11 S. 4°.

Dronke, Ernst, Armensünder-Stimmen. Zwölf Lieder. 8. (3 B.) Altenburg 846, Helbig. *

Dronke, Er., Aufgaben zum Uebersetzen aus d. Deutschen ins Lateinische, nach Zumpt's Grammatik. gr. 8. Coblenz 823. 2e A. 825. 3e A. 827. 4e A. 831. Hölscher. 16 ggr

Dronke, Er., Aufgaben zum Uebersetzen aus d. Deutsch. ins Latein., nach der Grammatik von C. G. Zumpt. 1e Abthl. 5e Ausg. gr. 8. Coblenz 835. 6e Aufl. 839. Hölscher. 1/2 ℛ — 2e Abthl. 5e Ausg. 836. 1/3 ℛ 6e Ausg. 839. 5/12 ℛ

— Aufgaben zum Uebersetzen aus d. Deutschen ins Latein., nach der Grammatik von C. G. Zumpt gesammelt u. geordnet. 1. Abthl. 7. Ausg. 841. 8. Ausg. gr. 8. Coblenz 844, Hölscher. 1/2 ℛ — 2. Abthl. 7. Ausg. gr. 8. Ebend. 841. 1/2 ℛ — 8. Ausg. 846. 1/2 ℛ

Dronke, Ernst (F. J.), Aufgaben zum Uebersetzen aus dem Deutschen ins Lateinische, nach den Grammatiken von Zumpt und Siberti-Meiring gesammelt und geordnet. 1. Abthl. 9. Aufl. gr. 8. (III und 200 S.) Coblenz 848, Hölscher.

Dronke, Ernst, Aufgaben zum Uebersetzen aus dem Deutschen in's Lateinische nach den Grammatiken von Zumpt und Siberti-Meiring gesammelt u. geordnet. 1. Abth. 10. Aufl. Coblenz 859. Hölscher. gr. 8. (2 Bl., 191 S.) 15 ngr.

Dronke, Ernst, Aufgaben zum Uebersetzen aus dem Deutschen in's Lateinische, nach der Grammatik von Zumpt gesammelt u. geordnet, neu hersg. von Al. Dominicus. 2 Abthlgn. 11. Aufl. Coblenz 865. Hölscher. gr. 8. (VIII, 256 S.) Jede Abth. 12 ngr.

— — umgearb. für den Gebrauch bei der Grammatik von Meiring von Al. Dominicus. 2 Abthlgn. 11. Aufl. Ebend. 865. gr. 8. (VII, 282 S.) Jede Abth. 12 ngr.

Dronke, Ernst, Aufgaben zum Uebersetzen aus dem Deutschen in's Lateinische, umgearb. f. den Gebrauch bei der Grammatik v. Meiring v. Al. Dominicus. 1. Abth. [Für die Quarta e. Gymnasiums.] 12. Aufl. gr. 8. (II, 144 S.) Coblenz 875. Hölscher. 1. 20

— Beiträge zur Bibliographie u. Literaturgeschichte, oder Merkwürdigkeiten der Gymnasial- u. der städtischen Bibliothek zu Koblenz. 1s Hft. gr. 8. Koblenz 837. Hölscher. 11/12 ℛ

DRONKE, Ernst, Berlin. (Drastische Schilderungen der damaligen Berliner Sittenzustände: die Grisette, die Flaneurs, die Spieler, die Orgien, Leben in der Nacht, die Ehe, die Jugendfrage, etc. etc.) 2 Bde. Frankfurt a. M. 1846. 8°. (In Berlin, Magistratsbibl.; in Breslau, Kgl. u. Univ.-Bibl.; in Dresden, Kgl. Oeff. Bibl.) (Mk. 7,50.) (3 Mk. 50 Pfg., Max Jaeckel, Potsdam, 1902; 7 Mk. 50 Pfg. E. Frensdorff, 1907.)
4 Bll., 381 + 1 Bl., 351 Seiten. — Vgl. auch: Die Prozess-Verhandlungen gegen Ernst Dronke vor dem Zuchtpolizeigericht zu Coblenz am 10. April u. 6. Mai 1847. Leipzig 1847. 8°. (1 Mk. E. Frensdorff, Berlin, c. 1902.)

Dronke, Ernst. Berlin. Frankfurt a. Main, Literarische Anstalt 1846.
2 Teile in 1 Bde. 8°.
1. 381 S.
2. 331 S.
Bringt sittengeschichtliche Schilderungen.

— Berlin. 2 Bde. 8. (391 und 335 S.) Frankfurt 847, Literarische Anstalt. *

Dronke, Ernst (Frdr. Joh.), siehe: Codex diplomaticus Fuldensis.

— u. Mich. Henkel, Gesang- u. Gebetbuch f. kathol. Gymnasien u. höh. Lehranstalten. gr. 8. (VI u. 190 S.) Fulda 847, Henkel. n. 2/3 ℛ

Dronke, Ernst, s. Gregorius Nazianzenus: Carmina selecta.

Dronke, Ernst, s. Grimm, Jakob: Weisthümer. 2r Thl.

Dronke, E. . Ueber die Gymnasialbibliothek und einige Handschriften ders. Nebst drei Schriftproben. 22 S. . . . .
Progr. Coblenz 1832

Dronke, Ernst, s. Leben des heil. Castor.

— die Maikönigin. Ein Volksleben am Rhein. 8. Leipzig 846, Lorck. n. 1 ℛ

Dronke, Ernst, die Maikönigin. Ein Volksleben am Rhein. Neue illustr. (Titel-)Ausg. 8. (237 S. m. 1 Lith.) Meißen (846) 850, Goedsche. 2/3 ℛ

— und Joh. Claudius v. Lassaulx, die Matthias-Kapelle auf der oberen Burg bei Kobern an der Mosel, beschrieben. Mit 1 Stahlstich u. 2 Lithogr. gr. 8. Koblenz 837. Hölscher. 7/12 ℛ

Dronke, Ernst, De Niceta Davide et Zonara interpretibus carminum S. Gregorii Nazianzeni. Acced. particula paraphrasis Nicetae Davidis nunc primum e codice bibliothecae Cusanae edita. Confluentibus Juli 1839. 16 S. (3.50) 6981

— de Niceta Davide et Zonara interpretibus carminum S. Gregorii Nazianzeni. Accedit particula paraphrasis Nicetae Davidis nunc primum e codice Bibliothecae Cusanae edita. 4maj. Confluentibus 839. Hölscher. 1/4 ℛ

Dronke, Ernst, s. Platon; Dialogi VI.

— Polizei-Geschichten. 8. (13 B.) Leipzig 846, Lorck.

— Polizei-Geschichten. Neue illustr. (Titel-)Ausg. 8. (V und 200 S. mit 1 Stnt.) Meißen 850, Goedsche

— Prozeßverhandlungen, s. Prozeßverhandlungen.

Dronke, Ernst, d. Reichsgesetz üb. d. Angelegenheiten d. freiw. Gerichtsbarkeit, s.: Schwann's Handausgaben deutscher u. preuß. Gesetze.

— s. Tacitus, Caj. C., de vita et moribus Jul. Agricolae. —

Dronke, Er. Fr. Jh., s. Traditiones et antiquitates Fuldenses.

Dronke, Ernst. Aus dem Volk. Frankfurt a. M. 1846. 351 S. 8.

— Aus dem Volk. 8. Frankf. a/M. 846, Liter. Anstalt. 1 1/3 ℛ

Dronke, F., die englische Fabriken- u. Werkstätten-Gesetzgebung in ihren wesentlichen Bestimmungen, unter Vergleichung m. der deutschen Gewerbe-Ordnung. gr. 8. (XIII, 67 S.) Berlin 877. Kortkampf. n. 1. 50

Dronke, Gustav

Dronke, G., Coniectanea critica in Livium et Apollonium. Gel. 1856. 8 S. 4°.

Dronke, G., De Apollonii Dyscoli libro περὶ ἐπιῤῥημάτων. S.-A. 1857. 26 S.
— De Apollonii Dyscoli τέχνῃ γραμματικῇ. S.-A. 1857. 87 S.

Dronke, Gust., die religiösen und sittlichen Vorstellungen des Aeschylos und Sophokles. (Abdr. aus dem 1. Supplem. Bd. der Jahrbücher für class. Philologie.) Leipzig 861. Teubner. gr. 8. (116 S.) n. 21 ngr.

Dronke, Julius, Gymn.-Oberl. in Sigmaringen: Die Verpflanzung des Fieberrindenbaumes aus seiner südamerikanischen Heimat nach Asien und anderen Ländern. *Wien: R. Lechner 1902.* (44 S.) 4°(8°) ¶(Aus: Abhandl. d. K. K. Geogr. Ges. in Wien, Bd 4, No 2.)
Bonn, Phil. Diss. v. [31. Juli] 1902

Dronke, K., Zolltarifgesetz vom 25. XII. 1902 nebst Ausführungsbestimmungen, erläutert. (92 S.) 8. Bremen 910. G. Winter Verlag. Geb. 2. —

Dronke, Kurt (in d. Vita: Konrad) *Ernst Alexander* [Gerichtsref. aus Bonn]: Die exceptio doli generalis ... Bonn, Druck v. E. Heydorn, *1895;* VII, 125 S., 1 Bl. 8.
Berlin, Jur. Fak., Inaug.-Diss. v. 27. Juli 1895

Dronke, Kurt, rheinisches Privatrecht. Sammlung d. neben dem bürgerl. Gesetzbuche gelt. Quellen des rheinpreuß. Privatrechts. 2 Thle. gr. 8. Leipzig, C. E. M. Pfeffer. n. 10. 80; geb. in 1 Leinw.-Bd. n. 12.—
1. Die zur Ausführg. des bürgerl. Gesetzbuches ergangenen Gesetze, Verordngn., Erlasse u. Verfüggn. nebst den v. ihnen betroffenen od. in Bezug genommenen Gesetzen. (VIII, 244 S.) 900. n. 4. 40
2. Das Einführungsgesetz zum bürgerl. Gesetzbuch u. die von ihm aufrecht erhaltenen Vorschriften des rhein. Privatrechts. (IV, 345 S.) 901. n. 6. 40

Rheinisches Privatrecht. Sammlung der neben dem BGB. geltenden Quellen d. rheinpreuß. Privatrechtes. Hrsg. von Dr. Kurt **Dronke**, Reg.Ass. zu Cöln. Th. 1. 2 [nebst] Nachtrag. Leipzig: C. E. M. Pfeffer 1900–01. 3 Bde 4°(8°) [J.]
1. Die z. Ausführung d. BGB. ergangenen Gesetze, Verordnungen ... 1900.
2. Das Einführungsgesetz z. BGB. u. die von ihm aufrecht erhalt. Vorschriften d. rhein. Privatrechts. 1901.
Nachtr. 1901. [01. 7157

Droonberg, Emil

— aus Landes-Scharfrichter Fritzsche's Leben u. amtlicher Thätigkeit. Kriminal-Erzählg, auf Grund aktenmäßig. u. mündl. Überlieferg. bearb. 72 Hfte. gr. 8. (1. Bd. 622 S., 2. Bd. 614 S., 3. Bd. 486 S. m. Bildern.) Neusalza 893. H. Oeser. à —10

Droonberg, Emil, Albert Franks Reise um die Erde in 72 Tagen od. interessante u. galante Abenteuer e. Weltmannes auf der Jagd nach einer Million. Roman aus der Gegenwart, verf. auf Grund der Tagebuchnotizen Alb. Franks u. seiner Begleiter. 100 Hfte. gr. 8. (2404 S. m. 100 Bildern.) Berlin 893. Verlagshaus f. Volkslitteratur u. Kunst.) à —10

Droop, Adolf, a. Hannover: Die Belesenheit Percy Bysshe Shelley's nach den direkten Zeugnissen und den bisherigen Forschungen. Weimar 1906: R. Wagner Sohn. (167 S.) 8°
Jena, Phil. Fak., Ref. Keller, Diss. v. 12. Juni 1906
[Geb. 6. Sept. 82 Hannover; Wohnort: Berlin; Staatsangeh.: Preußen; Vorbildung: Lyzeum II Hannover Reife O. 01; Studium: Göttingen 3, Berlin 5, Lausanne 1, Oxford 1, Jena 2 S.; Coll. 3. März 06.]

Droop, Adf., Frieden. **Liederblüten im Märchenkranz.** (VII, 140 S.) 8. Dresden 906. E. Pierson. n. 2.—; geb. n. 3.—

Droop, A., Karl May. Eine Analyse seiner Reise-Erzählgn. (III, 200 S.) 8. Cöln-Weiden 909. H. J. Frenken. 2. 50

Droop, C. A., die Turngeräthe der preußischen Volksschulen. Anleitung zur richt. Anfertigg. Aufstellg. u. Erhaltg. derselben m. Benutzg. der neuesten Verbessergn. Mit 6 (lith.) Taf. (in Fol. u. qu. Fol.) 8. (23 S.) Emden 871. Haynel. n. 1. 50

Droop, Carl Adph., d. Gesteinslehre. Gemeinverständl. Geologie f. Schulen u. Sammler, nebst Anleitg. z. Anlage e. richtig geordn. Gesteinsammlg. 12. (59 S. m. 3 Fig.) Plauen-Dresden 1897 H. Focken.

Droop, E., die Cholera-Epidemie zu Osnabrück in den Monaten Julius, Aug., Septbr. und Octbr. 1859. gr. 8. (48 S.) Osnabrück 860, Meinders.

Droop, E., Dienstreglement für die Gerichtsvögte des Königreichs Hannover. Mit Genehmigung des königl. Justizministeriums veranstaltete Ausg. Mit Zusätzen u. einem Anhang versehen. Hannover 865. Meyer. gr. 8. (VIII, 179 S.) n. 20 ngr.

Droop, Eduard

Droop, der Rechtsweg in Preußen. gr. 8. (VII, 138 S.) Berlin 899. F. Vahlen. n. 3.—; geb. n. 3. 80

Droop, Fritz, Enoch Arden. Lyrische Oper in 1 Vorspiel u. 2 Akten. Musik v. Max Weydert. (24 S.) kl. 8. Berlin (909). W. Wellnitz. —50

Droop, Fritz, die sexuelle Aufklärung der Jugend, s. a. Für die Schule aus der Schule. 113. Hft.

— Die sexuelle Aufklärung der Jugend. (17 S.) gr. 8. Neuwied 907. L. Heuser Wwe. & Co. —50

Drei wichtige Erziehungsfragen. Von Fritz **Droop**. Langensalza: Greßler 1910. 58 S. 8° [10. 1698

Droop, Fritz, Kind, Schule, Kunst, s. a. Für die Schule aus der Schule. 112. Hft.

Kind, Schule, Kunst. Von Fritz **Droop**. Neuwied, Leipzig: Heuser 1906. (20 S.) 8°
— [**Schule**, Aus d., f. d. Schule. H. 112.] [08. 1137

Schiller für immer! Festrede z. Schillerfeier d. Schwelmer Lehrer-Vereins von Fritz **Droop**. Schwelm: M. Scherz [1905]. (20 S.) 8° [05. 13800

Fritz **Droop**. Schülerselbstmorde. Dortmund: Ruhfus 1908. 18 S. 8° [09. 2541

— **Schülerselbstmorde.** (18 S.) 8. Dortmund 910. F. W. Ruhfus. —40

Droop, G., Jagd-Gesetze f. die Prov. Hannover. Zusammenstellung der in der Prov. Hannover gelt. Jagd-Gesetze m. ausführl. Erklärgn. u. Erläutergn., nebst Hinweis auf die abweich. Bestimmgn. der in den alten Provinzen gelt. Jagdgesetze, f. Gemeindevorstände, Jagdvorstände, Jäger u. Grundbesitzer hrsg. gr. 8. (24 S.) Osnabrück 883. Meinders. n. —50

Droop, G. K. H., († d. 2. Jan. 1806.), s. **Lydas Esche.**

Droop, **H. E**, Diss. inaug. physiol. de respiratione. 4maj. Gotting. 823. (Vandenhöck u. R.) 12 gr.

Droop, (H. E.,) Dissert. inaugur. physiol. de respiratione. 4maj. Gottingae 824, Vandenhoeck et R.

Droop, Hermann

Droop, H., neue Bahnen in der Landwirthschaft. Praktische Vorschläge, die moderne Landwirthschaft rentabler zu gestalten. Ein unentbehrl. Ergänzungsbuch zu allen Lehrbüchern üb. Landwirthschaft, f. prakt. Landwirthe, Lehrer u. Schüler der Landwirthschaft, Nationalökonomen u. Staatsmänner. Auf Grund wissenschaftl. Lehren u. prakt. Erfahrgn. dargestellt. 3. Bd. Lohnender Ackerbau bei billigster Düngg., die Stalldüngerwirthschaft u. der vom Stalldünger unabhäng. Betrieb. (Nutzviehlose Wirthschaft.) (229 S.) gr. 8. Heidelberg 903. [Buchdruckerei Moriell]. O. Petters. n. 6.—
Bd. 1 u. 2 u. d. T.: Die Brache in der modernen Landwirthschaft. Ebd. 900. 901. n. 12.—.

Die Brache in der modernen Landwirthschaft. Wesen, Wirken u. Erfolge d. rationell betriebenen Schwarzbrache u. d. grünen Brache. Ein Ergänzungsbuch zu allen Lehrbüchern über Landwirtschaft. Auf Grund wiss. Lehren u. prakt. Erfahrungen dargest. von Dr. H[erm.] **Droop** in Heidelberg. (In 2 Th.) *Heidelberg: Selbstverl.; [Breslau: Schletter] 1900.* (402 S.) 8° [01. 4213

Droop, H., die Brache in d. modernen Landwirthschaft. Wesen, Wirken u. Erfolge der rationell betriebenen Schwarzbrache u. der grünen Brache. Ein unentbehrl. Ergänzungsbuch zu allen Lehrbüchern üb. Landwirthschaft für prakt. Landwirthe, Lehrer u. Schüler der Landwirthschaft, Nationalökonomen u. Staatsmänner. Auf Grund wissenschaftl. Lehren u. prakt. Erfahrgn. dargest. 2 Tle. gr. 8. Heidelberg, K. Rössler. à n. 6.—
1. (190 S. m. 1 Taf.) 900.
2. (S. 193—403 m. Abb. u. 1 Taf.) 901.

— **dasselbe.** Auszug aus dem gleichnamigen grösseren Werk in 2 Thln. gr. 8. (IV, 200 S. m. 18 Abbildgn.) Ebd. 902. n. 5.—

Droop, Hermann, aus Rauenthal: **Untersuchungen über das Wesen und Wirken der Brache.** *Heidelberg 1898: J. Hörning.* (74 S.) 8°
Heidelberg, Naturw.-math. Diss. v. [27. Okt.] 1898

Droop, Ludovicus Herm[annus]: De usu labii superioris in rhinoplastice. Halis 1844: Ploetz. 24 S., 1 Taf. 8°
Halle-Wittenberg, Med. Diss., nachgeliefert von dem am [14. Febr. 1844] auf Theses controversas promovierten Verf.
Geb. [Hamburg 6. 2. 1822].

Droop, Th., zur Frage d. Tabakmonopols. Aufzeichnungen aus mehreren im Reichstags-Wahlkreise Halle-Herford geh. Vorträgen. gr. 8. (14 S.) Bielefeld 881. (Helmich.) n.n. — 30

Drope, Georg [aus Schülzen (Ostpr.)]: Über Myoma lymphangiektodes ... Berlin, Buchdr. v. G. Schade, *1894*; 29 S., 1 Bl. 8.
Berlin, Med. Fak., Inaug.-Diss. v. 16. Jan. 1894

Dropiowski, Peter Ladislaus: Nikolaus Rey als Politiker. Eine litterar-historische Skizze. (Umschlagtitel: ... Politiker.) 43 S. 8. Progr. K. k. Rudolf-Gymn. *Brody* 1901.

Dropiowski, Pet. Ladisl., Nikolaus Rey als Politiker. Eine litterar.-histor. Skizze. gr. 8. (43 S.) Brody 901. (F. West). n. 1. —

Dropisch, Bernh., Handbuch der gesammten Papierfabrikation, s. Schauplatz, neuer, der Künste und Handwerke. 73.

Dropisch, Bernh., Handbuch der gesammten Papierfabrikation, umfassend die Darstellung der Triebkräfte, der Materialien, deren Vorbereitung u. Verarbeitung zu Halb- u. Ganzzeug, des Bleichens, Leimens u. Färbens desselben, der Bildung des Papiers durch Handarbeit u. durch Maschinen aus Hadern, Stroh, Holz u. anderen Surrogaten, sowie der Pappen u. einiger besond. Papiersorten, nebst Bemerkungen üb. Anlage u. Verwaltung v. Papierfabriken. 3. Aufl. v. Lenormand's Handbuch der Papierfabrikation in vollständiger Neubearbeitung. Mit einem Atlas, enth. 349 Abbildgn. auf 31 (lith.) Foliotaf. gr. 8. (XVI, 407 S.) Weimar 881. B. F. Voigt. 12. —

Dropisch, Bernh., Holzstoff und Holzcellulose, ihre Herstellung und Verarbeitung für die Zwecke der Papierfabrikation. Gründliche Anleitung zur Fabrikation von Holzstoff und Holzpappen, nach den besten und neuesten Systemen, nebst einem Anhang, die Darstellung chem. Holzstoffes, „die Holzcellulose", betr. gr. 8. (VIII, 85 S. mit 5 in den Text gedr. Holzschn. und 3 lithogr. Taf., enth. 11 Fig.) Weimar 879, B. F. Voigt.

— die Papiermaschine, ihre geschichtliche Entwickelung u. Construction, unter Berücksichtigung der bis auf den heutigen Tag daran angebrachten Verbesserungen, nebst einer Anleitung zur rationellen Behandlung derselben, um die grösste Leistungsfähigkeit zu erzielen. Nach besten Quellen, u. auf eigene langjähr. Erfahrungen gestützt, bearb. Mit zahlreichen in den Text eingedr. Holzst. u. 6 lith. Taf. gr. 8. (XV, 184 S.) Braunschweig 877. Vieweg & Sohn. n. 8. —

—— die Papiermaschine, ihre geschichtliche Entwickelung und Construction, unter Berücksicht. der bis auf den heutigen Tag daran angebrachten Verbesserungen, nebst einer Anleitung zur rationellen Behandlung derselben, um die grösste Leistungsfähigkeit zu erzielen. Nach besten Quellen, und auf eigene langjähr. Erfahrungen gestützt, bearb. gr. 8. (XV, 184 S. mit zahlreichen in den Text eingedr. Holzst. und 6 lithogr. Taf.) Braunschweig 878, Vieweg und Sohn. *

Dropisch, B., siehe: *Papiertechniker.*

Dropsy, Jos. Jul. Hugo, Analecta de morbo Brighti. 8. Berolini 839. (libr. Voss.) n. 1/2 ₰

Dropsy, Joseph. Julius Hugo (geb. Lemberg 13. 1. 1809): De morbo Brighti. [!] Berolini (1838). (50 S.) 8°
Berlin, Med. Diss. v. 7. Dez. 1838

DROPUS II. (ps.). — Allerneueste Witzpumpe. Zehn Schock und ein Pleuplier, zum Nacherzählen bei Tische, beim Gläschen und im Reisewagen, für Antimucker und Spiritualisten, von *Dropus II.*, erstem Pumpier seines Jahrhunderts und patentirtem Entwässerer der Pontinischen Sümpfe (um 1800?). (21 Sgr.)
Harpf's Leihbibl., Königsberg i. Pr., no. 26137, Beibd.

Drory, Alexander *Ludwig* [aus Berlin]: Ueber Ortho-Cyanbenzylselencyanid. Ein Beitr. z. Kenntniss organischer Selenverbindgn nebst e. Anh. üb. Condensationsproducte d. o-Cyanbenzalchlorides ... Berlin, A. W. Schade's Buchdr., 1892; 51 S., 1 Bl. 8.
Berlin, Phil. Fak., Inaug.-Diss. v. 3. März 1892

Drory, William L. [aus Frankfurt am Main]: Ueber die Truxillsäuren. Ein Beitrag zur Kenntnis des Truxillins. . . . Berlin, A. W. Schade's Buchdr. (L. Schade), 1889; 61 S. + 1 Bl. 8°
Berlin, Phil. Fak., Inaug.-Diss. v. 12. Aug. 1889

Droes, Heinrich

Droes, H., Sammlung mehrstimm. Choräle, Lieder u. Motetten v. verschied. Componisten f. höh. Bildungsanstalten u. Singvereine, zunächst f. d. Hrzgth. Nassau hrsg. Mit e. Vorr. v. Fr. Tr. Friedemann. 1. u. 2. Hft. gr. 8. Weilburg, Lanz. [1. (8¼ B.) 832. 1 Thlr., 2. (12 B.) 835. 1 Thlr. 8 Gr.]

Droes, Hnr., Samml. mehrstimmiger Choräle, Lieder und Motetten von verschied. Componisten, für höhere Unterrichtsanstalten u. Singvereine, zunächst für d. Herzogth. Nassau. Mit e. Vorrede v. Fr. Tr. Friedemann. 2s u. 3s Hft. gr. 8. Weilburg 834. Lanz. (à 1⅓ ₰) 2⅔ ₰ (1—3. 3⅔ ₰)

Droes, Heinr., Sammlung mehrstimm. Choräle, Lieder u. Motetten v. verschied. Componisten, f. höh. Unterrichtsanstalten u. Singvereine, zunächst f. d. Hrzgth. Nassau. Mit e. Vorr. v. Friedr. Traug. Friedemann. 3. Hft. gr. 8. (11¾ B.) Weilburg 837, Lanz.
1. u. 2. Hft. Ebendas. 1832, 35. 2 Thlr. 8 Gr.

Droscha, Erich, Referendar am Kgl. Amtsgericht Leipzig: Ein Beitrag zur Lehre vom Firmenrecht. *Leipzig 1904: W. Wigand.* (106 S.) 8°
Leipzig, Jur. Diss. v. 1904

Dröscher, f.: Bericht der XXV. Kommission üb. den Entwurf e. Gesetzes, betr. die Abänderung der Gewerbeordnung.

Droescher, Emilie: Gold-Marie u. Pech-Marie, s. Kipper, Hermann.

Droescher, Emilie, Königin Luise. 8 Bilder aus ihrem Leben (Darmstadt, Paretz, Memel). Festdichtung f. Mädchen- u. Frauenschulen, Pensionate u. patriot. Kreise. (Umschlag: Der Königin Luise zum Gedächtnis.) (37 S.) 8. Homburg (910). F. Schick. 1.25

Droescher, Emilie, Rückblick auf das J. 1870—71. Patriot. Festspiel f. d. Schuljugend. gr. 8. (12 S.) Homburg 895. (F. Schick.) n. — 20

[F.] Unser Kaiser Wilhelm. Festspiel f. Schule, Haus u. weitere Kreise z. Feier d. 22. März 1897 u. anderer vaterländ. Gedenktage v. Emilie Droescher. *Homburg v. d. H.: F. Schick 1897.* (31 S.) 1 Bd 8. [99. 1266

Droescher, Emilie, s.: Wilhelm, Prinzessin v. Preussen, geb. Prinzessin Marianne v. Hessen-Homburg, Briefe an ihren Bruder Ludwig.

Droescher, Geo., aus zweiter Ehe! Schauspiel in 4 Aufzügen. gr. 8. (III, 69 S.) Mannheim 884. Nemnich. n. 1. 50

Droescher, Lili, das Kind im Hause, s.: Beschäftigungsbücher, kleine, s. Kinderstube u. Kindergarten.

— Von der Kindesseele, s.: Bäumer, Gertr.

Droescher, Lili, s.: Kunst, die, im Leben des Kindes.

Droescher, Otto, s.: Adressbuch deutscher Thierzüchter etc.

Dröscher, *Wilhelm* [Dr.]: Beiträge zur Biologie des Schweriner Sees. Schwerin, G. Hilb's Buchdr., 1892; 15 S. 4.
Schwerin, grossh. RG, OP 1892

Die Besetzung des Saaler Boddens und der Unterwarnow mit Karpfen. Bericht im Auftr. d. Mecklenb. Fischerei-Vereins erstattet von Reg.R. Dr. W[ilhelm] Dröscher, Schwerin. Neudamm: J. Neumann 1905. (15 S.) 8° [F.] [05. 7156

Der Krebs. Seine Pflege u. s. Fang. Von Reg.R. Dr. W[ilhelm] **Dröscher**, Schwerin. 2., umgearb. Aufl. Mit 15 Abb. Neudamm: J. Neumann 1906. (171 S.) 8° [F.]
(J. Neumann's Fischereiwirtschaftliche Büchersammlung.) 07. 7318

Dröscher, W., der Krebs u. seine Zucht. Im Auftr. des Sonderausschusses f. Seenwirtschaft d. deutschen Fischerei-Vereins bearb. gr. 8. (II, 90 S. m. 20 Abbildgn.) Berlin (898). (Neudamm, J. Neumann.) n. 1.—

Der Krebs und seine Zucht. Im Auftr. d. Sonderausschusses f. Seewirtschaft d. Deutschen Fischerei-Vereins bearb. von Dr. W[ilhelm] **Dröscher**-Schwerin. Mit 20 Abb. Berlin: Deutscher Fischerei-Verein [übergekl.: Neudamm: J. Neumann] [1899]. (90 S.) 8° 09. 13799

Dröscher, W., die Nahrung unserer wirtschaftlich wichtigsten Wildfische. (20 S.) Lex. 8. Neudamm 908. J. Neumann. 1. —

Droschke, d. Berliner. In Trapp gesetzt v. e. Gardisten. Auch mit d. Umschlags-Tit.: Die Garde. Berliner Nationalepos in 3 Gesängen. 8. Leipz. 826. Gräfe. 12 ½

Droschke, Die, in Hamburg. Ein didaktisch-romantisches Gedicht A. Wilde an F. v. Bardenfels. Hamburg 1827. Bremen 1827. V: *Kratz, Ernst Friedrich Lebe-recht.* (GGR VII, 421, 50, 12) (BGE III[3], 28)

Droschken oder Chaisen? oder Droschken und Chaisen? Ein Versuch über das öffentliche Fuhrwerk Berlins. 8. Berl. 837. Vereins-Buchh. n. 1/6 ℔

Unsere lieben **Droschkenkutscher**. 6 Darstellungen nach photographischen Aufnahmen gez. von M. B. Hamburg 1891.
6 Taf. 8°.

Droschkenordnung vom 1. VIII. 1902. — Polizeiverordnungen betr. den Karrenhandel auf der Straße vom 24. VI. 1902 u. den Verkehr m. Kraftfahrzeugen vom 11. VIII. 1902. — Bekanntmachung, betr. den Reitweg an der Alster vom 11. VIII. 1902. Textausg. gr. 16. (S. 65—126.) Hamburg 902. C. Boysen. n. — 60
Sonderabdruck aus: „Straßenordnung".

Droschkenordnung für den Ortspolizeibezirk Berlin vom 16. Febr. 1905. Mit d. Amtlichen Wegemesser (f. d. Landespolizeibezirk Berlin u. die z. Droschkenfahrbezirk gehörigen Vororte) u. e. Verzeichnis d. Straßen bearb. u. hrsg. von Jul. Straube. Berlin: J. Straube 1905. (80 S., 1 Kartenbl. 85 × 70 cm.) 8° [F.] 05. 13379

Droschkenordnung f. den Ortspolizeibez. Berlin vom 16. II. 1905 in der Fassg. vom 24. XI. 1906 bezw. 2. VIII. 1910. (91 S.) kl. 8. Mit dem amtl. (farb.) Wegmesser-Plan v. Gross-Berlin u. e. Verzeichnis der Strassen bearb. u. hrsg. v. Jul. Straube. 72,5×87,5 cm. Farbdr. Berlin 910. J. Straube. Geb. in Halbleinw. 4.—; m. Plan auf Leinw. n 5. —

Droschken-Tarif, der neue, u. die reglementarischen Bestimmungen üb. das Verhalten der Kutscher. Nach amtl. Quellen. Nebst e. Anh.: Die Sehenswürdigkeiten Berlins. 64. (18 S.) Berlin 871. Prager. — 10

Droese, Arthur [app. Arzt, aus Sehnde]: Beiträge über die Ursachen der Nephritis gesammelt u. geordnet aus d. Krankengeschichten d. Kgl. medicin. Klinik zu Göttingen ... Göttingen, Druck d. Dieterich'schen Univ.-Buchdr., 1896; 54 S. 8.
Göttingen, Med. Fak., Inaug.-Diss. v. [20. Apr.] 1896

Droese, Arth., Beiträge üb. d. Ursachen d. Nephritis, ges. u. geordn. a. d. Krankengeschichten d. kgl. medicin. Klinik zu Göttingen. Diss. gr. 8. (54 S.) Göttingen 896. (Vandenhoeck & Ruprecht.) n. 1. 60

Droese, Aug., Anthropologie das ist Somatologie und Psychologie nebst einem Anh. Logik enth. Als Grundwissenschaften der neueren Pädagogik. 1. Aufl. 1872, und 2. Aufl. 8. (XI, 175 S. mit eingedr. Holzschn.) Langensalza 874, Schulbuchh. von Greßler.

Droese, Aug., Anthropologie d. i. Somatologie u. Psychologie, nebst e. Anh., Logik enth. Als Grundwissenschaften der neueren Pädagogik dargestellt. 3. Aufl. 8. (X, 175 S.) Langensalza 876. Schulbuchh. 1. 80

—— Arithmetik und Algebra im Umfange des Seminarunterrichts nach den „Allgemeinen Bestimmungen" vom 15. Octbr. 1872. Für Seminarien, Präparandenanstalten und Mittelschulen, auch zum Selbstunterricht dargestellt. 1. Aufl. (IV, 152 S.) 1877. ℳ 1,30.; 2. durchgeseh. Aufl. 8. (IV, 152, 32 S.) Ebendas. 878.

— dasselbe. 2., durchgeseh. Aufl. 8. (IV, 152 u. 32 S.) Ebend. 880. 1. 50

Droese, Aug., Arithmetik und Algebra im Anfange des Seminarunterrichts nach den „Allgemeinen Bestimmungen" vom 15. Oktbr. 1872. Für Seminarien, Präparandenanstalten und Mittelschulen, auch zum Selbstunterricht. 3. durchges. und verm. Aufl. 8. (VIII, 200 S.) Langensalza 880, Schulbuchh. von Greßler.

—— dreißig pädagogische Aufsätze. Gesammelt und bearb. gr. 8. (IV, 208 S.) Ebendas. 883.
—— dass. — 1. und 2. Bd. gr. 8. Ebendas. [1. Bd. 2. unveränd. Aufl. (IV, 208 S.) 883; 2. Bd. (III, 214 S.) 884.] à Bd. ℳ 1,80. *

Droese, Aug., dreißig pädagogische Aufsätze. Gesammelt u. gearb. 1. u. 2. Bd. gr. 8. (IV, 208 S.) Langensalza 885. 84. Schulbuchh. à 1. 80
1. 3. Aufl.

Droese, Aug. 30 pädagogische Aufsätze. 1. Bd. 4. unveränd. Aufl. gr. 8. (VI, 206 S.) Langensalza 890, Schulbuchh. 1 80

Droese, A., pädagogische Aufsätze. Gesammelt u. gearb. 2. Bd. 3. Aufl. gr. 8. (III, 214 S.) Langensalza 894. Schulbuchh. 1. 80

Droese, Aug., dreißig pädagogische Aufsätze. Gesammelt u. bearb. 1. Bd. 5. unveränd. Aufl. gr. 8. (IV. 208 S.) Langensalza 900. Schulbuchh. 1. 80

Dröse, Aug., pädagogische Charakterbilder. Geschichte der Pädagogik und ihrer vornehmsten Vertreter in den vier letzten Jahrhunderten. 863. — 2. Aufl. Langensalza 864. Greßler. 8. (IV, 172 S.) 15 *ngr.*

—— pädagogische Charakterbilder. Geschichte der Pädagogik und ihrer vornehmsten Vertreter in den vier letzten Jahrh. 3.—5. Aufl. 8. (VII, 210 S.) Langensalza 869—74, Schulbuchh. von Greßler.

—— pädagogische Charakterbilder. Geschichte der Pädagogik und ihrer vornehmsten Vertreter in den vier letzten Jahrhunderten. 6. und 7. vollständig umgearb. Aufl. 8. (III, 368 S.) Ebendas. 876.

— pädagogische Charakterbilder. Geschichte der Pädagogik u. ihrer vornehmsten Vertreter in den 4 letzten Jahrhunderten. 8. Aufl. 8. (IV, 368 S.) Ebend. 881. 2. 40

—— Didaktik und Methodik für Volksschullehrer. Nach den besten Methodikern und eigener Erfahrung dargestellt. gr. 8. (IV, 271 S.) Ebendas. 879.

— Didaktik u. Methodik für Volksschullehrer. Nach den besten Methodikern u. eigener Erfahrung dargestellt. 2. Aufl. gr. 8. (IV, 271 S.) Ebend. 880. 2. 40

— Didaktik u. Methodik f. Volksschullehrer. Nach den besten Methodikern u. eigener Erfahrg. dargestellt. 3. Aufl. gr. 8. (V, 276 S.) Ebend. 884. 2. 40

—— Einführung in die deutsche Literatur von ihren ersten Anfängen bis zur Gegenwart. Biographieen und Proben. gr. 8. (XII und 324 S.) Langensalza 868, Schulbuchh. von Greßler.

—— Einführung in die deutsche Literatur von ihren ersten Anfängen bis zur Gegenwart. Biographieen und Proben. 3. verm. Aufl. (XVI, 432 S.) 1872. ℳ 3,75., und 4. verm. und verb. Aufl. gr. 8. (XVI, 500 S.) Langensalza 875, Schulbuchh. von Greßler.

— dasselbe. 5. verm. u. verb. Aufl. gr. 8. (XVI, 572 S.) Ebend. 876. 4. 50

— Einführung in die deutsche Literatur von ihren ersten Anfängen bis zur Gegenwart. Biographieen u. Proben. 6. verm. u. verb. Aufl. gr. 8. (XVI, 582 S.) Ebend. 879. 4. 50

— dasselbe. 2. Tl. gr. 8. (VIII, 319 S.) Ebend. 882. 2. 50; geb. 3. 30

— Germania. Deutsche Geschichte in Liedern, gesammelt. gr. 8. (IV, 184 S.) Pasewalk 878. (Schnurr.) n. 1. 25

Droese, Aug., Heinrich v. Plauen, der letzte Ritter von Marienburg od. die Ritter vom schwarzen Kreuz. Historische Erzählg. aus der Zeit des deutschen Ritterordens in Preußen. Der Jugend erzählt. 12. (119 S. m. 4 farb. Bildern.) Berlin 893. H. Liebau. Kart. 1. —

—— Sammlung von pädagogischen Kernsprüchen und Musteraufsätzen. Zu einer Erziehungslehre geordnet. 8. (VI und 229 S.) Danzig 866, Kafemann. *

Droese, G. E., das neue Maaß- u. Gewichts-System des norddeutschen Bundes mit den bisher in Preußen gesetzlichen Maaßen u. Gewichten verglichen nebst einer Anweisung zum praktischen Rechnen mit dem metr. Maaß u. Gewicht. Zur Selbstbelehrung u. zum Gebrauch in Schulen. Elbing 870. Neumann-Hartmann. 8. (52 S.) 3 ngr.

— Tabellen zur Vergleichung des neuen Längen-, Flächen- u. Kubikmaaßes sowie d. neuen Gewichts m. dem alten, vorzüglich f. Landwirthe. Zugleich Beispieltabellen u. Berechng. d. Werthes e. Neu- u. Alt-Scheffels wenn der Preis v. 2000 Pfund gegeben ist. 8. (16 S.) Elbing 871. Neumann-Hartmann's Verl. — 25

Dröse, Heinr., Redeschrift des Systems Stolze-Schrey, s. a. Sammlung Göschen.

Redeschrift. Lehrbuch d. Redeschrift d. Systems Stolze-Schrey nebst Kürzungsbeisp., Lesestücken, Schlüssel u. e. Anleitung z. Steigerung d. stenogr. Fertigkeit. Von Heinrich **Dröse**. Leipzig: Göschen 1910. 101 S. 8°
(Sammlung Göschen. 494.) A 10. 1341 II

Droese, Max, Generallieutenant Georg Wilhelm v. Driesen. E. Lebensbild. 8. (26 S.) Berlin 896. E. S. Mittler & Sohn. n. — 40

Dröse, M., Suckhni's Geschichte. 12. (III, 110 S.) Berlin 889. Rother. n. — 40

Droese, Max, wie muß der Handwerker s. Bücher führen? Ein prakt. Wegweiser. gr. 8. (61 S.) Berlin 899. H. Steinitz. n. 1. —

Droese, Robert *Julius Martin* [aus Thorn]: Über Optische Operationen an Augen mit Netzhautablösung ... Greifswald, Druck v. J. Abel, 1894; 30 S. 8.
Greifswald, Med. Fak., Inaug.-Diss. v. 10. Nov. 1894

Drösemar, Achatius Wilhelm (Gronau), Praeceptum decalogi non moechaberis, ex jure naturali et positivo cum divino tum humano deductum. Disp. jur. Präs. Bernhard Schultze. Rinteln, 9./10. V. 1676. Ed. II (G. C. Wächter). 70 S. (6.—) 6978

— — Dasselbe. Ed. III. Rinteln 1708. (5.60) 6979

Droshin: Ueber das Redentiner Osterspiel. 36 S. (Inhalt: Vorwort. I. Die lat. Osterspiele. II. Die lat. deutsch. Osterspiele. III. Die deutsch-lat.-Osterspiele. IV. Die Höllenfahrt Christi. V. Schlussfolgerung.)–Neu-Stettin, Progr. 1866

Drosihn, Narratio eorum, quae Plato de animi humani vita ac statu ante ortum et post mortem corporis in mythis quibusdam docuit. Pr. 1861. 22 S. 4°. 1.20

Drosihn, F. C., s.: Aschersleben im 19. Jahrh.

Aschersleben im neunzehnten Jahrhundert. (Von F[r.] C[h.] **Drosihn**.) *Aschersleben: K. Kinzenbach in Komm. [1900].* (282 S.) 8° [F.] [02. 9703] 3

[F.] Deutsche Kinderreime und Verwandtes, aus d. Munde d. Volkes, vornehml. in Pommern ges. v. Friedrich **Drosihn**, weil. Oberl. ... zu Neustettin. Nach s. Tode hrsg. v. Carl Bolle in Berlin u. Friedrich Polle in Dresden. *Leipzig: B. G. Teubner 1897.* (IV, 209 S.) 1 Bd 8. [97. 1066]

Drosihn, Paul, appr. Arzt a. Neustettin: Über Pseudoparalysis saturnina. Berlin (1906): G. Schade. (55 S.) 8°
Berlin, Med. Fak., Ref. Ziehen, Diss. v. 11. Dez. 1906
[Geb. 18. Apr. 69 Neustettin; Wohnort: Cöpenick; Staatsangeh.: Preußen; Vorbildung: Köllnisches Gymn. Berlin Reife M. 87; Studium: Halle 5, Berlin 1, Halle 5 S.; Coll. 27. Nov. 06; Approb. 19. März 93.]

Drosinis, Georgios, Land u. Leute in Nord-Euböa. Ländliche Briefe. Mit e. Anh.: Die Polyphem-Sage in modern hellen. Gestalt aus den „athenischen Märchen" v. Frl. Marianne Kampúroglu. Deutsche autoris. Uebersetzg. v. Aug. Boltz. 8. (XII, 180 S.) Leipzig 884. Friedrich. n. 3. —

Droß, Ant. v., der Magnetiseur Dr. Johann Schober und sein heilvolles Wirken in Wien. Ofen 852. (Pesth, Geibel.) gr. 8. (78 S.) n. 7 ngr.

Dross, Carl Ludw. Ferdin. (Berlin), De viribus naturae in partu. Diss. med.-obstet. Bln. (Gebr. Unger) 9. IX. 1830. 32 S. mit Biogr. (4.50) 6982
Oppon.: H. Burmeister, A. Leiner, A. Braumüller. — Gew.: Carl Alex. Ferd. Kluge, Joh. Carl Dross.

DROSS, Otto

Mars. Eine Welt im Kampf ums Dasein. Eine gemeinverständliche Studie für Freunde der Himmelskunde von Otto Dross. Mit 8 Karten und 8 Abbildungen. Wien. Pest. Leipzig. 1901. Hartleben. 8°. VII, 171 S. K 3.30

Droß, Otto, der Untergang des Heidekruges, s. a. Volksbücher, pommersche. 5. Hft.

Der Untergang des Heidekruges. Erzählung aus d. Anfange d. 19. Jhs von Otto **Droß**. Stargard i. P.: Prange [1908]. 19 S. 8°
(Pommersche Volksbücher. H. 5.) [09. 9019]

Droß, Otto, Zollernoden. (III, 85 S.) 8. Stargard (906). Prange'sche Verlagsh. Geb. in Leinw. n. 1. —; Luxusausg., geb. in Ldr. n. 2. 50

Fünfunddreißig Konfirmationsreden geh. von W[erner] **Droß**, Pfarrer. Berlin: Schriftenvertriebsanst. 1910. 231 S. 8° [11. 418]

— Aus der Väter Zeit. Wechselgespräch f. 5 Personen. (15 S.) 8. Berlin (909). Buchh. des ostdeutschen Jünglingsbundes. p — 30

Drossbach, über die verschiedenen Grade der Intelligenz und der Sittlichkeit in der Natur. gr. 8. (VIII, 114 S.) Berlin 873, Henschel. [München, Th. Ackermann.] *

Drossbach, üb. die verschiedenen Grade der Intelligenz u. der Sittlichkeit in der Natur. gr. 8. (VIII, 114 S.) Berlin 875. München, Th. Ackermann. n. 2. 25

Drossbach, Johann: Die Darlehnskassen-Vereine (System Raiffeisen) in Schwaben und Neuburg. Neuwied: Raiffeisen & Cons. [nach 1892].

Drossbach, Max, die Nervenchirurgie der Jetztzeit. Diss. München 1885, A. Buchholz. 8°. 31 S.

Drossbach, Max [approb. Arzt aus Regensburg]: Die Nervenchirurgie der Jetztzeit .... München, K. Hof- u. Univ.-Buchdr. v. Dr. C. Wolf & Sohn, 1885; 31 S. 8°.
München, Med. Fak., Inaug.-Diss. v. 1885.

Droßbach, Maximilian

Droßbach, Max., üb. den Ausgangspunkt u. die Grundlage der Philosophie. Zur Richtschnur f. die Bewerber um den vom Freien Deutschen Hochstifte für Wissenschaften, Künste u. allgemeine Bildung in Goethe's Vaterhause zu Frankfurt a/M. ausgeschriebenen Preis. gr. 8. (IX, 111 S.) Frankfurt a/M. 881. Leipzig, Brockhaus' Sort. in Comm. n. 2. 50

Drossbach, Maxim., über Erkenntniss. gr. 8. (63 S.) Halle 869, Pfeffer. *

Drossbach, Max., die Genesis des Bewußtseins nach atomistischen Principien. Leipzig 860. Brockhaus. gr. 8. (XL, 352 S.) n. 1 ℛ 20 ngr.

Drossbach, Max, die **Harmonie** der Ergebnisse der Naturforschung mit den Forderungen des menschlichen Gemüthes oder die persönliche Unsterblichkeit als Folge der atomistischen Verfassung der Natur. Leipzig 858. Brockhaus. gr. 8. (XXVI, 379 S.) n. 1 ℛ 20 ngr.

— über Kraft u. Bewegung im Hinblick auf die Lichtwellenlehre u. die mechanische Wärmetheorie. gr. 8. (VIII, 120 S.) Halle 879. Pfeffer. n. 2. 40

Drossbach, Max., über die Objecte der sinnlichen Wahrnehmung. gr. 8. (VII und 230 S.) Halle 865, Pfeffer. *

Drossbach, M. Die individuelle Unsterblichkeit vom monadistisch-metaphysischen Standpunkte aus betrachtet. 8. (68 S.) Olmütz, Ed. Hölzel, Dr. R. Gerzabek in Prag, 1853.

Drossbach, Max, üb. die scheinbaren u. die wirklichen Ursachen d. Geschehens in der Welt. gr. 8. (IV, 103 S.) Halle 884. Pfeffer. n. 1. 80

Drossbach, M. — Das Wesen der Naturdinge und die Naturgesetze der individuellen Unsterblichkeit. Von — Olmütz, 1855. Bei Eduard Hölzel. (32 S. 8.)

Drossbach, M., Wiedergeburt, oder: Die Lösung der Unsterblichkeitsfrage auf empirischem Wege nach den bekannten Naturgesetzen. gr. 8. (VIII u. 56 S.) Olmütz 849, Hölzel. 12 ngr.

Drossbach, O., Resultate einer Reise, welche behufs des Flachsbaues u. der Leinwandfabrikation im Jahre 1844 nach Belgien, Holland u. Westphalen unternommen wurde. Regensburg 1846. 4°. brosch.

Drossbach, Paul [aus Friedland]: Ueber die Einwirkung von Dinitrobrombenzol auf die Natriumverbindungen des Malonsäureesters, Benzoylessigesters und der Nitrobenzylcyanide. . . . Breslau, Druck v. Anton Schreiber (1889); 2 Bl. + 34 S. + 1 Bl. 8°
Breslau. Phil. Fak., Inaug.-Diss. v. 28. Aug. 1889

Drösse, Herm., die chemisch-trockene Reinigung. hoch 4. (16 S. mit 9 Abbild. auf 1 Stnt. in qu. Fol.) Berlin 871, Grieben. [Leipzig, Gust. Weigel.] *

Drösse, d. chem.-trockene Reinigg., 2. Aufl., s.: Abel, L.

Drossel, die, Schausp. nach Fontaine, v. Unzer. 8. Hamburg. (Voß in Berlin.) 775.

Drossel, Die. Ein Schauspiel. Nach der Erzählung des La Fontaine: Le Faucon. Wien 1788. (VI, 4110.) V: *Unzer, Joh. Chph* (nicht: *J. Unger*). Vgl. GGr IV[3], 666, 39. 3b (DARP)

Drossel, d. Jüngere, Menadla, od. d. Doctorwahl. Lstspl. 8. Stuttg. 785. Löfflund. (a. Sattler). 4 ℊℊ

Drosselbart, König. Märchen, m. 6 Farbendr.-Bildern in Holzschn. nach Orig.-Zeichngn. v. Emil Sachße. (Meinhold's Märchen-Bücher) gr. 4. (12 S.) Dresden (902). C. C. Meinhold & Söhne. n. 1. —

Drossen [Schlagwort]

Drossen, s.: Geologische Karten. Preussen 122.

Die technische Entwicklung der Schwefelsäurefabrikation u. ihre volkswirtschaftl. Bedeutung. Von Ellinor **Drösser**. Leipzig: Klinkhardt 1908. VII, 220 S. 8°
[Ein T. erschien als Inaug.-Diss. München 1908.]
(Technisch-volkswirtschaftl. Monographien. Bd 4.) [09. 18310

Drösser, Ellinor: Die wirtschaftliche und technische Entwicklung der Schwefelsäure-Industrie hauptsächlich Deutschlands. Leipzig [1908]: Klinkhardt. 111 S. 8° ¶(Ersch. vollst. u. d. T.: Die techn. Entwicklung d. Schwefelsäurefabrikation u. ihre wirtschaftl. Bedeutung, als: Technisch-volksw. Monographien. Bd 4.)
München, Staatswirtsch. Diss. v. 3. Juli 1908, Ref. Sinzheimer, Brentano
[Geb. 10. April 81 Berlin; Wohnort: Cöln; Staatsangeh.: Preußen; Vorbildung: Luisen-Gymn. Berlin Reife März 02; Studium: Phil. Bonn 3, Staatsw. u. Phil. Zürich 1, München Staatsw. 6, Phil. 1 S.; Rig. 3. Juli 08.] [U 09. 3256

Drossinis, Geo., Engelhans, s.: Bibliothek der fremden Zungen.

Die Begräbnißstätten und die Bestattung der Leichname einst und jetzt. Nebst Hinweis auf d. Übernatürliche u. Wunderbare, sowie e. Wort über das, was uns jenseits d. Grabes erwartet. Hrsg. von Otto **Drößler**. Greußen. (Greußen): Selbstverl. 1899. (64 S.) 8° [F.] [06. 6483 3

Drößler, Otto, Erklärung der ersten Stammtafel von Adam bis Christus (4006—1) nach gründlichen Quellenforschungen dargestellt. Baruth, Mark, bei Berlin. Selbstverl. des Verf. 1883, 40 Pf.

Gedichte von Otto **Drößler**. H. 1. Schweidnitz: Selbstverl. 1906. 8° [F.] [06. 3308

Ein Wort über Gesang und Musik. Für Freunde d. Gesanges u. d. Musik. Hrsg. von Otto **Drößler**. Schweinitz ‹Elster›: Selbstverl. 1909. 23 S. 8° [09. 11053

Bad Kreuznach und Münster am Stein. Prakt. Handbuch f. Kurgäste u. Touristen von Albert **Drossong**. Mit 2 Karten. Berlin: A. Goldschmidt 1904—05. (IV, 35 S.) 8° [F. u. Ant.]
— Reiseführer, Griebens. Bd 103. [06. 3677

Drossong, Alb., Bad Kreuznach, — der Rhein, } s.a. **Grieben's Reiseführer.**

Drossong, Alb., d. Rhein, s.a. Grieben's Reisebücher.

Der **Rhein**. Prakt. Reisebuch. 23. Aufl. neu bearb. von Albert Drossong. Mit 14 Karten. *Berlin: A. Goldschmidt 1902–03.* (IV, 331 S.) 8° [F. u. Ant.]
— Reisebücher, Griebens. Bd 29. [03. 19346

Der **Rhein** von Düsseldorf und Köln bis Frankfurt a. M. und Wiesbaden. 26. Aufl. neu bearb. von Albert Drossong. Mit 10 Karten u. 1 Grundr. Berlin: A. Goldschmidt 1908–09. (IV, 219, 32 S.) 8°
— Reiseführer, Griebens. Bd 29. [08. 15575

Drossong, Ioannes Henricus (geb. am 7 Juli 1834 in Köln): Annotationes nonnullae de specillo uterino ... Bonnae, ex typogr. C. Krueger 1857. 38 S., 1 Bl. 8.
Bonn, Med. Fak., Diss. v. 7 Aug. 1857

Drost, Gustav [app. Arzt, aus Buchholz in Mecklenb.]: Über den Wert der Untersuchung des Mageninhaltes mit alizarinsulfonsaurem Natron und Dimethylamidoazobenzol ... Rostock, C. Hinstorffs Buchdr., 1896; 30 S., 1 Bl. 8.
Rostock, Med. Fak., Inaug.-Diss. v. [12. März] 1896

Drost, Hanns, Referendar: Wesen und Bedeutung der Erbschaftsannahme in der Geschichte und im Recht des B.G.B. Breslau 1906: Breslauer Genoss.-Buchdr. (VIII, 51 S.) 8°
Breslau, Jur. Fak., Ref. Beyerle-Leonhard, Diss. v. 31. März 1906
[Geb. 2. Sept. 82 Strehlen; Wohnort: Breslau; Staatsangeh.: Preußen; Vorbildung: Matthiasgymn. Breslau Reife O. 01; Studium: Breslau 6, Heidelberg 1 S.; Rig. 23. Juni 05.]

Drost, Hans, a. Arenshausen, Assessor am kgl. Amtsgericht zu Dingelstädt: Die Sicherung der Bauforderungen nach dem bürgerlichen Gesetzbuche, insbesondere nach § 648. Anhang: Die neueren Bestrebungen und die Gesetzentwürfe zum Schutze der Bauforderungen. Heiligenstadt 1906: Brunn. (VII, 75 S.) 8° [F.]
Erlangen, Jur. Fak., Ref. Oertmann, Diss. v. 27. Okt. 1906
[Geb. 20. Juli 75 Arenshausen; Wohnort: Dingelstädt; Staatsangeh.: Preußen; Vorbildung: Gymn. Heiligenstadt Reife O. 96; Studium: München 2, Berlin 2, Halle 2 S.; Rig. 29. Mai 06.]

Drost, Johannes, a. Dykhausen (Reg. Bez. Aurich): Über Brom- und Chlorderivate des p-Isopropyl- und des p-Tertiäramylphenols. Marburg 1905: R. Friedrich. (76 S.) 8°
Marburg, Phil. Fak., Ref. Zincke, Diss. v. 5. Aug. 1905
[Geb. 2. Nov. 78 Dykhausen (Reg.-Bez. Aurich); Wohnort: Marburg; Staatsangeh.: Preußen; Vorbildung: Gymn. Marburg Reife O. 00; Studium: Marburg 10 S.; Rig. 1. März 05.]

Drost, Karl [aus Jever]: Aus dem zoologischen Institut zu Kiel. Ueber (sic!) das Nervensystem und die Sinnesepithelien der Herzmuschel (Cardium edule L.) nebst einigen Mittheilungen über den histologischen Bau ihres Mantels und ihrer Siphonen .... Mit einer Tafel. (Sep.-Abdr. aus Morphol. Jahrbuch XII. Band.) Leipzig, Wilhelm Engelmann, 1886: 2 Bl. + 30 + 2 S. u. 1 Taf. 8°.
Kiel. Phil. Fak. Inaug.-Diss. v. 29. Mai 1886.

Drost, Karl, über das Nervensystem und die Sinnesepithelien der Herzmuschel [Cardium Edule L.], nebst einigen Mittheilungen über den histolog. Bau ihres Muskels und ihrer Siphonen. [Aus dem zoolog. Institut zu Kiel.] Inaugural-Dissertation. gr. 8. (39 S. mit 1 Taf.) Leipzig 886. (Kiel, Lipsius und Tischer.) *
Aus: Morphologisches Jahrbuch, besonders abgedruckt.

DROST, Oscar (Hamburg): Ueber primäre Sarkomatose des Magens.- München 1895. 21 S.
25.6.1894 - Chr 1893/94,14; Jv 1894/95,199 (Prom.-Datum: 1895)
Diss. Ingolst.-Landsh.-Mchn.

Drost, Walther

Drost, W., Alter schützt vor Thorheit nicht, s.: Wallner's allgemeine Schaubühne.

Drost, W., En tout cas-Album. Enthltd.: humoristische Vorträge, Calembourgs, Polterabendscherze u. Taschenspielerkünste. Berlin 865. (Plahn.) gr. 8. (VIII, 207 S.) 15 ngr

— e. kranke Familie, s.: Bloch's, E., Volkstheater.

Drost, W.: Ich esse bei meiner Mutter, s. Bloch's, E., Dilettanten-Bühne.

Drost, W.: Das Kameel, s. Wallner's allgemeine Schaubühne.

Drost, W., Heymann Levy auf der Alm, s.: Bloch's, E., Dilettanten-Bühne.

Drost, W., Liebestraum u. Wirklichkeit, s. a. Bloch's, Ludw., Gallerie lebender Bilder.

Liebestraum und Wirklichkeit. Gegensätze in e. Reihenfolge lebender Bilder mit verbind. Worten von W. Drost. 2. Aufl. *Berlin: E. Bloch [1894].* (13 S.) 8° [F.]
— Gallerie. Ludwig Blochs, lebender Bilder. Lief. 10. 1894

Drost, W.: Um Mitternacht, s. Bloch's, E., Dilettanten-Bühne.

— um Mitternacht, s.: Bloch's, E., Theater-Correspondenz.

Drost, W.: Prinz Panetellas y Xemenes, s. Wallner's allgemeine Schaubühne.

— Polterabend-Theater. Eine ausgewählte Sammlg. größerer u. kleinerer Comödien zur Belustigg. am Polterabend. 8. (VII, 183 S.) Hamburg 873. Gaßmann. n. 2. 50

LAUER, K. A. (d. i. *Walther Drost*), Schäferstunden oder wie die Alten sungen, so zwitschern die Jungen. Tragikomisches Schauspiel mit Gesang in 3 Abthlgn. Erfurt (vor 1890). 8°. (2 Mk. 50 Pfg. Adolf Weigel, 1906.)

Drost, W., neue Silberkränze zur silbernen Hochzeit-Feier gesammelt und gewunden aus ernsten und humoristischen Vorträgen, Polterabendscherzen, Tafelliedern rc. gr. 16. (IV und 95 S.) Berlin 866, Plahn'sche Buchh.

Drost, W., neue Silber-Kränze, zur silbernen Hochzeit-Feier gewunden aus ernsten u. humorist. Vorträgen, Polterabendscherzen, Tafelliedern, Strauß- u. Kranzreden, Toasten u. s. w. 3., verm. Aufl. 8. (109 S.) Berlin 890. Plahn. — 75

Drost, W., eine Tasse Thee, s. Bloch's, E., Dilettanten-Bühne.

— eine Tasse Thee, s.: Bloch's, E., Theater-Correspondenz.

Drost, W.: Ein Zimmer mit zwei Betten, s. Bloch's, E., Dilettanten-Bühne.

— ein Zimmer m. 2 Betten, s.: Bloch's, E., Theater-Correspondenz.

— zum Polterabend das Neueste und Beste. Ein unentbehrl. Rathgeber für Jung und Alt, enth.: Polterabendscherze für eine und mehrere Personen, Prologe, Kranzreden rc. gr. 16. (IV und 147 S.) Berlin 866, Plahn'sche Buchh.

Droste, Martin Boos. Ein Vortrag, gehalten im Saale des evangel. Vereinshauses in Berlin. Berlin 865. Buchh. d. Missions-Vereins. 16. (30 S.) 2¼ ngr

Droste, kirchliches Disciplinar- u. Criminal-Verfahren gegen Geistliche, systematisch dargestellt. gr. 8. (VIII, 247 S.) Paderborn 882. F. Schöningh. n. 3. —

Droste, siehe: *Geist.*

Droste, für Militär-Apotheker. 100 wicht. Fragen u. Antworten aus der Kriegs-Sanitäts-Ordng. (32 S.) 8. Berlin 908. A. Hirschwald. — 60

Droste, August (Übers. u. Comm.):

s.: Bottex, Alexandre: Praktische Abhandlungen über Sinnestäuschungen, psychisch-gerichtliche Medicin und Syphilis. Aus dem Französischen. Wohlfeile Ausg. Osnabrück: 1844

Droste, Aug., s. A. Bottex, prakt. Beiträge rc. — Dess. über syphilitische Krankheiten, u. Dess. über rc. Täuschungen.

Droste, Aug., die natur- und vernunftgemässeste Irrenbehandlung. Ein internationales Competenzerachten. Lex.-8. (35 S.) Osnabrück 864, Rackhorst'sche Buchh. *

Droste, Aug., das Irrencursystem des collectiven Patronatasyles „Gheel und Umgegend" im Regierungs-Bezirke Antwerpen. Lex.-8. (16 S.) Osnabrück 861, Rackhorst'sche Buchh. *

— das Paradies der Wahnsinnigen. Lex.-8. (16 S.) Osnabrück 860, Rackhorst'sche Buchh. *
Aus: Medicinische Aehrenlese, besonders abgedruckt.

— die respective Schreibweise der Geisteskranken und die Bedeutung ihrer Autographien. Aus dem Französ. mit Zusätzen. gr. 8. (16 S.) Osnabrück 864, (Rackhorst'sche Buchh.) *
Aus: Medicinische Aehrenlese, 3. Jahrg., besonders abgedruckt.

Droste's, Charlotte, praktisches Kochbuch für alle Stände. Eine gründliche Anweisung zur Bereitung aller Arten Speisen, Backwerke u. Getränke, zum Einmachen u. Aufbewahren von Früchten, zum Schlachten, Einpökeln, Wurstmachen rc., nebst einem Anh.: Nützliches für die Küche. 2., stark verm. Aufl., nach den neuesten Erfahrungen sorgfältig bearb. 8. (XIV, 240 S.) Oldenburg 880. Schulze. n. 1. 50; geb. n. 2. —

Droste, Charlotte, Kochbuch für alle Stände. Eine Sammlung von ungefähr 1000 selbsterfundenen und erprobten Recepten zur Bereitung aller Arten Speisen, Backwerk und Getränke, zum Einmachen und Aufbewahren von Früchten, so wie Anweisung zum Einschlachten, Einpöckeln u. Wurstmachen. Oldenburg 853. (Schmidt.) 12. (XXXI, 310 S.) n. 1 ℛ 8 ngr

Droste, Charlotte, Kochbuch für alle Stände. Eine Sammlung von 1000 erprobten Recepten zur Bereitung aller Arten Speisen, Backwerk u. Getränke rc. 2. Aufl. Oldenburg 867. Schmidt. 8. (XXXI, 310 S.) 20 ngr

Droste, Fr. Ad., († d. 11. April 1826.) Predigten am Reformationsfeste d. 31. Oct. 1817 in d. luther. Kirche zu Detmold gehalten. gr. 8. Lemgo 818. Meyer.

Droste, Franz [aus Meggen (Westfalen)]: Elektrotherapie in gynäkologischen Fällen speziell bei Neurosen .... Würzburg, Druck d. Bonitas-Bauer'schen Buchdr., 1887; 24 S. 8°.
Würzburg, Med. Fak., Inaug.-Diss. v. 1887.

Droste, Franz, Elektrotherapie in gynäkologischen Fällen speziell bei Neurosen. Diss. Würzburg 1887, Stahelsche Univ.-Buchh. 8°. 24 S.

Droste, Frz., die Handwerkerfrage. gr. 8. (VI, 171 S.) Bonn 884. Hanstein. n. 2. —

— die Sicherstellung d. Vermögens f. religiöse, gemeinnützige, gesellige u. ähnliche Zwecke. gr. 8. (32 S.) Köln 884. Bachem. n. — 50

Droste, G. E. A., de crusta lactea. 8. Gött. 817. Brose. 3/4

Achtern Diek. Ernstes u. Heiteres v. alten Osterdeich. Aus d. Jugendzeit e. Bremer Jungen von Georg Droste. Bremen 1908: Homeyer & Meyer. (87 S.) 8° [F.] 08. 16871 9

Droste, Geo., achtern Diek. Ernstes u. Heiteres vom alten Osterdeich. Aus der Jugendzeit e. Bremer Jungen. (88 S. m. 1 Taf.) 8. Bremen 908. (D. Melchers.) nn 1. —

For de Fierstunnen. Döntjes un Vertellsels ut Old-Bremen. Von Georg Droste. Bremen: Melchers 1910. III, 121 S. 8° 11. 25

— Im Rodenbusch-Haus. Ernste u. heitere Bilder aus dem Moor. 2. Aufl. (Den Bilderschmuck zeichnete Joh. Mich. Ranke.) (V, 174 S.) 8. Ebd. (909.) 2.—; geb. 3. —

Droste, Heinr., der Lehrer als Mitarbeiter bei Ausführg. des preuß. Fürsorge-Erziehungs-Gesetzes, s. a. Stahl's, J., Sammlung zeitgemäßer pädagog. Vorträge u. Abhandlungen. 2 Hft.

Der Lehrer als Mitarbeiter bei Ausführung des preuss. Fürsorge-Erziehungs-Gesetzes vom 2. Juli 1900. Ein Konferenz-Vortrag von Heinrich Droste, Lehrer zu Meschede. *Arnsberg: J. Stahl 1901.* (28 S.) 8° [F.]
— Sammlung, J. Stahl's, zeitgem. pädag. Vorträge u. Abhandl. H. 2. 01. 5298

Droste, H., Lehrer. Die Mässigkeitsbestrebungen und die Familie. Hamm 1895. 24 S. 8°. Mk. —.20.

Droste, Heinr., die Schule, der Lehrer u. die Mäßigkeitssache. Preisgekrönte Abhandlung. Hrsg. vom deutschen Verein gegen den Mißbrauch geist. Getränke. gr. 8. (32 S.) Hildesheim 894. (Gerstenberg.) n. — 40

Die Schule, der Lehrer und die Mäßigkeitssache. Preisgekr. Abhandlung von Heinrich Droste, Lehrer. Hrsg. v. Deutschen Ver. gegen d. Mißbrauch geistiger Getränke. (16. Ster.-Aufl.) Berlin: (Mäßigkeits-Verl.) 1902. (32 S.) 8° [F.] 02. 14555 11

Droste, Heinr., die Schule, der Lehrer u. die Mäßigkeitssache. Preisgekrönte Abhandlg. 17. Aufl. 48.—52. Taus. (32 S.) gr. 8. Berlin 905. Mäßigkeits-Verlag. n. — 20

Droste, Heinr., die Schule, der Lehrer u. die Mäßigkeitssache. Preisgekrönte Abhandlg. 18. verb. Aufl. 53.—57. Taus. (32 S.) gr. 8. Berlin 908. Mäßigkeits-Verlag. — 20

Droste, Joh., S. J., die vier Bücher von der Nachfolge Christi, nach der alten Hägelspergerschen Ausg. neu bearb. 16. (444 S. m. Titelbild.) Kevelaer 899. Butzon & Bercker. Geb. in Leinw. 1. —

— dasselbe. Min.-Ausg. 24. (526 S. m. Titelbild.) Ebd. 899. Geb. in Ldr. 2. —

Droste, Joh., S. J., Charakter. Weihnachtserzählg. m. leb. Bildern a. d. Volk. 12. (IV, 144 S.) Regensburg 898. F. Pustet. Geb. n. 1. 20

— St. Ignatius-Büchlein. Ein Lebensbild nebst Anleitung zur Verehrg. des hl. Ignatius von Loyola. 16. (167 S. m. farb. Titelbild.) Münster 900. Alphonsus-Buchh. Geb. in Leinw. n. — 50

St. Ignatius-Büchlein. Ein Lebensbild nebst Anleit. z. Verehrung d. hl. Ignatius v. Loyola. Von P. Jos. Droste, S. J. *Münster i. W.: Alphonsus-Buchh. 1900.* (167 S.) 8° [F.] 01. 1443

Droste, Car. (geb. Siedlinghausen in Westf. 25. 6. 1837): De necrosi phosphorea. Berolini (1861). (32 S.) 8°
Berlin, Med. Diss. v. 23. Juli 1861

Droste, M. Frhr. v., s.: Festgabe usw. Heinrich Finke gewidmet.

Droste, Max, Frh. von, aus Hannover: Die kirchenpolitische Tätigkeit des hl. Vicente Ferrer. Kap. 1. *Freiburg i. B. 1903: Charitas-Druckerei.* (V, 41 S.) 8° ¶ (Erscheint vollst.)
Freiburg i. B., Phil. Diss. v. 1903

Droste, Osc., Kindertaufe oder Taufe der Gläubigen? 8. (52 S.) Bonn 891. (J. Schergens.) n. — 30

Droste, Paulus [Duesseldorfiensis]: De adiectivorum in ειδής et in ώδης desinentium apud Platonem usu .... Marburgi, typ. Friderici typogr. acad., 1886; 50 S. 8°.
Marburg, Phil. Fak., Inaug.-Diss. v. 26. Jun. 1886.

Droste, Paulus, de adiectivorum in ειδής et in ώδης desinentium apud Platonem usu. gr. 8. (51 S.) Marburg 886. (Dortmund, Garms.) n. 1. —

Droste-Hülshoff, Anna Elisabeth von. Ein Denkmal ihres Lebens und Dichtens und eine Auswahl ihrer Dichtungen. Gütersloh 1870. H: *Claassen, J.* (Zeitschr. f. Büch. 1923, S. 82)

Droste-Hülshoff, Anna Elisabeth v. Ein Denkmal ihres Lebens u. Dichtens u. eine Auswahl ihrer Dichtungen. Mit dem Bildniß der Dichterin (Holzschntaf.) u. mehreren Landschaftsbildern (in eingedr. Holzschn.). 8. (VI, 470 S.) Gütersloh 879. Bertelsmann. n. 4. —

Droste-Hülshoff, Annette Freiin v., Lebens- und Literaturbild, s. Koenig, Rob.

Droste-Hülshoff, Annette v., und ihre Werke, s. Hüffer, Herm.

Vgl.: Broschüren, Frankfurter zeitgemäße. — Jacoby, Leop. — Landois, H.

Droste-Hülshoff, Annette (Elisabeth) von

— eine Auswahl aus ihren Gedichten. Mit e. Charakteristik der Dichterin, hrsg. von Wilh. v. Scholz. Buchschmuck v. Rob. Engels. 8. (252 S.) Leipzig 901. E. Diederichs. n. 4. —; geb. n. 5. —

— Eine Auswahl aus ihren Gedichten, hrsg. v. Schmitz-Mancy, s. d. Velhagen & Klasing's Sammlung deutscher Schulausgaben.

Annette v. Droste-Hülshoff. Eine Auswahl aus ihren Gedichten. Hrsg. von Prof. Dr. [Maximilian] Schmitz-Mancy. Bielefeld, Leipzig, Berlin: Velhagen & Klasing 1908. (X, 142 S.) 8° [F.]
— Sammlung, Velhagen & Klasings, deutscher Schulausg. Lfg D. 121. 08. 3178

— Eine Auswahl aus ihren Gedichten f. die Jugend, s.: Jugendschriften. Hrsg. vom Verlag der Jugendblätter. 1. Bd.

Bei uns zu Lande auf dem Lande. Fragment. Von Annette Freiin v. Droste-Hülshoff. Taschenausg. mit großer Schrift u. in neuester Rechtschreibung. Breslau: F. Goerlich [1905]. (36 S.) 8° [F.]
— Hausbibliothek, Franz Webers. No 58. 07. 5937

Droste-Hülshoff, Annette Freiin v. Bilder aus Westfalen, s. Meyer's Volksbücher.

— Briefe. Gedichte. Erzählungen. s.: Bücher, die, der Rose.

— Briefe, hrsg. u. erläutert v. Herm. Cardauns, s.: Forschungen u. Funde. II, 1—4.

— Briefe. 8. (212 S.) Münster 877. Russell's Verl. n. 4. —

—— Briefe. 2. verm. Aufl. 8. (232 S.) Münster 880, Russell's Verlag. geb. *

— u. Levin Schücking, Briefe. Hrsg. v. Theo Schücking. 8. (XI, 362 S.) Leipzig 893. F. W. Grunow. n. 4. —

— u. Levin Schücking, Briefe. Hrsg. v. Theo Schücking. Neue [Titel-]Ausg. (XI, 362 S.) 8. Leipzig [893] (904). F. W. Grunow. n. 4. —; geb. n. 5. —

Annette v. Droste-Hülshoff. Ergänzungen und Berichtigungen zu den Ausgaben ihrer Werke. Von Dr. Gustav Eschmann. Münster i. W.: Aschendorff 1909. VIII, 176 S. 8°
(Forschungen u. Funde. Bd 1, H. 4.) [10. 3702 2

Droste-Hülshoff, Annette v., letzte Gaben. Nachgelassene Blätter. Hannover 860. C. Rümpler. 8. (IX, 292 S.) 1 ℛ 15 ngr

Droste-Hülshof, Annette Freiin v., letzte Gaben. Nachgelassene Blätter. 2. Aufl. 8. (VII, 292 S.) Hannover 871. Rümpler. geb. 4. —

D(roste-). H(ülshoff)., Annette Elisabeth v., Gedichte. gr. 12. (9½ B.) Münster 838, Aschendorff'sche Buchh.

v. Droste-Hülshof, Freiin Annette, Gedichte. 8. Stuttgart 844, v. Cottaische Buchh. 2 ℛ

—- Gedichte. 2. Aufl. Stuttgart 861. Cotta. 16. (VIII, 581 S.) 2 ℛ 20 ngr

— Gedichte. 3. Aufl. gr. 16. (VI, 428 S.) Stuttgart 873. Cotta. n. 4. —

— Gedichte. 4. Aufl. gr. 16. (VI, 428 S.) Stuttgart 877. Cotta. n. 4. 50; geb. n. 5. 70

— Gedichte. Neue Ausg. 16. (VI, 502 S.) Paderborn 879. F. Schöningh. 2. 25

—— Gedichte. 2. Aufl., mit Erklär. schwer verständl. Wörter. 12. (VIII, 512 S.) Paderborn 882, F. Schöningh. * ℳ 2,25.; geb. *

Droste-Hülshoff, Freiin Annette Elisabeth v., Gedichte. 3. Aufl., m. Erklärg. schwer verständlicher Wörter. 12. (VIII, 512 S.) Münster 887. F. Schöningh. n. 1. 80; geb. n. 3. —

—— Gedichte. 8. (VI, 354 S.) Berl. 892, Friedberg u. Mode. geb. in Leinw. * 1 60; m. Goldschn. * 2 20

— dasselbe. gr. 16. (455 S.) Leipzig 892. Ph. Reclam jun. Geb. in Leinw. m. Goldschn. n. 1. 75

[F.] Gedichte v. Annette Freiin v. Droste-Hülshoff. 4. Aufl. m. Erklärg schwer verständl. Wörter. M. Portr. *Paderborn: F. Schöningh 1895.* (VIII, 512 S., 1 Portr.) 1 Bd 8. [97. 1[illegible]

Droste-Hülshoff, Freiin Annette Elisab. v., Gedichte. 6. Aufl. Mit Erklärg. schwer verständl. Wörter. 12. (VIII, 512 S. m. Bildnis.) Paderborn (900). F. Schöningh. n. 1. 80; geb. n. 3. —

— Gedichte. (Auswahl.) Mit Einleitg. u. m. Anmerkgn. sowie m. Bild der Dichterin. 1.—11. Taus. (XX, 96 S.) kl. 8. Graz 905. Styria. Geb. in Leinw. n. 1. —

Gedichte von Annette Freiin v. Droste-Hülshoff. 7. Aufl. Mit Erklärung schwer verständl. Wörter. Mit Portr. Paderborn: F. Schöningh [1906]. (VIII, 512 S.) 8° [F.] [07. 9321 6

— Gedichte. 7. Aufl. Mit Erklärg. schwer verständl. Wörter. (VIII, 512 S. m. Bildnis.) kl. 8. Paderborn (907). F. Schöningh. 1.80; geb. 3. —

— dasselbe. (Textrevision von Alex. v. Bernus, Einleitg. u. Erläutergn. von Adelh. v. Sybel-Bernus. Pantheon-Ausg.) (XVI, 380 S. m. Bildnis.) 16. Berlin (908.) S. Fischer, Verl. Geb. in Ldr. m. Goldschn. 3.—; in Perg. 4. —

— dasselbe in Auswahl. Eingeleitet u. hrsg. von Wilh. v. Scholz. (Den Schmuck zeichnete Rob. Engels.) 3. u. 4. Taus. (207 S.) 8. Jena 908. E. Diederichs. 3.—; geb. in Leinw. 4. —

— dasselbe, s.: Bibliothek der Gesamt-Litteratur d. In- u. Auslandes.

— dasselbe, s.: Erbe, das. III.

— dasselbe, s.: Hesse's, Max, Volksbücherei.

— dasselbe. s.: Museum.

—— dass. — s. Universal-Bibliothek Nr. 1901—1904.

— ausgewählte Gedichte, m. besond. Berücksicht. v. Das geistl. Jahr. Mit reichem Buchschmuck. (VIII, 145 S.) 8. Stuttgart (904). Glaser & Sulz. n. 2. 50; geb. n. 3. —

Ausgewählte Gedichte. Von Annette Freiin v. Droste-Hülshoff. Taschenausg. mit großer Schrift u. in neuester Rechtschreibung, Breslau: F. Goerlich [1905]. (191 S.) 8° [F.]
— Hausbibliothek, Franz Webers. No 108—112. [06. ...] 2

Droste-Hülshoff, A. v., Ausgewählte Gedichte. [Volksbücherei. Nr. 84.] 8°. (XX, 94 S.) K —.20
Graz: Styria 1905

— dasselbe, s.: Volksbücherei Nr. 84.

— ausgewählte lyrische Gedichte, s. a. Weber's, Frz., Hausbibliothek.

Ausgewählte lyrische Gedichte. Von Annette Freiin v. Droste-Hülshoff. Taschenausg. mit großer Schrift u. in neuester Rechtschreibung. Breslau: F. Goerlich [1905]. (32 S.) 8° [F.]
— Hausbibliothek, Franz Webers. No 5. [07. 8917

—— lyrische Gedichte, s. Meyer's Volksbücher.

Lyrische Gedichte von Annette Freiin v. Droste-Hülshoff. *Stuttgart & Berlin: J. G. Cotta Nachf. [1902].* (312 S.) 8° [F.]
— Handbibliothek, Cotta'sche. No 37. [02. 14358

—— das Hospiz auf dem Großen St. Bernhardt, s. Volksbibliothek für Kunst und Wissenschaft.

v. Droste-Hülshoff, Annette, das geistliche Jahr. Nebst e. Anh. religiöser Gedichte. 16. (X u. 286 S.) Stuttgart 851, Cotta. n. 1 ℛ 6 ngr

Droste-Hülshoff, Annette v., das geistliche Jahr. Nebst einem Anh. religiöser Gedichte. 2. verb. Aufl. (Revid. von Eschmann.) Stuttgart 857. Cotta. 16. (XII, 286 S.) n. 1 ℛ 6 ngr

—— das geistliche Jahr. Nebst einem Anhang religiöser Gedichte. 3. Aufl. Min.-Ausg. 16. (XII, 252 S.) Stuttgart 876, Cotta'sche Buchh. (* ℳ 4.) * ℳ 1,20.; geb. *
—— dass. — 16. (VI, 252 S.) Paderborn 879, F. Schöningh. *

—— das geistliche Jahr. Nebst einem Anhang religiöser Gedichte. 2. Aufl. 16. (VI, 252 S.) Paderborn 883, F. Schöningh. *

— das geistliche Jahr. Nebst einem Anhang religiöser Gedichte. 16. (VI, 252 S.) Paderborn 889. F. Schöningh. n. 1. 20

[F.] Das geistliche Jahr. Nebst e. Anh. religiöser Gedichte v. Annette v. Droste-Hülshoff. *Hamm i. W.: Breer & Thiemann [1897].* (2 Bl., 156 S.) 1 Bd 8.
— Bibliothek, Kleine. No 4/5. [97. 4076

— das geistliche Jahr. Nebst e. Anh. religiöser Gedichte. 4. u. 5. Aufl. 12. (à VI, 252 S.) Paderborn (898. 902). F. Schöningh. n. 1. 20; geb. n. 2. 20

— das geistliche Jahr. Nebst e. Anh. religiöser Gedichte. Taschenausg. m. großer Schrift. (160 S. m. Bildnis.) 12. Breslau (903). F. Goerlich. Geb. in Leinw. n. 1. —

Das geistliche Jahr. Nebst e. Anh. religiöser Gedichte. Von Annette Freiin v. Droste-Hülshoff. Taschenausg. mit großer Schrift. Breslau: F. Goerlich [1905]. (160 S.) 8° [F.]
— Hausbibliothek, Franz Webers. No 53—58 [vielm. 57]. [07. 8936

— dasselbe, s.: Hesse's, Max, Volksbücherei.

---- Die Judenbuche, s. Bibliothek der Gesamt-Litteratur.

— dasselbe, s.: Hesse's, Max, Volksbücherei.

— d. Judenbuche, s.: Koehler's Bibliothek f. Alle.

— Judenbuche, s.: Meisterwerke unserer Dichter.

— die Judenbuche. } s.: Meyer's Volksbücher.

—— die Judenbuche, s. Novellen-Schatz, deutscher.

Droste-Hülshoff, Annette Freiin v., die Judenbuche, s.: Schaffstein's Volksbücher f. die Jugend.

— dasselbe, s.: Schatzgräber, der, Nr. 38.

—— dass. — s. Universal-Bibliothek Nr. 1858.

— die Judenbuche, s.: Verein f. Verbreitg. gut. Schriften, Zürich. Nr. 88.

— dasselbe. Die Schlacht im Loener Bruch, s.: Volksbibliothek des Lahrer hinkenden Boten.

— dasselbe, s.: Volksbücher, Wiesbadener. 26.

— dasselbe, s.: Volksbücherei Nr. 85.

— dasselbe, s.: Von Buch zu Buch.

Die Judenbuche. Ein Sittengemälde aus d. gebirgigten Westfalen von Annette Freiin v. Droste-Hülshoff. *(Berlin: Bong & Co. [1899].)* (S. 133–194.) 8° [F.]
— Meister-Novellen des XIX. Jhs. Bd 1, [1.]
— Klassikerbibliothek, Illustrierte. Bd 15, [2.] [00. 9497

— dasselbe. Taschenausg. m. großer Schrift. (58 S.) 12. Breslau (903). F. Goerlich. n. — 20

Die Judenbuche. Ein Sittengemälde aus d. gebirgichten Westfalen von Annette Freiin v. Droste-Hülshoff. Berlin: Christl. Versandbuchh. [1904]. (S. 39–95.) 8° [F.]
— Bücherei, Deutsche. Bd 3, [2.] [04. 6919

— die Judenbuche. Ein Sittengemälde aus dem gebirgichten Westfalen. Titelschmuck von Walt. Tiemann. (120 S.) kl. 8. Leipzig 904. Insel-Verlag. n. 2. —; geb. n. 3. —

Die Judenbuche. Ein Sittengemälde aus d. gebirg. Westfalen. Von Annette Freiin v. Droste-Hülshoff. Taschenausg. mit großer Schrift. Breslau: F. Goerlich [1905]. (58 S.) 8° [F.]
— Hausbibliothek, Franz Webers. No 36–37. [07. 8908

— dasselbe, s.: Weber's, Frz., Hausbibliothek.

Die Judenbuche. Ein Sittengemälde aus d. gebirgigten Westfalen von Annette Freiin v. Droste-Hülshoff. Stuttgart & Berlin: J. G. Cotta Nachf. [1905]. (48 S.) 8° [F.]
— Handbibliothek, Cotta'sche. No 99. [05. 3829

— Die Judenbuche. Ein Sittengemälde aus dem gebirgigten Westfalen. (78 S.) kl. 8. Leipzig 907. C. F. Amelang. Kart. 1. —

— dasselbe. Für den Schulgebrauch hrsg. v. Leo Hornung. (98 S. m. Bildnis.) kl. 8. Leipzig 910. G. Freytag. — Wien, F. Tempsky. Geb. — 75

— Lieder mit Pianoforte-Begleitung. hoch 4. (VII, 39 S.) Münster 877. Russell's Verl. cart. n. 4. —

Droste-Hülshoff, Annette Freiin v., aus dem Nachlaß, s. a. Bibliothek der Gesamtlitteratur.

Aus dem Nachlaß von Annette Freiin v. Droste-Hülshoff. Bilder aus Westfalen. Bei uns zulande auf d. Lande. Die Schlacht im Loener Bruch. Mit d. Bilde d. Dichterin u. e. Vorbemerkung. Halle a. d. S.: O. Hendel (1905). (131 S.) 8° [F.]
(Bibliothek d. Gesamtlitteratur d. In- u. Auslandes. No 1860. 1861.) [05. 10166

— s. Producte d. rothen Erde.

--- d. Schlacht i. Loener Bruch. D. Arztes Vermächtnis, s.: Bücherei, allgem.

— die Schlacht im Loener Bruch, s.: Meyer's Volksbücher.

— gesammelte Schriften, s.: Bibliothek, Cotta'sche, der Weltlitteratur. 800. Bd.

Droste-Hülshoff, Annette Freiin v., gesammelte Schriften. Hrsg. von Levin Schücking. 3 Thle. 12. (VIII, 423; III, 380; XII, 222 S. mit Portr. des Verf. in Holzschn.) Stuttgart 878,79, Cotta'sche Buchh. geb. in 2 Bde. *

— gesammelte Schriften. Hrsg. v. Levin Schücking. 3 Thle. 8. (VI, 432; III, 380 u. X, 222 S.) Stuttgart 879. Cotta. n. 7. —; geb. n. 10. —

—— der Spiritus familiaris des Roßtäuschers, } s. Volksbibliothek für
—— des Arztes Vermächtniß, } Kunst und Wissenschaft.

—— Walhall, s. Dahn, Therese.

Droste-Hülshoff, Freiin Annette v., Werke, s.: Volksbibliothek, deutsche.

Ausgewählte Werke von Annette Freiin v. Droste-Hülshoff. Mit d. Bildn. d. Dichterin. Taschenausg. mit großer Schrift. *Breslau: F. Goerlich [1904].* (Getr. Pag.) 8° [F.]
[Sondert. 1] Das geistl. Jahr. Nebst e. Anh. religiöser Gedichte.
[2] Die Judenbuche. Ein Sittengemälde aus d. gebirgigen Westfalen. [04. 9755 2

— ausgewählte Werke. Mit Biographie u. Bildnis der Dichterin. Taschenausg. m. großer Schrift u. in neuester Rechtschreibg. (XXIV, 191, 160, 58, 86 u. 44 S.) kl. 8. Breslau (905). F. Goerlich. Geb. in Leinw. n. 2. —

Droste-Hülshoff, Freiin Annette Elisabeth v., gesammelte Werke, hrsg. von Elisabeth Freiin v. Droste-Hülshoff. Nach dem handschriftl. Nachlaß verglichen und ergänzt, mit Biographie, Einleitungen und Anmerkungen versehen von Wilh. Kreiten. 1. Bd. 1. Hälfte und 2.—4. Bd. 8. Münster, F. Schöningh. *
compl. 4 Bde. *

Inhalt:

Bd. 1. 1. Hälfte: Anna Elisabeth Freiin v. Droste-Hülshoff. Ein Charakterbild als Einleitung in ihre Werke. Nach den gedruckten und ungedruckten Quellen entworfen von Wilh. Kreiten. (XXIII, 592 S.) 887. *M 4.—.
1. Bd. 2. Hälfte: Das geistliche Jahr. Ebendas. 1884. *M 2.50.
" 2. Die größeren erzählenden Gedichte und Balladen. (VIII, 540 S. mit 1 Autotypie.) 885. *M 4.50.
" 3. Die kleineren Gedichte. (XXXVI, 472 S. mit 1 autotyp. Taf. und 1 Plan.) 885. *M 4.50.
" 4. Die prosaischen Schriften und Jugendwerke. (VII, 581 S. mit 1 Taf.) 886. *M 4.50.

Droste-Hülshoff, Freiin Annette Elisab. v., gesammelte Werke, hrsg. v. Elisab. Freiin v. Droste-Hülshoff. Nach dem handschriftl. Nachlaß ergänzt, m. Biographie, Einleitgn. u. Anmerkgn. versehen v. Wilh. Kreiten. 1. Bd. 1. u. 2. Hälfte. 8. Paderborn, F. Schöningh. n. 7. 50
I. 1. Anna Elisabeth Freiin v. Droste-Hülshoff. Ein Charakterbild als Einleitg. in ihre Werke. Nach gedruckten u. ungedruckten Quellen entworfen v. Wilh. Kreiten. 2., nach den neuesten Quellen ergänzte Aufl. Mit dem Bildnis der Dichterin nach d. Marmorbüste v. A. Müller u. e. Flsm. (XXIII, 525 S.) 900. n. 5. —; geb. n. 6. —
2. Geistliches Jahr nebst religiösen Gedichten. Unter Benutzg. von Handschriften nach den besten Drucken hergestellt u. m. Einleitung u. Anmerkungen versehen v. Wilh. Kreiten. 2., durchgeseh. Aufl. (VI, 280 S.) 901. n. 2. 50

Droste-Hülshoff, Annette Elisabeth von. Der Freiin A' E' von D'-H' Gesammelte Werke, hrg. von Elisabeth Freiin von Droste-Hülshoff. Nach dem handschriftlichen Nachlass verglichen und ergänzt, mit... Einleitungen und Anmerkungen versehen von Wilhelm Kreiten. Band 2.... — *A. u. d. T.:* Die grösseren erzählenden Gedichte und Balladen. Neu hrg. von E' Fr' von D'-H'. Nach dem h' N' vergl'... von W' K'. 2. Aufl. mit leichten sachlichen und formellen Änderungen von G[erhard] Gietmann. (Mit einer Abbildung [Tafel].) VI + 526 S. 8. Paderborn, Ferdinand Schöningh, 1906. [M. 5. —, geb. 6. —]
Darin S. 81—206: Das Hospiz auf dem Grossen St. Bernhard. [Gedichtet] 1828—32.

Droste-Hülshoff's, Annette Freiin v., sämtliche Werke in 6 Bdn. Hrsg. v. Eduard Arens. Mit 2 Bildnissen, 3 Abbildgn. u. 1 Briefe als Handschriftprobe. (LXXII, 150, 240, 143, 175, 180 u. 160 S.) kl. 8. Leipzig (904). M. Hesse. n. 2.—; in 2 Leinw.-Bdn. n. 3.—; auf bess. Pap. in 2 Halbfrz.-Bdn. n. 4. 50; Luxus-Ausg. n. 6.—

Droste-Hülshoff's, Annette Freiin v., sämtliche Werke in 6 Bdn. Hrsg. v. Eduard Arens. Mit 2 Bildnissen, 3 Abbildgn. u. e. Briefe als Handschriftprobe. (LXXII, 150; 240, 143 u. 175, 180 u. 160 S.) kl. 8. Leipzig (909). Hesse & Becker Verl. In 2 Leinw. Bdn. 3.—

Droste-Hülshoff, Clemens August von

v. Droste-Hülshoff, Prof., Clm. Aug., Frhr. zu Vischering, († d. 13. Aug. 1832.) rechtphilosoph. Abhandll. gr. 8. Bonn 824. Marcus. (a. Bachem in Köln). 6 gGr.

— Beiwagen zur Bonner Zeitschrift f. Philosophie u. kathol. Theologie, mit e. Ladung Wahrheit für d. Cooperatores veritatis d. Aschaffenburger sogenannten kathol. Kirchenzeitung. gr. 8. Bonn 832. Habicht. 8 gGr.

Droste-Hülshoff, Cl. Aug. v., Beleuchtung 1. der Urphilosophie, den Systemen der Dogmatisten, Kants, Jacobis, vorzüglich dem Notwendigkeitssysteme von Georg Hermes gegenüber angedeutet von A. v. Sieger, 2. der Anpreisung derselben in der Zeitschrift „Der Katholik" v. J. 1831, u. 3. der Hauptmomente der hermesischen Philosophie oder Beleuchtung der Philos. Einleitung in die christkath. Theologie von G. Hermes. Ein Versuch von J. Hast. Bonn, Habicht, 1832, gr. 8°.

Droste-Hülshoff, Clem. Aug. von, De juris Austriaci et communis canonici circa matrimonii impedimenta discrimine, atque hodierna in impedimentorum causis praxi Austriaca. Dissertatio. Additis duobus ad historiam juris circa matrimonia utilibus monumentis. Bonn (E. Weber; Druck: C. F. Thormann) 1822. 79 S., tlws. dtsch. (5.—) 6983

Droste-Hülshoff, Clem. Aug. Frhr. v. Vischering: Einleit. in das gemeine deutsche Kriminalrecht z. Gebr. f. akadem. Vorles. *Bonn*, Habicht. 826. gr. 8. (12 Gr.)

(——) Fragen an alle kathol. Theologen Deutschlands in Betreff d. Hermesianismus rc., s. Fragen rc.

(*Eb.*) Fragen an alle kath. Theologen Deutschl. in Betreff d. Hermesianism. — beantwortet von e. Hermesianer u. s. w. *Eb.* 832. gr 8° 8 gGr.

Droste-Hülshoff, Clem. Aug., Frhr. v. *Vischering*: Grundsätze d. gem. Kirchenrechts d. Katholiken u. Evangelischen, wie sie in Deutschl. gelten. 1r Bd. 2e verm. u. verb. Aufl. *Münster*, Coppenrath. (828.) 832. gr. 8. (2 Thl. 4 Gr.) — 2r Bd. 1e Abthl. enth. d. 1n Thl. d. innern Kirchenrechts, d. kirchl. Verfassungsrecht. 2e Aufl. v. Braun in Bonn. *Bonn*. (830.) 835. gr. 8. (1 Thl. 12 Gr.) — 2r Bd. 2e Abthl. enth. d. 2n Thl. d. innern Kirchenrechts, d. kirchliche Verwaltungsrecht. *Bonn*. 833. gr. 8. (22 Gr.)

Droste-Hülshoff, Clemens August Freiherr von. Grundsätze des gemeinen Kirchenrechtes der Katholiken und Evangelischen ... II, I. Zweite Auflage. Münster 1835. H: *Braun, Johann Wilh. Jos.* (Ky) (EngJ)

Clemens Augustus a Droste-Huelshoff ... Prof. Publ. Ord. in Universitate Litt. Regia Borussica Rhenana scripto programmate De Aristotelis justitia universali et particulari deque nexu quo ethica et jurisprudentia iunctae sunt ad audiendam orationem aditialem quam habebit d. XXVIII Jan. a. 1826 ... invitat ... Bonnae, T. Habicht 1826. 1 Bl., 20 S. 8

v. Droste-Hülshoff, Cl. A.: Lehrbuch des Naturrechts od. d. Rechtsphilosophie. *Bonn*, Marcus. 823. 8. (1 Thl. 8 Gr.)

— Lehrbuch d. Naturrechts u. d. Philosophie. gr. 8. Bonn 825. Marcus. (a. Leske in Darmst.) 1 Thlr 8 gGr. 2e A. 831. 1 Thlr 12 gGr.

—— Lehrbuch d. Naturrechtes, od. d. Rechtsphilosophie. 2. Aufl. gr. 8. (21 B.) Bonn 831, Marcus.

v. Droste-Hülshoff, Cl. A.: Ueb. d. Naturrecht als eine Quelle d. Kirchenrechts. *Bonn*, Weber. 822. 8. (5 Gr.)

— Rechtfertigung des von d. Bonner Juristen-Fakultät in d. Sache d. Städelschen Kunst-Instituts zu Frankfurt a. M. gegen d. Intestat-Erben d. verstorb. J. F. Schödel erlass. Urtheils zu Gunsten d. angefochtenen Testaments. gr. 8. Bonn 827. Weber. 10 gGr.

Droste, von (Hrsg.), s. Zeitschrift für Philosophie und katholische Theologie.

Droste-Hülshoff, Baronin Elis. v., die letzte Burggräfin v. Stromberg. Historischer Roman aus dem 14. Jahrh. 1. u. 2. Aufl. 8. (159 S.) Bonn 892. 893. P. Hauptmann. n. 2.—

Droste-Hülshoff, Baronin Elisab., zwei Märchen. (66 S.) kl. 8. Bonn (905). P. Hauptmann. n. 1.—; geb. in Leinw. n. 1. 75

Droste-Hülshoff, Freiin Elis. v., Anna Morian. Erzählg. 8. (110 S.) Münster 887. F. Schöningh. n. 1. 40; geb. n. 2. 40

Droste-Hülshoff, Baronin Elisab. v., Anna Morian. Erzählg. 2. Aufl. 8. (122 S.) Paderborn 898. F. Schöningh. n. 1. 80; geb. in Leinw. n. 2. 60

Droste-Hülshoff, Ferd. Baron, die Vogelschutzfrage. Ein Referat. gr. 8. (46 S.) Münster 872, (Brunn's Verlag.) *

v. **Droste-Hülshoff**, Ferd., die Vogelwelt der Nordseeinsel Borkum. Nebst einer vergleichenden Uebersicht der in den südlichen Nordseeländern vorkommenden Vögel. Nebst 1 lith. Taf. u. 1 (lith.) Karte (in 4. u. Fol.). Münster 869. Niemann in Comm. gr. 8. (XIX, 406 S.) n. 2 Thlr

Droste-Hülshoff, Friedrich Frh. von

Droste-Hülshoff, Fr. Frhr. v., zur Geschichte der Fasanerien in der Mark Brandenburg,	f. Bibliothek für Jäger und Jagdfreunde.
—— die Jagddienste der Unterthanen der Mark Brandenburg in früherer Zeit,	

Droste-Hülshoff, Friedr. Frhr. v., der Wolf in der Mark Brandenburg, s. Bibliothek für Jäger und Jagdfreunde.

DROSTE-HÜLSHOFF, Friedrich Frhr. v.: Der Wolf in der Mark Brandenburg. - Leipzig 1882. 78 S. - (Bibl. f. Jäger u. Jagdfreunde 28/29)

Droste-Hülshoff, Jos. v., Ems und seine Heilquellen. Für Bade- u. Brunnengäste. M. 1 Ansicht v. Ems, u. 1 Grundr. d. Quellen, Wasserleitungen u. Bäder daselbst. gr. 12. (4⅓ B. u. 1 Tab.) Münster 831, Theissing.

— Joseph von (Coesfeld/Westf.), De graviditate extrauterina. Diss. med. Bln. (Joh. Friedr. Starck) 20. III. 1819. 24 S. mit Biogr. u. 2 Tafl. Abb. (F. Guimpel sc.) (5.—) 6984
Gew.: Ernst Ludw. Heim. — Krankengesch. d. Johanna Aretz.

Droste zu Vischering (Sachliches Ordnungswort)

— s. 1) Erzbischof, der. 2) auch Clemens August. 3) F. Noschütz, Zeius Maria.

Droste, Clemens, Freyherr von, Generalvikar zu Vischering, und die gelehrten Anstalten. Bemerkungen über des erstern Erklärung an das königl. preuß. Ministerium des geistl. Unterrichts d. d. 21. März 1820. 8. Hadamar, Gelehrten-Buchhdl. 820.

v. **Droste-Hülshoff,** Clm. Aug., Generalvikar zu Vischering u. d. gelehrten Anstalten, Bemerkk. über des Erstern Erklärung an d. königl. preuß. Ministerium des geistl. Unterrichts d. d. 21. März 1820. Von e. Freunde d. Hierarchie. 8. Hadamar 820. (Lanz in Weilb.) 8 ℊ

v. **Droste-Vischering,** des Frhrn. Klemens August, gewaltsame Entführung von seinem erzbischöfl. Sitze, oder: Blicke eines Süddeutschen nach Rom u. Berlin. 8. Straubing 838. Schorner. 1/12 ℛ

Droste zu Vischering, Der Erzbischof von Köln Clemens August Freiherr von, seine Principien und Opposition . . . Leipzig 1837. V: *Steinmann, Friedrich Arnold.* (BRVV)

Droste zu Vischering (Verfasser)

Droste zu Vischering, Clemens August Freiherr, (Erzbischof von Cöln,) über den Frieden unter der Kirche u. den Staaten, nebst Bemerk. über die bekannte Berliner Darlegung. gr. 8. Münster 843, Theissing. 1 ℛ

Droste zu Vischering, Clem. Aug. Frhr., üb. d. Frieden unter der Kirche u. den Staaten, nebst Bemerkgn. üb. die bekannte Berliner Darlegung. 3. wohlf. (Titel-) Ausg. gr. 8. (XII u. 309 S.) Münster 848, Theissing. 1/2 ℛ

Droste zu Vischering, Clem. Aug., Gedanken über Erziehung. Aus einem Manuscr. gr. 8. (35 S.) Münster 850, Theissingsche Buchh.
Aus: Monatsblatt für kathol. Unterrichts- und Erziehungswesen. 5. Jahrg. 1. und 2. Heft, besonders abgedruckt.

— über d. Genossenschaften d. barmherzigen Schwestern, insbesondere über d. Einrichtung Einer ders., u. deren Leistungen in Münster. gr. 8. (13 B.) Münster 838, Aschendorf.

Droste zu Vischering, Frhr. Clemens, über d. Genossenschaften d. barmherz. Schwestern, insbesond. üb. d. Einrichtung Einer ders., u. deren Leistungen in Münster. 2. Ausg. gr. 8. (13 B.) Münster 838, Aschendorff'sche Buchh.

— Nachr. über den Versuch e. Krankenpflege in Münster. 8. Düsseld. 819.

—— Predigten, Betrachtungen u. Unterweisungen, in früheren Jahren gehalten. 1. Aufl. (26½ B.) 843 u. 2. Aufl. Mit e. Lebensabriß d. Erzbischofs Clemens August v. Cöln, u. d. am 23. Octbr. 1845 zu Münster bei d. feierl. Beisetzung gehalt. Trauerrede. gr. 8. (29⅞ B.) Münster 846, Aschendorff'sche Bh. n

Droste zu Vischering, Clemens August Frh. v.: Ueber die Religionsfreyheit der Katholiken bey Gelegenheit der von den Protestanten in dem laufenden Jahre zu begehenden Jubelfeier. Münster (1817).

— — üb. die Religionsfreyheit der Katholiken rc. Ebend. 818.

— über die Religionsfreiheit der Katholiken, bei Gelegenheit der von den Protestanten in dem laufenden Jahre zu begehenden Jubelfeier. Im October 1837. 2e Aufl. 8. Münster 838. Theissing. 1/4 ℛ

v. **Droste zu Vischering,** Frhr. Clemens Aug., ein Versuch zur Erleichterung des innern Gebeths, theils zum Betrachten, theils zum Lesen. 8. Münster 833. Theissing. 5/6 ℛ

— s. Wahrheit, über förmliche.

Droste zu Vischering, Franz Otto Frh. v.

v. **Droste,** Frz. Otto, Frhr. zu Vischering, († d. 26. Febr. 1826.), s. Kirche u. Staat.

Droste, Franz von, über Kirche und Staat. 8. Münster, Theissing. 817.

Droste zu Vischering, Frz. Frhr., üb. Kirche u. Staat. 2e Aufl. 8. Münster 838. Theissing. 1/3 ℛ

v. **Droste,** Ksp. Max., Frhr. zu Vischering, s. Regnault, Unterweisung.

Droste, Casp. Max., Sermo Synodalis, quem habuit die 31. Martii 1835 Münster, Theissing. 1/12 ℛ

Droth, A., Zahnräder, s.: Uhland's techn. Bibliothek.

Drott, Anton *Ernst* [Assistenzarzt am St. Josefs-Krankenh. zu Breslau]: Aus d. Kgl. Universitätsklinik f. Augenkranke zu Breslau. Die Aussengrenzen des Gesichtsfeldes für weisse und farbige Objecte beim normalen Auge . . . Breslau, Druck v. Dr. R. Galle, 1894; 32 S., 2 Bl., 1 Taf. 8.
Breslau, Med. Fak., Inaug.-Diss. v. 5. Jan. 1894

Drott, Ant., die Aussengrenzen des Gesichtsfeldes f. weisse u. farbige Objecte beim normalen Auge. Diss. gr. 8. (32 S. m. 1 Taf.) Breslau 894. (L. Köhler.) n. 1. —

Drottboom, Gerhard, a. Essen a. d. Ruhr: Wirtschaftsgeographische Betrachtungen über die Wirkungen der Napoleonischen Kontinentalsperre auf Industrie und Handel. Bonn 1906: E. Eisele. (100 S.) 8°
Bonn, Phil. Fak., Ref. Rein, Diss. v. 21. Febr. 1906
[Geb. 17. Aug. 76 Essen; Wohnort: Bonn; Staatsangeh.: Preußen; Vorbildung: Gymn. Essen Reife O. 99; Studium: Bonn 3, Freiburg i. B. 1, Münster 1, Bonn 3, Münster 1, Bonn 6 S.; Rig. 24. Jan. 06.]

Drottleff, Rudolf (Red.), s. Rundschau. — Schrattenthal's Rundschau.

Drotty, Friedrich (Ostro-Gothus), Cassandra Fidelis saeculi et sexus sui Phönix e cineribus revirescens. Diatr. acad. part. posterior. Präs. Ludw. Theob. Kosegarten. Greifswald (J. H. Eckhardt) 7. V. 1811. 19 S. (4.—) 6985
Gew.: Joh. Ramstedt (Skeda), Dan. Wallman (Slaka), Pet. Arenander, Gabr. Arehn, Marcus Wallenberg, Friedr. Carl Egnell u. Frau Ulrike geb. Granbeck.

Droucker, Sandra, Erinnerungen an Anton Rubinstein. Bemerkungen, Andeutgn. u. Besprechgn. (mit vielen Notenbeispielen) in seiner Klasse im St. Petersburger Konservatorium. (28 S.) gr. 8. Leipzig 904. B. Senff. Kart. n. 2. 50

Drouët, L., Méthode pour la flûte, ou traité complet et raisonné pour apprendre à jouer de cet instrument. Fol. Antwerp. 828. Schott. 5 ℛ

v. Drouin, J., meine Reisen von München nach Tyrol, Wien, Mailand, Venedig rc., in d. J. 1814, 15, 19 u. 20. 8. Münch. 823. (Giel). 16 ℊ

v. **Drouin,** Josephine, Napoleons Leben u. Thaten. gr. 12. München 835. Jaquet. 1⅓ ℛ

Drouineau, Emanuel. Nach d. Franz. von Fanny Tarnow. 3 Thle. 8. Leipzig 836. Kollmann. 3 ℛ

Drouinet-Jaudun, J. G., von d. Abmagerung u. Abzehrung, deren verschied. Ursachen, Formen u. Heilungsarten, nebst gutem Rath f. alle magern Personen rc. N. d. Franz. bearb. v. **r. 12. (5 B.) Nordhausen 840, Fürst.

Drouinet-Jaudun, J. G., von der Abmagerung und Abzehrung, deren verschied. Ursachen, Formen u. Heilungsarten, nebst gutem Rath f. alle magern Personen rc. Nach d. Französ. bearb. 2. mit Anhange verm. Aufl. 12. Nordhausen 843. Fürst. 5/12 ℛ

Drouinet-Jaudun, J. G., v. der Abmagerung u. Abzehrung, deren verschied. Ursachen, Formen u. Heilungsarten rc. Nach dem Franz. bearb. von **r. 3. mit einem Anh. üb. die Fettleibigkeit u. deren Heilung verm. Aufl. 12. (128 S.) Nordhausen 847, Fürst, (jetzt: Leipzig, Hentze.) 5/12 ℛ

Droullot, Augustin, Souvenirs d'Autriche. I. 8. Linz 904. Zentraldruckerei vorm. E. Mareis. n. 3. 50
Calme et tempête au château d'Enns. (VII, 432 S.)
Erschien auch in 10 Lfgn. à n. — 35.

Droumond, s. a. Drummond.

Droumond, Comte de Melfort

— Abhandlung von der Cavallerie. 2 Thle. m. K. gr. 4. Ebend. 780. 81.

Schreibv.

Droumond, Comte de Melfort, Traité sur la Cavallerie II. Vol. av. fig. gr. 4. Dresd. Walther. 776.

Dronst, Hans, Handbuch z. Reichsratswahlordng. m. Berücksicht. des Erzherzogt. Österreich ob der Enns u. Beil., enth. e. Übersicht d. zu d. Wahlbezirken geh. Gemeinden sowie d. Text jener Gesetzstellen, welche im § 8 d. Reichsratswahlordng. bezogen sind, nebst e. alphabet. Nachschlageregister. (86 S.) II. 8. Linz a/D. 907. Jos. Feichtinger's Erben. (Nur direkt.) — 80

— Die Donaustadt Linz, s.: Krackowizer, Ferd.

Drouven, G., die Reformation in der Cölnischen Kirchenprovinz zur Zeit d. Erzbischofes u. Kurfürsten Hermann V., Graf zu Wied. Nach neuen bis jetzt theils unbenutzten, theils unbekannten Quellen bearb. gr. 8. (XVIII, 409 S.) Köln u. Neuß 876. Schwann in Comm. n. 6. —

Drouven, Max, Referendar a. Aachen: Die Beamtenhaftung nach § 839 B.G.B. Borna-Leipzig 1907: R. Noske. (VIII, 53 S.) 8°
Leipzig, Jur. Fak., Diss. v. 11. Okt. 1907
[Geb. 3. Mai 80 Aachen; Wohnort: Aachen; Staatsangeh.: Preußen; Vorbildung: Kaiser-Karls-Gymn. Aachen Reife O. 99; Studium: Freiburg i. B. 2, München 2, Bonn 2 S.; Rig. 31. Juli 02.]

de Drouville, Gasp., Voyage en Perse, pendant les années 1812 et 13, contenant des détails peu connus sur les moeurs, usages, coutumes et cérémonies religieuses des Persans, ainsi que sur leur état militaire, tant ancien qu'actuel, et généralement sur tout ce qui concerne les forces régulières et irrégulières de cet empire, in 4. et Atlas de 62 gravures coloriées. St. Petersb. 175 ₰ le même. II Vols in 8. et Atlas en noir. 26 ₰

Droysen, Joh. Gust., Nachruf, s.: Duncker, M.

Droysen, Abraham (Greifswald). An? & quando causa criminalis praeferenda civili? Diss. jur. Präs. Henning Christoph Gerdessen. Greifswald (D. B. Starcke) Dez. 1707. 14 Bl. (5.—) 6986

Droysen, Ernestvs ⟨geb. am 30 Sept. 1844 in Kiel⟩: Qvaestiones de Aristophanis re scaenica ... Bonnae, form. C. Georgi 1868. 2 Bl., 80 S., 1 Bl. 8. ¶ In Komm. bei Marcus in Bonn.
Bonn, Phil. Fak., Diss. v. 25 Jan. 1868

Droysen, E.: Der Tempel des heil. Gral im jüngeren Titurel. 34 S. 8°.– Krotoschin, Progr. 1871.

Droysen, Ernst, der Tempel d. heiligen Gral nach Albrecht v. Scharffenberg, juengerer Titurel Str. 319—410. Mit 1 (lith.) Taf. (in 4.) Bromberg 872. Mittler. n. 1. 20

Droysen, F. Whd., d. Bibliothek d. Nikolaikirche zu Stralsund. Am Schluße d. J. 1817. gr. 8. Stralf. (817.)

Droysen, Felix (geb. Görlsdorf in d. Mark 26. 4. 1852): Zur Aetiologie des Blasenkatarrh's. Berlin (1883). (35 S.) 8°
Berlin, Med. Diss. v. 2. Juli 1883

Dr. iur. Felix **Droysen**. Die §§ 74. 75 des Handelsgesetzbuchs vom 10. Mai 1897. Ein Beitrag z. Lehre d. Konkurrenzklausel d. Handlungs-Gehilfen u. -Lehrlinge. Berlin: J. Guttentag 1908. (100 S.) 8° [illegible]

Droysen, Felix, Referendar in Naumburg a. S.: Die §§ 74. 75 des Handelsgesetzbuchs vom 10. Mai 1897 — ein Beitrag zur Lehre von der Konkurrenzklausel der Handlungs-Gehilfen u. -Lehrlinge. Halle a. S. 1908: Wischan & Burkhardt. (100 S.) 8°
Leipzig, Jur. Fak., Diss. v. 19. Mai 1908
[Geb. 23. Juli 80 Halle a. S.; Wohnort: Naumburg a. S.; Staatsangeh.: Preußen; Vorbildung: König-Wilhelm-Gymn. Höxter (Westfalen) Reife M. 99; Studium: Halle 1, München 3, Halle 2 S.; Rig. 27. Febr. 04.]

[J.] **Droysen,** Gustaf [Gerichtsref. in Halle a. S.]: Beiträge zur Beurteilung des Handelsrechtes im Allgemeinen Preussischen Landrecht ... Halle a. S., Druck v. Wischan & Wettengel, 1896; 71 S., 1 Bl. 8.
Halle, Jur. Fak., Inaug.-Diss. v. 4. März 1896

Droysen, Gust., s: Abhandlungen, Hallesche, zur neueren Geschichte.

Droysen, Gustavus: Arlanibaeus, Godofredus, Abelinus, sive scriptorum de Gustavi Adolphi expeditione princeps. (Halle 1864): o. Dr. 36 S. 8° (4°)
Halle-Wittenberg, Phil. Hab.-Schr. v. 27. Okt. 1864
Im Buchhandel Berlin: Mittler 1864.

Droysen, G. Beiträge zur Geschichte des Militärwesens in Deutschland während der Epoche des 30 jährigen Krieges. (Separat-Abdruck aus der „Zeitschrift für deutsche Kulturgeschichte". Neue Folge.) 8. Hannover 1875.

Droysen, Gust., Albrecht's I. Bemühungen um die Nachfolge im Reich. Leipzig 862. Veit & Co. gr. 8. (V, 101 S.) n. 15 ngr.

Droysen, Gustav: Aus den dänischen Büchern. 8° Aus: Archiv f. die sächs. Gesch. 2. [1863.]

— Johann Gustav Droysen. 1. Tl. Bis zum Beginn der Frankfurter Tätigkeit. (VI, 372 S.) gr. 8. Leipzig 910. B. G. Teubner. 10.—; geb. 12. —

Droysen, G. Johann Gustav Droysen und Felix Mendelssohn-Bartholdy. [Aus: „Deutsche Rundschau". XXVIII. Jahrgang (1902), Heft 7–9.]

Geschichte der Gegenreformation v. Gustav Droysen. Mit Porträts, Illustrationen und Karten. Berlin. 1893. = Allgemeine Geschichte in Einzeldarstellungen, hrgg. v. W. Oncken. Hauptabth. 3, Th. 3, 1. 8°.

Droysen, G., Gustav Adolf. 2 Bde. gr. 8. Leipzig, Veit und Comp. [1. Bd. (XII, 369 S.) 869. *M 6.; 2. Bd. (VI, 666 S.) 870. *M 10.] *

Droysen's, G., allgemeiner historischer Handatlas in 96 Karten m. erläuterndem Text. Ausg. v. der Geograph. Anstalt v. Velhagen & Klasing in Leipzig unter Leitg. v. Rich. Andree. 10 Lfgn. Fol. (34 B. Text.) Bielefeld 885. Velhagen & Klasing. à n. 2. — (cplt. geb.: n. 25. —)

Droysen's, Prof. G., allgemeiner historischer Handatlas. In 96 Karten mit erläuterndem Text ausgeführt von der geographischen Anstalt von Velhagen und Klasing in Leipzig unter Leitung von Dr. Richard Andree. Fol. Bielefeld und Leipzig 1886.

Droysen, Gustav: Die niedersächsischen Kreisstände während des schwedisch-deutschen Krieges 1631. 32°. Hannover 1875.

—— s. Materialien zur neueren Geschichte.

Droysen, Gustav. Die Schlacht bei Lützen 1632. (Aus: „Forschungen zur Deutschen Geschichte".) Göttingen (1862—1867).

Droysen, G., Schriftstücke von Gustaf Adolf zumeist an evangelische Fürsten Deutschlands, gesammelt und hrsg. gr. 8. (XII, 248 S.) Stockholm 877. (Leipzig, Hartmann.) *

Droysen, Gustav: Studien über die Belagerung und Zerstörung Magdeburgs 1631. 8°. Göttingen 1863.

Droysen, G., Bernhard v. Weimar. 2 Bde. gr. 8. (VIII, 444; VI, 575 S.) Leipzig 885. Duncker und Humblot. *

Droysen, G., das Zeitalter d. 30jähr. Krieges, s.: Geschichte, allgemeine, in Einzeldarstellungen.

Droysen, Hans, Athen u. der Westen vor der sicilischen Expedition. gr. 8. (59 S.) Berlin 882. Hertz. n. 1. 50

Droysen, Hans, (Prof. Dr.): Beiträge zu einer Bibliographie der prosaischen Schriften Friedrichs des Großen. [1] Berlin: Weidmann 1904. (24 S.) 4°
Berlin, Königst. G OP 1904 (65)

Droysen, Hans, Prof. Dr.: Beiträge zu einer Bibliographie der prosaischen Schriften Friedrichs des Großen. (Fortsetzung und Schluß.) Berlin: Weidmann 1905. (32 S.) 4° ¶ [Forts. d. P-Beil. 1904.]
Berlin, Königst. G OP 1905 (64)

Droysen, Hans (Hrsg.), s. Briefwechsel Friedrichs des Großen . . .

Droysen, Hans, s.: Friedrich's des Grossen Briefwechsel m. Voltaire.

—— Heerwesen u. Kriegführung d. Griechen, s. Hermann's, K. F., Lehrbuch der griechischen Antiquitäten.

Droysen, Hans, Heerwesen und Kriegführung der Griechen. 1. Hälfte. gr. 8. (V, 184 S. mit 1 Taf.) Freiburg i. Br. 888, Mohr. *

Droysen, H. Heerwesen und Kriegführung der Griechen. Freiburg i. B. 1889. 8°. (Lehrbuch d. griech. Antiquitäten. 2,2.)

Droysen, Hans: Histoire de la dissertation: Sur la littérature allemande publiée à Berlin en 1780. Ein Beitr. z. Charakteristik d. Staatsministers Gr. von Hertzberg. Berlin: Weidmann 1908. 21 S. 8°(4°)
Berlin, Königstädtisches G OP 1908 (71) [S 08. 74

—— Kriegsalterthümer, s. Hermann's, K. F., Lehrbuch der griechischen Antiquitäten.

Droysen, H., Die Polybianische Lagerbeschreibung. S.-A. O. J. 6 S.

Droysen, Hans [Dr.]: Zu Aristoteles' *Ἀϑηναίων πολιτεία*. Vorläufige Bemerkungen. Berlin, R. Gaertner, 1891; 23 S. 4°
Berlin, Königst. G, OP 1891 (60)

Droysen, H., Sylloge inscriptionum atticarum in usum scholarum academicarum. gr. 4. (43 S. mit 2 Tab. in qu. Fol.) Berlin 878, Weidmann'sche Buchh.

Droysen, Hans, Untersuchungen üb. Alexander d. Grossen Heerwesen u. Kriegführung. gr. 8. (78 S.) Freiburg i/Br. 885. Mohr. n. 2. —

Droysen, J. F. (Resp.): Pr. de paresi atrabilaria..., s. Brendel, Jo. God. (Praes.)

Droysen, Joan. (geb. Kiel 4. 4. 1851): De Demophanti Patroclidis Tisameni populiscitis quae inserta sunt Andocidis orationi περὶ μυστηρίων. Berolini (1873). (47 S.) 8°
Berlin, Phil. Diss. v. 18. Nov. 1873

Droysen, Johs., de Demophanti Patroclidis Tisameni populiscitis quae inserta sunt Andocidis orationi *περὶ μυστηρίων*. Dissertatio inauguralis. gr. 8. (47 S.) Berlin 874. Calvary & Co. 1. 50

Droysen, Johann Fr.

Droysen, Jh. Fr., († d. 10. Oct. 1814.) Aphorismen über d. reine Mathematik. Zum Gebr. bei Vorlesungen. gr. 8. Greifsw. 812. (Mauritius). 8 gr

Droysen, Johann Fr., s. Aufhebung d. Universität Greifswalde.

— Bemerkk., gesammelt auf e. Reise durch Holland u. Frankreich im J. 1801. 8. Götting. 802. Dieterich. 1 rthl 12 gr

Droysen, Johann Fr., s. A. Liebes: Anfangsgr. d. Physik.

— Rede von d. Verdiensten d. schwed. Gelehrten um d. Mathematik u. Physik. gr. 8. Greifsw. 799. Mauritius, 4 gr

— über den zweckmäßigen Vortrag u. Nutzen d. jurist. Mathematik u. Physik. gr. 8. Greifsw. 798. Mauritius. 3 gr

Droysen, Johann Gustav

Droysen, Joh. Gust. Abhandlungen. Zur neueren Geschichte. I. Zur Geschichte der preussischen Politik in den Jahren 1830—1832. II. Preussen und das System der Grossmächte. III. Zur Geschichte der deutschen Partei in Deutschland. IV. Ein historischer Beitrag zur Lehre von den Congressen. V. Der Nymphenburger Vertrag von 1741. VI. Friedrich des Grossen politische Stellung im Anfang des schlesischen Krieges. VII. Die Wiener Allianz vom 5. Januar 1719. VIII. Zur Kritik Pufendorfs. IX. Das Stralendorff'sche Gutachten. 8. Leipzig 1876.

Droysen, Joh. Gust., Abhandlungen. Zur neueren Geschichte. gr. 8. (III, 448 S.) Leipzig 876. Veit & Co. n. 8. —

Ad orationem (de successione secundum legem regiam Danicam) qua professoris historiarum ordinarii munus auspicabitur audiendam invitat Joannes Gustavus **Droysen.** Jenae. [1852.] 8°.

Droysen, Joh. Gust., s. Aristophanes' Werke.

Droysen, Jh. Gust., s. Aeschylos Werke.

Droysen, Joh. Gust., Beiträge zur neusten deutschen Geschichte. Vier Aufsätze. gr. 8. (VIII u. 56 S.) Braunschweig 849, Vieweg & Sohn. n. 1/3 rthl

Droysen, Joh. Gust., Albrecht's I. Bemühungen um die Nachfolge im Reich. gr. 8. (V und 101 S.) Leipzig 862, Veit und Comp. *

Droysen, Joh. Gust., Carl August und die deutsche Politik. Ein Festgruß zum 3. Septbr. 1857. Jena, Frommann. 4. (35 S.) 7 1/2 ngr

Droysen, Joh. Gust., zur Charakteristik Preußens 1740 bis 1750; s. a. Beiheft zum Militär-Wochenblatt.

Droysen, J. G., Zur Charakteristik Preussens 1740—50. (Gelesen in der Akademie der Wissenschaften zu Berlin am 19. März 1880). — *in* Beiheft zum Militär-Wochenblatt. Hrsg. von v. Witzleben und v. Dewitz. Berlin 1880. Heft I pag. 31—102.

— Denkschrift das Schulwesen der Stadt Kiel betreffend. (Aus Ravit's Jahrb. rc.) gr. 8. (42 S.) Kiel 847, Schröder & Co. n. 1/3 rthl

Droysen, J. G. Zum Finanzwesen des Dionysius von Syrakus. Berlin, Akadem., 1883.

Droysen, J. G. Zum Finanzwesen der Ptolemäer. Berlin, Akadem., 1882.

Droysen, Joh. Gust. Ueber eine Flugschrift von 1743. I. Lettre d'un Bourgeois de Dordrecht à un Négociant d'Amsterdam. II. Réponse du Négociant etc. III. Lettre d'un gentilhomme François à un de ses amis. IV. Lettre d'un ami à son ami. Aus den Abhandlungen der k. Akademie der Wissenschaften zu Berlin 1872. 4. Berlin 1872.

—— über eine Flugschrift von 1743. gr. 4. (35 S.) Berlin 872, (Dümmler's Verlag.) *
Aus: Abhandlungen der k. Akademie der Wissenschaften, besonders abgedruckt.

Friedrich I. König von Preussen. Von Johann Gustav **Droysen.** 2. Aufl. Leipzig. 1872. = desselben: Geschichte der Preussischen Politik. Th. 4, Abth. 1. 8°.

Friedrich der Grosse. Von Johann Gustav **Droysen.** Bd. 1—4. Leipzig. 1874—86. = desselben: Geschichte der Preussischen Politik. Th. 5. 8°.

Friedrich Wilhelm I. König von Preussen. Von Johann Gustav **Droysen.** Bd. 1—2. Leipzig. 1869. = desselben: Geschichte der Preussischen Politik. (1. Aufl.) Th. 4. Abth. 2—3. 8°.

— über unser Gelehrtenschulwesen. gr. 8. Kiel 846, Schröder u. Comp. n. 1/6 rthl

Droysen, Jh. Gust., Geschichte Alexanders des Großen v. Macedonien. 2 Abthll. Mit Karten u. Plänen. gr. 8. Berlin 833, 34. Fincke. 4 ₰ jetzt Fr. Perthes in Hamburg u. d. Pr. 2 ₰

Droysen, Joh. Gust., Geschichte Alexanders d. Gr. M. 1 ill. Karte. gr. 8. (37 B.) Hamburg 837, [Fr. Perthes.]

— Geschichte Alexanders des Grossen. 3. Aufl. (Schul-Ausg.) Mit 5 (lith.) Karten von Richard Kiepert. gr. 8. (IV, 404 S.) Gotha 880. F. A. Perthes. n. 4. —; geb. n. 5. —

Droysen, Joh. Gust., Geschichte Alexanders d. Großen. 4. Aufl. Mit 5 Karten v. Rich. Kiepert. gr. 8. (IV, 510 S.) Gotha 892. F. A. Perthes. n. 5. —; geb. n. 6. —

Droysen, Joh. Gust., Geschichte Alexanders d. Großen. 5. [Titel-] Aufl. M. 5 Karten v. Rich. Kiepert. gr. 8. (IV, 510 S.) Gotha (892) 898. F. A. Perthes. n. 4. —; geb. n. 5. —

Zur Geschichte Friedrichs I. und Friedrich Wilhelms I. von Preussen. Von Johann Gustav Droysen. Leipzig. 1870. = desselben: Geschichte der Preussischen Politik. (1. Aufl.) Th. 4, Abth. 4. 8°.

— Geschichte des Hellenismus. 1r Thl. A. u. d. T.: Geschichte des Nachfolgers Alexanders. Mit genealog. Tabellen. gr. 8. Hamburg 836. Fr. Perthes. 4 ₰

— Geschichte des Hellenismus. 2. Thl. A. u. d. T.: Geschichte der Bildung des hellenistischen Staatensystems. Mit e. Anhang über die hellenistischen Städtegründungen. gr. 8. Hamburg 843. Fr. Perthes. (à) n. 4 ₰

— Geschichte d. Hellenismus. 3 Thle. (1. Thl., 2. Thl. 1. Halbbd. u. 3. Thl. 1. Halbbd. 2. Aufl.) gr. 8. Ebend. 877. 878. n. 44. —
1. Geschichte Alexanders des Großen. (X, 400 u. VIII, 420 S.) n. 14. —
2. Geschichte der Diadochen. (VIII, 424 u. IX, 399 S.) n 12. —
3. Geschichte der Epigonen. Mit einem Anh.: Ueber die hellenischen Städtegründungen. (VIII, 452 u. VIII, 390 S. nebst Register zu den 3 Thln. 145 S. m. 3 Tab.) n. 18. —

— dasselbe. 1. Bd. Geschichte Alexander d. Großen. 1. u. 2. Halbbd., 5 Karten dazu, v. R. Kiepert. Lith. gr. Fol. Ebend. 879. n. 2. —

— Geschichte der Preußischen Politik. 1. Thl. Die Gründung. — 2. Thl. Die territoriale Zeit. 1. Abth. Berlin 855, 57. (Leipzig) Veit u. Co. gr. 8. (I.: VIII, 650 S.; II. 1.: VII, 520 S.) I.: n. 3 ₰ 15 ngr; II. 1.: n. 2 ₰ 20 ngr

Geschichte der Preussischen Politik v. Johann Gustav Droysen. 8°.
Th. 1: Die Gründung. Berlin. 1855.
Th. 2: Die territoriale Zeit. Abth. 1—2. Leipzig. 1857—59.

Droysen, Joh. Gust., Geschichte der preußischen Politik. 2. Thl. Die territoriale Zeit. 2. Abth. Leipzig 862. (Veit & Comp. gr. 8. (VI, 644 S.) n. 3 ₰ 15 ngr

— — 3. Thl. Der Staat des großen Kurfürsten. 1. u. 2. Abth. Ebend. 861, 63. gr. 8. (IV, 359; VI, 626 S.) 1.: n. 2 ₰; 2.: 3 ₰ 15 ngr

Geschichte der Preussischen Politik v. Johann Gustav Droysen. 2. Aufl. 8°.
Th. 1: Die Gründung. Leipzig. 1868.
Th. 2: Die territoriale Zeit. Abth. 1—2. ebd. 1868—70.
Th. 3, Abth. 1—3: Der Staat des Grossen Kurfürsten. Leipzig. 1870—72.
Th. 4, Abth. 1: Friedrich I. König von Preussen. ebd. 1872.
—— (1. Aufl.)
Th. 4, Abth. 2—3: Friedrich Wilhelm I. König von Preussen. ebd. 1869.
Th. 4, Abth. 4: Zur Geschichte Friedrichs I. und Friedrich Wilhelms I. von Preussen. ebd. 1870.
Index zum 1. bis 4. Th. Von Carl Gerstenberg. ebd. 1876.
Th. 5: Friedrich der Grosse. Bd. 1—4. Berlin. 1874—86.

Droysen, Joh. Gust., Geschichte der preußischen Politik. Leipzig, Veit & Co. gr. 8.
1. Thl.: Die Gründung. 2. Aufl. 868. (VIII, 471 S.) n. 2 ₰
2. Thl.: Die territoriale Zeit. 1. u. 2. Abth. 2. Aufl. 869, 70. (VI, 380; IV, 476 S.) n. 4 ₰ 12 ngr
3. Thl.: Der Staat des großen Kurfürsten. 3. Abth. 865. (VIII, 858 S.) 5 ₰
— — 1. Abth. 2. Aufl. 870. (VI, 287 S.) n. 1 ₰ 6 ngr
4. Thl. 1. Abth.: Friedrich I., König v. Preußen. 867. (VI, 434 S.) 2 ₰ 15 ngr
4. Thl. 2. 3. Abth.: Friedrich Wilhelm I., König v. Preußen. 2 Bde. 869. (VIII, 453; VI, 428 S.) n. 4 ₰ 24 ngr
4. Thl. 4. Abth.: Zur Geschichte Friedrichs I. u. Friedrich Wilhelms I. v. Preußen. 870. (VIII, 509 S.) n. 3 ₰

— Geschichte der preußischen Politik. 3. Thl. 2. u. 3. Abth. 4. Thl. 1. Abth. u. 5. Thl. 2 Bde. gr. 8. Leipzig 871—76. Veit & Co. n. 48. 90
III. 2. 3. Der Staat d. großen Churfürsten. 2. Aufl. (VI, 621 u. VI, 642 S.) n. 20. 40
IV. 1. Friedrich I. König v. Preußen. 2. Aufl. (VI, 323 S.) n. 6. —
V. Friedrich der Große. 2 Bde. (524 u. VI, 6 59 S.) n. 22. 50

— dasselbe. Index zum 1—4. Thl. v. Karl Gerstenberg. gr. 8. (75 S.) Ebend. 876. n. 1. 80

— Geschichte der preußischen Politik. 5. Thl. Friedrich der Große. 3. Bd. gr. 8. (XIII, 510 S.) Leipzig 881. Veit & Co. n. 10. 80
(I—V, 3. u. Index zu I—IV.: n. 107. 70)

Droysen, Joh. Gust, Geschichte der preußischen Politik. 5. Thl. 4. Bd. gr. 8. Leipzig 886. Veit & Co. n. 10. 80 (cplt. m. Index zum 1—4. Thl.: n. 118. 50)
Friedrich der Große. 4. Bd. (VII, 494 S.)

(Droysen, Joh. Gust.), Zur Geschichte der preussischen Politik in den Jahren 1830 bis 1832. E. Studie. O. O. [1874]. 8°.

— Grundriss der Historik. Ebend. 868. gr. 8. (VI, 84 S.) n. 16 ngr

— Grundriss der Historik. 2. durchgeseh. Aufl. gr. 8. (VI, 84 S.) Ebend. 875. n. 1. 80

— Grundriss der Historik. 3., umgearb. Aufl. gr. 8. (VI, 90 S.) Ebend. 882. n. 2. —

— das Stralendorffische Gutachten. (Aus den Abhdlgn. der k. Sächs. Gesellsch. der Wiss.) Leipzig 860. Hirzel. Lex.-8. (90 S.) n. 24 ngr

— — Kriegsberichte Friedrich des Grossen aus den beiden schlesischen Kriegen. (Aus: Beihft. z. „Milit.-Wochenblatt" vom Jahre 1875. 10. Heft.) 8. Berlin 1875.

— das Leben des Feldmarschalls Grafen York v. Wartenburg. 3 Bde. gr. 8. (1: X u. 554 S. 2: VI u. 354 S. 3: VI u. 511 S.) Berlin 851. 52. Veit & Co. (1: n. 2⅔ ₰ 2: n. 1⅚ ₰ 3: n. 2⅔ ₰) n. 7⅙ ₰ In Engl. Einb. (1: n. 3 ₰ 2: n. 2 ₰ 3: n. 3 ₰) n. 8 ₰ — 1. Bd. 2. unveränd. Aufl. gr. 8. (X u. 554 S.) Ebd. 851. In Engl. Einb. n. 3 ₰

— das Leben des Feldmarschalls Grafen York v. Wartenburg. 2 Bde. 2. wohlf. Ausg. Berlin 854. (Leipzig) Veit u. Co. 8. (IV, 432; 2 Bl., 636 S.) n. 2 ₰

—— das Leben des Feldmarschalls Grafen York v. Wartenburg. 2 Bde. 4. Aufl. gr. 8. (VI und 750 S. mit York's Portr. in Stahlst. und 6 photolithogr. Plänen in gr. 8. und gr. 4.) Leipzig 863. Veit und Comp. 2 Thlr. 15 Ngr.; geb.

— das Leben des Feldmarschalls Grafen York v. Wartenburg. 5. unveränd. Aufl. Leipzig 869. Veit & Co. 8. (VI, 750 S. mit Portr. in Stahlst. u. 6 lith. Karten in 8. u. 4.) 1 ₰ 10 ngr

— das Leben d. Feldmarschalls Grafen York v. Wartenburg. 6. Ster.-Aufl. Mit Yorks Portr. (in Stahlst.), v. L. Jacoby u. 6 (lith.) Plänen (in 8 u. 4.) 2 Bde. gr. 8. (III, 377 u. III, 373 S.) Ebend. 871. n. 6. —; geb. n. 7. —

— dasselbe. 7. durchgeseh. Aufl. Mit York's Portr., (in Stahl.) gest. v. L. Jacoby, u. 8. lith. Plänen (in qu. 4.) 2 Bde. gr. 8. (XI, 462 u. 407 S.) Ebend. 875. n. 10. —

— das Leben des Feldmarschalls Grafen York v. Wartenburg. 8., durchgeseh. (Titel-)Aufl. Mit Yorks Portr. (in Stahlst.), gestochen von L. Jacoby, u. 8 lith. Plänen. 2 Thle. in 1 Bde. gr. 8. (XIII, 467 S.) Ebend. (1875) 878. n. 7. —; geb. n. 8. —

— das Leben d. Feldmarschalls Grafen York v. Wartenburg. 9. Aufl. Mit Yorks Portr., gestochen v. L. Jacoby, u. 8 lith. Plänen. 2 Thle. in 1 Bde. gr. 8. (XIII, 462 u. V, 467 S.) Ebend. 884. n. 7. —; geb. n. 8. —

Droysen, J. G., das Leben d. Feldmarschalls Grafen York v. Wartenburg. 2 Thle. in 1 Bde. 10. Aufl. gr. 8. (XIII, 462 u. III, 467 S. m. Portr. u. 8 Plänen.) Leipzig 890. Veit & Co. n. 7. —; geb. n. 8. —

— das Leben d. Feldmarschalls Grafen York v. Wartenburg. 10. Aufl. Neue [Titel-] Ausg. M. Yorks Bildn., gestochen v. L. Jacoby, u. 8 Plänen. 2 Thle. in 1 Bd. gr. 8. (XIII, 462 u. III, 467 S.) Leipzig (890) 897. Veit & Co. n. 7. —

Droysen, J. G., Zum Münzwesen Athens. Ak. 1882. 80 S. 4°.

— Phrynichos, Aischylos u. d. Trilogie. Eine Abhandlung. gr. 8. Kiel 841, Schwers'sche Buchh. ¼ ℛ

(Droysen, J. G.), Preußen und das System der Großmächte. Politisches Gutachten eines Schleswig-Holsteiners. Berlin, Duncker u. Humblot, 1849. II, 21 S. 8°.

— Rede zur 1000jähr. Gedächtnißfeier des Vertrags zu Verdün, auf d. Christian-Albrechts-Universität zu Kiel gehalten. gr. 8. Kiel 843. Universit.-Buchh. ¼ ℛ

Droysen, Johannes Gust. (geb. Treptow a. R. 1808): De Lagidarum regno Ptolemaeo IV Philometore rege. Berolini (1831). (33 S.) 4°
Berlin, Phil. Diss. v. 31. Aug. 1831

— zur Schlacht von Chotusitz. [Aus: „Abhandlgn. der k. Gesellsch. d. Wiss. zu Berlin."] Mit 2 (lith.) Taf. gr. 4. (200 S.) Berlin 873. Dümmler's Verl. in Comm. n. 7. 50

— die Schlacht von Warschau. 1656. (Aus den Abhdlgn. der k. sächs. Gesellsch. der Wiss.) Leipzig 863. Hirzel. 4. (152 S. u. 1 lith. Taf.) n. 1 ℛ 14 ngr.

— s.: Schleswig-Holstein, die Herzogthümer u. das Königr. Dänemark. — Verhandlungen, die, d. Verfassungs-Ausschusses der deutschen Nationalversammlung.

Die Herzogthümer Schleswig-Holstein und das Königreich Dänemark. Aktenmässige Geschichte der dänischen Politik seit dem Jahre 1806 (v. Johann Gustav Droysen und Karl Samwer). 2. Aufl. Hamburg. 1850. 8°.

Droysen, Johann Gustav. Schreiben an den Herausgeber (der Zeitschr. f. Geschichtswiss.), die „Geschichte Deutschlands von 1806—1830 von Prof. Friedrich Bülau, Hamburg 1842" betr. (Berlin 1844. S. 481—517.) 8.

Kleine Schriften v. Joh. Gust. Droysen. H. 1: Zur schleswig-holsteinischen Frage. 2. Aufl. Berlin. (1863.) 8°

Droysen, Joh. Gust.: Kleine Schriften. H. 1. [einz.] Zur Schleswig-Holsteinischen Frage. 2. Aufl. Berlin [1864].
[Inhalt:]
1. Zur Lehre von der Legitimität. (1852.)
2. Zur Charakteristik der Europ. Krisis. (1854.)
3. Der Krimmkrieg u. die Baltische Frage. (1855.)
4. Die Kieler Adresse. (1844.)
5. Die gemeinsame Verfassung für Dänemark u. die Herzogthümer. (1848.)
6. Der Vertrag vom 8. Mai 1852. (1863.)

—— kleine Schriften. 1. Heft: Zur Schleswig-Holsteinischen Frage. 1. und 2., verm. Aufl. gr. 8. (VIII und 103 S.) Berlin 864, Brigl. [Mecklenburg.] *

— kleine Schriften zur alten Geschichte. 2 Bde. gr. 8. Leipzig, Veit & Co. à n. 10. —
1. (VIII, 387 S. m. Bildnis u. Photogr.) 893. — 2. (IV, 448 S.) 894.

Droysen, Johann Gustav.
Kleine Schriften zur alten Geschichte. Leipzig 1893—94. H: *Hübner, Emil.* (Berl)

— ein Sendschreiben an Se. Exc. den Hrn. Baron v. Pechlin, K. Dänischen Geh. Conferenzrath etc. gr. 8. (44 S.) Kiel 849, Schröder & Co. n. ⅓ ℛ

— s.: Staatsschriften, preussische, aus der Regierungszeit König Friedrichs II.

Droysen, Johann Gustav: Städtegründungen Alexanders und seiner Nachfolger. [o. O.] 1843. 172 S. 8°.

Droysen, Joh. Gust. Friedrich des Grossen politische Stellung im Anfang des schlesischen Krieges. (Aus: „Droysen Abhandlungen zur neueren Geschichte".) 8. Leipzig 1876.

— das Testament des grossen Kurfürsten. [Aus den Abhdlgn. d. k. sächs. Gesellsch. d. Wiss.] Leipzig 866. Hirzel. 4. (93 S.) n. 24 ngr.

Droysen, Joh. Gust., die gemeinsame Verfassung für Dänemark u. Schleswig-Holstein. Eine deutsche Frage. gr. 8. (31 S.) Kiel 848, Schröder & Co. — 2. Aufl. gr. 8. (31 S.) Ebd. 848. n. 6¼ ngr.

—— Verhandlungen, die, des Verfassungs-Ausschusses der deutschen Nationalversammlung, s. Verhandlungen.

— zwei Verzeichnisse, Kaiser Karls V. Lande, seine und seiner Grossen Einkünfte und Anderes betreffend. (Aus d. Abhdlgn. d. K. Sächs. Gesellsch. der W.) Leipzig 854. Hirzel. 4. (64 S.) n. 20 ngr.

Droysen, Jh. Gust., Vorlesungen über d. Freiheitskriege. 2 Thle. gr. 8. Kiel 846, Univers.-Buchh. (1. Thl. 2 ℛ — 2. Thl. 3 ℛ) 5 ℛ

— Vorlesungen üb. das Zeitalter der Freiheitskriege. 2. Aufl. 2 Tle. gr. 8. (XII, 342 u. VIII, 519 S.) Gotha 886. F. A. Perthes. n. 16. —

Die Wandgemälde im Ball- und Concert-Saal des Königl. Schlosses zu Dresden. Erfunden und ausgeführt von E. Bendemann. In 1/16 natürlicher Grösse radirt von Hugo Buerkner. Mit erklärendem Text von Joh. Gust. Droysen. Dresden. Fol.

Eberhard Windeck (aus Maynz 1380—1440) v. Johann Gustav Droysen. (Aus: Abhandlungen der K. Sächs. Gesellsch. der Wissensch. Bd. 3. Leipzig. 1853.) 8° m.

—— Eberhard Windeck. hoch 4. (83 S.) Leipzig 853, Hirzel. *

Droysen, K. F. Mch., kurze Reformationsgeschichte nebst einigen Betrachtungen u. Auszügen aus Luthers Schriften. 8. Stralsund 817. Löffler. 10 gr.

Droysen, G. F. M., Schultafelnbuch. gr. 8. Stralsund 842, Löffler'sche Buchh. (C. Hingst.) n. ½ ℛ

Droysen, Karl

Droysen u. Gisevius, Ackerbau, einschließlich Gerätelehre. 2., durchges. Aufl. 8. (VIII, 203 S. m. 160 Abbildgn.) Berlin 894. P. Parey. Geb. in Leinw. n. 1. 60

[F.] Ackerbau einschliesslich Gerätelehre v. Dr. [Carl] Droysen, Dir., u. Dr. [P.] Gisevius, Kulturtechniker ... zu Dahme '(Mark)'. 3., durchges. Aufl. M. 160 Textabb. *Berlin: P. Parey 1896.* (VIII, 209 S.) 1 Bd 8.
— Unterrichtsbücher, Landwirtschaftliche. [Bd 1.] [96. 1910

[F.] Ackerbau einschliesslich Gerätelehre v. Dr. [Carl] **Droysen**, Dir. ... zu Herford, u. Dr. [Paul] Gisevius, Kulturtechniker ... zu Dahme (Mark)'. 4., durchges. Aufl. M. 175 Textill. *Berlin: P. Parey 1898.* (VIII, 226 S.) 1 Bd 8.
(Landwirtschaftliche Unterrichtsbücher. [No 1.])

Droysen u. Gisevius, Ackerbau, einschließlich Gerätelehre. (Landwirtschaftliche Unterrichtsbücher.) 6., durchgeseh. Aufl. (VIII, 232 S. m. 175 Abbildgn.) 8. Berlin 904. P. Parey. Geb. in Leinw. n. 1. 60

— — dasselbe, s.: Unterrichtsbücher, landwirtschaftliche.

Droysen, Karl: Beiträge zur Anatomie und Entwicklungsgeschichte der Zuckerrübe. Halle a. S. (1877): Plötz. 37 S. 8°
Halle-Wittenberg, Phil. Diss. v. 15. März 1877
Geb. Görlsdorf bei Seelow (Mark) 21. 6. 1849. V.

Droysen, Karl: *Bericht über seine Einführung als Direktor der Anstalt.* 4 (S. 28—31).
Progr.

[F.] **Droysen,** Karl [Dir. Dr.]: *Bericht über die Feier der Einweihung des neuen Schulgebäudes.* Herford, Druck v. H. Titgemeyer, *1897;* 31—35 S. 4.
Herford, Landwirtschafts- u. Real-S verbunden m. Ackerbau-S, P 1897

Droysen, Karl: Bericht über das Versuchsfeld und den Versuchsgarten der Schule für das Jahr 1896. 4 (S. 22—24).
Landwirtschafts- u. Rsch. verbunden mit Ackerbausch. *Herford* 1897
Progr.

Droysen, Karl:
Das Schulgebäude. 4 (S. 38—40, 1 Abb.).
Landwirtschafts- u. Rsch. verbunden mit Ackerbausch. *Herford* 1897
Progr.

Droysen, Karl Ludwig

— über d. beste Art, d. Jugend in d. christl. Religion zu unterrichten. 3 Thle. 8. Leipz. 793. 1r Thl. 3e A. 806. 2r, 3r Thl. 2e A. 805. Wienbrack. 1r 20 gr 2r a. u. d. T.: Elementarbuch d. christl. Lehre, 800. 16 gr 3r 12 gr 2 ₰

— üb. d. beste Art d. Jugend in d. christl. Relig. z. unterrichten. 3 Thle. 8. Ebend. 802—J. (1r 12 gr., 2r unt. dem Tit. Elementarb. d. christl. Lehre. 16 gr., 3r 12 gr.)

Droysen, C. L., kurze Hauptsätze d. christl. Lehre. Ausz. a. s. Elementarb. 8. Leipz. Gräff. 805.

Droysen, Karl Ldw., kurze Hauptsätze d. christl. Lehre. Ausz. aus seinem Elementarbuche. 8. Leipz. 805. Wienbrack. 2 gr

— drei Jubelpredigten zum Andenken an Luther u. d. Kirchenverbesserung am 31. Oct., 1. u. 2. Nov. 1817 in Bergen gehalten. gr. 8. Greifsw. 818.

— wie kann u. soll man jungen Leuten helfen, wahre Christen zu werden, als Anhang z. Vorhergeh. 8. Ebd. 802. 8 gr

— erläuternde Zergliederung d. Schlegelschen Katechismi. 12. Stralf. 806. Löffler; a. Struck. 16 gr

Droysen, L., die innere Mission, ihre Aufgaben u. Arbeiten in Pommern. Nach amtl. Mittheilgn. bearb. gr. 8. (VI, 152 S.) Stargard 876. Just. n. 1. 20

Droysen, Ludw., christliches Leben und Lieben. Predigten, zum Zwecke häuslicher Erbauung. Naumburg 856. Garcke. gr. 8. (IX, 182 S.) n. 20 ngr

Droysen, Paul: Aufgaben aus der analytischen Geometrie. Leipzig: Fock (1909). 24 S. 4°
Belgard, st. G P 1909 (192) [S 09. 83

Droz u. Picard, der Hugenott. Gesch. u. Abentheuer Jacob Fauvel's; nach d. Französ. v. Fr. Gleich. 3 Bde. 8. Leipz. 824. Glück. 4 ₰

Droz u. Picard, der Hugenott. Geschichte u. Abenteuer Jacob Fauvel's, nach den Französ. v. Fr. Gleich. 3 Bde. 8. Leipz. 826, Glück.

Droz, Alfredus Sidney: De angina. Halae 1826: Gebauer. 32 S. 8°
Halle-Wittenberg, Med. Diss. v. [1. Juli] 1826
Geb. Chaux de fonds bei Neuchâtel (Schweiz) 3. 5. 1794. V.
Verf. wurde ohne Rigorosum und Disputation promoviert.

Droz, François Xavier Joseph

Droz: d. Anwend. d. Moral auf d. Politik; a. d. Franz., m. e. Einleit. v. A. v. **Blumröder.** *Ilmen.* (j. *Weim.*), Voigt. 827. gr 12° 1 ₰

— Essai, sur l'art d'être heureux. Nouv. Edit. 82. ... 827. (Leipz., W. Vogel) 16 gr

Droz: Eudämonia, od. d. Kunst, glückl. zu sein; Vers. e. gefäll. Lebensphilos.; a. d. Fr. frei übertr., u. m. Anmerkk., erläut. Zuss. u. Abhandll. vers. v. A. v. **Blumröder.** *Ilm.* (*Weim.*), Voigt. 826. 8° 1 ₰

Droz, Franz. Xav., Gedanken über das Christentum, Beweise seiner Wahrheit. Nach der 2. franzöi. Ausgabe bearbeitet von Wolfgang Reithmeier. Straubing, Schorner, 1844, 8°, 0,75 Mk.

Geschichte der Regierung Ludwig's XVI. in den Jahren da die französische Revolution verhütet oder geleitet werden konnte, v. Joseph **Droz.** Aus dem Französischen (v. Friedrich Luden). Vorrede v. Heinrich Luden. 8°k.
Th. 1—2. Jena. 1842—43.
Th. 3: Anhang: Mirabeau und die constituirende Versammlung. ebd. 1843.

— Geschichte der Regierung Ludwig's XVI., in den Jahren da die französ. Revolution verhütet oder geleitet werden konnte. Aus d. Französ. Vorrede von Heinrich Luden. 3 Thle. gr. 8. Jena 842, 43, Luden. (à $1\frac{5}{8}$ ₰) $4\frac{1}{2}$ ₰

— polit. Oekonomie, oder Grundsätze d. Wissenschaft d. Reichthümer. In deutscher Uebersetzung herausg. mit e. Vorworte vom Regier.-Rath Keller. gr. 8. Berl. 830. Dümmler. 1 ₰ 8 gr

Droz, Gustave: Unter vier Augen, s. Gavarni's, Franç., Bibliothek.

Droz, Gust., unter vier Augen. Erzählgn. Deutsch v. Paul Friedrich. schmal 12. (130 S.) Leipzig 896. R. Lüders & Co. 1. 50

Droz, Gust., das Blaubuch von Fräulein Cibot. Roman. Aus d. Französ. übers. von Edm. Zoller. 2 Bde. Einzig autoris. deutsche Uebersetzung. Wien 868. Tendler & Co. (Leipzig, Zauder.) 8. (314 S.) n. 1 ₰ 15 ngr

Droz, Gust., im Ehestand, s. a. Eckstein's humorist. Bibliothek. Nr. 95.

Im Ehestand. Bilder u. Arabesken von Gustav Droz. Frei nach d. Franz. 3.—7. Taus. *Berlin: R. Eckstein Nachf. [1899].* (128 S.) 8° [F.]
= Bibliothek, Ecksteins humoristische. No 95.

Droz, Gustave: Eine genierliche Frau, s. Gavarni's, Franç., Bibliothek.

— dasselbe. Deutsch v. Paul Friedrich. schmal 12. (140 S.) Leipzig 896. R. Lüders & Co. 1. 50

Eine genierliche Frau. Von Gustav Droz. Deutsch v. Paul Friedrich. *Berlin: R. Lüders & C. [1898].* (2 Bl., 140 S.) 1 Bd 8.
= Bibliothek, W. Eichners, moderner Realisten u. Humoristen. Bd 2.

Droz, Gust., das Kind, s.: Eckstein's Reisebibliothek.

Droz, Gust., das Kind. Ein Festgeschenk für junge Väter u. Mütter. 8. (127 S.) Berlin 879. Eckstein Nachf. n. 2. —; geb. n. n. 3. —

Droz, G., Papa, Mama und's Kleine, s.: Bibliothek französischer Humoristen u. Realisten.

— Papa, Mama u. 's Kleine. Bilder aus dem Ehe- u. Familienleben der Franzosen. Nach der 133. Ausg. des französ. Originals „Monsieur, Madame et Bébé" übertr. v. Paul Heichen. 2. Aufl. gr. 8. (III, 256 S.) Leipzig 894. Greßner & Schramm. 1. 50

— an e. Quelle, s.: Lese-Cabinet, neuestes belletristisches.

— an der Quelle der Freude, s.: Don Juan-Serie.

DROZ, Gustave, Ein Sommer auf dem Lande. Briefwechsel zweier jungen Pariserinnen, gesammelt und veröffentlicht von —. Zum ersten Male ins Deutsche übertragen von J. Berg. Berlin 1907. 8°. 133 S. (Br. Mk. 12—, in Leder Mk. 15—; 8 Original-Gravüren dazu: Mk. 10—.)
Privatdruck in 400 numer. Expll. Vergriffen! — Besprochen von Dr. Alfred Kind, in: Blätter f. Bibliophilen. Hrsg. von Willy Schindler. I, 1. Jan. 1908 (Berlin), S. 38—39. — Bildet auch Bd. IV von: Dokumente zur Sittengeschichte der Menschheit. Hrsg. von Dr. Willy Heine.

—— meine Tante als Venus und andere Geschichten. Humoristische Blätter. Frei nach dem Französ. 1.—3. Aufl. 8. (118 S.) Leipzig 878,79, Eckstein. * ℳ 2.; geb. *

Meine Tante als Venus und andere Geschichten. Humorist. Blätter von Gustav Droz. Frei nach d. Französ. 3.–6. Taus. *Berlin: R. Eckstein Nachf. [1899].* (124 S.) 8° [F.]
= Bibliothek, Ecksteins humoristische. No 94.

— meine Tante als Venus u. andere Geschichten, s. a. Eckstein's humorist. Bibliothek. Nr. 94.

DROZ, Meine Tante als Venus. (ca. 1900.) (1 Mk., eleg. br. mit buntem Titelbild, M. Luck, Berlin, ca. 1902.)
Blinder Lärm. — Ein windiges Abenteuer. — Meine erste Geliebte. — Nach der Hochzeit. — etc.

Droz, H. A., Cours élémentaire de grammaire franç., extrait des grammaires de Girault-Duvivier, Lemare, Rod, etc. et des dictionnaires de Boiste et de la Laveaux. gr. in-8. (15 B.) Francfort s. M. 834, (Schmerber.)

Droz, Joseph, s. Droz, François Xavier Joseph

Droz, Numa, die Elemente des bürgerlichen Unterrichts. Leitfaden für den Gebrauch in den Primarschulen, Aus dem Französ. übers. von B. Niggli. Anhang: Die staatl. Einrichtungen des Kantons Bern von Gobat. 8. (114 S.) Bern 888, Nydegger und Baumgart. cart. *

Droz, Numa, die landwirthschaftliche Krisis, ihre natürlichen, legislativen, socialen u. individuellen Ursachen u. Vorschläge zur Abhilfe. Übers. v. J. Dreifuß. gr. 8. (81 S.) Aarau 884. Christen. n. — 90

— die Opfer der Arbeit u. die obligatorische Unfall-Versicherung. gr. 8. (50 S.) Bern 885. Wyss. n. — 80

Droz, Numa. La politique fédérale en matière de banque, d'assurances et de chemins de fer. Conférence. In-8°. 24 p. Berne (Chaux-de-Fonds, F. Zahn). 1896 — 30

— le Rachat des Chemins de fer suisses. In-8°. 52 p. Bâle et Genève, Georg & Co. 1898 — 40

Droz, N. Der Rückkauf der Schweizerischen Eisenbahnen. In-8°. 52 S. Basel u. Genf, Georg & Co. 1898 — 40

Droz, der eidgenössische Schulartikel. Vortrag, geh. im Temple français in La Chaux-de-Fonds am 11. Oktbr. 1882. 8. (40 S.) Zürich 882. Orell, Füßli & Co. n. — 50

— Schutzzoll od. Freihandel. [Zolltarifrevision.] Auszug aus der „Bibliothèque universelle et Revue suisse" Novbr. 1883. [Deutsche Uebersetzg.] gr. 8. (49 S.) Bern 884. (Jenni.) n. — 50

—— der bürgerliche Unterricht. Leitfaden für den Gebrauch der obern Primarschulklassen, Sekundarschulen, Fortbildungsschulen und der jungen Bürger. In deutscher Ausg. besorgt von J. Näf und B. Niggli. 8. (239 S.) Lausanne 885. (Bern, Jenni.) **

Droz, Numa, Bundesrath. Der bürgerliche Unterricht. Leitfaden für den Gebrauch der obern Primarschulklassen, Sekundarschulen, Fortbildungsschulen und der jungen Bürger. In-12°, 250 p. Lausanne, D. Lebet. 1885 1 50

Droz, Th., l'esprit gaulois dans la littérature française. Conférence faite au Rathhaus de Zurich le 15 janvier 1885. gr. 8. (42 S.) Zürich 885. Meyer & Zeller. n. — 80

Droz, Th., voir: *Schwob, J.*

Droz, Théoph., Frédéric le Grand et ses écrits. Bonn 867. Marcus. gr. 8. (96 S.) 15 *ngr.*

Droz-Farny, A[rnold]. Sur l'hyperbole d'Apollonius. Notes géométriques. [Avec 2 figures.] (Separat-Abdruck aus den «Mitteilungen» der Naturforschenden Gesellschaft in Bern. 1905.) II + 8 p. 8. [Bern, K. J. Wyss.]

Drozda, J., Influenza, s.: Kusnezow, A. Ch.

Drozda, Jos. V., zur Diagnostik der Gehirnerkrankungen, s. Klinik, Wiener.

Drozda, Jos. V., Grundzüge e. rationellen Phthisootherapie (Heilg. d. Tuberculose). Vortrag, geh. a. 21. VIII. 1897 i. d. 2. Plenarsitzg. d. Section f. inn. Medicin d. XII. internat. medicin. Congresses in Moskau. Lex.-8. (31 S.) Wien 897. (J. Šafář.) n. 1. 20

Droznin, Meyer (geb. Wilna 15. 1. 1850): Doppelseitige Spitzeninfiltration und Endocarditis maligna. Berlin (1878). (30 S.) 8°
Berlin, Med. Diss. v. 2. März 1878

Drożyński, Anton *(geb. Posen 18. 9. 1857)*: Zur Statistik der Knochenbrüche. Breslau 1880. (28 S.) 8° *[Im Buchhandel 1880 bei Köhler in Breslau.]*
Breslau, Med. Diss. v. 3. [vielmehr 2.] Aug. 1880

Drożyński, J. (Red.), s. Almanach für die erste k.k. priv. Donau-Dampfschiffahrts-Gesellschaft.

Drożyński, Leon, a. Kobelniki, Posen: Beiträge zur Kenntnis der Meningomyelitis chronica syphilitica. Berlin: S. Karger 1908. (47 S.) 8° ¶ (Aus: „Monatsschrift f. Psychiatrie u. Neurologie" Bd 24.)
Leipzig, Med. Fak., Ref. Marchand, Diss. v. 18. Febr. 1908
[Geb. 27. März 81 Kobelniki (Posen); Wohnort: Berlin; Staatsangeh.: Preußen; Vorbildung: Friedrich-Wilhelms-Gymn. Posen Reife O. 02; Studium: Greifswald 5, Leipzig 6 S.; Coll. 4. Aug. 08; Approb. 30. Mai 08.]

Drtina, F., Stoika Epikteta rukověť mravních naučení. Pr. 1894. 82 S.

Dru, le, P. voyez Ledru.

Drube, Chr., Veilchen, s. a. Radetzki, gärtnerische Kultur-Anweisungen 14. Heft.

Veilchen. Kultur u. Treiberei d. Veilchen von Chr. **Drube,** Schönhausen. 2. Aufl. Berlin: Berliner Gärtner-Börse [1904]. (14 S.) 8°
— Kultur-Anweisungen, Gärtnerische. H. 14.

Drübek, Ladislav: Sprachliche und sachliche Vergleichung von Goethes „Italiänischer Reise" mit ihren Vorlagen.
Phil. Diss. Prag 1906/07.

Drubig, C., Realienbuch für ein- und mehrklassige Volksschulen, s. Fritzsche, A.

Druebin, Simon, die Herstellung wägbarer Mengen v. Blutplättchen bei den Säugethieren u. die wirklichen Blutplättchen des Frosches. Diss. Lex.-8. (63 S.) Jurjew (Dorpat) 893. (E. J. Karow.) n. 1. 50

Drübinowitsch, Bernh. (geb. Crottingen in Russl. 12. 11. 1847): Inversion des Uterus durch Tumoren. Berlin (1873). (31 S.) 8°
Berlin, Med. Diss. v. 15. Aug. [vielmehr 13. Nov.] 1873

Druchsa Johann. Cypressen. Biographien der im letzten Decennium zu Prag verstorbenen Persönlichkeiten. 8. I. Bd. 1. u. 2. Heft. (72 S.) Prag, C. Wetterl 1852. (Erscheint monatlich 1 Heft, 24—48 S. à 15 kr. Vor der Hand sind 6 Hefte angesetzt.)

Druchsa, Joh. Nep., *(Jan z Prahy.)* Omnibus. Vermischte Schriften. Mit Illustrationen. I. Bd. 1. u. 2. Lief. *Prag* 1857. Gedr. bei *Bernh. Ferd. Mohrmann.* $2^1/_2$ Bg. 8°. 24 kr.
(Der Band hat 10 Lief. und kostet pränum. 1 fl. — Fünf Lief. 40 kr.)
Enthält: Humoresken. Gedichte. Sämmtliche Grabschriften der Friedhöfe Prags. Albumblätter. Wohlth. und gemeinnütz. Anstalten Prags. Spaziergänge durch Böhm. Geschichtskalender. Erinnerungsblätter aus Prag u. Böhm.)

Drück, Fr. Ferdinand

— anthologia graeca, opus posthumum (ed. ... Weckherlin). 8maj. Stuttg. 808. Metzler. 9 gr

— commentatio in locos aliquot ex Taciti vita Agricolae, et dialogo de oratoribus. 4. Stuttg. 799.

— Diss. de eloquentia Homeri. Stuttg. 779. 4.

Drück, F. F., Diss. de virtutibus vitiisque Homeri et Virgilii ex saeculis ipsorum aestimandis. Stuttg. 780. 4.

— Erdbeschreibung von Asien. 1r Bd. gr. 8. Stuttg. 784. Metzler. 1 ß 12 gr

Drück, (F. F.,) Gemählde des asiatischen Rußlands u. der asiat. Türkei. Neue Ausg. gr. 8. Stuttg. 822. Metzler.

Drück, F. F., de orthographicis veterum Romanorum circa scribendum suam linguam moliminibus. Progr. Stuttg. 784. Sect. I. 4.

Drück, Fr. Fd., († d. 27. April 1807.) Rede über d. Aehnlichkeit d. menschl. Verstandes in zwei Zeitaltern. 8. Leipz. 782. (W. Vogel). 2 gr

— kleinere Schriften, gesammelt u. herausg. v. K. P. Conz. 3 Bde. 8. Tübing. 810—12. Osiander. 3 ß

Drück, F. F., wie die Alten die Geschichte behandelt haben? Progr. Stuttg. 786. 4.

Drück, Theodor

Drück, Th., Abriß der griechischen Tempus- u. Moduslehre z. Gebrauch an den oberen Klassen der Gymnasien. 5. Aufl. (39 S.) 8. Stuttgart (910). A. Bonz & Co. — 60

Drück, *Theodor* Die vaterländische Altertumskunde im Gymnasialunterricht. 4 (20 S.). **Progr.** Kgl. G. *Ulm* 1894 (597).

Drück, Theodor (Hrsg.), s. Geschichtsblätter, Reutlinger.

Drück, Th., Materialien zur Einübung der griechischen Formenlehre in Verbindung mit den Hauptlehren der Tempus- und Moduslehre. 8. (IV, 79 S.) Schw.-Hall 887, C. Braun. *
geb. *

Drück, Th., Materialien zur Einübung der griechischen Formenlehre in Verbindung m. den Hauptregeln der Tempus- u. Moduslehre. 2., verm. Aufl. gr. 8. (VIII, 108 S.) Leipzig 890. C. Braun. cart. n. 1.50

Drück, Th., Präparation zu Vergils Aeneide. I. u. II. Hft. gr. 8. Leipzig 898. B. G. Teubner. n. — 70
I. Buch I. (II, 16 S.) — 30. — II. Buch II u. III. (26 S.) n. — 40.

Drück, Th., Präparation zu Vergils Aeneide. 1. u. 3. Hft. gr. 8. Leipzig, B. G. Teubner. n. — 70
1. Buch I. 2. Aufl. (16 S.) 902. — 30
3. Buch IV... (16 S.) 899. n. — 40

Präparation zu Vergils Aeneide von Prof. Dr. Th[eodor] Drück. (Vorr.: [Oskar] Treuber.) 2. Aufl. H. 1. *Leipzig & Berlin: B. G. Teubner 1902.* 8° [Umschlagt.]
(Schülerpräparationen zu lat. u. griech. Schriftstellern.) [04. 13252

Drück, Th., Präparation zu Vergils Aeneide. 2. Heft: Buch II u. III. 2. Aufl. (27 S.) gr. 8. Leipzig 903. B. G. Teubner. n. — 40

— **Präparation** zu Vergils Aeneide. 1—3. Heft. 8. Leipzig, B. G. Teubner. 1.10
1. Buch I. 3. Aufl. (16 S.) 908. — 30
2. Buch II u. III. 3. Aufl. (28 S.) 911. — 40
3. Buch IV. 2. Aufl. (16 S.) 907. — 40

— griechisches Übungsbuch f. Sekunda. 2. Aufl. gr. 8. (X, 132 S.) Stuttgart 902. A. Bonz & Co.
Geb. in Leinw. n. 2. —

— dasselbe. Grammatischer Anh.: Abriß der Tempus- u. Moduslehre. 2. Aufl. gr. 8. (27 S.) Ebd. 902. Kart. n. — 40

— Griechisches Übungsbuch f. Sekunda. 3. vollständig umgearb. Aufl. (VIII, 125 S.) gr. 8. Stuttgart 907. A. Bonz & Co. Geb. 2. —

— u. F. Grunsky, griechische Übungsbücher. 1.—3. Tl. gr. 8. Leipzig 896. C. Braun. Geb. in Halbleinw. n. 5.80
1. Griech. Lese- u. Übungsbuch f. Klasse V (Untertertia). Von Ferd. Grunsky. (VIII, 116 S.) n. 2. —; Vokabularium nebst 5 Tabellen dazu (40 S.) geb. n. — 80
2. Griech. Übungsbuch f. Klasse VI (Obertertia). Von Ferd. Grunsky. (VIII, 110 S.) n. 2. —
3. Dasselbe f. Klasse VII u. VIII (Sekunda). Von Th. Drück. (VIII, 109 S.) n. 1.80

— das Kastell Urspring, s.: Fabricius, E.

Druckbuchstaben, deutsche. qu. Fol. 8 Blatt. Berlin 899. H. Th. Hoffmann. 1.80; nebst Leiste z. Aufstellen 2.50

Drucke und Urkunden, Alte, des Gymnasiums. [Düsseldorf] 1878. V: *Cremans, Hub.* (Hauptkat. d. Univ.-Bibl. Tübingen. K, Nachtr. 25.)

Drucke, deutsche, älterer Zeit in photolithographischer Nachbildung. Ausgewählt von Wilh. Scherer. I. Der Schelmen Zunft von Thomas Murner. 1512. gr. 8. (84 S.) Berlin 881, [Gebr. Burchard.] Grote'sche Verlagsh. *

Drucke, deutsche, älterer Zeit in photolithographischer Nachbildung. Ausgewählt von Wilh. Scherer. (I.) gr. 8. Berlin 881. (Leipzig, K. F. Köhler.) n. 6. —
Der Schelmen Zunft v. Thomas Murner. 1512. (84 S.)

Drucke, deutsche, älterer Zeit, in Nachbildgn. hrsg v. Wilh. Scherer. I—III. Berlin, Grote. n. 77. —
I. Die Septemberbibel. Das neue Testament, deutsch v. Mart. Luther. Nachbildung der zu Wittenberg 1522 erschienenen 1. Ausg. zum 400jähr. Geburtstage Luthers. Mit e. Einleitg. v. Jul. Köstlin. Fol. (447 S.) 883. n. 50. —; geb. n. 60. —
II. Das älteste Faustbuch. Historia v. D. Johann Fausten, dem weitbeschreiten Zauberer u. Schwarzkünstler. Nachbildung der zu Frankfurt a. M. 1587 durch Joh. Spies gedruckten 1. Ausg. Mit e. Einleitg. v. Wilh. Scherer. 8. (XXXV, u. XXI, 236 S.) 884. n. 20. —; geb. n. 24. —
III. Passional Christi u. Antichristi. Lucas Cranachs Holzschnitte m. dem Texte v. Melanchthon. Nachbildung e. in der Einleitg. sub A 1 bezeichneten Orig.-Ausg. Mit e. Einleitg. v. G. Kawerau. (XXXII, 28 S.) 885. n. 7. —

Drucke u. Holzschnitte d. XV. u. XVI. Jahrh. in getreuer Nachbildg. I.—VIII. Strassburg, J. H. E. Heitz. n. 43.—
I. Das Wallfahrtsbuch des Hermannus Künig v. Vach u. die Pilgerreisen der Deutschen nach Santiago de Compostela. Von Konr. Häbler. gr. 8. (88 u. 24 S. m. Abb.) 899. n. 4.—
II. Gedichte vom Hausrat aus dem XV. u. XVI. Jahrh. In Fcsm.-Dr. hrsg. Mit e. Einleitg. von Th. Hampe. 4. (50 u. 60 S. m. Abbildgn.) 899. n. 6.—
III. Neujahrswünsche des 15. Jahrh. Von Paul Heitz. Mit 44 Abbildgn. in Orig.-Grösse. 2. verm. billige Ausg. gr. 4. (29 S.) 900. n. 6.—
IV. Die Floia u. andere deutsche maccaronische Gedichte. Hrsg. v. Carl Blümlein. 8. (107 S. u. 15 S. in Fksm.) 900. n. 5.—
V. Ein deutscher Cisianus f. d. J. 1444, gedruckt v. Gutenberg. Von Arth. Wyss. gr. 4. (19 S. m. 1 Taf.) 900. n. 3.—
VI. Kolumbus-Brief, der deutsche. In Fcsm.-Druck hrsg. m. e. Einleitg. v. Konr. Häbler. 8. (24 S. u. 14 fksm. S. m. 2 Abbildgn.) 900. n. 3.—
VII. Chronik u. Stamm der Pfalzgrafen bei Rhein u. Herzoge in Bayern. 1501. Die älteste gedr. bayer. Chronik, zugleich der älteste Druck d. Stadt Landshut in Bayern, in Fcsm.-Druck hrsg. m. e. Einleitg. von Geo. Leidinger. 8. (32 u. 30 S. nebst Stammbaum in 4 Taf. [in qu. gr. Fol.].) 901. n. 10.—
VIII. Balthasar Springers Indienfahrt 1505/06. Wissenschaftl. Würdigg. der Reiseberichte Springers zur Einführg. in den Neudruck seiner „Meerfahrt" vom J. 1509. Von Frz. Schulze. 8. (VI, 100 u. 28 S. m. Abb. u. 1 Taf.) 902. n. 6.—

— u. Holzschnitte des XV. u. XVI. Jahrh. in getreuer Nachbildung. IX—XI. Strassburg, J. H. E. Heitz. n. 21.—
IX. Mundus novus. Ein Bericht Amerigo Vespucci's an Lorenzo de Medici üb. seine Reise nach Brasilien in den J. 1501/02. Nach e. Exemplar der zu Rostock v. Hermann Barckhusen gedr. Folioausg., im Besitze der Stadtbibliothek zu Frankfurt a. M., in Faksm. u. m. Einleitungen hrsg. v. Emil Sarnow u. Kurt Trübenbach. (24 u. 8 S. m. Abbildgn.) Fol. 903. n. 10.—
X. Wunderblut, das, zu Wilsnack. Niederdeutscher Einblattdruck mit 15 Holzschn. aus der Zeit von 1510—1520. Nach mehreren in der kgl. Universitätsbibliothek in Greifswald aufbewahrten Fragmenten hrsg. v. Paul Heitz. Mit e. Einleitg. v. W. L. Schreiber. (17 S. u. 1 Bl. in qu. gr. 4.) Lex.-8. 904. n. 3.—
XI. Ringmann, Mathias (Philesius Vogesigena), Grammatica figurata. In Fksm.-Druck hrsg. m. e. Einleitg. von Fr. R. v. Wieser. (16 u. 63 S. m. Abbildgn. 8. 905. 8.—
I.—VIII. Ebd. 899—902. n. 43.—.

— u. Holzschnitte des XV. u. XVI. Jahrh. in getreuer Nachbildg. XII u. XIII. 8. Strassburg, J. H. E. Heitz. 18.—
XII. Waldseemüller, Mart. (Ilacomilus), die Cosmographiae introductio, in Fksm.-Druck. Hrsg. m. e. Einleitg. v. Fr. R. v. Wieser. (29, 103 S. m. 1 Taf.) 907. 10.—
XIII. „Ptolemäus, der deutsche", aus d. Ende d. XV. Jahrh. (um 1490) in Fksm.-Dr. Hrsg. m. e. Einleitg. v. Jos. Fischer, S. J. (45 u. 60 S. m. 2 Taf.) 910. 8.—
I.—XI. Ebd. 899—905. 64.—.

—— litauische und lettische, des 16. Jahrh. Hrsg. von Adb. Bezzenberger. 3. Heft: Bartholomäus Willent's litauische Uebersetzung des Luther'schen Enchiridions und der Episteln und Evangelien, nebst den Varianten der von Laz. Sengstock besorgten Ausgabe dieser Schriften. Mit einer Einleitung hrsg. von Fritz Bechtel. gr. 8. (CXLI, 180 S.) Göttingen 882, [Peppmüller.] Vandenhoeck und Ruprecht's Verlag. *
1. und 2. Heft. Ebendas. 1874.75. *ℳ 6.

—— litauische und lettische, des 16. und 17. Jahrh., hrsg. von Adb. Bezzenberger. 4. Heft: Szyrwid's Punkty Kazań [Punktay Sakimu] vom J. 1629. Mit einer grammat. Einleitung hrsg. von Rich. Garbe. gr. 8. (XLVIII, 156 S.) Göttingen 884, Vandenhoeck und Ruprecht's Verlag. *

Drucke, seltene, in Nachbildungen. Mit einleit. Text v. Karl Schorbach. I. II. Leipzig, M. Spirgatis. n. 18.—
I. Die historien v. dem Ritter Beringer. Straßburg 1495. (16 S. m. 12 S. in Fksm.) 16. 893. n. 3.—
II. Dietrich v. Bern. (Sigenot) Heidelberg 1490. Mit vollständ. Bibliographie. (16 S. u. 43 S. in Photolith. m. 1 Taf.) 4. 894. n. 15.—

Drucke, seltene, in Nachbildungen. Mit einleit. Text von Karl Schorbach. III. gr. 16. Leipzig 897. M. Spirgatis. n. 15.— (I—III.: n. 33.—)
Eckén außfahrt. Augsburg 1491. M. biograph. Nachweisen. (51 u. 222 S. m. Holzschn.)

Drucke, seltene, in Nachbildungen. Mit einleit. Text v. Karl Schorbach. IV u. V. Halle. Leipzig, R. Haupt. n. 32.—
IV. Laurin. Straßburg 1500. Mit bibliogr. Nachweisen. (37 u. 59 S. m. Abbildgn.) gr. 8. 904. n. 16.—
V. Geschichte, die, des Pfaffen vom Kalenberg. Heidelberg 1490. Mit bibliograph. Nachweisen. (46 u. 37 S. m. Abbildgn.) Lex.-8. 905. n. 16.—
I—III jetzt Ebd. 893—897. n. 36.—.

—— des Vereins für niederdeutsche Sprachforschung. I. und II. 8. Norden 885, Soltau. à *ℳ 2.—. *
Inhalt:
I. Mittelniederdeutsche Fastnachtsspiele. Mit Einleitung und Anmerkungen hrsg. von W. Seelmann. (XLVII, 86 S.)
II. Niederdeutsches Reimbüchlein. Eine Spruchsammlg. des 16. Jahrh., hrsg. von W. Seelmann. (XXVIII, 122 S.)

Drucke d. Vereins f. niederdeutsche Sprachforschung. III. 8. Norden 889. Soltau. n. 4.—; Liebhaberausg. n. 6.— (I—III.: n. 8.—)
De düdesche Schlömer. Ein niederdeutsches Drama v. J. Stricker. (1584.) Hrsg. v. J. Bolte. (76 u. 236 S.)

Drucke d. Vereins f. niederdeutsche Sprachforschung. IV u. V. 8. Norden, D. Soltau, 4.—
Lauremberg's Scherzgedichte in handschriftl. Fassg. (IX, 60 S.) 909. (V) 1.—
Schauspiele, niederdeutsche, älterer Zeit. Hrsg. v. J. Bolte u. W. Seelmann. (V, 48 u. 164 S.) 895. (IV) 3.—

Drücke, Artur, a. Goldberg ⟨Mecklenburg-Schwerin⟩: **Ascania nova.** Die Geschichte einer Kolonie Anhalts in Süd-Rußland. Halle a. S. 1906: C. A. Kaemmerer. (63 S.) 8°
Halle, Phil. Fak., Ref. Droysen, Diss. v. 30. Juni 1906
[Geb. 9. April 81 Goldberg i. Mecklenburg-Schwerin; Wohnort: Halle a. S.; Staatsangeh.: Mecklenburg-Schwerin; Vorbildung: Gymn. Höxter Reife O. 01; Studium: Theol. u. Phil. Marburg 3, Berlin 1, Erlangen 1, Berlin 1, Gesch. Halle 4 S.; Rig. 6. Jan. 06.]

Druckenmüller, Alfred: Der Buchhandel in Stuttgart seit Erfindung der Buchdruckerkunst bis zur Gegenwart. Stuttgart: J. B. Metzler 1908. (268 S.) 8° [F.]
Leipzig, Phil. Fak., Ref. Stieda-Bücher, Diss. v. 3. Febr. 1908
[Geb. 6. Febr. 82 Stuttgart; Wohnort: Stuttgart; Staatsangeh.: Württemberg; Vorbildung: Eberhard-Ludwigs-Gymn. Stuttgart Reife Juli 00; Studium: Leipzig 3, München 1, Leipzig 5 S.]

Druckenmüller, N[icolaus], math. physicarumque disciplinarum in gymn. Trevirensi praeceptor ⟨geb. am 10 Aug. 1806 in Trier⟩: De motu corporis liberi, viribus, qualescunque sunt, librati ... Augustae Trev., J. J. Lintz 1837. 24 S. 4.
[Bonn], Phil. Fak., Diss. v. [12 Jan. 1838]

Druckenmüller, N., Rechenbuch f. Stadt- u. Landschulen. 2 Thle. 8. Trier 835, Lintz.
Thl. 1. Die Zahlenlehre. (5 B.) 8 Gr.
" 2. Anwendung d. Zahlenlehre. (4½ B.) 8 Gr.

Druckenmüller, N., Rechenbuch für Stadt- u. Landschulen. 1r Thl. Anwendung der Zahlenlehre. 8. Trier 835. Lintz. 5 Sgr 2e Aufl. 839. 1/6 Thlr — 2r Thl. Anwendung der Zahlenlehre. 8. Ebd. 835. 5 Sgr 3e Aufl. 839. 1/6 Thlr

Druckenmüller, N., Rechenbuch f. Stadt- und Landschulen. 1. Thl. Die Zahlenrechnung. 4. Aufl. 8. Trier 840, Lintz. 1/6 Thlr — 2. Thl. Anwendung d. Zahlenlehre. 3. Aufl. 12. Ebend. 841. n. 1/6 Thlr

Druckenmüller, N., Rechenbuch für Stadt- u. Landschulen. 1. Thl. Die Zahlenlehre. 4. Aufl. 8. (IV u. 74 S.) Trier 847, Lintz. 1/6 Thlr

— s. J. P. E. Stein, Anfangsgründe d. Arithmetik.

—— Theorie d. Kettenreihen, nebst ein. Anh. üb. d. Auflösung d. binom. unbestimmt. Gleichungen. gr. 8. (21 B.) Trier 837, Lintz.

Druckenmüller, *Armin Eugen Emil* Walter [aus Elbing]: Beitrag zur Casuistik der Carcinomentwickelung auf Unterschenkelgeschwüren ... Greifswald, Druck v. J. Abel, 1895; 32 S. 8.
Greifswald, Med. Fak., Inaug.-Diss. v. 13. Apr. 1895

Drucker, Eug., der Weinbau Ungarns. Gelegentlich der in Tátra-Lomnicz vom 19.—23. VIII. 1905 arrangirten Weinausstellung geschrieben. Die Einleitung verf. v. Steph. Molnár. Am Schlusse des Buches: Der Katalog der Weinausstellg. (90 S. m. Abbildgn. u. VIII S. in qu. Lex.-8.) Lex.-8. Budapest 905. (Pátria.) n. 2. 50

Drucker, Franz

Drucker, Frz. Briefsteller für Kinder. 4. Aufl. 12. (48 S.) Landsberg a. W. 891, Volger u. Klein. * — 50

Drucker, F., Briefsteller für Liebes- und Heiraths-Angelegenheiten. Eine Sammlung von Musterbriefen für alle Fälle und Verhältnisse, welche bei Liebenden eintreten können. 16. (64 S.) Landsberg a. W. 871, Volger und Klein.

Drucker, F., Briefsteller für Liebes- und Heiraths-Angelegenheiten. Eine Sammlung von Musterbriefen für alle Fälle und Verhältnisse, welche bei Liebenden eintreten können. 2. Aufl. gr. 16. (48 S.) Landsberg a. d. W. 877, Volger und Klein.

Drucker, Frz., Briefsteller für Liebes- und Heirathsangelegenheiten. Eine Sammlung von Muster-Briefen für alle Fälle und Verhältnisse, welche bei Liebenden eintreten können. 4. und 5. Aufl. 8. (48 S. mit 2 Chromolithogr.) Landsberg a. W. 885,88, Volger und Klein.

Drucker, Frz., Briefsteller f. Liebes- u. Heiraths-Angelegenheiten. 6. Aufl. 8. (48 S.) Landsberg a/W. 892. Volger & Klein. — 50

—— Erntekranzreden. Gedichte, Bindesprüche, Lieder und Trinksprüche zum Erntefeste. 4. Aufl. 8. (16 S.) Ebendas. 888.

— Erntekranz-Reden. Gedichte, Bindesprüche, Lieder u. Trinksprüche zum Erntefeste, gesammelt. 5. Aufl. 8. (16 S.) Ebd. 890. — 25

Drucker, F., Erntekranz-Reden. Gedichte, Bindesprüche, Lieder u. Trinksprüche z. Erntefeste. 8. Aufl. 8. (16 S.) Landsberg a/W. 898. Volger & Klein. — 25

Drucker, Fr., Erntekranz-Reden. Gedichte, Bindesprüche, Lieder u. Trinksprüche zum Erntefeste. 9.—11. Tauf. (16 S.) 8. Landsberg a/W. (907). Volger & Klein. — 30

Drucker, F., der Geburtstags- und Neujahrs-Gratulant. Eine Sammlung ansprechender und passender Wünsche für Eltern, Verwandte, Freunde und Bekannte. 1. Aufl. 1863. und 2. Aufl. 16. (56 S.) Landsberg a. d. W. 868, Volger und Klein.

—— der Geburtstags- und Neujahrs-Gratulant. Eine Sammlung ansprechender und passender Wünsche für Eltern, Verwandte, Freunde und Bekannte. 3. Aufl. 1872. 30 Pf., und 4. Aufl. 16. (48 S.) Landsberg a. W. 875, Volger und Klein.

— der Geburts- u. Neujahrs-Gratulant. Eine Sammlung ansprechender u. passender Wünsche f. Eltern, Verwandte, Freunde u. Bekannte. 5. Aufl. 16. (48 S.) Ebend. 879. — 40

—— ein neues Heftchen mit Vorträgen zu Polterabenden für Damen und Herren. 16. (72 S.) Landsberg a. W. 869, Volger und Klein. *

— Kranz u. Schleier. Eine vorzügl. Sammlg. neuer Kranz- u. Schleiergedichte zu Polterabenden. 8. (42 S.) Ebd. 888. n. — 50

— der Neujahrs-Gratulant. Eine Sammlg. ansprech. u. pass. Wünsche f. Eltern, Verwandte, Freunde u. Bekannte. 5. Aufl. 8. (32 S.) Ebd. 887. — 25

—— der Neujahrs- und Geburtstags-Gratulant. Eine Sammlung ansprechender und passender Wünsche für Eltern, Verwandte, Freunde und Bekannte. 6. Aufl. 8. (64 S.) Ebendas. 887.

Drucker, F., Neujahrs- u. Geburtstags-Gratulant. Eine Sammlung pass. Wünsche f. Eltern, Verwandte, Freunde, Bekannte. 7. Aufl. 8. (48 S.) Landsberg a/W. 898. Volger & Klein. n. — 40

Drucker, Frz., humoristische Pfennigbibliothek. Eine Auswahl ungeheuer heiterer Geschichten, Schnurren, Schwänke, Gedichte u. dergl. 1—4. Hftchn. 32. (à 32 S.) Landsberg 852, Volger & Klein. (à 1 ngr) 4 ngr

Drucker, Frz., humoristische Pfennigbibliothek. Eine Auswahl ungeheuer heiterer Geschichten, Schnurren, Schwänke, Gedichte u. dergl. 5. u. 6. Hftchn. Landsberg (855). Volger u. Klein. 32. (64 S.) n. 2 ngr

— 7. u. 8. Heftchen, Polterabendscherze für Damen und Herren enthaltend. Ebend. (856.) 32. (63 S.) 2 ngr

—— Polterabendscherze für Kinder. 1. Aufl. (56 S.) 1868. 30 Pf., und 2. Aufl. 16. (47 S.) Landsberg a. W. 875, Volger und Klein.

—— Polterabend-Scherze für Kinder. Gesammelt und hrsg. 3. bedeutend verm. Aufl. 8. (48 S.) Ebendas. 888. *

-- Polterabendscherze f. Kinder. Gesammelt u. hrsg. 4., verm. Aufl. 12. (48 S.) Ebd. 891. n. — 50

Drucker, F., Polterabend-Scherze f. Kinder. 5., bedeut. verm. Aufl. 8. (48 S.) Landsberg (899). Volger & Klein. n. — 50

—— neueste Polterabendscherze für Damen. 3. Heft. 1. und 2. Aufl. gr. 16. (64 S.) Ebendas. 876,78. *

— neueste Polterabendscherze für Damen u. Herren. 1. Hft. 5. Aufl. u. 2. u. 3. Hft. 2. Aufl. 16. (à 64 S.) Ebend. 877—79. à n. — 50

—— neueste Polterabendscherze für Damen und Herren. 2 Hefte. gr. 16. Ebendas. [1. Heft. 5. Aufl. (64 S.) 1878; 2. Heft. 1. und 2. Aufl. (64 S.) 1879.] à Heft * 50 Pf. *

—— neueste Polterabendscherze für Damen. 3. Heft. 3. Aufl. 8. (64 S.) Ebendas. 885. *

—— neueste Polterabendscherze für Damen und Herren. 2 Hefte. 8. Ebendas. [1. Heft. 6. Aufl. (48 S.) 886; 2. Heft. 3. Aufl. (64 S.) 888.] à Heft * 50 Pf. *

Drucker, Frz. Neueste Polterabendscherze für Damen. 3. Heft. 4. Aufl. 8. (64 S.) Landsberg a. W. 889, Volger u. Klein. * — 50

— neueste Polterabendscherze f. Damen u. Herren. 1. Hft. 7. Aufl. 12. (48 S.) Ebd. 892. n. — 50

— neueste Polterabendscherze f. Damen u. Herren. 1.—3. Hft. 8. (à 64 S.) Ebd. à n. — 50
1. 8. Aufl. 898. — 2. 3. Aufl. 897. — 3. Für Damen. 6. Aufl. 898.

— neueste Polterabendscherze für Damen u. Herren. 1. Hft. 9. u. 10. Aufl. 8. (à 64 S.) Ebd. (902). n. — 50

Neueste Polterabendscherze für Damen und Herren. Hrsg. von F. Drucker. 10. Aufl. H. 1. Landsberg a. W.: Volger & Klein [1903]. 8° [F.]

Drucker, F., neueste Polterabendscherze f. Damen u. Herren. 2. Heft. 7. Aufl. u. 3. Heft. 7. u. 8. Aufl. (à 64 S.) 8. Landsberg a. W. (904. 906.) Volger & Klein. à n. — 50

— Neueste Polterabend-Scherze f. Damen u. Herren. 5. Heft. (64 S.) 8. Ebd. (910). — 50

— neueste Polterabendscherze f. mehrere Personen. 4. Hft. 8. (48 S.) Ebd. 891. n. — 50

—— Polterabend-Scherze und Toaste bei Polterabend und Hochzeiten für Damen und Herren. 2. Aufl. 1864. 3 Ngr. und 3. Aufl. 16. (80 S.) Landsberg a. d. W. 867, Volger und Klein. *

—— Polterabend-Scherze und Toaste bei Polterabenden und Hochzeiten für Damen und Herren. 4. Aufl. 16. (80 S.) Landsberg a. W. 873, Volger und Klein.

—— Strohkranzreden. Gedichte, Lieder und Trinksprüche zum Erntefeste. 16. (15 S.) Landsberg a. W. 870, Volger und Klein.

—— Strohkranzreden. Gedichte, Bindesprüche, Lieder und Trinksprüche zum Erntefeste. 2. Aufl. 16. (16 S.) Ebendas. 876.

— Strohkranzreden. Gedichte, Bindesprüche, Lieder u. Trinksprüche zum Erntefeste. 2. Aufl. 16. (16 S.) Ebend. 879. — 25

Drucker, F., Strohkranzreden. Gedichte, Bindesprüche, Lieder und Trinksprüche zum Erntefeste. 3. Aufl. 12. (16 S.) Landsberg a. d. W. 884, Volger und Klein.

— neue Vorträge zu silbernen u. goldenen Hochzeitsfesten. Gesammelt u. hrsg. 8. (48 S.) Ebd. 890. n. — 50

— neue Vorträge zum silbernen u. goldenen Hochzeitsfeste. Gesammelt u. hrsg. 2. verb. u. verm. Aufl. 8. (48 S.) Ebd. (900). n. — 50

Neue Vorträge zum silbernen und goldenen Hochzeitsfeste. Gesammelt u. hrsg. von Franz Drucker. 3. verb. u. verm. Aufl. Landsberg a. W.: Volger & Klein [1906]. (48 S.) 8° [F.] 07. 1964

—— die besten und schönsten Zimmermannssprüche und Kranzreden. 1. und 2. Aufl. 8. (63 S.) Ebendas. 882,84.

—— die besten und schönsten Zimmermannssprüche und Kranzreden. Gesammelt und hrsg. 3. Aufl. 8. (63 S.) Ebendas. 885.

— die besten u. schönsten Zimmermannssprüche u. Kranzreden, gesammelt u. hrsg. 5. Aufl. 8. (49 S.) Ebd. 892. — 60

— die besten u. schönsten Zimmermannssprüche u. Kranzreden. 6. u. 7. Aufl. 8. (à 64 S.) Ebd. (902). — 60

Die besten und schönsten Zimmermannssprüche und Kranzreden. Gesammelt u. hrsg. von Franz Drucker. 7. Aufl. Landsberg a. W.: Volger & Klein [1903]. (64 S.) 8° [F.] 03. 166

Drucker, Karl

Drucker, K., die Anomalie der starken Elektrolyte. (III, 66 S.) Lex.-8. Stuttgart 905. F. Enke. n. 2. 40
Sonderabdruck aus: „Sammlung chem. u. chemisch-techn. Vorträge".

Drucker, Karl, aus Leipzig: Über zwei Fälle von Katalyse im inhomogenen Systeme. *Leipzig: W. Engelmann 1901.* (45 S.) 8° ¶ (Aus: Zeitschrift f. physik. Chemie, Bd 36, H. 1.)
Leipzig, Phil. Diss. v. [14. Febr.] 1901

Drucker, K., Hand- u. Hülfsbuch zur Ausführung physikochemischer Messungen, s.: Ostwald, Wilh. u. Luther.

Drucker, Karl, Dr.: Studien an wäsrigen Lösungen aliphatischer Säuren. Leipzig: W. Engelmann 1905. (60 S.) 8° ¶ (Aus: Zeitschrift f. physik. Chemie Bd 52, H. 6.)
Leipzig, Phil. Fak., Hab.-Schr. v. 4. Aug. 1905

— Wärmelehre usw., s.: Pfaundler, Leop.

Drucker, L. Die Gefährlichkeit gewisser neuer Finanz-Theorien zur Beherzigung der Besitzer ausländischer Staatspapiere in Deutschland erörtert. 8°. London 1882.

Drucker, L., das Großherz. Hessische Lotterie-Anlehn von 6½ Millionen Gulden, in besond. Beziehung auf d. projektirte Cours-Verbesserung desselben dargestellt. gr. 8. Frankf. a. M. 827. (Jäger). 12 gr

Drucker, L. Mitbürger! Die Reaction glaubt in ihrer Nichtswürdigkeit — Druck von F. Reichardt u. Co. 1 Bl. Fol.
Flugblatt. Berlin, 17. Okt. 1848.

Drucker, Leop., der Hypnotismus u. das Civil- u. Strafrecht. Vortrag, geh. am 11. Decbr. 1890 [Aus: „Allg. österr. Gerichts-Zeitg."] Lex.-8. (20 S.) Wien 891. Manz. n. — 60

Drucker, Dr. Leopold, Die Suggestion und ihre forensische Bedeutung. Vortrag gehalten in der Wiener juristischen Gesellschaft am 14. December 1892. 8. (45 S.) —.40
Wien: Manz 1893

—— Über Verbrecher u. Vertheidiger. Vortrag. 8. (38 S.) Wien 892, Manz. * — 60
Aus: Monatsblätter d. wissenschaftl. Club in Wien, besonders abgedruckt.

Drucker, Louis

— Zu Ehren des Abgeordneten Stein. Großer Fest-Jubel mit wissenschaftlichen Vorträgen. Druck von F. Reichardt u. Co. 1 Bl. Fol.
Flugblatt. Berlin, 1848/49.

Drucker's, Louis, humorist. Nachlaß. 8. (6 B.) Berlin 842. (Stuhr'sche Buchh.) *

DRUCKER, Louis. — Des vergnügten Weinhändlers Louis Drucker's humoristischer Nachlass. Mit seinem Portrait (mit künstler. Umrahmung v. Adolf Menzel) und drei Beilagen. Neu hrsg., mit biographisch-kritischen Notizen versehen von Gotthilf Weisstein. Berlin (c. 1905). 8°. 2 Bl. 61 S. u. 3 S. Anhang. In grünem Orig.-Umschl. mit zweifarbigem Druck. 8°. (1 Mk. 50 Pfg.)
Aus der Zeit Glasbrenners ein Gläschen prickelnden Humors! — Auch titulo: Berliner Curiosa, hrsg. von G. Weisstein. Nr. 3. Berlin, Ernst Frensdorff (c. 1905).

Des vergnügten Weinhändlers Louis Drucker's humoristischer Nachlaß. Mit s. Portr. u. 3 Beil. Neu hrsg., mit biogr.-krit. Notizen versehen von Gotthilf Weisstein. Berlin: E. Frensdorff [1906]. (61 S.) 8° [F.]
— Curiosa, Berliner. No 3. 07. 3019

— An den Schwimm-Lehrer von Pfuel. Druck von F. Reichardt u. Co. 1 Bl. Fol.
Flugblatt. Berlin, 1848/49.

— Offenes Sendschreiben an Herrn Dr. Dramburg in Schubert. Druck von F. Reichardt. 1 Bl. Fol.
Flugblatt. Berlin, 1848/49.

Drucker, Louis. An den Bluthund Windisch-Grätz und den Schinderknecht Jellachich. Vereins-Buchdruckerei. 1 Bl. 4.
Flugblatt. Berlin, 4. Nov. 1848.

Drucker, Louis. Freund Wrangel! Ich habe mit vieler Aufmerksamkeit Ihre Annonce gelesen — Freundschaftlicher Gruß. Louis Drucker. Vergnügte Weinhandlung Jüdenstraße 2. Druck von F. Reichardt u. Co. 1 Bl. Fol.
Flugblatt. Berlin, 1848/49.

Drucker, Ludw., commercielle Berichte über die unternommene Reise nach Südamerika, s. Popper, Jul.

Drucker, Mart., die Gebührenordnung f. Rechtsanwälte, s.: Handbibliothek, juristische. 213. Bd.

Drucker, Mart., die Verteidigung nach dem Entwurfe der Strafprozeßordnung. Vortrag, geh. in der jurist. Gesellschaft in Leipzig. (80 S.) gr. 8. Leipzig 909. Veit & Co. — 80
Sonderabdruck aus „Festschr. d. jurist. Gesellschaft in Leipzig z. 500jähr. Jubelfeier d. Univ. Leipzig".

Drucker, Max, lose Blüten. 8. (III, 72 S.) Wien 883. Perles. n. 2. 40

Drucker, Otto [app. Arzt aus Coblenz]: Aus d. Heidelberger Frauenklinik. Ein Fall von Harnleiterscheidenfistel, geheilt durch Kolpokleisis nach vorheriger Anlegung einer künstlichen Blasenscheidenfistel ... Leipzig, Druck v. A. Th. Engelhardt, 1892; 32 S., 1 Taf. 8.
Heidelberg, Med. Fak., Inaug.-Diss. v. [28. Juli] 1892

Drucker, Rich., Wege des Lebens. (79 S.) 8. Stuttgart 904. Strecker & Schröder. n. 1. —; geb. n. 2. —

Drucker, Salo: Ueber Atonia uteri. 99 Fälle der Univ.-Frauenklinik Berlin. Berlin 1910: Ebering. 43 S. 8°
Berlin, Med. Diss. v. 2. Aug. 1910, Ref. Olshausen
[Geb. 17. Sept. 85 Lissa i. P.; Wohnort: Lissa; Staatsangeh.: Preußen; Vorbildung: Gymn. Lissa Reife O. 04; Studium: Berlin 10 S.; Coll. 30. Juli 10; Approb. 1. Aug. 10.] [U 10. 31

Druckeriana. Schnurrpfeiffereien aus dem Gebiete der Wahrheit u. der Phantasie, gesammelt in den Drucker'schen Soireen, u. herausg. von Eulalia Rindfleisch. 1e Lfrg. Mit d. wohlgetroff. Bilde des Kapellmeisters. 25e Aufl. (Die ersten 24 sind nur in d. Handschrift vorhand.) 8. Berlin 834. (Rubach. 1/4 ₰ — 2e Lfrg. A. u. d. T.: Original-Flaschen. Lieder des Weins von deutschen Dichtern. Gesammelt u. herausg. v. Louis Drucker, vergnügtem Weinhändler in Berlin. Mit d. Portrait des Herausgebers u. einer Beigabe über sein Leben, sein Wesen, sein Wirken u. seine Verdienste um die Menschheit. gr. 12. Bordeaux, Epernay et Rüdesheim. Bei Durst u. Comp. — Berlin 840. Rubach. 1/2 ₰ (1. 2. 3/4 ₰)

Frankfurter und Mainzer **Drucker-** u. Verlegerzeichen bis in das 17. Jahrhundert. Hrsg. v. Paul Heitz. *Strassburg: J. H. E. Heitz 1896.* (xv S., 2 Bl., LXXXIV, XIII S. bezw. Bl. Taf.) 1 Bd 2.(4.)
(Büchermarken oder Buchdrucker- u. Verlegerzeichen. [Bd 4.]) [96. 5137

Druck- u. Tafelfarben, ächte kalte, auf Mussel. u. Cattun. rc. 8. Leipz. Schwickert. 802.

Druckfehler und Recensenten-Sünden. [Berlin 1800.] V: *Wachler, Johann Friedr. Ludw.* (stri)

Der verlassene Bruderstamm unter Oldenburg oder Vom Regen unter die Traufe. Ein Notschrei holsteinischer Bauern (v. W. **Drückhammer.** Ahrensbök. 1905). 4°

Druckluftanlage München. Projekt von A Riedinger & Co. Augsburg. (42 S 8 T) fol Augsburg 1891

Druckluftanlage, die, i. Offenbach, m. Hinweis auf weit. Verwendgn. v. Druckluft. Lex.-8. (29 S. m. Abb. u. 1 Taf.) Augsburg 895. (Offenbach, Th. Steinmetz.) — 75

Druckluft-Betrieb, der, [System Popp] im Vergleich zum elektrischen Betrieb. Ein offenes Wort zur Belehrg. u. Aufklärg. üb. die Mängel d. Systems. Von C. W. 8. (19 S.) Berlin 890. Siegismund. n. — 50

Drucksachen betreffend die 2. internationale Acetylen-Ausstellung in Budapest 1899. (Sammelbd) Budapest 1899. Fol.

— des kaiserl. statistischen Amts, Abteilg. f. Arbeiterstatistik. Erhebungen Nr. 1—3. Fol. Ebd. n. 11. 40
1. Erhebung üb. die Arbeitszeit der Gehülfen u. Lehrlinge im Fleischergewerbe. Veranstaltet im Sommer 1902. Bearb. im kaiserl. stat. Amt, Abteilg. f. Arbeiterstatistik. (IV, LXXIV, 219 S.) 903. n. 7. —
2. Erhebung üb. die Arbeitszeit in gewerblichen Fuhrwerksbetrieben. Veranstaltet im Sommer 1902. Bearb. im kaiserl. statist. Amt, Abteilg. f. Arbeiterstatistik (V, CXII, 173 S.) 904. n. 2. 80
3. Erhebung üb. die Arbeitszeit der Gehilfen u. Lehrlinge sowie der Hilfsarbeiter in solchen Kontoren des Handelsgewerbes u. kaufmännischen Betrieben, die nicht mit offenen Verkaufsstellen verbunden sind. — Berichte der Handelskammern, der kaufmänn. Verbände u. Vereine sowie der Vereiniggn. der Handelshilfsarbeiter — erstattet im J. 1903. — Fortsetzg. der Erhebg. vom Septbr. 1901. Bearb. im kaiserl. statist. Amt, Abtlg f. Arbeiterstatistik. (IV, 174 S.) 904. n. 1. 60

— des kaiserl. statistischen Amtes, Abteilg. f. Arbeiterstatistik. Erhebungen Nr. 4—8. 33×24,5 cm. Berlin, C. Heymann. 7. 30
4. Erhebung üb. die Arbeitszeit der in Plättanstalten u. in nicht als Fabriken od. Werkstätten m. Motorbetrieb anzuseh. Waschanstalten beschäftigten Personen. Veranstaltet im Oktbr. 1905. (V, 88 u. 256 S.) 907. 3. —
5. Erhebung üb. die Arbeitszeit der Gehilfen u. Lehrlinge im Fleischergewerbe. 2. Tl. Veranst. im Sommer 1905. Bearb. im kaiserl. statist. Amt, Abteilg. f. Arbeiterstatistik, Abschn. I—V, im kaiserl. Gesundheitsamt, Abschn. VI. (VI, 103 S.) 907. 1.— (1 u. 2: 8. —)
6. Erhebung üb. die Arbeitszeit in gewerbl. Fuhrwerksbetrieben. Gutachten der Vertretgn. der Arbeitgeber u. Arbeitnehmer des Fuhrwerksgewerbes, erstattet im J. 1905. Fortsetzg. der Erhebg. Nr. 2 v. Jan. 1904. Bearb. im kaiserl. statist. Amt, Abteilg. f. Arbeiterstatistik Abschn. I—VIII, im kaiserl. Gesundheitsamt Abschn. IX. (V, 151 S.) 908. 1. 50
7. Erhebung üb. die Arbeitszeit im Binnenschiffahrts-Gewerbe. Bearb. im kaiserl. statist. Amt, Abteilg. f. Arbeiterstatistik. (IV, 87 S.) 907. — 80
8. Erhebung üb. die Arbeitszeit im Binnenschiffahrtsgewerbe. Gutachten der Organisationen der Arbeitgeber u. Arbeitnehmer im Binnenschiffahrtsgewerbe. Erstattet im J. 1909. Fortsetzg. der Erhebg. Nr. 7 vom J. 1907. Bearb. im kaiserl. statist. Amte, Abtlg. f. Arbeiterstatistik. (V, 111 S.) 909. 1. —

Drucksachen, betr. den Arbeitgeberverband für das Buchdruckgewerbe. Berlin 1907. 4°.
[Darin:]
1: Denkschrift d. Arbeitgeberverbandes f. d. Buchdruckgewerbe.
2: D. Kampf um d. Koalitionsfreiheit.

Drucksachen des Beirates für Arbeitsstatistik. Protokolle der Verhandlungen. Nr. 1—24. Fol. Berlin, C. Heymann, 1903—1910.

Drucksachen des Beiraths f. Arbeiterstatistik. Verhandlungen Nr. 1. Fol. Berlin, C. Heymann. n. — 40
Protokolle üb. die Verhandlungen des Beiraths für Arbeiterstatistik vom 22. X. 1902. (III, 32 S.) 903.

Drucksachen des Beirats f. Arbeiterstatistik. Verhandlungen Nr. 2—16. Fol. Berlin, C. Heymann. n. 10. 60
2. Protokolle üb. die Verhandlungen des Beirats f. Arbeiterstatistik vom 13. XII. 1902. (III, 30 S.) 903. n. — 40
3. Dasselbe, vom 10. XI. 1903. (III, 80 S.) 904. n. — 80
4. Dasselbe, vom 29. II. 1904. (III, 32 S.) 904. n. — 40
5. Dasselbe, vom 20.—22. VI. 1904. (III, 135 S.) 904. n. 1. 20
6. Dasselbe, vom 7. XI. 1904. (III, 53 S.) 905. n. — 50
7. Dasselbe. vom 13. XII. 1904. (III, 34 S.) 905. n. — 40
8. Dasselbe, vom 9.—13. I. 1905. (III, 179 S.) 905. n. 1. 60
9. Dasselbe, vom 23.—26. I. 1905. (III, 131 S.) 905. n. 1. 20
10. Dasselbe, vom 10.—13. IV. 1905. (III, 119 S.) 905. n. 1. 20
11. Dasselbe, vom 18.—20. V. 1905. (III, 74 S.) 905. n. — 80
12. Dasselbe, vom 5. VII. 1905. (III, 47 S.) 905. n. — 50
13. Dasselbe, vom 4. u. 5. XII. 1905. (52 S.) 906. n. — 60
14. Dasselbe, vom 5. III. 1906. (18 S.) 906. n. — 30
15. Dasselbe, vom 25. IV. 1906. (III, 34 S.) 906. n. — 40
16. Dasselbe, vom 11. V. 1906. (III, 24 S.) 906. n. — 30

Drucksachen des Beirats f. Arbeiterstatistik. Verhandlungen Nr. 17, 18, 18a u. 19—23. 31,5×24 cm. Berlin, C. Heymann. 5. 10
17. Protokolle üb. die Verhandlungen des Beirats f. Arbeiterstatistik vom 22. III. 1907. (III, 6 u. 82 S.) 907. — 40
18. Dasselbe vom 8. V. 1907. (III, 86 S.) 907. — 40
18a. Dasselbe vom 24., 25. u. 28. VI. 1907. (III, 45 S.) 907. — 50
19. Dasselbe vom 11. bis 14. XII. 1907. (III, 154 S.) 908. 1. 50
20. Dasselbe vom 20. II. 1908. (III, 38 S.) 907. — 40
21. Dasselbe vom 28.—30. IV. 1908. (III, 106 S.) 908. 1. —
22. Dasselbe vom 5. XI. 1908. (III, 67 S.) 908. — 75
23. Dasselbe vom 9. VII. 1909. (4 S.) 1909. — 15

Königl. Preuß. Wasserbauverwaltung. **Drucksachen** des Gesamt-Wasserstraßenbeirats. Wahlperiode 1. 1907—1910. Berlin (1910): Stankiewicz. 4° [13. 9046

Drucksachen von der 50jähr. Jubelfeier des 1. deutschen Turn- und Jugendfestes in Coburg, goldenes Jubiläum d. Vorsitzenden d. D. T. Geh. San.-Rat. Dr. med. Ferd. Goetz, Leipzig-Lindenau, 18.—19. 6. 1910, 4°.

Drucksachen der Kommission f. Arbeiterstatistik. Erhebungen. Nr. 1—7. Bearb. im kaiserl. statist. Amt. Fol. Berlin, C. Heymanns Verl. n. 6. 10
1. Erhebung üb. die Arbeitszeit in Bäckereien u. Konditoreien. Veranstaltet im Septbr. 1892. (83 S.) 893. n. — 80
2. Erhebung üb. Arbeitszeit, Kündigungsfristen u. Lehrlings-Verhältnisse im Handelsgewerbe. Veranstaltet im Septbr. u. Oktbr. 1892. (95 S.) 893. n. 1. —
3. Erhebungen üb. die Arbeitszeit in Bäckereien u. Konditoreien. 2. Thl. (63 S.) 894. n. — 60
4. Erhebung üb. die Arbeitszeit in Getreidemühlen. Veranstaltet im Sommer 1893. Bearb. im kaiserl. statist. Amt. (IV, 81 S.) 894. n. — 80
5. Erhebung üb. Arbeitszeit, Kündigungsfristen u. Lehrlingsverhältnisse im Handelsgewerbe. 2. Thl. Bearb. im kaiserl. statist. Amt. (IV, 122 S.) 894. n. 1. 20
6. Erhebung üb. die Arbeits- u. Gehalts-Verhältnisse d. Kellner u. Kellnerinnen. Veranstaltet im J. 1893. Bearb. im kaiserl. statist. Amt. (II, 149 S.) 894. n. 1. 40
7. Erhebung üb. Arbeitszeit, Kündigungsfristen u. Lehrlingsverhältnisse im Handelsgewerbe. 3. Thl. Enth.: I. Ergebniß der Umfrage üb. die Einführg. e. einheitl. Ladenschluß-Stunde. II. Gutachten des kaiserl. Gesundheitsamtes üb. den Einfluß der Beschäftigg. der Handlungs-Gehülfen u. -Lehrlinge, sowie der Geschäftsdiener auf deren Gesundheit. (18 S.) 894. — 30

Drucksachen der Kommission f. Arbeiterstatistik. Erhebungen Nr. 8—10. Fol. Berlin, C. Heymann's Verl. à n. 1. — (1.—10.: n. 9. 10)
8. Erhebg. üb. d. Arbeitszeit i. Getreidemühlen. 2. Thl. (II, 103 S.) 895. (1. u. 2.: n. 1. 80).
9. Erhebg. üb. d. Arbeits- u. Gehaltsverhältn. d. Kellner u. Kellnerinnen. 2. Thl. Nebst Ermittelgn. betr. Küchenpersonal in Gast- u. Schankwirtschaften. (II, 112 S.) 895. (1. u. 2.: n. 2. 40).
10. Zusammenstellg. d. Ergebn. u. Ermittelgn. üb. d. Arbeitsverhältnisse in d. Kleider- u. Wäsche-Konfektion. Bearb. im kaiserl. statist. Amt. (110 S.) 897.

— der Kommission für Arbeiterstatistik. Erhebungen. Nr. 11. Fol. Ebd. n. 1. 60
Erhebung üb. die Arbeitszeit der Gehülfen u. Lehrlinge in solchen Kontoren des Handelsgewerbes u. kaufmännischen Betrieben, die nicht m. offenen Verkaufsstellen verbunden sind. Veranstaltet im Septbr. 1901. Bearb. im kaiserl. statist. Amt, Abtheilg. f. Arbeiterstatistik. (IV, 164 S.) 902.
Nr. 1—10. Ebd. 893—897. n. 9. 10.

— dasselbe. Verhandlungen Nr. 1—6. Fol. Ebd. n. 4. 30
1. 2. Protokoll üb. die Verhandlungen vom 23. Juni bis 26. Juni 1892 u. vom 8. Febr. bis 10. Febr. 1893. (31 u. 61 S.) 893. n. 2. —
3. Protokoll üb. die Verhandlungen der Kommission f. Arbeiterstatistik vom 30. Juni bis 3. Juli 1893. (54 S.) 893. n. — 60
4. Protokoll üb. die Verhandlungen vom 14. Febr. bis 20. Febr. 1894, sowie die Vernehmung v. Auskunftspersonen üb. die Arbeitszeit in Bäckereien u. Konditoreien. (122 S.) 894. n. 1. 30
5. Protokoll üb. die Verhandlungen der Kommission f. Arbeiterstatistik vom 23. Juni bis 27. Juni 1894. (III, 89 S.) 894. n. 1. —
6. Bericht üb. die Erhebungen betr. die Arbeitszeit in Bäckereien u. Konditoreien. (38 S.) 894. n. — 40

— dasselbe. Verhandlungen. Nr. 7, 8, 8a, 9—11, nebst Nachtrag, 12—15. Fol. Ebd. n. 9. 10
(1.—15. u. Nachtr. zu 11.: n.n. 13. 40)
7. Protokoll üb. d. Verhandlgn. d. Kommission f. Arbeiterstatistik v. 9. Novbr. b. 20. Novbr. 1894 u. d. Vernehmg. v. Auskunftspersonen üb. Arbeitszeit, Kündigungsfristen u. Lehrlingsverhältn. i. Handelsgewerbe. (201 S.) 895. n. 2. —
8. Bericht üb. d. Erhebg. betr. d. Arbeitszeit, Kündigungsfristen u. d. Lehrlingsverhältnisse im Handelsgewerbe. (III, 36 S.) 896. n. — 30
8a. Protokoll üb. d. Verhandlgn. d. Kommission f. Arbeiterstatistik v. 10. u. 11. Dezbr. 1895. (III, 60 S.) 896. n. — 60
9. Dasselbe v. 13. u. 14. März 1896. (25 S.) 896. n. — 40
10. Dasselbe v. 14.—17. u. 20.—21. April 1896 u. d. Vernehmg. v. Auskunftspersonen üb. d. Verhältnisse d. Kleiderkonfektion. (III, 208 S.) 896. n. 2. —
11. Dasselbe v. 28. b. 30. April 1896 u. d. Vernehmg. v. Auskunftspersonen üb. d. Verhältn. i. d. Wäschekonfektion. (67 S.) 896. n. — 80
11. Nachtrag. Dasselbe v. 2. Juli 1896 u. d. Vernehmg. v. Auskunftspersonen üb. d. Verhältn. i. d. Kleider- u. Wäschekonfektion. (30 S.) 896. n. 10
12. Dasselbe v. 9. u. 11. I. 1897. (32 S.) 897. n. — 40
13. Bericht üb. d. Erhebg. betr. d. Arbeitsverhältn. i. d. Kleider- u. Wäschekonfektion. (IV, 13 S.) 897. n. — 30
14. Protokoll üb. d. Verhandlgn. d. Kommission f. Arbeiterstatistik v. 29. XI. b. 1. XII. 1897 u. d. Vernehmg. v. Auskunftspersonen üb. d. Arbeitszeit in Getreidemühlen. (72 S.) 898. n. — 80
15. Dasselbe v. 27. u. 28. VI. 1898 u. Bericht üb. d. Erhebungen betr. d. Arbeitszeit in Getreidemühlen. (III, 53 S.) 898. n. — 60

— dasselbe. Verhandlungen Nr. 16—22. Fol. Ebd. n. 3. 60
16. Protokolle üb. die Verhandlungen der Kommission f. Arbeiterstatistik vom 17., 18., 19. u. 21. XI. 1898 u. die Vernehmg. v. Auskunftspersonen üb. die Verhältnisse der in Gast- u. Schankwirthschaft. beschäft. Personen. (III, 119 S.) 899. n. 1, 20
17. Protokolle üb. die Verhandlungen der Kommission f. Arbeiterstatistik vom 12., 13. u. 14. XII. 1899 u. die Vernehmung von Auskunftspersonen üb. die Sonntagsruhe in Binnen-Schiffahrtsbetrieben der Personenbeförderung u. in Fährbetrieben. (III, 78 S.) 900. n. — 60
18. Dasselbe, vom 13. VI. 1900, u. Bericht üb. die Erhebgn., betr. die Verhältnisse der in Gast- u. Schankwirthschaften beschäftigten Personen. (III, 32 S.) 900. n. — 40
19. Dasselbe, vom 28. XI. 1900 u. Bericht üb. die Erhebungen betr. Sonntagsruhe b. d. Binnenschiffahrt. (III, 18 S.) 901. — 30
20. Dasselbe, vom 24. IV. 1901 u. Bericht der Kommission über die Erhebungen betr. Sonntagsruhe bei der Binnenschiffahrt. (III, 28 S.) 901. — 30
21. Dasselbe, vom 12. XII. 1901. (III, 17 S.) 902. — 30
22. Dasselbe, vom 13. III. 1902. Erhebungen, betr. die Arbeitsverhältnisse im Fleischergewerbe u. im Fuhrwerksgewerbe. (III, 22 S.) 902. — 30
Nr. 1—15 u. Nachtr. z. 11. Ebd. 893—898. n. 13. 40.

Drucksachen zum 27. Mittelrheinischen Kreisturnfest Coblenz, 6.—9. 8. 1904, Coblenz 1904, 8°.

Drucksachen des Landeseisenbahnraths betr. Vorlagen u. Mittheilungen des Hrn. Ministers der öffentlichen Arbeiten. Nr. 1—19. schmal Fol. (III, III, 2, 63, 327 S. u. S. 45—83.) (Berlin 901). (W. Moeser.) n. 14. 50

— dasselbe. 19 Nrn. Fol. (I, III, I, 536 u. 73 S.) Ebd. (902). n. 20. 80

Drucksachen d. Landes-Eisenbahnrats, enth. Vorlag. u. Mitteilgn. d. Hrn. Ministers d. öffentl. Arbeiten. Nr. 1 bis 4 u. 7 bis 14. (1908.) (Drucksachen des Hauses der Abgeordneten, 21. Legislaturperiode, II. Session, 1908/09. Nr. 46.) (S. 1449—1846 m. 2 Formularen.) 31×22,5 cm. Berlin 909. (Preuß. Verlagsanstalt.) nn 10. 10

Drucksachen des Landes-Eisenbahnrats, enth. Vorlagen u. Mitteilgn. des Hrn. Ministers der öffentl. Arbeiten. Nr. 1—22. (1909.) (311 u. 203 S.) Berlin, Preuss. Verlagsanstalt. 1910 12. 95.

Drucksachen und Protokolle zu den Verhandlungen des Bundesrats des deutschen Zoll- und Handelsvereins. Session 1868. 69. 70. fol Berlin 1868-70

Drucksachen vom Turnverein Sonneberg i. Th., z. 50jähr. Stiftungsf. 1898, 4°.

Drucksachen der Turnfahrt nach Salzburg Juli 1881, 2°.

Drucksachen vom 4. Allgemeinen Deutschen Turnfest in Bonn 1872, 2°.

Drucksachen vom 6. Deutschen Turnfest in Dresden 1885, 4°.

Drucksachen des 7. Deutschen Turnfestes München 1889, 2°.

Drucksachen d. 8. Allgemeinen Deutschen Turnfestes zu Breslau 1894, 2°.

Drucksachen des 11. Deutschen Turnfestes Frankfurt a. M. 1908, 2°.

Drucksachen des 11. Deutschen Turntags, verb. m. d. Einweihung d. Georgii-Denkmals in Eßlingen 1895, 2°.

[Drucksachen des] Internationalen ständigen Verbandes der Schiffahrts-Kongresse. Brüssel, 1904—1908.
No 1. Katalog der Veröffentlichungen die Schiffahrtskongresse betreffend. 1904. 288 S.
No 2. Katalog der Veröffentlichungen anläßlich der Schiffahrts-Kongresse. Erg.-H. 1: Veröffentlichungen des Mailänder Kongresses 1905. 1906. 40 S.
No 6. Satzungen des Internationalen ständigen Verbandes der Schiffahrts-Kongresse, revidiert im Jahre 1906. 1906. 10 S.
No 7. Dasselbe. Ausg. 1907. 1907. 10 S.
No 10. Gesamtliste der Mitglieder des Internationalen ständigen Verbandes der Schiffahrts-Kongresse. Ausg. 1905. 1905. 105 S.
No 11. Dasselbe. Ausg. 1906. 1906. 127 S.
No 12. Dasselbe. Ausg. 1907. 1907. 117 S.
No 18. Dasselbe. Ausg. 1908. 1908. 132 S.
No 19. Protokoll der Sitzung der Internationalen ständigen Kommission in Mailand am 28. September 1905. 1906. 15 S.
No 20. Dasselbe, in Brüssel am 28. Mai 1906. 1906. 27 S. mit 1 Taf.
No 21. Dasselbe, in Brüssel am 6. Mai 1907. 1907. 23 S. mit 1 Taf.
No 26. Bericht des Geschäftsführenden Ausschusses über die allgemeine Lage des Verbandes am 31. Juli 1905. 1905. 24 S.
No 27. Dasselbe, vom 31. Juli 1905 bis 1. Mai 1906. 1906. 16 S.
No 28. Dasselbe, vom 1. Mai 1906 bis 31. März 1907. 1907. 28 S. mit 1 Diagr.
No 35. Sympher, L., Der Talsperrenbau in Deutschland. Nach der Festrede zum Schinkelfest des Architekten-Vereins zu Berlin am 13. März 1907. Berlin, 1907. 34 S. mit 25 Abb.
No 36. Corthell, E. Lawrence. Port of Para, Brazil. 1907. 18 S. mit 1 Karte u. 4 Taf.
No 37. Corthell, E. Lawrence, Results of investigation into the cost of ports and of their operation. Brüssel. 1907. 58 S. mit 3 Diagr. u. 1 Taf.

— nebst Verhandlungen des Landes-Eisenbahnrates in d. J. 1903—1907, betr. Vorlagen u. Mitteilgn. d. Herrn Ministers der öffentl. Arbeiten. 34,5×21,5 cm. Berlin (W. Moeser). 128. 40
1903. (I, 344, 96, III u. 2 S.) 15 —
1904. (I, 805, 186, III u. 2 S.) 33. 50
1905. (I, 459, 147, V u. 2 S.) 20. 80
1906. (II, 851, 192, V u. 2 S.) 35. —
1907. (II, VI, 2, 811 u. 131 S.) nnn 24. 10

Drucksachen und Zeitungsberichte vom 5. Deutschen Turnfest in Frankfurt a. M. 1880, 2°.

Druckschäden: Über einige Druckschäden bei Pferden. (70 S.) Wien. 1892.

Druckschrift-Buchstaben f. die Lesemaschine. A. 102 Buchstaben auf 2 Bog. Imp.-Fol. Braunschweig 891. H. Wollermann. — 75; auf Pappe, lackiert u. geschnitten, in Kasten n. 3. —; B. 204 Buchstaben auf 4 Bog. 1. 50; auf Pappe, lackiert u. geschnitten, in Kasten n. 6. —

Druckschriften-Buchstaben f. die Lesemaschine. 102 Buchstaben auf 2 Bogen. Imp.-Fol. Leipzig (899). Dürr'sche Buchh. n.n. — 75; auf Pappe, geschn. u. lackiert n. 3. —

Druckschrift-Buchstaben f. die Lesemaschine. 2. Aufl. Braunschweig (901). H. Wollermann. Ausg. A. 102 Buchstaben auf 2 Bog. — 75; auf Pappe, lackiert u. zerschnitten n. 3. —; Ausg. B. 204 Buchstaben auf 4 Bog. 1. 50; auf Pappe, lackiert u. zerschnitten, in Kasten n. 6. —

Druckschriften, betreffend die Acetylen-Fachausstellung zu Berlin 1898. (Sammelbd) Berlin 1898

[Druckschriften des] Bund[es] deutscher Architekten. Dresden
[1]. Konferenz zur Besprechung von Verbesserungsvorschlägen für das Wettbewerbswesen am 17. Dez. 1910. 1910
[2]. Protokoll über eine Besprechung ... über Verbesserungsvorschläge für die Wettbewerbgrundsätze am 17. Dez. 1910. 1910

Druckschriften der akademischen Vereinigung „Ethos" in Zürich. 1. u. 2. Hft. gr. 8. Zürich, A. Müller's Verl. à n. — 50
1. Das Geschlechtsleben des Menschen vom Standpunkte d. natürlichen Entwicklungsgeschichte. Vortrag, geh. am 13. u. 23. II. 1900 vor der männl. studier. Jugend beider Hochschulen im Schwurgerichtssaale in Zürich. Von Alb. Heim. 2., fast unveränd. Aufl. (84 S.) 901.
1. Aufl. (VI, 33 S.) Ebd. 900. n. — 50.
2. Die Gefahren des ausserehelichen Geschlechtsverkehrs. Vortrag, geh. am 15. II. 1901 vor den Herren Studierenden beider zürcher. Hochschulen im Schwurgerichtssaale. Von Osk. Wyss. (19 S.) 901.

Druckschriften der akademischen Vereinigung „Ethos" in Zürich. 1—3. Heft. 8. Zürich, A. Müller's Verl. à n. — 50
1. Das Geschlechtsleben des Menschen vom Standpunkte der natürlichen Entwicklungsgeschichte. Vortrag, geh. am 13. u. 23. II. 1900 vor der männl. studier. Jugend beider Hochschulen im Schwurgerichtssaale in Zürich. Von Alb. Heim. 3. unveränd. Aufl. 12—16. Taus. (VI, 34 S.) 904.
2. Die Gefahren des ausserehelichen Geschlechtsverkehrs. Vortrag, geh. am 15. II. 1901 vor den Herren Studierenden beider zürcher. Hochschulen im Schwurgerichtssaale. Von Osk. Wyss. 2. Aufl. 6—10. Taus. (19 S.) 904.
3. Sinnlichkeit u. Sittlichkeit. Vortrag, geh. am 23. XI. 1903 vor den Herren Studierenden beider zürcher. Hochschulen im Schwurgerichtssaale in Zürich. Von Paul Christ. (20 S.) 904.

Druckschriften d. akadem. Vereinig. „Ethos", Zürich. 1. Heft. 8. Zürich, A. Müller's Verl. — 50
Das Geschlechtsleben des Menschen vom Standpunkte der natürl. Entwicklungsgeschichte. Vortrag, geh. am 13. u. 23. II. 1900 vor d. männl. studier. Jugend beider Hochschulen im Schwurgerichtssaale in Zürich. Von Alb. Heim. 4. fast unveränd. Aufl. 17—20. Taus. (VI, 34 S.) 908.

Druckschriften d. 15. bis 18. Jahrh. in getreuen Nachbildungen, hrsg. v. der Direktion der Reichsdruckerei unter Mitwirkg. v. F. Lippmann u. R. Dohme. (In 10 Hftn.) 1—9. Hft. Ausg. A: m. Text in Schwabacher. Fol. (à 10 Photolith. m. 2 Bl. Text.) Berlin 884—86. (Leipzig, Brockhaus.) à n. 10. —; Ausg. B: m. Text in Antiqua à n. 10. —

Druckschriften d. 15. bis 18. Jahrh. in getreuen Nachbildungen, hrsg. v. der Direction der Reichsdruckerei unter Mitwirkg. v. F. Lippmann u. R. Dohme. 10. (Schluß-)Hft. Ausg. A: m. Text in Schwabacher. Fol. (10 Photolith. m. 8 S. Text.) Berlin 887. (Leipzig, Brockhaus.) n. 10. —; Ausg. B: m. Text in Antiqua n. 10. — (cplt.: n. 100. —)

Druckschriften, die — des Mittelalters mit besonderer Berücksichtigung der Deutschen und zwar vom 16. Jahrhundert bis zur Erfindung der Buchdruckerkunst. Historisch-technisch begründet von einem Mitgliede der k. k. Hof- und Staatsdruckerei zu Wien. 8. (45 S. 23 Taf.) Wien, Staatsdruck. 1852.

Druckschriften des Zentralvereins für genossenschaftliche Selbsthülfe. H. 1. Wien 1868.
Mehr nicht erschienen.

Druckschriften des Central-Vereines für genossenschaftliche Selbsthilfe in Wien. 1. Heft: Die Arbeiter-Häuser auf der Pariser Weltausstellung von 1867. Gewidmet dem oesterreich. Arbeiter von Ingen. Friedr. Bömches. gr. 4. (III, 24 S. mit 13 Stnt. in qu. Fol.) Wien 868, Expedition der allgemeinen Bauzeitung.

Hast d' mi'? Niederbayr. Gedichte von Fritz **Druckseis**. Mit Bild. von J. Sailer. München: C. A. Seyfried & Co. (1907). (59 S.) 8° [F.]

Druckseis, Fritz, hast d' mi? Niederbayrische Gedichte. Mit Bildern v. J. Sailer. (61 S.) 8. München (908). C. A. Seyfried & Co. Kart. 1. 50

Druckvorschriften-Etat. Berlin 1877—1896. 8° u. 4°

Druckvorschriften-Etats, allgemeine u. v. artilleristischen u. ingenieur-technischen Spezial-Vorschriften. München 1879—1905.

Druckwerke, Die älteren, der K. Joachimsthal'schen Gymnasial-Bibliothek. Berlin 1878. V: *Bamberg, Albert v.* (Hauptkat. d. Univ.-Bibl. Tübingen. K, Nachtr. 25.)

Drude, Adolf [aus Greene (Braunschweig)]: Ueber zwei Fälle von Carcinoma uteri bei Gravidität. . . . Erlangen, *Druck v. Friedrich Vieweg & Sohn in Braunschweig*, 1880; 19 + 1 S. 8°
Erlangen, Med. Fak., Inaug.-Diss. v. 1880

Drude, Fr. Ludwig Heimb., s. Fasciculus sententiar.

Drude, Fr. Ldw. Heimb., Samml. moral. Gedichte. 8. Braunschw. 804.

Drude, Fr. Ludwig Heimb., s. Spiel, geograph.

Drude, Karl Julius Ferdinand: Parallelae inter ophthalmias tres veneream, arthriticam et rheumaticam. Gottingae 1817: J. C. Baier. 62 S. 8°
Göttingen, Med. Diss. v. 30. Nov. 1816

Drude, C. J. F., Diss. inaug. med. sistens parallelas inter ophthalmias tres, veneream, arthriticam et rheumaticam. 4. Götting. 817. Brose. 10 gr.

Drude, Matthias (Resp.): De Dictis Scripturae sacrae probantibus, s. a. Baumgarten, Siegmund Jakob

Drude, Matthias (Halberstadt), De dictis scripturae sacrae probantibus. Diss. theolog. Präs. Sigismund Jac. Baumgarten. Halle (J. Chn. Hendel) Nov. 1735. 24 S. (4.80) 6987
Gew.: Georg Erich Weisbeck.

— — Dasselbe. Ed. altera. Halle (Hendel) 1739. 32 S. O. Widm. (4.—) 6988

— — Dasselbe. 1749. (4.—) 6989

Drude, Oscar

Drude, O., s.: Anleitung zur deutschen Landes- u. Volksforschung.

Drude, Osc., die systematische u. geographische Anordnung der Phanerogamen. [Ausschnitt aus: „Encyklop. d. Naturwissensch."] gr. 8. (S. 175—496 m. 38 Abbildgn.) Berlin 892. R. Friedländer & Sohn. n. 5. —

Drude, Osc., die Anwendung physiologischer Gesetze zur Erklärung der Vegetationslinien. Habilitations-Vorlesung, gehalten in der Aula der Georgia Augusta zu Göttingen am 19. Febr. 1876. gr. 8. (33 S.) Göttingen 876, Breithaupt. *

Drude O.: Atlas d. Pflanzenverbreitung. Gotha 1887. 6 S. 8 kol. Kt. Fol. (Berghaus' Physikal. Atlas. Abt. 5).

Drude, O., die landwirtschaftliche Ausstellung in St. Louis 1904 u. die Bodenproduktion v. Nordamerika. Vortrag, geh. in der ökonom. Gesellschaft im Königr. Sachsen, Dresden, am 24. II. 1905. (23 S. m. Fig.) gr. 8. Leipzig 905. R. C. Schmidt & Co. n. — 60

(S) **Drude, O.,** die landw. Ausstellg. in St. Louis. 905.
Die Kulturzonen Sachsens. 892. Jetzt: Leipzig, Fritzsche & Schmidt.

Drude (O.). Die Biologie von Monotropa Hypopitys, L., und Neottia Nidus-Avis, L. Goett. 1873. 4°.

Drude, Osc., die Biologie von Monotra Hypopitys L. und Neottia Nidus avis L. unter vergleichender Hinzuziehung anderer Orchideen. 4. (68 S. mit 4 lithogr. Fig.-Taf.) Göttingen 874, Rente'sche Buchh. *

— Clethraceae, Pirolaceae, Lennoaceae, Ericaceae, Epacridaceae, Diapensiaceae, Droseraceae, Palmae, Cyclanthaceae, s.: Engler, A., u. K. Prantl, die natürlichen Pflanzenfamilien.

—— s. Engler und Prantl, die natürlichen Pflanzenfamilien.

Der Hercynische Florenbezirk. Grundzüge d. Pflanzenverbreitung im mitteldeutschen Berg- u. Hügellande vom Harz bis z. Rhön, bis z. Lausitz u. d. Böhmer Walde. Von Dr. Oscar Drude. Mit 5 Vollbild., 16 Fig. u. 1 Karte. *Leipzig: W. Engelmann 1902.* (XIX, 671 S.) 4°(8°)
— Vegetation d. Erde. 6.

Drude, Osc., die Florenreiche der Erde, s. Petermann's, A., Mitteilungen aus Just. Perthes' geographischer Anstalt.

Drude, Oscar: Die Florenreiche der Erde. Darstellung der gegenwärtigen Verbreitungsverhältnisse der Pflanzen. Ein Beitrag zur vergleichenden Erdkunde. Mit 3 Karten. Gotha 1884. (II), 74 S.
— Ergänzungsheft zu Petermann's Geographischen Mittheilungen. No. 74. 8°.

— Führer durch den königl. botanischen Garten in Dresden. Im Auftrage des königl. Ministeriums des Innern hrsg. 8. (47 S. m. 1 Plan.) Dresden 894. (Warnatz & Lehmann.) n.n. — 60

— Handbuch der Pflanzengeographie. [Bibliothek geograph. Handbücher, hrsg. v. Frdr. Ratzel.) gr. 8. (XVI, 582 S. m. 4 Karten u. 3 Abbildgn.) Stuttgart 890. Engelhorn. n. 14. —

— s. Heimatschutz in Sachsen.

— die Kulturzonen Sachsens, beurtheilt nach der Länge der Vegetationsperiode. Vortrag, geh. am 8. Jan. 1892. [Aus: „Mittheilgn. d. Oekonom. Gesellsch. im Königr. Sachsen".] gr. 8. (21 S. m. 1 Karte.) Dresden 892. G. Schönfeld's Verl. n. — 60
Jetzt: Lpz.: Fritzsche & Schmidt

—— Morphologie der Phanerogamen, } s. Handbuch der Botanik.
—— Insektenfressende Pflanzen, }

— Pflanzengeographie, s.: Anleitung zu wissenschaftl. Beobachtungen auf Reisen.

Drude, Osc., Deutschlands Pflanzengeographie, s. a. Handbücher z. deutschen Landes- u. Volkskunde.

Drude, Oscar, Deutschlands Pflanzengeographie. Ein geographisches Charakterbild der Flora von Deutschland und den angrenzenden Alpen- sowie Karpathenländern. Teil 1. Mit 4 Karten und 2 Textillustr. Stuttgart 1896. 8.
A. u. d. T.: Handbücher zur deutschen Landes- u. Volksk. Bd. 4. T. 1.

— Umbelliferae (Apiaceae, Doldengewächse), s.: Engler, A., u. K. Prantl, d. natürl. Pflanzenfamilien.

— s.: Vegetation, die, der Erde.

Drude, Osc., die stossweisen Wachsthumsänderungen in der Blattentwicklung von Victoria Regia Lindl. Mit 1 (lith.) Taf. [Aus: „Nova Acta der ksl. Leop.-Carol.-deutschen Akad. d. Naturforscher".] gr. 4. (27 S.) Halle 881. Leipzig, Engelmann in Comm. n. 2. 50

Drude, Paul, s.: Annalen der Physik.

Über die anomale elektrische Dispersion von Flüssigkeiten v. P(aul) Drude ... M. 1 Taf. u. 2 Textfig. *Leipzig: S. Hirzel 1896.* (1 Bl., 58 S., 1 Taf.) 4.(8.)
— Abhandlungen d. Kgl. Sächs. Gesellschaft d. Wissenschaften. Math.-physische Cl. Bd 23. No I.

Drude, P., üb. d. anomale elektrische Dispersion von Flüssigkeiten. [Aus: „Abhandlgn. d. k. sächs. Gesellsch. d. Wiss."] Lex.-8. (58 S. m. 2 Fig. u. 1 Taf.) Leipzig 896. [S. Hirzel.] B. G. Teubner. n. 2. —

— über Fernewirkungen. (Referat für d. 69. Versammlg. deutscher Naturforscher u. Aerzte in Braunschweig, 1897; Section Physik.) [Beilage z. d. Annalen der Physik u. Chemie, n. F. 62. Bd.] gr. 8. (XLIX S.) Leipzig 897. J. A. Barth n. 1.

Drude, Paul [aus Braunschweig]: Ueber die Gesetze der Reflexion und Brechung des Lichtes an der Grenze absorbirender Krystalle.... Leipzig, Druck v. Metzger & Wittig, 1887; 47+1 S. 8°
Göttingen, Phil. Fak., Inaug.-Diss. v. 11. Jul. 1887

Drude, Paul, über die Gesetze der Reflexion und Brechung des Lichtes an der Grenze absorbierender Krystalle. Inaugural-Dissertation. gr. 8. (47 S.) Leipzig 887. (Göttingen, Vandenhoeck und Ruprecht.) *

Lehrbuch der Optik von Paul Drude. Mit 110 Abb. *Leipzig: S. Hirzel 1900.* (XIV, 498 S.) 8°

Lehrbuch der Optik von Dr. Paul Drude, Prof., Berlin. Mit 110 Abb. 2. erw. Aufl. (Hrsg.: Franz Kiebitz.) Leipzig: S. Hirzel 1906. (XVI, 538 S.) 8°

Drude, Paul, Physik des Aethers auf elektromagnetischer Grundlage. gr. 8. (XVI, 592 S. m. 66 Abbildgn.) Stuttgart 894. F. Enke. n. 14. —

Zur Theorie stehender elektrischer Drahtwellen v. P[aul] Drude ... M. 1 Taf. *Leipzig: S. Hirzel 1896.* (1 Bl., 110 S., 1 Doppeltaf.) 4.(8.)
— Abhandlungen d. Kgl. Sächs. Gesellschaft d. Wissenschaften. Math.-physische Cl. Bd 23. No II.

— zur Theorie stehender elektr. Drahtwellen. [Aus: „Abhandlgn. d. k. sächs. Gesellsch. d. Wiss."] Lex.-8. (110 S. m. 1 Taf.) [Ebd. 896.] B. G. Teubner. n. 5. —

— d. Theorie i. d. Physik. Antrittsvorlesung, geh. am 5. Decbr. 1894 a. d. Universität Leipzig. gr. 8. (15 S.) Leipzig 895. S. Hirzel n. — 80

Drude, W., die Aufsicht üb. die Volksschulen. Vortrag. (16 S.) gr. 8. Wolfenbüttel 903. J. Zwißler. n. — 20
Sonderabdr. aus: „Ev.-luth. Wochenbl."

Drüding, Engelbert Christian Anton (Ostfriesland), De fractura ossium nasi. Diss. med. Göttingen (H. M. Grape) 13. V. 1798. 29 S. (4.50) 6990

Drüding, E. C. A., de fractura ossium nasi. 8. Götting. 798. Brose. 3 gl.

Drüen, Bernhard, Gerichts-Referendar in Münster i. W.: Die Hingabe erfüllungshalber. ⟨Nach heutigem Recht.⟩ Münster i. W. 1906: Aschendorff. (59 S.) 8° [J.]
Jena, Jur. Fak., Ref. Danz, Diss. v. 22. Sept. 1906
[Geb. 31. März 80 Münster (Westf.); Wohnort: Münster; Staatsangeh.: Preußen; Vorbildung: Gymn. Münster Reife O. 99; Studium: München 1, Berlin 1, Marburg 1, Berlin 1, Marburg 1, Münster 1 S.; Rig. 31. Juli 06.]

Druey, Henri s. Bericht der Herren [Leonz] Eder, (H[enri]) Druey und (I[gnaz] Edward) Dorer..., d. d. 4. Christmonat 1832 — Muralt, Conrad von, und Druey, Henri — Précis de la Constitution du Canton de Neuchâtel. Lausanne 1833 — Schlussbericht der Herren [Leonz] Eder, (H[enri]) Druey und (I[gnaz] E[dward]) Dorer..., d. d. 31. Januar 1833.

Druey, [Henri]. Discours de Monsieur D., premier député de Vaud à la Diète, sur la note collective de la France, de l'Autriche et de la Prusse, en date du 18 janvier 1848. Délibérations de la Diète; séance du 15 février 1848. ⟨Publications de la Suisse.⟩ [E.] 8. Berne 1848.

Druffel, August von (Bearb.), s. Beiträge zur Reichsgeschichte.

Druffel, Aug. v., Beiträge zur Reichsgeschichte 1546—1551, s. a. Briefe und Akten zur Geschichte des 16. Jahrhunderts.

Druffel, Aug. v. (Prof. an d. Univers. München), Beiträge zur *Reichsgeschichte* 1546—1552. (Auch m. d. Titel: Briefe u. Akten zur Geschichte des XVI. Jahrh., m. besond. Rücksicht auf *Bayern's Fürstenhaus.* 3 Bde. Auf Veranlassung u. mit Unterstützung Sr. Maj. des Königs von Bayern *Maximilian II.* hrsg. durch die histor. Commission bei d. Kgl. Akad. d. Wissenschaften. München, M. Rieger (m. Signet), 1873, 80, 82. Gr. 8°. Eleg. Hlwdbde.
1: XX—908 S. 2: VIII—873 S. 3: XXII—648 S. (incl. Reg.).

— u. Karl Brandi, Beiträge z. Reichsgeschichte 1553—1555, s.: Briefe u. Akten zur Geschichte des 16. Jahrh.

—— s. Briefe und Akten zur Geschichte des 16. Jahrh. mit besond. Rücksicht auf Bayerns Fürstenhaus.

Druffel, Aug. v., Kaiser Heinrich IV. und seine Söhne. gr. 8. (IV und 108 S.) Regensburg 862, Coppenrath. *

— der Elsässer Augustinermönch Johannes Hoffmeister u. seine Korrespondenz mit dem Ordensgeneral Hieronymus Seripando. [Aus: „Abhandlgn. d. k. b. Akad. d. Wiss."] gr. 4. (62 S.) München 878. Franz in Comm. n.n. 1. 80

—— der Elsässer Augustinermönch Johannes Hoffmeister und seine Korrespondenz mit dem Ordensgeneral Hieronymus Seripando. gr. 4. (62 S.) München 879, (Franz'sche Buchh.) **
Aus: Abhandlungen der k. bayer. Akademie der Wissenschaften, besonders abgedruckt.

—— Ignatius von Loyola an der römischen Curie. Festrede zur Vorfeier des Allerhöchsten Geburts- und Namensfestes Sr. Maj. Ludwig II., Königs von Bayern gehalten in der öffentl. Sitzung der k. Akademie der Wissenschaften zu München am 25. Juli 1879. gr. 4. (44 S.) (Ebendas.) 879. **

— Kaiser Karl V. u. die römische Curie 1544—1546. 1. u. 2. Abth. [Aus: „Abhandlgn. d. k. b. Akad. d. Wiss."] gr. 4. Ebend. 877. 81. n. 7. 40
1. Vom Speirer Reichstag bis zur Berufung d. Trienter Concils. (136 S.) n. 4. 80
2. Von der Berufung des Trienter Concils bis zum Wormser Reichstagsabschied. (86 S.) n.n. 2. 60

Druffel, Aug. v., Kaiser Karl V. u. die römische Curie 1544—1546. 3. Abth.: Vom Wormser Reichstagsabschied bis zur Eröffng. d. Trienter Concils. [Aus: „Abhandlgn. d. k. b. Akad. d. Wiss."] gr. 4. (112 S.) München 883. Franz' Verl. n.n. 3. 30 (I—III.: n.n. 10. 70)

Druffel, A. v., Kaiser Karl V. u. die römische Curie 1544—1546. 4. Abth. [Aus: „Abhandlungen d. k. b. Akad. d. Wiss."] gr. 4. München 890. (Franz' Verl.) n.n. 3. 30 (1—4.: n.n. 14. —)
Von der Eröffnung d. Trienter Concils bis zur Begegnung d. Kaisers m. d. hessischen Landgrafen in Speier. (96 S.)

— monumenta Tridentina. Beiträge zur Geschichte d. Concils v. Trient. 1. u. 2. Hft. gr. 4. Ebend. n.n. 8. —
1. Jan.—Mai 1545. (116 S.) 884. n.n. 3. 50
2. Juni—Octbr. 1545. (S. 117—268.) 885. n.n. 4. 50

— Monumenta Tridentina. Beiträge zur Geschichte d. Concils v. Trient. 3. Hft. Jan.-Febr. 1546. gr. 4. (S. 265—400.) Ebd. 887. n.n. 4. — (1—3.: n.n. 12. —)

Druffel, Aug. v., Monumenta Tridentina. Beiträge z. Geschichte d. Concils v. Triont, begonnen v. D., fortges. v. Karl Brandi. IV. Hft. März—April 1546. gr. 4. (S. 401—491 u. 4 S.) München 897. (G. Franz' Verl.) n. 4. — (I.—IV.: n. 16. —)

Druffel, Aug. v., Monumenta Tridentina. Beiträge zur Geschichte des Concils v. Trient 1545—1547, begonnen v. D., fortgesetzt v. Karl Brandi. 1. Bd. Von der Sendg. der Legaten nach Trient (März 1545) bis zum Beginn des schmalkald. Krieges (Juni 1546). 5. Hft. Mai—Juni 1546. gr. 4. (VII u. S. 493—586.) München 899. (G. Franz' Verl.) n. 3. — (1. Bd. kplt.: n. 19. —)

—— die bairische Politik im Beginne der Reformationszeit 1519—1524. Eine Untersuchung. gr. 4. (112 S.) (Ebendas.) 885. **
Aus: Abhandlungen der k. bayer. Akademie der Wissenschaften, besonders abgedruckt.

Druffel, Aug. v., die Sendung d. Cardinal Sfondrato an den Hof Karls V. 1547—1548. 1. Tl. [Aus: „Abhandlgn. d. k. b. Akad. d. Wiss."] gr. 4. (72 S.) München 892. (G. Franz' Verl.) n.n. 2. 20

Druffel, August v. (Hrsg.), s. Viglius van Zwichem: Tagebuch . . .

v. Druffel, Fr. Fd., ächte Nachr. über d. seltenen Erscheinungen bei d. Jungfrau Anna Kathar. Emmerich zu Dülmen. 8. Dorsten 815.

— Todesursache des F. F. Leopold, Grafen zu Stolberg. 8. Münster (819).

Druga książka do czytania i nauki dla szkół początkowych austryackich. Wien 1881. K. k. Schulbücherverlag. Preis eines Exemplars, steif gebunden 50 kr.

Drugman, Julien: Ueber die Darstellung von einigen Dicarbonestersäuren. *Bonn 1898: C. Georgi.* (38 S.) 8°
Bonn, Phil. Diss. v. 29. Juli 1898

Drugulin, Johannes Baensch-, s. Baensch-Drugulin

Drugulin, Wilhelm Eduard

Drugulin, Will. E., a complete account of the therms of Wildbad in the Kingdom of Würtemberg including sketches of the blackforest and the spas of Liebenzell and Teinach. 8. (130 S. mit Stahlst. in 4. und Fol.) Stuttgart 847, Sonnewald'sche Buchh. *

Drugulin, W. [E.] Historischer Bilderatlas. Verzeichniss einer Sammlung von Einzelblättern zur Cultur- und Staatengeschichte. Leipziger Kunst-Comptoir 1863—1867.
2 Teile. 8°.
T. 1: Vorstudien.
T. 2: Chronik in Flugblättern.

Drugulin, W., Allart van Everdingen. Catalogue raisonné de toutes les estampes qui forment son oeuvre gravé. Supplément au Peintre-graveur de Bartsch. gr. 8. (XIV, 119 S. mit 1 Stahlst.) Leipzig 873, Kunst-Comptoir. *

Drugulin, W., Die geheimen Gesellschaften der Mittelalters. Aus dem Englischen. Neue verb. Aufl. Stuttgart, Rieger. 1852. 8. 304 S.

Drugulin, W E [Übers.]
s. Hall, B.: Aus dem Seelenleben. 1855.

Drugulin, W E [Übers.]
s. Mayer, Brantz: Captain Canot oder Zwanzig Jahre aus dem Leben eines afrikanischen Sclavenhändlers. 1855.

Drugulin, Wm: Pflanzenstoffe. Aus dem Englischen. Bd 1—3. Stuttgart 1847 1848

Drugulin, W., allgemeiner Portrait-Katalog. Verzeichniss einer Sammlung von mehr als 20,000 Portraits berühmter Personen (mit biograph. und chalkograph. Notizen), welche zu den beigesetzten billigen Preisen von dem leipziger Kunst-Comptoir zu beziehen sind. (In ca. 20 Lfgn.) 1—18. Lfg. gr. 8. (1. Bd. 409 S., 2. Bd. 468 S.) Leipzig 858—60, Kunst-Comptoir. [1—12. Lfg. à **5 Ngr., 18. ** 10 Ngr.] **

—— dass. — Supplement. 8. (52 S.) Ebendas. 861.

Drugulin, W E [Übers.]
s. Reid, Mayne: Die wilde Jägerin. 1861.

—— Verzeichniss von Portraits und Stichen zur Staats- und Culturgeschichte von Polen und Russland. 8. (68 S.) Leipzig 861, Kunst-Comptoir. *

Drugulin, W E [Übers.]
s. Yonge, Charlotte Mary: Herzblättchen. 1861.

BRÜNE, Joseph (Höxter): Zwei Fälle von maligner Lebersyphilis.- München: Ernst 1888. 32 S.
7.7.1888 - Chr 1888/89,17; Jv 1888/89,212
Diss. Ingolst.-Landsh.-Mchn.

Druhm bi uns. Allerhand lustigs Zeig, derziehlt vun en alten Vugtlänner. 12. (III, 124 S.) Plauen i/V. 895. Handelsdruckerei (W. Friedrich). Geb. n. 1. 75

Druide, D., e. moral. Wochenschr. 2 Bde. 4. Berl. Haude. 748.

DRUIDE, Der. Eine moralische Wochenschrift (hrsg. von Johann George Sucro, nicht von Chp. Jos. Sucro). Th. 1—2 (= St. 1—109, vom März 1748 bis April 1750; soviel ersch.?). Berlin 1748—50. 4°. (St. 1—28 in Berlin, Kgl. Bibl., doppelt vorhanden.)
Sehr selten u. wenig bekannt! — Anon.-Lex. I. p. 418: Cfr. Schüddekopf, K. W. Ramler. Wolfenb. 1886, S. 24; Gleim-Uz, Briefwechsel. Tübingen 1899. S. 480.

Druiden-Hain: Jahrgang 1, no. 1—12, Sept. 1859—Aug. 1860.
Monthly. Organ of Vereinigter Alter Orden der Druiden: Columbus-Hain. Octavo, each issue 32 pages. Edited & published by Robert Clemen.
Columbus, OH

Druiden-Katechismus. Augsburg 1884: Reichel. 23 S. 8°. [Umschlagtit.]

Druiden-Zeitung, Deutsche. V. A. O. D. Organ für die Interessen und die officiellen Bekanntmachungen des Vereinigten Alten Ordens der Druiden. I.—VII. Jahrg. Berlin. Gaulke. 1875/76—1881/82. 4.
Erscheint halbmonatlich. Redacteur war bis 1877 Hermann Abraham. dann Ludwig Gaulke.

Druidin, die. Erzählung a. d. 4. Jahrh. christl. Zeitrechnung. 12. (8 B.) Aachen 844, Cremer'sche Buchh.

Druif, S. B. [pr. Arzt in Amsterdam]: Beiträge zur Kenntniss der Theorie des Hirndrucks ... Amsterdam, Buch-, Kunst- u. Handelsdr. v. Gebr. Binger, 1896; 104 S., 5 Taf. 8.
Jena, Med. Fak., Inaug.-Diss. v. [1. Apr.] 1896

Druisner, Joh. Geo. Schreib-Lese-Fibel. gr. 8. (IV, 111 S. m. 37 Orig.-Bildern.) Budapest 890, Lauffer. cart. * — 60

Druitt, Rob., chirurgisches Vademecum. Autoris. deutsche Ausg. Nach der 9. Aufl. des engl. Orig. besorgt von A. W. Bürklein. 8. (XV und 1024 S. mit 355 in den Text gedr. Holzschn.) Erlangen 867, Enke's Verlag. *

Druitt, Rob., chirurgisches Vademecum. Autorisirte deutsche Ausg. Nach der 9. Aufl. d. engl. Orig. besorgt von A. W. Bürklein. Mit 355 in den Text gedr. Holzschn. Erlangen 868. Enke. 8. (XV, 1024 S.) n. 3 ₰ 20 ngr.

Drük, Fr. Ferdinand, s. Drück, Fr. Ferdinand

Drüke, H., biblische Geschichte f. Kinder. 2 Thle. Neue Stereotyp-Ausg. gr. 12. (18⅓ B.) Paderborn 840, Junfermann'sche Buchh.

Drüke, H., biblische Geschichte f. Kinder. 2 Thle. (In 1 Bde.) Neue, mit ein. Kirchengeschichte u. d. Reihenfolge der Päpste verm. Stereot.-Ausg. 12. (19½ B.) Paderborn 840, Junfermann'sche Buchh.

Drüke, H., biblische Geschichte für Kinder. 2 Thle. (Geschichte des alten und neuen Testaments.) 1. Aufl. (478 S.) 847. und 9., mit vielen ausgewählten Stellen aus den Briefen der Apostel, eine Kirchengeschichte und Beschreibung verm. Ster.-Ausg. 8. (494 S. mit einer lith. Karte des heil. Landes.) Paderborn 851, Junfermann'sche Buchh.

Drüke, H., biblische Geschichte für Kinder. 2 Thle. 19., mit vielen ausgewählten Stellen aus den Briefen der Apostel und einer Beschreibung nebst (lithogr.) Karte des heil. Landes verm. Ster.-Ausg. 8. (462 S.) Paderborn 864, Junfermann'sche Buchh. *

Drüke, H., biblische Geschichte des Alten und Neuen Testaments für Kinder. 29. Aufl. 8. (392 S.) Paderborn 885, Junfermann'sche Buchh. *

[Drulin, , et Badère, .] Souvenirs pittoresques de Fribourg en Suisse, accompagnés de 16 dessins [planches] d'après nature et d'un plan de la ville. 8. Fribourg 1841.

Drullmann, Ernst, approb. Arzt aus Wetzlar: Aus d. Königl. Frauenklinik zu Marburg. Beiträge zur Frage der Urinsekretion des Foetus. *Marburg 1899: R. Friedrich.* (20 S.) 8°
Marburg, Med. Diss. v. 1. Aug. 1899

Drumann, H. Ph.

— Bemerkk. über d. Leben u. d. Tod H. M. F. Ebeling's. 8. Quedlinb. 785.

Drumann, H. Ph., († d. 28. Aug. 1826.) Betrachtt. über öffentl. Armenanstalten. 8. Quedlinb. 782. Ernst. 2 gr.

— d. Geiz, nach dessen Natur, Aeußerungen u. Wirkungen ꝛc. 8. Quedlinb. 783. Ernst. 4 gr.

Drumann, H. P., die biblische Geschichte des Alten Testam. 8. Quedlinb. Basse. 813.

Drumann, H. P., Confirmat. und Erziehungsreden. 8. Schlesw. Christiani. 803.

— Confirmations- u. Erziehungsreden. 8. Schlesw. 803. (Hammerich in Alt.) 22 gr.

Drumann. Reflexionen über Armen-Anstalten und Nothwendigkeit der öffentlichen Armensteuern. *Quedlinburg.* 1787

— Religionsunterricht, nach Anleit. d. bibl. Geschichte. 1r Thl. 8. Halberst. 795. Groß. 12 gr.

— über d. Schädlichkeit u. Strafbarkeit empörischer Unterthanen gegen d. Obrigkeit. 8. Halberst. 795.

Drumann, H. P., Die Theilnahme preussischer Unterthanen an dem grossen Namen ihres vollendeten Königs Friedrich des II. in einer Gedächtniss-Rede vorgetragen, nebst einem Anhange — — für diejenigen, welche Anstoss an der Religion des Königs genommen haben. Quedlinburg 1786. 8.

— d. Theilnehmung Preuß. Unterth. an d. Namen Fried. II. 8. Quedlinb. Ernst. 786.

— d. Versöhnungslehre. 8. Halberst. 793. (W. Nauck in Leipz.) 3 gr.

— Versöhnungslehre. 8. Halberst. (Sommer, Leipzig.) 793.

Drumann, Wilhelm (Karl August)

Drumann, W., die Arbeiter und Communisten in Griechenland und Rom. Nach den Quellen. Königsberg 860. Gebr. Bornträger. gr. 8. (VI, 346 S.) n. 1 ₰ 22 ngr.

Drumann, W., Dissertatio de tyrannis Graecorum. Halae 812. 8. (62 S.)

Drumann, W., Geschichte Bonifacius des Achten. 2 Thle. gr. 8. (XXII und 525 S.) Königsberg 852, Gebr. Bornträger.

Drumann, W., Geschichte Roms in seinem Uebergange v. d. republikan. zur monarch. Verfassung, od. Pompejus, Caesar, Cicero u. ihre Zeitgenossen. Nach Geschlechtern u. mit genealog. Tabn. 1. u. 2. Thl. gr. 8. Koenigsberg, Gebr. Bornträger. [1. (35½ B.) 834. 3 Thlr., 2. (39½ B.) 835. 3 Thlr. 6 Gr.]

Drumann, W., Geschichte Roms in sein. Uebergange von d. republikan. zur monarch. Verfassung, od. Pompejus, Caesar, Cicero u. ihre Zeitgenossen. Nach Geschlechtern u. mit genealog. Tabellen. 3—5. Thl. gr. 8. Koenigsberg, Gebr. Bornträger. [3. (49¾ B.) 837. 3¾ Thlr., 4. (38 B.) 838. 3 Thlr., 5. (40 B.) 841. 3⅓ Thlr.]
1. u. 2. Bd. Ebendas. 1834, 35. 6 Thlr. 6 Gr.

Drumann, W., Geschichte Roms in sein. Uebergange von d. republikan. zur monarchischen Verfassung, od. Pompejus, Caesar, Cicero u. ihre Zeitgenossen. Nach Geschlechtern u. mit genealog. Tabellen. 6. (letzter) Bd. gr. 8. (51½ B.) Königsberg 844, Gebr. Bornträger.
1—5. Bd. Ebendas. 1834—41. 16 Thlr. 10 Ngr.

Drumann, W., Geschichte Roms in seinem Übergange von der republikanischen zur monarchischen Verfassg. oder Pompeius, Caesar, Cicero u. ihre Zeitgenossen nach Geschlechtern u. mit genealogischen Tabellen. 2. Aufl., hrsg. v. P. Groebe. 1. u. 2. Bd. gr. 8. Berlin, Gebr. Borntraeger. n. 22. —
1. Aemilii—Antonii. (VIII, 484 S.) 899. n. 10. —
2. Asinii—Cornificii. (III, 569 S.) 902. n. 12. —

Drumann, W., Geschichte Roms in seinem Übergange von der republikanischen zur monarchischen Verfassung od. Pompeius, Caesar, Cicero u. ihre Zeitgenossen nach Geschlechtern u. m. genealogischen Tabellen. 2. Aufl., hrsg. v. P. Groebe. 3. Bd.: Domitii—Julii. (XI, 829 S.) gr. 8. Leipzig 906. Gebr. Borntraeger. n. 24. —
Bd. 1 u. 2 Ebd. 899. 902. n. 22. —

Drumann, W., Geschichte Roms in seinem Übergange von der republikan. zur monarchischen Verfassung od. Pompeius, Caesar, Cicero u. ihre Zeitgenossen nach Geschlechtern u. m. genealogisch. Tab. 2. Aufl., hrsg. v. P. Groebe. 4. Bd.: Junii—Pompeii. (2 Hälften.) (III, 320 S. u. S. 321—622.) gr. 8. Leipzig 908. Gebr. Borntraeger. nn 20. —

Drumann, Wlh., Grundriß der Cultur-Geschichte. Für seine Zuhörer. 8. Königsberg 847 (846), Gebr. Bornträger. n. 1 ₰ 2 ngl

Drumann, W., Grundriss der Cultur-Geschichte. Für seine Zuhörer. 8. (VI und 210 S.) Königsberg 847, Gebr. Bornträger. *

Drumann, W., Ideen zur Geschichte des Verfalls der griech. Staaten. Berlin 811. 8. 2 rthl. 16 gr. Wohlfeilere Ausgabe Ebend. 819. 8. 1 rthl. 20 gr.

Drumann, Wlh., (K. Wlh. A.), Ideen zur Geschichte d. Verfalls d. griech. Staaten. gr. 8. Berl. 811, u. 820. u. d. T.: Versuch e. Gesch. d. Verfalls d. griech. Staaten. gr. 8. Ebd., Nicolai. 1 ₰ 20 gl

Drumann, C. W. A., Schedae historicae quibus de rebus Ptolemaeorum agitur. Gel. 1821. 56 S. 1.80

— histor.-antiquar. Untersuchungen über Aegypten od. d. Inschrift v. Rosette; aus d. Griech. übers. u. erläut. gr. 8. Königsb. 823. (Gebhard in Grimma). 1 ₰ 4 gl

Drumann, (W.,) histor.-antiquar. Untersuchungen üb. Aegypten od. d. Inschrift v. Rosette, aus d. Griech. übers. u. erläut. gr. 8. Königsberg 823, Univers.-Buchh.

Drümel, Johann Heinrich

— geschichtmäßig Abhandl. v. d. Großseneschall u. Erzseneschall des fränk. u. teutschen Reichs. 4. Nürnb. 751. Bauer u. R. 4 gl

Drümel, Joh. Heinr., Ausführung des Beweises, daß Christus an einem Mittwoch gestorben und folglich drei völlige Tage und drei völlige Nächte in dem Grabe gelegen ist. Mit einer Verteidigung der neuen Übersetzung der Worte 1 Mos. 11. Regensburg, 1746.

— neue Bewährung aus Urkunden, daß d. Reichsritterschaft zu d. Adel in Deutschland gezählt worden. Fol. Frankf. u. Leipz. (Regensb.) 754. Montag u. W. 1 ₰

Drümel, Jh. Hnr., († d. 29. Juli 1770.) Beweis, daß d. Comes palatii in dem fränk. u. deutschen Reich nicht als Hofmeister anzusehen ꝛc. 4. Ulm 751. N. A. 4. Ebd. 753. Bartholomäi. 9 gl

Drümel, Joh. H.: Corpus legum et consuetudinum jur. publ. Imp. Romano-Germanici Academicum a Carolo VI. usque ad Aur. Bull. Caroli IV. oder Handbuch der Staatsgesetze u. Gewohnheiten des Römisch-Teutschen Reichs etc. *Frankf. u. Leipzig,* 757. 4.

— Corpus legum et consuetudinum juris publ. Imp. Rom. Germanici, oder Handbuch d. Staatsgesetze u. Gewohnheiten d. röm.-deutschen Reichs. 4. Frankf. 757. Andreä. 1 ₰

— Einleit. z. d. deutsch. Redekunst n. Mustern. 8. Nürnb Raspe. 749.

—— Fortsetzung des Beweises, daß Christus am Mittwoch gestorben. Frankfurt 1747. 4°.

— n. Grammatik d. lat. Spr. 8. Regensb. Zunkel. 747.

Drümel, Johann Heinrich (Nürnberg), Imperatores Romanos Germanicos ante imperatorem Carolum M. Präs. Johann David Koeler. Altdorf (J. W. Kohles) 7. V. 1729. 23 S. (4.50) 6991

Drümel, Jh. Hnr., Lexicon manuale latino-germanicum et germanico-latinum. Mit Beitr. von Bened. Fr. Nierenberger. III Tom. 4. Regensb. 753. Krauss in Wien. 5 ₰

— lexicon manuale lat.-germ. et germ.-lat. 5 Tmi. 4. Vien. Krauss. 775.

— Proben einer verb. u. vermehrten Harmonie d. heil. Profan-Scribenten in d. Gesch. d. ältesten Völker in Asien. 4. Frankf. a. M. 746. N. A. 4. Halle 764. Gebauer. 6 gl

Drumolii — Progr. de triplici genere equitum Romanorum. Ratisb. 762. 4.

Druemel, Joh. Heinr., Programma illustrans vaticinium Bileami, Num. Cap. XXIV. Regensburg, 1754.

Drumm, Alfred: Die Tochterkirche und die Tochtergemeinde nach bisherigem bayerischen Kirchenrecht und dem Entwurf einer bayerischen Kirchengemeindeordnung. Borna-Leipzig 1908: Noske. VI, 56 S. 8°
Würzburg, Jur. Diss. v. 23. Dez. 1908, Ref. Meurer
[Geb. 22. Jan. 84 Ingweiler; Wohnort: Regensburg; Staatsangeh.: Bayern; Vorbildung: Gymn. Regensburg Reife Juli 03; Studium: München 4, Würzburg 2 S.; Rig. 3. Juli 08.] [U 09. 4046

Drummer, the, or the Haunted-House. Ein Engl. Schausp. 8. Wolfenbüttel. 753.

Drummer, Franz

Drummer, Frz. Leitfaden für den Manipulationsdienst bei den Unterabtheilungen des k. k. Heeres u. der k. k. Landwehr, zum Gebrauche f. die Unterabtheilungs-Kanzleien etc. 2. verb. Aufl. gr. 8. (133 S.) Czernowitz 888. (Wien, Arming.) * 3 —

Drummer, (F. K.) Leonhard: Theorie des Würderungseydes. Preisschrift. Bamberg u. Würzburg 1806.

Drummer, Leonh., († d. 3. Sept. 1806.) Theorie des Würderungs-Eides. gr. 8. Bamb. 806. (Wesché in Frankf.) 8 gl

Drummer, (G. K.) L., Theorie des Würderungs-Eides. gr. 8. Bamb. Göbhardt. 806. Rthlr.

Drummer, Matthäus

Noches de Inuierno, Winter-nächte. In welchen etliche vertraute, wol-gereiste, unterschiedener Sprachen u. rühmlicher Wissenschaften erfahren u. wol-belesene Freunde, einander besuchen, die Zeit theils mit Erzehlung mehrerley lehrreich u. denckwürdiger Historien u. Geschichten, theils aber mit andern scharffsinnig-Politisch- u. Philosophischen Gesprächen, Fragen, u. wolbegründeten Antworten, kürtzen u. zubringen. Aus dem Spanischen in die Teutsche Sprach versetzet, u. mit etlich- nicht verwerfflichen Zusätzen vermehret u. verbessert: Benebenst vielen (11) schönen Kupffern gezieret, u. auf die neueste Manier verfertiget durch MATTHÆUM Drummern von Pabenbach. Nürnberg, verlegts Joh. Leonh. Buggel, 1713. 12°. (7 Mk. 50 Pfg. Frdr. Klüber's Nachf., München 1808.)
Tit., 3 Bll. Inh. (der 11 Cap.), 566 S.

Drümmer, J., der Mensch in Bethätigg. s. Berufs als Culturwesen. Philosoph. Betrachtgn. a. d. Leben i. Urwald. Nebst Anh.: „Die Naturheilmethode i. Hause" oder: In wie weit kann u. soll Jeder s. eig. Arzt sein. Von demselben Verf. 8. (112 S.) Porto Alegre (885) (Gundlach & Co.) n. 1. 50

Drummond, Henry

Drummond, H., das Beste in der Welt. Deutsche autoris. Ausg. 1.—16. Aufl. 1.—50. Tausend. 8. (71 S.) Bielefeld 890. Velhagen & Klasing. n. 1. —; geb. n. 2. —

Drummond, Henry, das Beste in der Welt. Deutsche autoris. Ausg., übers. v. Julie Sutter. 17.—29. Aufl 43.—109. Tausend. 8. (71 S.) Bielefeld 890—894. Velhagen & Klasing. n. 1. —; geb. m. Goldschn. n. 2. —

[F.] Das Beste in der Welt v. Henry Drummond. Deutsche autoris. Ausg. übs. v. Julie Sutter. 30. Aufl. ... *Bielefeld & Leipzig: Velhagen & Klasing 1895.* (71 S.) 1 Bd 8. [95. 604

Drummond, Henry, das Beste i. d. Welt. Deutsche autor. Ausg. v. Julie Sutter. 32. Aufl. 116.–118. Tausend. 8. (71 S.) Bielefeld 898. Velhagen & Klasing. n. 1. —; geb. n. 2.

Drummond, Henry, das Beste in der Welt. Deutsche autoris. Ausg. v. Julie Sutter. 84. Aufl. 122. bis 124. Taus. 8. (71 S.) Bielefeld 901. Velhagen & Klasing. Kart. n. 1. —

Drummond, Henry, das Beste in der Welt. Deutsche autoris. Ausg. v. Julie Sutter. 85. u. 86. Aufl. 125—129. Taus. (à 71 S.) 8. Bielefeld 903. 905. Velhagen & Klasing. Kart. n. 1. —

Drummond, Henry, das Beste in der Welt. Deutsche autoris. Ausg. v. Julie Sutter. 87. Aufl. 130—131. Taus. (71 S.) 8. Bielefeld 907. Velhagen & Klasing. Kart. 1.—; geb. 1. 50

— Inner-Afrika. Erlebnisse u. Beobachtgn. Deutsch vom Verf. v. „Gordon, der Held v. Khartum". gr. 8. (XV, 253 S. m. 10 Abbildgn.) Gotha 890. F. A. Perthes. geb. n. 4. —

— Inner-Afrika. Erlebnisse u. Beobachtgn. 2. Aufl. 4. Tausend. gr. 8. (XV, 253 S. m. 10 Abbildgn. u. 1 farb. Karte.) Gotha 891. F. A. Perthes. Geb. in Leinw. n. 4. —

Drummond, Henry, die eine, heilige katholische und apostolische Kirche. Vorträge über die richtige Definition der Eigenschaften der Kirche u. verwandte Gegenstände. Aus dem Engl. übers. von Balthas. Fernsemer. Basel 860. Schneider in Comm. gr. 8. (IV, 104 S.) n. 10 ngr.

— das ideale Leben u. and. Ansprachen aus d. Nachlaß. Autor. deutsche Ausg. v. Julie Sutter. 8. (IV, 314 S.) Geb. in Leinw. n. 4. 50
Bielef.: Velhagen & Klasing 1899

— the changed life, s.: Collection of British authors.

Drummond, Henry, das Naturgesetz in der Geisteswelt. Aus dem Engl. nach der 17. Aufl. [50. Tausend.] gr. 8. (XXIII, 345 S.) Leipzig 886. Hinrichs' Verl. n. 6. —

—— Das Naturgesetz in der Geisteswelt. Aus dem Engl. nach der 17. Aufl. [50. Tausend.] 3.—5. Tausend. gr. 8. (XXIII, 345 S.) Lpz. 889—91, Hinrichs' Verlag. * 4 —; geb. * 5 —
Vgl.: Gottes Ordnung in der Natur u. Offenbarung.

Drummond, Henry. Das Naturgesetz in der Geisteswelt . . . Neu übersetzt. Bielefeld u. Leipz. 1892. Ü: *Sutter, Julie.* (Berl)

—— dass. — Nach der neuesten Aufl. [103. Tausend.] d. engl. Originals. Neu übers. 1.—4. Tausend. 8. (XXIV, 373 S.) Bielef. 892, Velhagen u. Klasing. geb. in Leinw. * 4 50

— dasselbe. Autoris. deutsche Ausg. Nach der neuesten Aufl. d. engl. Originals. [103. Taus.] Neu übers. v. Julie Sutter. 1.—7. Taus. 8. (XXIV, 378 S.) Bielefeld 892. 893. Velhagen & Klasing. Geb. in Leinw. n. 4. 50

[F.] Das Naturgesetz in der Geisteswelt v. Henry Drummond. Autoris. deutsche Ausg. Nach d. neuesten Aufl. des engl. Orig. '(103. Taus.)' Neu übs. v. Julie Sutter. 8. u. 9. Taus. *Bielefeld & Leipzig: Velhagen & Klasing 1897.* (XXIII, 374 S.) 1 Bd 8. [97. 9729

Das Naturgesetz in der Geisteswelt von Henry Drummond. Autor. deutsche Ausg. Nach d. neuesten Aufl. d. engl. Orig. Neu übers. von Julie Sutter. 10. u. 11. Taus. *Bielefeld & Leipzig: Velhagen & Klasing 1901.* (XXIII, 374 S.) 8° [F.] [01. 9476

— pax vobiscum, s: Collection of British authors.

— das Programm d. Christentums. Deutsche autoris. Ausg. v. Julie Sutter. 1.—5. Aufl. 1.—25. Taus. 8. (70 S.) Ebd. 891. n. 1. —; geb. n. 2. —

— dasselbe. Deutsche autoris. Ausg. 1.—10. Aufl. [1.—50. Taus.] 8. (63 S.) Bielefeld 891. Velhagen & Klasing. n. 1. —; geb. m. Goldschn. n. 2. —

—— Das Programm d. Christentums. Dtsche. autoris. Ausg. v. Julie Sutter. 1.—5. Aufl. 8. (70 S.) Ebd. 892. * 1 —; geb. * 2 —
Vgl.: Nocholl, Heinr.

Drummond, H., Königliches Regiment oder Volksregiment. Hrsg. von W. Born. gr. 8°. Berlin s. a.

Drummond, Henry. Das Schönste im Leben . . . Bielefeld u. Leipz. 1891. Ü: *Sutter, Julie.* (Berl)

— das Schönste im Leben. Deutsche autoris. Ausg. 1.—6. Aufl. [1.—30. Tausend.] 8. (74 S.) Ebd. 891. n. 1. —; geb. m. Goldschn. n. 2. —

— das Schönste im Leben. Deutsche autor. Ausg., übers. v. Julie Sutter. 7. Aufl. 31. u. 32. Taus. 8. (74 S.) Ebd. 896. n. 1. —; geb. n. 2. —

Das Schönste im Leben von Henry Drummond. Deutsche autor. Ausg. übers. von Julie Sutter. 7. Aufl. *Bielefeld & Leipzig: Velhagen & Klasing 1897.* (74 S.) 8° [F.] [00. 2406 B

— das Schönste im Leben. Deutsche autoris. Ausg., übers. v. Julie Sutter. 8. Aufl. 33. u. 34. Taus. 8. (74 S.) Ebd. 903. Kart. n. 1. —

Das Schönste im Leben (The Changed Life). Von Henry Drummond. Deutsche autor. Ausg. von Julie Sutter. 9. Aufl. Bielefeld & Leipzig: Velhagen & Klasing 1908. (74 S.) 8° [F.] [08. 16078

[F.] Die Stadt ohne Kirche v. Henry Drummond. Autoris. deutsche Ausg. v. Julie Sutter. 1. bis 10. Taus. *Bielefeld & Leipzig: Velhagen & Klasing 1898.* (65 S.) 1 Bd 8. [98. 7710

— the greatest thing in the world, s.: Collection of British authors.

Vgl.: Bock, G. J. Naturwissenschaft u. Bibel. — Koussler, Hugo. Was sagt Drummond?

Drummond, Henricus Pilkington. Norvico-Anglus: De regeneratione nervorum. Tur. ex offic. Zürch. et Furr. 1839. 34 S., 1 Bl. 8°.
Zürich. Med. Diss. v. 26. Jan. 1839.

Drummond, J(ames) Douglas, a. Bradford, Yorks(hire) ⟨England⟩: Studien zur Kriegsgeschichte Englands im 12. Jahrhundert. (Berlin 1905: A. W. Hayn's Erben.) (96 S.) 8°
Berlin, Phil. Fak., Ref. Delbrück, Tangl, Diss. v. 12. Aug. 1905
[Geb. 4. Apr. 75 Bradford in Yorkshire, England; Heimatsort: Charlottenburg; Staatsangeh.: England; Vorbildung: Oxford Senior Local Prüfung Juli 00; Studium: Berlin 9 S.; Rig. 18. Mai 05.]

Drummond, J. Douglas, Studien zur Kriegsgeschichte Englands im 12. Jahrh. Diss. (96 S.) gr. 8. Berlin (905). G. Nauck. n. 1. 80

Drummond de Melfort, Comte

— Abhandl. von den Kavallerie-Dienst u. allen dazu gehörigen Manövern; aus d. Französ. 2 Thle, mit 62 Kpf. gr. 4. Dresd. 780 u. 81. Walther. 7 ℛß Schrbp. 9 ℛß

Drummond de Melfort, Comte, Traité sur la Cavallerie. II Vols., av. 62 fig. Nouv. Edit. gr. 4. Dresd. 776. Walther. 7 ℛß

Drummond de Melfort, Maréchal de Camp des Armées du Roi. et Inspecteur-Général des Troupes-Légers. Traité sur la cavalerie. Tome I. (Mit 36 Tafeln.) Tome II. (Mit 26 Tafeln.) (2 Bde.) (Donation Liechtenstein.) 4. Dresde 1786.

Drumond, A. M., de febribus arcendis discutiendisq. comment. 8. Amst. Schreuder. 771.

Drumont, Ed., das verjudete Frankreich. Versuch e. Tagesgeschichte. 2 Thle. Autoris. deutsche Ausg. v. A. Gardon. 4. Aufl. 8. (XII, 460 u. 424 S.) Berlin 886. Deubner. n. 6. 50

Drumont, E., das verjudete Frankreich. Versuch e. Tagesgeschichte. 2 Thle. in 1 Bde. Autoris. deutsche Ausg. v. A. Gardon. 5. Aufl. gr. 8. (XII, 460 u. 424 S.) Berlin 887. [Deubner.] G. Hüppner. n. 6. 50

— dasselbe. 2 Thle. 6. Aufl. (Volks-Ausg.) 8. (XII, 460 u. 424 S.) Ebd. 889. n. 3. 60

Drumont, Ed., das verjudete Frankreich. Versuch e. Tagesgeschichte. Autoris. deutsche Ausg. v. A. Gardon. 2 Thle. in 1 Bde. 7. (Titel-)Aufl. gr. 8. (XII, 460 u. 424 S.) Berlin 891. G. A. Dewald. n. 3. 50

Drumont, E., Talmud-Jude, siehe Rohling.

Drumpelmann, Er. Wlh. v.

Drumpelmann, E. W. u. W. C. Friebe, getreue Abbildungen u. naturhistorische Beschreib. d. Thierreichs u. s. w. 8 Hefte m. Kupfern. gr. Fol. Riga. (Hartmann in Leipzig.) 807—11. (à 1 Thlr. 12 gr.)
mit ill. K. (à 3 Thlr.)

— u. Wlh. Chr. Friebe, getreue Abbild. u. naturhistor. Beschreib. d. Thierreichs aus Rußlands nördl. Provinzen, vorzügl. Lief-, Esth- u. Kurlands. 1s—8s Heft, mit ill. Kpf. gr. Fol. Riga 811—16. Hartmann. 10 ℛ Dass. schwarz 12 ℛ Dass., mit französ. Texte, dieselben Preise.

— Beschreib. zweier merkwürd. Eingeweide-Würmer. Mit 2 Abbild. auf 1 Tafel. 4. Riga 810.

— Beschreib. meiner Reisen u. d. merkwürd. Begebenheiten meines Lebens. 8. Riga 813.

— Flora Livonica, oder Abbild. u. Beschreib. d. in Liefland wild wachsenden Pflanzen, bearb. mit einigen Freunden d. vaterländ. Naturkunde. 1s — 10s Heft, jedes mit 5 Kpft. Fol. Riga 809, 10.

v. Drümpelmann, Er. Wlh., gemeinnütz. medicin. Handbuch für d. gebildeten Stände d. Landbewohner Lief-, Esth- u. Kurlands. 1r Thl. 8. Riga 806.

— Zoographie de Livonie, d'Esthonie et de Courlande, trad. de l'allemand. p. Marc. L. II. et III Liv. av. fig. color. et noirs. fol. ibid. 809. (à 1 Thlr. 12 gr.)

Drüner, *James Theodor* Hans (in d. Vita: Johannes) [aus Detmold]: Untersuchungen über Josephus ... Marburg, Buchdr. v. J. Hamel, 1896; 2 Bl., 94 S., 1 Bl. 8.
Marburg, Phil. Fak., Inaug.-Diss. v. [23. Dez.] 1896

Drüner, Leo [aus Marburg a./L.]: Beiträge zur Kenntnis der Kern- und Zellendegeneration und ihrer Ursache ... M. 2 lithogr. Taf. Jena, G. Fischer, 1894; 1 Bl., 34 S., 2 Taf. 8.
Jena, Med. Fak., Inaug.-Diss. v. [17. Jan.] 1894

Drunter u. Drüber, oder wie gehts in d. Welt zu? 12 Stücke. 8. Thal Ehrenbreitst. 793. Gehra. 2 ℛ 16 g

Drury, ..., Abbildd. u. Beschreib. exotischer Insekten; aus d. Engl., herausg. v. G. W. F. Panzer. 4 Hfte, mit ill. Kpf. gr. 4. Nürnb. 785—88. Winterschmidt. 16 ℛ

Drury, H., tiefe Wasser. Roman in 2 Bdn. Einzige autoris. Uebersetzg. aus dem Engl. v. Helene Hardt. (535 S.) 8. Berlin (904). D. Dreyer & Co. n. 2. —
Ladenpreis aufgehoben.

(B) Drury, H., tiefe Wasser. 904. Jetzt: Berlin, B. Blaurock.

Drury, W. P., Bearers of the burden, s.: Library, the English. Vol. 206.

[Umschlagt.:] Neue Wegekarte des Riesen- u. Isergebirges. M. den v. d. Riesengeb.-Ver. ausgef. farb. Wege-Bezeichngn. Maassst. 1:125,000. Neu bearb. v. J. Druschki ... *Warmbrunn: M. Leipelt [1896].* (1 Ktnbl.) 1 Bd 8.
[96. 7691

[Umschlagt.:] Neue Wegekarte des Riesen- u. Isergebirges. M. den v. d. Gebirgs-Ver. ausgef. farb. Wegebezeichngn. Maassst. 1:125 000. Neu bearb. v. J. Druschki ... *Warmbrunn: M. Leipelt 1897.* (1 Ktnbl.) 1 Bd 8.
[98. 3102

Druschkovich, Helene, aus Wien: Ueber Lord Byron's 'Don Juan'. Eine litterarisch-ästhetische Abhandlung. Zür. Zürcher u. Furrer Dr. 1879. 58 S. 8°.
Zürich, Phil. Diss. v. 9. Nov. 1878.

Druschky. Über den Sinn u. den Gedankengang in den Reden Jesu, Lucas, Cap. 15 u. 16. Ein Versuch. 8. (IV, 106 S.) Lpz. 891, Deichert Nachf. 1 20

Druschky, Bruno, Kand. d. Predigt- u. höh. Schulamts aus Zwickau i. Sa.: **Würdigung der Schrift des Comenius Schola Ludus.** *Wernigerode 1904: B. Angerstein.* (170 S.) 8° ¶ (Im Anh. Abdruck d. 5. Spiels d. Schola L. m. d. T.: Januae linguarum praxeos pars V. . . .)
Erlangen, Phil. Diss. v. 20. Jan. 1904

Drusen, die, s. Schauspiele v. Fr. v. Weißenthurn 2r Bd.

Drusius, F., Ius domus Austriacae in ducat. Burgund. 4. Lutetiae, Knoch. 743.

Druskowitz, Helene von

Druskowitz, H. [Ps. Adb. Brunn]. Zur Begründung e. überreligiösen Weltanschauung. Neue Ausg. v. „Zur neuen Lehre". gr. 8. (53 S.) [Heidelb. 889, Weiß' Verlag.] Berl., Philosoph.-histor. Verlag. 1 50

Druskowitz, H., drei englische Dichterinnen. Essays. gr. 8. (243 S.) Berlin 885. Oppenheim. n. 4. —

—— Eugen Dühring. Eine Studie zu dessen Würdigung. 8. (VII, 119 S.) Heidelberg 888, Weiß' Verlag. *

—— Die Emancipations-Schwärmerin. Lustsp. in 5 Aufz. [neue Ausg. v. „Aspasia"] u. dramat. Scherze. gr. 8. (112 S.) Dresd. 890, Pehold. 1 50
Erste Ausgabe von Aspasia, s. Brunn, Adb.

Pessimistische Kardinalsätze. Ein Vademekum f. d. freiesten Geister von Erna (Dr. Helene v. **Druskowitz**). Als Ms. gedr. Wittenberg [1905]: Herrosé & Ziemsen. (48 S.) 8° [F.]
[06. 6849

—— zur neuen Lehre. Betrachtungen. gr. 8. (53 S.) Ebendas. 888. *

Druskowitz, H., Percy Bysshe Shelley. 8. (XII, 387 S.) Berlin 884, Oppenheim. *

— moderne Versuche e. Religionsersatzes. Ein philosoph. Essay. gr. 8. (90 S.) Ebend. 886. n. 1. 60

— wie ist Verantwortung u. Zurechnung ohne Annahme der Willensfreiheit möglich? Eine Untersuchg. 8. (40 S.) Heidelberg 887. G. Weiß' Verl. n. 1. —

Drušovič, Heinr., Methodik des Gesangunterrichtes in der Volksschule. Ein Leitfad. f. Lehrer u. Lehramtszöglinge. (80 S.) 8. Wien 908. Manz. 1.—; kart. 1. 30

Drüßlein, Jh. Albr., († d. 15. Juni 1804.) prakt. Anleit. u. Unterricht f. angeh. Gesellen u. Lehrjungen d. Schneider. 8. ... 779.

Drüßlein, Johann Albrecht, s. V o r s c h l ä g e in Hinsicht auf Militärconscription.

Drusus, Liv.: Von der B e h u t s a m k e i t eines Richters in peinlichen Beschuldigungen und deren rechtlichen Anzeigen wider einen unbescholtenen Bürger. o. O. 1766.

Drut, K., die Wurst. Eine Parodie d. mit beigedruckten Schillerschen Glocke. 8. Leipz. 826. Glück. 4 g

Drutschmann, Franz

Drutschmann, F., Beschreibung des Kreises Neisse. Für den Schul- und Privatgebrauch bearb. gr. 8. (IV, 36 S.) Neisse 887, Graveur's Verlag. **

Drutschmann, F., Gesangschule für mehrklassige Volksschulen, sowie Bürger- und höhere Töchterschulen. gr. 4. (32 S.) Neisse 884, Graveur's Verlag. *

— **Realienbuch** f. die Mittelstufe mehrklassiger Volksschulen, sowie f. einfache Schulverhältnisse, enth. I. Geographie d. preuß. Staates, II. Bilder aus der brandenburgisch-preuß. Geschichte, III. Bilder aus der Naturgeschichte, IV. Heimatkunde v. Schlesien [Geographie u. Geschichte]. In anschaulich-ausführl. Darstellg. hrsg. gr. 8. (III, 96 S.) Ebend. 886. n. — 35

Drutschmann, F., Realienbuch f. d. Mittelstufe mehrklass. Volksschulen, sowie f. einf. Schulverhältn., enth.: I. Geographie d. preuß. Staates, II. Bilder a. d. brandenburg.-preuß. Geschichte, III. Bilder a. d. Naturgeschichte, IV. Heimatkunde v. Schlesien (Geographie u. Geschichte). In anschaulich-ausführl. Darstellg. hrsg. 3., verb. u. verm. Aufl. gr. 8. (IV, 100 S.) Neisse 894. J. Graveur. Kart. n.n. — 45

Drutschmann, F., Realienbuch f. die Mittelstufe mehrklass. Volksschulen, sowie f. einfache Schulverhältnisse, enth. I. Geographie des preuß. Staates, II. Bilder aus der brandenb.-preuß. Geschichte, III. Bilder aus der Naturgeschichte, IV. Heimatkunde v. Schlesien (Geographie u. Geschichte). In anschaulich ausführl. Darstellg. hrsg. 4., verb. u. verm. Aufl. gr. 8. (IV, 108 S.) Neisse 900. J. Graveur's Verl. Kart. n. — 50

Realienbuch für die Mittelstufe mehrklassiger Volksschulen sowie für einfache Schulverhältnisse ... von F[ranz] **Drutschmann.** 5. Aufl. Neisse: J. Graveur 1907. (106 S.) 8° [F.] 08. 3494 2

Drutzu, Chiriac D. [(Gohor. District Tecuciu) Rumaenien]: Untersuchungen über den Weinbau Rumaeniens. . . . Halle a. S., Hofbuchdr. v. C. Kaemmerer & Co., 1889; 69 + 1 S. u. 1 Tab. 8°
Halle, Phil. Fak., Inaug.-Diss. v. [2. Aug.] 1889

Druve, Hermann: Der absolute Infinitiv in den Dramen der Vorgänger Shakespeares. Kiel 1910: Fiencke. 98 S. 8°
Kiel, Phil. Diss. v. 22. März 1910, Ref. Holthausen
[Geb. 22. Nov. 84 Quedlinburg; Wohnort: Quedlinburg; Staatsangeh.: Pr . . . ; Vorbildung: Oberrealsch. Magdeburg Reife O. 04; Studium: . . . 4, Berlin 2, Kiel 5 S.; Rig. 27. Nov. 09.] [U 10. 2496

Druxes, Joseph

Druxes, J., ausführl. Lehrg. d. Arithmetik u. Algebra nach modernen Grundsätzen, m. d. vollständ. Lösgn. der Aufgaben der Sammlg. v. Beispielen u. Aufgaben v. Heis (neue Bearbeitg. in 2 Bdn. v. J. Druxes). Für Lehrer u. Studierende. I. Bd. (VII, 445 S. m. 129 Fig. u. 2 Taf.) gr. 8. Cöln 910. M. DuMont-Schauberg. nnn 8. —
Wird nur direkt an Lehrer u. Studierende abgegeben.

— Sammlung v. Beispielen u. Aufgaben aus d. allgem. Arithmetik u. Algebra, s.: Heis, Eduard.

Druxes, Joseph [aus Altkirch (Els.)]: Über eine specielle Schaarschaar von Flächen zweiter Classe ... Strassburg i. E., Buchdr. d. „Elsässer", 1896; 30 S., 1 Bl. 8.
Strassburg, Math.-naturw. Fak., Inaug.-Diss. v. 1896

Drużbacka, Elżbiety, Poezye, s. Bibliotecka, klassykow Polskich, Tom. 30, 31.

Druzbicki, Kasp., S. J., Gedenkbüchlein, s.: Franciscus Gev. v. Rüdesheim.

Jesus in uns! [In dominicas totius anni considerationes, Ausz.] Kurze Erwägungen z. Vorbereitung auf d. hl. Kommunion f. d. Sonntage d. Kirchenjahres. Nach d. Lateinischen d. ehrw. P. (Kaspar) **Druzbicki,** S. J. Nebst Erwägungen f. d. wichtigeren Festtage, e. Einl. u. ausgew. Gebeten. Von P. Josef Classen. *Dülmen: A. Laumann 1902.* (XII, 372 S.) 8° [F.] 03. 3005

Druzbickii, Casp., Iesus passus p. centur. modor. meditandi etc. illustr. 8. Ingolst. Krüll, 732.

Druzbicki, Caspar. Lapis lydius. Ratisbonae 1875. H: *Schneider, Joseph.* (Jes)

Druzbicki, P. Gaspari, Lapis lydius boni spiritus sive considerationes de soliditate verae virtutis. Edit. nova emendata, cui accesserunt sententiae et documenta S. Philippi Nerii. 16. (IV, 286 S.) Regensburg 876, Coppenrath. *

— opera omn. ascetica. II Tom. fol. maj. Ibid. 732.

Druzbicki, Kasp., der Prüfstein solider Tugend. Nach K. D. von Frz. Natte. 16. (VIII, 290 S.) Dülmen 884, Laumann'sche Verlagsb. * 75 Pf.; geb. *

Druzbicki, Kasp., S. J., der Prüfstein solider Tugend. Nach d. ehrwürd. Vater Dr. v. Frz. Natte, C. Ss. R. 2. Aufl. Neu hrsg. v. e. Priester a. d. Genossenschaft d. Oblaten d. unbefleckten Jungfrau Maria. (312 S. m. Titelbild.) 11. 8. Dülmen (909). A. Laumann. Geb. in Leinw. — 75

Družtvo sv. Mohora leta 1852. (Celovec. Leon, 1852.) 43 S.

Drwenski, Frdr., der Gesangsfreund. Eine Auswahl heiterer u. ernster dreistimm. Gesänge f. die Schule bearb. u. hrsg. 8. (IV, 110 S.) Danzig 882. Kafemann. n. — 40

Dryander, Abweichungen des westphälischen Rechts ic., s. C. E. Dabelow, Commentar.

Dryander, Albertus: Commentationis de Antiphontis Rhamnusii vita et scriptis selecta capita. Halis (1838): Schimmelpfennig. 64 S. 8°
Halle-Wittenberg, Phil. Diss. v. 22. Dez. 1838
Geb. [Halle a. d. S. 31. 8. 1813]
Die eingereichte Arbeit hieß: Quaestiones Antiphonteae. 112 S.

Dryander, Alb. Thdr., conjectanea Ciceroniana. Halle 861. (Schroedel & Simon.) gr. 8. (30 S.) 2½ ngr.

Dryander, A. Th.: Conjecturae in dialogum de oratoribus. 30 S. – Halle, Päd., Progr. 1851.

Dryander, A. T., Coniecturae Lysiacae. Pr. 1868. 31 S. 4°.

Dryander, Ernst

— Stolte, Trümpelmann, Ansprache bei der gottesdienstlichen Feier zum Amtsantritt des Generalsuperintendenten Stolte am 20. I. 1910 im Dom zu Magdeburg. (20 S.) 8. Magdeburg 910. Ev. Buchh. — 50

Ansprachen gehalten bei der gottesdienstlichen Feier zum Amtsantritt des Generalsuperintendenten Stolte am 20. Januar 1910 im Dom zu Magdeburg von Oberhofpred. D. [Ernst] **Dryander,** Gen.-Superint., [Max] Stolte u. Superint. [August] Trümpelmann. Magdeburg: Holtermann 1910. 20 S. 8° 10. 2554

Dryander, Ernst, d. erste Brief Johannis in Predigten ausgelegt. 8. (IX, 323 S.) Bremen 898. C. E. Müller. n. 3. 60; geb. m. Goldschn. n n. 4. 80

Dryander, Ernst, der erste Brief Johannis, in Predigten ausgelegt. 2. Aufl. 8. (VII, 311 S.) Halle 903. C. E. Müller. n. 3. 60; geb. in Leinw. m. Goldschn. n. 4. 80

Dryander, E., der Prozeß Calas u. die Toleranz, s.: Für die Feste u. Freunde d. Gustav-Adolf-Vereins.

Dryander, Ernst, zur christlichen Charakterbildung. Vortrag, gehalten zu Bremen und Bonn. 1. Aufl. gr. 8. (19 S.); 2. Aufl. gr. 16. (39 S.) Halle 879, (Strien's Verlag.) *
Aus: Deutsch-evangelische Blätter, besonders abgedruckt.

— **das Erntefeld des Herrn.** Predigt üb. Ev. Matth. 9, 35—38, geh. am 1. XI. 1899, dem Vorabend der 50jähr. Jubelfeier des Stadtvereins f. innere Mission, in d. Schloßkirche zu Königsberg. gr. 8. (12 S.) Königsberg 899. (Ev. Buchh. des ostpr. Provinzialvereins für innere Mission.) n. — 20

Das Evangelium Marci in Predigten und Homilien ausgelegt von D. Ernst **Dryander,** Gen.-Superint. zu Berlin. 3. Aufl. Hälfte 1. 2. (*Halle a. S. (;) Bremen: C. E. Müller 1896(–1901).*) 2 Bde 8° [F.]
1. 1896(–1901). 2. 1897(–1901).
— **Evangelien,** Die vier, in Predigten u. Homil. ausgelegt. Abt. 2. 04. 2348

Dryander, Ernst, Festpredigt, s.: Festwoche, e., der evangel. Gemeinde Hamm.

— Festpredigt zur Eröffnung der 56. Hauptversammlung des Gustav Adolf-Vereins in der großen Michaelskirche zu Hamburg am 7. X. 1903. (11 S.) gr. 8. Leipzig 903. (J. C. Hinrichs' Verl.) n. — 30

—— Fest-Predigt zur Feier d. 150jähr. Bestehens der Dreifaltigkeitskirche über Hebräer 13, 8. gr. 8. (13 S.) Berl. 889, Fr. Schulze's Verlag. F — 30

Dryander, Ernst, Fest-Predigt, bei Wiedereröffnung der Dreifaltigkeits-Kirche gehalten am Sonntag, den 18. April 1886. gr. 8. (14 S.) Berlin 886, F. Schulze's Verlag. *

Zum Gedächtnis des Herrn Prof. Dr. Martin Blumner. Rede geh. von Oberhofpred. D. [Ernst] Dryander im Saale d. Sing-Akademie, am 21. Nov. 1901. *(Berlin 1901: Gebr. Unger.)* (11 S.) 8° [F.] [02. 527

— s.: Gnade u. Friede!

—— Konfirmationsgabe. Drei Reden über Konfirmation und Liturgie. gr. 8. (38 S.) Ebendas. 888. *

— das Leben des Apostels Paulus in Predigten ausgelegt. 2., durchges. u. verb. Aufl. (XI, 213 S.) gr. 8. Halle 906. C. E. Müller. n. 3. 60; geb. n. 4. 50
1. Aufl. (XI, 211 S.) 905. n. 3. 60; geb. n. 4. 50.

— Predigt bei der 500jährigen Jubelfeier der St. Katharinen-Kirche zu Brandenburg a. H. am 18. X. 1901. gr. 8. (16 S.) Brandenburg 901. (M. Koch.) n. — 30

Predigt bei der 500jährigen Jubelfeier der St. Katharinen-Kirche zu Brandenburg a. H. 1901, geh. v. Generalsuperint. Oberhofpred. D. [Ernst] Dryander. *Brandenburg a. H. 1901: J. Wiesike.* (16 S.) 8° [F.]

— evangelische Predigten. 2. verm. Aufl. 8. (VIII, 208 S.) Bonn 884. Marcus. n. 2. 50; Einbd. n.n. — 50

—— evangelische Predigten. Ein Abschiedsgruß an die evangel. Gemeinde zu Bonn. 3. Aufl. 8. (VIII, 208 S.) Bonn 886, Marcus. *M 2.50.; geb. *
—— dass. — 2. Sammlung. A. u. d. T.: Predigten über das christl. Leben. 1. und 2. Aufl. 8. (X, 177 S.) Ebendas. 886,87. *M 2.50.; geb. *

—— Evangelische Predigten. 1. Sammlung. 4. Aufl. 8. (VIII, 208 S.) Bonn 889, Marcus. * 2 50; geb. * 3 —
—— dass. — 2. Sammlung. [Auch u. d. T.: Predigten über d. christl. Leben.] 3. Aufl. 8. (X, 177 S.) Ebd. 891. * 2 50; geb. * 3 —

— evangelische Predigten. 1. u. 2. Sammlg. 8. Halle, R. Mühlmann's Verl. à n. 2. 50; geb. à n. 3. —
1. 5. Aufl. (VIII, 208 S.) 894.
2. Predigten üb. das christl. Leben. 3. Aufl. (X, 177 S.) 893.

— evangel. Predigten. 2. Sammlg. Predigten über das christl. Leben. 4. Aufl. 8. (X, 177 S.) Halle 896. R. Mühlmann's Verl. n. 2. 50; geb. in Leinw. n. 3.

Evangelische Predigten von Oberhofpred. D. Ernst Dryander. 5. Aufl. Sammlung 1. 2. *Halle: R. Mühlmann 1894–99.* 2 Bde 8°
1 = Evang. Predigten. 1894. 2 = Predigten über d. christl. Leben. 1899.

— evangelische Predigten. 1. u. 2. Sammlg. 8. Halle, R. Mühlmann's Verl. à n. 2. 50; geb. à n. 3. —
1. 6. u. 7. Aufl. (à VIII, 208 S.) 899. 902.
2. Predigten üb. das christliche Leben. (X, 177 S.) 899.

— evangelische Predigten. 2. Sammlg. Predigten üb. das christl. Leben. 6. Aufl. (X, 177 S.) 8. Halle 904. R. Mühlmann. n. 2. 50; geb. n. 3. —

Dryander, Ernst, evangel. Predigten. 2. Sammlg. Predigten üb. das christl. Leben. 7. Aufl. (X, 177 S.) 8. Halle 910. R. Mühlmann's Verl. 2. 50

Predigten über das christliche Leben von Oberhofpred. Dr. Ernst Dryander.
= Dryander: Ev. Predigten. Sammlung 2.

— s.: Predigten, 7, bei der 56. Hauptversammlung des evangel. Vereins der Gustav Adolf-Stiftung geh.

— Rede bei der Begrüßungsfeier u. s. w., s.: Goltz. Frhr. v. d.

Rede des Generalsuperintendenten D. Ernst Dryander bei d. Bestattung von Ernst Curtius am 15. Juli 1896. Berlin 1896: Preuß. 11 S. 8°

— Rede, geh. bei d. Einweihg. d. evang. Erlöserkirche z. Jerusalem a. 31. X. 1898. 4. (7 S.) Berlin 898. E. S. Mittler & Sohn. n. — 10

— Rede, geh. in der Kapelle des königl. Schlosses zu Berlin bei dem Gottesdienste aus Anlaß der Großjährigkeitserklärung Sr. kaiserl. Hoh. des Kronprinzen des Deutschen Reichs u. v. Preußen am 6. V. 1900. gr. 4. (8 S.) Berlin 900. E. S. Mittler & Sohn. n. — 40

— Rede, geh. bei der Konfirmation Ihrer königl. Hoheiten der Prinzen August Wilhelm u. Oskar v. Preußen am 17. 10. 1903 in der Friedenskirche zu Potsdam. (8 S.) Lex.-8. Berlin 903. E. S. Mittler & Sohn. n. — 40

[F.] Rede gehalten bei der Konfirmation Sr Kgl. Hoh. des Prinzen Friedrich Wilhelm v. Preussen am 14. März 1897 in d. Kgl. Schlosskapelle zu Berlin v. D. [Ernst] Dryander, Gen.-Superint. *Berlin: E. S. Mittler & Sohn 1897.* (8 S.) 1 Bd 4.

— Rede, geh. bei der Konfirmation Ihrer kgl. Hoh. der Prinzessin Viktoria Luise v. Preußen am 18. X. 1909 in der Friedenskirche zu Potsdam. (10 S.) Lex. 8. Berlin 909. E. S. Mittler & Sohn. — 30

Dryander, Ernst, Rede, geh. bei der Konfirmationsfeier in der Dreifaltigkeits-Kirche am 7. Apr. 1892. gr. 8. (12 S.) Berlin 892. Frdr. Schulze's Verl. n. — 30

Reden zur silbernen Hochzeit I. M. des Kaisers und der Kaiserin u. zur Vermählungsfeier S. K. H. d. Prinzen Eitel Friedrich von Preußen mit I. H. d. Herzogin Sophie Charlotte von Oldenburg am 25. u. 27. Febr. 1906 geh. von Oberhofpred. D. [Ernst] Dryander. Berlin: E. S. Mittler & Sohn 1906. (17 S.) 8° [F.]

Reden zur Vermählungsfeier Seiner kaiserlichen und königlichen Hoheit des Kronprinzen Wilhelm des Deutschen Reichs und von Preußen mit Ihrer Hoheit der Herzogin Cecilie zu Mecklenburg-Schwerin am 4. u. 6. Juni 1905 geh. von Oberhofpred. D. [Ernst] Dryander. Berlin: E. S. Mittler & Sohn 1905. (16 S.) 8° [F.]

Dryander, Franciscus. Epistolae quinquaginta. S. l. 1870. H: *Böhmer, Eduard.* (Cat. d. Stadtbibl. Zürich. Zürich 1864—97.)

Dryander, Friedrich, Reg.-Refer.: Die Fortbildung der Enteignung auf dem Gebiet des Wasserrechts. Danzig 1910: Kafemann. 51 S. 8°
Leipzig, Jur. Diss. v. 4. März 1910
[Geb. 8. Sept. 80 Schenkenberg, Kr. Delitzsch; Wohnort: Danzig; Staatsangeh.: Preußen; Vorbildung: Stadtgymn. Halle a. S. Reife O. 00; Studium: Heidelberg 1, Bonn 2, Halle 3 S.; Rig. 18. Juni 04.] [U 10. 2688

Dryander, Gottfried, Kammergerichts-Ref.: Die rechtliche Bedeutung der Quittung. *Greifswald 1899: J. Abel.* (65 S.) 8°
Greifswald, Jur. Diss. v. 1899

Dryander, Herm., zwei Predigten, am Sonnt. nach d. Tode d. hochsel. Königs u. am Sonntage nach d. Huldigungsfeier gehalten. gr. 8. (2 B.) Halle 840, (Anton.) *

Dryander, Herm. Ludw., Predigten, s. Zum Gedächtniß D. Herm. Ludw. Dryanders.

Dryander, K., Erinnerungen aus der Kriegszeit (1870—71). Aufzeichnungen, aus dessen Nachlaß hrsg. 8. (122 S.) Halle 888, Niemeyer. *

Dryas, s.: Christus od. Buddha.

Dryden, John

Dryden's Trauerspiel Antonius und Kleopatra. Deutsch von Fr. Ohlsen. 8. (VIII, 112 S.) Altona 886, Schlüter. *

— s. Fall des Menschen.

Dryden, J. Der Fall des Menschen; ein Schauspiel aus dem Engl. Basel 1757. Frankf. a. M. 1761. Ü: *Spreng, Johann Jacob.* (MI.)

Dryden, John. Der Fall des Menschen, aus dem Englischen des weyland Herrn Dryden. Frankfurt & Leipzig, in der Fleischerischen Buchhandlung, 1761 8°. XVI & 86 S. —

Dryden, John. Alexanders Fest oder die Gewalt der Musik, eine Kantate ... aus dem Englischen ... übersetzt. Berlin 1766. Ü: *Ramler, Carl Wilhelm.* (MN)

Dryden, s. Hartmann, Carl.

Dryden, Kleopatra. Trspl. Französ. u. deutsch. 8. (Leipz. 769. Schwickert). 6 gl.

Dryden, J. Ode ... para o dia de Santa Cecilia. Traduzida em Portugues. [Hamburg 1799.] Ü: *Aranjo, A. de.* H: *Melo de Sousa, Joannes.* (BrMm)

DRYDEN, JOHN. Der Stand der Unschuld und Fall des Menschen[.] Ein aus dem Englischen des berühmten Dryden übersetztes Schauspiel, samt Einer Lebens-Beschreibung des Verfassers. Frankfurt & Leipzig, Buchnerische Handlung, 1751. 8°. 6 Bl. 1 leeres Bl. 48 und 136 S. Druckermarke auf dem Titel. Pbd. d. Z.

G. III. 369, 52. Erste deutsche Ausgabe. Den Übersetzer Spreng (1697—1768, Professor zu Basel) nennt Holzmann-Bohatta; seine Vorrede ist nur mit „G." gezeichnet.

Dryden, J., poetical works, s. **Poets**, the standard.

Dryden, John, poetical works, s. **Standard poets**, the, of Great-Britain.

Dryfoos, Louis A., of Fremont O[hio], U. S. A.: Piazine derivatives and some condensation products from ethylene-diamine and derivatives of aceto-acetic acid. Uster-Zür. A. Diggelmann Dr. 1891. 53 S., 1 Bl. 8°.

Zürich, Phil. Diss. [v. 20. Juli 1891].

Drygalski, Albert v.

Drygalski, A. v., unsere alten **Alliirten**. Scenen u. Typen aus dem Friedensleben der russ. Offiziere. Nach russ. Originalen deutsch v. D. gr. 8. (VII, 280 S.) Berlin 894. R. Eisenschmidt. n. 4. —

Drygalski, A. v., die russische **Armee** in Krieg und Frieden, nach den neuesten Reorganisations-Bestimmungen und anderen Quellen dargestellt. gr. 8. (223 S.) Berlin 882, Eisenschmidt.

Drygalski, A. v. Die russ. Armee in Krieg und Frieden. Berlin 1882. 8°. Dass. 1890. 1900.

— **Beiträge** zur Orientierung üb. die Entwickelungsgeschichte der russischen Armee von ihren Anfängen bis auf die neueste Zeit. gr. 8. (56 S.) Berlin 892. A. Bath. n. 1. —

Drygalski, A. v., ernste u. heitere **Bilder** aus d. Armee d. weißen Zaren. Deutsch v. D. M. Abb. gr. 8. (V, 150 S.) Leipzig 897. Zuckschwerdt & Co. n. 3. —; geb. in Leinw. n.n. 4. 50

Drygalski, A. v., ernste u. heitere **Bilder** aus der Armee des weißen Zaren. 2. Bdchn. gr. 8. (V, 182 S. m. 8 Abbildgn.) Leipzig 899. Zuckschwerdt & Co. n. 4. —; geb. in Leinw. n.n. 5. — (1. u. 2. n. 7. —; geb. n.n. 9. 50; in 1 Bd. n.n. 10. —)

Drygalski, A. v., **Bilder** aus dem russischen Soldatenleben. Nach den Skizzen D. Iwanow's. 8. (VIII, 167 S.) Stuttgart 878, Auerbach. *

— dasselbe. Neue Folge. gr. 8. (136 S.) Ebend. 878. n. 1. 80

— militärtouristische **Eindrücke** aus dem Kaukasus u. Südrußland, s. 1. **Beiheft** zum Militär-Wochenblatt.

Drygalski, A. v. Militärtouristische Eindrücke aus dem Kaukasus. Berlin 1893. 8°. (Bh. z. M. W. B.)

Drygalski, A. v., die **Entwickelung** der russischen Armee seit dem J. 1882. Im Anschluss an das Werk: „Die russ. Armee in Krieg u. Frieden". gr. 8. (IV, 128 S.) Berlin 884. Eisenschmidt. n. 3. —

— **Kaleidoskop** aus der militärischen Welt. Betrachtungen u. Erinnergn. 8. (192 S.) Berlin 891. R. Eisenschmidt. n. 2. —

— das strategische **Kavalleriemanöver** unter General Gurko im südlichen Russland Herbst 1882 u. die Reformbestrebungen in der russischen Kavallerie. Mit e. (lith.) Detailskizze. gr. 8. (47 S.) Ebend. 883. n. 1. 30

Die russischen **Offiziere** des Beurlaubtenstandes. Eine Parallele. Vortrag geh. am 9. März 1900 ... von A[lbert] v. **Drygalski**, Rittmeister a. D. *Berlin: R. Schröder 1900.* (29 S.) 8° [F.]
— Sammlung militärwissenschaftlicher Einzelschriften. H. 5. (oa. 1993

— die **Organisation** der russischen Armee in ihrer Eigenart u. unter Vergleich m. den Streitkräften Frankreichs, Oesterreich-Ungarns, Italiens u. Deutschlands. Nach russ. u. and. Quellen. Mit 1 Kartenskizze. gr. 8. (XV, 343 S.) Leipzig 902. Zuckschwerdt & Co. n. 8. —

— russische **Plaudereien**. Charakter- u. Sittenschildergn. Nach russ. Originalen zusammengestellt. [2. Aufl. der „Schattenbilder aus Rußland".] 8. (IV, 250 S.) Leipzig 885. Unflad. n. 3. —

Militärische **Reiseerinnerungen** aus Russland. Sommer 1899. Von A[lbert] v. **Drygalski**. *Berlin: R. Schröder 1900.* (39 S.) 8° [F.]
Aus: Neue Militärische Blätter. Jan.-März 1900.
— Sammlung militärwissenschaftlicher Einzelschriften. H. 4. (oa. 1993

[F.] **Russland**. Das Heer v. A[lbert] v. **Drygalski**, Rittmeister a. D., [&] C[onstantin] v. Zepelin, Generalmajor a. D. Die Flotte v. C. F. Batsch, Vizeadmiral à la suite. *Berlin: A. Schall [1898].* (XVIII, 662 S., 1 Portr., 41 Taf., 3 Portraittaf., 1 Tab., 1 Kt., 2 Pl.) 1 Bd 8.
= Heere, Die, u. Flotten d. Gegenwart. Bd 3. (98. 10339

— **Schattenbilder** aus Rußland. Charakter- u. Sittenschilderungen. Nach russischen Originalen zusammengestellt. 8. (VII, 196 S.) Berlin 877. Auerbach. n. 1. 80

Drygalski, Albert (Christian Karl) von

Schattenbilder aus Russland. Charakter- und Sittenschilderungen. Nach russ. Originalen zsgest. Neue Folge.
Stuttgart: Auerbach 1877. 186 S. 8°

— die russischen **Sommerlager** 1884 m. besond. Berücksicht. d. Lagers v. Krassnoe-Selo. Ein Vortrag, geh. in der militär. Gesellschaft zu Berlin, Decbr. 1884. gr. 8. (98 S. m. 1 Plan.) Berlin 885. Eisenschmidt. n. 2. 50

— **Subdetul-Chakaik**. Sammlung auserwählter Dokumente aus den türk. Staats-Archiven. Ein Beitrag zu der Geschichte des russisch-türk. Krieges von 1877/78. Deutsch bearb. gr. 8. (V, 152 S.) Berlin 880, F. Luckhardt. *

Drygalski, A. v., Scenen aus dem jüngsten **Orientkrieg**, erzählt von russischen Soldaten. Ein Vortrag, geh. in der „Militärischen Gesellschaft" am 27. März 1878. gr. 8. (44 S.) Berlin 878. Mittler & Sohn. n. 1. —

— die neu-russische **Taktik** in ihrer gegenwärtigen Entwickelung mit besond. Berücksicht. der herrschenden Ausbildungsprincipien nach Dragomirow, Leer, Lewitzki und anderen neueren Quellen. gr. 8. (XV, 255 S. mit 31 eingedr. Holzschn.) Berlin 880, Mittler und Sohn. *

Drygalski, A. v. Ein russ. Urtheil über das deutsche Offizierkorps. Berlin 1878. 8°. (Bh. z. M. W. B.)

Russische **Urtheile** über die Deutsche Armee. Erl. von A[lbert] v. **Drygalski**. *Berlin: E. S. Mittler & Sohn (1900).* (S. 337–366.) 8° [F.]
— Militär-Wochenblatt. 1900. Beih. 8, [1.] (04. 2704

Drygalski, Erich von

Allgemeiner Bericht über den Verlauf der Deutschen Südpolar-Expedition von Erich v. Drygalski. Mit Vorbemerkungen von Ferdinand Fr. v. Richthofen u. e. Anh. Bericht über d. Arbeiten d. Kerguelen-Station von Karl Luyken. *Berlin: E. S. Mittler & Sohn 1903.* (VIII, 53 S.) 4°(8°)

Grönlands Eis und sein Vorland v. Dr. Erich v. Drygalski. *(Berlin: W. H. Kühl 1897.)* (XIX, 555 S., 44 Taf., 7 Kt.) 1 Bd 4.(8.)
— Grönland-Expedition d. Gesellschaft f. Erdkunde zu Berlin 1891 — 1893. Bd 1.

Drygalski, Erich v., die Ergebnisse der Südpolarforschung u. die Aufgaben der deutschen Südpolar-Expedition. 8. (18 S.) Berlin 898. D. Reimer. n. — 50

Drygalski, Erich von: Erörterungen über die Meer- u. Eisfahrt des „Gauss", s. Südpolar-Expedition, deutsche. 1901–1903.

Der Gaussberg, seine Kartierung u. s. Formen. Von Erich v. Drygalski. Mit Taf. 1 u. 8 Abb. (Berlin: G. Reimer 1906.) (46 S.) 4°
— Südpolar-Expedition, Deutsche, 1901–1903. Bd 2, H. 1, 1.

Drygalski, Erich. Geographie der Crozet-Inseln. — Geographie v. Heard-Eiland, s.: Südpolar-Expedition, deutsche. 1901–1903.

— Geographie v. St. Paul u. Neu-Amsterdam, s.: Südpolar-Expedition, deutsche. 1901–1903. II. 5.

von Drygalski, Erich [aus Königsberg i. Pr.]: Die Geoiddeformationen der Eiszeit. I. Teil .... Berlin, Druck v. W. Pormetter, 1887; 63 S. + 1 Bl. 8°.
Berlin, Phil. Fak., Inaug.-Diss. v. 6. Jul. 1887.

von Drygalski, Erich: Die Geoiddeformation der Eiszeit. ([S.-A.] Zeitschrift der Gesellschaft für Erdkunde zu Berlin. Bd. 22. Heft 3. 4.) Berlin 1887. 116 S. 8°.

von Drygalski, Erich: Die Grönland-Expedition der Berliner Gesellschaft für Erdkunde. ([S.-A.] Petermanns Geographische Mitteilungen. 1899. Heft XII.) Gotha 1899. 4 S. 4°.

Drygalski, Erich v., s.: Grönland-Expedition d. Gesellschaft f. Erdkunde zu Berlin.

Drygalski, Erich von, Grönland-Expedition der Gesellschaft für Erdkunde zu Berlin, 1891–93. Band I und II. Berlin 1897.

von Drygalski, Erich: Die Grönland-Expedition der Gesellschaft für Erdkunde in Berlin. ([S.-A.] Geographische Zeitschrift Jahrg. 5. 1899. Heft 5.) Leipzig 1899. 19 S. 8°.

— zum Kontinent des eisigen Südens. Deutsche Südpolarexpedition. Fahrten u. Forschgn. des „Gauß" 1901 bis 1903. Mit 400 Abbildgn. im Text u. 21 Taf. u. Karten. (XV, 668 S.) Lex.-8. Berlin 904. G. Reimer. n. 18. —; geb. in Leinw. n. 20. —

vn. Internat. Geographen-Kongress Berlin 1899. Plan und Aufgaben der deutschen Südpolar-Expedition von Prof. Dr. Erich v. Drygalski. Vortrag geh. zu Berlin 1899. (Berlin 1899: W. Pormetter.) (14 S.) 8°
Aus: Verhandlungen d. Gesellsch. f. Erdkunde zu Berlin. Bd 26, No 10.

— Plan u. Aufgaben d. deutschen Südpolar-Expedition. Mit 1 Karte. gr. 8. (23 S.) Leipzig 900. S. Hirzel. n. — 80

Ferdinand Freiherr von Richthofen. Gedächtnisrede geh. von Erich v. Drygalski. Mit e. Anh. von E[rnst] Tiessen: Die Schriften Ferdinand Frh. v. Richthofens. Leipzig: W. Weicher 1906. (17, 18 S.) 8°
Aus: Zeitschrift d. Gesellsch. f. Erdkunde. 1905.
— Männer d. Wissenschaft. H. 4.

— Das Schelfeis d. Antarktis am Gaussberg, s.a. Sitzungsberichte d. kgl. bayer. Gesellschaft d. Wiss.

Das Schelfeis der Antarktis am Gaussberg von Erich v. Drygalski. München: Akad. d. Wiss.; Franz in Komm. 1910. 44 S. 8°
(Sitzungsberichte d. Kgl. Bayer. Akademie d. Wiss. Math.-phys. Kl. Jg. 1910, Abh. 9.)

— u. L. Haasemann, Schwerkrafts-Bestimmgn. d. deutsch. Südpolar-Expedit., s.: Südpolar-Expedition, deutsche.

von Drygalski, Erich: Der gegenwärtige Standpunkt der Polarforschung. ([S.-A.] Geographische Zeitschrift. Jahrg. 1. 1895. S. 685–691.) Leipzig 1895. 7 S. 8°.

von Drygalski, Erich: Structur und Bewegung des Eises. ([S.-A.] Central bl. für Mineralogie, Geologie und Palaeontologie. Jahrg. 1901. Bd. 1. S. 37–48.) Stuttgart 1901. 12 S. 8°.

von Drygalski, Erich: Ueber die Structur des grönländischen Inlandeises und ihre Bedeutung für die Theorie der Gletscherbewegung. ([S.-A.] Neues Jahrbuch für Mineralogie. Jahrg. 1900. Bd. 1.) Berlin 1900. 16 S. 8°.

— s.: Südpolar-Expedition, die deutsche, auf dem Schiffe „Gauss".

Drygalski, F. v., De verborum nonnullorum apud Herodotum significatione pro generibus verbi, quae dicuntur, varia. Pr. 1868. 26 S. 4°. 1.50

von Drygalski, Wilhelm [aus Dresden]: Über Verletzungen durch Luftdruckschwankungen ... Berlin, C. Vogts Buchdr., *1895;* 27 S., 2 Bl. 8.
Berlin, Med. Fak., Inaug.-Diss. v. 22. Jan. 1895

Drygas, Anton

Drygas, A. Platons Erziehungstheorie nach seinen Schriften dargestellt. 29 S. Progr. *Schneidemühl* 1880.

Drygas, A., Platons Erziehungstheorie nach seinen Schriften dargestellt. 4. (29 S.) Schneidemühl 880. (Berlin, Calvary und Comp.)

Drygas, griech. Formenlehre, — griech. Übungsbuch, } s.: Ostermann, Chrn.

Drygas, Ant., lateinische Grammatik, s.: Poplińaki, A.

Drygas, Antonius: De iure imaginum apud Romanos. Halis Saxonum (1872): Ploetz. 35 S. 8°
Halle-Wittenberg, Phil. Diss. v. 6. Mai 1872
Geb. Ostrowo 21. 5. 1847. V.
Im Buchhandel Halis (Posen: Richter) 1872. 35 S.

Drygas, Ant., de iure imaginum apud Romanos. Dissertatio inauguralis. gr. 8. (35 S.) Halis 872. (Posen, Czapliński.) *

— Leitfaden zum Uebersetzen vom Lateinischen ins Polnische u. Polnischen ins Lateinische, s.: Popliński, A.

Drygas, A., s.: Ostermann's, Chr., griechisches Übungsbuch, nebst Formenlehre.

Drygas, Arnold, approb. Arzt aus Posen: Über Pneumonie im Puerperium. *Posen 1900: St. Adalbert-Druckerei.* (29 S.) 8°
Giessen, Med. Diss. v. 1900

Dry Goods Economist, deutscher. Wochenschrift f. Textilwaaren — Maschinen — Confection — Börsen- u. allgem. Handelsberichte. Red. u. Hrsg.: H. v. Oertzen. 1. Jahrg. Aug.–Dezbr. 1897. 22 Nrn. (à ca. 28 S. m. Abb.) Fol. Berlin (L. Abel.) n. 3.
Dass. 2. Jg. 1898. 52 Nrn.

Drymantes (Pseud.), s. Eichholtz, Friedrich Wilhelm

Drysdale, Charles Robert

Drysdale, Carl R., über die Behandlung der Syphilis und anderer Krankheiten ohne Quecksilber. Eine Sammlung von Beweisen, dass das Quecksilber eine Krankheitsursache, aber kein Heilmittel ist. Aus dem Engl. Mit einem Vorworte von Jos. Hermann. gr. 8. (VIII, 127 S.) Wien 868, Sallmayer und Comp.

Drysdale, C. R., s.: Mittel, die, z. Verhütg. v. zu vielem Kindersegen.

Drysdale, Charles Rob., die Pathologie und Therapie der Syphilis und der anderen sogenannten „venerischen Krankheiten". Nach der 4. engl. Aufl. mit Bewilligung des Verf. hrsg. von H. Helmkampff. gr. 8. (VIII, 183 S.) Stuttgart 882, Enke.

Drysdale, John. Predigten mit einer Nachricht von dem Leben und Charakter des Verfassers. A. d. Engl. übers. Wien 1796. Ü: *Schmidt, Gg Chn Sam.* & *Joh. Gg Fock.* (Ky) (Fiker) (MGT)

Drysdale, Jh., Predigten; aus d. Engl. (v. Geo. Chr. Sm. Schmidt u. J. G. Fock). 2 Thle. gr. 8. Wien 796. Schaumburg. 2 rℓ

Drzażdżyński, Stanisl., d. slavischen Ortsnamen d. Kreises Leobschütz. Erklärt v. D. gr. 4. (XIX S.) Leobschütz 896. (C. Kothe's Nachf.) n. 1. —

Drzażdżyński, Stanislaus: Die slavischen Ortsnamen Schlesiens. Tl 1: Kreis Leobschütz. Leobschütz, Druck v. W. Witke, *1896*; 1 Bl., XIX S. 4.
Leobschütz, k. kath. G, OP 1896 (197)

Drzażdżyński, Stanislaus, Prof.: Die slavischen Ortsnamen Schlesiens. T. 2. Kreis Ratibor. *Leobschütz 1902: W. Witke.* (S. 133—180.) 8° ¶[Forts. d. P-Beil. 1896.]
Leobschütz, k. kath. G, Festschr. 1902**

Drzażdżyński, Stanisl., die slavischen Ortsnamen Schlesiens. II. Tl. Kreis Ratibor. (50 S.) 8. Leobschütz (908). (A. Rölle.) 1. —

Drzewiecki & Jezierański: Mitteilung über Brückner's Schnellumlauf-Warmwasserheizung. Warschau 1904

Drzega, Erdmann, Probekand. am Königl. Gymn. zu Neustadt O.-S.: Die römische Bundesgenossenpolitik von den Gracchen bis zum Ausbruch des Bundesgenossenkrieges. Neustadt O.-S. (1907): J. Augustin. (67 S.) 8°
Breslau, Phil. Fak., Ref. Cichorius, Diss. v. 20. Dez. 1907
[Geb. 7. Nov. 79 Beuthen O.-S.; Wohnort: Neustadt O.-S.; Staatsangeh.: Preußen; Vorbildung: Gymn. Beuthen Reife O. 01; Studium: Breslau 9 S.; Rig. 4. Dez. 07.]

Dschafer, od. d. Sturz d. Barmegiden, histor. Trauersp. v. Jos. v. Hammer. 8. Wien, Doll d. j. 813.

Dschagannath, d. Götze, s. Missionstraktate, kleine. Nr. 35.

Dschagannath, der Götze. 16. (20 S.) Basel 877, Missionsbuchh. *

DSCHAJADEVA. — Frühlingsliebe. Zwölf Gesänge aus *Dschajadeva's* Gitagowinda, übers. v. R. Wogen. Halle 1907. 8°. (Mk. 2,40.) (1 Mk. 40 Pfg. O. Schönhuth's Nachf., München, 1911.)

Dschami, s. a. Mewlana Abdurrahman Dschami.

Dschami, Mewlana, Abdurrahman, der Frühlingsgarten. Aus d. Persischen übertrag. v. Ottocar Maria v. Schlechta-Wssehrd. Persisch u. Deutsch. gr. 8. (17⅝ B.) Wien 846, Hof- u. Staats-Druckerei. (Gerold, Verl.)

DSCHAMI, Mewlana Abdurrahman, Joseph u. Suleïcha. Persischer Text mit deutscher Uebersetzung u. Anmerkgn., hrsg. v. Vincenz v. Rosenzweig. Wien 1824. Gr. Fol. Ausgabe auf Schreibpap. (12 Rthl.) (30 Mk., schönes Expl. in Hfrz., Rudolf Haupt, Halle, 1906.) (3 Mk., Ausgabe in 8°, Orig.-Lwdbd., Lipsius & Tischer, Kiel, 1907.)
Vergriffen und sehr selten! — Zuerst in: Fundgruben 1811—16. Vgl. Hammer-Purgstall, Jos. v., Geschichte der schönen Redekünste in Persien. 1818. S. 327 bis 334. — Der 12. Gesang m. d. Ueberschrift „Die Herrschaft der Liebe" in: v. Diez. Denkwürdigkeiten von Asien. 1811, I. S. 29—32.

Dschami, Mewl., Abdurr., Joseph u. Suleïcha; histor. romant. Gedicht. Aus d. Pers. übers. u. durch Anmerkk. erläut. v. V. Edlem v. Rosenzweig. Persisch u. Deutsch. gr. Fol. Wien 825. Schmid.

— dasselbe, blos Uebersetzung. gr. 8. Ebend. 825.

Dschami, M. Joseph u. Suleïcha ꝛc. Wien 825. hat auch Kummer in Leipzig.

Dschami, Liebe, Wein und Mancherlei. Persische Lieder nach (seinem) Text zum ersten mal deutsch gegeben von Mor. Wickerhauser. 8. (X und 206 S.) Leipzig 855, Brockhaus. *

Dschami, Medschnun u. Leila, s. a. Schack, A. F. Graf v., Orient u. Occident.

— — Medschnun u. Leïla. Ein persischer Liebesroman. Aus d. Französ. übers., mit Einleit., Anmerk. u. 3 Beilagen v. Ant. Theod. Hartmann (1774—1838). 2 Bde. Amsterdam, im Kunst- und Industriecomptoir. 1808. 8°. I: 14+208 S. II: 191 S. (16 Mk. 50 Pfg., unbeschn. Expl., Edm. Meyer, Berlin, 1908.)
Inhalt der 3 Beilagen: Wettstreit zwischen den Augen und der Augenschminke. — Betrachtungen über die Naturschilderungen der Perser durch einzelne charakteristische Proben erläutert. — Von den Uebertreibungen der Gefühle der Bewunderung und des Schmerzes in der Liebe bei den Persern.
Einiges daraus im Journal des Luxus und der Moden 1808. Febr. S. 81—92.

Dschan dschou [Schlagwort]

Dschán dschóu, s.: Tschili.

Dschang de fu [Schlagwort]

Dschang dĕ fu, s.: Tschili.

Dschawachoff, das Martyrium des hl. Eustatius v. Mzchetha. Aus dem Georg. übers. gr. 8. (28 S.) Berlin 901. (G. Reimer.) n. 1. —
Sonderabdruck aus: „Sitzungsber. d. preuss. Akad. d. Wiss."

Dschebel Hauran [Schlagwort]

Dschebel Haurān. Fischer, H., Karte d. Dschebel Haurān u. der benachbarten Eruptions-Gebiete. Nach den v. Alph. Stübel im J. 1882 ausgeführten Messgn. u. Zeichngn., sowie den wichtigsten anderen Quellen construirt u. gezeichnet. [Aus: „Zeitschr. d. deutschen Palästinavereins".] 1 : 400,000. Farbendr. gr. Fol. Leipzig 890. (K. Baedeker.) n.n. 2. —

[J.] **Dschenfzig,** Friedrich *Ludwig Theodor* [Referendar]: Grund und Wesen der römischen Noxalklagen ... Greifswald, Druck v. J. Abel, 1892; 4 Bl., 37 S. 8.
Greifswald, Jur. Fak., Inaug.-Diss. v. 1892

Dscheng ding fu [Schlagwort]

Dschĕng ding fu, s.: Tschili.

DSCHINNISTAN oder auserlesene Feen- und Geister-Mährchen, theils neu erfunden, theils neu übersetzt und umgearbeitet (von Christoph Martin Wieland, im Vereine mit Frdr. Hildebrand v. Einsiedel und Jac. Aug. Liebeskind). 3 Bde. Winterthur, bei Heinrich Steiner und Compagnie. 1786—89. Gr. 8°. (30 Mk., etwas fleckiges, aber unbeschn. Expl. in reizenden Pappbdn., Max Perl's Berliner Oct.-Auct. 1907, no. 942.)
XVI, 322, 322 u. 351 S. Cplt. sehr selten! — Goedeke IV, 207, 110.

— — Dasselbe. (Nachdruck.) In: Bibliothek gewählter Unterhaltungsschriften. Leipzig 1810. Bd. 20—22 (l. c.)

Dschiwamma od. Wie e. Hinduweib den Heiland fand, s.: Missionstraktate, kleine. Nr. 83.

Dschou tsun [Schlagwort]

Dschóu tsun, s.: Tschili.

Dschu tscheng hsien [Schlagwort]

Dschu tscheng hsiĕn, s.: Tschili.

Dsidschou [Schlagwort]

Dsidschóu, s.: Tschili.

Dsien tschang ying [Schlagwort]

Dsiĕn tschang ying, s.: Tschili.

Dsing, Stephan, ein chinesischer Nathanael. 1. und 2. Aufl. 8. (32 S.) Basel 871,83, Missionsbuchhandlung.

Dsing hsing hs. [Schlagwort]

Dsing hsing hs., s.: Tschili.

Dsirne, Friedrich

(Dsirne): Schön Ammi von Mariental und der Kirgisen-Michel. Ein Wolga-Steppenbild aus dem 18. Jh. — In: Neuer Haus- und Landwirtschaftskalender für die dt. Ansiedler im südl. Rußland. Jg 47. — Odessa: Nitzsche 1915. S. 138—157. [Erstdruck 1861.]

Dsirne, Fr., Schöne Ammie aus Marienthal und der „Kergisemichel". Lesebuch Dorpat 1868.

Dsirne, Frdr., 20 Betrachtungen üb. biblische Texte zum kirchl. u. häusl. Gebrauche an hohen Staatsfesten. Für evangel. deutsche Gemeinden d. Russ. Kaiserreiches bearb. gr. 8. (VI, 156 S.) Riga 873. Kymmel. geb. n. 3. —

Dsirne, Fr., Zur Geschichte der deutschen Kolonien an der Wolga. Leipzig 1866

Dsirne, Friedr., der Riga'sche Kalenderstreit zu Ende des 16. Jahrh. gr. 8. (IV und 188 S.) Riga 867. (Mühlhausen, Heinrichshofen'sche Buchh.) *

Dsirne, Fr., Lesebuch f. dt.-ev. Kirchenschulen. Dorpat 1868. (Darin über die Kirgisenüberfälle)

Dsirne, Johs., e. Beitrag zur Lehre vom Tode durch Ertrinken. Diss. gr. 8. (63 S.) Jurjew (Dorpat) 891. (E. J. Karow.) n. 1. —

Dsü dschou [Schlagwort]

Dsü dschóu, s.: Tschili.

Dsun hua dschou [Schlagwort]

Dsun hua dschóu, s.: Tschili.

Du

— aber sei nüchtern in allem. 2. Timoth. 4, 5. 2. Aufl. 8. (27 S.) Ebd. 882. n. — 10

„Du aber sei nüchtern in allem". 2. Thimoth. 4, 5. 3. Aufl. 8. (27 S.) Elberf. 890, (Faßbender). — 10

Du aber sei nüchtern in allem!' 2. Timoth. 4,5. 4. Aufl. *Elberfeld: R. Brockhaus [1900].* (29 S.) 8° [F.]
— [Schriften z. Erbauung u. Befestigung d. Gläubigen.] No 238.

„Du aber sei nüchtern in allem!" 2. Timoth. 4, 5. 4. Aufl. 8. (29 S.) Elberfeld 900. R. Brockhaus (durch J. Faßbender). n. — 08

Du bist auf d. Wage gewogen ꝛc., s.: Prüfe dein Gewicht.

Du bist so still, so sanft, so sinnig ꝛc. Vier Farren mit weißen Blumen. Chromolithogr. 12. Leipzig 883, (Baldamus.) *

Du dogme et de l'histoire de la réformation, p. serv. de guide aux instructions publiques et particulières de la jeunesse; traduit de l'allemand etc. 12. ... Berne 828, [Jenni, fils.] Vgl. Fischer, G.

Du u. Du. Schausp. nach d. Franz. v. Huber. 8. Leipzig, Schmidt. 795.

Du Docteur Faust, les Aventures et sa descente aux enfers. Leipzig 1798. V: *Klinger, Frdr. Maximilian von.* (KY)

Du Gouvernement de Berne. En Suisse [Berne] 1793. V: *Tscharner, Beat. Rud.* oder *Curtat, L. A.* (BrMm)

Du Gouvernement des moeurs et des conditions en France avant la Révolution, avec le caractère des principaux personnages du règne de Louis XVI. Hambourg 1795. V: *Senac de Meilhan, Gabriel.* (DÖLL)

Du und dein Haus, oder der Christ in seinem Hause. Nach dem Engl. 2. Aufl. gr. 8. (40 S.) Elberfeld 863, (Hassel's Sortiment.) *

—— und dein Haus, oder der Christ in seinem Hause. [Frei nach dem Engl.] 4. Aufl. 8. (40 S.) Elberfeld 877, (Langewiesche's Buchh.) *
Die 1.—3. Aufl. waren nicht im Handel.

Du u. dein Haus, od. der Christ in seinem Hause. [Frei nach dem Engl.] 6. Aufl. 8. (86 S.) Elberfeld 888. Faßbender. n. — 20

[F.] Du und dein Haus oder der Christ in seinem Hause ... 7. Aufl. *Elberfeld: R. Brockhaus 1898.* (36 S.) 1 Bd 8.
— [Schriften z. Erbauung u. Befestigg der Gläubigen.] No 213.

— u. Dein Haus od. der Christ in seinem Hause. 7. Aufl. 8. (36 S.) Elberfeld 898. R. Brockhaus (durch J. Faßbender). n. — 20

DU lachst dir kaputt. Friday-Verlag, Berlin W 30. Kl. 8°. 16 S. [Erotische Witze.]

— mußt kleben! Für wen, wann u. warum? Eine leicht verständl. Aufklärg. üb. das Invaliditäts- u. Alters-Versicherungs-Gesetz, f. den Arbeitgeber, in Sonderheit f. die Hausfrau u. den Arbeitnehmer bearb. von e. Kontrollbeamten der Invaliditäts- u. Alters-Versicherg. gr. 8. (16 S.) Hamburg 901. H. Schultz. — 10

Du savoir-vivre en France, s. B(radi), Mdme. de.

Du u. Sie. Lustsp. nach d. Franz. v. Huber. 8. Ebend. 796.

Du und Sie, Lustspiel in 3 Aufz. nach dem Franz. von L. F. Huber. Neue Aufl. 8. Frankf. a. M., Sauerländer. 819.

Du sollst, betrachtet als Grundlage einer beseligenden Selbstständigkeit ... Prag 1820. V: *Klar, Alois.* (KY) (MGT)

Du sollst, betrachtet als Grundlage einer beseligenden Selbstständigkeit u. wahrhaft weisen Erziehung, (v. A. Klar). gr. 8. Prag 820. (Leipz., Knobloch). 16 gr.

Du sollst, betrachtet als Grundlage einer beseligenden Selbstständigkeit und wahrhaft weisen Erziehung. (v. A. Klar). gr. 8. Prag, Krauß. 820.

— sollst den Namen deines Gottes nicht mißbrauchen! Hrsg. von der Wupperthaler Traktat-Gesellschaft. 12. (8 S.) Barmen 881. Wiemann. n. — 4

—— sollst kein falsches Zeugniß reden wider deinen Nächsten. Eine Entgegnung auf die Schrift: „ein Stück aus der Hinterlassenschaft des Herrn v. Mühler". gr. 8. (VIII, 96 S. mit 1 Tab. in qu. Fol.) Gotha 872, F. A. Perthes. *

Du sollst nicht falsch Zeugniss reden wider Deinen Nächsten! Von Einem, der d. Wahrheit liebt. *Dülken: F. W. Kugelmeier 1899.* (40 S.) 8° [Umschlagt. F.]

Du sollst nicht lügen, noch betrügen. 64. (15 S.) Carlsruhe 875. (Barmen, Klein.) — 9

Du sollst nicht tödten! Eine Hunsrücker Dorfgeschichte. 16. (90 S.) Barmen 872, (Klein.) *

Du sprachst wahr, Graukopff. Tragisches Gemälde von E. N.ch.rsb.rg Glogau 1794. V: *Nachersberg, Johann Heinrich Ernst.* (BGE I³, 88)

Du sprachst wahr, Graukopf!!! tragisches Gemählde, gezeichnet nach der Natur, von E. N. ch. rsb. rg. 8. Glogau, 794. Günther. 15 sgl.

Du sprichst wahr, Graukopf! e. tragisches Gemälde. 8. Glogau 794. Chr. Fr. Günther. 12 gl

Duala-Lieder f. die Christengemeinden in Kamerun, West-Afrika. 12. (88 S.) Basel 893. Missionsbuchh. Geb. n. 1. —

Duala-Lieder für die Christengemeinden in Kamerun, Westafrika. Kalat'a Miengo. 2. Aufl. In-12°. XVI, 228 S. Basel, Missionsbuchh. Leinw. 2 50
1897

Dualis, des Vaters Rache od. Bruno v. Blutstein. Eine Rittergesch. aus d. Zeiten d. heil. Vehme. Nach wahren Quellen, aus e. Chronikensammlung. 8. (10 B.) Nordhausen 816, Fürst.

Dualismus, der, und die östreichische Armee. Eine Denkschrift dem östreich. Reichsrathe gewidmet von einem deutschen Oestreicher. 8. (48 S.) Leipzig 867, O. Wigand. *

Dualismus, Der, in der akustischen Grundlage. Karlsruhe 1888. V: *Schell, Wilhelm.* (Rothsch)

Dualismus, der, in Oesterreich-Ungarn. Eine Kritik seines Entstehens u. Bestehens v. e. Ungar. gr. 8. (46 S.) Leipzig 878. O. Wigand. — 60

Duane, William: Über elektrolytische Thermoketten. *Berlin (1897): G. Schade.* (43 S.) 8°
Berlin, Phil. Diss. v. 11. Dez. 1897

Duarchie oder Trias? Deutschland und Oesterreich oder Norddeutschland, Südwestdeutschland und Oesterreich? Ein Beitrag zur Lösung der deutschen Frage. gr. 16. (44 S.) Leipzig 860, Kollmann.

DUARENUS, Frc.: De sacris ecclesiae ministeriis ac beneficiis libb. VIII. *Paris.* 564. 8. — Acc. concordata nation. German. c. not. Jo. SCHILTERI. 708. 8.

Dub, August

Dub, Aug. Abhandlung über die Feld- und beständige Befestigungskunst. Zum besonderen Gebrauche für Militärs außer der Geniewaffe. 1. Hft. 8. (X u. 80 S. 1 Taf.) Wien, J. F. Greß 1853.

Dub, Aug., Auszug aus dem Abrichtungs- und Exercir-Reglement für die k. k. Linien- und Grenz-Infanterieregimenter vom J. 1851. 2 Thle. (Das Abrichtungs-Reglement. — Das Exercir-Reglement.) 16. (XIV und 269 S. mit 8 Stnt.) Wien 851, Kaulfuß Witwe, Prandel und Comp. Thlr. *

Dub, Aug., Handbuch über die Kenntniss, Erzeugung, Behandlung und Verrechnung der Gewehre und Munition so wie über das Scheibenschiessen bei den k. k. österreich. Linien-Infanterie-Regimentern. gr. 8. (X und 94 S. mit 3 Stnt. in qu. gr. 4.) Wien 852, (Keck und Pierer.) *

—— das kaiserlich königliche österreichische Linien-Infanterie-Regiment. Eine Darstellung seiner Organisation, Verwaltung und der Geschäftspraxis. gr. 8. (XII und 364 S. mit 1 Tab. in Fol.) Wien 851, Kaulfuß Witwe, Prandel und Comp. *

—— österreichischer Militär-Almanach, s. a. Militär-Almanach.

Dub, Aug., österreichischer Militär-Almanach für 1853. Wien, Sommer. (F. Klemm.) 16. (196 S.) n. 12 ngr

— — für 1854. Ebend. (16.) (192 S.) n. 12 ngr

—— Organisation der k. k. Militär-Verwaltungsbehörden und ihr Wirkungskreis von dem neuesten Standpunkte aus. gr. 8. (75 S.) Wien 853. (Leipzig, Hübner.) *

Dub, Jos. Luk., s. G. Walser, Appenzeller Chronik.

Dub, (Christophorus) Julius (geb. Berlin 16. 8. 1817): De ancoris electromagnetum. Berolini (1848). (42 S.) 8°
Berlin, Phil. Diss. v. 20. Mai 1848

Dub, Jul., die Anwendung des Elektromagnetismus mit besond. Berücksichtigung der Telegraphie. Mit 314 in den Text gedr. Holzschn. 2 Hälften. Lex.-8. Berlin 862,63, Springer's Verlag. [1. Hälfte. (S. 1—320.) * 2 Thlr. 7½ Ngr., 2. Hälfte. (XVI und S. 321—645.) * 3 Thlr. 2½ Ngr.] *

Dub, Jul., die Anwendung des Electromagnetismus mit besond. Berücksicht. der neueren Telegraphie und der in der deutschen Telegraphenverwaltung bestehenden techn. Einrichtungen. 2. vollständig neu bearb. und unter Berücksicht. der Fortschritte der Wissenschaft ergänzte Aufl. 4 Lfgn. gr. 8. (XX, 857 S. mit mehr als 400 in den Text gedr. Holzschn.) Berlin 873, Springer's Verlag. à Lfg. * M 5,25. *

Dub, J., Dr., Ueber die Beziehungen des im Eisenkern der Elektro-Magnete erregten Magnetismus zu den Dimensionen des Magnetkernes. (Aus Poggendorff's Ann., Bd. CIV.)

—— kurze Darstellung der Lehre Darwin's über die Entstehung der Arten der Organismen mit erläut. Bemerkungen. gr. 8. (VIII, 299 S. mit 38 eingedr. Holzschn.) Stuttgart 870, Schweizerbart'sche Verlagsh. *

—— über den Einfluss der Dimensionen des Eisenkernes auf die Intensität der Elektromagnete. Eine Experimental-Untersuchung. gr. 8. (48 S.) Berlin 862, Springer's Verlag. *
Aus: Poggendorff's Annalen der Physik und Chemie, 1862, besonders abgedruckt.

Dub, Jul., der Elektromagnetismus. Lex.-8. (XXIII und 516 S. mit 190 in den Text gedr. Holzschn.) Berlin 861, Springer's Verlag. *

Dub, Julius: Die Gesetze des Electromagnetismus im weichen Eisen. 31 S. – Berlin Gr. Kl. 1853.

— Ueber die Länge der Elektro-Magnete. (Aus Poggendorff's Ann., Bd. CII.)

— Ueber naturwissenschaftliche Studien. (Rede beim Wohlthäterfeste.) Berlin 1867.

Dub, M., was haben Hausbesitzer u. Mieter v. d. Gebäudesteuer-Vorlage zu erwarten? (III, 78 S.) kl. 8. Wien 908. Manz. — 85

Dub, R: Lagerhaus der Süddeutschen Donau-Dampfschiffahrts-Gesellschaft in Wien. Berlin 1908

Dub, Robert, approb. Arzt aus Wien: Aus d. Poliklinik f. innere Krankheiten d. Hrn Prof. Dr. Rosin in Berlin. Beiträge zur Ausscheidung von Laevulose im Harn Diabetischer. *Berlin 1902: G. Witzel.* (29 S.) 8°
Leipzig, Med. Diss. v. (14. Dez.) 1902

Dub, Rudolf (Hrsg.), s. Landbote, Der österreichische.

Duba, Ida von, das Mädchen im Walde, m. Kpf. 8. Altona, Bechtold. 807.

Duban, Claude: Idée des principes de la chirurgie. (Franz. u. deutsch).
Dresde 1734: Harpeter. 690 S. 8°
Nebent.: Duban: Begriff derer Grund-Sätze der Wund-Artzney-Kunst. Welchem noch eine Kleine Abhandlung von Aderlassen beygefügt worden.

Duban, Cl., Begr. d. Grunds. d. Wundarzneykunst etc., frz. u. deutsch. 8. Dresd. (Breitkopf, Lpz.) 735.

Dubarle, H., vollständige Darstellung d. franz. Conjugation m. Elementarübungen theoret. u. prakt. bearb. gr. 8. (9¼ B.) Zürich 846, Meyer u. Zeller. Thlr.

Du Barry, der Frau Gräfin, Orig.-Briefe, s.: Bibliothek, galante

Du Barry, der Frau Gräfin Original-Briefe, s.: Liebhaber-Bibliothek, kulturhistorische. 24. Bd.

DUBAY, Godefridus: Praemonstratenses in Hungaria. — (1904) IV, 150 Bl. 8° (Handschr.) Diss. 846
Diss. Wien, Univ.

Dubbel, Heinr., die Dampfkraftanlagen auf der Industrie- u. Gewerbeausstellung zu Düsseldorf 1902. (III, 78 S. m. Abbildgn. u. 5 Taf.) Fol. Berlin 903. J. Springer. n. 3. —
Sonderabdruck aus: „Ztschr. d. Ver. deut. Ingenieure".

Entwerfen und Berechnen der Dampfmaschinen. Ein Lehr- u. Handbuch f. Studierende u. angehende Konstrukteure. Von Heinrich Dubbel, Ingen. Mit 388 Fig. Berlin: J. Springer 1905. (X, 437 S.) 8°

Entwerfen und Berechnen der Dampfmaschinen. Ein Lehr- u. Handbuch f. Studierende u. angehende Konstrukteure. Von Heinrich Dubbel, Ing. 2., verb. Aufl. Mit 427 Textfig. Berlin: J. Springer 1907. (XII, 452 S.) 8° [07. 7868

Dubbel, Heinr., Entwerfen u. Berechnen der Dampfmaschinen. Ein Lehr- u. Handbuch f. Studierende u. angeh. Konstrukteure. 3., umgearb. Aufl. (XII, 461 S. m. 470 Fig.) gr. 8. Berlin 910. J. Springer. Geb. in Leinw. 10. —
2. Aufl. (XII, 452 S. m. 427 Fig.) 907. Geb. 10. —

— Grossgasmaschinen. Ihre Theorie, Wirkungsweise u. Bauart. (VII, 167 S. m. 400 Fig. u. 6 Taf.) Lex. 8. Ebd. 910. Geb. in Leinw. 10. —

Dubbels, Hermann, a. Altengamme b. Hamburg: Über den Einfluß der Dunkelheit auf die Ausbildung der Blätter und Ranken einiger Papilionaceen. Kiel 1904: H. Fiencke. (60 S.) 8°
Kiel, Phil. Fak., Ref. Reinke, Diss. v. 5. Nov. 1904
[Geb. 27. März 79 Dornbusch, Hannover; Wohnort: Altengamme b. Hamburg; Staatsangeh.: Hamburg; Vorbildung: Realgymn. Lüneburg Reife O. 00; Studium: Heidelberg 1, Berlin 3, Kiel 5 S.; Rig. 7. Mai 04.]

Dubbels, Karl, Antrittspredigt üb. Jesaia 45, 11 am Tage seiner Amtseinführg., den 20. IX. 1904 in der St. Gertrudkirche geh. (14 S.) 8. Hamburg 904. Herold. n. — 50

Ist die Konfirmation eine unmoralische Institution? Offener Brief an Herrn Dr. *** [Adolf Olshausen] in Hamburg. Von Karl Dubbels, Pastor. Hamburg: Meißner 1909. 21 S. 8° [10. 7336

Dubbers, Hans, der obere Jura auf dem Nordostflügel der Hilsmulde. Von der philosoph. Fakultät der Universität Göttingen gekrönte Preisschrift. gr. 4. (43 S.) Göttingen 888, (Akadem. Buchhandlung.) *

Dubbers, Hans [aus Theningen bei Freiburg i/B.]: Der obere Jura auf dem Nordostflügel der Hilsmulde. . . . Am 8ten Juni 1887 von der philosophischen Fakultät der Universität Göttingen gekrönte Preisschrift. Göttingen, Druck d. Dieterich'schen Univ.-Buchdr. (W. Fr. Kästner), 1888; 1 Bl. + 43 + 1 S. 4°
Göttingen, Phil. Fak., Inaug.-Diss. v. 10. Jul. 1888

Dubbers, J.: Rückblick auf das Kassenwesen des Königlichen Commerz-Collegiums in Altona. Altona. 1894. (Als Manuscript gedruckt) 4⁰.

Dubbers, W., das Oberammergauer Passionsspiel nach seiner geschichtl., künstlerischen, ethischen und culturhistor. Bedeutung und unter Berücksicht. älterer und neuerer Kritik dargestellt. 8. (VIII, 197 S.) Frankfurt a. M. 872, Heyder und Zimmer. *

Dubbers, Wilhelm [aus Daudenzell (Baden)]: Ueber Prophylaxe und Behandlung bei Fehlgeburten . . . . Würzburg, Paul Scheiner's Buchdr., 1887; 33 S. 8°
Würzburg, Med. Fak., Inaug.-Diss. v. 1887

Dübbers, Paul, Referendar zu Düsseldorf: Über die Möglichkeit der Anwendung des Dotalrechtes auf der Grundlage des B.G.B. Borna-Leipzig 1905: R. Noske. (VIII, 71 S.) 8°
Rostock, Jur. Fak., Ref. Bernhöft, Diss. v. 27. Dez. 1905
[Geb. 2. Jan. 81 Gut Groß-Born b. Mettmann; Wohnort: Düsseldorf; Staatsangeh.: Preußen; Vorbildung: Gymn. Barmen Reife O. 01; Studium: Jena 3, Straßburg 1, Bonn 3 S.; Rig. 20. Okt. 05.]

Dübbers, Wilhelm, appr. Arzt a. Düsseldorf: Aus der Universitäts-Augenklinik zu Freiburg i. B. (Prof. Axenfeld). Beitrag zur Tränensackexstirpation. Freiburg (Baden) 1905: E. Kuttruff. (62 S.) 8°
Freiburg i. B., Med. Fak., Ref. Axenfeld, Diss. v. 1905
[Geb. 12. Sept. 80 Düsseldorf; Wohnort: Freiburg i. B.; Staatsangeh.: Preußen; Vorbildung: Gymn. Düsseldorf Reife O. 00; Studium: Freiburg i. B. 5, Berlin 2, Freiburg i. B. 3 S.; Coll. 3. März 05.]

Dubeck, Martinus: De angina polyposa. [Vratislaviae] 1814. (16 S.) 4°
Breslau, Med. Diss. [14. Dez. 1813]

Dubel. Der D' (*Nr. 4: Du Dubel). [Basler Fastnachts-Zeitung.] 1906. 4 Nrn. [Illustriert.] [zus. 16 S.] 4. [Basel,] Lithographie Wolf. je fr. —. 20

Dubel. Der D'. [Basler Fastnachts-Zeitung.] 1907. 3 Nrn. [Illustriert.] [zus. 12 S.] fol. [Basel,] Lithographie Wolf. je fr. —. 20

Dubel. Der D'. [Basler Fastnachts-Zeitung.] 1908. 4 Nrn. [Illustriert.] [zus. 16 S.] fol. [Basel,] Lithogr. Wolf. je fr. —.20

Dubel. Der D'. [Basler Fastnachts-Zeitung.] 1909. [Illustriert.] 4 Nrn. u. [Nr. 5:] Prozessnummer. [zus. 16 + 4 S.] fol. [Basel,] Lithogr. Wolf. je fr. —. 20

Dubel. Der D'. [Basler Fastnachts-Zeitung.] 1910. [Illustriert.] 5 Nrn. [zus. 20 S.] fol. [Basel,] Lithogr. Wolf. je fr. —. 20
Nr 5 u. d. T.: Der Samstag-Dubel. Eine Abrechnung. kl.-4.

Dubelir, D., über den Einfluss des fortdauernden Gebrauches von kohlensaurem Natron auf die Zusammensetzung des Blutes. [Aus dem Laboratorium des Prof. E. Ludwig.] Lex.-8. (14 S.) Wien 881, (Gerold's Sohn.) **
Aus: Sitzungsberichte der k. Akademie der Wissenschaften, besonders abgedruckt.

Däbell, Georg, cand. jur. a. Untergangkofen: Das Konnossement. Freising 1907: F. P. Datterer & Co. (VI, 41 S.) 8° [J.]
Erlangen, Jur. Fak., Ref. Sehling, Diss. v. 31. Okt. 1907
[Geb. 26. Febr. 83 Untergangkofen, Bez.-A. Landshut; Wohnort: Erlangen; Staatsangeh.: Bayern; Vorbildung: Gymn. Freising Reife M. 03; Studium: München 6, Erlangen 2 S.; Rig. 12. Juli 07.]

Dubelman, J.Fr.P.(Hrsg.), s. Abendunterhaltungen f. Handwerker.

Dubelmann. Das Heidenthum in Nordafrika nach den Briefen des heil. Augustinus. 26 S.
Bonn, Progr. 1859

Dubelmann, J. J. P., Leitfaden f. den katholischen Religionsunterricht in den mittleren Classen höherer Lehranstalten. 1. Thl.: Der katholische Glaube. 854. (VI, 122 S.) — 2. Aufl. Bonn 857. Henry u. Cohen. 8. (VI, 128 S.) 8 ngl

— — 2. Thl.: Die Lehre von den Gnadenmitteln u. von den Geboten. 856. (IV, 168 S.) n. 10 ngl — 2., durch einen Abriß der Kirchengeschichte verm. Aufl. Ebend. 858. 8. (IV, 190 S.) n. 12 ngl

Dubelman, J. F. P., Leitfaden für den katholischen Religionsunterricht an höheren Lehranstalten. 1. Thl. Der kathol. Glaube. 3., umgearb. und durch einen Anh. „Ueber die heil. Schrift" verm. Aufl. 8. (VI und 152 S.) Bonn 862, Cohen und Sohn. *

—— dass. — 2. Thl. Die Lehre von den Gnadenmitteln und den Geboten. Nebst einem Abriß der Kirchengeschichte. 3. Aufl. 1863. und 4. Aufl. 8. (168 S.) Ebendas. 865. *

Dubelman, J. F. P., Leitfaden für den katholischen Religionsunterricht an höheren Lehranstalten. 2 Thle. Bonn, Cohen & Sohn. 8. n. 20 ngr
1. Thl.: Der katholische Glaube. Nebst einem Anh. „über die Schrift." 868. (VIII, 152 S.) n. 8 ngr
2. Thl.: Die Lehre von den Gnadenmitteln u. von den Geboten. Nebst e. Abriß der Kirchengeschichte. 4. Aufl. 866. (168 S.) — 6. Aufl. 868. (IV, 180 S.) n. 12 ngr

Dubelmann, J. F. P., Leitfaden f. den katholischen Religionsunterricht an höheren Lehranstalten. 2 Thle. 7. Aufl. gr. 8. Bonn 873. Cohen & Sohn. n. 2. —
1. Der katholische Glaube. Nebst e. Anh.: „Ueber die heil. Schrift." (VIII, 148 S.) n. — 80
2. Die Lehre von den Gnadenmitteln u. v. den Geboten. Nebst e. Abriß der Kirchengeschichte. (IV, 176 S.) n. 1. 20

Dubelmann, J. F. P., Leitfaden für den Religionsunterricht an höheren Lehranstalten. 2 Thle. 8. und 9. Aufl. 8. Bonn, 876,78, Cohen und Sohn. *
Inhalt:
Thl. 1. Der katholische Glaube. Nebst einem Anhang: „Ueber die heil. Schrift. (VIII, 148 S.) *M 1.
" 2. Die Lehre von den Gnadenmitteln und den Geboten. Nebst einem Abriß der Kirchengeschichte. (IV, 176 S.) *M 1,40.

Dubelmann, J. F. P., Leitfaden für den katholischen Religionsunterricht an höheren Lehranstalten. 2 Thle. 8. Bonn, Cohen und Sohn. *
Inhalt:
Thl. 1. Der katholische Glaube. Nebst einem Anhang: Ueber die heil. Schrift. 10. und 11. Aufl. (IV, 148 S.) 881,84. *M 1.
" 2. Die Lehre von den Gnadenmitteln und den Geboten. Nebst einem Abriß der Kirchengeschichte. 10. Aufl. (IV, 176 S.) 882. *M 1,40.

Dubelman, J. F. P. Leitfaden für den katholischen Religionsunterricht an höheren Lehranstalten. 2 Tle. 12. verb. Aufl. 8. Bonn 890, [Cohen u. Sohn.] Fr. Cohen. * 2 40
1. Der katholische Glaube. Nebst e. Anh.: über die heil. Schrift. (IV, 148 S.) * 1 —. — 2. Die Lehre v. den Gnadenmitteln u. von den Geboten. Nebst e. Abriß der Kirchengeschichte. (IV, 176 S.) * 1 40.

— die confessionslose Volksschule. Ein ernstes Wort an alle christlichen Eltern. Bonn 869. Henry in Comm. gr. 8. (32 S.) n. 3 ngr

Düben [Schlagwort]

Düben, s.: Deutschland. Grundkarte. Karte (Abt. Preussen).

Düben, s.: **Preussen. Messtischblätter.**

Düben, G. F. von (Pseud.), s.a. Flittner, Christian Gottfried

Düben, C.G.F.v. (Bearb.), s. Almanach für Karten-, Schach- und Pharospieler.

— Anleit. zur gründl. Erlernung d. Commerce-, Alliance-, Pharo- u. Triktrak- od. Tokkateglispiels. 8. Berl. 815. 6e Aufl. 819. (Sander). 8 gr

— neueste Anleit. zur gründl. Erlernung d. gewöhnl. u. neuen Billard-, Kegel- u. Ballspiels. 8. Berl. ... 5e A. 820. (Sander). 10 gr

— — neueste Anleitung zur gründlichen Erlernung des gewöhnlichen und neuen Billard-, Kegel- und Ballspiels. 5te Auflage. 8. Berlin, Flittner. 820.

Düben, C. G. F. von: Anleitung z. Erlernung d. Whistspiels. 8°. Berl. 1815. 9e A. 1824. (Sander).

— — Anleitung zur Erlernung d. Whistspiels. 8te Aufl. 8. Ebendas. 820.

— Anweis. z. gründl. Erlernung d. Whistspiels. 9e Aufl. 8. Berlin 824, Flittner.

— Anweis. zur Erlernung d. Tarok-, Piquet-, Treset- od. Trisettspiels. 8. Berl. ... 3e A. 819. (Sander). 8 gr

Düben, C. G. F. von: Neueste Anweisung zum Billard-, Kegel- u. Ballspiel. Berlin: Neue Societätsbhdlg. 1815. 8°.

Duben, C. G. F. v., neueste Anweisung, zum Boston, Casino- u. Imperialspiels. 8. Berlin, Neue Societäts-Buchhandl. 815. geb.

— — neueste Anweisung zur leichten und gründlichen Erlernung des Boston-, Casino- und Imperialspiels. 8. Ebendas. 818.

— neueste Anweis. zur leichten u. gründl. Erlernung d. Boston-, Casino- u. Imperialspiels. 8. Berl. 815. 5e A. 823. (Sander). 9 gr 6e A. 829. 8 gr

v. **Düben**, (C. G. F.) neueste Anweis. z. leichten u. gründl. Erlernung d. Boston-, Cassino- u. Imperialspiels. 5e Ausg. 8. Berlin 823, Flittner.

Düben, C. G. F. von, der Beyschlaf. 3 Theile. s.a. Gynäologie. 2r — 4r Bd.

v. **Düben, C. G. F.**, (C. G. Flittner), d. Beischlaf; e. physiolog., histor. u. philosoph. Darstellung. 3 Thle. 3e Aufl. 8. Berl. 819. (Sander). 3 rß 4 gr

— Belehrung über d. Geheimniß d. Zeugung des Menschen, für gebildete ernsthafte Leser. 8. Berl. 817. 1 rß 12 gr 2e A. 8. Ebd. 820. (Sander). 1 rß 12 gr

-- Curiositäten aus d. Thier-, Pflanzen- u. Mineralreich, s.a. Bildergallerie, 13r u. 14r Bd.

— Curiositäten aus d. Thier-, Pflanzen- u. Mineralreich. 2 Bde. m. 48 illum. K. 8. Ebend. 815.

— das L'Hombrespiel, s.a. C. G. Longin.

— — das l'Hombrespiel nach dem Englischen des L. G. von Longin. 4te vermehrte Auflage. 8. Ebendas. 818.

— neuer Schauplatz d. Natur, s.a. Bildergallerie, n., 5r—8r Bd.

— — neuer Schauplatz der Natur, eine Reihe der vorzüglichsten Gemälde von merkwürdigen Völkerschaften, Thieren, Pflanzen und Ansichten schöner Gegenden für die Belehrung und Unterhaltung der Jugend. 4 Bände. Mit 80 illum. Kupf. gr. 8. Ebendas. 799 — 815.
(Ist 5. 6. 7. 8ter Band der neuen Bildergallerie.)

— neuer Schauplatz d. Natur rc. 1r Bd. m. 20 illum. K. 8. Ebend. 815.

— Talisman d. Glücks, od. d. Selbstlehrer f. alle Karten-, Schach-, Billard-, Ball- u. Kegelspiele. Mit Kpf. u. 12 Bildern. 8. Berl. 816. 2 rß 12 gr 2e Aufl. Ebd. 819. (Sander). 1 rß 12 gr

— Unterricht zur gründl. Erlernung d. deutschen Kegelspiels u. des Bret- od. Damespiels, d. Mühlen-, Quinze- u. Tontinenspiels. 8. Berl. ... 3e A. 819. (Sander). 5 gr

Düben, Gust. v., Leistungen des Mikroskops zum Zweck der ärztlichen Diagnostik. Mit Zustimmung des Verf. aus dem Schwed. in's Deutsche übertragen sowie mit Anmerkungen versehen von Lor. Tutschek, und bevorwortet von Buhl. gr. 8. (VIII und 88 S. mit 4 Stnt.) Würzburg 858, Stahel'sche Buchh. *

Düben, Pet. Gabriel von (Schweden), De injuriis, quae fiunt per secundam personam. Diss. acad. Präs. Martin Gustav Fischer. Greifswald (Hieron. J. Struck) 19. XI. 1739. 28 S. (5.—) 7002
Gew.: Grf. v. Meyerfeld, v. Gyllenpatron. — Widm. v.: G. F. Clinge, F. O. v. Wackenitz, v. Essen (dtsch.).

— — De officio venatoris imperii principatui Rugiae annexo. Diss. acad. Präs. Siegfried Coeso Aeminga. Greifswald (H. J. Struck) 20. VI. 1741. 24 S. (4.80) 7003

Dübendorfer, Emma. Bakteriologische Untersuchungen des Vulva- und Vaginalsekretes. Diss. Med. Bern. *Kopftitel:* Aus der k. Universitätsfrauenklinik Tübingen. — [Mit 2 Tabellen.] 32 S. 8. Bern, Stämpfli & Cie., 1901.

Dubensky, K., schulpolit. Bilder. Dargest. f. Schulmänner u. Nicht-Schulmänner. gr. 8. (57 S.) Czernowitz 896. (H. Pardini.) n.n. 1. --

Dubensky, Kalmon: Gedenkfeier zur 50-jährigen Jubiläumsfeier der israelitisch-deutschen Volksschule. Czernowitz: Czernowitzer Buchdruckereiges. 1905.

Dubensky, Kalman (Hrsg.), s. Lehrerstimme, Bukowiner.

Düber, Rudolf: Beiträge zu Henry Fieldings Romantechnik. Halle a. S. 1910: Kaemmerer. 76 S. 8°
Halle, Phil. Diss. v. 22. Juni 1910, Ref. Förster
[Geb. 16. Okt. 85 Freyhan; Wohnort: Freyhan; Staatsangeh.: Preußen; Vorbildung: Oberrealsch. Freiburg i. Schl. Reife O. 06, Erg. O. 08; Studium: München 1, Halle 7 S.; Rig. 18. Febr. 10.] [U 10. 1723

Düberg, Christian

Düberg, Ch., aus und über Swedenborg, s. Aus.

Düberg, Chr., s. Ausführungs-Verordnungen, mecklenb., zu den Reichsjustizgesetzen.

Düberg, Chr., mecklenburgische Ausführungs-Verordnungen zu den Reichsjustizgesetzen. Text-Ausg. m. Anmerkungen u. Registern. 16. (XVI, 272 u. 144 S.) Wismar 879. Hinstorff's Verl. geb. n. 2. 50

Düberg, Chr., das Gemeinwesen aus Christus. Weissagung u. Auslegung. gr. 8. Schwerin 815, Kürschner'sche Buchh. (Berlin Plahn'sche Buchh.) n. 1/8 ℛ

— u. Heinr. **Burgwardt,** Handbuch f. den gesammten schriftlichen Verkehr d. Mecklenburgers im öffentlichen u. im Privatleben. 2. verb. u. verm. Aufl. 1. Thl. gr. 8. Ebend. 874. n. 2. 20
Der Rechtsfreund. Handbuch f. den schriftl. Rechtsverkehr d. Mecklenburgers m. Gerichten, Behörden u. Privatpersonen. 2. Aufl., hrsg. v. Chrn. Düberg. (X, 351 S.)

— u. Heinr. **Burgwardt,** Handbuch für den gesammten schriftlichen Verkehr des Mecklenburgers im öffentlichen u. im Privatleben. 2., verb. u. verm. Aufl. 2. Thl. gr. 8. Wismar 877. Hinstorff's Verl. (à) n. 2. —; cart. (à) n. 2. 50; geb. (à) n. 3. —
Praktischer Briefsteller für den schriftlichen Verkehr in allen persönlichen u. geschäftlichen Angelegenheiten des Lebens. Bearb. von Heinr. Burgwardt. (X, 579 u. 20 S.)

Düberg, Meklenburgs Landesnoth. — Bemerkungen üb. Ständewesen u. Gemeindeordnung, nebst e. Anh. üb. d. Rechtszustand in Meklenburg. gr. 8. (2¾ B.) Braunschweig 831, Vieweg.

Düberg, Chrn., vom allgemeinen Landtage, abgeh. zu Malchin vom 10. Febr. bis 18. März 1875. Verhandlungen u. Aktenstücke, betr. die Modification der mecklenburg. Verfassg. gr. 8. (IX, 86 S.) Wismar 875. Hinstorff. n. 1. 50

Düberg, Christian, der außerordentliche Landtag abgehalten zu Schwerin vom 1. bis 7. März 1874. Verhandlungen und Actenstücke betr. die Modification der Mecklenburg. Verfassung. gr. 8. (XII, 179 S.) Wismar 874, Hinstorff'sche Hofbuchh. *

Düberg, Chrn., Leben und Wirken von Dr. Joh. Fr. Immanuel Tafel, Professor der Philosophie und Universitäts-Bibliothekar zu Tübingen ꝛc. Ihm zum lebend. Denkmal, zugleich allen Freunden der Wahrheit gewidmet. 8. (XI und 116 S.) Wismar 864, Wischmann.

—— s. Register zum Regierungs-Blatt für das Großherzogth. Mecklenburg-Schwerin, zum Bundes-, bezw. Reichs-Gesetzblatt und zum Central-Blatt für das Deutsche Reich.

SAMMLUNG von Gedichten (von *J. Ch. P. Düberg*). Wismar 1842. (In Rostock, Landesbibl.)
Fehlt im Anon.-Lex.

Dubeux, Louis, éléments de la grammaire turque à l'usage des élèves à l'école impér. et spéciale des langues orientales vivantes. Paris 856. (Leipzig, Brockhaus.) gr. 12. (XIV, 120 S.) n. 1 ℛ 10 ngl

Dübi, Heinrich. Der Alpensinn in der Litteratur und Kunst der Berner von 1537—1839. Eine Studie. [Mit 2 Tafeln.] 63 S. 4. Bern, K. J. Wyss, 1901. [fr. 2. 50]
Neujahrs-Blatt der Litterarischen Gesellschaft Bern auf das Jahr 1902.

Dübi, H[einrich]. Das Balmhorn von der Regizzifurgge aus. [A.] 8. [Bern 1877.]

Dübi, H[einrich]. Die Befreiung der Waldstätte im Lichte einer theologischen Mahnschrift der Reformationszeit. (Sonderdruck aus: Basler Zeitschrift für Geschichte und Altertumskunde, Band 5 [Heft 1].) II S. + S. 193—204. 8. [Basel, Helbing & Lichtenhahn, 1905.]

(Dübi, H[einrich].) Cyrano de Bergerac ⟨1619—1655⟩, sein Leben und seine Werke. Ein Versuch. ([Von] H. Dübi, Bern. [4 Teile.] Sonderabdruck aus dem Archiv für das Studium der neueren Sprachen und Literaturen....) 8. (Braunschweig, George Westermann, [1904—1905].)
[Teil 1:] (S' aus dem A'... Band 113, Heft 3/4.) II S. + S. 352—373.
[Teil 2 *u.* 3:] ⟨Fortsetzung.⟩ (S' aus dem A'... Band 114, Heft 1/2 *u.* Heft 3/4.) II S. + S. 115—145 *u.* II S. + S. 371—396.
[Teil 4:] ⟨Schluss.⟩ (S' aus dem A'... Band 115, Heft 1/2.) II S. + S. 133—161.

Dübi, H(einrich). Cyrano de Bergerac ⟨1619—1655⟩. Sein Leben und seine Werke. (Buchausgabe, mit Zusätzen und Verbesserungen [neu abgedr. aus dem] Archiv für das Studium der neueren Sprachen und Literaturen, Band 113—115.) IV + 144 S. 8. Bern, A. Francke, 1906. [fr. 3. —]

[Dübi, Heinrich.] Neue Bergfahrten in den Schweizeralpen 1891. SA. 8. [Bern 1892.]

[Dübi, Heinrich.] Neue Bergfahrten in den Schweizeralpen 1892 mit Nachträgen von 1890 und 1891. SA. 8. [Bern 1893.]

[Dübi, Heinrich.] Neue Bergfahrten in den Schweizer Alpen 1893 mit Nachträgen von 1891 und 1892. [A.] 8. [Bern 1894.]

[Dübi, Heinrich.] Neue Bergfahrten in den Schweizer Alpen 1894 mit Nachträgen von 1892 und 1893. SA. 8. [Bern 1895.]

Dübi, H[einrich]. Bergreisen und Bergsteigen in der Schweiz vor dem Beginn des 19. Jahrhunderts. Separatabdruck [*d. i.* Ausschnitt] aus dem Jahrbuch des Schweizer Alpenclub. Jahrg. 36, [1900 bis 1901]. [Mit 2 Tafeln.] S. 209—232. 8. [Bern, Schmid & Francke, 1901.]

[Dübi, Heinrich.] Allerlei Berichtigungen [und Recensionen]. (SA.) 8. [Bern 1894.]

Dübi, H[einrich]. Die alten Berner und die Römischen Altertümer. [Progr.] 4. Bern 1888.

Dübi, H., die alten Berner und die römischen Altertümer. gr. 4. (42 S.) Bern 888, (Huber und Comp.) *

Dübi, Heinrich. Der Briefwechsel zwischen Voltaire und Haller im Jahre 1759. Eine Studie. (Sonderabdruck aus dem »Archiv für das Studium der neueren Sprachen und Literaturen«, Bd. 123, Heft 3/4.) II S. + S. 353—386. 8. Bern, A. Francke, 1910. [fr. —. 80]

(Dübi, H[einrich].) Die Brigelserhörner. [Mit 1 Tafel.] SA. 8. [Bern 1894.]

Dübi, H[einrich]. Doldenhorn und Fründenjoch. [Mit 1 Tafel.] ⟨SA.⟩ 8. [Bern 1886.]

Dübi, H., üb. Eis u. Schnee, s.: Studer, Gottl.

Dübi, H[einrich]. Erlebnisse und Erfahrungen in den Berner und Walliser Bergen. [SA.] 8. [Bern 1881.]

Dübi, H[einrich]. Erlebnisse einer Berner Familie in Saas-Fee im Juli 1890. SA. 8. Bern 1891.

Dübi, H[einrich]. Die Feldzüge der Römer in den Alpen. [SA.] 8. [Bern 1881.]

Dübi, H. Zum Gedächtniss Gottlieb Studer's. 1804—1890. Vortrag gehalten in der Monatsversammlung der Sektion Bern S. A. C. den 7. Januar 1891. Mit Portr. Gr. in-8°. 16 S. Bern, Buchdr. Karl Stämpfli & Cie. (Schmid, Francke & Co.), 1891. — 80

*** Sonderdruck aus dem „Jahrbuch des S. A. C. 1890, XXVI. Band."

Dübi, Heinr., zwei vergessene Berner Gelehrte aus dem 18. Jahrh. (Samuel Schmidt u. Friedrich Samuel Schmidt), s.a. Neujahrsblatt der litterarischen Gesellschaft Bern.

Dübi, Heinrich. Zwei vergessene Berner Gelehrte aus dem XVIII. Jahrhundert (Samuel Schmidt [*d. i.* Schmied], † 1768, [und] sein Sohn Friedrich Samuel Schmidt, 1737–1796). Njbl. Litterar. Ges. Bern 1894. 4. Bern 1893.

— s.: Hochgebirgsführer durch die Berner Alpen.

Dübi, H(einrich), [und] Coolidge, W[illiam] A[ugustus] B[revoort]. Hochgebirgsführer durch die Berner Alpen. Autorisierte Uebersetzung aus der Climbers' Guides Series. 4 Bände. 8. Bern, A. Francke, 1907—1910.

Band 1 ⟨Von der Dent de Morcles bis zur Gemmi⟩. Im Auftrag der Sektion Bern S.A.C. hrg. von Dr. H. D'. XVI + 111 S. 1907. (geb. fr. 8.—)
Band 2 ⟨Von der G' bis zum Mönchjoch⟩. Verfasst von W. A. B. C'. Uebersetzt und im A' der S' Bern S.A.C. hrg. von Dr. H. D'. XX + 259 S. 1910. (geb. fr. 5.60)
Band 3 ⟨Vom Mönchsjoch bis zur Grimsel⟩. Verfasst von W. A. B. C'. Ueb' und im A' der S' Bern S.A.C. hrg. von Dr. H. D'. 199 S. 1909. (geb. fr. 4.—)

Dübi, H(einrich). Hochgebirgsführer durch die Berner Alpen. Band 3.... Bern 1909 s.a. Coolidge, W[illiam] A[ugustus] B[revoort].

Dübi, H[einrich]. Hochgebirgsführer durch die Berner Alpen. Band 4 ⟨Von der Grimsel bis zum Uri-Rotstock⟩. Im Auftrag der Sektion Bern S. A. C. hrg. von Dr. H. D'. 200 S. 8. Bern, A. Francke, 1908. [geb. fr. 4.—]

Autorisierte Uebersetzung aus der Climbers' Guides Series.

Dübi, H[einrich]. Ein neuer Jungfrauweg. [Mit 1 Tafel. SA.] 8. [Bern 1882.]

Dübi, H[einrich]. Klettereien in den Walliser- und Bernerbergen. [Mit Illustrationen und 1 Tafel.] SA. 8. [Bern 1877.]

Dübi, H[einrich]. Kreuz und Quer über den Fieschergrat. [A.] 8. [Bern 1889.]

Dübi, H[einrich]. Curiosa von Bern und der Stadtbibliothek in Bern. [Mit 1 Vignette.] Separatabdruck aus den «Blättern für bernische Geschichte, Kunst und Altertumskunde» [Jahrg. 2, 1906, Heft 4]. 8 S. 8. (Bern, Gustav Grunau.)

Dübi, H[einrich]. Vier Lebensläufe alpiner Veteranen (Berchtold Haller, Jules Beck, Wilhelm Brunner und Rudolf Stuber). Vortrag, gehalten in der Monatsversammlung der Sektion Bern S. A. C. ... den 6. Juli 1904. II + 13 S. 8. Zürich-Riesbach, Steiger & Tschopp.

Dübi, Heinrich. Drei spätmittelalterliche Legenden in ihrer Wanderung aus Italien durch die Schweiz nach Deutschland. Aus der Zeitschrift des Vereins für Volkskunde in Berlin.... [Jahrg. 17,] 1907. gr.-8. [Berlin, A. Asher & Co.]

(1. Vom Landpfleger Pilatus. — Aus der Z'.... Heft 1. 1907.) I S. + S. 42—65. 2. Vom Ewigen Juden. Aus der Z'.... Heft 2. 1907. S. 143—160. 3. Frau Vrene und der Tannhäuser. Aus der Z'.... Heft 3. 1907. S. 249—264.

Dübi, H[einrich]. Allerlei Notizen über die Alpen aus antiken Schriftstellern. [SA.] 8. [Bern 1882.]

Dübi, H[einrich]. Die Römerstrassen in den Alpen. [Mit Figuren.] SA. (3 Theile.) 8. [Bern 1884–1886.]

Dübi, Heinrich. Saas-Fee und Umgebung. Ein Führer durch Geschichte, Volk und Landschaft des Saasthales. Mit 51 Illustrationen nach Naturaufnahmen, einem Panorama vom Plattje am Mittaghorn von M. Pierre Odier in Céligny und einer Karte des Saasthales ⟨1:50,000⟩, Ueberdruck aus dem Siegfried-Atlas mit Nachträgen und Korrekturen. VIII + 164 S. 8. Bern, A. Francke. 1902. [geb. fr. 4. —]

Dübi, Heinrich s. Studer, Gottlieb. Über Eis und Schnee. Bern 1896–1899.

—— Studien zur Geschichte d. römischen Altertümer in d. Schweiz. gr. 4. (42 S.) Bern 891, (Körber.) * 1 20

[Dübi, Heinrich.] Alpine Unglücksfälle 1892. SA. 8. [Bern 1893.]

[Dübi, Heinrich.] Alpine Unglücksfälle 1893. SA. 8. [Bern 1894.]

[Dübi, Heinrich.] Alpine Unglücksfälle 1894. SA. 8. [Bern 1895.]

Dübi, Heinrich. Jakob Samuel Wyttenbach und seine Freunde. Beiträge zur Kulturgeschichte des alten Bern. [Mit 1 Abbildung und 3 Tafeln.] 148 S. 4. Bern, K. J. Wyss, 1910. [fr. 4. —]

Neujahrs-Blatt der Literarischen Gesellschaft Bern auf das Jahr 1911.

Dübi, Otto. Die Gemeinschaften zur gesamten Hand im deutschen und schweizerischen Recht. Ihre Forderungs- und Haftungsverhältnisse. XII + 102 S. 8. Bern, Stämpfli & Cie., 1910.

Ausg. A: Diss. Jur. Bern....
Ausg. B: Von Dr. iur. O' D'.... [fr. 2.—.] — Abhandlungen zum schweizerischen Recht.... Heft 40.

Dubia juris naturae . . . Duaci [Halle] 1719. Marb. 1724. Jenae 1742. V: *Hombergk zu Vach, Joh. Frdr.* (wr) (stri)

Dubia juris naturae. 4. Ienae, (Fritsch, Lips,) 742.

Dubia ontologica. S. l. [1771]. V: *Hollmann, Samuel Christian.* (ML)

Dubiecki, T., les Autrichiens à Cracovie. Discours prononcé à Bruxelles le 29. Nov. 1846 à l'occasion de la commémoration de la révolution polonaise. gr. in-8. Bruxelles 846, Vogler. 1/6 ℔

Dubied E, Beschreibung u Fabrikationsverfahren des Dampfkolbens. Wien 1873

Dubieds, Philippine, petit A. B. C. Cont. des phrases, des mots, des exercices d'epellation et des historiettes„ pour apprendre à de jeunes enfans à lire et à parler franç. en peu de temps. gr. in-16. (2¼ B.) Breslau 840, Kern. Thlr. *

Dubieds, Henriette Phil., le petit Neuchatelois, ou nouvelle méthode d'enseigner la langue française. 8. (9 B.) Breslau 832, (J. Fr. Korn.)

Dubief, L. F., die Bereitung d. Stärkemehls aus Kartoffeln. Od.: Kurze u. gründl. Anweis., die Kartoffeln auf d. möglichst höchste Art zu benutzen u. aus ihnen Syrup, Zucker, Wein, Branntwein u. Essig zu bereiten, sie auch z. Herstellung e. gesunden wohlschmeck. Bieres u. e. köstl. Ciders anzuwenden rc. A. d. Franz. übers. u. mit ein. Zusätzen verm. v. C. W. E. Putsche. M. 3 lith. Taf. gr. 8. (7 B.) Ilmenau 831, Voigt.

Dubief, L. F., il liquorista per le dame o tesoretto di ricette per far da se' soli in pochi istanti ogni sorta di liquori da tavola e di profumi da toeletta mediante i fiori coltivati nei giardini. gr. 16. (76 S.) Triest 864, Coen. *

Dubigk, Engelbertus Mauritius ⟨geb. am 11 Mai 1810 in Aachen⟩: Disquisitio diagnostica de symptomatis apoplexiae sanguineae atque serosae . . . Bonnae, typ. C. Georgii (1835). 24 S. 4.

Bonn, Med. Fak., Diss. v. 12 Sept. 1835

Dubinski, Gabriel Michael (Tilsit), De reminiscentia vitali quatenus causa morborum. Diss. med. Halle (J. Ch. Hendel) April 1743. 78 S. (6.—) 6995

Gew.: Hyacinth Joseph Rybinski (Oliva). — Widm. v.: Joh. Juncker, Georg Theodor Schinemann, Jo. Friedr. Tschep (dtsch.), Gottlieb Hertel (dtsch.), G. H. Bortz, Adam Nietzki, Gg. Chn. Burckhardt (Tilsit), Jac. Theod. Klein (Tilsit). Heinr. Friedr. Delius. Gg. Gottfr. Wendt.

Dubinsky, B., Moorkulturen. [Aus: „Balt. Wochenschr. f. Landwirthschaft ꝛc."] gr. 8. (25 S.) Riga 894. N. Kymmel's Sort. n. — 80

Dubinsky, Isaak: Ein Beitrag zur Aetiologie der Tubengravidität aus der Königlichen Universitäts-Frauenklinik zu Halle a. S. Halle a. S. 1910: Hohmann. 74 S. 8°
Halle, Med. Diss. v. 12. Mai 1910, Ref. Veit
[Geb. 6. Dez. 86 Studenaja, Gouv. Podolien; Wohnort: Odessa; Staatsangeh.: Rußland; Vorbildung: Gymn. Petersburg Reife Dez. 09; Studium: Halle 10 S.; Rig. 7. Mai 10.] [U 10. 1682

Dubinsky, Louis: Die sogenannte gewaltsame Streckung in ihrer Anwendbarkeit bei Contracturen und Ankylosen des Kniegelenks mit vorzugsweiser Berücksichtigung der in der Dorpater chirurgischen Klinik zur Behandlung gekommenen Kniegelenkverkrümmungen. Diss. Dorpat. 1870. 8°. 86 pp.

Dubislav, Ernst

Dubislav, E., neuere Wasserkraftanlagen in Norwegen. (VII, 174 S. m. 140 Abb.) gr. 8. München 909. R. Oldenbourg. 5. —

Dubislav, E . Wildbachverbauungen und Regulierung von Gebirgsflüssen. Mit 29 Plänen, 22 Lichtdrucktafeln und 139 Textabbildungen. (Veröffentlichung der) Königl. Techn. Hochschule zu Berlin. Louis Boissonnet-Stiftung 1900. VIII + 66 S. gr.-4. Berlin, Paul Parey, 1902. [geb. M. 40. —]

Dubislav, [Georg]: Beiträge zur historischen Syntax des Englischen. (Charlottenburg 1909: Gertz.) 39 S. 8°
Charlottenburg, st. OR 2 i. E. OP 1909 (167)

Dubislav, Geo. u. Paul Boek. Elementarbuch der englischen Sprache f. höhere Lehranstalten. gr. 8. (VII, 142 S.) Berl. 890, Gaertner. * 1 30; geb. ** 1 60
—— dass. — 2. verb. Aufl. gr. 8. (VII, 159 S.) Ebd. 892. * 1 50; geb. in Leinw. ** 1 80

Dubislaw, Geo., u. Paul Bock, Elementarbuch der englischen Sprache f. höhere Lehranstalten. 4. Aufl. Nach den Bestimmgn. der neuen Lehrpläne bearb. gr. 8. (VIII, 157 S.) Berlin 893. R. Gaertner. n. 1. 50; geb. in Leinw. n.n. 1. 80

Dubislav, Geo., u. Paul Bock, Elementarbuch d. engl. Sprache f. höh. Lehranst. Ausg. A. 6. Aufl. gr. 8. (VIII, 183 S.) Berlin 896. R. Gaertner. n. 1. 50; geb. in Leinw. n.n. 1. 80

[F.] Elementarbuch der englischen Sprache für höh. Lehranst. Von Dr. Georg **Dubislav** ... u. Paul Boek ... zu Berlin. Ausg. B.: M. Lautlehre u. Aussprachebezeichng. *Berlin: R. Gaertner 1896.* (XVII, 184 S.) 1 Bd 8. [67. 1417

Dubislav, Geo., u. Paul Boek, Elementarbuch der englischen Sprache f. höh. Lehranstalten. Ausg. B: Mit Lautlehre u. Aussprachebezeichng. 4. Aufl. gr. 8. (XVII, 184 S.) Berlin 900. [R. Gaertner.] Weidmann. n. 1. 70; geb. in Leinw. n.n. 2. —

Dubislav, Geo., u. Paul Boek, Elementarbuch der englischen Sprache f. höhere Lehranstalten. Ausg. A. 10. Aufl. In neuer Rechtschreibg. (VIII, 183 S.) 8. Berlin 904. Weidmann. Geb. n. 1. 80

— — dasselbe. Ausg. B: Mit Lautlehre u. Aussprachebezeichng. 9. Aufl. (XVIII, 191 S.) 8. Ebd. 906. Geb. n. 2. —

— — dasselbe. Anh.: Neue Stoffe zu Sprechübgn. üb. Gegenstände des prakt. Lebens. — Das Wichtigste aus der engl. Landeskunde. 2. Abdr. (S. 161—184.) 8. Ebd. 906. n. — 30

Elementarbuch der englischen Sprache für höhere Lehranstalten. Von Dr. Georg **Dubislav** u. Paul Boek, Prof., Berlin. Ausg. B. Mit Lautlehre u. Aussprachebezeichnung. 11. Aufl. Berlin: Weidmann 1907. (XVIII, 191 S.) 8° [F.] [08. 9148

Dubislav, Geo., u. Paul Boek, Elementarbuch d. englischen Sprache f. höh. Lehranstalten. Ausg. A. 12. Aufl. (VIII, 183 S.) 8. Berlin 909. Weidmann. Geb. 1. 80

— dasselbe. Ausg. B.: Mit Lautlehre u. Aussprachebezeichng. 14. Aufl. (XVIII, 280 S.) 8. Ebd. 910. Geb. in Leinw. 2. 20

Elementarbuch der französischen Sprache von Prof. Dr. Georg **Dubislav**, Dir. zu Charlottenburg, u. Paul Boek, Prof. zu Berlin. Ausg. A. Für Gymn. u. Progymn. Quarta, Untertertia u. Obertertia. Mit 2 Karten u. 1 Münztaf. Berlin: Weidmann 1906. (VII, 267 S.) 8° [F.]
(Dubislav & Boek: Method. Lehrgang d. franz. Sprache f. höh. Lehranst.) [06. 13348

Elementarbuch der französischen Sprache von Prof. Dr. Georg **Dubislav**, Dir. zu Charlottenburg, u. Paul Boek, Prof. zu Berlin. Ausg. B. Für Realgymn. u. Realprogymn. Quarta, Untertertia u. Obertertia. Mit 2 Karten u. 1 Münztaf. Berlin: Weidmann 1906. (VII, 268 S.) 8° [F.]
(Dubislav & Boek: Method. Lehrgang d. franz. Sprache f. höh. Lehranst.) [06. 13349

— — dasselbe. Ausg. C. Für Realschulen, Oberrealschulen u. Reformschulen. 2 Tle. 8. Ebd. Geb. n. 3. 80
1. Sexta. 6. Klasse. (VIII, 107 S.) 906. Geb. n. 1. 20
2. Quinta u. Quarta. 5. u. 4. Klasse. Mit 2 Karten u. 1 Münztaf. (VIII, 254 S.) 906. Geb. n. 2. 60

Dubislav, Geo., u. Paul Boek, Elementarbuch der franz. Sprache. (Method. Lehrg. d. französ. Sprache f. höh. Lehranstalten.) Ausgabe C. Für Realschulen, Oberrealschulen u. Reformschulen. 2 Tle. 8. Berlin, Weidmann. Geb. 3. 80
1. Sexta. 6. Klasse. 2. Aufl. (VIII, 105 S.) 908. Geb. 1. 20
2. Quinta u. Quarta. 5. u. 4. Klasse. Mit 2 Karten u. 1 Münztaf. (in Farbdr.) 2. Aufl. (X, 254 S.) 908. Geb. 2. 60

— — kurzgefaßtes Lehr- u. Übungsbuch der englischen Sprache f. höhere Lehranstalten. Nach den Bestimmgn. der neuen Lehrpläne bearb. gr. 8. (VIII, 328 S.) Ebd. 893. n. 2. 60

[F.] Kurzgefasstes Lehr- und Übungsbuch der englischen Sprache f. höh. Lehranst. Von Dr. Georg **Dubislav**, Oberl., u. Paul Boek, Oberl. ... zu Berlin. 3. Aufl. *Berlin: R. Gaertner 1898.* (VIII, 356 S.) 1 Bd 8. [98. 11118

— — kurzgefaßtes Lehr- u. Übungsbuch d. englischen Sprache f. höhere Lehranstalten. Ausg. B: Mit Lautlehre u. Aussprachebezeichnung. Nach den Bestimmungen der neuen Lehrpläne bearb. gr. 8. (XVII, 358 S.) Ebd. 899. Geb. in Leinw. n. 3. 30

— — kurzgefaßtes Lehr- u. Übungsbuch der englischen Sprache f. höhere Lehranstalten. Ausg. A. 6. Aufl. (VIII, 356 S.) 8. Ebd. 905. Geb. n. 3. —

— — dasselbe. Ausg. B: Mit Lautlehre u. Aussprachebezeichng. 4. Aufl. (XVII, 358 S.) 8. Ebd. 906. Geb. n. 3. 30

— — Kurzgefaßtes Lehr- u. Übungsbuch der engl. Sprache f. höh. Lehranstalten. Ausg. A. 7. Aufl. (VIII, 356 S.) 8. Ebd. 910. Geb. in Leinw. 3. —

— — dasselbe. Ausg. B.: Mit Lautlehre u. Aussprachebezeichng. 7. Aufl. (XVIII, 365 S.) Ebd. 910. Geb. in Leinw. 3. 40

— — methodischer Lehrgang der englischen Sprache f. höh. Lehranstalten unter besond. Berücksicht. der Mädchenschulen. 2 Tle. gr. 8. Ebd. 902. à n. 2. 10; geb. in Leinw. à n. 2. 50
1. Lese- u. Elementarbuch. Mit 1 Karte v. England, 1 Plan v. London u. 1 Taf. der engl. Münzen. In neuer Rechtschreibung. (XII, 193 S.)
2. Syntax. Mit 1 Plan v. London u. 1 Karte v. England. In neuer Rechtschreibung. (VIII, 203 S.)

— — dasselbe. Schlüssel zum 1. u. 2. Tl. (56 S.) gr. 8. Ebd. 902. Kart. n.n. 1. 40
Wird nur an Lehrer abgegeben.

Methodischer Lehrgang der englischen Sprache für höhere Lehranstalten unter bes. Berücks. d. Mädchenschulen. Von Dr. Georg **Dubislav**, Prof. zu Berlin, u. Paul Boek, Prof. zu Berlin. In 2 T. T. 1. 2. In neuer Rechtschreibung. [Nebst] Anh. *Berlin: R. Gaertner 1902–03.* 3 Bde 8° [F.]
1. Lese- u. Elementarbuch. Mit 1 Karte, 1 Pl. u. 1 Taf. 1902.
2. Syntax. Mit 1 Pl. u. 1 Karte. 1903.
Anhang. Stoffe z. Übersetzen aus d. Deutschen in d. Englische z. Wiederholung d. Syntax. 1903. [03. 5709

— — methodischer Lehrgang der englischen Sprache f. höhere Lehranstalten unter besond. Berücksicht. der Mädchenschulen. In 2 Tln. 8. Ebd. Geb. à n. 2. 50
1. Lese- u. Elementarbuch. Mit 1 Karte v. England, 1 Plan v. London u. 1 Taf. der engl. Münzen. 3. Aufl. (XII, 203 S.) 906.
2. Syntax. Mit 1 Plan v. London u. 1 Karte v. England (in Farbdr.). 2. Aufl. (VIII, 202 S.) 906.

— — Methodischer Lehrgang der engl. Sprache f. höh. Lehranstalten unter besond. Berücksicht. der Mädchenschulen. 2 Tle. 8. Ebd. Geb. 4. 80
1. Lese- u. Elementarbuch. Mit 1 Karte v. England, 1 Plan v. London u. 1 Taf. der engl. Münzen (in Farbdr.) 4. Aufl. (XII, 203 S. m. Abbildgn.) 908. Geb. 2. 40
2. Syntax. Mit 1 Plan v. London u. 1 Karte v. England (in Farbdr.) 3. Aufl. (VIII, 202 S.) 908. Geb. 2. 40

Dubislav, Geo., Paul Boek u. Hugo Gruber, methodischer Lehrgang d. engl. Sprache f. höhere Mädchenschulen, Lyzeen (Frauenschulen u. höhere Lehrerinnenseminare) u. Studienanstalten. Elementarbuch, Übungsbuch I—II. Schlüssel. (IV, 116 S.) 8. Berlin 910. Weidmann. Geb. 2. 60

— — u. **Hugo Gruber,** methodischer Lehrgang d. engl. Sprache f. höhere Mädchenschulen, Lyzeen (Frauenschulen u. höhere Lehrerinnenseminare) u. Studienanst. Nach den neuen Lehrplänen bearb. 5 Tle. 8. Ebd. 910. Geb. in Leinw. 10. —
1. Elementarbuch. 4. Klasse. 6. Aufl. Mit 1 Karte v. England u. 1 Plan v. London (in Farbdr.) (XII, 151 S.) Geb. 1. 80
2. Übungsbuch I. 3. u. 2. Klasse. 5. Aufl. Mit 1 Karte v. England, 1 Plan v. London u. 1 Münztaf. (in Farbdr.) (IX, 155 S.) Geb. 2. —
3. Dasselbe. II. 1. Klasse. 2. Aufl. (VI, 177 S.) Geb. 2. —
4. Schulgrammatik. Für alle Klassen, in denen die Syntax behandelt wird. 2. unveränd. Aufl. (III, 152 S.) Geb. 1. 60
5. Übungsbuch III. Für Lyzeen. (VII, 239 S.) 910.) Geb. 2. 60; Schlüssel. (VI, 140 S.) Geb. in Halbleinw. 3. —

Dubislav, Georg u. Paul Boek
— — **Methodischer Lehrgang d. französischen Sprache f. höh. Lehranstalten. Elementarbuch d. französ. Sprache. Ausg. A. Für Gymnasien u. Progymnasien. Quarta, Untertertia u. Obertertia. Mit 2 (farb.) Karten u. 1 (farb.) Münztafel. 3. Aufl. (X, 267 S.) 8. Ebd. 910. Geb. in Leinw. 2. 60**

— — dasselbe. Ausg. B, f. Realgymnasien. Quarta, Untertertia u. Obertertia. Mit 2 Karten u. 1 Münztaf. 2. Aufl. (X, 268 S.) Ebd. 909. Geb. 2. 60

— — dasselbe. Ausg. C. Für Realschulen, Oberrealschulen u. Reformschulen. 2 Tle. 8. Ebd. Geb. in Leinw. 3. 80
1. Sexta. 6. Klasse. 5. unveränd. Aufl. (VIII, 105 S.) 910. Geb. 1. 20
2. Quinta u. Quarta. 5. u. 4. Klasse. Mit 2 (farb.) Karten u. 1 (farb.) Münztafel. 5. Aufl. (X, 254 S.) 910. Geb. 2. 60

— — dasselbe. Ausg. C. Für die Klassen: III, II, I d. Realschulen, sowie für Untertertia, Obertertia, Untersekunda der Oberrealschulen u. Reformschulen. Mit 1 Karte v. Frankreich u. 1 Plan v. Paris (in Farbdr.). 4. Aufl. (X, 300 S.) 8. Ebd. 910. Geb. in Leinw. 3.—

— — dasselbe. Schulgrammatik d. französ. Sprache. Ausg. A. B. u. C. Für Gymnasien, Realgymnasien, Real- u. Oberrealschulen u. f. Reformschulen. 4. Aufl. (IV, 131 S.) 8. Ebd. 910. Geb. in Leinw. 1. 40

— — dasselbe. Französ. Übungsbuch. Ausg. A. Für Sekunda u. Prima d. Gymnasien, sowie f. Obertertia u. Sekunda der Realprogymnasien. Mit 1 Karte v. Frankreich u. 1 Plane v. Paris (in Farbdr.) (VIII, 139 S.) 8. Ebd. 910. Geb. in Leinw. 1. 80

— — dasselbe. Ausg. A u. B. Für Sekunda u. Prima der Gymnasien, sowie f. Obertertia, Sekunda u. Prima d. Realgymnasien. Mit 1 Karte v. Frankreich u. 1 Plan v. Paris (in Farbdr.). 2. verb. u. verm. Aufl. (XI, 286 S.) 8. Ebd. 910. Geb. in Leinw. 2. 80

Dubislav, Georg, Paul Boek u. Hugo Gruber
— — — **Methodischer Lehrgang der französ. Sprache f. höh. Lehranstalten. Elementarb. d. französ. Sprache. Ausg. D. Für höhere Mädchenschulen. Nach d. neuen Lehrplänen bearb. 3 Tle. 8. Ebd. 910. Geb. in Leinw. 4.40**
I. 7. Klasse. 3. unveränderte Aufl. (XI, 73 S.) Geb. 1. —
II. 6. u. 5. Klasse. Mit 1 (farb.) Karte v. Frankreich u. 1 (farb.) Münztafel. 4. Aufl. (VII, 182 S.) 910. Geb. 2. —
III. 4. Klasse. 3. Aufl. (VII, 138 S.) Geb. 1. 40

— — — dasselbe. Schulgrammatik der franz. Sprache. Ausg. D. Für höhere Mädchenschulen, Lyceen (Frauenschulen u. Lehrerinnenseminare) u. Studienanstalten. (III, 181 S.) 8. Ebd. 910. Geb. in Leinw. 1. 40

— — — dasselbe. Französ. Übungsbuch. Ausg. D. Für höhere Mädchenschulen. 2 Tle. 8. Ebd. Geb. in Leinw. 2.80
I. 3. u. 2. Klasse. Mit 1 (farb.) Karte v. Frankreich. 2. unveränd. Abdr. (VII, 144 S.) 910. Geb. in Leinw. 1.40; 3. Aufl. Mit 1 Karte v. Frankreich u. 1 Plan v. Paris (in Farbdr.). (VII, 144 S.) 910. Geb. 1. 60
II. 1. Klasse. 2. Aufl. (VII, 100 S.) 910. Geb. 1. 20

— — — dasselbe. Ausg. D. Für höhere Mädchenschulen. Schlüssel zum Elementarbuch I, II u. III, Übungsbuch I—II. (V, 108 S.) 8. Ebd. 909. Kart. 2. 40

Dubislav, Georg u. Paul Boek
— — Lese- u. Übungsbuch der englischen Sprache f. die mittleren u. oberen Klassen höh. Lehranstalten. Mit 1 Karte v. England u. 1 Plan v. London. 2. Aufl. gr. 8. (VIII, 221 S.) Ebd. 901. n. 2. 20; geb. in Leinw. n.n. 2. 50

— — Lese- u. Übungsbuch der englischen Sprache f. die mittleren u. oberen Klassen höherer Lehranstalten. Mit 1 Karte v. England u. 1 Plan v. London. 5. Aufl. (VIII, 246 S.) 8. Ebd. 906. Geb. n. 2. 50

— — Lese- u. Übungsbuch d. engl. Sprache f. die mittleren u. oberen Klassen höherer Lehranstalten. Mit 1 Karte v. England u. 1 Plan v. London (in Farbdr.). 8. Aufl. (VIII, 246 S.) 8. Ebd. 910. Geb. in Leinw. 2.50

Dubislav, G., Satzbeiordnung f. Satzunterordnung im Altfranzösischen. gr. 4. (81 S.) Berlin 888. Gaertner. n. 1. —

Dubislav, Georg [aus Bromberg]: Über Satzbeiordnung für Satzunterordnung im Altfranzösischen . . . . Halle a/S., *Druck v. W. Pormetter in Berlin,* 1888; 31 + 1 S. 4°
Halle, Phil. Fak., Inaug.-Diss. v. [29. März] 1888

Dubislav, Georg u. Paul Boek
— — **Schlüssel zum Elementarbuch u. Übungsbuch d. engl. Sprache. 2. Aufl. (VII, 164 S.) 8. Kart. 3. —**

Schlüssel zum Elementarbuch und Übungsbuch der französischen Sprache von Prof. Dr. Georg **Dubislav** u. Paul Boek, Prof., Berlin. Berlin: Weidmann 1907. (VIII, 144 S.) 8° [F.] [08. 914]

— — Schlüssel z. Übungsbuch u. zum kurzgef. Lehr- u. Übungsbuch d. engl. Sprache. gr. 8. (III, 138 S.) Ebd. 895. Kart. n.n. 2. 80
Wird nur direkt an Lehrer gegen Ausweis geliefert.

— — Schulgrammatik d. englischen Sprache f. höhere Lehranst. gr. 8. (III, 152 S.) Ebd. 891. * 1 60; geb. * * 1 90

— — Schulgrammatik der englischen Sprache f. höhere Lehranstalten. 3. Aufl. Nach den Bestimmgn. der neuen Lehrpläne bearb. gr. 8. (IV, 144 S.) Ebd. 893. n. 1. 60; geb. in Leinw. n.n. 1. 90

— — Schulgrammatik d. engl. Sprache f. höh. Lehranst. 5. Aufl. gr. 8. (IV, 144 S.) Ebd. 897. n. 1. 60; Einbd. in Leinw. n.n. — 30

— — **Schulgrammatik der englischen Sprache f. höh. Lehranstalten. 8. Aufl. [Unveränd. Abdr. der 7. Aufl.] gr. 8. (IV, 144 S.) Ebd. 901. n. 1. 60; geb. in Leinw. n.n. 1. 90**

— — Schulgrammatik der englischen Sprache f. höhere Lehranstalten. 14. Aufl. (IV, 144 S.) 8. Ebd. 906. Geb. n. 1. 90

Schulgrammatik der englischen Sprache für höhere Lehranstalten. Von Dr. Georg **Dubislav** u. Paul Boek, Prof. zu Berlin. 15. Aufl. Berlin: Weidmann 1907. (144 S.) 8° [F.] 08. 9130

— — Schulgrammatik der engl. Sprache f. höhere Lehranstalten. 17. Aufl. (IV, 144 S.) 8. Ebd. 910. Geb. in Leinw. 1. 90

Schulgrammatik der französischen Sprache für höhere Lehranstalten von Prof. Dr. Georg **Dubislav**, Dir. zu Charlottenburg, u. Paul Boek, Prof. zu Berlin. Berlin: Weidmann 1906. (125 S.) 8° [F.]
(Dubislav & Boek: Method. Lehrgang d. franz. Sprache f. höhere Lehranst.) 06. 13378

— — Stoffe zum Übersetzen aus dem Deutschen in das Englische zur Wiederholung der Syntax. Anh. z. method. Lehrgang der engl. Sprache. gr. 8. (VI, 119 S.) Ebd. 903. Geb. in Leinw. n. 1. 50

— — Stoffe zum Uebersetzen aus dem Deutschen in das Englische zur Wiederholung der Syntax. Schlüssel. (75 S.) gr. 8. Ebd. 903. Kart. n.n. 2. —
Wird nur an Lehrer abgegeben.

— — Stoffe zum Übersetzen aus dem Deutschen in d. Englische zur Wiederholung der Syntax. Anh. zum method. Lehrg. d. engl. Sprache. 2. Aufl. (VI, 119 S.) 8. Ebd. 907. Geb. 1. 60

Französisches Übungsbuch von Prof. Dr. Georg **Dubislav**, Dir., u. Paul Boek, Prof. Ausg. A u. B. Für Sekunda u. Prima d. Gymn., sowie f. Obertertia, Sekunda u. Prima d. Realgymn. Mit 1 Karte von Frankreich. Berlin: Weidmann 1907. (IX, 262 S.) 8° [F.]
(Dubislav & Boek: Method. Lehrgang d. franz. Sprache f. höh. Lehranst.) 07. 8673

— — Dass. Ausg. C. Für d. Klassen: 3, 2, 1 d. Realschulen, sowie f. Untertertia, Obertertia, Untersekunda d. Oberrealschulen u. Reformschulen. Mit 1 Karte von Frankreich. Berlin: Weidmann 1907. (VIII, 330 S.) 8°
(Dubislav u. Boek: Method. Lehrgang d. franz. Sprache f. höh. Lehranst.) 07. 907

— — Übungsbuch zum Übersetzen aus dem Deutschen in das Englische für die mittleren u. oberen Klassen höherer Lehranstalten. gr. 8. (VII, 188 S.) Ebd. 892. * 1 80; geb. * 2 10

— — Übungsbuch zum Übersetzen aus dem Deutschen in das Englische f. die mittleren u. oberen Klassen höherer Lehranstalten. 2. Aufl. Nach den Bestimmgn. der neuen Lehrpläne bearb. gr. 8. (VII, 173 S.) Ebd. 893. n. 1. 80; geb. in Leinw. n.n. 2. 10

— Übungsbuch z. Übersetzen aus d. Deutschen in d. Englische f. d. mittl. u. ob. Klassen höh. Lehranst. 4. Aufl. gr. 8. (VII, 173 S.) Ebd. 897. n. 1. 80; Einbd. in Leinw. n.n. — 30

— — Übungsbuch zum Übersetzen aus dem Deutschen in das Englische f. die mittleren u. oberen Klassen höh. Lehranstalten. 7. Aufl. [Unveränd. Abdr. der 6. Aufl.] gr. 8. (VII, 178 S.) Ebd. 901. n. 1. 80; geb. in Leinw. n.n. 2. 10

— — Uebungsbuch zum Uebersetzen aus dem Deutschen in das Englische f. die mittleren u. oberen Klassen höherer Lehranstalten. 11. verb. u. verm. Aufl. (VII, 234 S. m. 1 Plan u. 1 Karte in Farbdr.) 8. Ebd. 906. Geb. n. 2. 40

Übungsbuch zum Übersetzen aus dem Deutschen in das Englische für die mittleren und oberen Klassen höherer Lehranstalten von Prof. Dr. Georg **Dubislav** u. Paul Boek, Prof. zu Berlin. 12. Aufl. Berlin: Weidmann 1907. (VII, 254 S.) 8° [F.] 08. 9131

— — Übungsbuch z. Übersetzen aus d. Deutschen in d. Englische f. die mittleren u. oberen Klassen höherer Lehranstalten. 16. verb. Aufl. (VIII, 254 S. m. 1 farb. Plan u. 1 farb. Karte.) 8. Ebd. 910. Geb. in Leinw. 2. 40

Dubislav, [Georg]: Was wollen die Reformschulen? Ein Wort der Aufklärung an die Eltern unserer Schüler. S. 3—4. 4. S. 3—4. 4. S. 2—3. 4. S. 2—3. 4. S. 2—3. 4.
Städt. Reform-Realgymn. *Charlottenburg* 1905 (112). 1906 (117). 1907 (116). 1908 (120). Herderschule, Städt. Realgymn. (Frankfurter System) u. Realschule i. E. *Charlottenburg* 1910
Progr.

Dubislav, O[tto]: Accusativum cum Infinitivo nomen esse ineptum. 63 S. 4°
Halle-Wittenberg, Phil. Diss. v. 10. Juli 1841
Geb. [Rügenwalde (Kr. Schlawe; Pomm.) 17. 6. 1815]

Dubisson: Liqueurfabrikant, s. de Machy.

Disp. de dubitationibus contra reditum Jesu Christi, s. Geyser, Sam. Gottfr. 1778.

Dubitzky, Frz., kühne Harmonien aus neuer u. alter Zeit, s. a. Magazin, musikalisches.

Kühne Harmonien aus neuer und alter Zeit. Von Franz **Dubitzky**. Langensalza: Beyer 1910. 35 S. 8°
(Musikalisches Magazin. H. 32.) 11. 1142

— Religionsbekenntnisse unserer Tonmeister, s.: Magazin, musikalisches.

Dubitzky, Ludwig. Ansprache an die Wahlmänner und Urwähler des ersten größeren Wahlbezirks in Berlin. Druck von J. Draeger. 2 Bl. 8.
Flugblatt. Berlin, 26. April 1848.

Dubke, Hans [aus Gramenz]: Aus d. chem. Institut d. Univ. Breslau. Über die Einwirkung von Benzaldehyd auf s-Trimethylpyridin ... Breslau, Buchdr. z. Gutenberg, A. Schreiber, *1893*: 3 Bl., 38 S., 1 Bl. 8.
Breslau, Phil. Fak., Inaug.-Diss. v. 5. Aug. 1893

Dubke, Hans, üb. die Einwirkung v. Benzaldehyd auf s-Trimethylpyridin. Diss. gr. 8. (38 S.) Breslau 893. (L. Köhler.) n. 1. —

Dublanc, Adelheid, die Erzieherin wie sie sein soll, od. was hat man zur vernünft. Erziehung d. Kinder zu thun. Nebst 21 passenden Erholungsspielen, in d. Stube u. im Freien ausführbar. 12. (3 B.) Quedlinburg 842, Ernst'sche Buchh.

Dubled, Alex., Auseinandersetzung d. neuen Lehre über d. Syphilis. Aus d. Französ. gr. 8. Leipz. 830. Baumgärtner. 9 gGr.

Dubler, Alb. Ein Beitrag zur Lehre v. d. Eiterung. Grosse Ausg. 4. (64 S. m. 4 Taf. in Farbdr.) Basel 890, Sallmann. * 3 20
— dass. — 2. Aufl. (Kl. Ausg.) gr. 8. (98 S.) Ebd. 890. * 2 40

Dubler, C., Nachschlagebuch für die Maschinen-Industrie. Ausg. f. d. Schweiz. (VII, 186 S.) 8. Bern 907. Haller'sche Buchdr. In Leinw. kart. 1. 80

Dubler, Guido. Der urheberrechtliche Schutz der Kunstwerke und der Muster und Modelle in der Schweiz und im Auslande. Seine Geschichte, sein Wesen, seine Wechselwirkung und seine künftige Gestaltung. VIII + 164 S. 8. Bern, Stämpfli & Cie., 1909.
Ausg. A: Diss. Jur. Bern von G' D'... .
Ausg. B: Von Dr. G. D'. [fr. 3. 50]

Dubletten der Bibliothek der Loge „Zu den drei Cedern" in Stuttgart. [Stuttgart: Koch 1903.] 8 S. 8° [Kopftit.]
Recens: Al. 29 (1903) S. 189.
cf. Z. 34 (1903—1904) S. 36 (H. Glücksmann).
Teilweise Seltenheiten.

[Autogr.] Bibliothek der Provinzial-Grossloge von Hamburg in Berlin. **Dubletten-Verzeichnis.** Ausgeg. im Febr. 1909. [Berlin 1909: Unger.] 13 Bl. 2° [Kopftit.]

[Hektogr.] Loge Ferdinand z. Gl[ückseligkeit] in Magdeburg. **Dublettenverzeichnis** der Bücherei. März 1907. [Magdeburg 1907.] 1 Bl. 2° [Kopftit.]

Düblin, Otto [von Basel]: Haupttypen der Behandlung von Bonapartes Jugendleben, Aeusserem und Charakter in der französischen Historiographie. Basel 1897. 109 S. 8°.
Bern. Phil. Diss. 1897/98.

Dublizkaja, Olga, aus Saratow (Russland): Aus dem Zürcher Kinderspital. Zur Casuistik der Defekte der Scheidewände des Herzens. Zürich 1906. 50 S. 8°. [22. VIII. 06.]
Zürich, Med. Diss. 1905/1906.

Dubliskaja, Olga. Zur Casuistik der Defekte der Scheidewände des Herzens. Diss. Med. Univ. Zürich. *Kopftitel:* Aus dem Zürcher Kinderspital. 50 S. 8. Zürich, Kirsten & Zeisberg, 1906.

DUBNER, Jakob (Cherson): Untersuchungen über den Hämoglobingehalt des Blutes in den letzten Monaten der Gravidität und im Wochenbette.- München: Finsterlin 1890. 1 Bl., 12 S., 1 Tab.- S.-Abdr. aus: Münchener Medizinische Wochenschrift.
7.5.1890 - Chr 1889/90,29; Jv 1890/91,226
Diss. Ingolst.-Landsh.-Mchn.

DUBNER, M. G. Ueber Mesidin und seine Derivate. München, 1889.

Dübner, Friedrich

— s. Arriani anabasis et Indica. — Euripidis fragmenta. — Plutarchi Chaer. Scripta moralia. — Poetae bucolici et didacti. — Scholia Graeca in Aristophanem. — Tacitus Corn., Opera. — Theophrast. Characteres.

Dübner, F., s. Epigrammatum anthologia Palatina.

Dübner, Fr., s. 1) Hesiodus Carmina. 2) Oratorum Romanorum fragmenta. 3) Persii, Fl. Aul., Satirarum.

Dübner, Frid., Animadversiones criticae de Babrii Μυθιάμβοις. Lex.-8. (4½ B.) Pariisiis 844, Klincksieck. *

Dubnikoff, Dina, aus Irkutsk: Klinische Untersuchungen über Eisenwirkung und „larvierte Chlorose". Ein Beitrag zur Lehre von der Chlorose. (Aus der medizin. Poliklinik der Universität Bern.) Bern 1908. 30 S. 8°. [26. II. 08.]
Bern. Med. Diss. 1907/08.

Dubnikoff, Dina. Klinische Untersuchungen über Eisenwirkung und «larvierte Chlorose». Ein Beitrag zur Lehre von der Chlorose. Diss. Med. Bern. *Kopftitel:* Aus der medizin. Poliklinik der Universität Bern. 30 S. 8. Bern, Stämpfli & Cie., 1908.

Dubnow, S. M., die jüdische Geschichte. E. geschichtsphilosoph. Versuch. Autor. Übersetzg. a. d. Russ. v. J. F. gr. 8. (VII, 89 S.) Berlin 898. S. Calvary & Co. n. 1. 50

(B) Dubnow, S. M., jüdische Geschichte. 898. Jetzt: Frankfurt a. M., J. Kauffmann.

— Die Grundlagen des Nationaljudentums. Autoris. Übersetzg. aus dem Russ. v. I. Friedlaender. (69 S.) gr. 8. Berlin (905). Köln, Jüdischer Verlag. Kart. 1.50

Duboc, Charles Ed., s. a. Waldmüller, Rob.

Don Adone. Dem berühmten Fabulanten von der 'Spiaggia della Marinella' in Neapel Gian Francesco Sabattini nacherzählt von Robert Waldmüller [d. i. Eduard **Duboc**]. 2. Aufl. Leipzig: Grunow 1901. XIII, 440 S. 8° A 12. 3333

Duboc, Ed., s. K. L. Reinhold, über Religion.

Duboc, Charles Edouard

Das Vermächtniß. Roman. Von Robert Waldmüller [d.i. Charles Edouard Duboc]. Bd 1-3.
Leipzig: Günther 1870. 8°

[J.] Anti-Nietzsche v. Julius **Duboc**, Dr. phil. Erweit. SA. a. d. Vfs. „Jenseits vom Wirklichen". *Dresden: H. Henkler 1897.* (47 S.) 1 Bd 8. [98. 8330 Ic

Duboc, Jul., die Behandlung der Prostitution im Reiche. Ein Beitrag zur Kritik unserer Gesetzgebung. [Aus: „Magdeburg. Zeitung".] gr. 8. (28 S.) Magdeburg 877. Faber. n. — 75

Duboc, Jul., Die Behandlung der Prostitution im Reiche. Ein Beitrag zur Kritik unserer Gesetzgebung. 1.—2. Aufl. Magdeburg 1878. 8. . . . .
—, — — 3e durch einen Anhang: Ueber die »maisons de passe in Brüssel« vermehrte Auflage. Magdeburg 1879. 8.

— — Die Behandlung der Prostitution im Reiche. Ein Beitrag zur Kritik unserer Gesetzgebung. 3., durch einen Anhang: „Ueber die Maisons de passe in Brüssel" vermehrte Aufl. Magdeburg, A. & R. Faber, 1879. Gr. 8°. (In Amsterdam, Bibl. Gerritsen.) (2 Mk. 50 Pfg., Orig.-Umschl., E. Frensdorff, 1907.)
1 Bl. u. 36 S. — Ed. I. ibid. 1878. (Expl. ebd.)

Duboc, Jul., e. Besuch im Versorgungshaus in Bonn. 8. (14 S.) Hamburg 884. Grüning. —30

Duboc, Julius, Sociale Briefe. 1. u. 2. Aufl. 8°. Hamburg, Herm. Grüning, 1873.

Duboc, Jul., sociale Briefe. 3. Aufl. gr. 8. (III, 42 S.) Hamburg 873. Grüning. — 75

— die Emancipation d. Kunst. Drei Briefe an e. Freund. Nebst e. Nachschrift üb. „D. Moderne". 8. (III, 98 S.) Leipzig 898. O. Wigand. 1. 50

[J. u. Ant.] Fünfzig Jahre Frauenfrage in Deutschland. Geschichte u. Kritik. Von Julius **Duboc**, Dr. phil. *Leipzig: O. Wigand 1896.* (VIII, 173 S.) 1 Bd 8. [96. 8339

Duboc, Jul., die Freunde. Schauspiel in 4 Aufzügen. 8. (68 S.) Dresden 902. C. A. Koch. n. 1. 20

— Früh- u. Abendroth. Gedichte. 12. (151 S.) Ebd. 902. n. 1.80; geb. n. 2. 40

— u. P. Ziegler, Geschichte der deutschen Philosophie im 19. Jahrh., s.: Jahrhundert, das deutsche, in Einzelschriften. 3. Abth.

— Geschichte der englischen Presse. Nach J. Grant's Newspaper Press frei bearb. gr. 8. (XI, 318 S.) Hannover 873. Rümpler. n. 6. —

—— Geschichte der englischen Presse. Nach J. Grant's Newspaper Press frei bearb. 2. (Titel-)Ausg. gr. 8. (XL, 318 S.) Ebendas. 883.
—— dass. — 3. wohlf. (Titel-)Ausg. 8. (XL, 318 S.) Ebendas. 883. *

Duboc, Jul., Grundriß e. einheitlichen Trieblehre vom Standpunkte d. Determinismus. Nebst Einleitg. gr. 8. (XVI, 308 S.) Leipzig 892. O. Wigand. n. 5. —

Duboc, Jul., Herzensgeschichten. Ein Novellenstrauß. 1. und 2. Aufl. 8. (216 S.) Dresden 888, v. Grumbkow. *
geb. mit Goldschn. *

(B) Duboc, J., Herzensgeschichten. 888. Jetzt: Dresden-Blasewitz, E. Leonhardi. Erm. Pr. 2. —

[J.] Das Ich und die Uebrigen. '(Für und wider M. Stirner.)' E. Beitr. z. Philosophie d. Fortschritts. Von Julius **Duboc**, Dr. phil. . . . *Leipzig: O. Wigand 1897.* (60 S.) 1 Bd 8. [97. 5328

Jenseits vom Wirklichen. Eine Studie aus d. Gegenwart von Julius **Duboc**. Dresden: Henkler 1896. VII, 148 S. 8° [95. 6800

—— die moderne Jugendliteratur. 1. und 2. Aufl. 8. (31 S.) Ebendas. 884.
Aus: Gegen den Strom, besonders abgedruckt.

—— das Leben ohne Gott. Untersuchungen über den eth. Gehalt des Atheismus. gr. 8. (IX, 200 S.) Hannover 875, Rümpler. *

— das Leben ohne Gott. Untersuchungen üb. den ethischen Gehalt d. Atheismus. 2. Ausg. gr. 8. (XI, 200 S.) Ebend. 883. 1. 50

—— das Leben ohne Gott. Untersuchungen über den ethischen Gehalt des Atheismus. 2. (Titel-)Ausg. gr. 8. (XI, 200 S.) Ebendas. 884. *

— das „Leben ohne Gott" u. die Kritik der „Protestantischen Kirchenzeitung". Eine Entgegnung. gr. 8. (44 S.) Bonn 877. Strauß. n. — 75

— die Lust als social-ethisches Entwickelungsprinzip. Ein Beitrag zur Ethik der Geschichte. gr. 8. (XI, 247 S.) Leipzig 900. O. Wigand. 4. 50

—— der Optimismus als Weltanschauung und seine religiös ethische Bedeutung für die Gegenwart. gr. 8. (VIII, 899 S.) Bonn 881, Strauß. *

— Plaudereien u. Mehr. Aus der Studien-Mappe. gr. 8. (VI, 296 S.) Hamburg 884. Günther. n. 4. 50

Duboc, J., die Propaganda des Rauhen Hauses und das Johannes-Stift in Berlin. Eine Warnung. gr. 8. (VI und 83 S.) Leipzig 862, J. A. Barth.

—— die Psychologie der Liebe. gr. 8. (X, 206 S.) Hannover 874, Rümpler. *

— die Psychologie der Liebe. 2., ergänzte u. verm. Aufl. 8. (XVI, 240 S. m. Portr. in Stahlst.) Hannover 880. Hamburg, Grüning. n. 4. —; geb. n. 5. —

— die Psychologie der Liebe. 2. ergänzte u. verm. Aufl. 2. Ausg. gr. 8. (XVI, 240 S. m. Stahlst.-Portr. d. Verf.) Hamburg 883. Grüning. 4. —

— d. Psychologie d. Liebe. 2. Aufl. Neue m. e. Vorwort verseh. [Titel-]Ausg. 8. (XVIII, 240 S. m. Bildnis.) Dresden (880) 898. H. Henkler. n. 4. —; geb. n. 5. —; eleg. geb. m. Goldschn. n. 6. — ; Vorwort allein (18 S.) n. — 60

Duboc, Jul., Reben und Ranken. Studienblätter. 8. (IX, 338 S.) Halle 879, Gesenius' Verlag. *

— s.: Sittenlosigkeit, d. öffentl.

— — Die öffentliche Sittenlosigkeit. 5. Aufl. (Motto: „Aergerniß hin, Aergerniß her.") Hamburg, Herm. Grüning (c. 1878). Gr. 8°. 38 S. (Geheft. 50 Pfg.)
Anz. d. Verlegers (1878), ohne Jahresangabe. — Ed. I. ibid. 1870.

Streiflichter. Studien u. Skizzen von Julius Duboc. *Leipzig: O. Wigand 1902.* (viii, 263 S.) 8° [F.] 1-a. 375-

—— Gegen den Strom. Gesammelte Aufsätze. gr. 8. (344 S.) Hannover 877, Rümpler. *

—— gegen den Strom. Gesammelte Aufsätze. 2. (Titel-)Ausg. gr. 8. (VII, 344 S.) Ebendas. 883.
— — dass. — 3. wohlf. (Titel-)Ausg. gr. 8. (VII, 344 S.) Ebendas. 884. *M 2.; geb. *

—— die Tragik vom Standpunkte des Optimismus, mit Bezugnahme auf die moderne Tragödie. gr. 8. (XI, 140 S.) Hamburg 886, Grüning.
geb. mit Goldschn.

Duboc, Julius: Zwei Zeitgedichte. Zur Frauenfrage. E. Epistel an d. Männerwelt. – Zur Judenfrage. gr. 8°. (15 S.) Dresden 1897. H. Henkler.

— hundert Jahre Zeitgeist in Deutschland. Geschichte u. Kritik. 8. (VI, 824 S.) Leipzig 889. O. Wigand. n. 5. —

— hundert Jahre Zeitgeist in Deutschland. 2. Thl. Eine Umschau an des Jahrhunderts Wende. gr. 8. (VIII, 265 S.) Ebd. 893. n. 4. — (kplt.: n. 9. —)

— 100 Jahre Zeitgeist in Deutschland. Geschichte u. Kritik. 2. durchgeseh. u. ergänzte Aufl. gr. 8. (XVI, 822 S.) Ebd. 899. n. 5. —

Duboille, manuel lexique des mots françois, dont la signification n'est pas famil. p. tout le monde. II Vol. 8. Paris et Strasb. König. 789.

Du Bois, s. a.: Bois, du.

Dubois und Gioconda, eine corsische Geschichte. O.O. 1766. V: *Teubern, Hans Ernst von.* (BrMm) (MGT) »Du bois« (Ky)

Dubois und Gioconda; eine corsische Erzähl. (von v. Teubern.) 8. Züllichau. (Frommann in Jena.) 767.

Dubois, Dr., Anekdoten zur angenehmen Unterhaltung u. zum Uebersetzen ins Französ., mit beigefügten Wörtern u. Anmerkk. 8. Tübing. 822. Osiander. 12 gr

— Briefe über den Zustand d. Christenthums in Indien, in welchen d. Bekehrung d. Hindus als unausführbar dargestellt wird. Aus d. Engl., mit Anmerkk. u. erläut. Nachträgen v. G. A. Hoffmann, nebst Vorr. v. J. F. Röhr. 8. Neustadt 824. Wagner. 1 Rthlr Hbg. Pr. 16 gr

Dubois, Geschichte der Abtei Morimond und der vornehmlichsten Ritterorden Spaniens und Portugals. Nach der 2. Aufl. aus dem Französ. übers. von C. gr. 8. (XXXVIII und 380 S.) Münster 855, Aschendorff'sche Buchh.

Dubois, Dr., s. Jedermann sein eigener Arzt.

Dubois, Untersuchungen über die physiologische Wirkung der Condensatorenentladungen. gr. 8. (65 S.) Bern 888, Wyss. *
Aus: Mittheilungen der naturforschenden Gesellschaft in Bern, besonders abgedruckt.

Du Bois, Alb., Dom Bosco und die fromme Gesellschaft der Salesianer. Nach dem Französ. 8. (VIII, 319 S.) Mainz 885, Kirchheim. *

Graf Albert Du Bois. Greisenrache. Spartan. Sittenbild. (Einzig berecht. deutsche Ausg. übers. von Erwin Rex [d. i. Paul Langenscheidt].) Bildschmuck von F. Schmidt. Berlin-Gr. Lichterfelde: P. Langenscheidt [1905]. (131 S.) 8°
— Mignon, Bibliothek. [Jg. 1], [Bd] 6. [07. 1003]

Dubois, A., s. Lacordaire, H., Kanzelvorträge.

Du Bois, André, diplomierter Arzt aus Le Locle: Aus der chirurgischen Klinik des Prof. Dr. Krönlein in Zürich. Über acute infectiöse Beckenosteomy[e]litis. Zürich 1906. 57 S. 8°. [5 I. 07.]
Zürich. Med. Diss 1906/1907

Du Bois, André. Ueber acute infectiöse Beckenosteomy(e)litis. Diss. Med. Univ. Zürich. *Kopftitel:* Aus der chirurgischen Klinik des Prof. Dr. [Ulrich] Krönlein in Zürich. 57 S. 8. Zürich, Gebr. Leemann & Co., 1906.

Dubois, C. F.

— s. Abtritts-Gruben.

Dubois, C. F., ornitholog. Gallerie, od. Abbildn. aller bekannten Vögel. 3—24. Hft. Jed. m. 6 grösstenth. col. Taf. Nebst Beiblättern. Lex.-8. (zus. 15½ B. Text.) Aachen 835—40, (Mayer.) à * 7 Gr., col. *
1. u. 2. Hft. Ebendas. 1834. à * 7 Gr., col. * 12 Gr.

— das Museum, oder naturgeschichtl. Atlas in naturgetreuen Abbildd aus d. Thier-, Pflanzen- u. Mineralreiche, u. ausführl. Beschreibung derselben f. gebildete Leser aller Stande. 1e Lfrg. Mit 8 Tafeln. gr 8. Aachen 836. Mayer; auch Roschütz u. Comp. 1/3 Rthlr ill. 2/3 Rthlr

— Naturgeschichte der Vögel Europas, mit deren bekannten Nestern, Eiern u. ihren nach der Natur gezeichneten Abbildungen; mit besond. Rücksicht für den Selbstunterricht und für höhere Schulen bearb. 16 Hft. Mit 6 Tafeln Vögel u. 2 nummerirten Bl. mit Nestern u. Eiern. 4. Aachen 835. (Mayer.) 5/12 Rthlr ill. 3/4 Rthlr

Du Bois, Carla, s.: Bois, Carla du.

Dubois, Charles s. Kern, J[ohann] C[onrad]: Politische Erinnerungen. Frauenfeld 1887 — Souvenirs politiques. Berne, Paris 1887.

Dubois (d'Amiens), E.Fr(édéric): Über das Wesen und die gründliche Heilung der Hypochondrie und Hysterie. (Histoire philosophique de l'hypochondrie et de l'hystérie. Dt.) Eine von der Königlich medizinischen Gesellschaft zu Bordeaux gekrönte Preisschrift. Hrsg.und mit einer Einleitung versehen von Karl Wilhelm Ideler. 386 S., gbd.

Berlin: Hirschwald 1840

DUBOIS, Edmund (Orb): Zur Anwendung des Chrysarobin und der Pyrogallussäure.- München, Augsburg: Kimmer 1880. 29 S.
21.7.1880 - Urk (Titel: De usu therapeutico chrysarobini et acidi pyrogallici.); Chr 1880/81,14
Diss.Ingolst.-Landsh.- Mchn.

du Bois, Ernst, approb. Arzt aus Hannover: Ueber die in den Jahren 1877 bis 1900 in der Göttinger medizinischen Universitäts-Klinik beobachteten Fälle von Bauchfellentzündung. Beitrag zur Statistik d. Bauchfellentzündung. *Göttingen 1901: Dieterich.* (141 S.) 8°
Göttingen, Med. Diss. v. [21. Nov.] 1901

Dubois, Eug., die Klimate der geologischen Vergangenheit u. ihre Beziehung zur Entwickelungsgeschichte der Sonne. gr. 8. (VII, 86 S.) Nijmegen 893. Leipzig, M. Spohr. n. 1. 50

— Pithecanthropus erectus. Eine menschenähnl. Uebergangsform aus Java. gr. 4. (III, 39 S. m. 3 Fig., 2 farb. Taf. u. 2 Bl. Erklärgn.) Batavia 894. (Haag, M. Nijhoff.) Kart. n.n. 6. 50

DUBOIS, Felice. Achmed und Klothilde. (Um 1910). 8°. [E. I, 17.]
Verb. d. Ldg. Elberfeld 8. J. 502/13.

Dubois, Félix, die anarchistische Gefahr. (Le péril anarchiste.) Übers. v. Max Trüdjen. Autoris. deutsche Ausg. 8. (286 S. m. Abbildgn.) Amsterdam 894. A. Dieckmann. n. 3. —

Dubois, Ferdinandus: Theses, loco dissertationis de temperatura in febribus intermittentibus mox edendae. Halis (1835): Ploetz. 2 Bl. 8°
Halle-Wittenberg, Med. Thesen v. 6. Mai 1835
Geb. [Neuchâtel (Schweiz) 8. 7. 1814]

Dubois, Friedr. Das Buch d. Religionen. 10 Lfgn. gr. 8. (XVI, 777 S.) Stuttg. 890, Brennwald. à Lfg. 1 —; 10 —; geb. 12 —

Deutschlands Seeinteressen und Seemacht. Von Kapitän z. S. z. D. [Georg] du Bois. *Berlin: Norddeutsche Verlagsanst. 1900.* (31 S.) 8° [F.] [illegible]

Du Bois, G[eorg] C., Bergingenieur: Beitrag zur Kenntnis der Surinamischen Laterit- und Schutzrindenbildungen. Mit 1 Taf. in Farbendruck. *Wien: A. Hölder 1902.* (61 S.) 8° ¶ Aus: Tschermaks Min. u. petrogr. Mitteilungen, Bd 22, H. 1.
Rostock, Phil. Diss. v. [15. Juni] 1902

Du Bois, G. C., geologisch-bergmännische Skizzen aus Surinam. Das Prospectieren auf Goldseifen u. die Abbaumethoden goldhalt. Seifen. Mit 13 Abb. im Text, 2 Taf. Gesteinsschliffe u. e. geolog. Karte v. Surinam. gr. 8. (VII, 104 S. m. 2 Bl. Erklärgn.) Freiberg 901. Craz & Gerlach. n. 6. —

Dubois, H., Hodegus seminaristarum. Ex idiomate gallico in latinum translatus. Fasc. 1. 8. (91 S.) Wien 866, Mayer und Comp.

Dubois, H., das Leben nach dem Glauben, od.: Nothwendigkeit, sein Leben nach den Lehren u. Grundsätzen d. Glaubens einzurichten. Aus dem Franz. 8. (XII, 548 S.) Regensburg 876. Manz. 4. 50.

Dubois, Abbé H., der heilige Priester oder die Nothwendigkeit der priesterl. Heiligkeit und die Mittel, um sie zu erlangen und zu vervollkommnen. Mit Autorisation ins Deutsche übers. von Jos. Vollbach. Mit einem Vorworte von Bischof Joh. Thdr. Laurent. gr. 8. (XV, 478 S.) Regensburg 872, Pustet.

Dubois, H., der praktische Seelsorger, oder: Wie wirkt man segensreich in einer Gemeinde? Nach der 3. Aufl. des französ. Originals frei bearb. von einem Priester der Diöcese Mainz. Mainz 856. Kirchheim. gr. 12. (XII, 544 S.) 1 ₰

Dubois, H., der practische Seelsorger, oder: Wie wirkt man segensreich in einer Gemeinde? Nach der 3. Aufl. des französ. Originals frei bearb. von einem Priester der Diöcese Mainz. 2., verb. Aufl. Mainz 860. Kirchheim. 12. (XII, 548 S.) 1 ₰

— der praktische Seelsorger, oder: Wie wirkt man segensreich in einer Gemeinde? Nach der 3. Aufl. des französ. Origin. frei bearb. von e. Priester der Diöcese Mainz. 3. Ausg. Mainz 867. Kirchheim. 12. (XII, 548 S.) 1 ₰

— der praktische Seelsorger, oder wie wirkt man segensreich in einer Gemeinde? Nach der 3. Aufl. des französ. Orig. frei bearb. von einem Priester der Diöcese Mainz. 4. Aufl. 8. (XII, 515 S.) Mainz 878, Kirchheim.

Dubois, Abbé H. — Uebung des Christenthums, oder: Nothwendigkeit, das werkthätig zu üben, was man glaubt. Ein nützliches Buch für alle Christen, aber insbesondere für die Weltmenschen, welche den Glauben ohne die Werke haben. Von — —. Aus dem Französischen übersetzt von J. Mosshamer 8. (XII, 416 S.) Wien. Druck und Verlag der Mechitharisten-Kongregations-Buchhandlung. 1854.

Du Bois, H. E. J. G., magnetische Circularpolarisation in Cobalt und Nickel. Diss. Strassburg i. Els. 1887, Trübners Buchh. u. Antiqu. (E. d'Oleire). 8°. 38 S. mit einer Taf.

Dubois, Hermann [aus Bingen am Rhein]: Ueber einige Derivate des Caprolactons . . . : Strassburg, Druck v. M. Dumont-Schauberg, 1886; 32 S. 8°.
Strassburg, Math.-Naturw. Fak., Inaug.-Diss. v. 1886.

Dubois, Hermann, über einige Derivate des Caprolactons. Diss. Strassburg i. Els. 1886, Trübners Buchh. u. Antiqu. (E. d'Oleire). 8°. 32 S.

Dubois, J., sur les langues en général et sur la langue francaise en particulier. Progr. der Studien-Anstalt Zweibrücken 1827. 4°. 28 S.

Dubois, Jean: Der Wilderer, s. Lemonnier, Camille

Dubois, J. Bapt., Deus unus et trinus systematice propositus. 4. Bamb. 770. (Wesché in Frkf.) 16 gr.

Die Vereinigte Landschaftliche Brandkasse zu Hannover. Ein Beitr. zur Geschichte d. öffentl. Feuerversicherung in Deutschland. Von L. Ernst du Bois. — Merseburg 1901: Heine. 66 S. 8° Aus: Mittheilungen f. d. öffentl. Feuerversich.-Anstalten. Jg. 1901, 6.

Dubois, (Paul). Die Einbildung als Krankheitsursache, von Professor Dr. D', Bern. IV + 48 S. gr.-8. Wiesbaden, J. F. Bergmann, 1907. [M. 1. —]
(Grenzfragen des Nerven- und Seelenlebens. Einzel-Darstellungen für Gebildete aller Stände ... Hrg. von Dr. L[eopold] Loewenfeld in München. Heft 48)

Dubois, Paul. Ueber den Einfluss des Geistes auf den Körper. (Aus dem Französischen übersetzt von Dr. med. E[rnst] Ringier in Kirchdorf.) 108 S. 8. Bern, A. Francke, 1905. [fr. 1. 25]

Dubois, Paul. Ueber den Einfluss des Geistes auf den Körper. (Aus dem Französischen übersetzt von Dr. med. E[rnst] Ringier in Kirchdorf.) 2. Aufl. 108 S. 8. Bern, A. Francke, 1906. [fr. 1. 25]

Dubois, Paul. Ueber den Einfluss des Geistes auf den Körper. (Aus dem Französischen übersetzt von Dr. med. E[rnst] Ringier in Kirchdorf.) 3. Aufl. 108 S. 8. Bern, A. Francke, 1907. [fr. 1. 25]

Dubois, de l'influence de l'esprit sur le corps. Conférence, faite à la salle du Grand Conseil de Berne, le 28. II. 1901. 1.—3. éd. 8. (à 92 S.) Bern 901. 902. A. Francke. n. 1.—; geb. in Leinw. n. 1. 60

Dubois, [Paul]. De l'influence de l'esprit sur le corps. 4e éd. I + 92 p. 8. Berne, A. Francke, 1904. [cart. fr. 1. 25]

Dubois, [Paul]. De l'influence de l'esprit sur le corps. 5e éd. [nouveau tirage de la 4e]. 92 p. 8. Berne, A. Francke, 1904. [fr. 1. 25]

—

Dubois, [Paul]. De l'influence de l'esprit sur le corps. 6e éd. [nouveau tirage de la 4e]. 92 p. 8. Berne, A. Francke, 1906. [fr. 1.25]

Dubois, [Paul]. De l'influence de l'esprit sur le corps. 92 p. 8. Berne, A. Francke. [fr. 1. 25]
7e éd. [nouveau tirage de la 6e]. 1907.
8e éd. 1908.

— De l'influence de l'esprit sur le corps. 9. éd. (92 S.) kl. 8. Ebd. 910. Geb. in Leinw. 1. —

Dubois, [Paul]. Pathogenese der neurasthenischen Zustände. (Referat gehalten auf dem 10. französischen Kongress für Medizin in Genf. Sept. 1908.) II S. + S. 505—540 ‹36 S.›. gr.-8. Leipzig, Johann Ambrosius Barth, 1909. Subskr. M. 1. —, Einzelpreis 1. 50
Sammlung Klinischer Vorträge, begründet von Richard von Volkmann. Neue Folge.... Nr. 511/512 ‹Serie XVIII, Heft 1/2›. Innere Medizin Nr. 154/155.

Dubois, Paul. Die Psychoneurosen und ihre psychische Behandlung. Vorlesungen gehalten an der Universität Bern von Dr. P' D'.... Übersetzt von Dr. med. [Ernst] Ringier.... Vorrede von D. (J[oseph Jules]) Déjerine, Professor ... in Paris. (4 Lieferungen....) VIII + 459 S. 8. Bern, A. Francke, 1905. [Subscr. fr. 9. 35; im Buchh. 10. —, geb. 12. 50]

Dubois, Paul. Die Psychoneurosen und ihre seelische Behandlung. Vorlesungen gehalten an der Universität Bern von Dr. P' D'.... Übersetzt von Dr. med. (E[rnst]) Ringier.... Vorrede von Dr. (J[oseph Jules]) Déjerine, Professor ... in Paris. 2., durchgesehene Aufl. 484 S. 8. Bern, A. Francke, 1910. [geb. fr. 12. 50]

Dubois, [Paul]. Zur Psychopathologie der Angstzustände. Offener Brief an Prof. Hermann Oppenheim. Sonderabdruck aus der Berliner klin. Wochenschr., 1909. No. 33. II + 7 S. 8. ‹Berlin, August Hirschwald.›

Dubois, Paul. Raison et sentiment. Conférence faite à ... Berne le 3 mars 1910. 63 p. 8. Berne, A. Francke, 1910. [relié fr. 1. 25]

Dubois, Paul. Selbsterziehung. (Aus dem Französischen übersetzt von Dr. med. E[rnst] Ringier in Kirchdorf.) 1.—5. Tausend. 272 S. 8. Bern, A. Francke, 1909. [fr. 4. —]

Dubois, Paul. Vernunft und Gefühl. Akademischer Vortrag, gehalten in ... Bern, den 3. März 1910. (Aus dem Französischen übersetzt von Charles Dubois, med.) 64 S. 8. Bern, A. Francke, 1910. [geb. fr. 1. 25]

Vernunft und Gefühl [Raison et sentiment]. Akad. Vortrag geh. in Bern 1910 von Dr. Paul **Dubois**, Prof. (Aus d. Franz. übers. von Charles Dubois.) 2. Aufl. Bern: Francke 1910. 64 S. 8°

Dubois, [Paul]. Ueber Wach-Suggestion. Vortrag gehalten ... 22. Februar 1903 ... [in] Bern auf Ersuchen der hygienischen Sektion des gemeinnützigen Vereins ... sowie des bernischen Samariterinnen-Vereins. Separat-Abdruck aus dem «Sonntagsblatt des Bund» Nr. 10 und 11. 20 S. 8. Bern, H. Jent, 1903.

Dubois, Pt. Jos., eruditionis Gazophylacum III Pts. 8. Augsb. 754. M. Rieger. 2 ß

Dubois, Philipp

Dubois, Ph., diplomatische Berichte an den Fürsten Ludwig zu Anhalt von 1605—1620, s. Beiträge, urkundliche, zur Geschichte und Politik des 17. Jahrhunderts.

Du Bois, R. F. H., s. Du Bois Reymond, F. H.

Du Bois, Rmd. Fel. H., neue Umbildungslehre d. französ. Zeitwörter, nach dem auf d. deutsche Sprache ebenfalls anwendbaren Grundsatz d. Zeitvorgängigkeit, welche d. Conjugation dermaßen vereinfacht, daß sie weit faßlicher u. leichter zu erlernen wird. Ein Anh. zu jeder französ. Sprachlehre. gr. 8. Berl. 818. Duncker u. H. 8 gr.

Dubois, Et., s. Grundriß d. französ. Sprache.

Dubois, Et., Grundriß der franz. Sprache, verb. m. pract. Uebung ꝛc. 8. Gött. Dieterich. 808.

du Bois, Theod. Matt. Adalbert. (geb. Falkenau in Westpr. 11. 10. 1817): De glandula thyreoidea tam sana quam morbosa. Berolini (1842). (28 S.) 8°
Berlin, Med. Diss. v. 10. Sept. 1842

Dubois-Buisson, V., die Würger v. Paris. Sensations-Schauspiel in 9 Bildern. N. d. gleichnam. Roman v. A. Belot f. d. Bühne bearb. Deutsch v. F. Thalheim. gr. 8. (47 S.) Berlin (886). M. Böhm. 3. —

Dubois-Crancé, Bericht üb. die Lage der Armeen. 8. s. l. Jahr III. der Frankenrepublik. (1795.)

Du Bois-Melly, Charles

Du Bois-Melly, Ch. L'amour et la peste. Genève, 1624—1637. In-8°. 376 p. Genève et Bâle, H. Georg. 1892 4 —

— Dragonnette Cerisier. Genève 1513 — 1519. (Roman historique). 12°. 445 pages. Genève et Bâle, Georg & Co. 1898 5 —

Du Bois-Melly, Ch. Ceux de Genève. 1601—1602. In-12°. 373 p. Genève et Bâle, Georg & Co. 1896 4 —

Du Bois-Melly, Charles. „Ceux de Genève" 1601 —1602 (Roman historique). 2e édition. 12°. 373 pages. Avec le portrait de l'auteur. Genève et Bâle, Georg & Co. 1898 3 —

Du Bois-Melly, Ch. Châteaux, manoirs et monastères des environs de Genève. 2e série. Un album contenant 30 dessins d'après nature et notes historiques. In-8°. Genève, Bâle, Lyon, H. Georg. 1891 Toile 20 —

Du Bois-Melly, Ch. Le déclin de la chevalerie et gent d'armerie du règne de Jean le Bon à celui de Louis XI, 1350 — 1483. (4me étude historique.) In-8°. 110 p. Genève et Bâle, Georg & Co. 1896 2 50
*** Tiré à 150 exemplaires. Les études 1 à 3 ont paru en 1891, 1893 et 1891.

(**Du Bois-Melly, Ch[arles].**) Le Dict de Châtillon. Chronique du quatorzième siècle. Précédée d'une lettre ouverte, pour l'intelligence de ce manuscrit. [Avec une planche.] *Kopftitel:* Académie de Perly-Certoux, Section des Hautes Études. — VIII + 120 p. 8. Genève, Henry Kündig; Paris; Berlin 1901. [fr. 2. 50]
1 planche en phototypie: d'après nature.

Du Bois-Melly, ausgew. Erzählgn., s.: Conteurs, modern.

Du Bois-Melly, Charles. Pierre Fatio. Drame historique en six tableaux. In-8°, 125 p. Genève et Bâle, (H. Georg). 1880 2 50

DuBois-Melly, Ch. Histoire anecdotique et diplomatique du traité de Turin entre la cour de Sardaigne et la ville de Genève 1754. Avec le précis des négociations secrètes qui en ont été les préliminaires. In-12°, 133 p. Genève et Bâle, H. Georg. 1880 3 —

DuBois-Melly, Charles. Ève de La Pasle. Episode de la guerre de Genève 1589/90. In-12°, 435 p. Genève et Bâle, H. Georg. 1886 4 —

Du Bois-Melly (Charles) — Mémoires d'un fugitif (1686) suivi du Journal de Genève pour la présente année (1690) 270 pages in-12. H. Georg. Genève et Bâle [illegible] 4. —
*** Tiré à petit nombre sur papier fort.

Du Bois-Melly, Ch. Les mœurs genevoises de 1700 à 1760 d'après tous les documents officiels pour servir d'introduction à l'histoire de la république et seigneurie à cette époque. 2e édition augmentée. In-12°, 383 p. Genève, Bâle et Lyon, H. Georg. 1882 4 —
*** La première édition a été tiré à 250 exemplaires.

Du Bois-Melly. Mœurs soldatesques et „coutumes de Mars" de Louis XII à Henri II. (3e étude historique). In-8°. 107 p. Genève et Bâle, Georg & Co. 1894 2 50
Tiré à 150 exemplaires

Du Bois-Melly, Charles. Nouvelles d'atelier. 2e éd. augmentée. (L'intendante — Poste restante — Les deux pièges — Le val d'Hérens — L'heure de Berne.) In-12°, 592 p. Genève et Bâle, H. Georg. 1893 5 —
*** „Le val d'Hérens" et „L'heure de Berne" sont inédits. La prem. éd. a paru en 1859 chez Hachette à Paris.

Du Bois-Melly. Les ordonnances royales et les mœurs sous le règne des derniers Valois. 2me étude. In-8°. 66 p. Genève et Bâle, Georg & Co. 2 —
*** Tirée à 125 exemplaires. 1893

Du Bois-Melly, Ch. Le récit de Nicolas Muss, serviteur de M. l'Amiral. Episode de Ste-Barthélemy, avec notes histor. et gloses. In-12°, 258 p. Bâle et Genève, H. Georg. 1878
*** Tiré à petit nombre sur papier de Hollande. Titre rouge et noir.

Du Bois-Melly. Relations de la Cour de Sardaigne et de la république de Genève depuis le traité de Turin jusqu'à la fin de l'ancien régime, 1754—1792. In-8°. 349 p. Genève, Bâle, Lyon, H Georg, 1891. 5 —

DuBois-Melly, Charles. La Seigneurie de Genève et ses relations extérieures, 1720—1749. In-12° carré, 229 p. Genève et Bâle, H. Georg. 1879
Contenu: Genève pendant la peste de Marseille. -- L'enlèvement de Dédomo. - Un mariage royal à Thonon. — Genève pend. la guerre pour la succession d'Autriche.

Du Bois-Melly, Charles. Voyages d'artiste en Italie, 1850–1875. [Avec 1 planche.] 8. Genève et Bâle 1877.

Dubois de Montpereux, Fr., Conchiliologie fossile et aperçu géognostique des formations du Plateau Volhyni-Podolien. Av. 8 plchs. et 1 Carte. gr. in-4. ... Berlin 831, Schropp et Comp.

Du Bois de Montperreux, F(rédéric). Les monuments de Neuchâtel. Ouvrage posthume. [Avec une introduction biographique sur l'auteur et 58 planches.] (Mittheil. Ant. Ges. Zürich. Band 5.) 4 (Zürich 1852.)

Dubois, F., les monuments de Neufchatel, s.a.Mittheilungen der antiquar. Gesellschaft in Zürich.

Dubois de Montpéreux, Fr., Reise um den Caucasus ꝛc., s. Sammlung d. vorzügl. neueren Reisebeschreibungen ꝛc.

Du Bois-Reymond, s.a. Bois-Reymond, du.

du Bois-Reymond, Claude (geb. Berlin 21. 12. 1855): Ueber die Zahl der Empfindungskreise in der Netzhautgrube. Berlin (1881). (31 S.) 8°
Berlin, Med. Diss. v. 15. Aug. 1881

Du Bois-Reymond, Emil, eine Kritik seiner Weltansicht, s. Weber, Th.

Du Bois-Reymond, Emil, gesammelte Abhandlungen zur allgemeinen Muskel- u. Nervenphysik. 1. Bd. Mit 29 in den Text gedr. Holzschn. u. 4 Taf. (Kpfrst. in qu. gr. 4.) gr. 8. (XIV, 398 S.) Leipzig 875. Veit & Co. n. 15. —

Du Bois-Reymond, Emil, gesammelte Abhandlungen zur allgemeinen Muskel- u. Nervenphysik. 2. Bd. Mit 21 in den Text gedr. Holzschn., 2 Tabellenbogen u. 3 Taf. (2 lith. u. 1 in Kpfrst.) Lex.-8. (XVI, 753 S.) Leipzig 877. Veit & Co. n. 25. — (1. u. 2.: n. 40. —)

du Bois-Reymond, Emil, Vorlaufiger Abriss einer Untersuchung über den sogenannten Froschstrom und über die elektromotorischen Fische. (Annal. der Physik und Chemie, 1843, Bd. LVIII.)

Du Bois-Reymond, Emil, über eine Akademie der deutschen Sprache. Ueber Geschichte der Wissenschaft. Zwei Festreden in öffentl. Sitzungen der königl. Akademie der Wissenschaften zu Berlin gehalten. gr. 8. (49 S.) Berlin 874, Dümmler's Verlag. *

du Bois, Aemil. (Henr.) (geb. Berlin 7. 11. 1818): Quae apud veteres de piscibus electricis exstant argumenta. Berolini (1843). (30 S.) 8°
¶ Verf. nannte sich später du Bois-Reymond.
Berlin, Med. Diss. v. 11. Febr. 1843

Du Bois-Reymond, Emil, über das Barrenturnen und über die sogenannte rationelle Gymnastik. Erwiderung auf zwei dem Königl. Ministerium der Geistlichen, Unterrichts- u. Medicinal-Angelegenheiten abgegebene ärztliche Gutachten. Berlin 862. G. Reimer. gr. 8. (32 S.) 3 *ngr.*

— Bemerkungen über die Reaktion der elektrischen Organe und der Muskeln. (Aus Reichert's und du Bois-Reymond's Archiv, Jahrg. 1859, 6. Heft.)

—— **Beschreibung** einiger Vorrichtungen und Versuchsweisen zu elektrophysiologischen Zwecken. gr. 4. (91 S. mit eingedr. Holzschn. und 8 Kpfrt.) Berlin 863, (Dümmler's Verlag.) cart. *
Aus: Abhandlungen der k. Akademie der Wissenschaften zu Berlin, 1862, besonders abgedruckt.

du Bois-Reymond, Emil, Die aperiodische Bewegung gedämpfter Magnete. Zweite Abhandl. (Aus dem Monatsber. der Kön. Akad. der Wissensch. zu Berlin.) Berlin 1870.

Du Bois-Reymond, Emil, über thierische Bewegung. Rede gehalten im Verein für wissenschaftl. Vorträge am 22. Febr. 1851. gr. 8. (31 S.) Berlin 851, G. Reimer.

Tierische Bewegung. Üb. d. Grenzen des Naturerkennens. Die Sieben Welträtsel. Wissensch. Vortr. v. Emil **Du Bois-Reymond.** Ed., w. introd. a. notes by James Howard Gore, ... Prof. ... in the Columb. Univ. *Boston: Ginn & C. 1896.* (vII, 112 S.) 1 Bd 8. (97. 39

Du Bois-Reymond, Emil. Adelbert von Chamisso als Naturforscher. Rede, zur Feier des Leibnizischen Jahrestages in der Akademie der Wissenschaften zu Berlin am 28. Juni 1888 geh. gr. 8. (64 S.) Lpz. 889, Veit u. Comp. * 1 20

—— **Darwin** versus Galiani. Rede, in der öffentl. Sitzung der königl. preuss. Akademie der Wissenschaften zur Feier des Leibnizischen Jahrestages am 6. Juli 1876 gehalten. gr. 8. (32 S.) Berlin 876, Hirschwald. *

—— s. Ehrenfels, Chr. v., metaphysische Ausführungen.

Du Bois-Reymond, Emil, Friedrich II. in der bildenden Kunst. Rede, zur Feier des Jahrestages Friedrich's II. in der Akademie der Wissenschaften zu Berlin am 27. Jan. 1887 gehalten. gr. 8. (56 S. mit 1 Titelholzschn.) Leipzig 887, Veit und Comp. *

Du Bois-Reymond, Emil, Friedrich II. in englischen Urtheilen. — Darwin und Kopernicus. — Die Humboldt-Denkmäler vor der Berliner Universität. Drei Reden. gr. 8. (120 S.) Leipzig 884, Veit und Comp. *

Dubois-Reymond, Emil, Gedächtnissrede auf Paul Erman. Gehalten in der öffentl. Sitzung der königl. Akademie der Wissenschaften zu Berlin am 7. Juli 1853. gr. 4. (27 S.) Berlin 853, G. Reimer. *

—— **Gedächtnissrede** auf Johannes Müller. gr. 4. (167 S.) Berlin 860, (Dümmler's Verlagsh.) *
Aus: Abhandlungen der k. Akademie der Wissenschaften zu Berlin, Jahrg. 1859, besonders abgedruckt.

du Bois-Reymond, Emil, Ueber das Gesetz des Muskelstromes mit besonderer Berücksichtigung des M. Gastroknemius des Frosches. Berlin [1863].

Goethe und kein Ende. Rede bei Antritt des Rectorats der Koenigl. Friedrich-Wilhelms-Universitaet zu Berlin am 15. Oct. 1882 gehalten von Emil **du Bois-Reymond.** Berlin (1882). (27 S.) 4°
¶ Wieder abgedr. in d. Verf. Reden 1. Folge 1886 S. 418-447.

—— Goethe und kein Ende. Rede bei Antritt des Rectorats der königl. Friedrich-Wilhelms-Universität zu Berlin, am 15. Octbr. 1882 gehalten. gr. 8. (43 S.) Ebendas. 883. *

—— über die Grenzen des Naturerkennens. Ein Vortrag in der 2. öffentl. Sitzung der 45. Versammlung deutscher Naturforscher und Aerzte zu Leipzig am 14. Aug. 1872 gehalten. gr. 8. (39 S.) Leipzig 872, Veit und Comp. *
Vgl.: Langwieser, Carl.

—— über die Grenzen des Naturerkennens. Ein Vortrag in der zweiten öffentl. Sitzung der 45. Versammlung deutscher Naturforscher und Aerzte zu Leipzig am 14. Aug. 1872 gehalten. 2. und 3. Aufl. (44 S.) 1872,73. *ℳ 1,20.; 4. verm. und verb. Aufl. gr. 8. (48 S.) Leipzig 876, Veit und Comp. *

—— über die Grenzen des Naturerkennens. Die sieben Welträthsel. Zwei Vorträge. gr. 8. (111 S.) Ebendas. 882. *
—— dass. — Des ersten Vortrages 6., des zweiten Vortrages 2. Aufl. gr. 8. (111 S.) Ebendas. 884. *

—— Über die Grenzen d. Naturerkennens. — Die 7 Welträthsel. 2 Vorträge. Des 1. Vortrages 7., d. 2. Vortrages 3. Aufl. gr. 8. (120 S.) Ebd. 891. * 2 —
Zum 2. Vortrag vgl.: Dreher, Eug. Über d. Causalitätsprincip d. Naturerscheinungen.

Über die Grenzen des Naturerkennens. Die sieben Welträthsel. Zwei Vorträge v. Emil Du Bois-Reymond. Des ersten Vortrages 8., d. zwei Vorträge 4. Aufl. *Leipzig: Veit & C. 1898.* (119 S.) 1 Bd 8. [98. 5000 Ko

Über die Grenzen des Naturerkennens. Die sieben Welträthsel. 2 Vorträge von Emil Du Bois-Reymond, des 1. Vortrages 9., der 2 Vorträge 5. Aufl. *Leipzig: Veit & Co. 1903.* (119 S.) 8° [03. 1840

Du Bois-Reymond, E: Über die Grenzen des Naturerkennens. Die sieben Welträtsel. Zwei Vorträge. Des ersten Vortrages 10., der zwei Vorträge 6., mit der 3. übereinstimmende Aufl. Leipzig 1907

Hermann von Helmholtz. Gedächtnissrede v. Emil du Bois-Reymond. *Leipzig: Veit & C. 1897.* (80 S.) 1 Bd 8. [97. 2531

Die Humboldt-Denkmäler. Rede am 3. Aug. 1883 in der Aula der Königl. Friedrich-Wilhelms-Universität gehalten von dem zeitigen Rector Emil du Bois-Reymond. Berlin (1883). (40 S.) 4°
¶ Wieder abgedr. in d. Verf. Reden 1. Folge. 1886 S. 480-517.

Du Bois-Reymond, Ist Wettkampf und Training gesund? 2 S., 2°.

— das Kaiserreich u. der Friede. — Leibnizische Gedanken in der neuen Naturwissenschaft. Zwei Festreden in öffentl. Sitzgn. der königl. preuss. Akademie der Wissenschaften gehalten. gr. 8. (36 S.) Berlin 871. Dümmler's Verl. — 75

— Ueber die elektromotorische Kraft der Nerven und Muskeln. (Abgedruckt aus Reichert's und du Bois-Reymond's Archiv u. s. w., Jahrgang 1867, Heft 4.) Berlin 1867.

Du Bois-Reymond, Emil, über den deutschen Krieg. Rede am 3. August 1870 in der Aula der k. Friedr.-Wilh.-Universität zu Berlin. 1—3. Abdr. Berlin 870. Hirschwald. 8. (46 S.) n. 8 ngr.

Du Bois-Reymond, Em. Ueber den deutschen Krieg. Rede am 3. Aug. 1870 in der Aula der Universität zu Berlin. (46) 8. Berlin 1870. 0.80. — (33) 4. ib. 1871.

— Culturgeschichte u. Naturwissenschaft. Vortrag, geh. am 24. März 1877 im Verein f. wissenschaftl. Vorlesungen zu Köln. 1. u. 2. unveränd. Abdr. gr. 8. (64 S.) Ebend. 878. n. 1. 60

— La Mettrie. Rede in der öffentl. Sitzg. der königl. preuss. Akademie der Wissenschaften zur Gedächtnissfeier Friedrich's II. am 28. Januar 1875 geh. gr. 8. (37 S.) Berlin 875. Hirschwald. n. 1. 20

Du Bois-Reymond, Emil: Über die Lebenskraft. Ein Glaubensbekenntnis. Hrsg. von Erich Metze. Brackwede: Breitenbach 1909. 36 S. 8°

— Maupertuis. Rede, zur Feier d. Geburtstages Friedrich's II. u. d. Geburtstages Sr. Maj. d. Kaisers u. Königs in der Akademie der Wissenschaften zu Berlin am 28. Jan. 1892 geh. gr. 8. (92 S. m. Titelbild.) Ebd. 892. n. 1. 50

—— s. Michelis, Fr., Antidarwinismus.

—— über das Nationalgefühl. Friedrich II. und Jean-Jacques Rousseau. Zwei Festreden, in öffentl. Sitzungen der königl. Akademie der Wissenschaften zu Berlin gehalten. gr. 8. (86 S.) Berlin 879, Dümmler's Verlagsh. *

— Naturwissenschaft u. bildende Kunst. Rede, zur Feier d. Leibniz. Jahrestages in der Akademie der Wissenschaften zu Berlin am 3. Juli 1890 geh. gr. 8. (64 S.) Ebd. 891. n. 1. 20

Du Bois-Reymond, Aemil.: De fibrae muscularis reactione ut chemicis visa est acida. Berolini (1859). (43 S.) 4°
Berlin, Med. Fak., Antrittsprogr. v. 26. März 1859

— de fibrae muscularis reactione ut chemicis visa est acida. Commentatio. Berlin 860. G. Reimer. gr. 4. (44 S.) n. 12 ngr.

— Rede, gehalten am Sarge Eduard Hallmann's, am 27. Februar 1855. Berlin 1855.

—— Rede in der öffentlichen Sitzung der königl. preuss. Akad. der Wissenschaften zur Gedächtnissfeier Friedrich's II. am 28. Jan. 1875 gehalten. gr. 8. (37 S.) Berlin 875, Hirschwald. *

—— Reden. 1. und 2. Folge. gr. 8. Ebendas. *
geb. *
Inhalt:
Folge 1. Litteratur. Philosophie. Zeitgeschichte. (VIII, 550 S.) 885. *ℳ 8.—.; geb. *ℳ 10.—.
» 2. Biographie. Wissenschaftliche Ansprachen. (VIII, 589 S.) 887. *ℳ 9.—.; geb. *ℳ 11.—.

Du Bois-Reymond, Emil, Herr Rothstein und der Barren. Eine Entgegnung. gr. 8. (89 S.) Berlin 863, G. Reimer.

—— s. Sachs, Carl, Untersuchungen am Zitteraal.

— über die Uebung. Rede, geh. zur Feier des Stiftungstages der militair-ärztl. Bildungs-Anstalten am 2. Aug. 1881. gr. 8. (51 S.) Berlin 881. Hirschwald. n. 1. 20

Über Universitäts-Einrichtungen. Rede bei Antritt des Rectorats der Königl. Friedrich-Wilhelms-Universität zu Berlin am 15. Oct. 1869 gehalten von Emil Du Bois-Reymond. Berlin (1869). (17 S.) 4°
¶ Wieder abgedr. in d. Verf. Reden 2. Folge 1887 S. 335-348.

—— über Universitäts-Einrichtungen. Rede bei Antritt des Rectorats der Friedrich-Wilhelms-Universität zu Berlin am 15. Octbr. 1869 gehalten. 8. (24 S.) Berlin 870, Hirschwald. *

— der physiologische Unterricht sonst u. jetzt. Rede, bei Eröffnung des neuen physiologischen Instituts der königl. Friedrich Wilhelms Universität zu Berlin am 6. Novbr. 1877 geh. gr. 8. (31 S.) Ebend. 878. n. — 80

— Untersuchungen über thierische Elektricität. 1. Bd. Mit 6 Kpfrtaf. (in qu. Imp. 4.) II. Bd. 1. Abth. Mit 4 Kpfrtaf. (in qu. gr. 4.) gr. 8. (I. Bd. LVI u. 743 S. II. Bd. 1. Abth. 608 S.) Ebd. 848. 49. (I. n. 3⅓ ℛ II. 1. n. 4⅔ ℛ) n. 8 ℛ

—— Untersuchungen über thierische Elektricität. II. Bd. 2. Abthl. 1. Hälfte. gr. 8. (S. 1—384 mit 1 Kpfrt. in qu. Fol.) Berlin 860, G. Reimer. *
1. Bd. und 2. Bd. 1. Abthl. Ebendas. 1848,49. * 8 Thlr.

—— Untersuchungen über thierische Elektricität. 2. Bd. 2. Abth. Schluss-Lfg. gr. 8. (S. 385—579 mit 1 Stnt.) Berlin 884, G. Reimer. *
1. Bd. und 2. Bd. 1. und 2. Abth. Ebendas. 1848—60. *ℳ 30.

— Ueber den zeitlichen Verlauf volta-elektrischer Induktionsstrome. (Auszug aus dem Monatsber. der Königl. Akad. der Wissensch. zu Berlin. Gesammtsitzung vom 26. Juni 1862.)

—— Voltaire in seiner Beziehung zur Naturwissenschaft. Festrede in der öffentl. Sitzung der k. preuss. Akademie der Wissenschaften zur Gedächtnissfeier Friedrich's II. am 30. Jan. 1868 gehalten. gr. 8. (30 S.) Berlin 868, Dümmler's Verlag. *

Du Bois-Reymond, Emil: Vorlesungen über die Physik des organischen Stoffwechsels. Hrsg. von Dr. R(ené) du Bois-Reymond. Mit 26 Fig. im Text. Berlin: A. Hirschwald 1900. (XIV, 208 S.) 8°

—— über die wissenschaftlichen Zustände der Gegenwart. Festrede, gehalten in der Sitzung der Akademie der Wissenschaften zur Geburtstagsfeier Sr. Maj. des Kaisers und Königs am 23. März 1882. gr. 8. (22 S.) Berlin 882, Dümmler's Verlagsh. *

Du Bois-Reymond, Fel. H., Considérations s. la prospérité etc., s. **Considérations.**

Du Bois-Reymond, F. H., Kadmus oder allgemeine Alphabetik vom physikalischen, physiologischen und graphischen Standpunkt. gr. 8. (XXI und 289 S.) Berlin 862, Dümmler's Verlag. *

Du Bois-Reymond, Lili: Das Haus Gerboth. Berlin: W. Hertz 1899. (215 S.) 8°

Die Insel im Sturm. Von Lili **du Bois-Reymond.** Berlin: Meyer & Jessen 1910. 193 S. 8° [10. 17804 11

Du Bois-Reymond, Lili. Land voraus! u. andere Geschichten. 8. (268 S.) Berlin 894. Besser. n. 4. —; geb. n. 6. —

Du Bois-Reymond, Lili
Land voraus! Und andere Geschichten. Von Lili du Bois-Reymond.
Berlin: Hertz 1894. 257 S. 8°

Zwei Novellen. Die Flinte von San Marco. Lorbeer. Von **Lucy du Bois-Reymond** ⟨L. Forster⟩. *Berlin: B. Behr 1901.* (395 S.) 8° [F.] [01. 10763

du Bois-Reymond, Paul (Dav. Gust.) (geb. Berlin 2. 12. 1831): De aequilibrio fluidorum. Berolini (1859). (21 S.) 4°
Berlin, Phil. Diss. v. 26. März 1859

du Bois-Reymond, Paul, Beiträge zur Interpretation der partiellen Differentialgleichungen mit drei Variabeln. 1. Heft: Die Theorie der Charakteristiken. gr. 8. (XIX und 255 S.) Leipzig 864, J. A. Barth. *

Du Bois-Reymond, Paul, Beweis, dass die Coefficienten der trigonometrischen Reihe

$$f(x) = \sum_{p=0}^{p=\infty} (a_p \cos. px + b_p \sin. px)$$ die Werthe $$a_0 = \frac{1}{2\pi}\int_{-\pi}^{+\pi} d\alpha\, f(\alpha),\ a_p = \frac{1}{\pi}\int_{-\pi}^{+\pi} d\alpha f(\alpha) \cos. p\alpha,\ b_p = \frac{1}{\pi}\int_{-\pi}^{+\pi} d\alpha f(\alpha) \sin. p\alpha$$

haben, jedesmal wenn diese Integrale endlich und bestimmt sind. gr. 4. (50 S.) München 874, (Franz'sche Buchh.) *
Aus: Abhandlungen der k. bayer. Akademie der Wissenschaften, besonders abgedruckt.

— Experimental-Untersuchung über die Erscheinungen, welche die Ausbreitung von Flüssigkeiten auf Flüssigkeiten hervorruft. (Aus Poggendorff's Ann., Bd. CIV.)

Du Bois-Reymond, Paul, die allgemeine Functionentheorie. 1. Thl. Metaphysik und Theorie der mathemat. Grundbegriffe: Grösse, Grenze, Argument und Function. gr. 8. (XIV, 292 S.) Tübingen 882, Laupp'sche Buchh. *

du Bois-Reymond, P. Zur Geschichte der trigonometrischen Reihen. Tübingen. 1878.

– zur Geschichte der trigonometrischen Reihen. Eine Entgegnung. gr. 8. (62 S.) Ebend. 880. n. 1. 50

Du Bois-Reymond, Paul. Über die Grundlagen der Erkenntnis in den exacten Wissenschaften. Nach e. hinterl. Handschrift. Mit e. Bildnis d. Verf. gr. 8. (VII, 130 S.) Tüb. 890, Laupp. * 3 60

Dubois-Reymond, P., Neue Lehrsätze über die Summen unendlicher Reihen. Antrittsprogr. zur Uebernahme der o. Prof. d. Math. an d. Univers. Freiburg i/Br. (1871.) 4°.

du Bois-Reymond, Paul, Untersuchungen über die Flüssigkeiten, über deren innere Strömungserscheinungen, über die Erscheinungen des stillstehenden Tropfens, der Ausbreitung u. Vertreibung. Vorgetragen in der Sitzung der physikalischen Gesellschaft zu Berlin am 2. Juni 1854. Mit 10 in den Text gedr. Holzschn. Berlin 854. (Leipzig) Förstner. gr. 8. (VII, 67 S.) 18 ngr

Du Bois-Reymond, Paul, Untersuchungen über die Convergenz und Divergenz der Fourierschen Darstellungsformeln. gr. 4. (XXIV, 102 S. mit 3 lithogr. Taf.) München 876, (Franz'sche Buchh.) *
Aus: Abhandlungen der k. bayer. Akademie der Wissenschaften, besonders abgedruckt.

Du **Bois-Reymond,** René [aus Berlin]: Ueber gestreifte Darmmuskulatur insbesondere der Schleie. . . . Berlin, Buchdr. v. Gustav Schade (Otto Francke) (1889); 44 S. + 1 Bl. 8°
Berlin, Med. Fak., Inaug.-Diss. v. 3. Aug. 1889

Specielle Muskelphysiologie oder Bewegungslehre. Von Dr. R[ené] **du Bois-Reymond,** Privatd. in Berlin. Mit 52 Abb. *Berlin: A. Hirschwald 1903.* (IX, 323 S.) 8° [03. 285

Physiologie des Menschen und der Säugethiere von Prof. Dr. René **du Bois-Reymond.** Mit 122 Textfig. Berlin: A. Hirschwald 1908. (XII, 696 S.) 8° [07. 16694

Du Bois-Reymond, René: Physiologie des Menschen und der Säugethiere. 2. Aufl. Mit 139 Textfig. Berlin: Hirschwald 1910. XII, 644 S. 8°

Der blaue Schleier. Roman von **Fortuné du Boisgoboy.** 6. Aufl. *Erfurt: F. Bartholomäus [1899].* (224 S.) 8° [F.]
= Bibliothek interessanter Romane. 3. [0... 4019

Das Verbrechen im Omnibus. Roman von **Fortuné de Boisgobey [Du Boisgobey].** Autor. Uebers. von Wilhelm Thal [d. i. Lilienthal]. Mit Ill. von W. Roegge. *Berlin, Eisenach, Leipzig: H. Hillger [1901].* (128 S.) 8° [F.]
= Bücherschatz, Kürschners. No 240. [02. 14372

Dubor, Georges de, Liebe auf Knidos. Ein antikes Sittengemälde. Autoris. Übersetzg. aus dem Franz. v. Alfr. Peuker. (227 S.) 8. Budapest 907. G. Grimm. 2. —
Im Deutschen Reiche verboten.

Dubos, Abbé Jean Baptiste. Kritische Betrachtungen über die Poesie und Malerey, aus dem Französischen. Teil I—II (von 3) in 1 Bde. Breslau, J. M. Meyer, 1769. und (Bd. II:) Kopenhagen, Mumm, 1760. 8°. 8 Bl. 461 S. 1 (leeres) Bl.; 6 Bl. 526 S. Berieb. HLdbd. d. Z.
Fromm I. 296. Auf das wichtige Werk hatte Lessing bereits nachdrücklich hingewiesen: er behandelt hauptsächlich die Literatur und Kunst des 17. und beginnenden 18. Jahrh. Der Übersetzer hat, wie er in der Vorrede sagt, einige Male statt der französischen Exempel deutsche gewählt. — Der 3. Teil des Werkes, hier nicht vorhanden, ist bis zu einem gewissen Grade unabhängig von den beiden ersten. — Der erste Teil hier in 2. Auflage, der zweite in der ersten.

Dubos, Jean Baptiste.
Kritische Betrachtung über die Poesie und Malerei; a. d. Franz. . . . Kopenh. 1760-61.
Ü: *Funck, Gottfried Benedict.* (Ky) (JL)

Dubos, Abbé, krit. Betrachtt. über d. Poesie u. Malerei; aus d. Französ. (v. Gf. B. Funck). 3 Thle. 8. Kopenh. 760, 61. Schubothe. 1 ₰ 6 gr. 2e Aufl. 3 Thle. 8. Bresl. 768. (Gesohorsky). 1 ₰ 3 gr.

— reflexions sur la poésie et sur la peinture. III Vols. 8. Dresd. ... Nouv. Ed. 760. Walther. 2 ₰ 16 gr.

Dubossarsky, Joseph, a. Kertsch, Rußland: Zur Kenntnis der familiären und hereditären Tabes dorsalis. Berlin (1905): E. Streisand. (34 S.) 8°
Berlin, Med. Fak., Ref. Ziehen, Diss. v. 25. Mai 1905
[Geb. 3. Febr. 80 Kertsch, Süd-Rußland; Heimatsort: Kertsch; Staatsangeh.: Rußland; Vorbildung: Gymn. Eriwan Reife 00; Studium: Berlin 9 S.; Rig. 22. Mai 05.]

Dubouchet de Romans, H.

Dubouchet de Romans, der Arzt f. Gichtkranke u. Rheumatische, enthalt. d. bewährt. u. vorzügl. Mittel u. Methoden, um sich von Gicht u. Rheumatismus zu heilen, od. dagegen zu sichern. A. d. Franz. v. e. prakt. Arzte. gr. 8. (3½ B.) Leipzig 830, Baumgärtner. Thlr.

— über Urinverhaltungen, d. gewöhnl. von einer oder mehreren Verengerungen d. Harnröhre herrühren, nebst Ducamp's Mitteln dagegen. Mit e. neuen modifiz. Heilmethode versehen. Aus d. Französ. v. G. Wendt. gr. 8. Leipz. 824. Hartknoch. 12 gr.

Dubouchet de Romans, (Dr.,) von den Ursachen u. Folgen des Mutter-Katarrhs oder weißen Flusses; ingleichen von d. nöthigen Heilverfahren u. denen Mitteln, die seinem Entstehen vorbeugen u. die Fortschritte desselben hemmen können. Aus d. Franz. von G. Wendt. gr. 8. Leipz. 825. Hartknoch.

Dubouchet de Romans, (H.): Von den Ursachen und Folgen des Mutterkatarrhs, oder weissen Flusses; ingleichen von dem nöthigen Heilverfahren und denen Mitteln, die seinem Entstehen vorbeugen und die Fortschritte desselben hemmen können. Für Aerzte und Nichtärzte. Aus dem Französischen übers.von Gottlob Wendt. 177 S., gbd.

Leipzig: Hartknoch 1826

—— von den Ursachen u. Folgen d. Mutterkatarrhs, od. weißen Flusses. A. d. Franz. v. G. Wendt. 2. Ausg. gr. 8. (11 B.) Leipzig 828, Hartknoch.

Dubourdieu, F., Vorschläge zur Verbesserung d. Brückenbauwesens im Königr. Hannover u. andern Theilen Nord-Deutschlands, mit 3 Kpf. 4. Stade 823. (Herold u. W. in Lüneb.) 16 gr

Dubourdieu, (F.) Vorschläge zur Verbesserung d. Brükkenbauwesens im Königr. Hannover u. andern Theile Nord-Deutschlands, mit 3 Kupf. 4. Stade 824, Pockwitz. (Herold u. W. in Lüneburg.) Rthlr.

Du Bourg, Jacques Barbeu-, s. Barbeu-Dubourg

Dubovszky, Jul., Anleitung zur Majolika-Malerei. 12. (64 S.) Wien 891. A. Hartleben. n. 1. —

Dubowitzkij, Selbstvernichtung u. Bodeneinrichtung. Untersuchung des Gouvernements Pensa in landwirtschaftlicher Beziehung seit 1883—1910. 8°. Pensa 1910.

Dubowy, Ernst, die Gerichtsorganisationsgesetze u. d. Geschäftsordng. der Gerichte, s.: Schauer, Hugo.

Du Boys, J., die Gräfin von Monte-Christo. 4 Bde. (in 16 Liefgn.) Wien 869, 70. Hartleben. 8. (272; 252; 256; 237 S. u. 15 Lithogr.) 2 Thlr 4 ngr.

Du Boys, J., die Gräfin von Monte-Christo. 4 Bde. in 16 Lfgn. 1. Aufl. 1869, und 2. Aufl. 8. (272; 256; 256; 237 S., mit 16 Stnt. in Tondr.) Wien 871, Hartleben's Verlag. à Lfg. 40 Pf.

—— dass. — s. Lese-Cabinet, neuestes belletristisches.

Duboz, J. B., († ... Jan. 1822.) Elémens de la langue française ou Grammaire contenant les règles de la prononciation etc., avec un Dictionn. français-allem. gr. 8. Zürich 798. Ziegler. 1 Thlr 18 gr

Dúbrav, s.: Kusý v. Dúbrav.

Dubravius', Johs., Buch v. den Teichen u. den Fischen, welche in denselben gezüchtet werden. In 5 Büchlein. Breslau, Andreas Winkler 1547. Uebers. u. bearb. v. A. Wüstner u. J. Kollmann. (112 S. m. 1 Fig.) gr. 8. Wien (I, Schauflergasse 6), 906. k. k. österreich. Fischerei-Gesellschaft. n. 1. 30

Dubravius, Joh., Buch von den Teichen u. den Fischen. Jetzt: Wien (C. Fromme).

Dubray, G., L'Allemand a son français, que le Français ne connait pas. Liste de termes d'apparence française, et qui ne sont pas français. (2. éd.) (15 S.) 8. Vienne (910). Wien, Gerold & Co. — 50

Dubray, G., Fantaisies grammaticales ou Tel peuple, tel verbe. (40 S.) 8. Wien (906). Gerold & Co. n. — 80

Dubray, G., fautes de français. Tableau des fautes les plus fréquentes que font les Allemands en parlant le français. 4. éd. refondue et considérablement augmentée. 12. (111 S.) Wien 894. Gerold & Co. n. 1. 60

DUBRAY, G.
Fautes de français. Tableau des fautes les plus fréquentes que font les Allemands en parlant le français. Suivi des Annonces rectifiées. 6ème édition. Considérablement augmentée. Vienne. [1899.] Gerold & Co. 8°. 139 S. fl. —.85

— Fautes de français. Tableau des fautes les plus fréquentes que font les Allemands en parlant le français. 8. éd. Augmentée de très nombreux articles et modifiée dans ses parties. (179 S.) 8, Ebd. (907). 2. —

Dubray, G., Gentillesses de la française. Choise d'expressions ingénieuses ou caractéristiques propres à donner au langage des étrangers un air bien français. Complément à l'étude de la langue. 8. (65 S.) —.50
Wien: Gerold & Co. 1897

Dubray, G., Gentillesses de la langue française. Choix de jolis mots et de locutions expressives propres à donner au langage et au style des étrangers un air bien français. Complément à l'étude de la langue. 2. éd. Très augmentée. 8. (190 S.) Wien 898. Gerold & Co. n. 1. 80

— Le roman des mots. Fantaisie sur des thèmes philologiques. Mélanges. (63 S.) gr. 8. Ebd. 903. n. — 80

Dubrena, Hydrographie von Frankreich, od. tabellar. Uebersicht d. Verhältn. d. Binnen-Schifffahrt v. Frankreich, Belgien, Holland u. d. ganzen Gebiete am linken Rheinufer. A. d. Franz. Lex.-8. (4¼ B.) Berlin 833, Schropp u. Comp.

Dubrena, ..., (Vorstand d. Plankammer bei der General-Direktion des Bau- u. Bergwesens in Paris), Hydrographie von Frankreich, oder tabellar. Uebersicht der Verhältnisse der Binnen Schifffahrt von Frankreich, Belgien, Holland u. dem ganzen Gebiete am linken Rheinufer. Aus d. Franz. Lex.-8. Berlin 834. Schropp u. Comp. ⅓ Thlr

Dubreuil, des Glaires, de leurs causes, de leurs effets, découverte d'un médicament propre à combattre cette humeur. 8. Paris et Strasb. König. 796.

Der Volkssänger [François les Bas-Bleus, deutsch]. Operette in 3 Akten von E[rnest] Dubreuil, Humbert u. L. (vielm. P[aul]) Burani. Für d. Friedrich-Wilhelmstädt. Theater bearb. von L. Herrmann. Musik von F[irmin] Bernicat u. A[ndré] Messager. [Textbuch.] Berlin: Friedrich-Wilhelmstädt. Theater 1894. 47 S. 8° A 12.1694

Du Breuil, M. A., theoret.-prakt. Anleitung zur Baumzucht. Mit vorangeschickten Bemerkungen über Anatomie u. Physiologie d. Pflanzen. Deutsch v. Alb. Dietrich. Mit 325 eingedr. Holzschn. 3 Lfgn. gr. 8. (XX u. 650 S. m. 5 Tab. in 4.) Berlin 847, Duncker u. Humblot. n. 3 Thlr

— u. Girardin, die Grundzüge d. Landwirthschaft, s.: Hamm, Wilh.

Dubroca(s), L.

— les femmes célèbres de la Révolution. 12. Paris et Strasb. König.

Dubrocas, L. Leben des J. F. Dessalines, oder Jacobs I., Kaisers von Haïti. A. d. Französ. 8. Leipzig 1805. 2,25.

Dubroca, Leben d. J. J. Dessalines od. Jacob d. I. Kais. v. Hayti, a. d. Franz. m. Zus. v. Müller. m. K. 8. Leipzig, Hinrichs. 805.

Dubroca, L. Leben des Toussaint-Louverture. A. d. Französ. 8. Leipzig 1806.

Dubrow [Schlagwort]

Dubrow, s.: Wanderkarten.

Dubrow, Wilhelm [app. Arzt aus Berlin]: Zur Frage der Natur der melanotischen Geschwülste und ihres Pigmentes ... Berlin, Buchdr. v. G. Schade, *1896*; 31 S. 8.
Würzburg, Med. Fak., Inaug.-Diss. v. 1896

Dubrowski. КНИГА ДЛЯ ЧТЕНІЯ, предписанная Г. Министромъ Народнаго Просвѣщенія для употребленія въ первомъ классѣ Гимназій, Уѣздныхъ Училищъ, Частныхъ Учебныхъ Заведеній и Приходскихъ Училищъ. Książka do czytania, polecona przez JW. Ministra Oświecenia Narodowego do użytku w Iéj klassie Gimnazyów, Szkół Powiatowych, Instytutów Naukowych prywatnych i Szkół Elementarnych trzecie wydanie. 8. Warschau 847, Orgelbrand. 6²/₃ *ngl*

Dubruel, Gaspard, Ballons captifs I. La voie douloureuse, Gilles de Rez. Drames en 5 actes en vers. 8. (VIII, 259 S.) Paris 872. Sandoz & Fischbacher. n. 3. —

Dubruel, Marc., S. J., Fulrad, abbé de Saint-Denis. (Moines et religieuses d'Alsace.) (157 S. m. Titelbild.) 8. Colmar 902. H. Hüffel. n.n. 2. —

Dubrunfaut und v. Dombasle, prakt. Anweisung z. Fabrikation d. Runkelrüben-Zuckers nach d. neuesten, vortheilhaftesten Methoden. N. d. Franz. bearb. u. mit Zusätzen verm. M. 4 Taf. Abbild. 8. (10¼ B.) Quedlinburg 835, Basse.

Dubs, Dr. Jakob, ein schweizerischer Republikaner; eine Volksschrift. Zürich 1880. V: *Zehender, Ferdinand.* (Cat. d. Stadtbibl. Zürich. Zürich 1864—97.)

Dubs, Dr. Jakob, ein schweizerischer Republikaner. Eine Volksschrift. gr. 8. (VIII, 86 S.) Zürich 880. Orell, Füßli & Co. n. 1. —

Dubs, J[acob]. Ein Beitrag zur Würdigung der sogenannten demokratischen Bewegung des Jahres 1854. ‹SA.› 8. Winterthur *o. J.* [1855 70].

Dubs, Jak.: Zur Bundesrevision. Zürich 1865.

Dubs, J., die schweizerische Demokratie in ihrer Fortentwicklung. 2. unveränd. Abdr. Zürich 868. Orell, Füßli & Co. gr. 8. (78 S.) n. 10 *ngr.*

D[ubs], J[acob]. Die Savoyerfrage rechtlich und politisch beleuchtet. SA. 8. Zürich 1860.

Dubs, J., das öffentliche Recht der schweizerischen Eidgenossenschaft. Dargestellt für das Volk. 1. und 2. Thl. gr. 8. Zürich, Orell, Füßli und Comp. [1. Thl. 1. und 2. Aufl. (XIII, 207 S.) 877,78. * *M* 4.; 2. Thl. (VI, 270 S.) 878. * *M* 5.] *

Dubs, Dr. J., Rechtsgutachten in Sachen Hr. Joh. Hallauer, Villa Flora, Luzern. 32 S. 8. Zürich, Druck von Orell Füssli & Co. 1877

—— Rede, gehalten bei der Eröffnung der 2. Abthl. der Wintersitzung des Großen Rathes, den 1. März 1853. 8. (34 S.) Zürich 853, Orell, Füßli und Comp. *

Dubs, Jak.: Zur Verständigung über die Bundesrevision. Zürich 1871.

Dubs, J[ulius]. Heimatkunde von Rapperswil und Umgebung. [Illustriert.] II + 83 S. 8. Rapperswil, H. Gasser-Akeret, [1903]. [fr. —.80]

Dubs, Robert. Stollen und Wasserschloss s. Alliévi, Lorenzo. Allgemeine Theorie über die veränderliche Bewegung des Wassers. Berlin 1909.

Dubs, Rob., s.: Theorie. allgemeine, üb. die veränderliche Bewegung des Wassers in Leitungen.

Dubs, Rudolf S. [aus Chicago Ill. (U. S. N. A.)]: Der Einfluss des Chloroforms auf die künstliche Pepsinverdauung ... Berlin, Buchdr. v. G. Schade, *1893;* 33 S., 1 Bl. 8.
Berlin, Med. Fak., Inaug.-Diss. v. 4. Aug. 1893

Duebs, H., de Catilinæ Sallustiani fontibus ac fide. 47 pp. in-8. Berne, Huber & Co. 1873. 1. 20

Dubsky, Eduard von

Dubsky, Ed. v. Das rothe Ei. Genrebild in 1 Aufzuge. 8. (30 S.) Pressburg 891, Heckenast's Nachf. * — 80

—— Heine's Memoiren. Fantastische Oper in 5 Bildern [Vorspiel, 3 Acte u. Nachspiel]. Text m. Verwendung mehrerer Gedichte v. Heine. Musik v. Ludw. Burger. 12. (93 S.) Ebd. 891. * — 60

Dubský, Jean V., Assistent am chemischen Universitäts-Laboratorium Zürich, aus Kuttenthal (Böhmen): Über basische Salze, deren Zusammensetzung und Beziehungen. Zürich 1908. 50 S. 8°. [27. VI. 08.]
Zürich. Phil. Diss. II. 8. 1907/08.

Dubský, Jean V . Über basische Salze, deren Zusammensetzung und Beziehungen. Diss. Phil. [II.] Univ. Zürich. 50 S. 8. Zürich, J. J. Meier, 1908.

Dubsky, Jh. Rep., s. Kriege in Bosnien.

Betrachtungen eines Lehrlings über den passiven und activen Wirkungskreis der Freimaurer vom Standpunkte eines in Böhmen lebenden Br.˙. Ansprache an die am 9. Mai 1880 versammelten BBr.˙. von E[du.] D[ubský] v. Wittenau. [Leipzig: Findel 1880.] 41 S. 8°

**[Dasselbe.] Leipzig: Findel 1881. 41 S. 8°
cf. Z. 11 (1881) S. 48.**

Du Buat, s. de Buat.

Dubuis, s. Vorträge, apologetische.

Dubuis, Ad[olf]. Ludwig Lauterburg (1817–1864), ein Biedermann der bernischen Neuzeit (* *Umschlag:* Nekrolog von L' L', gew. Grossrath). Biographischer Versuch. [Mit Porträt und 1 musikalischen Beilage. SA.] 8. Bern 1865.

Dubuisson, Paul, die Warenhausdiebinnen. Autoris. Uebersetzg. aus dem Franz. v. Alfr. H. Fried. 2. Aufl. (181 S.) Lex.-8. Leipzig 904. Berlin, H. Seemann Nachf. n. 2.—

[DU BUISSON, Pierre Ulric] 1746 - 1794
Historischer Abriß der in Nord-Amerika vorgefallenen Staats-Veränderung.
Vom Anfange des Jahrs 1774. bis den ersten Jenner 1778.
von M ***, einem Amerikaner.
Aus dem Französischen.
Bern: Haller. 1779. XII, 352 S. 8°.
Staats- und Stadtbibliothek Augsburg
Übers. v. Abrégé de la révolution de l'Amérique Angloise, Paris 1778.
2. Aufl. u. d. T. Vorstellung der Staatsveränderung in Nordamerika, Bern 1784,

Franz. Ausg. Paris-Leipzig: H. Merkus, 1779 [Frankfurt-Leipziger Meßkatalog, Ostermesse 1779, S. 698] sowie Ausg. Révolution des Etats-unis d'Amérique par M *** Américain, Leipzig: H. Merkus, 1780 [ebd., Ostermesse 1780, S. 921] konnten nicht gefunden werden.
Ostermesse 1779, S. 604 u. Sabin 32106: ohne Verfasser. Palmer.

[DU BUISSON, Pierre Ulric] 1746 - 1794
Vorstellung der Staatsveränderung in Nordamerika, von den ersten Unruhen im Jahr 1774 bis zu dem Bündniß der Krone Frankreichs mit den Kolonien.
Von einem Amerikaner.
Zweyte Auflage, vermehrt mit den Reflexionen eines Engländers [John Wesley].
Bern: Haller. 1784. VIII, 374 S. 8°.
Staats- und Universitätsbibliothek Göttingen
Übers. v. Abrégé de la Révolution de l'Amérique angloise, Paris 1778,
u. John Wesley, Calm Address to our American Colonies
1. Aufl. 1779 u. d. T. Historischer Abriß der in Nord-Amerika vorgefallenen Staats-Veränderung [ohne die Schrift v. Wesley],
Frankfurt-Leipziger Meßkatalog, Ostermesse 1784, S. 886.
Sabin 100776. Baginsky 783. Palmer.
John Wesley, 1703-1791

Dubuque National Demokrat: Aug. 1856—Jan. 5, 1932.
Democratic weekly [daily, Spring 1857—Spring 1861]; supported Tilden. Title varies: WÖCHENTLICHER NATIONAL-DEMOKRAT. Circulation: 1870, 1750 (est.); 1880, 2208; 1890, 2232; 1900, 2108; 1910, 3100; 1920, 3000; 1930, 2700. Edited & published by Frederick A. Gniffke, 1856—1915; by Henry B. Gniffke, 1915—32. Issued a Beilage, supplement.
Dubuque, IA

Du Bus, Vte. Bern., Esquisses ornithologiques; descriptions et figures d'oiseaux nouveaux ou peu connus. [En 20 livrs.] Livr. 1—4. Imp. 4. (50 S. u. 20 col. u. lith. Taf.) Bruxelles 848. (Muquardt.) (à n. 5 ₰) n. 20 ₰

Dubusc, Robert, aus Aachen: Die β-Ketonsäureester in ihrem Verhalten gegen Chloraceton und Ammoniak. *Kiel 1903: P. Peters.* (33 S.) 8°
Kiel, Phil. Diss. v. [24. Okt.] 1903

Dubut de Laforest, Jean Louis

(F) Der Commis-Voyageur. Roman von Dubut de Laforest. Deutsch von Ludwig Wechsler. Budapest. 1900. 8°. 188 S. K 1.80

Pariser Frauen. Ein Pariser Sittenroman von [Jean Louis] Dubut de Laforest. *Berlin: Iris-Verl. [1903].* (319 S.) 8° [ℑ.]

Ein Mädchen für alles [La bonne à tout faire]. Pariser Sittenroman von [Jean Louis] Dubut de Laforett (Laforest). Deutsche Ausg. von Egon Berg. 2. Aufl. *Berlin: J. Gnadenfeld & Co. [1900].* (105 S.) 8° [ℑ.]
(Collection Leckerbissen.)

DUBUT de Laforest, Schwester Madeleine und Anderes. Deutsch von Ludwig Wechsler. Leipzig, Dickmann.
Verboten vom L.-G. Laibach, 13. VII. 1898. § 516.

DUBUT de Laforest, Die Rächerin. Pariser Sittenroman. Deütsch von Ludwig Wechsler. (19**.) 8°. (Mk. 3—; eleg. gebd. 4—, M. Luck, Berlin, c. 1905.)
In Oesterreich verboten.

Duby, C., ein Stündchen im Pensionat, s. Kühling's, A., Theater-Specialität.

Düby, E. (Hrsg.), s. Wochenblatt, Photographisches.

Duby, J. E., Essai d'Application a une tribu d'Algues de quelques principes de taxonomie, ou Mémoire sur le groupe des Céramiées. (II Mémoires.) gr. in-4. (7 B., 6 ill. u. 1 schw. Kpfr.) Genève 832. (Schaffhausen, Hurter'sche Bh.) *
Aus: Memoires de la Société de physique et d'histoire naturelle de Genève, besond. abgedruckt.

Duby, J. E., Mémoire sur la famille des Primulacées. gr. in-4. (6 B. u. 4. Stnt.) Genève 844. (Kessmann.) *

Dubyen, Herm. Jos.: Aktenmässige Darstellung meiner Syndikats-Verwaltung der Fallit-Masse von Preyers u. Petersen in Kaiserswerth, als Vertheidigung wider die mir daraus erwachsene Verfolgung. (Nebst) Nachtrag. Köln a. Rh. 1825. 26.

Duc, le, de Monmouth. Coméd. heroïq. en 3 Act. et en prose, p. de la Moisonfort. 8. Braunschw. Pluchart.

le Duc, ..., critique de 4 Tragoed. de Sophocles et d'une Comédie d'Aristophane. 8. Götting. 772. Vandenhöck u. R. 3 gr

Duc, Critique de quatre tragédies de Sophocle et d'une comedie d'Aristophane. Götting. 776. 8. 4 gr.

Duc, Aimée [Autorname] = Adelt-Duc, Frau Minna.

Duc, Aimée (Frau Minna Adelt-Duc), ich will, s.: Eckstein's mod. Bibliothek.

Duc, Aimée. Des Pastors Liebe. Ein modernes Sittenbild. Roman. [Mit illustriertem Umschlag.] IV + 215 S. 8. Zürich, Caesar Schmidt, 1904. [fr. 3.75]

— sind es Frauen?, s.: Eckstein's mod. Bibliothek.

(Duc, Antoine.) L'Ecole pratique d'agriculture d'Ecône (Valais) de 1892 à 1906. ([Illustré. Par le] Chanoine Duc, directeur de l'école.) Extrait du «Journal de statistique suisse», 44e année, 1908 [Band 2, Liefg. 5]. 16 p. 4. [Bern, Stämpfli & Cie.]

Duc, B. L. (Cossoniacensis), De solidis inter se libratis. System. physici disput. Präs. J. P. de Crausaz. Lausanne 1720. Bern (off. typ. reip.). 23 S. (4.50) 6996
Gew.: Sam. Carey (Morsee/Morges [Schweiz]), Carl Carey, Benj. Charriere (Crausaz).

Ducae, Michaelis Ducae Nepotis, historia Byzantina. Recogn. et interprete italo addito supplev. Imm. Bekkerus. 8maj. Bonn 834. Weber 4⅙ ₰ Subscr.-Pr. Druckp. 3⅙ ₰ Schreibp 4⅙ ₰ Velinp. 5 ₰

Ducae, hist. Byzant., s. Corpus scriptor. hist. Byzant.

Ducamp, Jaussaud u. Magnol, Cholera u. ihre physikal.-diätetische Behandlung, s.: Bücherei, freie medizinische.

Du Camp, Maxime, s. Camp, du.

Du Camp, Maxime, l'homme au bracelet d'or. (Bibliothèque choisie. Vol. 889.) 16. (159 S.) Naumburg 861, Paetz.

Du Camp, Maxime: Paris, ses organes, ses fonctions et sa vie dans la seconde moitié du XIXe siècle. Im Ausz. f. d. Schulgebr. hrsg. v. Dr. Theodor Engwer. Berlin: R. Gaertner 1894—96. (Text.) M. e. Pl. v. Paris. 1894. (VII, 174 S., 1 Pl.) · Questionnaire . . . Zsgest. v. Prof. E[mile]Besson . . . 1896. (52 S.) Vorbereitgn u. Wörterb. Zsgest. v. . . . Besson . . . 1896. (67 S.) = Schulbibliothek französ. u. engl. Prosaschriften aus d. neueren Zeit. Abt. I. Bdch. 1.

Du Camp, Maxime, die Privat-Mildthätigkeit in Paris. I. Die Pfleg-Schwestern der Armen. Mit Genehmigung des Verf. in's Deutsche übertr. von Herm. Mensching. gr. 8. (52 S.) Hannover 883, Schmorl und v. Seefeld. *
Aus: Revue des Deux Mondes, besonders abgedruckt.

Du Camp, Maxime, die Wohlthätigkeits-Anstalten der christlichen Barmherzigkeit in Paris. Autoris. Uebersetzung nach der 2. Aufl. 8. (XVI, 355 S.) Mainz 887, Kirchheim.

Ducamp, Théodore: Ueber Harnverhaltungen, welche durch Verengerungen der Harnröhre verursacht werden, und von den Mitteln, durch welche man die Obstruction dieses Kanals vollkommen zerstören kann. (Traité des rétentions d'urine causées par le retrécissement de l'urètre... Dt.) 241 S., gbd., 5 Taf.

Leipzig: Voss 1823

Ducamp, (Th.), über Harnverhaltungen, welche durch Verengerungen der Harnröhre verursacht werden u. v. den Mitteln, durch welche man d. Obstructionen dieses Canals vollkommen zerstören kann. A. d. Franz. Mit 4 Kupf. gr. 8. Leipz. 824. Voß.

— die Krankheiten des Wachsthums. Aus d. Franz. f. deutsche Aerzte frei bearb. v. einem prakt. Arzte. 8. Leipzig 823. Hartmann.

Ducamp, Th., d. Krankheiten d. Wachsthums. Aus d. Französ. f. deutsche Aerzte frei bearb. von e. prakt. Arzte. 8. Leipz. 823. Lehnhold. 12 gr

Ducan, Prof., Roma, oder Nationalcharakter, Politik u. Kriegskunst d. Römer. Ein Beitr. zur Gesch., besonders zur Kriegsgeschichte d. Vorzeit. Aus d. Engl., mit Anmerkk. v. C. H. Heusinger. gr. 8. Braunschw. 828. Meyer. 1 ₰ 12 gr

Du Cange, Charles Dufresne

— Diss. de imperator. Constant seu infer. aevi numismatibus, notis illustra c. tab. aen. Fol. maj. Basel 762. Schweighäuser. 1 ₰

—— Les familles d'outre-mer, s. Christomanos, Const. A. Abendländische Geschlechter im Orient.

Du Cange, Carolus du Fresne. Glossarium ad scriptores mediae et infimae graecitatis. Effigies recens cum vetere edit. anni 1688 prorsus congruens. Anastat. Neudruck. 10 Fasc. Fol. (XLII, VIII S. u. 1794 Sp. m. 1 Taf. Illustr.; Omissa et addenda 214 Sp.; Notae 102 Sp. et Appendix et Etymologicon vocabulorum 316 Sp.) Bresl. 890,91, Koebner. à Fasc. * 9 60; * 96 —

Du Fresne, Carol., Dominus **Du Cange,** Glossarium ad scriptores mediae & infimae graecitatis. Effigiis recens cum vetere editione anni 1688 prorsus congruens. Ed. II. (Anastatischer Neudr.) 2 tomi. (IV, XLVI S., 1794, 214, 102 u. 316 Sp. m. 1 Abbildg. u. 1 Taf.) 41,5×27 cm. Lugduni 1668. Parisiis 905. Paris, H. Welter. Kart. 100. —

Du Cange, Car. Dufresne, s.: Glossarium mediae et infimae Latinitatis.

Du Fresne, Carol. du Cange, glossarium ad scriptores mediae et infimae latinitatis; acc. dissertat. de imperii Constantinopol. seu inferioris aevi vel imperii numismatibus. III Voll. in VI Part. Cum tabb. aeneis. Fol. maj. Basel 762. Schweighäuser. 9 Rthl. Schrbp. mit Kpf. 25 Rthl. 16 gr. Levrault in Strassb. 24 Rthl. 18 gr.

Du Fresne, Charles. Glossarium Manuale ad scriptores mediae et infimae Latinitatis . . . Halae 1772-84. H: *Adelung, Joh. Chph.* (BrMm)

Du Cange, Car. Dufresne Dom., Glossarium mediae et infimae latinitatis, auct. a Monachis ord. S. Benedicti cum supplementis integris D. P. Carpenterii et additamentis Adelungii et alior. digessit G. A. L. Henschel. Tom. I. et II. (à 4 Fasc.) A—Dag. 4maj. (206 B.) Parisiis 840—42, Didot Fratres. à Fasc. * 2½ Thlr. *

Du Cange, Car. Dufresne Dom., glossarium mediae et infimae latinitatis, cum supplementis integris monachorum ordinis S. Benedicti D. P. Carpenterii, Adelungii, aliorum, suisque digessit G. A. L. Henschel. Tom. II. Fasc. 5, Tom. III—VI. Fasc. 4. (Livr. 9—29.) Dah—Zyt. 4maj. (472 B. u. 28 Kpfrt.) Parisiis 842—46, Didot, Fratres. à Fasc. * 2½ Thlr. *
Tom. I. u. II. Fasc. 1—4. Ibid. 1840—42. * 20 Thlr.

Du Cange, Carl Dufresne, glossarium mediae et infimae latinitatis. Auctum a monachis ordinis S. Benedicti cum supplementum integris P. Carpenterii, Adelungii, aliorum, suisque digessit G. A. L. Henschel. Editio nova aucta pluribus verbis aliorum scriptorum a Leop. Favre. (100 Fascls.) 1. Fasc. 4. Niort 882. (Berlin, Calvary & Co.) Subscr.-Pr. n. 1. 60; Ladenpr. n. 2. 40

Du Cange, Carolus Dufresne, Glossarium mediae et infimae latinitatis, auctum a monachis ordinis S. Benedicti, cum supplementis integris de P. Carpenterii, Adelungii, aliorum, suisque digessit G. A. L. Henschel, sequuntur glossarium gallicum, tabulae, indices auctorum et rerum, dissertationes. Ed. nova aucta pluribus verbis aliorum scriptorum a Leop. Favre. Tom. I—IV. 4. (LXXV, 805; 688; 495; 500 S.) Niort 883,84. (Leipzig, Brockhaus' Sortiment und Antiq.) à Tom. * M 24. *

du Cange, Lexicon etc., Supplementum, s. Diefenbach, Lorenz.

Ducange, Vict., Charlotte Corday. Od.: Marat's Tod. Dramat. Gemälde a. d. franz. Revolution, in 5 Abthln. N. d. Franz. frei bearb. v. Ludw. Meyer. gr. 12. (6½ B.) Leipzig 833, O. Wigand.

—— et G. de Pixérécourt, le Jésuite, Drame, s. Théâtre franç. mod.

Ducange, V., et G. de Pixérecourt, le Jésuite; Drame en 3 Act, et en 6 tableaux, tiré du roman. Les trois filles de la veuve publ., par J. Louis. 16. Dessau 831. Ackermann. 6 gr. (Aus d. théâtre française moderne abgedr.)

Ducange, Vict. Marc Loricot, der kleine Chouan u. Jesuitenzögling, od.: Frankreichs Julirevolution. Roman. Aus d. Franz. 2 Bde. 8. (42½ B.) Nordhausen 845, Fürst.

—— Polter, der Scharfrichter v. Amsterdam, s. Pixérécourt, G.

—— Meister Jacob's Söhne. Frei n. d. Franz. v. Fanny Tarnow. 2 Thle. 8. (32½ B.) Leipzig 833, Kollmann.

Ducange, Vict., das Testament. Nach d. Franz. v. Fanny Tarnow. 3 Thle. 8. Leipzig 835. Kollmann. 3 Rthl.

Ducange, Vict., das Testament. N. d. Franz. v. Fanny Tarnow. 3 Thle. 8. (40½ B.) Leipzig 838, Kollmann.

— Schloß Teufelslager, oder Isaurine u. Jean Pohl. Ein Roman. Deutsch von L. v. Alvensleben. 2 Thle. 8. Altenb. 836. Expedition d. Eremiten. 2 Rthl.

—— Schloß Teufelslager, od. Isaurine u. Jean-Pohl. Ein Roman. Deutsch v. L. v. Alvensleben. 2 Thle. 8. (26½ B.) Altenburg 836, [Pierer.]

—— die Töchter d. Wittwe, s. Tarnow, Fanny.

Ducange, V., die Waffenbrüder, od. das Mädchen d. Eilandes; e. Geschichte aus d. Griechen neuestem Freiheitskampf. Deutsch bearb. v. Fr. Gleich. 2 Thle. 8. Ilmenau 825. Voigt. 1 Rthl. 12 gr.

du Casse, s. Casse.

Du Casse, Herm., Margaretha. „Jeune fille et jeune fleur." Gekrönte Preisschrift. Eine Doppelpflicht. Aus dem Französ. von Carl Hippolyt Chelard. gr. 8. (143 S.) Gifhorn 853, Schulze. *

Du Castel, s.: Musée, le, de l'Hôpital Saint-Louis.

Ducat, Friedr[ich]. Skizzen aus der östlichen Schweiz, hauptsächlich die Brandstätte Glarus und das Kloster Einsiedeln geschildert, nebst einem Sendschreiben an den Abt desselben bezüglich des Ablasskrames, von Friedr. D'. 8. Frankfurt am Main 1861.

Ducaten Kaiser Karl's V. als Grafen von Tirol und Herzogs von Kärnten . . . [Wien 1869.] V: *Bergmann, Jos. v.* (Cat. d. Stadtbibl. Zürich. Zürich 1864—97.)

Ducatencabinet, Auserlesenes und höchstansehnliches. Hamburg 1784. V: *Soothe, J. C. von.* (EB)

Ducati, G. E., das Modell, s.: Florentino, E.

Ducatus Lauenburgicus ad statum hodiernum conscriptus cum fluvio Steckenitz ex Albi in mare balticum per cataractas constructas jam navigabili. Ausp. Acad. Reg. Scient. Berol. Anno 1771. (1:186000.) Berlin. 1771. Kupferstich, kol. 1 Bl. Fol., 61/51,3 cm.

Ducatus Slesvicensis juxta novissimam et accuratissimam Designationem in Suos Provincias Praefecturas et Circulos distincte distributus cura et sumtibus Tobiae Conradi Lotter Augustae Vindelicorum. s.a. Kupferstich, kol. 1 Bl. Fol., 59/72 cm.

Ducatus Slesvicensis juxta novissimam et accuratissimam designationem in suos Provincias, Praefecturas et Circulos distincte distributus cura et sumptibus **Matth. Seutteri.** (1 : 315 000.) Augustae Vindelicorum (um 1730). Kupferstich, kol. 1 Bl. Fol., 54,5/64 cm.

Ducca, Wilhelm, a. Frankfurt a. M.: Ueber lumineszierende Stoffe und die Radioaktivität des Urans. München 1905: F. Straub. (43 S.) 8°
München, Phil. Fak., Ref. v. Baeyer, Diss. v. 28. Nov. 1905
[Geb. 16. Aug. 80 Frankfurt a. M.; Wohnort: Karlsruhe i. B.; Staatsangeh.: Preußen; Vorbildung: Oberrealsch. Frankfurt a. M. Reife M. 99; Nachprüf. im Lat. M. 04; Studium: Marburg 2, Zürich 2, München 7 S.; Rig. 28. Nov. 05.]

Ducerceau, Jacques Androuet, s.: Janitsch. J.

Ducerceau u. Carracol, Karyatiden, s.: Meister, alte.

Duces supremi, qui Elapso Sæculo Decimo Septimo. Cæsareis augustissimæ domus Austriacæ exercitibus summa potestate præfuere. Anno M. DCC. XXXV [1735]. Viennæ Austriacæ, Typis Leopoldi Joannis Kaliwoda .. Zu finden bey Leopold Joseph Hödel ... Tit., 1 Bl., 166 S., 20 Taf. in Kupferst. 8°

Ducetii, egregii Siculorum ducis, interitum. Diss. 1867. 27 S.

Duch Casu. Journal. Prossnitz, Mähren, März 1884—1886.

Duch świętego Wincentego. Z francuzkiego dzieła X. Ansarta przełożone. 12. (255 S.) Lissa 851, Günther.

Duch Volnosti. Journal. Chicago, 16. März 1895 sq. 7 Nrn.

du Chaffat, Ant. Provinciarum Turcico-Tartaricarum inter Tanaim Borysthenem et Bogum, quas 1736 et 1737 Anna Russorum Autocratrix subegit accur. Delineatio. fol. Augustae Vind. 1737.

Du Chaillu, Paul B., im Lande der Mitternachts-Sonne. Sommer- und Winterreisen durch Norwegen und Schweden, Lappland und Nord-Finnland. Frei übersetzt von A. Helms. Mit 48 Tonbildern und 200 Holzschn. im Text, nebst 1 großen Ansicht von Stockholm und Karte. 20 Lfgn. oder 2 Bde. gr. 8. (VIII, 455; VI, 472 S.) Leipzig 880—82, Hirt und Sohn. à Lfg. ℳ 1.; geb.

Du Chaillu, Paul B., im Lande der Mitternachtssonne. Sommer- und Winterreisen durch Norwegen und Schweden, Lappland und Nord-Finnland. Frei übers. von A. Helms. 2. Aufl. Kleine Ausg.: Ein Auszug aus dem Hauptwerke, mit einem einleitenden Kapitel über das Reisen und die hauptsächlichsten Reiserouten in Schweden und Norwegen von Yngvar Nielsen. gr. 8. (608 S. mit zahlreichen Holzschn. im Text, 1 Ansicht von Stockholm und 1 ausführl. Karte.) [Leipzig 885, Hirt und Sohn.] Gera, Griesbach's Verlag. *
geb. *

Du Chaillu, Paul B.: Im Lande der Mitternachts-Sonne. Sommer- und Winterreisen durch Norwegen und Schweden, Lappland und Nord-Finnland. Frei übersetzt von A. Helms. 3. Aufl. Kleine Ausgabe. Ein Auszug aus dem Hauptwerke, mit einem einleitenden Kapitel über das Reisen und die hauptsächlichsten Reiserouten in Schweden und Norwegen von Doktor Yngvar Nielsen in Christiania. Mit zahlreichen Holzschnitten im Text, einer Ansicht von Stockholm und einer ausführlichen Karte. Leipzig 1886. 616 S. 8°.

Du Chaillu, Paul: R e i s e n in Centralafrika. Aus dem Englischen. Berlin (1862). 463 S. 8°

Du Chaine s.a. Touchy, F. C.

— (F. C. Touchy), prakt. Anleit. zur ganzen Landwirthschaft. 2 Thle. gr. 8. Leipz. 787 u. 88. (Knobloch). 3 ₰ 10 gr

— d. Brau- u. Branntweinurbar nach ökonom. Grundsätzen u. Erfahrr.; mit e. Anh. von Bereitung d. Aepfelweins etc. 2 Thle. gr. 8. Leipz. 787. N. A. 795. Hertel. 2 ₰ 8 gr

Duchaine, kleiner Marianischer Monat. Deutsch von H. Balkhausen. 32. (36 S.) Berlin 862, Nelte, Böltje und Comp.

Duchaine, Henricus Eduardus Josephus (Bronius)
De hydrocephalo. Inaug. Diss.
[lt. Dekanatsbuch handschriftlich eingereicht.]
Dr. med. Giessen 13.9.1844.

Duchall, Jak., Vermuthungsgründe für d. Wahrheit d. Religion, in 10 Predigten etc.; aus d. Engl. v. Fel. Nüscheler. 8. Zürich 767. Orell. 16 gr

Duchamp, Henry u. Alb. Jenning. Dictionnaire universel pour la traduction des menus en français, anglais et allemand. — Allgem. Wörterbuch für Übersetzung der Speisekarten. 2. verb. Aufl. 8. (46 S.) Zür. 889, Orell, Füssli u. Comp. Verlag. geb. 2 —

Duchamp, Henry, & Alb. Jenning, allgem. Wörterbuch f. Übersetzg. d. Speisekarten. — Dictionnaire universel pour la traduction des menus en Français, Anglais et Allemand. 3., verb. Aufl. 8. (VI, 53 S.) Zürich 897. Art. Institut Orell Füssli. Kart. n. 2. —

Duchamp, Henry, & Jenning, Albert. Dictionnaire Universel pour la Traduction des Menus en français, allemand et anglais. 4e éd. corrigée = Allgemeines Wörterbuch für Übersetzung der Speisekarten. 4., verbesserte Aufl. = Universal Dictionary of Menus in English, French and German. 4th and improved ed. VI+53 p. 8. Zürich, Orell Füssli, [1905]. [cart. fr. 2. —]

Duchanoy. Versuch über die Kenntniss der mineralischen Wasser... aus dem Französischen. St. Petersburg 1783. Ü: *Gallisch, Friedr. Andreas.* (ML)

Duchanoy, ..., Versuch über d. mineral. Wasser; aus d. Franzöf. 8. Leipz. 783. Barth. 18 gr

Duchant, Ed., Tarif zur leichten und schnellen Berechnung des Porto's für Packet- und Werthsendungen innerhalb des norddeutschen Postgebietes und im Wechselverkehre nach Oesterreich, Baiern, Baden und Würtemberg bis zum Gewicht von 105 Pfd. und Werthbeträgen bis zu 20,000 Thlr. Zum Handgebrauche für Beamte, Kaufleute, Buchhändler etc. Nach dem Gesetz über das Postwesen des norddeutschen Bundes vom 2. Novbr. 1867. 16. (17 S.) Leipzig 868, Pardubitz.

—— **Tarif der Progressions-Sätze** (Stationsverzeichniss) nach den sämmtl. Post-Anstalten des Inlandes und den hauptsächlichsten Orten des norddeutschen Postgebietes, Oesterreichs etc., nebst Briefportotaxe nach dem Auslande. Zur Berechnung des Porto's für Packet- und Werthsendungen. Nach amtl. Quellen zum Handgebrauche für Beamte, Kaufleute etc. 16. (26 S.) Leipzig 868, Pardubitz. *

Duchant, Ed., Tarif u. Sätze für Briefpostsendungen aller Art im In- u. Auslande. Vollständiges Compendium der neuesten Bestimmungen über Versendung u. Empfangnahme von Postsendungen innerhalb d. deutschen Postbezirks et vice versa. Zum Handgebrauche für das correspondirende Publikum. Ebend. 868. 16. (X, 198 S.) n. 15 ngr

—— **Tarif** und **Taxe** für Briefpostsendungen aller Art im In- und Auslande. Vollständiges Compendium der neuesten Bestimmungen über Versendung und Empfangnahme von Postsendungen innerhalb des deutschen Postbezirks et vice versa. Zum Handgebrauche für das correspondirende Publikum. gr. 16. (X und 198 S.) Leipzig 868, Pardubitz. *

Duchassing, récits d'histoire de France. Im Auszuge hrsg. u. erklärt v. Heinr. Loewe. gr. 8. (VIII, 208 S.) Berlin 895. Weidmann. Geb. in Leinw. n. 2. —

Duchâteau, O. Pope et Voltaire; An Essay on Man (1734), Discours en vers sur l'homme (1734—37). Diss. Greifswald 1875. 54 S.

Duchâteau, Otto [Dr.]: Der französische Unterricht nach Dr. O. Steinbart's Elementarbuch. Magdeburg, Druck v. E. Baensch jun., 1889; 1 Bl., 25 S. 4°
Magdeburg, Guericke-S (OR), OP 1889 (253)

Duchâteau, O., der französische Unterricht nach O. Steinbart's Elementarbuch. 4. (25 S.) Magdeburg 889. (Rathke.) n. 1. —

Duchâteau, Otto [Dr.]: Der französische Unterricht nach Dr. O. Steinbart's Elementarbuch. (Fortsetzung und Schluß.) (Forts. d. P-Beil. 1889.) Magdeburg, Druck v. E. Baensch jun., 1890; 1 Bl., 32 S. 4°
Magdeburg, Guericke-S (OR m. RG), OP 1890

Duchatel, F. F, le calcul fondamental de la Banque générale suivi de deux tables comparées du poids et des aunes pour servir à toutes les classes de négociants. gr. 8. Frankf., Guilhaumann. 3 ₰ 8 gr

— division géometrique de l'arc en autant de parties égales, que l'on veut, suivie de quelque problèmes d'application. gr. 4. Darmst., Leske. 12 gr

Duchatel, (F. F.,) Voyage aux Champs élysées. 8. Darmstadt 324. (Hever.)

Duchatel, M. A., u. F. M. L. Naville, das Armenwesen nach allen seinen Richtungen als Staatsanstalt u. als Privatwerk, u. seine dermal. Gestaltung in d. civilisirten Staaten in u. außer Europa. Frei n. d. franz. Preisschriften. Im Ausz. u. nach d. vaterländ. Erforderniß bearb. v. ein. deutschen Staatsbeamten. gr. 8. (25¾ B.) Weimar 837, Voigt.

Duchatel, M. A. u. F. M. L. Naville, das Armenwesen nach allen seinen Richtungen als Staatsanstalt u. als Privatwerk u. seine dermal. Gestaltung in d. civilis. Staaten in u. außer Europa. Frei nach d. französ. Preisschriften. Im Ausz. u. nach d. vaterländ. Erforderniß bearb. von e. deutsch. Staatsbeamten. 2. Ausg. gr. 8. (25½ B.) Weimar 842, Voigt.

Discours prononcé le jour de l'installation de la l. Frédéric à la vertu par [C. F.] **Duchaufour.** Brandebourg: Halle 1779. 14 S. 8° [Umschlagtit.]
Kl. 1018. Preist Friedrich d. Gr. wegen seiner Toleranz; Gefühle des Dankes u. der Freude bei Einweihung der Loge.

Duchaussoy, Paul, O. Praed., der Dominicaner- od. Prediger-Orden. Briefe an e. Jüngling üb. d. Orden d. hl. Dominicus. Freie Übersetzg. aus d. Franz. 8. (VI, 70 S.) Graz 898. U. Moser. n. — 50

[DUCHÉ, Jacob] 1738 - 1798
Briefe des Herrn T. Caspipina, welche Beobachtungen über verschiedene Gegenstände aus der Litteratur, Moral und Religion enthalten. Nebst dem Leben und Charakter des Herrn Penn ersten Eigenthümers von Pensylvanien. [A. d. Engl.]
Leipzig: Schwickert. 1778. VI, 243 S. 8°.
Sächsische Landesbibliothek Dresden
Übers. v. Caspipina's Letters, Bath-London 1777.
William Penn, 1644-1718
Frankfurt-Leipziger Meßkatalog, Ostermesse 1778, S. 411.
Sabin 21049 u. Palmer: mit Verfasser.

Duchek, A., Handbuch der speciellen Pathologie und Therapie. 1. Bd. 1. Lfg. A. u. d. T.: Die Krankheiten des Herzens, des Herzbeutels und der Arterien. Lex.-8. (S. 1—290.) Erlangen 862, Enke's Verlag. *

—— dass. — 1. Bd. 2. Lfg.: Die Krankheiten der Venen, Lymphgefässe und der Nasenhöhlen. Lex.-8. (S. 291—462.) Ebendas. 864. *

Duchek, A., Handbuch der speciellen Pathologie und Therapie. 1. Bd. 3. Lfg.: Die Krankheiten der Larynx und der Trachea, der Schilddrüse und der Thymusdrüse. Lex.-8. (S. 463—602.) Erlangen [Stuttgart] 873, Enke's Verlag. *
1. und 2. Lfg. Ebendas. 1862,65. ℳ 7,60.

Duchek, J., üb. Distanzschätzen u. Distanzmessen in militärischer Beziehung, s.: Grossmann, C.

Duchemin, Die Familie, oder: Das Leben des Proletars, eine wahre Geschichte, hsg. v. L. Blesson. Berlin 1850. V: *Karr, Alphons.* (Ky)

Duchemin, Experimentaluntersuchungen üb. d. Gesetze des Widerstandes der Flüssigkeiten. Deutsch hrsg. v. H. C. Schnuse. gr. 8. (15½ B. u. 4 Figurentaf.) Braunschweig 844, G. C. E. Meyer sen.

Duchenes, Adolf: Die Judenfrage, Ungarns Lebensfrage. 8°. (15 S.) Wien: Geitler. 1868.

Duchenne, die örtliche Anwendung der Elektricität, s. Erdmann, B. A.

Duchenne, G. B., Physiologie der Bewegungen nach electrischen Versuchen und klinischen Beobachtungen mit Anwendungen auf das Studium der Lähmungen und Entstellungen. Aus dem Franzö. übers. von C. Wernicke. gr. 8. (XXVII, 603 S. mit 100 Abbild.) [Kassel 885, Fischer.] Leipzig, G. Thieme. *

Duchenne, Peter: Ueber Phosphornecrose. Halle 1869: Lipke. 31 S. 8°
Halle-Wittenberg, Med. Diss. v. 19. März [vielmehr 19. April] 1869
Geb. Stolberg (Rheinprov.) 8. 11. 1843. V.

Duchesne, Philippine, ihr Leben, s. Baunard, L. P. v.

Du Chesne, s.: Du Hamel du Monceau.

Duchesne, aîné, essai sur les Nielles, gravures des orfèbres florentins du XV. siècle. gr. 8. (Leipz.) 828. (Barth). 5 ₰ 8 gl.

Duchesne ainé, Notice des Estampes exposées à la Bibliothèque Royale, formant un aperçu historique des produits de la gravure, avec des recherches sur l'origine, l'accroissement et la disposition méthodique du Cabinet des Estampes. 3e Edit. gr. in 8. Paris 837. Heideloff. 1 ₰

Duchesne, Trauerrede auf Hrn. Hofrath F. X. Kraus, Professor der Archäologie u. Kirchengeschichte an der Universität Freiburg i. B., geh. beim Seelenamte in der Kirche des deutschen Campo santo zu Rom am 4. I. 1902. (In französ. Sprache.) gr. 8. (7 S.) Rom 902. (Freiburg i/B., Herder.) n. — 50
Vorläufiger Abdr. aus: „Röm. Quartalschrift f. christl. Altertumskunde u. f. Kirchengeschichte".

Duchesne, A., methodische französische Sprechschule, s.: Harnisch, A.

Du Chesne, C., Der Prozessgang des formalen Grundbuchrechtes. Grundlegung u. Versuch zu e. Systematik d. Grundbuchverfahrens. Leipzig 1908. 8°.

Duchesne, E. A., über den Mais oder das türkische Korn, dessen Geschichte, Cultur u. Benutzung in der Hauswirthschaft u. Medicin. Nach der gekrönten Preisschrift des Verf. u. andern Materialien bearb. v. E. H. Schmidt. Mit 6 Kpfr. gr. 8. Weimar 833. Voigt. 1 ₰

Duchesne, L., de Macario Magnete et scriptis ejus. gr. 4. (45 S.) Paris 877. Klincksieck. n. 2. 80

Duchet, K. A., Kunst, binnen wenig Tagen, sehr auffallende u. beinahe unbegreifliche Proben, des stärksten Gedächtnisses, ohne Anstrengung abzulegen, mit Beispielen u. Erläuterungen. 8. Prag, Enders. 812.

Duchet, K. Aug., die Kunst, binnen wenig Tagen sehr auffallende u. beinahe unbegreifl. Proben d. stärksten Gedächtnisses ohne Anstreng. abzulegen. Mit Beispielen u. Erläuterungen. (Nebst e. mnemonischen Fingerring.) 2. Ausg. 8. (6 B. u. 4 Tabn.) Prag 833, Enders.

Duchinoff, Zinobie. Riesenzellensarcom des Uterus mit Knorpelinseln (Sarkoma enchondromatosum gigantocellulare corporis uteri). Diss. Med. Univ. Zürich. *Kopftitel:* Aus dem Pathologischen Institut der Universität Zürich. — [Mit 1 dreiteiligen Tafel.] 64 S. 8. Zürich, J. F. Kobold-Lüdi, 1902.

Duchmann, G., landwirtschaftliches Rechnen im Anschluß an den landwirtschaftl. Kalender oder Heimatkunde im Rechenunterricht e. ackerbautreib. Gemeinde. (Abgeänd. u. verb. Sonderabdr. aus: „Elsaß-lothring. Schulblatt".) gr. 8. (37 S.) Straßburg (900). Straßburger Druckerei u. Verlagsanstalt. n.n. — 50

Duchnowski, H., Nomenclatura principalium sanctorum et dierum festorum mobilium immobiliumque, varie nuncupatorum; cum duplici tabula indicante festa mobilia, feriasque ecclesiasticas juxta calendarium civile sive hodiernum ab a. 901 ad a. 1931 czyli Tabelle redukcyjne. Warschau 845, Orgelbrand. 1 ₰ 3⅓ ngl.

Duchnowski, S., Mówi pan po polsku? Sprechen Sie polnisch? Ein Hülfsbuch zur leichten u. schnellen Erlerng. der poln. Sprache f. Verkehr, Korrespondenz u. Reise. Mit vielen hierauf bezügl. Gesprächen u. genauer Angabe der Aussprache. 12. (III, 124 S.) Mülheim a/R. (900). J. Bagel. — 80; geb. in Leinw. 1. 20

Mówi pan po polsku? Sprechen Sie polnisch? Ein Hülfsbuch z. leichten u. schnellen Erlernung d. poln. Sprache f. Verkehr, Korrespondenz u. Reise. Mit vielen Gesprächen u. genauer Angabe d. Aussprache. Von S. Duchnowski. *Mülheim-Ruhr: J. Bagel [1901].* (124 S.) 8° [Ant. u. F.]
[01. 10508 5

Duchon, Joh.: Katalog der Lehrerbibliothek. 64 S., Waidhofen a. Th., P 1900

Guil. du Choul discours sur la castramétation et discipline militaire des Romains; des bains et antiques exercitations Grecques et Romaines etc. Lyon 1555. f. *Cum bonis iconib. lign. incis.* — *Recus.* Lugd. 1567. 4.; ib. 1581. 4.; Vesal. 1672. 4.; *nov. tit.* Düsseldorf 1731. 4. (Archaeologi satis noti opus; cfr. quoque *Jo. Bapt. Casalius de thermis et balneis veterum tractatio*, c. *figg*, et *Jos. Laurentius de thermis et balneis antiquorum schediasma*, utrumque in Gronov. thesaur. antiquitatt. Graec. vol. IX.)

Choul, G. du, La réligion des anciens Romains. Avec figg. Lyon 556. f. Ib. 567. 4. Ib. 581. 4. 3rthl. Avec un discours sur la castrametation, des bains et antiques exercitations grècques et romaines. Avec figures. Wesel 672. 4. Ib. 682. 4. Düsseld. 731. 4. Ib. 748. 4.

Duchow, s.a. Carlos Duchow.

Duchow, H. Carlos, Jochebeth, s.: Lincke, Elvire.

Духовенство, русское. (Die russische Geistlichkeit.) 8. (XV und 876 S.) Berlin 859. (Paris, Franck'sche Buchh.) *

Duchowsky, Wenc. Proc., Lucifer lucens, non urens, lustrans ac illustrans omissa et commissa. 8. Prag 765. Widtmann. 12 Kr

Duchscher, A., Eisen- und Kupfergießerei, Pressen- und Maschinen-Fabrik: Katalog. 22. u. 23. Aufl. Wecker (Luxemburg) 1898

Duchscher, A., Eisen- und Kupfergießerei, Pressen- und Maschinen-Fabrik: Katalog. 24. Aufl. Wecker (Luxemburg) 1899

Duchstein, H., nützlicher und angenehmer Zeitvertreib für Kinder. m. K. 8. Berlin, Pauli. 810.

Duchstein, H., nützl. u. angenehmer Zeitvertreib f. Kinder. 2te Aufl. m. 15 illum. K. Berl. Fr. Pauli. 815.

Duchstein, H., nützlicher u. angenehmer Zeitvertreib f. kleine wißbegier. Kinder. M. 15 ill. Bild. qu. 16. (4 B.) Magdeburg 830, Rubach.

Ducht, Frieda, Herzensklänge aus ernsten u. heiteren Lebenstagen. (VIII, 135 S.) 8. Dresden (908). E. Pierson. 2.—; geb. n 2. 50

Duck, Hans, aus Elbing: Ueber Monobromäpfelsäure. *Königsberg i. Pr. 1902: H. Jaeger.* (33 S.) 8°
Königsberg, Phil. Diss. v. 7. Aug. 1902

Dück J., Leitfaden der Geschäftsstenographie. Wien 1906. A. Hölder. Geb. K —.72.

Die Erdbeben von Konstantinopel. Von Johannes Dück. Mit 2 Kartenskizzen. Laibach 1904: J. v. Kleinmayr & F. Bamberg. (38 S.) 8° [Umschlagt.]
Aus: Die Erdbebenwarte. 1903/04, No 6—12.
[04. 56 11

Dück, Johs., der Neubau der Innsbrucker Handelsakademie. Erbaut 1904—1905, bezogen am 1. I. 1906. Progr. (8 S. m. 11 Taf.) gr. 8. Innsbruck (906). (Wagner.) n. — 75

— nimm mich mit! Ein Sprachbegleiter f. den deutschen Kaufmann samt Verdeutschungswörterbuch. (122 S.) kl. 8. Ebd. 906. Geb. in Leinw. n. 1. 60

Dück, Johs., Reisebriefe aus Algerien. Mitteilungen v. e. in ministeriellem Auftrag unternommenen Studienreise im Sommer 1908. (88 S.) kl. 8. Innsbruck 908. Wagner. — 80

Dück, Jos., Geschichte d. kronstädter Gymnasiums. Eine Festgabe zur 3. Säcularfeier. gr. 8. (13⅛ B. u. lith. Bildn.) Kronstadt 845. (Németh.) *

DÜCK, Max (Würzburg): Ein Fall von amnestischer Aphasie.- München: Ernst 1890. 22 S. 29.7.1889 - Chr 1889/90,26; Jv 1889/90,221 (Prom.-Datum: 1890)
Diss. Ingolst.-Landsh.-Mchn.

Dück-Tobler, H[ans]. An die schulentlassene Schweizer Jugend! Ein Aufruf. (Herausgeber: Jugend-Abteilung der neutralen Guttempler.) II + 16 S. 8. (Zu beziehen bei der Geschäftsstelle: Buchtalen bei Schaffhausen;) Buchdr. Joos-Bäschlin, Schaffh', [1910]. [fr. —. 05]

DUCKART, Johann (Lasdau/Russl.): Ruptur-Aneurysma der Aorta descendens mit sekundärer Perforation in den Magen.- München: Kastner & Callwey 1909. 35 S. Diss. Ingolst.-Landsh.-Mchn. 12.2.1910 - Chr 1909/10,23; U 10.3496

Ducke, Adf., die Biengattung Osmia Panz., als Ergänzg. zu Schmiedeknecht's „Apidae europaeae" vol. II in ihren palaearkt. Arten monographisch bearb. (323 S.) 8. Innsbruck 900. (Berlin, W. Junk.) n. 8. —
Sonderabdruck aus: „Berichte d. naturwiss.-med. Ver."

Ducke, A., die Bienengattung Osmia Panz. Jetzt: Leipzig, Th. Osw. Weigel.

Ducke, Heinr., Höhenberechnung correspondierender Meteore der Augustperiode 1877. (26 S.) gr. 4. Wien 903. (A. Hölder.) n. 1. 60
Sonderabdruck aus: „Denkschr. d. k. Akad. d. Wiss."

Ducke, Heinrich: Höhenberechnung zweier Sternschnuppen. S. 3—23. 8. Progr. Städt. Gymn. *Wels* 1910.

Duckefedd, Christejahn, us minnen Dagebuche. Gedichte in Casseläner Mundart. (85 S.) 8. Cassel 910. C. Vietor. 1.—; geb. n 1. 50

Dueckel, de aquae calcis indole et usu medico ac chirurgico. 8. Marb. Krieger. 796.

Ducker, *s. a. Duker*.

Ducker, Karl Andreas

DUCKER, K. And.: Opusc. de latinitate veterum jurisconsult. (*Leyden*, Ultraj. 733.) cur. J. P. SCHMIDT. *Lpz.*, Jacobäer. 773. 8. (20 Gr.)

Ducker, Carl Andreas. Opuscula varia de latinitate veterum ICtorum ed. et animadversiones adj. Ed. II. Lipsiae 1783. H: *Schmid, Joh. Peter.* (EngJ)

Ducker, C. A., Opuscula varia de latinitate Ictorum, vet. 8. Lps. (Prost. Kopenh.) 783.

Dücker, Carl: Die Rechtsstellung einer Ehefrau, welche selbständig ein Erwerbsgeschäft betreibt. Nach d. Rechte des BGB. dargest. — Rostock 1903: Hinstorff. 83 S. 8°
Rostock, Jur. Diss. v. 28. Juli 1903.

Dücker, F. F. Frhr. v., die Eisperiode in Europa. Drift- u. Gletschertheorie als neue geolog. Streitsätze behandelt. gr. 8. (40 S.) Minden 881. Bruns. n. — 80

Dücker, F. F. Frhr. v., die griechische Laurion-Angelegenheit. gr. 8. (20 S.) Cassel 873, Freyschmidt. *

Dücker, F. F. Frh. von, Petroleum und Asphalt in Deutschland. ... 1880. [Selbstverlag.]
—, —— 2. Aufl. Minden 1881.

— Petroleum u. Asphalt in Deutschland. 2. Aufl. gr. 8. (48 S.) Ebend. 881. n. — 80

v. Dücker, F. F., vorgeschichtliche Spuren d. Menschen am Wege nach Rügen u. auf der Insel Rügen selbst. Briefliche Mittheilungen. [Aus der norddeutschen allgem. Zeitung.] Berlin 868. Stargardt in Comm. 8. (16 S.) n. 5 ngr.

Dücker, Johann Friedrich

Dücker, J. Fr., Aufgaben üb. d. Arbeiter-Versicherg. n. E. Ergänzungsheft z. J. B. Saß' Rechenbuch in Hftn., IV. Hft. 8. (IV, 20 S.) Altona 895. (Schlüter.) n. — 15

— dasselbe. Resultate. 8. (4 S.) Ebd. 896. n. — 05

Dücker, Johann Friedrich: Aufgaben zur Erzeugung u. Einprägung d. leichteren Wortbilder... s. Dücker: Erstes Sprachbuch.

Dücker, Joh. Friedr., Aufgaben zu mündlichen und schriftlichen Sprachübungen in niederdeutschen Volksschulen. 1. Aufl. 1859. und 2., verm. und verb. Aufl. 8. (X und 168 S.) Kiel 860, Schröder und Comp. *

Dücker, Joh. Frdr., Aufgaben zu mündlichen und schriftlichen Sprachübungen in niederdeutschen Volksschulen. 859. (159 S.) n. 7½ ngr. — 2. verm. Aufl. 860. (X, 168 S.) n. 10 ngr. — 3., gänzlich umgearb. u. verm. Aufl. Kiel 862. Akadem. Buchhdlg. 8. (IV, 228 S.) n. 10 ngr.

Dücker, Joh. Frdr., Aufgaben zu mündlichen u. schriftlichen Sprachübungen in niederdeutschen Volksschulen. 4. Aufl. 865. — 5. Aufl. (Mit Anhang.) Neustadt 866. (Kiel, Akadem. Buchhdlg.) 12. (IV, 188 S. u. Anh.: 43 S.) n. 10 ngr.

— — 6. unveränd. Aufl. Kiel 870. v. Maack in Comm. 8. (IV, 192 S.) n. 6 ngr.

Dücker, Joh. Frdr., Aufgaben zu mündlichen u. schriftlichen Sprachübungen in niederdeutschen Volksschulen. 7. unveränd. Aufl. 8. (IV. 192 S.) Altona 874. Schlüter. n. — 60

Dücker, Joh. Friedr., Aufgaben zu mündlichen und schriftlichen Sprachübungen in niederdeutschen Volksschulen. 8. und 9. unveränd. Aufl. 8. (IV, 192 S.) Altona 875,77, Schlüter's Verlag. *

Dücker, J. Fr., Aufgaben zu mündlichen und schriftlichen Sprachübungen in niederdeutschen Volksschulen. 11. umgearb. und der ministeriellen Verfügung vom 21. Jan. 1880 gemäß veränd. Aufl. 8. (IV, 172 S.) Altona 885, (Schlüter.) *

Dücker, J. Fr., der Baum des Lebens. Eine ernste Schulfeier unter dem Weihnachtsbaum. gr. 8. (39 S.) Hamburg (901). (Altona, Schlüter.) n. — 50

—— Bilder aus der Schleswig-Holsteinischen Geschichte, nebst einem Anh. von vaterländ. Gedichten. Für Schule und Haus gesammelt und eingerahmt. gr. 8. (VIII und 354 S.) Schleswig 866, Schulbuchh. *

Bilder aus der Schleswig-Holsteinischen Geschichte. Für Schule u. Haus gesammelt u. eingerahmt von J[ohann] Fr[iedrich] Dücker, Rektor in Altona. 2. Aufl. Schleswig: J. Bergas 1906. (VIII, 366 S.) 8° [F.] [09. 671]

[F.] Die Christuskirche. D. konfirm. Jugend gewidm. v. J. Fr. Dücker, Rektor in Altona ... Altona: Schlüter 1897. (1 Bl., 46 S.) 1 Bd 8. [97. 6043]

— Söte Ecken. Plattdütsche Vertelle. 8. (III, 321 S.) Hamburg 902. G. Kramer Verl. n. 2.—; geb. n. 3.—

Festbericht über das 50jährige Bestehen der Saßstiftung in Altona v. Johann Friedrich Dücker. Altona. [1907.] 8°

—— im Jahre 1883. (Altona. 1883.) 8°

Dücker, J. Fr., vier Festspiele f. d. deutsche Jugend. 1. D. Thing d. deutschen Ströme. 2. Wilhelmshöhe. 3. E. Städtetag i. Sachsenwald. 4. E. Kampfsgenossentag. gr. 8. (80 S.) Altona 897. (Schlüter.) n. 1.—

Dücker, J. Fr. Gerhard der Große v. Holstein u. seine Kinder. Ein histor. Gedicht in Bildern. gr. 8. (VI, 85 S.) Altona 890, Schlüter. * 1 60

[F.] Gerhard der Grosse und seine Kinder, oder die Gründung Schleswigholsteins. Rhapsodieen v. J[ohann] F[riedrich] Dücker, Rektor ... in Altona. 2., stark verm. u. verb. Aufl. Altona, Elbe: Schlüter 1897. (IX, 1 S., 1 Bl., 164 S.) 1 Bd 8. [98. 1014]

— biblische Glaubens- und Sittenlehre. Ein Lehr- und Lernbuch für unmündige und mündige Christenkinder zusammengestellt. Neustadt 864. (Kiel, Akadem. Buchhdlg.) 12. (64 S.) na. 5 ngr.

—— biblische Glaubens- und Sittenlehre. Ein Lehr- und Lernbuch für unmünd. und münd. Christenkinder zusammengestellt. 12. (64 S.) Neustadt 864. (Kiel, G. v. Maack's Verlag.) **

Dücker, Johann Friedrich (Hrsg.), s. Jugendbote.

Der Altonaer Creditverein. Im Auftrage des Ausschusses und Vorstandes zur Erinnerung an das fünfundzwanzigjährige Bestehen hrgg. v. J. Fr. Dücker. Altona. (1888.) 8°

Dücker, Johann Friedrich: Zum 24. März 1848–1898. Eine Heirat mit Hindernissen, in vier Kapiteln. Als Manuscript gedruckt. (Altona. 1898). 8°.

— Materialien zu unmittelbaren Sprachübungen in der Volksschule, durchwebt mit Proben, Andeutungen und Musteraufsätzen. Ein Commentar zu meinen „Aufgaben." 1. Abth. Der einfache Satz. [Beschreibungen, Erzählungen, Schilderungen, Briefe.] Kiel 863. Akadem. Buchhdlg. gr. 8. (XII, 195 S.) n. 24 ngr.

—— Materialien zu unmittelbaren Sprachübungen in der Volksschule, durchwebt mit Proben, Andeutungen und Musteraufsätzen. (Ein Commentar zu meinen „Aufgaben.") 1. Abthl. Der einfache Satz. (Beschreibungen, Erzählungen, Schilderungen, Briefe.) gr. 8. (XII und 195 S.) Kiel 863, G. v. Maack's Verlag. *

—— dass. — 2. Abthl. Der zusammengesetzte Satz. (Erzählungen, kleine Abhandlungen — Geschäftsaufsätze.) gr. 8. (VIII und 168 S.) Ebendas. 868. *

— der Religionsunterricht in der evangelischen Volksschule und der Katechismusentwurf unsers Bischofs. Altona 861. Hestermann in Comm. gr. 8. (23 S.) n. 6 ngr.

Dücker, Joh. Friedr., Aufgaben zur Erzeugung und Einprägung der leichteren Wortbilder und Sprachformen. Erstes Sprachbuch für Mittelklassen und ungünstig gestellte Volksschulen. 3., gänzlich umgearb. Aufl. 8. (60 S.) Kiel 868, G. v. Maack's Verlag. **

— erstes Sprachbuch. Aufgaben zur Erzeugung u. Einprägung der leichteren Wortbilder u. Sprachformen. 4. Aufl. 869. n. 4 ngr. — 5. unveränd. Aufl. Altona 870. Schlüter. 8. (IV, 60 S.) n. 3 ngr.

Dücker, Joh. Friedr., erstes und zweites Sprachbuch. 8. Altona 869—73, Schlüter. à Buch * 40 Pf. *

Inhalt:
Buch 1. Aufgaben zur Erzeugung und Einprägung der leichteren Wortbilder und Sprachformen. 4.—8. Aufl. (72 S.)
" 2. Aufgaben zur Einprägung der schwereren Sprachformen und des Wortsinnes. 1.—3. Aufl. (IV, 72 S.)

— dasselbe. 8. Aufl. 8. (72 S.) Ebend. 872. n. — 40

Dücker, Joh. Friedr., erstes und zweites Sprachbuch. 8. Altona, Schlüter's Verlag. à Buch * 40 Pf. *

Inhalt:
Buch 1. Aufgaben zur Erzeugung und Einprägung der leichteren Wortbilder und Sprachformen. 9.—16. Aufl. (72 S.) 873—80.
" 2. Aufgaben zur Einprägung der schwereren Sprachformen und des Wortsinnes. 4. und 5. Aufl. (IV, 72 S.) 875—80.

— erstes Sprachbuch. Aufgaben zur Erzeugg. u. Einprägg. der leichteren Wortbilder u. Sprachformen. 7. Aufl. 8. (72 S.) Ebend. 876. n. — 30

Dücker, J. Fr., erstes u. zweites Sprachbuch. 8. Altona 879. 82. Schlüter's Verl. à n. — 40
1. Aufgaben zur Erzeugung u. Einprägung der leichteren Wortbilder u. Sprachformen. 18. Aufl. (IV, 92 S.)
2. Aufgaben zur Einprägung der schwereren Sprachformen u. des Wortsinnes. 5. Aufl. (72 S.)

Dücker, J. Fr., erstes Sprachbuch. Aufgaben zur Erzeugung und Einprägung der leichteren Wortbilder und Sprachformen. 17. umgearb., verm. und der ministeriellen Verfügung vom 21. Jan. 1880 gemäß veränd. Aufl. 8. (92 S.) Altona 880. Schlüter'sche Buchh. *

—— zweites Sprachbuch. Aufgaben zur Einprägung der schwereren Sprachformen und des Wortsinnes. 6. Aufl. (88 S.) 1882. * 40 Pf.; 7. Aufl. 8. (92 S.) Ebendas. 883. *

Dücker, J. Fr., zweites Sprachbuch. Aufgaben zur Einprägg. der schwereren Sprachformen u. d. Wortsinnes. 8., umgearb., verm. u. der ministeriellen Verfügg. vom 21. Jan. 1880 gemäß veränd. Aufl. 8. (96 S.) Altona 886. (Schlüter.) n. — 50

— erstes Sprachbuch. Aufgaben zur Erzeugg. u. Einprägg. d. leichteren Wortbilder u. Sprachformen. 22. Aufl. [In neuer Schreibweise die 6. Aufl.] 8. (96 S.) Ebd. 890. n. — 40

— zweites Sprachbuch. Aufgaben zur Einprägg. der schwereren Sprachformen u. d. Wortsinnes. 9., umgearb., verm. u. der ministeriellen Verfügg. vom 21. Jan. 1880 gemäß veränd. Aufl. 12. (96 S.) Ebd. 891. n. — 50

Dücker, J. Fr., erstes Sprachbuch. Aufgaben zur Erzeugg. u. Einprägg. der leichteren Wortbilder u. Sprachformen. 23. Aufl. (In neuer Schreibweise die 7. Aufl.) 12. (96 S.) Altona 893. Schlüter. n. — 40

— erstes Sprachbuch. Aufgaben z. Erzeugg. u. Einprägg. d. leichteren Wortbilder u. Sprachformen. 24. Aufl. 12. (96 S.) Ebd. 897. n. — 40

— zweites Sprachbuch. Aufgaben zur Einprägung der schwier. Sprachformen u. des Wortsinnes. 10. Aufl. 8. (96 S.) Ebd. 900. n. — 50

— erstes Sprachbuch. Aufgaben zur Erzeugg. u. Einprägg. der leichteren Wortbilder u. Sprachformen. 25. Aufl. 12. (96 S.) Altona 901. Schlüter. n. — 40

— 1. u. 2. Sprachbuch. 8. Altona, Schlüter. à n. — 50
1. Aufgaben zur Erzeugung u. Einprägung der leichteren Wortbilder u. Sprachformen. 26. Aufl. (96 S.) 903.
2. Aufgaben zur Einprägung der schwierigen Sprachformen u. des Wortsinnes. 11. Aufl. (95 S.) 903.

Dücker, J. Fr., 2. Sprachbuch. Aufgaben zur Einprägg. der schwier. Sprachformen u. des Wortsinnes. 12. Aufl. (96 S.) kl. 8. Altona 909. Schlüter. — 50

Umwandlung des Altonaer Creditverein oder nicht? Von J. Fr. Dücker. [Rektor]. *(Altona [1902]: H. W. Köbner & Co.)* (20 S.) 8° [F.]

Dücker, Isabella v., edler Adel, s. a. Groschen-Bibliothek für's deutsche Volk.

Edler Adel. Eine wahre Geschichte aus d. Badeleben. Von I[sabella] v. Dücker. *Barmen: H. Klein [1903].* (28 S.) 8° [F.]
= Dämmerstunde, Für die. Reihe 4, [1.]

— edler Adel u. Schloß Klüften, s.: Familien-Bibliothek für's deutsche Volk.

— Elisa oder nicht aus eigener Kraft. Eine Erzählung aus dem Leben. 8. (389 S.) Soest 879. (Barmen, Klein.) n. 2. 50.

Dücker, Otto. Beiträge zur Kenntnis der Ptyalinwirkung. Diss. Phil. Bern. [Mit 1 Figur.] *Kopftitel:* Aus dem Institut für medizinische Chemie und Pharmakologie der Universität Bern. 44 S. 8. Freiburg in Baden, Ernst Kuttruff, 1906.

Dücker, W.: Beiträge zur Lehre vom Precarium. Altona 1882.

Dueckers, Henr. Joan. Hubert. (geb. Oedt 11. 12. 1843): De senatusconsulto Macedoniano. Berolini (1866). (171 S.) 8°
Berlin, Jur. Diss. v. 28. Juni 1866

Dueckers, Henr., de senatus-consulto Macedoniano. gr. 8. (VI und 169 S.) Berlin 866, Calvary und Comp. *

Dückershoff, Ernst, wie d. englische Arbeiter lebt? gr. 8. (III, 42 S.) Dresden 898. O. V. Böhmert. n. — 80

Dückert, Franz

Dückert, F., Lehrbuch der Stenographie, s.: Jacht, O.

Dückert, Gottfried (Manschnov/Neumark), De vitae fonte ex physiologiae principiis dijudicato. Diss. med.-phys. Bln. (Brüschck) 21. V. 1830. 32 S. mit Biogr. (4.20) 7004
Oppon.: A. Sascke, G. Nielson, Fr. Herke. — Gew.: C. A. L. Bouness.

Duckett, Geo. Floyd, Dictionnaire militaire technolog. allem.-angl.-français. Livr. 1—3. (A—Leierbank.) Lex.-8. (13 1/8 B.) Berlin 845, 46, Mittler, Verl. à L. *

Duckewitz, Heinrich August (Dresden), Spec. cont. caput jur. controv. de valore divisionis hereditatis veri heredis cum putativo. Präs. Christian Heinr. Breuning. Lpz. (Ww. Langenheim) 24. IV. 1766. 12 S. (3.50) 6997

Duckwitz, Arnold

Duckwitz, A., Denkwürdigkeiten aus meinem öffentlichen Leben von 1841—1866. Ein Beitrag zur brem. und deutschen Geschichte. gr. 8. (VIII, 348 S.) Bremen 877, Schünemann's Verlag. * M 5.; geb. *

Duckwitz, A., über die Gründung der deutschen Kriegsmarine. gr. 8. (72 S.) Bremen 849, Schünemann's Vrlgsh.

Duckwitz, A.: „Der deutsche Handels- und Schiffahrts-Bund", Bremen 1847 (Heyse). Dasselbe, 2. Aufl., ebenda 1848. — Vorh.: (beide Aufl.): Com. Bibl. Hamburg, (2. Aufl.): Büch. der Handelskammer Magdeburg.

—— der deutsche Handels- und Schifffahrts-Bund. 2. Aufl. 1. und 2. Abdr. gr. 8. (XVI und 93 S.) Bremen 848, Heyse. *

— s.: Memorandum, die Zoll- u. Handelsverf. Deutschlands betr.

(Duckwitz, Arnold.) Memorandum die Zoll- und Handels-Verfassung Deutschlands betreffend. Bremen 1848. 24 S. 8.

—— zur Revision des Verfassungs-Entwurfs vom 26. Mai 1849. Ein Wort zur Verständigung. gr. 8. (44 S.) Bremen 849, Schünemann's Vrlgsh.

Duckworth, Sir Dyce, die Gicht. Ins Deutsche übertr. v. H. Dippe. gr. 8. (VIII, 289 S. m. Abbildgn.) Leipzig 894. J. A. Barth. n. 8. —

de Ducla Lopic, P(ater) Johann: Das aus den primitiven dritten Wurzeln der Einheit gebildete complexe Zahlensystem. 8 (52 S.). Progr. K. k. Ober-G. der Franciscaner *Hall* 1897.

Duclos, Charles Pinot

AKASCHU und Zirphile, ein Feenmärchen. (Aus d. Fransös. des *Charles Duclos*). Mit TKpf. Frankfurt u. Leipzig 1767. 8°. (In Stralsund, Rathsbibl.)
Orig.: Acajou et Zirphile, conte. Nouv. éd. A Minutie (Paris, Prault) 1744. 12°. (In Berlin u. in Glogau, Stahn's Bibl.) (8 Mk., avec 7 grav., vente G. Salomon, Dresde, Mars 1875.) (u. früher.)

—Betrachtt. über d. Sitten dieses Jahrhunderts; aus d. Französ. 8. Altenb. 758. (Hennings in Neisse). 12 gl.

— Betracht. üb. d. Sitten dies. Jahrh. a. d. Fr. 8. Altenburg, Richter. (Academ. Buchh. in Jena.) 758.

— — dasselbe Franz. gr. 8. Lond. (Varrentrapp, Frankf.) 769.

DUCLOS' Geständnisse des Grafen von ***, ein Lieblingsbuch von J. J. Rousseau. Aus d. Französ. (des *Charles Pinot*, Sieur *Duclos*). Mit TKpf. (Geyser sc.) Riga, Hartknoch, 1791. 8°. 288 S. (3 Mk. Oskar Rauthe, 1908.)
Auch titulo: Historische Memoiren u. galante Romane .... Bd. 2.
Orig.: Les Confessions du Comte de ***, Ecrites par lui même à son ami. 3e édit. 2 pts. Amsterdam 1742. 8°. (In Berlin: Xy 2794.) (Ed. I vers 1740?) — 4e éd. Ibid. 1742. 8°. Avec 3 gravures. (In Wolfenb.) — Rep. tit.: Les Confessions ...., histoire galante. 2 tom. Lyon 1764. 8°. (In München: P. o. gall. 433m.) — Rep. ibid. 1773. 12°. (3 frcs. 50 cts. Claudin, Paris. 1876.) — Londres (éd. Cazin) 1781. 16°. (3 fr. Franz Hanke, Zürich; 1 Mk. 80 Pfg., Frzbd. m. Goldschn., Theod. Ackermann, München.)

Duclos, Geständnisse des Grafen v. ***. Ein Lieblingsbuch v. J. J. Rousseau. Nach d. 6n Ausg. übersetzt. 8. Riga 792. Hartknoch in Leipz. 16 ℊ

— geheime Memoiren zur Geschichte d. Regierung Ludwig XIV. u. XV. Aus d. Französ. (v. L. F. Huber). 3 Bde. gr. 8. Berl. 791—93. Voß. 2 ℛ 12 ℊ

Duclos, Carl. Geheime Memoiren zur Geschichte der Regierungen Ludwigs XIV. und XV. 3 Teile in 1 Bde. Aus dem Französischen. Berlin 1792. 8°. XX, 304; 306; 174 S.

Carl Duclos, Geheime Memoiren. Aus d. Französ. übers. mit einer Einleitung und Anmerkgn. begleitet von dem Verf. des heimlichen Gerichts (Ludw. Ferd. Huber). 3 Thle. Berlin 1792—93. 8°. (In Berlin, Qy 5346, 2 voll.)

— Mémoires secrets sur les règnes de Louis XIV. et XV. 2 Vol. gr. 12. Basel, Flick. 79.

— Mémoires secrets sur les règnes de Louis XIV et XV. II Vols. gr. 12. Basel 791. Neukirch. 1 ℛ 18 ℊ le même. gr. 8. Mastr. (Walther in Dresd.) 2 ℛ 16 ℊ

— Mémoires pour servir à l'hist. des moeurs du 18me siècle. 12. Berl. 752. 16 ℊ

— geheime Nachrr. d. Regier. Ludwig d. XIV. u. XV. betreffend; aus d. Französ. 2 Bde. 8. Gera 793. Heinsius. 2 ℛ

— Nachrr. zur Historie d. Sitten des 18ten Jahrh.; aus d. Französ. 8. Leipz. 753. Lange. 4 ℊ

Duclos, Reise n. Ital. a. d. Fr. m. Anm. gr. 8. Jena, Mauke. 791.

Duclos, Ch. P. Reise durch Italien ... aus dem Französischen übersetzt. Jena 1792. Ü: *Schleusner*, *Gabriel Jonathan*. (Ky) (MS) (ML)

— Reise durch Italien; aus d. Französ., mit Anmerkk. (v. G. J. Schleusner). gr. 8. Jena 792. Mauke. 12 ℊ

Duclos, Samml. merkw. Anekdoten. a. d. Franz. 8 Petersb. (Böhme in Leipz.) 783.

Duclos, ..., Samml. merkwürd. Anekdoten; aus d. Französ. 8. Petersb. 783. (Knobloch in Leipz.) 21 ℊ

— Voyage en Italie. gr. 12. Bern 791. Haller. 1 ℛ le même. 12. Basel 791. (Neukirch). 13 ℊ

— — le même. 12. Basel, Flick. 791.

Ducloux, E[rnst]. Die Bergbahnen der Zentralschweiz. [Mit 1 graphischen Tafel.] Separatabdruck aus der 1. Liefg. der «Zeitschrift für schweizerische Statistik», Jahrg. 39, 1903. 32 S. 4. [Bern, Stämpfli & Cie.]

Ducloux, E[rnst]. Der Fremdenverkehr in Luzern und die Tätigkeit des offiziellen Verkehrsbureaus daselbst. Separatabdruck aus der 1. Liefg. der «Zeitschrift für schweiz. Statistik», Jahrg. 39, 1903. 5 S. 4. [Bern, Stämpfli & Cie.]

Ducloux, Ernst. Die rechtliche Stellung der Beamten und Bediensteten des Kantons Luzern. Mit Ausschluss ihrer zivilrechtlichen Verantwortlichkeit. Versuch der Darstellung eines kantonalen Beamtenrechts. Diss. Jur. Bern. 201 S. 8. Luzern, C. J. Bucher, 1909.

Dučman, Handrij, s.a. Dučžmann, Handrij

Dučman, H., Khwaleé knjesowe mjeno! Modlitna knižka za katholskich křesćanow. gr. 16. (846 S. mit 1 Stahlst.) Bautzen 862, (Schmaler und Pech.) **

Dučman, Handrij (Wólšinski), Wodźan. Spěwohra w 4 wobrazach. 8. (VIII, 36 S.) Budyšin 896. (Leipzig, X. Pflugmacher.) n. 1. —

Ducom, Eug., Nouvelles Gasconnes. (Extraites de la Revue des Deux Mondes.) 12. (348 S.) Leipzig 861, A. Dürr. *

Ducom, E., un procés impossible, s. Feuillet, O., Études de la vie mondaine.

Ducommun, E., Post- und Eisenbahn-Coursbuch für die Schweiz und die angrenzenden Staaten 1870 und Wintersaison 1870—71. gr. 16. (98 S. mit 1 lithogr. Karte in Fol.) Zürich, Leuthold's geograph. Verlag. à

Ducommun. Elie. L'Afrique australe et les Basoutos: Deux Conférences données dans les séances des 9 et 20 décembre 1880 de la Société de Géographie à Berne. E. 8. Berne 1881.

Bericht über die Frage der Verwendung des Alpinafonds. [Von Elie **Ducommun.** Bern 1888.] 11 S. 8° [Kopftit.]

(Ducommun, Elie.) Les conséquences qu'aurait une guerre européenne. [Publié par le] Bureau international permanent de la Paix. (Berne, le 25 mars 1906.) 15 p. 8. (Berne, Hans Feuz, [1906].)

Ducommun, Elie. Elm hier — aujourd'hui — demain. Narration de la catastrophe du 11 sept. 1881 (poésies). In-12°, 16 p. Berne, impr. H. Körber.
1881

(Ducommun, Elie.) Die Folgen eines europäischen Krieges. [Flugschrift; Herausgeber:] Internationales Friedensbureau. (Bern, den 15. Mai 1906.) 14 S. 8. (Bern, Hans Feuz, [1906].)

Ueber die Gründung einer schweiz[erischen] Zentralhülfskasse. [Unterz.: Elie **Ducommun.** [Bern 1882.] 4 S. 8° [Kopftit.]

(Ducommun, Elie.) Guerre ou Paix? ⟨Dialogues.⟩ 8 p. 8. (Berne, 1er février 1901.) Prix: 10 centimes en faveur de la propagande pour la Paix.

Ducommun. Elie. François Leguat et ses voyages dans les Indes orientales de 1690 à 1697. Notes fournies par M. É. D. à la Société de Géographie de Berne, séance du 11 février 1886. [E.] 8. [Bern 1888.]

Leitfaden zu den Beschlüssen der allgemeinen jährlichen Friedenskongresse. (Unterzeichnet: Elie Ducommun.) *(Bern) [1897?]*. (11 S.) 8° [Kopft.] [ex. 3316 6

Ducommun. Elie. Albert Schaffter (1823–1897) et la Société de Géographie de Berne. [Notice biographique.] E. 8. [Bern 1898.]

Ducommun, Elie. Derniers Sourires. Poésies, précédées d'une Notice biographique ([de] É' D', 1833—1906, [par] Deux amis [Virgile Rossel et Emile Bessire. Avec 1 portrait hors texte]). 92 p. 8. Berne, Büchler & Co., 1908. [fr. 2.—]

Ducommun, Elie, la vie à meilleur marche. Résumé de conférences tenues à Bienne. Publié avec l'autorisation du conférencier. 2. éd. 8. (32 S.) Biel 880. Gassmann. n. — 60

Ducommun, J.: Etudes sur les acides cristallisables des Abiétinées. Bern 1885.

(Ducommun, J[ules]-C[ésar].) Une excursion au Mont-Blanc. 8.

2me Ed. Avec 3 planches. Genève et Bâle 1859.

Ducommun, J[ules-]C[ésar]. Taschenbuch für den schweizerischen Botaniker bearb. von J. C. D'.... [Mit Figuren.] 8.
[1. Ausg.] Solothurn 1869. — 2. Ausg. Luzern 1881.

Ducommun, J. C., Taschenbuch für den schweizerischen Botaniker. 8. (XXXVI, 1024 S. mit eingedr. Holzschn.) Solothurn 870, (Jent und Gassmann.) *

Ducommun (J. C.). Taschenbuch fuer den schweizer Botaniker. Solothurn, 1871. 12°.
Contains 1700 drawings!

Ducommun, J. C. (Professor). Taschenbuch für den schweizerischen Botaniker. 2. Ausgabe. In-8°, 1024 S., mit ca. 1700 Abbildungen auf 86 in den Text gedruckten Holzschnitttafeln. Luzern, C. F. Prell's Buchhandlung. 1881 **Ladenpreis Fr. 12. —, ermässigt auf 7 50**

Ducompex, E. A. Farbige Alphabete u. Phantasieschriften in allen Stylarten. Vorlagen für Schildermaler u. Firmenschreiber. gr. Fol. (25 Taf.) Berl. 890, [Claesen u. Comp.] Hessling u. Spielmeyer. In Mappe * 28 —

Ducomplex, E. A., farbige Alphabete u. Phantasieschriften in allen Stylarten. Vorlagen f. Schildermaler u. Firmenschreiber. gr. Fol. (25 Taf.) Berlin 890. Claesen & Co. In Mappe. n. 28.—

(Ducos, Angélique Caze de La Bove)
Marie von Sinclair. Aus dem Franz. übers. von Ludwig Ferdinand Huber. Neue unveränderte Aufl. Frankfurt a.M.: Sauerländer 1819. 309 S. 8°

Ducos, Franz, neue Reisen in die Höhlen des Unglücks und die Gemächer des Jammers, von K. Spieß, mit Kupf. 8. Altona, 797. Verlagsgesellsch. 1 Rthl.

Ducos neue Reisen in die Höhlen d. Unglücks u. Gemächer d. Jammers. 8. Hamb. 797. (Herold jun.) 1 ℛ

Ducos, neue Reisen in die Höhlen d. Unglücks u. d. Gemächer d. Jammers, v. Chr. H. Spieß. (h. a. d. Titel: die Flucht a. d. Vozesen ꝛc.) 8. Hamb. Vollmer. 797.

Ducos, Jh. Karl, apostolischer Hirt, welcher die Rechtgläubigen durch gemeine Unterrichtung in Form e. Katechismus auf die leichteste Art lehret. 4. Augsb. 754. M. Rieger. 1 ℛ j ꝁt ½ ℛ

Ducotterd, Xav., die Anschauung auf den Elementarunterricht der französischen Sprache angewendet. Nach den 16 Wilke'schen Bildertafeln. Abthl. für den Schüler. 1. Aufl. 1868, und 2. verb. Aufl. 8. (85 S.) Wiesbaden 872, Limbarth. cart. *
—— dass. — Abtheilung für den Lehrer. 8. (26 S.) Ebendas. 868. *

Ducotterd, Xavier, die Anschauung auf den Elementarunterricht der französischen Sprache angewendet, nebst „Leseübungen" als Vorschule. 1. u. 2. Thl. Nach den 16 Wilke'schen Anschauungs-Bildern bearb. 3, verb. u. verm. Aufl. 8. (II, 110 S.) Wiesbaden 881. Limbarth. cart. n. 1. —

Ducotterd, X., Lehr- u. Lesebuch der französischen Sprache m. besond. Berücksicht. des freien Gedankenausdruckes. Unter-, Mittel- u. Oberstufe. gr. 8. Frankfurt a/M., C. Jügel. Geb. n. 7. 40
Unterstufe. Mit 8 Bildern. (VIII, XXVI, 94 S.) 901. n. 1. 60
Mittelstufe. Mit 2 Bildern u. 1 (farb.) Karte. (V, 100 S.) 901. n. 2. 20
Oberstufe. Mit 1 Plane der Stadt Paris u. 1 Karte v. Frankreich. (VI, 367 S.) 902. n. 3. 60

— dasselbe. Unterstufe. 2. Aufl. Ausg. B. (VIII, XVI, 97 S. m. 8 Taf.) 8. Ebd. 904. Geb. n. 1. 60

— dasselbe. Mittelstufe. Mit 2 Bildern u. 1 Karte. 2. Aufl. (VI, 137 S.) 8. Ebd. 906. Geb. n. 2. 20

Ducotterd, X., Lehr- u. Lesebuch der französischen Sprache m. besond. Berücksicht. des freien Gedankenausdruckes. Unterstufe. 3. Aufl. Ausg. A. (VIII, XXII, 97 S. m. 3 Bildern.) 8. Frankfurt a/M. 906. C. Jügel. Geb. n. 1.60

Ducotterd, X., Lehr- u. Lesebuch der französischen Sprache m. besond. Berücksicht. des freien Gedankenausdruckes. Oberstufe. Mit 1 Plane der Stadt Paris u. 1 Karte v. Frankreich. 2. Aufl. (III, VI, 367 S.) 8. Frankfurt a/M. 907. [C. Jügel]. M. Diesterweg. Geb. 3. 60
Auch die Mittel- u. Unterstufe jetzt Ebd.

Ducotterd, X., und W. Mardner, Lehrgang der französischen Sprache, auf Grund der Anschauung und mit besond. Berücksicht. des mündl. und schriftl. freien Gedankenausdrucks bearb. 1. Tl. gr. 8. (V, 202 S. mit 5 Bildern.) Frankfurt a. M. 885, Jügel's Verlag. *ℳ 2.20.; geb. *

Ducotterd, X., u. W. Mardner, Lehrgang d. französischen Sprache, m. besond. Berücksicht. d. mündl. u. schriftl. freien Gedankenausdrucks bearb. 2 Tle. gr. 8. Frankfurt a/M. Jügel's Verl. n. 5. —; geb. n. 5. 40
1. (VIII, 351 S.) 887. n. 2. 80; geb. n. 3. —
2. (VIII, 236 S.) 888. n. 2. 20; geb. n. 2. 40

— — dasselbe. 1. u. 2. Tl. Schlüssel f. die Hand des Lehrers. gr. 8. Ebd. 889. n. 3. 60
1. (III, 48 S.) n. 1. 20. — 2. (104 S.) n. 2. 40.

Ducotterd, X., u. W. Mardner, Lehrgang der französischen Sprache, auf Grund der Anschaug. u. m. besond. Berücksicht. der mündl. u. schriftl. freien Gedankenausdrucks bearb. 1. Tl., 2 Abtlgn. u. 2. Tl. gr. 8. Frankfurt a/M., Jügel's Verl. Geb. n. 6. —
1. Tl. 1. Abtlg. 5., verb. u. m. e. Wörterverzeichnis vers. Aufl. (VIII, 96 S. m. 3 Bildern.) 894. n. 1. 30
1. Tl. 2. Abtlg. 4., verb. u. m. e. Wörterverzeichnis vers. Aufl. (IV, 152 S. m. 2 Bildern.) 894. n. 1. 70
2. Tl. 2., verb. Aufl. (VII, 348 S.) 891. n. 3. —

— — dasselbe, 5 Wandbilder dazu à 70,5×100,5 cm. Ebd. 893. n. 10. —

— dasselbe. 2. Tl. 3., verm. Aufl. gr. 8. (VIII, 424 S.) Ebd. 895. Geb. n. 3. —

— — dasselbe. Schlüssel f. d. Hand d. Lehrers zum 1. Tl. (1. u. 2. Abtlg.) u. 2. Tl. gr. 8. Ebd. 896. n. 3. 60
1. (52 S.) n. 1. 20. — 2. (113 S.) n. 2. 40.

Ducotterd, X., u. W. Mardner, Lehrgang d. französ. Sprache, a. Gr. d. Anschaug. u. m. bes. Berücksicht. d. mündl. u. schriftl. freien Gedankenausdrucks bearb. 1. Tl. 2 Abtlgn. gr. 8. Frankfurt a/M. 898. C. Jügel's Verl. Geb. n. 3. —
1. A. 3 Bild. 7. Aufl. (VII, 96 S.) n. 1. 30.
2. A. 2 Bild. 6. Aufl. (IV, 154 S.) n. 1. 70.

— u. W. Mardner, Lehrgang der französischen Sprache, auf Grund der Anschaug. u. m. besond. Berücksicht. des mündl. u. schriftl. freien Gedankenausdrucks bearb. I. Tl. 2 Abtlgn. u. II. Tl. gr. 8. Ebd. Geb. n. 6. —
I. 1. 11. Aufl. (VII, 98 S. m. 3 Abbildgn.) 902. n. 1. 80
2. 8. Aufl. (IV, 155 S. m. 2 Taf.) 901. n. 1. 70
II. 6. Aufl. (VIII, 424 S.) 902. n. 3. —

— u. W. Mardner, Lehrgang der französischen Sprache, auf Grund der Anschaug. u. m. besond. Berücksicht. des mündl. u. schriftl. freien Gedankenausdruckes bearb. I. Tl. 2 Abteilgn. u. II. Tl. 8. Ebd. Geb. n.n. 5. 60
I. 1. 15. Aufl. (VII, XVI, 90 S. m. Bildern.) 906. n. 1. 30
2. Mit 2 Bildern. 12. Aufl. (IV, 155 S.) 906. n. 1. 70
II. 8. Aufl. (VII, 352 S.) 906. n.n. 2. 60

— u. W. Mardner, Lehrgang der französischen Sprache, auf Grund der Anschaug. n. m. besond. Berücksicht. des mündl. u. schriftl. freien Gedankenausdruckes bearb. I. Tl. 1. Abteilg. 16. Aufl. (VI, XVI, 90 S. m. 3 Taf.) 8. Frankfurt a/M. 907. C. Jügel. Geb. 1. 30

Ducoudray-Holstein, s. Bolivar's Denkwürdigkeiten.

Ducoudray-Holstein, H. C. V. Simon Bolivar's Denkwürdigkeiten. Herausgegeben von seinem General-Adjutanten. Deutsch bearb. von C. N. Roeding. 2 Bde. (22½ B.) 8. Hamburg 1830. 8,00.

Ducpetiaux, Ed., das Besserungs-System, oder der gegenwärt. Zustand des Gefängnißwesens in den vereinigten Staaten in der Schweiz, in England u. in Belgien. Nach d. Franz. frei bearb. u. mit e. Abhandl. von Karl Lucas, über den sittlichen Einfluß der Bildung des Volks auf die Verminderung der Verbrechen, herausg. von Conrad Samhaber. 8. Frankf. a. M. 839. Brönner. 17 ℊ

Ducpetiaux, Ed., der Priester aus der Schule heraus! Aus dem Französ. übers. von C. F. Trippe. 8. (74 S.) Soest 866, Nasse's Verlag. *

— die Schule ohne den Priester. Mit Autoris des Verf. aus d. Französ. übers. von G. Backhaus. Aachen 866. Hensen. (Jacobi & Co.) 8. (XII, 57 S.) n. 6 ngr

Ducqe, A., Nach dem Balle, s. Theater-Repertoir, Wiener.

Ducray Dumenil, Alexis, ou la maisonette dans les bois. IV. Vols. 8. Leipz., (Nauck). 1 ℛ 18 ℊ

— Cölina; aus d. Französ. (v. Fr. v. Oertel). 3 Thle. 8. Leipz. 800. Beygang. 3 ℛ 16 ℊ

Ducray-Dumenil, ..., les contes de famille. Les veillées de ma grand-mère. Premier âge. Accompagné de l'explication des mots et des phrases à l'usage des jeunes personnes qui se vouent à l'étude de la langue française, par J. H. Meynier. Avec 2 estampes. 8. Koburg 807. Sinner. 1 ℛ

— Elmonde, od. d. Kind d. Geheimnisses; aus d. Französ. v. K. L. M. Müller. 4 Bde. 8. Leipz. 805. Hinrichs. 3 ℛ 16 ℊ

— Nettchens 50 Franken; aus d. Französ. v. K. L. M. Müller. 2 Thle. 8. Leipz., 800. (Cnobloch). 1 ℛ 8 ℊ

Ducray Dumenil. Der kleine Glockenspieler aus dem Franz. Leipz. 1810. Ü: *Lindau, Wilh. Adolph.* (NN)

— d. kleine Glockenspieler; aus d. Französ. (v. W. A. Lindau). 4 Bde. 8. Leipz. 810. Hinrichs 4 ℛ

— Julius, od. d. Vaterhaus; aus d. Französ. (von K. L. M. Müller). 2 Bde. 8. Leipz. 807. Hinrichs. 2 ℛ

— Paul, od. d. verlassene Meyerhof; aus d. Französ. (von Fr. v. Oertel). 2 Thle. 8. Leipz. 803. (Krappe). 2 ℛ 20 ℊ

Dücray-Düminil, Tagesbeschäft. u. Freuden e. glückl. Familie. 6 Bchen. 8. Leipz. Beygang. 805—10.

— Tagesbeschäftigungen u. Freuden einer glückl. Familie. 6 Bde. 8. Leipz. 805 u. ff. N. A. 810. (Krappe). 6 ℛ 8 ℊ

— Veillées de ma grand-mère. Nouv. contes de fées à l'usages des jeunes enfans. II Vol. 18. Hambourg. Campe. 808.

— Victor, od. d. Sohn d. Waldes; aus d. Französ. v. Fr. v. Oertel. 8. Leipz. 798. Beygang. 2 ℛ 12 ℊ

Dücrell, vier Andachten, gehalten in der St. Jacobikirche zu Greifswald. gr. 8. Greifsw., Mauritius. 819.

D[ucrest], F[rançois]. Charles Holder, bibliothécaire et professeur d'histoire à l'Université de Fribourg († 5 mai [1905. Nécrologie]). Extrait de la Revue de Fribourg de juin 1905. II + 17 p. 8. Fribourg (Suisse), Impr. de l'Œuvre de Saint-Paul, 1905.

Ducrest, François. Les processions au temps passé dans le canton de Fribourg. Extrait des Archives de la Société d'histoire du canton de Fribourg, Tome 8, 1re livraison. p. 92—134. 8. [Fribourg, Fragnière Frères, 1903.]

Du Crest, Michel

Ducrest, ..., Samml. einiger kl. Schriften von Thermometern u. Barometern. Aus d. Französ. übers., mit Anmerkk. v. J. Chr. Thenn. 8. Augsb. 752. 2e A. 765. 3e A. mit Kpf. 770. Klett. 12 ℊ

Du Crest, Michel: Kleine Schriften von den Thermometern und Barometern. 2., u. mit e. neuen Abhandlung von den Barometern verm. Aufl. Aus d. Franz. übers. u. mit einigen Anm. begleitet von Johann Christoph Thenn. Augsburg: Klett 1765. 76 S. 8°

Du Crest, Pierre Louis

· Monita paterna . . . . ad Ferdinandum-Maria . . . . filium . . . . . in IV linguis exposita (a *Petr. Ludor. du Crest*). — Der *Christliche Furst*, od. väterliche Ermahnungen . . . . Maximiliani . . . . an den Chur-Printzen Ferdinand-Maria, s. dreyjährigen Sohn, ... in 4 Sprachen (lat., deutsch, französ., ital.) . . . . an das Licht gestellet (von *Pierre Louis du Crest*) . . . . Regenspurg, zu finden bey Joh. Heinr. Böhm, not. cæs. publ. & proc. ord. in der Glocken-Gass. Anno 1730. 4°. Hpgmtb.
21 Bll. Vorst (incl. 4 Titel u. 1 Kpf., gest. v. Andr. Geyer), 141 num. S. Text (à 2 Col.), 1 Bl. Err. — Neue Ausg. v. Chp. Frhrn. v. Aretin 1819.

Ducret, Lehrplan f. ländliche Fortbildungsschulen. Aufgestellt v. D. (13 S.) Lex.-8. Straßburg 904. Straßburger Druckerei u. Verlagsanstalt. n. — 50

Ducret, Lehrplan f. ländliche Fortbildungsschulen. 2., verb. u. verm. Aufl. (13 S.) Lex. 8. Straßburg 910. Straßburger Druckerei u. Verlagsanstalt. — 60

Ducret. A., Rechenbuch f. Stadt- u. Landschulen, s.: Caspar.

— ausführl. Stoffverteilungsplan f. einklassige Schulen. 2., verb. u. verm. Aufl. gr. 8. (III, 87 S.) Gebweiler 902. J. Boltze. Kart. n. 1. 50
1. Aufl. (III, 77 S.) Ebd. 900. n. 1. 25.

— Ausführlicher Stoffverteilungsplan f. einklass. Schulen. 3. u. 4. Aufl., verbessert u. vermehrt nach dem Lehrplan f. die deutschen Elementarschulen in Elsass-Lothringen. Ausg. v. 1910. (IV, 131 S.) gr. 8. Gebweiler 910. J. Boltze. Geb. in Leinw. nn 2. 20

Ducreux, Gabriel Marin. Die christlichen Jahrhunderte . . . A. d. Franz. Wien 1778—79. Ü: *Rautenstrauch, Joh.* (FB)

Ducreux, H. A., d. christl. Jahrhunderte, oder Geschichte d. Christenthums. 9 Thle. Aus d. Französ. gr. 8. Wien 777—79. Trattner. 3 ℛ 8 ℊ Dass., übers. v. J. E. Fischer. 10 Thle. gr. 8. Landsh. 781—90. Storno. 7 ℛ 4 ℊ

— — dasselbe, von Fischer. 10 Thle. gr. 8. Landshut. 781—791.

Ducreux, das christl. Jahrhundert, von Fischer. 10 Thle, ist Verlag v. Kopp in Landshut.

Ducros, Louis s. Martin, Joseph. et Ducros, Louis.

Ducros, Napoléon, le Parnasse français, s.a. Parnasse, le, français.

Ducros, Napol., le Parnasse français. Choix de poésies. Brunswick 857. Westermann. 16. (XVI, 480 S. u. 1 Stahlst.) n. 2 *ℳ*

Ducros, Napoléon, le Parnasse français. Choix de poésies. 3. éd. gr. 16. (XV, 459 S. m. 1 Stahlst.) Braunschweig 878. Westermann. n. 4. 80; gob. m. Goldschn. n.n. 6. —

Der Kalender. Von Ducrue, l. P. der Math. — 1855. Ebend. — S. 3—10.
Progr. Amberg

Ducrue: Das Parallelogramm der Kräfte. 12 S. u. Fgt. – Neuburg a.D., Progr. 1865.

Nekrolog auf Franz Seraph Niomeis. — Von Aug. Ducrue, G. P. — 1879, Neuburg, ibid. — S. 36—42*.
Progr. Neuburg, a. d. D. K. Gymn.

Ducrue, Jos., Absolutorialaufgaben aus der Mathematik u. Naturwissenschaft, s.: Absolutorialaufgaben in Bayern.

Ducrue, Jos., die Absolutorialaufgaben aus der Mathematik u. Naturwissenschaft, gegeben an den humanist. Gymnasien, Real-Gymnasien u. Realschulen Bayerns, s.: Stahel's Sammlg. von Prüfungsaufgaben. Nr. 2.

Ducrue, Jos., die Absolutorialaufgaben aus der Mathematik u. Naturwissenschaft an den humanistischen Gymnasien, Realgymnasien u. Realschulen Bayerns. Als Uebungsstoff für den Repetitionsunterricht zusammengestellt. 8. (VIII, 67 S.) Würzburg 882. Stahel. n. — 80

Ducrue, Jos. Aufgaben aus der Mathematik u. Naturwissenschaft, s. Absolutorialaufgaben, die, in Bayern.

Ducrue, J., Mathematik u. Naturwissenschaft, s.: Absolutorial Aufgaben an den Gymnasien u. Realschulen Bayerns.

Ducygne, **..., ars rhetorica, cui adjicitur analysis omnium orationum M. T. Ciceronis, qua ars ejusdem et methodus dicendi eruitur et cuivis etiam docto oratori ad imitandum proponitur. 8. Köln, Rommerskirchen. 10 *ℊ*; ars rhetor. separatim. 8. ibid. 4 *ℊ***

— fons eloquentiae. 8. Köln 775. (Trattner). 21 *ℊ*

R.P. Martini du Cygne Audomarensis e Societate Jesu Comoediae XII. Phrasi cum Plautina tum Terentiana concinnatae. Pars prior (- posterior). Opus Posthumum. Editio novissima correctior. Ingolstadii, Sumpbus Joannis Andr. de La Haye ... 1723 ...

Duczewsky, Matth. Joseph von (Marienburg), Spec. cont. caput jur. controvers. de casus praestatione. Präs. Christian Heinr. Breuning. Leipzig (Langenheim) 7. V. 1768. 11 S. (3.50) 7001

Duczman, Pět., Jězus, našch wnčžek, schkita tróscht we smjierzil. Prědowanje. 8. (15 S.) Bautzen 867, (Schmaler und Pech.) *

Duczmann, Handrij, s.a. Dučman, Handrij

Duczmann, Handrij, Jan Michał Budař, jeho žiwjenje a wotkasanje, kaž tež wobstaranje a poswjeczenje jeho pomnika w Budestezach. 8. (32 S.) Bautzen [Leipzig] 869, (Schmaler und Pech.) *

Jan Michał Budař, jeho žiwjenje a wotkasanje, kaž též wobstaranje a poswjeczenje jeho pomnika w Budestezach. Sestajał HANDRIJ DUCŽMAN. S ryčemi a spěwami pschi poswjeczenju pomnika. (Joh. Mich. Buder, sein Leben und Vermächtniss, sowie die Errichtung und Weihe seines Denkmals in Postwitz. Zusammengestellt von ANDREAS DUCŽMAN. Mit den bei der Weihe des Denkmals gehaltenen Reden und Liedern.) ib. 1869. — 8°.

—— pismowstwo katholskich Serbow. gr. 8. (III, 104 S.) Bautzen [Leipzig] 869, (Schmaler und Pech.) *

—— Sakhowko abo stawizna tsjoch kschezenow. 8. (72 S.) Bautzen 863, (Schmaler und Pech.) *

—— Ziwjenja Swjatych. Po rjedže cyrkwinskich stawiznow spisał. Zešiwk 1—6. gr. 8. (S. 1—884.) Bautzen 865—68, (Schmaler und Pech.) à Zešiwk * 8 Ngr. *

Duda, Aug., Denk- und Sprachübungen zu den Winckelmannschen Anschauungsbildern unter besond. Berücksicht. einfacher Schulverhältnisse. 1. und 2. Heft. gr. 8. Berlin, Winckelmann und Söhne. à Heft * 60 Pf. *
Inhalt:
Heft 1. I. Der Mensch und die Hausthiere. (Frühling.) — II. Der Wald. — III. Die Sommer-Ernte. (Sommer.) — IV. Die Herbst-Ernte. (Herbst.) (IV, 89 S.) 888.
" 2. V. Der Winter. — VI. Stadt- und Menschenverkehr. — VII. Der Garten. — VIII. Eine Gebirgsgegend. (110 S.) 889.

— dasselbe. Schülerheft dazu. 8. (56 S. m. Illustr.) Ebd. 889. cart. n. — 35

Duda, Aug., Merkstoffe der Realien in mehrklassigen Volksschulen. In einzelnen Heften zur Wiederholg. f. die Hand der Schüler bearb. 1., 2. u. 5—9. Heft. kl. 8. Königshütte, A. Gaertner. à Heft — 10
1. Deutsche Geschichte unter Berücksicht. der Geschichte Schlesiens. 2. verb. Aufl. 3—5. Taus. (45 S.) 906.
2. Vaterländische Geschichte. 1—4. Taus. (67 S.) 906.
5 Geographie: Die fremden Erdteile. 2. verb. Aufl. 3—6. Taus. (47 S.) 906.
6. Geographie v. Europa. 2. verb. Aufl. (38 S.) 902.
7. Geographie Deutschlands. 3. Aufl. (30 S.) 905.
8. Geographie v. Preußen. 4. verb. Aufl. 11—15. Taus. (32 S.) 905.
9. Geographie: Heimatskunde (Schlesien). 2. verb. Aufl. 3—6. Taus. (22 S.) 905.
Heft 3 u. 4 sind noch nicht erschienen.

Nachruf an P. Othmar Gachowetz. Klgft., St. Hermagoras-Druck., (1880). 7 S. (Verf.: Augustin Duda.)

Duda, Ladisl., Schnabelkerfe (Rhynchota, Heteroptera, Cicadina, Psyllidae), s.: **Catalogus** insectorum faunae bohemicae.

Duda, Leonhard [aus Brieg in Schlesien]: Ein Fall von Pseudohypertrophie der Muskeln. . . . Berlin, Buchdr. v. Gustav Schade (Otto Francke) (1889): 30 S. + 1 Bl. 8°
Berlin, Med. Fak., Inaug.-Diss. v. 27. Jul. 1889

Duda, *Paul Theodor Friedrich* Oswald [aus Brieg, Schles.]: Aus d. chirurg. Klinik d. Kgl. Univ. in Greifswald. Ueber einen Fall von Angiom der Kniegelenkkapsel ... Greifswald, Druck v. J. Abel, 1894; 28 S. 8.
Greifswald, Med. Fak., Inaug.-Diss. v. 9. Mai 1894

Duda, Theodor

Duda: Abhandlung aus der Geometrie der Lage, betreffend die Construction von Normalebenen gewisser Oberflächen und Curven. 13 S. – Brieg, Progr. 1867.

Duda, Theod. Einige Abschnitte aus dem physikalischen Kursus der Gymnasialprima. 22 S. u. 1 Taf. **Progr.** G. *Brieg* 1884.

Duda, Theodor Über die durch Erwärmung bewirkte Ausdehnung der Körper. 4 (18 S.). **Progr.** G. *Brieg* 1887 (167).

Duda, Theod. Die fundamentalen Lehrsätze von der Geraden und der Ebene mit Rücksicht auf die Zwecke des Unterrichts methodisch entwickelt. 31 S. **Progr.** G. *Brieg* 1879.

Duda, Th.: Versuch einer naturgemässen Entwicklung der Aehnlichkeitslehre, nebst einem Anhang über das Sehnenviereck. 14 S. – Brieg, Progr. 1869.

Duda, Th., Versuch einer naturgemäßen Entwickelung der Aehnlichkeitslehre. gr. 8. (20 S. mit eingedr. Holzschn.) Brieg 869, Bänder. *

Duddenhausen, Wilh., Typhlitis stercoralis. Inaugural-Dissertation. 8. (31 S.) Berlin 870. (Preuss. Stargardt, Kienitz.) *

Düdder, F.

Frisch gesungen! Taschenliederbuch f. Turner u. Sänger, hrsg. v. F. Düdder, Hagen, 72 S., 16°.

Dude, Hugo, s.: Predigten, evangelische, f. Taubstumme.

Dude, **Max.** Über den Einfluss des Sauerstoffentzuges auf pflanzliche Organismen. Diss. Phil. Bern. Sonderabdruck aus «Flora oder Allgem. Botan. Zeitung» 1903, Bd. 92, Heft 2. [Mit 2 Figuren und 1 Tabelle.] VIII + 49 S. 8. München, Val. Höfling, 1903.

Dudeck, J. H. Versuch einer folgerechten Durchführung der Lehre von den parallelen Linien. 15 Figurent.
Hohenstein, Progr. 1847

Dudek, Heinr., Gesetz üb. d. Angelegenheiten d. freiwill. Gerichtsbarkeit, s.: Ebert, Eug.

Dudek, Heinr., u. Otto Lindemann, das Reichsgesetz üb. die Angelegenheiten der freiwill. Gerichtsbarkeit, unter Mitwirkg. v. Eug. Ebert erläutert. 2. verm. u. verb. Aufl. (XVIII, 535 S.) 8. Breslau 908. M. & H. Marcus. Geb. in Leinw. 7.20

Dudeldee, Hans, ein Märchen für Knaben von vierzig Jährchen. Als Ms. für Freunde gedruckt. [Löwenberg i. Schl. 1874.] V: ***Harnisch, Adalbert.*** (wolfstieg II, 903)

Duden: Über Begriff und Ziel der Erziehung nebst einigen Bemerkungen über das Verhältnis von Schule und Haus bei der Erziehung. 20 S.– Soest, Progr. 1865.

Duden, über Begriff u. Ziel der Erziehung nebst einigen Bemerkungen über das Verhältniß von Schule u. Haus bei der Erziehung. Soest 865. (Berlin, Calvary & Co.) 4. (20 S.) n. 10 ngr.

Duden. Gottfried. Ber ü einer Reise nach d westlichen Staaten N-As und einer mehrjhr Aufenthalt am Missouri (in d Jahren 1824, 1825, 1826 und 1827), in Bezug auf Auswandg und Übervolkerung, oder: Das Leben im Innern der VS u dessen Bedeutung f häusliche u pol Lage der Europäer, dargestellt (a) in einer Sammlung v Briefen, (b) in einer bes Abhandlung ü den pol Zustand d nanischen Freistaaten, u (c) in einem rathgebenden Nachtrage f auswandernde dte Ackerwirthe u diejenigen, welche auf Handelsunternehmungen denken. Gedruckt zu Elberfeld im Jahre 1829 bei Sam Lucas.

— Bericht über eine Reise nach den westl. Staaten Nordamerika's u. e. mehrjähr. Aufenthalt am Missouri (in d. J. 1824—27), in Bezug auf Auswand u. Uebervölkerung, od.: d. Leben im Innern d. verein. Staaten u. dessen Bedeutung ꝛc. gr. 8. Elberf. 829. (Schönian). 1 ℛ 12 g St. Gallen 832. Büreau d. Freisinnigen. 16 g

— dass. (Auf Kosten der schweizer. Auswanderungsgesellschaft gedruckt.) gr. 8. St. Gallen 833. Scheitlin u. Zollikofer. 1/2 ℛ

Duden, Gtfr., Bericht üb. e. Reise nach d. westl. Staaten Nordamerika's u. e. mehrjähr. Aufenthalt am Missouri (in d. J. 1824, 1825, 1826 u. 1827) in Bezug auf Auswanderung u. Uebervölkerung, od.: Das Leben im Innern d. Verein. Staaten u. dess. Bedeut. f. d. häusl. u. polit. Lage d. Europäer ꝛc. 1. Aufl. (22 B.) Elberfeld 829, (Schönian), 2. Orig.-Ausg. mit d. neuesten Correspondenz-Nachrichten, vielen and. Zusätzen u. 1 Charte (in qu. 1/2 gr. Fol.) gr. 8. (29 B.) Bonn 834, (Weber.) à
Unt. d. Tit.: Kampf gegen ein. literar. Löwen u. andere Unholde, ist die Vorrede der 2. Ausg. dieser Schrift gratis ausgegeb. worden.

Duden, Gtfr., die nordamerikan. Demokratie u. das v. Tocqueville'sche Werk darüber, als Zeichen d. Zustandes d. theoret. Politik. Nebst e. Aeußerung üb. Chevalier's nordamerikan. Briefe, insbesond. hinsichtl. d. wahren Ursachen d. Bankstreites u. d. neuesten Unfälle in d. Handelsleben. — Duden's Selbst-Anklage wegen seines amerikan. Reiseberichtes, zur Warnung vor fernerm leichtsinn. Auswandern. gr. 8. (6¾ B.) Bonn 837, Weber.

Duden, Gtfr., der preuß. Entwurf e. neu. Strafgesetzgebung u. sein Verhalten zum Rheinlande. Für Juristen u. Nichtjuristen. gr. 8. (23¾ B.) Bonn 843, Weber.

— Europa u. Deutschland von Nordamerika aus betrachtet, od.: Die Europ. Entwickelung im 19. Jahrh. in Bezug auf die Lage d. Deutschen, nach e. Prüfung im innern Nordamerika. 2 Bde. gr. 8. Bonn, (Weber.) [1. (30¾ B.) 833., 2. (30⅞ B.) 835. à 2 Thlr. 8 Gr.]
Einige Blätter a. d. 2. Bde. für d. Besitzer von dess. „Bericht üb. e. Reise ꝛc." (s. oben) besond. abgedr. Ebendas. 1835. 8 Gr.

Duden, (Gottfr.,) üb. d. wesentl. Verschiedenheiten d. Staaten u. die Strebungen der menschl. Natur. gr. 8. Cöln 822. (Bonn, Weber.)

— über die wesentlichen Verschiedenheiten der Staaten u. die Strebungen der menschl. Natur. (3 Thlr.) gr. 8. Bonn 835. (Weber.) 5/6 ℛ

(—) einige Worte üb. d. Rechtszustand in d. Rheinprovinzen, s. Worte.

Duden, Gustav, über physiologische Albuminurie. Diss. Berlin 1886, Mayer & Müller. 8°. 31 S.

Duden, Gustav [aus Soest in Westphalen]: Ueber physiologische Albuminurie .... Berlin, Buchdr. v. Gustav Schade (Otto Francke) (1886); 31 + 1 S. 8°.
Berlin, Med. Fak., Inaug.-Diss. v. 31. Dez. 1886.

Duden, Konrad Zum Andenken an den am 25. März gestorbenen Gymnasialoberlehrer Bruno Berlit. (Umschlagtitel: Zum Andenken an Gymnasialoberlehrer Bruno Berlit.) 4 (S. 3—6).
Progr. G. n. Rprg. *Hersfeld* 1888 (370).

Duden, Konr., Anleitung zur Rechtschreibung. Regeln und Wörterverzeichniß für Volksschulen sowie für die unteren Klassen höherer Lehranstalten. gr. 8. (IV, 46 S.) Leipzig 872, Teubner.

Duden, Konr., Anleitung zur Rechtschreibung, nebst einer Interpunktionslehre. Regeln u. Wörterverzeichniß für Volksschulen, sowie für die unteren Klassen höherer Lehranstalten. 2. Aufl. gr. 8. (IV, 48 S.) Leipzig 878. Teubner. cart. — 45

Duden, Conr., de Sophoclis Antigona. Dissertatio inauguralis. 8maj. (III und 41 S.) Marburgi Catt. 854. (Susati, Ritter.)

Duden, Konrad [Dir. Dr.]: *Bericht über die Feier des 25jährigen Amtsjubiläums des Direktors.* Hersfeld, Druck v. L. Funks Buchdr., 1895; 26—27 S. 4.
Hersfeld, k. G u. RPG, P 1895 (398)

Duden, Konrad: [Oberlehrer Friedrich Wilhelm Burhenne † am 3. November 1904. — Professor Lic. theol. Oertel † 13. Februar 1905.] S. 30—31. 33—34. 4. **Progr.** Kgl. Gymn. *Hersfeld* 1905 (469).

Duden, Konr., Etymologie der neuhochdeutschen Sprache m. e. ausführlichen etymologischen Wörterverzeichnis, zugleich 3. Aufl. v. Bauer-Frommanns Etymologie. gr. 8. (IX, 272 S.) München 893. C. H. Beck. n. 3. 60; geb. n. 4. 50

Duden, Konr., Grundzüge der neuhochdeutschen Grammatik, s.: Bauer, Frdr.

Rechtschreibung der Buchdruckereien deutscher Sprache. Auf Anregung u. unter Mitw. d. Deutschen Buchdruckervereins, d. Reichsverb. Österr. Buchdruckereibesitzer u. d. Vereins Schweiz. Buchdruckereibesitzer hrsg. v. Bibliogr. Inst., bearb. von Dr. Konrad **Duden**, Gymnasialdir. *Leipzig & Wien: Bibliogr. Inst. 1903.* (XXXIV, 341 S.) 8° [F.]

Duden, Konr., Rechtschreibung der Buchdruckereien deutscher Sprache. Auf Anregg. u. unter Mitwirkg. des deutschen Buchdruckervereins, des Reichsverbandes österreich. Buchdruckereibesitzer u. des Vereins schweizer. Buchdruckereibesitzer hrsg. vom Bibliograph. Institut. 2., verm. u. verb. Aufl. (XLII, 398 S.) 8. Leipzig 907. Bibliograph. Institut. Geb. in Leinw. 1. 60

—— die deutsche Rechtschreibung. Abhandlung, Regeln und Wörterverzeichniß mit etymolog. Angaben. Für die oberen Klassen höherer Lehranstalten und zur Selbstbelehrung für Gebildete. gr. 8. (VIII, 163 S.) Leipzig 872, Teubner. *

— die deutsche Rechtschreibung nebst Interpunktionslehre u. ausführl. Wörterverzeichnis nach den f. Deutschland, Österreich u. die Schweiz gültigen Regeln z. Gebrauch f. Schulen u. zur Selbstbelehrung neu bearb. 7. Aufl. [Aus: „Bauer-Duden, neuhochdeutsche Grammatik".] gr. 8. (IV, 73 S.) München 902. C. H. Beck. Kart. n. — 80

Duden, Konr., die neue Schulorthographie nach den Verordnungen der Ministerien von Preußen, Bayern, Sachsen, Baden, Weimar, Braunschweig ꝛc., mit einer kurzgefaßten Interpunktionslehre und einem ausführl. Wörterverzeichnis. gr. 8. (V, 80 S.) Nördlingen 881, Beck'sche Buchh. *
cart. *
Aus: Bauer, Friedr., Grundzüge der neuhochdeutschen Grammatik, besonders abgedruckt.

Duden, Konrad, die neue Schulorthographie mit einer kurzgefaßten Interpunktionslehre und einem ausführlichen Wörterverzeichnis, nach den Verordnungen der Ministerien von Preußen, Bayern, Sachsen, Württemberg, Baden ꝛc. für höhere Lehranstalten bearb. 3. Aufl. gr. 8. (VI, 75 S.) Nördlingen 886, Beck'sche Buchh. cart. *
Aus: Bauer-Duden, neuhochdeutsche Grammatik, besonders abgedruckt.

— die neue Schulorthographie m. e. kurzgefaßten Interpunktionslehre u. e. ausführlichen Wörterverzeichnis, nach den Verordngn. der Ministerien v. Preußen, Bayern, Sachsen, Württemberg, Baden ꝛc. f. höhere Lehranstalten bearb. 4. Aufl. [Aus: „Bauer-Duden, neuhochdeutsche Gramm."] gr. 8. (VII, 75 S.) Ebd. 894. Kart. n. — 70

— d. neue Schulorthographie, m. e. kurzgef. Interpunktionslehre u. e. ausführl. Wörterverz., n. d. Verordngn. d. Ministerien v. Preußen, Bayern, Sachsen, Württemberg, Baden ꝛc. f. höh. Lehranst. bearb. 5. Aufl. [Aus: „Bauer u. Duden, neuhochdeutsche Grammatik".] gr. 8. (VII, 75 S.) München 896. C. H. Beck. Kart. n. — 70

— die neue Schulorthographie, m. e. kurzgefaßten Interpunktionslehre u. e. ausführl. Wörterverzeichnis, nach den Verordngn. der Ministerien v. Preußen, Bayern, Sachsen, Württemberg, Baden ꝛc. f. höh. Lehranstalten bearb. 6. Aufl. [Aus: „Bauer u. Duden, neuhochdeutsche Grammatik".] gr. 8. (V, 78 S.) Ebd. 901. Kart. n. — 70

—— die Verschiedenheiten der amtlichen Regelbücher über Orthographie, nebst Vorschlägen zur Vereinbarung über die streitigen Punkte. gr. 8. (VII, 57 S.) Ebendas. 886. *

Duden, Konr. Versuch einer deutschen Interpunktionslehre zum Schulgebrauch. 17 S. Progr. *Schleiz* 1876.

— orthographischer Wegweiser für das praktische Leben. Verzeichnis sämtl. deutschen u. der meisten Fremdwörter, zahlreicher Eigennamen aus der Geographie u. Geschichte, sowie vieler Personennamen der Gegenwart, in einheitl. Schreibung. 16. (X, 245 S.) Leipzig 881. Bibliograph. Institut. geb. n. 1. 50

— orthographischer Wegweiser f. das praktische Leben. Verzeichnis sämtl. deutschen u. der meisten Fremdwörter, zahlreicher Eigennamen aus der Geographie u. Geschichte, sowie vieler Personennamen der Gegenwart, in einheitl. Schreibg. 2. Aufl. 12. (X, 245 S.) Leipzig 884. Bibliograph. Institut. cart. n. 1. 50

— orthographisches Wörterbuch der deutschen Sprache. Nach den f. Deutschland, Österreich u. die Schweiz gült. amtl. Regeln. 7. Aufl. 8. (XX, 388 S.) Ebd. 902. Geb. in Leinw. n. 1. 65

Duden, K: Orthographisches Wörterbuch der deutschen Sprache. Nach den für Deutschland, Österreich und die Schweiz gültigen amtlichen Regeln. 7. Aufl. (Neuer Abdr.) Leipzig und Wien 1903

Orthographisches Wörterbuch der deutschen Sprache von Dr. Konrad **Duden** ... Nach den f. Deutschland, Österreich u. d. Schweiz gültigen amtl. Regeln. 8. Aufl. Leipzig & Wien: Bibliogr. Inst. 1905. (XXIV, 415 S.) 8° [F.] [05. 13360 8

Orthographisches Wörterbuch der deutschen Sprache von Dr. Konrad **Duden**, Geh. Reg.R. Nach den f. Deutschland, Österreich u. d. Schweiz gültigen amtl. Regeln. 8. Aufl. 6. Neudr. Leipzig & Wien: Bibliogr. Inst. 1910. XXIV, 415 S. 8° [10. 8378

Duden, Konrad: Vollständiges orthographisches Wörterbuch für die Schule. 5. Abdr. Leipzig. 1881. 8°.

—— vollständiges orthographisches Wörterbuch für die Schule. 8. Abdr. Durchgef. und verb. nach dem 2. [geänd.] Neudruck des preuß. Regelbuchs und Wörterverzeichnisses. 8. (XX, 187 S.) Ebendas. 884. cart. * M 1.; geb. *

—— vollständiges orthographisches Wörterbuch der deutschen Sprache. Nach den neuen preuß. und bayer. Regeln. 8. (XX, 187 S.) Ebendas. 880. cart. *
geb. * M 1,50.; durchsch. *

—— vollständiges orthographisches Wörterbuch der deutschen Sprache mit etymolog. Angaben, kurzen Sacherklärungen und Verdeutschungen der Fremdwörter. Nach den neuen amtl. Regeln. 3. umgearb. und verm. Aufl. 8. (XII, 260 S.) Leipzig 887, Bibliograph. Institut. geb. *

— vollständiges orthographisches Wörterbuch der deutschen Sprache, m. etymolog. Angaben, kurzen Sacherklärgn. u. Verdeutschgn. der Fremdwörter. Nach den neuen amtl. Regeln. 4., umgearb. u. verm. Aufl. 8. (XVIII, 344 S.) Leipzig 893. Bibliograph. Institut. Geb. in Leinw. n. 1. 50

[F.] Vollständiges Orthographisches Wörterbuch der deutschen Sprache m. zahlr. kurzen Wort- u. Sacherklärgn u. Verdeutschgn d. Fremdwörter v. Dr. Konrad **Duden**, Gymndir. Nach d. neuen amtl. Regeln. 5., umgearb. u. verm. Aufl. *Leipzig & Wien: Bibliogr. Inst. 1897.* (XVIII, 350 S.) 1 Bd 8. [98. 759

Duden, Konrad: Vollständiges Orthographisches Wörterbuch der deutschen Sprache mit zahlreichen kurzen Wort- u. Sacherklärungen und Verdeutschungen der Fremdwörter. 5. umgearb. u. verm. Aufl. 4. Abdr. Leipzig & Wien: Bibliogr. INst. 1899. (XVIII, 350 S.) 8°

Duden, Konr., vollständ. orthographisches Wörterbuch der deutschen Sprache, m. zahlr. kurzen Wort- u. Sacherklärgn. u. Verdeutschgn. der Fremdwörter. Nach den neuen amtl. Regeln. 6. verb. u. verm. Aufl. 8. (XX, 384 S.) Leipzig 900. Bibliograph. Institut. Geb. in Leinw. n. 1. 60

— orthographisches Wörterverzeichnis der deutschen Sprache, s. a. Meyer's Volksbücher.

Duden, Conrad. Orthographisches Wörterverzeichnis der deutschen Sprache von Dr. Konrad Duden.... Nach den für Deutschland, Österreich und die Schweiz gültigen amtlichen Regeln. 130 S. 8. Leipzig und Wien, Bibliographisches Institut, [1902]. ([M. —.20,] geb. M. —.50)
Meyers Volksbücher. [Nr. 1289/90.]

—— die Zukunftsorthographie nach den Vorschlägen der zur Herstellung größerer Einigung in der deutschen Rechtschreibung berufenen Konferenz erläutert und mit Verbesserungsvorschlägen versehen. gr. 8. (IX, 95 S.) Ebendas. 876.

Duden, Paul: Beiträge zur Theorie der Pyrazolbildung ... Jena, Druck v. A. Kämpfe, 1892; 52 S., 1 Bl. 8.
Jena, Phil. Fak., Inaug.-Diss. v. 1892

Duden, Paul [Dr.]: Versuche zur Darstellung des Diamids und Diamidomethans ... Jena, Druck v. A. Kämpfe, 1896; 51 S. 8.
Jena, Phil. Fak., Hab.-Schr. v. 1896

Dudenbostel, Heinr., Kinderlieder. Texte v. neueren Dichtern. Melodien v. D. (32 S.) 8. Hamburg, (Wrangelstraße 6) (910). H. Dudenbostel. 1.—

— u. Harriet Eck, neue Kinderlieder f. die Unter- u. Mittelstufe. Komp. v. D. u. E. 3. Aufl. (24 S.) kl. 8. Ebd. 907. —50

Dudeney, Mrs. Henry E., Folly corner, s.: Library, the English. Vol. 207.

Dudenhausen, Hans, Kand. d. höh. Schulamts aus Münster i. W.: Optische Untersuchungen an Flußspath und Steinsalz. *Münster 1903: G. A. Hülswitt.* (27 S.) 8°
Münster, Phil. Diss. v. [31. Juli] 1903

Dudenhöffer, Franz, über Tuberculose des Schädels. Diss. Würzburg 1886, Stahelsche Univ.-Buchh. 8°. 21 S.

Dudenhöffer, Franz [pract. Arzt aus Kirn a/Nahe]: Über Tuberculose des Schädels .... Würzburg, Druck d. Thein'schen Druckerei (Stürtz), 1886; 21 S. 8°.
Würzburg, Med. Fak., Inaug.-Diss. v. 1886.

Dudensing, Wilh., über die durch e. allgemeine dreigliedrige algebraische Gleichung definierte Funktion u. ihre Bedeutung f. die Auflösung der algebraisch. Gleichungen v. höherem als 4. Grade. gr. 8. (VIII, 57 S.) Leipzig 900. B. G. Teubner. n. 2.40

Dudensing, Wilhelm: Über einige Probleme der conformen Abbildung. ... Leipzig, Druck v. Breitkopf & Härtel, 1889; 31 + 1 S. 4°
Leipzig, Phil. Fak., Inaug.-Diss. v. 15. Mai 1889

Duderstadt [Schlagwort]

Duderstadt, Kreis, s.: Hildesheim, Reg.-Bez.

Duderstadt, s.: Preussen. Messtischblätter.

Duderstadt, Dr. E., Vergleichende Temperatur-Beobachtungen auf dem Reservoir bei der Seewarte. No. 2. (Aus dem Archiv der Deutschen Seewarte. VIII. Jahrgang. 1885.)

Duderstadt, Ehrenfriedus: De particularum usu apud Catullum. Hali-Saxonum 1881: Karras. 64 S. 8°
Halle-Wittenberg, Phil. Diss. v. [27. Juni] 1881
Geb. Gr.-Ottersleben (Kr. Wanzleben) 3. 6. 1856. V.

Duderstadt, Max, approb. Arzt aus Halberstadt: Zur Kasuistik der Rectumverletzungen. *Halle a. S. 1904: C. A. Kaemmerer & Co.* (14 S.) 8°
Halle, Med. Diss. v. 31. März 1904

Duderstedt, Max, der Geschäftsreisende, wie er sein soll. Praktische Ratschläge f. den reis. Kaufmann. (60 S.) 8. Hamburg (908). Paustian Gebrüder. 1.20

Dudevant, Lucile Aurore Amandine (Wirkl. Name), s.a. Sand, Georges (Pseud.)

[F.] Consuelo. Roman v. George Sand [d. i. Aurore **Dudevant**]. A. d. Franz. v. W[ilh.] Platschek. Bd 1(—V). *Berlin & Leipzig: J. Gnadenfeld & C. [1893].* (747 S.) 1 Bd 8.
= Collection Figaro. [Bd] 104—108. [96. 888

George **Sand** [d. i. Aurore Dudevant]. Meine Lebensbeichte. Nach d. Franz. ⟨L'histoire de ma vie⟩ von R. Jolowicz. Mit Einl. von Dr. Ella Mensch. Berlin & Leipzig: H. Seemann Nachf. [1907]. (152 S.) 8° [08.13149

[F.] Leone Leoni v. George Sand [d. i. Aurore **Dudevant**]. A. d. Franz. v. W[ilh.] Platschek. *Berlin & Leipzig: J. Gnadenfeld & C. [1892].* (140 S.) 1 Bd 8.
= Collection Figaro. [Bd] 99. [96. 890

[F.] Letzte Liebe. Roman v. George Sand [d. i. Aurore **Dudevant**]. A. d. Franz. v. W[ilh.] Platschek. *Berlin & Leipzig: J. Gnadenfeld & C. [1892].* (152 S.) 1 Bd 8.
= Collection Figaro. [Bd] 102. [96. 889

La mare au diable. Von George **Sand** [d. i. Aurore Dudevant]. Nach d. Pariser Ausg. ⟨M. Lévy frères 1809⟩ hrsg. u. erl. von Dr. C[arl] Sachs, Prof. zu Brandenburg. 2. Aufl. [Text.] Anm. Berlin: Weidmann 1908. 2 Bde 8°
(Weidmannsche Sammlung franz. u. engl. Schriftsteller.) [08. 9089

[F.] Spiridion. Roman v. George Sand [d. i. Aurore **Dudevant**]. A. d. Franz. v. W[ilh.] Platschek. *Berlin & Leipzig: J. Gnadenfeld & C. [1893].* (168 S.) 1 Bd 8.
= Collection Figaro. [Bd] 101. [96. 891

[F.] Der Marquis von Villemer. Von George Sand [d. i. Aurore **Dudevant**]. A. d. Franz. v. W[ilh.] Platschek. *Berlin & Leipzig: J. Gnadenfeld & C. [1892].* (144 S.) 1 Bd 8.
= Collection Figaro. [Bd] 95. [96. 892

[F. u. Ant.] Des Nächsten Weib. '(Valvèdre.)' Roman v. George Sand [d. i. Aurore **Dudevant**]. A. d. Franz. v. L[udw.] Stöckmann. *Berlin & Leipzig: J. Gnadenfeld & C. [1893].* (150 S.) 1 Bd 8.
= Collection Figaro. [Bd] 103. [96. 893

Dr. Beda Dudik, Der mährische Landeshistoriograph. O. S. B. Ehren-Abt von Trebitsch, kaiserl. Rath und Regierungsrath, Besitzer vieler hoher Orden ꝛc. Mitglied der k. Akademie der Wissenschaften ꝛc. Gestorben am 18. Januar 1890. Eine Lebens-Skizze von M. K. Mit Portrait. 8. (22 S.) Brünn: Winiker 1890

Dudík, Ant., kázaní na všecky neděle a svátky v roce církevním jakož i některé příležitostné řeči. Díl 1—3. Olmütz 856, 57. Hölzel. gr. 8. (X, 190; 2 Bl., 212; 2 Bl., 215 S.) Jeder Thl. n. 24 ngr

Dudik, Beda

Dudik, B., über Ablasstafeln. Lex.-8. (26 S.) Wien 868, (Gerold's Sohn.) *
Aus: Abhandlungen der k. Akademie der Wissenschaften, besonders abgedruckt.

Dudik, B., Archive im Königr. Galizien und Lodomerien. Im Auftrage des hohen Staatsministeriums beschrieben und durchforscht. Lex.-8. (222 S.) Wien 867, (Gerold's Sohn.) *
Aus: Archiv für Kunde österreich. Geschichtsquellen, besonders abgedruckt.

Dudík, Beda, über die Auffindung der Reliquien der heiligen Elisabeth, Landgräfin von Thüringen. Wien 858. Gerold. 8. (24 S.) n. 8 ngr

Dudik, Beda, Auszüge f. Mährens allgemeine Geschichte aus den Regesten der Päpste Benedikt XII. [1334 vom Decbr. bis Apr. 1342], Clemens VI. [1342 bis Ende 1352]. Mit Unterstützg. d. hohen mähr. Landes-Ausschusses. gr. 8. (36 S.) Brünn 885. (Winiker.) n. — 80

Dudik, B., Auszüge aus dem Raths-Protokolle des k. k. Tribunals in Mähren vom J. 1683. Lex.-8. (18 S.) Wien 882, (Gerold's Sohn.) *

— Auszüge aus dem Raths-Protokolle d. k. k. Tribunals in Mähren vom J. 1683. Lex.-8. (18 S.) Wien 883 (Gerold's Sohn.) n. — 40

Dudik, Beda: Auszüge aus päpstlichen Regesten für Österreichs Geschichte.
Separatabdruck aus Arch. 15.185.

Dudik, (Beda), über die alten heidnischen Begräbnissplätze in Mähren. Lex.-8. (28 S. mit 2 Stnt. in gr. 8. und qu. gr. 4.) Wien 855, (Gerold's Sohn.) *
Aus: Sitzungsberichte der k. Akademie der Wissenschaften, Jahrg. 1854, besonders abgedruckt.

— Beiträge zur Geschichte des Deutschen Ordens in Tirol. Ar. 17. 113 . . . . . . vgr.
Separatabdruck

Dudik Beda (Franz) Dr., O. S. B.: Bernard Broligs Bericht über die Belagerung der Stadt Wien 1683. 1. Teil. Ar. 4. 255 . . . .
— — 2. Teil. Ar. 1. 27 . . . .
Separatabdruck

—— Bericht über die Diöcese Olmütz durch den Cardinal Franz v. Dietrichstein im J. 1634. Lex.-8. (19 S.) Wien 870, (Gerold's Sohn.)
Aus: Archiv für Kunde österreich. Geschichtsquellen, besonders abgedruckt.

Dudik, Dr. B., O. S. B., Bericht über die Diöcese Olmüz durch den Cardinal Franz von Dietrichstein im Jahre 1634. (Sonder-Abdr. a. d. Sitzungsber. d. k. Akad. d. Wiss.) gr. 8. (19 S.) Wien, Gerold in Comm. 1870 15 kr.

—— Bibliothek und Archiv im fürsterzbischöflichen Schlosse zu Kremsier. gr. 8. (XXI, 134 S.) Wien 870, Braumüller. *

Dudik, Beda: Bruchstücke einer in einer Stockholmer Handschrift gefundenen Reimchronik.
Separatabdruck aus Sitz.ber. 8. 482.

Dudik, Dr. B., Chronik d. Minoriten-Quardians des St. Jacobs-Klosters in Olmütz, P. Paulinus Zaczkovic über die Schwedenherrschaft in Olmütz v. 1642—1650. (Archiv f. österr. Geschichte. 42. Bd. 2. Hälfte.) 8. (174 S.) geh. 1 fl. 40 kr.
Wien: Gerold in Komm. 1881

Dudik, Professor B. — Ueber die Deutsch-Ordens-Schwestern von — —. (Aus dem Maihefte des Jahrganges 1855 der Sitzungsberichte der philosophisch-historischen Klasse der kaiserl. Akademie der Wissenschaften 16. Band. S. 307 besonders abgedruckt.) Wien, 1855. Aus der k. k. Hof- und Staatsdruckerei. (22 S. 8.)

—— Erinnerungen aus dem Feldzuge 1866 in Italien. 8. (III, 155 S.) Wien 870, Braumüller. *

Dudik, B., historische Forschungen in der kaiserl. öffentlichen Bibliothek. Lex.-8. (56 S.) Wien 879, (Gerold's Sohn.) *
Aus: Sitzungsberichte der k. Akademie der Wissenschaften, besonders abgedruckt.

— Historische Forschungen in der kaiserlichen öffentlichen Bibliothek zu St. Petersburg. S. 95. 329 . . . . —.80
Separatabdruck

Dudik, B[eda]: Forschungen in Schweden für Mährens Geschichte. Im Auftrage des hohen mährischen Landesausschusses im Jahre 1851 unternommen und veröffentl. — Brünn 1852: Winiker. XVI, 478 S.

—— neuentdeckte Fresken aus dem Leben der heil. Apostel Cyrill und Method in Rom. gr. 4. (10 S. mit 3 eingedr. Holzschn. und 2 lithogr. Taf. in Tondr.) Wien 869, (Gerold's Sohn.) *
Aus: Mittheilungen der k. k. Central-Commission für Erforschung der Baudenkmale, besonders abgedruckt.

Dudik, B., Mährens allgemeine Geschichte. Im Auftrage des mähr. Landesausschusses dargestellt. 1. Bd.: Von den ältesten Zeiten bis zum J. 906. gr. 8. (XIX und 402 S.) Brünn 860, (Nitsch.) Thlr. **

—— Mährens allgemeine Geschichte. Im Auftrage des mähr. Landesausschusses dargestellt. 2.—4. Bd. gr. 8. (VII und 628 S.) Brünn, (Nitsch.) **
Inhalt:
Bd. 2. Vom J. 906 bis zum J. 1125. (VII und 628 S.) 863. ** 2 Thlr. 20 Ngr.
» 3. Vom J. 1125 bis zum J. 1173. (IV und 419 S.) 864. ** 1 Thlr. 10 Ngr.
» 4. Vom J. 1173 bis zum J. 1197. (IV und 457 S. mit 1 Tab. in gr. Fol., 2 Beilagen und 2 von Hermenegild Jireček entworf. lithogr. Landkarten in gr. Fol.) 865. ** 1 Thlr. 10 Ngr.
1. Bd. Ebendas. 1860. ** 2 Thlr. 20 Ngr.

Dudik, B., Mährens allgemeine Geschichte. Im Auftrage d. mährischen Landesausschusses dargestellt. 5—7. Bd. gr. 8. Brünn 870—76. (Winiker.) à n.n. 4. — (1—7.: n.n. 36. —)
5. Vom Jahre 1197 bis zum Schlusse d. J. 1261. (VI, 478 S.)
6. Vom J. 1262 bis in den Aug. 1278. Mit 2 Beilagen: Stammbäume der Přemysliden (in qu. Fol. u. qu. gr. Fol.) (IV, 303 S.)
7. Vom J. 1278 bis in den Aug. 1306. (V, 371 S.)

— Mährens allgemeine Geschichte. Im Auftrage des Mährischen Landesausschusses dargestellt. 8. u. 9. Bd. Mährens Kulturzustände vom Jahre 1197 bis 1306. gr. 8. Brünn 878. 81. Winiker in Comm. à n.n. 6. —
8. Land u. Volk. (VI, 472 S.)
9. Staat u. Volksthum. (VI, 423 S.)

—— Mährens allgemeine Geschichte. Im Auftrage des mähr. Landesausschusses dargestellt. 9. und 10. Bd. gr. 8. Brünn, (Winiker's Buchh.) à Bd. ** *M* 6. **
Inhalt:
Bd. 9. Mährens Culturzustände vom J. 1197 bis 1306. [Staat und Volksthum.] (VI, 423 S.) 880.
» 10. —— dass. — [Kirche, Kunst und Wissenschaft.] (VII, 507 S.) 883.
1., 5.—8. Bd. ** *M* 26.; 2.—4. Bd. vergriffen.

—— Mährens allgemeine Geschichte. Im Auftrage des mähr. Landes-Ausschusses dargestellt. 11. und 12. Bd. gr. 8. (Ebendas.) **
Inhalt:
Bd. 11. Die Zeit der Luxemburge bis 1333. Die Zeit Rudolfs und Friedrichs von Oesterreich, Heinrichs von Kärnthen und des Luxemburgers Johann, vom Aug. 1306 bis Decbr. 1333. (XVI, 490 S.) 886. ** *M* 6.—.
» 12. Die Zeit der Luxemburge. 2. Bd.: Die Zeit des Markgrafen Karl von 1333—1350. (XI, 677 S.) 888. * *M* 8.—.
1. und 5.—10. Bd. (Ebendas.) 1860—83. * *M* 38.—.; 2.—4. Bd. vergriffen.

Dudik, Beda, Mährens allgemeine Geschichte. Von den ältesten Zeiten bis 1806. GeneralRegister und Nachschlage-Buch zu den 10 Bdn. Im Auftrage des mähr. Landes-Ausschusses. gr. 8. (IV, 648 S.) Brünn 887, (Winiker's Buchh.) **

—— dass. — zum 11. Bde. gr. 8. (IV, 182 S.) (Ebendas.) 886. **

Dudik, Beda, Geschichte des Benediktiner-Stiftes Raygern im Markgrafthum Mähren. Mit steter Rücksicht auf die Landesgeschichte, nach Urkunden und Handschriften bearb. 1. Bd.: Von der Gründung des Stiftes bis zum Ende der Hussitenstürme. 1048—1449. gr. 8. (XVIII und 535 S.) Brünn 849, (Winiker's Buchh.) *

—— Geschichte des Benediktiner-Stiftes Raygern im Markgrafth. Mähren. Mit steter Rücksicht auf die Landesgeschichte, nach Urkunden und Handschriften bearb. 2. Bd. Vom Ende der Hussitenstürme bis in die Gegenwart 1449—1848. gr. 8. (XVIII und 473 S. mit 2 Kpfrt. und 1 lithogr. Plane in 8. und qu. 4.) Wien 868, Gerold's Sohn. *
Der Preis des 1. Bds. (Ebendas. 1849) ist auf * 2 Thlr. 20 Ngr. erhöht.

—— Mährens Geschichts-Quellen. Im Auftrage des hohen mährischen Landes-Ausschusses bearb. und durch den mähr. Landes-Fond hrsg. 1. Bd. A. u. d. T.: J. P. Ceroni's Handschriften-Sammlung. Beschrieben und gewürdigt. 1. Abthl.: Die Landesgeschichte im Allgemeinen. 1. Folge: Der polit. Theil derselben. gr. 8. (XXIX und 511 S.) Brünn 850, (Winiker's Buchh.) *

Dudik, Beda: Handschriften der fürstlich Dietrichstein'schen Bibliothek zu Nikolsburg in Mähren. (Sonder-Abdr. a. d. Sitzungsber. d. k. Akad. der Wiss.) gr. 8°. (108 S.) Wien: Gerold in Komm. 1868.

—— Handschriften der fürstlich Dietrichstein'schen Bibliothek zu Nikolsburg in Mähren. Lex.-8. (108 S.) Wien 868, (Gerold's Sohn.) *
Aus: Archiv für Kunde österreich. Geschichtsquellen, besonders abgedruckt.

—— des kaiserl. Obristen Mohr v. Waldt Hochverraths-Process. Ein Beitrag zur Waldstein's-Katastrophe. Nach Originalien. Lex.-8. (94 S.) Wien 860, (Gerold's Sohn.) **
Aus: Archiv für Kunde österreich. Geschichtsquellen, besonders abgedruckt.

—— Kaiser Maximilian's II. Jagdordnung vom J. 1575. Lex.-8. (78 S.) Wien 867, (Gerold's Sohn.) *
(Aus: Sitzungsber.d.k.Akad.d.Wiss.)

— iter romanum. Im Auftrage des hohen mährischen Landesausschusses in den Jahren 1852 u. 1853 unternommen u. veröffentlicht. 2 Thle. Wien 855. Manz u. Co. in Comm. gr. 8. (XX, 367; X, 232 S.) nn. 3 *ℛ* 10 *ngℓ*
Inhalt: 1. Bd. Historische Forschungen. — 2. Bd. Das päpstliche Regestenwesen.

— Korrespondenz Kaisers Ferdinand II. und seiner erlauchten Familie mit Pater Martinus Becanus und Pater Wilhelm Lamormaini, kaiserlichen Beichtvätern S. J. Ar. 54. 219 . . . . ngr.
Separatabdruck

—— Waldstein's Correspondenz. Eine Nachlese aus dem k. k. Kriegsarchive in Wien zu dem Werke: Waldstein von seiner Enthebung bis zur abermal. Uebernahme des Armee-Ober-Commando's etc. Lex.-8. (80 S.) Wien 865, (Gerold's Sohn.) *

Dudik, Dr. B. O. S. B., Waldstein's Correspondenz. Eine Nachlese aus dem k. k. Kriegsarchive in Wien zu dem Werke: Waldstein von seiner Enthebung bis zur abermaligen Uebernahme des Armee-Ober-Commando's, vom 13. August 1630 bis 13. April 1632. II. (Fortsetzung zu „Archiv". Bd. XXXII, S. 1—80.) (Sonder-Abdr. a. d. Sitzungsber. d. k. Akad. d. Wiss.) gr. 8. (53 S.) Wien, Gerold in Comm. 1866 35 kr.

—— dass. — (Fortsetzung.) Lex.-8. (53 S.) (Ebendas.) 866. **
Vorstehende drei Schriften des Verf. wurden aus: Archiv für Kunde österreich. Geschichtsquellen, besonders abgedruckt.

—— des hohen deutschen Ritterordens Münz-Sammlung in Wien. Mit steter Rücksicht auf das Central-Archiv des hohen Ordens geschichtl. dargestellt und beschrieben. Imp.-4. (XII und 272 S. mit 21 Kpfr.- und 1 Holzschnt.) Wien 858, (Gerold's Sohn.) *

— necrologium Olomucense. Handschrift der königlichen Bibliothek in Stockholm. [Aus: „Archiv f. österr. Geschichte".] Lex.-8. (19 S.) Wien 880. Gerold's Sohn in Comm. n.n. — 30

—— über Nekrologe der Olmützer Domkirche. Lex.-8. (103 S.) Wien 884, (Gerold's Sohn.) *
Aus: Sitzungsberichte der k. Akademie der Wissenschaften, besonders abgedruckt.

Dudik, B., Preussen in Mähren 1742. Nach gleichzeit. Aufzeichnungen mitgetheilt. Lex.-8. (187 S.) Wien 869, (Gerold's Sohn.) *
Aus: Sitzungsberichte der k. Akademie der Wissenschaften, besonders abgedruckt.

—— Reformations-Artikeln des Erzbischof's von Prag Anton Brus aus dem J. 1564. Lex.-8. (20 S.) Wien 871, (Gerold's Sohn.) *
Aus: Archiv für österreich. Geschichte, besonders abgedruckt.

—— olmützer Sammel-Chronik, s.a. Sammel-Chronik, olmützer.

— Olmützer Sammel-Chronik vom Jahre 1432 bis 1656. Abdr. aus den Schriften der histor. statist. Sektion in Brünn. Brünn 858. (Wien, Gerold.) Lex.-8. (1 Bl., 61 S.) n. 12 ngr

— Mitteilung eines Schreibens desselben aus Stockholm vom 24. Juni 1851. S. 7. 78 vgr.
Separatabdruck

—— Schweden in Böhmen und Mähren 1640—1650. Nach kaiserl. österreich. und königl. schwed. Quellen dargestellt und mit Unterstützung der kaiserl. Akademie der Wissenschaften hrsg. gr. 8. (XIII, 443 S.) Wien 879, Gerold's Sohn. *

— — Statuten des Metropoliten von Prag, s. a. Archiv für österreichische Geschichte.

—— Statuten des Metropoliten von Prag Arnost v. Pardubitz für den Bischof und das Capitel von Olmütz um das J. 1349. Lex.-8. (23 S.) Wien 870, (Gerold's Sohn.) *

—— Statuten der Prager Metropolitankirche vom J. 1350. Lex.-8. (45 S.) Wien 867, (Gerold's Sohn.)
Aus: Sitzungsber.d.k.Akad.d.Wiss.

—— s. Statuten der Diöcese Olmütz.

— — Statuten der Diöcese Olmüz vom Jahre 1568. Zum ersten Male aus dem Originale veröffentlicht. Mit Unterstützung des mähr. Landes-Ausschusses. gr. 8. (91 S.) Brünn, Winiker 1870 1 fl.

Dudik, Dr. B. — Des Herzogthums Troppau ehemalige Stellung zur Markgrafschaft Mähren. Nach Quellen von — —. Wien, 1857. Druck und Verlag von Karl Gerolds Sohn. (XVI. 374 S. 8)

— Tagebuch des feindlichen Einfalls der Schweden in das Markgraftum Mähren während ihres Aufenthaltes in der Stadt Olmütz. 1642—1650, geführt von dem Olmützer Stadtschreiber und Notar Magister Friedrich Flade. Ar. 65. 867 . . . . „ 2.60
Separatabdruck

—— des Hoch- und Deutschmeisters Erzherzog's Maximilian I. Testament und Verlassenschaft vom J. 1619. Lex.-8. (120 S.) Wien 865, (Gerold's Sohn.) *
Aus: Archiv für Kunde österreich. Geschichtsquellen, besonders abgedruckt.

Dudik, Dr. C., Des Hoch- und Deutschmeisters Erzherzogs Maximilian I. Testament und Verlassenschaft vom Jahre 1619. (Sonder-Abdr. a. d. Sitzungsber. d. k. Akad. d. Wiss.) gr. 8. (120 S.) Wien. Gerold in Comm. 1865 1 fl.

—— Waldstein von seiner Enthebung bis zur abermaligen Uebernahme des Armee-Ober-Commando, vom 13. August 1630 bis 13. April 1632. Nach den Acten des k. k. Kriegsarchivs in Wien dargestellt. gr. 8. (XXII und 496 S.) Wien 858, Gerold's Sohn. *

(Duding. Claude-Antoine.) Status Seu Epocha Ecclesiæ Aventicensis, nunc Lausannensis, à primordijs usque ad nostra tempora... repræsentata. In quâ quidem Errores Abrahami Ruchat.... quos anno 1707. sub titulo abbreviatæ historiæ Ecclesiasticæ Ditionum Vaudi... Bernæ in Lucem edidit.... retunduntur. Sanctissimo Benedicto... Papæ XIII. 8. [Friburgi Helvetiorum] 1724.

Dudith, A. Orationes V in Concilio Tridentino habitae . . . Halae 1742. H: *Schwarz, Gottfried.* (ML)

Dudith, A., Orationes V. in Concilio Trident. habitae. 4. Halae, Renger. 743.

DUDKIEWICZ, Stanislaus Florianus: De authentia sacrorum evangeliorum. — (1889) 128 S. 4° (Handschr.) Diss. 408
Diss. Wien, Univ.

Dudler u. Dulder. Studien üb. die Anmaßgn. der Tonkunst. Von e. alten Musikfreund. gr. 8. (63 S.) Leipzig 898. Dresden. C. Reißner. n. 1. —

Dudler, A, muss auser, eher geb'n ma kein' Ruh'. Neuestes Original-Duett im Wiener Dialekt. Wien [1885]. V: *Herzog, Engelbert.* (EB)

[Dudli, Johann Georg.] Die verdeckte Brut eines Jacobiner-Komplotts im Toggenburg. (1795.) — Nebst Widerlegung dieser Schrift unter dem Titul der beleidigte Toggenburger ([verfasst von] Gallus Schlumpf). 8. *o. O.* 1795.

[Dudli, Johann Georg.] Schuldige Genugthuung für den beleidigten Toggenburger. In einer Antwort auf das falsche Feuergeschrey eines sich nennenden Kapitän-Lieutenants (Gall[us]) Schlumpf. Von Fridle Wahrsager, Jakobiner-Bothen. 8. *o. O.* 1795.

Dudly, Werner, practischer Arzt [von Flawyl, Kt. St. Gallen]: Über Leberabscesse. Rorschach W. Koch Dr. 1891. 139 S. m. 13 Tab. 8°.
Zürich, Med. Diss. [v. 27. Juli 1891].

Dudok van Heel, A. F., auf weißen Flügeln. Mit Illustr. v. A. J. Hoogewerff-van Stolk. Autoris. deutsche Ausg. v. M. Karstens. gr. 8. (72 S.) Basel 894. A. Geering. n. 2 —

Dudumi, Demeter, pester Briefe über Literatur, Kunst, Theater und gesellschaftliches Leben. 856. — 2. Aufl. Pest 858. Lauffer u. Stolp. 12. (170 S.) n. 1 ß

—— Immortellen der Liebe. 1. und 2. Aufl. 16. (166 S.) Pesth 854, Geibel. *

—— Klänge aus dem Osten. Ungarische Dichtungen frei übersetzt. 16. (XII und 186 S.) Pesth 855, Geibel. *

—— Athenienfische Nächte. Gedichte. 16. (VIII und 76 S.) München 856, Palm's Hofbuchh. *

Dudych, Jos., tajné manželství. Román. Prag 864. Stýblo. 8. (155 S.) n. 12 *ngr.*

Dudzius, Rob., die Schnell-Konservierg. der Fischkonserven. (Ergänzung zum Lehrbuch der Fischbereitg. v. Wilh. Dunker.) 8. (IV, 64 S.) Stettin (899). Herrcke & Lebeling. n. 1. 60

Due, L.: Resultate magnetischer, astronomischer u. metereologischer Beobachtungen.
s. Hansteen, Christopher

Duell, das, od. die Flucht des Günstlings; eine Familiengesch. m. K. 8. Leipz. Joachim.

Duell, der,. Schausp. 8. Rostock. 754.

— das, od. der Weise in d. Thal. Schspl. 8. Wien 769. Krauß. 3 K

Duell, Das, oder das junge Ehepaar; ein Lustspiel in einem Aufzuge. 2. Aufl. Frankfurt und Leipzig 1771. V: *Jester, Ernst Friedr.* (Ky) (MGT)

— das; od. das junge Ehepaar. Lustsp. 8. Frankf. u. Leipzig, Hemmerde. 771.

— das, oder d. junge Ehepaar. Lstspl. (v. Fr. Er. Jester). 8. Frkf. u. Leipz. 771. (Schwetschke u. S. in Halle). 2 gr.

— das,. Lustsp. 8. Wittenberg, Zimmermann. 772.

Duell, Das, ein Lustspiel in 3 Aufzügen. Wittenberg 1773. V: *Schummel, Joh. Gottlieb.* (Ky) (EE)

— das; Lstspl. (v. Jh. Gli. Schummel). 8. Wittenb. 773. Zimmermann. 4 gr.

Duell, Das; ein Lustspiel. O. O. 1775. V: *Möller, Valentin Chph.* (Ky) (MGT)

Duell, Das, oder Sieg der Liebe. Ein Schauspiel in 2 Aufzügen. Nach einer wahren Begebenheit. [Augsburg 1816.] V: *Bonafont, Carl Philipp.* (GGr)

Duell, das, od. d. Freundschaft als Schutzgeist d. Liebe. Erzähl. aus d. Leben gegriffen. 2 Thle. 8. (21 B.) Weimar 834, 35. [Leipzig, Schreck.]

Duell, das, oder die Freundschaft als Schutzgeist der Liebe. Erzählung aus d. Leben gegriffen. 2 Thle. 8. Weimar 834, 35. Tantz u. Comp. 1 1/2 ₰

DUELL, Das, oder die Freundschaft als Schutzgeist der Liebe. Erzählung aus dem Leben gegriffen. 2 Thle. Weimar, A. Tantz u. Comp., 1835. 12°.
Stellenweise etwas frei. — Gmähle's (München) Leihbibl., no. 14546—47.

Ueber Duell. Ein Bruchstück aus den Motiven zum revidirten Entwurf des allgemeinen Strafrechts für die preußischen Staaten, ein besonderer Abdruck aus dem 97. Hefte der Jahrbücher für die preußische Gesetzgebung ꝛc. Berlin 1837. 110 S. 8.

— ein. Trauerspiel in 5 Akten von F. A. ***. 8. (158 S.) Frankfurt a. M. 818, Literarische Anstalt.

Duell, das. (Aus dem münsterschen Sonntags-Blatte abgedr.) gr. 8. (25 S.) Münster 856, Theissingsche Buchh.

Für das Duell. Von e. alten Akademiker. *Gleiwitz: O. Groetschel 1896.* (23 S.) 1 Bd 8. [96. 1070

Duell, Ein, oder Fürst Augsburger und Graf Kohlrabi. Original-Posse ... Wien [1902]. V: *Bartl, Hans.* (EB)

Duell, das, in seiner moralischen und gesellschaftlichen Berechtigung. Eine ethisch-soziale Studie. gr. 8. (30 S.) Berlin und Leipzig 871, Luckhardt'sche Verlagsh.

Duell, das, als Emancipation d. Ehre od. Beleuchtung d. Duells vom geschichtl., moral. u. polit. Standpunkte. gr. 8. (10 7/8 B.) Freiburg 846, Herder'sche Vrlsbuchh.

Duell Holzapfel-Oehlke, das, vor dem Schwurgericht. Stenograph. Bericht über die Verhandlungen. gr. 8. (67 S.) Berlin 885, (Eckstein Nachf.) *

Duell, Das, und die christliche Kirche ... Berlin 1856. V: *Hengstenberg, Ernst Wilh.* (Ky)

— von Manteuffel-Twesten. Eine staatspolitische Würdigung des Ereignisses vom 27. Mai. Berlin 861. Rahn. 8. (14 S.) 3 ngr.

Duell, vom, Point d'Honneur u. dgl., eine Beilage zum philosophischen Arzt, (v. M. A. Weickard). 8. Frankf. 787. Fleischer. 5 gr.

Duell, ein, unter Cardinal Richelieu, s. Bühnen-Repertoir Nr. 148.

Duell, das, in seinem Ursprunge und Wesen, beurtheilt nach den Grundsätzen der Religion, der Civilisation, des Naturrechtes, und nach den Gesetzen der Kirche und der Staaten. Nebst Beilagen aus den J. 1752, 1859 und 1864. 8. (III und 94 S.) Paderborn 864, Schöningh.

Duell Bering-Salomon, das. Stenographischer Bericht üb. die Verhandlgn. d. Schwurgerichts Freiburg v. 16. April 1890. Durchgesehen u. eingeleitet v. den Vertheidigern: L. Neumann u. C. Fehrenbach. 2. Aufl. gr. 8. (124 S.) Freiburg i/B. 890. (Echlepp.) n. — 50

Duell und Verruf. Betrachtungen eines Bummlers. Marburg a. d. L. 1896. V: *Bensemann, Walther.* (Erman & Horn, Bibl. d. dtsch. Universitäten. 1. Leipz. u. Berl. 1904.) (Rothsch) (Berl)

Duell u. Verruf. Betrachtgn. e. Bummlers. 1.—3. Aufl. gr. 8. (15 S.) Marburg 896. (O. Ehrhardt.) n. — 50

— das zärtliche. Lstspl. 8. Köln 786. Imhof. 4 gr.

Duellanten, Die. Possenspiel für Kindertheater. Wien [1900]. V: *Molitor, M.* (EB)

Duelle und Paukereien oder der „geadelte Mord" von einem „alten Herrn". gr. 8. (23 S.) Leipzig 885, Bredow. *

— über d., d. Studirenden. 8. Altona 829. Aue. 4 gr.

Duelle, über d., auf den Universitäten, (v. G. Schlegel). 8. Lübeck 782.

Herzoglich-Pfalz-Zweibrueckisches Duell-Edickt nebst Herzogl.-Pfalz-Zweibrückischen Kriegs-Artickeln vom J. 1779. Zweybrücken o. J. 76 S.

Zur Duellfrage. Ein Blick in die Vergangenheit und Zukunft. Von A. K., Hauptmann. (Separat-Abdruck aus Streffleur's österr. militär. Zeitschrift.) Gr.-8. (38 S.) In Comm. (Mit 20% Rabatt) * —.50
Wien: Braumüller 1897

Duell-Regeln. (20 S.) gr. 16. Arad (903). H. v. Jung. (Nur direkt.) n. — 85

[F.] Das **Duellunwesen** und der Fall Brüsewitz. Nach den Reichstagsverhandlgn v. 17. u. 19. Nov. mit dem stenograph. Wortlaut der Reden v. [August] Munckel u. [Julius] Lenzmann. *Berlin: Verlag 'Fortschritt', A.-G. 1896.* (31 S.) 1 Bd 8. [97. 3003

Düesberg, R., der Wald als Erzieher. Nach den Verhältnissen des preuss. Ostens geschildert. Mit 10 Taf. u. 15 Stereoskopbildern. (VIII, 204 S.) gr. 8. Berlin 910. P. Parey. 5.—

Duett mit Chor. o. O. u. J. 12 S. 8 [Kopftit.]
Ohne Noten: „Wen nicht der Vorzug entzücket, . . ."

Duett, Ein bisher unbekannt gebliebenes, zu Mozarts Zauberflöte. Berlin 1899. V: *Genée, Rudolf.* (stadtBiblBerlin XIII, S. 108)

Duette u. Terzette, ernste u. komische. N. Titeln geordn. u. m. d. Textanfängen vers. 8. (32 S.) Leipzig 897. Siegismund & Volkening. n. — 60

Duettisten, fidele. 30 effektvolle heitere Duette u. Duoscenen f. 2 Herren. (79 S.) 8. Mühlhausen i/Th. (906). G. Danner. n. — 60

Duettisten, die lustigen. Eine Sammlg. durchschlag. Salon- u. Kostüm-Duette f. 2 Herren. (60 S.) 8. Leipzig (909). R. Gleißenberg. 1. —

Dufau et Guadet, Dictionnaire universel abregé de géographie ancienne comparée. Ouvrage entièrement neuf, redigé sur le plan des dictionnaires de géographie moderne, avec une Carte neuve de géographie etc. dressée et redigée par Brué. 2 Vol. in 8. Paris. 820.

— — vollständ. Handwörterbuch d. alten Erdkunde mit sorgfältiger Rücksicht auf die neuere. Nach d. franz. und mit den Arbeiten deutscher Geographen bereichert. 1r Band. A — F. gr. 8. Weimar, geogr. Institut. 821.

Dufau et Guadet, vollst. Handwörterbuch der alten Erdkunde rc. 2r Bd. gr. 8. Weimar 821, Geogr. Inst. 2 Rthlr. 18 gr. Beide Bände

Dufau, P. A., über der Blindgebornen Erziehung u. gesellschaftl. Lage, ferner üb. d. physischen, moral. u. intellektuellen Zustand derselben. N. d. Franz. 2. Abdr. 8. (2½ B.) Quedlinburg 840, Ernst'sche Buchh.

—— Versuch üb. d. leibl., sittl. u. geistigen Zustand d. Blindgeborenen, mit ein. neuen Plan f. Verbesserung ihres gesellschaftl. Zustandes. — Und üb. Blinde u. deren Erziehung v. Eugenie Riboyet. Zwei von d. Gesellschaft d. christl. Moral zu Paris 1836 gekrönte Werke rc. Ins Deutsche übertr. u. mit Anmerkn. bereichert v. J. G. Knie. Mit ein. Vorw. v. Zeune. gr. 8. (21¼ B.) Berlin 839, Nicolaische Buchh.

—— über d. phys., moral. u. intellektuellen Zustand, d. Erzieh. u. gesellschaftl. Lage d. Blindgebornen. N. d. Franz. 8. (2½ B.) Leipzig 837, Kndsel. (?)

Dufaux, Leopold [aus Berlin]: Ueber die Wirkung des Tetramethylammoniumchlorid .... Berlin, Buchdr. v. Gustav Schade (Otto Francke) (1888); 28 S. + 2 Bl. 8°
Berlin, Med. Fak., Inaug.-Diss. v. 8. Aug. 1888

Du Fay et Chev. de Cambray. Véritable manière de bien fortifier de Vauban. — Neue u. warhaffte Manier der Fortification von Vauban. Neu-gebess. u. zur helft verm. Edit. T. 1. 2. Mit Taf. (Franz. u. deutsch.) Amsterdam 1703.

Dufay, Geo., Anfangsgründe d. Wundarzneikunst. 8. Straßb. 754. König. 14 gr

Du Fay de Lavallaz, Jean Gaspar

— Anwend. fr. sämmtl. Predd. für alle Sonntage d. J. 8. Augsb. 780. Rieger. 12 gr

Dufay, Jh. Ksp., sämmtl. Predigten; aus d. Französ. v. Ant. Jäger. 9 Thle. — Predigten f. d. Advent. 4 Thle. gr. 8. Augsb. 766. Rieger. 1 rß 16 gr Predigten für d. Fasten. 4 Thle. gr. 8. Ebd. 765. 2 rß 4 gr Predd. für d. Octav. d. Frohnleichnamsfestes. gr. 8. Ebd. 766. 14 gr

Dufayard, Ch., comment on voyageait dans l'ancienne France, s.: Schulbibliothek, franz. u. engl. Prosaschriften aus der neueren Zeit.

Dufaye, Ferd., cubische Tafel zur Bestimmung d. Inhalts runder Hölzer. Zum Gebr. f. Forstmänner, Holzhändler, Zimmerleute rc. berechnet. gr. 8. (1¼ B.) Sondershausen 853, Eupel.

Dufayel, Carl, durch Eilboten! Heitere Postgeschichten a. alter u. neuer Zeit. 12. (VIII, 201 S.) Cassel 898. A. Freyschmidt. n. 2. —; geb. n. 3. —

Dufayel, Carl, de Heirath up Befehl u. andere heitere Geschichten aus alter u. neuer Zeit. (IV, 130 S.) kl. 8. Cassel 906. G. Dufayel. n. 1. 50; geb. n. 2. —

Dufeldt, Reinhold [aus Seifhennersdorf (Kgr. Sachsen)]: Kritisch-historische Zusammenstellungen der verschiedenen Methoden der Neurectomie am Nervus trigeminus ... Würzburg, Etlinger's Buchdr., 1893; 55 S. 8.
Würzburg, Med. Fak., Inaug.-Diss. v. 1893

Dufey, (P. J.,) die Revolution in Südamerika u. Mexico, seit d. Entdeckung durch die Spanier bis auf d. neueste Zeit. A. d. Franz. v. F. A. Rüder. gr. 8. Ilmenau 827. Voigt.

Dufey, P. J. S. Revolutionen v. Südamerica u. Mexico seit Entdeckung durch die Spanier. A. d. Franz. v. Rüder. 8. Ilmenau 1827. 3,50.

Duff, J. D., Hugh Andrew Johnstone Munro. S.-A. 1885. 6 S.

A literary History of Rome. From the origins to the close of the golden age. By J[ohn] Wight **Duff**, Prof. London & Leipsic: Unwin 1909. XVI, 695 S. 8° 109. 11006

Duff, Mildred. Catherine Booth. Esquisse de sa vie. [Traduit de l'anglais par Mme Hélène Bovet. Avec 1 portrait hors texte.] VI + 153 p. 8. Berne, Paris, Département commercial de l'Armée du Salut (Impr. R. Suter & Cie, Berne, 1909). [fr. 1. —]

Düffe, August

Düffe, A., Brausteuergesetz v. 15. VII. 1909, m. dem Gesetz, betr. die zollwidrige Verwendung v. Gerste vom 3. VIII. 1909, s. a. Guttentag's Sammlung deutscher Reichsgesetze.

Dueffe, [Aug.], Brausteuergesetz vom 15. Juli 1909 nebst d. Gesetz, betr. d. zollwidrige Verwend. von Gerste vom 3. Aug. 1909 u. Ausführungsbestimm. Mit Einl., Anmerk. u. Sachreg. 2. Aufl. Berlin 1910. 8°. *[1. Aufl. 1906.]*
(Guttentagsche Sammlung Deutscher Reichsgesetze. Nr 25.)

— Die Ordnungen (Regulative) u. sonstigen Ausführungsbestimmungen usw. zu den Zollgesetzen, s.: Troje.

— Regulativ üb. die Dienstwohnungen der Staatsbeamten. Vom 26. VII. 1880. Unter Berücksicht. des Nachtrages v. 20. IV. 1898 u. der ergang. Verwaltungsvorschriften erl. (88 S.) 8. Berlin 910. J. Guttentag. 1. 50

Düffe, A., Gora Sobotki, e. Zobtensage. Episch-lyr. Dichtg. (XV, 280 S. m. Bildnis.) 8. Dresden 905. E. Pierson. n. 3. —; geb. n. 4. —

Düffe, A., das preußische Stempelsteuergesetz vom 31. VII. 1895 nebst Tarif u. Ausführungsbestimmungen. Unter besond. Berücksicht. der Entscheidungen der Verwaltungsbehörden u. der Gerichte, sowie der Bestimmungen des bürgerlichen Gesetzbuchs. Für den prakt. Gebrauch erläutert. 2 Tle. gr. 8. Berlin 904. C. Heymann. n. 15. —; geb. n. 17. —
1. Gesetz, Tarif u. Ausführungsbestimmungen. (VII, 240 S.) n. 1. 50; geb. n. 2. —
2. Kommentar. (XII, 785 S.) n. 13. 50; geb. n. 15. —

— dasselbe. 2 Tle. gr. 8. Berlin, Imperium. n. 8. —; geb. n. 10. —
1. Gesetz, Tarif u. Ausführungsbestimmungen. 2. Aufl. (VII, 240 S.) 906. n. 1. 50; geb. n. 2. —
2. Kommentar. 2. [Titel-]Aufl. (XII, 785 S.) [904] 906. n. 6. 50; geb. n. 8. —

— Die Übergangsabgaben. Ihre Erhebg., Verwaltg. u. Kontrollierg. Unter Berücksicht. der bis in die neueste Zeit erlassenen Reichs- u. Landesgesetze, Verordngn. u. Verwaltungsvorschriften bearb. u. hrsg. (VIII, 159 S.) 8. Breslau 910. J. U. Kern. 3. —; geb. in Leinw. 3. 50

— Vereinszollgesetz vom 1. VII. 1869, s.: Troje.

— Das Verwaltungsstrafgesetz vom 26. VII. 1897, s.: Troje.

Das Zauberschwert der Wartburg. Epischer Roman aus d. Zeit d. Kreuzzüge von A[ugust] **Düffe**. Stettin: A. Schuster 1907. (142 S.) 8° [F.] 107.69389

Duffek, Karl Joh. Müllers Theorie „vom musivischen Sehen" und ihre Gegner. 8 (S. 3—42). **Progr.** Staatsg. im II. Bezirk *Wien* 1886.

Duffek, Karl: Die Wetterpropheten aus den drei Naturreichen. 8 (35 S.). **Progr.** K. k. Staats-Oberg. *Cilli* 1896.

Düffer, August (Red.), s. Mitteilungen, Kurzschriftliche.

Düffer, A., Sammlung v. Sprüchen u. Inschriften in den Kirchen, sowie den öffentl. u. Privatgebäuden in Lübeck. 12. (35 S.) Lübeck 890. (Dittmer.) n.n. — 50

Düffer, Aug. Sammlung v. Sprüchen u. Inschriften in den Kirchen, sowie den öffentlichen u. Privatgebäuden in Lübeck. 12. (35 S.) Lübeck 890. (Lübcke u. Hartmann). * — 50

Düffer, (J. F. C.,) die hallischen Waisenhaus-Arzneien: c. kurze u. deutl. Belehrung üb. ihren Gebrauch u. ihre Wirkungen. 12. Halle 822, Waisenhausbuchhdl.

Dueffer, Guilelmus: Ad constitutionem 9. Cod. de impuberum et aliis substitutionibus. Halis Sax. (1848): Hendel. 48 S. 8°
Halle-Wittenberg, Jur. Diss. v. 12. Apr. 1848
Geb. [Halle a. d. S. 7. 10. 1823]

Dufferin, Lord, Briefe aus hohen Breitegraden. Bericht über eine Reise des Yacht-Schooners „Foam" nach Island, Jan Mayen und Spitzbergen im J. 1856. Mit in den Text gedr. Holzst. gr. 8. (XVIII und 330 S. mit 11 Holzschnt., 3 lithogr. Karten, wovon 1 in Buntdr., und 1 Tab. in gr. 8., 4. und qu. gr. 4.) Braunschweig 860, Vieweg und Sohn. *

Dufferin, Earl of, letters from high latitudes, s.: Collection of British authors.

Duffey, E. B.

— Himmel u. Hölle. Erlebnisse i. Jenseits. Autor. Uebers. gr. 8. (VII, 121 S.) Leipzig 892. [M. Spohr.] E. Fiedler. n. 2. —

Duffey, Mrs. E. B., was die Frauen wissen sollten. Das Buch e. Frau f. die Frauen. Enth. prakt. Belehrgn. f. Frauen u. Mütter. Autoris. Übersetzg. v. Emma Emmerich. gr. 8. (XVI, 251 S.) München 892. J. Palm's Verl. n. 3. — ; geb. n. 4. —

Duffey, E. B.: Was die Frauen wissen sollten. D. Buch einer Frau f. d. Frauen. [What women should know. A woman's book about women; 1873.] Enthaltend prakt. Belehrungen f. Frauen u. Mütter. Autoris. Übers. v. Emma Emmerich. 2., verb. Aufl. — München: Palm 1893. XVI, 243 S. 8°
1. Aufl. 1892.

Duffey, E. B., was d. Frauen wissen sollten. D. Buch e. Frau f. d. Frauen. Enth. prakt. Belehrgn. f. Frauen u. Mütter. Autor. Uebersetzg. v. Emma Emmerich. 4. Aufl. gr. 8. (XVI, 243 S.) München 897. J. Palm's Verl. n. 3. —; geb. n. 4. —

Duffey, E. B., was d. Frauen wissen sollten. Das Buch e. Frau f. die Frauen. Enth. prakt. Belehrgn. f. Frauen u. Mütter. Autorif. Uebersetzg. v. Emma Emmerich. 5. u. 6. Aufl. gr. 8. (à XVI, 243 S.) München (900). Verlag Concord. n. 3. —; geb. n.n. 4. —

Duffey, Mrs. E. B., was die Frauen wissen sollten. Das Buch e. Frau f. die Frauen. Enth. prakt. Belehrgn. f. Frauen u. Mütter. Autorif. Uebersetzg. 7. u. 8. Aufl. (à XVI, 243 S.) gr. 8. Göttingen (905. 906.) Stettin, Verlag „Concord". n. 3. —; geb. in Leinw. n. 4. —

Duffield, Fr. W., Blumenmalerei in Wasserfarben. Anleitung f. Anfänger. Mit Ermächtigg. der Verlagsfirma Winsor & Newton übers. v. Otto Marburg. Mit Anh.: 5 farb. Taf., die das allmäl. Entstehen e. Blumenbildes darlegen, nebst Farbenverzeichnis, kurzen Winken u. Kunstgriffen. (VIII, 97 S.) 8. Ravensburg (905). O. Maier. n. 1. 50; geb. n. 2. —

Duffield, Fr. W., Blumenmalerei in Wasserfarben. Anleitung f. Anfänger. Mit Ermächtigg. der Verlagsfirma Winsor & Newton übers. v. Otto Marburg. Mit Anh.: 5 farb. Taf., die das allmäl. Entstehen e. Blumenbildes darlegen, nebst Farbenverzeichnis, kurzen Winken u. Register. (VIII, 97 S.) 8. Ravensburg (907). O. Maier. 1. 50

Duffing, Geo., Beitrag zur Bestimmung der Formveränderung gekröpfter Kurbelwellen. (IV, 46 S. m. 18 Fig., 2 lith. Taf. u. 1 Tab.) 8. Berlin 906. J. Springer. n. 1. 60

Duffing, Julius [aus Dossenheim]: Untersuchungen eines Auges mit doppelter Perforation durch eine Stichsäge. E. Beitr. z. Kenntn. d. traumat. Skleralstaphylome ... M. 1 Taf. (Aus: v. Graefe's Arch. f. Ophthalmol., Bd XL Abth. 2.) Leipzig, W. Engelmann, 1894; 23 S., 1 Taf. 8.
Heidelberg, Med. Fak., Inaug.-Diss. v. [16. Juni] 1893

Düfflipp, Lor. v. (qu. Hof-Sekretär u. Hofrath, geb. d. 27. Aug. 1821 zu Pleinfeld in Mittelfranken, † d. 9. Mai 1886 in München), *Clölia.* Operndichtung in 4 Aufz. München, Theod. Ackermann, 1886. 8°. Cart.
61 S. Nur Text. — Ort u. Zeit: Rom, 508 v. Chr. Geb.

—, die *Rose von Irun.* Operndichtung in 2 Aufz. Ebd. 1886. 8°. Cart.
33 S. Nur Text. — Zeit: 13. Jahrh.

Duffner, Arth. H., Schwarzwälder Leben. Gedichte in schwarzwälder Mundart. gr. 8. (II, 64 Bl.) Karlsruhe 900. G. Braun'sche Hofbuchdr. n. 2. —

— die Strohindustrie im bad. Schwarzwald. Ein Ueberblick üb. deren Entwickelg. bis auf die neueste Zeit. gr. 8. (IV, 24 S.) Emmendingen 899. Druck- u. Verlagsgesellschaft vorm. Dölter. n. — 75

Cyriak Duffner. Über den deutschen Sprachunterricht an den Gelehrtenschulen. 53 S.
Freiburg, P 1848

Cyriak Duffner. Über den geographischen Unterricht in Gymnasien. 26 S.
Donaueschingen, P 1852

Duffner, Johann Baptist: 1. Zum 17. Mai 1899. [2.] Festhymne ... bei der Feier am 17. Mai vorgetragen. (Gedichte zur Feier d. 25jährigen Bestehens d. Anstalt.) *Strassburg i. E.: B. Herder 1899.* (S. 1—2 u. S. 84.) 8° [F.]
Oberehnheim, Lehrer-Sem, Festschr. 1899

Duffner, Karl, Das Schreinergewerbe in Emmendingen. Schriften d. Vereins f. Socialpolitik, Bd. 69. gr. 8°. Leipzig 1897.

Duff's Leben u. Wirken. 8. (46 S.) Basel 878. Missionsbuchhandlung. n. — 25

Dufft, einige Predigten u. Reden. 8. (5½ B.) Naumburg 839, Zimmermann.

Dufft, Friedrich (Erfurt), Quaestiones de antiquissima Langobardorum historia. Comment. histor. Bln. (Brüschck) o. J. 64 S. mit Biogr. (M.: M. Trommsdorff.) (4.80) 7044
Oppon.: Carl Ratz, Franz Seydewitz, Alexander Hommel.

Dufft, Frid. (geb. Erfurt 1808): Quaestiones de antiquissima Langobardorum historia. Berolini [1830]. (64 S.) 8°
Berlin, Phil. Diss. v. 7. Sept. [1830]

Dufft, J. C., kleiner naturhistor. Schul-Atlas, nebst Anweis. über Fang, Zubereit. u. Aufbewahrung der Thiere. 3 Lfgn. 8. Leipzig, Hartung. à Lfg. * ⅓ Thlr. *
Lfg. 1. Kreis der Arten. (4 B. u. 16 Stnt.) 843.
" 2. Kreis der Familien u. Gattungen. (1 B. u. 16 Stnt.) 845.
" 3. Kreis d. Ausfüllung des Systems Botanik. Mineralogie. (2¼ B. u. 15 Stnt.) 846.

Dufft, J. C., kleiner naturhistor. Schul-Atlas nebst Anweisg. üb. Fang, Zubereitg. u. Aufbewahrg. der Thiere. 1—3. Lfg. 2. (Titel-) Ausg. 8. 1. Kreis der Arten. (61 S. u. 16 lith. Taf.) 2. Kreis der Familien u. Gattungen. (16 S. u. 16 lith. Taf.) 3. Kreis der Ausfüllung d. Systems. Botanik. Mineralogie. (36 S. u. 16 lith. Taf.) Erfurt 848, Müllers Sort. — 4. Lfg.: Anatomie. 8. (20 S. m. 8 lith. Taf.) Ebd. 853. (à n. 1/4 ℛ) n. 1 ℛ

Dufft, J. C., deutsche u. latein. Schulvorschriften. 18 Hft. (17 lithogr. Bl.) qu. gr. 4. Erfurt 838, Hilsenberg. (Leipz., Wunder.) n. 1/3 ℛ

Dufft, J. C., deutsche u. latein. Schulvorschriften. 1. Hft. qu. gr. 4. (16 lith. Blätt.) Erfurt (838) 840, Hilsenberg. (Leipzig, Hartung.) *

—— deutsche u. latein. Schulvorschriften zur Erlern. e. gefäll. Geschäftshandschrift. 2. Aufl. 1. u. 2. Hft. gr. 4. (9 u. 16 lith. Bl.) Leipzig 845, Hartung. [1. H. * 1/6 Thlr., 2. H. * 1/3 Thlr.] *

—— System d. gesammt. Kalligraphie. Nach method. Grundsätzen f. höh. Bildungsanstalten, Volksschulen u. z. Selbstunterr. entworfen u. geschrieben. Nebst 24 Vorlegeblätt. (in qu. gr. 4.) gr. 8. (1 1/4 B.) Erfurt 840, Hilsenberg. (Leipzig, Hartung.) *

Dufhus, Heinrich *Franz Josef* [aus Münster in Westf.]: Aus d. chirurg. Klinik zu Greifswald. Casuistischer Beitrag zur Kenntniss der Lymphosarkome ... Greifswald, Druck v. C. Sell, 1895: 45 S., 1 Bl. 8.
Greifswald, Med. Fak., Inaug.-Diss. v. 25. Febr. 1895

Dufke, Maria, Kaiserin-Gavotte (Gavotte-Quadrille), Menuet à la reine. 64. (8 S.) Danzig 895. (Th. Bertling.) — 10

Dufke, Marie. Quadrille française [Contre]. Quadrille à la cour. 32. (31 S.) Danzig 890, Bertling. — 25; m. Goldschn. — 30

— Quadrille français (Contredanse). Quadrille à la cour (Lancier). 2. Aufl. 64. (31 S.) Ebd. 895. — 25; m. Goldschn. — 30

Duflos, Adolf, Anweisung zur Prüfung chemischer Arzneimittel: als Leitfaden bei Visitation der Apotheken, wie bei Prüfung chemisch-pharmaceut. Präparate überhaupt. Ein Anhang zu den verschiedenen Ausg. des chem. Apothekerbuches. gr. 8. (IV und 85 S.) Breslau 849, Hirt's Verlag.

—— Anweisung zur Prüfung chemischer Arzneimittel als Leitfaden bei Visitation der Apotheken, wie bei Prüfung chemisch-pharmaceut. Präparate überhaupt. 2., umgearb. und verm. Aufl. 8. (VIII und 176 S.) Breslau 862, Hirt's Verlag. —

Duflos, Ado., chemisches Apothekerbuch. 2. umgearb. Aufl. 2 Bde. M. eingedr. Holzschn. Lex.-8. Breslau, Hirt's Verl.
A. u. d. Ttln.:
Bd. 1. Theorie u. Praxis der pharmaceut. Experimentalchemie od. erfahrungsmässige Anweisung zur richt. Ausführ. u. Würdigung der in den pharmaceut. Laboratorien vorkommenden pharmaceut. u. analyt.-chemischen Arbeiten. (36 B.) 843. 4 Thlr.
Bd. 2. Die analytische Chemie, nebst e. Reihe chemisch. Tabellen u. e. dreifachen Special-Register üb. beide Bände. (34 1/2 B.) 844. 3 Thlr. 15 Ngr.

—— dass. Ergänzungsband (zur 2. Aufl.) Grundriss d. pharmaceutischen Chemie. Lex.-8. (13 1/2 B.) Ebds. 847. Thlr.

—— chemisches Apothekerbuch. Theorie u. Praxis der pharmaceutischen Experimentalchemie. 3. Ausg. 2 Bde. Lex.-8. (70 B.) Breslau 847, Hirt's Verl.

Duflos, Adf., chemisches Apothekerbuch. Theorie und Praxis der in pharmaceut. Laboratorien vorkommenden chem. Arbeiten. Kleinere Ausg. in 1 Bd. in völlig neuer Bearbeitung. Mit zahlreichen in den Text gedr. Abbildungen (in Holzschn.) 1. Hälfte. gr. 8. (S. 1—400.) Breslau 856(57,) Hirt's Verlag.

Duflos, Adf., chemisches Apothekerbuch. Theorie und Praxis der in pharmaceut. Laboratorien vorkommenden pharmaceutisch-technisch und analytisch-chem. Arbeiten. 5. Bearbeitung. Nebst Hülfstab. für die Praxis in pharmaceut. Laboratorien und vergleichender Uebersicht der Nomenclatur der arzneilich angewandten chem. Präparate der Pharmacopoea Germaniae, der Pharmacopöen von Preussen, der Schweiz, England etc. gr. 8. (XXXII und 903 S. mit 180 in den Text gedr. Abbild. nach Orig.-Zeichnungen in Holzschn.) Breslau 867, Hirt's Verlag. *

Chemisches Apothekerbuch. Theorie und Praxis der in pharmaceutischen Laboratorium vorkommenen pharmaceutisch-technischen und analytisch-chemischen Arbeiten. Fünfte Bearbeitung nebst Hülfstabelle für die Praxis in pharmaceutischen Laboratorien und vergleichende Uebersicht der Nomenclatur der arzneilich angewandten chemischen Präparate der Pharmacopoea Germaniæ, der Pharmacopöen von der Schweiz, England, etc. Breslau, 1867. 8vo. Ill.
Sechste Auflage, Leipzig, 1880.

Duflos, Adf., chemisches Apothekerbuch. Theorie und Praxis der in pharmaceut. Laboratorien vorkommenden pharmaceutisch-techn. und analytisch-chem. Arbeiten. Mit Hülfstabellen für die Praxis im pharmaceut. Laboratorium. Illustrirt durch gegen 200 Holzschn. und Spectraltaf. Mit Portraitvignette des Verf. 6. Aufl. 12 Lfgn. gr. 8. (937 S.) Leipzig 879, Hirt und Sohn. à Lfg. * ℳ 2. * geb. *
2 Ergänzungsbände. Ebendas. 1871,73. * ℳ 17.; geb. * ℳ 20.

—— u. A. G. Hirsch, das Arsenik, seine Erkennung u. sein vermeintl. Vorkommen in organisirten Körpern. — Leitfaden z. Selbstbelehr. u. zum prakt. Gebr. bei gerichtl.-chem. Untersuchungen f. Aerzte, Physiker, Apotheker u. Rechtsgelehrte. Mit in den Text gedruckt. Holzschn. Lex.-8. (3 1/2 B.) Breslau 842, Hirt's Verl.

—— die Chemie in ihrer Anwendung auf das Leben und die Gewerbe. In 2 Thln. 1. Thl. (1. Abthl.) A. u. d. T.: Anfangsgründe der Chemie. gr. 8. (VIII und 245 S. mit 135 in den Text gedr. Abbild. in Holzschn.) Breslau 852, Hirt's Verlag. *

— die Chemie in ihrer Anwendung auf das Leben und die Gewerbe. 1. Thl. 2. Abth. A. u. d. T.: Anfangsgründe der Chemie. 2. Abth. Organische Chemie. Mit 20 in den Text gedr. Abbildgn. (Holzschn.). Ebend. 854. gr. 8. (X, 185 S.) n. 20 ℛ

Duflos, Adolf, and Adolf G. Hirsch.

—— —— ökonomische Chemie. 1. Thl. — A. u. d. Ttl.: Die wichtigsten Lebensbedürfnisse, ihre Aechtheit u. Güte, ihre zufälligen Verunreinigungen u. ihre absichtl. Verfälschungen, auf chemischem Wege erläutert. Zur Selbstbelehr. f. Jedermann, wie auch zum Handgebr. bei polizeil. chem. Untersuchungen. Lex.-8. (10 1/2 B.) Breslau 842, Hirt's Verl.
Dass. 2., neu bearb. u. bereich. Aufl. Ebda. 1846.

— dass. 2. Thl. — A. u. d. T.: Die chem. Bedürfnisse d. Ackerbaues, ihre Eigenschaften, Erkennung, Prüfung u. ihr Einfluß auf die Productivität des Bodens etc. Lex.-8. Ebd. 843. 1 1/4 ℛ

—— pharmakologische Chemie. Die Lehre von d. chem. Arzneimitteln u. Giften; ihre Eigenschaften, Erkenn. Prüfung u. therapeut. Anwendung. Ein Handb. f. academ. Vorlesungen u. z. Gebr. f. prakt. u. gerichtl. Aerzte u. Wundärzte. Mit in d. Text gedruckt. Holzschn. 1. u. 2. Hlfte. Lex.-8. (34 B.) Breslau 842, Hirt's Verl.

—— pharmacolog. Chemie. Ein Handbuch für academ. Vorlesungen und zum Gebrauch für prakt. und gerichtl. Aerzte und Wundärzte. A. u. d. T.: Die Lehre von den chemischen Arzneimitteln und Giften; ihre Eigenschaften, Erkennung, Prüfung und therapeut. Anwendung. 2. Ausg. Mit besond. Berücksicht. der neuesten Pharmacopoeen. gr. 8. (CLXX und 506 S.) Breslau 848, Hirt's Verlag.
Hieraus wurde besonders abgedruckt:
—— pharmacologische Chemie. Ergänzungs-Bd. (zur 1. Ausg.) A. u. d. T.: Grundriss der pharmacolog. Chemie. gr. 8. (VI und 178 S.) Breslau 848, Hirt's Verlag.

—— Handbuch der angewandten gerichtlich-chemischen Analyse der chemischen Gifte, ihre Erkennung in reinem Zustande und in Gemengen betr. Als Anleitung bei gerichtlich-chem. Untersuchungen für Aerzte, Apotheker, gerichtl. Chemiker und Criminalrichter. 2. Ergänzungsband zum chem. Apothekerbuch. Lex.-8. (VIII, 292 S. mit erläut. Abbild. in eingedr. Holzschn.) Leipzig 873, Hirt und Sohn. *
geb. *

Duflos, Adf., Handbuch der angewandten, pharmaceutisch- und technisch-chemischen Analyse als Anleitung zur Prüfung chem. Arzneimittel, und zur Visitation der Apotheken, wie als Wegweiser zur Untersuchung und Beurtheilung von der Pharmacie, den Künsten, den Gewerben und der Landwirthschaft angehör. chem. Präparaten und Fabrikaten. Unter Berücksicht. der älteren und neuen Pharmakopöen Deutschlands, Oesterreichs, der Schweiz, Englands, Frankreichs, Russlands, wie der Ergebnisse der neuesten Forschungen im Gebiete der techn. Chemie in 4. Aufl. neu bearb. Mit erläut. (eingedr.) Abbild., nach R. Brodengeyer's Zeichnungen in Holzschn. ausgeführt. Ein Ergänzungsband zu den verschiedenen Ausg. von des Verf. Werk: Chemisches Apothekerbuch. gr. 8. (XXIV, 428 S. mit 1 Portr. in Holzschn.) Breslau [Leipzig] 871, Hirt und Sohn. *
geb. *

Düflos, Ad., Handbuch der pharmaceutisch-chemischen Praxis, oder Anleitung zur sachgemäßen Ausführung der in den pharmaceut. Laboratorien vorkomm. chem. Arbeiten, richtigen Würdigung der dabei stattfindenden Vorgänge u. zweckmäß. Prüfung der officinellen chem. Präparate rc. Mit 1 Steintaf. und 1 Tabelle. gr. 8. Breslau 835. 2e verb. Aufl. 838. Max u. Comp. 2 1/3 ß

— dass. 2r Thl. A. u. d. T.: Die chem. Heilmittel u. Gifte, od. prakt. Anleitung zur Erkennung u. Prüfung ihrer Eigenschaften, mit steter Berücksichtigung der Preuß. Pharmakopoe. Für Aerzte, Physiker u. Apotheker in alphabet. Ordnung entworfen. Mit 1 Steintaf., einigen vergleichenden Tabellen über die üblichen medicin.-chemischen Nomenclaturen, Medicinalgewichte, Maaße rc. gr. 8. Breslau 839. Hirt. 2 1/3 ß

Duflos u. Hirsch.

—— die wichtigsten Lebensbedürfnisse, ihre Aechtheit u. Güte, ihre zufälligen Verunreinigungen u. ihre absichtl. Verfälschungen, m. gleichzeit. Berücksichtig. d. in der Haushaltung, den Künsten u. Gewerben benutzten chem. Gifte. 2., neu bearb. u. wesentl. bereicherte Aufl. gr. 8. (26 1/4 B.) Breslau 846, Hirt's Verl.
(= Duflos u. Hirsch: Ökon.Chemie T.1.)

—— die in der deutschen Reichspharmacopoe aufgenommenen chemischen Praeparate, deren Erkennung und Prüfung auf Echtheit und Güte. Ein prakt. Wegweiser für Apotheker, Apothekenrevisoren und Droguisten. 8. (IV, 286 S. mit erläut. Abbild. in eingedr. Holzschn.) Leipzig 873, Hirt und Sohn. *
geb. *

Duflos, Adlf., die Prüfung chemischer Arzneimittel u. chemisch-pharmaceut. Präparate. Ein Leitfaden bei analyt. Untersuchungen wie bei Visitation der Apotheken. 3., wesentlich verb. u. verm. Bearb. 2. Abdr. Breslau 866. Hirt. 8. (VIII, 248 S.) 1 ß

—— die Prüfung chemischer Gifte, ihre Erkennung im reinen Zustande und Ermittelung in Gemengen. Ein Leitfaden bei gerichtlich-chem. Untersuchungen für Aerzte, Apotheker, gerichtl. Chemiker und Criminalrichter. 8. (XXIV und 208 S. mit 40 in den Text gedr. Abbild. nach Orig.-Zeichnungen.) Breslau 867, Hirt's Verlag.

Duflos, Ad., Theorie u. Praxis d. pharmaceut. Experimentalchemie, oder erfahrungsmäß. Anweisung zur richtigen Ausführung u. Würdigung der in den pharmaceut. Laboratorien vorkommenden pharmaceutisch- und analytisch-chemischen Arbeiten. Mit specieller Berücksichtigung der Pharmacopoea Austriaca, Borussica rc. Nebst einem Anhange, die wichtigsten chemischen Hülfstabellen enthalt. Mit in den Text gedr. Holzschn. A. m. d. Umschl.-T.: Chemisches Apothekerbuch, mit specieller Berücksichtigung aller gültigen Landespharmacopöen. gr. 8. Breslau 841, Hirt. 4 ß

Dufner, Alfred: Der Ausverkauf in dem Gesetze zur Bekämpfung des unlauteren Wettbewerbes. Heidelberg 1909: Pfeffer. 86 S. 8°
Freiburg i. B., Rechts- u. staatsw. Diss. v. 1909, Ref. v. Rohland
[Geb. 12. März 84 Staufen i. Br.; Wohnort: Freiburg i. B.; Staatsangeh.: Baden; Vorbildung: Gymn. Pforzheim Reife Juli 04; Studium: Heidelberg 3, Freiburg i. B. 5 S.; Rig. 14. Dez. 08.] [U 09. 891

Dufner, Jh. Geo., kl. Vorschriften zu d. Leseübungen in d. Sonntagsschulen d. Schwarzwaldes. 8. Donauöschingen 808. Auf Kosten d. Verf. (Frburg, Wagner). 8 ℋ

Dufoir, Joseph, s. Dufour, Joseph

Düfort, Henriette, Anekdote aus d. franz. Revolution. 8. Berlin. (Joachim in Leipz.) 801.

Dufort, Charles, die enthüllte Zukunft. Göttliche Offenbarungen durch e. 17jähr. Mädchen in Marseille, welches im J. 1837, im Zustande des Hellsehens, alle Ereignisse bis zum J. 1868 klar u. deutlich sah u. berichtete. Mitgetheilt v. ihrem Vater. Aus d. Franz. v. F. Bauer. 8. (16 S.) Leipzig 848, Koffka. — 2. Aufl. 8. (16 S.) Ebd. 848. — 3. Aufl. 8. (16 S.) Ebd. 848. 3 ngr

Düfouart, P., Theorie der Schußwunden, übers. u. m. Anmerk. v. J. D. C. Kortum. gr. 8. Jena. (Brud. in Lpz. in Commiss.) 806.

Dufour, das Buch vom General D., s. Senn-Barbieux.

Dufour, Prof. Dr. Charl., 1827—1902. [Zürich 1904.] V: *Forel, Franç. Adolph.* (Zuwachsverz. d. Bibl. in Zürich 1898 ff.)

Dufour, A. Les paralysies nucléaires des muscles des yeux. Avec 2 planches. Gr. in-8°. 104 p. (Bern, Huber & Co.). 1890 2 50

Dufour, Aug. Henri

Dufour, A. H., et F. Wrotnowski, Carte physique, hydrographique et routière de la Pologne dans ses anciennes limites et avec ses partages successifs, embrassant les pays limitrophes entre la mer Baltique et la mer Noire; et entre Vienne et Moscou. Dressée d'après les documents historiques et entr' autres la grande carte de la Pologne au 1/300,000 par M. M. Chrzanowski et Dufour. 2 Bl. in Imp. Fol. Kpfrst. u. color. Paris 850. Leipzig, Michelsen. n. 2 5/6 ß auf Leinw. 3 1/2 ß

Eisenbahnkarte von Deutschland für das Jahr 1856, und practischer Wegweiser durch Berlin, Hamburg, München, Prag oder Wien. Lith. Mit je 7 SS. Text. Leipzig, Literatur-Bureau. 1855. qu.-Fol.

Dufour, Charles *s.* Montreux. 1877.

Dufour, [Guillaume-Henri]. Des Vaterlandes Aufruf an das Schweizervolk und seine Vertreter. Eine Rede von Oberst Düfour im Repräsentantenrath zu Genf den 5. Christmonat 1830. Aus dem Französischen. 8. Bern *o. J.* [1830,31].

Dufour, G. H., allgem. Bericht des eidgenöss. Oberbefehlshabers, s. a. Bericht.

(Dufour, G[uillaume-Henri].) Allgemeiner Bericht des eidgenössischen Oberbefehlshabers (G. J. Düfour) über die Bewaffnung und den Feldzug von 1847. [2 Theile,] *mit* Beilage. fol. *o. O. u. J.* [ca. 1848].

[Theil 1.] Allgemeiner B'.... [Mit 6 Karten.] *o. O. u. J.*
[Theil 2] *u. d. T.*: Bestand und Eintheilung der Eidgenössischen Armee während der Truppen-Aufstellung von 1847–1848. [Mit Tabellen.] Bern 1848.
Beilage ... *u. d. T.*: Verzeichniss der in den verschiedenen gegen den Sonderbund gelieferten Gefechten Gefallenen und Verwundeten der eidgenössischen Armee.... Zusammengetragen... durch den eidgenössischen Oberfeldarzt, Dr. [Carl] Flügel. *o. O. u. J.*

(Dufour, G[uillaume-]H[enri].) Allgemeiner Bericht des Eidgenössischen Oberbefehlshabers über die Bewaffnung und den Feldzug von 1847. Mit sechs Plänen. 8. Bern, Zürich 1848.

(Dufour, G[uillaume-]H[enri].) Bericht über die Bewaffnung und den Feldzug von 1857. ⟨Vom 13. April 1857.⟩ ([Erstattet von] W. H. D'.) [SA.] 8. [Bern 1857.]

Dufour, Geschichte des Sonderbunds-krieges. Mit Lebensabriss und Porträt des Verfassers. 2. Aufl. 8. Basel, B. Schwabe. 1876 4. —

Dufour. La guerre en Suisse 1799: Bataille de Zurich — Invasion russe, par le général *D.*, publiée par le capitaine Boillot. Avec portr. Lex. in-8°. 32 p. Berne, Libr. militaire, 1891. 1 50

Dufour, G. H., Oberstlieut. im Ingenieurkorps etc. Handbuch für die praktischen Arbeiten im Felde zum Gebrauch für die Officiere aller Waffen. Aus dem Französischen übersetzt und mit Anmerkungen herausgegeben von C. V. (Mit 6 Taf.) 8. Berlin 1825.

Dufour, G. H., Handbuch für d. prakt. Arbeiten im Felde, zum Gebrauch für d. Offiziere aller Waffen. Aus d. Französ., mit Anmerkk. v. C. W. Mit 7 Kpf. gr. 8. Berl. 825. Laue. 2 ℔

Dufour, G. H., Handbuch für die prakt. Arbeiten im Felde, zum Gebrauch für die Offiziere aller Waffen. Mit 7 Kpfr. .. Berlin 825., jetzt Heymann. 2 ℔

Dufour. Topographische Karte des Kantons Luzern. Hrsg. auf Anordnung der Regierung. 1:25 000. 1864—1867. 10 Bl. K. NC. u. Sch.

Dufour, G. H. Topographische Karte der Schweiz. 1:100 000. Zürich 1842—1864. 25 Bl. K. Ff.

Dufour, G. H., topographische Karte der Schweiz vermessen u. hrsg. auf Befehl der eidgenössischen Behörden. Maassstab 1:100,000. Revidirt im J. 1866. 25 Blatt in Kpfrst. Bern 868. (Dalp.) gr. Fol. n. 18 ℔

Dufour, G. H., Lehrbuch der Taktik für Offiziere aller Waffen. Aus dem Französ. übersetzt von P. C. v. Tscharner. Mit 24 erklär. Tafeln. 1.—3. Liefg. gr. 8. Zürich 841, 42, Orell, Füßli u. Comp. (à 2/3 ℔) 2 ℔

Dufour, W. H., Lehrbuch der Taktik für Offiziere aller Waffen. Aus dem Franz. übers. von P. C. v. Tscharner. 2. (Titel-) Ausg. gr. 8. (VIII und 527 S. mit 21 Stnt.) Zürich 848, Orell Füßli und Comp. Thlr.

(Dufour. G[uillaume-] H[enri].) Rapport sur l'armement et la campagne de 1837. ‹Du 13 Avril 1837.› [E.] 8. [Berne 1837.]

Dufour. (G[uillaume-] H[enri]). Rapport final de Mr. le général D' sur la carte fédérale de la Suisse. ‹Du 31 Décembre 1864.› [E.] 8. [Berne 1865.]

(Dufour. G[uillaume-] H[enri].) Rapport général du Commandant en chef des troupes fédérales sur l'armement et la campagne de 1847. (Avec six planches.) 8. Berne. Zurich 1848.

Dufour. (G[uillaume-] H[enri]). Schlussbericht des Herrn General D' über die topographische Karte der Schweiz. ‹Vom 31. Dezember 1864.› [SA.] 8. [Bern 1865.]

Dufour, G. H., der Sonderbunds-Krieg und die Ereignisse von 1856. Eingeleitet durch eine biographische Skizze. Mit (4 lithogr.) Karten (in qu. 4. und qu. Fol.) und des Autors (lithogr.) Bildniss. 1. und 2. Aufl. gr. 8. (III, 180 S.) Basel 876, Schwabe. *

Dufour, G(uillaume-) H(enri). Der Sonderbunds-Krieg und die Ereignisse von 1856. (Nachgelassene Schriften.) Eingeleitet durch eine biographische Skizze ([von] Edouard Sayous). Mit [4] Karten und des Autors Bildniss [Tafel]. 8. Basel.
[1. Aufl.] 1876. — 2. Aufl. 1876.
3. Aufl. 1882.

Dufour, J. Fr.

Dufour, ..., Versuch über d. Verrichtungen u. Krankheiten des Verstandes; (mit e. Vorbericht über Hypochondrie v. Er. Platner). Aus d. Französ. gr. 8. Leipz. 786. Weygand. 22 ℔

Dufour, Jean, de Lausanne [Kt. Waadt]: Études d'anatomie et de physiologie végétales. Lausanne Corbaz & Cie Impr. 1882. 53 S., 1 Taf., 1 Bl. 8°.
Zürich, Phil. Diss. [v. 25. Juli 1882].

Dufour, Joseph

Dufour, J.: Führer des Winzers im Kampf gegen die Reblaus. Mit 21 Abb. Aarau: Wirz; Mainz: von Zabern 1895. IV, 146 S. -- 16°

Dufour, Jos., die neue Lyoner Veredlung (System Perrier). Bis 100 Percent Anwuchs. Nebst e. Beschreibg. der übr. Rebenveredelgn., versehen m. zahlreichen Skizzen, theils der Wirklichkeit, theils den besten in- u. ausländ. Quellenwerken entnommen. Autoris. Uebersetzg. gr. 8. (44 S. m. 1 Taf.) Wien 894. Verl.-Buchh. „Austria". n. 1. —

Dufour, Josef: Die neue Lyoner Veredlung (System Perrier). Bis 100 Percent Anwuchs. Nebst einer Beschreibung der übrigen Rebenveredelungen, versehen mit zahlreichen Skizzen, theils der Wirklichkeit, theils den besten in- und ausländischen Quellenwerken entnommen. Autoris. Uebers. Wien: Doll 1894. 44 S., mit 1 Taf. -- ÖNB*

Dufour, Ludov., Dissertatio chronologica de variis epochis et anni forma veterum Orientalium, quam e mss. edidit Jo. Diet. Winkler. Leipzig, 1750, 4°.

Dufour, Marc, s. Beiträge zur Ophthalmologie.

Dufour, Marc, cand. méd. [von Montreux, Kt. Waadt]: La constance de la force et les mouvements musculaires. Lausanne Genton Voruz Dutoit Impr. 1865. 73 S., 1 Bl., 2 Taf. 8°.
Zürich, Med. Diss. [v. 4. Aug. 1865].

Dufour, Pierre (Pseud.), s. a. Lacroix, Paul

Pierre Dufour [d. i. Paul **Lacroix**]. Geschichte der Prostitution [Histoire de la prostitution]. Deutsch von Adolf Stille (Bd 2–4: von Dr. Bruno Schweigger, Bd 4f.: Franz Helbing). Bd 1–6. Leipzig: J. Milde (Bd 2f.: Berlin: J. Gnadenfeld & Co.) [1898–1902]. 6 Bde 4°(8°)
1. Altertum. Griechen. Römer. 1898. 2. Röm. Kaiserreich. 1900.
3. Christl. Aera, Byzanz, Frankreich I. 1900.
4. Frankreich II. Fortgeführt u. bis z. Neuzeit erg. von Helbing. 1902.
5. Romanen. Slaven. Germanen I. 1901.
6. Germanen II. Aussereuropäische Völker. 1902. [07. 6202]

Dufour, Pierre, Geschichte d. Prostitution. Deutsch v. Ad. Stille u. Dr. B. Schweigger, fortgeführt u. bis z. Neuzeit ergänzt v. Frz. Helbing. I. Bd.: Altertum. Griechen u. Römer. Deutsch v. Ad. Stille. (218 S.) Berlin 1898. J. Gnadenfeld u. Co.
— II. Bd.: Röm. Kaiserreich. Deutsch v. B. Schweigger. (221 S.) Ebd. 1900.
— III. Bd.: Christl. Aera. Byzanz. Frankreich I. Deutsch v. B. Schweigger. (211 S.) Ebd. 1900.
— IV. Band: Frankreich II. Deutsch von Dr. B. Schweigger. Fortgef. u. bis z. Neuzeit ergänzt v. Frz. Helbing. (223 S.) Ebd. 1901.
— V. Bd.: Romanen. — Slaven. — Germanen. Bearb. v. Frz. Helbing. (215 S.) Ebd. 1901.
— VI. Bd.: Germanen II. Aussereuropäische Völker. Bearbeitet v. Frz. Helbing. (239 S.) Ebd. 1902.

Pierre **Dufour** [d. i. Paul Lacroix?]. Geschichte der Prostitution [Histoire de la prostitution]. Deutsch von Adolf Stille u. Bruno Schweigger. Fortgef. u. bis z. Neuzeit erg. von Franz Helbing. (2. [4: 1.] Aufl.) (Bd 1–6.) *Berlin: J. Gnadenfeld & Co. [1900–03]*. 6 Bde 4°(8°)
1. Altertum. Griechen. Römer. Deutsch von A. Stille. [1900.]
2. Röm. Kaiserreich. Deutsch von B. Schweigger. [1902.]
3. Christl. Aera, Byzanz, Frankreich I. Deutsch von B. Schweigger. [1902.]
4. Frankreich II. Deutsch von B. Schweigger. Fortgef. u. bis z. Neuzeit erg. von Helbing. [1902.]
5. Romanen. Slaven. Germanen I. Bearb. von F. Helbing. [1903.]
6. Germanen II. Außereurop. Völker. Bearb. von F. Helbing. [1903.] [03. 9403 6]

Dufour, Pierre, Geschichte der Prostitution. 6 Bde. Lex.-8. Berlin, J. Gnadenfeld & Co. à n. 5. —; geb. in 2 Halbfrz.-Bdn. n. 35. —
1. Altertum. — Griechen. — Römer. Deutsch v. Adf. Stille. 3. Aufl. (XVI, 219 S.) 902.
2. Römisches Kaiserreich. Deutsch v. Bruno Schweigger. 2. Aufl. (X, 220 S.) 902.
3. Christliche Aera, Byzanz, Frankreich I. Deutsch v. Bruno Schweigger. 1. u. 2. Aufl. (à 211 S.) (900. 902).
4. Frankreich II. Deutsch v. Bruno Schweigger. Fortgeführt u. bis zur Neuzeit ergänzt v. Frz. Helbing. (223 S.) 901.
5. Romanen. — Slaven. — Germanen I. Deutsch v. Adf. Stille u. Bruno Schweigger. Fortgeführt u. bis zur Neuzeit ergänzt v. Frz. Helbing. (215 S.) 901.
6. Germanen II. Deutsch v. Adf. Stille u. Bruno Schweigger. Fortgeführt u. bis zur Neuzeit ergänzt v. Frz. Helbing. (239 S.) 902.

Dufour, Geschichte der Prostitution. 3 Bde. in je 2 Tln. 5. [Titel-]Aufl. Lex 8. Gross-Lichterfelde-Ost (907). Dr. P. Langenscheidt. 30.—; geb. 36.—; einz. Bde. 10.—; geb. 12.—; einz. Tle. 5.—
I. Die vorchristliche Zeit. 1. Tl.: Altertum. Griechen. Die röm. Republik. Deutsch v. Adf. Stille. (XVI, 219 S.) [902.] — 2. Tl.: Römisches Kaiserreich. Deutsch v. Bruno Schweigger. (220 S.) [902.]
II. Die christliche Zeit I. 1. Tl.: Rom. Byzanz. Frankreich bis zum X. Jahrh. Deutsch v. Bruno Schweigger. (211 S.) [902.] — 2. Tl.: Frankreich vom XI. Jahrh. bis zur Gegenwart. Kapitel XIII—XXII nach Dufour deutsch v. Bruno Schweigger, v. Kapitel XXIII an fortgeführt u. bis zur Neuzeit ergänzt v. Frz. Helbing. (223 S.) [901.]
III. Die christliche Zeit II. 1. Tl.: Romanen. Slaven. Germanische Völker Nord-Europas. Bearb. v. Frz. Helbing. (215 S.) [901.] — 2. Tl.: Germanische Völker Mitteleuropas. Aussereuropäische Völker. Bearb. v. Frz. Helbing. (239 S.) [902.]

Du Four, Spencer Carl (Helveto-Lemanus), De formis procedendi diversis in causis civilibus. Diss. jur. Präs. Julius Friedrich Malblanc. Tübing. (Schramm) April 1806. 25 S. (4.80) 7045

Dufour d'Astafort, J., das Leben des Paul Granger aus der G. J. Gestorben im Alter von 26 Jahren im Kollegium zu Brügelette. Mit Granger's (lith.) Bildniß. Wien 855. Mayer u. Co. 8. (103 S.) n. 10 ngr

Dufour-Feronce, A., u. Gust. Harkort, Versuch zur Beantwortg. einiger der durch d. Commission f. Erörterg. der Gewerbs- u. Arbeits-Verhältnisse in Sachsen aufgestellten Fragepunkte. gr. 8. (36 S.) Leipzig 848. (Brockhaus.) 1/6 ß

Hundertfünfzig Jahre einer Deutschen Drogenhandlung 1750–1900. Ein Beitrag z. Gesch. ihrer Firma hrsg. 1900 von Brückner, Lampe & Co. Leipzig, Berlin, Hamburg. (Verf.: Albert Dufour Feronce.) *(Leipzig 1900: Meisenbach, Riffarth & Co.)* (36 S.) 4° [illegible]

Dufour de Longuerie, de variis Epochis orientalium. Ex Mscptis eruit Winckler. 4. Leipz. 750. (Brockhaus). 20 Ngr Vgl. Longuerve.

Dufour-Vernes, Louis. Les Archives d'Etat de Genève (1814—1896). In-8°. 23 p. Bâle et Genève (Georg & Co). 1898 1 50
, Extrait du Bulletin de la Société d'histoire et d'archéologie de Genève. Tome II, livr. 1.

Dufour-Vernes, Louis. Recherches sur J. J. Rousseau et sa parenté; accompagnées de lettres inédites de Mallet-duPan, J. J. Rousseau et Jacob Vernes. In-12°, 46 p. Genève et Bâle, Georg. 1378

Dufourny, Alexis, d. Rhein in s. techn. u. wirthschaftl. bes. auch verkehrstarifarischen Bedeutg. M. Genehmigg. d. Verf. übers. u. mannigfach ergänzt v. J. Landgraf. gr. 8. (VII, 91 S.) Berlin 898. Siemenroth & Troschel. n. 1. 50

Dufourny, Curé. Die Schlacht bei Beaumont u. die Armee MacMahons. Uebersicht von Hauptm. Reuter. (118) 8. M. 1 Karte Kiel 1875. 2.80.

Dufrène, Maurice, moderne Innenräume in farbiger Ausführung. 3 Lfgn. (18 Taf. m. 3 Bl. Text.) gr. Fol. Stuttgart (903). J. Hoffmann. à Lfg. n. 12.—

Dufrène M, Mod. Innenräume in farbiger Ausführung. (18 T) fol Stuttgart (1904)

— neuer Schmuck. (24 Lichtdr.-Taf.) qu. gr. 4. Ebd. (903). In Leinw.-Mappe n. 30.—

Dufrêne, Maximil., Sacerdos aut sanctus aut reprobus triduo expensus. 8. Augsb. Wolf. 747.

Dufrenoy, Mme, das Buch d. kleinen Näscher. N. d. Franz. M. 27 col. Abbild. 16. (8 B.) Aachen (831), Cremer.
Vgl. Dufresnoy.

Dufrénoy, Pierre Armand

Dufrénoy, Handbuch zum Bestimmen der Mineralien, s.a. Handbuch.

Dufrénoy. Handbuch zum Bestimmen der Mineralien. Clausthal. 1848.

Dufrénoy, Pierre Armand, Geognostische Übersichtskarte von Deutschland, Frankreich, England u. den angrenzenden Ländern. Nach den grösseren Arbeiten von Dufrénoy ... 1838. . . . . [illegible]
—. —— 2. Ausg. ... 1869.

Dufresne, ... et de Surville, Reise nach den nördl. Theil v. Seeland. Aus d. Französ., mit Kpf. gr. 8. Nürnb. 788. Schneider u. Weigel. 10 Ngr

Dufresne, Adolph, der Meister im Schachspiel. Theoretisch-prakt. Anweisung zur schnellen und gründl. Erlernung des Schachspiels. Mit zahlreichen Musterpartien der Meister Anderssen, Kolisch, Morphy etc. gr. 8. (IV, 158 S.) Harburg 881, Elkan. M 1,50.; geb.

Dufresne, Charles, Seigneur du Cange s. Du Cange, Charles Dufresne

Du Fresne, Jacob Samuel (Vevey), Systhematis physici disp. secunda caput secundum: de essentia corporis. Präs. J. P. v. Crosa. Lausanne 1708. Bern (off. typ. reip.) 14 Bl. (5.—) 7046
Gew.: Sigismund v. Villading. — Widm. v.: Abraham v. Champ-Renaud (Culliacensis).

Dufresne, Jean, Anthologie der Schachaufgaben. Eine Sammlung der besten Aufgaben, Probleme und Studien der verschiedensten Art. Nebst Original-Beiträgen von A. Anderssen. Berlin 864. Gerschel. (Liebrecht.) gr. 8. (XXIV, 379 S.) n. 2 ß

Dufresne, J., das Buch der Schachmeisterpartien, s.: Universal-Bibliothek.

— der Freund d. Damespiels. Leitfaden zur Erlerng. der wichtigsten Arten d. modernen Damespiels. 8. (VIII, 184 S. m. eingedr. Diagrammen.) Wien 888. Hartleben. geb. n. 3.—

—— theoretisch-praktisches Handbuch des Schachspiels. Theorie der Eröffnungen und Endspiele erläutert durch die besten Partien der Neuzeit. Lex.-8. (VIII und 719 S.) Berlin 863, Springer's Verlag. *

—— s. Knigge, Adph. Frhr., über den Umgang mit Menschen.

—— kleines Lehrbuch des Damespiels, —— kleines Lehrbuch des Schachspiels, } s. Universal-Bibliothek Nr. 1965 und 1966. 1411—1415.

Dufresne, J., Neuester Leitfaden d. Schachspiels, s.: Zuckertort, J. H.

— neuester Leitfaden für Schachspieler. gr. 8. (VI, 151 S.) Berlin 880. Horrwitz. n. 2. 40

—— Leitfaden für Schachspieler. 8. (X und 218 S.) Leipzig 863, Weber. *

—— des Königs Mordgehülfe. Historischer Roman nach dem Französ. 3 Bde. 8. (754 S.) Berlin 865, Sacco Nachf.

—— Philidoria. Unterrichtsbriefe zur Selbsterlernung des Schachspiels. Ein gemeinfaßl., method. Leitfaden. In 24 Briefen. gr. 8. (192 S. mit eingedr. Holzschn.) Berlin 869,70, Lilienfeld. à Lfg. * 25 Pf. *

— die Probleme des Londoner Schach-Turniers von 1862 nebst deren vollständigen Lösungen enth.: sämmtliche Preis-Probleme nebst einer Auswahl der besten Aufgaben derjenigen Bewerber, die keinen Preis erhielten. Berlin 865. Gerschel. (Liebrecht.) gr. 8. (IV, 68 S.) n. 15 ngr

—— Sammlung leichterer Schachaufgaben, s. Universal-Bibliothek Nr. 2346 und 2347.

— Schachfibel od. Grundregeln d. Schachspiels, nebst Erörterg. der wichtigsten Momente der Eröffng., der Mitte u. d. Endspiels. Wegweiser zur gründl. Erlerng. d. Schachspiels. 8. (VIII, 239 S. m. eingedr. Diagrammen.) Styrum 888. Spaarmann. n. 2. —

—— der Schachfreund. Lehrbuch des Schachspiels an prakt. Beispielen. Für Anfänger und Geübtere. Mit Beiträgen von A. Anderssen. gr. 8. (VIII und 345 S.) Berlin (861)62, C. Heymann.

— u. H. Zukertort, grosses Schach-Handbuch. Ein vollständ. u. leicht fassl. Unterricht im Schachspiel. Mit 786 verschiedenen Diagrammen illustrirt u. 322 erläuterten Muster-Partien der hervorragendsten Schachmeister u. Schach-Clubs etc. unter Andern: Evans, Philidor, Kieseritzki etc. 2. verm. u. verb. Aufl. gr. 8. (XLII, 804 S. m. eingedr. Holzschn.) Berlin 873. Gustedt. n. 13. —

—— der practische Schachmeister. gr. 16. (IV und 156 S.) Hamburg 865, B. S. Berendsohn. cart.

Dufresne, Jean, der practische Schachmeister. 2. verm. und verb. Aufl. Nebst einem Anhang, enthaltend moderne Schachaufgaben und Partien aus dem Pariser Schachturnier von 1878. 8. (256 S. mit eingedr. Diagrammen.) Hamburg 879, Berendsohn. cart. *

Dufresne, Jean. Schachmeisterpartien, s. Universal-Bibliothek.

—— der junge Schachspieler. Darlegung des edlen Spieles für die Jugend, nebst Anweisung zur Erlernung des Damespiels und anderer Brettspiele. gr. 8. (VIII, 108 S. mit in den Text eingedr. Fig.) Weimar 886, B. F. Voigt.

— der junge Schachspieler. Darlegung des edlen Spieles f. die Jugend, nebst Anweisg. zur Erlerng. des Damespiels u. andrer Brettspiele. 2. (Titel-)Aufl. gr. 8. (VIII; 108 S. m. Fig.) Weimar 894. B. F. Voigt. 2. 25

—— Schachturnierbuch. Auswahl von 100 vorzügl. Partien, welche in den Meisterturnieren von 1873 bis 1883 gespielt worden sind. gr. 8. (V, 185 S. mit eingedr. Holzschn.) Weimar 884, B. F. Voigt.

— Paul Morphy's gewonnene Schachwettkämpfe gegen Anderssen, Löwenthal und Harrwitz. Mit zahlreichen erlauternden Anmerkungen u. 62 in den Text gedr. Schachbrettern. Berlin 859. C. Heymann. 16. (VIII, 191 S.) n. 15 *ngr.*

—— Paul Morphy's Schachwettkämpfe nebst Beigabe der besten Partien des Pariser Schachturniers [pour le prix de l'empereur] vom J. 1867. 2. Aufl. 8. (XIV, 128 S.) Berlin 869, Imme's Verlag. (C. Heymann)

Dufresne, J., verlorene Seelen, s. Novellen-Sammlung.

—— die Tochter des Staats-Anwalts, s. Eisenbahn-Unterhaltungen.

— vollständiger u. leichtfasslicher Unterricht im Schachspiel in 48 Lectionen. Zum Selbstunterricht für Jedermann. (In 12 Liefgn.) 1—11. Liefg. Berlin 865—70. Fünfhausen. gr. 8. (S. 1—704.) Jede Liefg. n. 10 *ngr.*

Dufresne, Jean, vollständiger u. leichtfasslicher Unterricht im Schachspiel in 48 Lectionen. Zum Selbstunterricht f. Jedermann. 12. u. 13. (Schluss-)Lfg. gr. 8. (XLII, u. S. 705—804 m. eingedr. Holzschn.) Berlin 871. Gustedt. à n. 1. —

—— vollständiger und leichtfasslicher Unterricht im Schachspiel in 48 Lectionen. Zum Selbstunterricht für Jedermann. 7.—13. (Schluss-)Lfg. gr. 8. (XLII, S. 385—804, mit eingedr. Holzschn.) Berlin 869—71, Schweigger'sche Hofbuchh. à Lfg. *ℳ 1. *

1.—6. Lfg. (Ebendas.) 1865. *ℳ 6.

v. Dufresne, Jos. Maria, Epistel an Schubauer, über d. Werth d. Kantischen Philosophie. 8. Durlach 788.

— s. Grundlinien d. Weltgeschichte.

— von d. Zärtlichkeit in d. Freundschaft. 8. Durlach 789.

Dufresne, Jos. Mar., s. 1) Marivaux, d. falschen Entdekk. 2) Nanine.

Dufresne de Francheville, la mort de Gustave Adolphe, présentée sous un point de vue militaire, qui rend à cette mort tous les caractères d'héroisme que lui ôtent ceux, qui prétendent, que le monarque Suédois est mort de la main d'un traitre, avec les plans necéssaires. gr. 4. Bresl. 799. W. G. Korn. 12 ℊ

Du Fresne de Francheville, André. Particularités et Anecdotes de Louis XIV. Mit einer Vorrede und französischen Sprachbemerkungen herausgegeben. Magdeburg 1779. H. *Vollbeding, Joh. Christoph.* (Ky)

Du Fresne de Francheville, Joseph. Bombyx oder der Seidenwurm; aus dem Französischen. Augsburg 1769. Ü: *Vierordt, Frdr. Matth.* (Ky)

Dufresnoy, Mad., d. Buch d. kleinen Näscher. Nach d. Französ. Mit 27 color. Abbildd. 16. Aachen 831. Cremer. 1 ℛ 8 ℊ
Vgl. Dufrenoy.

Dufresnoy, A., Erfahrr. über d. heilsame Anwendung des Giftsumachs, d. gelben Narcisse u. d. Pfefferschamms, nebst e. Abhandl. über d. wurzelnden Sumach v. J. J. v. Mons; aus d. Französ. v. Eph. Fr. Nasse. gr. 8. Halle 781. Renger. 21 ℊ

Du Fresnoy, Abbé Lenglet

s. a. Lenglet du Fresnoy

Du Fresnoy, Lenglet

— analyse raisonnée des langues anglaise et française, ou grammaire comparée de ces deux langues. gr. 8. Dresd. 806. Walther. 1 ℛ 4 ℊ (Leipz., Joachim). 20 ℊ

— Anweis., d. französ. Sprache ohne Beihülfe e. andern zu erlernen. Aus d. Französ. 6e A. 8. Ulm 755. Stettin. 14 ℊ

— Anweis. zur Erlernung d. Historie, nebst einem Verzeichniß d. vornehmsten Geschichtschreiber ꝛc. Aus d. Französ. v. Ph. Er. Bertram. 4 Thle. 8. Gotha 752—54. Dieterich in Götting. 4 ℛ 10 ℊ

— et F. M. Marsy, de pictura carmina elegantissima, iterum ed. Chr. Ad. Klotz. 8. Leipz. 774. Schwickert. 6 ℊ

— géographie abrégé, divisés par leçons pour l'instruction de la jeunesse. Nouv. Ed. 8. Wien 774. Trattner. 12 ℊ

Dufresnoy, Lengl., Géographie des Enfans. gr. 12. Augsb. Wolf.

Dufresnoy, Lenglet, géographie des enfans, av. cart. gr. 12. Bern 782. Typogr. Soc. 16 ℊ (Joachim in Leipz.) 20 ℊ

— kurzgefaßte Kindergeographie, mit 8 ill. Landkarten. Umgearb. Aufl. Fol. Nürnb. 781. Monath u. K. 18 ℊ

Du Fresnoy, (Nicolaus Lenglet. Tablettes chronologiques ins Teutsche übersetzt. Halle 1752. Ü: *Helwing, Christian Friedr.* (ML) (MGT)

— chronolog. Tafeln d. allgem. Welthistorie ꝛc.; aus d. Französ. übers. v. S. J. Baumgarten. 2 Thle. gr. 8. Halle 752. (Hahn in Hannov.) 3 ℛ

— Dieselb., aus d. Französ. v. Picot, s. Tabellen.

Dufresny, Oeuvres de, 2 Vol. in-18. (Didot). (Leipz., Barth). pap. ord. broché, 18 Gr. papier fin, 1 Rthlr. papier vélin, 2 Rthlr. format in-12, pap. vél. 2 Rthlr. 10 Gr.)

Dufriche-Desgenettes, Annalen der Erzbruderschaft des Herzens Mariä, s. a. Annalen.

Dufriche-Desgenettes. Annalen der Erzbruderschaft des heiligsten und unbefleckten Herzens Mariä zur Bekehrung der Sünder. Aus dem Französischen des Herrn — —. Uebersetzt von J. P. Der neuen Fortsetzung 6. Heft. 8. (126 S.) Brixen. Gedruckt mit Weger'schen Schriften. 1853.

Dufriche-Desgenettes —. Annalen der Erzbruderschaft des heiligsten und unbefleckten Herzens Mariä zur Bekehrung der Sünder. Aus dem Französischen des — —, übersetzt von J. P, Der neuen Fortsetzung VIII. Heft. Brixen. 1855. Gedruckt bei Weger. (112 S. 8.) geh.

Dufriche-Desgenettes Annalen der Erzbruderschaft des heiligsten und unbefleckten Herzens Maria zur Bekehrung der Sünder. Aus dem Französischen des Herrn —, Direktors der Erzbruderschaft, übersetzt von J. P., Priester der Diöcese Brixen. Der neuen Fortsetzung 9. Heft. Brixen 1856, gedruckt mit Weger'schen Schriften. (110 S. 8.)

— s. Erzbruderschaft des heiligsten u. unbefleckten Herzens Mariä.

Dufrisch-Desgenettes, l' Abbé. Erzbruderschaft des heiligsten und unbefleckten Herzens Mariä zur Bekehrung der Sünder. Ein Auszug aus dem franz. größren Werke: Manuel d'instructions et des piéres à l'usage de l'archiconfrerie du très-saint et immaculé Coeur de Marie. Mit beigefügten Andachtsübungen zum heil. Herzen Jesu rc. Fünfte vermehrte Auflage. 12. (450 S.) Ried, Jos. Kränzl 1853.

Dufriche Desgenettes, Handbuch z. Gebrauch der Mitglieder der Erzbruderschaft d. heiligst. u. unbefleckt. Herzens Mariä zur Bekehr. der Sünder rc. Nach d. 6. französ. Orig.-Ausg. ins Deutsche übertr. v. e. Priester a. d. Orden des h. Franziskus. 1. u. 2. Ausg. 12. (20½ u. 13⅓ B. u. à 1 Stnt.) Einsiedeln 843, Gebr. Benziger. –

—— Handbuch zum Gebrauche der Mitglieder der Erzbruderschaft des heiligsten und unbefleckten Herzens Mariä zur Bekehrung der Sünder, errichtet in der Pfarrkirche Unserer Lieben Frau vom Siege zu Paris. 12. (624 S.) Coblenz 852, Hölscher's Verlag. *

Dufriche Baron Desgenettes, René Nicolas

s.: Desgenettes, René Nicolas Dufriche Baron

Duft, Johann, (aus Kaltbrunn St. Gallen): Die politischen Volksrechte in der st. gallischen Demokratie. Ihre Entwicklung seit Entstehung des Kantons. Winterthur, Buchdr. Konkordia. 1910. XVI, 222 S. 8°. [11. I. 11.]

Zürich. Univ. Staatswiss. Diss. 1910 11.

Duft, Johann. Die politischen Volksrechte in der st. gallischen Demokratie, ihre Entwicklung seit Entstehung des Kantons. XVI + 221 S. 8. Winterthur, Buchdr. Konkordia.

Ausg. A: Diss Jur. Univ. Zürich ... von Johann D'.... 1910.

Ausg. B: Ein Stück Geschichte des kantonalen Verfassungsrechtes und der st. gallischen Politik. Von Dr. jur. J. D'. 1911. [fr. 2.80]

DUFTKÖRNER, aus persischen Dichtern gesammelt von (Joseph Frhrn. v.) Hammer-Purgstall. Stuttgart. Fr. Brodhag'sche Buchhandlung 1836. Gr. 8°. XVI, 191 S. (1 Mk. 50 Pfg. Ottomar Schönhuth, München, 1909.)
Meist nur freie Nachbildungen. — Abendztg. 1837; Bl. f. Liter. Nr. 11.

— — Dasselbe. 2. verbess. Auflage mit einer Einleitung von Friedr. Bodenstedt. Stuttgart, Rieger, 1860. 16°.
Goedeke VII, 767, 92.

Jo. Duftschmid diss. inaug. med. litterar. exhibens loimographos saeculi XIV. et XV. Vindob. 1832. 8.

Duftschmid, Joh., die Flora v. Oesterreich. (In 20 Hftn.) 1. Bd. 1—3. Hft. gr. 8. (VII, 288 S.) Linz 870—73. Ebenhöch. n. 4. 80

Duftschmid, Joh., die Flora von Oberösterreich. Hrsg. vom oberösterreich. Museum Francisco-Carolinum. 2. Bd. 1.—3. Heft. gr. 8. (S. 289—502.) Linz 876—79, (Ebenhöch'sche Buchh.) à Heft * ℳ 1,60. *
1. Bd. (Ebendas.) 1872,73. * ℳ 4,80.

Duftschmid, Joh., die Flora von Oberösterreich. Hrsg. vom oberösterr. Museum Francisco-Carolinum. 2. Bd. 4. (Schluss-)Lfg. und 3. und 4. (Schluss-)Bd. gr. 8. Linz, (Ebenhöch'sche Buchh.) [2. Bd. 4. Lfg. (S. 503—600.) 880. * ℳ 1,60.; 3. Bd. (III, 454 S.) 883. * ℳ 8.; 4. Bd. (346 S.) 885. * ℳ 6,40.] * ℳ 16.; compl. *
1. Bd. und 2. Bd. 1.—3. Lfg. Ebendas. 1872—79. * ℳ 9,60.

Duftschmid, Kaspar (a: Duftschmidt, Kaspar)

— Beleuchtung d. in Oesterr. gegen d. Kuhpocken-Impfung herrschenden Vorurtheile. 8. Linz 808. Acad. B. 4 gl

— Beleuchtung der in Oesterr. gegen die Kuhpocken-Impfung herrsch. Vorurtheile. 8. Linz 821, Akadem. Buchhdl.

Duftschmidt, Ksp., († d. 17. Sept. 1821.) Fauna Austriae, od. Beschreib. d. österr. Insekten rc. 3 Thle. gr. 8. Linz 805—25. Acad. Buchh. (Schmidt in Leipz.); a. Mayer in Wien. 3 ℔ 8 gl

Duftschmidts Fauna Austriae, oder Beschr. d. österreich. Insecten. 1r Th. gr. 8. Linz, Eurich. (Acad. Buchh.) (a. Liebeskind in Leipz.) 805.

Duftschmidts Fauna Austriae, od. Beschreib. d. östr. Insecten rc. 2r Bd. gr. 8. Linz, Akadem. Buchh. (Schmidt in Leipz. in Comm.) 812.

— Tractatus de scarlatina. 8maj. Leipz. 820. Eurich. 12 gl

Duftschmid, Kaspar: Tractatus de scarlatina sive responsio ad quaestionem a cel(eberrima) Societate Literaria Selandesi circa scarlatinam proposita. 63 S., gbd.

Lincii: Bibliopolium C.R.Academicum privil(egatum) 1820

— über einige Vorurtheile d. gemeinen Mannes u. d. Gelehrten. 8. Linz 809. Acad. B. 4 gl

Dugan, Raymond S., a. Montague, Mass.: Helligkeiten und mittlere Oerter von 359 Sternen der Plejaden-Gruppe. Karlsruhe: G. Braun 1905. (55 S.) 4°
Heidelberg, Naturw.-math. Fakultät, Ref. Wolf, Diss. v. 1905
[Geb. 30. Mai 78 Montague, Mass. Ver. St.; Wohnort: Montague; Staatsangeh.: Vereinigte Staaten; Vorbildung: Gymn. Montague und Greenfield Mass. 95; Studium: Amherst College Mass. 8, Heidelberg 5 S.; Rig. 31. Mai 05.]

Dugard, der Nachbar im Omnibus, s.: Theater, das, des Auslandes, 7. Lfg.

Duge, Spezial-Seefisch-Kochbuch, s.: Braune, Clara.

Duge, F., die Dampfhochseefischerei in Geestemünde, m. Illustr. v. H. Giebel. gr. 8. (48 S.) Geestemünde 898. F. H. Henke. n. 1. —

Dugend, P., der Geschäftskreis u. die Thätigkeit der Staatsanwaltschaft bei dem Landgerichte in Preußen, insbesondere f. jüngere Juristen systematisch dargestellt. 8. (VIII, 144 S.) Berlin 884. H. W. Müller. cart. n. 2. —

Dugas, P. A., Conseils aux soldats de la grande-armée etc. 12. Namur. (Levrault in Strasb.) 809.

DUGGE, Carl (Rostock): Ueber zwei Fälle von Sarkom des Mittelohrs.- München: Wolf 1891. 24 S.
9.3.1891 - Chr 1890/91,20; Jv 1890/91,227
Diss. Ingolst.-Landsh.-Mchn.

Dugge, Carl, Sanitätsrat Dr., Kreisarzt in Rostock: Untersuchungen zur Magendarmprobe. Rostock: Warkentien in Komm. 1910. 76 S. 8° ¶(Aus: Sitzungsberichte u. Abhandl. d. naturforsch. Gesellsch. zu Rostock. N. F. Bd 2.)
Rostock, Med. Hab.-Schr. v. 1910 [U 10. 4000

Dugge, Friedrich, prakt. Arzt in Wittenburg ⟨Meckl.⟩: Aus d. Hygien. Institut d. Universität Rostock. Die Schwankungen der Geburtenhäufigkeit und Sterblichkeit in Mecklenburg-Schwerin während der Jahre 1821 bis 1900. *Rostock 1902: Adlers Erben.* (39 S.) 8°
Rostock, Med. Diss. v. [22. Febr.] 1904

Dugge, Wilhelm, aus Rostock, Assistenzarzt an d. brandenb. Prov.-Landesirrenanst. zu Neu-Ruppin: Aus d. brandenb. Provinzial-Landesirrenanstalt zu Neu-Ruppin. Zwei Fälle fortgeschrittener Friedreich'scher Krankheit bei zwei Geschwistern. *Rostock 1903: C. Hinstorff.* (41 S.) 8°
Rostock, Med. Diss. v. [15. Juli] 1903

Düggeli, Max. Die Bakterienflora gesunder Samen und daraus gezogener Keimpflänzchen. ⟨Aus dem landwirtschaftlich-bakteriologischen Laboratorium des eidg. Polytechnikums in Zürich.⟩ (Abdruck aus dem Centralblatt für Bakteriologie, Parasitenkunde und Infektionskrankheiten. Abteilung II.... Band 12, No. 19/21 u. 22/24 und Band 13, No. 1/3 u. 5/7. 1904.) V S. + S. 602—614 + 695—712 + 56—63 + 198—207. 8. (Jena, Gustav Fischer.)

Düggeli, Max. Beitrag zur Kenntnis der Selbsterhitzung des Heues. ⟨Aus dem landwirtschaftlich-bakteriologischen Laboratorium des eidgen. Polytechnikums in Zürich ...⟩. (Sonderabdruck aus der Naturwissenschaftlichen Zeitschrift für Land- und Forstwirtschaft, Jahrg. 4, 1906. Heft 11 u. 12.) III S. + S. 466—478 u. 489—506. 8. (Stuttgart, Eugen Ulmer.)

Düggeli, Max. Die bakteriologische Charakterisierung der verschiedenen Typen der Milchgärprobe. ⟨Aus dem landwirtschaftlich-bakteriologischen Laboratorium des eidg. Polytechnikums in Zürich....⟩ Mit 1 Tafel. Abdruck aus dem Centralblatt f. Bakteriologie, Parasitenkunde u. Infektionskrankheiten. Abteilung II.... Band 18. 1907. No. 1/3 (u. 7/9 u. 13/15). S. 37—49 + 224—245 + 439—448. 8. Jena, Gustav Fischer.

Düggeli, Max. Pflanzengeographische und wirtschaftliche Monographie des Sihltales bei Einsiedeln, von Roblosen bis Studen ⟨Gebiet des projektierten Sihlsees⟩. (Separat-Abdruck aus der «Vierteljahrsschrift der Naturforschenden Gesellschaft in Zürich». Jahrg. 48 ⟨1903⟩ Heft 1 und 2. — Arbeiten aus dem botanischen Museum des eidgenössischen Polytechnikums in Zürich. [Heft] 11.) VIII + 222 S. 8. Zürich, Zürcher & Furrer, 1903.
Ausg. A: Diss. Phil. [II.] Univ. Zürich. [Mit Textfiguren und 4 Tafeln.]

Ausg. B: Inaugural-Diss. Mit einer pflanzengeographischen Karte ⟨1:25000⟩, einem Landschaftsbild in Autotypie, pflanzengeographischen Quer- und Längsprofilen durch das Gebiet, Torfprofilen [*d. i.* 4 Tafeln] und einigen Abbildungen im Text. [fr. 8. —]

Düggeli, Max. Der Speziesbegriff bei den Bakterien. (Vortrag, gehalten ... am 12. September 1905....) ⟨Mit 5 Tafeln.⟩ Separat-Abdruck aus den Verhandlungen der Schweizer. Naturf(orschenden) Gesellschaft an der Jahresversammlung in Luzern 1905. 13 S. 8. [Luzern, H. Keller, 1906.]

Düggeli, Max. Bakteriologische Untersuchungen über das armenische Mazun. ⟨Aus dem landwirtschaftlich-bakteriologischen Laboratorium des eidgen. Polytechnikums in Zürich....⟩ Abdruck aus dem Centralblatt f. Bakteriologie, Parasitenkunde u. Infektionskrankheiten. Abteilung II.... Band 15. 1905. No. 19/20. S. 577—600. 8. Jena, Gustav Fischer.

Düggelin, Robert [aus Amden (St. Gallen)]: Beobachtungen über Erzeugung von Wärme durch dielektrische Polarisation. Zürich, 1899. 38 S. 8°.
Freiburg i. Schw. Math.-naturw. Diss. 1899/1900.

Dugour a Jeudy, Rechtfertigung für Ludwig XVI. Aus d. Französ. (v. Chr. Andr. Behr). 8. Gera 794. Haller. 16 ℊ

Dugourc, Ornamente, s. Daudet.

Dugourc, Ornamente, s.: Meister, alte.

Dugovich, Em., bulgarische Grammatik, s.: Strausz, Adf.

Du Graty, Alfred M.: La République du Paraguay. Bruxelles-Leipzig-Gand 1862. XXVIII, 407, 200 S., 20 Tf., 1 Krt. 8°.

Dugteren, B. G. E. W. van, s.: Mitteilungen aus der Klinik u. Poliklinik f. Haut- u. venerische Geschlechtskrankheiten zu Amsterdam.

Dugué, Ferd., e Aniceto-Bourgois, i pirati della Savana, s. Emporeo drammatico.

Duguesne, Abt, die weibliche Tugend, dargestellt in dem Leben der Frau von Carcado. Eine Geschichte für jeden Erbauungssuchenden Christen. Aus d. Franz. von d. Herausgeber: „Lombez üb. den innern Frieden." gr. 12. Landsh. 833. Krüll. 1/3 ℛ

Duguesne, die weibl. Tugend, dargest. in d. Leben d. Frau v. Carcado. Eine Gesch. f. jeden Erbauung suchenden Christen. A. d. Franz. v. d. Hrsg.: „Lombez üb. d. innern Frieden." gr. 12. (5½ B.) Landshut 833, Manz.

Duguesne, Arnold Bernard, die erhabenen Vorzüge Mariens. Oder Betrachtungen auf die achttägige Feier der Hauptfeste der allerseligsten Jungfrau. Nach dem Französ. bearbetet u. mit einer Darstellung dieser Feste verm. von Laur. Hecht. 2 Bände. Mit 1 Stahlstich. gr. 12. Regensburg 842, Manz. 1 11/12 ℛ

Duguet, Jacques Joseph.
Bildung eines Fürsten zum besten Regenten ... aus dem Franz. übersetzt. Dresden 1766. Ü: *Heyde, Joh. Daniel.* (ML)

Duguet, Abt, Bildung eines Fürsten zum besten Regenten; aus d. Französ. 2 Bde. 8. Dresd. 766—68. Walther. 1 ℛ 8 ℊ

Duguet, Jacques Joseph. Briefe christmoralischen Inhalts in einer Auswahl. Wien 1778. Ü: *Karl, Kaspar.* (Wiener Kirchenzeitung 1786, Sp. 564/568) (Boehmische Literatur auf das Jahr 1779. Prag 1779. S. 334) (BiblPort)

Duguet, Jacques Joseph: B r i e f e christl.-moral. Inhalts; aus d. Französ. 2 Thle. gr. 8°. Wien 1786 u. 87. Hörling.

Duguet, Instruction d'un Prince. IV Part. gr. 4. Londres. (Wolf in Augsb.) 750. Rthlr.

— Regeln zum Verstande d. heil. Schrift. 8. Wien 777. (Heubner). 12 ℊ

— Regeln z. Verstande d. heil. Schrift. 8. Wien, Camesina. 778.

Du Halde, Johann Baptista: Ausführliche Beschreibung des Chinesischen Reichs und der grossen Tartarey. Aus dem Französischen mit Fleiss übersetzet, nebst vielen Kupfern. Th. 1. 2. Mit einer Vorrede Sr. Hochwürden. Herrn Johann Lorenz von Mosheim, darin die neuesten chinesischen Kirchengeschichten erzählet werden. Th. 3. Mit einer Vorrede von der Chronologie und Litteratur der Chinesen. Th. 4. Nebst Engelbrecht Kämpfers Beschreibung des Japonischen Reichs und einem Register über alle vier Theile. [Bd. 5] Zusätze. Rostock 1717—1756. 5 Bde. 8°.

Duhalde, J. Bapt., Beschreib. d. chinesischen Reichs u. d. großen Tartarei. Aus d. Französ. 4 Bde, mit Kpf. u. Zusätzen. 4. Rostock 747—50. Stiller. 10 ℛ 4 ℊ

Du Halde J. B.: Gründlicher Unterricht v. Seidenbau od. — chinesische Nachrichten, wie mit dem Seiden- u. dem dazu nötigen Maulbeerbaumbau zu verfahren ... absonderlich z. Druck befördert u. m. kurzen Anmerk. vers. v. einem erfahrnen Freunde d. Seidenbaues im Braunschweigischen. Wolfenb. 1753. 135 S.

Duhamel, Lehrbuch der Differential- und Integral-Rechnung mit vielen analytischen und geometrischen Anwendungen. Deutsch von Wilh. Wagner. In 2 Thln. Mit in den Text eingedr. Holzschn. Braunschweig 856. Vieweg u. Sohn. gr. 8. (316; XII, 303 S.) n. 2 ⁄ 20 ngl

— Lehrbuch der analytischen Mechanik. Deutsch von H. Eggers. Revidirt, mit Zusätzen und Vorwort begleitet von Osk. Schlömilch. Mit in den Text eingedr. Holzschnitten. 2 Bde. Leipzig 853. Teubner. gr. 8. (IV, 299; VI, 317 S.) 2 ⁄ 12 ngl

—— Lehrbuch der analytischen Mechanik. Deutsch von H. Eggers. Revid., mit Zusätzen und Vorwort begleitet von Osk. Schlömilch. Mit in den Text eingedr. Holzschn. 2 Bde. gr. 8. Leipzig, Teubner. [1. (VI und 299 S.) 2. (IV und 317 S.) 853—54.]

Duhamel, Lehrbuch der analytischen Mechanik. Nach der 2. Aufl. des Orig. frei ins Deutsche übertragen von O. Schlömilch. 2., gänzlich umgearb. Aufl. der Eggers'schen Uebersetzung. 2 Bde. in 11 Lfgn. gr. 8. (1. Bd. VII und 422 S. mit eingedr. Holzschn., 2. Bd. VIII und 826 S. mit eingedr. Holzschn.) Leipzig 857. 58, Teubner. à Lfg. * 10 Ngr. *

Duhamel, Lehrbuch der analytischen Mechanik. Deutsch herausg. von Osk. Schlömilch. 2 Bde. 2. gänzlich umgearb. Aufl. Neue wohlfeile Ausg. Mit in den Text gedr. Holzschn. Leipzig 861. Teubner. gr. 8. (XV, 748 S.) 2 ⁄

Duhamel, Mitgl. des franz. Instituts. Lehrbuch der reinen Mechanik. Deutsch bearbeitet für Universitäten, polytechnische und Kriegs-Schulen, so wie zum Selbstunterrichte von Wilhelm Wagner. Mit in den Text eingedruckten Holzschnitten. (2 Th. in 1 Bd.) 8. Braunschweig 1853.

—— Lehrbuch der reinen Mechanik. Deutsch bearb. für Universitäten, polytechn. und Kriegs-Schulen sowie zum Selbstunterrichte von Wilh. Wagner. Mit in den Text eingedr. Holzschn. 2 Thle. gr. 8. Braunschweig, Vieweg und Sohn. [1. (IV und 312 S.) 2. (IV und 300 S. mit Anhang von 106 S.) 853—54. à Thl. * 1 Thlr. 10 Ngr.] *

Duhamel, Joseph, approb. Arzt aus Oberehnheim (Els.): Ueber die Erweiterung der Flexura sigmoïdea coli, insbesondere die angeborene Erweiterung. *Strassburg i. E. 1899: C. & J. Goeller.* (79 S.) 8°
Strassburg, Med. Diss. v. 1899

Duhamel du Monfo s. a. Hamel, du, du Monfo.

Duhamel du Monceau, Henri Louis

Duhamel de Monceau (Hrsg.), s. Abhandlung von dem Ackerbaue.

DUHAMEL du MONCEAU Henry Louis u. de la MARRE: Allgemeine Abhandlung von den Fischereyen und Geschichte der Fische, die dadurch verschaffet werden, und die sowohl zum Unterhalte der Menschen, als zu vielen andern Arten von Gebrauch dienen. . . - Leipzig, Königsberg 1773. 3 Tl. i. 1 Bd. 204, 438 u. 328 S., 1 Atlas m. Taf. hrsg. v. Daniel Gottfried Schreber

— u. de Lamarre, Abhandl. von Fischereien u. Geschichte d. Fische; aus d. Französ. übers. v. Schreber. 2 Thle, mit Kpf. gr. 4. Königsb. 775. (Unzer). 6 ⁄

Duhamel du Monceau, Abhandl. von Bäumen, Stauden u. Sträuchern, welche in Frankreich wild wachsen; aus d. Französ., mit Anmerkk. v. K. C. v. Oelhafen. 3 Thle, mit Kpf. gr. 4. Nürnb. 762—65. (Sampe). 8 ⁄ (1r u. 2r Thl. A. u. d. T.: Naturgeschichte d. Bäume ꝛc. gr. 4. 5 ⁄ 8 ⁄. 3r Thl. A. u. d. T.: von d. Holzsaat ꝛc. Mit 16 Kpf. 2 ⁄ 16 ⁄.)

DUHAMEL DU MONCEAU, Henri Louis: Abhandlung von Bäumen, Stauden und Sträuchen. A. d. Franz. übers. u. m. vielen neuen Anm. verm. durch Christoph Oelhafen von Schöllenbach. - Nürnberg 1763. 3 Tl. - Tl. 1: Abhandlung von Bäumen, Stauden und Sträuchen, welche in Frankreich in freier Luft erzogen werden. - Tl. 2: Dass. 284 S., m. Abb., umfangr. Reg. (116 gez. S.). - Tl. 3: Von der Holz-Saat und Pflanzung der Wald-Bäume auch derselben fernerer Wart. 272 S., m. Abb.

Du Hamel du Monceau: Anfangsgründe der Schiffbaukunst oder practische Abhandlung über den Schiffbau. Übers. von C. G. D. Müller. Berlin 1791

— Anfangsgründe d. Schiffbaukunst; aus d. Französ. von Chr. Gli. Dn. Müller. Mit Kpf. gr. 4. Berl. 791. Reimer. 5 ⁄ 8 ⁄ (vergl. Schaupl. d. K. 19r Bd.)

Du Hamel du Monceau: Beschreibung der Weinstöcke. Aus d. Franz. übers. von Carl Christoph Oelhafen von Schöllenbach. Nürnberg: Winterschmidt 1763. 16 S., 7 Taf. Aus: Du Hamel du Monceau: Abhandlung von den Obstbäumen. --

— Beschreib. d. Weinstöcke, (aus dessen Abhandl. v. d. Obstbäumen). A. d. Französ. v. Carl Christ. Oelhafen v. Schöllenbach. Mit 7 Kpf. gr. 4. Nürnberg, 1784. Winterschmidt. 1. 5

Du Hamel du Monceau: Abhandlung v. der Erhaltung d. Getraides, u. besonders d. Weizens. Aus d. Französ. übers. v. J. A. Titius. Leipz. 1755. (40) 220 S. 13 Tvl.

— von d. Erhaltung d. Getreides, besonders d. Waizens; aus d. Französ. v. J. D. Titius. 2 Thle, mit Kpf. 4. Leipz. 755. Gleditsch. 16 ⁄

— Ergänzung d. vorhergeh. Schrift. Aus d. Französ. v. J. D. Titius. 8. Leipz. 768. (Brockhaus). 8 ⁄

Du Hamel du Monceau: Erklärung v. Kunst-Wörtern aus der Botanic u. v. dem Landbau; besonders auch dererjenigen, welche bey Niederschlagung d. Wälder vorkommen. Nürnb. 1765. 98 S. 4°.
(Til og indb. m. do.: Natur-Geschichte d. Bäume ... Th. 2). 579.

— Erklärung d. Kunstwörter aus d. Botanik; aus d. Französ. v. K. C. v. Oelhafen. gr. 4. Nürnb. 766. Felßecker. 12 ⁄

-- Von Fällung d. Wälder u. gehöriger Anwendung d. gefällten Holzes ... Ins Deutsche übers. v. C. C. Oelhafen v. Schöllenbach. 2 Th. Nürnb. 1766-67. (28, 523) S. 36 Tvl. 4°.

DUHAMEL DU MONCEAU, Henri Louis: Von Fällung der Wälder und gehöriger Anwendung des gefällten Holzes oder wie mit Schlag-Holz, dann halb- und ganz ausgewachsenem Oberholz, umzugehen und alles benannte Holz richtig zu schäzen und anzuschlagen ist, nebst einer Beschreibung der Handwerker, die ihre Arbeit in den Wäldern verfertigen, als ein zur vollständigen Abhandlung von dem Forstwesen gehöriger Theil. - Nürnberg 1766 u. 1767. A. d. Franz. übers. v. Carl Christoph Oelhafen v. Schöllenbach. 2 Tl. - 1. Tl.: 1766. 318 S., m. Abb. - 2. Tl. oder IV. Bd. zur Naturgeschichte der Bäume. 1767. 205 S., m. Abb.

— von Fällung d. Wälder u. gehöriger Anwendung d. gefällten Holzes, oder wie mit den Schlaghölzern umzugehen ist. Aus d. Französ. v. K. C. v. Oelhafen. 2 Thle, m. 36 Kpf. gr. 8. Nürnb. 766 u. 67. Weiter. 6 ⁄ 16 ⁄. Schrbp. 8 ⁄

Duhamel Du Monceau, Henri Louis: (Des Semis et plantations des arbres et de leur culture . . . , deutsch) Von der Holz-Saat und Pflanzung der Wald-Bäume, auch derselben fernerer Wart; oder Arten, Bäume zu vermehren und zu erziehen, . . . Als ein zur vollst. Abhandlung von den Wäldern und Hölzern gehöriger Theil. Durchaus mit vielen Kupferst. Aus d. Franz. übers., durch Carl Christoph Oelhafen von Schöllenbach. – Nürnberg: Seligmann 1763. 272 S. 16 Ta. 8°
(= Duhamel Du Monceau: (Traité des arbres et arbustes qui se cultivent en France en pleine terre, deutsch) Abhandlung von Bäumen, Stauden und Sträuchern . . . Th. 3.)

— d. Kunst d. Anterschmiedens, s. Reaumer.

— d. Kunst d. Dachdeckers, herausg. v. Schreber. Mit Kpf. gr. 4. Königsb. 767. Unzer. 16 ⁄

DUHAMEL du MONCEAU, Henry Louis: Die Kunst des Kohlenbrennens, oder die Art und Weise aus Holz Kohlen zu machen. - Berlin, Stettin, Leipzig 1762. 44 S. A. d. Franz. übers. u. m. Anmerk. vers. v. Joh. Heinr. Gottl. v. Justi

— Kunst d. Kohlenbrennens; aus d. Französ. Mit 1 Kpf. gr. 4. Königsb. 762. (Krieger in Marb.) 4 ⁄

Duhamel du Monceau, Henri Louis: Die Kunst des Kohlenbrennens. Dt. von J. H. G. v. Justi. Königsberg u. Mitau 1765.

— Kunst, Karten zu machen; aus d. Französ., mit Kpf. gr. 4. Berl. 763. (C. F. Günter in Glogau). 12 ⁄

- Kunst, [illegible] Leim zu machen; aus d. Französ. Mit Kpf. gr. 4. [illegible] 772. (Unzer). 12 ⁄

— Kunst, Pergament zu machen; aus d. Französ. gr. 8. [illegible] 763. Kanter. 12 ⁄

— Kunst, Mauer- u. Dachziegel ꝛc., s. Fougeroux.

— Kunst d. Nadlers; aus d. Französ. Marb. gr. 4. Krieger. 8 gr

— Kunst d. Schlossers; aus d. Französ., mit Kpf. gr. 4. Königsb. 769. Unzer. 3 ℛ (C. F. Günter in Glogau). 3 ℛ 12 gr

— Kunst des Stahlblattmachers; aus d. Französ. Mit Kpf. gr. 4. Berl. 790. Pauli. 1 ℛ 4 gr

— Kunst d. Tuchmachers, vornehml. in feinen Tuchen; aus d. Französ. Mit Kpf. gr. 4. Königsb. 766. Unzer. 1 ℛ 16 gr

— Kunst d. Wachsziehens; aus d. Französ. Mit Kpf. gr. 4. Königsb. 763. (Unzer). 1 ℛ 4 gr

— Kunst, türkische Tapeten zu weben; aus d. Französ., herausg. v. Schreber. Mit Kpf. gr. 4. Königsb. 768. (Unzer). 16 gr

— Dass., mit Kpf. gr. 4. Marb. 768. Krieger. 4 gr

— d. Kunst, d. Eisen zu Drath zu ziehen; aus d. Französ. v. J. S. Halle. Mit Kpf. gr. 4. Berl. 790. Pauli. 12 gr (Aus dem Schaupl. d. Künste, 18r Bd. abgedr.)

Duhamel du Monceau, Henri Louis: Die Kunst, Lichter zu ziehen aus d. Französ. Mit Kpf. gr. 4°. Königsb. 1762. (Unzer).

Die Kunst des Zuckersiedens. Aus dem französischen der Descriptions des Arts et Métiers übersetzt von Johann Heinrich Gottlob von Justi. Königsberg und Mitau, 1765. 4to. Ill.

— Kunst d. Zuckersiedens; aus d. Französ. Mit Kpf. gr. 4. Königsb. 765. Unzer. 1 ℛ 16 gr Dass., mit Kpf. 4. Marb. 775. Krieger. 8 gr

— Naturgesch. d. Bäume ꝛc. 2 Thle, mit 50 Kpf. 763, 64., s. a. oben Abhandl. von Bäumen ꝛc., 1r, 2r Thl.

DUHAMEL DU MONCEAU, Henri Louis: Naturgeschichte der Bäume, darin von Zergliederung der Pflanzen und der Einrichtung ihres Wachsens gehandelt wird; als einer Einleitung zur vollständigen Abhandlung der Wälder und Hölzer. Nebst einer Abhandlung über den Nutzen der Botanischen Lehrarten; und einer Erklärung derer in dieser Wissenschaft und bey dem Forst-Wesen gebräuchlichen Kunst-Wörter. - Nürnberg 1764 u. 1765. A. d. Franz. übers. v. Karl Christoph Oelhafen v. Schöllenbach. 2 Tl. -1. Tl. 1764. 276 S., m. zahlr. Abb. - 2. Tl. u. d. T.: Die Naturgeschichte derer Bäume darin von der Zergliederung der Pflanzen und von dem Leben und Wachsthum derselben gehandelt wird. Zur Einleitung in den vollständigen Tractat von den Hölzern und Wäldern. Wobei eine Abhandlung von dem Nuzen der Botanischen Lehr-Arten; ferner eine Erklärung derer in dieser Wissenschaft und bei dem Forstwesen gebräuchlichen Kunst-Wörter, die bei Niederschlagung der Hölzer und Wälder üblich sind. 1765. 261 S. Beigeb.: Erklärung von Kunst-Wörtern aus der Botanic und von dem Landbau; besonders auch dererjenigen, welche bey Niederschlagung der Wälder vorkommen. 1765. 98 S.

— Naturgesch., oder Beschreib. d. Erdbeerpflanzen; aus d. Französ. v. K. C. v. Oelhafen. Mit Kpf. gr. 4. Nürnb. 785. Schnecker. 1 ℛ 8 gr

— Naturgeschichte od. ausführl. Beschreib. der Erdbeerpflanzen, aus dess. Abhandl. v. d. Obstbäumen u. mit d. Nöthigsten aus Du Chesne histoire naturelle des Fraisiers vermehrt. Aus d. Franzôs. Mit 9 Kpf. gr. 4. Nürnberg, 1785. Winterschmidt. 1. 5

— Pomona gallica, od. Abhandl. v. d. Obstbäumen. Aus d. Franzôs. v. Carl Christ. Oelhafen v. Schöllenbach. 3 Bde. Mit 181 Kpf. gr. 4. Ebend. 1775, 82 u. 83. (Ill.) 18. 20

— d. Seifensiederkunst; aus d. Französ. v. J. S. Halle. Mit 6 Kpf. gr. 4. Berl. 788. (Rüdiger). 16 gr

Du Hamel, die Seifensiederkunst. Uebersetzt von J. S. Halle. gr. 4. Ist jetzt Verlag von der Maurerschen Buchhandlung in Berlin.

— d. [illegible]kunst; aus d. Französ., herausg. v. Schreber. Mit Kpf. gr. 4. Königsb. 767. Unzer; a. C. F. Günter in Glogau. 16 gr

— Vorschläge, nach welchen d. Transport d. Bäume, Landgewächse, Samen etc. üb. d. See z. veranstalten ist. Aus d. Französ. (v. G. C. Oeder). 8. Kopenhagen, 1756. Proft (Schubothe). — 5

Hausset, Mme. du (femme de chambre de Mme. de Pompadour, 1720—80). — Memoiren der Frau *du Hausset*, Kammerfrau der Frau von Pompadour. Als Eingang zu den Memoiren der Frau von Campan. Aus d. Französ. Stuttgart, bei Friedrich Franckh. 1825. Gr. 8°. 220 Seiten.

Orig. (Bibl. d. † Königs Georg V. von Hannover): Mémoires de Madame du Hausset, femme de chambre de Madame de Pompadour, avec des notes et des éclaircissemens historiques. Paris, Baudouin frères, 1824 (rep. 1825). Zuerst gedr. in den Mélanges d'histoire et de littérature de Craufurd, en 1809. (Gay V. p. 15.)

Duhausset, Madame, Memoiren. gr. 8. Stuttg. 825. (Brodhag). 1 ℛ 6 gr

TUGEND, Die gedrückte, jedoch nicht unterdrückte, eines Frauenzimmers, oder RETHIMA, die schöne Georgianerin, aus einer Frantzösisch (von *Du-Hautchamp*) beschriebenen wahrhafften Geschichte ins Teutsche übersetzet von C. G. W. (d. i. Christoph Gottlieb Wend). 6 Thle. (in 2 Bdn.). HAMBURG, Gedruckt und verlegt von seel. Thomas von Wierings Erben, im güldnen A, B, C. 1736—39. 8°. (Cplt. in Berlin, Magistratsbibl., und in Wolfenbüttel; in der Berliner Kgl. Bibl. nur Th. 1—2.)

Selten cplt.! 1—2: 8 Bll. Vorst. u. 232 S. 3—4: 4 Bll. u. 197 S. 5—6: 149 S. — Anon.-Lex. IV. p. 195 (nach Milchsack u. Schröder).

Duhautcours, oder d. Vergleichs-Contract. Schspl. 8. Berl. 808. Braunes. (Sommerbrodt.)

Morceau d'architecture prononcé [par Duhem] et couplets chantés dans la r.·. L.·. des Amis réunis à l'Or. de Mayence, à la fête de la St.-Jean d'été et à l'occasion de l'avènement du S.·. G.·. M.·. [Joseph Bonaparte] au trône de Naples. Mayence 1806: Zabern. 15 S. 8°

Rede üb. die Symbole der Frmrei, Lied ohne Noten.

Duhem, Pierre. Ziel und Struktur der physikalischen Theorien von P. D'.... Autorisierte Übersetzung von Dr. Friedrich Adler, Privatdozenten an der Universität Zürich. Mit einem Vorwort von Ernst Mach. XII + 367 S. 8. Leipzig, Johann Ambrosius Barth, 1908. [M. 8.—]

Duhesme, Philib. Die leichte Infanterie oder Handbuch für die Operationen des kleinen Krieges. Nebst einer geschichtlichen Entwickelung der Entstehung der leichten Infanterie. Aus dem Franz. (31 B.) 8. M. 2 Pl. Berlin 1827. 6,00.

Duhesme, Graf, W. Philibert, d. leichte Infanterie, od. Handbuch f. d. Operationen des kleinen Kriegs. Zum Feldgebrauch für Offiziere. Nebst e. geschichtl. Entwickelung d. Entstehung d. leichten Infanterie. Aus d. Französ. v. zwei preuß. Offizieren. Mit 2 Plänen. 8. Berl. 829. Duncker u. H. 2 ℛ cart. 2 ℛ 3 gr

Duhm, Armin (Magdeburg), De nephrotomia. Diss. chir.-anatom. Bln. (Brueschck) 24. VII. 1834. 32 S. mit Biogr. (M.: E. Hoffmann.) (4.20) 7047

Oppon.: A. Beilschmidt, H. Mangold, F. Runge. — Gew.: E. F. Kuhk.

Duhm, Bernhard

Die Entstehung des Alten Testaments. Rede z. Rektoratsfeier d. J. 1896 u. z. Einweihung d. neuen Basler Universitätsbibliothek geh. von B[ernhard] **Duhm.** Freiburg i. B. & Leipzig: J. C. B. Mohr 1897. (31 S.) 8°
— [**Sammlung** gemeinverständl. Vorträge u. Schriften aus d. Geb. d. Theol. u. Religionsgeschichte. 6.] I.6. 9575

Die Entstehung des Alten Testaments. Rede zur Rektoratsfeier d. Jahres 1896 u. z. Einweihung d. neuen Basler Universitätsbibliothek geh. von B[ernhard] Duhm. 2., durchges. Aufl. Tübingen: Mohr 1909. 31 S. 8°

(Sammlung gemeinverständl. Vorträge u. Schriften aus d. Geb. d. Theologie u. Religionsgeschichte. 6.) I11. 9817 5

Duhm, Bernhard: Das Geheimnis in der Religion. Vortrag geh. 1896. Freiburg i. B. u. Leipzig: J. C. B. Mohr 1896. (32 S.) 8°
= (Sammlung gemeinverständl. Vorträge u. Schriften aus d. Geb. d. Theol. u. Religionsgeschichte. 1.)

Duhm, B[ernhard]. Die Gottgeweihten in der Alttestamentlichen Religion. Vortrag von B' D', Professor ... [in] Basel. 34 S. 8. Tübingen, J. C. B. Mohr, 1905. [M. —. 60]

Duhm, Bernh(ard). Das Buch Habakuk. Text, Übersetzung und Erklärung von D. Bernh. D', Prof. ... in Basel. IV + 101 S. 8. Tübingen, J. C. B. Mohr, 1906. [M. 2. 80]

— das Buch Hiob, übers., s.: Bücher, d. poet. u. prophet., d. Alten Testaments.

Duhm, Bernh., d. Buch Hiob, s.: Hand-Kommentar, kurzer, zum Alten Testament.

— das Buch Hiob. In den Versmaßen der Urschrift übers. (Neue [Titel-]Ausg.) (XX, 71 S.) 8. Ebd. [897] 907. n. — 80

— s.: Jeremia, das Buch.

— dasselbe übers., s.: Bücher, die poetischen u. prophetischen, des Alten Testaments. II.

Das Buch Jeremia erklärt von D. Bernh. Duhm, Prof., Basel. *Tübingen & Leipzig: J. C. B. Mohr 1901.* (XXIII, 391 S.) 8°
= Hand-Kommentar, Kurzer, z. Alten Testament. Abt. 11. [01. 7310

— das Buch Jeremia. In den Versmaßen der Urschrift übers. (Neue [Titel-]Ausg.) (XXXIV, 153 S.) 8. Ebd. [903] 907. n. 1. 60

Das Buch Jesaia [Isaias Propheta]. Übers. u. erkl. von D. Bernh. Duhm, Prof. in Basel. 2. verb. Aufl. *Göttingen: Vandenhoeck & Ruprecht 1902.* (XXI, 446 S.) 8°
= Handkommentar z. Alten Testament. Abt. 3. Bd 1. [02. 4172

—— Kosmologie u. Religion. Vortrag. gr. 8. (31 S.) Basel 892, Schwabe. * — 80

Duhm, Bernh., die 12 Propheten, s.: Bücher, die poetischen u. prophetischen, des Alten Testaments. IV.

Die Psalmen erkl. von D. Bernh. Duhm, Prof. in Basel. Freiburg i. B., Leipzig & Tübingen: J. C. B. Mohr 1899. (XXXII, 312 S.) 8°
= Hand-Kommentar, Kurzer, z. Alten Testament. Abt. 14. [12. 15]

— die Psalmen. In den Versmaßen der Urschrift übers. (Neue [Titel-]Ausg.) (XXVIII, 222 S.) 8. Tübingen [899] 907. J. C. B. Mohr. n. 1, 60

Duhm, B[ernhard]. Das kommende Reich Gottes. Vortrag. 38 S. 8. Tübingen, J. C. B. Mohr, 1910. [M. —. 75]

Duhm, Bernhard s. (Testament, Altes. [deutsch.] Die poetischen und prophetischen Bücher.... 3 [Bände]).
([Band] 1.) Das Buch Hiob. — ([Band] 2.) Die Psalmen. — ([Band] 3.) Das Buch Jeremia.

Duhm, Bernhard s. (Testament, Altes. Die poetischen und prophetischen Bücher.... [Band] 4:) Die Zwölf Propheten. ... Tübingen 1910.

Duhm, Bernh., die Theologie der Propheten als Grundlage f. die innere Entwicklungsgeschichte der israelitischen Religion dargestellt. gr. 8. (VII, 324 S.) Bonn 875. A. Marcus. n. 5. —.

Duhm, B., üb. Ziel u. Methode d. theologischen Wissenschaft. Antrittsvorlesung, in der Aula der Universität zu Basel am 7. Mai 1889 geh. gr. 8. (31 S.) Basel 889. Schwabe. n. 1. —

Duhm, Chr. Glo., s. Gesangbuch, Magdeburg.

Duhm, F. Ueber den Modus in der französischen Sprache. Halberstadt, G., 1830. 48 S. 4. Progr.

Duhm, Frid. Guil. (geb. Barleben bei Magdeburg 5. 5. 1815): De apoplexia cerebrali. Berolini (1840). (32 S.) 8°
Berlin, Med. Diss. v. 28. Apr. 1840

Duhm, Hans. Die bösen Geister im Alten Testament. Von H' D', Lic. theol. [Basel]. IV + 68 S. 8. Tübingen und Leipzig, Mohr, 1904. [M. 1. 20]

Dühmcke, Johann Erich (Hamburg). De jure hypothecae tacitae secundum statuta Hamburgensia. Diss. jur. Präs. Amandus Christian Dorn. Kiel (Gottfr. Bartsch) 3. IV. 1762. 48 S. (5.—) 7005

Duhn, v., die Gefängnißfrage in ihrem Zusammenhange mit der Zeitentwickelung betrachtet. gr. 8. (88 S.) Lübeck 862, Dittmer'sche Buchh. *

Duhn, Carl von: Betrachtungen über die politische Bedeutung der verschiedenen Stände mit besonderer Rücksicht auf die gegenwärtige Lage der ständischen Verhältnisse in Mecklenburg. Lübeck. 1846. 8°.

Duhn, Carl v., Lübeck und das Dampfschiff „von der Tann". Recension der v. Kaltenborn'schen Schrift: „Kriegsschiffe auf neutralem Gebiet. Mit Rücksicht auf das Benehmen Lübeck's etc." gr. 8. (16 S.) Leipzig 850, T. O. Weigel.
Aus: Leipziger Repertorium für deutsche und ausländ. Literatur, hrsg. von Gersdorf, Jahrg. 1850. Bd. III., besonders abgedruckt.

Duhn, Carl Alex. v., deutsch-rechtliche Arbeiten. Abhandlungen über das Immobiliarsachenrecht und die Geschichte der Reception des röm. Rechts. gr. 8. (VIII, 136 S.) Lübeck 877, Seelig's Buchh. *

Duhn, Friedrich von

Duhn, F. v., s.: Aus d. classischen Süden.

Duhn, F. v., Bemerkungen zur Würzburger Phineusschale, s. a. Festschrift zur Begrüssung der in Karlsruhe tagenden XXXVI. Philologen-Versammlung.

— Bemerkungen zur Würzburger Phineusschale. Pr. 1882. 16 S.

Duhn, F. v., Ein Bericht üb. Athen a. d. Jahre 1687. S.-A. 1878. 11 S. 4°.

-- Bericht über eine Reiso in Achaia. S.-A. 1877. 22 S.

— La caduto di Mirtilo raprosentata in un vaso Capuano. Gel. 1876. 11 S.

Duhn, Frdr. v., der Dioskurentempel in Neapel, s. a. Sitzungsberichte der Heidelberger Akademie der Wissenschaften. Philos.-histor. Kl. 1910. 1.

Der Dioskurentempel in Neapel. Von F[riedrich] v. Duhn in Heidelberg. Heidelberg: Winter 1910. 20 S. 8°
(Sitzungsberichte d. Heidelberger Akad. d. Wiss. Philos.-hist. Kl. Jg. 1910, Abh. 1.)
[10. 8498

— Dio Götterversammlung am Ostfries des Parthenon. S.-A. 1885. 8 S. 4°.

— — s. Matz, Friedr., antike Bildwerke in Rom.

— Monumenti Capuani. S.-A. 1879. 89 S.

Duhn, F. v., Sulla necropoli e su d'un santuario dell' antica Capua. Gel. 1876. 24 S.

— La necropoli di Suessula. S.-A. 1878/79. 41 S. m. Abb. u. 1 Taf.

Duhn, F. v., Intorno agli oggetti ritrovati in alcune tombe sannitiche Pompeiane osservazioni. S.-A. 1874. 16 S. —.75

— Osservazioni Capuane. Gel. 1878. 22 S.

Duhn, F. von, Paul von Limburg's Paradies, s. Studien, gesammelte, zur Kunstgeschichte.

— Due pitture sepolcrali Capuane S.-A. 1878. 12 S.

Duhn, Frdr. v., Pompeji, e. hellenistische Stadt in Italien, s.: Aus Natur u. Geisteswelt.

Pompeji, eine hellenistische Stadt in Italien. Von Prof. Dr. Friedrich v. Duhn. Mit 62 Abb. im Text u. auf 1 Taf. Leipzig: B. G. Teubner 1906. (115 S.) 8° [F.]
— Natur, Aus, u. Geisteswelt. Bdch. 114.

Pompeji, eine hellenistische Stadt in Italien. Von Prof. Dr. Friedrich v. Duhn. Mit 62 Abb., sowie 1 Pl. 2. Aufl. Leipzig: Teubner 1910. 111 S. 8°
(Aus Natur u. Geisteswelt. Bdch. 114.)

Duhn, F. v., De Menelai itinere Aegyptio Odysseae carminis IV episodio quaestiones criticae. Diss. 1874. 45 S. 1.—

Duhn, Friedr. de, de Menelai itinere Aegyptio Odysseae carminis IV. episodio quaestiones criticae. gr. 8. (45 S.) Bonn 874, Weber. *

— Griechische Reliefs, gefunden am Fusse der Akropolis, mit e. Anhang üb. die Votivreliefs an Asklepios in den athen. Sammlungen. S.-A. 1878. 87 S. m. 1 Taf. 4°.

— Scavi di Suessula. S.-A. 1878. 21 S.

Duhn, F. v. u. L. Jacobi. Der griechische Tempel in Pompeji. Nebst e. Anh.: Über Schornsteinanlagen u. e. Badeeinrichtung im Frauenbad der Stabianer Thermen in Pompeji. Zur Erinnerg. an die Studienreise bad. Gymnasiallehrer nach Italien im Frühjahr 1889. Hrsg. m. Unterstützung d. grossherzogl. bad. Ministeriums f. Justiz, Cultus u. Unterricht. Mit 9 lithogr. Taf. u. 3 Photozinkogr. Fol. (37 S.) Heidelb. 890, C. Winter. * 10 —

Kurzes Verzeichnis der Abgüsse nach antiken Bildwerken im Archäologischen Institut der Universität Heidelberg. (Verf.: F[riedrich] v. Duhn.) 4. Aufl. Heidelberg: Hörning 1902. 125 S. 8°

Kurzes Verzeichnis der Abgüsse nach antiken Bildwerken im Archäologischen Institut der Universität Heidelberg. (Verf.: Friedrich v. Duhn.) 5. Aufl. Heidelberg 1907: Hörning. 140 S. 8°

— Ueber d. Wanddekorationen eines römisch. Hauses im Garten d. Farnerina. S.-A. 1883. 9 S.

Dühne, H., Geschichte der Kirchen im Gau Dersaburg. Hrsg. v. J. B. Harling. gr. 8. (148 S.) Vechta 883. (Osnabrück, Veith.) n. 2. —

Dühne, H., Geschichte der Kirchen und der Reformation im Fürstenthum Osnabrück. gr. 8. (187 S.) Osnabrück 879, (Meinders.) *

Dühne, H., die Landwirthschaft in ihrem höchsten Ertrage. Langensalza 865. Greßler. gr. 8. (IV, 152 S.) 12 ngr.

Duhr und Zinnow, Zoll-Handbuch, s. Zinnow.

Duhr, Aloysius Franciscus Henricus (geb. am 18 [nicht 13] Sept. 1815 in Boppard): De vitiis quae apud amentes inveniuntur in systemate nervoso ... Bonnae, typ. fratrum Krueger 1840. 3 Bl., 84 S., 2 Bl. 8.
Bonn, Med. Fak., Diss. v. 31 Aug. 1840

Duhr, Bernhard (Hrsg.), s. Aktenstücke z. Geschichte d. Jesuiten - Missionen.

Duhr, Bernhard, S. J.: Die Etappen bei der Aufhebung des Jesuitenordens nach den Papieren in Simancas. (Aus:) „Zeitschrift für kathol. Theologie." XXII. Jahrgang. 8⁰. (Ohne Druckort) 1898.

Duhr, Bernhard. Geschichte der Jesuiten in den Ländern deutscher Zunge. Von B' Duhr S. J. Band 1.... — A. u. d. T.: Gesch' der Jes' in den L' d' Z' im XVI. Jahrhundert. Von B' Duhr S. J. Mit 163 Abbildungen. XVI + 876 S. gr.-8. Freiburg im Breisgau, Herder, 1907. [M. 22.—]

Die Jesuiten an den deutschen Fürstenhöfen des 16. Jahrhunderts. Auf Grund ungedr. Quellen von Bernhard Duhr S. J. Freiburg i. B.: Herder 1901. (IX, 151 S.) 8° [F.]
— Erläuterungen u. Ergänzungen zu Janssens Geschichte d. deutschen Volkes. Bd 2, H. 4.

Duhr, Bernh. Jesuiten-Fabeln. Ein Beitrag zur Culturgeschichte. 8 Lfgn. 1. u. 2. unveränd. Aufl. 8. (VIII, 832 S.) Freib. i. Br. 891,92, Herder. à Lfg. * — 90; * 7 20

— Jesuiten-Fabeln. Ein Beitrag zur Culturgeschichte. 3. umgearb. Aufl. 8. (VIII, 902 S.) Freiburg i/B. 899. Herder. n. 7. 20; geb. in Leinw. n. 8. 60
Erschien auch in 9 Lfgn. à n. — 80.

— Jesuiten-Fabeln. Ein Beitrag zur Kulturgeschichte. 4., verb. Aufl. (XII, 975 S.) 8. Freiburg i/B. 904. Herder. n. 7. 20; geb. in Leinw. n. 8. 60

— 100 Jesuitenfabeln. Gekürzte Volksausg. der „Jesuitenfabeln". 4.—6. Aufl. 8. (VII, 110 S.) Ebd. 902. n. — 50

— Pombal. Sein Charakter u. seine Politik, s.: Stimmen aus Maria-Laach, Ergänzungshfte.

— s. Radetzky, Feldmarschall. Briefe an seine Tochter Friederike.

— ratio studiorum et institutiones scholasticae societatis Jesu, s.: Pachtler, G. M.

August Reichensperger. Von Bernhard Duhr S. J. Berlin: Germania [1900]. (75 S.) 8° [F.]
— Flugschriften, Katholische, zur Wehr u. Lehr. No 141.

— Friedrich Spe, s.: Diel, Johs.

Die Stellung der Jesuiten in den deutschen Hexenprozessen. Von Bernhard Duhr, S. J. Köln: J. P. Bachem in Komm. 1900. (96 S.) 8° [F.]
= Görres-Gesellschaft z. Pflege d. Wissensch. Vereinsschrift 1900. 1.

Duhr, Bernh., S. J., d. Studienordng. d. Gesellschaft Jesu. s.: Bibliothek d. kathol. Pädagogik.

Dühr. Ueber Hirzel's französische Grammatik. I. Friedland, G., 1852. Dasselbe. II. Ebd. 1859. Progr.

Dühr, August

Dühr, A. Über die Accentuation der Krasis im Griechischen. 8 S. Progr. Friedland 1878.

Dühr, A. De deo ex machina Euripideo. Pr. 1873. 20 S. 4°.

Dühr, A. Geibelii edyllium eutinum graece honori civitatis eutinensis nuperrime dedicatum quum J. H. Vossii signum in ipsorum oppido constitueretur. 7 S. Progr. Friedland 1885.

Dühr, A. Griechisches Gedicht. 4 S. Progr. Friedland 1883.

Dühr, Aug., Gesetze für Zwei- und Vier-Schach. 16. (IV und 10 S.) Friedland 855(60), Richter. Thlr.

Dühr, A., s.: Goethe's Hermann u. Dorothea, ins Altgriech. übers.

Dühr, A., Dr. Jakob Heussi, weil. Conrector am großherzogl. Friedrich-Franz-Gymnasium zu Parchim. Erinnerungen aus dessen Leben. gr. 8. (III, 60 S.) Leipzig 884. Matthies. n. 1. —

Dühr, A. Erinnerungen aus dem Leben Dr. Jakob Heussi's (geb. zu Mollis), weil. Conrector am Grossherzoglichen Friedrich-Franz-Gymnasium zu Parchim. In-8⁰, 60 S. Leipzig, M. L. Matthies. 1893 1 35

Dühr, Aug., An Alexander v. Humboldt, den Nestor und Fürsten der Naturforscher etc. Berlin 859. Nauck'sche Buchhdlg. 4. (8 S.) 7½ ngr.

Dühr, A. Über Metrik und Rhythmik. 28 S. Progr. Friedland 1885.

Dühr, A., Miscellanea: Griech. Gedichte auf Karl Leischner u. auf Shakespeare; Uebersetz. einer Ode Geibels ins Griechische; metr. Verdeutschung der I. Olymp. Ode Pindars (mit Erklär. u. des Debora-Liedes. Pr. 1865. 36 S. 4°. —.75

[Ant. u. F.] **Dühr,** *August* [Dr.]: Homers Odyssee in niederdeutscher poetischer Uebertragung. Proben aus d. ersten Büchern. (Th. 1.) Nordhausen, Druck v. C. Kirchner's Buchdr., 1897; 1—18 S. 4.
Nordhausen, k. RG, OP 1897 (275)

Dühr, [August]: Homers Odyssee in niederdeutscher poetischer Übertragung. Proben aus den ersten Büchern. (T. 2.) *Nordhausen 1898: C. Kirchner.* (1—16 S.) 4° ¶ [Fortsetzung d. P-Beilage 1897.] [Ant. u. F.]
Nordhausen, k. RG, OP 1898 (277)

Dühr, [August], Dr.: Homers Odyssee in niederdeutscher poetischer Uebertragung. Forts. u. Schluss: Buch 24. *Nordhausen 1901: C. Kirchner.* (S. 3—15.) 4° ¶ [Forts. d. P-Beil. 1897. 98.]
Nordhausen, k. RG, P 1901 (280)

—— **Schachgedichte, s.a. Schachgedichte.**

— Schachgedichte alter und neuer Zeit. Zusammengestellt. Ebend. 860. 8. (XII, 52 S.) n. 12 ngr.

Dühr [Dr.]: Zur Theorie der Stellung des französischen Adjektivs. Stendal, Druck v. Franzen & Grosses Verl., 1890; 1 Bl., 18 S. 4°
Stendal, G, OP 1890 (246)

Dühr, C. La nobla leyczon. Text und Uebersetzung nebst meist etymologischen Noten. Friedland, G., 1869. 32 S. 4.
Progr.

Dühr, Rudolf, a. Barth (Pommern): Aus der Königlichen Universitäts-Augenklinik zu Greifswald. Über ein Glioma retinae mit massenhaften intrabulbären Metastasen. Greifswald 1906: H. Adler. (35 S.) 8°
Greifswald, Med. Fak., Ref. Schirmer, Diss. v. 12. Sept. 1906
[Geb. 11. Aug. 81 Barth; Wohnort: Dresden; Staatsangeh.: Preußen; Vorbildung: Gymn. Dresden Reife O. 01; Studium: Halle 4, München 1, Berlin 2, Greifswald 2 S.; Coll. 9. Febr. 06; Approb. 1. Sept. 06.]

Dühren, David Friedrich von: Kurzgefaßte u. vollständige Arithmetik, zum besond. Gebr. in d. preuß. Landen. 3 Thle. gr. 8°. Königsberg. 1781. Unzer.

— richt. Plus minus und pari, od. Arithmetik. 3 Thle. gr. 8. Königsb. Unzer. 781.

Richtiges plus, minus et pari, oder eine vollständige und kurz abgefasste Arithmetik, verfertiget von *David Friedrich von Dühren.* 3 Theile. Königsberg, bey F. D. Wagener und K. G. Dengel, 2 Alph. 4 Bog. gr. Octav. (1 Rthlr. 8 alb.) 1781

Arithmetischer Unterricht für alle Stadt- und Landschulen im ganzen Königreich Preussen, der Jugend zum Besten entworfen von *D. F. von Dühren.* Königsberg, Hartung. 263 S. 8. (1 Rthlr. 8 gr.) 1784

v. Dühren, Dav. Fr., († ...) arithmet. Unterr. für alle Stadt- u. Landschulen in Preußen. 8. Königsb. 784. (Unzer). 9 gr.

Dühren, Eugen (Pseud.), s. a. Bloch, Iwan

— **neue Forschungen üb. den Marquis de Sade u. seine Zeit. Mit besond. Berücksicht. der Sexualphilosophie de Sade's auf Grund des neuentdeckten Orig.-Manuskriptes seines Hauptwerkes „Die 120 Tage v. Sodom". Mit mehreren bisher unveröffentlichten Briefen u. Fragmenten. (XXXII, 488 S.) gr. 8. Berlin 904. M. Harrwitz. n. 10. —; geb. in Leinw. n. 12. —**

Dühren, Eug. (Iwan Bloch), das Geschlechtsleben in England m. besond. Beziehg. a. London, s. a. Studien zur Geschichte des menschl. Geschlechtslebens. II.

Dühren, Dr. Eugen, Das Geschlechtsleben in England mit besonderer Beziehung auf London. »Studien z. Gesch. d. menschl. Geschlechtslebens.« (445 S.) Charlottenburg 1901. H. Barsdorf.

DÜHREN, Dr. Eugen (d. i. Dr. med. *Iwan Bloch*, Berlin, geb. 8. April 1872 zu Delmenhorst), Das Geschlechtsleben in England, mit besonderer Beziehung auf London. 3 Bde. Charlottenburg u. Berlin, H. Barsdorf, 1901—3. Gr. 8°. (Mk. 30—.) (20 Mk. Max Harrwitz, 1904.)
— — Dasselbe. 3 Bde. Charlottenburg 1901 u. Berlin 1903. Kl. Fol. Liebhaber-Ausgabe, auf Bütten-Hadernersatz in nur 100 numerierten Exemplaren gedruckt. Mit dem handschriftl. Namenszug des Verfassers. (40 Mk. Adolf Weigel, 1908.)

Dühren, Eug., Rétif de la Bretonne. Der Mensch, der Schriftsteller, der Reformator. (XXVII, 515 S.) 8. Berlin 906. M Harrwitz. n. 10. —; geb. n. 12. —; auf Büttenpap. n. 20. —

— **Rétif-Bibliothek. Verzeichnis der französ. u. deutschen Ausgaben u. Schriften von u. üb. Rétif de la Bretonne, unter Mitwirkg. v. Max Harrwitz hrsg. Zugleich Suppl. zu des Verf. Werk „Rétif der Mensch, der Schriftsteller, der Reformator". (XII, 42 S.) gr. 8. Ebd. 906. n. 4. —; geb. n. 5. —**

— — Die französischen und deutschen Ausgaben und Schriften von und über Rétif de la Bretonne unter Mitwirkung von M. Harrwitz herausgegeben. Berlin, Verlag von Max Harrwitz, 1906. VIII, 42 S. u. 1 Bl. Gr. 8°. (Br. Mk. 4—, gebd. 5—.) Büttenpap.
Die Bibliographie verzeichnet über 150 Ausgaben, mit sehr ausführlichen Angaben (Original oder Nachdruck, Kartons, Kupfer, Marktpreise etc. etc.), 47 Übersetzungen und 64 Schriften (resp. Notizen) über Rétif, mit einem vorangestellten dreifachen Register, welches nicht nur Bearbeiter, Kritiker, Kupferstecher etc. herausfinden lässt, sondern jede Ausgabe und die dazu gehörige Übersetzung und umgekehrt zur Übersetzung das Original nachweist.

Dühren, Eug. (Iwan Bloch), le Marquis de Sade et son temps. Études relatives à l'histoire de la civilisation et des moeurs du XVIIIme siècle. Traduit de l'allemand par A. Weber. Avec une préface: L'idée de sadisme et l'érotologie scientifique. Par Octave Uzanne. gr. 8. (XXVIII, 501 S.) Berlin 901. G. Barsdorf. n. 8. —; geb. in Leinw. 9. —; Luxusausg. gr. 4. n. 20. —

— der Marquis de Sade u. seine Zeit, s.: Studien zur Geschichte des menschlichen Geschlechtslebens. I.

Dühring, Eug., Studie zu dessen Würdigung, s.: Druskowitz, H.

Dühring, Eugen, und seine Meuchler. Salzburg 1904. V: *Pacher, Paul.* (Berl)

Dühring, Erich: Aus d. landwirtschaftl.-technologischen Institut d. Universität Breslau. „Kondensationen von γ-Picolin mit Säureanhydriden und Aldehyden." Breslau 1905: H. Fleischmann. (42 S.) 8°
Breslau, Phil. Fak., Ref. Ladenburg, Diss. v. 6. März 1905
[Geb. 2. Jan. 79 Breslau; Heimatsort: Breslau; Staatsangeh.: Preußen; Vorbildung: Realschule 1, Oberrealschule Breslau, Realgymn. Guben Reife O. 00; Studium: Breslau 10 S.; Rig. 15. Febr. 05.]

Dühring, Eugen (Carl)

— Vide: Denkschrift über die wirtsch. Associationen.

Dühring, Eug., natürliche Dialektik. Neue log. Grundlegungen der Wissenschaft und Philosophie. gr. 8. (XII und 227 S.) Berlin 865, Mittler und Sohn. *

—— s. Engels, Fr., Herrn Eugen Dührings Umwälzung der Wissenschaft.

Dühring, E., der Ersatz der Religion durch Vollkommeneres u. die Ausscheidung alles Judenthums durch den modernen Völkergeist. gr. 8. (VIII, 268 S.) Karlsruhe 883. Reuther. n. 4. 50

Dühring, E., d. Ersatz d. Religion durch Vollkommeneres u. d. Ausscheidg. alles Judäerthums durch d. mod. Völkergeist. 2., neubearb. Aufl. gr. 8. (VIII, 278 S.) Berlin 897. P. Kufahl. n. 4.50; geb. in Halbleinw. n. 5.50

Dühring, Eug., der **Ersatz** der Religion durch Vollkommeneres u. die Abstreifung alles Asiatismus. 3. umgearb. Aufl. (VIII, 239 S.) gr. 8. Leipzig 906. Th. Thomas. n. 4.50; geb. n. 5.50

— **Gesammtcursus** der Philosophie. 1. Thl. Kritische Geschichte der Philosophie von ihren Anfängen bis zur Gegenwart. 4., verb. u. verm. Aufl. gr. 8. (XVI, 579 S.) Ebd. 894. n. 9.—

— Gesammtcursus d. Philosophie. 2. Thl. gr. 8. Leipzig 895. O. R. Reisland. à n. 9.–
Wirklichkeitsphilosophie. Phantasmenfreie Naturergründg. u. gerecht freiheitl. Lebensordng. (XIX, 554 S.)

—— kritische Geschichte der Nationalökonomie und des Socialismus. 1. Aufl. (XII, 591 S.) 1871, und 2. theilweise umgearb. Aufl. gr. 8. (XIV, 595 S.) Berlin 875, Grieben. *

—— kritische Geschichte der Nationalökonomie und des Socialismus. 3. theilweise umgearb. Aufl. gr. 8. (XIV, 574 S.) Ebendas. 879. *

— Kritische Geschichte der Nationalökonomie und des Socialismus. Berlin 1871. 2. theilw. umgearb. Aufl. gr.-8°. Berlin, Grieben, 1875. 3. theilw. umgearb. Aufl. gr.-8°. Osnabrück (Meinders) 1879.

— Kritische Geschichte der Nationalökonomie und des Socialismus. 4. umgearb. u. verm. Aufl. 8°. Leipzig 1899.

Dühring, Eug., kritische Geschichte der Nationalökonomie u. des Socialismus von ihren Anfängen bis zur Gegenwart. 4. neubearb. u. stark verm. Aufl. gr. 8. (XIII, 653 S.) Leipzig 900. C. G. Naumann. n. 10.—; geb. n. 12.—

Ⓢ **Dühring**, Eug., krit. Geschichte d. Nationalökonomie. 900. Jetzt; Leipzig, Th. Thomas.

— kritische Geschichte der Philosophie von ihren Anfängen bis zur Gegenwart. Berlin 869. Heimann. gr. 8. (XI, 519 S.) n. 2 ₰ 10 ngr.

— kritische Geschichte der Philosophie von ihren Anfängen bis zur Gegenwart. 2. verm. Aufl. gr. 8. (XIII, 551 S.) Leipzig 873. Koschny, n. 8. —

—— kritische Geschichte der Philosophie von ihren Anfängen bis zur Gegenwart. 3. theilweise umgearb. Aufl. gr. 8. (XIII, 543 S.) Ebendas. 878. *

—— kritische Geschichte der allgemeinen Principien der Mechanik. Von der philosoph. Facultät der Universität Göttingen mit dem ersten Preise der Beneke-Stiftung gekrönte Schrift. gr. 8. (XXXI, 513 S.) Berlin 872, Grieben. *

Dühring, Dr. E., Kritische Geschichte der allg. Principien der Mechanik. (Von der philosoph. Facultät d. Univ. Göttingen mit dem 1. Preise der Beneke-Stiftung gekrönte Schrift.) Berlin 1873. 8°.

— kritische Geschichte der allgemeinen Principien der Mechanik. Von der philosoph. Facultät der Universität Göttingen mit dem 1. Preise der Beneke-Stiftg. gekrönte Schrift. 2., theilweise umgearb. u. m. e. Anleitg. zum Studium der Mathematik verm. Aufl. gr. 8. (XX, 562. S.) Leipzig 877. Fues. n. 9. —

Dühring, E., kritische Geschichte der allgemeinen Principien der Mechanik. Von der philosoph. Facultät der Universität Göttingen mit dem ersten Preise der Beneke-Stiftung gekrönte Schrift. Nebst einer Anleitung zum Studium mathemat. Wissenschaften. 3. wiederum erweit. und theilweise umgearb. Aufl. gr. 8. (XXVIII, 610 S.) Leipzig 887, Fues's Verlag. *

Dühring, E., kritische Geschichte der allgemeinen Principien der Mechanik. Von der philosoph. Facultät der Universität Göttingen m. dem ersten Preise der Beneke-Stiftg. gekrönte Schrift. Nebst e. Anleitg. zum Studium mathemat. Wissenschaften. 3., umgearb. Aufl. gr. 8. (XXVIII, 610 S.) Leipzig 887. Reisland. n. 10.—

— die Grössen der modernen Literatur, populär u. kritisch nach neuen Gesichtspunkten dargestellt. 2 Abthlgn. gr. 8. Leipzig 893. C. G. Naumann. n. 14. —; geb. in Halbfrz. n. 16. 75
1. Einleitung üb. alles Vormoderne. Wiederauffrischung Shakespeares. Voltaire. Goethe. Bürger. Geistige Lage im 18. Jahrh. (XI, 285 S.) n. 6. —; geb. n. 7. 25
2. Grössenschätzung. — Rousseau. Schiller. Byron. Shelley. — Blosse Auszeichngn. Jahrhundertsabschluss. (XVI, 412 S.) n. 8. —; geb. n. 9. 50

— die Grössen der modernen Literatur, populär u. kritisch nach neuen Gesichtspunkten dargestellt. 1. Abth. Einleitung üb. alles Vormoderne. Wiederauffrischung Shakespeares. Voltaire. Goethe. Bürger. Geistige Lage im 18. Jahrh. 2. verb. Aufl. (XII, 323 S.) gr. 8. Leipzig 904. C. G. Naumann. n. 6. —; geb. n.n. 7. 25

— Die Grössen der modernen Literatur, populär u. kritisch nach neuen Gesichtspunkten dargestellt. 2. Abth.: Grössenschätzung. — Rousseau. Schiller. Byron. Shelley. — Blosse Auszeichngn. Jahrhundertsabschluss. 2. durchgearb. u. verm. Aufl. (XII, 502 S.) gr. 8. Leipzig 910. Th. Thomas Verl. 9.—; geb. 10.50 (vollständig zusammenbezogen 14.—; geb. 16.75)

—— neue Grundgesetze zur rationellen Physik und Chemie. 1. Folge. gr. 8. (VIII, 145 S.) Ebendas. 878. *

—— und Ulr. Dühring, neue Grundgesetze zur rationellen Physik und Chemie. 2. Folge, enthaltend fünf neue Gesetze, nebst Beleuchtung der nach der 1. Folge erschienenen Contrefaçons und Nachentdeckungen. gr. 8. (VIII, 184 S.) Leipzig 886, Fues's Verlag. *
1. Folge. Ebendas. 1878. * ℳ 3.—.

—— **kritische Grundlegung der Volkswirthschaftslehre. gr. 8. (XVI und 491 S.) Berlin 866, Eichhoff.** *

Dühring, E., u. Ulr. **Dühring**, neue Grundmittel u. Erfindungen zur Analysis, Algebra, Functionsrechnung u. zugehörigen Geometrie, sowie Principien zur mathemat. Reform, nebst e. Anleitg. zum Studiren u. Lehren der Mathematik. gr. 8. (XVI, 520 S.) Leipzig 884. Fues. n. 12. —

— **u. U. Dühring, neue Grundmittel u. Erfindungen zur Analysis, Algebra, Functionsrechnung u. zugehörigen Geometrie, sowie Principien zur mathematischen Reform. 2. Thl.: Transradicale Algebra u. entsprech. Lösg. der allgemeinen auch überviergrad. Gleichgn. (XII, 147 S.) gr. 8. Leipzig 903. O. R. Reisland. n. 4.—; geb. n.n. 5. 30**
1. Thl. Jetzt Ebd. 884. n. 12.—.

— die Judenfrage als Racen-, Sitten- u. Culturfrage. Mit einer weltgeschichtlichen Antwort. 2., verb. Aufl. gr. 8. (161 S.) Karlsruhe 881. Reuther. n. 3. —

—— die Judenfrage als Frage der Racenschädlichkeit für Existenz, Sitte und Cultur der Völker. Mit einer weltgeschichtl. Antwort. 3. verb. Aufl. gr. 8. (VIII, 159 S.) Karlsruhe 886, Reuther. *

— — Die Judenfrage als Frage d. Racenschädlichkeit f. Existenz, Sitte u. Cultur der Völker. Mit e. weltgeschichtl., religionsbezüglich, social u. politisch freiheitliche Antwort. 4. Aufl. gr. 8. (VII, 184 S.) Berl. 892, Reuther u. Reichard. * 3 —

— die Judenfrage als Frage des Racencharakters u. seiner Schädlichkeiten f. Völkerexistenz, Sitte u. Cultur. Mit e. denkerisch freiheitl. u. praktisch abschliess. Antwort. 5. umgearb. Aufl. gr. 8. (VII, 156 S.) Nowawes-Neuendorf b/Berlin 901. Ulr. Dühring. 3. —; geb. n.n. 3. 60

Dühring, Eug., Capital und Arbeit. Neue Antworten auf alte Fragen. gr. 8. (XII und 231 S.) Berlin 865, Eichhoff. *

— Kritik des Kapitalbegriffs und seiner Rolle in der Volkswirthschaft. (Jahrbücher f. Nat.-Oekon. u. Stat., Bd. 5, 1865.)

Dühring, E., Cursus der National- und Socialökonomie einschliesslich der Hauptpunkte der Finanzpolitik. gr. 8. (XII, 563 S.) Berlin 873, Grieben. [Leipzig, Fues's Verlag.] *

Dühring, Eug., Cursus der National- und Socialökonomie einschliesslich der Hauptpunkte der Finanzpolitik. 2. theilweise umgearb. Aufl. gr. 8. (XII, 557 S.) Leipzig 876, Fues' Verlag. *

Cursus der National- und Socialökonomie nebst e. Anleitung z. Studium u. z. Beurtheilung von Volkswirthschaftslehre u. Socialismus. Von Dr. E[ugen] Dühring. 3., theilw. umgearb. Aufl. Leipzig: O. R. Reisland 1892. (XII, 580 S.) 8°

—— Cursus der Philosophie als streng wissenschaftlicher Weltanschauung und Lebensgestaltung. 3 Lfgn. gr. 8. (559 S.) Leipzig 874, Koschny. à Lfg. *ℳ 3. *

— Logik u. Wissenschaftstheorie. gr. 8. (XVI, 561 S.) Leipzig 878. Fues. n. 9. —

Logik und Wissenschaftstheorie. Denkerisches Gesammtsystem verstandessouveräner Geisteshaltung von Dr. Eugen Dühring. 2. durchgearb. u. verm. Aufl. Leipzig: Th. Thomas 1905. (XVI, 632 S.) 8°

— Robert Mayer, der Galilei des 19. Jahrhunderts. Eine Einführung in seine Leistungen u. Schicksale. Mit seinem Portr. in Stahlst. gr. 8. (VIII, 228 S.) Chemnitz 880. Schmeitzner. n. 4. —

— Robert Mayer, der Galilei des 19. Jahrh. gr. 8. (VIII, 228 S. m. Portr.) Chemnitz 880. Leipzig, C. G. Naumann. n. 4. —

— Robert Mayer d. Galilei d. 19. Jahrh. u. d. Gelehrtenunthaten geg. bahnbrech. Wissenschaftsgrössen. 2. Tl.: Neues Licht üb. Schicksal u. Leistgn. gr. 8. (VIII, 134 S.) Leipzig 895. C. G. Naumann. n. 2. 50; (1. u. 2.: n. 6. 50)

— Robert Mayer der Galilei des 19. Jahrh. u. die Gelehrtenunthaten gegen bahnbrechende Wissenschaftsgrössen. 1. Thl.: Einführung in Leistgn. u. Schicksale. Nebst Portr. in Stahlst. 2., verb. u. verm. Aufl. (X, 267 S.) gr. 8. Leipzig 904. C. G. Naumann. n. 4. —; geb. n.n. 5. —
Jetzt: Lpz.: Thomas

—— die Parteien in der Judenfrage. gr. 8. (43 S.) Chemnitz 882. (Leipzig, Th. Fritsch.)
Aus: Internationale Monatsschrift, besonders abgedruckt.

Dühring, Eugen: Sociale Rettung durch wirkliches Recht statt Raubpolitik und Knechtsjuristerei. Leipzig: Th. Thomas 1907. (VIII, 315 S.) 8°

—— Sache, Leben und Feinde. Als Hauptwerk und Schlüssel zu seinen sämmtl. Schriften. Mit seinem (Holzschn.-) Bildniss. gr. 8. (X, 434 S.) Karlsruhe 882, Reuther. *

Dühring, E., Sache, Leben u. Feinde. Als Hauptwerk u. Schlüssel zu seinen sämmtl. Schriften. 2., ergänzte u. verm. Aufl. (XI, 539 S. m. Bildnis.) gr. 8. Leipzig '03, C. G. Naumann. 8. —; geb. 9. 75.
Jetzt: Lpz.: Thomas

—— die Schicksale meiner socialen Denkschrift für das preussische Staatsministerium. Zugleich ein Beitrag zur Geschichte des Autorrechts und der Gesetzesanwendung. gr. 8. (60 S.) Berlin 868, Heimann. [Leipzig, Koschny.] *

Duehring, Eugen Car. (geb. Berlin 12. 1. 1833): De tempore, spatio, causalitate atque de analysis infinitesimalis logica. Berolini (1861). (130 S.) 8°
Berlin, Phil. Diss. v. 14. Dez. 1861

Duehring, Eug. (Carl) de tempore, spatio, causalitate atque de analysis infinitesimalis logica. Dissertatio inauguralis. gr. 8. (130 S.) Berlin 874. Grieben. n. 2. 50

— die Ueberschätzung Lessing's u. dessen Anwaltschaft für die Juden. gr. 8. (VI, 93 S.) Ebend. 881. n. 1. 80

Die Ueberschätzung Lessing's und seiner Befassung mit Literatur. Zugleich e. neue krit. Dramatheorie. Von Dr. E[ugen] Dühring. 2., durchgearb. u. verm. Aufl. Leipzig: Th. Thomas 1906. (VIII, 126 S.) 8°

Dühring, Eug., *Carey's* Umwälzung der Volkswirthschaftslehre und Socialwissenschaft. 12 Briefe. München, E. A. Fleischmann, 1865. Gr. 8°. Hlwdb.
XVI—160 S. — 'Henry Charles Carey, geb. d. 15. Dezbr. 1793 in Philadelphia, † 12. Oktob. 1879.

—— die Verkleinerer Carey's und die Krisis der Nationalökonomie. 16 Briefe. gr. 8. (XVI und 147 S.) Breslau 867, Trewendt.

Waffen, Capital, Arbeit. Von E[ugen] Dühring. 2., völlig umgearb. Aufl. Leipzig: T. Thomas 1906. (VIII, 183 S.) 8°

Dühring, E[ugen]: Der Weg zur höheren Berufsbildung der Frauen und die Lehrweise der Universitäten.—Leipzig: Fues 1877. 76 S. 8°
— — 2., verb., u. mit Gesichtspunkten f. Selbstausbildung u. Selbststudium erw. Aufl. 1885. 111 S. 8°

—— der Werth des Lebens. Eine philosoph. Betrachtung. Lex.-8. (VIII und 235 S.) Breslau 865, Trewendt. *

— der Werth des Lebens populär dargestellt. 2., völlig umgearb. u. bedeutend verm. Aufl. gr. 8. (VIII, 301 S.) Leipzig 877. Fues. n. 6. —

—— der Werth des Lebens, populär dargestellt. 3. verb. Aufl. gr. 8. (VIII, 312 S.) Leipzig 881, Fues's Verlag. *

— der Werth d. Lebens. Eine Denkerbetrachtg. im Sinne heroischer Lebensauffassg. 4., verb. Aufl. gr. 8. (VIII, 319 S.) Leipzig 891. O. R. Reisland. n. 6. —

— dasselbe. 5., verb. Aufl. gr. 8. (XII, 409 S.) Ebd. 894. n. 6. —

— der Werth des Lebens. Eine Denkerbetrachtg. im Sinne heroischer Lebensauffassg. 6. v. Neuem durchgearb. u. verm. Aufl. gr. 8. (XIV, 496 S.) Leipzig 902. O. R. Reisland. n. 6. —; geb. n. 7. —

Dühring, Georg: Über die physicalischen Arbeiten und Entdeckungen des älteren Seebeck. Görlitz 1880. 8°. Diss. Jena.

Dühring, Heinr., neue Entwürfe f. Tapezierer u. Decorateure. 1. u. 2. Lfg. Fol. (à 20 Taf. in Lichtdr.) Wien 884. 85. Spielhagen & Schurich. In Mappe. à n. 20. —

Dühring, Heinr., neue Entwürfe für Tapezierer und Decorateure. 2. und 3. Lfg. (à Lfg. 20 Taf. in Lichtdr.) Fol. Wien 885,88, Spielhagen und Schurich. In Mappe à Lfg. *ℳ 20.—. *
[1. Lfg.] Ebendas. 1881. *ℳ 20.—.

Dühring, Heinr., neue Entwürfe für Tapezierer und Decorateure. 60 Taf. in Lichtdr. 2. Aufl. 10 Lfgn. Fol. (à Lfg. 6 Taf.) Wien 888, Spielhagen und Schurich. à Lfg. ℳ 6.—.

Dühring, Ulr., s.: Personalist u. Emancipator.

Dühring, W., wie werde ich reich? Moderne Belehrgn. zur Erlangg. dauernden Wohlstandes u. Glückes. 8. (47 S.) Leipzig (901). A. F. Schlöffel. n. — 75

Dühring, W., wie werde ich reich? Moderne Belehrgn. zur Erlangg. dauernden Wohlstandes u. Glückes. 2. Aufl. (48 S.) 8. Leipzig (908.) A. F. Schlöffel. — 75

Dühringwahrheiten in Stellen aus den Schriften des Reformators, Forschers u. Denkers. Nebst dessen Bildnis. Hrsg. m. e. sachl. u. biograph. Einleitg. v. Döll. (VIII, 159 S.) gr. 8. Leipzig 908. Th. Thomas. 3.—; geb. 3.75

Die Stellung unserer Gemeinden zum Vereinsleben. Referat gehalten auf der Propsteisynode Südangeln in Süderbrarup, den 30. Juni 1896, v. [Peter Friedrich August Gustav] Dührkop. (Kappeln, 1896.) 8°.

Dührkopp, R., Kamera-Bildnisse v. Mitgliedern der königl. preuss. Akademie der Wissenschaften, aufgenommen u. in Kupfer geätzt u. gedruckt. (48 Bl. m. 8 S. Text.) 47×82 cm. Berlin 900. R. Dührkopp. In Mappe 120.—; einz. Blatt 4.—

DÜHRSEN, HENR. CHR., De vi Mercurii in lue venerea vario modo explicata. (Diss. inaug.) Kiliæ. 1823. 4. P.

Dührsen, W., Bülum, s.: Boysen, Paul Joh. Frdr.

Dührsen, Walther (Hrsg.), s. Manecke, U. Fr. Chr.: Top.-hist. Beschr. d. Städte, . . . d. Herzogthums Lauenburg, . . .

Dührssen, über die hauptsächlichsten Vorgänge und Bedingungen, unter denen die Heilung der Lungenschwindsucht zu Stande kömmt. gr. 8. (51 S.) Stuttgart 876, Enke. *

Dührssen, Alfred

Dührssen, Alfr., die Anwendung der Jodoformgaze in der Geburtshülfe. gr. 8. (34 S.) Berlin 888, Fischer's medicin. Buchh. **

Dührssen, A., Ueb. Aussackungen, Rückwärtsneiggn. u. Knickgn. d. schwang. Gebärmutter m. bes. Berücksicht. d. sogen. Retroflexio uteri gravidi partialis [Aus: „Archiv f. Gynäkologie".] gr. 8. (153 S. m. 10 Abbildgn. u 3 lith. Taf.) Berlin 898. A. Hirschwald. n. 5.—

Dührssen, A., üb. die Behandlung der Blutungen nach der Geburt, s.: Klinik, Berliner.

Dührssen, Alfr. Über die Behandlung der Blutungen post partum, s. Sammlung klinischer Vorträge.

Aus d. geburtshülfl. Universitätsklinik d. Charité zu Berlin. Ueber die Behandlung der Eklampsie. Von Privatd. Dr. A[lfred] Dührssen. Mit 2 Abb. Leipzig 1892: Engelhardt. 161 S. 8° [Umschlagt.] [91. 1495 II

Dührssen, A., zwei weitere Buddhageburten, s.: Klinik, Berliner.

Die Einschränkung des Bauchschnitts durch die vaginale Laparotomie '(Kolpocoeliotomia anterior)'. Von Prof. Dr. A[lfred] Dührssen in Berlin. M. 7 Abb. u. 6 Tab. Berlin: S. Karger 1899. (2 Bl., 266 S., 1 Bl.) 1 Bd 8. [98. 10637

Über chirurgische Fortschritte in der Geburtshilfe. Von A[lfred] Dührssen (Berlin). Leipzig: Breitkopf & Härtel 1896. (20 S.) 8.
— Sammlung Klinischer Vorträge. N. F. No 160. [96 6134

— Die „neue" Geburtshülfe u. der prakt. Arzt. Nebst weiteren Mitteilgn. üb. den Metreurynter-Kaiserschnitt u. die Buddhageburt, s.: Sammlung klin. Vorträge. Nr. 549/550.

— über e. neue Heilmethode der Harnleiterscheidenfisteln, nebst Bemerkgn. üb. die Heilg. der übr. Harnleiterfisteln, s.: Sammlung klinischer Vorträge.

Ueber die operative Heilung der mobilen und fixirten Retroflexio uteri auf vaginalem Wege m. besond. Berücks. d. Dauererfolge. Von Dr. Alfred Dührssen, Berlin, Privatd. Mit 12 Abb. Berlin 1894: Schumacher. 166 S. 8° [11. 3394 II

Dührssen, A., über Heilung u. Verhütung v. Frauenkrankheiten. gr. 8. (48 S.) Gr.-Lichterfelde-Berlin (900). [E. Runge]. Friedenau, Verl. d. ärztl. Ratgebers. n. 1.—

Der vaginale Kaiserschnitt. '(Nebst Bericht üb. e. erfolgreiche vaginale Exstirpation d. ruptuirten Uterus unmittelbar post partum.)' Von Prof. Dr. A[lfred] Dührssen in Berlin. M. 6 Abb. Berlin: S. Karger 1896. (3 Bl., 52 S.) 1 Bd 8. [97. 2719

Dührssen, Alfred: Der vaginale Kaiserschnitt. Mit 2 Abb. Als Ms. gedr. Berlin 1904 Schumacher. 70 S. 8°

Über vaginalen Kaiserschnitt. Von A[lfr.] Dührssen, (Berlin). Leipzig: Breitkopf & Härtel 1898. (24 S.) 8.
— Sammlung Klinischer Vorträge. N. F. No 232. [98. 10516

— üb. vaginalen Kaiserschnitt, — üb. e. neue Methode der Behandlung der unzeitigen Geburten, } s.: Sammlung klinisch. Vorträge.

Dührssen, (Jac.) Alfr. (geb. Heide in Holstein 23. 3. 1862): Ueber chronische Parotitis mit consecutiver Speichelgeschwulst nebst einer Zusammenstellung der bisher veröffentlichten Fälle von Sialodochitis Stenoniana und Whartoniana. Berlin (1884). (31 S.) 8°
Berlin, Med. Diss. v. 9. Febr. 1884

— die Therapie des engen Beckens, s.: Klinik, Berliner.

—— Geburtshülfliches Vademecum für Studirende u. Aerzte. 1. u. 2. Aufl. (X, 180 S. m. 32 Abbildgn.) 890; 3. Aufl. (XVI, 184 S. m. 32 Abbildgn.) 891; 4. Aufl. 12. (XVI, 199 S. m. 33 Abbildgn.) Berl. 892, Karger. geb. * 4 50

— Vademecum der Geburtshülfe u. Gynaekologie. Für Studirende u. Aerzte. 2 Thle. 12. Berlin, S. Karger. Geb. in Leinw. à n. 4.50
1. Geburtshülfliches Vademecum. 4., verb. u. verm. Aufl. (XVI, 199 S. m. 33 Abbildgn.) 892.
2. Gynaekologisches Vademecum. 3., verm. u. verb. Aufl. (VIII, 170 S. m. 105 Abbildgn.) 893.

— dasselbe. 2 Thle. 8. Ebd. Geb. in Leinw. à n. 5.—
1. Geburtshülfliches Vademecum. 5., verb. u. verm. Aufl. (XVI, 248 S. m. 34 Abbildgn.) 894.
2. Gynaekologisches Vademecum. 4., wesentlich verm. u. vorb. Aufl. (X, 217 S. m. 121 Abbildgn.) 895.

Vademecum der Geburtshülfe und Gynaekologie. Für Studir. u. Aerzte von Prof. Dr. A[lfred] Dührssen in Berlin. (Mit Abb. 6. verb. u. verm. Aufl.) Th. 1. 2. Berlin: S. Karger 1896–99. 2 Bde 8°
1. Geburtshülfl. Vademecum. 1896. 2. Gynaekol. Vademecum. 1899. [96. 3348

— Vademecum d. Geburtshülfe u. Gynaekologie. Für Studirende u. Aerzte. 2 Bde. 8. Berlin 899. S. Karger. Geb. in Leinw. à n. 6.—
I. Geburtshülfl. Vademecum. 7., verb. u. verm. Aufl. (XVI, 256 S. m. 40 Abb.)
II. Gynaekolog. Vademecum. 6., verm. u. verb. Aufl. (X, 230 S. m. 125 Abb.)

— Vademecum d. Geburtshülfe u. Gynaekologie. Für Studierende u. Aerzte. 1. u. 2. Tl. 8. Berlin, S. Karger. Geb. in Leinw. à n. 5. —
1. Geburtshülfliches Vademecum. 8. verb. u. verm. Aufl. (XIV, 258 S. m. 41 Abb.) 902.
2. Gynaekologisches Vademecum. Mit 129 Abbildgn. 7., verm. u. verb. Aufl. (X, 230 S.) 901.

Dührssen, A., Vademecum der Geburtshülfe u. Gynaekologie. Für Studierende u. Aerzte. 2. Thl. Gynaekologisches Vademecum. Mit 128 Abbildgn. im Text u. 8 Taf. 8. verm. u. verb. Aufl. (VIII, 231 S.) 8. Berlin 904. S. Karger. Geb. in Leinw. n. 5. —

— Vademecum der Geburtshülfe u. Gynaekologie. Für Studierende u. Ärzte. 1. Tl. Geburtshülfliches Vademecum. 9., verb. u. verm. Aufl. (X, 284 S. m. 41 Abbild.) kl. 8. Berlin 908. S. Karger. Geb. in Leinw. 5. —

—— Gynäkologisches Vademecum für Studirende u. Aerzte. 1. Aufl. (VI, 117 S. m. 100 Abbildgn) 891; 2. Aufl. 12. (VIII, 175 S. m. 100 Abbildgn.) Ebd. 892. geb. in Leinw. * 4 50
Die 3. u. 4. Aufl. des geburtshülflichen u. die 3. Aufl. des gynaekologischen Vademecum erschienen u. den Collectiv-Titel: Vademecum d. Geburtshülfe u. Gynäkologie.

— Gynäkologisches Vademekum f. Studierende u. Ärzte. 9. verm. u. verb. Aufl. (VI, 298 S. m. 188 Abb. u. 11 Taf.) kl. 8. Ebd. 909. Geb. in Leinw. 6. 40

— die Verhütung u. Heilung des Unterleibskrebses bei Frauen. 8. (11 S.) Berlin (902). Vogel & Kreienbrink. n. — 40

— 20 photographische Wandtafeln zur gynaekologischen Operationslehre, speciell zur conservativen Kolpo-Coeliotomie (m. aufgedr. Erklärgn. in deutscher, engl. u. französ. Sprache), nebst erläut. Text (in deutsch. u. engl. Sprache, je 19 S., 12.) Nach Operationen an den Lebenden aufgenommen v. Eugene Zeile. qu. gr. Fol. Berlin 902. S. Karger. In Mappe n.n. 75. —

Für Holstein gegen Immanuel. Von H. Albinger [d. i.: Heinrich Christian Dührssen]. Leipzig. 1835. 8°.

Dubuet, ..., nütz. Anweis. zur Bewahrung od. Wiederherstellung e. wahren Gottseligkeit; aus d. Französ. v. A. F. v. Geissau. 8. Wien 771. 2e A. 773.

Duhz, J., die Freimaurerei u. ihre Wertlosigkeit. (46 S.) 8. Berlin 904. Federverlag. n. — 50

Dujardin, Ed., Album z. Gesch. d. Grafen Hugo v. Craenhove u. sein. Freundes Abulfaragus. Histor. Gemälde aus d. 14. Jahrh. v. H. Conscience in 20 grossen Zeichnungen auf chin. Papier. qu. 4. Köln 846, Welter's Buchh. *

Du-Jardin, Thom., de officio sacerdotis, qua judicis et medici, in sacramento poenitentiae instructio brevis, in gratiam et commodum tyronis theologi composita. 12. Mechling. 846. (Mainz, Müller). 12 gr.

Du Jarrys de La Roche, Carl

Du Jarrys v. La Roche, C., s. La Roche.

Du Jarrys Frhr. v. La Roche, C., Gedanken über die Anordnung und Ausführung von Feld-Uebungen kleiner Infanterie-Haufen sowie größerer combinirter Truppen-Körper. 1. Aufl. 1858. und 2., verm. Aufl. 8. (XIX und 197 S. mit 12 lithogr. Planen in gr. 4. und qu. Fol.) Carlsruhe 859, Bielefeld. *

du Jarrys de la Roche, Carl Freiherr, grossherzogl. bad. Oberlieut. Geschichte der Kriegskunst seit dem XIX. Jahrhundert. Die Periode von 1800—1815. (Im Anschluss an Hoyer's Geschichte) 8. Mannheim 1844.

Du Jarrys de La Roche, Carl: Geschichte der Taktik. 2 Bde. (XXIV. 763) 8°. Carlsruhe 1840.

Du Jarrys v. La-Roche, Carl, der dreißigjährige Krieg, vom militär. Standpunkte aus beleuchtet. Nach großentheils archivar. und sonstigen noch unbenützten Quellen bearb. 1. und 2. Bd. gr. 8. Schaffhausen, Hurter'sche Buchh. [1. (XVI und 250 S. mit 2 lith. Schlachtplänen in qu. Fol.) 848. * 1 Thlr. 5 Ngr., 2. (VIII und 404 S.) 851. * 1 Thlr. 12 Ngr.] *

Dujarrys v. La Roche, Carl, der dreißigjährige Krieg, vom militärischen Standpunkte aus beleuchtet. Nach großentheils archivar. und sonstigen noch unbewußten Quellen bearb. 3. Bd. gr. 8. (X und 516 S. mit 6 lithogr. Plänen in 4. und qu. Fol.) Schaffhausen 852, Hurter'sche Buchh. *
1. und 2. Bd. Ebendas. 1851. * 2 Thlr. 17 Ngr.

Du Jarrys de la Roche, Carl Freiherr. Der deutsche Ober-Rhein, während der Kriege seit dem westphälischen Frieden bis 1801. 8. Stuttgart und Tübingen 1842.

Du Jarrys Frhr. v. Laroche, Louis, die repräsentative Monarchie. Ein Versuch zur Lösung der deutschen Frage. 8. (32 S.) Freiburg im Br. 851. (Diernfellner.) n. 8 ngr

Duijnste, Dominicus Fr. X. P., o. e. S. A., s.: Polemica de s. s. eucharistiae sacramento inter Bartholomaeum Arnoldi de Usingen.

Duile, Ferd., Reschen-Scheideck u. das Seenplateau. I. Umgebung. II. Klima. III. Das Volk der Venosten. (46 S. m. Abbildgn.) 8. Innsbruck 907. Wien. A. Edlinger. 1. —

Duile, Ferd., Warenkunde f. zweiclassige Handelsschulen. gr. 8. (V, 336 S. m. Abbildgn.) Wien 893. A. Hölder. Kart. n.n. 3. 20

Duile, Joseph: Bericht und Antrag über den Untersuch der Wild- und Gebirgsbäche im Kanton Glarus. Glarus 1841. 4°

Duile, Joseph, k. k. tirolisch-vorarlbergischer Provinzial-Bau-Direktions-Adjunkt. Ueber Verbauung der Wildbäche in Gebirgsländern, vorzüglich in der Provinz Tirol und Vorarlberg. Zum Gebrauche für Bau- und Forstbeamte, Obrigkeiten, Seelsorger, und Gemeinde-Vorstände. (Mit 3 Taf.) 8. Innsbruck 1826.

Duile, Jos., über Verbauung d. Wildbäche in Gebirgs-Ländern. Zum Gebr. f. Bau- u. Forstbeamte, Obrigkeiten, Seelsorger u. Gemeinds-Vorstände. 2., unveränd. Aufl. gr. 8. (11¼ B. u. 14 Kpfr. auf 2½ B. in Fol.) Innsbruck 834, Wagner.

Duilhé de Saint-Projet, F., Apologie d. Christenthums auf dem Boden d. empirischen Forschung. In Vorträgen, m. Zusätzen u. e. Einführg. v. C. Braig. 8. (LXXXVIII, 680 S.) Freiburg i/Br. 889. Herder. n. 6. —

Duill, Frdr. Ernst, Dissertatio juridica de judiciis censoriis, vulgo Ruge-Gerichten speciatim de iis quae in dynastia Wedano-Roncaliensi ... celebrantur. Marburgi 1758. 4. . . . . (D.)

Duill, Gust., die Förstersfrau. Ein erzählendes Gedicht. gr. 16. (79 S.) Leipzig 872, Ruhl.
geb. mit Goldschn.

Duill, Gust., Humoresken in ungebundener u. in gebundener Rede, s.: Haus- u. Reise-Bibliothek.

—— Auf dem Wege. Gedichte. Min.-Ausg. gr. 16. (VI, 70 S.) Leipzig 874, Ruhl.

— auf dem Wege. Bilder u. Lieder. 2., verm. Aufl. 16. (IV, 157 S.) Weimar 890. Jüngst & Co. n. 2. —; geb. m. Goldschn. n. 3. —

—— des Helden Weib. Ein erzählendes Gedicht. Min.-Ausg. gr. 16. (61 S.) Leipzig 874, Ruhl. *

Duill, Johann Jacob (Wedano-Roncaliensis), De jure emtoris praedii, expellendi ejus conductorem. Disp. jur. Marburg (Ph. Cas. Müller) 2. V. 1730. 40 S. (5.—) 7048

DUILLE, Joseph (Taufers): Dissertatio anatomica nonnullas musculorum varietates exhibens.- Landishuti: Thomann (1813). 22 S.
26.8.1813 - Pe 331; F 57
Diss. Ingolst.-Landsh.-Mchn.

Duimchen, Theodor

Duimchen, Thdr., zwischen Belt u. Sund. Neue Novellen. 8. (III, 266 S.) Berlin (902). F. Räde. n. 8.—; geb. n. 4.—

— Bruch. Roman. 1.—3. Taus. (406 S.) 8. Ebd. 904. n. 4.—; geb. n.n. 6.—

Bruch. Roman von Theodor **Duimchen**. 9. Taus. Berlin, Leipzig, Paris: Hüpeden & Merzyn 1904. (406 S.) 8° [F.] [04. 8808

Theodor **Duimchen**, Die Buffetiere. Berlin: Vita [1898]. (17 S.) 8° [F.]
— **Geschichten**, Kurze. 1, 9, [1.] [08. 3340

Duimchen, Thdr., Cuba insurrecta. Roman. 8. (236 S.) Berlin 898. Vita. n. 3. –

— Freiheit f. Cuba. Novelle. 8. (132 S.) Dresden 898. E. Reißner. n. 1. 50

Aus altem Hause. Roman von Theodor **Duimchen**. *Leipzig: R. Friese 1895.* (314 S.) 8° [F.] [00. 8670

— aus altem Hause. Roman. 3. Aufl. (271 S.) 8. Ebd. 905. n. 3.—; geb. n. 4.—

Duimchen, Th., Kopf u. Herz. Roman. 8. (285 S.) Dresden 889. Pierson. n. 4.—; geb. n. 5.—

Duimchen, Thdr., Kopf u. Herz. Roman. 2. (Titel-)Aufl. 8. (V, 285 S.) Leipzig 894. R. Friese, Sep.-Cto. n. 5.—; geb. n. 6.—

Kopf und Herz. Roman von Theodor **Duimchen**. 3. Aufl. Berlin, Leipzig, Paris: Hüpeden & Merzyn 1905. (244 S.) 8° [F.] [05. 19008 11

— die Kunst. Novellen u. Skizzen. 8. (III, 249 S.) Ebd. 896. n. 3.—; geb. n. 4.—

Kupfer. Lustspiel in 3 Akten von Theodor **Duimchen**. Als Hs. gedr. Dresden 1893: Albanus. (140 S.) 8° [F.] [08. 11483

— Kupfer. Lustsp. in 3 Akten. 8. (127 S.) Ebd. 897. n. 2.—

Mittel und Wege. Moderne Sittenbilder. 9 Novellen von Theodor **Duimchen**. *Berlin: J. Räde 1902.* (304 S.) 8° [F.] [04. 6433

Duimchen, Thdr., Monarchen u. Mammonarchen. (XX, 445 S.) 8. Berlin 908. Tempelhof, Freier literar. Verl. 4.50; geb. 5. 50

Monarchen und Mammonarchen von Theodor **Duimchen**. Berlin: Weiss 1908. (XX, 445 S.) 8° [08. 10790

— die Perle der Antillen, s. a. Kürschner's, Jos., Bücherschatz.

Die Perle der Antillen. Novelle von Theodor **Duimchen**. Mit Ill. von A. Lewin. Berlin, Eisenach, Leipzig: H. Hillger [1905]. (93 S.) 8° [F.]
— **Bücherschatz**, Kürschners. No 482. [07. 15300

Die Trusts und die Zukunft der Kulturmenschheit. Von Theodor **Duimchen**. *Berlin: J. Räde 1903.* (VII, 240 S.) 8°
— **Kulturprobleme** d. Gegenwart. Bd 6. [04. 6913

— Jantje Verbrügge. Roman. 8. (316 S.) Stuttgart 888. Deutsche Verlags-Anstalt. n. 3.—

— Jantje Verbrügge. Roman. (Neue Titel-Ausg.) 8. (316 S.) Stuttgart 894. Deutsche Verlags-Anstalt. n. 1.—; geb. n. 1. 25

— Jantje Verbrügge. Roman. 2. [Titel-]Aufl. (304 S.) 8. Berlin [889] 905. Hüpeden & Merzyn. n. 3.—; geb. n. 4.—

Duimchen's Thdr., sämtliche Werke. 2. u. 4. Bd. 8. Berlin, Hüpeden & Merzyn. à n. 3.—; geb. n. 4.—
2. Kopf u. Herz. Roman. 3. Aufl. (244 S.) 905.
4. La insurrecta. Roman. 2. Aufl. (213 S.) 905.

Dujmović, A., fundamental erläuterter Felddienst der Cavallerie. 1.—3. Lfg. 8. Warasdin. (Hannover, Helwing's Verl.) n. 6. 10
1. Ritte ins Freie. [Zu § 47 d. Exercir-Reglements.] (74 S. m. 30 Skizzen.) 887. n. 1. 90
2. Eskadrons-Feldübungen. (102 S. m. Plan u. 2 Skizzen.) 887. n. 2. —
3. Schule d. Felddienstes. [Felddienst-Spiel u. Aufklärungsdienst.] (138 S.) 889. n. 2. 20

— Felddienst-Spiel als Lehrbehelf f. den Anschauungsunterricht in den Mannschafts- u. Unteroffiziers-Schulen. 8. (55 S. mit 6 Fig.) Ebd. 889. n. 1.—

Dujmušić Josef: Studium über Osvetniči des Dichters Fra Grga Martić.
II. 1899 PN 1252 Diss. Wien, Univ.

Dujon, Alfonse, Jargon u. Anderes. (72 S.) gr. 8. Berlin (W. 30, Nollendorfstr 13/14) 906. Kuthan & Wand. n. 1. 20

Dujour, A. J., Beichtfertig. f. Ludwig XVI. a. d. Frz. 8. Gera, Haller. 794.

Duis, Fritz, appr. Arzt: Aus d. Psychiatr. u. Nerven-Klinik zu Kiel. Zur Lehre vom Tic géneral. Kiel 1910: Fiencke. 31 S. 8°
Kiel, Med. Diss. v. 5. Dez. 1909, Ref. Siemerling
[Geb. 22. Juli 81 Aurich; Wohnort: Bremen; Staatsangeh.: Preußen; Vorbildung: Gymn. Aurich Reife O. 00; Studium: Erlangen 6, Kiel 5 S.; Coll. 14. Dez. 09; Approb. 15. April 06.] [U 10. 2433

Duisberg, C., der chemische Unterricht an der Schule u. der Hochschulunterricht f. die Lehrer der Chemie. (48 S.) 8. Leipzig 906. O. Spamer. n. — 80

Duisberg, Carl. Beiträge zur Kenntnis des Acetessigesters. Jena, 1882.

Duisberg, W., allerlei Bilder aus m. Leben, auf lose Blätter gezeichnet. 8. (208 S.) Basel 896. Missionsbuchh. n. 1. 60

[F.] Allerlei Bilder aus meinem Leben auf lose Blätter gezeichnet v. W. Duisberg. *Basel: Missionsbuchhandl. [1897?].* (207 S.) 1 Bd 8. [97. 1418

Duisberg, W., Industrie u. Handel im Dienst d. Basler Mission. 8. (40 S. m. Abbildgn.) Basel 902. Missionsbuchh. n. — 20

— Licht aus Afrika f. weiße Leute. gr. 8. (24 S. m. Abbildgn.) Ebd. 900. n. — 10

Duisberg, W., Licht aus Afrika. 2. Aufl. (24 S. m. Abbildgn.) 8. Basel 904. Basler Missionsbuchh. n. — 10

Duisburg [Schlagwort]

— s. a.: Industriekarten.

Duisburg, s. a.: Umgebungskarten.

Duisburg, s.: Woerl's Reisehandbücher.

Duisburg. Karte, erste, von Duisburg vom J. 1566. Gezeichnet v. Corput. Nach dem in der Stadtbibliothek in Breslau aufgefund. Original chalkographisch vervielfältigt. 4 Blatt à 32,5 × 44 cm. Nebst Erklärungsblatt. Duisburg 897. (J. Ewich.) n. 8.—; auf Leinw. in Mappe u. lackirt m. Stäben n. 14.—

Duisburg Pharus-Plan, Gross-Duisburg m. Meiderich, Ruhrort, Belck. 1 : 14,000. 50,5×76 cm. Farbdr. Mit: Wissenswerte Angaben für Einheimische u. Fremde. (18 S.) 8. Berlin (908). (Duisburg, Schatz.) 1.—

Duisburg. Plan der Stadt Duisburg. 1 : 12,500. 51,5×55,5 cm. Farbdr. Nebst Straßenverzeichniß. 8. (7 S.) Duisburg 899. (J. Ewich.) n.n. 1.50

Duisburg. Plan der Stadt Duisburg. 1 : 12,500. 51,5×55,5 cm. Farbdr. Mit alphabet. Verzeichnis d. Strassen u. Plätze. (7 S.) 8. Duisburg 906. (J. Ewich.) n.n. 1.25

— Plan der Stadt Duisburg. (Stadt-Plan von Gross-Duisburg.) 1 : 15,000. 65×73,5 cm. Farbdr. Mit Strassenverzeichnis. (16. S) 8. Duisburg 906. (J. Ewich). nn 1.50

— — der Stadt Duisburg. Rev. durch das Vermessungsbureau Boshof. 1 : 15,000. 65,5×72,5 cm. Farbdruck. Mit Verzeichnis der Straßen u. Plätze. (16 S.) 8. Düsseldorf (908). Ulrich & Steinbecher. 1.—

Duisburg. Uebersichts-Karte der Stadt Duisburg u. der Duisburger Hafen-Anlagen. 1 : 10,000. Farbendr. 47×65 cm. Duisburg 892. J. Ewich. n.n. 1.50

Duisburg, Carl Ludw. v., Inhaltsverzeichniss z. Sammlung der Medaillen d. C. L. v. D. auf Aerzte u. Naturforscher sowie auf verschiedene Personen u. Gelegenheiten. Vollständiges Legenden-Lexikon zum Auktions-Katalog vom Novbr. 1860. Bearb. v. A. W. gr. 8. (122 S.) Berlin 898. A. Weyl n. 8.—

Duisburg, Chr. Gli., (†...) erbaul. Betrachtt. auf alle Fest- u. Sonntage. Mit 1 Kpf. 8. Danz. 793. (Kummer in Leipz.)

Duisburg, C. G., erbaul. Betrachtungen a. alle F.- u. S. 8. Danzig, Troschel. 793.

Duisburg, Chr. Gli., erbaul. Betrachtt. auf alle Wochen-, Fest- u. Communion-Tage. 8. Quedlinb. 772. 2e verm. Aufl. 8. Stadthagen 779. N. A. 8. Quedlinb. 784. Ernst. 6 gl

— erbauliche Betrachtungen a. alle Tage. 8. Quedlinb. Ernst. 785.

— Huldigungs- u. Dankpredigt in Danzig bei Gelegenheit d. preuß. Besitznahme gehalten. gr. 8. Danzig 793. (Kummer in Leipz.) 3 gl

— Predigten. 8. Frankf. u. Leipz. 786.

Duisburg, Christian Georg Ludw. Gottlieb (Schaumburg-Lippe), Physiologiam et pathologiam uteri. Diss. med. Jena (Stranckmann) 19. III. 1792. 39 S. (5.—) 7051
Gew.: Ephraim Philipp Blech, Christian Gottlieb Duisburg. — Handschr. Widm.

Duisburg, Friedrich Karl Gottlieb von, s. J. Aikin: geograph. Schilderungen.

Duisburg, Friedrich Karl Gottlieb von, s. Danzig, e. Skizze.

— Danzig, eine Skizze in Briefen, geschrieben vor, während und nach dem Bombardement, im Jahre 1807 (von *Friedrich Carl Gottlieb Duisburg*). Amsterdam und Hamburg (Danzig) 1807. 8°. (18 ggr.)
Anon.-Lex. I. p. 362 (nach Engelmann, Pohler, Weller). Kayser hat „1808".

— Danzig, eine Skizze, geschrieben vor, während und nach dem Bombardement im Jahre 1807. 8. Danzig, Krause. 808.

Duisburg, Friedrich Karl Gottlieb von, s. Gemälde von Danzig.

Gemälde von Danzig nebst einigen Bemerkungen auf einer Reise nach Königsberg (von *Friedr. Carl Gottlieb Duisburg*). Berlin und Leipzig 1809. 8°. (1 Rthl.) (Im British Museum.) (Da.: Krause)
Anon.-Lex. II. p. 173 (nach Engelmann u. Kayser).

v. Duisburg, Fr. K. G., († d. 30. Nov. 1825.) Geschichte d. Belagerung u. Blokade d. Stadt Danzig. 8. Danzig 808. Troschel. (Krause). 1 Rß 6 gl

Duisburg, Friedrich Karl Gottlieb von: Zwei Reformationspredigten, nebst e. vaterländ. Festpredigten. 8°. Danzig 1818. Ewert.

— Religionsvorträge, herausg. v. C. G. L. Meister. 8. Bremen 808. Müller. 8 gl

— Versuch e. histor.-topograph. Beschreib. d. Stadt Danzig. 8. Danzig 809. Troschel. 1 Rß 12 gl 2e A. 8. Ebd. 816. Krause. 1 Rß 12 gl Ewert das. Hbg. Pr. 8 gl

— — Versuch einer historisch-topographischen Beschreibung d. Stadt Danzig. 2te Aufl. 8. Danzig, Krause. 817.

Duisburg, Friedrich Karl Gottlieb von, s. Vorbereitungs-Andachten.

a Duisburg, Gust. (geb. Marienburg in Westpr. 31. 10. 1835): De valvulae mitralis vitiis. Berolini (1862). (31 S.) 8°
Berlin, Med. Diss. v. 24. März 1862

Duisburg, H. v., Aus der Dachrinne, s. Unterhaltungen, königsberger, naturwissenschaftliche.

v. Duisburg, Luise, Erinnerungsblätter. Neue Kränze um wohlbekannte Bilder. (Gedichte.) 8. (76 S.) Danzig 847, Gerhard'sche Buchh. n. 1/3 Rß

Duisburg, Louise v., Erinnerungsblätter. Neue Kränze um wohlbekannte Bilder. (Gedichte.) 8. (76 S.) Danzig 847. [Berlin, Grobe.] *

Duisenberg, Minna, Heimat-Grüsse. Gedichte. (VII, 197 S. m. 15 Taf.) 8. Dresden (908). E. Pierson. 3.—; geb. n 4.—

Duising, s. a. Düsing. — Duysing.

Duising, H. Ot., problemata dubia obiection. contra et circa religion. christian. 4. Marb. Kessler. 755.

— de Sessione filii ad dextram patris. 4. ibid. 741.

Duising, Justin Gerhard

Duising, J. G., resp. P. J. Borell, De catarrho suffocativo, vom Stickfluß. Marp. 4°. 1734

Duising, Iust. G., comment. phys. de salubritate aeris Marburg. 4. ibid. 753.

Duising, Justin Gerhard (Kassel), De respirationis mechanismo atque usu genuino. Diss. mechanico medica. Präs. Georg Erh. Hamberger. Jena (Fickelscherr) 15. XI. 1727. 44 S. (5.—) 7053

Duising, J. G., praes. Jo. A. Wedel, De morbis intemperiei. Jen. 4°. 1728

Duitsch, Chr. S.: Führung Gottes bei einem blinden Führer d. Blinden. gr. 8°. Utrecht 1771. (Andreae in Frankf.) Dass. Brockhaus in Leipz.

— bew. Führung Gottes b. e. blinden Leiter d. Blinden. gr. 8. Utrecht, (Gleditsch in Lpz.) 771.

Duk, Aug., Kirchenlieder, s. Kirchenlieder.

Dukas, Paul: Ariane und Blaubart (Ariane et Barbe Bleue). Märchen in 3 Aufz. Dichtung von Maurice Maeterlinck. Deutsch von Harry La Violette. Musik von Paul Dukas. Berlin, Köln, Leipzig: Ahn 1906. 32 S. 8°
(Ahns Operntext-Bibliothek. Nr 132.)

Dukas-Theodassos, J., im Zeichen des Halbmonds. Schilderungen aus der türk. Reichshauptstadt. 8. (VI, 391 S.) Köln 893. J. P. Bachem. n. 4. 50; geb. n.n. 6. —

Dukaten . . ., s.a. D u c a t e n . . .

Dukaten, drei, u. ein Comet, von Fr. Laun. 8. Leipz. Hartknoch. 814.

Duke, the little, s. Series for the young.

Duker, Karl Andreas, s.a. D u c k e r , Karl Andreas

— s. L. A. F l o r i epitome.

Dukerus, C. A., Opuscula v. Opuscula.

Duker, Karl Andr., († 1752.) opuscula varia de latinitate jure consultorum veterum ed. (Jh. Pt. Schmid). 8. Lpz. 773. Ed. II. 783. (Kopenh., Brummer; u. Aue in Altona). 20 ℊℊ Schrbp. 1 ₰

Düker, Elsbeth, s.: Erzählungen f. Schulkinder.

Düker, Elsbeth, Tante Elsbeth's Erzählungen zur Unterhaltung, Belehrung u. Erbauung f. katholische Knaben u. Mädchen. (96 S. m. Abbildgn.) 8. Warendorf (904). J. Schnell. n. — 50

Puppe Mienens Schicksale. Von Elsbeth Düker. *Boppard: Marienheim [1899].* (16 S.) 8° [Umschlagt. F.]
— Erzählungen f. Schulkinder. Ser. 2, H. 5.

Düker, Elsbeth. Aus meinem Stübchen. Erzählungen. Mit farbigen Bildern [2 Tafeln] von M[elchior] Annen. 1. Tausend. 167 S. 8. Einsiedeln..., Benziger & Co. A. G., 1909. (geb. M. 1. —)
Sonnenschein. Geschichten für Kinder und ihre Freunde. Bändchen 5 ... :

Düker, Fritz, Ref. in Halle: Die analoge Anwendung der Vorschriften der Hypothek auf die Grundschuld des Bürgerlichen Gesetzbuches. Borna-Leipzig 1906: R. Noske. (IX, 64 S.) 8°
Leipzig, Jur. Fak., Diss. v. 28. Juli 1906
[Geb. 9. Sept. 79 Milow a. Havel; Wohnort: Halle a. S.; Staatsangeh.: Preußen; Vorbildung: Gymn. Brandenburg a. H. Reife O. 99; Studium: Berlin 2, Tübingen 1, Berlin 1, Halle 3 S.; Rig. 30. Okt. 03.]

Düker, H., die Zifferrechnung mit ihrer Anwendung auf das gesammte bürgerliche Rechnen für die unteren u. mittleren Classen aller höheren Lehranstalten. 8. (VI, 80 S.) Hildesheim 880. Lax. cart. n.n. 1. —

— — die Zifferrechnung mit ihrer Anwendung auf das gesamte bürgerliche Rechnen, mit einer großen Anzahl von Übungsaufgaben, für höhere Lehranstalten. 2. verm. und verb. Aufl. gr. 8. (VI, 128 S.) Ebendas. 882.

Düker, *Johannes Heinrich Karl Direktor Adolf Kirchhoff, † in der Nacht vom 19./20. Juli 1894.* 4 (S. 18).
Progr. Bischöfl. G. Josephinum *Hildesheim* 1895 (312).

Düker, Peter (Bremen), De sacro-sancto talionis jure. Disputat. juris. Präs. Heinrich Coccejus. Frankfurt a. O. (Chr. Zeitler) 18. V. 1705. 27 S. (5.—) 7006

Dukes, C. J., u. A. Fielde, Alltagsleben in China. Bilder aus dem chines. Volksleben nach Schilderqn. v. D. u. F. Frei nach dem Engl. v. Louise Ohler. 8. (VIII, 230 S. m. Bildern.) Basel 892. Missionsbuchh. n. 2. 40

Dukes, Leopold

Dukes, Leop., Beiträge zur Geschichte der ältesten Auslegung des Alten Testamentes, s. Ewald, Hnr.

— Rabbinische Blumenlese, enthaltend: Eine Sammlung, Uebersetzung und Erläuterung der hebräischen u. chaldäischen Sprüche des Sirach, talmudischer Sprichwörter, Sentenzen und Maximen, nebst einem Anhange Leichenreden und einem Glossar. gr. 8. Leipzig 844, Hahn'sche Verlagsb. 1½ ₰

— zur Kenntniß der neuhebräischen religiösen Poesie. Ein Beitrag zur Literaturgeschichte, nebst hebräischen Beilagen. gr. 8. Frankf. a/M. 842. (Leipzig, C. L. Fritzsche.) n. 1 ₰

Dukes, Leop., s.: Kontres hamassoreth.

Dukes, Leop., Philosophisches aus dem zehnten Jahrhundert. Ein Beitrag zur Literaturgeschichte der Mohamedaner und Juden. gr. 8. (XXIV, 168 S.) Nakel 868, Kallmann.

Dukes, Leopold (Hrsg.), s. Q ō b e ṣ 'al jād.

Dukes, Leop., Salomo ben Gabirol aus Malaga und die ethischen Werke desselben. Mit einer Uebersicht der meisten ethischen Werke der Araber. Ein Beitrag zur Literaturgeschichte der Araber u. Juden des Mittelalters. 1. Heft. Hannover 860. (Helwing.) gr. 8. (XII, 124 S.) n. 20 ngr.

Dukes, Leopold, Die Sprache der Mischnah. Lexicographisch und grammatisch betrachtet. = Nachbiblische Geschichte der hebräischen Sprache. 1. Heft. Eszlingen 1846.

Spruchkunde, Zur rabbinischen. Eine Sammlung rabbinischer Sentenzen, Sprichwörter und sprichwörtlicher Redensarten, herausgegeben und erläutert von Leopold Dukes. Wien 1851.

Dukiel volapükik da München e zümöp oma. Sezük se „München" fa „Trautwein". Lovepol fa Gross Karl, löpitidel vpa. Ko kaed zifa „München" e kaedils laka len „Starnberg" e ledoma „Nymphenburg". Wegweiser durch München. 12. (59 S.) München 887, Kaiser. *

Dukmeyer, Friedr. Auf Anlaß d. offenen Sendschreibens an den Oberprokureur d. Synods Konstant. Pobedonoszeff v. Herm. Dalton u. d. offenen Briefes an Past. Dalton v. A. D. Lex.-8. (15 S.) St. Petersb. 889. (Lpz., Wagner.) ** — 75

Dukmeyer, Frdr., der Arbeiterkaiser. Trauerspiel in 5 Akten. gr. 8. (84 S.) Berlin 892. E. Rentzel. n. 1. 50

— Pietro Aretino. Drama in 5 Akten. gr. 8. (67 S.) Cöthen 889. (Schettler's Erben, Verl.) n. 1. 50

Des Sittenmeisters Ärgernisse. Eine Komödie in 3 Akten von Friedrich Dukmeyer. *München: Staegmeyr 1901.* (90, XIV S.) 8° [F.]

Die Deutschen in Tolstois Schilderung. Von Friedrich Dukmeyer. *München: Staegmeyr in Komm. 1902.* (14 S.) 8° [F.]
Aus: Allgem. Zeitung. 1902. No 111, Beil.

Dukmeyer, Frdr., Korb's Diarium itineris in Moscoviam u. Quellen, die es ergänzen, s.a. Studien, histor.

Dukmeyer, Friedrich [Kais. Russ. Hofrat, Beamter an d. Bibliothek d. Ausw. Amtes d. Deutschen Reiches]: Korbs Diarium itineris in Moscoviam und Quellen, die es ergänzen. (Berlin [1908]: Ullstein & Co.) (36 S.) 8° ¶ (Erscheint später vollst. in Buchform.)
München, Phil. Fak., Ref. v. Heigel, Diss. v. 11. März 1908
[Geb. 15 (3). Jan. 64 Ramkau (Livland); Wohnort: Berlin; Staatsangeh.: Rußland; Vorbildung: Gouv.-Gymn. Riga Reife Dez. 83; Studium: Jura u. Phil. Petersburg 8, Phil. München 5, Berlin 3 S.; Rig. 11. März 08.]

Korbs Diarium itineris in Moscoviam und Quellen, die es ergänzen. Beiträge z. moskowit.-russ., österr.-kaiserlichen u. brandenb.-preuss. Geschichte aus d. Zeit Peters d. Grossen. Von Friedrich Dukmeyer. Bd 1. 2. Berlin: Ebering 1909–10. 8°
[Ein T. von Bd 1 erschien als Inaug.-Diss. München 1908.]
(Historische Studien. H. 70. 80).

Einer für alle. Eine Tragödie in 5 Akten von Friedrich Dukmeyer. *München: Staegmeyr 1901.* (124 S.) 8° [F.]

— zur Freiheit aus Deutschland u. Rußland. gr. 8. (52 S.) Ebd. 893. n. — 50

— Füchse mit brennenden Schwänzen. gr. 8. (134 S.) Ebd. 891. n. 2. —

— Gastgeschenke f. Freund u. Feind. gr. 8. (97 S.) Ebd. 893. n. 1. —

Dukmeyer, Frdr., d. siebente Großmacht od. d. Schatten. Lustsp. in 5 Akten. 8. (136 S.) Leipzig 896. E. Wiest Nachf. 1. 50

—— Joseph u. Arold. Gedichte. 8. (III, 74 S.) Cöthen 889, (Schettler's Erben). * 1 50

— Kritik der reinen und praktischen Unvernunft in der gemeinen Verjudung 1.—7. Aufl. gr. 8. (48 S.) Ebd. 892. n. — 60

— russisches Leben. Novellen u. Skizzen. 1. u. 2. Aufl. 8. (VII, 212 S.) Ebd. 892. n. 3. —

— Manneswortе an die Treuen u. Protestanten der Zeit. gr. 8. (8 S.) Ebd. 892. n. — 20

—— Spurius Carvilius Ruga. Drama in 5 Akten. gr. 8. (44 S.) Cöthen 889, (Schettler's Erben). * 1 50

—— Tod dem Verräter! Drama in 5 Akten. gr. 8. (40 S.) Berl. 892, Renbel. * 1 —

— Tolstoi Prophet od. Popanz? gr. 8. (88 S.) Ebd. 891. n. — 75

Der Zorn Jehovahs. Tragödie in 1 Akt von Friedrich Dukmeyer. *München: Staegmeyr 1902.* (32 S.) 8° [F.] [04. 97v; 7

Dula, Was für Mittel stehen dem Lehrer zu Gebote, ausser dem Unterricht auf die Erziehung der Kinder einzuwirken? Wettingen 1884. Progr.

Dula, F., über Bildung der Mädchen für das Haus u. die Familie. Vortrag in der schweizer. gemeinnütz. Gesellschaft in Aarau den 9. Septbr. 1868. Zürich 868. (Herzog.) gr. 8. (52 S.) n. 8 *ngr.*

Dula, F., über Bildung der Mädchen für das Haus und die Familie. Vortrag in der schweiz. gemeinnütz. Gesellschaft in Aarau den 9. Septbr. 1868. gr. 8. (52 S.) Zürich 869, (Herzog.) *

Dula, Dr. F., über Geschlechtertrennung in Primarschulen und über höhere Mädchenschulen. Vortrag. 34 Stn. 8. Zürich, Druck v. J. Herzog. Separatabdruck aus der Schweiz. Zeitschrift für Gemeinnützigkeit. Jahrg. 1873.

Dula. F[ranz]. Worte der Erinnerung an Dr. Augustin Keller. gesprochen den 28. Jänner 1883. 8. Baden.

Dula-Jubiläum. Das (Franz) D'-J' in Baden, Samstag den 8. Januar 1887. SA. 8. Baden.

Dula-Jubiläum, Das, in Baden . . . 1887 . . . Baden [1887]. V: *Jäger, Jos.* (Zuwachsverz. d. Bibl. in Zürich 1898 ff.)

DULANSZKY, Ferdinandus: Systemata errorum circa personam Christi ab Ario usque saeculum octavum, doctrinae ecclesiae catholicae opposita. — (1856) 70 S. 8" (Handschr.) Diss. 172

Diss. Wien, Univ.

Dulár, Franjo. Umna Živinoreja. V Celovcu, St. Hermagoras-Druck., 1894—95. 2 Bde. — 2. popravljena in predelana izdaja. 1907. Bd. 1.

Dulár, Franjo. Domači Živinozdravnik. V Celovcu, St. Hermagoras-Druck., 1890. 224 S. — 2. predelana in popravljena izdaja. 1909. 276 S.

Dulaure, Jacques Antoine

DULAURE, J. A., Kritische Geschichte des Adels. Aus d. Französ. O. O. 1792. 8°. (3 Mk. L. M. Glogau Sohn, Hamburg, 1888.)
Darin interess. Beiträge zur Cultur- und Sittengeschichte. Bereits selten!

Dulaure, J. A., kritische Geschichte d. Adels, von Anfang d. Monarchie bis auf unsere Zeiten; aus d. Französ. 8. Zürich 793. Orell. 16 gl.

Dulaure, (J. A.,) Panorama de Paris et Guide de l'etranger à Paris. Mit 1 ill. Grundriß, 12 Ansichten in Steindr. u. 1 Tabelle. 8. Heidelberg 826, Engelmann.

Dulaure, Jak. Ant., die Zeugung in Glauben, Sitten u. Bräuchen der Völker, s. a. Beiwerke zum Studium der Anthropophyteia. I.

Dulaure, Jacques Antoine: Die Zeugung in Glauben, Sitten und Bräuchen der Völker (Les Divinités génératrices). Verdeutscht u. erg. von Friedrich S[alomo] Krauss u. Karl Reiskel. Mit Nachtr. von H. Ihm, e. Nachw. von Alfred Kind u. mit 314 Abb. (Privatdr.) Leipzig: Deutsche Verl.-A.G. 1909. 349 S. 4°
(Beiwerke z. Studium d. Anthropophyteia. Bd I.)

Dulauren, Handbuch d. Steuerpflichtigen, s. a. Handbuch.

Dulaurens. Handbuch der Steuerpflichtigen; aus dem Französ. 8°. Hamburg, Perthes u. B., 1812.

Dulaurens. System der directen Steuern in Frankreich. Aus dem Französ. von K. Thum. 2. unveränd. Aufl. 8°. Mainz, Kupferberg, 1819.

MATTHIES, Der Gevatter, oder die Ausschweifungen des menschlichen Geistes. (Aus d. Französ. des Abbé *Henri Joseph Dulaurens* [geb. 1719, † 1797 bei Mainz] von J. Z. Logan.) 3 Thle. Berlin, 1779. Bey Gottlieb August Lange, dem Königl. Schlosse gegenüber. 8°. (In Stralsund, Rathsbibl.) (Titel zu 2 reprod. bei Stern II. p. 78.) (15 Mk. E. Frensdorff, 1909; 18 Mk. Emil Hirsch, München, 1909; 30 Mk., sehr schönes Expl. in braunen Ldrbdn. d. Zeit m. Rückenvergoldg. u. Schildchen, Max Perl's Berliner Oct.-Auct. 1907, no. 188.)
264, 272 u. 312 SS. Seltene erste Ausgabe der Uebersetzung.
— — Dasselbe. 3 Thle. Zweite verbesserte Auflage. Mit (6) Kpfrn. (drast. Radirgn., J. H. Meil sen. fec.). Ebd. 1790. 8°. (2¼ Rthl.) (12 Kr. Stähelin & Lauenstein, Wien, 1907; 15 Mk. E. Frensdorff, c. 1905.)
Ebenfalls rar und wegen der Kupfer sehr gesucht. I: 5 Bll., 246 S.; II: 2 Bll., 274 S.; III: 3 Bll., 298 S.

Dulberg, Joseph [Dr. jur., aus Manchester (England)]: Ein Beitrag zur Statistik des acuten Gelenkrheumatismus. . . . Würzburg, P. Scheiner's Buchdr., 1891; 23 S. 8°
Würzburg, Med. Fak., Inaug.-Diss. v. 1891

Dülberg, Franz

Dülberg, Frz., Frühholländer I., II. u. III., 1. Haarlem, H. Kleinmann & Co. n. 120. —
I. Die Altarwerke des Cornelis Engebrechtszoon u. des Lukas van Leyden im Leidener städt. Museum. (24 Lichtdr.-Taf. m. 122 S. Text.) gr. Fol. 903. n. 40. —
II. Altholländische Gemälde im erzbischöfl. Museum zu Utrecht. (25 Lichtdr.-Taf. m. 19 S. Text.) gr. Fol. (905.) n. 40. —
III. Frühholländer in Italien. 1. Lfg. (25 Taf. m. 26 S. Text.) gr. Fol. (906.) n. 40. —

Dülberg, Frz., Frühholländer III. Frühholländer in Italien. 2. Lfg. (25 Taf.) 49×33 cm. Haarlem (907). H. Kleinmann & Co. 32. —

Stefan George. Ein Führer zu s. Werke von Franz Dülberg. München & Leipzig: G. Müller 1908. (68 S.) 8° [05. 1730]

— die deutsche Jahrhundert-Ausstellung (zu Berlin 1906). (70 S. m. Abbildgn.) 4. Leipzig 906. E. A. Seemann. n. 3. —
Sonderabdruck aus: „Ztschr. f. bild. Kunst“.

Kotallenkettlin. Ein Drama in 4 Akten von Franz **Dülberg**. Berlin: E. Fleischel & Co. 1906. (150 S.) 8° [F.] [07. 6939

— s.: **Malerei, deutsche, des 19. Jahrh.**

Dülberg, Franz, aus Berlin: Die Leydener Malerschule. I. Gerardus Leydanus. II. Cornelis Engebrechtsz. *Berlin (1899): G. Schade.* (88 S.) 8° ¶(Th. 3 u. 4 soll später erscheinen.)
Berlin Phil. Diss. v. 18. Jan. 1899

— **König Schrei. Drama in 5 Aufzügen. (185 S.) 8. München 905. R. Piper & Co. n. 2.—**

Dulcamara, Welche Gefahren drohen von Seiten des Materialismus? Eine Dissertation. gr. 8. (16 S.) Oldenburg 881, Schulze'sche Hofbuchh.

Dulca-Mara, Lucian

Dulca-Mara, L., musikalische Wallfahrt nach Bayreuth. Kleine Satyren aus der musikalischen u. literar. Gesellschaft. 8. (X, 138 S.) Leipzig 887. [Unflad.] Berlin, Neufeld & Henius. n. 1.50

Dulcis, des Professors Catharinus, Leben, v. ihm selbst beschrieben. Mit Anmerkgn. v. Ferd. Justi. Mit Dulcis Bildniss. gr. 8. (46 S.) Marburg 899. N. G. Elwert's Verl. n. 1.—

Dulcken, Thdr. Aug., abgekürzte Grammatik der englischen Sprache, oder vereinfachte Methode, dieselbe schnell und gründlich zu erlernen, zum Gebrauche für Diejenigen, welche der deutschen oder französischen Sprache mächtig sind, nebst einem Anhange von Anekdoten, Erzählungen, Aufsätzen u. geschichtlichen Rückerinnerungen, mit einer zwischenzeiligen Uebersetzung, gemäß dem Geiste der englischen Sprache. A. u. d. T.: Grammaire abrégée de la langue anglaise, ou méthode simplifiée etc. Breslau 858. Graß, Barth u. Co. Sortbdlg. in Comm. gr. 8. (CVII, 207 S.) n. 24 ngl

„Dulde!" Aus der Lebensbeschreibg. einer Armen. Hrsg. v. E. Bleuler. (55 S.) 8. München (910). E. Reinhardt. —50

Dulder, Ferdinand; die Macht des Glaubens und der Liebe. Ein Lesebuch für Kinder ... Aarau 1821. V: *Tobler, J. G.* (Ky)

Dulder, Ferdinand; d. Macht d. Glaubens u. d. Liebe. Ein Lesebuch f. Kinder von 10—14 Jahren, (v. G. v. Keller). 8. Aarau 821. Sauerländer. 16 gl

Dulder, Philipp, komischer Roman in einer Reihe natürlicher Schilderungen. Budissin u. Leipzig 1793. V: *Wolf, Friedrich Theodor.* (Erman & Horn, Bibliogr. d. dtsch. Universitäten. 1. Leipz. u. Berl. 1904.)

Dulder, Philipp, ein komischer Roman in einer Reihe natürlicher Schilderungen, 2 Theile, 8. Bautzen, 793/94. Arnold. 1 Rthl. 5 sgl.

Dulder, Philipp. 2 Thle. 8. Bautzen 794 u. 794. Arnold. 1 ℔ 4 gl

Dulderin, Die. Ein Auftritt aus dem Geisterreiche... O. O. 1809. V: *Wartensleben, Charlotte Wilhelmine Isabelle Gräfin von.* (MGT)

Dulderin, Die erhabene. Schneeberg 1802. V: *Arnold, Ignaz Ferd.* (= *Theodor Ferd. Cajetan*). (Ky) (MGT)

Duldner, Johann Der Schässburger Rektor Georg Seraphin (1669—1677). 4 (S. 3—39, 1 S. Berichtigungen).
Progr. Ev. G. A. B. u. verb. Lehranstalt. *Schässburg* 1889.

Duldsamkeit, katholische u protestantische, od. der Jesuit Perrone u. seine Ankläger, s. a. Flugschriften, katholische, zur Wehr u. Lehr'.

Katholische und protestantische Duldsamkeit, oder: Der Jesuit Perrone u. seine Ankläger. Berlin, Germania, 1892, 16°, 53 S., 10 Pf. (Kath. Flugschr. zur Wehr u. Lehr' Nr. 48.)

Duldsamkeit, die, der Reformation, s.: Volksaufklärung.

Duldung u. Liebe. Schspl. 8. Hamb. 794. Bachmann. 5 gl

Duleau, A., theoret.-prakt. Versuche über den Widerstand u. die Haltbarkeit des geschmiedeten Eisens; mit Anwendung d. Resultate dieser Versuche. Aus d. Französ., mit e. ergänz. Vorrede v. J. G. L. Blumhof. Mit 4 Steint. 8. Quedlinb. 825. Basse. 20 gl

Dülfer, Martin, s. a. **Architektur des XX. Jahrh.**

Martin **Dülfer**. (Hrsg.: Max Creutz.) Berlin: Wasmuth 1910. 110 S. 4°
(Die Architektur d. 20. Jahrhunderts. Sonderh. 4.) [11. 10733

(Duelfer, Rud.), Was ist eine Verfassung? E. Stimme a. d. Demokratie. Görlitz 1905. 8°.

(Duelfer, Rud.), Welchen Wert hat die preussische Verfassung für unser Volk? Von Politikus (d. i. Rudolf Dülfer). Görlitz 1905. 8°.

Dulheuer, Const., kurze Darstellung des preußischen Rechts der Gegenwart. Unter Beibehaltung der Legalordnung und Annotirung der Parallelstellen des röm. Rechts. Ein ergänzendes Seitenstück zu Heydemann's System des preuß. Civilrechts und ein Repetitorium zur Vorbereitung für die jurist. Prüfungen. (4 Lfgn.) gr. 8. (XV und 695 S.) Berlin 856, Decker'sche geheime Ober-Hofbuchdr. (à Lfg. 20 Ngr.)

Dulheuer, Const., die Elemente des preußischen Rechts. Ein Beitrag zur Entwickelung des deutschen Rechts. gr. 8. (LXXI und 226 S.) Berlin 862, C. Heymann's Verlag. *

Dulheuer, Paul

Dulheuer, d. **Volksschulwesen** i. d. Prov. Hannover, insbes. im Reg.-Bez. Osnabrück, in systemat. Ordng. d. Gesetze, d. Verfüggn. d. Schulaufsichtsbehörden, d. Entscheidgn. d. Gerichte 2c., z. Gebr. f. Schulvorstände, Lehrer u. Schulaufsichtsbeamte i. Auftr. d. kgl. Regierg. z. Osnabrück zusammengest. u. bearb. gr. 8. (XV, 435 S.) Osnabrück 898. Rackhorst. Geb. in Leinw. n.n. 5.—

Dulheuer, das Volksschulwesen in der Prov. Hannover, insbesond. im Reg.-Bez. Osnabrück, in systemat. Ordng. der Gesetze, der Verfüggn. der Schulaufsichtsbehörden, der Entscheidgn. der Gerichte 2c., zum Gebrauch f. Schulvorstände, Lehrer u. Schulaufsichtsbeamte im Auftrage der königl. Regierg. zu Osnabrück zusammengestellt u. bearb. 2. Aufl., bearb. v. Thümen. (XVI, 412 S.) 8. Osnabrück 908. Rackhorst. Geb. in Leinw. nn 5.—

— dasselbe. 1. Nachtrag m. dem neuen Lehrerbesoldungsgesetz vom 26. V. 1909 nebst Ausführungsbestimmgn. Abgeschl. Septbr. 1909. (71 S.) 8. Ebd. 908. Geb. nn 1.20

Dulheuer, Rud., der Besuch im Kränzchen, s.: Ungelenk's Vereinsbühne.

Dulheuer, W(ilhelm) <geb. am 10 Nov. 1844 in Burbach Westf.>: Ein Beitrag zur Actiologie des Ileotyphus ... Bonn, Druck v. F. Krüger 1867. 30 S., 1 Bl. 8.
Bonn, Med. Fak., Diss. v. [12 Aug.] 1867

Vier achtstimmige Chöre aus den Centurien d. Philippus Dulichius. '(1563--1631.)' Hrsg. u. f. d. prakt. Gebr. eingerichtet v. Rudolf Schwartz. Partitur ... *Leipzig: Breitkopf & Härtel [1896?].* (2 Bl., 49 S.) 1 Bd 8.
— Chorbibliothek, Breitkopf & Härtel's. No 1258. 97. 586

Duliège, R. A., einige Worte über die Schur des Pferdes vom Standpunkte der Gesundheitspflege öffentlich besprochen im „Journal d'agriculture pratique". Autoris. Uebersetzung. gr. 8. (23 S.) Wien 871, Faesy und Frick. *

Duliot, J. B., Lehrbuch d. Steinschnitts d. Bögen, Gewölbe, Treppen rc. f. Baukünstler, Werkmeister u. Steinhauer. A. d. Franz. übers. v. C. F. Dephle. 2 Thle. 2. Ausg. gr. 8. (45 B. u. 100 Stnt.) qr. 4. Stuttgart 837, Neff. *

Dulk, A., u. O. Seemann, die Wände, s.: Seemann, O.

Dulk, Albert (Benno)

Dulks, Alb., sämmtliche Dramen. 1. Gesammt-Ausg. Hrsg. v. Ernst Ziel. 3 Bde. 8. (VIII, 488 S. m. Bildnis in Photograv.; III, 388; III, 292 S.) Stuttgart 893. 894. J. H. W. Dietz. à n. 3. —; geb. n. 4. —

Dulk, Alb., Entwurf einer Gesellschaftslehre. gr. 8. (IV, 100 S.) Leipzig 888, Findel. *

Dulk, A., Entwurf e. Gesellschaftslehre. gr. 8. (IV, 100 S.) Leipzig 889. Findel. n. 2. —

Dulk, Alb., Fahrten durch Norwegen und die Lappmark, s. Hartung, G.

—— Gedichte. Ausgewählt aus seinem Nachlaß. 12. (96 S.) Stuttgart 887, Dietz. geb. *

Dulk, Alb. Gedichte. Ausgewählt aus seinem Nachlaß. 2. Aufl. 12. (94 S.) Stuttg. 892, Dietz. geb. in Leinw. * 1 50

— Jesus der Christ. Ein Stück für die Volksbühne in neun Handlungen mit e. Nachspiel. Stuttgart 865. E. Ebner. gr. 8. (VIII, 280 S.) 1 ₰

Dulk, Alb., der Irrgang d. Lebens Jesu. In geschichtl. Auffassg. dargestellt. 1. u. 2. Tl. 8. Stuttgart, Dietz. à n. 4. —
1. Die histor. Wurzeln u. die galiläische Blüte. (XVIII, 359 S.) 884.
2. Der Messiasgang u. die Erhebg. ans Kreuz. (XIII, 302 S.) 885.

—— der Irrgang des Lebens Jesu. In geschichtl. Auffassung dargestellt. 2. Tl.: Der Messiasgang und die Erhebung ans Kreuz. 8. (XIII, 302 S.) Ebendas. 885. *
1. Tl. Ebendas. 1884. *ℳ 4.—. Herabges. Preis für beide Bde. zusammen *ℳ 4.—. Vgl.: Zeit- und Streitfragen, sozialpolitische, 27. Heft.

Dulk, Alb., Conrad II. Historisches Schauspiel in 6 Handlungen. 2 Thle. 8. Leipzig 867, Brockhaus. à Thl. * 20 Ngr. *
Inhalt:
Thl. 1. König Konrad II. (156 S.)
„ 2. Kaiser Konrad II. (184 S.)

Dulk, A., nieder mit den Atheisten! Ein Gespräch zwischen Frömmigkeit, Verstand u. Liebe für Landbauer u. gute Christen. 8. (44 S.) Leipzig 876. Genossenschaftsbuchdruckerei. — 50

Dulk, A. Patriotismus und Frömmigkeit. Aus dem „Deutschen Demokrat". Kaiserslautern, Ph. Rohr 1871. 53 S. 8.

Dulk, A., Patriotismus und Frömmigkeit. Ein Wort zur Erkenntniß der Zeit. gr. 8. (53 S.) Kaiserslautern 872, Rohr. *
Aus: Deutscher Demokrat, besonders abgedruckt.

—— Reise-Erinnerungen aus Egypten und Arabia Petrea. gr. 8. (93 S.) Leipzig 886, (Thiele.) *

— Reise-Erinnerungen aus Egypten und Arabia Petrea. 2. Aufl. 8. (93 S.) Leipzig 889. E. Thiele. n. 1. —

Dulk, Albertus (Benno) *(geb. Königsberg i. Pr. [17. 6.] 1819)*: De resinis, praesertim de resina Dammarae. Vratislaviae (1846). (33 S.) 4°
Breslau, Phil. Diss. v. 15. Aug. 1846

Dulk, A., der Schuster von Heilbronn. Ein Lied im neuen Deutschen Reich. 8. (3 S.) Stuttgart 880. Loebell. n. — 5

— -- Stimme der Menschheit. Ein Lehrbuch für kirchenfreien Religionsunterricht in Gemeinde, Schule und Haus. 2. Thl.: Positive Glaubenslehre oder ideelle Religion. gr. 8. (XX, 275 S.) Leipzig 880, Findel. *
1. Thl. Ebendas. 1876. *ℳ 6.

—— Stimmen der Menschheit. Christliche Glaubenslehre. Ein Lehrbuch für kirchenfreien Religionsunterricht in Gemeinde, Schule und Haus. 1. Thl.: Kritische Glaubenslehre. 6 Lfgn. gr. 8. (X, 547 S.) Leipzig 875,76. Findel. à Lfg. * ℳ 1. *

— Die Strömung in der Gesellschaft wider den Socialismus. (Neue Gesellschaft. 1. Jhrg.)

—— Thier oder Mensch? Ein Wort über Wesen und Bestimmungen der Menschheit. 8. (IV, 240 S.) Leipzig 872, O. Wigand. *

Dulk, A. (B.), der Tod des Bewußtseins und die Unsterblichkeit. Leipzig. 863. O. Wigand. 8. (191 S.) n. 20 ngr.

—— Was ist von der christlichen Kirche zu halten? Eine gedrängte Darstellung der Quellen und der Geschichte des Christenthums. Sechs öffentl. Vorträge, gehalten zu Stuttgart 1876. gr. 8. (156 S.) Zürich 877, Schmidt. *

—— Willa. Schauspiel in 3 Handlungen. [Den Bühnen gegenüber als Mscr. gedr.] 8. (87 S.) Wien 875, Rosner. *

Dulk, Aug. Ferd., erklär. Handwörterbuch aller im Material- u. Droguenhandel vorkommenden Droguen u. chem. u. pharm. Präparate rc. Nebst Verdeutsch. d. im Droguenhandel gebräuchl. Preislisten. 32. (180 S.) Grimma 846, Verlags-Comptoir. *

Dulk, Bernard. Guil. (geb. Königsberg i. Pr. 1815): De strabismo nonnulla. Berolini (1840). (29 S.) 8°
Berlin, Med. Diss. v. 29. Juli 1840

Dulk, Erich, a. Berlin: Ueber das 1 p. Tolyl-3-Methyl-5-Thiopyrazolon. Parchim 1906: H. Freise. (40 S.) 8°
Rostock, Phil. Fak., Ref. Michaelis, Diss. v. 17. Juli 1906
[Geb. 11. Dez. 78 Berlin; Wohnort: Berlin; Staatsangeh.: Preußen; Vorbildung: Realgymn. Grünberg i. Schl. Prima-Reife M. 99; Studium: T.H. Stuttgart 5, Univ. Würzburg 3, Rostock 4 S.; Rig. 13. Juli 06.]

Dulk, Felix, appr. Arzt a. Ravensburg: Zur vitalen Blutfärbung mit Methylenblau. München 1906: C. Wolf & Sohn. (31 S.) 8°
München, Med. Fak., Ref. v. Bauer, Diss. v. 11. April 1907
[Geb. 12. Dez. 81 Ebingen (Württemb.); Wohnort: Ravensburg; Staatsangeh.: Württemberg; Vorbildung: Gymn. Ehingen a. D. Reife Juli 00; Studium: München 4, Tübingen 2, Berlin 1, München 2 S.; Coll. 11. Apr. 07; Approb. 31. März 07.]

Dulk, Friedrich Philipp

Dulk, Friedr. Phil., Anhang z. Preuß. Pharmakopöe. 4. Aufl. Nebst e. Beilage: Synoptische Tabelle d. Atomgewichte. gr. 8. (12 B. u. 10 B. in kl. Fol.) Leipzig 830, Voß.
Vgl. Pharmacopoea Borussica.

Dulk, Friedrich Philipp.
De lucis effectibus chemicis. Regiomontani, 1831.

—— de lucis effectibus chemicis, comment., qua viro illust. J. G. Trommsdorff ad festa Doctor. semisecul. condecor. gratul. etc. 4 maj. (3 B.) Regiomontii 834, (Unzer.)

Dulk, Friedrich Philipp: Über Elektromagnetismus. Königsberg: Unzer (1823). 54 S. 8°

Dulk, Fr. Ph., über Elektromagnetismus. gr. 8. Königsb. 824. Unzer. 6 gl

— über Ernährung und Erwärmung des menschlichen Körpers, vorgetragen in der physikal.-ökonom. Gesellschaft zu Königsberg am 26. Januar 1844. gr. 8. Königsberg 844, Gebr. Bornträger. 1/4 ꝛß — s. auch Unterhaltungen, Königsberger naturwissenschaftliche.

— Handbuch d. Chemie. Zum Gebrauch bei seinen Vorlesungen u. zum Selbstunterricht entworfen. 1r Thl. Chemie d. unorgan. Körper. gr. 8. Berl. 833. (832.) Rücker. 2 ꝛß 12 gl

—— Handbuch d. Chemie. Zum Gebr. bei seinen Vorlesn. u. zum Selbstunterr. entworfen. 2 Thle. gr. 8. Berlin, Rücker.
Thl. 1. Chemie d. unorganischen Körper. (96 B.) 833. 2 Thlr. 12 Gr.
- 2. Chemie d. organischen Körper. (40 1/4 B.) 834. 2 Thlr. 12 Gr.

Dulk, Friedr. Phil., Handwörterbuch d. prakt. Arzneimittellehre, s. Sachs, Ludw. Wilh.

Dulk, Fr. Phil., Lehrbuch der Chemie. Zum Gebrauch bei seinen Vorlesungen und zum Selbstunterricht. 2. verb. Aufl. 1. Thl. Chemie der unorganischen Körper. gr. 8. Berlin 842, Rücker u. Püchler. 2 Thle.: 5 ꝛß

—— Pharmacopoea Borussica, s. Pharmacopoea.

— Pharmacopoea Borussica. Die preuß. Pharmacopöe übersetzt u. erläutert. 5. nach d. 6. amtl. Ausg. umgearb. Aufl. 1. Liefg. gr. 8. Leipzig 846, Leop. Voß. n. 2/3 ꝛß

Dulk, Frdr. Phil., Pharmacopoea Borussica. Die preuss. Pharmacopoe übersetzt u. erläutert. 5. umgearb. Aufl. 2—13. Lfg. gr. 8. (I. Abth.: XIV S. u. S. 129—802, m. 2 Tab. in 4. II. Abth.: 919 S.) Nebst e. Beilage: Synoptische Tabellen üb. die Atomgewichte der einfachen u. mehrerer zusammengesetzter Körper. gr. 8. (80 S.) Leipzig 847. 48, Voss. 2—12. Lfg. à n. 2/3 ꝛß 13. Lfg. m. Beilage. n. 1 ꝛß 18 ngl (cplt. n. 9 ꝛß 18 ngl)

Dulk (F. Ph.), Synoptische Tabellen über die Atomgewichte der einfachen und mehrerer zusammengesetzter Körper. Leipzig 1830. Fol.

—— synopt. Tabelle üb. die Atomgewichte d. einfachen u. mehr. zusammengesetzter Körper, u. üb. das Verhältniß d. Bestandtheile d. letzteren. 2. Aufl. (11 B.) 830., 3. verb. A. (13 B.) Fol. Leipzig 834, Voß. à
Aus d. Anh. z. „Preuß. Pharmacopöe" besond. abgedr. — Als 1. Aufl. findet sie sich nur im Werke selbst.

— synoptische Tabelle über die Atomgewichte der einfachen und mehrerer zusammengesetzter Körper u. über das Verhältniß der Bestandtheile der letztern. 3e verb. Aufl. Fol. Leipz. 834. Voß. 3/4 ꝛß — 4e umgearb. Aufl. schmal gr. 4. Ebd. 839. 3/4 ꝛß

—— synoptische Tabellen über die Atomgewichte der einfachen und mehrerer zusammengesetzter Körper und über das Verhältniss der Bestandtheile der Letzteren. gr. 8. (80 S.) Leipzig 848, Voss. *

—— de tartratibus nonnullis. Dissert. chem. 8 maj. (3 1/4 B.) Regimonti 831, (Fratr. Borntraeger.)

Dulk, J. H. W.: Gedichte. Stuttg. 1887. s. Dulk, Albert

Dulk, Ludw., Atomgewicht od. Atomgravitation? E. Studie üb. d. chem. Elemente. gr. 8. (84 S. m. 45 Abb. u. 2 Taf.) Breslau 898. E. Trewendt. n. 3. —

———— (L.), Ueber Gravitation und Atomgewicht. (Souderabdruck aus den Berichten der Deutschen chemischen Gesellschaft XVIII., Heft 4.) Berlin 1885. 8.

Dulk, Theophil Armin (Königsberg), De vi et usu anthrakokali. Diss. med. Halle (Ruff) 19. VIII. 1843. 44 S. mit Biogr. (M.: E. Hartung.) (4.20) 7055
Oppon.: I. Sperber (Königsberg), A. Marquidorff (Riesenburg). — Gew.: Friedr. Phil. Dulk (Vater).

Dull, Car. Guil., de conjugum juribus obligationibusque, quatenus ad ipsorum personas referuntur. Dissert. 8maj. (5 1/4 B.) Groningae 840, Wolters. (Lipsiae, Friese.) *

Düll, E., Lokal-Güter-Tarif f. die Städte Nürnberg u. Fürth, s.: Griesshammer, W.

Düll, Ernst, aus Wengen: Ueber die Eklogite des Münchberger Gneißgebietes. Ein Beitrag zur Kenntnis ihrer genetischen Verhältnisse. *München 1902: C. Wolf & Sohn.* (92 S.) 4°(8°) ¶ (Aus: Geognost. Jahreshefte, Jg. 15.)
Erlangen, Phil. Diss. v. 16. Juli 1902

Düll, Ernst: Gesteine und Mineralien der Acherwiese bei Schönbrunn im Fichtelgebirg. Ein Beitrag zur Kenntnis bayerischer Mineralfundstätten. *München 1899: Kastner & Lossen.* (47 S.) 8°
München, k. Luitpold-Kreis-R, P 1899*

Düll, Ernst, Lehrbuch der Mineralogie u. Geologie, s.: Nies, Aug.

Düll, Ernst, Wiederholungs- u. Ubungsmaterial f. den Unterricht in Chemie u. Mineralogie an Realschulen u. verwandten Lehranstalten. Mit besond. Berücksicht. der organ. Chemie. gr. 8. (X, 156 S.) München 900. [Dr. E. Wolff.] Stuttgart, F. Grub. Geb. in Leinw. n. 2. 80

DÜLL, GEORG. Ueber Lävulosecarbonsäure und einige ihrer Derivate. (Basel) München, 1890.

Düll, Rauh v.
s. Rauh v. Düll.

Düll, Sebastian

Düll, S., u. Gg. Brandmüller, Lehrstoff f. den Unterricht in den Realien. Nach Maßgabe d. mittelfränk. Kreislehrplans II u. im Anschluß an das „Lesebuch f. Mittel- u. Oberklassen der Volksschulen" bearb. [Ausg. f. kathol. Schulen.] gr. 8. (IV, 90 S.) Nürnberg 884. Korn. n. — 40; Ausg. f. protestant. Schulen n. — 40

Düll, S., und Geo. Brandmüller, Lehrstoff für den Unterricht in den Realien. Nach Maßgabe des mittelfränk. Kreislehrplans II und im Anschluß an das „Lesebuch für Mittel- und Oberklassen der Volksschulen" bearb. [Ausg. für protestant. Schulen.] 3. und 4. Aufl. gr. 8. (IV, 90 S.) Nürnberg 886, 88, Korn'sche Buchh. * 40 Pf.; geb. **

Düll, Seb., u. Gg. Brandmüller, Lehrstoff f. den Unterricht in den Realien. Nach Maßgabe d. mittelfränk. Kreislehrplans II u. im Anschluß an das „Lesebuch f. Mittel- u. Oberklassen der Volksschulen" bearb. (Ausg. f. protestant. Schulen.) 6. Aufl. gr. 8. (IV, 92 S.) Nürnberg 892. Fr. Korn. n. — 40; geb. n. n. — 50

Düll, S., u. Gg. Brandmüller, Lern- u. Wiederholungsbuch f. Realien zum Hausgebrauch der Schüler. Nach Maßgabe des mittelfränk. Kreislehrplanes II u. im Anschluß an das „Lesebuch f. Mittel- u. Oberklassen der Volksschulen" bearb. Ausg. f. kathol. Schulen. (III, 88 S.) 8. Nürnberg 907. F. Korn. Geb. — 60

— — dasselbe. Ausg. f. protestant. Schulen. (III, 88 S.) 8. Ebd. 907 Geb. — 60

Dulla, Cornelia, Haustheater. Zwiegespräche rc. — Glückwünsche u. Festgrüße. Unsern lieben Kleinen gewidmet zum Gebrauche bei feierl. Gelegenheiten. Verf. v. Freunden der Jugend. Hrsg. v. Karl Reginaldus. (96 u. 63 S.) 11. 8. Dülmen (910). A. Laumann. Geb. in Leinw. 1. —

— Märchen, s.: Jugend-Bibliothek, Laumann'sche.

Dullaeus, Karl *Friedrich* [app. Arzt aus Rade (Rheinprov.)]: Die Neugebauer'sche Operation ... Halle a. S., Hofbuchdr. v. C. A. Kaemmerer & C., 1893; 21 S., 2 Bl. 8.
Halle, Med. Fak., Inaug.-Diss. v. 25. März 1893

Dullaeus, Wilhelm Heinrich (Altena/Westf.), De designatione patris a matre infantis facta. Oder: Wie weit einer geschwängerten Persohn in Angebung des Vaters zum Kinde zu glauben / und wie weit solche gedachten Vater graviren könne. Disp. jur. Präs. Elias August Stryk.'
Halle (Chr. Henckel) o. J. 32 S.

DULLÆUS, WILH. HENR. (aut.), Disp. juridica de designatione patris a matre infantis facta oder wie weit einer geschwängerten Persohn in Angebung des Vaters zum Kinde zu glauben könne. Kilonii. 1696. 4. P. — Sm. St. o. A. 4. (Forskellig Udg.). — Halæ Magd. 1696. 4. P. — Recusa. Sm. St. 1739. 4. P. [Præs. Elias Aug. Strykius].

— — Dasselbe. Frankfurt u. Lpz. 1743. 39 S. (4.80) 7057

Düllberg, P(aul): Über das Verhalten der Vanadate in wässeriger Lösung. *Leipzig: W. Engelmann 1903.* (55 S.) 8°
¶(Aus: Zeitschr. f. physik. Chemie Bd 45, H. 2.)
Leipzig, Phil. Diss. v. 1903

Dulle, Gust., Berliner Plakate d. J. 1848. gr. 8. (90 S.) Zürich 893. Verlags-Magazin. n. 1. 20

Dulle, Kurt: André Cardinal Destouches ⟨1672—1749⟩. Ein Beitr. z. französ. Operngeschichte. o. O. [1909]. 109 S. 8°
Leipzig, Phil. Diss. v. 1. Mai 1909, Ref. Riemann, Birch-Hirschfeld
[Geb. 17. April 85 Essen a. R.; Wohnort: Essen; Staatsangeh.: Preußen; Vorbildung: Oberrealsch. Essen Reife O. 04; Studium: Berlin 7 S.; Rig. 26. Mai 08.] [U 09. 2949

Duller, Eduard, der Abfall vom Glauben. Eine Rede, gehalten im Kreise christl. Brüder. 8. (16 S.) Wiesbaden 851, Ritter'sche Buchh.

—— u. Ferd. Freiligrath, 1862. Gedicht. gr. 8. (1 B.) Darmstadt 842, Jonghaus. ••.

Duller, Ed., der Antichrist. Novelle in 2 Thln. 8. Leipzig 833. O. Wigand. 2 ₰ — 2e Ausg. 2 Bde. 8. Ebd. 836. 1½ ₰

—— The Rhenish Atlas, comprising a Series of most accurate Plans of Rhenish Towns, with an historical Introduction. [Übersetzt von H. Home.] Frankfort on the Maine 1845. 8. . . . . (Br. Mur.)

Duller, Eduard (Hrsg.), s. Beiträge, Neue, zur Geschichte Philipps des Großmüthigen Landgrafen von Hessen. . .

—— neue Beiträge zur Gesch. Philipps d. Großmüthigen, Landgrafen v. Hessen, bisher ungedruckte Briefe dies. Fürsten u. seiner Zeitgenossen, Karls V., Ferdinands I., der Königin Maria v. Ungarn rc. In Auftrag des histor. Vereins f. d. Großherzogth. Hessen gesammelt im kgl. belg. Staatsarchiv zu Brüssel u. im großherzogl., hess. geh. Staatsarchiv zu Darmstadt. gr. 8. (22 B.) Darmstadt 842, Jonghaus.

—— offner Brief eines deutschen Katholiken an die deutschen Bischöfe. — Aufruf an d. deutsch. Katholiken, Priester u. Laien. 12. (1 B.) Darmstadt 845, Jonghaus.

Duller, Ed., Christnacht, Ostern und Pfingsten. Dichtungen. Neue Ausg. von „Der Fürst der Liebe." 16. (XII und 420 S.) Sondershausen 856(57,) Neuse.

Duller, Ed., Deutschland und das deutsche Volk. Mit 150 Ansichten in Stahlst. u. 50 kolor. Abbild. von Volkstrachten nach Originalzeichn. von Jul. Döring, Meno Mühlig und C. W. Schurig. In 50 Liefg. gr. 8. Leipzig 845, 46, G. Wigand. (à n. ⅓ ₰) In 2 Bden. n. 16⅔ ₰

Duller, Edu., Deutschland und das Deutsche Volk. Mit 150 Ansichten in Stahlstichen und 50 kolor. Abbildungen von Volkstrachten nach Originalzeichnungen von Jul. Döring, Meno Mühlig und C. W. Schurig. Bd. 1. 2. in 50 Liefrgn. Mit 148 Stahlst. und 50 kolor. Lithogr. Leipzig 1845—48. Lex.-8. . . . .

—— die Donauländer. Nebst Wanderungen in das baierische Hochland und das salzburgische Hochgebirge. 3. Aufl. 8. (IV und 270 S. mit 60 Stahlst.) Leipzig 849, Haendel.
Vgl.: Deutschland, das malerische.

— die maler. u. romant. Donauländer, s. a. Deutschland, das maler. u. romantische. 5e Section.

Duller, Edu., Die malerischen und romantischen Donauländer. Mit 60 Stahlst. Leipzig o. J. [1846.] 8.
Ist: Das maler. u. romant. Deutschland. Sect. 8. . . . .

— die Erbsünde. Eine Rede, gehalten im Kreise christl. Brüder. 8. (15 S.) Wiesbaden 852, Ritter. 1½ ngr

—— Erholungsstunden, s. Erholungsstunden.

—— das Erntefest. Wiesbaden, den 14. Septbr. 1851. Eine Rede rc. 8. (15 S.) Wiesbaden 851, Ritter'sche Buchh.

—Erzählungen. 2 Bde. Die Quelle der Verjüngung. — Ahasver. — Tanhäuser. — Graf Stanislaus. — Des Königs Rosenhag. — Fürst u. Bettler. — Zwei u. dreißig in Leben und Tod. — Baruch der Befreier. 8. Frankfurt 838. Sauerländer. 2¾ ₰

—Erzählungen u. Phantasiestücke. 2 Bde. 8. Frankfurt 834. Sauerländer. 3 ₰

— die Feuertaufe. Erzählung. 2 Thle. 8. Frankfurt 834. Sauerländer. 3 ₰

— Frühlingszeitung, s. Phönix.

—— der Fürst der Liebe. Dichtungen. Lex.-8. (22 B.) Leipzig 842. [Mayer.]

— der Fürst der Liebe. Dichtungen. 2. Aufl. Cassel 854. Balde. (Sondershausen, Neuse.) 16. (XII, 420 S.) n. 20 ngr

—— an die Fürsten. Stimme eines deutschen Katholiken. (Gedicht.) 12. Darmstadt 845, Jonghaus. $^{1}/_{24}$ ₰

—— Gedächtnißfeier für Johann Huß, an dessen Todestage, dem 6. Juli. 8. (16 S.) Wiesbaden 851, Ritter'sche Buchh.

—— Gedichte. 8. (24 B.) Berlin 845, Klemann.

Duller, Ed., Gedichte. Neue (Titel-)Ausg. 8. (XII, 336 S.) Leipzig (1845) 877. Schulze & Co. geb. m. Goldschn. n. 4. 50

Duller, Eduard: Geschichte des Abfalls der Vereinigten Niederlande von der Spanischen Regierung; von der Ankunft Albas bis zum Waffenstillstande von 1609. 3 Bd. (68 1/2 B.) 16°. Cöln 1841.

— Geschichte des Abfalls der vereinigten Niederlande, Fortsetzung, s. v. Schiller, Fr.

Duller, Edu., und K. Hagen, Deutsche Geschichte von den ältesten Zeiten bis zum 19. Jahrhundert. Mit Titelbild in Stahlstich und 50 Illustr. in Holzschn. Bd. 1—5. Berlin 1862. gr. 8.

—— Geschichte der Jesuiten, s. Geschichts-Bibliothek.

Duller, Ed., Geschichte der Jesuiten. Ein Büchlein fürs deutsche Volk. 32. Leipzig 840. G. Wigand. $^{1}/_{12}$ ₰

Duller, Ed., Geschichte der Jesuiten. Ein Büchlein f. das deutsche Volk. 8. (IV, 126 S.) Dresden 893. H. Jaenicke. — 75; geb. n. 1 —

— vaterländische Geschichte v. den ältesten Zeiten bis zur Gegenwart. 1. Bd. 5 Hfte. 2. Bd. 1. u. 2. Hft. gr. 8. (1. Bd. VI u. 518 S. 2. Bd. S. 1—256.) Frankfurt a. M. 852. 53, Meidinger Sohn & Co. (à n. 9 ngr) n. 2 ₰ 3 ngr

— vaterländische Geschichte von den ältesten Zeiten bis zur Gegenwart. Fortgesetzt von Karl Hagen. 2. Bd. 3—5. Heft u. 3—5. Bd. Frankfurt a. M. 854—58. Meidinger. gr. 8. (2. Bd.: VI, S. 257—386 u. 1 Stahlst.; 3. Bd.: XIX, 532 S.; 4. Bd.: 568 S.; 5. Bd.: V, 409 S.) n. 5 ℛ 12 ngr; complet mit 48 Holzschnitttaf. n. 7 ℛ; geb. n. 8 ℛ 15 ngr; die Illustr. allein n. 1 ℛ 15 ngr

—— die Geschichte d. deutschen Volkes. M. 100 Holzschn. n. Origzeichnn. v. Ludw. Richter u. J. Kirchhoff. In 1 Bde. (10 Lfgn.) gr. Lex.-8. (82 halbe B. m. Einfass.) Leipzig 840. [Berlin, Klemann.] *

— die Geschichte des deutschen Volkes. Mit 100 Holzschnitten nach Originalzeichnungen von Ludw Richter u. J. Kirchhoff. 10 Lfrgg. gr. Lex.-8. Leipzig 840. G. Wigand. (à n. 1/3 ℛ) 3 1/3 ℛ

— die Geschichte des deutschen Volkes. Mit 100 Holzschn. 2. Aufl. 2 Bde. 16. Leipzig 841, G. Wigand. n. 1 2/3 ℛ — 3. Aufl. (Schulausg.) 6 Liefg. gr. 8. Ebd. 845. n. 1 ℛ

— dass. (Pracht-Ausg. in 9 Liefg.) Mit 90 bis 100 Holzschn. gr. 8. Ebend. 845. n. 3 ℛ

— dass. der 3. Aufl. 3. Abdr. 2 Bde. 16. Berlin 846, Klemann. n. 1 1/3 ℛ geb. n. 1 ℛ 26 ngr — Mit 73 Illustr. n. 2 ℛ geb. n. 2 2/3 ℛ

— Geschichte des deutschen Volkes. Völlig umgearb. von Will. Pierson. 2 Bde. Berlin 861. Klemann. gr. 8. (IV, 1074 S.) n. 2 ℛ 10 ngr; mit 64 Holzschntaf. u. 3 color. Karten n. 3 ℛ

Duller's, Ed., Geschichte des deutschen Volkes. Völlig umgearb. von Will. Pierson. 2 Bde. Neue bis zum Schluß d. J. 1865 vervollständ. Ausg. gr. 8. (1100 S.) Berlin 866, Kortkampf. * 2 Thlr.; geb. *

—— dass. — gr. 8. (1100 S. mit 8 Karten in Stahlst. und ill., in 4. und 64 Holzschn. nach Orig.-Zeichnungen von Holbein, Ludw. Richter und Kirchhoff.) Ebendas. 866. * geb. *

Duller's, Ed., Geschichte des deutschen Volkes. Bearb. und fortgesetzt von Will. Pierson. 3., bis zum J. 1871 fortgeführte Aufl. Mit 66 Holzschn. nach Originalzeichnungen von Holbein, Ludw. Richter, Kirchhoff u. A. 2 Bde. in 18 Lfgn. Lex.-8. (404; 472 S., mit Holzschntaf.) Berlin 872, Gebr. Paetel. à Lfg. * 50 Pf. * ℳ 9.; geb. *

— dasselbe. 4. unveränd. Aufl. Volks-Ausg. 2 Bde. gr. 8. (366 u. 426 S.) Ebend. 872. n. 4. 50; geb. n. 6. —

— dasselbe. 5. unveränd. Aufl. Wohlfeile Ausg. m. 24 Holzschn. 2 Bde. Lex.-8. (366 u. 426 S.) Berlin 874. Gebr. Paetel. n. 6. —; geb. 8. —

— Geschichte des deutschen Volkes. Bearbeitet u. fortgesetzt von Will. Pierson. 6., bericht. Aufl. Pracht-Ausg. Mit 66 Holzschn.(-Taf.) nach Orig.-Zeichnungen von Holbein, Ludw. Richter, Kirchhoff u. A. u. 4 Spruner'schen Karten (Kpfrst. u. color. in qu. gr. 4.). 2 Bde. Lex.-8. (III, 404 u. 472 S.) Berlin 877. Paetel. n. 9. —; geb. n. 12. —

Duller's, Ed., Geschichte d. deutschen Volkes. Bearb. u. fortgesetzt v. William Pierson. 7. verm. u. verb. Aufl. 2 Bde. Lex.-8. (IV, 444; IV, 557 S. m. Stahlst.-Portr.) Berl. 891, Gebr. Paetel. * 10 — geb. in Leinw. ** 13 —; in Hlbfrz. ** 14 —

—— Geschichten u. Mährchen f. Jung u. Alt. 2 Bdchn. 8. (26 B.) Stuttgart 834, 35, Brodhag.

—— Giessen und seine Umgebungen, geschildert. M. 6 Stahlst. Supplem. zum maler. u. romant. Deutschland. gr. Lex.-8. (5 3/4 B.) Giessen 841, [Heyer's Verl.] *

—- Giessen u. seine Umgebungen. Ein Wegweiser f. Einheimische u. Fremde. 2. Aufl. Lex.-8. (5 7/8 B. u. 6 Stahlst.) Giessen 841, Heyer's Verl. *

— Giessen u. seine Umgebungen geschildert. Ein Wegweiser f. Einheimische u. Fremde. Mit 6 Stahlst. 3. (Titel-)Aufl. Lex. 8. (91 S.) Giessen (844) 851, Ricker. n. 1/3 ℛ

— der Glaube an Engel. Eine Rede, gehalt. im Kreise christl. Brüder. 8. (14 S.) Wiesbaden 851, Ritter. 1 1/2 ngr

— s. K. Gollmick, musikal. Novellen.

—— Freund Hain. Grotesken u. Phantasmagorieen. Mit Holzschnitten v. Moritz v. Schwind. 2 Abthln. 8. (23 B.) Stuttgart 833, Hallberger.

Duller, Eduard [Übers.]
s. Hugo, V.: Sämmtliche Werke. 1835 - 1839.

— die Jesuiten, wie sie waren u. wie sie sind. Dem deutschen Volk erzählt. (2. durchgesehene und stark vermehrte Aufl. der „Geschichte der Jesuiten.") gr. 16. Berlin 845, Klemann. n. 4 ngr

— die Jesuiten, wie sie waren und wie sie sind. Dem deutschen Volk erzählt. 2. Abdr. (Neue Titel-Ausg.) Brandenburg (845.) 858. Müller. 16. (111 S.) 5 ngr

— die Jesuiten, wie sie waren und wie sie sind. Dem deutschen Volk erzählt. 3. Aufl., besorgt von Karl Rosenthal. Brandenburg 861. Müller. gr. 16. (256 S.) 15 ngr

—— dass. — 3. Aufl., besorgt von Carl Rosenthal. gr. 16. (256 S.) Ebendas. 861(62).

Duller, Eduard
Kaiser und Papst. Roman. Th. 1,2.3,4.
Leipzig: Brockhaus 1838. 8°

—— Erzherzog Carl von Oesterreich. Illustrirt v. P. J. N. Geiger, M. v. Schwind, Rieder, l'Allemand ꝛc. 21 Lfgn. gr. Lex.-8. (81 1/4 B.) Wien 844—47, Kaulfuß Wwe., Prandel u. Comp. à L. * 1/3 Thlr. *

Duller, Ed., Erzherzog Carl v. Oesterreich. Mit 160 Illustrationen (Holzschn.) von M. v. Schwind, Rieder, P. J. N. Geiger ꝛc. 2. Ausg. Pest 859. Heckenast. Lex.-8. (XV, 713 S.) n. 3 ℛ 10 ngr

—— an Könige u. Völker. (Gedichte.) 8. (8 1/2 B.) Stuttgart 831, Hallberger.

Duller, Eduard
Kronen und Ketten. Ein historischer Roman. Bd. 1-3.
Frankfurt a. Main: Sauerländer 1835. 8°

Duller, Eduard. Robert Blums Leben und Tod. Dem deutschen Volke erzählt. Aus den „Männern des Volks" besonders abgedruckt. Frankfurt a. M., Meidinger 1849. 68 S. 8.

— Grabbe's Leben, s. Grabbe, die Hermannsschlacht.

— s. Leben und Wirken Friedrich v. Sallet's.

— des Elfen Liebe, s. Almanach, Jahrg. 838. (Karlsruhe.)

—— Loyola. 3 Bde. gr. 16. (64 1/8 B.) Frankfurt a. M. 836, Sauerländer.

Duller, Eduard (Hrsg.), s. Männer. – Die Männer d. Volks dargest. v. Freunden d. Volks.

— Märchen für die Jugend. 2. durchgesehene u. verm. Aufl. Mit 6 Bildn. breit gr. 8. Pesth 846, Heckenast. Leipzig, G. Wigand. n. 2 ℛ

—— Märchen für die Jugend. 3. (Titel-)Aufl. 8. (V und 238 S. mit 6 ill. Stnt. in Tondr.) Pesth 851(52,) Heckenast. (Leipzig, G. Wigand.) *

—— Maria Theresia u. ihre Zeit. 8 Hfte. Stereot.-Ausg. gr. 16. (53 3/4 B. u. 8 Stahlst.) Wiesbaden 843, 44, Beyerle. *

Duller, Eduard: Maria Theresia und ihre Zeit. Bd 1 - 2, gbd., Abb.

Wiesbaden: Beyerle 1844

—— dass. 2. (Stereot.-Ausg.) 4 Lfgn. 16. (53¾ B. u. 8 Portr. m. Facsim.) Ebds. 846, 47. à L. ½ Thlr.

— Mohammed der Prophet. Don Juan von Oesterreich. Historische Novellen. 2. (Titel-)Ausg. Wiesbaden (844) 855. Friedrich. 8. (2 Bl., 350 S.) 1 ℛ

Duller, Eduard, s. Moliere: sämmtl. Werke.

-- histor. Novellen. 1. Bd.: Mohammed der Prophet. — Don Juan von Oesterreich. 8. Siegen u. Wiesbaden 844, Friedrichs B. 1 ℛ

— Ohrenbeichte u. Ablaß. Eine Rede, gehalten im Kreise christl. Brüder. 8. (28 S.) Wiesbaden 851, Ritter. n. 2 ngr

— Phantasiegemälde. 1835 u. 1836. 8. Frankf. a. M. 834. Sauerländer. à 1½ ℛ (1r—5r J.-f. Geo. Chr. W. Aem. Döring.)

—— Phönix, eine Zeitschrift, s. Phönix.

—— Meister Pilgram. Trauersp. in 4 Aufz. 8. (6 B.) Wien 829, Adolph. (Leipzig, Cnobloch.)

—— die Predigt des Winters. Eine Rede rc. 8. (10 S.) Wiesbaden 851, Ritter'sche Buchh.

— die Predigt d. Winters. Ein Rede rc. 8. (10 S.) Ebd. 852. 1½ ngr

—— Reformationspredigt, gehalten an Gustav Adolfs Todestage. 8. (11 S.) Wiesbaden 851, Ritter'sche Buchh.

Duller, Edn., Topographisches Rhein-Panorama von Schaffhausen bis zur Nordsee... nebst einer historischen Einleitung. ... 1845. 8. . . . . (Br. Mus.)

—— Rom! (Gedicht.) 8. (¾ B.) Darmstadt 845, Jonghaus. -

Duller, Eduard, Johannes Ronge und die freie Kirche. 8. Frankfurt a. M. 849, Meidinger. Thlr.
Aus: Die Männer des deutschen Volkes rc., besonders abgedruckt.

— der Ruf des Menschensohnes. Eine Rede, gehalten im Kreise christl. Brüder. 8. (12 S.) Wiesbaden 851, Ritter. 1½ ngr

Duller, Eduard
s. Schiller, Friedrich von: Historische Schriften. 1841.

—— der Rache Schwanenlied. Schauspiel. gr. 12. (6 B.) Stuttgart 834, Hallberger.

—— Berthold Schwarz. Novelle. gr. 12. (9½ B.) Stuttgart 832, Hallberger.

—— Franz v. Sickingen. Dramat. Gedicht in 5 Abthln. 8. (18 B.) Frankfurt a. M. 833, Sauerländer.

Duller, Eduard, s. Städte-Atlas.

—— deutsches Stammbuch. 1838, s. Stammbuch.

— deutsches Stammbuch, mit 5 Kunstbl. (Compositionen), 5 Portr., 12 Autographa u. 3 Liedern. gr. 4. Karlsruhe. (G. Braun.) herabges. Pr. n. 1¼ ℛ

— Tanhäuser, s.: Mangold, C. A.

—- das Todtenfest. Eine Rede rc. 8. (16 S.) Wiesbaden 851, Ritter'sche Buchh.

—— ewige Verdammniß und Alleinbeseligung. Eine Rede rc. 8. (15 S.) Wiesbaden 851, Ritter'sche Buchh.

Duller, Edu., Das Deutsche Volk in seinen Mundarten, Sitten, Gebräuchen, Festen und Trachten geschildert. Mit 50 kolor. (Volkstrachten-)Bildern. Bd. 1—2. Leipzig 1845—47. Lex.-8.

DULLER, Eduard, Das deutsche Volk in seinen Mundarten, Sitten, Gebräuchen, Festen und Trachten. Mit 50 kolorirten Bildern. Leipzig, Georg Wigand's Verlag. 1847. Gr. 8°. 332 S., 1 Bl. Inhalt. (20 Mk. K. W. Hiersemann, Lpz., 1899; 12 Mk., Orig.-Leinenbd. mit reicher Goldpr., Max Perl's Berliner Octob.-Auct. 1907, no. 991:)
Die 50 kolorirten Lithographieen stellen Bewohner der verschiedensten Teile Deutschlands in ihren eigentümlichen Trachten dar.

—— die Wittelsbacher. Balladen. gr. 8. (14 B.) München 831, [Hallberger.]

Dueller, Angelicus. Lob- u. Trauer-Rede Von dem Sehnlichen Verlangen zu Gott Weyland deß Herrn Herrn Joannis Ludovici von Mayrhoffen. Clagenfurt, Kleinmayr, 1743. Quart. 23 S.

Düller, Ed., Gleiberg u. Vetzberg. Neue Ausg. 12. (38 S.) Giessen (899). (A. Frees.) n. — 40

Dullin, Osw., Getreidepreis-Reductions-Tabellen für das Großherzogthum Posen, oder wie viel kostet 1 Scheffel, 1 Wispel, 1 Garnitz u. 1 Berliner Metze, wenn 1 Viertel à 16 Garnitz so u. so viel kostet. 2. Aufl. Posen 857. Rehfeld. 16. (21 S.) 7½ ngr
Auch in polnischer Sprache zu gleichem Preise.

—— dass. — in polnischer Sprache unter dem Titel: Tabele ułatwiające redukcję ceny zboża dla W. Ks. Poznańskiego, czyli ile kosztuje szefel, wispel, garniec i berlińska mecka, jeżeli wiertel po 16 garncy tyle i tyle kosztuje. 2. Wydanie. 8. (24 S.) Ebendas. 857.

Die Ministerien des Kaiserthums Österreich respective der österr.-ungar. Monarchie v. Beginne d. J. 1848 bis in d. Gegenwart. Eine Chronologie, verf. von Joseph Dullinger, Kais. Rath. *Wien & Leipzig: W. Braumüller 1901.* (53 S.) 8° [J.]
Aus: Helfert's Österr. Jahrbuch. 1901. [os. 3365]

Duellius, Raimund

— biga libror. rarior. Aeneae Sylvii hist. Gothica etc. Fol. Frcf. Vierling. 730.

Duellius, Raimund. Raymvndi Dvellii ... excerptorvm genealogico-historicorvm libri dvo ... Accedvnt: Appendix I. Joannis Hollandi et Jacobi Pvtrichii rythmi ... de familiis Bojoariae, qvae ludis Eqvestribvs interfvervnt. Appendix II. Syntagma antiqvitatvm et sigillorvm incerti temporis vel alienorvm. Lipsiae, apvd Petrvm Conradvm Monath Anno MDCCXXV [1725].
Tit., 10 Bl., 354 S., 20 Bl. m. 10 Holzschn. u. 14 Kupferst., davon 11 blattgross; 52 Taf. in Kupferst. (Wappensiegel.) 4°.

Duellius, R., Excerpta genealog.- historica Saec. XII —XV. 2 Tmi. c. fig. fol. Lips. (Monath, Nrnb.) 725.

Duellius, Raim. Fridericus Pulcher Austriacus. 4. Norimbergae 1733. Monath

— historia ordin. equitum Teutonicor. c. fig. Fol. Nrnb. 727.

Duellii, Raym. Historia ordinis equitum Teutonicorum hospitalis S. Mariae Virginis Hierosolymitani. fol. c. fig. Viennae 1727.

Duellii, Raym., de variis selectis ad elegantiores litteras pertinentibus lucubratio. Norimb. 733. 4. 4 gr.

— lucubratio epistolaris ad. D. de Boxador. 4. Nrnb. Monath. 733.

— Miscellaneor. quae ex codicib. mscrpt. coll. Lib. I. et II. 4. Augsb. Veith. 723-24.

— — idem liber II. 4. Nrnb. Wolff. 724.

Dullo, wider die Postsparkassen. gr. 8. (24 S.) Brandenburg 884, Lunitz.

— der Postsparkassengesetzentwurf u. die Sparkassenreformen. gr. 8. (24 S.) Ebend. 884. n. — 60

Dullo, Torf-Verwerthungen in Europa. Abdr. eines dem hohen Ministerium für Landwirthschaft eingereichten Reiseberichtes nebst Zusätzen. Mit 8 lith. Abbildgn. (auf 5 Taf.) Berlin 861. Bosselmann. (Wiegandt & Hempel.) gr. 8. (VII, 113 S.) n. 20 ngr.

— chemische Untersuchungen der in Königsberg gebrauten Biere und solcher fremden Biere, die hier häufig getrunken werden. Königsberg 859. Theile. gr. 8. (16 S.) n. 2 ngr.

Dullo, weg mit den Postsparkassen. 1. und 2. Aufl. gr. 8. (20 S.) [Brandenburg 885, Lunitz.] Berlin, Spamer. *

Dullo, Alice: Die Aufgaben der bürgerlichen Frauen in der Arbeiterinnenbewegung. — Leipzig: Dietrich 1907. 16 S. 8° [Umschlagt.] (Sozialer Fortschritt. 95.)

Dullo, Andreas

Dullo, A., Die Berufskreise, denen die Eltern der die Königsberger Schulen besuchenden Kinder angehören. Königsberg 1897. 8° (4°).

Die Bevölkerungsbewegung in Königsberg i. Pr. 1. Die natürl. Bevölkerungsbewegung ⟨Geburten, Eheschließungen, Sterbefälle⟩ 1899–1905. 2. Die Wanderungen ⟨Zuzüge, Fortzüge, Umzüge⟩ 1893–1905. Bearb. v. Dir. d. Statist. Amtes Dr. A[ndreas] **Dullo**. Königsberg i. Pr. 1906: Hartung. (73 S.) 4°
— **Statistik**, Königsberger. No 7. [o8. 15374 10

Vorläufige Ergebnisse der Viehzählung vom 1. Dezember 1906 in Königsberg i. Pr. (Verf.: Dr. [Andreas] **Dullo**. Königsberg 1906: [Hartung].) (1 Bl.) 8° [Kopft. F.] [07. 1401 10

Dullo, A., Die Gebäude- und Wohnungsverhältnisse in Königsberg i. Pr. nach d. Ergebnissen d. Volkszählung vom 1. Dez. 1890. Königsberg o. J. [um 1895]. 4°.

Dullo, A., Gebiet, Geschichte u. Charakter d. Seehandels der grössten deutschen Ostseeplätze seit der Mitte dieses Jahrhunderts, s. a. Studien, staatswissenschaftliche.

Dullo, Andreas [Referendar]: Gebiet, Geschichte und Charakter des Seehandels der grössten deutschen Ostseeplätze seit der Mitte dieses Jahrhunderts .... (Aus: Staatsw. Studien ... II Bd.) Jena, *G. Pätz'sche Buchdr. (Lippert & Co.), Naumburg a/S.*, 1888; XVI + 49 S. 8°
Königsberg, Phil. Fak., Inaug.-Diss. v. 6. März 1888

Die Löhne und die Arbeitszeit der in den Königsberger städtischen Betrieben angestellten Arbeiter. Bearb. vom Dir. d. Statist. Amtes Dr. A[ndreas] **Dullo**. Königsberg i. Pr. 1903: Hartung. (25 S.) 8° [Ant. u. F.]
— **Statistik**, Königsberger. No 3. [o3. 5418 10

Die Reichstags-, Landtags- und Stadtverordneten-Wahlen in Königsberg i. Pr. 1903 u. in d. früheren Jahren. Bearb. v. Dir. d. Statist. Amtes Dr. A[ndreas] **Dullo**. Königsberg i. Pr. 1904: Hartung. (62 S.) 8° [Ant. u. F.]
— **Statistik**, Königsberger. No 4. [o5. 4003 10

Dullo, A., Die städtischen Schulen und die städtische Schullast in Königsberg i. Pr. Königsberg 1895. 8°.

Dullo, Andreas (Hrsg.), s. Statistik, Königsberger.

D.. **Wachstum** der Bevölkerung Königsbergs und die dadurch bedingte Notwendigkeit der Stadterweiterung. Im Auftr. d. Ersten Bürgermeisters bearb. von Dr. A[ndreas] **Dullo**, Dir. d. Statist. Amtes. *Königsberg i. Pr. 1903: Hartung.* (34 S.) 8°
— **Statistik**, Königsberger. No 2. [o3. 3708 10

Das Wachstum der Stadt Königsberg i. Pr. nach den Ergebnissen der Volkszählung vom 1. Dezember 1905. Bearb. v. Direktor d. Statist. Amtes Dr. A[ndreas] **Dullo**. Königsberg 1906: Hartung. (15 S.) 8° [Umschlagt. Ant. u. F.]
— **Statistik**, Königsberger. No 6. [o6. 9005 10

Die leer stehenden Wohnungen in Königsberg i. Pr. im October 1901. Bearb. vom Dir. d. Statist. Amtes Dr. A[ndreas] **Dullo**. *Königsberg i. Pr. 1901: Hartung.* (18 S.) 8°
— Statistik, Königsberger. No 1. [o2. 5189 10

Die leer stehenden Wohnungen in Königsberg i. Pr. im Oktober 1904. Bearb. v. Direktor d. Statist. Amtes Dr. A[ndreas] **Dullo**. Königsberg i. Pr. 1905: Hartung. (45 S.). 8°
— **Statistik**, Königsberger. No 5. [o5. 6730 10

Dullo, Gustav

Dullo, Gust., das Alimentations-Gesetz vom 24. April 1854, seine Motive, seine heut. Anwendung und seine Wirkungen, nebst den betr. Entscheidungen des Obertribunals und statist. Zusammenstellungen. gr. 8. (31 S. mit 1 Tab. in gr. Fol.) Berlin 867, C. Heymann's Verlag. *

Dullo, Gust., das Einkommensteuergesetz f. die preußische Monarchie m. Einleitung, Anmerkungen u. Sachregister. 12. (IV, 76 S.) Berlin 891. J. J. Heine. n. — 60

Dullo, G., Gesetzeskunde und Volkswirthschaftslehre in gemeinverständlicher Darstellung. 16. (X, 393 S.) Berlin 890. J. J. Heine. cart. n. 2. 50

Dullo, G., Haverei. Erläuterungen der seerechtl. Vorschriften üb. Haverei u. deren Regulirg., zum prakt. Gebrauch im Geschäftsverkehr dargestellt. gr. 8. (50 S.) Königsberg 894. Hartung. n. 1. —

Dullo, G., Haverei. Erläuterungen der seerechtl. Vorschriften üb. Haverei u. deren Regulierg., zum prakt. Gebrauch im Geschäftsverkehr dargestellt. 2. nach Massgabe der neueren Gesetzgebg. umgearb. Aufl. gr. 8. (53 S.) Königsberg 902. Hartung. n. 1.—

Dullo, G. Berliner Plakate des Jahres 1848. In-8°. 90 S. Zürich, Verlags-Magazin (J. Schabelitz). 1892 1 50

Dullo, G., Selbsteinschätzung. 8. (20 S.) Berlin 888, Puttkammer und Mühlbrecht. *

— Selbsteinschätzung. Lex.-8. (20 S.) Berlin 889. Puttkammer & Mühlbrecht. n. — 60

— die preußischen Verwaltungsgesetze. Die Landgemeinde- u. Städteordng., die Kreis- u. Provinzialordng., das Landesverwaltungs- u. Zuständigkeitsgesetz m. Anmerkgn. 16. (VIII, 428 S.) Berlin 890. J. J. Heine. cart. n. 2. 50

— die preußischen Verwaltungsgesetze. Ergänzungsbd.: Die Landgemeindeordng. für die 7 östl. Provinzen der Monarchie m. Einleitg., erklär. Anmerkgn. u. Sachregister. 16. (133 S.) Ebd. 891. Kart. n. 1. 25
(Hauptwerk u. Ergänzungsbd.: n. 3. 75)

— Volkswirthschaftslehre in gemeinverständlicher Darstellung. 2., verm. Aufl. 12. (VI, 134 S.) Ebd. 891. Kart. n. 1. 25

Dullo, Gust., Richard Wagner. Ein Wort der Aufklärg. üb. dessen Nibelungen-Trilogie. 8. (68 S.) Königsberg 872. Braun & Weber. n. 1. 20

Dullo, H., s.: Kayser's, Chrn. Glob., vollst. Bücher-Lexikon.

Dullo, Heinr., was ist uns Schiller? Festvortrag, zum 9. V. 1905 geh. in der Ortsgruppe Berlin der Allgemeinen Vereinigung deutscher Buchhandlungsgehilfen. (32 S.) 8. Berlin (905). Verlag der Buchhändler-Warte. n. — 60

Dullo, Hermann (Königsberg)
Kleine chemische Mitteilungen.
[In: Erdmanns Journal für prakt. Chemie. Bd 78, 1859, S. 367-370.]
Dr. phil. Giessen 29.3.1859.

Dullo, Hermann Fr.

— Beweis, daß wir d. Taufe d. Christen unseren Gemeinden als ein heil. Bündniß mit Gott darzustellen verpflichtet sind. 8. Mitau 818.

— über d. göttl. Eingebung d. N. T. Eine religiöse Abhandl. 8. Jena 816.

Dullo, Hermann Fr., s. G e b e t b u c h , Kurländisches.

Dullo, Herm. Fr., († d. 12. Jan. 1826.) die kurländ. Landwirthschaft. 1r Thl. 8. Mitau 804. 2e Aufl. 8. Ebd. 824. 2 ℛ 8 ℊ 2r Thl. den Gartenbau, Viehzucht, von Fischteichen u. Teichfischen enthaltend. 2 ℛ 8 ℊ gr. 8. Ebd. 818. (Reyher). 4 ℛ 8 ℊ (1r Thl. 804. bei Schumann in Zwickau). 1 ℛ 20 ℊ

Dullo, H. F., d. kurländ. Landwirthsch. 1r Th. 8. Mietau. (Hartmann, Riga) 808.

Dullyé, J. M., s. Stammbuch f. Jungfrauen.

Dullye, J. M., s. Stamm-Buch, moralisches.

Dülmen, Alf v., od. Gesch. Kaiser Philipps u. s. Tochter, aus d. erst. Zeiten d. heiml. Gerichte, (v. Verf. d. Walter v. Montbarry.) 8. Leipz. Weygand. 790.

Dulon, Pastor, seine Freunde u. Gegner auf dem Kirchen-Convent der Gemeinde U. L. Frauen am Dienstag den 6. April 1852. gr. 8. (16 S.) Bremen 852. (Expedition d. Weckers.) n. 2 ℊ

Dülon, des blinden Flötenspielers, Leben u. Meinungen, v. C. M. Wieland. 2 Thle. 8. Zürich, Geßner. 807. (à 1 Thlr. 8 gr.)

Dulon, des blinden Flötenspielers, Leben, von ihm selbst, u. herausg. v. Chr. M. Wieland. 2 Bde. 8. Zürich 807, 8. Geßner. 2 ℛ 16 ℊ

Dulon, (Rud.), eine Abendmahls-Predigt, gehalten am 15. Septbr. 1850. Hrsg. nach stenograph. Aufzeichnung. 2. Aufl. gr. 8. (15 S.) Bremen 850, (Kaiser.)

Dulon, Rudolph, Pastor zu U. L. Frauen in Bremen, Über den Anschluß Bremen's an den Sonderbund. Ein Wort zu meiner Rechtfertigung. Bremen, A. D. Geisler, 1849. 24 S. 8°.

Dulon, Rud., aus Amerika über Schule, deutsche Schule, amerikanische Schule und deutsch-amerikanische Schule. gr. 8. (VIII und 440 S.) Leipzig 866, C. F. Winter'sche Verlagsh. *

Dülon, Rud., Dorfpredigten. 8. Stendal 842, Franzen u. Große. baar 1 ℛ

— die Geltung der Bekenntnißschriften in der reform. Kirche. Ein Wort wider Symbolzwang auf protest. Grund u. Boden. gr. 8. (380 S.) Magdeburg 847, Creutz. 1 ℛ

Dulon, Rud., Gruß und Handschlag. An meine Gemeinde in Süd und Nord. 8. (XVI und 247 S.) Hamburg 853, (Hoffmann und Campe.)

Dulon, Rud., Gruß und Handschlag. An meine Gemeinde in Süd und Nord. Hamburg 853. Laeiß in Comm. 8. (XVI, 247 S.) 20 ℊ

— das Gutachten der vier Heidelberger Theologen. Ein Beitrag zur Sittengeschichte der Gegenwart. 2 Abschnitte. 1. Abschnitt: Das Gutachten in Beziehung auf Gegenstände der Lehre u. des Glaubens. (VIII u. 135 S.) 2. Abschnitt: Das Gutachten in Beziehung auf Gegenstände der Verfassung u. des Rechts. A. u. d. T.: Das Ketzerrichteramt in der reformirten Kirche. Ein Zeugniß wider die Behauptungen unwissender Professoren u. für die Freiheit der reformirten Kirche. (XVI u. 270 S.) Bremen 852, Geisler. (1: n. 1/3 ℛ 2: n. 3/4 ℛ) n. 1 1/12 ℛ

—— dass. — 2. Abschnitt: Das Gutachten in Beziehung auf Gegenstände der Verfassung und des Rechts. A. u. d. T.: Das Ketzerrichteramt in der reformirten Kirche. Ein Zeugniß wider die Behauptungen unwissender Professoren und für die Freiheit der reformirten Kirche. 8. (XVI und 270 S.) Bremen 852, Kühtmann und Comp. *

Dulon, (Rudolph). Herr Prediger Palmié, die reformirte Kirche hat keine Symbole! Ein Wort der Zurechtweisung. Königsberg, H. L. Voigt 1846. 8 S. 8.

— Herzenserguß an meine Gemeinde. Eine Predigt. gr. 8. (22 S.) Bremen 850, Geisler. n. 1/6 ℛ

Dulon, Rudolph, Pastor zu U. L. Frauen Kirche in Bremen. Vom Kampf um Völkerfreiheit. Ein Lesebuch für's deutsche Volk. Erstes Heft. Bremen, A. D. Geisler, 1849. XX, 196 S. 8°.

Dulon, Rudolph, Pastor zu U. L. Frauen in Bremen, Vom Kampf um Völkerfreiheit. Ein Lesebuch für's deutsche Volk. 2. Heft. Bremen, A. D. Geisler, 1850. III, 296 S. 8°.

—— —— 2. unveränd. Abdr. 8. Ebd. 849.50. — 3. Aufl. unveränd. Abdr. 8. Ebd. 850. — 1. Hft. 4. Aufl. 8. Ebd. 849. — 1. Hft. 5. Aufl. 8. (XX u. 196 S.) Ebd. 850. (1: 5/12 ℛ 2: n. 1/2 ℛ) 11/12 ℛ

—— dass. 2. Heft. 1. Aufl. 1850, 3. Aufl. unveränd. Abdr. 8. (IV und 291 S.) Ebds. 850. *

— die reformirte Kirche, Herr Mallet u. Ich. Ein Wort zur Belehrung u. Züchtigung. 2. Aufl. gr. 8. (IV u. 92 S.) Bremen 851. Geisler. 1/4 ℛ

— Liebesgruß an meine neue Gemeinde. 2 Predigten. [27. Aug., 3. Septbr.] gr. 8. (32 S.) Bremen 848, Heyse. n. 1/6 ℛ

— Luthers Nachlaß. Predigt am 18. Febr. 1846. Gehalten u. mit e. Vorworte, vom Lehren gemäß d. Bekenntnißschriften herausgeg. gr. 8. Altenburg 846, Helbig. 1/6 ℛ

— Luthers Nachlaß. 2. Hft. A. u. d. T.: Vom Kampf um Gottes Wort. Aphorist. Gedanken. 8. (92 S.) Leipzig 848, Kittler in Comm. 1/4 ℛ

—— Rede am Grabe des verstorbenen Hrn. C. D. Seemann, am 8. März 1852. Nebst den Reden bei der Feier des 8. März, gehalten: A. Im Bürgerverein. B. Im demokrat. Verein. gr. 8. (8 S.) Bremen 852, (Kühtmann und Comp.)

— Rede bei der Confirmation der Kinder am 15. April 1851. gr. 8. (22 S.) Bremen 851. (Kaiser.) — 2. Aufl. gr. 8. Ebd. 851. n. 4 ℊ

— die Stephanigemeinde in Bremen am 22. Octbr. 1850. 8. (113 S.) Bremen 850, Geisler. n. 1/3 ℛ

Dulon, Rudolph. Der Tag ist angebrochen: Ein prophetisches Wort. Bremen: Geisler. 1852. DLC

—— unsere Zeit hält Gericht! Predigt über Röm. 12, V. 13, gehalten nach seiner Rückkehr am Sonnt. den 24. Aug. Aufgezeichnet und hrsg. von L. K. gr. 8. (14 S.) Bremen 851, (Kaiser. — Kühtmann und Comp.)

— Wahrhaftigkeit, Demuth, Liebe, — des christl. Streiters Schmuck. Predigt den 15. Novbr. gehalt. gr. 8. (16 S.) Magdeburg 846, Creutz. 3 ℊ

—— Wahrhaftigkeit, Demuth, Liebe, — des christl. Streitens Schmuck. Predigt den 15. Nov. gehalten. gr. 8. (16 S.) Magdeburg 847, Creutz'sche Buchh.

Dulong u. Petit, das Ausdehnungsgesetz der Gase, s.: Ostwald's, W., Klassiker der exakten Wissenschaften.

Dultanzeige. Ausverkauf, gänzlicher Ausverkauf zu wahrhaft niederträchtigen Preisen. 1848. 8°. 4 SS. (2 Mk. 50 Pfg. Th. Ackermann, 1913:)

Dültgen, Ewald: Ueber die Pathologie des Urins. Halle 1873: Lipke. 39 S. 8°
Halle-Wittenberg, Med. Diss. v. 26. Juni 1873
Geb. Wald (Kr. Solingen) 28.4.1847. V.

Dultz, Alfr., Sach- u. Schlagwortregister, s.: Kayser's, Chrn. Glob., vollständiges Bücher-Lexikon.

Dultz, Ernst, prakt. Arzt in Jena: Ulcera cutanea bei Hysterie. Jena 1905: B. Vopelius. (26 S.) 8°
Jena, Med. Fak., Ref. Stintzing, Diss. v. 24. Juli 1905
[Geb. 4. Okt. 76 Groß-Strehlitz O.-Schl.; Wohnort: Jena; Staatsangeh.: S.-Weimar; Vorbildung: Gymn. Rudolstadt Reife O. 96; Studium: Jena 9 S.; Coll. 17. Juli 05; Approb. 7. Febr. 01.]

Dultz, Max, sind die Besitzinterdikte unter Mitbesitzern zulässig? nach römischem u. gemeinem Recht. Inauguraldissertation. gr. 8. (49 S.) Jena 882. (Königsberg, Beyer.) n. 1. 20

Dultz, Oskar, prakt. Arzt: Aus d. Kgl. Universitäts-Augenklinik zu Königsberg i. Pr. Ueber Trichiasisoperationen. *Königsberg i. Pr. 1889: M. Liedtke.* (67 S.) 8°
Königsberg, Med. Diss. v. 28. Okt. 1889

Dultz, Reinhold (Königsberg/Pr.), De oppignoratione servitutum ejusque usu communi et Borussico. Diss. jur. Präs. Caspar Achatius Beck. Jena (Müller) 3. IX. 1729. 48 S. (5.—) 7060
Gew.: Albert Ernst Grf. v. Schlieben (Klingbeck). — Widm. v.: Präs., Jo. Phil. Treuner.

Das deutsche Grunderbrecht in Vergangenheit, Gegenwart und Zukunft von Dr. Eugen v. Dultzig, Gerichtsass. zu Berlin. *Breslau: M. & H. Marcus 1899.* (IX, 372 S.) 8°
= Untersuchungen z. Deutschen Staats- u. Rechtsgeschichte. H. 58.
[00. 0?17

Dultzig, Eugen v.: Die Unzulänglichkeit der Ableitung des Anerbenrechts aus der hofrechtlichen Untheilbarkeit der Güter. *Breslau: M. & H. Marcus 1898.* (47 S.) 8° ¶ (Erscheint vollständig u. d. T.: Das deutsche Grunderbenrecht in Vergangenheit, Gegenwart und Zukunft, in den Untersuchungen zur deutschen Staats- und Rechtsgeschichte.)
Berlin, Jur. Diss. v. [11. Aug.] 1898

Du Luc. [François-Charles de Vintimille,] comte. Copie D'une lettre escrite aux Trois Ligues Grises par son Excellence Mgr. le Comte du Luc Ambassadeur du Roy [Très-Chrétien] en Suisse, le 29. Avril 1711 = Copey eines von... Grafen Du Luc... an die Drey Pündten abgegangenen Schreibens, den 29. Aprilen 1711. 8. *s. l.*

Du Luc. [François-Charles de Vintimille,] comte. Copie Des lettres escrites aux Trois Ligues Grises par Son Excellence Mr. le Comte du Luc, Ambassadeur du Roy Tres-Chrestien en Suisse, depuis la detention inouÿe de Son Altesse Mr. le Grand Prieur de France. (1710 *et* 1711) = Ubersetzung Deren Schreiben / welche... Hr. Graf zu L... an die Drey Graue Pündt hat abgehen lassen. ([Avec appendice:] Mémoire Contenant une partie des vols de Thomas Masner de Coire = Memorial Dariñen ein Theyl deren von Th' M'... begangene Raubereyen enthalten seynd.) 8. *s. l. n. d.*

Du Luc. François-Charles (de Vintimille, comte). Aus den Papieren des französischen Botschafters Franz Karl du Luc. Von Dr. Alfred Geigy und Dr. Theodor von Liebenau. SA. 8. [Bern 1889.]

Duluth-Superior Volksfreund: May 25, 1886 - Feb. 21, 1901?
Independent weekly. Sub-title: Ein unabhängiges, fortschrittliches Wochenblatt. Title varies: DULUTH VOLKSFREUND, May 25, 1886 - Mar. 17, 1897. Dated also at Superior, Wis., Mar. 15, 1900 - Feb. 21, 1901. For supplement, see DER ERZÄHLER. Circulation: 1890, 1120, 1900, 1475. Edited by Joseph Dworschack, & published by Schultz & Dworschak, 1886 - 88; edited & published by Joseph Grahamer, 1889 - 95; edited by Joseph Grahamer, 1896 - ?; by W. G. Joerns, ? - Apr. 1899; by Albert Köhler, May 4 - July 20? 1899; published by Volksfreund Publishing Co., 1896? - Aug. 1899 [W. G. Joerns listed as Receiver, July 20, 1899]; edited & published by J. H. Gerlich, Sept. 7, 1899 - Feb. 21, 1901.
Duluth, MN

Dum, Geo., Entstehung u. Entwicklung des spartanischen Ephorats bis zur Beseitigung desselben durch König Kleomenes III. Forschungen u. Studien. gr. 8. (188 S.) Innsbruck 878. Wagner. n. 3. —

— die spartanischen Königslisten. gr. 8. (49 S.) Ebend. 878. n. 1. 20

Dumachy, Manuel du Pharmacien. 8. Strasbourg, König. 788.

Dumaniant [Pseud.]
s.o. Bourlin, Antoine-Jean [Wirkl. Name]

Dumaniant, das Kind meines Vaters: aus d. Französ. 2 Thle. 8. Gera 800. Illgen. 1 ₰ 8 gr

— Dass. aus d. Französ. v. Hiemer. 2 Thle. 8. Stuttg. 803. (Sonnewald). 16 gr

Dumaniant, ..., die Ränke, oder List über List; ein Lstspl. in 3 Aufz. Aus d. Französ. v. Isaak Hnr. Malherbe. 8. Frberg 790. Craz u. G. 3 gr

Dumaniant (Antoine Jean Bourlingen). Tags oder Wie gewonnen so zerronnen. Posse in zwey Aufzügen. Aus dem Französischen. Wien 1793. Ü: *Meyer, Frz. Ant. von* (?). (Oesterr. Monatsschrift. Prag u. Wien 1793. Bd. 3, S. 126) Ü: *Meyer, Fch. Ludw. Wilhelm* (?). (GGr IV³/1098, Nr. 42/27) »Dumanique« (BiblPort)

Dumann, Carl, Palette u. Leier. Prosa u. Gedichte. (III, 74 S.) 8. Rehna i/Meckl. (907). Lehmann & Bernhard. (Nur direkt.) 1. —

— Aus heiteren u. trüben Stunden. Gedichte. (V, 88 S. m. Bildnis.) 8. Ebd. (906.) 1. —

Dumanoir, ..., Anecdotes Parisiennes. 8. Jena 785. Maucke. 10 gr

Dumanoir, Philippe

— und **Clairville,** vier Advokaten, s. Both's Bühnen-Repertoir.

Dumanoir, Philippe: Les premières armes de Richelieu, s. Répertoire du Théâtre français. 2. Sér.

—— et Lafargue, Madame Bertrand et Mademoiselle Raton. Comédie-Vaudeville en un acte. 16. (40 S.) Berlin 860, Lassar's Buchh. Thlr. *

— die Blutrache, s.: Theater, das, des Auslandes, 12. Lfg.

Dumanoir und d'Ennery, Don Cäsar von Bazan, s. Universal-Bibliothek Nr. 2075.

Dumanoir et Dennery, Don César de Bazan, s.: Répertoire du théâtre Français à Berlin, Nr. 345.

Dumanoir, le code des femmes, s.: Omnibus dramatique, Nr. 8. — Répertoire du théâtre Français à Berlin, Nr. 341.

— et **Anicet-Bourgeois,** le docteur noir, s.: Répertoire du théâtre Français à Berlin, Nr. 328.

Dumanoir, Philippe: Le donne terribili, s. Emporeo drammatico.

Dumanoir, die Eine weint, die Andere lacht: s.: Universal-Bibliothek.

Dumanoir, Philippe: Eran due, or son tre, s. Emporeo drammatico.

Dumanoir, Ph., Etre aimé ou mourir, s. **Répertoire** du Théâtre français. No. 146.

— et Camille, une fille d'Eve, s. Ebd. No. 202.

Dumanoir, Philippe: Un povero gentiluomo, s. Emporeo drammatico.

Dumanoir, Philippe: Giovanna che piange, s. Emporeo drammatico.

Dumanoir, Hänfling und Rococo, s. Both's, L. W., Bühnen-Repertoir.

— **Clairville et Guillard**, Clarisse Harlowe, s.: Répertoire du théâtre Français à Berlin, Nr. 331.

— die Häßliche, s.: Theater, das, des Auslandes, 6. Lfg.

Dumanoir, Philippe: Indiana et Charlemagne, s. Répertoire du Théâtre français. 2. Sér.

— Vicomte von Letorieres, s. Bühnen-Repertoir.

Dumanoir, Philippe et Laforgue: Une mari charmant, s. Répertoire du Théâtre français. No. 157.

— — u. Laforgue, Der arme Marquis; s.: Theater-Repertoir, Wiener.

Dumanoir, — Muttergllück, } s. Theater-Repertoir, Wiener.

—— et d'Ennery la nuit aux soufflets, s. Répertoire du Théâtre franç.

—— eine Ohrfeige um jeden Preis, s. Bühnen-Repertoir.

Dumanoir, Philippe: Les Vieux Péchés, s. Répertoire du Théâtre français. No. 113.

— les Vieux péchés, s. Théâtre français.

Dumanoir und Bieville, moderne Tartüffes, s. Auf den Brettern.

Dumanoir, Philippe: I turbati, s. Emporeo drammatico.

— et **Siraudin**, la Vendetta, s.: Omnibus dramatique, Nr. 1.
— Théâtre Francais. Nr. 51.

Dumanoir, Richelieu's erster Waffengang, s. Bayard, A.

Du Marès, Jules Babut, s. Babut du Marès

Dumarsais, ..., Darstell. d. Lehre von d. gallikan. Kirch, in Hinsicht auf d. Forderungen d. röm. Kirche; aus d. Französ. 8. Stuttg. 816. Steinkopf. 18 g.

Dumarsais, tropes. 1 Vol. Paris, Herhan. (Leips., Fr. Fleischer).

Dumas, J. B. A., zur Erinnerung an ihn, s.: Hofmann, A. W.

Dumas De Theocriti carmine septimo. 12 S. . . . . . .
Progr. Rastenburg 1830

Dumas, ..., s. Kinderfreund, der christliche.

Dumas, die hartnäckige Leibesverstopfung und Unterleibsbeschwerde, nach ihren Ursachen, Folgen und Complicationen dargestellt nebst Anweisung zur gründlichen u. sichern Heilung derselben. Nach dem Französ. bearb. von Gust. Fenger. 1. u. 2. Aufl. Altona 861. Verlags-Bureau. 8. (47 S.) 7½ ngr.

— Keine Leibesverstopfung und keine Unterleibsbeschwerde mehr! Ein gründlicher und ausführlicher, sowie allgemein verständlicher Rathgeber, um alle aus obigen Grundübeln entstehenden Krankheiten, wie Ausschlag aller Art, Auszehrung, Bandwurm ꝛc. gründlich und sicher zu heilen. Mit Angabe der Heilmittel gegen obige Leiden, gestützt auf langjährige Prüfungen u. Erfahrungen. Nach dem Französ. bearb. von Gust. Fenger. Neue Ausg. 862. — 4. Aufl. Ebend. 863. 8. (47 S.) 7½ ngr.

Dumas, General. Die Pferde der Sahara. Aus dem Französischen von Carl Graefe, preuss. Lieut. 2. Bd. Enthaltend: Des Emir Abd-el-Kader Bemerkungen zu dem gleichnamigen Werke. Des französ. Vice-Consul in Tarsus J. Mozoillier Mittheilungen über die arabischen Pferde Syriens. (2 Bde. in 1 Bd.)
8. Berlin 1853 u. 1853.

Dumas Ueber den religiösen Unterricht auf den oberen Klassen der Gymnasien. 17 S. . . . .
Progr. Rastenburg 1828

Dumas, Alexander, aus Monastir: Über einen Fall von Neuroglioma ganglionare des Großhirns. *Würzburg 1904: F. Scheiner.* (37 S.) 8°
Würzburg, Med. Diss. v. 1904

Dumas, Alexandre

Abenteuer und Drangsale eines Schauspielers. Aus dem Franzöa. von August Zoller.
Stuttgart: Franckh 1854. 227 S. 8°

— Abenteuer ꝛc. eines Schauspielers, — Meister Adam, der Calabrese, } s. a. Ausland, das belletristische.

Dumas, Alex., Meister Adam der Calabrese. Launiger Räuber-Roman. Aus d. Franz. übersetzt von H. Elsner. 8. Rotweil 840. Herdersche Buchh. 1⅙ rh

Dumas, Alex., Meister Adam. Rotweil 840, jetzt Berger's Buchh. in Leipzig.

Dumas, Alexandre

Agenor und die Maurin. Historischer Roman. Deutsch von Louis Fort.
Leipzig: Berger 1849. 184 S. 8°

—— Ainsi soit-il. 4 Vols. (Bibliothèque choisie. Vol. 269. 270. 425. 426.) 16. (647 S.) Paris 858—62. [Naumburg, Paetz.] à Vol. 10 Ngr. Thlr.

—— dass. — 4 Vols. 16. (701 S.) Leipzig 858—61, A. Dürr. à Vol. 12 Ngr.

Dumas (Vater) Alex., Akte. Historischer Roman aus der Zeit Neros. Erstmals verdeutscht v. Clara Lauser. Mit Illustr. v. Fritz Bergen. 1.—5. Aufl. (239 S.) kl. 8. Stuttgart (903—906). Franckh. n. 2. —; geb. n. 2. 75

Dumas (Vater), Alex., Akte. Historischer Roman aus der Zeit Neros. Erstmals verdeutscht v. Clara Lauser. Mit Illustr. v. Fritz Bergen. 6—17. Aufl. (239 S.) kl. 8. Stuttgart (907—10). Franckh. 2.—; geb. 2. 75

— Albine, siehe: Novellensammlung, 50—23. Bdchn.

— **Albine**, oder die Erscheinung auf dem Schlosse Eppstein. Roman. Deutsch von Aug. Schrader. 2 Bde. 8. Leipzig 846, Berger. 1 rh

Dumas, Alex., Albine oder die Erscheinung auf dem Schlosse Eppstein. Roman. Deutsch von Aug. Schrader. 2. Aufl. 2 Thle. 8. (302 S.) Leipzig 851, Berger's Buchh. Thlr.

— Amaury. Nach d. Französ. von W. L. Wesché. 2 Bde. 8. Leipzig 844, Kollmann. 2¼ rh

—— Ammalat-Beg. } s. Lese-Cabinet, neuestes belletristisches.

—— Ammalat-Beg. 2 Vols. 16. (341 S.) Leipzig 859, A. Dürr.

– Angèle. Drama en cinq actes. gr. in-8. Berl. 834. Schlesinger. 1/2 ß

– Angelika. Lstspl. Aus d. Franz. 12. Leipzig 836. Dörffling. 1/2 ß

——, Angelika. Drama in 5 Acten. (A. d. Franz.) 16. (11 B.) Leipzig 837, Engelmann.

—— Artagnan, s. Europa, das belletristische.

—— Artagnan, oder 20 Jahre später. 2., verb. Aufl. 16 Bdchn. gr. 16. (1540 S.) Leipzig 850, Kollmann. à Bdchn. 5 Ngr.

— der Arzt in Java, s. Lesecabinet, neues belletristisches.

Dumas, Alex., senior, Der Arzt auf Java. Roman. Deutsch von L. v. Alvensleben. 3 Bde. kl. 8. (232, 258, 232 S.) Brünn, Karafiat. 1861 1 fl. 80kr.

—— Ascanio. Nach d. Franz. v. Wilh. Ludw. Wesché. 4 Thle. 8. (69 1/2 B.) Leipzig 844, Kollmann.

— Athos, Porthos u. d'Artagnan, frei bearb. von A. Theobald, s. Both's Bühnenrepertoir.

Dumas, Alex. (Sohn), die Aufforderung zum Tanz, s. Both's Bühnenrepertoir.

Dumas [Vater], A., die Aufforderung zum Tanze, s.: Universal-Bibliothek.

—— une aventure d'amour. 16. (228 S.) Leipzig 860, A. Dürr. *

—— Aventures et tribulations d'un comédien. Nouvelle édition. 16. (800 S.) Leipzig 860, A. Dürr.

Dumas der Jüng., Alex., Avventure di quattro donne e d'un papagallo. 5 Voll. gr. 16. (971 S. mit 5 Holzschnt.) Triest 859, Coen. Thlr.

— Joseph Balsamo oder Memoiren eines Arztes. Deutsch v. Hnr. Bourdin. 1.—3. Bd. (Museum 23., 28. u. 30. Bd.) gr. 18. Leipzig (846) 847, Berger. à 1/3 ß

—— Joseph Balsamo oder Memoiren eines Arztes. Deutsch von Heinrich Bourdin. 8 Bde. gr. 18. (1237 S.) Leipzig 847—51, Berger's Buchh. à Bd. 10 Ngr.

— der Bastard v. Mauleon, siehe: Ausland, das belletrist., 910—920. Bdchn.

Dumas, Alexandre

Der Bastard von Mauleon. Aus dem Französ. von August Zoller. Bd. chen 1 - 4. 5 - 8. 9 - 11. Stuttgart: Franckh 1848. 8°

— Mademoiselle de Belle-Isle, s. Théâtre français moderne. — s. auch Répertoire du Théâtre franç. No. 204.

—— Black, s. Ausland, das belletristische. — Lese-Cabinet, neuestes belletristisches.

—— Black. 8 Vols. 16. (610 S.) Leipzig 858, A. Dürr.

— Black. 4 vols. Naumbourg 858. Expedit. der Bibliothèque choisie. 16. (160; 160; 160; 89 S. u.: Encore un rêve. Histoire de deux bagues et d'un médaillon par L. J. Stahl. S. 91—160.) 1 ß 10 ngr

—— dass. — Suivi de „Encore un rève par L. J. Stahl". 4 Vols. (Bibliothèque choisie. Vol. 254. 255. 257 et 258.) 16. (616 S.) Paris 858. [Naumburg, Paetz.]

Dumas, Alexander. Black. Leben u. Abenteuer eines Schoosskindes. Nach d. franz. Manusc. von Dr. *G. F. W. Rödiger*. *Pest*, *Wien u. Leipzig* 1858. *Hartleben's* Verl.-Exp. Druck v. *L. Sommer* in Wien. 1.—3. Theil. 144, 120, 135 S. 8°.

Auch unt. d. Titel: Neuestes belletristisches Lese-Cabinet der besten und interessantesten Romane aller Nationen. Lief. 5—10.

Dumas, Alexandre

Black. Roman. Aus dem Französ. von G. Fink. Bd. 1. 2. Stuttgart: Franckh 1859. 8°

— Catherine Blum, s. Ausland, das belletristische.

Dumas, Alexandre

Catherine Blum. Aus dem Französ. von August Zoller. Stuttgart: Franckh 1854. 235 S. 8°

Dumas (père), Alex., la bouillie de la Comtesse Berthe, s.: Prosateurs modernes.

—— das Brautkleid, s. Ausland, das belletristische.

— das Brautkleid. Deutsch von Ludw. Hauff. 2. Aufl. Stuttgart 855. Franckh. 16. (252 S.) 6 ngr

—— il cacciatore di Selvaggine ossia i due annegati. 2 voll. gr. 16. (280 S. mit 2 Holzschnt.) Triest 860, Coen.

— et Nus, le cachemire vert, s. Répertoire du théâtre français.

Dumas [Vater], Alex., Cäcilie, s.: Collection Figaro.

——, Caligula, Tragédie, s. Théâtre français mod.

— Caligula. Histor. Schspl. in 5 Aufz. Frei bearb. von Ed. Jerrmann. gr. 8. Berlin 840. Schlesinger. n. 2/3 ß

— Cäsarine, siehe: Bibliothek, Europäische, 445. Bd.

Dumas, Alexandre

Cäsarine. Deutsch von Ludwig Fort. Grimma, Leipzig: Verlags-Comptoir 1851. 152 S. 8°

—— le Caucase. Nouvelles impressions de voyage. 3 Vols. gr. 12. (922 S.) Leipzig 859, A. Dürr. *

—— le Caucase depuis Prométhée jusqu'à Chamyll. 7 Vols. (Bibliothèque choisie. Vol. 293. 294. 301—305.) 16. (1101 S.) Paris 859. [Naumburg, Paetz.]

—— Causerie sur Eugène Delacroix et ses œuvres faite le 10 décembre 1864 dans la salle d'exposition des œuvres d'Eugène Delacroix. (Bibliothèque choisie. Vol. 777.) 16. (147 S.) Naumburg 865, Pätz.

—— Causeries. (Vol.) 1—4. 16. Leipzig 857, 58, A. Dürr. à Vol. 15 Ngr.

Inhalt:

Vol. 1. Les trois dames. — Les rois du lundi. — Une chasse aux éléphants. — L'homme d'expérience. — Les étoiles commis voyageurs. — La dernière année de Marie Dorval. (223 S.)

» 2. Le lion de l'Aurès. — Poëtes, peintres et musiciens. — Béranger, sa vie et ses oeuvres. — Un plan d'économie. — La figurine de César. — Une fabrique de vases étrusques à Bourg en Bresse. (227 S.)

» 3. Ah! Qu'on est fier d'être Français. — A ceux qui veulent se mettre au théâtre. — Eugène Sue, sa vie et ses oeuvres. — État civil du comte de Monte-Christo. — Les petits cadeaux de mon ami Delaporte. — Un voyage à la lune. — Ce qu'on voit chez Madame Tussaud. (231 S.)

» 4. Un dernier mot sur Béranger. — Désir et possession. — Les courses d'Epsom. — Une mère. — Un fait personnel. — Le curé de Boulogne. — A propos d'un petit malheur. (207 S.)

Dumas Sohn, A., Edmund Cavanis, s.: Bibliothek, Europäische, 716. u. 717. Bd.

— ce qu'on ne sait pas. Une loge à Camille. Leipzig 855. Gerhard. 16. (148 S.) 10 ngr

—— Ce qu'on ne sait pas. Une loge à Camille. 16. (148 S.) Paris 855(56.) (Leipzig, Gerhard.)

—— Cécile. 2 Vols. 16. (886 S.) Leipzig 860, A. Dürr. *

—— la contessa di Chamblay. Romanzo. 4 Vol. gr. 16. (646 S. mit 4 Holzschntaf.) Triest 863, Coen. *

—— Charles le Téméraire. (Vol.) 1 et 2. 16. (464 S.) Leipzig 857, A. Dürr. à Vol. 15 Ngr.

— die Gräfin Charny, siehe: Ausland, das belletristische, 1821—1837. Bdchn. — Bibliothek, Europäische, 733. 806. 807. 828. 829. 859 u. 861. Bd.

— le chasseur de sauvagine. 2 vols. Edit. autorisée. Ebend. 857. 32. (181; 190 S.) 1 ₰

—— le chasseur de sauvagine. 2 Vols. 16. (871 S.) Leipzig 858, A. Dürr.

—— le chateau d'Eppstein. 2 Vols. 16. (875 S.) Leipzig 859. 60, A. Dürr.

— der Chevalier von Harmental. Histor. Roman. 3. verb. Aufl. Hrsg. v. Louis Bourdin. 4 Bde. 16. (1264 S.) Leipzig 847, Berger. (à 1/2 ₰) 2 ₰

— et A. Maquet, le Chevalier de Maison-Rouge, s.: Théâtre Français publié par Schütz, IX. série, Livr. 1.

— — der Chevalier de Maison-Rouge, s.: Bühnen-Repertoir, Nr. 134.

— der Chevalier von Maison-Rouge, siehe: Ausland, das belletristische, 845—852. Bdchn. — Lese-Cabinet, belletristisches, 27—32. Lfg. Neue Folge, 25—30. Lfg.

Dumas, Alexandre: Der Chevalier de Maison-Rouge, s. Collection Figaro.

— der Chevalier v. Maison rouge, s.: Collection Hartleben.

Dumas, Alexandre: Der Chevalier von Maison rouge, s. Dumas: Gallerie ausgewählter Romane.

— der Chevalier von Maison-Rouge. Deutsch v. L. Fort. 3. verb. Aufl. Mit Vorwort v. L. Bourdin. 3 Bde. Leipzig 846, Berger. 1 1/2 ₰

— der Chevalier v. Maison-Rouge. Histor. Roman. Deutsch v. Louis Fort. 3. verb. Aufl., m. e. Vorw. v. L. Bourdin. 3 Bde. 16. (191. 207 u. 239 S.) Leipzig 847, Berger. 1 1/2 ₰

—— Chronik von Frankreich. Eine Samml. romant. Darstellungen aus d. Gesch. Frankreichs. 1—3. Bd. — A. u. d. T.: Isabelle von Bayern. Histor. Roman aus d. Zeit Carls VI. Deutsch v. L. v. Alvensleben. 3 Thle. 16. (47 1/4 B.) Leipzig 835, [Hunger.]

— Chronik v. Frankreich. Eine Samml. romant. Darstellungen aus d. Geschichte Frankreichs. 1r—3r Bd. A. u. d. T.: Isabelle von Bayern. Histor. Roman aus der Zeit Carls VI. Deutsch v. L. v. Alvensleben. 3 Thle. 16. Leipzig 835. Magazin für Industrie. 3 1/2 ₰

Dumas Sohn, A., affaire Clémenceau, s. Lese-Cabinet, neuestes belletristisches.

— u. A. d'Artois, der Fall Clémenceau, s.: Universal-Bibliothek.

Dumas fils, Alex. Der Fall Clémenceau. Roman. Einzige autoris. Übersetzg. v. Ludw. Fischl. 8. (332 S.) Dresd. 890, Pierson. * 3 —; geb. * 4 —

—— dass. — s. Collection Figaro.

Ⓑ Dumas (Sohn), Alex., der Fall Clémenceau. 890. Jetzt: Berlin, Verlag Berlin-Wien.

Dumas fils, Alex., der Fall Clémenceau. Roman. Einzige autoris. Übersetzg. v. Ludw. Fischl. 2. Aufl. 8. (276 S.) Dresden 894. E. Pierson. n. 3. —; geb. in Leinw. n. 4. —

Dumas Sohn, Alex., der Fall Clémenceau. Denkschrift des Angeklagten. Nach dem Franz. (96 S.) 8. Neuweißensee (905). E. Bartels. 2. —

— Olympia v. Cleves, siehe: Ausland, das belletristische, 1751—65. Bdchn. — Bibliothek, Europäische, 678—680. 686. 743. 761. u. 790. Bd.

Dumas, Alexandre
Olympia von Clèves. Aus dem Französ. von August Zoller. Bd.chen 1 - 4. 5 - 10.
Stuttgart: Franckh 1852. 8°

— Conscience, siehe: Bibliothek, Europäische, 737. 738. u. 742. Bd.

—— Contes pour les enfants. 2 Vols. (Bibliothèque choisie. Vol. 327 et 328.) 16. (266 S. und: Souvenir de garnison par S. d'Arpentigny. 57 S.) Naumburg 860, Paetz.

—— Contes pour les grands et les petits enfants. 2 Vols. 16. (895 S.) Leipzig 860, A. Dürr. *

— der Corricolo. — Der Vesuv u. seine Opfer, s. Jahrhundert, das, in seinen etc. Novellen.

— die Courtisane, siehe: Bibliothek, Europäische, 459. u. 460. Bd.

Dumas [fils], A., la dame aux camélias, s.a. Répertoire du théâtre français.

— la dame aux camélias. Pièce en 5 actes en prose. Berlin (858). Lassar. 16. (IV, 127 S.) n. 10 ℳ

— la dame aux camélias. Pièce en 5 actes. 2. édit. Berlin 865. Lassar. 16. (120 S.) 10 ngr.

Dumas [fils], Alex., la dame aux camélias. Drame en 5 actes et en prose. Avec notes par A. W. Kastan. 2e édit. gr. 8. (71 S.) Berlin 883, Friedberg und Mode.

— die Dame m. den Camilien, siehe: Lese-Cabinet, belletristisches, 339—341. Lfg. — Repertoir, neuestes, des deutschen Theaters.

— die Dame mit den Camelien, s. Theater-Repertoir, Wiener.

—— die Dame mit den Camelien. Uebersetzt von G. F. W. Rödiger. Neue Ausg. 2 Thle. (in 1 Bd.) 8. (242 S.) Wien 860, Hartleben's Verlagsexpedition.

—— die Dame mit den Camelien. Roman. 3. Aufl. 8. (239 S.) Wien 868, Hartleben's Verlag.

—— dass. — 4. Aufl. 8. (240 S.) Ebendas. 878.

— die Dame m. den Camelien. Roman. 5. Aufl. 8. (240 S.) Wien 885. Hartleben. n. 2. 25

DUMAS Sohn, Alexander
(F) Die Dame mit den Camelien. Roman von Alexander Dumas Sohn. 6. Auflage. Wien. Pest. Leipzig. 1901. Hartleben. 8°. 240 S. K 2.40

— la Dame de Monsereau. Roman en IV Vols. 8. Leipzig 845, 46, Brockhaus et Avenarius. (à 1/2 ₰) 2 ₰

—— die Dame von Monsoreau, s. Ausland, das belletristische. — Europa, das belletristische.

— die Dame mit den Perlen, s. Lese-Cabinet, neues belletristisches.

—— die Dame mit den Perlen. Roman. 2. Aufl. 2 Bde. 8. (161; 196 S.) Wien 878, Hartleben's Verlag.

— John Davys, } s. Lese-Cabinet, neuestes belletristisches.

—— de Paris à Astrakan. Nouvelles impressions de voyage. (Vol.) 1—5. 16. (960 S.) Leipzig 858. 59, A. Dürr. à Vol. 15 Ngr.

— Demi-Monde, s. a. Universal-Bibliothek.

Dumas Sohn, Alexander. „Demi-Monde." Deutsch von P J. Reinhard. (Drama.) (Den Bühnen gegenüber als Manuscript gedruckt.) Wien. 1855. Verlag und Druck von J. B. Wallishausser. (128 S. 2 Bl 8.) geh.

— le demi-monde. Comédie en 5 actes en prose. Berlin 858. Lassar. 16. (2 Bl., 126 S.) n. 10 ngl.

—— les Demoiselles de Saint-Cyr, s. Bühnen-Repertoir. — Répertoire du Théâtre franç. —

— Les demoiselles de Saint-Cyr, s.: Simfon, Leonh., Nf.'s Sammlung französ. Schulausgaben.

Dumas, Alexandre: Les Demoiselles de Saint-Cyr, s. Théâtre français. VI. Série. No. 7.

Dumas, Alex. (père). Les demoiselles de Saint-Cyr, s. Théâtre français. Collection Friedberg u. Mode. Nr. 17.

Dumas, Alexandre: Denise, s. Universal-Bibliothek.

— Denkwürdigkeiten eines Arztes, siehe: Ausland, das belletristische, 760—786. 1209—1219. 1318—1321. 1600—1611. 1821—1837. Bdchn. — Bibliothek, Europäische, 452—455. 514. 733. 806. 807. 828. 829. 859 u. 861. Bd.

Denkwürdigkeiten eines Arztes. Von Alexander Dumas. Aus d. Franz. übers. von K. Walther [und Zollner]. I.—IV. Abtlg. [18 Bde.] Stuttgart: Franckh o. J. 8°.

I. Abtlg. 1. Hälfte: Der Grosskophta. Historischer Roman. 1.—3. Bd. mit 1 Titelkupfer.
1. 251 S., 1 Kupfer; 2. 247 S.; 3. 240 S.
I. Abtlg. 2. Hälfte: Josef Balsamo. Historischer Roman. 1.—3. Bd. mit 1 Titelkupfer.
1. 280 S., 1 Titelkupfer; 2. 272 S.; 3. 275 S.
II. Abtlg.: Das Halsband der Königin. 1.—3. Bd.
1. 320 S.; 2. 332 S.; 3. 308 S.
III. Abtlg.: Ange Pitou oder Die Erstürmung der Bastille. Deutsch von Zoller. 1.—3. Bd.
1. 207 S.; 2. 224 S.; 3. 216 S.
IV. Abtlg.: Die Gräfin von Charny. 1.—6. Bd.
1. 225 S.; 2. 206 S.; 3. 239 S.; 4. 218 S.; 5. 198 S.; 6. 216 S.

Denkwürdigkeiten eines Arztes. [Von Alex. Dumas.] Deutsch von A. Diezmann. Bd 1—8. Leipzig: Wigand 1846. 8°
(Sämmtliche Werke. Bd 1—6.)

Denkwürdigkeiten eines Arztes. Von Alex. Dumas. Aus d. Franz. übers. von Aug. Zoller. Bdch. 1—27. Stuttgart: Franckh 1846—1848. 8°
1—4. 1846. 272 S.; 5—8. 1846. 269 S.; 9—13. 1846. 303 S.; 14—16. 1847. 206 S.; 17—20. 1847. 269 S.; 21—24. 1847. 276 S.; 25—27. 1848. 198 S.
(D. belletristische Ausland. Kabinetsbibliothek d. classischen Romane aller Nationen. 760—786.)

Denkwürdigkeiten eines Arztes. Von Alex. Dumas. Bd 1—20. Nebst der Forts.: Das Halsband der Königin. Bd 1—15. Stuttgart: 1846—1850. 8°
TB. 311.

— Denkwürdigkeiten eines Arztes. Deutsch v. A. Diezmann. 2. (Titel-)Ausg. 3 Bde. 8. (1524 S.) Leipzig (846—49) 851, Costenoble. n. 2 ₰

Dumas, Alexandre

Denkwürdigkeiten eines Arztes. Aus dem Französ. von August Zoller. Abth. 2. Bd.chen 5 - 9. 11 - 15.
Abth. 3. Bd.chen 1 - 4. 5 - 8. 9 - 12. [2 Expl.].
Abth. 4. Bd.chen 1.2. 7 - 1o. 11 - 16. 17 - 2o. 21 - 26. 27 - 32.
Stuttgart: Franckh 185o - 1855. 8°

2. Das Halsband der Königin. Bd.chen 9-15. 185o.
3. Ange Pitou. Bd.chen 1-12. 1851.
4. Die Gräfin Charny. Bd.chen 1.2. 1852.
Bd.chen 7-2o. 1853.
Bd.chen 21-32. 1855.

Dumas, Alex., Denkwürdigkeiten eines Fechtmeisters, od. achtzehn Monate in St. Petersburg. A. d. Franz. v. Wilh. Ludw. Wesché. 3 Bde. 8. (15 B.) Leipzig 841, Kollmann. Thlr.

— Diana de Lys, s.: Bibliothek, Europäische, 548. Bd. — Lese-Cabinet, belletristisches, 480. u. 481. Lfg.

— — s. Theater-Repertoir, Wiener, — Ausland, das belletristische.

Collection Hartleben. II. Jahrgang. 8. Band. Inhalt: Alex. Dumas Sohn, Diana de Eys. 8. (159 S.) In Lnwd. geb. —.40
Wien: Hartleben 1893

— Diane de Lys, s. Théâtre français, par Schütz.

— die beiden Dianen, siehe: Ausland, das belletristische, 894—909. Bdchn. — Lese-Cabinet, belletristisches, 157—168. Lfg.

— die beiden Dianen. Histor. Roman. Deutsch von Louis Fort. 1. Thl. 11. 8. Leipzig (846) 847, Berger. pr. 1.—4. Thl. 2 ₰

Dumas, Alexandre

Die beiden Dianen. Aus dem Französ. von August Zoller. Bd.chen 1 - 3. 4 - 7. 8 - 11. 12 - 16.
Stuttgart: Franckh 1847. 8°

— das Drama von 1793, siehe: Bibliothek, Europäische, 565—568. Bd.

Dumas, Alexandre: Elim, s. Lese-Cabinet, Neuestes belletristisches.

—— Enrico IV. Romanzo storico. 2 Vol. gr. 16. (287 S. mit 2 Stnt.) Triest 864, Coen. *

— das Erbe, s. Ausland, das belletristische.

——, Antony's Erinnerungen, s. Bibliothek d. Belletristen, I. Serie.

— s.: Erzählungen, ausgewählte.

—— Ausgew. Erzählungen, s. Sammlung franz. u. engl. Textausg.

—— gesammelte Erzählungen. Deutsch v. L. v. Alvensleben. 8. (15½ B.) Leipzig 835, [Hunger.]

— gesammelte Erzählungen. Deutsch v. L. v. Alvensleben. 8. Leipzig 835. Magazin f. Ind. 1⅓ ℛ

— historische Erzählungen aus d. älteren Geschichte Frankreichs. Nach d. Franz. von Mar. Fr. Thielen. gr. 12. Wien 835. Haas. 7/8 ℛ

—— una famiglia esiliata. Romanzo. 2 Vol. gr. 16. (315 S. mit 2 Holzschntaf.) Triest 863, Coen. *

— eine corsische Familie, siehe: Ausland, das belletristische, 861–864. Bdchn. — Lese-Cabinet, belletristisches, 17. Bd., Neue Folge, 106—108. Lfg.

— eine Corsische Familie, s. Taschenbibliothek class. Romane d. Auslandes, 2. Bdchn.

Dumas, Alexandre

Eine corsische Familie; Geschichte eines Todten; Gabriel Lambert. Aus dem Französ. von August Zoller. Bd.chen 1 - 4.
Stuttgart: Franckh 1847. 306 S. 8°

—— La San Felice. s. Lese-Cabinet, neuestes belletristisches.

—— la San Felice. Roman de mœurs. 17 Vols. (Bibliothèque choisie. Vol. 685—690. 707. 708. 717. 718. 722—725. 780—782.) 16. (2700 S.) Naumburg 865, Pätz. à Vol. 10 Ngr.

—— Fernanda ossia fatalità ed espiazione. 3 Voll. gr. 16. (520 S. mit 3 Holzschnt.) Triest 859, Coen.

Dumas, Alexandre: Fernande, s. Collection Figaro.

— le fils naturel. Comédie en 5 actes dont un prologue. Berlin 858. Lassar. 16. (2 Bl., 120 S.) n. 10 ngr

— — s. Répertoire du théâtre français à Berlin.

Dumas, Alexandre: Prinzessin Flora, s. Collection Figaro.

—— des Vaters Fluch oder Engel und Satan. Roman aus der Zeit der ersten französ. Revolution. 2 Bde. 16. (492 S.) Wien 860, [Bachmann.]

[DUMAS.] *La Fondation de la Comtesse Berthe.* Avec 150 vignettes par BERTALL. Die Stiftung der Gräfin Bertha. Mit 150 Holzschnitten nach Bertall. Leipzig, Druck und Verlag von B. G. Teubner [ca. 1848]. Vortitel: Illustrierte Jugendschriften. Eine Sammlung . . . Herausgegeben von A. Diezmann . . . Französisch-deutsche Ausgabe. Fünfter Band . . . (daneben steht der französ. Vortitel). XII, 149 S. 1 Bl. Kl.-8°. Illustr. hellbrauner Or.Umschlag. 24.—

Seltene französisch-deutsche Paralleltextausgabe mit den reizenden Originalholzschnitten von BERTALL, die vorher nur im Erstdruck: Paris 1845 erschienen waren. — Umschlag leicht benutzt.

Dass. s.a.: Jugendschriften, Illustrierte.

Dumas, Alexandre: Francillon, s. Universal-Bibliothek.

Dumas, Alex., Frankreich u. Europa vor, während u. nach dem 24. Febr. Eine monatliche, geschichtliche u. polit. Uebersicht aller Ereignisse Tag vor Tag, Stunde vor Stunde. Aus d. Franz. 16 Bde. [oder 32 Bdchn.] gr. 16. (2743 S.) Leipzig 848—50, Kollmann. (à Bd. ⅓ ℛ) 5⅓ ℛ

Dumas, Alexandre: Die Frau m. dem Sammethalsband, s. Collection Figaro.

— vier Frauen-Abenteuer, s. Volks-Bibliothek, neue.

Dumas, Alexandre: Der Frauenkrieg, s. Ausland, Das belletristische, 600.–626. Bdch.

— ein Frauenleben, s. Ausland, das belletristische.

— das Fräulein von St. Cyr., s. Bühnen-Repertoir, Bd. XII.

— die Fräuleins von St. Cyr. [Les Demoiselles de St. Cyr.] Lustspiel in 5 Aufzügen. Wortgetreu in deutsche Prosa übersetzt nach H. R. Mecklenburg's Grundsätzen von R. L. 1. Hft. 32. (64 S.) Berlin 878. H. R. Mecklenburg. n. — 25

—— la frégate l'Espérance. 16. (232 S.) Leipzig 859, A. Dürr.

— die Fremde, } s.: Universal-
— ein Freund der Frauen, } Bibliothek.

— die Fünfundvierzig, siehe: Ausland, das belletristische, 938–952. Bdchn. - s. Universal-Bibliothek.

Dumas, Alexandre

Die Fünfundvierzig. Aus dem Französ. von A. Diezmann. Bd. 1. 2. 3. 4.
Leipzig: Teubner 1847. 8°

(Die belletristische Welt. Bd.chen 41-44. 45-48. 49-57.)

— Die Fünfundvierzig. Historischer Roman. Neue Bearbeitg. v. K. Walther. 3 Bde. in 1 Bde. (208, 205 u. 206 S.) kl. 8. Stuttgart (909). Franckh. 3.—; geb. in Leinw. 3,75

— Gabriele, s.: Bibliothek, Europäische, 461. u. 462. Bd.

Dumas, Alex., Gabriele v. Belle-Isle oder die verhängnißvolle Wette. Schausp. in 5 Aufz. Uebertr. v. L. Osten. 12. (4½ B.) Hamburg 845, Berendsohn. Thlr.

—— Gallerie ausgewählter Romane. Deutsch von Aug. Diezmann, Louis Fort, A. Kretzschmar u. A. Neue Ausg. 1.—40. Thl. 8. Wien 862—64, Hartleben's Verlag. à Thl. 4 Ngr.

Inhalt:

Thl. 1—10. Die drei Musketiere. Historisch-romantisches Gemälde. 10 Thle. (995 S.)
" 11—16. Der Chevalier v. Maison rouge. Historisch-romantisches Gemälde. 6 Thle. (622 S.)
" 17—28. Das Halsband der Königin. Historisch-romantisches Gemälde. 12 Thle. (1197 S.)
" 29—40. Zwanzig Jahre nachher. Fortsetzung der drei Musketiere. 12 Thle. (1284 S.)

Dumas, Alex., die Garibaldianer oder die Revolution auf Sicilien und in Neapel im Jahre 1860. 2 Thle. in 1 Bde. (Memoiren Garibaldi's. 8—13. Liefg.) Zürich 861. Schabelitz. 8. (308 S.) 18 ngr.

Dumas, A. Die Garibaldianer oder die Revolutionen auf Sicilien u. in Neapel 1860. 2 Bd. (308.) 8. Zürich 1861. 1 80. — A. d. Frz. von Heine u. Schrader. 4 Bdch. (392.) 16. Leipzig 1862. 2.00.

— u. ***, der auferstandene Gatte. [Le mari de la veuve.] Lustspiel in 1 Akte. Uebers. von C. v. Stein. [Den Bühnen gegenüber Mscr.] Meiningen 870. v. Eye. gr. 8. (48 S.) n. 7½ ngr.

— drei starke Geister, siehe: Bibliothek, Europäische, 285. u. 286. Bd.

— Tausend u. Eine Geistererscheinung, siehe: Lese-Cabinet, belletristisches, 242–245. u. 266–272. Lfg.

— die Geldfrage, s. Both's Bühnenrepertoir, — Theater-Repertoir, Wiener.

— historisch-romantische Gemälde u. Reisebilder, siehe: Lese-Cabinet, belletristisches, 2. Reihenfolge.

Dumas, Alex., die Genossen Jehu's, s. Ausland, das belletristische, — Bibliothek, europäische.

Dumas, Alexandre

Die Genossen Jehus. Roman. Aus dem Französ. von Edmund Zoller. Bd. 1 - 3.
Stuttgart: Franckh 1857. 8°

— die Genossen Jehu's. Historischer Roman aus der Zeit der royalistischen Verschwörungen unter dem Consulate. Aus dem französ. Manuscripte übers. von F. W. G. Rödiger. 4 Thle. Wien 857. Hartleben. 8. (159; 157; 157; 175 S.) 1 ℛ 6 ngr

— il gentiluomo della montagna, s. Emporeo drammatico.

— Georg. Aus dem Französ. von W. L. Wesché. 2 Bde. 8. Leipzig 843, Kollmann. 3 ℛ

Dumas, Alexandre: George, s. Collection Figaro.

— Prinzessin Georges, s.: Theater, neues Wiener.

Dumas, Alex., Geschichte Julius Cäsars. Autorisirte Ausgabe. 3 Thle. in 1 Bd. 8. (I. 132, II. 140, III. 183 S.) Pest und Wien, Hartleben. 1865 1 fl.

— Geschichte eines Nußknackers. — Die Stiftung d. Gräfin Bertha, s. Jugendschriften, illustr., 2., 3. u. 5. Bd.

— Geschichte der Regentschaft des Herzogs v. Orleans, siehe: Bibliothek, Europäische, 241. u. 242. Bd.

Dumas, Alex., Geschichte der Regentschaft des Herzogs v. Orleans. Aus d. Französ. von *L. Fort.* 2 Thle. Grimma 1850. 12°.

— Geschichte eines Todten, siehe: Ausland, das belletristische, 861—864. Bdchn.

— Tausend u. Ein Gespenst, s.: Ausland, das belletristische, 1305—1317. Bdchn. — Bibliothek, Europäische, 236. 250. 256. 272 u. 277. Bd. — Literatur-Saal. — Novellen-Sammlung, 28—39. Bdchn.

Dumas, Alexandre

Tausend und ein Gespenst. Aus dem Französ. von August Zoller. Bd.chen 1 - 4. 5 - 8. 9 - 13.
Stuttgart: Franckh 185o. 8°

— Gespenster, s.: Bibliothek, Europäische, 639. u. 640. Bd.

— Gott lenkt, siehe: Ausland, das belletristische, 1530—1539. 1612—1618. Bdchn. — Lese-Cabinet, belletristisches, 345. 346. 353. u. 354. 371—373. 407. 408. 445. 446. 451. 452. Lfg.

Dumas, Alexandre

Gott lenkt. Aus dem Französ. von August Zoller. Bd.chen 1 - 4. 5 - 1o. 11 - 14. 15 - 17.
Stuttgart: Franckh 1851. 8°

— Gott u. Teufel, siehe: Ausland, das belletristische, 1791—1797. Bdchn.

Dumas, Alexandre

Gott und Teufel. Aus dem Französ. von August Zoller. Bd.chen 1.2. 3 - 7.
Stuttgart: Franckh 1852. 8°

— das Gottes-Urtheil oder Menschenpläne und Gottesfügungen. Aus dem Französ. von Leop. v. Warnsdorff. 22 Hefte. gr. 8. (872 S.) Köln 859. 60, Nelte, Böltje und Comp. à Heft 3 Ngr.

— der Graf v. Bragelone, siehe: Ausland, das belletrist., 1009—1032. u. 1081—1097. Bdchn.

Dumas, Alexandre

Der Graf von Bragelonne oder Zehn Jahre nachher. 2.Forts. der "drei Musketiere". Aus dem Französ. von August Zoller. Bd.chen 3 - 6. 7 - 1o. 11 - 14. 15 - 18. 19 - 24. 25 - 28. 29 - 32. 33 - 36. 37 - 41.
Stuttgart: Franckh 1848 - 185o. 8°

3-14. 1848.
15-32. 1849.
33-41. 185o.

— der Graf v. Cagliostro. Roman. Deutsch v. Frdr. Wilh. Bruckbräu. (Neue Titel-Ausg. der Memoiren eines Arztes.) 1—4. Thl. 12. (581 S.) Augsburg 849, v. Jenisch & Stage. (à 6 ngr) 24 ngr

Dyma, Aleksand. — Graf od Monte-Christo. Po — — posrbno Milan D. Rasziċ. Prva czast. 8. (196 S. und 2 Abbildungen.) U Beczu. Pismeny. Somera. 1854. (Graf von Monte-Christo. Von Alexander Dumas. Ins Serbische von Milan Dr. Raszić. 1. Theil. Wien bei Sommer.)

Dumas, Alexandre: Der Graf v. Monte Christo, s. Collection Figaro.

— der Graf v. Monte-Christo, s. Ausland, das belletristische. — Bibliothek, europäische. — Echo. — Europa, das belletristische. — Sammlung d. Romane d. Franzosen.

— der Graf von Monte-Christo, siehe: Bibliothek, Europäische, 42—45. 73. 79. 80. u. 85. Bd. — Lese-Cabinet, belletristisches, 49—68. Lfg.

— der Graf v. Monte-Christo. Roman. Deutsch von Fr. Wilh. Bruckbräu. 1.—15. Bd. Augsburg 846, v. Jenisch u. Stage. à 12 ngr

— der Graf v. Monte-Christo. Aus dem Französ. von A. Küster. 7 Bde. 8. Grimma 846, Verl.-Compt. à n. ½ ℛ

— der Garf v. Monte-Christo. Aus dem Franz. v. Aug. Zoller. (Abgedr. aus d. „belletrist. Ausland.“) 27 Bdchn. 16. (1839 S.) Stuttgart 846, Franckh. In 3 Bde. geb., in Engl. Einb. m. Goldschn. n. 3 ℛ 6 ngr

— der Graf v. Monte-Christo. Neue m. 30 (lith.) Charakter-Bildern illustr. Ausg. 10 Thle. 8. (1856 S.) Leipzig 852, Hartleben. 3½ ℛ

Mautner, A. — Praktische Konversations-Bücher zur leichten und raschen Erlernung der französischen Sprache ohne Lehrer und ohne Auswendiglernen. Nach einer ganz neu erfundenen Methode eingerichtet und zum Nutzen aller Stände herausgegeben von — —. Erster Band. Enthält: Der Graf von Monte Christo von Alex. Dumas. Prag, 1855. Vetterl'sche Buchdruckerei in Prag. (130 S. 16.)

— der Graf von Monte-Christo. Aus dem Französ. 6 Bde. oder 25 Hefte. gr. 8. (1590 S.) Berlin 857. 58, Sacco. à Heft 4 Ngr.

— der Graf v. Monte-Christo. 10 Thle. Mit 24 Illustr. (Lithogr.) 3. u. 4. Aufl. Wien 865—68. Hartleben. 8. (1847 S.) 4 ℛ

Dumas, Alexandre

Der Graf von Monte-Christo. Roman. Mit color.Abb. Th. 1 - 10.
Dresden: Tittel [1869 - 1873]. 8°

1-6. Der Graf von Monte-Christo. Th.1-6. [1872].
7.8. Die Todtenhand. Von G.Berthold. Th.1.2. Forts. des Romans: Der Graf von Monte-Christo. Von Alexander Dumas. Th.7.8. [1869].
9.10. Monte-Christo's letzter Weltgang. Von G.Berthold. Th.1.2. Als Forts. und Abschluß des Romans: Der Graf von Monte-Christo. Von Alexander Dumas. Th.9.10. [1873].

— der Graf v. Monte-Christo. 1—13. Hft. gr. 8. (1. Thl. S. 1—624 m. 13 Chromolith.) Dresden 872. 73. Tittel. à — 80

— der Graf v. Monte Christo. Roman. 25.—30. Tausend. 6 Tle. in 2 Bdn. 12. (232, 246, 187, 192, 237 u. 221 S.) Stuttgart 894. Franckh. n. 4. —; geb. n. 5. 75

der Graf v. Monte Christo. Deutsch v. Zoller. 40. - 50. Tausend. Neue ill. Ausg. 6 Bde. 12. (212, 205, 223, 170, 243 u. 240 S.) Stuttgart 897. Franckh.
In 2 Leinw.-Bdn. n. 5. 80; auch in 25 Hftn. à — 20

Der Graf von Monte Christo. Roman in 2 Bdn von Alexander Dumas. Mit e. Vorbemerkung von Dr. Franz Kwest u. d. Bilde d. Verf. Bd 1. 2. *Halle a. d. S.: O. Hendel (1899).* 2 Bde 8° [F.]
= Bibliothek d. Gesamtlitteratur d. In- u. Auslandes. No 1293 - 1308.
[99. 10734

— dasselbe, s.a. Bibliothek der Gesammtlitteratur.

Dumas, Alex., der Graf v. Monte Christo. — Der Herr der Erde, od.: Die Macht des Goldes! Fortsetzung v. „Monte Christo". Roman. gr. 8. (1524 u. 764 S. m. Abbildgn.) Dresden (900). F. Tittel Nachf. In 2 Bde. geb. n. 11.—; auch in 95 Lfgn. à n. — 10

— der Graf v. Monte Christo. Orig.-Uebersetzung von Morizeau. Illustr. v. Coeurdame. 1.—58. Heft. (1.—5. Bd. VI, 288 S.; III, 279 S.; III, 260 S.; III, 247 u. 234 S., u. 6. Bd. S. 1—56.) Lex.-8. Prag (904—906) A. Hynek. à — 40

— dasselbe. Uebers. v. L. Stöckmann. 6. Aufl. (799 S.) kl. 8. Berlin (905). J. Gnadenfeld & Co. 3.—; geb. in Leinw. 4.—

Der Graf von Monte Christo [Le comte de Monte Christo]. Roman von Alexander Dumas [père]. Vollst. neu ins Deutsche übertr. u. mit einl. Worten versehen von Philipp Wanderer. Mit d. Bildn. d. Dichters. Berlin: A. Weichert [1906]. (703 S.) 8° [F.] [06. 9443 II

— Der Graf v. Monte Christo. Orig.-Uebersetzg. v. Morizeau. Illustr. v. Coeurdame. 59—64. (Schluß-)Heft. (6. Bd. S. 57—203.) Lex. 8. Prag (906). A. Hynek. à — 40

— dasselbe. Neu bearb. v. Max Pannwitz. Mit Illustr. v. Fritz Bergen. Jubiläumsausg. 6 Bde. in 2 Tln. (224, 216, 232, 216, 192 u. 222 S.) kl. 8. Stuttgart (906). Franckh. 5.—; geb. 5. 80

Der Graf von Monte Christo [Le comte de Monte Christo]. Roman von Alexandre Dumas, [père]. Halle a. S.: A. Hendel [1908]. (1735 S.) 8° [F.]
(Bibliothek August Scherl. Folge 1, Bd 11—18.) [08. 18077

Der Graf von Monte Christo [Le Comte de Monte Christo]. Roman von [Alexandre] Dumas [père]. Ungekürzte Ausg., übers. von F[elix] P[aul] Greve. Berlin-Westend: Reiss [1909]. 1300 S. 8° [10. 5119

Der Graf von Monte Christo [Le Comte de Monte Christo]. Von Alexander Dumas [père] III. Ausg. Aus d. Franz. übers. von Phil. Berthier. Berlin: Schreiter [1909]. 394 S. 8° [10. 4312

— dasselbe. Übers. v. L. Stöckmann. 9. Aufl. 26—28. Tausend. (799 S.) 8. Berlin (910). J. Gnadenfeld & Co. 3.—; geb. n 4. —

— dasselbe. Ungekürzte Ausg., übers. v. F. P. Greve. (1307 S.) 8. Berlin-Westend (910). E. Reiss. 5 ; geb. 6

— — Fortsetzung, s. Le Prince.

— dasselbe, Fortsetzg., s.: Mützelburg, Adf., der Herr d. Welt.

— — Der Graf von Moret: s.: Lese Cabinet, neuestes belletr.

—— der Graf v. Moret. Historischer Roman. 6 Thle. in 16 Lfgn. 8. (192, 196, 188, 189, 192 und 176 S. mit 16 Stnt. in Tondr.) Wien 866,67, Hartleben's Verlag. à Lfg. 5 Ngr.

Dumas, Alexandre. Der Graf von Moret. Historischer Roman. Wien 1867. Fortgesetzt von: *Schneeberger, Franz Julius* (pseud. *Arthur Storch*). (Brü VIe, 255) (Zeitschr. f. Büch. 1923, S. 82)

Dumas, Alexandre: Die Gräfin von Verrue, s. Ausland, das belletrist.

Halifax, s. Théâtre franç. 6. Série. No. 6. — Les demoiselles de Saint-Cyr., s. Ebend. No. 7.

— Halifax, s. Théâtre franç. par Schütz. IV. Série. No. 10. Les demoiselles de Saint-Cyr., s. Ebd. V. Série. No. 2.

— das Halsband der Königin, siehe: Ausland, das belletristische, 1209—1219. 1318—1321. Bechn.

Dumas, Alexandre: Das Halsband der Königin, s. Dumas: Gallerie ausgewählter Romane.

Dumas, Alexandre: Das Halsband der Königin [Le Collier de la reine]. Magdeburg: Magdeburger Verl.-Anst. [1908]. 364 S. 8°
(Moderne Weltbücherei. [9.])

Dumas, Alexandre: Der Hase meines Großvaters, s. Ausland, das belletrist.

—— Heinrich IV., s. Ausland, das belletristische.

Dumas, Alexandre

Heinrich IV. Aus dem Französ. von Gottlob Fink.
Stuttgart: Franckh 1858. 218 S. 8°

Dumas, Alexandre: Die Heiraten d. alten Olifus, s. Collection Figaro.

— Henri III. et sa cour. Drame en 5 act. 16. Dessau ... Ackermann. 6 gr

——, Henri III et sa cour. Drame historique en 5 actes. gr. in-8. (4 B.) Berlin 839, Schlesinger. •

—— le même, s. Répertoire du Théâtre fr.

— dass. s. Théâtre français etc. S. I. Livr. 2.

—— le comte Hermann, s. Théâtre français par Schütz.

— Graf Hermann. Drama in 5 Aufzügen. Für die deutsche Bühne bearb. von A. E. Badaire. Als Mscr. gedr. Prag 868. Ehrlich. 16. (106 S.) n. 8 ngr.

—— Herminie et Marianna. 16. (175 S.) Leipzig 859, A. Dürr.

— histoire de mes bêtes. Vol. 1. Édit. autorisée. Leipzig 857. A. Dürr. 32. (224 S.) 15 ngr

—— Histoire d'un cabanon et d'un chalet. 2 Vols. 16. 3 70 S.) Leipzig 860, A. Dürr. *

—— dass. — 2 Vols. (Bibliothèque choisie. Vol. 325 et 326.) 16. (805 S.) Naumburg 860, Paetz.

—— Histoire d'un chien et de onze poules. 2 Vols. (Bibliothèque choisie. Vol. 256 et 276.) 16. (820 S.) Paris 858. 59. [Naumburg, Paetz.]

— histoire de Napoléon, s. Bibliothek der neuesten ausländ. Classiker, II.

—— Histoire de Napoléon, s. Bibliothek gediegener und interessanter französischer Werke.

—— Histoire de Napoléon. Mit Erläutern., grammat. Bemerkn. u. ein. Wörterbuche. Hrsg. v. Ed. Hoche. gr. 12. (10⅓ B.) Leipzig 841, E. Fleischer. *

—— Histoire de Napoléon. Mit Erläuterungen, grammat. Bemerkungen u. e. Wörterbuche. Hrsg. v. Ed. Hoche. 2., verb. Aufl. 12. (10⅓ B.) Leipzig 846, E. Fleischer. *

—— Histoire de Napoléon. Enrichi d'un vocabulaire et de notes grammaticales par E. J. Hauschild. In-8. (17⅓ B. u. 1 Holzschn.) Leipzig 846, Renger'sche Buchh.

Dumas, Alex., Histoire de Napoléon. Mit Erläuterungen, grammatischen Bemerkungen u. einem Wörterbuche. Hrsg. v. Ed. Hoche. 3. (Titel-)Aufl. gr. 12. (VI u. 250 S.) Leipzig (846) 851, E. Fleischer. n. ⅓ ₰

—— Histoire de Napoléon. Mit Erläuterungen grammat. Bemerkungen und einem Wörterbuche. Hrsg. von Ed. Hoche. 4., verb. und verm. Aufl. gr. 16. (VII, 220 und Wörterbuch 50 S.) Leipzig 856, E. Fleischer.

— histoire de Napoléon de 1769 à 1814, s.a. Bibliothèque française.

Histoire de Napoléon de 1769 à 1814 par Alexandre Dumas. Mit Anmerkungen u. einem Wörterbuche hrgg. v. Friedrich Augustiny. Berlin. 1886. 8°

— histoire de la vie politique et privée de Louis-Philippe. Arrangée à l'usage des écoles et maisons d'éducation par Mme. A. Bree. Avec 1 gravure. Leipzig 853. Baumgaertner. 8. (VI, 354 S. mit Portrait in Stahlst.) 18 ngr

—— Historya Dziadka do Orzechów, s. Bibliothèque illustrée. Vol. I—III.

—— das Hochzeits-Kleid. Nach d. Franz. v. Wilh. Ludw. Wesché. 8. (23 B.) Leipzig 844, Kollmann.

Dumas, Alexandre
Die Holländerin. Roman. Deutsch von August Schrader. Bd.1.
Leipzig: Berger 1848. 172 S. 8°

Dumas, Alexandre: Der Höllenschlund, s. Collection Figaro.

—— l'homme aux contes. Le soldat de plomb et la danseuse de papier. — Petit-Jean et Gros-Jean. — Le roi des taupes et sa fille. — La jeunesse de Pierrot. 16. (209 S.) Leipzig 857, A. Dürr.

—— l'horoscope. 3 Vols. 16. (688 S.) Leipzig 858, A. Dürr. à Vol. 15 Ngr.

— das Horoscop, s. Ausland, das belletristische.

Dumas, Alexandre
Das Horoscop. Roman. Aus dem Französ. von G. Fink. Bd.1.2.
Stuttgart: Franckh 1859. 8°

— Catherine Howard. Drame en cinq actes et en huit tableaux. Ouvrage destiné aux écoles. gr. in-8. Berlin 841. Schlesinger. n. ⅓ ₰ — s. auch Répertoire etc. No. 231.

— dass. s. auch Théâtre franç. moderne. S. III. Livr. 5—7.

— hrabě z Monte-Christo. Román. Dle francouzského zčeštil Jan Aleš Šubert. 6 dila. Prag 862. Steinhauser. 16. (1841 S.) n. 4 ₰

—— Jacquot sans-oreilles. 16. (183 S.) Leipzig 860, A. Dürr. *

— ein Jahr an den Ufern des Sacramento, s.: Bibliothek, Europäische, 748. u. 749. Bd.

Dumas, Alex., dreißig Jahre aus Napoleons Leben, s. Schütz, W.

—— zwanzig Jahre nachher, s. Ausland, das belletristische.

Dumas, Alexandre: 20 Jahre nachher, s. Dumas: Gallerie ausgewählter Romane.

— Zwanzig Jahre nachher, s.: Lese-Cabinet, belletristisches, 123—134. Lfg.

— 20 Jahre nachher, s.: Romane, d. besten d. Weltliteratur.

— 20 Jahre später, s.: Universal-Bibliothek.

Dumas, Alexandre
Zwanzig Jahre nachher. Fortsetzung der Drei Musketiere. Nach dem Französ. von August Zoller. Bd.chen 1 - 3. 4 - 6. 7 - 10. 11 - 14.
Stuttgart: Franckh 1845. 8°

[D.] Zwanzig Jahre später. Fortsetzg. d. Romans 'Die drei Musketiere' v. Alexander Dumas. A. d. Französ. *Halle a. d. S.: O. Hendel (1897).* (VIII, 842 S., 1 Bl., 1 Portr.) 1 Bd 8.
= Bibliothek d. Gesamtlitteratur d. In- u. Auslandes. No 1084—1094. [97. 1967

— zwanzig Jahre nachher. Historischer Roman, aus dem Franz. v. Zoller, durchgesehen v. M. Pannwitz. Fortsetzung von Die drei Musketiere. Stuttgarter Ausgabe. 5.—7. Aufl. 3 Tle. (242, 238 u. 235 S.) kl. 8. Stuttgart (903—905). Franckh. n. 3.—; in 1 Leinw.-Bd. n. 3.75

— Zwanzig Jahre nachher. Fortsetzung v.: Die 3 Musketiere. Roman. Vollständig neu ins Deutsche übertr. u. m. einleit. Worten versehen v. Herm. Eiler. (621 S. m. Bildnis.) 8. Berlin (909). A. Weichert. 3.—

—— Jane. 16. (175 S.) Leipzig 859, A. Dürr.

—— Jane. Nouvelle. (Bibliothèque choisie. Vol. 355.) 16. (146 S.) Naumburg 860, Paetz.

— Jeanne d'Arc. Mit grammatischen Anmerkungen, einem vollständigen Wörterbuche u. 1 (lith.) Charte (in 4.) über die Reisen der Jungfrau von Orleans versehen von H. Schütz. Arnsberg 860. Grote. 16. (VIII, 240 S.) 15 ngr

— Jlka. Einzig autoris. Übersetzg. aus dem Franz. v. L. Scharf. Mit 18 Illustr. v. L. Marold. 8. (V, 144 S.) München 900. A. Langen. n. 3.—; geb. n. 4.—

—— Impressions de voyage en Russie etc. 6 Vols. (Bibliothèque choisie. Vol. 277—280, 295 et 296.) 16. (à Vol. 160 S.) Paris 858—60. [Naumburg, Paetz.] à Vol. 10 Ngr.

—— Impressions de voyage en Russie (de Paris à Astrakan). Vol. 7—9. (Fin.) (Bibliothèque choisie. Vol. 485—487.) 16. (514 S.) Naumburg 862, Pätz. à Vol. 10 Ngr.
Vol. 1—6. Ebendas. 1858—60. 3 Thlr.

— Ingenue. Ein Roman. Aus d. Französ. von U. Reisch. 4 Bde. Brüssel 854, 55. Schnee. 8. (IV, 176; IV, 224; IV, 200; IV, 140 S.) 2 ₰

Dumas, Alexandre
Ingénue. Aus dem Französ. von August Zoller. Bd.chen 6 - 10. 11 - 14.
Stuttgart: Franckh 1855. 8°

— — s. Ausland, das belletristische.

— intrigues galantes à la cour italienne. Würzburg 870. Julien. 16. (288 S.) n. 25 ngr

— l'invitation à la valse, s. Répertoire du théâtre franç. à Berlin.

—— Johanna d'Arc, genannt die Jungfrau v. Orleans. 1429—1431. Aus d. Franz. v. Wilh. Ludw. Wesché. 8. (21 B.) Leipzig 842, Kollmann.

Dumas, Alexandre

Johanna die Jungfrau von Orleans. Historischer Roman. Deutsch von Heinrich Bourdin.
Leipzig: Berger 1847. 215 S. 8°

Dumas, Alexandre

Paul Jones der nordamerikanische Freibeuter. Roman. 3.Aufl. mit einem Vorwort von Louis Bourdin.
Leipzig: Berger 1847. VI, 184 S. 8°

— et A. Dauzats, Quinze jours au Sinaï, hrsg. v. Adf. Moyer, s.a.Prosateurs français.

Quinze jours au Sinaï par A[lexandre] Dumas Père et A. Dauzats. Im Ausz. mit Anm. zum Schulgebr. hrsg. von Dr. Adolf Meyer, Dir. zu Hannover. Neue Ausg. rev. von [Fritz] Hartmann, Oberl. zu Berlin. [Nebst] Anm. *Bielefeld & Leipzig: Velhagen & Klasing 1901.* 2 Bde 8°
— Sammlung. Velhagen & Klasings, franz. u. engl. Schulausg. Prosateurs franç. Lfg 72.

Isabella v. Bayern, s.: Collection Hartleben.

— Isabella v. Baiern, siehe: Lese-Cabinet, belletristisches, 189—194 Lfg.

— Don Juan de Marana, s. Répertoire du Théâtre franç. No. 161.

— eine Jugenderinnerung u. andere Geschichten, s.: Bibliothek Langen, kleine.

— die Kameliendame, s.: Collection Figaro.

— Die Kameliendame, s.: Editionen merkwürdiger u. berühmter Romane der Weltliteratur.

Dumas Sohn, A., die Cameliendame, s.: Theater-Bibliothek, classische.

Dumas Sohn, Alex., die Cameliendame, s. Universal-Bibliothek.

— die Kameliendame. Roman nach dem Franz. (96 S.) 8. Ebd. (905). 2.—

—— Karl der Kühne, s. Ausland, das belletristische.

Dumas, Alexandre

Karl der Kuhne. Aus dem Französ. von Gottlob Fink. Bd.1.2.
Stuttgart: Franckh 1857. 8°

— Kean, ou désordre et génie, s.: Théâtre Français publié par Schutz, VII. série, 12 livr.

— Kean. Comédie en 5 actes. 16. Berlin, Heymann. 1/4 ℛ︀ Avec Vocabulaire. 3/8 ℛ︀ s. auch Théâtre franç. les plus moderne. No. 5. Livr. 7.

— Kean, Comédie en 5 actes. Publié par J. Louis. Nouv. édit. Avec des nôtes explicatives. 16. Leipzig 843, Melzer. 1/4 ℛ︀

—— Kean, Comédie en 5 actes. Publié par J. Louis. Nouv. édit. Avec des notes explicatives. In-16. (11½ B.) Leipzig 843. [Braunschweig, Westermann.]
Vgl. Répertoire du Théâtre franç. II, 66.

Kean od. Genie u. Leidenschaft, frei bearb. v. Ludw. Barnay, s.: Universal-Bibliothek.

——, Kean, Schausp. in 5 Aufz. N. d. Franz. f. d. deutsche Bühne bearb. v. W. A. Hermann. gr. 8. Hamburg 839, Berendsohn.

— Gabriel Lambert, der Galeerensclave, siehe: Ausland, das belletristische, 861—864. Bdchn. — Lese-Cabinet, belletristisches, 106—108. Lfg.

—— Gabriel Lambert, s. Museum.
Dass. s. Collection Hartleben.

— Isaak Laquedem, siehe: Ausland, das belletristische, 1433—1437. Bdchn.

— Isaac Laquedem. Vol. 1. 2. 12. (IV, 192 u. 189 S.) Bruxelles 852, Kiessling & Co. (à 1/4 ℛ︀) 1/2 ℛ︀

Dumas, Alex., Isaak Laquedem. Grosser Roman aus der Geschichte der Menschheit. Deutsch von Dr. *Aug. Diezmann*. (2 Thle. in 1 Bde.). (Soviel erschienen.) Pest, Wien u. Leipzig, Hartleben's Verlags-Exped., 1853. 8°. Eleg. Hfrzb.
167 u. 188 S. — Gehört zur Literatur „Ewiger Jude".

—— le père La Ruine. 2 Vols. 16. (400 S.) Leipzig 860, A. Dürr. *

—— dass. — Roman. 3 Vols. (Bibliothèque choisie. Vol 845—847.) 16. (375 S. mit: Ludovic par G. Vattier. 103 S.) Naumburg 860, Pasts.

—— Vater La Ruine, s. Lese-Cabinet, neuestes belletristisches.

—— Leben u. Abentheuer John Davys. A. d. Franz. v. W. L. Wesché. 3 Thle. 8. (59⅛ B.) Leipzig 840, Kollmann.

—— Leben u. Abentheuer d. John Davys. A. d. Franz. bearb. v. A. Frhrn. v. T. 3 Bdchn. 8. (44 B.) Stuttgart 840, Weise u. Stoppani.

— lettres de Saint-Pétersbourg. Edit. autorisée. Leipzig 859. A. Dürr. 32. (232 S.) 15 ngr

Dumas, Alexandre: Ein Liebesabenteuer, s. Collection Figaro.

— ein Liebesabenteuer. Reisebild. Deutsch von Carl Wilh. Whistling. Sondershausen 860. Neuse. 16. (217 S.) n. 10 ngr

— ein Liebesabenteuer. Neue Uebersetzung aus dem französ. Original. (102 S.) 8. Neuweißensee (905). E. Bartels. 2.—

— Liebesdramen, s. Lese-Cabinet, neuestes belletristisches.

ein Liebesroman, s.a. Gavarni's, Franz., Bibliothek.

[Ant. u. F.] Ein Liebesroman. Erzählg v. Alexandre Dumas. Freie deutsche Uebs. *Berlin: W. Herlet [1898].* (125 S., 1 Bl.) 1 Bd 8.
— Bibliothek Gavarni. Bd 6. 98. 11044

—— le lièvre de mon grand-père. (Suivi de: Les eaux du Taunus par Vict. Hérault.) 16. (159 S.) Paris 856. (Leipzig, Gerhard.)

Dumas, Alexandre: Lorenzino, s.a. Répertoire du Théâtre franç. 2. Sér. No. 14.

—— Lorenzino, Drame en 5 actes et en prose. gr. in-8. (4 B.) Berlin 842, Schlesinger'sche Buchh.

Dumas, Alexandre: Louis XIV. et son siècle, s. Collection des meilleurs Auteurs franç. T. XV.

—— Louis XIV. et son siècle, s. Collection des auteurs modernes. —

— Louis XIV. et son siècle, s. l'Echo de feuilletons de Paris.

— les louves de Machecoul. 8 vols. Edit. autorisée. Leipzig 858. A. Dürr. 32. (208; 187; 202; 198; 194; 191; 180; 196 S.) 4 ℛ︀

— Ludwig XV., siehe: Bibliothek, Europäische, 294. 309. 320. u. 321. Bd.

Dumas, Al. Ludwig Philipp, der letzte König der Franzosen. Deutsch von W. L. Wesche. 2 Bde. 16. Leipzig 1851. 56.

— Ludwig XVI., siehe: Bibliothek, Europäische, 478–481. Bd.

—— Ludwig XIV. u. sein Jahrhundert, s. Bibliothek, europäische. — — Sammlung d. Romane d. Franzosen.

— Ludwig XIV. und sein Jahrhundert, s. Echo der neuesten Pariser Feuilletons, 18. Llefg. —

Dumas, Alex., Ludwig XIV. und sein Jahrhundert. Deutsch von C. Strahlheim (d. i. Hauptmann a. D. Conr. Friedrich). 6 Bde. Grimma 1845. 8°. (2 Mk. 50 Pfg. M. Glogau jr., Hamburg, 1906.)

— Ludwig XIV. u. sein Jahrhundert. Deutsch von Strahlheim. 1. u. 2. Bd. 8. Grimma 845, 46, Verlags-Comptoir. n. ½ ℛ

—— Luigi XI. Romanzo storico. 2 Vol. 16. (417 S. mit 2 Holzschntaf.) Triest 862, Coen. *

Dumas, Alexander, Sohn: Büßende Magdalenen. (Les Madeleines repenties.) Einzige vom Verfasser autorisirte Uebersetzung. 8°. (31 S.) Wien, Wallishausser'sche B. (Jos. Klemm.) 1869.

—— la maison de glace, s. Lagetchnikoff.

— der Mann ohne Herz, s. Roman- und Novellen-Zeitung.

—— der Mann d. Ruhms, od.: Dreißig Jahre aus d. Gesch. Frankreichs. Großes histor. Gemälde in 3 Abthln., mit dazu gehörend. Vorsp. Nach d. Franz. zeitgemäß f. d. deutsche Bühne eingerichtet v. Geo. Nicol. Bärmann. 8. (18 B.) Hamburg 836, [Berendsohn.]

— Mann u. Weib, s.: Lese-Cabinet, neues belletristisches.

— A. Bourgeois u. Durieu, der Mann der Wittwe, s.: Universal-Bibliothek.

— drei starke Männer, } s. Ausland, das belletristische.

—— die großen Männer im Schlafrocke. Autoris. Ausg. 5.—7. Thl.: Geschichte Julius Cäsars. 3 Thle. (Neue Ausg.) 8. (455 S.) Wien 865, Hartleben's Verlag.

—— il manoscritto di Grisier. Romanzo. 3 Vol. gr. 16. (496 S. mit 3 Holzschntaf.) Triest 863, Coen. *

Dumas, Alex., la bella Margherita di Francia o la spaventevole notte del 24 Agosto 1572. Romanzo storico. 5 Voll. 16. (985 S. mit 5 Holzschnt.) Triest 861, Coen. Thlr. *

—- Königin Margot, s. Ausland, das belletristische.

-- Königin Margot, s. Both's Bühnen-Repertoir.

Dumas, Alexandre

Königin Margot. Aus dem Französ. von August Zoller. Bd.chen 1 - 4. 5 - 8. 9.10.
Stuttgart: Franckh 1845. 8°

— le mari de la veuve, s.: Répertoire du théâtre Français à Berlin, Nr. 330.

—— Marie Antoinette von Oesterreich, Königin von Frankreich. 2. Aufl. 1.—30. Lfg. gr. 16. (246; 240; 244; 246; 296; 320; 332; 308; 227; 246 S. und 11. Bd. S. 1—80.) Stuttgart 874, Franckh'sche Verlagsh. à Lfg. 50 Pf.

— Marie Antoinette u. ihr Ritter. (Der Chevalier v. Maison Rouge.) Episode v. 1793. Aus dem Franz. Neu bearb. v. Max Pannwitz. 2. Aufl. 2 Tle. 12. (176 u. 168 S.) Stuttgart (901). Franckh. n. 2.—; In 1 Leinw.-Bd. n.n. 2. 75

-- Mariette u. Jeanetton, s.: Theater des Auslandes, 47. Lfg.

—— la marquise d'Escoman. 5 Vols. 16. (888 S.) Leipzig 860, A. Dürr. à Vol. * 10 Ngr. *

—— le médecin de Java. 3 Tomes, gr. 12. (831 S.) Leipzig 860, A. Dürr. *

Dumas, Alex., romantische Meisterwerke. Illustrirte Classiker-Ausg. 1. Serie in 38 Lfgn. gr. 16. Wien, Hartleben's Verlag. à Lfg. 60 Pf.

Inhalt:

Bd. 1—6. Die drei Musketiere. Historisch-romantisches Gemälde. 4. Aufl. 6 Bde. (144 S. mit Portr. in Holzschn.; 127; 123; 128; 136; 127 S., mit je 1 Holzschntaf.) 869. ℳ 3,60.

" 7—14. Zwanzig Jahre nachher. [Fortsetzung der drei Musketiere.] Historisch-romantisches Gemälde. 4. Aufl. 8 Bde. (96; 120; 135; 136; 128; 132; 128; 125 S., mit je 1 Holzschntaf.) 870. ℳ 4,80.

" 15—32. Der Vicomte von Bragelonne oder Zehn Jahre nachher. [Fortsetzung der zwanzig Jahre nachher.] Historisch-romantisches Gemälde. 4. Aufl. 18 Thle. (128; 131; 144; 144; 144; 144; 144; 148; 144; 136; 142; 150; 141; 143; 138; 139; 148; 151 S., mit je 1 Holzschntaf.) 871. ℳ 10,80.

" 33—36. Die Genossen Jehu's. Historischer Roman aus der Zeit der royalist. Verschwörungen unter dem Consulate. 2. Aufl. 4 Bde. (136; 136; 136; 150 S., mit je 1 Holzschntaf.) 871. ℳ 2,40.

" 37. 38. Das Brautkleid. Historischer Roman aus der Zeit der royalist. Verschwörungen unter dem Consulate. 2. Aufl. 2 Thle. (120; 102 S., mit je 1 Holzschntaf.) 871. ℳ 1,20.

—— dass. — 2. Serie. 38 Lfgn. gr. 16. Ebendas. 871—73. à Lfg. 60 Pf.

Inhalt:

Bd. 39—48. Der Graf von Monte-Christo. 5. Aufl. 10 Bde. (168; 164; 169; 181; 158; 160; 166; 153; 165; 184 S., mit je 1 Holzschntaf.) ℳ 9,60.

" 49—64. Die Mohikaner von Paris nebst Forts.: Salvator. 3. Aufl. 16 Thle. (168; 160; 149; 152; 156; 157; 152; 148; 157; 146; 147; 148; 160; 168; 96; 148; 136 S., mit 22 Holzschntaf.) ℳ 13,20.

—— dass. — 3. Serie: Memoiren eines Arztes. 4 Abthlgn. in 44 Lfgn. gr. 16. Ebendas. 873,74. à Lfg. 60 Pf.

Inhalt:

Abthl. 1. Joseph Balsamo. 3. Aufl. 10 Thle. (167; 167; 160; 160; 164; 159; 169; 166; 165; 92 S., mit 5 Holzschntaf.) ℳ 9.

" 2. Das Halsband der Königin. 6 Thle. (150; 135; 199; 137; 135; 203 S., mit 7 Holzschntaf.) ℳ 4,80.

" 3. Ange Pitou. 4 Thle. (147; 149; 191; 183 S., mit 5 Holzschntaf.) ℳ 3,60.

" 4. Die Gräfin v. Charny. 9 Thle. (176; 183; 190; 193; 175; 179; 206; 155; 245 S., mit 13 Holzschntaf.) ℳ 9.

— Memoiren, siehe: Bibliothek, Europäische, 659—661. 683. 706. 731. 732. 781. 809. 810. 830. 831. 869. u. 870. Bd. — Museum. 1—5. Bd.

—· Memoiren eines Arztes, s. Europa, das belletristische, 3., 9. u. 12. Bd.

Memoiren eines Arztes. Von Alex. Dumas. Deutsch von F. W[ilh.] Bruckbräu. T. 1—14. Augsburg: Jenisch & Stage 1846—1847. 12° (Ausgewählte Romane. Deutsch von F. W. Bruckbräu. 22. 24. 25. 33. 35—37.)
1. 142, 143 S.; 2. 140, 156 S.; 3. 155, 144 S.; 4. 148, 147, 152 S.; 5. 160, 151 S.; 6. 155, 150 S.; 7. 206 S.
TB. 310.

— Memoiren eines Arztes. Roman. Deutsch von F. Wlh. Bruckbräu. 1.—4. Thl. gr. 12. Augsburg 846, v. Jenisch u. Stage. à 12 ngl

— Memoiren e. Arztes. Roman. Deutsch v. Frdr. Wilh. Bruckbräu. (Abgedr. aus Dumas ausgew. Romanen.) 5—14. Thl. 12. Augsburg 847. 48, v. Jenisch & Stage. à 12 ngl

Memoiren eines Arztes. [Von Alex. Dumas.] Frei übers. von A. Schneider. Bd 1—6. Berlin: Sacco 1846—1848. 16°

— Memoiren eines Arztes. Frei übersetzt v. A. Schneider. II. Bd. 2—5. Lfg. III. Bd. 5 Lfgn. IV. Bd. 6 Lfgn. V. Bd. 5 Lfgn. VI. Bd. 8 Lfgn. gr. 16. (2. Bd. S. 65—320. 3: 320 S. 4: 384 S. 5: 320 S. 6: 477 S.) Berlin 847. 48, Sacco. à Lfg. 4 ngl

Memoiren eines Arztes. Von Alex. Dumas. Übers. von Wilh. Ludw. Wesché. Abt. 1—4. Leipzig: Kollmann 1846—1856. 16° (Schriften. Deutsch von Wilh. Ludw. Wesché. Bdchen 86ff.]

Memoiren eines Arztes. Übers. von Ludw. Fort. T. 1—9. Leipzig: Hartleben 1850 (?). 8° (Ausgewählte Schriften. Lf. 127—151.)

— Memoiren einer Favorite, s. Lese-Cabinet, neuestes belletristisches.

— Memoiren e. Fechtmeisters, siehe: Lese-Cabinet, belletristisches, 297—300. Lfg.

— **Memoiren Joseph Garibaldi's. Aus dem Französ. übertr. von Stanisl. Graf Grabowski. 20 Hefte oder 4 Bde. gr. 8. (1. Bd. 248 S., 2. Bd. 232 S., 3. Bd. 255 S., 4. Bd. VII und 216 S.) Berlin 860. 61, Sacco. à Heft 8 Ngr.**

Dumas, Alexandre
Memoiren des Generals Garibaldi hrsg. von Alexander Dumas. Deutsch von Gottlob Fink. Bd. 1 - 3.
Stuttgart: Franckh 1860 - 1861. 8°
1.2. 1860.
3. 1861.

— **Memoiren des Generals Joseph Garibaldi. Nach den von Garibaldi selbst niedergeschriebenen Mittheilungen hrsg. 1—7. Lfg. 8. (1. Bd. XXIV und 840 S.) Zürich 860. 61, Schabelitz'sche Buchh. à Lfg. 8 Ngr.**
Vgl. auch: Dumas, Alex., die Garibaldiner.

— **Memoiren des Generals Garibaldi,**
— **Memoiren des Dichters Q. Horatius Flaccus,** } s. Ausland, das belletristische.

Dumas, Alexandre
Memoiren des Dichters Quintus Horatius Flaccus. Von ihm selbst verfaßt und aus der Vaticans-Bibliothek ans Licht gezogen von Alexander Dumas. Aus dem Französ. von G. Fink. Bd. 2.
Stuttgart: Franckh 1860. 336 S. 8°

— **Memoiren e. Sängerin od. Vier Abenteuer e. Frau, s. a. Weltbücherei, moderne.**

Dumas, Alexandre: Memoiren einer Sängerin oder Vier Abenteuer einer Frau. Roman. Magdeburg Magdeb. Verl.-Anst. [1908]. 333 S. 8°
(Moderne Weltbücherei. [4.])

— Talma's Memoiren, siehe: Lese-Cabinet, historisches, 31—34. Lfg.

— **Mémoires de Joseph Garibaldi. 5 Vols. (Bibliothèque choisie. Vol. 348—350. 375 et 376.) 16. (777 S.) Naumburg 860. 61, Paetz. à Vol. 10 Ngr.**

— Mémoires d'un médecin. Tom. I—V. 8. Leipzig 846, Brockhaus et A. à 1/2 ℛ

— dies. Tome VI — XI. 8. (299 u. 595 S.) Leipzig 847. 48, Brockhaus. à 1/2 ℛ

— dies. Tome XII — XVII. Le collier de la reine. 6 tomes. 8. (307. 156. 471 S.) Ebd. 849—50. (à 1/2 ℛ) 3 ℛ

— dies. Tome XVIII — XXII. Ange Pitou. 5 tomes. 8. (486. 243 S.) Ebd. 850. 51. (à 1/2 ℛ) 2 1/2 ℛ (Tome I — XXII: 11 ℛ)

— Mémoires d'un médecin. Tom. I—III. 8. Berlin 846, Behr. à 3/4 ℛ

— Mémoires d'un medecin. (I. Série.) Tom. IV—VII. 8. (879 S.) Berlin 847 — 48, Behr's Buchh. à Tome 22 1/2 Ngr.

— le même. Tome VIII — XIII. (II. Série.) Le collier de la reine. 6 Tomes. 8. (934 S.) Ebds. 849—50. à Tome 15 Ngr.

— dies. Tome XIV—XVIII. III. Série. Ange Pitou. 5 tomes. 8. (486 u. 243 S.) Ebd. 851. (à 1/2 ℛ) 2 1/2 ℛ (Tome I — XVIII: 10 3/4 ℛ)

— **le meneur de loups. Roman. 3 Vols. Suivi de: Les héritiers, page de la vie d'un homme qui a été mort par Philibert Audebrand. (Bibliothèque choisie. Tome 157—159.) 16. (476 S.) Halle 857. [Naumburg, Paetz.]**

— le meneur de loups. 2 vols. Edit. autorisée. Leipzig 857. A. Dürr. 32. (228; 219 S.) 1 ℛ

— Michel Angelo. Bearb. v. Mathilde Franziska. 8. (6 1/2 B.) Münster 845, Wundermann'sche Buchh.

— I Mohicani di Parigi. Romanzo storico. 5 Vol. 16. (1466 S. mit 5 Holzschntaf.) Triest 861, Coen. *

— les Mohicans de Paris. (Partie II.) Salvator. Vol. 8—12. Édit. autorisée. Leipzig 858. A. Dürr. 32. (207; 176; 196; 190; 188 S.) Jeder Bd. 15 ngl

— die Mohikaner von Paris. Roman. Aus dem Französ. von L. v. Alvensleben. 1—10. Bd. 8. (XL und 1947 S.) Brüssel 854—55, A. Schnée. à Bd. * 15 Ngr. *

Dumas, Alexandre
Die Mohicaner von Paris. Aus dem Französ. von August Zoller. Bd.chen 1 - 4. 5 - 8. 9 - 12. 13 - 18. 19 - 25.
Stuttgart: Franckh 1854 - 1856. 8°
1. 1854.
2-12. 1855.
13-25. 1856.

Dumas, Alexandre
Die Mohicaner von Paris. Salvator. Aus dem Französ. von August Zoller, Edmund Zoller. Bd. 1 - 8.
Stuttgart: Franckh 1856 - 1859. 8°
1-4. August Zoller. 1856.
5.6. Edmund Zoller. 1858.
7.8. Edmund Zoller. 1859.

— die Mohikaner von Paris. Roman. 5 Thle. Berlin 861. van Severen. gr. 8. (1581 S.) 3 ℛ 9 ngr.

Dumas, Alexandre: Die Mohikaner von Paris. Roman von Eugen Sue ([vielm. Alexandre] Dumas [père]. Deutsche Ausg. von E. v. Otto.) Magdeburg: Magdeb. Verl.-Anst. [1908]. 283 S. 8°
(Moderne Weltbücherei. [8.])

— s. Ausland, das belletristische.

— **Moullah-Nour. 2 Vols. 16. (336 S.) Leipzig 860, A. Dürr.** *

— die beiden Musketiere. Deutsch von F. Wilh. Bruckbräu. 3 Bde. 12. Augsburg 845, v. Jenisch u. Stage. 3 ℛ

Dumas, Alexandre: Die drei Musketiere, s. Bibliothek der Gesamtlitteratur d. In- u. Auslandes.

— die drei Musketiere, s. Ausland, das belletristische. — Europa, das belletristische.

Dumas, Alexandre: Die drei Musketiere, s. Collection Figaro.

Dumas, Alexandre: Die drei Musketiere, s. Dumas: Gallerie ausgewählter Romane.

Dumas, Alex., die drei Musketiere, siehe: Lese-Cabinet, belletrist., 87—96. Lfg. — Romane, ausgewählte, 1—4. 17. 18. Bd.

— dasselbe, s.: Romane, die besten, der Weltliteratur in neuen Ausgaben.

— die drei Musquetaire, s. Romane, illustrirte.

— die drei Musketiere, s.: Universal-Bibliothek.

Dumas, Alexandre

Die drei Musketiere. Aus dem Französ. von August Zoller. Bd.chen 1 - 3. 4 - 6. 7 - 1o.
Stuttgart: Franckh 1844. 8°

— dasselbe. Aus dem Franz. 4 Bde. 12. (191, 195, 194 u. 187 S. m. 8 Bildern.) Teschen 893. K. Prochaska. Geb. in Leinw. 2. 80

— die drei Musketiere. Aus dem Franz. 2 Bde. 3. u. 4. Aufl. 12. (352 u. 383 S.) Ebd. 894. n. 2. —; in 1 Leinwbd. n. 2. 75

[F.] Die drei Musketiere v. Alexander Dumas. M. e. Briefe v. Alexander Dumas d. Jüng. M. Ill. v. Maurice Leloir. (In 25 Lfgn.) *Stuttgart, Leipzig, Berlin, Wien: Deutsche Verl.-Anst. [1894. 95].* (2 Bl., III, XI, 590 S., 1 Taf.) 1 Bd 4. (96. 674

— die drei Musketiere. Aus dem Franz. v. Zoller. 2 Bde. 8.—12. Aufl. 12. (à 352 u. 383 S.) Ebd. (897 —901.) n. 2.—; in 1 Leinw.-Bd. n. 2.75

— dasselbe. Histor. Roman aus dem Franz. v. Zoller. Stuttgarter illustr. Ausg. 2 Bde. 13. u. 14. Aufl. 12. (à 352 u. 383 S.) Ebd. (901. 902.) n. 2.—; in 1 Leinw.-Bd. n. 2.75

— die drei Musketiere. Historischer Roman aus dem Franz. v. Zoller. Stuttgarter illustr. Ausg. 2 Bde. 15.—19. Aufl. (à 352 u. 383 S.) kl. 8. Stuttgart (903 bis 906). Franckh. n. 2. —; in 1 Leinw.-Bd. n. 2. 75

Die drei Musketiere [Les trois mousquetaires]. Roman von Alexander **Dumas** [père]. T. [1.] 2. Berlin: Deutsches Dr.- u. Verlagshaus [1904]. 2 Bde 8° [F.]
= **Roman-Perlen**. [Jg. 1], H. 29, [1] – H. 52, [1.] (05. 1131

Die drei Musketiere [Les trois mousquetaires]. Roman in 2 T. von Alexander **Dumas** [père]. Vollst. neu ins Deutsche übertr. u. mit einl. Worten versehen von Philipp Wanderer. Mit d. Bildn. d. Dichters. Berlin: A. Weichert [1907]. (743 S.) 8° [F.] (08. 9449 II

— dasselbe. Historischer Roman. Illustrierte Ausg., aus dem Franz. übers. v. A. Lewald. (436 S.) 8. Berlin (908). Schreiter. 2.—; geb. 3. —

— dasselbe. Historischer Roman aus dem Franz. v. Zoller. Stuttgarter illustr. Ausg. 2 Bde. 20. Aufl. (352 u. 388 S.) kl. 8. Stuttgart (908). Franckh. In 1 Leinw.-Bd. 2.75; geh. 2. —

Die drei Musketiere [Les trois Mousquetaires]. Hist. Roman von Alexander **Dumas** [père]. Ill. Ausg. Aus d. Franz. übers. von A. Lewald. Berlin: Schreiter [1900]. 436 S. 8° (10. 432,

Dumas, Alexandre: Eine Nacht in Florenz, s. Collection Figaro.

— Napoléon, s. Collection des meilleurs ouvrages franc. modernes.

— Napoléon Bonaparte, s. Répertoire du Théâtre franç.
No. 203.

— dass. s. auch Théâtre franç. S. II. Livr. 7 et 8.

— Napoleon, od. dreißig Jahre Frankreichs. Histor.-dramat. Gemälde in 6 Abthln. A. d. Franz. v. H. Spindler. 16. (9 B.) Leipzig 832, Glück.

—, Napoléon Bonaparte, ou trente ans de l'histoire de France, Drame en 6 actes. gr. in-8. (7 B.) Berlin 839, Schlesinger. *

— Napoleon. 12. (Berlin) 841. Nordhausen, Büchting. 3/8 Thlr

—, Napoleon. Deutsch v. Heinr. Elsner. gr. 16. (30¼ B.) Stuttgart 841, Hallberger'sche Vrlsb. *

— dass. — A. d. Franz. übers. v. Otto. Fink. 8. (24¼ B.) Stuttgart 841, Wachendorf's Vrlsbuchh.

— Napoleon. Deutsch von Heinr. Elsner. 2. (Titel-) Aufl. Stuttgart 853. Hallberger'sche Verlhdlg. 16. (2 Bl., 480 S.) n. 15 Ngr

— Napoléon. Zum Schul- u. Privatgebrauch hrsg. v. J. Bauer u. Th. Link. Mit Karten, Plan u. Wörterverzeichnis. 8. (IV, 135 S.) München 893. J. Lindauer. n. 1. 20

Dumas, Alex., Napoleone. Romanzo storico. 2 Vol. 16. (320 S. mit 2 Holzschntaf.) Triest 862, Coen. *

— kleine Novellen, } s. Ausland, das belletristische.

— une nuit à Florence sous Alexandre de Médicis. gr. 12. (203 S.) Leipzig 860, A. Dürr. *

— Nur diplomatisch! s. Both's Bühnenrepertoir.

— Offland, s. Flaubert, G., Madame Bovary.

Dumas, Alexandre: Offland und Antonine, s. Ausland, Das belletristische.

— l'Oeillet rouge, hrsg. v. Heinr. Saure, s.: Auteurs français modernes. II.

— un padre prodigo, s. Emporeo drammatico.

— le page du duc de Savoye. Nouvelle édition. 5 Vols. 16. (1098 S.) Leipzig 860, A. Dürr.

— der Page des Herzogs von Savoyen. Aus dem Französ. von L. v. Alvensleben. Rechtmäßige deutsche Ausg. 5 Bde. Brüssel 854, 55. Schnée. 8. (188; 190; 191; 185; 201 S.) n. 2 Thlr 15 Ngr

Dumas, Alexandre

Der Page des Herzogs von Savoyen. Aus dem Französ. von August Zoller. Bd.chen 1 - 5. 6 - 1o. 11 - 14.
Stuttgart: Franckh 1855. 8°

— s. Ausland, das belletristische.

— Kapitain Pamphilius, s.: Lese-Cabinet, belletristisches, 195 – 197. Lfg.

— der Pastor von Ashbourn, s. Roman-Bibliothek, neue, des Auslandes.

— Pauline. Roman aus dem Französ. gr. 12. Jena 841, Hochhausen. n. 1¼ Thlr

— der Pechvogel, s. Ausland, das belletristische

Dumas, Alexandre

Der Pechvogel. Roman. Aus dem Französ. von G.Fink.
Stuttgart: Franckh 1860. 339 S. 8°

Dumas, Alexandre. La Peinture chez les anciens suivie de l'histoire des peintres. Brüssel u. Leipzig 1845. 8°.

—— un père prodigue. Comédie en cinq actes. 16. (185 S.) Berlin 860, Lassar's Buchh.

— der Pfarrer von Ashbourn, s. Ausland, das belletristische.

Dumas, Alexandre

Der Pfarrer von Ashbourn. Aus dem Französ. von August Zoller. Bd.chen 1 - 4. 5 - 11.
Stuttgart: Franckh 1854. 8°

Dumas, Alexandre: 1001 Phantom, s. Collection Figaro.

— s. Pitaval, der.

Dumas, Alexandre

Der Pitaval. Erzählungen merkwürdiger Verbrechen und Criminalfälle. Hrsg. von Alexander Dumas. Deutsch von Heinrich Bourdin. Bd.1.
Leipzig: Berger 1847. 191 S. 8°

— Ange Pitou, siehe: Ausland, das belletristische, 1600—1611. Bdchn. — Bibliothek, Europäische, 452—455. u. 514. Bd.

—— Sophie Printems. 2 Vols. 16. (339 S.) Paris 856. (Leipzig, Gerhard.)

— — s. Ausland, das belletristische, — Roman-Zeitung.

— die Prinzen v. Orleans, siehe: Bibliothek, Europäische, 390 u. 391. Bd.

— die Prinzessin von Bagdad, s.: Theater-Repertoir, Wiener.

— Reise im Kaukasus, s. Lese-Cabinet, neuestes belletristisches.

Dumas, Alex., Reisebilder; s.: Lese-Cabinet, neuestes belletristisches.

—— Reise- u. Lebens-Bilder aus Süd-Frankreich u. d. Schweiz. A. d. Franz. übers. 2 Bde. 16. (34 B.) Leipzig 837, Engelmann.

Wurde auch unt. d. Titln.: Dumas sämmtl. Werke. 2. u. 3. Bd. — Reiseeindrücke. Deutsch v. J. F. S. 2 Bde. Ebendas. 836. 1 Thlr. 3 Gr. ausgegeben. Der 1. Bd. erschien nicht.

— Reisen u. Lebensbilder aus Süd-Frankreich u. d. Schweiz. Aus d. Franz. 2 Bde. gr. 12. Leipz. 837. Dörffling. 1 1/8 ♂

— Reise-Eindrücke, s.: Weltpanorama, 146—153. Bdchn.

— der Ritter von Harmenthal. Histor. Roman. Aus dem Französ. von Geo. Lotz. 4 Thle. 8. Hamburg 841, Herold'sche Buchh. 3 ♂

— la robe de noce, s. Bibliothèque moderne.

—— la Robe de noce. 32. (223 S. mit D's. Portr.) Leipzig 849, [Baensch.]

— la robe de noce. Nouvelle éd. 8. (240 S.) Leipzig 877. Wilfferodt. n. 1. 40

— der Roman aus dem Leben einer Frau, s. Lese-Cabinet, belletristisches, 434—441. Lfg.

Collection Hartleben. I. Jahrg 14. Band. Inh.: Alex. Dumas (Sohn), Der Roman aus dem Leben einer Frau. I. Bd. 8. (192 S.) In Lwd. geb. Wien: Hartleben 1893 —.40

Collection Hartleben. XVIII. Band. Inh.: Alex. Dumas (Sohn), Der Roman aus dem Leben einer Frau. II. Band. 8. (158 S.) In Lwd. gebunden Ebda. 1893 —.40

Collection Hartleben. XIX. Band. Inh.: Alex. Dumas (Sohn), Der Roman aus dem Leben einer Frau. III. Band. 8. (174 S.) In Lwd. gebunden Ebda. 1893 —.40

—— ausgewählte Romane. Deutsch u. F. W. Bruckbräu. 1—97. Lfg. 12. (209 1/2 B.) Augsburg 845, 46, v. Jenisch u. Stage'sche Buchh. à Lfg. 3 3/4 Ngr.

A. u. d. Titln.:

Die drei Musketiere 6 Thle. (3 Bde.) 3 Thlr.
Die Dame von Monsoreau. 1—6. Thl. 2 Thlr. 12 Ngr.
Von Artagnan, od.: Zwanzig Jahre nachher. 1—6. Thl. 2 Thlr. 12 Ngr.
Der Graf von Monte-Christo. 15 Thle. 6 Thlr.
Memoiren eines Arztes. 1—6. Thl. 2 Thlr. 12 Ngr.

—— ausgewählte Romane. Deutsch von F. W. Bruckbräu. 98—143. Lfg. 12. Augsburg 847—48, v. Jenisch und Stage'sche Buchh. à Lfg. 4 Ngr.

Auch unter den Titeln:

Johanna d'Arc. (255 S.) 16 Ngr.
Die Fünf und vierzig. 6 Thle. (1164 S.) 2 Thlr. 12 Ngr.
Die Gräfin von Salisbury. (384 S.) 28 Ngr.
Memoiren eines Arztes. 7—14. Thl. (1176 S.) 2 Thlr.
Vgl. 10. Bd. 1. Abthl. S. 204.

— u. E. Sue, ausgewählte kleine Romane, s.: Bibliothek, Europäische, 786—788. Bd.

Dumas, Alexandre

Kleine Romane und Novellen. Aus dem Französ. von Wilhelm Ludwig Wesché. Bd.4.
Leipzig: Kollmann; Wien: Wittenbecher, Siegel u.Kollmann 1849. 206 S. 8°

Dumas, Alex., sämmtliche Romane. In sorgfältiger Uebertragung aus dem Französ. 1. Abth. Historische Romane. 1—65. Liefg. Stuttgart 857, 58. Franckh. 16. Jede Liefg. 4 ngl

Inhalt: 1 2. Bd. Die drei Musketiere. 2 Bde. (355; 358 S.)
3—5. Bd. — — 2. Abth.: Zwanzig Jahre nachher. 3 Bde. (323; 318; 310 S.)
6—12. Bd. — — 3. Abth.: Der Graf von Bragellone oder zehn Jahre nachher. 7 Bde. (342; 323; 318; 334; 352; 335; 438 S. u. Portr. in Stahlst.)
13—15. Bd. Denkwürdigkeiten eines Arztes. 1—4. Bd. (1. Bd.: 332; 2. Bd.: 320; 3. Bd.: 319 S.; 4. Bd.: S. 1—64.)

Dumas, Alex.: Sämmtliche Romane. In sorgfältiger Übertragung aus dem Französ. 66-150. Liefg. Stuttgart 1859-64. Franckh. 16. Jede Liefg.

1. Abth.: Historische Romane.
16 - 20. Bd. Denkwürdigkeiten eines Arztes.
1. Abth.

— sämmtliche Romane. In sorgfältiger Uebertragung aus dem Französ. 151—166 Liefg. Stuttgart 865, 66. Franckh. 16. (33—36. Bd.: 1162 S.) Jede Liefg. 1 ngr

Dumas, Alex., sämmtliche Romane. In sorgfält. Uebertragung aus dem Französ. 1. Abthl.: Historische Romane. 1—133. Lfg. oder 1—27. Bd. und 2. Abthl. 1—6. Bd. gr. 16. Stuttgart 857—61, Franckh'sche Verlagsh. [1. Bd. (355 S.) 2—5. (1339 S.) 6. und 7. (665 S.) 8. (318 S. mit 1 Portr. in Stahlst.) 9—11. (1004 S.) 12. (438 S.) 13—19. (2224 S.) 20. (308 S.) 21. und 22. (608 S.) 23—25. (1016 S.) 26. und 27. (493 S.) 2. Abthl. 1—6. Bd. (1681 S.) à Lfg. 4 Ngr.]

Dumas, Alex., sämmtliche Romane. In sorgfält. Uebertragung aus dem Französ. 1. Abthl.: Historische Romane. 134.—166. Lfg. oder 28.—36. Bd. gr. 16. (2580 S.) Stuttgart 863—66, Franckh'sche Verlagsh. à Lfg. 4 Ngr.

1.—133. Lfg. Ebendas. 1857—61. 17 Thlr. 22 Ngr.

—— dass. — 2. Aufl. 1. Abthl.: Historische Romane. 1.—36. Bd. gr. 16. (11299 S. mit 1 Portr. in Stahlst.) Ebendas. 863—66. à Bd. 15 Ngr.

—— daſſ. — 2. Aufl. 2. Abthl. 1.—6. Bd. gr. 16. (1681 S.) Ebendaſ. 865. à Bd. 15 Ngr.

— ſämmtliche Romane. In ſorgfält. Uebertragg. aus dem Franz. 1. Abth. Hiſtoriſche Romane. 6.—12. Bd. 12. Stuttgart, Franckh. n. 7.—; in 8 Leinw.-Bdn. n.n. 9.25
Die drei Musketiere. 3. Abth.: Der Graf v. Bragelonne od. 10 Jahre nachher. Deutſch v. Zoller. 7 Bde. Neue Aufl. (250, 250, 252, 260, 263, 270 u. 350 S.) (890.)

— ſämtliche Romane. In ſorgfält. Uebertragg. aus dem Franz. 1. Abth. Hiſtoriſche Romane. 6.—12. Bd. kl. 8. Stuttgart, Franckh. In 3 Leinw.-Bdn. n.n. 9.25
6—12. Die drei Musketiere. 3. Abth.: Der Graf v. Bragelonne oder 10 Jahre nachher. Deutſch v. Zoller, neu durchgeſehen v. R. Walther. 7 Bde. (Neue Aufl.) (250, 256, 252, 260, 263, 270 u. 350 S.) (905.)

— Romulus, ſ. Theater, das, des Auslandes.

— la route de Varennes. Edit. autorisée. Leipzig 858. A. Dürr. 32. (216 S.) 15 ngr

— Rubens, ſ. Saint-Hilaire, der Tambour von Wagram.

Dumas, Alexandre

El Salteador. Mantel- und Degenroman. Aus dem Französ. von August Zoller.
Stuttgart: Franckh 1854. 296 S. 8°

— el Salteador, } ſ. Ausland, das belletriſtiſche.
— Salvator, }

—— Salvator. (Vol.) 8—18. 16. (1125 S.) Leipzig 858,59, A. Dürr. à Vol. 15 Ngr.
Vol. 1—7. sind bei A. Schnée in Brüssel erschienen.

—— Salvatore seguito dei Mohicani di Parigi. 6 Vol. gr. 16. (1666 S. mit 6 Holzschntaf.) Triest 862, Coen. *

—— Karl Sand. Hiſtor. Skizze. Aus dem Franz. von E. W(eller). Als Supplement zu A. Dumas ſämmtl. Schriften. 16. (119 S.) Leipzig 847, (Reclam jun.) *

——, Joachim Murat's, Königs v. Neapel, letzte Schickſale. Nach authent., bis jetzt unbekannten Berichten mitgeth. A. d. Franz. v. Heinr. Elsner. gr. 12. (4 B.) Rotweil 840, Herder'ſche Buchh.

— Joachim Murats, Königs von Neapel, letzte Schickſale. Nach authent., bis jetzt unbekannten Berichten mitgetheilt. Aus dem Franzöſ. von H. Elsner. gr. 12. Rotweil 840, jetzt Berger's Buchh. in Leipzig. 1/2 ₰

—— der Schiffs-Capitain. Ein hiſtor.-romant. Gemälde. A. d. Franz. 8. (18¼ B.) Leipzig 841, Lauffer.

— Schriften. 1.—13. Bdchn. Athos, Porthos u. Aramis, od. die drei Musketiere. Deutſch v. W. L. Weſché. 13 Bdchn. gr. 16. Leipzig 844—46, Kollmann. à 1/6 ₰ — 14.—21., 30., 31., 34.—37. Bdchn.: Königin Margot. Aus dem Franzöſ. von F. Heine. 14 Bdchn. — 22.—29., 32., 33., 38.—45. Bdchn.: Artagnan, oder: Zwanzig Jahre nachher. Fortſetzung von Athos, Porthos ꝛc. Aus dem Franzöſ. von W. L. Weſché. 1.—17. Bdchn. — 46.—61. Bdchn.: Die Dame von Monſereau. 1.—16. Bdchn. — 62.—65., 97.—100. Bdchn.: Der Baſtard von Mautéon. Hiſtor. Roman. 1.—8. Bdchn. — 68.—71., 74.—79., 82.—85., 87.—94. Bdchn.: Der Graf von Monte-Chriſto. 1.—22. Bdchn. 66., 67., 72., 73., 80., 81. Bdchn.: Fernando. Hiſtor. Roman. 1.—6. Bdchn. — 86., 95., 96. Bdchn.: Memoiren eines Arztes. 1.—3. Bdchn.

— dieſ. 101—386. u. 389—535. Bdchn. 101—108. Der Chevalier von Maiſon-Rouge. 8 Bdchn. — 109. 110. 179—182. Der Baſtard v. Mauléon. 9—14. Bdchn. — 111—114. Der Graf v. Monte-Chriſto. 23—26. Bdchn. — 115—118. 123. 124. 127. 128. 144. 145. 192. 193. 197 u. 198. 216—219. 223. 224. 227. 228. 236. u. 237. Memoiren eines Arztes. 4—27. Bdchn. (Schluß der 1. Abth.) — 119. 120. 129. 130. 135. 136. 152. 153. 175. 176. 188. 189. 203—205. Die beiden Dianen, überſ. v. H. Franke. 15 Bdchn. — 121. 122. 125. 126. 131—134. 137—141. Der Damenkrieg. 13 Bdchn. — 142. 143. 146. 147. 148—151. 156—159. 171—174. u. 183. Ludwig XIV., überſetzt v. E. Suſemihl. 17 Bdchn. — 154. 155. 160. 161. 166. 167. 177. 178. 184. 185. 199. 200. 206. u. 207. Die Fünf und Vierzig. 14 Bdchn. — 162—165. Kapitain Pamphile, überſ. v. Ferd. Heine. 4. Bdchn. — 168—170. Gabriel Lambert. 3 Bdchn. — 186. 187. 190. 191. 194—196. König Karl VI., überſ. v. F. Heine. 7 Bdchn. — 201. 202. 212. 213. 348. 349. 365. u. 366. Reiſe nach Spanien, überſ. v. E. Suſemihl. 8 Bdchn. — 208. 209. 214. 215. 220—222. Eine Tochter des Regenten, überſ. v. E. L. Roth. 7 Bdchn. — 210. 211. 225. 226. 234. 235. 243. 244. 249. 250. 253. 254. 274. 275. 280. 281. 284. 285. 288. 289. 291. 295. 300. 301. 308. 309. 321. 322. 328. 329. 332. 333. 346. 347. 353. 354. 359. 360. u. 367—369. Der Vicomte v. Bragelonne od. zehn Jahre ſpäter. Zweite Fortſ. von: Athos, Porthos u. Aramis. 41 Bdchn. — 229—233. 429—431. Kleine Romane u. Novellen, überſ. v. A. Groß. 6 Bdchn. — 238—240. Paul Jones, überſ. v. Ferd. Heine. 3 Bdchn. — 241. 242. 245—250. 253. 254. Der Chevalier d'Harmental, überſ. v. E. Suſemihl. 8 Bdchn. — 255—257. Aktäa. Ueberſ. v. E. L. Roth. 3 Bdchn. — 258. 259. 262—271. 278. 279. 292. 293. 298. 299. 304. 305. 319. 320. 326. 327. 338. 339. 357. 358. 373. u. 374. Frankreich u. Europa. 30 Bdchn. — 260. 261. Die corſiſchen Brüder. 2 Bdchn. — 272. 273. 276. 277. 282. 283. 286. 287. 290. u. 291. Die Gräfin von Salisbury. 10 Bdchn. — 296. 297. 302. 303. 306. 307. 310. 311. 355. 356. 361. 362. 370—372. Memoiren eines Arztes. 28—42. Bdchn. (2. Abthl.) — 421—424. 427. 428. 434. 435. 443. 444. 455. 456. Memoiren eines Arztes. 3. Abth. Ange Pitou. 43—54. Bdchn. — 312—314. 323—325. 334. 335. 344. 345. 350—352. Tauſend u. Ein Geſpenſt. 13 Bdchn. — 315. 316. Otto der Schütz. Chronik König Pipins. 2 Bdchn. — 336. 337. 340. 341. 363. 364. 377. u. 378. Reiſebilder aus Sicilien u. Kalabrien. 8 Bdchn. — 336. 337. 342. 343. Die Regentſchaft. 4 Bdchn. — 375. 376. 379—382. 389—391. Ludwig XV. 9. Bdchn. — 383—386. 448—451. Reiſe nach Tanger, Algier u. Tunis. 8 Bdchn. — 392—397. Memoiren Talma's. 6 Bdchn. — 398. 399. 402. u. 403. Die ſchwarze Tulpe. 4 Bdchn. — 400. 401. 407—409. 419. 420. 425. 426. 432. 433. 438. 439. 452—454. Gott lenkt. 16 Bdchn. — 404—406. 436. 437. 440—442. Ludwig XVI. 8 Bdchn. — 410—415. Der Fechtmeiſter. 2. verb. Aufl. 6 Bdchn. — 416—418. Die Truhe. Der Pfarrer Chambard. Don Martin v. Freytas. 3 Bdchn. — 445—447. 457—464. Das Drama v. 1793. 11 Bdchn. — 465—468. u. 474—483. Olympia v. Cleve. 14 Bdchn. — 469—473. 487. 488. 494. 495. 503. 504. 509—513. 516. 517. 521—524. 527. 528. 532—535. Denkwürdigkeiten aus meinem Leben. 28 Bdchn. — 484—486. 491—493. Gott u. Teufel. 6 Bdchn. — 489. 490. 498—502. 507. 508. 514. 515. 525. 526. Ludwig Philipp. 13 Bdchn. — 505. u. 506. Ein Jahr in Californien. 2 Bdchn. — 496. 497. 518—520. 529—531. Memoiren eines Arztes. 4. Abth.: Die Gräfin v. Charny. 8 Bdchn. gr. 16. (à 96 S.) Leipzig 847—52, Kollmann. à 1/6 ₰

— Schriften. Vollſtändige bis auf die neueſte Zeit fortgeführte Ausgabe in eleganteſter Ueberſetzung. Leipzig 853—58. Kollmann. 16. Jedes Bdchn. 5 ngr
536—553. Bdchn. (211—217. Thl.) Memoiren eines Arztes. 26—32. Bd. IV. Abth. Die Gräfin von Charny. 4—10. Bd. (215; 240; 256; 232; 280; 173; 190 S.)
554. Bdchn. (218. Thl.) Kleine Romane u. Novellen. 7. Bd. 1. Thl.: Maria Dorval. Eine wahre Begebenheit erzählt von ꝛc. Aus dem Franzöſ. überſ. u. die Verſe im Metrum des Originals wiedergegeben von Aug. Schrader. (2 Bl., 79 S.)
555. Bdchn. (219. Thl.) Kleine Romane u. Novellen. 7. Bd. 2. Thl.: Blanca von Beaulieu. — Don Pedro der Grauſame. — Der Cabriolet-Kutſcher. (2 Bl., 175 S.)

—— Schriften. Vollſtändigſte bis auf die neueſte Zeit fortgeführte Ausg. in eleganteſter Ueberſetzung. (Erſte Reihe.) 555. und 556. Bdchn. gr. 16. Leipzig 859, Kollmann. à Bdchn. 5 Ngr.
Inhalt:
Bdchn. 555 und 556. Kleine Romane und Novellen. 7. Bd. 2. Thl. Blanca v. Beaulieu. — Don Pedro der Grauſame. — Der Cabriolet-Kutſcher. (III und 175 S.)

— Schriften. Deutsch v. Wilh. Ludw. Wesché. 22—29. 32. 33. u. 38—45. Bdchn.: Artagnan. 2. verb. Aufl. 16 Bdchn. gr. 16. (1540 S.) Leipzig 850, Kollmann. (à 1/6 ℛ) 2 2/3 ℛ

— Schriften. Vollständigste bis auf die neueste Zeit fortgeführte Ausgabe in elegantester Uebersetzung. Leipzig, Kollmann. 16. Jedes Bdchn. 5 ngr.
162—165. Bdchn. Kapitain Pamphile. Aus dem Französ. übers. von Ferd. Heine. 2 Bde. 2. Aufl. 859. (359 S.)
208. 209. 214. 215. 220—222. Bdchn. Eine Tochter des Regenten. Aus dem Französ. übers. von E. L. Roth. 3 Bde. 2. Aufl. 859. (630 S.)

— Schriften. Neue Reihe. Herausg. von Ferd. Heine u. A. Diezmann. Ebend. 853—58. 16. Jedes Bdchn. 5 ngr.
1—5. Bdchn. (1. 2. Thl.): Isaac Laquedem. Großes Phantasiegemälde. 2 Bde. (2 Bl., 182; 268 S.)
6—7. 17—19. 27—32. Bdchn. (3. 7. 12. 13. Thl.): Reiseerinnerungen aus der Schweiz. 4 Bde. (207; 243; 336; 320 S.)
8—13. Bdchn. (4. 5. Thl.): Georg, oder Farbige u. Weiße. 2 Bde. (299; 263 S.)
14—16. Bdchn. (6. Thl.): Denkwürdigkeiten aus meinem Leben. 10. Bd. (288 S.)
20—22. 33—42. 49—51. 60—62. 89—91. 106—108. Bdchn. (8. 10. 14. 15. 17. 23. 25. 36. Thl.): Denkwürdigkeiten aus meinem Leben. 11—18. Bd. (319; 261; 379; 288; 295; 280; 256; 318 S.)
23—26. Bdchn. (9. 11. Thl.): Die Stuarts. 2 Bde. (201; 192 S.)
43—45. Bdchn. (16. Thl.): Katharine Blum. Eine Jugenderinnerung. (246 S.)
46—48. 55. Bdchn. (18. u. 20. Thl.): El Salteador. Roman aus der Zeit Karls V. 2 Bde. (239; 118 S.)
52—54. 56—59. 75. 76. 84. 85. Bdchn. (19. 21. 22. 27. 33. Thl.): Leben u. Abenteuer der Fürstin Katharina Charlotte von Monaco, Herzogin von Valentinois. 5 Bde. (227; 188; 220; 222; 208 S.)
63—74. 82. 83. 94—100. 109. 110. 113. 114. 117. 118. 128—130. 137—141. 152. 153. 158—160. Bdchn. (24. 26. 28. 29. 31. 35. 38. 39. 42. 43. 45. 50. 53. 54. 60. 63. Thl.): Die Mohikaner von Paris. Roman. 1—16 Bd. (255; 279; 280; 288; 224; 240; 207; 198; 162; 191; 190; 164; 269; 282; 204; 188; 242 S.)
77—81. 86—88. 92. 93. Bdchn. (30. 32. 34. 37. Thl.): Das Kind des Volkes. Romantische Erzählung aus den ersten Jahren der französ. Revolution. Nach dessen Ingénue. Aus dem Französ. übers. von Ferd. Heine. 4 Bde. (240; 269; 232; 174 S.)
101—105. 115. 116. 131—133. Bdchn. (40. 41. 51. Thl.): Große Männer im Hauskleide. I. Heinrich IV. — II. Ludwig XIII. und Cardinal Richelieu. 3 Bde. Aus dem Französ. übers. von Ferd. Heine. (272; 306; 317 S.)
111. 112. 126. 127. 142—151. Bdchn. (44. 49. 55—59. Thl.): Der Secretair der Marquise Du-Deffand. (Marie v. Chamrond.) Aus d. Französ. übers. von Aug. Schrader. 1. u. 2. Bd.; übers. von Ed. Susemihl. 3—7. Bd. (185; 177; 172; 175; 171; 172; 157 S.)
119—123. Bdchn. (46. 47. Thl.): Abenteuer eines bretagnischen Edelmannes auf den Philippinen Inseln. Aus dem Französ. übers. 2 Bde. (225; 214 S.)
124. 125. 154—157. Bdchn. (48. 61. 62. Thl.): Wallfahrt nach den heil. Städten Kairo, Mekka, Medina. Nach dem Tagebuche zweier Pilger. Vollständig aus dem Französ. übers. 1—3. Bd. Kairo. (186; 203; 215 S.)
134—136. Bdchn. (52. Thl.): Das Hochzeit-Kleid. Aus dem Französ. übers. 2. verb. Aufl. (2 Bl., 320 S.)

— — Neue Reihe. Ebend. 859—63. 16. Jedes Bdchn. 5 ngr.
161—163. Bdchn. Briefe aus St. Petersburg. Aus dem Französ. übers. von E. Susemihl. (220 S.)
164—171. Bdchn. Reise von Paris nach Astrachan. Deutsch von Ernst Susemihl. 1—4. Bd. (773 S.)
172—174. Bdchn. Die Mohikaner von Paris. Roman 17. (letzter) Bd. (214 S.)
175—186. Bdchn. Der Kaukasus, von Prometheus bis Schamyl. [Fortsetzung der „Reise nach Astrachan."] Deutsch von Ernst Susemihl. 4 Bde. (1150 S.)
187. 188. Bdchn. Jacquot Ohnohr. Deutsch von Ernst Susemihl. (132 S.)

Dumas, Alex., Schriften. Neue Reihe. Vollständigste bis auf die neueste Zeit fortgeführte Ausg. in elegantester Uebersetzung. 189.—192. Bdchn.: Der Sohn des Galeerensträflings oder Cabane und Sennhütte. Deutsch von Ernst Susemihl. 2 Bde. 2. (Titel-)Aufl. gr. 16. (808 S.) Ebendas. 864. à Bdchn. * 5 Ngr. *
193. 194. Bdchn. Ein Liebesabenteuer. Deutsch von Ernst Susemihl. (171 S.)
195—200. Bdchn. Madame Giovanni's Reisebilder aus der Südsee. Deutsch von Ernst Susemihl. 3 Bde. (615 S.)
201—204. Bdchn. Die Garibaldianer. Die Revolution in Sicilien und Neapel. Aus dem Französ. 2 Bde. (379 S.)

— Schriften. Neue Reihe. Vollständigste bis auf die neueste Zeit fortgeführte Ausg. in elegantester Uebersetzung. 205.—222. Bdchn. gr. 16. Leipzig 863, Kollmann. à Bdchn. * 5 Ngr. *

Inhalt:

Bdchn. 205—212. Reise von Paris nach Astrachan. Deutsch von Ernst Susemihl. 5.—8. (Schluß-)Bd. (707 S.)
„ 213—218. Amen. Aus dem Französ. übers. 3 Bde. (580 S.)
„ 219—222. Der Geflügelschütze. Den Mittheilungen des Marquis de Cherville nacherzählt. Deutsch von Ernst Susemihl. 2 Bde. (297 S.)
1.—204. Bdchn. Ebendas. 1853—61. * 34 Thlr.

— — Supplemente. Ebend. 855, 56. 16. Jeder Bd. 5 ngr.
1—6. Bd.: Die Todtenhand. Von F. Le Prince. Fortsetzung des Romans: Der Graf von Monte Christo von Alex. Dumas. Aus dem Französ. übers. von A. Kretzschmar. 6 Bde. (149; 142; 135; 140; 144; 135 S.)
7—16. Bd.: Die schöne Gabriele von A. Maquet. Fortsetzung des Romans: Die Fünf und Vierzig von Alex. Dumas. Aus dem Französ. übersetzt von Ferd. Heine und Aug. Schrader. 10 Bde. (2 Bl., 146; 2 Bl., 144; 2 Bl., 148; 2 Bl., 162; 2 Bl., 157; 2 Bl., 170; 2 Bl., 177; 2 Bl., 193; 2 Bl., 163; 2 Bl., 192 S.)

— ausgewählte Schriften. 1—230, 235—266. und 269—272. Lfg. 8. Leipzig 847—52, Hartleben's Verlags-Expedition. à Lfg. 4 Ngr.

Auch unter den Titeln:

Ange Pitou, oder die Revolution von der Erstürmung der Bastille bis zum Ende der Schreckensregierung. Uebers. von G. F. W. Rödiger. 5 Thle. (734 S.) 172—175. 187. 188. und 212—215. Lfg.
Die beiden Dianen. Uebers. von J. A. Moshamer. 6 Thle. (881 S.) 43—54. Lfg.
Das Drama von Dreiundneunzig. Scenen aus dem Revolutionsleben. Deutsch von Ant. Langer. 5 Thle. (803 S.) 176—179. 182. 183. und 216—220. Lfg.
Eine corsische Familie. Uebers. von Mich. Etienne. Gabriel Lambert, der Galeerensclave. Uebers. von Jos. A. Moshamer. (287 S.) 165—167. Lfg.
Der Frauenkrieg. Uebers. von J. A. Moshamer. 5 Thle. (750 S.) 221—230. Lfg.
Tausend und Eine Geistererscheinung. Uebers. von Jos. A. Moshamer. 5 Thle. (944 S.) 81—91. Lfg.
Gott lenkt. Uebers. von G. F. W. Rödiger. 7 Thle. (1098 S.) 152—158. 180. 181. und 196—201. Lfg.
Der Graf von Monte-Christo. Uebers. von Jos. A. Moshamer. 10 Thle. (1856 S.) 1—20. Lfg.
Das Halsband der Königin. Uebers. von Ludw. Fort. 2. Abthl. der Memoiren eines Arztes. 6 Thle. (1059 S.) 161—164. 184—186. und 189—195. Lfg.
Himmel und Hölle. Aus dem Franz. von A. Diezmann. 3 Thle. (434 S.) 257. 258. 263. 264. 269. und 270. Lfg.
Zwanzig Jahre nachher. (Fortsetzung der drei Musketiere.) Uebers. von Jos. A. Moshamer. 6 Thle. (1166 S.) 31—42. Lfg.
Isabella von Baiern. 3 Thle. (515 S.) 55—60. Lfg.
Der letzte König der Franzosen. 1771—1851. Aus dem Franz. von Max Falk. 1. und 2. Thl. (278 S. und dem lith. Bildn. Louis Philipp's.) 259—262. Lfg.
Ludwig XVI. und die Revolution. Uebers. von Jos. A. Moshamer. 3 Thle. (641 S.) 119—126. Lfg.
Memoiren eines Arztes. Uebers. von Ludw. Fort. 1. Abthl.: Joseph Balsamo. 9 Thle. (1851 S.) 127—151. Lfg.
Memoiren eines Fechtmeisters, oder achtzehn Monate in St. Petersburg. Uebers. von Ant. Langer. 2 Thle. (412 S.) 111—114. Lfg.
Meine Memoiren. Aus dem Franz. von Max Falk. 1—6. Thl. (903 S. und dem lith. Bildn. des Verf.) 241—244. 249—252. 265. 266. 271. und 272. Lfg.
Die drei Musketiere. Uebers. von Jos. A. Moshamer. 5 Thle. (882 S.) 21—30. Lfg.
Olympia von Cleves. Uebers. von G. F. W. Rödiger. 7 Thle. (1037 S.) 235—240. 245—248. und 253—256. Lfg.
Kapitän Pamphilius. Aus dem Franz. übers. von L. Fort. (239 S.) 61—63. Lfg.
Reisebilder aus Tanger, Algier und Tunis. 5 Thle. (691 S.) 202—211. Lfg.
J. F. Talma's Memoiren. Von ihm selbst geschrieben. Deutsch von A. Heinrich. 1. und 2. Thl. (323 S.) 168—171. Lfg.
Die Taube. Roman aus der Zeit Ludwig's XIII. Uebers. von Ludw. Scheyrer. (140 S.) 159—160. Lfg.
Die schwarze Tulpe. Uebers. von Ludw. Scheyrer. 2 Thle. (318 S.) 115—118. Lfg.
Der Vicomte von Bragelonne. Uebers. von G. F. W. Rödiger. 17 Thle. (2878 S.) 64—80. und 92—110. Lfg.

Dumas, Alex., ausgewählte Schriften. 1—230. 235—300. Lfg. 8. 1—20. Der Graf v. Monte-Christo. Uebers. v. Jos. A. Moshamer. 10 Bde. — 21—30. Die drei Musketiere. Uebers. v. Jos. A. Moshamer. 5 Thle. — 31—42. Zwanzig Jahre nachher. [Fortsetzung der drei Musketiere.] Uebers. v. Jos. A. Moshamer. 6 Thle. — 43—54. Die beiden Dianen. Uebers. v. J. A. Moshamer. 6 Thle. — 55—60. Isabella v. Baiern. 3 Thle. — 61—63. Kapitän Pamphilius. Aus d. Franz. übers. v. L. Fort. — 64—80. u. 92—110. Der Vicomte v. Bragelonne. Uebers. v. G. F. W. Rödiger. 17 Thle. — 81—92. Tausend u. eine Geistererscheinung. Uebers. v. Jos. Ant. Moshamer. 5 Thle. — 111—114. Memoiren e. Fechtmeisters, od. achtzehn Monate in St. Petersburg. Uebers. v. Ant. Langer. 2 Thle. — 115—118. Die schwarze Tulpe. Uebers. v. Ludw. Scheyrer. 2 Thle. — 119—126. Ludwig XVI. u. die Revolution. Uebers. v. Jos. A. Moshamer. 3 Bde. — 127—151. Memoiren e. Arztes. Uebers. v. Ludw. Fort. 1. Abth.: Joseph Balsamo. 9 Bde. — 152—158. 180. 181. u. 196—201. Gott lenkt. Uebers. v. G. F. W. Rödiger. 7 Thle. — 159. u. 160. Die Taube. Roman aus der Zeit Ludwig's XIII. Uebers. v. Ludw. Scheyrer. — 161—164. 184—186. u. 189—195. Das Halsband der Königin. Uebers. v. Ludw. Fort. 2. Abth. der Memoiren eines Arztes. 6 Bde. — 165—167. Eine corsische Familie. Uebers. v. Mich. Etienne. Gabriel Lambert, der Galeerensclave. Uebers. v. Jos. A. Moshamer. — 168—171. J. F. Talma's Memoiren. Von ihm selbst geschrieben. Deutsch von A. Heinrich. 1. u. 2. Thl. — 172—175. 187. 188 u. 212—215. Ange Pitou, od. die Revolution v. der Bestürmung der Bastille bis zum Ende der Schreckensregierung. Uebers. von G. F. W. Rödiger. 5 Thle. — 176—179. 182. 183. u. 216—220. Das Drama v. Dreiundneunzig. Scenen aus d. Revolutionsleben. Deutsch v. Ant. Langer. 5 Thle. — 202—211. Reisebilder aus Tanger, Algier u. Tunis. 5 Thle. — 221—230. Der Frauenkrieg. Uebers. v. J. A. Moshamer. 5 Thle. — 235—240. 245—248. u. 253—256. Olympia v. Cleves. Uebers. v. G. F. W. Rödiger. 7 Thle. — 241—244. 249—252. 265. 266. 271. 272. 281—284. 299 u. 300. Lfg. Meine Memoiren. Aus dem Franz. v. Max Falk. 1—9. Thl. Mit d. (lith.) Bildniß des Verf. — 259—262. 267. 268. 273. 274. 285—288. 292—295. Der letzte König der Franzosen. 1771—1851. Aus d. Franz. v. Max Falk. 8 Thle. Mit dem (lith.) Bildnisse Louis Philipp's. — 275—277. 289—291. 296—298. Die Gräfin v. Charny. [Fortsetzung v. „Ange Pitou".] Uebers. v. G. F. Rödiger. 1—6. Thl. — 278—280. Reiseerinnerungen aus Californien, od. ein Jahr an den Ufern des San Joaquin u. des Sacramento. Nach den Erzählungen eines Auswanderers. Uebers. v. Ungewitter. Leipzig u. Wien 847—52, Hartleben. (à Lfg. 4 ngl) 39 ₰ 14 ngl

Dumas, Alex., ausgewählte Schriften. Wien 853, 54. Hartleben. 8. Jede Liefg. 4 ngl

301—303. 310—312. 328—340. 343. 344. 358—363. Liefg. Die Gräfin von Charny. (Fortsetzung von „Ange Pitou.") Nach dem französ. Mscrpte. von G. F. W. Rödiger. 7—16. Thl. (116; 115; 109; 114; 102; 114; 123; 139; 121; 115 S.)

304. 305. 308. 309. 313—316. 336. 337. 341. 342. Liefg. Meine Memoiren. Aus dem Französ. von Max Falk. 10—15. Thl. (147; 144; 147; 150; 150; 148 S.)

369—372. Das Brautkleid. Aus dem Französ. von Ludw. Fort. (262 S.)

Dumas, Alex., neueste Schriften. Wien 853—58. Hartleben. 8. Jede Liefg. 4 ngl

1—4. Liefg. Isaak Laquedem. Großer Roman aus der Geschichte der Menschheit. Deutsch von Aug. Diezmann. 2 Thle. (167; 188 S.)

5—11. Liefg. Der Pfarrer von Ashburn. Deutsch von Aug. Diezmann. 4 Thle. (160; 159; 130; 65 S.)

12—17. 34. 35. 97. 98. Liefg. Denkwürdigkeiten der jüngsten zwanzig Jahre 1830—1850. Neue Folge der „Memoiren". Aus dem Französ. von Max Falk. 5 Thle. (1 Bl., 151; 1 Bl., 156; 1 Bl., 148; 152; 150 S.)

18—20. Liefg. Katharina Blum. Eine Jugenderinnerung. Aus dem Französ. von A. Diezmann. (1 Bl., 204 S.)

21. 25. Liefg. El Salteador. Spanischer Roman aus der Zeit Karl V. Uebers. von A. Diezmann. 2 Thle. (1 Bl., 195; 1 Bl., 104 S.)

26—29. 43. 44. 62—64. Liefg. Leben u. Abenteuer der Fürstin Monaco, Herzogin von Valentinois, Katharina Charlotte von Gramont von Grimaldi. Uebersetzt von A. Diezmann. 4 Thle. (144; 142; 151; 180 S.)

30—33. 36—42. 45. 46. 60. 61. 65—69. 77—79. 94—96. 111—115. 119. 120. 131. 140. 141. 168. 169—178. Liefg. Die Mohikaner von Paris. Roman. Deutsch von A. Diezmann. 26 Thle. (147; 135; 171; 120; 132; 116; 143; 111; 102; 94; 99; 104; 85; 91; 112; 67; 75; 70; 63; 66; 90; 115; 184; 123; 155; 126 S.)

47—59. Liefg. Ingénue. Roman aus den ersten Jahren der französischen Revolution. Nach dem französischen Manuscripte von Max Falk. 6 Thle. (132; 132; 120; 155; 139; 201 S.)

70—74. Liefg. Capitän Richard. Gemälde aus dem Kriegerleben unter Napoleon I. Nach dem französ. Mscrpte. von G. F. W. Rödiger. 2 Thle. (187; 119 S.)

75. 76. 125. 126. 148. 149. Liefg. Cairo. Mekka. Medina. Abenteuer der Reisenden Arnaud und Vayssières. Nach dem Französ. von G. F. W. Rödiger. 3 Thle. (140; 151; 144 S.)

80—89. Liefg. Der Page des Herzogs von Savoyen. Roman. Nach dem französ. Mscrpte. von A. Diezmann. 5 Thle. (148; 144; 139; 134; 110 S.)

90—93. 114. 115. 121. 127—130. 134—139. 154—158. Liefg. Die großen Männer im Schlafrock. 10 Thle.

1. 2. Thl. Heinrich IV. Nach dem französ. Mscrpte. von Wilh. v. Blankenburg. 2 Thle. (118; 111 S.)

3. 4. 8. Thl. Ludwig XIII. und der Cardinal Richelieu. Nach dem Französ. von Aug. Diezmann. 3 Thle. (144; 70; 184 S.)

5—7. Thl. Julius Cäsar. Nach dem Französ. von Aug. Diezmann. 3 Thle. (132; 140; 183 S.)

9. 10. Thl. Carl der Kühne. Nach dem französ. Mscrpte. von G. W. F. Rödiger, 2 Thle. (128; 171 S.)

99—104. 132. 133. Liefg. Australien. Californien. Mexiko. Reisebilder v. Mad. Giovanni. Geordnet u. herausg. von Alex. Dumas. Nach dem französ. Mscrpte. von G. F. W. Rödiger. 3 Thle. (191; 187; 111 S.)

105—110. Liefg. Das Horoskop. Nach dem französ. Mscrpte. 3 Thle. (116; 126; 119 S.)

116—118. 122—124. Liefg. Memoiren der Jeanne d'Albert de Luynes; Gräfin von Verne. Ein Beitrag zur Geschichte des Hauses Savoyen. Herausg. von Alex. Dumas. Nach dem französ. Mscrpte. von G. F. W. Rödiger. 2 Thle. (192; 204 S.)

142. 143. Liefg. Erinnerungen eines Policeman. Ein Beitrag zur Sittengeschichte Englands. Nach dem französ. Mscrpte. von G. F. W. Rödiger. (132 S.)

144—147. Liefg. Der Jäger am Meeresufer. Nach d. französ. Mscrpte. von G. F. W. Rödiger. (207 S.)

150—53. Liefg. Die Geschichte vom Werwolf. Eine Volkssage. Nach dem französ. Mscrpte. von G. W. F. Rödiger. (248 S.)

159. 160. Liefg. Die Flucht nach Varennes. Nach dem französ. Mscrpte. von G. W. F. Rödiger. (127 S.)

161—167. Liefg. Reise durch das glückliche Arabien. Fortsetzung der Abenteuer der Reisenden Arnauld u. Vayssières in Cairo, Mekka, Medina. Herausg. von Alex. Dumas. Nach dem französ. Mscrpte. von G. F. W. Rödiger. 3 Thle. (187; 175; 203 S.)

— neueste Schriften. 161—182. Lfg. 8. Wien 857—59, Hartleben's Verlags-Expedition. à Lfg. 4 Ngr.

Inhalt:

Lfg. 161—167. Reise durch das glückliche Arabien. Fortsetzung der Abenteuer der Reisenden Arnaud und Vayssières in Cairo, Mekka, Medina. Nach dem französ. Mscr. von G. F. W. Rödiger. 3 Thle. (383 S.)

„ 168—182. Die Mohikaner von Paris. Roman. Nach dem französ. Mscr. von Aug. Diezmann. 24—30. (Schluß-)Thl. (867 S.)

Lfg. 1—160. Ebendas. 1853—56. 21 Thlr. 10 Ngr.

— sämmtl. Schriften, s. Bibliothek, europäische.

— sämmtl. Schriften. 1. Thl. A. u. d. T.: Der Graf von Monte-Christo. Aus d. Französ. übers. von Küster. 2. unveränd. wohlf. Aufl. 1. 2. Thl. in 1 Bde. 8. Grimma 846, Verlags-Compt. pro 10 Bde. $1\frac{1}{2}$ ₰

— dies. 6. Bd. Denkwürdigkeiten eines Arztes. 1. Bd. oder 1.—3. Bdchn. 8. Ebend. 846. ½ ß

—— le secrétaire de la Marquise du Deffand. Tome 1 et 2. 16. (156 S. und 139 S.) Paris 855—56. (Leipzig, Gerhard.) à tome 10 Ngr.

— le secrétaire de la Marquise du Deffand. 7 vols. Leipzig 857, 58. Gerhard. 16. (156; 139; 160: 160; 160; 160; 146 S.) 2 ß 10 ngr

— Seeabenteuer u. Schiffbrüche, siehe: Bibliothek, Europäische, 774. Bd.

— die beiden Selbstmörder oder vier Frauen-Abentheuer. Roman. Deutsch von Schrader. 4 Thle. Leipzig 846, Berger. 2 ß

—— Doctor Servans, } s. Ausland, das belletristische.

— der persische Shawl, s.: Theater des Auslandes, 29. Lfg.

Dumas, Alexandre
1789. Historischer Roman. Deutsch von Louis Bourdin. Th.1.2.
Leipzig: Berger 1848. 204, 152 S. 8°

—— la signora dalle camelie, s. Emporeo drammatico.

— u. A. Dauzats, der Sinai. Reisebilder. Aus d. Franz. 3 Thle. 8. Cassel 838, 39. Krieger'sche Buchh. (Fischer.) 3⅛ ß

—— Pariser Sitten (Le demi-monde), s. Both's, L. W., Bühnen-Repertoir.

— so sei es, s.: Collection Hartleben.

—— So sey es! s. Lese-Cabinet, neuestes belletristisches.

— der natürliche Sohn, s. Theater-Repertoir, Wiener.

— der natürliche Sohn, } s.: Universal-Bibliothek.

— die Somnambule, } s. Roman- und Novellen-Zeitung.

—— Souvenirs d'une favorite. 8 Vol. (Bibliothèque choisie. Vol. 829—836.) 16. (1192 S.) Naumburg 865, Pätz.

—— die Stiftung der Gräfin Bertha, s. Dumas: La Fondation de la Cots. Berthe.

—— Stockholm, Fontainebleau et Rome, Trilogie dramatique, s. Théâtre franç. mod.
Vgl. Répertoire du théâtre franç. à Berlin. No.236.

Dumas, Al., Stockholm, Fontainebleau et Rome, Trilogie dramatique sur la vie de Christine, 5 actes en vers avec prologue et epilogue, publ. pr. J. Louis. 16. Dessau 830. Ackermann. 6 gr

—— Stockholm, Fontainebleau et Rome, Trilogie dramat. s. la vie de Christine, 5 actes en vers, avec prologue et épilogue. Ouvr. destiné aux écoles. gr. in-8. (5¼ B.) Berlin 841, Schlesinger.

—— die Stuarts. A. d. Franz. v. W. L. Wesché. 2 Bde. 8. (30¾ B.) Leipzig 841, Kollmann.

—— Sultanetta ovvero un terribile regalo di nozze. 2 Vol. gr. 16. (846 S. mit 2 Holzschntaf.) Triest 863. Coen. *

—— Sylvandire. Aus d. Franz. v. Wilh. Ludw. Wesché. 2 Thle. 8. (40 B.) Leipzig 841, Kollmann.

— die Taube, siehe: Ausland, das belletristische, 1394. u. 1395. Bdchn. — Lese-Cabinet, belletristisches, 363. u. 364. Lfg.

Dumas, Alexandre
Die Taube. Aus dem Französ. von August Zoller.
Stuttgart: Franckh 1851. 125 S. 8°

Dumas, Alex., das Testament des Grafen Hamilton. Histor. Roman v. Aug. Schrader. gr. 16. (623 S.) Leipzig 848, Berger. 1½ ß

— eine Tochter des Regenten, s.: Ausland, das belletristische, 1128—1134. Bdchn.

— Die Tochter d. Regenten, s. Collection Figaro.

— eine Tochter des Regenten, s. Museum. Bibliothek d. ꝛc. Romane des Auslandes. —

Dumas, Alexandre
Eine Tochter des Regenten. Nach dem Franz. von August Zoller. Bdchn 1-4.5-7.
Stuttgart: Franckh 1848. 8°

Dumas, Alexandre
Supplement zu allen Ausgaben des Romanes: Der Graf von Monte-Christo. Die Todtenhand. Von F.Le Prince. Aus dem Französ. von A.Kretzschmar. Bd. 1 - 3.
Leipzig: Kollmann 1855. 8°

—— die Todtenhand. (Fortsetzung des Graf v. Monte-Christo.) Illustr. Ausg. 10 Lfgn. 8. (644 S.) Wien 866, Hartleben's Verlag. à Lfg. 5 Ngr.

— u. Le Prince, die Totenhand. Fortsetzg. v. Der Graf v. Monte Christo v. Alex. Dumas. Deutsch bearb. v. K. Walther. (Neue Ausg.) 12. 3. Bde. (204, 198 u. 212 S.) Stuttgart 897, Franckh. n. 3. 60; in 1 Leinwbd. n. 4. 60
Erschien auch in 18 Lfgn. à n. — 20.

Dumas (Vater), Alex., u. Le Prince, die Totenhand. Fortsetzung v. Der Graf v. Monte Christo v. Alex. Dumas. Deutsch bearb. v. K. Walther. Vollständige Ausg. (621 S. m. 1 Bildnis.) 8. Berlin (908). A. Weichert. (Urspr. Pr. 3. —)

Dumas (Sohn), Alexander — Modernes Treiben. Charaktergemälde in 5 Akten. Nach „Le Demimonde" des — — von Adalbert Pr.r. Als Manuskript gedruckt. Wien, 1855. Gedr. bei M. Lell und Kompagnie. (57 S. 8.)

— Tristan der Rothe, s. Ausland, das belletristische.

Dumas, Alex., d. Jüng., Tristan d. Rothe. Roman. Aus d. Französ. von Dr. *Chr. Fr. Grieb.* Stuttgart 1858. 520 S. Kl. 12°. Hmaroq.

— la tulipe noire, hrsg. v. E. Wentscher, s. a. Prosateurs français.

La tulipe noire par Alexandre Dumas (père). Mit Anm. z. Schulgebr. hrsg. von E[lla] Wentscher, Vorsteherin in Berlin. [Nebst] Anm. [&] Wörterbuch. *Bielefeld & Leipzig: Velhagen & Klasing 1902.* 3 Bde 8°
= Sammlung, Velhagen & Klasings, franz. u. engl. Schulausgaben. Prosateurs franç. Lfg 127 B.

— die schwarze Tulpe, s.: Ausland, das belletristische, 1390—1393. Bdchn. — Lese-Cabinet, belletristisches, 326. 327. 337. u. 338. Lfg.

— die schwarze Tulpe, s.: Erzählungen, klassische, der Weltlitteratur. 4. Bd.

— die schwarze Tulpe, s.: Reclam's Unterhaltungs-Bibliothek.

— die schwarze Tulpe, s.: Universal-Bibliothek.

—— tre uomini forti. Romanzo. 2 Vol. gr. 16. (346 S. mit 2 Holzschntaf.) Triest 862, Coen. *

— Vater u. Sohn, s.: Universal-Bibliothek.

— aus der Verbannung, siehe: Bibliothek, Europäische, 654—658. u. 850. Bd.

—— ein Verschwörer. Intriguenstück von Friedr. Tietz, s. Both's, L. W., Bühnen-Repertoir.

Dumas, Alexandre: Der Vesuv u. seine Opfer, s. Jahrhundert, Das, in seinen . . . Novellen.

— der Vicomte v. Bragelone, siehe: Lese-Cabinet, belletristisches, 225—241. 248—250. u. 281—296. Lfg.

Dumas, Alexandre

Der Vicomte von Montgommery. Historischer Roman. (Forts. der "beiden Dianen"). Deutsch von Louis Fort.
Leipzig: Berger 1849. 2o6 S. 8°

· von Paris nach Astrachan, übers. von Rödiger, s. Lese-Cabinet, neuestes belletristisches.

— Voyage en Orient, siehe: Bibliothèque Française, tome 10.

—— das Weib des Claudius, s. Theater, neues Wiener.

— Werke, s. Sammlung der neuesten u. besten Romane der Franzosen rc. rc.

Dumas, Alex., Werke. Hrsg. von Louis Bourdin. 1—21. und 21—35. Bd. gr. 16. Leipzig 847—49, Berger's Buchh. à Bd. *
Einzeln à Bd.

Bd. 1—3. Der Chevalier von Maison-Rouge. Histor. Roman. Deutsch von Louis Fort. 3., verb. Aufl. 3 Bde. (637 S. mit des Verf. Portr. in Stahlst.)
" 4., 5. Albine oder die Erscheinung auf dem Schlosse Eppstein. Roman. Deutsch von Aug. Schrader. 2 Bde. (362 S.)
" 6—9. Die beiden Dianen. Histor. Roman. Deutsch von Louis Fort. 4 Bde. (724 S.)
Bd. 10—13. Die beiden Selbstmörder oder vier Frauen-Abenteuer. Roman. Deutsch von Aug. Schrader. 4 Bde. (739 S.)
14. Paul Jones oder der nordamerikan. Freibeuter. Roman. 3. Aufl. (184 S.)
" 15—18. Der Chevalier v. Harmental. Histor. Roman. 3., verb. Aufl. 4 Bde. (647 S.)
19. Johanna die Jungfrau von Orleans. Histor. Roman. Deutsch von Heinr. Bourdin. (216 S.)
" 20., 21. Die Fünfundvierzig. Histor. Roman. Deutsch von Louis Fort. 1. und 2. Bd. (364 S.)
24—26. 1789. Historischer Roman. Deutsch von Louis Bourdin. 3 Bde. (548 S.)
" 27., 28. Die Holländerin. Roman. Deutsch von Aug. Schrader. 2 Bde. (378 S.)
29., 30. Die Tochter des Regenten. Histor. Roman. Deutsch von Louis Fort. 3. Aufl. 2 Bde. (394 S.)
31—33. Das Testament des Grafen Hamilton. Histor. Roman. Deutsch von Aug. Schrader. 3 Bde. (623 S.)
34. Agener und die Maurin. Histor. Roman. Deutsch von Louis Fort. (181 S.)
35. Der Vicomte v. Montgommery. Histor. Roman. Deutsch von Louis Fort. (206 S.)

Dumas, Alexandre [fils]

Ausgewählte Werke. Deutsch von Chr.Fr.Grieb.
Stuttgart: Franckh 1856 - 1857. 8°

1. Diana von Lys. Roman. 1856.
2. Ein Frauenleben. Roman. Bd.1.2. 1856.
3. Drei starke Männer. Roman. 1856.
4. Kleine Novellen. Bd.1. 1857.
5. Sophie Printems. Roman. Bd.1.2. 1857.
6. Doctor Servans. Roman. 1857.

Dumas, Alex., sämmtl. Werke, s. dess. Reise- u. Lebens-Bilder rc.

— sämmtl. Werke. 1r—3r Bd. 16. Leipzig 836, Engelmann. (Dörffling.) (à 3/8 ₰) 1 1/8 ₰

—— sämmtl. Werke. Deutsch v. A. Zoller, s. Ausland, das belletristische.

Dumas, Alexandre [père]

Sämmtliche Werke. Deutsch von August Zoller.
Stuttgart: Franckh 1845 - 1851. 8°

[1.] Das Braut-Kleid. Th.1. 1845.
[2.3.] Der Chevalier von Maison-Rouge. Bd.chen 1-4. 5-8. 1847.
[4-6.] Denkwürdigkeiten eines Arztes. Bd.chen 1-4. 5-8. 9-13. 1846.
[7-9.] Denkwürd. Bd.chen 14-16. 17-2o. 21-24.1847.
[1o.] Denkwürd. Bd.chen 25-27. 1848.
[11.] Denkwürd. Abth.2. Das Halsband der Königin. Bd.chen 1-4. 1849.
[12.] Denkwürd. Abth.2. Bd.chen 1o.11. 185o.
[13.] Denkwürd. Abth.3. Ange Pitou. Bd.chen 1-4. 1851.
[14.] Der Frauenkrieg. Bd.chen 1-3. 1845.
[15.16.] Der Frauenkrieg. Bd.chen 4-6. 7.8. 1846.
[17-2o.] Zwanzig Jahre nachher. Forts. der Drei Musketiere. Bd.chen 1-3. 4-6. 7-1o. 11-14. 1845.
[21.] Die schwarze Tulpe. 185o.

— sämmtl. Werke. 1.—4. Bd. A. u. d. T.: Denkwürdigkeiten eines Arztes. Deutsch von A. Diezmann. 1.—4. Bd. 8. Leipzig 846, O. Wigand. à 1/3 ₰

— sämmtliche Werke. Denkwürdigkeiten eines Arztes. Deutsch v. A. Diezmann. 5—12. Bd. 8. (5: 127 S. 6: 129 S. 7: 139 S. 8: 118 S. 9: 136 S. 10: 126 S. 11: 124 S. 12: 169 S.) Leipzig 849, Kollmann. à 1/3 ₰

—— die verhängnißvolle Wette. Drama in 5 Aufz. N. d. Franz. v. Frz. v. Holbein. (Als Mspt. gedr.) gr. 8. (3 1/2 B.) Hannover 839, Helwing'sche Hof-Buchh. *

Dumas, Alex., die Wölfinnen von Machecoul, s. Ausland, das belletristische.

Dumas, Alexandre: Die Wölfinnen von Machecoul, s. Lese-Cabinet, Neuestes belletristisches.

Dumas, Alexandre

Die Wölfinnen von Machecoul. Episode aus dem Krieg der Vendée im Jahr 1832. Aus dem Französ. von C. Büchele. Bd. 1 - 5.
Stuttgart: Franckh 1858. 8°

— der Wolfsführer, s. Ausland, das belletristische.

Dumas, Alexandre

Der Wolfsführer. Roman. Aus dem Französ. von Gottlob Fink. Bd.1.2.
Stuttgart: Franckh 1856. 22o S. 8°

Dumas, Alexander. Die Zwillingsschwestern von Machecoul. Episode aus dem Kriege in der Vendée 1832. Nach dem französischen Manuscripte von Dr. G. F. W. Rödiger. *Pest, Wien u. Leipzig*. 1858. *Hartleben's* Verl.-Exped. 1.—5. Th. 160, 172, 192, 196, 223 S., 8°. 1 Lief. 12 kr.
Auch unt. d. Tit.: Neuestes belletristisches Lese-Cabinet der besten und interessantesten Romane aller Nationen in sorgfältiger Uebersetzung. Lief. 39—53.

Dumas, Alexandre Davy

Dumas, A. D. Krieg der Franzosen in Ägypten und Syrien am Ende des 18. Jhrh. Aus d. Französ. Mit Krt. Hamburg 1800. 189 S.

Vgl. Dumas, Mathieu

Dumas, Antoine, Ingénieur de Bussigny s/Oron (Vaud): Chaleur spécifique des substances ferromagnétiques alliages de fer et de nickel. [14 figures dans le texte.] Genève 1909. II + 60 p. 8°. [23. VI. 09.]
Zurich. Phil. Diss. II 8. 1908/09.

Dumas, G., elementare Herleitung des Weierstrass'schen „Vorbereitungssatzes", s. a. Sitzungsberichte der königl. bayer. Akademie der Wissenschaften. Mathemat.-phys. Kl. 1909. 18.

Elementare Herleitung des Weierstrass'schen 'Vorbereitungssatzes' von G. **Dumas**. München: Franz in Komm. 1910. 9 S. 8°
(Sitzungsberichte d. Kgl. Bayer. Akademie d. Wiss. Math.-phys. Kl. Jg. 1909, Abh. 18.)
[ic. 4236]

Dumas, Jean. Abhandlung vom Selbstmord; aus dem Französischen. Leipzig 1775. V: *Fleischer.* (ML)

— Abhandl. v. Selbstmorde. a. d. Frz. gr. 8. Lpz. Müller. (Joachim.) 775.

Dumas, Jh., († d. 4. April 1799.) Discours prononcé le 3. Févr. 1788 à l'occasion de la mort de Zollikofer. gr. 8. Leipz. 788. Weidmann. 3 gl. Dass. deutsch, von ihm selbst übersetzt. gr. 8. Ebd. 788. 2 gl.

— Gedächtnißrede auf Zollikofer. 8. Ebend. 788.

— Predigten über d. moral. Christenthum; aus d. Französ. gr. 8. Regensb. 810. Montag u. W. 1 rf 12 gl.

— sermons sur le christianisme moral. 8. Dresd. 779. N. A. Ebd. 797. Walther. 1 rf

Dumas, Jean Baptiste André

Dumas, J., prakt. Anweisung zur Salpeter-Fabrikation, nach d. neuesten u. besten Methoden. N. d. Franz. bearb. M. 1 Taf. Abbild. 8. (2 B.) Quedlinburg 830, Basse.

Dumas, J., Brunnen-Ingenieur, s. a. Schauplatz, neuer, der Künste 2c.

Dumas, J., Der Brunneningenieur oder die Wissenschaft, nach leichtem u. sicherm System an allen Oertlichkeiten etc. Brunnen anzulegen etc. Deutsch von Dr. Chr. H. Schmidt. Mit 3 erläuternden Foliotafeln. Weimar 1857. 8°.

Grundzüge der Chemie, angewendet auf Künste und Gewerbe. Weimar, 1829–30. 2 vols., 4to. Ill.

—— (dass. u. d. T.:) Handbuch d. angewandten Chemie. Für technische Chemiker, Künstler, Fabrikanten u. Gewerbtreibende überh. A. d. Franz. v. Otto. Alex. u. Friedr. Engelhart. 1—18. Lfg. (od. 1—3. Bd. u. 4. Bd. 1—3. Lfg.) Mit Kpfrt. gr. 8. Nürnberg, Schrag. [1. (50 B.) 830., 2. (55 B.) 832., 3. (47 B.) 833., 4. 1—3. (30 B.) 834.] à Lfg. 16 Gr. Thlr.

—— Handbuch d. angewandten Chemie. Für techn. Chemiker, Künstler, Fabrikanten u. Gewerbtreibende überh. A. d. Franz. v. Ott. Alex u. Friedr. Engelhart. 4. Bd. 4. Lfg. u. 5. Bd. (5 Lfgn.) gr. 8. Nürnberg, Schrag. [4. 4. (18 B. u. 15 Kpfrt.) 835, 36. 1⅓ Thlr., 5. (51½ B.) 835—37. 2⅔ Thlr.] Subscript.-Pr.
1—4. Bd. 1—3. Lfg. Ebendas. 1830—34. Subsc.-Pr. 12 Thlr. — Ladenpr. 5 Bde. 20 Thlr. 20 Gr.

Dumas, J., Handbuch der angewandten Chemie. Für technische Chemiker, Künstler, Fabrikanten und Gewerbtreibende überhaupt. Aus d. Franz. von Gottl. Alex. u. Fr. Engelhart. 15e—24e Lfrg. (oder 5 Bde.) Mit Kpfr. gr. 8. Nürnberg 833—38. Schrag. Subscr.-Pr. (à n. ⅔ rf) 6⅔ rf. Alle 5 Bde. 24 Lfrgg. n. 16 rf

Dumas, J., Handbuch der angewandten Chemie. Für techn. Chemiker, Künstler, Fabrikanten 2c. Aus dem Französ. von L. A. Buchner jun. 6. Bd. mit 47 Kupfertaf. 7. Bd. mit 12 Kupfertaf. gr. 8. Nürnberg 843, Schrag. 6. Bd. 4⅙ rf 7. 4½ rf — Die ersten 5 Bde. mit 75 Kupfertaf. kosten jetzt nur n. 15 rf

—— Handbuch d. angewandten Chemie. Für technische Chemiker, Künstler, Fabrikanten 2c. Aus d. Franz. v. L. A. Buchner jun. 25—38. Lfg. od. 6—8. (letzt.) Bd. (Bog. 1—30.) gr. 8. Nürnberg, Schrag. [6. Bd. (50 B., Titel u. Inhalt u. Kpfrt. 75—122.) 843, 44. * 4 Thlr. 20 Ngr., 7. Bd. (50 B., Ttl. u. Inhalt u. 3 Kpfrt.) 845, 46. * 4 Thlr., 8. Bd. (Bog. 1—30.) 847. * 2 Thlr.] Subscript.-Pr. *
1—5. Bd. Ebendas. 1830—37. Hrbgef. Pr. * 15 Thlr. Einzelne Bände à * 4 Thlr. 5 Ngr.

Dumas, J., Handbuch der angewandten Chemie. Aus dem Franz. v. L. A. Buchner jun. [30—42. Lfg.] 8 Bd. gr. 8. (VI u. 1032 S. Register 87 S. 4 lith. Taf. in qu. Fol. 4 lith. Taf. in qu. 4. u. 6 Kupfertaf. in qu. 4.) Nürnberg 847—50, Schrag. (à Lfg. n. ⅔ rf) n. 4⅔ rf (cplt. n. 28 rf 27 ngl)

Dumas, J., Handbuch der auf Künste u. Gewerbe angewandten Chemie. Aus d. Französ. 1r Thl., mit 1 Atlas von 16 Tafeln u. 2r u. 3r Thl., mit Kpft., Inhaltsverzeichniß u. Erklär. d. Abbildd. gr. 8. Weimar 829—33. Industr.-Compt. 11 rf 12 gl

Dumas, J., Handbuch d. Chemie in ihrer Anwend. auf Künste u. Gewerbe. A. d. Franz. übers. 1—3. Bd. u. 4. Bd. 1—3. Lfg. Mit Kpfrt. (in qu. ½ Fol.) gr. 8. Weimar, Landes-Industrie-Compt. [1. (44 B u. 16 Kpfrt.) 829., 3 Thlr. 6 Gr., 2. (48 B. u. 22 Kpfrt.) 831. 4 Thlr. 21 Gr., 3. (42½ B.) 832. 3 Thlr. 9 Gr., 4. 1—3. (50 B. u. 22 Kpfrt.) 834. 3 Thlr. 3 Gr.]

Dumas, J., Handbuch d. Chemie in ihrer Anwend. auf Künste u. Gewerbe. A. d. Franz. übers. 4. Bd. 4. Lfg. u. 5. Bd. (5 Lfgn.) gr. 8. Weimar, Landes-Ind.-Compt. [4. 4. (18 B. u. 15 Kpfrt.) 836. 2 Thlr., 5. (51½ B.) 836—38. 3⅓ Thlr.] Thlr.
1—4. Bd. 1—3. Lfg. Ebendas. 1829—34. 14 Thlr. 18 Gr.

Dumas, J., Handbuch d. Chemie in ihr. Anwendung auf Künste u. Gewerbe. Aus d. Franz. 6. Bd. 1—5. Lfg. (Bog. 1—50. Nebst 122 Taf. Abbild.) gr. 8. Weimar 843—45. [Nürnberg, Schrag.] 5
1—5. Bd. [Ebendas.] 1829—38. Hrbgef. Pr. 15 Thlr.

— dass. Aus dem Französ. 6. Bd. 1.—5. Liefg. nebst 48 Taf. Abbild. gr. 8. Weimar 843—45, Landes-Industrie-Compt. (I. 1¼ rf II. III. 2¼ rf IV. 1⅛ rf V. 1 rf) I.—VI. 1.—5. Liefg. 20⅝ rf

—— die Philosophie d. Chemie, Vorlesn., gehalt. im Collége de France. Gesammelt v. Bineau, u. ins Deutsche übertr. v. C. Rammelsberg. gr. 8. (23 B.) Berlin 839, Lüderitz'sche Vrlsh.

Dumas, J., Versuch e. chemischen Statik d. organischen Wesen. 2., mit den nöthigen Zahlenbelegen verm. Aufl. A. d. Franz. v. Carl Vieweg. 8. (8½ B.) Leipzig 844, Wöller. Thlr.

Dumas, Jean Louis Alexandre

Dumas, Jean L. Al., Cantiques tirés en partie des Pseaumes etc. gr. 8. Leipz. Weidmann. 775.

Dumas, Jh. Ldw. Alex., († d. 11. Sept. 1823.) Exercises etc., s. Zollikofer.

Dumas, Karl Ldw., Anfangsgründe d. Physiologie, oder Einleit. in eine, auf Erfahr. gegründete, physiolog. u. medicin. Kenntniß d. lebenden Menschen; aus d. Französ. übersetzt von L. A. Kraus u. Cph. J. Pickhard. 2 Bde. gr. 8. Götting. 807. Dieterich. 3 rf 8 gl

— Physiologie des menschl. Körpers; aus d. Französ. übers., mit Anm. v. J. G. Gruber. 1r Thl. gr. 8. Gießen 802. Tasché. 1 rf

Dumas, Casimir v., aus ernsten Stunden. Skizzen u. Geschichten. (VIII, 238 S.) 8. Dresden (906). E. Pierson. n. 3. —; geb. n. 4. —

Dumas, Casimir v., Tropfen im Meere deutscher Dichtg. (170 S.) 8. Leipzig 907. Modernes Verlagsbureau. 3. —

Tropfen im Meere deutscher Dichtung von Casimir v. **Dumas**. Berlin-Leipzig: C. Wigand 1907. (170 S.) 8° [col. 3816]

Dumas, Matthieu. Darstellung der militärischen Begebenheiten oder historische Versuche über d. Feldzüge v. 1799—1807. Deutsch von F. v. Kausler. Mit Noten u. Zus. 5 Bde. 8. M. Krtn. u. Plän. Stuttgart 1820—25.

Dumas, (Graf M.,) Darstell. d. militär. Begebenheiten, od. histor. Versuche über d. Feldzüge v. 1799 bis 1814. Aus d. Franz. mit Noten u. Zusätzen verm. von F. v. Kausler. 5 Bde. gr. 8. Stuttgart 820—25, Cotta.

Dumas, Mathieu, s. Geschichte d. Feldzüge etc.

(**Dumas, M.**) Geschichte der Feldzüge von der Aufhebung des Congresses zu Rastadt bis zu Ende 1799. [Uebersicht der Kriegsbegebenh. od. histor. Vers. üb. d. gegenwärt. Krieg v. Wiederaufnahme d. Feindseligk. im März bis z. Sept. 1799.] A. d. Frz. 2 Bd. 8. Hamburg 1799—1800. 24,00.

Dumas, Grf M. Geschichte der Feldzüge von der Aufhebung des Kongresses zu Rastatt an bis zu Ende des Jahres 1799. Aus d. Französ. Mit Pl. u. Krt. T. 1. 2. Hamburg 1800. 1802.

Dumas, Graf M., Krieg d. Franzosen in Aegypten u. Syrien. Aus d. Französ. Mit 2 Kart. gr. 8. Hamb. 800. Fr. Perthes. 1 ₰

Vgl. Dumas, Alexandre Davy

Dumas, Mathieu, s. Kriegsbegebenheiten.

Dumas, Mathieu, s. Precis des évènements militaires.

Dumas, M. (Comte)., Précis des événemens militaires, ou essais historiques sur les Campagnes de 1799. à 1814, avec cartes et plans, Tom. 1 à 10. gr. 8. avec 4 Atlas in Fol. composés de Cartes et plans. 817 — 819. Paris, Strasbourg et Londres chez Treuttel et Würtz.
(Campagne de 799. 9 Rthlr. Campagne de 800. 12 Rthlr. Campagne de 801 et 5. à 10 Rthlr. 12 Gr.)

Dumas, Mathieu Comte. Précis d'événemens militaires, ou essais historiques sur les campagnes de 1799 à 1814. Avec cartes et plans. — Paris et Hambourg 1817—1826.

(Dumas, M.) Précis des événemens militaires, ou essais historiques sur la guerre présente. 2 v. 8. av. pls. et cartes. Hambourg 1799—1800. — 8. Paris 1800. 20,00.

[Dumas, Mathieu.] Précis des évènemens militaires, ou Essai historique sur la guerre présente, avec [10] cartes et [2] plans. 2 Tomes. 8. Paris et Strasbourg. Hambourg (*Tome 2:* et Londres) 1800–1801.
Tome 1er. Renfermant les Evènemens les plus remarquables depuis la reprise des hostilites au mois de Ventôse jusqu'à la fin de l'an 7 de la République française. ⟨Mars à Septembre 1799.⟩ An 8 ... 1800.
Tome 2e. Renfermant la suite des Evènemens ... depuis la rupture du congrès de Rastadt jusqu'à la fin de la campagne de 1799, an 7 et 8 de la République. An 9 ... 1801.

Dumas, P., Owyrabianiu nawozów, ich zasiłków i bodźców czyli podniot. Wydal Józef Belza. 8. Warszawa 849, Natanson.

Dumas, Samuel. Sur le développement des fonctions elliptiques en fractions continues. Thèse Phil. [II.] Univ. Zurich. VI + 60 p. gr.-8. Zurich, Zürcher & Furrer, 1908.

Dumas, W. (A.): De Motu penduli sphaerici rotatione terrae perturbato. 1857. 4°
Diss. Königsberg.

Dumas, W., über Schwingungen verbundener Pendel. gr. 8. (16 S.) Berlin 874, Weidmann'sche Buchh. *
Aus: Festschrift zur dritten Säcularfeier des Berliner Gymnasiums zum grauen Kloster, besonders abgedruckt.

Dumas. Zur Theorie der elliptischen Functionen. 24 S.
Berlin, Gr. Kl., Progr. 1860

Dumas, Wilhelm, approb. Arzt aus Leipzig: Aus d. Augenklinik zu Kiel. Ueber Keratitis parenchymatosa. *Kiel 1899: H. Fiencke.* (27 S.) 8°
Kiel, Med. Diss. v. [17. Apr.] 1899

Dumas-Lutze, Ottokar, neu entdecktes Geheimniß, schöne und geistreiche Kinder, Knaben oder Mädchen, nach Willkür zu erzeugen. 3. Aufl. Altona 863. Verlags-Bureau. 8. (46 S.) 15 ngr.

Dumaß Filz d. Jüngere, Alex. (Mart. Böhm), d. Fall Blumenthal od.: d. vor Liebe vergehende u. doch so schmählich betrog. Bildhauer u. Gatte, aber daran ist blos d. Schwiegermutter schuld. E. französ. Sittendrama m. Gesang, wie es französ. gar nicht gedacht werden kann 2c. In 2 Ober- u. 2 Unter-Abthlgn., e. Prologus in Hexa- u. Penta-Metern, u. e. Epilogus, der d. Sache sachgem. abschließt. Einz. autoris. Uebersetzg. (u. was s. e. Uebersetzg.) v. L. Bindau. Musik v. Schnäbele. 12. (35 S.) Berlin (896). M. Böhm. 1. 50

Die Abenteuer des Kapitäns Larron. Erlebnisse e. Piratenkapitäns von A. Dumassen. *Berlin: Tessaro-Verl. (1901).* (63 S.) 8° [F.]
— Indianer-Bücher. 26.

John, der Wolfs- und Indianertöter. Kanadische Erzählung von A. Dumassen. *Berlin: Tessaro-Verl. (1901).* (64 S.) 8° [F.]
— Indianer-Bücher. 3.

Dumast, P. G. de, couronne poétique de la Lorraine. Recueil des morceaux écrits en vers sur des sujets Lorrains. gr. 8. (X, 356 S.) Nancy 874. Berger-Levrault & Co. n. 8. —

The Martian. A novel. By George DuMaurier. Copyright ed. In 2 vol. Vol. 1. 2. Leipzig: Tauchnitz 1897. 8°
(Collection of British authors. Tauchnitz Ed. Vol. 3234/5.)

Dumax, V., charakteristische Züge aus dem Leben Pius IX. Aus dem Französ. 1. u. 2. Aufl. Mainz 860, 61. Kirchheim. gr. 8. (VIII, 199 S.) n. 10 ngr.

Dumax, Abbé V., charakteristische Züge aus dem Leben Pius IX. Aus dem Französ. 3. Aufl. 8. (VIII, 199 S.) Mainz 868, Kirchheim.

du Mazet, E., der Roman e. Pariser Lorette, s. Bergson's Eisenbahnbücher.

Dumbeck, Alo. Frz Jos., Geographia pagorum vetustae Germaniae cisrhenanorum proxime quidem Rhenum a Basilea ad Moenum fluvium sitorum, quales fere saeculo XII. fuere, praemio ornata. Cum tab. aen. Berolini 1818. gr. 8. . . . . (D.)

Dumbeck, Alo. Frz. Jos., geographia pagorum vetustae Germaniae Cisrhenanorum. 8 maj. Berl. 818. Reimer. 2 ₰ 12 ₰

— — Historiae universae Tabulae ethnographico-periodico-synchronisticae ab rerum primordiis ad nostrum diem post doctissimorum virorum curas etc. etc., in usum historiae amicorum adornatae. Ibid. 820.

— Historiae universae tabulae ethnographico-periodico-synchronisticae ab rerum primordiis ad nostrum diem post doctissimorum virorum curas etc., in usum historiae amicorum adornatae. Fol. maj. Berl. 821. Reimer. 3 ₰ 8 ₰

Dumbeck, Joh., Gedichte. 8. Freyburg, Herder. 814.

Dumbrava, Bucura (Frl. Fanny Székulitz), der Haiduck. Roman. (492 S.) 8. Regensburg 908. W. Wunderling. 6.—; geb. 7. —

Dumbstorff, Johann Nicolaus von (Oldenburg), Autoritatem praeceptorum Noachiticorum. Dissert. philol. Präs. Gerhard Hermann Mencke. Lpz. (Chph. Friedr. Rumpff) 18. IV. 1711. 16 Seiten. (4.—) 7062
Gew.: Lüder Mencke.

Dümchen, Erich, Referendar: 'Schuld und Haftung' insbesondere bei den Grundpfandrechten. Jena: Fischer 1908. 63 S. 8° ¶(Ersch. vollst. in: Jherings Jahrbücher. Bd 54.)
Breslau, Jur. Diss. v. 3. Febr. 1909, Ref. Meyer-Dahn
[Geb. 21. Apr. 83 Sagan; Wohnort: Sagan; Staatsangeh.: Preußen; Vorbildung: Gymn. Sagan Reife O. 02; Studium: Marburg 1, Berlin 3, Breslau 2 S.; Rig. 7. Mai 08.] [U 09. 471

Dumcke, Julius *Karl* [aus Königsberg Pr.]: Die Deutschen Faustbücher. Nebst e. Anh. z. Widmanschen Faustbuche ... Leipzig-Reudnitz, Druck v. O. Schmidt, 1891; 101 S., 1 Bl. 8.
Leipzig, Phil. Fak., Inaug.-Diss. v. [20. Sept.] 1891

Dumcke, Jul., Geschichte der deutschen Literatur, s.: Sanders, Dan.

— deutsche Sprachbriefe, s.: Sanders, Dan.

— Wörterbuch der Hauptschwierigkeiten der deutschen Sprache, s.: Sanders, Dan.

— das deutsche Reitwort, s.: Sanders, Dan.

Dumcke, Otto, Beiträge zur Kenntniss d. Bernsteinöls. gr. 8. (31 S.) Königsberg 883. (Gräfe & Unzer.) n. — 80

Dumcke, O.: Beiträge zur Kenntniß des Bernsteinöls. Diss. Königsberg i. Pr. (1883)

Dumdey, Gustav [aus Culm a. W.]: Herbarts Verhältnis zur englischen Associationspsychologie. . . . Halle a. S., Hofbuchdr. v. C. A. Kaemmerer & Co., 1889; 48 S. + 1 Bl. 8°
Halle, Phil. Fak., Inaug.-Diss. v. [20. Jan.] 1890

Dumek, Hanna, 810 Kartoffelspeisen. Mit vielen prakt. Zusätzen. gr. 8. (200 S.) Pilsen 883. Steinhauser. n. 1. 60

Dumek, Hanna, 810 Kartoffelspeisen. Mit vielen praktischen Zusätzen. 2. Aufl. gr. 8. (181 S. m. Bildnis.) Pilsen 894. W. Steinhauser. n. 1. 60

—— österreichische Küche, enth. 2000 Recepte mit specieller Berücksicht. aller in den Kronländern der österreich. Monarchie heim. Nationalspeisen. 1.—4. Lfg. gr. 8. (S. 1—192.) Ebendas. 884. à Lfg. 40 Pf.

Dumek, Hanna, österreichische Küche, enthaltend 2000 Recepte mit specieller Berücksicht. aller in den Kronländern der österreich. Monarchie heim. Nationalspeisen. 5.—11. Lfg. gr. 8. (V, S. 193—494.) Pilsen 885, Steinhauser. à Lfg. 40 Pf.
1.—4. Lfg. Ebendas. 1884. à 40 Pf.

— österreichische Küche, enth. 2000 Recepte m. specieller Berücksicht. aller in den Kronländern der österreich. Monarchie heim. Nationalspeisen. gr. 8. (V, 494 S.) Ebend. 1886

Dumek, Josef

Dumek, Jos., unter Habsburgs Doppelaar. Selbsterlebtes e. österreich. Offiziers. 1.—3. Tausend. (213 S.) 8. Braunschweig 904. Leipzig, R. Sattler. n. 2. 50; geb. n. 3. 30

Dumek, Jos., Handbuch des Weinbaues. Anleitung zum Weinbau in Weinbergen, Gärten, an Mauern, Lauben rc, sowie die Behandlung des Weines im Keller. Zur Hebung und Verbreitung der Weincultur hrsg. gr. 8. (VIII, 208 S. mit 5 lithogr. Taf. in qu. Fol., enth. 53 Abbild. und 6 dem Texte beigefügte Holzschn.-Illustr.) Olmütz 876, Zákovský. *

Dumek, Jos.. Handbuch des Weinbaues. Anleitung zum Weinbau in Weinbergen, Gärten, an Mauern, Lauben rc., sowie die Behandlung des Weines im Keller. Zur Hebung und Verbreitung der Weincultur hrsg. 2. Aufl. 6 Lfgn. gr. 8. (IV, 208 S. mit 5 lithogr. Taf., enth. 53 Abbild.) Olmütz 881, Zákowský. à Lfg. 50 Pf.

Dumek, Jos., Handbuch des Weinbaues. Anleitung zum Weinbau in Weinbergen, Gärten, an Mauern, Lauben rc., sowie die Behandlung des Weines im Keller. Zur Hebung und Verbreitung der Weincultur hrsg. gr. 8. (VIII, 207 S. mit 5 Taf., enthaltend 53 Abbild., und 6 dem Texte beigefügte Illustr.) Quedlinburg 887, Ernst'sche Buchh. *

--- Dass. Quedlinburg & Leipzig: Ernst o.J. [um 1887]. VIII, 207 S.

DUMEK, Josef
(F) Oesterreichische Officiersküche. Enthaltend 1202 Recepte, 400 Speisezettel und einen Anhang: Die Kunst, die Servietten zu legen. Zusammengestellt von Josef Dumek. Brünn. [1900.] Karafiat & Sohn. 8°. 388 S. K 4.—, geb. K 4.50

Dumek, Jos., neues militär. deutsch-böhm. Wörterbuch, s.a. Seidel's Militär-Sprachlehren.

Dumek, Josef, Neues militärisches deutsch-böhmisches Wörterbuch. (Seidel's Militärische Sprachlehre. Nr. 6.) 8. (147 S) --.80
Wien: Seidel 1898

Dümel (Red.), s. Weinfreund, Der.

Dumengia Saira (Sonntagabend)
v. Fögl d'Engiadina.

Dumengia: La Dumengia Saira (Der Sonntagabend)
① A Promoziun da devoziun e pieted nellas famiglias ⑤ 1855—1858 ⑥ 2° ⑦ jährlich 4 Abteilungen ⑧ Couira (Chur): Pargätzi & Felix ⑩ N. Vital, E Lechner ⑫ protestantisches Blatt ⑬ BGSZ: 1002, 1019 ⑭ Ch: K; Di: Kb.

Dumengia-Saira, la. A promoziun da devoziun e pieted nellas famiglias tres N. Vital ed E. Lechner, in communiun con oters. Nels dialects romauntschs dell' Engiadina. I—III. (Bd.) 16. (à 128 S.) Coira 855—57(59). (St. Gallen, Huber und Comp.) à Bd. * 12 Ngr. *

—— dass. — Ad edificaziun e conversaziun familiera, in uniun con oters tres Ernest Lechner. Nels dialects romauntschs dell' Engiadina. (4. annata.) 16. (112 S.) Ebendas. 858(59). *

Dumenil, Elise, ein Roman, a. d. Franz.... Leipzig 1802. V: *Lindau, Wilh. Adolf.* (Ky) (MGT) (NN)

Dumenil, Elise; aus d. Französ. v. (W. A. Lindau). 4 Bde. 8. Leipz. 802. Wolf. (Schmidt). 5 ₰ 8 gr

du Menil, siehe a. Menil.

Du Mènil, August Peter Julius

Du Mènil, Aug. Jul., die Analyse d. thierischen Concreationen, od. Anleit. diese abnormen Erzeugnisse nach ihren physikal. Merkmalen kennen zu lernen, um sie auf ihre Bestandtheile im Feuer, wie auch auf hydrochem. Wege, eigenschaftl. u. gewichtl. zu untersuchen u. sich mit d. Wirkungen d. hiezu nöthigen Reagentien bekannt zu machen. gr. 8. (7 B.) Altona 837, Hammerich.

Du Menil, (Aug. P. J.,) chem. Analysen anorgischer Körper, als Beitrag z. Kenntniß ihrer innern Natur. 1s Bdchn. gr. 8. Schmalkalden 823, Varnhagen.

—— das Bereiten u. Ausgeben d. Arzneien v. Homöopathikern als Beantwortung d. Schrift: Ueber d. Emancipation d. Homöopathie v. Apotheker Monopol. 8. (2 B.) Celle 835, Schulze. *

Du Mènil, August Peter Julius: Der Rehburger Brunnen als Cur- u. Erholungsort. 1. Aufl. (VIII, 200 S.) 1829. (Neue Ausg.) (15 B., Ttlkpfr. u. Ttlvign.) 16°. Hannover 1830, Helwing.

— geschichtlich-wissenschaftl. Darstell. d. Stöchiometrie u. Elektrochemie, den Pharmaceuten gewidmet. Mit erläut. Anmerkk. u. e. Nachtrage. gr. 8. Hannov. 823. Hahn. 10 gr

— geschichtlich-wissenschaftl. Darstell. d. Stöchiometrie u. Electrochemie, den Pharmaceuten gewidmet. Mit erläut. Anmerkk. u. e. Nachtrage. gr. 8. Hannover 824, Hahn.

— disquisitiones chemicae nonnullorum fossilium adjectis notis analysin eorum spectantib. Fasc. I. 8 maj. Schmalkalden 822, Varnhagen.

Du Mènil, Aug. Jul., metrische Erholungen für seine Freunde, zum Andenken an sein 60jähriges Pharmaceutenjubiläum hrsg. 12. (VIII und 136 S.) Celle 852, Schulze'sche Buchh. *

Chemische Forschungen im Gebiete der anorganischen Natur, enthaltend über 50 Analysen der bisher am wenigsten bekannten Fossilien, Mineralquellen, etc. Hannover, 1825. 8vo.

— chemische Forschungen im Gebiete der anorganischen Natur. gr. 8. Hannover 825, Helwing.

Handbuch der Reagentien- und Zerlegungslehre, oder chemisch-analytische Studien nach einem neuen erprobten Plan, vornämlich zum Selbstunterricht, bündig und mit sorgfältiger Benutzung älterer und jüngster analytischer Schriften, wie auch eigener Erfahrung, für Freunde der praktischen Chemie, als Pharmaceuten, Aerzte, Mineralogen, Fabrikanten, Landwirthe. Lemgo, 1836. 2 vols., 8vo.

—— Handbuch d. Reagentien- u. Zerlegungslehre, od. chemisch-analyt. Studien, nach einem neuen erprobten Plan, vornäml. zum Selbstunterr., bündig u. mit sorgfält. Benutzung älterer u. jüngster analyt. Schriften, wie auch eigner Erfahr., f. Freunde d. pract. Chemie, rc. Mit ein. 3fachen Register. 1. Bd. 1—6. Hft. gr. 8. (47 B.) Lemgo 830, 37, Meyer'sche Hofbh. *

Du Ménil, Aug. P. J., Leitfaden z. chemischen Untersuchung d. Naturkörper f. alle, welche d. prakt. Chemie auf Wissenschaft, Künste u. Gewerbe anwenden, d. neuesten Erfahrungen u. besten Methoden gemäss, wie auch nach e. neuen erprobten Plan bearb. u. mit eig. Erfahrn. verm. 2 Bde. in 3 Abthln. gr. 8. (50½ B. incl. Tabn.) Gotha 829, J. Perthes.

— die Reagentienlehre für die Pflanzenanalyse. 8. Celle 834. Schulze. 1 ℛ — 2e verb. Aufl. 840. 1 ℛ

—— die Reagentien-Lehre f. d. Pflanzen-Analyse, nebst ein. Anzeige d. Folge, in welcher d. gegenwirk. Mittel bei d. chem. Prüfung u. weiteren Untersuch. verschied. Pflanzen-Körper angewandt werden. 2., sehr verm. Aufl. gr. 8. (13 B.) Cello 841, Schulze.

Du Ménil's, Aug. Jul., kleine Schriften. 1s—3s Bdchn. A. u. d. T.: Gedanken über mancherlei Gegenstände der Welt- und Menschenkunde. 1s — 3s Bdchen. gr. 12. Celle 839, 40. Schulze. n. 1⅚ ℛ

Du Menil, Aug. Jul., kleine Schriften. 4. Bdchen. Gedichte. 12. Celle 841, Schulze. n. 1/12 ℛ — 1.—4. Bdchn. n. 2 5/12 ℛ

— neue chemisch-physikal. Untersuchung d. Schwefelwasser, wie auch des Badeschlamms zu Eilsen, nebst gasometr. Beobachtt. über d. Atmosphäre des dortigen Reviers. gr. 8. Hannov. (826. Helwing). 12 gℓ Nachtrag dazu. 2 gℓ

Neue physikalische Untersuchungen des Schwefelwassers zu Eilsen. Hannover, 1826.

Du Menil, Aug. Jul., treuer Wegweiser f. arbeitende Chemiker u. Freunde der analyt. Chemie. gr. 8. (5¾ B.) Nürnberg 842, Schrag.

Duméril, André Marie Constant

Dumeril, A. M. C., allgemeine Naturgeschichte. Zum Gebr. d. französ. Schulen. gr. 8. Erfurt 806. Hennings in Gotha. 1 ℛ 10 gℓ Hbg. Pr. 1 ℛ

Duméril, (André Marie) C(onstant): Analytische Zoologie. (Zoologie analytique... Dt.) Übers. von L(udwig) F(riedrich von) Froriep. 344 S., gbd.

Weimar: Landes-Industrie-Comptoir 1806

Du Méril, Edélestand, Etudes sur quelques points d'archéologie et d'histoire littéraire. gr. 8. (511 S. mit 1 Stnt.) Leipzig und Paris 862, Franck. *

[Edélestand] **Du Meril** Les origines latines du théâtre moderne ... *Leipzig & Paris: H. Welter 1897.* (2 Bl., 418 S., 1 Bl.) 1 Bd 8.
— Collection de reproductions en facs. et de réimpr. d'ouvrages rares du XIXe siècle. No III.

Duméril, M., Aperçus pour servir a une nouvelle histoire de l'empereur Julien. S.-A. o. J. 45 S. 1.20

Dumermuth, G(ottfried). Entstehung und Entwicklung der Neuen Mädchenschule in Bern. Denkschrift zu ihrem 50jährigen Jubiläum 1851—1901. Im Auftrag der Direktion verfasst von Direktor G. Dumermuth, V.D.M. (*Umschlag:* Die Neue Mädchenschule in Bern. Ihre Entstehung und Entwicklung. 1851—1901. Denkschrift zum 50jährigen Jubiläum.) [Illustriert.] VIII + 195 S. 8. Bern, Komm. Emil Baumgart, 1901. [cart. fr. 3. —]

Dumermuth, G., Past. Paul Geyser, s. a. Geyser, Paul.

(Dumermuth, [Gottfried, und] Schärer, [Johann].) Pastor Paul Geyser. Seine Persönlichkeit und seine Schriften. Allen Freunden desselben gewidmet von zwei Schweizer Pastoren. 8. Bern 1883.

Dumermuth, [Gottfried]. Zwei Leichenreden beim Begräbniss des Herrn Johann Hofer, Amtsnotar... in Ober-Diessbach, und seiner Tochter Anna Catharina Hofer, gehalten von Pfarrer Dummermuth.... 8. Bern 1882.

— das Loos der Kinder Gottes auf Erden. Predigt nach Daniel 2, 18—19. gr. 8. (12 S.) Barmen 883. Elberfeld, Reformirter Schriftenverein (G. Diederich). n. — 20

Dumermuth, G., St. Beatenberg u. seine Drahtseilbahn. Mit zahlreichen Illustr. 8. (III, 118 S.) Bern 889. (Nydegger & Baumgart.) n. — 50

Dumermuth, G[ottfried]. Der Schweizerapostel St. Beatus. Sage und Geschichte. Von G. D', Pfarrer in St. Beatenberg. [Mit 1 Ansicht.] 8. Selbstverlag, Druck Basel, 1889.
Ausg. A. — Ausg. B.

— der Schweizerapostel St. Blasius. Sage und Geschichte. 8. (104 S.) Basel 889. [Detloff] R. Reich. n. 1.20

Dumermuth, Marcus, aus Bern: Über die Widerstandsänderungen des Eisens durch longitudinale Magnetisierung verschiedener Art. [Mit 13 Tafeln.] Basel 1907. 80 S. 8°. [27. III. 07.]
Zürich, Phil. Diss. II. S. 1906/1907.

Dumermuth, Marcus. Über die Widerstandsänderungen des Eisens durch longitudinale Magnetisierung verschiedener Art. Diss. Phil. [II.] Univ. Zürich von Markus D' .... [Mit Figuren und 13 Tafeln.] 80 S. 8. Basel, Birkhäuser & Dubi, 1907.

Dumersan et Brazier, Mr. Cagnard, ou les conspirateurs, s. Répertoire du Théâtre franç. No. 85.

Dumersan et Alexandre, la femme du peuple, Drame, —— et De Forges, sous la Ligne, } s. a. Théâtre franç. nouv. Suite Livr. 1. et 3.

— la femme du peuple, Drame et l'honneur de ma fille, Drame en 3 Act. par Al. Ad. d'Ennery. 16. Berlin ... Heymann. ¼ ℛ Avec Vocabulaire. ⅜ ℛ — s. auch Théâtre francais le plus moderne. No. 5. S. I.

— et de Forges, sous la ligne, Scenes maritimes imitées de Laurette, ou le cachet rouge. Nouvelle de M. de Vigny. — La fille de Cromwell, Drame en 1 Acte mêlée de complets par M. de Rougemont. 16. Berlin . . Heymann. ¼ ℛ — Avec Vocabulaire. ⅜ ℛ s. auch Théâtre franç. le plus moderne. No. 5. S. I. L. 3.

Du Mesnil, zur Aetiologie der Prurigo. [Aus: „Sitzungsber. d. Würzb. phys.-med. Gesellsch."] gr. 8. (10 S.) Würzburg 892. Stahel. n. — 30

Dumesnil, A. P. F., le Peintre-Graveur français, s. Robert — Dumesnil.

Du Mesnil, Adolf, [Prof. Dr.]: Adnotationes ad Aeschyli Supplices. Frankfurt a. O. 1906. Trowitzsch u. S. (32 S.) 4°
Frankfurt a. O., k. Friedrichs-G OP 1906 (82)

du Mesnil, *Adolf* [Prof. Dr.]: Begriff der drei Kunstformen der Rede: Komma, Kolon, Periode, nach der Lehre der Alten. Frankfurt a. O., kgl. Hofbuchdr. Trowitzsch & Sohn, 1894; 32—121 S. 8.
Frankfurt a. O., k. Friedrichs-G, Festschr. 1894

du Mesnil, *Adolf* [Prof. Dr.]: Erklärende Beiträge zu lateinischen Schulschriftstellern, vornehmlich zu Cicero, Tacitus, Horaz. Frankfurt a. O., kgl. Hofbuchdr. Trowitzsch & Sohn, *1896*; 1 Bl., 37 S. 4.
Frankfurt a. d. O., k. Friedrichs-G, OP 1896 (73)

Du Mesnil, A., Kritisch-exegetische Beiträge zu Horaz u. Vergil. Pr. 1877. 22 S. 4°. 2.—

Du Mesnil: Grammatica, quam Lucianus in scriptis suis secutus est, ratio cum antiquorum Atticorum ratione comparatur. 58 S. – Stolp, Progr. 1867.

Du Mesnil, Julius Adolf (geb. Nauen 26. 8. 1836): De rebus Pharsaliis. Berolini (1860). (64 S.) 8°
Berlin, Phil. Diss. v. 18. Juli 1860

Dumesnil, Gardin, allgem. latein. Synonymik, s. a. Ramshorn, Ludw.

Dumesnil, Gardin, allgem. latein. Synonymik, nach d. 2ten Ausg. deutsch herausg. v. J. C. Glo. Ernesti. 3 Bde. gr. 8. Leipz. 799. Baumgärtner. 3 rthl 12 gr Neu bearb. von Edw. Ramshorn. gr. 8. Ebd. 831. 3 rthl 12 gr

du Mesnil, Herbert: Beiträge zur Lehre von der Idealconcurrenz. *Frankfurt a. O. [1898]: P. Beholtz.* (40 S.) 8°
Erlangen, Jur. Diss. v. 1898

Dumesnil, J., rheinisches Kochbuch. 8. (31⅓ B.) Aachen 840, Mayer. 1⅓ Thlr., hrbas. Pr.

du Mesnil, Oswald [aus Frankfurt a. O.]: Aus d. medicin. Klinik zu Jena. Ein Fall von Hysterie mit ungewöhnlichen Magengeräuschen ... Jena, Univ.-Buchdr. G. Neuenhahn, 1896; 22 S., 1 Bl. 8.
Jena, Med. Fak., Inaug.-Diss. v. [15. Mai] 1896

Du Mesnil, Theodor [cand. med. aus Brinkum (Hannover)]: Ein Beitrag zur Kenntniss der Dermoidcysten .... Würzburg, Becker's Univ.-Buchdr., 1886; 27 S. 8°.
Würzburg, Med. Fak., Inaug.-Diss. v. 1886.

Du Mesnil, Theodor, ein Beitrag zur Kenntniss der Dermoidcysten. Diss. Würzburg 1886, Stahelsche Univ.-Buchh. 8°. 27 S,

Dumez, Vict., über Magnetismus und Homöopathie. 8. (40 S.) Posen 854, Merzbach.

Dümgé, Karl Georg

— Ansichten von Tunis, Tripolis u. Algier. 8. Stuttg. 816. Metzler. 10 gr

Dümge, Dr. C. G., Prof. der Geschichte an der Universität Heidelberg. Allgemeines diplomatisches Archiv für die neueste Zeitgeschichte. Enthaltend eine vollständige Sammlung aller bekannt gewordenen und ferner bekannt werdenden Actenstücke seit Entstehung des gegenwärtigen europäischen Staatenbundes wider Frankreichs Uebermacht. (1812—1813.) 4. Heidelberg 1814.
Dass. s.a.: Archiv, Allgem. dipl.

Dümgé, Karl Georg, s. Archiv der Gesellschaft f. ältere dt. Geschichtskunde ...

— Geschichte d. Großherzogl. Badischen Lande, v. d. ältesten Zeiten bis zur Auflösung d. deutschen Reichs. 1r Thl. gr. 8. Karlsr. 812.

— Güntheri poetae Ligurinus. 8. Heidelb. 812. Braun. Manh., Schwan u. G. 1 rthl 12 gr

— Güntheri poetae Ligurinus. 8. Heidelbergae, Engelmann. 812.

Dumgé, Karl Geo., geographiae et historiae Ducatus Magni Badensis prim. lineae. Prs. 1. 8maj. Heidelb. 810. Mohr. 12 gr

Dümgé, Karl Geo., Regesta Badensia. Urkunden des Großherzogl. Bad. General-Landes-Archives, von den ältesten Zeiten bis zum Schlusse des 12. Jahrh. Die im Drucke bereits erschienenen nach ihrem wesentl. Inhalte mit Anzeige u. kurzer Würdigung der vorzügl. Abdrucke, die noch ungedruckten und diesen gleich zu achtend. in einem Anhange mit ausführl. Texte. Nebst Erläuterungen, Ergänzungen, Berichtigungen u. 2 Registern. gr. 4. Carlsruhe 836. Braun. n. 2 rthl

Dümge, K. G.: Symbolik german. Völker in einigen Rechtsgewohnheiten. *Heidelb.,* Engelmann. 812. 8. (8 Gr.)

Dumhof, Friedr., Abschiedsrede, gehalten in der deutschkathol. Gemeinde zu München am 22. April 1849. 8. (16 S.) München 849, Franz.

—— und Geo. Ruf, unser Austritt aus den freien Gemeinden. 8. (16 S.) Nürnberg 851, Zeh'sche Buchh.

—— der Deutschkatholizismus in seinen Segnungen. Predigt, gehalten vor der deutschkathol. Kirchengemeinde München, am 4. Aug. 1850. 8. (15 S.) München 850, Franz.

—— die Größe der Tugend. Predigt, gehalten vor der deutschkathol. Kirchengemeinde München am 18. Aug. 1850. 8. (14 S.) München 850, Franz.

—— die Liebe zum Vaterlande. Predigt, gehalten vor der deutschkathol. Kirchengemeinde München am 28. Juli 1850. 8. (15 S.) München 850, Franz.

—— die Macht des Wortes. Predigt, gehalten vor der deutschkathol. Kirchengemeinde München am 15. Sept. 1850, als der zweijähr. Stiftungsfeier der Gemeinde. 8. (15 S.) München 850, Franz.

Dumhof, Predigt am Neujahrstage 1838. 8. (1½ B.) Landshut, Thomann'sche Buchh.

—— zehn Predigten, gehalten vor der deutschkathol. Kirchengemeinde München in den Monaten Juli, August und September 1850. 8. (IV und 132 S.) München 850, Franz.

—— Rede, gehalten in der 1. Versammlung der Deutsch-Katholiken in München am 17. Septbr. 1848. 8. (10 S.) (Augsburg 849, Fahrmbacher.)

Dumhof, Frdr., der Sieg der Wahrheit. Predigt, gehalten vor der deutschkatholischen Kirchengemeinde München am 11. Aug. 1850. 8. (12 S.) München 850, Franz. 2 ngr

— die Sorge f. die Nachwelt. Predigt, gehalt. am 15. Jänner 1850, dem Gründungsfeste der freien christlichen Gemeinde in Nürnberg, u. dem Tage der Eröffnung der Synode daselbst. gr. 16. (16 S.) Fürth 850, Schmid. 1½ ngr

—— das Walten des Zeitgeistes. Predigt, gehalten vor der deutschkathol. Kirchengemeinde München am 11. Juli 1850. 8. (14 S.) München 850, Franz.

—— die Würde des Menschen in seinem Verhältnisse zur Erde. Predigt, gehalten vor der deutschkathol. Kirchengemeinde München am 25. Aug. 1850. 8. (15 S.) München 850, Franz.

—— die Würde des Menschen in seinem Verhältnisse zur Sternenwelt. Predigt, gehalten vor der deutschkathol. Kirchengemeinde München am 1. Sept. 1850. 8. (15 S.) München 850, Franz.

—— die Würde des Menschen in seinem Verhältnisse zur Zeit. Predigt, gehalten vor der deutschkathol. Kirchengemeinde München am 8. Sept. 1850. 8. (15 S.) München 850, Franz.

—— die Zeichen der Zeit. Predigt, gehalten vor der deutschkathol. Kirchengemeinde München am 21. Juli 1850. 8. (12 S.) München 850, Franz.

Dümichen, Friedr., des Herrn Frz. Xaver Laake theologische Abhandlung über die Frage: Darf der Protestant für die Verstorbenen beten und wie verhält es sich dabei mit der kathol. Fegefeuerlehre und dem Zustand nach dem Tode? beleuchtet. gr. 8. (IV und 62 S.) Breslau 864, (Dülfer.) *

Dümichen, Friedr., die verschiedenen Ansichten über die Trauung geschiedener Personen und die daraus entstandenen Conflicte. Ein Vortrag in der 18. allgemeinen Conferenz des ev.-luther.-kirchlichen Provinzial-Vereins zu Gnadenberg, 1856, unter Beifügung des rechtlichen Gutachtens des Kron-Syndikats, betr. den Zwang evangel. Pfarrer zur Trauung geschiedener Ehegatten, gehalten. Abdr. aus dem Evangel. Kirchen- u. Schulblatt für Schlesien rc. Breslau 856. Dülfer. gr. 8. (32 S.) n. 4 ngr

Dümichen, Frdr., die Entstehung u. Fortentwickelung der evangel. Kirche nach ihren 3 Bestandtheilen, wie selbige sich, namentlich in Preußen, seit der entstandenen kirchenregimentl. Union gestalten, nebst Mittheilung üb. die separirten Lutheraner, Deutschkatholiken, freien Gemeinden, Baptisten, Irwingianer, confessionslosen Unionisten u. deren Bestrebungen. Ein Beitrag zur Orientirung u. Belehrung bei der bevorstehenden kirchl. Organisation u. Kirchengemeinde-Ordnung. [Abdr. des §. 83 aus der Confirmanden-Schule, 2. Aufl.] gr. 8. (36 S.) Glogau 850, Flemming'sche Sort.-Buchh. in Comm. n. 1/6 rthl

Dümichen, Friedr., die Entstehung und Fortentwickelung der evangel. Kirche nach ihren 3 Bestandtheilen, wie selbige sich, namentlich in Preußen, seit der entstandenen kirchenregimentl. Union gestalten, nebst Mittheilung über die separirten Lutheraner, Deutschkatholiken, freien Gemeinden, Baptisten, Irwingianer, confessionslosen Unionisten und deren Bestrebungen. Ein Beitrag zur Orientirung und Belehrung bei der bevorstehenden kirchl. Organisation und Kirchengemeinde-Ordnung. (Abdr. des §. 83 aus der Confirmanden-Schule, 2. Aufl.) gr. 8. (36 S.) Glogau 851, (Flemming'sche Sortimentsb.) *

—— Dr. Martin Luthers kleiner Catechismus, durch Frage und Antwort erläutert, mit Beziehung auf die Confirmanden-Schule als Lehrbuch für die evangel. Schuljugend beim Religions- und Confirmanden-Unterricht, wie auch als Handbuch für Hausväter rc. unter Beifügung der ausgedruckten bibl. Beweisstellen, der zu den einzelnen Lehrstücken passenden Liedern und einem Anhange rc. 1. Aufl. Glogau 1851. und 2. Aufl. gr. 8. (IV und 116 S.) Breslau 854, [Trewendt.] *

— Kirchengeschichte des Alten und Neuen Testaments zum Gebrauch für Schulen u. Confirmanden-Stunden. Enthltd.: I. Die Geschichte des Alten Bundes u. der jüdischen Kirche, v. J. 4000 v. Chr. bis zur Geburt des Weltheilandes; II. Die Geschichte des Neuen Bundes oder der christl. Kirche, v. J. 1 n. Chr. bis zum J. 1853, nebst ausführl. Auszug aus der Augsburger Confession in ungebundener u. gebundener Rede. 3. Aufl. Breslau 853. E. Trewendt. gr. 8. (95 S.) n. 5 ngl

— die Confirmanden-Schule. Ein Wegweiser beim Religions-Unterricht in Schule, Kirche u. Haus, wie auch zur Selbstbelehrung u. Befestigung im wahren Christenthum für mündige Glieder der evangel. Kirche. Verfaßt auf Grundlage der heil. Schrift rc. 2. Aufl. 2 Thle. 8. (VIII u. 557 S.) Ebd. 852. n. 1 ℳ

— die Confirmanden-Schule. Ein Wegweiser beim Religions-Unterricht in Schule, Kirche und Haus, wie auch zur Selbstbelehrung u. Befestigung im wahren Christenthum für mündige Glieder der evangelischen Kirche. Verfaßt auf Grundlage der heiligen Schrift, mit Berücksichtigung der aus derselben, lutherischer u. reformirterseits, hervorgegangenen gültigen, symbolischen Bekenntnißschriften, nebst Abdruck derselben u. Beifügung erklärender Anmerkungen. 3. wohlf. (Titel-) Aufl. 2 Thle. Breslau (852.) 854. Dülfer. gr. 8. (VIII, 557 S.) n. 20 ngl; fein Pap. n. 1 ℳ

Dümichen, Friedr., das Leben des Propheten Jona, nebst Ninives Schicksal, zur warnenden Belehrung und Erweckung für die Gegenwart dargestellt in 6 Predigten. gr. 8. (IV und 99 S.) Potsdam 858, [Döring.] *

Dümichen, Friedr., das Leben des Propheten Jona, nebst Ninives Schicksal, zur warnenden Belehrung u. Erweckung für die Gegenwart dargestellt in sechs Predigten. Potsdam 858. Horvath. gr. 8. (IV, 99 S.) n. 15 ngl

— evangelisches Lehr- und Lernbuch zum Gebrauch für den Religions-Unterricht in der Schule, in den Confirmanden-Stunden u. für die in der Kirche abzuhaltenden öffentl. Catechisationen oder Kinderlehren, mit Beziehung auf die Confirmanden-Schule u. theilweisen Auszügen aus derselben rc. 3. verb. u. verm. Aufl. Breslau 853. E. Trewendt. 8. (IV, 212 S.) n. 10 ngl

—— über die Rechtfertigung und Wiedergeburt, nach Art. 4 der A. C., mit Bezug auf die Vergangenheit und Gegenwart. Ein Vortrag in der 30. allgemeinen Conferenz des evangelisch-lutherisch-kirchl. Provinzial-Vereins für Schlesien, am 9. Juli 1862, gehalten. (Abdr. aus dem evangel. Kirchen- und Schulblatt für Schlesien rc. nebst Glaubensbekenntniß von Papst Pius IV.) gr. 8. (32 S.) Glogau 863, Flemming.

Dümichen, Friedr., was müssen Eltern thun, wenn ihre Bemühungen b. Erziehung ihrer Kinder wahrhaft gesegnet sein sollen? Predigt am 8. Jan. 1832. 8. ... Glogau, (Flemming.)

Dümichen, Fr., was müssen Eltern thun, wenn ihre Bemühungen bei Erziehung ihrer Kinder wahrhaft gesegnet seyn sollen? Eine Predigt. 8. Glogau 832. Neue Güntersche B. 2½ gl

—— Welche Stellung kann und soll der evangelische Geistliche zur Ehescheidung und Wiederverheirathung Geschiedener einnehmen? Ein Vortrag in der Synodal-Versammlung zu Glogau am 28. Juni rc., mit Bezug auf die Reform des neuen preuß. Ehegesetzes gehalten. gr. 8. (30 S.) Glogau 855, (Zimmermann.) *

Dümichen, Johs., die erste bis jetzt aufgefundene sichere Angabe über die Regierungszeit eines aegyptischen Königs aus dem alten Reich, welche uns durch den medicinischen Papyrus Ebers überliefert wird. Mit dem von Prof. Ebers hergestellten genauen Facsimile der kalendar. Notiz auf dem Rücken des Papyrus Ebers. gr. 8. (32 S.) Leipzig 874, Engelmann. *

Dümichen, Johannes, Baugeschichte des Denderatempels und Beschreibung der einzelnen Theile des Bauwerkes nach den an seinen Mauern befindlichen Inschriften. Fol. (IX, 41 S. mit 59 autograph. Taf., wovon 3 in qu. gr. Fol.) Strassburg 877, Trübner. cart. *

Duemichen, Johs., Bauurkunde der Tempelanlagen von Dendera in einem der geheimen Corridore im Innern der Tempelmauer aufgefunden und erläuternd mitgetheilt. hoch 4. (46 S. mit 19 Stnt.) Leipzig 865, Hinrichs' Verlag. *

Dümichen, Johs., zur Erinnerung an Richard Lepsius. gr. 8. (23 S.) Strassburg 884. Trübner. n. 1. —

—— der aegyptische Felsentempel von Abu-Simbel und seine Bildwerke und Inschriften. gr. 8. (43 S.) Berlin 869, Hempel. *

—— the Fleet of an Egyptian Queen from the XVIIth century before our era and ancient Egyptian Military on parade, represented on a monument of the same age. Both published for the first time by the author after a copy, taken from the Terrace-Temple of Dêr-el Bah'eri. With an appendix, containing the fishes of the Red Sea in the original size of the monument, as ornaments beneath the fleet; a number, chronologically arranged of representations of ancient Egyptian ships etc. Translated from the German by Anna Duemichen. qu. gr. Fol. (III, 19 S. mit 33 Stnt., wovon 1 in Buntdr.) Leipzig 868, Hinrichs' Verlag. cart. **

—— die Flotte einer aegyptischen Königin aus dem 17. Jahrhundert vor unserer Zeitrechnung und altaegyptisches Militär im festlichen Aufzuge auf einem Monumente aus derselben Zeit abgebildet; beides zum ersten Male veröffentl. nach einer vom Hrsg. im Terrassentempel von Dêr-el bah'eri genommenen Copie mit theilweiser Reconstruction. Nebst einem Anhange, enth. die unterhalb der Flotte als Ornament angebrachten Fische des Rothen Meeres in der Originalgrösse des Denkmals, eine chronolog. geordnete Anzahl von Abbild. altägypt. Schiffe und einige Darstellungen und Inschriften aus verschiedenen Tempeln und Gräbern, die auf das Vorstehende Bezug haben. Als ein Beitrag zur Geschichte der Schifffahrt und des Handels im Alterthume hrsg. qu. gr. Fol. (III, 22 S. mit 33 Stnt., wovon 1 in Buntdr.) Leipzig 868, Hinrichs' Verlag. cart. **

Dümichen, Johs., Geographie d. alten Ägyptens, Schrift u. Sprache s. Bewohner, s.: Geschichte, allgemeine in Einzeldarstellungen.

Dümichen, Johs., zur Geographie d. alten Ägypten. Lose Blätter a. d. Nachlass. (M. Vorwort v. Wilh. Spiegelberg.) hoch 4 (VII, 80 S. m. 6 Taf. u. 3 Karten.) Leipzig 894. J. C. Hinrichs' Verl. Kart. n.n. 22.50

— Geschichte des alten Aegyptens, s.: Geschichte, allgemeine, in Einzeldarstellungen.

—— eine vor 3000 Jahren abgefasste Getreiderechnung, copirt an der südlichen Aussenmauer des Tempels von Medinet-Habu in Ober-Aegypten, und mit Ergänzung und Berichtigung sämmtl. an der Wand zerstörten oder fehlerhaft eingemeisselten Stellen in ihrem Zusammenhange erklärt. gr. 4. (16 autogr. S.) Berlin 870, Stargardt.

— der Grabpalast d. Patuamenap in der thebanischen Nekropolis. In vollständ. Copie seiner Inschriften u. bildl. Darstellgn., u. m. Uebersetzg. u. Erläuterungen desselben hrsg. 1. u. 2. Abth. Fol. Leipzig, Hinrichs' Verl. cart. n. 110. —

1. Inschriften üb. Titel u. Würden d. Verstorbenen u. Verzeichnisse der alljährl. Todtenfesttage, wie der f. dieselben angeordneten Opferspenden. Nebst Vorder- u. Seitenansicht d. Grabgebäudes, wie Grundriss u. Durchschnitte sämmtlicher Räume. (XVI, 47 S. m. 27 autogr. Taf.) 884. n. 50. —

2. Darstellungen u. Inschriften der Zimmer V, IV, III. (III, 56 S. m. 29 autogr. Taf.) 885. n. 60. —

Dümichen, Johs., der Grabpalast d. Patuamenap in der thebanischen Nekropolis. 3. Abth. (Mit Vorwort v. W. Spiegelberg.) Fol. (31 autogr. Taf. m. 1 Bl. Text.) Leipzig 894. J. C. Hinrichs' Verl. Kart. n.n. 50. — (kplt.: n.n. 160. —)

—— geographische Inschriften altägyptischer Denkmäler, s. Brugsch, H., Recueil de monuments égyptiens.

— historische Inschriften altaegyptischer Denkmäler in den J. 1863—1865 an Ort u. Stelle gesammelt u. mit erläuterndem Text hersg. Leipzig 867. Hinrichs. gr. Fol. (37 lith. Bll.) n. 12 ₰ 20 ngr.

— — 2. Folge nebst einigen geograph. u. mytholog. Inschriften. 74 (lith.) einfache u. 6 Doppel-Taff. bildlicher Darstellungen u. hieroglyph. Inschriften. Ebend. 869. qu. Fol. nn. 50 ₰

—— altaegyptische Kalenderinschriften in den J. 1863—1865 an Ort und Stelle gesammelt und mit erläut. Text hrsg. 120 hieroglyph. Taf. in Autographie vom Verf. Fol. Leipzig 866, Hinrichs' Verlag. cart. *

Dümichen, Johs. Die Oasen der libyschen Wüste. Ihre alten Namen u. ihre Lage, ihre vorzüglichsten Erzeugnisse u. die in ihren Tempeln verehrten Gottheiten, nach den Berichten der aegypt. Denkmäler. Mit 19 Taf. hieroglyph. Inschriften u. bildl. Darstellgn. in Autogr. vom Verf. 4. (VI, 34 S.) Strassb. i. E. 877, Trübner, Verlag. * 15 —

— die kalendarischen Opferfest-Listen im Tempel von Medinet-Habu. 10 (autogr.) Taf., enth. auf 3 Taf. in Buntdr. die am vordersten Pylon von Medinet-Habu aufgefundenen 30 Bruchstücke des unter Ramses II. abgefassten Originals der Theban. Schenkungsurkunde, und auf 7 Taf. die die allmonatl. Feste behandelnden Tabellen, nach der älteren und jüngeren Redaction in Vollständigkeit und Richtigkeit zusammengestellt. gr. Fol. Mit Vorwort und Uebersetzung der auf die allmonatlich gefeierten Feste bezügl. Tabellen. Fol. (16 S.) Ebendas. 881. In Mappe. *

—— et H. Brugsch, Recueil de monuments égyptiens, s. Brugsch, H.

— Resultate der auf Befehl des Königs Wilhelm I. von Preussen im Sommer 1868 nach Aegypten entsendeten archäolog.-photograph. Expedition. (In 3 Thln.) 1. Thl. Berlin 869. A. Duncker. (Paetel.) Fol. (VIII, 30 S. u. 57 lith. Taff. in Fol.) n. 25 ₰

Dümichen, Johs., Resultate der auf Befehl Sr. Maj. des Königs Wilhelm I. von Preussen im Sommer 1868 nach Aegypten entsendeten archaeologisch-photographischen Expedition. Thl. 1: 1. Vorwort und einige Erläuterungen zu den mitgetheilten Darstellungen und Inschriften vom Hrsgbr. 2. Ueber das Seewesen der alten Egypter von Bernh. Graser. 3. Einige Bemerkungen zu den mitgetheilten Thierdarstellungen von Rob. Hartmann. 4. 57 Taf. (45 einfache und 12 Doppeltaf.) bildl. Darstellungen und Inschriften nach Copien des Hrsgbrs. gr. Fol. (VIII, 31 S. mit 57 Stnt.) Berlin 869, Gebr. Paetel. — Leipzig, Hinrichs' Verlag. cart. *

—— photographische Resultate einer auf Befehl Sr. Maj. des Kaisers von Deutschland, Königs von Preussen Wilhelm I. nach Aegypten entsendeten archäolog. Expedition mit Erläuterungen hrsg. qu. Fol. (72 Photogr. mit 44 S. Text.) Berlin 871, Christmann. geb. *]

—— über die Tempel und Gräber im alten Aegypten und ihre Bildwerke und Inschriften. Vorlesung gehalten in der kaiserl. Universität zu Strassburg am 19. Novbr. 1872. Lex.-8. (32 S.) Strassburg 872, Trübner. *

—— altägyptische Tempelinschriften in den J. 1863—1865 an Ort und Stelle gesammelt. 1. Bd.: Weihinschriften aus dem Horustempel von Edfu (Apollinopolis magna). 113 hieroglyph. Taf. in Autographie vom Verf. gr. Fol. Leipzig 867, Hinrichs' Verlag. cart. *

—— dass. — 2. Bd.: Weihinschriften aus dem Hathortempel von Dendera (Tentyra). 47 hieroglyph. Taf. in Autographie vom Verf. gr. Fol. Ebendas. 867. cart. *

—— s. Werner's, C., Nilbilder.

Duemichen, Johann Georg (Jüterbog), De mammarum praesidiis post partum. Diss. med. Präs. Georg Rudolph Boehmer. Wittbg. (Tzschiedrich) 20. X. 1796. 30 S. (4.80) 7007
Widm. v.: Joh. Sigismund Wittich, Christian Friedr. August Goepel (Vogtland).

Dumke, Otto: Ueber den Mendel-Bechterewschen Fussrückenreflex. Leipzig 1909: Lehmann. 25 S. 8°
Leipzig, Med. Diss. v. 6. Mai 1909, Ref. Hoffmann
[Geb. 11. Aug. 83 Lützen; Wohnort: Leipzig; Staatsangeh.: Preußen; Vorbildung: Gymn. Rawitsch Reife O. 02; Studium: Breslau 1, Marburg 4, Breslau 1, Freiburg i. B. 4 S.; Coll. 13. Mai 09.] [U 09. 3770

Duemke, Oscar: De corporibus alienis in vesica urinaria obvenientibus. Halis Saxonum (1865): Orphanotropheum. 47 S., 1 Taf. 8°
Halle-Wittenberg, Med. Diss. v. 16. Dez. 1865
Geb. Landeshut (Schlesien) 26. 5. 1843. V.

Dümlein, Heinr., Grundriß einer deutschen Sprachlehre. 2., verm. und verb. Aufl. 8. (84 S.) Bamberg 866, Reindl. *

Dümlein, Heinr., das Hohelied Salomons im Geiste der heiligen Kirche. Eine Elegie. gr. 8. (63 S. m. 1 Stahlstich.) Bamberg 878. Züberlein. n. 1. —

Dumler, Georg [Rechtspraktikant in Augsburg]: Kann das Reich Conkordate schliessen? ... Augsburg, Druck v. Ph. J. Pfeiffer, 1891; 35 S. 8°
Erlangen, Jur. Fak., Inaug.-Diss. v. 1891

Dümler, Joh., die fliegende Haushaltungsschule der Zentralgenossenschaft des bayerischen Bauernvereins. Vorschläge zur bill. u. gründl. Berufsbildung der zukünft. Bauersfrauen, zusammengestellt u. bayer. Verhältnissen angepaßt im Auftrage der Zentralgenossenschaft in Regensburg. (VIII, 32 S.) 8. Regensburg 908. Zentralstelle der bayer. Bauernvereine. (Nur direkt.) — 40

Dümler, Johann Konrad s. Dümmler, Johann Konrad

Dümler, Jos. Gebirgsschau vom Gustermairberg aus bei Kremsmünster. Nach der Natur gez. *Wels*. Lith. u. Verl. *Joh. Haas*.
1 Blatt. Länge: 2' ½". Ein Panorama aller zwischen dem Staufen bei Reichenhall in Baiern (5591') und dem Hochkogl bei Randek in Nied.-Oesterr. (2228') von dem obgenannten Standpunkte aus gesehenen Berge, 68 an der Zahl. Zur Orientirung sind nebst der Benennung und Höhenangabe der mit Ziffern versehenen Bergspitzen folgende Orte markirt und unterhalb der Zeichnung mit den Buchstaben A—N von der Linken zur Rechten aufgezählt: A. Ried. B. K. k. Post Voitsdorf. C. St. Magdalena-Berg. D. Wartberg. E. Cisterzienserstift Schlierbach. F. Mollnerberg. G. Seidelhuber-Linde. H. Waldneukirchen. I. Pfarrkirchen. K. Aschach. L. Kirnberg. M. Badehaus in Hall. N. Behamberg. Diese Karte bildet einen Bestandtheil des Werkchens: »Reisepartien von Gmunden durch das schöne Kremsthal gegen Wien.« *Wels* 1858, *Haas*. IV und 28 S., 8°.

Dümler, M. J. A., Sammlung verschied. Resolvirungen u. Reduktionen, zunächst f. Kgl. Rechnungs-Aemter bearb. u. zum Theil f. Gemeinde- u. Stiftungs-Verwaltungen. 4. (5 B.) Dinkelsbühl 823, Walthr. (Leipzig, Central-Compt.)

Dümler, M. J. A., Samml. verschied. Resolvirungen u. Reduktionen, zunächst für königl. Rechnungs-Aemter bearb. u. zum Theil für Gemeinde- u. Stiftungs-Verwaltungen. 4. Dünkelsbühl 828. Walthr. (Leipz., Joachim). 6 gl.

Dümling, H. (Red.), s. Abendschule, Die. Jg.41-43.

[F.] Geschichtliche Nachrichten über das Kloster und die Gemeinde Hedersleben (Kreis Aschersleben) gesammelt v. [Heinr. Christian] Dümling, Pastor ... *Hedersleben: (Selbstverl.; Dr. v. A. W. Zickfeldt, Osterwieck a. H.) 1895.* (IV Bl., 152 S.) 1 Bd 8.

Dümling, Hermann. Bau, Leben, u Pflege des menschlichen Körpers für Schule und Haus. StL. 1884.

Dümling, H., Bilder aus der Natur. Für Schule und Haus. gr. 8. (V, 182 S. mit vielen eingedr. Holzschn. und 1 Taf.) St. Louis, Mo. 880. (Dresden, H. J. Naumann.) geb. *

--Illustriertes Tierleben: die Säugetiere. Milwaukee, 1875.

Dümling, Herm., illustrirtes Thierleben. Für Schule und Haus. Mit besond. Berücksicht. der amerikan. Thiere. 1. und 2. Thl. gr. 8. Milwaukee 879. (Dresden, H. J. Naumann.) geb. *

Inhalt:

Thl. 1. Die Säugethiere. 2. Aufl. (XVI, 349 S. mit 10 Farbendr.- und 4 Tondr.-Bildern und eingedr. Holzschn.) geb. *M 14.

" 2. Die Vögel. (XIV, 264 S. mit 14 lithogr. und color. Taf. und eingedr. Holzschn.) geb. *M 13,50.

— illustrirtes Thierleben. Für Schule u. Haus. Mit besonderer Berücksichtigung der amerikanischen Thiere. (II.) Die Vögel. Mit 14 (lith. u.) kolor. Taf. u. vielen (eingedr.) Holzschn. gr. 8. (XIV, 264 S.) Milwaukee (1879) 880. Ebend. n. 13. 50

Dumm! Ungeheuer dumm! Das Motto des seeligen Ministerium Camphausen. Oder Nante als Volksredner. Berlin 1848. Zu haben bei Lindner. 1 Bl. Fol.

Flugblatt. Berlin, 24. Juni 1848.

Dumm Hans oder dat Hasenhödden. Ene wohrhaft. Geschicht, de sik vör Dellers mal begeben het, nah Vatting Möllern sine Vertellung un in sine Mundort dalschreben in teigen Singsangs von Mi. Ene Angelgeschicht m. en prächt. (lithogr.) Titelbild. gr. 8. (X und 61 S.) Bützow 867. (Schwerin, Stiller'sche Hofbuchh.) *

Dumm Hans oder dat Hasenhöden. Ene wohrhaft Geschicht, de sik vör Dellers mal begeben het, nach Vatting Möllern sine Vertellung un in sine Mundort dalschreben in teigen Singsangs von Mi. Ene Angelgeschicht met en prächtigen (lith.) Titelbild. Bützow 868. (Schwerin, Stiller.) gr. 8. (X, 61 S.) n. 15 ngr.

Dümmel, Paul, appr. Arzt a. Halle a. S.: Die operative Behandlung der Hoden- und Nebenhodentuberkulose. Halle a. S. 1906: C. A. Kaemmerer & Co. (39 S.) 8°

Halle, Med. Fak., Ref. v. Bramann, Diss. v. 18. Dez. 1906

[Geb. 19. Sept. 81 Neu-Breisach (Ober-Elsaß); Wohnort: Halle a. S.; Staatsangeh.: Preußen; Vorbildung: Gymn. Glatz Reife O. 01; Studium: Breslau 4, Halle 5 S.; Coll. 14. Dez. 06; Approb. 15. Mai 06.]

Dummeli, Joh. Jac., Frauenfeld. Dissertatio medica inauguralis de ictero infantum recens natorum. Basel, med. Diss. 1769

Dummelin, Joh. Jakob: Theses philosophicae miscellaneae, s. Wolleb, Emanuel (Praes.)

Maurerisches Potpourri für Pianoforte, zsgest. aus 19 der schönsten u. beliebtesten Melodien des Erk'schen Gesangbuchs für Freimaurer. Von Dümmen. o. O. [ca 1883].
[KfF. 23 (1883) S. 279.]

Duemmen, August(us) Jac. Frid. (geb. Uedem im Rheinl. 3. 7. 1828): De rheumatismo nonnulla. Berolini (1853). (32 S.) 8°

Berlin, Med. Diss. v. 24. Aug. 1853

Dummer, Ulrich, Referendar: Die Voraussetzungen der Kollationspflicht. *Greifswald 1904: J. Abel.* (101 S.) 8°
Greifswald, Jur. Diss. v. [28. Apr.] 1904

Dummermuth s. a. Dumermuth.

Dummermuth, P. F. A. M., S. Thomas et doctrina praemotionis physicae seu responsio ad R. P. Schneemann, S. J., aliosque doctrinae scholae Thomisticae impugnatores. Lex.-8. (VIII, 759 S.) Parisiis 886. (Regensburg, Verlags-Anstalt.) n.n. 8. —

Dummert, Johs. Heinr., acht Katechismus-Predigten. Hrsg. von J. D. Prochnow. 8. (79 S.) Berlin 862, (Beck.) *

Dümml, G. R., Enhalandrisch's, s.: Krauß, Hans R.

Ferdinand Dümmler, geboren den 10. Februar 1859, gestorben den 15. November 1896. *(Basel: Schweighauserische Buchdr. 1896.)* (20 S.) 1 Bd 8.

Dümmler's Mustersammlung deutscher Gedichte. Hrsg. v. Ernst Keller. 22. Aufl. (160 S.) 8. Berlin (909). F. Dümmler's Verl. Geb. in Leinw. 2. 50
Auch u. d. T.: Keller's, Ernst, Mustersammlung.

Dümmler, Ernst, Anselm der Peripatetiker. Nebst andern Beiträgen zur Literaturgeschichte Italiens im eilften Jahrh. Lex.-8. (VII, 111 S.) Halle 872, Buchh. des Waisenhauses. *

Duemmler, Ern. (geb. Berlin 2. 1. 1830): De Arnulfo Francorum rege. Berolini (1852). (172 S.) 8° * Vollst. ersch. Berolini: G. Reimer 1852.

Berlin, Phil. Diss. v. 5. Aug. 1852

Duemmler, Ernest., de Arnulfo Francorum rege. Commentatio historica. 8maj. (III und 205 S.) Berolini 852, G. Reimer.

Dümmler, Ernst, Auxilius und Vulgarius. Quellen und Forschungen zur Geschichte des Papstthums im Anfange des 10. Jahrh. gr. 8. (VI und 162 S.) Leipzig 866, Hirzel. *

— Beiträge zur Geschichte des Erzbistums Salzburg im IX. bis XII. Jahrhundert. Ar. 22. 27 . . . . Ngr.
Separatabdruck

Duemmler, Ernst. Ein Brief des Kölnischen Priesters Winand über den Kreuzzug gegen Lissabon im J. 1147. Herausgegeben von —. 8. (4 Bl.) Wien, K. Ueberreuter, 1853.

Duemmler, Ernestus: Sedulii Scotti carmina quadraginta ex codice Bruxellensi edita. Halis 1869: Hendel. S. 2—36. 8° (4°)

Halle-Wittenberg, Progr. z. akad. Preisverteilung 1869

Duemmler, Ernestus: De Bohemiae condicione Carolis imperantibus (788—928). Lipsiae (1854): Hirschfeld. 32 S. 8°

Halle-Wittenberg. Phil. Hab.-Schr. v. 18. Dez. 1854

Im Buchhandel Lipsiae (Halis: Pfeffer) 1854.

Dümmler, E., St. Gallische Denkmale, s. Mittheilungen der antiquarischen Gesellschaft in Zürich.

Dümmler. Ernst s. Denkmale. St. Gallische D' aus der Karolingischen Zeit. Zürich 1859 — (Landolt, Joh[ann] Heinrich.) Aus dem Reisetagebuch eines jungen Zürichers. Halle 1892.

Dümmler, Ernst, üb. d Entstehg. d. Lorcher Fälschungen. [Aus: „Sitzungsber. d. preuss. Akad. d. Wiss."] gr. 8. (18 S.) Berlin 898. (G. Reimer.) n. 1. —

Duemmler, Ernestus: Ermenrici Elwangensis epistola ad Grimoldum abbatem ex codice s. Galli edita. Halis 1873: Hendel. S. 2—46. 8° (4°)

Halle-Wittenberg, Progr. z. akad. Preisverteilung 1873

Im Buchhandel 1873 beim Waisenhaus in Halle.

—— Ermenrici epistola ad Grimoldum archicapellanum, ex codice Sancti Galli membranaceo 265, p. 3—91. gr. 4. (46 S.) Halle 873, Buchh. des Waisenhauses. *

— s.: Epistolae Karolini aevi.

Dümmler, Ernst. Das Formelbuch des Bischofs Salomo III von Konstanz aus dem neunten Jahrhundert. Hrg. und erläutert von E. D. 8. Leipzig 1857.

— über den furor Teutonicus. [Aus: „Sitzungsber. d. Akad. d. Wiss. zu Berlin".] gr. 8. (15 S.) Ebd. 897. n. — 50

— Gedächtnissrede auf Paul Scheffer-Boichorst. gr. 4. (16 S.) Ebd. 902. n. 1. —
Sonderabdruck aus: „Abhandlgn. d. preuss. Akad. d. Wiss."

— Gedächtnissrede auf Wilhelm Wattenbach. [Aus: „Abhandlgn. d. preuss. Akad. d. Wiss."] gr. 4. (14 S.) Ebd. 898. n. 1. —

—— Gedichte des Sedulius Scottus, s. Jahrbuch für vaterländ. Geschichte.

Dümmler, Ernst, über die älteste Geschichte der Slawen in Dalmatien. (549—928.) Lex.-8. (81 S.) Wien 856, (Gerold's Sohn.) Thlr. *

Dümmler, E., Geschichte des ostfränkischen Reiches. } s. d. Jahrbücher der deutschen Geschichte.

—— Geschichte des ostfränkischen Reichs. 2 Bde. gr. 8. Berlin [Leipzig], Duncker und Humblot. *
Inhalt:
Bd. 1. Ludwig der Deutsche. (XII und 905 S.) 862. * 5 Thlr.
" 2. Die letzten Karolinger. Konrad I. (X und 711 S.) 865. * 4 Thlr.

Dümmler, Ernst. Geschichte des ostfränkischen Reichs. I. Bd. 1. und 2. Th. Ludwig der Deutsche. II. Bd. Die letzten Karolinger. Konrad I. (Aus: „Jahrbücher der deutschen Geschichte".) (3 Bde.) 8. Berlin 1865.

Dümmler, Ernst, Geschichte des ostfränkischen Reiches. Jahrbücher der deutschen Geschichte. Auf Veranlassung Sr. Maj. des Königs von Bayern hrsg. durch die histor. Commission bei der königl. Akademie der Wissenschaften. 2. Aufl. 3 Bde. gr. 8. Leipzig, Duncker und Humblot. *
Inhalt:
Bd. 1. Ludwig der Deutsche bis zum Frieden von Koblenz 860. (XI, 463 S.) 887. * ℳ 10.
" 2. Ludwig der Deutsche vom Koblenzer Frieden bis zu seinem Tode (860—876). (VI, 415 S.) 887. * ℳ 10.—.
" 3. Die letzten Karolinger. Konrad I. (X, 722 S.) 888. * ℳ 16. —.

Dümmler, Ernst, Deutschlands Geschichtsquellen, s.: Wattenbach, W.

Duemmler, Ernestus: Gesta Apollonii regis Tyrii metrica ex codice Gandensi edidit. Halis 1877: Hendel. S. 2—20. 4°
Halle-Wittenberg, Progr. zur akad. Preisverteilung 1877

—— Gesta Berengarii imperatoris. Beiträge zur Geschichte Italiens im Anfange des 10. Jahrh. gr. 8. (VII, 186 S.) Halle 871, Buchh. des Waisenhauses. *

— Hrabanstudien. [Aus: „Sitzungsber. d. k. preuss. Akad. d. Wiss."] gr. 8. (19 S.) Ebd. 898. n. 1. —

—— s. Jahrbücher der deutschen Geschichte.

Dümmler, Ernst, üb. Leben u. Schriften d. Mönches Theoderich (v. Amorbach). [Aus: „Abhandlgn. d. k. preuss. Akad. d. Wiss."] gr. 4. (38 S.) Berlin 894. (G. Reimer.) n. 2. —

—— und Frz. Miklosich, die Legende vom heiligen Cyrillus. gr. 4. (48 S.) Wien 870, (Gerold's Sohn.) *
Aus: Denkschriften der k. Akademie der Wissenschaften, besonders abgedruckt.

Dümmler, Ernst: Die pannonische Legende vom heiligen Methodius. Ar. 13. 145 . . .
Separatabdruck

—— über die südöstlichen Marken des fränkischen Reiches unter den Karolingern [795—907]. Lex.-8. (85 S.) Wien 853, (Gerold's Sohn.) *
aus: Archiv für Kunde österreich Geschichtsquellen 10. Bd.

Dümmler, Ernst: Kaiser Otto d. Gr., s. Jahrbücher d. dt. Gesch.

Dümmler, E., Kaiser Otto der Große, s. Köpke, R.

— Sigebert's v. Gembloux Passio sanctae Luciae virginis u. Passio sanctorum Thebeorum. [Aus: „Abhandlgn. d. k. preuss. Akad. d. Wiss. zu Berlin".] gr. 4. (125 S.) Berlin 893. (G. Reimer.) n. 6. 50

Dümmler, Ernst (Ludw), Piligrim von Passau und das Erzbisthum Lorch. Leipzig 854. Hirzel. gr. 8. (VIII, 196 S.) 1 ℳ

— s.: Radbert's Epitaphium Arsenii.

— aus dem Reisetagebuch e. jungen Zürichers (Jos. Heinr. Landolt) in den J. 1782—1784, s.: Neujahrsblätter. Hrsg. v. der histor. Kommission der Prov. Sachsen.

Duemmler, Ernestus: Rhytmorum [!] ecclesiasticorum aevi Carolini speciem edidit. Halis 1881: Hendel. S. 4—24. 4°
Halle-Wittenberg, Progr. z. akad. Preisverteilung 1881
Im Buchhandel 1881 bei Weidmann in Berlin.

Dümmler, Ernst, über den Dialog De statu sanctae ecclesiae. gr. 8. (25 S.) Berlin 901. (G. Reimer.) n. 1. —
Sonderabdruck aus: „Sitzungsber. d. preuss. Akad. d. Wiss."

— eine Streitschrift f. die Priesterehe. gr. 8. (24 S.) Berlin 902. (G. Reimer.) n. 1. —

— über e. Synodalrede Papst Hadrian's II. gr. 8. (14 S.) Ebd. 899. n. — 50
2 Sonderabdrucke a.: „Sitzungsber. d. preuss. Akad. d. Wiss."

Dümmler, E., Die handschriftl. Ueberlieferung der lat. Dichtungen a. d. Zeit d. Karolinger. I. II. III. S.-A. 1879. 70, 81, 69 S. 5.—

Dümmler, Ernst, die Wittenberger Universitäts- u. Facultäts-Statuten, s. Universitäts- u. Facultäts-Statuten.

Dümmler, Ferdinand

Dümmler, F., Zu Xenophons Agesilaos. S.-A. O. J. 10 S.

Dümmler, Ferd. Akademika. Beiträge z. Litteraturgesch. d. sokrat. Schulen. gr. 8. (XIII, 295 S.) Giessen 889, Ricker. * 6 50

Dvemmler. Ferdinandvs (geb. am 10 Febr. 1859 in Halle): Antisthenica . . . Halis, typ. Hendeliis (1882). 2 Bl., 78 S., 1 Bl. 8.
¶ Erschien zugleich selbständig bei Weidmann in Berlin.
Bonn, Phil. Fak., Diss. v. 20 Mai 1882

Dümmler, F., Chronolog. Beiträge zu einigen platon. Dialogen aus den Reden des Isokrates. Pr. 1890. 52 S. 4°. 1.50

-- Bemerkungen zum ältesten Kunsthandwerk auf griechischem Boden. S.-A. 1888. 80 S. 1.20

Delphika. Untersuchgn z. Griech. Religionsgesch. v. Ferdinand Duemmler. Der verein. Friedr.-Univ. Halle-Wittenberg z. Feier ihres zweihundertj. Bestehens gewidm. v. d. Univ. Basel. *Basel: L. Reinhardt, Univ.-Buchdr. 1894.* (28 S.) 1 Bd 4. [illegible]

Dümmler, F., bauwissenschaftliche Handbibliothek. Ein Verzeichniß aller ältern und neuern Schriften, über die bürgerliche Wasser- und Straßenbaukunst rc. Berlin, Verf. 820.

Dümmler, (F.) bauwissenschaftl. Handbibliothek. Ein Verzeichniß aller ältern u. neuern Schriften üb. die bürgerl. Wasser- u. Straßen-Baukunst nebst deren Hülfswissenschaften. 2e umgearb. u. mit Sachregister verm. Aufl. 8. Berlin 825, Dümmler. Rthlr.

Dümmler, Fd, bauwissenschaftl. Handbibliothek rc. Supplemente, die Jahre 1825—1827 enthaltend. 8. Berlin, Dümmler. ¼ ℳ

Dümmler, F. Zur Komposition des platonischen Staates mit einem Exkurs über die Entwicklung der platon. Psychologie. In-4°. 34 S. Basel. Programm. 1895

Duemmler. [illegible]
[illegible]
[illegible]

Duemmler, F., Die 'Αθηναίων πολιτεία des Kritias. S.-A. 1891. 27 S.

Dümmler, F. Prolegomena zu Platons Staat, und der platonischen und aristotelischen Staatslehre. Programm zur Rektoratsfeier der Universität Basel. In-4°. 65 S. Basel, L. Reinhardt, 1891.

Dümmler, F., Die Quellen zu Polygnots Nekyia. S.-A. O. J. 84 S.

Duemmler, Ferdinand. Kleine Schriften. 3 Bände. 8. Leipzig, S. Hirzel, 1901. [*zus.* M. 38. —]

Band 1 *a. u. d. T.*: Zur griechischen Philosophie. (Mit 1 Porträt-Tafel und 1 Abbildung.) XXXIV + VI + 356 S.

Band 2 *a. u. d. T.*: Philologische Beitraege. Mit 4 Abbildungen im Texte und einer Beilage. VIII + 550 S.

Band 3 *a. u. d. T.*: Archaeologische Aufsaetze. Mit 11 Tafeln, 1 Beilage und 176 Abbildungen im Texte. VIII + 374 S.

Band 1, S. XI—XXXIV: Biographie und Bibliographie F. Dümmler's.

Dümmler, Ferd.: Verlags-Katalog von Ferd. Dümmlers Verlagsbuchhandlung in Berlin . . . 1808–1892. Abgeschlossen August 1892. (Berlin: F. Dümmler 1892.) (128 S.) 8°

Dümmler, Johann Conrad (Hildburghausen), Commentatio de prudentia senatus Romani in mittendis legatis ad exercitus ad pacis leges dicendas et ad res regnorum provinciarumque inspiciendas aut constituendas. Götting. (Heinr. Dieterich) 4. VI. 1801. 24 S. (4.50) 7008

— commentatio de prudentia Senatus Romani in mittendis legatis. 4maj. Götting. 804. Dieterich. 4 ℛ

Dümmler, Jh. Konr., († d. 17. Mai 1812.) Diss. inaug. praecepta juris naturae, an vis sua auctoritatem legum effectumque civilem in judiciis nostris habere possint? 4. Kiel 808. Hesse. 12 ℛ

Dümmler, I. C., praecepta juris naturae an vis sua auctoritatem legum effectumque civilem in judiciis nostris habere possint? 4. Kiel, Academ. Buchh. 808.

— — Praecepta juris naturae an vi sua auctoritatem legum effectumque civilem in judiciis nostris habere possint? Diss. jur. Kiel (Chn. Friedrich Mohr) 1808. 44 S. (4.80) 7009

Gew.: Chn. Detl. Carl v. Rantzau (Nienhof . .), Carl Aug. Frh. v. Lichtenstein (Lichtenstein, Lahm. . .), Christ. Heinr. Aug. Frh. v. Hardenberg-Reventlow (Schrevenborn . .).

Dümmler, J. K.: Prolegomena zu ein. allgem. Theorie üb. Verbrechen u. Strafen. — Auch unt. d. Tit.: Entwickel. ein. allgem. Theorie u. s. w. *Kiel*, acad. B. 811. gr. 8.

— Prolegomena zu e. allgem. Theorie aller Verbrechen u. Strafen, gegründet auf d. höchsten Prinzipien d. Rechtsphilosophie u. d. vorzügl. positiven Gesetzgebungen. gr. 8. Kiel 811. Hesse. (A. u. d. T.: Entwickelung e. allgem. Theorie ꝛc.)

Dümmler, Karl

Dümmler, K., s.: Bau- u. Kunst-Keramik alter u. neuer Zeit.

Dümmler, Karl, das Brennen der Ziegelsteine. 2. Aufl. der Abhandlung: Das Anfeuern u. der Betrieb des Ringofens, v. Frdr. Hoffmann. (V, 81 S.) gr. 8. Halle 904. W. Knapp. n. 1. 50

Dümmler, K., Handbuch d. Ziegel-Fabrikation. Die Herstellg. d. Ziegel, Terrakotten, Röhren, Platten, Kacheln, feuerfesten Waaren u. all. and. Baumaterialien aus gebranntem Thon umfass. Unt. Mitwirkg. v. Frdr. Hoffmann bearb. 1.—11. Lfg. hoch 4. (S. 1—352 m. Abb.) Halle 897. 98. W. Knapp. à n. 2. —; auch in 6 Abthlgn. à n. 6. —

— Handbuch der Ziegel-Fabrikation. Die Herstellg. der Ziegel, Terrakotten, Röhren, Platten, Kacheln, feuerfesten Waaren u. aller anderen Baumaterialien aus gebranntem Ton umfassend. Unter Mitwirkg. v. Frdr. Hoffmann bearb. Mit 521 in den Text gedr. Abbildgn. 12.—18. (Schluss-)Lfg. hoch 4. (XII u. S. 353—570.) Halle 899. 900. W. Knapp. à n. 2. —

— dasselbe. In 6 Abthgn. hoch 4. (Mit Abb.) Ebd. n. 36. —

1. Geschichtliche Entwickelung. — Die Rohmaterialien der Ziegel- u. Thonwaarenfabrikation. (96 S.) 898. n 6. —
2. Die Gewinnung u. Vorbereitung der Rohstoffe. (S. 97—176.) 899. n. 5. —
3. Das Formen u. Dekoriren der Ziegel, Terrakotten, Röhren, Platten, Kacheln, feuerfesten Waaren u. aller anderen Baumaterialien aus gebranntem Thon. (S. 177—264.) 899. n. 5. 50
4. Das Trocknen u. Brennen der Ziegel, Terrakotten, Röhren, Platten, Kacheln, feuerfesten Waaren u. aller anderen Baumaterialien aus gebranntem Thon. (S. 265—376.) 899. n. 7. —
5. Die Transportmittel. Mittel zur Verhütung v. Unfällen u. die Leitung u. Buchführung der Ziegeleien u. Thonwaarenfabriken. (S. 377—456. m. Abb.) 900. n. 5. —
6. Die Fabrikation der einzelnen Waarengattungen. (XII u. S. 457—570.) 900. n. 7. 50

Dümmler, K., Handbuch der Ziegel-Fabrikation. Die Herstellg. der gesamten keram. Baumaterialien, wie Ziegel, Terrakotten, Röhren, Platten, Kacheln, feuerfeste Waren u. s. w. 2., stark verm. u. verb. Aufl. (In etwa 18 Lfgn.) 1—7. Lfg. (S. 1—232 m. Abbildgn.) Lex. 8. Halle 908—10. W. Knapp. à Lfg. 2. —

Kalksandstein und Ziegelstein. Vortrag geh. 1909 zu Augsburg von K[arl] Dümmler, Redakteur. Halle: Knapp 1909. 23 S. 8° 09.67103

Dümmler, K., die Ziegel- u. Thonwaaren-Industrie in den Vereinigten Staaten u. auf der Columbus-Weltausstellung in Chicago 1893. [Aus: „Deutsche Töpfer- u. Ziegler-Zeitg."] hoch 4. (V, 180 S. m. Abbildgn. u. 13 Taf.) Halle 894. W. Knapp. n. 15. —

Dummpfaffin, der Susanne, Leben, Meinungen, Tod u. Bearäbniß. 8. Wien, Mösle. 785. -

Dumolard, bon naturel et varite ou la petite école des femmes. gr. 8. Rudolst. ... Hofbuchh. 12 ℛ

Jacob Dumollard, | der dreißigfache Mädchen-Mörder und | Schänder | bei Lyon in Frankreich, | welcher sieben Jahre lang, ohne entdeckt zu werden, | seine unschuldigen Opfer schlachtete, endlich aber von | dem rächenden Arme der Justiz ereilt wurde und am | 8. März 1862 den Lohn seiner Schandthaten durch die | Enthauptung mittelst der Guillotine empfing. | Verlag und Eigenthum | von Louis Henneberg in Salzhemmendorf. | (*Text*).
Kol.: Druck von Gebr. Gerstenberg in Hildesheim.
o. J. (1862), 8 S., 189 × 112.
LBO Bänkelsängerlit. II, 11.
Vgl. *Der Mädchenmörder.*

Dumollard, Martin, der Dienstmädchenmörder. Sein Leben und Ende, nach französ. Orig.-Berichten geschildert. gr. 16. (32 S.) Tübingen 862, Riecker.

—— der Mägdemörder, das Ungeheuer, und sein Weib Marianne vor dem Geschwornen-Gerichte von Bourg vom 29. Jan. bis 1. Febr. 1862 und Todesurtheil. 8. (16 S. mit 5 eingedr. Holzschn.) Biel 862. (Zürich, Schabelitz'sche Buchh.)
Ist auch in französ. Sprache zu gleichem Preise erschienen.

Dumon, K., études d'art grec. Symétrie et harmonie. Le Logeion. Fol. (32 S. m. Fig. u. 1 Taf.) Haarlem 894. Berlin, Weidmann. n. 4. —

Dumon, K. Le théâtre de Polyclète. Reconstruction d'après un module. Fol. (51 S. m. 3 Taf. in Fol. u. gr. Fol.) Haarlem 889. (Berl., Weidmann.) * · 16 —

du Moncel, s. Moncel.

Du Moncel, Th., Ruhmkorff's Inductions-Apparat und die damit anzustellenden Versuche. Nach dem französ. Orig. mit Autorisation (des Verf.) bearb. von C. Bromeis und J. F. Bockelmann. gr. 8. (VII und 176 S. mit 58 in den Text eingedr. Holzschn.) Frankfurt a. M. 857, Sauerländer's Verlag.

[Anecdotes de médecine. Deutsch:] Medicinische Anekdoten oder Sammlung besonderer Fälle, welche in die Anatomie, Pharmaceutik...einschlagen... [Verf.: Pierre-Jean Du Monchaux.] Aus d.Franz. übers. Th.1.2. Frankfurt & Leipzig: Göbhardt 1767. 8°

Dumond, Jaques,. Comed. en 1 Act, p. Segur. 8. Braunschw. Pluchart. 805.

Dümond, Wilhelm, ein Roman, von Holberg. 8. Lübeck, Niemann. 808.

Dumont, das Zellengefängniß zu Antwerpen, s. Zellengefängniß, das.

Dumont, Albert, et Jules Chaplain, les céramiques de la Grèce propre. Vases peintes et terres cuites. 1. Partie. Vases peintes. 4. (80 S. mit 33 Steintaf.) Paris 882. Didot & Co. n. 16. —

Dumont, Arthur, Schlachthoftierarzt in Gleiwitz (Schlesien): Vergleichende Untersuchungen über das Nierenbecken der Haustiere. ⟨Aus dem physiologischen und histiologischen Institut der kgl. Tierärztlichen Hochschule zu Dresden. Prof. Ellenberger. Dresden 1909.⟩ 63 S. und vier Tafeln. 8°. [19. XII. 08.]
Bern Vet.-med. Diss. 1908/09.

Dumont, Arthur. Vergleichende Untersuchungen über das Nierenbecken der Haustiere. Diss. Vet.-Med. Bern. 8 Abbildungen im Texte und 14 Abbildungen auf [4] Tafeln. *Kopftitel:* Aus dem physiologischen und histiologischen Institut der Kgl.Tierärztlichen Hochschule zu Dresden.... 63 S. 8. Dresden, Otto Franke, 1909.

Dumont, C., Essai sur les colonies Romaines. S.-A. 1844. IV, 57 S.

Du Mont, Emerich, der Fortschritt im Lichte der Lehren Schopenhauer's und Darwin's. gr. 8. (X, 189 S.) Leipzig 876, Brockhaus. *

DuMont, Emerich: Das Weib. Philosophische Briefe über dessen Wesen und Verhältniß zum Manne. — Leipzig: Brockhaus 1879. VIII, 337 S. 8°

Du Mont, Emerich, das Weib. Philosophische Briefe über dessen Wesen und Verhältniß zum Manne. 2. verm. Aufl. gr. 8. (X, 377 S.) Leipzig 880, Brockhaus. *
geb. *

Dumont, Emile s. Jaques, Alfred. et Dumont, Emile.

Dumont, Étienne, s. J. Bentham, Principien d. Gesetzgebung. — Dess. Theorie d. gerichtl. Beweises.

Dümont, E., s. J. Bentham, Grundsätze u. dessen Taktik.

Dumont, Friedrich, Referendar aus Grumbach, Bezirk Trier: Die Funktion des Zwischenurteils. Borna-Leipzig 1905: R. Noske. (VIII, 36 S.) 8° [J.]
Erlangen, Jur. Fak., Ref. Binder, Diss. v. 29. Mai 1905
[Geb. Grumbach: Wohnort: Kamen i. Westf.; Staatsangeh.: Preußen; Rig. 29. Mai 05.]

Dumont, F[ritz Ludwig]. Einiges aus dem Gebiete der Allgemein- und Lokalanästhesie für den praktischen Arzt. ⟨Aus dem Schweizer. Medizinalkalender pro 1907.⟩ 29 S. 8. Basel, Benno Schwabe, 1906.

Dumont, F[ritz] L[udwig]. Handbuch der allgemeinen und lokalen Anaesthesie für Ärzte und Studierende von Prof. Dr. F. L. Dumont, Oberarzt des Diakonissenhauses Bern. Mit 116 Figuren. VI + 234 S. 8. Berlin *und* Wien, Urban & Schwarzenberg, 1903. [M. 7.—]

Dumont, Fritz L., aus Bern, Assistent an der chirurgischen Universitätsklinik: Eine neue Methode der Amputatio cruris osteoplastica. Leipzig 1908. 17 p. 8°. S.-A. aus der Deutschen Zeitschr. f. Chirurgie. [20. XII. 07.]
Lausanne. Thèse méd. 1907/08.

Dumont, Fritz L[udwig]. Eine neue Methode der Amputatio cruris osteoplastica. Diss. Med. Lausanne. [Mit Figuren. Sep.-Abdr. aus: Deutsche Zeitschrift für Chirurgie. Band 92, Heft 4/6.] 17 S. 8. Leipzig, F. C. W. Vogel, 1908.

Dumont, F., über den gegenwärtigen Stand d. Cocaïn-Analgosie. gr. 8. (23 S.) Wiesbaden 890. Bergmann. n. — 80

—— Über die Verantwortlichkeit d. Arztes bei der Chloroform- u. Äthernarkose. gr. 8. (S. 359—401.) Ebd. 891. 1 20
Aus: Beiträge z. Chirurgie, besonders abgedruckt.

Dumont, Henri, aus Locle und Bern: Synthese des 5-Methoxycumarons und über das 5-Methoxy-2, 3-Dimethylcumaron. Bern 1909. 30 S. 8°. [12. XI. 09.]
Bern. Phil. Diss. 1909/10.

Dumont, Henri. Synthese des 5-Methoxycumarons und Über das 5-Methoxy-2,3-Dimethylcumaron. Diss. Phil. Bern. 30 S. 8. Bern, R. Suter & Cie., 1909.

[Du Mont, J., & Rousset]. Des Grossen Feld-Herrns Eugenii, Hertzogs von Savoyen und Kayserlichen General-Lieutenants Helden-Thaten. Nürnbg., Chr. Riegel, 1736—1739. 6 Bde. *mit gest. Portr. Eugens u. 58 Kupf.* Kl. 8°. Etwas benutzte u. hie u. da leicht lädierte grün-graue Pbde. d. Z. mit zweifarb. Rcksch. u. goldgeprägtem Superexlibris Bibl. Carlowitziana. 125.—
Pohler IV. 301. Nicht bei Fromm. Diese erweiterte deutsche Bearbeitung des Du Montschen Werkes stellt die ausführlichste etwa zeitgenöss. Monographie über den Prinzen dar.

Du Mont, J., die Provinz-Bank von Buenos-Aires seit ihrem Bestehen. Nach amtl. Quellen bearb. gr. 8. (46 S.) Berlin 886, (Puttkammer und Mühlbrecht.) *

Dumont, Johann Michael (Köln), De coadjutoriis et circa eas in Germania usu. Diss. jur. eccles. Präs. Franz Gabriel Hamm u. Johann Peter Wirtz. Köln, Mai 1773. 28 S. (5.—) 7063

Du Mont, Karl [aus Köln a/Rh.]: Aus d. pharmakolog. Institut d. Univ. Greifswald. Chronische Ozon-Vergiftung ... Greifswald, Druck v. F. W. Kunike, *1891;* 48 S. 8.
Greifswald, Med. Fak., Inaug.-Diss. v. 26. Sept. 1891

Dumont, Karl: Das Recht am eigenen Bilde. Diss. Breslau. Berlin 1910

Dumont, Carl, approb. Tierarzt aus Steglitz bei Berlin: Untersuchungen über die Wrightschen Opsonine bei der Kälberruhr und der Druse der Pferde unter besonderer Berücksichtigung der opsonischen Technik, mit anschliessenden Phagocytosestudien. ⟨Aus dem bakteriologischen Laboratorium Dr. Piorkowski, Berlin.⟩ Berlin 1909. 85 S. 8°. [9. III. 09.]
Bern. Vet.-med. Diss. 1909/10.

Dumont, Carl. Untersuchungen über die Wrightschen Opsonine bei der Kälberruhr und der Druse der Pferde, unter besonderer Berücksichtigung der opsonischen Technik, mit anschliessenden Phagocytosestudien. Diss. Vet.-Med. Bern. [Mit Figuren.] *Kopftitel:* Aus dem bakteriologischen Laboratorium Dr. Piorkowski, Berlin. 85 S. 8. Berlin, Otto Schwartz, 1909.

Dumont, Carl Aug., Die berühmtesten Calembourgs und Witz-Momente von Langenschwarz. 1. (einz.?) Heft. Mit Bildniss des Verfassers. Schleusingen 1841. 8°. (1 Mk. 20 Pfg. Isaak St. Goar, Frf. a. M., 1909.)

Dumont, Karl Thdr., s.: Geschichte der Pfarreien der Erzdiözese Köln.

— Geschichte der Pfarreien der Erzdiöcese Köln. Nach den einzelnen Dekanaten geordnet. XXII. Dekanat Grevenbroich. Von Heinr. Hub. Giersberg. gr. 8. (XV, 422 S.) Köln 883, Bachem. *ℳ 5.; geb. *
Die vorhergehenden Dekanate erscheinen später.

Dumont, Karl Thdr., diplomatische Correspondenz üb. die Berufung des Bischofs Johannes v. Geissel v. Speyer zum Coadjutor des Erzbischofs Clemens August Frhrn. v. Droste zu Vischering v. Köln. gr. 8. (XIX, 373 S.) Freiburg i B. 880. Herder. n. 4. —

Dumont, Karl Thdr., Sammlung kirchlicher Erlasse, Verordnungen und Bekanntmachungen für die Erzdiöcese Köln. Nach dem Inhalt geordnet. Amtliche Ausg. gr. 8. (XVIII, 532 S.) Cöln 874, Bachem.

— Sammlung kirchlicher Erlasse, Verordnungen u. Bekanntmachungen f. die Erzdiöcese Köln. Nach dem Inhalte geordnet u. hrsg. 2., verm. Aufl [Amtl. Ausg.] gr. 8. (XXII, 706 S.) Köln 891. J. P. Bachem. n.n. 7. 75

— Sammlung kirchlicher Erlasse, Verordnungen u. Bekanntmachungen f. die Erzdiöcese Köln. Nachtrag. Amtliche Ausg. gr. 8. (IX, 70 S.) Köln 899. J. P. Bachem. n. 1. 25; geb. n.n. 1. 75

Hauptwerk. Ebd. 891. n. 7. 75.

Dumont, L., Vergnügen und Schmerz, s. **Bibliothek**, internationale wissenschaftliche.

Dumont L. Vergnügen und Schmerz. (Bibl. Internat. 22) Leipzig 1876

Dumont, Max, die Seide u. ihre Veredlung. (VII, 100 S.) 8. Wittenberg 905. A. Ziemsen. n. 2. —; geb. in Leinw. n. 3. —

Dumont, Nic. (geb. Cöln a. Rh. 11. 10. 1805): De hysteria pathologica quaedam atque therapeutica. Berolini (1830). (20 S.) 4°

Berlin, Med. Diss. v. 22. Nov. 1830

Du Mont, Norbert, aus Köln a. Rh.: Die Verteilung der Luftfeuchtigkeit in Norddeutschland 1881 1895 nebst einem Anhang über den Gang der relativen Feuchtigkeit in Breslau (1834 1895). Mit 60 Tab. u. 7 Diagrammen. *Osnabrück 1898: J. G. Kisling.* (130 S.) 8° ¶ Aus d. 12. Bericht d. naturwiss. Vereins zu Osnabrück, 1898.

Münster, Phil. Diss. v. [22. Dez.] 1898

Dumont, (Frid. Guil.) Otto (geb. Königswinter a. Rh. 17. 9. 1839): De morbo Basedowii. Berolini (1863). (32 S.) 8°

Berlin, Med. Diss. v. 14. Aug. 1863

Dumont, Otto [pr. Zahnarzt in Berlin]: Ueber Unterkieferbrüche. ... Würzburg, Kohl & Hecker'sche Buchdr., 1891; 26 S. 8°

Würzburg, Med. Fak., Inaug.-Diss. v. 1891

Dumont, P., erstes Zeichenheft für Elementarschulen mit vorgedruckten, methodisch geordneten, gradlinigen, auf regelmäßigen Grundformen sich gründenden Vorlagen. Angelegt nach den Principien der allgemeinen Bestimmungen vom 15. Oct. 1872. qu. 4. (20 Stnt.) Trier 875, Lintz'sche Buchh. **

—— zweites Zeichenheft für Elementarschulen mit vorgedruckten grad-, krumm- und gemischtlinigen Vorlagen. Angelegt nach den Prinzipien der allgemeinen Bestimmungen vom 15. Oct. 1872. Auf die Verbindung des Zeichnens mit der Raumlehre ist stets Rücksicht genommen. qu. 4. (10 Stnt.) Trier 876, Lintz'sche Buchh. **

Dumont, P., drittes Zeichenheft für Elementarschulen mit vorgedruckten Vorlagen, enth.: Geometrische und perspectivische Ansichten, Grund- und Aufrisse. qu. 4. (20 Stnt.) Ebendas. 877. **

Dumont, P., 3. Zeichenheft f. Elementarschulen m. vorgedruckten Vorlagen, enth.: Geometrische u. perspectivische Ansichten, Grund- u. Aufrisse. qu. 4. (20 lith. S.) Trier 878. Lintz. (à) n.n. — 30

Dumont, Paul. Über die sog. Nebenrechte der diplomatischen Agenten. Diss. Jur. Bern. VIII + 131 S. 8. Bern, Büchler & Co., 1908.

Dumont, R., die Contorwissenschaft und die einfache und doppelte Buchhaltung in französischer und deutscher Sprache, s. Huber, L. F.

Dumont-Courset, s.: Berger, Chr. Gottl., botan. Pflanzkunst.

Du Mont de Florgy, Baron, les Antiquités de Rome, ou Description sommaire des principaux monuments de l'histoire et des arts de la capitale du monde catholique. gr. in-8. Bruxelles 836 (Frankf., Schmerber.) 2 ℔

Dumont de Florgy, histoire de Bohême. II Tom. 8. Vien. Geistinger.

Dumont de Florgy. Histoire de Bohême, depuis son origine, jusqu'à l'extinction de la dynastie de Przémisl. (2 Bde.) 8. Vienne 1808—1809.

Dumont de Florgy, histoire de Bohême depuis son origine jusqu'à l'extension de la dynastie de Przémisl. II Tom. 8. Wien ... Ed. II. 812. Gerold. 1 ℔ 8 gr

Du Mont-Schauberg, M., s. Geschichte der Kölnischen Zeitung.

Dumont d'Urville, J. Entdeckungsreise der franzôs. Corvette Astrolabe, unternommen auf Befehl Karls X. in den Jahren 1826—29. Historischer Theil. Aus dem Franz. Schaffhausen. 4.

Dumont d'Urville, J., Reise nach dem Südpol, s.: Sammlung der Reisebeschreibungen, 6. Bd. — Weltkunde, hrsg. v. Heinzelmann, 6. Bd.

Dumont d'Urville, s. Voyage au Pole Sud et dans l'Océanie.

— dies. deutsch, s. Sammlung der vorzügl. neuern Reisebeschreib. v. Külp, 4. Bd.

du Montbar, Mad., Lettres sur l'Allemagne et l'Italie, dédiées aux jeunes demoiselles. Berlin 1814. 12.

de Dumontier, Mdme, lehrreiche Briefe an ihre Tochter, d. Marquise v. **, nebst den darauf ertheilten Antworten. 2 Thle. 8. Frankf. a. M. 771 u. 84. Gebhardt u. K. 1 ℔

Dumontier, Prof., s. Kunst, die, die Edelsteine für die Zwecke der Uhrmacherei zu bearbeiten.

Dumortier, B. C., Belgien u. die vier u. zwanzig Artikel. (Nach der 3n Aufl. des Orig.) gr. 8. Mainz 838. Kupferberg. 3/8 ℔

De Mortier (B. C.). Hepaticae Europae. Jungermannideae Europae post semisaeculum recensitae, adjunctis hepaticis. Brux. et Lips. 1874. 8°.

Dumortier, E., et F. Fontannes, Description des ammonites de Lazone et ammonites teruilobatus de Crussol (Ardèche) et de quelques autres fossiles jurassiques nouveaux et peu connus. gr. 8. Basel, Georg 1876 20. —

Lebensgeschichte des hochwürdigsten P. Nikolaus Mauron, General-Obern d. Kongregation d. allerheiligsten Erlösers. Nach d. Franz. Hrsg. von P. Jos. Alois Krebs, C. SS. R. Mit d. Bilde d. Verewigten. (Verf.: P. François **Dumortier**, C. SS. R.) Dülmen: A. Laumann 1905. (VIII, 259 S.) 8° [illegible]

Dumoulin, Alan., Grammatica lat.-celtica, doctis ac scientiarum appetentibus viris composita. 8maj. Prag 800. Widtmann. 20 gr

Dumoulin, Wolfgang (Vevey), Sisthematis phisici disp. vigesima octava: De refractione per convexa. Präs. J. P. v. Crosa. Lausanne 1714. Bern (off. typ. reip.) 18 S. (4.80) 7064

Gew.: Nicol. Ficher, Jon. Anton Gautier, Joh. Pet. Gallatin, Vinc. Perret, Amat. Deboulaz, Carl Fabry, Joh. Jacob Dumoulin.

Einladung zur öffentlichen Probe-Vorlesung, welche Dr. phil. Richard Graf **Du Moulin Eckart** zur Erlangung der Venia legendi bei der philosophischen Facultät der Ruprecht-Carls-Universität zu Heidelberg Donnerstag, d. 2. Aug. ... abhalten wird. Thema: Prinz Eugen Beauharnais und seine Vermählung mit der Prinzessin Auguste von Bayern. *Heidelberg*, Druck v. J. Hörning, *1894*; 1 Bl. 8.

[S.] **Du Moulin Eckart**, Richard Graf [Dr. phil.]: Bayern unter dem Ministerium Montgelas. Bd 1. Kap. 1. Max Josephs Regierungsantritt ... [Bd 1 erschien vollst. 1895 bei C. H. Beck in München.] *Nördlingen, C. H. Beck'sche Buchdr., 1894*; 1 Bl., 116 S. 8.

Heidelberg, Phil. Fak., Hab.-Schr. v. [2. Aug.] 1894

Du Moulin Eckart, Rich. Graf, Bayern unter dem Ministerium Montgelas 1799—1817. 1. Bd. (1799—1800). gr. 8. (XVI, 439 S.) München 895. C. H. Beck. n. 8. 50; geb. in Halbfrz n.n. 10. 50

Du Moulin Eckart, Rich. Graf, Briefe aus Bayern. (36 S.) Lex.-8. Berlin 905. Verlag der „Deutschen Stimmen". n. 1.50

— Deutschland u. Rom. Ein histor. Rückblick. (XI, 215 S.) gr. 8. München 904. J. F. Lehmann's Verl. n. 3.—

— s.: Festgabe, Karl Theodor v. Heigel gewidmet.

Du Moulin-Eckart, Rich. Graf, die weiße Frau. Roman. (364 S.) 8. Dresden 909. W. Baensch. 4.—; geb. in Leinw. 5.—

Joh.-Loge „In Treue Fest". Or. München (1896—1906). Ein Rückblick von Rich. Graf **Du Moulin Eckart.** München 1906: Stein. 85 S. 8°
cf. SL. 26 (1906) S. 132 (H. Speck).

Du Moulin-Eckart, Richard Graf [aus Winklarn in Bayern]: Leudegar, Bischof von Autun († 678). Ein Beitrag zur fränkischen Geschichte des 7. Jahrhunderts. . . . Breslau, Wilhelm Koebner (1890); 2 Bl. + 42 S. + 1 Bl. 8°
Breslau, Phil. Fak., Inaug.-Diss. v. 16. Jul. 1890

— Luitpold v. Bayern. Ein histor. Rückblick. Mit vielen Textbildern, 4 Lichtdr. u. 8 Photograv. nach Werken v. Ed. Beyrer jun., Wilh. v. Rümann u. a. gr. 8. (VII, (200 S.) Zweibrücken 901. Stuttgart, F. Lehmann. Geb. in Leinw. n. 6.—

— Luther u. das deutsche Kulturleben, s.: Luther-Vorträge, Würzburger. 1. Hft.

Busso v. Malten. Roman von Richard Graf **Du Moulin-Eckart.** Berlin: O. Janke 1907. (455 S.) 8° [F.] [07. 17987]

Englands Politik und die Mächte. Von Richard Graf Du Moulin-Eckart, Prof., München. *München: J. F. Lehmann 1901.* (80 S.) 8° [F.] [01. 9074]

Rede zum St. Johannisfest 1906 [von] (Rich. **Du Moulin Eckart.**) [München 1906: Stein.] 2 Bl. 4°
Abgedr. in: BayrBbl. 7 (1906 1907) S. 19–21. FZ. 61 (1907) S. 171—173; DrL. 39 (1908 bis 1909) S. 5—9.
Vom „Königsgedanken der Königl. Kunst". *[A. (NF.) 26 (1907) S. 265.]* Br. Fischer, Gera.

— der historische Roman in Deutschland u. seine Entwicklung. Eine Skizze. (72 S.) gr. 8. Berlin 905. Verlag der deutschen Stimmen. n. 3.—

— Das Suchen der Zeit, s.: Kulturprobleme, neudeutsche.

— Süd- oder Norddeutschland, unser Hort! (Gedanken zur Kolonial- u. Flottenbewegg. der neuesten Zeit), s.a. Abhandlungen, kolonialpolitische. 8. Hft.

Du Moulin-Eckart, Richard Graf: Süd- oder Norddeutschland unser Hort! (Gedanken z. Kolonial- u. Flottenbewegung d. neuesten Zeit.) Leipzig: Deutsche Zukunft 1909. 12 S. 8°
Aus: Deutscher Frühling. (Kolonialpolitische Abhandlungen. H. 3.)

— der deutsche Süden u. die Flotte. Ein Vortrag, geh. am 10. I. 1900 im Kaimsaale zu München. gr. 8. (14 S.) München 900. J. F. Lehmanns Verl. n. —40

Dümouriez, der entlarvte, oder d. Abentheuer d. Jemappe. n. d. Fr. gr. 8. Leipz. Breitkopf. 794.

Dumouriez im Jahre 1792, Überbleibsel der politischen und militärischen Ereignisse dieser Zeit. Frankfurt 1796. V: *Leipziger, Aug. Wilh. von.* (Ky)

— im J. 1792. Ueberbleibsel der polit. u. militär Ereignisse dies. Zeit. gr. 8. Frkf. Eßlinger. 796.

— im Jahre 1792, Ueberbleibsel d. polit. u. militär. Ereignisse dieser Zeit, (v. A. W. v. Leipziger). gr. 8. Frankf. 796. (Schäfer). 8 gr.

Dumouriez', General, Leben, s.: Boguslawski, A. v.

Dumouriez, Charles François Dupperrier. Aux Assemblées Primaires de France. Ü: *Hübbe, Carl Johann Heinrich.* (schr).
Hamburg: Campe 1795

— Beschreib. von Portugal. 8. Bern 776. Typogr. Soc. 12 gr.

— Beschr. von Portugal, wie er sie im J. 1766 entw. und 1775 in Druck gegeben. a. d. Franz. 8. (Leipzig, Wolff.) 797.

Dümouriez, des Gen., Blicke in d. nächstzukünft. Europa. gr. 8. Hamb. Hoffmann. 798.

Dumouriez. Brief an den Herrn Übersetzer meiner Lebensgeschichte (Christoph Girtanner). A. d. Französ. 8. Hamburg 1796.

Dumouriez, C. F. D. Coup d'oeil politique sur l'avenir de la France. Ü: *Hübbe, Carl Johann Heinrich.* (schr)
Hamburg: Campe 1795

Dumouriez, C. F. D. Denkwürdigkeiten, übersetzt. Berlin 1794. Ü: *Catel, Samuel Heinrich.* (MGT) H: *Girtanner, Chn.* (Ky)

— Dass., übers. (v. S. H. Catel, mit Anmerkk. v. Chr. Girtanner). 2 Thle. gr. 8. Berl. 794. (Rötly). 1 ℛ 8 gr.

— — Ebend. übers. m. Anm. v. Girtanner. 2 Thle. gr. 8. Berlin, Lagarde. 794. (à 16 gr.)

— Denkwürdigkeiten, von ihm selbst geschrieben; aus d. Französ. (v. K. J. H. Hübbe). Mit Anmerkk. v. Chr. Girtanner. 2 Thle. gr. Frankf. 794. (Schäfer). 1 ℛ 8 gr.

— Denkwürdigkeiten. a. d. Franz. 2 Thle. gr. 8. Frkf. u. Leipz. (Steiner, Wien.) 794.

Dumouriez. [Charles-François]. Denkwürdigkeiten des Generals D'. Von ihm selbst geschrieben. [Aus dem Französischen übersetzt von Carl Johann Heinrich Hübbe.] Mit Anmerkungen von Christoph Girtanner. 2 Theile. 8. Frankfurt und Leipzig 1794–1795.
Theil 1. Nebst dem Bildnisse des Verfassers. 1794. — Theil 2: 1795.

— Etat prés. de Portugal. (aussi s. le t. Oeuvres de Dum. 1r) gr. 4. Hamb. (Jacobäer, Lps.) 797.

— Examen impartial d'un écrit. intit. Déclaration de Louis XVIII. 8. Hamb. Hoffmann. 796.

— historisch-statist. Gemälde von Portugal; aus d. Französ. v. B. v. Reich. Mit 1 Karte. gr. 8. Leipz. 797. (Aue in Alt.) 1 ℛ 8 gr.

— hist. stat. Gemälde v. Portugal. a. d. Frz. gr. 8. Lpz. Jacobäer. 797.

— und Mallet du Pan üb. den Krieg. 5 Hefte. 8. Wien, Degen.
Holl. Pp.

Dumouriez u. Mallet du Pan. Ueber den Krieg. 8. Wien [1799]. — Leipzig 1799.

Dumouriez. Leben des Generals Dumouriez. A. d. Französ. von Sam. Hch. Catel; m. Anm. von Chrstph. Girtanner. 3 Bde. 8. Hamburg 1795. 11,00. — 4 Bde. 8. Winterthur 1795. 3,50.

— Leben, von ihm selbst beschr. a. d. Fr. 5 Thle. 8. Hamb. Hoffmann. 795.

— — dess. 4r Th. 8. Winterthur, Steiner. 795.

Dumouriez, C. F. D. Lettre au traducteur de sa vie. Hamburg 1795. Ü: *Hübbe, Carl Johann Heinrich.* (schr)

Dumouriez. Lettre au traducteur de l'histoire de sa vie (Christophe Girtanner). 8. Hamburg 1796.

Dumouriez. Mémoires du général Dumouriez, écrits par lui-même. 2 v. 12. Hambourg 1794. — 2 v. 8. Londres et Paris 1794 — 2 v. 8. Francfort 1794 4,50. — 2 v. 8. Leipsic 1794. — 2 v. 12. Paris, an III. (1795.) — 2 v. 12. Berne 1796. 4,00.

— Mémoires. 2 Tom. gr. 8. Francof. Esslinger. 795.

— Mémoires. II Vols. gr. 8. Frankf. 795. (Schäfer). 1 Rthlr 12 gr (Kupferberg in Mainz). 1 Rthlr 10 gr Mémoires de ses campagnes. II Vols. 8. Bern 796. Typograph. Soc. 1 Rthlr 8 gr

Dumouriez. Mémoires des campagnes du gén. Dumouriez dans la Champagne et la Belgique, écrites par lui-même. 2 v. 8 v. Bern 1796. 2 v. 12. Hambourg (1796). 5,00.

— an d. Franz. Primairversammlung. 8. Hamb. Hoffmann. 796.

— recueil de traités politiques. II Vols. 8. Hamb. 797. (Campe).

— réponse au raport du Camus. 8. Hamb., (Campe). 12 gr

Dumouriez, Charles François: Réponse au rapport du député Camus. Hambourg 1796. 4°

— de la République, suite du Coup d'oeil polit. etc. 8. ibid. 796.

— Sendschreiben an den Uebersetzer seiner Lebensbeschreibung. 8. Hamb. 796. (Campe). 12 gr

Dumouriez. Tableau nouveau spéculatif de l'Europe. 4. Hambourg 1798. Campe 4,00.

Dumouriez, (des Generals), Uebersicht des künftigen Schicksals von Frankreich; aus d. Französ. 8. Hamb. 795. (Campe). 12 gr

— la vie, écrite par lui-même. III Vols. 8. Hamb. 796. (Campe). 3 Rthlr 16 gr

Dumouriez. Vie privée et politique du général Dumouriez, p. s. de suite à ses Mémoires; écrite par lui-même. 2 v. 12. Hambourg 1794. — 3 v. 12. ib. 1795.

Dumpf, Georg Fr.

— de consensu magnetico. 8. Petropoli 818.

Dumpf, Geo. Fr., Diss. de febre nervoso-exanthematica. 4. Götting. 798.

— s. J. R. M. Lenz, Pandaemonium.

Dumpfaffin, der Susanne, Leben, Meinungen u. Begräbniß. 8. Wien 785. v. Mößle. 8 gr

Etwas von der Familie Dumrath. Gesammelt von Friedrich August Hermann **Dumrath**. Als Ms. gedr. Stettin 1905; Herrcke & Lebeling. (116 S.) 8° [F.]

Dumrath, Reinhold [prakt. Arzt aus Greifswald]: Ueber Myxome nebst einem Fall von Myxom der Sehnenscheide .... Würzburg, A. Memminger'sche Buchdr. 1886; 36 S. 8°.
Würzburg, Med. Fak., Inaug.-Diss. v. 1886.

Dumrath, Reinhold, über Myxome nebst einem Fall von Myxom der Sehnenscheide. Diss. Würzburg 1886, Stahelsche Univ.-Buchh. 8°. 36 S.

Dumreicher, Armand Frhr. v., über die Aufgaben der Unterrichtspolitik im Industriestaate Oesterreich. Vortrag. Nebst einem Anhang, enth.: A. Grundzüge einer Organisation des gewerblichen Unterrichtswesens. B. Organisationspläne der k. k. Staats-Gewerbeschule zu Wien. C. Unterrichts-Ministerialerlass an sämmtl. Länderstellen v. 20. August 1880, Z. 12050. D. Vorschrift für die Abgangsprüfungen an den höheren Staatsgewerbeschulen. gr. 8. (123 S.) Wien 881. Hölder. n. 3. 20

Dumreicher, A[rmand] Frhr von: Südostdt. Betrachtungen. Eine nationale Denkschr. — Lpz.: Duncker & Humblot 1893. VIII, 143 S.

Dumreicher, A., Gesammtüberblick über die Wasserwirthschaft des nordwestlichen Oberharzes. gr. 8. (IV, 88 S.) Clausthal 868, Grosse'sche Buchh. *
Ausg. mit 2 (chromolithogr.) Karten (in Fol.). *

Dumreicher, Frhr. v., zur Lage des Deutschthums in Oesterreich. 3 Reden, hrsg. von Karl Pröll. [I. Wiener Regierungspolitik und österreich. Deutschtum. II. Die Entdeutschung des Mittelstandes in Oesterreich. III. Die Erziehung der österreich. Nachkommenschaft und das mitteleurop. Bündnis.] gr. 8. (VIII, 54 S.) Berlin 888, Landsberger, Verlagsh. *

Dumreicher, Armand Frhr. v., über den französischen National-Wohlstand als Werk der Erziehung. Studien über Geschichte und Organisation des künstler. und techn. Bildungswesens in Frankreich. 1. Studie: Die Entwickelung des Erziehungswerks. gr. 8. (XVII, 200 S.) Wien 879, Hölder. *

Dumreicher, Armand Frhr. v., die Pflege des gewerblichen Fortbildungs- und Mittel-Schulwesens durch den oesterreich. Staat im J. 1872. Lex.-8. (22 S.) Wien 873, Gerold's Sohn. *

Dumreicher, Armand Frh. v., aus meiner Studentenzeit. Diese Erinnergn. stammen aus Dumreichers literar. Nachlaß. (43 S.) gr. 8. Wien 909. Manz. —85

— das gewerbl. Unterrichtswesen, s. a. Ausstellungs-Bericht, officieller.

Dumreicher, Armand Frhr. v., Das gewerbliche Unterrichtswesen. 8°. Wien 1874.

—— die Verwaltung der Universitäten seit dem letzten politischen Systemwechsel in Oesterreich. gr. 8. (141 S.) Wien 873, Hölder. *

Dumreicher, Friedrich von

Le droit commercial, le droit de change, le droit de faillite et le droit de commerce maritime de l'Égypte. Das Handelsrecht, Wechselrecht, Konkursrecht und Seerecht Ägyptens. Bearb. u. übers. von Dr. Friedrich v. **Dumreicher**, Recht-anw., Cairo. (1.) Berlin: R. v. Decker 1906. 4°(8°)
— **Handelsgesetze.** Die, d. Erdballs. Ausg. D. Ägypten. 1.

Dumreicher, Joh. v., zur Lazarethfrage. Erwiderung an Prof. v. Langenbeck. gr. 8. (77 S.) Wien 867, (Braumüller.) *

Dumreicher, J. Frhr. v., üb. d. Nothwendigkeit v. Reformen d. Unterrichtes an den medicinischen Facultäten Oesterreichs. gr. 8. (56 S.) Wien 878. Hölder. n. 1. 60

—— über Wundbehandlung. Vortrag gehalten in der k. k. Gesellschaft der Aerzte in Wien. gr. 8. (34 S.) (Ebendas.) 877. *
Aus: Wiener medizin. Wochenschrift, besonders abgedruckt.

—— Zeitfragen, betr. die Universität, mit besond. Beziehung auf Medicin von Carl Rokitansky. gr. 8. (16 S.) Wien 864, Gerold's Sohn.

Dumreicher, Osc. Frhr. v., Untersuchungen über die Einwirkung von Zinnchlorür auf die Stickstoffsauerstoffverbindungen. [Aus dem Laboratorium des Prof. E. Ludwig.] Lex.-8. (31 S. mit 4 eingedr. Holzschn.) Wien 880, (Gerold's Sohn.) **

Aus: Sitzungsberichte der k. Akademie der Wissenschaften, besonders abgedruckt.

Dumreicher, Otto [cand. med.]: Zur Messung der Reactionszeit ...
Strassburg, Elsäss. Druckerei u. Verlagsanst. vorm. G. Fischbach, 1889; 18 S. u. 4 Taf. 8°

Strassburg, Med. Fak., Inaug.-Diss. v. 1889

Dumrese, Hans u. E. Dumrese: Kirchengeschichte der evangelischen Gemeinde Freystadt. Freystadt: Weise 1909. 80 S. 8°

Dumrese, Hans, aus Baudach: Untersuchungen zur Geschichte der Reformation im steiermärkischen Bauernstande. *Gräfenhainichen 1904: C. Schulze & Co.* (96 S.) 8° [F.]
Greifswald, Phil. Diss. v. 9. Mai 1904

Düms' Comptoir- und Reise-Karte von Mittel-Europa. Nach amtlichen Quellen bearb. 1.—13. Aufl. Nebst Ortschafts-Verzeichniss. Nach amtlichen Quellen bearb. von A. Schaacke. Neu revid. von Osk. Grune. Wesel, Düms. 1880—92. Lith. u. kolor.

Düms' Neueste Eisenbahnkarte von Mittel-Europa. Nach amtl. Material bearb. Ausg. 1884—1892. Wesel, Düms. Imp.-Fol. Chromolith.

Düms' Jugend-Bibliothek. 6 Bde. Mit je 5 Farbendr.-Bildern v. W. Schäfer. 12. Wesel (899). W. Düms. Geb., in Kasten 3. —

Till Eulenspiegels wunderbare u. seltsame Abenteuer. Nach dem Volksbuche der Jugend erzählt. Von Ferd. Goebel. 11.—13. Taus. (72 S.) — Gullivers Reisen u. Abenteuer bei den Zwergen u. Riesen. Der Jugend neu erzählt. Von Ferd. Goebel. 14. u. 15. Taus. (72 S.) — Münchhausens Reisen u. Abenteuer zu Wasser u. zu Lande. Für die Jugend bearb. u. durch neue Erzählgn. aus dem Nachlaß des Frhrn. v. Münchhausen vermehrt. Von Ferd. Goebel. 50.—55. Taus. (72 S.) — Rübezahl, der Herr des Riesengebirges. Der Jugend von 8 bis 14 Jahren neu erzählt. Von Ferd. Goebel. 54.—57. Taus. (72 S.) — Robinson. Der Jugend von 9—15 Jahren erzählt. Von Jul. Norden. 64.—69. Taus. (72 S.) — Die Robinson-Insel u. Robinsons u. Freitags fernere Schicksale. Der Jugend von 9 bis 15 Jahren erzählt. Von Jul. Norden. 27.—29. Taus. (72 S.)

Düms' Kinder-Bibliothek. 6 Bde. Mit je 5 Farbendr.-Bildern v. W. Schäfer. 12. Wesel (899). W. Düms. Geb., in Kasten 3. —

Was Tante Therese den Kindern erzählt. Fabeln, Märchen u. wahre Geschichten. Von Therese Focking. 31.—36. Taus. (71 S.) — In Freud u. Leid. Erzählungen f. die Jugend von 8—12 Jahren. Von William Forster. 13. u. 14. Taus. (72 S.) — Geschichten f. Kinder von 6—10 Jahren. Von Marie Halmy. 11.—15. Taus. (72 S.) — Draußen u. Daheim. 4 Erzählgn. f. die Jugend von 8—12 Jahren. Von Maria Mancke (William Forster). 1.—10. Taus. (71 S.) — Kurze Erzählungen. Von Chrph. v. Schmid. 35.—40. Taus. (72 S.) — Was Mütterlein erzählt. Märchen u. Erzählgn. f. das Alter von 5—8 Jahren. Von Marie Wichmann. 1.—10. Taus. (71 S.)

— Knaben-Bibliothek. 6 Bde. Mit je 5 Farbendr.-Bildern v. W. Schäfer. 12. Ebd. (899). Geb., in Kasten 3. —

Der fliegende Holländer u. andere unterhaltende Geschichten. Für die Jugend dargestellt. Von A. H. Fogowitz. 1.—10. Taus. (72 S.) — Streifzüge durch Länder u. Meere. Für die Jugend geschrieben. Von A. H. Fogowitz. 11.—20. Taus. (72 S.) — Im wilden Westen. 3 Erzählgn. f. die Jugend. Von J. Grundmann. 11. u. 12. Taus. (72 S.) — Onkel Toms Hütte. Eine Erzählg. aus dem Negerleben in den amerikan. Sklavenstaaten. Nach Harriet Beecher-Stowe f. die Jugend geschrieben. Von Heinr. Herold. 17.—20. Taus. (72 S.) — Nord u. Süd. Abenteuerliche Erzählgn. f. die Jugend. Von A. H. v. Rothenstein. 1.—10. Taus. (72 S.) — Bill Hammer. Erzählung aus dem deutsch-amerikan. Volksleben. Von Otto Ruppius. — Jagdgeschichten. Von Heinr. Herold. 1.—10. Taus. (71 S.)

— Märchen-Bibliothek. 6 Bde. Mit je 5 Farbendr.-Bildern. v. W. Schäfer. 12. Ebd. (899). Geb., in Kasten 3. —

Edda-Märchen. Der Jugend von 8 bis 12 Jahren erzählt. Von Albertine Abenheim. 11. u. 12. Taus. (72 S.) — Andersen's ausgewählte Märchen. Für die Jugend neu bearb. v. Ferd. Goebel. 11.—16. Taus. (72 S.) — Es war einmal: Ein deutsches Märchenbuch. Von Ludw. Bechstein. 32.—35. Taus. (72 S.) — Grimm's kleines Märchenbuch. Eine auserlesene Sammlg. der Kinder- u. Hausmärchen v. Jak. u. Wilh. Grimm. 14.—20. Taus. (72 S.) — Märchenschatz. Neue Märchen. Von W. Helmar. 17.—21. Taus. (71 S.) — Märchenbuch, neues. Enth. die schönsten deutschen Märchen. 53.—57. Taus. (72 S.)

Düms, Friedrich August

Düms, F. A., neue anatomische Anschauungstafeln in Lebensgrösse. (6 farb. Taf.) Imp.-Fol. Nebst Erklärung u. Beschreibung des Baues u. der wichtigsten Verrichtungen des menschl. Körpers. (4 S.) gr. 4. Leipzig (904). (G. Thieme.) n.n. 10. —; m. Leinw.-Rand u. Stäben n.n. 15. —; erh. Pr. n.n. 18. —; auf Leinw. m. Stäben n.n. 20. —; erhöh. Pr. n.n. 22. 50

Düms, F. A., neue anatom. Anschauungstafeln üb. den Bau u. die wichtigsten Verrichtungen des menschlichen Körpers. (Neue Aufl.) 6 farb. Taf. (8 Taf. je 161×54 cm, 2 Taf. je 51×79 cm u. 1 Taf. 80×54 cm.) Nebst Erklärung. (23 S. m. Abbildgn.) kl. 8. Leipzig J. Wörner 1909.

— die Ausbildung der Eisenbahn- u. Postbeamten in der ersten Hülfeleistung bei Unglücksfällen. (83 S. m. 21 Abbildgn.) gr. 16. Ebd. 903. n. — 75

— die Ausbildung der Feuerwehr in der ersten Hülfeleistung bei Unglücksfällen. (97 S. m. 27 Abbildgn.) gr. 16. Ebd. 903. n. — 75

Düms, Fr. A., über die volkswirtschaftl. Bedeutung der allgem. Wehrpflicht, s. a. Beiheft zum Militär-Wochenblatt. 1902. Hft. 10.

Ueber die volkswirtschaftliche Bedeutung der allgemeinen Wehrpflicht. Von Dr. [Friedrich August] Düms, Oberstabsarzt. *Berlin: E. S. Mittler & Sohn 1902.* (S. 467–481.) 8° [F.]
— Militär-Wochenblatt. 1902. Beiheft 10, [1.] [02. 8736

Handbuch der Militärkrankheiten, äussere '(chirurgische)' Krankheiten v. Dr. F[riedr.] A[ugust] Düms, Oberstabsarzt in Leipzig. M. 41 Textabb. *Leipzig: E. Besold 1896.* (XVI, 384 S.) 1 Bd 8. [96. 1360

Düms, Fr. A., Handbuch d. Militärkrankheiten. Äuss. (chirurg.) Krankheiten. gr. 8. (XVI, 384 S. m. 41 Abb.) Leipzig 896. A. Georgi. n. 7. 50; geb. n. 8.50

— dasselbe. 2. Bd. Innere Krankheiten. M. zahlr. graph. Kurven, Kartenskizzen u. Tab. gr. 8. (X, 636 S.) Ebd. 899. n. 12. 50; geb. n. 14. —

— Handbuch der Militärkrankheiten. 3. Bd. Bearb. unter Mitwirkg. v. Ostmann u. A. Roth. Die Krankheiten der Sinnesorgane u. des Nervensystems einschliessl. der Militärpsychosen. Mit zahlr. graph. Kurven, Kartenskizzen u. Tab. gr. 8. (XVI, 662 S.) Leipzig 900. [A. Georgi.] G. Thieme. n. 12. 50; geb. n. 14. —
Bd. 1 u. 2 jetzt Ebd. n. 20. —; geb. n. 22. 50.

— Samariter-Handgriffe. (Anschauungstafeln f. die erste Hilfe u. f. die Krankenpflege.) 6 zum Tl. farb. Taf. Je 52×84 cm. Mit Text. (23 S. m. Abbildgn.) 8. Ebd. (909). Auf Leinw. m. Stäben nn 18. —; einzelne Taf. nn 4. —

— Neue Samaritertafel f. Berufsgenossenschaften. Hrsg. v. der ärztl. Kommission der deutschen Gesellschaft f. Samariter- u. Rettungswesen. (1 Bl. m. Abbildgn.) 44×55,5 cm. Ebd. (910). p nn — 50

Düms, das moderne Samariter- u. Rettungswesen f. das Land. Vortrag auf der 10. Hauptversammlg. des deutschen Vereins f. ländl. Wohlfahrts- u. Heimatpflege am 12. II. 1906. Nebst weiteren Ausführgn. v. H. Thiel, Bielefeldt, Kormann, Hansen, Gastpar, Peters, Geo. Meyer. Hrsg. vom Deutschen Verein f. ländl. Wohlfahrts- u. Heimatpflege. (32 S. m. 1 Taf.) 8. Berlin 906. Deutsche Landbuchh. n. — 40

Düms, W., Aquarell-Album. 6 Aquarell-Vorlagen in feinstem Buntdr. u. 6 Bl. Contourzeichngn. gr. 4. Wesel 885. Düms. In Mappe. 2. —

Düms, W., und C. van Wesel, Spiegelbilder aus dem Kinderleben, s. Wesel, C. van.

Düms sen., W., Zeichenhefte mit Vorlagen für Stadt- und Landschulen, sowie zum Selbstunterricht. 1.—3. Aufl. 10 Hefte. 4. (à Heft 16 Stnt.) Wesel 883,84, Düms. à Heft *15 Pf. *

Düms sen., W., Zeichenhefte mit Vorlagen f. Stadt- u. Landschulen, sowie zum Selbstunterricht. 1., 4., 5. u. 7. Hft. (5. Aufl.) 4. (à 16 S.) Wesel 888. Düms. à — 15

Düms sen., W., Zeichenhefte m. Vorlagen f. Stadt- u. Landschulen, sow. z. Selbstunterr. 3., 6. u. 7.—9. Hft. 4. (à 16 S.) Wesel 896. W. Düms. à n. — 15
3. Randverziergn. u. Sternfiguren a. geraden Linien. 8. Aufl.
5. Figuren aus geraden u. gebog. Linien. 9. Aufl.
7. Gefäßformen. 8. Aufl.
8. Randverziergn. 8. Aufl.
9. Pflanzen-Ornamente. 4. Aufl

— Zeichen-Schule in 60 Vorlege-Blättern. Lehrgang zum Selbstunterricht u. f. Schulen v. W. Schäfer. 10 Hfte. qu. gr. 8. (à 6 Bl.) Ebd. 899. In Mappe n. 4.—

Dumser, Joh. Elm., hinterlassene Gedichte. Nach seinem Tode gesammelt und hrsg. auf Verlangen seiner Gemeindeglieder und Freunde. gr. 12. (118 S.) New-York 858. (Philadelphia, Schäfer und Koradi.) geb. *

Dumstrey, Fritz, die Körperpflege des Kulturmenschen in gesunden u. kranken Tagen. (Umschlag: Ärztliche Ratschläge.) (162 S.) gr. 8. Leipzig 910. Helios-Verlag. 2. 80; geb. 4. —

— s.: Menschenkenner, der.

Der erste Napoleon. Ein psycholog. u. patholog. Problem von Dr. Fritz Dumstrey. Leipzig: O. Wigand 1898. (VI, 103 S.) 8° [J.]

Dumstrey, J. M. (Red.), s. Fahrrad, Das.

Dumstrey, J. M. Nachlese. Gedichte aus dem Leben der Radfahrer. Mit Bildern v. Max Rendschmidt. gr. 8. (87 S.) Lpz. 890, [L. Weber, Sport-Verlag]. geb. * 2 —

Dumstrey's Tourenbuch für Radfahrer, enthaltend die Touren von Deutschland, Holland, einem Theile Oesterreichs, der Schweiz, Frankreichs, Englands, Dänemarks und Polens. gr. 16. (XVI, 285 S.) Berlin 888, T. H. S. Walker, S.W., Zimmerstr. 87. geb. *

Dun da Nadel. Prüm dun da N' per Noss infaunts. (Parevlas dedichedas als infaunts romauntschs dall' Uniun dels Grischs. [Vertidas nel romauntsch d'Engiadin' ota tras Clementina Gilly.]) — Register dels commembers. II + 37 p. 8. Samedan, Engadin Press Co., 1909.
Uniun dels Grischs. (Publicaziun) No. 5.

Dünn, Werner von der, ererbt u. erworben. Roman aus dem balt. Leben. 3 Bde. 8. (186, 315 u. 286 S.) Stuttgart 878. Richter & Kappler. n. 10. —

Dünaburg [Schlagwort]

Dünaburg, s.: Europa. Uebersichtskarte.

Dunajew, Wanda v. [Frau v. Sacher-Masoch], die Damen in Pelz. Geschichten. 8. (VII, 200 S. m. Lichtdr.-Portr.) Leipzig 881. Morgenstern. n. 3. —

†Dunajew, Wanda v. [Frau v. Sacher-Masoch], die Damen in Pelz. Geschichten. 8. (VII, 200 S. mit Lichtdr.-Portr.) Leipzig 882, Morgenstern.

Dunajew, Wanda v. [Frau von Sacher-Masoch], echter Hermelin. Geschichten aus der vornehmen Welt. 8. (VII, 232 S.) Bern 879, Frobeen und Comp.

Dunajew, W., der Roman einer tugendhaften Frau, s. Gestalten, interessante.

Dunal, Monographie de la famille des Aunonacées avec 35 planches. 4. (Strasbourg et Paris, Treuttel et W. en Com.) 818.

Dünamünde [Schlagwort]

Dünamünde, s.: Europa. Uebersichtskarte.

Dunand, Jos., O. Cap., 36 lettres inédites avec 23 réponses également inédites de Grandidier, publiées par A. Gasser et A. M. P. Ingold, s.: Correspondants, les, de Grandidier X.

Dunangeon (J. B.). Theorie der Zeugung der Pflanzen, der niedern und hoehern Thiere . . . Weimar, 1836. 8°.

Dunant, Henri, der Begründer der Genfer Konvention und des Roten Kreuzes. Ein Wort zur Verbesserung seiner Lage. Stuttgart 1896. V: *Baumberger, Gg.* (Vorrede): *Graeter, Ad.* (Berl) (Kat. d. ständ. Bibl. Stuttg. 1907. S. 297.)

Dunant, Alphonse [aus Genf]: Die direkte Volksgesetzgebung in der schweizerischen Eidgenossenschaft und ihren Kantonen ... Heidelberg, Univ.-Buchdr. v. J. Hörning, 1894; 2 Bl., 82 S. 8.
Heidelberg, Phil. Fak., Inaug.-Diss. v. [25. Febr.] 1894

Dunant, A. Die direkte Volksgesetzgebung in der schweizerischen Eidgenossenschaft und ihren Kantonen. In-8°. 80 S. Heidelberg. These. (Basel, Georg & Co.) 1894

Dunant, Emile. Guide illustré du Musée d'Avenches. Ire Partie: Collections archéologiques. IIe Partie: Monuments épigraphiques. In-8°. 138 pages avec 10 planches. Bâle et Genève, Georg & Co. 1900

Dunant, Emile, s.: Relations, les, diplomatiques de la France et de la République Helvétique.

Dunant, Émile, de Genève Licencié ès sciences sociales: Les relations politiques de Genève avec Berne et les Suisses de 1536 à 1564. Genève Romet Impr. [Georg Verl.] 1894. 2 Bl., IV, 222 S., 1 Bl. 8°.
Zürich, Phil. Diss. I. S. [v. 5. April 1894].

Dunant, E. La Réunion des Grisons à la Suisse. Correspondence diplomatique de Florent Guiot, résident de France près les Ligues Grises (1798 à 1799) et des Députés Grisons à Paris avec Talleyrand, le Directoire et les gouvernements Helvétique et Grison. Avec une introduction et des notes. Gr. in-8°. LII. 488 p. Bâle et Genève, Georg & Co. 1899 10 —

Dunant, Jean Henri

Dunant, J. Henri, die Barmherzigkeit auf dem Schlachtfelde. Eine Erinnerung an Solferino, nach der 4. franzöf. Ausg., mit Ermächtigung des Verf. neu übers. und mit einem Bericht über den Genfer internationalen Sanitätscongreß vermehrt von E. R. Wagner. gr. 8. (VIII und 160 S.) Stuttgart 864, Belser's Verlag.

—— eine Erinnerung an Solferino. Deutsche, vom Verf. autoris. Ausg. nach der 3. Aufl. des Orig. bearb. gr. 8. (128 S.) Basel 863, Georg. *

—— dass. — Nebst Vorschlägen zu besserer Pflege der Verwundeten. Nach der 3. französ. Aufl. übertragen. 8. (127 S.) Leipzig 864, Gerhard.

Dunant, J. Henry, e. Erinnerung an Solferino. Deutsche, v. Verf. autor. Ausg., n. d. 3. Aufl. d. Originals bearb. 8. (86 S.) Bern 895. (F. Semminger.) n. — 60

Dunant, Henri. Eine Erinnerung an Solferino von J[ean-] H' D'. Deutsche, vom Verfasser autorisierte Ausgabe, nach der im Jahre 1863 herausgegebenen Aufl. des Originals bearbeitet. Mit Bildnis des Verfassers [Tafel]. Mit einem Anhang: Der Ursprung des Roten Kreuzes. Nach dem französischen Original der Herren Ch F Haje und J M Simon. [Umschlag mit 1 Vignette.] 153 S. 8. Bern, Fr. Semminger, 1909. [fr. 2.50]

Dunant, P. L. (Prof. à l'Université à Genève.) Influence de la population des campagnes dans les villes. In-8°, 22 p. Genève et Bâle, Georg. 1878.
*** Extrait des Annales de Démographie internationale.

Dunant, P.-L. (Dr. Prof.) et **Suskind,** (pharmacien). Rapport sur la salubrité des eaux distribuées par la machine hydraulique de la ville de Genève. In-8°, 19 p. Genève, Bâle et Lyon, H. Georg. 1881

Dunant, (Dr. P. L.) Recherches sur le mouvement de la population de la ville de Genève de 1845—1872. 48 pages in 4° et 10 tableaux graphiques. Genève et Bâle, H. Georg. 1876 3. —

Dunant, Pierre-Louis *s.* Fol, Hermann, et Dunant, Pierre-Louis.

Dunnaus, Frdr., Andenken an den selig verstorbenen P. Franz Klaholz. 12. (70 S.) Paderborn 882. Bonifacius-Druckerei. — 60

Dunbar, J., Versuch üb. d. Geschichte d. Menschheit, im rohen u. gesitteten Zeitalter; aus d. Engl. gr. 8. Lpz. 781. Schwickert. 16 g

Dunbar, Lewis (Naumann) (geb. Hülsede bei Hannover 28. 3. 1859): Ueber Pigmentirungen der Haut. Berlin (1884). (26 S.) 8°
Berlin, Med. Diss. v. 14. Aug 1884

Dunbar, Will., poems, ed. with instructions, various readings, and notes by J. Schipper. 1.—5. part. [Aus: „Denkschr. d. k. Akad. d. Wiss."] Imp.-4. Wien, (F. Tempsky.) n. 27. 50
1. (90 S.) 891. n. 4. 80. — 2. (S. 91—197.) 891. n. 5. 60. — 3. (S. 199—301.) 892. n. 5. 60. — 4. (S. 303—388.) 893. n. 4. 50. — 5. Anonymous early Scottish poem, forming a supplement to the poems of W. D. (S. 389—524.) 891. n. 7. —.

Dunbar, William Philipps

Dunbar, u. K. Thumm, Beitrag zum derzeitigen Stande der Abwasserreinigungsfrage m. besond. Berücksicht. der biologischen Reinigungsverfahren. gr. 8. (VII, 142 S.) München 902. R. Oldenbourg. n. 4. —

Dunbar, s.: Bericht usw. über die Nahrungsmittelcontrole in Hamburg.

[Umschlagt.:] Bericht des Hygienischen Instituts über die Nahrungsmittelcontrole in Hamburg bis zum Jahre 1896 incl., erstattet v. Prof. Dr. [William Philipps] Dunbar, Dir. d. Hygien. Inst., u. Dr. K[arl] Farnsteiner, Assistent d. Hygien. Inst. ... *Hamburg: Gedr. b. Lütcke & Wulff 1897.* (1 Bl., 127 S.) 1 Bd 4. [97. 4549

Dunbar, zur Frage der Stellung der Bakterien, Hefen u. Schimmelpilze im System. Die Entstehg. v. Bakterien, Hefen u. Schimmelpilzen aus Algenzellen. (VIII, 60 S. m. 3 Fig. u. 5 Taf.) Lex. 8. München 907. R. Oldenbourg. 5. —

— Leitfaden f. die Abwasserreinigungsfrage. (XXIV, 886 S. m. 147 Abbildgn.) 8. Ebd. 907. Geb. in Lw. 5. —

— Ursache u. Behandlung des Heufiebers. Vortrag in der Hufelandischen Gesellschaft zu Berlin am 9. III. 1905. (39 S.) 8. Leipzig 905. J. J. Weber. n. — 75

Aus d. staatl. Hygien. Inst. in Hamburg. Zur Ursache und specifischen Heilung des Heufiebers. Von Prof. Dr. [William Philipps] Dunbar, Dir. *München & Berlin: R. Oldenbourg 1903.* (VI, 60 S.) 8° [04. 8537

Dunbar, *William* P. [app. Arzt aus St. Paul '(N.-Amer.)', Assist. am hygien. Inst. in Giessen]: Aus d. med. Klinik d. Herrn Geheimr. Prof. Dr. Riegel in Giessen. Über das Verhalten des linken Ventrikels bei den Fehlern der Mitralklappe ... Leipzig, Druck v. J. B. Hirschfeld, 1892; 2 Bl., 37 S. 8.
Giessen, Med. Fak., Inaug.-Diss. v. 1892

Dünbier, Ludwig, approb. Arzt aus Gubisrath (Rheinl.): Das Verhalten der Ligamenta sacro-uterina bei verschiedenen gynäkologischen Affektionen. *Freiburg i. B.: Speyer & Kaerner 1903.* (68 S.) 8°
Freiburg i. B., Med. Diss. v. 1903

Duncan. Roma oder Nationalcharacter, Politik und Kriegskunst der Römer. Aus d. Engl. von E. H. Heusinger. Braunschweig 1828. 8°. (Orig. 1752.)

Duncan: Roma, od. Nationalcharakter, Politik u. Kriegskunst d. Römer. Ein Beitr. z. Gesch., besond. z. Kriegsgesch. d. Vorzeit. A. d. Engl. mit Anmerkn. v. E. H. Heusinger. gr. 8°. (20 B.) Braunschweig 1828, G. C. E. Meyer.

Duncan, Andr., neues Apothekerbuch; aus d. Engl. übersetzt v. C. G. Eschenbach u. K. G. Kühn. 3 Bde, mit Kpf. gr. 8. Leipz. 810. N. A. 818. (W. Rauck). 6 ℛ 10 g (1r Thl. A. u. d. T.: Anfangsgründe d. pharmaceut. Chemie. 1 ℛ 16 g 2r Thl. u. d. T.: Arzneimittellehre. 2 ℛ 12 g 3r Thl. u. d. T.: pharmaceut. Präparate u. Zusammensetzungen. 2 ℛ 12 g)

Duncan, Andr., neues Apothekerbuch. a. d. Engl. übers. von Eschenbach u. Kühn. 3 Bde. m. K. gr. 8. Lpz. Sommer. 810. (1r 1 Rthlr. 16 gr. 2r und 3r à 2 Rthlr. 12 gr.)

Duncan, A., neuestes Apothekerbuch. Enthaltend: 1) die Anfangsgründe der pharm. Chemie, 2) die Arzneymittellehre, 3) die pharm. Zubereitung und Zusammensetzungen. Aus dem Engl. übersetzt, berichtigt und vermehrt von Dr. C. G. Eschenbach und Dr. K. G. Kühn. 3 Bde. Neue Ausg. m. Kupfern. gr. 8. Leipzig, Sommer. 818. Rthlr.

Duncan, A., Beobachtungen über die unterscheidenden Symptome der drey Hauptgattungen der Lungenschwindsucht, nebst ihrer Behandlung. A. d. Engl. von J. L. Choulant. 8. Leipzig, Breitkopf u. H. 817.

— Casus medicinal. ex diario valetudinarii publ. Edinburg sel., c. observatt. 8maj. Leyden 783. Luzac. 1 ℛ 4 g

— Krankengeschichten, nebst Bemerkk.; aus d. Engl. gr. 8. Leipz. 779. Weidmann. 14 g

— pharmaceut. Präparate u. Zusammensetzungen (ist der 3te Band des Apothekerbuchs).

— von d. Wirkung u. Gebrauch d. Quecksilbers; aus d. Engl. 8. Frankf. u. Leipz. 773. Hertel. 4 g

Duncan, Dan., Von dem Mißbrauch heißer und hitziger Getränke, sonderlich aber des Caffee's, Chokolade und Thee's. Lpz. 12°. Engl. Lond. 1706. 8°. 1707

Duncan, J. Mathews, Sterilität bei Frauen. Klinische Vorträge, geh. im Royal College of Physicians im Febr. 1883. Aus dem Engl. v. Siegfr. Hahn. gr. 8. (128 S.) Berlin 884. O. Enslin. n. 3. —

Duncan, J. Matthews, klinische Vorträge über Frauenkrankheiten. Autoris. deutsche Ausg. von F. Engelmann. gr. 8. (III, 218 S.) Berlin 880. Hirschwald. n. 4. —

Duncan, Joh., Beiträge zur Pathologie u. Therapie der Chlorose. [Aus den Sitzungsber. d. k. Akad. d. Wiss.] Wien 867. (Gerold's Sohn.) gr. 8. (7 S.) n. 2 ngr.

—— über die Malpighischen Knäuel in der Froschniere. Lex.-8. (7 S. mit 1 Stnt.) Wien 867, (Gerold's Sohn.)
Vorstehende zwei Schriften des Verf. wurden aus: Sitzungsberichte der k. Akademie der Wissenschaften, besonders abgedruckt.

Duncan, Joh. Mor.

Duncanii, Jo. Mor., novum Lexicon graecum ex Chr. Tob. Dammii Lexico Homerico-Pindarico, vocibus secund. ord. literar. dispositis retractatum emend. et auxit Valent. Christ. Frider. Rost. (Appendix nonnullor. philologicor.) 4 maj. (171 B.) Lipsiae (831—)34, Baumgaertner.

Duncan, Io. Mor., novum Lexicon graec., ex Christ. Tob. Dammii Lex. Homerico-Pindarico vocibus secund. ord. literar. dispositis retractat. emend. et auxit Valent. Christ. Frider. Rost. (Villis et immutata edit. In 12 Lfg.) 4maj. (171 B.) Lipsiae 836—38, libr. Baumgaertner. à * 7 Gr. •

Duncan, John, die Gurkentreiberei im Großen, als sicheres Mittel zu bedeutendem Gelderwerb ꝛc. Aus d. Engl. übertr. gr. 8. (5¼ B. u. 1 Stnt.) Weimar 843, Voigt.

Duncan, John, d. Gurkentreiberei im Grossen, als sicheres Mittel z. bedeutendem Gelderwerb etc. Aus d. Engl. Mit 1 lith. Taf. gr. 8. Weimar, 1844. 2. Aufl. 1849. Voigt. — 10

Duncan, John, die Gurkentreiberei im Großen, als sicheres Mittel zu bedeutendem Gelderwerb: oder Darlegung eines bewährten Verfahrens, nach welchem man das ganze Jahr hindurch auf Beeten, in Gruben und Warmhäusern von neuer, wohlf. und verb. Einrichtung, die trefflichsten Gurken ziehen kann. Aus dem Engl. 2., verm. Aufl. gr. 8. (IV und 90 S. mit 1 Stnt. in 4.) Weimar 849, Voigt.

—— Reisen in Westafrika, von Whydah durch das Königr. Dahomey nach Adofudia im Innern. In den J. 1845 und 1846. Aus dem Engl. von M. B. Lindau. 2 Bde. 8. Leipzig 848, Arnoldische Buchh. [1. (X und 301 S. mit 1 lith. Karte in qu. Fol.) 1 Thlr. 22 Ngr., 2. (VI und 276 S.) 1 Thlr. 12 Ngr.]

Duncan, Isadora, der Tanz der Zukunft (the dance of the future). Eine Vorlesung. Übers. u. eingeleitet v. Karl Federn. (46 S. m. Bildnis u. 1 Taf.) gr. 8. Leipzig 903. Jena, E. Diederichs. n. 1.—

Duncan MacAlpin, das Wirthshaus in d. Hochlanden. Aus d. Engl. übersetzt. 2 Bde. gr. 8. Lemgo 839. Meyer. 1⅓ ₰

Duncan's Rituale der Freimaurerei, oder Führer durch die drei symbolischen Grade des alten York Ritus, des Lehrlings- Gesellen- und Meister- Maurer Grades, von Malcolm C. Duncan. Deutsche Ausg. Mit zahlreichen in den Text eingedr. Holzschn. New York: Kullman & Co. [1875]. IV, 152 S. 8°
[Dasselbe.] New York: Dick & Fitzgerald [ca 1900]. IV, 5—152 S. 8°

Duncan, P. A. — Poems written in celebration of the Nuptials of Her Royal Highness Princess Elisabeth, Dutches in Bavaria, with His Imperial Majesty Franz Joseph, Emperor of Austria ec. ec. by — —. 4. (3 Blätter.) Vienne. 1854. Printed by Leopold Sommer.

Duncan, Sara Jeannette, s. a.: Cotes, Mrs. Evarard.

Duncan, Sara Jeannette. A social departure. — An American girl in London, s. Library, the English.

Dunciade, poëme. II Vol. 8. Lond. (Varrentrapp, Francof.) 773.

Dunciade, d. deutsch., 1r Thl., (v. Frhrn. Fr. K. v. d. Lühe). Mit e. Vorr. v. G. B. v. Schirach. 1r Thl. 8. (Berl.) 773. Voß. 6 gl.

Dunciade, Deutsche. Erster Theil. Mit einer Vorrede herausgegeben von Herrn Schirach. Leipzig u. Helmstädt 1773. V: *Lühe, Friedrich Carl Freih. v.* (A) (Ky) (Mn) (MGT)

Dunciade, die, des Jahrh., od. d. Kampf d. Lichts u. d. Finsterniß. Ein histor.-komisches Gedicht in 12 Gesängen. 8. Berl. 793. Acad. B. 16 gl.

Dunck-Herren, Leopold Adolph von (Mecklenburg-Strelitz), De morte vim jurisjurandi habente. Disp. acad. Präs. Aug. Leyser. Helmstedt (P. D. Schnorr) September 1724. 12 Blatt, z. Tl. dtsch. (5.—) 7071

Dunckel, Adolf (geb. Grabow in Posen 26. 9. 1844): Ueber die urämische Intoxication. Berlin (1867). (31 S.) 8°
Berlin, Med. Diss. v. 11. Nov. 1867

Dunckel, D. W., Gastpredigten, gehalten im J. 1839. 8. Gothenburg 841. (Lübeck, v. Rohden.) n. ⅙ ₰

Dunckel, (Dunkel) D. W., Predigten. 1r Bd. 8. Gothenburg 834. (Hamb., Perthes, Besser u. Mauke.) 1 ₰

Dunckel, (D. W.,) zwei Predigten, gehalten bei Gelegenheit seiner Amtsveränderung. 8. Gothenburg 824, Lincke.

Dunckel, Johannes: Aus großer Zeit. E. Erinnerg. an 1870/71 in Wort, Lied u. Bild unt. Benützg. zeitgen. Dichtgn. Textbuch. 12°. (31 S. m. 12 Plänen.) Landshut 1895. (F. P. Attenkofer.)

Dunckel, Max, Weltuntergang, s.: Bobach's illustr. Roman-Bibliothek. II. 3.

Dunckelberg, Konrad, Zur // Teutschen // Prosodie // Vierstufficte // Lehr-Bahn /// Worinnen // I. Der Sylben Quantität / II. Die // Pedes / oder Tritte / III. Die Rhythmi // oder Reime / und IV. der Carmi- //num Genera // nebst // unterschiedenen lustigen Vers-Arten /// durch leichte Anweisung // der Kunstsuchenden Jugend // gezeiget werden // von // M. CONRADO Dunckelberg /// P. N. C. i. z. Nordh. Lycei Rectore. // NORDHAUSEN /// Verlegts Carl Christian Neuenhahn / Buchh. // Anno 17o3. - 8 Blatt (nicht paginiert) Titelkupfer, Titelblatt, Verzeichnis der Scholaren, Anrede und ein Gedicht. - 2oo S. und noch 4 Blatt (nicht paginiert) Register und Druckfehler.

Katalog der Landes-Bibliothek — Bibliothek der Mecklenb. Ritter- und Landschaft — zu Rostock. Bearb. v. **F. H. Dunckelmann.** Tl. 1. Mecklenburgica. Rostock. 1905. 8°.

Katalog der Landesbibliothek — Bibliothek der Mecklenb. Ritter- und Landschaft — zu Rostock bearb. v. **F. H. Dunckelmann.** T. 2. Rostock. 1909. 4°

Duncker, s.a. Dunker.

Duncker, Max, Gedenkblatt an ihn, s.: Brode, R.

Glückwunsch der philosophischen Fakultät für Max Duncker in Berlin [in Halle 1839 Privatdozent und 1842—57 außerordentlicher Professor] zum 50jährigen Dr.-Jubiläum (Berlin) am 16. Juli 1884. —(Abgedr.: Chronik 1884. S. 15.) Halle-Wittenberg. 1 Bl.

Der Polizei-Director Duncker und der absolute Polizei-Staat. Berlin, L. Schlesinger 1848. 8 S. 8.

Duncker: Beschreibung und Anwendung der patentirten Hörmaschinen mit biegsamen Leitungsröhren. 16 S., gbd.

Rathenow: typ. Haase o.J.

Duncker's landwirthschaftliche Bibliothek. Herausg. von C. Schneitler. Berlin 857. Besser's Verlhdlg. 8.
1. Bd.: Die Tiefkultur, ihre Vortheile, die verschiedenen Methoden u. die dazu nöthigen Geräthe, insbesondere die Nester'sche Tiefkultur des Marquis v. Tweeddale (nach H. Stephens) bearb. von C. Schneitler. Mit Holzschn. (im Text.) (4 Bl., 89 S.) n. 15 ngr
2. Bd.: Die Benutzung der menschlichen Ausscheidungen u. der thierischen Abfälle in der Landwirthschaft. Ein Beitrag zur allgemeinen Düngerlehre von W. Hahn. Mit Holzschn. (im Text.) (VIII, 154 S.) n. 20 ngr

Duncker's (Franz) landwirthschaftliche Bibliothek. Hrsg. von C. Schneitler. 1—3. Bd. 8. Berlin, [Franz Duncker.] geb. *
Inhalt:
Bd. 1. Schneitler, C., die Tiefkultur, ihre Vortheile, die verschiedenen Methoden und die dazu nöthigen Geräthe, insbesondere die Nester'sche Tiefkultur des Marquis v. Tweeddale (nach H. Stephens). (VII und 89 S. mit eingedr. Holzschn.) 857. * 15 Ngr.
" 2. Hahn, Wilh., die Benutzung der menschlichen Ausscheidungen und der thierischen Abfälle in der Landwirthschaft. Ein Beitrag zur allgemeinen Düngerlehre. (VIII und 154 S. mit eingedr. Holzschn.) 857. * 20 Ngr.
" 3. Schneitler, C., die Dibbelkultur oder Aussaat und Bearbeitung der landwirthschaftlichen Nutzpflanzen in unterbrochenen Reihen. Eine Zusammenstellung und Kritik der verschiedenen Systeme dieser Kultur-Methode von Lebocte, Rewington, Sigma etc. (VII und 134 S. mit eingedr. Holzschn.) 860. * 16 Ngr.

Duncker, das Christentum u. der deutsche Geist. Vortrag. gr. 8. (27 S.) Berlin 884. Wiegandt & Grieben. n. — 40

Duncker. Journal der Belagerung von Mainz 1793. Frankfurt a. M. 1793. 8°.

Duncker, A.: Belehrungen über Brillen ..., s. Duncker, J. A. H.

Duncker, A., durch Nacht zum Licht. Ein Zeitgedicht. Berlin 867. A. Duncker. (Paetel.) gr. 8. (5 S.) n. 2 ngr

ALBERT DUNCKER, Historisch-archäologische Analekten aus der römischen Kaiserzeit.
I. Zwei neue Juppiterstatuen aus den Rheinlanden.
II. Zum Alemannenkriege Caracallas und der angeblichen Alemannenschlacht des Claudius Gothicus. Mit 2 Text-Holzschnitten und 1 Steindruck-Tafel.
Zur Feier des hundertsten Jahrestages der Eröffnung des Museum Fridericianum zu Kassel am 23. Mai 1879 gewidmet vom Verein für nassauische Alterthumskunde und Geschichtsforschung. Wiesbaden. 1879. Julius Niedner. 4°.

Duncker, Alb., Beiträge zur Erforschung u. Geschichte d. Pfahlgrabens [Limes imperii Romani Transrhenanus] im unteren Maingebiet u. der Wetterau. Mit 1 (lith.) Kartenskizze u. 2 Cartons. [Aus: „Zeitschr. des Vereins für hess. Geschichte u. Landeskunde".] gr. 8. (104 S.) Kassel 879. Freyschmidt in Comm. n. 1. 50

Duncker: Claudius Gothicus. Ein Beitrag zur röm. Kaisergeschichte. 46 S.–Hanau, Progr. 1868

Duncker, Alb., die erste Entlassung d. Frhr. vom Stein u. seine Wiederberufung ins preußische Ministerium nach dem Tilsiter Frieden. Rede zur Feier d. Geburtsfestes d. Kaisers u. Königs Wilhelm I. den 22. März 1872 in der Aula d. Gymnasiums zu Hanau geh. gr. 8. (23 S.) Hanau 872. (König.) n. — 60

Duncker, A., Geschichte der Chatten, s. Zeitschrift des Vereins für hessische Geschichte und Landeskunde.

Duncker, Alb., die Brüder Grimm. Mit e. Holzschn. gr. 8. (IV, 123 S.) Kassel 884. Hühn. n. 3. —; geb. n. 4. —

Duncker, Alb., Friedrich Rückert als Professor am Gymnasium in Hanau. Eine Episode aus den Wanderjahren des Dichters. gr. 8. (23 S.) Hanau 874. (Alberti.) *

— Friedrich Rückert als Professor am Gymnasium in Hanau. Eine Episode aus den Wanderjahren des Dichters. gr. 8. (23 S.) Hanau 874. (Prior's Buchh.) n. — 75

FESTSCHRIFT den werthen Theilnehmern der Jahresversammlung des Vereins für hessische Geschichte & Landeskunde am 23. Juli 1874 zu Wilhelmsbad hochachtungsvoll gewidmet vom Hanauer Bezirksverein für hessische Geschichte und Landeskunde. Hanau. Druck von J. G. Kittsteiner. A. u. d. T.: ALBERT DUNCKER, Friedrich Rückert als Professor am Gymnasium zu Hanau. Eine Episode aus den Wanderjahren des Dichters. Hanau 1874. Im Selbstverlage des Hanauer Bezirksvereins für hessische Geschichte und Landeskunde. 8°.

— Friedrich Rückert als Professor am Gymnasium zu Hanau u. sein Director Johannes Schulze. Ein Beitr. zur Rückert-Biographie. 2., vollständig umgearb. Aufl. gr. 8. (VIII, 77 S.) Wiesbaden 880. Niedner. n. 2. —

— der Freiherr vom Stein u. die deutsche Frage auf dem Wiener Congresse. gr. 8. (65 S.) Hanau 873. König's Sort. n. 1. —

Duncker, Alb. Kurze Übersicht über die Geschichte der Bibliothek des kön. Gymnasiums zu Hanau und Verzeichnis der alten Drucke derselben bis zur Mitte des 16. Jahrhunderts. S. 13—22. Progr. G. *Hanau* 1877.

Der Verein für Hessische Geschichte und Landeskunde in den ersten fünfzig Jahren seines Bestehens 1834—1884 v. Albert **Duncker.** Mit dem Bilde der vier Stifter des Vereins. Festschrift zur Feier des fünfzigsten Stiftungstages am 16. August 1884 überreicht v. Vorstande des Vereins für Hessische Geschichte und Landeskunde. Kassel. 1884. 4° = Zeitschrift des Vereins für Hessische Geschichte und Landeskunde. N. F. Suppl. 10.

—— Landgraf Wilhelm IV. von Hessen, genannt der Weise, und die Begründung der Bibliothek zu Kassel im J. 1580. Eine hessische Geschichte und Landeskunde. gr. 8. (VII, 38 S.) Kassel 881, Fischer. *

Duncker, Alexander

Duncker, Alex., s. Abseits vom Wege.

Duncker, Alexander (Hrsg.), s. Flemming, Max: Gr. Atlas der Eisenbahnen von Mitteleuropa.

Duncker, Alex., s. Menzel, Adph., aus König Friedrichs Zeit.

Duncker, A., der Mütter Schatzkästlein. Kinder-Lieder, -Sprüche u. -Gebete. Unter Mitwirkg. v. Chr. Grütz. Geschmückt m. 6 Bildern v. Marie Stüler. Lex.-8. (86 S.) Berlin 893. A. Duncker. Kart. n. 3. —

[F.] Die Schwalben. E. Gesch. f. Kinder v. Alexander Duncker. M. Bild. v. E. Rosenstand. *Berlin: A. Duncker 1897.* (24 S.) 1 Bd 8. (98. 888)

Duncker, Alex., s. Taschenbuch, Berliner.

Duncker, Alex., s. Wohnsitze, die ländlichen, der ritterschaftlichen Grundbesitzer.

Duncker, C. H., praes. Heister, De asthmate scirrhoso hactenus fere neglecto. 24 pp. Helmst. 4°. 1749

Duncker, D., üb. die Bedeutung der deutschen Ausstellung in München in Beziehung auf ihre Anordnung u. ihren kunstgewerblichen Theil. gr. 8. (26 S.) Berlin 876. C. Duncker. — 60

Duncker, D., moderne Meister. Charakterstudien aus Kunst u. Leben. 8. (248 S.) Berlin 883. Hofmann & Co. geb. n. 4. —

Duncker, Dora

Duncker, D., Dies u. Das. Liebes- u. andere Geschichten. 8. (VII, 136 S.) Berlin 890. A. Duncker. n. 1. 60

Duncker, Dora, der schöne Ede u. anderes, s. Kürschner's Bücherschatz.

Duncker, Dora: Der schöne Ede u. anderes. Neue Berliner Novellen. Mit Ill. von H. Binde. Berlin, Leipzig: Hillger (1909). 96 S. 8°
(Kürschners Bücherschatz. Nr 664.)

Duncker, D., fünf kleine Erzählungen, s. Elias, E., lustige Geschichten aus der Kinderwelt.

Duncker, Dora, Familie. Novelle. 8. (91 S.) Berlin 898. Vita, Deutsches Verlagshaus. Geb. in Leinw. n. 1.—

Duncker, Dora, die heilige Frau. Berliner Theater-Roman. 1. u. 2. Aufl. (à 372 S.) 8. Berlin 905. Gebr. Paetel. n. 4. —; geb. in Leinw. n. 5. —

Die Graue Gasse. Roman von Dora Duncker. Berlin: Gebr. Paetel 1906. (278 S.) 8° [F.]

Als Ms. vervielfältigt. Gesühnt. Volksschauspiel in 4 Aufz. von D[ora] Duncker. Berlin: A. Entsch in Komm. 1905. (62 S.) 8° [F.]

— Lotte's Glück. Totgelacht. f.: Bibliothek Langen, kleine. 56. Bd.

Duncker, Dora, die Goldfliege. Berliner Sittenroman. 8. (228 S.) Berlin 894. F. Fontane & Co. n. 3. —

— die Goldfliege. s.a. Eckstein's illustr. Romanbibliothek. III. 9.

Die Goldfliege. Roman von Dora Duncker. Ill. von Hans Stubenrauch. 3. bis 12. Taus. *Berlin: R. Eckstein Nachf. [1903].* (155 S.) 8°
— Romanbibliothek, Ecksteins illustrierte. Jg. 3, Bd 9.

Duncker, Dora, Gross-Berlin, s.a. Eckstein's moderne Bibliothek.

Groß-Berlin. Neue Novellen von Dora Duncker. 1. bis 10. Taus. *Berlin: R. Eckstein Nachf. [1902].* (96 S.) 8°
— Bibliothek, Ecksteins Moderne. No 18.

— Grossstadt, s.a. Eckstein's illustr. Romanbibliothek. II. 5.

Grossstadt. Roman von Dora Duncker. Ill. von Friedrich Stahl. 1.–10. Taus. *Berlin: R. Eckstein Nachf. [1900].* (206 S.) 8°
— Romanbibliothek, Ecksteins illustrierte. Jg 2, Bd 5.

—— Käte Grumbkow. Novelle. 8. (116 S.) Berlin 886, Herm. Paetel. *M 1.50.; geb. *

Duncker, Dora, reelles Heiratsgesuch rc. Inserat-Studien. 8. (122 S. mit 45 Illustr. von Friedr. Stahl.) Stuttgart 888, Krabbe. *

— f.: Jahr, buntes.

Jugend. 3 Novellen von Dora Duncker. 1. bis 3. Taus. Berlin: R. Eckstein Nachf. [1905]. (127 S.) 8°

— Jugend. Novellen. Neue, durchgeseh. u. verm. Ausg. (200 S.) 8. Berlin 907. Gebr. Paetel. 3. —; geb in Leinw. 4. —

Kämpfer. Roman von Dora Duncker. Berlin: Gebr. Paetel 1909. 306 S. 8°

Kämpfer. Roman von Dora Duncker. 2. Aufl. Berlin: Gebr. Paetel 1909. 306 S. 8°

Duncker, Dora: Komödiantenfahrten, s. Eckstein's Miniaturbibl.

— Leiden. Der Roman e. Knaben. (415 S.) 8. Berlin (908). S. Schottlaender's schles. Verlags-Anstalt. 5.—; geb. 6. —

—— Ein Lieutenant verloren rc. Inseratstudien. Illustrirt v. H. Albrecht. 8. (VII, 114 S.) Stuttg. 891, Krabbe. * 1 —

Duncker, Dora: Loge 2, s. Eckstein's Miniaturbibl.

— Loge 2. Novelle. 1.—3. Taus. 12. (143 S.) [Berlin 896. R. Eckstein Nachf.] Leipzig, G. Müller-Mann. n. 1. —

— die grosse Lüge, s.a. Eckstein's illustr. Romanbibliothek. II. 9.

Die große Lüge. Roman von Dora Duncker. Ill. von Friedrich Stahl. 1. bis 10. Taus. *Berlin: R. Eckstein Nachf. [1901].* (199 S.) 8°
— Romanbibliothek, Ecksteins illustrierte. Jg. 2, Bd. 9.

— Märchen u. Erzählungen. (208 S. m. 5 Farbdr.) gr. 8. Berlin (905). Globus Verlag. Geb. in Halbleinw. n. — 80; in Leinw. n. 1. 40

— Maria Magdalena. Roman. 1.—5. Taus. (254 S.) 8. Berlin (903). R. Eckstein Nachf. n. 2. —; geb. n.n. 3. —

— Maria Magdalena. Roman. 2. Aufl. (254 S.) 8. Berlin 908. Gebr. Paetel. 3.—; geb. in Leinw. 4.—

Duncker, Dora, die Modistin. Novellen u. Skizzen. 8. (III, 144 S.) Berlin 804. Freund & Jeckel. n. 2. —

—— Morsch im Kern. Roman. 8. (312 S.) Berl. 889, Freund u. Jeckel. * 3 —

— Morsch im Kern, f.a. Kürschner's, Jos., Bücherschatz.

Morsch im Kern. Roman von Dora Duncker. Mit Ill. von E. Ranzenhofer. Bd 1. 2. *Berlin, Eisenach, Leipzig: H. Hillger [1901].* 2 Bde 8° [F.]
— Bücherschatz, Kürschners. No 265. 266.

[F.] Mütter. Drei tragische Novellen v. Dora Duncker. *Berlin: F. Fontane & C. 1897.* (2 Bl., 155 S.) 1 Bd 8.
(Fontane's 2-Mark-Bücher.)

— Mütter. s.a. Eckstein's moderne Bibliothek. No. 25.

Mütter. 2 Novellen von Dora Duncker. (1.–10. Taus.) *Berlin: R. Eckstein Nachf. [1903].* (96 S.) 8°
— Bibliothek, Ecksteins Moderne. No 25.

Das Perlenbuch. Neue Novellen u. Skizzen von Dora Duncker. Berlin: Gebr. Paetel 1910. 202 S. 8°

[F.] Plaudereien und Skizzen aus dem Berliner Zoologischen Garten v. Dora Duncker. M. zahlr. Ill. v. A. Kessler. *Berlin: A. Duncker 1896.* (85 S., 1 Bl.) 1 Bd 8.

— der Ritter vom hohen C, s.: Eckstein's Miniaturbibl.

— Die Schneekönigin. Ein deutsches Märchenspiel in e. Vorspiel u. 3 Akten. (m. Zugrundelegg. v. Andersens „Schneekönigin".) (98 S.) 8. Charlottenburg 910. Schiller-Buchh. — 60

Die Schneekönigin. Ein deutsches Märchenspiel in 1 Vorspiel u. 3 Akten (mit Zugrundelegung von Andersens 'Schneekönigin') von Dora Duncker. Charlottenburg: Teschner 1910. 96 S. 8°

— die Schönheitstube, s.: Eckstein's illustr. Romanbibliothek.

— sie soll deine Magd sein, s.a. Eckstein's illustr. Romanbibliothek. III. 7.

Sie soll deine Magd sein. Roman von Dora Duncker. Mit Buchschmuck von Walter Caspari. 1. bis 10. Taus. *Berlin: R. Eckstein Nachf. [1902].* (191 S.) 8°
— Romanbibliothek, Ecksteins illustrierte. Jg. 3, Bd 7.

— so zwitschern die Jungen. Märchen u. Erzählgn. Illustriert v. Elias. 4. (V, 64 S. m. eingedr. Illustr. u. 16 Chromolith.) Berlin 885. A. Duncker. cart. n. 6. —

— Ueberraschungen, f.a. Eckstein's humorist. Bibliothek.

[F.] Ueberraschungen. Humoresken v. Dora Duncker. *Berlin: R. Eckstein Nachf. [1896].* (127 S.) 1 Bd 8.
— Bibliothek, Ecksteins Humoristische. No 79.

— Unheilbar. Roman. 8. (364 S.) Stuttgart 893. Deutsche Verlags-Anstalt. n. 4. —

— Unheilbar. Roman. (Neue wohlf. [Titel-]Ausg.) 8. (364 S.) Stuttgart (893) 898. Deutsche Verlags-Anstalt. n. 1. 50; geb. n. 1. 75

— Ernst v. Wildenbruch, f.a. Plaudereien, dramaturgische.

Duncker, Dora: Ernst von Wildenbruch. Ernstes u. Heiteres aus seinem Leben. Nebst e. ungedr. Festspiel, ungedr. Briefen u. ungedr. Gedichten. Berlin: Paetel 1909. 111 S. 8°
(Dramaturgische Plaudereien. [3.])

Gustav Wöhrmann. Schauspiel in 3 Akten von Dora Duncker. Berlin: R. Eckstein Nachf. [1903]. (96 S.) 8° [F.]

— f.: Zeitfragen.

-- falsches Ziel. Familie. s.a. Kürschner's, Jos., Bücherschatz.

Falsches Ziel. Familie. Novellen von Dora **Duncker**. Mit Ill. von A. Lewin. Berlin, Leipzig: H. Hillger (1906). (110 S.) 8° [F.]
— **Bücherschatz**, Kürschners. No 525. (07. 15342

Duncker, Ed., üb. d. Wärme im Innern der Erde u. ihre möglichst fehlerfreie Ermittelg. (Hrsg. v. Rhard. Brauns.) gr. 8. (X, 242 S. m. 2 Taf.) Stuttgart 896. E. Schweizerbart. n. 5. —

Duncker, Geo., biologische Beobachtungen an Lophobranchiern. Nach e. im naturwiss. Verein geh. Vortrag. gr. 4. (12 S.) Hamburg 900. L. Friederichsen & Co. n. 1. —
Sonderabdruck aus: „Abhandlgn. a. d. Gebiete d. Naturwiss."

Duncker, Geo. Der Elbbutt, e. Varietät der Flunder. [Pleuronectes flesus L. var. leiurus.] gr. 8. (17 S.) Hamb. 892, Herold's Verlag. * — 60
Aus: Schriften d. naturwiss. Ver. f. Schlesw.-Holst., besonders abgedruckt.

Duncker, Geo., die Fische der malayischen Halbinsel. (S. 135—207 m. 1 Abbildg., 2 Taf. u. 1 Kartenskizze.) Lex.-8. Hamburg 904. (L. Gräfe & Sillem.) n. 3. —
Sonderabdruck aus: „Jahrb. d. hambg. wiss. Anst. 2. Beihft."

— die Methode der Variationsstatistik. gr. 8. (75 S. m. 8 Fig.) Leipzig 899. W. Engelmann. n. 2. 40
Sonderabdruck aus: „Archiv f. Entwickelungsmechanik".

Duncker, Geo., Pisces, 1. Tl.: Syngnathidae, s.: Fauna, die, Südwest-Australiens.

— Syngnathiden-Studien. I. Variation u. Modification bei Siphonostoma typhle L. (115 S. m. 4 Fig., 20 Tab. u. 3 Taf.) Lex. 8. Hamb. 908. (L. Gräfe & Sillem.) 2. —
Sonderabdruck aus: „Mittlgn. a. d. naturhist. Museum".

Duncker, Geo., Variation u. Asymmetrie bei Pleuronectes flesus L. (Statistisch untersucht.) Mit Taf. XI bis XIV, 3 Fig. im Text, mehreren Text- u. 7 Anhangstab. gr. 4. (74 S.) Kiel 900. Lipsius & Tischer. n. 10. —
Sonderabdruck aus: „Wiss. Meeresuntersuchungen".

Duncker, Georg: Variation und Verwandtschaft von Pleuronectes flesus L. und Pl. platessa L., untersucht mittelst d. Heincke'schen Methode. Im Text: 20 Fig., 5 Tab. Im Anh.: 3 Tab. ... Kiel, Druck v. Schmidt & Klaunig, 1895; 1 Bl., 55 S. 4.
Kiel, Phil. Fak., Inaug.-Diss. v. [25. März] 1895

Duncker, Gustav: Die zweite mecklenburgische Hauptlandesteilung 1621. Marburg 1908: Bärensprung, Schwerin i. M. 116 S. 8° ¶ (Aus: Jahrbücher d. Ver. f. mecklenb. Gesch. u. Altertumsk. Jg. 73.)
Marburg, Phil. Diss. v. 13. Okt. 1908, Ref. v. der Ropp
[Geb. 6. April 83 Schwerin i. M.; Wohnort: Schwerin; Staatsangeh.: Mecklenburg-Schwerin; Vorbildung: Gymn. Wismar Reife M. 03; Studium: Marburg 4, Berlin 1, Marburg 5 S.; Rig. 4. März 08.] [U 09. 3171

Duncker, Dr. H., Das christliche Genossenschaftswesen und der sociale Friede. Vortrag auf der Jahresversammlung des sächs. Provinzialausschusses für innere Mission zu Halle am 25. Nov. 1890. gr. 8°. Magdeburg (Leipzig, H. G. Wallmann) 1891.

Duncker, H. C. J.

— Ueber Actinomyces musculorum suis. [Berl. 1887]. 4 S. (Sætr.). P.

Duncker, H. C. J., Anleitung zur mikroskopischen Fleischschau und zur Untersuchung der gewöhnlicheren Genußmittel, Gewebe etc. gr. 8. (46 S. mit 1 Holzschntaf. Abbild.) Berlin 878, Klönne und Müller. *

Duncker, H. C. J: Dampf-Kochversuche mit dem Rohrbeck'schen Desinfector auf dem Berliner Central-Schlachthofe. Berlin 1891

Duncker, H. C. J., üb. das Eindringen d. Wasserdampfes in Desinfectionsobjecte. 3. Aufl. gr. 8. (10 S. m. 1 Tab.) Leipzig 892. G. Thieme. n. — 60

—— deutsche Kaninchen. Vorschläge zur Hebung und Förderung der Kaninchenzucht in Deutschland. gr. 8. (30 S.) [Berlin 875, Schotte und Voigt.] Leipzig, H. Voigt. *

—— die rationelle Kaninchenzucht oder die Principien der allgemeinen Thierzucht und Thierpflege in ihrer Anwendung auf das veredelte Kaninchen. 8. (VII, 130 S. mit 1 lithogr. Taf.) Ebendas. 875. *

— die physikalische Prüfung der Desinfektion m. Wasserdampf. [Aus: „Deutsche Medizinal-Zeitg."] gr. 8. (61 S. m. 18 Fig.) Berlin 892. E. Grosser. n. 1. —

Duncker H. C. J.: Strahlenpilze (Actinomyces) im Schweinefleisch. Spandau [188*]. 6 S. 1 Tvl. (Sætr.). P.

Duncker, H. C. J. (Hrsg.), s. Zeitschrift f. mikroskopische Fleischschau u. populäre Mikroskopie.

Duncker, H. G. H., De anthropophago Bercano sectio posterior pathologica. 26 pp. Jen. 4°.

1792

Duncker, *Hans,* a. Göttingen: Über die Homologie von Cirrus und Elytron bei den Aphroditiden. ⟨Ein Beitrag zur Morphologie der Aphroditiden⟩. Mit 8 Fig. im Text. Leipzig: W. Engelmann 1905. (90 S.) 8° ¶ (Aus: Zeitschrift f. wiss. Zoologie Bd 81, H. 2. u. 3.)
Göttingen, Phil. Fak., Ref. Ehlers, Diss. v. 11. Jan. 1906
[Geb. 26. Mai 81 Ballenstedt a. H.; Wohnort: Göttingen; Staatsangeh.: Preußen; Vorbildung: Gymn. Dessau Reife O. 00; Studium: Göttingen 2, Leipzig 2, Göttingen 8 S.; Rig. 15. Febr. 05.]

Duncker, Hans, Wanderzug der Vögel. Preisschrift der Petsche-Labarre-Stiftg. zu Göttingen. (Mit 2 Karten, 2 Textfig. u. 1 Tab.) (IX, 118 S.) gr. 8. Jena 905. G. Fischer. n. 4. —

Duncker, Heinrich

Duncker, H., Anhalts Bekenntnisstand während der Vereinigung der Fürstentümer unter Joachim Ernst u. Johann Georg [1570 — 1606]. Ein Beitrag zur deutschen Kirchengeschichte aus ungedr. Quellen d. Zerbster Haus- u. Staatsarchivs. gr. 8. (V, 256 S.) Dessau 892. P. Baumann. n. 4. 50

— dasselbe. Nachwort dazu. gr. 8. (59 S.) Ebd. 892. n. 1. —

Duncker, Heinr., die Besitzklage u. der Besitz. Ein Beitrag zur Revision der Theorie vom subjektiven Recht. gr. 8. (VII, 266 S.) Berlin 884 Guttentag. n. 7. —

Duncker, Heinr., üb. d. Entstehg. d. Anhalt. Landespfarrkasse, s. a. Allotria, ernste.

Über die Entstehung der Anhaltischen Landespfarrkasse. Ein geschichtl. Rückblick auf d. Anfänge d. Pfarrbesoldungskassenwesens im Herzogt. Anhalt von Dr. jur. Heinrich **Duncker**, Konsist.R. Dessau: P. Baumann 1896. (25 S.) 8° [F.] (07. 17988 Ⓑ

Duncker, Heinrich: Die Ergebnisse der Berufszählung vom 14. Juni 1895 für das Herzogtum Anhalt. Nach dem im Herzogl. Anhalt. statist. Büreau bearb. Material dargest. Dessau 1899: Buchdr. Gutenberg. (XXXII, 243 S.) 4°

Duncker, Hermann, Der deutsche Bundes-Staat und die preußische Politik. Nebst einem Anhange, enthaltend die in der deutschen Frage von der preußischen Regierung abgegebenen Erklärungen, sowie die österreichischen Noten vom 28. Dezember, 4. Februar, 27. Februar und 9. März. Berlin, Duncker u. Humblot, 1849. 59 S. 8°.

Duncker, Herm., das mittelalterliche Dorfgewerbe (m. Ausschluss der Nahrungsmittel-Industrie) nach den Weistumsüberlieferungen. Diss. (XI, 137 S.) gr. 8. Leipzig 903. (Leipziger Buchdruckerei.) n. 2. —

Duncker, Hermann: Das mittelalterliche Dorfgewerbe (mit Ausschluß der Nahrungsmittel-Industrie) nach den Weistumsüberlieferungen. *Leipzig 1903: O. Schmidt.* (XI, 137 S.) 8° Leipzig, Phil. Diss. v. [6. Febr.] 1903

Duncker, Herm., volkswirtschaftliche Grundbegriffe m. besond. Berücksicht. der ökonomischen Grundlehren d. Karl Marx. Als Leitfaden f. Unterrichtskurse. (60 S.) 8. Stuttgart 908. J. H. W. Dietz Nachf. — 40

Duncker, H., Volkswirtschaftliche Grundbegriffe m. besond. Berücksicht. der ökonomischen Grundlehren von K. Marx. Als Leitfaden f. Unterrichtskurse. 2., verm. Aufl. (79 S.) 8. Stuttgart, F. H. W. Dietz Nachf. 1910

— dasselbe, s. a. Bibliothek, kleine. Nr. 6.

Duncker, J., die Landwirthschaft der Oldenburgischen Geest in Beziehg. zu den Haupt-Meliorationen u. zur Cultivirg. der Haiden. 8. (75 S. m. 2 Tabellen in qu. 4.) Oldenburg 871. Stalling's Verl. n. 1. —

Duncker, J. A. H., Belehrungen über Brillen, d. Beschaffenheit, Auswahl u. Anwendung derselben, ein Noth- u. Hülfebüchlein f. Alle, welche d. Brillen bedürfen. Leipz. 815. (Mittler in Berl.) 9 gr. 2e, mit d. Beschrib. e. verbess. Gehörmaschine verm. Aufl. 12. Rathenow 821. Flick. 6 gr.

Duncker, J. A. H., Belehrungen üb. Brillen, die Beschaffenheit, Auswahl u. Anwendung derselben. 2e verm. Aufl. 12. Berlin 820. (H. Schulze.) ¼ ß

Duncker, A., Belehrungen über Brillen, die Beschaffenheit, Auswahl und Anwendung derselben, ein Noth- und Hülfsbüchlein für Alle, welche der Brillen bedürfen, 2te mit der Beschreibung einer verbesserten patentirten Gehörmaschine vermehrte Aufl. 12. Rathenow. Berlin, Enslin. 821.

Duncker, J. F. Leop., das Recht, aus dem Gesetz d. Lebens als Leitfaden e. Gesetzbuchs entwickelt. 8. (25 B. u. 2½ B. Tabn.) Berlin 851, Duncker u. Humblot.

J. F. Lp. Duncker's Standpunkte für d. Philos. u. Kritik d. Ordnung u. Gesetzgeb., z. Sicherstell. d. unabänderl. Grundgesetzes aller Staats-Vereine. *Berl.*, Duncker u. Humblot. 829. 8° 1 ß

Duncker, J. G.: De legione fulminatrice Christianorum. Rint. 1746. 4°

Duncker, J. H., Auswahl deutscher Gedichte. Für die reifere Jugend in Schule u. Haus. Gesammelt u. geordnet. 8. (X, 212 S.) Hamburg 878. Kittler's Sort. cart. n. 1. 60

— Rechenfibel. Ein Uebungsbüchlein für das jüngste Schulalter. 8. (24 S.) Ebend. 879. n. — 30

Duncker, J. H., Rechenfibel. Ein Uebungsbüchlein für das jüngste Schulalter. 2. Aufl. 8. (32 S.) Hamburg 881, Kittler'sche Buchh.

Duncker, J. H., Rechenfibel. Ein Uebungsbüchlein f. das jüngste Schulalter. 4. Aufl. 12. (32 S.) Hamburg 890. Kittler's Sort. n. — 40

— die erste Rechenstufe. Ein Führer für den Elementarlehrer. Unter Berücksichtigung seiner Rechenfibel bearb. 8. (40 u. Rechenfibel 32 S.) Ebend. 881. n. 1. —

Duncker, Jo. Gottfr. Ludw. (Hamburg), Historiae doctrinae de ratione quae inter peccatum originale et actuale intercedit pars contin. Irenaei, Tertulliani, Augustini de hac doctrina sententias. Diss. Göttingen (Dieterich) 19. XII. 1836. 40 S. (4.50) 7065
Oppon.: F. A. Holzhausen, Ernst Bertheau, Dan. Schenkel.

— **Johann Ludwig** (Pyrmont), De vomitu cruento disserit et viro Heinrich Nudov nomine societ. disput. sub praes. Joh. Christoph Pohl gratul. Lpz. (Walther) 17. VI. 1776. 4 Blatt. (3.50) 7066

— **Johann Philipp** (Goslar), De successione ab intestato ex jure naturali, civili et statutario. Diss. acad. Präs. Johann Wilhelm von Goebel. Helmstedt, April 1737. 91 S. (6.—) 7067
Widm. v.: L. Rütze, H. B. Pabst, J. F. Lüderwald (dtsch.), C. F. G. König (dtsch.), Joh. Justus Oldenburger (dtsch.).

Duncker, Karl von

Duncker, v., Major. Militärische und politische Actenstücke zur Geschichte des ersten schlesischen Krieges. 1741. (Aus: „Mittheilungen des k. u. k. Kriegs-Archivs". 1887—1892. Neue Folge. Bd. 1—6.) 8. Wien 1892.

Duncker, Carl v., Feldmarschall Erzherzog Albrecht. M. Ill. v. Felician Frhrn. v. Myrbach. Titelbild (in Farbdr.) v. William Unger. Lex.-8. (XII, 330 S. m. 50 Abb., 27 z. Tl. farb. Taf. u. 5 Karten.) Wien u. Prag 897. F. Tempsky. — Leipzig, G. Freytag. Geb. in Leinw. n. 24. —

Duncker, Carl v., der Besuch des Herzogs v. Lothringen in Berlin u. die Verlobung des Kronprinzen Friedrich. (1732.) gr. 8. (50 S.) Wien 899. (C. Gerold's Sohn.) n. 1. 20
Sonderabdruck aus: „Sitzungsber. d. k. Akad. d. Wiss."

Duncker, C. v., das Buch vom Vater Radetzky. Ein Lebensbild im Rahmen der Geschichte seiner Zeit. Für Österreich-Ungarns Heer u. Völker. Lex.-8. (IV, 244 S. m. Text-Abbildgn., 1 Heliograv. u. 4 Karten.) Wien 891. (L. W. Seidel & Sohn.) n. 3. —

Duncker, Karl von, s. Erbfolge-Krieg, österreich.

Duncker, Carl von, k. u. k. Oberst. Erinnerungen eines österreichischen Officiers aus dem Kriegsjahre 1813. Nach einem im k. u. k. Kriegs-Archive erliegenden Manuscripte bearbeitet. (Aus: „Streffleurs österr. Milt. Zeitschr." 40. Jahrg. III. Bd.) 8. Wien 1899.

Duncker, Carl, Iffland in seinen Schriften als Künstler, Lehrer und Director der Berliner Bühne. Zum Gedächtniß seines 100jährigen Geburtstages am 19. April 1859. Berlin 859. Duncker & Humblot. 8. (VII, 304 S.) n. 1 ß

Duncker, C., der Infanterie-Unteroffizier als Soldat und Vorgesetzter. Ein Hilfsbuch zum Selbstunterrichte und zum Gebrauche in den Chargen- und Mannschafts-Schulen. 8. (XII und 329 S. mit eingedr. Holzschn. und 2 Stnt. in 4.) Wien 868, Gerold's Sohn. *

Duncker, C., Inhalts-Verzeichniss, s.: Organ der militär-wissenschaftlichen Vereine.

Duncker, C. von, k. u. k. Oberst. Die Interzession Kaiser Karl VI. zu Gunsten des Kronprinzen Friedrich von Preussen (1730). (Separatabdruck aus dem „Organ d. milit.-wissenschftl. Vereine". 62. Bd. 3. Heft.) 8. Wien 1903.

Duncker, Karl v.: Aus den Jugendjahren des Erzherzogs Karl. (Aus:) „Oesterr. militär. Zeitschrift" 1892. IV. Bd. 8°. Wien 1892.

Duncker, Karl von: Książka o ojcu Radetzkym. Życiorys w zakresie historyi jego ezasu. Tlumaczyl Antoni Dolleczek. (Mit 1 Abbild. und 4 Karten.) 8. Wieden 1891.

Duncker, Carl v.: Aus Laudon's Leben. Separat-Abdruck aus: „Streffleurs österr. militär. Zeitschrift." Jahrg. 1896. 8°. Wien 1896.

Duncker, Karl von: Otec Radetzky. Obraz ze života vrámci dějin současných. Preložil J. Macalik. (Mit 1 Abbild. und 4 Karten.) 8. Ve Vidni 1891.

Duncker, Karl von: Tatăl Radetzky. Biografia sa în cadrul istorici timpului seu. Traducere de Oscar Criste. (Mit 1 Abbild. und 4 Karten.) 8. Viena 1891.

Duncker, C. von, k. u. k. Oberst. Eine Sendung des Fürsten Wenzel Liechtenstein nach Berlin. 1735. Separatabdruck aus dem „Organ der militär-wissenschaftlichen Vereine". 63. Bd. 1. Heft. 8. Wien 1901.

— Taschen-Atlas zum Gebrauch in Unteroffiziers-Schulen u. zum Selbstunterricht für Unteroffiziere u. Soldaten. Wien 868. Tendler & Co. qu. 8. (16 lith. Bll.) n. 8 ngr.

Duncker, C., die Unteroffiziers-Schule, enth. die wissenschaftl. Ausbildung des Unteroffiziers als: deutsche Sprache, Militär-Spiel, Rechnen 2c. Ein Hilfs-Lesebuch und Leitfaden für sämmtl. zur Ausbildung der Kadeten, Unteroffiziere und Unteroffiziers-Aspiranten bestimmten Schulen der Armee, sowie zum Selbstunterrichte zusammengestellt. Mit 1 (lithogr.) Taf. der conventionellen Terrain-Bezeichnungen (in qu. 4.). 2. Aufl. 8. (VIII, 208 S.) Wien 868, Tendler und Comp. *

Duncker, Carl, Referendar: Die Voraussetzungen des Annahmeverzuges nach gemeinem Rechte und dem Rechte des Bürgerlichen Gesetzbuchs für das Deutsche Reich. *Greifswald 1899: J. Abel.* (50 S.) 8°
Greifswald, Jur. Diss. v. 1899

—— die Zugs-Schule für Fusstruppen. Leitfaden zur Ausbildung des Zuges für das Gefecht. Mit besond. Berücksichtigung der k. k. österr. Abrichtungs- und Felddienst-Vorschriften und mit Hinblick auf die von Waldersee'sche Ausbildungsmethode bearb. 8. (55 S.) Wien 868, Tendler und Comp.

Duncker, Car. Otto (geb. Sprengersfelde in Pomm. 27. 5. 1812): De oophoritide. Berolini (1840). (32 S.) 8°
Berlin, Med. Diss. v. 5. Nov. 1840

Duncker, Käthe, über die Betheiligung des weiblichen Geschlechts an der Erwerbsthätigkeit. gr. 8. (43 S.) Hamburg 899. Generalkommission der Gewerkschaften Deutschlands (C. Legien). n. — 50

Duncker, Käte, die Kinderarbeit u. ihre Bekämpfung, s. a. Bibliothek, kleine, Nr. 6.

Duncker, Käte, die Kinderarbeit u. ihre Bekämpfung. Hrsg. v. der Red. der „Gleichheit", Zeitschrift f. die Interessen der Arbeiterinnen. (78 S.) 8. Stuttgart 906. J. H. W. Dietz Nachf. n. — 40

Duncker, Käte, Die Kinderarbeit u. ihre Bekämpfung. Hrsg. von der Redaction der „Gleichheit", Zeitschrift für die Interessen der Arbeiterinnen. 8°. Stuttgart, J. H. W. Dietz Nachf., 1906. 2. durchges. Aufl. 8°. Ebd. 1910.

Duncker, Conrad [pr. Arzt in Sien, Rhein-Prov.]: Zwei Fälle von Mediastinaltumoren ... Leipzig, Druck v. A. Edelmann, *1893*; 28 S., 1 Bl. 8.
Leipzig, Med. Fak., Inaug.-Diss. v. 11. Aug. 1893

Duncker, Ludwig (Hrsg.), s. Acten zur Geschichte der Burschenschaft Germania in Göttingen.

Duncker, Lud. (II.), des heil. Irenäus Christologie im Zusammenhange mit dessen theolog. u. anthropolog. Grundlehren dargestellt. gr. 8. (16⅞ B.) Göttingen 844, Vandenhoeck u. Ruprecht.

Duncker, Ludw. (I.), das Gesammteigenthum. gr. 8. (15 B.) Marburg 843, Elwert'sche Univers.-Buchh.

Duncker, Ludw., zur Geschichte der christl. Logoslehre in den ersten Jahrhunderten. Die Logoslehre Justin's des Märtyrers. [Abgedr. aus d. Göttinger Studien. 1847.] gr. 8. (39 S.) Göttingen 848, Vandenhoeck & Ruprecht. ¼ ₰

Duncker, Ludw., die Lehre von d. Reallasten, in ihren Grundzügen dargest. gr. 8. (16 B.) Marburg 837, Elwert's Univers.-Buchh.

Duncker, Ludw., Fürst Rudolf der Tapfere v. Anhalt u. der Krieg gegen Herzog Karl v. Geldern (1507—1508). Ein Beitrag zur Entstehungsgeschichte der Liga v. Cambray. Dargestellt vorwiegend nach ungedrucktem handschriftl. Material aus dem herzogl. anhalt. Haus- u. Staatsarchiv zu Zerbst. Diss. gr. 8. (86 S.) Dessau 900. (Göttingen, Vandenhoeck & Ruprecht.) n. 2. 20

Duncker, Ludwig, aus Dessau: Fürst Rudolf der Tapfere von Anhalt und der Krieg gegen Herzog Karl von Geldern (1507—1508). Ein Beitrag zur Entstehungsgeschichte d. Liga von Cambray. Dargestellt vorwiegend nach ungedrucktem handschriftl. Material aus d. Hzgl. Anhalt. Haus- u. Staatsarchiv zu Zerbst. *Dessau [1901]: C. Dünnhaupt.* (86 S.) 8° [F.]
Göttingen, Phil. Diss. v. [13. Juni] 1901

Duncker, Max, Abhandlungen aus der griechischen Geschichte. Mit einem Vorwort von A. Kirchhoff. gr. 8. (VII, 164 S. mit 1 photolithogr. Karte.) Leipzig 887, Duncker und Humblot. *

—— Abhandlungen aus der neueren Geschichte. gr. 8. (VI, 393 S.) Ebendas. 887. *

Duncker, Max. Abhandlungen aus der neueren Geschichte. (I. Feudalität und Aristokratie. II. Die Bildung der Coalition des Jahres 1756 gegen Preussen. III. Preussen und England im siebenjährigen Kriege. IV. Die Landung in England. V. Die Denkwürdigkeiten des Staatskanzlers Fürsten v. Hardenberg. VI. Graf Haugwitz und Freiherr v. Hardenberg. Actenstücke zu den Denkwürdigkeiten des Fürsten v. Hardenberg, Bd. 5. VII. Friedrich Wilhelm III. im Jahre 1809. VIII. Karl Mathy. IX. Zum Jubelfeste des Fürsten Carl Anton v. Hohenzollern. X. Johann Gustav Droysen.) 8. Leipzig 1887.

Annehmen oder Ablehnen? [Verf.: (M)ax (Duncker).] Besonderer Abdruck aus Nr. 33 des Hallischen Couriers. 1848. (Halle. 1848.) 2 Bl. 4° [Kopft.]

Duncker, M. Die Bildung der Coalition des Jahres 1756 gegen Preußen. Berlin 1882. 8°. (Aus: Preuß. Jahrb. 49.)

Danzig als Hochschulstadt. Nachweise, Ratschläge u. Skizzen von Max Duncker, Dr. d. Staatswiss. Danzig: Danziger Verkehrszentrale 1907. (61 S.) 8° [07. 10991]

[Duncker, Max:] Danzig als Hochschulstadt. Nachweise, Ratschläge u. Skizzen. 17. bis 26. Taus. Danzig: Danziger Verkehrszentrale 1908. (59 S.) 8°

Duncker, Max (II.), vergleichende Darstellung der in Preussen und zwar in den landrechtlichen Bezirken vor dem Reichsgesetz vom 6. Febr. 1875 hinsichtlich des elterlichen und vormundschaftlichen Heirathsconsenses bestandenen Rechts mit dem gegenwärtigen. Juristische Prüfungsarbeit. gr. 8. (35 S.) Breslau 877, Trewendt. *

Duncker, Max, Johann Gustav Droysen. Ein Nachruf. gr. 8. (12 S.) Berlin 885, Calvary und Comp. *
Aus: Biographische Jahrbücher für Alterthumskunde, besonders abgedruckt.

Duncker, Max, Feudalität und Aristokratie. Ein Vortrag am 18. März 1858 zu Tübingen gehalten. gr. 8. (50 S.) Berlin 858, Duncker und Humblot. *

Duncker, M., Ueber den sogenannten Kimonischen Frieden. Ak. 1884. 27 S.

— Heinrich v. Gagern, s.: Männer, die, der Gegenwart.

Duncker, Max., Geschichte des Alterthums. 1. Bd. gr. 8. (IV u. 479 S.) Berlin 852, Duncker & Humblot. n. 2 ℛ

— Geschichte des Alterthums. 1. Bd. 2. verb. u. verm. Aufl. 855. (VI, 626 S.) n. 2 ℛ 20 ngr — 2. Bd. 853. (3 Bl., 698 S.) — 2. verb. Aufl. 855. (V, 674 S.) n. 3 ℛ. Berlin, Duncker u. Humblot. gr. 8. n. 5 ℛ 20 ngr

— — 3. u. 4. Bd. A. u. d. T.: Die Geschichte der Griechen. 1. u. 2. Bd. Ebend. 856, 57. gr. 8. (VII, 635; VII, 907 S.) 3.: n. 2 ℛ 20 ngr; 4.: n. 4 ℛ

Duncker, Max, Geschichte des Alterthums. 1. Bd. 3., verb. und verm. Aufl. gr. 8. (V und 934 S.) Berlin [Leipzig] 863, Duncker und Humblot. *

Duncker, Max, Geschichte des Alterthums. 2. Bd. A. u. d. T.: Geschichte der Arier in der alten Zeit. 3., verm. und verb. Aufl. gr. 8. (XII und 962 S.) Leipzig 867, Duncker und Humblot. *

3. und 4. Bd. 3. Aufl. [Ebendas.] 1860. * 6 Thlr. 20 Ngr.

Duncker, Max, Geschichte d. Alterthums. 1. Gesammtausgabe. 4. Aufl. 1—9. Lfg. gr. 8. (1. Bd. XIII, 425, 2. Bd. IX, 485 S. u. 3. Bd. VIII, S. 1—26.) Leipzig 874—76. Duncker & Humblot. à n. 3. —

Duncker, Max, Geschichte des Alterthums. 1. Gesammtausgabe. 10—13. Lfg. 4. Aufl. gr. 8. (4. Bd. XII, 593 S.) Leipzig, 877. Duncker & Humblot. n. 11. 20 (1—13: n. 36. 20)

— dasselbe. 1—6. Bd. 5. verb. Aufl. gr. 8. Ebend. 878—82. n. 64. 20

1. (XVI, 493 S.) n. 9. 60. — 2. (XIII, 606 S.) n. 11. 20. — 3. (VIII, 428 S.) n. 8. —. — 4. (XII, 601 S.) n. 11. 20. — 5. (XVI, 579 S.) n. 11. 20. — 6. (XIV, 681 S.) n. 13. —

— Geschichte d. Alterthums. 7. Bd. Mit e. ausführl. Register üb. Bd. I—VII. 5. Aufl. gr. 8. (VII, 496 S.) Leipzig 882. Duncker & Humblot. n. 9. 80; geb. n. 11. 80 (cplt.: n. 74. —)

— dasselbe. Neue Folge. 1. u. 2. Bd. (Des ganzen Werks 8. u. 9. Bd.) gr. 8. (XI, 478 S.) Ebend. n. 19. —; geb. n. 23. —

1. (XI, 478 S.) 884. n. 9. —; geb. n. 11. —. — 2. (XI, 525 S.) 886. n. 10. —; geb. n. 12. —

—— griechische Geschichte bis zum Tode des Perikles. 17 Lfgn. oder 5 Bde. [Im Preise ermäßigte neue Ausg. vom 5.—9. Bd. der Geschichte des Alterthums, 3.—5. Aufl.] gr. 8. Ebendas. 888. à Lfg. * ℳ 2.—. * 5 Bde. geb. *

Inhalt:

Bd. 1. 1. Buch: Die Griechen in der alten Zeit. — 2. Buch: Eroberungen und Wanderungen. — 3. Buch: Die Herrschaft des Adels und die Kolonisation. (XVI, 579 S.)

" 2. 4. Buch: Das neue Fürstenthum und die unteren Stände. — 5. Buch: Die Befestigung der Aristokratie in Sparta und die Entwicklung der Demokratie in Athen. (XIV, 681 S.)

" 3. 6. Buch: Die Angriffe der Perser und der Karthager. (VII, 496 S.)

" 4. 7. Buch: Die Gründung der Macht Athens und der erste Krieg mit den Peloponnesiern. (XI, 478 S.)

" 5. 8. Buch: Die Staatsleitung des Perikles. (XI, 525 S.)

— griechische Geschichte bis zum Tode des Perikles. 17 Lfgn. oder 5 Bde. [Im Preise ermäßigte neue Ausgabe v. Bd. 5—9 der Geschichte des Alterthums, 3.—5. Aufl.] gr. 8. (1. Bd. XVI, 579; 2. Bd. XIV, 681; 3. Bd. VII, 496; 4. Bd. XI, 478 u. 5. Bd. XI, 525 S.) Ebd. 888. 889. à Lfg. n. 2. — (cplt.: n. 34. —; geb. n. 44. —)

Duncker, Max, Zur Geschichte der deutschen Reichsversammlung in Frankfurt. Berlin, Duncker u. Humblot, 1849. XIII, 133 S. 8°.

Duncker, Max, Heustrichbad. gr. 8. (84 S. m. Abbildgn. u. 1 Taf.) Stettin 901. (H. Susenbeth.) Geb. 1. 4. —

Duncker, M. W., de historia ejusque tractandae varia ratione. Dissert. inaug. philosoph. 4 maj. (6½ B.) Berolini 834. Duncker et Humblot.

— Maximilian (Wolfgang) (Berlin), De historia ejusque tractandae varia ratione. Dissert. philos. Bln. (Aug. Wilh. Schade) 16. VII. 1834. 48 S. mit Biogr. (M.: Delmar.) (5.50) 7069

[Duncker, Max], Die Dresdener Conferenzen. M. Urk. [Verf. ist Max Duncker.] Berlin 1851. 8°.

Duncker, Max. Die Krisis der Reformation. Ein Vortrag in der Versammlung der protestantischen Freunde zu Halle am 6. August 1845 gehalten. Leipzig, H. Kirchner (1845). XXVIII 51 S. 8.

(Duncker, Max), Vier Monate auswärtiger Politik. Mit Urkunden. Berlin, Veit u. Comp., 1851. 132 S. 8°.

Zweite Auflage.

Duncker, Maximilianus: Origines Germanicae. Caput 1. de Celtis in Germania superiore. Halae Saxonum 1839: o. Dr. 78 S. 8° (4°)

Halle-Wittenberg, Phil. Hab.-Schr. v. 8. Mai 1839

Buchausg.: Duncker, Maximilianus Wolfgangus: Origines Germanicae. Commentatio 1. Berolini: Duncker & Humblot 1840. VI [vielm. VIII], 128 S. 8° (4°) [Mehr nicht ersch.]

(Duncker, M.) Preußen und England im siebenjährigen Kriege. (Berlin 1885.) 8°. (Aus: Preuß. Jahrb.)

(Duncker, M.) Die Schlacht von Kollin. (Berlin 1870.) 8°. (Aus: Zeitschr. für Preuß. Gesch.)

— s.: Staatsschriften, preussische, aus der Regierungszeit König Friedrichs II.

Duncker, M., Strategie und Taktik des Miltiades. Akad. O. J. 19 S.

(Duncker, Samwer, Forchhammer), Vier Wochen auswärtiger Politik. Mit Urkunden. Berlin, Veit u. Comp., 1851. 63 S. 8°.

Zweite Auflage.

Vierte Auflage.

Duncker, Max, Münster i. W.: Die neueren Zechenstillegungen an der Ruhr. Leipzig 1907: J. B. Hirschfeld. (2, 43.—95. S.) 8° ¶ (Erscheint vollst. als: „Abhandlungen aus dem staatswissenschaftlichen Seminar zu Münster i. W." H. 4 im gleichen Verlage.)

Münster, rechts- u. staatsw. Fak., Ref. Schmöle, Diss. v. 7. Juli 1907

[Geb. 9. Okt. 81 Ibbenbüren; Wohnort: Münster; Staatsangeh.: Preußen; Vorbildung: Realgymn. Charlottenburg Reife O. 02; Studium: Lausanne 1, Berlin 4, Münster 3 S.]

Die neueren Zechenstillegungen an der Ruhr. Von Dr. Max Duncker. Leipzig: C. L. Hirschfeld 1907. (V, 206 S.) 8°
— Abhandlungen aus d. staatswiss. Seminar zu Münster i. W. H. 4. [07. 10707]

Duncker, Max (I.), aus der Zeit Friedrichs des Großen und Friedrich Wilhelms III. Abhandlungen zur preuß. Geschichte. gr. 8. (VII, 579 S.) Leipzig 876, Duncker und Humblot. *

Duncker, R., soziale Gedanken im bürgerl. Gesetzbuch, s.: Stammler, Rud.

Duncker, R. Inter privatarum causarum orationes demosthenicas quae pro genuinis habendae sint quaeque pro falsis breviter exponitur. Pars I. 17 S. Progr. *Greifenberg Po.* 1877.

Duncker, R., de Paeanio Eutropii interprete. gr. 4. (21 S.) Greiffenberg i/Pomm. 880. (Berlin, Mayer & Müller.) n. 1. —

Duncker, Richard: Die Ode des Horaz an Phidyle. Kolberg, Druck v. R. Knobloch, 1893; 3—8 S. 4.
Kolberg, k. Dom-G. u. k. RG, P. 1893 (133)

Duncker, Wold., der Altardienst in Bezug auf die Communio, Matutin u. Vesper der alt-reformatorischen Kirche. Predigern u. Gemeinden ev. luther. Bekenntnisses dargeboten. Nebst e. Zugabe d. Passionale. gr. 8. (VI, 26 S.) Danzig 891. (Leipzig. Verlag der Akadem. Buchhandlg. [W. Faber].) n. — 50

Verlagsverzeichnis von **Duncker** & Humblot in Leipzig. 1866–1903. Mit Schlagwort- u. Sachverzeichnis u. e. Nachtr. *(Altenburg [1904]: Pierer.)* (VIII, 455 S.) 8° [04. 8409] 3

Duncombe, Th., s. v. Cork, Briefe.

Dundaczek, Raim. Beiträge zur Geschichte der beiden ersten messenischen Kriege. 36 S. 8. **Progr.** G. *Czernowitz* 1882.

Dundaczek Raimund: Kaiserin Elisabeth. †. 8. Wien IV. R. 99. **Progr.**

— Prof. Adolf Schneider. †. 8. ibd. 08. **Progr.**

Dundee Journal: 1899–1904? Dundee, IL
Weekly. Edited & published by Fischer & A. F. Schader.

Dunder, Jos. Alex., Buchlov hrad, s vytknutím míst, v nichž památka svatých Cyrilla a Methoděje se zachovala v markrabství Moravském blíž Velehradu. 2. vydání. Prag 862. (Rziwnatz.) 16. (52 S.) n. 4 *ngr.*

— čtení učitele českého jazyka na technickych školách o promyslu a industrii v Čechách. Ebend. 859. 16. (222 S.) n. 12 *ngr.*

Dunder, Jos. Alex., der kleine Slave, od.: Samml. d. zum Sprechen nöth. Wörter u. Redensarten, nebst leichten Gesprächen u. e. für d. gesellschaftl. Leben topograph. Worterklärer. Böhmisch u. Deutsch. Ein Handbuch f. diejen., welche sich d. Erlern. d. böhm. (mähr., slav., slesischen) Sprache widmen, u. besond. z. Uebung d. Gedächtnisses hrsg. breit 12. (8½ B.) Leipzig 833, Fr. Fleischer.

— vzorná cvičení k rychlému a snadnému naučení se řeči německé z obecného užívání vzatá pro mládež českou. 2., místy lépe uhlazené vydání. Prag 861. (Rziwnatz.) gr. 8. (291 S.) n. 18 *ngr.*

Dunder, W. G., Anleitung zur praktischen, beschleunigten und gewinnreichen Seidenzucht im Großen und im Kleinen, oder Maulbeerbaumzucht, Maulbeerbaum-Raupen- u. Schmetterling-Eier-Zucht, Seidengehäuse-Aufbewahrung, Absatz, Versendung, Abhaspelung u. Puppen-Tödtung, auf Grundlage alter, neuer u. neuester Erfahrungen allerwärts, besonders in China, Italien, Frankreich u. Deutschland. Eine begründete Anregung u. Ermunterung zum Betriebe 2c. In histor., bibliograph., topograph., statist. 2c. Hinsicht. Praktischer Theil. Mit 40 (lith.) Taf. Abbildgn. u. vollständ. Namen- u. Sach-Register. A. u. d. T.: Ausführliche Geschichte der Seidenkultur, ihrer Einführung, Verbreitung, Fortschritte, Nützlichkeit und Wichtigkeit in China, Indien, Persien, überhaupt in Asien, in Griechenland, Italien, Spanien, Frankreich, Deutschland 2c. von der ältesten bis auf die neueste Zeit, und begründete Anregung 2c. zur praktischen, beschleunigten und gewinnreichen Seidenzucht. In histor., bibliograph., topograph., statist. 2c. Hinsicht. Geschichtlicher Theil. Mit 40 (lith.) Taf. Abbildungen 2c. Wien 1854. (Pfautsch u. Voß.) gr. 8. (XXIV, 1240 S.) n. 12 *ß*

Dunder, W. G., die Seidenkultur oder Geschichte der Einführung, Verbreitung, Fortschritte, Nützlichkeit und Wichtigkeit derselben in China, Indien, Persien 2c. Begründete Ermunterung und Anleitung zur Seidenzucht im Kleinen und im Großen. Theil I. II. 8. (XXIV, 208 S.) Wien, Edl. v. Schmidbauer und Holzwarth 1853.

Dunder, W. G. — —. Die Seidenkultur oder Geschichte der Einführung, Verbreitung, Fortschritte, Nützlichkeit und Wichtigkeit derselben in China, Indien, Persien 2c. Begründete Ermunterung und Anleitung zur Seidenzucht im Kleinen und im Großen. Theil III. IV. 8. (S. 209—432.) Wien. Edl. v. Schmidbauer und Holzwarth. 1853. (2409.)

Dunder, Wenzeslaw Geo., Denkschrift üb. die October-Revolution in Wien. Darstellung aller Ereignisse vor u. seit der Katastrophe an den Taborbrücken, der Ermordung des Kriegsministers Latour u. der Belagerung bis zur Einnahme von Wien, sammt den daraus entspringenden Folgen. Von Ober-Offizieren des damaligen Nationalgarde-Ober-Commando, v. Augenzeugen u. aus ämtl. Quellen geschöpft, unter Mitwirkg. des Hrn. Eman. Frhrn. du Beine-Malchamps 2c. 8 Lfgn. gr. 8. (VI u. 908 S.) Wien 849, Schaumburg & Co. in Comm. n. 3⅓ *ß*

Dunder, W. G. Denkschrift über die Wiener October-Revolution. Ausführliche Darstellung aller Ereignisse aus ämtlichen Quellen geschöpft, mit zahlreichen Urkunden begleitet, dann nach eigenen Erlebnissen und nach authentischen Berichten von Augenzeugen und Autoritäten, nebst einem Rückblick auf die vorausgegangenen Zustände vom 13. März bis 5. October 1848, dem Namen-Verzeichnisse der Minister, Reichstags-Abgeordneten, der Gemeinderäthe, der Nationalgarde-Verwaltungsräthe, dem Stande des Ober-Commando-Officiers-Corps, der Nationalgarde- und der k. k. Militär-Macht. 8. Wien 1849.

Dunder, Wenzeslaw Geo., Stiriens Eden. Das Santhal und die Umgebungen von Neu-Cilli in der südl. Unter-Steyermark. In histor., topograph., pittoresker, ökonom., industrieller, montanist. etc. Hinsicht. gr. 8. (320 S. mit 3 Stnt.) Wien 847, (Wittenbecher, Siegel und Kollmann.) *

Dunder, W. G., s. National-Helden-Lieder.

Dunderl, neuestes Complimentirbüchlein. 8. Halle, Dreyssig. 811.

Dundonald, Graf von: „Gedanken von der gegenwärtigen Bereitung des Kochsalzes, dessen Handel und den Vorschlägen, das gesottene Kochsalz zu reinigen", Leipzig 1787. — Vorh.: Preuß. Oberbergamt Dortmund —

v. Dundonald, Graf, Gedanken über d. reine Verfertigung des Kochsalzes u. dessen Handel; aus d. Engl. gr. 8. Leipz. 787. ([illegible]) 8 *gl.*

Dundonald, des Graf. von, Gedan. über die rein. Verfert. des Kochsalzes 2c. a. d. Engl. gr. 8. Leipzig, Gleditsch. 787.

Dünen, die, o. Escoublac od. d. Pfarrhaus in d. Bretagne. (A. d. Französ.) 8. (VI, 386 S.) Brem. 892, Heinsius Nachf. * 5 —; geb. * 6 —

Dünenbuch. Werden und Wandern der Dünen, Pflanzen- u. Tierleben auf den Dünen, Dünenbau, bearb. v. F. Solger, P. Graebner, J. Thienemann, P. Speiser u. F. W. O. Schulze. (VIII, 404 S. m. 141 Abbildgn. u. 3 farb. Taf.) gr. 8. Stuttgart 910. F. Enke. 10.—; geb. in Lw. n 11. 20

Duner, Nils Christofer

Dunér, N. C., u. Folke Engström, Catalog v. 11446 Sternen nach Zonen-Beobachtungen am Repsold'schen Meridiankreise der Universitäts-Sternwarte zu Lund, s.: Catalog der astronom. Gesellschaft. 7.

Über die Rotation der Sonne von N[ils] C[hristofer] **Dunér**. Abh. [1.] 2. Upsala 1891–1907: E. Berling. 4°
[1 u. d. T.:] Recherches sur la rotation du soleil par N. C. Dunér.
— **Acta.** Nova, Reg. Societatis Scient. Upsaliensis. Ser. 3. Vol. 14, No 13; Ser. 4. Vol. 1, No 6. [07. 11494] 3

Dung, Dungstätte, Düngerbehandlung u. Verwendung, über, als Resultat d. darüber in Hohenheim statt gehabten Verhandll. 2c. Mit 1 Abbild. 8. Ellwang. . . . 2e A. 831. Schönbrod. 1½ *gl.*

Dung a hsien [Schlagwort]

Dung a hsiën, s.: Tschili.

Dungel, Adalb., die Lorcher Fälschungen. Ein neuer Versuch, das Entstehen der Lorcher Fabel zu erklären. Aus dem literar. Nachlasse Friedr. Blumberger's zusammengestellt. Lex.-8. (61 S.) Wien 871, (Gerold's Sohn.) *
Aus: Archiv für oesterreich. Geschichte, besonders abgedruckt.

Dungel Adalbert. Die Flachgräber der Hallstattzeit bei Statzendorf in Niederösterreich (mit 170 Textfiguren). Sitzb. I. Abt. Mat. d. prähist. Komm. II Bd. Nr. 1.
Separatabdruck

Dungel, Adb., s.: Urkunden u. Regesten zur Geschichte des Benedictinerstiftes Göttweig.

Dunger, Hermann

Dunger, Herm., der vogtländische gelehrte Bauer. gr. 8. (99 S.) Plauen 876. Neupert. n. 1. 20
(Festschr.z.Feier d.50jähr.Bestehens d.vogtländ.alterthumsforsch.Vereins in Hohenleuben. T.II.)

Dunger, Herm., über Dialect und Volkslied des Vogtlands. Ein Vortrag gehalten zu Plauen am 3. Jan. 1870. gr. 8. (24 S.) Plauen 870, Neupert.

Dunger, Hermann De Dictye-Septimio Vergilii imitatore.
4 (S. III—XX). Progr. Wettiner G. *Dresden* 1886 (492)

Dunger, Herm. Dictys-Septimius. Über die ursprüngliche Abfassung und die Quellen der Ephemeris belli troiani. 54 S.
Progr. Vitzt. *Dresden* 1878.

Wider die Engländerei in der deutschen Sprache. Ein Vortrag, geh. auf d. 11. Hauptversamml. d. Allg. Deutschen Sprachver. von Prof. Dr. Hermann **Dunger**. *Berlin: Allg. Deutscher Sprachver. 1899.* (20 S.) 8° [F.]
Erweit. Abdr. aus: Zeitschr. d. Allg. Deutschen Sprachver. Jg 14, No 12. [00. 3317 5

Engländerei in der deutschen Sprache von Hermann **Dunger**. 2., umgearb. u. stark verm. Aufl. d. Vortrags 'Wider d. Engländerei in d. deutschen Sprache'. Berlin: Allgem. Deutsch. Sprachverein 1909. VI, 99 S. 8° [10. 17505

Dunger, Herm., das Fremdwörterunwesen in unserer Sprache, s. Zeitfragen des christlichen Volkslebens.

Dunger, Herm., Das Fremdwörterunwesen in unserer Sprache. Heilbronn 1884. 8.
Ist: Zeitfr. d. chr. Volksl. Bd. 10. Nr. 1. . . . .

—— **Kinderlieder und Kinderspiele aus dem Vogtlande.** 16. (X, 203 S.) Plauen 874, Neupert. *

Dunger, Herm., Kinderlieder u. Kinderspiele aus dem Vogtlande. Mit e. einleit. Vortrage üb. das Wesen der volkstüml. Kinderlieder. 2., verm. Aufl. 12. (XII, 194 S.) Plauen 894. F. E. Neupert's Verl. n. 1. 50; kart. n. 1. 80; geb. n. 2. 25

Dunger, Herm. Rundas und Reimsprüche aus dem Vogtlande. Mit 22 vogtländischen Schnaderhüpfl-Melodien. Plauen 1876. 66, 304 S.
Mit ziemlich derben Liedern usw. Auch sittengeschichtlich interessant durch die lange Einleitung.

—— **die Sage vom trojanischen Kriege** in den Bearbeitungen des Mittelalters und ihren antiken Quellen. gr. 8. (81 S.) Leipzig 869, F. C. W. Vogel.

Dunger, Herm., zur Schärfung des Sprachgefühls. 200 fehlerhafte Sätze m. Verbessergn. u. sprachl. Bemerkgn., geprüft v. e. Ausschusse des allgemeinen deutschen Sprachvereins. Mit e. einleit. Abhandlg.: Was ist Sprachgefühl? Warum soll es geschärft werden? 3. u. 4. Taus. (IX, 137 S.) 8. Berlin 906. Verlag des allgem. deutschen Sprachvereins. n. 1. 60

Zur Schärfung des Sprachgefühls. 200 fehlerhafte Sätze mit Verbesserungen u. sprach. Bemerkungen geprüft von e. Ausschusse d. Allgem. Deutschen Sprachvereins. Mit e. einl. Abhandlung: Was ist Sprachgefühl? Warum soll es geschärft werden? von Hermann **Dunger**. 3., verm. Aufl. Berlin: Allgem. Deutscher Sprachver. 1907. (XI, 164 S.) 8° [F.] [07. 5343

Zur Schärfung des Sprachgefühls. 200 fehlerhafte Sätze mit Verbesserungen u. sprachl. Bemerkungen geprüft von e. Ausschusse d. Allg. Deutschen Sprachvereins. Mit e. einl. Abh.: Was ist Sprachgefühl? Warum soll es geschärft werden? Von Hermann **Dunger**. 4. Aufl. Berlin: Allgem. Deutsch. Sprachverein 1910. X, 147 S. 8° [10. 17390

Festschrift z. Fünfundzwanzigjahrfeier d. Allgem. Deutschen Sprachvereins 10. Sept. 1910. Die deutsche Sprachbewegung und der Allgemeine Deutsche Sprachverein 1885–1910 von Hermann **Dunger**. Mit 1 Kt. d. Zweigvereine. Berlin: Allgem. Deutsch. Sprachverein 1910. VI, 141 S. 8° [10. 17389

Dunger, Herm., die Sprachreinigung und ihre Gegner. Eine Erwiderung auf die Angriffe von Gildemeister, Grimm, Rümelin und Delbrück. Festschrift zur Begrüßung der 1. Hauptversammlung des allgemeinen deutschen Sprachvereins in Dresden am 8. und 9. Oktbr. 1887. gr. 8. (III, 78 S.) Dresden 887, Albanus'sche Buchdr., Chr. Teich. *

—— **Wörterbuch von Verdeutschungen entbehrlicher Fremdwörter,** mit besond. Berücksicht. der von dem großen Generalstabe, im Postwesen und in der Reichsgesetzgebung angenommenen Verdeutschungen. Mit einer einleit. Abhandlung über Fremdwörter und Sprachreinigung. gr. 8. (VII, 194 S.) Leipzig 882, Teubner. cart. *

Dunger, Karl Friedrich, Referendar in Dresden: Das Recht des Handlungslehrlings nach dem Handelsgesetzbuch vom 10. Mai 1897. Leipzig: O. Wigand 1906. (171 S.) 8°
Leipzig, Jur. Fak., Diss. v. 22. Nov. 1906
[Geb. 11. Juni 80 Dresden; Wohnort: Dresden; Staatsangeh.: Sachsen; Vorbildung: Wettiner Gymn. Dresden Reife O. 99; Studium: Tübingen 1, Leipzig 2, Berlin 1, Leipzig 4 S.; Rig. 18. Febr. 03.]

Dunger, Reinhold, approb. Arzt aus Dresden: Aus d. pathol.-anat. Institute d. Stadtkrankenhauses zu Dresden-Friedrichstadt. Obermedizinalrat Prof. Dr. Schmorl. Die Cystenniere und ihre Heredität. *Jena: G. Fischer 1904.* (67 S.) 8°
Leipzig, Med. Diss. v. (10. Febr.) 1904

Dünger, der, od. Betrachtungen üb. d. Einfluß u. üb. d. Weise d. Wirkung d. bekannten Düngerarten auf d. Leben d. Pflanzen. 8. (2 B.) Sondershausen 830, Eupel.

Dünger der Fabrik Heufeld mit einer kurzen Düngerlehre und Anweisung zum Gebrauch der künstlichen Dünger. München 1867.

Dünger, üb. d., u. dessen Stellvertreter. gr. 8. Berlin, 1801. Maurer. (Leipzig, Voigt.) — 10

Dünger-Bereitung, die, oder wie kann u. soll sich der Landmann, Oekonom u. Gärtner Dünger aus allen 3 Reichen der Natur in großer Quantität u. bester Qualität auf wohlfeile Weise verschaffen? Nach den Erfahrungen von Thär, Rothe, Kreissig. 12. Quedlinburg 843, Ernst. 3/8 ℞

Dungern, Emil Frhr. v., die Antikörper. Resultate früherer Forschgn. u. neue Versuche. gr. 8. (IV, 114 S. m. 2 Abb. u. 8 Kurven.) Jena 903. G. Fischer. n. 2. 50

von Dungern, Emil Frh. [Dr. med.]: Die Bedeutung der Mischinfection bei Diphtherie ... Jena, G. Fischer, 1896; 1 Bl., 37 S. 8.
Freiburg i. B., Med. Fak., Hab.-Schr. v. 1896

von Dungern, Emil Frh. [aus Freiburg i. B.]: Beitrag zur Histologie der Nebennieren bei Morbus Addisoni ... Freiburg i. B., Buchdr. v. Chr. Ströcker, 1892; 50 S., 2 Bl. 8.
Freiburg i. B., Med. Fak., Inaug.-Diss. v. 1892

Dungern, Frhr. v., Spezifizität der Antikörperbildung, s.: Festschrift zum 60. Geburtstage v. Robert Koch.

Aus d. Inst. f. Krebsforschung in Heidelberg. Das Wesen der bösartigen Geschwülste. Eine biolog. Studie von Dr. Emil Frh. v. **Dungern**, Prof., u. Dr. Richard Werner, Privatd. Leipzig: Akad. Verlagsgesellsch. 1907. (VII, 159 S.) 8° [07. 3006

Dungern, Emil Frh. v., u. Rich. Werner, das Wesen d. bösartigen Geschwülste. Jetzt: Tübingen, H. Laupp.

Dungern, Friedrich Freiherr von, Gerichtsreferendar in Wiesbaden: Die völkerrechtlichen Grundlagen der neueren Kolonialgründungen. Borna-Leipzig 1907: R. Noske. (VII, 46 S.) 8° [F.]
Leipzig, Jur. Fak., Diss. v. 3. Jan. 1908
[Geb. 23. Juli 84 Neuwied a. Rh.; Wohnort: Wiesbaden; Staatsangeh.: Preußen; Vorbildung: Gymn. Wiesbaden Reife O. 03; Studium: Leipzig 2, Kiel 1, Leipzig 1, Freiburg i. B. 1, Marburg 1 S.: Rig. 19. Juli 06.]

Dungern, Helene v., der Führer der christlich-sozialen Bewegung Englands von 1848—1866, Frederick Denison Maurice. gr. 8. (IV, 144 S.) Göttingen 900. Vandenhoeck & Ruprecht. n. 2. 40; geb. in Leinw. n. 3. —

Dungern, Julie v., des Pfalzgrafen Brief oder wie ein Goeler von geistlichem Stande wieder weltlich ward. Erzählung aus der Familengeschichte der Freih. Goeler v. Ravensburg. Nebst einer Einleitung, enth. die Uebersicht der Goeler'schen Familiengeschichte. gr. 16. (VII, 60 S.) Heidelberg 879, C. Winter'sche Universitäts-Buchh. *

Dungern, Julie, ein amerikanischer Detektiv, s.: Fischer's Roman-Bibliothek. 7. Bd.

Dungern, Julie, 30 neue Erzählungen f. die Jugend. 8. (201 S.) Ludwigshafen 876. Lauterborn. cart. n. 2. 50

—— dreißig neue Erzählungen für die Jugend. 8. (201 S.) Ludwigshafen 876, Lauterborn 879. cart. *

Dungern, Julie, Erzählungen für die reifere Jugend. Mit 8 (lith.) Bildern in Farbendr. nach Zeichnungen von Adf. Eberle. Stuttgart 870. Kröner. 16. (196 S.) 24 ngr.

Dungern, J., kleine Erzählungen aus dem Tierleben, s.: Universal-Bibliothek f. die Jugend.

—— gute Freunde. Schöne Erzählungen aus dem Thierreich. qu. 8. (32 S. mit 8 Farbendruckbildern von J. B. Sonderland.) Leipzig [Wesel] 878, Düms. geb.

— gute Freunde. Schöne Erzählungen aus dem Thierreich. Mit 8 Farbendr.-Bildern von J. B. Sonderland. (3. Aufl.) qu. 12. (32 S.) Wesel 881. Düms. cart. — 50

—— kleine Geschichten für artige Kinder. Mit 24 feinen (eingedr.) Holzschn. nach Zeichnungen von Friedr. Lossow. gr. 8. (III, 71 S.) Stuttgart 870, Kröner. cart.
Color. Ausg.

Dungern, Julie: Das Kreuz im Walde, s. Weber's moderne Bibliothek.

—— neue Märchen und Sagen für die Jugend erzählt. Mit 8 (lithogr.) Bildern in Farbendr. nach Zeichnungen von C. Offterdinger. gr. 16. (III, 210 S.) Stuttgart 870, Kröner. cart.

— Märchen u. Sagen, s.: Universal-Bibliothek für die Jugend.

Dungern, Julie, Novellen. 8. (VII und 366 S.) Braunschweig 864, Neuhoff und Comp.

Dungern, Julie: Unter dem Schleier, s.a. Weber's moderne Bibliothek.

— unter dem Schleier. Novelle. gr. 16. (79 S.) Ludwigshafen 876. Lauterborn. n. — 80

Dungern, Julie, neue Thiergeschichten für meine lieben kleinen Thierfreunde. 8. (VIII, 132 S.) Ludwigshafen 875. Lauterborn. cart. n. 2. 50

Dungern, Julie: Ungleich, s. Weber's moderne Bibliothek.

—— was sich schickt und den Leuten gefällt. Regeln des guten Tons für Söhne und Töchter gebildeter Stände. 16. (IX und 126 S.) Stuttgart 866, Kröner. 15 Ngr.; geb.

—— Was sich schickt und den Leuten gefällt. Regeln des guten Tons für Söhne und Töchter gebildeter Stände. 2. Aufl. 16. (116 S.) Stuttgart 870, Kröner. geb.

Dungern, Otto Frhr. v., Ahnen deutscher Fürsten. I. Haus Zollern. Ahnen der deutschen Kaiser, Könige u. Herzöge v. Preussen, Kurfürsten v. Brandenburg aus dem Hause Zollern u. ihrer Gemahlinnen. (61 Bl.) 28×39 cm. Papiermühle b/Roda 906. (Gebr. Vogt.)
Geb. in Leinw. n. 30. —

— frische Blüten. Lieder. Zeichnungen von Aug. v. Meißl. (76 S.) Lex.-8. Regensburg 905. W. Wunderling. n. 3. 50

Dungern, Otto Frhr. v., die Entstehung der Landeshoheit in Oesterreich. (1978.) gr.8. Wien 910. A. Hölder. 3. 80

— Glossen zum öffentlichen Recht. I. Grenzen des Fürstenrechts. (XIV, 167 S.) gr. 8. München 906. R. Piper & Co. n. 3. —

— Der Herrenstand im Mittelalter. Eine sozialpolit. u. rechtsgeschichtl. Untersuchg. 1 Bd. (XV, 487 S.) gr. 8. Papiermühle 908. Gebr. Vogt. 15. —

Dr. iur. Otto Frh. v. Dungern. König Karl von Rumänien und Deutschland. Berlin: H. Walther 1906. (48 S.) 8° [F.] [06. 14978

— das Problem der Ebenbürtigkeit. Eine rechtsgeschichtl. u. genealog. Studie. (153 S.) gr. 8. München 905. R. Piper & Co. n. 2. —

Reichssorgen und Welfenträume. Von Dr. jur. Otto Frh. v. Dungern. München & Leipzig: R. Piper & Co. 1907. (80 S.) 8° [07. 1400

Dungern, O[tto] C. Frh. von, aus Neuwied: Die staatsrechtliche Stellung der ehemaligen Reichsburg Friedberg in der Wetterau. *Frankfurt a. M. (1899): Th. Wentz.* (48 S.) 8°
Erlangen, Jur. Diss. v. 18. Jan. 1899

Dungern, Otto Frh. v.: Thronfolgerecht und Blutsverwandtschaft der deutschen Kaiser seit Karl dem Grossen. Hrsg. v. 'Roland' ... als Jahresgabe 1910/11 f. s. Mitglieder. Papiermühle S.-A.: Vogt 1910. 178 S. 8°

Dungern, Otto Frhr. v., Thronfolgerecht u. Blutsverwandtschaft der deutschen Kaiser seit Karl dem Grossen. 2. Aufl. (178 S.) gr. 8. Papiermühle 910. Gebr. Vogt. 5. —

Düngerstätten, Jaucheausläufe u. Gülletransportwagen, zweckmäßige, m. Bildern aus der Praxis. Von e. Luzerner Bauer (F. Ottiger). (26 S. m. Abbildgn.) gr. 8. Aarau 907. E. Wirz. 1. —

Dunges, August [aus Coblenz]: Aus d. med. Klinik in Bonn. Ueber das Verhalten der Sehnenreflexe bei Abkühlung der Körperoberfläche.... Bonn, Druck v. J. F. Carthaus, 1889; 23 + 1 S. + 1 Bl. 8°
Bonn, Med. Fak., Inaug.-Diss. v. 14. Dez. 1889

Dünges, August Wilhelm

[Umschlagt.:] Gemeinverständliche Aufsätze über Gesundheitspflege ... v. Dr. [Aug. Wilh.] Dünges, Dir. Arzt d. Curanst. Prinzenhof zu Cleve ... Lfg 1—10. *Cleve: Eigentum d. Curanst. Prinzenhof; Komm.-V.: F. Char [1897].* 8. [97. 6006

Dünges, Gemeinverständl. Aufsätze üb. Gesundheitspflege. 1.—10. Lfg. 8. Cleve 897. (F. Char.)
Für 10 Lfgn. 1. 50; einz. Lfgn. n. — 20
1. 2. Üb. Bewegung als Mittel z. Gesundheit m. bes. Berücksicht. d. Heilgymnastik. (24 S.)
3—6. Üb. Abhärtg. (S. 25—72.)
7—10. Üb. Erholg., Ausspanng. u. Kurgebrauch. (S. 85—128.)
S. 73—84 sind in Folge eines Druckfehlers ausgefallen.

Dungs, Herm., sechs Abkommen über internationales Privatrecht, s.a. Guttentag's Sammlung deutscher Reichsgesetze.

Dungs, Hermann: Sechs Haager Abkommen über Internationales Privatrecht. Berlin 1910

Lehrbuch des Urheberrechts an Werken der Literatur und der Künste. Von Hermann Dungs, Vortr. Rate. Berlin: Guttentag 1910. 68 S. 8° [10. 10493

— Die Berner Übereinkunft über internationales Urheberrecht, s.a. Guttentag's Sammlung deutscher Gesetze.

Dungs, Herm., Die Berner Übereinkunft über internationales Urheberrecht. Mit E.. Berlin 1910. 8°.
(Guttentagsche Sammlung Deutscher Reichsgesetze. Nr. 95.)

Dungs, (Franz) Herm. (geb. Berlin 5. 10. 1855): Die nützliche Verwendung durch Mittelspersonen nach preussischem Landrecht. Berlin (1884). (71 S.) 8° [A.]
Berlin, Jur. Diss. v. 17. Dez. 1884

Düngstoff-Industrieen, die, der Welt, hrsg. v. Thdr. Waage, s.: Plagemann, A., der Chilesalpeter.

Dung tschang fu [Schlagwort]

Dung tschang fu, s.: Tschili.

Düngung, Die, der landwirthschaftlichen Kulturpflanzen. Neudamm 1899. V: *Maas, Ad.* (Berl)

Rationelle Düngung der Weinberge. Resultate der neuesten wissenschaftlichen Forschungen und praktischen Erfahrungen. Kreuznach 1897. 40 S. Aus: Rheinische Weinzeitung. --

Düngungen, von verschiedenen, d. Wiesen u. Felder. 4. Riga 797. Hartknoch in Leipz. 4 gl

DÜNGUNGSVERSUCHE IN OBERFRANKEN, durchgeführt mit Mitteln der Deutschen Landwirtschafts-Gesellschaft.
Heft. 1. Düngungsversuche auf dem fränkischen Jura (K. Bezirksamt Pegnitz) mit einem Anhang über Futteranbauversuche im gleichen Gebiete. Zusammengestellt von Dr. RAUM in Wunsiedel. Als Manuskript gedruckt. Im Herbst 1908. Stadtamhof. Druck von J. & K. Mayr. 8°.

Dunham, Carroll, Eröffnungsrede an den homöopathischen Weltcongress des J. 1876. gr. 8. (16 S.) Leipzig 876, (Schwabe's Homoepath. Buchh.)

Dünhaupt, Friedrich (*geb. Wolfenbüttel* 8. 8. 1827): Untersuchungen über Wismuthäthyl und Quecksilberäthyl. Breslau (1854). (42 S.) 8°
Breslau, Phil. Diss. v. 6. Mai 1854

Dünhaupt, Herm. Frid. Guil., de incensione et combustione C. H. v. d. spontaneis. Comment. med. 8maj. (4⅛ B.) Gottingae 810, libr. Dieterich.

Duenheim, W von [Pseud.]
s.a.Goltz, Colmar F[rhr] von der [Wirkl. Name]

Dünheim, W. v., Angeline. Roman. 8. (182 S.) Stuttgart 877. Hallberger. n. 3. —

Dünheim, W. v., Angeline. Roman. 2. (Titel=)Aufl. 8. (182 S.) Stuttgart (1877) 879. Deutsche Verlags=Anstalt. n. 3. —

— ein Mastenscherz, s.: Reiselectüre.

Dünheim, W. v. (Colmar Frhr. v. d. Goltz), wie ich Schriftsteller wurde u. was ich dann schrieb, s.: Veröffentlichungen d. Vereins d. Bücherfreunde.

Dunikowski, E. Ritter v., das Petroleumgebiet der galizischen Westkarpathen, s.: Walter, H.

Dunikowski, Emil v., die Spongien, Radiolarien u. Foraminiferen der unterliassischen Schichten vom Schafberg bei Salzburg. [Mit 6 (lith.) Taf.] [Aus: „Denkschr. d. k. Akad. d. Wiss."] Imp.-4. (34 S.) Wien 882. Gerold's Sohn in Comm. n. 4. —

Dunin, J. M., krótka nauka o sakramencie bierzmowania wraz z modlitwami przed i po przyjęciu sakramentu tego. Breslau 867. (Leipzig,) Günther. 16. (36 S.) 2 ngr.

Dunin, Thdr., Grundsätze der Behandlung der Neurasthenie u. Hysterie. gr. 8. (73 S.) Berlin 902. A. Hirschwald. n. 2. —

Dunin, Thdr. Über habituelle Stuhlverstopfung, s. Klinik, Berliner.

Dunin, Thdr., üb. anämische Zustände, s.: Sammlung klin. Vorträge.

Dunin-Borkowski, Jerzy, Graf

Borkowski, Graf Dunin. Geognostische Beobachtungen in der Gegend von Rom. (Abdruck aus Leonhard's Taschenbuch für die gesammte Mineralogie für 1816.) Wien. 1817. 4.

Die neueren **Forschungen** über die Anfänge des Episkopats. Von Stanislaus v. Dunin-Borkowski, S. J. *Freiburg i. Br.: Herder 1900.* (VIII, 187 S.) 8° [F.]
— Stimmen aus Maria-Laach. Erg.H. 77. [... 9920

Dunin=Borkowski, Stanisl. Graf, zur Geschichte d. ältesten poln. Psalters zu St. Florian bei Linz. Genannt d. Psalter d. Königinn Margarethe. Eine Antwort auf d. Kritik in d. Jahrbüchern d. österreich. Literatur, Bd. 67, Jahrg. 1834, S. 154. gr. 8. (2¼ B.) Wien 835, (Mechitaristen=Congregat.=Buchh.)

Dunin-Borkowski, Stanislaus v., S. J., der junge De Spinoza. Leben u. Werdegang im Lichte der Weltphilosophie. Mit 2 Vierfarbdr., 13 Autotypien u. 7 Fksms. (XXIII, 634 S.) Lex. 8. Münster 910. Aschendorff. 15. —

Dunin-Karwicka, Marie, Kielce (Russisch-Polen): Aus dem pathologischen Institut Zürich (Direktor: Prof. Dr. Paul Ernst). Untersuchungen über das Vorkommen von Fett in Geschwülsten. Beiträge zur Fettfrage. Berlin 1906. 44 S. 8°. S.-A. aus Virchow's Archiv. [19. VII. 06.]
Zürich, Med. Diss. 1905/1906.

Dunin-Karwicka, Marie. Untersuchungen über das Vorkommen von Fett in Geschwülsten. Beiträge zur Fettfrage. Diss. Med. Univ. Zürich. [Sep.-Abdr. aus: Virchows Archiv für pathologische Anatomie und Physiologie, Band 184, Heft 3.] *Kopftitel:* Aus dem pathologischen Institut Zürich ⟨Direktor: Prof. Dr. Paul Ernst⟩. 43 S. 8. Berlin, Georg Reimer, 1906.

Düning, (Hermann Heinrich) Adalbert

Düning, Adb., das Ende d. kaiserl. freiweltlichen Stifts Quedlinburg. 8. (43 S. m. 1 Abbildg.) Quedlinburg 891. (H. C. Huch.) n. 1. —

Düning, Adalbert Ein neues Fragment des Quedlinburger Itala-Codex. 4 (S. 3—24, Facsim.). **Progr.** G. *Quedlinburg* 1888 (232).

Düning, Adalbert [Dr.]: Geschichte des Gymnasiums zu Quedlinburg. Quedlinburg, Druck v. C. Voges, 1890; 48 S. 4°
Quedlinburg, k. G, Festschr. 1890 • •

Düning, Adalbert, Prof. Dr.: Die deutschen Handschriften der Königl. Stifts- und Gymnasialbibliothek bis z. J. 1520. Quedlinburg 1906: H. Klöppel. (23 S.) 4°
Quedlinburg, k. G. OP 1906 (304)

— Stift u. Stadt Quedlinburg im 30jährigen Kriege. Mit dem Bildnisse des Generals Grafen Königsmark. gr. 8. (IV, 65 S.) Ebd. 894. Kart. n. 1. 25

Auctions-Catalog. Enthaltend: Die nachgelassene Sammlung des Herrn Prof. Dr. A(dalbert) **Düning** in Quedlinburg. Münzen d. Mittelalters u. d. neueren Zeit. Hannover: Rosenberg 1910. X, 149 S. 4°(8°) [11. 4608

Düning, Adalb. Racine's auf antiken Stoffen beruhende Tragödien und deren Hauptcharaktere. 17 S. **Progr.** *Quedlinburg* 1880.

Düning, Adb., Übersicht über die Münzgeschichte des kaiserl. freien weltlichen Stifts Quedlinburg. Festschrift zur Begrüssung der XVI. Versammlung des hanseat. Geschichtsvereins. gr. 4. (36 S. mit Stnt.) Quedlinburg 886, (Huch.) *

Duening. Hermannus Henricus **Adalbertus**: De Metrodori Epicurei vita et scriptis. Accedunt fragmenta collecta, digesta, illustrata. Halis 1870. (Teubner, Lipsiae). 68 S. 8°
Halle-Wittenberg, Phil. Diss. v. [16. Juni] 1870
Geb. Bielefeld 6. 4. 1843. V.
Im Buchhandel 1870 bei Teubner in Leipzig.

Dunis, Fürchtegott, Gesch. od. elendgewordene Zärtlichkeit. 2 Thle. 8. Leipz. Schneider. (Linke.) 777.

Dunkan, d. Schloß, od. d. unsichtbare Mann; aus d. Franzöf. 2 Thle. 8. Altenb. 801. Petersen. 1 ℛ 12 gl

Dunkel, das, des Jenseits im Lichte des Evangeliums. Ein Trostwort für Weinende. Aus Deutsche übertragen von A. G. Lundehn. Stolp 864. Eschenhagen. 16. (VIII, 220 S.) n. 20 ngr.; geb. n. 1 ℛ

König Witichis. Trauersp. in 4 Acten von **Alfred Dunkel.** *Berlin: M. Böhm [1899].* (44 S.) 8° [Ant. u. F.] [... 4736

Dunkel, D. W., s. Verhandlungen der Schwedischen Academie der Achtzehner.

Dunkel, Ernst *Hermann* [aus Danzig (Westpr.)]: Ein Fall von Leberabscess durch Askaris lumbrikoides ... Greifswald, Druck v. J. Abel, 1897; 30 S. 8.
Greifswald, Med. Fak., Inaug.-Diss. v. 11. Aug. 1897

Dunkel, G., Abc des herrschaftlichen Kutschers. (31 S.) kl. 8. Berlin 909. (Illustr. Landwirtschaftl. Ztg.) nn — 50

Dunkel, Georg August

Dunkel, G. A., erleichterte Arbeit im Predigen, od. d. Apostol. Prediger. 4 Theile. 8. Lemgo, Meyer. 748 — 50. (à 8 gr.)

— erleichterte Arbeiten im Predigen über d. evang. Texte. 7 Thle. 8. Ebd. 746—51. Ebd. 2 fl. 12 gr.

— d. allezeit fertige Bußprediger. 8. Lemgo 753. Meyer. 8 gr.

Dunkel, Geo. Aug., d. allezeit fertige Hochzeitprediger. 2 Thle. 8. Lemgo 750. Meyer. 16 gr.

— d. allezeit fertige Katechismusprediger. 2 Thle. 8. Ebd. 1754 Ebd. 14 gr.

— d. allezeit fertige Leichenprediger. 4 Thle. 8. Ebd. 750. Ebd. 1 fl. 8 gr.

— **der Passionsprediger.** 8. Ebend. 749.

— **üb. d. evangel. Texte.** 7 Thle. 8. Ebend. 746—51. (1r, 2r, 5r, 5r u. 6r à 8 gr. 4r u. 7r à 10 gr.)

Dunkel, Johann Gottlieb Wilhelm

— s. Theod. Dassow, de vacca rufa opusculum.

Dunkel, Jh. Gli. Wlh., († d. 8. Sept. 1759.) u. Schlichter, histor.-krit. Nachrr. von d. verstorbenen Gelehrten u. ihrer Schriften. 3 Bde in 12 Stücken, mit Anh. 8. Köthen 753—60. Corner. 2 fl. 20 gr. Anhang dazu. 8. Ebd. 760.

Dunkel, P. O., d. Vater voll d. Liebe 2c. Trauerrede auf den Tod Bernhards, Abt in Mandscr. Fol. Salzb. Mayr. 773. —

Dunkel, Paul, Tierarzt a. Rinteln a. d. Weser: Aus d. pathol.-anatom. Institute d. Tierärztl. Hochschule zu Hannover. (Leiter: Prof. Dr. phil. et med. vet. Rievel.) Untersuchungen über die Beziehungen des Bacillus pyogenes bovis et suis zu dem Bacillus pseudotuberkulosis ovis. Hildesheim 1908: A. Lax. (77 S.) 8°
Gießen, Veterinär-Med. Koll., Ref. Olt, Diss. v. 6. Aug. 1908
[Geb. 23. Sept 78 Rinteln; Wohnort: Hannover; Staatsangeh.: Preußen; Vorbildung: Gymn Rinteln Reife O. 97; Studium: Hannover 7 S.; Rig. 4 Juni 08.]

Dunkel, Thdr., Nach Mitternacht. — Stationen, s. Bühnen-Repertoir, Bd. X. XII.

Dunkel, W. [pr. Arzt aus Herscheid i. W.]: Ueber die Ursachen und die Behandlung der Gebärmutterblutungen. . . . Würzburg, P. Scheiner's Buchdr., 1890; 21 S. 8°
Würzburg, Med. Fak., Inaug.-Diss. v. 1890

Dunkel, Wilh. [aus Eschweiler]: Aus d. Augenklinik zu Bonn. Ueber Exophthalmus in Folge variköser Erweiterung der Orbitalvenen. . . . Eschweiler, Buchdr. A. Leclerc, 1891; 40 S., 1 Bl. 8°
Bonn, Med. Fak., Inaug.-Diss. v. [15. Mai] 1891

Dünkel, Der falsche, aller und besonders unserer Zeit ... Göttingen 1852. V: *Ebeling, Chn G.* (zu) *Ebeling, C. L. W.* (Ky)

Dünkel, der falsche, aller u. besonders unserer zeit. Predigt von Ch. G. (C. L. W. Ebeling.) 8. (11 S.) Göttingen 852, Vandenhoeck & Ruprecht. n. 2 gr

Dünkel, Leerer, und bedenkliche Irrwege beleuchtet von einem Laien. Frankfurt a. M. 1903. V: *May, Eduard Gustav.* (Stadtbibl. Frankf. a. M. Kat. der Neueren Bestände.)

Dünkel, Conr., die Nothwendigkeit d. Thierasyle in grossen Städten. Vortrag, geh. in d. Monatsversammlg. d. neuen Leipziger Thierschutzvereins am 3. Decbr. 1895. gr. 8. (12 S.) Leipzig 896. (F. Fleischer.) n.n. — 25

Dunkelarrest, der, vor dem Schwurgericht. (Preßprozeß Heigl.) Mit e. neuen, dem jetz. Stande der Frage entsprech. Vorrede. (Von Ferd. Heigl.) 3. Aufl. 12. (III, 75 S.) Bamberg 887. Handels-Druckerei u. Verlagsh. — 35

Was der praktische Forstmann von der Theorie der künstlichen Düngung wissen muß. Zsgest. von Forstrat [Arthur] **Dunkelbeck**-Hildesheim. Hildesheim: A. Lax 1904. (26 S.) 8° [Umschlagt. J.] (04. 8964 7

Dunkelberg, (Adolf Gust.) Herm. (geb. Berlin 23. 12. 1859): Lymphadenitis colli und ihre Folgen bei Diphtherie und Scarlatina. Berlin (1884). (30 S.) 8°
Berlin, Med. Diss. v. 4. Aug. 1884

Rheinschiffahrts-Lexikon. Erklärung der Fachausdrücke für die Geschäfts- und Gerichtspraxis von Karl **Dunkelberg**. Mit Schiffsplänen nebst Beschreibungen und vielen Abb. Duisburg: 'Rhein' (1910). 55 S. 8°

Dunkelberg, Paul: Der Zugriff des Legatars ... Göttingen, Druck d. Univ.-Buchdr. v. W. F. Kästner, 1892; 31 S. 8.
Göttingen, Jur. Fak., Inaug.-Diss. v. [13. Juni] 1892

Dunkelberg, Paul, der Zugriff d. Legatars. Diss. gr. 8. (31 S.) Göttingen 892. (Vandenhoeck & Ruprecht.) n. — 80

Dünkelberg, Friedrich Wilhelm

Dünkelberg, Wilh., die Ackerbauschule. Ein Bild der Wirklichkeit und der Idee. Mit besond. Bezug auf die Verhältnisse der preuß. Rheinlande dargestellt. gr. 8. (VI und 90 S.) Frankfurt a. M. 850, Hermannsche Buchh.
Aus: Sprechsaal der landwirthschaftl. Zeitung, besonders abgedruckt.

Dünkelberg, Frdr. Wilh., die Anpassung der Geschlechter des englischen Vollblutpferdes u. einige seiner zootechnischen Beziehungen zur Halbblutzucht. Statistisch u. kritisch bearb. Mit 2 Pferdeportr. (VIII, 182 S.) gr. 8. Berlin 904. P. Parey. n. 6. —

Dünkelberg, Fried. Wilh. Die landwirthschaftliche Betriebslehre in ihren naturgesetzlichen, volkswirthschaftlichen u. culturtechnischen Grundlagen. 2 Thle. gr. 8. Braunschw., Vieweg u. Sohn. à Thl. * 6 —; * 12 —
1. Allgemeine Betriebslehre. (IX, 279 S.) 889.
2. Das Landgut. (VIII, 296 S.) 890.

Dünkelberg, Frdr. Wilh., d. landwirthschaftl. Betriebslehre in ihren naturgesetzl., volkswirthschaftl. u. culturtechn. Grundlagen. 3. Gebr. an landwirthschaftl. Lehranst. u. z. Selbstunterr. f. Landwirthe, Culturtechniker u. Verwaltungsbeamte. 3. Thl. A. u. d. T.: D. landwirthschaftl. Taxationslehre in ihrer betriebswirthschaftl. Begründg. u. m. bes. Rücksicht auf d. Bonitiren d. Ländereien. gr. 8. (IX, 260 S.) Braunschweig 898. F. Vieweg & Sohn. n. 6. —

Dünkelberg, F. W: Die Bewässerung mit Canalwasser in der Ebene von Gennevilliers bei Paris und auf den Dünen bei Danzig. Berlin 1875. Fol.

Dünkelberg, Friedr. Wilh., Denkschrift zur Feier des fünfundzwanzigjährigen Bestehens der königl. landwirthschaftlichen Akademie Poppelsdorf am 16. und 17. Mai 1872. Nach amtl. Quellen bearb. und den Studirenden der Akademie gewidmet. gr. 4. (43 S.) Bonn 872, Marcus.

[J.] Die Entwicklung der Culturtechnik. Z. 50j. Jubelfeier d. Kgl. landw. Akad. Poppelsdorf-Bonn am 30. Juli 1897 seinen Commilitonen überreicht v. Prof. Dr. Friedrich Wilhelm **Dünkelberg** ... M. d. Portr. d. Vfs. *Braunschweig: F. Vieweg & Sohn 1897.* (2 Bl., 52 S., 1 Portr.) 1 Bd 8. (91. 4348

Dünkelberg, F. W: Encyclopädie und Methodologie der Culturtechnik. Braunschweig 1883
Bd 1. Terrainlehre.
Bd 2. Allgemeine Meliorationslehre.

Dünkelberg, Friedr. Wilh., Encyclopädie und Methodologie der Culturtechnik. Zum Gebrauche an landwirthschaftl. und techn. Lehranstalten und zum Selbstunterricht für Landwirthe, Techniker und Verwaltungsbeamte bearb. 2 Bde. Mit 297 in den Text eingedr. Holzst. und 1 farb. Karte. gr. 8. (XIX, 482; IX, 429 S.) Braunschweig 883, Vieweg und Sohn. *

— s.: Flußregulirung, die, in Schlesien.

Die Grasweide, ihre Ansaat, Pflege u. Nutzung u. ihre Beziehungen z. Hochzucht u. Edelzucht. An prakt. Beispielen erl. von Prof. Dr. Friedr. Wilhelm Dünkelberg. Berlin: P. Parey 1905. (97 S.) 8° [F.] [illegible]

Dünkelberg, Friedrich Wilhelm: 2 Gutachten, betr. d. Reinigung u. Entwässerung der ... Stadt Breslau, s. Wiebe, E.

Dünkelberg, üb. Individualpotenz u. Vererbung. Eine historisch-krit. Studie. [Aus: „Landw. Jahrbb."] gr. 8. (47 S.) Berlin 881. Parey. n. 1. —

Dünkelberg, F. W., Der Cultur-Ingenieur. Braunschweig 1868—71. Bd. 1—3. 8°.

Dünkelberg, Friedr. Wilh., die Culturtechnik in ihrer systematischen Anwendung auf Vorarlberg und die Melioration seiner Rheinebene. Auf Veranlassung des Vorarlberg'schen Landesausschusses verf. gr. 8. (124 S. mit 1 chromolithogr. Karte in qu. 4. und 8 eingedr. Holzschn.) Bonn 878, Hochgürtel. *

Dünkelberg, Wilh. Friedr., der Landwirth als Techniker. Für den Gebrauch an landwirthschaftl. und techn. Lehranstalten und zum Selbstunterricht für Landwirthe, Techniker und Verwaltungs-Beamte bearb. 1. und 2. Abthl. gr. 8. Braunschweig, Vieweg und Sohn. *

Inhalt:

Abthl. 1. Der Wiesenbau in seinen landwirthschaftlichen und technischen Grundzügen. Nebst einem Anh. über die Entwässerung und die Drainbewässerung der Felder nach Petersen. Als 1. Abthl. des Fries'schen Lehrbuches des Wiesenbaues. (XVI und 208 S. mit 97 in den Text eingedr. Holzst. und 2 farb. Karten in Holzschn. in gr. 4.) 865. * 1 Thlr. 10 Ngr.

" 2. C. F. C. Fries' Lehrbuch des Wiesenbaus. Für Landwirthe, Forstmänner, Cameralisten rc. Als 2. Abthl. des Wiesenbaus in seinen landwirthschaftl. und techn. Grundzügen zum Gebrauche bei Vorlesungen und zum Selbstunterricht bearb. von Wilh. Friedr. Dünkelberg. 2., sehr verm. Aufl. (XVIII und 484 S. mit 311 in den Text eingedr. Holzst. und 1 chromolithogr. Plan in gr. Fol.) 866. * 2 Thlr. 20 Ngr.

Dünkelberg, Wilh., die Landwirthschaft und das Capital. Zugleich ein Aufruf an Grundherrn, Gutsbesitzer, Capitalisten, Domainen-Verwaltungen und Rentkammern zur Einrichtung von Muster-Pachtungen. Wiesbaden 860. Roth. gr. 8. (VIII, 112 S.) n. 16 ngr

Dünkelberg, Frdr. Wilh., nordamerikanische Pferde, s.: Pferde, unsere. 14. Hft.

Die Reinigung des Wassers für kommunale, häusliche und gewerbliche Zwecke durch ein neues, bereits erprobtes, in Deutschland und Österreich patentiertes Filtersystem erfunden u. krit. bearb. von Prof. Dr. Friedr. Wilhelm Dünkelberg. Nebst e. populären Anweisung z. Massanalyse u. Härtebestimmung d. Wassers von Dr. [Josef] Hanamann (Prüfung d. Wassers auf organ. Stoffe mittelst Kaliumpermanganat u. a. Härtebestimmung). Mit 14 Holzschn. Berlin: A. Seydel 1906. (VII, 98 S.) 8° [illegible]

— aus der Renncampagne des J. 1902, s.: Pferde, unsere. 25. Hft.

— die Schifffahrts-Canäle in ihrer Bedeutung für die Landes-Melioration. Eine culturtechn. Studie. 8. (123 S.) Bonn 877, [Weber's Sortiment.] Hochgürtel. *

— culturtechnische Skizzen über eine Bereisung Tirols im August und September 1871. Veröffentlicht von dem landwirthschaftl. Centralausschusse mit Unterstützung des k. k. Ackerbau-Ministeriums. gr. 8. (44 S. mit 1 lithogr. Karte.) Innsbruck 872, Wagner'sche Universitäts-Buchh. *

Dünckelberg, culturtechnische Skizzen über eine zweite Reise nach Tirol im Septbr. 1872. gr. 8. (83 S. mit 2 chromolithogr. Zeichnungen.) Innsbruck 873, Wagner'sche Universitäts-Buchh. *

Die landwirthschaftliche Taxationslehre in ihrer betriebswirthschaftlichen Begründung u. mit bes. Rücks. auf d. Bonitiren d. Ländereien. Für studirende Landwirthe ... bearb. von Dr. Friedrich Wilhelm Dünkelberg. Braunschweig: F. Vieweg & Sohn 1898. (IX, 200 S.) 8° [F.]
— Dünkelberg: Die landwirthschaftl. Betriebslehre. Th. 3. [illegible]

— die Technik der Berieselung m. städtischem Canalwasser, seine Reinigg. u. Verwerthg. 8. (IV, 48 S.) Bonn 876. Hochgürtel. n. — 80

— die Technik der Reinigung städtischer u. industrieller Abwasser durch Berieselung u. Filtration. Für Techniker, Verwaltungsbeamte u. Stadtverordnete nach eigenen Erfahrgn. u. Versuchen bearb. Mit Abbildgn. u. 1 Plan. gr. 8. (IX, 143 S.) Braunschweig 900. F. Vieweg & Sohn. n. 3. —

Dünkelberg, Friedrich Wilhelm: Eine höhere Verwertung der in Anilin-Fabriken abfallenden Eisenerze (Calcium-Chlorid-Brikettierung). Wiesbaden 1908.

Dünkelberg, Frdr. Wilh., die allgemeine u. angewandte Viehzucht. Zum Gebrauche prakt. Züchter, f. Vorlesgn. u. zum Selbstunterrichte historisch u. systematisch bearb. gr. 8. (XIV, 427 S. m. 25 Abbildgn.) Braunschweig 892. F. Vieweg & Sohn. n. 12. —

Dünkelberg, Frdr. Wilh., das englisch-arabische Vollblut u. seine Zuchtmethode, s. Pferde, unsere. 35. Hft.

— Das englisch-arabische Vollblut u. seine Zuchtmethode. Stuttg. 1907. 78 S. 2 Tvl.
(Unsere Pferde. H. 35).

Das englische Vollblutpferd und seine Zuchtwahl. Histor., statist. u. krit. bearb. von Prof. Dr. Friedr. Wilh. Dünkelberg, Poppelsdorf-Bonn. *Braunschweig: F. Vieweg & Sohn 1903.* (XII, 258 S.) 8° [illegible]

— der nassauische Weinbau. Eine Skizze der klimat. Boden- und Cultur-Verhältnisse des Rheingau's, nebst der allgem. amtl. Statistik der Wein-Erträge aus den J. 1834, 1846 und 1857—1866. Aus Auftrag des Direktoriums des Vereins naff. Land- und Forstwirthe hrsg. gr. 8. (VIII und 64 S. mit 1 chromolithogr. Weinbaukarte des naff. Rheingau's in qu. Fol.) Wiesbaden 867, Limbarth. *

— über den Werth der präcipitirten Phosphate im Allgemeinen und der zurückgegangenen gegenüber der wasserlöslichen Phosphorsäure in den Superphosphaten im Besonderen. gr. 8. (77 S. mit 1 lithogr. Taf.) Berlin 880, [Wiegandt, Hempel und Parey.] Parey. *
aus: Landwirthschaftliche Jahrbücher, besonders abgedruckt.

— der Wiesenbau in seinen landwirthschaftlichen und technischen Grundzügen. Für Landwirthe, Techniker und Verwaltungs-Beamte, sowie für Vorlesungen an landwirthschaftl. Lehranstalten bearb. Nebst zwei Anhängen über die Entwässerung und die Drain-Bewässerung der Felder nach Petersen und über die Technik der Bewässerung mit städt. Canalwasser [sewage]. 2. sehr verm. Aufl. gr. 8. (XXI, 293 S. mit 103 in den Text eingedr. Holzschn. und 2 farb. Taf.) Braunschweig 877, Vieweg und Sohn. *

— der Wiesenbau in seinen landwirthschaftlichen u. technischen Grundzügen. Für Landwirthe, Techniker u. Verwaltungs-Beamte, sowie f. Vorlesgn. bearb. Nebst 2 Anhängen üb. Entwässerg. (Drainage), die Technik der Bewässerg. m. städt. Canalwasser u. das angewandte Nivelliren. 3., sehr verm. Aufl. Mit 167 Abbildgn. u. 4 farb. Taf. gr. 8. (XXII, 389 S.) Ebd. 894. n. 11. —

— Der Wiesenbau in seinen landwirtschaftlichen u. technischen Grundzügen. Für Landwirte, Techniker u. Verwaltungs-Beamte sowie f. Vorlesgn. bearb. Nebst zwei Anhängen üb. Entwässerg. (Drainage) u. das angewandte Nivelliren. 4. durchgeseh. u. verm. Aufl. (XXI, 374 S. m. 165 Abbildgn. u. 4 farb. Taf.) Lex. 8. Braunschweig 907. F. Vieweg & Sohn. 11. —; geb. 12. —

— die Zuchtwahl d. Pferdes, i. Besond. d. engl.-arab. Vollblut. Histor. u. krit. bearb. M. 15 origin. Thierbildern. Lex.-8. (XI, 263 S.) Ebd. 898. n. 10. —

Dünkelfeind, Kasp., (psd.) Gedanken eines Liebhabers d. Tonkunst über Richelmanns Traktat von d. Melodie. 4. Nordh. 755.

Dunkelheit, über die, der bibl. Gesch. s. K. B. Schmidt.

Dünkeloh, Wilhelm: Aus d. Prosektur d. Krankenh. r./I. Prosektor: Oberndorfer. Ein Beitrag zur Atheromatose der splanchnischen Arterien (nebst Abb.). München: Steinicke 1909. 27 S. 8°

München, Med. Diss. v. 10. Aug. 1909, Ref. v. Bollinger

[Geb. 6. Febr. 83 Jöllenbeck; Wohnort: Jöllenbeck; Staatsangeh.: Preußen; Vorbildung: Gymn. Bielefeld Reife O. 03; Studium: Tübingen 5, München 5 S.; Coll. 10. Aug. 09; Approb. 14. Juli 09.] [U 09. 3300

Dünkelsbühler, Julius, aus Nürnberg: Beitrag zur Kenntnis des Hydrindens. *Berlin (1901): G. Schade.* (48 S.) 8°
Berlin, Phil. Diss. v. 31. Juli 1901

Dunkelsteiner Wald, s.: Ausflugskarten.

Dunkelsteiner Wald, s.: Wiener Ausflugskarten.

Dunker, s.a. Duncker.

Dunker's Fischerei-Kalender f. Deutschland, Oesterreich u. die Schweiz auf d. J. 1880. Zugleich Adress-Buch aller bei der Fischerei, dem Fischhandel etc. Betheiligten, der Vereine, Behörden, Beamten etc. gr. 8. (264 S.) Stettin 879. Herrcke & Lebeling. n. 2. —; geb. n. 2. 50

Dunker's Fischerei-Kalender für Deutschland, Oesterreich und die Schweiz auf das J. 1881. Zugleich Adress-Buch aller bei der Fischerei, dem Fischhandel etc. Betheiligten, der Vereine, Behörden, Beamten etc. 2. Jahrg. 12. (IV, 110, 114 S. mit 1 Portr. in Holzschn. und Tab.) Stettin 880, Herrcke und Lebeling. geb. *
Nicht weiter erschienen.

Dunker's Fischerei-Kalender für Deutschland, Oesterreich und die Schweiz. Zugleich Adress-Buch aller bei der Fischerei, dem Fischhandel etc. Betheiligten etc. Stettin 1880—82.

Dunker. Journal der Belagerung von Mainz i. J. 1793. 8. M. Pl. Frankfurt 1793.

—— **Taschen-Kalender für See- und Binnenfischer auf das J. 1881. Zugleich Adress-Buch aller bei der Fischerei, dem Fischhandel etc. Betheiligten, der Vereine, Behörden, Beamten etc. gr. 16. (IV, 209 S. mit 1 Holzschn.-Portr.) Ebendas. 881. cart. ***
Nicht weiter erschienen.

Dunker, Adf., Gemeindewaisenrat u. Vormund. s.: Löwenherz, Max.

Dunker, Alexander von: Beiträge zur Kenntniss der Sulfoessigsäure. Halle a. S. 1885: Plötz. 24 S. 8°
Halle-Wittenberg, Phil. Diss. v. 5. Aug. 1885.
Geb. Fürstenwalde a. d. Spree (Kr. Lebus) 10. 3. 1858. V

Dunker, Balthasar Anton

— Abbildung d. russischen Nation, s. Abbildung.

Dunker B. A.: Anfangsgründe z. Zeichnung d. Landschaften. Bern 1792. 2 S. 6 Tvl. 4°.
(O. med fransk Tit.).

Dunker, Balth. Ant., († d. 3. April 1807.) vierzehn Aussichten im Oberlande, jenseits Thun gewählt, mit ihren kurzen histor.-topograph. Beschreibb. Deutsch u. französ. Die Kpf. sind von S. Weibel. breit Fol. Bern 796.

Dunker, Balthasar Ant., Gedichte, s. a. Zur Erinnerung an Balthasar Dunker.

Dunker, Balthasar Anton. Zur Erinnerung an B' A' D', 1746—1807. Eine Auslese aus seinen Gedichten nebst einigen seiner Vignetten (... zu Dunkers 100stem Todestage gewidmet von Adolf Thürlings und Gustav Tobler). 28 S. 8. Bern, Gustav Grunau, 1907. [fr. 60. –]
In kleiner Auflage numerierter Exemplare hrg. –

Dunker, Balth. Anton, s. Heptameron.

Intermezzo, Ein, von *B. A. D.* (d. i. *Balthas. Anton Dunker*), mit einigen (6 sehr interessanten) Vignetten von Demselben. O. O. (Bern, Walthard u. Baudard) 1785. 8°. (In München: P. o. germ. 686d: XII—84 S., von S. 81 an herausgeschnitten.) (20 Mk. Max Harrwitz, 1891.)
Anon.-Lex. II. p. 94 (nach Meusel).

Dunker, ..., Intermezzo, enthalt. theatral. Sachen. 8. Basel 786. Serini. 16 gr.

— moral.-polit. Kourier, (oder Figuren-Zeitung), in Kupfern. 10 Hefte, (mit 46 Kpfrbl.) 4. Bern 798—800. Typogr. Soc.

Dunker, Balthasar Anton. Palinodie. Gedicht mit Radierungen von B' A' D', geboren 1746 ..., gestorben 1807.... Zur Erinnerung an den vor 100 Jahren verstorbenen Künstler in 30 nummerierten Exemplaren hergestellt. [II + 9 S. + 2 Tafeln.] 4. Bern, Komm. F. Semminger, (1907). [fr. 10. —]
Das Gedicht ist nach dem einzigen bis jetzt bekannten Exemplar der Aarauer Kantonsbibliothek, die Radierungen nach den in einer Privat-Sammlung befindlichen Originalen reproduziert. — Nr. (28).

— Palinodie. Gedicht m. Radiergn. Zur Erinnerg. an d. vor 100 Jahren verstorbenen Künstler in 30 nummeriert. Exemplaren hergestellt. (Hrsg. v. Th. Engelmann.) (9 S. in gr. 8., 2 Bl. in Radierg. u. Titelbl.) 31,5×24,5 cm. Bern (908). (F. Semminger). . 12. —

— Portefeuille v. Vignetten rc. Bern, Typ.

— Principes du dessein des paysages; avec 6 Planch. par Weibel. Fol. Bern 792. Typogr. Soc. 3 Thl. (auch deutsch).

— Schriften. 3 Thle. (1r Schriften von meiner Silhouette. 3r Th. u. d. T.: Doktor Luther auf d. Abtritt). 8. Bern 785, 86. (Basel, Serini). 1 Thl. 8 gr.

— tableau de Paris. av. 96 planch. 4. Berne, Soc. Typ.

Dunker, Eduard

Dunker (E.), Ueber die Benutzung tiefer Bohrlöcher zur Ermittlung der Temperatur des Erdkörpers und die deshalb in dem Bohrloche I zu Sperenberg auf Steinsalz angestellten Beobachtungen. Halle 1872. 8.

Dunker, [Eduard], **Beobachtungen zur Ermittelung der Wärme des Erdkörpers. 4. (7 S.) Halle 878, Schmidt's Verlagsh. ***
Aus: Sitzungsberichte der naturforschenden Gesellschaft zu Halle, besonders abgedruckt.

Ueber die Wärme im Innern der Erde und ihre möglichst fehlerfreie Ermittelung Von Eduard **Dunker**, Geh. Bergr. a. D. M. 2 Taf. *Stuttgart: E. Schweizerbart 1896.* (x, 242 S., 2 Taf.) 1 Bd 8. [96. 1024

Dunker, Edwin Arno [aus Chemnitz]: Der Grammatiker Bojadži ... (Aus: II. Jahresber. d. Inst. f. rumän. Sprache zu Leipzig.) Leipzig, J. A. Barth, 1895; 3 Bl., 150 S. 8.
Leipzig, Phil. Fak., Inaug.-Diss. v. [25. Juni] 1895

Dunker, Emil von, a. Tilsit: Der Gemeindehaushalt der Großstädte Preußens. Weimar 1906: G. Uschmann. (79 S. m. 2 Anl.) 8°
Erlangen, Phil. Fak., Ref. v. Eheberg, Diss. v. 11. Sept. 1906
[Geb. 17. Juli 66 Tilsit; Wohnort: Westend b. Berlin; Staatsangeh.: Preußen; Vorbildung: Gymn. Tilsit, Realgymn. Aschersleben, Gymn. Tilsit, Insterburg Reife O. 86; Studium: Lausanne 1, Berlin 5 S.; Rig. 25. Juli 06.]

Dunker, F. B. u. Sohn, Darstell. der durch d. Sturmfluthen vom 3ten zum 4ten Febr. angerichten Verheerungen an d. norddeutschen Küste. Nebst e. Anh. u. 2 Küstenkarten. 8. Jever 826. (Kummer in Zerbst). 2 Thl. 8 gr.

Dunker u. Sohn, (F. B.) Darstell. der durch die Sturmfluthen von 3n u. 4n Febr. angerichteten Verheerungen an der norddeutschen Küste. Nebst e. Anh. u. 2 Küstencharten. 8. Jever 827. (Kummer in Zerbst)

Dunker, Friedrich

Gedächtnisreden für die in d. e. O. eingegangenen Protektoren Kaiser Wilhelm I. und Kaiser Friedrich III., gehalten in den Trauerlogen am 5. April und 24. Juni 1888 und auf besonderen Wunsch hrsg. von Fr[iedr.] Dunker. Osnabrück 1888: Kisling. 26 S. 8°
[Umschlagtit.]
Im Anh. die Trauergesänge ohne Noten.

Lieder für die Loge „Zum Goldenen Rade" in Osnabrück. Zsgst. von Friedr. Dunker. Osnabrück 1893: Kisling. 40 S. 8°
54 Gesänge ohne Noten.

Karte der Umgegend von Stettin von H. Dunker. (1:70,000.) Stettin: H. Dannenberg [1895]. (1 Kartenbl. 37×41 cm.) 8° [Umschlagt. lith.] [kol.] los. 75 9

Dunker, H., die Insel Rügen. Neuester Führer. 1. und 2. Aufl. 12. (IV, 48 S. mit 1 zuverläss. Spezialkarte.) Bergen a. R. 887,88, Becker. geb. *
Karte allein, in Decke

Dunker, H.: Die Insel Rügen. Neuester Führer m. 2 zuverläss. Spezialkarten u. 1 Uebersichtskarte f. die Reise nach Rügen. 4. Aufl. 12°. (64 S.) Bergen a. Rügen 1893. F. Becker. Kart.

Die Insel Rügen. Neuester Führer mit 2 zuverlässigen Spezialkarten u. 1 Übersichtskarte f. d. Reise nach Rügen von H. Dunker. 5. Aufl. Bergen a. R.: F. Becker 1895. (64 S.) 8° [illegible]

Dunker, H.: Die Insel Rügen. Neuester Führer m. 2 zuverl. Spezialkt. u. 1 Übersichtskt. f. d. Reise nach Rügen. 6. Aufl. . . . Bergen a. R.: F. Becker 1897. (62 S., 1 Bl., 2 Kt.) 8°

Dunker, H., die Insel Rügen. Neuester Führer m. 2 zuverläss. Spezialkarten u. 1 Übersichtskarte f. d. Reise n. Rügen. 6. Aufl. 12. (64 S.) Bergen 898. F. Becker. Kart. 1.—

Dunker, H.: Die Insel Rügen. Neuester Führer mit 3 zuverläss. Spezialkarten u. 1 Übersichtskarte f. d. Reise nach Rügen. 7. Aufl. Bergen a. Rügen: F. Becker 1899. (61, 16 S.) 8°

Dunker, J., Vers. über die Geschichte der Menschheit. a. d. Engl. gr. 8. Lpz. Schwickert. 784.

Dunker, Ignaz

— neues Maiandachts-Büchlein zur Verehrung der allerseligsten Jungfrau u. Muttergottes Maria. Für den gemeinsamen u. privaten Gebrauch eingerichtet. (IV, 116 S.) 8. Ebd. 903. n. —30

Dunker, Ign., neues St. Aloysius-Büchlein. Zum Gebrauche an den 6 aloysian. Sonntagen nebst e. öffentl. Andacht, sowie Gebeten beim Empfang der hl. Sakramente. Ein Trostbüchlein für den Pilger zur ewigen Heimat. (VIII, 186 S. m. Titelbild.) 16. Essen (906). Fredebeul & Koenen. Geb. in Leinw. n. —50

Dunker, Ign., vergiß nicht der Schmerzen Deiner Mutter! Gebetbüchlein zu Ehren der gnadenreichen schmerzhaften Mutter zu Telgte, nebst e. kurzen Berichte über die Geschichte der Wallfahrt. 4. verm. Aufl. (159 S. m. 1 Farbdruck.) 16. Kevelaer (907). Butzon & Bercker. Geb. in Leinw. —50

Dunker, Ign., der Weg zur Mutter. Ein Gebet- u. Betrachtungsbuch f. Kirche u. Haus. Mit besond. Gebeten zur Verehrg. der gnadenreich. schmerzhaft. Mutter. gr. 16. (XVI, 487 S. m. farb. Titelbild.) Essen 902. Fredebeul & Koenen. Geb. in Leinw. n. 1. 50; in Ldr. n. 2. 50; m. Goldschn. n. 3.—

Dunker, Ignaz Conrad (Gesecke/Westf.), De angina membranacea. Diss. med. Bln. (Reimer) 8. V. 1827. 30 S. mit Biogr. (M.: Scheck.) (4.50) 7073
Oppon.: F. Verling, A. Blumensaat, F. Puellenberg. — Gew.: Christoph Dunker (Wewelsburg).

— Johann Andreas, Publ. Virgilii Maronis Georgica inde ab Augusti tempore contra naturam interpolata ducentis quibus adhuc laborant, locis ex Monachii Traghemensis exemplari sanitati restituere tentat. ed. haec problem. lib. primi spec. Heidelberg (Mohr & Zimmer) 1806. 29 S. (4.—) Anh.: Verlagsverzeichnis. 7074

Dunker, J. A., Proben, wie die Werke des Quint. Horatius Flaccus wieder hergestellt, ins Deutsche übersetzt. gr. 4. Königsb. Nicolovius. 811.

Dunker, J. A., s. Virgilius: Georgica.

Dunker, Johann Dn.

— 3 Progr., enth. d. Klostergeschichte d. Altstadt Salzwedel. ... 781—83.

Dunker, Jo. Dn., d. Schulmann. 5 Programmen. . . . 774—77.

Dunker, Johann Heinrich August

Dunker, Belehrungen über Brillen; ein Noth- u. Hülfsbüchlein f. alle, welche d. Brillen bedürfen. 12. Leipzig, Barth. 815.

— Beschreib. d. gefährlichsten Giftpflanzen. 3 Hefte, mit Kpf. 12. Brandenb. 797—99. 1 ℛ 12 g

Dunker, J. H. A., entomol. Bilderbuch. m. K. gr. 8. Halle. (Hesseuland in Magdeb.) 795.

— mikroskopische Blätter, oder Beschreibb. u. vergrößerte Abbildd. d. kleinsten Werke Gottes. 1e Lief. gr. 8. Brandenb. 799. 12 g ill. 16 g

Dunker, Joh. Heinr. Aug., Pflanzenbelustigungen, od. Anweis., wie man getrocknete Pflanzen auf e. leichte u. geschwinde Art sauber abdrucken kann. 1. Hft mit 10 Abdr. 4. Brandenburg, 1796. 2. Aufl. 1798. (Wiesike). — 20

Dunker, Carl, the English clerk, s.: Brandenburg, Ernst.

Dunker, Carl, zu Jehan le Marchant. Ein Beitrag zur Kenntniss der französischen Sprache und Literatur des 13. Jahrhunderts. Diss. Göttingen 1885. Gr. 8°. 28 S.
Sonder-Abdruck aus: Romanische Forschungen, hrsg. von Karl Vollmöller. 3. Band 2. Heft. Erlangen 1886, Andr. Deichert.

Dunker, Carl [aus Bremen]: Zu Jehan le Marchant. Ein Beitrag zur Kenntniss der französischen Sprache und Literatur des 13. Jahrhunderts. . . . (Sep.-Abdr. aus den Romanischen Forschungen Bd. 3. Heft 2.) Erlangen, Druck d. Univ.-Buchdr. v. Junge & Sohn, 1886; 28 S. 8°.
Göttingen, Phil. Fak., Inaug.-Diss. v. 3. Aug. 1885.

— Der deutsche Kaufmann u. die koloniale Expansion der Völker Westeuropas. Zur Feier des Geburtstages Sr. Maj. des Kaisers am 27. I. 1908 in der Aula der Handelshochschule (Berlin, Korporation der Kaufmannschaft von Berlin) vorgetragen. (27 S.) gr. 8. Berlin 910. G. Reimer. —50

Dunker, Carl: Kolonieen und Kolonisation. *Berlin: R. Gaertner 1898.* (24 S.) 4°
Berlin, Friedrichs-RG, OP 1898 (90)

— Plan e. höheren Handelsschule. gr. 8. (21 S.) Berlin 900. [R. Gaertner.] Weidmann. n. —50

Dunker, Carl, der Religionsunterricht in der Fortbildungsschule. Vortrag, geh. auf dem 32. Kongreß für innere Mission in Braunschweig am 23. IX. 1903. (19 S.) gr. 8. Braunschweig 903. H. Wollermann. n. —30
Sonderabdruck aus: „Verhandlgn. des 32. Kongr. für innere Mission".

Sollen wir in Berlin obligatorische kaufmännische Fortbildungsschulen einrichten? Von Dr. Carl **Dunker**. *Berlin: E. S. Mittler & Sohn 1901.* (VI, 61 S.) 8° [91. 9911

Dunker, Konrad

Dunker, d. Bedeutg. d. Wettübungen für das Turnen. Progr. 4. (37 S.) Hadersleben 896. Leipzig, G. Fock. n. — 80

[F.] **Dunker,** Conrad: **Die Bedeutung der Wettübungen für das Turnen.** Hadersleben, gedr. in d. Buchdr. v. W. L. Schütze, 1895; 37 S. 4.
Hadersleben, k. G, P 1895 (282)

Dunker, Konrad: Das Webersche G r u n d g e s e t z , die beiden Potentialformen für dasselbe von Weber und Carl Neumann, das ponderomotorische und das elektromotorische Elementargesetz der Elektrodynamik. Hadersleben. 1887. 4°. Gymn.-Progr.

Dunker, Conrad: **Schulversuche** mit der Influenz-Elektrisiermaschine. Physikalisch-praktische Untersuchungen. *Hadersleben 1890: W. L. Schütze.* (S. 1—15.) 4° [F.]
Hadersleben, k. G (Johanneum), P 1890 (293)

Dunker, M., die Grundsätze, worauf der hl. Eleazar sein häusliches Glück aufbaute. 16. (8 S. m. 1 Abbildg.) Aachen 902. J. Schweitzer. n. — 10; geb. — 25

DUNKER, Michael Wenzeslaus: Kurze doch gründliche Abhandlung über die Kienraupe, deren Eigenschaft, Fortpflanzung und Generation, nebst einem in Anregung gebrachten probaten Mittel, dies üble Insekt zu vertilgen, auszurotten und zu töten, zum Besten aller königlich Preussischen Forstbedienten, Güterbesitzer, Oekonomen und Landwirthe, deren Forsten von diesem Insekt befallen werden. - Berlin 1793. 36 S.
Vgl. Dunkers, M.W.

Dunker, Paul, appr. Tierarzt a. Hannover: **Aus dem Pharmakologischen Institut der Universität Gießen. Ueber Sättigung des Tierkörpers mit Chloroform während der Narkose.** M. 1 Abbildung. Gießen 1907: v. Münchow. (43 S.) 8°
Gießen, Veterinär-Med. Koll., Ref. Geppert, Diss. v. 15. Febr. 1907
[Geb. 25. Nov. 79 Hannover, Wohnort: Hannover; Staatsangeh.: Preußen; Vorbildung: Lyzeum II Hannover Reife M. 00; Studium: Tierärztl. Hochsch. Hannover, Stuttgart, Berlin, Hannover; Rig. 20. Dez. 06.]

Dunker, Rud., Wirtschaftsstudien aus Südamerika speziell über Chile. (VI, 202 S.) gr. 8. Leipzig, Duncker & Humblot. 1910 5. —

DUNKER, Rudolf (Osnabrück): Geld ersparende Zahlungsmethoden in dem heutigen Bankverkehr Deutschlands, unter besonderer Berücksichtigung des Hamburger Giro-, Check- und Abrechnungsverkehrs.- München: Schweitzer 1901. 88 S. Diss. Ingolst.-Landsh.-Mchn.
13.2.1901 - Chr 1900/01,17; Jv 1900/01,252

Dunker, Wilh., die Gattung **Avicula,** s.: **Martini** u. **Chemnitz,** systematisches Conchylien-Cabinet. VII, 3.

Dunker, W., Beitr. zur Kenntniß d. norddeutschen Oolithengebildes u. dessen Versteinerungen, s. Fr. C. L. Koch.

Dunker, Wilh., Beschreibung d. Bergreviers Coblenz II. Bearb. im Auftrage d. königl. Oberbergamts zu Bonn. gr. 8. (III, 90 S.) Bonn 884. Marcus. n. 3. —

— die Familie der **Limnaeiden,** s.: **Küster, H. C.**

Dunker, Wilhelm (Red.),
s. F i s c h e r e i - Z e i t u n g , Deutsche. –
s. F i s c h e r e i - Z e i t u n g , Erste österreichisch-ungarische.

Dunker, Wilhelm, u. M. Bell

— — englische Gesprächs- u. Wiederholungs-Grammatik. Vollkommene Schulg. im Englischen auch ohne Lehrer in 21 Gesprächen m. dem Schüler. gr. 8. (XI, 664 S.) Ebd. 891. n. 10 —; geb. n. 11. 20

— — dasselbe. 2. Aufl. 21 Lfgn. gr. 8. (664 S.) Ebd. 892. à n. — 75

[Anc. u. F.] English Academy. Englische Gesprächs- und Wiederholungs-Grammatik. Vollkomm. Schulung im Engl. auch ohne Lehrer in 21 Gespr. m. d. Schüler. Von Wilhelm **Dunker** u. Dr. M. Bell. Wörterverz. u. Schlüssel in bes. Bdn. 3. Aufl. Grammatik. Wörterverz. Schlüssel. *Stettin: Herrcke & Lebeling 18[91.] 92.* 3 Bde 8.
Grammatik. (In 21 Lfgn.) 1892. (4 Bl., 664 S.)
Wörterverz. [1891.] (2 Bl., 76 S.) Schlüssel. [1891.] (2 Bl., 232 S.) [94. 995.

Dunker, Wilh., u. M. Bell, English Academy. Engl. Gesprächs- u. Wiederholungs-Grammatik. Vollkomm. Schulg. im Engl. auch ohne Lehrer in 21 Gesprächen m. d. Schüler. 3. Aufl. gr. 8. (VIII, 644 S.) Stettin 895. Herrcke & Lebeling. n. 10. —; geb. in Leinw. n. 11.50

Dunker, Wilh., u. M. Bell, englische Gesprächs- u. Wiederholungs-Grammatik. Vollkommene Schulg. im Englischen auch ohne Lehrer in 21 Gesprächen m. dem Schüler. (English academy.) 4. Aufl. (VIII, 664 S.) gr. 8. Stettin (906). Berlin, Dr. A. Tetzlaff. n. 10. —; geb. in Leinw. n. 11. 50; auch in 21 Lfgn. à n. — 75; Wörter-Verzeichnis. 2 Aufl. (76 S.) gr. 8. Geb. in Leinw. n. 1. 50

Dunker, Wilhelm u. M. Bell: English a c a d e m y . Deutsch-engl. Gesprächs-Wörterbuch. Mit zahlr. erklär. Noten u. e. kurzgefaßten Grammatik. 12°. (VIII, 332 S.) Stettin 1893. Herrcke & Lebeling.

—— Index molluscorum maris Japonici conscriptus et tabulis iconum (lithogr. et color.) XVI illustratus. gr. 4. (VII, 301 S. mit 16 Bl. Taf.-Erklärungen.) Kassel 882, Fischer.

Dunker, Guil., index molluscorum, quae in itinere ad Guineam inferiorem collegit Georgius Tams Med. Dr. Accedunt novarum specierum diagnoses, Cirripedia nonnulla et X tabulae iconum (lith. u. color.). Cassellis 853. Fischer. gr. 4. (VI, 75 S.) n. 6 ₰

Dunker, Wilh., u. W. Ulrich, neues Konversations-Wörterbuch der deutschen u. englischen Sprache m. leicht faßl., genauer Bezeichng. der englischen Aussprache jedes Wortes u. Satzes in beiden Teilen, zum Schul- u. Privatgebrauch. 2 Tle. 16. (428 u. 807 S.) Stettin 887. Herrcke & Lebeling. n. 3. 50; geb. in 1 Bde. in Leinw. n. 4. 20; in Halbfrz. n. 4. 50

Dunker, Wilh. Lehrbuch der Fischbereitung. Anweisung zum Salzen, Räuchern, Braten, Marinieren u. Konservieren aller Arten Fische. Nebst e. Anh. üb. Bewahrg. u. Versendg. frischer u. lebender Fische. 1. u. 2. Aufl. 8. (VI, 174 S. m. Abbildgn.) Stettin 889, Herrcke u. Lebeling. * 5 —

Dunker, W: Lehrbuch der Fischbereitung. 3. Aufl. Stettin (1897)
Ergänzung: D u d z i u s , R: Die Schnellkonservierung der Fischkonserven. Stettin 1899

Dunker, W: Lehrbuch der Fischbereitung. Nebst einem Anhange über Bewahrung und Versendung frischer und lebender Fische. 4. Aufl. Stettin. (Um 1904)

Dunker, Wilh., Lieder ohne Weisen. 856. n. 20 ngr — 2. (Titel-)Ausg. Stettin 858. Nagel. 32. (XVI, 175 S.) n. 15 ngr

Dunker, Wilh. (II.), Lieder ohne Weisen. 2. (Titel-)Ausg. 32. (XVI und 175 S.) Stettin (856)59, [von der Rahmer.] geb. *

Dunker, Wilh., die Gattung **Lithophaga.** s.: **Martini** u. **Chemnitz,** systematisches Conchylien-Cabinet. VIII, 3 a.

— **Meeres-Conchylien,** s.: **Pfeiffer, L.,** Novitates conchologicae.

—— **Michel Angelo. Ein Schauspiel. [Den Bühnen gegenüber als Mscr. gedr.) gr. 16. (47 S.) Stettin 859, [von der Rahmer.] ***

Dunker, Wilh. (I.), Mollusca Japonica descripta et tabulis tribus Iconum illustrata. gr. 4. (III und 86 S. mit 3 ill. Stnt. und 3 Bl. Erklärungen.) Stuttgart 861, Schweizerbart'sche Verlagsh. *

—— Ueber die im Kasseler Muschelkalk bis jetzt gefundenen Mollusken. (Programm der höheren Gewerbschule in Cassel.) Cassel 1849. 4.

Dunker, Wilh., Monographie der norddeutschen Wealdenbildung. Ein Beitrag zur Geognosie u. Naturgeschichte der Vorwelt. Nebst einer Abhandlung über die in dieser Gebirgsbildung bis jetzt gefundenen Reptilien von Herm. v. Meyer. Mit 20 nach der Natur gezeichneten Taf. u. einer Taf. mit Gebirgsprofilen. Roy.-4. Braunschweig 846, Oehme u. Müller. n. $8^2/_3$ ₰

Dunker, W., Novitates conchologicae, s. Pfeiffer, L.

— Palaeontographica, s. Palaeontographica.

—— u. Herm. v. Meyer, Palaeonthographica. Beiträge z. Naturgeschichte d. Vorwelt. 1. Bd. 1. Lfg. gr. 4. ($5^3/_4$ B. u. 6 Stnt.) Cassel 846, Th. Fischer. *

Dunker, Wilh., und Herm. v. Meyer, Palaeontographica. Beiträge zur Naturgeschichte der Vorwelt. I. Bd. 2—6. Lfg., II. Bd. 1—4. Lfg. und III. Bd. 1. Lfg. gr. 8. Cassel, Fischer. [I. Bd. Lfg. 2—6. (IX und S. 45—341 mit 36 Stnt. in gr. 4. und Fol.) 847—51. * 11 Thlr., II. Bd. Lfg. 1—4. (S. 1—170 und 25 Stnt.) 849—51. * 10 Thlr., III. Bd. 1. Lfg. (IV und 67 S. mit 10 Stnt. und 1 lith. und ill. geognost. Karte in Imp.-4.) 850. * 3 Thlr.] *

Die 1. Lfg. des 3. Bandes enth.: Römer, Adolph, Beiträge zur geolog. Kenntniss des nordwestl. Harzgebirges. — 1. Bd. 1. Lfg. Ebendas. 1846. * 1 Thlr. 20 Ngr.

Dunker (Wilhelm), Ueber mehre Pflanzenreste aus dem Quadersandsteine von Blankenburg. (Die hierzu gehörigen 3 Tafeln fehlen. Aus Palaeontographica, Band 4.) Cassel 1856. 4.

—— der Prinz v. Tarent. Dramatisches Gedicht. (Den Bühnen gegenüber als Mscr. gedr.) 16. (V und 85 S.) Stettin 856(57,) Nagel. *

-- der Prinz von Tarent. Dramatisches Gedicht. 2. Ausg. Ebend. 859. 16. (3 Bl., 85 S.) n. 15 ngr.

Dunker, G. De Septiferis genere Mytilaceorum et de Dreissenils. (Dissert. inaug.) Marburgi. 1853. 4.

Dunker. W. Ueber die in der Braunkohlenformation von Grossalmerode in neuerer Zeit entdeckten Süsswasser-Mollusken. Schulprogramm. Cassel. 1853. 8.

Dunker, Wilh., (Bernh. Rud. Hadr.), Ueber den norddeutschen sog. Wälderthon und dessen Versteinerungen. Cassel 1846. 4.

Dünker, ..., s. *Collection* de 96 Planches.

Dunkers, Michael Wenzeslaus: Kurze und gründliche Abhandlung über die große Kien-Raupe, deren Eigenschaft, Fortpflanzung und Generation . . . Berlin: Lange 1793. 32 S. 8°
Vgl. Dunker, Mich. Wenz.

Dunkhase, Heinrich, a. Leeste: Die Sprache der Wulfstan'schen Homilien in Wulfgeats Handschriften. Jena 1906: G. Neuenhahn. (79 S.) 8°
Jena, Phil. Fak., Ref. Keller, Diss. v. 29. Dez. 1906
[Geb. 14. Dez. 80 Leeste; Wohnort: Jena; Staatsangeh.: Preußen; Vorbildung: Gymn. Hannover Reife O. 01; Studium: Jena 4, Kiel 1, Jena 4 S.; Rig. 19. Nov. 06.]

Dunkhase, W., englisches Patent- u. Muster-Gesetz (Patents and Designs Act, 1907). (XII, 812 S.) gr. 8. Berlin 909. C. Heymann. 10.—; geb. 12.—

Dunkl, J. N., aus den Erinnerungen e. Musikers. 8. (58 S.) Wien 876. Rosner. n. 1. 60

Dunkland, Fr., Sympathie, s. Bloch's, Ed., Theater-Correspondenz.

Abschiedspredigt des Pastors Lic. [Karl] **Dunkmann** in St. Marien am zweiten Ostertag 1907. Greifswald: J. Abel 1907. (12 S.) 8° [F.] [07·13387]

Dunkmann, Karl, das religiöse Apriori u. die Geschichte, s. a. Beiträge zur Förderung christlicher Theologie.

Das religiöse Apriori und die Geschichte. Ein Beitrag z. Grundlegung d. Religionsphilosophie. Von Lic. [Karl] **Dunkmann**. Gütersloh: Bertelsmann 1910. 125 S. 8°
(Beiträge z. Förderung christl. Theologie. Jg. 14, H. 3.) [10. 6948]

— Die Briefe Pauli an die Philipper u. Kolosser, s. a. Testament, das Neue, in religiösen Betrachtungen.

— Geschichte des Christentums als Religion d. Versöhnung u. Erlösung. I. Bd. 2 Tle. gr. 8. Leipzig 907. Dieterich. 8. 80
I, 1. Prolegomena. (IX, 184 S.) 3. 80
I, 2. Die Entstehung des Altkatholizismus. (XII, 302 S.) 5.—

— Über Luthers Grab. Predigten aus der Schloßkirche zu Wittenberg. (VII, 141 S.) 8. Gütersloh 910. C. Bertelsmann. 2. 20; geb. 3. —

Dunkmann, Karl, die moderne Hoffnungslosigkeit in Wissenschaft, Kunst u. Moral. 1.—3. Taus. gr. 8. (64 S.) Stolp 901. H. Hildebrandt's Buchh. n. — 75

— Der historische Jesus, der mythologische Christus u. Jesus der Christ. Ein krit. Gang durch die moderne Jesus-Forschg. (96 S.) 8. Leipzig 910. A. Deichert Nachf. 1. 80

— Der Kampf um die Christusmythe, s. a. Beiträge zu konservativer Politik u. Weltanschauung.

Der Kampf um die Christusmythe. Von Lic. K[arl] **Dunkmann**. Berlin. Hobbing [1910]. 50 S. 8°
(Beiträge z. konservativer Politik u. Weltanschauung. H. 13/14.) [10. 17910]

— Kreuz u. Auferstehung Jesu als Grundlagen der Heilsgemeinde. (69 S.) 8. Leipzig 909. A. Deichert Nachf. 1. 25

Dunkmann, Karl, das religiöse Motiv im modernen Drama. (62 S.) 8. Berlin 903. [C. A. Schwetschke & Sohn.] Leipzig. M. Heinsius Nachf. n. 1.—

Der Philipper- und Kolosserbrief in religiösen Betrachtungen für das moderne Bedürfnis. Von Lic. K[arl] **Dunkmann**. Gütersloh: Bertelsmann 1910. VIII, 310 S. 8°
(Mayer, Gottlob Das Neue Testament in relig. Betrachtungen. Bd 9.) [10. 16409]

Dunkmann, Karl, Pastor d. ev.-ref. Gem. in Stolp i. P.: **Das Problem der Freiheit in der gegenwärtigen Philosophie und das Postulat der Theologie.** *Aurich (1899): A. H. F. Dunkmann.* (92 S.) 8° [F.]
Halle, Theol. Diss. v. 13. Jan. 1899

— das Problem der Freiheit in der gegenwärtigen Philosophie u. das Postulat der Theologie. gr. 8. (VIII, 92 S.) Aurich 899. Halle, M. Niemeyer. n. 2.—

Prolegomena zur Geschichte des Christentums als Religion der Versöhnung und Erlösung. Von Lic. Karl **Dunkmann**. Leipzig: Dieterich 1907. (IX, 184 S.) 8°
— **Dunkmann**: Geschichte d. Christentums. Bd 1, T. 1. [07. 4897]

Dunkmann, Karl, System theolog. Erkenntnislehre. (VI, 166 S.) gr. 8. Leipzig 909. A. Deichert Nachf. 3. 50

Moderne Theologie des alten Glaubens. Vortrag geh. auf d. Berliner Pastoral-Konferenz 1906 von Pastor Lic. [Karl] **Dunkmann**, Greifswald. Gütersloh: C. Bertelsmann (1906.) (41 S.) 8° [F.] [06. 11066]

— Praktische Theologie, s.: Theologie, die, der Gegenwart.

Dunlop, A., Versuch über die Staatswirthschaft. Aus dem Engl. (A. Vorwärts 1. Bd. bes. abgedruckt). gr. 8. Weimar, Industrie-Compt. 819.

Dunlop, Frank W., aus Dunedin, Neu-Seeland: **Hauptmomente in Hegels Begriff der Persönlichkeit.** *Jena 1903: A. Kämpfe.* (81 S.) 8°
Jena, Phil. Diss. v. (16. Juli) 1903

Dunlop's, John, Geschichte der Prosadichtungen oder Geschichte der Romane, Novellen, Märchen ꝛc. Aus dem Engl. übertr. und vielfach verm. und berichtigt so wie mit einleitender Vorrede, ausführl. Anmerkungen und einem vollständ. Register versehen von Felix Liebrecht. Lex.-8. (XXXI und 560 S.) Berlin 850, Müller's Verlag. *

Dunlop's, John, Geschichte der Prosadichtungen od. Geschichte der Romane, Novellen, Märchen ꝛc. Aus d. Engl. übertr. u. vielfach verm. u. berichtigt so wie m. einleitender Vorrede, ausführl. Anmerkungen u. e. vollständ. Register versehen v. Felix Liebrecht. Lex. 8. (XXXII u. 560 S.) Berlin 851, G. W. F. Müller. n. $4^1/_3$ ₰

Dunlop, W., Elemente d. gerichtl. Medicin, s. Th. Rom. Beck, Elemente.

Dunmore, Earl of, offener Brief an einen preußischen Civil-Ingenieur als Antwort auf seine Fragen in Betreff der Cultur und Befruchtung des Bodens [Dampfcultur und Ausnutzung des Cloakenwassers]. Mit Erlaubniß des Verf. übers. von Rich. Toepffer. Lex.-8. (30 S.) Berlin 872, Wiegandt, Hempel und Parey. **

Dunn, Andreas. Aus dem Engl. übers. gr. 16. (84 S.) New-York 854. (Philadelphia, Schäfer und Koradi.) *

Das bergische Fischereirecht nebst Beiträgen z. Wasser-Mühlen-Jagdrecht von Joh. **Dünn**. Cöln 1908: Mermet. 55 S. 8° (10. 758 5

Dunne, J. E. Dictionnaire anglais-français des termes techniques vélocipédiques. In-32°. 23 p. Genève et Bâle, Georg & Co. 1 25

Dünne, Ludw., der Friedhof zu Freiberg u. seine Gräber. (Gedicht.) 8. (1 B.) Freiberg 844. (Craz u. Gerlach.) *.

Dünnebier, Julius Albert

Dünnebier, Jul. Alb., die Bestrebungen der bekenntnißtreuen Lutheraner in der Weimarischen Landeskirche und das neueste in der Synodal- und Bekenntnißangelegenheit veröffentl. Schriftstück ihres Wortführers des Herrn Pfarrers Trebitz zu Beutnitz. gr. 8. (24 S.) Jena 869, Doebereiner. *

Dünnebier, Jul. Alb., Elementarbuch der griechischen Sprache für die ersten Unterrichtsstufen, enthaltend eine geordnete Sammlung griech. Uebersetzungsbeispiele und Lesestücke zu gründl. und stufenweis fortschreitender Einübung der Formenlehre. Mit besond. Berücksicht. der Grammatiken von Buttmann, Curtius, Krüger und Kühner. Bearb. und mit einem vollständ. alphabet. geordneten Wörterbuche versehen. gr. 8. (VIII und 335 S.) Jena 860, Mauke. *

Dünnebier, Jul. Albert, Elementarbuch der lateinischen Sprache für die ersten Unterrichtsstufen. Nach Putsche's latein. Grammatik bearb. 1. Cursus. 1. Aufl. 1853. und 2. Aufl. A. u. d. T.: Lateinisch-deutsche und deutsch-lateinische Uebersetzungsbeispiele aus klassischen Schriftstellern. Zu gründlicher und stufenweise fortschreitender Einübung des Wichtigsten aus der Formenlehre. 2., unveränd. Aufl. gr. 8. (X und 112 S.) Jena 855, Mauke.

—— Elementarbuch der lateinischen Sprache für die ersten Unterrichtsstufen. Nach Putsche's latein. Grammatik bearb. 2. Cursus. A. u. d. T.: Lateinisch-deutsche und deutsch-lateinische Uebersetzungsbeispiele aus klassischen Schriftstellern. Zu gründl. und stufenweise fortschreitender Einübung der Formenlehre, sowie zur Vorbereitung auf die Syntax nach Putsche's latein. Grammatik zusammengestellt und mit einem Auszuge aus der Formenlehre derselben Grammatik versehen. 13. Aufl. gr. 8. (XVI, 192 S.) Jena 868, Dufft.
1. Cursus. 3. Aufl. Ebendas. 1861. 75 Pf.

Dünnebier, Jul. Alb., Predigten an gewöhnlichen Sonn- und Festtagen vor Landgemeinden gehalten. gr. 8. (VIII und 176 S.) Jena 867, F. Mauke.

Dünnebier, J. A., Latinski a hèrvatski Priméri za prevodjenje iz klassičnih pisa·ah. Sestavljeni po. S kratkim rěcoslovjem iz Putsche ve grammatike. 8. (230 S.) Tiskom udove i sina A. Pichlera 1854. (Lateinische und kroatische Muster zum Uebersetzen aus den klassischen Werken) Vlg. d. Schulbücher-Verschl.-Administr.

Dünnebier, Jul. Alb., lateinisch-deutsche u. deutsch-latein. Uebersetzungsbeispiele aus klassischen Schriftstellern. Zur Einübung der Formenlehre, so wie zur Vorbereitung auf die Syntax nach Putsche's latein. Grammatik, mit einem Auszuge aus der Formenlehre ders. Grammatik. gr. 8. Jena 847 (846), Mauke. 12 ngl

Dünnebier, Jul. Albert, lateinisch-deutsche und deutsch-lateinische Uebersetzungsbeispiele aus klassischen Schriftstellern. Zu gründl. und stufenweise fortschreit. Einübung der Formenlehre so wie zur Vorbereitung auf die Syntax nach Putsche's Grammatik zusammengestellt und mit einem Auszuge aus der Formenlehre derselben Grammatik versehen. 1. Aufl. (X und 190 S.) 847., 2. und 3. Aufl. 849 und 850. und 4. Aufl. gr. 8. (XVI und 192 S.) Jena 851, Mauke.

—— dass. — 2. Cursus. A. u. d. T.: Lateinisch-deutsche und deutsch-lateinische Uebersetzungsbeispiele aus klassischen Schriftstellern. Zu gründlicher und stufenweise fortschreitender Einübung der Formenlehre so wie zur Vorbereitung auf die Syntax. 5. Aufl. 1853. und 6. Aufl. gr. 8. (XVI und 192 S.) Ebds. 854.

—— dass. — 3. Cursus. A. u. d. T.: Lateinisch-deutsche und deutsch-lateinische Uebersetzungsbeispiele aus klassischen Schriftstellern. Zu gründlicher und stufenweise fortschreitender Einübung der Hauptregeln der Syntax zusammengestellt rc. 3. Cursus. gr. 8. (VIII und 423 S.) Ebds. 854.

—— die Union im Großherzogth. Sachsen-Weimar-Eisenach. Eine Beantwortung der Frage: Welches Bekenntniß ist in der weimar. Landeskirche das zu Recht bestehende? gr. 8. (15 S.) Jena 869, Doebereiner.

—— Wörterbuch der lateinischen Sprache in sachl., synonym. und etymolog. Ordnung. Zum systemat. Auswendiglernen der Wörter für Anfänger und Geübtere. 1. Aufl. 1857. und 2., verb Aufl. gr. 8. (IV und 158 S.) Jena 860, Mauke. *

Dunnehaupt, A. Chr. Sphaericam telluris figuram. Disp. 1—3. Vitemb. 1715. 4.

Dünnemann, F. A. W., Stammbuch d. brandenburg.-preuß. Regenten, s. Stammbuch.

Commentar zur Pharmacopoea Helvetica Ed. III. v. Dr. Carl **Dünnenberger**, Apotheker ... *Zürich: Art. Inst. Orell Füssli 1896.* (XIV S., 1 Bl., 428 S.) 1 Bd 8. (97. 1804

Dünnenberger, C., chemische Reagentien u. Reactionen. Ein Hülfs- u. Nachschlagebuch f. Apotheker u. Chemiker bei analyt. Arbeiten. gr. 8. (35 S.) Zürich 894. Art. Institut Orell Füssli, Verl. Kart. n.n. 1. 30

Dünnenberger, Carl, Ph. M. aus Weinfelden ([Kt.] Thurgau): Bacteriologisch-chemische Untersuchung über die beim Aufgehen des Brotteiges wirkenden Ursachen. [S. A. aus: Botanisches Centralblatt, 1888, Bd 33, S. 245—248, 276—279. 308—311, 341—346. 374—377, 385—395]. Cassel F. Scheel Dr. 1888. 2 Bl., 27 S. 8°. Zürich, Phil. Diss. [v. 22. Febr. 1888].

Dünnenberger, Eugen [Apotheker aus Weinfelden (Thurgau)]: Über eine neuerdings als „Jaborandi" in den Handel gekommene Alcornoco-Rinde und über „Alcornoco-Rinden" im Allgemeinen. Zürich 1900. 64 S. 8°. Zürich. Phil. Diss. II. S. 1899/1900.

Dünner, Ernst. Sieben Bilder aus den Rheinlanden. 8. (89 S.) Basel 889, Sallmann. * 1 50

Dünner, J. H., Adnotationes criticae ad duos Talm. Bab. Tosephtaeque tractatus Chulin et Kerithoth. Textum constituit, res explicavit historicamque originem ex fontibus investigavit D. (In hebr. Sprache.) (VII, 134 u. 48 S.) Lex 8. Frankfurt a/M. (909). (Sänger & Friedberg.) 5. —

Dünner, J. H., Adnotationes criticae ad duos Talm. Bab. Tosephtaeque tractatus Sebachim et Menachot. Textum constituit res explicavit historicamque originem ex fontibus investigavit D. (In hebr. Sprache.) (IV, 240 S.) Lex.-8. Frankfurt a/M. (905). (J. Kauffmann.) n. 4. —

Dünner, Glossen zum babylon. u. jerusalemit. Talmud. I. u. II. Thl. (In hebr. Sprache.) gr. 4. Frankfurt a/M. (J. Kauffmann.) n. 7. —
I. Tractat Erubin, Beza u. Sukka. (191 S.) 896. n. 3. —
II. Tractat Kethuboth, Kiduschin u. Gitin. (227 S.) 897. n. 4. —

— **Glossen zum babylonischen u. jerusalemischen Talmud. III. Thl.: Tractat Sanhedrin, Makoth, Schwuoth u. Horioth. (In hebr. Sprache.) (266 S.) 4. Frankfurt a/M. 902. (A. J. Hofmann.) n. 5. —**

Dünner, J. H., Glossen zum babylon. u. jerusalem. Talmud. Jetzt: Frankfurt a. M., J. Kauffmann.

Dünner, J. H., die Theorien üb. Wesen u. Ursprung der Tosephtha, kritisch dargestellt; zur Geschichte der Halachahliteratur während der ersten 5 Jahrhunderte der übl. Zeitrechng. gr. 8. (IV, 95 S.) Amsterdam 874. Seyffardt. n. 2. —

Dünner, J. W., Gedächtnißpredigt bei der Todesfeier Friedrich Wilhelm III. Königs v. Preußen rc. 8. (1 B.) Köln 840, Eisen.

Dünner, Joach., deutsche Aufsätze über verschiedene Themata. 8. (VI und 104 S.) Zürich 850, Beyel.

Dünner, Lasar, cand. math. aus Cöln a. Rh: Die aelteste astronomische Schrift des Maimonides. Aus 2 Ms. d. Nat.-Bibl. in Paris, bezeichnet: Fonds hébreu No 1058 u. No 1061. Zum 1. Male ins Deutsche uebertr., mit sachl. Anm., sowie einem Vorw. versehen. *Würzburg 1902: C. J. Becker.* (54 S.) 8°
Erlangen, Phil. Diss. v. 22. Juli 1902

Dünner, Lasar, die älteste astronomische Schrift des Maimonides. Aus zwei Manuscripten d. Nationalbibliothek in Paris, bezeichnet: Fonds hebreu No. 1058 u. No. 1061. Ein Beitrag zur Geschichte der Astronomie. gr. 8. (54 S.) Würzburg 902. (J. Frank.) n. 1.50

Dünner, Ludwig, Cöln-Nippes: Die rechtliche Stellung des minderjährigen Kaufmannes. Berlin 1907: Mesch & Lichtenfeld. (42 S.) 8°
Heidelberg, Jur. Fak., Ref. Endemann, Diss. v. 12. Aug. 1907
[Geb. 7. Sept. 83 Cöln-Nippes; Wohnort: Cöln-Nippes; Staatsangeh.: Preußen; Vorbildung: Gymn. Marsellen Cöln, Brühl Reife O. 02; Studium: Grenoble 1, Bonn 2, Berlin 3 S.; Rig. 9. Juli 07.]

Dünnhaupt, Hans: L i s s a in Posen. Ein Städtebild. Mit zahlr. Abb. Hrsg. von Red. Hans Dünnhaupt. Lissa: (Eulitz) 1908. 118, LXXXIV S. 8° (Umschlagt.:) Führer durch Lissa in Wort u. Bild.

Dünnhaupt, Hans, Lissa in Posen. Ein Städtebild. (Führer durch Lissa in Wort u. Bild.) (VII, 118 S.) 8. Lissa 909. (O. Eulitz.) 1.—

Dünnhaupt, Johann Christian

Dünnhaupt, Jh. Chr., († ... 1786.) Beitrr. zur deutsch-niedersächs. Geschichte u. deren Alterthümern. 8. Helmstädt (Braunschw.) 778. Schulbuchh. 12 gr.

Dunning, John C., a. Portland, Oregon, U. S. A.: Die neuesten Anwendungen der Monroedoktrin. Borna-Leipzig 1908: R. Noske. (66 S.) 8°
Heidelberg, Phil. Fak., Ref. Jellinek, Diss. v. 23. Jan. 1908
[Geb. 3. Dez. 78 Jefferson, Iowa, U. S. A.; Wohnort: Portland, Oregon, U. S. A.; Staatsangeh.: Vereinigte Staaten; Vorbildung: Privatunterricht; Studium: Cornell Coll. (B. Ph.) 4, Princeton Univ. (M. A.) 6, Berlin 2, Heidelberg 3 S.; Rig. 10. Jan. 08.]

Dünninghaus, Heinrich, ein Fall von starker Schädelknochen Depression fast ohne Gehirnsymptome. Diss. München 1888, A. Buchholz. 8°. 27 S.

Dünninghaus, Heinr. [approb. Arzt aus Unna (Westfalen)]: Ein Fall von starker Schädelknochen-Depression fast ohne Gehirnsymptome .... München, k. Hof- & Univ.-Buchdr. v. Dr. C. Wolf & Sohn, 1888; 27 S. 8°
München, Med. Fak., Inaug.-Diss. v. 1888

DÜNNWALD, Bruno (Charlottenburg): Ein Fall von Dermoidcyste ausgehend vom Ligamentum latum.- München: Kastner & Lossen 1901. 29 S.
25.2.1901 - Chr 1900/01,19; Jv 1900/01,255
Diss.Ingolst.-Landsh.-Mchn.

(Dünnwald, H. J.): „Die Stellung der Handelskammern im Staats- und Gemeindeleben. Aeusserungen über Handelskammern, Handels- und andere Korporationen, von einem praktischen Kaufmanne", Berlin 1849. — Vorh.: Com. Bibl. Hamburg.

Duno, Taddeo. Esilio dei Locarnesi ⟨Anno 1556⟩. Racconto originale di T. D. Scritto a Zurigo nell' anno 1602 e tradotto e pubblicato a Firenze nell' anno 1873 per la prima volta, nella sua integrità, dal Dott. Karl Benrath. 8. Basilea [1882].

Düno, Karl Fr., s. D ü n o w , Karl Fr.

[Dunod, P. Pierre-Joseph.] Découvertes faites sur le Rhin d'Amagétobrie et d'Augusta Rauracorum, anciennes villes Gauloises dans la Séquanie Rauracienne. Par A*** [= le P. P.-J. Dunod, jésuite]. (Nouvelle éd.) Avec des Digressions sur l'histoire des Rauraques, le Mont-terrible & la Pierre-Pertuis. Par C. D*** [= Jacques-Thomas Verneur]. 8. Porrentruy 1796.

Dunod de Charnage, Traité des Prescriptions et de l'Aliénation des biens de l'Eglise. gr. 4. Paris. (Wolff in Augsb.) 765.

Dünois, od. d. Zögling d. Kriegs u. d. Liebe; aus d. Franzôs. v. Jonath. Lebr. Möller. 2 Thle. Mit 1 Kpf. 8. Dresd. 805. Arnold. 2 ℛ 2te Aufl. 8. Merseb. 813. Böhme. 1 ℛ 16 gr.

Dunois, Zögling des Kriegs u. d. Liebe, 2 Thle. 2te Aufl. 8. Merseburg, Böhme. 812.

Du Nord. Abriß der Geschichte von Bosnien und der Herzegowina von den Urzeiten bis nach der Eroberung durch die Türken. Wien 1876. 8.

(Du Nord, Wilhelm:) E r i n n e r u n g e n an die Tage des Unheils. Für die Kameraden gesammelt von einem Leidensgenossen. kl. 8°. Wien 1867.

Du Nord, Wilh., Admiral Wilhelm v. Tegetthoff, s. Helden, unsere.

Dünow, Karl Fr., ist eine allgemeine Land-, Kirchen-Matrikul f. d. K. Preuß. Lande nöthig u. nützlich, u. wie müßte sie beschaffen sein? Mit e. Vorrede vom Consistorialrath Seyffert. 8. Berl. 807. Schöne. 6 gr.

Dünow, Karl Franz Emil, approb. Arzt aus Neubreisach: Durch Exstirpation geheilter Fall eines traumatischen Aneurysma der Arteria subclavia mit Bemerkungen über die operative Behandlung dieser Aneurysmen. *Heidelberg 1904: J. Hörning.* (39 S.) 8°
Heidelberg, Med. Diss. v. 1904

DU NOYER, Mme. Anne Marguerite Petit, dame —, née à Nimes 1663, † 1720 en Hollande). — H i s t o r i s c h e u n d g a l a n t e B r i e f e z w o e r F r a u e n v o n S t a n d e, davon die eine zu Paris, die andere in der Provinz gelebet hat. A. d. Frz. der Frau *du Noyer* in 2 Theilen. Leipzig, b. F. G. Jacobäern. 8°.
O. M. V. 1766. S. 723. s. l. f. n. p.

Du Noyer, Anne Marguerite Petit. Historische und galante Briefe, aus dem Franz. übersetzt. Breslau 1771. Ü: *Schäffer, Carl Friedrich Ludwig.* (Ky) (MGT)

CORRESPONDENTZ, D i e g a l a n t e, i n h i s t o r i s c h e n u n d g a l a n t e n B r i e f e n, worin die geheimste Staats- und Liebes-Intriguen einiger Höfe eröffnet werden, durch Madame *de C...* (Aus d. Franz. der *Anne Marguerite Petit*, dame *Du-Noyer.*) 4 Thle. Mit TKpf. Freiburg (fing.) 1715. 8°. (C. 1000 S.) (In München: Epist. 190.) (Th. 1—2, ebd. 1713 [!]: 6 Mk. 50 Pfg. G. Fritzsch, Hamburg, 1892; 1—4, ebd. 1715: 8 Mk. A. Bielefeld, 1891.)

Duns Scotus, Johannes

Duns Scoti, Ioa, O. F. Min., summa theologica. Ex universis operibus eius concinnata, iuxta ordinem et dispositionem summae angelici S. Thomae Aquinatis per Hieronymum de Montefortino provinciae romanae alumnum. Nova ed. 3 Tle. in 6 Bdn. (XXIV, 663; VII, 365; XVI, 1082; XXIII, 957; XXIII, 1055 u. XXIII, 1039 S.) 8. Rom 900—903. (Desclée, Lefebvre & Co.) n. 32. —

Dunsany, Lord, Gallier oder Teutone? Betrachtungen über unsere zukünftigen Alliirten. Uebersetzt von A. Kolb. 8. (XXI, 318 S.) Berlin 874, v. Muyden. *

Danzig, Marienburg, Oliva, Zoppot. Historical and descriptive. By Frank S. N. **Dunsby** Danzig-Neufahrwasser: Verf. (1910). 116 S. 8° [11. 16310

Dunsch, Emilie, die fertige Damenschneiderin. Anweisung zum Maßnehmen, Modellzeichnen und Zuschneiden von Damenkleidern. Hand- und Hülfsbüchlein für Damen aller Stände. 8. (24 S. mit 1 Stnt. in qu. gr. Fol.) Dresden 869, Schöpff. [Demuth.] *

Dünschmann, Hermann [aus Dillenburg]: Beobachtungen über die Stickstoff-Bilanz bei Typhus abdominalis ... Berlin, Buchdr. v. G. Schade, *1892*; 31 S. 8.
Berlin, Med. Fak., Inaug.-Diss. v. 23. Juli 1892

Dünschmann, Herm., Einfluss des Salzgehaltes der Trinkquellen auf die Blutbeschaffenheit. Von der Hufeland'schen Gesellschaft gekrönte Preisschrift „Alvarenga". Preisaufgabe. Lex.-8. (39 S.) Berlin 901. A. Hirschwald. n. 1. —
Sonderabdruck aus: „Zeitschr. f. klin. Medizin".

Dünschmann, Max [aus Wiesbaden]: Ueber den Acetondicarbonsaureaether und dessen Substitutionsproducte .... München, Druck v. M. Ernst, 1886; 29 S. 8°
Erlangen. Phil. Fak., Inaug.-Diss v. 1886

Dunsing, Ludwig [pr. Arzt aus Hannover]: Ueber die in dem Zeitraum vom 1. April 1889 bis 1. Januar 1893 in der medicinischen Universitätsklinik zu Göttingen behandelten Fälle von Polyarthritis acuta ... Göttingen, Druck d. Dieterich'schen Univ.-Buchdr., 1894; 54 S. 8.
Göttingen, Med. Fak., Inaug.-Diss. v. [7. März] 1894

Duensing, Fred., New-York. Cultur-histor. Beschreibg. Ein Beitrag zur Länder- u. Völker-Kunde. gr. 8. (151 S.) Leipzig 872. Bauer. n. 2. —

Duensing, Fred., New-York. Cultur-histor. Beschreibung. Ein Beitrag zur Länder- und Völker-Kunde. gr. 8. (151 S.) Leipzig 872, C. H. Reclam sen.

Duensing, Frieda

Centralstelle für Jugendfürsorge in Berlin. — Dringende Aufgaben auf dem Gebiete der Jugendfürsorge. Auszug aus dem Antrittsreferat der Geschäftsführerin Fräulein Dr. jur. FRIEDA DUENSSING. Gehalten am 5. Oktober 1904. Berlin 1904. Druck von G. Buschhardt. 8°.

Duensing, Frieda (Hrsg.), s. Mitteilungen d. dt. Zentrale f. Jugendfürsorge.

Duensing, Frieda, die Verletzung der elterlichen Fürsorgepflicht u. ihre Bestrafung. (36 S.) 8. Leipzig (903). Berlin. Verlag der Frauen-Rundschau. n. — 50

Duensing, Frieda. Verletzung der Fürsorgepflicht gegenüber Minderjährigen. Ein Versuch zu ihrer strafgesetzlichen Behandlung. Diss. Staatsw. Univ. Zürich. IV + 126 S. 8. München, J. Schweitzer, 1903. [M. 2. 80]

Duensing, Frieda, die Zwangserziehung, s.: Liszt, Frz. v.

Duensing, F., Zwangserziehg. s. Rechtsbücher f. d. D. Volk.

Duensing, Hugo, aus Hannover: Liefert das äthiopische Synaxar Materialien zur Geschichte Abessiniens? Für den zweiten, d. Monate Magabit bis Paguemēn enthaltenden Teil d. Synaxars untersucht. *Göttingen 1900: W. F. Kästner.* (56 S.) 8°
Göttingen, Phil. Diss. v. [20. Sept.] 1900

Duensing, Hugo, liefert das äthiopische Synaxar Materialien zur Geschichte Abessiniens? Für den zweiten, die Monate Magābit bis Pāguemēn enthalt. Teil des Synaxars untersucht. Diss. gr. 8. (58 S.) Göttingen 900. (Vandenhoeck & Ruprecht.) n. 1. 40

Duensing, Hugo, s.: Texte u. Fragmente, christlich-palästinisch-aramäische.

Duensing, Hugo, cand. min. Dr. phil.: Christlich-palästinisch-aramäische Texte und Fragmente nebst einer Abhandlung über den Wert der palästinischen Septuaginta. Göttingen 1906: Dieterich. (62 S.) 8° ¶ (Erscheint vollst. bei Vandenhoeck & Ruprecht in Göttingen.)
Göttingen, Theol. Fak., Diss. v. 6. Aug. 1906
[Geb. 15. April 77 Hannover; Wohnort: Hannover; Staatsangeh.: Preußen; Vorbildung: Kaiser Wilh.-Gymn. Hannover Reife O. 96; Studium: Greifswald 3. Berlin 2. Göttingen 4 S.]

Dunst, Blauer, in Gedichten. Bdchen 1—3. Cöln 1771. V: *Elsässer, Glob Frdr.* (MGT) (ML) (Wr) »Hildburghausen 1772« (Ky)

Dunst, d. blaue, in Gedichten, (v. Glo. Fr. Elsässer). 8. Hildburgh. 772. Hanisch. 16 g.

Dunst und Nebel, um eine Verordnung e. christl. Königs gemacht. 8. Frankf. Gebhardt. 789.

Dunst, Johann Michael

Dunst jun. J. M., Geheimniß der Zusammensetzung des Fluidums zum Aetzen der lithograph. Steine, und Mittheilung der neuen, gut gelungenen u. ächten Zeichenfarbe zur Ausübung der lithograph. Holzätzkunst. Als eigenhänd. Manuscript in versiegeltem Couvert. Bonn, Dunst u. Comp. $5^2/_3$ ß

Dunst, Joh. Mich., prakt. Lehrbuch d. Lithographie u. Steindruckerkunst. N. d. neuesten u. eigenen Erfahrn. hrsg. u. mit d. nöth. Zeichnn., Alphabeten u. Musterblättern begleitet. gr. 8. (11¼ B. u. 32 lith. Blätt.) Bonn 836. [Cöln, Dunst.] *

—— Taschenbuch d. nothwendigsten Recepte f. jed. Lithographen u. Steindrucker rc. auf prakt. Erfahr. gegründet, gesammelt, hrsg. u. den Anfängern so wie allen Collegen dieser Kunst gewidmet. 8. (2 B.) Bonn 835. [Cöln, Dunst.] *

—— 23 Vorlegeblätter in verkehrter Stellung u. z. Gebr. angeh. Lithographen u. Schriftstecher rc. 4. Bonn. [Cöln, Dunst.]

Dunst v. Adelsheim, Gen.-Maj. Gust., die Truppen-Division in der Bewegung, im Stande der Ruhe und im Kampfe. gr. 8. (128 S. mit 2 lithogr. Beilagen in gr. 4. und qu. gr. Fol.) Teschen 876, Prochaska. *

Dunstan, Arthur Cyril: Examination of two English Dramas: 'The Tragedy of Mariam' by Elizabeth Carew; and 'The True Tragedy of Herod and Antipater: with the Death of faire Marriam', by Gervase Markham, and William Sampson. Königsberg i. P. 1908: Hartung. 97 S. 8°
Königsberg, Phil. Diss. v. 11. Okt. 1908, Ref. Kaluza
[Geb. 17. Jan. 78 Liskeard; Wohnort: Königsberg i. P.; Staatsangeh.: Großbritanien; Vorbildung: King's Coll. London bis 02; Studium: Königsberg 7 S.; Rig. 27. Juli 08.] [U 09. 2392

Dunstan, A. C., B. A., englische Konversation f. höhere Klassen. Leitfaden f. den Unterricht im mündl. und schriftl. Gebrauch d. engl. Sprache. Text, Anmerkgn. u. Fragen. (VII. 39 S.) 8. Hannover 910. C. Meyer. Geb. . — 80

Dunt, Detlef, Reise nach Texas, nebst Nachrichten v. dies. Lande; f. Deutsche, welche nach Amerika zu gehen beabsicht. 8. (10¾ B.) Bremen 834. (Hamburg, Herold.)

Dunte, Ludwig: Rechtmäß. U e b. des wahren Christenth. 8°. Dresd. (Zimmermann, Wittenb.) 1722.

Dünte, Bernh., s.: Heimat, unsere.

Duntze, A., u. H. **Thätjenhorst**, Karte v. dem Gebiete v. Bremen, s.: Thätjenhorst.

Duntze, Arn, Urtheile üb. e. Krankengeschichte. 1757. 4°. *Haller,* Bibl. chir. II, 435.

Duntze, Carl [Apoth. aus Düsseldorf]: Einwirkung der Alkalipersulfate auf Salicylsäure und Salicylsäurephenylester. Hildesheim 1898. 36 p. 8°.
Lausanne. Thèse sc. 1897/98.

Duntze, Ernst, Apotheker aus Düsseldorf: Über Selenopyrine und deren Pseudoderivate. *Rostock 1903: C. Hinstorff.* (43 S.) 8°
Rostock, Phil. Diss. v. [22. Dez.] 1903

Duntze, Franz [app. Arzt aus Freiburg i. B.]: Statistik der croupösen Pneumonie in der med. Klinik zu Freiburg i. B. in den Jahren 1890—1894 ... Freiburg i. Br., Buchdr. v. G. Mehlhase, 1897; 58 S., 1 Bl. 8.
Freiburg i. B., Med. Fak., Inaug.-Diss. v. 1897

Duntze, H., u. A. Noël, der Heidelberger Katechismus. Im Auszuge bearb. 2. Aufl. 12. (49 S.) Bremen 900. J. Morgenbesser. Kart. n. — 40

Duntze, H., d. biblische Lesebuch (d. Schulbibel) d. Brem. Bibelgesellschaft, s. Berechtigg. u. s. Bedeutg. gr. 8. (32 S.) Bremen 896. J. Morgenbesser. n. — 40

— Johann (Bremen), De executionis poenarum capitalium honestate. Diss. hist.-jur. Präs. Jo. Samuel Friedrich Boehmer. Halle (J. G. Meyh) 18. III. 1738. 84 S. (5.50) 7078
Widm. v.: Präs., Ernst Ephraim Eberti (dtsch.), Johann Friedrich Dreysig (dtsch.).

— — Dasselbe. (J. Ch. Grunert) 1745. 76 Seiten. (5.50) 7079

Duntze, Johann Hermann

Duntze, Joh. Herm., Bremen unter französischer Gewaltherrschaft. Auszug aus der Geschichte der freien Stadt Bremen. gr. 8. (IV u. 136 S. m. 1 lith. Portr.) Bremen 851, Heyse in Comm. 2/3 ℳ

Dunze, Joh. Herm., Geschichte der freien Stadt Bremen. 2 Bde. gr. 8. Bremen. (Heyse.) [1. (38¾ B. u. 2 Bild.) 845., 2. (42½ B.) 46. à 2 Thlr.]

—— Geschichte der freien Stadt Bremen. 3. und 4. Bd. gr. 8. Bremen, (Heyse.) [3. (XVI und 663 S. mit Ttlkpfr.) 817. 2 Thlr., 4. (XIII und 882 S. mit 1 lith. Portr.) 851. 2 Thlr. 15 Ngr.]
1. und 2. Bd. Ebendas. 1845 und 1846. 4 Thlr.

Dunze, J. H., Katechismus d. christl. Lehre v. Reiche Gottes f. Confirmanden. gr. 8. (2½ B.) Bremen 835, Geisler.

Düntzer, Heinrich

Düntzer, Heinr., Homerische Abhandlungen. gr. 8. (XV, 604 S.) Leipzig 872, Hahn'sche Verlagsh. *

Düntzer, Heinr., Abhandlungen zu Goethes Leben und Werken. 2 Bde. gr. 8. (XVI, 319; III, 412 S.) Leipzig 885, Wartig's Verlag. *ℳ 8.—; *ℳ 10.—. *

Düntzer, Heinr., Anmerkgn. zu Goethes „Italiänische Reise", s.: Hempel's Klassiker-Bibliothek.

Düntzer, H., Die ara Ubiorum u. das Legionslager beim oppidum Ubiorum. S.-A. O. J. 27 S. 1.—

Düntzer, Heinr., Aristarch. Das 1., 8. und 9. Buch der Ilias kritisch erörtert. gr. 8. (XVII und 198 S.) Paderborn (861)62, Schöningh. *

Düntzer, Heinr., die drei ältesten Bearbeitungen von Goethes Iphigenie, s. Bearbeitungen.

— die drei ältesten Bearbeitungen von Goethe's Iphigenie. Herausg. u. mit zwei Abhandlungen zur Geschichte und vergleichenden Kritik des Stückes begleitet. Stuttgart 854. Cotta. gr. 8. (1 Bl., VIII, 372 S.) 1 ℳ 15 ngr

— die homerischen Beiwörter des Götter- und Menschengeschlechts. Göttingen 859. Dieterich. gr. 8. (72 S.) n. 12 ngr

Düntzer, Heinr., zwei Bekehrte. Zacharias Werner und Sophie v. Schardt. gr. 8. (XIII, 466 S.) Leipzig 873, Hahn'sche Verlagsh. *

— mein Beruf als Ausleger. 1835—1868. gr. 8. (III, 192 S.) Leipzig 899. Darmstadt, E. Wartig's Verl. n. 3.50; geb. n. 4.—

— Goethes Beziehungen zu Köln. [Aus: „Abhandlgn. zu Goethes Leben u. Werken".] gr. 8. (140 S.) Ebend. 885. n. 3.—

Düntzer, Heinr., Biographie J. G. Herder's, s. Herder's, J. G., Werke.

Schillers Braut von Messina. Erl. von Heinrich Düntzer. 5. Aufl., neu durchges. von Oberl. Alfred Heil. Leipzig: Wartig [1910]. 178 S. 8°
(Düntzer: Erläuterungen zu d. Deutschen Klassikern. Bdch. 52) A 11.9811 0

—— aus Carl Ludw. v. Knebel's Briefwechsel, s. Aus Carl Ludw. v. Knebel's Briefwechsel.

Düntzer, H., Zum ersten Buche der Odyssee. II. S.-A. O. J. 17 S.

—— die Deklination d. indogerman. Sprachen, nach Bedeutung u. Form entwickelt. Ein Beitr. zur Formenlehre u. Syntax d. verwandten, besond. auch d. klass., Sprachen. gr. 8. (7½ B.) Köln 839, Eisen.

— Schillers Demetrius, erläutert. 8. (III, 124 S.) Leipzig 886. Wartig's Verl. n. 2.—

Düntzer, H., Domitian in Frontius Strategemata. S.-A. O. J. 12 S.

—— s. Eckermann, Joh. Pet., Gespräche mit Goethe.

Düntzer, Heinr., Goethes Eintritt in Weimar. Mit Benutzung ungedruckter Quellen dargestellt. gr. 8. (XVI, 224 S.) Leipzig 883, Wartig's Verlag. *ℳ 6.; geb. *

—— s. Erläuterungen zu den deutschen Klassikern.

Düntzer, Heinr., Erläuterungen zu den deutschen Klassikern. 1—3., 10—12., 14—17., 19—21., 23., 27—29., 32., 46—54., 70—81. Bdchn. gr. 16. Leipzig 876—81. Wartig's Verl. à n 1. —

1. Goethe's Hermann u. Dorothea. 3., neu durchgeseh. Aufl. (154 S.)
2. Wieland's Oberon. 2., neu durchgeseh. u. verm. Aufl. (160 S.)
3. Goethe's Leiden d. jungen Werthers. 2., neu durchgeseh. u. verm. Aufl. (156 S.)
10. — Wahlverwandtschaften. 2., neu durchgeseh. u. verm. Aufl. (142 S.)
11. — Götz v. Berlichingen. 3., neu durchgeseh. u. verm. Aufl. (169 S.)
12. — Egmont. 3., neu durchgesehene Aufl. (156 S.)
14. — Iphigenie auf Tauris. 3., neu durchgeseh. Aufl. (140 S.)
15. 16. Schiller's Kabale u. Liebe. (Neue Aufl.) (230 S.)
17. Goethe's Tasso. 3., neu durchgesehene Aufl. (173 S.)
19—21. Goethe's Faust. 2 Thle. 4. u. 3., neu durchgeseh. Aufl. (178 u. 288 S.)
23. Herder's Legenden. 2., neu durchgeseh. u. verm. Aufl. (128 S.)
27—29. Klopstock's Oden. 4—6. (Schluß-)Hft. 2., neu durchgeseh. Aufl. (VI, 384 S.) cplt. geb.: n. 7. —
32. Lessing's Minna v. Barnhelm. 2., neu durchgeseh. Aufl. (133 S.)
46. 47. Schiller's Wallenstein. 3., neu durchgeseh. Aufl. (341 S.)
48. 49. — Maria Stuart. 2., durchgeseh. u. erweit. Aufl. (240 S.)
50. 51. — Jungfrau v. Orleans. 2., durchgeseh. u. erweit. Aufl. (260 S.)
52. — Braut von Messina. 2., neu durchgeseh. u. verm. Aufl. (176 S.)
53. 54. — Wilhelm Tell. 3., neu durchges. u. verm. Aufl. (293 S.)

70—73. Goethe's lyrische Gedichte. 2., neu bearb. Aufl. 10—13. Bdchn. (S. 241—750.)
74—76. — westöstlicher Divan. (XII, 428 S.)
77. 78. Uhland's Balladen u. Romanzen. (VIII, 320 S.)
79—81. Goethe's Dichtung u. Wahrheit. 2 Thle. (158 u. 323 S.)

Düntzer, Heinr., Erläuterungen zu den deutschen Klassikern. Lieferungs-Ausg. 1. Lfg. 12. Leipzig 880. Wartig's Verl. Subscr.-Pr. n. — 75; Einzelpr. n. 1. —
Goethes Hermann u. Dorothea. 4. Aufl. (VII, 160 S.)

— Erläuterungen zu den deutschen Klassikern. 1. 14. 32—35. 46—51. 55—57. 82. u. 83. Bdchn. 12. Ebend. à n. 1. —
1. Goethe's Hermann u. Dorothea. 5. Aufl. (VII, 160 S.) 885.
14. — Iphigenie auf Tauris. 4. Aufl. (160 S.) 883.
32. Lessing's Minna v. Barnhelm. 4. Aufl. (170 S.) 884.
33. — Emilia Galotti. 3. Aufl. (174 S.) 885.
34. 35. — Nathan der Weise. 3. Aufl. (292 S.) 883.
46. 47. Schillers Wallenstein. 4. Aufl. (346 S.) 886.
48. 49. — Marie Stuart. 3. Aufl. (260 S.) 885.
50. 51. — Jungfrau v. Orleans. 3. Aufl. (276 S.) 884.
55. 56. — Don Karlos. 2. Aufl. (324 S.) 886.
57. — Demetrius. (124 S.) 886.
82. 83. Goethes Maskenzüge. In ihrem Zusammenhange dargestellt u. erläutert. (XII, 248 S.) 886.

Düntzer, H., Erläuterungen zu den deutschen Klassikern. Bdchn. 1, 11, 17, 19a, 19b, 20, 21, 41, 42, 46, 47, 52—54, 77, 78. 12. Leipzig 887—890. Wartig's Verl. à Bdchn. n. 1. —
1. Goethe's Hermann u. Dorothea. 6. Aufl. (VII, 168 S.)
11. — Götz v. Berlichingen. 4. Aufl. (178 S.)
17. — Tasso. 4. Aufl. (V, 192 S.)
19a u. b. — Faust. 1. Thl. 5. Aufl. (VI, 218 S.)
20. 21. — Faust. 2. Thl. 4. Aufl. (314 S.)
41. 42. Schiller's lyrische Gedichte. 6. u. 7. Bdchn. 3. Aufl. (319 S.)
46. 47. — Wallenstein. 5. Aufl. (351 S.)
52. — Braut v. Messina. 3. Aufl. (176 S.)
53. 54. — Wilhelm Tell. 4. Aufl. (292 S.)
77. 78. Uhland's Balladen u. Romanzen. 2. Aufl. (VIII, 351 S.)

Düntzer, Heinr., Erläuterungen zu den deutschen Klassikern. 11., 12., 14., 22., 32., 34.—45., 48.—51., 53., 54., 84., 85. Bdchn. 12. Leipzig, E. Wartig's Verl. à n. 1. —
11. Goethe's Götz v. Berlichingen. 5., neu durchgeseh. u. verm. Aufl. (182 S.) 894.
12. — Egmont. 4., neu durchgeseh. Aufl. (163 S.) 891.
14. — Iphigenie auf Tauris. 6., durchgeseh. u. wesentlich verm. Aufl. (191 S.) 894.
22. Herder's Cid. 3., neu bearb. Aufl. (185 S.) 895.
32. Lessings Minna v. Barnhelm. 5., neu durchgeseh. Aufl. (172 S.) 890.
34. 35. — Nathan der Weise. 4., neu durchgeseh. u. verm. Aufl. (343 S.) 894.
36—45. Schiller's lyrische Gedichte. 1.—10. Bdchn. 3., neu durchgeseh. Aufl. (290, 172, 147, 161, 319, 144, 282 S.) 891—893.
48. 49. — Maria Stuart. 4., durchgeseh. u. erweit. Aufl. (282 S.) 892.
50. 51. — Jungfrau v. Orleans. 4., neu durchgeseh. Aufl. (V, 280 S.) 891.
53. 54. — Wilhelm Tell. 5., neu durchgeseh. u. verm. Aufl. (335 S.) 892.
84. 85. Uhland's Dramen u. Dramenentwürfe. (351 S.) 892.

Düntzer, Erläutergn. z. deutschen Klassikern. 1., 12., 17., 32., 33., 46., 47., 50.—54. u. 61.—73. Bdchn. 8 Leipzig, E. Wartig's Verl. à n. 1. —
1. Goethes Hermann u. Dorothea. 7., neu durchgeseh. Aufl. (VII, 171 S.) 897.
12. Goethes Egmont. 5., neu durchgeseh. Aufl. (V, 161 S.) 898.
17. Goethes Tasso. 5., neu durchgeseh. u. verm. Aufl. (V, 200 S.) 898.
32. Lessings Minna v. Barnhelm. 6., neu durchgeseh. Aufl. (V, 176 S.) 896.
33. Lessings Emilia Galotti. 4., neu durchgeseh. u. verb. Aufl. (201 S.) 895.
46. 47. Schillers Wallenstein. 6., neu bearb. Aufl. (384 S.) 895.
50. 51. Schillers Jungfrau v. Orleans. 5., neu durchgeseh. Aufl. (311 S.) 896.
52. Schillers Braut von Messina. 4., neu durchgeseh. Aufl. (189 S.) 897.
53. 54. Schillers Tell. 6., neu durchgeseh. u. verm. Aufl. (335 S.) 897.
61—63. Goethes lyr. Gedichte. 3., neu bearb. Aufl. 1. Bd. Goethe als lyr. Dichter. (559 S.) 898.
64. Dasselbe. 3., neu bearb. Aufl. I. Lieder. (VI, 224 S.) 896.
65. 66. Dasselbe. II. III. Gesell. Lieder. Aus Wilhelm Meister. Balladen. 3., neu bearb. u. erweit. Aufl. (409 u. II S.) 898.
67. Dasselbe. Antiker Form sich näh. Elegien. 3., neu bearb. Aufl. (VI, 208 S.) 896.
68. Dasselbe. 8. Bdchn. Episteln. Epigramme. Weissagn. d. Bakis. Vier Jahreszeiten. Sonette. 3., neu bearb. u. erweit. Aufl. (221 S.) 897.
69. Dasselbe. 9. Bdchn. Verm. Gedichte b. z. Liede d. Auswanderer (63). 3., neu bearb. u. erweit. Aufl. (VI, 200 S.) 897.
70. Dasselbe. 10. Bdchn. Verm. Gedichte (Schluß). Kunst. 3., neu bearb. u. erweit. Aufl. (161 S.) 897.
71. Dasselbe. 11. Bdchn. Parabolisch. Epigrammatisch. Gott u. Welt. 3., neu bearb. u. erweit. Aufl. (IV, 208 S.) 897.
72. Dasselbe. 12. Bdchn. Kantaten. Loge. Karlsbader Gedichte. Chines.-deutsche Jahres- u. Tageszeiten. Gott, Gemüth u. Welt. Sprichwörtlich. An Personen. 3., neu durchgeseh. Aufl. (VI, 162 S.) 897.
73. Dasselbe. 13. Bdchn. D. neue Alcinous. Invektiven. Zahme Xenien. 3., neubearb. Aufl. (VI, 162 S.) 898.

— Erläuterungen zu den deutschen Klassikern. Bdchn. 11, 14, 19a u. b, 20 u. 21. 12. Ebd. à n. 1. —
11. Goethes Götz v. Berlichingen. 6., neu durchgeseh. u. verm. Aufl. (182 S.) 900.
14. Goethes Iphigenie auf Tauris. 7., neu durchgeseh. u. verm. Aufl. (V, 192 S.) 899.
19a u. b. (Doppelbdchn.) Goethes Faust. 1. Thl. 6., neu bearb. Aufl. (VII, 235 S.) 899.
20. 21. Goethes Faust. 2. Thl. 5., neu bearb. Aufl. (VIII, 347 S.) 900.

Düntzer's, Heinr., Erläuterungen zu den Klassikern. 1. 5. 6., 14., 17., 19a. b., 32., 34., 35., 43. u. 52. Bdchn. kl. 8. Leipzig, E. Wartig's Verl. à Bdchn. 1. —
1. I. Abtlg.: Erläuterungen zu Goethes Werken. 1. Hermann u. Dorothea. 9. Aufl., besorgt v. Geo. Ellinger. (VI, 153 S.) 908.
5. 6. III. Abtlg.: Erläuterungen zu Schillers Werken. 1. 2. Die Räuber. 2. Aufl., besorgt v. Otto Ladendorf. (VI, 258 S.) 906.
14. Goethe's Iphigenie auf Tauris. 8. Aufl., neu durchgesehen v. Alfr. Heil. (165 S.) (910.)
17. Goethe's Tasso. 6. Aufl., neu durchgesehen von Alfr. Heil. (179 S.) (910.)
19a. b. Goethe's Faust. 1. Tl. 7. Aufl. Besorgt v. S. M. Prem. (240 S.) (909.)
32. Lessing's Minna v. Barnhelm. 8. Aufl., neu durchgesehen v. Alfr. Heil. (172 S.) (910.)
34. 35. Lessing's Nathan der Weise. 5. Aufl., neu durchgesehen v. Alfr. Heil. (272 S.) (910.)
43. Schiller's lyrische Gedichte. 4. Aufl., neu durchgesehen v. Alfr. Heil. (137 S.) (909.)
52. Schillers Braut von Messina. 5. Aufl., neu durchgesehen v. Alfr. Heil (179 S.) (910.) 1.—

— u. **Rob. Prölß**, Erläuterungen zu den Klassikern. 86 bis 95 u. 97 Bdchn. kl. 8. Ebd. à Bdchn. 1. —
86. Shakespeare's Romeo u. Julia. (Neue [Titel-]Ausg. (167 S.) [874.]
87. Shakespeare's Viel Lärmen um Nichts. (Neue [Titel-]Ausg.) [875.]
88. 89. Shakespeare's Julius Cäsar. 8. Aufl., neu durchgesehen v. Alfr. Heil. (217 S.) (910.)
90. Shakespeare's Kaufmann v. Venedig. (Neue [Titel-]Ausg.) (129 S.) [875.]
91. Shakespeare's Richard II. (Neue [Titel-]Ausg.) (155 S.) [878.]
92. 93. Shakespeare's Hamlet. (Neue [Titel-]Ausg.) (128 S.) [878.]
94. Shakespeare's Macbeth. (Neue [Titel-]Ausg. (153 S.) [880.]
95. Shakespeares „Coriolan". 9. Aufl. (Neue [Titel-]Ausg. (150 S.) [880.]
97. Shakespeare's König Lear. (180 S.) [1909]

Erläuterungen
zu Herder's Werken,
zu Klopstock's Werken,
zu Lessing's Werken,
zu Schiller's Werken,
} s. Erläuterungen zu den deutschen Klassikern.

— Erläuterungen zu Goethes Werken,
— Erläuterungen zu Wielands Werken,
} s. Erläuterungen zu den deutschen Klassikern.

— Goethe's Faust. Erster u. zweiter Theil. Zum erstenmal vollständig erläutert. 2 Thle. gr. 8. (1. Thl. X u. 390 S. 2. Thl. 413 S.) Leipzig 850. 51, Dyk. (à 2 1/3 ℛ) 4 2/3 ℛ

— Goethe's Faust. Erster und zweiter Theil. Zum erstenmal vollständig erläutert. 2 Thle. 2., wohlf. (Titel-)Ausg. gr. 8. (X und 803 S.) Leipzig 854, Dyk'sche Buchh.

— dass. — 2., verm. und verb. Aufl. gr. 8. (XII und 811 S.) Ebds. 856(57).

— Goethe's Faust in seiner Einheit u. Ganzheit wider seine Gegner dargestellt. Nebst Andeutn. üb. Idee u. Plan d. Wilhelm Meister u. 2 Anhn.: über Byron's Manfred u. Lessing's Doktor Faust. gr. 12. (6 1/2 B.) Köln 836, Eisen.

—— die Homerischen Fragen. gr. 8. (289 S.) Leipzig 874, Hahn'sche Verlagsh. *

Duentzer, Henr., L. Livii Andronici fragmenta collecta et inlustrata. Acced. Homericor. carmin. a veteribus poetis lat. versibus express. reliquiae. Part. I. Dissert. inaug. 8maj. (6½ B.) Berolini 835. (Köln, Eisen.) *

—— die Fragmente d. epischen Poesie d. Griechen bis zur Zeit Alexander's d. Gr. Gesammelt. (1. Thl.) gr. 8. (7½ B.) Köln 840, Eisen.

— Nachtrag zu den Fragmenten der epischen Poesie der Griechen bis zur Zeit Alexanders des Grossen. 1841. 44 S. 1.20

— die Fragmente der epischen Poesie der Griechen v. Alexander d. Gr. bis zum Ende des fünften Jahrh. nach Christus. (Der Fragmente 2. Thl. gr. 8. Köln 842, Eisen. 1 ₰ (1. 2: 1⅞ ₰

Düntzer, H., Frauenbilder aus Goethe's Jugendzeit. Studien zum Leben d. Dichters. gr. 8. (XVI u. 592 S.) Stuttgart 852, Cotta. n. 2 ₰

— Freundesbilder aus Goethe's Leben. Studien zum Leben des Dichters. 853. 3 ₰ 15 ngr — 2. wohlf. (Titel-) Ausg. Leipzig (853.) 856. Dyk. gr. 8. (XV, 623 S.) 1 ₰ 27 ngr

Düntzer, Heinr., aus Goethe's Freundeskreise. Darstellungen aus dem Leben des Dichters. Braunschweig 868. Vieweg & S. gr. 8. (XIII, 552 S.) n. 2 ₰

—— aus Goethe's Freundeskreise. Darstellungen aus dem Leben des Dichters. gr. 8. (XIII, 552 S.) Braunschweig 869, Vieweg und Sohn. [Frankfurt a. M., Schwelm.] (+ M 6.)

Düntzer, Heinr., Goethe's lyrische Gedichte erläutert, s. a. Goethe.

— Goethe's lyrische Gedichte. Für gebildete Leser erläutert. 2 Bde. Elberfeld 858. Friderichs. 16. (464; 356 S.) 2 ₰

—— Goethe als Dramatiker. gr. 12. (14⅙ B.) Leipzig 837, Engelmann.

—— Goethe und Carl August während der ersten fünfzehn Jahre ihrer Verbindung. Studien zu Goethes Leben. gr. 8. (VIII und 347 S.) Leipzig 861, Dyk'sche Buchh. Thlr. *

—— Goethe und Karl August. Studien zu Goethe's Leben. 2. Thl. A. u. d. T.: Goethe und Karl August von 1790 bis 1805. gr. 8. (VII und 526 S.) Leipzig 865, Dyk'sche Buchh. *
(1. Thl.) Ebendas. 1861. * 2 Thlr. 7½ Ngr.

— Goethe u. Karl August. Studien zu Goethe's Leben. 2., neu bearb. u. vollendete Aufl. 3 Tle. in 1 Bde. gr. 8. (VIII, 969 S.) Leipzig 888. Dyk. n. 18. —; geb. n. 20. —

— Goethe, Karl August u. Ottokar Lorenz. E. Denkmal. gr. 8. (124 S.) Dresden 895. Dresdener Verlagsanstalt. n. 2. -

— s.: Goethe's Tagebücher der sechs ersten Weimarischen Jahre.

Düntzer, Heinrich (Hrsg.), s. Goethe, Joh. Wolfgang v.: Werke. Stuttg. 1894–97.

— zur Goetheforschung. Neue Beiträge. gr. 8. (VII, 436 S.) Stuttgart 891. Deutsche Verlags-Anstalt. n. 6. —; geb. n.n. 7. 50

— neue Goethestudien. Nürnberg 861. Bauer & Raspe. 8. (XI, 359 S.) 1 ₰ 20 ngr

— Goethe's Götz und Egmont. Geschichte, Entwicklung und Würdigung beider Dramen. Braunschweig 854. Schwetschke u. Sohn. gr. 8. (XII, 414 S.) 2 ₰ 7½ ngr

— Goethes Hermann und Dorothea, s. Erläuterungen zu den deutschen Klassikern.

—— Homer u. d. epische Kyklos. Darleg. d. histor. vorlieg. Thatbestandes zur Verständigung u. Verwirrung. Nebst ein. Anh.: Fragmente zur Beurtheilung d. Einheit d. Ilias. gr. 8. (5 B.) Köln 839, Eisen.

Düntzer, Heinrich, s. Jacobs, Friedr.: Vermischte Schriften.

— die Interpolationen im 11. Buche der Ilias. (Abdr. aus dem 3. Supplem.-Bd. der Jahrbücher für class. Philologie.) Leipzig 861. Teubner. gr. 8. (43 S.) n. 8 ngr

—— zu Goethe's Jubelfeier. Studien zu Goethe's Werken. (1. Bd.) gr. 8. (X und 389 S.) Elberfeld 849. [Iserlohn, Bädeker.]

Schillers Jungfrau von Orleans. Erl. von Heinrich Düntzer. 6. Aufl. Leipzig: Wartig [um 1900]. 310 S. 8°
(Düntzer: Erläuterungen zu d. Deutschen Klassikern. Bdch. 21. 22.) A 12. 1109/10

Schillers Don Karlos. Erl. von Heinrich Düntzer. 3. Aufl. Leipzig: Wartig [um 1904]. 324 S. 8°
(Düntzer: Erläuterungen z. d. Deutschen Klassikern. Bdch. 55 56) A 11 1109/10

—— Christof Kaufmann, der Apostel der Geniezeit und der Herrnhutische Arzt. Ein Lebensbild, mit Benutzung von Kaufmanns Nachlass entworfen. gr. 8. (XII, 274 S. mit 2 Portr. in Holzschn.) Leipzig 882, Wartig's Verlag. +

—— Kirchhoff, Köchly und die Odyssee. gr. 8. (125 S.) Köln 872, DuMont-Schauberg'sche Buchh. *

— Kritik und Erklärung der horazischen Gedichte. 1r Thl. A. u. d. T.: Kritik u. Erklärung der Oden des Horaz. Ein Handbuch zur tiefern Auffassung der Oden des Horaz. gr. 12. Braunschw. 840. G. C. E. Meyer sen. 1⅓ ₰

— Kritik u. Erklärung der horazischen Gedichte. 2. Thl. — A. u. d. T.: Kritik u. Erklärung der Satiren des Horaz. Ein Handbuch z. tiefern Auffass. der Satiren des Horaz. gr. 12. Braunschw. 841., G. C. E. Meyer sen. 1⅔ ₰ — 3. u. 4. Thl. — A. u. d. T.: Kritik u. Erklärung der Episteln des Horaz. Ein Handbuch ꝛc. 1. u. 2. Thl. gr. 12. Ebend. 843, 44. 1. Thl. 1⅚ ₰ 2. Thl. 2 ₰ — 5. Thl. A. u. d. T.: Nachträge u. Berichtigungen zur Erklärung der Horaz. Gedichte, besond. der Oden, mit besond. Berücksichtigung von Orelli's 2. Ausg. gr. 12. Ebend. 846. 1¼ ₰ — 1.—5. Thl. 8 1/12 ₰

— Goethe's Leben. Mit authent. Illustr.: 50 Holzschn. u. 4 Beilagen [Facsim. Autographien]. gr. 8. (XII, 658 S.) Leipzig 880. Fues. n. 8. —; geb. n. 10. —

Goethes Leben von Heinr. Düntzer. Mit authent. Ill., 55 Holzschn. u. 4 Beil. (facs. Autogr.) 2. durchges., mit neuen Abb. und einem Reg. verm. Aufl. Leipzig: Fues 1883. XII, 707 S. 8°
Spricht auch von der Frmrei und von vielen mit ihr in Verbindung stehenden Personen.

— Herder's Leben u. Wirken, s.: Hempel's Klassiker-Bibliothek.

—— Lessings Leben. Mit authent. Illustr.: 46 Holzschn. und 8 Facs. gr. 8. (XVI, 668 S.) Ebendas. 882. geb.

— Schiller's Leben. Mit authent. Illustr.: 46 Holzschn. u. 5 Beilagen [Facsim. Autographien]. gr. 8. (XIV, 558 S.) Leipzig 881. Fues. n. 7. —; geb. n. 9. —

—— Jacques Auguste de Thou's Leben, Schriften u. histor. Kunst, verglichen mit der d. Alten. Eine Preisschr. 8. (8⅛ B.) Darmstadt 837, Leske.

— neues prakt. Lehrbuch zur faßl. u. gründl. Erlernung d. griech. Sprache. Für Gymnasien. (1r Kursus: für Quarta und Tertia.) gr. 8. Köln 838. Eisen. 1/3 ₰

— dass. Für Gymnasien u. höhere Bürgerschulen. (1r Kursus für Sexta u. Quinta.) gr. 8. Köln 837. Eisen. 1/3 ₰

—— neues prakt. Lehrbuch zur faßl. u. gründl. Erlern. d. latein. Sprache. Für Gymnasien u. höhere Bürgerschulen. (1. Kurs.: für Sexta u. Quinta.) gr. 8. (4 B.) Cöln 837, Eisen.

—— die Lehre von d. latein. Wortbildung u. Komposition. Wissenschaftl. dargest. gr. 8. (15 B.) Köln 836, (Eisen.) •

— Wilh. Meisters Lehrjahre, erläutert ꝛc., s. Erläuterungen zu den deutschen Classikern.

—— zur deutschen Literatur und Geschichte, s. Zur deutschen Literatur und Geschichte.

Schillers Maria Stuart. Erl. von Heinrich Düntzer. 5., durchges. u. erw. Aufl. Leipzig: E. Wartig 1900. (282 S.) 8° [F.]
= Düntzer: Erläuterungen zu d. Deutschen Klassikern. Abt. 3, 19. 20. (= Bdch. 48. 49.) [05. 1061a] 4

Düntzer, Heinr., Goethe's Maskenzüge. In ihrem Zusammenhange dargestellt u. erläutert. 8. (XII, 248 S.) Leipzig 886. Wartig's Verl. n. 4. —

Düntzer, Heinrich, s. N e h r l i c h , Gust.: Zeichnungen nach Goethe's Faust.

— D=Jerum=Mann, oder der Seifenbläser. Abfertigung v. Ed. Jerrmanns Schrift: Das Wespennest, oder der Kölner Karneval. Ein ernsthafter Scherz. Mit 1 Steindr. 8. Köln 835. Eisen. 5/12 ₰

Düntzer, Heinrich, s. P e r s i u s , Fl. A.: Satirae.

Düntzer, Heinrich (Hrsg.), s. P l a t t e r , Th.: Leben.

— Goethe's Prometheus u. Pandora. Ein Versuch zur Erklärung u. Ausdeutung dieser Dichtungen. gr. 8. (XII u. 123 S.) Ebd. 850. 27 ngr

— Goethe's Prometheus und Pandora. Ein Versuch zur Erklärung und Ausdeutung dieser Dichtungen. Neue mit einem Nachtrag verm. (Titel-) Ausg. Leipzig (850) 854. Dyk. gr. 8. (XII, 130 S.) n. 15 ngr

Schillers Räuber. Erl. von Heinrich Düntzer. 2. Aufl., besorgt von Dr. Otto Ladendorf, Oberl. Altenburg (Sa.-A.): E. Wartig 1906. (258 S.) 8° [F.]
= Erläuterungen zu d. Deutschen Klassikern. Abt. 3, 1. 2. [07. 14603] 1

—— Rettung d. aristotel. Poetik. Ein krit. Versuch. gr. 12. (10¼ B.) Braunschweig 840, G. C. E. Meyer sen.

Düntzer, Hnr., die Sage von Joh. Faust, s. a. J. Scheible, d. Schatzgräber.

Düntzer, H., Die Sage von Doctor Johannes Faust. Stuttgart 1846. 8.
I-t: Schatzgräber, herausg. von Scheible. Th. I. . . . .

Düntzer, Heinrich, s. S a t i r i k e r , die römischen.

—— Schiller und Goethe. Uebersichten und Erläuterungen zum Briefwechsel zwischen Schiller und Goethe. gr. 8. (VII und 319 S.) Stuttgart 859, Cotta'sche Buchh. *

— Friederike v. Sesenheim im Lichte der Wahrheit. gr. 8. (III, 152 S.) Stuttgart 893. J. G. Cotta Nachf. n. 3. —

— Goethes Stammbäume. Eine genealog. Darstellg. gr. 8. (VII, 168 S.) Gotha 894. F. A. Perthes. n. 3. —

— Charlotte v. Stein, Goethe's Freundin. Ein Lebensbild m. Benutzg. der Familienpapiere entworfen. 1. u. 2. Bd. 1742—1827. gr. 8. Stuttgart 874. Cotta. n. 16. —
1. 1742—1793. (X, 380 S.) n. 7. —. — 2. 1794—1827. Mit e. Abbildg. (Holzschn.) (535 S.) n. 9. —

—— Charlotte v. Stein und Corona Schröter. Eine Vertheidigung. gr. 8. (VIII, 301 S.) Stuttgart 876, Cotta'sche Buchh. *

Düntzer, Heinrich (Hrsg.), s. S t e i n , Charlotte von: Dido.

— de Zenodoti studiis Homericis. gr. 8. (VIII u. 213 S.) Gottingae 848, Dieterich. n. 1⅓ ₰

—— Goethe's Tasso. Zum erstenmal vollständig erläutert. gr. 8. (XII und 256 S.) Leipzig 854, Dyk'sche Buchh.

Schillers Wilhelm Tell. Erl. von Heinrich Düntzer. 7., neu durchges. Aufl. Leipzig: Wartig [um 1900]. 309 S. 8°
(Düntzer: Erläuterungen zu d. Deutschen Klassikern. Bdch. 53/54.) A 12. 12019 10

Düntzer, H., Die lateinischen Suffixe tia, tio. S.-A. O. J. 15 S.

Duentzer, Heinrich
s. Uhland, Ludwig: Uhlands Balladen und Romanzen. 1890.

— Goethe's Verehrung der Kaiserin v. Oesterreich, Maria Ludovica Beatrix v. Este. Mit dem Bildnisse der Kaiserin. 8. (XV, 107 S.) Köln 886. A. Ahn. n. 1. 60

—— et Laur. Lersch, de Versu, quem vocant, Saturnio. Smaj. (5¼ B.) Bonnae 838, Koenig.

— Verzeichniss der römischen Alterthümer des Museums Wallraf-Richartz in Köln. 1873. 128 S. 1.50

Schillers Wallenstein. Erl. von Heinrich Düntzer. 7. Aufl., neu durchges. von Oberl. Alfred Heil. Leipzig: Wartig [um 1908]. 370 S. 8°
(Düntzer: Erläuterungen z. d. Deutschen Klassikern. Bdch. 46/47.) A 12. 12019 10

— Würdigung des Goetheschen Faust, seiner neuesten Kritiker und Erklärer. Leipzig 861. Dyk. gr. 8. (2 Bl., 93 S.) n. 15 ngr

Düntzer, Ignaz

Düntzer, Ign. (geb. Cöln a. Rh. 27. 5. 1808): De delirio tremente. Berolini (1831). (20 S.) 4°
Berlin, Med. Diss. v. 9. März 1831

—— die Entbindung verstorbener Schwangern in geburtshülfl. u. forensischer Beziehung. gr. 8. (2⅝ B.) Köln 845. Eisen.

Düntzer, Ignaz, die Competenz d. Geburtshelfers üb. Leben u. Tod. Mit besond. Rücksicht auf die Streitfrage: Darf in zweifelhaften Fällen das Kind d. Mutter, od. die Mutter dem Kinde geopfert werden? gr. 8. (3¾ B.) Köln 842, Bachem.

—— Regimen sanitatis Salernitanum, s. R e g i m e n.

Duntzfeld, E., Bericht über die Wirksamkeit Rolf Krake's während des Feldzuges von 1864 namentlich in Betreff der Eroberung von Alsen. Aus dem Dänischen übers. Berlin 865. Mittler & S. gr. 8. (29 S.) n. 5 ngr

Dünwaldt, Ferdin. Heinr. (Präs.): De alimentis liberorum, parentum, fratrum et sororum, s. B e c k e r , Anton (Resp.)

Aliso bei Hunteberg von E[rnst] Dünzelmann. Bremen: G. Winter 1907. (14 S.) 8° [F.] [08. 4314] 6

Aliso und die Varusschlacht von E[rnst] Dünzelmann. Bremen: G. Winter 1905. (24 S.) 8° [F.] [05. 13015]

Dünzelmann, E., freie Hansestadt Bremen, s.: Landes- u. Provinzialgeschichte.

— die bremischen Handelswege u. die Varusschlacht, s. a. Festschrift der 45. Versammlg. deutscher Philologen etc.

Dünzelmann, *Ernst Ferdinand*: Die bremischen Handelswege und die Varusschlacht. 8 (S. 213—233).
Fest-Schrift der 45. Versammlung deutsch. Philol. u. Schulmänner dargeboten von den öffentl. höh. Lehranstalten *Bremens* 1899.
Nicht im Tauschverkehr.

Progr.

Dünzelmann, Ernst, appr. Arzt a. Bremen: Ueber pigmentierte persistierende Pupillarmembran mit Pigmentpünktchen auf der vorderen Linsenkapsel. Leipzig 1906: B. Georgi. (26 S.) 8°
Leipzig, Med. Fak., Ref. Sattler, Diss. v. 21. Dez. 1906
[Geb. 15. Nov. 80 Bremen; Wohnort: Bremen; Staatsangeh.: Bremen; Vorbildung: Gymn. Bremen Reife O. 00; Studium: Tübingen 4, Leipzig 5, München 1 S.; Coll. 24. Dez. 06; Approb. 30. Sept. 06.]

Dünzelmann, E. Der Schauplatz der Varusschlacht. gr. 8. (24 S.) Gotha 889, F. A. Perthes. * — 60

— das römische Strassennetz in Norddeutschland. [Aus: „Jahrbb. f. class. Philol." 20. Suppl.-Bd.] gr. 8. (S. 81—141 m. 3 Karton.) Leipzig 893. B. G. Teubner. n. 2. —

Dünzelmann, E., Untersuchung über die ersten unter Karlmann und Pippin gehaltenen Concilien. Inaugural-Dissertation. gr. 8. (63 S.) Göttingen 869, (Deuerlich'sche Buchh.) *

— aus Bremens Zopfzeit. Stillleben in e. Reichs- u. Hansestadt. gr. 8. (VIII, 209 S.) Bremen 899. G. A. v. Halem. Geb. in Leinw. n. 3. 20

Dunzelt und Lüthke, die Zahnpflege im Kindesalter. Ratgeber für Eltern und Erzieher der Jugend. 8. (52 S. mit 12 in den Text gedr. Holzschn.) Leipzig 886, Th. Grieben. *

Dunzelt, Hans, Medizinalpraktikant a. Dresden: Aus d. med. Klinik u. Klinik f. Haut- u. Geschlechtskrankheiten d. Univ. Jena (Geh. Medizinalrat Prof. Dr. Stintzing), Abteilung f. Haut- u. Geschlechtskrankheiten. Beiträge zur Pathologie und Therapie des Lichen ruber planus mit besonderer Berücksichtigung der Arsenbehandlung. Dresden 1907: W. Baensch. (30 S.) 8°
Jena, Med. Fak., Ref. Spiethoff, Diss. v. 3. Juni 1908
[Geb. 19. Aug. 82 Dresden; Wohnort: Dresden; Staatsangeh.: Sachsen; Vorbildung: Gymn. z. heiligen Kreuz Dresden Reife O. 02; Studium: Heidelberg 1, Berlin 1, Leipzig 5, Jena 3 S.; Coll. 10. Mai 07; Approb. 3. Juni 08.]

Dunzelt, Walter [app. Arzt aus Berlin]: Aus d. pharmakolog. Institut zu Marburg. Vergleichende Experimentaluntersuchungen über die Stärke der Wirkung einiger Narcotica ... Marburg, Univ.-Buchdr. '(R. Friedrich)', 1896; 31 S., 1 Taf. 8.
Marburg, Med. Fak., Inaug.-Diss. v. 16. Okt. 1896

Dunzinger, Fr. Xav., Donaureise durch Altbaiern. 8. Heidelb. 809. Mohr. 5 gr

— kleines Vermächtniß poetischer Versuche. 8. Heidelb. 809. Mohr. 16 gr

Dunzinger, Gust., Alpenflora, s.: **Hegi,** Gust.

Dunzinger, Gustav, aus Konstanz: Beiträge zur Kenntnis der Morphologie und Anatomie der Genera Hemionitis, Gymnogramme und Jamesonia. *München 1901: A. Fröhlich.* (51 S.) 8°
Erlangen, Phil. Diss. v. 13. Juli 1900

Dunzinger, Gust., illustr. Flora v. Mittel-Europa, s.: Hegi, Gust.

Duoderich, R., der deutsche Michel. Eine Denkschrift in Versen üb. Michel Ostermeier u. Michel Reichsmeier. Mit Bildern v. Walth. Sighart. (61 S.) Lex. 8. Leipzig 910. Teutonia-Verlag. 2. —

Duomo, il, di Firenze, documenti, tratti dall' archivio dell' opera per cura die Giov. Poggi, s.: Forschungen, italien.

Duonmonata, la. Tutmonda Esperanta revuo, alterne ilustrata, por la vivo de la Esperantistaro sur ciuj kampoj de la homa spirito. Red.: Karl Steier. 1a jarkolekto. Oktbr. 1909—Septbr. 1910. 22 Nrn. (à ca. 12 S.) gr. 8. Leipzig, J. Heyn. 3.60; erh. Pr. 10. —
Erscheint nicht mehr.

Duopétiaux, H., Verhältnisse der Irren in Belgien und Vorschläge zur Verbesserung ihres Looses. Auszug aus e. Berichte an den Minister d. Innern, nebst e. auf Behandlung u. Sequestration der Irren bezügl. Gesetzes-Entwurfe. Aus d. Franz. v. Dr. Canstatt. gr. 8. Regensb. 834. Pustet. 1/4 ℛ

Duo-Szenen im Dampfbad. Ringel-Reigen-Rosenkranz nach berühmtem Muster von e. Wienerin. (87 S.) 8. Leipzig (903). [Magazin-Verlag.] F. Rothbarth. n. 2. —

Duo-Szenen im Dampfbad. Ringel-Reigen-Rosenkranz nach berühmtem Muster von e. Wienerin. 2. Aufl. Leipzig-Reudnitz: Magazin-Verl. (1904). (87 S.) 8° [07. 9808

Dupac de Bellegarde, M. G., Ancien comte de Lyon, Histoire abregée de l'église métropolitaine d'Utrecht, principalement depuis la révolution, arrivée dans les sept provinces-unies des Pays-Bas, sous Philippe II., jusqu'à l'an 1784. 3. édit., corrigée et augmentée par l'auteur, spécialement du récit des principaux événements depuis 1763. gr. 8. (VIII u. 516 S.) Utrecht 852. (Kemink & Sohn.) n. 2 ℛ 12 ngr

Du Page County Volksfreund: 1885- Wheaton, IL
Independent weekly.

Du Page County Zeitung: 1878—1879- Wheaton, IL
Weekly. Edited & published by Paul Geleff.

Dupain de Montesson. Der vollkommene geographische Feld-Ingenieur. Eine kurze und deutliche Anweisung zur Aufnahme und Zeichnung aller Art militärischer, ökonomischer und architektonischer Grundrisse. Aus dem Französischen übersetzt, und mit Anmerkungen herausgegeben von F. C. Aster, churfürstlich-sächs. General-Major etc. (Mit 1 Titelbild, 5 Taf. und 5 Tabellen.)
8. Dresden 1806.

Dupain de Montesson, Kunst, Alles in Grundriß zu bringen, was auf den Krieg oder d. bürgerl. u. ökonom. Baukunst Bezug hat. Aus d. Französ. (v. Fr. Ldw. Aster). Mit Kpf. gr. 8. Dresd. 781. Gerlach. 1 ℛ 4 gr

Dupain de Montesson: La science des ombres par rapport au dessein. Nürnberg: Schneider u. Weigel 1762.

— die zum Zeichnen u. Mahlen unentbehrl. Wissenschaft d. Schattens, oder sogenannte Schattirkunst rc. Aus d. Französ. Mit 20 Kpft. gr. Fol. Nürnb. 790. Schneider u. W. 1 ℛ 8 gr

Dupanloup, Félix

Dupanloup, Antwort auf die Broschüre: „Frankreich, Rom und Italien" von Vicomte de La Guerronniere. Aus dem Französ. übertragen von Joh. Jos. Dedual. 8. (81 S.) Luzern 861, Gebr. Räber. *

Dupanloup, Fel., Antwort auf die Broschüre des Staatsraths de La Guéronnière: „Frankreich, Rom und Italien." Aus dem Französ. Trier 861. Lintz. 8. (31 S.) 2½ ngr

— Antwort an den Verf. von „Der Papst und der Congreß", s. Sammlung von Schriften über die römische Frage.

Dupanloup, Fel., der Atheismus und die sociale Gefahr. Mit Genehmigung des hochw. Herrn Verf. übers. von H. G. Nütjes. gr. 8. (126 S.) Essen 867, Fredebeul und Koenen.

— die christliche Ehe. Autorisirte Uebersetzung. gr. 16. (III, 217 S.) Trier 870, Braun's Verlag. *

Dupanloup, Felix, die christliche Ehe. 16. (178 S. m. 1 Stahlst.) Einsiedeln 880. Benziger. geb. 1. 60

— Ehre den Todten, die für die heiligste Sache gestorben! Trauerrede auf die Freiwilligen der päpstlichen Armee, welche bei der Vertheidigung des heiligen Stuhles gefallen, gehalten in der Domkirche zu Orleans am 9. October. Aus dem Französ. Mainz 860. Kirchheim. 8. (51 S.) 3½ ngr

— Einladungsschreiben zur Danksagung für den Sieg der päpstlichen Armee u. zum Gebete für die im Kampfe Gefallenen. 2. Abdr. Emmerich 867. Romen. 8. (8 S.) 1 ngr

— Entgegnung auf die Schrift: Frankreich, Rom und Italien von A. de Laguerronière, s. Sammlung von Schriften über die römische Frage.

Dupanloup, Fel., Erwiderung auf die Brochüre des Vicomte A. de La Guéronnière „Frankreich, Rom und Italien." Aus dem Französ. Wien 861. Sintenis. gr. 8. (30 S.) 7½ ngr.

— die Erziehung. Autoris. Uebersetzung. 3 Thle. Mainz 867, 68. Kirchheim. gr. 8. 3 ℛ 25 ngr.
1. Thl.: Von der Erziehung im Allgemeinen. (XXVII, 427 S.) 1 ℛ
2. Thl.: Von der Autorität in der Erziehung. (VII, 640 S.) 1 ℛ 10 ngr.
3. Thl.: Die Männer der Erziehung. (VII, 683 S.) 1 ℛ 15 ngr.

— die jüngsten Festbegehungen zu Rom u. das zukünftige allgemeine Concil. Hirtenschreiben. Mit Genehmigung d. Verf. übers. von H. G. Nütjes. Essen 867. Fredebeul & Koenen. gr. 8. (16 S.) 2½ ngr.

Dupanloup, Félix [Antoine Philibert]: Über Frauenbildung. [Femmes savantes et femmes studieuses; 3. éd. 1867.] Autoris. Übers. — Münster: Aschendorff 1868. VIII, 218 S. 8°

Dupanloup, Bischof Felix, die Freiheit des höheren Unterrichtes in Frankreich. Zwei Reden. Einzig autoris. Uebersetzung von C. Sickinger. 8. (56 S.) Neuburg 875, Verlagsh. des kathol. Erziehungs-Vereins. *

Die Freimaurerei. Eine Studie von F[el.] Dupanloup. Autor. Uebers. Kempten: Kösel 1875. IV, 115 S. 8°
cf. FZ. 29 (1875) S. 273–277; FZ. (Wien) 2 (1875) S. 106—107 (B.).
Tt. 1511.

Die Freimaurerei. Von Fel. Dupanloup. Autor. Uebers. von C[onr.] Sickinger. Mainz: Kirchheim 1875. IV, 140 S. 8°
Tt. 1510.

— Gedächtnißrede auf General de Lamoricière. Gehalten in der Kathedrale zu Nantes am 17. October 1865. Einzige für Deutschland autoris. Uebersetzung von J. Molzberger. Würzburg 865. Stahel. gr. 8. (IV, 49 S.) 6 ngr.

— der General des heil. Stuhles. Leichenrede auf den General Lamoricière. Gehalten in der Kathedrale von Nantes am 17. Oktober 1865. Aus d. Französ. von Sincerus. Mit e. Vorw. d. Uebersetzers. Wien 866. Sartori. gr. 8. (48 S.) 6 ngr.

Dupanloup, Felix, die Geschichte unseres Herren u. Heilandes Jesus Christus. Autoris. Uebersetzg. nach der 3. Aufl. gr. 8. (XI, 395 S.) Mainz 884. Kirchheim. 4. —

— die Jungfrau von Orleans. Mit Genehmigung des Verf. übersetzt von Aug. Meer. 2. Aufl. 8. (VIII, 78 S.) Breslau 869, Goerlich und Coch.

— das Kind. Rathschläge für Eltern und Erzieher. Autorisirte Uebersetzung. 8. (V, 439 S.) Mainz 869, Kirchheim.

Dupanloup, Felix, Die Konvention vom 15. Sept. und die Encyklika vom 8. Dez. 1864. Aus dem Französischen. Vom Verf. autorisierte Übersetzung [durch Oberlehrer Beckmann]. Münster, Aschendorff, 1865, gr. 8°, 72 S., 2. Aufl., 50 Pf.

— — Aus dem Französ. übers. von Frz. Thalhaus. Aachen 865. Cremer. gr. 8. (121 S.) 7½ ngr.

— — Uebers. v. H. Brieden. Arnsberg 865. v. Schilgen. 8. (160 S.) 7½ ngr.

— — Augsburg 865. Kranzfelder. Lex.-8. (74 S.) 9 ngr.

— — Mit Autoris. übers. von Ludw. Housse. Luxemburg 865. Brück. gr. 8. (VII, 144 S.) 10 ngr.

— — Aus dem Französ. übers. von Sincerus. Mit e. Vorw. des Uebersetzers. Wien 865. Mayer & Co. gr. 8. (XIII, 143 S.) 10½ ngr.

— — Nach der 26. Aufl. übers. von J. Molzberger. Vom Verf. autoris. Ausg. Würzburg 865. Stahel. gr. 8. (2 Bll., 100 S.) 7½ ngr.

— dass. — s. a. Convention, die.

Dupanloup, Bischof Felix, über das nächste allgemeine Concil. Autorisirte Uebersetzung. 1. und 2. Aufl. gr. 8. (54 S.) Freiburg im Br. 869, Herder'sche Verlagsh.

— das vatikanische Concil und seine Aufgabe. Uebersetzt von A. Meer. 1.—3. Aufl. gr. 8. (32 S.) Breslau 868, Goerlich und Coch.

— das vatikanische Concil u. seine Aufgabe. Uebersetzt von A. Meer. 1—3. Aufl. Breslau 870. Goerlich & Coch. gr. 8. (32 S.) 3 ngr.

— das bevorstehende allgemeine Concilium. Nach der 4. Aufl. des Orig. übers. von F. X. Kraus. 1. und 2. verb. Aufl. gr. 16. (IV, 76 S.) Trier 869, Braun's Verlag. *

— Kreuz zur Krone od. der gesegnete Krankenbesuch. Eine Erzählg. aus dem Leben. Hrsg. v. der Wupperthaler Traktat-Gesellschaft. 8. (82 S.) Barmen 882. (Wiemann.) — 15

— über das gemeinsame Leben im Weltclerus. Ein Sendschreiben an seinen Clerus aus Anlaß der Errichtung des Diöcesan-Oratoriums von Orleans. gr. 8. (46 S.) Mainz 869, Kirchheim.

— die christliche Liebe u. ihre Werke. Brixen 866. Theolog. Verlags-Anstalt. gr. 8. (168 S.) n. 12 ngr.

— die christliche Liebe und ihre Werke. 2. Aufl. gr. 8. (120 S.) Brixen 870, Weger's Buchh. *

— Die Mädchen-Erziehung. [Lettres sur l'éducation des filles et sur les études, qui conviennent aux femmes dans le monde; 1879.] Autoris. Übers. v. El. Mosthaf. — Mainz: Kirchheim 1880. VII, 463 S. 8°

— die selige Maria von der Menschwerdung in der Welt Frau v. Acarie. Nach dem Französ. Köln 860. Bachem. 12. (XII, 262 S.) 15 ngr.

— Bischof, an Minister Minghetti. Schreiben des Herrn Bischofs von Orleans an Herrn Minghetti, Finanzminister des Königs Viktor Emmanuel, über die Beraubung der Kirche in Rom und in Italien. Autoris. Uebersetzung nach der 6. französ. Ausg. von Conr. Sickinger. Nebst einem Schreiben Sr. Heil. Papst Pius IX. an Bischof Dupanloup und einem Briefe des Verf. an das Journal La France. 8. (VIII, 72 S.) Neuburg 875, Verlagsh. des kathol. Erziehungsvereins.

— die Mißgeschicke u. die Zeichen der Zeit. Ein Sendschreiben. Deutsch von G. H. Nütjes. Emmerich 867. Romen. gr. 8. (15 S.) 2½ ngr.

Dupanloup, Felix, Die christliche Nächstenliebe u. ihre Werke. Übersetzt von einem Priester der Diöcese Rottenburg. Regensburg, Manz, 1864. gr. 8°, 285 S. 2,70 Mk.
Linzer Th.-pr. Quartalschr. 1896, S. 312.

[Dupanloup. Félix.] Oraison funèbre des volontaires catholiques de l'armée pontificale morts pour la défense du Saint-Siége, prononcée par Mgr l'évêque d'Orléans, dans sa cathédrale, le 9 octobre 1860. 8. Fribourg 1860.

— die großen Pflichten der christlichen Frau. Conferenzreden. Autoris. Uebersetzung v. Amara George-Kaufmann. 8. (XII, 308 S.) Ebend. 881. 3. —

— zu Gunsten der Kirche des Orients. Predigt gehalten zu Rom am 3. Juni 1862. Aus dem Französ. übers. von Theophil Landmesser. Danzig 862. Weber. gr. 8. (31 S.) 6 ngr.

Dupanloup, Felix, Die in den letzten Zeiten veröffentlichten Prophezeiungen u. Wundererscheinungen. Autorisierte Übersetzung. Mainz, Kirchheim, 1874, 8°, 60 S., 50 Pf.

—— Rede, zu Gunsten der morgenländischen Kirchen, gehalten zu Rom am 3. Juni 1862. In's Deutsche übers. von C. Sontag. 8. (34 S.) Trier 862, Lintz' Verlag.

—— Rundschreiben an die Geistlichkeit und die Gläubigen seiner Diöcese. gr. 8. (16 S.) Einsiedeln 871, Gebr. Benziger.

— Schreiben an einen Katholiken über die Broschüre „Der Papst und der Congreß." Aus dem Französ. Mainz 860. Kirchheim. 8. (32 S.) 4 ngr.

Dupanloup, Bischof, an Minister Minghetti. Schreiben d. Herrn Bischofs v. Orleans an Herrn Minghetti, Finanzminister d. Königs Viktor Emmanuel, üb. die Beraubg. der Kirche in Rom u. Italien. Autoris. Uebersetzg. nach der 6. französ. Ausg. v. Conr. Sickinger. Nebst e. Schreiben Sr. Heil. Papst Pius IX. an Bischof Dupanloup u. e. Briefe d. Verf. an das Journal La France. 8. (VIII, 72 S.) Neuburg 875. Verl. d. kathol. Erziehungsvereins. — 54

—— der Schul-Unterricht in Preußen. Autoris. Uebersetzung von C. Sickingen. 1. und 2. Aufl. gr. 8. (VII, 66 S.) Mainz 872, Kirchheim.

Dupanloup, Felix, Sendschreiben an den Klerus seiner Diöcese über die Frage der päpstlichen Unfehlbarkeit. Autorisierte deutsche Ausg. München, H. Manz, 1870, gr. 8°, 48 S., 2. Aufl., 50 Pf. (1. Aufl. 1869.)

Lettre de Msgr. l'évêque d'Orléans au clergé de son diocese. Observations sur la controverse soulevée relativement à la definition de l'infaillibilité au prochain concile. Paris, Ch. Douniol, 1869, 60 p., 8°.

—— s. Sendschreiben über das bevorstehende Concil.

—— Sonntagsruhe und Sonntagsheiligung. Untersuchungen über die Mittel zu ihrer Wiederherstellung und Erhaltung sowie über die Folgen ihrer Nichtbeachtung. Einzig für Deutschland autoris. Uebersetzung von G. Hilpisch. 8. (VIII, 82 S.) Wiesbaden 874, Killinger und Comp. *

Dupanloup, über die weltliche Souveränetät des Papstes. Uebers. von F. X. Karker. Als Beilage: Die Allocution des heil. Vaters vom 20. April 1849. 8. (VI und 84 S.) Breslau 849, G. P. Aderholz

Dupanloup, Felix, Die Übel u. Zeichen der Zeit. Passau, Deiters, 1866, 8°, 18 S., 25 Pf.

Vorstehendes Schriftchen, als Hirtenbrief anläßlich der großen Überschwemmungen in Frankreich vom J. 1866 veröffentlicht, gab den Anstoß zu der weitern Schrift desselben Autors: „Der Atheismus u. die sociale Gefahr", s. oben

—— die Uebel und Zeichen der Zeit. Hirtenbrief. In deutscher Uebersetzung. gr. 8. (18 S.) Passau 867, Deiters. *

— Unterhaltungen über die populäre Predigtweise. Autoris. Uebersetzung. Freiburg i. Br. 867. Herder. gr. 8. (XXI, 448 S.) n. 1 ₰ 10 ngr.

— über die Verpflichtung der katholischen Theologen zum Militärdienst. gr. 8. (47 S.) Berlin 876. Verl. der Germania. — 75

— über den Volks Unterricht. Rede, gehalten auf dem allgemeinen Katholiken Congresse zu Mecheln am 31. Aug. 1864. Augsburg 864. Kranzfelder. gr. 8. (63 S.) 6 ngr.

Dupanloup, Felix, Warnung an die Jugend u. die Familienväter gegenüber den Angriffen von E. Renan u. andern auf die Religion. Nach der 5. Aufl. aus dem Französ. übersetzt von einem Priester der Diöcese Rottenburg. Regensburg, Manz (jetzt Verlagsanst.), 1864, 8°, 188 S., 1,50 Mk.

Dupanloup, Fel., Was ist Rom, was Italien u. Europa ohne das Papsttum? Eine Zeitfrage. Aus dem Franz. Mainz, Kirchheim, 1860, 8°, IV, 74 S., 60 Pf.

—— über die kaiserliche Zerstückelung der päpstlichen Staaten. Zweites Sendschreiben an einen Katholiken. Nebst der Encyclica des heil. Vaters vom 19. Jan. und dem Hirtenbriefe des Hochw. Bischofs von Poitiers als Anhang. Aus dem Französ. 8. (45 S.) Mainz 860, Kirchheim. *

... Lenore. Symphon. Dichtg nach Bürger's Ballade f. Orch. comp. v. Henri Duparc. Partitur ... *Leipzig: F. E. C. Leuckart [1895?].* (50 S.) 1 Bd 4. [96. 1840

Duparc, L[ouis], et Mrazec, L[udovic]. Carte géologique du Massif du Mont-Blanc par L. D' ... et L. M' ..., avec la collaboration pour la région du Val Ferret et du synclinal de Courmayeur du Dr F[rancis] Pearce.... Levée de 1890—1896 sur la carte topographique de Albert Barbey, avec l'adjonction du Mont Catogne. Editée avec le concours de M. Edmond Flournoy par le Comptoir minéralogique et géologique Suisse ..., Genève.... Echelle 1/50 000. 570/992 mm. 1 feuille fol.-obl. Gravé et imp. par H. & A. Kümmerly & Frey, Berne, rochers par R[udolf] Leuzinger. [1901.] [fr. 15.—]

Cette carte sert de complément à l'ouvrage sur le Mont-Blanc publié par M.M. Duparc et Mrazec dans les Mémoires de la Société de Physique et d'Histoire naturelle de Genève, année 1898.

Duparc, Louis et Lud. Mrazec. Recherches géologiques et pétrographiques sur le Massif du Mont-Blanc. In-4°. 227 pages avec 24 planches. Genève et Bâle, Georg & Co. 1898 25 —

*** Extrait des Mémoires de la Société de Physique et d'Histoire naturelle de Genève, XXXIII 1.

Duparc, Louis, et Pearce, Francis. Recherches géologiques et pétrographiques sur l'Oural du Nord (dans la Rastesskaya et Kizelowskaya-Datcha (Gouvernement de Perm). 1re partie. Avec 30 figures [sur 15 planches], 1 carte, 3 planches et 16 clichés dans le texte). IV p. + p. 57—218 (162 p.). 4. Genève, Bâle et Lyon, Georg & Cie; Paris, G. Fischbacher. fr. 20. —

Mémoires de la Société de Physique et d'Histoire naturelle de Genève. Volume 31. Fascicule 2 — (Juin 1902).

Duparc, Louis, et Pearce, Francis. Traité de technique minéralogique et pétrographique. Par le Dr. L' D', Professeur ... de l'Université de Genève et le Dr. F' P', ... Professeur ... au Technicum de Genève. 1re Partie: Les méthodes optiques. Avec 516 figures dans le texte et une planche. XVI + 484 p. 8. Leipzig, Veit & Comp., 1907. [M. 20.—]

Duparcq de LaBarre, Ed., s. a. LaBarre Duparcq, Ed. de

Duparcq, E. de La Barre, Histoire milit. de la Prusse, s. La Barre Duparcq.

Duparcq de la Barre, Ed., Capitän im kaiserl. französischen Geniecorps und Prof. der Kriegskunst an der Militärschule zu Saint-Cyr. Historische und militärische Studien über Preussen. Deutsch bearbeitet von C. v. Reinhard, Lieut. in der k. preuss. Armee. 8. Leipzig 1854.

Duparcque, Frédéric

— theoret.-prakt. Abhandlung über die einfachen u. krebshaften organ. Veränderungen der Gebärmutter. Eine Preisschrift. Uebersetzt von H. E. Flies. gr. 8. Quedl. 838. Basse. 1½ ₰

Duparcque's, F., vollständ. Geschichte der Durchlöcherungen, Einrisse u. Zerreißungen des Uterus, der Vagina und des Perinäum's, nebst Angabe der präservativen u. radicalen Behandlung dieser Affectionen. In einem sehr erweiterten, die Leistungen aller wissenschaftlich gebildeten Nationen der ganzen Erde berücksichtig. Masse, bearbeitet v. J. F. W. Nevermann. gr. 8. Quedlinb. 838. Basse. 2½ ₰

Duparcque, F(rédéric): Die organischen Krankheiten der Gebärmutter, theoretisch und praktisch dargestellt. (Traité théorique et pratique sur les altérations organiques simples et cancéreuses de la matrice. Dt.) Übers. von P(aul) Kapff. 328 S., gbd.

Reutlingen: Ensslin & Laiblin 1838

Du Pasquier, Gustave. Überholoïde Systeme von Düotettarionen. Habilitationsschr. Phil. [II.] Univ. Zürich von L[ouis] Gustav DuP'.... ([SA. aus:] Vierteljahrsschrift d. Naturf. Ges[ellschaft] Zürich. Jahrg. 54. 1909.) II + 33 S. 8. Zürich, Zürcher & Furrer, 1909.

Du Pasquier, Gustave. Zahlentheorie der Tettarionen. Diss. Phil. [II.] Univ. Zürich von L Gustav Du Pasquier.... ([Sep.-Abdr. aus:] Vierteljahrsschrift d. Naturf[orschenden] Ges[ellschaft in] Zürich. Jahrg. 51. 1906.) VI + 76 S. 8. Zürich, Zürcher & Furrer, 1906.

Dupasquier, H.: Sur le projet de loi relatif aux péages.
Berne 1849.

Du Pasquier, Léon, von Neuchatel: Ueber die fluvioglacialen Ablagerungen der Nordschweiz (ausserhalb der inneren Moränenzone). Mit zwei Karten und einer Profiltafel. (Beiträge zur geologischen Karte der Schweiz 31.) Bern K. Stämpfli Cie Dr (Schmid Francke Cie Verl.) 1891. VIII, 140 S., 2 Kart., 1 Taf. 4°.
Zürich, Phil. Diss. [v. 9. Dec. 1889].

Du Pasquier, Léon: Bericht üb. eine gemeinsame Exkursion im Pleistocän der Nord-Schweiz . . .
s. Steinmann, Gustav

Du Pasquier, Léon, d. Gletscherlawine a. d. Altels, s.: Heim, Alb.

Du Pasquier, Paul A., von Neuchâtel und Fleurier: Beiträge zur Kenntnis des Thees. (Aus der pharmazeutischen Abteilung des Eidgenössischen Polytechnikums.) Zürich 1908. VIII + 70 S. und eine Tabelle. [14. VIII. 08.]
Zürich Phil. Diss. II. S. 1907 08.

Du Pasquier, Paul A . Beiträge zur Kenntnis des Thees. Diss. Phil. [II.] Univ. Zürich. ([Mit Figuren. Sep.-Abdr. aus:] Vierteljahrsschrift d[er] Naturf[orschenden] Ges[ellschaft in] Zürich. Jahrg. 53. 1908.) *Kopftitel:* Aus der pharmazeutischen Abteilung des Eidgenössischen Polytechnikums. VIII + 71 S. gr.-8 Zürich, Zürcher & Furrer, 1908.

Du Paty, über schöne Kunst und über mehrere der vorzüglichsten plast. Kunstwerke Italiens. Aus dem Franz. 8. Leipzig, Rein. 819.

Du Paty, lettres sur l'Italie. II Vols. 12. Bern 791. Typograph. Soc. 1 Rthlr 2 gr le même. II Vols. av. fig. 12. Berl. 791. Rottmann. 2 Rthlr

— — le même. III Vol. av. fig. 18. Berlin, Rottmann.

Dupaty, Emanuel

— le Chapitre second. Opera comique. 8. Braunschw. ... Pluchart. 6 gr

Dupaty, d'Auberge, en auberge. 8. Braunschw. ... Pluchart. 6 gr

Dupaty, E., die Frauen unter sich, s.: Universal-Bibliothek.

— Mademoiselle de Guise. Opera comique en 3 A. gr. 8. Rudolst. ... Hofbuchh. 4 gr

Dupaty, der verwundete Liebhaber, s. Kurländer, F. A. v.

— Ninon chez Mad. de Sevigne. Comédie en 1 Acte. gr. 8. Rudolst. 811. Hofbuchh. 4 gr

— la jeune prude, ou les femmes entre elle. Coméd. en 1 A. 8. Braunschw. ... Pluchart. 8 gr

Dupaty, Emanuel. Das Soldaten-Gefängniss oder die drey Gefangenen. Lustspiel nach dem Franz. bearbeitet. Hamburg 1805. Ü: *Meyer, Frdr. Ludw. Wilhelm.* (GGr)

— das Soldatengefängniß, oder die 3 Gefangenen. Lstspl. nach d. Französ. bearb. v. F. L. Meyer. 8. Hamb. 805. (Campe). 18 gr

— s. Spröde, die.

Du Paty de Clam. Die Reitkunst nach der Theorie und Ausübung aus den Grundsätzen der Anatomie, der Mechanik, der Geometrie und Physik erwiesen. Von ... du Paty de Clam. Bern, bey der typographischen Gesellschaft 1778.
Tit., 19 Bl., 408 S., 9 Taf. in Rad. 8°

— Theorie u. Praktik d. Reitkunst, mit Kpf. gr. 8. Bern 795. Typogr. Soc. 2 Rthlr

Du Paty de Clam, Theorie u. Praktik d. höhern Reitkunst, nach d. Natur, Anatomie, Mechanik, Geometrie u. d. Physik dargestellt. Frei nach d. Franz. übers., verb. u. mit Anmerkk. erläut. v. Klatte. 2 Bde mit 8 Kpfrn. gr. 8. Berl. 826. Köhlke.

Duperron, Anquetil, s. a. Anquetil.

Duperron, A., über Ostindiens u. Handels-Verhältnisse m. Europa. a. d. Frz. v. Schedel. 2 Thle. 8. Frankf. Eßlinger.

— — dass. a. d. Fr. v. Küster. 2 Thle. gr. 8. Altenburg, Schnuphase. 799.

Duperron, Anquetil, s.: Oupnek'hat.

Du Perron, Anquetil: Reisen nach Ostindien nebst einer Beschreibung der bürgerlichen und Religionsgebräuche der Parsen, als eine Einleitung zum Zend-Avesta dem Gesetzbuch der Parsen durch Zoroaster, in das Deutsche übersetzt von Johann Georg Purmann. Frankfurt am Mayn 1776.

Dupeuty, Ch., l'ange dans le monde etc., s. Répertoire du Théâtre franç.
—— et Regnier, Napoléon. Drame, s. Répertoire du Théâtre franç.
—— et Rougemont, Pierre-le-Rouge, s. Répertoire du Théâtre franç.

l'ange dans le monde etc., s. de Courcy. — Pierre-le-Rouse. — Napoléon. — Arthur, ou seize ans après, s. Répertoire du Théâtre franç.

Dupeuty, Ch., Arthur, ou 16 ans après, s. Répertoire du Théâtre franç. 2. Série, No. 74.

— Napoléon, ou Schönbrunn et St. Hélène, s. Théâtre franç. 2. Série, No. 62.

Dupeuty, la vie de Molière, s. Répertoire du Théâtre français. No. 107

Dupeux, F. R., sur l'autel consacré Hercule Saxanus placé a la porte de la bibliothèque de Nancy. gr. 8. (10 S. m. 2 Steintaf.) Nancy 875. Berger-Levrault & Co. n. 1. 20

Dupeyré, . Ueber die Anwendung des Airol «Roche» bei infizierten Wunden, Geschwüren und Fistelgängen. Von Dr D', Paris. [Erschienen in] «Neue Therapie», Wien. No. 9, 1904. [Hrg. von] F. Hoffmann-La Roche & Cie., Fabrik chemisch-pharmaceutischer Produkte, Basel.... IV + 12 S. 8. [Basel, Schweizer. Verlags-Druckerei G. Böhm,] XI. [19]04.

Du Peyrou, Pierre-Alexandre s. Recueil des pièces relatives à la persécution suscitée ... contre M. J(ean) J(acques) Rousseau. 1765.

Dupin, Dominique ꝛc. d. Besessene. Lustsp., s. Lebrün, C. Vor- u. Nachspiele ꝛc., 1. Bd.
Vgl. Répertoire du théâtre franc. à Berlin.

Dupin, Dominique, s. Théâtre franç. mod.

— die Figurantin. Komische Oper, s. Scribe.

Dupin et Scribe, Michel et Christine, f.: Auswahl von franz. Theaterstücken, 2. Bdchn.

Dupin, Michel et Christine, s.: Scribe.

——, Michel et Christine, s. Théâtre franç. 3. Série. 3. Livr. (Berlin, Schlesinger.)

—— le même, s. Théâtre franc. 2. Série. 1. Livr. (Bielefeld, Velhagen et K.)

Dupin, André Marie Jean Jacques

(Dupin, A. M. J. J.) Pièces judiciaires et historiques relatives au procès du duc d'Enghien, avec le journal de ce prince depuis l'instant de son arrestation. 8. Paris 1823. — A. d. Französ. 8. Leipzig, s. a. (1824.)

Dupin aîné, André Marie Jean Jac., la Révolution de Juillet 1830. gr. in-16. (2¼ B.) Berlin 833, Schlesinger. Thlr.

—— die Unabsetzbarkeit d. Regenten, vertheidigt. (A. d. Franz.) 8. (1¼ B.) Berlin 830, Mittler.

Dupin, Bernhard, Assistenzarzt (Evang. Krankenhaus Düsseldorf): Aus dem evang. Krankenhaus Düsseldorf. Oberarzt: Sanit. Dr. Rob. Schultze. Ueber Fremdkörper in der Speiseröhre und ihre operative Entfernung. Bonn 1904: F. Eisele. (43 S.) 8°
Bonn, Med. Fak., Ref. Bier, Diss. v. 7. Nov. 1904
[Geb. 23. Jan. 79 Mülheim a. d. Ruhr; Heimatsort: Mülheim; Staatsangeh.: Preußen; Vorbildung: Gymn. Mülheim Reife O. 97; Studium: Bonn 4, Freiburg i. B. 2, Bonn 3 S.; Coll. 7. Nov. 04; Approb. 15. Juli 03.]

Dupin, Charles

Dupin, C., Geometrie und Mechanik der Künste und Handwerke und der schönen Künste. Paris und Strassburg 1825—26. 3 Bde. 8°.

Dupin, (Baron C.) Geometrie u. Mechanik der Künste u. Handwerke u. d. schönen Künste. Normalkurs zum Gebrauch der Handwerksleute u. Künstler rc. Aus d. Franz. 1r Bd. Geometrie. 16 Hefte, u. 2r u. 3r Bd. Mit Steintaf. gr. 8. Paris 825—27, Levrault. 1r u. 2r Bd. à 2 Rthlr. 12 gr. 3r Bd. 1 Rthlr.

Dupin, Baron Karl, u. Tscherning, Geometrie u. Mechanik für Künstler u. Handwerker. Nach Anleitung des franz. Originals u. der dänischen Bearbeitung im Deutschen herausg v. G. F. v. Jensen. 1r Thl. 1s—8s Hft. Geometrie. Mit 14 Steintaf. 8. Altona 832—34. Aue. 2 ℛ Schreibp. 2⅔ ℛ

Dupin's u. Tscherning's Geometrie u. Mechanik f. Künstler u. Handwerker. Nach Anleit. d. franz. Orig. u. d. dänischen Bearbeit. im Deutschen hrsg. v. G. F. v. Jensen. 1. Thl. 1—8. Hft. Geometrie. 8. (25 B. u. 15 Stnt. in gr. 4.) Altona 833—35, Aue. à Hft. 6 Gr., Schrbp.

Dupin, Baron Carl: Grossbritanniens Handels-Macht. In zwei Theilen. Th. 1. Brücken- und Strassen-Wesen. Th. 2. Küsten und Häfen. Uebersezt nach der französischen Urschrift, und vermehrt mit den erläuternden und berichtigenden Anmerkungen der englischen Uebersezung. (Reisen nach Grossbritannien, unternommen seit dem Jahre 1816 in Beziehung auf Kriegswesen, Marine, Brücken und Strassen ... Abth. 3. Th. 1. 2.) Stuttgart 1825 u. 1826. 2 Bde. 416; 388 S. 8°.

— Reisen nach Großbritannien, unternommen seit d. J. 1816 in Beziehung auf Kriegswesen, Marine, Brücken u. Straßen, Handel u. Gewerbe, Staatsverfassung u. Staatsverwaltung. 1e u. 2e Abtheil. A. u. d. T.: Großbritanniens Landmacht. 2 Thle. Uebers. nach d. 2ten Ausg. d. französ. Urschrift, u. verm. mit d. erläut. u. bericht. Anmerkk. d. engl. Uebers. d. 1sten Ausg. Mit 10 Abbildd. gr. 8. Stuttg. 825. Metzler. 5 ℛ 16 gGr 3e u. 4e Abthl. A. u. d. T.: Großbritanniens Handelsmacht. 2 Thle. Mit 15 Abbildd. gr. 8. Ebd. 825. Ebd. 6 ℛ 12 gGr

Dupin, Ch. Über die Vortheile, Nachtheile und Gefahren bei der Anwendung von Dampfmaschinen. Übers. von M. F. G. Freyberg 1827.

Dupin, Ch., Voyages dans la grande Bretagne entrepris relativement aux services publiques de la guerre, de la Marine, et des Ponts et Chaussées en 1816, 1817, 1818 et 1819. in 4. Paris. 820. Tom. 1 et 2. avec 1 Atlas in Fol.

Dupin, Chr., Ein Nordlicht, gesehen zu Glasgow am 19. Sept. 1817. (Aus: Ann. der Physik, Bd. 67, Jahrg. 1821.)

Dupin, Cl. François Etienne

PREUSSEN, Das galante, oder Reise eines jungen Franzosen nach Berlin. aus dem französischen (!) (des *Cl. Franc. Etienne Dupin* † 1828). Mit 1 (erot. unsign.) Titelkupfer. Coblentz. (Leipzig, Rein.) 1802. 8°. (Expl. in Berlin, Magistratsbibl.) Sehr rar!
Irrthümlich als ein Auszug aus Joh. Friedel's „Galanterien von Berlin" bezeichnet, vielmehr ein ganz selbständiges Opus sehr pikanter Art.
Titelkpf. (eine Gräfin verführt einen Studenten, S. 104), gestoch. Titel, 156 S., 2 Bll.
Französ. Orig.: La Prusse galante ou voyage d'un jeune Français à Berlin. Trad. de l'allemand par le Docteur Akerlino. Avec 1 figure libre. Coltopolis (Paris) 1801. 8°. 166 pp. (Expl. in Berlin, Kgl. Bibl.) (15 Mk., expl. en tres belle reliure de Vauthrin, Adolf Weigel, Lpz., 1898; 15 Mk. J. Scheible, 1905.) — 11 Jahre früher erschien: Journal d'un voyage militaire fait en Prusse dans l'année 1787, ou la Prusse galante. Voyage d'un jeune homme à Berlin. Avec figg. S. l. 1790. 8°. Fort rare! (1 Rthl. 18 Sgr. J. M. C. Armbruster, Lpz., 1853; jetzt viel theurer!) — Mit vorigem identisch?? (Vielleicht ist dieses äusserst seltene Buch ein Auszug aus Friedel?)

Dupin, Jos. Alex., mercantilisch-technolog. Taschen-Wörterbuch. Eine alphabetisch geordnete Uebersicht aller bei den Waaren-, Wechsel- u. See-Geschäften u. deren Rechten, sowohl in der deutschen Sprache selbst gebrauchten, als auch aus and. Sprachen in dieselbe aufgenomm. Wörter u. Redensarten mit ihrer Erklärung u. Bedeutung. Ein Handbuch für jedes Comptoir, besond. ein unentbehrl. Rathgeber für sich der Handlung widmende Jünglinge. 12. Augsburg 832. (Regensburg, Reitmayr.) 5/12 ℛ

Du Pin, Louis Ellies: Collectio praestantiorum operum jus canonicum illustrantium. Maguntiaci 1788. 2 Bde
(T. 1.) De potestate ecclesiastica et temporali, sive declaratio cleri Gallicani anni 1682.
" 2. De antiqua ecclesiae disciplina dissertationes histor.

— de antiqua ecclesiae disciplina; dissert. historica. 4. Bamb. 810.

du Pin, Ellies Ludov., Methodus studii theologici recte instituendi. Augsburg, Merz, 1722, 8°.
Das französische Original: Méthode pour étudier la Théologie. Paris, 1716, 12°. Es ist darin vom Gebrauch und Mißbrauch der Philosophie, vom Studium der freien Künste und Wissenschaften und von andern Hülfsmitteln der Theologie die Rede.

Dupin, Lud. Ellies, De potestate ecclesiastica et temporali liber seu declaratio cleri Gallicani. Wien 1776, 4°. Mainz u. Bamberg 1782 u. 1788, 2 Bde, 4°.
Traité de la puissance ecclésiastique et temporelle ou la Déclaration gallicane. Paris 1707 (1724), 8°. Vertheidigt die Deklaration.

Dupin, L. E., de potestate eccles. et temporali etc. 4. maj. Bamb. Göbhard. 782.

Dupin, L. E., de potestate ecclesiastica et temporali. 4maj. Bamb. 782. (Wesché in Frankf.) 1 ℛ 16 gGr

— Tractatus philos. et theolog. de varietate. 8. Lausanne, Pott et C. 757.

— Traité philosophique et théologique sur l'amour de Dieu. 12. ibid. 757.

Dupin, M.: Abriss d. Gesch. d. Röm. Rechts von Romulus bis auf unsere Zeiten. Aus d. Franz. *Ulm,* Ebner. 824. 8.

— s. Camus, Advokat, Briefe.

Dupin, Pierre. Geschichte des abendländischen Kirchenschisma ... aus dem Franz. übersetzt ... Frankf. u. Leipzig 1797. Ü: *Durach, Johann Baptist* & *Johann Heinrich Falkner.* (Kn) (Ky) (MGT)

Dupky, Hermann Satzlehre und Logik. 8 (S. 3—23). Progr. Staats-G. *Freistadt, Oberöst.* 1888.

Duplain, F. Géographie de la Suisse à l'usage des écoles primaires, avec une carte. 8. Fribourg. Porrentruy 1840.

Duplain. F . Géographie de la Suisse à l'usage des écoles primaires Avec une carte. Dernière éd. 8. Porrentruy 1872.

Duplais, P., Liqueurfabrikation, s. Gumbinner, L.

Duplat, *siehe Plat.*

du Plat, H. Geschichte der Stadt Hannover 4 Hannover 1780.

Du Plessis, Clara und Klairant; eine Familiengeschichte französischer Emigrirten . . . Berlin 1794. V: *Lafontaine, August Heinrich Julius.* (MGT)

Du Plessis, Armand Jean. Les Maximes de la sagesse humaine... Regenspurg 1735. Ü: *Eglgraser, Joh. Matthäus.* (BrMm)

Duplessis, Paul, Abenteuer in Mexiko, s.: Sechsundzwanzig-Bibliothek. Frankfurter. Nr. 24.

Duplessis, Paul, le batteur d'estrade. 7 vols. Edit. autorisée. Leipzig 857. A. Dürr. 16. (228; 194; 185; 227; 223; 215; 201 S.) 3 ₰ 15 ngr

Duplessis, Paul, die Boucanier. Aus dem Französ. von Adf. Dux. 5 Bde. Preßburg 854. Wigand. gr. 12. (1 Bl., 213; 1 Bl., 178; 189; 192; 186 S.) 1 ₰ 20 ngr

— les boucaniers. 5 vols. Leipzig 856. Gerhard. 16. (160; 159; 160; 160; 89 S. und: L'homme aux cent femmes. Par Léon Gozlan. S. 91—140.) 1 ₰ 20 ngr

— les boucaniers. 5 Vols. (Suivi de: L'homme aux cent femmes; par Léon Gozlan.) 16. (779 S.) Paris 856. (Leipzig, Gerhard.)

— Joaquin Dyk aneb dědictví azteků. Roman americký. 3 díl. Z francouského na jazyk český přeložen v. „Pražských Novinách" r. 1857. Prag 857. Haase Söhne. 8. (2 Bl., VI, 276; 1 Bl., 206; 1 Bl., 222 S.) 1 ₰ 7½ ngr

Duplessis, P., die Creolin in Paris und bei den Mormonen, s. Lese-Cabinet, neuestes belletristisches.

— die Sonora, s. Lese-Cabinet, neues belletristisches.

— der Tiger von Tanger, übersetzt von Steinmann, s. Lese-Cabinet, neues belletristisches.

Duplessis, Paul

Der Tiger von Tanger. Historischer Roman. Deutsch von Emil Steinmann. Th. 1 - 9.
Pest, Wien, Leipzig: Hartleben 1858 - 1859. 8°
1-3. 1858.
4-6. Das Marmorherz. 1858.
7-9. Die blutigen Assisen. 1859.

— Waldblume, oder: des Seeräubers Rache. Aus dem Französ. von P. Uttech. 6 Thle. 8. (1374 S.) Berlin 854, Fernbach jun.

— der Waldführer, s. Lese-Cabinet, neues belletristisches.

Du Plessis-Gouret, G[eorges]. Essai sur la faune profonde des lacs de la Suisse. Mémoire couronné par la Société Helvétique des Sciences Naturelles le 16 Septembre 1884 à Lucerne. (N. Denkschr. Schweizer. Ges. für Naturwiss. Band 29.) 4. (Zürich 1885.)

Duplessy, J., le guide indispensable des voyageurs sur les chemins de fer de l'Alsace; ouvrage rédigé sur les documents authentiques, et contenant la description de tous les lieux parcourus. Accomp. d'une carte et d'un plan de Strasbourg. gr. in-12. Strasbourg 842, Vve. Levrault. $^{7}/_{12}$ ₰

Duplica abseiten derer mehreresten Haupt-Participanten der Insel Nordstrand, Römisch-Catholischer Religion, entgegen dem Ehrwürdigen Pater Johannes Franciscus Düringk, für Sich etc. etc. in puncto praetensae extensionis exercitii religionis privati etc. etc. (Hamburg.) 1742. Fol.

Duplica ad Replicam in responsione ad M. J. Caelibem de Caelibatu Ecclesinstico. Leipz. 1788. V: *Michaeler, Carl.* (Jes)

Duplica, Unterthänigste, mit gehorsamster Bitte in Sachen des Hn. v. Hammerstein zu Gessmold ... Osnabrück 1739. V: *Hesselmeir.* (Holz)

Duplica abseiten der Vorstehern des Hospitals der Stadt Flensburg wider Herren Bürgermeistern und Raht auch Deputirte der Stadt Flensburg. O. O. [17??]. V: *Ericius.* (Brunn, Bibl. Danica. I, 719.) [1739.] (Collin, Anonymer. Kiobenh. 1869.)

Duplik, Eine. Braunschweig 1778. V: *Lessing, Gotthold Ephraim.* (GGr) (Mn)

— die, des statistischen Bureau der Schweizerischen Centralbahn. Nachtrag zu „die Verheißungen d. Hrn. Zschokke". gr. 8. (19 S.) Basel 877. Amberger. n. — 50

Duplik des Direktoriums der schweizerischen Centralbahn in Sachen gegen Herrn Thomas Brassey in London . . . Bern 1861. V: *Sulzberger, Em.* (BSchwLk V, 9 h)

Duplik für das Directorium der schweizerischen Centralbahn ... gegen d. Com. d. Gäubahn. Basel 1878. V: *Ringier, Frdr. Hieron.* (Cat. d. Stadtbibl. Zürich. Zürich 1864—97.)

Duplik für die schweizerische Eidgenossenschaft gegen die Vereinigung der Inhaber von Genussscheinen der Jura-Simplon-Bahn in Genf . . . Aarau 1904. V: *Isler, Emil.* (BBullschw 4, 1904)

Duplik des Schweizerischen Eisenbahndepartementes namens des schweizerischen Bundesrates . . . betreffend die Festsetzung der Einlagen in die Erneuerungsfonds an das hohe Schweizerische Bundesgericht. Bern 1900. V: *Scherrer, Paul.* (BSchwLk V, 9 h)

Duplik für die Gesellschaft der Bern-Luzern-Bahn gegen die Herrn Jules, Joseph und Auguste Favre ... Bern 1876. V: *Sahli, Chn.* (BSchwLk V 9 h)

Duplik der Gotthardbahn gegen die Herrn Rivolta, Binda und Bravo ... Luzern 1876. V: *Winkler, Johann.* (Cat. d. Stadtbibl. Zürich. Zürich 1864—97.)

Duplik der Gotthardbahngesellschaft gegen Herrn Louis Favre. Zürich 1876. V: *Vogt, Gustav.* (Cat. d. Stadtbibl. Zürich. Zürich 1864—97.)

Duplik in Sachen des Lorenz Nemelka ... gegen Fr. Wegmann in Zürich betreffend Schadenersatz. Zürich 1891. V: *Ryf, Johann.* (Cat. d. Stadtbibl. Zürich. Zürich 1864—97.)

Duplik in Sachen der schweizerischen Nordostbahngesellschaft gegen die Stadt Zürich an das Schiedsgericht. Zürich 1895. V: *Wyss, Heinrich.* (Cat. d. Stadtbibl. Zürich. Zürich 1864—97.)

Duplik im Process des Bundes gegen den Canton Zürich betreffend die Baupflicht des letztern mit Beziehung auf die eidgenössische polytechnische Schule in Zürich ... Winterthur 1882. V: *Ziegler, Theodor.* (Cat. d. Stadtbibl. Zürich. Zürich 1864—97.)

Duplik auf die Replik in einer Antwort an den M. J. Caelebs über das Kirchliche des Caelibats. Frankfurt und Leipzig [Wien] 1789. V: *Michaeler, Carl Joseph.* (WBL) (GGr)

Duplik und Replik der Gotthardbahn-Gesellschaft gegen die Unternehmung des grossen Gotthardtunnels (Favre). Luzern 1883. V: *Winkler, Johann.* (Cat. d. Stadtbibl. Zürich. Zürich 1864—97.)

Duplik der Gemeinde Safien auf die Replik des Hofes Camana betreffend Wald-Eigentum. (An das hohe Bundesgericht! [Verfasst von dem] Advokatur-Bureau Dr. Calonder & Cie., Dr. [Felix] C[alonder] [und] Dr. A[nton] Meuli. Chur, den 14. Oktober 1904.) 135 S. 8 Chur, Sprecher & Valer, 1904.

Duplik für den Staat des Kantons Bern gegen die vereinigte Elsässische Maschinenbaugesellschaft in Mülhausen ... Bern 1876. V: *Sahli, Chn.* (BSchwLk V, 9 h)

Duplik für den Staat des Kantons Luzern gegen die Vereinigte Maschinenbaugesellschaft in Mülhausen und Mithaften ... Bern 1876. V: *Brunner, Rudolph.* (BSchwLk V, 9 h)

Duplik f. den Staat d. Kantons Luzern gegen die Vereinigte Maschinenbaugesellschaft in Mülhausen u. Mithaften an das schweizerische Bundesgericht in Lausanne. gr. 4. (53 S.) Bern 876. (Jenni.) n. 1. 50

Duplik gegen die amtliche Widerlegung der Schrift: „Oeffentlicher Prozeß gegen das fürst-bischöfl. General-Vicariat in Breslau." Vom Verf. der letztgenannten Brochure (Maur. Müller-Jochmus). 8. (84 S.) Leipzig 848, [Keil.] Thlr. *

Duplik in Sachen des Kantons Zürich gegen den Kanton Schaffhausen betreffend das Hoheitsrecht am Rhein ... s. [**Walter**, Gottfried, und **Frauenfelder**, Emil].

Duplik in Sachen der Stadtgemeinde Zürich ... gegen die Korporation der Metzgerbankbesitzer in Zürich I ... [Zürich 1895.] V: *Imhoof, Theod.* (Zuwachsverz. d. Bibliotheken in Zürich 1898 ff.)

Duplicate der Bibliothek der Loge Wilhelm zur aufgehenden Sonne im Orient. Stuttgart. [Stuttg. 1905.] H: *Barth, Carl.* (wolfstieg I, 15)

Duplikschrift der Direktion der Gotthardbahn gegen die Baugesellschaft Flüelen-Göschenen, an das schweiz. Bundesgericht. Luzern 1887. 4.

Duplikschrift der Gotthardbahn gegen die Baugesellschaft Flüelen-Göschenen ... an das Bundesgericht. O. O. 1887. V: *Winkler, Johann.* (Cat. d. Stadtbibl. Zürich. Zürich 1864—97.)

Duplikschrift üb. d. gute Sache v. d. Zust. der Seele n. d. Tode. 8. Berlin, Haude. 765.

Du Pont, s.: Carl Friedrich's v. Baden brieflicher Verkehr.

Dupont, Aug., alpines Auskunftsbuch. Literaturführer durch das gesamte Alpengebiet in spezieller Berücksicht. des bayer. Hochlandes, Tyrol m. angrenz. Gebieten, der Schweiz, Ober-Italiens u. der französ. Alpen. Mit zahlr. Kartenübersichtsblättern. 2. Aufl. gr. 8. (III, 62 S.) München 899. Literar.-artist. Anstalt. n. — 70

— s.: **Auskunftsbuch, militärisches.**

Dupont, A. Militärisches Auskunftsbuch. Ein nach Schlagworten geordnetes Verzeichnis militärischer Buch-Literatur. Jhrg. 1—3. 6—8. 11—14. 16. München 1890—1910.

Dupont, Ever.: Disquisitt. in commentarium IVum Institt. Gaji, recenter repertarum. Commentatio praemio ornata. *L. B.*, Luchtmans. (*L.*, Weigel-Weidmann.) 822. 8maj. (2 Thl.).

La Cabrera. ⟨Die Ziegenhirtin.⟩ Musikdrama in 1 Akt ⟨2 Bilder⟩ von Henri Cain. Deutsch von F[ranz] M[aria] La Violette. Musik von Gabriel **Dupont**. Mailand: E. Sonzogno; Berlin, Köln, Leipzig: A. Ahn [1904]. (40 S.) 8°
— **Operntext-Bibliothek**. Ahns. No 100. 53. 5779

Dupont, Herm., Enterbte d. Glücks. Berliner Roman. 8. (278 S.) Berlin 896. M. Rockenstein. 2. 50; geb. in Leinw. n. 4. —

Dupont, Paul, et Vict. **Schlumberger,** filature du coton. Des métiers continus à anneaux dits Ringthrostles. Généralités — théorie — description de plusieurs types de machines, ainsi que des différents systèmes de broches successivement employées. [Aus: „Bulletin de la soc. industr. de Mulhouse".] gr. 8. (32 S. m. 6 Steintaf.) Paris 881. (Mülhausen, Detloff.) n. 2. 80

Dupont, Paul, histoire de l'imprimerie. 2 tomes. Paris 851. (Leipzig, Brockhaus.) 12. (3 Bl., XVII, 523; 2 Bl., 612 S.) n. 2 ⅓ 20 ngl

Dupont, Peter, a. Reifenthal (Rheinpr.): Beitrag zur Lehre von der interstitiellen Gravidität. Würzburg 1907: F. Staudenraus. (27 S.) 8°
Würzburg, Med. Fak., Ref. Hofmeier, Diss. v. 7. Mai 1907
[Geb. 30. März 79 Reifenthal; Wohnort: Würzburg; Staatsangeh.: Preußen; Vorbildung: Gymn. Rastatt Reife M. 00; Studium: Würzburg 5, Straßburg 1, Berlin 1, Würzburg 3 S.; Coll. 13. März 07; Approb. 27. Nov. 05.]

Dupont-Auberville, M., s. Sammlung von Decorationen, Stickereien und Stoffmustern aus der Blüthezeit der Renaissance.

— Sammlung von Dekorationen, Stickereien und Stoffmustern aus der Blütezeit der Renaissance. Deutsch von R Reinhardt. (76 S 38 T) fol London (1881)

Dupont-Auberville, M. Sammlung v. Dekorationen, Stickereien u. Stoffmustern aus der Blüthezeit der Renaissance. 38 Tafeln in Farbendruck mit begleitenden Erläuterungen. Deutsche Ausgabe von Rob. Reinhardt. Stuttgart 1881. Fol.

Du Port, Augusta, oder Geschichte einer Unglücklichen. Ein Gegenstück zu Friedrich Brack. Berlin 1798-99. V: *Hildebrandt, Joh. Andr. Chph.* (GGr) (MGT)

Duport, Gaspard, über die Kennzeichen der unverletzten Jungfrauschaft. Nach den Erfahrungen der verschied. Völker und Zeiten dargest. u. aus dem heut. Standpunkte der Anatomie u. Physiologie beurtheilt. Nach der 5. Orig.-Ausg. aus dem Französ. übersetzt. gr. 16. Nordhausen 841, Fürst. 3/4 ₰

Duport, J. B., Lehrbuch der Arithmetik f. die erste Klasse der Mädchen-Lyzeen. gr. 8. (III, 82 S.) Wien 902. F. Deuticke. Geb. in Leinw. n. 1. 20

Duport, I. B., Lehrbuch der Arithmetik für die II. und III. Klasse der Mädchenlyzeen. Gr.-8°. (175 S.) Wien: Deuticke 1905 K 2.40, geb. K 2.70

Duport, J. B., Lehrbuch der Arithmetik u. Geometrie für die IV. u. V. Klasse der Mädchen-Lyzeen. (VI, 249 S. m. 120 Fig.) 8. Wien 904. F. Deuticke. Geb. in Leinw. n. 3.—

— dasselbe für die VI. Klasse. (IV, 217 S.) gr. 8. Ebd. 903. Geb. in Leinw. n. 3.—

Duport, J. B., Lehrbuch der Arithmetik f. die 2. u. 3. Klasse der Mädchen-Lyzeen. 2. Aufl. 8. Wien 906. F. Deuticke. Geb. n. 2. 45
2. (III, 83 S.) n. 1. 20. — 3. (III, 96 S.) n. 1. 25.

Duport, J. B., Lehrbuch der Arithmetik u. Geometrie f. die 1., 4. u. 5. Klasse der Mädchen-Lyzeen. 2. Aufl. 8. Wien, F. Deuticke. Geb. 4. 85
1. (III, 96 S.) 906. Geb. 1. 25
4. Mit 55 Fig. im Text. (V, 134 S.) 908. Geb. 1. 80
5. Mit 65 Fig. im Text. (IV, 116 S.) 908. Geb. 1. 80

Duport, J. B., Rechenbuch f. gewerbl. Mädchenschulen u. verwandte Anstalten. 1. u. 2. Tl. 8. Wien, F. Deuticke. Geb. 3.—
1. (f. den 1. Jahrg.) (IV, 137 S.) 909. Geb. 1. 50
2. (f. den 2. Jahrg.) (IV, 119 S.) 909. Geb. 1. 50

— dasselbe. 2. Tl. Übungsformulare. 6 Hefte. (7, 7, 6, 7 u. 11 S. u. 7 Bl.) 31,5×24 cm. Ebd. (909). In Mappe 1.—

Duport, Paul

—— une camarade de pension, s. Répertoire du Théâtre fr. No. 150.

— et Laurenzin, Casimir, ou le commis-voyageur, s. Théâtre franç. 4. Série, No. 1.

— — Casimir, ou le commis-voyageur, s. Théâtre franç. en Vers par Schütz. 2. Série, No. 9.

—— Dieu vous benisse! s. Répertoire du Théâtre fr. No. 205.

— la fille de l'avare, — et la Dugazon, s. Répertoire du Théâtre français. No. 131. et 144.

Duport, Paul, Gabrielle, ou les aides-de-camp., s. Répertoire du Théâtre franç.
Dass. s. Théâtre français.

—— der Geizige u. seine Tochter, s. Bayard.

— eine fixe Idee, s. Theater von Scribe u. A. 36 Bdchn.

—— un mariage sous l'empire, s. Répertoire du Théâtre fr. No. 173.

—— et Bayard, Marie Mignot,
—— et Laurencin, Casimir, ou le commis-voyageur, } s. Théâtre.

—— la Puritaine, s. Répertoire du Théâtre fr. No. 109.

— et de Forges, Schubry, Comédie-Vaud., s. Répertoire du Théâre français à Berlin. No. 176.

— 1717 oder: Der Pariser Perrüquier, s. Planard.

Duport, Paul u. **Ancelot,** wohl zu bekommen, siehe: Bühnen-Repertoir, Nr. 131.

Duport du Tertre, Geschichte d. Verschwörungen, Meutereien, Revolutionen 2c. Aus d. Französ. 10 Thle. 8. Bresl. 764—71. W. G. Korn. 3 ₰ 18 ℊ

Duportail, A. B. C., Die Construction u. Fabrikation der Schraubenbolzen etc. Für Maschinenbau- u. Eisenbahnwerkstätten von E. Schneider. 2. Aufl. Weimar 1861. 8°.

Duportal, A. S.: Anleitung zur Kenntniß des gegenwärtigen Zustandes der Branntweinbrennerei in Frankreich, so wie der Mittel, die Branntweinbrennerei in allen Ländern zu vervollkommnen; .... Aus d. Franz. übers., so wie mit erl. Anm. und Zusätzen, die Verbesserung der deutschen Branntweinbrennereien, der Fabrikation der destillirten Branntweine ... begleitet ... [von Sigism. Friedr.] Hermbstädt. Mit 5 Kupfertaf. Berlin: Amelang 1812. 184 S. --

Duportal, A. S., Anleit. zur Kenntniß des gegenwärt. Zustandes d. Branntweinbrennerei in Frankreich, so wie d. Mittel, die Branntweinbrennerei in allen Ländern zu vervollkommnen. Aus d. Französ., mit Anmerkk. u. Zusätzen begl. v. S. Fr. Hermbstädt, nebst 5 Kpft. gr. 8. Berl. 812. Amelang. 1 ₰ 2e Aufl., s. S. F. Hermbstädt, chem. Grundsätze d. Kunst, Branntwein zu brennen.

Dupotet du Sennevoy, J.

Dupotet du Sennevoy, elementare Darstellung d. thierischen Magnetismus. Ein prakt. Handbuch f. Aerzte, Magnetiseurs u. jeden Gebildeten, der üb. diese Naturkraft u. ihre rechte Anwendung Gewißheit haben will. Nach dreißigjähr. Beobachtungen u. gewissenhaften Erfahrungen u. den sorgfältigsten Untersuchungen der darüber Bericht erstattenden Prüfungscommission der Pariser medizin. Akademie. Deutsch bearb. v. Hugo Hartmann. 8. (XVI u. 354 S.) Grimma 851, Verlags-Comptoir. 1 ₰

Dupotet, (J.) Darstell. e. Reihe von Versuchen mit dem thier. Magnetismus, angestellt im Hotel-Dieu zu Paris in den Monat. Nov. u. Dec. 1820; aus d. Franz. übersetzt v. A. W. Nordhof, herausgeg. v. D. G. Kieser. gr. 8. Leipz. 822, Herbig.

Düpow, *Robert:* De C. Suetonii Tranquilli consuetudine sermonis quaestiones. Jena, Frommannsche Hofbuchdr., 1895; 1—20 S. 4.
Bergedorf bei Hamburg, Hansa-S, OP 1895 (754)

Christian Dupp's Anfangsgründe der Rechenkunst nach mathematischer Art etc. Augsp. 8. 1748

Düppel und Arnkiel, oder der 18. April und der 29. Juni 1864. Ein Gedenkblatt zur 25j. Jubelfeier im Jahre 1889, nebst Bild und Beschreibung der Denkmäler. Sonderburg. 1889. 8°

Düppel und was machen wir daraus? Von einem Diplomaten in partibus. Berlin 864. Academ. Buchhdlg. gr. 8. (39 S.) n. 10 ngr.

Düppel und was machen wir daraus? Von einem Diplomaten in partibus. 2. Aufl. Berlin. 1864. 8°

Düppel und Sonderburg — Karte der Umgegend von —, sowie von der Westküste der Insel Alsen mit den Dänischen Befestigungen und den Preussischen Belagerungs-Arbeiten 1864. Nach Specialaufnahmen herausg. vom K. Preuss. Generalstab. 1867. 25,000. 1 Bl.

Düppler Höhen — Plan der — nebst den vom 13. April bis 26. Juli 1849 erb. Schanzen und Batterien. Gez. v. Otto André e, Ing.-Lieut. Dresden, Adler u. Dietze 1849. 1 Bl.

Duprat, Pascal, Daniel O'Connell, sein Leben u. Wirken. 8. (16 S.) Leipzig 847, Weller. 3 ngr

— les tables des proscriptions de Louis Buonaparte et de ses complices. 2 vols. 8. Anvers 852, Kornicker en comm. n. 1 2/3 ₰.

Dupraz, E[mmanuel]. Action religieuse et sociale des papes dans le Canton de Vaud jusqu'au XVI° siècle. [E.] 8. Fribourg 1900.

Dupraz, (E[mmanuel]). Le catholicisme dans les districts de Rolle et d'Aubonne avant et depuis le XVI° siècle. Notices historiques. E. 8. Fribourg 1884 (° *Umschlag:* 1885).

Dupré, Adolf: Ueber icterus gravis, acute gelbe Leberatrophie bei Schwangeren und Wöchnerinnen. Strassburg, Berger-Levrault u. Comp., 1873. 8. 35 S.

Dupré, Adf., über icterus gravis, acute gelbe Leberatrophie bei Schwangeren und Wöchnerinnen. gr. 8. (35 S.) Strassburg 873, Schultz und Comp. *

Dupré, E. Frau von Staël-Holstein, 1766—1817. Görlitz, H. T., 1875. 12 S. Progr.

Dupré, Eduard. 1906 [Pseud.]
s. Mayer, Otto, Dr. jur., Univ.-Prof. Leipzig. [10. 7403

— Nach dem Kriege. Erzählungen eines alten Advokaten. (369 S.) 8. Leipzig 906. Duncker & Humblot. n. 5. —; geb. n. 6. —

Dupré, Ed., Fortunatus Laatschy. — Dina. Zwei Erzählgn. 8. (299 S.) Leipzig 899. F. W. Grunow. Geb. in Leinw. n. 4. —

Dupré, Frederick [aus Stassfurt]: Die Bestimmung des Kaliums als Kaliumplatinchlorid. Analyt. Beiträge z. Trenng v. Brom u. Chlor ... Halle, Druck v. E. Karras, 1893; 38 S., 1 Bl. 8.
Halle, Phil. Fak., Inaug.-Diss. v. [13. Juli] 1893

Dupré, F., Leitfaden der qualitativen Analyse. (VII, 104 S.) 8. Cöthen 904. (O. Schütze.) Geb. in Leinw. n. 2.50

DUPRÉ, Friedrich (Frankenthal): Ein Fall von äusserer Säureverbrennung. (Titel nach der Urkunde) 23.7.1887 – Urk; Chr 1887/88,17
Diss. Ingolst.-Landsh.-Mchn.

Dupré, Heinz. In Davos! Gedichte von H' D' ⟨Heinrich Mayer⟩. 60 S. 8. Leipzig, Fr. Wilh. Grunow, 1905. [cart. M. 1. —]
(*Verf.*, geboren zu Strassburg 1881, † 17. Januar 1905 in Davos.)

Dupré, Heinz (Heinr. Mayer), in Davos! Gedichte. (60 S.) 16. Leipzig 905. [F. W. Grunow.] Davos, Buchdruckerei Davos. Kart. n. 1. —

Dupré, Heinz. Ein lichter Morgen. Gedichte von H' D' ⟨Heinrich Mayer⟩. Mit einem Bilde des Dichters und vier Tondruck-Illustrationen [Tafeln]. II + VI + 104 S. 8. Davos, Buchdr. Davos A.-G., 1906. [fr. 2. 50, geb. 3. 50]
(2. Aufl.. vermehrt, [von:] In Davos!)

Du Pré, Jo. Fr. s.a. Pré, Jo. Fr. de

du Pré, J. Fr., Diss. de raro affectu cataleptico. Erf. 4°. 1720

—, Diss. de usu et abusu Amuletorum. Erf. 4°. 1720

Du Pré, Jo. Fr. s. Henckel, Jo. Ph.

Du Pré, Karl, Mittheilungen aus d. Gebiete d. Schönen u. Wahren. 2. Aufl. 8. (15 B.) Berlin 828, Natorff u. Comp.

— Poesie u. Prosa (zum Besten d. Wadzecks Stiftung). 8. Berl. 823. (Maurers B.) 1 ₰ 18 gr

Du Pré, Poesie u. Prosa (zum Besten d. Wadzecks Stiftung.) 8. Berlin 824, Maurersche Buchh.

—— neueste Polterabend-Scherze. Nebst e. Anh. Mit ill. Titkpfr. 8. (11½ B.) Berlin 831, Natorff u. Comp.

—— Spenden für Geist u. Herz. (Größtentheils Gedichte.) 8. (15¼ B.) Berlin 828, Natorff u. Comp.

Dupré, Margarete: Stäbchenzellen bei progressiver Paralyse. Rostock 1908: Adler. 31 S. 8°
Freiburg i. B., Med. Diss. v. 1908, Ref. Hoche
[Geb. 2. März 80 Görlitz; Wohnort: Freiburg i. B.; Staatsangeh.: Preußen Vorbildung: Luisen-Gymn. Berlin Reife O. 02; Studium: Freiburg i. B. 5, Würzburg 1, Marburg 2, Freiburg i. B. 2 S.; Coll. 26. Juli 07.] [U 09. 914

Dupré-de-Lisle: Abhandlung von den Verletzungen des Kopfes durch Gegenstöße und deren praktischen Folgen. (Traité des lésions de la tête par contrecoup... Dt.) 104 S., gbd.

Leipzig: Weygand 1784

Duprée, Gretchen, Christl. Vergißmeinnicht. Bibelworte m. Poesien, sow. Gedankenperlen v. C. H. Spurgeon f. jeden Tag i. Jahre. gr. 16. (376 S. m. 12 Farbdr.) Kassel 898. Hamburg, J. G. Oncken Nachf. Geb. in Leinw. m. Goldschn. 1. 80

Duprée, Gretchen, christliches Vergißmeinnicht. Bibelworte m. Poesien, sowie Gedankenperlen v. C. H. Spurgeon für jeden Tag im Jahre. (376 S. m. 12 Farbdr.) 16. Kassel (906). J. G. Oncken Nachf. Geb. in Leinw. m. Goldschn. n. 1. 50

Duprée, Jos.: Beiträge zur Revision d. Theorie des Pacht- u. Buchhandel-Contracts, mit bes. Rücks. auf d. neuern französ. Gesetze. *Landshut,* (*Regensburg,* Manz.) 810. 8. (10 Gr.) Krüll

Eb.: Beytrr. z. Revision d. Theorieen d. Pacht- u. Buchhandels-Contracts: mit besond. Rücksicht auf d. neuern französ. Gesetze. *Eb.*, Krüll. 811. gr. 8. (10 Gr.)

Duprée, Jos.: Ueb. d. Buchhändlerrecht. *Landshut* 810. 8.

Duprée, Thdr., ein Bahnbrecher f. biblische Wahrheiten. Leben u. Wirken v. J. G. Oncken, dem Gründer der deutschen Baptisten-Gemeinden. Eine Festgabe zu Onckens 100. Geburtstag. 8. (152 S. m. Abbildgn. u. Bildnissen.) Cassel 900. J. G. Oncken Nachf. 1. —; geb. 1. 50

Ein Bahnbrecher für biblische Wahrheiten. Leben u. Wirken von J. G. Oncken, d. Gründer d. deutschen Baptisten-Gemeinden. Eine Festgabe zu Onckens 100. Geburtstag von Theodor Duprée. *Cassel: Verlagshaus d. deutschen Bapt. 1900.* (152 S.) 8° [J.] [on. 2097 4

Duprée, Th., Blicke ins Jenseits. I. Gibt es e. Leben nach dem Tode? II. Das Rätsel des Todes od. Warum müssen wir sterben? III. Werden die Toten auferstehen? (58 S.) 8. Essen-Ruhr-West (910). Buchh. d. Diakonissen-Anstalt „Trautes Heim". — 60

— Die Botschaft v. Christo im Lichte astronom. Tatsachen. (16 S.) 8. Ebd. (910). — 20

— Christus mein Leben. (19 S.) 8. Ebd. (910).

— Du bist der Schönste unter den Menschenkindern. Betrachtungen üb. den 45. Psalm. 9—13. Tausend. (VIII, 181 S.) kl. 8. Ebd. (908). 1. —

— Gibt es e. Leben nach dem Tode? (16 S.) 8. Ebd. (910). — 20

— Das Rätsel des Todes od.: Warum müssen wir sterben? (20 S.) 8. Ebd. (910). — 20

— Wandelt im Geist! (51 S.) 8. Ebd. (910).

— Werden die Toten auferstehen? (18 S.) 8. Ebd. (910). — 20

— Werdet voll Geistes. (16 S.) 8. Ebd. (910). — 20

Du Prel, Noch ein Wort über Kleinzehent. 8⁰. München 1842.

Du Prel, Gerhard Freiherr: Über den Einfluss allseitigen Druckes auf das magnetische Moment von Eisen, Nickel u. Nickelstahl. München: Hans Sachs-Verl. 1910. 58 S. 8°
München, Phil. Diss. v. 12. Juli 1909, Ref. Röntgen
[Geb. 2. Mai 82 München; Wohnort: München; Staatsangeh.: Bayern; Vorbildung: Wilhelms-Gymn. München Reife Juni 01; Studium: München 16 S.; Rig. 12. Juli 09.] [U 10. 3632

Du Prel, Karl, s. a. Prel, Karl du.

Du Prel (C.), Entwicklungsgeschichte des Weltalls. Leipzig 1882. 8.

Experimentalpsychologie und Experimentalphysik. Von Dr. Karl **Du Prel**. Leipzig: M. Altmann 1905. (VI, 292 S.) 8° [F.]
= **Du Prel**: Studien aus d. Geb. d. Geheimwissensch. 2. Aufl. Bd 2. [05. 6333 9

Du Prel, Carl. Hartmann contra Aksakow. gr. 8. (20 S.) Lpz. 891, Mutze. — 30
Aus: Psych. Studien, besonders abgedruckt.

—— Das Kreuz am Ferner. Ein hypnot.-spirit. Roman. 2 Bde. 8. (IV, 312; 236 S.) Stuttg. 891, Cotta Nachf. * 7 —; in 1 Bd. geb. * 8 —

Das Kreuz am Ferner. Ein hypnot.-spiritist. Roman von Karl du Prel. 3. Aufl. Stuttgart & Berlin: J. G. Cotta Nachf. 1905. (VI, 547 S.) 8 [F.] [05. 11797 11

Du Prel, Karl: Die Magie als Naturwissenschaft. T. 1. 2. Jena: H. Costenoble 1899. 8⁰
1. Die magische Physik. 2. Die magische Psychologie.

Du Prel, Frhr. Carl, Menschenzüchtung, s.: Ferdinand, Max., Wanidis.

—— Zur Mystik im Irrsinn. Erwiderung an Hrn. Dr. Gust. Specht. gr. 8. (15 S.) Lpz. 891, Mutze. — 30

—— Das Rätsel d. Menschen, s. Universal-Bibliothek Nr. 2978.

—— Das Sprechen in fremden Zungen. gr. 8. (23 S.) Lpz. 892, Mutze. * — 30
Aus: Psych. Studien, besonders abgedruckt.

Du Prel, Carl. Studien aus dem Gebiete der Geheimwissenschaften. 2 Tle. gr. 8. Lpz., W. Friedrich. à Tl. * 4 —; * 8 —
1. Thatsachen u. Probleme. (VIII, 252 S.) 890.
2. Experimentalpsychologie u. Experimentalmetaph. (VIII, 247 S. m. 2 Illustr.) 891.

Studien aus dem Gebiete der Geheimwissenschaften. Von Dr. Karl **Du Prel**. 2., stark verm. Aufl. ⟨Aus d. Nachlaß erg.⟩ Bd 1. 2. Leipzig: M. Altmann 1905. 2 Bde 8° [F.]
1 = Du Prel: Tatsachen u. Probleme.
2 = Du Prel: Experimentalpsychologie u. Experimentalmetaphysik. [05. 6333 9

Tatsachen und Probleme. Von Dr. Karl **Du Prel**. Leipzig: M. Altmann 1905. (VI, 278 S.) 8° [F.]
= **Du Prel**: Studien aus d. Geb. d. Geheimwissensch. 2. Aufl. Bd 1. [05. 6334 9

—— Das hypnotische Verbrechen u. seine Entdeckung. 8. (105 S.) Münch. 889, Verlag der Akadem. Monatshefte. * 1 50
Vgl.: Lind, P. v. Kants myst. Weltansch. — Specht, Gust. Die Mystik.

Du Prel, Maximilian Frh.
Sammlung auserles., baier. Rechtsfälle, Präjudicien u. andrer intressanter Erkenntnisse, herausgeg. von Max. Frhr. Du Prel. *Landshut*, Thomann. 836. 38. 1 — 6r Bd. à 3 Hfte. gr. 8. (à Bd. 1 Thl. 15 Gr.)

Duprez, G. Die Kunst des Gesanges. Vollständige Gesangschule. Berlin.

Duproix, Paul. Kant et Fichte et le problème de l'éducation. In-8⁰. 240 p. Genève et Bâle, Georg & Co. 1895 5 —

Dupuis: Die Kirche zu Imbach bei Krems in Nieder-Österreich. (Mit einer Tafel.) 22 S. 8⁰
–Krems OR., Progr. 1868

Dupuis, August *Edmund* [aus Kreuznach]: Die Cortische Membran. E. Beitr. z. Anatomie d. innern Ohrs. ([Umschlagt.:] '(Aus d. otiatr. Poliklinik zu Marburg.)') ... (Aus: Anat. Hefte hrsg. v. Merkel u. Bonnet, Bd. III Heft 3.) Wiesbaden ([Umschlagt.:] Marburg i/H.), J. F. Bergmann, 1894; 64 S., 1 Taf. 8.
Marburg, Med. Fak., Inaug.-Diss. v. [20. Febr.] 1894

Dupuis, Charles Franc., Origine de tous les cultes ou la religion universelle. Basel, Decker, 1796, 12 Bde in 8°, u. 1 Bd. in 4°.
Zuerst Paris 1794, 4 Bde, 4°, u. 7 Bde, 8°; 1822 ebendas.

Dupuis, Ch. F., Ursprung der Gottesverehrung. Die Glaubenslehren u. Religionsgebräuche aller Zeiten u. Völker u. die damit verbundene Herrschaft des Priestertums u. Aberglaubens, in ihrer Entstehg. u. Entwickelg. dargestellt. Deutsch hrsg. v. Frdr. Streißler. (347 S.) 8. Leipzig 910. F. Eckardt. 7.—; geb. 8.—

Dupuis, über den Ursprung d. Kultus. Geschichtl. erwiesener Parallelismus zwischen d. Glaubenslehre u. d. Religionsgebräuchen d. Heiden u. d. Christen. N. d. Franz. v. C. G. Rhé. (Seitenstück zum „Leben Jesu" v. D. F. Strauß.) gr. 8. (24½ B.) Stuttgart 839, [Scheible, Rieger u. Sattler.]
Literatur-Comptoir

Dupuis, Ed.: Über Flächenverzierungen. 20 S. Tafeln (3.) – Waidhofen a/Y. Progr. 1888.

Dupuis Ed.: Über das Freihandzeichnen an Realschulen. 16. Waidhofen a/Y. R. 75.
Progr.

Dupuis, Edm. (geb. Waldböckelheim im Rheinl. 3. 6. 1839): De uteri carcinomate. Berolini (1862). (31 S.) 8°
Berlin, Med. Diss. v. 18. Juli 1862

Dupuis, Eudoxie, la France en Zigzag, hrsg. von H. Bretschneider, s.: Prosateurs modernes.

Dupuis, F. G.

Recherches philosophiques sur les forces centrales et sur leur application à la théorie du système du monde par *F. G. Dupuis*. à Bâle. 12. 94 S. nebst einigen Figuren im Text. (Ist mehr metaphysischen als mathematischen Inhalts). 1739

Dupuis, Ferd., u. Alex. Dupuis, Zeichenunterricht, siehe: Herbold, A. F.

Dupuis, Fr., Dr. Warburg's vegetabilische Fieber-Tinktur in ihrer pharmakodynam. Wirkung u. Bedeutung beobachtet u. dargestellt. 2. unveränd. Ausg. Zürich 855. Hanke. 8. (2 Bl., 52 S.) n. 6 ngr

Dupuis, Franz, appr. Arzt a. Kreuznach: Ein Fall von Atresia ani et recti congenita. Bonn 1906: E. Eisele. (42 S.) 8°
Bonn, Med. Fak., Ref. Bier, Diss. v. 30. Nov. 1906
[Geb. 25. Aug. 80 Waldböckelheim; Wohnort: Bonn; Staatsangeh.: Preußen; Vorbildung: Gymn. Kreuznach Reife M. 00; Studium: Berlin 7, Bonn 2 S.; Coll. 30. Nov. 06; Approb. 5. Aug. 05.]

Dupuis, Franz Bernhard (Mainz)
Thesen aus der gesammten Heilkunde, welche am 31.7.1830 zur Erlangung der Doctorwürde in der Medicin, Chirurgie und Geburtshülfe öffentlich vertheidigen wird: Franz Bernhard Dupuis, aus Mainz.
Giessen: Lichtenberger 1830. 6 S.
Dr. med. 31.7.1830.

Dupuis, J., Le nombre géométrique de Platon. II. Interprétation. Gel. 1882. 82 S.

Dupuis, Jacques de la Serra, s. Du Puy de la Serra, Jacques

Dupuis, Julius

Dupuis J.- Die Berechnung nahe übereinstimmender Wurzeln der höheren Gleichungen. 11. Krems 1874
Progr

Dupuis, Jul. Ueber die zweideutigen Fälle bei der Auflösung der sphärischen Dreiecke. S. 31–42. 8° – Krems, OR., Progr. 1872.

— Uber die Construction ellipsenähnlicher Korblinien. 14. Wien R. III. 86.
Progr

Dupuis, Jul : Ueber internationale Münzeinheitsbestrebungen u. die deutsche Münzreform. 42 S. 8° – Krems, OR., Progr. 1871.

Dupuis Jul.: Über Potenzkreise. 16. Wien R. II. 78.
Progr

Dupuis, Karl, malerische Aussichten von d. merkwürd. Gegenden von Niederdeutschland. 2 Thle, mit Kpf. qu. Fol. Thal-Ehrenbreitstein 789. Gehra. 2 ℛ

Dupuis, L. B.

— s. Cottin, Elisabeth.

Dupuis, Pet., Gesch. der abendländ. Kirchenschisma. a. d Fr. m. Anm. 8. Frkf. u. L. (Duyle, Salzb.) 792.

Dupuis, Pet., Geschichte des abendländ. Kirchenschisma; aus d. Französ., mit Anmerkk. (v. Falkner u. J. B. Durach). 8. Frkf. u. Leipz. 794. (Duyle in Salb.) 20 gℓ Schrbp. 1 ℛ

Du Puits de Maconex, der Führer für Weingartenbesitzer, s. Hlubek.

Du Puy, s. a. du Puy.

Du Puy, ..., instruction d'un père à sa fille, tirée de l'écriture sainte. gr. 12. Basel 773. Schweighäuser. 1 ℛ

Du Puy, ..., instruction d'un père à son fils etc. gr. 12. Basel 780. Schweighäuser. 1 ℛ

— Pflichten e. jungen Frauenzimmers, wie es sich fromm u. wohlanständig in d. Welt aufführen soll. Aus d. Franzs. übers. v. J. Ch. Thenn. 8. Augsb. 769. Klett. 16 gℓ

— Pflichten e. in d. Welt tretenden Jünglings. Aus d. Französ. v. J. Ch. Thenn. 8. Augsb. 773. 2e A. 774. (Salzb., Mayr). 16 gℓ

— christl. Sittenlehre, z. Unterweis. f. Töchter. Aus d. Französ. 8. Halle 751. Kümmel. 6 gℓ

Dupuy, Achilles, Geschichte des heiligen Martin, Bischofs von Tours, und seiner Zeit, mit einem Anhange, die Geschichte der Verehrung des heil. Martin enthaltend. Aus dem Französ. in's Deutsche übertr. von Jordan Bucher. Schaffhausen 855. Hurter. 8. (XI, 376 S.) 27 ℛ

Dupuy, Ad., cent fables illustrées, s. Fables.

— nouvelle grammaire franç., appuyée sur un grand nombre d'exemples et d'exercices, tirés des meilleurs écrivains. A l'usage des classes supérieures. gr. in-12. (19 B.) Leipzic 839, E. Fleischer.

Dupuy, Charles M., Arbeit f. die Thätigen. Wohlfahrt dem Volke. Uebers. v. H. B. van Tronk. gr. 8. (20 S.) Berlin 878. Burmester & Stempell. n. — 50

Dupuy, Eliza, der falsche Erbe. Erzählung aus der vornehmen Welt. 4 Bde. Leipzig 866. Matthes. 8. (803 S.) 4 ℛ

— Gräfin u. Zigeunerin. Ein Roman aus dem Leben. Deutsch von A. v. Colenfeld. 4 Bde. Dresden 865. Wolf. 16. (1018 S.) 3 ℛ

Dupuy, (J. B.,) l'epistolaire commercial, ou lettres missives de commerce sur les affaires courantes etc. 2e Aufl. gr. 8. Frankf. 827, Streng.

Dupuy, J. B., l'Epistolaire commercial, ou lettres missives de commerce sur les affaires courantes et contentienses, avec les pièces des comptabilité, et les titres relatifs aux contestations. Ouvrage entièrement neuf, dédié au commerce. 3me édit. 8. Lyon 833 (Frankf., Streng.) 1 ℛ

Dupuy, J. B., l'épistolaire commercial, ou lettres missives de commerce sur les affaires courantes et contentieuses, avec les pièces de comptabilité, et les titres relatifs aux contestations. 4. édit. 8. (20¼ B.) Lyon, Frankfort s. l. M. 845, Streng. Thlr.

Dupuy, G. B., Epistolografia commerciale o lettere missive di commercio intorno agli affari correnti e litigiosi coi modelli e documenti di computisteria etc. gr. 8. (338 S.) Capolago 846. (Trieste, Favarger.) n. 1⅓ ℛ

Du Puy de Montbrun, S., s.: Verbesserung, die, der Rheinschifffahrt.

Du Puy de Podio

Die Brieftauben in der Kriegskunst, von E. Poolmann. Leipzig 1872. 8°

Du Puy de la Serra, Jacques

— l'art des lettres de l'Europe. 12. Basel 782. Schweighäuser. 20 gℓ

Du Puy de la Serra, Jacques: Tractatus de arte litterarum cambii, secundum usum celeberrimorum locorum Europae. Lingua Gallica editum, nunc prius in Latinam translatum. Per F. A. O. Coloniae Agripp. 1712.

Dupuytren, Guillaume

— Abhandlung über eine neue Art d. Steinschnitts. Beendigt u. hrsg. v. L. J. Sanson u. L. J. Bégin. A. d. Franz. M. 5 Kpfrt. gr. 4. (4½ B.) Weimar 837, Landes-Ind.-Compt. Ohne Kpfr. (s. d. Beiheft d. „chirurg. Kupfertaf.", 71. Hft.) 9 Gr.

Dupuytren, Baron Wilh., Abhandlung ueber d. Steinoperation nach ein. neuen Methode. Beendet u. hrsg. v. L. J. Sanson u. L. J. Bégin. Uebers. v. F. Reichmeister. M. 10 Stnt. v. Jacob. gr. Fol. (10 B.) Leipzig 837, (Melzer.)

Dupuytren, Baron G., allgemeine operative Chirurgie ꝛc., s. R. B. Sabatier.

— vollständ. Lehrbuch über d. Verwundungen, mit besond. Rücksicht auf Militairchirurgie; nach dess. Vorlesn. unter Mitwirk. v. C. F. v. Graefe a. d. Franz. übers. v. M. Kalisch. — A. u. d. T.: Dupuytren theoret.-prakt. Vorlesn. üb. d. Verletzungen durch Kriegswaffen. gr. 8. (41 B.) Berlin 836, Veit u. Comp. Thlr.

— theoret.-prakt. Vorlesungen über die Verletzungen durch Kriegswaffen, unter Mitwirkung von C. F. v. Gräfe, aus dem Franz bearb. v. M. Kalisch. 1s—4s Hft. Mit 2 Bildn. gr. 8. Berlin 835, 36. Veit u. Comp. 3 ℛ — A. u. d. T.: Vollständ. Lehrbuch über die Verwundungen, mit besond. Rücksicht auf Militairchirurgie, nach Dupuytrens Vorlesungen ꝛc.

Dupuytren, (Guillaume): Theoretisch-praktische Vorlesungen über die Verletzungen durch Kriegeswaffen. (Traité théorique et pratique des blessures par armes de guerre, rédigé d'après les leçons cliniques. Dt.) Unter Mitwirkung von...K(arl) F(erdinand) von Graefe aus dem Französischen bearb. von M(oritz) Kalisch. Abth. 1 – 2, 630 S., gbd.

Berlin: Veit 1836

— Vorträge über chirurgische Klinik, im Hôtel-Dieu in Paris gehalten. Von e. Gesellschaft v. Aerzten herausg. u. aus d. Französ. übers. von G. Weyland. 1r Bd. 1e Abtheil. gr. 8. Paris 832. Heideloff u. Campe. 16 gℓ

— Vorträge über chirurg. Klinik im Hôtel-Dieu in Paris, v. e. Gesellschaft von Aerzten herausg. u. aus d. Franz. übers. v. G. Weyland. 1r Bd. 2e Abthl. u. 2r Bd. 1e Abthl. gr. 8. Paris 833, 34. Heideloff u. Campe. 2 ℛ.

— klinisch-chirurg. Vorträge im Hôtel-Dieu zu Paris, gesammelt u. herausg. von e. ärztl. Verein. Für Deutschland bearb. von Emil Bech und Rud. Leonhardi. 2 Bde. in 4 Abthll. Mit 4 Steintaf. gr. 8. Leipz. (832.) 833–35. Baumgärtner.

Dupuytren, Baron Wilh., Vorträge üb. chirurg. Klinik, gehalten an d. Hôtel-Dieu zu Paris. Gesammelt u. hrsg. v. Brierre de Boismont u. Marx. 2., ganz umgearb. Ausg. Uebers. v. H. E. Flies. 2 Bde. (Mit Dupuytren's Bildn. u. Facsim.) gr. 8. Quedlinburg, Basse. [1. (33 B.) 840. 2⅓ Thlr., 2. (30 B.) 842. 1⅔ Thlr.]

Dupuytren, Wilh., Vorträge üb. chirurgische Klinik, geh. an d. Hôtel-Dieu zu Paris. Gesammelt von Brierre de Boismont u. Marx. 2., umgearb. Ausg. Uebers. v. H. E. Flies. 3. u. 4. Bd. gr. 8. Quedlinburg, Basse. [3. (37 B. u. 1 Tab.) 844. 4. (32 B.) 46. à 1 Thlr. 20 Ngr.]
1. u. 2. Bd. Ebendas. 1840, 42. 4 Thlr.

Duquesne, geistliche Einsamkeit, s. Leitsterne, neue, auf der Bahn des Heils.

Duquesne, Arnauld Bernard d'Icard

Duquesne, l'année apostolique, ou méditations pour tous les jours de l'année, tirées des actes et des épitres des apôtres etc. 8 Vol. 12. Metz. (Lovrault, Strasbourg.) 805.

Duquesne, die Herrlichkeit Maria's, od.: Betrachtungen f. die Oktaven aller Feste der allerseligsten Jungfrau. Aus d. Franz. 2 Bde. gr. 12. (27 B. u. 1 Stahlst.) Augsburg 842, Kollmann'sche Buchh.

Duquesne, Arnauld Bernard d' Icard. Das apostolische Jahr ... Aus dem Franz. Augsburg 1809-10. Ü: (Bd. 2. 4. 6. 8. 10. 12.) *Egger, Carl* Ü: (Bd. 1. 3. 5. 7. 9. 11. 13.) *Schelkle, Dom.* (Ky)

Duquesne, Abt ..., das apostol. Jahr, als Fortsetzung d. betrachteten Evangeliums, oder Betrachtt. auf alle Tage im Jahre üb. d. Geschichte u. Briefe d. Apostel ꝛc. Aus d. Französ. 13 Bde. (2r, 4r, 6r, 8r, 10r u. 12r Bd., übers. v. K. Egger.) gr. 8. Augsb. 809, 10. (Linz, Haslinger). 8 ℛ 16 gr.

Duquesne, das apostol. Jahr, od. Betrachtn. auf alle Tage im Jahre üb. d. Geschichte u. die Briefe d. Apostel u. die geheime Offenbarung d. heil. Johannes, 13 Bde., nebst vollständ. Register. A. d. Franz. übers. v. Karl Egger u. Dom. Schelkle. 2. Ausg. gr. 8. (277¾ B. u. 1 Titkpfr.) Augsburg 836, Rieger'sche Buchh.

Duquesne, Arnauld Bernard d'Icard. Die weibliche Tugend, dargestellt in dem Leben der Frau von Careado. Eine Geschichte für jeden Erbauung suchenden Christen. Aus dem Französ. von dem Herausgeber: »Lombez, Ueber den innern Frieden«. Regensburg 1833. Ü: *Däzl, Georg Anton.* (Russell IX, 456)

Düquet, Regeln z. Verstande d. heil. Schr. 8. Wien, Camesina. 777.

Dur's Elsass. Humoristisch-satirisch Wucheblättle. Red. H. Zislin. 1. Jahrg. Oktbr. 1907—Septbr. 1908. 52 Nrn. (à ca. 8 S. m. z. Tl. farb. Abbildgn.) 36×27 cm. Mülhausen i/E.. Ch. Bahy. 8. —
Nicht mehr im Buchhandel.

Dur u. Moll. Eine musikal. Monatsschrift. 1.–3. Jahrg. Oktbr 1896–Septbr. 1899. à 12 Hfte. (à ca. 45 S. m. Abb. u. Bildnistaf.) Lex. 8. Leipzig, A. H. Payne. à Hft. 1.

Dür, Bernh., eine moderne Gefahr u. ihre Abwehr. Erläutert durch 100 Beispiele aus d. Leben. (VII, 127 S.) 8. Trier 908. Paulinus-Druckerei. 1.20

— 176 Zitate üb. die Presse od. die Macht u. Bedeutg. der Presse im guten u. schlechten Sinne. (185 S.) kl. 8. Linz 908. Preßverein. —50

Durach, Johann Baptist, s. Adelritter, Die.

Durach, Johann Baptist, s. Dupuis: Geschichte ...

Durach, Johann Baptist, s. Eleonora del Monti.

De expeditionibus sacris, quas cruciatas vocant, earumque sequelis. Scrips. Dr. J. B. Durach, L. P. — 1831. Ratisbonae. — S. 3–8.
Progr. Regensburg.

Durach, Jh. Bapt., die Franzosen in Passau. gr. 8. Salzb. 802. Mayr. 4 gr.

Durach, Johann Baptist, s. a. Gebhardt d. Zweite.

Gebhard der Zweyte, Kurfürst von Köln und Agnes von Mannsfeld, Kanonissin von Girrisheim. Eine Bischofslegende aus dem 16ten Jahrhundert (von *Joh. Baptist Durach*). Wien und Leipzig, Hochenleitner, 1791. 8⁰.
Gmähle's Leihbibl.-Cat., München, Nr. 5023—24. — Anon.-Lex. II. p. 142 (nach Kehrein, Hittmair, Meusel u. Kayser).

Durach, Prof., Geschichte von Bayern. 8. Regensburg 829. (Kollmann in Augsburg.) 1 ℛ

— Geschichte von Baiern. 8. Regensb. 829. Pustet. 4 gr.

Durach, Johann Baptist, s. a. Hellfried u. Hulda.

HELLFRIED und Hulda. Ein Mährchen aus den gräuelvollen Tagen der Vorwelt (von *Joh. Bapt. Durach*). Mit Titelvignette (C. Schule sc.). Leipzig, bey Johann Benjamin Georg Fleischer, 1792. 8⁰. Zahm.
Orig.-Ausgabe. 238 S. incl. Tit.). — Anon.-Lex. III. p. 276 citirt nur den Nachdruck: Hohenzollern (Wien) 1792 (nach Hittmair, Kehrein, Kayser, Weller, Meusel).

Huldigung, Seiner Majestät, Ludwig, König von Bayern, den 16. October 1830 in allertiefster Ehrfurcht dargebracht im Namen des k. Lyceums, von Dr. J. B. Durach, L. P. — Ebend. — 13 Stanzen auf 6 S.
Progr. Regensburg.

Durach, Johann Baptist, s. a. Konrad v. Kaufungen.

— — Kaufungen, Konrad v., oder der Fürstenraub aus dem XV. Jahrhunderte. 2 Thle. Mit 2 Titelkpfrn. u. 2 Titelvign. (Kimpfel del., J. D. Heidenreich sc.). Berlin 1794. Im Verlag der Königl. Pr. Ac. Kunst- und Buchhandlung. 8⁰. (2⅓ Rthl.) (5 Mk. Friedr. Klüber, München, c. 1905.)
Nicht von Cramer, sondern von Joh. Bapt. Durach (1766—1832). Vgl. Goedeke V, 511 u. 518, 24. — I: Gestoch. Titel, XIV—390 S. II: Gestoch. Tit., 2 Bll. „Erklärung an das Publikum", 368 S. Laut dieser „Erklärung" war der Roman von der Firma im Messcatalog u. auf d. Schmutztitel (einiger Expl.) zu Thl. 1 mit d. Zusatze „v. Verf. d. Hasper a Spada" versehen worden, worüber sich Cramer im Intelligenzblatt d. allgem. Litt.-Ztg. mit Recht beschwert u. mit Klage gedroht hatte.

— — Dasselbe. 2 Thle. Ebd. 1799. 8⁰.
War in Schlesinger's Berliner Leihbibl., laut Cat. von 1827.

MONTI, Eleonora del. Eine Geschichte aus dem achtzehnten Jahrhundert (von *Johann Baptist Durach*, 1766 bis 1832). Mit Titelkpfr. u. Titelvignette (Ramberg sc.). Berlin 1796. 8⁰. (3 Mk. A. Buchholz, München, 1908.)
Anon.-Lex. II. p. 18 mit der unrichtigen Jahrzahl „1786".

— — Dasselbe. 2. Aufl. Ebd. 1800.
l. c. (nach Kayser, Kehrein, Meusel, Hittmair).

Durach, Johann Baptist, s.a. R a s p o v. Felseneck.

RASPO von Felseneck, oder der Gottesgerichtskampf. (Carl Gottlob Cramer untergeschoben. — Vf.: *Joh. Baptist Durach.*) 2 Bde. Berlin 1795. 8°. (1½ Rthl.)
Anon.-Lex. III. p. 330 (nach Meusel, Kayser, Kehrein, Hittmair). Goedeke hat „1794"(?).
Müller-Fraureuth: „In seinem (Durach's) Raspo von Felseneck 1795 ist ein Ritter so edel, dass er seine Geliebte einem andern überlässt und seine Feindin heiratet, um sich grossmütig an ihr zu rächen."

— — Dasselbe. 2. Auflage. Ebd. 1800. 8°.
Schlesinger's (Berlin) Leihbibl.-Cat. von 1827.

Durach, Johann Baptist, s.a. S a r a v. Uritz.

SARA von Uriz oder das Ruinengespenst. Eine Kunde aus der Vorzeit. (Ziemlich zahmer Roman von *Joh. Bapt. Durach*). Hof 1793. 8°. 428 S. (15 Mk. [1], Hldr., H. Streisand, Berlin, 1908.)

Durach, Johann Baptist, s. S k i z z e n v. Heroismus.

Durach, Johann Baptist, s. T a c i t u s : De situ . . .

Durach, Johann Baptist, s.a. Eva T r o t t i n .

Eva Trottinn, Nebengeliebte Heinrichs des Jüngern, Herzogs zu Wolfenbüttel. Szenen und Gemälde aus der ersten Hälfte des sechszehnten Jahrhunderts, den Zeiten der Reformation (von *Joh. Baptist Durach*). 2 Bde. Mit 1 TKpf. (nach Schubert von Darnstedt gest.). Leipzig, in d. Weygandschen Buchh. 1793. 8°. (2 Rthl.)
Selten u. wenig bekannt! 774 durchpagin. S. (Bl. 2 beginnt mit S. 409.) Neue Allg. dtsch. Bibl. 8, 165—167. — Anon.-Lex. IV. p. 195 mit der unrichtigen Jahrzahl „1792" (nach Kayser u. Goedeke).

Durach, Johann Baptist, s.a. W a r n u n g , noch e., vor d. Gefahr d. Lebendigbegrabens.

(Durach, Johann Baptist) Noch eine Warnung vor der Gefahr des Lebendigbegrabens und dem Entsetzlichen des Lebendig-Begraben-Werdens.
Dugla, Salzburg 1795.

Durach, Johann Baptist, s. W e i b e r t r e u e u. Pfaffengrimm.

Durach, Johann Baptist, s. Philippine W e l s e r i n .

Durach, Joh. Baptist (Hrsg.), s. W o c h e n b l a t t f. d. Bürger u. Landmann.

Durade: Sur la n u t r i t i o n . Berlin 1767. 4°

Dura-Elementbau-G. m. b. H: Preisliste über Dura-Elemente. Berlin-Schöneberg (1910?)

Festrede, am Johannistag 1879 in der Loge Erwin gehalten durch Durain. o. O. [1879]. 4 Bl. 8° [Umschlagtit.] Tt. 1986. Üb. Betätigung der Mrei im profanen Leben.

Dural, Amaury, s. v. Ortloff, d. Königr. Neapel.

Duraña de Ochon, D., Cuba y la emancipacion de sus esclavos. Leipzig 861. Brockhaus. 8. (65 S.) n. 12 ngr.

—— die Emancipation der Sklaven auf Cuba. Aus dem Span. übers. von C. Butze. 8. (IV und 60 S.) Leipzig 864, Brockhaus' Sortiment und Antiquarium. *

Durana de Ochon, D., Plácido, Dichter u. Märtyrer. Eine Biographie. Hannover 865. Cruse. gr. 8. (22 S.) n. 5 ngr.

Duran, Maase Efod, Einleitung in das Studium und Grammatik der hebräischen Sprache. Nach Handschriften der k. k. Hofbibliothek in Wien, der Sorbonne in Paris, der Oppenheimeriana in Oxford und von drei Privatbibliotheken, nebst einer Einleitung, erläut. und krit. Noten von den Herausgebern und hebr. Beilagen von dem Verf. so wie von S. D. Luzzatto, zum ersten Male hrsg. von Jonath. Friedländer und Jak. Kohn. gr. 8. (XV und 297 S.) Wien 865. (Herzfeld und Bauer.) **

Duran, Salomo b. Simon, Milchemet Misva. Opus polemicum ad defendendam judaicam religionem. Denuo edidit Jerucham Fischl. (In hebräischer Sprache.) gr. 8. (32 S.) Leipzig 860. Berlin, Adolf und Comp. Thlr. *

DURAND, Carl, und die schöne Maltheserin oder die glücklichen Bewohner von Tahoora. 2 Bde. Mit 1 Titelkpfr. Erfurt 1805—6. 8°. (3 Mk., geles. Expl., Frz. Teubner, c. 1898; 2 Mk. 50 Pfg. Isaak St. Goar, 1909.)

Durand, Karl, u. die schöne Maltheserin. 2 Thle. m. 1 K. Erfurt, Bever u. Maring. 806.

Durand, Karl. u. die schöne Maltheserin. 2 Thle. 8. Erf. 806. Maring. (Otto). 1 ₰ 12 gl

Durand. Marie D'. Basel 1892 s. J. [inder], C[arl].

Durand, Marie. Ein Lebensbild aus der „Kirche der Wüste". Mit dem Bild des „Tour de la Constance". Von C. L. 12. (44 S.) Basel 892. (Missionsbuchh.) n. — 15

Durand, Marie. Ein Lebensbild aus d. „Kirche d. Wüste". Mit d. Bild d. „Tour de Constance". Von C. L. 2. Aufl. (44 S.) 11. 8. Basel 906. (Basler Missionsbuchh.) nn — 16

Durand, Mad. Meine Erinnerungen an Napoleon, seine Familie und seinen Hof. A. d. Französ. 8. Dresden 1821.

Durand, . . ., Kurze nach dem Sinne der Kirche verfaßte Erklärung aller sonntäglichen und Festevangelien durch das ganze Jahr. Augsburg, Wagner, 1772, gr. 8°, 75 Pf.

Durand, am Kaiserhofe Napoleons. Erinnergn. üb. Napoleons Familienleben. (VIII, 144 S.) 8. Jena 910. H. Costenoble. 3.—; geb. 4.—

LEBENS-GESCHICHTE der Gräfin von Mortane, in einem angenehmen Liebes-Roman. Aus d. Französ. (der Mme. *Durand*) übers. von Damiro. O. O. Anno 1719. 12°. 21 Bogen. Rar!
Georgi's B.-Lex.; Bibl. J. J. Schwabii II; Cat. Meissner II. Orig.: La Comtesse de Mortane. Par Mme ***. 2 part. Paris 1699; rep. La Haye 1700. 16°. (²/₃ Rthlr. Maske, Breslau, Cat. 93. p. 24.) (Gay II. p. 298.)
— — Dasselbe, titulo: Geschichte der Gräfin von Mortane. Aus d. Französ. der Madame von N**. 2 Thle. Frankfurt u. Leipzig 1763—64. 8°. 20 Bog. (In Stralsund, Rathsbibl. L. B. 8° 508.)

Durand, Generalin, erste Palastdame der Kaiserin Marie Louise. Memoiren der . . . . . Napoleon und Marie Louise. Deutsche Original-Ausgabe von Adolf Ebeling. (Bildet auch den IV. Bd. des Werkes: „Napoleon I. und sein Hof".) 8. Köln und Leipzig 1887.

Durand: M e m o i r e n . 1810 – 1815. Deutsche Orig.-Ausg. von Adolf Ebeling. 4. Aufl.
Köln & Leipzig: A. Ahn 1891. (328 S.) 8°
= Napoleon I. u. s. Hof. Bd 4
= Memoiren-Bibliothek. (4.)

Durand. Memoiren einer Hofdame. Interessante Mitteilungen über das Hofleben der Kaiserin Marie Louise. Herausgegeben von Burghard Aßmus. Berlin o. J., (ca. 1890.) 8°.

Memoiren einer Hofdame. Interessante Mitteilungen über d. Hofleben d. Kaiserin Marie Louise, nach d. Erinnerungen [Mémoires, Ausz.] d. Generalin **Durand**. Hrsg. von Burghard Aßmus. 1.–3. Taus. Berlin: R. Jacobsthal [1905]. (192 S.) 8° [F.] [04. 96]

Durand, s.: Napoleon I. u. sein Hof.

Durand, Wwe d. Generals, Napoleon im häusl. Kreise u. sein Hof, nebst Anekdoten aus seiner letzten Regierungszeit. Aus d. Französ. 8. Dresd. 821. Hilscher. (Braunschw., Meyer). 1 ₰

Durand, A. F., neues Kochbuch, nebst Anweis. zu vorzügl. Sorten Backwerk, Kuchen, Torten rc. 8. Hannov. 800. 2e A. 809. Hahn. 1 Thlr 12 gGr 3e A. 822. 1 Thlr

Durand, (A. F.,) neuestes auf langjährige pract. Erfahr. gegründetes Kochbuch, nebst e. Anweis. d. vorzüglichsten Sorten Backwerk, Kuchen, Torten rc. zu machen. 3e Ausg. 8. Hannover 822, Hahn.

Durand, Mad. Alice, geb. Fleury, s. a. Gréville, Henry.

Aline. Par Henry Gréville (d. i. Alice Durand). Mit Anm. z. Schul- u. Privatgebr. hrsg. von F(erdinand) Erler, Oberl. zu Berlin. [Nebst] Anm. [&] Wörterbuch. *Bielefeld & Leipzig: Velhagen & Klasing 1902.* 3 Bde 8°
— Sammlung, Velhagen & Klasings, franz. u. engl. Schulausgaben. Prosateurs franç. Lfg 130 B. [o8. 10383]

Der Dämon. Roman von Henry Gréville (d. i. Alice Durand). Deutsch von Herm. Farkas. Mit Ill. von A. Lewin. Berlin, Leipzig: H. Hillger [1907]. (128 S.) 8° [F.]
— Bücherschatz, Kürschners. No 566. [07. 15380]

Dosia par Henry Gréville (d. i. Mme Alice Durand). Mit Anm. z. Schul- u. Privatgebr. hrsg. von Dr. Léon Wespy, Dir. in Hannover. [Nebst] Anmerkungen [&] Wörterbuch. *Bielefeld & Leipzig: Velhagen & Klasing 1902.* 3 Bde 8°
— Sammlung, Velhagen & Klasings, franz. u. engl. Schulausgaben. Prosateurs franç. Lfg 129 B. [o8. 10388]

Durand, C., der Humor in der Kaserne od.: 2 humorist. Instruktionsstunden. Vortrag f. 11 Herren. gr. 8. (21 S.) Minden (898). W. Köhler. — 75

Der Humor in der Kaserne oder: Zwei humoristische Instruktionsstunden. Vortrag für 11 Herren. Zsgest. u. bearb. von C. Durand. *Minden i. W.: W. Köhler [1899].* (21 S.) 8° [F.]
— Theater-Bibliothek, Köhlers, f. Vereine. [10.] [o4. 9603]

Durand, C., Humor aus der Schule. Anekdoten u. lust. Schwänke. 8. (128 S.) Berlin 879. Mode's Verl. n. 1. —

Durand, C. Humor aus der Schule. Anekdoten u. lust. Schwänke. 6. Aufl. 8. (128 S.) Berl. 892, Mode's Verlag. * 1 —

Durand, Ch., dix jours de campagne, ou la Hollande en 1831. gr. 8. Amsterd. 832. Leyden, Luchtmans, (Lpz., Weigel; n. Weidmann). 2 Thlr 16 gGr

Durand, Elias J., the geoglossaceae of North America. (S. 887—477 m. 18 Taf.) gr. 8. Berlin 908. R. Friedländer & Sohn. 10. —
Sonderabdr. a.: „Annales mycologici".

Durand, F., Lehrbuch der Reißkunst, s. Schauplatz d. Künste, 55. Bd.

Durand, J. B. L.: Nachrichten von den Senegal-Ländern. In einem gedrängten Auszuge, mit Golberry's Berichten verglichen und durch Anmerkungen erläutert. Nebst Rubault's Landreise nach Galam, im Jahre 1786, von Herrn Durand veranstaltet und bekannt gemacht. Aus dem Französischen. Mit einer Einleitung, Anmerkungen und Zusätzen herausgegeben von Theophil Friedrich Ehrmann. Mit einer Charte zu Rubault's Reise.
in: Bibliothek der neuesten und wichtigsten Reisebeschreibungen. Bd. 9. Weimar 1803. VI. 242 S. 8°.

— Nachr. von den Senegal-Ländern u. Rübaults Landr. nach Galam 1786. a. d. Franz. m. Zus. v. Ehrmann. gr. 8. Weim. Ind. Comt. 803. (aus der Biblioth. der Reise-Beschr. 9r Bd.)

Durand, J. N. L., Abriß d. Vorlesungen über Baukunst, gehalten in d. königl. polytechn. Schule zu Paris. Nach d. neuesten Aufl. aus d. Französ. übersetzt. 1r u. 2r Bd. in 3 Thlen. Mit 64 Steindr. gr. 4. Karlsr. u. Frburg 831. Herder. 6 Thlr 17 gGr

Durand, J. N. L., Précis des leçons d'Architecture données à l'école royale polytechnique nouv. édit. Vol. I. conten. 32 planches in 4. Paris. 820.

— s. auch Ménil-Durand.

Durand, Jacques Francois.

Neueste Nachrichten von und aus der Schweitz … Leipz. 1796. Ü: *La Coste, F.* (MGT)

Durand, J. neueste Nachrr. aus d. Schweiz. Topogr., physikal. u. polit. Inhalts. (Ein Auszug aus d. Französ. v. Fr. Lacoste.) gr. 8. Leipz. 797. Weygand. 2 Thlr

Durand, F. J., Statistique élém., ou essai sur l'état géogr., phys. et polit. de la Suisse. IV Vol. 8. Paris et Strasb. König. 796.

— — le même. IV Vol. 8. Lausanne, Pott et C. 795.

— — le même. IV Vol. Berne. Soc. Typ.

Durand, Carl, aus der Instruktionsstunde, nebst anderen Schnurren und Schwänken für Soldaten und solche, die es gewesen sind. 12. (48 S.) Oberhausen (Styrum) 887, Spaarmann.

Durand, Karl, die Memoiren des Marquis d'Argenson, s. a. Abhandlungen zur mittleren u. neueren Geschichte.

Durand, Karl [Ludwig Heinrich], a. Karlsruhe: Die Memoiren des Marquis d'Argenson. Berlin u. Leipzig: W. Rothschild 1908. (100 S.) 8°
Freiburg i. B., Phil. Fak., Ref. Meinecke, Diss. v. 1908
[Geb. 21. Juni 84 Karlsruhe; Wohnort: Karlsruhe; Staatsangeh.: Baden; Vorbildung: Oberrealsch. Karlsruhe Reife Juni 02; Ergänzungsprüfung in Latein Realgymn. Mannheim Reife Juli 02; Studium: Heidelberg 2, München 1, Grenoble 1, Freiburg i. B. 5 S.; Rig. 31. Jan. 07.]

Durand, Karl. Schulfeier des Geburtstages Sr. Maj. d. Königs u. Kaisers Wilhelm II. 1. u. 2. Aufl. 8. (44 S.) Langensalza 891,92, Schulbuchh. — 35

Durand, L., u. M. Delanghe, die 4 Jahreszeiten, f. die französ. Konversationsstunde nach Hölzels Bildertaf. bearb., s. a. Konversationsunterricht im Französ. I.

Durand, L., die vier Jahreszeiten f. die französische Konversationsstunde, nach Hölzels Bildertafeln im genauen Anschluss an „The four seasons by E. Towers-Clark" bearb. 4 Hfte. 4. (Mit je 1 Bild.) Giessen 894. E. Roth. à n. — 40; in 1 Bd. n. 1. 20; geb. n. 1. 40
1. Der Frühling (Le printemps). (20 S.) — 2. Der Sommer (L'été). (16 S.) — 3. Der Herbst (L'automne). (24 S.) — 4. Der Winter (L'hiver). (26 S.)

Durand, L., s.: Konversationsunterr. im Französ.

Durand, L., u. M. Delanghe, Konversationsunterricht im Französ. 1.—8. Hft. (I. u. II. Bd.) gr. 8. Giessen, E. Roth. à n. — 40
1. I. Bd. Die 4 Jahreszeiten f. d. französ. Konversationsstunde, n. Hölzel's Bildertaf. im gen. Anschluss an „The 4 seasons by E. Towers-Clark bearb. 1. Hft. Der Frühling (Le printemps). 3. Aufl. (24 S. m. 1 Bild.) 898.
2. Dasselbe. 2. Hft. D. Sommer (L'été). (IV, 16 S.) 896.
3. Dasselbe. 3. Hft. D. Herbst (L'automne) 2. Aufl. (IV, 24 S.) 897.
4. Dasselbe. 4. Hft. D. Winter (L'hiver). 2. Aufl. (IV, 26 S.) 897.
5. II. Bd. Übungen. 1. Hft. Die Stadt (La ville). 2., verb. Aufl. (IV, 29 S.) 897.
6. Dasselbe. 2. Hft. D. Wald (La forêt). (26 S.) 895.
7. Dasselbe. 3. Hft. D. Hochgebirge (La chaine des Alpes). (27 S.) 895.
8. Dasselbe. 4. Hft. D. Bauernhof (La ferme). (24 S.) 895.

— dasselbe. III. Bd., s.: Koch, F. u. M. Delanghe, französ. Sprachlehre.

— — dasselbe. IV. Bd., s.: Delanghe, M., une vue de Paris.

— — Übungen f. die französische Konversationsstunde nach Hölzels Bildertafeln, s.: Konversationsunterricht im Französischen. 5.

Durand, Ludw., D. Problem d. Eucharistie u. s. Lösg. Völlig neue Beweisführg. gr. 8. (32 S.) Berlin 898. A. Haack. n. — 50

Durand, Théophile

Durand, Th., et **Hans Schinz,** conspectus florae Africae ou énumération des plantes d'Afrique. Vol. V (Monocotyledoneae et Gymnospermeae). gr. 8. (977 S.) Bruxelles 895. (Berlin, R. Friedländer & Sohn.) n.n. 20. —; bei Subskription auf Vol. I—VI.: n.n. 16. —
Vol. 1—IV erscheinen später.

Durand, Théophile, voir: *Déséglise.*

Durand, Th., index generum phanerogamorum usque ad finem anni 1887 promulgatorum in Benthami et Hookeri „Genera plantarum" fundatus cum numero specierum, synonymis et area geographica. gr. 8. (XXII, 723 S.) Bruxelles 888. Berlin, (Gebr. Borntraeger.) **

Durand, Theoph., s.: Index Kewensis plantarum phanerogamarum.

Durand-Brager, H.

Durand-Brager, Erinnerungen eines Rothhemdes. Vier Monate Feldzug unter Garibaldi in Sizilien und Neapel. Deutsch von E. Burckhardt. Mit 7 Illustr. (Holzschn.) im Text. Gotha 861. Octav. 8. (181 S.) n. 20 ngr.

Durand-Fardels gekrönte Abhandlung über die Hirn-Erweichung. Uebersetzt u. m. Zusätzen vers. v. Eisenmann. gr. 8. (27 B.) Leipzig 844, Otto Wigand. *

Durand-Fardel, M., Handbuch der Krankheiten des Greisenalters. Aus dem Französ. übertragen und mit Zusätzen versehen von D. Ullmann. 2 Lfgn. Lex.-8. (XII und 1010 S.) Würzburg 857. 58, Stahel'sche Buchh. [1. Lfg. * 1 Thlr. 21 Ngr., 2. * 2 Thlr. 9 Ngr.] *

Durand de Maillane, l'Année Evangélique ou Sermons. 7 Vol. 8. Berne, Soc. Typ. 780.

— l'Année évang. nouv. 2 Vol. 8. ib. 791.

— le bon fils, ou de la piété filiale, ouvrage moral. III Vol. 12. Lausanne, Pott et C. 805.

Durande, (Jean François): Beobachtungen über die Würkung der Mischung von Schwefeläther und dem flüchtigen Terpentinöl bey Leberschmerzen, die von Gallensteinen entstehen. (Observations sur l'efficacité du mélange d'éther sulfurique et d'huile volatile du térébenthine dans les coliques hépatiques produites par les pierres biliaires. Dt.) 128 S., gbd.

Helmstädt: Fleckeisen 1791

Durande, J. Fr. Beobachtungen über die Wirkung der Mischung von Schwefeläther und dem flüchtigen Terpentinöl ... Aus dem Franz. Helmstädt 1791. Ü: *Cappel, Wilh. Frdr.* (ML)

— — dass. französ. gr. 8. Strasb. König. 790.

— s. Guyton de Morveau, Chemie.

Durand Zeitung: 1888–1901

Democratic weekly. Printed as edition of MENOMONIE NORD-STERN (Menomonie, Wis), 1882–1901. Circulation 1890, 475; 1895, 460; 1900, 460. Edited by R. Morsbach, 1888–98; published by German Printing Co. (Menomonie), 1888–94; by Morsbach & Pieper, 1895–98.
Durand, WI

Durange, J. D., des verirrten Hauptrisses der Regular-Fortification getr. Wegweiser. 4. Frkft. Andreä, 722. Rthlr. -

Durange. Des verirreten Haupt Risses der Regulair-Fortification getreuer Wegweiser, bestehend in denen infailliblen Universal-General- und Special-Maximes des vollkommenen Regulair-Haupt-Risses, auf was Arth nehmlich derselbe ohne Tadel zu verfertigen, verständig zu beurtheilen und geschickt zu unterscheiden sey etc. (Mit 1 Taf.) 4. Cassel 1722.

Durangelo, R. [Arn. Ruge], Bianca della Rocca. Historische Erzählung aus dem heutigen Rom in 8 Büchern. 8. (IV, 310 S.) Berlin 869, Seehagen.

Die offizielle Festfahrt zur Einweihung der Erlöserkirche in Jerusalem am 31. Oktober 1898. Vortr. geh. 1899 von [Hans] Frh. v. **Durant-Baranowitz.** *Berlin: H. L. Thilo 1899.* (31 S.) 8° [J.] [illegible]

Durant-Baranowitz, Frhr. v., die offizielle Festfahrt zur Einweihg. der Erlöserkirche in Jerusalem am 31. X. 1898. Vortrag, geh. auf dem 18. ordentl. Adelstage am 27. II. 1899. gr. 8. (32 S.) Berlin 899. Leipzig, H. L. Thilo. n. 1.—

Arie von F[rancesco] **Durante** ⟨1684–1755⟩. Für Violine u. Klavier arrangirt von Emil Kross. (Leipzig: Bosworth & Co. 1900.) (3 S., 1 Bl.) 4° [Kopft.]
(Bosworth Edition. Alte u. neue Meister. Sect. B. No 5.)
(Blätter u. Blüten. Violon & Piano. No 90.) [illegible]

Durantin, Armand, Monsieur Acker. Comédie en un acte. 16. (29 S.) Berlin 860, Lassar's Buchh. *

Duranton, Cours de droit civil, suivant le code franç., avec des sommaires ou exposées analytiques en tête de chaque chapitre et section de matière, une table générale à la fin de chaque volume et des notes indicatives des lois Romaines et anciennes ordonnances ou ont été puisées les lois nouvelles et cont. les observations qui ne pouvaient entrer dans le texte sans en interrompre la marche. 4. édit. considérabl. augmentée. Tom. I., II., VII., VIII. et XI. Lex.-8. Mannheim 841, Schwan et Götz. Subscr.-Pr. f. 12 Bde. *

Duranton, ..., (Prof.,) Cours de droit civil, suivant le code franç., avec des sommaires ou exposées analytiques en tête de chaque chapitre et section de matière, une table générale à la fin de chaque volume et des notes indicatives des lois Romaines et anciennes ordonnances ou ont été puisées les lois nouvelles, et cont. les observations qui ne pouvaient entrer dans le texte sans en interrompre la marche. 4e édit. considérablement augmentée. Tome 1. 2. 7. 8. 11. Lex.-8. Mannh. 841, 42, Schwan et Götz. S.-Pr. f. 12 Bde. n. 32 ß

Duras Hzgin v. Betrachtungen und Gebete. Aus ihrem Nachlass. Ins Deutsche übers. Frankfurt a. M. 1842. Ü: *Schlosser, Joh. Frdr. Heinr.* Vgl. Heyden, Gallerie. 1861. S. 388. (DARP)

v. Duras, Herzogin, Betrachtungen und Gebete. (Ein Nachlaß. Aus dem Französ. 8. (oder kl. 16. mit breit. Rande.) Frankfurt a/M. 842, Andreäische Buchh. 1/6 ß

Duras, Księżnie, Rozmyślania i Modlitwy dotąd niewydane. A na polski język przełożone przez T. T. 16. (4 B.) Lipsk 840, Breitkopfa i Haertela.

(Duras, Claire de Durfort D[ss] de)

Eduard. Von der Verf. der Ourika. Aus dem Franz. übers. von M. Tenelli [d.i. J.H. Millenet]. Bd 1,2. Gotha: Hennings 1826. 8°

v. Duras, Herzogin, s. 1) Eduard. 2) Edouard. 3) Olivier. 4) Ourika.

(Duras, Mme. de,) Ourika, et: Edouard, romans. 16. ... Stouttgart 828, [Scheible.]

Duras, Th. — Blas-Oefen, nach einem ganz neuen eigenen Systeme konstruirt, mittelst welchen Zimmeröfen lediglich mit Steinkohle beheizt zu werden brauchen und die das Holz zur Beheitzung ganz entbehrlich machen, von — —. 8. (16 S.) Pilsen. 1854. Druck von J. M. Schmid.

Duras, Theod., alphabet. geord. Auszug d. allerhöchst. Stempelpatents vom 5. u. 15. Oct. 1802 u. der seit dies. Zeit bis Ende Dec. 1832 für d. ganzen Umfang d. k. k. österr. Monarchie erschienenen u. noch in Wirksamkeit bestehenden höchsten Verordnungen u. Erläuterungen. 8. ... Prag 834, v. Mayregg.

Duras, Thomas —. Alphabetisches Register über den Inhalt des Strafgesetzes vom 27. Mai 1852, zusammengestellt von — —. 8. (54 S.) Prag. Gedruckt bei Johann Spurny. 1853.

Duras, W.

Duras: Bemerkungen über das Linearzeichnen der ersten und der zweiten Klasse an Unterrealschulen. 21 S. 8° –Salzburg OR., Progr. 1861

Duras W.: Collineare Gebilde der Kreislinie. 12. Wien U.-R. II. 85. Progr.

Duras, W.: Eisengewerkschaft Hammerau in Baiern. 5 S.–Salzburg OR., Progr. 1859

Duras: Netz des Dodekaëders. 4 S.8° u.Figt.– Troppau OR., Progr. 1865.

Duras W.: Zahlensysteme überhaupt und das dekadische insbesondere. 45 Troppau R. 75. Progr.

Durasewicz, Boleslaus v.: **Beiträge zur Geschichte der Landwirtschaft Kursachsens im 16. Jahrhundert.** *Heidelberg 1900: (J. Päsler, Dresden-N.).* (51 S.) 8° Heidelberg, Naturw.-math. Diss. v. 1900

Durasewicz, Boleslaus v., Beiträge zur Geschichte der Landwirtschaft Kursachsens im 16. Jahrh. Diss. gr. 8. (50 S.) Heidelberg 900. (Leipzig, G. Schönfeld.) n. 1. —

Dürauer, F. J., da oldi Pfoara. Ländliches Gedicht in niederösterreich. Mundart. 8. (VII, 39 S.) Wien 882. Gerold's Sohn in Comm. n. 1. —

Dürauer, F. J., „Sei mir gut!" Gedichte. gr. 16. (75 S.) Wien 878. Kubasta & Voigt in Comm. n. — 80

— da Sepp. Ländliches Gedicht in 6 Gesängen nebst e. Anh., enth. Lieder u. Gedichte in nieder-österreich. Mundart. 8. (25 S.) Teplitz 877. Pörzler in Comm. n. — 50

Dürauer Wilhelm: Alexander Graf von Württemberg.
II. 1910 PN 2958 Diss. Wien Univ.

v. Duraux, Alex., Juwelen. Ein unterhaltender Haus- u. Familien-Schatz, bestehend aus histor. Aufsätzen, Biographien, Novellen rc. der besten älteren u. neueren Schriftsteller des In- u. Auslandes. Gesammelt u. herausg. 2 Bde. 8. (527 S.) Magdeburg 851, Quednow in Comm. 1 ⁄ 3 ngl

Durazzo [Schlagwort]

Durazzo, Hafen, s.: Adriatisches Meer.

Dürbach, Juliane, Schausp. v. Claudine. 8. Frankfurt, Brönner. 784.

DURBACH, Karl, und Emilie Schierweg. Eine Geschichte. Halberstadt, Groß, 1781. 8°. (3 Ggr.) Fehlt bei Kayser.

Des Horatius Epistel an die Pisonen und Od. I 14. 9 II 6, Epod. XIII, Sapph. in Aphrod. [metrisch übersetzt] von L. Durban. 23 S. Progr. *Lahr* 1883

L. Durban. Uber die natürliche Reihe der ächten Brüche, mit einer Figurentafel. 34 S. Lahr. P 1865

Dürbeck, Ernst: Kursachsen und die Durchführung des Prager Friedens 1635. Borna-Leipzig 1908. Noske. 110 S. 8°
Leipzig, Phil. Diss. v. 12. Sept. 1908, Ref. Brandenburg, Seeliger
[Geb. 8. Nov. 83 Bautzen; Wohnort: Bautzen; Staatsangeh.: Sachsen; Vorbildung: Gymn. Bautzen Reife O. 03; Studium: Tübingen 1, Leipzig 9 S.; Rig. 28. Juli 08.] [U 09. 2948

Dürbeck, Richard [app. Arzt aus Bautzen]: Ueber Lipome der Zunge ... Freiburg i. B., Univ.-Buchdr. v. Ch. Lehmann, 1894; 23 S. 8.
Freiburg i. B., Med. Fak., Inaug.-Diss. v. 1894

Dürbeck, Wilhelm, a. Kitzingen a. M.: **Die äußeren Genitalien beim Schwein und bei der Katze. Leipzig 1907: W. Engelmann. (51 S.) 8° ¶(Aus: Morpholog. Jahrbuch Bd 30 H. 4.)**
Erlangen, Phil. Fak., Ref. Fleischmann, Diss. v. 1. Febr. 1907
[Geb. 8. März 74 Kitzingen a. M.; Wohnort: Kitzingen; Staatsangeh.: Bayern; Vorbildung: Gymn. Ansbach Reife I. VIII. Cl. 92; Studium: Tierärztl. Hochsch. München 7, Univ. Erlangen 3 S.; Rig. 7. Dez. 05.]

Durch! Antwort auf: Wohin? Eine Denkschrift aus dem J. 1841. gr. 8. (29 S.) Berlin 852, Hertz in Comm. n. 6 ngl

Durch! Blätter zur Förderung weiblicher Erwerbsthätigkeit und weiblicher Interessen. Redact.: H. Heybruch. Jahrg. 1862. Octbr. bis Dezbr. 3 Nrn. (Bog.) 4. Dessau. (Leipzig, A. Winter.)

Durch! Ein Wort für den Kampf gegen die Socialdemokratie v. Fr. W. gr. 8. (47 S.) Berlin 878. F. Luckhardt. n. 1. —

Durch das niederösterr. Alpengebiet. Sammlg. v. Reiseführern. 1. Hft. 12. Neunkirchen, L. Köhler. n. — 60
Pitten, das Bergschloß Seebenstein u. seine Sammlungen, der Türkensturz. Von Heinr. Mose. Mit 8 Illustr. (38 S.) 903.

Durch Arbeit zur Einigkeit! – s. Bischoff, Diedrich

Durch Asien. Erfahrungen, Forschungen u. Sammlgn. während der von Amtmann Dr. Holderer unternommenen Reise. Mit Unterstützg. des grossherzogl. bad. Ministeriums der Justiz, des Kultus u. des Unterrichts u. des naturwissenschaftl. Vereins in Karlsruhe hrsg. von K. Futterer, fortgesetzt von Fritz Noetling. II. Bd. 1. Tl. u. III. Bd. 1. u. 3. Lfg. Lex.-8. Berlin, D. Reimer. n. 45. —
[II. Geologische Charakter-Bilder. 1. Tl. Das Alai-Gebirge. Das nördl. Tarimbecken. Der östl. Thien-schan. Die Wüste Gobi zwischen Hami u. Su-tschou. Mit 166 Illustr im Texte, 40 Lichtdr.-Taf. nach photograph. Aufnahmen v. Futterer, 3 Profiltaf. u. 4 geolog. Karten. (XVI, 394 S.) 905. n. 20. —
III. Naturwissenschaftliche, astronomische u. meteorologische Ergebnisse. Abhandlungen v. L. Diels, Futterer, A. Andreae u. a. über die von Futterer gesammelten botan., zoolog., palaeontolog. u. geolog. Materialien, sowie üb die angestellten meteorolog. Beobachtgn., die gemessenen [illegible], die Missweisg. der Magnetnadel, die Breitenbestimmungen, u. d. wissenschaftl. Ausrüstg. 1. u. 3. Lfg. (II, 174 S. m. Abbildgn., 10 Taf. u. 10 Bl. Erklärgn. u. 161 S.) 903. n. 25. —
Lfg. 2 ist noch nicht erschienen.
Bd. I u. d. T.: Futterer, K., durch Asien. Ebd. 901. n. 20. —.

Durch Asien. Erfahrungen, Forschgn. u. Sammlgn. während d. v. Amtmann Dr. Holderer unternommenen Reise. Mit Unterstützg. d. grossherzogl. bad. Ministeriums der Justiz, des Kultus u. des Unterrichts u. des naturwissenschaftl. Vereins in Karlsruhe hrsg. II. Bd. 2. Tl. Lex. 8. Berlin, D. Reimer. Geb. in Leinw. 20. —
II. 2. Geologische Charakter-Bilder. 2. Tl. Auf Grund der v. K. Futterer hinterlass. Aufzeichngn. u. Materialien bearb. v. K. Andrée. Mit e. Vorworte v. W. Paulcke. Die Oasen des westl. Kansu u. der Nan-schan. Das Küke-nur-Gebiet. Das nordöstl. Tibet u. das obere Thao-Tal bei Min-tschou. Inner-China. Mit 1 Titelbild, 162 Illustr. im Text, 42 Lichtdr.-Taf. nach photogr. Aufnahmen v. K. Futterer u. M. Schwarzmann, sowie n. Zeichngn. v. K. Futterer u. 1 Karte der Reiseroute. (XXIII, 294 S.) 909.
Der 2. Tl. des III. Bds. ist noch nicht erschienen.

„Durch die Ausstellung!" Illustrirter Führer. Erinnerungsbuch an die schweizerische Landesausstellg. Mit 20 Illustr. der vorzüglichsten Ausstellungsobjekte u. 3 Orientirungsplänen. 8. (48 S.) Zürich 883. Orell Füssli & Co. Verl. — 60

Durch Breslau in Eile. Führer und Plan von Breslau. 4. Aufl. Schweidnitz [1904]. V: *Kretzschmer, Hugo.* (Berl)

— Breslau in Eile. Führer u. Plan v. Breslau. 4. verb. u. verm. Aufl. (54 S.) 8. Schweidnitz (904). G. Brieger. n. — 50

Albula. Durch den A' ins Engadin. [Album von 32 Ansichten in Lichtdruck, mit 1 Karte.] [II + 32 S.] quer-8. Samaden & St. Moritz, Engadin Press Co., [1904]. [fr. 2. 50]

— Deutschböhmen. Die Weltbäder, Sommerfrischen, Fremden- u. Touristenorte Deutschböhmens. Hrsg. vom Landesverb. f. Fremdenverkehr in Deutschböhmen, Sitz Karlsbad. 23—44. Taus. (396 u. VI S. m. Abb. u. 1 farb. Plan.) 8. Karlsbad 910. Prag, G. Neugebauer. — 40

—— die Schale zum Kern, von den Schatten zum Licht. Von einem rhein. Juristen, und Worte des Friedens in stürmischer Zeit. Von Frz. Reinhard. gr. 8. (64; 58 S.) Coblenz 878, (Hergt.) *

Durch diese Rede zum Johannis-Feste in der Loge der Freymäurer zur g[oldnen] S[äule] empfiehlet sich ein befleissigtes Mitglied v. C. o. O. 1767. 4 Bl. 4° [Umschlagtit.]
Kl. 880. Gedicht üb. die Pflichten des Frmrs. Kloss' Angabe: „in der Loge z. gekrönt. Säule in Braunschweig" kann nicht richtig sein, da diese erst 1778 errichtet wurde. Vielleicht ist die Loge zur gekrönten Schlange in Görlitz gemeint.

Durch diese Welt zum Himmelszelt. Vollständiges Gebet- und Erbauungsbuch für das katholische Kirchenjahr ... Einsiedeln 1879. V: *Velten, Joseph v.* (Bibl. d. Schweiz. Landeskunde. Bern 1892 ff. V, 10 e.)

— diese Welt zum Himmelszelt. Vollständiges Gebet- u. Erbauungsbuch f. das kathol. Kirchenjahr v. e. Priester d. Bisth. Basel. 16. (480 S. m. 2 Stahlst.) Einsiedeln 879. Benziger. — 95

— die christliche Ehe. Autoris. Uebersetzung. Trier 870. Braun. 16. (217 S.) n. 15 ngr.

— Erdennacht zur Himmelspracht, s.: Tannenzweige. 42. Heft.

Durch Feld u. Flur. Jahresgrüsse in Bild u. Wort. qu. schmal 8. (24 farb. S.) Leipzig 890. Baldamus, Sep.-Cto. cart. m. Goldschn. n. 1. 20

Durch die Felder. (Ausgestanzt.) 12. (8 z. Tl. farb. S.) Weimar 893. A. Karrer. — 10

Durch d. Fluth. E. Beitrag z. Abrüstungsfrage von A. v. B. gr. 8. (35 S.) Berlin 898. H. Walther. n. — 50

Durch gute und böse Gerichte. Eine Folge der Vertheidigungsschrift, welche von ... S. L. A. ... hsgegeben ... ist. Berlin 1782. V: *Apitzsch, Sam. Lobegott.* (BrMm)

Durch Glaube und Andacht zu Gott. Neuestes kathol. Unterrichts- u. Erbauungsb., in welchem die sonn- u. festtägl. Episteln u. Evangelien, so wie die der heil. Fastenzeit ausgelegt u. die wichtigsten Kirchengebräuche erklärt sind. gr. 8. (58 B. u. 1 Stahlst.) Einsiedeln 843, Gebr. Benziger.

—— dass. Nebst Morgen-, Meß-, Abendgebet u. Kreuzwegandacht. Von e. kathol. Geistlichen. Lex.-8. (58¼ B. u. 3 Stahlst.) Reutlingen 843, Fleischhauer u. Spohn.

— Gott zu Gott, s.a. Unterhaltungs-Bibliothek, christliche.

—— Gott zu Gott. Eine Familiengeschichte von A. v. N. Bevorwortet von W. F. Besser. 8. (V, 420 S.) Halle 883, Fricke's Verlag.

— ganz Italien. Sammlung v. 2000 Autotypien italien. Ansichten, Volkstypen u. Kunstschätze. qu. gr. Fol. (480 S. m. Text.) Zürich 899—901. C. Schmidt. n. 30. —; geb. in 2 Leinw.-Bde. à 20. —; Luxusausg. in Skytogen à n. 25. —
Für Deutschland: Berlin, Werner-Verlag, f. Österreich-Ungarn: Wien, G. Szelinski & Co.
Erschien auch in 30 Lfgn. à n. 1. —.

Durch den Jura. Herausgegeben vom Schweizerischen Jura-Verein. Zürich [1902]. V: *Wyss, Bernhard.* (BBullschw 2, S. 219)

Durch Kampf zum Frieden. Eine Erzählung mit einem Vorworte von Dr. R. Löber. 2 Bde. gr. 8. (325; 446 S.) Gotha 874, Schloeßmann. *ℳ 8.; geb. *

— Kampf zum Frieden. Von S. (8 S.) Lex. 8. Leipzig 909. F. W. Grunow. — 15
Sonderabdruck aus: „Grenzboten".

— Kampf zum Sieg. Episode aus dem Leben des hl. Aloysius, s.: Dilettanten-Theater.

Durch Kampf zum Sieg. Dortmund 1865. V: *Koehler, Joseph Eduard.* (EB)

Durch Kreuz zur Krone. Aus dem Franz. v. Maria Theresia, s.: Sonnenstrahlen u. Regentropfen f. die Jugend. 8. Bd.

—— Kreuz zur Krone. Eine Erzählung von der Verf. von „Gott ist mein Heil" und „Das irdische und das himmlische Erbe." 2 Bde. 1.—3. Aufl. 8. (III und 749 S.) Halle 863—67, Fricke. 1 Thlr. 21 Ngr.; geb.

Durch Kreuz zur Krone. Eine Erzählung von der Verfasserin von »Gott ist mein Heil. Eine Erzählung aus der Gegenwart, bevorwortet von E. Steffann«. Halle 1864. V: *Mitzlaff, Eugenia von.* (Russell)

—— Kreuz zur Krone oder der gesegnete Krankenbesuch. Eine Erzählung aus dem Leben. Hrsg. von der Wupperthaler Traktat-Gesellschaft. 8. (32 S.) Barmen 882, (Wiemann.)

—— Krieg zum Frieden! Ein Mahnruf in der zwölften Stunde. Von einem nicht Unbekannten. gr. 8. (32 S.) Leipzig 859, [Hennings'sche Buchh.]

Ein Mahnruf in der zwölften Stunde. Von einem nicht Unbekannten. Leipzig 859. Lehmann. (Wolf.) gr. 8. (32 S.) geh. 6 ngr.

Durch Krieg zum Frieden. 8. (72 S.) Stuttgart 859, Sonnewald'sche Buchh. *

Durch alle Lande. Illustr. Romanbibliothek. 1. Jahrg. 1895/96. 1.—6. Bd. 8. Chemnitz, B. Richter. Geb. in Leinw. n. 9. 50

1. Vaterehre. Roman von Vittorio Bersezio. Vom Verf. autoris. Uebersetz. a. d. Ital. v. Johs. Scherpe. (166 S. m. 2 Farbendr.) 895. n. 2.
2. E. Hochzeitsreise. Roman von E. Pardo Bazán. Autor. Übersetzg. a. d. Span. v. Helene Katz. Ill. v. Fel. Eisengräber. (164 S.) 895. n. 1. 50
3. Theklas Schicksale. D. Ring d. Polykrates. Von Mathilde Bourdon. Frei n. d. Franz. v. Helene Katz. Illustr. v. Fel. Eisengräber. (174 S.) 895. n. 1. 50
4. Versorgungsehe. Roman v. Arth. Zapp. Illustr. v. Mor. Härtel. (175 S.) 896. n. 1. 50
5. Besiegte Rache. Orig.-Roman v. La Rosée. Ill. v. G. Susemihl u. O. L. Geyer. (162 S.) 896. n. 1. 50
6. Drei Bräute. Roman a. d. amerikan. Leben v. Jos. Treumann. Illustr. v. H. Susemihl. (192 S.) 896. n. 1. 50

— Leid, s.: Vergißmeinnicht-Erzählungen. Nr. 66.

— Leiden z. Herrlichkeit. E. Trostpred. 8. Zürich 841, Hanke. 1 ngr.

Durch Nacht zum Licht, s. a. Bauerfeind, Georg Friedr. Christian

—— Nacht zum Licht, od. Erhebungen d. Herzen in e. Reihe v. Betrachtungen u. Gebethen üb. Krankheit, Tod, Unsterblichkeit u. Wiedersehn. Andachtsb. f. gebild. Christen. 8. (9¼ B.) Regensburg 830, Reitmayr.

Durch Nacht zum Licht. Ein Seelenbild von der Verfasserin der Schrift: »Ein Jahr in Chalonnes«. Erfurt 1858. V: *Bauernfeind.* (EB)

Durch Nacht zu Licht. Ein Seelenbild von dem Verf. der Schrift „Ein Jahr in Chalonnes". Erfurt 858. Villaret. 8. (V, 202 S.) 18 ngr

—— Nacht zum Licht! oder Lebensgang des im Herrn selig entschlafenen F. J. Benedict Rimser in Wilhelmsdorf. Vom Verf. der Treue im Kleinen. 8. (86 S.) Basel 864, Spittler. *

— Nacht zum Licht. Freisinniges Wochenblatt. Mit der Beilage: Illustrierte Rundschau. Red.: Arnold Perls. 1. Jahrg. Oktbr.—Dezbr. 1893. 13 Nrn. (à ca. 2 Bog.) gr. 4. Berlin, Ullmann & Co. n. — 60

— dasselbe od. Gottes Kinder unter Gottes Hand. Eine Erzählg. aus den Zeiten der franz. Revolution f. die liebe Jugend u. alle Jugendfreunde. 12. (62 S.) Elberfeld (901). Buchh. des Erziehungs-Vereins. Kart. n. — 30

— Nacht zum Licht. Aus dem Leben e. ind. Büßerin. Aus dem Engl. v. S. Stamm. 8. (40 S. m. Abbildgn.) Basel 902. Missionsbuchh. n. — 15

Durch Nacht zum Licht. Erzählungen f. d. christl. Haus. Lengerich i. W.: Bischof & Klein [1903]. (64 S.) 8° [F.]
= Hinauf die Herzen! No 3. [ ] 6

— evangel. Neuland in Böhmen. Eine Wanderg. m. Generalsekret. H. Lehmann, s.: Wartburghefte. Nr. 42.

Durchs Raabthal. Einzig zweckmässige Eisenbahn von Graz an die ungarische Grenze. Wien 1869. V: *Clemensiewicz, E. C.* (EB)

Durch Schaden wird man klug, s. Schaden.

Durch Schaden wird man klug, oder Narren muss man mit Kolben lausen. Ein Lustspiel in zween Aufzügen. Frankf. und Leipzig 1780. V: *Erdmann, Ludwig* [?]. (MGT) (GGr)

Durch Schaden wird man klug, oder Narren muß man die Kolbe lausen. Lstspl. 8. Frankf. 780. Brönner. 6 gr

Durch Schaden wird man klug, 225 Geschichten aus d. wirkl. Welt. 2 Thle. 8. Berl. 801, 3. Maurers B. 1 ß

— Schwaben. Württemberg. Wanderbilder, hrsg. v. J. Hartmann, in Verbindg. m. G. F. Bortsch, Th. Engel, E. Fein, G. Hartmann, P. Hartmann, C. Hönes, A. Kauttor, J. Klaiber, K. Kurtz, A. Landenberger, P. Lang, E. Nägele, R. Pfleiderer, E. Salzmann, O. Schanzenbach, G. Ströhmfeld, W. Wurm. [Aus: „Europ. Wanderbilder".] 8. (VIII, 508 S.) Zürich 895. Art. Institut Orell Füssli, Verl. Geb. in Leinw. n. 6. —

— Sklaverei zur Freiheit, od. was e. schwarzer Gemeindeältester erzählen kann, s.: Missionstraktate, kleine.

— Spanien, s.: Projektions-Vorträge. 46. Heft.

— Strassburg im Fluge. Ein Führer f. Eilige durch Strassburgs Sehenswürdigkeiten. Mit Stadtplan u. Strassenverzeichnis. 8. verb. Aufl. Sommer 1902. 8. (15 S.) Strassburg, Schlesier & Schweikhardt. n. — 40

Durch das Urner-Land. Herausgegeben vom Verkehrsverein Uri. Altdorf [1907]. V: *Nager, Franz.* (Bibliogr. Bull. d. Schweiz 1907.)

— die Vorposten der Engländer. Erlebnisse des Burenmädchens Dortje Molissen im jetz. Kriege, v. H. K. gr. 8. (16 S.) Berlin (900). Verl. der litter. Agentur. — 15

Durch welche Bedingungen ist d. System d. Handelsfreiheit ausführbar? Von e. Rechtsgelehrten in d. deutschen Staatenbunde. gr. 8. (1⅜ B.) Leipzig 834, Herbig.

Durch welche Bedingungen ist das System der Handelsfreiheit ausführbar? Von e. Rechtsgelehrten in dem deutschen Staatenbunde. gr. 8. Leipzig 835. Herbig. 1 ß

—— welche Mittel ist den Leinwebern zu helfen? Eine Bittschrift an alle deutschen Throne von R., ein Volksfreund. 8. (1 B.) Minden 844, Eßmann.

Durch welche Mittel läßt sich die Belebung des Sparsinnes bei der ländlichen Bevölkerung und die Förderung des Sparbetriebes unserer Spar- und Darlehnskassen am zweckmäßigsten und wirksamsten ausgestalten? Darmstadt 1906.

Durch welche Mittel lässt sich die Verbreitung d. magyarischen Sprache unt. den Einwohnern Ungarns am sichersten erzielen? 8. Leipzig 834. [Pesth, Heckenast.]

— welche Mittel läßt sich in den 4 Departem. am linken Rheinufer Anhänglichkeit u. Liebe zum Vaterlande bewirken? 8. Köln 802. Friederici u. S. 8 gr

Durch Welschland. Reisegedanken und Gedankenreisen aus der Brieftasche eines Candidaten (Max Frommel). Stuttgart 856. S. G. Liesching. 16. (VIII, 136 S.) 15 ngr

—— die Welt. Allgemeine illustrirte Zeitung für die Jugend. Hrsg. von Ad. Jos. Pick. Jahrg. 1862. 52 Nrn. (Bog. mit eingedr. Holzschn.) gr. 4. Wien, (Lechner's Universitäts-Buchh.) *

— die Welt. Illustrierte Monatsschrift f. das gesammte Reisewesen. Red.: V. Hawlick-Staffel. 1. Jahrg. März 1902—Febr. 1903. 12 Nrn. 4. (à ca. 12 S.) Prag, Administration. n. 2. —

— die weite Welt! qu. gr. 4. (16 farb. S.) Nürnberg 894. Th. Stroefer. n. 1. 50

— u. um Wien. Wegweiser durch d. 19 Bezirke f. Einheim. u. Fremde. M. Uebersichts-Plan d. Haupt-verkehrs-Centrums. 3., vorm. u. umgearb. Aufl. (Umschlag: Schalk's Führer.) 16. (180 S.) Wien 897. F. Schalk. Kart. n. — 40

— Wind u. Wogen (Nordische Seenovellen), s.: Enßlin's Roman- u. Novellenschatz. 64., Bd.

… issen zur Macht. Kaufmännische Fachzeitschrift; zugleich Organ des Verbandes deutscher Handelsschullehrer u. kaufmännisch gebildeter Bücherrevisoren. Red.: M. [illegible] 1. Jahrg. April 1904—April 1905. 12 Nrn. (à ca. 12 S.) 4. Dortmund. Berger & Co. Nachf. n. 7. 50

— dasselbe. Mit der illustr. Unterhaltungsbeilage „Welt im Bild". Red.: A. Ihring. 2. Jahrg. April 1905—März 1906. 12 Nrn. (à ca. 16 u. 8 S.) 4. Ebd. n. 7. —

Durch Zeit und Land. Eine Sammlung geschichtl., biograph. und kulturgeschichtl. Bilder und Skizzen in anregender und unterhaltender Darstellung. Neue Ausg. von: Aus allen Zeiten und Landen. 4. (VII, 668 Sp. mit 57 eingedr. Abbild. und 6 Vollbildern.) Braunschweig (883)889, Schwetschke und Sohn. geb. *

Durchbruch, der, der Badergasse in Dresden, wird er der Stadt zur Verschönerung dienen? Ein Mahnruf in letzter Stunde von einem alten Bürger. [F. L.] 8. (16 S.) Dresden 885, (Pierson.) *

Durcheinander, lustiges. Eine Sammlung von Anekdoten, humorist. Geschichtchen und Gedichten. 1. und 2. Sammlung. 8. (64 S. mit 48 Holzschn.) Mülheim 873, Bagel. à Sammlung 50 Pf.

Durchflug eines Humoristen durch Deutschland, die Schweitz und das südliche Frankreich. Breslau 1811. V: *Raupach, Joh. Frdr.* (EngG) (MGT) (GGr)

Durchflug durch das Riesengebirge. Ein Album für diejenigen, welche das Riesengebirge bereisen wollen. Mit 20 Stahlst. br. 8. (11 S.) Leipzig 852, Haendel. 1 *ℳ*

Durchflug durch einen Theil der nördlichen Provinzen der Niederlande. Germanien 1818. V: *Linschoten*. (Großh. Hof- u. Landesbibl. Carlsruhe 1876.)

Durchflüge durch Deutschland, die Niederlande und Frankreich. Hamburg 1793-1800. V: *Hess, Jonas Ludwig von.* (BrMm) (Schr) (CBII)

Die **Durchführung** der Bäckereiverordnung. Spandau, Stettin 1910: Grassmann. 30 S. 8°
Aus: Verhandlungen d. 13. ordentl. Landesverbandstages 1910 in Berlin. (Mitteilungen d. Preuß. Landesverbandes d. Haus- u. Grundbesitzer-Vereine. H. 60.) [11. 1407 O

Über die Durchführung der Fabrikhygiene. Braunschweig 1878

[F.] Die **Durchführung** der Invaliditäts- u. Alters-Versicherung in d. Versicherungsanstalt Ostpreussen. Dargest. v. Vorsitzenden d. Anstalts-Vorstandes. *Konigsberg i. Pr.: Ostpr. Zeitgs- & Verl.-Dr. 1897.* (Umschl., 20 S.) 1 Bd 8. [98. 1015 Ko

Durchführung des Kinderschutzgesetzes im Großherzogt. Hessen, s.: Jahresbericht üb. die Durchführung des Kinderschutzgesetzes.

Durchführung. Zur D' des Wöchnerinnenausschlusses ⟨Art. 15, Al. 2, F[abrik]-G[esetz]⟩. Auszüge aus den Berichten der Fabrikinspektoren von 1892 bis 1901. [Veröffentlicht durch den Bund Schweizerischer Frauenvereine ..., Commission für Wöchnerinnen-Versicherung.] 88 S. 8. [Bern, Genossenschafts-Buchdr., 1904.]

Durchführungsbestimmungen z. Einquartierungsgesetze v. 11. Juni 1879 u. z. d. Gesetze v. 25. Juni 1895, s.: Militär-Vorschriften.

Durchführungs-Bestimmungen zum Pferdestellungs Gesetze vom 16. April 1873. 8. (VI, 117 S.) —.30
Wien: Hof- u. Staatsdruck. 1891

Durchführungsbestimmungen zum Wehrgesetz vom 5. Dez. 1868. Wien 1869. 8. Hof-u. Staatsdruck.

Durchführungs-Verordnung zu dem Gesetze vom 7. Mai 1874 über die Religionsfonds-Beiträge vom 25. März 1875. Mit alphabet. nach Schlagwörtern abgefaßtem Materien-Register. 8. (31 S.) Prag 875, Mercy. *

Durchführungs-Verordnungen zur neuen Gewerbe-Ordnung, nebst Normal-Statuten. gr. 8. (44 S.) Graz 883. Leykam. n. — 70

Durchführungs-Verordnungen zum Buchstitlerhaltungs-Gesetz f. Vorarlberg, s.: Sammlung, Wagner'sche, v. Gesetzen u. Verordnungen f. das Land Vorarlberg. Nr. 3.

Durchführungs-Vorschrift zum Landsturm-Gesetz für die Länder der ungarischen Krone. Mit Noten versehene Volks-Ausgabe und einem Verzeichniss jener Gebrechen, welche beim Landsturm a) die Eignung zum Dienste mit der Waffe nicht aufheben, b) die Eignung zum Dienste mit der Waffe aufheben, und c) zu jedem Dienst untauglich machen. 2. Auflage. 16°. (66 S.) Pressburg, C. Stampfel. 1887

Durchgang, d. merkwürdige u. längst erwartete seltene, d. Venus durch d. Sonnenscheibe. 8. Leipz. 761. (Brockhaus). 2 *K*

Durchgehen, das, der Pferde, demselben vorzubeugen. 4. Leipz. Baumgärtn. 805.

Durchhülfe, die. Geschichten für Knaben. Nach dem Engl. 16. (192 S.) Cleveland 871. (Philadelphia, Schäfer und Koradi.) geb. *

Durchhülfe, die. Geschichten f. Knaben. Nach dem Engl. gr. 16. (192 S. m. eingedr. Holzschn.) Cleveland, O. 875. (Philadelphia, Schäfer & Koradi.) geb. n. 1. 20

Der **Durchschlag des St. Gotthardtunnels.** Mit Abbildungen nach Skizzen von J. Weber in Zürich. In der „Illustrirten Zeitung“ Nº 1915. 1880
*** *Abbildungen:* Durchschlag des Richtstollens im St. Gotthardtunnel am 29. Febr., Morgens 9 Uhr. — Abfahrt des ersten Zuges mit den Delegirten u. Ingenieuren von Göschenen nach Airolo am 2. März, Nachmittags halb 2 Uhr. — Vertheilung von Medaillen an die Arbeiter zu Göschenen am 1. März. — Medaille für die Arbeiter des St. Gotthard-Tunnels (Vorder- u. Rückseite).

Durchschnittsleistungen der Grubenarbeiter beim Kohlenbergbau Österreichs in den Jahren 1901, 1903 und 1904. Hrsg. vom K. K. Ackerbauministerium. Wien, 1906. 19 S.

Infanterie-Schießschule 1903. **Durchschnittsprozente** aus den Schießübungen der Infanterie-Schießschule 1900 bis 1902 und dem Armee-Prüfungsschießen 1902. *Berlin: E. S. Mittler & Sohn 1903.* (4 S.) 8° [F.] [03. 11769

Durchschnittswerte. Die Durchschnittswerte des Viehstandes in der Schweiz im Jahre 1901, nebst den Durchschnittswerten der Bienenvölker pro 1901. Zusammengestellt vom eidg. statistischen Bureau = Valeurs moyennes et estimatives par tête de bétail et par ruche d'abeilles en 1901.... Separatabdruck aus der «Zeitschrift für schweizerische Statistik», Jahrg. 40, 1904. 23 S. 4. [Bern, Stämpfli & Cie., 1903.]

Durchsichtsbild, das, am Weihnachtsabend. Ein Christgeschenk für große u. kleine Kinder. Als Nachtrag zum Leuchter mit den 28 Lichtern. 12. (Mit 1 Lithogr.) Straßburg 845, Wwe. Levrault. n. 1¾ *ngl* col. n. 3¼ *ngl*

Durchstich der Holsteinischen Landenge zwischen Ostsee und Nordsee. Mit 1 (lith.) Karte (in Fol.). Schleswig 863. Heiberg. gr. 8. (72 S.) n. 15 *ngr*

Durchzüge, Hans Holzmeiers. Leipzig 1799. V: *Münch, Joh. Glieb.* (Fiker) (Ky) (GGr) (MGT) (NN)

Dürck, Elsb., u. Leonh. **Schöner**, Vorlagen zum Feder-Zeichnen, s.: Feder-Zeichnen. 6. Heft.

Dürck, Herm., Atlas u. Grundriss der patholog. Histologie, s. d. Lehmann's medicin. Handatlanten.

Atlas und Grundriss der pathologischen Histologie nebst e. Anh. über pathol.-histol. Technik von Privatd. Dr. Hermann **Dürck**, München. T. 1-3. *München: J. F. Lehmann 1900-03.* 3 Bde 8°
1. 2 = Atlas u. Grundr. d. speziellen path. Histologie. Bd 1. 2. 1900. 01.
3 = Atlas u. Grundr. d. allgemeinen path. Histologie. 1903.
— Handatlanten, Lehmann's medicinische. Bd 20-22. [03. 3301 11

Atlas und Grundriss der speziellen pathologischen Histologie von Privatd. Dr. Hermann **Dürck**, München. Bd 1. 2. *München: J. F. Lehmann 1900-01.* 2 Bde 8°
1 Circulationsorgane, Respirationsorgane, Magendarmkanal. 1900.
2 Leber, Harnorgane, Geschlechtsorgane, Nervensystem, Haut, Muskeln, Knochen. 1901.
— Handatlanten, Lehmann's medicinische. Bd 20. 21.

DÜRCK, Hermann (München): Beitrag zur Lehre von den Veränderungen und der Altersbestimmung von Blutungen im Centralnervensystem.- Berlin: Reimer 1892. 67 S.,2 Taf.- S.-Abdr.aus: Virchow's Archiv für pathologische Anatomie. Bd.130.
18.5.1892 - Chr 1891/92,27; Jv 1892/93,203
Diss. Ingolst.-Landsh.-Mchn.

Aus d. path. Inst. in München. Beiträge zur pathologischen Anatomie der Pest. Von Prof. Dr. Hermann **Dürck**, Assist. in München. Mit 15 Taf., 2 Kurven u. 1 Abb. *Jena: G. Fischer 1904.* (65 S.) 4°(8°)
— **Beiträge** z. pathol. **Anatomie** u. z. allgem. Pathol. Suppl.H. 6. [04. 1,037

Dürck, Hermann [Dr., Assist. am path. Inst., Prosector am städt. Krankenh. r. J.]: Aus d. patholog. Institut in München. Studien über die Aetiologie und Histologie der Pneumonie im Kindesalter und der Pneumonie im Allgemeinen ... M. 4 Taf. (Aus: Deutsch. Arch. f. klin. Med., Bd. LVIII.) Leipzig, Druck v. J. B. Hirschfeld, 1897; 80 S. [ohne d. Taf.] 8.
München, Med. Fak., Hab.-Schr. v. 1897
(Nicht für den Austausch)

Untersuchungen über die pathologische Anatomie der Beri-Beri. Ein Beitrag z. normalen u. pathol. Anatomie d. peripherischen Nervensystems. Von Prof. Dr. Hermann **Dürck.** Mit 58 chromolith., 20 Lichtdr.- u. 4 Abb. in Photolith. auf 41 Taf. von Karl Dirr u. 1 Textfig. Jena: G. Fischer 1908. (x, 176 S.) 8°
— **Beiträge** z. pathol. Anatomie u. z. allg. Pathologie. Suppl. 8. [08. 17838

Dürck, Josefa. Fremde Federn gesammelt von Josefa Dürck. Initialen [und Buchschmuck] von Elsbeth D(ürck). 136 S. 8. Stuttgart, Süddeutsches Verlags-Institut, (1902). [M. 2. —]
Darin S. 7—11. 36—38. 55—57. 71—73. 93 f. 100—106. 129: Auszüge *aus* Gottfried Keller.

Dürck, Karl, Richard Wagner u. die Münchener 1865. Eine „Rettg.". (51 S.) gr. 8. München 904. Verlag der Allgemeinen Zeitung. n. — 60
Sonderabdruck aus: „Allgem. Ztg."

Dürcken, Bernh., die Hauptprobleme der Biologie, s.: Sammlung Kösel.

Dürckheim, Ferdinand Graf Eckbrecht
s.Eckbrecht Dürckheim. [10. 16511 2

Dürckheim, Graf Ferd. Eckbrecht v., Lilli's Bild geschichtlich entworfen. Mit Photogr. nach dem besten Familienbilde u. einem Anh. Lilli's Briefwechsel enth. gr. 8. (VII, 125 S.) Nördlingen 879. Beck. n. 2. 50

— Lilli's Bild, geschichtlich entworfen. 2., verm. Aufl. v. Alb. Bielschowsky. Mit Photogr. nach dem besten Familienbilde u. e. Auslese aus Lilli's Briefwechsel. 8. (XIII, 165 S.) München 894. C. H. Beck. n. 3. —; geb. m. Goldschn. n. 4. —

Dürckheim, Ferd. Graf Eckbrecht, Erinnerungen alter und neuer Zeit. 1. und 2. Aufl. 2 Bde. gr. 8. (VIII, 348; 294 S.) Stuttgart 887,88, Metzler'sche Buchh., Verlag. *
geb. *

Dürckheim, Ferd. Graf Eckbrecht. Erinnergn. alter u. neuer Zeit. 3. Aufl. 2 Bde. gr. 8. (VIII, 348; 296 S.) Stuttgart 891, Metzler's Verlag. * 10; geb. * 12 —

Dürckheim, Ferd. Graf Eckbrecht, Erinnerungen aus alter u. neuer Zeit. 4. Aufl. Neue Ausg. in 1 Bd. (VII, 484 S.) 8. Stuttgart 910. J. B. Metzler. 4.50; geb. 5. 50

— allerlei **Gereimtes** u. Ungereimtes. 8. (VII, 255 S.) Ebd. 890. n. 4. —

Dürckheim, Graf Otto, über das Molkereiwesen in Frankreich, England, Holland u. Deutschland. Bericht über die im Auftrage d. k. k. Ackerbauministeriums im J. 1880 unternommene Informationsreise. gr. 8. (48 S.) Wien 882. (Frick.) n. 1. 20

Dürcking, F. C., die Colonialwaaren abgebildet u. beschrieben. 8. Halle, Dreyssig. 811.

DURDENT, R. J., Adriane oder die Leidenschaften einer Italienerin. Aus d. Französ. 2 Thle. Mit TKpfrn. Pesth, Hartleben, 1817. 8°. (4 Mk. 50 Pfg. H. Lesser, Breslau, c. 1875; 8 Mk. Calvary & Co., Berlin, c. 1900.)
222 u. 170 SS. Selten!
Orig.: Adriana, ou les Passions d'une jeune Italienne. 3 vols. Paris 1812. 12°. (1/2 Rthl. H. W. Schmidt, Halle, vor 1875.)

Durdík: Wahlsprüche und Devisen der deutschen Kaiser aus dem Hause Habsburg und Habsburg-Lothringen als Norm ihrer Regierung. 28 S.–Prag N., Progr. 1860

Durdík, Josef

Durdík, J., über das Gesammtkunstwerk als Kunstideal. [Aus: „Politik".] 8. (26 S.) Prag 880. Grégr & Dattel. n. — 40

Durdik, Jos., Leibnitz und Newton. Ein Versuch über die Ursachen der Welt auf Grundlage der positiven Ergebnisse der Philosophie und der Naturforschung. gr. 8. (III, 72 S.) Halle 869, Pfeffer. *

Durdík, P., Co soudi Plato o umění? Pr. 1875. 12 S.

Duerdoth, Maximilian [app. Arzt aus Berlin]: Aus d. Augenklinik v. Prof. J. Hirschberg zu Berlin. Über operative Behandlung der kegelförmigen Hornhautverkrümmung (Keratoconus)' ... Kiel, Druck d. »Nord-Ostsee-Zeitg«, 1894; 25 S., Bl. 8.
Kiel, Med. Fak., Inaug.-Diss. v. [31. Jan.] 1894

Durège, Heinrich

Durège, H., zur Analysis situs Riemann'scher Flächen. Lex.-8. (6 S. mit 1 Stnt.) Wien 874, (Gerold's Sohn.) *
Aus: Sitzungsberichte der k. Akademie der Wissenschaften, besonders abgedruckt.

Durege, H. Über eine Anwendung der imaginären Grössen in der Mechanik.

Durège, H. Über eine besondere Art cyklischer Curven.

— Über die nicht polaren Diskontinuitäten. S. 73. II. 173 . . . . . .
Separatabdruck

Durège, H., über die Doppeltangenten der Curven vierter Ordnung mit drei Doppelpunkten. Lex.-8. (22 S.) Wien 875, (Gerold's Sohn.) *
Aus: Sitzungsberichte der k. Akademie der Wissenschaften, besonders abgedruckt.

Durège, H., Elemente der Theorie der Functionen einer complexen veränderlichen Grösse. Mit besonderer Berücksichtigung der Schöpfungen Riemanns bearb. gr. 8. (XII und 228 S. mit eingedr. Holzschn.) Leipzig 864, Teubner. *

Durege, H. Elemente der Theorie der Functionen einer complexen veränderlichen Grösse. 2. A. Leipzig 1873.

—— Elemente der Theorie der Functionen einer complexen veränderlichen Grösse. Mit besond. Berücksicht. der Schöpfungen Riemanns. 2. zum Theil umgearb. Aufl. gr. 8. (XII, 223 S. mit eingedr. Holzschn.) Leipzig 874, Teubner. *

Durège, H., Elemente der Theorie der Functionen einer complexen veränderlichen Grösse. Mit besond. Berücksicht. der Schöpfungen Riemann's bearb. 3. verb. Aufl. gr. 8. (X, 263 S.) Leipzig 882. Teubner. n. 6. —

Durège, H., Elemente der Theorie der Funktionen e. complexen veränderlichen Grösse. Mit besond. Berücksicht. der Schöpfgn. Riemann's bearb. 4. Aufl. gr. 8. (X, 300 S.) Leipzig 893. B. G. Teubner. n. 6. 80

H[einrich] **Durège.** Elemente der Theorie der Funktionen einer komplexen veränderlichen Größe. In 5. Aufl. neu bearb. von Ludwig Maurer. Mit 41 Fig. Leipzig: B. G. Teubner 1906. (x, 397 S.) 8° [06. 15771

Durege, H. Über die Kegelschnitte, welche eine Curve dritter Ordnung osculiren. 1870.

— über die Hoppe'sche **Knotencurve.** [Mit 3 (eingedr.) Holzschn.] [Aus: „Sitzungsber. d. k. Akad. d. Wiss."] Lex.-8. (12 S.) Wien 880. (Gerold's Sohn.) n.n. — 30

— über Körpor von vier Dimensionen. [Aus: „Sitzungsber. d. k. Akad. d. Wiss."] Lex.-8. (16 S.) Ebend. 881. n.n. — 30

— über die von Möbius gegebenen Kriterien für die Art eines durch fünf Punkte oder fünf Tangenten bestimmten Kegelschnittes. [Aus: „Sitzungsber. d. k. Akad. d. Wiss."] Lex.-8. (12 S.) Ebend. 880. n.n. — 25

—— die ebenen Curven dritter Ordnung. Eine Zusammenstellung ihrer bekannteren Eigenschaften. gr. 8. (XII, 344 S. mit 44 eingedr. Figuren in Holzschn.) Leipzig 871, Teubner. *

Durège, H., Bessel's Leben und Wirken. Ein Vortrag gehalten im Rathhaussaale in Zürich am 24. Janr. 1861. Zürich 861. Orell, Füßli & Co. gr. 8. (32 S.) n. 10 ngr

Durège, H. Über fortgesetztes Tangentenziehen an Curven dritter Ordnung mit einem Doppel- oder Rückkehrpunkt. 1869.

Durège, H. Theorie der elliptischen Funktionen. Leipzig, 1858.

— Theorie der elliptischen Funktionen. Versuch einer elementaren Darstellung. Leipzig 861. Teubner. gr. 8. (XIV, 376 S. m. Holzschn.) n. 2 ⅔ 20 ngr

—— Theorie der elliptischen Functionen. Versuch einer elementaren Darstellung. 2. Aufl. gr. 8. (XII, 388 S. mit eingedr. Holzschn.) Leipzig 868, Teubner. *

Durège, H., Theorie der elliptischen Functionen. Versuch einer elementaren Darstellung. 3. Aufl. gr. 8. (VIII, 390 S. mit eingedr. Holzschn.) Leipzig 878, Teubner. *

Durège, H., Theorie der elliptischen Functionen. Versuch einer elementaren Darstellung. 4. Aufl. gr. 8. (VIII, 393 S. mit 32 eingedr. Holzschn.) Leipzig 887, Teubner. *

H[einrich] Durège. Theorie der elliptischen Funktionen. In 5. Aufl. neu bearb. von Ludwig Maurer. Mit 36 Fig. Leipzig: B. G. Teubner 1908. (VIII, 436 S.) 8° [ot. 4937

Durège, Jenny, Gelehrter u. Millionär. Lustspiel in 8 Aufzügen. (VII. 188 S.) 8. Wien (905). (Wallishausser.) n. 2. —

— Novellen u. Humoresken. (VIII, 200 S.) kl. 8. Wien 905. (P. Knepler.) n. 2. —

Duregger W.: Ein Oxydationsprodukt der Homooxysalicylsäure. 8. 114. Hb. ... Separatabdruck

van Duren. Monument de reconnaissance envers le duc de Broglie. Conten. (8) plans des batailles données en Allemagne. Francfort 1761.

Duren, Otto, Lieder u. Reime. (56 S.) 12. München (903.) Monachia-Verlag. n. 1. 50

Düren [Sachl. OW]

Düren. 1902. 250 S. mit 2 Karten und 1 Taf.

Düren in Wort u. Bild. Ein Führer durch Stadt u. Umgebg. Den Besuchern v. Düren wie den Einheimischen als Geleit- u. Gedenkbuch gewidmet. Mit vielen Ansichten, e. Stadtplan u. e. Karte des Dürener Industriebezirks. 8. (142 S.) Düren 899. W. Solinus. n. 1. —; kart. n. 1. 50; geb. m. Goldschn. n. 2. —

Düren in Wort u. Bild. Ein Führer durch Stadt u. Umgebg. Den Besuchern v. Düren wie den Einheimischen als Geleit- u. Gedenkbuch gewidmet. Mit gegen 100 Ansichten, aufgenommen von Rob. Ophoven, u. e. Stadtplan. 2. Aufl. (171 S.) 8. Düren (906). W. Solinus. n. 1. 75; geb. n. 2. —; m. Goldschn. n. 2. 50

Düren [Schlagwort]

— s. a.: Deutschland. Karte. (Abt. Preussen.)

— s.: Jülich, Kreis

Düren. Karte der Kreise Düren, Euskirchen u. Rheinbach. 1 : 80,000. Fol. Düren 887. (Solinus.) n. 1. 50

Düren. Karte zur Heimatkunde des Kreises Düren. 1 : 160,000. 20×22,5 cm. Nebst Karte des Reg.-Bez. Aachen. 1 : 500,000. (Auf der Rückseite.) 26×19,5 cm. Farbdr. Düren (905). W. Solinus. n. — 20

Düren. Solinus, Heinr., Plan der Stadt Düren. Nach amtl. Quellen bearb. 1 : 5000. 51,5 × 80,5 cm. Farbdr. Mit Strassenverzeichnis etc. an den Seiten. Düren 898. W. Solinus. n. 1. —; auf Leinw. m. Stäben od. zum Zusammenfalten n. 2. 50

— Steffens, Jos., Uebersichts-Karte der Stadtgemeinde Düren (in 5 Blättern). Farbdr. Ebd. 903. n.n. 16, —; bei Einzelbezug 19. —
I. 1 : 5,000. (72,5×90 cm. n.n. 4. —. — II. 1 : 5,000. 70×60 cm. n.n. 3. —. — III. IV. 1 : 3,000. à 88×60 cm. à n.n. 4. —, — V. 1 : 3,000. 95×62,5 cm. n.n. 4. —.

Düren, Kreis. Verkehrskarte, topographische, des Kreises Düren u. Umgegend, umfassend den Bezirk von Köln bis Aachen u. v. Grevenbroich bis Commern, m. Angabe der Entferngn. der Ortschaften in Kilometern, v. Düren aus gerechnet. 59,5×73,5 cm. Farbdr. Düren (902) W. Solinus. n. 1. —; auf Leinw. n. 1. 75; m. Mappe od. Stäben n. 2. —

— Wandkarte des Kreises Düren. 1 : 25,000. 6 Blatt à 68,5×54 cm. Farbdr. Ebd. (902). n. 16. —; auf Leinw. m. Stäben n 22. —

Dürenberg, F. L. S. v., die Symphonien Beethovens und anderer berühmter Meister. Mit Hinzuziehung der Urtheile geistreicher Männer analysirt und zum Verständnisse erläutert. Leipzig 863. Matthes. 8. (2 Bl., 181 S.) 20 ngr

Dürenberg, F. L. S. v., die Symphonien Beethovens u. anderer berühmter Meister. Mit Hinzuziehg. der Urtheile geistreicher Männer analysirt u. zum Verständnisse erläutert. 2. (Titel-)Aufl. 8. (181 S.) Leipzig (1863) 876. Matthes. 2. —

Durer, Seb., Examen physico-chem. acidularum Freudenthalens. in Silesia. 8. Wien 782. Kurzböck. 5 ℊ

Dürer, Albr. Geschichte seines Lebens und seiner Kunst, s. Thausing, Mor.

—— Biographie und Charakteristik, s. Schmidt, W.

Dürer, Albert, Biographie m. s. Portrait. gr. 8. Chemnitz, Starke. 802.

Dürer, Albr.; Biographie, mit seinem Portrait. gr. 8. Chemn. 802. Starke. 8 ℊ

Dürer, Albrecht, dramat. Skizze von A. W. Griesel. 8. Prag, Calve. 820. Velinpap.

Dürer, Albrecht. Sein Leben u. e. Auswahl seiner Werke. Mit Erläutergn. zu den einzelnen Blättern. Im Auftrag d. „Lehrervereinigg. f. Kunsterziehg., Nürnberg" u. m. Unterstützg. d. Stadt Nürnberg hrsg. v. Frdr. Nüchter. Mit 50 Taf. u. Bildern im Text u. 1 Farbendr. (81 S.) 37,5×27,5 cm. Ansbach 909. F. Seybold. 1.80; Geschenkausg. auf Kunstdr.-Pap. 8. —; geb. in Leinw. 3. 60

Dürer, Albrecht, der deutsche Apelles, s.: Für die Feste u. Freunde d. Gustav-Adolf-Vereins.

Dürer, Albrecht, der Evangelist der Kunst. Aus dem Engl. [Nach der Ausg. v. George Wilson.] gr. 8. (32 S. m. Holzschn.-Portr.) Berlin 886. Deutsche Evangel. Buch- u. Tractat-Gesellschaft. n. — 50

Dürer, Albrecht, der Evangelist der Kunst. Aus d. Engl. (Nach der Ausg. v. George Wilson.) 2. Aufl. 8. (52 S. m. Bildnis.) Berlin (901). Deutsche ev. Buch- u. Tractat-Gesellschaft. n. — 40

Ueber die g.·. u.·. v.·. St. Johannisloge „Albrecht Dürer" im Or.·. Nürnberg. [Nürnberg 1900.] 20 Bl. quer 8° [Umschlagtit.]
Beschreibung der Entwicklung der Loge bis zu ihrer Stiftung 1900, Verzeichn. der Mitgl. u. Gründer.

Dürer, Albrecht

—— Briefe, Tagebücher und Reime, s. a. Quellenschriften für Kunstgeschichte etc.

Dürer's Briefe, Tagebücher und Reime nebst einem Anhange von Zuschriften an und für Dürer, übersetzt und mit Einleitung, Anmerkungen, Personen-Verzeichniss und einer Reisekarte versehen von **Moriz Thausing**. (Quellenschriften für Kunstgeschichte und Kunsttechnik des Mittelalters und der Renaissance, III.) Wien 1872. 8°.

Dürer, Albr., s.: Bücherzeichen (Ex libris) des XV. u. XVI. Jahrh.

Catalogue de l'Oeuvre d'Albert Durer par un amateur. Dessau 1805. 8°.

— Catalogue de l'Oeuvre. 8. Leipz. 806. Kummer. 16 K

Dürer, Albrecht. Dürer Album. Herausgegeben von W v. Kaulbach und A. Kreling. Albrecht Dürer Album. Eine Sammlung der schönsten Dürer'schen Holzschnitte nach den von dem Künstler gefertigten Originalen in gleicher Grösse auf's Neue in Holz geschnitten unter Mitwirkung und Aufsicht von ... W. v. Kaulbach ... und ... A. Kreling ... Ausgeführt in dem Atelier von August Gaber in Dresden. Nürnberg, Verlag von J. Zeiser's Buch- und Kunsthandlung [1856—1861].
3 Abt. gr 2°.
I: Die grosse Passion: Tit., 2 Bl., 2 Bl.; 12 Taf. in Holzschn.
II: Das Leben der Maria: Tit., 1 Bl.; 20 Taf. in Holzschn.
III: Aus der Offenbarung Johannis, aus dem Leben der Heiligen etc.: Haupttit., Tit.; 10 Taf. in Holzschn.

Dürer-Album. 34 Reproduktionen seiner berühmtesten Werke. (30 S.) 4. Berlin (904). Globus Verlag. Geb. n. 1. 20

Dürer-Bibel, die. Das Neue Testament m. Holzschn. Albr. Dürers. 2 Tle. (Die 4 Evangelien. — Apostelgeschichte, Briefe, Offenbarg.) (660 S.) kl. 8. München (910). Einhorn-Verlag. Geb. à 1.75; in Leinw. à 2.75; in Ldr. à 3.75; Liebhaberausg. in Perg. à 5. —; in 1 Bd. geb. 3.50; in Leinw. 4.50; in Ldr. 5.50; Liebhaberausg. in Perg. 7. 50

— dasselbe. Mit Holzschnitten Dürers u. anderer Meister. Die Psalmen Davids. Das Buch Hiob. Die Sprüche Salomos. Der Prediger Salomo. Das Hohelied Salomos. Die Holzschnitte sind v. Hans Holbein d. Jüngeren u. Hans Sebald Beham. Übersetzung v. Mart. Luther. (351 S.) kl. 8. Ebd. (910). Geb. 1.75; in Leinw. 2.75; in Ldr. 3.75; Liebhaberausg. in Perg. 5. —

Dürer-Mappe. Hrsg. vom Kunstwart. hoch 4. (12 Taf. u. 9 S. Text m. 6 Abbildgn.) München (902). G. D. W. Callwey. 3. —

— Ehrenpforte d. Kaiser's Maximilian I.: s. a.: Jahrbuch der kunsthistorischen Sammlungen d. Allerhöchsten Kaiserhauses.

Ehrenpforte des Kaisers Maximilian I. 36 Tafeln. Beilage des Jahrbuches der kunsthistorischen Sammlungen des Allerhöchsten Kaiserhauses. Wien 1885—1886. Fol.

— Engelskopf, s.: Meisterbilder 171. Blatt.

Dürer, A.: Fechtbuch. Hrsg. v. Fr. Dörnhöffer. Wien 1910. 81 S. u. 70 Taf. 2°

Dürer's, Albr., Federzeichnungen und Holzschnittwerk. Hrsg. von Geo. Hirth. 1. Bd.: Die Randzeichnungen zum Gebetbuche des Kaisers Maximilian I., nebst den 8 Zeichnungen von anderer Hand. Phototypische Reproduction der Orig.-Zeichnungen in der Schatzkammer der kgl. bayer. Hof- und Staatsbibliothek zu München. Fol. (52 Bl. mit 8 S. Text.) Leipzig 882, Hirth. *
Liebhaberausg. *
Mit leeren Bl. durchsch., u. d. T.: „Haus-Chronik" *
geb. in Schweinsldr. *
Ausg. auf feinstem Velin-Büttenpap. *M 22.; geb. *

Dürer's, Albr., Federzeichnungen u. Holzschnittwerk. Hrsg. v. Geo Hirth. 1. Bd.: Die Randzeichnungen zum Gobetbuche d. Kaisers Maximilian I., nebst den 8 Zeichngn. v. anderer Hand. Phototypische Reproduction der Orig.-Zeichngn. in der Schatzkammer der kgl. bayr. Hof- u. Staatsbibliothek zu München. 2. Aufl. Fol. (53 Bl. m. 3 S. Text.) Leipzig 885. Hirth. n. 15. —; Liebhaberausg. n. 20. —; m. leeren Blättern durchschossen, u. d. T.: „Haus-Chronik" n. 16. —; in Schweinsldr. geb. n. 30. —; auf feinstem Velin-Büttenpapier n. 22. —; geb. n. 36. —

Dürer's, Albr., Federzeichnungen u. Holzschnittwerk. Hrsg. v. Geo Hirth. 1. Bd. Die Randzeichngn. zum Gebetbuche des Kaisers Maximilian I. nebst den 8 Zeichngn. von anderer Hand. Phototypische Reproduction der Orig.-Zeichngn. in der Schatzkammer der kgl. bayer. Hof- u. Staatsbibliothek zu München. 3. Aufl. gr. Fol. (52 Bl. m. VII S. Text.) München 900. G. Hirth. n. 10. —; m. leeren Blättern durchsch. u. d. T.: Hauschronik n. 12. —; geb. in Kalbldr. n. 30. —

— u. Holbein, Gemälde in d. königl. Galerie zu Berlin. gr. Fol. (11 Photograv. m. 1 Bl. Text.) Berlin (901). Photograph. Gesellschaft. 100. —

(Albrecht) **Dürer.** Des Meisters Gemälde, Kupferstiche u. Holzschnitte in 447 Abb. Mit e. biogr. Einl. von Dr. Valentin Scherer. Stuttgart & Leipzig: Deutsche Verlagsanst. 1904. (XXX, 390 S.) 4°
— **Klassiker** d. Kunst in Gesamtausgaben. Bd 4. [os. 5507 11]

Dürer [Albrecht]: Des Meisters Gemälde, Kupferstiche und Holzschnitte in 471 Abbild., mit biogr. Einleitung von Valentin Scherer. 2. Aufl. Stuttgart und Leipzig: D. Verlagsanstalt 1906. 4°.

— u. Wolgemut, s.: Gemälde, die, von Dürer u. Wolgemut in Reproductionen.

Die Gemälde von (Albrecht) **Dürer** und (Michel) Wolgemut in Reprod. nach d. Originalen hrsg. von Sigmund Soldan. Text von Dr. Berthold Riehl. In unvergängl. Lichtdr. ausgeführt von F. Bruckmann. 1–7. [Nebst] Suppl. Nürnberg: S. Soldan [übergeklebt: J. A. Stein] [1888–95]. (21, 4 S. 98, 19 Taf. in 5 Mappen.) gr. 2° [F.]
1–7. [1888–89.]
Suppl. [u. d. T.]: 19 Reproductionen von Gemälden Dürers ... hrsg. von Theodor Schiener. Text von Henry Thode. [1895.] [o8. 70 8]

— Gott u. Welt. Randzeichnungen aus dem Gebetbuche d. Kaiser Maximilian. Mit d. ausführl. Besprechg. v. J. W. v. Goethe. (24 S.) Lex. 8. Berlin (909). F. Heyder. 2. 50

Dürer's Handzeichnungen in der Königl. Bibliothek zu Dresden. Reproducirt von F. Leyde. Mit einer Vorrede von A. von Eye. Nürnberg. Fol.

Albrecht Dürer's christlich-mythologische Handzeichnungen. N. Strixner lith. München 1808. Fol.

—. Albrecht Dürer's Handzeichnungen im Königlichen Museum zu Berlin. Zum 400jährigen Dürer-Jubiläum herausgegeben. Mit einem Vorwort von R. Graf Stillfried-Alcantara ... Nürnberg, Verlag von Sigmund Soldan's Hof-Buch- & Kunst-Handlung [1871].
3 Abt. gr 2°.
I: Umschlagtit., 3 Bl. Einleitung v. A. v. Eye; 24 Taf.
II: Umschlagtit.; 24 Taf.
III: Umschlagtit.; 24 Taf.
Die meisten Porträtköpfe nach neueren Forschungen Fälschungen.

Dürer, Albr., Hand-Zeichnungen nebst zwei plastischen Werken in 16 photograph. und photolithogr. Nachbildungen nach den Orig. in Alex. Posonyi's Dürersammlung in Wien. gr. Fol. (2 Blatt Text.) Wien 864, Posonyi.

— Holzschnitte u. Kupferstiche. Eine Auswahl von 30 seiner schönsten Blätter in Nachbildgn. 42×31 cm. Mit 2 S. Text u. Text auf der Rückseite.) Berlin (902), Fischer & Franke. In Mappe n. 8. —

— Holzschnitte u. Kupferstiche. Eine Auswahl von 40 seiner schönsten Blätter in Nachbildgn. (VI S. Text.) Fol. Düsseldorf (904). Berlin, Fischer & Franke. In Mappe n. 7. —

— Vier Holzschnittfolgen. (Apokalypse, grosse und kleine Passion, Marienleben.) (4 S 58 T) Leipzig (1886)

—— vier Holzschnittfolgen, phototypisch nachgebildet in der Größe der Originale. Mit einführendem Text. gr. Fol. (58 Taf. mit 8 Sp. Text.) Charlottenburg-Berlin 887, Helios, photogr. Kunst- und Verlags-Anstalt. *

— vier Holzschnittfolgen, photographisch nachgebildet in der Größe der Originale. Mit einführ. Text v. Bruno Meyer. 2. Aufl. (58 Bl. m. IV S. Text.) Imp.-Fol. Leipzig (904). E. Haberland. In Mappe n.n. 22.50

Dürer's, Albr., Holzschnitt-Werk. In Auswahl m. Text hrsg. von Carl v. Lützow. Nach den Originalen aus der Kunstsammlung Sr. königl. Hoh. des Fürsten von Hohenzollern u. Sigmaringen durch Lichtdr. als Fcsm. ausgeführt von Arnold & Zettler in München. 1. Abth. gr. Fol. (12 Bl. m. 2 S. Text.) Nürnberg 882. Soldan. In Mappe. n. 21. —

—— Holzschnitt-Werk. In Auswahl mit Text hrsg. von Carl v. Lützow. Nach den Originalen aus der Kunstsammlung Sr. königl. Hoh. des Fürsten von Hohenzollern und Sigmaringen durch Lichtdr. als Facs. ausgeführt von Arnold und Zettler in München. 5 Abthlgn. gr. Fol. (60 Taf. mit 11 S. Text.) Nürnberg 883, Soldan's Hofbuch. In Mappe à Abthl. *M 21. *

— Hieronymus Holzschuher, s.: Bildkunst Nr. 6.

Dürer, Albrecht, s. Kaufmann, Leop.

— heraldische Kunstblätter, s.: Warnecke, Frdr., heraldische Meister.

Dürer, Albr. Kupferstiche. Marienbilder. In 17 Motiven als Fcsms. reproducirt. Fol.-Cartons. (2 Bl. Text.) Nürnb. 890, Stein. In Mappe 12 —

—— dass. — Die Passion Christi. In 16 Motiven als Fcsms. reproducirt. Fol.-Cartons. (2 Bl. Text.) Ebd. 890. In Mappe 9 —
Vorstehende 2 Sammlungen sind Auszüge aus: Dürer's, Albr. sämmtliche Kupferstiche.

—— Kupferstiche und Holzschnitte, s. Retberg, R. v.

—— sämmtliche Kupferstiche. Mit Text von Wilh. Lübke. Nach den besten Originalen des königl. Kupferstichcabinets in München, durch unveränderl. Lichtdr. in Orig.-Grösse reproducirt von J. B. Obernetter. 2 Bde. Fol. (103 Taf. mit 11 S. Text.) Ebendas. 881. In Mappe *

— sämmtliche Kupferstiche in unvergänglichem Lichtdr. in der Größe der Originale reproduciert, m. erläut. Vorwort von Frz. Frdr. Leitschuh, hrsg. von Aug. Zemsch. gr. Fol. (107 Bl. m. V S. Text) Nürnberg (900). Verlag d. S. Soldan'schen Hof-Buchh. Geb. in Leinw. n. 85. —

Aus Albrecht Dürers Kupferstichen. Hrsg. v. Jugendschriften-Ausschuß d. allg. Lehrervereins Düsseldorf. Berlin: Fischer & Franke [1907]. (2 Bl., 22 Taf.) 4° [F.]
= Hausschatz deutscher Kunst d. Vergangenheit. H. 5. (08. 13400

— Kupferstich-Passion. 8. (16 Bl. m. 17 Bl. Text.) Ebd. (901). 3. —; kart. n. 3. 50

Dürer, Albr., unserer Lieben Frauen Leben in 20 Holzschn., m. Einleitg. v. Bruno Rüttenauer. Hrsg. vom Jugendschriften-Ausschuß des allgemeinen Lehrervereins, Düsseldorf. 16.—20. Taus. (20 Taf. m. IV S. Text.) 4. Düsseldorf (906). Berlin, Fischer & Franke. n. 1. —

Unserer Lieben Frauen Leben in 20 Holzschnitten von Albrecht Dürer mit e. Einl. von Dr. Benno Rüttenauer. Hrsg. v. Jugendschriften-Ausschuß d. Allg. Lehrervereins Düsseldorf. 21.–30. Taus. Dusseldorf: Fischer & Franke [1907]. (2 Bl., 20 Taf.) 4° [F.]
= [Hausschatz deutscher Kunst d. Vergangenheit. H. 1.] (05. 13376

—— das Leben der Maria in 20 Bildern. Photolithogr. Fol. Berlin 863, Burchard.

— das Leben der Jungfrau Maria. Cabinet-Ausg. 8. (20 Lichtdr.-Taf. m. 1 Bl. Text.) Berlin 882. Nicolai's Verl. In Leinw.-Mappe. n. 10. —

Dürer A, das Leben der Jungfrau Maria. (23 S 20 T) fol (Hamburger Liebhaber-Bibliothek) Hamburg 1898

Albrecht Dürer. Das Leiden Christi. 12 Holzschnitte von Albrecht Dürer ⟨Genannt d. Große Passion.⟩ Mit Einzelbeschreibungen von E. Hakon. Hrsg. v. Jugendschriften-Ausschuß d. allg. Lehrervereins Düsseldorf. Berlin: Fischer & Franke [1908]. (3 Bl., 12 Taf.) 2° [F.]
= Hausschatz deutscher Kunst d. Vergangenheit. H. 8. (08. 15201

—— das Leiden Jesu Christi in 37 Bildern. Nach den besten Orig.-Holzschn. photolithogr. von A. Burchard. 4. Berlin 862, (Amsler und Ruthardt.) *

—— Marienleben, phototypisch nachgebildet in der Größe der Originale. Mit einführ. Text (v. Bruno Meyer). Fol. (20 Bl. m. 2 S. Text.) Lpz. 887, [Zehl] Haberland. In Mappe * 8 —

— Meisterbilder, s. a. Weicher's Kunstbücher.

Die Meisterbilder von [Albrecht] Dürer ⟨1471–1528⟩. 60 Reprod. nach Orig.-Aufnahmen. Berlin & Leipzig: Weicher 1909. 66 S. 8°
(Weichers Kunstbücher. Nr 27.) (09. 17308

Dürer, Albr., s.: Meisterbilder fürs deutsche Haus.

— schriftlicher Nachlass, auf Grund der Orig.-Handschriften u. theilweise neu entdeckter alter Abschriften hrsg. von K. Lange u. F. Fuhse. gr. 8. (XXIV, 420 S. m. 1 Lichtdr.-Taf. u. 8 Illustr.) Halle 893. M. Niemeyer. n. 10. —

Albrecht Dürers schriftlicher Nachlass. Familienchronik, Gedenkbuch, Tagebuch d. niederländ. Reise, Briefe, Reime, Auswahl aus d. theoret. Schriften. Mit 9 Zeichn. u. 3 Holzschn. Hrsg. v. Ernst Heidrich. Geleitwort von Heinrich Wölfflin. Berlin: J. Bard 1908. (303 S.) 8°
= Hortus Deliciarum. 9. (08. 16??

— schriftlicher Nachlass. Familienchronik. Gedenkbuch. Tagebuch d. niederländ. Reise. Briefe. Reime. Auswahl aus den theoret. Schriften. Mit 12 Zeichngn. u. 3 Holzschn. Dürers. Hrsg. v. Ernst Heidrich. Geleitwort v. Heinr. Wölfflin. (Durchgesehener Neudr.) (364 S.) kl. 8. Berlin 910. J. Bard. kart. 6. —; geb. in Ldr. 7. 50

die geheime Offenbarung Johannis. 15 Vollbilder nach den Handzeichngn. A. D.'s u. gleichzeit. Text nach der Straßburger Ausgabe v. Mart. Graeff 1502. Mit e. Vorwort u. begleit. Auslegg. v. J. N. Sepp. Fol. (8 S., nebst 15 Taf. m. Text auf der Rückseite.) München 893. J. Hamböck. Kart. 8. —

— d. geheime Offenbarg. Johannis. 15 Vollbild. n. d. Handzeichngn. D.'s u. gleichzeit. Text n. d. Straßburger Ausg. v. Mart. Graeff 1502. M. e. Vorwort u. begleit. Auslegg. v. J. N. Sepp. Reproduktionen d. Bilder u. d. Urtextes durch d. graph. Kunstanst. v. J. Hamböck & Cie. in München. (Neue [Titel-] Ausg.) Fol. (8 S. nebst 15 Taf. m. Text auf d. Rückseite.) München (893) 896. E. Franke. Kart. n. 6. —

— die geheime Offenbarung Johannis. 15 Vollbilder nach den Handzeichngn. D.'s u. gleichzeit. Text nach der Straßburger Ausg. v. Mart. Graeff 1502. Mit e. Vorwort u. begleit. Auslegg. v. J. N. Sepp. Reproduktionen der Bilder u. des Urtextes durch die graph. Kunstanstalt v. J. Hamböck & Cie. in München. (Neue Ausg.) Fol. (8 S. nebst 15 Taf. m. Text auf der Rückseite.) München (902). E. Haushalter. Kart. n. 10. —

— Die heimlich Offenbarug iohnis, s. a. Hausschatz deutscher Kunst d. Vergangenheit. 14. Hft.

Die heimlich offenbarūg iohañs. 16 Holzschn. von Albrecht Dürer. Neu hrsg. v. Jugendschriften-Ausschuß d. Allg. Lehrer-Vereins Düsseldorf. Mit e. Einl. u. m. Text von M. Escherich. Berlin: Fischer & Franke [1909]. 16 Taf. 2°
(Hausschatz deutscher Kunst d. Vergangenheit. 14.) [11. 12930 11

Dürer, A., d. Passion Christi i. Kupferstich. 16 Motive als Fcsms. reproducirt. Lex.-8. (1 Bl. Text.) Ebd. 898. In Mappe 9. —

—— kleine Passion, s. Eye, A. v., Erläuterungen.

Dürer's, Albr., kleine Passion. Getreu in Holz geschn. von C. Deis. 6 Lfgn. 4. (86 Bl. mit Titel in Holzschn.) Stuttgart 859, (Schweizerbart'sche Verlagsh.) à Lfg. * 20 Ngr. *

—— kleine Passion. Getreu in Holz nachgeschn. von C. Deis. 6 Lfgn. hoch 4. (87 Blatt.) Eichstätt 867, Krüll'sche Buchh. à Lfg. * 16 Ngr. in engl. Carton *

—. Albrecht Dürer's kleine Passion. Getreu in Holz nachgeschnitten von C. Deis ... Eichstätt & Stuttgart. Verlag der Krüll'schen Buchhandlung ... 1868 ...
Tit., 1 Bl., 37 Taf. in Holzschn. 4°
Tit. auch franz., engl. u. ital.

—— kleine Passion, s. Liebhaber-Bibliothek alter Illustratoren in Facsimile-Reproduction.

Dürer A, Kleine Passion. 1510. (Liebhaberbibliothek alter Illustratoren Bd 8) (38 Bl) München 1884

—— Kleine Passion, phototypisch nachgebildet in der Größe der Originale. Mit einführ. Text (v. Bruno Meyer). gr. 4. (38 Bl. m. 4 S. Text.) Ebd. 887. In Mappe * 3 —
Auszug aus: Dürer, Albr. Vier Holzschnittfolgen.

[Dürer, Albr.] Zwölf Blatt aus Dürers kleiner Passion. Hrsg. v. Leipziger Lehrerverein. Text v. Rud. Schulze. (18 Bl. m. VI S. Text.) gr. 8. Leipzig 908. E. Haberland. — 30

Dürer's, Albr., Randzeichnungen aus dem Gebetbuche des Kaisers Maximilian I. mit eingedr. Original-Texte. Nebst einer Einleitung v. Frz. Xav. Stöger. Fol. (X S. u. 46 lith. Taf. m. gemalten Initialen.) München 850, Franz. n. 7 ₰

— Randzeichnungen aus dem Gebetbuche des Kaisers Maximilian I. 45 (lith. u. chromolith.) Blätter. Imp.-4. München 876. Franz. In Mappe. 40. —

— Randzeichnungen aus dem Gebetbuche Kaiser Maximilian I. m. eingedr. Orig.-Texte. Nebst e. Einleitg. v. Frz. Xav. Stöger. gr. 4. (IV, 8 S. m. 45 Steintaf.) München 883. Staegmeyr. cart. n. 10. —; geb. n. 12. —

— Randzeichnungen aus dem Gebetbuche d. Kaiser's Maximilian I. Mit eingedr. Orig.-Text. Imp.-4. (45 lith. Bl. m. eingedr. u. 1 Bl. Text.) München 890. Franz' Verl. In Mappe. n. 12. —

Dürer, Albrecht. Reliquien seinen Verehrern geweiht. Nürnberg 1828. II: *Campe, Friedrich.* (Grisebach, Weltliteraturkat. Berlin 1898—1910. I, 183.)

— Reliquien, seinen Verehrern geweiht. Mit Kpf. u. Fac-Simile's. 16. Nürnb. 828. Campe. In Futteral 1 ₰

19 Reproductionen von Gemälden (Albrecht) Dürers ... hrsg. von Theodor Schiener. Text von Henry Thode. Nürnberg: J. A. Stein [1895]. (4 S., 19 Taf.) gr. 2° [F.]
= Dürer, Albrecht: Gemälde hrsg. von S. Soldan. Suppl. [08. 73 8

Das Skizzenbuch von Albrecht Dürer in d. königl. öffentl. Bibliothek zu Dresden. Hrsg. von Dr. Robert Bruck. Straßburg i. E.: J. H. E. Heitz 1905. (39 S., 160 Taf.) 2° [c5. 0393

Dürer, Albr., Stiche u. Radirungen, s.: Schongauer.

—— Tagebuch der Reise in die Niederlande. Erste vollständ. Ausg. nach der Handschrift Joh. Hauer's, mit Einleitung und Anmerkungen hrsg. von Friedr. Leitschuh. gr. 8. (XIII, 207 S.) Leipzig 884, Brockhaus. * M 7,50.; geb. * Ausg. auf holländ. Pap. geb. *

Dürer, Albrecht. Trachten-Bilder von Albrecht Dürer aus der Albertina. Sechs Blätter in Farben-Holzschnitt ausgeführt von F. W. Bader in Wien. Fest-Publication des K. K. Oesterreichischen Museums für Kunt und Industrie zum Dürer-Jubiläum 1871. Wien. Fol.

Dürer, Albr., Trachten-Bilder aus der Albertina. 6 Blätter in Farbenholzschn. ausgeführt von F. W. Bader. gr. Fol. (1 S.) Wien 871, Braumüller. **

—— der Triumphwagen des Kaisers Max. qu. Fol. (8 Bl. in Lichtdr.) Berlin 882, Nicolai'sche Verlagsh.

Dürer, Albr. Einiger Unterricht von der Befestigung der Stett, Schloss u. Flecken. fol. M. K. Nürnberg 1510. — ib. 1527. — M. Einl. neu herausgeg. M. 13 Taf. Dresden 1823. — (LII. 80) 8. M. 13 Taf. Berlin s. a. 4,50.

Dürer, Albr., einiger Unterricht von d. Befestigung d. Städte, Schlösser u. Flecken, mit e. Einleit. neu herausg. Mit 13 lithogr. Tafeln. gr. 8. Berl. 823. Maurers B. 1 ₰ 12 Gr

Dürer, Albrecht, einiger Unterricht von der Befestigung der Städte, Schlösser u. Flecken. Mit e. Einleitung neu herausg. Mit 13 lithogr. Tafeln. gr. 8. Berlin 839. Heymann. 1 1/2 ₰

— Unterweisung d. Messung. Um Einiges gekürzt u. neuerem Sprachgebrauch angepaßt, hrsg. m. e. Nachw. versehen v. Alfr. Peltzer. Auf Veranlassg. u. m. e. Vorwort v. Hans Thoma. (182 S. m. Abbildgn.) Lex. 8. München 908. Süddeut. Monatsh. 6.—; geb. in Ldr. 40.—

Die Verehrung der heiligen Dreieinigkeit in der Kaiserl. Königl. Bilder-Galerie zu Wien. Nach dem Original-Gemälde von A. Dürer in Umrissen auf Stein gezeichnet von Julie Mihes. München 1818. Fol.

Albrecht Dürers schriftliches Vermächtnis. Familienchronik. Briefe. Reime. Tagebuch d. niederländ. Reise. Aus d. theoret. Schriften. Ausgew. u. eingeleitet von Max Osborn. *Berlin: L. Simion Nf. 1905.* (XXVIII, 150 S.) 8° [F.]
— Renaissance-Bibliothek. Bd 3.

— die Weisheit, von oben herab gepredigt, nebst e. Anhange. gr. 8. Königsb. 823. Bornträger. 1 ₰ 8 Gr

—— Zeichnungen. In Nachbildungen hrsg. von Friedr. Lippmann. [I. Zeichnungen im königl. Kupferstichkabinet zu Berlin. — II. Zeichnungen im Besitz des Hrn. William Mitchell in London. — III. Zeichnungen im Besitz des Hrn. John Malcolm of Poltalloch in London. — IV. Zeichnungen im Besitz des Hrn. Frederick Locker in London.] Fol. (99 Bl. in Licht- und Farbendr. mit 23 S. Text.) Berlin 883, Grote'sche Verlagsh.
geb. mit Goldschn. Subscr.-Pr. *

—— Zeichnungen. In Nachbildgn. hrsg. v. Friedr. Lippmann. 2. Bd. [V.—XII. Abth.] gr. Fol. (108 Taf. m. VIII, 38 S. Text.) Berl. 889, Grote. geb. m. Goldschn. Subscr.-Pr. * 250 —
1. Bd. Ebd. 1883. * 250 —.

— Zeichnungen. In Nachbildgn. hrsg. v. Frdr. Lippmann. 3. Bd. [XXIII—XXV. Abth.] gr. Fol. (126 Taf. m. V, 26 S. Text.) Berlin 894. G. Grote. In 1 Bd. geb. m. Goldschn. Subskr.-Pr. n. 250. —
(1—3.: n. 750. —)

— Zeichnungen. In Nachbildgn. hrsg. v. Frdr. Lippmann. (4. Bd.) XXVI—XLVIII. Abth. gr. Fol. (114 Taf. m. VII, 36 S. Text.) Berlin 896. G. Grote.
In 1 Leinwbd. m. Goldschn. Subskr.-Pr. n. 250. —

— Zeichnungen. In Nachbildgn. hrsg. v. Frdr. Lippmann. (5. Bd.) XLIX. Abth. Zeichnungen in der Albertina zu Wien. Unter Mitwirkung von Jos. Edler v. Schönbrunner hrsg. u. red. v. Jos. Meder. (121 Taf. m. VII, 80 S. illustr. Text) gr. Fol. Berlin 905. G. Grote. Geb. in Leinw. m. Goldschn. Subskr.-Pr. n. 300. —

Dürer, Emil. Edison. Elektrische Skizzen. Mit Vorw. v. Jules Claretie. gr. 8. (IX, 83 S. m. Illustr.) Berl. 890, Freund u. Jeckel. * 1 50

Dürer, Emile, Kadettenträume. Militärische Skizzen, frei nach dem Ital. 8. (128 S.) Leipzig (902). H. Seemann Nachf. n. 3. —; geb. n. 4. —

Dürer, Emile, Pariser Leben. Roman. 8. (218 S.) Berlin 895. C. Duncker. n. 3. —

Dürer, Hieronymus

Dürer, Hier., Geheimniß des Reichs Jesu ꝛc. 12. Hannov. 701.

Das wandelbare Glück, in einer angenehmen Liebes- und Lebens-Geschichte des verkehrten und wieder bekehrten Tychanders. Mit Holzschnitten. Leipzig 1742. 8°.

Unter den Gedichten findet sich: Kurtzweiliges Liebes-Gespräch des alten verliebten Simo mit einer schönen Jungfer. — Der Roman erschien auch Ende 18. Jahrh. sehr verändert öfter als Volksbuch, u. a. titulo:

Lauf der Welt u. Spiel des Glücks, in einer wahrhaften Lieb- u. Lebens-Geschichte des verkehrten u. wieder bekehrten Tychanders vorgestellet. Mit Holzschnitten. Nürnberg, J. A. Endter, o. J. (c. 1795). 8°. 240 S..

Rich. Bertling's (Dresden) März-Auct. 1896.

Politischer Lauff der Welt Und Spiel des Glücks .... Im Jahr 1685. Kl. 8°. (4 Mk. 80 Pfg., Frdr. Klüber, München.)

TKpf., 3 Bll. Vorst. u. 416 SS.

— — Dasselbe. Franckfurt u. Leipzig (Nürnb., Monath) 1739. 8°.

— — Dasselbe. Mit Kpf. Ibid. 1740. 8°. 15 Bog.

Dürer, Ottomar, das erste Debut. Humoreske. 8. (132 S.) Leipzig 877, Schulze und Comp.

Dürer's, Albrecht, Abschiedsfest in Venedig, s.: Festspiel-Halle, deutsche.

Dürer's Ehre, zu. Am 7ten April 1828. gr. 4. Nürnb. 828. Stein. 3 K

—'s Wohnhaus u. s. Geschichte. In Wort u. Bild dargest. im Auftr. d. Verwaltg. d. Albrecht Dürer-Haus-Stiftg. M. 29 Abb. u. 1 Urkunde in Lichtdr. 12. (VI, 71 S.) Nürnberg 896. (J. L. Schrag.) n. 1. —

Dürer-Studien, s. Allihn, Max.

Duret, Théodore, die Impressionisten. Pissarro, Claude Monet, Sisley, Renoir, Berthe Morisot, Cézanne, Guillaumin. (220 S. m. Abbildgn. u. 37 Taf.) Lex. 8. Berlin 909. B. Cassirer. 20. —; geb. in Japanldr. 25. —; in Ganzldr. 28. —

Théodore Duret. Édouard Manet, sein Leben u. s. Kunst [Histoire d'Édouard Manet et de son œuvre]. Aus d. Franz. ins Deutsche übertr. von Dr. E[mil] Waldmann-Bremen. Mit 2 Originalradierungen, 1 Holzschn. u. zahlr. Abb. Berlin: P. Cassirer 1910. 319 S. 4°(8°) 11

Duret, Vict., l'art de correspondre et les maîtres du genre épistolaire au siècle de Louis XIV. gr. 8. (XIX und 486 S.) Wien 866, Gerold's Sohn. *

Duret, Vict., grammaire savoyarde, publiée par Ed. Koschwitz, avec une biographie de l'auteur par Eug. Ritter. gr. 8. (XV, 91 S.) Berlin 893. W. Gronau. n. 2. 80

—— l'Abbé Mermillod à Vienne. Analyse de ses conférences tenues à l'église des Écossais pendant la station du carême de 1864. Précédée d'une notice biographique et littéraire. gr. 8. (XX und 87 S. mit lithogr. Portr. und Facs.) Wien 864, Sartori. *

Duret, Vict., un portrait russe. L'œuvre et „Le livre d'une femme" de Mme. Bagréeff-Spéranski. gr. 8. (520 S.) Leipzig 867, Brockhaus' Sortiment und Antiquarium. *

Düret, J., Kanzler, das Linder'sche Legat und dessen bischöfliche Verwaltung. Eine Schutzschrift gegen erhobene amtliche und ausseramtliche Anklagen. 72 Stn. 8. Luzern, Gebr. Räber. —. 80
1877

Düret, Jos., die hohe Würde des Gläubigen. Predigt, gehalten zu Luzern vor der löblichen marian. Congregation am Tage ihrer jährl. Versammlungsfeier, dem Epiphanienfeste 1851. gr. 8. (31 S.) Luzern 851, Gebr. Räber. 3 ngl

Dureti, Ldw., interpret. et enarrat. in Hippocratis Coacas praenotiones gr. et lat. Fol. Paris 1588 et 1621. Genf 1665. Ed. nov. c. ind. et praef. A. Peleryn Chovet. Fol. Leyd. 737 u. 784. Luchtmans. (Haller in Bern). 6 ß

Duerf, Frdr., die bulgarischen Renten u. ihre hypothekarische Bedeckung. 12. (39 S.) Wien 893. (E. Weiger.) n. — 60

Durfeld s. Dürfeld

Dürfeld, Mauritius Karl v., eine Geschichte. 8. Altona, Kave. 787.

Zwey Reden von E. W. Dürfeld. Als Hs. f. Brr. o. O. 1780. 29 S. 8°
Kl. 1343. Selten.

— Georg Wolfgang (Heldburg/Frk.), De majestate principum inviolabili adversus monarchomachos. Dissert. hist.-polit. Präs. Jo. Heinr. Melissander alias Acker (Gotha). Jena (Müller) Mai 1703. 19 S. (4.80) 7014
Widm. a. d. Präs. v.: Burcard Gotthelff Struve.

— Johann Balthasar (Gotha), De absentia. Disp. jur. Präs. Johann Heinrich Meier. Erfurt (J. H. Grosch) 6. X. 1717. 24 S. (5.—) 7010
Widm. v.: Friedr. Anton Hallenhorst, Joh. Elias Meier, Joh. Christian Beumelburg (Gotha).

— Joh. Sigismund (Magdeburg), Decades duas casuum controversorum. Diss. jur. Präs. Samuel Stryk. Halle (Joh. Montag) 12. VI. 1706. 58 S. (5.—) 7021

Dürfeld, Karl Reinhold

— — Von Verdacht oder Argwohns. Jena (Paul Ehrich) 1715. (5.—) 7012

— — Dasselbe. Wittbg. (J. Chph. Tzschiedrich) 1745. 64 S. (5.—) 7013

Dürfeld, Vict., die Kartoffel. [I. Botanisches. II. Geschichtliches u. Benutzung. III. Anbau. IV. Krankheiten. V. Ernte u. Aufbewahrung. VI. Bewährte u. empfehlenswerte ältere, neuere u. neueste Varietäten der Kartoffel.] Nach den verläßlichsten Quellen zusammengestellt. (2. Aufl.) gr. 8. (IV, 126 S.) Olbernhau 882. (Dresden, G. Schönfeld's Verl.) cart. n. 1. 50

G Dürfeld, Vict., d. Kartoffel. 882. — Welche Kartoffelsorten bauen. 883. Jetzt: Hannover, M. & H. Schaper.

Dürfeld, Vict., welche Kartoffelsorten soll man bauen u. welche Kulturmethode ist die beste? Mit Benutzg. der Berichte v. F. Behr in Cöthen, W. Richter in Zwickau ꝛc. hrsg. Mit e. (lith.) Abbild. d. Häufelpflugs „Beschützer“ v. J. L. Jensen in Kopenhagen u. 38 Abbildgn. empfehlenswerter Kartoffelsorten. gr. 8. (73 S.) Olbernhau 883. (Dresden, G. Schönfeld's Verl.) n. 1. 80

Dürfeldt, Carl Mauritius von, Geschichte, aus dem Engl. 2 Theile, 8. Altona, 787. Kaven. 1 Rthl.

Dürfen Bekenner Christi d. öffentl. Schauspiele besuchen? 8. Nürnb. 819. Raw. 1 gl.

Dürfen geheime Gesellschaften in einem wohl eingerichteten Staate geduldet werden? Frankfurt [Berlin] 1798. V: *Cosmann, Friedr. Wilh.* (Kl) (SJL)

Dürfen geh. Gesellsch. in e. Staate geduldet werden? 8. Berlin, Vellh. 799.

Dürfen wir uns schämen, Deutsche zu sein? Münster 1810. V: *Wrede, Friedrich von.* (Dortmund. Magazin 1909, S. 82 f.) (Zeitschr. f. Büch. 1923, S. 82)

Dürfen wir v. d. Sozialdemokraten Hilfe erwarten? Von B. G. gr. 8. Wien 896. (Verl. d. Reichspost [A. Opitz].) n. — 04

Dürftige, der,. Schausp. von Mercier. 8. Manheim, Schwan. 772.

— der,. Drama von Mercier. 8. Breslau, Gutsch. 772.

ΔΟΥΡΓΑ, μεταφρασθεῖσα ἐκ του βραχμανικου παρὰ Δημητρίου Γαλάνου. Νῦν πρῶτον Ἑλληνιστὶ ἐκδοθεῖσα καὶ μετὰ προλεγομένων καὶ παρατηρήσεων πλουτισθεῖσα, δαπάνῃ μὲν καὶ μελέτῃ Γεωργίου Κ. Τυπάλδου ἐπιστασίᾳ δὲ Γ. Αποστολίδου Κοσμήτου. gr. 8. (42 u. 67 S.) *Ἐν Ἀθηναῖς* 853. (Leipzig, T. O. Weigel.) n. 1 ℛ

Durgâ-Prasâd, Yoga-Praxis. Ein Wegweiser z. Erlangg. höh. Geisteskräfte. (45 S.) gr. 8, Leipzig (909). (H. Tränker.) 1. 20

Dürgens, Otto, wie man am einfachsten, natürlichsten u. gründlichsten Gicht u. Rheumatismus dauernd beseitigen kann, s.: Eckstein's neue medizinische Hausbibliothek. 4. Bd.

Durheim, [Carl Jacob]. Canton Bern: Die Entfernung der Ortschaften von der Hauptstadt Bern ‹Zeitglockenthurm›, in Schweizer-Stunden, nach den Vermessungen der Bezirks-Ingenieurs, als Beilage zur Route-Carte von D', Zollverwalter. 1843. 8. *o. O.*

Durheim, Carl Jacob. Historisch-topographische Beschreibung der Stadt Bern und ihrer Umgebungen, mit Rückblicken auf ihre frühern Zustände, nebst einer Berner-Chronik .... Von K' Jakob D'.... [2 Theile.] 8. Bern 1859.

[Theil 1.] Historisch-topographische Beschreibung der Stadt Bern — Mit 28 lithographirten Ansichten [Tafeln.]

[Theil 2.] Berner-Chronik, oder chronologisches Verzeichniss der merkwürdigsten Begebenheiten aus der Geschichte Berns von ihrem Ursprung 1191 bis 1850. nebst einem Verzeichniss der Schultheissen von Bern.

Durheim, Carl Jacob. Berner-Chronik *s.* Durheim, Carl Jacob. Historisch-topographische Beschreibung der Studt Bern. Bern 1859.

Durheim, (C[arl Jacob]). Distanzen-Tabellen und die Strassen 1., 2. und 3. Classe des Cantons Bern. Nach den Vermessungen der Bezirks-Ingenieurs. und nach den Angaben des technischen Bureau's. Als Beilage zur Route-Karte und zum Ortschaften-Lexikon von D'.... [2 Theile.] 8. Bern 1844.

[Theil 1.] Distanzen-Tabellen ... = Cahier des distances des localités du canton de Berne.... Bern 1844.

[Theil 2.] Die Strassen I., II. und III. Classe des Cantons Bern ... = Spécification des routes du canton de Berne des Ière, IIde et IIIième Classe — *o. O.* 1844.

(Durheim, C[arl] J[acob, und] Studer, G[ottlieb].) Erwiederung auf den von Herrn Oberst [Guillaume-Henri] Dufour ... an den eidgenössischen Kriegsrath gerichteten Rapport über die Bemerkungen gegen die neue Schweizerkarte. (Bern, den 31. Januar 1847.) 4. *o. O.*

Durheim, Carl Jacob. Historische Mittheilungen zur Geschichte der „wohlandelichen Flitzbogen-Schützengesellschaft von Bern“, von ihrem Ursprung bis auf gegenwärtige Zeit, 1856; von C' Jakob D'.... [A.] 8. [Bern 1856.]

Durheim, C[arl] J[acob]. Die Ortschaften des eidgenössischen Freistaates Bern. Ein ... auf Befehl des Tit. Regierungsraths gedrucktes Verzeichniss der Städte, Flecken, ... Postbureau's, Landjägerposten; so wie der vorzüglichsten Alpen ... und der Militair-Kreise. 3 Bände. 8. Bern 1838–1845.

Band 1. [Von C. J. D'.] 1838. — Band 2. Register der Ortschaften und Alpen. [Von C. J. D'.] 1838.

Bd. 3. Zusammengestellt nach den neuesten, grösstentheils amtlichen Angaben von C. J. D'.... Band 3. ‹Supplement.› Vervollständigung der Ortschaften, mit neuen Beiträgen zur Statistik und Topographie der Republik Bern. 1845.

Durheim, C. J. Die Patiencen. Bern 1862.

Durheim, C. J. Die Patiencen. 3. A. Bern 1879.

Durheim, Carl Jak., schweizerisches Pflanzen-Idiotikon. Ein Wörterbuch von Pflanzenbenennungen in den verschiedenen Mundarten der deutschen, französ. und italien. Schweiz, nebst deren latein., französ. und deutschen Namen; zum Gebrauch für Mediciner, Pharmaceuten, Lehrer, Droguisten und Botaniker. A. u. d. T.: Idiotikon de la Flore helvétique. Vocabulaire des noms des plantes dans les différents dialectes du pays. Lex.-8. (IX und 284 S.) Bern 858, Huber und Comp. Thlr.

Durheim, C. J., Sammlung trigonometrischer oder barometrisch-bestimmter, absoluter Höhen der Schweiz und ihrer nähern Umgebung. 2 Abthlgn. — Hypsométrie de la Suisse et des états voisins. hoch 4. (XXI und 700 S.) Bern 850, (Dalp'sche Buchh.) *

Durheim, Theophil (Bern), De diversis legislationibus circa litis contestationem ob contumaciam rei aut pro negativa aut pro affirmativa habendam. Diss. jur. Präs. Julius Friedrich Malblanc. Tübingen (Reis & Schmid) April 1808. 19 Seiten. (4.50) 7082

Durhold, Paul: Über einen Kreisbündel sechster Ordnung. Jena 1907: B. Vopelius. (59 S.) 8°

Jena, Phil. Fak., Ref. Thomae, Diss. v. 2. April 1907

[Geb. 26. Juni 82 Erfurt; Wohnort: Erfurt; Staatsangeh.: Preußen; Vorbildung: Realgymn. Erfurt Reife O. 03; Studium: Göttingen 1, Jena 6 S.; Rig. 15. Dez. 06.]

Dürholz, J. C., practischer Leitfaden für Tänzer und Tänzerinnen, nebst Choregraphie der neuesten Contre-Tänze und Polonaise, so wie eine Sammlung beliebter Cotillon-Touren. Berleburg 855. (Siegen, Schulz.) 16. (56 S.) 6 ngl

Durich, Fort., († d. 31. Aug. 1802.) Bibliotheca Slavica antiquiss. dialecti communis et eccles. universae Slavorum gentis. 8maj. Wien 795. (Eggenberger in Pesth). 1 ℛ 20 gl

Durich, Fort., Bibliotheca antiquis. Dial. commun. Vol. I. 8. maj. Viennae. (Pest, Eggenberger, a. Univ. Buchh., Ofen.) 805.

Durich, Fort., Eutychii Benjamin Transalbini dissertatio philologica de vocibus Hartammim et Belatehem (Exod. 7 u. 11). (München) 1767, 4°.

Duridis Samii quae supersunt. Edid. J. G. Hulleman. 8maj. Trajecti ad Rhen. 841. (Aix-la-Chapelle, Mayer.) baar 1 2/3 ℛ

Duriez, M. A., s. Jacotot, Lehrmethode.

Durieu, der Mann der Wittwe, s. Dumas, A.

Du Rieu, Guil. Nic., s.: Codices graeci et latini photographico depicti.

Du Rieu, G. N., Disputatio de gente Fabia. Accedunt Fabiorum Pictorum et Serviliani fragmenta. 8maj. (VIII und 460 S. mit 1 Tab. in qu. gr. Fol.) Lugduni Bat. 856. (Roterodami, Baedeker.) **

du Rieu, G. N., schedae vaticanae, in quibus retractantur palimpsestus Tullianus de re publica, C. Julius Victor, Julius Paris, Januarius Nepotianus, alii ab Angelo Mai editi. Leiden 860. Brill. gr. 8. (XII, 220 S.) nn. 1 ℛ 8 ngr.

du Rieux, Louis: Ein Blick auf das Alpenland Guatemala in Centro-Amerika. Vorgetragen in der öffentlichen Sitzung des Central-Vereins für die Deutsche Auswanderungs- und Colonisations-Angelegenheit am 21. September 1853. Berlin 1853. 20 S., 1 Tb. 8°.

Du Rieux, Louis Napoléon, la véritable révolution et la liberté brévetée en Russie. gr. 8. (48 S.) Berlin 861, A. Abelsdorff. *

Durig, Arnold

Durig, A., Einleitung zu den physiologischen Ergebnissen der im Jahre 1906 durchgeführten Monte-Rosa-Expedition. [Besonders abgedruckt a. d. LXXXVI. Bd. d. Denkschriften d. math.-naturw. Klasse d. kais. Akad. d. Wiss.] 4°. (36 S. mit 5 Tafeln) † K 5.80
Wien: Hölder 1909

Durig, Arn., über den Erhaltungsumsatz. — Über d. Gaswechsel beim Gehen. Über den Umsatz beim Marsch auf ansteig. Bahn. — Dasselbe. Über den Umsatz beim Marsch auf horizontaler Bahn, s.a. Ergebnisse, physiologische, der im J. 1906 durchgeführten Monte Rosa-Expedition.

Durig, A., Physiologische Ergebnisse der im Jahre 1906 durchgeführten Monte Rosa-Expedition. Über den Erhaltungsumsatz. Besonders abgedruckt a. d. LXXXVI. Bde. d. Denkschriften d. mathem.-naturw. Klasse d. kais. Akad. d. Wiss. 4°. (ill. 117 S.) † K 8.50
Wien: Hölder 1910

Durig. A, Physiologische Ergebnisse der im Jahre 1906 durchgeführten Monte Rosa-Expedition. Über den Gaswechsel beim Gehen, über den Umsatz beim Marsch auf ansteigender Bahn. Besonders abgedruckt a. d. LXXXVI. Bde. d. Denkschriften d. mathem.-naturw. Klasse d. kais. Akad. d. Wiss. 4°. (ill. 55 S.) † K 4.
Wien: Hölder 1910

Durig, A., Physiologische Ergebnisse der im Jahre 1906 durchgeführten Monte Rosa-Expedition. Über den Gaswechsel beim Gehen, über den Umsatz beim Marsch auf horizontaler Bahn. Besonders abgedruckt a. d. LXXXVI. Bde. d. Denkschriften d. mathem.-naturw. Klasse d. kais. Akad. d. Wiss. 4°. (ill. 51 S.) † K 4.--
Wien: Hölder 1910

— Über das Verhalten d. Atemmechanik u. d. Alveolartension, s.: Ergebnisse, physiologische, d. im J. 1906 durchgef. Monte Rosa-Expedition.

— u. W. Kolmer, über das Verhalten v. Puls, Blutdruck u. Körpertemperatur, s.a. Ergebnisse, physiologische, d. im J. 1906 durchgeführten Monte Rosa-Expedition.

Durig, A. und Kolmer, W., Über das Verhalten von Puls, Blutdruck und Körpertemperatur. [Besonders abgedruckt a. d. LXXXVI. Bd. d. Denkschriften d. math.-naturw. Klasse d. kais. Akad. d. Wiss. 4°. (42 S. mit 8 Tafeln) † K 5.10
Wien: Hölder 1909

Durig, Josef

Durig, J.: Der Anwachs der gefürsteten Grafschaft Tirol.
14 S. – Innsbruck OR., Progr. 1858.

Durig, Jos., Beiträge zur Geschichte Tirols, s.a. Beiträge.

Durig, Josef. Beiträge zur Geschichte Tirols in der Zeit Bischof Egno's von Brixen (1240—1250) und Trient (1250—1273). 8. Innsbruck 1860.

Durig, Jos., die staatsrechtlichen Beziehungen des italienischen Landestheiles von Tirol zu Deutschland und Tirol. gr. 4. (80 S.) Innsbruck 864, Wagner'sche Buchh. *
Aus: Jahres-Bericht der k. k. Ober-Realschule, besonders abgedruckt.

Därig, Bonavent.: Beitrag zur Symptomatologie und Therapie der Hirnabszesse. Erlangen 1909: Junge. 46 S. 8°
Erlangen, Med. Diss. v. 18. Aug. 1909, Ref. v. Kryger
[Geb. 30. Mai 79 Schwabach; Wohnort: Nürnberg; Staatsangeh.: Bayern; Vorbildung: Realgymn. Würzburg Reife 01; Studium: Erlangen 7, München 2, Berlin 1 S.; Coll. 26. Juli 09; Approb. 30. Juni 08.] [U 10. 794

Dürig, Ferd. u. Fr. Maier-Bode, Anleitung zu der auf Veranlassung des königl. bayerischen Staatsministerium des Innern, Abteilung f. Landwirtschaft, Gewerbe u. Handel, u. des bayer. Landwirtschaftsrates f. kleinere u. mittlere Güter hrsg. Buchführung f. bayer. Landwirte. An e. Beispiel für e. ganzjähr. landwirtschaftl. Betrieb prakt. dargestellt unter Mitwirkg. mehr. Fachmänner. Fol. (40 S.) Stuttgart 901. E. Ulmer. n. 1.—

Dürig, Ferd., u. Fr. Maier-Bode, Anleitung zu der auf Veranlassung des königl. bayerischen Staatsministeriums des Innern, Abteilung für Landwirtschaft, Gewerbe u. Handel, u. des bayer. Landwirtschaftsrats f. kleinere u. mittlere Güter hrsg. Buchführung für bayerische Landwirte. An e. Beispiel f. e. ganzjähr. landwirtschaftl. Betrieb praktisch dargestellt unter Mitwirkg. mehrerer Fachmänner. 3. Aufl. (40 S.) 4. Stuttgart 904. E. Ulmer. n. 1.—

— — Buchführung für bayerische Landwirte. Auf Veranlassg. des königl. bayer. Staatsministerium d. Innern, Abteilg. für Landwirtschaft, Gewerbe u. Handel, u. des bayer. Landwirtschaftsrates f. kleinere u. mittlere Güter hrsg. Fol. (60 u. 4 S.) Ebd. 901. Kart. n. 1.20

DÜRIG, Ferdinand: Casuistik wiederholter Geburten derselben Frau.- München: Franz 1893. 79 S.
13.7.1893 - Chr 1893/94,11; Jv 1893/94,195
Diss. Ingolst.-Landsh.-Mchn.

Dürig, Franz: Über den Einfluss des Selbststillens der Mütter auf die Neugeborenen in den ersten Lebenstagen. Stuttgart 1908: Union. 25 S. 8° ¶(Aus: Zeitschr. f. Geburtshilfe u. Gynäkol. Bd 62.)
Würzburg, Med. Diss. v. 12. Dez. 1908, Ref. Hofmeier
[Geb. 25. Sept. 80 Schwabach; Wohnort: Nürnberg; Staatsangeh.: Bayern; Vorbildung: Gymn. Würzburg Reife 02; Studium: Würzburg 5, Erlangen 1, Würzburg 1, Tübingen 1, Würzburg 3 S.; Coll. 6. März 08; Approb. 4. Dez. 07.] [U 09. 4107

Dürig, Joseph (Bettstad/Bamberg), Naturae in sanandis vulneribus efficacia casibus aliquot illustrata. Tentamen med. Präs. Andreas Roeschlaub. Landshut (F. S. Storno) 8. III. 1820. 32 Seiten. (4.—) 7022

Dürig, Max. Ueber die vicariirende Hypertrophie der Leber bei Leberechinococcus, s.a. Abhandlungen, Münchener medicinische.

DÜRIG, Max: Über die vicariirende Hypertrophie der Leber bei Leberechinococcus.- München: Lehmann 1892. 23 S.
22.7.1892 - Chr 1892/93,15; Jv 1892/93,203
Diss. Ingolst.-Landsh.-Mchn.

Dürig, D. M. Ueber die vicarierende Hypertrophie der Leber bei Leberechonococcus. In-8°. 23 S. Oberstrass, Komm.-Verlag von E. Speidel. 1892

DÜRIG, Ralph (Augsburg): Über einen Fall von intestinaler Sublimat-Intoxikation. Mit einer Abb.- München: Knorr & Hirth 1896. 44 S.,2 Bl.
13.3.1896 - Chr 1895/96,10; Jv 1895/96,220
Diss. Ingolst.-Landsh.-Mchn.

Dürigen, Bruno, Deutschlands Amphibien u. Reptilien. 1.—11. Lfg. Lex.-8. (S. 1—368 m. Abbildgn. u. 13 farb. Taf.) Magdeburg 891 894. Creutz. à n. 1.25

Dürigen Bruno, Deutschlands Amphibien u. Reptilien. E. Beschreibg. u. Schilderg. sämmtl. in Deutschland u. d. angrenz. Gebieten vorkomm. Lurche u. Kriechthiere. M. d. Abbildgn. sämmtl. Arten auf 12 Farbendr.-Taf., ausgef. n. Aquarellen v. Chr. Botteler, sow. m. 47 Textbild. 12.—14. (Schluß-)Lfg. Lex.-8. (VIII u. S. 369—676 u. 1 Farbdr.) Magdeburg 897. Creutz. à n. 1.25 (Kplt. kart.: n. 18.—; geb. in Halbfrz. n. 20.—)

—— Geflügelzucht, s.a. Weber's, I. I., illustr. Katechismen, Nr. 127.

Dürigen B. Geflügelzucht. (Weber's Katech. 127) Leipzig 1890

Dürigen, Bruno, die Geflügelzucht nach ihrem jetzigen rationellen Standpunkt. Unter Mitwirkg. v. Bodinus, Bruskay, L. Ehlers :c. bearb. Mit 80 Rassetaf. (in Holzschn.) u. zahlreichen in den Text gedr. Holzschn. Lex.-8. (XIV, 880 S.) Berlin 886. Parey. n. 20.—; geb. n. 23. —

Dürigen, Bruno, die Geflügelzucht nach ihrem jetzigen rationellen Standpunkt. Unter Mitwirkung von Bodinus, Bruskay, L. Ehlers :c. bearb. In 20 Lfgn. Lex.-8. (XIV, 880 S. mit 80 Rassetaf. in Holzschn. und 101 in den Text gedr. Holzschn.) Berlin 886, Parey. à Lfg. * ℳ 1.—. * geb. *

Dürigen, Bruno, die Geflügelzucht nach ihrem jetzigen rationellen Standpunkt. 2. gänzlich neubearb. Aufl. Mit 196 Rassebildern auf 20 vielfarb. Taf. u. im Text, 280 anderen Textabbildgn., sowie e. Porträtgruppe verdienstvoller Geflügelzüchter. (XIV, 1082 S.) gr. 8. Berlin 903—906. P. Parey. n. 22.—; geb. in Leinw. n. 25. —
Erschien auch in 22 Lieferan. à n. 1. —.

Dürigen, Bruno, Handbuch d. Geflügelzucht f. Liebhaber, Pfleger u. Züchter v. Rasse- u. Wirtschaftsgeflügel. 2., vollständig neubearb. Aufl. m. 112 in den Text gedr. Abbildgn. u. 8 farb. Taf. (VIII, 272 S.) Lex.8. Leipzig 910. J. J. Weber. Geb. in Leinw. 10.—

Dürigen, B., Katechismus der Geflügelzucht. 8. (XIV, 399 S. m. 40 Holzschn. u. 7 Taf.) Leipzig 889. J. J. Weber. geb. n. 4. —

— Katechismus der Geflügelzucht. Lpzg. 90. J. J. Weber. Geb. M. 4.—

Dürigen, Bruno, Kennzeichen unserer Hühnerracen u. des übrigen Großgeflügels. [Aus: „Geflügel-Börse".] qu. Fol. (27 S. m. 1 Fig.) Leipzig 893. Exped. der „Geflügel-Börse" (R. Freese). n. 1. 50

Dürigen, Bruno, die Pflege gefangener Reptilien und Amphibien, nebst Pflege und Züchtung der Makropoden, s. Martin, Ph. L., die Praxis der Naturgeschichte.

Dürigen, Bruno, Schutz den Vögeln, s.: Gloger, C. W. L.

— Das Tierreich, s. Hausschatz d. Wissens.

— d. Tierreich, s.: Heck.

— fremdländische Zierfische. Winke zur Beobachtung, Pflege und Zucht der Makropoden, Guramis, Gold-, Teleskop-, Hundsfische u. a. Nebst Anhang: Bemerkungen über die Axolotl. Nach Mittheilungen P. Matte's, sowie eigenen Beobachtungen und Erfahrungen. 8. (IV, 52 S. mit Abbild.) Lankwitz-Südende b. Berlin 886, Paul Matte. *

[F.] Fremdländische Zierfische. E. Handb. f. d. Naturgesch., Pflege u. Zucht d. bisher eingeführten Aquarienfische v. Bruno Dürigen … M. 2 Buntdr.-, 20 Schwarzdrucktaf. u. 21 Textbild. 2., bedeut. verm. Aufl. *Magdeburg: Creutz 1897.* (IX, 352 S., 22 Taf.) 1 Bd 8. [97. 5743]

Dürimel; od. d. Einquartirung der Franzosen. Lustsp. 8. Prag, Widtmann. 771.

Durin, Hervic Anton (Erfurt), De modo augendi fiscum et potestatem principis, per abrogationem successionis mere-testamentariae, et legitimae, quoad gradus collateralium remotiores. Dissert. jur. Präs. Johann Philipp Treiber. Erfurt (Gg. Rud. Engelhardt) 5. V. 1714. 36 S. (5.—) 7083
Gew.: Joh. Eberhard Frh. v. Leyen (Arienschwang).

During s. Düring.

Düring, Das Haus Svend. Romantische Tragödie in 4 Acten. Aus dem Dänischen. Hamb. 1839. Ü: *Bentzen, Peter Christian.* (A)

D(üring), A. v. Das Lager von Châlons und die Kampfweise und Ausbildung der franz. Infanterie. Darmstadt 1863. 8°.

— u. C. Goesch, mecklenburgisches Landesstrafrecht. Die in den Großherzogthümern Mecklenburg, einschließlich d. Fürstenth. Ratzeburg, in Geltg. befindl. landesrechtl. Verordngn. strafrechtl. Inhalts, zusammengestellt u. erläutert. Ausg. f. Mecklenburg-Strelitz. 3 Hfte. gr. 8. (1. Hft. XII, 268 S.) Schwerin i/M. 886. Güstrow, Opitz & Co. n.n. 16. —

Düring, A. v., und C. Goesch, Mecklenburg-Strelitzisches Landesstrafrecht. Die in dem Großherzogth. Mecklenburg-Strelitz, einschließl. des Fürstenth. Ratzeburg, in Geltung befindl. landesrechtl. Verordnungen strafrechtl. Inhalts, zusammengestellt und erläutert. gr. 8. (XIX, 886 S.) Schwerin 887. (Neustrelitz, Barnewitz.) **
— dass. — für Mecklenburg-Schwerin, s. Goesch, C.

Düring, A. v., Ursache und Heilung des Diabetes mellitus. 1. Aufl. (53 S.) 1868. * ℳ 1,20., und 2. erweit. Aufl. gr. 8. (72 S.) Hannover 875, Schmorl und v. Seefeld. *

Düring, A. v., Ursache u. Heilung des Diabetes mellitus. 3. erweit. Aufl. gr. 8. (VIII, 112 S.) Hannover 880. Schmorl & v. Seefeld. n. 3. —

Düring, A. v. Ursache u. Heilung d. Diabetes mellitus (Zuckerkrankheit). 4. Aufl. gr. 8. (VIII, 110 S.) Hann. 892, Schmorl u. v. Seefeld Nachf. * 3 —

Düring, A. v., Ursache u. Heilung der Zuckerkrankheit (Diabetes mellitus). 5. Aufl. (VI, 110 S.). gr. 8. Hannover 905. Schmorl & v. Seefeld Nachf. n. 3. —

Düring, A. v., und C. Goesch, medicinalpolizeiliche Verordnungen in Mecklenburg-Strelitz. Zusammengestellt und erläutert. gr. 8. (VI, 141 S.) Schwerin 886. (Neustrelitz, Barnewitz.) cart. **
Aus: Mecklenburgisches Landesstrafrecht, besonders abgedruckt.
— dass. — für Mecklenburg-Schwerin, s. Goesch, C.

Düring, A. F. H. C. von, Utilitatem, quam ex parentum senectute capiunt liberi, ostendit, simulque viro Johann Christian v. During parenti optimo annum sexagesimum gratul. filius. Ilfeld 1756. 11 S. (4.—) 7084

de Düring, Adph. Nicol., de sclerotitide et staphylomate. Dissertatio inauguralis. Cum tab. aenea coloribus illustrata. gr. 4. (26 S.) Gottingae 849, Dieterich. n. 12 ngr

Düring, Arthur. Studien über Agglomeration und Immunität bei Trypanosoma Lewisi. Diss. Vet.-Med. Bern. *Kopftitel:* Aus dem Institut für Schiffs- und Tropenkrankheiten — Hamburg. ⟨Vorst.: Medizinalrat Prof. Dr. Nocht.⟩ 23 S. 8. Berlin, Richard Schoetz. 1908.

Düring, C. v. Geschichte des Kielmannseggeschen Jäger-Corps. Hannover 1863. 8°.

Düring, Christine v. (wirkl. Name). s.a. Averdieck, E.v. (Pseud.)

Düring, Chr. v., Schloß Hohenfels. 8. (III, 226 S.) Barmen 877. Klein. n. 1. 80

— dasselbe. s.: Familien-Bibliothek für's deutsche Volk.

Düring, Christa v., Iracema. E. Sang a. d. Urwäldern Brasiliens. 8. (VI, 167 S.) Hamburg 898. C. Boysen n. 3. —; geb. in Leinw. n. 4.

Düring, Ch. v., die Familie Manstein, s.: Familien-Bibliothek für's deutsche Volk.

— der Weg zur höheren Berufsbildung der Frauen u. die Lehrweise der Universitäten. 2., verb. u. m. Gesichtspunkten f. Selbstausbildg. u. Selbststudium erweit. Aufl. gr. 8. (V, 107 S.) Leipzig 885. Fues. n. 2. —

Düring, Christine v. Wir brauchen Mütter. Gedanken üb. Mädchen-Erziehg. 8. (89 S.) Bremen 890. Heinsius' Nachf. geb. m. G. * 1 50

Düring, Christine, wir brauchen Mütter. Gedanken üb. Mädchen-Erziehg. 2., verm. Aufl. 8. (III, 58 S.) Bremen 896. Leipzig, M. Heinsius Nachf.
Geb. in Leinw. m. Goldschn. n. 1. 50

Düring, Clara v., s.: Gruner, Clara v.

Düring, E. v., praktische Handgriffe beim Korbweidenbetriebe. Nach prakt. Erfahrungen gesammelt und hrsg. gr. 8. (46 S. mit 1 Abbild.) Buxtehude 886, Vetterli. *

Düring, Ernst von

Düring, E. v., Beiträge zur ärztlichen Praxis. 1. u. 2. Heft. Lex. 8. Leipzig, F. C. W. Vogel. à 2. —
1. Probleme der Ernährung. (51 S.) 908.
2. Krankheit u. Krankheitsursache. (49 S.) 909.

— Hygiene u. Ethik. Vortrag. (87 S.) 8. Dresden 908. v. Zahn & Jaensch. Kart. 1. —

— Die Kasernierung der Prostitution. 3. Aufl. — Dresden 1909: Kupky & Dietze. 15 S. 8° (Abolitionist. Flugschriften. 6.)

Aus: Der „Abolitionist".

Probleme der Ernährung von Prof. Dr. E[rnst] v. **Düring**. Leipzig: F. C. W. Vogel 1908. (51 S.) 4°(8°)
— **Düring**: Beiträge z. ärztl. Praxis. H. 1. [08. 6730

Prostitution und Geschlechtskrankheiten. Vortrag von Prof. Dr. E[rnst] v. **Düring** in Kiel. Leipzig: J. A. Barth 1905. (48 S.) 8°
— **Flugschriften** d. Deutschen Gesellschaft z. Bekämpfung d. Geschlechtskrankheiten. H. 5. [06. 23799

Düring, E. v., klin. Vorlesgn. üb. Syphilis. gr. 8. (XVI, 320 S.) Hamburg 895. L. Voss. n. 6. —

Düring, Ernst August Franz [aus Magdeburg]: Über die Einwirkung von Thionylanilin auf die drei isomeren Xylylendiamine ... Rostock, C. Boldt'sche Hof-Buchdr., 1895; 43 S. 8.
Rostock, Phil. Fak., Inaug.-Diss. v. [21. Febr.] 1895

Düring, E. A. F., Übersicht über die deutschen Reichspatente betreffend Brikettierungsverfahren. Berlin, 1905. 41 S.

Übersicht über die deutschen Reichspatente betreffend 'Heilmittel und Desinfektionsmittel' von Dr. E[rnst] A[ugust] Franz **Düring**, Patentanw., Berlin. [Berlin: Selbstverl.]; Gräfenhainichen 1908: Schulze. 116 S. 8° [09. 14190

v. Düring, G. W., († 1828.) Elementar-Taktik d. Infanterie. 2 Thle. Mit 17 Plänen. gr. 8. Quedlinb. 825. Basse. 2 ₰ 20 ℊ

v. Düring, G. W. Geschichte des Schaumburg-Lippe-Bückeburgischen Karabiner- u. Jäger-Corps während des 7jährigen Krieges. 8. Berlin 1828.

— d. Jäger zu Pferde, e. Beitr. zur Taktik leichter Truppen. Mit 5 Steint. 8. Leipz. 823. Fr. Fleischer. 1 ₰

Düring, G. W. v., Fürstl. Schaumburg-Lippe'scher Hauptm. Tagebuch über die Belagerung der Stadt Danzig, im Jahre 1813. *
Th. Enslin 8. Berlin 1817.

— wo schlug Hermann den Varus? Ein strategischer Versuch üb. d. Feldzüge d. Römer im nordwestl. Deutschland. 8. Quedlinb. 825. Basse. 1 ₰ 4 ℊ

Düring, Georg, Referendar: Die Erbfähigkeit des nichtrechtsfähigen Vereins. Borna-Leipzig 1909: Noske. IX, 72 S. 8°
Erlangen, Jur. Diss. v. 13. Jan. 1910, Ref. Binder
[Geb. 12. Juni 85 Berlin; Wohnort: Kalkberge, Mark; Staatsangeh.: Preußen; Vorbildung: Friedrichs-Gymn. Berlin Reife M. 04; Studium: Freiburg i. B. 1, München 1, Berlin 5 S.; Rig. 9. Dez. 09.] [U 10. 676

— **Georg Gotthelf** (Lastav. Misn.), De crypsi oratoria. Präs. Jo. Wilhelm Berger. Wittbg. (Gerdes) 12. VI. 1729. 48 S. (5.—) 7085

Düring, Hugo

Düring, H., Provinz Brandenburg, s.: Landes- u. Provinzialgeschichten.

— geographisches Hilfsbuch f. den Unterricht in der Geschichte. 2 Tle. 8. Leipzig, R. Voigtländer. à n. — 50
1. Altertum. (34 S.) 891.
2. Das Mittelalter u. die Neuzeit. (53 S.) 892.

Düring, Hugo, s.: Landes- u. Provinzialgeschichte.

— Provinzen Ost- u. Westpreußen, s.: Landes- u. Provinzialgeschichten.

Düring, H., die Praxis des Patent-, Muster u. Zeichenwesens. Hilfsbuch f. den Verkehr m. den Patent-Behörden des Reichs u. des Auslandes. Unter Benutzg. der amtl. Publikationen bearb. 1. Tl. Deutschland. — Grossbritannien. — Union. (VIII, 178 S.) gr. 8. Berlin 903. C. Heymann. n. 2. —; geb. n. 2. 40

Düring, *Eugen* Hugo *Julius* [aus Berlin]: Über Die Pronomina bei Spenser. . . . Halle a. S., *Buchdr. G. Schade, Berlin*, 1891; 70 S., 1 Bl. 8°
Halle, Phil. Fak., Inaug.-Diss. v. [4. Apr.] 1891

— englisch-deutsches patenttechnisches Wörterbuch. Eine Sammlg. engl. Ausdrücke u. Wendgn. nebst deren Verdeutschg. zum Gebrauche beim Uebersetzen von Patent-, Marken- u. Musterschutzgesetzen, Verordngn., Entscheidgn. usw. aus dem Engl., beim Entwerfen engl. Geschäftsbriefe u. bei der Vorbereitg. auf mündl. Verhandlgn. in engl. Sprache. Mit e. ausführl. deutschen Wörterverzeichnis. Nach authent. Quellen bearb. gr. 8. (VIII, 250 S.) Berlin 900. C. Heymann's Verl. n 4. —

v. Düring, J. Chr., über d. Jagd. 8. Hannov. 817.

Düring, Johanna v., der Mädchenbrunnen u. Anderes. Stimmungsbilder aus der Levante. (VII, 181 S.) 8. Dresden 908. v. Zahn & Jaensch. 8. —; geb. in Leinw. 8. 50

Düring, Johannes

Düring, J., Lehrbuch d. Schifffahrtskunde. In e. systemat. geordneten Samml. zweckmäßig gewählter prakt. Beispiele u. Aufgaben aus d. Navigation; nebst d. nöthigen Hülfstafeln. Zum Gebr. für Lehrer in Schifffahrtsschulen, so wie für junge Seefahrende, die sich zum Steuermanns-Examen vorbereiten wollen. Mit 2 Karten. gr. 4. Hamb. 829. (Herold jun.) 3 ₰ 8 ℊ

Düring, Johs., Lehrbuch d. Schiffahrtskunde. In e. systemat. geordn. Samml. zweckmäßig gewählter prakt. Beispiele u. Aufgaben aus d. Navigation, nebst d. nöth. Hülfstafeln. Zum Gebr. f. Lehrer in Schiffahrtsschulen so wie f. junge Seefahrende, die sich z. Steuermanns-Examen vorbereiten wollen. 1. Aufl. (21 B. u. 2 Kart.) 829. 3 Thlr. 8 Gr., 2. Aufl. (21½ B. u. 1 Stnt.) gr. 4. Hamburg 834. (Leipzig, Magaz. f. Ind.)

Düring, J[oseph]. †Hans von Matt (1842–1900). [Necrolog. SA.] 8. [Luzern 1900.]

Düring, J[oseph]. Theodor Wirz. [Separatabdruck aus: Schweizerische Rundschau. Jahrg. 2. 1901—1902. Heft 3.] 8 S. 8. [Stans, Hans von Matt & Co., 1902.]

v. Düring, Jul. Fr. Karl, von den Arten d. Güter, den Erwerbungs- u. Beschränkungsarten d. Eigenthums nach d. Code Napoleon. gr. 8. Braunschw. 809. Vieweg. 18 gr.

Düring, L. W., was ich erlebte. 8. Soest 843. (Nasse'sche B.) 1/2 ß

Düring, Lilian v., aus friedloser Zeit. Roman aus dem alten Osnabrück. 8. (389 S.) Braunschweig 902. R. Sattler. n. 4. 50; geb. in Leinw. n. 6. —

Düring, Otto von

Düring, v., Gesetz über die Pensionierung der Offiziere einschließl. Sanitätsoffiziere des Reichsheeres, der kaiserl. Marine u. der kaiserl. Schutztruppen (Offizierpensionsgesetz) O. P. G. vom 31. V. 1906. Mit Genehmigg. des königl. preuß. Kriegsministeriums unter Benutzg. amtl. Quellen erläutert. (X, 141 S. m. 4 Tab.) 8. Berlin 906. E. S. Mittler & Sohn. Kart. n. 3. —

Düring, v., Gesetz üb. d. Pensionierung d. Offiziere einschl. Sanitätsoffiziere d. Reichsheeres, der kaiserl. Marine u. d. kaiserl. Schutztruppen (Offizierpensionsgesetz) O. P. G. v. 31. V. 1906. Nebst e. Anh., enth. d. Vorschrftn. über die Pensionierg. d. Reichsbeamten. (Gesetz v. 17. 5. 1907.) Mit Genehmigg. des königl. preuß. Kriegsministeriums unter Benutzg. amtl. Quellen erläutert. 2. Aufl. (X, 174 S. m. 4 Tab.) 8. Berlin 908. E. S. Mittler & Sohn. Kart. 3.50; Nachtrag. Jan. 1910. (17 Bl. m. 2 Tab.) — 40

Düring, Thaddäus, über die Reliquien-Verehrung der kathol. Kirche. Predigt. gr. 8. Würzb. 845, Voigt u. Mocker. 1/12 ß

—— das Rosenkranzgebet im Sinne d. kathol. Kirche. Ein Hand- u. Erbauungsbüchlein. Mit ein. Anh. v. Morgen-, Abend-, Meß- u. einigen Wallfahrts-Gebeten. 2., verm. u. verb. Aufl. 8. (14 3/8 B., 1 Ttlkpfr. u. Ttl. in Gold- u. Buntdr.) Würzburg 846, Voigt u. Mocker. * 6 3/4 Ngr.; ohne Titel u. Ttlbild. *

Düring, Theodorus, Emdensis: De Vergilii sermone epico capita selecta. Gottingae 1905: Dieterich. (80 S.) 8°
Göttingen, Phil. Fak., Ref. Leo, Diss. v. 4. März 1905
[Geb. 31. Okt. 80 Emden; Wohnort: Emden; Staatsangeh.: Preußen; Vorbildung: Gymn. Emden Reife O. 99; Studium: Tübingen 2, Berlin 3, Göttingen 7 S.; Rig. 20. Juli 04.]

Düring, Walther, prakt. Arzt in Franzburg i. P.: Aus der medizinischen Poliklinik zu Greifswald. Über Adiposis dolorosa. Greifswald 1906: J. Abel. (31 S.) 8°
Greifswald, Med. Fak., Ref. Strübing, Diss. v. 13. Okt. 1906
[Geb. 30. Nov. 81 Stolzenberg; Wohnort: Franzburg i. P.; Staatsangeh.: Preußen; Vorbildung: Gymn. Frankfurt a. O. Reife M. 00; Studium: Leipzig 4, Berlin 1, Freiburg i. B. 2, Greifswald 2 S.; Coll. 8. Juni 05; Approb. 1. Juni 06.]

Düring-Rottensdorf, Ernst v., d. Pferdezucht d. Alten Landes (Prov. Hannover) v. d. Errichtung d. kgl. Landgestüts z. Celle b. z. Jetztzeit. 1735. 1895. N. amtl. Akten zusammengest. u. bearb. Nebst e. Anh.: „Rathschläge z. vortheilhaften Betriebe d. Pferdezucht". gr. 8. (56 S. m. 1 Abb.) Harburg 896. (F. H. W. Reichenau.) n. 1. —

Düring-Oetken, Frl. Helene v., s. o. Loy, Arth. v.

Düring-Oetken, Freiin Helene v., z. Hause, in d. Gesellschaft u. b. Hofe. E. Schilderg. d. gesellschaftl. Lebens. M. Anh.: D. Jagd, bearb. v. Frdr. v. Dincklage-Campe. Duell u. Ordenswesen, bearb. von Hans v. Kretschman. M. vielen Titel- u. Schlußvign. sow. Textill. i. Rokokostil v. Carl Röhling, nebst e. Anzahl v. Ordens-Abb. Lex.-8. (VIII, 436 S.) Berlin 896. F. Pfenningstorff. Geb. in Leinw. m. Goldschn. n. 10. —

— dasselbe. (Ausg. B ohne Anh.) 4. (VIII, 282 S.) Ebd. 896. Geb. in Leinw. m. Goldschn. n. 8. —

Neue Novellen und Märchen von Arthur v. Loy [d. i. Helene v. Düring-Oetken]. Berlin: F. Grunert 1902. (251 S.) 8° [J.] [06. 1905]

Düring-Oetken, H. v. (Arth. v. Loy), die Probe. Novelle (Umschlag: Roman). (159 S.) 8. Berlin (907). Verlag Continent. 2.—; geb. 3. —

Düringe, M., Monographie d. Gicht, nebst e. neu aufgefund. rationellen Behandlungsmethode derselben. Zum Gebr. f. Aerzte u. Solche, d. sich gründl. mit dieser Krankheit bekannt machen wollen. Deutsch herausg. von C. Fitzler. gr. 8. Ilmenau 830. Voigt. 18 gr.

Düringer: Nicolaus Lenau als Mensch und als Dichter. 20 S. – Progr. Tilsit 1856.

Düringer, Adalbert

Düringer, A., das badische Gesetz betr. die Überleitung der ehelichen Güterstände des älteren Rechts in das Reichsrecht vom 4. VIII. 1902, erläut. u. m. den Gesetzesmaterialien hrsg. Nebst e. Anh., enth. die Überleitungsbestimmgn. d. größ. Bundesstaaten. gr. 8. (VI, 221 S.) Karlsruhe 903. G. Braun'sche Hofbuchdr. Geb. in Leinw. n. 8. —

Das Handelsgesetzbuch vom 10. Mai 1897 (1. 2: ⟨Mit Ausschluß d. Seerechts⟩) auf d. Grundlage d. Bürgerlichen Gesetzbuches erl. von Dr. A[dalb.] Düringer [&] Dr. M[ax] Hachenburg. Bd 1–3. Mannheim: J. Bensheimer (1898)–1905. 3 Bde 8° [J.]
1. (In 4 Lfgen.) 1. Buch: Handelsstand nebst e. Anh. 18(98–)99.
2. (In 3 Lfgen.) 3. Buch d. Gesetzes: Handelsgeschäfte. Allgem. Vorschriften. 19(00–)01.
3. (In 6 Lfgen.) 3. Buch d. Gesetzes ⟨T. 2⟩. Handelsgeschäfte: Die einzelnen Handelsgeschäfte ⟨sowie e. Sachreg. z. 2. u. 3. Bd u. e. Gesetzreg. z. 1., 2. u. 3. Bd⟩. 19(03–)05. [05. 8467]

Düringer, A., u. M. Hachenburg, d. Handelsgesetzbuch v. 10. V. 1897 (m. Ausschl. d. Seerechts), auf Grundlage d. bürgerl. Gesetzbuches erläut. 1. Buch: Handelsstand, nebst e. Anh., enth. d. auf d. Handelsregisterführg. bezügl. Bestimmgn. d. Reichsges. üb. d. Angelegenheiten d. freiwill. Gerichtsbarkeit. 1.—3. Lfg. gr. 8. (S. 1—240.) Mannheim 898. J. Bensheimer's Verl. à n. 1. 50

— u. M. Hachenburg, das Handelsgesetzbuch vom 10. V. 1897 (m. Ausschluß des Seerechts) auf der Grundlage des bürgerlichen Gesetzbuches erläutert. 1. Bd. 1. Buch: Handelsstand, nebst e. Anh., enth. die auf die Handelsregisterführg. bezügl. Bestimmgn. des Reichsgesetzes üb. die Angelegenheiten der freiwill. Gerichtsbarkeit. 4. u. 5. Lfg. gr. 8. (VII u. S. 241—355.) Mannheim 899. J. Bensheimer's Verl. n. 3. 30; (1. Bd. kplt. n. 7.80; geb. in Halbfrz. n.n. 9. 80)

— — dasselbe. II. Bd. 3. Buch des Gesetzes: Handelsgeschäfte. — Allgemeine Vorschriften. gr. 8. (XX, 590 S.) Ebd. 900. 901. n. 13. 50; geb. n. 15. 50
Erschien auch in 3 Lfgn. Lfg. 1 u. 2 à n. 4. 20; Lfg. 3 n. 5. 10.

— u. M. Hachenburg, das Handelsgesetzbuch vom 10. V. 1897 (m. Ausschluß des Seerechts), auf der Grundlage des bürgerlichen Gesetzbuches erläutert. III. Bd. 3. Buch des Gesetzes (II. Tl.): Handelsgeschäfte. (Darstellung des Kaufs nach dem B. G. B. u. Erläuterg. der §§ 373—473 d. H. G. B.) 1.—4. Lfg. (S. 1—528.) gr. 8. Mannheim 903. 904. J. Bensheimer's Verl. n. 11. 90

— u. M. Hachenburg, d. Handelsgesetzbuch v. 10. V. 1897, auf d. Grundlage d. bürgerl. Gesetzb. erläutert. III. Bd. 3. Buch d. Gesetzes (II. Tl.): Handelsgeschäfte: — Die einzelnen Handelsgeschäfte (sowie e. Sachregister zum II. u. III. Bd. u. e. Gesetzesregister z. I., II. u. III. Bd.). 5. Lfg. (XII u. S. 529—799.) gr. 8. Mannheim 905. J. Bensheimer's Verl. 2.50 (III. Bd.: 18.25; vollst.: 39.55)

Düringer, A., u. M. **Hachenburg**, Das Handelsgesetzbuch vom 10. V. 1897 (m. Ausschluss des Seerechts) auf der Grundlage des bürgerlichen Gesetzbuchs erläutert unter Mitwirkg. v. K. Geiler u. V. Hoeniger. 2. Aufl. Lex.-8. Mannheim, J. Bensheimer's Verl. 1908
1. Bd.: Handelsstand, nebst e. Anh., enth. Erläuterg. der auf die Handelsregisterführg. bezügl. Bestimmgn. des Reichsgesetzes üb. die Angelegenheiten der freiwill. Gerichtsbarkeit. (VIII, 626 S.) 16. —; geb. 18. 50.

Düringer, A., u. **Hachenburg**, M., Das Handelsgesetzbuch vom 10. V. 1897 (m. Ausschluss des Seerechts), auf der Grundlage des bürgerlichen Gesetzbuchs erläutert unter **Mitwirkg.** v. K. Geiler u. V. Hoeniger. 2. **Aufl.** II. Bd.: **Handelsgeschäfte.** Allgemeine Vorschriften. 1. Abtlg. (342 S.) Lex.-8. **Mannheim**, J. Bensheimer's Verl. 1910 8. 60

Düringer, Adelbert. (Friedrich) Nietzsches Philosophie und das heutige Christentum von Dr. A' D', Reichsgerichtsrat. VIII + 152 S. 8. Leipzig, Veit & Comp., 1907. [M. 2. —]

Düringer, Adelbert. (Friedrich) Nietzsches Philosophie vom Standpunkte des modernen Rechts von Dr. A' D', Reichsgerichtsrat. VIII + 136 S. 8. Leipzig, Veit & Comp., 1906. [M. 2. —]

Düringer, Adelb., Nietzsches Philosophie vom Standpunkte des modernen Rechts. 2. ergänzte Aufl. (VII, 136 S.) 8. Leipzig 906. Veit & Co. n. 2. —
1. Aufl. (VII, 133 S.) 906. n. 2. —

— Richter u. Rechtsprechung. (92 S.) gr. 8. Ebd. 909. 2. —
Erweit. Sonderabdr. aus „Festschr. d. jurist. Gesellsch. in Leipzig z. 500jähr. Jubelfeier d. Univ. Leipzig".

— s.: Zeitschrift, Leipziger, f. Handels-, Konkurs- u. Versicherungsrecht.

Düringer, Joh. Pet., vor hundert Jahren! Vorarlberger Geschichtsbilder aus der Zeit v. 1796—1809. (Mit 1 Kärtchen u. 11 Abb.) Seinem Heimatlande v. d. Arlberg gewidm. (64 S.) 8. Bregenz 909. J. N. Teutsch. — 40

Düringer, Leop. De synaeresi apud poetas scenicos neglecta. 14. S. Tilsit, Progr. 1849

Düringer, Ph. J., Gedichte. 8. Mannheim 835. (Hoff.)

Düringer, Ph. J., Albert Lortzing, sein Leben u. Wirken. Mit Lortzing's Bildniß (in Stahlst.) 12. (126 S.) Leipzig 851, O. Wigand in Comm. n. 1/3 ß

Düringer, Ph. J., s. Theater-Lexicon.

Düringk, M. v., Geschichten aus der Geschichte, anmutig erzählt. 8. (98 S.) Heilbronn 899. (Stuttgart, G. Geiger.) n. — 60

v. **Düringsfeld**, Ida, Amimone. Ein Alpenmährchen vom Genfersee. 16. (IV u. 90 S.) Breslau 852, Trewendt & Granier. In Engl. Einb. m. Goldschn. 3/4 ß

Düringsfeld, Ida v., das Buch denkwürdiger Frauen. In Lebens- und Zeitbildern. Festgabe für Mütter und Töchter. Mit zahlreichen in den Text gedr. Abbildgn., (6) Tonbildern, sowie 1 Titelbilde (in Holzschn.). Leipzig 863. Spamer. 8. (X, 308 S.) n. 1 ß 20 ngr

Düringsfeld, Ida v., das Buch denkwürdiger Frauen. In Lebens- und Zeitbildern. Festgabe für Mütter und Töchter. 2. verb. und verm. Aufl. br. 8. (X, 340 S. mit über 100 in den Text gedr. Abbild., 8 Tonbildern, sowie 1 Titelbilde in Holzschn.) Leipzig 871, Spamer. (*M 5,50.) *
geb. (*M 7,50.) *

Düringsfeld, Ida v., das Buch denkwürdiger Frauen. In Lebens- u. Zeitbildern. Festgabe f. Mütter u. Töchter. 3., verm. u. verb. Aufl. Mit über 100 in den Text gedr. Abbildungen, sowie 8 Tonbildern. gr. 8. (X, 344 S.) Leipzig 877. Spamer. n. 6. —; geb. n. 8. —

Düringsfeld, Ida v., das Buch denkwürdiger Frauen. Lebensbilder u. Zeitschildergn. Festgabe für Mütter und Töchter. 4., verm. u. neu bearb. Aufl., hrsg. von Ida Klokow. Mit 8 ganzseit. Bildnissen. gr. 8. (XIV, 332 S.) Leipzig 891. Spamer. n. 5. 50; geb. n. 7. —

Düringsfeld, Ida v., d. Buch denkwürdiger Frauen. Lebensbilder u. Zeitschildergn. Festgabe f. Mütter u. Töchter. 5. (Titel-)Aufl., hrsg. v. Ida Klokow. gr. 8. (XXII, 332 S.) Leipzig (891) 896. O. Spamer. n. 5. 50; geb. in Leinw. n.n. 7. —

Düringsfeld, Ida v., das Buch denkwürdiger Frauen. Lebensbilder u. Zeitschildergn. Festgabe für Mütter u. Töchter. 6. unveränd. [Titel-]Aufl. Mit 8 ganzseit. Bildnissen. gr. 8. (XII, 332 S.) Leipzig [891.] 900. O. Spamer. n. 5. 50; geb. in Leinw. n.n. 7. —

Düringsfeld, Ida v., das Buch denkwürdiger Frauen. Lebensbilder u. Zeitschildergn. Festgabe f. Mütter u. Töchter. 7. verm. Aufl. Mit 12 ganzseit. Bildnissen. (III, 324 S.) gr. 8. Leipzig 906. O. Spamer. n. 5. 50; geb. in Leinw. n.n. 7. —

— am Canal grande. gr. 16. (VIII u. 199 S. m. 1 Lith. u. lith. Titel.) Dresden 848, Meinhold & Söhne. n. 1 ß 6 ngr

v. **Düringsfeld**, Ida, (Verf. von: Schloß Goczyn, In der Heimath u. a.), Graf Chala. 8. Berlin 845, A. Duncker. 1 ß

— Clotilde. Eine Geschichte zweier Herzen. gr. 16. (285 S.) Berlin 855, Stage. *

— Für Dich. Lieder. 16. (X u. 262 S.) Breslau 851, Kern. 1 1/3 ß In Engl. Einb. m. Goldschn. 1 ß 24 ngr

— für Dich. Lieder. 2., verm. Aufl. 16. (XII und 384 S.) Leipzig 865, Weber. geb. mit Goldschn. *

— Norbert Dujardin. Breslau 861. Kern. 8. (158 S.) 25 ngr

— Esther. Novellenroman. 2 Bde. 8. (646 S.) Breslau 852, [Trewendt.]

Düringsfeld, Ida von, u. O. Frh. v. Reinsberg-Düringsfeld,

— — Forzino. Ethnographische Curiositaten. 8. (IV, 155 S.) Leipzig 877, [Krüger und Roskoschny.] Kummer. *

— Antonio Foscarini. 4 Bde. 8. (1282 S.) Stuttgart 850, Metzler. 6 ß

— Byrons Frauen. 8. (14 1/2 B.) Breslau 845, Kern.

— Schloß Goczyn. Aus d. Papieren e. Dame von Stande. 2. Aufl. 8. (18 B.) Breslau 845, Kern.

— Hedwig. Novelle. 8. (6 B.) Breslau 845, Kern.

— In der Heimath u. a., Graf Chala. 8. (13 3/4 B.) Berlin 845, A. Duncker.

— Hendrick, s. Bergson's Eisenbahnbücher.

— und Otto Frhr. v. Reinsberg-Düringsfeld, Hochzeitsbuch. Brauch und Glaube der Hochzeit bei den christl. Völkern Europa's. Mit 24 Illustr. von Alb. Kretschmer und einem symbol. Titelbilde von Marie v. Reichenbach. In Farbendr. ausgeführt von J. G. Bach. 4. (VII, 272 S.) Leipzig 871, Bach. [Gera, Griesbach's Verlag.]
geb. mit Goldschn. (*M 36.) *

Düringsfeld, Ida von — Aus Kärnthen. Prolog zu: „Aus Dalmatien." Von — —. Prag, 1857. Druck und Verlag von Karl Bellmann. (139 S. 8.)

— und O. Frhr. v. Reinsberg-Düringsfeld, ethnografische Curiositäten. In 2 Abthlgn. 8. (VI, 132; 155 S.) Leipzig 879, A. Krüger. *

— Lieder meiner Kirche. 8. (1 B.) Breslau 845, Kern.

— Lieder aus Toskana. Dresden 855. Schafer. (Prag, Kober u. Markgraf.) 32. (VIII, 402 S.) n. 15 ngr

—— die Literaten, s. Album. Bibliothek deutscher Originalromane.

Dueringsfeld, Ida von

Die Literaten. Socialer Roman. Von Ida von Düringsfeld. Th. 1.
Wien: Markgraf 1863. 191 S. 8°
(Album. Bibliothek dt. Originalromane. Jg 18, Bd 18.)

Düringsfeld, Ida von. Die Literaten. Socialer Roman. 2 Thle. in 1 Bde. 16. (192 u. 216 S.) Wien 1864. Markgraf. 1 fl. 80 kr.

— Milena, s. Bergson's Eisenbahnbücher.

—— eine Pension am Genfersee. Zwei Romane in Einem Hause. 2 Thle. 8. (VIII und 478 S.) Breslau 851, Kern.

—— Prismen. Novellen. 2 Bde. 8. Berlin 873, Gebr. Paetel. *

Inhalt:
Bd. 1. Der Bildhauer von Mecheln. — Wer? — Vier Treppen hoch. (267 S.)
» 2. Ignota. — Ein kleines Bad im Winter. — Auf Goyen. (308 S.)

— Reiseskizzen. 2 Bde. 8. 1. Bd.: Aus der Schweiz. (X u. 256 S.) 2. Bd.: Aus Italien. (IV u. 282 S.) Bremen 850, 51, Schlodtmann. (à 1 ℛ) 2 ℛ

— Reise-Skizzen. 3—6. Bd. Prag 857. Bellmann. 8. 3 ℛ 20 ngr
3. Bd.: Aus Kärnthen. Prolog zu „Aus Dalmatien." (3 Bl., 139 S.) 20 ngr
4—6. Bd.: Aus Dalmatien. Mit Anmerkungen von O. v. Reinsberg-Düringsfeld. 3 Bde. (2 Bl., VIII, 319; 2 Bl., 245; 2 Bl., 372 S.) 3 ℛ
1. 2. Bd. Bremen 850, 51. (jetzt Leipzig, Gumprecht.) à 1 ℛ.

—— Reise-Skizzen. 7. Bd. A. u. d. T.: Aus Meran. 8. (VII, 271 S.) Meran 868, [Plant's Buchh.] *
1.—6. Bd. 1851—58. ℳ 17.

— siehe: Rosen, Böhmische.

Düringsfeld, Ida v., Schriften. 7 Bde. Schloß Goczyn. — Marie. — Haraldsburg. — Hugo. 2 Thle. — Magdalene. 2 Thle. 8. (102⅓ B.) Breslau 845, Kern.

Düringsfeld, Ida v., Schriften. 8. Bd. Hedwig. Neue Ausg. 9. Bd. Byron's Frauen. (Neue Ausg.) 8. (85 und 223 S.) Breslau 847, Kern.
1—7. Bd. Ebendas. 1845. 5 Thlr.

—— aus der Schweiz. 8. (IX und 256 S.) Bremen 850, Schlodtmann.

—— das Sprichwort als Kosmopolit. 3 Bde. 8. Leipzig 863, Fries. à Bd. * 15 Ngr. *

Inhalt:
Bd. 1. Das Sprichwort als Philosoph. (XIV und 160 S.)
» 2. Das Sprichwort als Praktikus. (XI und 148 S.)
» 3. Das Sprichwort als Humorist. (X und 173 S.)

Düringsfeld, Ida v., und Otto Frhr. v. Reinsberg-Düringsfeld, Sprichwörter der germanischen und romanischen Sprachen vergleichend zusammengestellt. 1. und 2. Bd. Lex.-8. Leipzig, Fries. [1. Bd. (XVI, 522 S.) 872. *ℳ 18., und 2. Bd. (VIII, 638 S.) 875. *ℳ 22.] *

v. Düringsfeld, Ida, Margarethe von Valois u. ihre Zeit. Memoiren-Roman. 3 Thle. gr. 12. Leipzig 847, Brockhaus. n. 6 ℛ Herabges. Preis baar n. 2 ℛ

—— von der Schelde bis zur Maas. Das geistige Leben der Vlamingen seit dem Wiederaufblühen der Literatur. Biographien, Bibliographien und Proben. 3 Bde. 8. (XXXII und 1130 S.) Leipzig 861, [Fries.] 4 Thlr.; ermäßigter Preis

— Von der Schelde bis zur Maas. Das geistige Leben der Vlamingen seit dem Wiederaufblühen der Literatur. Biographien, Bibliographien und Proben. 3 Bde. Leipzig 861. Lehmann. (Wolf.) 8. (XXXII, 1130 S.) 4 ℛ

Düringsfeld, Ida v., Wer? s. Novellenschatz, neuer deutscher.

Dürisch, Joh. Friedr. Carl (Craup. Lausitz), Ad decis. el. Saxon. XV. d. a. 1746. Diss. jur. Präs. Heinr. Gottfr. Bauer. Lpz. (Langenheim) 19. V. 1775. 8 S. (3.—) 7023

Dürisch, Jh. Fr. Karl, († d. 11. Oct. 1818.) tabellar. Uebersicht aller von d. kurfürstl. sächs. Aemtern Offizinalanzeigen. 4. Lpz. 791. Barth. 14 gr

Dürken, Bernhard

Dürken, B., Fibel f. den deutschen Sprachunterricht im ersten Schuljahre. gr. 8. (76 S. m. Illustr.) Osnabrück 884. Veith. n. — 30

Dürken, B., Fibel für den deutschen Sprachunterricht im ersten Schuljahre. 3. Aufl. gr. 8. (72 S. mit Abbild.) [Osnabrück 887, Veith.] Paderborn, F. Schöningh. geb. *
—— dass. — 4. Aufl. gr. 8. (74 S. mit Bildern.) Paderborn 888, F. Schöningh. cart. **
—— dass. im zweiten Schuljahre. 3. Aufl. gr. 8. (59 S.) Ebendas. 888. geb. *

Dürken, B. Fibel für den deutschen Sprachunterricht im 1. Schuljahre. 5. Aufl. gr. 8. (74 S. m. Abbildgn.) Paderborn 891, F. Schöningh. cart. ** — 40

— dasselbe im 2. Schuljahre. 4. Aufl. gr. 8. (67 S.) Ebd. 892. n.n. — 25; kart. n.n. — 35

Dürken, B., Fibel f. den deutschen Sprachunterricht im ersten Schuljahre. 6. Aufl. gr. 8. (76 S. m. Abbildgn.) Paderborn 894. F. Schöningh. n.n. — 30; kart. n.n. — 40

Dürken, B., Fibel f. d. deutschen Sprachunterr. im 1. u. 2. Schulj. gr. 8. Paderborn 896. F. Schöningh. Geb. n.n. — 75
1. 7. Aufl. (76 S. m. Bild.) n.n. — 40
2. 5. Aufl. (68 S.) n.n. — 35

Dürken, B., Fibel f. den deutschen Sprachunterricht im 1. u. 2. Schulj. gr. 8. Paderborn 900. F. Schöningh. à n.n. — 80; geb. à n.n. — 40
1. 9. Aufl. Mit e. Bildnis des Kaisers. (80 S. m. Abbildgn.)
2. 6. Aufl. Mit d. Bildnisse d. deutschen Kaiserpaares. (84 S.)

Fibel für den deutschen Sprachunterricht im ersten Schuljahre. Von B[ernh.] Dürken. 9. Aufl. Mit e. Bildn. d. Kaisers. *Paderborn & Osnabrück: F. Schöningh 1901.* (78 S.) 8° [F.] [01. 586 G

Fibel für den deutschen Sprachunterricht im ersten Schuljahre. Von B[ernhard] Dürken. 10. Aufl. Mit e. Bildn. d. Kaisers. *Paderborn & Osnabrück: F. Schöningh 1903.* (78 S.) 8° [F.] [04. 6336 G

Dürken, B., Fibel f. den deutschen Sprachunterricht im I. u. II. Schuljahre. 8. Paderborn, F. Schöningh. Geb. à n.n. — 40
I. 12. Aufl. Mit e. Bildnis des Kaisers. (80 S. m. Abb.) 906.
II. 8. Aufl. Mit dem Bildnisse des deutschen Kaiserpaares. (86 S.) 905.

Dürken, B., Fibel f. den deutschen Sprachunterricht im 1. u. 2. Schulj. 8. Paderborn, F. Schöningh. Geb. à nn — 40
1. 13. Aufl. (80 S. m. Abbildgn. u. 1 Bildnis.) 907.
2. 9. Aufl. Mit d. Bildn. d. deutsch. Kaiserpaares. (86 S.) 907.

— Grundsätze u. Plan der Fibel f. den deutschen Sprachunterricht im ersten Schuljahre, nebst Andeutgn. zu ihrem Gebrauche. gr. 8. (56 S.) Ebend. 884. n. — 50

— Grundsätze und Plan der Fibel für den deutschen Sprachunterricht im ersten Schuljahre, nebst Andeutgn. zu ihrem Gebrauche. 2. (Titel-)Ausg. gr. 8. (56 S.) Ebd. 889. n. — 50

— s.: Lehrerzeitung, katholische.

— Lesebuch f. die Mittelklassen der katholischen Volksschulen Niedersachsens. (IX, 305 S.) 8. Osnabrück 906. F. Schöningh. Geb. n.n. 1. —

— dasselbe f. die Oberklassen. (X, 592 S.) 8. Ebd. 906. Geb. n.n. 1. 50

— Lesebuch f. den deutschen Sprachunterricht im zweiten Schuljahre. gr. 8. (50 S.) Ebend. 884. n. — 20

— s.: Lesebuch f. die kathol. Volksschulen der Prov. Hannover.

Dürken, Bernhard, a. Osnabrück: Die Tracheenkiemen-Muskulatur der Ephemeriden. Unter Berücksichtigung der Morphologie des Insektenflügels. Mit 30 Figuren im Texte. Leipzig: W. Engelmann 1907. (119 S.) 8° ¶(Aus: Zeitschrift f. wissensch. Zoologie Bd 87.)
Göttingen, Phil. Fak., Ref. Ehlers, Diss. v. 16. Juli 1907
[Geb. 20. Sept. 81 Geeste; Wohnort: Osnabrück; Staatsangeh.: Preußen; Vorbildung: Gymn. Carolinum Osnabrück Reife O. 02; Studium: Münster 1, Würzburg 3, Göttingen 6 S.; Rig. 16. Jan. 07.]

Dürkes, Karl, aus Rhein-Dürkheim ⟨Rheinhess.⟩: Über die Titration von Schwefelsäure mit Benzidinchlorhydrat. *Freiburg i. B.: U. Hochreuther 1904.* (29 S.) 8°
Freiburg i. B., Phil. Diss. v. 1904

Die Methode der Soziologie. Von Émile **Durkheim**, Prof. in Paris. Autor. Übers. nach d. 4. Aufl. Leipzig: W. Klinkhardt 1908. (VII, 177 S.) 8°
— **Bücherei**, Philosophisch-soziologische. Bd 5. 107. 17986

Dürkheim [Schlagwort]

Dürkheim, s.: **Deutschland, Kürschner-Pelp.**

Dürkheim Montmartin, Adf. Graf Eckbrecht v., Deutschlands Machtstellung z See. E. Mahnruf an d. deutsche Volk. gr. 8. (50 S.) Berlin 895. H. Walther. n. — 60

Dürkoop, Joh., Denkschrift betr. ein Project, die Umwandlung der Okerwiesen in einen See m. Inseln in Verbindung m. einer neuen Wasserkunst, sowie Canalisation u. Drainage der herzogl. Haupt- u. Residenzstadt Braunschweig. Mscr. gr. 8. (16 S. m. 1 Lichtdr.) Braunschweig 881. Goeritz & zu Putlitz in Comm. n. — 50

[Umschlagt.:] Das Saalegebiet von Saalburg bis Kahla bearb. u. gezeichnet v. Alb. **Dürkop**. Massst. 1:100,000. *Saalfeld a. d. S.: W. Wiedemann [1898?].* (1 Ktnbl. ?) 1 Bd 8. [98. 3491

Die Nutzpflanzen der Sahara. Von Dr. E[rich] **Dürkop**. *(Berlin 1903: E. S. Mittler & Sohn.)* (S. 161–204.) 8°
— **Tropenpflanzer**, Der. Beihefte. Bd 4, No 5. [04. 4344

Dürkop, Erich, aus Wolfenbüttel: Die wirtschafts- und handelsgeographischen Provinzen der Sahara, begründet durch nützliche Pflanzen. *Wolfenbüttel 1902: Heckner.* (56 S.) 8°
Jena, Phil. Diss. v. (22. Febr.) 1902

Dürkop's, Joh. Otto, Uebersetzung der heiligen Psalmen Davids, meistens nach denen Melodeyen derer Evang.-Luth. Kirchen-Gesänge ausgefertigt von D[an.] S[ass]. Hamburg. 1715.

Dürkope, H., erste Milch, oder Erklär. der 5 ersten Gebote 8. Kopenh. 710.

Dürkopf, Ernst, zur Kenntniss des Aldehydcollidins. [Von der philosoph. Fakultät mit dem Schassischen Preise gekrönte Arbeit.] Inaugural-Dissertation. gr. 8. (34 S.) Kiel 886, (Lipsius und Tischer.) *

Duerkopf, Ernst [aus Wathlingen (Hannover)]: Zur Kenntniss des Aldehydcollidins .... Kiel, Druck v. Schmidt & Klaunig, 1886; 34 + 2 S. 8°.
Kiel, Phil. Fak., Inaug.-Diss. v. 27. Febr. 1886.

Dürkopp & Co.: Jll. Katalog über Dürkopp's Fahrräder. Bielefeld 1897

Dürkopp & Co.: Jll. Catalog über Nähmaschinen. Bielefeld (1897)

DURLACH, Ritter Adolph v., und die holde Ida, oder die Wege des Schicksals. Ein romantisches Gemälde der Vorzeit von *Ludwig R.* . . . . Nordhausen 1832. 8°. (2 Mk. Franz Teubner, c. 1898; 3 Mk. Jul. Neumann, 1908.)

Durlach [Schlagwort]

Durlach, s.: **Deutschland, Kürschner-Pelp.**

Durlach und Seeliger, der Umbau des Bahnhofes Hannover. Imp.-4. (56 Sp. mit 25 Zeichnungsbl.) Hannover 886, Schmorl und v. Seefeld. cart. *
Aus: Zeitschrift des Architekten- und Ingenieur-Vereins zu Hannover, besonders abgedruckt.

Durlach, Ernst (geb. am 4 Mai 1861 in Menslage Landkr. Osnabrück): Aus d. pathol. Institut zu Bonn. — Ueber Entstehung der Cystenniere ... Bonn, Hauptmann'sche Buchdr. 1885. 26 S. 8.
Bonn, Med. Fak., Diss. v. 7 Aug. 1885

Durlach, Otto (geb. am 8 Aug. 1859 in Menslage Westf.): Beobachtungen über Miss- und Hemmungsbildungen des Auges ... Bonn, Univ.-Buchdr. v. C. Georgi 1882. 1 Bl., 33 S., 1 Bl. 8.
Bonn, Med. Fak., Diss. v. 15 Mai 1882

Durlacher, Hermann, approb. Arzt aus Kippenheim in Baden: Aus d. Königl. chirurg. Klinik zu Kiel. Beitrag zur Behandlung der Hämorrhoiden mit Injection von Carbolglycerin. *Kiel 1898: P. Peters.* (31 S.) 8°
Kiel, Med. Diss. v. [14. Jan.] 1898

Durlacher, Max, approb. Arzt aus Kippenheim in Baden: Aus d. Königl. Augenklinik zu Kiel. Beitrag zur Kenntnis der symmetrischen Missbildungen an Händen und Füssen mit Vererbung. (Mit 11 Fig.) *Kiel 1898: P. Peters.* (24 S.) 8°
Kiel, Med. Diss. v. [5. Jan.] 1898

Der künstliche Abort. Von Dr. S[amuel] **Durlacher**. Berlin, Wien: Urban & Schwarzenberg 1906. (S. 225–282.) 8° [Umschlagt.]
— **Klinik**, Wiener. 1906, H. 8 u. 9. [06. 20642

Durlacher, S., der künstliche Abort. (VIII, 68 S.) Lex.-8. Wien 907. Urban & Schwarzenberg. n. 2. —
Sonderabdruck aus: „Wiener Klinik".

Durlacher, Samuel [aus Kippenheim in Baden]: Chorea in ihrem Zusammenhang mit dem acuten Gelenkrheumatismus.... Freiburg i. B., Buchdr. H. Epstein, 1891; 52 S. 8°
Freiburg i. B., Med. Fak., Inaug.-Diss. v. 1891

Durlacher, S., erste Hilfe bei Unglücksfällen b. z. Ankunft d. Arztes. Allgem. verständl. bearb. 12. (VI, 58 S. m. 13 Abb.) Karlsruhe 895. A. Bielefeld. n. — 80

Dürler, A., siehe: *Thierwelt.*

Dürler, Arnold, die Erkenntniß des Alters der Pferde an den Zähnen. Nach Wagenfeld. St. Gallen 857. Huber u. Co. (1 Bgn. mit Lithogr. im Text in Fol.) n. 15 ngl; in Carton n. 20 ngl; in Carton u. auf Leinw. n. 24 ngl

Dürler, Arnold, die äußere Pferdekenntniß. 1 Bog. in Imp.-Fol. mit eingedr. Lithogr. St.-Gallen 854, (Huber und Comp.) * auf Leinw. **

Dürler, David. Persönliche Erlebnisse am Wiener Revolutionsjahre (*Nachtitel:* im W' Revolutionskriege). Ende Oktober 1848. 3. Aufl. 8. St. Gallen, im Oktober 1875.

Dürler, Friedrich von s. Escher von der Linth, Arnold, und Dürler, Friedrich von — Rietmann, Michael, und Dürler, Friedrich von.

Dürler-Musconi, Ant., die Geflügelzucht als Nebenerwerb des Landwirts. gr. 8. (52 S.) St. Gallen 893. (Aarau, J. J. Christen.) n.n. — 50

Dürler-Musconi, Ant., prakt. Geflügelzucht unter bes. Berücksicht. d. schweizer. Verhältn. E. Leitfaden f. Nutzgeflügelzüchter, bes. f. Landwirte. gr. 8. (VIII, 115 S. m. 28 Abb.) Aarau 897. E. Wirz. n. 3. —

Durlinger, J., vom Pinzgau. Geschichtliche Uebersichten. Orts- u. Kirchenmatrikel. Mit chronolog. Tabb. Salzburg 866. (Glonner.) gr. 8. (XV, 419 S.) n. 1 ₰ 20 ngr.

Dürll, Wilhelm: Die Probleme des logarithmischen Potentials für eine von zwei Kreisbogen begrenzte ebene Fläche. Ein Beitrag zur Potentialtheorie. M. 2 Taf. *Leipzig [1898]: O. Lainer.* (IV, 134 S. mit Taf.) 8°
Leipzig, Phil. Diss. v. [14. März] 1898

Durm, Josef

Durm, Jos., der Aula- u. Hörsaalbau der technischen Hochschule in Karlsruhe. gr. Fol. (5 S. m. 1 Fig. u. 4 Taf.) Berlin 899. W. Ernst & Sohn. Kart. n. 6. —
Sonderabdruck aus: „Zeitschr. f. Bauwesen".

Die Baukunst der Etrusker. Die Baukunst der Römer. Von Dr. Josef Durm, Prof. 2. Aufl. Mit 833 Abb., sowie 21 Taf. Stuttgart: A. Kröner 1905. (X, 783 S.) 4°(8°)
— Baustile, Die. T. 2.
— Handbuch d. Architektur. T. 2, Bd 2. (05. 1579 4

Die Baukunst der Griechen. Von Josef Durm, Prof. Mit 260 Abb., sowie 3 Taf. 2. Aufl. Darmstadt: A. Bergsträsser 1892. (VII, 386 S.) 4°(8°)
— Baustile, Die. Bd 1.
— Handbuch d. Architektur. 2,1. (06. 113 11

Die Baukunst der Griechen. Von Josef Durm. 3. Aufl. Mit 502 Abb. u. 6 Taf. Leipzig: Kröner 1910. IV, 552 S. 4°(8°)
(Handbuch d. Architektur. T. 2, Bd 1.) (09. 1090)

Die Baukunst der Renaissance in Italien. Von Dr. Josef Durm, Prof. in Karlsruhe. Mit 558 Abb., sowie 5 Farbendrucktaf. *Stuttgart: A. Bergsträsser 1903.* (VI, 564 S.) 4°
— Handbuch d. Architektur. T. 2, Bd 5. (…)

— Jos. Lieblein, Rob. Reinhardt u. Heinr. Wagner, Baulichkeiten f. den Sport. Panoramen, Musikzelte, Stibadien u. Exedren, Pergolen u. Veranden, Gartenhäuser, Kioske u. Pavillons, s.: Handbuch der Architektur.

Durm, J., Baustile, s. a. Handbuch der Architektur.

Durm, Jos. u. Essenwein, Aug. Die Baustile. Historische u. technische Entwickelung. (Handbuch der Architektur, 2. Thl.) Darmstadt 1881-92. Bd. I-IV (geb. 6 Bde.). 8.

— constructive u. polychrome Details der griechischen Baukunst. In Orig.-Aufnahmen. 13 Taf. m. Titelbl. in Stich u. Farbendr. gr. Fol. (15 S.) Berlin 880. Ernst & Korn. In Mappe. n. 30. —

Durm, J., die Domkuppel in Florenz u. die Kuppel der Peterskirche in Rom. Zwei Grossconstructionen der italien. Renaissance. Mit 4 Kpfrtaf. [Aus: „Ztschr. f. Bauwesen".] Fol. (19 S.) Berlin 887. Ernst & Korn. cart. n. 10. —

… thallen, s.: Handbuch der Architektur. IV. 4.

—— der neue Friedhof in Carlsruhe. 9 (Kpfr.-)Taf. mit Text. Fol. (4 S.) Ebendas. 880. cart. …

Durm, Josef [Oberbaudir. Dr.]: Das neue Gymnasialgebäude in Heidelberg. (Aus d. Karlsruher Zeitg.) Heidelberg, Buchdr. v. G. Geisendörfer, 1894; 3—7 S. 4.
Heidelberg, G, MP 1894 (007)

— s.: Handbuch der Architektur.

Durm, J., u. C. Weinbrenner, Holzbauten des Berner Oberlandes, s. Hochstetter, J., schweizerische Architektur.

Durm, Jos. Zum Kampf um Troja. gr. 8. (9 S. m. 3 Taf.) Berl. 890, Ernst u. Sohn. 1 50
Aus: Centralbl. f. Bauwesen, besonders abgedruckt.

— s.: Kunstdenkmäler, die, des Grossherzogt. Baden.

—— Die Kunstdenkmäler d. Grossh. Baden, s. Kraus, Frz. Xav.

— die Kuppel der Maria dell' Umiltà in Pistoja u. die Kuppel der Sa. Maria di Carignano. 2 Grossconstructionen der italien. Renaissance. gr. Fol. (10 S. m. Abbildgn. u. 4 Kpfr.-Taf.) Berlin 902. W. Ernst & Sohn. Kart. n. 10. —
Sonderabdruck aus: „Zeitschr. f. Bauwesen".

— das Heidelberger Schloss. Eine Studie üb. die Meister, die ursprüngl. Gestalt d. Otto-Heinrichsbaues u. die Frage der Wiederherstellg. Mit Zeichngn. (eingedr. Holzschn. u. 1 Taf.) [Aus: „Centralbl. d. Bauverwaltg."] gr. 4. (12 S.) Berlin 884. Ernst & Korn. cart. n. 3. —

— u. Heinr. Wagner, öffentliche Vergnügungsstätten u. Festhallen, s.: Handbuch der Architektur.

Durm, J., das staedtische Vierordtbad in Carlsruhe. Fol. (2 S. m. 2 eingedr. Holzschn. u. 9 Kpfrtaf.) Berlin 875. Ernst & Korn. n. 8. —

— d. Zustand d. antiken athen. Bauwerke auf der Burg u. i. d. Stadt. Befundbericht u. Vorschläge z. Schutz vor weit. Verfall. [Aus: „Centralblatt d. Bauverwaltg."] Fol. (18 S. m. 18 Abb.) Berlin 895. W. Ernst & Sohn. Kart. n. 3. —

Durm, Leopold, appr. Arzt a. Karlsruhe ⟨Baden⟩: Beitrag zur Kasuistik der Kiefercysten. München 1907: C. Wolf & Sohn. (25 S.) 8°
München, Med. Fak., Ref. v. Angerer, Diss. v. 13. Mai 1907
[Geb. 3. Juli 78 Karlsruhe; Wohnort: Karlsruhe; Staatsangeh.: Baden; Vorbildung: Gymn. Karlsruhe Reife Juli 96; Studium: Freiburg i. B. 3, Göttingen 1, Tübingen 2, München 6 S.; Coll. 13. Mai 07; Approb. 1. Okt. 05.]

Durmayer, Bilder zur bayerischen Geschichte, s.: Langl, J.

Durmayer, A., Regierungsakzessist: Das Recht der öffentlichen Vieh- und Pferde-Versicherungs-Vereine Bayerns, systematisch dargestellt. Speyer 1907: Jaeger. (148 S.) 8°
Straßburg, Rechts- u. staatsw. Fak., Ref. Rehm, Diss. v. 5. Dez. 1906
[Studium: München, Leipzig, Heidelberg, Erlangen.]

Durmayer, Joh., Einführung in die deutsche Götter- u. Heldensage insbesondere zum Verständnisse des Nibelungenliedes. Für höhere Lehranstalten u. zum Selbststudium. gr. 8. (56 S.) Nürnberg 881. Korn. n. — 80

— Grundzüge der Poetik. Für Mittelschulen u. Lehrerbildungsanstalten. gr. 8. (IV, 76 S.) Ebend. 882. n. 1. —

Durmayer, Joh., Grundzüge der Poetik. Für Mittelschulen. 2., verm. Aufl. gr. 8. (IV, 91 S.) Nürnberg 894. F. Korn. n. 1. —

Durmayer, Joh., Grundzüge der Poetik. 3. verb. u. durch Musterbeispiele verm. Aufl. (IV, 121 S.) gr. 8. Nürnberg 905. F. Korn. n. 1. 20

— Leitfaden der astronomischen u. physischen Geographie. Für Mittelschulen bearb. gr. 8. (V, 67 S.) Nördlingen 877. Beck. n. — 80

— dasselbe. 2. umgearb. Aufl. m. 30 in den Text gedr. Abbildungen. gr. 8. (VI, 80 S.) Ebend. 882. cart. n. 1. 10

Durmayer, Joh.: Leitfaden der Geographie von Deutschland. Für Mittelschulen bearb. gr. 8. (IX, 162 S.) Nördlingen 1878, Beck'sche Buchh.

—— Reste altgermanischen Heidentums in unseren Tagen. gr. 8. (III, 68 S.) Nürnberg 883, Korn'sche Buchh.

Dürmel, oder die Einquartierung der Franzosen. Lustspiel aus dem Franz. Prag 1771. Ü: *Nunn, Johann Joseph.* (WBL) (MGT) (Ky)

Dürmel, oder die Einquartirung der Franzosen. Lstspl. aus dem Französ. (v. J. J. Nunn). 8. Prag 771. Widtmann. 4 gr.

Dürmüller, Johs., Gebetbüchlein f. Kinder von 6 bis 8 Jahren. 3. Aufl. 04. (95 S. m. Titelbild.) Donauwörth 893. L. Auer. Geb. n. — 20

Dürmüller, Johs., Gebetbüchlein f. Kinder v. 6—8 Jahren. 7. Aufl. (95 S. m. Titelbild.) 82. Donauwörth (906). L. Auer. Geb. n. — 20

Dürmüller, Johs., Gebetbüchlein f. Kinder v. 6—8 Jahren. 8. Aufl. (95 S. m. Titelbild.) 7,8×5,9 cm. Donauwörth (909). L. Auer. Geb. in Leinw. — 20

DÜRNHÖFER, Ludwig (Leutershausen): Beitrag zur Casuistik der Stirnhöhlenostrome.- München: Wolf 1895. 24 S.
15.3.1895 - Chr 1894/95,22; Jv 1894/95,199
Diss. Ingolst.-Landsh.-Mchn.

Dürnhöfer, *Carl August Thuiscon* **Max** [aus Berlin]: Shakespeares „Venus und Adonis" im Verhältnis zu Ovids Metamorphosen und Constables Schäfergesang. . . . Halle a. S., *Buchdr. v. G. Schade in Berlin,* 1890; 47 S. 8°
Halle, Phil. Fak., Inaug.-Diss. v. [26. Nov.] 1890

Dürnkrut [Schlagwort]

Dürnkrut, s.: **Geologische Karten,** Spezialkarte. (Oesterr.-Ung.)

Dürnwirth: Kärntens Naturverhältnisse. 38 S. 8°–Klagenfurt OR., Progr. 1857

Dürnwirth, R., e. Bruchstück a. d. Strickers „Karl". Progr. gr. 8. (30 S.) Klagenfurt 895. (F. v. Kleinmayr.) 1. —

Dürnwirth, R., zwei Bruchstücke aus altdeutschen Dichterwerken. A. Aus dem jüngeren Titurel. B. Aus Ottackers Reimchronik. Besprochen. gr. 8. (39 S.) Klagenfurt 881. (Hoyn.) n. 1. 20

Dürnwirth, R.: Die Fabel von Schillers Ballade: „Die Bürgschaft" in dem Schachbuche d. Jacobus de Cessolis. 3 S. Klagenfurt, R., Progr. 1884

Dürnwirth, R.: Katalog der Lehrerbibliothek. 50 S. Klagenfurt, St. R., P 1898

(Dürnwirth, Raimund:) Führer durch das Museum d. Geschichtsvereines für Kärnten u. dessen Monumentenhalle im Rudolfinum zu Klagenfurt. 7. Aufl. Klagenf.: Bertschinger 1905. 70 S.

Durocher u. Malaguti, über das Vorkommen u. die Gewinnung des Silbers, s.: Malaguti.

DU ROCHER, Ludwig (Ottobeuren): Das Binden des Unterleibs nach der Geburt.- Würzburg 1838.
23.8.1836 - Urk (Titel: De ligatura abdominis puerperarum in diaethetica et therapeutica ratione.)
Diss. Ingolst.-Landsh.-Mchn.

Duroi, s.: *Roi.*

DU ROI, Johann Philipp 1741 - 1785
Die Harbkesche wilde Baumzucht theils Nordamerikanischer und anderer fremder, theils einheimischer Bäume, Sträucher und Strauchartigen Pflanzen nach den Kennzeichen, der Anzucht, den Eigenschaften und der Benutzung beschrieben von D. Johann Philipp du Roi.
Erster [- Zweiter] Band.
Mit Kupfern.
Braunschweig: Waisenhaus. 1771 [- 1772]. 8°.
British Museum London

DU ROI, Johann Philipp 1741 - 1785
Harbkesche wilde Baumzucht theils Nordamerikanischer und anderer fremder, theils einheimischer Bäume, Sträucher und Strauchartiger Pflanzen, nach den Kennzeichen, der Aufzucht, den Eigenschaften und der Benutzung beschrieben.
Erster [- Zweiter] Band.
[2. Aufl.] Herausgegeben mit Vermehrungen und Veränderungen von J. F. Pott ...
Mit Kupfern.
Braunschweig: Schulbuchhandlung. 1795 [- 1800]. 8°.
British Museum London
1. Aufl. 1771-1772,
Johann Friedrich Pott, 1738-

Johann Philipp Du Roi

Observationes botanicae. Helmstadii (1771:) Schnorr. LXI S. 8°
Helmstedt, Med. Diss. v. 31. Okt. 1771

DU ROI, Jul. G. P.: System. Anleit. z. Kenntn. d. Quellen u. Liter. d. Braunschw.-Wolfenbütt. Staats- u. Privatrechts. *Braunschw.,* Schulbuchh. 792. 8. (21 Gr.) 2e unveränd. A. *Eb.* Lucius. 814. 8. (20 Gr.)

Durosay, der christliche Weltbürger oder Grundsätze des socialen Lebens. Ein Versuch über unsere Pflichten als Menschen u. Staatsbürger. Aus d. Franz. übers. v. Lucas. 8. (VI u. 356 S.) Münster 852, Theissing. 18 ngr.

Du Rosey, (Rolla,) u. v. Grabowsky, trigonometr. Aufgaben theils nach geometr. Censtruktion, theils analyt. gelößt. Mit Kpfrn. gr. 8. Königsb. 822, Unzer.

Du Rosey, Rolla, u. v. Grabowsky, trigonometr. Aufgaben, theils nach geometr Construction, theils analyt. gelöst. Mit Kpf. gr. 8. Königsb. 823. Unzer. 1 Rthlr 12 gr.

Trgovačko zakonodavstvo i Crnoj-gori izpadno Mitar **D'urović.** Rechtssätze d. montenegrinischen Handels gesammelt von Mitar Djurowitsch. Berlin: v. Decker [1908]. 104, 104 S. 4°(8°)
(Die Handelsgesetze d. Erdballs. Ausg. D. Bd 8, [3.]) [10. 17741 4

Ahn und Enkel. Roman aus d. sechziger Jahren. Von Joachim v. **Dürow** [d. i. Ida v. Medem]. Dresden & Leipzig: Reißner 1900. 295 S. 8° [10. 9014

Dürow, Joach. v. Auf Befehl Seiner Hoheit! Roman. gr. 8. (207 S.) Lpz. 890, Reißner. * 3 —; geb. * 4 —

Dürow, Joach. v., Graf Ede u. anderes. Novellen u. Skizzen. 8. (III, 236 S.) Frankfurt a/O. 894. H. Andres & Co. n. 2. 40: geb. n. 3. —

— [Her]ren v. Madrid. Roman. gr. 8. (251 S.) Ebd. 897. n. 3. 50; geb. n. 4. 50

Dürow, Joach. v. (Frau Baronin Ida v. Medem), die Glückskatze, s.: **Eckstein's** Miniaturbibliothek.

Dürow, Joach. v. (Frau Ida v. Medem), die Glückskatze, s.: Hesse's, Max, Volksbücherei.

— Hagestolze, s.: Roman-Gallerie f. Salon u. Reise.

— die Herrin v. Rotenstein. Roman. 8. (338 S.) Bielefeld 894. Velhagen & Klasing. Geb. in Leinw. n. 5. 50

— **Die Herrin** v. Rotenstein. Roman. 3. Aufl. (344 S.) 8. Dresden 910. C. Reißner. 4.—; geb. 5. —

Dürow, Joach. v. (Baronin Ida v. Medem), aus hartem Holz. Roman. (192 S.) 8. Dresden 903. E. Pierson. n. 2. 50; geb. n. 3. 50

(B) — Aus hartem Holz. 903. Jetzt: Berlin, Verlag Berlin-Wien.

—— Juchhe u. O weh! Zwei Geschichten aus dem Leben. 8. (148 S.) [Dresd. 889, v. Grumbkow.] Lpz., Reißner. * 2 —
Neue Ausg. u. d. T.:
—— Irrlicht u. Heerdfeuer. Zwei Novellen. 8. (148 S.) Lpz. 892, Reißner. * 1 50

— zwei arme Junker, s.: Universal-Bibliothek.

— auf dem Knüppeldamm. Roman. 8. (246 S.) Dresden 900. C. Reißner. n. 3. —; geb. n. 4. —

— Monsieur Lacoste. Pariser Roman. gr. 8. (234 S.) Ebd. 901. n. 3. —; geb. n. 4. —

Im Schatten des Hospitals. Erzählung von Joachim von Dürow [d. i. Ida v. Medem]. Dresden: Reißner 1894. 192 S. 8° [n. 4.]

— Strahlendorf u. Reetzow. 2 Bde. gr. 8. (V, 188 u. 217 S.) Ebd. 891. n. 3. —; in 1 Bd. geb. n. 7. —

— der Traum d. Herrn Patrock. Roman. 8. (202 S.) Dresden 898. C. Reißner. n. 3. —; geb. n. 4. —

— Und es entgeht ihr keiner. Roman. (245 S.) 8. Berlin 909. A. Goldschmidt. 5. —; geb. in Leinw. 6. —

[Du Roy]: Vertrauliche Briefe aus Kanada und Neu-England vom J. 1777 und 1778. *Aus Herrn Prof. Schlözers Briefwechsel, Heft XXIII und XXIV. [= Nr. 2945a]. Göttingen: Verlag der Witwe Vandenhoek 1779. 84 S.*

Du Roy, Ascan. Christoph, De praescriptione immemoriali. Präs. Aug. Leyser. Helmstedt (P. D. Schnorr) 28. I. 1728. 24 S. (4.80) 7086
Gew.: Jon. Conr. Schramm.

Du Roy, J. Ph. (Resp.): De paralysi gravissima femorum..., s. Beireis, G. Ch. (Praes.)

Duroy-Warnatz, A., das goldene Vließ. Roman in 2 Bdn. 8. (295 u. 171 S.) Hagen 883. Risel & Co. n. 6. —

Durr s. Dürr

DÜRR. Die durch Sympathie gesund gemachte Braut. Wolte bey dem Dürr- und Karchischen Hochzeit-Feste, den 7. Nov. 1747 in Lang-Bernssdorf, durch diese Zeilen zu entwerffen suchen J. C. K. O. O. u. J. Gr. 4°. 2 Bl.

Die Buchhandlung Alphons Dürr in Leipzig. Festschrift z. Feier d. 50j. Geschäfts-Jub. von Alphons Friedrich Dürr am 21. Febr. 1903. Mit 1 Bildn., 70 Abb. u. 10 Brief-Beil. Als Hs. *Leipzig: A. Dürr 1903.* (XV, 149 S.) 4°

Dürr's deutsche Bibliothek, vollständiges Lehrmittel f. den deutschen Unterricht an Lehrer- u. Lehrerinnen-Seminaren, in Verbindg. m. Ballauff, Busch, Eggert u. a. hrsg. v. Wilh. Hering, Gust. vorm Stein u. Frdr. Mich. Schiele. Bd. 1—12. 12 B. u. 13—16. gr. 8. Leipzig, Dürr'sche Buchh. Geb. in Leinw. n. 33. 20

Busch, Mich., deutsche Prosa v. Luther bis zu Lessing. 2., erweit. u. verb. Aufl. (VII, 112 S.) 906. (Bd. 7.) n. 1.60
1. Aufl. (VIII, 118 S.) 904. n. 1. 60.
Goethe. Auswahl aus seinen Prosaschriften. Hrsg. v. Karl Muthesius. (VIII, 172 S.) 904. (Bd. 10.) n. 1. 60
— Egmont, s.: Lessing, G. E., Minna v. Barnhelm.
— Götz v. Berlichingen, s.: Schiller, Fr., Wilhelm Tell.
Günther, Rob., die deutsche Heimat. — Schubert, Bruno, die Fremde. (VII, 209 S.) 904. (Bd. 14.) n. 1. 80
Hering, Wilh., Briefe u. Reden. Hrsg. v. H. (X, 217 S.) 904. (Bd. 6.) n. 1. 80
— Geschichte. 1. u. 2. Aufl. (à X, 194 S.) 904. 906. (Bd. 13.) n. 1. 70
Kühnemann, Eug., Herder. (IX, 138 S.) 904. (Bd. 9.) n. 1. 50
Lessing, Gotthold Ephraim. Hrsg. v. Walth. Vorbrodt. Mit 1 Taf. Abbildgn. 1. u. 2. Aufl. (à VII, 122 S.) 904. 906. (Bd. 8.) n. 1. 35
— Minna v. Barnhelm od. das Soldatenglück. Ein Lustspiel. Hrsg. v. Jak. Stoffel. — Goethe, Wolfg. v., Egmont. Ein Trauerspiel. Hrsg. v. Martha Siber. — Schiller, Frdr. v., Wallenstein. Ein dramat. Gedicht. Hrsg. v. Karl Heilmann. — Shakespeare, William, Julius Cäsar. Ein Trauerspiel. Hrsg. v. Frdr. Ballauff. (360 S.) 904. (Bd. 5.) n. 3. 60. (Mit dem 4. Bd. in 1 Bd. geb. n. 5. 60)
Oeser, Herm., u. Gust. Jenner, Kunst u. Künste. Aufsätze üb. das Schöne, die Kunst u. den Künstler, die bild. Künste u. die Musik. (XII, 206 S.) 904. (Bd. 16.) n. 1. 80
Pfleger, Luzian, katholischer Glaube im deutschen Volk. Ein Lesebuch religiöser Prosa zum Schulgebrauch im deutschen Unterricht. (X, 148 S.) 906. (Bd. 12 B.) n. 1. 75
Porger, Gust., neueres deutsches Epos. 1. u. 2. Aufl. (à VIII, 192 S.) 904. 906. (Bd. 2.) n. 1. 80
Schaum, Karl, u. Ernst Teichmann, Kraft u. Leben in der Natur. Lesestücke aus dem Gebiete der Physik u. der Chemie, der Botanik u. der Zoologie. (X, 141 S.) 904. (Bd. 15.) n. 1. 50
Schiele, Frdr. Mich., deutscher Glaube. Ein Lesebuch religiöser Prosa zum Schulgebrauch im deutschen Unterricht. (X, 160 S.) 905. (Bd. 12.) n. 1. 75
— Sang u. Spruch der Deutschen. Eine Auswahl aus der lyr. u. der epigrammat. deutschen Dichtung zum Schulgebrauch in Lehrer- u. Lehrerinnen-Seminaren. 2. durchges. u. erweit. Aufl. (XX, 416 S.) 906. (Bd. 3.) n. 4. —
1. Aufl. (XVIII, 307 S.) 904. n. 2. 80.
Schiller. Auswahl aus seinen Gedichten u. Prosaschriften. Hrsg. v. Paul Richter. (VIII, 180 S.) 904. (Bd. 11.) n. 1. 80
— Wilhelm Tell. Ein Schauspiel. Hrsg. v. Wilh. Ewerding. Mit e. Karte. — Goethe, Wolfg. v., Götz v. Berlichingen m. der eisernen Hand. Ein Schauspiel. Hrsg. v. Heinr. Lewin. — Schiller, Frdr. v., die Jungfrau v. Orleans. Eine romant. Tragödie. Hrsg. v. Otto Gerlach. (258 S. m. 1 farb. Karte.) 904. (Bd. 4.) n. 2. 25
— Wallenstein, s.: Lessing, G. E., Minna v. Barnhelm.
Schubert, Bruno, die Fremde, s.: Günther, R., die deutsche Heimat.
Shakespeare, W., Julius Cäsar, s.: Lessing, G. E., Minna v. Barnhelm.
Stein, Gust. vorm, älteres deutsches Epos. 3. unveränd. Aufl. (150 S.) 906. (Bd. 1.) n. 1. 60
1. Aufl. (104 S.) 904. 2. Aufl. (156 S.) 905. à 1. 20.

Dürr's deutsche Bibliothek, vollständiges Lehrmittel f. den deutsch. Unterricht an Lehrer- u. Lehrerinnen-Seminaren, in Verbindg. m. Ballauf, Busch, Eggert u. a. begründet v. Wilh. Hering, Gust. vorm Stein u. Frdr. Mich. Schiele. Bd. 1—4. 6 b. 7. 7 b. 8—11. 13 b. 14 I. gr. 8. Leipzig, Dürr'sche Buchh. Geb. in Leinw. 27. 60

Busch, Mich., deutsche Prosa von Luther bis zu Lessing. 4. Aufl. (VI, 114 S.) 910. (Bd. 7.) Geb. 1. 60
Goethe. Auswahl aus seinen Prosaschriften. Hrsg. v. Karl Muthesius. 2., durchgeseh. Aufl. (VIII, 174 S.) 908. (Bd. 10.) 1. 80; geb. 3. —
Günther, Rob., die deutsche Heimat. 2. Aufl. — II. Schubert, Bruno, die Fremde. 2. Aufl. (VII, 212 S.) 908. (Bd. 14, I.) Geb. 1. 80
Herder. Hrsg. v. Eug. Kühnemann. 3. Aufl. (IX, 138 S.) 910. (Bd. 9.) Geb. 1. 50
Hillger, Jos., Briefe u. Reden. (X, 230 S.) 909. (Bd. 6 B.) Geb. 2. 30
Kreuzberg, P. J., Geschichte. (X, 230 S.) 909. (Bd. 13 B.) Geb. 2. 20
Lessing, Gotthold Ephraim. Hrsg. v. Walth. Vorbrodt. Mit 1 Taf. Abbildgn. 3. Aufl. (VII, 122 S.) 909. (Bd. 8.) Geb. 1. 35
Porger, Gust., neueres deutsches Epos. 4. Aufl. (VIII, 192 S.) 909. (Bd. 2.) Geb. 1. 80
Schiele, Frdr. Mich., Sang u. Spruch der Deutschen. Eine Auswahl aus der lyr. u. der epigrammat. deutschen Dichtg. zum Schulgebrauch in Lehrer- u. Lehrerinnen-Seminaren. 4. Aufl. (XX, 410 S.) 909. (Bd. 3.) Geb. 4. —
Schiller. Auswahl aus seinen Prosaschriften. Hrsg. v. Gust. vorm Stein. 2., veränd. Aufl. (VII, 139 S.) 909. (Bd. 11.) Geb. 1. 60
— Wilhelm Tell. Ein Schauspiel. Hrsg. v. Wilh. Ewerding. Mit e. Karte. 2. Aufl. — Goethe, Wolfg. v., Götz v. Berlichingen m. der eisernen Hand. Ein Schauspiel. Hrsg. v. Heinr. Lewin. 2. Aufl. — Schiller, Frdr. v., die Jungfrau von Orleans. Eine romant. Tragödie. Hrsg. v. Otto Gerlach. (258 S. m 1 farb. Karte.) 905. 906. 904. (Bd. 4.) 2. 25
Stein, Gust. vorm, älteres deutsches Epos. 6. unveränd. Aufl. (213 S.) 910. (Bd. 1.) Geb. 2. —
Weicken, Frz., deutsche Literatur. Prosa u. Epik aus alter u. neuer Zeit. (VIII, 198 S.) 909. (Bd. 7 B.) Geb. 2. 20

Dürr's deutsche Bibliothek. Jetzt: Berlin, Union, Zweigniederlassung. Auch die Einzelausgaben.

Dürr's Collection of standard American authors. Published (Vol. 1 — XVIII.) under the superintendence of K. Elze. — Vol. XIX — XXXIX. edit. by W. E. Drugulin. Authorized edit. Leipzig 854—58. A. Dürr. 8. Jeder Bd. 15 ngl

Vol. 1. Poems by William Cullen Bryant. (XI, 272 S.)
Vol. 2. The life of Benjamin Franklin. Vol. 1. B. Franklins autobiography. With an appendix. (X, 239 S. u. 1 lith. Taf.)
Vol. 3. — — Vol. 2. A continuation to B. Franklin's autobiography. By Jared Sparks. (XII, 243 S.)
Vol. 4—7. 17. The works of Henry W. Longfellow. Vol. 1. Poems. (VIII, 296 S.) — Vol. 2. The Spanish student. Evangeline. The golden legend. (3 Bl., 308 S.) — Vol. 3. Hyperion. (VII, 232 S.) — Vol. 4. Kavanagh. Outre-Mer. (VI, 311 S.) — Vol. 5. The song of Hiawatha. (VIII, 210 S.)

Vol. 8. The blithedale romance. By Nathanael Hawthorne. (X, 224 S.)
Vol. 9. The life of George Washington. By Jared Sparks. (XII, 371 S.)
Vol. 10. 11. Twice-told tales. By Nathanael Hawthorne. 2 vols. (XI, 205; 3 Bl., 216 S.)
Vol. 12. The house of the seven gables. A romance. By Nathanael Hawthorne. (IX, 280 S.)
Vol. 13. 14. The select works of Edgar Allan Poe. With a memoir of the author. 2 vols. (VII, 246; VIII, 280 S.)
Vol. 15. Reveries of a Bachelor: or, a book of the heart. By Ik. Marvel. (XI, 224 S.)
Vol. 16. Dream life: a fable of the seasons. By Ik. Marvel. (VIII, 224 S.)
Vol. 18. 19. History of the reign of Philipp II, king of Spain. By William Prescott. Vol. 1. 2. (XIX, 367; XI, 320 S.)
Vol. 20. Nile notes of a „Howadji"; or, the American in Egypt. By G. W. Curtis. (XI, 255 S.)
Vol. 21. The hidden path. By Marion Harland. (VII, 277 S.)
Vol. 22. Representative men: seven lectures by Ralph Waldo Emerson. (4 Bl., 214 S.)
Vol. 23. The last of the Mohicans. A narrative of 1757. By J. Fenimore Cooper. (VIII, 288 S.)
Vol. 24. 25. Calavar; or, the knight of the conquest: a romance of Mexico. By R. M. Bird. 2 vols. (2 Bl., 235; 2 Bl., 251 S.)
Vol. 26. Leather stocking and silk; or hunter John Myers and his times. A story of the valley of Virginia. By John Esten Cooke. (2 Bl., 230 S.)
Vol. 27. Our cousin Veronica or scenes and adventures over the blue ridge by Mary Elizabeth Wormeley. (2 Bl., 248 S.)
Vol. 28. (Half-vol.) Prue and I. By G. W. Curtis. (112 S.)
Vol. 29. The pathfinder, or, the inland sea. By J. Fenimore Cooper. (4 Bl., 343 S.)
Vol. 30. 31. Married or single? By Miss Sedgwick. 2 vols. (1 Bl., VI, 208; 3 Bl., 202 S.)
Vol. 32—37. The rise of the Dutch Republic. A history. By John Lothrop Motley. In 6 vols. (XVI, 490; XV, 528; XII, 507 S.)

Dürr's Collection of standard American authors. Edited by William E. Drugulin. Leipzig 859—64. A. Dürr. 8. Jeder Bd. 15 *ngr.*
Vol. 38. The last of the foresters, or, humors on the border. A story of the old Virginia frontier. By John Esten Cooke. (VIII, 248 S.)
Vol. 39. (Half-Vol.) The courtship of Miles Standish, and other poems. By Henry Wadsworth Longfellow. (VIII, 114 S.) (als Halbband nur 7½ *ngr.*)
Vol. 40. History of the reign of Philip II., King of Spain. By William H. Prescott. Vol. III. (XI, 234 S.)
Vol. 41. The old dominion. A novel. By G. P. R. James. Copyright edition. (380 S.)
Vol. 42. 43. Lord Montagu's page. A historical romance. By G. P. R. James. 2 vols. Copyright edition. (XI, 458 S.)
Vol. 44. 45. Revenge. A novel. By G. P. R. James. 2 vols. (532 S.)
Vol. 46. 47. Agnes Sorel. A historical romance. By G. P. R. James. 2 vols. (VIII, 556 S.)
Vol. 48. 49. The Cavalier. A historical romance. By G. P. R. James. 2 vols. Copyright edit. (445 S.)
Vol. 50. Leonora d'Orco. A historical romance. By G. P. R. James. Copyright edit. (350 S.)
Vol. 51. The select works of Miss Grace Kennedy. Vol. I.: Anna Ross: the orphan of Waterloo. — Jessy Allan, the lame girl: a story founded on facts. — Andrew Campbell's visit to his irish cousins. (VI, 244 S.)
Vol. 52. The select works of Miss Grace Kennedy. Vol. II.: Father Clement. A roman catholic story. (243 S.)
Vol. 53. 54. The Baddington Peerage: who won and who wore it. A story of the best and the worst society. By Geo. Aug. Sala. Copyright edition. 2 vols. (XX, (558 S.)
Vol. 55. 56. Pequinillo. A tale. By G. P. R. James. Copyright edition. 2 vols. (529 S.)
Vol. 57. 58. Henry Smeaton. A Jacobite story of the reign of George the first. By G. P. R. James. 2 vols. Copyright edit. (564 S.)
Vol. 59. 60. The fate. A tale of stirring times. By G. P. R. James. 2 vols. Copyright edit. (545 S.)
Vol. 61. Elsie Venner. A romance of destiny. By Oliver Wendell Holmes. Authorized edition. (X, 380 S.)
Vol. 62. 63. The select works of Miss Grace Kennedy. Vol. III and IV.: Dunallan; or, know what you judge. A story. 2 vols. (578 S.)
Vol. 64. Abel Drake's wife. A novel. By John Saunders. Copyright edit. (VIII, 319 S.)
Vol. 65. The Plague-stone of Aberford. By John Saunders. Authorized edit. (255 S.)
Vol. 66. Tales of a wayside inn by Henry Wadsworth Longfellow. Authorized edit. (VII, 123 S.)
Vol. 67. 68. Guy Waterman. A novel. By John Saunders. Copyright edit. 2 vols. (VI, 606 S.)

Dürr's collection of Standard American and British Authors. Edited by William E. Drugulin. Leipzig 866—69. A. Dürr. 8. Jeder Bd. 15 *ngr.*
Vol. 5. Longfellow, H. W., works. Vol. II. The Spanish student. Evangeline. The golden legend. 2. edit. (319 S.)
Vol. 69. Winthrop, Thdr., John Brent. A novel. (XIX, 218 S.)
Vol. 70. Eden, Elean, Dumbleton Common. Copyright edit. (VI, 271 S.)
Vol. 71. 72. Raymond's Heroine. 2 vols. (XII, 542 S.)
Vol. 73. 74. Goddard, Julia, Joyce Dormer's story. 2 vols. (XII, 466 S.)
Vol. 75—77. Kathleen. By the Author of „Raymond's Heroine." 3 vols. (232; 238; 228 S.)
Vol. 78. 79. Hirell. By the Author of „Abel Drake's wife." 2 vols. (VII, 292; VI, 304 S.)

Dürr, Preistabellen für alle Fälle des gewöhnlichen Lebens nach Mark und Pfennig. Enth.: Den Preis von Waren für 1 bis 1000 Stück, das Stück zu 1 Pfennig bis 1000 Mark. Mit einem Anhang, enth.: Umwandlung von Gulden und Kreuzer in Mark und Pfennig und umgekehrt, sowie Umwandlung von Thaler und Silber-, beziehungsweise Neugroschen in Mark und Pfennig und umgekehrt. Berechnet und erläutert. gr. 16. (VI, 316 S.) Ulm 875, [Stettin'sche Buchh.] Ebner'sche Buchh. cart. cart. als Brieftasche mit Bleistift

Dürr, A., de suffraganeis seu vicariis episcoporum. Morgunt. 1782. 4.

Dürr, Alfons

Dürr's, A., Clichés-Catalog, s. Clichés-Catalog.

Dürr, Alph., Adam Friedrich Oeser. Ein Beitrag zur Kunstgeschichte des 18. Jahrh. Mit 7 Holzschn. Lex.-8. (XI, 255 S.) Leipzig 879. A. Dürr. n. 6. —; in Hlbfrzbd. n. 8. —

Dürr, A., ein halbvergessenes Werk von Schwind, s. Studien, gesammelte, zur Kunstgeschichte.

Dürr, Alfred, Rechtspraktikant aus Würzburg: Die Unterschlagung von Wertpapieren und die strafbaren Handlungen des (Depot)-Gesetzes vom 5. Juli 1890. *Würzburg 1902: A. Boegler.* (82 S.) 8°
Würzburg, Jur. Diss. v. 1902

Dürr, C., s. Dürr, Karl

Dürr, Ed., üb. die Anwendung der Kälte bei Augenkrankheiten. gr. 8. (109 S.) Hannover 875. Rümpler. n. 2. 70

Dürr, E., Bericht über die ophthalmologische Thätigkeit in den J. 1877—1880 und über 100 Staar-Extractionen, ausgeführt nach v. Gräfe's Methode. gr. 8. (24 S.) Hannover 881, Schmorl und v. Seefeld. *

Dürr, E., Bericht üb. die ophthalmologische Thätigkeit in den J. 1881 – 1884 u. üb. weitere 100 Staar-Extractionen nach v. Gräfe's Methode, nebst e. kurzen Mittheilg. üb. die Blindenanstalt in Hannover u. e. Zusammenstellg. der Erblindungsursachen der jetz. Zöglinge. gr. 8. (25 S.) Hannover 885. Schmorl & v. Seefeld. n. — 50

— die Entwickelung der Kurzsichtigkeit während der Schuljahre, erläutert durch die Refractionstafeln v. Schülern d. Lyceum II in Hannover. gr. 8. (IV, 79 S. m. Holzschn. u. 3 Steintaf.) Braunschweig 884. F. H. Meyer. n. 2. 50

Dürr, E., das Schwefelbad Limmer und seine Wirkung auf den Stoffwechsel. 8. (25 S.) Hannover 868, Schmorl und v. Seefeld. *

— Rathschläge f. Kurzsichtige. 1. u. 2. unveränd. Aufl. 12. (26 S. m. Holzschn.) Hannover 886. Schmorl & v. Seefeld. n. — 50

—— über die Verbindung von Ophthalmia und Angina granulosa. gr. 8. (50 S.) Hannover 867, Schmorl und v. Seefeld. *

Dürr, Emil, von Pratteln: Die Quellen des Aegidius Tschudi in der Darstellung des alten Zürichkrieges. Buch XI, XII, XIII der eidgenössischen Chronik quellenkritisch untersucht. Basel 1908. 164 S. 8°. [17. 11. 08.]
Basel. Phil. Diss. 1908/09.

Dürr, Emil. Die Quellen des Aegidius Tschudi in der Darstellung des alten Zürichkrieges. Buch XI, XII, XIII der eidgenössischen Chronik quellenkritisch untersucht. Diss. Phil. Basel. 164 S. 8. Basel, Werner-Riehm, 1908.

Dürr, Ernst, Abriss der Psychologie. s.: Ebbinghaus, Herm.

Dürr, Ernst: Ueber das Ansteigen der Netzhauterregungen. Mit 4 Fig. im Text. *Leipzig: W. Engelmann 1903.* (61 S.) 8° ¶(Aus: Wundt's Philos. Studien, Bd 18, H. 2.)
Leipzig, Phil. Diss. v. [7. Aug.] 1902

Dürr, E(rnst). Einführung in die Pädagogik. Von Dr. E. D', Professor ... [in] Bern. XII + 276 S. 8. Leipzig, Quelle & Meyer, 1908. [M. 3. 80]

Dürr, E[rnst]. Erkenntnistheorie. VIII + 362 S. 8. Leipzig, Quelle & Meyer, 1910. [M. 8. —, geb. 9. —]

Ueber die Grenzen der Gewißheit von Dr. Ernst Dürr, Privatd. in Würzburg. *Leipzig: Dürr 1903.* (152 S.) 8°

Dürr, Ernst, aus Würzburg: Ueber die Grenzen der Gewißheit. *Würzburg 1903: A. Boegler.* (VII, 152 S.) 8°
Würzburg, Phil. Hab.-Schr. v. 1903

— Grundzüge der Ethik, s.a. Psychologie, die, in Einzeldarstellungen. I.

Dürr, E[rnst]. Grundzüge der Ethik. XXVI + 384 S. 8. Heidelberg, Carl Winter, 1909. [M. 4. —, geb. 5. —]
Die Psychologie in Einzeldarstellungen. Hrg. von H[ermann] Ebbinghaus † und E[rnst Friedrich Wilhelm] Meumann. Band 1....

Dürr, Ernst. Grundzüge einer realistischen Weltanschauung, von Dr. E' D', Professor ... [in] Bern. VIII + 90 S. 8. Leipzig, Theod. Thomas, 1907. [M. 2. —, geb. 2. 50]

Dürr, E(rnst). Die Lehre von der Aufmerksamkeit. Von Dr. E. D', Professor a. d. Universität Bern. XII + 192 S. 8. Leipzig, Quelle & Meyer, 1907. [M. 3. 80, geb. 4. 40]

Dürr, Eugen [app. Arzt aus Hall]: Zur Frage der Operation der Hodentuberkulose durch Kastration oder Nebenhoden-Resektion. . . . (Aus: Beitr. z. klin. Chirurgie. Bd. VI.) Tübingen, H. Laupp'sche Buchh., 1890; 2 Bl. + 27 S. 8°
Tübingen, Med. Fak., Inaug.-Diss. v. 1890

Dürr, F., Gedenkbüchlein, oder Congreß der alten Benediktiner-Studenten zu Villingen am Barnabastage den 11. Juni 1840. gr. 8. Dillingen 840. Förderer. 1/6 ₰

Dürr, F., der römische Circus u. die Circusspiele, s.a. Volksbibliothek, neue.

Dürr, F.: Der römische Circus und die Circusspiele. Stuttgart 1878. 26 S.

Dürr, F. G., s. Ih. Kämpf, Arzneikunde.

Dürr, Felix [aus Ludwigshafen am Rhein (Pfalz)]: Beiträge zur Kenntniss des Acetonchloroforms .... Freiburg i. B., Buchdr. v. Chr. Ströcker, 1887; 41 + 1 S. 8°
Freiburg i. B., Phil. Fak., Inaug.-Diss. v. 1887

Dürr, Franz Anton

Dürr, Fr. Ant.: Diss. jur. eccl. de Suffraganeis. *Mainz*, Häfner. 785. 8. (16 Gr.)

Dürr, F. A., de episcopo puerorum, vulgo: vom Schulbischoff. Mogunt. 1755. 4.

— f. d. Gerechtsame d. Domkapitels zu Freysingen. 8. Görlitz 790.

Dürr, Frz. Ant., († d. 27. April 1805.) historia universitatis Moguntiae diplomatica. 4. Mainz 784.

Dürr, Franz Anton, De Moguntino S. Martini monasterio. Comment. histor. Mainz o. J. 52 S. (5.—) 7024

Dürr, F. A., de probatione per picturas in sacris. Mogunt. 1779. 4.

— s. Responsum juris.

— Franz Anton Chrysostomus; De matrimonio aequali & inaequali personarum illustrium in Germania vulgo von Stands= und Miss=Heurathen. Disquis. jur. publ. Rector Melchior Friedrich Grf. v. Schönborn-Bucheim. Präs. Johann Michael Dahm. Mainz (Haeffner Erb. / Elias Pet. Bayer) April 1751. 80 S. (5.20) 7025

Dürr, Friedrich

[F.] Heilbronner Chronik. Zsgest. v. Dr. Fr[iedr.] Dürr, Prof. M. Abb. (In 10 Lfgn.) *Heilbronn: E. Salzer 1895. (96.)* (VII, 462 S., 13 Taf., 2 Bl. Facs., 1 Erl.-Bl.) 1 Bd 8.

Dürr, Fr., biblische Geschichten alten und neuen Testaments, s. Dietrich, Fr.

Dürr, Frdr., die natürl. Grundlagen der Bienenthätigkeit. 12 Vorträge. 1. Hft. 8. (IV, 84 S.) Braunschweig 894. Leipzig, R. C. Schmidt & Co. n. 1.—

Dürr, Frdr., die natürlichen Grundlagen der Bienenthätigkeit. 12 Vorträge f. bienenwirthschaftl. Vereine, Versammlgn. u. f. w. 1. Hft. gr. 8. (IV, 84 S.) Braunschweig 894. C. A. Schwetschke & Sohn. n. 1. —

Dürr, das Heilbronner Gymnasium unter der Regierung des Königs Karl v. Württemberg, s.a. Einladungsschrift des königl. Karlsgymnasiums in Heilbronn.

Dürr, *Friedrich* Das Heilbronner Gymnasium unter der Regierung des Königs Karl von Württemberg. Festvortrag am 25. Juni 1889. (Umschlagtitel: Das . . . Württemberg.) 4 (21 S.).
Progr. Karlsg. *Heilbronn* 1889 (557).

— s.: Lesebuch, deutsches, f. Stadt= u. Landschulen.

Lesebuch für die Unterstufe. Unter Mitw. e. Lehrerkomm. bearb. von Fr[iedrich] Dürr. 22. Aufl. Breslau: W.G. Korn 1902. (VIII, 136 S.) 8° [F.]
— Lesebuch, Deutsches, f. Stadt- u. Landschulen. T. 2.

Dürr, Friedr. Die Majestätsprocesse unter dem Kaiser Tiberius. 32 S. Progr. *Heilbronn* 1880.

Dürr F und A Baldamus, Schulwandkarte zur Geschichte des Königreichs Württemberg. Gezeichnet von E Gäbler. 1 : 150 000. Auf Leinwand mit Stäben. Leipzig

— **Friedrich Gotthold** (Gera), De cholera. Dissert. med. Präs. Carl Friedrich Kaltschmied. Jena (Marggraf) 22. IX. 1760. 36 S. (4.80) 7026
Widm. v.: Präs., C. C. Hickethier, Joh. Theod. Koehler (Altenb.), Joh. Georg Nestler (Gotha), Jo. Ernst Hamberger.

— **Friedrich Gottlob** (Neustadt a. O.), De ventriculi vulnere egregie curato. Spec. med. Präs. Johann Gottlob Haase. Lpz. (Taebel) 24. IX. 1790. 20 S. (4.50) 7027

— **Friedrich Wilhelm** (Thüringen), De personis quibus beneficium competentiae denegandum. Capita jur. lecta. Präs. Christian Gottlieb Hommel. Wittbg. (C. Ch. Dürr) 15. VIII. 1783. 8 S. (3.20) 7028

Dürr, G. E. F., Lexicon Homericum praeparatorium in usum studiosae juventutis. 8. Bartenstein 812. Fixdorff u. Kl. 21 *gr.*

Dürr, Geo. Die Dressur d. Reitpferdes auf naturgemäßer Grundlage. 8. (VIII, 87 S. m. 5 Abbildgn.) Berl. 891, Parey. geb. * 3 —

Dürr, J., Th. Klett u. O. Treuber, Handbuch der Weltgeschichte m. besond. Berücksicht. der Kulturgeschichte. (Gesamtausg. des Lehrbuchs der Weltgeschichte.) 3 Tle. in 1 Bde. gr. 8. Stuttgart (898). A. Bonz & Co. Geb. in Leinw. n. 6. —
I. Altertum. (VII—XII u. 278 S.) — II. Mittelalter. Bearb. v. Th. Klett u. O. Treuber (VII—X u. 254 S.) — III. Neue Zeit. Bearb. v. Th. Klett u. O. Treuber. (VII—X u. 464 S.)

Dürr, J., Th. Klett u. O. Treuber, Lehrbuch d. Weltgeschichte f. ob. Klassen d. Gymnasien u. Realschulen, s.: Sammlung v. Lehrmitteln f. höh. Unterrichtsanst.

Dürr, J., Präparation zu Tacitus' Germania. (89 S.) 8. Leipzig 905. B. G. Teubner. n. — 60

Dürr, J. C. G., d. Regeln d. Arithmetik, od. Leitfaden beim Rechnenunterrichte in Bürg.- u. Landsch., n. Uebungsaufgaben rc. 3. Hfte. 2. verb. Aufl. 8. Cassel 841, Luckhardt. à H. 6¼ *ngr.*

Dürr, Ignaz [app. Arzt aus Mainz]: Aus d. med. Klinik des Herrn Prof. Riegel in Giessen. Ueber einen Fall von progressiver perniciöser Anämie. . . . Giessen, C. v. Münchow, Univ.-Buch- & Steindr., 1888; 23 S. 8°
Giessen, Med. Fak., Inaug.-Diss. v. 1888

Dürr, Joh., Nürnberger Fortbildungsschullesebuch, s.: Weiß, Konr.

Dürr, Joh., Katechismus der Obstbaum-, Bienen- u. Seidenzucht nach den neuesten Erfahrungen, besond. für Landwirthe bearb. Mit in d. Text gedr. Holzschn. gr. 8. (7 B.) Schwabach 846. (Nürnberg, Lotzbeck.)

Dürr, Jh., Katechismus der Obstbaum-, Bienen- u. Seidenzucht nach den neuesten Erfahrungen, besond. für Landwirthe bearb. Mit in d. Text gedr. Holzschn. gr. 8. Schwabach 846. (Nürnberg, Zeh'sche B.) 12 *ngr.*

DÜRR, Johann (Lichtenfels): De trepanatione cranii.- Monachii: Wolf 1834. 16 S.
26.7.1834 - Ork; P 61
Diss. Ingolst.-Landsh.-Mchn.

Dürr, Johs. Frdr., s.: Kultur, die, u. das Bildungswesen der Balkanländer.

Dürr, Johs. Frdr., s.: Lehr- u. Anschauungsmittel.

Dürr, Josef

Dürr, Jos., Predigten auf alle Sonn- u. Festtage d. kathol. Kirchenjahrs u. bei besond. Anlässen. Gesammelt u. geordn. aus d. schriftl. Nachlasse d. selig Verstorbenen u. hrsg. von ein. seiner Schüler. 1. Bd. (2 Abthln.) u. 2. Bd. 1. Abthl. gr. 8. Villingen, Förderer. [1. (22 B.) 841. 1½ Thlr., 2. 1. (10 B.) 842. ¾ Thlr.]

Dürr, Jos., Predigten auf alle Sonn- u. Festtage d. kath. Kirchenjahrs u. bei besond. Anlässen. Gesammelt u. geordn. aus d. schriftl. Nachl. des Verstorbenen u. hrsg. v. e. sein. Schüler. 2. Bd. 2. Abth. u. 3. Bd. 3 Abthlgn. gr. 8. Villingen, Förderer. [2. Bd. 2. Abth. (12 B.) 843. 3. Bd. 1. A. (10⅝ B.) 44. 2. A. (11 B.) 45. à 22½ Ngr., 3. A. (10½ B.) 46. 17½ Ngr.]
1. Bd. u. 2. Bd. 1 Abth. Ebendas. 1841, 42. 2 Thlr. 7½ Ngr.

Dürr, Jul., Anleitung zum Gemüsebau sowie zur Erdbeer- u. Champignonzucht. Nebst einem Anh.: Mittel zur Abwehr der Schädlinge unserer Kulturen. 8. (VI, 113 S.) Laibach 877. v. Kleinmayr & Bamberg. n. 2. —

Dürr, Julius, Prof. Dr.: Die zeitgeschichtlichen Beziehungen in den Satiren Juvenals. (Hälfte 1.) *Cannstatt 1902: G. F. Rapp.* (22 S.) 4°
Cannstatt, k. G, P 1902 (651)

Dürr, Julius Das Leben Juvenals. 4 (30 S.). G. *Ulm* 1888 (561). Progr.

Dürr (H.), das Leben Juvenals. 4. (30 S.) Ulm 888. (Leipzig, Fock,) *

Dürr, Jul., die Reisen des Kaisers Hadrian, s. Abhandlungen des archäologisch-epigraphischen Seminares der Universität Wien.

Dürr, J., Die Reisen d. Kaisers Hadrian. I. Die Quellen. Diss. 1880. 80 S.

Dürr, Karl

Dürr, C., Materialien zur Einübung der lateinischen Formen-, Casus- und Satzlehre für die drei ersten Schuljahre bearb. 1. und 2. umgearb. und verm. Aufl. gr. 8. (VI, 99 S.) Stuttgart 878, Metzler'sche Buchh. *

Dürr, Carl, Materialien zur Einübung der lateinischen Formen-, Casus- und Satzlehre für die drei ersten Schuljahre. 3. verb. Aufl. gr. 8. (VI, 102 S.) Stuttgart 881, Metzler'sche Buchh. *

Dürr, Carl, Materialien zur Einübung der lateinischen Formen-, Kasus- und Satzlehre, für die drei ersten Schuljahre bearb. 4. verb. Aufl. gr. 8. (IV, 107 S.) Stuttgart 885, Metzler'sche Buchh. *

—— und Tr. Fr. Streich, Palästina. Geographische Beschreibung des heil. Landes für Latein-, Real-, Bürger- und höhere Töchterschulen, nach den neuesten Quellen bearb. Ausg. A. Mit einem Panorama des heutigen Jerusalem (Stahlst. in qu. gr. Fol.). 8. (80 S.) Eßlingen 876, Weismann. cart. *
Ausg. B. mit Panorama und einer Karte des heil. Landes von Stieler. *

Dürr's Rechenbuch für Klasse I höherer Lehranstalten. [3. Schulj.] 2. Aufl. Umgearb. v. W. Fink. gr. 8. (IV, 42 S.) Stuttgart 890. Metzler's Verl. cart. n. — 80

Dürr's, C., Rechenbuch f. Klasse I—III höherer Lehranstalten. 3. Aufl. gr. 8. Stuttgart 892. J. B. Metzler's Verl. Kart. n. 3. 20
I. 3. Schulj. (48 S.) n. — 80. — II. 4. Schulj. (60 S.) n. — 90. — III. 5. Schulj. (III, 124 S.) n. 1. 50.

Dürr's Rechenbuch für Klasse I höherer Lehranstalten (3. Schulj.). 4. Aufl. gr. 8. (IV, 48 S.) Stuttgart 900. J. B. Metzler's Verl. Kart. n. — 80

Vgl. Dürr, W.

— dasselbe f. Klasse II höherer Lehranstalten (4. Schulj.). 4. Aufl. gr. 8. (IV, 71 S.) Ebd. 900. Kart. n. 1. —

—— Rechnen mit ganzen Zahlen. Aufgabensammlung mit Musterbeispielen in 3 Stufen, bearb. für die Unterklassen von Gymnasien, Latein-, Real-, und verwandten Lehranstalten. gr. 8. Eßlingen 883, Weismann. [1. und 2. Stufe. (56; 47 S.) à * 80 Pf.; 3. Stufe. (72 S.) *ℳ 1.] cart. *

—— Rechnen mit ganzen Zahlen. Aufgabensammlung mit Musterbeispielen in drei Stufen, bearb. für die Unterklassen an Gymnasien, Latein-, Real- und verwandten Lehranstalten. II. Stufe. 2. Aufl. 8. (53 S.) Ebendas. 887. cart. *
1. und 3. Stufe. Ebendas. 1883. *ℳ 1.80.

Dürr, Karl Herbert Spencer, die Erziehung in geistiger, sittlicher und leiblicher Hinsicht. 8 (18 S.). Staats-Oberg. *Klagenfurt* 1891. Progr.

Dürr, Karl. Herbert Spencer, die Erziehung in geistiger, sittl. u. leibl. Hinsicht. gr. 8. (18 S.) Klagenfurt 891, (v. Kleinmayr). * 1 --

Dürr, Karl: Sprachliche Untersuchungen zu den Dialexeis des Maximus von Tyrus. *Tübingen 1899: H. Laupp jr.* (69 S.) 8° ¶ (Aus: Philologus, Suppl.Bd 7, H. 4.)
Heidelberg, Phil. Diss. v. 1899

— Vocabularium zum Expositionsstoff des II. Curs. der lateinischen Schulgrammatik von Hermann u. Weckherlin, nebst Materialien zur Einübung der Formen-, Casus- u. Satzlehre f. das II. u. III. Schuljahr. gr. 8. (83 S.) Ebend. 878. n. 1. —

—— Vocabularium zu der lateinischen Schulgrammatik von Hermann und Weckherlin. 2. Aufl. gr. 8. (102 S.) Ebendas. 878. *
1. Aufl. vgl.: Hermann und Weckherlin, lateinische Schulgrammatik.

—— Vocabularium zu der lateinischen Schulgrammatik von Hermann und Weckherlin. 3. und 4. Aufl. gr. 8. (104 S.) Stuttgart 880,82, Metzler'sche Buchh. *

—— Vocabularium zu der lateinischen Schulgrammatik von Hermann und Erbe. 5. verm. Aufl. gr. 8. (IV, 127 S.) Ebendas. 884. *

—— Vocabularium zu der lateinischen Schulgrammatik von Hermann und Erbe. 6. durchgeseh. Aufl. gr. 8. (IV, 127 S.) Ebendas. 886. *
Vgl.: Hermann und Weckherlin, lateinische Schulgrammatik.

— Vocabularium zu der latein. Schulgrammatik von Hermann & Weckherlin. 7., umgearb. Aufl., besorgt v. W. Dürr. gr. 8. (IV, 128 S.) Ebd. 889. cart. n. 1. 60

Dürr, C. Vocabularium zu d. latein. Schulgrammatik v. Hermann u. Weckherlin. 7. umgearb. Aufl. (IV, 128 S.) 889; 8. verb. Aufl. gr. 8. (IV, 131 S.) Stuttg. 892, Metzler's Verlag. cart. * 1 60

Dürr, Karl Friedrich Hermann, Würdigung der Wendung auf den Kopf im Vergleich zur Wendung auf den Fuss. Diss. Würzburg 1887, Stahelsche Univ.-Buchh. 8°. 43 S.

Dürr, Karl Friedrich Hermann [approb. Arzt aus Lehesten (Sachsen-Meiningen)]: Würdigung der Wendung auf den Kopf im Vergleich zur Wendung auf den Fuss.... Würzburg, H. Stürtz, K. Univ.-Druck. (vorm. Thein), 1887; 43 S. 8°.
Würzburg, Med. Fak., Inaug.-Diss. v. 1887.

Dürr, L., Zweck und Anwendung des Charto-Mètre. [Mit 1 (lithogr.) Fig.-Taf.] 16. (8 lithogr. S. mit Charto-Mètre.) München 870, (Th. Ackermann.)

Dürr, Leonhard Fr., s. Briefe e. Schwaben über d. Verbess. d. Religion.

-- Kanzelrede am Namenstage d. Kurfürsten Max. Joseph. 8. Ulm, Ebner. 2 ℊ

— eine Predigt nach d. feierl. Besitznahme unserer Stadt durch d. Baiern d. 5. Dec. 1802. 8. Kempt., Dannheimer. 2 ℊ

Dürr, Leonh. Fr., († d. 19. Sept. 1813.) Versuch e. kleinen Beitrags zur bestätigten Ordnung Gottes in den Veränderungen d. menschl. Geschlechts. 8. (Ulm) 776. Stettin. 6 ℊ
Vgl. Dürr, Ludwig F.

— Versuch in Verbesserung einiger alten Kirchenlieder. gr. 8. Frankf. u. Leipz. 780. Stettin in Ulm. 6 ℊ

Dürr, Lucien, a. Straßburg i. Els.: Die Mineralien der Markircher Erzgänge. Mit 1 Karte. Straßburg i. Els. 1907: Straßburger Druckerei u. Verlagsanst. (66 S.) 8°
Straßburg, Math.-naturw. Fak., Ref. Bücking, Diss. v. 1906
[Geb. 3. Apr. 82 Straßburg i. E.; Wohnort: Straßburg; Staatsangeh.: Elsaß-Lothringen; Vorbildung: Oberrealsch. Straßburg Reife Sommer 02; Studium: Straßburg 8 S.]

Dürr, Ludw., kurze Umrisse der gemachten Erfahrungen über den Gebrauch u. die Wirksamkeit des Genthon'schen Badner-Liqueurs. 3. verm. Aufl. 8. (12 S.) Wien 852, Wenedikt. 3 ngℊ

Dürr, Ludw., kurze Umrisse der gemachten Erfahrungen über den Gebrauch und die Wirkung des Genthon'schen Badner-Liqueurs. 5. verm. Aufl. Wien 853. Wenedikt. 8. (12 S.) 3 ngℊ

Dürr, Ludwig F., vgl. Dürr, Leonhard Fr.

Dürr, Ldw. F., Vers. e. kl. Beytrags z. bestät. Ordnung Gottes. 8. Ulm, Stettin. 776.

Durr, M., responsum v. Responsum.

Dürr, Mart.: Responsum juris puncto violatae capitulationis episcop ex statutis antiquis. *Gorlic.* 790. 8. — (Dagegen: Maler, Ant.: Beiträge etc. I. B. *Lpz.* eod. 8.)

Dürr, Max [app. Arzt aus Bruchsal]: Über das Kystoma testis ... Zell i. W., Buchdr. v. H. Specht, 1894; 36 S. 8.
Freiburg i. B., Med. Fak., Inaug.-Diss. v. 1894

Dürr, Osc. (geb. Stuttgart 12. 11. 1854): Eine Statistik von Endocarditis im Puerperium. Berlin (1877). (30 S.) 8°
Berlin, Med. Diss. v. 26. Apr. 1877

Dürr, Paul, der Vokalstrich in der Schule Gabelsbergers. Eine Studie. (55 S.) 8. Osterwieck 905, Wolfenbüttel, Heckner. — 80

Der Vokalstrich in der Schule Gabelsbergers. Eine Studie von Paul Dürr, Stadtpfarrer. Osterwieck/Harz: A. W. Zickfeldt 1905. (55 S.) 8° [F.] (« 1909

Dürr, Paul Kaspar

— **Paul Caspar** (Ulm), Commentatio philologica super voce ויהי multoties et multifariam in vetustissimis litterarum monumentis obvia. Gött. (Joh. Chn. Dieterich) 18. X. 1776. 56 Seiten. (4.80) 7033
Widm. v.: Chn. Wilh. Frz. Walch, Joh. Pet. Miller, Michael Hissmann, Eberh. Gottlob Glandorf.

— comment. inaug. philolog. super voce ויהי, multoties et multifariam in vetustissimis literarum monumentis obvia. 4. Götting. 776. Dieterich. 3 ℊ

— Comment. sup. voce multat et multifariam in vetust liter. monum. obvia. 4. ibid. 777.

Dürr, Paul Caspar: Genealogia Christi, s. Calovius, A.

Dürr, Paul Ksp., († d. 9. Sept. 1830.) genealogia Jesu, hominis optimi maximi; cum chronologico vaticin. de Messia indice in us. audit. 8. Götting. 778. Dieterich. 3 ℊ

— antiquissima fidei ac morum regula. 8. Götting. 781. Vandenhöck u. R. 4 ℊ

Dürr, Rob., operative Medicin, s. Bernard und Huette.

Dürr, über die häufigeren Verkrümmungen am menschlichen Körper und ihre Behandlung. Versuch einer vereinfachten, rationellen Orthopädik. Dissertation. gr. 8. (56 S. mit 12 Abbild. auf 4 Stnt. in qu. 4.) Stuttgart 857, Bach. *

Dürr Rud.: Über Schwierigkeitsmomente. Ein Beitrag zur Theorie und Methodik des Turnens. 29. Wien R. Sechsh. 77.
Prag.

— **Theodor Philipp Paul** (Hannov.-Münden), De vita, maxime vigiliarum somnique respectu. Diss. med. Götting. (Chn. Herbst) 4. IX. 1819. 62 S. (4.80) (Brose) 7035

Dürr, Timotheus Jakob, vier Monate in Algerien. Bericht über meine Amtsführung in Dely-Ibrahim, in einem Schreiben an die Pastoral-Conferenz zu Straßburg. (Mit 1 Karte.) 12. Straßburg 844. (Treuttel u. Würtz.) n. 1/6 ℛ

Dürr's, W., Rechenbuch. I.—III. Heft. 8. Stuttgart, J. B. Metzler. Kart. n. 3. 80
I. Für die Vorklasse höherer Lehranstalten (3. Schulj.) 5. Aufl. (IV, 48 S.) 906. n. —80
II. Für Klasse I höherer Lehranstalten (4. Schulj.) 5. Aufl. (IV, 71 S.) 904. n. 1.—
III. Für Klasse II höherer Lehranstalten. (5. Schulj.) 4. verb. Aufl. (III, 123 S.) 904. n. 1.50
Frühere Aufl. s.: Dürr, Karl

Dürr's Rechenbuch. 1. u. 2. Heft. 8. Stuttgart, J. B. Metzler. Geb. 1. 80
1. Für die Vorklasse höherer Lehranstalten (3. Schulj.) 7. Aufl. (IV, 48 S.) 910. —80
2. Für Klasse I höherer Lehranstalten (4. Schulj.) 7. Aufl. (V, 70 S.) 910. 1.—

Dürr-Borst, [Frau] Marie. Die Erziehung der Aussage und Anschauung des Schulkindes. Diss. Phil. I. Univ. Zürich. [Mit 9 graphischen Tabellen und 1 Tafel. Sep.-Abdr. aus: Die experimentelle Pädagogik. Band 3.] 83 S. 8. (Göttingen, Dieterichsche Univ.-Buchdr., [1906].)

Dürr-Mertens: Stand des Obstbaues in Bayern an der Wende des 19. Jahrhunderts. Nürnberg: 1899.

Dürrbach, G., Rappoltstein. Eine Wundersage aus d. Mittelalter, dichterisch bearb. gr. 8. Zürich 836. Schultheß. 1 7/8 ℛ

Dürrbeck, Jakob [aus Hetzles]: Ueber die Wärmeproduction der Kaninchen bei verschiedener Umgebungstemperatur. . . . München, Jos. Ant. Finsterlin, 1889; 1 Bl. + 45 S. 8°
Erlangen, Med. Fak., Inaug.-Diss. v. 9. März 1889

Dürre Wand [Schlagwort]

Dürre Wand, s.: Ausflugskarten.

Dürre Wand, s.: **Wiener Ausflugskarten.**

Dürre, Ed., s. v. **Schiller, Fr., Guillaume Tell.**

Dürre, Ed., pädagogisches Wanderbuch. Reisebericht über Industrie-, Strick- und Nähschulen, ihre Methode, Organisation und Erweiterung nebst einer kritischen Beleuchtung der Strohflechterei. Gotha 858. Thienemann. gr. 16. (1 Bl., IV, 180 S.) n. 16 ℊ

— die schiebbare Ziffertafel. Ein bewährtes Hülfsmittel beim Rechenunterricht für jeden Lehrgang und jede Schülerzahl besonders aber für zahlreiche Klassen. Angegeben u. erläutert. Darmstadt 853. Diehl. gr. 8. (1 Bl., 12 S. u. 1 lith. Taf. in Fol.) n. 4 ℊ

Dürre, Ed., die Ziffertafel. Ein bewährtes Lehrmittel beim Unterricht im Rechnen für jeden Lehrgang und jede Schülerzahl. In 2. Aufl. nach erworb. Erfahrungen gänzlich umgearb. Gebrauchsanweisung. gr. Fol. (20 S. Text in gr. 8.) Darmstadt 868, Diehl. *

Dürre, Ernst Friedrich

Dürre, E. F., Die Anlage und der Betrieb der Eisenhütten. 3 Bde mit 3 Atlanten und 2 Erg. Bden. Berlin, 1880—1901.
Bd 1. Die gesamten Betriebsmaterialien und ihre Vorbereitung. 1880—1882. 850 S. mit 70 Abb. und 1 Atlas von 40 Taf.
Bd 2. Die Erzverarbeitung. 1882—1884. 870 S. mit 101 Abb. und 1 Atlas von 40 Taf.
Bd 3. Der Eisengießereibetrieb und die Herstellung des schmiedbaren Eisens. 1884—1891. 850 S. mit 164 Abb. und 1 Atlas von 40 Taf.
Erg. Bd 1. Die neueren Koksöfen unter Berücksichtigung aller neueren Arbeiten und Studien über die Brennstoffe und ihre trockene Destillation. 1892. 102 S. mit 46 Abb. und 15 Taf.
Erg. Bd 2. Die Hochofenbetriebe am Ende des 19. Jahrhunderts. Eine den Bau und Betrieb der gegenwärtigen Hochöfen umfassende Darstellung der Roheisengewinnung an der Jahrhundertwende. 1901. 169 S. mit 98 Abb. und 19 Taf.

Dürre, Ernst Frdr., die **Anlage** u. der Betrieb der Eisenhütten. Ausführliche Zusammenstellung neuerer u. bewährter Constructionen aus dem Bereiche der gesammten Eisen- u. Stahl-Fabrikation. Unter Berücksicht. aller Betriebs-Verhältnisse bearb. [3 Bde. m. ca. 120 Taf. u. vielen Text-Illustr. in ca. 20 Lfgn.] 1—15. Lfg. gr. 4. (1. Bd. XII, 350 S. u. 2. Bd. S. 1—64 m. 82 photolith. Taf.) Leipzig 880—82. Baumgärtner. à n. 6. —

Dürre, Ernst Friedr., die **Anlage** u. der Betrieb der Eisenhütten. Ausführliche Zusammenstellg. neuerer u. bewährter Constructionen aus dem Bereiche der gesammten Eisen- u. Stahl-Fabrikation. Unter Berücksicht. aller Betriebs-Verhältnisse bearb. 16—27. Lfg. gr. 4. (2. Bd. X, u. S. 65—370 u. 3. Bd. S. 1—280 m. photolith. Taf.) Leipzig 883—86. Baumgärtner. à n. 6. — (1. u. 2. Bd. geb.: à n. 50. —)

Dürre, E. F., die **Anlage** u. der Betrieb der Eisenhütten. Ausführl. Zusammenstellg. neuerer u. bewährter Constructionen aus d. Bereiche der gesammten Eisen- u. Stahl-Fabrikation. Unter Berücksicht. aller Betriebs-Verhältnisse bearb. Mit ca. 120 Taf. u. vielen Text-Illustr. 28.—33. Lfg. gr. 4. (3. Bd. S. 281—720.) Leipzig 887—890. Baumgärtner. à Lfg. n. 6. — (1—33.: n. 198. —)

Dürre, Ernst Frdr., die **Anlage** u. der Betrieb der Eisenhütten. Ausführliche Zusammenstellg. neuerer u. bewährter Constructionen aus dem Bereiche der gesammten Eisen- u. Stahl-Fabrikation. Unter Berücksicht. aller Betriebs-Verhältnisse bearb. Mit ca. 120 Taf. u. vielen Text-Illustr. 34. (Doppel-)Lfg. gr. 4. (3. Bd. XXV u. S. 721—850.) Leipzig 892. Baumgärtner. n. 12. — (1.—34. Lfg. jetzt ermäss. Preis: einzeln bezogen n. 170. —; geb. in Halbfrzbd.: 1. Bd. n. 50. —; 2. Bd. n. 50. —; 3. Bd. n. 70. —; 1. bis 34. Lfg. auf einmal bezogen n. 120. —; geb. in 3 Halbfrzbde. ebenfalls n. 120 —)

— dasselbe. 35. u. 36. Lfg. gr. 4. Ebd. 892. à n. 6. —; in 1 Bd. geb. n. 14. —
1. Suppl.-Bd.: Die neueren Cokesöfen unter Berücksicht. aller neueren Arbeiten u. Studien üb. die Brennstoffe u. ihre trockene Destillation. (X, 102 S. m. 46 Fig. u. 15 photolith. Taf.)

Dürre, E. F., Aphorismen über Giessereibetrieb. Mit einem Vorwort von Bruno Kerl. 1. und 2. Lfg. gr. 8. (III und 192 S.) Leipzig 867, Felix.
Aus: Berg- und hüttenmännische Zeitung, besonders abgedruckt.

— Aphorismen über Giessereibetrieb. Mit einem Vorwort von Bruno Kerl. 3. und 4. Lfg. Mit Taf. 1—6. (lithogr. in qu. Fol.). gr. 8. (1. Bd. S. 193—384.) Leipzig 869, Felix.
1. und 2. Lfg. Ebendas. 1867. ℳ 3,40.
Aus: Berg- und hüttenmännische Zeitung, besonders abgedruckt.

Dürre, E. F., der Drehofen von Pernot als Puddelofen für Stabeisen und Stahl, sowie als Gussstahlschmelzofen betrachtet. gr. 8. (58 S. mit 2 lithogr. Taf. Abbild. in qu. Fol.) Berlin 875, Gärtner. *

Dürre, Ernst Frdr., Chr. Eduard L. Dürre. Aufzeichnungen, Tagebücher u. Briefe aus einem deutschen Turner- u. Lehrerleben. Mit (Holzschn.-)Portr. gr. 8. (XVIII, 897 S.) Leipzig 881. Strauch. n. 10. —

— das Eisenhüttenwesen auf der Wiener Weltausstellung. Durchgesehene u. erweit. Sep.-Ausg. der im Auftrage des Vereins deutscher Ingenieure erstatteten u. in der Zeitschrift d. Vereines 1873 bis 1875 veröffentlichten Berichte. Mit e. Atlas. [5 Tab. in gr. 4. u. Fol. u. 14 lith. Taf. in gr. 4. u. qu. Fol.] gr. 8. (VIII, 200 S.) Ebend. 876. n. 9. —

— wissenschaftlich-technisches Handbuch d. gesammten Eisengiessereibetriebes. [Separatabdr. u. Fortsetzung der 1865—1868 in der berg- u. hüttenmänn. Zeitg. erschienen „Aphorismen üb. Giessereibetrieb."] 9—13. (Schluss-)Lfg. Mit (lith.) Taf. (in qu. 4.) gr. 8. (2. Bd., XXV, 959 S.) Leipzig 870. 75. Felix. 25. 75; (cplt.: 42. 25)

— dasselbe. 2. unveränderte Aufl. 2 Bde. gr. 8. Ebend. 875. n. 44. —
1. [Einleitendes, die Materialienlehre u. die Lehre v. den Betriebsvorrichtgn. u. Geräthen umfassend.] Mit 20 (lith.) Taf. Abbildgn. (in qu. Fol.) (XXXIV, 768 S.) n. 18. —
2. [Die Lehre v. der Betriebsführg. u. die Darstellg. der Verwaltg. umfassend.] Mit 29 (lith.) Taf. Abbildgn. (in qu. Fol.) (XXIII, 959 S. m. 1 Tab. in qu. gr. Fol.) n. 26. —

—— Handbuch des Eisengiessereibetriebes. Unter Berücksicht. verwandter Zweige. 3. gänzlich umgearb. Aufl. 1. Bd. 1. Hälfte u. 1. Bd. 2. Hälfte. 2 Lfgn. gr. 8. Lpz., Felix. [1. Hälfte. Mit 1 Atlas v. 16 Taf. in Fol. (S. 1—320 m. Textillustr.) 890. In Mappe * 17 —; 2. Hälfte, 1. Lfg. Mit 1 Atlas v. 8 Taf. in Fol. (S. 321—512 m. Textillustr.) 892. * 10 —; 2. Lfg. Mit 1 Atlas v. 8 Taf. in Fol. (XII, S. 513—767 m. Textillustr.) 892. * 14 —.] * 41 —

— dasselbe. 3., gänzlich umgearb. Aufl. 2. Bd., 1. Hälfte. Mit e. Atlas v. 14 Taf. in Imperial-Format (in Mappe). gr. 8. (256 S. m. Abbildgn.) Ebd. 895. n. 15. —

Dürre, Ernst Friedr., Handbuch d. Eisengiessereibetriebes. Unter Berücksicht. verw. Zweige. 3., gänzl. umgearb. Aufl. 2. Bd., 2. Hälfte. M. e. Atlas v. 29 Taf. in Imperial-Format (in Mappe). gr. 8. (XVIII u. S. 257—653 m. Abb.) Leipzig 896. A. Felix. n. 24. — (Kplt.: n. 80. —)

Dürre, Ernst Frdr., die Hochofenbetriebe am Ende des XIX. Jahrh. Eine den Bau u. Betrieb der gegenwärt. Hochöfen umfass. Darstellg. d. Roheisengewinng. an der Jahrhundertwende. Unter besond. Berücksicht. moderner Auffassgn. u. Ziele u. mit Hervorhebung namentlich der Verkehrs- u. Transportverhältnisse f. Materialien u. Producte. Gleichzeitig 2. Suppl. zum Werke desselben Verf.: „Anlage u. Betrieb d. Eisenhütten". gr. 4. (XI, 169 S. m. 98 Fig. u. 19 Taf.) Berlin 901. W. & S. Loewenthal. n. 20. —; geb. n.n. 22. —

—— allgemeine Hüttenkunde, s. Weber's, J. J., illustrirte Katechismen.

Dürre E.F. allgemeine Hüttenkunde. (Weber's Katechismen 76) Leipzig 1877

— allgemeine Hüttenkunde. Mit 209 in den Text gedr. (Holzschn.-)Abbildungen. 8. (X, 412 S.) Leipzig 877. Weber. cart. n. 4. —

Die neueren Cokesöfen unter Berücks. aller neueren Arbeiten u. Studien über d. Brennstoffe u. ihre trockene Destillation von Dr. Ernst Friedrich **Dürre**, Prof. zu Aachen. Mit 46 Textfig. u. 15 Taf. *Leipzig: Baumgärtner* [übergekl.: *Berlin: W. & S. Loewenthal*] *1892.* (X, 102 S.) 4°
[oa. 6740

Dürre, Ernst Friedrich, Ueber die Constitution des Roheisens und den Werth seiner physikalischen Eigenschaften zur Begründung eines allgemeinen Constitutions-Gesetzes für dasselbe. (Inaug.-Dissert. an der Univers. Göttingen.) Leipzig 1868.

Dürre, Ernst Friedr., über die Constitution des Roheisens und den Werth seiner physikalischen Eigenschaften zur Begründung eines allgemeinen Constitutionsgesetzes für dasselbe. Inaugural-Dissertation. gr. 8. (X, 186 S.) Leipzig 869, Felix. *

— die Metalle u. ihre Legierungen im Dienste der Heere u. Kriegsflotten. Eine Übersicht der Haupteigenschaften, Darstellungswege u. Verwendgn. metall. Materialien, soweit solche zum Gebrauch in der Kriegstechnik zu Wasser u. zu Lande geeignet befunden werden. Für Offiziere des Land- u. Seedienstes, Kriegsbaumeister u. alle Ingenieure, die sich m. der Anfertigg. v. Kriegsmaterial befassen, vom metallurg. Standpunkte aus zusammengestellt. gr. 8. (IX, 328 S. m. 43 Fig. u. 1 Taf.) Hannover 895. Helwing. n. 8. —

Dürre, E. F., Metallurgie. Braunschweig, 1894. 43 S.

Dürre, E. F., Die amerikanische Metallurgie auf der Kolumbischen Weltausstellung in Chicago 1893. Berlin, 1894. 32 S. mit 18 Abb.

DÜRRE, E. F.
Die Praxis des Chemikers bei Untersuchung von Nahrungsmitteln und Gebrauchsgegenständen, Handelsproducten, Luft, Boden, Wasser, bei bacteriologischen Untersuchungen, sowie in der gerichtlichen und Harnanalyse. Fünfte umgearbeitete und vermehrte Auflage. Hamburg, 1892. 8vo. Ill.

Rede zum Gedächtniß an Kaiser Wilhelm I. geh. bei der akademischen Trauerfeier in der Aula der technischen Hochschule zu Aachen Donnerstag, den 22. März 1888 vom Rektor Prof. Dr. [Ernst Friedrich] Dürre. 8 Bl. 8°

— Vorlesgn. üb. allgem. Hüttenkunde. Uebersichtl. Darstellg. aller Methoden d. gewerbl. Metallgewinng., eingel. durch e. ausführl. Schilderg. aller in Betracht komm. Eigenschaften d. Metalle u. ihrer Verbindgn., u. abgeschl. durch e. Uebers. aller wicht. Apparate u. Hilfsmittel. F. Studirende d. Hüttenfachs, Hütteningenieure u. Chemiker, a. Gr. d. neuesten Aufschlüsse u. Erfahrgn. bearb. 1. Hälfte. M. zahlr. i. d. Text gedr. Abb.) hoch 4. (VII, 128 S.) Halle 898. W. Knapp. n. 10. —

— Vorlesungen üb. allgemeine Hüttenkunde. Uebersichtliche Darstellg. aller Methoden der gewerbl. Metallgewinng., eingeleitet durch e. ausführl. Schilderg. aller in Betracht komm. Eigenschaften der Metalle u. ihrer Verbindgn., u. abgeschlossen durch e. Uebersicht aller wichtigeren Apparate u. Hilfsmittel. Für Studirende des Hüttenfachs, Hütteningenieure u. Chemiker auf Grund der neuesten Aufschlüsse u. Erfahrgn. bearb. 2. Hälfte. Mit zahlr. in den Text gedr. Abbildgn. u. dem Bildniss des Verf. hoch 4. (IX u. S. 129—346.) Halle 899. W. Knapp. n. 16. —
1. Hälfte. Ebd. 898. n. 10. —.

— Ziele u. Grenzen d. Elektrometallurgie. Vergleich. Betrachtung d. heut. Hüttenprocesses u. d. b. jetzt gescheh. u. überhaupt mögl. Anwendgn. d. Elektricität b. d. prakt. Metallgewinng. F. prakt. Hüttenleute u. Elektrotechniker. Lex.-8. (XII, 224 S. m. 44 Fig. u. 21 farb. Taf.) Leipzig 896. O. Leiner. n. 20. —; geb. in Leinw. n. 22. —

Dürre, Fritz, a. Magdeburg: Über oxydierende Wirkung, Schmelzpunkt und Zersetzung des Kaliumperchlorats. Gießen 1907: O. Kindt. (26 S.) 8°
Gießen, Phil. Fak., Ref. Naumann, Diss. v. 2. Okt. 1907
[Geb. 2. Nov. 70 Magdeburg-Sudenburg; Wohnort: Gießen; Staatsangeh.: Preußen; Vorbildung: Dom-Gymn. Magdeburg Reife M. 95; Studium: Techn. Hochsch. Braunschweig 2, Charlottenburg 3, Univ. Erlangen 1, Gießen 4 S.; Rig. 28. Mai 07.]

Dürre, Hermann

Dürre, H. Beiträge zur Geschichte der Cisterzienser-abtei Amelungsborn: 1) die Gründung des Klosters; 2) die Erbauung der Klosterkirche; 3) das Klosterarchiv; 4) die Klosterbibliothek. 24 S. Progr. *Holzminden* 1876.

Dürre, Herm., Breviarium syntaxis latinae oder die Hauptregeln der lateinischen Syntax, nach Gröbel's Anordnung zum Gebrauch bei J. L. Hoffmann's Uebungsstücken für Schüler der unteren u. mittleren Gymnasialklassen bearb. 2. verb. Aufl. Braunschweig 860. Grüneberg. gr. 8. (VIII, 56 S.) n. 5 ngr.

Dürre, Hermann Consuetudines dominarum sub regula beati Augustini viventium. Herausgegeben von H. D. 4 (16 S.). Progr. G. *Wolfenbüttel* 1886 (636a).

Dürre, Herm., Braunschweigs Entstehung und städtische Entwickelung bis in den Anfang des 13. Jahrhunderts. Ein Beitrag zur Kenntniß der vaterländischen Geschichte. Braunschweig 857. Leibrock in Comm. gr. 4. (37 S.) n. 7½ ngr.

Dürre, H., Geschichte der Stadt Braunschweig im Mittelalter. 6 Lfgn. gr. 8. (782 S.) Braunschweig 861, Grüneberg's Buchh. à Lfg. * 10 Ngr. *

Dürre, H., Geschichte der Stadt Braunschweig im Mittelalter. gr. 8. (XVI, 782 S. mit 1 lithogr. Plan der Stadt um das J. 1400 in qu. Fol.) Braunschweig 875, Zwißler.

Geschichte der Gelehrtenschulen zu Braunschweig. 1. Abth. Vom 11. Jahrhundert bis zum Jahre 1671. Ein Beitrag zur Geschichte der Stadt Braunschweig. Braunschweig 861. Neuhoff & Co. in Comm. gr. 4. (75 S.) 15 ngr.

Dürre, Herm., de Ungarorum incursionibus seculo X. in Saxoniae ducatum factis. Dissert. inaug. Adjecta est tabula geographica. gr. 8. (40 S.) Brunsvigae 847. (Leibrock.) ¼ ₰

—— ein Morgenspaziergang durch Braunschweig am Autorstage oder am 20. Aug. 1401. gr. 8. (28 S.) Braunschweig 860, (Grüneberg.) **

Dürre, H. Über die angebliche Ordnungslosigkeit und Lückenhaftigkeit der Traditiones corbeienses. 12 S. Progr. *Holzminden* 1877.

— Origines Kaminatenses oder Quellen zur ältesten Geschichte des Klosters Kemnade. 27 S. Progr. *Holzminden* 1879.

Dürre, H., s.: Regesten, die, d. Geschlechtes v. Wallmoden.

Dürre, H., Die Regesten des Geschlechtes von Wallmoden. Mit 2 Siegel- u. 3 Stammtfln. Wolfenbüttel 1892. 8.

Dürre, H., Regesten der Grafen von Schladen. Mit Stammbaum. O. O. und J. 8. S.-A.

Dürre, H., Stammbaum der Edelherren von Dorstadt. O. O. u. J. 8. S.-A.

Dürre, M., Beschreibung v. Biologien schädlicher u. nützlicher Insekten. (Zugleich Begleitschrift zu den 8 Holzkästen.) Für den Gebrauch in Volksschulen zusammengestellt. (48 S.) gr. 8. Berlin 903. G. Windelmann. n. — 80

Dürrefeld, Gtfr., Gedichte. 8. (7 B.) Arnsberg 833, (Ritter.)

Durrenberg, Le, au duché de Salzbourg. Munich 1847. V: *Hinterstoisser.*

Dürrenberg, Der, im Herzogthume Salzburg und seine Grubenfahrt. Salzburg 1872. 74. 76. 84. V: *Hinterstoisser, Joseph.* (Mitth. Prof. Herm. F. Wagner.) nicht: *Hinterstoisser, Carl.* (Hr)

Dürrenfeld, Art., die neuen amtlichen Formulare nach der Novelle zur Zivilprozeßordnung vom 1. VI. 1909. Ergänzungsheft zu dem zuletzt v. Hugo Weizsäcker hrsg. Formularbuch zu den deutschen Prozeßordngn. f. den Gebrauch der Gerichte u. Staatsanwaltschaften. Auf amtl. Veranlassg. hrsg. (109 S.) gr. 8. Berlin 910. R. Kühn. 2.—; geb. in Leinw. 3. 25

Dürrenmatt, Hugo [Fürsprecher, von Guggisberg (Kt. Bern)]: Die Kollektivgesellschaft in der Gesetzgebung Frankreichs, Deutschlands und der Schweiz. Herzogenbuchsee 1900. 148 S. 8°.
Bern. Jur. Diss. 1899/1900.

Dürrenmatt, Ulrich. Zwanglose Bemerkungen zur (bernischen) Seminarfrage. 24 S. 8. Herzogenbuchsee, U. Dürrenmatt, 1903.

(Dürrenmatt, Ulrich.) Hoch der Nationalratsproporz. Dichtersang und Schwerterklang. Am 23. Oktober 1910 ein freudig Ja! [Hrg. durch] Das Schweiz. Aktionskomitee für den Nat'. 16 S. 8. ([Bassersdorf, Ed. Schäubli & Co.,] 1910.) [fr. —. 10]

Dürrenmatt, U., das Liederbuch der „Buchsi-Zeitung". Der Titel-Gedichte 4. Bd. 1886—1889. 8. (342 S.) Herzogenbuchsee 889. Dürrenmatt. 1. 20

[Dürrenmatt, Ulrich.] Mutz, wach' uf! Brief vo Christe Frymueth a's Bärner Volch: Isch's Bärner Regiment 935.000 Fränkli wärth? 8. Zürich 1877.

(Dürrenmatt, Ulrich.) So treiben sie's in Bern. Ein Wort an's Bernervolk. (Herzogenbuchsee, im Juni 1890.) Beilage z. „Berner Bot & Bauern-Zeitung". 8. [Bern.]

Dürrenmatt, Ulr. Schärrmauser's Titel-Gedichte. Zeit- u. Streitlieder. 1884—86. 12. (280 S.) Herzogenbuchsee 886, Dürrenmatt. 1 20

Dürrenmatt, Ulrich. Titelgedichte der Berner Volkszeitung ‹Buchsizeitung›. [Band 7:] Jahrgänge 1899—1902 (*d. i.* 1901). II + 345 S. 8. Herzogenbuchsee, U. Dürrenmatt, 1903. [geb. fr. 2. 50]

Dürrenmatt, Ulrich. Titelgedichte der «Berner Volkszeitung» ‹Buchsi-Zeitung›. [Band 9:] Jahrgänge 1905–1907. [Mit 1 Porträt-Tafel.] II + 365 S. 8. Herzogenbuchsee, U. Dürrenmatt, 1908. [fr. 2. 20]

Dürrenmatt, Ulr., Titel-Gedichte der „Berner Volkszeitung" (Buchsi-Zeitung). (1891—1893). (287 S.) kl. 8. Herzogenbuchsee 910. (H. Jäggi-Dürrenmatt.) 2.—; geb. in Leinw. 2. 60

Dürrenmatt, Ulr., Titel-Gedichte der „Berner Volkszeitung" (Buchsi-Zeitung). (1894—1895). Nebst e. Anh. der im J. 1908 erschienenen letzten Gedichte des Verf. (212 u. 46 S.) kl. 8. Herzogenbuchsee 910. (H. Jäggi-Dürrenmatt.) 2—; geb. in Leinw. 2. 60

Dürrenmatt, Ulrich. Zeitungssang. Titelgedichte der Berner Volkszeitung ‹Buchsizeitung›. ([Band 8. Jahrgänge] 1902—1904.) 370 S. 8. Herzogenbuchsee, U. Dürrenmatt, 1903 [—1906]. [geb. fr. 2. 50]

Dürrenstein [Schlagwort]

Dürrenstein, s.: Alpen. Artaria.

Dürrenstein, s.: Ötscher.

Dürrensteingebiet, s.: Ausflugskarten.

Durrer, J., Mittheilungen über die Einrichtungen u. die Ergebnisse der schweiz. Unfallzählung vom 1. April 1888 bis 31. März 1891. gr. 8°. Mailand, Buchdr. Reggiani, 1894.

(D[urrer], J[oseph].) Domherr Josef Anton Berchtold in Sitten ‹1780–1859›, ein vergessener schweizerischer Statistiker. [Mit Porträt.] SA. 8. Bern 1896.

Durrer, Max [med. prakt. in Stans, (Kt. Nidwalden)]: Klinische Studien über die Dorsalskoliose. Zürich 1900. 24 S. 6 Taf. 8°.
Zürich. Med. Diss. 1900/1901.

Durrer, Rob., die mittelalterl. Architektur- u. Kunstdenkmäler des Cantons Thurgau, s.: Rahn, J. R.

Der mittelalterliche Bilderschmuck der Kapelle zu Waltalingen bei Stammheim. Von Robert **Durrer**. *Zürich: In Comm. b. Füsi & Beer; Dr. v. L. Amberger 1898.* (22 S., 6 Taf.) 4.
= Mittheilungen d. antiqu. Gesellschaft ... in Zürich. Bd 24. H. 5.
[98. 1016

Zwei schweizerische Bilderzyklen aus dem Anfang des XIV. Jahrhunderts '(Die Galluskapelle in Oberstammheim und die Herrenstube in Diedenhofen)' v. Robert **Durrer** u. Rudolf Wegeli. *Zürich: In Comm. bei Füsi & Beer; Dr. v. L. Amberger 1899.* (32 S., 8 Taf.) 4.
— Mittheilungen d. antiqu. Gesellschaft ... in Zürich. Bd 24. H. 6.
[99. 1894

Durrer, Rob., s.: Bundesbriefe, die, der alten Eidgenossen.

Durrer, Robert, (von Stans [Kt. Nidwalden]): Die Familie vom Rappenstein genannt Mötteli und ihre Beziehungen zur Schweiz. S.A. aus dem Geschichtsfreund, Bd XLVIII [S. 81—275] und XLIX [S. 1—73]. Einsiedeln Benziger Cie Dr. 1893; Stans P. v. Matt Dr. 1894. 1 Taf., 2 Bl., 267 S. m. 1 Tab., 2 Bl. 8°.
Zürich, Phil. Diss. I. S. [v. 1. Dec. 1894].

Durrer, R., siehe: *Geschichtsfreund.*

— die Kunst- u. Architektur-Denkmäler Unterwaldens. Im Auftrage der eidgenöss. Landesmuseums-Kommission beschrieben. 1.—15. Bog. (S. 1—240 m. Abbildgn. u. 1 Taf.) gr. 8. Zürich (900—902). (Füsi & Beer.) à n. — 25

— die Kunst- u. Architektur-Denkmäler Unterwaldens. Im Auftrage der eidgenöss. Landesmuseums-Kommission beschrieben. 16.—25. Bg. (S. 241—400 m. Abbildgn.) Lex.-8. Zürich (903—906). (Füsi & Beer,) à n. — 25

— Die Kunst- u. Architektur-Denkmäler Unterwaldens. Im Auftrage der eidgenösss. Landesmuseums-Komm. beschrieben. 26—29. Bog. (S. 401—464 m. Abb.) Lex. 8. Zürich (909). (Beer & Co.) à Bog. — 25

— d. mittelalterl. Kunstdenkmäler d. Cantons Solothurn, s.: Rahn, J. R.

Durrer, Rob., das Kloster S. Johann zu Münster in Graubünden, s.: Zemp, Jos.

(Durrer, R[obert].) Die Verheerungen des Lieli- und Trästlibaches in Beckenried und der Wetterschaden in Nidwalden den 4. Juli 1883. (Bericht des Centralhülfscomite über die zu Gunsten der Geschädigten eingegangenen Liebesgaben und deren Vertheilung an Landammann und Regierungsrath von Nidwalden, verfasst von R. D'.) 8. Stans 1885.

Dürrfeld, Victor: Die Drusenmineralien des Waldsteingranits im Fichtelgebirge. Leipzig: W. Engelmann 1909. 38 S. 8°
¶(Aus: Zeitschrift f. Krystallogr. u. Mineral. Bd 46, H. 6.)
Straßburg, Math.-naturwiss. Diss. v. 17. Dez. 1908, Ref. Bücking
[Geb. 3. Sept. 85 Herborn; Wohnort: Herrstein; Staatsangeh.: Preußen u. Oldenburg; Vorbildung: Oberrealsch. St. Johann-Saarbrücken Reife O. 05; Studium: Straßburg 9 S.] [U 10. 4109

Dürrheim, Soolbad, s.: Woerl's Reisehandbücher.

Dürrheim [Schlagwort]

Dürrheim, s.: Geologische Karten. Spezialkarte. (Baden.)

Dürrich, Höhenkarte von Württemberg mit 1150 Höhen auf 10 geognostischen Durchschnitten. Wandtafel auf Pappe. Stuttgart

Dürrich, Ferdinand von

Die Heidengräber am Lupfen (bei Oberflacht). Aus Auftrag des württembergischen Alterthums-Vereins geöffnet und beschrieben von ... Hauptmann von DÜRRICH und WOLFGANG MENZEL. Stuttgart 1847. Gedruckt in C. F. Arnold's Buchdruckerei. 4°.

Dürrich, Ferd. v., Terrainlehre zum Unterricht für Militärzöglinge bearb. Mit 1 lith. Taf. (in qu. Fol.) u. mehreren Holzschnitten (im Text). Freiburg im Br. 857. Herder. 12. (XI, 197 S.) 28 ngr

Dürrich, Ferd., Terrain-Zeichnungs-Schule in Vorlegeblättern nebst einer Anleitung zum Aufnehmen nach dem Augenmaasse. Zum Unterricht für Militar-Erziehungs-Anstalten, forst- u. landwirthschaftl. Institute, Bürger-, Gewerbe- u. Realschulen etc., sowie zu eigener Belehrung entworf. u. gez. gr. 8. (VI u. 58 S. m. eingedr. Holzschn. u. 16 lith. Taf. in Fol.) Stuttgart 852, Ebner & Seubert. n. 2 ℳ

— Terrainzeichnungsschule in 12 Vorlegeblättern, entworfen u. gezeichnet für Militairs, Ingenieure, polytechnische Schulen, Forstinstitute und zum Selbstunterrichte. Mit erläuternden Bemerkungen. Neue umgearb. Aufl. Stuttgart 858. Metzler. Fol. (16 lith. Taf. u. 24 S. Text in Lex.-8.) n. 1 ℳ

Durrieu, Graf Paul, s.: Boccaccio, der Münchener.

Der Münchener Boccaccio. Reprod. d. 91 Miniaturen d. berühmten Ms d. Hof- u. Staats-Bibliothek zu München. Hist.-krit. Studie mit ausführl. Erkl. d. Taf. Von Graf Paul **Durrieu**. München: J. Rosenthal 1909. 130 S., 30 Taf. 2°(4°)
[Nebent.:] Le Boccace de Munich ... Par le Cte P. Durrieu. [09. 4303

DÜRRIGL, Bruno
(F) Elemente des österreichischen Privat- und öffentlichen Rechtes mit Berücksichtigung der Gesetzgebung in Croatien-Slavonien für Laien und Studierende systematisch und populär dargestellt von Dr. Bruno Dürrigl. Wien. 1899. Manz. 8°. XXVII, 568 S. fl. 3.—, geb. fl. 3.50

Dürring, Karl, approb. Arzt aus Neustadt a. Aisch: Ueber einen Fall von Aktinomykose des Beckens. *München 1900: Kastner & Lossen.* (22 S.) 8°
Erlangen, Med. Diss. v. 24. Juli 1900

Dürringer, Johs., Grundbegriffe der Formen- und Meßlehre für obere Elementar-Klassen. 2. verb. und mit 143 in den Text gedr. Figuren verm. Aufl. gr. 8. (79 S.) Pest 870, Rosenberg.

Dürringer János. Az alak-és mértan elemei. Tanulói használatára irta — —. Grundbegriffe der Formen- und Raumlehre. Zum Gebrauche für seine Schüler von *Johannes Dürringer. Pest* 1858. Druck von *Gustav Emich.* In Commission bei *Ferd. Pfeifer.* 97 S. 8°. 16 kr. CM.
Zugleich ungarisch und deutsch.

Dürrmüller, Johannes (Red.), s. Schutzengel, Der.

Dürrnberger, Adf., s.: Beiträge, weitere, z. Rosenflora v. Oberösterreich.

Dürrnberger, Adf., der Einfluß socialistischer Postulate auf das Privatrecht. Ein Vortrag, geh. im Juristenvereine in Linz. gr. 8. (75 S.) Wien 893. C. Konegen. n. 1.50

Dürrnberger, J. Aug., Elementar-Lehrbuch d. Harmonie- u. Generalbaß-Lehre, abgesondert in d. theoret. u. pract. Theil. mit system. geordn., vollst. ausgeführten Cadenzen u. eigenen Orgelsätzen, als Leitfaden zu den öffentl. Vorlesungen u. auch zum Selbst-Unterrichte. gr. 8. Linz 841. (Fink.) n. 1 ℳ

Durrnberger, Mich. —. Danubius und Frohsinn. Ein Mummenschanz von — —. Dargestellt bei der Sängerfahrt der Linzer-Liedertafel „Frohsinn" am 29. Juli 1855. Der Erlös ist dem Fonde zur Errichtung eines allgemeinen Krankenhauses in Linz gewidmet. Linz, 1855. Bei Vinzenz Fink. (15 S. 8.)

Dürrner's, J., sämmtliche Männerchöre. Hrsg. von R. Müller. Partitur. 12. (XI, 96 S.) Leipzig 890. Leuckart's Verl. n. 2.—; 4 Stimmen (54, 51, 52 u. 52 S.) à n. — 50

Dürrschedel, Thomas: Liturg. A u f s ä t z e in Erzählungen. 1r Thl. 8°
Nürnberg: Bauer u. Raspe 1801.

Dürrschedel, Thom., liturg. Aufsätze in Erzähl. 1r Th 8. Nürnb. Raspe (a. Raw.) 801.

— evangelische Lehrsätze. 8. Nürnb. 783. Monath u. K. 2 K

— abgekürzte Predigten über Evangelia. 4. Nürnb. 796. (Eichhorn). 1 rß

— abgekürzte Predigten üb. Evangelia. 4. Nürnb. Grattenauer. 797.

Dürrschedel, Th., Predigten über die Evangelia auf die Sonn- Fest- und Feyertage des ganzen Jahres. N. Ausg. 4. 796. Jetzt Eichhorn in Nürnberg.

— s. Predigten über d. Evangelia.

— Sonn-, Fest- u. Feiertags-Predigten über d. Evangelien d. ganzen Jahres, für d. gemeinen Mann u. besonders auf d. Lande. 4. Bayr. 783. N. A. 4. Sulzb. 792. 1 rß 8 K

— Sonn- Fest- u. Feyert.-Predigt. rc. 4. Sulzb. (Lübeck Bayreuth) 792.

Dürrschmidt, H., die klösterlichen Genossenschaften in Bayern u. die Aufgabe der Reichsgesetzgebung. gr. 8. (III, 190 S.) Nördlingen 875. Beck. n. 2. 60

Dürrschmidt, Heinr., Zur Lehre von den Verbandhypotheken der deutschen Rechte. Mit besond. Berücksichtigung der bayer. Gesetzgebung. gr. 8. (X und 158 S.) Augsburg 850, Rieger'sche Buchh.

Dürrschmidt, Jh. Geo., Beschreib. des in Bayreuth liegenden Kirchspiels Goldkronach in statist, topograph., histor. rc. Hinsicht. Mit e. Anh. v. F. W. A. Layritz rc. gr. 8. Bayr. 800. (Grau).

Dürrschnabel, Karl, a. Basel: Ueber die Einwirkung der schwefligen Säure auf Farbstoffe verschiedener Klassen. Basel 1907: Kreis. (36 S.)
Gießen, Phil. Fak., Ref. Elbs, Diss. v. 28. Mai 1907
[Geb. 10. Febr. 83 Basel; Wohnort: Gießen; Staatsangeh.: Schweiz; Vorbildung: Obere Realsch. Basel Reife M. 00; Studium: T.H. München 1, Univ. Basel 7, Zürich 1, München 2, Gießen 2 S.; Rig. 12. Jan. 07.]

Dürrstein, Emil, Vorschule des Rechnens. Eine methodisch geordnete Aufgabensammlung für den 1. Unterricht im Rechnen. 1. Hft.: Zahlenkreis von 1—20. 8. (II, 96 S.) Frankfurt a/M. 877. Auffarth. n. 1. —

Dürrwaechter, Ant., zum 100jährigen Bestehen des Königr. Bayern. (29 S.) gr. 8. München (906). Dr. A. Kausen. n. — 50
Sonderabdruck aus: „Allgem. Rundschau".

Dürrwaechter, A., die Gesta Caroli Magni der Regensburger Schottenlegende. Zum ersten Mal ediert u. krit. unters. gr. 8. (227 S.) Bonn 897. P. Hanstein. n. 6. —

Dürrwaechter, *Anton* [Oggersheim]: Die Gesta Caroli Magni der Regensburger Schottenlegende ... [Erschien vollst. 1897 u. d. T.: Die ... Schottenlegende. Z. ersten Mal ediert u. krit. unters.] Bonn, Hauptmann'sche Buchdr., 1897; 1 Bl., 31 S. 8.
München, Phil. Fak., Inaug.-Diss. v. 1897

Christoph Gewold. Ein Beitrag z. Gelehrtengesch. d. Gegenreformation u. z. Gesch. d. Kampfes um d. pfälzische Kur von Dr. Anton **Dürrwächter,** Prof. in Bamberg. *Freiburg im Br.: Herder 1901.* (VIII. 134 S.) 8° [F.]
= **Studien** u. **Darstellungen** aus d. Geb. d. **Geschichte.** Bd 4, H. 1.

Dürrwächter, A[nton]: Jakob Gretsers De regno Humanitatis Comoedia prima. Herausgegeben und erläutert. *Stadtamhof 1898: J. & K. Mayr.* (V, 50 S.) 8°
Regensburg, k. Altes G, P 1898*

Dürrwaechter, A., Wege u. Ziele des historischen Vereins Bamberg. Eine Jubiläumsfestrede. (83 S.) 8. Bamberg 907. (Buchner's Sort.) 1. 20

Dursch, G. M., Aesthetik, oder die Wissenschaft des Schönen aus dem christl. Standpunkte. gr. 8. Stuttg. 839. v. Cotta. 1 5/6 rß

Dursch, G. M., Aesthetik der christlichen bildenden Kunst des Mittelalters in Deutschland. gr. 8. (XII und 547 S.) Tübingen 854, Laupp'sche Buchh.

Dursch, G. M., *Aesthetik d. bildenden Kunst d. Mittelalters in Deutschland.* 2., mit Nachträgen u. 19 Taf. Abbildungen versehene Ausgabe. Tübingen, Laupp, 1856. Gr. 8°. Hfrzb.
XII—381 S., 1 S. Errata. — Ed. I. ibid. 1854. XII—547 S.
Verf. war ein kunstsinniger kathol. Geistlicher. Gelobt in Schwab u. Klüpfel's Wegweiser, Nachtr. 2. Lpz. 1856. S. 7.

—— Der symbolische Charakter der christlichen Religion und Kunst. Eine Einleitung in die specielle Symbolik der christlichen Kunst und ein Beitrag zur Begründung einer christlichen Ästhetik. Schaffhausen, Hurter (jetzt Regensburg, Verlagsanst.), 1860, gr. 8°, XII, 298 S., 3,60 Mk.

Dursch, G. M., घटकर्पर oder d. zerbrochene Gefäß. Ein sanskritisches Gedicht, übersetzt, nachgeahmt u. erläutert. 4. Berl. 828. Dümmler. 16 K

—— Geschichte d. christl. Religion u. Kirche, z. Belehr. gebild. Katholiken. 8. (19¼ B.) Ehingen 834, Feger. (Leipzig, Herbig.)

Dursch, G. M., der geheiligte Gottesdienst eines wahren Christen, bestehend in den kernhaftesten Andachtsübungen. Nach d. alten kathol. Gebetbuch umgearb. u. verm. 2. Aufl. Mit 1 Stahlst. 8. (VIII u. 454 S.) Tuttlingen 852, Kling. 18 ngr

— der geheiligte Gottesdienst eines wahren Christen, bestehend in den kernhaftesten Andachtsübungen. Nach dem alten katholischen Gebetbuch umgearb. u. verm. 3. Aufl. Mit 1 Stahlst. Tuttlingen 859. Kling. 8. (454 S.) 12 ngr:

Dursch, G. M., Allgemeiner Kommentar über die Psalmen des Alten Testamentes. Freiburg, Herder, 1842, 8°, XVI u. 222 S., 3,50 Mk.
Von Bickell, Litter. Handw. 1871, S. 148, zu den „wertvollen Arbeiten" über die Psalmen gezählt. Katholik 1843, Bd. 90, S. 272—276.

Dursch, G. M., Pädagogik, oder Wissenschaft der christl. Erziehung auf dem Standpunkte des kathol. Glaubens dargestellt. gr. 8. (XX und 730 S.) Tübingen 851, Laupp'sche Buchh.

—— die älteste praktische Pädagogik des heidn. Alterthums, s. Pädagogik.

— Predigten auf die Feste der Jungfrau Maria. gr. 8. (VIII u. 227 S.) Stuttgart 847, Beck u. Fränkel. ½ rß

— Predigten auf die Feste der seligsten Jungfrau Maria. 2. Aufl. Stuttgart 859. Beck. (Cammerer.) 8. (VIII, 227 S.) 15 ngr:

— katholisch-dogmatische Predigten auf alle Sonntage u. Festtage des Kirchenjahrs. 2 Thle. gr. 8. 1. Thl. Vom 1. Adventsonntage bis 5. Sonnt. nach Ostern. (XIV u. 506 S.) 2. Thl. Von Christi Himmelfahrt bis vierundzwanzigster Sonntag nach Pfingsten. (VI u. 478 S.) Tübingen 852, Laupp. 3⅓ rß

— die Religionswissenschaft, ein Handbuch für den Religionsunterricht an kathol. Obergymnasien. I. Thl. Anleitung z. Kenntniß d. Bibel. II. u. III. Thl. Die christl. Glaubenslehre. 8. Ehingen 830, 32. Eger. (Leipz., Herbig.) (à 3/8 rß) 1 1/8 rß

—— die Religionswissenschaft, e. Handb. f. d. Religionsunterr. an kathol. Obergymnasien. 3 Thle. Ehingen, Feger. (Leipzig, Herbig.)
Thl. 1. Anleitung z. Kenntniß d. Bibel. 16. (12 B.) 830. 9 Gr.
" 2., 3. Die christl. Glaubenslehre. 8. (11 B.) 832. à 9 Gr.

Dursch, G. M., Symbolik der christlichen Religion. Bd. I: Symbolik des mosaischen und christlichen Kultus. Tübingen, Laupp, 1858, 8°, XII u. 562 S., 7,20 Mk.
Recens. Katholik 1858, Bd. I, S. 238.

—— Symbolik der christlichen Religion. 2 Bde. gr. 8. Tübingen, Laupp'sche Buchh.
Bd. 1. Symbolik des mosaischen und christl. Kultus. (XIII und 562 S.) 858. 2 Thlr. 12 Ngr.
» 2. Symbolik der christl. Lehre. (XII und 557 S.) 859. 2 Thlr. 12 Ngr.

— das Verhältniß der Schule zu Kirche und Staat, mit besond. Berücksichtig. der neuesten Irrungen. 8. Ulm 833. Ebner. 1/3 ℛ︎

v. Dürsch, Mar. Alex., mathemat. Denkübungen, oder Fragen in systemat. Ordnung über das Gesammtgebiet der Mathematik, als Leitfaden des Lehrers u. Selbstprüfung des Schülers, in einer Reihe zwangloser Hefte zusammengestellt und mit der Geschichte der Mathematik, so wie auch e. freigewählten geordneten Sammlung von Aufgaben u. Formeln versehen. 1s Hft. Mit 6 Bildn. gr. 8. Nürnberg 834. Riegel u. W. 1 7/8 ℛ︎

DÜRSCHERL, Sebastian (Ayelsee): De trismo et tetano traumatico.- Monachii: Giesser 1832. 14 S.
28.8.1832 - Urk: F 60
Diss.Ingolst.-Landsh.-Mchn.

Wenzel DÜRSCHMID Die Beziehungen zwischen dem Herzog Friedrich II. von Österreich und Kaiser Friedrich II.
Prag, Phil.Diss. 1898/99

Dürschmid Wenzel: Über die Ursachen der Steppen- und Wüstenbildung. 12. Proßnitz LOR. 02.
Progr.

Dürselen, Heinrich, aus Viersen: Trennung des Quecksilbers von Kupfer, Cadmium, Arsen, Antimon, Zinn, Eisen oder Aluminium im Bromstrome oder in einer ammoniakalischen Hydrazinhydratlösung. *Heidelberg 1899: J. Hörning.* (41 S.) 8°
Heidelberg, Naturw.-math. Diss. v. 1899

Dürselen, Paul, Eisblumen. Ein Skizzenbuch. 8. (VII, 85 S.) Halle 894. J. Fricke's Verl. Geb. in Leinw. n. 2. —

[F.] ... Festpredigt zur Einweihung der zum Gedächtnis weiland Ihrer Majestät der Kaiserin und Königin Augusta erbauten Gnaden-Kirche am 22. März 1895 geh. v. Paul Dürselen, erstem Pfarrer an der Gnaden-Kirche zu Berlin. *[Berlin 1895.]* (8 S.) 1 Bd 8. [98. 3490

Homiletik und Psychologie. E. Beitr. z. prakt. Theologie, insbes. z. Topik v. Paul R. Dürselen, ... Pfarrer ... zu Berlin. *Berlin: Reuther & Reichard 1897.* (V S., 1 Bl., 100 S.) 1 Bd 8. [97. 787

Dürselen, f.: Jünglingsfest-Predigten.

Dürselen, P., Konfirmationsreden, geh. am 9. u. 16. März 1888 in der Invalidenhaus-Kirche zu Berlin. gr. 8. (16 S.) Berlin 888. (Nitschke & Loechner.) n. — 40

[F.] Paulus in Athen. E. Ausschn. aus d. Leben d. Apostels in Predigten v. Paul Dürselen, Pfarrer ... zu Berlin. *Berlin: F. Rühe 1895.* (XIV S., 1 Bl., 104 S., 1 Taf.) 1 Bd 8. [96. 3337

Dürselen, Paul R., 1. Pfarrer an d. Gnadenkirche in Berlin: Thesen ... zur Erlangung des Grades eines Licentiaten der Theologie. Greifswald 1905: J. Abel. (1 Bl.) 8°
Greifswald, Theol. Fak., Ref. von Nathusius, Thes. v. 27. Juni 1905
[Geb. 8. Okt. 62 Oelenkirchen; Wohnort: Berlin; Staatsangeh.: Preußen; Vorbildung: Leibniz-Gymn. Berlin Reife O. 82; Studium: Berlin 6 S.; Rig. 3. Juni 05.]

Durski, Stanislaw Pankratius von. Die pathologischen Veränderungen des Eies und Eileiters bei den Vögeln. Diss. Vet.-Med. Bern. Mit 21 Abbildungen auf 3 Tafeln. 35 S. 8. Berlin, Richard Schoetz, 1907.

Dürsley, Lady, Gesch., od. sie that unrecht, ihn zu heirathen, a. d. Engl. 8. Leipz. Hilscher. 775.

Durst nach Christuserfahrung. O. O. 1776. V: *Lavater, Joh. Casp.* (Cat. d. Stadtbibl. Zürich. Zürich 1864—97.) (Doubletten-Anzeiger. 1903. Nr. 7.)

Durst nach Erlösung und Gebeths-Kampf in dunkeln Stunden. O. O. [ca. 1775]. V: *Lavater, Johann Kaspar.* (schstr S. 111)

Durst, Adf., Grundzüge der Arzneidosenlehre u. e. dosolog. Arithmetik i. Bezug auf d. innerliche Anwendung d. Heilmittel. gr. 8. (VII, 199 S.) München 895. [Seitz & Schauer]. Verl. d. Aerztl. Rundschau. n. 5. —; geb. n.n. 6. —

Durst, Alfred: Über Geschwülste und geschwulstähnliche Gebilde der Papilla nervi optici. Borna-Leipzig 1909: Noske. 37 S. 8°
Leipzig, Med. Diss. v. 21. Dez. 1909, Ref. Sattler
[Geb. 3. Mai 81 Renchen; Wohnort: Berlin; Staatsangeh.: Württemberg; Vorbildung: Gymn. Bruchsal Reife Juni 00; Studium: Heidelberg 4, Berlin 5 S.; Coll. 23. Dez. 09; Approb. 23. Juli 06.] [U 10. 2959

Durst, Augustin

Durst, A. Des Kindes Gebetbuch. Für die kathol. Schuljugend bearb. Mit Holzschn. u. 1 Farbendr. In-32°. 288 S. Einsiedeln, Benziger & Co. 1890 Gebd. mit Goldschn. — 45

Des Kindes Gebetbuch. Für d. kath. Schuljugend bearb. von Augustin Durst. *Einsiedeln, Köln: Benziger & Co. [um 1902].* (288 S.) 8° [F.] [03. 2075

Durst, Augustin. Jesus meine Freude. Ein Gebetbüchlein für die kathol. Schuljugend. 16. (239 S. m. 1 Farbendr.) Einsiedeln 890, Benziger u. Comp. geb. * — 40; m. Goldschn. * — 60
Dass. 5.Aufl.Ebda. [um 1902]

Durst, B. A. H., Geschichte von England. Nach d. Werke des John Lingard f. d. deutsche Jugend bearb. gr. 8. (19 3/4 B.) Mainz 844, Kirchheim, Schott u. Thielmann.

Durst, Bdkt. Andr., Deutschlands Geschichte. 1r Thl. u. 2r Thl. 1e u. 2e Abthl. Mit 2 Kpf. gr. 8. Nürnb. 815—17. Riegel u. W. 4 ℛ︎ 16 gℊ

Durst, B. A., Deutschlands Geschichte. 1r Thl. 2r Thl. 1ste und 2te Abtheil. gr. 8. Nürnberg, Riegel u. W. 817 u. 19. (1r 1 Rthlr. 16 Gr. 2r Thl. 1ste und 2te Abtheil. à 1 Rthl. 12 Gr.)

Durst, B. And., Kurzer Leitfaden zur deutschen Sprachkenntniss in historischer und aesthetischer Hinsicht. Nürnberg 1815. 8.

Durst, B. A., Leitfaden zur deutschen Sprachkunde in historischer u. ästhetischer Hinsicht. 8. Nürnb. Riegel und Wießner. 815.

Durst, B. A. Ueber d. Methode d. naturhist. Unterr. u. d. Nutzen dess. 10 S.
Progr. Düsseldorf 1827

— — Mnemosyne, ein Lern- und Lesebuch für die Jugend, zum Haus- u. Schulgebrauch. 8. Nürnberg, Campe. 817.

Durst, Carola, im Zauberreich der Berge. Märchen u. Sagen. Den Freunden der Bergwelt f. ihre Jugend gewidmet. Mit 2 Farbbildern v. Mor. Schöllkopf u. 10 Textbildern v. Helene Greinert. (144 S.) 8. Stuttgart 906. A. Horster. Geb. in Leinw. n.n. 3. —

Durst, J. Italienisches Conversationsbuch für Pharmaceuten. 12. IV, 88 S.) Berl. 891, Springer. cart. * 1 —

Durst, J., italien. Konversations-Buch f. Pharmazeuten. 2. Aufl. (VIII, 89 S.) kl. 8. Berlin 909. J. Springer. Kart. 1. —

Durst, Jakob, Aus großer Zeit, Volksschausp. in 5 Aufz., Alzey, 8°.

Durst, Julius

Geschichte der Loge „Schiller" im Or. Pressburg, verf. anlässlich der Feier des 25 jährigen Jubiläums ihres Bestandes. Von Jul. **Durst.** Hrsg. von der ☐ „Schiller" 1900. Ms. f. Frmr. [Pressburg: Selbstverl. d. Loge 1900.] 67 S. 4⁰ [Umschlagtit.]
cf. Z. 31 (1900--1901) S. 104—106; L. 24 (1901) S. 32 (M. Amster).
Nebst Biogr. u. Bildn. der Stuhlmstr, Verzeichn. der bemerkenswertesten in der Loge gehaltenen Vorträge u. Auszug aus dem Matrikelbuche.

Durst, Otto, Handbuch der Preßhefefabrikation. gr. 8. (VII, 344 S. mit 133 Textabbild. und 8 Lichtdr.-Taf.) Berlin 888, Parey. geb. *

[F.] Handbuch der Presshefefabrikation. Von Otto **Durst**, Fabrik-Dir. in Buch bei Nürnberg. 2., neubearb. Aufl. M. 190 Textabb. u. 8 Lichtdrucktaf. *Berlin: P. Parey 1896.* (XI, 484 S., 8 Taf.) 1 Bd 8. [96. 6798

Durst, Rudolf: Königin Elisabeth von Ungarn und ihre Beziehungen zu Österreich in den Jahren 1439—1442. 26 S. 8. (Fortsetzung.) (Umschlagtitel: ... (Fortsetzung und Schluß)). 21 S. 8. II. Teil: Regesten. 10 S. 8.
Progr. K. k. Staatsgymn. *Böhm.-Leipa* 1907. 1908. 1910.

Durst, Theodor, approb. Arzt aus Grafengehaig: Über einen Fall von Carcinom des Colon auf dem Boden einer wahrscheinlich syphilitischen Narbe. *Tübingen 1902: G. Schnürlen.* (20 S.) 8°
Tübingen, Med. Diss. v. 1902

Dürst, Fridolin [aus Köln]: Aus d. chirurg. Klinik zu Bonn. Ueber Pseudarthrosen ... Bonn, Buchdr. v. A. Henry, 1896; 30 S., 1 Bl. 8.
Bonn, Med. Fak., Inaug.-Diss. v. [20. Mai] 1896

Dürst, H. [aus Zürich]: Über einen Fall von kompensatorischer Hypertrophie der Nebenniere. Zürich (1899). 24 S. 8°.
Zürich. Med. Diss. 1898/99.

Dürst, Johann Ulrich

Dürst, J. Ulr., Grundzüge der Naturgeschichte der Haustiere, s.: Wilckens, Mart.

Duerst, Ulr., über die ältesten der bis jetzt bekannten subfossilen Haustiere (Asien) u. ihre Beziehungen zu prähistorischen u. frühgeschichtlichen Haustierschlägen, s.: Flugschrift, 4., der deutschen Gesellschaft f. Züchtungskunde.

Dürst, Joh. Ulr. [von Mitlödi (Kt. Glarus)]: Die Rinder von Babylonien, Assyrien und Ägypten und ihr Zusammenhang mit den Rindern der alten Welt. Zürich 1899. 1 Bl. 90 S. 8 Taf. 4°.
Zürich. Phil. Diss. II. S. 1898/99.

Dürst, J. Ulr., die Rinder von Babylon, Assyrien u. Ägypten u. ihr Zusammenhang m. den Rindern der alten Welt. Ein Beitrag zur Geschichte des Hausrindes. hoch 4. (94 S. m. 8 Taf.) Berlin 899. (G. Reimer.) n. 8.—

— Anatomisch-mechanische Untersuchungen üb. die Ursache der abschüssigen Kruppe bei Pferden. (23 S. m. 7 Fig.) gr. 8. Hannover 909. M. u. H. Schaper. —80

Dürsteler, Wilhelm. Beitrag zur Untersuchung beschwerter Seide. Diss. Phil. [II.] Univ. Zürich. 73 S. 8. Zürich, Schulthess & Co., 1905.

Dürsteler, Wilhelm, diplomierter Chemiker aus Zürich: Beitrag zur Untersuchung beschwerter Seide. Zürich 1905. 72 + 2 S. 8°. [6. I. 06.]
Zürich. Phil. Diss. II. S. 1905/1906.

Durstemann, Hans, illustrirtes Taschen-Liederbuch, enth. die beliebtesten Volkslieder, Gassenhauer, Studenten-, Bummel-, Trink- u. Leierkasten-Lieder. 11. Aufl. (160 S.) kl. 8. Neuweißensee (905). E. Bartels. n. 1.—

Dursthoff, W[ilhelm], Syndikus der Handelskammer f. d. Hzgt. Oldenburg: Die Entstehung, Entwickelung und Reform der oldenburgischen Brandkasse. T. 1. Entstehung u. Entwickelung. *Oldenburg i. Gr. 1904: G. Stalling.* (108 S.) 8° [F.]
Göttingen, Phil. Diss. v. [18. März] 1904

Die Entstehung, Entwickelung und Reform der oldenburgischen Brandkasse. Von Dr. W[ilhelm] **Dursthoff,** Syndikus d. Handelskammer. Oldenburg. Oldenburg i. Gr.: G. Stalling 1904. (243 S.) 8° [F.]
[T. 1 erschien als Inaug.-Diss. Göttingen 1904.] [05. 467

Die industriellen Beziehungen der Steinkohle. Von Andreas Dursy, G. P. — 1857. Ebend. — S. III—XXX.
Progr. Zweibrücken.

Nachricht von der Gründung und bisherigen Wirksamkeit der Pollichia, eines naturwissenschaftlichen Vereines zur Erforschung der Pfalz, von Prof. Dursy. — 1861. Ebend. — S. I—XI.
Progr. Zweibrücken.

Dursy, C., das Staatskirchenrecht in Elsaß-Lothringen. Zusammenstellung der betr. Gesetze, Verordnungen, Staatsrathsgutachten, Oberkonsistorialbeschlüsse, Ministerial- und Direktorialverfügungen 2c., im Auftrage des Oberpräsidenten übers. und hrsg. 1. und 2. Thl. 8. Straßburg, Trübner. *
Inhalt:
Thl. 1. Katholischer Cultus. (XIII, 395 S.) 876. *M 5.
" 2. Protestantischer Cultus. (XXII, 624 S.) 879. *M 8.

Dursy, Emil, anatomischer Atlas. Nach Originalzeichnungen entworfen. 1. Abth.: Muskeln und Blutgefässe. Lahr 861. Schauenburg & Co. 4. (16 S. u. 16 lith. u. color. Taf.) n. 1 ₰ 15 ngr.

Dursy, E., Beiträge zur Kenntniss der Muskeln, Bänder u. Fascien der Hand. Inauguraldissert. 8. (IV u. 23 S. m. 1 lith. Taf.) Heidelberg 852, C. F. Winter.

Dursy, Emil, zur Entwicklungsgeschichte des Kopfes des Menschen und der höheren Wirbelthiere. Mit (eingedr.) Holzschn. und 1 Atlas von 9 Kpfrt. (in Fol.) mit (53 S.) erklär. Texte. gr. 8. (XII, 232 S.) Tübingen 869, Laupp'sche Buchh.

Dursy, Emil, Gypsmodelle des menschlichen Gehirns. Nach Abgüssen frischer oder härterer Präparate, nebst lith. Zeichnungen u. erklär. Texte. Für Studirende u. Aerzte. Nr. 1. Horizontaldurchschnitt eines frischen Gehirnes m. geöffneten Ventrikeln. Text. gr. 8. (18 S. m. 2 Steintaf. in gr. 4.) Tübingen 878. Fues. 1. 20

— dasselbe. 2. Lfg. gr. 4. (2 Steintaf.) Ebend. 882. n. n. — 90

—— dass. — Nach Abgüssen frischer oder erhärteter Präparate, nebst lithogr. Zeichnungen und erklär. Texte. Für Studierende und Aerzte hrsg. 2 Lfgn. Text mit Abbild. 2. Aufl. gr. 8. Ebendas. 884. [1. Lfg. Text von E. Dursy. (18 S. mit 2 Taf.); 2. Lfg. Text von F. Hänel. (16 S. mit 2 Taf.)] à Lfg. *M 1,20.

Dursy, E., Lehrbuch der Anatomie, s. Cyclus organisch verbundener Lehrbücher sämmtl. medicin. Wissenschaften.

Dursy, Em., die Muskellehre in Abbildungen zum Gebrauche bei Präparirübungen und Vorlesungen. (5 Liefgn.) Tübingen 856. Laupp. 4. (IV u. 60 lith. Taf. m. Erklärung.) n. 2 ₰ 15 ngr

—— der Primitivstreif des Hühnchens. gr. 8. (80 S. mit 38 Abbild. auf 3 Stnt. in gr. 4. und gr. Fol.) Lahr 866, Schauenburg. *

Durturbie, Manuel de l'artillerie contenant tous les objets dans la connoissance etc. gr. 8. s. v. pl. Paris et Strasbourg König. 795.

Duru, Villa Blancmignon, s.: Chivot.

Duru, Madame Favart, s.: Chivot.

Duru, A., die Perle der Wäscherinnen, s.: Theater, neues Wiener.

Duruy, Albert = Solandieu [Autorname].

Duruy, George, s. B a r r a s , Paul: Memoiren.

Biographies d'hommes célèbres des temps anciens et modernes p. George Duruy. Im Ausz. m. Anm. z. Schulgebr. hrsg. v. Dr. Gerhard Franz, Prof. ... zu Dresden. [Nebst] Anhang [&] Wörterbuch (v. W. Klatt, ord. Lehrer ... in Berlin). *Bielefeld & Leipzig: Velhagen & Klasing 1895.* 3 Bde 8.
[Text.] (V, 95 S.) Anh. Anmerkgn ... (25 S.) Wörterb. (v. ... Klatt). (61 S.)
= Sammlung, Velhagen & Klasings, französ. u. engl. Schulausgaben. Prosateurs franç. Lfg 105 B. (96. 4875

— biographies d'hommes célèbres des temps anciens et modernes, hrsg. v. Gerh. Franz, s. a. Prosateurs français.

— dasselbe, hrsg. v. A. G. Meyer, s.: Schulbibliothek, französ. u. engl.

— dasselbe, hrsg. v. Karl Penner, s.: Schulbibliothek, französische u. englische.

Duruy, Victor

Duruy, Vict., Caligula u. Claudius, Messalina u. Agrippina in Wort u. Bild. Aus dem Franz. frei übertr. v. Gust. Hertzberg. Lex.-8. (80 S. m. 53 Illustr.) Leipzig 894. H. Schmidt & C. Günther. n. 1. 50

— das Ende d. Traums. Autoris. Uebersetzg. aus dem Franz. v. Fritz Bischoff. gr. 8. (223 S.) Berlin 891. G. Reimer. n. 1. 60; geb. in Leinw. n. 2. 20

— Sur la formation historique des deux classes de citoyens romains. S. A. 1878. 28 S. 4°. 1.—

Duruy, Vict., Geschichte d. römischen Kaiserreichs von der Schlacht bei Actium u. der Eroberung Aegyptens bis zu dem Einbruche der Barbaren. Aus dem Franz. übers. v. Gust. Hertzberg. Mit ca. 2000 Illustr. in Holzschn. u. e. Anzahl Taf. in Farbendr. (In 4 Bdn. à 25 Lfgn.) 1—46. Lfg. hoch 4. (1. Bd. 768, 2. Bd. 593 S. u. 3. Bd. S. 1—112.) Leipzig 884—86. Schmidt & Günther. à n. — 80 (1. u. 2. Bd. geb.: à n. 20. —)

Duruy, V., Geschichte d. römischen Kaiserreichs v. der Schlacht bei Actium u. der Eroberung Aegyptens bis zu dem Einbruche der Barbaren. Aus dem Franz. übers. v. G. Hertzberg. Mit ca. 2000 Illustr. in Holzschn. u. e. Anzahl Taf. in Farbendr. 47.—106. (Schluss-)Lfg. hoch 4. (3. Bd. VIII, 637; 4. Bd. VII, 731; 5. Bd. VIII, 644 S.) Leipzig 887—889. Schmidt & Günther. à n. — 80 (cplt. geb. in 5 Bde.: à n. 20. —)

— kleine griechische u. römische Geschichte, Wörterbuch dazu, s.: Grube, E.

Duruy, Vict., Histoire de France, hrsg. v. Emil Grube, s.: Prosateurs français.

— dasselbe, s.: Hartmann's, M., Schulausgaben französischer Schriftsteller.

— histoire de France. Auswahl. Erklärt v. Frdr. Koldewey. 1. Bdchn.: Die Hugenottenkriege 1559—1598. gr. 8. (VI, 141 S. m. 2 lith. u. color. Karten.) Berlin 884. Weidmann. 1. 80

—— histoire de France. Auswahl. Erklärt von Friedr. Koldewey. 2. Bdchn.: Altertum und frühestes Mittelalter. gr. 8. (107 S.) Berlin 887, Weidmann'sche Buchh. cart. 1. Bdchn. Ebendas. 1884. [M 1.80.] M 1.—.

— histoire de France de 1560—1643, s.: Schulbibliothek, französische u. englische.

— Histoire de France de 1789 à 1795, hrsg. v. K. A. Mart. Hartmann, s.: Hartmann's, K. A. Mart., Schulausg.

Duruy, Vict. Histoire grecque, s. Prosateurs français.

Duruy, Victor: H i s t o i r e de Louis XIV, s. B a r r a u .

— hommes célèbres de l'histoire romaine, hrsg. v. H. W. Gladbach, s.: Bibliothèque française à l'usage des écoles.

— Iéna. Waterloo. Sedan. s.: Lanfrey.

— Nero in Wort u. Bild. Mit 60 Illustr. u. Taf. Aus d. Französ. frei übertr. v. G. Hertzberg. Lex.-8. (106 S.) Leipzig 894. H. Schmidt & C. Günther. 1. 50

Duruy, Österreich-Ungarn u. Italien. Im Vereine m. Hans Theisz, Kurt v. Schmedes u. Emerich v. Suhay übers. v. Hugo Kerchnawe. Mit 8 kartograph. Skizz. (VIII, 132 S.) gr. 8. Wien 910. L. W. Seidel & Sohn. 3. 60

— Règne de Louis XIV., bearb. v. Ludw. Klinger, s.: Perthes' Schulausgaben englischer u. französischer Schriftsteller. Nr. 44.

— Règne de Louis XVI. et la révolution française, hrsg. v. Herm. Müller, s.: Schulbibliothek, französ. u. engl. A 106.

— le siècle de Louis XIV. s.: Bibliothèque francaise.

— Le siècle de Louis XIV., bearb. v. Vikt. Schlieblitz. s Prosateurs francais.

Le siècle de Louis XIV. Par Victor Duruy. Ausgewählte Abschnitte aus V. Duruys Histoire de France f. d. Schulgebr. bearb. von Prof. Dr. Viktor Schliebitz. Autor. Ausg. [Nebst] Anh. [u.] Wörterbuch. Bielefeld & Leipzig: Velhagen & Klasing 1908. 3 Bde 8°
= Sammlung, Velhagen & Klasings, franz. u. engl. Schulausgaben. Prosateurs franç. Ausg. B. Lfg 173. (08. 3383

— Tiberius in Wort u. Bild. M. 57 Ill. u. Taf. Aus d. Franz. frei übertr. v. Gust. Hertzberg. [Aus: „D. Gesch. d. röm. Kaiserreichs".] Lex.-8. (106 S.) Leipzig 895. H. Schmidt & C. Günther. n 1.50

Duruy, V., Sur les tribuni militum a populo. S.-A. 1878. 32 S. 4°.

Dürvals und Adelheide Gesch., a. d. Franz. 8. Leipzig, Breitkopf. 774. Rthlr.

Dürwald, Hnr., der Baumwollenweber am Eulengebirge. Eine Flug- und Tagesschrift. 8. Schweidnitz 844, Heege. n. 1/6 ₰

František DUŠÁNEK Goethe als dramatischer Dichter
Phil.Diss.Frag 1892/93

Dušánek Dr. Fr.: Ἡ μερὶς ἡ ἐξ Ἀρείου πάγου. (Deinarch I § 56). Interpretation. (6). Chrudim 95.
Progr.

Dusaulx, s.a. D u s s a u l t .

Dusault, Betrachtung üb. die Spielsucht. a. d. Fr. 8. Altenb. (Academ. Buchh. in Jena.) 778.

Dusaulx, ..., Betrachtung über d. Spielsucht; aus d. Französ. 8. Altenb. 778. (Hennings in Neisse). 5 gl.

— Gedanken über d. Leidenschaft beim Spiel; aus d. Französ. 8. Bresl. 781. (Gosohorsky). 16 gl.

— Gedanken üb. d. Leidenschaft beym Spiel. a. d. Franz. 8. Bresl. Meyer. 781.

— Schreiben an Röderer über den jetzigen Religionszustand in Frankreich; aus d. Französ. gr. 8. Leipz. 795. (Dyck). 5 gl.

— der Tod eines ehrlichen Mannes. a. d. Frz. Altenb. (Acad. Buchh. in Jena) 778.

— der Tod eines ehrlichen Mannes; aus d. Französ. 8. Altenb. 778. (Hennings in Neisse). 6 gl.

Dusaulx, J., über mein Verhältniß mit J. J. Rousseau u. sein. Briefwechsel; aus d. Französ. 8. Berl. 799. Dunker u. H. 1 ℛ 8 gr Hbg. Pr. 16 gr

SAUSSAY, V. du, Blühendes Fleisch, glühende Schönheiten. Realistischer Roman. Einzig autorisirte vollständige Uebersetzung aus dem Französ. v. G. Reinberg. Budapest 1903. 8°. 512 S. (Kr. 6—.) (4 Kr. Vict. Eytelhuber, Wien, 1904.)
In Deutschland verboten.
Orig.: Chairs épanouies, beautés ardentes. Roman d'aventures et d'amour. Avec 30 illustr. Paris 1902. 8°. (Kr. 4,20.) (3 Kr. der Vorige, 1904.)

— — Dasselbe. 2 Thle. Wien 1903. 8°. (3 Mk., etwas fleckig, F. Waldau. Fürstenwalde, 1908.)

SAUSSAY, V. du, Frauenärzte. Pariser Sittenroman. (190*.) (Mk. 3 = Kr. 3,60.)
Offerirte W. Schindler in Pressburg 1909 ohne nähere Angabe.

— — „Junges Mädchen mit Makel . . . ." Ein Passionsroman der Liebe. Aus dem Französischen von Arthur Singer-Ebenthal. Budapest, Wien, Leipzig 1903. Verlag der Buchhandlung (Fritz) Sachs & Pollék. 8°. 272 S. (Mk. 3—.)
In Deutschland verboten. Stümperhafte Übertragung eines gemeinen, schlechtgeschriebenen Boulevardromans, dessen im gleichen Jahre erschienenes Original mit zahllosen Aktbildern „nach der Natur" geschmückt ist.

— — Schönheit. Roman einer Kurtisane. Budapest 1906. 8°. (Mk. 3—.) (2 Mk. der Vorige, 1908.)

Duesberg, Aug., üb. Hebung der Volksmusik in Hinsicht auf das „Erste Wiener Volksquartett f. classische Musik". gr. 8. (23 S.) Wien 892. Lesk & Schwidernoch. n. — 40

— Marienläuten. Gedichte. 3. Aufl. 8. (139 S.) Leipzig 894. Literar. Anstalt A. Schulze. n. 2. —; geb. in Leinw. n. 3. —
2. Aufl., 1894, u. d. T.: Duesberg, Marienläuten.

Duesberg, E., verschwunden, s.: Universal-Bibliothek.

Duesberg, J., le nouv. guide de la conversation en allemand et en français, en 3 Part. — A. u. d. T.: Neue prakt. Anleit. z. Erlern. d. deutsch. u. franz. Umgangssprache, in 3 Abthln. 16. (25 B.) Paris 830. (Leipzig, Allgem. Niederländ. Buchh.)

Duesberg, Wilh.: Aus der königl. Universitätsklinik zu Bonn. Über Laryngofissur (bei tuberk. Ulcerationen). *Düsseldorf 1898: L. Voss & C.* (28 S.) 8°
Bonn, Med. Diss. v. [25. Mai] 1898

Dusch, Theod. v. Gedächtnisrede, s. Erb, Wilh.

Dusch, Darstellung der in Hinsicht auf die Niederlassung von Ausländern im Gebiete der schweizer. Eidgenossenschaft bestehenden Verhältnisse. 4° Stuttgart 1862

v. Dusch, Alex., s. Le Sage, histor.-genealog.-geogr. Atlas.

Dusch, Alex. v., Zur Pathologie der Revolutionen. Erklärung und Abwehr veranlaßt durch Bekk's und Andlaw's Schriften über „Bewegung" und „Umsturz" in Baden. gr. 8. (IV und 58 S.) Heidelberg 852, Akademische Anstalt für Literatur und Kunst.

Dusch, Johann Jakob

— Apologie für Lehrer an öffentlichen Schulen. Altona. 1768. 4. P. (Skoleprogr.).

Dusch, Johann Jakob: Der Bankerot, ein Bürgerliches Trauerspiel. Hamburg. 1763. 8°

– s. S. Bourns: geistl. Reden.

Dusch, Jh. Jak., († d. 18. Dec. 1787.) Briefe zur Bildung d. Geschmacks, an einen jungen Herrn von Stande. 6 Thle. 8. Bresl. 764—773. (Gosohorsky). 3 ℛ 12 gr

[Dusch, Johann Jacob]. Briefe zur Bildung des Geschmacks an einen jungen Herrn von Stande. Gänzlich umgearbeitete Auflage. 6 Teile in 5 Bänden. Leipzig und Breslau, J. E. Meyer, 1773. 8°. *Mit hübscher gestoch. Titelvignette im 1. Bande, G. (= Geysert) f.* Schöne hellbraune marmor. Ldbde. d. Z. mit reicher Rv. und hellrosa und schwarzem Rsch.
G. III, 376, 114: 18. Maltzahn p. 509 Nr. 1907.

Briefe an Freunde u. Freundinnen, üb. verschied. kritische rc. Materien, (v. J. J. Dusch). 8. Altona 759. Iversen. 12 gr

— moralische Briefe zur Bildung d. Herzens. 2 Thle. 8. Leipz. 759. N. A. 772. Breitkopf u. H. 21 gr Dieselb. N. A. 2 Thle. 8. Wien 779. Tendler. 16 gr Ins Französ. übers.: Lettres morales etc. (par Elis. Charl. B. de Korff, née Hahn). gr. 12. Königsb. 765.

— Moralische Briefe zur Bildung des Herzens. 2. Aufl. Lpz. 1762. — 2. Th. Sm. St. 1764.

— Moralische Briefe zur Bildung des Herzens. 2 Theile in 2 Bdn. Carlsruhe, C. G. Schmieder, 1778. 8°. 15 Bl. 364 S. 2 (leere) Bl., 6 Bl. 434 S. Etwas benutzte und leicht fleck. Pbde. d. Z.
Zweite Ausgabe des dem Zeitgeschmack sehr entgegenkommenden, vielfach übersetzten Werkes, cf. G. III, 376, 114: 13.

DUSCH Johann Jakob. Moralische Briefe zur Bildung des Herzens . . . Trattnern, Wien 1783. 2 Tle. in 1 vol.

— Briefe des Theodosius an den Constantin. 8. Berl. 764. Rüdiger. 8 gr

— das Dorf, e. Gedicht. 8. Altona 760. Iversen. 4 gr

[Derselbe]. Drey Gedichte von dem Verfasser der vermischten Werke in verschiedenen Arten der Dichtkunst. Altona & Leipzig, D. Iversen, 1756. 78 S. *M. Titelvignette von van Drasowa.* — In 1 (etwas lädierten) Pbd. d. Z. 75.—

Dusch, Jh. Jak., Gesch. Karl Ferdiners. 3 Bde. Mit Kpf. 8. Bresl. 776—80. (Gosohorsky). 6 ℛ 16 gr (N. Aufl. unt. d. Tit.: Der Verlobte zweier Bräute, zu der Gesch. K. Ferdiners. 6 Thle in 3 Bden. Ebd. 785.)

Glückseligkeit der Tugendhaften. Epistel an den Kammerherrn Freyherrn [Andreas Petrus] von **Bernstorff** v. Johann Jakob Dusch. Altona. 1763. 8° Iversen

– s. Hume: Gesch. v. Großbrit. u. Irland.

Dusch, J. J. Lettres morales pour former le coeur; traduit d'Allemand... Königsberg 1765. Ü: *Korff, Elisab. Charlotte Benigne von geb. Hahn.* (ML) (Ky) (MGT) (R-N)

– s. Middleton: Gesch.

— Die gelehrten Micrologen. Ein Gespräch in Versen mit den Noten verschiedener Ausleger. Altona und Hamburg. 1766. P. (U. B.)

— De nonnullis pædagogi virtutibus et vitiis oratio. Altonæ. 1768. 4. P. (Skoleprogr.).

– s. Pope: Sämmtl. Werke.

Dusch, J. Jac., Prüfung versch. Urtheile üb. d. Poesie. 8. Altona, Iversen. 767. Rthlr.

Dusch, Johann Jacob. Die Pupille, eine Geschichte in Briefen ... Altona 1798. H: *Müller, Joh. Gottwerth.* (GGr) (BrMm)

— die Pupille, eine Gesch. in Briefen. 2 Thle. 8. Altona, Hammerich. 798.

DUSCH, JOH. JAK. Der Schooßhund. Ein komisches Heldengedicht in neun Büchern. Altona, D. Iversen, 1756. 4°. 4 Bl. 91 S. *M. gestoch. Titelvignette von Fritzsch nach Crusius u. einigen hübschen Holzschnittzierstücken.*

— vermischte krit. u. satyr. Schriften ꝛc. 8. Altona 758. Iversen. 10 gl

— Vermischte kritische und satyrische Schriften, nebst einigen Oden auf gegenwärtige Zeiten. Altona. 1758.

— Stärke der edlen und reinen Liebe. 2 Thle. 8. Wien, Kendler.

— s. Student's Miscellany.

— d. Sympathie, ein Gedicht. gr. 4. Bresl. 774. (Gosohorsky). 4 gl

— die Sympathie, ein Gedicht. gr. 4. Breslau, Meyer. 774.

— Sympathie, ein Gedicht zur Unterstützung einer unglücklich gewordenen Familie. Altona. 1774. 4. P.

TEMPEL Der, der Liebe, ein (zahmes) Gedicht in zwölf Büchern (von *Joh. Jacob Dusch*, 1725-87). (Motto: 4 engl. Versz. aus Thomson.) Mit großer allegor. Titelvign. (unsign.). Hamburg u. Leipzig, bey Geo. Chrn. Grund u. Adam Heinr. Holle, 1757. Gr.

Seltene Original-Ausgabe! Tit., 7 Bll. Vorr., 120 S. (Auch in D's Werken.). — Anon.-Lex. IV. p. 159 hat „1758" (nach Rotermund, gelehrtes Hannover. Bremen 1823).

TOPPE, Das. Ein Heldengedicht (in 6 Gesängen, von *Joh. Jac. Dusch*, 1725—87). (Motto aus Horaz, darunter allegor. Titel-Vign.) Göttingen u. Leipzig (Bossiegel in Göttingen) 1751. Gr. 8°. Rar!

57 S. (85 ist Druckf.). Nachahmung von Pope's Lockenraub.

TOPPE (sic!), Das. Ein (zahmes) Heldengedichte (von *Joh. Jac. Dusch*). Göttingen u. Leipzig (Bossiegel in Göttingen) 1753. 8°. (In Frkft. a. M.)

Selten! 67 SS. — Zuerst gedr. Leipzig 1751. (Im British Museum.)

Anon.-Lex, IV. p. 182 (nach Meusel); Gleim-Uz, Briefwechsel. Tübingen 1899. S. 482; Rotermund, Gelehrtes Hannover. Bremen 1823.

— verschiedene Urtheile über d. Poesie. 8. Altona 767. Iversen. 3 gl

— Vergleichung einiger Lehrinstitute zur Berichtigung verschiedener Meynungen. Altona. 1784. 4. P. (Skoleprogr.).

— sämmtl. poet. Werke. 1r u. 3r Thl. (2r Thl. ist nicht erschienen). gr. 8. Altona 765—67. 2 ₰ 12 gl

— sämtl. poetische Werke. 3 Thle. gr. 8. Altona. (Cramer, W.) 767-69.

DUSCH, Joh. Jak. (1725—87), Vermischte WERKE in verschiedenen Arten der Dichtkunst. Mit Titelvign., 7 Anfangsvignetten (en-têtes) u. zahlreichen typogr. Schlußstücken (sämmtl. unsign.). Jena, bey Chrn. Heinrich Cuno, Göttingen gedr. mit Hagerischen Schriften, 1754. Gr. 8°.

Tit., 3 Bll. Zuschr. (Ode) an den Reichsgrafen Woldemar v. Schmettow (Kgl. Dän. Kammerherr u. General-Major d. Cavallerie). 10 Bll. Vorr., 2 Bll. Reg., 572 S., 1 Bl. Druckf. — 1. Die Wissenschaften. E. Lehrgedicht (in 8 Ges., S. 1—122). 2. Das Toppe. E. Heldengedicht (in 7 Büchern. S. 123—210). 3. Moralische Gedichte (S. 211—392). 4. Oden u. Elegien (S. 393—460). 5. Schäferspiele („die unschuldigen Diebe", in 1 Aufz., S. 461—508; „der Tausch", in 1 Aufz., S. 509—56). 6. Anhang zwoer neuen Oden (S. 557—72).

— vermischte Werke in d. Dichtkunst. Mit Kpf. 8. Jena 784. Boßigel. 1 ₰

(DUSCH, JOH. JAC.), Die Wissenschaften. Göttingen. 1752.

Dusch, Joseph

Bemerkungen zu den Wandbildern der Wittelsbacher in den bayerischen Mittelschulen. — Von Joseph Dusch, gepr. Lehramtskand. — 1907, München, F. Straub. — P. 1–25. Progr. München, K. Maximilians-Gymnasium

Dusch, M., Post-Handbuch für Bayern. Sammlung der wichtigsten Bestimmungen über Benützung der kgl. Posten in Bayern nebst den betr. Porto-Tarifen. Nach amtlichen Quellen bearb. gr. 8. (IV, 76 S.) München 876. (L. Finsterlin.) n. 2. —

Dusch, M., Post-Handbuch für Bayern. Sammlung der wichtigsten Bestimmungen über Benützung der kgl. Posten in Bayern, nebst den betr. Porto-Tarifen. Nach amtl. Quellen bearb. 2. vollständig neu bearb. Aufl. Lex.-8. (IV, 116 S.) München 881, Franz'sche Buchh. cart. *

Dusch, M., Post-Handbuch für Bayern. Sammlung der wichtigsten Bestimmungen über Benützung der königl. Posten in Bayern, nebst den betreffenden Porto-Tarifen. Nach amtl. Quellen bearb. 3. vollst. neu bearb. Aufl. gr. 8. (IV, 148 S.) München 886, Franz' Verlag. cart. *

Dusch, Thdr. v., Lehrbuch der Herzkrankheiten. gr. 8. (VIII, 380 S. mit 41 eingedr. Holzschn.) Leipzig 868, Engelmann. *

Dusch, Th. v., Untersuchungen und Experimente als Beitrag zur Pathogenese des Icterus und der acuten gelben Atrophie der Leber. Habilitationsschrift zur Erlangung der venia docendi an der Universität Heidelberg. gr. 8. (VI und 41 S.) Leipzig 854, Engelmann. *

Dusch, Wilh., Almag'läut'. Gedichte in oberbayr. Mundart. (VIII, 144 S.) kl. 8. München 905. J. Lindauer. Geb. in Leinw. n. 2. 50

Bergveigerln. Gedichte in oberbayr. Mundart von Wilhelm Dusch. Stuttgart: A. Bonz & Co. 1901. (VII, 145 S.) 8° [F.] 1+6. 2439

Dusch, Wilh., aus'm Isarwinkel. Gedichte in oberbay'r. Mundart. 8. (VII, 64 S.) München 897. C. Fritsch. n. 2. —; geb. 2. 70

— aus'm Isarwinkel. Gedichte in oberbayr. Mundart. 2. verm. Aufl. 12. (X, 116 S.) München 903. J. Lindauer. Geb. in Leinw. n. 2. —

Duschak, Bela. Führer durch den Kunst-Zirkus Schmarnum & Beileid auf dem Gesinde-Ball (1903, [veranstaltet vom Personal des] Stadttheater-Zürich). Galerie von Kuriositäten, Monstrositäten und Abnormitäten. Verfasser der Text-Missgeburt ist Bela Duschak, gesetzlich geschützter Dichter. [Mit Porträts und 1 Ansicht.] 135 S. 8. (Zürich, Jean Frey, 1903.)

Duschak, Bela. Illustriertes Koch-Buch für dramatische Hexenküchen. Eine Sammlung verrückter Rezepte für Feinschmecker, Hausfrauen und Gesinde, verfasst von dem beliebten Chef de la cuisine Hermann Gessler, Oesterreichischer Hofkoch-Hohle Gasse. Für die Vergnügungs-Küche bearb. von Béla Duschak. 48 S. quer-8. (Zürich, Jean Frey, [Februar 1902].)

Duschak, M., zur Botanik d. Talmud. Lex.-8. (136 S.) Pest 870. Leipzig 871. Zander in Comm. n.n. 2. —

Duschak, M., das mosaisch-talmudische Eherecht mit besond. Rücksicht auf die bürgerl. Gesetze. gr. 8. (X und 150 S.) Wien 864, Braumüller. *

—— Josephus Flavius und die Tradition. gr. 8. (IV und 87 S.) Wien 864. (Leipzig, Leiner.)

—— Geschichte und Darstellung des jüdischen Cultus. gr. 8. (XVI und 401 S.) Mannheim 866, Schneider. *

Duschak, M., Geschichte der Verfassung m. besond. Beziehung auf die österreichisch-ungarischen Israeliten aus Anlass d. 40jähr. Regierungs-Jubiläums Sr. Maj. d. Kaisers Franz Josef I. gr. 8. (71 S.) Wien 888. (Lippe.) n. 1. 20

— die biblisch-talmudische Glaubenslehre nebst einer dazu gehörigen Beilage über Staat und Kirche. Historisch dargestellt. gr. 8. (XXIV, 256 S.) Wien 873, Braumüller. *

Duschak, M., die Moral der Evangelien u. d. Talmud. Eine vergleichende Studie im Geiste unserer Zeit. gr. 8. (X, 58 S.) Brünn 877. Epstein. n. 1. 60

— Schulgesetzgebung und Methodik der alten Israeliten, nebst einem geschichtl. Anhange und einer Beilage über höhere israelit. Lehranstalten. gr. 8. (XI, 179 S.) Wien 872, Braumüller. *

Duschak, M., das mosaisch-talmudische Strafrecht. Ein Beitrag zur histor. Rechtswissenschaft. gr. 8. (XV, 95 S.) Wien 869, Braumüller. *

Duschak, M., Umriß des biblisch-talmudischen Synagogen-Rechtes mit Rücksicht auf die jetzige Stellung der österreichischen Juden. Olmütz 853. Hölzel. gr. 8. (88 S.) n. 15 ngl

Duschak, M., Perla, Sabbath und Doppelfeier. Die hochwichtigsten Anträge d. Breslauer Rabbiner-Versammlung. gr. 8. Wien 846. (Leipzig, C. L. Fritzsche.) n. 1/3 ß

Duschaneck, Jh., allgem. u. vollständ. Calculations- u. Revisions-Tabellen, in welchen berechnet ist, was jeder Gegenstand in fortlaufenden Zahlen von 1 bis 100, dann v. 100 bis 3000, zu den Geldpreisen von 1 Kr. steigend von 1 Kr. bis 21 Guld. kostet 2c. gr. Fol. Prag 822. Zeitungs- u. Intell.-Compt. 16 ß

Duschanek, M., Berthold Schwarz. Historische Erzählung. 8. (57 S.) Freiburg i. Br. 885, Kiepert. *

Duscheck, Frz., s.: Rumänien in Bild u. Wort.

Duschek, Franz de Paula (Pseud.), s. a. Paula-Schrank, Franz von (wirkl. Name).

DUSCHEK, de Paula Franz: Anfangsgründe der Forstwissenschaft für Jünglinge, welche sich der Forstökonomie weihen. Nach dem Böhmischen frei bearb. - Prag 1809. XXIV, 366 S.

Duschek, Franz (Hrsg.), s. Austria-Philatelist

Duschenes, Adolf. Die Judenfrage, Ungarns Lebensfrage. gr. 8. (15 S.) Wien, Geitler 1867 12 kr.

Duschenes, Friedrich

Reichsgesetze, Oesterreichische, Commentirte Handausgabe. IX. Band. Inh.: Die neue Executions-Ordnung sammt Einführungsgesetz. Erläutert und zusammengestellt von Dr. Friedrich Duschenes. Mit einem ausführlichen alphabetischen nach Schlagwörtern abgefaßten Sach-Register. (IV, 406 S.) 2.80
Prag: Höfer & Klouček 1896

Duschenes, Friedr., Gedächtnißrede, gehalten am 3. Jänner 1886 als am Vorabende des 100jähr. Sterbetages Moses Mendelssohn's im Centralvereine zur Pflege jüd. Angelegenheiten. gr. 8. (14 S.) Prag 886, Brandeis. *

— d. Gesetze u. Verordngn. üb. d. österreich. Gewerbewesen, üb. d. Sonntagsruhe u. Ausverkäufe, sammt d. Vorschriften üb. jene Erwerbszweige, welche nicht unt. d. Bestimmgn. d. Gewerbeordng. fallen. Zusammengest. u. erläut. a. Gr. d. Entscheidgn. d. Centralbehörden u. d. Verwaltungsgerichtshofes unter Berücksicht. d. Umfangs u. d. Abgrenzg. d. Gewerberechte. 1.—11. Lfg. 8. (1. Thl. VI u. S. 1—517.) Ebd. 895. 96. à n. — 50

Duschenes, Frdr., s.: Rechts-Lexikon, österreichisches.

— d. Rechtsmittel i. neuen Executionsverfahren, s. a. Publikationen d. Verbandes z. Förderung d. rechts- u. staatswissenschaftl. Literatur in Prag.

Duschenes, Dr. Friedrich, Die Rechtsmittel im neuen Executionsverfahren. (Publicationen des Verbandes zur Förderung der rechts- und staatswissenschaftl. Literatur in Prag. III.) 8. (50 S.) Wien: Perles 1897 —.60

Duschenes, Frdr., die neue Civilproceß-Ordnung u. Jurisdictionsnorm, s. d. Einführungsgesetzen. M. Benützg. d. Motive d. Regierungsentwurfes, d. Berichte d. Permanenzausschusses d. Abgeordnetenhauses, d. Permanenzcommission d. Herrenhauses u. d. gemeins. Commission erläut. u. zusammengest. M. e. ausführl. alphabet., n. Schlagwört. abgef. Sachreg. 2 Abthlgn. 8. Prag 895. Höfer & Klouček. n. 8. —
1. Civilproceßordnung. (VIII u. S. 1—478.) n. 6. —
2. Jurisdictionsnorm. (S. 479—663.) n. 2. —
(Österreich. Reichsgesetze Bd. 8.)

DUSCHINSKI, Max (Námesztó): Experimentelle Untersuchungen über die Vermeidung von Adhäsionen nach Laparotomien.- München 1898. 43 S.
11.11.1898 - Chr 1898/99,12; Jv 1898/99,212
Diss. Ingolst.-Landsh.-Mchn.

Duschinsky, Wilhelm

Duschinsky, W., Choix de lectures expliquées à l'usage de l'enseignement secondaire, s. a. Lehrbuch der französischen Sprache.

Duschinsky, W., Lehrbuch der französischen Sprache. IV. Teil. Choix de lectures expliquées à l'usage de l'enseignement secondaire. Wien 1903. F. Tempsky. Preis, geheftet 4 K, gebunden 4 K 50 h.

Duschinsky, W. Zur Lautlehre des Französischen. Wien, R. Sechsh., 1886. 30 S. Progr.

Duschinsky, Wilhelm Die Lehre vom französischen Verb und deren Behandlung an der Realschule. 8 (S. 3—25, 2 Tabellen). Progr. Deutsche Staatsrsch. *Karolinenthal* 1890.

Duschinsky, W., die Lehre vom französischen Verb. gr. 8. (15 S. m. 2 Tab.) Prag 890. Dominicus. n. — 80

— Sur le misanthrope de Molière. 20. Wien VII. R. 83 Progr.

Duschinsky, Wilhelm (Hrsg.), s. Nothnagel, Walther: Beschränkte Haftung.

— Zur Reform der französischen Syntax. 20. ibd. 01. (Festschrift). Progr.

Duschinsky, W., Übungsbuch zur französischen Syntax. Oberstufe. gr. 8. (IV, 191 S.) Leipzig 902. G. Freytag. Geb. in Leinw. n. 2. 50

Duschke: Marineleben in Scherz u. Bild. Mit Bildern v. Fips. (61 S.) gr. 8 Berl. 1909. Harmonie.

Duschl, Josef, Medizinalprakt.: Zur Therapie der Leukaemie durch Röntgenstrahlen. München 1908: Kastner & Callwey. 66 S. 8°
München, Med. Diss. v. 13. Jan. 1909, Ref. v. Müller
[Geb. 30. März 81 Freising; Wohnort: Freising; Staatsangeh.: Bayern; Vorbildung: Gymn. Freising Reife Juli 02; Studium: München 10 S.; Coll. 13. Jan. 09; Approb. 26. Dez. 08.] [U 09. 3301

Duschnitz, A., Löffler, J. und Prinz, A., Das goldene Buch des Renn-, Reit- und Traber-Sport. Fol. (ill. 100 S. mit Tafeln) geb. K 100.—
Wien: Red. "Das goldene Buch" 1904

Duschnitz, Bertal., Bogenlampen-Taschenbuch. Beschreibg., Prüfg. u. Instandsetzg., Betrieb, Behandlg. u. Installation der Bogenlampen. (IV, 128 S. m. 78 Abbildgn.) kl. 8. Leipzig 908. Hachmeister & Thal. Geb. in Leinw. 1. 80

Duschnitz, B: Bogenlampen-Taschenbuch. 2. Aufl. Leipzig 1908

Duse, Eleonora. Führer durch das Gastspiel v. Eleonora Duse. Mit e. einleit. Studie v. Herm. Bahr. 12. (135 S. m. 1 Bildnis.) Berlin 892. A. H. Fried & Co. — 75

— dasselbe. 2. Aufl. 12. (185 S. m. 1 Bildnis.) Berlin 892. Wiener. — 75

Duse, Johann Adam (Schweden), De episodiorum origine et usu. Diss. philol.-aesthet. Präs. Jacob Wallen. Greifswald (I. H. Eckhardt) 30. IX. 1799. 13 S. (4.—) 7090

Duse, Samuel August

Unter Pinguinen und Seehunden [Bland pingviner och sälar]. Erinnerungen von d. Schwed. Südpolexpedition 1901–1903. Von S[amuel] A[ugust] **Duse** (auf d. Umschl.: F. A. Duse). Einzig autor. Übers. von Emil Engel. Berlin: W. Baensch 1905. (VII, 262 S.) 8° [F.] [05. 784

Duse, S. A., unter Pinguinen u. Seehunden. Erinnerungen v. der schwed. Südpolarexpedition 1901—1903. Einzig autoris. Uebersetzg. v. Emil Engel. (VII, 262 S. m. Bildnis u. 81 Taf.) gr. 8. Berlin 905. E. Nagel. n. 4. —; geb. in Leinw. n. 5. —

Duseberg, Georg [app. Arzt aus Bürstadt]: Zur Casuistik der Rückenmarkstumoren ... M. e. Taf. Giessen, C. v. Münchow, Univ.-Dr., 1893; 27 S., 1 Taf. 8.
Giessen, Med. Fak., Inaug.-Diss. v. 1893

Du Sejour, Achille Pierre Dionis. Analytische Abhandlungen von Sonnenfinsternissen; a. d. Franz. Breslau 1793. Ü: *Schreibel, Joh. Ephr.* (Ky)

Dušek, Ignaz, Anleitung zur Kultur des Färberknöterichs (polygonum tinctorium) in Mittel-Europa und zur hierländ. Indigobereitung. 16. (IV, 21 S. mit 1 lithogr. Taf.) Prag 872, Mourek. *

Dušek, L. J.: Historický školní atlas k starým, ... s. Putzger, F. W.

Düsel, Carl, alte Lieder mit neuen Weisen für Oberklassen in Volksschulen. 4. (15 lith. S.) Rodach 851. (Coburg, Meusel & Sohn.) 3 ngr

Düsel, Carl, Liederbuch für die Mittel- und Oberklassen der Volksschulen. 8. (IV, 112 S.) Koburg 882, Sendelbach. *

Düsel, Carl, Liederbuch für die Mittel- und Oberklassen der Volksschulen. 2. verb. Aufl. gr. 8. (VIII, 114 S.) Coburg 887, Sendelbach. cart. *

[F.] **Düsel,** Friedrich: Der dramatische Monolog in der Poetik des 17. und 18. Jahrhunderts und in den Dramen Lessings ... (Th. 1.) Bonn, Univ.-Buchdr. v. C. Georgi, 1896; VI S., 1 Bl., 86 S. 8.
Rostock, Phil. Fak., Inaug.-Diss. v. [16. März] 1896

[F.] Der dramatische Monolog in der Poetik des 17. und 18. Jhs und in den Dramen Lessings. Von Friedrich **Düsel.** *Hamburg & Leipzig: L. Voss 1897.* (x S., 1 Bl., 86 S.) 1 Bd 8.
— **Forschungen,** Theatergeschichtliche. [No] 14. [97. 7435

Düsel, Frdr., u. Alb. **Sergel,** Tausendschön, s.: Lebensbücher der Jugend.

Dusén, P., Beiträge zur Bryologie der Magellanländer, v. Westpatagonien u. Südchile. I—IV. gr. 8. Uppsala. (Berlin, R. Friedländer & Sohn.) n.n. 14. 60
I. (S. 441—465 m. 11 Taf.) Stockholm 903. n. — 80
II. Mit 11 Taf. (45 S.) 905. n.n. 5. —
III. (Continuatio Dicranacearum.) Mit 8 Taf. (24 S.) 905. n.n. 4. —
IV. (40 S. m. 12 Taf.) 906. n.n. 4. 80
Sonderabdrucke aus: „Arkiv f. botanik".

Dusén, P., Beiträge zur Bryologie der Magellanländer, v. Westpatagonien u. Südchile. V. (32 S. m. 2 Fig. u. 6 Taf.) 8. Uppsala 906. (Berlin, R. Friedländer & Sohn.) nn 3. —
I—IV. Ebd. 903—06. Erh. Pr. 16. 80.

— Beiträge zur Flora des Itatiaia. I. u. II. 8. Ebd. 908. nn 4. —
I. (28 S. m. 10 Fig. u. 5 Taf.) 908. 2. 20
II. (50 S. m. 5 Fig. u. 1 Taf.) 909. nn 1. 80

Beiträge zur Flora der Insel Jan Mayen von P. **Dusén.** Mit 1 Taf. *Stockholm 1900: P. A. Norstedt & söner.* (16 S.) 8°
— **Handlingar,** K. Svenska Vetenskaps-Akademiens. Bihang. Bd 26, Afd. 3, No 13. [03. 22930

Beiträge zur Laubmoosflora Ostgrönlands und der Insel Jan Mayen von P. **Dusén.** Mit 4 Taf. *Stockholm 1901: P. A. Norstedt & Söner.* (71 S.) 8°
— **Handlingar,** Svenska Vetenskaps-Akademiens. Bihang. Bd 27, Afd. 3, No 1. [03. 11250 9

— u. F. W. **Neger,** chilenisch-patagonische Charakterpflanzen, s.: Vegetationsbilder. VI, 8.

Über die tertiäre Flora der Seymour-Insel von P. **Dusén.** Mit 4 Taf. Stockholm 1908: Lith. Inst. d. Generalstabs; Berlin: A. Asher & Co. (27 S.) 4°(8°) [Umschlagt.]
— **Ergebnisse,** Wissenschaftl., d. schwed. Südpolar-Expedition 1901–1903. Bd 3, Lfg 3. [08. 7010

— **Neue Gefässpflanzen aus Paraná (Südbrasilien.) (37 S. m. 18 Abbildgn. u. 8 Taf.) 8. Ebd. 910. nn 3. 60**

— **Neue u. seltene Gefässpflanzen aus Ost- u. Südpatagonien. (62 S. m. 9 Taf.) 8. Ebd. 907. nn 4. 20**
Sonderabdruck aus: „Arkiv f. botanik".

Zur Kenntnis der Gefässpflanzen Ostgrönlands von P. **Dusén.** Mit 1 Karte u. 5 Taf. *Stockholm 1901: P. A. Norstedt & Söner.* (70 S.) 8°
— **Handlingar,** Svenska Vetenskaps-Akademiens. Bihang. Bd 27, Afd. 3, No 3. [03. 11242 9

Dusendbahler, Kord. En snaksch Geschich ut Karlsbad. 8. (108 S.) Hameln 885, Fuendeling. *ℳ 1.50; geb. *

Dusenschön, Friedrich, a. Hamburg: Die Präposition after æt und be in der altenglischen Poesie. Kiel 1907: H. Fiencke. (35 S.) 8°
Kiel, Phil. Fak., Ref. Holthausen, Diss. v. 17. Jan. 1907
[Geb. 21. Mai 84 Hamburg; Wohnort: Hamburg; Staatsangeh.: Preußen; Vorbildung: Realgymn. d. Johanneums Hamburg Reife O. 03; Studium: Berlin 2, Straßburg 2, Kiel 3 S.; Rig. 1. Dez. 06.]

Dusenschön, Hans, hamborger Ammen-Mährchen. Drullige Rymels för drullige Lüüd. 8. (8 S.) Altona 860, (Verlags-Bureau.) *

— **Huusknechten-Drievwark.** En Rymels to'n Pläseer. 8. (8 S.) Altona 857, (Verlags-Bureau.) *

— Köfschen-Drievwark in Hamborg. En plattdütsch Rymels as'n lüttjen Spoß för plattdütsche Lüüd. Ebend. 857. 8. (8 S.) n. 2 ngr

— **Kooplüüd-Drievwark.** En Rymels to'n Declameern in'n Comtohr un op de Börs. 8. (7 S.) Altona 859, (Verlags-Bureau.) *

— **de fidele Kruutkramer-Kummi.** Hamborger Charakter-Gemälde. 8. (8 S.) Altona 860, (Verlags-Bureau.) *

— **Putzmamsellen-Drievwark.** En Deklamatschon t'en Pläseer. 8. (8 S.) Altona 859, (Verlags-Bureau.) *

Plattdütsche Rimels ut ohlen Tieden för plattdütsche Lüüd von Hans **Dusendschön.** Hamburg: Steudel & Hartkopf 1902. (41 S.) 8° [F.]
— **Volksbööker,** Hamborger. No 1. [07. 6812 9

— **de schoine Veerlannersch.** Een plattdütsch Rymels to'n Vergnoigen un t'on Lachen. 8. (8 S.) Altona 859, (Verlags-Bureau.) *

Dusensy, S., die Krankheiten der durchsichtigen Hornhaut, in systemat. Ordnung. gr. 8. Prag 833. (Dirnböck.) n. 1/3 rthlr

Dusill, F. M., neuestes Maß-Notizbuch für Herrenkleider und sonstige derartige Toilettegegenstände, mit besondern Rubriken für alle beim Maßnehmen vorkommenden Bemerkungen. Hrsg. von F. Kratochwill in Wien. 32. (184 S.) Wien 862, Brandel. geb. *

Düsing, s. a. Duising. — Duysing.

Düsing, künstlicher Irrsinn. Eine Warnung vor Irrenanstalten. gr. 8. (56 S.) Leipzig 894. W. Friedrich. n. 1. —

Düsing, Lehrbuch der Chemie f. technische Anstalten. (VI, 116 S. m. 31 Fig.) gr. 8. Kiel 906. R. Cordes. Geb. in Leinw. n. 2. 70

Düsing, d. Verjudung d. Ärzte u. d. dadurch veranl. Eindringen d. Cynismus i. d. Medicin. E. Beitrag z. Frauenärztinnen-Frage. gr. 8. (IV, 84 S.) Münster 895. J. Basch. n. 1. —

Düsing, Albert, Prof. Dr.: Bericht über die 50jährige Jubelfeier der Anstalt am 15. Mai 1902. *Stralsund 1903: Kgl. Regierungs-Buchdr.* (S. 3—25.) 4° [F.]
Stralsund, RG, P 1903 (179)

Düsing, Aug., das Krystalllinsensystem des menschl. Auges, in physiolog. und patholog. Hinsicht. Nach meiner von der Redaction der Annales d'Oculistique in Brüssel gekrönten Preisschrift über den secundären Capsel-Staar umfangreich bearb. u. krit. dargestellt. gr. 8. Berlin 844, Förstner. 1 1/6 ₰

Düsing, Carl

Düsing, C. Das Geschlechtsverhältniss der Geburten in Preussen, s. Studien, staatswissenschaftliche.

Düsing, Carl, die Regulierung des Geschlechtsverhältnisses bei der Vermehrung der Menschen, Tiere und Pflanzen. Mit einer Vorrede von W. Preyer. gr. 8. (XX, 364 S.) Jena 884, Fischer. *
Aus: Jenaische Zeitschrift für Naturwissenschaft, besonders abgedruckt.

Düsing, Dethard (Bremen), De vero rerum pretio. Diss. jur. Präs. Heinrich Coccejus. Frankfurt/O., 18. VI. 1701. (Chph. Zeitler) 1712. 28 S. (5.—) 7036

— Diederich (Bremen), De quaestione quatenus jusjurandum in supplementum locum habeat in causis matrimonialibus. Dissert. jur. Duisburg (Joh. Sas) 24. VI. 1728. 46 S. (5.—) 7037
Widm. v.: Daniel Gerdes, Joh. Hildebr. Withof, N. Eggers, Heinr. Düsing (Bruder).

— Gerhard (Bremen), De jure offerendi posterioribus hypothecariis contra priores competente. Disp. jur. Präs. Thom. Siegfr. Ring. Frankfurt/O. (Joh. Coepsel) 8. VII. 1700. 42 S. (5.—) 7038

— Heinrich (Bremen), De religione judicantium circa reorum confessiones. Diss. jur. Präs. Jo. Gottl. Heineck. Frankfurt/O. (Tob. Schwartz) 10. V. 1730. 72 S. (6.—) 7039
Widm. v.: Christ. Gottfr. Hoffmann, Gottfr. Weigh. Ring, Joh. Wolfg. Trier, Präs., C. E. Russel (Ostfriesland), G. C. v. Blanckensee (Pommern), Hermann Schlepe (Bremen).

Duesing, Hermann [aus Iserlohn]: Pathologisch-anatomische Untersuchung eines Falles von Syringomyelie. . . . Würzburg, Druck d. Stahel'schen k. Hof-Buchdr., 1891; 28 S. 8°
Würzburg, Med. Fak., Inaug.-Diss. v. 1891

Düsing, K., die Elemente der Differential- u. Integralrechnung in geometrischer Methode dargestellt. Ausg. A: Für Gymnasien, Realgymnasien u. Oberrealschulen, sowie zum Selbstunterricht. Mit zahlreichen Übgn. u. 47 Fig. (74 S.) 8. Hannover 908. Dr. M. Jänecke. 1.—; geb. 1. 30

— dasselbe. Ausg.: B: Für höhere techn. Lehranstalten u. zum Selbstunterricht. Mit zahlr. Beispielen aus der techn. Mechanik v. Ernst Preger, sowie vielen Übgn. u. 68 Fig. 2. Aufl. (XI, 101 S.) 8. Ebd. 910. Geb. 1. 90

Düsing, Thusnelda, Hohlsaum- u. Leinendurchbruch-Arbeiten. Ein Lehrgang sowie Anleitg. zur Herstellg. v. Gebrauchsgegenständen in dieser Handarbeit. (64 S. m. 160 Abbildgn. u. 1 Schnittbog.) Lex. 8. Leipzig (909). Verlag der Deutschen Modenzeitg. 1. 50

Duske, Georg: Die Formen und Voraussetzungen einer Verfassungsänderung im Deutschen Reiche gegenüber einer solchen in Preussen. *Berlin 1897: F. Weber.* (40 S.) 8°
Erlangen, Jur. Diss. v. 11. Sept. 1897

Duske, L., Reductions-Tabellen, s. Hertzer, H.

Dusle-Bimbam. Samml. heiterer Poesien u. Scherzreden zu Vorträgen in gesell. Kreisen. gr. 12. (3 1/2 B.) Berlin 841, Stange. (?)

Dusle-Bimbam. 2 Hfte. 16. (10 1/4 B.) Berlin 843, Bade.

Dusmanis, Vict., Bemerkungen zur Bestimmung der Ortlichkeit der thessalischen Schlacht zwischen Cäsar u. Pompejus, s. a. Militär-Wochenblatt. 1909. Beiheft 7.

Bemerkungen zur Bestimmung der Örtlichkeit der thessalischen Schlacht zwischen Cäsar und Pompejus. Von Victor Dusmanis [Βικτωρ Δουσμάνης]. ⟨Mit 1 Skizze.⟩ Berlin: Mittler (1909). S. 277–288. 8° [Umschlagt.]
(Militär-Wochenblatt. 1909, Beih. 7, [2]) Isp. 10045

Dusmann, Johann Baptist

Dusmann, J. B., König Ludwig des Ersten von Bayern Ruhm im Heiligthume. Gedächtnißrede bei dem dritten feierl. Leichengottesdienste gehalten am 12. März 1868 in der St. Bonifazius-Basilika. 1. und 2. Aufl. gr. 8. (20 S.) München 868, Manz.

Dusmann, Joh. Bapt. (Hofstifts-Pred. zu St. Cajetan), Trauer-Rede bei den feierl. Exequien Ihrer k. k. Hoheit der Prinzessin *Auguste Ferdinanda*, Gemahlin Sr. kgl. Hoheit des durchlauchtigst. Prinzen *Luitpold* v. Bayern. Gehalten in der St. Cajetans-Hofkirche zu München, d. 30. Apr. 1864. Ibid. 1864. 8°. 14 S. Beibd.

Dusmann, Silvester, Clown u. Schützenkönig. Orig.-Lustspiel in 3 Aufzügen f. nur männl. Rollen 12. (62 S.) Regensburg 892. J. Habbel. n. — 60

Dusmann, Silvester. Festpredigt. — Dramat. Festspiel, s. Klänge der Erinnerung.

Dusmann, Silvester, ein Flecken im Tafeltuch, s. Gemüt und Humor.

Dusmann, Silvester, Gemüt u. Humor. Dramatische Dichtgn. f. Jugendbühnen u. f. Theater v. kathol. Jünglings- u. Männer-Vereinen. 1. Bdchn. Prinz Karneval. Fastnachts-Scherz. 8. (54 S.) Amberg 886. Habbel. n. — 40

— Gemüt u. Humor. Dramatische Dichtgn. f. Jugendbühnen u. f. Theater v. kathol. Jünglings- u. Männer-Vereinen. 2. Bdchn. 8. Amberg 887. Habbel. n. — 60 (1. u. 2.: n. 1. —)
Ein Flecken im Tafeltuch. (83 S.)

Dusmann, Sylvester, Gemüth u. Humor. Dramatische Dichtgn. f. Jugendbühnen u. f. Theater v. kathol. Jünglings- u. Männer-Vereinen. II. u. III. Bdchn. 12. Regensburg (900). J. Habbel. n. 1. —
II. Ein Flecken im Tafeltuch. Lustspiel in 3 Aufzügen. 2. Aufl. (79 S.) n. — 60
III. (Für Gesellen- u. Männervereine.) Der diebs- u. feuerfeste Kassaschrank. Orig.-Lustspiel in 3 Aufzügen. 2. Aufl. (59 S.) n. — 40

Dusmann, Sylvester, Gemüth u. Humor. Dramatische Dichtgn. f. Jugendbühnen u. f. Theater v. kathol. Jünglings- u. Männer-Vereinen. IV. Bdchn. (Für Gesellen- u. Männervereine.) Es wird Theater gespielt. Orig.-Lustsp. i. 3 Aufzgn. 2. Aufl. 12. (60 S) Regensburg 898. J. Habbel. n. — 40

— — Gold, Weihrauch u. Myrrhen. Dramatisches Weihnachtsspiel in 3 Aufzügen. 12. (39 S.) Regensb. 891, Habbel. * — 40

—— Prinz Karneval, s. Gemüt und Humor.

— zur Krippen-Feier. Dramatische Dichtgn. f. Jugendbühnen. Mit e. Anh. v. verschiedenen Gelegenheits-Gedichten desselben Verf. 8. (96 S.) Ebend. 886. cart. n. 1. —

—— Zur Krippen-Feier. Dramatische Dichtgn. f. Jugendbühnen. Mit e. Anh. v. Gelegenheits-Gedichten. 2. Aufl. 12. (96 S.) Ebd. 891. * 1 —

Dusmann, Silvester, zur Krippen-Feier. Dramatische Dichtgn. f. Jugendbühnen. Mit e. Anh. v. verschiedenen Gelegenheitsgedichten desselben Verf. 3. Aufl. (102 S.) 8. Regensburg (909). F. Habbel. 1. —

— zwei Landschaftsgemälde. Ein Weihnachtsdrama in 3 Akten. 12. (72 S.) Ebd. 891. n. — 60

— am Ufer d. Stromes der Zeit. Dramatisches Festspiel zum 50jährigen Bischofsjubiläum Sr. Heil. d. Papstes Leo XIII. am 19. Febr. 1893. 12. (15 S. m. 1 Abbildg.) Ebd. 893. — 30

Dusold, Georg J.

--Zur Erinng an die Centenar-Feier d St. Alphonsus-Gmde, Balt, Md., 1800-1900. Baltimore, 1900.

Dusold, Georg J. Goldenes Jub d Kirche z Allerheiligsten Erlöser an der dritten Straße NY, 1844-94. NY, 1894.

Dussard, Joan. Henr. Gerh. (geb. Dürwiss bei Aachen 15. 2. 1837): De eclampsia puerperali. Berolini (1861). (32 S.) 8°
Berlin, Med. Diss. v. 6. Aug. 1861

Dussaud, B. Cours élémentaire de langue maternelle. Ire partie. In-12°, 160 p. Genève et Bâle, H. Georg. 1888 cart. 1 25

Dussaud, B. et Rosier, W. Géographie locale à l'usage des écoles du canton de Genève. In-4°, 24 p. avec 2 cartes, nombreuses fig. dans le texte. Genève et Bâle, H. Georg. 1888 — 90

Dussaud, B., Rapport sur le groupe 30 de l'exposition nationale suisse à Zurich 1883: Instruction et éducation. gr. 8. (106 S.) Zürich 884, Orell, Füssli und Comp. *

Düssault, s. Dusault.

Dussault. ... über die Trauerrede, s. Trauerreden.

Dussault, über die Trauerrede, s. Villemain.

Düssault, J. J., Schreiben an Röderer üb. Religion rc. a. d. Fr. gr. 8. Leipz. Dyk. 796.

Dussaussoy, André

— Abhandl. über d. Radikalkur d. Wasserbruchs durch Arzneimittel. Aus d. Französ. 8. Leipz. 780. Weygand. 9 gr.

Dussausoy, André: Abhandlung über die Radikalkur des Wasserbruchs durch das Aezmittel. (Cure radicale de l'hydrocèle par le caustique. Dt.) 166 S., gbd.

Leipzig: Weygand 1790

Dussaussoy, Andr., observat. sur la Gangrène des Hôpitaux etc. 8. Genf 787. (Acad. B.) 9 gr.

Dusse, A., s.: Wohnungs-Anzeiger f. Stargard i. P.

Dusseau. *Weihnachtsblümchen* für gute Kinder. Nach dem Holländischen des Dusseau von Kathinka Zitz. Mainz. Verlag von Joseph Scholz [c. 1830]. 31 S. m. 4 entzückenden, handkolor. Lithographien. Quer-12°. Or.Einband aus dunkelbraunem Moireekarton mit goldgedr. Ornamenten. 36.—
Ganz reizendes, seltenes Büchlein. Die unsignierten Bilder zeigen spielende u. rastende Kinder. Sehr gut erhalten. ★★

Dusseck, J. L., Pianoforteschule. 8. Leipz., Breitkopf u. H. 1 Rthlr

Dussek, J. L. Pianoforteschule. 4. Auflage. Leipzig. [quer 8°.]

Düssel, Georg. Ueber die Constitution arsenigsaurer Salze. Bonn, 1892.

Düssel, Carl: Anschauung, Begriff und Wahrheit. Tübingen 1906: H. Laupp jr. (72 S.) 8°
Heidelberg, Phil. Fak., Ref. Windelband, Diss. v. 8. Okt. 1906
[Geb. 12. Dez. 82 Cöln a. Rh.; Wohnort: Cöln; Staatsangeh.: Preußen; Vorbildung: Gymn. an Aposteln Cöln Reife O. 01; Studium: Freiburg i. B. 3, Berlin 1, Heidelberg 2 S.; Rig. 11. Dez. 05.]

Düssel, Karl, Anschauung, Begriff u. Wahrheit. Eine log. Untersuchg. (71 S.) gr. 8. Tübingen 906. J. C. B. Mohr. n. 2. —

Düssel, Ph. W., die doppelte Buchhaltung. Kurzgefaßte Darstellung ihrer sachgemäßen Vereinfachung in besond. Rücksicht auf Waaren- und Fabrikgeschäfte, mit einem Anhang: Gesetzliche Bestimmungen über die kaufmänn. Handelsbücher. gr. 8. (30 S.) Bockenheim 879. (Leipzig, Theile.) *

Düssel, Ph. W., die Buchhaltung bei der technischen Leitung industrieller Etablissements. gr. 8. (40 S.) Leipzig 880. Theile in Comm. n. 1. —

Düssel, Ph. W., s.: Schutz den Kindern aller Stände.

Düsseldorf [Sachl. OW]

Düsseldorf. Gestochen von J. C. Eckard in Darmstadt. (Wiebeking) 1: 10,000. 1 Bl.

Düsseldorf. (1:22.500.) (Mit Verzeichnis d. Straßen ,.. Düsseldorf: Schmitz & Olbertz [1904]; Geogr. Anst. Wagner & Debes, Leipzig.) (1 Kartenbl. 17 × 24 cm mit Legende, 2 Bl.) 8° [Kopft. gestochen.] [kol.]
[Umschlagt.:] Stadtplan von Düsseldorf. [03. 3608

Düsseldorf u. seine Bauten. Hrsg. vom Architekten- u. Ingenieur-Verein zu Düsseldorf. (XI, 569 S. m. Abbildgn., 7 Taf. u. 3 Plänen.) Lex.-8. Düsseldorf 904. (L. Schwann.) Geb. in Leinw. n. 20. —

Düsseldorf in Bildern. qu. gr. 4. (30 Lichtdr.-Taf.) Düsseldorf 896. F. Wolfrum. In Mappe n. 18. —

Düsseldorf im Jahre 1898. Festschr. den Theilnehmern an d. 70. Versammlg Deutscher Naturforscher u. Aerzte dargereicht v. d. Stadt Düsseldorf. M. 31 Abb. u. Pl. (Hrsg.: Wilh. Simonis.) *Düsseldorf: Gedr. b. A. Bagel 1898.* (3 Bl., 235 S., 1 Bl., 7 Taf., 3 Pl.) 1 Bd 4. [98. 9066

Düsseldorf im Portemonnaie. Unentbehrl. Rathgeber und Begleiter für Düsseldorf und mit Düsseldorf in Verkehr Stehende. Ausg. Winter 1887/88. Mit Kalender für 1888. 64. (69 S.) Düsseldorf 887, Köpping.

Düsseldorf im Portemonnaie. Sommer 1889. 128. (86 S.) Düsseldorf 889. Köpping. — 15

Düsseldorf mit seinen Umgebungen. Ein Wegweiser für Fremde u. Einheimische. Nebst 1 Grundriß von Düsseldorf. 8. Düsseldorf 840. Schaub. 1/2 Rthlr

Düsseldorf im Wandel der Zeiten. Von Freunden d. Heimatgeschichte. Düsseldorf: L. Schwann [1904]. (75 S.) 8° [F.] [05. 1069

Düsseldorf im Wandel der Zeiten. Von Freunden der Heimatgeschichte. 4—6. Taus. (88 S. m. Abbildgn.) 8. Düsseldorf 910. L. Schwann. Geb. in Halbleinw. — 80; Kunstdr.-Ausg., geb. in Leinw. 1. 50

Düsseldorf [Schlagwort]

— s. a.: Deutschland. Karte. (Abt. Preussen.) — Handkarten. — Pharus-Städte-Atlas.

— s. a.: Deutschland. Uebersichtskarte. — Industriekarten. Mittelbach. — Köln, Reg.-Bez. — Radfahrerkarten. Lenz. Ravenstein. — Rheinprovinz. Liebenow.

— s. a.: Europa. Übersichtskarte. — Schulwandkarten Schwann.

— s. a.: Hand- u. Reisekarten.

— s.: Heimatskärtchen. 2.

Düsseldorf, Umgebung von, s.: Woerl's Reisehandbücher.

Düsseldorf-Mainz, s.: Automobilkarton. Pharus-Autostrecke.

Düsseldorf. Breuer, K., u. K. Roemer, Handkarte des Stadt- u. Landkreises Düsseldorf. 1:100,000. 34,5×26 cm. Farbdr. Düsseldorf (901). L. Schwann. n.n. — 10

Düsseldorf, Reg.-Bez. Breuer, C., Schul-Wandkarte d. Reg.-Bez. Düsseldorf. 1:80,000. 6 Blatt. Chromolith. gr. Fol. Düsseldorf 888. F. Bagel. n. 5. —; auf Leinw. m. Rollvorrichtg. n. 11. —

— — — Schulwandkarte des Stadt- u. des Landkreises Düsseldorf. 1:25,000. 2 Blatt. 59,5×106 u. 71×106 cm. Farbdr. Ebd. (901). n. 10. —; auf Leinw. m. Stäben n.n. 16. —

— Broichmann, J., Schul-Wandkarte vom Reg.-Bez. Düsseldorf. 1:80,000. 6 Blatt. Farbendr. u. color. Imp.-Fol. Köln 890. Tonger. 6. —; auf Leinw. m. Stäben n. 14. —

Düsseldorf, Reg.-Bez. Büntgens, Karte d. Reg.-Bez. Düsseldorf unter Berücksicht. der neuen Kreiseinthlg. f. den heimatkundl. Unterricht entworfen. 1:475,000. Farbendr. 24×21 cm. Essen 891. H. L. Geck. n.n. — 15

Düsseldorf, Stadt- u. Landkreis. Cüppers, Ad. Jos., Schul-Wandkarte des Stadt- u. Landkreises Düsseldorf. (Nach pädagog. Grundsätzen bearb.) 4 Blatt à 65,5×51,5 cm. Farbendr. Düsseldorf 889. L. Schwann. n. 12. —; auf Leinw. m. Stäben n.n. 15. —

Düsseldorf, Reg.-Bez. Hackmann, W., Schulwandkarte des Reg.-Bez. Düsseldorf. 1:80,000. 4 Blatt à 75×74,5 cm. Farbdr. Düsseldorf 898. L. Schwann. n. 8. —; auf Leinw. m. Stäben n. 14. —

Düsseldorf, Stadt. Hofacker, A., Karte v. Düsseldorf u. Umgebung. 1:10,000. (Ausg. 1898.) 44,5×53 cm. Farbdr. Nebst e. vollständ. Strassen-Verzeichniss. 12. (4 S.) Düsseldorf 898. H. Michels Verl. n. 1. —

— Hofacker, A., Karte v. Düsseldorf u. Umgebung. 1:10,000. 12. Aufl. 44×53,5 cm. Farbdr. Nebst Strassenverzeichnis. 12. (5 S.) Düsseldorf (902). H. Michel's Nachf. — 60

Düsseldorf, Kreis. Hofacker, A., topographische Karte des Stadt- u. Landkreises Düsseldorf. Im Auftrage der Kreisstände nach den Generalstabskarten, den Katasterkarten u. anderen Materialien bearb. 2. rev. Aufl. 1:25,000. 4 Blatt je 66×55,5 cm. Farbdr. Düsseldorf 879. Königl. Landratsamt. n. 8. —

Düsseldorf, Stadt. Hofacker's, A., neuester Plan v. Düsseldorf. 1:10,000. Chromolith. qu. gr. Fol. Nebst e. Führer durch die Stadt u. ihre Umgebg. 5. Aufl. gr. 16. (48 S.) Düsseldorf 889. Michels. n. 1. 50

— — neuester Plan v. Düsseldorf. (Ausg. 1898.) 30,5×27,5 cm. Nebst vollständ. Strassen-Verzeichniss. 12. (4 S.) Ebd. 898. n.n. — 35

— — Plan von Düsseldorf. 12. Aufl. 31×26,5 cm. Farbdr. Nebst Strassenverzeichnis. 12. (5 S.) Ebd. (902). — 30

Düsseldorf, Stadt. Karte der Umgebung v. Düsseldorf. 1:50,000. 90×83 cm. Farbdr. Düsseldorf (907). W. Wörmbcke. 2. —; auf Leinw. in Taschenformat od. m. Stäben 4. 50

— Kremer, Frz., Plan des Stadtkreises Düsseldorf. Steindr. 55×62,5 cm. Mit Strassenverzeichniss an den Seiten. Düsseldorf 891. L. Voss & Co. n. 1. —

— Kremer, Frz., Plan des Stadtkreises Düsseldorf. 2., neu bericht. Ausg. 55×52 cm. Photozinkotypie. Mit Strassenverzeichnis an d. Seiten. Düsseldorf 895. L. Voss & Co. n. 1. —

— Lageplan der Industrie- u. Gewerbe-Ausstellung f. Rheinland, Westfalen u. benachbarte Bezirke, verbunden m. e. deutsch-nationalen Kunst-Ausstellung. 28×103 cm. Farbdr. Düsseldorf 902. (Schmitz & Olbertz.) n. 1. 40

Düsseldorf, Stadt. Lageplan der internationalen Kunstausstellung u. grossen Gartenbau-Ausstellung Düsseldorf 1904, verbunden m. e. kunsthistor. Ausstellg. 1:1250. 86,5×105 cm. Düsseldorf (904). (Schmitz & Olbertz.) n. 2. 80

— Mittelbach's Umgebungskarte v. Düsseldorf. 1:75,000. 43×36,5 cm. Farbdr. Leipzig (903). Mittelbach. n. — 60

— Pharus-Plan. Ausstellung Düsseldorf 1904. 17,5×32,5 cm. Farbdr. Berlin (904). Pharus-Verlag. n. — 20

— — Düsseldorf. 69×91 cm. Farbdr. Grosse Ausg. Mit illustr. Führer Düsseldorf u. seine Umgebg. (Neue Ausg.) (XXIV, 17 S. m. 1. Entfernungstaf.) 8. Ebd. n. 1. —

— — dasselbe. Kleine Ausg. Entworfen v. Cornelius C. Loewe. 1:10,000. Nebst: Wissenswerte Angaben f. Einheimische u. Fremde m. Hinweis auf den Pharus-Plan Düsseldorf. (17 S.) kl. 8. Ebd. n. — 50

— Pharus-Plan v. Düsseldorf. 69,5×91,5 cm. Nebst Plan der Ausstellg. 20,5×40,5 cm. Farbdr. Mit Führer durch die Ausstellg. schmal gr. 4. (24 S.) Berlin (902). Pharus-Verlag. n. 1. —

Düsseldorf, Stadt. Plan v. Düsseldorf. 39,5×33 cm. Lith. Mit Strassen-Verzeichniss. 8. (2 S.) Düsseldorf 894. J. P. Mischel. — 30

— Plan v. Düsseldorf. 39×33 cm. Lith. Mit Strassenverzeichniss auf dem Umschlag. Düsseldorf 896. J. P. Mischel. — 30

Düsseldorf, Reg.-Bez. Roemer, K., Schulhandkarte des Reg.-Bez. Düsseldorf. 1:400,000. 28×26 cm. Farbdr. Essen (906). G. D. Baedeker. n. — 20

— Roemer, K., Schul-Wandkarte des Reg.-Bez. Düsseldorf. 1:80,000. 4 Blatt à 82×66 cm. Farbdr. Essen 898. G. D. Baedeker. n. 8. —; auf Leinw. m. Stäben n. 16. —

Düsseldorf, Reg.-Bez. Römer, K., Schul-Wandkarte des Reg.-Bez. Düsseldorf. 2. verb. Aufl. 1:80,000. 4 Blatt je ca. 82×66 cm. Farbdr. Essen (909). G. D. Baedeker. 9. —; auf Leinw. m. Stäben u. Schutzvorrichtg. 18. —

— Situationsplan, neuester, u. Droschken-Wegemesser der Stadt Düsseldorf. Mit Text an den Seiten. Farbendr. 61,5×69,5 cm. Düsseldorf 891. F. Bagel. n. 2. 50

— Spezial-Karte der Umgebung von Düsseldorf. 1:80,000. 56×75 cm. Düsseldorf (901). W. Wörmbcke. n. 1. —

— Stadt-Plan v. Düsseldorf. 1:22,500. 24,5×17,5 cm. Farbendr. Mit Verzeichnis der Strassen, freien Plätze, öffentl. Baulichkeiten etc. 12. (4 S.) Düsseldorf 895. Schmitz & Olbertz. n. — 25

— Stadtplan v. Düsseldorf. 1:22,500. 24,5×17,5 cm. Farbdr. Nebst Verzeichnis der Strassen, freien Plätze, öffentl. Gebäude etc. 8. (4 S.) Düsseldorf (900). Schmitz & Olbertz. — 25

— Stadtplan v. Düsseldorf. 1:22,500. 25×18 cm. Farbdr. Mit Verzeichnis der Strassen, freien Plätze, öffentl. Gebäude u. Sehenswürdigkeiten. (4 S.) kl. 8. Düsseldorf (904). Schmidtz & Olbertz. n. — 25

— Verkehrskarte v. Düsseldorf u. seiner weiteren Umgebung 1906/7. 25,5×33 cm. Farbdr. Düsseldorf, E. Ohle. — 10

— Wandkarte der Kreise Düsseldorf u. Neuss, Reg.-Bez. Düsseldorf. Bearb. nach den neuen Messtischblättern der königl. preuss. Landes-Aufnahme. 1: 35,000. 2 Blatt je 60×93 cm. Farbdr. Berlin (903). D. Reimer. n. 7.50; auf Leinw. m. Stäben n. 12.50

Düsseldorf, Mos. Laz., s. Phädra u. Hippolitus.

Rechtskarte des Oberlandesgerichtsbezirks Frankfurt a. M. ⟨mit Ausschluss d. Hohenzollernschen Lande⟩ nebst Erl. von Amtsger.R. a. D. Hermann Düssoll. Hrsg. von O. Sayn, Amtsrichter. *Wiesbaden: C. W. Kreidel 1902.* (VIII, 104 S., 1 Kartenbl. 74×65 cm.) 4° [04. 1104]

Düssieux, s.: Chaptal, J. A.

Dussin Dubreuil, J. L., das Selbstbeflecken u. d. Mittel s. Folgen zu entfernen. a. d. Franz. übers. v. Huber. 8. Basel, Flick. 807.

Dußling, Edw., geometrischer Rathgeber für Gewerbsleute und Handwerker, insbesond. für solche, die sich dem Baufache widmen, u. deßhalb eine Prüfung zu erstehen haben, so wie auch f. Sonntags- u. Gewerbsschulen u. für diejenigen Geschäftsleute, welche Flächen u. Körper berechnen wollen. Mit 80 Figuren. gr. 12. Stuttgart 840. Wachendorf. 5/8 ℛ

DUST, W.: Officieller Bericht über die internationale Ausstellung für Leder, Lederwaaren und Eichenkultur zu Berlin 1877 .... - Berlin 1878. 246 S., 1 Plan

Düster und munter! Ein Sträußchen von Jul. v. Voß u. Ad. v. Schaden. 8. Leipzig, Kollmann. 821.

Düsterbehn, Fr. [aus Verden]: Ueber die Reduction des o-, m- und p-Toluolazophenetols ... Heidelberg. Univ.-Buchdr. v. J. Hörning. 1893; 37 S., 1 Bl. 8.
Heidelberg, Naturw.-math. Fak.; Inaug.-Diss. v. [28. Febr.] 1803

Düsterbehn, H., Katalog der deutschen Eisenbahnmarken 1908. (71 S. m. Abbildgn.) kl. 8. Oldenburg i/Gr. 908. Selbstverlag. nn — 75

Duesterberg, der Infanterist in der Schlacht. Für den Mannschaftsunterricht auf dienstl. Veranlassg. bearb. 14. Aufl. (16 S.) 11,6×7,7 cm. Berlin 910. Liebel. p — 12

Duesterberg, Felix August (Paderborn/Westf.), De fluxu hepatico. Diss. med. Bln. (A. W. Schade) 3. IV. 1818. 31 S. mit Biogr. (4.50) 7040
Gew.: Sebald Just. Brugmans.

Duesterberg, Georg. (geb. Lippstadt 22. 10. 1835): De aneurysmatis aortae thoracicae symptomatibus et diagnosi. Berolini (1859). (31 S.) 8°
Berlin, Med. Diss. v. 4. Aug. 1859

Düsterberg, Wilh., das Federvieh oder Anleitung mittelst Anzucht, Eierproduction und Mästung aus Hühnern, Truthühnern, Gänsen und Enten den höchsten Gewinn zu ziehen. Auf 25jährige eigene Erfahrung begründet. 1. u. 2. unveränd. Aufl. Hamburg 862. (Altona, Verlagsbureau.) gr. 8. (VIII, 128 S.) n. 20 ngr

Düsterberg, Wilh., das Federvieh oder Anleitung mittelst Anzucht, Eierproduktion u. Mästung aus Hühnern, Truthühnern, Gänsen u. Enten den höchsten Gewinn zu ziehen. Auf 25jähr. Erfahrung begründet. 3. Ausg. Berlin 869. Mode. gr. 8. (128 S.) 15 ngr

Düsterberg, Wilh., das Federvieh od. Anleitg. mittelst Anzucht, Eierproduction u. Mästg. aus Hühnern, Truthühnern, Gänsen u. Enten den höchsten Gewinn zu ziehen. Auf 25jähr. eigene Erfahrg. begründet. 3. Aufl. gr. 8. (VIII, 128 S.) Altona 876. Verlags-Bureau. n. 2. —

Düsterberg, Wilh., das Federvieh oder Anleitung, mittelst Anzucht, Eierproduction u. Mästung aus Hühnern, Truthühnern, Gänsen u. Enten den höchsten Gewinn zu ziehen. Auf 25 jähr. eigene Erfahrung begründet. 4. Ausgabe. 8. (VIII, 144 S.) Berlin 879. Mode's Verl. 2. —

Düsterberg, Wilh. Das Federvieh od. Anleitg., mittelst Anzucht, Eierproduktion rc. den höchsten Gewinn zu ziehen. 7. Aufl. 8. (VIII, 124 S.) Berl. 891, Mode's Verlag. 2 —

— die rationelle Federviehzucht oder die vortheilhafteste Züchtung, Mästung und Eierproduction der Hühner, Truthühner, Enten und Gänse als höchste Ertragsquelle der Landwirthschaft und als einträgliches, einen großen Gewinn bringendes Unternehmen für Geschäftsleute jeden Standes. Auf eigene langjährige praktische Erfahrungen begründet. 1. u. 2. unveränderte Aufl. Berlin 861. J. Springer. gr. 8. (VI, 132 S.) 1 ℛ

— die rationelle Schweinezucht und Mästung in ihrem wahren Verhältnisse zur Landwirthschaft oder Anleitung, wie man mittelst der Zucht und Haltung des Schweins die Bodenerzeugnisse auf's Vortheilhafteste verwerthen und aus den unfruchtbarsten Heideflächen die einträglichsten zweischürigen Wiesen herstellen kann. Auf eigene langjährige Erfahrungen begründet. Ebend. 862. gr. 8. (VIII, 168 S.) 1 ℛ

Düsterbrock, M. (Frl. Luise Kaliebe), Jeremias Bräsig. Heiteres aus e. kleinen Stadt. (IV, 272 S.) 8. Potsdam (907). A. Stein. 3.—; geb. in Leinw. n 3.50

Düsterbrock, M., en poor Plauten ut minen Goren, s.: Hesse's, Max, Volksbücherei.

Riemels un Spletters von M. Düsterbrock [d. i. Luise Kaliebe]. Berlin, Potsdam: Stein (1909). 100 S. 8° [10. 6087]

— Riemels un Spletters. (VI, 100 S.) 8. Ebd. (910.) Geb. in Leinw. 1.50

Düsterdieck, Fr. Arm. Chr., quae de Ignatianarum epistolarum authentia duorumque textuum ratione et dignitate hucusque prolatae sunt sententiae enarrantur et dijudicantur. Commentatio. 4maj. Götting. 843, Dieterich. n. 5/6 ℛ

Düsterdieck, Friedrich

Düsterdieck, Frdr., zum Andenken an den Abt, Ober-Konsistorialrath D. th. u. Dr. jur. Gerhard Uhlhorn. 8. (14 S.) Hannover 902. H. Feesche. n. — 25

Düsterdieck, Frdr., apologetische Beiträge. I. u. II. Göttingen 865, 67. Vandenhoeck & Ruprecht. gr. 8. Jedes Heft n. 16 ngr
1. Beitrag: Das Suchen nach Wahrheit. Die Weisung des Weges. Der feste Grund. Die heil. Urkunden. (VI, 116 S.)
2. Beitrag: Die gottseligen Geheimnisse. 1. Gott u. seine Schöpfung. 2. Der Mensch u. seine Sünde. (IV, 116 S.)

Düsterdieck, Friedr., apologetische Beiträge. 3. Beitrag. (Schluß.) Der Gottmensch und sein Heil. — Der Glaube. — Die Kirche. gr. 8. (V, 186 S.) Göttingen 872, Vandenhoeck und Ruprecht's Verlag. *
1. und 2. Beitrag. Ebendas. 1865,67. *ℳ 3,20.

Düsterdieck, Friedr., die weltliche Bildung der Geistlichen. Conferenz-Vortrag. 8. (74 S.) Hannover 873. Meyer. — 75

Düsterdieck, Frdr., die drei johanneischen Briefe. Mit einem vollständ. theolog. Commentare. 1. Bd., die Einleitung zu dem ersten Briefe u. den Commentar zu 1. Joh. I, 1—II, 28 enthalt. gr. 8. (CXII u. 392 S.) Göttingen 852, Dieterich. 2 ℛ

Düsterdieck, Friedr., die drei johanneischen Briefe. Mit einem vollständigen theologischen Commentare. 2. Bd. 1. Liefg., den Commentar zu 1. Joh. II, 29—V, 5 enthltd. — 2. Liefg., den Commentar zu 1. Joh. V, 6—21, die Einleitung und den Commentar zu 2. Joh. u. 3. Joh. enthaltend. Göttingen 854, 56. Dieterich. gr. 8. (1 Bl., 544 S.) II. 1.: 1 ℛ 15 ℊ
2.: 1 ℛ

Düsterdieck, F., kritisch exegetisches Handbuch über die Offenbarung Johannis, s. Kommentar.

Düsterdieck, Frdr., kritisch exegetisches Handbuch über die Offenbarung Johannis, s. Meyer, H. A. W., kritisch exegetischer Kommentar über das Neue Testament.

—— der Vortig'sche Handel. Mit Genehmigung des königl. Landes-Consistoriums actenmäßig dargestellt. gr. 8. (40 S.) Hannover 873, Meyer. *

—— Hoffnung, Freude und Schmerz. 8. (120 S.) Hannover 877, Schmorl und v. Seefeld. *

—— das Hospiz im Kloster Loccum. Ein Lebensbild aus der Hannoverschen Landeskirche. gr. 8. (IV und 80 S.) Göttingen 868, Vandenhoeck und Ruprecht's Verlag. *

Düsterdieck, Fr., Inspiration u. Kritik d. hl. Schrift, insbes. d. Alten Testamentes. 8. (32 S.) Hannover 895. H. Feesche. n. — 50

—— der Apostel Johannes und sein Evangelium. Vorträge im evangel. Verein zu Hannover. 8. (66 S.) Hannover 868, Helwing'sche Verlagsb. **

— der Apostel Johannes u. sein Evangelium. Vorträge im evangelischen Verein zu Hannover. 8. (66 S.) Hannover 878. Helwing's Verl. n.n. 1. 80

— Die Kirche. gr. 8. (V, 186 S.) Göttingen 872. Vandenhoeck & Ruprecht. n. 2. 40 (cplt.: n. 5. 60)

—— de rei propheticae in vetere testamento quum universae tum messianae natura ethica. 8maj. (VI und 149 S.) Gottingae 852, libr. Dieterich. *

—— der Apostel Paulus. Vortrag im evangel. Verein zu Hannover. 8. (55 S.) Hannover 875, Meyer. *

— der Apostel Petrus. Vortrag im evangel. Verein zu Hannover. 8. (63 S.) Hannover 876. Schmorl & v. Seefeld. n. 1. —

— die Revision der Lutherischen Bibelübersetzung. Zur Verständigung der Kirchengemeinen. 8. (III, 58 S.) Hannover 882. Schmorl & v. Seefeld. n. 1. —

Düsterdieck, Frdr., Sociales aus d. Alten Testamente. Vortrag im evangel. Vereine zu Hannover. 8. (31 S.) Hannover 893. Schmorl u. v. Seefeld Nachf. n. — 50

— Sociales aus dem Neuen Testamente. Vortrag im evangel. Vereine zu Hannover. 8. (39 S.) Ebd. 894. n. — 50

— s.: Vorträge, sechs.

Düsterdieck, Hans, Amtsrichter in Wesselburen: Ein Beitrag zur Lehre vom Dithmarscher ehelichen Güterrecht. *Kiel & Leipzig: Lipsius & Tischer 1903.* (26 S.) 8° [J.]
Kiel. Jur. Diss. v. [29. Mai] 1903

Düsterhoff, Adolph (geb. Berlin [8. 3. 1844]): Ueber den Einfluss von Eisenpräparaten auf die Magenverdauung. Berlin (1882). (31 S.) 8°
Berlin, Med. Diss. v. 13. März 1882

Duesterhoff, Hugo Franc. Theod. (geb. Polssen in d. Uckerm. 20. 11. 1839): De aphthis. Berolini (1865). (32 S.) 8°
Berlin, Med. Diss. v. 23. März 1865

Düsterhoff, Klara, Dr. Thomas Barnardo, der Vater v. Londons verkommenden Kindern, s.: Für dich! Nr. 83.

Düsterhoff, Clara, beten hilft, s. a. Woywod's Volks- u. Jugendbibliothek. 24. Bd.

Beten hilft. Erzählung f. d. Jugend u. d. Volk von Cl[ara] Düsterhoff. Breslau: M. Woywod 1906. (120 S.) 8° [J.]
— Volks- u. Jugendbibliothek, Woywods. Bd 24.

— Erwin, der Missionarssohn. s.: Auaendheim 41. Bd.

Düsterhoff, C., s.: Sammlung beliebter Jugendschriften.

Düsterhoff, C., dem Tode entrissen, od.: Üb' immer Treu u. Redlichkeit, s.: Hoffmann's, Frz., Volks- u. Jugendbibliothek.

Düsterhoff, Clara. Wie die Hawaii-Inseln christlich wurden. [Illustriert.] II + 328. 8. Basel, Basler Missionsbuchh., 1908. (fr. —.20)

— der Wind bläset, wo er will, s.: Blumen am Rhein.

Düsterhoff, Kuno, approb. Arzt aus Krossen a. O.: Über plötzlichen Tod an Herzschlag bedingt durch Kranzarterienerkrankung und Herzruptur. *Greifswald 1901: H. Adler.* (31 S.) 8°
Greifswald, Med. Diss. v. 8. Nov. 1901

Seebade-Anstalt Düsternbrook Kiel. (Essen.) o. J. Quer-8°

Düsterwald, Aegidius, aus Vilich: Beiträge zur Kenntnis der Ammoniumphosphorvanadinmolybdate. Bern 1906. 45 S. 8°. [12. VII. 06.]
Bern. Phil. Diss. 1906/1907.

Düsterwald, Aegidius. Beiträge zur Kenntnis der Ammoniumphosphorvanadinmolybdate. Diss. Phil. Bern. 45 S. 8. Bern, W. Wälchli, 1906.

Düsterwald, Franz

Düsterwald, Frz., der Jerusalempilger. Ein Wegweiser nach dem hl. Lande u. zu den hh. Stätten. A. Allgemeine Winke. B. Jerusalem u. Umgebg. (XV, 877 S. m. Abb.) 8. Köln 910. H. Theissing. Geb. in Leinw. 5. —

Düsterwald, die Jubiläums-Wallfahrt von Cöln nach Rom zur Feier des 50. Jahrestages der Verkündigung des Glaubenssatzes der Unbefleckten Empfängnis Mariä am 8. XII. 1904. Bericht des Pilgerkomitee's. (XIV, 448 S. m. 116 Abbildgn. u. 1 Titelbild.) gr. 8. Cöln 905. H. Theissing. Geb. in Leinw. n. 6. —

Düsterwald, F. H., der heilige Kreuzweg zu Jerusalem und die Kreuzweg-Andacht. 2. Aufl. In einem Anhange zwei Kreuzweg-Andachten und Methodus pro erigendis stationibus Viae Crucis [lateinisch und deutsch]. 12. (IV, 106 S. mit vielen Abbild. der heil. Leidensstätten.) Freiburg i. Br. 886, Herder'sche Verlagsh. * 60 Pf.; geb. * 80 Pf. und *

Düsterwald, Frz., der hl. Kreuzweg zu Jerusalem u. die Kreuzweg-Andacht. Mit 9 Abbildgn. der hl. Leidensstätten u. 1 Plan der Kirche des hl. Grabes. 3., verm. Aufl. gr. 16. (IX, 176 S.) Freiburg i/B. 900. Herder. n. — 90; geb. in Leinw. n. 1. 40

Düsterwald, Franz. Die Weltreiche u. das Gottesreich nach den Weissagungen des Propheten Daniel. Kap. 2 u. 7. Freiburg, Herder, 1890, 8°, VIII u. 194 S., 2,50 Mk.
Recens. von Fell, Litt. Handw. 1890, S. 157—162; von Bardenhewer, Litt. Rundsch. 1890, S. 199—202; von Vetter, (Tüb.) Theol. Quartalschr. 1891, S. 643—647. Laacher Stimmen 1890, Heft 5; von Knabenbauer, (Innsbr.) Ztschr. f. k. Theol. 1890, Heft 3.

Düsterwald, Hubert (geb. am 21 März 1858 in Vilich Landkr. Bonn): Aus d. Poliklinik f. Ohrenkrankh. zu Bonn. — Ueber die Perforationen der Membrana flaccida Shrapnelli ... Bonn, Univ.-Buchdr. v. C. Georgi 1884. 40 S., 1 Bl. 8.
Bonn, Med. Fak., Diss. v. 21 Juli 1884

Düsterwald, Jacob (geb. am 4 Nov. 1849 in Vilich bei Bonn): Das neueste Curverfahren bei Krankheiten des Circulationsapparates vermittelst comprimirter und verdünnter Luft nach Prof. Dr. Waldenburg ... Bonn, Druck v. C. Georgi 1874. 27 S. 8.
Bonn, Med. Fak., Diss. v. 30 Juli 1874

Düsterwald, Max (aus Schwetz a. W.): Über Sclerosis lateralis amyotrophica .... Berlin, Buchdr. v. Gustav Schade (Otto Francke) (1888); 30 S. + 1 Bl. 8°
Berlin, Med. Fak., Inaug.-Diss. v. 4. Aug. 1888

Duszeńko, Leop., Sammlung v. Monogrammen f. Plattstickerei. 22 Hfte. gr. 4. (à 23 Steintaf.) Czernowitz 898. J. Rechenberg. n. 25. —

Dutac, J. T., Dictionn. port. des Conjugais. des Verbes etc. de l. lang. franç. 8. Gotha, Ettinger. 805.

Dutczak, Basil, gesetzwidrige Auslegung des § 85 der Gemeindeordnung durch den Landesausschuss. Eine Erörterg. (12 S.) 8. Czernowitz 909. (H. Pardini). nn — 80

— Über die Berichtigung des Eigentumsblattes der Gemeinde- u. Äquivalents-Alpen in der Bukowina. Eine Studie. (VI, 60 S.) Lex. 8. Ebd. 908. 3. —

Dutczak, B., über die Gemeindeumlagenpflicht des Bukowiner Propinationsfondes für die Zeit vom 1. I. 1890 bis zum 1. I. 1998. gr. 8. (25 S.) Czernowitz 902. (H. Pardini.) n. 1. —

— Die Gestaltung der Gutsterritorien in der Bukowina. Eine gemeinderechtl. Abhandlg. (47 S. m. 1 farb. Plan.) gr. 8. Ebd. 910. nn 2. —

— Landtafelgüter u. Gutsgebiete in der Bukowina. Vortrag, geh. am 11. I. 1907 in der juristisch-staatswissenschaftl. Gesellschaft in Czernowitz. (27 S.) 8. Ebd. 907. 1. —
Sonderabdruck aus: „Öst. Richter-Ztg."

Dutczak, B., zur Regelung der Gemeindeumlagen-Leistungen der Grossgrundbesitzer in der Bukowina. (Ein Beitrag zum Besteuerungsrecht der Ortsgemeinden.) (21 S.) gr. 8. Czernowitz 904. H. Pardini. n. 1. 80

Dutczyński, Alfr. Just. Ritter v., Beurtheilung u. Begriffsbildung der Zeit-Intervalle in Sprache, Vers u. Musik. Psycho-philosoph. Studie vom Standpunkte der Physiologie. gr. 8. (50 S. m. 2 Tab.) Leipzig 894. Literar. Anstalt A. Schulze. n. 2. —

Dutczynski, Alfr. R. v., der Insectenflug. Nach Beobachtgn. von Ladisl. v. Dutczynski u. Alfr. R. v. Dutczynski. [Aus: Zeitschr. f. Luftschiffahrt".] Lex.-8. (S. 166—204 m. 1 Taf.) Berlin 894. Mayer & Müller. n. 1. 20

Dute, August Die Schulen im Bistum Lüttich im 11. Jahrhundert. 30 S. Progr. Rpg. *Marburg H.* 1882.

Du Teil s. a. Teil.

Du Teil, Ritter, s. Amelgard: Regierungsgeschichte.

Duteil, Ritter ..., Manövers d. Infanterie, durch welche sie d. Kavallerie nicht nur Widerstand leisten, sondern sie auch angreifen können. A. d. Französ. v. J. Fr. v. Schönfeld. Mit Kpf. 8. Berl. 785. Unger. 12 gr

Du Teil, Ritter, s. J. M. Schultz: Philipp August.

Du Teil, Major des Artillerie-Regts. von la Fere etc. Nöthiger Unterricht, den Gebrauch der neuern Feld-Artillerie betreffend, für Officiere von allen Waffen. Aus dem Französischen übersetzt und mit Anmerkungen vermehrt von J. H. Mal-Herbe, Lieut. beym kurfürstl. sächs. Feldartillerie-Korps. 8. Dresden 1783.

Duteil, Ritter ..., nöthiger Unterr., den Gebrauch d. Feldartillerie betreff., für Officiers aller Waffen; aus d. Französ. übers. von J. H. Malherbe. Mit Kpf. gr. 8. Dresd. 783. Walther. 12 gr

Dütemeyer, Aug., praktische Vorlagen f. Holz-Malerei. 152 Vorbilder zur gründl. Erlerng. der Holz-Malerei. 4. (40 Farbentaf. m. 1 Bl. Text.) Berlin 894. Heßling & Spielmeyer. In Mappe. n. 12. —

Dutens, Louis

Duten, Louis, Abhandl. von den Edelsteinen vom ersten u. zweiten Range, u. den Mitteln sie zu kennen u. zu schätzen; aus d. Französ. 8. Nürnb. 779. Stein. 6 gr

— de l'Eglise du Pape et des moyens de réunion entre tous les églises. gr. 8. Leipz. 791. (Aue in Altona) 20 gr

Duten, L., de l'Eglise du Pape etc. et des moyens de réunion entre tout. l. églis. gr. 8. Leipz. Jacobaer. 791.

Duten, L., Itineraire de Routes le plus frequentées. 8. Leips. Sommer.

Dutens Lebensbeschreibung; aus dem Französ. von Jh. Fd. v. Meyer. 2 Bde. 8. Amsterd. 807 u. 8. Brockhaus in L. 2 Rthl 16 gr

DUTENS, Louis (1730—1812), Lebensbeschreibung oder (stellenw. freie) Memoiren eines Gereisten, der ausruht. Aus d. Französ. übers. von J. F. v. Meyer. 2 Bde. Leipzig 1807—9. 8⁰. (3 Mk. Dieterich, Göttingen, 1907.)
Orig.: Mémoires d'un voyageur qui se repose: Anecdotes historiques. Par M. (Louis) Dutens .... 3 tomes. Paris, Bossange, Masson et Besson. 1806. 8⁰. (In Wolfenb.) (3 Mk. 80 Pfg. Taussig, Prag, 1906.)

— s. Memoiren e. Reisenden, d. ausruht.

MEMOIREN eines Reisenden, der ausruht .... (von *Louis Dutens*). Amsterdam und Leipzig 1808.
Darin Scandalosa. — Anon.-Lex. III. p. 129 (nach Kayser).

— des Pierres précieus. et des pierr. fines. 8. Bas. Schweighäuser. 778.

Duthaler, Heinrich, aus Basel: Der Versicherungs-Agenturvertrag. *Strassburg: Verl. d. Zeitschrift f. Versicherungs-Recht u. -Wissenschaft 1898.* (85 S.) 8°
Greifswald, Jur. Diss. v. 1898

Dutheil, A. C., die Pflichten des Soldaten. Gekröntes Preiswerk, welches auf Befehl des französ. Kriegsministers gedruckt wurde. Ins Deutsche übersetzt. 12. (202 S.) Wiesbaden 847. Kreidel. n. 1/3 Rthl

Du Thon, Jean François Benoît: De probationibus. 45 S.— Basel, Jur.Diss.v. 20.Mai 1729.

Dutillet, ..., warum die Körner des Getreides in d. Aehren verderben. 8. Hamb., Hoffe. 8 gr

du Tillet, Joannis. Historiae belli contra Albigenses initi compendium. Nunc primum edidit Dr. Alb. Dressel. (5 1/4 B.) 8. Berlin 1845. 1.00.

Du Tillet, Louis s. Calvin, Jean, et Du Tillet, Louis.

Dutilleul, Art de formuler selon les règles de la chimie pharmaceutique, ou petit dictionnaire manuel et portatif à l'usage des médecins, praticiens, chirurgiens et apothicaires. 12. Par. (Levrault. Strsb.)

Dutoit, Alfred Albert. Ein Fall von pseudoleukämischen Lymphomen der Augenlider mit generalisirter Lymphombildung. Diss. Med. Bern. (Sonder-Abdruck aus Knapp und Schweigger's Archiv für Augenheilkunde, Band 47.) 26 S. 8. Wiesbaden, J. F. Bergmann, 1903.

Dutoit, Alfr. Alb., Generalregister der ophthalmolog. Arbeiten im Correspondenzblatt f. Schweizer Aerzte. 1. Lfg.: Jahrg. 1871—1908. (71 S.) Lex. 8. Basel 909. B. Schwabe & Co. 2. 40

Dutoit, Eug., die Ovariotomie in England, Deutschland und Frankreich. Würzburg 864. Stahel. Lex.-8. (IX, 237 S.) n. 1 Rthl 12 ngr

Dutoit, Eugénie, die Theorie des Milieu, s. a. Studien, Berner, zur Philosophie. XX.

Dutoit, Eugénie [von Bern]: Die Theorie des Milieu. Bern 1899. 136 S. 8°. (Berner Studien zur Philosophie, Bd. 20.)
Bern. Phil. Diss. 1899/1900.

Du Toit, Jh. Jak., († d. 25. Sept. 1826.) s. Blitze vom goldnen Kalbe.

BLITZE von dem goldenen Kalbe mit Timaleths Notaten (von *J. J. Du Toit*). Germanien (Dessau, Tänzer) 1804. 8°. 280 S. (1 Mk. 50 Pfg. J. M. Heberle, Cöln, 1888; 2 Mk. 50 Pfg. Julius Neumann, Magdeb., 1906.)
Fehlt im Anon.-Lex.

— Plan e. Erziehungsanstalt im Kanton Bern. 8. Bern 785.

Die duṣkaracaryā des Bodhisattva in der buddhistischen Tradition. Von Dr. Julius Dutoit, Gymn.Lehrer. Strassburg: K. J. Trübner 1905. (99 S.) 8°

Dutoit, Julius: Zur Festordnung der grossen Dionysien. *Speier 1898: Dr. Jäger.* (48 S.) 8°
Erlangen, Phil. Diss. v. 27. Juli 1898

Dutoit, Julius: Zur Festordnung der grossen Dionysien. *Speyer 1898: Dr. Jäger.* (45 S.) 8° ¶[— Inauguraldissertation v. Erlangen 1898.]
Speier, k. Humanist. G, P 1898*

Dutoit, Julius, Dr.: Zur Geschichte und Kritik der Gutturaltheorie. München 1906: J. B. Lindl. (44 S.) 8°
München, k. Luitpold-G P 1906

Dutoit, Jul., s.: Jātakam.

— s.: Leben, das, des Buddha.

Dutoit, Marie, Noële, hrsg. v. Wasserzieher u. Emmy Schild, s.a. Gerhard's französische Schulausgaben.

Dutoit, [Mlle] Marie. Noële. Par M' D'. Für das ganze deutsche Sprachgebiet allein berechtigte Schulausgabe von Dr. E(rnst) Wasserzieher ... und Emmy Schild.... 8. Leipzig, Raimund Gerhard, 1906.
Teil 1: Einleitung und Text VIII + 134 S. [M. 1.40.] geb. M. 1.60. — Teil 2: Anmerkungen und Wörterbuch. 48 S. M. —.40
Gerhards Französische Schulausgaben.... Nr. 21.

Dutoit-Haller, Schöpfung u. Entwicklung nach Bibel u. Naturwissenschaft. Akademischer Vortrag, geh. in Bern den 25. Febr. 1892. gr. 8. (44 S.) Basel 892. R. Reich. n. 1.—

Dutouquet,..., Liebschaften des Card. v. Bernis, s. G. Touchard-Lafosse.

Dutour, Steph. Fr., vita Christi et concordia evangelistarum, editio prima in Germania accurante H. Goldhagen. 8. Mainz 784, Frankf. a. M., Streng. 12 gr.

Dutripon, F. P., Concordantiae biblior. sacror., s. a. Concordantiae.

Dutripon, F. P., vulgatae editionis bibliorum sacrorum concordantiae, ad recognitionem jussu Sixti V. pontif. max. bibliis adhibitam recensitae atque emendatae ac plusquam 25000 versiculis auctae, insuper et notis historicis, geographicis, chronologicis locupletatae. Edit. VII. gr. 4. (XXIV, 1484 S.) Bar-le-Duc 876. (Regensburg, Coppenrath.) *

Dutrochet, s.: Bravais, L. u. A.

Dutrochet, Henri, physiologische Untersuchungen üb. die Beweglichkeit der Pflanzen u. der Tiere, s. a. Ostwald's, Wilh., Klassiker der exakten Wissenschaften. Nr. 154.

Physiologische Untersuchungen über die Beweglichkeit der Pflanzen und der Tiere [Recherches anatomiques et physiologiques sur la structure intime des animaux et des végétaux] von Henri **Dutrochet** (1824). Übers. u. hrsg. von Alexander Nathansohn. Mit 29 Textfig. Leipzig: W. Engelmann 1906. (148 S.) 8°
— **Klassiker,** Ostwald's, d. exakten Wissenschaften. No 154.

Dutroit, Julian, Spiritismus u. Gefängnis. Die Geheimnisse des Blumenmediums Anna Rothe. Aufzeichnungen. (80 S. m. Abbildgn.) gr. 8. Pössneck (903). H. Schneider Nachf. n. 1.—

Dutschitsch, Dragutin: Die Gewerbeentwicklung in Serbien. München: Steinebach 1909. 79 S. 8°
München, Staatswirtsch. Diss. v. 18. Nov. 1908, Ref. Brentano
[Geb. 23. Mai 82 Belgrad; Wohnort: Belgrad; Staatsangeh.: Serbien; Vorbildung: Vuk Stef. Karadjitsch-Gymn. Belgrad Reife Juni 00; Studium: Jura Belgrad 8, Staatsw. München 2, Berlin 1, München 4 S.; Rig. 18. Nov. 08.] [U 10. 3440

Düttschke, die Bau- u. Kunstdenkmäler v. Westfalen, s.: Ludorff, A.

Dütschke, *Ferdinand Karl Ludwig* Albert [aus Erxleben]: Die Gefahren des Leistenhoden ... Berlin, C. Vogt's Buchdr., *1893*; 39 S. 8.
Berlin, Med. Fak., Inaug.-Diss. v. 3. März 1893

Dütschke, Curt (Herm. Wilh.) (geb. Halle a. S. 2. 9. 1858): Ein Beitrag zur Diagnostik der durch Eisenbahnunfälle verursachten Verletzungen und Erschütterungen des Rückenmarks. Berlin (1881). (32 S.) 8°
Berlin, Med. Diss. v. 25. Juli 1881

Dütschke, F. Lpld., Leitfaden f. den ersten Unterricht in d. alten Geographie u. Mythologie d. Griechen u. Römer. 8. Halle 821. Gebauer. 12 gr.

Dütschke, F. L., Leitfaden für den ersten Unterricht in der alten Geographie und Mythologie der Griechen und Römer. Halle 822. 8. 12 gr.

Dütschke, F. L. Welches sind die Erfordernisse einer Nationalliteratur und ist dies die deutsche? 15 S. . . . .
Progr. Lissa 1828

[Beiträge zur Heimatkunde des Kreises Schwelm. Von Dr. Gottfried **Dütschke,** Oberl. H. 1.] Schwelm: M. Scherz 1899. 8° [F.]

Dütschke, [Gottfried], Dr.: Beiträge zur Heimatkunde des Kreises Schwelm. ⟨H. 4: Geschichte der einzelnen Ortschaften.⟩ Schwelm 1904: M. Scherz. (S. 1—10.) 4° [F.] ¶[Forts. d. P-Beil. 1903.]
Schwelm, PG u. R P 1904 (427)

Dütschke, [Gottfried], Dr.: Beiträge zur Heimatkunde des Kreises Schwelm. ⟨4. Heft: Geschichte der einzelnen Ortschaften. Fortsetzung⟩. Schwelm 1905: M. Scherz. (S. 3—9.) 4° ¶[Forts. d. P-Beil. 1903 u. 1904]
Schwelm, PG u. R P 1905 (430)

Dütschke, [Gottfried], Dr.: Beiträge zur Heimatkunde des Kreises Schwelm. H. 8. Zur Geschichte des Kreises unter den Hohenzollern. Schwelm 1906: M. Scherz. (S. 3—10.) 4° ¶(Forts. d. P-Beil. 1902—05.)
Schwelm, PG u. R P 1906 (442)

Vom Eisen. Gruben, Schmelzöfen u. Hammerwerke. (Verf.: Dr. Gottfr. **Duetschke.**) Schwelm: M. Scherz 1905. (31 S.) 8° [Umschlagt. F.]
— **Duetschke:** Beiträge z. Heimatkunde d. Kr. Schwelm. H. 6.

Dütschke, G[ottfried], Dr.: Zur Geschichte des Kreises Schwelm. Abschn. 2: Besiedelung u. Christianisierung (& Abschn. 3: Von d. Karolingerzeit bis zur Ausbildung d. Herrschaft Kölns u. seiner Dienstmannen zu Volmarstein.) *Schwelm 1902: M. Scherz.* (S. 3—8.) 4° [F.] ¶(Aus einer noch nicht veröff. 'Geschichte d. Kreises Schwelm'.)
Schwelm, PG u. R, P 1902 (407)

Dütschke, G[ottfried], Dr.: Zur Geschichte des Kreises Schwelm. *Schwelm 1903: M. Scherz.* (S. 2—8.) 4° [F.]
Schwelm, PG ⟨m. wahlfr. Engl.⟩ u. R, P 1903 (423)

Das Museum des Vereins für Heimatkunde. 1. Hausbau sowie Hausgerät d. Mark. 2. Eine altmärkische Stube. (3. Die Sprache d. Steine.) (Verf.: Dr. Gottfried **Duetschke.**) Schwelm: M. Scherz 1900. (24 S.) 8° [Umschlagt. F.]
— **Duetschke:** Beiträge z. Heimatkunde d. Kr. Schwelm. H. 7.

Dütschke, Gottfried [aus Wiehe]: Die Rhythmik der Litanei. . . . Halle a. S., Druck v. Ehrhardt Karras, 1889; 53 | 1 S. 8°
Halle, Phil. Fak., Inaug.-Diss. v. [12. März] 1889

Sprachliches zur Heimatkunde des Kreises Schwelm sowie z. Einführung in Art u. Ergebnisse d. Ortsnamenforschung von Dr. G[ottfried] **Dütschke,** Oberl. Schwelm: M. Scherz 1899. (35 S.) 8° [F.]
— [**Dütschke:** Beiträge z. Heimatkunde d. Kr. Schwelm. H. 1.]

Dütschke, Gustavus: De origine dolomitum. 40 Bl., 2 Taf., 1 Karte. 4° (2°)
Halle-Wittenberg, Phil. Diss. v. 14. Dez. 1849
Geb. Heyersdorf (Kr. Fraustadt, Posen) 13. 7. 1820. V.

Dütschke, Hans, Anleitung zur Inscenierung antiker Tragödien. I. Sophokles, König Oedipus. gr. 8. (VII, 50 S.) Leipzig 884, Fues's Verlag.

Dütschke, Hans, antike Bildwerke in Oberitalien. I. und II. gr. 8. Leipzig, Engelmann. *
Inhalt:
I. Die antiken Bildwerke des Campo Santo zu Pisa. (VIII, 132 S.) 874. *ℳ 3.
II. Zerstreute antike Bildwerke in Florenz. (X, 254 S.) 875. *ℳ 7.

Dütschke, Hans, antike Bildwerke in Oberitalien. III—V. Beschrieben u. mit Unterstützung der Central-Direction des k. d. archäolog. Institutes hrsg. gr. 8. Leipzig 878—82. Engelmann. n. 24. 60 (cplt.: n. 34. 60)
III. Die antiken Marmorbildwerke der Uffizien in Florenz. (XXV, 269 S.) n. 5. —
IV. Antike Bildwerke in Turin, Brescia, Verona u. Mantua. (XXXII, 403 S.) n. 8. 60
V. Antike Bildwerke in Vicenza, Venedig, Catajo, Modena, Parma u. Mailand. Mit einem Generalregister über alle 5 Tle. Mit Unterstützung der Central-Direction des k. deutschen archäolog. Instituts. (VIII. 460 S.) n. 11. —

— s. Capponi, Gino., Geschichte der Florentinischen Republik. — Comparetti, D., Virgil im Mittelalter.

Dütschke, H[ans]: De antiquissimis carminibus heroum reditum illustrantibus. 33 S. 4° (2°)
Halle-Wittenberg, Phil. Diss. v. 29. April 1872
Geb. [Kempen (Posen) 14. 10. 1848]

Dütschke, Hans, 100 Dichtungen aus der Zeit der Befreiungskriege, zusammengestellt. 8. (XI, 131 S.) Gotha 902. F. A. Perthes. Geb. in Leinw. n. 1. —

— die archäologische Forschung und das neue deutsche Reich. Vortrag, gehalten zur Feier des Sedantages am 2. Sept. 1880 in der Aula des Victoria-Gymnasiums zu Burg. gr. 8. (12 S.) Burg 880, Hopfer. *

Dütschke, Hans: Zwei römische Kindersarkophage aus dem zweiten Jahrhundert n. Chr. Eine archaeolog. Abhandlung m. 1 Taf. u. 7 Textabb. Halle a. S. 1910: Waisenhaus. 17 S. 4° ¶ (Ersch. auch als Buch b. Fock, Leipzig.)
Berlin, k. Joachimsthalsches G P 1910 (69)

Dütschke, Hans, der Olymp. Götterlehre der Griechen und Römer. 8. (XVI, 287 S. mit 6 Lichtdr.-Taf. und 47 in den Text gedr. Abbild.) Kreuznach, 887. Leipzig, Voigtländer's Verlag. *ℳ 3.50.; geb. *

Dütschke, Hans. Der Olymp. Götterlehre der Griechen u. Römer. Mit 6 Lichtdr. u. 47 eingedr. Abbildgn. 2. Aufl. gr. 8. (XVI, 287 S.) Lpz. 890, [Voigtländer.] Geibel u. Brockhaus. * 2 50; geb. * 3 —

Dütschke, Hans, der Olymp. Götterlehre der Griechen u. Römer. Mit 53 Abbildgn. nach antiken Originalen. Neue Rechtschreibg. 2. Aufl. (XVI, 299 S. m. Taf.) gr. 8. Berlin (905). Neufeld & Henius. Geb. in Leinw. 5. —

Dütschke, Hans Über ein römisches Relief mit Darstellung der Familie des Augustus. 7 S. u. Taf. Progr. Joh. Gel. *Hamburg* 1880.

— über ein römisches Relief mit Darstellung der Familie des Augustus. gr. 4. (7 S. mit 1 Stnt.) Hamburg 880, (Nolte.) *

— Ravennatische Studien. Beiträge zur Geschichte der späten Antike. Mit 116 Abbildgn. u. 1 Hilfstaf. (X, 287 S.) Lex. 8. Leipzig 909. W. Engelmann. 12.—; geb. in Leinw. n 13. 50

Dütschke, Hans [Oberl. Dr.]: Goldonis Tasso. Burg, Druck v. A. Hopfer, 1889; S. 3—44; 4°
Burg, Viktoria-G, OP 1889 (217)

Dütschke, Martin, aus Lübbecke i. Westf., Unterarzt beim Danziger Inf.-Reg. No 128: Mittheilungen aus der Unfallabtheilung des Königl. Charitékrankenhauses. *Berlin 1903: L. Schumacher.* (14 S.) 8°
Berlin, Med. Diss. v. 6. März 1903

Dütschke, Richard [aus Wiehe]: Zur Kenntnis der Umlagerung von Stickstoffäthern der Aldoxime ... Erlangen, k. b. Hofbuchdr. v. A. Vollrath, 1894; 42 S. 8.
Erlangen, Phil. Fak., Inaug.-Diss. v. 1894

Duttenhofer, über die Emancipation der Neger. Ein Versuch zur Aufstellung humaner Principien in dieser Frage. Nördlingen 855. Beck. gr. 8. (94 S.) 15 ngl

Duttenhofer, Dr. Gedanken über die Konstruktion des Pferdestalls. Mit 1 Bl. Stuttgart 1851. 88 S.

Duttenhofer, die acht Sinne des Menschen, nach ihren körperlichen und geistigen Beziehungen für denkende Leser jeder Art in Briefen dargestellt. gr. 8. (IV und 842 S.) Nördlingen 858. Beck'sche Buchh.

Duttenhofer, A., Bereisung d. vereinigten Staaten v. Nordamerika, mit besond. Hinsicht auf den Erie-Canal. gr. 8. (9 B. u. 6 Stnt.) Stuttgart 835, [Beck u. Fränkel?] Thlr. *

Duttenhofer, A., Bereisung der vereinigten Staaten von Nordamerika, mit besond. Hinsicht auf den Erie-Canal. Mit 6 Steintaf., Ansicht. u. Karten. gr. 8. Stuttg. 835. Löflund. 1 ₰

Duttenhofer, Ch., und Th. Rausche, Panorama des Neckars von Heilbronn bis Heidelberg. Nach der Natur gez. und in Stahl gest. 5. Aufl. 4' lang und 8" breit. Mit: Der Führer durch das Neckarthal. 8. (32 S.) Heilbronn 856, Scheurlen. *

Duttenhofer, Chr. Fr.

Duttenhofer, C. F., Betrachtungen üb. d. Geschichte d. Christenthums u. üb. andere zeitgemäße Materien, in Predigten vorgetragen. gr. 8. Heilbr. Claß. 814.

— Geschichte d. Religionsschwärmereien in d. christl. Kirche. 4 Bde. gr. 8. Heilbr. 796—99. 5 ₰ 12 gl Mit neuem T.: Geschichte d. christl. Religion, ihrer Entstehung ꝛc. 800—802. Claß. 4 ₰

— Gesch. d. Religionsschwärmerey ꝛc. 4 Bde. gr. 8. Heilbr. Claß. 800—802. (N. Tit.: Gesch. d. christl. Kirche.) (1r 1 Rthlr. 2r u. 3r à 1 Rthlr. 8 gr. 4r 1 Rthlr. 20 gr.)

— s. 1) W. Gilpin, Biographie. 2) Leben Tabea's.

— Predigten zur Beförd. des Christenthums. 8. Heilbronn 792. Claß. 1 ₰ 8 gl

— Predigten üb. d. Erziehung d. Kinder. 8. Stuttg. (Cotta in Tübingen.) 778.

— Predigten über d. Geschichte d. Christenthums u. über andere zeitgemäße Materien. gr. 8. Heilbr. 813. Claß. 1 ₰

— neue historische Predigten, faßlich f. unser merkwürdiges Zeitalter. gr. 8. Ebend. 814.

Duttenhofer, Chr. Fr., († d. 17. März 1814.) Uebung der Andacht beim Abendmahl. 8. Heilbr. 787. Eckebrecht. 8 gl

— freimüthige Untersuchung üb. Pietismus u. Orthodoxie. gr. 8. Halle 787. Gebauer. 1 ₰ 12 gl

— Vers. üb. d. letzten Grunds. d. christl. Sittenlehre. 8. Tüb. Heerbrand. 801.

— Versuch über den letzten Grundsatz der christl. Sittenlehre. 8. Tübing. 801. (Osiander). 20 gl

(**Duttenhofer**, Ch[ristian] F[riedrich]. [Mitteilungen über meine Beziehungen zu] Friedrich Rohmer. [gerichtet an] Julius Fröbel; Heilbronn ... 1842.) 4. *Lithographiert. o. O.*

Duttenhofer, Friedrich Martin

Duttenhofer, F. M., Anleitung zur Erkenntniß u. Heilung der Krankheiten unserer Hausthiere. Mit eingedr. Holzschn. (Baumeister, Handbuch d. landw. Thierkunde ꝛc. 3. Bd. 1. Abth.) gr. 8. (XIV u. 682 S.) Stuttgart 847, Ebner & Seubert. 2 ₰ 27 ngl

Duttenhofer, F. M., Anleitung zur Erkenntnis u. Heilung der Krankheiten unserer Haustiere. Mit eingedr. Holzschnitten. gr. 8. (XIV. u. 682 S.) Stuttgart 47. Ebner & Seubert. (Schickhardt & Ebner.) M. 8.70

Duttenhofer, F. M., die gegohrenen Getränke Bier, Wein, Obstwein u. Meth, deren Bereitung, Behandlung u. Aufbewahrung im Keller, mit besond. Rücksicht auf deutsche Verhältnisse und zahlreichen Zusätzen nach d. Englischen bearb. In 1 Bde. Mit vielen Holzschnitten. (In 2 Liefg.) gr. 8. Stuttgart 845, Becher. (à 1/2 ℛ) 1 ℛ
Vgl.Duttenhofer, L.M.

Duttenhofer, Friedrich Martin, s. Cid, der, ein Romanzenkranz.

— die krankhaften Erscheinungen des Seelenlebens. Für Aerzte, Psychologen, Naturforscher u. gebildete Laien. 8. Stuttgart 840. Hoffmann. 7/12 ℛ

— u. Baumeister, W., Handbuch der Thierheilkunde, siehe: Baumeister, W.

— die Lehre von der Hauswirthschaft, s. Volks- und Jugendbibliothek, allgem. deutsche, 4. Section.

DUTTENHOFER, F. M.
Die Lehre von der Hauswirthschaft mit besonderer Rücksicht auf technische und chemische Grundsätze. Stuttgart, 1846. 8vo.

Duttenhofer, F. M., die Lehre von der Hauswirthschaft mit besonderer Rücksicht auf technische und chemische Grundsätze. 2. (Titel-) Ausg. Stuttgart (846) 856. Hallberger'sche Verlagshdlg. 8. (XVI, 400 S.) 18 ngr

Duttenhofer, Friedrich Martin, s. Natur u. ihre Wunder.

—— ökonomische Naturproduktenkunde mit besonderer Rücksicht auf Erziehung und Pflege der Hausthiere. 2. (Titel-)Ausg. 8. (XII und 340 S.) Stuttgart 856, Hallberger'sche Vrlgsh.

Duttenhofer, Friedrich Martin, s. Pellico v. S.: Poet. Werke.

Duttenhofer, Friedrich Martin, s. Pope, A.: D. Lockenraub.

— Streiflichter. Eine Sammlung von Dichtungen, Mährchen u. Erzählungen. 8. (331 S.) Stuttgart 847, Hallbergers Verlagsbuchh. 1 ℛ

Duttenhofer, Friedrich Martin, s. Tasso: Befreites Jerusalem.

Duttenhofer, Friedrich Martin, s. Tscheulin, G. F.: Handbuch z. Kenntniß d. Krankheiten d. Haustiere.

Duttenhofer, F. M., Untersuchungen üb. die menschl. Stimme in Hinsicht auf Physiologie, Physik u. Musik. gr. 8. Stuttg. 839. Metzler. 1/3 ℛ

Duttenhofer, Friedrich Martin, s. Viehzucht, die englische.

Duttenhofer, Geo. Jak., († d. 23. Sept. 1780.) s. Gedichte, schwäbische.

(Duttenhofer, Georg Jakob:) Schwäbische Gedichte. 1. (einz.) Stück. Ulm 1751. 8°. 16 Bl., 158 S.

Duttenhofer, Gg. Jac. (Kalw), De principe Christiano ecclesiae nutritio, occasione oraculi, Jesai. 49, 23. Diss. Präs. Joh. Gottlieb Faber. Tübing. (Erhard) Dez. 1753. 60 S., z. Tl. dtsch. (5.—) 7093

Duttenhofer, Jak. F., Versuch eines strengen Beweises der Theoreme von den Parallel-Linien, mit 1 Kpf. gr. 8. Stuttg. 813. Löflund. 4 gr

Duttenhofer, Jak. Hnr., s. Gust. Löffler.

Duttenhofer, Jakob Heinrich

— s. 1) Hausleuer, meine.

Duttenhofer, Jak. Hnr., s. Menadia od. d. Doctorwahl.

LÖFFLER, Gustav (d. i. *Jac. Heinr. Duttenhofer*), Des Pfarrers zu Aichhalde Ritt von 10 Meilen, oder Scenen aus dem Leben weiser Menschen und Narren. 3 Bde. Mit 1 Kpfr. Tübingen, Cotta, 1792. Kl. 8°. (In Warmbrunn.)
Noch ein vierter Band erschien angeblich.
— — Dasselbe (Nachdruck.) 2 Thle. Hohenzollern (Wien, Wallishausser) 1794.
Weller, fing Dr.

Duttenhofer, Jak. Hnr., Trost des Christen im Tode, als Metaphrase d. 17n Kap. Johannis; nebst e. Oden. 8. Tübing. 780.

Duttenhofer, Karl Fr.

— s. Anfangsgründe d. Arithmetik.

Duttenhofer, Karl Fr., von d. Pflanzenleben in Beziehung auf d. Ackerbau. 4. Stuttg. 779.

Duttenhofer, L. M.: Die gegohrenen Getränke Bier, Wein, Obstmost und Meth, deren Bereitung, Behandlung und Aufbewahrung. Mit einer Abhandlung über den Gährungsproceß und einer Einleitung über die Beziehung der geistigen Getränke zu den physischen Kräften des Menschen im Allgemeinen und der Branntweinpest insbesondere unter besonderer Rücksicht auf deutsche Verhältnisse und mit zahlreichen Zusätzen nach d. Engl. bearb. Mit vielen in den Text gedruckten Holzschnitten. Stuttgart & Cannstatt: Becher & Müller 1845. X, XXIV, 293 S. -- 24°

Vgl.Duttenhofer, Frdr.Mart.

Duttenhofer, Max, aus Rottweil (Württ.): Über 1-Methylharnsäure und 1-Äthylharnsäure. *(Berlin 1904: G. Schade.)* (29 S.) 8°
Berlin, Phil. Diss. v. 28. Mai 1904

Duttenhöfer, Alfred, a. Mannheim: Über aromatische Sulfine. Würzburg 1907: C. J. Becker. (57 S.) 8°
Würzburg, Phil. Fak., Ref. Tafel, Diss. v. 22. April 1907
[Geb. 10. Mai 85 Mannheim; Wohnort: Mannheim; Staatsangeh.: Baden; Vorbildung: Gymn. Mannheim Reife Juli 03; Studium: Genf 4, Freiburg i. B. 1, Würzburg 2 S.; Rig. 4. März 07.]

Düttling, Carl [pract. Arzt aus Dülmen in Westfalen]: Ueber einige Fälle von Vergiftung durch Inhalation von Arsenwasserstoff.... Freiburg i. Baden, Univ.-Buchdr. H. M. Poppen & Sohn, 1888; 26 S. 8°
Freiburg i. B., Med. Fak., Inaug.-Diss. v. 1888

Düttling, Ch., Neue Aufschlüsse im Saarbrücker Steinkohlenbezirke. Bonn, 1897. 14 S. mit 1 Taf.

Duttlinger, Johann Georg

Duttlinger, J. G., Frhn. G. v. Weiler u. J. v. Kettennaker, Archiv f. Rechtspflege 2c., s. Archiv.

Duttlinger, J. G., Entwurf e. Strafgesetzbuches f. Baden, s. Entwurf.

Duttlinger. Commissionsbericht über den badischen Gesetzentwurf, die Uebernahme von Landschaftsschulden auf die Staatsschulden-Tilgungskasse betreffend. 8°. 1825.

Duttlinger, Joh. Geo., Commissionsbericht üb. d. Motion d. Abg. Welcker, auf Aufhebung d. Censur u. Herstellung e. vollkomm. Preßfreiheit. gr. 8. (2 B.) Karlsruhe 831, (Braun.)

Duttlinger, Johann Georg (Red.), s. Landtagszeitung.

Duttlinger, Joh. Geo., Ministerverantwortlichkeit, s. a. Vorkämpfer deutscher Freiheit.

Johann Georg Duttlinger. Minister-Verantwortlichkeit. Rede geh. in d. 2. badischen Kammer 1831. München: Nationalverein 1910. 27 S. 8°
(Vorkaempfer deutscher Freiheit. H. 10.) A 12.6035 b

Duttlinger, Johann Georg, s. Quellen des Bad. Staatsrechts.

Quellen d. Bad. Staatsrechts. Zur Erläuter. u. Ergänz d. landständ. Verhandll. im Grossherzogth. Baden (v. J. G. DUTTLINGER.) 1r Bd. Mit d. Bildn. des hochs. Grossherz. Karl. *Carlsr.*, Braun. 822. gr. 8. (1 Thl. 4 Gr.)

—— Rede z. Begründung d. Motion, die Vervollständigung d. Gesetzgebung üb. d. Verantwortlichkeit d. Minister betreff. gr. 8. (1¼ B.) Karlsruhe 831, Braun.

Duttlinger, Johann Georg, s. Vorträge z. Vertheid. d. Hofr. Welcker etc.

Vorträge d. Geheimenr. Dr. DUTTLINGER u. des Hofr. Dr. WELCKER zur Vertheid. d. letzteren gegen die Anklage wegen e. angebl. Pressvergehens der Ehrenkränkung d. Badischen Ministeriums. Ein Beitr. zur Lehre v. Injurien. *Freiburg*, Gebr. Groos. 832. gr. 8. (18 Gr.)

Düttmann, Augustin (Bernhard Theodor)

— u. Herm. Gebhard, Anleitung betr. den Kreis der nach dem Invalidenversicherungsgesetze vom 13. VII. 1899 (Reichs-Gesetzbl. S. 463) versicherten Personen. Vom 6. XII. 1905. Zugleich Nachtrag 3 zum Kommentar u. zur Handausgabe des Invalidenversicherungsgesetzes vom 13. VII. 1899. (90 S.) 8. Altenburg 906. St. Geibel. n. 1.—

Düttmann, A., die deutsche Arbeiterversicherung. Eine gemeinverständl. Darstellg. der Bestimmgn. der Kranken-, Unfall- u. Invalidenversicherungsgesetze u. der Wirkgn. derselben. Unter besond. Berücksicht. der Interessen des Handels- u. Gewerbestandes bearb. (Dr. Ludw. Huberti's moderne kaufmänn. Bibliothek.) 2. Ausg. gr. 8. (VIII, 124 S.) Leipzig (902). Dr. L. Huberti. Geb. in Leinw. n. 2. 75

Düttmann, Bemerkungen z. d. Gesetzentwurf betr. d. Abänderg. v. Arbeiterversicherungsgesetzen. gr. 8. (27 S. m. 1 Taf.) Berlin 897. Siemenroth & Troschel. n. — 75

Düttmann, A., u. Herm. Gebhard, Handausgabe d. Invalidenversicherungsgesetzes vom 13. VII. 1899, nebst den zur Ausführung desselben erlass. Verordngn. u. Anweisgn. Mit Einleitg., Erläutergn., Hilfstafeln u. Sachregister. Auszug a. d. Kommentar d. beiden Verf. zum Invalidenversicherungsgesetz. gr. 8. (IV, 276 S. m. 1 Tab.) Altenburg 900. St. Geibel. Kart. n. 3. 60

— Invalidenversicherungsgesetz, s.: Gebhard, Herm.

— die Kranken- u. Hauspflege auf dem Lande, s.: Hauser.

Düttmann, A., Krankenversicherungsgesetz in der Fassung d. Gesetze vom 10. IV. 1892, 30. VI. 1900 u. 25. V. 1903 m. Nebengesetzen u. Ausführungsbestimmungen. Handausg. m. Einleitg., Erläutergn. u. Sachregister. (VI, 183 S.) 8. Altenburg 903. St. Geibel. Geb. in Leinw. n. 2. 50

Düttmann, A., u. Herm. Gebhard, Nachtrag zum Kommentar u. zur Handausgabe des Invalidenversicherungsgesetzes vom 13. VII. 1899. (11 S.) gr. 8. Altenburg 905. St. Geibel. n. — 25

— — Nachtrag 1—3 zum Kommentar u. zur Handausgabe des Invalidenversicherungsgesetzes vom 13. VII. 1899. Nachtrag 3. Von 1906. Anleitung betr. den Kreis der nach dem Invalidenversicherungsgesetze vom 13. VII. 1899 (Reichs-Gesetzbl. S. 463) versicherten Personen. Vom 6. XII. 1905. — Nachtrag 2. Von 1905. Preussische Anweisg. betr. das Verfahren vor den unteren Verwaltungsbehörden. (§§ 57—64. J. V. G.) Vom 15. XI. 1904. — Nachtrag 1. Von 1901. Verordnung betr. das Verfahren vor d. Schiedsgerichten f. Arbeiterversicherg. Vom 22. XI. 1900 (R. G. Bl. S. 1017). Nachträge u. Druckfehlerberichtigg. (90, 12 u. 16 S.) 8. Ebd. 906. n. 1.25

Düttmann, Randbemerkungen zum Entwurf der Reichsversicherungsordnung. (57 S.) Lex. 8. Groß-Lichterfelde 909. Verlag der Arbeiter-Versorgg., A. Troschel. 1. 20
Erweit. Sonderabdruck aus „Arbeiter-Versorgg."

— Umbau der Arbeiterversicherung. (19 S.) Lex.-8. Grunewald-Berlin 904. Verlag der Arbeiter-Versorgg. A. Troschel. n. — 60
Sonderabdruck aus: „Arbeiterversorgg."

Düttmann, A.: Das Verfahren vor den Schiedgerichten f. Arbeiterversicherung . . ., s. Appelius, Franz

Düttmann, Wegweiser f. Krankenpfleger. (Umschlag: 2. Aufl.) (67 S.) kl. 8. Montabaur (907). W. Kalb. — 50

Düttmann, K. H., Lesebuch für Schüler der untern und mittlern Klasse in katholischen Elementarschulen. 12. unveränd. Aufl. Osnabrück (854). Overwetter in Comm. 8. (160 S.) n. 4 ngr

Düttmann, K. H., Lesebuch für Schüler der untern und mittlern Klasse in katholischen Elementarschulen. 17. unveränd. Aufl. 8. (160 S.) Osnabrück 868, Overwetter. *

DÜTTMANN, Otto (Vechta): Die Aetiologie und Therapie der Ptosis.- München: Wolf 1885. 24 S. 26.6.1885 - Urk (Titel: De ptosis aetiologia et therapia.); Chr 1884/85,22 (= Dittmann)
Diss.Ingolst.-Landsh.-Mchn.

Düttmann, Th., Über den Einfluß der Religion auf die Naturpoesie, speciell auf die Naturdichtung der Deutschen. Vechta 1863, 4°, 28 S., Progr. des Gymn.

Duttweiler, Max, aus Oberweningen (Zürich): Das Stimmrecht in der Schweiz. Systematische Darstellung des eidgenössischen und kantonalen Rechts. Affoltern a. A. 1907. XIV + 142 S. 8°. [12. VII. 07.]
Zürich. Jur. Diss. 1906/1907.

Duttweiler, Max. Das Stimmrecht in der Schweiz. Systematische Darstellung des eidgenössischen und kantonalen Rechts. Diss. Staatsw. Univ. Zürich. XIV + 142 S. 8. Affoltern a. A., J. Weiss, 1907.

Dutwar, Fr. Maria von Monza. Trauerspiel. Klgft., Schotter, 1790. 120 S.

Dutz Dr. Hans: Der Dank des Todten in der englischen Literatur. (17). Troppau R. 91.
Progr.

Dutz Hans: Ueber die Sprache des französischen Abenteuerromans Ipomedon von Huc de Rotelande. II. 1890 PN 611 Diss. Wien, Univ.

Dutz, [Richard]: Beitrag zur Gefangennahme Philipp des Großmütigen, Landgrafen von Hessen. 1547. S. 23—46. 4.
In: Festschrift zur Einweihung des städt. Realgymn. (Reformschule mit Frankfurter Lehrplan) *Goldap* 1907
Progr.

Dutz [Richard]: Beitrag zur Gefangennahme Philipp des Grossmütigen, Landgrafen v. Hessen. (Goldap 1907: Th. Paukstadt.) (S. 23—46.) 4° [J.]
Goldap, st. RG OP 1907 (18)

Dutzele v. Cöckelberghe, s. Coeckelberghe-Duetzele, Gerhard Robert Walter von

Dutzend, Ein, leichter Erzählungen. St. Petersburg und Moskau [Leipzig] 1782. V: *Gallisch, Frdr. Andreas.* (BGE) (ML)

Dutzend, ein, kurze Gesch. der Seenen, f. in Deutschl. zc. befindl. 8. Düsseld. Danzer. 788.

Dutzend, Ein, schöner und üblicher Kirchen-Gesänge, deutlich erkläret . . . Nürnberg 1749. V (Erklärungen): *Mörl, Gust. Phil.* (Bibliotheca Norica Williana. Altdorf 1772—78. I. 3, 182)

Dutzend, Zweytes, Hannswurstischer Träume den sämtlichen gnädigen Gönnern der wienerischen deutschen Schaubühne zu einem pflichtmässigen Neujahrsopfer gewidmet von Hanns Edler von Wurst. 1765. V: *Hafner, Ph.* (WRDiar 1764, Nr. 3) (WBL 23/248) (Auct. Seis 1456) (BiblPort)

Der **Dutzendteich** in Natur-, Orts- und industriegeschichtlicher Beziehung. Nach einer von L. C. Beck unter Benützung von Quellen d. Firma Spaeth bearb. Studie. Nürnberg 1898: Bieling-Dietz. 58 S. 4°
[09. 5308

Dützer, Anton Joseph, appr. Arzt a. Morsbach, Bezirk Köln: Aus der Universitäts-Augenklinik zu Gießen. Zur Kasuistik der Chorioidealablösungen nach Staroperationen. Gießen 1905: v. Münchow. (28 S.) 8°
Gießen, Med. Fak., Ref. Vossius, Diss. v. 23. Juni 1905
[Geb. 16. Febr. 81 Morsbach; Wohnort: Gießen; Staatsangeh.: Preußen; Vorbildung: Gymn. Attendorn i. W. Reife O. 00; Studium: Marburg 1, München 1, Marburg 2, Gießen 2, Berlin 1, Gießen 3 S.; Coll. 13. Febr. 05; Approb. 26. Jan. 05.]

Dutzmann, Hermann

Handbuch zur Zivilpensions-Rechnungsordnung für die von den Regierungshauptkassen, d. Kasse d. Ministerial-, Militär- u. Baukommission in Berlin u. d. Polizeihauptkasse daselbst zu legenden Zivilpensionsrechnungen. Auf Grund amtl. Materials verf. von H[ermann] **Dutzmann**, Rechnungsrat. Potsdam: Stein 1910. VIII, 144 S. 8°
[11. 5780

Das Pensionswesen der preußischen unmittelbaren Staatsbeamten und ihrer Hinterbliebenen. Nach d. Zivilpensionsgesetz v. 27. März 1872 nebst Abänderungen, dem Hinterbliebenenfürsorgegesetz v. 20. Mai 1882 nebst Abänderungen, d. Unfallfürsorgegesetzen v. 18. Juni 1887 bezw. 2. Juni 1902 u. den dazu ergang. Ausführungsbestimmungen pp. dargest. u. erl. von H. **Dutzmann**, Rechn.R.... Mit e. Zeitberechnungs- sowie 5 Pensions- u. Witwengeldtab. u. 2 Anh.: ... *Potsdam: A. Stein 1903.* (X, 512 S.) 8° [F.]
[04. 11759 II

Dutzmann, H., Pensions- u. Witwengeldtabellen f. die Reichs- u. preußischen Staatsbeamten sowie deren Hinterbliebene, nebst e. Zeitberechnungstabelle zur Ermittelg. der Zahl der Tage bei Zeitabschnitten v. weniger als 1 Jahre. Aufgestellt u. unter Berücksicht. des Waisengeldes nach den Vorschriften f. die preuß. unmittelbaren Staatsbeamten erläutert. (47 S.) gr. 8. Potsdam 903. A. Stein. n. — 60
Sonderabdruck aus:
Dutzmann: Das Pensionswesen...

Dutzmann, H., Pensions- u. Witwengeldtabellen f. die preuß. Staatsbeamten u. ihre Hinterbliebenen m. e. kurz. Grundriß d. einschläg. Vorschriften d. Zivilpensions-, des Hinterbliebenenfürsorge- u. des Unfallfürsorgegesetzes, e. Kürzungstabelle f. die Minderung des Witwengeldes bei e. Altersunterschied v. mehr als 15 Jahren u. e. Zeitberechnungstabelle zur Ermittelung der Zahl der Tage bei Zeitabschnitten v. weniger als e. Jahre. Zugleich Anh. zu dem Werke des Verf. üb. das Pensionswesen der preuß. unmittelbaren Staatsbeamten u. ihrer Hinterbliebenen. 2., nach den neuesten Vorschriften umgearb., zugleich erweit. Ausg. (74 S.) 8. Potsdam 910. A. Stein. 1. —

— das Pensionswesen der preußischen unmittelbaren Staatsbeamten u. ihrer Hinterbliebenen. Nach dem Zivilpensionsgesetz vom 27. III. 1872 nebst Abändergn., dem Hinterbliebenenfürsorgegesetz vom 20. V. 1882 nebst Abändergn., den Unfallfürsorgegesetzen vom 18. VI. 1887 beziehungsweise 2. VI. 1902 zu den dazu ergangenen Ausführungsbestimmgn. pp. dargestellt u. erläutert. Mit e. Zeitberechnungs- sowie fünf Pensions- u. Witwengeldtabellen u. zwei Anh.: A, betr. das Kommunalbeamtengesetz vom 30. VII. 1899 nebst Ausführungsanweisg. vom 12. X. 1899, B, betr. die Anrechng. der Militär- (Offizier- u. Invaliden-)Pensionen auf die Zivilpensionen sowie Einziehg. (Kürzg.) der Invalidenpensionen bei Anstellgn. u. Beschäftiggn. im Zivildienst. (X, 512 S.) gr. 8. Ebd. 903. n. 12. —; geb. n. 13. —

Dütsmann, Max, prakt. Arzt, aus Schmarsow i. Pomm.: Aus d. Kgl. chirurg. Klinik zu Greifswald. Zur Casuistik des Tetanus facialis. *Greifswald 1900: J. Abel.* (24 S.) 8°
Greifswald, Med. Diss. v. 19. Dez. 1900

Duus, Claus, topograph.-histor. Darstellung d. Halbinsel Sundewitt. Ein Versuch. 8. (0¾ B.) Schleswig 830. (Dessau, Aue.)
Aus: Neues staatsbürgerl. Magazin, hrsg. v. N. Falk, besond. abgedruckt.

Blätter und Blüten. Gedichte von Hans Leopold **Duus.** (Vorr.: N. Hasselmann, Pastor.) *Garding: H. Lühr & Dircks (1901).* (48 S.) 8° [F.]
[02. 306

Duus, Hans Leop., Blätter u. Blüten. Gedichte. 12. (48 S.) Garding (902). H. Lühr & Dircks. n. — 75

Duval, s.a. Val.

Düval u. Charmille; e. bürgerl. Trspl. in 5 Aufz. v. e. Frauenzimmer (Frau Schlegel). 8. Leipz. 778. Weidmann. 6 Ngr

Duval und Charmille. Ein bürgerlich Trauerspiel in fünf Aufzügen ... Leipzig 1779. V: *Schlegel, Christiane Caroline geb. Lucius.* H: *Weisse, Chn Fel.* (GGr) (schl)

Düval, Louise, Geschichte e. franzos. Emigrantin. 8. Leipz. 785. Weygand. 18 Ngr

Düval, Luise, Gesch. ein. franz. Emigrantin. 8. Weißenf. Severin. 795.

du Val, Vollständige Chronik von dem gantzen Kriege zwischen Marien Theresien u. Friedrich d. Gr. von J. 1756 bis 1763, worinnen alle Schlachten u. übrigen Merkwürdigkeiten beschrieben sind. Theil (1) 2. Frankfurt u. Leipzig 1763. 4.

du Val, Die bisher unbekannte Lebensart und Sitten der Kalmucken bey der Russisch-Kayserl. Armee.

Duval, Alexandre Vincent Pineux

Duval, Alexandre. Der Arrestant oder die Aehnlichkeit. Eine Operette in einem Aufz. a. d. Franz. Leipz. 1800. Ü: *Franke, Chn Wilhelm.* (GGr VII, 680)

Duval, Alex., der Arrestant, oder die Aehnlichkeit. Eine Operette in 1 Aufz., aus d. Französ. 8. Leipz. 800. Leupold. (Klein). 5 Ngr

— das Haus ist zu verkaufen, s. F. K. Hiemer, dramat. Bagatellen.

Duval, Haus zu verkaufen, s. a. Felix.

Haus zu verkaufen. Lustspiel in 1 Akt nach [Alex.-Vinc. Pineux] **Duval.** Aus d. Franz. übers. u. bearb. von Felix. *Essen (Ruhr): Fredebeul & Koenen 1900.* (31 S.) 8° [F.]
— Vereinstheater, Neues. No 26.
[01. 3814 5

— der Haustyrann. Aus d. Französ. v. Th. Hell. 8. Leipz. 809. Hinrichs. 14 Ngr

— dass. übers. v. Iffland. 8. Berl. 812. (Rücker). 18 Ngr (Brandenburg). Hbg. Pr. 8 Ngr

Duval, Alex., le jeune homme en loterie, s. Répertoire du Théâtre français à Berlin. No. 140.

Duval, A., le jeune homme en loterie, s. Répertoire du Théâtre fr.; Théâtre franç.

— la jeunesse de Henri V. Comédie. gr. 8. Rudolst. 808. Hofbuchh. 8 Ngr

Duval, A. V. P., Joseph [Jakob und seine Söhne in Aegypten]. s. Breitkopf und Härtel's Text-Bibliothek Nr. 87.

Duval, Alex. Vincent Pineux, Joseph u. seine Brüder in Egypten, s.: Méhul, Etienne Nicolas.

— Heinrichs des V. Jugendjahre. Lstspl. in 3 A., aus d. Französ. von Iffland. 8. Berl.... (Brandenburg). 12 gr Hbg. Pr. 6 gr

— Maison a vendre. Comédie. 8. Braunschw. 806. Pluchart. 9 gr

— M.M. G. et V**. Malherbe, en 1 Acte. gr. 8. Rudolst. 811. Hofbuchh. 4 gr

Duval, A., der Menschenfeind, s. Bibliothek ausgew. Romane.

Duval, Alex., der Menschenfeind d. Marais zu Paris; od. d. junge Bretagnerinn. Eine Gesch. d. neuesten Zeit. A. d. Franz. übers. v. L. v. Alvensleben. 8. (9 B.) Leipzig 832, Allgem. Niederländ. Buchh.

Duval, Alex., d. Menschenfreund des Marais zu Paris, od. die junge Bretagnerin; e. Gesch. der neuesten Zeit; aus d. Französ. übers. v. L. v. Alvensleben. 8. Leipz. 832. Allgem. Niederländ. Buchh. 20 gr

Duval, A., les projets de mariage, s.: Théâtre Français publié par Schütz, IX. série, 8. livr.

Duval, M. A., les projets de mariage, s. Théâtre français, 2. Série. No. 61.

— les projets de mariage. Com. en 1 Acte. 8. Braunschw. 806. Pluchart. 6 gr

—— les projets de mariage, } s. Répertoire du Théâtre
—— Shakespeare amoureux, } franç.

— la Retour au comptoir ou l'éducation de placée. gr. 8. Rudolst. 811. Hofbuchh. 4 gr

— Shakespeare amoureux. — Toutlemondiana etc., s. Repertoire du Théâtre franç. 2. Série. No. 30. u. 30 A.

— ein Tag aus dem Leben Heinrichs des V. Lstspl.; aus d. Französ. v. Th. Hell. 8. Leipz. 809. Hinrichs. 10 gr

— die Verwiesenen auf Kamschatka; e. Oper in 3 Aufz.; frei nach d. Französ. v. G. F. Treitschke. 8. Wien 805. Armbruster. 3 gr

Duval, Alexandre. Die lästige Würde; ein Lustspiel aus dem Französischen. München 1811. Ü: *Lambrecht, Matth. Georg.* (Ky)

— die lästige Würde; ein Lstspl. aus d. Französ. (v. Lambrecht). 8. Münch. 811. J. Lindauer. 8 gr

Duval, César. Ternier et Saint-Julien. Essai historique sur les anciens bailliages de Ternier et Gaillard et le district révolutionnaire de Carouge, avec documents inédits. In-8º. Genève et Bâle, H. Georg. 1879 8 —

Duval, César. Les terres de Saint-Victor et Chapitre dans l'ancien bailliage de Ternier. Communication faite au congrès des Sociétés savantes savoisiennes, tenu à Annecy le 25 Août 1879. In-12º, 40 p. Genève & Bâle, H. Georg. 1 —
1880

Duval, E., la pratique de l'hydrotherapie, freie deutsche Bearbeitg., s.: Weiner u. Matt, prakt. Hydrotherapie.

Duval, E. J., Waldstudien. Fol. (6 farb. Taf.) Leipzig 893. E. Baldamus, Sep.-Cto. n. 7. 50; einzelne Blätter 1. 80

Duval, E. J., four woodland studies. Fol. (4 farb. Taf.) Leipzig-R. 896. Wezel & Naumann. n. 10. —

Duval, G., Une journée à Versailles, s. Théâtre franç. p. Schütz. VII. Série. No. 8.

Sein Schwanengesang. Komödie in 3 Aufz. von Georges Duval u. Xavier Roux. Deutsch von Franz Schreiber. Köln a. Rh.: A. Ahn [1908]. (97 S.) 8° [F.]
— Theater, Französisches. No 19. [o8. 16369

Duval, J. W., systemat. Verzeichniß derjen. Farren-, Afterfarren-Kräuter u. Laubmoose, s. b. Regensburg wachsen. 8. Nrnb. Monath. 806.
Vgl. Duval, Jeanet

Duval, Jeanet, theoret. Anweis. zur Fecht- u. Voltigirkunst. Mit 60 Fig. in Steindr. u. 1 Bildn. qu. 4. München 822. (Fleischmann). 3 Rthl 8 gr
Vgl. Duval, Julius

— systemat. Verzeichniß derjenigen Farren-, Afterfarren-Kräuter u. Laubmoose, so bei Regensburg wachsen. 8. Nürnb. (806). Monath u. K. 5 gr
Vgl. Duval, J.W.

Duval, Julius, Theoretische Anweisung zur Fecht- und Voltigierkunst, m. d. Portr. d. Obersten Ritter v. Tausch u. 60 Fig., München 1822, 65 S., 42 Taf., Quer-4°.
Vgl. Duval, Jeanet

Duval, Karl, das Eichsfeld oder histor.-romantische Beschreibung aller Städte, Burgen, Schlösser, Klöster, Dörfer und sonstiger beachtungswerther Punkte des Eichsfeldes. Mit 24 Ansichten, nach Originalzeichnungen von C. u. F. Duval. (In 12 Hftn.) Mit 24 Abbild. u. 1 Karte. gr. 8. Sondershausen 845—47, F. A. Eupel. n. 2 Rthl

Duval, C. u. F. Die Bergvesten Kiffhausen u. Rothenburg. 8. Nordhausen s. a. [1844].

— d. Bergvesten Kiffhausen u. Rothenburg. Mit 4 Original-Ansichten v. C. u. F. Duval. 8. Nordhausen 840, Förstemann. n. 5/12 Rthl (Die Ansichten apart n. 1/4 Rthl)

— die Klöster und Klosterruinen Deutschlands. 1. u. 2. Bd. gr. 8. (Mit 2 Lith.) Nordhausen 844, 46, Fürst. (1. 1 1/2 Rthl 2. 1 1/6 Rthl) 2 2/3 Rthl

Duval, Louise, Geschichte einer französischen Emigrantin, 8. Weißenfels, 795. Severin. 13 sgl.

Duval, Mathias. Grundriss der Anatomie f. Künstler. Hrsg. v. F. Neelsen. Autoris. deutsche Uebersetzg. gr. 8. (VIII, 271 S. m. 77 Holzschn.) Stuttg. 890, Enke. * 6 —; geb. * 7 —

Duval, Math., Grundriss der Anatomie für Künstler. Autoris. deutsche Uebersetzg. (In 1. Aufl. hrsg. v. F. Neelsen.) 2. Aufl., bearb. v. Ernst Gaupp. gr. 8. (XIV, 274 S. m. 78 Abbildgn.) Stuttgart 901. F. Enke. n. 6. —; geb. in Leinw n. 7. —

Duval, Mathias, Grundriss der Anatomie f. Künstler. Deutsche Bearbeitg. v. Ernst Gaupp. 3. verm. Aufl. Mit 4 Taf. u. 88 Textabbildgn. (XII, 305 S.) gr. 8. Stuttgart 908. F. Enke. 7.—; geb. in Leinw. n 8. —

Duval, Paul, der Beamte, s. Franzosen, die, d. neusten Zeit.

Duval, Pierre, pikante Bissen, s.: Bibliothek, kulinarische.

Duval, Pierre, Pilze, s.: Bibliothek, kulinarische, 2. Bd.

— Suppen, s.: Bibliothek, kulinarische.

Duval, Remi

Duval, R., vollständige praktische Anleitung das Konjugiren der regelmässigen wie unregelmässigen französischen Zeitwörter, auf eine leichtfassliche und viele Zeit ersparende Weise zu lehren und zu erlernen. 4. neu durchges. etc. Aufl. Hamburg 858. Heubel. 8. (VIII, 192 S.) 15 ngr

Düval, Remi, s. Tableau des conjugaisons françaises.

Duval, Rubens, s.: Bar Bahlule, Hassan, lexicon syriacum.

Duval, Rubens, s.: Iso Yahb patriarchae III liber epistularum.

Duval, Val. Jameray & Anastasia Sokolov. Briefwechsel. Aus dem Französ. Nürnberg 1792. Ü: *Baur, Sam.* (Ky)

Düval, Val. Jamerel, († ... 1775.) Briefwechsel mit A. Socoloff. Aus d. Franzöſ. (von Sam. Baur). 2 Thle. 8. Nürnb. 792. Felſſecker. 1 rthl 12 gr

— ſ. Leben Duval's.

Duval-Pyrau, Abbé

— Aristide, sa vie. 8. Yverdon 777. (Laus., Pott). 8 gr

— Aristides. Aus d. Französ. 8. Lpz. 777. Weidmann. 10 gr

— Oeuvres, av. fig. 11 Vols. 8. Strassb. 784. Treuttel u. W. 2 rthl 12 gr

Duval-Pyrau, Abbé, le patriotisme en action. gr. 4. Berl. 784. Rottmann. 12 gr

Duvau, Aug., wie fand ich mein Vaterland wieder im J. 1802? 8. Leipz. 803. Göſchen. 18 gr

Duve, v., maleriſche Anſichten von Lauenburg ꝛc., ſ. Anſichten von Schleswig. 3. Abthl.

Duve, Adolf. Das baierisch-östreichische Volksleben in Neidhart's Liedern (Diss.) Rostock 1882. 8°. (In München: P. o. germ. 1004 k.)

Duve, Adolf Eduard Eberhard Ludwig von

Duve, A. E. E. L., Beantwortung der Fr.: ob im Königr. Weſtphalen d. Unterſchied zwiſchen Staatsbürgern u. Einwohnern aufgehoben ſei? 8. Lüneb. 811.

Duve, v., Mittheilungen zur Kunde der Staatsgeſchichte ꝛc. des Herzogth. Lauenburg, ſ. Mittheilungen.

Duve, A. E. E. L. v., Mittheilungen zur näheren Kunde des Wichtigſten der Staatsgeſchichte und Zuſtände der Bewohner des Herzogthums Lauenburg von der Vorzeit bis zum Schluſſe des Jahres 1851. Nach Urkunden und authentiſchen Quellen bearb. Ratzeburg 857. Linſen. gr. 8. (1 Bl., 886 S.) n. 3 rthl 15 ngr

Duve, A. v., Sammlung aller jetzt in Frankreich geltenden Geſetze, ſ. Sammlung ꝛc.

—— kurze Ueberſicht der Geſchichte des Herzogth. Lauenburg von der Vorzeit bis zum Schluſſe des J. 1851. gr. 8. (62 S.) Ratzeburg 857, Linſen. *

Aus deſſen „Geſchichte des Herzogth. Lauenburg" beſonders abgedruckt.

v. Duve, (A. E. E. L.) Zeitſchr. f. Geſetzgebung ꝛc., ſ. Zeitſchrift.

Duve, Adolph Friedrich Wilhelm. Beiträge zur Kenntnis der Borweinsäure des Borsäureweinsteins (Créme de Tartre soluble Ph. Gallic) und Boraxweinsteins (Tartarus boraxatus Ph. Germ.). Leipzig, 1852.

G C Duve

Vollständige, nach dem Decimalmaß berechnete, Tabellen zur Bestimmung des kubischen Inhalts sowohl des runden, als des beschlagenen Holzes ([Verf.:] G C Duve); nebst einer Tabelle über Bauholz, über die Bestimmung der Größe des aus einem Baume zu hauenden Blocks, und über die Schwere eines Kubikfußes verschiedener teutscher Holzarten (Tabelle, woraus man das Verhältniß der Schwere der meisten deutschen waldbaumhölzer ersehen, und wornach man das Gewicht größerer Holzmassen leicht berechnen kann [Verf.: Georg Ludwig] Hartig), wie auch einer doppelten Preistabelle nach Marien- und guten Groschen ([Verf.:] G C Duve). Zum Gebrauch für Forst- und Baubediente, Zimmerleute und Holzhändler. Mit einer Anleitung. - Hannover: Helwing 1801. VI,72 S., 192 ungez. Bl. 8°

Duve, G. L., ſ. Tabellen zur Beſtimmung des kubiſchen Inhalts des Holzes.

Duve J. D.: Practische Anweisung zu dem Anbau d. behackten Brachfrüchte od. Futtergewächse ... Celle 1830. 196 S. 5 Tvl.

Duve, J. D., pract. Anweiſung zu d. Anbau d. behackten Brachfrüchte od. Futtergewächſe, nach 40jähr. Erfahr. bei d. Selbſtanbau dieſ. Gewächſe. M. 5 lith. Taf. (in Fol.) gr. 8. (13 B.) Celle 830. (Hannover, Helwing.)

Duve, Johann Friedrich Wilhelm von

v. Duve, Jh. Fr. Wlh., Beitr. zur Kenntniß der Braunſchweig.-Lüneburg. Lande. 1s Heft. 8. Celle 795. Schulze. 8 gr (Auch u. d. T.: Nachr. v. d. landſchaftl. Verfaſſung d. Grafſch. Hoya.)

Duve, J. F. W. v., Beytr. z. Kenntn. d. Braunſchw. Lüneb. Lande. 8. Zelle, Schulze (Helwing. H.) 795.

— ſ. G. F. v. Martens, Betracht.

Duve, Joh. Friedr. Wilh. v.: Versuch über die Landtäge oder die landschaftliche Verfassung des Fürstenthums Lüneburg aus gröstentheils ungedr. Nachrichten entworfen. Lfg 1, enth. Buch 1. 2, Kap. 1. (Mehr nicht ersch.) Hannover 1795.

— Verſ. üb. d. Landtage od. d. Landſchaftl. Verfaſſ. d. Fürſtenth. Lüneb. 1r Th. 8. Hannov. Ritſcher. (a. Hahn.) 795.

— Joh. Phil. (Helmstedt), De interpretatione pactorum dubiorum. (Medit. ad pandectas spec. 40.) Präs. Aug. Leyser. Helmst. (Gg. Wolfg. Hamm) 26. VI. 1715. 4 Bl. (3.20) 7097

— Jordan (Gardelegen), Epicrisis in judicium Gamalielis de caussa Christi & apostolorum. Präs. Joach. Lange. Halle (Chph. Andr. Zeitler) 26. III. 1715. 32 S. (5.—) 7098

Duve, Jul. Franc.: De praeposteris ac fatalibus clericorum quorundam in politicis rebus consiliis. Progr. Helmstadii (1721.)

Duve, Ludolph Georg

Dem theuren Andenken des zärtlichgeliebten Brs, Aug. Theod. Werlhof, widmeten in der den 22sten Oct. 1764, über dessen tödtlichen Hintritt, in der sehr ehrw. Loge Georg [in Hannover] gehaltenen Trauerversammlung, nachstehende Vorlesungen, Ludolph Georg Duve, J. H. Niemann, C. Meyer. [Hannover 1764.] 12 Bl. 4⁰ [Umschlagtit.]
Kl. 1309. 2 Reden (Gedächtnis des Verstorbenen u. üb. den Mr im Tode) u. Gedicht.

Duve y Huebener, A. Guillermo de, gramática sucinta del idioma aleman. Leipsique 856. Brockhaus. gr. 8. (IV, 128 S.) n. 20 ngr

— spanisch-deutsches Lesebuch zum Schulgebrauch. A. u. d. T.: Piezas escogidas de las literaturas alemana y española para el uso de los estudiantes de ambas lenguas. Abregtadas y dadas à luz etc. Leipzig 857. Brockhaus. 8. (2 Bl., 229 S.) n. 1 ℛ 6 ngr

Duve y Huebener, A Guillermo de, Piezas escogidas de las literaturas alemana y española para el uso de los estudiantes de ambas lenguas. A. u. d. T.: Spanisch-deutsches Lesebuch zum Schulgebrauch. 8. (229 S.) Leipzig 857, Brockhaus. *

Düvel, Carl Gottfried (Westphalo Frysoytensis), De concursu plurium jurisdictionum in eodem loco. Disp. jur. Präs. Heinrich Coccejus. Heidelberg (Joh. Dav. Bergmann/Walter Nchf.) o. J. 16 S. (4.80) 7041

Düvel, Willy, aus Wietzendorf, Prov. Hannover: J. F. Herbarts Stellung zu seinen pädagogischen Vorgängern. *Jena 1900: A. Kämpfe.* (VI, 310 S.) 8°
Jena, Phil. Diss. v. (1. März) 1900

Düvelius, Felix [aus Vechta (Grossh. Oldenburg)]: Beitrag zur Differentialdiagnose zwischen Leber- und Nierentumoren.... Würzburg, Paul Scheiner's Buchdr., 1889; 35 + 1 S. 8°
Würzburg, Med. Fak., Inaug.-Diss. v. 1889

Düvelius, Otto [(Dr.), Arzt aus Vechta '(Oldenb.)']: Histologischer Beitrag zum Harnblasencarcinom ... Hannover, J. Giesel's Buchdr., 1896; 21 S. 8.
Würzburg, Med. Fak., Inaug.-Diss. v. 1896

Düvell, Carl Gottfried (Westphalo-Frisoytensis), De jure alluvionum in imperio. Disput. jur. Präs. Heinrich Coccejus. Heidelberg, 26. VIII. 1688. (1707.) 12 Bl. (5.—) 7042

— **Christ. Wilhelm** (Frisoytheno/Oldenburg), De aphthis. Diss. med. Bln. (Brüschck) 27. III. 1829. 29 S. mit Biogr. (M.: M. Dorsten.) (4.20) 7043
Oppon.: J. Brevis, A. Moormann, H. Quincke. — Gew.: Conrad Bartels, Ludwig Hochherz.

Düvell, Fritz, u. Frz. Diederich, Kometen. Wissenschaft u. Aberglaube. Mit Bildnissen Edmund Halleys u. des Bauernastronomen Palitzsch u. 28 Abbildgn. im Text. (119 S.) gr. 8. Dresden 910. Raden & Co. 1.—

Düvell, Fritz, Shakespeare-Studien (Hamlet — Romeo u. Julie), } s.: Studien, kleine.
— Wind u. Wetter, }

Düvell. Fritz, Wind und Wetter. Mit einem Vermerke von Friedrich Arens. Leipzig 1896.

Duvergé, Abhdl. üb. d. Mittel, die Gegenstöße im menschl. Körper zu entdecken. 190 S. Lpz. 8°. A. D. B., LI, 415.

1781

Duverge, Abhandl. üb. d. Mittel, d. Gegenstöße im menschl. Körper zu entdecken; a. d. Franz. m. K. 8. Leipz. Barth. 781. Rthlr.

Duvergé, ..., Abhandl. über d. Mittel, d. Gegenstöße im menschl. Körper zu entdecken. Aus d. Französ., mit Kpft. 8. Leipz. 791. Barth. 6 gr

Duvernei, s. D u V e r n e y.

Düvernet, J., Geschichte d. Sorbonne rc., a. d. Frz. 2 Bde. 8. Straßb. Acad., (a. Hinrichs in Leipz.) 791, 92.

Duvernet, J., Geschichte d. Sorbonne rc. Aus d. Franz. 2 Bde. gr. 8. Straßb. 791 u. 92. (Hinrichs in Leipz.) 1 ℛ 12 gr

Duverneus, Franciscus

s.: Du Verney, Guichard Joseph

Du Verney, (Guichard Joseph): Tractatus de organo auditus oder Abhandlung vom Gehör, worinnen nicht allein die Structur des Ohres, desgleichen auch das Hören an sich selbst deutlich erkläret wird; sondern auch alle Kranckheiten, welche diesem Theile zustossen können, gründlich gezeiget, und die dawieder dienende Hülfs-Mittel angewiesen werden. (Traité de l'organe de l'ouie, contenant la structure. les usages et les maladies de toutes les parties de l'oreille. Dt.) Übers.von Joh(ann) Alexander Mischel. 246 S., gbd., 16 Taf.

Berlin: Rüdiger (1732)

Duvernei, de organo auditus, v. Gehör. m. K. d. Berlin, 733.

Duvernoi, A. M. F., s. *de Verdi.*

Düvernois, die Sperre des festen Landes. mit Anmerk. v. Schmidt. Hamburg, Vollmer.

Duvernois, Cl. Ueber die französ. Intervention in Mexico. Eine im Original unterdrückte Schrift in rechtmäss. Uebers. Stuttgart 1870.

Duvernoy, Diss. Theoria vaporum uterinorum. Bas. 4°. 1710

Duvernoy, Carl Christoph (Mömpelgard), De decimis praesertim novalibus. Diss. jur. Basel (Emanuel Thurneysen) 22. III. 1751. 40 S., tlws. dtsch. (5.—) 7090
Gew.: Reinhard v. Gemmingen.

Duvernoy, Charles Léopold: De u s u rationis in jure. 22 S.– Basel, Jur.Diss.v. 10.Jan.1769.

Duvernoy, D. M. B., Chevalier, Prof. G. L., Notice historique sur les ouvrages et la vie de M. le B^on^.Cuvier. Mit Cuviers Bildn. gr. in-8. Paris et Strasb. 833. Levrault. 1¼ ℛ

Duvernoy, Daniel Frédéric: Circa j u s imperatorium in electiones pontificum Romanorum. 27 S.– Basel, Jur.Diss.v.15.Jan.1706.

Duvernoy, Fréderic (!). Méthode pour le cor. Horn-Schule. Leipzig.

Duvernoy, ..., Hornschule. Leipz., Breitkopf u. H. 1 ℛ 12 gr

Duvernoy, Georges David, Montbéliard. Dissertatio inauguralis medica de lathyri quadam venenata specie in comitatu Montbelgardensi culta.
Basel, med.Diss.1770

Duvernoy, Gust.

Duvernoy, G., des Piraten letzte Beute, s.: Familien-Bibliothek.

Duvernoy, G., s. Correspondenz-Blatt, medicin., Würtemberg. Aerzte.

— G. Cuvier, Vorlesungen über vergl. Anatomie.

Duvernoy, G., das Fieber, sein Wesen und seine Behandlung, mit besond. Beziehung auf den Gebrauch der Fieberrinde in anhaltenden bösartigen Fiebern. gr. 8. (VIII und 396 S.) Stuttgart 856, Ebner und Seubert.

Duvernoy, G., Freude nach Leid, s.: Unterhaltungsschriften, lehrreiche.

Duvernoy, Gust., Freude nach Leid, oder die Ansiedler in Texas. Texanisches Lebensbild nach Quellen bearb. 8. (346 S.) Regensburg 868, Pustet.

Duvernoy, Gust.: Gesetze in Betreff der Beeden u. ähnl. ältern Abgaben, der Ablös. d. Frohnen u. der Entschädig. der berecht. Gutsherrschaften f. d. Aufheb. d. leibeigenschaftl. Leistungen im K. Würtemberg, v. 27., 28. u. 29. Okt. 1836. Nebst Verfüg. der K. Ministerien d. Justiz, d. Innern u. d. Finanzen hinsichtl. dieser Gesetze u. d. amtl. Haupt-Instruct. Hand-Ausg. mit Erläuterr. u. ausführl. Sachreg. 1e Abth., enth. d. Gesetze nebst vier Ministerial-Verfügg. *Stuttgart*, Metzler. 836. gr. 8. (3 Gr.)

Duvernoy, G.: „Gesetze in Betreff der Beeden und anderen älteren Abgaben, die Ablösung der Frohnen und die Entschädigung der berechtigten Gutsherrschaften für die Aufhebung der leibeigenschaftlichen Leistungen im Königreich Württemberg vom 27.—29. October 1836, nebst Verfügung der Königl. Ministerien und Sachregister", Stuttgart 1837 (Metzler).

—— Kampf mit einer Klapperschlange, s. Familien-Bibliothek.

Duvernoy, G., —— eine texanische Prinzessin, } s. Familien-Bibliothek.

Duvernoy, G., Untersuch. üb. Keimung, Bau u. Wachsthum d. Monokotyledonen. Mit 2 Steintaf. 8. Stuttgart, 1834. (Becher's Verl.) — 12½

Duvernoy, G., Untersuchung üb. Keimung, Bau u. Wachsthum d. Monocotyledonen. M. 2 Stnt. gr. 8. (4 B.) Stuttgart 834, Brodhag.

— chemisch-medicin. Untersuchungen über den menschl. Urin. 8. Stuttg. 835. Brodhag. ³⁄₈ ℛ

Duvernoy, G., chemisch-medicin. Untersuchungen üb. d. menschl. Urin. 8. (4¼ B.) Stuttgart 835, [Scheible, Rieger u. Sattler.]

DUVERNOY, Jakob Christoph 1740 - 1802
Kurzgefaßte Lebensgeschichte Nicolaus Ludwigs Grafen und Herrn von Zinzendorf und Pottendorf, von Jacob Christoph Duvernoy.
Barby: Brüdergemeine. 1793. 138 S. 8°.
John Carter Brown Library Providence, R. I.
Nikolaus Ludwig Graf von Zinzendorf und Pottendorf, 1700-1760.

Duvernoy, Jak. Cph., († d. 22. Nov. 1802.) Lebensgeschichte N. L. v. Zinzendorf's. 8. Barby 793. (Kummer in Leipz.) 8 K

— s. v. Zinzendorf, Reden üb. d. Evangelisten.

Duvernoy, Julius. Ueber Pimarsäure und ihre Modificationen. (Tübingen) Stuttgart, 1865.

Duvernoy, Max von

Duvernoy, die Anschauungen Friedrichs des Großen vom Festungskriege vor Ausbruch des 7jährigen Krieges, s. a. Beiheft z. Militär-Wochenblatt. 1901. Nr. 2.

Zum Friedrichstage. Die Anschauungen Friedrichs des Grossen vom Festungskriege vor Ausbruch des Siebenjährigen Krieges. Nach Vorarbeiten d. Kriegsgesch. Abth. II u. Akten d. Kriegs-Archivs bearb. von [Max] v. Duvernoy, Oberstlt. Mit 1 Karte. *Berlin: E. S. Mittler & Sohn 1901.* (S. 55–93.) 8° [F.]
— Militär-Wochenblatt. 1901, Beiheft 2, [1.]

Duvernoy, v. Zur Feier bei Döberitz am 29. Mai 1903. Berlin 1903. 8°. (Aus: M. W. B.)

Duvernoy, v., Geschichte des siebenjährigen Krieges in Teutschland, s.: Archenholtz, J. W. v.

Duvernoy, württembergische Heeresgeschichte, s.: Eisenschmidt's Büchersammlung.

Die Württembergische Kavalleriebrigade Normann im Feldzuge 1813. Nach Akten d. Kgl. Württemb. Geh. Haus- u. Staatsarchivs sowie nach Papieren im Besitze d. gräfl. Familie bearb. von [Max] v. Duvernoy, Oberstlt. a. D. Berlin: E. S. Mittler & Sohn 1907. (S. 347–370.) 8° [Umschlagt. F.]
— Militär-Wochenblatt. 1907. Beiheft 10. [1.]

Duvernoy, Peter: De litis Contestatione actoris, s. Brückner, Wilh. Hieronymus (Praes.)

— Peter (Mömpelgard). De desertoribus et transfugis. Von ausgerissenē Soldaten und Uberläuffern. Disp. jur. Präs. Christian Wildvogel. Jena (Müller) Nov. 1714. 26 S. (5.—) 7100
Widm. v.: Präs., Wilh. Hieron. Bruckner.

Duvert

— et Lauzanne, Ce que femme veut ..., s.: Répertoire du théâtre Français à Berlin, Nr. 343.

—— et Lauzanne, ce que femme veut ..., s. Théâtre franç. par Schütz.

Duvert, Herr Dunst, siehe: Theater, das, des Auslandes, 19. Lfg.

— Xavier et Lauzanne, Mr. et Mme. Galochard, s.: Répertoire du théâtre Français à Berlin, Nr. 340.

Duvert, .., Heur et malheur. — Kettly, ou le retour en suisse, s. Répertoire du Théâtre français. No. 104. 105.

Duvert u. Laurence, Lieutenant u. Consul, Lustsp., s. Bühnen-Repertoir, Bd. XI.

Duvert, Xavier et Lauzanne, un monsieur et une dame, s. Répertoire du théâtre français. — Xavier.

Duvert, Räuberanführer, s. Theater des Auslandes.

Duvert et Lauzanne, Renaudin de Caen, Comédie-Vaud., s. Répertoire du Théâtre franç. 2.Ser.No.4.

Duvert, Xavier et Lauzanne,

— — — Riche d'amour, s.: Répertoire du théâtre Français à Berlin, Nr. 329.

Duvert et Lauzanne,

— — Tantalus-Qualen, s.: Bühnen-Repertoir, Nr. 153.

Duvert, Félix Auguste: 27., 28. et 29. juillet, tableau episodique des trois journées, s. Arago, Etienne.

Duveyrier: Faute de s'entendre., s. Répertoire du Théâtre franç. 2. Série. No. 29. Vergl. auch Scribe.

Duveyrier; Unbewußte Liebe., s. Bühnen-Repertoir, Bd. X.

Duveyrier, Maurice, Comédie-Vaudeville, s. Répertoire du Théâtre français. No. 215.

Duveyrier: Die schöne Müllerin, s. Bühnen-Repertoir, Bd. XI.

Duveyrier, die schöne Müllerin, } s. Melesville.

—— Oscar, ou le mari qui trompe sa femme, } s. Scribe.
—— Oskar, od. der treulose Gatte. Lustsp.

Duveyrier: Le protégé com. p. Rosier, s. Répertoire du Théâtre franç. 2. Serie. No. 29. Vergl. auch Scribe.

Duveyrier, Aimé Honoré Jos. Baron, s.: Melesville, M.

Duveyrier, C. P., Comédies et proverbes dramatiques, s.: Leveque.

Duveyrier, Ch., Michel Perrin, s. Répertoire du Théâtre français à Berlin. — S. auch Théâtre français, publ. par Schütz.

Duveyrier, Michel Perrin, s. France, la, dramatique.

Duveyrier, Michel Perrin, s. Mélesville, A.

— et **Melesville**, Michel Perrin, s.: Théâtre Français, Série I. Livr. 6.

Duveyrier, Ch., s. Répertoire du théâtre franç. à Berlin.

Duveyrier, Henry: Die nördliche centrale Sahara. ([S.-A.] Petermann's Geographische Mittheilungen. 1863. Heft 10.) Gotha 1863. 4 S., 1 Krt. 4°.

Duveyrier-Melesville, Zampa, s.: Herold, Ludw. Jos. Ferd.

Duvez, Conversations-Taschenbuch der französischen u. deutschen Sprache, s.: Bozzi.

Du Vignau, A., über die Veränderungen, welche dem Artillerie-Wesen durch das verbesserte Infanterie-Gewehr auferlegt werden. gr. 8. (X und 98 S.) Schweidnitz 855, (Weigmann.) *

Du Vignau, A. Ueber das wahrscheinliche gegenseitige taktische Verhalten einiger bestehenden europäischen Feldartillerien in den künftigen Kriegen und dessen Einfluss auf die anderen Truppengattungen. 8. Berlin 1849.

Du Vignau, Welches sind die wesentlichsten Eigenschaften, Gebrauchsanordnungen und Gebrauchsvorschriften, welche der neuen Feldartillerie Noth thun, damit sie ihre volle Wirksamkeit im Feldkriege entfalten könne. gr. 8. (51 S.) Berlin 870, Mittler und Sohn. *

Duvigneau, zur polit. Lage. Ueber Alters- u. Invaliditätsversicherung, s.: Flugschriften der nationalliberalen Partei.

Duvigneau, Joh. A., das Haus der Handelskammer zu Magdeburg (Seidenkammer-Innungshaus) u. seine Geschichte. Als Festgabe zur Einweihungsfeier dargereicht. (68 S. m. 28 Taf.) Lex.-8. Magdeburg (906). (Heinrichshofen's Sort.) In Leinw. kart. n.n. 3. 60

Das Haus der Handelskammer zu Magdeburg ⟨Seidenkrämer-Innungshaus⟩ und seine Geschichte. Als Festgabe z. Einweihungsfeier dargereicht v. Regierungsbaumeister Joh. R. **Duvigneau.** (Magdeburg 1906: E. Baensch jun.) (68 S., 28 Taf.) 4°(8°) [J.] [a6. 8607

Duvinage, C., la Grèce ancienne et moderne, et l'Italie. — A. u. d. T.: Alt- u. Neugriechenland u. Italien, in Auszügen aus d. Werken d. Barthélémy, Villemain, d. Frau v. Staël, L. v. Chateauvieux u. Malte-Brun. Ein franz. Lesebuch f. Gymnasien u. Bürgerschulen. Zunächst f. d. mittl. Klassen d. Cölln. Gymnasii zu Berlin. 8. (24 B.) Berlin 829, Plahn.

— La Grecce ancienne et moderne et L'Italie. A. u. d. T.: Alt u. Neues Griechenland in Auszügen aus den Werken des Abbé Barthélémy rc. gr. 8. Berlin 829. (H. Schultze.) 2/3 ℛ

—— Lehrbuch d. Franz. Sprache nach Hamiltonischen Grundsätzen. Enthalt.: 1) Interlinear-Uebersetzungen. 2) Die Formenlehre, in method. Anordnung dargest. Zum Gebrauch f. Vorbereit.-Classen in öffentl. Lehranstalten. 8. (9½ B.) Berlin 834, Plahn.

Duvinage, C., Lehrbuch der franz. Sprache nach Hamiltonschen Grundsätzen. Enthalt.: 1) Interlinear-Uebersetzungen. 2) die Formenlehre, in methodischer Anordnung dargestellt. Zum Gebrauch für Vorbereitungs-Classen in öffentl. Lehranstalten. 8. Berlin 835. Plahn. (H. Schultze.) 1/3 ℛ

Duvinage, Curt (Otto) (geb. Pasewalk 8. 6. 1856): Ueber die Abkühlung des Uterus und der Blase. Berlin (1882). (30 S.) 8°
Berlin, Med. Diss. v. 14. Febr. 1882

Duvinage, Ernst: Zur Reform des französischen Unterrichts. Tilsit, gedr. bei H. Post, 1893; 3—22 S. 4.
Tilsit, k. RG, OP 1893 (23)

**Duvinage, Louis Jean [pr. Arzt aus Pasewalk i. P.]: Drei seltene Missgeburten aus der Berliner Universitäts-Frauenklinik. . . . Berlin, Buchdr. v. Gustav Schade (Otto Francke) (1889); 29 + 1 S. + 1 Bl. 8°
Berlin, Med. Fak., Inaug.-Diss. v. 29. Jan. 1889**

Duvivier (Red.), s. Abeille, La. Revue hebdomadaire.

Duvivier, s.: Journal Français de Berlin.

Duvoisin. Essai sur les études et l'exercice du St. Ministère II Tom. 8. Lausanne, Pott. 795.

Duvoisin, Antoine Rod., Yverdon. Theses medicae inaugurales de antipathia humana. Basel, Med. Diss. 1701

du Voisin, Ant. R., De antipathia humana. 27 pp. Bas. 4°. 1702

Duvoisin, Jh. Bpt., († 1806.) beweisführ. Probe für d. Wahrheit d. evangel. Geschichte. gr. 8. Köln 802. Fabricius. (Doll in Augsb.) 18 ₰

— vergl. Voisin.

Düwahl, Ludw., plattdütsch Billerbauk. „Dit un dat, för Jeden wat." Biller (in Farbdr.) v. D. (52 Bl. u. S.). Lex. 8. Wismar (908). Hinstorff's Verl. Geb. 3. —

Duwe, Adolf: Die Attraktion des Relativpronomens bei Prokop v. Caesarea. *Jever 1898: C. L. Mettcker & Söhne.* (18 S.) 4° [J.]
Jever, grossh. Marien-G, P 1898 (707)

Duwe, Adolf Quatenus Procopius Thucydidem imitatus sit. 378. *Jever* 1885. Progr.

Düwell, K. L.

Düwell, vier Andachten, gehalten in Greifswald. 4. Greifswald, Mauritius. 819.

— vier Andachten, gehalten in d. St. Jakobikirche zu Greifswald. 819.

Düwell, K. L., des Königs Geburts- u. Stralsunds 200jähr. Gedächtniß-Fest an d. Befreiung v. d. Wallensteinschen Belagerung, gefeiert durch zwei Reden. 8. (2 B.) Stralsund 828, Trinius.

Düwell, Karl Die patriotische Dichtung der Deutschen seit Klopstock. 14, 16 SS. Progr. *Spremberg* 1878. 1879.

Düwell, Edw., Dein heiliger Geist kehr' bei uns ein! Predigt am 2. Pfingstmorgen. gr. 8. Stralsund 842, Löffler'sche B. n. 1/12 ₰

Düwell, W., Wohlfahrts-Plage. Eine eingehende Studie über die sogen. Wohlfahrts-Einrichtungen in den verschiedenen Großbetrieben. Dortmund, 1903. 46 S.

Düwez, L. v., deutsch-französische Gespräche z. Erleichterung d. Sprechenlernen. 8.

Düwez, L. von, deutsch-französische Gespräche zu Erleichterung des Sprechenlernens. 3te Aufl. 8. Dortmund, Mallinckrodt. 813.

Duwez, L., neue franz. Gespräche f. Deutsche. Nebst ein. nützl. Anhängen. Zur Beförd. e. richtigern u. geläufigern Ausdrucks im Franz.-Sprechen. Auch als Anh. zu Seidenstücker's franz. Elementarbuch rc. 4., verb. Aufl. 8. (15 B.) Hamm 830, Schulz.

—— Uebungsbuch z. Uebersetzen a. d. Deutschen ins Franz. Mit Erklär. d. schwierigsten Wörter u. Redensarten. No. I. 8. (13½ B.) Hamm 831, Schulz.

Dux [Schlagwort]

Dux, s.: Erzgebirge, Stelzig, H.

Dux, Adf., Deutsch-Ungarisches, | s. Lese-Cabinet, neues belle-
—— für den Glanz des Hauses, | tristisches.

Dux, Adolph —. Ungarische Dichtungen von ——. 8. (IV, 118 S) Preßburg. Schnellpresse-druck von Alois Schreiber. L. A. Krapp. Leipzig. W. Baensch. 1854.

Dux, A., für den Glanz d. Hauses, | s.: Lese-Cabinet, neues belletristisches.

Dux, Adolf. Der alte Infanterist und sein Sohn der Husar. Charakterbild mit Gesang in drei Akten, nach Szigeti's ungarischem Volksstücke: „A vén bakancsos és fia a huszár." *Wien* 1858. Druck u. Verl. v. *Leop. Sommer*. 47 S. 8°.

Dux, Adolf. Das ungarische National-Museum. Eine Skizze. *Pest* 1858. *Emil Müller*. 46 S. 8°.

Dux, Ad., s. Petöfi, ausgew. Gedichte.

Dux, Adolf [Übers.]
s. Plessis, Paul du: Die Boucanier. 1854.

Dux, Adf., aus Ungarn. Literatur- und culturgeschichtl. Studien. gr. 8. (VII, 350 S.) [Leipzig 880, Foltz.] Bockenhausen, Feist.
geb. *

Dux, Carl: Die Entstehung des St. Gallischen Konkursprozesses dargestellt nach den Statutarrechten und dem kantonalen Rechte. Altstätten 1899. 71 S. 8°.
Bern. Jur. Diss. 1899/1900.

Dux Fanny: Die sprachlichen Eigentümlichkeiten des Waadtländer Volksfranzösisch nach B. Vallotons Werken.
H. 1908 PN 2513 Diss. Wien, Univ.

Düx, Johann Martin

Düx, Joh. M. Dr. (Kaplan) „Anrede an die Schüler der königl. Kreis-Landwirthschafts- und Gewerbsschule zu Würzburg vor der feierlichen Preise-Vertheilung am 31. August 1835". pg. 1—8. 4°. F. E. Thein.
Würzburg, Progr. 1834/35

Düx, Joh. Mart., Athanasia, s. Athanasia.

Düx, Joh. Mart., der deutsche Cardinal Nicolaus v. Cusa u. die Kirche seiner Zeit. Mit dem Bildniß Cusa's. (Stahlst.) 2 Bde. gr. 8. (1039 S.) Regensburg 848, Manz. 4 ₰

Düx, Joh. Mart., das kathol. Festjahr. Od. Predigten auf die vornehmsten kathol. Festtage. 2 Bdchn. 8. (30½ B.) Regensburg 842, Manz.

Düx, Joh. Mart., das katholische Festjahr, oder Auslegung der Episteln und Evangelien der vornehmsten Heiligen-Feste des kathol. Kirchenjahres, worin die kathol. Glaubens- und Sittenlehre gemeinfaßlich vorgetragen und erklärt wird. Nach einem ältern Werke neu bearb. 8. (VII und 595 S.) Würzburg 863, Stahel'sche Buchh. *

Düx, Joh. Mart., Lobet den Herrn! Ein katholisches Gebet- u. Erbauungsbuch für Kirche u. Haus. Mit 3 Stahlst. Würzburg 866. Stahel. 32. (VIII, 472 S.) n. 18 *ngr.*

Düx, Jo. Mart., Principia catholica circa christianorum matrimonia, praeprimis ea, quae mixta vocantur juxta optim. autor. fidem succincte proposita. 8maj. Wirceburgi 839. (Stahel.) n. 1/3 ₰

Düx, Jh. Martin, der Ruf des Evangeliums. Ein vollständ. Jahrg. von Predigten üb. die sämmtl. Evangelien des kathol. Kirchenjahres. 3 Bdchn. 8. Regensburg 842, Manz. 2 ₰

Düx, Johann Martin Dr. (Religionslehrer) „Das Verhältniss der Religion zur Industrie". pg. 3—39. 4°. Fried. Ernst Thein.
Würzburg, Progr. 1836/37

Düx, Joh. Mart., das ewige Versöhnungsopfer. Ein Gebet- u. Erbauungsb. f. kathol. Christen. 2., verb. u. verm. Aufl. 8. (34¾ B., 1 Stahlst. u. gest. Ttl.) Leipzig 845, Liebeskind. 1 Thlr. Velinp. m. 6 Stahlst. Thlr.

— das ewige Versöhnungsopfer. Ein Gebet- u. Erbauungsbuch für katholische Christen. 3. Aufl. 859. — 4. Aufl. 861. — 5. Aufl. Leipzig 863. Liebeskind. 32. (566 S. u. 1 Stahlst.) n. 15 *ngr.*

—— dass. — Katholisches Gebetbuch. 4., verb. und verm. Aufl. gr. 16. (XXVI und 562 S. mit 1 Stahlst.) Leipzig 861, Liebeskind. *
Ausg. auf Velinp. mit 6 Stahlst. *

— das ewige Versöhnungsopfer. Katholisches Gebetbuch. 6. Stereot.-Aufl. Leipzig 866. Liebeskind. 32. (568 S. u. 1 Holzschn.) 7½ *ngr.*; mit Stahlst. 15 *ngr.*; Velinp. 25 *ngr.*

Duyckinck, Evert A., Geschichte des Krieges für die Union, politisch und militärisch nach offiziellen und andern authent. Dokumenten beschrieben. Deutsch bearb. von Friedr. Kapp. Mit feinen Stahlst. von See- und Landschaften und Portr. berühmter Generale und Seehelden nach Orig.-Gemälden. Von Alonzo Chappel. (In ca. 24 Lfgn.) 1.—4. Lfg. gr. 4. (S. 1—96 mit 5 Stahlst.) New-York 863. (Philadelphia, Schäfer und Koradi.) à Lfg. * 12 Ngr. *

Duycking, Evert A. Geschichte des Krieges für die Union. Deutsch bearb. von Fr. Kapp. 4. M. Pl. N.-York, Philadelphia 1863—1865. 28,80.

Duynkirchen — Prospect und Plan v. Albrecht Schmid seel. Erben exc. A. V. Ohne M. 1 Bl.

Duysen, Franz, a. Flensburg (Schleswig-Holstein): Über die Beziehungen der Mycelien einiger, hauptsächlich holzbewohnender, Discomyceten zu ihrem Substrat. (Dresden 1906: C. Heinrich.) (36 S.) 8°
Berlin, Phil. Fak., Ref. Engler, Diss. v. 26. Okt. 1906
[Geb. 15. Febr. 81 Flensburg; Wohnort: Berlin; Staatsangeh.: Preußen; Vorbildung: Gymn. Flensburg, Altona Reife M. 80; Studium: Leipzig 1, Heidelberg 1, München 2, Berlin 9, Halle 1, Berlin 10 S.; Rig. 23. Juli 06.]

Duysens, Emile, Tierarzt in Heerlen (Holland): Der Einfluss der Immunität mit Colibacillen auf die Colivegetation in den Därmen. ⟨Arbeit aus dem Reichsseruminstitut in Rotterdam. Dr. Poels.⟩ Mastricht 1910. 64 S. 8°. [6. V. 10.]
Bern. Vet.-med. Diss. 1909/10.

Duysens, Emile. Der Einfluss der Immunität mit Colibacillen auf die Colivegetation in den Därmen. Arbeit aus dem Reichsseruminstitut in Rotterdam.... Diss. Vet.-Med. Bern. 64 S. 8. Mastricht, Leiter-Nypels, 1910.

Duysing, s. a. Duising. – Düsing.

Duysing, Brhrd. Chr., s. 1) Annalen d. Gesetzgebung. 2) *Collectionis* notabilis etc. Hasso-Cassell. 3) Versuch e. Verzeich. hess. Urkunden.

Duysing, Bernh. Chr.: Collectio notabiliorum decisionum ... T. 17: Neue Sammlg. bemerkenswerter Entscheidungen ..., s. Canngiesser, Leonh. Hnr. Ludw. Gg. von

Duysing, W. C., Verzeichn. Hessisch. Urkunden. 1r Thl. Rinteln. 796.

Duysing, Heinrich Otto, De paedagogii Marburgensis innovatione anno 1653 peracta continuatione ac constitutione hodierna. Marburg (Müller) 24. IX. 1775. 22 S. (4.80) 7101

Duz, Vict., Bilder und Sprüche für kleine Kinder. Mit 6 (lith. u.) color. Bildern. Stuttgart (858). 8. Gebr. Scheitlin. (24 S.) 7½ ngr

Duz, Vict., Fabeln in Bildern. Mit 14 ill. Stat. gr. 4. Stuttgart 868, Gebr. Scheitlin. cart.

— unsere Hausthiere. 12 lithogr. und ill. Bilder in Tondr. qu. 8. Stuttgart 858, Gebr. Scheitlin.

— unsere Hausthiere. 12 ill. Bilder. 2. Aufl. qu. 8. Stuttgart 867. Gebr. Scheitlin. cart.

— Kleinkinderbüchlein. Bilder und Verse. 8. (24 S. mit 6 lithogr. und ill. Bildern in Tondr.) Stuttgart 858, Gebr. Scheitlin.

Dvelter, C., Ein neues Erhitzungsmikroskop. [Aus: Sitzungsber. d. kais. Akad. d. Wiss., math.-naturw. Klasse. Bd. CXVII. Abt. I.] Gr.-8°. (ill. 11 S.) † K —
Wien: Hölder 1909

[Russ.] Narodnoe dviženie v Peterburgě 9-go Janvarja 1905 g. Berlin: G. Stejnic (1906). (88 S.) 8°
[Die Volksbewegung in Petersburg.]
[Auf d. Umschl.:] Der 9. Januar 1905.
(Sobranie lučšich russkich proizvedenij. Č. 126.) (07. 3603

Dvoráček, Jos., Taktik in Beispielen. Autorisirte Bearbeitung nach dem Russischen. gr. 8. (33 S. mit 12 Karten.) Wien 885, (Bretzner und Comp.) *

Dvoráček, J. Taktik in Beispielen. Nach dem Russ. T. 1. Mit 1 Krtbd. Wien 1885. 33 S.
T 1. Aufstellungen, Sicherungen, Nachrichtendienst.

Dvořák's, Ant., biographische Skizze, s. Zubatý, J.

Dvořák, Anton: Dimitrij, s. Červinka-Rieger, Marie

Dvořák Fr.: Ad festum II. Decembris diem iuvenum dedicatio. Leitomischl 89. Progr.

Fr[anz] Xav. **Dvořák.** Tabitha. Ein dramat. Spiel f. Jungfrauen in 3 Aufz. Ins Deutsche übers. von P[ater] A. M. Stepán C. Ss. R. Münster i. W.: Alphonsus-Buchh. [1905]. (45 S.) 8° [S.] (06.

Dvořák, Jindřich, poetické listky. Brünn 862. (Nitsch.) 8. (79 S.) n. 10 ngr

Dvořák, Joh., z. Entwurfe e. Gesetzes geg. d. Trunksucht. Rede, geh. i. österr. Abgeordnetenhause, am 21. Novbr. 1894. Hrsg. von dem österreich. Vereine gegen d. Trunksucht. gr. 8. (26 S.) Wien 895. C. Graeser. n. — 40

Dvořák, Josef Mathematisch-physikalische Abhandlung. 25 S. 8. [Annäherungsweise Dreiteilung eines Winkels durch Gerade. S. 3—6. Ein neuer Beweis für einen stereometrischen Lehrsatz. S. 6. Aufgaben über geometrische Örter. S. 6—12. Einige aufgelöste Aufgaben aus Heis' Sammlung von Beispielen. S. 12—18. Einige elementare Ableitungen die Sonnen- und Mondfinsternisse betreffend. S. 18—22. Zur Berechnung der Mondesfinsternisse. S. 22—25.] Progr. Ak. G. *Wien* 1885.

Dvořák, J., mathematisch-physikalische Abhandlungen. gr. 8. (25 S. mit eingedr. Fig.) Wien 886, (Pichler's Wwe. und Sohn.) *

Dvořák, Josef: Die Einrichtung unserer Kalender. 1855. (4. Jahresbericht über das k. k. kath. Staats-Gymnasium in Leutschau.)

Dvořák, Karl: Geschichte des k. und k. Infanterieregiments Erzherzog Eugen Nr. 41. Bd 3: 1888 – 1905. Czernowitz: Eckhardt 1905.

Dvořák, Karl, Handbuch f. den Kanzleidienst der Gerichte I. u. II. Instanz sowie der Staatsanwaltschaften. Lex.-8. (829 S.) Pisek 908. J. Burian. n. 5.—

DVORAK, Ladislaus: De censuris ecclesiasticis in genere et de suspensione in specie. — (1897) 81 S. 4° (Handschr.)
Diss. Wien, Univ.

Dvořák, Max, s.: Anzeigen, kunstgeschichtliche.

Dvořák, Max, Briefe Kaiser Leopold I. an Wenzel Euseb., Herzog in Schlesien zu Sagan, Fürsten v. Lobkowitz 1657—1674. Nach den Originalen des fürstl. v. Lobkowitz'schen Familienarchives zu Raudnitz an der Elbe in Böhmen. [Aus: „Archiv f. österr. Geschichte".] Lex.-8. (56 S.) Wien 894. (F. Tempsky.) n. 1.30

Dvořák, Max, Geschichte des Raudnitzer Schloss-Baues 1652—1684 als Beitrag zur Geschichte der Preise für die Collectiv-Ausstellung der Handels- und Gewerbekammer in Prag. Lex.-8. (110 S.) Prag 878, Mercy. *

— s.: Jahrbuch, kunstgeschichtliches, d. k. k. Zentral-Kommission f. Erforschung u. Erhaltung der Kunst- u. historischen Denkmale.

Die Illuminatoren des Johann von Neumarkt von Max Dvořák. Mit 11 Taf. u. 41 Textill. *Wien: F. Tempsky; Leipzig: G. Freytag 1901.* (S. 35—126.) 2°
— Jahrbuch d. kunsthist. Sammlungen d. Allerhöchsten Kaiserhauses. Bd. 22, H. 2. (00. 7710

— s.: Kunsttopographie, österreichische.

Dvořák, Max, Maria Loretto am Hradschin zu Prag. gr. 8. (III, 92 S.) Prag 883. (Neugebauer.) n. 2.40

— s.: Mitteilungen des Instituts f. österr. Geschichtsforschg.

— Der Palazzo di Venezia in Rom, s.: Dengel, Philipp.

Dvořak Max: Quellenuntersuchungen zu Kosmas v. Prag.
1800 PN 1031 Diss. Wien, Univ.

Das Rätsel der Kunst der Brüder van Eyck von Max Dvořák. Mit 7 Taf. u. 65 Textill. *Wien: F. Tempsky 1904.* (S. 162—317.) 2°
— Jahrbuch d. kunsthist. Sammlungen d. allerhöchsten Kaiserhauses. Bd 24, H. 5. (04. 10760

— u. Boh. **Matějka,** Raudnitzer Schloss, s.: Topographie der historischen u. Kunst-Denkmale im Königr. Böhmen.

Dvořák R.: Das Verhältnis des Kaisers Friedrich III. zu Ungarn während der Regierung des Ladislaus Posthumus u. M. Corvinus bis zum Ödenburger Frieden. (1453—63.) (b.) 13. Brünn 89. Progr.

Dvořák, Rud., Abû Tirâs, e. arab. Dichter u. Held. M. Taâlibî's Auswahl aus s. Poësie (Ietîmet-ud-dahr Cap. III), in Text u. Übersetzg. mitgeteilt v. D. M. Unterstützung d. kaiserl. Akademie d. Wissensch. in Wien. gr. 8. (344 S.) Leiden 895. E. J. Brill. n.n. 7. 50

Dvořák, Rudolf, Ein Beitrag zur Frage über die Fremdwörter im Korân. [Diss.] [SA. aus Zeitschrift für Keilschriftforschung, I, 2.] München 1884.

Dvořák, Rud., Exegetisches zum Hohenliede. gr. 8. (8 S.) Prag 900. (F. Řivnáč.) n. — 16
Sonderabdruck a.: „Sitzungsber. d. böhm. Gesellsch. d. Wiss."

Dvořák, Rud., über die Fremdwörter im Korân. Lex.-8. (84 S.) Wien 885, (Gerold's Sohn.) **
Aus: Sitzungsberichte der k. Akademie der Wissenschaften, besonders abgedruckt.

Dvořák, Rud. Husn u dil [Schönheit u. Herz], pers. Allegorie v. Fattâhî aus Nišâpûr. Hrsg., übers., erklärt u. m. Lâmi'î's türk. Bearbeitg. verglichen. Lex.-8. (150 S.) Wien 889, (Tempsky). * 2 40
Aus: Sitzungsber. d. k. Akad. d. Wiss., besonders abgedruckt.

— Chinas Religionen. 1. Tl.: Confucius u. s. Lehre, s. a. Darstellgn. a. d. Gebiet d. nichtchristl. Religionsgeschichte.

Dvořák, Rudolf, Chinas Religionen. I. Teil: Confucius u. seine Lehre. Münster, Aschendorff. 1895, gr. 8°, VII, 244 S., 4 Mk. Bd. 12 aus: Darstellungen aus d. Gebiete der nichtchristl. Rel.-Gesch.

Dvořák, Rud., Chinas Religionen. 2. Tl.: Lao-tsi u. seine Lehre, s.: Darstellungen aus dem Gebiete der nichtchristl. Religionsgeschichte. XV.

Dvořak, Simon, Bericht an das k. k. Ministerium für Handel und Volkswirthschaft über seine Reise nach Preußen, Frankreich und Belgien im J. 1867. Lex.-8. Wien 868, k. k. Hof- und Staatsdruckerei. (286 S.) *

Dvořák, V., über die akustische Anziehung und Abstossung. Lex.-8. (82 S. mit 11 eingedr. Holzschn.) Wien 875, (Gerold's Sohn.) **

— Über die akustische Anziehung und Abstoßung (mit 11 Holzschnitten). S. 72. II. 813 . . . . vgl.
Separatabdruck

— über eine neue Art von Variationstönen. Lex.-8. (9 S. mit 2 eingedr. Holzschn.) Wien 874, (Gerold's Sohn.) *
aus: Sitzungsberichte der k. Akademie der Wissenschaften, besonders abgedruckt.

Dvořák, V., Beobachtungen am Kundt'schen Manometer. Lex.-8. (9 S. mit 5 eingedr. Holzschn.) Wien 878, (Gerold's Sohn.) *
Aus: Sitzungsberichte der k. Akademie der Wissenschaften, besonders abgedruckt.

Dvořák, V., über einige akustische Bewegungserscheinungen, insbesondere über das Schallradiometer. Lex.-8. (15 S. mit 9 eingedr. Holzschn.) Wien 881, (Gerold's Sohn.) **
Aus: Sitzungsberichte der k. Akademie der Wissenschaften, besonders abgedruckt.

— über die Entstehungsweise der Kundt'schen Staubfiguren. Lex.-8. (6 S. mit 4 eingedr. Holzschn.) Wien 874, (Gerold's Sohn.) *

— Über die Entstehungsweise der Kundtschen Staubfiguren (mit 4 Holzschnitten). S. 68. II. [illegible] . . . .
Separatabdruck

— über die Leitung des Schalles in Gasen. Lex.-8. (14 S. mit 4 eingedr. Holzschn.) Wien 874, (Gerold's Sohn.) *

— Über die Leitung des Schalles in Gasen (mit 4 Holzschnitten). S. 69. II. 131 . . ,
Separatabdruck

— über die Schallgeschwindigkeit des Wassers in Röhren. Vorläufige Mittheilung. Lex.-8. (5 S.) Wien 874, (Gerold's Sohn.)

— Über die Schallgeschwindigkeit des Wassers in Röhren. Vorläufige Mitteilung. S. 70. II. [illegible] . . . .
Separatabdruck

— über die Schwingungen d. Wassers in Röhren. [Mit 7 (eingedr.) Holzschn.] [Aus: „Sitzungsber. d. k. Akad. d. Wiss."] Lex.-8. (19 S.) Ebend. 875. n. — 40

— über einige neue Staubfiguren. Lex.-8. (14 S. mit 9 eingedr. Holzschn.) Wien 874, (Gerold's Sohn.) *

— Über einige neue Staubfiguren (mit 9 Holzschnitten). S. 69. II. [illegible] . . . . ,
Separatabdruck

— zur Theorie der Talbot'schen Streifen. Lex.-8. (12 S. mit 9 eingedr. Holzschn.) Wien 873, (Gerold's Sohn.) *

— Zur Theorie der Talbotschen Streifen (mit 9 Holzschnitten). S. 67. II. [illegible] . . .
Separatabdruck

Dvořák, V., Versuche über die Nachbilder von Reizveränderungen. Mit 2 Holzschnitten. (Sonder-Abdr. a. d. Sitzungsber. d. k. Akad. d. Wiss.) gr. 8. (6 S.) in Comm. Wien, Gerold. 1870 10 kr.

Dvořák, V. Ueber die Wirkung der Selbstinduction bei elektromagnetischen Stromunterbrechern. [Vorläufige Mittheilg.] [Mit 3 Textfig.] Lex.-8. (11 S.) Wien 889, (Tempsky). * — 40
Aus: Sitzungsber. d. k. Akad. d. Wiss., besonders abgedruckt.

Dvorjanstvo

Дворянство и освобожденіе крестьянъ. (Der Adel und die Emancipation der Bauern.) 8. (68 S.) Berlin 881. Behr's Buchh. *

Dvorský Dr. F.: **Über einige in der Umgebung v. Trebitsch vorkommende Felsarten u. Mineralien. 14. Trebitsch 80.**
Progr.

Dvorský, Dr. F.: Die am Iglavaflusse abgesetzten Moldavit-Quarzgerölle. Ein Beitrag zur Bouteillenstein-Frage. 15 S. – Trebitsch, Progr. 1883.

Dvorský, Frz., Neues über J. Kepler. gr. 8. (44 S. mit 21 Beilagen. Prag 880, Otto. *

Dvorzak: 1. Auflösung der Zahlengleichungen des 3., 4., 5. Grades mit einer Unbekannten. 2. Reciproke (mit Einschluss der binomischen) u. ihnen ähnliche Gleichungen bis zum 8. Grade incl. 3. Bemerkungen zur Cartesischen Auflösungsformel biquadratischer Gleichungen. 28 S.–Innsbruck, Progr. 1865

Dvorzak: Historische Darstellung und kritische Beleuchtung des Galvanismus. 12 S.– Znaim, Progr. 1856.

Dvorzsak, Johann Baptist Mich. v. (Hrsg.), s. Citaten-Lexikon.

Dvorzsák, Joh. Bapt. Mich. v., Citaten-Lexicon. Als Angedenken an das gold. Regierungs-Jubilaeum Sr. apostol. Maj., Kaiser u. König Franz Josef I., f. das in Sophia v. Neuem zu erbauende Missionshaus, so wie zum Bau e. Votivkapelle als stete Erinnerg. an Ihro Maj. Kaiserin u. Königin Elisabeth. 12. (549 S.) Budapest 899. A. J. Müller n. 3. 50: geb. n. 4. —

Dwa Swiaty. gr. 8. Poznan 845, Zupański. n. 2/3 ₰

Dwelshauvers, G., Les classiques chrétiens et l'étude de la latinité. S.-A. O. J. 33 S.

Dwelshauvers, Geo. Les principes de l'idéalisme scientifique au point de vue psychologique, historique et logique. Thèse. gr. 8. (185 S.) Lpz. u. Baden-Baden 892, Wildt. * 4 —

Dwelshauvers-Dery, F. V. Die Cavalleria rusticana u. ihre Bedeutung für Deutschland. Kritische Auseinandersetzg. 1.—6. Aufl. 8. (24 S.) Lpz. u. Baden-Baden 892, Wild. * — 50

Dwelshauvers-Dery, F. V.: Grundlage einer neuen Methode der Schallstärkemessung.... Leipzig u. Baden-Baden, O. Wild's Verl., 1891; 29 S., 1 Bl. 8°
Leipzig, Phil. Fak., Inaug.-Diss. v. [31. Jul.] 1891

—— Tannhäuser u. der Sängerkrieg auf Wartburg. Handlung in 3 Aufzügen v. Rich. Wagner, besprochen. gr. 8. (44 u. Musikbeilagen 4 S.) Ebd. 891. * 1 —; geb. * 1 60
—— dass. — 2. Aufl. 8. (52 S.) Ebd. 892. * — 60
„ Französ. Ausg. (35 S.) * — 80

Dwelshauvers-Dery, F. V., Tannhäuser u. d. Sängerkrieg auf d. Wartburg. Eine litterar. Studie. Zur Einführg. in Richard Wagners Dramen. 12. (S. 3—15.) Leipzig (899). C. Wild. — 30; franz. Ausg. (S. 1—14.) — 30
Sonderabdruck aus: „Bayreuth".

— le vaisseau fantôme de Richard Wagner. Faits, appréciationes et analyse thématique. 2. éd. gr. 8. (34 S. m. 1 Notenbeilage, 1 Bl. in gr. 4.) Ebd. 901. n. 1. —

Dwerhagen, David (Bremen), De jure humaniore codicis. Diss. acad. Präs. Heinrich Er. Kestner. Rinteln (H. A. Enax) 28. X. 1702. 46 S. (3.50) 7103

Dworaczek, Conr., s.: Corrado, L.

Dworaczek, Wilh., s. a. Wilhelm, Paul.

Welt und Seele. Neue Gedichte von Paul **Wilhelm** [d. i. Wilhelm Dworaczek]. Leipzig: G. H. Meyer 1898. (X, 125 S.) 8° [F.]

Dwořak, Ant., kurzgefasste Abhandlung über Verhältnisse, Knochen und Muskelbau des menschlichen Körpers. Nach den besten Quellen zusammengestellt und gezeichnet. Zum prakt. Gebrauche für Techniker, Architekten, Bildhauer, Kunstindustrielle, Dilettanten, wie Zeichner überhaupt. 4. (13 S. mit 3 Stnt.) Prag 880, Dominicus. *

Dwořák, Ant., Anleitung zur Aquarell-Malerei. Abhandlung über Farben und Farbenmischung. 1. und 2. verm. und verb. Aufl. gr. 8. (24 S. mit 1 eingedr. Holzschn.) Prag 877, Dominicus. *

— Verhältnisse u. Wendungen des menschlichen Kopfes. Der Antike u. der Natur entnommen u. gezeichnet. Für Architekten, Bildhauer, technische u. Kunst-Industrielle, Schulen etc. 1. Hft. 4. (5 Steintaf. mit 6 Bl. Text.) Ebend. 879. n. 1. —

Dwořak Ernst: Dr. Johann Hartlieb. Versuch der Darstellung seines Lebens und seiner Schriften.
H. 1908 PN 2607 Diss. Wien, Univ.

DWORAK, Julius: Tractationes in Germania habitas de protestantibus cum ecclesia catholica uniendis. — (1886) 181 S. 8° (Handschr.)
Diss. Wien, Univ.

Dworkowicz, Paulus. Eine Ährenlese im Thale Rephaim. Allerlei Erlebnisse u. Erfahrgn. aus der Missionsarbeit an u. für Israel. 12. (38 S.) Breslau 890, (Dülfer). * — 25

Dworkowicz, R., ein. Züge a. d. früh. Geschichte d. ev.-luther. Missionsstation Madrâs, s.: Palmzweige v. ostind. Missionsfelde.

Dworschak, A., J. Zwerger, Fürstbischof von Seckau, s. Deutschlands Episcopat in Lebensbildern.

Dworski Em.: Die Liv. Schilderung der Belagerung von Veii dargestellt als Sage und als solche erklärt. (Ein Beitrag zur Kritik des Liv. als Historikers.) 85. Suczawa 75.
Progr.

Dworski, Paul: De ordinationibus Formosi papae. *Königshütte O.-S. 1900: R. Girbler.* (S. 3—16.) 4°
Königshütte O.-S., k. G, P 1900 (203)

Dworský, Frz., zur Geschichte der Juden in Böhmen usw., s.: Bondy, Gilb.

Dworsky, Pr.: Über die Wichtigkeit der näheren Beziehung, in welche Haus und Schule bei der Bildung der Gymnasialjugend zu einander treten sollen. 9 S.– Prag N., Progr. 1852.

Dworzak: In welchem Zusammenhange stand die mannigfach gestaltete Entwicklung der hellenischen Nation mit der lokalen Physik der hellenischen Heimat?
5 S.–Tarnopol, Progr. 1855

Dworžak, Styriaca des fürstlich Lobkowitzischen Archivs zu Raudnitz; s.: Beiträge zur Kunde steiermärkischer Geschichtsquellen.

Dworzak, Ant., üb. d. Anwendg. d. Erkenntnisformen i. d. medicin. Wissenschaft, s.: Vorträge, drei, geh. i. d. Wander-Versammlg. d. Vereines d. Aerzte in Troppau.

Seid's lusti'! Gedichte in Wiener u. niederösterr. Mundart von Arthur **Dworzak.** Dresden: E. Pierson [1907]. (VII, 100 S.) 8° [F.]

— Strichler der Nervöse. Mit Zeichngn. v. Heinr. Pangratz. (III, 101 S.) kl. 8. Wien 908. C. Konegen. 1. 70

Dworzak, Eug., 275 Ausflüge in die Umgegend v. Brünn, s.: Mühlwasser, Hans.

Dworzak, Hans, Grundzüge der Dreherei zum Gebrauche an gewerblichen Lehranstalten. (Lehrtexte f. Fachschulen.) (IV, 85 S. m. 150 Abbildgn.) 8. Wien 910. A. Hölder. Geb. 1. 20

Dworžák, Hugo

Dworžák Dr. H.: Über das Chlor als Nährstoff der Pflanze. 10. Kremsier R. 79.
Progr.

Dworzak Dr. Hugo: Über Gährungsorganismen. (16). Waidhofen a. Y. R. 92.
Progr.

Dworžák, Dr. H.: Über Malz und dessen Bewertung. 33 S. – Kremsier, R., Progr. 1885.

DWORŽAK, HUGO.
Ueber Malz und dessen Verwerthung. Programm der Landes-Ober-Realschule. Kremsier, 1886.

Dworžák Dr. H.: Über den Nutzeffect von Feuerungsanlagen. 22. Kremsier. R. 84.
Progr.

DWORZAK, HUGO. Chemisch-physiologische Untersuchungen über die Ernährung der Pflanze. (Leipzig) Wien, 1875.

Dworžak, Jos. Frz., System des römischen Privatrechtes im Grundriße. Lex.-8. (XV und 456 S.) Wien 855 (56.) Braumüller. *

Dworzak, Dr. Josef Franz — System des römischen Privatrechtes im Grundriße. Von — —. Wien, 1856. Gedr. bei Josef Stöckholzer v. Hirschfeld. Wilh. Braumüller. (XIV. 455 S. 8.)

Dworzak, Karl, aus den Erfahrungen eines Untersuchungs-Richters in Ehestreitsachen. gr. 8. (169 S.) Wien 867, Mayer und Comp.

Dworžák, Karl, Trefferbilder im Masstabe 1/12 des Repetiergewehres M 95 m. der Patrone M 93. Zusammengestellt nach Daten der Schiessinstruktion f. die Infanterie- u. Jägertruppe 1905. (Neue Aufl.) 2 Taf. (à 1 Bl. m. farb. Fig. u. 1 Pause.) Wien 906. G. Freytag & Berndt. n. — 80
1. Aufsatzdistanzen. 16×67 cm.
2. Zwischendistanzen 400× u. 700×. 16×89,5 cm.

Dworzak, Karl, die Wiedereinführung der katholischen Religion auf den Gütern des Hauses Dietrichstein im südlichen Mähren am Schlusse des 16. und Anfange des 17. Jahrhunderts. Wien 860. (Mayer & Co.) Lex.-8. (40 S.) 7½ ngr.

DWORZAK, Karl: Die Wiedereinführung der katholischen Religion im südlichen Mähren am Schlusse des 16. und Anfange des 17. Jahrhunderts durch die Wirksamkeit des Hauses Dietrichstein. — (1860) 76 S. 4° (Handschr.)
Diss. Wien, Univ.

Dworzak von Kulmburg, Richard

Dworzak von Kulmburg, R. Erläuternder Beitrag zum theoretischen Teile der Schießinstruktionen. Über Auftr. des Kommandos der k. u. k. Armeeschießschule. Mit Skz. Wien 1905. 132 S.

Dworzak von Kulmburg, R., Erläuternder Beitrag zum theoretischen Teile der Schießinstruktion. 2. Aufl. Gr.-8°. (IV, 132 S. mit 78 Skizzen und 17 Beilagen) K 3.10
Wien: Seidel 1905

Dworzak v. Kulmburg, Rich., erläuternder Beitrag zum theoretischen Teil der Schiessinstruktionen. Über Auftrag des Kommandos der k. u. k. Armeeschiessschule verf. 3. Aufl. Mit 78 Skizzen im Texte u. 19 Beilagen. (IV, 140 S.) gr. 8. Wien 906. (L. W. Seidel & Sohn.) n. 3.10; geb. n. 4.—

Dworzec mego dziadka. Przez autora „Wzyty w sąsiedztwo." Nakładem księcia ordynata Augusta Sułkowskiego. Lex. 8. (64 S.) Lezno 851. (Berlin, Schneider & Co. — Leipzig, Librairie étrangère.) n. ⅔ ₰

Dworzecki, Jana, Poezje. Mit 2 Vign. 16. Bruxella 838. (Leipzig u. Paris, Brockhaus u. Avenarius.) n. ⅔ ₰

Die Kranken von Bethesda. Szene e. Nacht im Hause d. Elends in Jerusalem von Roland Dworzecki. Berlin-Leipzig: C. Wigand 1907. (40 S.) 8° [04. 9808

Dworzecki-Bohdanowicz, Roland, Flueros. Eine Vision. 16. (24 S.) Braunschweig 899. (R. Sattler.) n. —80

Dwyer, F. Feld-Taschenbuch für k. k. Officiere, besonders Zugetheilte beim General-Quartiermeister-Stabe und Adjutanten. Bozen 1850. 8°.
Dass. 2. Aufl. Wien 1853.
Vgl. Dwyer, J.

Dwyer, F., Feld-Taschenbuch für k. k. Offiziere, besonders zugetheilte beim G. Q. M. Stab und Adjutanten. 2., verm. und verb. Aufl. 16. (XVI und 222 S. mit 10 Stnt.) Wien 853. (Leipzig, Hübner.)

Dwyer, F., Feld-Taschenbuch für k. k. Offiziere, besonders zugetheilte beim G. Q. M. Stab und Adjutanten. Mit 10 lith. Taf. 2. verm. u. verb. Aufl. Wien 853. Sommer. (F. Klemm.) 16. (XVI, 222 S.) 2 ₰

— neun Systeme der Feld-Artillerie-Organisation. Technisch, taktisch und ökonomisch dargestellt und verglichen. Wien 850. Sommer. (F. Klemm.) gr. 8. (2 Bl., 232 S. u. 17 Tab. in 4. u. Fol.) n. 2 ₰ 20 ℳ

—— neun Systeme der Feld-Artillerie-Organisation. Technisch, taktisch und ökonomisch dargestellt und verglichen. gr. 8. (III und 232 S. mit 17 Tab. in qu. gr. 4. und Fol.) Wien 850. (Leipzig, Steinacker.) *

Dwyer, J., militärische Federzeichnungen aus Großbritannien, oder das Leben der englischen Offiziere und Soldaten und der innere Dienst der englischen Infanterie. gr. 8. (V, 112 S.) Darmstadt 868, Zernin. *

Dwyer, J., Feld-Taschenbuch für K. K. Officiere, besonders zugetheilte beim G.-Q.-M.-Stab u. Adjutanten. 12. (XVI u. 152 S. m. 12 lith. Taf. u. Notizbuch 24 S.) Bozen 850, Eberle. In Engl. Einb. n. 1 ₰
Vgl. Dwyer, F.

Dwyer, Timotheus [aus Limerick (Irland)]: Die Amputationen unter dem antiseptischen Dauerverbande .... Würzburg, Becker's Univ.-Buchdr., 1886; 24 S. 8°.
Würzburg, Med. Fak., Inaug.-Diss. v. 1886.

Dwyer, Timotheus, die Amputationen unter dem antiseptischen Dauerverbande. Diss. Würzburg 1886, Stahel'sche Univ.-Buchh. 8°. 24 S.

Dy . ., Artillerie-Hauptm. Die Derivation der Spitzgeschosse als Wirkung der Schwere. (Mit 1 Taf.) 8. Cassel 1864.

Dya-Na-Sore, oder die Wanderer. Eine Geschichte aus dem Sanskrit übersetzt. Wien 1789-91. V: *Meyern, Frdr. Wilh.* (Ky) (EE) (Mn) (Kl) (WBL) (GGr)

Dya-Na-Sore, oder die Wanderer, eine Geschichte aus dem Samskritt übersetzt, 3 Theile, mit Kupf. 8. Wien, 791. Schaumburg. 5 Rthl. 20 sgl.

Dya-Na-Sore, od. der Wanderer, (v. Fr. Wlh. Mayer). 5 Thle. 8. Leipz. ... R. A. 800. (Schaumburg u. C. in Wien). 9 ₰ Velinp. 15 ₰

Dya-Na-Sore, oder die Wanderer. Von Wlh. Fr. Meyern. N. Ausg. 5 Thle. 8. Wien 840, 41. J. Klang. 3 ₰

Dyannière, Notice sur la vie et les ouvrages de Condorcet, av. Portr. gr. 8. Leipz. 797. Schmidt. 8 gl

Dyas orationum de ritu depositionis Argentorati, apud Petrum Aubry, MDCLXVI. Photolithographie par E. Stribeck, Neudorf—Strassbourg. 8. (56 S. mit 22 Taf.) Strassburg 880. (Hagemann und Comp.) **

Dybeck, Erwin: Der Geschichtschreiber Johannes Froben aus Namslau. Breslau 1909: Nischkowsky. 42 S. 8° ¶ (Ersch. auch in: Zeitschrift d. Vereins f. Geschichte Schlesiens. Bd 43.)
Breslau, Phil. Diss. v. 28. Mai 1909, Ref. Kampers
[Geb. 12. Juni 84 Namslau; Wohnort: Breslau; Staatsangeh.: Preußen; Vorbildung: Johannes-Gymn. Breslau Reife M. 04; Studium: Breslau 9 S.; Rig. 3. März 09.] [U 09. 591

Dybeck, Georg: Die Polhöhe von Breslau. Breslau 1908: Buchdr. d. Schles. Volkszeitung. (71 S.) 8°
Breslau, Phil. Fak., Ref. Franz, Diss. v. 7. April 1908
[Geb. 12. März 83 Namslau (Schlesien); Wohnort: Namslau; Staatsangeh.: Preußen; Vorbildung: Johannes-Gymn. Breslau Reife O. 03; Studium: Breslau 10 S.; Rig. 4. März 08.]

Dybek, Vladimir. (Alexand.) (geb. Warschau 7. 12. 1824): De pulmonum emphysemate vesiculari. Berolini (1847). (38 S.) 8°
Berlin, Med. Diss. v. 7. Okt. 1847

Tennysons Sprache und Stil. Von Dr. phil. Roman Dyboski. Wien & Leipzig: W. Braumüller 1907. (XXXVII, 544 S.) 8°
— Beiträge, Wiener, z. engl. Philologie. Bd 25. [07. 100

Dybowski (in der Vita u. im Fakultäts-Album: a Dybowski), Bened. Nałęcz (geb. Adamaryn in Littauen 12. 4. 1834): Commentationis de parthenogenesi specimen. Berolini (1860). (40 S.) 8°
Berlin, Med. Diss. v. 18. Jan. 1860

Dybowski, Benedict Nalęcz, Versuch einer Monographie der Cyprinoiden Livlands nebst einer synopt. Aufzählung der europäischen Arten dieser Familie. Lex.-8. (XVI und 216 S. mit 6 lithogr. und 1 typogr. Taf. in Lex.-8. und qu. Fol.) Dorpat 862. (Gläser's Verlag.) *
Aus: Archiv für die Naturkunde Liv-, Ehst- und Kurlands, besonders abgedruckt.

Dybowski, Joseph (Schwetz/Westpr.), Zur Statistik des Gebärmutterkrebses und seiner Metastasen. Diss. med.-chir. Bln. (G. Schade [O. Francke]) 4. VIII. 1880. 36 S. mit Biogr. (4.—) 7106
Oppon.: Hermann Rüter, Otto Mauer, Felix v. Putiatycki. — Gew.: Joh. v. Bartoszkiewicz.

Dybowsky, B. N., Beiträge zur näheren Kenntniss der in dem Baikal-See vorkommenden niederen Krebse aus der Gruppe der Gammariden. gr. 4. (190 S. mit 3 color. und 11 schwarzen lithogr. Taf.) St.-Petersburg 874. (Berlin, Friedländer und Sohn.) **

Dybowsky, Wladisl.

Dybowsky, W., die Gasteropoden-Fauna des Baikal-Sees, s. Mémoires de l'Académie impériale de St.-Pétersbourg.

Dybowsky, Wladisl., Monographie der Zoantharia sclerodermata rugosa aus der Silurformation Estlands, Nord-Livlands und der Insel Gotland, nebst einer Synopsis aller palaeozoischen Gattungen dieser Abtheilung und einer Synonymik der dazu gehörenden bereits bekannten Arten. Lex.-8. (158 S. mit 2 lithogr. Taf.) Dorpat 873, Glaeser's Verlag. [Schnakenburg.] *

Dybowski, W., Studien über die Spongien des russischen Reiches, s.: Mémoires de l'académie impériale des sciences de St.-Pétersbourg.

Dybowsky, W., Studien üb. die Süsswasser-Schwämme d. russischen Reiches, s.: Mémoires de l'académie impériale des sciences de St.-Pétersbourg.

of Dycalp, John, nowe opowiadania. Wydanie J. N. Bobrowicza. 8. (187 S.) Leipzig 847, Librairie étrangère. 1 ₰

Dycalp, John of, Doktor Pantcusz w przemianach. Rekopis ze Skrzyni S. P. Przybysława Dyamentowskiego Stolnika Urzedowskiego, majac sobiełaskawie udzielony. Wydanie J. N. Bobrowicza. 8. Leipzig 845, Librairie étrangère. 1 ₰

Dyce, Alexander. Lesekunst der englischen Sprache ... Dresden 1785. U: *Wenzel, Gottfried Traugott.* (Ky) (MGT)

— Lesekunst der engl. Sprache f. Anfänger 2c., deutsch herausg. (v. G. Tr. Wenzel). 8. Dresd. 785. Gerlach. 8 Ꝁ

Dychaus, ..., s. Beschreib. Theer- u. Kohlenöfen einzurichten.

Dyche, Alexander, s. D y c e, Alexander

Dychno, Rosalie, a. Schepetowka (Rußland): Zur Frage der traumatischen Entstehung der Lungentuberkulose. Freiburg i. B. 1904: K. Henn. (34 S.) 8°
Freiburg i. B., Med. Fak., Ref. Bäumler, Diss. v. 1904
[Geb. 26. Nov. 78 Schepetowka; Wohnort: Odessa; Staatsangeh.: Rußland; Vorbildung: Mädchengymn. Odessa Reife Mai 97; Studium: Berlin 3, Halle 2, Gießen 1, Freiburg 4 S.; Rig. 29. Juli 04.]

Dyck's, Ant. van, Biographie u. Charakteristik, s.: Lemcke, C.

Dyck, Anthonis van

[Dyck, A. van.] A. van Dyck-Album. 30 Reproduktionen seiner berühmtesten Werke. (30 S.) gr. 4. Berlin (903). Globus Verlag. Geb. n. 1. 20

Dyck, A. van, Gog. van der Geest, s.: Meisterbilder. 105. Bl.

[Antonius] van **Dyck**. Des Meisters Gemälde in 537 Abb. Hrsg. von Emil Schaeffer. Stuttgart & Leipzig: Deutsche Verl.-Anst. 1909. (XXXVI, 559 S.) 4°
— **Klassiker** d. Kunst in Gesamtausgaben. Bd 13. [08. 16275

— **Meisterbilder**, s.a. Weicher's Kunstbücher. 2.

Die Meisterbilder von [Antonius] van **Dyck**. Eine Auswahl von 60 Reprod. nach Franz Hanfstaengls Orig.-Aufnahmen. (Neue Ausg.) Leipzig: Weicher 1908. 71 S. 8°
(Weichers Kunstbücher. Nr 2.) [10. 17648

— **Meisterwerke**, s.: Röhring's Musterrmappen. 5. Bd.

Dyck, Ant. van, 50 Meisterwerke in Photograv. nach den im J. 1899 in Antwerpen ausgestellten Originalen, nebst Beschreibg., histor. Erläutergn. u. e. Lebensskizze des Künstlers v. Max Rooses. Hrsg. unter d. Protektorat der Ausstellungs-Commission, aus dem Holl. übers. v. E. F. Kossmann. gr. 4. (115 S.) Leipzig 900. Breitkopf & Härtel. Geb. in Halbpergament n. 75.—

van Dyck, Antoine, s. Mémoires et Documents etc.

— **die letzten Stuarts**, s.: Meisterbilder 148. Blatt.

— **Prinz Wilhelm v. Oranien**, s.: Meisterbilder. 152. Bl.

— **Prinz Willem II. v. Oranien u. seine Gemahlin Maria Stuart**, s.: Blätter, bunte, aus aller Welt.

Anleitung zur Behandlung und Betrieb der verschiedenen Kreissägen. Von Carl **Dyck**. Bunzlau: Der Holzmarkt [1905]. (40 S.) 8° [Umschlagt. J.] [06. 20358

Dyck, Carl, Anleitung zur Behandlung u. Betrieb der verschiedenen Kreissägen. (40 S. m. Abbildgn.) 8. Bunzlau (905). (G. Kreuschmer.) n.n. 2. 50

Dyck, E. van. Das Glockenspiel [Le carillon], s. Massenet, J.

DYCK, Franz (Irrgang): Ein Beitrag zur Kritik der Schwalbe'schen Alkohol-Injektionen bei Unterleibsbrüchen.- München: Wolf 1885. 18 S.
24.7.1885 - Urk; Chr 1885/86,16
Diss. Ingolst.-Landsh.-Mchn.

Dyck, H: Die neue Kohlenwäsche der Bergwerks-Gesellschaft Ver.-Bonifacius in Kray bei Gelsenkirchen. Kalk b. Köln 1887

ten **Dyck**, *Heinrich* Französische Wortkunde auf Grund der Lautgesetze. 4 (S. 3—34). Progr. Kath. G. an Aposteln *Köln* 1886

Dyck, Herman. Menschenfluch u Gottessegen; eine Erzählung aus d Zeit des dreißig-jhr Krieges. Elkhart, Ind, 1875.

Dyck, Herm., deutsche Sprüchwörter u. Reime in Bildern. Radirt. 1e u. 2e Lfrg. (à 4 Bl.) Lex.-8. Düsseldorf 840, Buddeus. Subscr.-Pr. à n. $^2/_3$ ₰ Chines. Pap. à n. 1 ₰

Dijck, J. v., erstes Skizzen- u. Malbuch f. Schule u. Haus mit method. Vorlagen u. Anleitungen. 9 Hefte. (Je 8 Bl.) gr. 8. Leipzig (903). K. F. Koehler. à n. — 20

— **Wie lerne ich zeichnen?** Zeichenvorbilder f. Schule u. Haus. 11.—15. Heft. (Je 8 Bl. mit Text auf der Rückseite.) qu. kl. 8. Ebd. 905. à n. — 25; in 1 Bd. geb. (III. Bd.) n. 1. 75

Dijck's, J. van, Zeichenvorbilder f. Schule u. Haus. 1.—10. Hft. qu. gr. 8. (à 8 Bl. m. Text auf d. Umschlag u. 2 S. Text zum 1. Hft.) Leipzig (901). K. F. Koehler. à n. — 25; in 2 Bde. kart. à n. 1. 75

— **Das Zeichnen**, e. wichtiges Hilfsmittel f. den Elementarunterricht. Winke u. Anleitgn. f. die Praxis, den Elementarunterricht interessant u. instruktiv zu gestalten. Deutsch v. H. Phil. (18 S. m. Abbildgn.) gr. 8. Ebd. 903. n. — 50

(Dyck, J. Fürst Salm-) Hortus Dyckensis, s. Hortus.

Dyck, Johann Gottfried (Vgl. D y k, Johann Gottfried)
— s. 1) Aufsätze, politische. 2) Beitr. z. Kenntniß v. Franken u. Holland. 3) Beitr. z. Kenntniß v. England. 4) Fragen an Kinder. 5) Gottesverehrungen der Neufranken. 6) Jahr 1806. 7) Jahr 1807. 8) Liederverse. 9) Linien, erste, zu e. Gesch. 10) Mallet du Pan, franz. Revolution u. dess. Zerstörung. 11) Malouet, Briefe. 12) Montjoie, Leben v. Marie Antoinette. 13) Nachträge zu Sulzers Theorie. 14) Natur, Ursache u. Resultate. 15) Notizen z. Vortrag d. Kirchengeschichte. 16) Notizen z. Vortrag d. Vaterländ. Geschichte. 17) Th. Paine, Abriß. 18) Regenten deutscher Völker. 19) Regentengeschichte der Sächs. Lande. 20) Riccobini, Werke. 21) Saint-Lambert, Jugendkunst. 22) Sachsens 7 Kriege. 23) Spruchbuch, in Verbind. mit d. Liederversen. 24) Taschenbuch f. Dichter u. Dichterfreunde. 25) Vorschrift d. französ. Volks.
— s. 1) Geizige, der prächtige. 2) Gozzi, wie man die Sache denkt. 3) Hermanns Schlacht. 4) Lustspiele, zwei, aus d. Brandenburg. Geschichte 2c. 5) Mauvillon, Gesellschafts-Theater. 6) Theater, kom., d. Franzosen. 7) Theater, lyrisches.

Dyck, Jh. Gf., († d. 21. Apr. 1814.) Abriß d. christl. Glaubens- u. Sittenlehre, s. Abriß,

— Aufsätze; vornehmlich zum Unterricht in d. Religionsgeschichte u. allgem. Weltgeschichte. Ein Nachtr. zu den 30 Blättern ꝛc. 8. Leipz. 805. Dyck. 8 gr.

— dreißig Blätter f. Schulen; Sprachlehre, Geographie, Geschichte, Sternkunde, Moral, Religion. 8. Leipz. 804. Dyck. 12 gr. Schrbp. 16 gr.

Dyck, Johann Gottfried, Commentatio de libertate libros typis exscribendi praesertim in terris Saxonicis recte aestimanda. — Praefatus est Joh. Matthias Schroeckh. Wittbg. (A. Ch. Charisius) 1778. 16 S. (4.—) 7107

Empfindungslaute, Gespräch e. Vaters mit s. Kindern, als Anleitung zum Gebr. d. Lesemaschine. 8. Leipz. 804. Dyck. 3 gr.

— Europa im August 1811, u. Europa am Tage d. Kaiserkrönung Napoleons d. 2. Dec. 1804. Eine Tabelle. 8. Lpz. 811. Dyck. 2 gr.

(Dyck, J. G.) Sachsens sieben Feldzüge gegen Oesterreich. Mit auf die neueste Zeitgeschichte Bezug habenden Aufsätzen. 8. Leipzig 1810. 2,25

— ein Gang rund um Europa nach Deutschland, insbesondere aber nach Sachsen. Beilage zu Fabris Abriß d. Geographie, m. 1 Kpf. 8. Leipz. 812. Dyck. 20 gr.

— historisches Handbuch für d. Jugend. 7 Thle. 8. Lpz. 811—12. Dyck. 3 Thlr. 16 gr. (1r—3r Bd., auch u. d. T.: Handbuch d. ältern, mittlern u. neuern Geschichte. 3 Thle. 1 Thlr. 4 gr. 4r—7r, A.u.d.T.: Jahrbücher d.neuesten Europ.Gesch. oder d.Zeitalter Napoleons. 4 Thle.)

Dyck, Jh. Gf., die Hauptlehren Jesu u. Geschichte seiner letzten Leiden, nach d. Evangelisten Matthäus, Lukas u. Johannes; u. Lehrbegriff d. Apostel Paulus, aus sn. Briefen gezogen. 8. Leipz. 801. Dyck. 7 gr.

— Henriette Hendel. Ueber die mimischen Darstellungen u. Declamatorien derselben zu Leipzig. Nebst einem Gedicht, die neue Pythia. 8. Leipz. 810. Dyck. 6 gr.

— Leitfaden f. die Jugend beim Vortrag d. Geschichte des Königreichs Sachsen, so wie zur Vorbereitung auf d. Confirmation. 8. Leipz. 810. Dyck. 8 gr.

— Lesebuch; e. Weihnachtsgeschenk f. fleißige Kinder. 2 Hefte, mit 1 Kpf. 8. Leipz. 801. Dyck. 1 Thlr. Holl. P. 1 Thlr. 12 gr.

— moral. Lesebuch f. d. Jugend aller Religions-Parteien, insonderheit auch zum Gebrauch in Elementar- u. Bürgerschulen, mit 1 Kpf. 8. Leipz. 813. Dyck. 12 gr.

— Natur, Urs. u. Result. d. franz. Revolution ꝛc. gr. 8. Ebend. 798.

— über Real- u. Bürgerschulen. gr. 8. Leipz. 808. Dyck. 4 gr.

— Sachsen u. Polen, jungen Geschichtsfreunden gewidmet. 2 Thle. Mit Kpf. 8. Leipz. 810. Dyck. 2 Thlr. (1r Bd., auch u. d. T.: Geschichte u. Statistik d. Königr. Sachsen f. d. Hausbedarf. 8. 812. 16 gr. 2r Bd. Geschichte des Königr. Polen, seiner Auflösung u. der Entstehung d. Herzogth. Warschau. Mit Kpf. 812. 1 Thlr. 8 gr.)

— Frankreichs monarch. Staatsverfassung im Kampf mit seiner Regierung, s. Barentin.

— Frankreichs monarch. Staatsverfassung im Kampf m. s. Regier. gr. 8. Ebend. 798.

Dyck, Jh. Gf., Theater. (Nebentheater). 1r—7r Bd. 8. Leipz. 777 u. ff. N. A. 785—97. Dyk. 6 Thlr. 12 gr. 1) Trauerspiele: Ferdinand Pernau. 787. 8 gr. — Graf v. Essex. 777. 2e A. 780. 8 gr. — Coriolan. 785. 8 gr. — Thomas Moore. 786. 8 gr. — Der deutsche Heinrich IV., oder: Roms Bannstrahl im eilften Jahrh. 8 gr. — Aly Bey. 797. 10 gr. 2) Lustspiele: die schwere Wahl in 4 Akt. 785. 6 gr. — Das Aufkommen französ. Sitten, in 5 Akt. 783. 12 gr. — Der verschriebene Bräutigam aus Paris; in 2 Akt. 6 gr. — Der Weg zu gefallen; oder: der liebenswürdige Alte; in 5 Akt. 785. 8 gr. — Sechs Wagen mit Contrebande; oder: der prächtige Geizige; in 5 Akt. 8 gr. — Die Huldigung; oder: der neue Gutsherr; in 3 Akt. 8 gr. — Liebeszunder; oder: das Mädchen u. der Jüngling; in 3 Akten. 6 gr. — Der Zerstreute, nach Regnard; in 5 Akt. 786. 8 gr. — Spielerglück, nach Regnard; in 5 Akt. 786. 8 gr. — Die belesenen Jungfern, nach Moliere; in 1 Akt. 787. 4 gr. — Der standhafte Mann; oder: Ehrfurcht u. Schwatzhaftigkeit, nach Destouches; in 5 Akt. 8 gr. — Zwei unruhige Nächte; oder: Neigung u. Abneigung, nach Gozzi; in 5 Akt. 10 gr. — Jack Spleen; oder: Ich erschieße mich nicht! in 1 Akt. 785. 4 gr. — Die getäuschte Wittwe; oder: die Sympathie; in 3 Akt. 779. 8 gr. — Omar; oder: das Ehegesetz der Tartaren; in 3 Akt. 797. 8 gr. — Die sich Liebenden ohne es zu wissen; in 3 Akt. 782. 6 gr. — Schalk Amor; oder: die geschiedene Frau; in 3 Akt. 784. 7 gr. — Der Liebenswürdige Alte; oder: der Weg in der Liebe zu gefallen u. zu mißfallen; in 5 Akt. 781. 8 gr. — Der Sprödenspiegel, nach Moliere; in 1 Akt. 778. 4 gr. — Ehrfurcht u. Schwatzhaftigkeit; oder: die Gefahren am Hofe; in 5 Akt. 780. 10 gr. — Die beiden Hüte; in 1 Akt. 3 gr. — Peter, nach Collé; in 2 Akt. 3 gr. — Mann u. Frau, Wittwer u. Wittwe; in 3 Akt. 6 gr. — Der unentschlossene Liebhaber; in 5 Akt. 776. 8 gr. — Leichtsinn u. Verführung, oder die Folgen der Spielsucht; ein bürgerliches Trauerspiel in 5 Akt.; nebst e. Gespräch über das heroische u. bürgerl. Trauerspiel. 12 gr.)

Dyck, Walth., s.: Annalen, mathematische.

Ueber die wechselseitigen Beziehungen zwischen der reinen und der angewandten Mathematik. Festrede geh. in d. öffentl. Sitzg d. b. Akad. d. Wiss. zu München am 14. Nov. 1896 v. Walther **Dyck**, o. Mitgl. d. mathem.-physik. Classe. *München: G. Franz 1897.* (38 S.) 1 Bd 4. [98. 1333

Über die Errichtung eines Museums von Meisterwerken der Naturwissenschaft und Technik in München. Festrede z. Übernahme d. 1. Wahlrektorates bei d. Jahresfeier d. techn. Hochschule zu München, geh. 1903 v. Prof. Dr. Walther v. **Dyck**. Leipzig & Berlin: B. G. Teubner 1905. (40 S.) 4° [06. 763

Dyck, W., Ueber regulär verzweigte Riemann'sche Flächen und die durch sie definirten Irrationalitäten. (Inaug.-Dissert.) München 1879. 8°. brosch. (66 S.)

— s.: **Grundlagen, die allgemeinen, der Kultur der Gegenwart.**

Dyck, W., s.: **Jahresbericht der deutschen Mathematiker-Vereinigung.**

— s.: **Katalog mathematischer u. mathematisch-physikalischer Modelle, Apparate u. Instrumente.**

Über die singulären Lösungen einer Differentialgleichung erster Ordnung mit zwei Variabeln, insbes. über diejenigen, welche zugleich partikuläre Integrale sind. Von Walther v. **Dyck**. München: Akademie; Franz in Komm. 1910. 51 S. 4°
(Abhandlungen d. Kgl. Bayer. Akad. d. Wiss. Math.-phys. Kl. Bd 25, Abh. 4.) [11. 2697

Zwei wiederaufgefundene Prognostica von Johann Kepler [Keppler] auf die Jahre 1604 und 1624. Von Walther v. **Dyck**. München: Akad.; Franz in Komm. 1910. 61 S. 4°
(Abhandlungen d. Kgl. Bayer. Akad. d. Wiss. Math.-phys. Kl. Bd 25, Abh. 5.) [11. 10118

— **eine in den hinterlassenen Papieren Franz Neumann's vorgefundene Rede v. C. G. J. Jacobi.** gr. 8. (S. 203—208.) München 901. (G. Franz' Verl.) n. — 20
Sonderabdruck aus: „Sitzungsber. d. bayer. Akad. d. Wiss."

Dyck W v, Spezialkatalog der mathematischen Ausstellung. Gruppe X der Universitätsausstellung. (115 S) (Unterrichtsausstell. Deutsche in Chicago 1893) Berlin 1893

Über die singulären Stellen eines Systems von Differentialgleichungen erster Ordnung. Von Walther v. **Dyck**. München: K. Bayr. Akad. d. Wiss. 1909. 19 S. 8°
(Sitzungsberichte d. Kgl. Bayer. Akad. d. Wiss. Math.-physik. Kl. Jg. 1909, Abh. 15.) [10. 7200 3

Dyck, Walther: Gruppentheoretische Studien. 1882. 8°
Habil.-Schrift Leipzig.

Dycke, Ernst, der Burgvogt vom Hohenkrähen. Ein Sang aus dem Hegau. (95 S.) 8. Konstanz (910). E. Ackermann. 1.50; geb. 1.80

Dycke, Ernst. Ekkehard. In 12 Bildern. Nach [Joseph Victor von] Scheffels Erzählung verfasst. [Epische Dichtung.] 47 S. 8. Konstanz, Carl Gess, 1904. [M. —. 80]

DYCKE, Ernst (Höchstädt): Das Genu valgum und dessen Behandlung.- München: Wolf 1888. 49 S. 28.6.1888 - Chr 1888/89,17; Jv 1888/89,212
Diss. Ingolst.-Landsh.-Mchn.

Dycken, Dan., Nosce te ipsum. 8. Frft. 728.

Dycken, Jer., würdig. Tischgenosse an d. Tafel Jesu. 8. Frft. 739.

Dyckerhof, Wilhelm, s. Dyckerhoff, Wilhelm

Dyckerhoff, August *Gustav* [aus Biebrich a. Rh.]: Zur Charakteristik der Oxysäuren ... Berlin, Buchdr. v. G. Schade, *1894*; 44 S., 2 Bl. 8.
Berlin, Phil. Fak., Inaug.-Diss. v. 19. Dez. 1894

Dyckerhoff, Ernst S., die Entstehung des Grundeigentums u. die Entwicklung der gerichtlichen Eigentumsübertragung an Grundstücken in der Reichsstadt Dortmund. s.a. Beiträge. deutschrechtliche. III. 1.

Dyckerhoff, Ernst S.: Die Entstehung des Grundeigentums und die Entwicklung der gerichtlichen Eigentumsübertragung an Grundstücken in der Reichsstadt Dortmund. Heidelberg: Winter 1908. 71 S. 8° ¶(Ersch. vollst. als: Deutschrechtl. Beiträge. Bd 3, H. 1. 1909.)
Münster, Rechts- u. staatsw. Diss. v. 20. Nov. 1908, Ref. His, Jacobi
[Geb. 5. Mai 83 Cöln; Wohnort: Bonn; Staatsangeh.: Preußen; Vorbildung: Städt. Gymn. Bonn Reife O. 03; Studium: Bonn, München, Münster 5 S.; Rig. 24. Juli 08.] [U 09. 3556

Die Entstehung des Grundeigentums und die Entwicklung der gerichtlichen Eigentumsübertragung an Grundstücken in der Reichsstadt Dortmund. Von Dr. Ernst S. **Dyckerhoff**. Heidelberg: Winter 1909. 132 S. 8°
(Deutschrechtliche Beiträge. Bd 3, H. 1.) [09. 2809

Dyckerhoff, (J. F.) einige Bemerkk. über von der Wyck's Schrift: „der Mittel-Rhein u. Mannheim in hydrotechn. Hinsicht." gr. 8. Mannh. 825, Löffler.

Dyckerhoff, Karl, Beiträge zur Kenntniss des Acetophenons. Inaugural-Dissertation. 8. (64 S.) Göttingen 877. (Vandenhoeck & Ruprecht.) n. 1. 20

Dyckerhoff, Kurt: Beiträge zur Autoxydation organischer Stoffe. 1910. 32 S. 8°
Karlsruhe, Dr.-Ing.-Diss. v. 19. 10. 1909

Dyckerhoff, Oskar [aus Mannheim]: Beiträge zur Kenntniss des Orthocymol's (Ortho-Methyl-Normalpropyl-Benzol) .... Freiburg i. B., Univ.-Buchdr. v. Chr. Lehmann, 1886; 47 S. 8°.
Freiburg i. B., Phil. Fak., Inaug.-Diss. v. 1886.

Dyckerhoff, Oskar, Beiträge zur Kenntniss des Orthocymol's (Orto-Methyl-Normalpropyl-Benzol). Diss. Freiburg i. B. 1886, Fr. Wagnersche Univ.-Buchh. 8°. 47 S.

[F.] Deutsche und Engländer. Von Traugott Wilhelm **Dyckerhoff**. *Essen: G. D. Baedeker 1896.* (Erschien z. Th. zuerst in d. Alldeutschen Blättern.) (33 S.) 1 Bd 8. [96. 6372

[F.] Vaterländisches Festspiel z. Feier d. Grossthaten in 1870/71. Lebende Bilder m. verbindenden Prologen. Von Traugott Wilhelm Dyckerhoff. *Essen: G. D. Baedeker 1897.* (7 S.) 1 Bd 8. [99. 1768

Dyckerhoff, Traug. Wilh., gesammelte Schriften. (IV, 802 S.) gr. 8. Essen 903. G. D. Baedeker. Geb. in Leinw. n. 6. —

[F.] Ueber den Schwindel. Von Traugott Wilhelm **Dyckerhoff**. *Berlin: Thormann & Goetsch 1896.* (Erschien zuerst in d. Köln. Ztg 1895.) (30 S., 1 Bl.) 1 Bd 8. [96. 6371

[F.] Ein rheinisches Städtchen vor 50 Jahren. Von Traugott Wilhelm **Dyckerhoff**. *Berlin: Thormann & Goetsch 1897.* (38 S.) 1 Bd 8. [98. 2336

Dyckerhoff, Wilhelm

Dyckerhoff, Wilh., Allein Gott in der Höh' sei Ehr! Vor- und Nachspiele für den öffentl. Gottesdienst. 1. und 2. Heft. gr. 8. Essen, Bädeker. *
Inhalt:
Heft 1. Vorspiele zu den gangbarsten Chorälen. 10. Werk. (IV, 54 S.) 878. *ℳ 1,60.
„ 2. 25 Nachspiele nebst Fantasie. 11. Werk. (VI, 74 S.) 879. *ℳ 2.

Dyckerhoff, Wlh., zwei Tausend Aufgaben für die vier Species in unbenannten ganzen Zahlen, fortschreitend vom Leichteren zum Schwereren. Eine Handtabelle zur Selbstbeschäftigung der Schüler in Schule u. Haus. 1/2 qu. Fol. Essen 839. Bädeker. Auf Pappe 1/12 ℛ
—— Anleitung zum Gebr. dieser „Handtabelle". Enthalt. Uebungsaufgaben zu d. vier Species. Für Lehrer. 8. (2 3/4 B.) Ebds. 839.
—— Antworten-Büchlein nebst einleit. Bemerkn. zu vorsteh. Tabelle. Für Lehrer. 8. (2 1/8 B.) Ebds. 839.

Dyckerhoff, Wilhelm, prakt. Arzt in Disteln b. Recklinghausen: Aus d. pathol. Institute d. Universität Kiel. Ein Fall von angeborener Aplasie beider Nieren und streckenweiser Obliteration der Ureteren. *Kiel 1900: P. Peters.* (14 S.) 8°
Kiel, Med. Diss. v. [20. März] 1900

Dyckerhoff, Wlh., rhein. Fibel od. erstes Uebungsbüchl. zu d. gebräuchl. Leselehrart. 1. Abth. Für d. Schreiblese-, d. Lautir- u. d. Buchstabir-Unterricht. 8. Emmerich 844, Romen. (Leipzig, Hermann.) n. 1/12 ℛ

— dies. 2. Abth. Für d. Schreiblese-, d. Lautir- u. d. Buchstabir-Unterricht. 8. Ebend. 846, 3 n𝔤𝔯

—— Geschichte d. brandenb.-preuß. Volkes. Bearb. nach neueren Anforderungen f. gehobene Volksschulen u. höhere Bildungsanstalten, wie auch z. Selbstunterr. 8. (11 B.) Emmerich 843, Romen.

— Handtabelle zur Selbstbeschäftigung im elementar. Tafelrechnen innerhalb des Zahlenkreises von 1 bis 100, oder Uebungsaufgaben zu den vier Grundoperationen, behandelt nach dem Grundsatze der Anschaulichkeit, mittelst wechselweiser Anwendung von Strichen u. Ziffern. — Nebst Vorübungen z. Schönschreiben. Für die Kleinkinderschulen entworfen. 2 Blätter in qu. gr. 8. Emmerich 840. Romen. (Leipzig, Hermann.) Aufgeklebt 1 ℛ

— Hülfsbüchlein, zum Choralgesang, mit besond. Rücksicht auf das „Evangelische Gesangbuch nach den Beschlüssen der Synoden von Jülich, Cleve, Berg u. von der Grafschaft Mark." Ein Beitrag zur Förderung d. Choralgesanges. 8. Emmerich 838. Romen. (Leipzig, Hermann.) 1/6 ℛ

Dyckerhoff, Wilh., Compositions-Schule. Oder: Die techn. Geheimnisse der musikal. Composition, entwickelt aus dem Naturgesange und den Werken class. Tondichter. 1. Thl.: Einführung in die Melodiebildung. 2. verb. und verm. Aufl. gr. 8. (XXII, 274 S.) Leipzig 870, Brandstetter.
—— dass. — 2. Thl.: Der Harmonielehre 1. Cursus. 8. (X, 370 S.) Ebendas. 872.

Dyckerhoff, Wilh., Compositions-Schule. Oder: die techn. Geheimnisse der musikal. Composition, entwickelt aus dem Naturgesange u. den Werken class. Tondichter. 2. u. 3. Thl. 8. Leipzig 872—76. Brandstetter. à 4. 50 (I—III.: 12. —)

2. Der Harmonielehre 1. Curs. (X, 370 S.)

3. Die Lehre vom Aufbau der Tonstücke. (XII, 336 S.)

— Rechnen-Tafeln f. Schüler. 3 Hfte. (d. 1. in Lex.-8. auf 3 Blätt.), nebst Antworten-Büchlein. 3 Hfte. 8. (4 Blätt. auf Pappe u. 5¾ B. Antworten.) Essen 839, 41, Bädeker.

Dyckerhoff, Wlh., Weltkunde. Für d. geeign. Klass. gehob. Elem.-Schulen u. höher. Bildungs-Anst., wie auch f. Bürger u. gebild. Landl. Enth. Erd-, Natur- u. Menschenkunde. 1. Thl.— A. u. d. T.: Heimathskunde. Erste Stufe: Kenntniß d. Provinz. 8. Cleve 841, Char. 5½ ngr

Dyckhoff: Die Bildsäule des Bachus von Uhland; Nadowessische Todtenklage v. Schiller; Hochzeitlied von Göthe, für die Schule erklärt. 13 S. – Rietberg, Progr. 1868.

Dyckhoff, Anton Ferdinand

— Gebetbuch f. kathol. Christen, mit 1 Kpf. 8. Münster 808. 6e Aufl. 826. Coppenrath. 10 gr Schrbp. 16 gr

Dykhoff, (A. Fr.,) Gebetbuch für kathol. Christen. 5e Aufl. Mit 1 Kpfr. 8. Münster 822, Coppenrath. 10 gr. Schreibpap.

Dyckhoff, Ant. Ferd., Gebetbuch f. kathol. Christen. 7. unveränd. Aufl. M. 1 Stahlst. 12. (12½ B.) Münster 839, Coppenrath'sche Buchh.

Dyckhof, Ant. Fd., christl. Gedanken u. Gebete rc. 2 Thle. 8. Münster 792. Aschendorff. 1 rß

— heilige u. herzliche Geisteserhebungen zu Gott. Ein Gebet- u. Erbauungsbuch f. Katholiken. 8. Münster 813. Coppenrath. 16 gr Schrbp. 20 gr

Dyckhof, A. F., heilige u. herzliche Geisteserhebungen zu Gott. Ein Gebet u. Erbauungsbuch f. Katholiken. 8. Münster. Coppenrath. 814.

Schreibp.

— Grabschriften u. Winke. In 2 Abtheill. u. e. allgem. Nachtrag nebst Zugabe v. Lehr- u. Erbauungs-Liedern. 8. Hannov. 825. Helwing. 12 gr

— kurzes Handbuch christl. Erbauung. Mit 2 Titelkpf. 12. Münster 822. Coppenrath. 7 gr Schrbp. 12 gr

Dyckhoff, Ant. Ferd., der bethende Katholik, od. christkathol. Gebethbuch zu Haus u. in d. Kirche. 1. Aufl. (20¼ B. u. 1 Stnt.) 830 16 Gr., 2., verm. Aufl. 8. (20¾ B. u. Titelbild.) Osnabrück 834, Rackhorst.

— s. Th. v. Kempen, 4 Bücher rc.

— metrische Produkte, aus d. Reiche häuslicher u. allgemeiner Empfindungen. 8. Münster 811. Coppenrath. 1 rß 18 gr

— Taschenbuch für wahre Betende, mit Kpf. 16. Münster 810. 2e Aufl. 821. 3e Aufl. 826. Coppenrath. 12 gr

Dyckhoff, A. F., Taschenbuch für Wahrhaft-Betende. 4te Aufl. Münster, Coppenrath. 820.

Dyckhoff, Eduard, gepr. Rechtspraktikant a. Augsburg: Fortdauerndes, fortgesetztes und Gesamtdelikt und die Vorschriften über den Beginn der Verjährungs- und Antragsfrist. Augsburg 1907: Th. Lampart. (47 S.) 8°

Würzburg, Jur. Fak., Ref. Oetker, Diss. v. 18. Aug. 1907

[Geb. 11. Nov. 80 Augsburg; Wohnort: Augsburg; Staatsangeh.: Bayern; Vorbildung: Gymn. Augsburg Reife Juli 99; Studium: Berlin 2, München 4, Würzburg 2 S.; Rig. 11. Juli 07.]

Dyckhoff, Jenny, meine Lieder. Osnabrück 858 Meinders. 16. (2 Bl., 110 S.) n. 12 ngr

Dyckhoff, Leopold (Münster/Westf.), De angina membranacea. Diss. med.-chir. Bln. (Nietack) 16. VIII. 1837. 32 S. mit Biogr. (M.: C. Hosson.) (4.50) 7109

Oppon.: J. Bracht, A. Plate, W. Jueting.

Dyckhoff, *Carl Bernard* Max [aus Antwerpen]: Aus d. geburtshülfl. Klinik u. Poliklinik zu Greifswald. Über Beckenendlagen. 1883—1895 ... Greifswald, Buchdr. C. Sell, 1895; 45 S., 1 Bl., 1 Tab. 8.

Greifswald, Med. Fak., Inaug.-Diss. v. 12. Nov. 1895

Dyckhoff, Sigism., de aliquot Horatii carminum locis suspectis. Accesserunt nonnullae observationes criticae. Commentatio philologica. 8maj. (IX und 43 S.) Monasterii 856, (Mitsdörffer.)

Dyckhoff, Sigism., de aliquot Horatii carminum locis suspectis. Access. nonnullae observationes criticae. Commentatio philologica. Monasterii 857. (Mitsdörffer.) 8. (IX, 43 S.) n. 10 ngr

Dyckmans, H., die hl. Messe. Gebetbüchelchen f. Schul- u. Christenlehrkinder, enth. 7 Meßandachten in Wechselgebeten, nebst Morgen-, Abend-, Tisch-, Beichtgebeten u. Nachmittagsandachten, sowie e. Anzahl von Liedern. 5. Aufl. 16. (207 S. m. 1 Bild.) Dülken 893. F. W. Kugelmeier. Geb. in Leinw. n. 1. 20

Dyck, van, Landleben, malerisches Schauspiel v. Fr. Kind. 2te verb. u. verm. Aufl. mit 6 Umrissen. 8. Leipzig, Göschen. 819.

— Ebend. Schreibp. mit 6 Umrissen u. Portr. geb

— Ebend. Schreibp. mit Portr. u. 6 color. Umrissen, geb.

Dydyński, Thdr. v., Beiträge zur handschriftlichen Überlieferung der Justinianischen Rechtsquellen. I. Institutionen. 1 Hft. gr. 8. (112 S.) Berlin 891. Puttkammer & Mühlbrecht. n. 2. 40

Dydzinski, L. v., Fragmente d. Alten u. Neuern üb. d. Ausbildung e. zum Kriegsdienst bestimmten Knaben. 16. (2¼ B.) Berlin 833, (Zesch.) Thlr.

Dye, Clair Albert. Entwicklungsgeschichtliche Untersuchungen über die unterirdischen Organe von Valeriana, Rheum und Inula. Diss. Phil. Bern. [Mit 3 Tafeln.] 96 S. 8. Bern, Büchler & Co., 1901.

Dye, Vincent, a. Liberty ⟨Missouri⟩ U. S. A.: Die Beziehung von Elisabeth Barrett Brownings Leben zu ihrer Dichtkunst. Leipzig 1905: B. Zechel. (64 S.) 8°

Leipzig, Phil. Fak., Ref. Wülker u. Birch-Hirschfeld, Diss. v. 6. Juli 1905

[Geb. 11. Febr. 76 Flora, Illinois; Wohnort: Liberty, Missouri; Staatsangeh.: Ver. St.; Vorbildung: Winfield Business College Reife 94; Studium: William Jewell College Liberty 10, Chicago 1, Leipzig 3 S.; Rig. 22. Juli 04.]

Dyer, Alfred S[aunders]: Der Handel mit englischen Mädchen. [The European Slave Trade in English girls; 1880.] Ein Bericht v. Thatsachen. Aus d. Engl. 3. Aufl. — Berlin: Dolfuß 1881. 38 S. 8° (D. öffentl. Sittlichkeit. 2.)

Dyer, Alfr. S., der Handel mit englischen Mädchen, s. a. Sittlichkeit, die öffentliche.

Dyer, Don C., a. Chicago: Über Kaffeesäure und einige ihrer α-substituierten Derivate. Heidelberg 1906: J. Hörning. (33 S.) 8°

Heidelberg, Naturw.-math. Fak., Ref. Curtius, Diss. v. 22. Juni 1906

[Geb. 10. Aug. 78 Groveport, Ohio; Wohnort: St. Louis, Ver. St.; Staatsangeh.: Vereinigte Staaten; Vorbildung: St. Albans Academy Knoxville Illinois Reife 98; Studium: Chicago 1, Heidelberg 7 S.; Rig. 28. Nov. 05.]

Dyes, Aug., aerztliche Beobachtungen, Forschungen u. Heilmethoden. gr. 8. (188 S.) Hildesheim 876. (Hannover, Helwing's Verl.) n. 4. —

Dyes, Aug., aerztliche Beobachtungen, Forschungen und Heilmethoden. gr. 8. (188 S.) Hildesheim 877, (Helwing'sche Verlagsh.) *

Dyes, Aug., die Bleichsucht und sogenannte Blutarmuth. Deren Entstehung, Wesen und gründl. Heilung. gr. 8. (83 S.) Stuttgart 887, Zimmer's Verlag. *

Dyes, Aug., die Bleichsucht, sogenannte Blutarmuth u. der Schlagfluss. Deren Entstehg., Wesen, Verhütg. u. gründl. Heilg. 3., verm. Aufl. gr. 8. (IV, 101 S.) Stuttgart 892. A. Zimmer. n. 2. 50

Dyes, Aug., zwei Hauptmittel z. Verlängerg. d. menschl. Lebens. D. künstl. Blutentziehg. u. d. Chlorwasser. gr. 8. (52 S.) [Neuwied 895. Heuser's Verl.] Leipzig, M. Spohr. n. 1. —

—— die Heilung der miasmatischen Bräune oder Diphtheritis durch das antimiasmatische Heilverfahren. gr. 8. (16 S.) [Leipzig 885, Haendel.] Harzburg, Stolle's Hofbuchh. [60 Pf.]

Dyes, Aug., die rationelle Heilung der Cholera. Für Aerzte u. Nichtärzte. Hildesheim 867. Fincke in Comm. gr. 8. (16 S.) 3 ngr.

—— die Krankheiten der Athmungs-Organe und deren Heilung. gr. 8 (59 S.) Berlin 886. Stuttgart, Zimmer's Verlag. *

—— der Rheumatismus. Dessen Entstehung, Wesen und gründl. Heilung. gr. 8. (24 S.) [Neuwied 886, Heuser's Verlag.] Stuttgart, Zimmer's Verlag. *

Dyes, Aug., ärztlich begründete und ökonomisch bewährte Schweinefütterungs-Methode zur Beförderung der Gesundheit dieser Thiere im Allgemeinen, wie insonderheit zur Verhütung der Ansiedelung von Finnen und Trichinen. Verden 864. Steinhöfel in Comm. 16. (35 S.) n. 6 ngr.

— die Trichinose u. deren Therapie. gr. 8. (34 S.) Ebend. 886. n. 1. —

—— Verhütung von Augentrübung und Blindheit. Ein Beitrag zur Ophthalmotherapie. gr. 8. (III, 42 S.) Ebendas. 885.

—— dass. — sowie Anleitung zur Heilung des chron. Stockschnupfens. 2. (Titel-) Aufl. gr. 8. (III, 42 S.) Berlin, (885). Stuttgart, Zimmer's Verlag.

— Verhütung v. Augentrübung u. Blindheit. Ein Beitrag zur Ophthalmotherapie. 2. Aufl. gr. 8. (III, 42 S.) Ebend. 886. 1. 20

Dyes jun., L. G., Gedanken üb. d. 20. Jahrhundert. gr. 8. (39 S.) Jena 895. O. Rassmann. n. — 60

— d. Zukunft d. Deutschen Reiches. Beitrag z. Lösg. d. socialen Frage. gr. 8. (16 S.) Ludwigshafen 895. W. Hofmann. n. — 40

Dyes, Wilh., üb. Reindarstellg. d. Gährungsmilchsäure m. einleit. Versuchen üb. Destillationen im Vakuum d. Quecksilberluftpumpe. Diss. gr. 8. (44 S.) Hildesheim 896. (Gerstenberg.) n. 1. 20

Dygasinski, Adf., auf dem Edelhofe, s.: Reclam's Unterhaltungs-Bibliothek.

Dygasinsky, auf dem Edelhofe, s. Universal-Bibliothek Nr. 2018.

Dygasinski, Adf., Lebensfreuden. Deutsch v. Gutram. Umschlagzeichnung v. Jan Bukowski. Buchschmuck v. Eugenius Dabrowa. (191 S.) 4. München 903. [Dr. J. Marchlewski & Co.] Esold & Co. Geb. n. 4. —

Dygbi, (Digby), Konelmus, Heimlichkeiten der Natur, Heilungen der Wunden durch die Sympathien rc. A. d. Engl. von H. Hupka. 6. Ausg. O. O. 1714. 8°. Frkf. a. M. 1752. (Im Jahre 1669 erschien zu Paris: Recueil des remedes et secrets tirés des memoirs du *Digby* ed. *J. Mallet*. Viele Aufl. in verschiedenen Sprachen. Verf. war Leibarzt Karls II.)

Dygbi, Kenelm, Eröffnung unterschiedlicher Heimlichkeiten der Natur, die Sympathie betreffend. 157 S. Mit 1 Taf. Frkf. 8°.
1754

Dygbi, Heimlichk. d. Natur. 8. Frkf. Eßlinger. 765.

Dyher, Christian Ernst von (Schlesien), Decadem observationum feudalium. Präs. Caspar Heinrich Horn. Wittbg. (Gerdes) 3. VIII. 1717. 42 S., tlws. dtsch. (5.—) 7113

(v. Dyherrn.) Freie Gedanken über einige Theile der Kriegskunst. 8. Leipzig 1758.

Dyherrn, Georg Frh. von

Dyherrn, Geo. Frhr. v., am Alpsee, s.: Volksbücherei. Nr. 90. 91.

— Bilder u. Skizzen aus Ober-Ammergau u. dem bairischen Hochlande. 8. (306 S.) Breslau 880. Kiepert. n. 4. —

— aus klarem Born. Gedichte. 8. (84 S.) Breslau 881. Gosohorsky's Verl. n. 1. 20; geb. m. Goldschn. n. 2. —

— das Buch der Frau. Lieder für stille Stunden. Hrsg. von Eufemia v. Kudriaffsky. gr. 16. (XXXI, 139 S.) Wien 879. (Breslau, Aderholz.) n. 2. 50

---- Dohlenau, s. Familienfreund.

— auf hoher Flut. Gedichte. 8. (XXI, 260 S. m. Lichtdr.-Portr. d. Verf.) Berlin 880. Kiepert. n. 4. —

—- auf hoher Flut. Gedichte. 8. (XXI, 260 S. mit Lichtdr.-Portr. des Verf.) Freiburg i. Br. 880, Kiepert und v. Bolschwing. *
geb. *

— aus der Gesellschaft. Novellen. 8. (325 S.) Ebend. 880. n. 4. —

— Hochlands-Novellen. 8. (354 S.) Ebend. 880. n. 4. —

— Hochlands-Novellen. (Auf der Schwaige. — Am Alpsee. — Stasi.) Mit Illustr. v. Adf. Schumann. 1.—11. Tausf. (107, 96 u. 79 S. m. 25 Abbildgn.) kl. 8. Graz 905. Styria. Geb. in Leinw. n. 2. 50

(F) Dyherrn, G. Freih. v., Hochlandsnovellen. [Volksbücherei. Bd 24.] 8°. (107, 79, 96 S.) Graz Styria 1905

— Höhen u. Tiefen. Novellen. 2 Bde. 8. (670 S.) Breslau 881. Gosohorsky's Verl. n. 8. —

Dyherrn, Geo. Frhr. v., dem Kaisersohn ein Lorbeerblatt. Zeitgedichte. gr. 16. (III, 51 S.) Breslau 871, Priebatsch. cart. *M 1.; mit Goldschn.

—— Miniaturen. Lieder zum Komponiren. 16. (VI, 53 S.) Breslau 873, Gosohorsky's Buchh.

— auf der Schwaige, s.: Volksbücherei. Nr. 86. 87.

Dyherrn, G., auf der Schwaige. Stasi. Am Alpsee, s.: **Hochlands-Erzählungen.**

— Stasi. s.: **Volksbücherei. Nr. 104.**

—— in stiller Stund'. Dichtungen. 8. (X, 167 S.) Berlin 870, H. Schindler. *M 3.; geb. mit Goldschn. *

— Tang u. Algen. Aus der Flut d. Lebens gesammelt. 8. (VI, 379 S.) Leipzig 876. A. Krüger. n. 5. —

Dyherrn, Geo. Frhr. v., gesammelte Werke. 26 Lfgn. oder 6 Bde. 8. Freiburg i. Br., Kiepert und v. Bolschwing. à Lfg. *M 1.; in 6 Bdn. * geb. *

Inhalt:
Bd. 1. Auf hoher Flut. — Aus klarem Born. Gedichte. (320 S.) 880. *M 5.; geb. *M 6.
" 2. Hochlandsnovellen: Rösl vom Oberland. — Stasl. — Der Alpsee. — Auf der Schweige. 880. (224 S.) *M 4.; geb. *M 5.
" 3. Aus der Gesellschaft. Novellen. (325 S.) 880. *M 4.; geb. *M 5.
" 4. Bilder und Skizzen: 1. Bilder und Skizzen aus Ober-Ammergau. — 2. Bilder und Skizzen aus der Gesellschaft. (306 S.) 880. *M 4.; geb. *M 5.
" 5. 6. Höhen und Tiefen. Novellen. 2 Bde. (VI, 670 S.) 881. à Bd. *M 4.; geb. *M 5.

Dyherrn, Geo. Frhr. v., gesammelte Werke. Volksausg. 1.—5. Bd. 12. Freiburg i/Br., Kiepert. à Bd. n. 1. 60
1. Hochlandsnovellen. (354 S.) 887.
2. 3. Novellen. 1. u. 2. Bd.: Höhen u. Tiefen. (670 S.) 889.
4. Bilder u. Skizzen. (306 S.) 889.
5. Aus der Gesellschaft. (325 S.) 889.

Dyherrn, Jo. Georg von (Lausitz), **De illicita feudi alienabilis alienatione.** Diss. jur. Präs. Goffried Ludwig Mencke. Wittbg. (Gerdes) 9. XI. 1717. 26 S. (5.—) 7115

Dyhren, Ernst Graf von, s. Dyhrn, Ernst Graf von

Dyhrenfurth, Felix: Untersuchungen über die Anwendung der Dampfkraft in der Landwirthschaft mit besonderer Berücksichtigung Deutscher Verhältnisse .... Breslau, Druck v. Otto Gutsmann, 1886; 54 S. + 1 Bl. 8°.
Leipzig, Phil. Fak., Inaug.-Diss. v. 5. Nov. 1886.

Dyhrenfurth, Felix, Untersuchungen üb. die Anwendung der Dampfkraft in der Landwirthschaft m. besonderer Berücksicht. deutscher Verhältnisse. gr. 8. (54 S.) Breslau 886. Preuss & Jünger. n. 1. 20

Die hausindustriellen Arbeiterinnen in der Berliner Blusen-, Unterrock-, Schürzen- u. Tricotkonfektion. Von Gertrud **Dyhrenfurth.** *Leipzig: Duncker & Humblot 1898.* (IX, 121 S.) 8.
= **Forschungen,** Staats- u. socialwissenschaftl. Bd 15. H. 4. [98. 760

Ein schlesisches Dorf und Rittergut. Geschichte u. soziale Verfassung. Von Gertrud **Dyhrenfurth.** Leipzig: Duncker & Humblot 1906. (IX, 178 S.) 8°
— **Forschungen,** Staats- u. sozialwissenschaftl. Bd 25, H. 2. [06. 8807

Dyhrenfurth, Gertr., Heimarbeit u. Lohnfrage, s.: **Schmidt,** Anna.

— Die weibliche Heimarbeit. Verhandl. d. 15. evang.-soc. Kongr. in Berlin am 25. u. 26. Mai 1904. 8°. Göttingen, Vandenhoeck u. Ruprecht, 1904.

(Dyhrenfurth, Gertrud:) Das Programm des Gewerkvereins der Heimarbeiterinnen Deutschlands. (Vortr. Berlin, 1. März 1903.) — Berlin: Gewerkverein d. Heimarbeiterinnen (1903). 32 S. 8°

— Tarifämter für die Hausindustrie. — Berlin: Gewerkverein d. Heimarbeiterinnen Deutschlands (1908). 32 S. 8°

Dyhrenfurth, Günter, Assist. am geol. Inst. d. Univ. Breslau: Monographie der Fusulinen. Von Ernst Schellwien †. Nach d. Tode d. Verf. hrsg. u. fortges. von Günter Dyhrenfurth und Hans v. Staff. T. 2: Die asiatischen Fusulinen. Von Günter Dyhrenfurth. A. Die Fusulinen von Darwas. Stuttgart: Schweizerbart 1909. 45 S. 4° ¶(Aus: Palaeontographica. Bd 56.)
Breslau, Phil. Diss. v. 28. Juni 1909, Ref. Frech
[Geb. 12. Nov. 86 Breslau; Wohnort: Breslau; Staatsangeh.: Preußen; Vorbildung: Friedrichs-Gymn. Breslau Reife O. 04; Studium: Freiburg i. B. 1, Wien 1, Breslau 8 S.; Rig. 16. Juni 09.] [U 09. 592

Dyhrenfurth, O., Bericht über die Thätigkeit der Hebammen-Lehranstalt zu Breslau in den J. 1867—1877. gr. 8. (24 S.) Breslau 878, (Trewendt.) *

Dyhrenfurth, Oscar *(geb. Puschwitz bei Breslau [29. 3. 1850])*:
Ein Beitrag zur Lehre von der Eklampsie. Breslau 1874. (28 S.) 8°
Breslau, Med. Diss. v. 23. Okt. 1874

Dyhrenfurth, Rich., die Aktiengesellschaft unter dem neuen Aktiengesetz, s.: **Alexander-Katz,** Hugo.

Dyhrn, Ernst Graf von

Dyhrn E. v.: Kurze Anleitung zu der Teichwirthschaft. Bresl. 1782. 120 S. 4 Tvl.

v. **Dyhrn,** Graf Er., Anleit. z. Teichwirthschaft, mit Kpf. gr. 8. Bresl. 783. (Gosohorsky). 10 gr.

— Bemerkk. über die Politik des 18n Jahrh. 8. Bresl. 786. (Gosohorsky). 6 gr.

Dyhren, E. G. Gr. v., Bemerk. üb. d. Politik d. 18ten Jahrh. 8. Breslau, Meyer. 786.

Dyhrn. Graf Konrad, Konradin's Tod. Eine Tragödie in 5 Akt. 8. Oels 827. (Fr. Korn in Bresl.) 1 ß

Dijk, H. A. van, considérations sur l'histoire de la révolution française, depuis 1789 jusqu'en 1795, principalement concernant les relations extérieures. Utrecht 854. Kemink et fils. gr. 8. (2 Bl., 387 S.) n. 2 ß 4 ngr

— précis des négociations du congrès de Rastadt. (1798.) Ebend. 856. gr. 8. (1 Bl., 187 S.) n. 1 ß

Dijk, H. A. van, Répertoire histor. chronologique des traités conclus par la Hollande depuis 1789 jusqu'à nos jours. gr. in-8. (24 B.) Utrecht 846, Kemink u. Sohn. *

Dyk, Johann Gottfried, s. a. Dyck, Johann Gottfried

Dyk, J. G., Tabelle. Europa im August 1811, u. Europa am Tage v. Kaiserkrönung Napoleons den 2. Decbr. 1804. 8. Leipz. Dyk. 811.

(Dyk, Johann Gottfried.) Ein Gang rund um Europa nach Teutschland, insbesondere aber nach Sachsen. Beylage zu Fabris Abriß der Geographie. (Mit einer Karte.) Leipzig, Dyk 1812. 810 S. 8.

Dyk, J. G., historisches Handbuch für die Jugend. 7 Thle.
1r—3r Bd. auch unt. dem Titel:
Handbuch d. ältern, mittlern u. neuern Geschichte. 3 Thle. Rthlr.
4r—7r unt. dem Titel:
Jahrbücher d. neuesten europäischen Geschichte od. das Zeitalter Napoleons. 4 Thle. 2 Rthlr. 12 gr. 8. Leipz. Dyk. 811 u. 12.

— Henriette Hendel. Ueber die mimischen Darstellungen u. Declamatorien derselben zu Leipzig. Nebst einem Gedicht, die neue Pythia. gr. 8. Ebend. 810.

Dyk, J. G. Sachsens sieben Kriege gegen Oesterreich. (1307, 1546, 1552, 1631, 1741, 1778, 1809.) Mit mehreren auf die neueste Zeitgeschichte Bezug habenden Aufsätzen. 8. Leipzig 1810.

— Leitfaden f. die Jugend beym Vortrag d. Geschichte des Königreichs Sachsen, so wie zur Vorbereitung auf d. Confirmation. 8. Ebend. 810.

— moral. Lesebuch f. d. Jugend aller Religions-Parteien, insonderheit auch zum Gebrauch in Elementar- u. Bürgerschulen. Mit 1 K. 8. Ebend. 813.

— Sachsen u. Polen, jungen Geschichtsfreunden gewidmet. 2 Thle. Mit K. 8. Ebend. 810.

— dasselbe 1r Bd. auch unt. d. Titel: Geschichte u. Statistik d. Königreichs Sachsen f. d. Hausbedarf. 8. Ebend. 812.

— dasselbe. IIr Bd. Geschichte d. Königreichs Polen, seiner Auflösung u. d. Entstehung d. Herzogthums Warschau. M. Kupf. 8. Ebend. 812.

Dyk, Pieter van

Kritischer Kommentar zu den vier Evangelien. Vergleichs-Ergebnisse auf Grund von dess. Verf. 'Vergleich. Uebersicht d. 4 Evangelien' von P[ieter] van Dyk ⟨S. E. Verus⟩. Im Auftr. d. verstorb. Verf. hrsg. von Benno Buerdorff. *Leipzig 1902: J. G. Findel.* (XVI, 175 S.) 8° [F.]
[02. 6086

Einzig vorhandene Quelle für 'ein Leben Jesu'. Vergleichende Uebersicht ⟨Vollständige Synopsis⟩ der vier Evangelien in unverkürztem Wortlaut ⟨Luther-Uebers.; Rev. Ausg. Halle 1892⟩. Von S. E. Verus (d. i. Pieter van Dyk). *Leipzig: P. van Dyk 1897.* (XXIX, 392 S.) 8° [F.] [03. 6430

The economic aspect of teachers' salaries. By Charles Bartlett Dyke, Prof. *New York: The Macmillan Co.; Berlin: Mayer & Müller 1899.* (83 S.) 8°
— Columbia University contributions to philosophy, psychology and education. Vol. 7, No 2. [04. 9903

Dykhoff, Anton Ferdinand, s. Dyckhoff, Anton Ferdinand

Dykstein, S., Wovon lebst Du? Mit einem Nachworte von G. Plechanow. 8⁰. Berlin, s. a.

Dijkstra, R., Holländisch, s. a. Skizzen lebender Sprachen. 3.

Holländisch. Phonetik, Grammatik, Texte. Von R. Dijkstra, Lehrer in Amsterdam. *Leipzig: B. G. Teubner 1903.* (VI, 105 S.) 8°
— Skizzen lebender Sprachen. 3. [03. 20804

Dyki, D., de claudicatione, Dissert. 4 maj. Düsseld. 798. Dänzer 1 Rthlr 12 gr.

Dymiński, Sigmund von, a. Posen: Über Störungen im Hersagen geläufiger Reihen bei einem aphasischen Kranken. Würzburg 1908: Memminger. (62 S.) 8°
Würzburg, Med. Fak., Ref. Rieger, Diss. v. 22. Juli 1908
[Geb. 27. März 81 Lenczyce (Posen); Wohnort: Würzburg; Staatsangeh.: Preußen; Vorbildung: Gymn. Posen Reife O. 01; Studium: Breslau 2, Greifswald 1, München 3, Berlin 1, Würzburg 4 S.; Coll. 19. Dez. 07; Approb. 30. Juli 07.]

Dymmann, M., Jugendbühne. Zwei Lustspiele für's Haus: Böhmische Dörfer — Heimlichthuerei. Den Bühnen gegenüber Mscr. gr. 8. (72 S.) Mitau 874, Behre's Verlag.

Dymocritos oder hinterlassene Papiere eines lachenden Philosophen, s. Democritos.

Dymocritos, s. Weber, J. C.

Dymocritos, od. hinterlass. Papiere e. lachenden Philosophen. (Von d. Verf. d. Briefe e. in Deutschland reisenden Deutschen, [Carl Jul. Weber.]) 1—5. Bd. gr. 8. Stuttgart, Brodhag. [1. (24 B.), 2. (28½ B.) 832., 3. (25½ B.) 833., 4. (24¼ B.) 834., 5. (24 B.) 835. à 2 Thlr 18 Gr.]
Der Name Dymocritos statt Democritos scheint aus einem Setzfehler entstanden, vielleicht hatte d. Verf. den Tit. griech. geschrieben und man machte aus dem η ein υ.

Dymokritos, oder hinterlassene Papiere eines lachenden Philosophen. (Von d. Verf. eines in Deutschland reisend. Deutschen.) 2r—11r Bd. gr. 8. Stuttg. 832—39. Brodhag. 20¾ Rthlr — 1r—8r Bd 22 Rthlr (jetzt nur 13 Rthlr) — 2e verb. Aufl. s. K. J. Webers Werke.

[Ant. u. Russ.] Alltag. Tragödie in 4 Teilen von Ossip Dymow. Osip Dymov [d. i. Osip Isidorovič Perel'man]. Każdyj den'. Trag. v 4 čast. Berlin: J. Ladyschnikow 1908. (61 S.) 8° [08. 18840 II

Dymow, Ossip, Altweibersommer. Komödie in 4 Akten. (117 S.) 8. Berlin (910). E. Bloch. 2. —

— Frühlingswahn. Drama in 4 Akten (9 Bildern). (89 S.) 8. Ebd. (910). 2. —

— Nju. Eine Alltagstragödie. Deutsch v. A. Eliasberg u. C. Ritter. (77 S.) 8. Berlin 908. Bühnen- u. Buch-Verlag russ. Autoren, J. Ladyschnikow. 2. —

Der Knabe Wlaß. Von Ossip Dymow [Osip Dymov d. i. Osip Isidorovič Perel'man]. (Autor. Übers. von Sonja Wermer.) Berlin: P. Cassirer 1910. 215 S. 8° [A. 6118

Dynamica siderum universalis. Sive legis arearum Keplerianae abrogatio. Auctore analysta suevo. Cum II tabb. incisis. 4 maj. Stuttg. 830. (Hoffmann). 21 gr.

Dynamica siderum universalis. Sive legis arearum Keplerianae abrogatio. Auctore analysta suevo. C. 2 tab. incisis. 4 maj. (8¾ B.) Stuttgardiae 830, (Weise.)

Dynamit, das, u. s. culturhistor. u. techn. Bedeutg. E. Denkschr. d. Action-Gesellschaft Dynamit Nobel anlässl. d. ungar. Milleniums-Ausstellg. 1896. (Von F. v. Ržiha.) gr. 8. (50 S.) Wien 896. (Lehmann & Wentzel). — (Freiberg, Craz & Gerlach.) n. 1. —

Dynamit-Actien-Gesellschaft vormals Alfred Nobel & Co., Hamburg. Aelteste Sprengstoff-Fabrik der Welt. — o. O. [nach 1900]. 12 S., 26 Taf. quer-8° 83.

Dynamitgesetz, Das, vom 9. Juni 1884 und seine Folgen. Dortm. 1887. V: *Ommelmann, H.* (Schz)

Dynamit-Gesetz (Das) vor dem deutschen Reichstage. Nach der amtl. stenogr. Reichstagssitzung vom 24. März 1886. 8⁰. München, Viereck, s. a. (Socialpolit. Zeit- u. Streitfragen, Heft 28.)

Dynamitis, die, u. die Staats-Quacksalber. Bunte Gedanken üb. e. schwarzes Kapitel socialer Geschichte. gr. 8. (IV, 40 S.) Berlin 894. Magazin f. Volkslitteratur, F. Harnisch & Co. n. — 60

Dynast, Ein böhmischer, der theresianischen Zeit. Wien 1901. V: *Auersperg, Maria Gabriela Fürstin geb. Fürstin Lobkowitz.* H: *Helfert, Jos. Alex. Frh. v.* (EB)

Dynes, J., einige Berührungspunkte der heiligen Schrift mit den Schriften und Sagen abendländischer Völker. Berlin 854. Jonas' Sortbdlg. in Comm. gr. 8. (34 S.) n. 10 ngr

Dynevor terrace, s. Collection of British authors.

Dynevor Terrasse oder Lebenswirren. Ein Roman von der Verf. von „der Erbe von Redclyffe," ꝛc. Aus dem Engl. übersetzte Original-Ausg. 5 Bde. Leipzig 858. Kollmann. 8. (2 Bl., 276; 2 Bl., 280; 2 Bl., 237; 2 Bl., 180; 2 Bl., 179 S.) 3 Rthlr 10 ngr

Dynnebier, Frid. (Ludov.) (geb. Magdeburg 25. 1. 1817): De vulneribus viro animali venenatis. Berolini (1842). (30 S.) 8°
Berlin, Med. Diss. v. 20. Aug. 1842

Dynnebier, Georg. Guil. (geb. Murowana-Goslin 25. 1. 1793): De morbo hypochondriaco. Berolini (1820). (48 S.) 8°
Berlin, Med. Diss. v. 15. Apr. 1820

Dynnebier, Johannes, Rechtsprakt.: Die Bewässerungsanlagen nach bayerischem Recht mit besonderer Berücksichtigung der Schöpfräder. Nürnberg 1909: Stich. 84 S. 8°
Erlangen, Jur. Diss. v. 8. Febr. 1909, Ref. Oertmann
[Geb. 15. Juli 83 Nürnberg; Wohnort: Nürnberg; Staatsangeh.: Bayern; Vorbildung: Altes Gymn. Nürnberg Reife 02; Studium: München 1, Leipzig 1, Erlangen 6 S.; Rig. 24. Nov. 08.] [U 09. 673

Der Streitfall Anhalt-Hellfeld. (Kurze Darstellung des Sachverhaltes.) (Verf.: [C.] v. **Dynovsky.**) (Berlin 1910: Simion.) XXV S. 4°
(Unzulässigkeit einer Zwangsvollstreckung gegen ausländische Staaten. Hrsg. von C. v. Dynovsky. [Anh.])

Dyobuniotes, Georgios, s. Diobouniotis, Georg

Dyodecas, D. O. M. A., anagrammatica e floribus indelibili nomini conscriptis magnanimii Leopoldi [I] imperatoris . . . contexta. Wittenb. 1701. V: *Parschitz, Christoph.* (EB)

Des Dyonisius *Römische Alterthümer.* Uebersetzt von Bentzler. Lemgo 771. 72. 2 Bände. 8. 2 rthlr. 16 gr.

Dypticha ecoles. Norimberg. etc., s. a. unter Andr. Würfel.

Dypticha Ecclesiae Norimberg., d. i. Beschreibung von Nürnberg seit der Reformation. 3 Bde., mit Kpf. 4. Nürnb. 780. Schneider u. W. 6 ℳ 16 ₰

Dypticha, Ecclesiae Norimb., d. i. Beschr. von Nürnberg seit d. Reformation. 3 Bde. m. K. 4. Nürnberg, Weigel. 786.

Dyrenfurth, Ernst (*geb. Crossen a. O. 18. 1. 1858*): Ueber das maligne Lymphom. Breslau (1882). (33 S.) 8° *[Im Buchhandel 1882 bei Köhler in Breslau.]*
Breslau, Med. Diss. v. 6. Okt. 1882

Dyrenfurth, Felix, Arzt a. Rawitsch in Posen: Über feinere Knochenstrukturen mit besonderer Berücksichtigung der Rhachitis. Berlin 1906: G. Reimer. (23 S.) 8°
Freiburg i. B., Med. Fak., Ref. Gierke, Diss. v. 1907
[Geb. 15. Sept. 82 Rawitsch; Wohnort: Freiburg i. B.; Staatsangeh.: Preußen; Vorbildung: Gymn. Rawitsch Reife O. 01; Studium: Berlin 3, Breslau 3, Freiburg i. B. 3 S.; Coll. 26. Jan. 06; Approb. 15. Dez. 05.]

Dyrenfurth, M., s. a. Dyhrenfurth, M.

Dyrenfurth, M., die Epilepsie, s.: Hausbücher, medicinische.

Dyrenfurth, M., die Gifte und Gegengifte, } s. Hausbücher, medicinische.

Dyrenfurth, M., Hausapotheke. Ein Not- u. Hilfsbuch für Familien auf dem Lande u. in der Stadt in dringenden Krankheits- u. plötzlichen Unglücksfällen, bei Scheintod u. Vergiftungen. Nebst Anleitung zur häuslichen Krankenpflege. 8. (VIII, 199 S.) Bielefeld 882. Velhagen & Klasing. geb. n. 2. —

— Hausapotheke. Ein Not- u. Hilfsbuch f. Familien auf dem Lande u. in der Stadt in dring. Krankheits- u. plötzl. Unglücksfällen, bei Scheintod u. Vergiftgn. Nebst Anleitg. zur häusl. Krankenpflege. 2., verb u. verm. Aufl. 8. (X, 210 S.) Bielefeld 884. Velhagen & Klasing. geb. n. 2. —

Dyrenfurth, s.: Hauslexikon, medizinisches.

Dyrenfurth, M. Ueber Heilstätten für Schwindsüchtige. gr. 8. (48 S.) Berl. 890, Hüttig. * 1 —

— Leben und Pflege des Weibes, s. a. Hand- und Hausschatz zur Pflege der Gesundheit und ärztlicher Ratgeber in Krankheitsfällen.

Dyhrenfurth, M., Leben u. Pflege des Weibes. (95 S.) Stuttgart 1888. Brettinger. Geb.

— die Parasiten des menschlichen Körpers, s.: Hausbücher, medicinische.

— das Weib in gesunden u. kranken Tagen, s.: Hausarzt, mein.

Dyrenfurth, Maur. (geb. Lissa in Posen 1824): De spasmis quibusdam nervorum facialis, vagi et glossopharyngei. Berolini (1848). (26 S.) 8°
Berlin, Med. Diss. v. 25. Okt. 1848

Dyroff, Adolf [Dr.]: Über die Anlage der stoischen Bücherkataloge. Würzburg, k. bayer. Hofbuchdr. v. Bonitas-Bauer, 1896; 55 S. 8.
Würzburg, k. neues G, P 1896°

Dyroff, Adf., Demokritstudien. gr. 8. (IV, 188 S.) Leipzig 899. Dieterich. n. 3. 60

Dyroff, Adolf, Dr.: Demokritstudien. [T. 1.] *Naumburg a. S. 1899: Lippert & Co.* (49 S.) 8°
München, Phil. Hab.-Schr. v. 1899

Einführung in die Psychologie. Von Dr. Adolf **Dyroff,** Prof. Leipzig: Quelle & Meyer 1908. (135 S.) 8° [F.]
— **Wissenschaft** u. Bildung. 37. [08. 13985

Dyroff, Adf., Elemente der Philosophie, s.: Hagemann, Geo.

Die Ethik der alten Stoa. Untersucht v. Dr. Adolf **Dyroff.** *Berlin: S. Calvary & C. 1897.* (3 Bl., XVI, 410 S., 1 Bl.) 8.
— **Studien,** Berliner, f. class. Philologie u. Archaeol. N.F. Bd 2. H. 2—4. [97. 5747

— **über den Existenzialbegriff.** gr. 8. (VII, 94 S.) Freiburg i/B. 902. Herder. n. 2. —

Dyroff, Adf., Geschichte des Pronomen reflexivum, s. a. Beiträge zur historischen Syntax der griechischen Sprache.

Dyroff, Adolf: Geschichte des Pronomen reflexivum in der älteren attischen Prosa und bei den attischen Rednern. (Abth. 2 Cap. VII u. VIII.) ... [Abth. 1 u. 2 erschien 1892—93 als Heft 9 u. 10 (= Bd III Heft 3 u. 4) d. Beitr. z. hist. Syntax d. griech. Sprache hrsg. v. M. Schanz.] Würzburg. A. Stuber, 1892; 1 Bl., 76 S. 8.
Würzburg, Phil. Fak., Inaug.-Diss. v. 1892

Dyroff, Adolf (Bearb.), s. Hagemann, Georg: Elemente der Philosophie. Bd. 3: Psychologie.

Die Karlsuniversität in Aschaffenburg. Vortrag von Dr. Adolf **Dyroff,** Univ.Prof., geh. im Geschichtsverein Aschaffenburg. Aschaffenburg: G. Werbrun 1907. (52 S.) 8° [Umschlagt. F.]
Aus: Aschaffenburger Geschichtsblätter. [07. 18609 B

— Logik u. Noetik, s.: Hagemann, Geo., Elemente der Philosophie.

Dyroff, Adolf, o. ö. Prof. d. phil. Fak.: Zur Quellenfrage bei Lukretius (V. Gesang). (Enthält zugleich: Bericht über die im Jahre 1904 eingegangenen Preisarbeiten u. die neuen Preisaufgaben f. d. J. 1904/05.) *Bonn (1904): C. Georgi.* (40 S.) 4°
Bonn, Progr. zur Gedächtnisfeier Friedrich Wilhelms III. 1904

— s.: Renaissance u. Philosophie.

Rosmini. Von Adolf **Dyroff.** Mainz & München: Kirchheim [1906]. (96 S.) 8°
— **Kultur** u. Katholizismus. Bd 2. [06. 19475

— **über das Seelenleben des Kindes.** (59 S.) gr. 8. Bonn 904. P. Hanstein. n. 1. —

Dyroff, Adolf [Dr.]: Die Tierpsychologie des Plutarchos von Chaironeia. Würzburg, k. bayer. Hofbuchdr. v. Bonitas-Bauer, 1897; 59 S. 8.
Würzburg, k. neues G, P 1897*

— s.: Vorträge, 5, v. der Paderborner Generalversammlung.

Dyroff, Anton

Dyroff, Ant., s.: Annalen des Deutschen Reichs.

Dyroff, A., Handausgabe des bayerischen Verwaltungs- gerichtsgesetzes, s.: Reger, A.

DYROFF, Anton: Rechtssatzung und Gesetz zunächst nach bayerischem Staatsrecht.- München, Leipzig: Hirth 1889. 1 Bl.,115,1 S.
3.6.1889 - Chr 1888/89,17; Jv 1889/90,218
Diss. Ingolst.-Landsh.-Mchn.

Dyroff, Ant. Rechtssatzung u. Gesetz zunächst nach bayerischem Staatsrecht. Lex.-8. (116 S.) Münch. 889, Hirth. 1 50
Aus: Annalen d. Deutschen Reichs, besonders abgedruckt.

— Rechtssatzung u. Gesetz zunächst nach bayer. Staatsrecht. Lex.-8. (116 S.) München 899. [Hirth.] J. Schweitzer Sort. n. 1. 50

Dyroff, Karl

Dyroff, K., Führer durch d. k. Antiquarium in München, s.: Christ, W.

Dyroff, Karl: Zur Geschichte der Überlieferung des Zuhairdiwans ... M. e. Anh: Unedierte Gedichte d. Zuhair. München, Druck d. Akad. Buchdr. v. F. Straub, 1892; 40 S. 8.
München, Phil. Fak., Inaug.-Diss. v. [23. Apr.] 1892

Dyroff, Karl, zur Geschichte der Überlieferung des Zuhairdiwans. Diss. Mit e. Anh.: Unedierte Gedichte des Zuhair. gr. 8. (40 S.) München 892. (Leipzig G. Fock.) n. 2. —

Dyroff, K., s.: Grabsteine u. Denksteine, ägyptische, aus süddeutschen Sammlungen.

Dyroff, Karl: Über einige Quellen des Iliasdiaskeunasten. Würzburg, Druck d. k. Universitätsdr. v. H. Stürtz, 1891; 45 S. 8°
Würzburg, k. altes G, P 1891 •

Dyrr, Jh. Er. Chr. Sam., († d. 19. Apr. 1794.) Anfangsgründe d. französ. Sprache. 8. Jena 785. Cröker. 8 gr.

— Pieces choisies pour servir de lecture à ceux qui apprennent la langue française. 8. Jena 789. Cröker. 12 gr.

Dyrsen, Johann Heinrich (Riga) Primas lineas systematis morborum aetiologici. Dissert. med. Götting. (Barmeier) 12. IX. 1791. 60 S. (4.50) 7117
Gew.: Ludw. Grave.

Dyrsen, Jh. Hnr., († d. 6. April 1804.) Comment. exhibens primas lineas systematis morb. aetiologici. 8. Götting. 791. Brose. 4 gr.

Dyrsen, Ludwig

Dyrsen, Ldw., kurzgefaßte Anweis., die oriental. Cholera zu verhüten, zu erkennen u. zu behandeln. gr. 8. Hamb. 821. Erié. 5 gr.

—— und W. Fr. Baerens, Beobachtungen u. Erfahrungen üb. d. epidem. Cholera, s. Beobachtungen ꝛc.

Dyrsen, Ldw., Diss. inaug. de scabie, imprimis vero de ejus curatione. 8. Moskau 821.

Dys, s.: Habert-Dys.

Dysart Post: 1880/—1881/
Independent weekly. Circulation: 1880, 642. Edited by Eugene Hunt, & published by Post Publishing Co., 1880 81.
Dysart, IA

Dyscolus Apollonius
s. Apollonius Dyscolus. [II. 13644]

Dysen, C. Graf von (Herausgeber): „Bericht über die Verhandlungen und Arbeiten des patriotisch-landwirthschaftlichen Vereins zu Oels", 3 Hefte, Oels 1839, 1840 (Ludwig).

Dysiewicz, Ioan. Valentin. (geb. Uchanie 9. 2. 1796): De dolore faciei Fothergillii. Berolini (1818). (27 S.) 8°
Berlin, Med. Diss. v. 14. Aug. 1818

Dysonius, P., d. Bauernadvokat. E. psycholog. Skizze aus d. norweg. Gesellschaft. 8. (105 S.) Berlin 896. R. Taendler. n. 1. 50

[J.] Konsul Eger. Roman v. P. **Dysonius.** 2. Aufl. *Leipzig, Erfurt & Zürich: E. Moos 1898.* (2 Bl., 95 S.) 1 Bd 8. [98. 2884]

Dyszkiewicz, Thaddäus, statistische Daten über die Stadt Lemberg. Abdr. des Artikels „Lemberg" aus d. XII. Jahrg. d. „Österreich. Städtebuches", hrsg. durch die k. k. statist. Zentralkommission. (CLXXXI, 84 S.) Lex. 8. Wien 909. (Lemberg. G. Seyfarth.) nn 3. —

Dyveke. Tragédie en vers et en 5 Act., s. a O. J. *Samsöe.*

— Trauerspiel, nach d. Dän., s. a. O. J. Samsöe.;

— — dass. in 5 Akt. v. O. J. Samsor, a. d. Dän. übers. v. S. H. 8. Gotha, Ettinger. 781.

Dyveke. Trauerspiel in fünf Akten nach dem Dänischen des O. J. Samsoe, Altona 1797. V: *Ahlefeld-Laurvig, Graf.* (GGr) »von R. L. Altona u. Leipz. 1798« (GGr)

Dyveke. Trauersp. nach d. Dän. 8. Altona, Kaven. (Sommer in Leipz.) 810.

— — dass. Trauersp. a. Montlev. v. Copenhagen, Brummer. 810.

Dyveke. Tragedie en vers et en 5 Act., d'après la Trag. danoise de O. J. Samsöe, par l'auteur du naufrage sur le Belt etc. 8. Copenh. 825, Bonnier.

Dzans-blun. Dzanglun oder der Weise und der Thor. Aus dem Tibetischen uebersetzt und mit dem Originaltexte herausgegeben von I. J. Schmidt. Theil I. II. St. Petersburg 1843.

Dzbański, sen., Ignatz, Gedenkblatt zur Katastrophe des vereinten Doppelselbstmordes, ausgeführt in Lemberg am 27. Febr. 1887. Mit zwei Abschiedsbriefen. Beitrag zu ärztl. Forschungen und Warnungsruf in Bezug auf das Leben und die Erziehung der Jugend. 8. (47 S.) Lemberg 888, Selbstverlag des Verfassers. *

Dziadeck, Joh. De substantivis verbalibus in io et us desinentibus. 12 S. . . . . .
Trzmeszno, Progr. 1847

Dziadek De Ajace Sophocleo. 13 S. . . . .
Progr. Conitz 1828

Dziadek Satira Romana, impr. Luciliana, antiquae comoediae Graecae non dissimilis. Additae sunt causae illius comoed. a Rom. neglectae. 5 S. . . . .
Progr. Conitz 1832

Dziadek, Ign., Odrobinas padająca ze stolu krolewskiego. Czyli dobrodziejstwa i laski ludziom wzkazane od najświętszéj Panny Maryi. Ksiżka dla milośników i czcicielów Panny Maryi. 8. (257 S.) Ober-Glogau 852, Handel. n. 1/3 ₰

Dziadek, Joann. Addenda quaedam mutandaque in libro, quem de arte Grammatica scripsit C. G. Zumpt. 12 S. .
Conitz, Progr. 1842

Dziadek, O.L. De nonnullis locis gramm. latinae, ratione libri a Zumptio editi praecipue habita. (Hauptſ. über das Supinum.) 11 S. . . . .

Progr. Conitz 1836

DZIADOSZ, Josephus: Immanuelis Kantii doctrina de „imperativo categorico" exponitur et refutatur. — (1898) 88 S. 4° (Handschr.)

Diss. Wien, Univ.

Dzialas, Fritz: Die Entwickelung und die Bedeutung der Schafhaltung in der deutschen Landwirtschaft während des 19. Jahrhunderts. *Stargard i. P. 1898: O. Straube.* (92 S.) 8°
Jena, Phil. Diss. v. [28. Juli] 1897

Dzialas, Gustav

Dzialas, G.: Rhetorum antiquorum de figuris doctrina. P. I. 27 S. 4°.– Breslau Magd. G., Progr. 1869.

Dzialas, Gustavus (*geb. Wilkau bei Namslau 3. 11. 1836*): Quaestiones Rutilianae. Vratislaviae (1860). (40 S.) 8°
Breslau, Phil. Diss. v. 17. Dez. 1860

—— griechisches Übungsbuch zum Übersetzen aus dem Deutschen ins Griechische für die oberen Stufen. 3. Tl.: Syntax. gr. 8. (IV, 132 S.) Ebendas. 882. *

Dzialas, Gust., griechisches Uebungsbuch zum Uebersetzen aus dem Griechischen ins Deutsche und umgekehrt für die unteren Stufen. 2 Thle. gr. 8. Breslau 876, Gosohorsky's Buchh. *

Inhalt:
Thl. 1. Das Nomen und das regelmässige Verbum excl. der Verba liquida. (IV, 96 S.) *ℳ 1,50.
» 2. Verba liquida, Verba auf μι und Verba anomala. (IV, 134 S.) *ℳ 1,50.

Dzialas, Gust., griechisches Uebungsbuch zum Uebersetzen aus dem Griechischen ins Deutsche und umgekehrt für die unteren Stufen. 2. Aufl. 2 Thle. gr. 8. Berlin 881, Simion. *

Inhalt:
Thl. 1. Das Nomen und das regelmässige Verbum excl. der Verba liquida. (VIII, 114 S.) *ℳ 1,50.
» 2. Verba liquida, Verba auf μι und Verba anomala. (IV, 138 S.) *ℳ 1,80.

Dzialas, Gust., griechisches Übungsbuch zum Übersetzen aus dem Griechischen ins Deutsche und umgekehrt für die unteren Stufen. 2. Thl.: Verba liquida, Verba auf μι und Verba anomala. 3. verb. Aufl. gr. 8. (IV, 140 S.) Berlin 885, Simion. *
1. Thl. Ebendas. 1881. *ℳ 1.50.

Dzialas, G., griechisches Übungsbuch zum Übersetzen aus dem Griechischen ins Deutsche u. umgekehrt f. die unteren Stufen. 1. u. 2. Tl. gr. 8. Berlin, Simion. à n. 1. 80
1. Das Nomen u. das regelmässige Verbum auf ω. 3., verb. Aufl., hrsg. v. W. Ribbeck. (VIII, 136 S.) 889.
2. Verba auf μι u. anomala. 4., verb. Aufl., hrsg. v. W. Ribbeck. (IV, 164 S.) 891.

Dzialkowski, Hugo, Bilder-Tafeln f. den vereinigten Anschauungs-Schreiblese-Unterricht. (82 Taf.) 35×44 cm. Straßburg (904). F. Bull. n. 6. —; auf Karton n. 9. —

Dzialowski, Alfred von, approb. Arzt aus Warschau: Aus d. Universitäts-Augenklinik zu Giessen. Ein seltener Fall von Gefässerkrankung ⟨Aneurysmenbildung⟩ in der Retina. *Giessen 1900: v. Münchow.* (32 S.) 8°
Giessen, Med. Diss. v. 1900

Dzialowski, Gustav von: **Isidor und Ildefons als Litterarhistoriker.** Eine quellenkrit. Untersuchung d. Schriften 'De viris illustribus' d. Isidor von Sevilla u. d. Ildefons von Toledo. (T. 2.) *Münster i. W.: H. Schöningh 1898.* (40 S.) 8° ¶ (Erschien vollst. in: Kirchengeschichtl. Studien, Bd 4, H. 2.)
Münster, Kath.-theol. Diss. v. [26. Apr.] 1900

Isidor und Ildefons als Litterarhistoriker. Eine quellenkrit. Untersuchg d. Schriften 'De viris illustribus' des Isidor v. Sevilla u. des Ildefons v. Toledo v. Gustav v. **Dzialowski.** *Münster i. W.: H. Schöningh 1898.* (vi S., 1 Bl., 160 S.) 1 Bd 8.
= Studien, Kirchengeschichtliche. Bd IV. H. 2. [98. 8511 Bo

Dzianott, Sigismund de Castellati von, a. Aleksandrowice: Organisation des ländlichen Hypothekenkredits in Polen. Halle a. S. 1904: C. A. Kaemmerer & Co. (182 S.) 8°
Halle, Phil. Fak., Ref. Conrad, Diss. v. 1. Nov. 1904
[Geb. 3. Apr. 82 Alexandrowice, Galizien; Wohnort: Halle; Staatsangeh.: Oesterreich-Ungarn; Vorbildung: Gymn. Krakau Reife M. 00; Studium: Halle 7 S.; Rig. 11. Juli 04.]

Dziatzko, Karl. Nekrolog. [Göttingen 1903]. V: *Pietschmann, Richard.* (Stadtbibl. Frankf. a. M. Kat. d. Neueren Bestände.)

Dziatzko, Karl

Dziatzko, C., Die Andria des Menander. S.-A. o. J. 19 S.

Dziatzko, K., Beiträge zur Gutenbergfrage, — Gutenberg's früheste Druckerpraxis, } s.: Sammlung bibliothekswissenschaftlicher Arbeiten.

— s.: Beiträge zur Kenntnis des Schrift-, Buch- u. Bibliothekswesens.

Dziatzko, Karl, Beiträge zur Kenntnis des Schrift-, Buch- u. Bibliothekswesens, s.: Sammlung bibliotheksswissensch. Arbeiten. 13. Hft.

Dziatzko, Karl, Beiträge zur Kritik des nach Aelius Donatus benannten Terenzcommentars. [Aus: „Jahrbb. für class. Philol. 10. Suppl.-Bd."] gr. 8. (36 S.) Leipzig 879. Teubner. n. 1. 20

Dziatzko, Karl: Beiträge zur Theorie u. Praxis des Buch- u. Bibliothekswesens, s. Sammlung bibliothekswissenschaftlicher Arbeiten.

Dziatzko, K., Zwei Beiträge zur Kenntnis des antiken Buchwesens. Gel. 1892. 18 S.

— Die deverbia der lateinischen Komoedie. S.-A. O. J. 14 S.

Dziatzko, C, Ueber die Terentianischen Didaskalien. S.-A. o. J. 58 S.

Dziatzko, Karl. Gutenberg's früheste Druckerpraxis, s. Sammlung bibliothekswissenschaftl. Arbeiten.

Dziatzko, Karl: Entwickelung u. gegenwärt. Stand der wissenschaftl. Bibliotheken Deutschlands m. besond. Berücksicht. Preussens, s.a. Sammlung bibliothekswissenschaftlicher Arbeiten.

Dziatzko K, Entwicklung und gegenwärtiger Stand der wissenschaftlichen Bibliotheken Deutschlands. (55 S 1 T) Leipzig 1893

Entwurf einer Instruction für die Ordnung der Titel alphabetischer Kataloge in den staatlichen Bibliotheken Preussens. [Vf.: Carl Dziatzko.] (*Göttingen: Dr. v. W. F. Kaestner*) 1897. (57 S.) 1 Bd 8. [98. 2071

— s.: Hagen's, Fr. H. v. der, Briefe an Chr. G. Heyne u. an G. Fr. Benecke.

Dziatzko, Carl, Instruktion f. die Ordnung der Titel im alphabetischen Zettelkatalog der königl. u. Universitäts-Bibliothek zu Breslau. gr. 8. (XII, 74 S.) Berlin 886. Asher & Co. n. 4. —

Dziatzko, C., Zur Kritik und Exegese der griechischen und lateinischen Komikerfragmente. s. a. S.-A. 11 S.

Dziatzko, C., Zur Kritik des Lucilius. S.-A. O. J. 16 S.

Dziatzko, K., Ueber die Plautinischen Prologe. Luzern 1867. Progr.

Dziatzko, Carolvs (geb. am 27 Jan. 1842 in Neustadt Schl.): De prologis Plavtinis et Terentianis qvaestiones selectae ... Bonnae, typ. C. Georgi (1863). 3 Bl., 36 S., 1 Bl. 8. ¶ Teil einer grösseren preisgekrönten Arbeit. — Erschien zugleich selbständig bei Cohen & Sohn in Bonn.
Bonn, Phil. Fak., Diss. v. 21 Nov. 1863

— Ueber den Rudensprolog des Plautus. S.-A. o. J. 15 S.

Dziatzko, Karl s.: Sammlung bibliothekswissenschaftl. Arbeiten.

Dziatzko, Car. (geb. Oppeln 4. 4. 1802): De mammarum structura. Berolini (1830). (39 S.) 8°
Berlin, Med. Diss. v. 12. Juni 1830

Dziatzko, Karl (Hrsg.), s. Terentius Afer, Publius: Ausgewählte Komödien. Bdch. 1. 1885.

Dziatzko, C., Ueber den Truculentusprolog des Plautus. S.-A. o. J. 14 S.

— Untersuchungen über ausgewählte Kapitel des antiken Buchwesens. Mit Text, Übersetzung u. Erklärung v. Plinius, nat. hist. XIII § 68—89. gr. 8. (V. 206 S.) Leipzig 900. B. G. Teubner. n. 6.—

— Verlagsrecht u. Pflichtexemplare. gr. 8. (12 S.) Leipzig 901. M. Spirgatis. n. —70
Sonderabdruck aus: „Sammlg. bibliothekswiss. Arbeiten".

Dziatzko, Constantinus (Theodulus Jacobus) (geb. Rosenberg in Oberschles. 17. 2. 1849): Doctrina juris canonici de notorio ejusque in communi processu civili auctoritas. Vratislaviae 1872. (43 S.) 8° (Ist erweiterte Ausg. einer Breslauer Preisschrift.)
Breslau, Jur. Diss. v. 7. Aug. 1872

Dzieci wdowy. Powieść moralna dla dojrzalej młodzieży, z niemieckiego na polski język przełożona. 8. (IV u. 100 S.) Gnesen 850, Lange. ¼ ₰

Dzierdo, s.: Theosophie, christliche.

Dzieduszycki, Graf Adalb., das Gemüt. Eine Erörterg. der Grundlagen der Ästhetik. 1. Tl. eines philosoph. Systems. (163 S.) 8. Wien 905. F. Tempsky. — Leipzig, G. Freytag. n. 4.—

Dzieduszycki, Dr. Adalbert Graf, Das Programm der Autonomisten-Partei Oesterreichs. Gr.-8. (47 S.) In Comm. * —.50 mit 20%
Lemberg: Gubrynowicz & Schmidt 1897

Dzieduszycki, Adb. Graf, d. Programm d. Autonomisten-Partei Oesterreichs. gr. 8. (47 S.) Lemberg 897. (Wien, W. Braumüller.) n. 1. 70

Dzieduszycki, Isidor, Graf, Dr. Phil., Der Patriotismus in Polen in seiner geschichtlichen Entwicklung. gr. 8. (VIII und 224 S.) Krakau, K. Bartosjewicz, Wien, *Gerold & Cie. 2 fl. 60 kr
1884

Dziegiecki, K(asimir): Über das Porphyrtuff-Vorkommen bei Walditz unweit Neurode in Schlesien. Halis Saxonum 1881: (Chocieszyński in Posen). 33 S. 8°
Halle-Wittenberg, Phil. Diss. v. [19. Apr.] 1881
Geb. [Gostyn (Kr. Kröben; Posen)] 5. 5. 1856. V.

Dziegielewski, J. v., Obergärige Biere. Herstellg. verschied. Biersorten u. Anwendung v. Rohfrucht. Aus d. Praxis. 8. (48 S.) Stuttgart. 898. M. Waag. Geb. in Leinw. n. 1. 20

Dzieje kościoła Bożego od początku aż do dni naszych. Dla młodzieży, mianowicie szkół katolickich ułożone. 8. (IV u. 250 S.) Lissa 848, Günther. ½ ₰

— naszéj świętéj ojczyzny, s.: Czytelnia ludowa.

Dzieje panowania Zygmunta III. Króla Polskiego, z wizerunkami przez J. U. Niemcewicza. 3 Vol. (M. 18 Kpfrt.) 8. Breslau 836, Schletter. 10 Thlr., Vinp.

— polski które stryj synowcom swoim opowiedział, (przez J. Lelewela.) Wydanie VI. gr. 16. (210 S. m. 2 Tab. in qu. Fol u. 12 lith. u. color. Karten in qu. 4.) Breslau 849, Schletter. 1¾ ₰

— starego i nowego testamentu, na wzór niemieckich Kabata, na nowo ułożone przez X. A. R. Drugie wydanie. 16. Poznań, 851. (Leipzig, Brockhaus.) n. ⅓ ₰

Dzieje, Starego i Nowego Testamentu według powieści niemieckich Kabata na nowo ułożone przez. X. A. R. 8. (10½ B.) Poznań 845, Księgarni Nowéj. (Leipzig, Brockhaus u. Avenarius.) *

— wdowy. Powieść moralna dla dojrzałéj młodzieży, z niemieckiego na polski język przełożona. 8. (III und 100 S.) Gnesen 850, Lange.

Dziekan, Alfred, Referendar b. Kgl. Landgericht zu Breslau: Eheauflösung und Wiederverheiratung im Falle der Todeserklärung. Breslau 1905: Buchdr. d. Schlesischen Volkszeitung, Breslau. (73 S.) 8° [F.]
Breslau, Jur. Fak., Ref. Leonhard, Diss. v. 15. März 1905
[Geb. 25. Nov. 79 Breslau; Heimatsort: Breslau; Staatsangeh.: Preußen; Vorbildung: St. Matthias-Gymn. Breslau Reife O. 99; Studium: Breslau 6 S.; Rig. 19. Juli 02.]

Dziekan, Paul, aus Breslau: Beitrag zur Anatomie der Leistenhernien. *Greifswald 1901: J. Abel.* (24 S.) 8°
Greifswald, Med. Diss. v. 30. Juli 1901

Dzieła Aloizego Felińskiego. Wydanie nowe. 2 Vol. Mit Portr. u. Facsimile. 8. Breslau 840. Schletter. 3⅓ ₰

Dziembowski, Casimir von (geb. Goranin in Pos. 4. 3. 1860): Die Behandlung der complicirten Fracturen mit antiseptischen Gypsocclusions-Verbänden. Breslau 1884. (30 S.) 8° [Im Buchhandel 1884 bei Köhler in Breslau.]
Breslau, Med. Diss. v. 7. Aug. 1884

Dziembowski, (Władysł.) Sigism. de (geb. Bobelwitz in Posen 5. 5. 1849): De bona fide in usucapione. Berolini (1870). (60 S.) 8°
Berlin, Jur. Diss. v. 9. Dez. 1870

Dziembowski, Sigism. de, de bona fide in usucapione. Dissertatio inauguralis. gr. 8. (60 S.) Berlin 870, (Puttkammer und Mühlbrecht.) *

Dziembowsky, Ant., s. 1) Handbuch f. Officiere. 2) Wanderungen, maler., d. Sachsen.

Dziengel, Joh. Dav., Geschichte des Königl. 2. Ulanen-Regiments. Bearb. von ic. Zugleich enthltd.: Die Geschichte der Towarczys von 1675; die Geschichte der Bosniaken von 1745; der Tartaren-Pulks von 1795; der Towarczys von 1800, als der zum Theil den Stamm bildenden Truppen, mit Beiträgen zur Biographie der bekannten Generale v. Ruesch, v. Lossow, Freiherr v. Günther und v. L'Estocq. Unter Revision u. Leitung des Kgl. Gen.-Maj. a. D. v. Schöning. Potsdam 858. Riegel'sche Buchhdlg. in Comm. gr. 8. (IX, 521 S. u. 4 Lithogr. in Farbendr.) nn. 2 ₰ 20 ngr

Dziennik rządowy dla okręgu administracyjnego Namiestnictwa we Lwowie. (Landes-Regierungsblatt für das Verwaltungsgebiet der Statthalterei in Lemberg.) Zwei Abtheilungen. 4. Zwangloses Erscheinen. (Polnisch u. deutsch.)
Lemberg 1855

Dziennik Józefa Kopcia, Brygadjera wojsk Polskich z rozmaitych nót dorywczych sporządzony. gr. 8. (VIII und 263 S. mit 5 Stnt. und 1 lithogr. und ill. Karte in Imp.-Fol.) Berlin 863, Academische Buchh. *

Dzierzbicki, Joseph Anton. Über die Phosphorescenzspektren einiger aromatischer Verbindungen bei niedriger Temperatur. Diss. Math.-Naturw. Freiburg, Schweiz. 56 S. 8. Freiburg ⟨Schweiz⟩, St.-Paulus-Druckerei, 1910.

Dzierzgowski, Szymon, Chemiker-Techniker, aus Plock (Polen): Ueber die Stoffwechselproducte des sporadischen Galt bewirkenden Streptococcus Mastitidis sporadicae. Bern K. Stämpfli Cie Dr. 1891. 13 S., 1 Bl. 8°.
Zürich, Phil. Diss. [v. 20. Juli 1891].

Dzierzon, Johann

Dzierzon: Der Bienenfreund aus Schlesien ... Zugleich wirklich verm. u. verb. Ausg. d. »Theorie u. Praxis« d. neuen Bienenfreundes. Brieg 1856. 238 S. 4°.

Dzierzon, neue verbesserte Bienen-Zucht, s. Brückisch.

— rationelle Bienenzucht, oder Theorie und Praxis des schlesischen Bienenfreundes Dzierzon in Carlsmarkt. 8. (VI und 314 S. mit 50 Abbild. in eingedr. Holzschn.) Brieg 861, (Bänder.) **

Dzierzon, J., rationelle Bienenzucht oder Theorie u. Praxis des schlesischen Bienenfreundes. Neue, durch die jüngsten Entdeckungen u. Fortschritte bereicherte Ausgabe. Mit zahlreichen in den Text gedr. (Holzschn.-)Abbildgn. 8. (II, 358 S. mit phototyp. Portr.) Brieg 878. Bänder in Comm. 6. —

— über den Nutzen der Bienenzucht, s.: Sammlung gemeinnütziger Vorträge.

Dzierzon, Theorie u. Praxis des neuen Bienenfreundes, oder: Neue Art der Bienenzucht mit dem günstigsten Erfolge angewendet u. dargestellt. Mit 5 lith. Taf. (in qu. 4.) 8. (X u. 208 S.) Brieg 848. (Schwartz. — Leipzig, Spamer.) baar 2/3 Thlr.

Dzierzon, Johann: Theorie und Praxis des Neuen Bienenfreundes.
Herausgeg. vom Dt. Bienenverein in Nördlingen.
Nördlingen 1849.

— Nachtrag zur Theorie u. Praxis des neuen Bienenfreundes oder einer neuen Art der Bienenzucht mit dem günstigsten Erfolge angewendet. Mit 1 lith. Taf. (in Imp. 4.) 8. (IV u. 92 S.) Nördlingen 852, Beck in Comm. n. 1/2 Thlr.

Dzierzon. Der Zwillingsstock als zweckmäßigste Bienenwohnung. 8. (81 S. m. Abbildgn.) Kreuzburg O.-S. 890, Thielmann. * 1 50

Dzierzon, der Zwillingsstock, erfunden u. als zweckmäßigste Bienenwohng. durch mehr als 50jähr. Erfahrg. bewährt befunden v. D. 8. (81 S. m. Abbildgn.) Kreuzburg O.-S. 891. Thielmann. n. 1. 50

Dzierzon, X., Dodatek do teoryi i praktyki nowego pszczolarza czyli nowego sposobu chodowania pszczół, z najlepszym skutkiem zastósowanego i opisanego. Przełożył na język polski A. Zmudziński. 8. (98 S. mit 1 Stnt. in qu. gr. 4.) Lissa 853, Günther.

Dzimski, C. W., Handbuch zur Erleichterung bei d. Anwendung der neuen Stempel-Gesetze für d. Königl. Preuß. Monarchie, v. 7. März 1822; in alphabet. Ordnung; nebst d. erforderl. Tabellen zu Berechnung aller Stempelsätze nach Prozenten; des Geld-Agio's; der Wechselstempelstrafen; der Zinsen rc. gr. 8. Berl. 822. Dunker u. H. 22 gr. Fein P. 1 Thlr. 2 gr.

Dzimski, C. W., die Statuten d. Preuß. Renten-Versicherungs-Anstalt zu Berlin, mit Erläuterungen u. e. Anhange versehen. 8. Berlin 839. Hayn. n 5 gr.

Dzimski, Gust., General-Geschäfts-Tabellen. Ein nothwend. und verlässl. Hilfsmittel zur Erleichterung des Geschäftsverkehrs für k. k. Staats- und Landes-Buchhaltungen, k. k. Steuerämter und k. k. Gerichte, sowie für k. k. Notare, Advokaten, Actiengesellschaften, Banquiers und Capitalisten. 2. Ausg. Imp.-4. (342 S.) Laibach 872, v. Kleinmayr und Bamberg. *

Dzimski, Gust., Interessen-Tabellen auf 1/2 bis inclusive 10 Percent für jeden Capitalsbetrag in österr. Währung von 1 Kreuzer bis 10000 Gulden auf jede beliebige Anzahl von Tagen u. Monaten, nebst e. Hilfstabelle zur Bestimmung der Anzahl der zwischen zwei gegebenen Zeitpunkten liegenden Tage. Laibach 868. (v. Kleinmayr & Bamberg.) gr. 4. (104 S.) 1 Thlr.

— Interessen-Tabellen f. jeden Capitals-Betrag in oesterr. Währung von 1 Kreuzer bis 10000 Gulden auf jede belieb. Anzahl v. Tagen u. Monaten. Ein nothwend. u. verlässl. Hilfsmittel zur Erleichterg. d. Geschäfts-Verkehrs f. k. k. Staats- u. Landes-Buchhaltgn., k. k. Steuerämter, k. k. Gerichte etc. Separatausgabe aus den General-Geschäfts-Tabellen. 2. Ausg. gr. 4. (104 S.) Ebend. 874. n. 2. 40

Dzimski, Gust., Laibach und seine Umgebungen nebst einer Beschreibung der interessantesten Punkte in Krain. Ein Wegweiser für Fremde und Einheimische. 16. (VII und 166 S. mit 1 chromolithogr. Plane in Fol. und 1 Ansicht in Stahlst. in 4.) Laibach 860, Giontini. *

Dzimski, J. W. G., der Hausbesitzer oder Rechte und Pflichten der Hausbesitzer zu den Behörden, Miethern u. Nachbaren. 854. (IX, 61 S.) n. 5 Sgr. — 2. erweiterte Aufl. Grünberg 856. Weiß. 8. (VIII, 56 S.) 6 Sgr.

Dzimski, J. W. G., der Hausbesitzer oder Rechte und Pflichten der Hausbesitzer zu den Behörden, Miethern und Nachbaren. 1. Aufl. 1855. * 5 Ngr. und 2., erweiterte Aufl. 8. (VIII und 56 S.) Crossen 856. (Grünberg, Weiß.)

— die Prüfungen der Handwerker, eine chronolog. Zusammenstellung aller in Bezug auf die §§. 35 bis incl. 43. der Verordnung vom 9. Febr. 1849 erlassenen gesetzlichen Bestimmungen. Ein Handbuch für die Kreis- und Innungs-Prüfungs-Kommissionen, sowie für jeden Handwerker zur Selbstbelehrung. 8. (108 S.) Crossen 853. (Grünberg, Weiß.) *

Dzimski, J. W. G., die Prüfungen der Handwerker, eine chronolog. Zusamenstellung aller in Bezug auf die §§. 35 bis incl. 43 der Verordnung vom 9. Febr. 1849 erlassenen gesetzl. Bestimmungen. Ein Handbuch für die Kreis- und Innungsprüfungskommissionen, so wie für jeden Handwerker zur Selbstbelehrung. 2., verm. Aufl. gr. 8. (VIII und 84 S.) Grüneberg 857, Weiß.

— Tabelle zur Bestimmung des Quartgehalts der Fässer nach dem Gewicht der Wasserfüllung, nebst den dazu gehörigen gesetzlichen Bestimmungen. Ein unentbehrliches Hülfsmittel für Kaufleute, Destillateure, Brennerei-Besitzer und Böttcher. 8. (30 S.) Crossen 854. (Grünberg, Weiß.) Thlr. *

Dzimski, J. W. G., Tabelle zur Bestimmung des Quartgehalts der Fässer nach dem Gewicht der Wasserfüllung, nebst den dazu gehörigen gesetzlichen Bestimmungen. Ein unentbehrliches Hülfsmittel für Kaufleute, Destillateure, Brennereibesitzer u. Böttcher. 2. Aufl. Ebend. 857. 8. (30 S.) 5 Sgr.

Dzimski, Otto, aus Putbus a. Rügen: **Ueber einige disubstituierte Amidoacetone.** *Marburg 1898: J. Hamel.* (36 S.) 8°
Rostock, Phil. Diss. v. [17. Juni] 1898

Dziobek, Ernst, Taschenbuch f. d. preuss. Ingenieur. Eine Samml. von Notizen z. Gebr. in Krieg u. Frieden. gr. 16. (33 1/2 B. u. 44 Stnt.) Coblenz 844, Bädeker. *

Dziobek, Ernst, Taschenbuch für den preussischen Ingenieur. Eine Sammlung von Notizen zum Gebrauch in Krieg und Frieden. 2., verb. Aufl. gr. 16. (X und 517 S. mit 44 Stnt.) Coblenz 853, Bädeker. *

Dziobek, Otto, neue Beiträge zur Theorie des Pascal'schen Sechsecks. gr. 8. (38 S.) Berlin 882. Dümmler's Verl. n. 1. 20

Dziobek, Otto: Ueber die Functionen von 6 Variabeln, welche nur 6 verschiedene Werte annehmen. 1882. 8°
Diss. Tübingen.

Die Grundlagen der Mechanik. Von Dr. O[tto] **Dziobek**, Prof. Mit zahlr. Abb. Berlin: E. S. Mittler & Sohn 1907. (VI, 345 S.) 8° [07. 9430]

Dziobek, O., Lehrbuch der analytischen Geometrie. 1. Thl.: Analytische Geometrie der Ebene. gr. 8. (VIII, 350 S. m. 85 Fig.) Berlin 900. [H. Th. Hoffmann.] Braunschweig, A. Graff. n. 6. —

— dasselbe. 2. Tl.: Analytische Geometrie des Raumes. gr. 8. (VIII, 314 S. m. 26 Fig.) Braunschweig 902. A. Graff. n. 6. —

— Lehrbuch der analytischen Geometrie. 1. Tl. Analytische Geometrie der Ebene. 2. verb. Aufl. (VIII, 358 S. m. 85 Fig.) gr. 8. Braunschweig 909. A. Graff. 4. 50

Dziobek, Otto, die mathematischen Theorien der Planeten-Bewegungen. gr. 8. (VIII, 305 S.) Leipzig 888, Barth. *

— Vorlesungen üb. Differential- u. Integralrechng. (X, 648 S. m. 150 Fig.) gr. 8. Leipzig 910. B. G. Teubner. Geb. in Leinw. 16. —

DZIUBASIK, Johannes Baptista: Dissertatio polemico-dogmatica ad vindicandam s. Joannis Chrysostomi ex ipsis operibus ejusdem orthodoxiam contra Eisenschmidii criminationes. — (1835) 135 S. 8° (Handschr.) Diss. Wien, Univ.

Blumen im Strauss. Gedichte von Johannes **Dziubiella**. Leipzig-Berlin: C. Wigand 1907. (63 S.) 8° [ℳ] [08. 5809]

Dziuk, A., Übersichtskarte deutscher Kali-Unternehmungen. Hrsg. von der Deutschen Bergwerkszeitung. 1 : 200 000. Hannover, 1906. 4 Bl.

Dzondi, Karl Heinrich: Pathologiae inflammationis systematum corporis humani succincta adumbratio. 156 S., gbd.

Halae: Hemmerde & Schwetschke 1829

Dzondi, Carolus Henricus: Pathologiae systematis cellulosi brevis adumbratio. S. 56—68.
Halle-Wittenberg, Med. Progr. z. Promotion v. Joh. Vinzenz **Kauffmann** 31. Dez. 1827 (Dat. 3. April 1828)
in: **Kauffmann,** Joannes Vincentius: De encephalomalaxi. Halle, Med. Diss. v. 31. Dez. 1827.
Wiederabgedr. in des Verf. Pathologiae inflammationis systematum … adumbratio. 1828. S. 97—109.

Dzondi, Carolus Henricus: Pathologiae systematis cutanei brevis adumbratio. S. 48—62.
Halle-Wittenberg, Med. Progr. z. Promotion von Karl Johannes **Heise** 22. Okt. 1827
in: **Heise,** Car. Joannes: De febre hectica. Halle (1827). Med. Diss. v. 22. Okt. 1827.
Wiederabgedr. in des Verf. Pathologiae inflammationis systematum … adumbratio. 1828. S. 142—156.

Dzondi, Carolus Henricus: Pathologiae systematis fibrosi succincta adumbratio. (Halis Saxonum 1827). S. 26—43
Halle-Wittenberg, Med. Progr. z. Promotion v. Robert **Blasberg** 30. Nov. 1827
in: **Blasberg,** Robertus: De Cirsocele. Halle, Med. Diss. v. 30. Nov. 1827.
Wiederabgedr. in des Verf. Pathologiae inflammationis systematum … adumbratio. 1828. S. 32—50.

Dzondi, Carolus Henricus: Pathologiae systematis lymphatici et glandularum succincta adumbratio. Halis Saxonum (1827): Gebauer. 20 S. 8°
Halle-Wittenberg, Med. Progr. z. Promotion v. Joh. Karl Heinr. Adolf **Haupt** 10. Dez. 1827
Wiederabgedr. in des Verf. Pathologiae inflammationis systematum … adumbratio. 1828. S. 51—68.

Dzondi, Carolus Henricus: Pathologiae systematis nervosi brevis adumbratio. S. 52—63.
Halle-Wittenberg, Med. Progr. z. Promotion von Dan. Rud. **Warburg** 31. Dez. 1827 (Dat. 3. April 1828)
in: **Warburg,** Daniel Rudolphus: Tentamen historiae Elephantiasis. P. 1. Halle, Med. Diss. v. 31. Dez. 1827.
Wiederabgedr. in des Verf. Pathologiae inflammationis systematum … adumbratio. 1828. S. 110—121.

Dzondi, Carolus Henricus: Pathologiae systematis ossium succincta adumbratio. Halis Saxonum (1827): Gebauer. 20 S. 8°
Halle-Wittenberg, Med. Progr. z. Promotion von Friedrich Ferdinand **Franz** 31. Dez. 1827
Wiederabgedr. in des Verf. Pathologiae inflammationis systematum … adumbratio. 1828. S. 80—96.

Dzondi, Carolus Henricus: Pathologiae systematis pituitarii brevis adumbratio. Halis Saxonum (1827): Geabuer [!] [Gebauer]. 22 S. 8°
Halle-Wittenberg, Med. Progr. z. Promotion von Isaak Peter **Larpent** 20. Okt. 1827
Wiederabgedr. in des Verf. Pathologiae inflammationis systematum … adumbratio. Halae 1828. S. 1—18.

Dzondi, Carolus Henricus: Pathologiae systematis sanguiferi brevis adumbratio. (Halae 1828). 22 S. 8°
Halle-Wittenberg, Med. Progr. z. Promotion von Friedrich **Kercksig** 19. April 1828
in: **Kercksig,** Frider.: De fungo medullari. Halle, Med. Diss. v. 19. Apr. 1828.
Wiederabgedr. in des Verf. Pathologiae inflammationis systematum … adumbratio. 1828. S. 122—141.

Dzondi, Carolus Henricus: Pathologiae systematis serosi brevis adumbratio. Halis Saxonum (1827): Gebauer. 15 S. 8°
Halle-Wittenberg, Med. Progr. z. Promotion v. David **Salomon** 21. Nov. 1827
Wiederabgedr. in des Verf. Pathologiae inflammationis systematum … adumbratio. 1828. S. 19—31.

Dzondi, Carolus Henricus: Pathologiae systematis synovialis, cartilaginosi et musculosi brevis adumbratio. Halis Saxonum (1827): Gebauer. 14 S. 8°
Halle-Wittenberg, Med. Progr. z. Promotion von Christian Aug. **Schubert** 17. Dez. 1827
Wiederabgedr. in des Verf. Pathologiae inflammationis systematum … adumbratio. 1828. S. 69—79.

Dzondi, K. H., de inflammatione aphorismorum liber I. 8maj. Halae, Hemmerde. 814.

—— de inflammatione aphorismorum lib. II. 6. (12 B.) Halae 831, Schwetschke et fil.
Lib. I. Ebendas. 1814. 12 Gr.

— Apologie; nebst Zugabe. gr. 8. Halle 818. Verf. 9 gl

Dzondi, Karl Heinrich (Hrsg.), s. Aeskulap.

Dzondi, C. H., Aesculap, Zeitschrift für gesammte Heilkunde, insonderheit für prakt. Aerzte und Wundärzte. 1r Heft. gr. 8. (Leipzig, Barth). 821.

Dzondi, (C. H.,) Aesculap. Zeitschr. f. gesammte Heilkunde 1r. 2s Hft. gr. 8. (Leipz. 822, Barth.) 1 rthlr. 8 gr. 1s u. 2s Hft.
— aus obig. apart: anat. Gesch. e. merkw. Magen- u. Zwergfellentzündung. Mit 1 ill. Tafel. gr. 8. Leipz. 822, Barth.

Dzondi, Karl Heinr., Aeskulap. Eine Zeitschr. d. Vervollkommn. d. Heilkunde in allen ihr. Zweigen gewidmet, insonderheit f. prakt. Aerzte u. Wundärzte. Neue Folge. 1. Bd. 2 Hfte. Mit Abbild. gr. 8. Halle 832, Schwetschke u. Sohn.

Dzondi, Karl Hnr., die Augenheilkunde für Jedermann, welche lehrt die Gesundheit der Augen zu erhalten u. die Krankheiten derselben bald u. sicher zu heilen. Mit 1 Steintaf. 8. Halle 835. Lipperts Buchh. 1 ß

— — Beyträge zur Vervollkommung der Heilkunde in medizin. und chirurg. Hinsicht. 1r Thl. M. 3 Kpf. gr. 8. Hemmerde und S. 816.

— Beitrr. z. Vervollkommnung d. Heilkunde in medizin. u. chirurg. Hinsicht. 1r Thl. Mit 3 Kpf. gr. 8. Halle 816. Schwetschke u. S.

Carolus Henr[icus] Dzondi: De Carbunculo contagioso. [Resp.:] Christ(ianus) Aug(ustus) Schubert. Halae (1827): Baentsch. 28 S. 8°

Halle-Wittenberg, Med. Diss. v. 17. Dez. 1827

Carolus Henr[icus] Dzondi: De Chlorosi. [Resp.:] J(oannes) C(arolus) H(enricus) Adolphus Haupt. Halae (1827): Baentsch. 32 S. 8°

Halle-Wittenberg, Med. Diss. v. 10. Dez. 1827

Carolus Henricus Dzondi: De cognoscenda et curanda Chorea St. Viti. [Resp.:] Ludovicus Meyer [4114]. Halae (1828:) Gebauer. 24 S. 8°

Halle, Med. Diss. v. 29. Juli 1828

— die Dampfmaschine oder Beschreib. e. neuen Art, die Dämpfe d. siedenden Wassers zu ärztlichen Zwecken anzuwenden. Mit 2 Steindrtaf. 8. Halle 821, (Barth in Leipz.) 8 gl

Karl Heinrich Dzondi

De Delirio tremente. [Resp.:] Davides Salomon. Halis (1827:) Grunert. 30 S. 8°

Halle, Med. Diss. v. 21. Nov. 1827

Dzondi, Carolus Henricus: Ergo polypi narium nequaquam extrahendi! S. 32—46.

Halle-Wittenberg, Med. Progr. z. Promotion von Peter Jakob Lauritz **Klingberg** 25. Dez. 1828 [vielmehr 1829]

in: **Klingberg**, Pet. Jac. Laur.: Varii methodi quibus typhus hoc saeculo in nosocomio regio Fridericiano Hafniensi curatus est. Halle, Med. Diss. v. 25. Dez. 1829,

Buchausg. Halae: Schwetschke 1830. 16 S. 8°

Dzondi, Carolus Henricus: De fistulis tracheae congenitis. Halis Saxonum (1829): Schimmelpfennig. 16 S. 8°

Halle-Wittenberg, Med. Progr. z. Promotion von Wilh. Georg **Runge** und Hermann **Burmeister** 4. Nov. 1829

Buchausg. Halae: Schwetschke 1829. 16 S. 8°, verm. um einen Absatz auf S. 15; engl. Uebersetzung, transl. by R. Knox, Manchester 1848.

—— die Funktionen d. weichen Gaumens beim Athmen, Sprechen, Singen, Schlingen, Erbrechen rc. M. 11 Abbild. in Stndr. 4. (11¼ B.) Halle 831, Schwetschke u. Sohn.

Dzondi, K(arl) H(einrich): Kurze Geschichte des klinischen Institutes für Chirurgie und Augenheilkunde auf der Universität zu Halle und der in demselben befolgten Heilmethode in den Jahren 1811 bis 1817. Nebst Anhang. 164 S., 68 S., gbd., Abb.

Halle: 1818

Kurze Geschichte des klinischen Instituts für Chirurgie und Augenheilkunde auf der Universität zu Halle und der in demselben befolgten Heilmethode in den Jahren 1811 bis 1817. Von C[arl] H[einrich] Dzondi. Halle: Verf. 1818. 68 S. 8°

— Geschichte d. Instituts f. Chirurgie u. Augenheilkunde zu Halle. Mit Kpf. u. Anh. gr. 8. Halle 818. Schwetschke u. S. 1 Rf 20 gl Der Anhang apart. 8 gl

— Geschichte einer merkwürd. Magen- u. Zwerchfellentzündung. Mit 1 ill. Taf. gr. 8. Halle 822. (Leipz., Barth). 8 gl

Die Hautschlacke oder skorischer Entzündungsreiz, Quell der meisten krankhaften Störungen des Organismus. ...von K[arl] H[einrich] Dzondi. Leipzig: Barth 1822. 88 S. 8°

Aus: Aeskulap. Bd 1. 1821/22.

Dzondi, Karl Heinrich: Neue zuverlässige Heilart der Lustseuche in allen ihren Formen. 120 S., gbd., 2 Taf.

Halle: Hemmerde & Schwetschke 1826

—— neue zuverläss. Heilart d. Lustseuche in allen ihren Formen. 2., verb. Aufl. M. 2 Kpfrt. gr. 12. (6 B.) Halle 832, Schwetschke u. Sohn.

—— die einzig sichere Heilart d. contagiösen Augenentzündung u. d. gefährl. Blennorrhagie d. Neugebohrnen, nebst Andeutungen üb. eine d. Augenheilkunde höchst nöthigen Reform. Ein Sendschreiben an Augenärzte. gr. 8. (4¼ B.) Halle 835, Anton.

—— Humana. eine Zeitschrift rc., s. Humana.

Karl Heinrich Dzondi

De sympathica glandularum Inflammatione. [Resp.:] Ioannes Daniel Prophet. Halae (1823:) Grunert. 32 S. 8°

Halle, Med. Diss. v. 12. Dez. 1823

— über Contagien, Miasmen u. Gifte. gr. 8. Halle 822. (Leipz., Barth). 6 gl

Dzondi, Karl Heinrich: Lehrbuch der Chirurgie, bestimmt zu akademischen Vorlesungen und zum Selbstunterricht für Aerzte und Wundärzte. 658 S., gbd.

Halle: Hemmerde & Schwetschke 1824

Dzondi, Car[olus] Henr[icus]: De novis quibusdam methodis et instrumentis chirurgicis ab auctore inventis. Prolusio 1. Halae (1825): Grunert. 16 S. 8°

Halle-Wittenberg, Med. Progr. z. Promotion v. Karl Heinrich **Funke** 24. Okt. 1825

in: **Funke**, Car. Henr.: De inflammatione hepatis. Halae (1825). Halle-Wittenberg, Med. Diss. v. 24. Okt. 1825,

Wiederabgedr. in des Verf. De novis quibusdam methodis et instrumentis chirurgicis a se inventis. Halae: Auctor; Lipsiae: Barth 1826. S. 1—12.

Dzondi, Car[olus] Henr[icus]: De novis quibusdam methodis et instrumentis chirurgicis ab auctore inventis. Prolusio 2. Halae (1825): Grunert. 24 S. 8°

Halle-Wittenberg, Med. Progr. z. Promotion v. Karl Leopold **Bötticher** und Wilhelm Reinhold **Tolberg** 14. Dez. 1825

Wiederabgedr. in des Verf. De novis quibusdam methodis ..., 1826. S. 12—33.

Dzondi, Car[olus] Henr[icus]: De novis quibusdam methodis et instrumentis chirurgicis ab auctore inventis. Prolusio 3. Halae (1826): Grunert. 16 S. 8°

Halle-Wittenberg, Med. Progr. z. Promotion von Wilh. Ludw. **Dorendorf** 3. Jan. 1826

Carolus Henricus Dzondi, De novis quibusdam Methodis et instrumentis chirurgicis a se inventis. Cum 4 tab. Halae: Verf.; Lipsiae: Barth 1826. 48 S. 8°

Dzondi, Corolus Henricus: De faciliori et tutiori lithotomiae instituendae calculique extrahendi methodo. Cum tabula lapidi inscripta. S. 64—80, 1 Taf.

Halle-Wittenberg, Med. Progr. z. Promotion v. Joh. **Bouros**, 31. Juli 1829

in: **Bouros**, Joannes: De pharmacologia Graecorum veterum in genere. Halle, Med. Diss. v. 31. Juli 1829,

Buchausg. Halae: Verf.; Schwetschke in Komm. 1829. 29 S., 1 Taf.

Dzondi, Carol[us] Henric[us]: De Museo anatomico-pathologico rite colligendo, conservando, disponendo et inspiciendo. Prolusio 1. Halae (1823): Grunert. 10 S. 8°

Halle-Wittenberg, Med. Progr. z. Promotion v. Ferdinand **Fensch** 5. Aug. 1823

Wiederabgedr. in des Verf. De colligendo, conservando, disponendo et inspiciendo museo anatomico-pathologico. Halae: Auctor 1825; Lipsiae: Barth. S. 3—8.

Dzondi, Carol[us] Henric[us]: De Museo anatomico-pathologico rite colligendo, conservando, disponendo et inspiciendo. Prolusio 2. Halae (1823): Grunert. 12 S. 8°

Halle-Wittenberg, Med. Progr. z. Promotion v. Andr. Christian Bertram 18. Sept. 1823

in: Bertram, A. Christianus: De herniis. Halle, Med. Diss. v. 18. Sept. 1823.

Wiederabgedr. in des Verf. De colligendo ... museo anat.-pathol., 1825. S. 9—16.

Dzondi, Carol[us] Henric[us]: De Museo anatomico-pathologico rite colligendo, conservando, disponendo et inspiciendo. Prolusio 3. Halae [1824]: Grunert. 12 S. 8°

Halle-Wittenberg, Med. Progr. z. Promotion v. Friedr. Wilh. Schwabe 14. Nov. 1823

Das Progr. (Dat. Halae a. d. XII. Nov. 1823) wurde „wegen einer Note, deren Druck inhibirt wurde", erst Mitte Jan. 1824 gedruckt; vorh. Oe W B Berlin (Marburg Westdt. B)

Wiederabgedr. in des Verf. De colligendo ... museo anat.-pathol., 1825. S. 16—23. Die untere Hälfte der langen Anm. auf S. 5 des Progr. ist auf S. 18 der Buchausg. verändert.

Dzondi, Carol[us] Henric[us]: De Museo anatomico-pathologico rite colligendo, conservando, disponendo et inspiciendo. Prolusio 4. Halae (1823): Grunert. 12 S. 8°

Halle-Wittenberg, Med. Progr. z. Promotion von Ioh. Friedr. Wilh. Rubach 20. Nov. 1823

Wiederabgedr. in des Verf. De colligendo ... museo anat.-pathol., 1825. S. 23—30.

Dzondi, Carol[us] Henric[us]: De Museo anatomico-pathologico rite colligendo, conservando, disponendo et inspiciendo. Prolusio 5. Halae (1823): Grunert. 16 S. 8°

Halle-Wittenberg, Med. Progr. z. Promotion von Johannes Daniel Prophet 12. Dez. 1823

Wiederabgedr. in des Verf. De colligendo ... museo anat.-pathol., 1825. S. 30—41.

Dzondi, Carol[us] Henric[us]: De Museo anatomico-pathologico rite colligendo, conservando, disponendo et inspiciendo. Prolusio 6. Halae (1824): Grunert. 12 S. 8°

Halle-Wittenberg, Med. Progr. z. Promotion von Friedrich Ringel 31. Jan. 1824

Winderabgedr. in des Verf. De colligendo ... museo anat.-pathol., 1825 S. 41—49.

Dzondi, Carol[us] Henric[us]: De Museo anatomico-pathologico rite colligendo, conservando, disponendo et inspiciendo. Prolusio 7. Halae (1824): Grunert. 15 S. 8°

Halle-Wittenberg, Med. Progr. z. Promotion von Joh. Ferd. v. Arnim 10. Juli 1824

Wiederabgedr. in des Verf. De colligendo ... museo anat.-pathol., 1825. S. 49—59.

Dzondi, Karl Heinrich: De colligendo, conservando, disponendo et inspiciendo museo anatomico-pathologico. Commentatio anatomico-pathologica. 60 S., gbd., 1 Taf.

Halae Saxonum: sumpt. auctoris } 1825
Lipsiae: Barth

Dzondi, Carolus Henricus: Diabetis natura oculi pathologia illustratur. Halis Saxonum (1830): Ploetz. 12 S. 8°

[Kopft.:] De similitudine, quae intercedit inter glandulas lacrymales et renes ad explicandam Diabetis naturam.

Halle-Wittenberg, Med. Progr. z. Promotion von Eduard Friedrich Weber 16. Jan. 1830

Buchausg. u. d. T.: De similitudine quae intercedit inter epiphoram et diabetem ad illustrandam diabetis naturam et curam commentatiuncula pathologico-therapeutica. Halae: Verf.; Schwetschke in Komm. 1830. 15 S. 8°

Karl Heinrich Dzondi

De Natura et viribus herbae ledi palustris seu rorismarini silvestris. [Resp.:] Fridericus Ringel. Halae (1824:) Grunert. 26 S. 8°

Halle-Wittenberg, Med. Diss. v. 31. Jan. 1824

Dzondi, Carolus Henricus (Präs.): O b s e r v a t i o singularis fungi ... s. B a r t c k y, Carl Friedrich Ernst (Resp.)

Dzondi, Carolus Henricus: Observationum ophthalmologicarum part. 1. De continuae oculorum refrigerationis lacrimarum evaporatione effectae vi et natura. Halae (1831): Baentsch. S. 32—39. 8°

Halle-Wittenberg, Med. Progr. z. Promotion v. Ludw. Schiess 13. Okt. 1831

in: Schiess, Ludovicus: De lupo. Halle, Med. Diss. v. 13. Okt. 1831.

Wiederabgedr. in des Verf. Observationes ophthalmologicae. Halae: Anton 1834. S. 1—8.

Dzondi, Carolus Henricus: Observationum ophthalmologicarum part. 2. De morbis oculorum rectius distinguendis et aptius curandis. Halae (1831): Baentsch. 8 S. 8°

Halle-Wittenberg, Med. Progr. z. Promotion v. Eduard Boetticher 22. Sept. [vielmehr: 13. Okt.] 1831

Wiederabgedr. in des Verf. Observationes ophthalmologicae. Halae 1834. S. 9—16.

Dzondi, Carolus Henricus: Observationum ophthalmologicarum part. 3. De morbis oculorum rectius distinguendis et aptius curandis. Halae (1831): Baentsch. 11 S. 8°

Halle-Wittenberg, Med. Progr. z. Promotion von Iulius Philippi 22. Sept 1831

Wiederabgedr. in des Verf. Observationes ophthalmologicae. Halae 1834. S. 16—24.

Dzondi, Carolus Henricus: Observationum ophthalmologicarum part. 4. De morbis oculorum rectius distinguendis et aptius curandis. Halae (1831): Baentsch. S. 41—46. 8° (4°)

Halle-Wittenberg, Med. Progr. z. Promotion v. Wilh. v. Bippen 8. Sept. 1831

Im Exemplar der UB Halle fehlt S. 45—46. Vollst. Exemplar in der Libr. of the Surgeon General's office in Washington.

Wiederabgedr. in des Verf. Observationes ophthalmologicae. Halae 1834. S. 24—31.

Dzondi, Carolus Henricus: Observationum ophthalmologicarum partic. 5. De morbis oculorum rectius distinguendis et aptius curandis. Halis Saxonum (1831): Baentsch. S. 31—38. 8°

Halle-Wittenberg, Med. Progr. z. Promotion v. Philipp Felber 13. Okt. 1831

in: Felber, Philipp.: De hydrargyri praecipitati rubri efficacia ad syphilidem tollendam. Halle, Med. Diss. v. 13. Okt. 1831.

Wiederabgedr. in des Verf. Observationes ophthalmologicae. Halae 1834. S. 31—38.

Dzondi, Carolus Henricus: Observationum ophthalmologicarum part. 6. De causis diligentius distinguendis in cognoscendis et curandis oculorum inflammationibus. Halae (1831): Baentsch. 8 S. 8° (4°)

Halle-Wittenberg, Med. Progr. z. Promotion v. Dietrich Theophil Kluth 30. [vielmehr 24.] Sept. 1831

Wiederabgedr. in des Verf. Observationes ophthalmologicae. Halae 1834. S. 39—48.

Dzondi, Carolus Henricus: Observationum ophthalmologicarum part. 7. De circumscribendis et maximam partem proscribendis remediis oculorum localibus. S. 41—56.

Halle-Wittenberg, Med. Progr. zur Promotion von Iul. Theod. Momme und Theod. Eduard Cantor 22. Apr. 1833

in: Momme, Iulius Theodor.: De calculis urinariis, corpore non inciso, e vesica urinaria auferendis. Halle, Med. Diss. v. 22. Apr. 1833.

Ohne Zwischentit. auch in: Cantor, Theod. Eduard.: De abscessu lymphatico. Halle, Med. Diss. v. 25. Mai 1833 S. 33—49.

[S. 33/34 sind in der Paginierung ausgefallen.]

Wiederabgedr. in des Verf. Observ. ophthalm. 1834. S. 49—49 [vielmehr: 60].

— Observationes ophthalmologicae. 8 maj. (4 B.) Halae 834, Anton.

Dzondi, K(arl) H(einrich): Die Organe des Gehirns nach Dr. Gall's Beobachtungen. Eine Vorlesung, gehalten zu Berlin im Oktober 1803. 36 S., gbd., 1 Taf.

Wittenberg: Zimmermann (1803)

— die Organe des Gehirns nach Galls Beobachtt. 8. Wittenb. 804. Zimmermann. 6 gr.

Carolus Henricus Dzondi: De Pancreatitide. [Resp.:] Christ(ianus) Carol(us) Lerche. Halae: Ruff (1826). 34 S. 8°

Halle-Wittenberg, Med. Diss. v. 29. Sept. 1826

Dzondi, Carl Heinrich, De vi corporum organica quaedam disserit. Wittbg. (Ch. H. Graessler) 17. X. 1808. 16 S. (4.—) 7118

—— de similitudine quae intercedit inter Epiphoram et Diabetem, ad illustrandam Diabetis naturam et curam. Commentatiuncula patholog.-therapeut. 8 maj. (1 B.) Halae 830, Schwetschke et fil.

Dzondi, C. H., Supplementa ad anatomiam et Physiologiam cum tab. aeneis col; fasc. I. 4. Lips. Vogel 806

Ueber Verbrennungen und das einzige, sichere Mittel sie in jedem Grade schnell und schmerzlos zu heilen. Von Karl Heinrich Dzondi. Halle: Hemmerde & Schwetschke in Komm. 1816. 64 S. 8°

Dzondi, Karl Hnr., über Verbrennungen u. das einzige sichere Mittel, sie in jedem Grade schnell u. schmerzlos zu heilen. gr. 8. Halle 2e verm. Ausg. 825. Schwetschke u. S. 8 gr.

— Diss. vindiciae antiquitatis carminum Ossiani. 4. Wittenb. 799.

—— was ist häutige Bräune, u. wie kann d. kindl. Alter dagegen geschützt u. am schnellsten u. sichersten davon geheilt werden. Für Eltern u. Aerzte beantwortet. M. 1 Stndr. 8. (8½ B.) Halle 827, [Schwetschke u. Sohn]

— was ist Rheumatismus u. Gicht, u. wie kann man sich dagegen schützen u. am schnellsten davon befreien? Für Aerzte u. Nichtärzte. M. 1 Stndr. 8. (11½ B.) Halle 829, (Schwetschke u. Sohn.)

Dzondi, Karl Heinrich: Wie kann man das freiwillige Hinken in seinem Entstehen erkennen und ohne Anwendung des Glüheisens beseitigen und heilen? 132 S., gbd., 2 Taf.

Halle: Schwetschke 1833

Dzumaja [Schlagwort]

Dżumaja, s.: Europa. Generalkarte.

Kolibri 360 GmbH
Ferdinand-Jühlke-Straße 7
99095 Erfurt, Deutschland
produktsicherheit@kolibri360.de